国家出版基金项目
NATIONAL PUBLICATION FOUNDATION

U0385178

“十二五”国家重点图书出版规划项目

Vegetable Breeding in China

中国蔬菜育种学

方智远 主编

中 国 农 业 出 版 社

图书在版编目（CIP）数据

中国蔬菜育种学 / 方智远主编．—北京：中国农业出版社，2017.8
“十二五”国家重点图书出版规划项目
ISBN 978－7－109－21775－1

Ⅰ.①中…　Ⅱ.①方…　Ⅲ.①蔬菜-作物育种　Ⅳ.①S630.3

中国版本图书馆 CIP 数据核字（2016）第 135160 号

中国农业出版社出版
（北京市朝阳区麦子店街 18 号楼）
（邮政编码 100125）
责任编辑　孟令洋　黄　宇　戴碧霞　段丽君

北京通州皇家印刷厂印刷　　新华书店北京发行所发行
2017 年 8 月第 1 版　　2017 年 8 月北京第 1 次印刷

开本：889mm×1194mm　1/16　　印张：93　　彩插：26
字数：3000 千字
定价：300.00 元

编委会名单

主　编：方智远

副主编（按姓氏音序排列）：

杜永臣　何启伟　李景富　孙日飞　王晓武
王永健　张宝玺

主要编写人员（按姓氏音序排列）：

曹家树　陈光宇　陈汉才　陈劲枫　陈运起
崔彦玲　杜胜利　杜永臣　方智远　冯　辉
顾兴芳　韩太利　何启伟　侯喜林　胡开林
简元才　金黎平　柯卫东　雷建军　李国景
李海真　李建生　李景富　李锡香　李新海
连　勇　刘富中　刘君璞　刘玉梅　罗绍春
孟令洋　欧承刚　彭　静　秦智伟　沈火林
沈明希　宋波涛　粟建文　孙德岭　孙培田
孙日飞　孙盛湘　田时炳　汪宝根　王长林
王建军　王　素　王小佳　王晓武　王孝宣
王永健　谢从华　徐永阳　徐兆生　许　勇
许向阳　杨丽梅　叶志彪　伊鸿平　尹守恒
于拴仓　余阳俊　袁希汉　袁祖华　张宝玺
张德双　张凤兰　张　华　张鲁刚　张圣平
张扬勇　周光凡　周火强　周劲松　朱红莲
祝　旅　庄飞云　邹学校

前　言

蔬菜是人们日常生活中不可缺少的副食品。20 世纪 80 年代以来，中国蔬菜产业实现了快速发展。据农业部统计，2014 年中国蔬菜播种面积 2 128.9 万 hm^2，总产量约 7.58 亿 t，总产值约 1.3 万亿元，在农作物中占第 1 位。出口量 976.1 万 t，出口额 125.0 亿美元，贸易顺差 119.9 亿美元，亦在农作物中占第 1 位。蔬菜产业已成为我国农业增效、农民增收、农村发展的支柱产业，在提高人民生活水平和发展国民经济中具有十分重要的作用。

在我国蔬菜产业快速发展过程中，蔬菜栽培、育种、病虫害防治等技术的不断进步起到了重要的支撑作用。据估计，科技贡献率约为 56%，而在诸多科技因素中，良种的贡献率约占 43%。种子是农业生产中的重要生产资料，优良品种的推广应用在提高蔬菜产量、改善蔬菜品质、减轻病虫危害、实现蔬菜周年生产与均衡供应等方面发挥了重要作用。

蔬菜育种学是研究蔬菜作物品种选育及良种繁育的一门科学。中国不但蔬菜栽培历史悠久，改良蔬菜品种的历史也同样久远。早在春秋战国时期的古籍中就有关于蔬菜类型、品种的记载。历代劳动人民在长期的生产实践中创造出了丰富多彩的蔬菜类型和种质资源，为发展中国蔬菜生产和品种改良提供了坚实的物质基础。

新中国成立以来，特别是改革开放以来，各级主管部门对于蔬菜育种高度重视，随着蔬菜生产的发展和科学技术的进步，中国蔬菜育种取得了显著成就。在 863 计划、973 计划、支撑计划、农业产业技术体系等国家重大科技计划的支持下，经过全国 2 000 多位育种科技人员的努力，蔬菜育种取得了一批重大科研成果，先后培育出 4 800 多个蔬菜优良品种，使蔬菜良种更新了 3～4 次，良种覆盖率达 90%以上。在 110 余项国家级蔬菜科技成果奖励中，2/3 以上是蔬菜育种的成果。现今，蔬菜育种目标的要求越来越高，育种途径、育种技术也越来越先进、高效。

对于中国蔬菜作物育种的理论与技术，前人已经进行了许多卓有成效的研究和总结，编写出版了众多的著作，但在这些著作中缺少一部能较全面反映我国近几十年来在蔬菜育种方面所取得的理论和技术成就的作品。为了能较全面、系统地总结自 20 世纪 50 年代以来，中国蔬菜育种研究在理论和应用技术方面所取得的成就，中国农业科学院蔬菜花卉研究所等 30 多个科研及教学单位的育种专家决定编撰出版《中国蔬菜育种学》，以适应新时期蔬菜产业发展的需求。

全书由总论和各论两部分组成。总论部分概述了中国蔬菜育种学的发展历史、主要成就、育种技术途径以及良种繁育、田间试验设计与统计等基础理论与知识；各论部分较详细地介绍了白菜、甘蓝、番茄、辣椒、黄瓜、萝卜等32种蔬菜作物的育种概况、种质资源、生物学特性与主要性状遗传、育种目标、育种技术、育种途径及良种繁育技术等。书后选登了部分有代表性的育成品种或材料的图片。

本书是中国蔬菜学科一部重要的学术著作，其特点是内容比较全面系统，理论与实践紧密结合，科学性、学术性、实用性并重；育种目标体现中国蔬菜产业和市场需求，在阐述一般的育种理论和技术时，均结合育种实践中的典型实例，具有中国特色。《中国蔬菜育种学》既可作为广大蔬菜育种工作者的重要参考书，又可作为大专院校师生的重要教材。期望本书能对促进中国蔬菜产业和蔬菜科技的发展以及国际学术交流发挥重要作用。

本书的策划编写始于2005年年初，同年7月确定了主编、副主编人选及各章节的主要编写人员，成立了编撰办公室。2006年年初商定了本书的编写提纲和编写规范，同年9月开始了各章节的编写工作。2008年冬季开始对陆续完成的稿件进行初审，编者根据初审意见进行修改。2013年秋，完成了大部分稿件的编撰工作，在以后的时间内多次召开编务会与审稿会对稿件进行审稿。

本书的编写得到各章节编写人员和园艺界同行专家的大力支持。参加本书编写的人员有100余人，他们都是活跃在蔬菜育种第一线的专家，有扎实的基础理论知识和丰富的实践经验。在编写过程中大家认真负责，既结合自己丰富的育种实践，又查阅了大量文献资料。部分专家除完成本人负责的章节编写外，还积极参与其他章节的审稿工作。为了尽可能地保证编写质量，各章节除经作者本人修改外，还至少经过1～2位其他同行专家的审阅。李树德、朱德蔚、曹家树、雷建军、张凤兰、叶志彪、侯喜林、陈劲枫、何启伟、邹学校、许勇、罗少波、黄如葵、汪隆植、范双喜、李广存等分别审阅了该书的有关章节。刘旭、邓秀新、李天来院士，张振贤教授为本书的出版做了推荐工作，在此一并表示感谢。

本书的编写出版也得到了中国农业科学院蔬菜花卉研究所的大力支持。2005年在该所成立了编撰办公室，范翠蓉、祝旅、张扬勇、杨丽梅、庄飞云、刘富中、沈镝先后作为编撰办公室的成员，协助主编、副主编完成本书日常的组稿、统稿及图片的征集工作。

由于本书篇幅浩大，涉及的作物种类多，涵盖的内容广，难免有疏漏与不足之处，敬请读者指正。

方智远

2016－06－28

目 录

上篇 总 论

上篇 总论

上篇 总论

第一章

中国蔬菜育种概况

第一节　概　　述

一、蔬菜育种学的任务

蔬菜育种学是研究蔬菜作物品种选育及良种繁育的一门科学。蔬菜品种选育是人们根据市场和产业发展的需求，通过自交、杂交、回交、诱变、选择等途径改良蔬菜作物的遗传特性，培育蔬菜新品种的工作。蔬菜良种繁育是按科学的程序与方法生产出能保持优良蔬菜品种特性的种子或种苗，并通过种子加工技术提升种子质量的工作。

品种是人类培育的主要经济性状和农艺性状适合生产与市场需求，并具有特异性、一致性、稳定性的作物栽培群体。它是重要的农业生产资料。一个优良品种应具有以下特性：

(1) *适合生产和市场需求的优异性*　品种是人类有目的地培育的一种重要农业生产资料，只有具有优良的经济性状和农艺性状，才能在生产中得到推广应用。蔬菜作为与人民生活休戚相关的农产品，其产量的高低、抗性的强弱、种类的多少、品质的优劣等都会受到广大生产者和消费者的关注。产量、抗病、抗逆和品质等性状越优良，品种就越会受到生产者和消费者的欢迎，其应用前景就越广阔。

(2) *性状的特异性*　作为一个独立存在的品种，应至少有一个明显区别于其他品种的标志性性状，可能是质量性状或数量性状，但必须是可以遗传的性状。

(3) *表型的一致性*　品种群体内个体之间的性状表现应相对稳定且整齐一致。个体之间的株型、生长习性和生育期等相对一致，有利于栽培管理和收获等田间作业；产品的形状、大小和颜色等相对一致，有利于提高蔬菜产品的商品性和销售价格。杂交一代品种之所以会受到欢迎，除了其杂种优势明显之外，杂交种的整齐一致也是重要原因。

(4) *遗传的稳定性*　经适当的方式繁殖，品种本身或其亲本的亲代到子代的遗传性状是相对稳定的。对蔬菜作物来说，三种类型品种的遗传稳定性有不同要求：一般常规品种包括地方品种和系统选育而成的品种，要求其有性繁殖后，世代之间遗传性状不会发生变化；杂种一代品种是用固定的父、母本制种繁育出的一代杂种，其遗传性状能保持稳定一致；无性繁殖蔬菜品种，通过扦插、压条、块根或块茎等方式繁殖其遗传性状也可保持稳定性。

(5) *生态适应性*　品种的生物学特性适应于某一地区生产和栽培条件的要求。品种一般是在一定生态和栽培条件下培育出来的。虽然每个品种的适应范围大小不同，但每个品种都会有它的最优适应地区、栽培季节和条件。我国地域辽阔，各地自然条件和栽培方式各有不同，且一年四季气候差异大，很难培育出一个能适应所有地区、不同季节和栽培方式的品种。只有培育出适应性强的品种，才有可能在较大范围内推广。在品种的引种和推广过程中，要尽可能了解每个品种的生态适应性，满足其最适应的生态与栽培条件，充分发挥其优良特性。

蔬菜育种学的主要任务：以遗传学为主要理论基础，借鉴和运用植物学、植物生理学、植物病理学、分子生物学、生物统计学、细胞学以及蔬菜栽培、植物保护和采后贮藏加工等学科的知识，研究蔬菜作物主要性状的遗传规律；根据蔬菜产业和市场需求，科学地制定先进而切实可行的蔬菜作物的育种目标；在征集、评价、利用种质资源和掌握性状遗传变异规律及变异多样性的基础上，采用适当的育种途径和方法，并按照育种目标选育出优质、丰产、稳产、抗多种病害、耐逆境和生态适应性广的蔬菜新品种；对蔬菜种子的繁育制度、制种技术、种子检验技术和加工处理技术等进行研究，生产出保持优良品种特性的高质量种子或种苗，满足生产和市场的要求，促进蔬菜产业的发展。

蔬菜育种学的研究内容主要包括：蔬菜作物种质资源的起源、进化与传播，以及搜集、保存、评价与创新；植物学性状和主要农艺性状遗传规律；育种目标的制定和采用的育种途径及方法；目标性状的鉴定、纯化、聚合及高效选育技术；优良品种的种子繁育与示范推广技术等。

中国蔬菜栽培历史悠久，资源极为丰富，是120多种（亚种、变种）蔬菜的起源地。在生产上栽培的蔬菜种类繁多，至少有298种（亚种或变种）。中国有着辽阔的疆域，地跨5个气候带，有多种适于不同生态条件的特色蔬菜作物。中国人消费蔬菜，习惯以熟食为主，需求量大。据农业部统计，2014年中国蔬菜播种面积2 128.9万 hm^2，总产量7.58亿t，分别占全世界的41.69%和51.13%，均居世界第1位。据中国种子集团有限公司不完全统计，中国蔬菜用种量大约每年5万t，是全球蔬菜用种量最多的国家。中国蔬菜育种工作者面临的任务是不断研究提高遗传育种科学技术水平，选育和繁殖出适应不同生态条件、不同茬口栽培的蔬菜新品种，满足市场的需求，促进蔬菜产业的发展和蔬菜育种学科的技术进步。

二、蔬菜育种学与其他学科的关系

蔬菜育种学是作物遗传育种学的分支学科，是一门以遗传学为基础的综合性科学。在其发展过程中，要吸收和借鉴许多基础学科和相邻应用学科的知识与技术成果。

蔬菜育种学首先涉及植物学。蔬菜育种学的研究对象包括多种属于不同科、属、种（亚种或变种）的蔬菜作物。要做好蔬菜育种，应充分了解这些蔬菜作物的起源、演化、分类地位以及它们的植物学特征。

其次，植物遗传学是蔬菜育种学的主要理论基础。研究蔬菜作物性状遗传规律，选择合适的育种途径，创新优异种质、优良品系的选育方法等都需要遗传学作为理论指导。

蔬菜育种学与植物生理学也密切相关。培育优良品种需要了解某种蔬菜作物生长发育规律、对环境条件的要求及其适应的生理机制，从而为育种目标和选择方法提供正确的理论指导。

蔬菜育种学与植物病理学也关系紧密。抗病是蔬菜育种的重要目标。进行抗病育种，首先要明确危害蔬菜作物各种病害的种群、传播途径、危害条件和生活习性，为抗病育种提供正确的导向。

蔬菜育种学还是蔬菜学的分支学科，它与蔬菜栽培、采后贮运和加工等学科存在着相辅相成、相互促进的关系。

提高蔬菜产品的产量和品质，通常可通过两种途径实现。一是改善栽培条件，改进栽培技术和实行科学管理；二是通过选用优良品种，提供高质量的种子，使其在同等条件下比一般品种获得更高的产量和更好的质量。在生产上，如果缺乏优良品种及其种子，再好的栽培条件也不能发挥应有的作用。当然，一个优良品种如在不恰当地区或采用不恰当的栽培方式来栽培，同样也不能充分显示其优越性。

蔬菜栽培制度和栽培方式的改变，新病虫害的发生，以及加工产品的新需求，对栽培品种的某些性状提出新的要求，从而为蔬菜育种确立了新的育种目标，促进了蔬菜育种学的发展。例如，从20世纪80年代初开始，病毒病、霜霉病、黑腐病、枯萎病等蔬菜病害在中国危害不断加重，为保证蔬菜丰产稳产，全国几十个单位组成抗病育种攻关协作组，开展了白菜、甘蓝、黄瓜、番茄和辣椒等主要蔬菜抗病育种研究，大大促进了主要蔬菜抗病育种的发展。又如，近年来番茄黄化曲叶病毒病（TyLCV）、大白菜根肿病和甘蓝枯萎病等大面积流行，促使科技人员在病原菌分离、抗原鉴定和抗病种质创制等方面开展了大量研究，加速了相应蔬菜作物抗病品种的选育。再如，20世纪80年代以来，塑料大棚、日光温室等设施蔬菜栽培在中国蓬勃发展，促进了以耐低温、耐弱光和抗多种病害为主要目标的设施专用蔬菜品种的育种研究。

新品种培育成功之后，需要研究提出与之相适应的配套栽培方法和病虫害防治技术，这为蔬菜栽培学和植物保护学提供了新的研究课题，促进了这些相关学科的发展。

随着科学技术的进步，蔬菜育种学涉及的学科领域越来越广。蔬菜育种学已从个体水平、细胞水平深入到分子水平；分子标记辅助选择育种、细胞工程育种、基因工程育种和基因编辑技术等已成为提高蔬菜育种效率的新途径。

蔬菜育种科技工作者应尽可能掌握相关学科的理论和技术，与有关学科的工作者密切合作，吸收和综合运用先进科学的成果和方法，加速蔬菜优良品种的选育，使蔬菜育种在蔬菜产业发展中发挥更大作用。

三、优良品种对蔬菜产业发展的作用

选育和推广蔬菜优良品种是发展蔬菜产业的重要技术支撑。据统计，1978—2013年，中国培育出通过审定（认定、鉴定、登记）的蔬菜优良品种4 825个，使蔬菜良种更新了3～4次，良种覆盖率达90%以上。在提高蔬菜产品产量、改进品质、增强蔬菜作物抗病和抗逆能力等方面，良种都发挥了重要作用。据农业部估计，在农业生产发展过程中，科技贡献率约为56%，在诸多的科技因素中良种约占43%，蔬菜作物育种的作用也大致处于相同的水平。

育种对蔬菜产业发展的支撑作用，具体来说表现在以下几个方面。

（一）可显著提高蔬菜产量

丰产稳产一直是蔬菜育种的主要目标。在“六五”至“八五”国家蔬菜育种攻关计划（1983—1995）项目中，育成主要蔬菜新品种的考核指标均要求比主栽品种增产10%以上。从“九五”（1996—2000）开始，增产幅度的要求虽有所降低，但仍要求达到5%～8%。在2000年以前，提交进行国家级蔬菜新品种审定（鉴定）的品种，要求比主栽品种增产10%以上，此后仍要求一般比主栽品种增产5%以上。事实上，目前中国蔬菜作物新品种主要为杂交一代品种，由于其具有明显的产量优势，不仅可比亲本增产15%～30%，一般比主栽品种可增产5%～8%。

（二）减轻病害造成的损失

20世纪80年代初，大白菜病毒病、霜霉病和软腐病，黄瓜枯萎病、疫病和霜霉病，番茄和辣椒病毒病、疫病，甘蓝病毒病和黑腐病等主要蔬菜病害大流行，给蔬菜生产造成严重损失。1983年，蔬菜抗病育种列入国家科技攻关计划项目，经过全国近30个农业科研教学单位的300余位科技人员的协作攻关，10年内选育出186个抗病蔬菜新品种。这些品种一般可抗上述1～3种病害，大大降低了蔬菜病害给生产带来的损失。

（三）明显提高蔬菜产品品质

从“八五”（1990—1995）国家蔬菜育种攻关项目开始，优质被列为蔬菜育种的目标之一，并已逐渐成为主要目标。培育出的蔬菜新品种，除高产、抗病、抗逆外，多种品质指标都有具体要求。以结球甘蓝为例，要求新品种叶球圆正，球叶亮绿有光泽，叶球紧实度在 0.5 以上，球内结构好，中心柱长不超过球高的 1/2。又如，育种科技工作者通过遗传转育和改良，育成橘红心大白菜、橙色花椰菜、心里美萝卜，以及不同果色的番茄等优质蔬菜品种，不仅提升了蔬菜的感官品质，还提高了蔬菜营养品质。这些优质的蔬菜品种，不仅满足了民众的消费要求，同时也提高了市场竞争力。

（四）促进蔬菜产品周年均衡供应

为适应中国设施蔬菜发展的需要，育种科技人员已培育出一批可耐低温、耐弱光的设施栽培专用品种；为适应中国夏季高山蔬菜生产的需求，培育出耐抽薹春大白菜、春萝卜专用品种；为实现甘蓝周年供应，现已培育出设施栽培的结球甘蓝品种和露地越冬耐寒结球甘蓝品种；为满足蔬菜加工产业发展的需求，培育出适宜加工的番茄、黄瓜、胡萝卜、马铃薯等蔬菜品种。这些适于不同栽培方式、不同用途的专用新品种的育成，不仅有利于蔬菜品种结构的调整，还有利于蔬菜的周年生产和供应。

（五）增加蔬菜作物品种类型，丰富人民的菜篮子

蔬菜品种类型的丰富主要表现在两个方面：一是通过育种或引种，增加了新的蔬菜种类，特别是一些稀有蔬菜，包括国外稀有蔬菜种类的引进和野菜进入蔬菜市场；二是同一种蔬菜不同类型明显增多，如大白菜，以往主要以北方秋播大白菜为主，现在已选育出春白菜、娃娃菜和苗用白菜等新品种。

产量的增加，病害损失的减少，品质的提高，品种类型的丰富，有力地促进了蔬菜产业的发展。同时，在这一过程中，也增加了农民的收入，丰富了人民的菜篮子。这些都充分显示了蔬菜育种在促进产业和国民经济发展，以及提高人民生活水平中的重要作用。

第二节　蔬菜育种简史

一、国外蔬菜育种的发展历程

（一）蔬菜的自然选择和人工驯化阶段

蔬菜作物与其他农作物一样，都起源于相应的野生植物，经历了漫长的自然选择和人工驯化的过程。自然选择使得有利于个体生存和繁殖后代的变异，逐代得到积累加强，同时人们通过有意识或无意识的留种，不断地进行驯化和简单选择，从而形成新的物种或变种。18 世纪之前，已有栽培蔬菜作物的记载。根据古埃及的遗存图片，西瓜早在史前就已有栽培。Tackholm 和 Drar（1954）指出，早在公元前 3200 年的古墓中就有洋葱用途的记载。胡萝卜、黄瓜、茄子、羽衣甘蓝、生菜、芥菜、甜瓜、豌豆、萝卜和芜菁等大多数蔬菜已有数百年或上千年的栽培历史。相比野生种类，栽培蔬菜经过自然选择和人工驯化，其植物学性状发生了深刻的变化，如色泽、形状和食用器官的多样化、株型矮化、生育期缩短及繁殖能力提高等。例如，野生甘蓝最早是地中海沿岸的一种草本植物，经过漫长的选择，形成了多个栽培变种。在公元前 600—前 400 年，由希腊人驯化成羽衣甘蓝；13 世纪在欧洲由不分枝的羽衣甘蓝分化出结球甘蓝，由髓状茎的羽衣甘蓝分化出球茎甘蓝；15 世纪以后出现了花椰菜、青花菜和抱子甘蓝等变种。胡萝卜和芹菜最初只是作为香料或药材使用，分别于 10 世纪和 15 世纪才慢慢演化成现在的蔬菜作物。

（二）蔬菜选择育种阶段

18世纪早期，人们开始有意识地对蔬菜在种植过程中产生的自然变异进行选择，并将这些变异类型进行繁殖，从而逐步演化成不同的蔬菜品种或类型。如记载最早的橘色胡萝卜有两种：短的Horn和长的Long orange，经过人类对其根形、熟性和颜色等方面的不断选择，1763年衍生出了3种橘色类型：Early short horn、Early half long horn和Late half long horn。到19世纪衍生出了8种橘色类型的栽培品种（Banga，1957）。南瓜最早记载于1542年，Fuchs描绘了1个南瓜品种Small sugar。在16世纪中期和17世纪，荷兰和法国佛兰德斯的写实油画里就出现了不少于8种类型的南瓜，其形状有球形、扁圆形、椭圆形和倒卵形等，在果实大小上也差异较大。

（三）蔬菜杂交育种阶段

早在1694年，德国的Camerarius第1个报道了菠菜的有性杂交研究，但真正的蔬菜有性杂交育种始于18世纪初期。1727年，法国的一个种子生产商Louis成立了第1个植物育种研究所——Vilmorin育种研究所，成为首个专门致力于植物育种和新品种开发的机构。英国的Knight从1787年开始进行豌豆的杂交试验，他在18世纪早期推出的一些品种被人们种植了1个多世纪。

蔬菜种业始于18世纪40年代，标志是1743年法国威马（Vilmorin）种子公司的成立。此后，首批种子公司陆续成立，包括法国的Tezier（1785）、荷兰的Groot（1813）、美国的Comstock Ferre & Co（1829）和日本的Takii（1835）。1843年，英国的洛桑试验站成立，这是世界上最早的农业研究试验站。

1856年，达尔文出版了他的第1部科学巨著《物种起源》，阐明了杂交和选择在育种中的重要作用，为品种选育奠定了理论基础。此后，孟德尔进行了8年的豌豆杂交试验，于1865年发表了遗传学的两个基本定律——分离定律和自由组合定律。1900年重新发现的孟德尔遗传定律标志着遗传学和植物育种学的真正诞生，促进了以有性杂交创造遗传变异为主要特征的育种技术革命，结束了人们主要利用自然变异改良品种的漫长历史，真正步入了杂交育种的发展轨道。最早将遗传学理论真正应用于植物育种的是丹麦的植物学家Johannsen，1903年他在研究菜豆时证实了前人的研究，认为可通过不断地自交和选择获得纯合的、整齐的、稳定的材料，由此发展了纯系理论（pure line theory）。1906年，贝特生等在香豌豆杂交实验中发现性状连锁现象，此后摩尔根在果蝇杂文实验中进行了证实，从而提出了连锁遗传规律。

在19世纪末至20世纪的早期，蔬菜新品种主要由一些种植园主、农民以及一些技术性的园丁、教会职员或普通的家庭种植者培育而成。新品种主要通过种子商推向市场，大部分种子商仅仅是种子的生产者，并通过敏锐的眼光来寻找新的品种吸引消费者。在这一时期成立的较为著名的蔬菜育种公司有：荷兰的Royal Sluis（1856）、Bejo Zaden（1899）、Nunhems（1919）和Rijk Zwaan（1924），美国的Asgrow（1865）和Monsanto（1901），法国的Clause（1891）等，他们基于对消费者和市场的认识，并通过蔬菜种子的市场化推进了蔬菜产业的发展。在此期间，很多国立蔬菜育种机构相继成立，美国联邦政府农业司1862年成立，荷兰的植物育种研究所1912年成立，苏俄的格利波夫蔬菜育种实验站1920年成立。政府主导的育种机构在此后的半个世纪里对育种技术的推进和蔬菜新品种的培育做出了突出贡献。

（四）蔬菜杂交优势育种及抗性育种阶段

20世纪初，蔬菜育种途径发生重要变化，人们选用合适的杂交亲本，通过特定的育种途径和制种技术培育新的品种，即杂交优势育种。1914年，杂种优势一词最先由Shull提出。20世纪20年代，育种家明确了果菜类蔬菜的杂种优势，并相继育成了一批番茄、黄瓜和茄子杂交一代新品种。

1925年，第1个F_1代茄子品种在日本商业化应用。此后，雄性不育、瓜类雌性系和十字花科自交不亲和技术的应用较好地解决了杂交种种子生产费工多、产量低和生产成本高的问题。1925—1943年，琼斯发现了无花粉洋葱和细胞质雄性不育的遗传性，并利用雄性不育技术配制杂交种。1966年，美国北部产区雄性不育杂种洋葱已达25%。1930年发现甘蓝自交不亲和性后，日本的伊藤庄次郎（1954）和治田辰夫（1962）确立了十字花科蔬菜利用自交不亲和系生产杂交一代品种种子的技术途径。1935年，苏联特卡琴科发现黄瓜雌性植株的遗传性，开创了雌性系的选育，促进了黄瓜和菠菜一代杂种优势的利用。至此，杂种优势利用进入了快速发展阶段，育成的蔬菜品种数量也逐年增多，蔬菜品种的商业化趋势也越来越明显。例如，1966—1968年，美国公布的蔬菜新品种数为248个，杂交一代占34.7%。1966年，日本公布的蔬菜新品种数为220个，杂交一代品种占71.3%。蔬菜育种目标也逐步向多元化转变，抗多种病害、高产、早熟、成熟集中、适于机械一次采收、适于长季节栽培和耐贮等成为主要的育种目标。

随着杂交育种及杂种优势利用成功应用于蔬菜作物育种，世界种业结构发生了巨变，种子公司在蔬菜种子商业化中的作用也越来越显著。20世纪70年代，美国实用专利、植物专利和品种保护三重知识产权保护体系逐步建立，激励了私人企业投资，从而大大加快了种子公司充实研发实力和扩大市场规模的步伐。

20世纪早期，蔬菜生产上面临多种病害及环境胁迫，许多欧美国家和日本开始开展抗性育种，从明确危害番茄、甘蓝、甜椒、黄瓜等主要病害的病原种类、生理小种分化和抗性遗传规律入手，建立了多种病害的鉴定方法。与此同时，加强了具有特殊抗性种质材料的搜集和引进工作，这一时期的引种也由单纯的直接用于生产转变为特殊性状的转育研究。如苏联瓦维洛夫和他的同事在全世界几十个国家开展了种质资源的搜集，他们搜集的大量原始材料在蔬菜品种的选育中发挥了巨大作用。设施栽培的发展促进了蔬菜品种抗病和抗逆等育种技术发展。如温室设施及人工控温、控湿及光照调节技术等较好地解决了抗病鉴定和逆境试验等困难或问题。从1920年开始，育种家和植病专家越来越多地利用温室进行育种材料的抗病性鉴定，这种技术可以高效利用幼苗开展抗病性鉴定，节约空间和时间，而且准确性高。在美国，最早开展的蔬菜病害鉴定工作有：甘蓝、番茄、西瓜和豌豆的枯萎病，菜豆的细菌性枯萎病、炭疽病、白粉病和锈病，洋葱的红根腐病，番茄的曲顶病、早疫病和灰褐斑病，甜瓜的白粉病，西瓜的炭疽病，以及许多蔬菜的病毒病。在美国市场上，1911年推出的Conqueror是第1个抗枯萎病西瓜品种，此后出现了一大批抗枯萎病西瓜品种，如Blacklee、Resistant dixie queen和Hawkesbury等。1915年左右推出的Mary Washington是第1个具有商业化价值的抗锈病芦笋品种，并在以后的很长时间内都是美国大部分产区的主栽品种。1920年推出的Virginia savoy是最早选育出的抗病毒菠菜品种。1925年推出的Marglobe是第1个商业化的抗枯萎病番茄品种。1940年推出的Pan America是第1个通过种间杂交培育的抗枯萎病番茄品种，其抗性达到了免疫的水平。

（五）生物技术与常规育种结合推动蔬菜育种进入新阶段

遗传学、生物技术和信息技术的迅猛发展与交叉融合，使生命科学正向揭示生命本质规律和控制生命过程的方向快速发展，新科学、新技术、新方法不断涌现，推动了育种研究向细胞和基因水平深入，并引发了一系列产业技术的革命。1934年，番茄根尖的离体培养首次获得成功，植物组织培养这一新的技术宣告诞生。在之后的几十年里，许多蔬菜的组织培养技术快速成熟，在快速繁殖、脱毒、超低温保存等方面显示了诱人的应用潜力。蔬菜作物的原生质体培养研究始于20世纪70年代，通过原生质体融合进行不同属种体细胞杂交，科学家相继成功获得了甘蓝与白菜（1982）、马铃薯与番茄（1986）等蔬菜的体细胞杂种，使抗病、抗逆和优质等有益基因在近缘属种间交流与利用成为可能。同一时期发展起来的单倍体技术发展更为迅猛，被认为是植物育种技术的“黑马”。1971年

Sharp 首次报道了番茄小孢子培养，1982 年 Lithcher 首次对 *Brassica napus* 游离小孢子进行培养并获得再生植株，自此蔬菜单倍体育种技术的研究引起更广泛关注。目前，孟山都、先正达和瑞克斯旺等跨国公司已经把它作为白菜、甘蓝、黄瓜和辣椒等蔬菜作物育种的重要方法，大大加快了蔬菜育种的进程。

1980 年，Botstein 等首先提出了 RFLP（restriction fragment length polymorphism）可以作为遗传标记，从此进入应用 DNA 多态性作为遗传标记的新阶段。早在 1986 年，Bernatky 和 Tanksley 就以番茄为材料构建了世界上第 1 张蔬菜作物的分子标记连锁图谱。此后，蔬菜作物的分子标记研究变得异常活跃。21 世纪以来，SSR（simple sequence repeats）、InDel（insertion-deletion）和 SNP（single nucleotide polymorphism）等新的标记技术不断涌现，使得分子标记辅助育种作用凸显。跨国公司在蔬菜分子育种技术研究方面发展很快，组建了研发规模和通量越来越大的自动化技术体系，包括自动化 DNA 提取技术、自动化 PCR 体系构建技术、自动化高通量电泳分析技术、自动化 SNP 检测技术等。利用这些技术构建的分子标记辅助育种流水线及对其产生的数据进行整合分析的育种系统，已成为国际上许多跨国公司分子育种的重要平台。

2000 年第 1 个模式植物拟南芥基因组在 *Nature* 上发表，到 2016 年年初，全世界已有黄瓜、番茄、西瓜、甘蓝和辣椒等十多种主要蔬菜完成了基因组测序。近几年推出的全自动高通量植物 3D 成像系统，开辟了植物表型组学的新时代。各种“组学”技术的发展使得规模化标记开发和全基因组功能基因挖掘成为可能，基因组编辑技术和全基因组选择技术在蔬菜遗传育种领域展现了广阔的发展前景，必将引发新一轮的蔬菜种业科技革命。

二、中国蔬菜育种简史

我国最早的一部词典《尔雅》将“蔬”定义为“凡草可食者，通名为蔬”，明代李时珍《本草纲目》（1590）将“菜”定义为“凡草木之可茹者谓之菜”。据记载，最早的蔬菜是经过先民“尝草别谷”而来，也就是从野菜中经过尝试、选择和驯化而来。据统计，《诗经》（公元前 11 世纪至前 6 世纪）中记载的蔬菜仅 10 余种，秦汉时增加到 20 多种，南北朝时期《齐民要术》（公元 532）中已达 30 余种，唐代《四时纂要》（10 世纪中后期）记载了 36 种，明代《农政全书》（16 世纪末）中记载的有 47 种，清代吴其濬《植物名实图考》（1848）中食用蔬菜达到 80 余种。而现在，我国栽培的蔬菜已达到 200 种以上。蔬菜种类和品种的不断丰富，一方面归功于我国先人有意或无意的人工选择，另一方面来源于国外蔬菜品种的引进。

中国古代就有蔬菜作物人工选择的文献记载。西汉氾胜之所著《氾胜之书》（公元前 1 世纪）第 1 次记述了种瓠要求“收种子须大者”。北魏贾思勰的《齐民要术》中记载了“瓜食时，美者收取”和“收瓜子常岁岁取本母子瓜，截去两头，止取中央子”等留种方法。魏晋南北朝时期，从甜瓜中分化出了新变种越瓜（菜瓜）。早在先秦时代，十字花科蔬菜往往被统称为“葑”，后来逐步分化为蔓菁、芥和芦菔（即萝卜），其中蔓菁在长期的栽培选择过程中形成了“菘”。

我国从世界各国引种蔬菜主要有 3 条路线：第 1 条是从印度和南洋群岛引进，主要蔬菜有生姜、冬瓜、茄子、丝瓜和苦瓜等；第 2 条是经丝绸之路从中亚和中东地区引入，主要蔬菜有菠菜、蚕豆、豌豆、瓠瓜、扁豆、西瓜、甜瓜、黄瓜、胡萝卜、大蒜、大葱、芹菜和芫荽等；第 3 条是明清时期由海路引进，主要蔬菜有菜豆、南瓜、西葫芦、笋瓜、辣椒、马铃薯、番茄、甘蓝、结球生菜和洋葱等。如番茄于明万历年间（1573—1620）传入中国，其最早的记载见于朱国祯《涌幢小品》（17 世纪前期）和王象晋所著的《群芳谱》（1621）。20 世纪 50 年代以后，我国蔬菜育种真正从传统经验学科向实验学科转变，按照育种目标和育种技术可以分为以下几个阶段。

（一）蔬菜资源搜集整理与地方品种的提纯复壮阶段

20 世纪 60 年代以前，主要进行地方品种的调查发掘、搜集、整理、提纯复壮及国内外优良品种的引种研究，该阶段可以说是中国蔬菜育种工作的起步阶段。中华人民共和国成立初期，生产上采用的蔬菜品种主要是地方农家品种，基本是“家家种菜，户户留种”，良种供给主要依靠农户自主生产种子和自由串换，集市亦有少量商品种子供应。由于留种技术的限制，造成种子质量不高、数量不足，因而不能满足生产的需要。20 世纪 50 年代初，在一些地区的农业科学院、农业科学研究所及园艺研究所设立蔬菜研究室或蔬菜研究课题组，逐步开展蔬菜科研工作。1955 年农业部下发“从速调查搜集农家品种”的通知，全国各地广泛开展了蔬菜地方品种的搜集整理、提纯复壮和繁育工作，其间共搜集蔬菜地方品种约 17 000 份。通过选择和提纯复壮，推广了一大批优良的地方品种，如大白菜品种福山包头、城阳青和北京小白口等，西瓜品种三白瓜和马岭瓜等。全国闻名的浙大长萝卜，是吴耕民于 1949 年从杭州市郊区古荡农家选取的萝卜，经系统选育而成为大而长的丰产品种，从 1954 年起已推广到全国各地及朝鲜等邻国。

（二）蔬菜常规品种选育阶段

1958 年农业部提出了我国第 1 个种子工作方针“四自一辅”，即每个农业社都要自繁、自选、自留和自用，辅之以国家必要调剂。中国农林科学院和北京市农林科学院双重领导的蔬菜研究所于此时成立，此后全国各地也相继建立了蔬菜研究所或蔬菜研究室，在全国形成了蔬菜科学研究的体系。该阶段一些科研单位和高等农业院校通过引种和选择育种等途径为生产提供了大量优良品种，较为有名的地方品种有大锉菜 1 号、小青口和抱头青等大白菜品种，红旗磨盘和金早生等甘蓝品种，宁阳大刺和唐山秋瓜等黄瓜品种，早粉 2 号和沈农 2 号等番茄品种。天津市蔬菜研究所从 1959 年开始进行黄瓜新品种选育工作，以“津研”系列黄瓜为代表的一批蔬菜常规品种在抗病和丰产性状方面有了明显提高，产生了较大影响。

（三）蔬菜杂种优势利用阶段

20 世纪 60 年代，我国部分科研单位就开始进行蔬菜杂种优势利用研究工作。70 年代以后，杂种优势利用已逐渐成为主要蔬菜作物最重要的育种途径，各级育种单位在较短的时间内培育出一大批优良甘蓝、白菜和萝卜的自交不亲和系、雄性不育系和雄性不育两用系，以及番茄、甜椒的雄性不育系和黄瓜的雌性系等，这些材料和品系的育成，大大促进了我国蔬菜杂交一代品种种子的大规模商品化生产。在此基础上，第 1 批用于生产的杂交一代蔬菜品种逐渐问世，如番茄品种浦江 1 号和浙江 1 号、2 号及 3 号，辣椒品种早丰 1 号，大白菜品种青杂早丰、山东 5 号和北京 4 号，甘蓝品种京丰 1 号、报春和晚丰等，黄瓜品种津杂 2 号和中农 1101，西瓜品种郑杂 5 号和新红宝。杂种一代由于主要经济性状整齐、丰产、抗病、生长速度快、商品性好，在生产上发挥了重要作用。

（四）蔬菜抗病育种快速发展阶段

20 世纪 70 年代，我国一些单位先后开展了蔬菜抗病育种的研究工作，并最早在番茄抗病毒病和黄瓜抗枯萎病上取得一些进展，到 1980 年前后育成苏抗 1 号、2 号、3 号番茄品种和西农 58 黄瓜品种。1983 年，国家启动了科技攻关计划，番茄、黄瓜、甜（辣）椒、甘蓝和大白菜 5 种主要蔬菜作物抗病育种列入“六五”（1981—1985）和“七五”（1986—1990）国家重点攻关项目，摸清了主要病害病原菌的种群分布、生理小种或株系分化情况，制定出主要病害苗期人工接种鉴定的方法和标准，筛选出一批可抗主要病害的抗源材料，育成一系列丰产、抗病蔬菜新品种，如大白菜品种北京新 1 号、北京小杂 56 和豫白菜 12 等，甘蓝品种中甘 8 号、西园 3 号和秋丰等，番茄品种中蔬

4 号、苏抗 8 号和东农 702 等，湘研系列辣椒品种及甜杂 1 号、中椒 2 号和农大 40 等甜椒品种，黄瓜品种津杂系列和中农 3 号等。杂种优势利用和抗病育种技术在我国蔬菜育种上的普及，大大提升了我国蔬菜优良杂交种的覆盖率。

（五）蔬菜优质多抗育种阶段

从“八五”（1991—1995）攻关开始，优质被列为蔬菜育种的目标之一。在此期间，蔬菜育种工作取得了较为瞩目的成绩，尤其是在育种理论和育种方法的研究方面有许多重要进展。育种家对主要病害抗性、感官品质和营养品质等性状的遗传规律，番茄、黄瓜和辣椒等在低温弱光条件下的生理、生化反应及其鉴定技术等开展了较为系统的研究。这一时期培育出的蔬菜新品种，除产量、抗病性和抗逆性外，多种品质指标都有非常大的提高，较好地解决了蔬菜育种中优质、丰产、抗病三者间的矛盾。较为著名的蔬菜育成品种有：北京新 3 号大白菜品种，8398 甘蓝品种，中杂 9 号、L402 和佳粉 15 番茄品种，中椒 7 号甜椒品种，京欣 1 号和西农 8 号西瓜品种，中农 7 号和“津春”系列黄瓜品种。同时，也育成一些较耐低温弱光、适于设施栽培的黄瓜、番茄和甜椒新品种，耐热、抗病、适于夏季栽培的白菜、萝卜和甘蓝新品种。

（六）蔬菜生物技术育种与常规育种结合阶段

尽管我国蔬菜生物技术的研究起步较晚，但亦在细胞工程、基因工程、分子生物学等相关领域做了大量工作，不断缩小了与国际先进水平的差距。特别是 21 世纪以来，我国在蔬菜分子标记辅助育种技术、细胞融合技术、单倍体育种技术和基因工程技术等方面取得了重大突破，我国蔬菜育种技术进入全面快速发展阶段。

我国于 1970 年开始在单倍体育种方面进行研究，先后在辣椒、白菜、茄子、甘蓝、萝卜、芥菜和黄瓜的单倍体研究上取得突破，培育了海花甜椒、北京橘红心和豫白菜 7 号大白菜等多个蔬菜品种，并在生产上推广应用。我国原生质体培养研究起步于 20 世纪 90 年代，到 21 世纪初已获得了番茄、黄瓜、甜瓜、白菜、甘蓝和胡萝卜等多种蔬菜的原生质体培养再生植株，并通过原生质体融合获得了不结球白菜胞质杂种、胡萝卜种内胞质杂种、甘蓝型油菜与萝卜的种间胞质杂种，以及茄子近缘野生种与栽培种六叶茄的种间体细胞融合四倍体再生植株。早在 20 世纪 80 年代末，部分单位就开展了利用基因工程创造抗病虫育种材料的研究，先后获得了抗病毒病的番茄、黄瓜、辣椒、甜瓜、白菜和甘蓝转化株，含 *Bt* 基因的抗虫番茄和甘蓝以及抗菜青虫的白菜等。1996 年我国相继批准了转基因耐贮藏番茄华番 1 号、抗黄瓜花叶病毒番茄 8805R 和甜椒双丰 R 可以进入商业化生产。

我国蔬菜作物分子标记研究始于 20 世纪 90 年代，最早利用 RAPD（random amplified polymorphic DNA）和 AFLP（amplication fragment length polymorphism analysis）标记进行种子纯度鉴定和遗传多样性研究，并先后构建了白菜、黄瓜和西瓜等蔬菜作物的第一代分子遗传图谱，开发了西瓜抗枯萎病和甘蓝显性雄性不育基因的分子标记。我国科学家还自主研发了一些实用性较强的分子标记技术，如 ERPAR（extended random primer amplified region）标记技术。2005 年以后，分子标记进入快速发展阶段，利用 SSR、InDel 和 SNP 等新一代分子标记技术，构建了高密度的白菜、甘蓝、番茄、黄瓜和西瓜等多种蔬菜作物的分子遗传图谱，筛选获得一大批与重要性状紧密连锁的分子标记，如白菜抗根肿病、甘蓝抗枯萎病、番茄抗 TY 病毒病和根结线虫病、西瓜抗枯萎病、西葫芦抗病毒病和白粉病等基因的分子标记已成功应用于蔬菜育种。2009 年我国科学家主持完成了世界上第 1 个蔬菜作物黄瓜全基因组的测序和分析。此后，我国又陆续完成了白菜、西瓜、甘蓝、马铃薯和辣椒等蔬菜的全基因组测序，并利用骨干育种材料的重测序信息建立了主要蔬菜全基因组序列变异数据库，为全基因组功能基因挖掘和大规模开发 SNP 标记带来了极大的便利，并不断推动分子标记辅助育种技术由研究阶段向规模化应用阶段过渡。如中国农业科学院蔬菜花卉研究所黄瓜课题组先后开发了黄瓜抗黑星病、霜霉病和苦味等15个重要性状紧密连锁的分子标记，通过分子标记辅助育种技术结合常规育种培育了中农18等8个优质多抗黄瓜新品种，实现了黄瓜品种的更新换代。

我国育种家通过选育自主知识产权的突破性蔬菜优良品种，不断提升蔬菜品种的市场竞争力，最具代表性的例子是：20世纪90年代末，面对美国硬肉、耐贮运番茄品种在国内市场推广应用，我国蔬菜育种家及时推出合作906、宝冠和金棚等系列番茄品种，较为成功地遏制了美国大红、大红409、以色列144和以色列189等在国内的垄断地位。21世纪以来，生物技术与常规育种结合，缩短育种周期，提高育种效率，我国先后培育了一批可与跨国公司抗衡的重要蔬菜新品种，如京葫36西葫芦、中甘21甘蓝、华欣西瓜、津优35黄瓜、京春娃2号娃娃菜等。目前，以"中甘"系列甘蓝、"京欣"系列西瓜、京秋3号为代表的大白菜、津优35为代表的黄瓜、中椒105为代表的辣（甜）椒等优良品种，占据国内蔬菜市场主导地位。

第三节 中国蔬菜育种现状与发展趋势

一、蔬菜育种的主要成就与问题

（一）主要成就

20世纪50年代以来，中国各级政府一直十分重视蔬菜育种工作，多次组织或支持召开与蔬菜育种有关的全国性科技工作会议。例如，分别在1959年和1960年召开了第1次和第2次蔬菜科研工作会议，以及在1974年、1977年、1979年、1988年、1998年召开了全国蔬菜科研协作会或科研工作经验交流会，在1977年、1981年召开了全国蔬菜杂种优势利用经验交流会，1981年、1987年召开了全国蔬菜种质资源学术交流会等。21世纪以来，又多次召开了有关蔬菜科研院所发展战略研讨会、蔬菜生物技术育种研讨会等。中国园艺学会组织的与蔬菜育种有关的学术活动也十分活跃，除召开的学术年会外，近年成立的园艺学会十字花科蔬菜、辣椒、番茄、黄瓜、茄子、南瓜等主要蔬菜作物分会，几乎每年都召开1～2次学术交流或新品种展示会。这些会议或学术活动，促进了科研工作经验交流和学术交流，引导了各个时期蔬菜育种发展的方向。

与蔬菜育种相关的国际学术交流也取得一定的成效。20世纪70年代以来，经常邀请国外蔬菜育种专家来华讲学。如20世纪70～80年代邀请日本专家就十字花科作物杂种优势利用进行专题讲座，邀请美国专家来华主办蔬菜抗病育种培训。近年来，多次邀请荷兰、美国、日本和以色列等国专家来华就生物技术育种进行交流。与此同时，国家还派遣大批科技人员到国外留学、培训、参观、访问，学习国外先进的育种技术和管理经验，交流种质资源材料，对培养我国蔬菜育种科技人员，提高我国蔬菜育种研究水平发挥了重要作用。

国家对蔬菜育种科研项目经费投入逐渐增加。20世纪80年代以来，科学技术部和农业部一直把蔬菜育种列入国家重点支持的科研项目，"十二五"（2011—2015）期间，科学技术部组织实施的973计划、863计划、攻关计划（支撑计划）、国家自然科学基金，农业部组织的948项目、现代农业产业技术体系、农业行业专项等，都设有蔬菜育种相关的课题，支持的科研经费有较大增长。"十三五"（2016—2020）期间，科学技术部组织的主要农作物育种专项已把蔬菜列为重点支持的七大农作物之一。除了国家支持的科研项目外，各省（自治区、直辖市）也都列有蔬菜育种科研项目。

经过几代蔬菜育种科技人员的积极努力，中国蔬菜遗传育种工作取得了举世瞩目的成就。

1. 建立了比较健全的蔬菜遗传育种机构及技术力量雄厚的科技队伍 中国的蔬菜遗传育种工作主要在科研机构和高等院校开展。20世纪50～60年代，中国各地开始逐步建立农业科技教育机构。1958年，组建了中国农业科学院蔬菜研究所，后在各省（自治区、直辖市）相继建立农业科学院（所）和高等农业院校，农业科学院（所）大都设有蔬菜研究所，高等农业院校大都设有蔬菜专业。

目前，中国有179个从事蔬菜育种研究的地（市）级以上科研、教学单位，其中科研单位143个，包括国家级蔬菜科研机构1个、省级蔬菜研究所33个、地市级蔬菜研究所109个；从事遗传育种的科研人员（助研、讲师以上）有2 046人，是世界上拥有从事蔬菜育种科技人员最多的国家。其中具有高级职称的998人，约占育种科技人员总数的48.8%（表1-1）。育种科研人员在30人以上的单位有中国农业科学院蔬菜花卉研究所、北京市农林科学院蔬菜研究中心、上海市农业科学院园艺研究所、天津科润黄瓜研究所、天津科润蔬菜研究所、黑龙江省农业科学院园艺分院、江苏省农业科学院蔬菜研究所、山东省农业科学院蔬菜所等12个单位（表1-2）。

从所进行育种的蔬菜作物种类上看，各单位差异较大，中国农业科学院蔬菜花卉研究所以及北京、上海、天津、重庆、广东、山东、安徽、山西、湖北、江苏、广西、浙江等省级科研院所进行着10种以上蔬菜作物的育种工作，其他省级科研单位大都开展6种以上蔬菜作物的育种工作（表1-2）。

我国共有47个与蔬菜育种领域相关的各类科研平台，其中国家蔬菜工程实验室1个，蔬菜工程技术研究中心6个，蔬菜改良中心（分中心）6个，与蔬菜育种相关的农业部重点实验室11个。

目前，设有蔬菜学专业的高等农业院校36个，每年毕业的蔬菜学专业本科生1 000余人；蔬菜学博士点22个，每年毕业的蔬菜学专业博士生60余人。这表明我国蔬菜学科的科技队伍实力雄厚，后继有人。

表1-1　省级（自治区、直辖市）科研机构、高等农业院校及育种人员情况

（徐东辉、方智远，2013）

序号	省份	科研机构及农业高校（个）	科研人员（人）	具高级职称人员（人）	序号	省份	科研机构及农业高校（个）	科研人员（人）	具高级职称人员（人）
1	北京	5	105	73	17	山西	5	49	34
2	上海	2	52	21	18	安徽	6	41	16
3	重庆	3	48	25	19	湖北	8	94	51
4	天津	3	65	40	20	湖南	7	69	35
5	黑龙江	3	94	31	21	江苏	9	110	47
6	吉林	6	115	56	22	四川	6	50	23
7	辽宁	12	97	51	23	贵州	3	36	16
8	内蒙古	5	36	10	24	云南	6	39	23
9	河北	9	75	47	25	广西	3	32	15
10	新疆	6	83	42	26	西藏	2	10	0
11	甘肃	6	61	26	27	江西	4	37	20
12	青海	2	10	5	28	广东	6	81	50
13	陕西	2	25	18	29	福建	3	17	9
14	宁夏	1	9	4	30	海南	3	18	12
15	河南	17	168	86	31	浙江	13	157	30
16	山东	13	163	82	32	合计	179	2 046	998

表1-2 省级以上科研单位的育种科技人员数量和育种作物种类

（徐东辉、方智远，2013）

序号	单位名称	育种人数	育种蔬菜作物
1	中国农业科学院蔬菜花卉研究所	54	甘蓝、大白菜、番茄、辣椒、黄瓜、茄子、南瓜、西瓜、甜瓜、胡萝卜、青花菜、花椰菜、菠菜、萝卜
2	北京市农林科学院蔬菜研究中心	39	大白菜、番茄、茄子、辣椒、黄瓜、南瓜、西瓜、甜瓜、甘蓝、萝卜、青花菜、洋葱、胡萝卜、菠菜
3	上海市农业科学院园艺研究所	38	普通白菜、甘蓝、青花菜、花椰菜、番茄、黄瓜、茄子、甜椒、西瓜、甜瓜、南瓜、菜用大豆、生菜、菠菜、芹菜
4	重庆市农业科学院蔬菜花卉研究所	29	茄子、番茄、辣椒、苦瓜、黄瓜、甘蓝、丝瓜、茎瘤芥（榨菜）、南瓜、冬瓜
5	天津科润黄瓜研究所	32	黄瓜
6	天津科润蔬菜研究所	32	花椰菜、大白菜、茄子、苦瓜、菜豆、芹菜、青花菜、西瓜、甜瓜、黄瓜、甘蓝、萝卜、胡萝卜、生菜
7	黑龙江省农业科学院园艺分院	42	大白菜、番茄、辣椒、茄子、黄瓜、西瓜、甜瓜、南瓜、菜豆
8	吉林省蔬菜花卉科学研究院	46	黄瓜、菜豆、辣椒、茄子、番茄、西瓜、甜瓜
9	吉林省农业科学院经济植物研究所	24	菜豆、叶菜类蔬菜、甜瓜、黄瓜、番茄
10	辽宁省农业科学院蔬菜研究所	29	番茄、黄瓜、茄子、辣椒、大白菜、大葱
11	内蒙古农牧科学院蔬菜研究所	14	胡萝卜、大葱、洋葱、辣椒、加工番茄
12	河北省农林科学院经济作物研究所	14	大白菜、辣椒、茄子、番茄、西瓜、甜瓜
13	新疆农业科学院园艺作物研究所	8	番茄、辣椒、甜瓜、西瓜
14	甘肃省农业科学院蔬菜研究所	24	辣椒、番茄、黄瓜、南瓜、西瓜、甜瓜、花椰菜、莴笋、茄子
15	青海省农林科学院园艺研究所	8	辣椒、菊芋、西葫芦、菜豆
16	宁夏农林科学院种质资源研究所	9	辣椒、番茄、黄瓜、萝卜、菜豆
17	河南省农业科学院园艺研究所	14	大白菜、甘蓝、番茄、辣椒、茄子、黄瓜、洋葱、胡萝卜
18	山东省农业科学院蔬菜花卉研究所	41	大白菜、萝卜、番茄、辣椒、茄子、黄瓜、洋葱、大葱、西瓜、甜瓜
19	山西省农业科学院蔬菜研究所	38	西葫芦、甘蓝、大白菜、萝卜、辣椒、茄子、番茄、西瓜、黄瓜、芹菜、普通白菜
20	安徽省农业科学院园艺研究所	20	番茄、辣椒、茄子、西瓜、甜瓜、乌塌菜、黄瓜、大葱、茭白、水芹
21	湖北省农业科学院经济作物研究所	19	萝卜、辣椒、茄子、西瓜、甜瓜、红菜薹、普通白菜、豇豆、黄瓜、苦瓜、丝瓜、甘蓝
22	湖南省农业科学院蔬菜研究所	20	辣椒、茄子、番茄、黄瓜、南瓜、冬瓜、苦瓜、丝瓜、菜薹
23	江苏省农业科学院蔬菜研究所	45	辣椒、大白菜、番茄、萝卜、甘蓝、西瓜、甜瓜、菜豆、茄子、洋葱、苦瓜、丝瓜
24	四川省农业科学院园艺研究所	17	茄子、辣椒、西瓜、黄瓜、南瓜、苦瓜、芥菜、莴笋
25	贵州省农业科学院园艺研究所	18	辣椒、大白菜、甘蓝、茄子、番茄
26	云南省农业科学院园艺作物研究所	17	大白菜、甘蓝、茄子、番茄
27	广西农业科学院蔬菜研究所	27	辣椒、番茄、茄子、苦瓜、西瓜、甜瓜、冬瓜、节瓜、丝瓜、南瓜
28	西藏农牧科学院蔬菜研究所	7	大白菜、萝卜、芜菁、辣椒
29	江西省农业科学院蔬菜花卉研究所	18	芦笋、辣椒、茄子、番茄、苦瓜、冬瓜、普通白菜

（续）

序号	单位名称	育种人数	育种蔬菜作物
30	广东省农业科学院蔬菜研究所	30	黄瓜、冬瓜、辣椒、菜薹、节瓜、苦瓜、丝瓜、南瓜、番茄、茄子、大白菜、芥蓝、普通白菜、菜豆、豇豆
31	福建省农业科学院作物研究所	3	苦瓜、樱桃番茄
32	福建省农业科学院资源研究所	4	苦瓜、西瓜、甜瓜
33	海南省农业科学院蔬菜研究所	10	冬瓜、苦瓜、南瓜、丝瓜、辣椒、茄子、番茄、豇豆
34	浙江省农业科学院蔬菜研究所	40	番茄、茄子、辣椒、豇豆、瓠瓜、青花菜、花椰菜、大白菜、甘蓝、菜用大豆、豌豆、黄瓜、苦瓜、西瓜、甜瓜

中国蔬菜学科的先驱，如吴耕民（1896—1991）、李家文（1913—1980）、谭其猛（1914—1984）、李曙轩（1917—1990）等，为开创和发展我国蔬菜学科做出了巨大贡献，他们的学术思想、著作、科研成果至今还在影响着蔬菜遗传育种事业的发展。20 世纪 50～60 年代培养的老一代蔬菜遗传育种专家为我国蔬菜遗传育种事业做出了重大贡献，他们中绝大多数虽然已不在第一线工作，但仍在以不同方式支持着蔬菜遗传育种工作的发展。改革开放后培养的中青年科技人才，他们中很多人具有博士学位，相当多的人员有国外学习经历，掌握了许多新的育种理论和技术，已成为中国现代蔬菜遗传育种的中坚和新生力量。

2. 蔬菜种业初具规模　20 世纪 80 年代以前，蔬菜品种繁育和推广与其他农作物一样，实行“四自一辅”政策，即农民或其合作组织“自选、自繁、自留、自用”为主，国家调剂为辅。80 年代开始，科技体制改革，鼓励育种科研单位成立蔬菜种子企业，以加快育成的品种市场转化，促进育成品种的推广应用。与此同时，一些农业管理部门也组建了一些国有种子企业进行种子生产经营。至 90 年代后期，国有种子企业基本退出市场，而民营种子企业快速建立、发展。据统计，2014 年中国有 6 500多家农作物种子企业，其中蔬菜种子企业约为 5 000 家，可分为农业科研院校（所）背景的种子企业、民营育种型种业企业和代理经营型种业企业（表 1－3、表 1－4）。由于农业科研院校（所）背景的蔬菜种子企业技术上有科研单位作为支撑，具有较强的育种实力，育成品种数量多，初步形成中

表 1－3　我国以科研单位为背景的部分蔬菜种子企业

（黄山松等，2013）

企业名称	依托单位	主要蔬菜作物
京研益农（北京）种业科技有限公司	北京市农林科学院蔬菜中心	大白菜、普通白菜、西瓜、西葫芦、番茄、黄瓜、辣椒、甘蓝、萝卜等
中蔬种业科技（北京）有限公司	中国农业科学院蔬菜花卉研究所	甘蓝、黄瓜、辣椒、番茄、白菜、茄子、胡萝卜、菜豆、菠菜等
天津科润黄瓜研究所	天津市农业科学院	黄瓜
天津科润蔬菜研究所	天津市农业科学院	花椰菜、大白菜等
浙江浙农种业有限公司	浙江省农业科学院	番茄、大白菜等
江苏省江蔬种苗科技有限公司	江苏省农业科学院	甘蓝、辣椒、西瓜等
上海科园种子有限公司	上海市农业科学院	番茄、黄瓜、普通白菜等
青岛国际种苗有限公司	青岛农业大学	大白菜、番茄、黄瓜等
北京海花生物科技有限公司	北京市海淀区植物组培室	辣椒、茄子等
重庆科光种苗有限公司	重庆市农业科学院	辣椒、甜玉米、茄子等
广东粤蔬种业有限公司	广东省农业科学院	茄子、苦瓜及叶菜等

蔬、京研、津研、湘研等品牌，目前年营业额最多的已达1亿元左右，年营业额在2 000万～5 000万元的有10余家。民营育种型企业规模较大、年销售额在5 000万元左右的有5～8家，如汕头市金韩种业有限公司、天津德瑞特种业有限公司、青州市华盛农业发展有限公司等；年销售额在2 000万～3 000万元的有10多家。已有一些民营育种型企业具备育种能力，如天津德瑞特种业有限公司主要开展黄瓜育种，西安金鹏种苗有限公司主要进行番茄育种。

表1-4 国内有一定规模的育种型民营蔬菜种子企业

（马德华等，2014）

公　　司	主要育种蔬菜作物
天津德瑞特种业有限公司	黄瓜
汕头市金韩种业有限公司	南瓜、苦瓜等
安徽省江淮种业有限责任公司	西瓜、南瓜、甜瓜、辣椒
青州市华盛农业发展有限公司	西葫芦、萝卜、白菜、辣椒
德州市德高蔬菜种苗研究所	大白菜、普通白菜、萝卜、大葱
浙江神良种业有限公司	花椰菜
沈阳谷雨种业有限公司	番茄
温州市神鹿种业有限公司	花椰菜、大白菜、甘蓝、普通白菜
安徽福斯特种苗有限公司	辣椒、甜椒、番茄
西安金鹏种苗有限公司	番茄
天津市绿丰园艺新技术开发有限公司	黄瓜
莱州市登海种业集团西由种子有限公司	大白菜、萝卜

据中国种子公司有关部门估计，中国蔬菜种业年产值已达120亿～150亿元，而且还有较大的发展潜力。中国蔬菜良种繁育工作也逐步规范和规模化。近年来，已在山西和河北北部、辽宁南部、宁夏、新疆建立茄果类、豆类蔬菜的制种基地；在山东、河北、山西中南部、河南北部、云南建立十字花科和瓜类蔬菜的重要繁种基地；在甘肃、新疆、内蒙古建立瓜类、茄果类蔬菜及洋葱、胡萝卜的重要繁殖基地。仅国家大宗蔬菜产业技术体系有关专家就在上述地区建立了30多个制种基地，每年制种面积约1万亩（亩为非法定计量单位，15亩=1 hm^2），年产种子超过75万kg，而且种子质量明显提高，改变了过去大包装、散种子出售的落后状况，商品种子发芽率、净度、纯度都达到了国家标准。

3. 取得了一批重要科研成果 据统计，1978—2015年科学技术部颁发的110余项蔬菜专业国家级科技成果奖励中，80%以上与遗传育种有关；21项与蔬菜学有关的国家发明奖中，19项与遗传育种有关。主要研究成果具体表现在以下几个方面：

（1）*种质资源搜集保存与优异种质创新成绩显著* 20世纪80年代以来，农业部多次组织各省（自治区、直辖市）科技人员对中国地方蔬菜品种资源进行调查、搜集、整理、评价，先后组织专家对云南、西藏、神农架等边远地区的蔬菜种质资源进行重点考察。到2012年，国家蔬菜种质资源中期库已保存蔬菜种质资源30 493份，连同西瓜、甜瓜种质资源库、水生蔬菜种质资源圃、无性繁殖蔬菜种质资源圃，共保存蔬菜种质资源36 351份，在世界各国中仅次于美国、俄罗斯，名列第3。挽救了一大批濒临灭绝的种质资源，发掘出一大批优异的地方种质，如小青口、福山包头、石特、玉青等大白菜品种资源；浙大长、心里美、潍县青、大红袍等萝卜品种资源；黑叶小平头、黑平头、楠木叶、牛心、鸡心、金早生等甘蓝品种资源；唐山秋瓜、长春密刺等黄瓜品种资源；伏地尖、河西牛角椒、湘潭迟斑椒、上海茄门等辣椒品种资源。

国外蔬菜种质资源引种也取得了较好的成绩。近年来，仅中国农业科学院蔬菜花卉研究所和北京市蔬菜研究中心就通过多种途径引进了国外蔬菜种质2万余份，获得一批优异种质，如番茄抗病毒病的抗源玛拉佩尔（Manapal）TM-2^{nv}；甘蓝、白菜的Ogura萝卜胞质雄性不育材料；辣椒优异种质保加利亚尖椒、奥地利7714；耐低温性好的欧洲型黄瓜等。上述优异种质资源有的直接用于生产，有的成为我国蔬菜育种的原始材料。

2003年以来，中国农业科学院蔬菜花卉研究所组织编写了适合中国国情的主要蔬菜作物描述规范和数据标准30余个，推动了蔬菜种质资源研究的进一步深入和规范化。

近年来，在种质创新方面取得了显著进展。如初步构建出大白菜、黄瓜、萝卜、胡萝卜核心种质，通过远缘杂交从野生黄瓜、野生番茄中挖掘出抗病、抗逆基因用于育种。经过常规的系统筛选、配合力测定结合分子标记选择，获得400多份聚合3～6个优良性状的白菜、甘蓝、番茄、黄瓜、辣椒等蔬菜育种材料，有的已成为主要蔬菜作物杂交育种的骨干亲本，如大白菜小青口2039-5、冠291、石特79-3、福77-65、福77-105、黑227、黑229等，甘蓝黑叶小平头21-3、北京早熟01-20、金早生02-12、87-534、96-100等，辣椒茄门75-7-3-1、伏地尖5901、河西牛角椒6421、湘潭迟斑椒8214等，黄瓜长春密刺Q21、津研4号Q12-2、二青条451等，番茄强力米寿、玛拉佩尔等，每个骨干亲本大多配制出10余个甚至20～30个优良品种，提升了我国蔬菜育种水平。

(2) *蔬菜育种技术快速进步*　中国的蔬菜育种技术与时俱进，选择育种、杂交育种等常规育种技术，正在与细胞工程育种、分子育种技术相结合，逐步改变过去基本上靠育种人员经验的传统育种状态。

中国蔬菜杂种优势利用技术在20世纪70年代获得突破以后，现已在30余种蔬菜育种中得到应用。大白菜、甘蓝、黄瓜、番茄、辣椒、茄子和花椰菜等主要蔬菜作物新品种80%～90%为杂交一代品种。另外，十字花科蔬菜自交不亲和系、亲和系、瓜类蔬菜雌性系得到规模化应用。中国育种科技人员发现的白菜、甘蓝显性核基因雄性不育材料、萝卜核质互作雄性不育材料已建立了具有自主知识产权的育种技术体系，并已在育种实践中应用。引进了白菜、甘蓝的Ogura萝卜胞质雄性不育系并成功应用。辣椒、胡萝卜、洋葱、大葱、韭菜等雄性不育系和芦笋、菠菜雌株系也成功得到利用。

20世纪80年代以来，主要蔬菜作物抗病育种技术研究成效显著，已制定了主要蔬菜作物30余种病害规范化的苗期单抗或多抗人工接种鉴定技术规程。目前，主要蔬菜作物的主栽品种大部分可抗2～4种病害，如可抗4～6种病害的黄瓜、番茄，抗2～4种病害的白菜、辣椒、甘蓝等。

抗逆育种、品质育种技术也取得显著研究成果。初步研究制定出耐低温、耐弱光、耐高温、耐未熟抽薹、耐贮运等20余种抗逆性鉴定技术规程，以及多项主要蔬菜产品器官商品品质、营养品质的鉴定技术规程，为抗逆、品质育种提供了技术支持。培育出适于春季低温条件下栽培的优质、耐未熟抽薹的大白菜、甘蓝、萝卜品种；适于设施栽培的耐低温、耐弱光的番茄、辣椒、西葫芦、茄子品种；商品品质性状好、耐贮运的番茄、甘蓝、辣椒等品种；色素含量高、品质优的番茄、辣椒以及橘红心白菜品种；糖分含量高的西瓜、甜瓜品种；风味优良的番茄、黄瓜品种等。

蔬菜远缘杂交技术取得重大进展，白菜与甘蓝、栽培黄瓜（*Cucumis sativus* L.）与野生黄瓜（*Cucumis hystrix* Chakr.）、普通番茄（*Solanum lycopersicum*）与多毛番茄（*Solanum habrochaites*）、萝卜与甘蓝杂交获得成功，一些组合获得了抗性优良的后代。

分子标记辅助育种取得重大进展，黄瓜、西瓜、番茄、白菜、甘蓝、甜椒等主要蔬菜作物已构建了一批高密度的分子遗传图谱，获得了一批与抗病、抗逆、品质、雄性不育等40余种重要性状紧密连锁的分子标记，用于辅助选择的准确率达到85%以上。

转基因蔬菜育种技术不断提高，转化体系不断完善。转*Bt*抗虫甘蓝、青花菜、大白菜等均已获得成功并显示良好的抗虫性。甜椒、番茄、菜心抗病毒病基因工程，以及转基因耐贮番茄、青花菜研究工作取得新进展，为蔬菜基因工程育种研究提供了技术储备。

细胞工程技术已经在蔬菜育种中得到应用，成为提高育种效率的重要途径。利用花药培养已经培育出甜椒新品种；小孢子培养技术已在大白菜、甘蓝、辣椒、青花菜、茄子等作物上获得成功，仅国家大宗蔬菜产业技术体系育种岗位专家“十二五”（2011—2015）期间就获得6 000余个DH系，其中白菜、甘蓝已通过小孢子培养技术育成新品种。原生质体融合技术已成功用于改良普通白菜胞质雄性不育系。黄瓜等瓜类作物未受精子房培养已获得成功。

（3）应用基础研究取得长足进步　深入研究了主要蔬菜作物生长发育特性和对环境条件的需求，明确了一些重要经济性状和农艺性状在杂种后代的遗传表现，如对主要病害和逆境的抗性、品质、育性基因的遗传规律；研究明确了主要蔬菜作物主要病虫害的种群和生理小种（株系）分化情况，为育种材料筛选、杂交组合的选配提供了理论指导。特别是近年来一些重要蔬菜作物的基因组学研究取得重要突破。2009年起，由中国有关科研教学单位主持或参与的国际合作项目，完成了黄瓜、白菜、马铃薯、番茄、西瓜、甘蓝等基因组测序和一批重要育种材料的重测序，构建了黄瓜、大白菜、番茄、西瓜、甘蓝等主要蔬菜高密度SNP遗传连锁图谱。标记定位了一批与抗病性、品质、产量等性状相关的基因位点，克隆了一批与育性、抗性和品质相关的基因，促进了传统育种技术和现代分子育种技术的结合。

近年来，以应用基础研究为主要内容的学术论文不断增加，据不完全统计，2011、2012、2013、2014年我国发表蔬菜学有关的SCI论文分别为143、192、249、556篇，2015年增至603篇。这些论文中，很多是与蔬菜遗传育种相关的论文，而且有的发表在*Nature*、*Science*等世界自然科学顶级杂志上。在国内期刊《园艺学报》上，2015年发表的与蔬菜学有关的250篇论文中，41.2%与蔬菜遗传育种有关。

（4）育成一大批具有自主知识产权的优良品种　近年，虽然国家农作物新品种审定委员会已不再审定蔬菜品种，但农业部仍然组织几种主要蔬菜的区试与鉴定工作，一些省（自治区、直辖市）仍然保留着蔬菜新品种的审定、登记或备案制度。据统计，1978—2012年，国家及各省（自治区、直辖市）育成且通过审定（认定、登记、鉴定）的30余种蔬菜新品种4 825个（表1-5）。这些新品种加上一些传统的地方优良品种，在中国蔬菜生产中占有主导地位，播种面积约占全国蔬菜栽培面积的80%。山东农业顾问团蔬菜分团调查资料显示，即使在山东这个进口蔬菜种子比较多的省份，国产蔬菜品种仍占80.4%。大批国产蔬菜品种的育成和推广应用，有力地推进了我国民族种业和蔬菜产业的蓬勃发展。

表1-5　主要蔬菜作物1978—2012年审（认）定、登记、备案、鉴定品种

（张扬勇、方智远等，2013）

作物种类	品种数（个）	作物种类	品种数（个）	作物种类	品种数（个）
西瓜	785	豇豆	101	冬瓜	29
辣椒	707	苦瓜	92	洋葱	23
大白菜	538	南瓜	84	蚕豆	22
番茄	451	西葫芦	82	节瓜	19
黄瓜	299	花椰菜	59	胡萝卜	18
甘蓝	201	豌豆	45	大葱	18
茄子	190	丝瓜	51	茭白	17
甜瓜	169	普通白菜	68	莲藕	17
食用菌	123	籽用南瓜	44	其他	287
萝卜	107	葫芦	43	合计	4 825
菜豆	100	芹菜	36		

由表1－5可知，各蔬菜作物育成品种数量差异较大，育成200个以上品种的蔬菜作物有6种。其中，西瓜785个，辣椒707个，大白菜538个，番茄451个，黄瓜299个，甘蓝201个。大批蔬菜新品种的育成，使我国蔬菜作物良种覆盖率达90%以上，几种主要蔬菜作物已经过3～4代品种的更新换代。

（二）存在的主要问题

1. 基础研究比较薄弱　我国蔬菜育种应用基础研究近年虽有不小进步，但因起步晚，与发达国家及国内大田作物相比都有较大差距，特别是一些蔬菜作物生长发育特性和重要性状的遗传规律尚不清楚，一些蔬菜作物产量、品质、抗病、抗逆等目标性状形成的分子机制不明，与蔬菜杂交育种有关的骨干亲本的遗传构成、杂种优势机理及预测、主要蔬菜作物杂种优势群的划分等基础性研究刚刚起步。近年来，几种蔬菜作物基因组学研究虽获得突破，但多数研究成果离实际应用还有较大距离。

2. 优异种质资源缺乏，育种原始创新不够　在搜集保存的3.6万份蔬菜种质资源中，绝大多数是国内地方品种资源，国外引进种质仅占6.5%。而在美国种质资源库中，国外种质占全部保存种质的80%。加之对种质资源缺乏系统研究，优异种质原始创新能力弱，致使部分蔬菜作物，特别是起源于国外的蔬菜种类如甘蓝类、番茄等，因现有种质资源遗传背景不丰富，优异种质资源缺乏。

3. 生物技术育种与常规育种结合不紧密　我国在蔬菜细胞工程育种、分子标记辅助育种研究方面虽然有长足进步，但技术创新性、应用规模化和效率，与美国等发达国家相比，仍有较大差距。一些生物技术研究成果停留在实验室阶段，不少从事育种实践的科技人员仍依靠经验育种，两者之间结合不紧密。

4. 育种者的知识产权常得不到保障　由于蔬菜作物亲本繁殖材料易于获得，蔬菜种业利润空间大，知识产权维护成本高。虽然政府出台了种子管理条例和新品种保护条例，但种业市场不规范，诚信度不高，加上执法不严，因此，假冒伪劣种子危害蔬菜生产，侵害育种者知识产权事件时有发生，市场上一个品种多个名称的情况十分常见，不仅扰乱市场秩序，损害菜农和育种者利益，也影响育种研究和资金的投入。

5. 育种技术体系不完善，产学研结合不紧密　蔬菜育种科研单位和人员虽较多，但缺乏协作分工，研究内容分散重复，同一地区的育种机构所研究的作物常集中在大白菜、番茄、辣椒、黄瓜、甘蓝、西瓜等几种蔬菜作物上，育种目标也十分相似，育成品种数量多，同质化比较严重。然而国内外市场需求大的胡萝卜、洋葱、生菜、芥菜、菠菜、芹菜等作物的育种力量薄弱。蔬菜科研项目经费投入近年虽有增加，但与大田作物相比仍有很大差距。蔬菜种类多、面积大，科技投入的明显不足，致使有些市场急需的蔬菜种类至今仍未得到科研项目的资助。

目前，蔬菜种质资源、育种科技人员、育种技术仍主要集中在科研单位，一些蔬菜育种单位科技人员既要搞种质创新和品种选育，还要进行品种繁育和推广，导致精力分散、育种规模小、效率不高、程序不规范，育成品种虽多，但对产业影响大的突破性品种少。我国蔬菜种子企业虽然数量多，但大多数规模小。总之，现有蔬菜育种技术体系与建立以企业为主体、育种科研单位和种子企业产学研相结合的新型育种技术体系的要求相差甚远。

6. 蔬菜种业面临境外跨国种子企业的挑战　随着我国蔬菜种业市场对外开放，国外种子企业纷纷进入中国市场，目前已有20多家经营蔬菜种子的国外公司在我国登记注册。他们利用本身拥有的雄厚资本和优异种质，加上我国本土的优良种质与技术人员在我国开展育种，目前已在一些种植茬口专用蔬菜品种的选育上具有优势，如设施茄果类蔬菜、春白菜、春萝卜，以及抗病耐寒甘蓝、胡萝卜、洋葱、菠菜、青花菜等，这给我国还处于初步发展阶段的蔬菜种业带来严重挑战。

二、蔬菜产业发展对蔬菜育种的需求

蔬菜是人们日常生活中不可缺少的副食品。改革开放以来，我国的蔬菜产业实现了快速发展，据农业部统计，2014 年我国蔬菜播种面积已达 2 128.9 万 hm^2，总产量约 7.58 亿 t，产值约 1.3 万亿元，在农作物中占第 1 位。出口量 976.1 万 t，出口额 125.0 亿美元，贸易顺差 119.9 亿美元，亦在农作物中占第 1 位。蔬菜产业对农民人均年收入贡献超过 1 000 元，估计全国约有超过 1 亿人从事蔬菜生产、经营、加工等产业活动。因此，蔬菜产业已成为我国农民增收、农村发展的支柱产业，在国民经济特别是农业生产中占有十分重要的地位。目前我国蔬菜产业正处于转型升级的关键时期，国家发展和改革委员会和农业部发布的《全国蔬菜产业发展规划（2011—2020 年）》指出，到 2020 年我国蔬菜产业发展战略是："稳定面积、提高单产、降低损耗、增加效益。"要实现上述目标，科技创新特别是蔬菜种业发展是关键。因此，做好蔬菜育种、发展民族种业是提高人民生活水平和发展国民经济的重大需求。

根据中国蔬菜产销变化和生产、市场状况，产业发展对蔬菜作物育种提出了以下需求。

（一）蔬菜产业转型升级对新品种的需求

蔬菜产业由规模扩张型向质量效益型转变，需要培育品质优、效益好、单产高的新品种。据农业部统计，中国蔬菜种植面积在 20 世纪 80～90 年代迅速增长，80 年代年均增长 10%，90 年代年均增长 14.5%。2001 年以来，增幅放缓，年均增长 2%左右。2014 年，全国蔬菜总产量 7.58 亿 t，实现蔬菜总量供需平衡有余。虽然有时也出现结构性、季节性、地区性的过剩或不足，但供需矛盾总体上得到了解决。生产者更重视蔬菜产品的效益，消费者更重视产品的质量和安全。从统计数据还可以看出，前些年中国蔬菜产量的增加主要是靠扩大菜田面积，1980 年至 2010 年，蔬菜总产由 0.866 亿 t 增加到 5 亿 t，是原来的 5.77 倍，但单产增加不到 30%。与发达国家相比，中国蔬菜的单产低。据联合国粮食及农业组织（FAO）统计，2009 年日本、美国番茄单产比中国分别高 17.35%和 63.6%，辣椒单产分别高 91.26%和 29.61%。因此，提高效益和单产、改善品质成为今后蔬菜产业发展的重要课题，需要育种科技人员更加重视培育品质优、效益好、单产高的品种。

（二）蔬菜生产和流通格局对新品种的需求

蔬菜产区布局日益优化，规模化生产基地和市场流通体系进一步形成。按照农业部制定的《全国蔬菜产业发展规划（2011—2020 年）》，蔬菜生产逐步向优势产区集中，形成华南、西南热区冬春蔬菜，长江流域冬春蔬菜，黄土高原夏秋蔬菜，云贵高原夏秋蔬菜，北部高纬度夏秋蔬菜，黄淮海与环渤海设施蔬菜等 6 大优势区域，各优势区域生态条件各异，蔬菜栽培品种类型多样。与此同时，蔬菜市场流通体系不断完善，全国经营蔬菜的农产品批发市场 2 000 余家，农贸市场 2 万余个。在这一形势下，急需培育适于不同优势区域各种复杂生态条件，适应性强、商品性好且耐贮运的新品种。

（三）生产和消费产品多样化对新品种的需求

设施栽培面积持续增加，需要选育出更多的耐低温弱光、抗多种病害的新品种。至 2014 年，中国设施蔬菜面积已达 386.2 万 hm^2，总产量 2.63 亿 t，约占整个蔬菜产量的 1/3，约占蔬菜总产值的 50%。设施蔬菜已成为蔬菜均衡供应的重要保障、菜农收入的重要来源。但设施栽培的番茄、辣椒、茄子等蔬菜品种，国外进口占较高比例，因此培育耐低温弱光、抗多种病害、适用于各种形式栽培设施的蔬菜新品种越来越迫切。

为使蔬菜出口贸易稳定增长，需选育适于出口需求的新品种。加入世贸组织后，中国蔬菜比较优势逐步显现，蔬菜净出口量逐渐增加，在平衡农产品国际贸易方面发挥了重要作用。据中国海关统计，2013 年中国出口蔬菜 961.1 万 t，与 2012 年同比增长 2.8%，出口额 115.8 亿美元，同比增长 15.9%，贸易顺差 111.6 亿美元，居农产品之首。但与中国蔬菜总量 7.58 亿 t 相比，比例很低，缺乏适于出口的蔬菜品种是原因之一，现有出口蔬菜品种很多为国外品种。因此急需针对国外市场，培育适于不同国家或地区需求的蔬菜品种。

随着中国蔬菜加工制品逐渐多样化，如保鲜蔬菜、鲜切蔬菜、速冻蔬菜、脱水蔬菜、蔬菜罐头、蔬菜汁、蔬菜脯、蔬菜功能食品等，蔬菜加工业迅速发展，需要培育适于精深加工的新品种。据农业部统计，2013 年全国蔬菜加工规模企业约 1 万余家，年加工产量 4 500 万 t，消耗鲜菜原料 9 200 万 t。蔬菜加工制品出口贸易增加，其中脱水蔬菜占全球贸易的 70％以上，番茄酱占全球贸易的 30％以上，芦笋罐头占 50％。但与蔬菜总产量相比，蔬菜精深加工比例仅 4％左右，缺乏适合品种是原因之一。

降低劳动力成本，提高单产及土地利用率，是蔬菜生产发展的趋势，因此需要培育适合密植、适于机械化定植、收获等作业的专用品种。

（四）蔬菜生态安全、轻简化栽培对新品种的需求

一些新的流行性病害不断发生，如近年发生流行的番茄黄化曲叶病毒病，十字花科根肿病，甘蓝类作物的枯萎病、黑腐病等，给这些蔬菜生产造成了严重损失，因此对蔬菜抗病育种提出了新要求。近年冬春的持续低温、春季的倒春寒时有发生，需选育更多的耐寒、耐未熟抽薹的蔬菜新品种。

据农业部农产品质量安全例行检测结果，近年来 90 个城市蔬菜农残检测合格率仍保持在 95％以上，但城市之间不平衡，个别城市抽检合格率低于 95％。目前局部地区的化肥过量使用，导致了土壤次生盐渍化、水质污染等问题。因此，培育更多的抗病、抗逆、肥料高效利用品种，对抵御病害及异常天气对蔬菜生长的危害，减少农药、化肥使用量，保证蔬菜卫生安全和生态安全十分重要。

三、蔬菜育种的发展趋势与前景

（一）建立更为完善、分工明确的产学研相结合的新型蔬菜育种技术体系

2011 年，国务院《关于加快推进现代化农作物种业发展的意见》（国发［2011］8 号）提出的建立企业为主体、产学研结合的种业体系，为我国建立新型蔬菜育种技术体系指明了方向，但鉴于我国当前的实际情况，实现这一新型育种技术体系需要一个相当长的过渡时期。在过渡期间，国家可继续通过科研项目经费支持科研单位的育种，大力支持各科研单位在育种工作中的分工协作，不同的科研单位也应根据已有基础和当地市场需求在育种作物、研究内容上做适当分工；对不同类型人才业绩实行分类评价机制，加强青年科技人才的培养；同时鼓励科研单位及科技人员与企业加强合作，为企业逐步成为创新主体创造条件。在这过渡期内应大力扶持一批基础条件好，管理能力、运行机制较完善，有一定育种实力的企业的发展。高等农业院校在人才培养上应重视理论与实践相结合，为蔬菜遗传育种不断输送既有理论知识又能在育种实践中创新实干的优秀人才。

尽管中国蔬菜种子企业普遍规模不大，但中国巨大的蔬菜种子市场为企业发展提供了良好的契机。应引导现有种子企业放眼长远，以诚信为本，加强与育种科研单位的合作，提高管理水平。要根据企业自身条件，走育、繁、销专业化分工的道路。基础条件好的企业，要加大自身育种工作的力度，培育出更多有自主知识产权的蔬菜品种。政府要采取切实措施支持并整合一批研发能力强、诚信度高的种子企业，使中国逐步形成一批能与国外种子公司抗衡的大型民族种子企业。

要支持种子企业与科研单位的合作，一旦条件成熟，育种科研单位与企业即应形成分工明确的局面，科研单位以相关基础研究和应用基础研究、种质资源创新、育种技术研究为主，企业以高效商业化育种、蔬菜新品种的全国或全球鉴定体系建立、良种繁育推广为主，形成分工明确，职责分明的新型的产学研结合的育种技术体系。

（二）加强基础研究和应用基础研究

为提高蔬菜作物育种水平，在基础和应用基础研究上，应加强以下几方面的工作：深入研究主要

蔬菜作物的生长发育规律及对环境条件的需求，重要性状的遗传规律；研究产量、品质、抗病、抗逆等重要性状形成的分子机理，为育种实践提供理论依据；开展重要性状基因的精细定位与克隆，研究杂种优势的机理和预测；构建主要蔬菜作物杂种优势群，研究骨干亲本形成的分子遗传机制等，克服育种工作中组合选配和亲本筛选工作中的盲目性，提高育种效率。

（三）进一步重视国内外种质资源的搜集、保存、评价和优异种质创新利用工作

要继续进行国内地方栽培品种和野生、半野生蔬菜种质资源的搜集、保存，有重点地分期分批对现有保存的蔬菜种质进行深入研究。加强主要蔬菜功能基因组学、分子育种技术研究，提高优异基因资源挖掘效率；采用常规育种与分子育种相结合的聚合育种途径，创制出更多聚合多种优异性状的优异种质。

在种质创新工作中，要特别注意创制骨干亲本的工作。育种实践证明，国外优异种质与国内优异种质相结合是培育具有突破性新品种的重要途径。针对我国种质资源库中国外蔬菜种质资源极少的问题，要抓紧组织力量，通过多种手段和途径加强对国外蔬菜种质资源的搜集，刻不容缓地扩大和丰富中国蔬菜种质资源库。

（四）加强育种新技术研究，提高育种效率

生物技术研究要为提高育种效率服务，常规育种科技人员要充分利用生物技术研究的成果，包括细胞工程育种、分子标记辅助选择育种、基因工程育种、全基因组选择育种等，使生物技术与常规的系统选择育种、杂种优势利用手段相结合，提高育种效率。

提升传统的常规育种技术；进一步完善抗病、抗逆、高品质等主要育种目标性状的鉴定、筛选技术；探索杂种优势形成的分子机制，研究骨干亲本早期预测创制技术及优良杂交组合的定向选配技术；完善雄性不育系、自交亲和与不亲和系的选育技术，创造更多优良的雄性不育系、雌性系、雌株系、自交亲和与自交不亲和系。

研究全基因组背景选择技术。利用覆盖全基因组的高密度分子标记在基因组水平上对个体遗传信息进行评估，建立主要蔬菜作物全基因组背景选择技术体系，在早期通过对全基因组遗传信息的精确判定，选择具有优良遗传背景的后代，缩短目标性状转育筛选周期，提高育种效率。

研究主要蔬菜作物分子设计育种技术。利用主要蔬菜基因组测序的研究成果，开发更多与重要农艺性状紧密连锁的分子标记和高效分子标记检测技术。开展主要蔬菜作物重要农艺性状的分子设计育种，实现传统遗传改良向分子设计育种的转变。

继续开展主要蔬菜作物细胞工程育种技术，特别是大、小孢子培养等单倍体育种技术研究，优化培养条件，研究规模化小孢子快速提取技术，突破单倍体育种技术的基因型障碍等难题，快速获得纯合的DH系，建立大规模、高效单倍体育种技术体系。通过胚培养、原生质体培养、体细胞融合等细胞工程技术，并与分子标记选择相结合，提高远缘杂交的成功率。加快远缘物种优异目标性状导入和纯合速度，提高创新种质效率。建立突变体群体，筛选具有丰富遗传多样性的新种质。

开展抗虫、抗病、抗逆、高品质等性状转基因育种研究，为基因工程育种提供技术储备。

建立国家或区域性育种材料与新品种鉴定测试网络，完善育种材料及新品种、新组合的鉴定、测试、筛选技术，采用先进的仪器设备结合田间鉴定，针对育种材料、新品系的目标性状进行快速、精确、可靠的鉴定与测试，加速育种材料和新品种的筛选，提高育种效率。

（五）不断培育出满足生产和消费多样化需求的新品种

优质、丰产、抗病、抗逆虽仍然是总的育种目标，但应按产业发展和消费需求赋予新的内涵。品质育种目标不仅仅在于商品的形状、颜色、大小等外观性状，还要注重内在的营养成分含量和风味品

质。为了提高蔬菜单位面积产量，丰产仍然是育种的重要目标，但对于一些品质特别优良，对于某些特殊病害或逆境有显著抗性的品种，应该放宽产量要求。

在抗病、抗逆育种目标上，在开展对传统病害抗性育种的同时，要特别重视开展对新流行病害如番茄黄化曲叶病毒病、十字花科蔬菜根肿病、甘蓝枯萎病等的抗病育种。重视反季节栽培时应对灾害性天气的育种，如越冬蔬菜抗寒育种、早春蔬菜耐未熟抽薹育种、夏季蔬菜耐高温育种等。

为满足蔬菜栽培方式、用途多样性的变化，蔬菜育种应更重视专用品种的选育。为适应设施蔬菜的发展，需加强长季节栽培、耐低温弱光、抗多种病害的设施专用特别是茄果类蔬菜新品种的选育；为适应优势产区集中规模化反季节栽培方式，需培育耐裂球（果）、适于远距离运输、不易未熟抽薹、耐寒等专用品种的选育；为满足加工出口创汇增长的需求，需重视这类专用品种的培育；为降低生产成本，还需加强适于机械化收获品种的选育。

适当扩大育种蔬菜种类，以满足市场对蔬菜多样化的需求。加强胡萝卜、洋葱、生菜、菠菜、芥菜、芹菜、大葱、大蒜、莲藕等市场潜力大、育种能力弱的蔬菜作物的育种，育种实力强的单位要及早安排针对国外特定地区蔬菜需求的育种，使中国更多的蔬菜种子进入国际种业市场。

（六）进一步规范蔬菜种业市场的管理，更好地保护育种者的知识产权

根据新修订《种子法》，尽快开展对主要蔬菜新品种实施登记制度；加强具有“植物新品种权”的品种和育种材料的保护，加大对侵犯品种权行为的处罚力度，规范种子市场秩序；增加诚信度和服务意识，提高我国蔬菜种子业信誉，促进种业健康发展。

总之，中国是世界上第1蔬菜生产大国，是世界上蔬菜用种量最大的国家，而且随着改革开放的进一步深入，中国种业必将走向世界。因此，中国蔬菜育种有广阔的市场空间。中国蔬菜种质资源丰富，可为育种提供重要的物质基础；中国有强有力的蔬菜育种机构和雄厚的育种技术力量，100余家蔬菜育种科研教学机构，2 000多名蔬菜育种科技人员，正在发展壮大中的民族种子企业为现代蔬菜育种提供有力保障。在各级政府的大力支持和全国蔬菜科技人员的努力下，中国蔬菜育种将取得更快、更健康的发展，为蔬菜产业和科技发展做出更大的贡献。

（方智远　王永健　于拴仓）

主要参考文献

曹家树，申书兴．2001. 园艺植物育种学［M］. 北京：中国农业大学出版社．

丁海凤，于拴仓，王德欣，等．2015. 中国蔬菜种业创新趋势分析［J］. 中国蔬菜（8）：1－7.

段韫丹，司智霞．2015. 2013年我国蔬菜种子进口情况分析［J］. 中国蔬菜（2）：6－9.

方智远．1995. 选育和推广蔬菜杂种一代，促进蔬菜丰产稳产［M］//中华人民共和国农业部．中国菜篮子工程．北京：中国农业出版社：260－269.

方智远．2004. 蔬菜学［M］. 南京：江苏科学技术出版社．

方智远．2010. 中国蔬菜生产和市场变化与育种对策［C］//首届中国（博鳌）农业科技创新论坛论文集．琼海：首届中国（博鳌）农业科技创新论坛组委会．

方智远，祝旅，李树德．1999. 中国蔬菜科技五十年的主要成就与今后的任务［J］. 中国蔬菜（5）：1－5.

国家发展和改革委员会，农业部．2012. 全国蔬菜产业发展规划（2011—2020年）［J］. 中国蔬菜（5）：1－12.

何启伟．1993. 十字花科蔬菜杂种优势育种［M］. 北京：中国农业出版社．

黄山松，田伟红，李子昂，等．2014. 外资蔬菜种子企业的现状与发展趋势［J］. 中国蔬菜（1）：2－6.

景士西．2000. 园艺植物育种学总论［M］. 北京：中国农业出版社．

卡路．1996. 蔬菜育种：卷1［M］. 张文邦．北京：中国农业科学技术出版社．

李树德．1995. 中国主要蔬菜抗病育种进展［M］. 北京：科学出版社．

陆子豪.1990. 中国蔬菜生产的历史演变［J］. 中国蔬菜（1）：44-50.
马德华.2014. 蔬菜种子企业现状及发展建议［J］. 中国蔬菜（2）：1-4.
Mark J Bassett，1994. 蔬菜作物育种［M］. 陈世儒，主译.重庆：西南农业大学编辑出版部.
沈阳农业大学.1980. 蔬菜育种学［M］. 北京：农业出版社.
蔬菜卷编辑委员会.1990. 中国农业百科全书蔬菜卷［M］. 北京：农业出版社.
谭其猛.1980. 蔬菜育种［M］. 北京：农业出版社.
谭其猛.1982. 蔬菜杂种优势利用［M］. 上海：上海科学技术出版社.
瓦维洛夫.1982. 主要栽培植物的世界起源中心［M］. 董玉琛，译.北京：农业出版社.
王立浩，方智远，杜永臣，等.2016. 我国蔬菜种业发展战略研究［J］. 中国工程院科学，18（1）：123-136.
王鸣.1980. 蔬菜杂交育种和杂种优势利用［M］. 西安：陕西科学技术出版社.
王小佳.1999. 蔬菜育种学：各论［M］. 北京：中国农业出版社.
西南农业大学.1991. 蔬菜育种学［M］.2版.北京：农业出版社.
星川清亲.1981. 栽培植物的起源与传播［M］. 段传德，等，译.郑州：河南科学技术出版社.
徐东辉，方智远.2013. 中国蔬菜育种科研机构及平台建设概况［J］. 中国蔬菜（21）：1-5.
张扬勇，方智远，刘泽洲，等.2013. 中国蔬菜育成品种概况［J］. 中国蔬菜（23）：1-4.
赵国余.1989. 蔬菜种子学［M］. 北京：北京农业大学出版社.
中国农业科学院蔬菜花卉研究所.2010. 中国蔬菜栽培学［M］.2版.北京：中国农业出版社.
祝旅，李树德.2004. 蔬菜种质资源创新［J］. 植物遗传资源学报，增刊：39-67.
Boswell V R. 1952. Plant breeding and the vegetable industry［J］. Economic Botany，6（4）：315-341.
Eshbaugh W H. 1970. A biosystematic and evolutionary study of *Capsicum baccatum*（Solanaceae）［J］. Brittonia，2：31-43.
Morrison G. 1938. Tomato varieties［J］. Mich. Agric. Exp. Stn.，Spec. Bull：290.
Safford W E. 1926. Our heritage from the American Indians，Smithson［R］. Inst.，Ann. Rep：405-410.
Suteki Shinohara（篠原拾喜）.1984. Vegetable seed production technology of Japan［M］. 篠原农业技术士事务所，Tokyo，Japan.
Tackholm V，Drar M. 1954. Flora of Egypt［D］. Bulletin of the Faculty of Science of the Egyptian University，3：1-114.
Сигиева Е С. 1978. Гетерозис и его использование в овощеводстве［М］. Москва，Колос.
Тимофеевв Н Н. 1960. Селекция и семеноводство овощных культур［М］. Москва，Колос.

第二章

中国蔬菜种质资源

种质（germplasm，germ：胚、胚芽、起源，- plasm：产物、生成物）是决定生物种性（生物之间相互区别的特性），并将丰富的遗传信息从亲代传给子代的遗传物质的总体。凡是携带遗传物质的载体都可称为种质。从宏观的角度说，植物种质可以是一个群落、一株植物、植物器官（如根、茎、叶、花药、花粉、种子）；从微观的角度说，植物种质的范畴也包括细胞、染色体乃至核酸片段等。

中国的农业历史十分悠久，是多种蔬菜作物的起源地和次生起源地，种质资源非常丰富。但是，由于近代以来，人口剧增，环境恶化等原因，原产于中国的栽培蔬菜的野生种和很多特色地方品种濒临灭绝，亟待抢救收集。因此，目前中国蔬菜种质资源研究的任务和目标主要是搜集抢救和安全保存丰富的蔬菜种质资源，探明中国蔬菜种质资源的分布规律和遗传多样性水平，建立和完善蔬菜种质鉴定评价技术体系及相关规程和标准，挖掘和创新优异种质资源，供农业科研和生产应用。

第一节　蔬菜作物起源与演化

蔬菜的起源与演化是指蔬菜不同种类、类群的原生地或次生地，以及传播、演变和进化的过程。它是在引种、育种和栽培理论基础研究中必然遇到的问题之一，也是必须了解的知识和研究的问题。了解蔬菜作物的起源和演化不仅有助于丰富和发展生物进化理论，而且可以更好地认识蔬菜种质资源，对它们进行合理的分类，有效地开发利用，指导新类型的创造，正确地引种和选择选配育种亲本材料，帮助认识蔬菜各类群的栽培共性，以提高育种成效与生产效率。同时，自人类栽培植物以来，各种蔬菜就开始在人类社会发展史上占有举足轻重的地位，对于它们的起源与演化的研究无疑将对中国文明形成的追溯，以及进一步的发展有着重要的历史与现实意义。

蔬菜起源与演化研究涉及的学科门类众多，除植物学、植物分类学、古植物学、植物地理学、遗传学、孢粉学、分子生物学、系统生物学等现代生物科学外，还包括历史学、地理学、考古学、民族学、语言学、人类学等人文学科。

一、蔬菜作物的起源

关于栽培植物起源，在18世纪及其以前的时代，基督教所支持的“特创论”（Theory of Special Creation）占统治地位。该理论认为，地球及其生物都是上帝按一定的计划、一定的目的创造出来的，而且只有几千年的历史。瑞士著名分类学家林奈（Linnaeus，1707—1778）是特创论和物种不变论的忠实捍卫者。1859年，达尔文发表的划时代巨著《物种起源》标志着进化论的崛起。进化论认为，现代栽培植物是由古代以来野生植物在不同时期经人们驯化、培育、选择，进化而来。根据考古和历史资料，由野生植物驯化为栽培植物的最早时期，可以推测到公元前9000—前8000年远古农业开始的时候。

在原始农业诞生之初，人们从山野里采集野生果实、嫩茎叶、种子，挖掘地下根茎，以作直接食用，把吃剩下的种子、根茎等扔到住处周围，当看到这些扔掉的部分也能长出植株时，对其的驯化也就开始了。在17世纪以前，由于高寒山脉、辽阔的海洋和广阔的沙漠阻隔，人们彼此被局限在一定的地区活动，在一定的生态条件下，从事原始的农业生产，对当地的野生植物进行驯化、培育和有意或无意的选择。在长期的培育和选择下，逐渐进化形成了有别于野生植物物种，适于在人工栽培条件下生长发育，供作人们不同用途的蔬菜作物和其他的农作物，形成了若干栽培植物起源中心。绝大多数栽培的蔬菜植物是一二年生草本植物，为园艺作物驯化起源最早的一类。古代人类除了采食木本野生植物的果实外，还采食草本野生植物的茎、叶、果实、种子、地下茎和肉质根等。在人类定居后，一些无毒、风味好、能佐食、易繁殖的野生蔬菜种类逐步被移植到园圃，便于采食。又经长期的驯化栽培和选择，形成了许多的蔬菜栽培种类和品种。瑞士植物学家德坎道尔（A. de Candolle，1806—1893）认为，15世纪以前，东半球陆地栽培的蔬菜有4 000年以上的历史，最早栽培的蔬菜有芜菁、甘蓝、洋葱、黄瓜、茄子、西瓜和蚕豆等。在新石器时代的中国，人们除采集野菜外，已种植芥菜、大豆和葫芦等。周秦至汉初，中国黄河下游地区已采食和栽培的蔬菜有：瓠（葫芦）、瓜（甜瓜、菜瓜）、葑（芜菁等）、菲（萝卜）、芹（水芹）、杞（枸杞）、荏菽（大豆）、笋、葵（冬寒菜）、韭、葱、薤、芋、薯蓣、姜和蘘荷等。

二、蔬菜作物的起源中心

自19世纪以来，许多植物学家开展了广泛的植物调查，并进行了植物地理学、古生物学、生态学、考古学、语言学和历史学等多学科的综合研究，通过总结先后提出了世界栽培植物的起源中心理论。但囿于研究区域、掌握材料和研究方法的不同，众多学者得出了不同的观点和见解，其中瓦维洛夫（Н. И. Вавилов）所提出的八大栽培植物起源中心的观点为世界大多数学者所接受。1923—1931年，瓦维洛夫亲自组织了植物考察队，对60个国家进行了大规模的考察，搜集了25万份栽培植物材料，对这些材料进行了综合分析，并开展了一系列科学实验，出版了《栽培植物的起源中心》一书，发表了论文《育种的植物地理基础》，提出了世界栽培植物起源中心学说，把世界分为8个栽培植物起源中心，其中包括8个大区和3个亚区（图2-1）。

Ⅰ. 中国中心 包括中国的中部和西部山区及低地，是许多温带、亚热带作物的起源地，也是世界农业最古老的发源地和栽培植物起源的巨大中心。起源的蔬菜主要有：大豆、竹笋、山药、草石蚕、东亚大型萝卜、牛蒡、荸荠、莲藕、茭白、蒲菜、慈姑、菱、芋、百合、白菜类、芥蓝、芥菜类、黄花菜、苋菜、韭、葱、薤、莴笋、茼蒿、食用菊花、紫苏等。中国中心还是豇豆、甜瓜、南瓜等蔬菜作物的次生起源中心。

Ⅱ. 印度-缅甸中心 包括印度（不包括其旁遮普以及西北边区）、缅甸和老挝等地，是世界栽培植物第二大起源中心，主要集中在印度。起源的蔬菜主要有：茄子、黄瓜、苦瓜、葫芦、有棱丝瓜、蛇瓜、芋、田薯、印度莴苣、红落葵、苋菜、豆薯、胡卢巴、长角萝卜、莳萝、木豆和双花扁豆等。该地区还是芥菜、印度芸薹、黑芥等蔬菜的次生起源中心。

Ⅱa. 印度-马来西亚中心 包括中南半岛、马来半岛、爪哇、加里曼丹、苏门答腊及菲律宾等地，是印度中心的补充。该中心起源的蔬菜主要有：姜、冬瓜、黄秋葵、田薯、五叶薯、印度藜豆、巨竹笋等。

Ⅲ. 中亚细亚中心 包括印度西北旁遮普和西北边界、克什米尔、阿富汗、塔吉克斯坦和乌兹别克斯坦，以及天山西部等地，也是一个重要的蔬菜起源地。该中心起源的蔬菜有：豌豆、蚕豆、绿豆、芥菜、芫荽、胡萝卜、亚洲芜菁、四季萝卜、洋葱、大蒜、菠菜、罗勒、马齿苋和芝麻菜等。该中心还是独行菜、甜瓜和葫芦等蔬菜的次生起源中心。

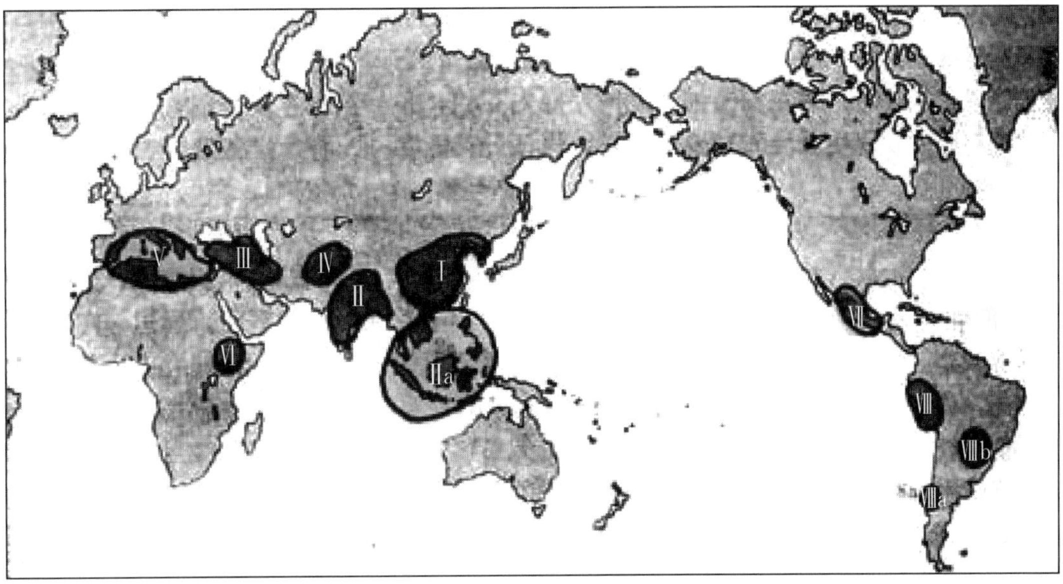

图 2-1　瓦维洛夫提出的世界栽培植物起源中心

Ⅰ. 中国中心　Ⅱ. 印度-缅甸中心　Ⅱa. 印度-马来西亚中心　Ⅲ. 中亚细亚中心　Ⅳ. 近东中心
Ⅴ. 地中海中心　Ⅵ. 埃塞俄比亚中心　Ⅶ. 中美中心　Ⅷ. 南美中心　Ⅷa. 智利中心　Ⅷb. 巴西-巴拉圭中心
（引自《中国大百科全书·农业Ⅱ，1990》）

Ⅳ. 近东中心　包括小亚细亚内陆、外高加索、伊朗和土库曼山地。起源的蔬菜有：甜瓜、胡萝卜、芫荽、阿纳托利亚甘蓝、莴苣、韭葱、马齿苋、蛇甜瓜和阿纳托利亚黄瓜等。该地区还是豌豆、芸薹、芥菜、芜菁、甜菜、洋葱、香芹菜、独行菜、胡卢巴等蔬菜的次生起源中心。

Ⅴ. 地中海中心　包括欧洲和非洲北部的地中海沿岸地带，它与中国中心同为世界重要的蔬菜起源地。该中心起源的蔬菜有：芸薹、甘蓝、芜菁、黑芥、白芥、芝麻菜、甜菜、香芹菜、朝鲜蓟、冬油菜、马齿苋、韭葱、细香葱、莴苣、石刁柏、芹菜、菊苣、防风、婆罗门参、菊牛蒡、莳萝、食用大黄、酸模、茴香、洋茴香和（大粒）豌豆等。该地区还是（大型）洋葱、（大型）大蒜、独行菜等蔬菜的次生起源中心。

Ⅵ. 埃塞俄比亚中心　包括埃塞俄比亚和索马里等。该中心起源的蔬菜有：豇豆、豌豆、扁豆、西瓜、葫芦、芫荽、甜瓜、胡葱、独行菜和黄秋葵等。

Ⅶ. 中美中心　包括墨西哥南部和安的列斯群岛等。该中心起源的蔬菜有：菜豆、多花菜豆、莱豆、刀豆、黑籽南瓜、灰籽南瓜、南瓜、佛手瓜、甘薯、大豆薯、竹芋、辣椒、树辣椒、番木瓜和樱桃番茄等。

Ⅷ. 南美中心　包括秘鲁、厄瓜多尔和玻利维亚等。该中心起源的蔬菜有：马铃薯、秘鲁番茄、树番茄、普通多心室番茄、笋瓜、浆果状辣椒、多毛辣椒、箭头芋、蕉芋等。该地区还是菜豆、莱豆的次生起源中心。

Ⅷa. 智利中心　这一中心为普通马铃薯和智利草莓的起源中心。

Ⅷb. 巴西-巴拉圭中心　这一中心为木薯、落花生、巴西蒲桃、乌瓦拉番樱桃、巴西番樱桃、毛番樱桃、树葡萄、菠萝、巴西坚果、腰果、凤榴等栽培植物的起源中心。

三、起源于中国的蔬菜

根据瓦维洛夫提出的栽培植物的 8 大起源中心学说，中国主要是萝卜、白菜类蔬菜、芥菜类蔬菜、薯等类蔬菜、大豆的起源中心；此外，中国还是豇豆、甜瓜、南瓜等蔬菜作物的次生起源中心。

（一）萝卜

萝卜又名莱菔、芦菔，为十字花科（Cruciferae）萝卜属（*Raphanus*）能形成肥大肉质根的一二年生草本植物，有多个种和变种。对于萝卜的起源有很多的争论，综合国内外学者的论述，可归纳成两种观点：一种是以 K. Wein（1964）为主的观点，认为萝卜起源于地中海沿岸，其栽培种大型萝卜（*R. sativus* L.）起源于 *R. maritimus* Smith，小型萝卜（*R. sativus* var. *radiculus*）起源于 *R. landra* Moretti。据考证，埃及在公元前 2700—前 2200 年就有食用萝卜的记录。另一种观点认为萝卜起源于中国。A. C. Zeven 和 M. Zhukousky（1970）认为萝卜起源于野生种（*R. raphanistrum* L.），日本以及相对的大陆沿海地区是萝卜的初生中心。瓦维洛夫（1935）认为萝卜野生种起源于中国。在中国《诗经》中就有萝卜的记载，距今约有 2 500 年历史。中国许多学者从史籍和性状变异分析，认为萝卜野生种起源于中国黄淮平原和山东丘陵一带，现分布世界各地。在罗马时代传入西欧，中世纪以后广泛传播，15 世纪传入意大利，16 世纪传入美国。19 世纪以后，在这些国家选育出来很多适合当地种植的好品种。研究显示，成书于 720 年的《日本书纪》中第 1 次有萝卜的记述，萝卜应该在此之前就已经从中国传入日本（齐藤隆，1991）。

（二）白菜类蔬菜

白菜类蔬菜主要食用叶及其变态器官或嫩茎、花序等，属于十字花科（Cruciferae）芸薹属的芸薹种（*Brassica campestris* L.，syn. *B. rapa* L.）的一二年生草本植物亚种、变种群。除芜菁（*B. campestris* ssp. *rapifera* Sinsk）因具膨大的肉质根而划为根菜类外，其余全是叶菜类蔬菜。其染色体数为 $2n=2x=20$，染色体组为 AA 的一大类群蔬菜，包括结球白菜、普通白菜、乌塌菜、菜心、紫菜薹和薹菜等。

白菜类蔬菜起源于中国。白菜古名“菘”，史籍考证最早记载是西晋张勃《吴录》（3 世纪后期）中所记的“陆逊催人种豆、菘”，直到民国时期的地方志都有记载，江、浙一带的民间至今还将白菜称为菘或菘菜。叶静渊（1991）考证认为白菜在汉代已驯化栽培，明代以前栽培的都是白菜，结球白菜是在明代中叶（15～16 世纪）才培育成功的。普通白菜或塌菜与芜菁杂交之后，在各自的生态条件下，经人工选择而几乎是同时形成众多的大白菜类型（曹家树，1995、1997）。

白菜类蔬菜包括白菜亚种［ssp. *chinensis*（L.）Makino］、大白菜亚种［ssp. *pekinensis*（Lour.）Olsson］和芜菁亚种（ssp. *rapifera* Metzg.）。白菜亚种包括 5 个变种：普通白菜（var. *communis* Tsen et Lee）、乌塌菜（var. *rosularis* Tsen et Lee）、菜心（var. *parachinensis* Tsen et Lee）、紫菜薹（var. *purpura* Bailey）、薹菜（var. *tai-tsai* Hort.）；大白菜亚种包括 4 个变种：散叶大白菜（var. *dissoluta* Li）、半结球大白菜（var. *infarcta* Li）、花心大白菜（var. *laxa* Li）、结球大白菜（var. *cephalata* Tsen et Lee.）。

（三）芥菜类蔬菜

芥菜类蔬菜为十字花科芸薹属芥菜种（*Brassica juncea* Czern. et Coss.）的一二年生草本植物栽培种群，以叶、茎及其变态器官等为产品供食用。芥菜包括根芥、茎芥、叶芥和薹芥 4 大类 16 个变种，各变种间天然杂交率很高。禹长春提出“U 三角理论”（U-triangle theory）（Nagaharu 1935），随后的人工合成、细胞学、生物化学和分子生物学等多方面证据都证明芥菜是由黑芥（*B. nigra* Koch.，$2n=2x=16$，BB 染色体组）和芸薹（*B. campestris* L.，$2n=2x=20$，AA 染色体组）天然杂交后，再加倍形成的异源四倍体（$2n=4x=36$，AABB 染色体组）进化而来。

芥菜的祖先芸薹和黑芥在中国西北部、印度北部、巴基斯坦及中亚部分的广大地区重叠分布。公元前7世纪至公元前2世纪，黄河流域的气候与现今芥菜生长的亚热带气候条件相似。刘后利（1985）认为中国西北地区是芥菜起源地之一。随后的研究认为，四川盆地既无黑芥又无野生芥菜，但是这一地区芥菜变异类型却最为丰富，多数变种有在盆地内演变产生并向外扩散传播的历史痕迹，史料记载芥菜在该地的栽培历史晚于黄河流域和长江中下游地区。因此，四川是芥菜的分化中心（刘佩英，1996）。在芥菜的16个变种中，茎瘤芥、笋子芥、抱子芥、凤尾芥、长柄芥和白花芥6个变种首先在四川盆地形成；大头芥、大叶芥、小叶芥、宽柄芥、叶瘤芥、卷心芥和薹芥7个变种是在四川和其他省（份）多点分化形成的。

（四）薯芋类蔬菜

薯芋类蔬菜是以富含碳水化合物的植物地下器官（块茎、根茎、球茎、块根等）为产品供食用的蔬菜的总称。这类蔬菜以中国栽培种类最为丰富，包括10科12属的植物，其中的山药和芋头起源于中国。在中国上古时期，可能由于它们的食用器官都是地下茎的缘故，故以薯芋并称之，为一类既作粮食又作蔬菜食用的重要作物。薯芋类蔬菜的名称最早出现于春秋战国时期，大体与柑橘名称出现时间相同。

芋原产于亚洲南部（中国、印度、马来半岛等）的热带沼泽地区，世界各地均有分布，以中国、日本及太平洋诸岛栽培最多。芋的原始种生长在沼泽地带，经长期自然选择和人工培育形成了水芋、水旱兼用芋、旱芋等栽培类型，但保留了湿生植物的基本特征。在中国，芋的栽培历史悠久。西汉司马迁《史记·货殖列传》（公元前1世纪前期）中记载："卓氏曰：'吾闻汶山之下沃野，下有蹲鸱，至死不饥。'"唐代张守节《史记正义》解释说："蹲鸱，芋也。"东汉许慎撰《说文解字》（2世纪初）曾对芋的名称来源作了解释，曰："芋，大叶实根骇人，故谓之'芋'也。"南唐徐弦（10世纪中期）校订《说文》云："芋犹吁，疑怪貌。"西汉氾胜之撰《氾胜之书》（公元前1世纪）已经记载有具体的栽培方法，书中写道："宜择肥缓土近水处，和柔，粪之。二月注雨，可种芋。率二尺下一本。芋生根欲深，劚其旁以缓土。旱则浇之。有草锄之，不厌数多。治芋如此，其收常倍。"（罗桂环，2000）。这种栽培方法与中国现今南方许多地方栽培芋的方法大体相同。宋代苏颂等《图经本草》中，对芋的产地和不同品系作了介绍。写道："处处有之，闽、蜀、淮、楚尤植之，种类亦多……蜀川出者，形圆而大，壮若蹲鸱，谓之芋魁……闽中、江西出者形长而大，叶皆相类。其细者如卵，生于魁旁，食之尤美。"（罗桂环，2000）。直到现在，赣东北地区还有在节日或婚丧嫁娶的酒宴时包芋头饺子的习俗。

中国是山药重要原产地和驯化中心之一。《山海经》有山药分布的记载。唐代韩鄂著《四时纂要》（9世纪末或稍后）中有山药用种薯切段栽培及制粉的记载。"山药"一名的由来还颇有戏剧性。据宋代寇宗奭在《本草衍义》中提及，在《图经本草》及以前的古籍中都称山药为"薯蓣"，没有"山药"这个名称。到了宋英宗（1064—1067）在位时，由于皇帝的名字叫赵曙，曙与薯同音，出于避讳，"薯"字不能使用；而且进一步发现，唐代还有个唐代宗叫李豫，豫与蓣同音，"蓣"也不适合作此植物名。因此，薯蓣被改成了"山药"。同时，中国自古就有药食同源的说法，薯可能很早就作药用。成书约在秦汉时期的《神农本草经》曾记载，薯蓣"补中益气力，长肌肉；久服耳目聪明，轻身不饥，延年，一名山芋"。可见那时的人们对这种作物的营养价值有深刻的认识。另外，从别名上看，古人确实把它和芋看作同类，而且显然区分开了薯和芋（罗桂环，2000）。

（五）大豆

一些大豆种类可以菜用。大豆起源于中国，至今已有4 000～5 000年栽培历史。东北迄今仍有大量野生种和野生近缘植物。世界各国的大豆都是直接或间接由中国引入。大约在公元前200年，从中国传入朝鲜，而后自朝鲜引至日本。而日本南部的大豆，可能直接由商船自华东一带引去。大豆引至欧美则是近代之事。1712年，德国植物学家首次从日本将大豆引入欧洲。大约在1740年，法国传教士从中国将大豆引至巴黎试种。1790年，英国皇家植物园首次试种大豆。1873年，奥地利的维也纳博览会上试种了从中国和日本引入的19个大豆品种，其中有4个品种结粒。1840年，美国从中国和日本引入大豆试种（郭文韬，2004）。现在一些外国的大豆名称发音与汉字"菽"很相似，可能是由中国大豆的古名音译而来。大豆在中国南北各地均有栽培，以黄河流域和东北地区为主要产区。中国的豆制品历史悠久，早已名扬海外。豆类蔬菜供人们食用的除了嫩荚和豆粒外，中国传统的豆芽菜和近年来推向市场的豆类芽苗菜也是人们喜食的佳肴。菜用大豆是大豆中部分籽粒大、质糯、酥软、味鲜的品种，在长江流域和西南地区栽培较多，种质资源也丰富。北方各地只有零星栽培，适宜的品种也较少。

四、主要蔬菜作物的演化

一些野生植物经过人们不断驯化、培育成为可在人工栽培条件下正常生长发育，并为人类提供较多产品的栽培植物之后，就开始了它们在农业栽培的生态条件下进化的历史。随着人类对栽培条件认识的不断深入，改良土壤、增施肥料、供给水分、合理密植、适时播种与收获等栽培管理水平日益提高，驯化而成的栽培植物在不断改善的农业环境中和不同生态地区演化，形成了现在丰富的栽培植物种群、类型和品种。

（一）从野生种到栽培种的演化

根据考古和历史资料，由野生植物驯化为栽培植物的最早时期，可以上溯到公元前9000—前8000年远古农业开始的时候。人类从野外采集果实、根茎和幼嫩的茎叶时，把种核、根株扔到栖息地附近，被扔弃的种核、根株遇到适宜的温度、水分、土壤和光照便长出新的植株。久而久之，那些被古人当作垃圾场的地方，成了植物的自然繁殖地。这种无意识的人工繁殖现象称为"垃圾野生"。另一种驯化途径是人类为方便采集野生食物而清除无用植物，保留某些有用植物，即"管理野生"。垃圾野生和管理野生逐渐演变为原始的驯化栽培。从野生种到栽培种的演化经历了以下变化：① 细胞、叶、果实、种子等发生变化，品质变好；② 果实数减少，单果重增加；③ 器官间发育不均衡；④繁殖能力和种子传播能力降低；⑤苦味和有毒物质消失或减少；⑥ 机械组织退化，食用器官变柔嫩；⑦ 成熟整齐度提高；⑧ 生育期缩短或延长；⑨ 种内变种类型增多；⑩ 生殖器官退化、畸变，产生生殖隔离，等等。

在整个园艺植物中，蔬菜是最早驯化的一类。古代人类采食草本野生植物的茎、叶、果实、种子、地下茎和肉质根等，后来一些无毒、风味好、能佐食、易繁殖的野生蔬菜种类经长期的驯化栽培和选择，形成了多种多样的栽培蔬菜种类和品种。

菰［*Zizania latifolia*（Griseb.）Stapf.］为禾本科菰属植物，是多年生宿根草本植物，水生或沼生，在广东、台湾、福建、湖北、四川及长江中下游地区常见栽培，日本、美国、俄罗斯及亚洲温带、欧洲其他地区也有分布。菰别名众多，如茭草、蒋草、菰蒋草、雕蓬、蒿草、苇根、扁担草和辫子草等，其生长环境及形态如《本草纲目》记载："菰根，江湖陂泽中皆有之，生水中，叶如蒲、苇辈。"早在3 000多年前的周代，人们就开始把菰米作为进奉给帝王的六谷之一，其时菰米均为野生。自汉代起才有栽培菰米的记载，至唐代人们食用菰米达到鼎盛。汉代以后，人们发现菰草被黑粉菌（*Ustilago esculenta* P. Henn.）侵染后，该菌能分泌IAA，刺激花茎，使之不能开花结果，同时，茎节细胞分裂速度加快，形成肥大的纺锤形肉质茎，肉质茎在假茎内膨大，始终保持洁白，故名"茭白"。将叶鞘剥去，可食用部分通称"茭肉"或"玉子"。然而，有时菰秆部虽然经真菌寄生，但由于黑粉菌的种类、侵染时期及生长环境等因素的影响，肉质茎膨大不明显，仅产生小茭笋的植株称野茭白，又称茭儿菜。观察发现，野生茭株型分散，栽培茭株型紧凑直立；野生茭短缩茎多较长，节间明显，栽培茭短缩茎较短，节间不明显；野生茭肉质茎表皮多为浅绿色，栽培茭肉质茎表皮多为白色（孔庆东等，1994）。宋末元初吴自牧著《梦粱录・菜之品》中记述，杭州菜市有茭白出售，说明当时已把茭白作为商品菜生产。16世纪江苏太湖地区出现两熟茭。

茭白因口感好，营养丰富，被誉为江南三大名菜之一，受到人们的广泛喜爱。自宋代开始，菰米便逐渐被人们所淡忘，最终出现当今的“茭白易见，菰米难寻”现象。其实，经济利益的驱动是产生“轻菰米，重茭白”现象的主要原因，相对经济价值更高的茭白而言，正常开花结果的菰米便不受人们欢迎，一旦发现发育正常的菰和野茭白，农民便把其剔除。菰从野生谷物经野茭白最终演化为栽培茭白，现已成为我国南方地区重要的特色水生蔬菜（林丽珍等，2014）。

（二）栽培种内的演化

1. 形态型的演化　一些蔬菜在长期驯化过程中，种内产生了形态特征各异的变种。如甘蓝有以叶为产品的结球甘蓝、皱叶甘蓝、羽衣甘蓝、赤球甘蓝和抱子甘蓝5个变种；以花蕾群为产品的花椰菜和青花菜2个变种；以肉质茎为产品的球茎甘蓝（苤蓝）变种。莴苣有皱叶莴苣、直立莴苣和结球莴苣3个变种，引入中国后产生了以肥大嫩茎为产品的莴笋变种。起源于地中海沿岸的萝卜，在欧美各国产生了小型的四季萝卜变种；在中国，演化出大型的长羽裂萝卜（中国萝卜）变种。起源于东南亚的豇豆主要食用种子，引入中国后，产生了果荚发达、硬壁消失以嫩荚为蔬菜的长豇豆亚种。起源于中国的芥菜，最早的栽培类型是以种子作为香辛调料，以后逐渐演化出以叶为产品的大叶芥、花叶芥、宽柄芥、结球芥、卷心芥、长柄芥、分蘖芥、叶瘤芥、小叶芥、白花芥、凤尾芥等变种；以茎为产品的茎瘤芥（榨菜）、笋子芥、抱子芥等变种，以及以花薹为产品的薹芥变种，以肥大肉质根为产品的根用芥（大头菜）变种。

2. 生态型的演化　起源于非洲的西瓜，原来是典型的大陆气候生态型植物，引入中国西北部和中部大陆性气候地区后，仍保持原来的生态习性，要求昼夜温差大、空气干燥、阳光充足，而且生长期长、果型大；引入东南沿海地区的产生了适应昼夜温差小、温润多雨、阴天多的气候，而且生长期短、果型小的生态型。起源于埃塞俄比亚的甜瓜，引入中亚（包括中国新疆）后，演化产生了网纹甜瓜、硬皮甜瓜、白兰瓜等硬皮变种；起源于中国的甜瓜，则演化产生了越瓜、香瓜、香橼瓜等薄皮变种。起源于喜马拉雅山地区的黄瓜，经由丝绸之路传入中国北方地区的，则形成适应北方大陆性气候的生态型，一般在长日照下开雌花，果实细长，有明显的棱刺；经由海路或中缅、中印边境传入中国南方地区形成的生态型，则保持要求温暖湿润气候的特性，在短日照下开雌花，果实粗短、无明显的棱刺。

白菜类各变种的演化基本上是生态型演化。一般认为白菜、芜菁和北方白菜型油菜均起源于欧洲野生芸薹。通过对芸薹种各亚种、变种和不同类型种质资源的研究，曹家树等（1995、1997）认为，中国东部的江淮到太湖一带是白菜的演化中心，此前在鲁南、苏北可能有较为原始的薹菜，随后分别在华东沿海、长江流域和广东、广西形成分蘖菜、紫菜薹和菜心等。普通白菜或塌菜与芜菁杂交之后，在各自的生态条件下，经人工选择而几乎同时形成众多的大白菜类型（图2-2）。

3. 季节型的演化　为了保证蔬菜周年供应，人们常在不同季节栽培同一种蔬菜。不同季节的气候条件导致变异，产生了分别适应不同季节的类型。如山东的黄瓜有早春型、春型、春到秋型、秋型和秋冬型。大蒜有冬蒜和春蒜两类，冬蒜需长期低温春化才能抽薹、分瓣，而春蒜则不经长期低温也能抽薹、分瓣。

4. 杂种型的演化　一些蔬菜植物在不同变种或类型之间杂交发生较大幅度的变异，形成新的类型。如辣椒中的长辣椒变种与灯笼椒变种杂交产生的杂种，果实大小、形状介于双亲之间，单株结果数多，味微辣。茄子中的圆茄变种与长茄变种杂交产生的杂种类型产量高、适应性强。目前世界各国杂种型蔬菜植物使用率越来越高。

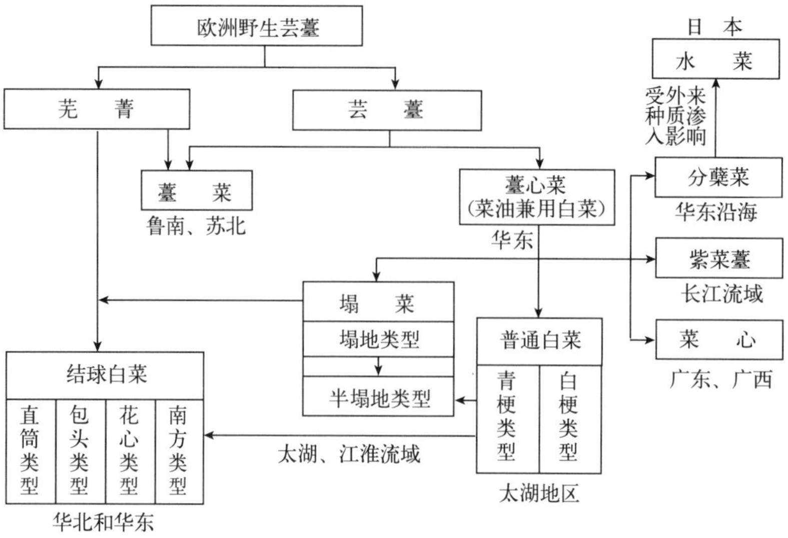

图 2-2 中国白菜及其相邻类群（$2n=20$）的演化关系

［引自曹家树（1997）修改］

五、主要蔬菜作物的传播

蔬菜作物的传播主要是指人类利用蔬菜种质资源的历史过程，以及它们在引种过程中的传播路径等。随着人类文明的进步，民族间的贸易往来、战争和宗教等人类活动，使得被驯化后的蔬菜作物等得以传播。栽培植物即使在很古老的时代也能借人类活动作较远距离传播。例如，西亚起源的栽培植物，就是因为石器时代当地民族的大迁移而向西方传播的。历史上从国外引入中国栽培的蔬菜作物始于西汉时期。公元前 1 世纪，汉武帝派张骞出使西域 50 余国，开辟了著名的丝绸之路，这条路线成为后来若干世纪内中国与中亚、西亚及欧洲之间植物种质资源相互交换的重要通道。明永乐三年至宣德八年（1405—1433），郑和率船队七下西洋，开辟了海上丝绸之路，原产东南亚、非洲等国家的栽培植物陆续被引入中国。起源于美洲大陆的番茄、辣椒、马铃薯、甘薯等蔬菜作物，是 16～17 世纪陆续被引入中国的。到了现代，人们可以有计划、有组织地进行蔬菜作物的引种，这是现代蔬菜作物传播与古代的根本区别。1971—1996 年，中国从 40 余个国家（地区）引入 14 科 48 属 72 种（包括变种）11 410 份蔬菜种质资源。

（一）甘蓝类蔬菜

甘蓝起源于地中海至北海沿岸，除芥蓝在中国演化形成外，其他的变种类型均在地中海周边演化产生。野生甘蓝（*Brassica oleracea* L. var. *sylvestris*）至今还可以在地中海和北海沿岸找到，因而，甘蓝类作物是在栽培条件下，由野生甘蓝演化而形成的众多变种。甘蓝在欧洲的栽培历史很长，在欧洲新石器时期的湖上住宅遗址发现过据说是甘蓝的种子。据记载，古希腊（公元 4 世纪）栽培有叶面光滑和叶片卷缩两种甘蓝。结球甘蓝是 12 世纪在德国莱茵河的丙恩（Bingen）最早培育成功的。在 1541 年传入美洲大陆，约在 13 世纪或 17～18 世纪传入亚洲。传入中国时，相传先到新疆，再到甘州，故名甘蓝。学术界认为甘蓝传入中国有 3 条途径：第 1 条是 1690 年由俄国传入黑龙江，第 2 条是经缅甸传到云南，第 3 条是由海路传到东南沿海各省。另据记载，在江户末期至明治初期（1868 年左右），结球甘蓝传入日本，并在明治末期至大正初期育成了适应当地的新品种（齐藤隆，1991）。皱叶甘蓝大约在 17 世纪初起源于法国东南 Savoy 地区。青花菜则来自意大利，可能是由古罗马人培育而成。有人认为花椰菜是由青花菜演化而来。1490 年热拉亚人将花椰菜从黎凡特（Levant）或塞浦路斯引入意大利，17 世纪传到德国、法国和英国，1822 年从英国传至印度，19 世纪中叶传入中国南方。

（二）绿叶类蔬菜

莴苣原产地中海沿岸，由野生种 *Lactuca scariola* L. 演变而来。野生种茎叶上有毛刺，苦苣素较多而味苦。经长期栽培驯化，毛刺消失，苦味变淡。公元前 4500 年古埃及墓壁上就有莴苣叶形的描绘。古希腊、古罗马时期莴苣在地中海沿岸已经普遍栽培。16 世纪出现结球莴苣。莴苣约在 5 世纪传入中国，后演化出主茎膨大的茎用莴苣类型，即莴笋。世界各国普遍栽培叶用莴苣，主要分布在欧洲、美洲。中国以栽培茎用莴苣为主，叶用莴苣在华南、台湾等地有分布，其他地区也在发展。

菠菜原产亚洲西部的伊朗，其栽培历史有 2 000 年以上。印度及尼泊尔东北部有菠菜的两个二倍体近缘种 *Spinacia tetrandra* 和 *S. turkestanica*，为其原始型。菠菜于 7 世纪初传入中国。宋代王溥整理补充定本《唐会要》（10 世纪后期）明确记载，菠菜种子是唐太宗贞观二年（628）由尼泊尔作为贡品传入中国的。11 世纪传入西班牙，此后普及到欧洲各国。19 世纪引入美国。目前，世界各国普遍栽培，中国各地均有种植。

芹菜在世界各地普遍栽培。在瑞典至阿尔及利亚、埃及以及高加索等地的沼泽地分布有野生芹菜。古希腊人在 2 000 年以前就有栽培。中国栽培的芹菜由高加索传入，并在中国逐渐培育出叶柄细长的类型。

芫荽原产地中海沿岸及中亚，在公元前 1 世纪的西汉时期，从中亚沿丝绸之路传入中国。南北朝北魏贾思勰《齐民要术》中，已有芫荽的栽培技术及腌制方法的记载。8～12 世纪传入日本。现全世界都有栽培，以中国、俄罗斯、印度等国栽培普遍。

（三）茄果类蔬菜

番茄起源中心是南美洲的安第斯山地带，在秘鲁、厄瓜多尔、玻利维亚等地，至今仍有大面积野生种的分布。番茄在墨西哥较早得到栽培驯化。1523 年，番茄由墨西哥传到西班牙、葡萄牙，1550 年前后传到意大利，1575 年相继传到英国和中欧各国，当时作为观赏植物。18 世纪中叶，始作食用栽培。1768 年米勒（Miller）首次作出植物学描述，进行分类和定名。17 世纪传入菲律宾，后传到其他亚洲国家。中国栽培的番茄从欧洲或东南亚传入。清代汪灏等《广群芳谱》（1708）的果谱附录中有“番茄”：“一名六月柿，茎似篙。高四五尺，叶似艾，花似榴，一枝结五实或三四实。……草本也，来自西蕃。故名。”到 20 世纪初，城市郊区始有栽培食用。中国栽培番茄是从 50 年代初迅速发展而成为主要果菜之一。在番茄的传播过程中，由于所在地气候条件、栽培方式和人们嗜好的不同，在遗传变异的基础上，经自然选择和人工选择，形成了不同生态类群。目前，中国栽培的番茄品种来自北美或欧洲，经过多年的栽培和选育，已有一批适于中国气候和栽培要求的品种。

茄子起源于亚洲东南热带地区，如印度、缅甸、中国海南岛和云南，印度野生种（*Solanum insanus*）是它的祖先。古印度和中国为茄子最早栽培驯化地。中世纪传到非洲，13 世纪传入欧洲。16 世纪欧洲南部栽培较普遍，17 世纪遍及欧洲中部，后传入美洲。18 世纪由中国传入日本。中国栽培茄子历史悠久，类型品种繁多。西晋嵇含《南方草木状》（304）中有关于华南一带茄子的记载：“茄树，交广草木，经冬不衰……枝干乃成大树……”茄子在全世界都有分布，以亚洲栽培最多。

辣椒原产于中南美洲热带地区，1493 年传到西班牙，1548 年传入英国，1585 年传入中欧。直到

17 世纪由葡萄牙人带到东南亚。1806 年美国有 3 个品种的记载。另据日本史料，辣椒在天文十一年（1542）由葡萄牙人传到日本（刘文明等，2005）。而在中国，为明朝末年传入。其途径有二：一经丝绸之路，在甘肃、陕西等地栽培；一经海路，在广东、广西、云南等地栽培。中国关于辣椒的记载始于明代高濂《遵生八笺》（16 世纪后期），有“番椒丛生，白花，果俨似秃笔头，味辣，色红，甚可观”的描述。中国于 20 世纪 70 年代在云南西双版纳原始森林里发现有野生型的“小米辣”。世界各地现普遍栽培辣椒。自北非经阿拉伯、中亚至东南亚各国及中国西北、西南、中南、华南各地均普遍栽培辣椒，形成世界有名的“辣带”。

（四）瓜类蔬菜

英国植物学家 J. D. Hooker（1812—1911）在喜马拉雅山南麓的印度北部和锡金等地发现野生黄瓜（*Cucumis hardwickii* Royle），并鉴定为黄瓜栽培种的野生原种。1970 年日本考察团于同一地区再次发现上述野生黄瓜，其染色体数与栽培黄瓜相同，而且杂交后代有正常的可育性。北村氏将其定名为 *C. sativus* L. var. *hardwickii* Kitamura，确认黄瓜原产于喜马拉雅山南麓的印度北部地区。并在上述地区向东的尼泊尔附近发现 *C. sativus* L. var. *sikkimensisi* Hooker。1979—1980 年中国在西双版纳发现野生黄瓜新变种 *C. sativus* L. var. *xishuangbannanesisi* Qi et Yuan。这些野生变种均出现在热带高原气候带，生长在热带森林地区，栽培黄瓜仍然保持着根系浅、不耐旱、喜温等生物学特性。印度于 3 000 年前开始栽培黄瓜。随着南亚民族的迁移和往来，黄瓜由原产地向东传播到中国南部、东南亚各国及日本等地，向西经亚洲西南部进入南欧及北非各地，并进而传播到中欧、北欧、俄罗斯及美洲。

根据甜瓜近缘野生种和近缘栽培种的分布，认为热带非洲的几内亚是甜瓜的初级起源中心，经古埃及传入中东、中亚（包括中国新疆）和印度。在中亚演化为厚皮甜瓜，成为甜瓜的次级起源中心。12～13 世纪由中亚传入俄国，16 世纪初由欧洲传入美洲，19 世纪 60 年代从美洲传入日本。传入印度的甜瓜进一步分化出薄皮甜瓜，再传入中国、朝鲜和日本。中国华北是薄皮甜瓜的次级起源中心。也有人认为甜瓜有多个起源中心，西亚（包括土库曼斯坦和外高加索、伊朗、小亚细亚和阿拉伯）是厚皮甜瓜的初级起源中心，中亚（阿富汗、塔吉克斯坦、乌兹别克斯坦、土库曼斯坦、中国新疆）是厚皮甜瓜的次级起源中心。中国是薄皮甜瓜的初级和次级起源中心。在中国西周初年至春秋时期黄河中下游地区的诗歌总集《诗经》，以及西汉孔丘门人所记、西汉戴胜编辑的《礼记》（公元前 1 世纪）等古籍中有瓜（即甜瓜）的记载。

西瓜起源于非洲南部的卡拉哈里沙漠。有两个类型，一种果实含葫芦素，味苦；另一种不具苦味，果实坚硬绿色，适食用。埃及在五六千年前已有种植。中国种植西瓜的记载最早见于宋代欧阳修撰《新五代史·四夷附录》（公元 11 世纪）。目前中国除青藏高原海拔 3 900 m 以上地区外均有西瓜栽培。

冬瓜起源于中国和东印度，广泛分布于亚洲的热带、亚热带及温带地区。野生冬瓜在中国西双版纳有分布。中国最早栽培见于秦汉时的《神农本草经》，三国魏张揖撰《广雅·释草》（公元 3 世纪前期）中有冬瓜的记载。《齐民要术》中记述了冬瓜的栽培及酱渍方法。16 世纪印度有冬瓜记载。日本在 9 世纪已有记录。欧洲于 16 世纪开始栽培，19 世纪由法国传入美国。20 世纪 70 年代以后由中国传入非洲。至今，冬瓜栽培仍以中国、印度和东南亚等地为主。

六、中国蔬菜作物种质资源的分布

（一）蔬菜种质资源的分布区域

根据国家蔬菜种质资源数据库的统计资料，中国蔬菜种质资源的地理分布涉及全国主要农业区，其中4个分布密集区拥有蔬菜种质资源量占全国总数的76.3%，它们是：①华北区（32.7%），包括山东、河南、河北、北京、天津和山西；②西南区（18.7%），包括四川、重庆、云南和贵州；③长江下游区（11.0%），包括江苏、上海、安徽和浙江；④东北-内蒙古区（13.9%），包括东北三省和内蒙古。其余23.7%的蔬菜种质资源分布在华中区、华南区、西北区及陕甘宁区等区域。

总的说来，目前中国栽培的蔬菜（含食用菌和西瓜、甜瓜）至少有298种（含变种、亚种），南北方利用的蔬菜，种类有较大差异，南方蔬菜种类明显比北方丰富。

（二）蔬菜种质资源的地理分布特点

1. 均匀分布　有某些蔬菜在全国各地都作为主要蔬菜，栽培面积大，产量高，种质资源丰富，如萝卜、甘蓝、黄瓜、番茄、茄子、辣椒、芹菜等。

2. 全国分布，但有重点产区　如大白菜，在全国各地都作为主要蔬菜之一，但其种质资源主要集中在山东、河南、河北、四川、云南等省，占大白菜入库种质资源总量的69.8%。符合这一分布特点的蔬菜还有白菜、塌菜、叶用芥菜、冬瓜、菜豆、豇豆、韭菜和莴笋等。

3. 局部分布　有些蔬菜在某一地区是主要蔬菜，而在大部分地区则为很少栽培的稀有种类，如茎用芥菜，种质资源主要分布在四川、重庆，其种质资源量占入库总量的80.0%。这类蔬菜还包括芥蓝（广东，87.8%）、节瓜（广东、广西，93.8%）、苦瓜（广东、广西、福建、湖南、四川、贵州，81.3%）、菜心（广东，57.3%）、菜用大豆（江苏、上海、安徽，77.0%）、蕹菜（广东、广西、福建，77.6%）、冬寒菜（湖南、福建、四川，92.8%）和茴香（华北、西北，78.8%）等。

（三）蔬菜种质资源的种群分布

据不完全统计，中国的蔬菜植物有700多种，其中栽培蔬菜共有20余科110多种，这其中绝大多数属于被子植物，而且以双子叶植物为主。主要栽培的双子叶植物蔬菜有17科82种（部分稀有特种蔬菜未包括在内），又以豆科（17种）、葫芦科（12种）、十字花科（11种）、菊科（9种）、伞形科（7种）和茄科（6种）为主。单子叶植物蔬菜有8科29种，其中最重要的是百合科（13种）。做蔬菜用的低等植物主要是真菌门的伞菌科（4种）和木耳科（2种）等（戚春章等，1997）。

七、蔬菜起源与进化的研究方法

蔬菜种质资源十分丰富，需要研究的内容庞杂，所涉及的研究方法也很多。在20世纪中期以前，主要采用的是植物学和考古学的研究方法；20世纪中期以后，逐渐将遗传学、细胞学、生物数学、生态学、生物化学、分子生物学等学科的研究方法应用到蔬菜种质资源的研究中，在蔬菜学研究和蔬菜生产中发挥了重要作用。

（一）植物学研究

在蔬菜作物种质资源的研究中，采用最多、最普遍的方法就是植物学方法。具体而言，植物学研究的方法主要包括以下几个方面。

1. 资源调查方法　通过种质资源的调查可以了解它们生长环境、分布状况、生长习性，以及基本的植物学性状，从而为种质资源的评价奠定基础，也为它们的起源、演化和分类提供依据。

2. 比较形态学方法　长期以来，蔬菜作物种质资源研究中使用的性状大多数来自比较形态学（comparative morphology）的研究结果。这是因为比较形态学性状在直观评价植物类群的形态、结构与功能方面似乎比其他性状更简明，使用也最早。

3. 比较解剖学方法　有关解剖学性状包括不同气孔类型的发育及形态解剖、叶片的内部结构

（如厚薄、叶片类型、厚壁组织式样、石细胞和结晶等）、叶脉式样、叶柄微管组织式样等。扫描电子显微镜（scanning electronic microscope，SEM）和透射电子显微镜（transmission electronic microscope，TEM）的发展，进一步提高了植物体内部超微结构的观察和比较水平。

4. 孢粉学方法 孢子和花粉性状用于植物分类学研究已有较长的历史，随着SEM的进步，孢粉学性状在分类研究中的应用越来越普遍，在蔬菜作物种质资源的研究中也有不少应用，如在白菜、芥蓝、芥菜、甜瓜等上的应用。

（二）考古学研究

考古学是根据古代人类活动遗留下来的实物史料研究人类古代情况的一门科学，它是历史学的一个分支。通过考古学取得的成果，可以了解许多蔬菜作物的原产地、栽培种植年限等情况。例如，西安半坡的仰韶文化遗址曾出土过罐装的菜籽，经鉴定确认为芜菁或芥菜的种子，说明芜菁或芥菜在中国至少有6 000～7 000年的栽培历史。此外，通过《诗经》《尔雅》等古文献的考证，了解到早在3 000多年以前，中国就已经开始了多种蔬菜的栽培。

（三）生态学研究

应用生态学方法研究蔬菜种质资源，是在自然环境或人工控制环境中，测试环境条件、物候期和种质的生长发育习性，通过分析三者之间的关系，了解蔬菜种质资源生长发育规律、生育周期及其对温度、光照、水分及矿质营养等的要求。该方法主要包括以下几个方面：

1. 物候期的观察 物候期是指随着季节的变化，植物生活史中各种标志性形态出现的时间，为自然界一年一个周期季节变化的明显象征，如植物的芽膨大、芽开放、开始展叶、展叶盛期、开花始期、开花盛期、开花末期及果实或种子成熟期。

2. 气象因子的影响分析 影响蔬菜种质资源起源及其分布最主要的气象因子是温度、光照和水分等。

3. 土壤因子的影响分析 在不同土壤上生长的植物，由于长期生活在那里，因而对该种土壤产生了一定的适应特性，形成各种以土壤为主导因子的植物生态类型。例如，根据植物对土壤酸度的反应，可以把植物划分为酸性土植物、中性土植物和碱性土植物。

（四）遗传学研究

遗传学研究可以充分揭示蔬菜种质资源亲缘关系、基因显隐性关系、显现的和潜在的应用价值，为其分类、育种和栽培提供依据。遗传学采用的方法主要是有性杂交、自交、测交等。根据杂交亲和性、杂交不孕性的原理可以进行物种亲缘关系鉴定；通过自交可以使一些杂合的隐性基因表达出来加以利用；根据遗传学分析结果可以评价某一种资源的利用价值和途径等。但是，遗传学方法需要较长的时间和空间，其工作受到一定的限制。

种间杂交的结果一般表现为种间杂交不能成功、种间杂交不易成功、种间杂交尚易成功和种间杂交极易成功4类，依次表明其亲缘关系的远近。在20世纪50年代以前，研究十字花科蔬菜的起源、演化时，主要通过种、属间远缘杂交的方法进行。

（五）细胞学研究

用细胞学方法研究蔬菜种质资源主要是应用染色体分析技术，包括染色体组分析（genome analysis）、染色体核型分析（karyotype analysis）和染色体带型分析（chromosome banding pattern analysis）等。任何植物都有相对稳定的染色体数目、大小、形态和结构，它可以反映一个种，甚至变种、品种与其他种、变种或品种的差异。染色体组分析是分析生物细胞内染色体数目、染色体组的组成和其减数分裂时的行为特征等，其方法主要是通过杂交了解来自不同物种的染色体配对情况，从而判断其亲缘关系程度。染色体核型分析是分析生物体细胞内的染色体的长度、着丝点位置、臂比、随体大小等特征，常以体细胞分裂中期染色体为研究对象。染色体带型分析则是以染色体带纹的数目、部位、宽窄与浓淡等都具有相对的稳定性为依据，借助特殊的理化方法及染料进行染色，使染色体显现出深浅不同的染色体带纹特征的分析方法。

（六）生物数学研究

在蔬菜种质资源研究中，尤其在种质资源评价、系统学分类等方面，常常需要处理分析大量的数据，这就需要借助生物数学的方法。随着计算机技术的引入，可以利用生物数学的方法，将多种方法获得的实验数据和调查数据集合起来，获得比普通分析和单一分析方法更多的有益信息，从而丰富蔬菜种质资源学的理论。应用较多的方法主要有：

1. 聚类分析　聚类分析是用数学方法定量地确定种质资源样品的亲缘关系，从而客观地进行分类。它在系统生物学中属于表征分类学（phenetic taxonomy），又称数量分类学（numerical taxonomy）的分析方法。

2. 分支分析　分支分析是分支分类学（cladistic taxonomy）的分析方法。分支分类学简称分支学（cladistics）或支序学。其基本思想最早由德国昆虫学家 W. Hennig 在 20 世纪 50 年代提出。曹家树等（1997）运用最大同步法对中国白菜及其相邻类群进行了分支分析，为明确大白菜的杂交起源、中国白菜的分类和它们的演化关系提供了新的依据，建立了中国白菜及其相邻类群的演化关系图。

（七）生物化学研究

生物化学是研究生物的化学组成和生命过程中的化学变化的一门科学。不少学者认为生物化学证据对于分类学等方面的研究有决定性的意义，对蔬菜植物种质资源的研究也有重要作用。其主要方法有：

1. 植物化学分析　植物化学分析主要是研究植物小分子有机物的种类、含量，以及相互作用的方法，它是通过薄层层析，或气相层析，或高效液相层析等技术进行分析。但是，应当注意植物化学性状常常不太稳定，使用时须持慎重态度。

2. 血清学分析　血清学分析是用蛋白质的血清鉴别法来测定蔬菜种质资源的亲缘关系。血清学方法最早出现于 20 世纪初，由 Nutall 首先创造。在芸薹属、菜豆属、豇豆属及茄科等植物上有较好的应用。但是，血清学分析的技术较为复杂，由于多方面限制，没有得到很好的发展。

3. 同工酶分析　同工酶是指能催化同一种化学反应，但其酶蛋白本身的分子结构组成有所不同的一组酶。通过对它们的分析，并以其多态性作为遗传标记，研究种质资源的亲缘关系、重要性状的同工酶表现等。但是，同工酶在同一物种、同一个体的不同生长发育时期，其表现是不一样的，有一些同工酶的重现性较差，限制了该方法在种质资源研究中的应用。

（八）分子生物学研究

分子生物学是 20 世纪 50 年代以后发展最快的学科，它是研究核酸、蛋白质等所有生物大分子的形态、结构特征及其重要性、规律性和相互关系的科学。这一学科已与其他生物学科交叉形成了众多的交叉学科，如细胞分子生物学、发育分子生物学等。与蔬菜作物种质资源学相关的分子生物学，近年来发展最快的是分子标记和基因组学技术。

1. 分子标记技术　分子标记是以生物大分子的多态性为基础的遗传标记。分子标记的种类很多，随着分子生物学技术的发展，还会有更多的分子标记出现。与经典的形态标记和同工酶标记等相比，分子标记具有以下优点：①DNA 分子多态性普遍存在，数目不受限制；②不受取材部位、取材时间、发育时期和环境的影响；③信息量大，准确率高。因此，这些技术已广泛应用于萝卜、甘蓝、白菜、芥菜、青花菜、番茄、辣椒、黄瓜等蔬菜作物种质资源的研究，包括种质资源多样性分析、遗传图谱构建、基因定位、种质资源鉴别、系谱分析和分类等。

从20世纪90年代开始曾被广泛应用的分子标记有限制性片段长度多态性（restriction fragment length polymorphism，RFLP）、随机扩增多态性DNA（random amplified polymorphic DNA，RAPD）、扩增片段长度多态性（amplified fragment length polymorphism，AFLP）等。目前，仍广泛应用的为简单序列重复（simple sequence repeat，SSR）或简单序列长度多态性（simple sequence length polymorphism，SSLP）、序列标记位点（sequence-tagged sites，STS）、简单序列重复间区的DNA序列（Inter simple sequence repeat，ISSR）、序列特征扩增区域（sequence characterized amplified region，SCAR）、酶切扩增多态性序列（cleaved amplified polymorphism sequence tagged sites，CAPS）、插入缺失标记（insertion-deletion，INDEL）和单核苷酸多态性（single nucleotide polymorphism，SNP）等分子标记。

2. 基因组学技术 基因组学（genomics）是研究生物基因组和如何利用基因的一门学科，包括以全基因组测序为目标的结构基因组学和以基因功能鉴定为目标的功能基因组学两方面内容。自1986年基因组学首次提出以来，发展十分迅猛，其理论和方法（包括分子标记、全基因组选择、比较基因组、基因组编辑等）广泛应用于其他学科，尤其是第二代测序技术的应用催生了生物学科大数据时代。应用以Solexa和454为代表的二代测序新技术，国内外已经对10多种主要蔬菜进行了全基因组测序。迄今为止，我国主导的国际团队完成了黄瓜、大白菜、番茄、马铃薯、西瓜、甘蓝、萝卜、芥菜等重要蔬菜全基因组序列的测定工作，在芸薹属、瓜类及茄果类蔬菜的基因组学研究方面取得国际领先地位。

目前，分子标记和测序技术的广泛应用使得蔬菜作物种质资源的全基因组水平的基因型鉴定成为可能。结合表型鉴定数据，利用连锁分析和关联分析等基因组学方法，高效发掘新基因和有利等位基因，使得种质资源的结构多样性和功能多样性研究更加深入，对阐明和解析蔬菜作物的起源、进化和传播，有效保护种质资源，发掘新基因和高效种质创新将起到重要的推动作用。

第二节 蔬菜种质资源的搜集与保存

一、种质资源搜集保存的意义

蔬菜种质资源是携带各种不同种质（遗传物质）的蔬菜植物的统称，包括各种蔬菜的栽培种、野生种、野生和半野生近缘种，以及人工创造的品种、品系或遗传材料等。蔬菜种质存在的形式有种子，块根、块茎、球茎、匍匐茎和鳞茎等无性繁殖器官，根、茎、叶和芽等营养器官，以及愈伤组织、分生组织、花粉、合子、细胞、原生质体，甚至染色体和DNA片段等。种子是蕴藏种质的主要形式。

蔬菜种质资源是生物多样性的重要组成部分，是蔬菜科学研究和蔬菜生产可持续发展的物质基础。每个国家对其本土资源拥有主权。联合国粮食及农业组织按照国家对植物遗传资源拥有主权这一原则，编写了《国际种质收集和转让行为守则》。规定了参加国应当遵守的标准和原则，并提出了分享利益的若干机制。1996年莱比锡《生物多样性公约》的谈判和签约也是围绕资源的主权拥有问题。所以，保护种质资源就是维护国家战略上持久发展的主动权和优势地位。

Harlan于20世纪30年代就提出植物多样性的存在已受到威胁。据英国皇家植物园与伦敦自然历史博物馆和国际自然保护联盟发布的世界濒危植物调查结果（Sampled Red List Index for Plants），1/5的植物物种处于濒危状态。据《中国物种红色名录》，中国自然界裸子植物受威胁和接近威胁的物种比例分别为69.91%和21.23%，被子植物分别为86.63%和7.22%。农作物的遗传多样性丢失更是严重，如中国20世纪60年代以前，黄瓜地方品种有1 000多个，经历70年代的常规育种和80年代以后的杂交育种，生产上现有的栽培品种仅剩50～60个。

导致上述状况的主要原因有以下几个方面：第一，农田基本建设、工业化、城市化、环境污染，以及人口压力下的不适当的森林砍伐、垦荒和过度放牧，使某些物种的生存受到危害，特别是一些珍稀野生植物濒临灭绝。第二，农业生产方式从小农经济向商品经济的变化，农户自产自储自销的形式被取而代之，使一些农作物和农家品种可能被弃而不种，因而使用的地方品种急剧减少。第三，新品种的育成和推广致使大量老品种特别是农家品种被淘汰。杂种优势的利用不仅加剧了农家品种丢失的速度，而且由于集中利用少数亲本，使栽培品种的遗传基础日趋狭窄。上述种种情况引起种质资源的替代和丧失，随之而产生的是物种和遗传多样性的减少与一致性的增强，其后果便导致农作物遗传脆弱性，大大降低农作物对病虫害的流行和自然灾害发生的缓冲和抵御能力。

因此，广泛开展栽培蔬菜种质资源及其野生和野生近缘植物资源的搜集和保存不仅是蔬菜遗传改良和蔬菜生产之必需，而且是生物多样性保护的紧迫需求。

二、资源的搜集保存现状

（一）世界蔬菜种质的保存现状

据FAO（2010）报道，全球有基因库1 750多个，保存超过1万份种质资源的基因库有130个。世界各国目前保存的植物种质资源约740万份，仅有25%～30%是不同的，其他可能是重复的。约有235万份资源保存在属于《粮食和农业植物遗传资源国际条约》签约方的约800个基因库中。在740万份资源中，由各国政府基因库保存的资源有660万份，其他收集品属于国际组织或机构等。在类型明确的资源中，约18%属于野生资源。根据世界植物种质资源信息和早期预警系统（WIEWS）的统计，在全球基因库中，约7%的收集品是蔬菜种质资源（不包括食用豆类），有502 889份，野生及野生近缘种约占5%。

全球种质资源基因库分布各大洲，但是非洲相对较少。最大的保存机构是国际农业研究磋商小组（CGIAR）。

发达国家保存的资源主要是非本土资源，如美国保存的只有不超过25%的资源为本土资源，北美地区国家收集保存的资源22%为本土资源；欧洲国家保存的本土资源约为38%。东亚和南亚国家（地区）保存本土资源分别为70%和95%；西亚和地中海地区保存资源的90%～99%为本土资源；西非、东非和南非分别为80%、84%和99%。

在蔬菜种质资源方面，美国、俄罗斯及亚洲蔬菜研究发展中心（简称亚蔬中心）投入大量人力、物力进行蔬菜遗传资源的搜集、整理和保存。这些国家或机构都设有专门的种质资源保存和研究中心，负责种质资源的保存和更新，并通过种质创新为育种单位提供亲本或育种原始材料。在注意搜集保存本土资源的同时，发达国家（地区）十分重视国外资源的搜集、交换、引进，并设有专门的机构协调处理有关的交换引种事宜。目前，在欧洲中央农作物数据库（European Central Crop Data Bases，ECCDBs）中收录了荷兰CGN、西班牙COMAV、德国IPK等欧洲各国种质库中保存的蔬菜种质资源有125 518份。美国国家植物种质资源保存体系中现保存了分属17个科、900多个种或变种的蔬菜遗传资源共计109 165份（包括瓜类和除大豆的食用豆类）。俄罗斯收集保存蔬菜（包括瓜类）种质4.9万多份，分属282种；食用豆类4.2万余份，分属15属、160种。亚蔬中心收集保存蔬菜种质5.5万余份，涉及300种。搜集保存主要蔬菜种质数量较多的国家或机构见表2-1。

表 2-1 几种主要蔬菜种质资源搜集保存数量位居前列的国家或机构

基因库	甘蓝	萝卜	番茄	茄子	辣椒	西瓜	甜瓜	南瓜属	胡萝卜	葱蒜	山药
总份数	20 182	8 006	83 720	21 095	73 518	15 143	44 298	39 583	8 312	29 898	15 903
美国 NE9	1 625	696	6 283	887	4 698	1 841	4 878	—	1 126	1 304	—
俄罗斯 VIR	3 947	626	2 540	—	—	2 412	2 998	5 771	1 001	1 888	—
亚蔬中心 AVRDC	—	—	7 548	3 003	7 860	—	—	—	—	—	—
德国 IPK	1 215	741	4 062	—	—	—	—	—	488	1 264	—
菲律宾 IPB-UPLB	—	—	4 751	—	—	—	—	—	—	—	—
墨西哥 INIFAP	—	—	—	—	4 661	—	—	1 580	—	—	—
印度 NBPGR	—	458	—	3 060	3 835	—	—	—	—	—	—
日本 NIAS	—	877	2 428	1 223	—	—	4 242	—	—	1 352	—
国际热带农业研究所 IITA	—	—	—	—	—	—	—	—	—	—	3 319
科特迪瓦 UNCI	—	—	—	—	—	—	—	—	—	—	1 538
贝宁 UAC	—	—	—	—	—	—	—	—	—	—	1 100
哥斯达黎加 CATIE	—	—	—	—	—	—	—	2 612	—	—	—
巴西 CENARGEN	—	—	—	—	—	—	—	1 897	—	—	—
印度 NRCOG	—	—	—	—	—	—	—	—	—	2 050	—
法国 GEVES	1 200	—	—	—	—	—	—	—	—	—	—
英国 SASA	2 367	—	—	—	—	—	—	—	—	—	—
英国 HRIGRU	—	—	—	—	—	—	—	—	1 094	—	

注：1. 作者根据 FAO 提供的各国或机构种质资源数据资料整理（http://apps3.fao.org/wiews/germplasm_query.htm?i_l=EN）；2. "—"表示保存数量相对较少，未列入。

（二）中国蔬菜种质资源的搜集保存现状

中国现搜集保存的各种有性和无性繁殖蔬菜种质资源 3.6 万余份。国家蔬菜种质中期库保存蔬菜种质资源 30 493 份（截至 2012 年 3 月），种类涉及 21 科 71 属 118 种（变种）（表 2-2）。按保存的种质资源数量多少排列，排前 5 位的科依次是十字花科、豆科、茄科、葫芦科和百合科；排在前 6 位的属依次是芸薹属、菜豆属、番茄属、辣椒属、萝卜属、甜瓜属；排前 10 位的种（亚种）依次为菜豆、辣椒、番茄、萝卜、豇豆、茄子、黄瓜、大白菜、白菜和芥菜。

表 2-2 国家蔬菜种质中期库搜集保存的蔬菜种质资源种类及数量

作物名称	物种学名（中文、拉丁文）				保存份数
	科	属	种	亚种或变种	
萝卜	十字花科 Cruciferae	萝卜属 *Raphanus* L.	萝卜 *R. sativus* L.		2 164
芜菁甘蓝	十字花科 Cruciferae	芸薹属 *Brassica* L.	甘蓝型油菜 *B. napus*	芜菁甘蓝 var. *napobrassica*	21
芜菁	十字花科 Cruciferae	芸薹属 *Brassica* L.	芸薹 *B. campestris* L.	芜菁 ssp. *rapifera* Matzg.	118
大白菜	十字花科 Cruciferae	芸薹属 *Brassica* L.	芸薹 *B. campestris* L.	大白菜 ssp. *pekinensis* Olsson	1 743

（续）

作物名称	物种学名（中文、拉丁文）				保存份数
	科	属	种	亚种或变种	
白菜	十字花科 Cruciferae	芸薹属 *Brassica* L.	芸薹 *B. campestris* L.	普通白菜 ssp. *chinensis* var. *communis* Tsen et Lee	1 439
薹菜	十字花科 Cruciferae	芸薹属 *Brassica* L.	芸薹 *B. campestris* L.	薹菜 ssp. *chinensis* var. *tai-tsai*	15
菜心	十字花科 Cruciferae	芸薹属 *Brassica* L.	芸薹 *B. campestris* L.	菜心 ssp. *chinensis* var. *parachinensis* Tsen et Lee	245
叶用芥菜	十字花科 Cruciferae	芸薹属 *Brassica* L.	芥菜 *B. juncea* Czern. et Coss.	叶芥菜 var. *foliosa* Bailey	1 110
茎用芥菜	十字花科 Cruciferae	芸薹属 *Brassica* L.	芥菜 *B. juncea* Czern. et Coss.	茎芥菜 var. *tsatsai* Mao	197
根用芥菜	十字花科 Cruciferae	芸薹属 *Brassica* L.	芥菜 *B. juncea* Czern. et Coss.	根芥菜 var. *megarrhiza* Tsen et Lee	274
薹用芥菜	十字花科 Cruciferae	芸薹属 *Brassica* L.	芥菜 B *juncea* Czern. et Coss.	薹芥菜 var. *utilis* Li	6
籽用芥菜	十字花科 Cruciferae	芸薹属 *Brassica* L.	芥菜 *B. juncea* Czern. et Coss.	籽芥菜 var. *gracilis* Tsen et Lee	8
结球甘蓝	十字花科 Cruciferae	芸薹属 *Brassica* L.	甘蓝 *B. oleracea* L.	结球甘蓝 var. *capitata* L.	224
球茎甘蓝	十字花科 Cruciferae	芸薹属 *Brassica* L.	甘蓝 *B. oleracea* L.	球茎甘蓝 var. *caulorapa* DC.	104
花椰菜	十字花科 Cruciferae	芸薹属 *Brassica* L.	甘蓝 *B. oleracea* L.	花椰菜 var. *botrytis* L.	128
青花菜	十字花科 Cruciferae	芸薹属 *Brassica* L.	甘蓝 *B. oleracea* L.	青花菜 var. *italica* L.	4
芥蓝	十字花科 Cruciferae	芸薹属 *Brassica* L.	甘蓝 *B. oleracea* L.	芥蓝 var. *alboglabra*	91
荠菜	十字花科 Cruciferae	荠属 *Capsellabursa* L.	荠菜 *pastoris*（L.）Medic.		9
豆瓣菜	十字花科 Cruciferae	豆瓣菜属 *Nasturtium* R. Br.	豆瓣菜 *N. officinale* R. Br.		1
美洲南瓜	葫芦科 Cucurbitaceae	南瓜属 *Cucurbita* L.	西葫芦 *C. pepo* L.		406
中国南瓜	葫芦科 Cucurbitaceae	南瓜属 *Cucurbita* L.	南瓜 *C. moschata* Duch.		1 153
印度南瓜	葫芦科 Cucurbitaceae	南瓜属 *Cucurbita* L.	笋瓜 *C. maxima* Duch. ex Lam.		373
黑籽南瓜	葫芦科 Cucurbitaceae	南瓜属 *Cucurbita* L.	黑籽南瓜 *C. ficfolia* Bouche.		3

（续）

作物名称	物种学名（中文、拉丁文）				保存份数
	科	属	种	亚种或变种	
冬瓜	葫芦科 Cucurbitaceae	冬瓜属 *Benincasa* L.	冬瓜 *B. hispida* Cogn.		300
节瓜	葫芦科 Cucurbitaceae	冬瓜属 *Benincasa* L.	冬瓜 *B. hispida* Cogn.	节瓜 var. *chieh-qua* How.	69
苦瓜	葫芦科 Cucurbitaceae	苦瓜属 *Momordica* L.	苦瓜 *M. charantia* L.		203
丝瓜	葫芦科 Cucurbitaceae	丝瓜属 *Luffa* L.	普通丝瓜 *L. cylindrica* Roem.		340
			有棱丝瓜 *L. acutangula* Roxb.		185
瓠瓜	葫芦科 Cucurbitaceae	葫芦属 *Lagenaria* L.	瓠瓜 *L. siceraria*（Molina）Standl.		263
蛇瓜	葫芦科 Cucurbitaceae	栝楼属 *Trichosanthes* L.	蛇瓜 *T. anguina* L.		8
黄瓜	葫芦科 Cucurbitaceae	甜瓜属 *Cucumis* L.	黄瓜 *C. sativus* L.		1 537
菜瓜	葫芦科 Cucurbitaceae	甜瓜属 *Cucumis* L.	甜瓜 *C. melo* L.	菜瓜 var. *flexuosus* Naud.	112
越瓜	葫芦科 Cucurbitaceae	甜瓜属 *Cucumis* L.	甜瓜 *C. melo* L.	越瓜 var. *conomon* Makino.	10
甜瓜	葫芦科 Cucurbitaceae	甜瓜属 *Cucumis* L.	甜瓜 *C. melo* L.		386
西瓜	葫芦科 Cucurbitaceae	西瓜属 *Citrullus* Schrad. ex Eckl. et Zeyh.	西瓜 *C. lanatus*（Thunb.）Mansfeld		184
其他瓜类	葫芦科 Cucurbitaceae				3
番茄	茄科 Solanaceae	番茄属 *Solanum* L.	番茄 *S. lycopersicon* L.		2 389
茄子	茄科 Solanaceae	茄属 *Solanum* L.	茄子 *S. melongena* L.		1 671
辣椒	茄科 Solanaceae	辣椒属 *Capsicum* L.	辣椒 *C. frutescens* L.		2 399
酸浆	茄科 Solanaceae	酸浆属 *Physalis* L.	酸浆 *P. pubesens* L.		37
枸杞	茄科 Solanaceae	枸杞属 *Lycium* L.	枸杞 *L. chinese* Mill.		24
菜豆	豆科 Leguminosae	菜豆属 *Phaseolus* L.	普通菜豆 *P. vulgaris* L.		3 555
莱豆	豆科 Leguminosae	菜豆属 *Phaseolus* L.	莱豆 *P. lunatus* L.		32

（续）

作物名称	物种学名（中文、拉丁文）				保存份数
	科	属	种	亚种或变种	
多花菜豆	豆科 Leguminosae	菜豆属 *Phaseolus* L.	多花菜豆 *P. multiflorus* Willd.		68
刀豆	豆科 Leguminosae	刀豆属 *Canavalia* DC.	矮生刀豆 *C. ensiformis*（L.）DC.		4
			蔓生刀豆 *C. gladiata*（L.）DC.		18
豇豆	豆科 Leguminosae	豇豆属 *Vigna* L.	豇豆 *V. unguiculata* W.	长豇豆 ssp. *sesquipedalis*（L.）Verd.	1 715
毛豆	豆科 Leguminosae	大豆属 *Glycine* Willd.	大豆 *G. max* L. Merrill		462
豌豆	豆科 Leguminosae	豌豆属 *Pisum* L.	豌豆 *P. sativum* L.		385
蚕豆	豆科 Leguminosae	野豌豆属 *Vicia* L.	蚕豆 *V. faba* L.		86
扁豆	豆科 Leguminosae	扁豆属 *Lablab* L.	扁豆 *L. purpureus*（L.）Sweet（syn. *Dolichos lablab* L.）		380
其他豆类	豆科 Leguminosae				37
金花菜	豆科 Leguminosae	苜蓿属 *Medicago* L.	金花菜 *M. hispida* Gaerth.		4
豆薯	豆科 Leguminosae	豆薯属 *Pachyrhizus* Rich. ex DC.	豆薯 *P. erosus*（L.）Urban.		25
韭菜	百合科 Liliaceae	葱属 *Allium* L.	韭菜 *A. tuberosum* Rottl. ex Spr.		274
大葱	百合科 Liliaceae	葱属 *Allium* L.	葱 *A. fistulosum* L.	大葱 var. *giganteum* Makino	236
分葱	百合科 Liliaceae	葱属 *Allium* L.	葱 *A. fistulosum* L.	分葱 var. *caespitosum* Makino	36
洋葱	百合科 Liliaceae	葱属 *Allium* L.	洋葱 *A. cepa* L.		99
韭葱	百合科 Liliaceae	葱属 *Allium* L.	韭葱 *A. porrum* L.		8
南欧蒜	百合科 Liliaceae	葱属 *Allium* L.	南欧蒜 *A. ampeloprasum* L.		2
黄花菜	百合科 Liliaceae	萱草属 *Hemerocallis* L.	黄花菜 *Hemerocallis* spp.		1
石刁柏	百合科 Liliaceae	天门冬属 *Asparagus* L.	石刁柏 *A. officinalis* L.		7

（续）

作物名称	物种学名（中文、拉丁文）				保存份数
	科	属	种	亚种或变种	
叶用甜菜	藜科 Chenopodiaceae	甜菜属 *Beta* L.	甜菜 *B. vulgaris* L.	叶用甜菜 var. *cicla* Koch.	189
根用甜菜	藜科 Chenopodiaceae	甜菜属 *Beta* L.	甜菜 *B. vulgaris* L.	根甜菜 var. *rapacea* Koch.	13
菠菜	藜科 Chenopodiaceae	菠菜属 *Spinacia* L.	菠菜 *S. oleracea* L.		333
胡萝卜	伞形科 Umbelliferae	胡萝卜属 *Daucus* L.	胡萝卜 *D. carota* L.	胡萝卜 var. *sativa* DC.	428
芹菜	伞形科 Umbelliferae	芹属 *Apium* L.	芹菜 *A. graveolens* L.		342
茴香	伞形科 Umbelliferae	茴香属 *Foeniculum* Mill.	茴香 *F. vulgare* Mill.		35
芫荽	伞形科 Umbelliferae	芫荽属 *Coriandrum* Hill.	芫荽 *C. sativum* L.		105
苋菜	苋科 Amaranthaceae	苋属 *Amaranthus* L.	苋菜 *A. mangostanus* L.		452
蕹菜	旋花科 Convolvulaceae	番薯属 *Ipomoea* L.	蕹菜 *I. aquatica* Forsk		73
叶用莴苣	菊科 Compositae	莴苣属 *Lactuca* L.	莴苣 *L. sativa* L.	卷心莴苣 var. *capitata* DC.	213
茎用莴苣	菊科 Compositae	莴苣属 *Lactuca* L.	莴苣 *L. sativa* L.	莴笋 var. *angustana* Irish.	533
牛蒡	菊科 Compositae	牛蒡属 *Arctium* L.	牛蒡 *A. lappa* L.		12
茼蒿	菊科 Compositae	茼蒿属 *Chrysanthemum* L.	茼蒿 *Chrysanthemum* spp.		135
落葵	落葵科 Basellaceae	落葵属 *Basella* L.	落葵 *B. alba* L.		17
冬寒菜	锦葵科 Malvaceae	锦葵属 *Malva* L.	冬寒菜 *M. verticillata* L.（syn. *M. crispa* L.）		47
黄秋葵	锦葵科 Malvaceae	秋葵属 *Hibiscus* L.	黄秋葵 *H. esculentus* L.		37
紫苏	唇形科 Labiatae	紫苏属 *Perilla* L.	紫苏 *P. frutescens* L.		10
罗勒	唇形科 Labiatae	罗勒属 *Ocimum* L.	罗勒 *O. basilicum* L.		36
其他绿叶菜					53
莲藕	睡莲科 Nymphaeaceae	莲属 *Nelumbo* Adans.	莲藕 *N. nucifera* Gaertn.		11
香椿	楝科 Meliaceae	香椿属 *Toona* Roem.	香椿 *T. sinensis*（A. Juss.）Roem.		3
其他蔬菜					26
合计					30 493

注：作者根据国家蔬菜种质中期库有性繁殖蔬菜种质资源数据库截至 2012 年 3 月的数据统计整理。

在国家蔬菜种质中期库（北京）中，本土蔬菜种质资源占保存资源的93.6%，但是，从覆盖面而言，偏远和边远地区、气候恶劣地区的本土资源收集较少，国外资源的占有量太低，只有点的分布，涉及面非常有限。保存的蔬菜资源中，国外资源占6.4%，来源于美国、日本、俄罗斯、荷兰、泰国、加拿大、法国、韩国、朝鲜、德国、保加利亚、以色列、越南、印度和澳大利亚等60多个国家或地区。

现有保存的本土资源以农家品种占绝对优势，占95.6%；育成品种占3%，野生资源仅占0.2%。

国家西瓜甜瓜中期库（郑州）搜集保存西瓜、甜瓜栽培及野生近缘种质资源3 431份，其中包括西瓜属1个栽培亚种、3个野生亚种和7个栽培种及3个野生近缘种。保存甜瓜属的4个栽培亚种、1个野生亚种和15个野生近缘种（表2-3）。

表2-3　国家西瓜甜瓜中期库（郑州）保存的西瓜属（*Citrullus*）和甜瓜属（*Cucumis*）种质资源

属	种（亚种）	总数（份）	种质类型
西瓜属	毛西瓜 *Citrullus lanatus* ssp. *lanatus*	186	野生亚种
	普通西瓜 *C. lanatus* ssp. *vulgaris*	1 738	栽培亚种
	黏籽西瓜 *C. lanatus* ssp. *mucosospermus*	85	野生亚种
	药西瓜 *C. colocynthis*	19	野生亚种
	缺须西瓜 *C. ecirrhosus*	1	野生近缘种
	诺丹西瓜 *C. naudinianus*	5	野生近缘种
	热迷西瓜 *C. rehmii*	3	野生近缘种
甜瓜属	野甜瓜 *Cucumis melo* ssp. *agrestis*	108	野生亚种
	香瓜 *C. melo* ssp. *dudaim*	3	栽培亚种
	蛇甜瓜 *C. melo* ssp. *flexuosus*	13	栽培亚种
	薄皮甜瓜 *C. melo* ssp. *conomon*	432	栽培亚种
	厚皮甜瓜 *C. melo* ssp. *melo*	792	栽培亚种
	小果瓜 *C. myriocarpus*	5	野生近缘种
	非洲瓜 *C. africanus*	4	野生近缘种
	西印度瓜 *C. anguria*	5	野生近缘种
	迪普沙瓜 *C. dipsaceus*	4	野生近缘种
	无花果叶瓜 *C. ficifolius*	2	野生近缘种
	角瓜 *C. metuliferus*	9	野生近缘种
	普拉菲瓜 *C. prophetarum*	3	野生近缘种
	泡状瓜 *C. pustulatus*	4	野生近缘种
	箭头瓜 *C. sagittatus*	3	野生近缘种
	吉赫瓜 *C. zeyheri*	2	野生近缘种
	艾斯波瓜 *C. asper*	1	野生近缘种
	七裂瓜 *C. heptadactylus*	1	野生近缘种
	麦伍兹瓜 *C. meeusei*	1	野生近缘种
	毛瘤瓜 *C. subsericeus*	1	野生近缘种
	酸黄瓜 *C. hystix*	1	野生近缘种
	合计	3 431	

注：数据由国家西瓜甜瓜种质中期库（郑州）提供（截至2012年年底）。

国家水生蔬菜种质圃（武汉）搜集保存 34 个种或亚种的水生蔬菜种质资源 1 763 份，其中以莲藕、芋和茭白居多（表 2－4）。

表 2－4 国家水生蔬菜种质圃（武汉）保存的种质资源

（截至 2011 年年底）

作物名称	种质份数（份）		物种数（个）（含亚种）	
	总计	其中国外引进	总计	其中国外引进
莲藕	547	23	2	2
茭白	212	2	1	1
芋	348	24	6	3
蕹菜	68	2	1	1
水芹	159	2	2	1
荸荠	119	2	1	1
菱	116		11	
莼菜	5		1	
豆瓣菜	16	4	1	1
慈姑	108	1	5	1
芡实	19		1	
蒲菜	46		2	
合计	1 763	60	34	11

注：数据由国家水生蔬菜资源圃提供。

表 2－5 为国家无性繁殖及多年生蔬菜资源圃截至 2011 年搜集保存的蔬菜种质资源。

表 2－5 国家无性繁殖及多年生蔬菜资源圃保存的种质资源（截至 2011 年）

作物名称	种质份数（份）		物种数（个）（含亚种）	
	总计	其中国外引进	总计	其中国外引进
大蒜	312	35	1	1
姜	77	0	1	0
山药	44	0	不详（>3）	0
菊芋	37	0	1	0
芋	74	0	不详（>4）	0
黄花菜	43	0	1	0
枸杞	12	0	1	0
葱类	128	0	不详（>4）	0
野菜	143	2	不详（>40）	2
合计	870	37	>58	3

注：作者根据国家无性繁殖及多年生蔬菜资源圃无性繁殖蔬菜种质资源数据库的数据统计整理。

三、种质资源的搜集与基本信息采集

蔬菜种质资源的搜集有 3 种主要方式：即征集、考察搜集和引种。

（一）征集

种质资源的征集一般是指在国内通过国家行政部门或全国农作物种质资源研究组织协调单位向省（自治区、直辖市）相应行政主管部门或科研单位、种子公司等发通知或公函，拟定征集的具体要求并印发统一的征集数据采集表，由当地人员采集本地区或本单位的种质资源，送往指定的主持单位。

征集的形式有三种：第一种是行政指令性的征集工作，由国家政府部门向省、地主管部门发函，主管部门组织下属管理和专业部门开展征集工作。这种征集涉及面广，征集的数量多，在中国蔬菜种质资源的搜集工作中曾发挥过重要的作用。中国现有的部分资源是通过这种途径征集到的。

第二种是通过科研协作，由主管科研单位负责提出征集的范围、对象和要求，印发统一的搜集调查表，有关省（自治区、直辖市）农业科研协作单位的研究人员对属地的有关资源进行搜集、繁殖和基本性状调查，然后将种质和数据资料提交主管单位。中国从“七五”开始就将“农作物种质资源的搜集”列入了国家科技攻关项目，现在已入库保存的资源大部分是通过这一途径获得的。

第三种是在国家有关资源保护的法律和法规的框架下，农作物种质资源搜集保存组织单位及时了解育成的新品种、新类型和发现的新材料，从而有目的地向有关单位或个人征集资源样本和有关的特征特性资料。随着政府对资源保护立法的加强以及全民资源保护意识的增强，这种形式将是中国今后资源搜集的重要来源。

农作物种质资源征集工作的基本程序包括：

（1）拟定征集通知（或征集函）和制定种质资源征集数据采集表；

（2）寄发征集通知或征集函以及种质资源征集数据采集表；

（3）当地单位或个人采集种质资源和填写资源征集数据采集表；

（4）当地单位或个人整理、包装、寄送种质资源至发函单位；

（5）发函单位进行鉴定、编目，并送交国家有关主管单位；

（6）国家有关单位统一组织鉴定、编目、繁种和入国家种质库（圃）。

种质资源征集工作的每个环节的具体规范做法和要求可参见《农作物种质资源收集技术规程》(2007)。

（二）考察搜集

蔬菜种质资源的考察是指野外实地调查农作物种质资源的分布、利用和濒危状况，并采集种质资源样本、标本和记录相关信息。

这种考察分国外考察和国内考察。考察一般是有针对性的，考察的重点地区包括：

（1）蔬菜作物初生起源中心和次生起源中心；

（2）蔬菜作物多样性丰富的地区；

（3）尚未进行资源的调查和考察的地区；

（4）种质资源受到严重威胁的地区。

考察的内容和程序一般包括准备工作、考察搜集、逐步整理和技术总结、临时编目和保存四部分。

1. 准备工作　包括有关文献资料的收集汇总、考察计划的制订和报批、考察队（组）的组建与技术培训、考察基本物资的准备。

收集和汇总以往搜集考察文献资料是确定考察地点，制订详细、周密工作计划的基础。考察计划的内容包括：考察目的和任务、考察地区和时间、考察队人员组成、考察地点和路线、考察和采集技术与方法、样（标）本的整理和保存、运输和检疫、考察资料的建档以及物资准备、经费预算等。考察计划必须得到国家主管部门的许可批准。

根据考察搜集的任务和计划要求，组建对某一地区的综合考察队或对某一作物的专业考察队。综合考察队一般 10～20 人，专业考察队一般 2～4 人。考察队员综合素质要高，身体健康，业务水平高，知识面广，富有团结协作精神。

技术培训的形式不拘一格，培训的内容和目的主要是帮助考察队员了解考察的目的和任务，拟考察地区的自然地理、社会经济、农业生产、种质资源分布、已搜集保存的资源现状，考察的方案和注意事项，样本或标本的采集技术和管理，植物学分类知识，仪器设备的使用和维护等。

考察物资的准备包括交通工具、定位指向用具（如指南针、海拔仪等）、采集样本和制作标本的用品、采集数据用具（如调查表、文具、量具、照相摄像器材、笔记本电脑等）、生活用品和用具，以及其他用具。物资装备的种类和数量应该控制在保证任务完成的最低水平，以减轻长途跋涉的负担。

2. 考察搜集 包括野外实地调查，种质资源样本、标本和相关信息采集。

野外调查要依靠当地专家和群众，坚持实地考察，通过座谈走访，详细全面调查，认真仔细记录，随时随地采集，记好工作日志，经常总结。

种质资源样本、标本和相关信息采集是考察搜集的重点。蔬菜种质资源样本主要是能繁殖的种子（或器官）和能反映原种质资源材料特征特性的标本。采集时要做到以下几点：

（1）*全面性* 考察的任务是尽可能多地采集作物遗传资源样本。采集的每一个样本要能反映该样本的全貌，尤其是地方品种和野生种，往往是多个类型混在一起的群体，考察时要注意观察将各种类型采集齐全。每份样本的标本份数或种子的数量应该根据任务和不同作物而定，一般蔬菜作物的种子要求 2 500～5 000 粒，无性繁殖器官 10～15 个，野生近缘植物按照居群取样。

（2）*完整性* 采集标本植株要完整，特别是花和果实的完整性尤为重要，因为它们是植物分类的重要依据。木本植株个体较大，采集时可只采其完整的带花和果实的枝条。雌、雄异株作物要分别采集。一般在植物的开花结果期采集，先开花后出叶的作物要分两次采集。

（3）*多样性和代表性* 采集的每个样本要能代表原遗传资源的特征特性。特征特性差异较大的样本要分开采集，以保持样本内的典型性和样本间的多样性。

另外，采集的种子应及时晾晒，防霉、防虫、防鼠害。标本要及时烘干，防湿、防虫。

对采集的样本或标本要随时挂上标签并编号。采集到的各种种子和标本都要在各种情况下保证采集号不重复、不混乱，而且简单明了。同一样本的各种标本和种子的编号要一致并记入原始调查表。

采集的种子和标本往往不能完全展示原始遗传资源的所有性状和背景资料。为了便于以后的鉴定和研究，在野外采集时应详细观察并记入原始采集调查表。同时，有些样本采集后容易失水变形，及时摄影有助于对其进行鉴别和分类。有的样本只能采集其部分植株做标本，拍摄整株照片能表明其全貌。拍摄采集点全景一方面有助于以后在需要的时候辨别产地，而且能反映作物所在的生境。

3. 整理和技术总结 包括种质资源样本、标本及数据资料整理和技术总结。

考察过程中应及时对采集种质样本和标本进行整理分类，对数据采集调查表、各种信息和资料进行整理和统计，发现不足，及时查找和补充。

考察结束后，要进行全面的总结。这个过程是使考察所获得的资料和材料完整化、系统化和理论化的过程。总结内容包括：考察的依据和目的；考察的范围和生态环境；当地的农业生产情况和社会经济背景；所考察的各种作物在当地的种植面积、地理和海拔分布、品种及其更替的历史；野生近缘植物的群落及伴生植物，它们的利用价值、地理和海拔分布范围、变化历史；所获得的样本及其特征特性，这些样本在植物分类学上的地位和在作物起源、生物科学和育种等方面的利用价值；对当地遗传资源开发利用和保护的建议；考察的经验和教训等。

4. 临时编目和保存 包括搜集的种质材料的短期保存、编写考察搜集目录及建立数据库。

（三）引种

蔬菜种质资源的引种一般是指从国外引入种质资源，通过检疫、试种，进而在本国种植的过程。

因为没有一个国家在其疆土范围内拥有所需要的一切植物遗传资源，所以，引种便成了丰富本国作物遗传资源的重要途径。从世界农业的发展历史看，现今世界各国栽培的多种作物及其品种类型大多数是通过相互引种，并不断加以改良和演化逐步发展起来的。如甘蓝、番茄等种质资源最初都是从国外引进的。

为了充分发挥国外引种的作用，同时防止国外危险性病、虫、杂草的传入，世界上很多国家设有专门的引种管理机构，并制定有全国统一的管理制度。凡是从国外引入的资源，一律送交管理机构，进行统一的检疫、编号、登记、译名和编印引种目录。国外引种工作的内容和程序主要包括：

1. 引种规划的制订、申报与审批　了解国内外蔬菜作物遗传资源的情况以及育种的动态是引种的前提。掌握了有关信息后，便可制订引种规划。通过新物种的商务安全性评估和相关审批程序后，方可进入引进程序。

2. 引种的途径　国际间的引种途径较多，主要有以下几种：

（1）科学家赴蔬菜作物遗传资源丰富的国家实地考察和搜集，或参加国际组织的考察和搜集；

（2）通过建立的国际交换关系或国家科技协定获得；

（3）通过科技协定相互交换；

（4）科学家通过合作研究或互赠引入资源；

（5）在驻外机构或使馆人员中，设专员从事引种工作；

（6）通过国际农业研究机构从世界各地搜集或引种蔬菜作物遗传资源；

（7）通过外贸经贸往来获得；

（8）通过民间组织或友好人士赠送获得。

3. 检疫、建档和隔离试种　国家海关和检疫部门对引进的种子和苗木进行检疫后便交给引种单位管理。这是检疫的一个重要环节。

引种单位负责对引入资源及时建档。引入资源的档案分为文字资料档案和实物标本档案。

为了确保引入的资源不携带危险性病虫害和杂草，引种单位要将新引入的资源种植在隔离试种检疫圃内，在作物生长的适当时期进行田间观察，评估新物种或新种质的生物安全性，确保未发现检疫性病虫害或其他有害生物。这是检疫的另一个重要环节。

4. 观察鉴定，整理编目　对引入的资源要进行形态分类学鉴定和农业生物学鉴定，在此基础上整理编目，以供研究利用之参考。

5. 繁殖保存，合理利用　一般国外引种的资源来之不易，而且数量相当有限，为了防止得而复失，也为了更广泛持续地提供利用，需要及时扩繁。

6. 汇总引种数据，建立数据库　对引进种质的基本信息、检疫试种、鉴定数据进行汇总，最终提交给统一的归口管理部门，建立数据库。对引进的新物种（变种、变型）、新类型和具有重要利用价值的种质资源，要拍摄照片、压制标本，并建立保存种质档案，以供全国检索查询。

（四）蔬菜种质资源搜集的描述规范及数据采集

在种质资源的考察搜集、征集和国外引种的过程中，不仅要对搜集的种质资源进行编号、分类，以及对来源地等基本信息进行描述，而且还需要对种质资源的形态特征和生物学特性方面的数据进行采集。

蔬菜种质资源的搜集描述规范可以参考《农作物种质资源收集技术规程》。种质资源搜集数据的采集可以参照表 2－6 至表 2－8 进行。

表 2－6 蔬菜种质资源考察搜集数据采集表

共 性 信 息			
采集号（1）		采集日期（4）	
作物名称（5）		种质名称（6）	
种质类型（7）	1. 野生资源 2. 地方品种 3. 选育品种 4. 品系 5. 遗传材料 6. 其他		
属名（8）			
种名（9）			
种质来源（10）	1. 当地 2. 外地 3. 外国		
搜集种子数量（14）	粒	搜集种子重量（15）	g
搜集块根块茎数量（16）	个		
搜集鳞茎数量（17）	个	搜集扦插数量（18）	条
搜集种茎根蘖数量（19）	个	搜集标本数量（20）	份
搜集地点（21）	_______省（自治区、直辖市）_______县_______乡_______村		
搜集场所（22）	1. 田间 2. 旷野 3. 庭院 4. 粮仓 5. 挂藏间 6. 打谷场 7. 土特产交易市场 8. 农贸市场 9. 其他		
搜集地经度（23）		搜集地纬度（24）	
搜集地海拔高度（25）	m		
搜集地土壤类型（26）	1. 红壤 2. 黄壤 3. 棕壤 4. 褐土 5. 黑土 6. 黑钙土 7. 栗钙土 8. 盐碱土 9. 漠土 10. 沼泽土 11. 高山土 12. 其他		
搜集地土壤 pH（27）		搜集地年均气温（28）	℃
搜集地年均降水量（29）	mm		
搜集地年均日照（30）	h	采集单位（42）	
采集者（43）			
特 定 信 息			
种质分布（31）	1. 广 2. 窄 3. 少	种质群落（32）	1. 群生 2. 散生
采集地气候带（33）	1. 热带 2. 亚热带 3. 暖温带 4. 温带 5. 寒温带 6. 寒带		
采集地地形（34）	1. 平原 2. 山地 3. 丘陵 4. 盆地 5. 高原		
采集地地势（35）	1. 平坦 2. 起伏 3. 坑洼 4. 其他		
采集地坡向（36）	1. 阳坡 2. 阴坡	采集地坡度（37）	
采集地小环境（38）	1. 涝洼地 2. 沼泽地 3. 乱石滩 4. 林下 5. 林缘 6. 林间空地 7. 灌丛下 8. 竹林下 9. 池塘 10. 山顶 11. 山腰 12. 山脚 13. 田埂 14. 田边 15. 田间 16. 路旁 17. 沟底 18. 沙岗 19. 河滩 20. 河谷 21. 溪边 22. 海滩 23. 湖边 24. 草地 25. 庭院 26. 村边 27. 其他		
采集地生态系统类型（39）	1. 农田 2. 森林 3. 草地 4. 荒漠 5. 湖泊 6. 湿地 7. 海湾		
采集地植被（40）	1. 针叶林 2. 阔叶林 3. 灌丛 4. 荒漠和旱生灌丛 5. 草原 6. 草甸 7. 草本沼泽 8. 其他		
种质主要伴生植物（41）			
选育单位（47）			
选育方法（48）		选育年份（49）	
亲本组合（50）		推广面积（51）	hm^2

（续）

主要特征特性信息	
生长习性	
主要生育期	
形态特征	
农艺性状	
抗逆性	
抗病虫性	
品质特性	
附记（52）	

注：引自郑殿升，刘旭，卢新雄等编著．2007．农作物种质资源收集技术规程。

表 2-7　蔬菜种质资源征集数据采集表

基　本　信　息			
征集号		作物名称（5）	
物质名称（6）			
物质类型（7）	1. 野生资源　2. 地方品种　3. 选育品种　4. 品系　5. 遗传材料　6. 其他		
种名（9）			
物质来源（10）	1. 当地（　）　2. 外地（　）　3. 外国（　）		
搜集种子数量（14）	粒	搜集种子重量（15）	g
搜集根块茎数量（16）	个		
搜集鳞茎数量（17）	个	搜集插条数量（18）	条
搜集种茎根蘖数量（19）	个	搜集标本数量（20）	份
搜集地点（21）	省（自治区、直辖市）　县　乡　村		
搜集地经度（23）		搜集地纬度（24）	
搜集地海拔高度（25）	m		
搜集地年均气温（28）	℃	搜集地年均降水量（29）	mm
搜集地平均日照（30）	h	采集单位（42）	
采集者（43）		采集日期（4）	
特　定　信　息			
选育单位（47）			
选育方法（48）		育成年份（49）	
亲本组合（50）		推广面积（51）	hm^2
主　要　特　征　信　息			
生长习性			
主要生育期			
形态特征			
农艺性状			
抗逆性			
抗病虫性			
品质特性			
备注			

注：引自郑殿升，刘旭，卢新雄等编著．2007．农作物种质资源收集技术规程。

表 2-8 蔬菜种质资源国外引种数据采集表

共性信息			
引种号		作物名称（5）	
种质名称（6）		种质类型（7）	1. 野生资源 2. 地方品种 3. 选育品种 4. 品系 5. 遗传材料 6. 其他
属名（8）		种名（9）	
种质来源国（11）		种质原产国（12）	
种质原产地（13）		种质引入途径（44）	
引种单位（45）		引种者（46）	
引进数量信息			
搜集种子数量（14）	粒	搜集种子重量（15）	g
搜集块茎块根数量（16）	个		
搜集鳞茎数量（17）	个	搜集插条数量（18）	条
搜集种茎根蘖数量（19）	个		
特定信息			
选育单位（47）			
选育方法（48）		育成年份（49）	
亲本组合（50）		推广面积（51）	hm^2
主要特征特性信息			
生长习性			
主要生育期			
形态特征			
农艺性状			
抗逆性			
抗病虫性			
品质特性			
备注（53）			

注：引自郑殿升，刘旭，卢新雄等编著．2007．农作物种质资源收集技术规程。

四、种质资源的保存方法和技术

种质资源保存途径可分为原生境保存和异生境保存。

（一）原生境保存（in situ conservation 或 on-site maintenance）

指在自然生态环境下，就地保存野生植物群落或农田中的栽培植物居群，并且自我繁殖更新。原地保存形成原地基因库（in situ gene bank）。

作物产生遗传多样性的原因主要有：①未受人为选择影响的自然选择；②在变化多样的耕作制度中作物的进化选择和适应；③导致新的遗传重组的正规育种。

作为异生境保存的补充形式，原生境保存的特点体现在以下几个方面：①能促进作物进化和提高其对环境的适应能力；②保存所有水平的多样性，即生态系统多样性、物种间多样性和物种内多样性；③改善居民的生活；④维持或提高居民对遗传资源的控制和获取能力；⑤把居民纳入到国家植物遗传资源保护系统。

原生境保存形式之一是建立自然保护区和天然公园。野生种一般通过这种方式保存，不仅可保存稀有濒危的生物资源，并可保护不同类型的生态系统。

世界上第一个自然保护区是1872年美国建立的黄石公园。近百年来全球自然保护区的发展很快，日本天然公园和自然保护区总数700个以上，总面积560万 hm^2 以上，占国土面积的15%，近年得到了进一步发展。

美国的自然保护区总面积约占其国土面积的17%左右。美国的自然保护区基本上分为2个级别，即国家级和州级。国家野生生物避难所体系由美国鱼类和野生动物管理局具体负责管理，目前包括548处野生动物庇护所和37处湿地管理区，总面积约38.4万 km^2。全美有国家公园390多处，总面积超过33.6万 km^2。有国家森林155处，国家草地20处及其他土地121处，总面积为76万 km^2。大自然保护协会（TNC）是除美国联邦政府之外，最大的私有土地所有者，在美国已建立了庞大的私有保护区网络（韩云池，2011）。

德国共有93个自然公园，遍布全境，总面积8.5万 km^2，约为德国国土面积的24%。在整个德国自然公园中，各种用地比例大致为：农业用地54%，林业用地29%，城市或城镇用地以及道路用地为12%，其他类型用地为5%（王洪涛，2008）。

1982年年底，中国已建立自然保护区106处，面积390万 hm^2，约占国土面积的0.4%。到2006年年底，已建立各级自然保护区2 349处，其面积约占国土面积的15%。截至2010年年底，林业系统管理的自然保护区已达2 035处，总面积1.24亿 hm^2，占国土面积的12.89%。其中，国家级自然保护区247处，面积7 597.42万 hm^2。

中国的自然保护区分国家自然保护区和地方级自然保护区，地方级又包括省、市、县3级自然保护区。自然保护区按生态类型划分为森林、草原、荒漠和湿地等，其中保存了丰富的野生植物资源，如野生稻、野核桃、野芒果等。以秦岭太白山自然保护区为例，总面积81万 hm^2，种子植物有1 550余种，分属121属64科，占秦岭植物总数59%以上。面积为3.5万 hm^2 的陕西佛坪自然保护区，分布植物近4 000种，其中不乏各种蔬菜作物的野生和野生近缘植物资源。

原生境保存的形式之二是农田原生境保存。《生物多样性公约》（CBD）将在原生境条件下保存传统品种作为农业可持续发展的基本组成部分。

（二）异生境保存（ex situ conservation 或 off-site maintenance）

异生境保存是将种子或植物体保存于该植物原产地以外的地方。主要形式有植物园、种质圃、种质库及试管苗库保存，还有超低温库保存营养体、花粉、细胞、DNA等。其中，利用超低温库、组织培养室等保存植物的根、茎、枝条、茎尖、花粉、细胞等来达到保存植物种质资源的方式统称为离体保存。离体保存技术是指通过无菌操作，使植物体的各类材料（外植体）在人工控制的环境条件下，进行离体细胞与组织培养，然后以某种形态在低温或超低温的条件下进行保存的一套技术与方法。

异生境保存既可保存各种类型丰富多样的植物种质资源，也可利用活体保存繁殖更新引入的植物资源。

1. 植物园（botanical garden）**和种质圃**（field - genebank）　主要用于保存不能用种子繁殖方式保存的水生蔬菜、多年生蔬菜、营养繁殖蔬菜以及多年生果树、茶、桑等。

英国本土面积只有24万 km^2，爱丁堡（Edinburgh）与生活相关的经济植物主要靠国外引入，但引种工作开始早，植物园建立也早。英国爱丁堡皇家植物园于1670年建立，以搜集利用中国杜鹃花、樱草等高山地区园林赏观植物闻名于世。搜集植物最丰富的邱园（Kew Royal Botanic Gardens）拥有约 20 000 个分类单位。中国除有植物园外，还有作物种质圃，以多年生作物为主，如有果树、茶、桑、甘薯、苎麻、水生蔬菜、无性繁殖蔬菜等种质圃 40 个。

2. 种质库 保存种子的种质库有 3 种类型：

（1）短期库（short－term genebank） 短期存放种子，亦称"工作收集"（working collections），其任务是临时贮存应用材料，并分发种子供研究、鉴定和利用。一般库温 10～15 ℃ 或更高些，相对湿度 50%～60%，种子存入纸袋或布袋，一般可存放 5 年左右。

（2）中期库（medium－term genebank） 以中期贮存为目的，工作任务同短期库，库温 0～10 ℃，种子存入防潮纸袋或锡箔袋中，也有放在螺旋口铁罐或铝盒内，相对湿度 60%以下，种子含水量 5%～8%，可保存 15 年左右，甚至更长时间。

（3）长期库（long－term genebank） 任务是长期贮藏，亦称"基础收集"（base collections），一般不分发种子，为确保遗传完整性，只有在必要时才进行繁殖和世代更新。其库温在－10 ℃以下，通常为－18 ℃或－20 ℃，种子含水量 5%～8%，种子多数存入种子盒内，盒口密封或螺旋口，也有放入金属铝箔袋内密封或真空密封，相对湿度 50%以下，可贮藏数十年至上百年，一般每 5～10 年测定贮藏的种子活力。

1975 年，国际植物遗传资源委员会（IBPGR）报道，建立在全世界的种子长期贮藏设施不过 8 处，到 1983 年增加到 38 处，特别是发展中国家设施增加较快。目前在世界范围内有 1 750 多个基因库（主要是种质库和种质圃），其中保存种质超过 1 万份的基因库大约有 130 个。各大洲都有基因库分布，但是非洲的基因库较其他地区少得多。国际农业研究磋商组织（CGIAR）下属中心建造的基因库是保存资源较多的基因库，已使用 35 年以上，为全世界托管基因库。

3. 试管苗库 植物几乎所有细胞皆具有全能性。试管培养包括单细胞、原生质体、花药、花粉、分生组织、胚、愈伤组织和细胞悬浮液培养等。上述培养物的部分或全体均可以在一定的条件下贮存，但有些易产生体细胞变异。对分生组织或组培苗贮存方法的研究概括为：①选择合适的材料；②分离无病样品；③研究分生组织分离和再生植株的方法；④研究由分生组织诱导再生植株最适宜的培养条件；⑤分生组织或组培苗在最低限度生长的营养培养基中，依据作物种类的不同在 1～16 ℃的低温或亚低温下贮存，以实现缓慢生长保存（slow growth conservation）的目的；⑥从贮存的分生组织诱导再生植株或组培苗继代复壮。

试管苗保存种质资源的关键是缓慢生长保存环节。缓慢生长保存是指通过调节培养条件，抑制培养物生长，但不死亡，从而延长继代培养时间，减少操作的保存方法（Malaurie，1998）。抑制培养物生长的途径主要有：降低培养温度，调整培养渗透性，控制养分水平，应用化合物或生长抑制剂，控制培养基营养物质，降低培养环境中氧含量，调节光照和应用适当的包扎物等。

（1）降低培养温度 降低培养温度是缓慢生长保存最常用的方法，得到了国内外学者广泛的研究，已经在许多植物的保存中得到应用。如草莓、芋头、马铃薯、大蒜、姜和百合等作物，通过降低培养温度，都得到了很好的保存效果（宋明等，1994；周逊等，2004；陈辉等，2005；张玉芹等，2004、2011）。由于不同植物乃至同一种植物不同基因型对低温的敏感性不一样，因而正确选择适宜低温是提高存活率的关键。

（2）提高培养基渗透压 提高培养基渗透压可以抑制培养材料的生长。一般是在培养基中添加一些高渗物质以提高培养基的渗透势负值，造成水分逆境，降低细胞膨压，使细胞吸水困难，减弱新陈代谢活动，延缓细胞生长。通过增加如蔗糖、甘露醇等高渗物质，可延长生姜、百合等离体保存的时间（张玉芹等，2004、2011；周逊，2004）。

（3）培养基中添加生长调节物质 在常规培养基中添加生长延缓剂或生长抑制剂，可有效地抑制保存材料的生长，延缓其继代周期。目前，常用的生长抑制剂有：氯化氯代胆碱（矮壮素，CCC）、N，N－二甲基胺琥珀酸（B_9）、多效唑（PP333）、高效唑（S3307）、脱落酸（ABA）、三碘苯酸

(TIBA)、膦甘酸、甲基丁二酸等。

(4) 培养基的营养控制　植物生长发育依赖外界养分的供给，如果养分供应不足，植物生长缓慢，植株矮小。通过对姜、百合、咖啡等作物的研究表明，降低培养基中的养分水平也可有效地限制细胞生长，达到保存的目的（周逊等，2004；张玉芹等，2004、2011）。

(5) 降低培养环境中的氧气浓度　1959 年，Caplin 提出低氧分压用于植物组织培养物保存的设想。1981 年，Bridgin 等采用降低培养物周围的大气压力或改变氧含量来保存植物组织培养物。Dorion（1994）用矿物油覆盖技术成功地保存了多种植物愈伤组织。但此项技术的研究尚不成熟，尤其有关低氧对细胞代谢功能影响还有待进一步研究。

(6) 调节培养光照　愈伤组织需要在黑暗中保存。植物组织培养物一般在缓慢生长过程中对光照的需要因材料不同要求不一。一些研究认为，适当缩短光照周期有利于延缓培养物生长；也有的研究认为强光有利于保存（周逊等，2004）。

(7) 适合的包扎物　包扎物对试管中材料的保存效果影响也很大。辛淑英（1987）在甘薯种质苗的保存研究中发现，以铝箔封口保存效果最佳。周明德（1989）也报道了在马铃薯种质保存中铝箔的封口效果较好，长期保存草莓种质试管苗以塑料薄膜封口效果好。所以在具体的保存实践中，可能需要根据不同作物和培养容器，选择合适的包扎物。

利用组织培养技术进行试管苗种质保存有很大潜力，因不需要很大空间，保存方法简单，花费少，能保持无病，也便于国际间种质交换。切割的茎节很容易进行大规模无性繁殖，通过定期转育茎节到新培养基上，分化培养可以连续不断。

1986 年，国际热带农业研究中心（CIAT）建立了木薯试管苗保存库，收集了 3 500 份木薯，已有 50%以上材料保存在生长缓慢的试管苗基因库中。中国目前也有了马铃薯、甘薯和大蒜等试管苗基因库。

4. 超低温（−196 ℃）**保存**　通常将−80 ℃以下的温度称为超低温。超低温冷冻保存一般以液氮为冷源，使温度维持在−196 ℃。将种质以细胞银行或组织的方式保存起来，即将生物的遗传信息以细胞群的形式在超低温条件下保存起来，在如此低温下，活细胞内的新陈代谢和生长活动几乎完全停止，因而可使植物材料在该温度下不会发生遗传性状的改变，但细胞活力和形态发生的潜能可保存，从而极大地延长贮存材料的寿命，避免细胞和组织的染色体数目因长期继代而发生变化和离体材料在长期无性繁殖过程中可能出现的退化和病虫侵害。

种质资源的超低温保存旨在以较少的人力、物力和能源投入，达到有效、安全地长期保存种质资源，同时便于资源交流的目的。

超低温保存植物种质资源的程序包括培养材料的准备、预处理、冰冻及保存、化冻处理、细胞活力和变异的评价、植株再生等几个步骤。目前常用的超低温保存方法可分为两类，即冷冻诱导保护性脱水的超低温保存和玻璃化处理的超低温保存。

(1) 传统的降温冰冻方法

① 快速冰冻法。将材料从 0 ℃或预处理温度直接投入液氮，其降温速度在 1 000 ℃/min 以上。这个过程可以使细胞内的水分子还未来得及形成结晶中心就降到了−196 ℃的安全温度，从而避免了细胞内结冰的危险。此法适用于那些高度脱水的材料。

② 慢速冰冻法。采用逐步降温的方法，以 0.5～2 ℃/min 的降温速度，从 0 ℃降到−30 ℃、−35 ℃或−40 ℃，随即投入液氮，或者以此降温速度连续降温到−196 ℃。逐步降温过程可以使细胞内水分有充足的时间不断流到细胞外结冰，从而使细胞内水分含量减少到最低限度，达到良好的脱水效果，避免细胞内结冰。这种方法适合于液泡化程度较高的植物材料，如悬浮细胞、原生质体等。

③ 两步法。此法将快速和慢速两种冰冻方法结合起来，先用较慢的速度（0.5～4 ℃/min）使植物材料从 0 ℃降至一定的预冷温度（一般为−40 ℃）并停留一段时间（一般 10 min 左右），使细胞进

行适当的保护性脱水，然后再浸入液氮冷冻。

④ 逐级冰冻法。植物材料经过冷冻保护剂 0 ℃预处理后，逐级通过－10 ℃、－15 ℃、－23 ℃、－35 ℃、－40 ℃等，每个温度停留 10 min 左右，然后浸入液氮。

（2）玻璃化保存方法　玻璃化（vitrification）是指液体转变为非晶体（玻璃态）的固化过程。使溶液玻璃化有两条途径：一是大幅度提高冷却速率；二是增加溶液浓度。

① 玻璃化法。是将生物材料经一定浓度的玻璃化溶液（如 PVS2）快速脱水后，直接投入液氮，使生物材料连同玻璃化溶液发生玻璃化转变，进入玻璃态。此间水分子没有发生重排，不形成冰晶，也不产生结构和体积的改变，因而不会对材料造成伤害。保存终止后，复温时要快速化冻，防止去玻璃化的发生。材料能安全渡过冷却和化冻两个关口，就可保证冻存的成功。

② 包埋玻璃化法。是包埋-脱水法和玻璃化法的结合。先用藻酸钙包埋保存材料，然后经蔗糖浓度梯度脱水和玻璃化溶液处理后直接浸入液氮保存。

玻璃化法研究较多，技术相对较成熟。玻璃化超低温保存的关键在于脱水过程的控制以及保护剂对细胞渗透以减轻化学毒性和溶液效应。玻璃化法超低温保存的基本程序为：①材料的选择；②材料预处理；③冰冻保护剂处理；④投入液氮；⑤化冻、洗涤；⑥活力鉴定、再培养；⑦遗传性状的分析。

此外，还有一些其他的超低温保存方法，如干燥法（desiccation）、预培养法（pregrowth）、预培养-干燥法（pregrowth - desiccation）和包埋脱水法（encapsulation - dehydration）等。

在液氮中超低温保存种子、花粉、芽、茎尖、愈伤组织和植物细胞等对一些农作物来说，越来越重要，且这种保存方法在许多农作物上已有成功的实例。日本已建立了“二核型”果树花粉种质保存库。中国用液态氮在－196 ℃下保存玉米花粉获得成功，超低温保存 1 年的玉米花粉，田间授粉后的结实率达 70％以上。同时，对麦类和果树（桃、梨）花粉，甘蔗、猕猴桃、玉米、红豆草等营养器官、愈伤组织和细胞培养物，以及“顽拗型”种子茶籽等进行超低温保存的研究取得较大进展。经过多年研究，已建立一套较佳的植物体细胞培养物的超低温保存技术，使甘蔗愈伤组织在 3 年超低温保存后，仍保持 90％以上的存活率并再生出大量的新植株。猕猴桃、玉米、红豆草等的组织及细胞培养物也在超低温保存后获得再生植株。

印度香料研究所作物改良和生物技术系的 Yamuna（2007）基于包埋脱水法、包埋玻璃化法和玻璃化法，建立了有效的生姜离体芽超低温保存技术。为了获得最好的再生苗，需要预生长和一系列的预培养过程。研究表明，玻璃化法的再生率最高，达到 80％；包埋玻璃化法和包埋脱水法的再生率分别为 66％和 41％。在玻璃化法保存中，姜芽经过含 0.3 mol/L 蔗糖的液体 MS 培养基预培养 3 d，在室温下用 5％的二甲基亚砜和 5％的丙三醇的混合液进行冷冻保护处理 20 min，在 25 ℃下用 2 mol/L 丙三醇和 0.4 mol/L 蔗糖的混合液渗透保护处理 20 min，用高浓度的玻璃化溶液（PVS2）在 25 ℃下处理 40 min。脱水的茎尖转移到 2 mL 的冻存管中，悬浮在 1 mL PVS2 溶液中，直接投入液氮。在 3 种超低温保存方法中，直接由保存的茎尖生长出了芽，没有愈伤组织的产生。用 ISSR 和 RAPD 方法检测证明超低温保存的生姜茎尖的遗传稳定。

王艳军等（2002）用山东苍山大蒜进行了茎尖玻璃化法超低温保存技术的研究。将 5～8 mm 大蒜茎尖在 MS ＋ 0.7 mol/L 蔗糖的固体培养基上预培养 7 d，切取 3.0～3.5 mm 的茎尖，在 20 ℃下经 60％ PVS2 处理 60 min，再于 0 ℃下用 PVS2 处理 5～60 min 后，换适量新鲜 PVS2，浸入液氮。保存 2 d 或 1 个月后取出，在 37 ℃水浴中解冻 2 min，用 MS ＋1.2 mol/L 蔗糖液体培养基洗涤 2 次，每次 10 min。经过恢复培养，茎尖成活率最高可达到 100％。国家无性繁殖蔬菜种质圃已将这种技术应用于大蒜种质的保存实践。张玉芹等（2004）通过比较组培苗的继代时间、茎尖大小、冰冻保护剂及其处理方式、预培养基蔗糖浓度及预培养时间、化冻方式等因素对冻存茎尖存活率的影响，系统研究了百合种质资源的离体超低温保存技术。结果表明，用 2～3 mm 百合茎尖，在 MS＋0.5 mol/L 蔗糖浓度的培养基上预培养 1～2 d，室温下用玻璃化溶液（PVS2）处理 20 min，换入新鲜的 PVS2，迅速投入液氮中保存。2 d 后取出，在 40 ℃水浴中解冻 2 min，再在 25 ℃水浴中解冻 10 min，用 1.2 mol/L蔗糖液体培养基洗涤 20 min，接种在 6－BA 0.5 mg/L＋NAA 0.1 mg/L＋GA_3 0.3 mg/L＋蔗糖 30 g/L＋ 琼脂 7 g/L 的 MS 培养基上，成活率最高可达 52.6%，并能再生植株。

5. 种子的超干燥保存　种子含水量和贮藏温度是影响种子生活力和贮藏寿命的关键因素。按照一般概念，5%是所谓种子保存安全含水量的下限。又因为控制温度比控制水分来得容易，而且安全可靠，因而国内外贮存种子、保存种质均向低温和超低温方向发展。国际植物遗传资源委员会推荐 5%±1%的含水量和－18 ℃低温作为世界各国长期保存种质的理想条件。迄今，世界各国在长期保存种质中，均以建造现代化低温库为种质库。建库设施和维持恒温需付出大量资金和能源，在发展中国家难以应用。为此，科学家试图探讨其他经济简便的方法来解决种质的长期保存问题。

据 Harrington（1972）报道，对正常型种子而言，在较大范围内，水分含量越低，温度越低，种子寿命越长，并且，种子水分含量每减少 1%，种子寿命增长 1 倍，种子保存温度降低 5 ℃，种子寿命增加 1 倍。Roberts（1984）通过研究指出，正常型种子一般可以不受损伤地干燥至 5%，甚至更低的含水量水平。Ellis 等（1986）将芝麻种子含水量从 5%降到 2%，寿命延长 20 倍，而贮藏温度从 20 ℃降至－20 ℃，寿命也只延长 40 倍。在此基础上，他提出了种子超干燥理论，即通过超干燥将种子水分含量降到 5%以下，使种子在常温下的寿命得以延长。同时，以干燥代替低温，从而降低种子贮藏费用。

由于超干燥贮藏的节能潜力很大，引起了国内外研究者的广泛重视。英国雷丁大学对 23 种作物种子，浙江农业大学对水稻、大豆和一些高油分种子，北京植物园对大白菜、大豆、榆树和几种芸薹属植物种子分别进行了超干燥研究，表明一些含油分高的作物种子如大白菜、油菜、萝卜、芝麻，以及小粒种子和短命种子水分干燥至 1%左右时，仍然保持较高的活力水平（Ellis，1988；支巨振，1988；程红炎，1991—1992；陈叔平等，1992；沈镝等，1996）。一些种子如豆类在降低水分时生活力明显受损，认为主要使种子的吸胀受损，可以在种子萌发前进行水分调控处理来避免吸胀损伤（Ellis et al.，1992）。对淀粉种子和蛋白质种子的超干燥贮藏报道说法不一，有待进一步研究。很多作物种子在超干燥时具有一个最低的水分含量临界点，低于这个临界点，种子活力大大降低，而且各种作物的临界点是不同的。

在一定温度下，种子最长寿命时的水分含量会因不同种的种子化学成分不同而不同。同时，环境条件、种子保存前的田间生产和收获情况等均会影响种子寿命，但最重要的影响因素是种子含水量。最近的研究认为，温度和种子水分含量必须同时考虑，对于大多数作物来说，种子贮存的适宜水分并非越低越好，而是可以通过种子所处的相对湿度，将其干燥到平衡时获得，这里所使用的相对湿度由种子达到平衡时的温度决定，而在这个温度下，种子贮存寿命最长。这与种子超干燥贮存仅考虑种子含水量降低，而不考虑贮存温度条件，且种子超干燥贮存考虑的种子含水量仅低于 5%以下，认为只要对种子生活力无损伤，就可行超干燥贮藏的原理和做法是相悖的。所以，关于种子超干燥保存研究的今后的课题是要搞清楚获得种子最长寿命的种子含水量和相对湿度，以及使种子受到损害的含水量和相对湿度。

6. 基因文库构建与种质保存　现代生物技术不但可用于遗传资源多样性的评估与核心种质的构建，还可用于核心种质的保存与利用。

运用生物技术保存种质的方法之一就是构建其相应的基因文库。基因文库的制备包括以下步骤：① 目的生物 DNA 的制备；② 载体 DNA 的制备；③ 目的基因与载体 DNA 相结合，形成重组 DNA；④ 重组 DNA 外壳蛋白质的包装。通过构建核心种质内各个样品的基因文库，可达到长期保存的目的。当需要从基因文库中提取所需要的基因时，可用灵敏度极高的探针，通过与目的基因原位杂交检出。目前已有许多植物构建了其相应的基因文库。

此外，还可以把核心种质内各个样品的DNA混合起来，然后再与载体DNA进行连接，从而建成一个综合的基因文库，这个文库含有核心种质内的各种基因。这样只构建一个基因文库就可以保存一个物种的核心种质。

基因文库的制备为核心种质的保存和利用提供了美好的前景，它比传统方法易于保存、运输、交流和利用，并且还可以把各种生物的核心种质基因文库贮存起来并相应建立卡片系统，长期地保存在一个特别的“图书馆”即文库里，通过电子计算机检索，随时向遗传学家、育种家提供任一基因，就像读者向图书馆索取任意一本书那样方便。

与之相仿的方法是将提取的DNA直接在低温下保存或在计算机系统保存其序列信息。随着数据存储成本下降和分析手段的提高，这种方法日益成为可能。虽然目前的技术还不能使提取的DNA或电子信息繁殖出原植物，但这些技术仍有很多用途，例如用于遗传多样性和分类学研究、基因克隆等。

2004年，国际生物多样性中心（Bioversity）对134个国家与植物遗传资源保护有关的国际和国家保护项目、植物园、大学和私营公司进行了调查。在243个被访者中，只有21%保存了植物DNA，发展中国家和发达国家一样多。国际生物多样性中心发表了相关的调查结果，并讨论了把DNA和序列信息与其他保存相结合的方式和战略（de Vicente et al.，2006）。

第三节 蔬菜种质资源鉴定编目与评价

蔬菜种质资源是蔬菜新品种选育、遗传理论研究、生物技术研究和农业生产发展的重要物质基础。随着各国蔬菜种质资源的搜集、保存工作的广泛展开，积累了大量的资源。蔬菜种质资源的搜集和保存的最终目的是为了利用，而利用的前提是必须对种质资源进行系统鉴定、编目和评价。

一、种质资源描述规范和数据标准

（一）制定蔬菜种质资源描述规范和数据标准的作用和意义

统一种质资源描述规范和数据标准有利于规范农作物种质资源的搜集、整理、保存、鉴定、评价和利用，帮助减少重复，提高资源搜集管理的效率，提高编目的一致性，有助于发展核心种质，便于用户选择利用资源，方便建立种质数据库和信息管理与交换，从而有利于科学度量蔬菜作物种质资源的遗传多样性和丰富度，有利于通过提高蔬菜作物种质资源整合的效率，创造良好的资源和信息交换与共享的环境和条件，实现种质资源的充分共享与高效研究利用。

（二）蔬菜种质资源描述规范和数据标准的发展现状

自从20世纪70年代IPGRI建立以来，制定农作物种质资源描述规范便成了IPGRI开展种质资源编目活动的重要工作。至今，IPGRI制定的蔬菜种质资源描述规范包括食用大豆（descriptors for soyabean，1984）、莱豆（lima bean descriptors，1982）、多花菜豆（phaseolus coccineus descriptors，1983）、宽叶菜豆（phaseolus acutifolius descriptors，1985）、菜豆（phaseolus vulgaris descriptors，1982）、豇豆（descriptors for cowpea，1983）、蚕豆（descriptors for faba bean，1985）、栽培马铃薯（descriptors for the cultivated potato，1977）、育成马铃薯（potato-variety descriptors，1985）、人参果［descriptors for pepino（*Solanum muricatum*），2004］、茄子（descriptors for eggplant，1990）、辣椒［descriptors for capsicum（*Capsicum* spp.），1995］、黑胡椒［descriptors for black pepper（*Piper nigrum* L.），1995］、番茄［descriptors for tomato（*Lycopersicon* spp.），1996］、树

番茄［descriptors for tree tomato（*Solanum betaceum* Cav.）and wild relatives，2013］、大白菜（descriptors for *Brassica campestris* L.，1987）、芸薹属和萝卜属（descriptors for brassica and raphanus，1990）、胡萝卜［descriptors for wild and cultivated carrots（*Daucus carota* L.），1998］、甜瓜［descriptors for melon（*Cucumis melo* L.），2003］、甜菜（descriptors for *Beta* spp.，1991）、葱属（descriptors for *Allium*，2001）、草莓（strawberry descriptors，1986）、薯蓣［descriptors for yam（*Dioscorea* spp.），1997］、芋头［descriptors for taro（*Colocasia esculenta*），1999］等。这些种质资源描述规范的编制和发布，促进了全球蔬菜种质资源的搜集、鉴定编目和保存利用。

但是，IPGRI 编制的蔬菜种质资源描述规范涉及的蔬菜种类有限，无论从形式和内容上都比较简单，而且主要是对一个物种或属层面上的护照信息和共性性状的描述，缺乏对性状鉴定方法和数据质量控制的规范，更重要的是对各国特有作物的特异性状和在农业生产中具有区域重要性的性状缺乏关注。为此，2003 年以来，中国农业科学院蔬菜花卉研究所组织研究编制并发表了适合中国国情的主要蔬菜种质资源描述规范和数据标准，涉及的作物包括：萝卜、胡萝卜、大白菜、不结球白菜、菜薹和薹菜、甘蓝、青花菜和花椰菜、芥蓝、叶用薹用和籽用芥菜、根用和茎用芥菜、番茄、茄子、辣椒、黄瓜、南瓜、苦瓜、瓠瓜、西瓜、甜瓜、丝瓜、冬瓜、菜豆、豇豆、苋菜、菠菜、芹菜、韭菜、大蒜、葱、洋葱、姜、莲藕和茭白等 30 多种蔬菜种质资源。

（三）中国蔬菜种质资源描述规范和数据标准的制定原则和方法

蔬菜种质资源描述规范和数据标准的主要内容包括：种质资源描述规范、种质资源数据标准和种质资源数据质量控制规范。蔬菜种质资源描述规范规定了相关蔬菜种质资源的描述符及其分级标准，以便对蔬菜种质资源进行标准化整理和数字化表达。蔬菜种质资源数据标准规定了蔬菜种质资源各描述符的字段名称、类型、长度、小数位、代码等，以便建立统一的、规范的蔬菜种质资源数据库。蔬菜种质资源数据质量控制规范规定了有关种质资源数据采集全过程中的质量控制内容和质量控制方法，以保证数据的系统性、可比性和可靠性。

1. 蔬菜种质资源描述规范制定的原则和方法

（1）*原则*

① 应重视科学性。

② 应优先考虑现有数据库中的描述符合描述标准。

③ 结合当前需要，以种质资源研究和育种需求为主，兼顾生产与市场需要。

④ 优先考虑中国现有基础，兼顾将来发展，并与国际接轨。

（2）*方法和要求*

① 描述符类别分为 6 类：

a. 基本信息

b. 形态特征和生物学特性

c. 品质特性

d. 抗逆性

e. 抗病虫性

f. 其他特征特性

② 描述符代号由描述符类别加两位顺序号组成，如“110”“208”“501”等。

③ 描述符性质分为 3 类：

M　必选描述符（所有种质必须鉴定评价的描述符）

O　可选描述符（可选择鉴定评价的描述符）

C　条件描述符（只对特定种质进行鉴定评价的描述符）

④ 描述符的代码应是有序的，如数量性状从细到粗、从低到高、从小到大、从少到多排列，颜色从浅到深，抗性从强到弱等。

⑤ 每个描述符应有一个基本的定义或说明，数量性状应指明单位，质量性状应有评价标准和等级划分。

⑥ 植物学形态描述符应附模式图。

⑦ 重要数量性状应以数值表示。

2. 蔬菜种质资源数据标准制定的原则和方法

（1）*原则*

① 数据标准中的描述符应与描述规范中的描述符相一致。

② 数据标准应优先考虑现有数据库中的数据标准。

（2）*方法和要求*

① 数据标准中的代号应与描述规范中的代号一致。

② 字段名最长 12 位。

③ 字段类型分字符型（C）、数值型（N）和日期型（D）。日期型的格式为 YYYYMMDD。

④ 经度的类型为 N，格式为 DDDFF；纬度的类型为 N，格式为 DDFF。其中 D 为度，F 为分；东经以正数表示，西经以负数表示；北纬以正数表示，南纬以负数表示，如“12136”“3921”。

3. 蔬菜种质资源数据质量控制规范制定的原则和方法

（1）采集的数据应具有系统性、可比性和可靠性。

（2）数据质量控制以过程控制为主，兼顾结果控制。

（3）数据质量控制方法应具有可操作性。

（4）鉴定评价方法以现行国家标准和行业标准为首选依据。如无国家标准和行业标准，则以国际标准或国内比较公认的先进方法为依据。

（5）每个描述符的质量控制应包括田间设计，样本数或群体大小，时间或时期，取样数和取样方法，计量单位、精度和允许误差，采用的鉴定评价规范和标准，采用的仪器设备，性状的观测和等级划分方法，数据校验和数据分析。

二、种质资源的形态特征和生物学特性鉴定

形态特征和生物学特性的鉴定是蔬菜种质资源鉴定编目的主要内容。大多数形态特征、生物学特性鉴定可以通过田间试验，在蔬菜生育周期的营养生长期和生殖生长期，按照有关蔬菜种质资源描述规范和数据标准分期观测。某些生物学特性的鉴定必须按照规范设置单独的田间或实验室试验进行。尚缺乏科学鉴定方法的重要性状有待进一步研究可靠的方法。

种质鉴定的项目是根据研究和利用的需要确定，因而每种蔬菜作物种质鉴定的内容不完全相同，但总体而言包括下面几方面。

（一）植物学性状鉴定

描述能反映每份材料形态特征的主要植物学性状，一般包括根、茎、叶、花、果实和种子的形状、大小、颜色、有无刺或茸毛等形态特征。尤其是花和果实，因为这些性状常常是植物学分类的依据。

（二）农业生物学性状的鉴定

观测鉴定与农业生产和栽培活动关系密切的种质资源生物特性，如熟性、产量等。

（三）对病虫害抗性的鉴定

病虫害是限制蔬菜生产的重要因素。危害蔬菜作物的病菌和害虫很多，对蔬菜生产的影响有大有小，在种质资源的鉴定中，应该把重点放在对蔬菜生产威胁严重的病虫害上。抗病虫鉴定的方法常用的有以下几类：

1. 人工接种诱发鉴定　将病原物按照一定的浓度接种到供测试植株的目标部位，并提供充分发病的环境条件（温度、湿度、光照等），经过一定的发病时间后，按照该种病害危害症状的分级标准调查其发病情况。人工鉴定结果的可靠性和准确性较高，但是这要取决于两个因素：①诱发强度要控制在接近自然大流行时的病害程度，过轻或过重都会使鉴定结果偏离实际情况。诱发强度可以通过控制病原物浓度和侵染的环境条件来实现。②病原物在致病性上要有代表性，病原物有菌（株）系或生理小种的分化，在鉴定垂直（或专化）抗性时要采用单一小种或菌系；在鉴定总体抗病性时，最好用有代表性的混合菌株。如沈镝等（2007）对7个属的13个种或变种葫芦科蔬菜444份主要瓜类作物地方品种，采用病土接种法进行苗期对根结线虫病的总体抗性鉴定，共获得27份抗根结线虫病种质（病级指数1～2），包括12份冬瓜、3份苦瓜、7份丝瓜和5份西瓜。

2. 田间自然发病鉴定　选择某种病害的常发区或重病区设鉴定圃，主要利用自然条件发病，必要时辅以人工接种。田间鉴定比较简单，接近自然感染状况，因而是一种常用的方法。但是其结果的可靠性相对较差。利用这种方法要经过年度间和不同病区间的重复试验。王海平和李锡香等（2011）就大蒜种质资源对蒜蛆抗性进行了虫圃田间鉴定，并对抗性与大蒜主要植物学性状和大蒜辣素含量的相关性进行了分析。结果表明，52份材料的感虫指数分布在7 114～90 138，种质资源间抗虫性差异达到了显著水平，其中高抗和抗性材料分别为4份和8份。程嘉琪等（2011）在春、秋两季大棚内，通过自然发病对263份黄瓜核心种质进行了成株期白粉病抗性的田间评价。结果显示，春季表现免疫、高抗和抗病的种质共计52份，感病和高感种质183份，分别占全部鉴定种质的19.8%和69.6%。秋季两类种质分别为75份和125份，占28.5%和47.5%。比较春、秋两季的抗性评价结果，发现83份种质在不同季节对白粉病的抗性表现为同一级别，抗性稳定率为31.6%。通过重复鉴定，共筛选获得14份高抗白粉病黄瓜种质。

3. 离体鉴定　用植株的一部分器官或组织进行离体培养，然后人工接种病原物。这种方法鉴定结果的可靠性和准确性取决于与其他鉴定方法鉴定结果的相关性，是一种辅助鉴定方法，尤其适合于对单株的多种病害的鉴定。如王欣等（2007）以8份抗性不同白菜自交系为试材，分别进行网室和离体抗虫性鉴定。结果表明，两种鉴定方法的结果基本一致，材料间对小菜蛾抗性均表现极显著差异；两种鉴定方法的相关系数为0.96，达到极显著水平；离体鉴定和网室鉴定相结合，能准确、全面地研究植物对小菜蛾的抗性及抗虫机理。

4. 间接鉴定方法　根据植物中某种物质的含量与抗病性的相关性研究检测植物的抗病性。根据一些酶的活性来检测抗病性的报道较多，但是这些研究都还只是对几个或几十个品种进行的试验结果，未见利用间接鉴定方法进行大批量资源鉴定的报道。

（四）抗逆性鉴定

蔬菜作物在最适宜的生长发育环境中能获得最好的产量，但是贫瘠、盐碱、干旱的土地，以及不适宜的低温、高温、湿涝、污染的水质和空气、农药和除草剂残留等逆境都不利于其生长发育。这些逆境不仅限制了蔬菜的分布范围和种植季节，而且严重影响蔬菜作物的产量和品质。抗逆性鉴定就是鉴定不同种质对逆境的反应程度，同时，从大量的资源中筛选能够抵抗上述各种逆境的材料。常用的抗逆性鉴定方法有3类：

1. 模拟逆境鉴定　将供试材料种植在人工设定的逆境条件下，按需要去测定不同生育阶段逆境对生长发育、生理过程或产量的影响。在人工气候设备中能严格控制有关条件，试验结果比较精确。但需要一定的设施条件，鉴定费用高，难以代表千变万化的自然条件，也较难对大批量的成株材料进行鉴定。如在人工气候箱（室）中，模拟 0 ℃以上低温进行番茄或黄瓜的苗期耐冷性鉴定；模拟 33 ℃的温度进行大白菜的苗期耐热性鉴定；温室遮光进行番茄耐弱光鉴定；用含盐溶液浇灌模拟盐害逆境或用含盐培养基筛选耐盐蔬菜品种等。

2. 自然鉴定 在具有逆境地区的田间种植供试资源材料，以自然逆境条件使植株形态和产量受到影响，根据受影响的程度来鉴定它们的抗逆性。根据作物生长发育时期又可分为芽期鉴定、苗期鉴定和成株期鉴定等。这种鉴定方法较简单，一般费用较低，但受环境条件的影响较大，试验结果的重现性较差，可比性不太强，所需的时间长，工作量大。尽管每年的抗逆鉴定都要设置对照品种，来比较参试品种的相对抗逆性，但是仍难避免不同年份、不同批次间鉴定结果的差异。因此，一般要经过 2～3 年以上的重复或多点试验。

3. 间接鉴定 在作物对逆境反应的生理指标与抗逆性的关系明确，且鉴定指标具体可行的情况下，对供试种质进行有关生理生化成分的分析测定，从而评价其抗逆性。值得注意的是农作物的不同生育阶段对各种逆境的敏感性不同，一般应在农作物对逆境最敏感和逆境对农作物危害最大的时期进行。这种方法能在较短的时间内对大量供试材料进行鉴定，而且结果容易定量分析，也比较可靠。但是需要一定的仪器和试验场所，在没有选出既准确可靠，又简单易行的鉴定方法和指标之前，这种方法的使用受到限制。

抗逆性鉴定的指标主要有形态指标、生理生化指标等。

因逆境的要素不同，抗性有多种，而每一种抗性的表现又与许多性状有关，各性状的遗传机制也并非单一一种。所以，抗逆鉴定的指标很多。应该注意的是，由于抗逆性的复杂性，在鉴定时常常选用由多个相关指标组成的综合抗逆鉴定指标来评价所鉴定材料的抗性。

形态指标主要是根据与抗逆性有关的植株形态和产量等直观性状的表现，确定其指标大小与抗逆性强弱的关系。发达的根系有利于提高作物的吸水效率，减轻水分的亏缺程度，同时增强矿质养分的吸收能力和有关的抗逆性，常用的鉴定指标有根系的干重、鲜重、根的相对增长量等；叶面积大小、叶片数等不仅与光合作用有关，而且与蒸腾系数大小有关，叶面茸毛、表皮蜡质、气孔的大小和多少也与水分的蒸腾有关，所以逆境下叶面积或叶干物重的增长量、气孔的密度和大小、蜡质的厚薄等是常用的鉴定指标。在逆境下，株型、株高、产量等是易受影响的性状，也可作为抗逆性鉴定的指标。总之，在逆境条件下易受影响而又在鉴定对象间存在差异的有关植株形态性状，经等级确定之后，均可作为抗逆性的鉴定指标。

生理生化指标众多，如反映植物渗透调节能力的脯氨酸、羟脯氨酸、无机离子含量等；反映膜透性的电导率以及膜组分差异的不饱和脂肪酸比例等；反映膜保护酶系统活性的过氧化物酶、过氧化氢酶、超氧化物歧化酶、谷胱甘肽还原酶等的活性；反映水分代谢生理状况的萎蔫系数、蒸腾系数、自由水和束缚水含量等；反映逆境致死强度的致死低温、致死高温、低温致死时间、高温致死时间等；反映逆境后恢复能力的恢复能力、恢复系数等；还有反映作物光合作用能力和效率的光合强度、呼吸强度、净光合强度、光饱和点、光补偿点、碳水化合物含量等。不同的抗逆性所选择的指标差异较大，必须根据具体的鉴定对象和鉴定内容有针对性地选用。

（五）品质鉴定

中国的蔬菜生产基本上实现了总量上的周年均衡供应，人们对蔬菜产品的品质要求越来越高，营养丰富、口感风味好、外观诱人是现代人对蔬菜品质的共同追求。概而言之，蔬菜产品的品质由感官属性和生化属性两大方面构成。感官属性包括产品外部的颜色、大小、形状、新鲜度等和内部的风味、质地等。大部分感官属性的鉴定采用感官分析方法，通过感官检验品尝员或专用的仪器检测。生化属性包括与产品营养价值或功能性作用有关的各种营养成分的组成和含量，与产品的安全性有关的各种内源和外源有害成分的组成和含量。营养成分一般指各种维生素、矿物质、蛋白质、必需氨基酸、膳食纤维素、淀粉、总糖、脂肪以及功能性次生代谢物质等；有害成分常见的指有毒蛋白质、毒苷及加工和环境污染所致的硝酸盐、亚硝酸盐、各种农药和重金属等。这些成分的分析可通过化学和仪器分析来进行。如王海平等（2011）建立了大蒜辣素超高效液相色谱（UPLC）检测方法，并对212份大蒜鳞茎的大蒜辣素含量进行检测，发现212份大蒜资源的大蒜辣素含量差异显著，含量水平分布在0.82%～3.01%，最高含量与最低含量相差近4倍。

三、种质资源的细胞学和分子生物学鉴定

（一）细胞学鉴定

蔬菜种质资源的细胞学鉴定是种质分类和遗传多样性分析的重要内容，主要包括对携带遗传物质的染色体数量和结构的遗传变异的染色体组分析。在一个物种内，所有的个体体细胞通常都有相同的染色体数。染色体数目鉴定的内容包括染色体基数、多倍体、非整倍体、B染色体和性染色体等。

染色体数量或倍性的鉴定方法主要有两种：直接鉴定法和间接鉴定法，直接鉴定法即染色体计数法。目前常采用压片法和去壁低渗法进行染色体标本制备，通常以根尖为材料，也可选择卷须、叶片愈伤组织等为材料。去壁低渗法比常规压片法具有若干优点，是当前植物染色体研究中的重要方法（李玉玺等，2011）。间接鉴定法指流式细胞分析法（flow cytometry），通过流式细胞分析仪对大量的处于分裂间期的细胞DNA含量进行检测，然后经统计分析，最后绘制出DNA含量（倍性）的分布曲线图。利用流式细胞分析仪的特点是快速、简便、准确。

染色体结构的鉴定主要包括核型分析、带型分析和染色体原位杂交。染色体核型（karyotype）是指描述一个生物体内所有染色体的大小、形状和数量信息的图像。将成对的染色体按形状、大小依顺序排列起来叫核型图。而染色体组型（idiogram）通常指核型的模式图，代表一个物种的模式特征。染色体经过特殊处理并用特定染料染色后，在光学显微镜下可见其臂上显示不同深浅颜色的条纹，即染色体带，其形态称为染色体的带型（bands）。

通过染色体的分带技术，可以使染色体组型分析更为准确。显带技术从染色体的显带多少可分为两大类，一类是产生的染色带分布在整个染色体的长度上，如G（Gimsa，吉姆萨）带、Q（quinacrine，喹吖因）带和R（reverse，相反）带等；另一类是局部性的显带，它只能使少数特定的区域显带，如C（centromere，着丝粒）带、Cd（centromeric dots，着丝点）带、T（telomere，端粒）带和N（Ag-NOR，银染）带等。最常用的基于染料的染色体显带技术有：C带、Q带、G带、R带、T带、N带、SCE（sister chromatid exchange，姐妹染色单体互换）等（陈迪新等，2008；郭红梅等，2010）。

染色体原位杂交（in situ hybridization，ISH）是1969年建立和发展起来的利用标记的DNA探针与染色体上的DNA杂交、直接在染色体上定位基因和DNA序列的一种技术，具有快速、安全、经济、灵敏度高、特异性强等特点。根据所用探针和靶核酸的不同，原位杂交可分为DNA-DNA杂交，DNA-RNA杂交和RNA-RNA杂交三类；根据探针的标记物是否直接被检测，原位杂交又可分为直接法和间接法两类。目前已经发展了荧光原位杂交（fluorescence in situ hybridization，FISH）、染色体原位抑制杂交（in situ suppression hybridization，ISSH），以及多彩色荧光原位杂交（multicolor fluorescence in situ hybridization，M-FISH）、原位杂交显带、荧光原位杂交基因定位等技术，其中FISH技术应用最广。

FISH技术是在20世纪80年代末于已有的放射性原位杂交技术的基础上发展起来的一种非放射性分子细胞遗传学技术。其基本原理是将DNA探针用特殊修饰的核苷酸分子标记，将标记的探针直

接原位杂交到染色体或DNA纤维切片上，再用与荧光素分子耦联的单克隆抗体与探针分子特异性结合来检测DNA序列在染色体或DNA纤维上的定位、定性、相对定量分析。常用的探针可分3类：①染色体特异重复序列探针（probe to chromosome-specific repeated sequence）；②全染色体或染色体区域特异性探针（whole-chromosome or chromosome region-specific probes）；③特异性位置探针（specific-locus probe）。FISH技术的操作步骤可概括为：①制备染色体；②标记探针；③将探针与试验材料的靶序列进行杂交；④检测杂交的结果。目前FISH技术已广泛应用于植物基因组结构的研究；分辨复杂的染色体易位、DNA物理图谱的构建、染色体进化研究领域等许多方面。

（二）分子生物学鉴定

蔬菜种质资源的分子生物学鉴定包括两个方面的内容，以区分种质之间的相似或相异程度和以确定控制目标性状的基因或基因型为目的的鉴定。前者主要关注的是种质资源基因组多区域的比较和特异性展示，后者则是单一区域的鉴定。常用的分子生物学鉴定技术有4类，第1类以是分子杂交为基础的分子标记，以RFLP（restriction fragment length polymorphism，限制性片段长度多态性）为代表。RFLP技术非常昂贵而费力，大多数RFLP多态位点信息含量低，其多态性也过分地依赖限制性内切酶的选用，且所需DNA样品量较大，安全性较差。第2类是以PCR（polymerase chain reaction，多聚酶链式反应）为核心的分子标记，包括RAPD（random amplified polymorphism of DNA，随机扩增多态性）、SSR（length polymorphism of simple sequence repeat，简单序列重复多态性）、CAPS（cleaved amplified polymorphic sequences，酶解扩增多肽序列）、InDel（insertion-deletion length polymorphism,）等方法。SSR通常是指2～5个核苷酸为单位的多次串联重复的DNA序列。SSR标记是由于重复次数和重复序列的差异造成的每个基因座位的多态性（Weber et al.，1989）。SSR在真核生物基因组中广泛存在，优点为共显性标记；多态性丰富、均匀、随机；广泛分布于多种作物基因组中，带型简单，一般检测到的是单一的多等位基因位点；稳定、特异性强，所需DNA量少，要求也不高；操作简便快速，成本低，重复性高。但大多数的SSR是没有功能作用的，只是一些非转录的冗余DNA序列。InDel指的是不同遗传背景的材料间基因中有一定数量的核苷酸插入或缺失。普遍存在于各种生物的基因组中，具有基因组覆盖范围大、密度高、遗传稳定、易于进行高通量检测分析等优势，而且经济实用。第3类是以分子杂交与PCR相结合的分子标记，如AFLP（amplified fragment length polymorphism，扩增片段长度多态性）。第4类以DNA芯片和测序为基础的分子标记，如SNP（single nucleotide polymorphism，单核苷多态性）。基因组DNA中某一特定核苷酸在位置上存在置换、插入、缺失等变化，可通过不同材料间全基因组重测序或基因组某些特定区域的DNA片段的测序比较获得。SNP在基因组中存在广泛且稳定，在个体中多态信息量高，等位基因型简单，有利于发展自动化检测。

四、种质资源的遗传多样性评价

（一）遗传多样性的概念

遗传多样性（genetic diversity）是种内不同群体之间或一个群体内不同个体间遗传变异的总和。广义地说，遗传多样性是生物个体的基因中蕴藏的遗传信息的总和。具体地讲，遗传多样性是指种内的多样性，即种内的遗传变异。生物的遗传多样性也体现在不同水平上，如群体水平、个体水平、组织和细胞水平以及分子水平。遗传多样性最直接的表达形式就是遗传变异性的大小，但也包括遗传变异分布格局，即群体的遗传结构。例如，对大范围连续分布的异交植物来说，遗传变异的大部分存在于群体之内；而对自交为主的植物来说，群体之间的遗传变异明显大于群体之内。至于无性繁殖为主的植物，形态变异虽很小，但不同无性系之间都有较大或明显的差异，遗传变异分布在无性系之间。

一个物种或群体的进化潜力和抵御不良环境的能力既取决于种内遗传变异的大小，也有赖于遗传变异的群体结构。一个物种或群体遗传多样性越大或遗传变异越丰富，对环境变化的适应能力就越强，越容易扩展其分布范围和开拓新的生存环境。物种或群体中遗传变异的大小与进化的快慢成正相关（董玉琛，1995；马克平等，1994；葛颂等，1994）。

从野生植物的驯化到作物栽培的开始，古代劳动人民在长期的生产实践活动中一直有意或无意地利用着生物群体中自然存在的遗传变异。现代农业中，科学工作者不仅学会了利用遗传多样性改良栽培作物，而且发明了创造变异的一系列方法。这些都说明遗传多样性研究不仅与生物科学的发展息息相关，而且对农作物种质资源的搜集、保存、评价和利用均具有十分重要的意义。

（二）遗传多样性的评价技术和指标体系

1. 遗传多样性评价技术及其应用　植物遗传变异的鉴定评价主要是通过遗传标记的多态性来反映，常用的遗传标记有形态学标记、细胞学标记、同工酶标记和DNA标记等。

（1）形态学标记　早期研究遗传多样性主要是在形态水平上。形态学标记是指那些在植物生长发育过程中，能观察到的形态特征特性，是由基因和环境的互作形成的表现型，包括质量性状和数量性状。因植物可以观察识别和明确分类的变异类型相对较少，而数量性状标准化鉴定和准确分类描述相对困难、容易受环境条件的影响，其在鉴别大量种质资源遗传变异中的效率相对有限。但是依据形态学标记的表型鉴定永远是种质多样性评价的基础，随着遥感、电子成像等技术在植物表型鉴定中的应用研究的进展，自动化高通量的表型精准评价技术有望大大提高植物遗传多样性表型鉴定的效率。

① 形态定性观察和种质分类。比较形态学既是对种以上植物进行分类的主要依据，也是种内分类的重要参考。早期的蔬菜种内分类多是在观察比较遗传性稳定的和易于辨别的形态性状的基础上，区分亚种、变种、类型。这一水平的多样性鉴定是蔬菜种内进一步分类的基础。

杨以耕等（1989）在前人研究的基础上，对从全国搜集的芥菜品种资源609份，在同一生态环境下，于商品成熟期侧重于同器官形态变异部分的分类性状的观察，并且比较各大类间及同一大类中不同类群间相同器官形态的异同，找出稳定而显著的分类性状，确定其分类地位。最终，根据形态结构上稳定而显著的差异，将芥菜划分为根芥、茎芥、叶芥和薹芥4大类。这4大类之间能相互杂交，不存在生殖隔离，但存在强烈而恒定的分化，因此，在这4大类的基础上，提出了16个变种的芥菜分类系统。

其中，根芥只有大头芥1个变种。按肉质根的形状，又可分为圆柱形、圆锥形和近圆球形3个基本类型。茎芥有笋子芥、抱子芥、茎瘤芥3个变种。抱子芥又可分为胖芽和瘦芽2个类型；茎瘤芥分为纺锤形、近圆球形、扁圆球形、羊角形4个类型。叶芥有大叶芥、小叶芥、白花芥、花叶芥、长柄芥、凤尾芥、叶瘤芥、宽柄芥、卷心芥、结球芥和分蘖芥11个变种。薹芥仅有薹芥1个变种，又可分为多薹型和单薹型2个类型。

孔庆东等（1994）对中国130份茭白资源进行了系统的观察，确定了作为茭白分类的性状依据和标准。

第1级　根据株型分为野生茭生态型和栽培茭生态型。

第2级　根据对光照是否敏感分为两大类群：单季茭和双季茭。

第3级　根据薹管的长短及形状将单季茭分为长薹管和短薹管品种。

第4级　肉质茎形状：竹笋形、蜡台形、纺锤形、长条形。

第5级　肉质茎皮色：白色、浅绿色。

第6级　肉质茎表皮特征：皱、略皱、光滑；节盘形状：圆形、斜形。

第7级　叶鞘色：紫红、绿色。

第8级　熟性：早熟、中熟、晚熟。

第9级　黑粉菌状态：冬孢子型、菌丝体型。

第10级 肉质茎长、宽、重。

② 形态定量观测和数量分类。除了上述主要依据质量性状和杂交亲和性的种内形态定性鉴定和分类外，进一步的鉴定和分类则依据数量性状的数值化定量分类。数量分类通常需设计一套有效的采样方案，并结合多元统计分析方法，针对质量性状或数量性状进行研究，以揭示出这些性状受遗传控制的大小，进而估计群体遗传变异的样式和遗传结构。

数量分类的多元统计方法很多，常用的有聚类分析、主成分分析、因子分析、判别分析等。张鲁刚（1990）对甜瓜的7个变种（依 Naudin 体系）160份种质的99个性状的观测结果进行了“Q型聚类分析”和“主成分分析”。根据Q型聚类分析得到的树状图给出了甜瓜明确的分类系统及其亲缘关系，提出了甜瓜的“三五九”分类系统，即将甜瓜分为3亚种、5变种、9类型，这既体现了甜瓜自然演化的阶段性，又体现了甜瓜丰富的变异类型（多型性）。用主成分分析再现了Q型聚类分析中3个亚种的划分，客观地表明厚皮甜瓜比薄皮甜瓜更进化，并且分化程度高，网纹甜瓜和非网纹甜瓜的关系较东方甜瓜和菜瓜间的关系要远。主成分的因子模式分析揭示了主成分的背景，第1主成分包括了22个载荷大于0.6的性状，是主导甜瓜演化的重要相关性状群。将东方甜瓜、菜瓜、蛇形甜瓜分为同一薄皮甜瓜亚种，克服了以往分类上的混乱。由此，不仅看到了甜瓜变异的总趋势，也发现甜瓜的变异具有一定的阶段性。

王海平等（2011、2012）利用质量性状和数量性状数据，对212份大蒜种质资源进行聚类分析。首先将所有种质分为两类，第1类资源（A）为不抽薹资源，第2类为完全抽薹资源。第1类资源可进一步分两类（A1、A2），A1类主要为鳞茎高圆球形，叶片半下垂类型的资源；A2类主要为叶色深绿色，株型挺直，叶片也挺直的类型资源。第2类资源可进一步分3大亚类（B1、B2、B3），B1类主要为薹长为5级，单株叶片为6～7片（3级），薹较粗（5级），中部与基部粗较一致的资源；B2类主要为鳞芽背宽为5级，薹基部与中部粗度较一致（3级）；其他资源为B3类。

从以上例证可见，数值分类比定性分类能更精准地区分种类差异较小的遗传变异。

（2）细胞遗传学标记 传统的细胞遗传学标记主要体现为染色体组型特征的变异，包括染色体数目变异及染色体结构变异。虽然克服了形态标记易受环境影响的缺点，但仍然存在着标记数量少、技术烦琐、批量鉴定可操作性不强等缺陷。随着染色体分型和显带技术的不断进步，细胞遗传学标记在植物遗传多样性鉴定中得到了较好的应用。

绝大多数蔬菜植物的染色体数为二倍体，但也有少数蔬菜是多倍体，如栽培马铃薯（$2n=4x=48$）、韭菜（$2n=4x=32$）等。同一个物种的染色体倍性通常是稳定的，所以，染色体数目变异多用于物种分类。禹长春（1935）在总结前人关于芸薹属各个物种的染色体数的基础上，依据种间杂种和染色体数的证据，明确提出了芸薹属6个物种间的相互关系，这就是“U三角理论”（U - triangle theory）。这一理论表明，芸薹（*Brassica campestris* L.）为AA染色体组（$2n=20$），大白菜、普通白菜、乌塌菜、紫菜薹、菜心、分蘖菜、薹菜和芜菁，以及白菜型油菜等都属此类；黑芥（*B. nigra* L.）为BB染色体组；甘蓝（*B. oleracea* L.）为CC染色体组，结球甘蓝、花椰菜、芥蓝、青花菜等都属此类。这3个物种因为都是二倍体，因而被称为基本种。由这3个基本种经过杂交和自然加倍，可以形成3个异源四倍体，因为它们分别是由2个基本种而来，故这3个异源四倍体又称为复合种。它们是芥菜（*B. juncea* Czern. et Coss）（AABB染色体组）、芜菁甘蓝（*B. napus* var. *napobrassica*）和甘蓝型油菜（*B. napus* L.）（AACC染色体组）及阿比西尼亚芥（*B. carinata* L.）（BBCC染色体组）。染色体组分析不仅澄清了$2n=2x=20$这一AA染色体组的物种争议，而且也说明甘蓝型油菜和芜菁甘蓝尽管来源不同，但是仍以归于同一物种更为适宜。

有时同一物种内也存在染色体数目的变异。如藠头四倍体（$2n=4x=32$）和三倍体；栽培枸杞为四倍体（$2n=4x=48$），也有部分体细胞为三倍体（$2n=3x=36$）；豆瓣菜的染色体存在着广泛的非整倍体变化。芋头的染色体数目因品种的类型不同而不同，二倍体芋的染色体数$2n=28$，三倍体

芋的染色体数 $2n=42$（利容千，1989；张谷曼等，1984）。部分学者认为以营养繁殖方式繁殖的植物体的染色体数目变异在进化中起着重要的作用（Brat，1965；Tischler，1927；Sen，1973；Verma & Mittal，1978），种内非整倍性变异也是不少种的普遍现象。

染色体的结构变异，如倒位、易位、缺失、重复等现象存在于所有植物的自然群体中，染色体结构变异可体现在染色体的形态（着丝点位置）、缢痕和随体等核型特征上。利容千（1989）研究发现：①异染色质带变异。在黄瓜等葫芦科蔬菜的核型分析中，只有黄瓜不经过显带处理产生了稳定的Giemsa带。带纹的显现是异染色质集中的表现，说明黄瓜比其他种类具有更多的异染色质。②着丝点区的变异。在佛手瓜的核型分析中，观察到第11对染色体的着丝点具有特殊的结构，其着丝点部位有一条长的浅染的带状结构，将长臂和短臂连接在一起。在番茄的不同变种中观察到中期染色体上具有浅染区，特别是第1对和随体染色体浅染区稳定。③随体的变异。在番茄3个不同的变种中，除了随体染色体的位置排列不同外，随体的大小也有明显的差异：大叶番茄随体最小；梨形番茄随体较大；而普通番茄中有大有小，变化较大。在个别品种中还观察到了串联随体。在瓠子中，广州牛角瓠子的第5对染色体上直线排列着3个随体，这是一种形态特殊的新类型。在芥菜6个变种的分析中，也发现随体的大小、数量、位置和形态有明显的差异。④染色体间的杂合性。大蒜不同品种间随体数目和带随体染色体的长度与臂比均存在显著的差异，有的品种具3个随体，有的品种具2个随体，有的品种仅有1个随体。大多数品种具有1对同源染色体因臂比差异不能配对。⑤染色体类型的变化。一般同种和变种的不同品种中，染色体类型组成基本相似。但也有部分种类不同品种存在染色体类型组成不相同的现象，如瓠瓜、菠菜、紫菜薹、芹菜、大蒜、大葱、薤等；在同种或变种的不同品种中染色体类型的组成不同，往往表现品种间的植株形态、果实大小、熟性迟早等的差异。⑥核型的变异。一般种间核型的差异是明显的，但是有些科属的种间核型差异不大，如芸薹属的大白菜、普通白菜、菜薹；豆科的豇豆、长豇豆、扁豆；百合科的洋葱、大葱、分葱等的种间核型，它们的染色体大小、形态、数目、类型以及核型类别都基本相同或完全一致，只是不同类型的染色体所占的比例有所不同。一般种以下的变种和品种的核型是基本稳定的，虽然同种内的不同变种或品种的外部形状差异较大，如辣椒的果实部分、萝卜根的形态的明显差异并没有在核型上反映出来。也有一些种的种内形态变化反映在明显的核型变化上，如芥菜的不同变种、白菜型和甘蓝型油菜的不同品种（利容千，1989）、香豌豆的不同品种（Sharma，1959；Nazeer et al.，1982）、莲的不同品种（王宁珠等，1985）间均存在明显的核型差异。植物的种类不同，所经历的自然选择和人为的杂交育种的选择不同，染色体结构的微小差异、数目的非整倍体变化都是新品种的形成和种的进化主要因素和源泉。

不少研究表明，染色体结构变异（如倒位）在一些种内只出现在一条染色体上，而在另一些种内可出现在所有染色体上；很多物种染色体倒位的种类和频率在地理（如海拔、纬度等）和生境上均有变化。染色体变异种类和各类变异在群体内和群体间出现的频率是检测多样性的指标。研究不同地理或生境中物种染色体水平上的遗传多样性对搜集、保护和利用这一物种有重要意义。

（3）生化标记　到20世纪60年代中期，应用凝胶电泳发现蛋白质和酶具有更丰富的多态现象，以同工酶或蛋白质为代表的生化标记在栽培和野生植物遗传多样性的研究得到空前的发展。蛋白标记研究应用比较多的是种子贮藏蛋白和醇溶蛋白。如王桂英（1995）对豆科蔬菜9个属、11个种及品种的种子贮藏蛋白的SDS-聚丙烯酰胺凝胶电泳分析，得出了豆科的特征谱带及各属的特征谱带。同属不同种间，蔓生菜豆进化程度较高；同种不同品种间迁移率相同的亚组分较多，但谱带宽窄、染色深浅等存在明显差异，表现出一些品种的特征特性。马德伟等（1995）对甜椒（var. *grossum*）、长辣椒（var. *longum*）和簇生椒（var. *fasciculatum*）3个主要变种的30个品种（品系）的种子醇溶蛋白电泳研究结果显示，3个栽培变种之间的谱带有明显的差异，主要差异在B区迁移率为0.60、0.59和0.57等主带上。由谱带差异分析结果，认为簇生椒与甜椒亲缘关系较近。

同工酶，不仅可用于质量性状，而且也适于数量性状的研究，所以在遗传多样性研究中得到了广泛的应用。但它也存在着能利用的酶的种类有限、受植株生长发育时期或部位的影响等缺陷。在植物群体中，仅有10～20种同工酶表现出位点的多态性（Tanksley et al.，1983；Melechingre，1990），这在一定程度上限制了同工酶的利用。但是，对鉴定类型、变种或种以上的遗传多样性的效果较理想。郭素芝等（1992）采用聚丙烯酰胺凝胶电泳对3个薄皮甜瓜品种和5个厚皮甜瓜品种功能叶的过氧化物酶（POD）同工酶的分析发现，供试薄皮甜瓜各品种POD同工酶均为6条酶带，其中2条为该类群的特征酶带；供试厚皮甜瓜各品种POD同工酶均为9条酶带，其中3条为该类群的特征酶带。有研究表明，芥菜酸性磷酸酶同工酶酶谱表现与白菜和黑芥酶谱的表现具有较强的同源性。芥菜不同类型和品种的酸性磷酸酶同工酶酶谱表现出一定的差异；不同类型的白菜的酶谱表现差异较小，不同白菜品种间的酶谱表现完全一致。菜薹与大白菜的酶谱表现基本一致，仅普通白菜的酶谱与大白菜的有一定的差异（童南奎和陈世儒，1990）。

（4）DNA分子标记　以DNA为基础的多态性检测可以直接比较核苷酸序列的变异，所以，DNA分子标记是遗传多样性检测的强有力工具。在早期蔬菜遗传多样性研究中应用较多的是RFLP方法，Gebhart等（1991）通过对番茄和马铃薯的基因组分析发现番茄的RFLP图谱与马铃薯的RFLP图谱有许多相似之处，从而从分子水平上证明了两者在共同起源进化上的亲缘关系。Lefebreve等（1992）用RFLP标记证明甜椒的DNA多态性远远低于辣椒，说明甜椒的遗传背景更为狭窄，解释了甜椒育种较难取得突破的原因。

随着PCR技术的发展，RAPD技术在蔬菜遗传多样性研究中有过很多的应用。如Yang等（1993）采用RAPD方法在21个芹菜栽培品种、1份根芹和1份一年生野芹菜中观察到了309条带，其中29条在23个品种中呈现多态性（9.3%），19条带在21个品种间表现多态性。这些标记足以区别每一个品种。沈镝等（2003）对28个芋品种的RAPD分析，19个随机引物共扩增出183条电泳谱带，平均每个引物为9.6条，多态率为88.5%。聚类分析结果，28个芋品种首先被分成两大类群，滴水芋和莱芋荷被分在一组并远离其他品种。在第二大类群的26个品种中，按遗传距离由远到近大致可分为野芋类、红芋类、紫芋类和绿白芋类，其中红芋类与野芋类亲缘关系较近。李锡香等（2004）利用RAPD技术鉴定了66份来源和类型不同的黄瓜种质间平均期望杂合度，为0.388。发现中国种质的平均期望杂合度为0.348，略高于国外引进种质；长江以南黄瓜种质的遗传多样性高于长江以北，华南型种质的遗传多样性高于华北型种质。

AFLP技术也以它的较高分辨率在蔬菜种质资源遗传多样性评价中得到过广泛应用。Tohme等（1996）用AFLP技术评价了来自96个收集地的114种不同基因型的野生菜豆核心种质，获得了平均每种基因型50条带的分辨率，90%的带具有多态性。比较发现来自秘鲁北部的种质与其他基因库的遗传距离较大；危地马拉的种质与墨西哥种质距离远；在南安第斯基因库，有更多不同的类群；哥伦比亚种质受到了其他地区种质的高度基因渗入。孔秋生等（2005、2011）利用筛选出的8对AFLP引物在56份来源于不同国家和地区的栽培萝卜种质中扩增出327条带，其中多态性带128条，多态性位点百分率为39.1%，显示出栽培萝卜种质之间存在着较丰富的遗传多样性。系统聚类分析将供试材料分为5类9组，主坐标分析将其分为4类7组，2种分类方法所获结果基本一致。

SSR标记在蔬菜遗传多样性的研究中得到了更广泛而持久的应用。如沈镝等（2009）利用该技术鉴定出30份西双版纳黄瓜种质273个样本多态位点百分率、Nei's基因多样性指数（H）和Shannon信息指数（I）分别为92.86%、0.181 8和0.297 2，30份种质间遗传变异为54.06%，种质内遗传变异为45.94%。按不同来源地将种质分为5个群体，其中景洪群体的遗传多样性最高。Yamane等（2009）分析了59份萝卜栽培品种和3个萝卜野生种的23份种质的22个叶绿体（cpSSR）SSR位点的多样性，鉴定出7个多态性位点和20个单倍型；Shannon多态性指数变幅为0.44～2.77。当相似系数为0.81时，可将供试萝卜分成3类，第Ⅰ类包括6份白色肉质萝卜，第Ⅱ类包括3份红色肉质萝卜和6份白色肉质萝卜，第Ⅲ类包括22份红色肉质萝卜。Izzah等（2013）利用69对多态性SSR引物在6个甘蓝变种91个商用品种中产生了359个等位位点，种质间的多态性信息指数（PIC）分布在0.06～0.73，平均多态性信息指数为0.40。其中球茎甘蓝种质的遗传杂合度最高，羽衣甘蓝最低。

InDel标记是近年发展并已有应用的新型标记，特别是植物基因组测序和重测序的飞速发展，使得该标记得到广泛应用。李斯更和李锡香等（2013）基于黄瓜基因组重测序结果，搜索InDel位点，按照每隔1～3 M个碱基对的距离选择并设计遍布全基因组的代表性InDel引物134对，用16份黄瓜典型种质检测其有效性。结果显示其中具有多态性的引物116对，占引物总数的86.6%。116对引物充分揭示出16份种质的多样性和特异性。

SNP标记是一种新型分子标记，Sim等（2012）利用高通量SNP技术对410份番茄自交系和16个杂交品种进行了鉴定，获得了7 720 SNPs。在整个收集品种中，97%以上的标记都是多态的，所有自交系被分为7个亚群，即加工、大果鲜食、大果原始品种、栽培樱桃、农家品种、野生樱桃和醋栗番茄。加工和鲜食材料亚群的遗传多样性高于原始材料亚群；稀有等位基因位点揭示加工、鲜食和原始材料3个不同的代表性亚群在染色体2、4、5、6和11上的基因组区段的差异。

为了更加全面地反映种质资源在DNA水平的多样性，有时多种标记的综合应用是必要的。王海平和李锡香（2011）利用AFLP、SSR和InDel 3种分子标记技术在212份大蒜种质中扩增出502个位点，多态性位点为492个。群体遗传结构与聚类分析均将所有资源划分为5个类群。孔秋生等（2011）利用12对RAPD引物和8对AFLP引物分析了56份萝卜资源的遗传多样性，获得200条多态性带，通过聚类分析，清楚地将属于3个不同的变种种质分为3类。Saxena等（2011）利用RAPD和SSR对7份印度甘蓝品种进行了分析，17对RAPD引物产生了76条多态性带（84.44%），27对SSR引物产生了59条多态性带（87.6%），综合数据能较好地区分各品种。

2. 遗传标记数据的分析和遗传多样性的度量指标

（1）*质量性状遗传标记数据的处理和分析*　形态学上质量性状有多种表现形式，一个性状或由两个相对性状构成，如豌豆的花色有白花和紫花之分，或者由多个性状构成，如黄瓜的果形有长棒形、圆筒形、圆形等。分子标记大都表现为带的有无，这类性状均可以解释为基因位点或等位基因模式。对于表现为有无的质量性状，通常采用记“1”和“0”的方法统计；对于表现多个类型的质量性状，可以通过分级、数数的方法统计。在此基础上，计算频率、平均数、方差和多样性指数等（Nei，1987；Weir，1990）。

（2）*数量性状遗传标记数据的处理和分析*　数量性状的表现型是基因型和环境互作的结果，所以，数据的采集通常需要遵循随机和重复取样的原则，而且必须进行统计分析（Falconer，1989）。

在植物种质资源的鉴定中，所涉及的数量性状往往很多，很难从大量的、杂乱的数据中找出关键性的信息。现在，多采用主成分分析法（Sanchez，1993）从相关程度各不相同的性状中鉴定互不关联的性状。

（3）*遗传多样性的度量指标*　植物遗传多样性的度量方法很多（胡志昂，1994；Gonzalez and Palacios，1997），对某一群体或物种遗传多样性估算的最简单方法是发现群体内或种内的亚群体或亚种数。Sokal（1965）提出用形态性状的总方差作为群体内的遗传多样性指数。

分子标记的基因多样性可以通过以下几个参数描述：

①多态性位点百分数（P）：由多态性位点数除以总位点数。这一指标是反映群体遗传多样性的一个重要指标，被很多科学家用于基因迁移的估算（Marshall，1990；Hamrick，1989）。

②每个位点的等位基因平均数（A）：等位基因总数除以所分析的位点数。这一指标多用于群体间或种间的同工酶多样性比较。

③总基因多样性或平均期望杂合率（H_t）：$H_t=1-\frac{1}{m}\sum_i\sum P_{j\rightarrow m}P_{ij}^2$，这里的 P_{ij} 是第 i 个等位基因在总数为 m 个位点的第 j 个位点上的频率。该指标适合多位点的群体间基因多样性的比较和基因迁移的估算（Nei，1973；Weir，1990）。

（4）遗传距离与相似系数　遗传距离和相似系数的估算是研究植物相似或相异性及其系统演化关系的基础，对于质量性状或质量性状与数量性状的混合型，Grower（1971）建议用相似系数法；对于数量性状数据或基因频率数据或DNA测序数据多采用Nei（1978、1987）的遗传距离。对“1”和“0”状态的数据亦可以采用相似系数法。

第四节　蔬菜核心种质研究与优异种质的发掘

一、核心种质（收集品）研究

（一）核心种质的概念和作用

随着人们对种质资源重要性的认识的提高，越来越多的种质资源得以收集和保存。面对种质库庞大的、群体内存在不同程度异质性、缺乏遗传背景认知的种质资源原始收集品，资源研究者在新资源的收集保存、已有资源的鉴定评价和深入研究过程中变得束手无策，育种家在资源材料的引种和选择利用上也只能是大海捞针，基础生物学家更是只关注少数特异材料的研究。因此，从某种意义上来说，收集的种质资源越多、规模越大，反而成了提高种质资源利用率的一个障碍。因而，如何对丰富多样的种质资源进行多样性研究和深入系统地鉴定评价，使其得到合理有效利用，是值得关注的问题。

1984年，Frankel等首先提出了核心收集品（core collections）的概念；1989年，Frankel与Brown进一步完善了核心收集品的概念。所谓核心收集品或核心种质（core germplasm）是指用最小的种质资源样品量来最高程度地代表种质资源的遗传多样性。IBPGR（国际植物遗传资源委员会）（1990）认为，核心种质库是能以最少的重复代表一个种及野生近缘种的形态特征、地理分布、基因与基因型的最大范围的遗传多样性。

核心种质的建立对大量样品起初选的作用，能及时有效地识别那些有代表性的样品或者有研究和利用价值的材料，以作为优先研究的样品集，为资源深入的研究、优异基因的发掘以及新技术应用提供优秀的资源群体，从而提高种质资源的有效利用率。同时，对提升种质资源的管理亦有一定的帮助。

1. 新种质的增加　建立核心样品有助于鉴别收集中的空白，了解哪些样品可能已收集，为新种质的收集提供宝贵资料。

2. 收集品管理　核心样品的建立，不仅可以为收集做出更多的合理决定，以保证最大的遗传多样性，同时也有利于种质库为监测生活力和种质更新做出合理的选择。

3. 鉴定和评价　当需要评价的性状既昂贵又费时时，在核心样品基础上的鉴定和评价则可以大大节省人力、财力和物力。

4. 种质创新　在复杂的产量性状方面，为测定普通配合力形成了一组核心的登录材料，这样可以有目的地选择创新材料。

5. 种质分发　核心样品可为有针对性的种质分发、利用提供理想的材料。

（二）核心种质的特点

1. 代表性　核心种质并不是全部原始资源的简单压缩，而是在最大程度上包括了现有种质资源中的遗传组成和生态类型多样性的资源群体（Brown et al.，1989）。

2. 异质性　核心种质不仅是减少了入选的原始群体数量，而且要最大限度上避免生态类型和遗传的重复，即彼此之间的生态和遗传的相似程度要尽可能地小。

3. 实用性　核心种质与原始的种质资源相比，规模急剧缩小，核心种质资源得到优先鉴定、筛选和利用，可以使育种家筛选所需性状的工作量减少，提高了育种效率。

4. 动态性　核心种质是动态的，并非一成不变。随着研究的进一步拓展和深入，在保留种质中新发现的一些具有优良性状的种质或稀有种质，要转到核心种质；同时，核心种质需要进行调整，从中去除重复的材料，转至保留种质。

（三）建立核心种质的步骤和方法

1. 资料收集整理　包括种质库已有的基本资料、表型评价鉴定资料和分子鉴定资料。起初，核心种质的发展主要是以杂交亲和性、生态地理分布以及形态特征和农艺生物学特性等方面的数据为基础。所以，最初绝大多数核心种质的构建采用形态学性状数据进行。但是，表型性状的数量和多态性有限，表型性状的评价易受基因型、环境以及基因与环境互作的影响，加之作物的生长周期较长，表型性状的获得较慢，利用形态学性状构建核心种质存在一定的局限性，可能导致所构建的核心种质库中核心资源的缺失。

分子标记由于其准确性不易受基因与环境互作的影响，已被广泛应用于核心种质的研究中。如Baranger等（2004）使用RAPD、STS和ISSR标记对148份豌豆群体进行了遗传多样性分析，最终构建了含43份样品的核心种质。宗绪晓等（2008）利用21对豌豆SSR标记，构建了741份国外栽培豌豆的核心种质。吕婧等（2011）则利用SSR分子标记构建了黄瓜微型核心种质。

由于基于DNA的分子标记扩增出来的产物既不能完全代表植物的表现型，也不能完全代表所有的基因型信息，只能代表DNA很小片段上的一部分信息，而且在大规模种质资源中应用分子标记技术，工作量大，故也存在一定的局限性。有研究者在构建核心种质过程中，先使用表型性状数据对原始群体进行压缩，构建初级核心种质，然后采用分子标记数据再进行进一步压缩，从而构建出核心种质。王丽侠等（2004）在构建长江流域春大豆的核心种质中，先采用了14个农艺性状数据构建初级核心种质，然后利用SSR分子标记数据进一步抽选核心种质。

在实际工作中，数据资料收集整理常常会遇到资料是否完全和可靠的问题。另外，在整理数据资料的时候，还要确定用哪些资料以及如何综合这些资料。大多数情况下，以尽可能完全和可靠的数据资料为基础，综合采用分层分组法、生态地理分类法、形态分类法、多元统计分析法将种质资源按照基本信息资料、评价鉴定数据资料进行分类。对于没有资料的材料另作处理。

2. 收集材料分组　借助于已有的数据资料，根据材料的相似性将原收集品分组。材料的来源地，如外引材料的来源国，本国材料的来源省份、地区等，是分组的重要依据，因为地理环境等差异是形成遗传多样性的重要因素。形态和生态分类则能区分种质在形态特征和生物学特性方面的差异。如果采用分层分组的方法，一般可以逐步地将材料按照植物学分类或生态地理分类分群，按照表型相似性聚类分组，按照分子生物学检测结果通过聚类将分组逐渐缩小，一直到适宜的小组数。分组的多少取决于原有收集品的数量、已有数据资料的多少以及所希望揭示的差异程度。

3. 样品的选择　分组后的工作是从各个小组群里选择样品。Frankel（1989）建议可以采用同样比例大小从每组取样，如按15%的比例取样，即以某个小组所含材料份数为基数选取15%的材料，这样选出的材料即为原收集品总数的15%。后来的一系列研究表明对不同的原始群体如何以合理的取样方法和取样比例选择核心种质尤为重要。

4. 核心种质的管理　对于以种子的形式保存在基因库中的蔬菜作物来说，可以在数据库中标明核心收集品及该材料所代表的小组。可以结合种质资源的繁种，以保证核心收集品中的材料有足够的数量用于其他研究和分发。在这种情况下，核心收集品不需另外建库。对于无性繁殖和顽拗型种子的农作物而言，核心种质则需要分开保存在另一个田间圃或进行离体试管保存。

（四）核心种质的分组和取样策略

构建核心种质的技术包括两部分内容：一是核心种质的分组和取样策略；二是核心种质的检验体系。不同的分组和取样策略、不同的取样比例和规模都直接关系到构建的核心种质的代表性问题。对核心种质的代表性问题，国内外学者争论的焦点：一是分组和取样策略还有待继续研究；二是核心样本能否代表全部资源的遗传多样性；三是核心种质以外的资源保存是否会受到影响。

种质资源分组、取样方法和取样比例是核心种质构建中样品选择的关键环节。

1. 随机取样策略 随机取样策略是指对所有的种质材料同等对待，在整个原始群体中进行随机取样。最早 Spagnoletti 等（1987）在对硬粒小麦核心种质的构建过程中提出，随机取样可以获得对整个原始群体资源的无偏样本。但在多数报道中，研究者认为完全随机取样法构建的核心种质对整个种质资源的代表性不太理想。

2. 系统取样策略 系统取样策略主要包括分组原则、组内取样比例以及组内取样方法 3 个方面。

（1）*分组原则* 分组原则有很多种，以植物学分类体系或品种分类法分组是较常用的方法。对种质来源的地域分布较清楚的可以按地域分布进行分组，对一些经纬度生长适应性较宽，分布较广，地域分布不明确的种质可以按种质的某些农艺性状进行分组。

（2）*组内取样比例* 根据样本量的大小，对于只有几百份材料的小样本，可适当选择较高的比例，对于大规模的样本要适当降低取样比例。在不同的研究中，构建核心种质取样时所选取的比例不尽相同，基本分布在 5%～30%。多数研究认为核心种质的遗传代表性在 70%以上比较合适（Brown et al.，1987；李自超等，2 000；Balfourier et al.，2007）。

（3）*核心种质取样方法* 取样方法有多种，一些研究采用完全随机取样，另一些研究则经分组后先对组内材料进行聚类分析，再进一步采用随机取样、比例取样、平方根取样、分层分组取样等方法进行取样。李国强（2008）按照大白菜分类系统和结球大白菜的生态型，采用分层分组法，将 1 651 份结球白菜种质分为 6 组。基于 43 个形态性状的数据，比较了 4 种组内取样比例法、6 种总体取样规模和 2 种取样方法在构建大白菜核心种质中的作用和效果，最终以 15%的总体取样规模和多样性比例法构建了包含 248 份种质的中国大白菜核心种质。以初级表型核心种质为基础，整合分子标记和表型数据，以 50%的取样规模聚类压缩，获得了 251 份大白菜分子核心种质。崔娜（2011）采用 EST－SSR 标记对 2 871 份萝卜种质进行遗传多样性鉴定，以 10%抽样比例和逐级聚类压缩以及稀有等位基因优先入选的取样法，构建了 294 份萝卜核心种质。采用等位变异数、有效等位变异数、Shannon′s 信息指数评价了核心种质的代表性。

（五）核心种质有效性评价方法

核心种质是以最小的数量，最大程度代表原始种质群体的多样性。不同研究者采用了不同的标准来检验核心种质与原始种质之间的符合度，使之能最大可能地代表原始种质群体。王述民等（2002）通过与原始种质极值、平均值、变异范围、标准差和变异系数符合程度的比较，初选了中国小豆种质资源样品；邱丽娟等（2003）通过比较品种的性状符合度、性状遗传多样性方差分析以及不同取样方法数量性状平均值的代表性分析等确定了大豆核心种质的最佳取样方法；郑瑜等（2010）在构建银杏核心种质时，使用多态位点百分率、多态位点数、观测等位基因数、有效等位基因数、Nei′s 基因多样性以及 Shannon′s 多态信息指数对构建的核心种质进行了有效性的评价和检验；吴子龙等（2011）通过比较基因型数、等位基因、有效等位基因、Shannon′s 多样性指数和基因多样度，表明逐步聚类法构建的核心种质代表性较好。

二、优异种质的发掘

（一）挖掘优异种质的意义

通过对大量种质资源的鉴定筛选和去冗余，核心种质的构建为资源的有效利用奠定了基础，但是核心种质的遴选强调其遗传多样性，并非所有的核心种质都具有育种和生产所需要的优异目标性状。对一些单项或综合性状突出的、具有重要利用价值的优异种质资源的深入挖掘不仅必要而且意义重大。

（1）优异种质资源发掘是为了满足人们对生活质量日益提升的需求。蔬菜是人们膳食结构中各种维生素、矿物质、碳水化合物以及许多重要的特殊功能活性物质的主要来源，蔬菜品质的改善依赖于品质优异的种质资源。

（2）优异种质资源的挖掘是应对气候环境变化、满足新时期育种需求的重要途径。随着全球气候变暖，旱、涝、高温、寒冷等自然灾害频发，栽培环境的恶化和农药、肥料的滥用，使得各类病虫对作物的危害日益严重。如世界性十字花科作物因小菜蛾每年造成的经济损失达10亿美元；南方酸性红壤区土传病害根肿病流行；土壤盐渍化或肥力降低等导致作物减产和品质下降；适合高肥水和保护设施栽培的育成品种对低肥力以及频现的恶劣气候和自然灾害的适应能力降低。因此，满足新时期育种目标需求的关键是挖掘耐热、耐寒、抗主要病虫害、耐盐碱、耐旱节水等的基因资源。

（3）挖掘优异种质资源是拓宽趋于狭窄的蔬菜作物遗传基础，解决蔬菜作物育种难以突破“瓶颈”的根本举措。始于20世纪70年代初期的中国现代蔬菜育种的进步，实现了中国蔬菜主栽品种的多次更新换代，大大提高了蔬菜作物的产量、抗性和品质。但是，环境恶化、生态失衡以及遗传背景狭窄的新品种推广导致了丰富多样的地方品种消失，主栽品种多样性被单一的杂优品种取代，不仅限制了产量和品质的进一步改良，而且使得蔬菜作物对生物和非生物逆境胁迫的脆弱性增加。研究表明，主栽黄瓜品种的遗传背景狭窄，品种间的相似系数在85%以上；甘蓝育种材料和栽培品种间遗传相似系数在70%以上，遗传多样性较低。显然，蔬菜育种的突破依赖具有丰富遗传背景的优异的种质挖掘。

（4）优异种质的挖掘是提高蔬菜作物种质资源利用效率与主权保护的重要保障。建立在经典遗传学基础上的蔬菜作物遗传育种研究，只是揭示了极少数代表性种质的部分性状的表型遗传规律。由于技术的限制，对众多优异种质重要性状的关键基因的遗传背景和遗传机制缺乏深入的研究和了解，凭借传统技术手段和经验的优异资源的利用存在很大的盲目性，且效率极低。通过传统技术和现代分子生物学技术相结合，从丰富的种质资源中快速、准确地鉴定出育种迫切需要的优异新基因源，深入认识决定优异种质特征特性的理论基础，并制定合适的利用目标、方法和途径，将大大提高种质的利用效率。另一方面，拥有生物资源与拥有其“知识产权”具有本质区别，只有后者才能产生巨大的经济和社会效益。因此，世界各国投入巨资于重要野生和优异栽培资源的优异基因的鉴定和分离，以实现对关键优异资源的控制。

（二）优异种质资源的挖掘

优异种质的挖掘既涉及前述的重要性状的表型鉴定评价，也包括性状的遗传分析和功能基因鉴定。

1. 重要性状的遗传分析、分子标记和基因定位 鉴定种质资源的传统方法主要是通过观察辨别种质资源表现出来的性状或通过仪器设备鉴定资源的表型性状值。表型性状鉴定的准确与否取决于研究人员的洞察力、技术熟练程度和经验，以及仪器设备的精度和效率。表型选择是一种直接的对性状的鉴定过程。随着分子生物学技术的快速发展，种质资源基因型鉴定已成为国际关注的重点和热点。

通过分子标记或 QTL 定位进行鉴定和选择被称之为标记辅助选择（marker - assisted selection，MAS），即通过对与目的基因相连锁的标记物的鉴定（基因型鉴定），达到间接鉴别和选择所期望的性状的目的。

直接选择和分子标记间接选择的不同之处在于：

（1）分子标记可以进行早期选择，把不具备期望性状的基因型淘汰掉，这样既可以节省开支，又可以加快选择进度。

（2）对于多位点控制的数量性状，个体间的差异并不明显，直接鉴定选择困难，但是利用分子标记鉴定则是可行的。

（3）传统的方法对几个性状同时进行鉴定选择是困难的。但是，分子标记则可以达到同时鉴定选择的目的。

在蔬菜作物中，国外利用分子标记进行质量性状鉴定的例子较多，有的已用于种质的筛选实践。例如，栽培芦笋雄性植株产量高、寿命长，是栽培和育种所需要的类型。雌性株和雄性株的染色体组成不同，雌性株染色体为 XX，雄全同株的染色体为 XY，超雄株的染色体为 YY。如果 YY 雄株和 XY 雄株杂交，后代只有雄株。所以具有 YY 染色体的超雄性植株可用于雄性品种的选育。但是，即使是在开花期，YY 雄株和 XY 雄株无法区分。Stella 等（1998）采用非放射性 AFLP 技术和集团分离分析鉴定出了 9 个与芦笋性基因位点连锁的 AFLP 标记。一个 F_2 和两个 F_1 群体构成的复合连锁图鉴定出了 3 个紧密连锁的标记。在 3 个不同的群体中，这 3 个标记均没有发生重组，它们与性基因位点的遗传距离仅 0.5、0.7 和 1.0 cM。在番茄中，已获得了一些重要质量性状的基因或与之紧密连锁的分子标记，如抗病基因 *Tm-1*、*Tm-2*、*Tm-2*^{a}、*I-1*、*I-2*、*I-3*、*cf2*、*cf4*、*cf5*、*cf9*、*Cf-ECP3*、*Mi*、*Mi-3*、*Asc*、*Fr1*、*Py-1*、*Pto*、*Sw-5*、*Ve* 等及其有关的 CAPS 标记、SSR 标记。通过苗期对含有目的基因的单株进行选择，从而提高了选择效率和准确性，缩短了鉴定时间。

在蔬菜作物中，也有许多研究数量性状的定位和辅助筛选的案例。例如，Fulton 等（1997）首次以秘鲁番茄（*S. peruvianum*）和栽培番茄（*S. lycopersicon*）的回交后代群体 BC_3 及其 200 个 BC_4 家系为试材，在全球 4 个试验点对 35 个性状进行了 QTL 分析，鉴定出了与 29 个性状相关的 166 个 QTL。尽管野生种的表现较差，但是，对于 29 个性状中的一半以上的性状，至少存在 1 个 QTL 与有益农艺性状连锁的野生等位基因，而且能在回交各世代 BC_2、BC_3 和 BC_4 跟踪到控制果重的 8 个 QTL。

Tanksley 等（1995）提出了一种从不良种质发现和转移有价值的 QTL 的方法，称之为数量性状位点的高代回交法（AB - QTL analysis）。Tanksley 等（1996）将 AB - QTL 分析用于 1 个优良加工番茄自交系与野生种（*S. pimpinellifolium*）LA1589 杂交和回交的 BC_2 群体，揭示出了控制果实大小、果形、可溶性固形物、果色、果实硬度和产量等的 QTL。借助于分子标记，在高代回交群体中发现了在 BC_1 中发现的 QTL，获得了含有改良果实大小和果形的特异 QTL 的近等基因系。

法国农业科学院 Thabuis 等（2003、2004）确定了 6 个与辣椒疫病抗性有关的 QTLs，其中 Phyto5.2可以通过一个紧密连锁的 PCR 标记 D04 来辅助选择（Quirin et al.，2005）。

在中国，蔬菜种质资源目标质量和数量性状的分子标记的研究和应用也取得了较大的进展。中国农业科学院蔬菜花卉研究所筛选了与辣椒主效恢复基因 *Rf* 紧密连锁的两个分子标记，并可用于辣椒主效育性恢复基因向甜椒的转移（Zhang et al.，2000）。

在黄瓜作物中，科研人员获得了与黑星病、白粉病、枯萎病、苦味、某些性型紧密连锁的显性或共显性分子标记，并获得了黑星病、白粉病和部分性型的基因片段序列（张桂华，2004、2006；王惠哲，2009；时秋香，2009，娄群峰，2005；郭素英，2005；李曼，2010；张海英，2006）。定位了与β-胡萝卜素含量、白粉病抗性、性型和单瓜种子数相关的 9 个 QTL，发现了与黄瓜β-胡萝卜素含量有关的 3 个 QTLs，对表型方差贡献率分别为 52.8%、22.0% 和 8.2%（沈镝等，2009）。黄瓜抗黑星病的 *Ccu* 基因已定位在第 2 条染色体上（Miao et al.，2009），黄瓜苦味基因被定位在第 5 条染色体上（张圣平，2011）。

在甘蓝等作物上，王晓武等（1998、2000）筛选到与显性细胞核雄性不育基因（*Ms*）连锁的 RAPD 标记 $OT11_{900}$，并转化成易于利用的新标记 $EPT11_{900}$，辅助 *Ms* 基因转育预测准确率超过 90%。刘玉梅等（2003）获得了与该不育基因连锁的 RFLP 标记 pBN11（1.787～5.189 cM）和 SSR 标记 $C03_{180}$（4.30～8.94 cM），并定位于第 1 和第 8 条染色体上。陈书霞等（2003）利用芥蓝×甘蓝杂交组合的 F_2 作图群体定位了 28 个 QTL 位点。其中控制抽薹期的 3 个均为主效基因，解释了该性状变异的 82.8%～85.3%。

研究人员还获得了与西瓜抗枯萎病（许勇等，2000）紧密连锁的 SCAR 标记（遗传距离 1.6 cM），茄子青枯病抗性紧密连锁的 SCAR 标记（遗传距离 3.33 cM）（Cao Bi-hao et al.，2009）和 AFLP 标记（遗传距离 4.9 cM）（李猛等，2007）。

在白菜中，除了对雄性不育基因的鉴定外，郑晓鹰等（2002）鉴定 9 个与耐热性 QTL 紧密连锁的分子标记，这些标记对耐热性遗传的贡献率为 46.7%。刘秀村、张凤兰等（2003）找到了 1 个与橘红心球色基因连锁的 RAPD 分子标记 OPB01－845，其遗传距离为 3.8 cM。韩和平等（2004）筛选了 2 个与 TuMV 感病基因紧密连锁的 AFLP 分子标记，其遗传距离分别为 7.5 cM 和 8.4 cM。研究人员还获得了抗根肿病的标记（王淼等，2009）。

基于白菜类作物 *BrFLCs* 基因的序列变异及其与抽薹的关系研究，发现白菜 *BrFLC1* 的剪接位点 G－A 突变改变了剪接方式，基因失去了正常的延迟开花的功能，开发了与抽薹相关的 CAPS 标记 FLC1－Mva I。关联分析表明，*BrFLC1* 剪接变异与抽薹时间显著相关。基于 DH 群体遗传图谱定位了 6 个重要的与开花时间相关的基因（原玉香，2008）；基于大白菜 AFLP 连锁图谱定位了 22 个与叶片矿质元素含量相关的 QTL 和 2 个与叶片总磷含量相关的 QTL。发现了 1 个与高 Zn 胁迫下大白菜生长相关的 QTL 和 1 个仅在相对更高的 Zn 浓度下出现的 QTL（武剑，2005）。遗传分析和 QTL 定位结果表明，不结球白菜的抗虫性遗传符合 1 对加性-显性主基因＋加性-显性多基因遗传模型，在 BC_1P_1、BC_1P_2和 F_2群体中的主基因遗传率分别为 57.21%、25.87%和 76.05%。在两份抗源构建的 F_2群体中通过离体鉴定和网室鉴定，共检测到 9 个距其中一侧标记小于 5 cM 的与抗小菜蛾相关的 QTL 位点（陆鹏，2010）。

李红双等构建了一张以 SRAP 标记为主的萝卜连锁图谱，通过多 QTL 模型作图法，对控制萝卜 TuMV 和黑腐病的抗性基因进行了 QTL 定位与遗传效应分析，共发现了控制萝卜对 TuMV 抗性和黑腐病抗性的 4 个 QTL。控制黑腐病抗性的 2 个 QTL 中，有 1 个为增效位点，QTL 的贡献率为 26.6%；1 个为减效位点，QTL 的贡献率为 45.3%。找到了一个与无毒基因 *Xcc _ 3176* 紧密连锁的分子标记 CuMe6F/CoEm11R－260，连锁遗传距离为 7.6 cM，一个与抗 TuMV 基因连锁的分子标记 CoMe7F/BEm12R－120，连锁遗传距离为 7.9 cM（李红双，2009）。研究人员还获得了与萝卜耐抽薹和不育性恢复基因有关的分子标记（徐文玲等，2009；Wang et al.，2006）。

王海平（2011）对大蒜分子标记（InDel 标记）和表现型（大蒜辣素含量）的相互关系进行了研究，结果表明，InDel 基因型不同的大蒜资源之间大蒜辣素含量有显著差异。基因型 C 与高大蒜辣素含量相关联，基因变异位点分别为 335 bp 和 327 bp；基因型 Ⅰ 与低大蒜辣素含量相关联，基因变异位点分别 343 bp、340 bp 和 323 bp。

2. 特异优异性状功能基因鉴定　基于遗传分析的分子标记或 QTL 定位，只能初步确定优异种质所携带的优异基因的存在以及遗传方式，但是不能确定它是什么？它的确切功能是什么？为了更进一步明确形成优异性状的机理以及更有效地利用优异基因源，有必要对其功能进行鉴定。

王柬人等（2012）以高胡萝卜素西双版纳黄瓜为试材，从其果肉中克隆 β－胡萝卜素脱氢酶

(ZDS) 基因 *CsZds*。利用实时荧光定量 PCR 技术分析，结果显示随着果实的成熟，该基因的表达量呈明显上升的趋势，在转色期达到最大。在果实发育过程中，表达量高于普通黄瓜。因此，认为其与西双版纳黄瓜高胡萝卜素的形成有关。

魏小春等（2012）以能够产生抗虫皂苷的高抗小菜蛾资源 G 型欧洲山芥（*Barbarea vulgaris* R. Br.）B44 为材料，利用 RACE 技术克隆出皂苷合成关键酶 beta-香树脂合成酶的基因 *Bv-beta-AS*。利用荧光定量 PCR 技术分析，结果表明，该基因受小菜蛾危害诱导时上调表达，但是上升到 12 h 达顶峰后随时间推移呈回归的趋势。因而认为 *Bv-beta-AS* 可能是抗虫皂苷合成途径的一个关键酶的基因。

第五节　蔬菜种质资源的创新

一、种质创新的内涵和意义

人类在开始有选择地驯化植物时，就已经无意识地开始了种质的创新。近 100 年来，由于遗传学、农艺学的发展，农作物新品种选育作为一个独立学科形成了作物育种学，而种质创新则成为创造新材料、新类型的种质资源学的内容，因此又称作预育种。

种质创新（germplasm enhancement）泛指人们利用各种变异（自然发生的或人工创造的），通过人工选择、重组或转移的方法，根据不同目的创造新作物、新类型、新材料。

种质创新的概念有狭义和广义之分，狭义的种质创新是指对种质做较大难度的改造，如通过远缘杂交进行基因导入，利用基因突变形成具有特殊基因源的材料，综合不同类型的多个优良性状而进行聚合杂交。广义的种质创新除了上述含义外，还应包括种质拓展（germplasm development），使种质具有较多的优良性状，如将高产与优质结合起来；以及种质改进（germplasm improvement），泛指改进种质的某一性状。在种质资源研究中所进行的种质创新，一般指的是狭义的种质创新。

种质创新根据设计目标的不同可以分为 3 大类：①以遗传学工具材料为主要目标的种质创新，例如非整倍体材料、近等基因系、双单倍体系、突变体库等的创建。②以桥梁种质为主要目标的种质创新，如甘蓝×白菜的种间杂交，通过杂种幼胚离体培养获得了染色体数为 $2n=38$ 的“白蓝”新种（梁红等，1990，冯午等，1981、1993；赵德培，1981，Inomata，1978a、1978b、1979）。柯桂兰等（1992）以甘蓝型油菜（*B. napus* L.）玻里马胞质雄性不育材料为供体，以大白菜（*B. campestris* ssp. *penkinensis*）为受体，通过种间杂交和连续回交，育成了具有甘蓝型油菜不育胞质的大白菜异源胞质雄性不育系 CM3411-7。③以育种亲本材料为主要目标的种质创新，如天津市黄瓜研究所在 20 世纪 70 年代利用唐山秋瓜与天津棒槌瓜杂交和系谱选育获得综合性状优良的津研黄瓜系列。这 3 类都是十分重要的种质创新的内容。

种质创新是植物物种和遗传多样性拓展的重要途径，是种质资源有效利用的前提和关键，是作物遗传育种发展的基础和保证。首先，种质创新有助于增加种质资源的遗传多样性。随着现代育种水平的提高和新品种的推广，作物育种所利用的基因集中到少数种质上，由此导致遗传多样性严重损失。也正是由于遗传基础狭窄，又导致了近十几年来育种处于“徘徊”状态而艰难地“爬坡”。一方面中国乃至世界有如此丰富的种质资源，另一方面作物育种又缺乏遗传多样性丰富的亲本。因此，只有加强种质资源的深入鉴定，进行以拓宽遗传基础为主要目的的种质创新，丰富育种材料的遗传多样性，才能解决种质资源丰富与优异育种材料贫乏的矛盾，促进作物育种和农业生产取得突破性进展。其次，种质创新有助于提高种质资源的利用效率和效果。野生资源通常具有很多生产和市场不可接受的性状，同时，其在抗逆性和抗病性方面的优势又是很多栽培种质所不具有的，如果能通过现代生物技术克服栽培种和野生种之间的生殖隔离障碍，创造各种桥梁种质，便可望能使野生资源的优异性状和基因得以有效利用。另外，种质创新是作物育种亲本材料的来源，没有种质的性状改良，就没有新品种的出现。创新种质的数量与质量将是作物育种能否突破、农业生产能否持续发展的关键。

二、种质资源创新途径、方法与成就

种质创新的途径多种多样，概括起来主要有4类：①充分利用自然的基因突变进行培育和改造；②通过无性系、人工诱变等手段，创造新的变异类型；③通过种内、种间或属间基因重组创造新的变异类型；④利用基因工程手段进行种质创新。

1. 利用自然界的变异直接培育新种质　自然界的变异来源多种多样，有通过自然的有性杂交而产生的基因重组，有通过宇宙射线引起的基因突变和无性变异等。许多有重要价值的突变材料来源于此，例如中国甘蓝显性雄性不育基因源的发现和利用就是典型的利用自然变异培育的新种质。千百年来，自然界的变异就这样不断地产生和积累，劳动人民自觉或不自觉地选择和利用着这些变异。然而，这种变异的频率是非常低的，也是随机的和非定向的，而且选择费工费时。

2. 人工诱变创造新种质　人工诱变的方法很多，概括起来有物理和化学方法两种。物理的方法有N^+离子束、γ射线、X射线、激光等照射处理，主要靠高能射线获得染色体结构的广泛突变。化学方法有秋水仙碱、亚硝基甲脲等化学制剂处理，主要通过化学物质与遗传物质发生一系列生化反应而产生基因的点突变。无论是物理方法还是化学方法都存在对环境的污染和对人类健康的危害问题，而且诱变效果不仅取决于被处理材料的生长发育状况，还取决于适宜的剂量和处理方法。因此，采用这些方法必须要有专门的设施，并采用科学的方法。

(1) 利用物理和化学方法诱变种子或幼苗创造新种质　中国在这一领域的成功报道较多。如邬振祥等（1994）用N^+离子束30keV处理早霞番茄的干种子，结果表明，离子注入后种子的发芽率明显降低，M_1代出现早熟、大果变异株，变异率为8.6%。变异性状在M_3代已趋稳定，从稳定品系中选择出一批不同熟期和单果重的材料。其中4个品系较原品种早熟1～2 d，单果重较对照增加5.3%～35.3%，产量较对照增加7.1%～35.1%。

李加旺等（1997）利用23.22C/kg ^{60}Co γ射线辐射处理具有某些优良特性的黄瓜自交系干种子，在其变异后代群体中，筛选出两个综合性状优良的单株。经3代系选，从中筛选出一个主要性状均能稳定遗传的株系辐M-8。

许玉香等（1997）用0.2%的秋水仙碱水溶液对10叶期左右的辣椒幼苗进行滴心处理，从其中一处理单株的自交后代中选出一棵四倍体单株。通过几年的繁殖和综合鉴定，形成了稳定的辣椒四倍体系，主要特征特性表现为植株高大，叶片、花冠、花蕾明显大于原品种，果实短而粗；种子量较少，但籽粒较大；小区产量不及原品种，但主要营养成分略高于原品种。用四倍体和二倍体进行杂交，其杂种一代表现基本无籽。

刘惠吉等（1990）用0.4%秋水仙素水溶液加等体积羊毛脂处理子叶期二倍体矮脚黄幼苗472株，隔15 d后，用同浓度的秋水仙素水溶液重复处理，双重处理得到4株有利用价值的同源四倍体突变株，诱变率达到0.8%。四倍体突变株与二倍体相比，除叶片和叶柄长度反常地小于二倍体外，气孔、花瓣、花粉粒大小均超过二倍体，维生素C含量增加32.2%，氨基酸总量（干量）增加4.14%，还原糖含量增加24.0%，粗纤维含量减少12.7%，品质明显提高。四倍体比二倍体平均增产22.5%。

(2) 利用体细胞无性系变异创造新种质　在原生质体培养或细胞培养过程中，人工制造的抗性选择压力如盐胁迫、温度胁迫、病虫毒素胁迫，以及化学试剂或射线处理引起离体组织、细胞的基因突变，从中可以筛选具有经济价值的突变体，经过无性扩繁即为体细胞无性变异系。

张恩让（2003）发现大蒜经历愈伤组织诱导培养，再分化形成的再生植株均出现了高频率的染色体变异，且染色体变异频率随着培养时间的延长而增加，经组织培养产生的愈伤组织和体细胞无性系均发生了不同程度的细胞染色体变异。后经逐步提高 NaCl 浓度对愈伤组织进行筛选，获得了 5 个大蒜品种（改良蒜、金堂早蒜、彭县晚熟、苍山蒜和欧引 01）耐盐细胞变异系。将常规愈伤组织直接转接入含盐培养基中选择耐盐突变体，在 NaCl 浓度≤1.0%的培养基上，筛选出了两个大蒜品种（改良蒜、苍山蒜）耐盐突变细胞系。

黄炜（2003）以辣椒枯萎病粗毒素为选择剂，通过连续筛选，建立了辣椒抗枯萎病体细胞变异无性系筛选体系，获得了一批抗枯萎病的辣椒体细胞突变体植株。

通过这种途径已经筛选出胡萝卜耐铝酸盐突变体无性系、洋葱抗病毒病突变体等。

3. 通过种内、种间或属间基因重组创造新种质

（1）近缘杂交　种内杂交属于近缘杂交。在对目标亲本进行杂交、添加杂交、回交和自交的基础上，从分离群体中筛选具有重组目的基因的个体或株系。这是目前育种材料创新的主要手段和方法。中国育种家通过筛选和利用主要蔬菜骨干亲本进行近缘杂交培育出了一系列的优良亲本材料，为近 50 年来中国主要蔬菜作物育种奠定了基础。其中典型案例有：通过综合鉴定评价获得的大白菜一级优异种质石特 1 号的显著特点是：抗逆性强，耐贮藏，抗 TuMV 和霜霉病，早熟，品质好；三级优异种质福山包头具有耐高温，耐贮藏，抗 TuMV 和霜霉病，产量高，品质好。由其通过系选获得的石特 79－3、福 77－65 和 77－105 等优良株系被全国各地广泛用作大白菜杂交种的亲本，以它们及其衍生系为亲本配制的杂交种一度占我国秋白菜种植面积的 40%以上。伏地尖是我国辣椒优良地方品种，其特点是：植株矮壮，分枝多，早熟，适应性强，连续着果能力强。由其通过系谱选择创新的各地伏地尖品系是曾主导我国辣椒生产的湘研、湘辣等主栽杂交品种的骨干亲本。长春密刺、新泰密刺，以及由唐山秋瓜与天津棒槌瓜杂交创新的津研黄瓜系列品种具有抗霜霉病、枯萎病，耐低温或高温，品质好的特点，是应用最广泛的黄瓜种质资源。用它们及其衍生系培育的津春、津优、津杂、中农等系列黄瓜品种占我国黄瓜种植面积的 60%以上。以结球甘蓝地方品种黑叶小平头通过系选获得的衍生系 21－3 等，成为我国京丰 1 号等 30 余个杂优一代新品种的亲本，由其衍生系培育的杂交种占我国中晚熟结球甘蓝种植面积的 50%以上。

（2）远缘杂交　遗传变异是品种改良的基础和前提，但许多蔬菜作物的栽培种的变异是有限的，往往不能满足品种改良的要求，而它们的近缘或远缘野生属种中存在丰富的变异。借助于组织培养技术将种间或属间远缘杂交种幼胚及回交种幼胚进行离体培养，能够克服远缘杂交不亲和性及自交不亲和性。

远缘杂交在蔬菜作物中得到了较广泛的研究，在芸薹属、萝卜属、番茄属、茄属、南瓜属等多种蔬菜作物中均有成功报道。在十字花科蔬菜中，属内远缘杂交胚培成功的典型例子是甘蓝×白菜的种间杂交通过杂种幼胚离体培养获得了染色体数为 $2n=38$ 的“白蓝”新种（梁红等，1990；冯午等，1981、1993；赵德培，1981；Inomata，1978a、1978b、1979）。

属间远缘杂交成功应用的突出例子是萝卜 Ogura 不育源的广泛转育。萝卜细胞质不育源最早是由日本的小仓（Ogura，1968）在鹿儿岛县一个萝卜留种田中发现的。最初由 Bannerot 等（1974）和 Rouselle（1978）通过远缘杂交将 OguCMS 转移到甘蓝和甘蓝型油菜中，之后被广泛转移到芸薹属植物中。尽管由于来自萝卜的细胞质与来自芸薹属种细胞核的不协调导致由其转育的不育材料在不同程度上幼叶低温缺绿、蜜腺不发达，另外在芸薹属种中不容易找到恢复基因，研究人员先后通过原生质体融合（Pelletier，1985）和在不同物种间的转移改良，将芸薹种的正常叶绿体基因导入这些不育系，同时从 R 基因组获得 *orf138* 基因。至今经过不断改良的 OguCMS 对十字花科作物的杂种优势利用发挥了重要作用。

此外，李光池等（1992）以大白菜辐射突变品系 78－22－3 作父本，王兆红萝卜细胞质雄性不育系为母本，进行远缘杂交，得到 F_1 代种子，经 16 代回交，育成 134 大白菜细胞质雄性不育系。研究证明，辐射能够提高远缘杂交成功率；通过多代回交，能够完成基因重组，育成细胞质不育系。潘大仁等（1999）利用甘蓝型油菜与萝卜的杂种后代植株为试材，在幼苗期用秋水仙素溶液处理（0.1%秋水仙素溶液是较适合的浓度），获得了31%的染色体加倍率；应用胚拯救（embryo rescue）技术克服胚胎发育早期败育或后期不正常萌发障碍，在转移抗线虫基因的研究中，获得了133株油菜与萝卜杂交的 BC_1 杂种株，并证实杂种株中已导入了抗线虫基因。另外，关于芸薹属分别与萝卜属、白芥属、*Moricandia* 属间杂交后代的子房、胚珠和幼胚培养均有报道（孔振辉等，1995；李明山等，1992；赵德培，1983；Sarashima，1989；Takahata，1990；Tang，1988）。

在茄科蔬菜中，Subamanya（1982）和 Tanksley 等（1984）进行了 *C. annuum*×*C. chinensis* 种间杂交，把父本中抗斑点病毒基因和多花性状转移到了栽培辣椒中。Frazier 等从 1949 年开始，通过远缘杂交获得了一些抗烟草花叶病毒（TMV）的品系，促进了后来的 TMV 和 $Tm-2^{nv}$ 抗病基因的广泛利用。吴鹤鸣等（1987、1990）利用北京早红番茄与秘鲁番茄杂交，通过未成熟种子离体培养获得了开花结果结籽正常的杂种植株。徐鹤林等（1991）继获得北京早红番茄与秘鲁番茄杂交种后，通过株间杂交克服了杂种的高度自交不亲和性，得到了杂种的自交后代，杂种各世代均表现高抗 TMV-0 株系和 TMV-1 株系，并且有部分选系抗 TMV-1.2 株系。

4. 利用原生质体培养和细胞融合创造新种质　作为遗传转化研究的一个理想受体，原生质体能直接摄入外源 DNA、细胞器等。1960 年，英国 Cooking 首先从番茄茎尖细胞分离到原生质体，是世界上最先分离到的植物原生质体。1972 年，日本 Kameya 等将胡萝卜根原生质体培养成细胞团，并进一步分化形成胚状体。1975 年，英国 Coutts 与 Wood 从 2 个黄瓜品种的新叶分离出大量活原生质体，然后进行诱导，获得了完整的再生植株。目前，利用原生质体培养再生植株的蔬菜作物有：洋葱、紫菜薹、大白菜、芹菜、石刁柏、白菜、结球甘蓝、青花菜、花椰菜、黄瓜、胡萝卜、莴苣、番茄、豌豆、马铃薯、辣椒等。

远缘种属之间由于遗传物质或原生质体的融合，它们之间可能以无性的方式进行体细胞杂交。原生质体融合产生杂种植株，可以克服种间杂交不亲和性、子代不育性等常规远缘杂交难以克服的障碍，实现种属间有益性状的转移。从而克服生殖障碍，实现遗传物质的交流，创造新蔬菜类型和种质资源，尤其在转育抗病性、抗逆性、提高品质及其他特殊性状的远缘杂交中更有其优越性。

体细胞杂种包括双亲细胞核和细胞质的双重融合，细胞融合分为对称融合和不对称融合两种。对称融合指双亲细胞核和细胞质的融合，杂种含有双方全部或部分遗传物质。不对称融合是指用 X 或 γ 射线处理融合亲本一方的原生质体，杀死细胞核，然后同另一方亲本的原生质体融合。不对称融合的目的是为了排除一方细胞核对融合的抑制，并获得细胞质内遗传物质，如导入由细胞质控制的抗除草剂、抗病、胞质雄性不育性等的研究。

原生质体杂交的全部技术包括原生质体的分离、原生质体的培养、体细胞杂交、细胞壁诱发和再生植株及体细胞杂种的鉴定等环节。原生质体分离主要采用酶解法，就是将植物组织置于溶解细胞壁的混合制剂中，使细胞壁溶解，得到原生质体悬浮液，再经过一定的离心程序，可分离出较纯的原生质体。原生质体在“遗传融合剂”的作用下，发生融合。目前最有效的“遗传融合剂”是聚乙二醇（PEG）。1985 年以后，物理方法中的电融合技术日趋成熟，使细胞融合技术得到进一步发展。杂种细胞的培养和植株再生技术主要依赖于原生质体的培养和成株技术。一般认为供试双亲中有一方能够再生植株，融合体再生植株的可能性才会较大。经原生质体培养得到的植株并不一定是杂种植株，需经过植株的外部形态或染色体、核 DNA 和胞质 DNA 特征鉴定。

Gamborg（1975）以蔬菜作物为材料进行了一系列的体细胞杂交试验。Austin（1985）获得了野生马铃薯（*Solanum brevidens*）与栽培马铃薯（*S. tuberosum*）叶肉原生质体的融合细胞，并再生成株。在体细胞杂交后代中，选出了抗马铃薯病毒及马铃薯卷叶病毒的个体，而且，许多个体是雌性可育的，这些个体可以作为中间亲本，将抗病毒基因转入其他栽培品种。O′connell 和 Hanson（1986、

1987）获得了番茄与其近缘种，如 *Solanum rickii* 和 *S. lycopersicoides* 的体细胞杂种。Kirti（1995）通过原生质体融合将 Ogura 雄性不育基因转移到芥菜型油菜中。Kanno（1997）通过体细胞融合，得到了含甘蓝细胞核和萝卜细胞质，表现稳定细胞质雄性不育的杂种。Taguchi 和 Kamaya（1985）获得了甘蓝与大白菜的体细胞杂种。Lian 等（2011）通过原生质体融合获得了叶用芥菜和花椰菜的体细胞杂种，旨在将花椰菜的雄性不育和抗枯萎病性状转入叶用芥菜。通过体细胞融合获得杂种植株的蔬菜作物还有胡萝卜种间、胡萝卜与香芹、茄子栽培种与野生种。另外，在青花菜、莴苣、黄瓜、南瓜、萝卜、洋葱、大蒜等作物上也有成功的报道。

中国虽在蔬菜原生质体培养和融合工作上起步较晚，但在较短的时间内取得了较大的进展。中国科学院植物研究所（1978）首次用紫红萝卜髓组织诱导的愈伤组织制备原生质体，通过培养获得了植株。夏镇澳（1978）进行了萝卜根、蚕豆根尖细胞原生质体的种内融合。罗士伟（1980）获得了裸大麦与蚕豆、烟草与胡萝卜的种间原生质体融合细胞。浙江大学将普通番茄和多毛番茄原生质体培养成再生植株。李耿光等（1988）从马铃薯得到原生质体再生植株。司家钢等（2002）获得了胡萝卜雄蕊瓣化型不育材料与可育材料的再生植株。Tu 等（2008）获得了萝卜、白菜与板蓝根的远缘体细胞杂种，特别是白菜和板蓝根的部分体细胞杂种表现出一定的可育性。但是，到目前为止，原生质体培养和体细胞杂交应用与生产还有一段差距。

限制体细胞融合技术应用的因素，不仅是融合技术本身，而且还有如何识别体细胞杂种，即如何从未融合或同源融合的细胞以及再生植株中识别及分离出异源融合的细胞或再生植株。另外，融合成功与否在一定程度上取决于基因型。目前，通常采用下列方法进行体细胞杂种植株的鉴定：同工酶分析法、细胞核 DNA Southern blot 分析法、叶绿体 DNA 分析法、线粒体 DNA 分析法、染色体及其核型分析法、酶活性分析法、特异性状鉴定法和形态学鉴定法。通过上述某种方法或几种方法结合，识别与鉴定细胞的异源融合。

5. 借助分子标记创新种质 在野生番茄优异基因源挖掘的基础上，研究采用聚合改良轮回选择、高世代回交等方法，辅助分子标记进行番茄等种质的改良，获得了一系列优异种质。孟山都、先正达、安莎、瑞克斯旺、龙井、农友等种子公司利用分子标记方法已聚合了一批同时含有 3～6 个抗病基因的材料，以此育成的番茄品种可抗 ToMV、叶霉病、枯萎病、根结线虫、黄萎病、细菌性斑点病等多种病害。中国农业科学院蔬菜花卉研究所利用已建立的抗番茄根结线虫、叶霉病、病毒病、枯萎病和细菌性斑点病，以及高番茄红素基因的 CAPS、InDel 或 SCAR 标记进行辅助选择，通过连续 6 代回交和辅助选择，已获得了同时抗 4 种病害、产量和农艺性状较好的高代育种材料，其中 10 g－3 材料含有抗 4 种病害的 *Tm*、*Tm2*、*Cf5*、*Cf9*、*I2*、*pto*6 个抗病基因。另外，利用抗病基因的 SSR 和 InDel 标记创制了聚合抗黑星病、西瓜花叶病毒病、枯萎病以及白粉病性状的黄瓜种质。

6. 利用基因工程手段创新种质 基因工程是 20 世纪 80 年代以来发展起来的技术，它不仅可以在不同科、属间，而且可以打破动植物的界限而进行基因转移，极大地丰富了植物遗传多样性。

各种目的基因的鉴定和克隆是作物基因工程的前提。目前获得的高等植物基因很多，如与光合作用有关的编码 RUBP 羧化酶的大、小亚基基因（*rbc－L*、*rbc－S*），与固氮有关的豆血红蛋白基因，与抗性有关的大豆热激蛋白基因，豇豆胰蛋白酶抑制剂基因，抗虫的苏云金杆菌毒蛋白基因，抗病的 TMV 外壳蛋白基因、CMV 的卫星 RNA 基因、马铃薯外壳蛋白基因和抗除草剂的乙酸乳酸合成酶基因等，与蛋白质合成和分解有关的大豆蛋白的贮藏蛋白基因等。

继 1994 年美国 Calgene 公司推出的人类第一个用于商业化生产的转基因植物品种——耐贮番茄 Flavr SavrtH（杨瑞环等，2001）之后，转基因植物的研究在全球广泛开展并逐步进入了商品化的轨道。到目前为止，国外已批准上市的转基因蔬菜还有耐后熟番茄、抗甲虫马铃薯、抗病毒病的南瓜和西葫芦等。1996 年中国相继批准了转基因耐贮藏番茄华番Ⅰ号（叶志彪等，1999）、转基因抗黄瓜花叶病毒番茄 8805R 和甜椒双丰 R（周北雁等，1999）进行生产。已进行转基因研究的蔬菜有：番茄、茄子、辣椒、马铃薯、黄瓜、南瓜、西瓜、甜瓜、西葫芦、胡萝卜、甘蓝、花椰菜、大白菜、生菜、菠菜、茴香、豌豆、芦笋、芥菜、洋葱、普通白菜等（熊先军等，2004）。

目前转基因植株进入田间试验阶段的蔬菜作物有：番茄、黄瓜、甜玉米、苜蓿、甜瓜、南瓜等；正在研究中的有：甘薯、荠菜、莲藕、芹菜、莴苣、大豆、胡萝卜、花椰菜、芦笋、甘蓝、甜椒等。

（曹家树　余小林　李锡香）

主要参考文献

曹家树，曹寿椿．1995. 大白菜起源的杂交验证初报［J］. 园艺学报，22（1）：93-94.

曹家树，曹寿椿．1999. 中国白菜及其相邻类群的分类［C］//中国园艺学会．中国园艺学会成立70周年纪念优秀论文文选．北京：中国科学技术出版社：355-358.

曹家树，缪颖，卢钢，等．1997. 中国白菜各类群的分支分析和演化关系研究［J］. 园艺学报，24（1）：35-42.

曹家树，秦岭．2005. 园艺植物种质资源学［M］. 北京：中国农业出版社．

曹家树，申书兴．2001. 园艺植物育种学［M］. 北京：中国农业大学出版社．

陈迪新，宣章燕．2008. 去壁低渗法在黄瓜染色体核型分析中的应用［J］. 生物学通报（4）：52-53.

陈辉．2005. 百合种质离体保存技术研究［D］. 武汉：华中农业大学．

陈书霞，王晓武，方智远，等．2003. 芥蓝×甘蓝的 F_2 群体抽薹期性状 QTLs 的 RAPD 标记［J］. 园艺学报，30（4）：421-426.

陈玉平，王晓友，徐跃进．1996. 油菜和青花菜种间杂种组培效率研究［J］. 长江蔬菜（4）：23-25.

程红炎，郑光滑，陶嘉龄．1991. 超干处理对几种芸薹种子生理生化和细胞超微结构的效应［J］. 植物生理学报，17（3）：273-284.

程嘉琪，沈镝，李锡香，等．2011. 黄瓜核心种质对白粉病的田间抗性评价［J］. 中国蔬菜（20）：15-19.

崔娜．2012. 基于萝卜 EST 序列的 SSR 标记开发与应用研究［D］. 北京：中国农业科学院．

董玉琛．1995. 生物多样性及作物遗传多样性检测［J］. 作物品种资源（3）：1-5.

杜永臣，王晓武，黄三文．2010. 我国蔬菜作物基因组研究与分子育种［J］. 中国农业科技导报，12（2）：24-27.

方平，陈发波，姚启伦，等．2012. 肉质色不同萝卜遗传多样性的 SSR 分子标记分析［J］. 植物遗传资源学报，13（2）：226-232.

方智远，孙培田，刘玉梅．1984. 甘蓝胞质雄性不育系的选育简报［J］. 中国蔬菜（4）：42-43.

冯午，陈耀华．1981. 甘蓝与白菜种间杂交的双二倍体后代［J］. 园艺学报，8（2）：37-40.

冯午，邓岳芬，李懋学，等．1993. 白菜甘蓝种间杂种后代细胞质遗传及其利用前景探讨［J］. 园艺学报，20（3）：267-273.

葛颂，洪德元．1994. 遗传多样性及其检测方法［C］//中国科学院生物多样性委员会．生物多样性研究的原理和方法．北京：中国科学技术出版社：123-140.

郭红梅，朱伟伟，陈福龙，等．2010. 植物染色体 C 带带型制作技术的改良［J］. 石河子大学学报，28（3）：279-273.

郭素英．2005. 黄瓜 F 基因的 SRAP 分子标记［D］. 重庆：西南农业大学．

郭素芝，何承坤，李加慎．1992. 甜瓜 POD 同工酶及其 Fuzzy 聚类分析［J］. 福建农学院学报，21（3）：309-315.

郭文韬．2004. 略论中国栽培大豆的起源［J］. 南京农业大学学报：哲学社会科学版，4（1）：60-69.

韩和平，孙日飞，张淑江，等．2004. 大白菜中与芜菁花叶病毒（TuMV）感病基因连锁的 AFLP 标记［J］. 中国农业科学（4）：539-544.

韩云池．2011. 美国自然保护区情况考察报告［J］. 山东林业科技（1）：99-102.

黄炜．2003. 辣椒抗枯萎病体细胞变异无性系筛选技术研究［D］. 西安：西北农林科技大学．

柯桂兰，赵稚雅，宋胭脂，等．1992. 大白菜异源胞质雄性不育系 CM3411-7 的选育和应用［J］. 园艺学报，19（4）：333-340.

孔庆东，柯卫东，杨保国．1994. 茭白资源分类初探［J］. 作物品种资源（4）：1-4.

孔秋生，李锡香，向长萍，等．2005. 栽培萝卜种质亲缘关系的 AFLP 分析［J］. 中国农业科学，38（5）：1017-1023.

孔振辉，何玉科，王鸣．1995. 白菜×白芥属间杂种子房培养技术研究［J］. 园艺学报，22（3）：245－250.
黎裕，李英慧，杨庆文，等．2015. 基于基因组学的作物种质资源研究：现状与展望［J］. 中国农业科学，48（17）：3333－3353.
李国强．2008. 大白菜核心种质的构建与评价［D］. 北京：中国农业科学院．
李红双．2009. 萝卜对芜菁花叶病毒病和黑腐病抗性的遗传分析［D］. 北京：中国农业科学院．
李加旺，孙忠魁，杨森．1997. ^{60}Co γ 射线在黄瓜诱变育种中的应用初探［J］. 中国蔬菜（2）：22－24.
李九欢．2012. 大白菜端粒相关序列的克隆及不同染色体 FISH 标记的建立［D］. 保定：河北农业大学．
李猛，王永清，田时炳，等．2006. 茄子青枯病抗性基因的遗传分析及其 AFLP 标记［J］. 园艺学报（4）：869－872.
李明山，索玉英，周长久．1992. 大白菜与萝卜属间杂种幼胚离体培养的研究［J］. 园艺学报，19（4）：353－357.
李斯更，沈镝，刘博，等．2013. 基于黄瓜基因组重测序的 InDel 标记开发及其应用［J］. 植物遗传资源学报，14（2）：278－283.
李锡香，朱德蔚，杜永臣，等．2004. 黄瓜种质资源遗传多样性的 RAPD 鉴定与分类研究［J］. 植物遗传资源学报，5（2）：147－152.
李玉玺，轩淑欣，王彦华，等．2011. 大白菜适于 FISH 的染色体制片技术研究［J］. 中国农学通报，27（10）：284－288.
利容千．1989. 中国蔬菜植物核型研究［M］. 武汉：武汉大学出版社．
梁红，冯午．1990. 白菜和甘蓝的种间杂交及其杂交种后代的研究［J］. 园艺学报，17（3）：203－210.
林丽珍，余悦，王振涛，等．2014. 菰的考证及应用［J］. 中国现代中药，16（9）：776－779.
刘惠吉，曹寿椿，周黎丽．1990. 南农矮脚黄四倍体不结球白菜新品种的选育［J］. 南京农业大学学报，13（2）：33－40.
刘佩英．1996. 中国芥菜［M］. 北京：中国农业出版社．
刘文明，安志信，井立军，等．2005. 辣椒的种类、起源和传播［J］. 辣椒杂志，4：17－18.
刘秀村，张凤兰，张德双，等．2003. 与大白菜橘红心基因连锁的 RAPD 标记［J］. 华北农学报，18（4）：51－54.
刘玉梅．2003. 甘蓝显性细胞核雄性不育的细胞学特征、生化基础及其分子标记的研究［D］. 北京：中国农业科学院．
刘玉梅，方智远，Michael D McMullen，等．2003. 一个与甘蓝显性雄性不育基因连锁的 RFLP 标记［J］. 园艺学报（5）：549－553.
娄群峰，陈劲枫，Molly Jahn，等．2005. 黄瓜全雌性基因连锁的 AFLP 和 SCAR 分子标记［J］. 园艺学报（2）：256－261.
陆鹏．2010. 不结球白菜优异种质对小菜蛾抗性的遗传分析及 QTLs 定位［D］. 北京：中国农业科学院．
罗桂环．2000. 中国薯芋类作物的栽培起源和发展［J］. 古今农业（2）：23－28.
罗桂环．2003. 植物驯化与中国文明的起源［J］. 科学中国人（4）：52－54.
马德伟，高锁柱，孙岚，等．1995. 辣椒遗传性的种子醇溶蛋白电泳研究［J］. 园艺学报，22（3）：297－298.
马克平，钱迎倩，王晨．1994. 生物多样性研究的现状和发展趋势［C］//中国科学院生物多样性委员会．生物多样性研究的原理和方法．北京：中国科学技术出版社：1－12.
潘大仁．1999. 萝卜抗根结线虫基因导入油菜的研究［J］. 中国油料作物学报，21（3）：6－9.
戚春章，胡是麟，漆小泉．1997. 中国蔬菜种质资源种类及分布［J］. 作物品种资源（1）：1－5.
沈镝．2009. 西双版纳黄瓜群体遗传多样性分析及黄瓜果肉色 QTL 定位研究［D］. 北京：中国农业科学院．
沈镝，方智远，戚春章，等．2009. 西双版纳黄瓜群体遗传多样性的 SSR 分析［J］. 园艺学报，36（10）：1457－1464.
沈镝，李锡香，冯兰香，等．2007. 葫芦科蔬菜种质资源对南方根结线虫的抗性评价［J］. 植物遗传资源学报，8（3）：340－342.
沈镝，漆小泉．1996. 大白菜超低含水量种子保存研究［J］. 中国蔬菜（4）：19－22.
时秋香，刘世强，李征，等．2009. 与黄瓜 M 基因连锁的三个共显性标记［J］. 园艺学报，36（5）：737－742.
蔬菜卷编辑委员会．1990. 中国农业百科全书：蔬菜卷［J］. 北京：农业出版社．
司家钢，朱德蔚，杜永臣，等．2002. 原生质体非对称融合获得胡萝卜（*Daucus carota* L.）种内胞质杂种［J］. 园艺学报，29（2）：128－132.
宋明，王晓佳，陈世儒．1994. 马铃薯试管芽保存研究［J］. 西南农业大学学报，16（3）：247－249.

童南奎，陈世儒．1990. 芥菜及其原始亲本种的酸性磷酸同工酶分析［J］. 园艺学报，17（4）：293－298.

王桂英，胡素芹，于同泉．1995. 豆科蔬菜种子贮藏蛋白的电泳分析［J］. 北京农学院学报，10（1）：43－48.

王海平．2011. 中国大蒜遗传多样性评价及大蒜辣素含量与蒜氨酸酶基因的关联分析［D］. 北京：中国农业科学院．

王海平，李锡香，刘新艳，等．2012. 大蒜辣素 UPLC 检测体系优化及其在大蒜资源评价中的应用［J］. 植物遗传资源学报，13（6）：936－945.

王海平，李锡香，沈镝，等．2010. 大蒜种质资源对蒜蛆的抗性评价［J］. 植物遗传资源学报，11（5）：578－582.

王洪涛．2008. 德国自然公园的建设与管理［J］. 城乡建设（10）：73－75.

王惠哲，李淑菊，管炜．2009. 与黄瓜抗黑星病相关基因紧密连锁的SSR标记［J］. 分子植物育种，7（3）：550－554.

王柬人，李锡香，王海平，等．2012. 黄瓜 ζ-胡萝卜素脱氢酶基因克隆及表达分析［J］. 分子植物育种，10（5）：520－527.

王淼，王剑，李宏博，等．2009. 利用抗、染根肿病 F_2 群体构建大白菜 AFLP 遗传连锁图谱［J］. 华北农学报，24（2）：64－70.

王晓武，方智远，孙培田，等．1998. 一个与甘蓝显性雄性不育基因链锁的 RAPD 标记［J］. 园艺学报，25（2）：197－198.

王晓武，方智远，孙培田，等．2000. 一个用于甘蓝显性雄性不育基因转育辅助选择的 SCAR 标记［J］. 园艺学报（2）：143－144.

王欣，李锡香，吴青君，等．2007. 白菜抗小菜蛾网室鉴定和离体鉴定方法比较［J］. 中国蔬菜（12）：22－24.

王艳军．2003. 大蒜离体保存技术初步研究［D］. 武汉：华中农业大学．

王艳军，李锡香，向长萍，等．2005. 大蒜茎尖玻璃化法超低温保存技术研究［J］. 园艺学报（3）：507－509.

魏小春，张晓辉，吴青君，等．2012. 欧洲山芥皂苷合成关键酶基因 *Bv－beta－AS* 克隆及表达分析［J］. 园艺学报，39（5）：923－930.

邬振祥，李素梅，余增亮．1994. 离子注入在番茄育种上的应用［J］. 安徽农业大学学报，21（3）：321－325.

吴鹤鸣，陆维忠，佘建明，等．1987. 栽培番茄×秘鲁番茄杂种再生株的诱导和鉴定［J］. 江苏农业学报，3（4）：7－13.

吴鹤鸣，陆维忠，佘建明，等．1990. 番茄种间杂种离体培养及 F_1 再生株的分析鉴定［J］. 园艺学报，17（4）：281－287.

武剑．2005. 白菜类蔬菜锌积累和锌胁迫反应的遗传分析［D］. 北京：中国农业科学院．

辛淑英．1987. 甘薯分生组织培养和试管苗低温保存方法的研究［J］. 作物品种资源（2）：34－36.

徐文玲，王淑芬，牟晋华，等．2009. 萝卜抽薹基因连锁的 AFLP 和 SCAR 分子标记鉴定［J］. 分子植物育种（4）：743－749.

许勇，张海英，康国斌，等．2000. 西瓜抗枯萎病育种分子标记辅助选择的研究［J］. 遗传学报，27（2）：151－157.

许玉香，王歧，张忠宝．1997. 辣椒多倍体诱导及其特征特性研究初报［J］. 吉林农业科学（4）：23－24.

杨荣昌，徐鹤林，龙明生．1995. 表达黄瓜花叶病毒外壳蛋白的转基因番茄及其对 CMV 的抗性［J］. 江苏农业学报，11（1）：40－44.

杨以耕，刘念慈，陈学群，等．1989. 芥菜分类研究［J］. 园艺学报，16（2）：115－122.

叶志彪，李汉霞，郑用琏，等．1996. 反义 ACC 氧化酶基因的导入对番茄乙烯生成的抑制作用［J］. 华中农业大学学报，15（4）：305－309.

叶志彪，李汉霞，周国林．1994. 番茄多聚半乳糖酸酶反义 cDNA 克隆的遗传转化与转基因植株再生［J］. 园艺学报，31（3）：305－306.

原玉香．2008. 白菜类作物抽薹开花的分子遗传分析［D］. 北京：中国农业科学院．

张恩让．2003. 大蒜（*Allium sativum* L.）体细胞无性系变异规律和筛选利用研究［D］. 西安：西北农林科技大学．

张桂华，杜胜利，王鸣，等．2004. 与黄瓜抗白粉病相关基因连锁的 AFLP 标记的获得［J］. 园艺学报，31（2）：189－192.

张桂华，韩毅科，孙小红，等．2006. 与黄瓜抗黑星病基因连锁的分子标记研究［J］. 中国农业科学，39（11）：2250－2254.

张海英，张海霞，张峰，等．2006. 黄瓜枯萎病抗性基因的连锁分子标记［J］. 生物技术通报（S1）：320－322.

张鲁刚，王鸣 . 1990. 甜瓜种质资源的 Q 型聚类分析及主成分分析 [J]. 中国西瓜甜瓜 (1)：14 - 19.
张圣平 . 2011. 黄瓜果实苦味基因遗传分析及精细定位 [D]. 北京：中国农业科学院 .
张秀荣，郭庆元，赵应忠，等 . 1998. 中国芝麻资源核心收集品研究 [J]. 中国农业科学，31 (3)：49 - 55.
张玉芹 . 2004. 食用百合离体保存技术初步研究 [D]. 呼和浩特：内蒙古农业大学 .
张玉芹，李锡香，马庆，等 . 2004. 食用百合种质的玻璃化法超低温保存技术初探 [J]. 中国蔬菜 (4)：11 - 13.
张玉芹，李锡香，王海平 . 2011. 食用百合种质资源离体保存技术研究 [J]. 北方园艺，2：149 - 151.
赵德培 . 1983. 通过组织培养获得萝卜和大白菜的属间杂种 [J]. 实验生物学报，16：21 - 26.
赵德培，张继增 . 1981. 通过幼胚培养获得结球甘蓝与大白菜的种间杂种 [J]. 中国农业科学，2：46 - 51.
郑殿升，刘旭，卢新雄，等 . 2007. 农作物种质资源收集技术规程 [S]. 北京：中国农业出版社 .
郑晓鹰，王永建，宋顺华，等 . 2002. 大白菜耐热性分子标记的研究 [J]. 中国农业科学，35 (3)：309 - 313.
中国大百科全书总编辑委员会《农业》编辑委员会 . 1990. 中国大百科全书：农业Ⅰ [M]. 北京：中国大百科全书出版社 .
中国大百科全书总编辑委员会《农业》编辑委员会 . 1990. 中国大百科全书：农业Ⅱ [M]. 北京：中国大百科全书出版社 .
中国农学会遗传资源分会 . 1989. 中国作物遗传资源 [M]. 北京：中国农业出版社 .
中国农业科学院蔬菜研究所 . 1987. 中国蔬菜栽培学 [M]. 北京：农业出版社 .
周逊 . 2004. 生姜种质资源离体保存技术研究 [D]. 武汉：华中农业大学 .
周长久 . 1996. 蔬菜种质资源概论 [M]. 北京：中国农业出版社 .
周明德 . 1989. 马铃薯种质试管苗保存 [J]. 作物品种资源 (3)：42 - 43.
周明德 . 1994. 核心收集品的研究及其发展 [J]. 作物品种资源 (增刊)：3 - 6.
朱玉英 . 1998. Ogura 细胞质甘蓝雄性不育系选育及其利用 [J]. 上海农业学报，14 (2)：19 - 24.
邹长文 . 2004. 抗寒相关基因导入黄瓜的研究 [D]. 重庆：西南农业大学 .
齐藤隆 . 1991. 蔬菜园艺の事典 [M]. 东京：朝仓书店 .
Allender C. 2010. The second report on the state of the world's plant genetic resources for food and agriculture [R]. Rome：Food and Agriculture Organization of the United Nations：370.
Bannerot H，Boulidard L，Cauderon Y，et al. 1974. Transfer of cytoplasmic male sterility from *Raphanus sativus* to *Brassica oleracea* [J]. Proc. Eucarpia Meet. Cruciferae，25：52 - 54.
Bhattacharya R C，Maheswari M，Dineshkumar V，et al. 2004. Transformation of *Brassica oleracea* var. *capitata* with bacterial beta gene enhances tolerance to salt stress [J]. Scientia Horticulturae，100：215 - 227.
Bhawna S，Rajinder K，Satya V B. 2011. Assessment of genetic diversity in cabbage cultivars using RAPD and SSR markers [J]. Journal of Crop Science and Biotechnology，14 (3)：191 - 196.
Brown A H D. 1989. The case for core collections [J]. The use of plant genetic resources [M]. Cambridge University Press，Cambridge：135 - 156.
Caplin S M. 1959. Mineral oil overlay for conservation of plant tissue cultures [J]. American Journal of Botany，46 (5)：324 - 329.
De Vicente M C，Andersson M S，Andersson M S，et al. 2006. DNA banks - providing novel options for genebanks [M/OL]. Bioversity International (formerly IPGRI)，Rome. Available at：http：//www. bioversityinternational. org/e - library/publications/detail/dna - banks - providing - novel - options - for - genebanks/.
Dorion N. 1994. Effects of temperature and hypoxic atmosphere on preservation and further development of in vitro shoots of peach and peach almond hybrid [J]. Scientia Horticulturae，57 (3)：201 - 213.
Ellis R H，Hong，Roberts E H. 1986. Logarithmic relationship between moisture content and longevity in sesame seeds [J]. Annuals of Botany，57：499 - 503.
Ellis R H，Hong，Roberts E H. 1988. A low - moisture - content limit to logarithmic relations between seed moisture content and longevity [J]. Annuals of Botany，61：405 - 408.
Ellis R H，Hong，Roberts E H. 1990. Effect of moisture content and method of rehydration on the susceptibility of pea seeds to imbibition damage [J]. Seed Science and Technology，18：131 - 137.

Ellis R H, Hong, Roberts E H. 1995. Survival and vigor of lettuce and sunflower seeds stored at low and very low moisture contents [J]. Annuals of Botany, 76: 521-534.

Frankel O H, Brown A H D. 1984. Plant genetic resources today: a critical appraisal [M]. Crop.

Fulton T M, Beck-Bunn T, Emmatty D, et al. 1997. QTL analysis of an advanced backcross of Lycopersiconperuvianum to the cultivated tomato and comparisons with QTLs found in other wild species [J]. Theoretical and Applied Genetics, 95: 881-894.

Hamilton A J, lycett G W, Grierson D. 1990. Antisense gene that inhibits synthesis of the hormone ethylene in transgenic plants [J]. Nature, 346: 284-287.

Harrington J F. 1973. Biochemical basis of seed longevity [J]. Seed Science and Technology, 1: 453-461.

Inomata N. 1979. Production of interspecific hybrids in *B. campestris*×*B. oleracea* by culture in vitro of excised ovaries. Ⅲ. Development of excised ovaries on various culture madia [J]. Japanese Journal of Breeding, 29 (2): 115-120.

Izzah N K, Lee J, Perumal S, et al. 2013. Microsatellite-based analysis of genetic diversity in 91 commercial *Brassica oleracea* L. cultivars belonging to six varietal groups [J]. Genetic Resources Crop Evolution, 60 (7): 1967-1986.

Kanno A, Kanzaki H, Kameya T. 1997. Detailed analyses of chloroplast and mitochondrial DNAs from the hybrid plant generated by asymmetric protoplast fusion between radish and cabbage [J]. Plant Cell Reports, 16 (7): 479-484.

Kirti P B, Banga S S, Prakash S, et al. 1995. Transfer of Ogu cytoplasmic male sterility to *Brassica juncea* and improvement of the male sterile line through somatic cell fusion [J]. Theoretical and Applied Genetics, 91 (3): 517-521.

Kong Q S, Li X X, Xiang C P, et al. 2011. Genetic diversity of radish (*Raphanus sativus* L.) germplasm resources revealed by AFLP and RAPD markers [J]. Plant Molecular Biology Reporter, 29: 217-223.

Kyoko Y, Na L, Ohmi O. 2009. Multiple origins and high genetic diversity of cultivated radish inferred from polymorphism in chloroplast simple sequence repeats [J]. Breeding Science, 59: 55-65.

Lian Y J, Lin G Z, Zhao X M, et al. 2011. Production and genetic characterization of somatic hybrids between leaf mustard (*Brassica juncea*) and broccoli (*Brassica oleracea*) [J]. In Vitro Cellular. Developmental Biology-Plant, 47: 289-296.

Lin T, Zhu G, Zhang J, et al. 2014. Genomic analyses provide insights into the history of tomato breeding [J]. Nature Genetics, 46: 1220-1226.

Malaurie B, Marie F T, Berthaud J, et al. 1998. Medium-term and long-term in vitro conservation and safe international exchange of yam (*Dioscorea* spp.) germplasm [J]. Electronic Journal of Biotechnology, 1 (3): 1-15.

Nagaharu U. 1935. Genomic analysis in *Brassica* with special reference to the experimental formation of *Brassica napus* and peculiar mode of fertilization [J]. Japanese Journal of Botany, 7: 389-452.

Ogura H. 1968. Studies on the new male-sterility in Japanese radish, with special reference to the utilization of this sterility towards the practical raising of hybrid seeds [J]. Memoirs of the Faculty of Agriculture, Kagoshima University, 6 (2): 39-78.

Pelletier G, Primard C, Vedel F, et al. 1983. Intergeneric cytoplasmic hybridization in cruciferae by protoplast fusion [J]. Molecular and General Genetics MGG, 191 (2): 244-250.

Qi J, Liu X, Shen D, et al. 2013. A genomic variation map provides insights into the genetic basis of cucumber domestication and diversity [J]. Nature Genetics, 45: 1510-1518.

Rouselle P, Renard M. 1978. Study of a cytoplasmic male sterility in rapeseed [J]. Cruciferae Newslett, 3: 40-41.

Sarashima M, Matsuzawa Y. 1989. Intergeneric hybridization between radish (*Raphanus sativus* L.) and two monogenomic species of Brassica (*B. campestris*b L. and *B. nigra* Koch.) [J]. Bulletin of the College of Agriculture, Utsunomiya University, 14 (1): 99-104.

Stella M R, Jorg S, Christian J. 1998. AFLP markers tightly linked to the sex locus in *Asparagus officinalis* L. [J]. Molecular Breeding, 4: 91-98.

Takahata Y. 1990. Intergeneric hybridization between *Moricandia arvensis* and *Brassica* A and B genome species by ovaries culture [J]. Theoretical and Applied Genetics, 80 (1): 38-42.

Tang K. 1988. A comparison of ovary ovule and embryo culture in producing hybrids from wide crosses among rapid cycling *Brassica* species and *Raphanus* [J]. Cruciferae Newsletter, 13: 82.

Tanksley S D, Grandillo S, Fulton T M, et al. 1996. Advanced backcross QTL analysis in a cross between an elite processing line of tomato and its wild relative L. pimpinellifolium [J]. Theoretical and Applied Genetics, 92: 213-224.

Thabuis A, Palloix A, Pflieger S, et al. 2003. Comparative mapping of *Phytophthora* resistance loci in pepper germplasm: evidence for conserved resistance loci across Solanaceae and for a large genetic diversity [J]. Theoretical and Applied Genetics, 106 (8): 1473-1485.

Thabuis A, Palloix A, Servin B, et al. 2004. Marker-assisted introgression of 4 *Phytophthora capsici* resistance QTL alleles into a bell pepper line: validation of additive and epistatic effects [J]. Genetics and Breeding, 14 (1): 9-20.

Tohme J, Gonzalez D, Beebe S, et al. 1996. AFLP analysis of gene pools of a wild bean core collection [J]. Crop Science, 36: 1375-1384.

Tu Y Q, Sun J, Liu Y, et al. 2008. Production and characterization of intertribal somatic hybrids of *Raphanus sativus* and *Brassica rapa* with dye and medicinal plant *Isatis indigotica* [J]. Plant Cell Reports, 27: 873-883.

Vos P, Hogers R, Bleeker M, et al. 1995. AFLP: a new technique for DNA fingerprinting [J]. Nucleic Acids Research, 23: 4407-4417.

Wang Z W, Zhang Y J, Xiang C P, et al. 2008. A new fertility restorer locus linked closely to the RFO locus for cytoplasmic male sterility in radish [J]. Theoretical and Applied Genetics, 117 (3): 313-320.

Williams J G K, Kubelik A R, Livak K, et al. 1990. DNA polymorphismamplified by arbitrary primers are useful as genetic markers [J]. Nucleic Acids Research, 18: 6531-6535.

Yamuna G, Sumathi V, Geetha S P, et al. 2007. Cryopreservation of in vitro grown shoots of ginger (*Zingiber officinale* Rosc.) [J]. Cryoletters, 28 (4): 241-252.

Yang X, Quiros C. 1993. Identification and classification of celery cultivars with RAPD markers [J]. Theoretical and Applied Genetic, 86 (2-3): 205-212.

Zhang B X, Huang S W, Yang G M, et al. 2000. Two RAPD markers linked to a major fertility restorer gene in pepper [J]. Euphytica, 113 (2): 155-161.

第三章

蔬菜常规育种

蔬菜常规育种（conventional breeding）的概念是相对现代育种（modern breeding）或生物技术育种（biotech breeding）而言，是建立在经典遗传法则和传统研究方法基础上的几个育种途径，包括选择育种、杂交育种、回交育种、诱变育种和倍性育种等。随着科技发展，常规育种的外延不断扩展，但目前尚不包括生物技术育种。

第一节　引种与选择育种

一、引　　种

引种（crop introduction）是育种途径之一，指从外地区或外国引进新作物、新品种，其引种材料可以是繁殖器官（如种子），也可以是营养器官（如马铃薯的块茎），可以通过简单的试验证明适合本地区栽培后，直接在生产上推广种植，或因有特殊价值而作为育种资源材料。

（一）引种的概念及意义

1. 引种的概念　植物的种类和品种在自然界都有其一定的地区分布范围。人类为了某种需要把植物从其分布区移种到新的地区，叫作植物引种。对直接应用于经济栽培的引种，成功的标准一般应包括：①不需要特殊保护或采取必要的栽培措施，可以正常生长、开花、结实；②保持较好的产量、品质和抗性等经济性状；③能用适当的繁殖方式进行正常的繁殖。

2. 蔬菜引种的意义　世界各国由于地理、气候条件，以及科学技术发展水平的差异，拥有的植物资源各不相同，通过相互引种，可以互通有无，为己所用。近半个世纪，世界各国，尤其是发达国家，为了满足本国植物育种及农业生产发展的需要，普遍加强了国外引种工作。中国也不例外，随着中国农业产业化的发展和对外经济贸易的变化，中国蔬菜品种的出口和国外品种的引入呈逐年上升的趋势。

引种是对异地资源的选择利用，引种工作在整个蔬菜业的发展中占有重要的地位，对解决生产者、消费者对品种的需求来说，常具有简单易行、见效快的特点。中国现有栽培蔬菜（含食用菌和西瓜、甜瓜）至少有 298 种（含亚种、变种），分属于 50 个科。通过引种，中国从国外引进了菜用豌豆、结球甘蓝、花椰菜、洋葱、番茄、辣椒和马铃薯等一大批优良蔬菜品种，或优异种质资源。

（二）引种的基本原理

为了减少盲目性，增加预见性，地理上远距离引种，包括不同地区和国家之间引种，应重视原产地区与引种地区间的生态环境，特别是气候相似性，以免造成生产上的损失。

1. 引种的气候相似性原理 20世纪初，德国人Mayr提出的气候相似论是引种工作中被广泛接受的基本理论之一。该理论的要点是，原产地区与引进地区之间，影响农作物生产的主要因素，应尽可能相似，以保证品种相互引种成功的可能性。例如，美国加利福尼亚的小麦品种引种到希腊比较成功。就中国引种而言，美国的棉花品种和意大利的小麦品种在长江流域或黄河流域比较合适，引种容易成功。当然，像这样的估计只能是大致的分析，有些作物品种并不完全受这些因素约束。而且该理论过于强调温度条件和农作物对环境条件反应不变的一面，而忽视了光、水、气等其他气候条件和作物对环境条件可变的一面。

2. 引种的生态条件和生态型相似性原理 农作物优良品种的形态特征和生物学特性都是自然选择和人工选择的产物，因而它们都适应于一定的自然环境和栽培条件，这些与农作物品种形成及生长发育有密切关系的环境条件则称为生态条件。一般来说，生态条件相似的地区引种是较易成功的。生态条件可以分为若干类生态因子，如气候生态因子、土壤生态因子等，其中气候生态因子是首要的。因此，研究由温度、日照、水分等组成的气候生态因子对生物体的影响是至关重要的。生态型是指同种生物在生态特性上具有某些形态或生理上差异的类型，是生物在不同的自然环境或人为环境的长期影响下，逐步通过变异、遗传和选择的结果。例如，依据大豆品种的生育期（成熟早晚）、结荚习性、种粒大小和化学性质等差异，可分为多种生态型，分别适应一定地区和栽培制度。植物生态型分类，对栽培利用、引种驯化与品种培育等均很重要。

（三）影响引种成功的因素

1. 生态型 掌握所引品种必需的生态条件对引种非常重要，是引种获得成功与否的重要依据。例如，原产山东胶东半岛海洋气候生态型、卵圆形叶球的大白菜品种，引入中国中西部地区较难栽培，而原产华北的大陆性气候生态型及海洋性与大陆性气候交叉影响的交叉气候生态型品种，其特征分别为叶球平头型和直筒型，尤其是直筒麻叶类型的品种，对环境条件的适应性、抗病性强，全国各地均易栽培，高产且优质。

2. 光照 不同作物、不同品种对光照的反应不同，有的对光照长短和强弱反应比较敏感，有的比较迟钝。日照长度因纬度和季节而变化。植物所感受的日照长度比日出和日没为标准的天文日照长度要长一些。光照对引种的影响表现在有些作物一定要经过短日照过程才能满足发育的要求，否则会阻碍其发育的进行，这类作物通常被称为短日照作物，果菜类蔬菜大多属短日照作物，在短日照条件下花芽分化早，节位低。另一类作物一定要经过长日照过程才能开花结实，称长日照作物，如洋葱、甜菜等。但大多数品种对日照长短反应不敏感，在日照长短不同条件下都能开花结实，如番茄的多数品种、茄子等。

日照长短是有些蔬菜种类产品器官发育的主要影响因子。短日照会促进菜用大豆开花结实，北方品种南移，则开花期提早，生长时间缩短，产量降低。洋葱、大蒜要在长日照下才能形成鳞茎，引种以在相近纬度间进行较为稳妥，将高纬度的北方品种南移，则可能迟熟、减产。

3. 温度 各种作物品种对温度的要求不同，同一品种在各个生育期要求的最适温度也不同。一般来说，温度升高能促进生长发育，提早成熟；温度降低，会延迟生育期。但作物的生长和发育是两个不同的概念，生长和发育所需的温度条件是不同的。温度对引种的影响表现在有些作物一定要经过低温过程才能满足其发育条件，否则会阻碍其发育的进行，不能或延迟成熟。一般而言，原产北方的品种耐寒强、抽薹晚，因此长江流域越冬菠菜宜引进东北的品种，种春萝卜用韩国的白玉春表现较好；而原产南方的品种耐热性强，如引进泰国的蕹菜等适宜中国大部分地区夏播。

4. 海拔、栽培水平、土壤 由于海拔每升高100 m，日平均气温要降低0.6℃，因此，原高海拔地区的品种引至低海拔地区，植株比原产地高大；相反，植株比原产地矮小，生育期延长。同一纬度不同海拔高度地区引种要注意温度因子。引入品种的栽培水平、土壤等条件与引入地区相似时，引种容易成功。只考虑品种不考虑栽培水平、土壤等条件往往也会使引种失败，如将高水肥品种引种于贫瘠的土壤栽培，则会导致引种失败。

5. 其他因素　除了上述因素外，还应考虑其他因素对成功引种的影响。如引入品种外观性状与当地消费习惯的一致性。各地对蔬菜产品的形状、颜色有传统的消费需求，所引进的品种其外观特征应符合当地的消费习惯。如番茄有的地方喜欢粉红果，有的要求大红果；茄子有的地方喜食长条形、紫红色的，有的喜食紫黑色或白色、青色的。

坚持先少量引种，试验成功后再示范推广。由于年度间气候有差异，最好将引进的品种进行 2 年以上的栽培试验，以正确判断该品种对本地生态条件的适应性和市场销售的可行性，然后再逐步示范推广。

（四）引种的基本程序与步骤

为确保引种成功，引种时必须按照引种的基本原则，明确引种目标和任务，并按一定的步骤进行。

1. 引种材料的搜集　引种必须有明确而具体的引种目标，究竟要引进什么样的品种（或材料），必须从多方面综合考虑。搜集引种材料时，先要根据引种理论及对本地生态条件的分析，掌握国内外有关品种资源的信息。了解原产地的自然条件、耕作栽培制度及引进品种的选育历史、生态类型、温光反应特性和在当地生产过程中所表现的适应性能，并和引入地的具体条件进行比较，分析其对引入地区能否适应，以及适应程度的大小。在同一地区、同一生态类型中要搜集尽可能多的基因型不同的品种。来自同一地区、属于同一生态类型的不同品种，其适应性和其他遗传性状是有差异的，这样的差异往往是决定引种成败的关键。

2. 引种材料的检疫　引种是病虫害和杂草传播的一个重要途径。在引入育种材料时，很有可能同时带入引入国或引入地区所没有的病虫和杂草，以致后患无穷。为避免引入新的病、虫、杂草，凡引进的植物材料，都要严格检疫。对检疫对象及时用药剂处理，清除杂草。引入后要在检疫圃隔离种植，一旦发现新的病、虫、杂草要彻底清除，以防蔓延。

3. 引种材料的试验鉴定和评价　有关引种的基本理论和规律，只能起到一般性的指导作用，以避免或减小引种工作的盲目性。引进品种能否在引入地区应用，还必须通过试验才能决定。只有对引入品种进行试验鉴定后，了解该品种的生长发育特性，对其实用价值做出正确的判断后，才能决定推广，不可盲目利用。其试验程序主要有：

（1）观察试验　对初引进的品种，特别是从生态环境差异大的地区和国外引进的品种必须先小面积试种观察，初步鉴定其对当地生态条件的适应性。开始时引种的品种数目可以多一些，每一品种的种子量较少，故小区面积小，不设重复。对引进的材料，只能鉴定对当地条件的适应性和显而易见的经济性状，至于各个材料是否比当地良种增产，以及能否直接利用等关键问题，还需进一步进行品种比较试验或生产试验。

（2）品种比较试验和区域试验　将观察试验中表现优良的引进品种进行小区面积较大的、有重复的品种比较试验，以做出更精确的比较鉴定，再选择其中个别表现优异的品种参加区域试验，以确定其适应的地区和范围。引进品种进入该阶段的试验时，与用其他方法选育的新品种处于同等地位，以后生产示范、繁殖、推广也是一样。

（3）栽培试验　对已确定的引入品种要进行栽培试验，以摸清品种特性，制定适宜的栽培制度，发挥引进品种的生产潜力，以达到高产、优质的目的。

二、选择育种

（一）选择育种的概念

是指利用现有品种或类型中的变异，通过选择、淘汰的手段育成新品种的方法，是一种改良现有品种和创造新品种的简便而有效的育种途径。选择育种又称为系统育种，对典型的自花授粉作物又可称为纯系育种。选择育种的要点是根据既定的育种目标，从现有品种群体中选择优良个体，实现优中选优和连续选优。这是农作物育种中最基本、简易、快速而有效的方法。

（二）选择育种的基本原理

1. 品种自然变异现象和纯系学说 任何一个品种在最初推广种植时，品种群体内个体所表现的生物学性状和经济性状，如株型、抗性等，都表现整齐一致性，并在一定时间内保存下去，这是品种的稳定性。但是，品种推广利用多年后，品种群体内常会出现遗传变异，导致出现一些新的类型，即自然变异。因此，品种的稳定性是相对的，而变异是绝对的。

丹麦植物学家Johannsen从1901年开始，对自花授粉作物菜豆品种公主的籽粒大小、轻重进行了连续6年的选择试验，根据试验结果他于1903年提出了"纯系学说"。其主要论点是：

（1）在自花授粉植物原始品种群体内，通过单株选择，可以分离出一些不同的纯系。表明原始品种是纯系的混合物，可通过选择把它们的不同基因型从群体中分离出来，这样的选择是有效的。所谓纯系是指自花授粉植物一个纯合体自交产生的后代，即同一基因型组成的个体群。

（2）在同一纯系内继续选择是无效的。因为同一纯系的不同个体的基因型是相同的，它们之间的差异由环境所引起，这种变异只影响了当代个体的体细胞，并不影响生殖细胞，所以是不能遗传的。

纯系学说长期以来被认为是引导自花授粉植物纯系育种法的理论基础之一。Johannsen把变异分为可遗传的变异和不可遗传的变异（即环境引起的变异），在育种工作中，通过后代鉴定，选择可遗传的变异。这些结论无疑是正确的，不但对于自花授粉和常异花授粉植物的纯系育种具有指导意义，而且对于异花授粉植物的自交系选育也具有指导意义。但纯系学说也存在一定的局限性，纯系只是相对的，没有绝对的纯系。由于基因突变、自然异交产生基因重组以及环境条件引起的微小变异逐步发展成为显著变异等原因，都可以造成纯系不纯。一旦有可遗传的变异出现，就可以从中进行有效的选择。

2. 品种自然变异产生的原因 植物品种群体内出现自然变异的原因主要有以下几个方面：

（1）自然异交引起的基因重组 无论是异花授粉作物、常异花授粉作物，还是自花授粉作物，在种植过程中都有不同程度的异交现象。一个品种与不同基因型的品种或类型互交后，必然引起基因重组，而出现可遗传的变异。

（2）自然变异 品种在种植和繁殖过程中，由于自然条件的作用和栽培条件的影响，会发生基因突变，在某些基因位点上发生一系列变异，或者染色体畸变，使品种群体内出现新的类型。以上发生的突变只要有利用价值，就应注意加以选择利用。

（3）由于品种自身剩余变异的存在造成的变异 有些品种在开始推广时，有的性状尤其是数量性状的遗传基础本未达到真正纯合的程度，在田间种植时就会出现分离现象，在田间一旦发现有价值的变异，就应注意研究利用。

（三）蔬菜作物选择育种的程序

选择育种从选择优良单株开始，到育成新品种的过程，是由一系列的选择、淘汰、鉴定工作组成的，这些工作的先后顺序称之为选种程序。无论采用哪一种选种方法，都必须对植株进行选择。对植株的鉴定选择是否准确，是整个选择育种工作的关键。

应用于不同蔬菜作物和不同供选材料的选择方法虽然有很多，但是它们都是由两种基本选择法衍生出来的，这两种基本选择法就是混合选择和单株选择。

1. 混合选择 混合选择法就是根据植株的表型性状，从混杂的原始群体中选取符合选种目标要求的优良单株、单果或单荚，混合留种，下一代播种在混选区内，与标准品种和原始群体的小区相邻栽种，进行比较鉴定，所以混合选择法又可以称为表型选择法。这样的工作过程根据其选择的次数，可以分为一次混合选择法和多次混合选择法。其基本工作环节如下：

（1）混合选择　在原始品种群体中，按照育种目标将符合要求的优良变异个体选出，经室内复选，淘汰其中一些不合格的，然后将选留的个体混合脱粒，以供比较试验。

（2）比较试验　将入选的优良个体混合脱粒的种子与原始品种分别种植于相邻的小区，通过试验比较鉴定是否比原品种优越。

（3）繁殖推广　如混选群体在产量或其他某一二个性状上显著优于原品种，即可进行繁殖，在原品种推广地区进行推广应用。

2. 单株选择　单株选择法是从原始群体中选出一些优良单株，分别编号，分别采种，各株的种子不混合，下一代每个株系播种1个小区，根据各株系的表现，鉴定各亲本单株遗传性优劣。所以单株选择法又可称为系谱选择法或基因型选择法。在这一过程中，依据单株选择和播种的次数，可以分为一次单株选择法和多次单株选择法。其主要工作环节如下：

（1）选择优良变异植株　在种植原始品种群体的地块中，根据育种目标选择优良变异单株，收获后经室内复选，淘汰性状表现不好的单株，选留的单株分别脱粒留种，并加以编号，将其特点记录在案，以备对其后代进行检验。

（2）株行试验　将上年当选的各单株的种子分别种植成株行，也称为株系或系统。每隔9个或19个株行设置对照行，种植原始品种或已推广的良种。单株后代鉴定是系统育种的关键环节，应在目标性状表现明显的各生育期进行仔细观察鉴定，严格选优。如果入选的株行在目标性状上表现整齐一致，则可作为品系，参加下年的品系比较试验。对个别表现优异但尚有分离的株系，可继续选株，下一年仍参加株行试验。

（3）品系比较试验　上年各入选品系分别按小区种植，并设置重复，以提高试验的精确性。试验多采用随机区组设计，品系多时也可采用顺序排列设计，每重复设一对照小区，种植标准品种，以供比较。

（4）区域试验和生产试验　新育成的品系需要参加区域试验，以确定其适应性和适宜推广的地区；同时进行生产试验，对其在大面积生产条件下的表现进行更为客观的鉴定。经上述试验表现优异，经审定合格后推广。

（四）有性繁殖蔬菜作物的选择育种

有性繁殖蔬菜作物主要包括自花授粉蔬菜、常异花授粉蔬菜和异花授粉蔬菜作物。它们的选育方法如下：

1. 自花授粉蔬菜的选择方法　自花授粉蔬菜作物如大多数的豆类、茄果类、莴苣等，由于自交导致基因型趋于纯合，所以自花授粉蔬菜品种内各个体大多是基因型纯合的，它们的遗传性比较稳定，后代和亲代相似程度较大。因此，无论采用单株选择法还是混合选择法，往往连续多次选择效果并不显著，通常只进行一两次选择即可。自花授粉的蔬菜作物在选择过程中，各株系小区间不用隔离，也不存在自交生活力衰退问题，因此，通常都采用单株选择来提高选择效果。只有在结合生产进行品种纯化时，每年为了获得大量生产用种子，才采用混合选择法。

2. 常异花授粉蔬菜的选择方法　常异花授粉（也叫常异交）蔬菜作物如辣椒、蚕豆等，在一般栽培条件下，会发生一定的天然异花授粉，在其品种群体中就常常有一定数量的异交性个体。由于异交率比较低，因而在选育新品种时，也常采用单株选择法或母系选择法，但单株选择的次数要多一些。在品种纯化时，根据种子繁殖系数的大小和生产对品种需要的缓急，可采用多次单株选择法或多次混合选择法。

3. 异花授粉蔬菜作物的选择方法　异花授粉蔬菜作物通常可分为4类：第1类是雌雄异株的蔬

菜，如菠菜、芦笋等，一般只进行异花授粉；第 2 类是雌雄同株异花的蔬菜，如黄瓜、南瓜等，一般只能进行异花授粉，但有时也能进行同株异花授粉；第 3 类是雌雄同花但自交结实率较低的异花授粉蔬菜，如甘蓝、白菜、萝卜等；第 4 类是雌雄同花易进行同株授粉的异花授粉蔬菜，如大葱、洋葱等。这 4 类蔬菜作物，虽然授粉习性稍有不同，但既然都是异花授粉作物，因而在其品种群体中，各个体大都是杂合的，亲本与后代之间以及同一亲本的后代各个体之间的性状也都差异较大、变异较多，所以采用的选择方法也就基本相似。一般在采用混合选择或单株选择时都需要进行多次选择，才能获得比较一致的系统。可是由于多次混合选择虽后代生活力不易衰退，但选择效果不高；而多次单株选择则存在由于强制自交易导致后代生活力衰退，自交可能不亲和，以及隔离等措施较麻烦等缺点。因此，异花授粉蔬菜常采用一些从这两种基本选择法衍生出来的选择法。

（1）*单株-混合选择法* 这是把单株选择和混合选择结合起来的一种选种方法。其选种程序是先进行一次单株选择，在株系比较圃内先淘汰不良株系，再在选留的株系内淘汰不良植株，然后使选留的植株自由授粉，混合采种，以后再进行一代或多代混合选择。

（2）*混合-单株选择法* 就是先进行几代混合选择之后，再进行一次单株选择。即后代按一次单株选择程序进行，株系间要隔离，株系内去杂去劣后任其自由授粉混合留种。

（3）*母系选择法* 母系选择法的选种程序和自花授粉作物的多次单株选择法完全相同。由于对所选的植株不进行防止异花授粉的隔离，所以又称为无隔离系谱选择法。另外，由于本身是异花授粉作物而又不进行隔离，选择只是根据母本的性状进行的，对花粉来源未加选择控制，所以名为母系选择法。这种选择法的优点就是无需隔离，较为简便，且生活力不易衰退；缺点是选优选纯的速度较慢。常用于甘蓝、黄瓜等异花授粉蔬菜。

（4）*亲系选择法* 亲系选择法的选种程序与多次单株选择法相似，差别主要在于亲系选择法不在系统比较试验圃里留种，而在另设的留种区内留种。每一代每一当选单株的种子分成两份，一份用于播种系统比较试验圃，另一份用于播种留种区。在系统比较试验圃内各系统间不进行隔离，以便于较客观、较精确地比较；在留种区内各系统间要进行隔离，以防系统间相互杂交。根据比较试验圃的鉴定结果，在留种区各相应系统内选株留种，下一年继续按此程序进行。这种方法主要是为了在同一圃地内，既要进行系统间比较，又要解决隔离留种的困难，避免留种影响试验结果的可靠性或精确程度。这种方法适用于一二年生异花授粉蔬菜，如白菜、甘蓝、胡萝卜等。因为它们的经济性状表现在营养生长期，与采种繁殖期本来就是分开的。每一植株或株系的种子无需分成两份，可以全用于播种系统比较圃，但需根据比较结果把选留株系的根株储藏或保护过冬，用于栽植于第二年春的采种圃。

（5）*剩余种子法（半分法）* 这种选择方法是先从原始群体中进行单株选择，将每一入选单株种子分为两份，一份种子播种于系统比较圃内的不同小区；另一份种子则分别包装，编上和系统比较圃内各株系相应的号码，储存在种子柜中。在系统比较圃内，选出的株系并不留种，下一年或下一代播种当选系统的种子，是用种子柜中原先存放的编号相同的另一份种子。

（6）*集团选择法* 是介于单株选择和混合选择之间的一种选择方法。它的选种程序是从自然的原始群体内根据不同的特性特征选出优良单株，把性状相似的优良单株归并到一起，形成几个集团。组成同一集团的优良单株混合采种，将不同集团收获的种子分别播种在一个小区内，以便集团间和标准品种间进行比较鉴定，从而选出优良集团，淘汰不良集团。在选择过程中要使集团内自由授粉，而集团间要防止杂交。当选集团在下一代继续进行比较试验时，仍同上法使集团内自由授粉，集团间隔离采种，直到选出新品种。

（五）无性繁殖蔬菜作物的选择育种

无性繁殖蔬菜在栽培蔬菜中占有相当重要的地位。利用无性繁殖植物的营养器官繁殖产生的后代群体，亦称无性系。无性系与有性繁殖群体相比，具有一些不同的特点，如从群体而言，无性系内个体间基因型具有一致性，但就个体而言，无性系的遗传基础又具有高度的杂合性。

马铃薯、大蒜等蔬菜在生产中多采用无性繁殖。在无性繁殖过程中虽前后代和个体间很相似，少变异，但并不是绝对不发生变异的，只是出现变异的频率很低。因此，在无性繁殖系内也存在着可供选择的变异类型，特别是那些已经多代繁殖而从来没有进行过选择的品种。另外，有些蔬菜种类在生产中虽是无性繁殖，但是也能开花结籽，或经某些处理后也能开花结籽，如马铃薯等。这些蔬菜可以利用它们有性后代的分离变异进行选择。通常用于无性繁殖蔬菜的选择方法有以下几种。

1. 营养系混合选择法　营养系混合选择法的程序与前述有性繁殖蔬菜的混合选择法相同，差别只是每一代用于繁殖下一代的不是种子，而是无性繁殖器官，如块茎、鳞茎等。

2. 营养系单株选择法　营养系单株选择法与前述有性繁殖蔬菜的单株选择法相似，差别也只是所用的播种繁殖材料为无性繁殖器官。但是用于无性繁殖蔬菜的单株选择一般都为一次单株选择。因为从原始群体内选出的各株虽可能有基因型的差异，但由每一单株繁殖成的一个营养株系内各株的基因型通常都是相同的。因此，继续在这些营养株系内选择是无效的。

3. 有性后代单株选择法　有性后代单株选择法可用于结种子的无性繁殖蔬菜。种子可以通过自交，也可以通过杂交获得。由于一般的无性繁殖蔬菜品种的基因型是杂合的，所以即使是自交的后代，也有复杂的性状分离可供选择。选种程序是先使供选材料开花结籽，用这些种子种植一个实生选种圃，如果供选材料只是一个品种或一个杂交组合，则可以不分区。从实生选种圃内选择若干优良植株，分别收获它们的无性繁殖器官，分别编号成为一个无性株系。下一代每一营养株系播种一小区进行比较鉴定，以后的工作程序和一次单株选择法相同。

第二节　有性杂交育种

现代蔬菜作物育种途径很多，如引种、选择育种、杂交育种、诱变育种、倍性育种、生物技术育种等，其中，最有成效的育种途径是杂交育种（cross breeding)。杂交育种是用不同基因型的育种材料杂交，以组合新的基因型，实现组合优良目标性状或创造新的目标性状而选育新品种的育种方法。根据亲本亲缘关系不同，杂交可分为种内品种或变种间、属内种间、科内属间或亲缘关系更远的亲本间的杂交。一般意义上的杂交育种亦称常规杂交育种（conventional cross breeding）或组合育种（assembled breeding)，是指不存在杂交障碍的同一物种内品种或变种间杂交，而把种间、属间等亲缘关系较远的亲本间的杂交称为远缘杂交（distant hybridization)。

一、杂交育种的意义和特点

（一）杂交育种的遗传学意义

杂交是种质资源创新的有效手段。通过杂交，产生大量变异类型，使分散在不同亲本中控制不同有利性状的基因重新组合在一起，获得兼顾不同亲本优点的后代种质材料。

杂交是研究遗传理论的重要方法之一。从孟德尔（G. J. Mendel）的豌豆杂交试验导致分离定律和独立分配定律的发现、香豌豆杂交试验中发现连锁遗传现象、紫茉莉杂交试验中发现细胞质遗传，到现代的数量性状基因座（quantitative trait locus，QTL）分析，几乎都依赖于杂交的手段。

杂交是生物进化的重要方式。自然界不同植物之间的天然杂交产生了植物多样性，通过自然选择向着适应自然的方向进化。人工杂交则加速了物种间的基因交流。

采用理化因素诱变、染色体倍性操作、现代生物技术等手段处理育种的原始材料，仅仅使原始材料的遗传物质发生了变异，其直接产品往往仍是育种的原始材料，需要通过常规育种途径，尤其是通过杂交育种途径，进一步修饰改良或进一步杂交重组，通过基因效应的累加，从后代中选出受微效多基因控制的某些数量性状超过亲本的个体，通过非等位基因之间的互补产生不同于双亲的新的优良性状，从而选育出符合要求的新品种。

杂交育种能实现多目标性状的遗传改良。系统育种利用的是自然变异，诱变育种利用的是理化因素诱导的人工变异，它们的共同点是有利变异出现的频率低，往往用于单一性状的改良。倍性育种采用染色体组增加或减少的方式，其中，多倍体育种在引入有利性状的同时，也不可避免引入了大量的不利性状，增加了多目标性状改良的困难性。现代生物技术虽然可以直接导入有利基因，但在目前技术条件下，还难以同时导入大量的处于不同座位的有利基因且成本过高。许多已育成的具有综合优良性状的蔬菜新品种育种实践表明，只有杂交育种能够同时经济、有效地改良多个性状，将分散在2个或2个以上亲本中的有利基因，通过杂交重组，使之聚合在同一遗传背景中，从而实现多目标性状的遗传改良。

（二）蔬菜作物杂交育种的特点

1. 育种目标的多样性 与大田作物相比，蔬菜作物通常更易受生态环境、经济目的、消费习惯、采收灵活、贮存困难及供应方式的影响，这些决定了它们育种目标的多样性。如黄瓜除了选育适宜露地栽培的品种外，还需选育适合设施内栽培的抗病、耐低温、耐盐的专用品种，以及鲜食与腌渍的品种；番茄鲜食、制汁、制酱的品种，黄皮、粉红、大红色的品种；各种蔬菜错开供应季节极早熟与极晚熟的品种，耐贮运品种；大白菜早春栽培的品种等。

2. 不同的杂交方式、类型，后代分离程度不同 如多目标性状的聚合杂交，其后代中产生新的基因类型多于单交的；远缘杂交的后代多于种内杂交的。

3. 授粉方式多种多样 蔬菜作物的授粉方式有自花、常异花和异花授粉等。常异花授粉特别是异花授粉蔬菜作物容易天然杂交，种性保持困难，因此育种过程中需要注意隔离；而自花授粉蔬菜在配制一代杂种时，要及时去雄，以防自交。由于许多蔬菜是连续开花、连续坐果作物，配制杂种前后都需要一段时间的去杂（如摘除已开放的花或已坐的幼果）。

4. 采种方法和采种技术的特殊性 蔬菜作物种类、品种多，防杂保纯难，种株的生长发育规律、花芽分化进程、授粉方式以及栽培管理技术措施与以鲜嫩器官为产品的蔬菜商品生产在方法和技术上有明显区别。例如白菜、萝卜的采种方法可分为大株、小株、半成株采种法。此外，同一种类不同品种完成花芽分化、通过春化和光照阶段所要求的外界条件及植株形态指标各异，形成了蔬菜种子生产方法和技术措施的复杂性。

二、杂交亲本的选择和选配

（一）杂交亲本的选择

1. 亲本选择的意义 亲本选择是指根据育种目标，选用具有优良性状的品种类型或种质材料作为杂交亲本。因选用的亲本是杂种后代目标性状形成的基础，所以亲本选用得当与否直接影响到杂交育种的效果。如果亲本选择选配得当，在杂交后代中就能获得符合育种目标的类型，进而选育出优良品种；亲本选择选配不当则往往育种效率低下，事倍功半，不能实现预期目标。因此，必须认真选择最符合育种目标要求的原始材料作亲本。

2. 亲本选择的原则

（1）明确目标性状、广泛搜集资源、精选父本母本 要根据蔬菜生产上需要解决的问题，确定选育目标，分清主次，突出重点。如早春大白菜栽培中常出现低温抽薹问题，因此春大白菜育种可以以低温不易抽薹为主要选择目标，产量性状次之；不易先期抽薹但产量较低比易先期抽薹但产量较高的材料更适合作亲本。当然在对当选亲本目标性状有较高水平要求的同时，必要性状也要求不低于一般水平。如在辣椒高维生素C含量等优质育种时，高维生素C含量等是目标性状，亲本之一应该维生素C含量高，但产量、早熟性、果形等必要性状不能低于一般水平。

目标性状一定要具体，一般不宜为复合性状，否则缺乏可操作性，即要明确目标性状的构成性状。许多产量、品质等经济性状都可以分解成许多更简单的构成性状。如温室型黄瓜的前期产量是由第1朵雌花开放时间、单株雌花数、坐瓜率和单瓜重等性状构成的。在抗病育种中，抗性是个复合性状，要明确究竟抗哪些病害，哪些生理小种？是主抗还是兼抗？期望达到的抗病水平（病情指数）如何等。

尽可能多地搜集资源，才能更容易从中精选出符合育种目标性状的材料作亲本。如果符合目标的材料很多，则应选用优良性状多的种质材料作亲本，优中选优，适当控制试验规模，否则没有足够的人力、物力和财力去实施。

（2）*重视地方品种的选用*　地方品种是长期自然选择和人工选择的产物，对当地的自然条件和栽培条件都有良好的适应性，也适合当地的消费习惯。用它们做亲本选育的品种将具有较强的生态适应性，且容易推广。因为很多蔬菜产品受欢迎的程度与当地的消费习惯有很大的关系。如山西偏爱大红番茄，北京喜欢粉红番茄；山东喜爱叠抱型大白菜，天津则喜食长筒型绿色的大白菜等。

（3）*优先考虑具稀有性状材料的利用*　具有珍稀可贵性状的种质资源不易获得，但往往育种价值极高。如雌雄同株黄瓜很普遍，但全雌性株极少，利用全雌性配制黄瓜杂种一代，可使一代纯度达100%；全株紫色的辣椒具有耐高温、果实维生素C含量高及紫色可作为苗期标记等优点，在辣椒抗性和品质育种时可优先考虑紫色性状。

（4）*用一般配合力高的材料作亲本*　一般配合力是指某一亲本品种或品系与其他品种或品系杂交的全部组合的某一性状的平均表现，它决定于可以遗传的加性效应。亲本自身性状的优劣可以在杂交之前预先鉴定，而配合力的高低只有通过测配杂交组合，根据后代的表现才能知道。在育种实践中，可以预先做些观察性试验或借鉴前人的经验，了解类似品种的配合力情况。

（二）杂交亲本的选配

1. 亲本选配的意义　亲本选配就是根据育种目标，从入选的带有不同有利基因的亲本中，选用适宜的父本、母本进行配组杂交，从而为杂交后代提供恰当而广泛的遗传基础，创造出更多的选择机会，为杂交育种的成功准备了必要的条件。多亲杂交时，应确定采取合成杂交还是添加杂交。合成杂交时，应确定哪两个亲本先配成单交种，然后再用它们配组杂交。添加杂交时，需确定各亲本的交配顺序。亲本选配得当，可以提高育种效率。

2. 亲本选配的原则

（1）*互补原则*　父、母本性状互补，是建立在基因重组基础上的亲本选配的一条基本原则。性状互补是指父本或母本的缺点能被另一方的优点弥补。一般在配组双亲自身综合性状优良的前提下，至少其一方还应有突出的优点，且遗传力强，缺点少且易克服；双亲之间，可以有共同的优点，且越多越好，但不能有共同的缺点，特别是难以改进的缺点。为了使胞质基因控制的有用性状也得到充分利用，一般应以具有较多优良性状的亲本作母本，只具少数特殊优良性状的材料作父本。在实际育种工作中，用栽培品种与野生类型杂交时，一般用栽培品种作母本；外地品种与本地品种杂交时，一般用本地品种作母本。如果两个亲本的花期不遇，则用开花晚的材料作母本，开花早的材料作父本。因为花粉可在适当的条件下贮藏一段时间，等到晚开花亲本开花后授粉。而雌蕊是无法贮藏的。

性状互补还包括同一性状不同构成性状的互补。例如甜瓜的早熟性状，一些品种主要是由于第1雌花出现的节位低，另一些是由于果实膨大快。如果将这两类具有不同早熟构成性状的亲本配组杂交，很有可能出现早熟性超亲的后代。

亲本性状互补，后代并非完全表现优亲的性状。数量性状，杂种往往难以超过大值亲本（优亲），甚至连中亲值都达不到。典型的例子是番茄的果重遗传，杂种一代的果实重量多接近于双亲的几何平均值，而不是其算术平均值，即一代杂种的果实大小偏向于小的亲本。因此要选育出大果番茄品种，必须避免选用小果亲本。

（2）适应性原则 亲本中至少有一方能适应当地生态环境，且综合性状较好。适应性亲本可以是当地推广品种，也可以是生态环境与当地相似的外地品种。例如，欲选育适宜黄淮一带夏秋露地栽培的黄瓜新品种，可选用华南系统型黄瓜作为亲本材料之一；欲选育适宜冬春保护地栽培的专用品种，则可选用华北系统型黄瓜作亲本材料。

适应性原则反映了基因型与环境相互协调的关系，是生态环境和社会生产要求及条件在品种选择上的统一。

（3）生态差异原则 选用不同生态型的亲本配组，更容易在分离后代中选出符合育种目标的重组个体，更容易使新育成的品种扩大生态适应范围。20世纪80年代前后，中国在甜瓜育种中利用大陆性气候生态群和东亚生态群的品种间杂交育成了一批优质、高产、抗病、适应性广的新品种，使厚皮甜瓜的栽培区由传统的大西北东移至华北、华东各地。另外，生态差异原则除了指选用不同生态型的亲本配组外，还包含在具体选育过程中对后代材料进行不同年份、不同季节（如夏季与冬季）、不同种植方式（如露地与温室）的穿梭选择。

（4）遗传差异原则 亲本间必须保持一定的遗传性差异，特别在经济性状方面。在一定的范围内，亲本间的遗传差异越大，后代中分离出的不同类型越多，选出理想类型的机会越大。反之，亲本间无遗传性差异，便不会发生遗传互补，更不会产生超亲的新品种。

遗传差异也不是越大越好，育种实践和遗传分析表明，多数情况下优良后代产生在遗传差异中等或中等偏上的双亲之间。可用二次曲线描述杂种后代反应量与遗传差异间的关系，在遗传差异达到适宜量以前，优良杂种后代出现的频率随着遗传差异的增加而增加，超过适宜量后，则随之减少。

（5）配合力原则 配合力（combining ability）是亲本影响杂种或杂种后代的能力，分为一般配合力（general combining ability）和特殊配合力（special combining ability）。一般配合力指一个亲本在一系列杂交组合中的平均表现，即：

$$g_i=\overline{y}_i-\mu_y$$

式中：g_i 是亲本 i（$i=1, 2, \cdots, p$）的一般配合力；$\overline{y}_i$ 是以亲本 i 为共同亲本的一套杂交组合的平均值；μ_y 是所有组合的总平均值。

亲本 i 和 j（$i\neq j$）杂交组合的期望值 $E(y_{ij})$ 可表示为：

$$E(y_{ij})=\mu_y+g_i+g_j$$

杂交组合中双亲的特殊配合力（S_{ij}）定义为该组合实际观察值（y_{ij}）与根据双亲一般配合力估算的期望值 $E(y_{ij})$ 之间的离差，即：

$$S_{ij}=y_{ij}-E(y_{ij})$$

$$y_{ij}=S_{ij}+\mu_y+g_i+g_j$$

亲本选配的配合力原则就是选择一般配合力高的亲本。

以上只是亲本选配的一般指导原则。由于中国栽培的蔬菜种类多，性状种类多，至今仍有很多性状的遗传规律尚不清楚。因此，只能通过广泛地配制杂交组合，来增加选出优良组合植株的机会。

需要指出的是，优良品种和优良亲本是不同的概念。优良品种针对其当代自身表现而言，优良亲本是就亲本对后代的影响而言。一个优良亲本，其配合力高，而且自身综合性状也优良。好品种不一定是个好亲本，好亲本也不一定是个好品种，但最好同时都是。

三、杂交技术与杂交方式

（一）杂交技术

蔬菜种类繁多，花器结构、雌雄蕊成熟进程、开花习性、传粉媒介、授粉方式因蔬菜种类而有较大的差异。因此，这里主要介绍共性的杂交技术环节。

1. 杂交前的准备

（1）杂交计划制定　在充分掌握育种材料的开花、授粉习性的基础上，按照育种计划要求，考虑需要培育的杂种株数以及是否进行正、反交等，制订详细的杂交工作计划，包括杂交组合数、具体的杂交组合、每个杂交组合杂交的株数和每株杂交的花数等。

（2）杂交工具准备　在正式授粉之前，一般应预先准备好必需的器具，包括记录本、标签牌、铅笔等记录用具；酒精棉球等消毒用具；硫酸纸袋等隔离用具；镊子（除徒手去雄或雄性不育外）、授粉棒（可自行制备，如橡皮头、泡沫塑料头、毛笔，以及解剖针、注射针头、羽翼管）等授粉用具。

2. 亲本株的培育与花期调节　配组的父、母本选定后，应适期播种，用优良的栽培条件和管理技术，使亲本植株发育健壮，以保证有足够的杂交用花量及花粉量，并能获得充实饱满的杂交种子。如果亲本植株生长瘦弱，营养不良，会导致柱头接受花粉能力的减弱以及父本花粉生活力的下降，影响授粉受精，进而影响杂交种子的发育，甚至得不到杂交种子。在种株的培育过程中，除了要注意肥水管理、防虫防病外，还应注意父、母本花期的调节，以确保主要花期相遇。

确保主要花期相遇的常用措施：

（1）错期播种　总的思路是把晚开花的亲本早播或把早开花的亲本晚播。提前或推后播种的天数根据父、母本开花期相差的天数而定。一般情况下，春季父、母本播期相差的天数应大于开花期相差的天数，因为温度较低，先播的亲本前期生育进程慢，夏秋季则相反。也可将母本按正常时期播种，父本分期播种，保证使其中的一期与母本花期相遇。如果用日光温室（塑料大棚）在冬季对亲本进行育苗，一个有效的办法是错期催芽，即将母本种子进行恒温催芽后播种，而同时父本种子不催芽直接播种。

（2）植株调整　对于开花过早的亲本，可尽早摘除花蕾或花枝，摘心换头，同时增施速效氮肥，促进营养生长，侧枝萌生，延迟后续花的开放，以达到调节花期的目的。

（3）温光处理　很多蔬菜作物的开花与温度和光照有关。一般来说，短日照促进短日性蔬菜，如瓜类、豆类（除蚕豆及部分豌豆）等的花芽形成；低温和短日照显著促进黄瓜和瓠瓜等瓜类蔬菜的雌花形成，反之，高温和长日照促进雄花形成；低温和较长日照促进一二年生蔬菜（如白菜类、甘蓝类、芥菜类、根菜类，以及绿叶菜类中的菠菜、茼蒿、莴苣和豆类中的蚕豆及部分豌豆等）的花芽分化和抽薹开花。形成花芽后的植株置于高温下可促进抽薹开花，低温下延迟开花。具体实践中，可通过保护栽培下的加温、放风、遮阳等措施，分别对父、母本施以不同的光温处理，来控制温度和光照长度。

（4）植物生长调节剂使用　植物生长调节剂可改善植物营养生长和生殖生长的平衡关系，起到调节花期的效果。如黄瓜幼苗在二叶一心期前后用 100 μL/L 乙烯利处理可促进雌花形成；在诱导开花的低温期用 10 mg/L 邻氯苯氧丙酸（CIPP）处理甘蓝、芹菜可延迟抽薹。但如果花芽形成后处理反而会促进抽薹开花。

（5）采用适当的栽培管理措施　通过对父、母本水肥等差别管理，可在一定程度上改变花期，如控制不同的氮、磷、钾施用量与比例、灌水次数与灌水量及地膜覆盖与否等。一般来说，增施氮肥可延迟开花，增施磷肥、钾肥及补充 CO_2 可促进开花；伤根或深中耕也有提早开花的作用；水生蔬菜可采取水促旱控的方法进行调节。

此外，由于种子质量在植株上的差异是客观存在的，并具有一定的“层性”现象，因此，在杂交前还要选择“优势”部位健壮的花枝、饱满的花蕾，以保证杂交种子充实饱满。十字花科蔬菜应选主轴枝和一级侧枝偏上部的花朵杂交，因为它们的果实和种子的成熟顺序是从中央主轴枝先熟，然后是第1、第2、第3级分枝依次成熟，每一分枝按自上而下的顺序成熟。同理，豆类蔬菜果实和种子的成熟顺序是从主干到分枝逐渐成熟的，每一分枝或每一花序是从基部开始依次向上成熟，因此选主干和一级分枝偏下部的花朵杂交。葫芦科蔬菜以第2～3朵雌花杂交，百合科以上、中部花杂交为宜。番茄以第2、第3花序上的第1～3朵花，茄子以对茄和四门斗花杂交较好，胡萝卜则宜选择上层花序的主盘和3个一级侧盘的花。

3. 隔离和去雄

（1）*隔离*（isolation） 隔离的目的是防止隔离范围外非目的花粉的混入。隔离的方法大致可分为器械隔离、空间隔离和时间隔离3大类。器械隔离是利用设施或器具如纱网、温室、塑料棚、纸袋、纸筒、塑料夹等进行隔离的方法，这是育种家种子或原种种子生产的主要方法。育种操作时，对于花器小的蔬菜作物，母本在开花前及授粉后进行套袋隔离，父本在开花前1 d直至采粉结束，实行套袋授粉；对于花器大的，可用塑料夹或大纸袋进行隔离；花枝太纤细的材料，如苦瓜等最好用网室隔离。此外，对于白菜、甘蓝等总状花序的蔬菜用纸袋隔离时，应随花序的生长，将纸袋往上拉动数次，以防花序顶破纸袋，达不到隔离的目的。空间隔离一般用于亲本繁殖和杂交种子生产，包括自然屏障隔离（利用山岭、村庄、房屋、成片树林等自然障碍物进行隔离）和高秆作物隔离（在一定范围内种植玉米、高粱、麻类等与亲本完全不亲和高秆作物）。时间隔离除了在温室内回交加代外，一般很少采用，因为时间隔离与花期相遇是一对矛盾。

（2）*去雄*（emasculation） 去雄是除去隔离范围内的花粉来源。广义的去雄包括拔除雌雄异株蔬菜的雄株、摘除雌雄同株蔬菜的雄花及去除两性花蔬菜的雄蕊。狭义的去雄是指除去两性花的雄蕊或杀死其花粉。对于两性花，除严格自交不亲和及雄性不育材料外，在花药开裂前必须去雄。去雄时间因植物种类而异，一般都在开花前1～2 d去雄（除菜豆和豌豆等闭花受精蔬菜作物应在开花前3～5 d去雄外）。去雄的方法很多，如人工去雄、温汤杀雄及化学杀雄等，其中以人工去雄为主。一般用镊子先将花瓣或花冠苞片剥开，然后用镊子将花丝（雄蕊）夹断去掉。操作熟练者对某些蔬菜作物可用徒手去雄法，简便快捷。如辣椒去雄时，用左（右）手拇指和食指捏住母本花萼，右（左）手捏住花瓣轻松一拧（以花柱为轴）、再一拔，即可将花瓣和雄蕊去掉，只留下雌蕊柱头。在去雄操作中，不能损伤子房、花柱和柱头，不能弄破花药或有所遗漏，必须彻底。如果连续给两个以上材料进行去雄，对下一个材料操作前，手及所有用具都必须用70%酒精进行消毒处理。

4. 花粉制备与授粉

（1）*花粉制备* 选择性状典型的父本种株，在授粉前一天或当天早晨摘取次日或当天即将开放的花蕾，取出花药置于培养皿内，在室温和干燥条件下，使花药自然开裂，散出花粉。收集花粉，贴好标签，放在适宜条件下（如0～5 ℃低温、干燥）贮藏备用。不同蔬菜的花粉寿命不同。多数蔬菜，如萝卜、番茄、辣椒花粉在自然条件下可保持3 d的生活力；黄瓜花粉在自然条件下4～5 h后便丧失生活力。一般情况下，使用贮藏48 h以内、高生活力花粉进行杂交授粉。如遇连续阴雨天或父本花粉不足时，可使用经长期贮藏或从外地寄入的花粉，但在杂交前应先检验花粉的生活力。检验花粉生活力的方法主要有形态检验法、化学试剂染色检验法和培养基发芽检验法等。

（2）*授粉* 是将父本花粉传播到母本柱头上的操作过程。少量授粉可直接用正在散粉的父本雄蕊触抹母本柱头，或用解剖针挑取花粉涂抹到母本柱头上，也可用注射针头挑取花粉于其凹槽中，然后用柱头蘸抹。大量授粉则需要授粉工具，包括橡皮头、海绵头、毛笔、蜂棒、授粉管等。对于花器大的蔬菜作物，如瓜类，可用橡皮头、毛笔等蘸取花粉授在母本的柱头上；对于花器小的蔬菜作物，如茄果类，可用羽毛授粉管或橡皮头。十字花科蔬菜，可用蜂棒授粉。制作蜂棒时，在蜂房四周寻找死的蜜蜂，除去头、胸部，将腹部用硬的牙签穿起来，利用腹部的刚毛授粉。杂交授粉一般选择母本雌蕊和父本花粉都是生活力最强的时期，这样可以提高杂交结实率。大多数蔬菜作物都是开花当天两者生活力最强。

5. 标记和登录

（1）标记　为了防止收获杂交种子时发生差错，套袋授粉的花朵都必须挂上标签牌标记。标签牌上标明的项目有：父、母本编号（名称）及其株号、授粉花数、授粉日期、授粉者（两人以上操作），以便以后考种。牌子应挂在杂交花朵本节位上。为了便于找到杂交花朵，可用不同颜色的牌子加以区分。在湿度大的温室和雨水多的夏季，标签牌最好使用塑料的，不用纸质的，以免纸牌霉变，造成字迹难以辨识。

（2）登录　除对上述有关杂交情况进行挂牌标记外，还应将其登记在记录本上，既可防止标记时遗漏和差错，又可供以后分析总结。记录表格式如表 3－1。

表 3－1　蔬菜作物杂交情况登记表

组合编号（名称）：

母本株号	去雄日期	授粉日期	授粉花数	果实成熟期	果实采收期	结果数	结果率（%）	有效种子数	果均种子数	千粒重（g）	其他情况说明

6. 授粉后的管理　杂交后的前几天应注意检查，以防套袋不严、脱落或破损，及时摘除没有杂交的花果等；注意浇水时尽可能贴近畦面，勿对整株喷洒；对于倒伏的种株，应插架绑缚。雌蕊受精有效期过后，及时去袋，加强母本种株的管理，创造良好的肥水条件，保证杂交果实发育良好；还要注意防治病、虫、鸟害。杂交果实生理成熟后，及时分批收获，并按杂交组合采种、干燥及安全贮藏。

（二）杂交方式

1. 单交（single cross）　两个基因型不同的亲本配成 1 对，进行 1 次杂交，称为单交或成对杂交，用 A×B 表示，前者为母本，后者为父本。如果 A、B 两亲本的优缺点能互补且综合起来能满足育种目标，一般采用单交方式。因为配制单交组合比较简便，杂种后代变异较为稳定。单交有正交和反交之分，如果称 A×B 为正交，则 B×A 为反交。在不涉及细胞质遗传时，正交与反交在遗传效果上是相同的。反之，杂种性状倾向于母本，则应考虑采用哪个亲本作母本更有利。在遗传情况不清楚时，最好正、反交同时都做。

2. 复合杂交（multiple crosses）　选用 3 个或 3 个以上的亲本进行 2 次或 2 次以上的杂交，称为复合杂交（或复交），又称多系杂交。只有多个亲本的若干性状综合在一起才能达到育种目标时，单交已不能满足育种技术要求，只能采用复交方式。根据所用亲本的多少和杂交的次数，复交可分为如下几种：

（1）三交　采用 3 个亲本进行 2 次杂交，称为三交。表示为（A×B）×C，即先将 A、B 杂交，A 作母本，B 作父本，然后 A×B 的子一代作母本再与 C 杂交。如果三交方式为 A×（B×C），则表示以 A 作母本，B×C 的子一代作父本再次杂交。

亲本对三交种的遗传贡献与该亲本在杂交时的次序有关。如为（A×B）×C 方式，则 C 对三交种细胞核遗传贡献量占 1/2，A 和 B 共占 1/2（A、B 各占 1/4）。因此，该三交种受亲本 C 的影响较大，它通常是综合性状优良的当地推广品种。细胞质遗传主要是最后做母本的亲本的贡献。

（2）双交　以两个不同的单交种作亲本进行的杂交称为双交。根据所用亲本的多少，双交可分为三亲本双交和四亲本双交。三亲本双交可表示为（A×C）×（B×C），与三交相比，两者相同之处是亲本 A、B、C 细胞核遗传物质在杂种中所占比例依次为 1/4、1/4、1/2；不同之处是亲本 C 分别与 A、B 各杂交 1 次，2 个单交种于第 2 代又进行了 1 次杂交。经过 3 次杂交，在第 3 代出现的重组类型多于三交。从选择的角度看，三亲本双交更有利。四亲本双交可表示为（A×B）×（C×D），先做 A×B 和 C×D 两个单交，再将两个完全不同的单交种杂交。4 个亲本的细胞核遗传物质在双交种中所占的比例均为 1/4。与三亲本双交和三交相比，四亲本双交种遗传基础更为丰富。

（3）四交　四交可表示为［(A×B）×C］×D。它的 4 个亲本 A、B、C、D 的遗传物质在四交一代中所占的比例依次为 1/8、1/8、1/4、1/2。

（4）回交　回交是杂交的一种特殊形式。详细内容见本章第三节。

（5）循序杂交　又称添加杂交，即每进行一次杂交，就引入一个新亲本，其杂交方式可表示为{［(A×B）×C］×D}×E……，循序杂交的图解呈阶梯状，因而也称“阶梯杂交”。上述三交、四交也属于循序杂交，在杂交方式的特征上没有质的差别。各亲本遗传物质在杂种中所占的比例为 $(1/2)^{n-i}$，其中，n 为亲本个数，i 为杂交次数。例如，若采用 6 个亲本，则第 6 个亲本 F 的遗传物质在杂种中所占比例为 $(1/2)^{6-5}=1/2$；第 5 个亲本 E 占 $(1/2)^{6-4}=1/4$；第 4 个亲本 D 占 $(1/2)^{6-3}=1/8$；第 3 个亲本 C 占 $(1/2)^{6-2}=1/16$；第 1、第 2 亲本 A 和 B 各占 $(1/2)^{6-1}=1/32$。杂交越迟的亲本，对杂种的遗传影响越大，最后杂交的亲本对杂种影响最大。在采用 4 个以上亲本进行循序杂交时，一般要求各个亲本综合性状都较好，且杂交次序越后，对亲本综合性状水平要求越高，否则不易收到预期效果。因此，采用添加杂交时，亲本不宜过多，一般控制在 4 个以内。

（6）聚合杂交　把所选亲本在同一生长季里先成对杂交，后聚合为一个遗传基础丰富的新品种，这种杂交称为聚合杂交。其目的是把多个亲本的优点汇集于同一遗传背景中去。聚合杂交的形式很多，如图 3-1 中Ⅰ将 8 个品种成对杂交，配制成 4 个单交种，再将 4 个单交种成对杂交，组成 2 个双交种，最后将 2 个双交种杂交，从其杂种后代中选出单株，经若干代自交后育出新品种。8 个亲本的遗传物质在杂种中各占 1/8，这就要求每个亲本的综合性状都必须好，且能够互补。图 3-1 中Ⅱ选择能弥补 A 缺点的不同品种 B、C、D、E，分别与 A 杂交，育成品种遗传物质的 1/2 由 A 提供，其他 4 个亲本各提供 1/8。亲本 A 对育成品种的遗传影响最大，其综合性状必须突出，B、C、D、E 4 个亲本各有不同的优点，能够改良 A 的不足之处。图 3-1 中Ⅲ在 A 分别与 B、C、D、E 单交后，

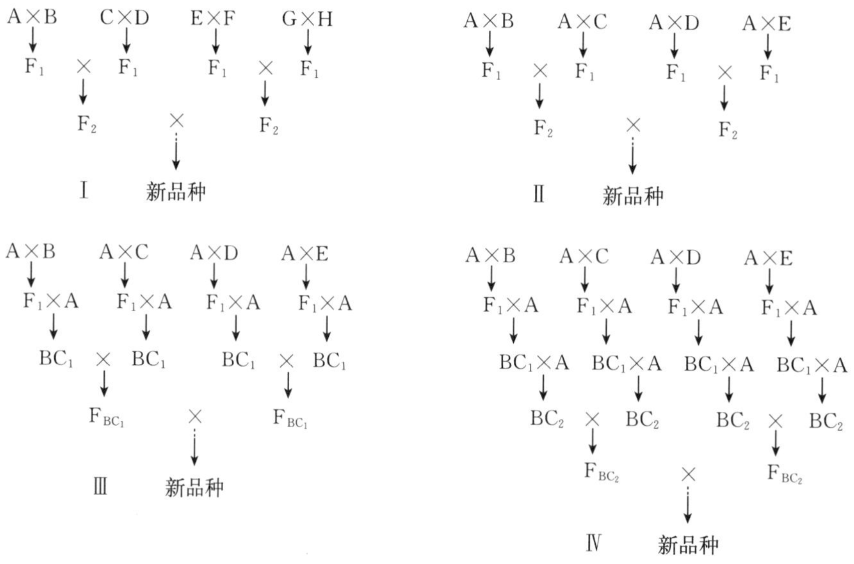

图 3-1　聚合杂交的部分形式

接着选择亲本 A 为轮回亲本对各单交后代回交 1 次，回交后代再成对杂交，组成 2 个回交双交种，最后将 2 个回交双交种杂交 1 次，这样加强了亲本 A 对育成品种的遗传影响，最终育成品种遗传物质的 3/4 由亲本 A 提供，B、C、D、E 各提供了 1/16。图 3－1 中Ⅳ，亲本 A 对各组合回交了 2 次，更加扩大了 A 在育成品种中的遗传比例，育成品种遗传物质的 7/8 是由 A 提供的，B、C、D、E 各提供了 1/32。聚合杂交形式Ⅲ和Ⅳ将杂交重组与回交转育相结合，其前提条件是亲本 A 综合性状十分突出，仅有少数缺点需要改良。育成品种与亲本 A 的相像程度与回交的次数有关，而回交次数又与亲本 A 的优良程度有关。

四、杂交后代的选择

正确地选择亲本和配组杂交，只是杂交选育的开始，大量的工作是杂交后代的培育、选择和鉴定，因为杂交组合的后代是一个边分离、边纯化（对自花授粉或常异花授粉蔬菜而言，可通过自然纯化；对异花授粉蔬菜来说，必须人工自交纯化）的异质群体，由于分离出多种基因型，其中大部分不符合育种要求，所以必须在一定条件下采用恰当的方法淘汰不符合要求的基因型，选择、保留符合育种目标的基因型，逐步使后代材料性状达到稳定后，成为所需的新品种或类型。对杂种后代的选择是依据性状遗传力大小和世代纯合百分率进行的。不同性状的遗传力有所不同，一般如质量性状、株高、成熟期等遗传力较大的性状，在早期世代进行选择效果较好。但对产量、营养品质等数量性状及其他遗传力较小的性状，宜在晚期世代进行选择。杂种后代的选择方法很多，基本的方法有系谱法和混合法，其他方法都是这两种基本方法的灵活运用。

（一）系谱法（pedigree method）

按照育种目标，以遗传力为依据，在分离世代，代代选单株，直到纯合程度达到要求后，转为评定整齐一致的株系（系统）。由于在选择过程中各世代都予以系统的编号，当选单株有系谱可查，故称系谱法。常用于自花授粉蔬菜作物品种选育和异花授粉蔬菜自交系选育（图 3－2）。系谱法的主要特点是：自杂种的第 1 次分离世代（对单交组合为 F_2 代；对复交组合则为 F_1 代）开始选择单株，并分别种成株行，每株行成为 1 个株系（系统）；以后各世代都在优良系统中继续选择优良单株，继续种成株行，直到选育成优良一致的系统后，便不再选株，进入产量等目标性状的比较试验。现以单交为例，具体说明杂种各世代的后代选育。

1. 杂种一代（F_1）

（1）*种植方式*　以杂交组合为单位进行播种、定植，包括在 F_1 两边相应地种植亲本。每一杂交组合种植株数的多少，应根据所需 F_2 代群体大小及该蔬菜作物繁殖系数而定，一般 30～100 株。杂交组合间需相互隔离，而杂交组合内植株间不需隔离。F_1 不设置重复。

（2）*选择策略*　单交 F_1 个体基因型是高度杂合的，但群体在性状上是一致的，所以一般在 F_1 不进行单株选择。主要任务是比较不同 F_1 的综合表现，根据育种目标淘汰有严重缺陷的个别组合，并拔除所有组合 F_1 群体内的假杂种及个别性状显著不良的植株。如果是复合杂交的 F_1 和异花授粉蔬菜品种间杂交的 F_1，则从 F_1 开始就要在优良组合内进行株选，选择方法同自花授粉的单交 F_2。

（3）*收获方法*　同组合的植株混收，即同一组合的 F_1 不同单株混合采收并编号。如 06（11），表示 2006 年杂交的第 11 个组合；若选单株，则分别单收单脱、编号，如 06（11）－2 表示 06（11）组合中 F_1 的第 2 株。至于该组合的亲本及其杂交方式，可从田间试验记载簿上查得。脱粒、保存均按组合为单位进行。

2. 杂种二代（F_2）

（1）*种植方式*　按不同组合的 F_2 分区播种、定植，可在各组合前后种植亲本品种。F_2 的群体容

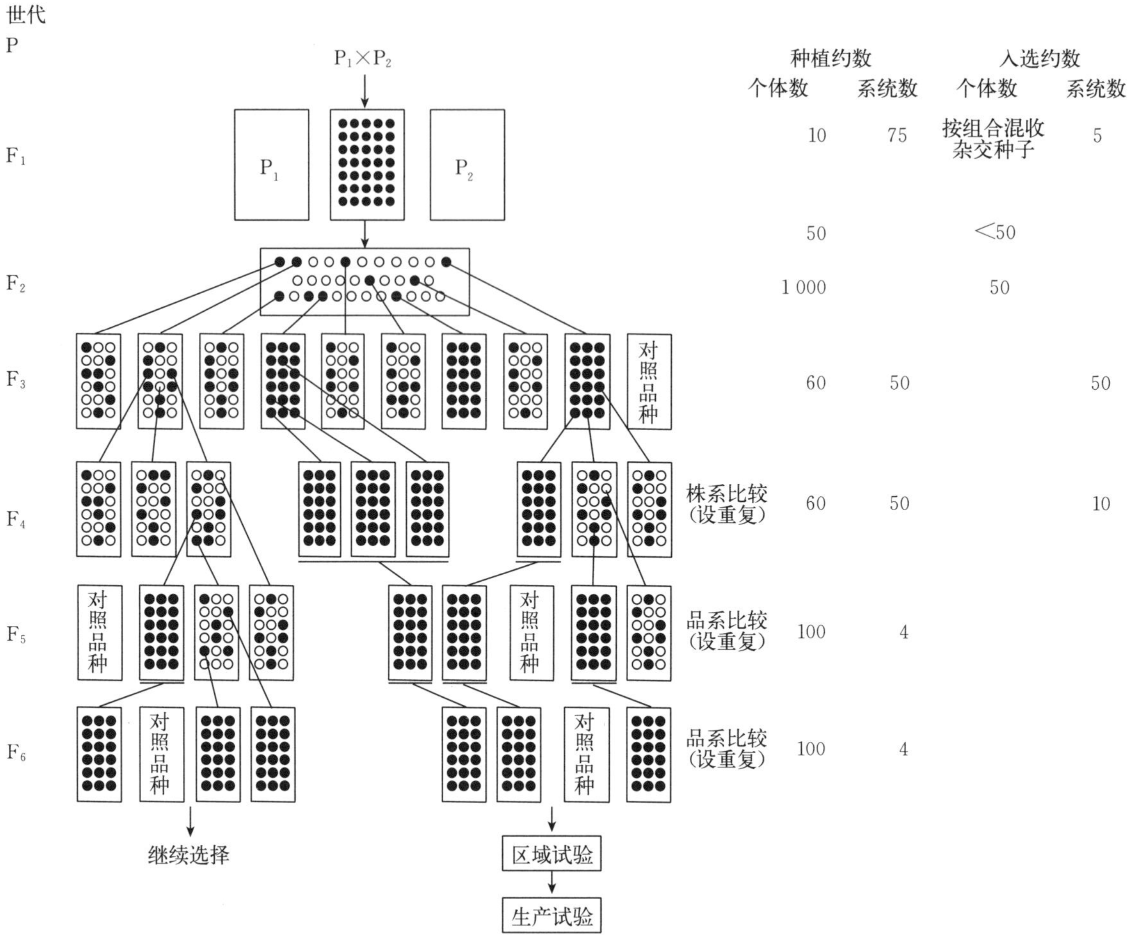

图 3-2 系谱法示意图

（引自曹家树等主编《园艺植物育种学》，2001）

量要求大于 F_1，与基因重组和出现优良综合性状单株的概率有关。可根据育种目标、杂交方式、组合优劣、目标性状遗传特点而定，一般 1 000 株以上。开展度较大的蔬菜作物的 F_2 群体可适当减少，如西瓜、冬瓜等。若育种目标涉及性状多，如同时考虑成熟期、抗病、抗逆、高产等，则群体应大一些；采用复交方式的杂种群体应比单交杂种大一些；在 F_1 评定为优良的组合群体宜大，而表现较差但无把握淘汰的组合群体可小，以便进一步观察，决定取舍。

为保证 F_2 能分离出符合育种目标的个体，理论上 F_2 种植的株数可这样估算：假定具有相对性状的双亲基因型均为纯合，当目标性状由 1 对隐性基因控制，F_2 群体中出现具有目标性状个体的概率为 1/4；当目标性状由 1 对显性基因控制，则 F_2 群体中出现具有目标性状个体的概率为 3/4。假设目标性状由 r 对隐性基因及 d 对显性基因控制，不存在连锁，则 F_2 群体中出现具有目标性状个体的概率（p）为：$p=(1/4)^r\times(3/4)^d$。

当置信度为 α（如 0.95 或 0.99）时，若想在 F_2 群体（共 n 株）中出现至少 1 株具有目标性状的个体，必须满足：$(1-p)^n<1-\alpha$，即 F_2 种植的株数应为：$n\geqslant\lg(1-\alpha)/\lg(1-p)$。例如，一目标性状由主效显、隐基因各 3 对所控制，且它们相互独立，为确保有 95%的把握（α=0.95）在 F_2 群体中出现至少 1 株目标性状个体，则 F_2 至少种植株数为：$n\geqslant\lg(1-\alpha)/\lg(1-p)=\lg(1-0.95)/\lg[1-(1/4)^3\times(3/4)^3]=451.39$（株）；若确保有 99%的把握（α=0.99）在 F_2 群体中出现至少 1 株目标性状个体，则 F_2 至少种植株数为：$n\geqslant\lg(1-\alpha)/\lg(1-p)=\lg(1-0.99)/\lg[1-(1/$

4)^3× (3/4)^3] ≥694.4（株）。

加强田间管理，尽可能使每个单株均能充分地表现其遗传性，以利选择。F_2 可不设置重复。

（2）*选择策略*　在单交二代（或复交一代）性状发生分离，在同一组合的杂种群体中，存在多种多样的变异类型时，单株选择由此开始。首先选择优良的杂交组合，在中选组合中再选择优良单株，对一些整体水平差、表现出严重缺陷的杂交组合予以淘汰。这一世代所选单株的优劣，在很大程度上决定了以后各世代的选择效果。因此，第 1 次分离世代是选育新品种的关键世代。在杂种早代主要针对生育期、熟性、株高、抗性和株型等遗传力高的性状进行有效选择。同时，适当兼顾产量等重要的农艺性状，以免顾此失彼，即对遗传力低的农艺性状，选择的标准在早代不宜过严，也不能放之过宽。过严可能导致丢失优良基因型，过宽使试验规模庞大，难以实施。

在整个选择过程中，尽可能地多入选一些优良单株，选留的单株数多少应根据下代可能种植的株系数和总株数来确定。原则上多入选株系数，每一株系中少入选株数。通常优良组合的入选株数约占该组合群体总数的 5%～10%。当选植株必须自交留种。

在 F_2 代可顺便将杂种后代与亲本进行比较，观察双亲性状在杂种后代中的遗传行为，如显隐性、性状分离情况、各亲本的优缺点及其遗传力的大小等，以便对各亲本有进一步的了解，同时取得选配亲本的经验。

（3）*收获方法*　将中选单株连根拔起，同一组合的单株捆成一捆，挂牌写明杂交组合，分单株考种脱粒，分株保存，并编号，如 06（12）－5，表示 2006 年所做的第 12 个杂交组合的 F_2 群体中选中的第 5 株。

3. 杂种三代（F_3）

（1）*种植方式*　将入选的 F_2 单株自交后分别播种在一个小区即成株行（或称株系、系统），按组合排列，同一组合各单株后代相邻种植。必要时每个组合的种植田中，均种植亲本，在适当位置（如每隔 5～10 个小区）种植推广的对照品种，以便比较。每小区种植 30～100 株。

（2）*选择策略*　对于自花授粉蔬菜作物，F_3 是杂种第 2 次分离的世代，是选择杂种后代的又一重要世代。其主要工作是筛选优良株系中的优良单株。一般来说，F_3 不同株系之间的差异大于株系内不同单株之间的差异。因此，采用分步选择策略，即先选优良的株系，然后在中选株系中再选择优良的单株。这里并未排除其他选择策略，而只是强调这种选择策略更可靠，因为在优良株系中，出现优良单株的机会更多。分步选择的优越性在于放弃一部分出现优良单株可能性不大的单元，而集中精力在出现优良单株可能性较大的单元中进行单株选择。

F_3 应多选些株系，以防优良株系漏选；入选株系中少选些单株，一般每一株系选优良单株 6～10 株。若有个别株系已基本整齐一致，表现又非常优异，在选择优良单株之后，可将其余植株混合采种，下一代升级鉴定。F_3 入选的单株必须自交留种。

（3）*收获方法*　将优良株系中的当选单株连根拔起，同一株系内的单株捆成一捆，挂牌注明该株系的系谱号，同一组合不同株系的中选材料相邻放置。按组合顺序和株系顺序分单株考种脱粒，分单株保存，并编系谱号，如 06（12）－5－4。以后，F_4、F_5 等后继世代按同样方法编号。至此，该组合已发展为四代家庭：曾祖父、曾祖母产生 F_1，F_1 产生 F_2，F_2 产生 F_3。这就是系谱法的一大特点，从育成品种开始上溯查找祖先亲本，可以比较分析不同品种的亲缘关系，为杂交育种的亲本选配提供遗传差异方面的证据。

4. 杂种四代（F_4）

（1）*种植方式*　种植方式同 F_3，系谱号相近的材料相邻种植。另外，设置 2～4 次重复。

（2）*选择策略*　来自 F_3 同一株系的各单株自交后的 F_4 各株系，合称株系群或系统群（sib group）。同一株系群内的各株系称为姊妹系（sib line）。就遗传差异而言，株系群间差异常大于株系群内姊妹系间差异，同一株系群内姊妹系间差异往往大于姊妹系内各单株间的差异。所以，F_4

单株选择，首先着眼于优良株系群的选择，在中选的株系群内选优良姊妹系，最后在中选的姊妹系内选择优良单株。

F_4 以前，工作重点是针对遗传力高的性状进行单株选择。F_4 是对质量性状和数量性状选择并重的世代。在 F_4，一些简单遗传的性状在相当一部分单株上已处于纯合状态，已能出现比较稳定一致的株系，但稳定程度一般还不符合要求，数目也不多，还应当根据具体情况继续选单株。对个别特别优良的株系，可以混合采种，下一代升级鉴定，并在其中继续选株，以便将来以高纯度的品系取而代之。从 F_4 开始，工作重点逐步转为选择优良一致的株系。

（3）*收获方法* 若最终选择的是单株，则按单株收获，编系谱号，分单株脱粒、保存。若最终选择的是株系，则按株系混收，分株系脱粒、保存。系谱编号与单株选择是对应的，若单株选择停止，则系谱编号工作也随之停止。

5. 杂种五代（F_5）及其以后各世代 F_5、F_6 的种植方式、选择方法与 F_4 类似，工作重点是选择优良一致的株系。其中特优良一致的株系升级进行目标性状初步比较鉴定，并称为品系。显然，品系是由株系发展而来的。株系的主要特征是其性状发生明显的分离，而品系的性状则比较一致。根据需要可从品系中继续精选少量单株，其目的是为了进一步观察其稳定性，以便在品系出现分离时即以相应的株系替代。由于各株系发展不平衡，因此，对较早表现优良一致的株系可提早到 F_5 或 F_6 进行比较鉴定。对以后世代出现的特别优异的品系，也可越级进行试验。优良的品系一般依次进行 2 代的品系比较试验、区域试验和生产试验后才可成为生产上大面积推广的新品种。收获时应将准备升级的株系中的当选单株先行收获，然后再按株系混收。对表现优良而整齐一致的株系群，可按群混收。

对异花和常异花授粉蔬菜作物的杂种后代进行系谱选择时，需通过单株套袋隔离和人工自交才能得到 F_2 及其以后各世代的种子。为防止自交衰退，在连续单株自交 2～3 代后，进行 1～2 代同一株系群内优良姊妹系间的交配或姊妹系内优良单株混合授粉。

（二）混合法（bulk method）

1908 年，瑞典学者尼尔森·埃尔（Nilsson Ehle）首先用混合法处理冬小麦杂种后代，随后育种家相继在其他作物上采用此法。混合法又称混合单株选择法，处理策略是前期进行混合选择，最后实行一次单株选择。该法适用于较小株型的自花授粉蔬菜作物。

1. 混合法工作要点 典型的混合法在杂种分离世代（一般 F_2～F_4），按杂交组合混合种植，只淘汰明显的劣株，不选单株。直到群体中目标性状纯合个体出现的频率达到 80%以上（约 F_5），才开始选择一次单株，入选株数为 100～500 株，下一代种成株系（每小区 10～20 株，2～3 次重复），从中选择优良株系（约 5%）升级试验（图 3-3）。

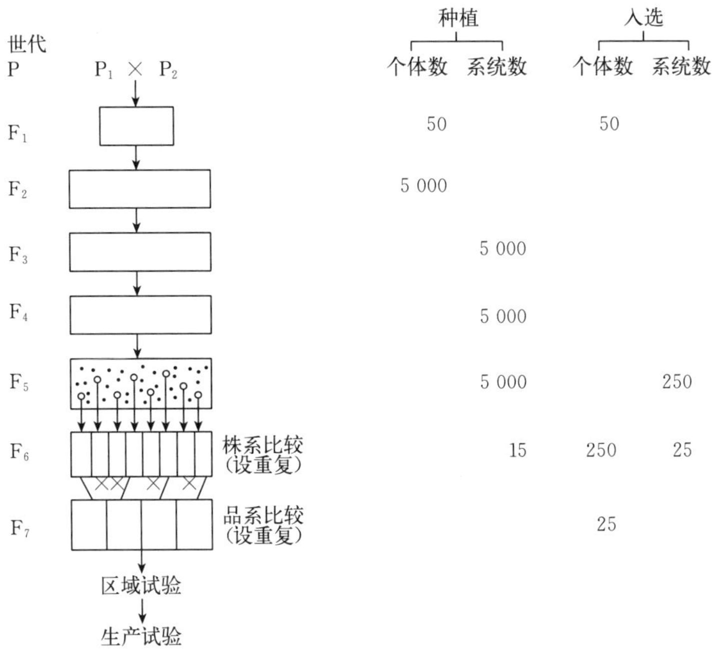

图 3-3 混合法示意图

（引自谭其猛主编《蔬菜育种学》，1979）

控制性状基因对数的多少决定着性状达到 80%纯合率所需的世代数。根据自交后代纯合率公式：$r=\lg[1-(0.8)^{1/n}]^{-1}/\lg 2$（其中 r 表示自交代数，n 表示基因对数），算出纯合率达 80%所需的自交代数见表 3-2。可见，10 对以上基因控制的性状在 F_7（自交 6 代）以后，其纯合率才能达到 80%。每一世代样本大小因设施及试验地条件、育种材料性质而异，一般每组合应不少于 5 000株。

表 3-2　纯合率达 80%所需的自交代数

（引自刘宜柏等主编《作物遗传育种原理》，1999）

基因对数（n）	1	5	10	20	30	40	50	60	70	80	90	100	200	300	400	500	1 000
自交代数（r）	2.3	4.5	5.5	6.5	7.1	7.5	7.8	8.1	8.3	8.5	8.7	8.8	9.8	10.4	10.8	11.1	12.1

2. 混合法的理论依据　蔬菜作物育种所涉及的许多重要目标性状是数量性状，受微效多基因控制，在杂种早代纯合个体很少；在晚代选株，易选到具有遗传稳定的株系。例如，杂种某性状若受 10 对基因控制，在 F_2、F_3 纯合体频率分别约为 0.1%、5.6%；若受 20 对基因控制，在 F_2、F_3 纯合体频率分别约为 9.5×10^{-7}、0.32%。在早代对该性状进行单株选择效果甚微，但到 F_6 该性状纯合率已达 72.8%（10 对基因控制）及 53%（20 对基因控制）。同时，混合选择要求群体较大且在早代不进行人工选择单株，有利于保存大量优良基因。

在混合种植过程中，群体经受自然选择，有利于育成适应性和抗性强的品种，如抗寒性、抗旱性等，但相对削弱了人工选择与自然选择结果矛盾的一些性状，如早熟性、丰产性、耐肥性等。

3. 混合法与系谱法比较

（1）*选择方法比较*　系谱法从第 1 次分离世代开始就不间断地选择单株，直至目标性状基本稳定。相反，混合法在分离的早期世代不选单株，按组合混合种植，直到群体中目标性状个体纯合率达 80%左右才选择一次单株。获得稳定株系后，在品系方面两种方法采用相同或相似的处理手段。

（2）*系谱法的优缺点*　①优点：系谱法在早代进行选择，能起到定向选择的作用，可以较早地集中精力于少数优良株系，经多次单株选择的后代，纯度较高，便于及早繁殖推广，加速了育种进程；杂种后代有详细的系谱记载，可方便地考察育成品种的亲缘关系，最终评价结果也较可靠；不同的株系分开种植，在一定程度上可消除不同类型植株之间的竞争性干扰。②缺点：系谱法从播种、观察记载到收获考种，工作细致，尤其是在早代选择单株，耗用较多的人力、物力；从 F_2 起进行严格选择，中选率低，限制了所能选择的杂交组合数和所能选择的植株数，特别对多基因控制的性状，效果更差，因此使不少优良类型被丢失。

（3）*混合法的优缺点*　①优点：混合法的种植、收获、管理简单易行，可以节省大量人力；由于群体规模较大，可保留更多的变异类型和高产个体，有更多的机会选到目标性状优良的株系，甚至会得到意外的优良重组类型；杂种群体在早代经受自然选择，有利于加强育成品种的适应性和抗逆性；对自交蔬菜作物的数量性状，在早代不做选择，而到晚代目标性状遗传力提高后再做选择，效果将好于系谱法。②缺点：混合法在种植若干代后，才在杂种群体中选株，当选单株数量往往需要很多，各株系又缺乏系统的观察和亲缘参照，评定取舍比较困难；在杂种早代，自然选择将使一些对植株本身有利而不符合育种目标的性状得到发展，使混种群体中竞争性较弱但农艺性状很重要的个体数量减少，在某种意义上使不良基因类型在后代中得以保存；由于在晚代保留了许多不需要的变异类型以及在进行一次单株选择后还可能存在分离，所以往往需要进一步选择单株，从而延长了育种年限。这种情况下，混合法育种年限较系谱法为长。

（三）衍生系统法（derived - line method）

1954 年，美国学者弗瑞（Frey）首先倡导该法，曾用于大麦育种。衍生系统法又叫派生系统法，是指可追溯于同一单株的混播后代群体。例如，F_2 或 F_3 的 1 个单株，在此后几个世代内，其后代每代混播，中选若干个单株，就可形成若干个衍生系统。该法适用于自花授粉蔬菜作物。

衍生系统法的工作要点是：在杂种第 1（单交 F_2，复交 F_1）或第 2 次分离世代单株选择 1 次或 2 次，随后改用混合法种植各单株形成的派生系统，在派生系统内除淘汰劣株外，不再选单株，每代根据派生系统的综合性状、产量表现及品质测定结果，选留优良派生系统，淘汰不良派生系统，直到当选派生系统的主要性状趋于稳定时（在 F_5～F_8，最早在 F_4），再进行 1 次单株选择，下年种成株系，选择优系进行产量试验。

衍生系统法实际上是在杂种分离世代采用系谱法与混合法相结合的方法，利用了系谱法和混合法的优点。在杂种早期分离世代采用系谱法，针对遗传力高的性状进行 1～2 次单株选择，以便尽早获得一批此类性状优良的材料，同时又在一定程度上减轻了由于对数量性状过于严格选择而丢失优良变异类型的弱点。在此基础上，采用混合法繁殖各派生系统，根据各派生系统的综合性状、产量、品质等数量性状的表现，选留优良派生系统，淘汰不良派生系统，这使得以后世代的选择工作相对简单且保存了多样化变异类型。

（四）单籽传法（single seed descent，SSD）

1941 年，加拿大学者戈尔丹（Goulden）提出单籽传法，20 世纪 60 年代以后广泛用于自花授粉作物育种。单籽传法又称“一粒传混合法”，简称“一粒传”，其要点是从杂种第 1 次分离世代（单交 F_2，复交 F_1）开始，每株取 1 粒（也可几粒）种子混合繁殖，组成下一代群体，直到纯合程度达到要求时（F_5 及其以后世代），再在群体中选择大量基本达到纯合的单株，按株（果）收获，下一代种成株（果）行，从中选择少数优良株（果）系，以后进行株系间比较，升级鉴定。该法较适用于大株型自花授粉蔬菜作物。

1. 单籽传法的理论依据和主要特点

（1）基因加性效应在世代间是稳定的。随着世代推进，自花授粉蔬菜作物株系间加性遗传方差逐代增大，株系内加性遗传方差逐代减小。每株取一粒种子，既能保持杂种群体的丰富变异量，以利于选择优良类型，又能以舍弃逐代变小的株内变异量来换取逐代增大的株间变异量，抓住了遗传变异的主要方面。

（2）单籽传法在目标性状的分离世代，不论性状表现是否充分，各单株均可传种接代，这种特点尤其适合于温室加代或异地、异季加代，从而可快速通过性状分离世代，缩短育种年限。

（3）可以使杂种后代不同的变异类型在群体中维持稳定的比例，避免或减轻了适应性弱的经济性状在自然选择作用下像混合法那样被削弱，同时又能缩小种植规模。

2. 应用单籽传法育种时应注意事项

（1）要拥有温室加代设施或采取异地、异季加代等其他加代措施，才能充分发挥单籽传法缩短育种年限的优点。

（2）对杂种群体的整体水平要求较高，以规避晚代保留大量不良株系的困难，提高育种效率。

（3）果穗不同部位的种子，其遗传势、营养成分等方面存在着差异即“层性”，采种混繁时，应优先考虑优势部位的种子。

上述 4 种处理杂种后代的方法是就其分离世代而区分的；当系统纯合化后，处理的方法随之归一，即各种方法间的差异随之消失。4 种处理方法各自的特点列于表 3 - 3，以便比较掌握。

表 3-3　4 种杂种后代处理方法主要特点比较

（引自刘宜柏等主编《作物遗传育种原理》，1999）

世　代	杂种后代处理方法			
	系谱法	混合法	衍生系统法	单籽传法
分离世代	针对高遗传力的性状每代选单株。选择策略是在优良的家系背景中选优株，每代都有详细的系谱记载。所选材料带有显著的人工选择效应	不选择单株。对杂交组合后代混合抽样、混合种植晋级，直到 F_6 前后。杂种后代通常受自然选择的影响	自第 1 次分离世代开始，针对高遗传力的性状选择 1～2 个世代的单株，后按衍生的系统以混合法晋级，即先系谱法，后混合法处理杂种后代	从第 1 次分离世代开始，在杂种后代群体中每株取一粒种子混合种植晋级。在加代条件下，每年种 2 代，快速通过分离世代，加快育种进程
外观性状整齐一致的世代	整齐一致的优良品系，主要针对产量、品质、抗性、适应性等农艺性状进行选择，后经过品系鉴定、品种比较、区域试验、生产示范等过程，最终育成品种，定名后可在一定生态区域内种植推广			

五、杂交育种程序

蔬菜作物常规育种从搜集研究种质资源、选配杂交亲本、进行杂交到对杂种后代进行选择培育，直到最后育成新品种，都必须通过一系列严密的田间试验程序，即杂交育种程序。它集中地反映在由若干个试验圃以及由各试验圃具体工作构成的一套有序工作中。

（一）原始材料圃和亲本圃

种植从国内外搜集的原始种质资源的试验地块叫原始材料圃。此圃内一般按材料类型归类种植，每份材料种植几十株，要严防机械混杂和天然杂交（对常异花授粉蔬菜可进行自交，异花授粉蔬菜可选典型株间授粉），以保持其纯度和典型性。对原始材料的特征特性，尤其是重要性状，如苗期标记、抗病性、抗高低温性、优质等，要进行系统的观察记载，并根据育种目标选出若干材料作重点研究，以备选作杂交亲本。在自然条件下不能充分表现的，应在诱发条件下进行鉴定。

由于搜集的资源很多，可能在数百份到数千份，甚至更多，同时每年还有可能引入新的种质，加上土地与人力财力等有限，所以很难每年将所有的材料都种植一次。因此，一般性材料在室内贮藏能保持其发芽力的情况下，每年或隔年分批轮流种植，重点材料才连年种植。这样不仅可减轻种植的工作量，减少因种植引起混杂和差错的机会，还可避免由于种植群体小和环境条件的影响而引起遗传漂变。

种植杂交亲本的地块叫亲本圃。每年从原始材料圃中选出若干材料作杂交亲本，试配组合。为便于杂交，在亲本圃中种植，且一般应加大行距。亲本材料依杂交计划和亲本间开花期差异，可分期播种以调节开花期，有的亲本还需种在温室或进行盆栽。

（二）选种圃

种植杂种后代（F_1，外观性状表现分离的世代及连续当选的优良育种材料）的地块称为选种圃。选种圃的主要任务是对分离世代材料进行系统而全面的观察、鉴定和选择，从中选育出目标性状稳定一致的优良株系，即品系。选种圃的种植年限取决于该系统是否表现优良以及是否表现整齐一致，若亲本亲缘关系较远，杂交后代分离大，稳定所需要的世代多，则选种圃种植年限长，反之则短。所选材料一旦稳定，便出圃升级进行比较鉴定。

（三）鉴定圃

种植从选种圃升级来的优良品系、上年留级品系以及对照品种的地块叫鉴定圃。其主要任务是对所种植品系的产量、品质、抗性、生育期及其他重要农艺性状进行初步的综合性鉴定，有些性状，可能还需进行人工诱发鉴定。根据综合鉴定结果，从参试的大量品系中选出一批相对优良的品系。另外，还应继续观察其一致性表现，在个别品系中若发现有分离现象，下年应将其重新种植在选种圃继续纯化。

一般升入鉴定圃的品系较多，品系比较试验常采用顺序设计或完全随机区组设计进行，其小区面积可适当小些，根据蔬菜作物株型大小，面积一般为几至几十平方米不等，2～4 次重复。试验条件如水肥、温光、支架、植株调整技术等接近常规生产。如果目标是选育温室专用型的品种，则必须在温室或塑料大棚中进行。

（四）品种比较试验

品种比较试验简称品比试验，即将由鉴定圃升级的比较优良且为数不多的品系（包括上年品种比较试验圃中留级的品系）及对照品种种植于品比圃中进行互相比较。其中心工作是在较大面积上进行更精确、更有代表性的产量、品质或其他目标性状的比较，兼顾观察、评定其他重要农艺性状的综合表现。品种比较试验采用完全随机区组试验设计，小区面积适当增大，通常在 $10m^2$ 以上，不少于 3 次重复。一般连续进行 2～3 年。另外，在进行品比试验的同时，应安排一定规模的种子繁殖，准备为晋升区域试验和生产试验提供足够的种子。

（五）多点试验和生产试验

育成的蔬菜作物新品系在经过品比试验后，在应用前，必须分别在不同的自然条件下进行更大范围的比较鉴定，这种试验称为区域试验，简称区试。区域试验的特征主要体现为多年多点试验，年限通常为 2～3 年；地点必须能代表特定农业区域的综合环境条件，在一个轮回的区域试验中，区试点一般是固定的。任务是：鉴定新品种的主要特征特性，如丰产性、稳产性、适应性、抗逆性和品质等；为优良品种划定最适宜的推广区域；确定适合当地推广栽培的最优良的品系；了解各品系（或品种）相应的栽培技术。

区域试验多采用完全随机区组设计，可对多年多点试验结果进行方差分析和多重比较。根据具体情况，可分为一年多点试验结果的联合分析、一点多年连续试验结果的联合分析及多年多点试验结果的联合分析。分析的目的主要是明确各参试品种的丰产性、适应性和稳产性，为参试品种的综合评价提供依据。

生产试验是将区域试验中表现特别优异的品系（或品种），在较大面积（一般在 $666.7m^2$ 以上）上进行的试验。参加生产试验的品种，除对照外一般为 2～3 个参试第 1 年或第 2 年在大部分区试点表现丰产、稳产且比对照显著增产 5%～10%以上的品种；或产量与对照相当，但具有特殊优异性状的品种，如优质、高抗等特性。生产试验原则上在区试点附近地区进行，同一生态区内试验点不少于 5 个，试验田块地力要均匀；每一品种可设 2 次重复，也可不设重复；试验时间为一个生产周期。对第 1 年区域试验表现突出的品系，第 2 年可同时进行区域试验和生产试验。在作物生育期间尤其是收获前要进行观察评比，以进一步鉴定其表现，并同时起到良种示范的作用。生产试验用种由选育单位提供，质量与区试用种要求相同。新选育的蔬菜品种经过区域试验和生产试验之后，若需审定的，可报请相应的品种审定委员会审定；若不需审定，亦可直接推广。

以上是一个新品种选育的完整程序和总体要求，有时还需要根据育种者的具体情况，灵活运用。在工作进程中，既可跳越其中某一圃，也可以在某圃中多观察鉴定一代，这样既能保证育种质量，又能加速选育进程。

第三节　回交育种

杂交第 1 代及其以后世代与其亲本之一再进行杂交的过程称回交（backcross）。当两个品种杂交后，通过用杂种与亲本之一连续多代重复回交，把亲本的某些特定性状导入杂种，使杂种加强轮回亲本的性状，从而育成新的品种（系）的方法称回交育种（backcross breeding）。其表达方式可用[(A×B) ×A] ×A……或 A^3×B、A×3/B，式中 A 代表综合性状优良，但尚有一二个性状有待改进的亲本。用于多次回交的亲本（如 A）称轮回亲本（recurrent parent），因为它是有利性状（目标性状）的接受者，又称受体亲本（receptor）。只有第 1 次杂交时应用的亲本（如 B）称非轮回亲本（nonrecurrent parent），它是目标性状的提供者，又称供体亲本（donor）。一次回交的杂种为 BC_1 或 BC_1F_1，二次回交的杂种为 BC_2 或 BC_2F_1，一次回交杂种自交或株间交配的子代为 BC_1F_2，依次类推……

一、回交育种的意义及遗传效应

（一）回交育种的意义

1. 控制杂种群体，精确地改良品种　回交除了运用于遗传分析，通过 F_1 与亲本之一（携带隐性基因）进行回交，通过 F_2 的分离比，确定亲本某些性状的基因效应外，回交在品质选育中也起着很重要的作用。回交育种法速度快，在改良作物品种个别不良性状时显示出独特的功效，因此是育种家改进品种个别性状或转育某个性状时的一种有效方法。这些性状不论是属于形态特征还是属于生理、生育特性方面，只要有较高的遗传力，都可以获得良好的效果。即当 A 品种有许多优良性状，而个别性状有欠缺时，可选择具有 A 所缺性状的另一品种 B 与 A 杂交，F_1 及以后各世代又用 A 进行多次回交和选择，准备改进的性状借助选择加以保持，A 品种原有的优良性状通过回交而恢复。回交能增强杂种后代轮回亲本性状，随着回交次数的增加，后代各个体的轮回亲本性状增强，只要在每次回交后选择具有供体优良性状的个体继续回交，一般经过 4～5 代的回交就可获得既有供体的优良性状，又在其他方面与轮回亲本十分相近的个体。

美国的 Harlan 和 Pope（1922）首先指出回交育种法在农作物育种上的利用价值。他们在改良大麦芒的特性时，利用回交育种收到了较为理想的效果。加利福尼亚大学的 Briggs 等（1922）采用回交育种法把小麦的抗腥黑穗病和抗黑锈病的特性，引入到推广品种中去。中国学者俞启葆（1944）用鸡脚陆地棉和德字棉 531 杂交，杂种 F_1 与德字棉 531 回交，最后育成了丰产、抗卷叶螟的鸡脚德字棉。20 世纪 40～50 年代，美国、加拿大、澳大利亚等国在麦类作物抗腥黑穗病、锈病、白粉病方面，日本在抗稻瘟病方面应用回交育种都获得成功。Walkof（1961）采用回交法从后代中选育出早熟番茄大果株。中国农业大学曾以小麦品种农大 183 与意大利的高度抗锈品种 Elia 杂交，再用农大 183 回交 1 次，于 1969 年育成了在丰产性和适应性等方面与农大 183 相近，而抗锈性显著提高的农大 155、农大 157、农大 166 等品种。

回交除用来改良抗性外，对于改良早熟性、株高、种子的大小和形状，以及作物的品质、形态特征等方面都获得过成功。近年来随着育种水平的提高和育种途径的发展，对回交的利用越来越广泛，其重要性越来越突出。

2. 克服远缘杂种不稔　应用回交法可克服远缘杂交的不育性（不实性）和分离世代过长的困难。远缘杂种往往表现不稳性——不能繁殖后代，用亲本之一作为轮回亲本回交，可逐代提高远缘杂种的结实性。

3. 转育雄性不育系　自然发现或人工诱变的不育株往往经济性状不良或配合力低，利用回交转育法可将不育基因转移到优良品种中来，育成优良雄性不育系。雄性不育性多为一对或少数主效基因控制，因此，雄性不育性在回交后代中易保持。

4. 改善杂交材料性状　单交或多系杂交中某一亲本的目标性状表现不理想时，可用具有该目标性状的亲本作为轮回亲本进行回交予以改良，然后用系谱法或其他方法选择培育成定型品种。如给杂交亲本转移苗期标志性状等。

5. 创造新种质 超越育种几乎都是用远缘类型作为亲本杂交的，其后代往往表现不稳、分离而不易稳定、经济性状过劣，可用回交法予以改善成为较好的新品种，供育种家利用。如日本东北大学水岛研究室以白菜与甘蓝杂交育成“CO”（系 *Campestris* 和 *Oleracea* 的字头组成），再用白菜与“CO”回交育成抗软腐病的平冢 1 号，因不结球不能作为品种在栽培中利用，仅作为抗软腐病的抗源利用。日本现今的抗软腐病白菜品种几乎都有平冢 1 号的血缘。又如普通番茄与秘鲁番茄远缘杂交育成的番茄 Tm－2^{nv} 品系抗烟草花叶病毒，但因抗烟草花叶病毒基因与隐性黄化基因连锁，不能作为定型品种直接利用，而这一品系与配合力高的普通番茄杂交的 F_1 则表现高抗烟草花叶病毒，植株不黄化，优势显著，因此是番茄杂优利用的优良亲本之一。

（二）回交育种的遗传效应

回交育种的目的在于在保持轮回亲本的一系列优良性状的基础上，克服所存在的个别不良性状，这是通过多次回交和对转移性状进行选择而实现的。为了明白此道理，需要分析回交对其后代的遗传结构所产生的影响。

1. 回交与基因型纯合 在杂合基因群体中，回交与自交的作用一样，可使杂合基因型逐代减少，纯合基因型相应增加，即每增加 1 个世代，杂合体减少 1/2，纯合体增加 1/2。纯合基因型的变化频率按此公式计算：$(1-1/2^r)^n$（n 为杂种的杂合基因对数，r 为自交或回交次数）。所不同的是在自交后代中，纯合体中基因型各占一半；而回交后代群体中，个体的基因型都必然要朝着轮回亲本的基因型方向纯合，即轮回亲本是什么基因型，回交子代的纯合体就是什么基因型，即全部纯合体均属于与轮回亲本相同的基因型。所以，回交子代基因型的纯合是定向的，在选定轮回亲本的同时，就已经为回交子代确定了逐代趋向纯合的基因型。而自交子代基因型的纯合是多向的，根据基因的分离和组合而纯合为多个基因型。以一对等位基因为例，假定两个品种基因型分别为 *AA* 和 *aa*，则其杂种一代为 *Aa*，让杂种一代自交及同 *aa* 回交，自交后代所形成的纯合基因型是 *AA* 和 *aa* 两种，而回交后代的纯合基因型只是 *aa* 一种，即恢复为轮回亲本的基因型。

这说明在相同育种进程内，就一种纯合基因型的纯合进度来说，回交纯合的速度显然大于自交。例如自交 3 次，*AA* 和 *aa* 两种纯合基因型个体的频率各为 43.75%，而回交 3 次，*aa* 一种纯合基因型个体的频率则达到 87.5%（表 3－4）。如有 n 对杂合基因，自交后代群体将分离成 2^n 种不同的纯合型，而回交后代只聚合成一种纯合基因型（轮回亲本）。由此可见，在基因型纯合的进度上，回交快于自交。

表 3－4 杂合体 *Aa* 自交及与 *aa* 回交各世代基因型频率的变化

（引自潘家驹主编《作物育种学总论》，1994）

杂合基因对数 / 自（回）交次数	自交后代纯合基因型（*aa*）频率				回交后代纯合基因型（*aa*）频率			
	1	2	…	n	1	2	…	n
1	25.00	6.25	…	$[(2-1)/2^2]^n$	50.00	25.00	…	$[(2-1)/2]^n$
2	37.50	14.06	…	$[(2^2-1)/2^3]^n$	75.00	56.25	…	$[(2^2-1)/2^2]^n$
3	43.75	19.14	…	$[(2^3-1)/2^4]^n$	87.50	76.56	…	$[(2^3-1)/2^3]^n$
4	46.88	21.97	…	$[(2^4-1)/2^5]^n$	93.75	89.89	…	$[(2^4-1)/2^4]^n$
⋮								
r	$(2^r-1)/2^{r+1}$	$[(2^r-1)/2^{r+1}]^2$	…	$[(2^r-1)/2^{r+1}]^n$	$(2^r-1)/2^r$	$[(2^r-1)/2^r]^2$	…	$[(2^r-1)/2^r]^n$

2. 亲本基因频率的变化 轮回亲本和非轮回亲本杂交后，双亲的基因频率在 F_1 中各占 50%。轮

回亲本与杂种每回交1次，其基因频率在原有基础上增加1/2，而非轮回亲本的基因频率相应地有所递减，直至轮回亲本的基因型接近恢复。在此，选择带有供体目标性状个体来回交，以便实现回交育种的目的。轮回亲本基因恢复的频率可用 $1-(1/2)^{n+1}$ 公式推算，而轮回亲本基因递减的频率则用 $(1/2)^{n+1}$ 公式推算（n 为回交次数）。如回交 BC_4F_1 轮回亲本的基因频率已达到96.875%，而非轮回亲本的基因频率仅剩3.125%（表3-5）。

表3-5　轮回亲本和非轮回亲本在回交后代中基因频率的变化

（引自潘家驹主编《作物育种学总论》，1994）

世代	亲本基因频率	
	轮回亲本	非轮回亲本
F_1	50	50
BC_1F_1	75	25
BC_2F_1	87.5	12.5
BC_3F_1	93.75	6.25
BC_4F_1	96.875	3.125
BC_5F_1	98.4375	1.5625
⋮	⋮	⋮
BC_nF_1	$1-(1/2)^{n+1}$	$(1/2)^{n+1}$

3. 回交与基因连锁　如果非轮回亲本的目标性状基因与不良性状基因相连锁，则轮回亲本优良基因置换非轮回亲本不良基因的进程将会受到影响。例如，欲把非轮回亲本中抗病基因 R 转移到一个优良的轮回亲本品种中去，而 R 与不良基因 b 连锁，其基因型为 $Rb//Rb$，轮回亲本的基因型 $rB//rB$，则 F_1 的基因型为 $Rb//rB$，用轮回亲本与 F_1 回交，则在回交后代中选到 $B-R$ 个体的概率比独立遗传小，回交群体基因型纯合的进程必将减慢，其快慢程度取决于这两对连锁基因的重组率的大小，重组率越小则越慢。

在不施加选择的情况下，轮回亲本的相对基因置换连锁的不良基因，获得希望的重组型的概率可用公式 $1-(1-p)^m$ 表示，式中 m 表示回交次数，p 表示连锁基因的重组率。在重组率相同的条件下，自交和回交所获得的重组型的概率是不同的（表3-6）。如重组率为0.20，不通过选择回交5次，不利连锁基因消除的概率为：$1-(1-0.20)^5=0.74$，而在自交5代群体中的概率仅0.20。通过表3-6可以看出，在不加选择的情况下，通过回交消除不利基因连锁的概率远比自交高。

表3-6　自交及回交后代消除非目标性状基因的概率

（Allard，1960）

重组率	消除非目标性状基因的概率	
	回交5次	自交5代
0.50	0.98	0.50
0.20	0.74	0.20
0.10	0.47	0.10
0.02	0.11	0.02
0.01	0.06	0.01
0.001	0.006	0.001

二、回交育种方法

（一）亲本的选择

亲本的选择包括轮回亲本的选择和非轮回亲本的选择两方面。轮回亲本是回交育种改良的对象和基础，它必须是各方面农艺性状都较好，只有个别不良性状需要改良的品种，不良性状较多的品种不能用作轮回亲本。如具有良好的综合性状，丰产潜力大，适应性强，经回交改良后不仅能适合当地生产的需要，而且发展前途较大，推广使用时间较长。经过改良的轮回亲本，即新选育的品种在生产上有继续利用的价值。如果轮回亲本选得不准，经过几次回交后，选育的新品种落后于生产形势的要求，就将前功尽弃。所以，轮回亲本最好是在当地适应性强、产量高、综合性状较好，经数年改良后仍有发展前途的推广品种。再者，作为改良对象，要求被改良性状要少，即从非轮回亲本中转移的性状不能太多，否则工作量大，且效果不好。

非轮回亲本是目标性状的提供者，对其选择也是很重要的。非轮回亲本必须具有改良轮回亲本缺点所必需的优良基因，而且控制该性状的基因具有足够强的遗传传递力，即所要输出的性状必须经回交数次后，仍能保持足够的强度。最好是显性和简单遗传的，这样便于识别选择。因为在回交过程中，每一轮回交，对正在被转移的性状都必须进行选择。性状的遗传力强，选择的效果明显。而且这一性状最好容易依靠目测能力加以鉴定，这样在回交育种应用上就比较方便。同时其他性状也不能有严重的缺陷。非轮回亲本整体性状的好坏，也影响轮回亲本性状的恢复程度和必须进行回交的次数。

非轮回亲本的目标性状最好不与某一不利性状基因连锁，否则，为了打破这种不利连锁，实现有利基因的重组和转育，必须增加回交的次数，延长回交世代。此外，如果希望通过回交而转育的是一个质量性状，还应注意非轮回亲本的其他性状尽可能和轮回亲本相类似，以便减少恢复轮回亲本理想性状所需的回交次数。

（二）回交后代的选择

在回交后代中必须选择具备目标性状的个体再做回交才有意义，这关系到目标性状能否被导入轮回亲本，亦即回交计划的成败问题。为了更快地恢复轮回亲本的优良农艺性状，应注意从回交后代，尤其是在早代中选择具有目标性状而农艺性状又与轮回亲本尽可能相似的个体进行回交。为了易于鉴别和选择具有目标性状的个体，应创造使该性状得以充分显现的条件。例如目标性状为抗病性时，则需要创造病害流行条件。具体的做法，因所转移的目标性状的显性和隐性、是质量性状还是数量性状有所不同。

1. 质量性状基因的回交转育 如果要转移的性状是由显性单基因控制，那么在回交过程中，转移的性状容易识别，回交就比较容易进行。例如，通过回交，把抗锈病基因（*RR*）转移到一个具有适应性但不抗病（*rr*）的A品种中去。可将品种A作为母本与非轮回亲本B杂交，再以A为轮回亲本进行回交育种，A含有育种家希望能在新品种上恢复适应性和高产性状的基因。在F_1中抗锈病基因是杂合的（*Rr*），当杂种回交于A品种（*rr*）时，将分离为两种基因型（*Rr*和*rr*）。抗病（*Rr*）的植株和感病（*rr*）的植株在锈菌接种条件下很容易区别，只要选择抗病植株（*Rr*）与轮回亲本A回交。如此连续进行多次，直到获得抗锈而其他性状和轮回亲本A品种接近的世代。这时，抗病性状上仍是杂合的（*Rr*），它们必须自交一代到两代，才能获得稳定的纯合基因型抗病植株（*RR*）。本实例所说明的回交方法是比较容易实行的，因为抗锈性状是由显性单基因所控制，而且每一回交后代中，抗病植株容易借人工接种加以鉴定（图3-4）。其育种过程与一般回交育种步骤相同。

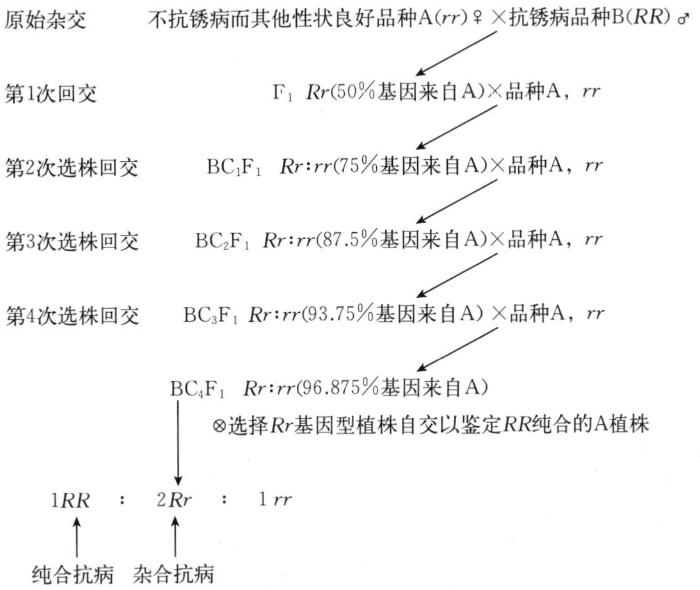

图 3-4 回交育种程序示意图——单显性基因导入

（引自潘家驹主编《作物育种学总论》，1994）

如果导入的是隐性遗传性状，则可将回交一代自交，在分离的自交后代中选株回交，或在回交一代中作较多的回交，同时在回交株上自交，将回交与自交后代对应种植。凡是自交后代在目标性状上呈现分离者，说明其相应的回交后代中必存在一些带有目标性状基因，那就可以在该后代中继续选株回交并自交。而自交后代不出现分离的，即可淘汰。如果能筛选出与该隐性基因紧密连锁的分子标记，那么就可以借助分子标记进行连续的回交转育。

例如要导入的抗锈基因是隐性基因（*rr*），那么每次回交后代将分离出两种基因型 *RR* 和 *Rr*（图 3-5）。因为在这种情况下，含有抗性基因的杂合体（*Rr*）不可能在表型上与 *RR* 区分开，必须使杂

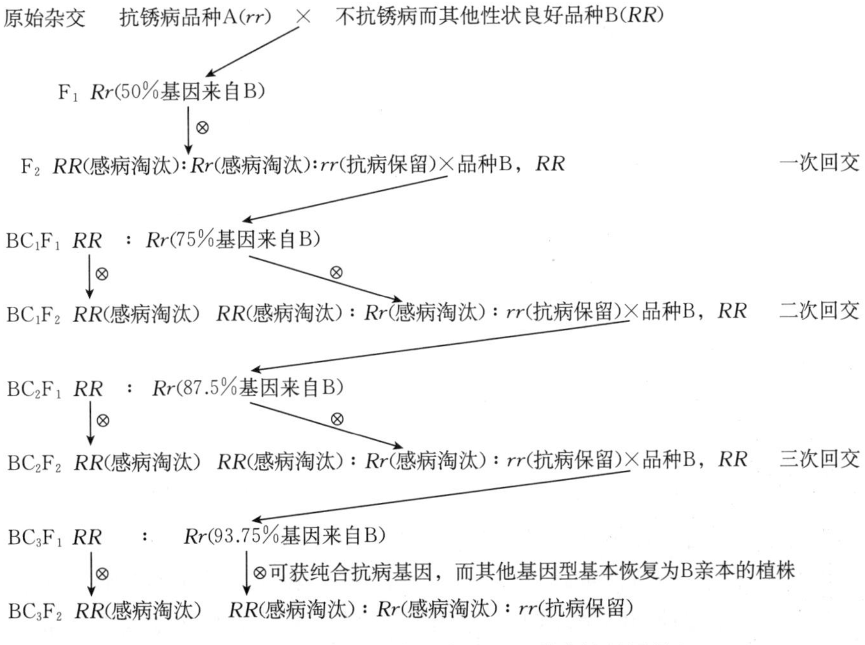

图 3-5 回交育种程序示意图——单隐性基因导入

（引自潘家驹主编《作物育种学总论》，1994）

种自交一代，以便在和轮回亲本回交之前，发现抗性（*rr*）植株，继续与轮回亲本杂交。

2. 数量性状基因的回交转育 当导入数量性状基因时，回交是否成功，以及回交进展的难易受两个因素的影响，一是控制某一性状的基因数目；二是环境对基因表现的作用。

当控制某一性状的基因数目增加时，回交后代出现目标性状基因型的比例势必降低。为了导入目标性状基因，种植群体必须增大。所以，数量性状转育的第 1 个问题是回交后代必须有相当大的群体。进行数量性状基因的转育，尤其要注意非轮回亲本的选择，尽可能选择目标性状比预期要求更好和更高的材料。例如，要通过回交，培育成熟期比轮回亲本提早的品种，必须选择比轮回亲本更加早熟的品种作为非轮回亲本。育种家在选择非轮回亲本时，必须考虑到这一点，才能达到理想的回交育种的结果。

数量性状进行回交转育的第 2 个问题是环境条件对目标性状基因表现的影响。回交能否成功决定于每一世代对基因型的准确鉴定。当环境条件对性状的表现有重大影响时，鉴定便比较困难。在这种情况下，最好每回交一次，接着就进行自交一次，并在 BC_1F_2 群体进行选择。因为要转育的目标性状基因有的已处于纯合状态，比完全呈杂合状态的 BC_1F_1 个体更容易鉴别。受环境因素影响极其强烈的性状，以单株为基础进行鉴定和选择是不十分可靠的，应该进行重复设计的后代比较试验，在较好的品系内选择单株，继续进行回交。

鉴于上述情况，在转育受环境影响较大的数量性状时，很少用回交方法。

当进行多个目标性状基因的导入时，想通过回交同时改进一个新品种的若干性状是十分困难的。例如，要培育具有多个不同抗病性基因的品种，或要改进一个高产品种的抗病性和品质性状等，即转移多个性状，可采用逐步回交法（stepwise backcross method），就是在同一回交方案中同时转移几个目标性状基因。具体选育程序就是先选择几个分别具有不同目标性状基因的授予亲本，且这几个亲本的基因应该都是独立遗传的。先以一个授予亲本进行性状转移，获得一个性状得到改良的材料后，再以其为轮回亲本，进行第 2 个性状的转移，如此等等。关键问题在于要获得大量回交种子，繁殖大量 BCF_1 或 BCF_2 群体，要使其中出现具有各种目标性状的材料，以便和轮回亲本回交，或采用聚合回交法（convergent backcross method）。

3. 回交的次数 回交的次数关系到轮回亲本优良农艺性状的恢复和非轮回亲本目标性状的导入程度。回交育种的实践及对回交遗传效应的分析表明，在大多数情况下经过 4～6 次回交并结合早代严格的选择，即可达到预期的目标。一般双亲差异小，回交次数可少；相反，亲本差异大（如种间杂交），或需要转移的基因与不良基因之间存在连锁关系等情况时，应适当增加回交次数。因此，回交计划中，回交的次数取决于回交育种的目的及其他影响因素。

（1）轮回亲本性状的恢复 回交育种的目的是使育成的品种除了来自非轮回亲本的目标性状外，其他性状必须恢复到和轮回亲本相一致，因此，进行回交的次数与从非轮回亲本需要转移的基因数有关。在不存在基因连锁的情况下，如果双亲间有 2 对基因差异，则回交 r 次以后，从轮回亲本导入基因的纯合体比率可按公式 $(1-1/2^r)^n$ 计算出来。如果 $n=10$，回交 5 次，其纯合体百分率可达 72.8%，回交 6 次可达 85.8%。连续回交由轮回亲本引进基因的纯合个体百分率见表 3-7。

在回交工作中，根据育种目标及亲本性状差异的大小，通常回交 4～6 次，即可恢复轮回亲本的大部分优良性状。从育种实效出发，轮回亲本的农艺性状也并不一定需要 100%地恢复。当非轮回亲本（供体）除目标性状之外，尚具备其他一些优良性状时，回交 1～2 次就有可能得到综合性状良好的植株，这类植株经自交选育后，虽与轮回亲本有一些差异，却可能结合了非轮回亲本（供体）的某些良好性状，丰富了育成品种的遗传基础。若回交次数过多，则可能削弱目标性状的强度，并导致遗传基础单一化，不一定能获得理想结果。如果非轮回亲本有一两个性状显著地差于轮回亲本，为了弥补起见，必须进行较多次的回交。当应用栽培种的近缘种属作为非轮回亲本时，可能同时会引进一些不理想的性状，为了排除这类性状必须进行更多次数的回交。

表 3－7　连续回交由轮回亲本引进基因的纯合个体百分率（%）

（引自张天真主编《作物育种学总论》，2003）

回交世代	等位基因数										
	1	2	3	4	5	6	7	8	10	11	12
1	50.0	25.0	12.5	6.3	3.1	1.6	0.8	0.4	0.1	0.0	0.0
2	75.0	56.3	42.2	31.6	23.7	17.8	13.4	10.0	5.6	3.2	0.2
3	87.5	76.6	67.0	58.6	51.3	44.9	39.3	34.4	26.3	20.1	6.1
4	93.8	87.9	82.4	77.2	72.4	67.9	63.6	59.6	52.4	46.1	25.8
5	96.9	93.9	90.9	88.1	85.3	82.7	80.1	77.6	72.8	68.4	51.4
6	98.4	96.9	95.4	93.9	92.4	91.0	89.6	88.2	85.8	82.8	71.9
7	99.2	98.5	97.7	96.9	96.2	95.4	94.7	93.9	92.5	91.0	89.6
8	99.6	99.2	98.8	98.4	98.1	97.7	97.3	96.9	96.2	95.4	92.1
9	99.8	99.6	99.4	99.2	99.0	98.7	98.5	98.3	97.9	97.5	95.7

（2）*非轮回亲本的目标性状和不利性状连锁的程度*　如果准备从非轮回亲本转移给轮回亲本的目标性状和另一不利性状相连锁，必须进行更多次回交，以打破其连锁，才可能获得理想性状的重组基因型。除去不利基因的速度快和慢，由目标性状基因和不利基因之间的重组值来决定。假如用 c 表示重组率，那么要想打破不利的连锁获得希望的重组类型的概率为：$1-(1-c)^r$，r 表示回交的次数。在不同重组率下，经过不同次数的回交后出现重组类型的频率见表 3－8。如果两个基因紧密连锁，重组率在 0.01 时，在这种情况下，尽管进行连续 5 次的回交，只能得到极少的重组类型。所以，在目标性状基因和不利基因连锁的情况下，必须增加回交次数。两个基因连锁得越紧密，即重组率小，回交次数就越多；反之，回交次数少。

表 3－8　不同重组率下经不同次数的回交后出现重组类型的频率（%）

（引自张天真主编《作物育种学总论》，2003）

回交世代	重组率					
	0.5	0.2	0.1	0.02	0.01	0.001
1	50.0	20.0	10.0	2.0	1.0	0.1
2	75.0	36.0	19.0	4.0	2.0	0.2
3	87.5	48.8	27.1	5.9	3.0	0.3
4	93.8	59.0	34.4	7.8	3.9	0.4
5	97.9	67.2	40.9	9.2	4.9	0.5
6	98.4	73.8	46.9	11.4	5.9	0.6
7	99.2	79.0	52.2	13.2	6.8	0.7

（3）*严格选择有助于轮回亲本性状的迅速恢复，可以减少回交次数*　试验结果证明，如果早期世代在回交群体中，除必须选择非轮回亲本的目标性状外，针对轮回亲本的性状也进行严格选择，这样可以提高轮回亲本性状的恢复频率，相应地减少回交的次数。一般情况下，在回交群体中只对非轮回亲本的目标性状进行严格选择，而对轮回亲本性状则不进行严格选择，只希望其通过回交而逐渐恢复，势必增加回交的次数。

（4）*回交转育的性状属性*　一般回交转育的性状多是质量性状或受寡基因控制的数量性状，而对于回交转育受多基因控制的数量性状时，回交转育的次数不能过多，因为通过多次回交转育，非轮回亲本的目标性状是难以保持原样的。所以在回交转育数量性状的过程中，只要出现既具有非轮回亲本目标性状、又有轮回亲本性状的个体时，不论回交已经进行了多少次，都可以停止。回交改良数量性状之所以要尽早停止回交，目的是为了保持超亲分离的可能性，使回交育成的新品种既有非轮回亲本的性状，又有可能出现超越轮回亲本的优良性状，而过多的回交则会丧失这种可能性。

4. 回交所需的植株数 回交所需种植的植株数量比杂交育种所需植株的数量少得多。为了确保回交的植株带有需要转移的目标性状基因，每一回交世代必须种植足够的株数以供选择，关于回交所需植株数可用下式计算。

$$m \geqslant \frac{\lg(1-\alpha)}{\lg(1-\beta)}$$

式中：m 代表所需的植株数；β 代表在杂种群体中合乎需要的基因型的期望比率；α 代表概率水平。

不同基因对数，在无连锁情况下，每个回交世代所需种植的最少植株数见表 3－9。

表 3－9 回交所需种植的植株数

（引自西北农学院主编《作物育种学》，1981）

需要转移的基因对数		1	2	3	4	5	6
带有转移的优良基因的植株的预期比例		1/2	1/4	1/8	1/16	1/32	1/64
概率水平	0.95	4.3	10.4	22.4	46.3	95	191
	0.99	6.6	16.0	34.5	71.2	146	296

由表 3－9 可知，假定在回交育种中，需要从非轮回亲本中转移的优良性状受 1 对显性基因 RR 所支配，则回交一代植株有两种基因型 Rr 和 rr，其预期比例为 1∶1，亦即带有优良基因 R 的植株（Rr）的预期比例是 1/2。在这种比例下，按 99％的概率水平的要求（即 99％的可靠性），一代中有 1 株带有 R－基因的植株，回交一代的株数不应少于 7 株。如按 95％的可靠性，则回交一代的株数不应少于 5 株。在继续进行回交时，同样要保证每个回交世代有不少于这个数目的植株数。如果需要转移的是隐性基因 r，预期回交一代植株的基因型比例为 1 RR∶1 Rr，带有需要转移基因 r 的植株的预期比例同样为 1/2。由于带有 RR 和 Rr 的植株在这个性状上无法区别，因此，在采用连续回交的方式下，每代回交植株数不应少于 7 株，并且要保证每个回交植株能产生不少于 7 株后代。以后每个回交世代也应如此。

假定需要转移的基因为 2 对，其中 1 对为显性 RR，1 对为隐性 pp，轮回亲本基因型为 $rrPP$，非轮回亲本基因型为 $RRpp$，在回交一代中，基因型的比例将为 1 $RrPP$∶1 $RrPp$∶1 $rrPP$∶1 $rrPp$，合乎需要的基因型（$RrPp$）的期望比例为 1/4。按 99％的概率水平的要求，回交一代的植株不应少于 16 株。如按 95％的概率水平，则回交一代的植株数不应少于 11 株。在连续回交的每个世代都要保证不少于上述植株数。其他类型回交所需植株数的计算，可按同样方法。又由于 $RrPP$ 和 $RrPp$ 两类植株在外形上并无差别，因此都要进行回交，并要求每个回交植株能产生不少于 16 株后代。

三、回交育种的特点及其应用价值

（一）回交育种法的遗传特点

大量的育种实践表明，回交育种是具有独特作用的育种技术，可作为替换基因成分的一种有效的育种手段。例如，某甲品种具有综合优良性状，但有一两个不良性状，从而影响了该品种在生产上的应用价值；这少数不良性状又是由少数主效基因控制的，为了保持甲品种的综合优良性状，又要改良其少数不良性状，就可以选择甲品种为轮回亲本，而选择在甲品种的少数不良性状方面具有相应突出优点的乙品种为非轮回亲本，使之与甲品种杂交。通过从 F_1 开始的连续与甲品种回交，使甲品种的基因成分在连续回交过程中逐代替换乙品种的基因成分。但要注意每一回交子代与轮回亲本杂交的个体，必须是回交子代群体内具有非轮回亲本那一两个突出优良性状的个体。这样一来，这一两个控制突出优良性状的基因，就成为在最后一次回交子代中达到预期的结果。如果双亲差异小，回交次数可以少一些；双亲差异大或者需要转移的基因与不良的基因连锁，需要增加回交次数。

与其他育种方法相比，回交育种法的主要优点是：

1. 遗传变异易控制　应用回交法进行品种改良时，通过杂种与轮回亲本多次回交可对育种群体的遗传变异进行较大程度的控制，使其按照确定的方向发展，这就使育种工作有更大的把握性。既可保持轮回亲本的基本性状，又增添了非轮回亲本特定的目标性状，这是回交育种法的最大优点。

2. 目标性状选择易操作　回交育种法需要的育种群体比杂交育种所需的群体小，又由于在回交育种过程中，主要是针对被转移的目标性状进行选择。因此，只要使这种性状得以发育和表现，在任何环境条件下均可以进行回交育种，从而使利用温室、异地或异季加代等缩短育种年限的措施得以发挥更大的作用。而在应用一般的杂交育种法时，试图在这样的环境条件下对农艺性状进行鉴定，常常是不准确的。

3. 基因重组频率易增加　在回交育种的过程中，由于采取个体选择和杂交的多次循环过程，有利于打破目标基因与不利基因间的连锁，增加基因重组频率，从而提高优良重组类型出现的概率。

4. 所育品种易推广　用回交法育成的品种形态上与轮回亲本大体相似，其生产性能、适应范围及所需栽培条件也与轮回亲本相近。所以不一定要经过繁杂的产量试验即可在生产上试种，而且在轮回亲本品种的推广地区容易为生产者所接受。利用其他方法育成的新品种，还得经过几年的鉴定和比较试验。因此，回交法可以省时省力。

应用回交育种法也有其缺点和局限性。回交育成的品种仅仅是在原品种的个别缺点上有所改良，而大多数性状没有多大改善，如果轮回亲本选择得不恰当，则回交改良的品种往往不能适应农业生产发展的要求。虽然可以用逐步回交法，即在改良一个缺点后再改良另一个缺点，逐步使品种综合性状优良，但却延长了育种年限。这是回交育种法最大的不足。

当改良一个品种的个别不良性状时，被转移的性状要具有较高的遗传力和便于鉴定、识别，才易于获得较好的效果。因此，回交改良品种往往仅限于由少数主基因控制的性状，至于改良数量遗传的农艺性状则比较困难。另外，回交的每一世代都需进行大量的人工杂交工作，这与通常的杂交育种相比，较为费事。为此，一些学者已将雄性不育基因导入到回交群体中以减轻杂交工作量。

回交法虽有助于打破基因的不利连锁，但目标基因可能存在多效性，或目标基因与不利基因的极紧密连锁，仍是回交育种中需要克服的重大障碍。在这样的情况下，必须进行多次回交，并在每一回交群体中，选择具有目标性状的个体供下一轮回交之用。但当目标性状和不利性状是同一基因表现的多功能效性，则更是不能将它们分离开。

回交群体恢复为轮回亲本基因型经常出现一些偏离。育种家期望回交群体逐渐恢复为轮回亲本基因型，但是回交结果和理论上所期望的常常发生偏差，而且不同性状恢复的速度也不同。如果对下一轮与轮回亲本进行回交的个体加以严格选择，既选择目标性状，也选择轮回亲本性状，这样有利于轮回亲本基因型的恢复。

事实上，任何育种方法都有其特殊的作用和优缺点，只有了解了各种方法的特点，才能在工作中根据不同的育种任务、材料和条件，采用适当的育种技术，获得最大的效果。

（二）回交育种的其他用途

1. 近等基因系的培育　回交方法除了用于转育个别目标性状给某一轮回亲本，培育新品种外，还有其他一系列用途，其中之一是近等基因系（near－isolines）的培育。为了研究不同性状基因对作物经济性状的影响，可以借回交法将不同基因分别转育给同一轮回亲本，培育成分别具有个别不同性状基因的近等基因系，相互比较，以便在同一遗传背景下，较正确地鉴定不同基因对经济性状的影响。同时也可了解不同遗传背景对同样基因的影响。如矮秆基因 *Rht1*、*Rht2*、*Rht3* 在不同的遗传背景下，株高表现不同。此外，在同一遗传背景下，*Rht1*、*Rht2*、*Rht3* 的表现型也不相同，表明这 3 个矮秆基因中，矮生作用 *Rht3*＞*Rht2*＞*Rht1* 。

回交法还可用于培育多系品种，即将不同的抗病主效基因分别导入同一推广品种中，育成以该品种为遗传背景，但具不同抗性基因的多个近等基因系，然后按照需要混合其中若干品系组成多系品种用于生产。多系品种既有综合性状上的一致性，又有抗病基因上的异质性，可以保持抗病性的稳定和持久，从而控制某种病害的流行为害。

2. 细胞质雄性不育系和恢复系的回交转育 在雄性不育系杂种优势利用中，回交是创造不育系、转育不育系和转育恢复系的主要方法，也是培育同质异核系和同核异质系的方法。下面主要介绍利用回交培育新的雄性不育系的方法：利用胞质雄性不育系为母本，和胞质正常、雄性可育，而无恢复雄性不育胞核基因的品系相杂交，雄性不育的杂种一代与雄性可育亲本回交若干代，使其核基因接近纯合，即成为新的雄性不育系，称为 A 系。原来的雄性可育系亲本，就成为它的保持系，称为 B 系。选育过程如图 3－6 所示。

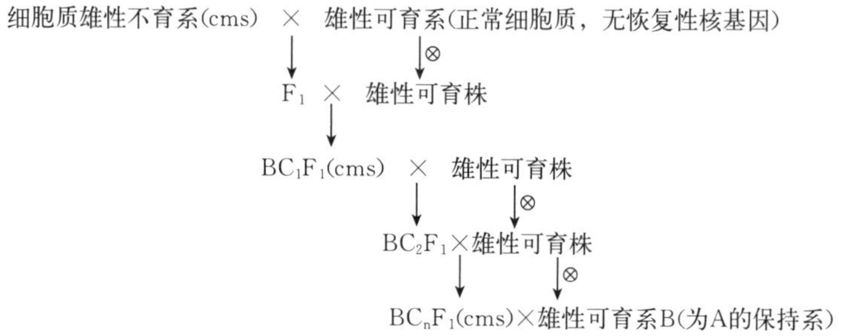

图 3－6 新的细胞质雄性不育系 A 的培育

（引自潘家驹主编《作物育种学总论》，1994）

3. 回交在远缘杂交中的应用 回交方法可以应用于异源种质的渐渗，以及作为控制超亲分离的有效手段。在远缘杂交中，回交可提高杂种的育性，控制杂种后代的分离，提高理想类型的出现概率。

第四节 诱变育种

诱变育种是人为的利用物理或化学等因素，诱导作物产生遗传性变异，获得有价值的突变体，然后根据育种目标进行选择、鉴定，培育新品种的途径。其特点在于打破原有基因库的限制，诱导并利用新的遗传变异，用以创造新种质和新品种。

诱变育种始于 20 世纪初，早期的进展较为缓慢。20 世纪 60 年代以后，诱变育种技术与方法日趋成熟，育成的作物品种逐渐增多。蔬菜诱变育种始于 20 世纪 50 年代，70 年代后发展迅速。据不完全统计，截至 1991 年年底，世界上已有 23 个国家先后在 33 种蔬菜上利用诱变育种育成了 138 个蔬菜品种和几千份突变种质。

一、诱变育种的意义及特点

（一）诱变育种的意义

1. 提高突变频率 自然突变是生物进化的动力之一，但植物发生自发突变的频率很低，通常为 10^{-6}。而采用人工理化因素诱变可使突变率提高 100～1 000 倍，并且变异的范围广、类型多。

2. 创造新的基因 人工诱发的突变有些是自然界中存在的，但也有些是自然界尚未出现的新基因，从而通过选育可产生自然界和常规杂交方法不易获得的稀有变异类型，使人们可以不完全依赖原有的基因库。

3. 缩短育种年限　诱发的变异大多是一个主基因的改变，因此稳定较快，一般经过3～4代选择就能够基本稳定，因而育种周期短，有利于在较短时间内育成新品种。

（二）诱变育种的特点

1. 诱变适于进行“品种修缮”　由于基因的分离和重组，往往会引起原有优良性状组合的解体，或者因为基因间的连锁关系，使得原有品种在获得所需优良性状的同时，获得一些不良性状。而诱变处理容易诱发点突变，甚至可以打破与不良性状之间的连锁，获得比较理想的突变体。

2. 有利突变频率不高　在诱变条件下虽然突变频率能大幅度提高，但有利突变的频率却很低，多数突变在育种上并无利用价值。因此诱变处理的后代必须保持相当大的群体，这样就需较大的田间试验规模和较多的人力、物力。

3. 突变方向和突变频率难以控制　诱变效果受到一系列复杂因素制约，诱导突变的方向及希望出现的变异频率尚难掌握，尚不能实现定向突变。此外，难以在同一次处理材料中，出现多种性状均理想的突变体。因此，期盼同时改良多个或综合性状是困难的。

（三）诱变育种的类别

根据诱变因素的不同，诱变育种可分为物理诱变和化学诱变两大类。

1. 物理诱变　物理诱变主要指利用辐射等物理因子诱发基因突变和染色体变异。辐射是能量在空间传递的物理现象，可分为两种基本类型，即电离辐射和非电离辐射。前者是一种穿透力较强的高能辐射，当它穿过介质时能使介质发生电离，具有特殊的生物学效应，常用的电离辐射有X射线、γ射线和带电粒子等。

2. 化学诱变　化学诱变是应用有关化学物质诱发基因和染色体变异。除秋水仙素外，常用的化学诱变剂种类有烷化剂、碱基类似物、叠氮化物和抗生素等。

二、常规物理诱变剂及其处理方法

（一）物理诱变剂的种类与特性

1. X射线　辐射源是X光机。X射线是一种核外电磁辐射，是原子中的电子从能级较高的激发状态跃迁能级较低状态时发出的射线，它不带电荷，是一种中性射线。波长0.1～1.0 nm的为软X射线，穿透力较弱，但能产生较高的电离密度或线性能量转移，适宜处理种子、幼苗、花粉等。波长0.001～0.010 nm的为硬X射线，穿透力较强。

2. γ射线　辐射源是^{60}Co和^{137}Cs及核反应堆。γ射线是核内电磁辐射，是原子核从能级较高的激发状态跃迁能级较低状态时发出的射线，也是一种不带电荷的中性射线。它的波长为0.0001～0.0010nm，比X射线能量更高、穿透力更强。主要用于外照射，是目前辐射育种中最常用的射线之一。

3. 中子　辐射源是核反应堆、加速器或中子发生器，^{252}Cf是自发裂变中子源。中子是中性粒子，根据其能量的大小，分为能量小于1eV（电子伏）的热中子，能量为0.1keV（千电子伏）～0.1MeV（百万电子伏）的慢中子，能量为0.1～1 MeV的中能中子，能量为1～20 MeV的快中子，能量在21 MeV以上的超快中子。应用最多的是热中子和快中子。中子的诱变力比X射线、γ射线、β射线均强，在诱变育种中应用日益增多。

4. α射线　α射线是带正电的粒子束，由放射性同位素在衰变中产生，粒子质量较大，电离能力强，而穿透力较弱，诱发染色体断裂能力很强，可以引入植物体内进行内照射。

5. β射线 β射线是由电子或正电子组成的射线束，可由加速器产生，也可由放射性同位素衰变产生。与α射线相比，其穿透力强，电离能力弱。在植物育种中常用能产生β射线的同位素溶液浸泡处理材料，进行内照射。常用的同位素有^{32}P、^{35}S，这些同位素进入组织细胞，对植物产生诱变作用。

6. 离子束 离子束是离子经高能加速器加速后获得的放射线。与电子束、X射线、γ射线等相比，离子束可以在电场、磁场的作用下被加速或减速以获得不同的能量，可精确控制其入射深度和部位。离子束是一种新的诱变源，它对生物体有能量沉积、动量传递、质量沉积和电荷中和与交换于一体的联合作用。与其他诱变源相比，可以获得更高的突变率和更广的突变谱。

7. 紫外线 紫外线是一种波长较长（136～390 nm）、能量较低的低能电磁辐射，不能使物质发生电离，属于非电离辐射。紫外线对植物组织的穿透能力有限，通常多用于处理孢子或花粉粒等，多用于微生物研究。照射源是低压水银灯，材料在灯管下接受照射，诱发的有效波长在250～290 nm波长范围，这是遗传物质核酸的吸收光谱，因此其诱变作用最强。

8. 激光 激光是由激光器产生的一种高强度的单色相干光，具有高亮度、高方向性、高单色性和高相干性的特点，主要通过光效应、热效应、压力效应和电磁场效应等方面直接或间接地影响生物有机体。目前使用较多的激光器有钕玻璃激光器、红宝石激光器、氮分子激光器、氦氖激光器和二氧化碳激光器等，产生的光波长从10.60 μm的远红外线到0.377 1 μm的紫外线不等。

9. 微波 微波是指波长为1～100 mm、能量为10^{-6}～10^{-2} eV的电磁波。利用微波进行诱变具有设备简单、操作方便和安全可靠等特点。微波具有传导作用和极强的穿透力，能刺激水、蛋白质、核苷酸、脂肪和碳水化合物等极性分子快速振动，使细胞壁通透性增加，使DNA分子氢键和碱基堆积化学力受损，引发DNA结构变化，从而发生遗传变异。

10. 空间诱变育种 空间诱变育种是指利用返回式卫星、空间站、航天飞机或高空气球等空间飞行器搭载育种材料，飞行于距离地球20～400 km的高空，利用高空特殊环境，对育种材料进行诱变处理，然后返回地面种植选育，以获得优良新品种或特殊种质材料。空间诱变育种是航天技术、生物技术和农业育种技术相结合的产物。自1987年以来，中国曾多次利用返回式卫星、神舟号飞船和高空气球开展农作物、微生物、抗生素、酶制剂生产菌、昆虫等空间育种研究，经多年的地面选育，已培育出一批作物新品种。

研究表明，与其他诱变方法相比，空间诱变育种对处理材料的生理损伤轻，伤害性变异小，能产生一些其他理化诱变处理较少出现的变异类型。其诱变因子除空间辐射外，还有空间微重力等的影响。

（二）物理诱变机制

1. 辐射诱变作用机制

（1）电离辐射作用过程 电离辐射作用过程可分为四个阶段：①物理阶段，有机体接受高能电离辐射后，体内分子发生电离和激发；②物理化学阶段，其特点是通过电离的分子重排，产生许多化学性质很活泼的自由基；③生物化学阶段，是自由基的继发作用，与生物大分子发生反应；④生物学阶段，细胞内发生一系列生化反应，导致各种细胞器结构及其组分发生变化。

（2）电离辐射的遗传效应 电离辐射的遗传效应，在细胞水平上主要是引起染色体的畸变，在分子水平上则表现为基因突变。①辐射对细胞的作用，首先表现为细胞分裂活动受抑制，或在早期死亡，有机体生长缓慢。辐射引起细胞膜的破损，使细胞质结构成分发生物理和化学性质的变化。辐射后染色体发生畸变，畸变类型有断裂、缺失、倒位、易位和重复等，也可能引起染色体数目的改变而出现非整倍体。总之，电离辐射引起的染色体变化在有丝分裂中自我复制，并在以后的细胞分裂中保持下来。②辐射引起DNA的氢键断裂、糖与磷酸基之间断裂、在一个键上相邻的胸腺嘧啶碱基之间形成新键而构成二聚物以及各种交联现象，使DNA在结构上发生多样性变化，造成遗传信息贮存和补偿系统发生转录错误，并最终导致有机体的突变。

2. 激光诱变效应　激光诱变除光效应外，还伴随着热效应、压力效应、电磁场效应以及多光子吸收的非线性效应。

（1）*光效应*　光能使有机体发生分离、电解以及产生荧光和热等光化学反应，从而引起有机体某种变化。

（2）*热效应*　激光照射后，主要引起有机体局部温度升高，造成酶失活、DNA 变性及 DNA 分子内部结构破坏、重排等一系列变化。

（3）*压力效应*　激光的光束能量极高，能产生很大的辐射压力，其形成的光压，相当于 0.34 个大气压。另外，热效应也会引起次生冲击波的压力效应。

（4）*电磁场效应*　激光是一种高能量的电磁波，能产生一个强电磁场，引起 DNA 分子中氢键的断裂和碱基的替换，或原子离子化等。

3. 空间诱变效应　高空环境比较复杂，一般认为，空间辐射和微重力是主要的诱变因素，但超真空、交变磁场、卫星的加速和振动、飞行舱内的温、湿度条件及其他未知因素等也可能是引起植物材料发生突变的原因。

（1）*微重力假说*　植物进入空间环境，重力不及地面 1/10 的微重力是影响其生长发育的重要因素之一。多数高等植物具有特殊的重力敏感器官，能够识别重力矢量的改变，并启动系统的响应，发出信号引起广泛的生理反应，表现出微重力的直接效应。近年来，对微重力的研究多集中在对生物系统生理、生化过程的影响。有研究表明，微重力对植物的向性、生理代谢、激素分布、钙的含量分布和细胞结构等均有明显影响。微重力还可能干扰 DNA 损伤修复系统的正常运行，阻碍或抑制 DNA 断链的修复。Halstead 等（1994）在对大豆和拟南芥根细胞的研究中发现，在航天搭载的细胞中出现了细胞核的异常分布现象，并且浓缩染色质明显增加，这一现象与细胞有丝分裂减少有关。

（2）*空间辐射假说*　空间辐射的主要来源有地球磁场捕获高能粒子产生的地磁俘获带辐射（geo-magnetically trapped particle radiation，GTPR）、银河宇宙辐射（galactic cosmic radiation，GCR）及太阳粒子辐射（solar particle radiation，SPR）。由于来源不同，粒子的能谱范围也不同，如 GTPR 粒子和 SPR 粒子的能量最高为数百兆电子伏特/核子（MeV/u），GCR 粒子的能量则可高达数千亿电子伏特/核子。在空间辐射所包括的多种高能带电粒子中，质子的比例最大，其次是电子、氦核及更重的离子等。

上述射线和粒子能穿透宇宙飞行器外壁，作用于飞行器内的生物，可能引起生物细胞内 DNA 分子发生断裂、损伤，如碱基变化、碱基脱落、两键间氢键的断裂、单键断裂、双链断裂、螺旋内的交联以及 DNA 分子与蛋白质分子的交联等，从而导致生物产生可遗传的变异。染色体畸变是高能重粒子（HZE）辐射的常见现象，而且 HZE 击中的部位不同，畸变情况亦不同，其中根尖分生组织和胚性细胞被击中时，畸变率最高。Maksirnova（1985）研究发现，莴苣种子在空间飞行中被高能重离子击中后，其染色体畸变率大大增加，这说明空间飞行引起的染色体损伤与空间辐射有着很大关系。

（三）物理诱变剂的处理方法

1. 外照射　外照射是指应用某种射线对植物材料进行体外照射。外照射是应用最普遍、最主要的照射方法，其优点是操作方便，可以集中处理大量材料。可以照射种子、植株、花粉、子房、合子、胚细胞和营养器官等几乎所有的材料。

不同照射材料对射线的敏感性不一。对射线的敏感性大小依次为：愈伤组织＞试管苗＞田间苗＞根芽＞插条＞种子。这主要与射线引起诱变的间接作用机理有很大关系。愈伤组织含水量高达 80%以上，在射线处理下，会产生很多氧自由基破坏核酸和蛋白质等生物大分子。另外，愈伤组织的代谢系统还不健全，对损伤的修复程度低，故对射线最为敏感。种子对射线的敏感性最差，因为其含水量一般低于20%，射线处理所产生的间接损伤作用不大。另外，种子处于休眠状态，一些大的生物分子被保护，不易被射线所破坏，故休眠种子对射线敏感最弱。

（1）种子照射 有性繁殖植物最常用的处理材料是种子。种子处理的优点是：操作方便，体积小，处理数量多，便于贮藏和运输，处理后可在较长一段时间内持续保持生物学效应，并可通过改变辐照材料的内外环境条件来提高诱变效率。环境效应主要表现为种子含水量以及温度和空气成分等环境因子对辐射效应的修饰作用。研究表明，受照种子于干燥室内贮存数月至一两年，辐射效应未见损失。萌动种子较之干种子，其辐射敏感性增强，诱变频率亦提高。供照射的种子材料应预先精选，要求纯度高，不含杂物。

（2）植株照射 植株照射的方式很多，有在整个发育过程中照射或在某一发育时期照射、长期照射或多次间隔性照射、急性照射或长期慢性照射等。同一种作物在不同时期处理，其诱变效果是不同的。钴植物园是进行大规模田间植株照射的辐射育种设施，其特点是能同时处理大量植株，并在田间自然条件下进行。

（3）花粉照射 其优点是一旦花粉发生突变，雌雄配子结合为异质合子，由合子分裂产生的细胞都带有突变。花粉照射的方法有两种，一是将花粉收集于容器内，经照射后即刻授粉。花粉生活力强、寿命长的作物适于采用此法。二是用手提式的辐射装置或在田间辐射圃直接照射植株上的花粉。研究发现，利用辐照花粉授粉可望解决杂交及远缘杂交不亲和性等问题，是创造新的种质资源最有希望的方法之一。

（4）子房照射 照射子房可以引起卵细胞突变，还可以诱发孤雌生殖。

（5）合子和胚细胞照射 合子和胚细胞处于旺盛的生命活动时期，辐射诱变效果好。照射第1次有丝分裂前的合子，可以避免形成嵌合体，提高突变频率。

（6）营养器官照射 无性繁殖植物常用营养器官进行处理，如各种类型的芽、接穗、枝条、块茎、鳞茎、球茎、块根和匍匐茎等。可选择生理活跃时期进行处理，有利于突变的产生。

（7）离体培养中的组织和细胞照射 用诱变处理组织培养物如单细胞培养物、愈伤组织等，取得了一定的成效。

2. 内照射 内照射就是将放射性同位素引入植物体内进行照射。具有剂量低、持续时间长、多数植物可在生育阶段进行处理等优点。常用于内照射的放射性同位素：放射β射线的有^{32}P、^{35}S、^{45}Ca，放射γ射线的有^{65}Zn、^{60}Co、^{59}Fe等。内照射方法有以下几种：

（1）浸泡法 将种子或枝条置入一定强度的放射性同位素^{32}P、^{35}S等溶液中浸泡，使放射性物质进入组织内部进行照射。

（2）注射法 用注射器将放射性同位素溶液注入植物体内进行照射的一种方法。

（3）施入法 将放射性同位素施入土壤中，利用植物根部的吸收作用，吸收到体内进行照射。

（4）涂抹法 将放射性同位素溶液与适当的湿润剂配合涂抹在植株上或刻伤处，被植株吸收到体内进行照射。

在进行内照射时要注意安全保护，防止放射性污染。

3. 间接照射 间接照射是指除外照射和内照射这两种基本照射方式以外的一种中间类型的处理法。其方法是：用射线照射纯水培养液或培养基，然后将萌发的种子或其他植物材料放入其中处理，或者先照射处理材料，在低温下提取其浸出液，再以此浸出液浸渍未处理的种子或植物材料，诱发染色体畸变。

（四）辐射处理的剂量

1. 辐射的单位

（1）照射量 照射量是反映X射线和γ射线在空气中任意一点产生电离本领大小的一个物理量。

照射量的国际单位是 C/kg。

（2）照射量率　照射量率是指单位时间内的照射量，其单位是 C/(kg·s)[库伦/(千克·秒)]。

（3）吸收剂量　吸收剂量是指受照射物体某一点上单位质量中所吸收辐射的能量。吸收剂量的国际单位是 Gy（戈瑞）。

（4）吸收剂量率　指单位时间内的吸收剂量，其单位为 Gy/h、Gy/min、Gy/s 等。

（5）粒子的注量（积分流量）　所谓注量是指单位面积内所通过的中子数，通常以 n/cm^2（中子数/厘米^2）表示。

2. 放射性强度单位　与剂量单位的概念不同，放射性强度单位是以放射性物质在单位时间内发生的核衰变数目来表示，放射性强度单位的国际单位是 Bq（贝克雷尔），其定义是放射性核衰变每秒衰变一次为 1Bq。与 Bq 暂时并用的原专用单位是 Ci（居里），$1Bq=2.7\times10^{-11}Ci$。

3. 适宜剂量和剂量率的选择　辐射剂量与突变频率间存在一定的相关性。随着辐射剂量的提高，一般突变频率随之增加，但剂量过高，又会导致种子、植株大量死亡或高度不育，有害突变大量出现。适宜剂量和剂量率的选择要根据“活、变、优”原则灵活掌握，“活”指后代有一定的成活率；“变”指在成活个体中有较大的变异效应；“优”则指产生的变异中有较多的有利突变。

选择适宜的辐射剂量一般是以发芽率或幼苗生长势为指标，找出辐射后发芽率为无处理对照一半的剂量，即照射种子或植物的某一器官成活率占50%的剂量为“半致死剂量”（LD_{50}）。以此为中心增高或降低作为实验剂量。照射种子或植物的某一器官成活率占40%的剂量称为“临界剂量”。根据半致死剂量和临界剂量来确定适宜的辐射剂量。具体的辐射剂量因辐射源、作物种类、处理材料等的不同而异，一些主要蔬菜辐射育种常用材料和剂量可参考表3-10。为提高成功率，每材料可选用2～3级、每级相差20%的不同剂量辐照。在实际处理中，选择较低的照射量率、稍长的照射时间效果较好。

表3-10　主要蔬菜辐射育种常用的材料和剂量参考表

（引自曹家树等主编《园艺植物育种学》，2001）

种　类	处理材料	剂量范围（C/kg）	种　类	处理材料	剂量范围（C/kg）
番　茄	干种子	0.45～12.9	大白菜	干种子	20.64～25.8
		（中子）（1.3～7.7）$\times10^{12}/cm^2$	芥　菜	干种子	25.8左右
甜　椒	干种子	5.16～10.32	萝　卜	干种子	25.8左右
		（中子）$1\times10^{11}/cm^2$	胡萝卜	干种子	15.48～18.06
茄　子	干种子	12.9～20.64	芜　菁	干种子	25.8左右
黄　瓜	干种子	12.9～20.64	莴　苣	干种子	2.58～6.45
甜　瓜	干种子	10.32～15.48	甜　菜	干种子	12.9左右
		（中子）$7.5\times10^{12}/cm^2$	大　蒜	鳞　茎	0.15～0.21
西　瓜	干种子	5.16～12.9	芹　菜	干种子	15.48～18.06
		（中子）$7.5\times10^{12}/cm^2$	洋　葱	干种子	10.32～12.9
菜　豆	干种子	2.58～6.45		鳞　茎	0.15～0.21
豌　豆	干种子	1.29～6.45	草　莓	匍匐枝	3.87～6.45
		（中子）（1～4）$\times10^{12}/cm^2$		花　粉	0.077 4
蚕　豆	干种子	2.58～5.16	甜玉米	干种子	5.16左右
菜用大豆	干种子	2.58～3.87	荠　菜	干种子	15.48～18.06
甘　蓝	干种子	25.8左右	马铃薯	块　茎	0.516～1.29
花椰菜	干种子	20.64左右	莳　萝	干种子	2.58～3.87

三、常规化学诱变剂及其处理方法

农作物化学诱变育种是人工利用化学诱变剂诱发作物发生突变，再通过多世代对突变体进行选择和鉴定，直接或间接地培育成生产上能利用的农作物品种。一般认为化学诱变育种始于1943年约克斯（Oehlktrs）用乌来糖（urethant 脲烷）诱发月见草、百合及风铃草的染色体畸变。1967年尼兰（Nilan）以硫酸二乙酯为诱变剂育成了产量高、茎秆矮、抗倒伏的柳帖尔大麦品种，并已在美国推广。化学诱变具有成本低、使用方便、诱变作用专一性强等特点，是一种迅速发展的育种方法和技术。

（一）化学诱变剂的种类及其作用机制

化学诱变剂种类很多，常用的化学诱变剂有烷化剂、碱基类似物、抗生素、叠氮化物、亚硝酸、羟胺和吖啶等。

1. 烷化剂 烷化剂是诱变育种中应用最广泛的一类化合物。烷化剂通常带有一个或多个活跃烷基，这些烷基能转移到其他电子密度较高的分子上去，可置换碱基中的氢原子，这种作用称之为烷化作用。碱基被烷化即与DNA（或RNA）起作用，进而导致“遗传密码”的改变，产生突变。常用的烷化剂有甲基磺酸乙酯（EMS）、硫酸二乙酯（DES）、乙烯亚胺（EI）、N-亚硝基-N-乙基脲烷（NEU）、亚硝基乙基脲（NEH）和1-甲基-3硝基-1-亚硝基胍（NTG）等，它们的理化性质、处理浓度范围及保存方法见表3-11。

表3-11 几种烷化剂的性质、处理浓度和保存要求

（引自曹家树等主编《园艺植物育种学》，2001）

诱变剂	性 质	水溶性	熔点或沸点	浓度范围	保存条件
甲基磺酸乙酯（EMS）	无色液体	约8%	沸点：85～86 ℃/1 333.22 Pa	0.3%～1.5% 0.05～0.3 mol/L	室温、避光
硫酸二乙酯（DES）	无色液体	不溶	沸点：208 ℃	0.1%～0.6% 0.015～0.02 mol/L	室温、避光
乙烯亚胺（EI）	无色液体	可溶	沸点：56 ℃/1.01×10^5 Pa	0.05%～0.15% 0.85～9.0 mol/L	密闭、低温、避光
N-亚硝基-N-乙基脲烷（NEU）	粉红色液体	约0.5%	沸点：53 ℃/666.61 Pa	0.01%～0.03% 1.2～14.0 mol/L	
亚硝基乙基脲（NEH）	黄色固体	微溶	熔点：98～100 ℃	0.01%～0.05%	冰箱、干燥
1-甲基-3硝基-1-亚硝基胍（NTG）	黄色固体	可溶	熔点：118 ℃		低温、避光

2. 核酸碱基类似物 这是与DNA碱基的化学结构相类似的一些物质，其作用机制与烷化剂不同，可以在不妨碍DNA复制的情况下，作为组成DNA的成分渗入到DNA分子中，使DNA在复制时发生配对上的错误，从而引起有机体的变异。常用的碱基类似物诱变剂有5-溴尿嘧啶（BU）、5-溴去氧核苷（BudR）、2-氨基嘌呤（AP）和马来酰肼（MH）等。

3. 无机化合物 这类药剂比较多，如氯化锰（$MnCl_2$）、硫酸铜（$CuSO_4$）、双氧水（H_2O_2）、氨（NH_3）、氯化锂（LiCl）和亚硝酸（HNO_2）等，其中亚硝酸是一种有效的诱变剂，被认为是自然诱变的主要原因之一，它可使DNA分子的嘌呤和嘧啶基脱去氨基，使核酸碱基发生结构和性质改变，造成DNA复制紊乱，进而引发遗传性状的改变。氯化锂则能导致AT－GC碱基对的转换或碱基的缺失。

4. 简单有机化合物　这类化合物有醋酸、甲醛、氧化乙烯、乳酸、重氮甲烷、重氮乙烷和氨基甲酸乙酯等，这些药剂对不同的动、植物个体、组织或细胞有一定的专一性，如甲醛能引起果蝇早期精母细胞的突变，但对雌蝇却无效。

5. 抗生素　抗生素类诱变剂具有高度选择性，能抑制细胞的生长，且大多数对维持生命有重要意义的DNA特殊位点起作用。常用的有重氮丝氨酸、链霉黑素和平阳霉素（PYM）等。其中，平阳霉素是一种新的诱变剂，是博莱霉素的A5组分，具有安全、高效、诱变频率高、诱变谱广等优点。

6. 其他诱变剂　对生物能起诱发突变作用的药剂还有叠氮化物、羟胺、秋水仙素和吖啶等，其中叠氮化钠（NaN_3）是一种呼吸抑制剂，可使复制中的DNA碱基发生替换，从而导致突变体的发生，具有高效、无毒、价格便宜及使用安全等优点。吖啶属于诱发移码突变的诱变剂。

（二）化学诱变剂的处理方法

1. 药剂配制　通常情况下，在诱变处理时需要把药剂配制成一定浓度的溶液。根据诱变剂的溶解特性和浓度要求可将药剂配制成水溶液；有些药剂不溶于水，可先用70%的酒精溶解，再加水配制成所需溶液。

烷化剂在水中很不稳定，能与水起“水合作用”，产生不具诱变作用的有毒化合物。烷化剂只有在一定的酸碱度下，才能保持相对稳定，因此可以将它们加入到一定酸碱度（pH）的磷酸缓冲液中使用。几种诱变剂所需0.01 mol/L磷酸盐缓冲液的pH如下：EMS和DES为7，NEH为8，NTG为9。亚硝酸也不稳定，一般采取在临使用前将亚硝酸钠加入到pH 4.5的醋酸缓冲液中生成亚硝酸的方法。

2. 试材预处理　在化学药剂处理之前，需将干种子用水预先浸泡，以提高细胞膜透性，增加种子对诱变剂的敏感度。实验表明，当细胞处于DNA合成阶段时，对诱变剂最敏感。

3. 药剂处理　根据处理材料的特点和诱变剂的性质，可灵活采用不同的药剂处理方法。

（1）*浸渍法*　将种子、枝条、块茎、块根等浸入一定浓度的诱变剂中，或将枝条基部插入溶液，通过吸收使药剂进入体内。

（2）*注入法*　用注射器将药剂注入材料内，或用有诱变剂溶液的棉团包缚人工切口，使药液通过切口进入材料内部。

（3）*涂抹法或滴液法*　将适量的药剂溶液涂抹植株、枝条和块茎等材料的生长点或芽眼上，或用滴管将药液滴于处理材料的顶芽或侧芽上。

（4）*熏蒸法*　将花粉、花序或幼苗置于密封的容器内，产生蒸汽进行熏蒸。

（5）*施入法*　在培养基中加入低浓度的诱变剂溶液，通过根部吸收或简单的渗透扩散进入植物体内。

4. 影响化学诱变效应的因素

（1）*诱变剂浓度和处理时间*　通常情况下，诱变剂浓度越高，有害的生理损伤相对增大。对于谷类作物而言，由处理的种子所长成的植株生长下降50%～60%时，就可认为是最适宜的突变量；对EMS来说，20%的生长量下降就足够了。由于不同作物、不同品种之间对化学诱变剂敏感性的差异，因此，对于具体作物或品种而言，其适宜使用剂量应通过“幼苗生长试验”来确定。

适宜的处理时间，应是诱变剂完全将材料浸透，并充分进入生长点细胞、受处理组织完成水合作用的时间。已预先浸泡的材料，处理时间可缩短；对于种皮渗透性较差的作物种子，应适当延长处理时间。据报道，采取低浓度、长时间处理的方法，M_1植株的存活率较高，产生的突变频率也高。但处理时间长，则应使用缓冲液或根据药剂的水解速度来更换药剂（每当有 1/4 左右的药剂被水解，更换一次药剂）。对于易分解的诱变剂，则只能用适当的浓度在较短的时间内进行处理（0.5～2 h）。表 3－12 是部分烷化剂在不同温度的水中水解一半所需时间（也称为“半衰期”），可供参考。

表 3－12 几种烷化剂水解的“半衰期”

（根据曹家树等主编《园艺植物育种学》，2001）

诱变剂	半衰期（h）		
	20 ℃	30 ℃	37 ℃
甲基磺酸甲酯（MMS）	68	20	9.1
甲基磺酸乙酯（EMS）	93	26	10.4
甲基磺酸丙酯（PMS）	111	37	—
甲基磺酸丁酯（BMS）	105	33	—
甲基磺酸异丙酯（iSO－PMS）	1.8	0.58	0.23
N－亚硝基－N－乙基脲烷（NEU）	—	84	—
N－亚硝基－N－甲基脲（NMU）	—	35	—
硫酸二乙酯（DES）	3.34	1	—

（2）温度　温度对诱变剂的水解速度有较大影响，当温度较低时，诱变剂能保持一定的稳定性，与被处理材料发生的有效作用减弱；但增高温度，可以提高反应速度和作用能力，加速药剂在溶液中的变性过程。因此，两者相结合，可以提高诱变效果。方法是：先在低温（0～10 ℃）下把种子浸泡在诱变剂中，使诱变剂进入胚细胞，之后把种子转移到新鲜诱变剂溶液中，在 40 ℃下进行处理，以提高诱变剂在种子内的反应速度。

（3）诱变剂溶液 pH 及缓冲液的使用问题　烷基磺酸酯和烷基硫酸酯等诱变剂水解后产生强酸，易致处理材料生理损伤，降低诱变后代存活率。也有些诱变剂在不同的 pH 溶液中分解产物不同，从而产生不同的诱变效果。例如亚硝基甲基脲在低 pH 中分解为亚硝酸，在碱性条件下则产生重氮甲烷。所以在处理前和处理中都应校正溶液的 pH。

试验证明，缓冲液本身对植物也有影响，一是影响植物的生理状态；二是可起诱变作用。一般认为使用一定 pH 的磷酸缓冲液，可显著提高诱变剂在溶液中的稳定性。

5. 注意事项

（1）确保安全，防止污染　绝大多数的化学诱变剂都有强烈的毒性，或易燃易爆。如烷化剂大部分为致癌物，氮芥类对皮肤有较强腐蚀作用等。因此，必须严格按照操作规程进行操作，避免药剂接触皮肤、误入口内或通过熏蒸的气体进入呼吸道。同时，要妥善处理残液，防止污染环境。

（2）后处理　当药剂进入植物体内，达到预定处理时间后，如不采取适当的排除措施，则还会在生物体内起作用而产生“后效应”，因而造成更大的生理损伤，使实际突变率降低。“后效应”产生的原因，一方面是残留诱变剂的继续作用；另一方面也可能是由于“再烷化作用”。后效应时间的长短，取决于诱变剂的理化特性、水解速度和后处理条件等。

所谓“后处理”是指使药剂中止反应的处理措施。最常用的方法是使用流水冲洗。冲洗时间与药剂种类及材料类型有关，一般需冲洗 10～30 min，且最好在±2 ℃低温下进行。为了更好地中止药剂的“后效应”，也可根据药剂的化学特性应用一些化学“清除剂”，如甘氨酸可解除氮芥的作用等。几种诱变剂中止反应的方法可参照表 3－13 进行。

表 3-13 几种诱变剂中止反应的方法

（引自曹家树等主编《园艺植物育种学》，2001）

诱变剂	中止反应方法	诱变剂	中止反应方法
硫酸二乙酯（DES）	硫代硫酸钠溶液（pH8.6，0.07 mol/L）或大量稀释	乙烯亚胺	稀释
		羟胺	稀释
亚硝基甲基脲（NMU）	大量稀释	氯化锂	稀释
甲基磺酸甲酯（MMS）	硫代硫酸钠溶液或大量稀释	秋水仙素	稀释
亚硝酸	硫代硫酸钠溶液	氮芥	甘氨酸或稀释

四、诱变育种程序

（一）诱变材料的选择

诱变材料的遗传背景对突变性状的表现和诱变效率的高低可以产生明显影响，应选择综合性状优良，适应性好，但还存在一个或少数性状不符合生产要求的品种作为亲本材料，以达到改良原品种的目的。因此，可选用当地生产上推广的良种或育种中的高世代品系作诱变材料。具有杂种优势的 F_1 代，也可作为诱变处理材料，因为杂合材料敏感性强，可能出现较高的突变频率和较宽的突变谱。

花药和小孢子也是辐照诱变的良好材料，处理后的再生植株，不仅稳定快，隐性性状可以在再生当代获得表现，且突变一经选出，将染色体加倍后就可以得到纯合的突变体，从而缩短育种年限。但单倍体生活力较弱，诱变中死亡率较高，加倍比较困难，繁殖系数较小，所以采用的剂量不宜过高。

要注意选择遗传基础存在差异的不同品种或类型作为处理材料，避免材料单一化，以增加优良变异出现概率。至于每个亲本材料处理的种子量，则因具体情况而定。总的原则是要保持获得足够数量的成活变异植株，以便为进一步筛选有益突变提供适当的选择群体。例如，如果有用突变率为 0.1%，用半致死剂量处理种子，则需处理种子 5 000～10 000 粒，M_1 才有 95%～99%的概率出现 1 株带有有益突变的个体。

（二）处理群体的大小

1. 突变世代的划分 有性繁殖植物的种子（胚）经过诱变处理后长出的植株称为诱变第 1 代（M_1），M_1 植株通过配子受精最后形成的种子即为 M_2，M_2 种植后入选的突变体繁殖的后代为 M_3，以此类推。

无性繁殖植物突变世代的划分，一般以营养繁殖的次数作为突变世代数。无性繁殖植物的亲本世代、突变世代、突变二代、突变三代，分别以 VM_0（或 M_0）、VM_1（M_1）、VM_2（M_2）、VM_3（M_3）表示，或简写为 V_0、V_1、V_2、V_3。

2. 分离世代群体数量的估计 各分离世代群体的适宜大小，要根据具体作物种类以及所需获得的突变类型、突变频率、突变体数目等因素决定。

对于单基因突变，假定突变率为 u，至少发生一个突变的概率为 p_1，则被鉴定的处理细胞数目 n，可用下列公式算出：

$$n=\lg(1-p_1)/\lg(1-u)$$

二倍体植物存在的隐性突变在 M_2 才能表现出来，如果辐射材料具有 50%的致死效应，则 2 n 代表提供 M_2 株系所需的 M_1 的植株数。

每个 M_2 株系的植株数（m），是由分离比例（α）及至少能产生 1 个纯合突变体的概率（p_2）来决定，其公式为：

$$m = \lg(1 - p_2)/\lg(1 - \alpha)$$

上述公式计算的仅仅是一个粗略的估算，要确定数量性状变异所需群体大小是比较困难的，因为难以确定掌控数量性状的基因数量，也不能确定在 M_2 中加以鉴别的最低效果的数量。

（三）突变体的鉴定

1. 植物损伤的鉴定

（1）*存活率的测定* 诱变材料无论是种子还是枝条都会有较严重的生理损伤，种子会降低发芽率和出苗数，枝条会降低发芽数，其损伤程度可用存活率表示。一般在经过处理的种子播种或接穗嫁接后4～6周内进行统计。

存活率＝种子出苗数（芽萌发数）/播种总数（芽总数）×100％

（2）*生长量的测定* 在播种发芽后或嫁接扦插发芽长叶后进行生长量的测定。测定幼苗的高度以及枝梢第1次停止生长的长度，是评价诱变处理效应的简单有效方法。

2. 细胞学鉴定 多数诱变因素，当剂量增加时，受处理种子发芽会延迟，染色体畸变频率提高，因此种子处理后，观察茎或根尖细胞的第1次有丝分裂周期，可以快速测验诱变因素效应。当 M_1 植株的发育进入减数分裂时，可通过镜检的方法，确定残留到这一时期的染色体突变的数量，包括诸如染色体缺失、重复、倒位、易位等畸变。

不同诱变剂对诱发染色体突变作用不一，X射线处理所造成的断裂是在整个染色体上随机分布的，而化学诱变剂引起染色体的断裂是有部位特异性，一般在异染色质部位发生断裂较多。

3. 植株性状的观察鉴定 对于诱变处理后代，要对其植物学性状和生物学性状进行观察鉴定。植物学性状包括茎、叶、花、果实和种子等的形态特征，如器官的颜色、形状、大小及刺或茸毛的有无等；生物学性状包括物候期、熟性、产量及品质和抗逆性等。

4. 蛋白质标记鉴定 蛋白质标记是较早使用的突变体筛选生化指标之一。蛋白质标记技术分为酶蛋白质和非酶蛋白质标记两类。许多研究者对突变体进行了蛋白质分析，获得了重要的遗传信息。例如，郑企成等（1994）对小麦花药培养结合诱变获得的耐盐突变体进行蛋白分析，发现盐胁迫蛋白的产生与亲本明显不同，突变体之间也存在差别。王翠亭等（2002）用高分子量麦谷蛋白亚基等电聚焦（IEF）电泳分析了普通小麦耐盐突变体，发现与耐盐性有密切关系的差异带，并确定了突变位点发生的主要同源群。

5. 抗性突变体的离体筛选鉴定 其方法是先对培养材料进行诱变处理，然后培养在加有一定浓度的病原物、病毒产生的致病毒素或其他胁迫因子的培养基中。一般情况下，正常细胞由于受到抑制而逐渐消失，只有少数发生突变的细胞才能在此不利条件下正常生长分化，再通过连续培养长成植株。这种方法的优点是处理群体大，有利于多种诱变剂的应用，便于进行单细胞选择和突变体的早期筛选鉴定。

（四）诱变后代的选育

1. 以种子为诱变材料的选育

（1）*M_1 植株的种植和选择* M_1 植株会出现各种生理上的损伤和形态上的异常，如活力降低、幼苗生长迟缓、成苗率和成株率下降等。因此，必须加强苗期管理，促进 M_1 植株正常生长发育。考虑到 M_1 的大多数突变为隐性突变，因此，M_1 一般不作选择，以尽量保持 M_2 的变异度。但对于杂种 F_1、单倍体等群体进行辐照处理时，M_1 就会出现分离，应按育种目标进行选择。

M_1 植株应进行隔离使其自花授粉，以免有利突变基因型因杂交而混杂。M_1 是以单株、单果采种还是按处理为单位混合采种，可根据育种要求和 M_2 植株的种植方法而定，采收的种子要分别登记编号。自花授粉作物 M_1 通常有 3 种采种法：①一粒或少粒混收法，即 M_1 每一植株上取 1 粒或几粒种子，混合种植成 M_2 植株群体。本法优点是节省土地和开支，但要求 M_1 植株群体较大，且突变性状易于识别。②混收法，将 M_1 植株群体经除劣除伪后混收混脱，在种子量不多的情况下全部种成 M_2。在种子量较多的情况下，可从中随机取出部分种子种成 M_2。③以分蘖、分枝或植株为单位采收种子较多时，可在植株的初生分枝上采取足够的种子。

（2）*M_2 植株的种植和选择*　M_2 是突变性状显现与分离的世代，因此，M_2 是重要的选择世代，要根据目标性状，在性状表现最为充分的时期进行鉴定和选择。

M_2 工作量是诱变育种中最大的一代，为了获得有利突变，通常 M_2 要有数万棵植株，每个 M_1 个体的后代（M_2）要种植 20～50 株。因为隐性突变经 M_1 植株自交至 M_2 便可显现出来，所以对 M_2 的每一个单株都要仔细观察鉴定，并且标出全部不正常的植株，对于已发生变异的株行或果（穗）行（每行有 1～5 株发生了突变），则从中选出有经济价值的突变株留种。经诱变处理而产生变异的产量性状，M_2 与 M_3、M_4 有一定程度的正相关，所以自花授粉植物 M_2 代常采用单株选择法。

（3）*M_3 植株的种植和选择*　将 M_2 当选的单株在 M_3 分别播种成株系，并设置对照。M_3 植株突变性状继续显现，对于多基因控制的数量性状，在 M_3～M_5 选择最有实用价值。

如果株系性状优良且整齐一致，可按株系采种，下一代进入品比试验和多点试验，进行农艺性状鉴定。随后的品种比较试验和生产试验，与常规育种程序相同。如果 M_3 继续分离变异，则继续进行单株选择和采留种。M_3 株系间差异较株系内差异大，因此 M_3 代应以选择优良株系为基础，在优良株系内多选优良单株。

（4）*M_4 植株的选择*　M_4 一般可选择性状稳定的突变系，下一年进行产量鉴定，以备后代执行常规育种程序。通常因诱变而得的优良性状稳定比较快，因此 M_3 以后对优良突变体进行定向选育，从而可能比品种间有性杂交育种时间缩短 2～3 年。

2. 以花粉为诱变材料的选育　花粉诱变育种，一是可以结合单倍体育种，培育有遗传变异的单倍体植株；其次花粉的生殖核可以认为是一个细胞，所以诱变处理后，产生的变异就是整个细胞的变异，获得的植株一般不存在嵌合体问题。其后代的育种程序，可参照种子处理后的培育与选择，考虑到花粉诱变后代具有全株性，由 M_1 种子播种成 M_2 时，以单株为单位分别播种成株系即可，每一 M_2 系种植 10～16 株。

3. 营养器官诱变处理材料的选育　采用营养器官繁殖的植物在遗传上是异质的，诱变处理产生的突变在当代就能表现出来，所以在 M_1 就要进行选择。同一营养器官上的不同芽，对诱变处理的敏感性和反应有所差异，可能出现不同的突变。对于有利的突变，可以通过无性繁殖的方式固定下来，并育成新品种。无性繁殖系在诱变育种中存在嵌合体的干扰，与种子繁殖比较，处理群体小，大田筛选优良基因型需要较长时间，因此要采用分离繁殖、摘心、修剪和组织培养等方法将优良突变体在早期从嵌合状态中分离出来，以提高无性繁殖作物诱变育种效率。

五、诱变育种的发展

（一）理化诱变剂的特异性

物理诱变和化学诱变虽然均可诱发染色体畸变，但诱变机理各不相同。

辐射诱变中的 γ 射线、X 射线和中子等均具有较强的穿透力，可以深入材料内部组织而击中靶分子，使用上不受材料组织解剖结构的限制。而化学诱变剂一般需配成溶液，通过吸收和渗入进入组织内部后才能发生作用，穿透性较弱，对于有鳞片和茸毛严密包裹的芽，诱变效果往往不理想。

辐射诱变借助射线的高能量，诱变多表现为染色体结构的变异。化学诱变则主要是诱变剂与 DNA 等遗传物质发生一系列生化反应造成的，能诱发更多的基因点突变。此外，辐射诱变造成的染色体断裂是随机分布的，而化学诱变不同的药剂对不同植物、组织或细胞甚至染色体片段或基因的诱变作用具有一定的专一性，如马来酰肼对蚕豆第Ⅲ染色体的第 14 段特别起作用，而乙醇则对第Ⅳ染色体的第 19 段的作用特别有效。有研究表明，以种子为诱变材料，化学诱变的变异高于辐射诱变3～5 倍，且能产生更多的有益变异。

物理诱变与化学诱变的突变谱很不相同，如用辐射处理大麦（特别是用快中子处理后）所产生的叶色突变谱较窄，且大多是白化类型，而化学诱变处理，突变谱较宽，其中白化突变的比率明显下降。

（二）诱变剂的复合处理

不同的诱变因素具有不同的诱变特点，为了提高突变率，拓宽突变谱，应重视各种诱变因素的综合利用。多途径、多因素的复合处理，可以充分发挥各种因素的特异性，增强诱变效果，使产生的变异有相应的累加和超累加作用，更利于获得稳定的优良突变体。

已有研究表明，适宜的理化诱变剂及其剂量组合，具有明显的累加效应或超累加效应。这可能是化学诱变与辐射等物理诱变复合处理时，即诱变材料先用 γ 射线、X 射线或中子等辐射后再用化学诱变剂处理，辐射处理改变了细胞膜的渗透性，促进处理材料对化学诱变剂的吸收，从而提高诱变效果。例如，张再君等（2000）用不同剂量的 ^{60}Co γ 射线和 NaN_3 制剂对水稻材料珍汕 97A 进行复合处理，结果表明，辐射并经 2.0 mmol/L NaN_3 处理的珍汕 97A 的 M_1 植株群体中，育性恢复突变体的突变率均达 10^{-3}数量级。琚淑明等（2003）利用^{60}Co γ 射线与 HNO_2 复合处理辣椒种子，M_1 在发芽时间、发芽势、根长、成株率、株高性状上的生物学损伤效应表现为累加或协同效应。

此外，两种物理或化学因素之间的复合处理；诱变因素与修复抑制剂如苯甲酰胺、EDTA 之间的复合处理；诱变因素与辐射防护剂如半胱氨酸、吲哚乙酸之间的复合处理等，也日益受到关注。万贤国等（1993）发现，一定剂量的 Ar^+激光或远红外激光＋γ 射线复合处理水稻干种子可显著提高诱变频率，并发现 He－Ne、Ar^+ 等激光对 γ 射线造成的辐射损伤有明显的缓解作用。朴铁夫等（1995）研究了苯甲酰胺和 4NQO（4－硝基喹啉－1－氧化物）对蚕豆的细胞学效应，发现 4NQO 处理后再经苯甲酰胺处理，所诱发的蚕豆根尖染色体畸变率明显高于 4NQO 单独处理及 4NQO 和苯甲酰胺的混合处理，表明苯甲酰胺对 4NQO 造成的 DNA 损伤有明显的抑制修复作用。

（三）诱变育种与其他育种方法的结合

1. 诱变育种与远缘杂交相结合 远缘杂交能够引入不同种属的有利基因，是蔬菜遗传改良的重要途径；而诱变处理对提高远缘杂交成功率、诱导染色体易位以及实现外源基因转移有着特殊的作用和效果。如日本放射线育种场利用此方法育成了抗多种病害的番茄新品种强力玲光，国内学者通过辐照花粉与远缘杂交相结合，获得了大白菜胞质不育系。

2. 诱变育种与离体组织培养技术相结合 诱变育种与离体组织培养技术相结合，具有处理基数大，可定向筛选，能克服气候限制开展工厂化育种，缩短无性繁殖植物育种周期等优点。苏联学者巴路摩尔·维诺娃（1985）对洋葱的活体与离体诱变进行了系统的研究，其离体的鳞茎盘和花序在含有秋水仙素的培养基上培养获得了 80％～100％的诱变频率，并且将混倍体中含有大量四倍体细胞的表型进行组织培养后均可成为稳定的四倍体。中国科技工作者利用离体诱变方法开展了洋葱、大蒜、马铃薯、大白菜和甜椒等育种研究，如山东省农业科学院蔬菜研究所用^{60}Coγ 射线辐照试管苗，诱变育成了 82 辐 44 马铃薯新品种。

3. 诱变育种与 DNA 分子标记技术相结合 在诱变育种中，可以产生各种各样的变异，对诱发突变的选择仍存在许多困难。一是群体大，突变株少，逐株对某一性状，尤其是非直观的生理生化性状（如蛋白质含量等）加以鉴定，存在操作和经济上的困难。二是由于受到显隐性关系的制约，隐性性状在杂合体中不能表达，或是一些数量性状因受环境条件的影响而难以正常表达。因此，依靠传统表型选择方法效率低下。

DNA 分子标记是以 DNA 多态性为基础，无组织、器官和发育时期的特异性，不受环境条件和基因互作影响，与不良性状无必然连锁，部分标记的遗传方式为共显性，可鉴别基因型纯合和杂合类型，这为突变体的快速有效筛选鉴定创造了条件。目前，DNA 分子标记已应用于突变体的筛选与突变基因库的构建。例如，甲基磺酸乙酯能够保持生物低水平染色体断裂的同时，诱发高密度的点突变。但是点突变是相对细微的变化，传统表型选择方法不易检测。而采用 TILLING 技术（targeting induced local lesions in genomes）能够快速有效地发现目标基因自发或诱发突变所出现的一系列等位基因。例如，Slade 等（2005）应用该技术从 1 920 个糯性基因小麦突变个体中筛选到了 246 个等位基因，获得了丰富的遗传信息和有价值的突变个体。

（四）存在的问题及对策

1. 存在的主要问题 诱变育种作为常规育种方法的一个有力补充，已逐渐被育种家所重视，并且取得了显著成绩。但同时也存在不少问题，主要表现在：

（1）诱变育种基础研究比较薄弱。在过去的诱变育种实践中，人们多注重于用各种手段达到诱变目的，而对于突变体是属于染色体水平、基因组水平或是单基因水平的突变，探讨不够；对诱变机理以及突变体的遗传特性、代谢途径和突变性状的遗传控制基因等知之甚少。这在一定程度上影响了诱变育种的进一步发展。

（2）对突变体的鉴定还大多停留在田间表型性状的直接筛选上，如何有效减少工作量、提高诱变育种的选择效率，仍是诱变育种面临的一个重要课题。

（3）尽管不断有新方法、新技术应用于诱变育种的报道，但仍然不能实现定向、定点诱变。

2. 对策与展望

（1）*加强诱变机制研究* 深入探讨主要诱变剂的分子诱变机制，研究不同作物、品种、组织、离体培养物、细胞和原生质体等对诱变条件的敏感性差异，从细胞学、生理学和分子生物化学等多个方面探讨不同诱变因子对作物的影响。

（2）*加强实用复合育种技术研究* 继续深入开展以诱变为核心，与现代生物技术、航天技术、杂交育种技术、远缘杂交育种技术等相结合的复合育种技术研究，以进一步提高有利突变频率和诱变育种效率。

（3）*加强突变体的收集与利用* 目前，世界各地已收集了几千份蔬菜突变种质，极大地丰富了蔬菜种质资源。但目前获得的许多突变材料，大多数没有进一步利用研究的报道。因此，在植物种质资源日益贫乏的今天，对突变体的收集和利用显得尤为重要。

（4）*深入开展诱发突变的高效调控技术的研究，以期实现定向、定点诱变* 据报道，在基因工程和细胞工程中，若将离子束聚焦到微米以下，控制离子的射程，瞄准特定部位，就可以对细胞进行三维精确操纵，从而用于定点遗传操作及对叶绿体、线粒体等细胞器实施处理，以期获得理想的育种材料。此外，特定转座子对特定目标位点具有选择性和倾向性，如果能够探明转座子对作物具体性状的选择性和倾向性，建立转座子与诱变性状的一一对应关系，利用外源 DNA 转化技术和异源转座子则可望实现定向诱变。

第五节 远缘杂交育种

远缘杂交（wide cross 或 distant hybridization）通常指植物分类学上不同种（species）、属（genus）或亲缘关系更远的植物类型间所进行的杂交。在长期的进化过程中，由于变异的积累、选择以及受到各种隔离因素（如生态、季节、地理、性器官、杂种不孕等）的影响，植物形成了许多不同的类别。多数学者认为有生殖隔离的类型之间的杂交属于远缘杂交。通常所说的远缘杂交主要指种间杂交（interspecific hybridization）和属间杂交（intergeneric hybridization），也有不同科（family）、纲（class）植物间杂交的报道。

远缘杂交可以显著地扩大和丰富蔬菜作物的基因库（gene pool），促进种、属间基因的交流，引入异种的有利基因，创造前所未有的变异类型，甚至合成新的物种。远缘杂交成为各项育种技术相互渗透、综合的结合点，因而近年来备受关注。远缘杂交与近缘杂交相比，存在杂交不亲和、杂种的不育性和后代遗传变异复杂等特殊问题。本节主要介绍有性远缘杂交的意义、特点以及如何克服各种障碍，使其在蔬菜育种中发挥更重要的作用。

一、远缘杂交在育种工作中的作用

（一）培育新品种和种质系

著名的细胞学遗传学家 E. R. Sears 提出，未来作物改良之最大的希望在于有用外源基因的导入。野生类型在长期的自然选择下，形成了高度的抗病性乃至免疫力或形成了对逆境的抵抗力。而栽培植物，在人类的长期栽培和人工选择下，这些抗病性和抗逆性都被不同程度地削弱了。远缘杂交可以促进不同物种间的基因渐渗和交流，将外源抗寒、抗旱、抗病和抗盐碱等有益基因程度不同地导入普通栽培品种中，创造出新的品种。尤其是当一个种内各品种间存在不可弥补的缺点或现有种质资源不能满足育种目标时，引入异种、属的有益基因，可以培育出具有优良性状的新品种。慕美财等（2004）通过菜薹和嫩茎花椰菜的远缘杂交，育成了一种新型十字花科蔬菜新物种——蕾薹菜。该蔬菜产品的花茎与花蕾品质柔嫩，风味可口，营养丰富，具有较强的适应性和抗逆性。19 世纪中叶，欧洲育种者利用含有抗晚疫病基因的野生马铃薯 *S. demisum*（落果薯）与马铃薯栽培种 *S. tuberosum* 杂交，获得抗晚疫病的品种。Chen 等（2003）用普通黄瓜与野生酸黄瓜进行杂交，所得的异源四倍体再与普通黄瓜多次回交后，成功地将抗病基因导入栽培黄瓜中，培育出一系列抗霜霉病、蔓枯病和枯萎病的新种系。

1. 创造新的作物类型 通过远缘杂交导入不同种、属的染色体组，可以创造新的作物类型和物种。物种起源的研究证明，现有很多物种都是来源于天然的远缘杂交，如芜菁甘蓝（AACC，$2n=4x=38$，AACC 染色体组）起源于芜菁（$2n=2x=20$，AA 染色体组）与甘蓝（$2n=2x=18$，CC 染色体组）的种间杂交，芥菜（$2n=4x=36$，AABB 染色体组）来自芸薹（$2n=2x=20$，AA 染色体组）和黑芥（$2n=2x=16$，BB 染色体组）的杂交。人类最早利用远缘杂交创造新物种是用野生的心叶烟草（$2n=2x=24$，GG）与普通烟草（$2n=4x=48$，TTSS）杂交，F_1 加倍后，创造了异源六倍体新种（$2n=6x=72$，TTSSGG）。Chen 等（1997）用原产中国的珍稀野生种 *Cucumis hystrix* Chakr.（$2n=2x=24$，HH）与栽培黄瓜（*C. sativus* L.，$2n=2x=14$，CC）杂交，通过体细胞无性系变异，获得了人工异源四倍体新种质，命名为 *C.* ×*hytivus* Chen and Kirkbride（$2n=4x=38$，HHCC）。

2. 创造异染色体系 异源多倍体中包含了双亲染色体，将双亲优点结合的同时也不可避免地将双亲的缺点结合在一起。异染色体系的产生最常用的方法是在获得栽培物种与亲缘物种杂种 F_1 后，用受体种与 F_1 或由 F_1 加倍成的双二倍体回交一至数次，从回交后代中可以选择异染色体系。这些携有控制目标性状基因的亲缘物种个别染色体的异附加系（alien addition line）、代换系（alien substitution line）和易位系（translocation line），可以大大减少因导入整组染色体而伴随导入太多不利基因的可能性。目前，在小麦、黑麦、燕麦、山羊草、烟草等的远缘杂交中，已经获得了异附加系、代换系和易位系。最近，南京农业大学在甜瓜属通过远缘杂交结合回交育种，首次合成了甜瓜属单体异附加系和一系列具有外源抗性基因的易位系。

3. 诱变单倍体　远缘杂交诱导单倍体主要有两种途径：其一，远缘花粉在异种母本上常常不能正常受精，但在某些情况下可以刺激卵细胞自行分裂，诱导孤雌生殖，产生母本单倍体。其二，有些植物远缘杂交受精卵有丝分裂中的染色体消减（chromosome elimination）现象，也可以产生单倍体。此外，对远缘杂种小孢子进行培养，也可能获得单倍体。张永泰等（2006）对远缘杂交合成的甘蓝型油菜-白芥单体异附加系（$2n=39$）进行小孢子培养，共获得15株单倍体植株。经秋水仙素加倍处理，获得了二体异附加系（$2n=40$），这为远缘杂交后代外源基因的保存、纯合和利用提供了一条新的途径。罗鹏等（1981）报道，以甘蓝型油菜为母本，白菜型油菜为父本杂交，也可以获得单倍体，频率为1.03%～1.11%。另据报道，通过远缘杂交也可以产生大量的马铃薯单倍体。

4. 利用杂种优势　远缘杂种常常由于遗传上或生理上的不协调，而表现出生活力的衰退。但在某些物种之间的远缘杂种则具有强大的杂种优势。郑卓等（2006）采用蕾期剥蕾授粉的方法，获得了新疆野生油菜与甘蓝型油菜属间杂交种。该杂种 F_1 植株形态表现一致，介于双亲之间，并且具有明显的杂种优势。柳李旺等（2004）运用有性杂交的方法，以野生种红茄与栽培种七叶茄为亲本进行种间杂交，获得红茄×七叶茄种间杂种，其种间 F_1 多数形态性状居中，在生长势方面具有明显的杂种优势。

5. 研究生物的进化　远缘杂交在促进生物进化方面也起到很大作用。大量科学实验证明，很多物种都是通过天然的远缘杂交演化而来的，现在的普通小麦就是生物进化过程中自然形成的异源六倍体。蔬菜上有甘蓝型和芥菜型油菜等。通过远缘杂交的方法，结合细胞遗传学、分子生物学等方面的研究，可以使物种在进化过程中所出现的一系列中间类型重现，这样就可以为研究物种进化历史和确定物种间的亲缘关系提供理论依据，有助于进一步阐明某些物种或类型形成和演变的规律。掌握了自然界物种形成和进化规律后，就可主动地通过远缘杂交，突破种、属界限，充分利用育种资源，人工合成新的物种、新的类型，加速物种进化。

二、远缘杂交的困难及其克服方法

（一）远缘杂交不亲和性及其克服途径

植物受精作用是一个复杂的生理生化过程。由于物种之间的个体在遗传上的差异过大，生理上也常不协调，常常出现花粉不能在异种柱头上萌发，花粉管不能伸入柱头，花粉管虽然进入柱头，但生长缓慢或破裂，花粉管不能到达子房、虽然到达子房却完不成双受精，雌雄配子不能结合形成合子、合子胚不发育，幼苗死亡等，这种现象叫远缘杂交的不亲和性（incompatibility of distant hybridization），或不可交配性（noncrossability）。

一般而言，系统发生上亲缘关系越远，杂交越加困难。但是，有时也不完全服从于系统发生上的亲缘关系的远近。例如，栽培番茄与同属的秘鲁番茄种间杂交不亲和程度超过栽培番茄与茄属的 *Solanum pennellii* 属间杂交。在大田作物上，以冰草属的某些种及小麦属的某些种做母本，与黑麦属进行人工属间杂交，很容易成功。而小麦属的提莫菲维小麦与其他小麦种杂交，就比较困难。

1. 远缘杂交不亲和性产生的原因

（1）结构上和生理上的差异，导致不能完成正常的双受精　由于双亲遗传差异大而引起柱头呼吸酶的活性、pH、柱头分泌的生理活性物质、花粉和柱头渗透压的差异等生理、生化状况的不同，阻止了外来花粉的萌发、花粉管的伸长和受精作用。如当母本柱头的pH较高时，则不利于花粉粒中水解酶的活动；当柱头的呼吸酶活性弱时，花粉粒中的不饱和脂肪酸不易被氧化；柱头上的生长素、维生素等数量少或存在异质性、柱头的渗透压太大等均会影响花粉在异种柱头上的萌发或花粉管的生长。在湖北诸葛菜（*Orychophragmus vilaceus*）与甘蓝型油菜 AD－2 的远缘杂交中，湖北诸葛菜花粉黏合在油菜柱头表面的较多，但花粉萌发较迟。柱头乳突细胞有强的胼胝质反应，抑制花粉管伸入花柱，导致不能正常完成双受精。据报道，大白菜与羽衣甘蓝种间杂交，授粉后 6 h 大白菜花粉管在羽衣甘蓝柱头表面萌发，柱头乳突细胞顶端有少量胼胝质沉积，表明柱头抑制仅在一定程度上存在。授粉后 12 h 花粉管生长基本正常，24 h 花粉管大量生长，说明柱头抑制不是大白菜与羽衣甘蓝种间杂交不亲和的主要原因，同时可以观察到花粉管丛生、扭曲和盘结现象，扭曲花粉管预示可能存在着受精抑制。

（2）与双亲基因组成差异有关 胡大有等（2006）利用甘蓝型油菜（*B. napus*，$2n=38$，AACC）的不同品种湘油 15、742、681A 与日本樱岛大根萝卜（*Raphanus sativus* L.，$2n=18$，RR）进行远缘杂交，发现杂交亲和性与亲本的基因型有关，不同品种的甘蓝型油菜与萝卜的亲和力不同。戴林建等（2002）用 5 个芸芥与 6 个芸薹属种进行杂交，发现以芸薹属种作母本时，较易获得杂交种子，反之则困难。

2. 远缘杂交不亲和性克服方法 为了克服远缘杂交不亲和性，在育种实践上，应尽可能缓和配子间的差异，削弱配子间受精的选择性，并创造有利于配子受精的外界条件。具体途径有：

（1）注意选择选配亲本和杂交组配 同一个种不同品种的配子与另一个种的配子亲和力有差异，甚至不同个体配子的亲和力也有差异。因此，正确地选配父本和母本，对于生理不协调性的缓和有重要作用，是远缘杂交成败的关键。

① 以染色体数目多的作母本。甘蓝型油菜（$2n=38$）×白菜型油菜（$2n=20$）杂交时，结实率为 23.6%，种子萌发率为 64%；反交时，结实率为 0.6%，种子萌发率为 0。据报道，在甜瓜属远缘杂交中，以野黄瓜 *Cucumis hystrix*（$2n=24$）×黄瓜 *C. sativus*（$2n=14$）形成的异源四倍体可以形成一些可育的种子，然而，反交的异源四倍体则完全没有育性。

② 用杂种作母本。杂种因其遗传组成复杂，能够产生具有不同基因型的配子，可以增大与远缘亲本结合的可能性。

③ 广泛测交，选择适当的亲本。同一个种不同品种的配子与另一个种或属的配子的亲和力有很大的差别，选择适当的品种作为杂交亲本，可以提高杂交结实率。吴定华等（2000）用类番茄茄与番茄属的 9 个种进行有性杂交，发现不同杂种的获得率有很大差异，有的相对较易成功，有的完全不能杂交。卢长明等（1999）提出，用配子实际频率与理论频率之比值定义受精适合度，同时作为配子参与受精和形成后代的能力的度量指标，并研究了甘蓝型油菜与白菜进行种间杂交，其杂种配子的受精能力差异。结果表明，$n=10$ 和 $n=19$ 的配子竞争力最强，$n=14$、$n=15$ 和 $n=16$ 的配子竞争力最差。徐爱遐等（1999）也认为，杂交的亲和性与参与杂交的亲本材料有一定的关系，Tapus×广德野芥的亲和性高于 D89×广德野芥的亲和性。

（2）染色体加倍法 将两亲本或亲本之一的染色体加倍成多倍体，常常是最有效的方法。例如，二倍体甘蓝与白菜、芥菜等不易杂交成功，但四倍体的甘蓝与之杂交则易成功。K. Szteyn（1959）报道，秘鲁番茄与多腺番茄杂交，直接杂交不易成功，将母本植株预先加倍成同源四倍体，然后进行杂交，可以显著提高结实率。在马铃薯上也有类似报道。

（3）媒介法 利用第 3 种近缘植物做媒介，也是克服远缘杂交不孕的有效方法。先与某一个亲本杂交产生杂种，然后用这个杂种再与另一个亲本杂交。如萝卜与芸薹杂交不亲和，Bannenot 等用甘蓝型油菜做桥梁，先与萝卜杂交获得杂种，再与芸薹杂交，最终育成萝卜不育胞质的芸薹雄性不育系。

（4）生理接近法 原来直接杂交不孕的植物，将父、母本互相嫁接，或同时嫁接在另一其他植物上，使它们的生理特性方面互相接近，然后再进行杂交。例如，野生马铃薯品种与栽培品种嫁接在同一株番茄上，开花时进行杂交，容易获得远缘杂种。中国农业大学将黄瓜嫁接在丝瓜上，然后再用丝瓜和黄瓜的混合花粉给黄瓜授粉，收到较好的效果。曾采用无性杂交克服芸薹属种间杂交的授粉不亲和性。例如，甘蓝型油菜嫁接到芥菜型油菜上后，开花期比甘蓝型油菜早了 7～10 d，表明开花激素从芥菜型油菜转移到了接穗中，解决花期不遇现象，易于杂交。

（5）*采用特殊的授粉方法*

① 混合授粉法。混合授粉就是在选定的父本类型花粉中，掺入少量的母本花粉（甚至死花粉）或多种花粉，混合后授予母本花朵柱头上，为母本提供选择受精的机会和改善受精条件，可以在一定程度上提高远缘杂交的成功率。混合授粉不仅可以解除母本柱头上分泌的、抑制异种花粉萌发的某些物质，创造有利的生理环境，而且，由于多种花粉的混合，使雌性器官难以识别不同花粉中的蛋白质而接受原属于不亲和的花粉而受精。薛国郎（1962）报道，用 5 个甘蓝品种的混合花粉给嫁接在甘蓝上的大白菜蕾期授粉得到的后代，再与皱叶甘蓝回交获得了大白菜和甘蓝的远缘杂种。冯午（1953）在结球白菜与羽衣甘蓝远缘杂交中，上午给结球白菜授以羽衣甘蓝花粉，隔 4～5 h 后再授以结球白菜花粉，得到一粒杂种种子并长成为杂种植株。

② 重复授粉法。在同一母本花的花蕾期、开放期和花朵即将凋谢期等不同时期，进行多次重复授粉。由于雌蕊发育成熟度不同，其生理状况有所不同，受精选择型也就不同，有可能达到最有利于受精过程正常进行的条件，最终获得远缘杂种。肖成汉等（1993）认为，采用重复授粉（在第 1 次授粉后的第 2 天上午再授粉 1 次），对克服属间杂交不亲和，提高结籽率效果较好。

③ 射线处理法。山井邦夫（1971）研究发现，用 γ 射线处理花粉或柱头，可以有效地克服番茄的栽培种和野生种间杂交的不亲和性。如果用处理花粉进行授粉，可以获得 1.8%的杂种；而用未经处理的花粉进行授粉，只能获得 0.19%的杂种。

④ 提前或延迟授粉法。母本的柱头对花粉的识别或选择能力，一般在未成熟和过熟时最低。所以在开花前 1～5 d 或延迟到开花后数天授粉，可以提高结实率。如甘蓝型油菜 AD－2×南京诸葛菜，是选择开花前 2～5 d 的花蕾授粉，其花粉附着量大、萌发多。故蕾期授粉是克服杂交不亲和性的有效方法之一。

（6）*花柱短截法和柱头移植*　花柱短截法是指当远缘花粉管在母本柱头内生长的长度达不到胚囊受精时，将母本花柱切去一段，再授以父本花粉，可以使某些杂交组合完成受精过程。例如，百合种间杂交时常因花粉管在花柱内停止生长而不能受精，如在子房上部 1 cm 处切断花柱，然后授粉，则可以获得成功。柱头移植法是指将父本花粉先授在同种植物柱头上，在花粉管尚未完全伸长之前切下柱头，移植到异种的母本花柱上，或先进行异种柱头嫁接，待一段时间（一般 1～2 d）愈合后，再进行授粉。采用此类方法时，操作要求较严格，通常在具有较大柱头的植物上应用。

（7）*化学药剂处理*　利用赤霉素、萘乙酸、吲哚乙酸、硼酸等化学药剂，涂抹或喷洒母本雌蕊，能促进花粉的萌发和花粉管的伸长，可克服远缘杂交的不亲和性。例如，赵云等（1993）在甘蓝型油菜与诸葛菜远缘杂交中，利用秋水仙素和甘氨酸处理柱头，发现秋水仙素可以克服其杂交障碍，但甘氨酸效果不明显。此外，在百合科、茄科等植物中也有成功的报道。

（8）*试管受精*　应用组织培养技术，将带胎座或没有带胎座的胚珠从母本花朵中取出，置于培养基中进行培养，并在试管中进行人工授粉，以克服远缘花粉不能萌发、花粉管不能伸长等生理障碍。在芸薹属、矮牵牛属等植物中均有成功的报道。

（二）杂种夭亡、不育及其克服方法

在远缘杂交中应用克服杂交不亲和性的方法虽然产生了受精卵，但这种受精卵由于与母本的生理机能不协调，以致不能发育成健全的种子，有时虽然种子健全但不能正常发芽或发芽后不能发育成正常的植株，或虽然能长成植株但不能受精结实获得杂种后代。总之，从受精卵开始，在个体发育中表

现一系列不正常的发育，以致不能长成正常植株或虽然能长成植株但不能受精结实的现象叫作杂种的夭亡或不育。具体表现主要有：受精后的幼胚不发育、发育不正常或中途停止；杂种幼胚、胚乳和子房组织之间缺乏协调性，特别是胚乳发育不正常，影响胚的正常发育，致使杂种幼胚部分或全部坏死；虽能得到包含杂种胚的种子，但种子不能正常发育，或虽能发芽，但在苗期或成株前夭亡。

1. 远缘杂交不育性产生的主要原因

（1）*质核互作的不平衡* 植物在长期的进化过程中，已经形成了一个完整、平衡与稳定的遗传系统。如果这一系统遭受任何破坏，都会影响其个体的生长发育。当一个物种的核物质导入到另一物种的细胞之中后，由于核质不协调，可能会造成生长发育所需物质的合成或供应障碍，有可能导致杂种的夭亡或不育。

（2）*染色体不平衡* 两类差异较大的染色体组分合并后，由于双亲的染色体组及染色体数目、结构、性质等的差异，在减数分裂时不能进行同源染色体的配对、分离，因而不能形成有正常功能的配子而不育。如在甜瓜属远缘杂交过程中，黄瓜（$n=7$）和甜瓜属野生种（$n=12$）杂交时，F_1 为具有19个染色体的二倍体。在减数分裂时，不能形成正常可育的配子。因此，远缘杂种会出现高度不育。

（3）*基因不平衡* 不同亲本染色体上所携带的基因及基因的数量不同，对生长发育及代谢的调节作用也不同，就会影响个体生长发育所需物质的合成。不同物种的遗传物质之间，很难协调共处于一个细胞中。当异源DNA进入后，往往被细胞中各种内切酶所裂解或排斥，导致遗传功能紊乱，不能合成个体生长发育所需物质和形成有正常功能的配子，因而导致杂种夭亡或不育。

（4）*组织不平衡* 胚、胚乳及母体组织（珠心、珠被等）间的生理代谢失调或发育不良，也会导致胚乳败育及杂种幼胚的夭亡。胚及胚乳之间的平衡关系在发育上至关重要，胚的正常发育必须有胚乳供应所需要的营养，如果没有胚乳或胚乳发育不健全，幼胚发育便因营养不良而中途停顿或解体。

2. 杂种夭亡、不育的克服方法

（1）*幼胚的离体培养* 有些物种间的远缘杂种幼胚发育很不正常，甚至在未形成有生活力的种子以前就半途夭折。因此，将幼胚进行离体培养，调整杂种胚发育的外界条件，改善杂种胚、胚乳和母体组之间的生理不协调，可以获得杂种并提高结实率。在甜瓜属远缘杂交种中，将授粉后30 d的杂种胚在MS培养基上进行培养，可以获得杂种植株。目前，在其他作物上，如大麦×小麦、玉米×甘蔗、棉花栽培种×野生种、甘蓝型油菜×芥菜型油菜等50多种作物远缘杂交中均有报道。

（2）*染色体加倍法* 在远缘杂交种减数分裂过程中，由于亲本染色体组或染色体数不同而缺少同源性，导致 F_1 在减数分裂时，染色体不能联会或很少联会，不能形成具有生活力的配子而造成不育时，通过染色体加倍获得双二倍体，便可有效地恢复其育性。如在黄瓜（$n=14$）×甜瓜属野生种（$n=24$）中，F_1 高度不育，而将杂种加倍后获得的正交双二倍体恢复育性并获得可育的种子。

（3）*回交法* 染色体数目不同的远缘杂交所产生的杂种，其雌、雄配子并不完全败育，有些雌配子可以接受正常的花粉受精结实，或能产生部分具有生活力的花粉，并且通过连续回交，其结实率逐渐得到提高。例如，Cochran（1950）报道，洋葱×大葱的 F_1 生长健壮，但败育，然而花粉可染率达6.2%～6.7%，以 F_1 为父、母本与亲本之一进行回交，可以克服后代的不育。

（4）*延长培育世代，加强选择* 远缘杂种的结实性往往受外界条件的影响，随着年代而提高，并且也随着有性世代的增加而逐步提高。同时远缘杂种的不育性在个体之间存在差异，所以采取逐代选择的方法可以提高远缘杂种的育性。据报道，采用多次扦插繁殖的方法可以克服秘鲁番茄和栽培番茄杂种的不育性。延长培育世代之所以能提高远缘杂种的结实性，这可能与减数分裂过程中染色体的重新分配有关。

（5）*嫁接法* 如果发现幼苗出土后，由于根系发育不良而引起死亡，可以将杂种的幼苗嫁接到母本幼苗上，使杂种正常生长发育。例如，把马铃薯杂种嫁接在可育植株上，能够提高杂种的育性。

（6）*其他方法*　远缘杂种由于生理不协调引起生长不正常，在某些情况下可以通过改善生长条件，恢复正常的生长发育。例如，杂种种子种皮过厚，可以刺破种皮以利于种胚吸水和促进呼吸。改善营养条件也可以提高杂种育性。杂种个体的生长发育和受精过程与营养条件和生态环境密切相关。花期喷施磷、钾、硼等具有高度生理活性的微量元素，以及采取整枝、修剪和摘心等措施，对促进杂种的生理机能协调，提高育性有一定效果。

3. 杂种后代的分离　远缘杂种比种内杂种具有更为复杂的分离现象，而且分离的世代更长。与品种间杂交种相比，其分离特点主要有：

（1）*分离的剧烈性和无规律性*　远缘杂种和品种间杂种一样，从 F_2 代开始分离，但是由于双亲的异源染色体缺乏同源性，导致减数分裂过程紊乱，形成具有不同染色体数目和质量的配子。因此，其分离的范围较品种间杂种广泛，后代具有极其复杂的遗传特性，分离复杂且没有规律性。

（2）*分离类型丰富，并有向两亲分化的倾向*　远缘杂交后代不仅会出现杂种类型，还会出现与亲本相似的类型，或亲本的祖先类型，或亲本所没有的新类型等，变异非常丰富。这种"剧烈分离"所产生的近缘杂交所不能产生的新类型，可以为选育特殊的新品种提供宝贵原始材料。在甘蓝型油菜×白菜型油菜的 F_1 中，有的倾向于母本，有的倾向于父本，还有中间类型和出现花叶、白花、长角果、复果、矮株、黄籽、不育株等特殊类型。

（3）*分离世代长、稳定慢*　远缘杂种的性状分离并不完全出现在 F_2 代，有的要在 F_3 代或以后世代才有明显表现。同时，在某些远缘杂交中，由于杂种染色体消失、无融合生殖、染色体自然加倍等原因，常出现母本或父本的单倍体、二倍体或多倍体；在整倍体的杂种后代中，也会出现非整倍体等。这样的性状分离会延续多代而不易稳定。

4. 远缘杂种后代分离的控制

（1）*回交*　回交既可以克服杂种的不育性，也可以控制其性状的分离。如在栽培种×野生种时，F_1 往往是野生种的性状占优势，后代分离强烈。如果用不同的栽培品种与 F_1 连续回交和自交，便可以克服野生种的某些不利性状，分离出具有野生种的某些优良性状并较稳定的栽培品种。如在番茄远缘杂交育种时，亚历山大（1971）用栽培类型的玛娜佩尔和秘鲁番茄杂交，F_1 出现野生的小果型。用栽培型亲本做父本多代回交后，果实性状得到改善，遗传性状也稳定下来。

（2）*F_1 染色体加倍*　用秋水仙素对 F_1 染色体加倍，形成双二倍体，不仅可以提高杂种的可育性，而且也可以获得不分离的纯合材料。再经过加工，可以选育出有些双二倍体新类型。但加倍后所获得的稳定性是相对的，因为这些双二倍体的外部性状虽然比较稳定一致，但就细胞学而言，这些整倍体植株也并非完全稳定，还可从中分离出非整倍体。利用这些非整倍体可育成异染色体系，作为育种的原始材料。

（3）*诱导单倍体*　远缘杂种 F_1 的花粉虽然大多数是不育的，但也有少数花粉是有生活力的，如将 F_1 花粉进行离体培养产生单倍体，再经人工加倍为纯合的二倍体后，便可以获得性状稳定的新类型。这一技术途径虽然可以克服远缘杂种的性状分离，但是由于远缘杂交种不易得到真正有生活力的花粉，因此工作有一定的难度。

（4）*诱导染色体易位*　利用理化因素处理远缘杂种，诱导双亲的染色体发生易位，把仅仅带有目标基因的染色体节断相互转移，这样既可以避免杂种向两极分化，又可以获得兼有双亲性状的杂种。

5. 远缘杂交育种技术

（1）*杂种早代应有较大的群体*　由于远缘杂种后代分离时间长，而且变异类型多，育性较低，后代常常出现畸形苗（如黄苗、矮株）、种子出苗力低，甚至植株还会中途夭折，所以杂种早代（F_2、F_3）应有较大的群体，这样才有可能选育出频率很低的优良基因组合的个体。

（2）*放宽早期世代选择标准，增加杂种繁殖世代*　远缘杂种的早期世代一般具有结实率低、种子不饱满或生育期长等缺点。这些缺点通过一定世代的选择可以逐步克服，因此，一般不宜过早淘汰。

（3）灵活地应用选择方法，再进行杂交选择　由于远缘杂种后代分离延续世代较长，因此，对于杂种一代，除了一些比较优良的类型可以直接利用外，还可以进行杂种单株间的再杂交或回交，并对以后的世代继续进行选择。随着选择世代的增加，优良类型的出现概率将会大大提高。特别是在利用野生资源做杂交亲本时，野生亲本往往带来一些不良性状。因此，通常将 F_1 与某一栽培亲本回交，以加强某一特殊性状，并除去野生亲本伴随而来的一些不良性状，以达到品种改良的目的。

（4）培育、选择相结合　对于远缘杂种，应该注意培育与选择相结合。例如，在甘蓝型油菜×白菜型油菜中，虽然 F_1 的结实率很低，但到 F_3 以后，不少植株的育性逐步恢复，通过 2～3 代的连续选择后，便可以达到甘蓝型油菜自然结实的水平。所以，人工合成的远缘杂种，本身需要有一个生理协调的过程。

三、远缘杂交育种的其他策略

（一）品系间杂交技术

在品种间杂交育种和远缘杂交育种中，许多学者提出品系间杂交的技术，即在同一组合选育出的具有不同目的性状的品系间进行互交。这种方法的优点在于能够较容易地释放被束缚的变异，获得较优良的组合，提高种间杂种的结实率，克服经济性状的不利连锁。

（二）外源染色体的导入

通过远缘杂交合成的种间杂种，因含有全套的异源染色体组，除了目的性状外，杂种常常带有异源物种的一些不良性状，因此难以在生产上直接应用或进行转育研究。导入或置换某个异源染色体或染色体片段，可以尽量减少出现上述问题，便于更好地利用异源物种的有利基因。外源染色体导入可以分为非整倍体的附加系，或整倍体的置换系两种。

1. 异附加系（alien addition line）　在受体染色体组的基础上增加一条或几条异源染色体的个体。如果附加一条外源染色体的个体，称为单体异附加系（monosomic addition line，MAL）；附加 1 对外源染色体的个体，称为二体异附加系（disomic addition line，DAL）；如果附加的异源染色体为两条非同源染色体的个体，称为双单体异附加系（double monosomic addition line，DMAL）；如果附加的异源染色体为两对同源染色体的个体，称为双二体异附加系（double disomic addition line，DDAL）。附加系本身就是种间杂种，且染色体数目不稳定，育性减退，同时由于异染色体可能伴随有不良的遗传性状，在缺乏严格选择的条件下，几代以后，往往会恢复到二倍体状况。所以异附加系一般不能直接用于生产，但可以用于创造异替换系和易位系，是选育新品种的宝贵材料。异附加系较难合成，在蔬菜育种上较少见。陈劲枫等（2003）合成了甜瓜属第 1 个单体异附加系，为黄瓜育种提供了宝贵的材料。张永泰等（2006）通过甘蓝型油菜和白芥属间杂种后代的小孢子培养获得了二体异附加系。

2. 异代换系（alien substitution line）　以一条外源染色体代换了一条受体亲本染色体的个体，称为单体异代换系（monosomic substitution line）；涉及 1 对染色体代换的个体，称二体异代换系（disomic substitution line）。在远缘杂交、回交后代中，除了产生附加系外，同时可以产生异代换系。由于栽培品种与亲缘物种的同源染色体间有一定的补偿能力，因此在细胞学和遗传学上都比相应的附加系稳定，有时可以直接应用于生产。

（1）染色体片段的转移技术　通过培育附加系和置换系的途径转移整条外源染色体，在导入有利基因的同时不可避免地带入了许多不利基因。整条染色体的导入还经常导致细胞学上不稳定性和遗传学上的不平衡，从而对整体农艺性状水平有较大的影响。转移外源基因较理想的方法是导入携有有用基因的染色体片段。番茄是最早用分子标记辅助选择构建单片段渐渗系的作物。目前比较完整的渐渗系主要有两套，一套是由 Eshed 等（1995）用野生种潘那利番茄（*Lycopersicon pennellii*）和番茄 *L. esculentum* 构建的，这套 IL 群体由 50 个渐渗系组成，每个渐渗系含有由 RFLP 界定的单片段 *L. pennellii* 染色体，平均渐渗片段长度为 33 cM。Liu 等（1999）从这 50 个系中又再次分解了 26 个新的渐渗系，这样 76 个 ILs 平均渗入片段为 1 213 cM。另一套由 Tanksley 研究小组构建，以多毛番茄（*L. hirsutum*）为供体亲本，以 *L. esculentum* 为轮回亲本，由 50 个渐渗系组成，共覆盖 85%的 *L. hirsutum* 基因组。

另外，虽然远缘杂交种经常发生自发的易位，但频率不高。如果通过辐射诱变、组织培养，则可以增加亲本间染色体的遗传交换，提高易位系产生的频率。这种易位系遗传较稳定，可以直接应用于生产。如南京农业大学陈劲枫等以普通黄瓜北京截头（$2n=14$）和甜瓜属野生种（$2n=24$）进行杂交，获得双二倍体，随后以北京截头为轮回亲本，回交多代，得到了抗霜霉病、枯萎病的优良渐渗系。

（2）体细胞杂交技术　体细胞杂交技术可以最大限度地克服有性杂交的种间隔离，使亲缘关系更远的亲本进行杂交，产生远缘杂种。胞质杂种的获得将大大缩短远缘杂种转育的年限，而且可以避免种间生物学隔离等许多障碍。但体细胞杂交获得需要组织培养技术、原生质体融合技术及体细胞杂种的鉴定与选择技术做基础。

目前，体细胞杂交技术不仅被广泛用于油菜的细胞质雄性不育研究，而且也应用于油菜的抗病、抗虫、抗逆境等方面的研究。例如，采用原生质体融合技术获得了芝麻菜与芥菜型油菜的属间体细胞杂种。另据报道，采用原生质体融合技术将甘蓝型油菜的下胚轴原生质体与芝麻菜的叶肉原生质体融合获得杂种细胞。胡琼等（2002）用甘蓝型油菜与诸葛菜、新疆野生油菜进行体细胞杂交，得到了甘蓝型油菜的雄性不育材料。通过拟南芥菜和白菜型油菜原生质体融合获得了自然界不存在的属间体细胞杂种拟南芥油菜。自 20 世纪 70 年代获得萝卜胞质雄性不育“三系”后，近年来，各国科学家广泛开展了原生质体融合技术的研究。目前，许多植物如水稻、小麦、棉花等的原生质体培养、体细胞杂交、植株再生技术的关键问题已经解决，可以为近缘种及更远的材料、无论属于细胞质基因还是核基因控制的特异性状，转育到栽培品种提供了一条简便途径。

第六节　倍性育种

染色体是遗传物质的载体，在植物中各个种的染色体数是相对稳定的，一般体细胞染色体数为性细胞染色体数的两倍，体细胞中成双的染色体，在减数分裂时，形成的配子只含有一套染色体，称为染色体组（geneome），以 x 表示。在体细胞中含有 1x 染色体的植物体被称为单倍体（haploid），2x 的为二倍体（diploid），3x 以上的为多倍体（polyploid）。

单倍体与多倍体都属于染色体倍性变异。倍性育种就是根据育种目标要求，利用植物不同倍性染色体植株的特点，采用染色体加倍或染色体数减半的方法选育植物新品种的途径。最常用的倍性育种包括染色体数加倍的多倍体育种和染色体数减半的单倍体育种。

一、多倍体和单倍体育种的意义

（一）多倍体育种的意义

自然界的植物多数是二倍体，但有些物种曾经过染色体的自然或人工加倍，形成了含有多个染色体组的多倍体，如三倍体（triploid）、四倍体（tetraploid）、六倍体（hexaploid）和八倍体（octaploid）等。据报道，植物界多倍体现象是普遍存在的，在被子植物中约有70%经历过一次或多次多倍化，多倍体资源相当丰富，自然界中的多倍体主要是异源多倍体，而同源多倍体较少。主要蔬菜作物是染色体数较少的二倍体（表3-14），并且大多数蔬菜以利用其营养器官为主，十分适合进行多倍体育种。蔬菜多倍体育种能够充分利用多倍体所特有的“巨大性”和某些成分含量高，以及奇倍的不育造成无籽的特点，创造新的蔬菜种质资源，扩大蔬菜种质资源的利用范围。通过多倍体诱变、远缘杂交等，使野生种特异性状与栽培种的优良性状相结合，产生并固定杂种优势。

表3-14　部分蔬菜的染色体数与天然多倍体蔬菜

种　类	种　名	染色体数	种　类	种　名	染色体数
甘　蓝	*Brassica olercea* L.	$2n=2x=18$	芜菁甘蓝*	*B. napus* L. *napobrassica*	$2n=4x=38$
白　菜	*B. campestris* L. ssp. *chinensis* (L.) Makino	$2n=2x=20$	芥　菜*	*B. juncea* Czern. et Coss.	$2n=4x=36$
黄 瓜	*Cucumis sativus* L.	$2n=2x=14$	西　瓜	*Citrullus lanatus* (Thunb.) Matsum. et Nakai	$2n=2x=22$
豌　豆	*Pisum sativum* L.	$2n=2x=14$	豇　豆	*Vigna unguiculata* (L.) Walp.	$2n=2x=22$
菜　豆	*Phaseolus vulgaris* L.	$2n=2x=22$	韭　菜	*Allium tuberosum* Rottl. ex Spr.	$2n=2x=32$
萝　卜	*Raphanus sativus* L.	$2n=2x=18$	紫菜薹	*B. campestris* L. ssp. *chinesis* (L.) Makino var. *purpurea* Bailey	$2n=2x=20$
蚕　豆	*Vicia faba* L.	$2n=2x=12$	茭　白	*Zizania caduciflora* (Turcz.) Hand. - Mazz	$2n=2x=30$
马铃薯	*Solanum tuberosum* L.	$2n=2x=24$	黄花菜	*Hemerocallis citrina* Baroni	$2n=2x=22$
马铃薯*	*S. stoloniferum* L.	$2n=4x=48$	辣　根*	*Armoracia rusticana* (Lam.) Gaertn.	$2n=4x=32$
马铃薯*	*S. demissum* L.	$2n=6x=72$	藠　头*	*Allium chinensis*	$2n=4x=32$
芋　头*	*Colocasia esculenta* (L.) Schott	$2n=3x=42$	山　药*	*Dioscorea batatas* Decne.	$2n=4x=40$
细香葱*	*Allium schoenoprasum* L.	$2n=4x=32$	黑　芥	*Brassica nigra*	$2n=2x=16$
菊　芋*	*Helianthus tuberosus* L.	$2n=6x=102$	刀　豆*	*Canavalia gladiata* (Jacq.) DC.	$2n=4x=44$
食用菊*	*Chrysanthemum morifolim* Ram.	$2n=5x\sim8x=45\sim71$	四棱豆	*Psophocarpus tetragonolobus* (L.) DC.	$2n=2x=18$

* 天然多倍体。

蔬菜多倍体育种是蔬菜育种的一条重要途径。育种者已培育出了西瓜、甜瓜、黄瓜、番茄、马铃薯、普通白菜、花椰菜、芹菜、萝卜、莴苣、菠菜、辣椒、结球白菜、丝瓜、芦笋、姜、茄子、黄花菜、菜薹、芜菁等多种蔬菜的多倍体优良品种。但仅有西瓜、萝卜、白菜、马铃薯等少数几种蔬菜的多倍体优良品种在生产上推广应用。

（二）单倍体育种的意义

植物单倍体表现为植株矮小、生长势弱、不育等。单倍体技术除用于遗传理论研究外，在育种实践上，具有以下优点：加速育种材料的纯合，缩短育种年限，提高育种效率；排除显、隐性的干扰，提高选择的准确性；单倍体变异当代便可表现，便于早期识别选择，提高诱变育种的效率，经过染色体加倍后即可加以利用；合成育种新材料，远缘杂交 F_1 产生单倍体后进行加倍，可获得染色体附加系和由双亲部分遗传物质组成的新材料。

二、多倍体育种

（一）多倍体的起源、类型与特点

1. 多倍体的起源　自然界植物多倍体是经过染色体的自然加倍或未减数配子的参与授精及远缘杂交形成的。自然加倍形成蔬菜多倍体是由于自然条件的剧变诱发多倍体的产生，如雷电、空气、温度等的剧烈变化是自然形成多倍体的主要原因。在自然界，多年生植物开花结实的机会更多，其自然出现多倍体的频率高于一年生植物；异花授粉植物四倍体与二倍体自然杂交产生三倍体，无法繁殖后代而绝种，因此异花授粉植物出现多倍体的频率低于自花授粉植物；无性繁殖的植物多倍体出现的频率高于有性繁殖植物。

2. 多倍体的类型　根据多倍体染色体组来源的不同，可分为同源多倍体（autopolyploid）和异源多倍体（allopolyploid）两大类。此外，还有同源异源多倍体、部分异源多倍体和次生多倍体等介于两者间的衍生类型（图 3－7）。①同源多倍体。成对染色体的来源是相同的，由定型的种或品种在有丝分裂时，染色体加倍直接产生。②异源多倍体。成对染色体的来源不同，由不同类型亲本（至少一个是多倍体）杂交形成，或是由不同种类、类型杂交的不孕性二倍体杂种染色体加倍而来。异源多倍体常与二倍体具有相似的可育性，它是产生新物种的主要途径之一，在自然进化与人工进化中起重要作用。如“萝卜-甘蓝”就是通过甘蓝与萝卜杂交，并经染色体加倍形成的新物种。

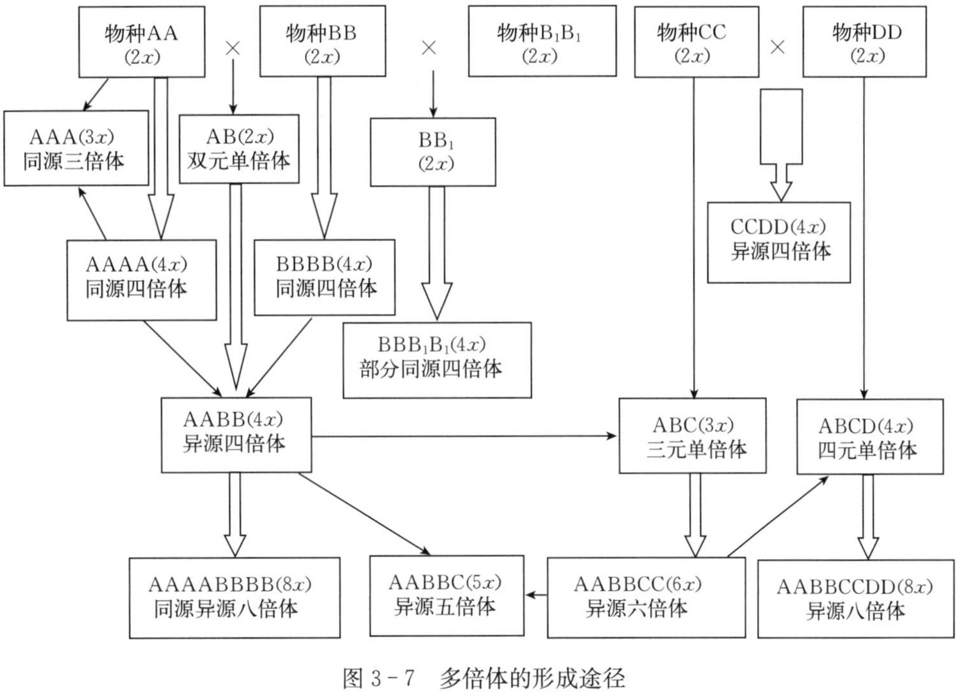

图 3－7　多倍体的形成途径

→ 参与杂交　⇨ 染色体加倍　⇨ 体细胞杂交

（引自景士西主编《园艺植物育种学总论》，2000）

3. 多倍体的特点与鉴定

（1）多倍体的特点　多倍体植物（polyploid plant）由于染色体数目增加，产生基因剂量效应和染色体减数分裂错乱，使其与二倍体作物相比具有下列特点：第一，器官的巨大性。多倍体细胞核和细胞体积都随染色体数目的增加而增大，同时导致植物器官的增大，如韭菜叶片宽大，西瓜叶片增厚、茎蔓增粗，黄花菜花蕾增大等，但这种巨大性的特点在不同的作物上表现并不完全相同。第二，抗逆性与生活力增强，品质改善。多倍体某些营养成分含量高于二倍体，如三倍体和四倍体西瓜含糖量高于二倍体西瓜；多倍体酶的活性增强，提高植株的抗逆性与生活力。第三，育性差，结实率低。多倍体植株由于减数分裂时染色体配对及配对后分离发生不同程度的紊乱，产生不育孢子，导致结实率明显降低。如西瓜同源四倍体种子减少，三倍体则形成无籽瓜。第四，成熟晚，种子不饱满。

（2）多倍体的鉴定　在自然突变或人工诱导加倍的材料中，有完全加倍的和部分加倍而成嵌合体的植株。鉴定多倍体有直接鉴定和间接鉴定两种方法。①直接鉴定。检查花粉母细胞或根尖细胞内的染色体数目是否已经加倍，这是最可靠的鉴定方法。但最好是先根据形态及生理特性进行鉴定，以淘汰明显的二倍体植株，再进行直接鉴定。直接鉴定时如有嵌合体存在，还必须进行后代观察。② 间接鉴定。根据多倍体植株的形态特征或生理特性进行判断。鉴定异源多倍体与同源多倍体的方法不同，异源多倍体的育性和结实正常，是一个易于识别而又可靠的标志。同源多倍体植株呈巨型性，花器、花粉粒、气孔保卫细胞及种子等都变大，且结实率低。

（二）多倍体育种

1. 多倍体的获得　获得蔬菜作物多倍体的途径主要是通过资源调查、选种、有性杂交、人工诱变和组织培养等，其中人工诱变是最重要的途径。

蔬菜作物中存在许多自然多倍体，通过资源调查，可以发现并获得多倍体的类型。如在马铃薯、芋头、细香葱、蕹、山药、刀豆等蔬菜作物中均发现自然多倍体（表 3－14），可从中选择出一些优良栽培品种。

人工诱导多倍体的形成是获得蔬菜多倍体的最重要的途径，其主要方法有：①物理诱变法；②化学诱变法；③组织培养结合化学诱变法；④组织培养无性系克隆变异；⑤有性杂交与体细胞杂交法。其中物理诱变法包括利用各种射线、异常温度、高速离心力、机械损伤等使体细胞加倍获得多倍体，其诱变效果不稳定、重复性差，难以在育种实践中应用。其他 4 种方法各有优缺点。利用这些方法已成功人工诱变获得多种蔬菜多倍体。如应用化学诱变获得了瓜类、茄果类、根菜类、叶菜类、花菜类等蔬菜的同源四倍体、三倍体及其他多倍体品系（表 3－15）。应用组织培养结合化学诱变培育多倍

表 3－15　人工诱变蔬菜多倍体的方法

种类	诱变方法	参考文献
黄瓜	0.4%的秋水仙素浸萌动种子 4 h	陈劲枫等，2004
番茄	2 g/L 秋水仙碱羊毛乳剂涂抹刚萌动或未萌动的腋芽 3 次（每天 1 次）	程玉瑾等，2004
甜瓜	0.5%的秋水仙素浸泡主蔓顶端 5～10 cm 部位 2 h，加倍率可达 90%	Halit Yetisir 等，2003
牛蒡	0.1%秋水仙素处理牛蒡幼苗获得同源四倍体、八倍体和非整倍体植株	匡全，2004
菜薹	0.1%秋水仙素水溶液处理菜薹幼苗生长点 48 h，获得了四倍体	尚爱芹等，1999
黄花菜	组织培养时，用秋水仙素溶液处理愈伤组织，获得同源四倍体新品系	周朴华等，1995
白菜、莴苣	含秋水仙素的固体培养基处理带 3 ～ 4 片真叶的再生苗，得到四倍体	张建军等，1997
姜	在 MS 固体培养基中加入 0.2%的秋水仙素培养茎尖，获得四倍体	Adaniya Shirai，2001
辣椒	下胚轴为外植体，在加入秋水仙碱的培养基中培养，加倍率可达 80%	周嘉裕等，2002
西瓜、甜瓜	子叶和真叶离体培养，发生染色体数目变异，获得了四倍体	何欢乐等，2002
芦笋	组织培养获得四倍体试管苗	Odake 等，1993
胡萝卜	组织培养过程中，很容易产生四倍体	Kunitake 等，1998
西瓜	芽再生培养基中仅添加 BA，可产生高频率的四倍体	郭启高等，2 000
大葱	茎尖培养时，分化苗中单倍体占 6.7%，三倍体占 1.7%，四倍体占 3.3%	黄晓梅，2005
韭葱与洋葱	将韭葱与洋葱进行体细胞杂交，获得体细胞杂种	Buiteved 等，1998
马铃薯	用马铃薯二倍体作亲本，经过体细胞杂交得到四倍体体细胞杂种	Shelley，1999

体，成功率高，能减少或避免异倍性嵌合体产生。应用体细胞融合（somatic fusion）结合细胞培养，已在近百种植物种内、种间和属间获得了异源多倍体再生植株。

2. 秋水仙碱诱导多倍体的原理和方法　化学诱变是获得蔬菜多倍体最有效、最重要的一条途径。诱变多倍体的诱变剂主要有秋水仙碱、萘嵌戊烷、磺胺汞、吲哚乙酸、氧化亚氮等，以秋水仙碱效果最佳、应用最多。

秋水仙碱是从百合科的秋水仙（*Colchicum autumnale* L.）中提取的一种化学物质，一般呈淡黄色粉末状，易溶于冷水、酒精、氯仿和甲醛，不溶于乙醚和苯，极毒，具有麻醉作用，能引起呼吸困难，在使用秋水仙碱时应注意安全。

秋水仙碱诱发多倍体的原理：它能特异性地与正在分裂细胞的纺锤丝微管蛋白分子结合，使分裂细胞的核纺锤丝缩小，阻碍纺锤丝的形成和发展，致使染色体不能分向两极，而停止在赤道板上，细胞分裂保持在分裂中期，从而产生染色体加倍的核。秋水仙碱的作用仅限于阻止纺锤丝的形成，对染色体的结构无显著影响，且药剂浓度适宜时，对细胞的毒害作用小，遗传上很少发生不利影响。

秋水仙碱诱导多倍体的方法：①浸渍法。用0.05%～1.0%的秋水仙碱水溶液浸渍蔬菜的幼苗顶芽、种子和块茎，处理后要用清水洗净，避免秋水仙碱进一步对材料产生影响。②涂抹法。将秋水仙碱按一定浓度配成乳剂，涂抹幼苗或顶芽，处理部位需适当保湿，以减少蒸发和避免雨水冲刷。③滴液法。用0.1%～0.4%的秋水仙碱水溶液，对较大植株顶芽和腋芽进行滴液处理，每天滴1～3次，反复处理数日。④套罩法。除去顶芽下面的叶，套上防水胶囊，内盛有含1.0%秋水仙碱的0.65%的琼脂，经24 h后去除胶囊。⑤毛细管法。将植株的顶芽、腋芽用脱脂棉或纱布包好后，使棉花或纱布的另一端浸在盛有秋水仙碱溶液的小瓶中，利用毛细管吸水作用逐渐将芽浸透。此外，还有注射法、喷雾法、培养基法和复合处理法。

利用秋水仙碱诱导多倍体的方法简单、成本低，便于同时处理多个材料，出现多倍体的频率高。但应注意以下几个问题：①选择具有良好遗传基础的杂合性材料；②选择细胞分裂活跃的部位处理，一般是用萌动的种子、顶芽、根尖及花蕾等；③一般草本植物柔嫩组织和细胞分裂快的组织处理的药剂浓度较低（0.01%～0.2%），木本植物处理的药剂浓度较高（1%～1.5%）；④诱导染色体加倍后，及时用清水冲洗处理部位，终止秋水仙碱的继续作用，避免加倍过分产生药害。

3. 多倍体育种存在的障碍及其克服　多倍体育种的障碍主要表现在两个方面：①多倍体本身的局限性，如多倍体的不稳定性、低育性、不良性状的出现或加强。②诱变多倍体的技术困难，如诱变出现嵌合体，选择方法不当等。多倍体育种的障碍极大地影响了蔬菜多倍体的应用，也是育种学家们一直在不断研究与探索的问题，有待进一步破解，以便充分发挥蔬菜多倍体潜力。

（1）人工诱变蔬菜多倍体出现嵌合体及其克服　在诱变蔬菜多倍体时，组织中常同时存在二倍体、四倍体，甚至八倍体细胞，导致嵌合体形成。嵌合体严重影响多倍体的应用，如何处理嵌合体是多倍体育种有待解决的关键问题之一。利用组织培养与化学诱变相结合技术，是克服多倍体中出现嵌合体的主要手段。人们通过组织培养与秋水仙碱诱导相结合，成功培育出睡莲、芋、姜、黄花菜、黄瓜、白菜、莴苣、马铃薯、辣椒、川百合（*Lilium davidii*）等的多倍体。

（2）蔬菜作物多倍体性状不稳定及其克服　初诱变的同源多倍体，以及远缘杂交、染色体加倍和体细胞杂交所得的异源多倍体，它们的基因组发生了广泛的遗传及后遗传变化，这些变化包括亲本DNA序列丢失、核仁显性、DNA甲基化模式改变、基因沉默、反转座子激活等，其基因平衡遭到破坏，出现育性低、种子不够饱满、开花晚、生长期延长等缺陷，且遗传稳定性差，个体间存在很大的差异。需对其后代群体进行选择，提高后代的稳定性，改善不良性状，才能在生产上发挥多倍体的潜力。

（3）蔬菜多倍体育性低及其克服　提高多倍体的育性主要通过加强选择、利用有性多倍体等措施进行。如对育性低的同源四倍体西瓜进行多代选择，使其育性逐渐恢复。此外，加强田间管理，增施磷、钾及镁、硼等微量元素促进同化物质的运转，改善生长条件等，也能提高多倍体的育性。

4. 多倍体的选择 人工诱变多倍体只是育种工作的开始，因为任何一个新诱变成功的多倍体都是未经筛选的育种原始材料，必须对其选育，才能培育出符合育种目标的多倍体新品种。对于只能用种子繁殖的一、二年生草本植物，要想克服结实率低和后代分离的现象，必须通过严格的选择，不断选优去劣。①对加倍后经济性状表现优良的类型，可全面鉴定，进行株系比较；②对不稳定的嵌合类型，分离同型化稳定后，再进行比较利用；③保留不能直接利用，但在育种上有利用价值的材料。多倍体生长发育需要较多的营养物质和较好的环境条件，栽培时应稀植，并加强栽培管理，使性状充分发育。

5. 蔬菜多倍体的应用 利用多倍体的巨大性，提高蔬菜产量。多倍体蔬菜的部分器官增大，具有重要的利用价值。日本于 20 世纪 40 年代育成的四倍体美浓早生萝卜，性耐寒，生长旺，肉质根长而大，呈白色，多汁味甜，产量提高 20%左右，抽薹晚。不结球白菜四倍体品种南农矮脚黄，其表现比二倍体叶色更深，叶片更厚，产量增加 20%～30%，抗逆性强。

利用多倍体的低育性，获得无籽或少籽的果实。三倍体无籽西瓜是目前在生产上利用异源多倍体面积最大的蔬菜之一，与二倍体西瓜相比具有抗逆性强、含糖量高、无籽、耐贮运、产量高等优点。如蜜枚 1 号无籽、黑蜜 2 号、郑抗无籽、雪峰无籽、洞庭无籽、汴京 5 号等已是中国西瓜的主栽品种。同源四倍体茄子新茄 1 号，其平均单果种子数 324 粒，仅为二倍体品种六叶茄的 9.5%。

利用多倍体营养成分含量高，改善品质。四倍体白菜南农矮脚黄的维生素 C、还原糖、氨基酸总量及钙、磷、铁等含量明显增加，而粗纤维含量减少 12.7%，综合品质明显改善。瓜类蔬菜四倍体的可溶性固形物含量较二倍体高 10%～30%。同源四倍体茄子品种新茄 1 号的果实维生素 C、脂肪、蛋白质含量分别较对照二倍体品种明显增加。

利用多倍体蔬菜抗逆性强，扩大种植区域，延长供应周期。多倍体蔬菜抗性强、生育期长，能够使蔬菜的栽培区域扩大，延长供应期。白菜四倍体品种，如南农矮脚黄、热优 2 号抗热性强，弥补了叶菜“夏淡”，而寒优 1 号耐寒，又适合冬季栽培，目前栽培面积已超过 20 万 hm^2。三倍体无籽西瓜由于抗病、耐湿、耐热，在南方很快得到推广。

利用染色体多倍化，克服远缘杂交障碍。在蔬菜远缘杂交育种中，远缘杂种染色体多倍化可作为克服远缘杂交不育和杂种不稳性的有效手段。甘蓝和野生油菜作为二倍体相互不能杂交，而诱变成四倍体后可成功杂交。在秘鲁番茄和多腺番茄杂交中，将母本植株先诱变成同源四倍体，结籽率比以二倍体为母本的增加 80 倍。陈劲枫等采用胚胎拯救方法，首次成功实现了栽培黄瓜 *Cucumis sativus* L.（$2n=14$）与同属野生种 *C. hystrix* Chakr.（$2n=24$）的种间杂交，对杂种（$2n=19$）染色体加倍，获得了双二倍体（$2n=38$）的新物种（图 3－8）。

利用多倍体可以创造三体、单体异附加系等非整倍体。随着现代生物技术的发展，人工诱变多倍体已作为一种桥梁，在遗传渐渗、基因转移和三体系创建等基础研究方面已起到越来越重要的作用。陈劲枫等将甜瓜属异源三倍体与栽培黄瓜北京截头杂交，获得了两个 $2n=15$（14C＋1H）的单体异附加系。Struss 等用黑芥（BB）、芥菜（AABB）、阿比西尼亚芥（BBCC）等不同来源的芸薹属的种间杂种，将 B 染色体转到甘蓝型油菜（AACC）Andor 上，获得单体添加系（AACC＋1B）。

三、单倍体育种

（一）单倍体的种类与起源

单倍体可分为一倍体（monoplid）和多元单倍体（polyhaploid）。一倍体，即只含一组染色体的单倍体，由二倍体植物的配子发育而成，如经孤雌生殖（female parthenogenesis）或孤雄生殖（male parthenogenesis）形成；多元单倍体，即含有几个染色体组的单倍体，由多倍体的配子发育而成。

单倍体可自然发生或由人工诱导产生。自然界单倍体是由不正常的受精过程产生，一般是通过孤雌生殖、孤雄生殖或无配子生殖（apogamy）产生，自然产生单倍体的频率极低，仅为 10^{-8}～10^{-5}。

图 3－8　利用人工远缘杂交、组织培养和秋水仙碱诱变技术合成异源四倍体黄瓜

（二）人工诱导单倍体的方法

自从 S. Guha 和 S. C. Maheshwari（1964）首次成功地诱导出单倍体植株以来，通过花药、花粉培养诱导单倍体得到了迅速的发展。人工诱导单倍体的方法主要有以下几种：

1. 花药培养　将发育到一定阶段的花药接种到培养基上进行培养，改变花粉的发育程序，使其分裂形成细胞团，进而分化成胚状体，产生再生植株或形成愈伤组织，由愈伤组织再分化成单倍体植株。但由愈伤组织形成的植株不一定都是单倍体，常有倍性变化。在正常情况下，花粉母细胞经过减数分裂形成花粉粒，进一步发育，细胞体积增大，形成外壁并出现发芽孔，此时细胞核较大居中，称单核中央期。随着细胞体积迅速增大，细胞核由中央位置推向一边，即单核靠边期。以上均为单核期花粉。在选择外植体时，一般在花粉母细胞发育的单核期，但不同植物的外植体选择有所不同。

2. 花粉（小孢子）培养　将花粉从花药中分离出来，以单个花粉粒作为外植体进行离体培养。由于花粉是单倍体细胞，诱发它经愈伤组织或胚状体发育成的植株都是单倍体植株。花粉培养不受花药的药隔、药壁和花丝等体细胞的干扰，但在离体培养过程中，培养条件对愈伤组织的诱导频率有很大的影响，且在分化过程中细胞染色体发生畸变的可能性较大。所以，通过花粉培养产生单倍体的关键是选择合适的培养基及严格控制培养条件。

3. 未授粉的子房、胚珠培养　利用未授粉或授粉而未受精的子房进行组织培养，胚胎拯救获得单倍体。利用异源种属花粉对亲缘关系较远的母本进行授粉，不易使母本的卵细胞受精而又能刺激卵细胞单性发育（又称孤雌生殖）产生单倍体；成熟的卵细胞容易引起分裂，去雄后延迟授粉可以大大提高孤雌生殖的诱导率。使用化学药剂处理未授粉的花柱、柱头或子房，诱导孤雌生殖产生单倍体如DMSO、PCPA、KT、2,4－D、NAA、GA_3、TRTA、DMSO＋对氯苯氧乙酸、DMSO ＋ KT、DMSO ＋ GA_3、DMSO ＋ NAA、DMSO ＋ 邻氯苯氧乙酸、DMSO＋ KT＋邻氯苯氧乙酸等都曾成功地诱导了单倍体的形成。用射线照射愈伤组织细胞团或将父本花粉经 X 射线处理后，给去雄的母本授粉，以影响其受精，可诱发单性生殖产生单倍体。

（三）单倍体的特点与鉴定

由于单倍体来自二倍体或多倍体的配子，其染色体数已减半，使单倍体的形态、生理及染色体减数分裂行为均产生异常，形成以下特点：①生长瘦弱，植株、叶片、穗子、花器或花药等都较小；②形态与其二倍体亲本相似；③不育性高，雌、雄配子均败育，不论自交还是授以正常花粉，均不能正常结实。

单倍体的鉴定与多倍体的鉴定一样有两种方法，一种是细胞学鉴定，即检查花粉母细胞或根尖细胞内的染色体数目；另一种是间接鉴定，即根据单倍体植株的小型化、花粉败育等形态特征对单倍体进行鉴定。

（四）单倍体育种的步骤

① 诱导材料的选择与单倍体的获得。选配优良亲本进行杂交，选择表现型优良的 F_1 个体的花药或花粉作为诱导单倍体的材料，应用花药或花粉培养等方法诱导单倍体的产生，也可在自然群体中寻找单倍体。②单倍体材料的加倍。经选择获得的单倍体可利用秋水仙碱或其他方法使染色体加倍形成纯合二倍体或异源四倍体植株，再加以利用。③二倍体后代的选育。获得二倍体材料后，可按常规育种方法进行系统选育，从中选出符合育种目标的优良类型，获得新品系或品种。由于形成的二倍体植株是纯合的，可直接进行株系比较，淘汰不良株系。

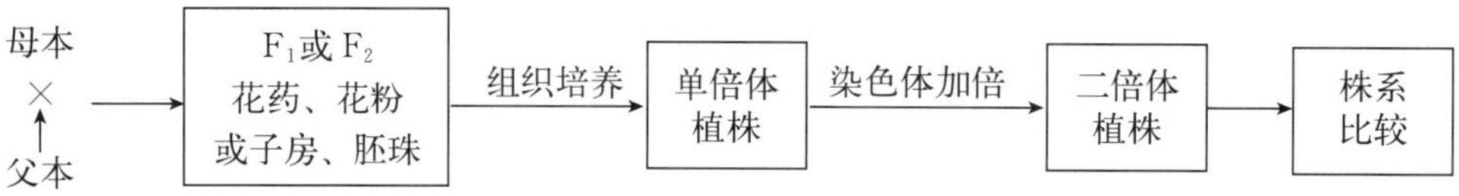

（五）单倍体育种存在问题

花药培养，愈伤组织诱导率和绿苗再生率不高；小孢子培养，不同基因型间差异大；通过组织培养来诱导植物单倍体，由于培养条件受限或外植体经过了再分化过程使染色体发生变异导致了成苗率不高，无论是异源花粉诱导还是药剂处理结果都不是很理想。所以，单使用一种方法很难提高单倍体诱导的频率。通过改善培养条件，同时使用多种方法，在一定程度上能提高诱导频率。因此，一方面要寻找更有效的诱导方法提高诱导频率，同时也要注意对单倍体加倍处理后的进一步研究工作。

（陈劲枫　王小佳）

主要参考文献

曹家树，申书兴 . 2001. 园艺植物育种学 [M]. 北京：中国农业大学出版社 .

陈大成，胡桂兵，林明宝 . 2001. 园艺植物育种学 [M]. 广州：华南理工大学出版社 .

陈恒雷，吕杰，曾宪贤 . 2005. 离子束诱变育种研究及应用进展 [J]. 生物技术通报（2）：10-13.

陈恒雷，徐辉，吕长武，等 . 2006. 激光诱变育种的研究概况 [J]. 激光生物学报，15（4）：436-439.

陈劲枫，雷春，钱春桃，等 . 2004. 黄瓜多倍体育种中同源四倍体的合成和鉴定 [J]. 植物生理学通讯，40（2）：149-152.

陈劲枫，庄飞云，钱春桃 . 2001. 甜瓜属一新物种（双二倍体）合成及定性 [J]. 武汉植物学研究，19（5）：357-362.

陈佩度 . 2001. 作物育种生物技术 [M]. 北京：中国农业出版社 .

程金水 . 2004. 园林植物遗传育种学 [M]. 北京：中国林业出版社 .

方智远 . 2004. 蔬菜学 [M]. 南京：江苏科学技术出版社 .
郭企高，宋明，梁国鲁，等 . 1999. 葱属植物诱变育种的研究与发展 [J]. 西南园艺，27 (4)：29－30.
韩微波，刘录祥，郭会君，等 . 2005. 小麦诱变育种新技术研究进展 [J]. 麦类作物学报，25 (6)：125－129.
郝建平，时侠清 . 2004. 种子生产与经营管理 [M]. 北京：中国农业出版社 .
胡延吉 . 2003. 植物育种学 [M]. 北京：高等教育出版社 .
景士西 . 2000. 园艺植物育种学总论 [M]. 北京：中国农业出版社 .
琚淑明，巩振辉，李大伟 . 2003. γ 射线与 HNO_2 复合处理对辣椒 M_1 代的诱变效应 [J]. 西北农林科技大学学报：自然科学版，31 (5)：47－50.
李桂花，张衍荣，曹健，等 . 2006. 蔬菜空间诱变育种研究现状与展望 [J]. 广东农业科学 (1)：27－29.
李耀华，胡志辉 . 1999. 荠菜辐射诱变育种研究 Ⅰ . 干种子辐射的适宜剂量及性状变异 [J]. 种子 (3)：21－22.
刘大均 . 1999. 细胞遗传学 [M]. 北京：中国农业出版社 .
刘宜柏，丁为群，董洪平 . 1999. 作物遗传育种原理 [M]. 北京：中国农业科学技术出版社 .
潘家驹 . 1994. 作物育种学总论 [M]. 北京：中国农业出版社 .
朴铁夫，李国全，许耀奎，等 . 1995. 苯甲酰胺和 4NQO 复合处理对蚕豆细胞学效应的研究 [J]. 核农学通报，16 (5)：243－244.
山东省昌维农业专科学校 . 1979. 作物遗传与育种学：北方本 [M]. 上册 . 北京：农业出版社 .
沈阳农学院 . 1981. 蔬菜育种学 [M]. 北京：农业出版社：104－126.
万贤国，庞伯良，朱校奇 . 1993. 激光及其与 γ 射线复合处理水稻干种子提高诱变效果的研究 [J]. 激光生物学，2 (1)：196－198.
汪炳良，郑积荣，黄怡弘 . 1999. 蔬菜制种技术问答 [M]. 北京：中国农业出版社 .
王翠亭，黄占景，何聪芬，等 . 2002. 小麦耐盐突变体生化标记的研究 [J]. 麦类作物学报，22 (1)：10－13.
王海廷，王鸣，李长年 . 1988. 番茄育种 [M]. 上海：上海科学技术出版社 .
王小佳 . 2000. 蔬菜育种学（各论）[M]. 北京：中国农业出版社 .
西北农学院 . 1981. 作物育种学 [M]. 北京：农业出版社 .
西南农业大学 . 1999. 蔬菜育种学 [M]. 2 版 . 北京：中国农业出版社 .
杨文钰 . 2002. 农学概论 [M]. 北京：中国农业出版社 .
尹淑霞，韩烈保 . 2006. 分子标记及其在植物空间诱变育种研究中的应用 [J]. 生物技术通报 (1)：50－53.
张天真 . 2003. 作物育种学总论 [M]. 北京：中国农业出版社 .
张再君，范树国，刘林，等 . 2000. ^{60}Co γ 射线与 NaN_3 复合处理对珍汕 97A 的诱变效应 [J]. 西北植物学报，20 (2)：229－233.
张子和 . 1979. 作物遗传与育种 [M]. 兰州：甘肃人民出版社 .
郑企成，朱耀兰，陈文华，等 . 1994. 小麦耐盐突变体的盐胁迫蛋白的研究 [J]. 核农学通报，15 (3)：101－104.
郑彦平 . 1992. 作物育种原理与方法 [M]. 北京：农村读物出版社 .
周长久 . 1996. 现代蔬菜育种学 [M]. 北京：科学技术文献出版社 .
Halstead T W. 1994. Introduction：an overview of gravity scaning，perception and sign transduction in animal and plant [J]. Adv Space Res，14 (8)：315－316.
Maksirnova Y N. 1985. Effect on seeds of heavy charged particles of galactic cosmic radiation [J]. Space Biol Aerosp Med，19 (3)：103－107.
Slade A J，Fuerstenberg S I，Loeffler D，et a1. 2005. A reverse genetic，nontransgenic approach to wheat crop improvement by tilling [J]. Nat Biological，23 (1)：75－81.

第四章

蔬菜杂种优势育种

在选择和培育农作物杂交亲本的基础上，配制杂交组合，通过比较筛选获得杂交一代品种的育种方法称为杂种优势育种（heterosis breeding），简称优势育种。优势育种既能利用生物杂种优势，又便于育种者控制亲本种源，还有利于提高种子质量和实现良种商品化，因此，备受育种者和品种使用者的青睐，已经成为多数蔬菜作物的主要育种方法。由于蔬菜杂种优势利用技术，特别是杂交制种技术的不断改进，蔬菜作物杂种优势已经逐渐得到了充分的利用。由杂交一代品种替代常规品种带来的蔬菜作物抗病、抗逆、丰产性能的提升，是实现蔬菜高产、稳产和均衡供应的重要保证。

第一节　杂种优势育种简史

一、蔬菜杂种优势育种发展简史

“杂种优势”一词虽然最先由 Shull 于 1914 年提出。但在此之前，1763 年 Kolreuter 就研究了烟草的杂种优势表现。1761—1766 年，Kolreuter 育成了优良的早熟烟草种间杂种，并提出种植烟草杂种品种的建议。孟德尔在 1865 年通过豌豆杂交试验，也观察到杂种优势现象，并提出了杂种活力（hybrid vigor）概念。1866—1876 年，达尔文提出了杂交有优势的观点，并于 1877 年观察并测量了玉米等作物的杂种优势现象后，提出了异花授粉有利、自花授粉有害的观点。其后，许多学者对玉米进行了一系列研究，使得玉米成为在生产中大规模利用杂种优势选育品种的第一个代表性作物。Shull 首次提出了“杂种优势”这一术语和选育单交种的基本程序，并从遗传理论和育种模式上为玉米自交系间的杂种优势利用奠定了基础。玉米杂种优势的成功应用，不仅使玉米杂交一代品种得到更广泛的种植，而且推动了其他作物杂种优势的利用研究。核质互作雄性不育系的选育成功，为雌雄同花作物的杂种优势利用创造了条件。根据植物雄性不育的“三型学说”（Sears，1943），Sears 提出了一个人工制造保持系的利用杂种优势的育种方案，称为“洋葱公式”。高粱、水稻、油菜、棉花等大田作物以及洋葱、胡萝卜等蔬菜作物相继利用胞质雄性不育系生产杂交一代品种种子。

日本是研究和利用蔬菜杂种优势最早的国家，早在 20 世纪 20～30 年代就开展了茄子、西瓜、黄瓜、番茄等作物杂种优势利用研究。20 世纪 60 年代中期，甘蓝、番茄、大白菜、茄子、黄瓜的杂交一代品种已占日本蔬菜总栽培面积的 80%。目前，番茄、白菜、甘蓝、萝卜等几乎 100%是杂交一代品种。不同作物的杂交一代品种的制种途径不尽相同，十字花科蔬菜以利用自交不亲和系或雄性不育系制种为主，胡萝卜、洋葱、小葱则用雄性不育系制种，黄瓜、番茄、辣椒、甜瓜、西瓜、茄子等主要是人工去雄授粉。韩国十分重视蔬菜杂种优势利用技术研究，一些大型种子公司较早将花粉培养、自交不亲和、雄性不育技术等应用于杂种优势育种。韩国的白菜类和甘蓝类蔬菜利用自交不亲和系或雄性不育系配制杂交一代品种已达95%以上；萝卜利用自交不亲和系和雄性不育系配制杂交一代品种，占80%以上；利用雄性不育系配制辣椒杂交种的研究工作成效也十分突出，商用辣椒品种几乎100%为杂种一代；菠菜利用雌株系配制杂交一代品种占90%以上；胡萝卜和洋葱利用雄性不育系制种，杂交一代品种占50%以上。此外，利用分子标记检验种子纯度已广泛应用于黄瓜、白菜、萝卜、南瓜、辣椒等蔬菜种子质量检测中。在蔬菜种业比较发达的荷兰、以色列和美国，主要蔬菜的商用品种几乎全部是杂交一代品种。俄罗斯自20世纪80年代以来开始研究利用蔬菜杂种优势育种，在胡萝卜、洋葱、甜椒等作物雄性不育系选育方面已取得了可喜成就，目前生产上已有不少优良的番茄、甘蓝、胡萝卜杂交一代品种。

中国蔬菜杂种优势育种研究始于20世纪50年代。到了20世纪60～70年代，中国的蔬菜育种专家选育的第一批蔬菜杂交种品种开始应用于生产。1972年，郑州市蔬菜所在秋冬萝卜金花薹（绿皮）采种田发现了雄性不育株，通过与金花薹表型正常可育株测交、回交，于1978年选育出了不育性稳定的金花薹雄性不育系48A，并配制出优良杂交组合金花薹48A×炮弹萝卜，其F_1比对照金花薹增产26%。此外，当时在生产上应用的蔬菜杂交一代品种还有苏长茄茄子（1964—1968），浦江1号、浙江1号、浙江2号和浙江3号番茄（1970—1972），青杂早丰大白菜（1963—1971），京丰1号甘蓝（1970—1973）等。20世纪70年代中期到80年代初，蔬菜杂种优势利用研究与应用得到快速发展，当时开展杂种优势育种研究的蔬菜作物已达20多种。

蔬菜杂交一代品种种子的专业化生产基地日渐成熟。在一些自然条件优越、劳动力廉价的国家和地区建立种子生产基地，杂交种子专业化生产已成为大的趋势。如十字花科蔬菜杂交一代品种的采种有很多安排在新西兰和澳大利亚、意大利北部等地区；杂交洋葱安排在南非；劳动力密集、技术要求高的杂交番茄、杂交辣椒、杂交瓜类等蔬菜种子生产，多安排在劳动力丰富、气候适宜的发展中国家，如中国、泰国、印度、越南、墨西哥、智利等。利用遍布世界各地的专业化蔬菜种子生产基地，一些实力雄厚的蔬菜种子企业已经能够实现蔬菜杂交种的全球化适地生产，提高了优良杂交一代品种种子的供应水平。

二、中国蔬菜杂种优势育种现状与前景

自1983年起，蔬菜杂种优势利用研究作为蔬菜新品种选育的重要组成部分，被列入中国国家重点科技计划，研究利用杂种优势的蔬菜作物逐步扩大到30多种，包括大白菜、甘蓝、萝卜、小白菜、辣椒、番茄、黄瓜、西瓜、甜瓜、茄子、西葫芦、冬瓜、苦瓜、丝瓜、花椰菜、青花菜、球茎甘蓝、抱子甘蓝、羽衣甘蓝、菜心、紫菜薹、芥蓝、南瓜、瓠瓜、节瓜、菠菜、芹菜、洋葱、大葱、韭菜、胡萝卜、茎用芥菜、叶用芥菜（雪里蕻）等，同时主要蔬菜作物育成新品种中，杂交一代品种所占比例越来越高。据国家农作物品种审定委员会统计，1980—1991年各省（自治区、直辖市）或国家审定（认定）的大白菜等11种主要蔬菜作物的761个品种中，利用杂种一代的有337个，占44.3%。据2013年统计，1978—2012年共审定（认定、登记、备案、鉴定）蔬菜品种4 825个，其中杂交种3 777个，占78.3%，而大白菜、甘蓝、辣椒、番茄、黄瓜的杂交种比率分别是92.8%、83.1%、87.3%、90.5%、80.8%。

历经30余年的国家科技攻关和国家科技支撑等与蔬菜杂种优势利用相关的国家重大科技规划项目的实施，中国的蔬菜杂种优势育种研究取得了丰硕的成果，已发展成为最重要的蔬菜作物育种途径。在杂种优势育种理论和育种技术研究上，大白菜、结球甘蓝和花椰菜等曾广泛采用自交不亲和系配制杂交一代品种，成为这些蔬菜作物重要的杂交制种途径。近年来，雄性不育系选育和利用在这些蔬菜作物中获得成功，其中萝卜细胞质雄性不育系、甘蓝显性核基因雄性不育系、大白菜核基因互作

及复等位基因雄性不育系的选育与利用已居国际先进地位，辣椒雄性不育与杂种优势利用研究取得了重要进展，黄瓜和节瓜雌性系选育已经获得了成功，利用雌性系配制出的一批杂交一代品种已经应用于生产。主要蔬菜作物重要经济性状，以及抗病性、雄性不育性、自交不亲和性、纯雌性等的遗传研究取得了丰硕成果，为杂交亲本的选择和组配提供了重要的理论根据。细胞工程、分子标记等生物技术在杂种优势育种中逐渐得到应用，大大提高了育种效率。

蔬菜杂种优势育种的快速发展，一方面使生产者从杂种优势所带来的增产增收中广泛受益，另一方面使育种者通过开发杂交一代品种控制亲本而有效地保护了自己的权益。相信随着蔬菜种子产业的发展以及技术的进步，蔬菜杂交一代品种利用的比率将越来越高，以至实现所有能够利用杂种优势的商用品种全面实现杂优化。

第二节 杂种优势表现与遗传假说

一、杂种优势表现

杂种优势（hybrid vigor，heterosis）是生物界的一种普遍现象。指两个遗传性不同的生物体杂交所产生的杂种，在生长势、生活力、抗逆性、适应性和产量等方面超过其双亲的现象。杂种优势与人工选择方向一致者叫正向优势，相反者为负向优势。杂种优势的表现是多方面的，如在农艺性状上表现为生长势增强、产量增加和抗病性增强等；在生理代谢上表现为光合速率提高、抗逆能力增强等。杂种优势的度量标准有以下几种：

（一）超中优势

又称中亲值优势，是以中亲值（某一性状的双亲平均值的平均）作为尺度，衡量 F_1 平均值与中亲值之差的方法。计算公式如下：

$$H=[F_1-(P_1+P_2)/2]/[(P_1+P_2)/2]$$

式中：H 为杂种优势大小；F_1 为杂种一代的平均值；P_1 为第一个亲本的平均值；P_2 为第二个亲本的平均值。

（二）超亲优势

又称高亲值优势，是用双亲中较优良的一个亲本的平均值（P_h）作为尺度，衡量 F_1 平均值与高亲平均值之差的方法。计算公式如下：

$$H=(F_1-P_h)/P_h$$

该方法的计算结果可直接反映杂交种的利用价值。

（三）超标优势

以标准品种（如生产上正在应用的同类优良品种）的平均值（CK）作为尺度，衡量 F_1 与标准品种之差的方法。计算公式如下：

$$H=(F_1-CK)/CK$$

这种方法更能反映杂交种在生产上的利用价值，因为如果所选育的杂交种不能超过标准品种就没有利用价值。但是，这种方法不能提供与亲本有关的遗传信息，即使对同一组合同一性状来讲，如果所用的标准品种不同，H 值也会不同。

（四）离中优势

又叫平均显性度，是以双亲平均数之差的一半作为尺度，衡量 F_1 优势的方法，是以遗传效应来度量杂种优势。计算公式为：

$$H=[F_1-1/2(P_1+P_2)]/[1/2(P_1-P_2)]$$

如果将公式中的 F_1、P_1 和 P_2 用遗传效应来表示，即 F_1 为 h，P_1 为 d，P_2 为 $-d$，则公式可改写为：

$$H=\frac{h-1/2[d+(-d)]}{1/2[d-(-d)]}$$

式中：h 为显性效应；d 为加性效应。加性效应是可以稳定遗传的，显性效应是基因型处于杂合状态时才表现的。这种方法的计算结果反映了杂种优势的遗传本质。

二、杂种优势的遗传假说

很多学者围绕杂种优势的遗传机制进行了研究，但是，对于杂种优势产生原因至今还没有一个统一的认识。目前，为多数学者所接受的遗传假说主要有 3 个，即“显性假说”“超显性假说”和“上位性假说”。

（一）显性假说

显性假说认为，杂种优势来源于等位基因间的显性效应和非等位基因间显性效应的累加作用。其论点建立的基础是：显性基因对生物生长发育有利，隐性基因对生物生长发育不利。杂交使亲本之一的某些有利的显性基因掩盖了亲本之二等位的不利隐性基因；同样，亲本之二的另一些显性有利基因也掩盖了亲本之一等位的隐性不利基因。由于杂种的显性位点数多于任何一个亲本，从而表现出杂种优势。

（二）超显性假说

超显性假说认为，等位基因之间存在着超过显隐关系的互作效应。某一位点 *Aa* 基因型的效应值有可能大于 *AA* 基因型的效应值。超显性假说还认为，非等位基因之间也存在着超过累加作用的互作效应。如两个等位基因分别产生不同的产物，或分别控制不同的反应，杂合体能同时产生两种产物或控制两种反应，因而表现超过双亲。也有人认为超显性是由于杂合体能产生杂种物质，即纯合体 *AA* 只能产生一种物质，*aa* 产生另一种物质，杂合体 *Aa* 不仅能产生上述两种物质，还能产生第 3 种物质。

（三）上位性假说

显性和超显性假说都将杂种优势归因于单因子效应。事实上基因与基因间的互作，即位点间的上位性（epistasis）在杂种优势形成中可能起着非常重要的作用。Cockerham（1954）提出了基因效应和互作的多因子遗传模型，提出非等位基因之间的上位性广泛存在。Jinks 和 Jones（1958）首次将上位互作列入研究杂种优势的线性模型中。Mather 和 Jinks（1971）对该模型进行了修正，将三元互作的上位效应列于其中。Minvielle（1987）提出了一个双基因互作模型，该模型推导出在无显性效应的情况下，仅仅通过多基因互作也可以产生杂种优势。Yu 等（1997）认为显性和超显性不是杂种优势形成的主要原因，位点间的上位性可能起着更为重要的作用；各类型位点间的上位性（AA、AD 和 DD）都有出现，几乎所有鉴定出与杂种优势有关的单位点效应的位点都参与了上位互作，涉及上位性互作的位点数要比单位点效应的位点数多得多。

第三节 杂种优势育种程序

一、亲本的选择与纯化

优良的杂交一代品种应该具有整齐一致的优异性状，即一方面要求每代都能生产出具有相似基因型的 F_1 种子，以保证杂交种的稳定性；另一方面，要求 F_1 群体内的个体之间具有相似的杂合基因型，以保证杂交种的纯度。实现上述目标，有赖于杂交亲本基因型的纯合化。对于一二年生蔬菜作物来说，优势育种往往首先从选育自交系开始。选育优良自交系，首先必须搜集符合育种目标要求的原始材料。原始材料可以是农家品种、常规品种或杂交种。选育自交系的基本方法为系谱选择法。系谱选择法的一般程序如下：

确定初选的亲本材料
↓
选取优良单株自交
↓
S_1自交系
↓
在优良系统内继续选取优良单株自交
↓
S_2自交系
↓
⋮
↓
亲本自交系

（一）基础材料选择

培育自交系的基础材料应具有较多育种目标所要求的性状（至少是部分性状）。基础材料应具有不同的遗传背景和丰富的遗传多样性。

（二）选株自交

在选定的基础材料中选择无病、虫危害的优良单株自交。自交株数取决于基础材料的一致性程度。一致性好的，通常自交 5～10 株即可；一致性差的需酌情增加自交株数。另外，还应注意多种变异类型的选用，每一变异类型至少选择 2～3 株自交；对于自花授粉作物，每株自交收获的种子数量应保证后代至少可种植 50～100 株，而异花授粉作物应保证至少可种植 100～200 株。

（三）逐代选择淘汰

首先进行株系间的比较鉴定。在当选的株系内选择优良单株自交。优良单株多的当选自交系应多选一些单株自交，但也不能过于集中在少数株系。每个 S_2（自交二代）株系，自花授粉作物一般种植 50～100 株，异花授粉作物一般种植 100～200 株，以后仍按这个方法和程序逐渐继续选择淘汰，但选留的自交株系数应逐渐减少，直到几十个。每一自交株系种植的株数可随着当选自交株系的减少而增加。自交系选育工作完成的标志是所选育出的自交后代系统主要性状不再分离，生活力不再继续明显衰退。自交系选育出来后，每个自交系种植一个小区进行隔离繁殖，系内株间自由授粉繁殖。

培育自交系的主要目的是使杂交亲本的基因型趋于纯合化。为了加快育种材料的纯化速度，加快杂交种选育进程，可以采用单倍体育种方法，即诱导蔬菜作物形成单倍体，再使单倍体加倍产生双单倍体（double haploid，DH）。DH 系是遗传意义上真正的纯系，可用其代替自交系用于配制杂交种。近年来的育种实践已经证明，切实可行的双倍体诱导方法包括小孢子培养、大孢子培养及单倍配子体无融合生殖诱导与筛选等。由于植物组织与细胞培养技术的改进，一些蔬菜作物，如大白菜、白菜、结球甘蓝、花椰菜、青花菜、辣椒和茄子等花药或花粉（游离小孢子）培养已经获得了成功。因此，通过单倍体育种途径迅速纯化亲本成为可能。自 20 世纪 80 年代起，辣椒和茄子利用花药培养单倍体育种途径获得的纯合二倍体，已经用于配制杂交种。自 20 世纪 90 年代起，众多十字花科蔬菜作物小孢子培养获得的纯合二倍体株系，已经用于杂交一代品种选育。单倍体育种具体方法将在本书的有关章节中介绍。

二、配合力及测定方法

（一）配合力的概念

配合力是指作为亲本杂交后 F_1 表现优良与否的能力。配合力分一般配合力（general combining ability，GCA）和特殊配合力（specific combining ability，SCA）两种。一般配合力是指一个自交系的某一性状实测值与在该试验全部杂交组合中的平均表现的差值。如表 4－1 中，亲本自交系 H 的一般配合力为 0.2，是用 H 与 A、B、C、D 4 个亲本配成的 F_1 的平均产量 9.1 与试验总平均产量 8.9 相比的差值计算出来的。

表 4－1　4 个父本和 5 个母本所配 20 个 F_1 的小区平均产量

亲本	A	B	C	D	平均	GCA
E	9.2	8.9	9.0	8.5	8.9	0.0
F	8.4	9.1	8.7	8.2	8.6	－0.3
G	9.0	9.4	9.6	8.8	9.2	0.3
H	9.1	9.3	9.2	8.8	9.1	0.2
I	8.8	8.8	9.0	8.2	8.7	－0.2
平均	8.9	9.1	9.1	8.5	8.9	
GCA	0.0	0.2	0.2	－0.4		

特殊配合力是指某特定杂交组合某性状的观测值与该试验全部 F_1 的总平均值及双亲的一般配合力所预测值之差。如表 4－1 中 B×I 的特殊配合力 $S_{bi}=8.8-[0.2+(-0.2)+8.9]=-0.1$。用通式表示为：

$$S_{ij}=X_{ij}-u-g_i-g_j$$

式中：S_{ij} 表示第 i 个亲本与第 j 亲本所配制杂交组合的特殊配合力效应；X_{ij} 表示第 i 个亲本与第 j 个亲本的杂交组合 F_1 的某一性状的观测值；u 表示群体的总平均值；g_i（g_j）表示第 i（j）个亲本的一般配合力。

（二）配合力分析的意义

通过连续自交和选择所获得的自交系，其本身表现固然与用其配成的 F_1 的表现有关，但是用它来预测 F_1 的表现不一定准确。因为决定 F_1 杂种优势的非加性效应，只有在基因型处于杂合状态才能表现出来。因此，有些亲本本身表现好，其 F_1 的表现不一定好。相反，有些 F_1 的优势强，而它的两个亲本本身表现并不一定是最好的，必须通过实际的配组杂交和配合力分析，才能准确测定出配合力的大小。配合力分析结果有助于育种者正确评价育种材料的利用价值，正确选择亲本材料，制定适合的育种方案。当某份育种材料的一般配合力高而特殊配合力低时，宜用于常规杂交育种；当一般配合力和特殊配合力均较高时，宜用于优势育种；当一般配合力低而特殊配合力高时，宜用于优势育种；一般配合力和特殊配合力均低时，应淘汰。

（三）配合力测定方法

为了鉴定配合力，应将试验的自交系与相应的测验种进行杂交。对鉴定一般配合力和特殊配合力的测验种的要求是不相同的。如果鉴定的是一般配合力，最好是用具有广泛遗传基础的测验种如天然授粉品种或双交种等。对于鉴定特殊配合力的测验种，决定于供试系的用途，如果这些新系是预定用来替代现存杂交组合中的一些系，则双交种的亲本单交种之一或组成这一单交种的自交系将是最合适的测验种。

配合力分析方法，分为粗略分析方法和精确分析方法两类。粗略分析时，可选一个测验种分别与要分析的材料杂交。这种分析方法，又叫同一亲本测配法，其结果不大准确，适用于对育种材料配合力的初步分析，多用于对大量材料的初步筛选。精确分析方法可分完全双列杂交法和不完全双列杂交法。双列杂交方法可以测验两种配合力。双列杂交的交配设计目的主要有两个方面：①估计在杂交中产量变异的遗传成分；②估计杂交组合的实际生产能力。

完全双列杂交法的参试材料都要作父、母本参与杂交。不完全双列杂交一般是把参试材料分成两部分，一部分作父本，另一部分作母本参与杂交。完全双列杂交法又可再分 4 种方案：①包括正反交和自交组合；②包括正交和自交组合；③包括正反交组合；④只有正交组合（半轮配法）。半轮配法是最常用的一种配合力分析方法。

进行配合力分析时，可用某一性状的小区平均数，也可用单株的观测值作为基础数据进行分析。但是，两者所获得的信息量不同。用单株观测值作基础数据能获得更多的信息，但是计算比较复杂。如果只是获得配合力的结果，用小区平均数分析即可。

例如，某种作物 5 个自交系，按第一方案共配成 25 个组合（包括正反交和自交），设 4 次重复，随机区组排列，共有 100 个小区，以各小区产量作为配合力计算单位的实测结果列于表 4－2。

表 4－2　5 个自交系完全双列杂交 4 次重复小区产量

X_{ij}	重　复				$\sum X_{ij}$	X_{ij}
	Ⅰ	Ⅱ	Ⅲ	Ⅳ		
AA	21	19	20	24	84	21
AB	36	27	26	25	104	26
AC	28	29	29	26	112	28
AD	18	16	18	20	72	18
AE	22	22	23	21	88	22
BA	23	20	25	24	92	23
BB	21	20	22	21	84	21
BC	29	30	28	29	116	29
BD	19	18	21	18	76	19
BE	18	16	19	19	72	18
CA	22	24	23	19	88	22
CB	27	27	25	29	108	27

（续）

X_{ij}	重　复				$\sum X_{ij}$	X_{ij}
	Ⅰ	Ⅱ	Ⅲ	Ⅳ		
CC	19	18	19	20	76	19
CD	20	18	21	21	80	20
CE	17	18	16	17	68	17
DA	23	24	24	21	92	23
DB	18	18	19	17	72	18
DC	17	18	17	16	68	17
DD	16	16	18	14	64	16
DE	16	17	15	16	64	16
EA	21	18	23	22	84	21
EB	18	19	18	17	72	18
EC	17	18	16	17	72	18
ED	12	13	12	11	48	12
EE	12	11	13	12	48	12
X_b	500	494	512	494	$\sum X$=2 000	X=20

第一步：进行一般方差分析。表 4－3 的统计分析结果表明，组合间差异极显著，可进一步测验一般配合力和特殊配合力等方差分量的显著性。把各组合的平均产量列于表 4－4。

表 4－3　表 4－2 资料的方差分析结果

方差来源	自由度	平方和	方差	F 值
组合	$a-1=24$	$S_a=1856$	$V_a=77.3$	$V_a/V_e=43.6$
区组	$b-1=3$	$S_b=8.64$	$V_b=2.88$	$V_b/V_e=1.6$
机误	$(a-1)(b-1)=72$	$S=127.36$	$V_e=1.77$	

表 4－4　表 4－2 资料的组合平均值

	A	B	C	D	E	$X_{i.}$
A	21	26	28	18	22	115
B	23	21	29	19	18	110
C	22	27	19	20	17	105
D	23	18	17	16	16	90
E	21	18	17	12	12	80
$X_{i.}$	110	110	110	85	85	$X..=500$

第二步：配合力方差分析。按下列公式计算平方和。

$$S_g = 1/2P\sum_i (X_{i.} + X_{.i})^2 - (2/P^2)X..^2$$

$$S_s = 1/2\sum_{ij}\sum (X_{ij} + X_{ji}) - (1/2P)\sum_i (X_{i.} + X_{.i})^2 + (1/P^2)X..^2$$

$$S_r = 1/2\sum_{i<j}\sum (X_{ij} - X_{ji})^2$$

式中：S_g 为一般配合力平方和；S_s 为特殊配合力平方和；S_r 为正反交效应平方和；P 为亲本

数；$X_{i.}$ 为某一亲本的正交各组合总和；$X_{.i}$ 为同一亲本反交各组合总和；$X_{..}$ 为全部组合总和；X_{ij} 为某一组合的正反交值。计算结果列于表 4-5。

表 4-5 一般配合力和特殊配合力方差分析结果

方差来源	自由度	平方和	方差	F 值
一般配合力	$P-1=4$	$S_g=30.0$	$V_g=77.5$	$V_g/V_e'=116.1^{**}$
特殊配合力	$P(P-1)/2=10$	$S_s=103.4$	$V_s=10.34$	$V_s/V_e'=23.5^{**}$
正反交效应	$P(P-1)/2=10$	$S_r=50.5$	$V_r=5.05$	$V_r/V_e'=11.5^{**}$
机 误	$(a-1)(b-1)=72$	$S_e=127.36$	$V_e'=0.44$	

注：$V_e'=V_e/bc$，b 为重复数，c 为观测株数。由于本例是以小区平均值为基本单位计算的，因此 c 为 1。V_e 为一般方差分析的机误方差，$V_e'=V_e/b=1.77/4=0.44$。

第三步：配合力效应值的计算。配合力方差分析结果表明，一般配合力、特殊配合力和正反交效应的差异都极显著，可以进一步按下列公式计算各效应值。

$$u=(1/P^2)X_{..}$$

$$g_i=1/2P(X_{i.}+X_{.i})-(1/P^2)X_{..}$$

$$S_{ij}=1/2(X_{ij}+X_{ji})-1/2P(X_{i.}+X_{.i}+X_{j.}+X_{.j})+(1/P^2)X_{..}$$

$$r_{ij}=1/2(X_{ij}-X_{ij})$$

式中：g_i 为第 i 个亲本的一般配合力效应值；S_{ij} 为第 i 与第 j 个亲本杂交的特殊配合力效应值；r_{ij} 为第 i 与第 j 个亲本的正反交效应值。

配合力效应值如表 4-6。

表 4-6 配合力和正反交效应值

S_{ij} / r_{ij}	A	B	C	D	E	g_i
A	−4.0	0.0	1.0	0.5	2.5	2.5
B	1.5	−3.0	4.5	−1.0	−0.5	2.0
C	3.0	1.0	−4.0	−0.5	−1.0	1.5
D	2.5	0.5	1.5	1.0	0.0	−2.5
E	0.5	0.0	0.0	2.0	−1.0	−3.5

第四步：配合力效应值差异性的分析。按下列公式计算各种效应值之间差异的方差。

$$V_{(g_i-g_j)}=(1/P)\sigma^2$$

$$V_{(S_{ii}-S_{jj})}=[2(P-2)/P]\sigma^2$$

$$V_{(S_{ii}S_{ji})}=(1/2P)(3P-2)\sigma^2$$

$$V_{(S_{ji}-S_{jk})}=[3(P-2)/2P]\sigma^2$$

$$V_{(S_{ij}-S_{ik})}=(P-1)\sigma^2/P$$

$$V_{(S_{ij}-S_{ki})}=(P-2)\sigma^2/P$$

$$V_{(r_{ij}-r_{ki})}=\sigma^2$$

式中：σ^2 为配合力方差分析中的机误方差。

然后用 LSD 法，根据查表所得的 t 值乘以标准差（上述计算所得的方差开方即得标准差）即得到 LSD 值。

第五步：进行差异显著性检验。

从表 4-6 可见，在这 5 个自交系内，A 和 B 的一般配合力最高。但是，如果从优势育种的要求来看，B×C 的特殊配合力远高于 A×B；B 和 C 这一对亲本配组时，B×C 又优于 C×B。

三、提高亲本配合力的方法

系谱选择法选育自交系只能根据自身的性状表现进行选择，选择得到的自交系，与其他亲本配组的杂种后代的表现如何不得而知。为此，有必要改进自交系选育方法。通过轮回选择培育自交系，不仅可根据植株自身的性状表现进行选择，而且还可以通过测交筛选提高育成自交系的配合力。

轮回选择的一般程序如下：

准备作为亲本的材料选株自交，同时与测验种杂交

↓

播种各测交系和相应的自交系，进行比较鉴定

↓

选出 10 个左右自交后代系统进行系间杂交

↓

综合品系（系内自然传粉）

↓

自交分离纯化

↓

⋮

↓

亲本自交系

第一代：自交和测交　在基础材料中选择百余株至数百株自交，同时，作为父本与测验种进行测交。测验种是测交用的共同亲本，宜选用杂合型群体如自然授粉品种、双交种等。测交种子分别单独收获贮存。

第二代：测交种比较和自交种贮存　每个测交组合播种一个小区，设 3～4 次重复，按随机区组设计排列。比较测交组合性状的优劣，选出 10%最优测交组合。各测交组合的父本自交种子在这一代不播种。

第三代：组配杂交种　把当选的优良测交组合的相应父本自交种子分区播种，用半轮配法（只有正交组合，没有反交组合）配成 $n(n-1)/2$ 个单交种（n 指亲本数），或用等量种子在隔离区内混合采种繁殖，合成改良群体。再利用这一改良群体通过连续自交和选择，培育自交系。

从上述轮回选择的程序来看，选择的依据不是自交植株本身的性状表现，而是它与基因型处于杂合状态的测交种杂交后代的表现。因此，可以反映该自交植株用于配制杂交种的优势潜力。这种方法有利于提高选出的亲本自交系有利基因的频率。或可以进一步利用第一次综合品种进行下一循环的轮回选择，进行多次的轮回选择以提高育成自交系的配合力水平。

四、优良杂交组合的选配

通过配合力分析获得优良杂交组合及其亲本自交系后，需要进一步确定自交系的配组方式，以获得农艺性状优良，且杂交种子生产成本较低的最优组合。

杂交组合的配组方式是指选定的杂交亲本哪个做母本、哪个做父本，以及参与配组的亲本数及其参加配组的顺序。根据参与配组的亲本数多少，杂交种可分为单交种、双交种和三交种 3 种配组方式。

(一) 单交种

单交种（single cross cultivar）是指用两个亲本杂交配成的杂种一代。这是最常用的一种配组方式。其优点是配成的杂交种基因型杂合程度高，群体内株间的一致性强。但是，由于一般的自交系都存在一定程度的生活力衰退，单交种的杂交制种产量往往较低，制种成本较高。

配制单交种的两个亲本，哪个做母本？哪个做父本？应从杂种优势强弱和制种产量高低两方面考虑。当正、反交配合力差异不大时，应以繁殖能力强的材料作母本，以降低制种成本；当双亲的经济性状差异大时，应以优良性状多者作母本；为使母本接受充足的花粉完成杂交授粉，应以花粉量大、花期长的材料作父本；为便于在苗期淘汰假杂种，应以具有苗期隐性性状的亲本作母本，如以叶片无毛（隐性）的大白菜亲本作母本，以叶片有毛（显性）的大白菜亲本作父本。

(二) 双交种

双交种（double cross cultivar）是指由 4 个亲本先两两配成 2 个单交种，再用 2 个单交种配制育成的杂交品种。双交种的优点是制种产量高，可以大幅度降低异花传粉作物的杂种种子生产成本。但是，其杂种优势和群体的整齐性不如单交种。

(三) 三交种

三交种（Three - way cross cultivar）是指先用两个亲本配成单交种，再用另一个亲本与单交种杂交得到的杂交品种。利用三交种的目的主要也是为了降低杂种种子生产成本。其与双交种一样也存在杂种优势和群体的整齐度不及单交种的问题。

第四节 自交不亲和系的选育

两性花植物，雌、雄配子都有正常授粉受精能力，不同基因型植株之间授粉能正常结籽，但是，花期自交不结籽或结籽率极低的现象，叫自交不亲和。自交不亲和性是植物的一种遗传性状，广泛存在于植物界。据估计，十字花科植物中约有一半有自交不亲和性。经过自交鉴定和选择，可以育成稳定遗传的自交不亲和系。优良的自交不亲和系花期自交不结籽（或结籽率极低），系内株间相互授粉也不亲和。利用自交不亲和系生产一代杂种种子，可将两个自交不亲和系在一个隔离区内间行种植，任其相互授粉；也可以用自交不亲和系作母本，自交亲和系作父本，在自交不亲和系上收获杂交种种子。用自交不亲和系配制杂交种，可以降低杂交制种成本，提高杂交率。

一、自交不亲和性的遗传

大多数植物的自交不亲和性受同一位点（S）的多基因控制。当雌、雄性器官具有相同的 S 基因时，交配不亲和；当雌、雄双方的 S 基因不同时，交配能亲和。S 基因控制的自交不亲和性可以分为配子体型（sporophytic self - incompatibility，SSI）和孢子体型（gametophytic self - incompatibility，GSI）两种。

(一) 配子体型自交不亲和

亲和与否取决于花粉本身所带的 S 基因是否与雌蕊所带的 S 基因相同。自交或杂交亲和关系类型有 3 种：①完全不亲和。如 $S_1S_1 \times S_1S_1$、$S_1S_2 \times S_1S_2$；②部分亲和，如 $S_1S_1 \times S_1S_2$ 和 $S_1S_2 \times S_1S_3$；③完全亲和，如 $S_1S_2 \times S_3S_4$。茄科、玄参科、蔷薇科、桔梗科、罂粟科植物存在配子体自交不亲和现象。

（二）孢子体型自交不亲和

亲和与否取决于产生花粉的父本营养体而非花粉本身是否具有与雌蕊相同的 S 基因。如 $S_1S_2\times S_1S_3$，在配子体型不亲和性中，它为部分亲和，而在孢子体型不亲和性中，是不亲和的。因为 S_3 花粉本身虽然与雌蕊的 S_1、S_2 不相同，但 S_3 花粉可能由于营养体赋予了它 S_1 的产物而导致不亲和。已知甘蓝、大白菜和萝卜等十字花科植物和菊科、旋花科植物的自交不亲和即属于这种孢子体型。

孢子体型不亲和的杂合 S 基因间，在雌蕊和雄蕊方面均可能存在着独立、显隐、显性颠倒和竞争减弱关系。独立是指杂合体的两个不同等位基因分别独立起作用，互不干扰；显隐就是两个不同等位基因中只有一个有活性，另一个基因完全或部分沉默；显性颠倒是指在花粉中 S_x 对 S_y 为显性，但在花柱中 S_x 对 S_y 为隐性；竞争减弱是指两基因的作用相互干扰而使不亲和性减弱、甚至变为亲和。图 4－1 说明了上述 4 类基因间的关系。

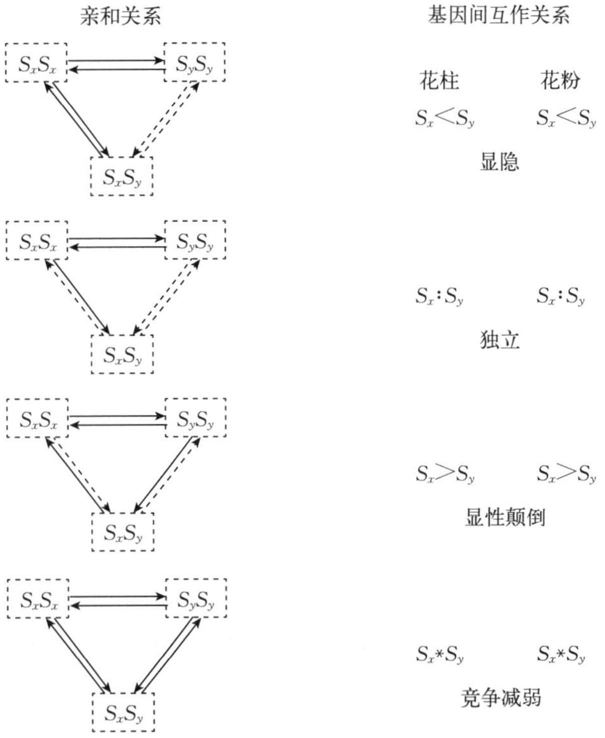

图 4－1　源自同一自交不亲和株的后代三种基因型间的交配亲和关系

⬚自交不亲和；S_x ∶ S_y 独立；

$S_x>S_y$ 显>隐；S_x*S_y竞争减弱；⋯⋯→不亲和；

——→亲和或弱亲和；父本——→母本

（治田辰夫，1958）

综上所述，孢子体型自交不亲和性有下列遗传特点：

（1）常有正反交的亲和性差异（显性颠倒）；

（2）不亲和基因的纯合体是群体的正常组成（由显性颠倒和竞争减弱造成的）；

（3）子代可能与亲本双方或一方不亲和；

（4）一个自交亲和或弱不亲和的后代可能出现自交不亲和株；

（5）一个自交不亲和株的后代会出现自交亲和株。这是由于含有隐性亲和基因时，当与显性不亲和基因组合在一起成杂合基因型，经过自交，隐性亲和基因纯合时，便出现了自交亲和株；

（6）在一个不亲和群体内可能包含两种不同基因型的个体。例如设 $S_1<S_2<S_3$，则 S_1S_3 和 S_2S_3 两种基因型个体可以存在于同一不亲和群体内，而 S_1S_3 与 S_2S_3 交配不亲和。

二、自交不亲和性的分子机制

植物自交不亲和性的分子机制在不同科植物中不同，茄科、蔷薇科和玄参科表现 S－RNase 介导的配子体型自交不亲和性，茄科类型和罂粟科的雌蕊 S 基因已经被分离和克隆，分别为 *S－RNase* 和 S 基因。茄科类型植物发生自交不亲和性反应时，自花花粉（管）中的 RNA 被花柱 *S－RNase* 所降解，导致花粉管生长受阻。茄科类型花粉自交不亲和性基因（花粉 S 基因）已被鉴定和克隆。罂粟科植物自花授粉时，在其花粉内引起一系列的信号级联反应，涉及 Ca^{2+}、IP_3、蛋白激酶和磷酸酯酶之间的相互作用，引起自花花粉发生程序化死亡，最终导致自交不亲和。以十字花科植物为代表的孢子体型自交不亲和性，其花粉和雌蕊的 S 基因都已经被分离，即 *SCR/SP11* 和 *SRK*。当自花授粉时，相同 S 单元型的 *SCR/SP11* 和 *SRK* 在柱头的表皮上相互识别，激发信号转导级联反应，激活泛素介导的蛋白质降解途径，最终导致自花花粉不能在柱头上萌发。

（一）雌蕊自交不亲和特异性决定因子

作为雌蕊或花柱 S 基因，它只在花柱中表达，其核苷酸序列及其蛋白产物的氨基酸序列应该随等位基因的不同而异，即呈现 S 等位基因多态性。Bredemeijer 和 Blass（1981）在烟草（*Nicotiana alata*）中发现，不同 S 等位基因花柱特异性蛋白的分子量和等电点也不同。Anderson 等（1986）首先从烟草中克隆出该蛋白的全长 cDNA，并推测出对应的氨基酸序列。这些蛋白叫做 S 蛋白或 S 糖蛋白，其基因为花柱 S 基因。在茄科其他属植物和蔷薇科植物中也陆续分离出 S 蛋白，相关 cDNA 也已克隆。

1. S 糖蛋白的结构和生化特性 S 糖蛋白后来被证明是一种 S-RNase。转基因试验证实，S-RNase 在自交不亲和性反应中起重要作用。*S-RNase* 的定点突变和自交亲和性突变体分析发现，S-RNase 的活性是自交不亲和反应不可或缺的，自花授粉时，自花花粉管中的 rRNA 被降解，而异花花粉管中的 rRNA 正常。

2. S-RNase 的特异性识别部位 S-RNase 是一种糖蛋白，不同的 S-RNase 其糖基的数量和糖基化位点各不相同。其特异性决定于蛋白质骨架，与糖链无关。S-RNase 的可变区域分布于整个蛋白质框架范围，其中有 2 个高变区，即 HVa 和 HVb，可能是 S-RNase 的特异性决定部位。

（二）花粉自交不亲和特异性决定因子

花粉和雌蕊的自交不亲和功能可以独立地发生变异，突变成花粉部分和雌蕊部分自交亲和突变体。S-RNase 的自交不亲和功能丧失并不改变花粉的自交不亲和行为，花粉 S 基因和雌蕊 S 基因属于两个不同的基因。

1. 与 *S* 基因座连锁的基因 利用 mRNA 差异显示和减法杂交技术，可以鉴定在花粉中特异表达并具有一定程度的 S 单元型多态性基因。Wang 等（2004）经过大量杂交后代的重组分析，分离出 9 个矮牵牛和 1 个烟草花粉基因，这些基因和 *S-RNase* 基因紧密连锁，但 S 单元型多态性偏低，而且核苷酸序列分析表明它们不具有正向选择的证据，表明它们不是花粉 S 基因。

2. *S* 基因座 *F-box* 基因（SLF/SFB） 基因组测序技术的发展使花粉 S 基因的鉴定成为可能。Lai 等（2002）通过测序 S 基因座，在金鱼草的 S 基因座中发现一个具有 F-box 结构域的蛋白质基因 *AhS2LF*，该基因特异性地在花粉中表达，与 S_2-*RNase* 紧密连锁，但其等位基因间的多态性偏低。Wang 等（2004）在茄科的矮牵牛中分离出花粉 *F-box* 基因的相似基因，并且通过转基因证实了该 *F-box* 基因就是花粉 S 基因。

（三）自交不亲和性的修饰基因

经典遗传学和分子遗传学研究发现，S 基因座以外的基因也与自交不亲和性反应密切相关。例如，将 *S-RNase* 基因转入一些花柱部分自交亲和植株并不能使其恢复自交不亲和性，而有些自交亲和突变体则恢复自交不亲和性功能，说明有修饰基因的存在，虽然不在 S 基因座中，但控制着自交不亲和性的正常表现。

（四）自交不亲和性反应机理模型

雌蕊 S 基因产物 S-RNase 具有核酸酶活性，而且其核酸酶活性是自交不亲和性所必需的。由此，一般认为S-RNase降解自花花粉管RNA导致自花花粉管生长停止，发生自交不亲和性反应。但S-RNase如何特异性地进入花粉管，一直是学术界争论的焦点。目前最有代表性的两种学说是"膜受体"和"胞内抑制剂"假说。膜受体假说是Kao和McCubbin（1996）提出的，认为花粉*S*基因产物可能是位于花粉细胞膜或细胞壁上的一种S-RNase受体，只让相同S单元型的S-RNase进入（自花授粉时），结果是其中的RNA被S-RNase降解，发生自交不亲和；其他S单元型的S-RNase不能进入（异花授粉时），其中RNA不被降解，即杂交亲和。胞内抑制剂假说是Thompson和Kirch（1992）提出的，推测花粉*S*基因产物处于花粉管细胞质内，是一种S-RNase抑制剂，所有S单元型的S-RNase均能进入花粉管中，但该花粉管S单元型不同的S-RNase被降解或活性被抑制，不能降解该花粉管的RNA，即亲和授粉；而相同S单元型的S-RNase在花粉管内功能正常，降解花粉管中的RNA，即自交不亲和。

三、自交不亲和系选育

（一）优良自交不亲和系应具备的条件

（1）具有高度的花期自交及系内株间交配的不亲和性，而且表现稳定。

（2）蕾期自交和系内株间交配有较高的亲和性。

（3）自交多代后生活力无明显衰退。

（4）具有整齐一致的良好经济性状。

（5）与其他自交不亲和系或自交系杂交有较强的配合力。

（6）胚珠和花粉有正常的生活力。

（二）自交不亲和系的选育

在育种实践中，为了育成优良的自交不亲和系，需要对基础材料的经济性状、配合力和自交不亲和性三方面进行选择。一般是对初选配合力高的亲本进行自交不亲和性的测定，方法是选择优良单株分别进行花期和蕾期自交，测定亲和指数并留种。

亲和指数＝结籽数/授粉花数

不同植物单花结籽数差异很大，因此其选择标准也不同。多数十字花科植物正常亲和交配单花结籽数为20粒左右，选择标准一般为花期自交亲和指数小于1，蕾期自交亲和指数大于5。

初期获得的自交不亲和株系可能是不纯的，需经过多代（一般为4～5代）自交选择才能获得理想的自交不亲和系统。初步选育出来的系统，还要测定其系内兄妹交的亲和指数，淘汰系内兄妹交亲和指数大于2的系统。常用的方法是全组混合授粉，也可采用轮配法和隔离区内自然授粉法。

1. 全组混合授粉法　把10个植株的花粉等量混合，授到提供花粉的10株柱头上，测定亲和指数。这种方法的优点是省工。测验系内兄妹交的不亲和性，只要配制10个组合即可，但在理论上包括了与轮配法相同的全部株间正反交和自交共100个组合。缺点是如果发现有结实指数超标的组合时，不易判断哪一个或哪几个植株有问题，不便于基因型分析和选择淘汰；有时花粉混合不均匀也会影响试验结果的准确性。

2. 轮配法　每一植株既作父本又作母本，分别与其他各株交配，包括全部株间组合的正反交和自交。每个自交系选10株，如果认为各株自交的亲和性已不用测，则可省去10株自交而只做杂交。此法的优点是测定结果可靠，并且发现亲和组合时能判定各株的基因型，因此可用于基因型分析。缺点是组合数太多，工作量大。

3. 隔离区自然授粉法　把10株植物栽在一个隔离区内，任其自由授粉。这种方法的优点是省工省事，并且测验条件与实际制种条件相似。缺点是要同时测验多个株系时需要多个隔离区；如果发现结实指数较高则与混合授粉法一样，难以判断株间的基因型异同。

四、自交不亲和性的克服

（一）蕾期授粉

植物自交不亲和性表现在开花期，而多数植物开花前2～3 d，柱头就具有接受花粉的能力。因此用新鲜花粉给蕾期的柱头授粉，可以在一定程度上克服自交不亲和性。一般来说，开花当天的花粉活力最强。为了防止自交生活力衰退，最好采用系内其他植株的花粉授粉。蕾期授粉克服自交不亲和的效果虽然比较好，但是费工时，成本高。

（二）食盐水处理

开花期每天用3% ～ 5%的食盐水喷洒花序，再任其自由授粉，可以在一定程度上克服自交不亲和性。这种方法虽然结实率不如蕾期授粉，但繁种成本要低得多。

（三）提高环境 CO_2 浓度

在封闭的空间（温室或大棚）内，将空气中 CO_2 的浓度提高到3.6%～5.9%，可以有效地克服十字花科植物的自交不亲和性。

（四）无性繁殖

对于一些容易进行无性繁殖的植物，可以通过无性繁殖来繁育自交不亲和系。这种方法有利于保持种性，防止发生混杂退化。

第五节 雄性不育系的选育

雄性不育是指两性花植物的雄性器官发生退化或丧失功能的现象。雄性不育是一种遗传性状，按照一定的选育程序，可以育成稳定遗传的雄性不育系。利用雄性不育系配制杂交种，用不育系作母本，可育品系作父本配组杂交，可以免去去雄操作。对于异花授粉作物来说，在隔离区内任其自然传粉授粉即可；对于自花授粉作物来说，仍需人工辅助授粉。这样，在不育系上收获的种子，即为杂交种。

利用雄性不育系配制杂交种的突出优点是制种成本低，杂交率高，为花器官小、单花结籽少的异花传粉作物杂交种最理想的制种方法。缺点是稳定遗传的雄性不育系选育比较困难，至今还有许多农作物的优异雄性不育系还没有选育出来。雄性不育系的选育与利用，是目前杂种优势利用上的一个热点问题。

一、雄性不育类型与遗传机制

在植物雄性不育的遗传问题上，Sears（1943）把植物雄性不育划分为三种不同结构的类型，即细胞核雄性不育、细胞质雄性不育和细胞质与细胞核互作不育三种类型。Edwardson（1970）在玉米T型不育系筛选到恢复系后，把质不育和核质互作不育合并，提出了“二型学说”，即将植物雄性不育分为细胞质与细胞核互作不育和细胞核雄性不育。然而根据具有两性完全花的异化授粉植物的雄蕊败育情况，在理论上存在细胞质不育、细胞核不育和细胞质与细胞核互作不育等三种遗传模式。

（一）细胞质不育型

细胞质不育型（cytoplasmic male sterility）的不育性完全是由细胞质基因控制，与细胞核无关。其特征是所有可育品系给不育系授粉，均能保持不育株的不育性，也就是说找不到相应的能使其育性恢复的恢复源。Ogura 萝卜细胞质不育系及用其转育的不育系即属于这种遗传类型。

（二）细胞核不育型

细胞核不育型（genic male sterility，简称 GMS）的不育性是由核基因单独控制的。核内雄性不育基因大多数属于隐性基因（*msms*），但也有少数不育基因是显性，如番茄的花粉败育基因 *Ge* 和大白菜的雄性不育基因 *Sp* 等，而多数雄性不育基因如雄蕊退化基因 *si* 和花粉不开裂基因等都是隐性基因。核雄性不育性有由一对核基因（显性或隐性）控制的（在番茄、辣椒、大白菜、甘蓝、菜豆中均有发现），也有由两对核基因互作或复等位基因控制的（在大白菜、甘蓝型油菜等中有发现）。

多数核雄性不育材料是由一对隐性基因控制的，其不育基因为 *ms*，有雄性不育株（*msms*）、纯合可育株（*MsMs*）和杂合可育株（*Msms*）三种基因型，其遗传符合孟德尔一对核基因的遗传规律。*MsMs* 不能保持不育株的不育性，只能用 *Msms* 父本与 *msms* 不育株测交，可以获得 50%的雄性不育株和 50%的可育株。由于在一个群体里有 50%的可育株，其可用于保持不育性，因此，通常将其称为“两用系”（AB line）。将其应用到杂种一代制种，则需要拔除 50%的可育株。

由一对显性基因控制的核基因雄性不育材料，其不育基因为 *Ms*，有杂合不育株（*Msms*）和纯合可育株（*msms*）两种基因型。*MsMs* 理论上存在，但是，实际无法获得。其遗传符合孟德尔一对核基因的遗传规律。用不育株与 *msms* 可育株测交，同样可以获得 50%的雄性不育株和 50%的可育株。

利用多个核基因控制的雄性不育性中的一些育性组合可育成全不育系。它有两种不同的假说：核基因互作假说和复等位基因假说（图 4－2、图 4－3）。核基因互作假说（张书芳等，1990；魏毓棠等，1992）认为，不育性由两对核基因互作控制。魏毓棠等（1992）认为，显性核不育基因 *Ms* 对隐性可育基因 *ms* 为完全显性，显性抑制基因 *I* 对非抑制基因 *i* 为完全显性，不育株有 *MsMsii* 和 *Msmsii* 两种基因型，可育株有 *MsMsII*、*MsMsIi*、*MsmsII*、*MsmsIi*、*msmsII*、*msmsIi* 和 *msmsii* 7 种基因型。复等位基因假说（冯辉，1996）认为，在控制育性的位点上有 Ms^f，*Ms* 和 *ms* 三个复等位基因，Ms^f 为显性恢复基因，*Ms* 为显性不育基因，*ms* 为隐性可育基因，三者之间的显隐性关系为 $Ms^f > Ms > ms$。不育株有 *MsMs* 和 *Msms* 两种基因型，可育株有 Ms^fMs^f、Ms^fMs、Ms^fms 和 *msms* 4 种基因型。

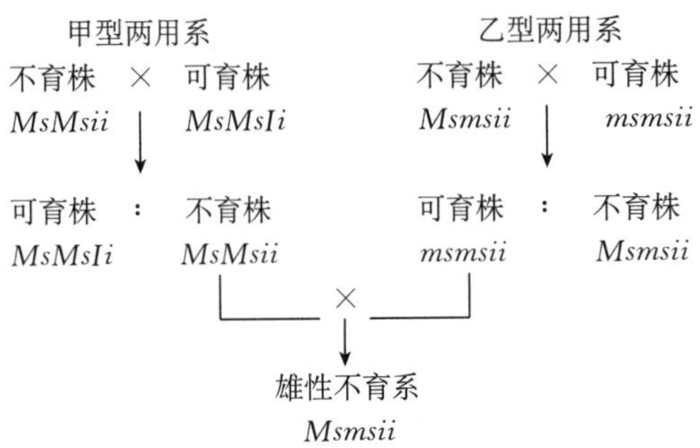

图 4－2 核基因互作雄性不育系遗传模式

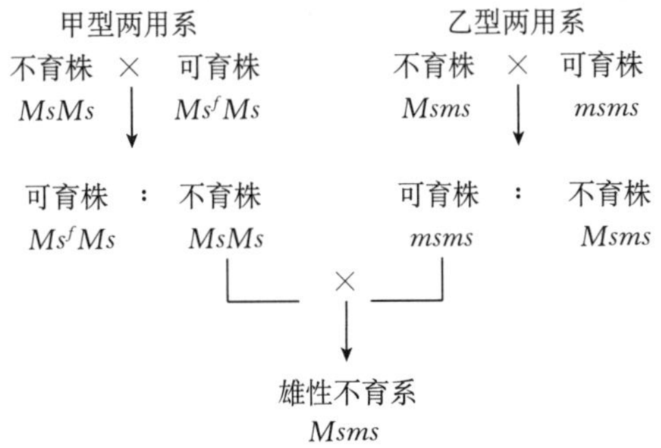

图 4－3 复等位基因雄性不育系遗传模式

（三）细胞质与细胞核互作不育

细胞质与细胞核互作不育（cytoplasmic－genic male sterility，简称 CMS）的不育性由核基因

(*msms*)和细胞质基因(*S*)共同控制的，简称为胞质不育型。一个具有核质不育型雄性不育的植物，就育性而言，有5种可育基因型[*F*(*MsMs*)、*F*(*Msms*)、*F*(*msms*)、*S*(*MsMs*)和*S*(*Msms*)]及一种不育基因型[*S*(*msms*)]，其遗传受质核基因交互作用影响(表4-7)。已发现或人工转育的核质型雄性不育园艺植物包括洋葱、萝卜、辣(甜)椒、大白菜和菜薹等。

表4-7 核质型雄性不育育性表现及遗传

父本	母本					
	S(*msms*) A系	*F*(*msms*) B系	*F*(*MsMs*) C系	*S*(*MsMs*) C系	*S*(*Msms*) 可育株	*F*(*Msms*) 可育株
F(*msms*) B系	*S*(*msms*) A系	*F*(*msms*) B系	*F*(*Msms*) 可育	*S*(*Msms*) 可育	可育∶不育 1∶1	全可育
F(*MsMs*) C系	*S*(*Msms*) 可育	*F*(*Msms*) 可育	*F*(*MsMs*) C系	*S*(*MsMs*) C系	全可育	全可育
S(*MsMs*) C系	*S*(*Msms*) 可育	*F*(*Msms*) 可育	*F*(*MsMs*) C系	*S*(*MsMs*) C系	全可育	全可育
S(*Msms*) 可育株	可育∶不育 1∶1	全可育	全可育	全可育	可育∶不育 3∶1	全可育
F(*Msms*) 可育株	可育∶不育 1∶1	全可育	全可育	全可育	可育∶不育 3∶1	全可育

二、雄性不育性的分子机制

多数研究者认为，细胞质雄性不育(CMS)的产生与植物线粒体基因组中的嵌合基因(chimeric gene)有关。此外，也有研究表明，CMS的产生还涉及核质相互作用、环境因素及线粒体基因表达的调控等多种因素。在许多CMS系统中，植物线粒体基因组中存在的嵌合基因是导致CMS的重要因素。关于线粒体嵌合基因的起源，目前有两种看法：

第一种，认为嵌合基因是线粒体基因组发生重组形成的。其原因多数研究者认为线粒体基因组是1个裸露的共价闭合环状DNA分子，其特点是具有活跃的重复序列可在分子内与分子间重组，在已知线粒体DNA结构中的基因排列均不相同，其复制方式虽与核基因组相似，但时间是在G_2期，复制起始点是它随机附着在线粒体内膜上位置，易因其线状交叉发生重组；且在线粒体环状DNA中有一些短的同源序列，这些成分之间进行重组结果产生一些小的亚基因组环状分子；线粒体基因组与核基因组也有同源DNA序列共同存在，它们之间可相互转移；此外，线粒体增殖是通过已有的线粒体生长后以间壁分离、缢缩分离和出芽的方式进行，同时它还能彼此融合，在此过程中也极易发生重组。由于线粒体DNA发生重组是一种常见现象，因此许多人赞成这种看法。

第二种，认为嵌合基因的存在与否是进化的结果。比较雄性不育(pol-CMS)甘蓝型油菜与其相应的可育系的线粒体基因组，发现紧靠*atp 6*上游，不育系多了一个4 500 bp片段。该片段含有一个与*atp 6*共转录的嵌合基因，同时在*atp 6*上游缺少一个大约1 000 bp的片段。在普通油菜(nap)中也发现有这个4 500 bp片段的存在。不同的是，该片段在pol-CMS型油菜中表达，而在nap型油菜中不表达。研究认为，nap型油菜与pol-CMS型油菜的共同祖先也具有该片段。由于pol-CMS型油菜与cam型油菜的基因组之间有着更近的亲缘关系，这个4 500 bp的片段在进化过程中从nap传至pol，然后在pol-cam分支时丢失了这个4 500 bp片段。

嵌合基因被认为在花药发育的关键时期阻断了线粒体的功能，因而导致CMS的产生。在许多

CMS系统中发现的嵌合基因在结构上有个共同点：具有一个开放阅读框（ORF）和一个ATP合成酶亚基基因，二者紧密相邻，构成共转录。对线粒体基因表达的研究发现，在花粉中，线粒体基因表达活跃，RNA浓度很高；蛋白质分析结果表明，花中线粒体数目比叶中多，说明在花粉发育过程中需要较多的、活性较高的线粒体。从嵌合基因共同结构看，由于它们都含有ATP合成酶的某一个亚基基因，因此由它们编码的蛋白质含有与ATP合成酶某个亚基相类似的结构。在pol-CMS型油菜研究中发现，pol-CMS型油菜和nap型油菜线粒体基因的表达在*orf 224*/*atp 6*区域存在差异，而且核恢复因子只对*orf 224*/*atp 6*区域起作用。*atp 6*基因是CMS敏感部位，由于许多嵌合基因存在相似的*orf*/*atp*结构，因此可推测ATP合成酶亚基基因在CMS中有重要意义。

由于细胞核雄性不育具有败育彻底、不育性稳定、无不良胞质效应等优点，因而在杂种优势利用中有重要的应用价值。据报道，大概有3 500个基因在拟南芥花药组织中特异表达（Sanders等，1998）。由于细胞核雄性不育涉及时空调控表达的复杂性以及不育基因的多样性等，以前对育性分子机制的研究相对较少。近年来，随着细胞核雄性不育基因克隆数目的增多，细胞核雄性不育基因的研究已逐渐深入。在前期获得白菜隐性单基因突变的雄性不育突变体bcms（*Brassica campestris male sterility*）基础上，利用cDNA-AFLP技术分析了其花粉发育过程的基因表达变化，检测到54个差异表达的基因（Huang et al.，2008；Wang et al.，2005），对其中的13个基因进行了功能验证，其中有9个基因的反义RNA或RNAi植株出现不同程度的花粉畸形，可见这些基因参与花粉壁的发育。在这9个基因中，有5个可能是参与糖类代谢相关，它们是PME基因*BcMF3*，PG基因*BcMF2*、*BcMF6*和*BcMF9*以及阿拉伯半乳糖蛋白质（arabinogalactan protein，AGP）基因*BcMF8*。*BcMF2*表达下调导致内壁形成的异常，*BcMF9*表达下调导致内外壁发育的异常（Huang et al.，2008，2009 a/b）。PG基因*BcMF2*的反义RNA转基因植株，内壁外层被内壁内层占据，导致内壁结构异常（Huang et al.，2009a）。另外，其花粉管80%顶端生长呈泡状（Huang et al.，2009a）。与*BcMF2*的反义RNA转基因植株相似，*BcMF9*的反义RNA转基因植株花粉内壁外层过度生长占据了整个内壁，而且绒毡层过早解体，顶盖和基粒棒降解（Huang et al.，2009b）。*BcMF2*和*BcMF9*的表达受到抑制可能通过导致果胶代谢的异常而影响内壁形成。另外，有研究证实，细胞核雄性不育的发生与细胞程序性死亡有关。

三、雄性不育系选育

（一）细胞质雄性不育系的选育

要选育细胞质雄性不育系，首先必须获得不育源。细胞质雄性不育源的获得途径有：①自然突变；②人工诱变；③远缘杂交；④自交和品种间杂交；⑤引种。细胞质雄性不育系的选育方法有两种。

1. 测交及连续回交筛选保持系　以不育源材料的不育株为母本，与准备作亲本之一的可育品系杂交，选出F_1全为不育株的组合，其母本为不育系材料，父本为相应的保持系材料。随后保持系材料自交，同时作为轮回亲本与不育系材料回交，直到不育系材料和保持系材料性状一致为止（一般需回交4～5代）。如成对杂交所有组合F_1不育株率达不到100%，则应选不育株率最高的组合内的不育株作母本，可育株作父本继续成对杂交，其后每一世代都如此选择回交，直到不育株率达到或接近100%、其他性状与保持系性状一致为止（饱和回交）（图4-4）。萝卜金花薹雄性不育的转育就是采用这种方法（图4-5）。

2. 人工合成保持系　细胞质雄性不育株的基因型为*S*（*msms*）；可育株的基因型有5种：*S*(*MsMs*)、*S*(*Msms*)、*N*(*MsMs*)、*N*(*Msms*)和*N*(*msms*)；保持系的基因型应为*N*(*msms*)。当在现

有品系中找不到保持系基因型材料时，可以用 $N(MsMs)$ 人工合成保持系，遗传模式如图 4－6。

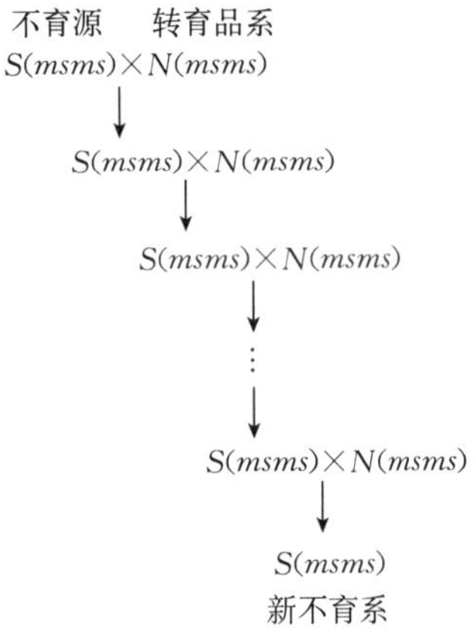

图4－4 细胞质雄性不育系转育模式

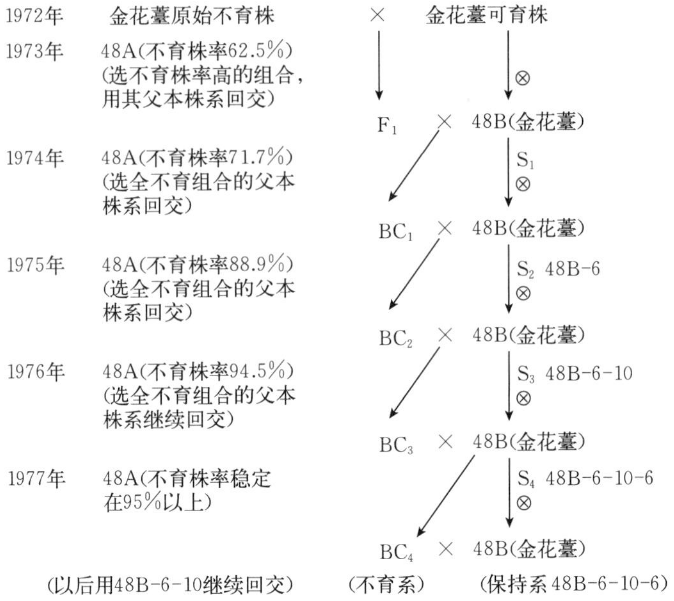

图 4－5 萝卜金花薹 48A 不育系的转育过程

（汪隆植等，《中国萝卜》，2005）

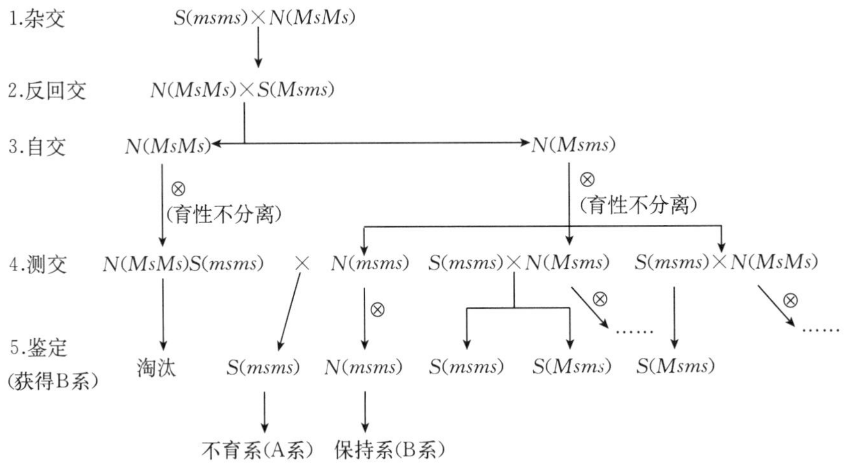

图 4－6 细胞质雄性不育系的保持系人工合成遗传模式

（二）核基因雄性不育系选育

1. 雄性不育“两用系”的选育 获得单基因显性或隐性雄性不育材料后，首先应考虑在获得不育材料的系统内选择可育植株与其杂交，观察其后代育性分离情况。对于显性雄性不育材料来说，后代会发生 1∶1 分离（$Msms \times msms \rightarrow Msms$、$msms$），继代进行可育株与不育株兄妹交，会保持1∶1 的分离比率，此即为雄性不育“两用系”。对于隐性雄性不育材料来说，后代会发生 1∶1 分离（$msms \times Msms \rightarrow Msms$、$msms$）或全可育（$msms \times MsMs \rightarrow Msms$），有育性分离材料继代进行可育株与不育株兄妹交，会保持 1∶1 的分离比率，即为雄性不育“两用系”。

2. 具有 100%不育株率的核基因雄性不育系的选育 在蔬菜作物中，已经发现的能够育成具有100%不育株率的核基因雄性不育系的遗传资源主要存在于甘蓝和大白菜中。以甘蓝显性核基因雄性不育系和大白菜复等位基因遗传的雄性不育系选育为例，介绍具有100%不育株率的核基因雄性不育系选育方法。

（1）甘蓝显性雄性不育系的选育

① 甘蓝显性雄性不育基因 *DGMs399－3* 的发现。1979年春，中国农业科学院方智远从甘蓝原始材料79－399的自然群体中获得雄性不育植株79－399－3。1981—1994年的春季，调查了79－399－3的姊妹交及其衍生后代中分离出的不育株与正常可育株测交后代育性分离情况，发现其可育株和不育株为1∶1，前者自交后代完全可育，后者部分出现微量花粉的不育株自交后代育性呈3∶1分离。以上结果表明该不育材料的不育性受一对显性主效核基因控制，且微量花粉不育株的微量花粉中也携带有不育基因，将该显性核基因定名为 *DGMs399－3*。研究发现，该不育材料不育株的测交后代中，不育株的育性分为稳定和环境敏感两种类型。稳定类型在不同年份及不同生态环境条件下不育株率和不育度均保持100%；环境敏感类型在一定遗传背景和环境条件下，可出现微量有活力的花粉，说明该材料不育性除受显性主效基因控制外，还存在修饰基因的影响。温度是影响敏感类型育性表达的主要环境因子。

② 甘蓝显性雄性不育系的选育。该不育材料利用的关键是使显性雄性不育基因纯合化。由于该不育材料的一部分不育株存在着环境敏感性，在一定的遗传背景和环境条件下，有些不育植株可产生微量有活力的花粉。将能够产生微量花粉的不育植株自交，其后代便可分离出不育基因纯合的显性不育株，再通过连续多年的筛选鉴定，选育出了多份优良的纯合显性雄性不育系，包括318P5、330L13、323P2和323P6等，其不育性稳定，不育度和不育株率均达到100%。

保存与扩繁纯合显性雄性不育材料，又是一个必须解决的问题。由于筛选出的纯合显性雄性不育株的不育性稳定，不能通过自交进行繁殖，需要在实验室条件下用组织培养的方法进行保存和扩繁。一般在春季4～5月取纯合显性雄性不育株的花枝或侧芽在实验室进行组织培养，9～10月将生根的试管苗移植于大田，冬季在保护地内越冬春化，第2年春季开花配制不育系。

用优良的纯合显性雄性不育系作母本，测交筛选出的保持系作父本，按3∶1行比定植不育系和保持系，在隔离区内授粉繁殖，从纯合显性雄性不育系植株上收到的种子即是用于配制一代杂种的显性雄性不育系种子。

（2）大白菜复等位基因遗传的雄性不育系选育　选育具有100%不育株率的复等位基因遗传的大白菜雄性不育系，首先需获得单基因显性遗传的雄性不育材料（*Ms*），再在该位点上找到针对不育基因的显性恢复基因（Ms^f），就可以参照其遗传模式（图4－7），筛选获得甲型两用系和临时保持系，选育出雄性不育系。

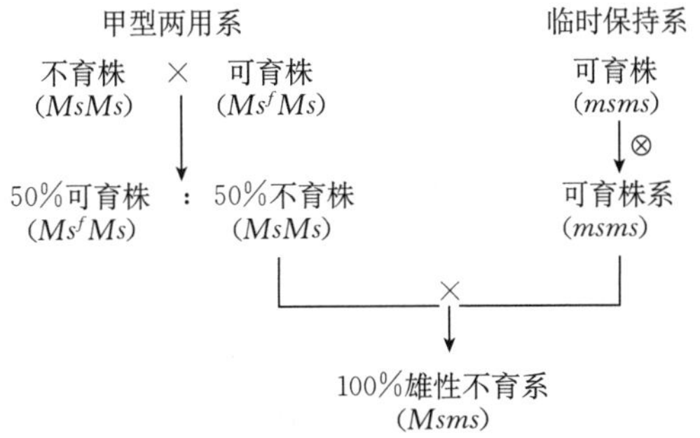

图4－7　复等位基因遗传雄性不育系遗传模式

已有的研究资料表明，核不育复等位基因中的显性恢复基因"Ms^f"和隐性可育基因"*ms*"广泛存在于大白菜可育品系中，显性不育基因"*Ms*"也是可以找到的。

四、雄性不育系转育

在育种实践中，经常要利用已有的雄性不育系转育新的雄性不育系，以满足不同育种目标的需要。因此，探索实用便捷的蔬菜作物雄性不育系转育方法十分重要。

（一）细胞质雄性不育系转育

细胞质雄性不育系的转育，是以现有的不育系为母本，用待转育的目标品系测交，筛选具有保持能力的系统。在转育过程中，要提高转育的成功率，必须进行广泛的测交。一旦发现具有全保持能力的系统，就要集中力量连续测交，直至达到饱和水平。在细胞质雄性不育材料中，有一种来自远源杂交的异源胞质雄性不育材料，所有的可育品系均能100%保持不育株的不育性，如源自细胞质雄性不育Ogura萝卜与白菜、甘蓝杂交后获得的异源胞质雄性不育材料，新不育系的转育只需连续多代进行性状饱和回交即可。

辣椒、胡萝卜、洋葱、大葱、韭菜、萝卜等蔬菜作物细胞质雄性不育系，均可以采用这种方法进行转育。对于果菜类蔬菜作物，还必须筛选到具有恢复能力的育种材料做父本系，才能应用细胞质雄性不育系配制杂交种。因此，在父本系不具备完全恢复能力的情况下，恢复基因的转育也是必要的。

（二）核基因雄性不育系转育

目前，只在甘蓝和大白菜中发现并育成了具有100%不育株率的核基因雄性不育系。以下介绍这两种蔬菜作物核不育系的转育方法。

1. 甘蓝显性雄性不育系转育 根据甘蓝显性雄性不育系不育性的遗传特性，以现有的甘蓝显性雄性不育系或用其配制的杂交种为不育源，可以转育新的雄性不育系。具体可以采用以下3种方法：①选择经济性状优良、育性敏感的不育植株连续自交；②将不育株与一优良自交系先杂交，然后在其后代中选经济性状优良、不育性敏感的不育株连续自交；③以不育性敏感的不育株为母本，经济性状优良、配合力好的自交系为父本，连续回交5代以上，然后选敏感不育株自交。

为加快不育系的转育进程，提高育种效率，王晓武等（1998）利用与甘蓝显性雄性不育基因（*Ms*）连锁的延长随机引物扩增DNA（ERPAD）标记EPT11900对33个甘蓝自交系的多态性进行了分析。EPT11900主要分布在各种早熟甘蓝中，很少存在于鸡心类型或晚熟扁圆类型甘蓝中。该结果表明，它可用于辅助大多数鸡心型或晚熟扁圆类型甘蓝的*Ms*基因转育；EPT11900在辅助两个甘蓝自交系回交三代及两个青花菜自交系回交一代的*Ms*基因转育中，预测的准确性超过了90%。

2. 白菜类蔬菜复等位基因雄性不育系转育 利用已经获得的大白菜复等位基因雄性不育材料，可以进行不同品种间不育系的转育。利用已知基因型的大白菜雄性不育材料（如甲型“两用系”、临时保持系、核不育系、用不育系配制的一代杂种等），转育新的不育系，应首先了解待转育品系在核不育复等位基因位点上的基因型，所用不育源的基因应与待转育材料的基因互补，凑齐所有3个基因。为了进一步扩大该类不育系的应用范围，也可以向大白菜的近缘蔬菜作物中转育不育基因，创制雄性不育系。

将源自大白菜中的核不育复等位基因转至白菜类其他蔬菜作物中，可望创制出具有100%不育株率的雄性不育系，解决其杂交制种手段问题。白菜细胞核复等位基因雄性不育涉及同一位点的三个复等位基因（Ms^f、Ms、ms），临时保持系只能使原来不育株的不育性保持一代，因此，核不育系不育性的保持不能采用测交筛选和回交保持法，必须根据核不育系的遗传特点，采用特殊的方法转育不育系。

① 基因型为Ms^fMs^f可育品系的转育。根据复等位基因遗传假说，基因型为Ms^fMs^f的可育品

系，由于缺少3个复等位基因中的 Ms 和 ms，需用不育系（$Msms$）为不育源进行转育。

不育系与基因型为 Ms^fMs^f 的待转育品系杂交，F_1 有两种基因型，即 Ms^fMs 和 Ms^fms。其中，Ms^fMs 基因型的植株自交后代产生“甲型两用系”，Ms^fms 基因型的植株自交后代可产生“临时保持系”。因此，若以待转育品系为轮回亲本进行连续回交，与基因型为 Ms^fMs 的植株回交，后代中将出现 Ms^fMs 和 Ms^fMs^f 两种基因型。与基因型为 Ms^fms 的植株回交，后代中将出现 Ms^fms 基因型。在每一回交世代中通过测交将基因型为 Ms^fMs^f 的植株淘汰，Ms^fMs 和 Ms^fms 将在每个回交世代中被保持下来。再将两种基因型的植株分别进行自交，在自交后代中筛选甲型两用系和临时保持系，可转育成与轮回亲本性状相似的核基因雄性不育系。遗传模式如图4-8。

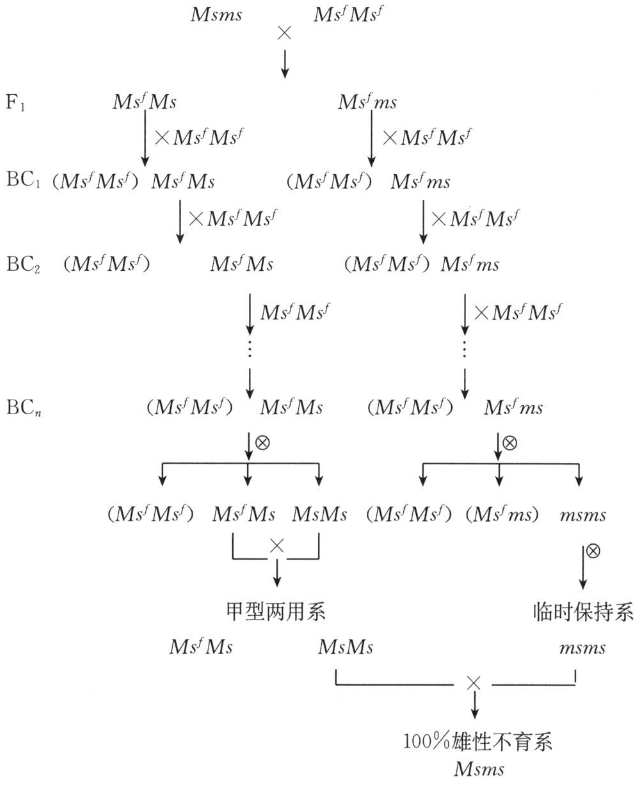

图4-8　大白菜复等位基因遗传雄性不育系定向转育模式Ⅰ

② 基因型为 $msms$ 可育品系的转育。如果待转育品系育性位点基因型是 $msms$，因缺少 Ms^f 和 Ms 基因，可以选择甲型两用系可育株作为不育源进行转育，遗传模式见图4-9。甲型两用系可育株与待转育品系杂交，F_1 后代可育株与不育株1∶1分离，其中可育株基因型为 Ms^fms，不育株基因型为 $Msms$。为获得甲型两用系的基因型（Ms^fMs），可育株与不育株进行兄妹交，后代出现4种基因型（$Msms \times Ms^fms \rightarrow Ms^fMs$、$Ms^fms$、$msms$、$Msms$），$Ms^fMs$ 自交后代进行兄妹交可获得甲型两用系。若以待转育品系（$msms$）为回交亲本进行连续回交，Ms^fms 和 $Msms$ 这两种基因型能在回交后代中得以保留。即 $Msms \times msms \rightarrow Msms$，$msms$；$Ms^fms \times msms \rightarrow Ms^fms$，$msms$。这个过程中，需要通过测交将 Ms^fms 与 $msms$ 区分开，以确定基因型为 Ms^fms 的植株，用于继续回交。待 Ms^fms 和 $Msms$ 两种基因型的植株的性状与轮回亲本相似，再按照合成转育的方法将这两种基因型的植株进行杂交，后代中将会出现 Ms^fMs 和 $msms$ 的基因型，分别自交可筛选出甲型两用系（Ms^fMs、$MsMs$）和临时保持系（$msms$）。此外，也可用待转育品系作为临时保持系，可以省去临时保持系基因型的鉴定筛选过程，降低工作强度。最后以甲型两用系不育株为母本，临时保持系为父本，配制核基因型雄性不育系。

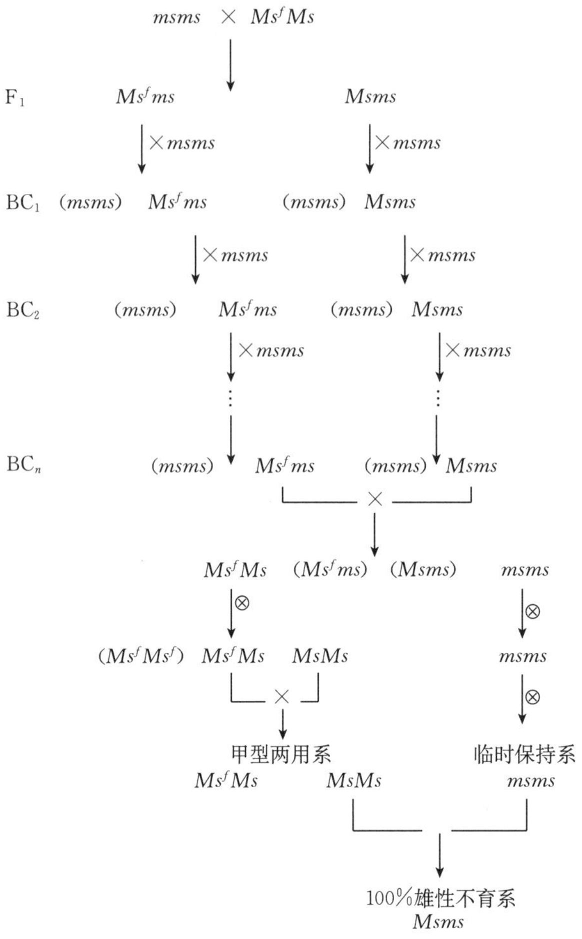

图 4-9 大白菜复等位基因遗传雄性不育系定向转育遗传模式Ⅱ

第六节 雌性系与雌株系的选育

雌雄同株异花植物，如黄瓜等瓜类植物，其雌雄花性别是由基因控制且能稳定遗传的性状，通过一定的手段可以选育出雌性系。而雌雄异株的单性花植物，如菠菜和石刁柏等，通过一定的选育程序，可以获得系统内全部为雌株的雌株系。利用雌性系或雌株系作母本配制杂交种，可以免去去雄操作，从而降低杂交制种成本。

一、瓜类雌性系

黄瓜花的性别类型有 3 种：雌花、雄花和两性花；黄瓜植株的性别类型有 8 种：纯雌株、强雌株、雌全株、雌雄全株、雌雄株、完全花株、雄全株和纯雄株。黄瓜群体（系统）的性别类型也有 8 种：纯雌株系、雌株系、强雌株系、雌全株系、雄全株系、完全花株系、纯雌雄株系（普通）和纯雄株系。黄瓜利用纯雌株系（或雌株系）配制杂交种时，按 3∶1 的行比种植雌株系和父本，利用其天然异花传粉习性进行杂交，在雌株系上收获的种子即为杂交种。

（一）瓜类雌性系遗传规律

现以黄瓜为例介绍雌性系的遗传特性。

1. 黄瓜性别决定基因及其功能 已经摸清的控制黄瓜性别表达的基因列于表 4-8。

表 4-8 控制黄瓜性别表达的基因

基 因	异 名	特 征
a	—	雄性（androeious），如果 *F* 为隐性时主要确定雄花的产生
F	*Acr*、acr^F、*D*、*st*	雌性（female）。雌性高度表达，与 *a* 和 *M* 互作，强烈地被环境条件和基因背景所修饰
gy	*g*	全雌（gynoecious），高度雌性表达的隐性基因
In-F	*F*	雌性表达的增强子（intensifier），增强 *F* 基因植株的雌性表达
m	*a*、*g*	雄花、两性花株（andromonoecious），植株基因型为 *mmff* 时表现雄花、两性花株；*MMff* 为雌雄同株；*MMFF* 为全雌株；*mmFF* 为两性花株
m-2	*h*	雄花两性花株基因 *m-2*（andromonoecious-2），两性花具有正常子房
Tr	—	植株性别表现为 3 种花性，在花器官发育过程中，顺序是先开雄花，再开两性花，最后开雌性花

（1）*F/f*（*又名 St、Acr*） *F* 等位基因是部分显性控制雌性基因，加速植株的性转变过程，即加强雌化性，改变雌雄性别表达模式使雌花向低节位发育，促进雌性较早发育。*F* 基因已经获得克隆。

（2）*A/a* 可增加雄性，*A* 上位于 *F*。雌雄同株基因型为 *ff*、*MM/Mm*、*AA/Aa* 组合，雄花两性花株基因型分别为 *ff*、*mm*、*AA/Aa* 和 *Ff*、*mm*、*AA/Aa/aa* 组合，纯雄株基因型为 *ff*、*MM/Mm/mm*、*aa* 组合。从以上基因型可以看出，当有 *ff* 基因型时，隐性基因 *a* 有增强雄性发育趋势。

（3）*M/m* 不同于 *F* 和 *A*，不影响黄瓜花在植株上的分布和排列，可决定单花的结构。如果是显性基因 *M*，则两性花原基可发育成单性花；如果 *mm* 形成两性花，当植株的基因型为 *mf* 时，表现为雄花两性花株；*Mf* 时为雌雄同株；*MF* 时为纯雌株；*mF* 时为两性花株。基因 *M* 具有一因多效作用，即 *MM* 基因型常常只在雌花节位上着生一朵雌花，而 *mm* 基因型在同节内着生大小不等的多个椭圆形两性花果实。此外，*m* 等位基因可能增加趋雄性，如在 *FFmm* 基因型植株的基部可出现一小段雄花节。*m* 似乎可增加雌性作用，可能存在多个修饰基因与 *M* 连锁而影响雌性的表达。

（4）*In-F*（*以前命名为 F*） 该基因不与 *F* 连锁，其作用是增加雌雄同株雌性，与 *FF* 纯雌株杂交后表现为加性效应，可强烈增加植株的趋雌性，使植株变成超雌性。诱雄剂 GA 不能诱导它产生雄花。

（5）*Tr* 属共显性基因，植株性别表现为 3 种性别的花，在花器官发育过程中，顺序是先开雄花，再开两性花，最后开雌性花。*Tr* 可使单性花变成两性花，同 *M* 作用机理相反，该基因只影响雄花芽发育，释放雄花芽中明显滞育的子房，使其形成两性花，导致植物产生雄花、雌花和两性花 3 种类型。

（6）*gy* 控制雌性系的隐性基因。隐性基因 *gy* 与 *F* 位点连锁，交换率约为 4%。*gy* 控制的隐性雌性类型与 *F* 控制的显性雌性类型在外表上无区别。此种隐性雌性类型很稳定，能在不同的栽培条件下保持稳定的性型，对雌雄同株是全隐性，它与雌雄同株杂交 F_1 都是雌雄同株。它对 GA 的反应因所用浓度不同而不同，随着浓度的增加，出现从雌花到各种中间型的完全花，以至形成雄花。

（7）*m-2*（*又名 h*） 控制具有正常子房的两性花，受独立 *m* 基因的 *m-2* 控制。

2. 黄瓜性别决定假说

（1）*F、M 位点互作分子模型* Yamasaki 等（2001）研究 *F*、*M* 的功能时，建立了黄瓜性别表达的“*F*、*M* 位点互作模型”。这个模型认为 *F* 控制“性激素”乙烯的生成量，*M* 通过调节乙烯信号转导和表达抑制雄蕊的发育，但不影响乙烯对雌蕊发育的诱导作用，*M* 上位于 *F*。这个模型中，如

是 F-基因型，则假设为只存在＋乙烯（＋乙烯表示能够生成乙烯）的花芽，如是 ff 基因型，则假设为＋乙烯和－乙烯（－乙烯表示不能够生成乙烯）的花芽都存在。雌性型（F_-M_-），因具有 F_-，所以只存在＋乙烯的花芽。另外，由于有 M_-，而 M 基因可通过调节乙烯信号转导抑制雄蕊的发育，结果雌蕊发育受促进而雄蕊发育被抑制，出现了只分化雌花的雌性型。雌雄同株型（ffM_-）中，因具有 ff 与＋乙烯和－乙烯的花芽的存在，所以＋乙烯的花芽像雌性型一样而形成雌花，而－乙烯的花芽则由于乙烯信号转导而中止表达，于是不能诱导雌蕊发育，同时又不能抑制雄蕊发育，结果产生雄花，而成为既有雌花又有雄花的雌雄同株。两性花型（F_-mm）中，因有 F_-，所以只存在＋乙烯的花芽，同时又因有 mm 隐性基因，不能调节乙烯信号转导而抑制雄蕊的发育，所以雄蕊能正常发育，结果是通过乙烯促进雌蕊发育但不能抑制雄蕊发生，因而出现了只分化两性花的两性花型。雄性两性同株型（$ffmm$），因有 ff 与＋乙烯和－乙烯的花芽，同时又有 mm，所以不管有没有乙烯信号，雄蕊都可正常发育，于是雌蕊和雄蕊同时出现而成为两性花。－乙烯的花芽中，由于雌蕊发育受抑制，所以只有雄蕊发育，结果出现两性花和雄花共存的雄性两性花株型。根据以上模型，Yamasaki等（2001）认为黄瓜可能是通过控制乙烯生成量的 F 基因和控制乙烯基因信号转导的 M 基因的调控，组合成开花习性不同的多种黄瓜类型。

（2）*单一激素控制黄瓜花型表现假说* Yin 和 Qui（1995）提出的“单一激素控制黄瓜花型表现假说”，认为同一激素具有双重调节作用，它既可促进一种花器官的形成，又可抑制另一种花器官的产生。在植株不同部位，不同水平上的内源激素和它的受体因子敏感域值决定该部位雄花、雌花或两性花的形成。对植株施用GA、乙烯或其抑制剂时，不仅能促进一种花器官的形成，而且能抑制另一种花器官的产生。乙烯是起主导和直接作用的“性激素”，GA是上游负调节因子，通过负调节内源乙烯而控制花器官的发育。按照这一模型，F 决定性激素（乙烯）在植株上分布及乙烯的生成量，F 产生高浓度的乙烯，f 相对产生较低浓度乙烯，而雌性受体因子对乙烯的敏感度是固定的。M_m 等位基因控制雄性受体因子对乙烯抑制效果的敏感度，M 等位基因编码对乙烯敏感的雄性受体因子，隐性 m 等位基因可能编码对乙烯不敏感的雄性受体因子异构体。当植株的基因型为 $FFM\_$ 时，由于有 F，所以植株的乙烯浓度总是高于雌性和雄性受体因子的敏感阈值，雌性受体因子可感受到超过阈值的乙烯浓度，并转换成促进子房原基形成信号，同时由于雄性受体因子能感受超过临界值的乙烯浓度、并转换成抑制雄蕊发育信号，结果是雌蕊发育受促进，雄蕊发育受抑制，形成只分化雌花的纯雌株。如植株的基因型为 $ffM\_$ 时，由于隐性 ff 基因型使植株生成相对较低的乙烯浓度，所以当植株某节位乙烯浓度较高时即分化成雌花，而当植株某节位乙烯浓度较低时，由于雌性受体因子可感受低于域值的乙烯浓度而转换成抑制子房形成信号，雄性受体因子感受低于临界值的乙烯浓度而转换成促进雄蕊发育的信号，于是雌蕊的发育受抑制，而雄蕊发育得到促进，最终分化成雄花，形成既有雌花又有雄花的雌雄同株。当两性花株的基因型为 $FFmm$，因有 F，乙烯浓度与纯雌株处于同等水平，再加上隐性 m 等位基因编码对乙烯不敏感的受体因子 Sm，因而它可感受超过正常浓度范围的乙烯浓度，从而形成两个受体因子“乙烯重叠区”，这一区雌蕊发育和雄蕊发育均可得到促进，结果形成两性花。如植株的基因型为 $ffmm$，由于隐性等位基因 f 存在，乙烯浓度可回到正常的雌雄同株中的乙烯浓度范围内，所以当乙烯浓度低时即形成雄花，而高时则形成两性花，结果形成雄花两性花株。

（二）雌性系的选育

选育黄瓜雌性系，可以用雌雄株与完全花株或雌全株杂交，从其后代中分离获得纯雌株。雌花节率高的品系通过自交或杂交，在其后代中选择，有时也能得到纯雌株。

获得原始纯雌株后，与性状优良的雌雄株系杂交，F_1 内有一部分为纯雌株和强雌株，一部分为雌雄株。用 F_1 的纯雌株再与雌雄株系回交，直到农艺性状和配合力达到要求为止。然后，用赤霉素或硝酸银处理纯雌株产生雄花，进行2～3代自交而获得稳定遗传的优良雌性系。

（三）雌性系的转育

利用已有的雌性系转育新的雌性系，或者从由雌性系配成的一代杂种中分离获得新的雌性系，是常见的雌性系转育方法。下面举例说明具体的操作步骤。

1. 用白皮黄瓜雌性系转育绿皮黄瓜雌性系　1997—2011 年，辽宁省农科院开展了利用白皮黄瓜雌性系转育绿皮黄瓜雌性系研究。所用试材包括白色果皮华南型黄瓜雌性系 A_{31}，绿色果皮华南型雌雄株系 H_5，以及白色果皮华南型雌雄株系 H_2。

以白色果皮雌性系 A_{31} 为母本与绿色果皮雌雄株系 H_5 杂交，F_1 全部为绿色果皮雌性株，F_2 出现雌性绿色果皮、雌性白色果皮、非雌性绿色果皮、非雌性白色果皮 4 种类型植株，分离比率符合 9∶3∶3∶1（表 4-9），说明控制黄瓜雌性的基因与控制果皮颜色（绿色或白色）的基因是独立遗传的。

表 4-9　各试材雌性、果皮色分离比例

试材	雌性近绿果	雌性近白果	非雌性近绿果	非雌性近白果	理论分离比例（$\chi^2_{0.05,3}$=7.815）
A_{31}	0	32	0	0	全为雌性近白果
H_5	0	0	32	0	全为非雌性绿果
F_1	32	0	0	0	全为雌性绿果
F_2	29	14	18	3	9∶3∶3∶1 (4.719)

用白色果皮雌性系与绿色果皮雌雄株系杂交，然后连续多代进行自交选择，选育绿色果皮雌性系。具体方法如下：

用白色果皮雌性系与绿色果皮雌型同株系杂交，得到 F_1。F_1 在苗期进行诱雄处理，诱雄方法如下：两叶一心时期用 900 mg/L 硝酸银均匀喷洒叶片，1 周后用同样浓度药剂进行第 2 次处理（以下诱雄方法同此）。F_1 植株自交获得 F_2。F_2 植株栽植 200 株以上。对 F_2 代于幼苗期诱雄处理 1 次，从 F_2 代中选择具有绿色果皮、上部雌花连续、仅基部有少量雄花的植株，对入选植株单株自交获得 F_3 代。

F_3 代各株系采用亲系选择法，每个株系分栽 2 个区。其中 1 个小区为未处理区，即苗期不进行诱雄处理；另 1 个小区为处理区，在苗期做诱雄处理。调查未处理区植株的雌性株数，如果该区全部植株为雌性株，则在对应的处理区选择果皮颜色偏绿的植株进行自交或单株自交获得 F_4 种子；如果未处理区有部分植株性别为雌性株，可在对应的处理区选择上部雌花连续、果色偏绿色的植株进行单株自交获得 F_4 代种子；如果未处理区植株性别均为雌雄同株，则淘汰该株系。调查未处理区植株雌性性状时可以用第一花性别鉴定，如果未处理区植株第一花均为雌花，则该株系为雌性株系。这样就不必调查上部节位，加快了鉴定进程，从而提前授粉。在雌花长成商品瓜时，再次调查自交授粉的瓜条的果色，淘汰果实颜色偏白的植株。

从 F_4 代开始，每个株系设置 2 个区，即诱雄处理区、未处理区。通过调查未处理区各株系雌性株比例，可以验证对照区鉴定结果，增加鉴定结果的准确性。可以通过调查第一花性别，来推测该植株性别。对照区部分植株为绿色果皮雌性的植株，则在 F_5 代重复 F_4 代的工作，直到 F_n 代选出目的植株为止。

通过上述选育获得了 Q_{121}、Q_{151}、Q_{152} 3 个稳定遗传的绿皮华南型黄瓜雌性系。

2. 从用雌性系配制的杂交一代中分离新的雌性系　辽宁省农业科学院自引进的优良华北型黄瓜雌性杂交种 B_{21}，通过自交、测交等方法选育出雌性系。2003 年春季播种雌性材料 B_{21}。在苗期进行诱雄处理，一叶一心时期叶面喷施 900 mg/L 硝酸银溶液，1 周后第 2 次喷施同浓度的硝酸银溶液，以下诱雄处理同此方法。4～5 片真叶时定植，栽培 32 株，选取 4 株（选择具有较好的抗病性、长势、商品性的植株）做单株自交，获得 B_{21-1}、B_{21-2}、B_{21-3}、B_{21-4} 4 个株系。

2003 年秋季栽培 B_{21-1}、B_{21-2}、B_{21-3}、B_{21-4} 4 个株系，每个株系定植 2 个小区，每小区 32 株。其中 1 个小区为未处理区，即苗期不进行诱雄处理；另 1 个小区为处理区，在苗期做诱雄处理。调查各株系未处理区的雌性植株数（表 4-10）。各株系均出现雌性性状的分离，分离比率接近 3∶1。在处理区选取上部雌花连续、无雄花并具有其他优良性状的植株（28 株），对这些植株单株自交。

表 4-10 B_{21} 自交后代各株系雌性性状鉴定结果

试材	雌性株∶雌雄同株	理论分离比例（$\chi^2_{0.05,1}=3.841$）	基因型
B_{21-1}	25∶7	3∶1 (0.042)	*Ff*
B_{21-2}	20∶12	3∶1 (2.042)	*Ff*
B_{21-3}	19∶13	3∶1 (3.375)	*Ff*
B_{21-4}	27∶5	3∶1 (1.041)	*Ff*

2004 年春季栽培 28 个株系、自交系 L_3，每个株系均设置处理区和未处理区。调查各株系未处理区的雌性植株比率，有 16 个株系的未处理区植株均为雌性株，入选这 16 个株系，在其对应的处理区，选择具有其他优良性状的植株自交获得 F_4，共获得 F_4 株系 19 个。这些株系的基因型应为 *FF*。同时把这 19 个株系和自交系 L_3 杂交。

2004 年秋季栽培 F_4 株系 19 个，苗期进行诱雄处理，每个株系栽培 1 个小区，在株系内选择具有其他优良性状植株自交或单株自交。同时栽培这些株系和与 L_3 的杂交种，每份杂交种栽培 1 个小区。调查这些杂种的经济性状表现，对各入选株系进行配合力的早期测定。各株系与 L_3 的杂交后代主要性状如表 4-11。

表 4-11 各株系与 L_3 杂交后代主要性状

组合	代号	小区产量（kg）	产量排名
$B_{21-1-1}\times L_3$	3-1	55.05	5
$B_{21-1-2}\times L_3$	3-2	43.34	17
$B_{21-1-3}\times L_3$	3-3	43.49	16
$B_{21-1-4}\times L_3$	3-4	56.71	4
$B_{21-1-5}\times L_3$	3-5	40.09	18
$B_{21-2-1}\times L_3$	3-6	60.43	2
$B_{21-2-2}\times L_3$	3-7	62.28	1
$B_{21-2-3}\times L_3$	3-8	59.50	3
$B_{21-3-1}\times L_3$	3-9	44.43	13
$B_{21-3-2}\times L_3$	3-10	45.74	9
$B_{21-3-3}\times L_3$	3-11	48.94	7
$B_{21-3-4}\times L_3$	3-12	50.07	6
$B_{21-3-5}\times L_3$	3-13	44.05	15
$B_{21-3-6}\times L_3$	3-14	44.18	14
$B_{21-3-7}\times L_3$	3-15	44.86	12
$B_{21-4-1}\times L_3$	3-16	38.45	19
$B_{21-4-2}\times L_3$	3-17	44.91	11
$B_{21-4-3}\times L_3$	3-18	48.60	8
$B_{21-4-4}\times L_3$	3-19	45.08	10

根据测配的产量结果，小区产量超过 50 kg 的株系有：$B_{21\text{-}2\text{-}2}$、$B_{21\text{-}2\text{-}1}$、$B_{21\text{-}2\text{-}3}$、$B_{21\text{-}1\text{-}4}$、$B_{21\text{-}1\text{-}1}$ 和 $B_{21\text{-}3\text{-}4}$。

2005 年春季栽培 12 个株系，苗期进行诱雄处理，比较 12 个株系的综合性状、整齐度等。选择株系内性状较整齐的株系、性状优良的株系，在株系内选择性状一致、具有优良性状的植株自交，获得一个具有较好经济性状的雌性系 B_{2121}。该雌性系长势极强，叶片深绿色、平展，第 1 雌花着生在主蔓第 5～6 节，以后节节为雌花。商品瓜长约 32 cm，果皮绿色，果色均匀，刺瘤明显，瓜把短，瓜把长≤1/8 瓜长，果肉绿色，风味品质好，瓜条整齐度高。耐热能力强，抗病毒病、白粉病、霜霉病等病害。

二、菠菜和石刁柏等蔬菜作物雌株系

菠菜、石刁柏等雌雄花分别着生在不同植株上，为雌雄异株类型。菠菜花的性别类型有 3 种：雌花、雄花和完全花；植株的性别类型有 5 种：雄全株、雄两性株、雌两性株、纯雌株和二性株；群体（系统）的性别类型有 4 种：雌雄异株系（雌雄株比多数为 1∶1)、二性株系（群体内多数为二性株)、雄株系（雌雄株和雄两性株）和雌株系（纯雌株和少数雌两性株)。菠菜的雌株系一般全为纯雌株，有时有少数雌两性株出现。

研究表明，菠菜雌雄同株性别是能遗传的，且有分离。关于菠菜的性别遗传规律有多种假说，虽然各种假说都认为性别主要受存在于染色体上的一对 *X* 和 *Y* 基因控制的，但至今还没有一种假说被普遍公认。染色体连锁基因平衡假说认为性别的表达是受 X 和 Y 异染色体上 *X* 基因和 *Y* 基因及与其强连锁的性平衡基因 *Aa* 和 *Gg* 共同作用决定的。*A* 能使 *XX* 株表现为雌二性株，*G* 能使 *Y* 的雄性减弱，使 *XY* 株表现为雄二性株。当两对基因平衡时，如 *AG*/*AG* 或 *AG*/*ag* 或 *ag*/*ag* 时，则 *XX* 为纯雌株，*XY* 为纯雄株。但在 *AG* 和 *ag* 发生交叉互换破坏平衡后，就产生二性株。例如 *YYaaGG* 表现为纯合的雄二性株，*XXAAgg* 表现为纯合的雌二性株，*XYaaGg* 表现为后代有分离的雄二性株等。这一假说大体上解释了性别遗传一些现象，但是还缺乏充分的后代测验作为论据。另外，根据前人的报道和育种实践活动中发现性型遗传受环境条件影响较大。这方面较为一致的意见是高温和短日照都能使雄性增强雌性减弱。例如日温 26.6 ℃和夜温 24 ℃比日温 21 ℃夜温 18 ℃，有增加雄性的趋势，就日照长短来说，不论温度高低，在 15～18 h 光照下都比在 12 h 光照下多雌株雌花，但温度愈高则日照长短之间的差异愈小，也就是说高温长日照下比低温长日照下雌性弱。此外，在瘦薄土地上生长的菠菜多雄株，夏播比秋播多雌株；性别表达与植株器官的活动和体内激素分泌也有关，叶子合成促进雄性产生的赤霉素，根部合成促进增加雌性的细胞分裂素，叶子对雄性起决定作用，根部对雌性起决定作用。在根部施用 25 mg/L 的 GA_3 导致雄株率增大；施用 15 mg/L 的 6-苄基腺嘌呤、10 mg/L 脱落酸和 15 mg/L IAA 导致雌株率增加；温度、日照长短、株行距和播种期等也都能引起性型比率的变化。综上所述，菠菜的性别遗传除了受 *X*、*Y* 性基因及其相连锁的 *A*、*G* 基因影响之外，似乎还受修饰基因和环境敏感基因的影响，对现有的假设必须进一步的补充或修正，才能更好地解释性别遗传的现象。

石刁柏的性别控制属于单基因决定型，其雄性基因型为 *M*_，雌性基因型为 *mm*，*M* 对 *m* 显性。

第七节　杂种一代品种制种技术

由于杂交种品种种子生产与常规品种相比，增加了栽植父母本、去雄、采粉、授粉杂交等操作，使制种成本大幅度提高，限制了许多农作物杂种优势的利用步伐。实际上，对于具体某种蔬菜作物来说，杂种优势能否被利用，主要决定于杂种优势所带来的增产增收作用，能否超过杂交制种增加的成本。因此，降低杂交制种成本的技术，就成为杂种优势利用的关键技术。在选择杂交制种途径的时候，主要应考虑两方面因素：一是杂交率，二是杂交制种成本。由于农作物种类不同，其开花、结果和传粉习性也不同，适用的杂交制种方法也不同。可以选用的杂交制种途径，主要包括利用自交系去雄制种、利用自交不亲和系制种、利用雄性不育系制种，以及利用雌性系制种 4 种方法。

利用自交系配制杂交种，增加了母本人工去雄环节，制种成本高，适用于单花结籽多且单位面积需种量又较少的茄果类和瓜类等蔬菜作物；利用自交不亲和系配制杂交种，如果杂交双亲都是自交不亲和系，一般可以混收种子，不但操作简便，制种产量也高，适用于比较容易选出自交不亲和系的十字花科蔬菜作物；利用雄性不育系配制杂交种，是一种比较理想的杂交制种途径，只要能够选育出稳定遗传的雄性不育系，就尽量采用这种方法配制杂交种；利用雌性系配制杂交种，适用于能够选育出稳定遗传雌性系的黄瓜、甜瓜、菠菜、石刁柏等单性花蔬菜作物。

一、利用自交系制种

（一）天然异花授粉习性的利用

异花授粉植物的天然异交率在 50%以上，有些种类或品种（大白菜、甘蓝）异交率可以达到 90%以上。利用这类作物的天然异花传粉习性，将杂交双亲种植在一个隔离区内，任其自然传粉配制杂交种。

这种方法的优点是杂交制种成本低，而且容易配组。缺点是天然异交率在基因型间往往有较大差异。同时，受虫源和气候等条件的影响，杂交种纯度难以保证。其适用于异交率高的蔬菜作物。我国的大白菜主产区山东省的许多大白菜品种，就是采用这种方法配制杂交种，即所谓的“自交亲和系制种法”。

为了提高生产用种杂种植株百分率，可以引入苗期标记性状来淘汰假杂种。即以具有隐性性状的亲本为母本，显性性状亲本为父本，在苗期去除假杂种苗。标记性状应具备的条件有两个：①苗期表现明显差异，而且容易目测识别；②性状遗传稳定。如大白菜叶面有毛对无毛为显性，以叶片无毛亲本为母本，有毛亲本为父本制种，F_1 叶片有毛，无毛的为假杂种，可以通过间苗淘汰。

（二）人工去雄制种

人工去除雄蕊、雄花或雄株，然后与父本杂交（天然授粉或人工辅助授粉）。对于雌雄同花作物来说是去除雄蕊，对于雌雄异花作物来说是去除雄花，而对于雌雄异株作物来说是拔除雄株。

对于花器官较大，单花结籽比较多的茄科、葫芦科作物，采用此法比较适宜。有些雌雄异株或同株异花植物在开花之前便能区别雌雄株和雌雄花，制种时，把母本行内雄株和母本株上的雄花去掉，任其自由授粉即可。

人工去雄制种法的具体操作依植物种类而异。雌雄异株植物制种比较简单，将双亲在隔离区内（1 500～2 000 m 以内不应有同种植物的其他品种）相邻种植，雌雄株的行比为 3～5∶1。在雌雄可辨时，把母本行的雄株拔掉即可。每隔 2～3 d 拔 1 次，连续 2～3 周，开花时依靠风力或昆虫传粉。在母本株上收获的种子便是 F_1 种子。对于雌雄同株异花授粉植物（如瓜类作物）的制种也比较简单。制种时，将父母本按 1∶10 的行比种在隔离区内，开花前一天将杂交的雌、雄花夹住（束花），第二天开花后授粉。母本株上收的种子即为 F_1 种子。雌雄同花的植物中，繁殖系数高的作物，如茄果类蔬菜，目前主要就是采用手工去雄制种法配制杂交种。

（三）化学去雄制种

利用化学杀雄剂处理杂交母本，然后进行杂交授粉。化学杀雄剂应具备的条件：①能杀死雄蕊，使花粉败育，但是不影响雌蕊发育；②杀雄效果稳定；③对人、畜无害。已经发现的有杀雄作用的化学试剂有：二氯乙酸、二氯丙酸（达拉朋）、三氯丙酸、二氯异丁酸钠（FW450）、三碘苯甲酸（TIBA）、乙烯利、顺丁烯二酸联胺（MH）、2,4－D、核酸钠、萘乙酸（NAA）和矮壮素等。由于目前筛选到的化学杀雄剂还存在着杀雄不彻底和易受环境影响等问题，效果不够稳定，以及一些化学杀雄剂还有一定的副作用，至今很少应用于生产。

二、利用自交不亲和系制种

利用自交不亲和系生产一代杂种种子，只要将两个自交不亲和系隔行种植，任其相互自由授粉，就可以直接收获一代杂交种。

为了降低杂种种子生产成本，最好选用正反交杂种优势都强的组合。这样的组合，正反交种子都能利用。如果正反交都有较强的杂种优势，并且双亲的亲和指数、种子产量相近时，则按 1∶1 的行比在制种区内定植父母本。如果正反交优势一样，但两亲本植株上杂种种子产量不一样，则按 1∶2～3 的行比种植低产亲本和高产亲本。如果一个亲本的植株比另一个亲本植株高很多以至于按 1∶1 的行比栽植时，高亲本会遮盖矮亲本，则按 2∶2 或 1∶2 的行比种植高亲本和矮亲本，以免影响昆虫的传粉。如果正反交杂种的经济性状完全一样，则正反交种子可以混收。

三、利用雄性不育系制种

利用雄性不育系配制杂交种，用不育系作母本，可育品系作父本配组杂交。对于异花授粉作物来说，在隔离区内任其自然传粉授粉；对于自花授粉作物来说，进行人工辅助授粉。这样，在不育系上收获的种子，即为杂交种种子。利用雄性不育系配制杂交种的突出优点是制种成本低，效果稳定，杂交率高，是一些异花传粉作物杂交种最理想的制种方法。缺点是稳定遗传的雄性不育系选育比较困难，至今还有许多农作物的优异雄性不育系还没有选育出来。

（一）十字花科蔬菜作物利用雄性不育系制种

绝大多数十字花科蔬菜作物异花授粉，杂种优势十分显著。由于其花器官小，单花结籽少，而单位面积的播种量又很大，要想配制其杂交种，必须首先解决制种途径问题。雄性不育系的利用，是其理想的制种途径之一。

以雄性不育系为母本，按照不育系与父本系 3～5∶1 的行比间行种植父本系，任其自然授粉。在开花期过后拔除父本行，从不育系上收获杂交种种子即可。

（二）辣椒利用细胞质雄性不育系制种

首先，父本与母本的播种时期的确定，必须保证父、母本的花期相遇。母本与父本的定植面积比例是以有充足的父本花粉来满足授粉需要为标准，基本上是 3∶1 或 4∶1。为保证配制一代杂交种的纯度，必须严防自然杂交，辣椒制种田与其他辣椒品种隔离距离要求在 300 m 以上，也可采用 60 目的纱网进行隔离。杂交授粉一般以上午 7～11 时、下午 3～6 时进行为好。

杂交授粉结束后，为防止植株的倒伏，约在授粉 10 d 后，对母本株均需拉绳或支架支扶。当种果果面完全红熟时，即可采摘种果。种果采收后要摆放在防雨有风的地方，后熟 3～5 d。经过后熟的种果，即可进行剖果取籽，取出的种子应清除胎座和其他杂质，不用水洗，将成熟淡黄色的种子集中在一起，先进行阴干，再晾晒即可得到质量优良的种子。

（三）甜椒利用雄性不育“两用系”制种

由于在甜椒中难以找到具有100%不育株率的细胞质雄性不育系的恢复材料，因此，目前主要用具有50%不育株率的雄性不育“两用系”配制杂交种。

将用作母本的雄性不育“两用系”栽植密度较正常增大1倍。开花前解剖花蕾鉴定花的育性，拔除可育株。由于甜椒属于常异交植物，需采集父本花粉进行人工辅助杂交操作。果实成熟后，从“两用系”不育株的杂交果实上收获杂交种子。可见，甜椒利用雄性不育“两用系”配制杂交种，增加了拔除母本可育株的操作，但是，免去了母本的手工去雄操作，有利于降低杂交制种成本，提高杂交种的纯度。特别是甜椒去雄操作后容易造成落花落果，用“两用系”配制杂交种，可以明显提高坐果率。

（四）大葱利用雄性不育系制种

大葱为异花授粉植物，以制种田为中心，半径1 000 m以内不能有非父本种株采种。大葱杂交种的种子生产，可采用成株制种，也可采用半成株制种。半成株制种占地时间短，种子生产成本较低。用半成株制种，种株花芽分化前的营养体大小对种子产量影响较大，营养体大，种子产量高，因此育苗播种不能过晚。半成株制种要合理密植，定植行距40～50 cm，株距3～4 cm，父母本的面积比例配置为1∶3，株数配置为2∶3，即父本行可栽双行，小行距10 cm左右，不育系和父本系相间定植。待花期结束后，拔除父本种株，以防机械混杂。如果父本有用亦可不拔除，但收种时必须单收。在不育系上收获的种子即为杂交种。

四、利用雌性系制种

利用雌株系作母本配制杂交种，可以免去母本去雄的操作，从而可以大幅度降低杂交制种成本，提高杂交种的纯度。对于黄瓜、节瓜、苦瓜等瓜类蔬菜作物，以及菠菜来说，利用雌性系配制的杂交种的农艺性状，如瓜的结成性、菠菜叶片的肥大性等，也会得到改善。

黄瓜利用纯雌株系（或雌株系）配制杂交种时，按3∶1的行比种植雌株系和父本。由于雌性系不是绝对地无雄花。因此，在雌性系开花前（6～7片真叶）拔除弱雌性植株。强雌株上如果出现雄花也应摘除。在F_1制种隔离区内（1 500～2 000 m以内不应有同种植物的其他品种）任其自由授粉。在母本株上收获的种子即为杂种一代种子。繁殖母本时由于雌性系几乎没有雄花，必须用赤霉素（1 000 mg/L）或硝酸银（200 mg/L）水溶液处理（真叶展开后叶面连续喷洒2～3次，每隔5 d喷1次）诱导其产生雄花，进行繁殖。

五、利用雌株系制种

（一）菠菜利用雌株系制种

菠菜的雌株系一般全为纯雌株，有时有少数雌两性株出现。制种时，雌株系（母本）与父本按3∶1的行比种植在隔离区内。开花前认真鉴别和去除雌株系中的雌两性株，任其自由授粉，在雌株系上收获的种子即为F_1种子。在雌株系选育初期会出现个别雌两性株，用雌两性株给纯雌株授粉，下一代便可得到接近100%的纯雌株。雌两性株自交后代仍是雌两性株。

（二）石刁柏利用雌株系制种

石刁柏为典型的雌雄异株植物，雄株的性染色体为XY型，雌株的为XX型。雄株的经济价值（产量）高于雌株，因此，培育纯雄型品种是丰产、优质育种重要的目标。在自然繁殖情况下，群体中雌、雄株各占50%。如果雄株的性染色体为YY型，则为超雄株，用它与XX型的雌株杂交得到的F_1则全部为XY型的雄株。YY型雄株可以通过花药或花粉培养获得。在制种区按1∶2～3的行比种植超雄株和雌株，在雌株上收获的种子即为纯雄型品种种子。超雄株可用无性繁殖法保存。

（冯　辉）

主要参考文献

曹寿椿，李式军．1980. 矮脚黄白菜雄性不育系两用系的选育与利用［J］. 南京农学院学报（1）：59－67.

陈惠明．2006. 黄瓜性别决定基因遗传规律、分子标记及应用［D］. 长沙：湖南农业大学．

陈沁滨．2006. 洋葱雄性不育系的选育与分子标记筛选及鳞茎休眠的生理机制研究［D］. 南京：南京农业大学．

邓明华．2011. 辣椒胞质雄性不育的分子生理机制及亲缘关系研究［D］. 长沙：中南大学．

方智远．2000. 国内外蔬菜育种及良种产业化发展动态［J］. 种子世界（6）：2－4.

方智远，刘玉梅，杨丽梅，等．2004. 甘蓝显性核基因雄性不育与胞质雄性不育系的选育及制种［J］. 中国农业科学（5）:717－723.

方智远，孙培田，刘玉梅，等．1997. 甘蓝显性雄性不育系的选育及其利用［J］. 园艺学报，24（3）：249－254.

方智远，孙培田，刘玉梅．1983. 甘蓝杂种优势利用和自交不亲和系选育的几个问题［J］. 中国农业科学（5）：51－62.

方智远，祝旅，李树德．1999. 我国蔬菜科技五十年的主要成就与今后的任务［J］. 中国蔬菜（5）：1－5.

冯辉．1996. 大白菜核基因雄性不育性的研究［D］. 沈阳：沈阳农业大学．

冯辉，邵双．2002. 大白菜温度敏感型雄性不育遗传特性分析［M］. 北京：中国园艺学会年会论文集．

冯辉，徐巍，王玉刚．2007. 奶白菜核基因雄性不育系定向转育研究［J］. 园艺学报，34（3）：659－664.

何启伟．2010. 我国蔬菜育种现状及发展趋势［J］. 中国果菜，2：6－9.

何启伟，方智远．1998. 我国蔬菜科学技术发展与展望［M］//周光召．科技进步与学科发展．北京：中国科学技术出版社．

何余堂，涂金星，傅廷栋．2003. 芸薹属自交不亲和基因的分子生物学及进化模式［J］. 植物学通报，20（5）：513－521.

侯喜林，史公军．2005.“十五”期间我国蔬菜分子育种研究进展［J］. 中国蔬菜（9）：34－40.

景士西，冯辉，张志宏，等．2007. 园艺植物育种学总论［M］. 北京：中国农业出版社．

柯桂兰，赵稚雅，宋胭脂，等．1992. 大白菜异源胞质雄性不育系CMS3411－7的选育及应用［J］. 园艺学报，19（4）：333－340.

厉建梅，秦智伟，周秀艳，等．2011. 黄瓜雌性性状的遗传分析［J］. 中国农业科学，44（15）：3169－3176.

刘金兵．2008. 甜椒胞质雄性不育系选育与分子标记筛选及败育的生化特性研究［D］. 南京：南京农业大学．

刘金兵，王述斌，潘宝贵，等．2005. 甜椒胞质雄性不育恢复系的创造及其杂种优势利用［J］. 江苏农业科学（6）：81－83.

刘玲，李显日，王广华，等．2011. 国内辣椒雄性不育育种及分子生物学研究进展［J］. 生物技术进展，1（4）：254－259.

娄群峰．2004. 黄瓜全雌性基因分子标记及ACC合酶基因克隆与表达研究［D］. 南京：南京农业大学．

钮辛恪．1980. 大白菜雄性不育两用系的选育及其利用［J］. 园艺学报，7（1）：25－31.

秦太辰．2011. 作物雄性不育性在育种中的应用概评［J］. 生物技术进展，1（2）：84－89.

史典义，赵晓菊，周正富，等．2007. 植物细胞核雄性不育的分子机制［J］. 植物生理学通讯，43（3）：556－562.

孙日飞．2005.“十五”期间我国蔬菜科研进展（二）［J］. 中国蔬菜（9）：1－3.

谭其猛．1982. 蔬菜杂种优势利用［M］. 上海：上海科学技术出版社．

汤青林，宋明，王晓佳．2001．芸薹属植物自交不亲和性及其机理研究进展［J］．生物工程进展，21（4）：22－25．
佟成富，唐成英，崔连伟，等．2002．大葱雄性不育系244A的选育及利用［J］．中国蔬菜（4）：7－8．
王辉，张红军，吴险峰，等．2010．作物杂种优势遗传研究进展［J］．安徽农业大学学报，37（1）：15－21．
王立浩．2007．辣椒胞质雄性不育恢复性的遗传分析与定位及其应用的研究［D］．北京：中国农业科学院．
王树斌．2005．辣（甜）椒细胞质雄性不育系遗传机制及不育基因分子标记研究［D］．南京：南京农业大学．
王晓武，杜永臣．2007．蔬菜作物分子育种研究现状与趋势［J］．中国农业科技导报，9（2）：14－18．
王晓武，方智远，孙培田，等．1998．利用分子标记EPT11900辅助甘蓝显性雄性不育基因转育［J］．中国蔬菜（6）：1－4．
魏宝琴，魏毓棠，赵国余，等．1995．Oguar不育源结球白菜雄性不育系的选育［J］．中国蔬菜（5）：18－21．
魏毓棠，冯辉，许明，等．1992．大白菜雄性不育遗传规律的研究［J］．沈阳农业大学学报，23（3）：260－266．
吴华清，张绍铃，李晓，等．2006．植物自交不亲和性的分子生物学进展［J］．南京农业大学学报，29（4）：119－126．
徐家炳，张凤兰，王凤香，等．1995．大白菜自交不亲和系等位基因分析［J］．中国蔬菜（3）：1－4．
薛勇彪，孟金陵．1995．高等植物自交不亲和性的分子生物学［J］．生物工程进展，15（1）：32－42．
闫立英．2009．黄瓜单性结实生理和遗传分析及分子标记研究［D］．南京：南京农业大学．
严慧玲，方智远，刘玉梅，等．2007．甘蓝显性雄性不育材料DGMS79－399－3不育性的遗传效应分析［J］．园艺学报，34（1）：93－98．
张宝玺，王立浩，毛胜利，等．2010．“十一五”期间我国辣椒遗传育种研究进展［J］．中国蔬菜（24）：1－9．
张德双．2006．大白菜CMS96细胞质雄性不育分子特性研究［J］．分子植物育种，4（4）：545－552．
张俊，陈德富．1999．植物细胞质雄性不育的分子机制研究［J］．生命的化学，19（5）：203－206．
张鲁刚，郝东方，柯桂兰．2001．波里马胞质大白菜雄性不育系CMS3411－7温度敏感特性研究［J］．园艺学报，28（5）：415－420．
张书芳，宋兆华，赵秀云，等．1990．大白菜细胞核基因互作雄性不育系选育及应用模式［J］．园艺学报，17（2）：117－125．
张新梅，武剑，郭蔼光，等．2009．甘蓝显性雄性不育基因*CDMs399－3*紧密连锁的分子标记［J］．中国农业科学，42（11）：3980－3986．
周长久．1996．蔬菜现代育种学［M］．北京：科学技术文献出版社．
周永坚，王立浩，宋勇，等．2007．辣椒胞质雄性不育研究进展［J］．辣椒杂志（4）：34－38．
朱海山，杨正安，邓明华，等．2006．洋葱雄性不育性及其应用研究进展［J］．云南农业大学学报（2）：169－171．
邹学校．2004．我国辣椒雄性不育机理与应用研究进展［J］．辣椒杂志（2）：4－9．
治田辰夫．1962．十字花科モ菜の自家なろひに交雑不和合性の遺伝機構に関すう研究［J］．タキイ長岡研究晨場報告第2号（64）：125－163．
Anderson M A，Cornish E C，Mau S L，et al. 1986. Cloning of cDNA for a stylar glycoprotein associated with expression of self－incompatibility in *Nicotiana alata*［J］. Nature，321（321）：38－44.
Bredemeijer G M，Blass J. 1981. S－specific proteins in styles of self－incompatible *Nicotiana alata*［J］. Theor Appl Genet，59（3）：185－190.
Chetrit P，Methieu C，Vedel F，et al. 1985. Mitochondrial DNA polymorphism induced by protoplast fusion in cruciferae［J］. Theor Appl Genet，69（4）：361－366.
Cockerham C C. 1954. An extension of the concept of partitioning hereditary variance for analysis of covariances among relatives when epistasis is present［J］. Genetics，39（6）：859－882.
Edwardson J P. 1970. Cytoplasmic male sterility［J］. Bot. Rev，36：341－401.
Erickson L R，Straus N A，Beversdorf W D. 1983. Restriction patterns reveal origins of chloroplast genomes in Brassica amphidiploids［J］. Theor Appl Genet，65（3）：201－206.
Erickson L，Grant I，Beversdorf W. 1986. Cytoplasmic male sterility in rape seed（*Brassica napus* L.）1. restriction patterns of chloroplast and mitochondrial DNA［J］. Theor Appl Genet，72（2）：145－150.
Feng H，Wei Y，Xu M，et al. 1996. Multiple allele model for genic male sterility in Chinese cabbage［J］. Acta Horticulturae，467：133－142.

Feng H, Wei Y, Zhang S. 1995. Inheritance of and utilization model for genic male sterility in Chinese cabbage (*Brassica pekinensis* Rupr.) [J]. Acta Horticulturae, 402: 133 - 140.

Griffing B. 1956. Concept of general and specific combining ability in relation to diallel crossing systems [J]. Aust. J. Biol. Sci., 9 (4): 463 - 493.

Handa H, Nakajima K. 1991. Nucleotide sequence and transcription analyses of the rapeseed (*Brassica napus* L.) mitochondrial F_1 - ATPase α - subunit gene. Plant Mol Biol [J]. 16 (2): 361 - 364.

Handa H, Ohkawa Y, Nakajima K. 1990. Mitochondrial genome of rapeseed (*Brassica napus* L.) Ⅰ. Inter - specific variation of mitochondrial DNA [J]. Jpn J Genet, 65 (1): 17 - 24.

Huang L, Cao J, Ye W, et al., 2008. Transcriptional differences between the male - sterile mutant bcms and wild - type *Brassica campestris* ssp. *chinensis* reveal genes related to pollen development [J]. Plant Biology, 10 (10): 342 - 355.

Huang L, Cao J, Zhang A, et al. 2009a. The polygalacturonase gene *BcMF2* from *Brassica campestris* is associated with intine development [J]. Journal of Experimental Botany, 60 (1): 301 - 313.

Huang L, Ye Y, Zhang Y, et al. 2009b. *BcMF9*, a novel polygalacturonase gene, is required for both *Brassica campestris* intine and exine formation [J]. Annals of Botany, 104 (7): 1339 - 1351.

Jennie B, Fancis C. 1992. Brassica anther - specific genes: characterization and in situ localization of expression [J]. Mol Gen Genet, 234 (3): 379 - 389.

Jinks J L, Jones R M. 1958. Estimation of the components of heterosis [J]. Genetics, 43 (2): 223 - 234.

Kao T H, Mc Cubbin A G. 1996. How flowering plants discriminate between self and non - self pollen to prevent inbreeding [J]. PNAS, 93 (22): 12059 - 12065.

Kemble R J, Carlson J E, Erickson L R, et al. 1986. The *Brassica* mitochondrial DNA plasmid and large RNAs are not exclusively associated with cytoplasmic male sterility [J]. Mol Gen Genet, 205 (205): 183 - 185.

Kempthorne O. 1957. An introduction to genetic statistics [M]. John Wiley and Sons, Inc. New York.

Lai Z, Ma W, Han B, et al. 2002. An F - box gene linked to the self - incompatibility (S) locus of *Antirrhinum* is expressed specifically in pollen and tapetum [J]. Plant Mol Biol, 50 (1): 29 - 42.

Lonsdale D M. 1987. Cytoplasmic male sterility: a molecular perspective [mitochondrial DNA; a review] [J]. Plant Physiol Biochem, 25: 265 - 271.

Mather K, Jinks J L. 1971. Biometrical genetics [M]. 2nd ed. London: Chapman & Hall.

Minville F. 1987. Dominance is not necessary for heterosis: a two locus mode [J]. Genet Res, 49 (3): 245 - 247.

Palmer J D, Shields C R, Cohen D B, et al. 1983. An unusual mitochondrial DNA plasmid in the genus *Brassica* [J]. Nature, 301 (5902): 725 - 728.

Palmer J D. 1988. Intraspecific variation and multicircularity in *Brassica* mitochondrial DNAs [J]. Genetics, 118 (2): 341 - 351.

Sanders P M, Bui A Q, Weterings K, et al. 1998. Anther developmental defects in *Arabidopsis thaliana* male - sterile mutants [J]. Sexual Plant Reproduction, 11 (6): 297 - 322.

Scott R, Dagless E, Hodge R, et al. 1991. Patterns of gene expression in developing anthers of *Brassica napus* [J]. Plant Mol Biol, 17 (2): 195 - 207.

Sears E R. 1943 - 1947 Genetics and Farming [M]. USDA "Yearbook of Agriculture".

Shull G H. 1908. The composition of a field of maize [J]. Reporter American Breeder's Association, 4: 296 - 301.

Singh M, Brown G G. 1991. Suppression of cytoplasmic male sterility by nuclear genes alters expression of a novel mitochondrial gene region [J]. Plant Cell, 3 (12): 1349 - 1362.

Szasz A. 1991. Characterization and transfer of the cytoplasmic male sterile from *Brassica juncea* to *Brassica napus* protoplast fusion [J]. Physiologia Plantarum, 82 (1): 29.

Theerakulpisut P, Xu H, Singh M B, et al. 1991. Isolation and developmental expression of BcpⅠ. an anther - specific cDNA clone in *Brassica campestris* [J]. Plant Cell, 3 (10): 1073 - 1084.

Thompson R D, Kirch H H. 1992. The S locus of flowering plants: when self - rejection is self - interest [J]. Trends

Genet, 8 (11): 381 - 387.

Wang Y, Tsukamoto T, Yi K W, et al. 2004. Chromosome walking in the *Petunia inflata* self - incompatibility (S -) locus and gene identification in an 881 - kb contig containing *S2 - RNase* [J]. Plant Mol Biol, 54 (5): 727 - 742.

Wang Y, Ye W, Cao J, et al. 2005. Cloning and characterization of the microspore development - related gene *BcMF2* in chinese cabbage Pak - Choi (*Brassica campestris* L. ssp. *chinensis* Makino) [J]. Journal of Intergrative Plant Biology, 47 (7): 863 - 872.

Yamasaki S, Fujii N, Matsuura S, et al. 2001. The M locus and ethylene - controlled sex determination in andromonoecious cucumber plants [J]. Plant and Cell Physiology, 42 (6): 608 - 619.

Yin T J, Quinn J A. 1995. Tests of a mechanistic model of one hormone regulating both sexes in *Cucumis sativus* (Cucurbitaceae) [J]. American Journal of Botany, 82 (12): 1537 - 1546.

Yu S B, Li J X, Xu C G, et al. 1997. Importance of epistasis as the genetic basis of heterosis in an elite rice hybrid [J]. PNAS, 94 (17): 9226 - 9231.

第五章

蔬菜生物技术育种

生物技术（biotechnology）是以生命科学理论为基础，在细胞、亚细胞和分子水平上进行操作，用于鉴定、甄别生物对象，以及改良生物品种甚至创造新物种的综合性技术。通常生物技术包括细胞工程（cell engineering）、基因工程（gene engineering）、酶工程（enzyme engineering）和发酵工程（fermentation engineering）。此外，有时也将染色体工程、蛋白质工程、生化工程包括在内。根据研究和应用对象的不同，生物技术可分为植物生物技术、动物生物技术和微生物生物技术。

生物技术在农作物育种上已经取得突破性的进展。在蔬菜作物上，20 世纪 80 年代甜椒花药培养技术在品种改良上的应用率先成功，迄今已利用小孢子培养技术培育出一批大白菜、辣椒、甘蓝、萝卜等蔬菜作物新种质或新品种。转基因耐贮藏番茄成为我国首例获得国家批准可商品化生产的农业生物基因工程品种。随着基因组研究的迅速发展，分子标记广泛应用于蔬菜育种实践，利用分子标记辅助选择育成了大量新品种。生物技术改良品种具有精准、定向、高效的特点。生物技术是常规技术的重要补充和发展，生物技术与传统杂交育种技术相结合，可显著提高育种选择效率。生物技术在应对我国食物数量和质量安全、减少环境污染，应对气候变化等问题的挑战，具有不可替代的作用，是未来农业科技的发展方向。

本章将重点介绍细胞工程、分子标记、基因工程等生物技术应用于蔬菜作物育种方面的相关内容。

第一节　细胞工程育种

植物细胞工程是以植物细胞为基本单位，在离体条件下进行培养、繁殖或人为精细操作，使细胞的某些生物学性状按人们的意愿发生改变，从而改良品种或创造新种，或加速繁育植物个体或获得有用物质的过程。18 世纪 30 年代由 Schleiden 和 Schwann 提出的细胞学说以及 19 世纪初由 G. Haberlandt 提出的细胞全能性学说为植物细胞工程奠定了重要的理论基础。植物细胞工程是在植物组织培养的基础上发展起来的一门实验性科学，因此，植物细胞工程亦是广义的植物组织培养。

植物细胞工程所涉及的主要技术有植物组织和细胞培养技术、细胞融合技术、试管受精技术、染色体工程技术等。近年来，植物细胞工程之所以引人注目，一是基础研究方面，通过细胞培养、融合等细胞水平的操作，可以深入探讨细胞的各种生命特征属性，如新陈代谢和自体复制等。二是在生产应用方面，也越来越展示出多方面的实用价值和潜力。例如，通过植物器官、组织和细胞培养，已从 1 000 多个种的植物中获得试管植株，如兰花等花卉苗木的快速大量繁殖以及马铃薯、香蕉和甘蔗等无病毒植株、块茎的生产等，均已取得明显效益；植物细胞通过在生物反应器（bioreactor）中的大量繁殖，可以生产具有重要经济价值的色素、药物、酶等次生代谢产物；通过培养植物的花药和花粉，已经培育出甜椒、大白菜、水稻、小麦和油菜等多种农作物的优良品种；运用胚胎培养、细胞融合等技术获得了白菜与甘蓝、番茄与马铃薯、茄子等种间杂种，为蔬菜作物品种改良以及创制新植物种类另辟了途径。

如上所述，植物细胞工程研究的范畴非常广泛。本节从蔬菜育种的角度，以利用和创造变异培育蔬菜新品种、扩大良种繁育以及注重种质资源的保存为基本线索，重点介绍单倍体的诱导与单倍体育种、原生质体培养与融合、植物细胞突变体的离体筛选、人工种子以及种质资源的离体保存技术在蔬菜育种中的应用。

一、单倍体的诱导与单倍体育种

单倍体应用于现代植物遗传育种上的重要意义，首先在于通过单倍体的染色体加倍即可获得纯合的二倍体（双单倍体，DH），从而大幅度缩短自交纯化所需年限；其次，对单倍体或由其加倍而成的二倍体的选择实质上是配子选择，它比常规育种从 F_2 及其以后世代群体中对一个特定基因型选择的效果大为提高。此外，单倍体植株还是进行基因定位、构建遗传图谱以及导入外源基因等研究的理想材料。

单倍体植株在自然界偶有发现，但是频率极低，很难用于育种实践。为了大量获得单倍体植株，已经发展了多种人工诱导单倍体植株的方法，如花药培养、花粉培养、未授粉胚珠和子房培养、诱导孤雌生殖、半配合法、染色体消除法等，其中，以前三者诱导率较高，应用最为普遍。以下分别对这3种方法作扼要介绍。

（一）花药培养

花药培养（anther culture）是指将发育到一定阶段的花药接种到人工培养基上，诱导花药中的花粉脱分化形成单倍体植株的过程。

自从 Guha 和 Maheshwari（1964、1966）通过培养曼陀罗（*Datura innoxia*）的未成熟花药获得单倍体植株以来，许多蔬菜作物如辣椒、大白菜、普通白菜和茄子等通过花药培养也相继取得了成功。

通过花药培养诱导形成单倍体植株有两条途径：第一条是胚状体途径，即培养花药中的花粉首先分裂形成原胚多细胞团，然后在药室内继续发育，最终以胚状体的形式突破花药壁，如茄科蔬菜的甜椒、茄子以及十字花科作物的大白菜、甘蓝等均可通过该途径获得单倍体植株。第二条是愈伤组织、器官分化途径，即花药内的花粉经过多次分裂形成单倍性愈伤组织，随后将其转移到分化培养基上，使单倍性愈伤组织分化形成不定芽以及不定根，从而获得单倍体植株，如番茄经此途径获得单倍体植株。一般来说，通过胚状体途径所需时间较短，所获得的单倍体植株比例较高；通过愈伤组织途径所获植株有可能增大遗传变异和自然加倍比例。但是，这两条途径并不是完全独立的，可以通过改变培养基种类或其中植物激素浓度而改变单倍体植株的诱导形成途径。

1. 花药培养的一般程序 花药培养所采用的外植体是未成熟的花药，属于植物的雄性器官。因此，花药培养属于器官培养的范畴。具体程序大致如下：

（1）从供体植株上采取一定发育阶段的花蕾或幼穗。

（2）在保湿条件下进行一定时间的低温预处理。

（3）取出花药进行表面消毒。

（4）将花药接种到培养基上，在适宜的温度条件下培养，有时需要对接种花药进行短时间的预处理再置于适宜的温度条件下培养。

（5）待诱导形成的胚状体或愈伤组织发育到适当阶段将其转移到植株再生培养基，使其形成单倍体植株。

（6）单倍体植株的染色体加倍。

2. 影响花药培养的因素

（1）供体植株的基因型　在许多作物的花药培养过程中都发现，不同基因型的供体植株诱导形成单倍体植株的难易程度存在较大差异。

（2）材料的预处理和预培养　Nitsch 等（1973）首先报道，将毛曼陀罗和烟草的幼花蕾置于 4 ℃的低温下处理 48 h 后，取其花药进行培养，会明显促进胚状体的形成。至今，低温预处理效应已在多种作物的花药培养试验中得到证实。只是对于不同的农作物，其所需的最适处理温度及时间有所不同。在十字花科作物的花药培养试验中，培养初期的短期高温（30～35 ℃）处理能够显著促进胚状体的形成。其他还有一些诸如离心处理、渗透压刺激、碳饥饿处理以及 CO_2 处理等的报道，对某些作物的花药培养具有一定的促进效果。

（3）培养基　不同植物种类或作物品种所需的培养基成分有所不同。例如烟草和曼陀罗的花药，即使在仅仅含有 2%蔗糖和 0.8%琼脂的固体培养基上或 2%蔗糖的水溶液中，也可诱导部分花粉启动新的发育途径并形成少量的花粉胚状体。但对于绝大多数植物而言，花药培养需要较为复杂的培养基成分。目前，常用的基本培养基有 MS（Murashige 和 Skoog，1962）、Nitsch（1967）、Miller（1963）和 B5（Gamborg，1968）等。

除基本培养基的种类以外，在培养基中添加其他成分如植物激素等对花药培养的影响也较大。除烟草、曼陀罗等少数植物外，对于大多数植物种类而言，在培养基中添加适当种类和浓度的植物激素将会促进花粉的脱分化以及单倍体植株的形成。

在培养基中添加蔗糖的作用是双重的，既可以作为碳源，又可调节培养基的渗透压。在进行不同植物种类的花药培养时，其适宜的蔗糖浓度有所不同。一般来说，属于二核花粉的植物种类以 2%～4%为宜，对于三核花粉的植物种类，则要求较高的蔗糖浓度，常以 6%～13%为宜。例如十字花科作物的花药培养常以添加 10%～13%蔗糖的效果较好。在花药培养的不同阶段，适宜的蔗糖浓度也可能有变化。例如在甘蓝型油菜品种胜利的花药培养早期，使用含有 20%蔗糖的液体培养基有利于花粉的脱分化，而随后在诱导花粉胚状体的发生时，需把蔗糖的浓度降为 10%，最后为了使花粉胚状体更好地生长以及再生完整植株，必须改用添加琼脂的固体培养基，蔗糖浓度也要进一步降低至 3%。

在培养基中无机盐的成分以铵盐和铁盐对花药培养的影响较大。朱至清等（1975）对水稻花药培养进行长期研究后指出，适当降低铵盐浓度（7.0 mmol/L）有利于花粉脱分化形成愈伤组织。Nitsch（1973）在烟草花药培养中发现，在无铁盐的培养基上，花粉起源的前胚（proembryo）只能发育到球形胚阶段。

还有另外一类物质，如活性炭和硝酸银等，它们本身对花药分化没有多大影响，但可能由于活性炭吸附了在培养过程中所产生的有毒物质或平衡植物激素浓度，硝酸银抑制了培养物产生有害物质，从而对花药培养有利。

3. 花药培养再生植株的倍性和单倍体植株的保存及其加倍

（1）花药培养再生植株的倍性　花药培养获得的再生植株中，往往同时存在单倍体和非单倍体。其中，单倍体植株所占的比例与植物种类、再生途径以及培养基的成分有关。一般来说，通过胚状体途径获得的再生植株，其中单倍体植株的比例较高，但因植物种类不同也存在较大差异。例如，由烟草花药培养再生的植株几乎都是单倍体植株，而由大白菜花药培养再生的植株有一定比例的非单倍体植株。在经过愈伤组织、器官分化途径获得的再生植株中，植株的倍性变化更为常见。例如 Nishi 等（1969）及 Niizeki 等（1971）报道，通过花药培养所获得的水稻再生植株的倍性变化为 $1x$～$5x$。另外，在培养基中提高植物激素的浓度往往会降低再生植株中单倍体植株的比例。

关于花药培养再生植株的来源，其中的单倍体植株理所当然来自花药中的花粉，而二倍体或多倍体植株则较为复杂，它有可能来自培养过程中花粉细胞的核内有丝分裂或营养核与生殖核的融合，也可能直接来自花药壁、药隔等体细胞。并且在发育过程中，最初来源于单个花粉粒的细胞团有时会出现几个细胞融合在一起进而形成一个愈伤组织的现象。有时也出现一个多倍体细胞团和一个二倍体细胞连在一起的情况，这样在植株分化时就会出现混倍体现象。为了鉴别再生二倍体植株的来源，可以通过观察再生植株自交后代是否发生性状分离，或者通过同工酶、分子标记等方法与供体植株进行比较。

(2) 单倍体植株的临时保存及其加倍 由于单倍体植株不能正常结实，所以对花药培养获得的单倍体植株需要进行临时保存。常用的方法是将再生的单倍体植株的茎尖转移到不添加植物生长调节剂或仅添加低浓度植物生长调节剂的培养基上进行继代培养。

另一方面，通过花药培养获得单倍体植株并不是单倍体育种工作的最终目的。为了得到可育的纯合二倍体，必须通过人工方法，使单倍体植株的染色体加倍。常用的染色体加倍方法有愈伤组织加倍法和秋水仙碱处理加倍法两种，前者是将单倍体植株的茎、叶和根等器官切成小块后接种到适宜的培养基上进行再培养，使其通过愈伤组织、器官分化的途径再生植株。这样，利用单倍性细胞的不稳定性，经过愈伤组织培养阶段，将会获得染色体加倍的植株。适当延长愈伤组织培养时间，有可能提高再生植株染色体加倍的频率。但是，过分延长愈伤组织培养的时间，将会降低甚至丧失其再生植株的能力。

单倍体植株染色体加倍最常用方法还是秋水仙碱处理加倍法，即用0.02%～1%的秋水仙碱处理单倍体植株或其顶芽、腋芽、花芽和花轴。对于双子叶植物，可将单倍体植株的试管小苗在过滤灭菌的秋水仙碱溶液中浸泡24～48 h，再用无菌水冲洗后接种到新的培养基上继续进行培养。对于生长在田间的单倍体植株，可用含有秋水仙碱的羊毛脂膏涂抹单倍体植株的顶芽、腋芽和花芽。经秋水仙碱处理的营养芽约有25%可以成为二倍体，花芽约有50%变得可以结实。当单倍体植株形成花蕾时，将植株倒立，用秋水仙碱溶液浸泡花轴，也会使部分花蕾变得可以结实。

（二）花粉培养或小孢子培养

花粉培养（pollen culture）又叫小孢子培养（microspore culture），是指从花药中分离出未成熟花粉（从四分体至双核期）进行人工培养，使其再生植株的过程。它属于细胞培养的范畴。

高等植物的花粉发育过程，首先是花粉囊内的造孢细胞进行分裂形成多个花粉母细胞。每个花粉母细胞经过减数分裂，产生4个单倍体子细胞，它们在没有分离前称为四分体。以后四分体中的细胞各自分离，形成4个单核的花粉粒。随着单核花粉粒的继续发育，其细胞核进行第1次有丝分裂，形成1个营养细胞和1个生殖细胞。大部分植物（约占被子植物的70%）的花粉粒成熟时，只含有1个营养细胞和1个生殖细胞，通常被称为二核花粉。另一些植物如水稻、甘蓝型油菜等，它们的花粉粒尚需进一步发育才能成熟，其生殖细胞还要进行1次有丝分裂，形成2个精子。这些植物的花粉通常被称为三核花粉。

与花药培养相比，花粉培养排除了花药组织的干扰，所形成的愈伤组织、胚状体以及植株均来自花粉，便于利用和分析。此外，结合突变体离体筛选以及进行基因操作等研究时，花粉培养更具有其独特的优越性。

20世纪70年代初，自Nitsch和Norreel（1973）首次报道通过培养烟草游离小孢子获得再生植株以后，20世纪80年代花粉培养得到了迅速发展，迄今已建立了不少蔬菜作物如茄子、十字花科蔬菜花粉培养高效单倍体再生植株体系，在大白菜、辣椒、甘蓝、萝卜等蔬菜作物上已成功用于培育新品种。

1. 花粉的分离

(1) *机械分离法*　常用的有挤压法和磁拌法。挤压法是将灭菌的花序、花蕾或花药放入烧杯中，加入少量分离溶液，然后用平头的玻璃棒或注射器的内管轻轻挤压材料，使花粉从花药内游离到溶液中。将含有花粉的混合液通过一定孔径的不锈钢或尼龙筛网过滤，除去比花粉大的组织碎片，收集花粉悬浮液，用 500～1 000 r/min 低速离心 1～5 min 使花粉沉淀，弃上清液，以除去悬浮在上清液中小块药壁残渣。再加入分离溶液使花粉重新悬浮，然后再离心弃去上清液，这样反复清洗 2～3 次，最后用培养液清洗 1 次，即可制备成花粉悬浮液用于培养。

磁拌法是将灭菌的花药放入含有分离溶液的三角瓶中，然后放入一根磁棒，置于磁力搅拌器上，低速旋转分离花粉至花药呈透明状。为了提高分离速度，在分离液中可加入数颗玻璃珠。以后的花粉清洗纯化与挤压分离法相同。

(2) *散落法*　将花药接种到液体培养基中，培养 3～7 d 后，花药开裂而自然地释放其内部的花粉到培养基中。定期将花药转移到新鲜培养基中，再释放出花粉，继续收集。为了提高分离效果，可置于摇床上进行低速振荡。离心收集花粉后，用血细胞计数器调整密度后进行培养。此分离方法的优点是对花粉无损伤，而且杂质少；缺点是分离出花粉的数量相对较少。

2. 花粉培养的方法

(1) *液体浅层培养*　这是花粉培养最常用的方法。具体操作是将分离纯化的花粉用血细胞计数器调整密度至 10^4～10^5 个/mL，通常在直径 6 cm 的培养皿中加入 2 mL 花粉悬浮培养基，随后用封口膜将培养皿密封后培养。

(2) *固体培养基培养*　在悬浮花粉的液体培养基中加入含有琼脂而尚未凝固的同样成分的培养基，待培养基凝固后，使花粉均匀地分布在培养基中进行培养。

(3) *看护培养*　在培养的花药上覆盖一张滤纸小圆片，将花粉悬浮液滴在滤纸小圆片上进行培养。

3. 影响花粉培养的因素　影响花粉培养的因素包括供体植株的基因型、低温或高温预处理及预培养、培养基种类和成分等。值得一提的是在花粉培养过程中多使用过滤灭菌的液体培养基，培养基中的无机铵态氮浓度一般比较低，需要增加一些氨基酸（如谷胱氨酸等）。如在进行白菜等十字花科芸薹属蔬菜的花粉培养时，通常使用 Lichter 等（1981）改良的 NLN 培养基。

现已证明多种植物花粉培养的前期预培养对诱导形成单倍体植株相当重要。如白菜等十字花科芸薹属蔬菜的花粉培养初期，进行 1～3 d 的 32～33 ℃预培养是高效诱导形成胚状体不可或缺的条件。

4. 花粉培养再生植株的倍性及利用　通过花粉培养诱导形成的再生植株与花药培养一样，也同时存在单倍体和非单倍体植株。由于花粉培养基可以排除母体花药组织的干扰，诱导形成的再生植株全部来自花粉。因此单倍体加倍后获得的二倍体植株为双单倍体（double haploid）植株，可以直接应用于育种实践。对单倍体植株进行染色体加倍的方法与前述相同。

（三）未授粉子房和胚珠培养

La Rue（1942）对番茄等植物授粉的花连带一段花梗进行了培养，在无机盐培养基上获得了正常的果实。这一工作可以认为是离体子房培养的开始。20 世纪 50 年代末至 70 年代，一些研究者开展了对未授粉子房或胚珠的离体培养研究，试图诱导离体孤雌生殖产生单倍体植株，但直到 1976 年 Noeum 才首次从培养的未授粉大麦子房中获得成功。迄今，通过培养未授粉子房或胚珠，已从韭菜、洋葱、西葫芦、黄瓜、甜瓜、南瓜、西瓜、非洲菊、百合等园艺作物，以及水稻、玉米、甜菜、烟草等大田作物上获得了大量的单倍体植株，从而开辟了产生单倍体植株的另一条途径。

1. 影响未授粉胚珠和子房培养的因素

（1）供体植株的基因型 一般来说，与其他类型的外植体培养一样，未授粉胚珠和子房的供体植株基因型及其生理状态对诱导植株形成率具有明显影响。

（2）取材的时期及预处理 许多实验结果表明，用于接种时胚囊所处的发育时期对未授粉胚珠和子房的培养起着关键性的作用。以黄瓜、甜菜、玉米为材料进行研究的结果表明，培养近成熟或完全成熟的胚囊较容易诱导形成单倍体植株。诱导孤雌生殖往往根据胚囊发育与花粉发育时期的相关性来选择适宜的培养时期。如烟草的花粉单核靠边期正是雌配子体单核胚囊期，此时进行培养效果较好。有时也可根据开花前天数或未开放花蕾长度等花的外部形态特征进行选择，如莴苣可根据花柱与花药、花冠之间的相对位置选择适于培养的胚囊。

有些植物在接种前经低温预处理或高温预培养后得到较好的培养效果，如将黄瓜未授粉胚珠在添加 0.02% TDZ（thidiazuron）培养基上进行 32 ℃黑暗条件下预培养 3～4 d，为诱导黄瓜孤雌生殖产生单倍体植株的关键因素之一（Juhász et al.，2002）。将甜菜子房进行 4 ℃预处理，也可提高单倍体植株诱导率（Gürel et al.，2000）。

（3）培养基种类及其成分 未授粉胚珠和子房培养用得较多的基本培养基有 White、Nitsch、MS、N6 等，其中禾本科作物以 N6 培养基较常用，其他作物则多用 MS 培养基。多数试验结果表明，添加适宜种类和浓度的外源激素是诱导未授粉胚珠和子房形成单倍体的必要条件。如刁卫平等（2009）对黄瓜子房培养的研究结果表明，在培养基中添加 0.04 mg/L 2,4－D，使胚状体诱导率达 72.7%。孙守如等（2013）认为，适宜南瓜未受精胚珠培养的最佳培养基为 MS＋1.0 mg/L 2,4－D＋0.25 mg/L NAA ＋ 0.5 mg/L 6－BA，添加 $AgNO_3$ 对胚状体形成有明显的抑制作用。培养基中的蔗糖浓度对调节孤雌生殖和体细胞的增殖之间的平衡也很重要。

2. 胎座组织的影响 在未授粉胚珠的培养中，胎座组织的存在对胚珠的生长发育有重要作用。但其作用机制还不清楚，有人推测胎座组织可能向胚珠提供营养物质。

3. 孤雌发育的特点 用于未授粉胚珠和子房培养的雌配子体均处于较早的发育阶段（如大孢子母细胞期），对其进行离体培养后，在经过减数分裂和产生游离核的过程中，有的细胞分裂形成细胞团，进而分化形成胚状体（如烟草）；有的大孢子母细胞未经减数分裂，而以正常的发育途径形成大孢子四分体，进而分化形成植株（如百合）。当接种材料为八核胚囊期，孤雌发育有可能起源于胚囊中的 4 种细胞：①卵细胞，这是绝大多数孤雌发育的方式，卵细胞按合子发育方向进行胚胎发育，进而再生植株，如莴苣；②助细胞，由助细胞发育形成胚状体或愈伤组织，再生植株，如水稻，但在蔬菜作物中尚未见报道；③反足细胞，如向日葵、韭菜等由反足细胞形成胚状体或愈伤组织后再生植株；④极核，如在大麦和青稞中发现由极核分裂形成游离核。

孤雌生殖或无配子生殖的原胚可以直接发育成植株，但多数情况下是先形成愈伤组织再分化形成小植株。如在水稻中，原胚是一个类似于球茎的结构，介于胚和愈伤组织之间，随后通过器官发生分化形成芽和根。在甜菜中，单倍性胚状体通常提前萌发而畸形，需要通过继代培养才能得到再生植株。在向日葵中，单倍性胚状体直接成苗率很低，需要转移数次才能从愈伤组织再分化形成小植株。

另外，通过未授粉子房或胚珠培养产生的单倍体植株与花药、花粉培养产生的单倍体植株一样，具有器官变小、生活力下降以及开花不育等特征特性。

二、原生质体培养与融合

原生质体（protoplast）是去除细胞壁的、由质膜包裹着的具有生活力的植物裸细胞。原生质体一词最早由 Hanstein（1880）提出。1892 年 Klercker 用机械方法首次从藻类分离得到原生质体，但由于所获得的原生质体产量很低，因而没有被广泛使用。1960 年，Cocking 用纤维素酶从番茄幼苗根尖分离原生质体获得成功，开创了利用酶法分离原生质体的新时代。至今，利用此方法已经从很多植物的不同组织或细胞中分离得到大量有生活力的原生质体，原生质体培养、融合等研究因此也得到了迅速发展。

对于植物细胞来说，原生质体是严格意义上唯一的单细胞，与植物器官、组织或细胞团相比，它可用于细胞水平多方面的研究，如细胞质膜结构与功能的研究，病毒侵染与复制机理的研究，细胞核与细胞质相互关系以及细胞器的结构与功能、植物生长物质的作用、植物代谢等生理问题的研究等。由于去除了细胞壁，通过原生质体相互融合获得体细胞杂种（somatic hybrid）成为克服有性杂交障碍的植物育种新方法；将原生质体作为受体，通过导入外源基因使其获得新性状的研究，也受到普遍的关注。

（一）原生质体分离

在植物组织中，细胞之间主要由果胶质粘连在一起，而细胞壁主要由纤维素、半纤维素组成。用酶法从植物组织中分离原生质体时，首先必须降解细胞之间的果胶质，使细胞单独分开，然后通过降解细胞壁组分的纤维素和半纤维素，使原生质体分离出来。原生质体分离效率的高低主要与植物材料和酶混合液的组成有关。

1. 植物材料　迄今为止，几乎从植物体各个部位的组织或细胞如根、茎、叶、花、果以及悬浮培养细胞、花粉等均有成功地分离获得原生质体的报道。但是，供试材料的特性及其生理状况往往会影响原生质体的产量与活力，甚至会影响随后的培养效果。因此，选择适宜的材料是原生质体分离与培养成功的基础。

叶片中的叶肉细胞是分离原生质体的一种经典材料，从叶片中可以分离出大量的、较均匀一致的原生质体。由于叶肉细胞排列疏松，酶的作用很容易到达细胞壁，而且叶肉原生质体有明显的叶绿体存在，为选择杂种细胞提供了天然的标记。用叶片分离原生质体时，一般会认为选取细胞分裂旺盛的生长点附近的嫩叶较为合适，但事实并非如此。许多实验结果表明，选用充分展开的成熟叶片或生理活性稍稍衰退的过熟叶片，有利于原生质体的分离及随后的培养。在叶片取材之前，通常先对供体植株进行适当的干旱处理使其处于轻度的萎蔫状态，也可以对离体叶片的切块先进行质壁分离，这样可以获得更好的原生质体分离效果。

试管苗的子叶、胚轴具有无菌、不受生长季节影响等特点，酶法分离时操作相对简单，而且可以提高实验的重复性，所以，它们也是常用的材料来源之一。一般选用生长旺盛，生理状态一致，刚好完全展开的无菌苗的子叶和胚轴分离原生质体，其培养效果较好。

用培养的愈伤组织或悬浮细胞分离原生质体时，继代培养的时间和培养基的成分等会影响原生质体的数量和质量。一般选用结构疏松并处于对数生长期的细胞分离原生质体的效果较好。另外，培养的愈伤组织或悬浮细胞比较容易发生变异，如果经过多次的继代培养，还会出现再生植株能力减退等现象。

2. 酶混合液　用酶法分离植物原生质体时，必须配制适当的酶混合液（简称酶液），以降解植物细胞之间的果胶质以及植物细胞的细胞壁成分。对于大多数植物材料来说，分离原生质体只需要果胶酶和纤维素酶，但有些材料还需要加入半纤维素酶或蜗牛酶等。目前，常用的商品化酶制剂主要有以下几种，它们各具特点，可根据植物材料的性质单独使用或搭配使用。

（1）*果胶酶*　用于降解植物细胞之间的果胶质。常用的有 Pectolyase Y－23、Pectinase 和 Macerozyme R－10，其中 Pectolyase Y－23 的活性较高，使用浓度一般为 0.1%～0.5%。Macerozyme R－10的活性稍低，使用浓度一般为 1%～5%。

（2）*纤维素酶*　用于降解植物细胞壁中的纤维素。常用的有 Cellulase Onozuka R－10 和 Cellulase Onozuka RS，其中 Cellulase Onozuka RS 的活性较高。

（3）半纤维素酶 用于降解植物细胞壁中的半纤维素。常用的有 Rhozyme HP－150。

（4）崩溃酶（driselase） 是一种同时具有纤维素酶、果胶酶、地衣多糖酶（lichenase）和木聚糖酶（xylanase）等活性的酶，适用于从培养细胞分离原生质体。

此外，由中国科学院上海植物生理研究所生产的 EA_3－867 是一种含有纤维素酶、半纤维素酶和果胶酶的粗制混合酶，它的活性也较高。

在配制酶液时，必须加入适量的渗透压稳定剂，这主要是为保持酶液具有一定的渗透压，以代替细胞壁对原生质体所起的保护作用。因为细胞壁一旦去除，裸露的原生质体若处于低渗透压的溶液中，就会立即破裂。甘露醇和山梨醇等糖醇是最常用的渗透压稳定剂，有时也用葡萄糖。糖醇一般用于分离叶肉细胞等材料的原生质体，葡萄糖则常用于分离悬浮细胞的原生质体。渗透压稳定剂的浓度因植物材料不同而异，一般为 0.3～0.7 mol/L。

另外，在酶液中加入一些无机盐类或其他化合物如氯化钙、磷酸二氢钾、葡聚硫酸钾等，以提高细胞膜的稳定性以及原生质体的活力。酶液的 pH 一般调至 4.7～6.0。酶液因高温会失活，一般采用 0.22～0.45 μm 的微孔滤膜将酶液过滤灭菌。将过滤灭菌后的酶液贮存于低温冰箱中，可保存数月而不丧失活性，化冻后使用。

3. 分离原生质体的操作程序 酶法分离植物原生质体可分为两步分离法和一步分离法。两步分离法是先用果胶酶溶液处理植物材料，降解细胞间的果胶质使细胞单独分开，形成单细胞，收集单细胞以后再用纤维素酶或添加半纤维素酶溶液降解植物细胞壁，从而分离获得原生质体。一步分离法是将所需的果胶酶和纤维素酶等混合配成酶液，将植物材料进行一次性处理使其分离原生质体。目前，一步分离法较为常用，但也有报道通过两步分离法所获得的原生质体活性较高。

4. 花粉原生质体的分离 广义的花粉原生质体包括由四分体、花粉粒和花粉管分离的原生质体，它们属于单倍性的原生质体，是进行植物遗传操作的优良材料。在花粉发育的各个时期，由于其外壁成分的不同，分离的方法以及难易程度也有差异。对于花粉发育早期的四分体以及成熟花粉萌发花粉管以后，可以较容易地分离获得原生质体或亚原生质体。因为四分体时期的花粉外壁主要由胼胝质等构成，成熟花粉萌发以后的花粉管壁由果胶质、纤维素和胼胝质组成，这些成分可以分别被胼胝质酶、果胶酶和纤维素酶所降解。因此，对于这两个时期的原生质体分离程序与一般的从植物组织或细胞分离原生质体的方法基本相同。但是，在小孢子至成熟花粉时期，由于花粉外壁主要由孢粉素组成，而迄今为止尚缺乏能够降解孢粉素相应的酶。针对花粉外壁的障碍，Tanaka 等（1987）、周嫦（1988）等利用花粉的水合作用，即在相对较低渗透压（10%～12%甘露醇或 5%蔗糖）的纤维素酶和果胶酶溶液中，通过花粉的吸胀作用撑破外壁或花粉的萌发沟，使内壁大面积处于酶的作用之下，从而大量分离出具有生活力的花粉原生质体。

5. 原生质体的活力测定 常用的方法是荧光素双醋酸酯（fluorescein diacetate，FDA）染色法。具体操作是将纯化后的原生质体悬浮液 0.5 mL 置于 10 mL 离心管中，加入 FDA 贮存液（2 mg/L FDA 的丙酮溶液，0 ℃贮存），使其最终浓度为 0.01%，混匀于室温放置 5 min 后，用荧光显微镜观察。激发光滤光片可用 QB－24（可透过 300～500 nm 的光），压制滤光片可用 JB－8（可透过 500～600 nm 的光）。由于叶绿素的关系，含叶绿素的原生质体发黄绿色荧光的是有活力的，发红色荧光的是无活力的。以有活力的原生质体数占观察原生质体总数的百分数表示原生质体活力。

（二）原生质体培养

获得有活力的原生质体后，在适宜的条件下，经过培养即可使其再生形成新的细胞壁，随后经持续分裂形成细胞团，进一步增殖形成愈伤组织或分化形成胚状体，最终分化或发育形成完整植株。

影响原生质体培养再生植株的因素，除植物基因型和原生质体来源外，主要有培养基、培养方法和培养条件等。

1. 培养基　植物原生质体由于缺失了细胞壁，所以在培养时，除需提供植物细胞培养时所必要的基本培养基成分和外源激素等外，还必须添加一些能够稳定培养基渗透压以及促进细胞壁再生的成分。常用的基本培养基有 MS 和 B5 等，但有研究指出，MS 和 B5 培养基中的铵态氮含量对不少植物原生质体的培养来说浓度太高，适当降低其浓度至原来的 1/2 或 1/4，以及添加一些氨基酸类物质有利于原生质体的分裂与增殖。由此发展而来的 N6 培养基被广泛应用于禾谷类植物的原生质体培养。$KM8_P$ 培养基是高国楠等（Kao，1975）在进行豌豆原生质体低密度培养时所创立的，其中含有多种有机成分，营养丰富，在许多研究中取得了较好的效果。

渗透压稳定剂是原生质体培养基中必须添加的成分，其种类、浓度与分离原生质体时基本相同。在原生质体培养过程中，随着细胞壁的再生形成和细胞的持续分裂，培养基中的渗透压应逐渐降低，否则会影响细胞团的增殖和分化。对于利用糖醇类作为渗透压稳定剂时，更应如此，因为糖醇不易被原生质体吸收。当用糖类作为渗透压稳定剂时，这个问题不那么严重。因为糖易被细胞吸收，培养基中渗透压也会自然降低。相反，如果起始培养基的渗透压较低，则可能存在早期因糖被吸收，而使培养基渗透压降至所需水平以下，造成原生质体破裂等问题。因此一些研究者利用糖和糖醇各一半的方法。

2. 培养方法　原生质体培养的方法大致可以分为 4 种，即液体培养、固体培养、固体液体结合培养和饲养层培养。对于容易培养的植物原生质体，可以采用简单的固体培养或液体培养；对于较难培养的植物原生质体需要考虑采用固体液体结合培养或饲养层培养。

（1）*液体培养*　主要有液体浅层培养和微滴培养。液体浅层培养是将原生质体以一定密度悬浮在培养液中，用吸管将原生质体悬浮液转移到培养皿中，在其底部形成一薄层，用封口膜密封后进行培养。一般在直径 3 cm 的培养皿中加入 1～1.5 mL 原生质体悬浮液，或者在直径 6 cm 的培养皿中加入 2～3 mL 原生质体悬浮液。该方法是原生质体培养中广泛采用的方法之一。其优点是操作简便，对原生质体的损伤较小，易于添加新鲜培养基和转移培养物；缺点是原生质体在培养基中分布不均匀，原生质体之间常常因发生粘连而影响其进一步的生长和发育，并且难以定点追踪单个原生质体的分裂和生长发育。

微滴培养是由液体浅层培养发展而来的一种方法。将 0.1 mL 的原生质体悬浮液用滴管滴于培养皿的底部，一般在直径 6 cm 的培养皿中滴入 5～7 滴，密封后进行培养。其优点是可进行较多组合的试验或进行融合体以及单个原生质体的培养；缺点是原生质体容易集中在微滴中央以及微滴容易挥发。可采用在微滴上覆盖矿物油的办法解决挥发问题。

（2）*固体培养*　将含有琼脂（约 1.2%）的原生质体培养基熔化后，待冷却至 45 ℃左右与原生质体悬浮液等体积迅速混合，同时轻轻摇动，使原生质体均匀分布在培养基中，然后将混合物倒入培养皿中，一般在直径 6 cm 的培养皿中倒入 5 mL 左右的混合物，冷却凝固后封口进行培养。该方法的优点是可以定点观察某个原生质体的分裂和生长发育；缺点是操作要求较严格，并且原生质体的生长发育速度往往较慢。

（3）*固体液体结合培养*　主要有液体浅层-固体平板双层培养和琼脂糖珠培养。液体浅层-固体平板双层培养时，在培养皿的底部先铺一薄层含琼脂或琼脂糖的固体培养基，再将原生质体悬浮液置于固体培养基的上面进行液体浅层培养。该方法的优点是固体培养基中的营养成分可以缓慢地释放到液体培养基中，以补充培养物对营养的消耗。另外，如果在下层固体培养基中添加一定含量的活性炭，可有效地吸附培养物所产生的有害物质，促进原生质体的分裂及细胞团的形成。

琼脂糖珠培养是由 Shillito 等于 1983 年创立的。具体操作是将原生质体悬浮液与琼脂糖混合制成平板，把平板切成小块，转移到大体积的液体培养基中，在旋转摇床上进行振荡培养。该方法改善了培养物的通气和营养环境，有利于原生质体的分裂及细胞团的形成。

（4）*饲养层培养* 又称看护培养或滋养培养。该方法采用的是与花粉和细胞培养中看护培养相似的原理，利用饲养层的原生质体刺激培养层的原生质体分裂和生长发育，比较适合于原生质体的低密度培养和其他方法较难培养的植物原生质体的培养。

饲养层培养又可分为分层培养和混合培养两种。分层培养是先制备固体的饲养细胞层，再在其上加入培养层。饲养细胞层的制备是先用X射线照射部分分离的原生质体，照射剂量以能抑制细胞分裂但不破坏细胞的代谢活性为标准。照射后，将原生质体清洗2～3次，包埋于琼脂培养基中，然后铺于培养皿的底部构成饲养细胞层，再将拟培养的原生质体悬浮液加入到饲养细胞层的上面进行培养。混合培养是将经过X射线照射而失去分裂能力的原生质体与拟培养的原生质体相混合，一起包埋于琼脂培养基中进行固体培养。

由于不同物种的原生质体之间可能发生互馈现象，所以，饲养层细胞并不一定需要来自同种植物。用不同植物的原生质体制备饲养层有时对拟培养的原生质体更加有利。但是，已有的研究结果表明，对于烟草和柑橘原生质体的培养，以本物种的原生质体制备饲养层比用其他物种制备的饲养层更为有效。

3. 培养条件 影响原生质体的培养条件主要有光照和温度。一般而言，对于叶肉、子叶和下胚轴等有叶绿体的原生质体，在培养初期最好置于弱光或散射光下；由愈伤组织和悬浮细胞分离的原生质体置于黑暗中培养。在诱导分化阶段，则要将培养物置于光照条件下进行培养，光强一般为1 000～3 000 lx，光照时数为每天10～16 h。

不同植物的原生质体对培养温度的要求也不同，一般为25～30 ℃，但马铃薯为23～25 ℃，豌豆的叶肉原生质体为19～21 ℃，油菜的培养温度开始一周为30～32 ℃，然后转到26～28 ℃下培养的效果较好。在分化阶段，培养温度一般以25～26 ℃为宜。

4. 原生质体的分裂与增殖 植物原生质体在培养的初期，首先是体积的增大，如果是叶肉原生质体，还可观察到叶绿体重排于细胞核的周围，继而形成新的细胞壁。绝大多数的植物原生质体只有完成细胞壁再生以后才能进行细胞分裂，因此，细胞壁的再生是原生质体培养取得成功的第1个关键时期。新壁形成后，在显微镜下可以观察到原来球形的原生质体变成了卵圆形或长圆形，有的还可以看到原生质体“出芽”的现象，这是由于细胞壁合成不均匀，由在细胞壁较薄的地方原生质突出所造成。

随着新壁的再生，细胞开始分裂。在多数情况下，原生质体培养2～7 d后出现第1次分裂，以后分裂周期缩短，分裂速度加快，在生长良好的情况下，培养2～3周后形成肉眼可见的小细胞团。在此期间，每隔1～2周应添加新鲜的低渗透压液体培养基，一方面为适应不断增多的细胞对营养的要求，保证由原生质体再生的细胞能持续分裂；另一方面逐渐降低液体培养基中的渗透压，也有利于小细胞团增殖形成愈伤组织。

5. 植株再生 待愈伤组织长至直径1～2 mm时，将其转移到愈伤组织增殖培养基或分化培养基上进行培养。植株再生有两条途径，一是通过愈伤组织先分化形成不定芽，再使不定芽生根，形成完整植株，如番茄、甘蓝等；另一途径是愈伤组织直接分化形成胚状体，再由胚状体生长形成完整植株，如胡萝卜、柑橘等。

（三）原生质体融合

通常也称体细胞杂交（somatic hybridization），是指将不同种、属甚至科间的植物原生质体通过人工方法诱导融合，然后进行培养，使其再生杂种植株的技术。

自从1972年Carlson等获得第1株烟草种间体细胞杂种植株，以及1978年Melchers等获得第1株番茄和马铃薯属间体细胞杂种植株以来，原生质体融合无论是在操作技术还是在应用研究上都取得了长足的进展。近些年来,原生质体融合在原来对称融合(symmetric fusion)的基础上,非对称融合(asymmetric fusion)、配子和体细胞之间以及配子间的融合研究也得到了较大的发展。原生质体融合作为一种育种的新途径,已经应用于作物的遗传改良和新品种选育。

1. 原生质体融合的种类 原生质体融合可分为自发融合和诱导融合两种类型。产生自发融合的原因,一般认为是由于原生质体分离之前,细胞之间本来就以胞间连丝连接着,当细胞壁被降解后,胞间连丝收缩,使两个或多个原生质体相互靠近而融合在一起。如果破坏了胞间连丝,那么自发融合的频率是极低的。由于自发融合多发生于同一植物组织的相邻原生质体之间,融合的结果是形成同核体(homokaryon),这对于以植物育种为目的的体细胞杂交而言,是没有多大应用价值的。植物育种者重视的是诱导融合的研究。

2. 诱导融合的方法 一般可分为物理和化学诱导融合。物理方法包括利用显微操作、离心、振动和电刺激以促使原生质体融合。化学方法是用一些化学试剂作为诱导剂,处理原生质体使其发生融合。化学诱导剂主要有各种无机盐如 NaNO_3 、 KNO_3 、 LiCl_2 、 NaCl 、 $\text{Ca}(\text{NO}_3)_2$ 、 CaCl_2 、 MgCl_2 、 BaCl_2 、 AlCl_3 等,以及多聚化合物如多聚赖氨酸、多聚-L-鸟氨酸、聚乙二醇(PEG)等。目前常用的方法是利用化学诱导剂PEG结合高pH、高钙离子诱导融合法以及物理的电融合法。

(1) PEG结合高pH、高钙离子诱导融合法 该方法是由Kao等于1974年创立。Kao等在采用PEG处理植物原生质体时,发现高浓度、高聚合度的PEG溶液对植物原生质体有很强的凝聚作用,并且在利用高pH、高钙离子溶液洗脱PEG分子过程中,观察到高频率的原生质体融合现象。至今,此法已被广泛应用于动植物的体细胞杂交,而且成功的例子也最多。具体步骤如下:

① 先用常规方法分别收集、纯化两亲本原生质体。

② 将已纯化的两亲本原生质体等量混合,通过低速离心使混合的原生质体沉降至离心管的底部,弃去上清液,用清洗液调整原生质体的密度为4%~5%(原生质体体积/清洗液体积),并使原生质体重新悬浮。

③ 用滴管吸0.15mL的混合原生质体悬浮液于培养皿底部的中央,然后静置10min,让原生质体自然沉降形成一薄层。

④ 沿着已自然沉降的原生质体滴液周围或相对的4个部位,缓慢滴入0.45mL的PEG溶液[1gPEG(MW 1540)溶于2mL含有0.1mol/L的葡萄糖、10.5mmol/L $\text{CaCl}_2 \cdot 2\text{H}_2\text{O}$ 和0.7mmol/L KH_2PO_4 (pH 5.5)的溶液中]。此时,若用显微镜检查,可以观察到原生质体的剧烈移动,部分原生质体在PEG作用下相互黏合在一起。随着PEG处理时间的延长,黏合在一起的原生质体数目不断增多,黏合比例也不断增大。一般来说,以2~3个原生质体黏合在一起的比例较高时,或者将PEG稀释后,在稀释液中观察到有较多的2~3个原生质体黏合在一起时,为PEG处理的适宜时间。通常为10~30min。

⑤ 沿着培养皿的一边缓慢加入0.5~1mL的高pH、高钙离子溶液(成分是50mmol/L CaCl_2 +50mmol/L甘氨酸+300mmol/L葡萄糖,pH调至10.5)。静置10min后,再从培养皿的对面一边缓慢吸出高pH、高钙离子洗脱液,如此重复4~5次。最后一次用原生质体培养液,以彻底洗脱PEG溶液。

⑥ 加入1~2mL原生质体液体培养基,并用石蜡膜将培养皿密封,在倒置显微镜下检查,统计融合频率。随后进行培养。

利用此法诱导融合频率可以高达10%~50%。另外,PEG诱导的融合是没有特异性的,可以诱导任何原生质体之间,甚至植物原生质体和动物原生质体之间的融合。

(2) 电融合法 该方法最早由Senda于1979年创立。其优点在于避免了PEG、高pH、高钙离子对原生质体的影响,同时融合的条件更加数据化,便于控制和相互比较。所以,自创立以来,该方法已被广泛使用,如西尾刚(1987)利用此法成功地获得了甘蓝与大白菜的体细胞杂种。

电融合法的原理是利用电刺激使细胞膜发生结构变化，从而使紧密接触的原生质体之间发生内含物细胞质（含细胞核）的融合。电融合法主要分为3个步骤：第1步是诱导原生质体发生电泳动，使原生质体沿着电场的方向排列成串珠状。通常的做法是将原生质体用融合缓冲液（0.25～0.5 mol/L甘露醇＋0.1 mmol/L $CaCl_2$＋0.1 mmol/L $MgCl_2$＋0.2 mmol/L Tris－HCl，pH 7.2～7.4）悬浮至（2～8）$\times10^4$个/mL密度，再使原生质体悬浮液流入融合板的两极之间，在两极给予交变电流，电压为40～300 V，频率为0.5～1 MHz。第2步在两极给予瞬间的高强度电脉冲，使原生质膜发生可逆性电击穿。一般用的脉冲强度为500～1 000 V/cm，脉冲期宽为20～50 μs。通常一次融合处理给予几个脉冲，脉冲间隔为1～2 s。第3步是通过细胞质膜穿孔的变化而发生细胞质融合。

电融合处理后，将原生质体从融合板中取出并用培养液重新悬浮，然后进行培养。

影响电融合的因素主要有交变电流的强弱、处理时间的长短、电脉冲的大小等，不同的植物种类以及不同的原生质体来源，所要求的电融合条件也有所不同，因此，在进行电融合前需对上述影响因素进行优化。

3. 非对称融合 非对称融合就是在融合前将一方的原生质体进行处理（通常是射线），使其细胞核部分或全部钝化，然后再与另一方的原生质体融合。融合的结果是获得非对称杂种，即两融合亲本对杂种细胞的遗传组成的贡献是不对等的。从亲本对杂种的遗传贡献不对等（称）这一角度出发，非对称融合包括体配融合（gameto－somatic fusion）和供-受体融合（donor－recipient fusion）两种类型。

体配融合，即用亲本一方的四分体小孢子原生质体与另一亲本的体细胞原生质体进行融合的过程。融合后的杂种细胞经培养可获得三倍体植株。与有性杂交培育三倍体相比，一方面可省去培育同源或异源四倍体的程序，大大提高了育种效率；另一方面，亲本一方为体细胞，是有丝分裂的产物，没有发生基因分离重组，融合产生的三倍体杂种有希望保持原来亲本的优良性状，而四分体小孢子原生质体是减数分裂的产物，其原生质体之间存在差异，两者融合后为变异杂种的选择提供了可能。通过该方法，邓秀新等（1995）将柚子四分体小孢子原生质体与伏令夏甜橙胚性愈伤组织原生质体进行融合，再生出三倍性胚状体。

供-受体融合，即用射线照射亲本之一的原生质体，使其细胞核失活或部分失活，对另一亲本原生质体用代谢抑制剂处理，抑制其细胞质分裂，通过两者的融合所得到的杂合体具有亲本之一的细胞质和另一亲本的细胞核，但染色体的倍性不变。如果亲本之一的细胞核失活的程度不高，将有可能使部分染色体进入杂种细胞，得到只转移1条或少数几条染色体的杂种植株，从而获得转移部分性状的杂种。侯喜林等（2001）以白菜核质互作雄性不育系及其保持系为材料，探讨了电融合原生质体的适宜条件，结果成功获得了白菜胞质杂种，为人工创制白菜核质互作雄性不育系开拓了一条新途径。

4. 原生质体融合体的发育及杂种细胞的选择 如上所述，原生质体诱导融合是没有选择性的，经过融合处理后，能使一部分原生质体实现细胞质膜融合，所以，两种异源的原生质体经过诱导融合处理后，得到的是一个由未融合的亲本原生质体、同源亲本原生质体融合的同核体和异源亲本原生质体融合的异核体所组成的混合群体。然而，在进一步的核融合过程中，异核体却可能发生各种变化。一般情况下，异核体的核融合是在两亲本同步分裂过程中发生的，所以，异核体的进一步发展就存在两种可能性，一种是双亲细胞核在异核体中迅速实现同步有丝分裂，形成共同纺锤体，全部染色体都排列到赤道板上，通过正常的细胞分裂产生子细胞，在子细胞的细胞核中含有双亲细胞的染色体及其携带的遗传物质，完成真正的核融合。另一种是双亲细胞核的有丝分裂不能同步进行，没有形成共同的纺锤体，导致双亲或亲本之一的部分染色体丢失或出现畸形，造成异核体不能发生真正的核融合，使得异核体不能进行正常的细胞分裂产生子细胞。或者有时即使能够发生有丝分裂，也能够产生子细胞，但所产生的子细胞往往只含有一个亲本的染色体及其携带的遗传物质。因此，异核体真正的核融合才是异源原生质体融合的关键。这也说明通过原生质体融合产生体细胞杂种，并不是随心所欲不受限制的。原生质体亲本之间系统发育关系的远近，对异核体能否完成真正的核融合起到决定性作用。一般来说，亲缘关系越远，就越难发生真正的核融合，也就越难获得体细胞杂种植株。

另外，原生质体经诱导融合处理后，一旦形成了异核体或杂种细胞，如果能把它们及时地从同时存在未融合的亲本原生质体和同缘亲本原生质体融合的同核体的混合群体中筛选出来，转移到适宜培养条件下进行培养，将会大大提高获得体细胞杂种的可能性。异核体或杂种细胞的选择主要有两种方法：一种是利用物理方法进行选择。例如将叶肉细胞原生质体与悬浮细胞原生质体进行融合时，由于叶肉细胞原生质体中含有叶绿体，而悬浮细胞原生质体中缺乏叶绿体，在显微镜下可以明显区分异核体和亲本原生质体。当两种异源原生质体在颜色或形态上无法区别时，Galbraith 等（1980）将异硫氢酸荧光素（发绿色荧光）和碱性蕊香荧光素（发红色荧光）分别加入到分离亲本原生质体的酶液中，使两种原生质体带有不同的荧光，经过融合处理后，在荧光显微镜下，可以观察到异核体或杂种细胞发出两种荧光，以区别亲本原生质体。另一种是利用杂种细胞的生长特性或突变体互补进行选择，例如培养基促进异核体生长的选择方法（Carlson et al.，1972；Smith et al.，1976）、叶绿素缺失互补选择法（Melchers et al.，1974）、生化突变体互补选择法（Power et al.，1976、1980）和双突变系选择法（Hamill et al.，1983）等，以及由上述方法派生出来的近 20 种方法（Cocking，1986；孙勇如，1989）。这些方法虽是研究者在一些特定的实验系统中经过长期的研究摸索出来并被证实是有效的，但在应用上还存在局限性。

5. 体细胞杂种植株的再生及鉴定　获得杂种细胞以后，经过与原生质体相同的培养程序，促进细胞持续分裂，使其逐渐形成小细胞团和愈伤组织，以及诱导愈伤组织分化形成胚状体或不定芽和不定根，最后长成完整的杂种植株。

大量的实验结果表明，通过体细胞杂交所获得的杂种植株，比通过有性杂交所获得的植株具有更大的变异性。即使是经过上述的异核体或杂种细胞选择的程序，杂种细胞在分裂、分化过程中也会由于存在异种核质间的不协调性，导致再生的杂种植株出现非整倍体、部分遗传基因丢失等变异现象。所以，对体细胞杂种植株的鉴定，其意义不仅在于确认体细胞杂种的杂种性，而且可以弄清融合亲本的双方在遗传上对杂种植株的贡献程度。

鉴定体细胞杂种的方法很多，常用的有以下几种方法。

（1）*形态学鉴定*　根据再生植株的表现型特征，如植株的高矮、叶片的形状、花的大小和颜色、花粉的有无等，来鉴别体细胞杂种。从已有的报道来看，种间的体细胞杂种，其形态特征多居于亲本双方之间；而属间的体细胞杂种，其形态特征的变化较为复杂，更多的是偏于亲本的一方。形态学鉴定方法简单明了，但不适宜作早期鉴定，这对于童期长的木本果树和花卉存在很大的局限性，而且容易受到培养过程中所产生变异的干扰，尤其是对非整倍体而言，其形态变异不易与体细胞杂种所引起的变异相区别。因此，仅做形态学鉴定是不够的。

（2）*细胞学鉴定*　根据细胞中染色体的数目、大小、形态与倍性来鉴定体细胞杂种。因为植物细胞内的染色体是相对稳定的。这种方法不但能证明再生植株的杂种性，而且为分析各亲本对杂种遗传物质的贡献程度提供证据，特别适用于亲本双方染色体数目不同的体细胞杂交实验体系。

（3）*生化鉴定*　利用亲本的某些生物化学特性（如酶、色素、蛋白质等）在杂种中的表达来鉴别体细胞杂种。研究最多且有效的是同工酶法。但这种方法与形态学鉴定相类似，无法避免因培养过程中所产生变异的干扰。

（4）*DNA 检测鉴定*　应用 DNA 重组技术，从分子水平来鉴定体细胞杂种。因为每个物种都有其特定的 DNA 分子图谱，利用物种特异的分子标记技术，就可以根据特异的图谱鉴定出体细胞杂种。如果与原位杂交技术相结合，还可以将该探针定位在某条染色体上。

三、植物细胞培养及突变体的离体筛选

随着植物组织、细胞培养技术的不断发展与完善，已成功地从越来越多的植物种类中获得了离体再生植株。按照细胞全能性的内涵，植物的每一个体细胞均具有相同的遗传信息，由它们分化形成的再生植株在理论上应当是完全相同的。但是，20 世纪 60 年代以后，日渐增多的研究资料表明，通过离体培养植物组织及细胞所获得的再生植株存在普遍的遗传变异现象。人们在利用组织培养进行快速繁殖时，最初认为在组织培养过程中出现变异是有害的。但是，Heinz 和 Mee（1969、1971）在甘蔗的再生植株中观察到许多有益的变异体，特别是抗病性明显提高，因此，逐渐认识到这些变异体在品种改良上具有潜在的应用价值。近些年来，利用离体培养细胞无性系变异分离筛选一些具有重要经济价值的突变体，已成为植物细胞工程育种的一项重要内容。

植物离体培养产生变异的原因可能有两个方面：一是在植株个体的繁殖过程中产生了变异细胞，即体细胞存在异质性，这在无性繁殖植物种类中更为广泛，只是变异细胞在植株整体中被掩盖而在离体培养时得以表现而已；二是在离体培养过程中产生了变异细胞，已有实验表明培养基成分（Torrey，1965）和培养基的物理状态（Singh，1965）会对培养细胞染色体的倍性变异产生影响。

（一）变异体与突变体的区别

在植物组织、细胞培养过程中，常见的体细胞无性系变异种类繁多，概括起来大体可以分为 3 种：一是外部特征变异，如株高、叶形和叶数、花色和花的大小、果实的形状和大小等。二是生理机能变异，如光合能力、腋芽和根的分化能力、花粉稔性和受精能力、对日照长度的反应、对病虫害的抗性、对土壤盐类和干、湿度的适应性等。三是化学成分的变异，如氨基酸、糖及油的种类和含量的变化等。值得指出的是在离体培养过程中所表现的上述变异并非全部都能遗传，其中相当一部分变异是因为表观遗传变化（epigenetic change）所引起，因此，在没有足够证据确认一种新的表现型是否受一种变化了的新基因型所控制的情况下，有人把具有这种新的表现型的细胞或个体称为变异体（variant）。

至于植物细胞突变体（mutant），其产生频率较低。据统计，在悬浮培养细胞中，自发突变频率为 10^{-7}～10^{-5}，即使是在单倍性的原生质体中也仅为 10^{-5}～10^{-4}。Flick（1983）提出突变体应符合 3 个条件：一是离开选择压力后，虽经长时间培养，突变体应当是稳定的。二是再生植株后突变体仍能保持其性状的稳定性。虽然在再生植株个体水平有时并不一定能够表现突变的性状，但是这些突变性状通过再生植株的细胞培养所形成的愈伤组织应当能够表现。三是突变的性状能够通过有性生殖传递给后代。

（二）突变的发生

突变可以自发产生（自发突变），也可由诱变剂诱发（诱发突变）。自发产生的突变型与诱发产生的突变型没有本质上的差别，其原因都是由于 DNA 损伤不能正常修复带来的一系列变化所致。

按照遗传成分改变的范围大小，有人把突变的种类分为 3 个层次：一是基因组突变，指染色体数目的改变或细胞质基因组的增减；二是染色体突变，指染色体较大范围的结构变化，不止涵盖一个基因，有时甚至达到可用显微镜检查识别的程度；三是基因突变，指一个基因内部的分子结构改变。除基因组突变外，按照 DNA 分子改变的方式，也有人把突变分为 4 种类型：一是碱基置换突变，由一对碱基的改变而造成的突变；二是移码突变，由一对或少数几对邻接的核苷酸增加或减少，使这一位置以后的一系列密码阅读移位而造成的突变；三是缺失突变，由于较长的

DNA 片段的缺失而导致的突变；四是插入突变，在原来 DNA 分子链中插入一段新的 DNA 分子而导致的突变。

影响植物离体培养自发突变频率的因素主要有植物的基因型和年龄、培养细胞和组织的来源、植物细胞和组织继代培养的时间、培养基的组成成分和培养的环境条件等。

（三）植物细胞突变体的筛选程序

大致分为 3 个步骤，即起始材料的选择、突变细胞的选择和突变细胞及其突变性状的遗传稳定性鉴定。

1. 起始材料的选择　起始材料的某些特性，如亲本细胞的再生植株能力和染色体数目等，对能否通过离体筛选获得突变体极为关键。如果所选用的亲本细胞不能再生植株，那么变异细胞很可能也不能再生植株。另一方面，由于非整倍体细胞即使再生植株，也将使其遗传和生化分析复杂化，所以，应尽可能避免使用非整倍体作为起始材料。

目前，最常用的起始材料是原生质体和悬浮培养细胞。利用原生质体的有利之处在于它是相对均一的单细胞，容易受到选择压力的筛选以及避免所获得的突变体为嵌合体。不过，至今尚有不少植物种类还没有建立起原生质体再生植株体系，因此，对于有些植物种类，利用悬浮细胞则可以克服原生质体再生植株的困难。通常的方法是将悬浮培养细胞经过孔径为 200～400 μm 的网筛过滤，以除去较大的细胞团，然后进行选择处理。另外，为了获得较高的植株再生率，也有不少利用愈伤组织、幼胚等作为起始材料成功地筛选获得突变体的报道。

2. 突变细胞的选择

（1）*突变细胞的选择方法*　常用的有直接选择法和间接选择法。现已证明，许多物质对于培养的植物细胞是有毒害的，如植物毒素、除草剂、高浓度的重金属离子及盐类等，这类物质均可作为离体筛选突变细胞的选择压力，通过在培养基中添加上述物质，就有可能从大量的培养细胞中直接筛选得到具有各种抗耐性的突变细胞。

对于不能用直接选择法筛选的突变类型，可用间接选择法进行筛选获得所需要的突变细胞。例如，在离体培养细胞中直接选择抗旱性是困难的，但通过选择抗羟基脯氨酸类似物的间接方法，可以获得抗旱突变体。因为抗羟基脯氨酸类似物的突变体可过量合成脯氨酸，而人们已经清楚脯氨酸的过量合成往往是植物适应干旱的反映。

（2）*结合诱变剂处理筛选突变细胞*　在离体培养筛选植物细胞突变体时，使用诱变剂的必要性尚未得到满意的证实，据统计，用与不用诱变剂处理获得的突变体数几乎相等。常用的诱变处理方法可以分为物理诱变和化学诱变。前者如使用紫外线、放射线等，后者包括使用甲基磺酸乙酯、5-溴去氧尿嘧啶核苷等多种有机物及一些简单的无机化合物。利用物理诱变处理的优点是诱变以后无需对细胞进行任何处理便可直接进行培养，缺点是需要有专门的设备。如果采用化学诱变处理，则不需要专门的设备，但是，经过诱变处理以后，必须对处理过的细胞进行彻底清洗，以便除去残留的诱变剂，这一过程有可能对培养细胞产生一定的损伤。因此，在具体使用时应根据实际情况而定。

3. 突变细胞及其突变性状的遗传稳定性鉴定　在选择培养基上能够生长的细胞并非全部都是突变细胞，因为有时部分细胞由于没有充分与选择剂接触或没有受到选择压力的筛选而存留下来，还有可能经过选择后获得的是非遗传的变异细胞。鉴别经筛选出来的细胞或植株是否为突变细胞或突变植株时，可以按照 Flick（1983）提出的突变体应符合的 3 个条件进行验证，即通过将细胞或组织在没有选择压力的培养基上进行继代培养以确定突变细胞或组织；利用所形成的植株开花结实后的发芽种子或者由种子长成的植株为材料，进一步诱导其形成愈伤组织，通过对愈伤组织转移到含有选择剂的培养基上进行培养，以确定突变植株。如果所选择的突变性状是可以在植株个体水平表达的性状如抗病性等，也可以用再生植株个体进行鉴定。

（四）重要农艺性状的突变体离体筛选

1. 抗病突变体的离体筛选 选育抗病新品种是作物选育种的重要课题之一。与传统的利用植株个体进行抗病性筛选以及通过基因工程手段将抗病基因导入的方法相比，采用从培养细胞中筛选抗病突变体具有操作简单、便捷等特点，因此，该技术已成为获得抗病新材料的主要技术之一。

抗病突变体筛选常用的选择压力有两种，即活菌和病菌毒素。利用活菌作为选择压力对筛选系统侵染的抗病毒病突变体是较成功的，其要点是对受系统侵染的外植体先进行诱变处理，再在高浓度细胞分裂素和高光强条件下进行继代培养，使细胞脱毒或产生抗性，然后挑选出生长迅速的愈伤组织使其再生植株，最后挑选健康植株进行抗病性鉴定。利用病菌毒素作为选择压力筛选抗病突变体，可以克服用活菌筛选时病菌感染不均等缺点。目前，利用病菌毒素或粗毒素（病菌培养滤液）作为选择压力，在蔬菜作物中已筛选得到多种抗病突变体（表 5－1），其中一部分的遗传稳定性已得到验证。

表 5－1 通过细胞筛选得到的蔬菜抗病突变体

（孔平，1992）

蔬 菜	病 害	选择剂	选择剂抗性		抗病性	抗性遗传
			细胞	再生植株		
甘 蓝	黑根病	粗毒素	＋	＋	增强	可遗传
		活 菌	—	—	—	—
番 茄	萎蔫病	粗毒素	＋	＋	完全抗性	单基因，可遗传
	青枯病	粗毒素	＋	＋	推迟发病	可遗传
马铃薯	萎蔫病	粗毒素	＋	＋	—	—
	早疫病	粗毒素	＋	＋	抗扩展产孢	—
	晚疫病	粗毒素	＋	＋	抗多小种且抗性超亲	可遗传
莴 苣	根朽病	草 酸	＋	—	—	—
菜 豆	枯萎病	菜豆酸	＋	＋	—	—
芹 菜	枯萎病	活 菌	＋	＋	—	—
		粗毒素	＋	＋	—	—

值得指出的是并非所有的抗病突变体均可通过离体培养细胞进行筛选。当某些病害发生的原因除病菌毒素以外，还存在田间某些其他诱发因素时，仅仅通过培养细胞就较难筛选获得田间表现具有抗病性的突变植株。此外，如果植株个体水平和细胞水平在对某种病菌毒素感受性表现不一致时，也难以通过培养细胞的筛选获得抗病突变植株。

2. 耐盐碱突变体的离体筛选 土壤中由于含有过量的氯化钠或其他盐类等，使地球上可耕地面积有限并有逐年减少的趋势，因此，筛选抗、耐盐碱的细胞突变体已引起各国研究者的关注，并在番茄等多种作物上取得了显著成效。

在培养基中加入一定浓度的氯化钠或其他盐类即可对培养细胞起到直接的筛选效果。也有报道指出，在总盐浓度相同的情况下，单盐（NaCl）对细胞或组织的毒害比海水大。因此，在筛选抗、耐盐突变体时，建议应用海水而不是用单盐作为选择压力，这样会更好地代表自然存在的土壤盐溶液状态。

3. 抗除草剂突变体的离体筛选 大田栽培作物时，使用除草剂已成为不可缺少的栽培措施之一。

选育抗除草剂的优良新品种，将有助于提高除草剂的使用效果，以及阐明除草剂除草的作用机理。通过培养细胞筛选抗除草剂突变体已有成功的报道。

一般来说，利用悬浮培养细胞以及除草剂作为选择压力对筛选抗除草剂突变体是适合的，但是，对于某些作用于光合作用电子传递系统的除草剂，如 Metribugin 等，则是利用无性生殖胚作为选择材料更容易获得抗除草剂突变体。另外，在鉴定再生植株对除草剂抗性时，对于某些除草剂，如百草枯等，可用叶片进行鉴定。具体方法是用打孔器从对照植株和再生植株上切取叶圆片，将其漂浮在不同浓度的除草剂溶液上，并给予连续光照，24～48 h 后观察叶圆片。具抗性的叶片将仍然是绿的，相反，敏感的叶片则会失绿或坏死。

4. 耐高、低温突变体的离体筛选　一般情况下，在筛选耐高、低温突变体时，应选择在高温或低温条件下生长量基本不变的材料，或者淘汰存在温度敏感致死基因的材料。但是，迄今通过离体筛选获得耐高、低温突变体的报道仍然极少。

四、人工种子

（一）人工种子的概念

狭义的人工种子是指将植物离体培养中产生的胚状体包裹在含有养分和具有保护功能的外皮中，在适宜条件下能够发芽出苗的颗粒体。人工种子的概念最早是由 Murashige 于 1978 年在第四届国际植物组织细胞培养大会上提出的。他认为，随着组织培养技术的不断发展，可以用少量的外植体同步培养出众多的胚状体，把这些胚状体包被在某种胶囊内使其具有种子的功能，将可能直接用于播种。早期的人工种子研究正是围绕这一设想，以胡萝卜、芹菜等植物的体细胞胚为对象，探讨了各种体细胞胚的包埋技术，也取得了显著的成效。但是，人们也意识到同步诱导体细胞胚在植物种类上存在局限性，使以体细胞胚形式的人工种子的应用受到很大限制。此后，一些研究者利用离体培养再生的不定芽等进行人工种子的生产，并获得一定成功。所以，人工种子的涵义已不仅局限于由人工种皮包被的体细胞胚的范畴。Kamada（1985）认为，使用适当方法包埋植物组织培养所获得的具有发育成完整植株的分生组织（芽、愈伤组织、胚状体和生长点等），可替代天然种子播种的颗粒体均为人工种子。随后的研究进一步发现，一些具有特殊繁殖器官如块茎、块根和鳞茎的植物在离体培养时也可以产生与自然条件下相似的繁殖器官，而且这些器官由于体积比芽和胚状体大，含有一定的贮藏物质如淀粉、蛋白质等，它们在不经过任何包被的情况下也可形成健壮的植株，如马铃薯在离体培养条件下形成的试管块茎等。因此，陈正华等（1998）将人工种子的概念进一步扩展为“任何一种繁殖体，无论是在涂膜胶囊中包裹的，还是裸露的或经过干燥的，只要能够发育形成完整的植株，均可称之为人工种子”。

与试管苗技术和自然有性繁殖种子相比，人工种子具有 4 个突出的优点：一是使无性繁殖或在自然条件下不能产生种子的植物如三倍体、非整倍体、基因工程植物等得以快速繁殖，结合离体培养脱毒技术，可以避免种苗携带病毒的危险；二是固定杂种优势，简化良种繁育程序，节约制种用地；三是可以实现工厂化生产，不受季节限制；四是可以人为控制植株苗期的生长发育以及提高抗逆性。因为在人工胚乳中除了加入供胚状体生长形成植株所必需的营养物质外，还可以加入除草剂、农药以及植物激素类物质以调节植株苗期的生长。

（二）人工种子的结构

完整的人工种子由胚状体、人工胚乳和人工种皮三部分组成。其中胚状体是人工种子的主体，相当于自然种子的胚；人工胚乳一般由含有供应胚状体生长所需养分的胶囊组成，养分包括矿质元素、维生素、碳源以及植物生长调节剂等；胶囊之外的包膜称之为人工种皮，与自然种皮相类似，要求具备透水透气、固定成型、耐机械冲击且不易损伤等特性。可见，人工种子是类似自然种子的人造颗粒。

（三）人工种子的制作

利用体细胞胚包埋制作人工种子的系统是由 Redenbaugh 等于 1987 年建立起来的。其制作程序主要包括胚状体的诱导、包裹制种与发芽试验 3 个步骤。具体流程如下：选取目标植物→用合适外植体诱导愈伤组织→胚状体的诱导形成→胚状体的同步化→胚状体的分选→胚状体的包裹（人工胚乳）→外膜（人工种皮）的制作→贮藏→发芽成苗实验→体细胞变异程度与农艺研究。以下对制作人工种子的几个关键步骤和要求作简单介绍。

1. 对胚状体质量和数量的要求 作为人工种子核心的胚状体，首先必须具有较高的质量，具体包括两个方面：一是发芽质量，要求发育完整（具有明显胚根和胚芽双极性结构），而且生长健壮，能够萌发形成小植株；二是发育的一致性，包括遗传上的一致性和生理上的一致性，因为人工种子一旦商业化，它与自然种子一样即成为特殊商品，需要具有生产出整齐一致农产品的能力。其次要能够生产出足够的数量，即规模化生产，以满足农业生产的需要。目前虽然已从 200 多种的植物中诱导形成胚状体，但由于制作人工种子时对胚状体质量和数量的要求较高，所以用胚状体进行过人工种子试验的植物种类不超过 40 种（林正斌、叶茂生，1993）。

2. 影响胚状体诱导形成的因素

（1）植物基因型　不同植物种类以及同种植物的不同类型或品种之间，在产生胚状体的能力方面有较大的差别。如矮牵牛、胡萝卜等植物较易形成胚状体，但是，水仙花等植物则鲜见诱导形成胚状体的报道。

（2）外植体　外植体的种类及其所处的发育阶段是影响胚状体诱导形成的重要因素。一般来说，子叶、下胚轴、胚珠、幼胚、叶片、幼花序轴都是较合适的外植体。

（3）培养基组成　目前，使用的基本培养基主要是 MS 培养基，其他添加成分对诱导形成胚状体至关重要。2,4－D 在诱导胚状体形成过程中应用最为广泛，使用浓度因植物基因型及其品种而异，一般为 0.2 ～5 mg/L，单子叶植物要求浓度较双子叶植物高。人们发现胚状体的诱导形成需要经过两个阶段：第一阶段是在含有一定浓度生长素类培养基中诱导胚性细胞；第二阶段是在较低生长素或无生长素类培养基中形成胚状体。0.5 ～1.5 mg/L 的激动素（Kt）被认为对诱导正常的胚性细胞的产生是很重要的；赤霉素和乙烯则抑制胚状体的发生，至今还未发现有相反结果的报道。至于脱落酸（ABA）的作用，在一些植物中表现抑制，却在另一些植物中表现促进。

在培养基中添加还原态的氮，如硝酸铵、氯化铵等，对诱导形成胚状体是有效的，而添加硝态氮的效果则不太明显。除 NH_4^+ 的形式外，椰子汁、酪蛋白的水解物以及氨基酸均可作为还原氮源。

在缺糖或低浓度糖的培养基中，不能诱导形成胚状体。相反，在高浓度糖的培养基中，则抑制胚状体的正常生长发育，使胚状体的分化往往不超过原胚时期。此外，活性炭的有无也会在一定程度上影响胚状体的诱导形成。

（4）光照和其他培养条件　胚状体的发生对光暗周期的要求因植物种类而异。例如烟草和可可要求高强度的光照，而胡萝卜和咖啡则以黑暗条件较为合适。此外，接种外植体的密度、培养物继代的频率及次数等都会影响胚状体的诱导形成。

在液体培养基中，当可溶性氧低于临界水平（1.5 mg/L）时，仍观察到胚胎发育。这可能与低氧产生高水平的 ATP 有关，因为培养基中对还原性可溶性氧的需要可通过附加 ATP 来代替。

3. 胚状体类似物及其培养 早期的研究认为，胚状体是制作人工种子的最佳素材，因为它具有合子胚的相似结构，而且繁殖速度快。然而近年来的研究结果表明，以胚状体制作人工种子并不适用于所有的植物，一方面是因为胚状体比其他器官的遗传变异更大，较难保持母体材料的一致性；另一方面是由于许多植物同步诱导胚状体还十分困难。随着植物离体培养技术的不断发展，一些植物胚状体类似物（包括腋芽、顶芽甚至微型的块茎、块根等）的规模化生产技术也日趋成熟，为利用胚状体类似物制作人工种子奠定了基础。据陈德富等（1995）统计，在 1990 年，用胚状体制作人工种子的报道占 63.6%，以芽制作人工种子的报道占 36.4%；到 1994 年，用胚状体制作人工种子的报道下降为 48.8%，以芽制作人工种子的报道占 38.1%，另有 13.1%为其他类型的繁殖体。而且，在已有的大多数研究报道中，以胚状体类似物制作人工种子的成苗率均较高，特别是用与自然繁殖相同的微型器官制作人工种子时具有很高的成苗率。如 Nayak 等（1997）以黄花独蒜的原球茎为材料制作人工种子，萌发率达 98%；汤绍虎等（1994）以腋芽为材料进行了蕹菜人工种子的研究，移栽存活率可达 100%。可以看出，人工种子的研究趋势可能是在离体培养技术发展的基础上，根据不同植物的繁殖特点以及培养技术的成熟程度，将不同的繁殖体应用于人工种子的生产。

4. 胚状体或胚状体类似物的同步化及其分选　胚状体或胚状体类似物的大小和发育阶段对人工种子的发芽和成苗率及其整齐度有较大影响。如朱徵等（1990）将胡萝卜的胚状体根据其大小分为 3 级，其中以 1.5 mm 以上的 1 级胚状体制作人工种子时，其发芽率为 87.3%；以 0.5～1.5 mm 的 2 级胚状体制作人工种子的发芽率为 75.3%；以 0.5 mm 以下的 3 级胚状体制作人工种子的发芽率只有 55.5%。因此，用于制作人工种子的胚状体或胚状体类似物必须经过同步化处理和制种前的分选。据研究，控制胚状体同步发育的方法有以下几种。

（1）用 DNA 抑制剂等抑制细胞分裂　在细胞培养的初期，加入 DNA 合成的选择性抑制剂，如 5-氨基尿嘧啶等物质，使其暂时停止 DNA 的合成，当除去抑制剂后，细胞就会进入同步分裂。例如 Eriksoon 等（1978）采用 4 种 DNA 合成抑制剂处理单冠毛菊悬浮培养细胞 12～24 h，当除去抑制剂 10～16 h 后，细胞出现有丝分裂高峰。此外，在细胞培养的早期进行低温处理若干小时抑制细胞分裂，然后再把温度提高到正常的培养温度，也能达到部分同步化的目的。

（2）利用气体调控胚状体的同步发生　在烟草的组织培养中，乙烯的产生与细胞生长有着密切的关系，在细胞生长达到高峰前有一个乙烯的合成高峰，说明细胞的生长可能受乙烯的抑制物所控制。

（3）利用渗透压调控胚状体的同步生长　不同发育阶段的胚状体，具有不同的渗透压。根据不同发育阶段的胚状体对不同渗透压的要求，可以用高浓度的蔗糖培养基来调控胚状体的发育，使其停留于某一阶段，然后降低蔗糖浓度，使胚状体进入同步生长的状态。

（4）分离过筛　在一般情况下，胚状体的大小反映了胚状体的发育阶段。因此，可选用不同孔径的尼龙网过滤悬浮培养液，或者使用密度梯度离心的方法，获得所需发育阶段的胚状体。以胡萝卜叶柄细胞培养为例，在添加生长素的培养基中，待其长成细胞团后，用尼龙网过滤悬浮培养物，或者在 Ficoll 溶液中进行密度梯度离心，可以获得大小均一的胚性细胞团，然后将它们转移到无生长素类的培养基中培养，可以得到大小基本一致，且其中 90%表现为同步发育的胚状体（Komamine，1979）。

除此之外，在进行胚状体发生以及同步控制研究时，还应从材料选择、胚状体发生规律以及培养过程中各种理化因子调节等方面给予考虑。

5. 胚状体的包埋　使用一定的介质包埋胚状体是制作人工种子的关键技术。包埋的介质要求对胚状体无毒、无害，而且能对胚状体起到保护作用，以保证胚状体在贮藏、运输和播种等过程中的安全。此外，在包埋介质中，最好能够混合一定的营养成分，提供类似于胚乳的营养物质以供胚状体发芽的需要。人工胚乳是人工配制的保证体细胞胚生长发育需要的营养物质，其成分因植物种类而异，但与同种植物细胞和组织培养的培养基大体相仿，通常还要添加一定含量的天然大分子化合物（如淀粉和糖类等），以减少营养成分的渗漏。常用的人工胚乳有 MS 培养基＋马铃薯淀粉水解物（1.5%）和 1/2 SH 培养基＋麦芽糖（1.5%）等。还可根据需要在上述培养基中添加适量的生长调节剂、抗生素、农药和除草剂等。

6. 人工种皮的选择　人工种皮没有种脐和种孔等结构，为人造的复合物。它主要包括两个部分，即内膜（相当于内种皮）和外膜（相当于外种皮）。作为人工胚乳支持物的内膜应具备的条件，一是对繁殖体无毒和无害；二是具有一定的透气性和保水性，不影响人工种子的贮藏保存，且不妨碍人工种子在发芽过程中的正常生长；三是具有一定的强度，能维持胶囊的完整性，以便使人工种子能够完成正常的贮藏、运输和播种；四是能够保持营养成分和其他辅助剂不渗漏；五是能够被某些微生物降解（即选择性生物降解），降解产物对植物和环境无害。根据内膜所要满足的上述条件，前人筛选到海藻酸钠、明胶、果胶酸钠、洋槐豆树胶以及Gelrite™等包埋基质，其中以海藻酸钠应用最为广泛。因为海藻酸钠具有一定的生物活性，以及无毒、成本低和易于加工等优点。但是，它也存在一些缺点，如保水性差且不能吸水回胀，水溶性营养成分及辅助剂易渗漏，黏性较大和机械强度稍差造成不便于机械化播种等。通过加入适量的活性炭以减少养分的渗漏，利用纤维素衍生物A或木薯淀粉与海藻酸盐的复合物改善包埋基质的通气性，在胶囊外包裹一层疏水的聚合物外膜可改善海藻酸钠作为包埋基质的缺点。

7. 人工种子的包埋流程 以海藻酸钠包埋为例，其操作流程如下：在MS培养基（含营养物质和植物生长调节剂等）中加入0.5%～5.0%的海藻酸钠制成胶状，再加入一定比例的胚状体，混匀后逐滴滴到0.1 mol/L $CaCl_2$ 溶液中，经过10～15 min的离子交换络合作用，即形成一个个圆形的具一定刚性的人工种子，以无菌水漂洗20 min后，捞起晾干。

8. 人工种子的贮藏 由于农业生产存在季节性，因此，要求人工种子能够贮藏一定时间。目前，报道的人工种子贮藏方法主要有低温法、干燥法、液体石蜡法以及抑制剂法等，它们各有利弊，但是，在实际应用中还存在许多不尽如人意之处，主要原因首先是许多物种的体细胞胚质量太低，还不能完全满足人工种子需要，有些胚即使早期发育正常但经贮藏后却停止生长；其次是种皮内糖分会引起胚腐烂；最后是在贮藏期间，人工种子容易失水从而造成萌发困难。

综上所述，由于对人工种子的研究时间不长，尚存许多问题，如高质量和同步化体细胞胚（或不定芽、腋芽和鳞茎等）的大量繁殖、人造胚乳和人工种皮的完善、人工种子的常规贮藏和播种质量以及人工种子的生产成本等。然而，随着植物生物技术等的发展，相信由此产生的“种子革命”会造福于人类。

五、植物种质资源的离体保存

当前，植物种质资源的保存仍然以种子贮存和种植保存为主。对于以种子为繁殖材料的植物种类来说，采用具有低温和低湿度条件的种子库保存是行之有效的方法。但是对于以营养器官为繁殖材料的植物种类来说，如果采用现行的种植保存方法，则需占用大面积土地以及投入大量人力物力，而且保存期限较短，且容易受到自然灾害等影响。而利用离体培养技术在试管内保存种质资源具有许多优点，特别是20世纪70年代以后，许多学者将冷冻生物学（cryobiology）和植物离体培养微型繁殖（micropropagation）结合起来进行研究，为长期、较低费用保存植物种质资源展示了巨大的潜力。以下主要介绍常温限制生长保存、中低温调控生长保存与超低温保存方法。

（一）常温限制生长保存

在常温25 ℃左右条件下，应用化学或物理方法延缓培养物的生长，推迟继代培养的时间，以达到保存种质的目的。常温限制生长保存又可分为以下4种处理方式。

1. 培养基中添加生长抑制剂 在通常的植物组织培养过程中，为了促进外植体细胞的分裂和分化，在培养基中往往添加一些植物生长调节剂。但在以保存种质资源为目的的培养基中却是相反，需要添加一些生长抑制剂，以延缓外植体或培养物的生长。如马铃薯茎尖在含有ABA和甘露醇或山梨醇的培养基上保存1年后，将它们转移到MS培养基中能够正常生长。高效唑（S-3307）能够显著抑制葡萄试管苗茎叶的生长而促进根系增粗，提高根冠比，使葡萄茎段在试管中产生微型枝条，便于试管中长期保存。目前，常用的生长抑制剂主要有 ABA、多效唑（PP_{333}）、三碘苯甲酸（TIBA）、膦甘酸、甲基丁二酸、2－氯乙基三甲基氯化铵（矮壮素，CCC）和 N，N－2 二甲基胺琥珀酸（B_9）等。

2. 提高培养基渗透压　适当提高培养基的渗透压，可以延缓外植体生长的速度。一般培养基的蔗糖浓度为 2%～3%，为了抑制培养物的生长，可以把蔗糖浓度适当提高到 10%左右，以提高培养基的渗透势负值，造成水分逆境，使细胞吸水困难，减弱新陈代谢活动，延缓细胞的生长。也可以通过添加甘露醇或山梨醇来提高培养基的渗透压。由于甘露醇和山梨醇是惰性物质，不易被外植体吸收，其抑制外植体生长的作用更持久。

这种方法最早在木薯和马铃薯上应用。在马铃薯外植体的培养基中添加 8%蔗糖或 3%甘露醇，均可降低培养物生长速度，延长继代培养间隔期。在木薯的培养基中，把蔗糖浓度提高到 4%，温度降至 20 ℃，继代培养间隔期可延长至 15 个月。Staritsky 等（1986）在芋头的培养基中，分别添加 6%、4.5%、3%、1.5%甘露醇与不加甘露醇为对照进行比较，对连续培养保存 14 个月后的培养物存活率调查结果显示，以添加 6%甘露醇培养基中培养物的存活率最高，达到 98%；添加 4.5%甘露醇的次之，为 90%。进一步的研究结果还表明，保存在添加 6%甘露醇培养基上的外植体继代培养后恢复生长较慢，8 周后有 50%外植体死亡，而保存在添加 4.5%甘露醇培养基上的外植体继代培养后恢复生长情况正常。

3. 降低培养瓶内氧分压　Bridge 和 Staby（1981）首次报道采用降低培养物微环境的大气压力或氧含量有利于植物离体培养物的保存。他们将烟草小植株保存在低氧分压环境中，6 周后取出让其自然生长到成熟，结果发现在整个生长发育过程中没有发生表型变化。Dorion（1994）的研究结果表明，桃茎尖培养物在 0 ℃、低氧体积分数 0.20%～0.25%的条件下保存 12 个月，不仅全部成活，而且后期再生能力强。

通过降低培养瓶内氧分压，改变培养环境的气体状况，能够抑制外植体的细胞生理活动，延缓衰老。其原理类似于水果、蔬菜等的短期保鲜贮存，但氧的含量如果降得过低，会使生长速度极度下降，并导致毒害。

4. 培养物干燥保存　Jones（1974）将胡萝卜体细胞胚置于空气流动的无菌箱中风干 4～7 d 后，将体细胞胚转接于添加生长抑制剂或高浓度蔗糖的培养基中保存，结果使胡萝卜体细胞胚保持生活力达两年之久。此法与传统的种子贮存相类似，保存过程的脱水以及限制糖的供应，有利于正常种子的保存。

（二）中低温调控生长保存

将离体培养物置于中低温条件下，通过调控外植体的生长量，可以延长离体培养物的保存期。Galzy（1969）最早在葡萄分生组织培养中利用该法，他在 20 ℃和每天 12 h 光照的条件下，使分生组织在添加高浓度 K^+ 和 0.1 mg/L 吲哚乙酸（IAA）的培养基上再生形成小苗，然后将小苗转接到无激素的 Knop 培养基上，待小苗长至约 10 cm 高时，把小苗切成带叶的茎段培养在新鲜的培养基上，在 20 ℃和光照条件下使其再生小植株，再将这些小植株置于 9 ℃低温条件下进行试管保存。此后每年只继代培养 1 次，保存了 15 年之久。Mullin 等（1976）在 4 ℃的黑暗条件下使 50 多个草莓品种的茎尖培养物保持生活力达 6 年之久，其间只需每隔数月添加少量的新鲜培养液。猕猴桃（Monette et al.，1986）和芋（Staritsky et al.，1986）的茎尖培养物分别在 8 ℃和 9 ℃的黑暗条件下保存 1 年和 3 年后，全部成活。在中低温离体保存植物种质的过程中，选择适宜低温是延长保存期的关键。大量试验结果表明，植物的不同种类或不同基因型对适宜的低温存在差异。一般认为，温带植物的适宜保存低温为 0～6 ℃，热带植物为 15～20 ℃。

在中低温条件下保存植物无性系，方法简便，材料恢复生长快，适用于现代化种质库对植物种质的保存。研究表明，适宜低温结合培养基中添加生长抑制剂或提高培养基的渗透压等方法有助于延长很多植物的保存年限。

（三）超低温保存

超低温通常是指－80 ℃以下的低温。在超低温条件下，生物的代谢和衰老过程大大减慢，甚至完全停止，因此，可以用于长期保存植物种质资源。

超低温保存常用的容器有超低温冰箱（－150～－80 ℃）、液氮（－196 ℃）和液氮蒸气相（－140 ℃液氮）等。目前常用的超低温保存可分为两类，即冷冻诱导保护性脱水的超低温保存和玻璃化处理的超低温保存。

细胞超低温保存需要经历3个过程，即细胞预冻、细胞在超低温下长期贮存和细胞解冻。细胞在超低温条件下贮存通常是安全的，但是在预冻和解冻期间发生致死损伤的可能性较大。因为在降温冰冻以及化冻过程中，如果植物细胞内的水发生结冰，就会对细胞结构造成不可逆的破坏，导致细胞死亡。因此，超低温保存的关键是在降温过程中如何使细胞发生适当的保护性脱水，使细胞内的水流到细胞外结冰，以及在化冻过程中防止细胞内次生结冰。

保护性脱水往往是将材料缓慢地冷却到一定的温度（如－40 ℃），在降温过程中，细胞外介质结冰，细胞内的水处于超冷状态，这样便产生细胞内外的蒸汽压差，从而使细胞通过向外部失水达到平衡。当降温速率适宜时，细胞内的水分不断地扩散出来，使原生质体浓缩，细胞内溶液冰点将平稳降低，从而避免细胞内结冰。如果降温速率过慢，将会造成细胞脱水过度，从而可能引起细胞产生质壁分离和细胞膜系统损伤等不良结果。如果降温速率过快或细胞内外蒸汽压变化不平衡，将有可能发生细胞内结冰，从而对细胞造成机械损伤。但是，如果降温速率非常快，细胞迅速通过冰晶生长危险温度区，细胞就不会死亡。如果植物材料经高含量的渗透性化合物处理后，快速投入液氮，这时由于水溶液含量不太高而不可能形成冰晶，水仍然保持无定型状态，这种状态的水分子不会发生重组，也不会产生结构和体积变化，当然也就保证了细胞的生活力。

超低温保存技术程序分为：

（1）*适于超低温保存的材料选择* 早期的超低温保存大多采用冻结化保存技术，所用材料主要是悬浮细胞和愈伤组织。自从20世纪80年代后期采用玻璃化保存技术以来，较好地克服了传统降温程序对保存材料类型的限制。至今，通过超低温保存的植物种类已达百余种，除悬浮细胞、愈伤组织外，花粉、体细胞胚、茎尖分生组织、种胚和胚轴等都可采用超低温保存。进一步的研究表明，悬浮细胞和愈伤组织其实并不适合长期保存，主要原因是这类材料容易产生遗传变异，以及长期保存导致再生植株的能力下降。茎尖、幼胚和小苗等作为超低温保存材料具有某些独特的优点，因为从这些材料不仅可以直接再生完整植株和进行快速大量的无性繁殖，而且能够较好地保持自身遗传稳定性。

（2）*超低温冷冻前的材料预处理* 主要目的是增强细胞的抗冷能力，以及提高超低温保存后材料的生活力。预处理的方法有多种，对于茎尖或胚，可以将其转移到含有二甲基亚砜、脯氨酸和高浓度糖的培养基上，在接近0 ℃的低温条件下培养数日；对于愈伤组织，可以通过缩短继代时间，以提高小细胞比例；对于悬浮细胞，则应加速培养使其形成多细胞胚。

低温锻炼也是一种常用的预处理方法，特别是对低温敏感植物的超低温保存尤为重要。在低温锻炼过程中，细胞膜结构可能发生变化，蛋白质分子间双硫键减少，硫氢键增加，细胞内蔗糖及具有低温保护作用的物质也会积累，从而提高了细胞对冷冻的耐受性。通常是将保存的材料在0 ℃左右放置数天至数周。也有人认为对材料进行变温处理效果会更好。

冷冻保存前，除了进行上述预处理以外，绝大多数植物材料需要经过防护剂处理，超低温保存后才能存活。冷冻防护剂的种类很多，大体可归为两大类：一类是能穿透细胞的低分子质量化合物，如

DMSO、各种糖类和糖醇等；另一类是不能穿透细胞的高分子质量化合物，如聚乙烯吡咯烷酮、聚乙二醇等。大多数冷冻防护剂在保护细胞免受冻害的同时也对细胞产生毒害作用，而且保护作用和毒性的大小往往与防护剂剂量呈正相关。所以，选用适宜的防护剂种类和含量是保证植物组织、细胞超低温保存成功的重要条件之一。由于冷冻防护剂对细胞产生毒害的大小随其含量以及处理温度的提高而加大，因此一般先将防护剂在 0 ℃左右预冷，然后在冰浴上与培养物等体积逐渐加入，再在冰浴上平衡 30～60 min。玻璃化冷冻防护剂因使用浓度高，对细胞产生的毒害也较大，处理时更需小心。总之，使用冷冻防护剂的原则是既要保证超低温保存材料免受冻害，又要防止冷冻防护剂本身对细胞的毒害。

（3）*材料冷冻的方法*　在超低温保存植物种质资源的过程中，降温冷冻方法是影响超低温保存效果的关键因素之一，所以它一直是超低温保存技术体系的研究重点。根据降温方式可分为慢速、快速和分步冷冻法；根据冷冻时材料的水分含量状况分为干冻法和湿冻法；根据冷冻后材料自身的状况可分为玻璃化冷冻法和非玻璃化冷冻法等。各种方法并非完全独立，可以相互结合使用。以下对几种常用方法作扼要介绍。

① 慢速冷冻法。适用于悬浮培养细胞、原生质体等比较均一的培养物。通常以 0.1～10 ℃/min 的降温速度从 0 ℃降到－70 ℃，然后浸入液氮。这样可以使细胞内的水分能够流到细胞外结冰，逐步降低细胞内的水分，从而避免细胞内结冰。采用此法需要配备程序降温器。

② 快速冷冻法。适用于高度脱水的植物材料，如种子、花粉以及经过冬季低温锻炼的抗寒性较强的木本植物的枝条或芽等。该方法是将材料从 0 ℃或者其他预处理温度直接投入液氮或其蒸气相，降温速度超过 1 000 ℃/min。

③ 分步冷冻法。是将慢速冰冻法和快速冰冻法结合起来的一种方法，即先用较慢的降温速度使材料降至转移温度（通常为－70～－40 ℃），停留 1～3 h 后投入液氮保存；也可以有多个转移温度以及多次停留时间，最后才投入到液氮中进行保存。降温速度、转移温度以及停留时间将会影响冻存的效果。

④ 干冻法。将样品在含有高浓度（0.5～1.5 mol/L）渗透性化合物（甘油、糖类物质）的培养基上培养数小时至数天后，利用无菌空气流、硅胶等脱水数小时，或者再用海藻酸盐包埋进一步干燥后，直接投入液氮保存。该方法适用于对脱水不太敏感的材料，如体细胞胚、茎尖等。

⑤ 玻璃化冷冻法。将材料经高浓度（通常为 40%～60%的质量浓度）的玻璃化溶液快速脱水后直接投入液氮，使材料连同玻璃化溶液发生玻璃化转变，进入玻璃态。此期间水分子没有发生重排，不形成冰晶，也不产生结构和体积的变化，因而不会对材料造成伤害。终止超低温保存后，复温时要快速化冻，防止去玻璃化的发生。材料能够安全通过冷冻和化冻两个关口，就可以保证冻存的成功。

事实上，绝大多数的冷冻保护剂都可以作为玻璃化溶液，如甘油、丙二醇、DMSO 等。而且研究发现，将各种冷冻保护剂混合使用，可以降低其浓度和毒性。

（4）*材料保存*　冷冻在－196 ℃下的材料，长期保存需要用液氮冰箱。一个液氮冰箱大约可保存 4 000 个容量为 2 mL 的瓶，每周消耗 20～25 L 液氮。在超低温保存的条件下，所保存材料的生命活动几乎停止，但有研究结果表明，所保存材料的细胞活力仍然处于下降的趋势。因此，长期冷冻保存还有待进一步研究。

（5）*保存材料解冻*　一般认为，快速解冻要求使材料迅速通过冰熔点的危险温度区，从而防止降温过程中所形成的晶核生长对细胞的损伤。通常是将保存样品放入 34～40 ℃水浴中解冻，一旦冰冻完全融化后，立即移开样品，以防热损伤和高温下冷冻保护剂对细胞的毒害。对于玻璃化冻存的材料，解冻后的洗涤被认为非常重要，因为洗涤过程不仅可以除去对细胞产生毒害的高浓度的冷冻保护剂，而且可以防止渗透损伤。通常是用 1～2 mol/L 的糖类物质在 25 ℃下洗涤 10 min 左右。

（6）*保存材料复苏培养*　保存材料解冻之后，除了干冻处理的样品之外，一般都要在经过洗涤以除去冷冻保护剂的毒害后，再进行培养。但是，Withers（1977）报道，玉米冷冻细胞不宜洗涤或立即进行液体培养，而将解冻后的样品直接置于琼脂培养基上培养，1～2周后培养物即可正常生长。有些材料经过冷冻保存后，细胞生长略有一段滞后期，即解冻后的细胞不能立即恢复生长，或在开始生长阶段生长速度较慢，这可能是冷冻细胞需要一段修复损伤的时间。

经过超低温保存的材料并非百分之百都能成活，其中有一部分材料可能被冻死。因此，在进行解冻后再培养前，往往需要测定其生活力，或者剔除那些没有生活力的材料。测定细胞生活力的常用方法主要有荧光素双醋酸酯法、氯化三苯基四氮唑（TTC）和Evan氏蓝染色法等。

据不完全统计，已通过离体超低温保存的蔬菜作物种类有胡萝卜、豌豆、魔芋等。

第二节 分子标记辅助育种

一、主要分子标记类型

20世纪80年代以来，分子遗传学及分子生物学的发展和完善促进了DNA分子标记技术的产生，最初进行的DNA指纹分析是在分子杂交的基础上进行的。20世纪90年代以后，聚合酶链式反应（polymerase chain reaction，PCR）技术的广泛应用使得DNA多态性可以通过体外扩增的方法快速和高效地检测到。至今已经开发的分子标记技术多达60多种。根据DNA分子标记多态性的检测手段不同，将分子标记分为4大类：①基于DNA－DNA分子杂交的分子标记技术；②完全基于PCR的分子标记技术；③PCR与限制性酶切技术相结合的DNA分子标记技术；④单核苷酸多态性基础上的DNA分子标记技术，它是由DNA序列中单个或连续几个碱基的变异或者插入、缺失而引起的遗传多态性。

（一）基于分子杂交的分子标记

基于分子杂交的分子标记主要是利用DNA探针，通过分子杂交程序检测多态性的一类标记。最早研发的限制性片段长度多态性标记（restriction fragment length polymorphism，RFLP）属于典型的基于分子杂交的标记类型。后来开发的多态性芯片技术（diversity arrays technology，DArT）则属于这一标记类型高通量检测技术。

1. RFLP标记 RFLP标记被认为是第一代DNA分子标记，由Bostein等于1980年首次提出，是基于Southern杂交的一种分子标记类型。RFLP标记的理论基础是：在生物的长期进化过程中，科、属、种、品种之间的同源DNA序列上的某一限制性内切酶识别位点上，由于核苷酸插入、缺失、突变、倒位和易位等突变和重组现象的出现，或者某些染色体结构的改变，都会造成该识别位点上发生遗传变异，从而导致此位点不能被限制性内切酶识别或者产生新的酶切位点。这种限制性酶切位点的增加或减少使得利用限制性内切酶来切割不同材料DNA时所得到的片段大小发生改变，经过电泳分离可以直观地观察到这种限制性片段的多态性。通过比较DNA限制性片段的长度多态性，可以揭示科、属、种、品种间遗传差异及相关性。RFLP标记的基本步骤是：将不同来源的DNA材料用已知的限制性内切酶酶切消化后，可以产生大小不等的多态性DNA片段，经电泳分离后用特异性放射标记探针与之进行Southern杂交，通过同位素显色技术或放射性自显影来揭示DNA分子的多态性。

RFLP标记具有数量丰富、稳定可靠、重复性好、共显性等优点，是第1个用于构建遗传连锁图谱的DNA分子标记。然而，进行RFLP分析需要大量DNA，而且RFLP操作程序繁琐、费用昂贵、周期长，操作过程中还需要使用放射性同位素，这些因素都使得其普遍应用受到限制。蔬菜作物中开展分子标记研究较早的有番茄和甘蓝，均有RFLP标记密度较高的遗传图谱，但其他蔬菜很少有较多RFLP标记的遗传图谱。

2. DArT标记　DArT是2001年Kilian提出的一种在芯片杂交基础上进行多态性检测的新型分子标记技术。基本原理是：首先进行基因组DNA复杂性降低的优化试验。通常选用具有不同酶切频率的两种限制性内切酶对基因组DNA进行酶切，在酶切片段的一端连接上酶切频率相对较低的限制性内切酶识别位点的接头，连接产物经过PCR扩增后即可得到基因组DNA的代表性片段。不同来源的基因组DNA中特定种类限制性内切酶的酶切位点分布不同，使得不同来源的基因组DNA经过限制性内切酶酶切后产生特异性酶切片段，从而进行多态性分析检测。其操作步骤为：将不同材料的基因组DNA经限制性内切酶酶切后的酶切片段和接头进行连接后可以产生基因组DNA的代表性片段，并用之进行DArT标记基因组代表性文库的构建，然后将基因组代表性文库中的每一个克隆位点制备成芯片，最后可以利用待测样品DNA经同样的处理所得到的基因组代表性片段与芯片杂交而产生杂交信号的有无来分辨限制性片段的多态性。

DArT优点是：不需要序列信息；标记质量高、重复性好；基于芯片杂交技术，具有很高的通量，信息量大，可以同时进行数百个遗传位点的检测；单位标记成本低廉；不需要凝胶电泳进行多态性检测，可自动化检测。因此，DArT标记非常适合进行基因组信息缺乏的作物中中等密度遗传连锁图谱的构建，并可用于种质资源鉴定及进化分析中。通过与澳大利亚DArT公司合作，中国已构建了大白菜和黄瓜的DArT标记图谱，其中大白菜图谱包含700多个DArT标记。

（二）随机性PCR标记

随机性标记指利用通用引物进行扩增获得的PCR标记。由于使用引物不具有种属特异性和在一个PCR反应中同时获得多个多态性的特点，因此具有简单、高效和廉价的优点。这类标记包括随机引物扩增多态性DNA（random amplified polymorphism DNA，RAPD）、扩增片段长度多态性（amplified fragment length polymorphism，AFLP）和序列相关扩增多态性（sequence related amplified polymorphism，SRAP）等标记。但是由于随机性PCR标记缺乏标记的序列信息，在许多应用中受到明显的限制。比如，利用一个群体获得的标记无法与另外一个群体的标记进行比较，也无法利用随机性标记对不同遗传图进行整合。

1. RAPD标记　RAPD标记的基本原理是利用1个或1对人工合成的随机引物（一般为8～10 bp）经PCR反应对不同材料的基因组DNA进行随机扩增，然后经凝胶电泳检测PCR扩增产物的多态性，PCR扩增产物的多态性反映了相对应基因组区域的DNA多态性。RAPD具有对DNA数量和质量要求不高、操作简单、成本较低、不受物种特异性和基因组结构的限制等优点。但是，RAPD标记也存在很多不足之处：一般表现为显性遗传，无法直接区分后代群体中的显性纯合体和杂合体；扩增结果的稳定性和重复性较差；单个引物提供的信息量有限，需要很多引物配合使用；存在共迁移问题，无法有效区分长度相同但序列不同的DNA扩增产物片段。这些问题在一定程度上限制了RAPD标记的发展和应用。Paran和Michelmore（1993）为了解决RAPD标记重复性和稳定性差的问题，提出了将RAPD标记转化为特异序列扩增区域（sequence characteristic amplified region，SCAR）标记的有效解决方案，通过转化，有效增加了RAPD标记的稳定性和所提供信息量。在蔬菜作物中，RAPD是国内应用较早的分子标记，被广泛应用于蔬菜作物遗传多样性分析、纯度鉴定、重要性状的遗传定位等方面。

2. SRAP标记　SRAP又叫基于序列扩增多态性，是基于PCR扩增反应的一种分子标记技术（Li和Quiros，2001；Ferriol et al.，2003）。SRAP标记的正向引物包含17个碱基，从5′端开始，前10个碱基是一段无特异性的填充序列，随后紧接着是CCGG和3个选择性碱基，能对外显子区域进行特异性扩增；反向引物包含18个碱基，从5′端开始，前10个碱基是一段无特异性的填充序列，随后紧接着是AATT和3个选择性碱基，能对内含子和启动子区域进行特异性扩增（Li和Quiros，

2001)。SRAP 标记类似 RAPD，操作简便，但 SRAP 标记使用引物长度为 17～18bp，同时使用较高的退火温度，因此比 RAPD 具有更高的稳定性和重复性。

3. AFLP 标记 AFLP 又叫选择性限制片段扩增（selective restriction fragment ampification）。该标记的基本原理是利用一种具有稀有酶切位点的限制性内切酶和一种具有丰富酶切位点的限制性内切酶将基因组 DNA 进行双酶切，酶切后得到大小不等的带有黏性末端的 DNA 片段，之后在酶切片段的两端分别连接上双链的人工接头（artificial adapter），再通过 PCR 反应对限制性片段进行有选择地扩增，最后通过聚丙烯酰胺凝胶电泳对不同长度的 PCR 扩增片段进行分离检测。AFLP 的引物设计非常巧妙而且引物可以灵活搭配，因此可以产生相当大的标记数目。已经被广泛应用于遗传连锁作图、遗传多样性分析和 DNA 指纹图谱鉴定等领域。但是 AFLP 标记还存在很多不足：大多数为显性标记类型，只有少部分为共显性类型；费用昂贵；对 DNA 质量和内切酶质量要求相对较高；技术难度大，对操作人员的技能和实验条件要求高等。

（三）特异性 PCR 标记

特异性 PCR 标记指利用特异的 PCR 引物进行扩增，检测特定位点的多态性的分子标记。这类标记主要包括简单重复序列（simple sequence repeats，SSR）、SCAR 和酶切扩增多态性序列（cleaved amplified polymorphic sequences，CAPS）等标记。其中 SCAR 和 CAPS 标记可以通过随机性标记测序，利用序列信息设计引物进行转化。如果利用这些序列进行 PCR 扩增，产物在电泳中直接表现出多态性就是 SCAR 标记。如果产物没有多态性，但通过酶切之后表现出多态性就是 CAPS 标记。SCAR 和 CAPS 只能针对特定的少数位点进行开发。SSR 是可以大规模应用的特异性 PCR 标记。

SSR 标记又叫微卫星 DNA（microsatellite DNA）、简单串联重复序列（short tandem repeat polymorphism，STRP）、短串联重复序列（short tandem repeat，STR）标记，是 Moore 等于 1991 年提出的一种标记技术。真核生物基因组中内含子、编码区及染色体上的任一区域内都存在着由 1～6 个碱基对组成的串联重复序列，即 SSR 序列，如 $(GA)_n$、$(AT)_n$、$(GGC)_n$ 等重复。SSR 标记的基本原理是：基因组中 SSR 重复单位的重复次数在不同等位基因间存在很大的差异，重复单位的拷贝数决定重复序列的长度，从而形成 SSR 标记的多态性；而每个 SSR 重复序列两侧一般是高度保守的单拷贝序列，据此可设计特异性双向引物进行 PCR 扩增，利用电泳分析其长度多态性，即为 SSR 标记。SSR 标记等位基因变异的来源，是由于在 DNA 复制过程中向前滑动所引起的重复序列数目的变化或在有丝分裂、减数分裂期染色体不对等交换引起的，而不仅仅是由于单个核苷酸碱基的插入、缺失或者突变引起的，因此 SSR 标记表现出高度的多态性。

SSR 标记具有如下特点：共显性遗传，可以鉴定分离群体中的杂合子和纯合子，有助于遗传作图分析；SSR 标记数量丰富，近似均匀地分布在整个基因组中，有利于高密度遗传图谱的构建和数量性状位点（quantitative trait locus，QTL）定位；带型简单，保证了标记条带记录的一致性、客观性和准确性；基于 PCR 技术的标记检测方式，对 DNA 需求量少，对质量要求也不高，甚至部分降解的样品也可进行分析，技术难度和实验成本都比较低；每个 SSR 位点有多种多态形式。然而，SSR 标记的引物具有物种特异性，特定物种新的 SSR 引物的设计必须依赖对基因组的克隆、测序，所以开发新的 SSR 标记前期投入较高、工作量大、难度大。

（四）基于测序的分子标记

插入/缺失长度多态性（insertion - deletion length polymorphism，InDel）和单核苷酸多态性（single nucleotide polymorphism，SNP）等标记的开发需要借助大规模的测序，目前，白菜、甘蓝、萝卜、黄瓜、番茄、马铃薯和茄子等主要蔬菜作物的基因组测序均已完成，还有更多的蔬菜作物的基因组测序正在进行中。

1. SNP 标记　SNP 标记是一种新型分子标记，指由核苷酸水平上的变异而引起的等位基因间的DNA 序列多态性，是目前为止在基因组水平上分布最广泛、数量最多并且标记密度最高的一种分子标记类型。SNP 多态性包括单碱基的插入、缺失和单个核苷酸碱基的转换、颠换等，且碱基的替换常常发生在嘌呤碱基（A/G）和嘧啶碱基（C/T）之间。拟南芥基因组项目（The *Arabidopsis* Genome Initiative，2000）对拟南芥 Columbia 和 Landsberg 两个生态型材料的基因组序列比对分析发现，两材料间 SNP 多态位点有 25 274 个，SNP 的平均分布距离为 3.3 kb。虽然从理论上讲，在同一个碱基等位位点上存在 4 种可能的核苷酸类型，但是通常 SNP 具有双等位基因多态性（二态性）。SNP 这种二态性的特征使得其无需像检测 InDel 和 SSR 标记那样分析多态性片段的长度，有利于使用自动化的检测技术。尽管 SNP 只有两种等位基因型，单一的 SNP 所提供的信息量不及现在常用的分子标记类型，但 SNP 的高频率多态性和稳定性弥补了信息量上的不足。而且对 SNP 标记的检测可以借助 DNA 芯片技术和高分辨率熔解曲线分析（high resolution melting，HRM）技术等实现检测的自动化和高通量。SNP 标记的检测成本和技术相对较高，使得 SNP 标记的大规模开发和检测仍有所限制。

2. InDel 标记　InDel 标记是指在等位基因位点上一定数量的核苷酸插入或缺失一段相对短的核苷酸序列而产生的长度多态性变异（Jander et al.，2002）。InDel 突变多发生在内含子和 DNA 的折叠区等非编码区内，在外显子等编码区中存在相对较少，是因为在外显子中核苷酸的插入和缺失常会改变读框的结构而使它们受到选择的作用。InDel 标记在植物基因组中分布非常广泛。InDel 的多态性频率仅次于 SNP 的多态性频率，在植物基因组遗传变异中所占比例较大。例如，对拟南芥中遗传变异的研究表明，InDel 在所有基因组遗传变异中所占比例为 34%（Jander et al.，2002）。Park 等（2010）通过对白菜类作物 8 个品种的 1 398 个序列标签位点（sequence - tagged sites，STSs）进行重测序，在白菜基因组中开发和确认了 6 753 个 InDel 变异位点。

在一般情况下，InDel 标记可以在插入/缺失多态性位点的两侧保守序列分别设计引物进行该区域的 PCR 扩增，通过电泳分辨片段的长短来检测 InDel 标记。相对 SNP 标记来说，通过比较 PCR 扩增产物的长度差异能较容易地发现 InDel 标记，而且对技术要求低，具有很高的针对性和稳定性，所以大规模 InDel 标记的开发和检测成为可能。

3. 酶切测序标记　酶切测序标记指利用 DNA 内切酶与高通量测序相结合的一类标记技术，主要包括两种标记。一种是酶切序列标签技术 ReST（restriction sequence tag）标记技术，有些提供标记服务的公司也将这种技术称为 SLAF 技术（sequence length amplified fragment）；另外一种是酶切序列关联 DNA 标记（restriction site associated DNA，RAD）。两种技术都使用内切酶酶切与高通量测序产生标记。

ReST 技术的基本原理是：将样品 DNA 通过酶切连接接头、扩增，然后通过 Solexa 测序测定扩增产物两末端序列。每一个序列代表一个酶切位置，称为一个酶切序列标签。由于不同材料酶切位置存在差异，同一酶切位置标签序列也可能有差别，这样就形成了大量多态性的酶切标签，每个这样的标签就是一个多态性分子标记。该技术已经在白菜、甘蓝等蔬菜作物上得到了初步的应用。酶切标签标记技术有两个显著优势：一是直接获得标记序列信息。对于已知基因组序列的生物，可直接利用序列信息定位标记。对于基因组序列未知的生物，也有利于结合其他生物的序列信息，利用不同近缘种之间保守的共线性关系对目标基因的定位。二是获得数量巨大的标签，用 Solexa 测序一个通道，能够获得将近 500 万个序列标签。与普通标记不同，该方法不仅显示标记是否存在，同时还得到标记的数量数据。因此，通过统计学分析，既可以分辨两个样品之间同一个标签数量的差异，也可分辨同一个样品不同标签数量的微小差异。

RAD 标记也是一种结合内切酶酶切与高通量测序产生的标记。与 ReST 不同，该方法不使用 DNA 扩增，而是酶切一端与 Solexa 测序引物直接连接，另一端随机打断后与 Solexa 测序引物连接，获得一个用于 Solexa 测序的测序文库，测序后得到酶切位点及临近区域的序列信息，分析这些序列差异获得多态性标记。茄子通过 RAD 开发超出 10 000 个 SNP 位点，1 600 个多态性位点和 18 000 个假定的 SSR 位点（Barchi et al.，2011）。

酶切测序标记具有通量高，标记密度高等优点，特别适于永久性群体作图，而且在基因组测序过程中用于对序列进行染色体锚定效率非常高。但目前高通量测序在国内主要还是由专业公司来提供服务，相对来说成本较高。

二、基因组信息在标记开发中的应用

白菜、甘蓝和萝卜等十字花科蔬菜，番茄、马铃薯、辣椒等茄科蔬菜，黄瓜、甜瓜和西瓜等瓜类蔬菜作物都已经完成了基因组序列的测定。这些基因组序列可以直接用于分子标记的开发。目前在国内开发应用比较多的主要有两种类型。

一是为了方便利用已知序列开发 SSR 标记。已经有许多基于网络的 SSR 标记开发工具，比较常用的有：SSRIT（simple sequence repeats identification tool）和 SSRFinder 等。它们的登录网站分别是：

SSRIT：http：//www.gramene.org/db/markers/ssrtool

SSRFinder：http：//www.csufresno.edu/ssrfinder/

无论使用哪种工具开发 SSR 都有两个重要参数，最小的基序列长度和最小的重复单元长度。SSRFinder 和 SSRIT 这两个软件都可以下载本地程序，为较大的序列集合分析 SSR 序列提供了方便。软件对所有物种是通用的，不同蔬菜作物序列都可使用这些工具开发 SSR 标记。目前在 NCBI 网站上已经公布了许多蔬菜作物的基因组或 EST 等各种序列，可以下载这些序列在本地进行大规模的 SSR 标记开发。如果已有全基因组序列，也可以使用这些软件进行全基因组 SSR 标记开发。下面以黄瓜为例介绍利用 SSRIT 在本地开发 SSR 标记的流程。

第一步，将拟开发标记的黄瓜序列保存为 fasta 格式文件，导入 SSRIT。设置如下参数：基序列长度为 1～4 bp，SSR 长度不小于 20bp；如果基序列长度为 5 bp，SSR 长度不小于 25 bp；如果基序列长度为 6 bp，SSR 长度不小于 30 bp。在此参数下于黄瓜基因组中共检测到大约 23 800 个 SSR 位点。

第二步，为了减少非特异性扩增，需要进行 SSR 侧翼序列特异性筛选。截取 SSR 位点两侧各 200 bp 的序列，用比对软件 BLASTN 比对到基因组参考序列上（条件：E－value $<1\times10^{-40}$），如果任何一个 SSR 位点的两侧序列能比对到多个位置，这样的数据被过滤掉，只保留唯一比对的 SSR 位点作为设计标记的候选位点，通过这个条件一共有 1 3157 个 SSR 位点被保留下来。

第三步，根据 SSR 序列的特点，挑选出容易发生变异的 SSR 位点，使用条件：基序长度为 1 bp 的 SSR 长度不小于 20 bp，基序长度为 2～3 bp 的 SSR 长度不小于 24 bp，基序长度为 4 bp 的 SSR 长度不小于 28 bp，基序长度为 5 bp 的 SSR 长度不小于 30 bp，基序长度为 6 bp 的 SSR 长度不小于 36 bp，以及挑选 GC 含量较低的 SSR 位点，通过该条件在黄瓜基因组上均匀地挑选出 1 940 个 SSR 位点，并对这些位点设计引物。

利用 1 940 个 SSR 位点设计好引物，在两份黄瓜亲本 GY14 和 PI19367 中实验验证其多态性，其中共有 1 322 个 SSR 标记表现多态性。

二是 InDel 标记的开发。可利用重测序的方法，共分为 3 个步骤：第一步，用短 reads 比对软件 SOAP。把 1 份材料的重测序 reads 比对到基因组上，并找到该材料与参考基因组序列之间的较小的 InDel（1～5 bp）；第二步，为了降低非特异性扩增，保证标记的唯一性，在每个 InDel 位点两侧各截取 150 bp 长的序列，在全基因组中进行唯一性比对，过滤掉重复比对的 InDel 位点（不超过 30%的序列比到多个位置，并且序列的相似度不高于 70%)；第三，用引物设计软件 Primer3 对这些 InDel 位点批量设计引物，在材料之间验证多态性。

以大白菜基因组为例，利用大白菜品种 Chiifu - 401 - 42 的基因组序列作为分析的参考序列，并通过 Solexa 测序的方法，对 1 份大白菜品种 L144（rapid cycling）进行重测序，一共得到 20 Gb 的原始读长（reads）[44bp 的双向测序读长（pair - end reads，PE reads)]。由于重测序数据的读长较短，因此，选择了短读长比对（shorts reads alignment）的策略：使用 SOAP2. 21 把重测序 pair - end（PE）reads 比对到 Chiifu - 401 - 42 的基因组参考序列上，在选择比对上的 reads 结果时须满足如下条件：①PE 测序插入片段长度与比对插入片段长度一致；②一条 read 上至多允许 2 个核苷酸的错配且不容许含有 gap；③PE reads 必须成对的比对到参考序列上。

然后把上述比对不到基因组参考序列上的 PE reads 使用 SOAP2. 21 重新比对到基因组序列上，并满足如下条件：①PE 测序插入片段长度与比对插入片段长度一致；②一条 read 上至多允许 2 个核苷酸的错配且至多允许 5 个核苷酸的填补间隙（gap)；③PE reads 必须成对的比对到参考序列上。在这种条件下，可以得到长度为 1～5 bp 的短的 InDel。为提高预测小片段 InDel 的准确性时，要求至少 3 条以上的 PE reads 来确定 InDel 的存在，并且只允许 1 对 PE reads 中的 1 个 read 上存在 InDel。通过上述方法，共检测到 108 558 个 InDel（1～5 bp）候选位点存在于 L144 与参考序列之间。

如果作图的两个亲本，均不是参考序列，需要用参考基因组序列作为一个桥梁，把两份亲本的重测序数据对应起来，以开发这两份材料之间的多态性 InDel 标记。于是，另一份大白菜品种 Z16 通过重测序的方法得到大约 1. 4 Gb（35 bp 的 single - end reads）的数据。以参考基因组序列作为桥梁，对 L144 和 Z16 构建的 DH 群体进行 InDel 标记的开发。通过这种方法，预测了 26 693 个 InDel 多态性位点（1～5 bp)。选取了其中 520 个位点，设计片段长度为 80～120 bp 的 PCR 的标记，有 427（82%）个标记在二者之间表现出明显的多态性。

三、分子标记图谱构建

遗传连锁图谱（genetic linkage map）是指以染色体的重组交换为基础，以染色体的重组交换率为相对长度单位（centimorgan，cM)，采用遗传学方法将各种分子标记标定在染色体上构建的线状连锁图谱。构建一张高密度的遗传图谱是基因组学研究的重要课题，有利于分子标记辅助选择育种、QTL 定位、功能基因克隆和功能基因组学研究的顺利开展。遗传连锁图谱的构建主要包括如下步骤：①根据遗传材料之间的多态性选择适合作图的亲本组合；②构建适合的作图群体；③对群体中不同植株或品系的标记进行基因型分析；④标记间的连锁关系和连锁群的确立；⑤基因排序和遗传距离的确定。

（一）原理

构建遗传连锁图谱的理论基础是染色体的交换和重组理论。一般说来，同一染色体上的基因在遗传的过程中更倾向于维系在一起，表现为基因间的连锁现象。随着细胞进行减数分裂，非同源染色单体上的基因间相互独立、进行自由组合，同源染色体上的基因发生交换和重组。假定等位基因的分离是随机的，那么两个基因发生重组的频率取决于两者之间的相对距离，发生重组的频率随两基因间距离的增加而增大。因此，基因间的遗传图距可以用基因间的重组率来表示，它通常由基因在染色体交换过程中发生分离的频率（cM）来表示，1 cM 表示在每次减数分裂过程中基因的重组频率为 1%。这样，通过重组频率的计算可确定基因在染色体上的排列顺序和相对距离。

构建遗传连锁图一般是通过两点测验和多点测验的方法来计算重组值。其中，两点测验法是最简单、最常用的一种连锁分析法，即是指对两个基因位点间的连锁关系进行检测。依据两个连锁位点间不同基因型出现的频率对重组值进行估算，同时采用最大似然估计法对重组率进行估计。两点测验在分子遗传连锁图谱的构建过程中主要是用于连锁群的划分和确认标记间连锁关系存在与否。多点测验是指对多个基因位点间进行联合分析，根据它们的共分离信息来确定多个基因位点的分布位置和排列顺序。在事先不知道各基因位点分布在哪条染色体上的情况时，可先利用两点测验法将基因位点分配在不同的连锁群中，之后再对每一条染色体上的基因位点进行多点测验的连锁分析。

（二）方法

1. 作图亲本的选择 作图群体的亲本选择会直接影响到所构建连锁图谱的难易程度和应用范围，分离群体中性状差异越多，也就是说遗传连锁图谱上分子标记所包含性状越多，则该图谱的参考价值也就越大。作图亲本的选配一般需要考虑以下几个方面：

（1）针对有性繁殖作物，如白菜、甘蓝、番茄、辣椒、黄瓜等蔬菜作物，尽可能选用高度纯合的植物材料作为作图群体的亲本。自交材料一般要求至少 8 代以上，白菜、甘蓝等能够进行小孢子培养的作物和黄瓜等能进行大孢子培养的作物，应尽可能使用双单倍体材料，这样可以保证后代标记分离具有一致的规律。

（2）尽可能选择遗传上差异大的材料做亲本。首先，亲本差异大有利于筛选多态性标记，减少作图的标记筛选难度；其次，遗传上差异大的亲本，表现出较大的分离，易于检测更多的主效位点。

（3）要考虑到杂交后代的可育性。利用远缘杂交配制分离群体，如使用野生番茄与栽培番茄杂交构建群体时，经常出现因为亲本间差异过大导致不育发生，降低杂种后代的结实率，无法获得正常分离的遗传群体。这时通常需要进行与栽培番茄回交提高后代育性，构建回交分离群体。

（4）无性繁殖同时也能够有性繁殖的蔬菜作物，如马铃薯等，其亲本本身高度杂合，可以直接通过自交获得 F_2，或者两个不同的材料杂交获得 F_1 作为分离群体。

2. 作图群体的选择 不同的作图群体类型直接影响着遗传连锁图谱的作图效率。用来构建遗传图谱的分离群体类型应当根据作图的目的、图谱分辨率的要求和群体创建的难易程度共同决定。多数蔬菜作物根据群体的遗传稳定性可将分离群体分成暂时性分离群体和永久性分离群体两种类型。

暂时性分离群体包括 F_2 群体、F_n 群体和回交群体等。该类型群体的分离单位是单个个体，自交或近交后其遗传组成就会发生相应的变化，而无法达到永久使用的目的。暂时性分离群体是最简单的作图群体，群体构建比较简单，缺点是只能利用一代，难以设置重复。

永久性分离群体包括重组自交系（recombinant inbred line，RIL）群体、回交自交系（backcross inbred line，BIL）群体、近等基因系（near isogenic line，NIL）群体、渐渗系（introgression line，IL）群体和双单倍体群体等。该类型群体的分离单位是株系，同一株系内的个体间基因型是相同纯合并且自交不分离的，不同株系之间则存在着基因型的差异，可以永久使用。永久性分离群体可通过自交或近交的方式繁殖后代，群体的遗传组成不会发生改变，便于进行不同时间、不同地点的重复试验，使得对遗传图谱进行加密饱和变得更加便利。

番茄、豆类蔬菜等严格自花授粉蔬菜作物通常构建 RIL 分离群体，十字花科蔬菜易于小孢子培养，通常使用 DH 群体。无性繁殖的马铃薯等与有性繁殖的蔬菜作物不同，其自交或杂交后代可以直接通过无性繁殖长期留种，均可视为永久性群体，但长期无性繁殖需要考虑繁殖过程中的退化现象。

渐渗系又称为染色体片段渐渗系（chromosome segment introgression lines，CSILs），可分为多片段渐渗系（multiple segment introgression lines，MSILs）和单片段渐渗系（single segment introgression lines，SSILs）两种。只含一个渗入片段的渐渗系即 SSILs，是理想的渐渗系。染色体单片段渐渗系是指利用杂交、回交、自交和分子标记辅助选择相结合的方法，筛选出的在受体遗传背景上只含有 1 个供体片段的染色体单片段渐渗系。每个渐渗系含有 1 个供体染色体纯合片段，整个一套渐渗系在轮回亲本遗传背景中覆盖了整个供体亲本基因组，也就是在一个受体亲本的遗传背景中建立另一个供体亲本的“基因文库”。渐渗系在番茄中使用非常广泛。

作图群体的大小直接影响遗传连锁图谱的分辨率和精确度，作图群体越大，图谱精度越高，相应的工作量和实验成本也会增加，因此确定合适的群体大小是非常必要的。可根据作图目的确定作图群体的大小，以基因组序列分析或基因分离分析为目的进行遗传图谱的构建需要较大的分离群体，以保证遗传图谱的精确性和可靠性。在实际操作中，构建连锁框架图可从大的分离群体中随机选择一个小群体进行连锁分析，当对某个连锁区域进行精细研究时，再有针对性地扩大作图群体。另外，作图群体的大小还取决于分离群体的类型。一般来说，为了达到构建分辨率相当的连锁图谱，所需群体的大小顺序为 F_2 群体>RIL 群体>BC_1 群体和 DH 群体。大多数已发表蔬菜作物遗传图谱使用 100～200 个的单株或株系。

3. 标记类型的选择　理想的分子标记类型应具备以下几个条件：

（1）具有丰富的多态性；

（2）表现为共显性，能直接鉴别出纯合子和杂合子，信息量大；

（3）操作简单，易于进行多态性检测；

（4）分布广泛、均匀，遍及整个基因组；

（5）开发成本和使用成本低廉；

（6）具有良好重复性。

具体选用何种标记还要根据标记的特点、实验条件、作图群体的特性及实验的目的等具体情况来定夺。

4. 作图软件　构建分子标记遗传连锁图谱需要对大量分子标记之间的连锁关系进行统计分析，随着分子标记数和作图群体数的增加，统计计算的工作量呈指数形式增长。因此，需要借助计算机软件进行标记数据的分析和处理。常见的遗传连锁图谱作图软件有 MAPMAKER、JoinMap 和 CARTHAGEN 等。基于 DOS 界面的 MAPMAKER 3.0 和基于 Windows 界面的 JoinMap 4.0 是比较流行的分子标记分析软件，可应用于多种类型的实验群体进行遗传作图，其中 JoinMap 还可以同时处理多个群体的标记数据进行整合作图。

四、主要蔬菜作物分子标记与遗传图谱信息资源

许多主要的蔬菜作物高质量的分子标记遗传图谱已经发表。为了促进图谱信息的应用和不同实验室数据的比较，很多基因组学与遗传学的门户网站收集整理了各类蔬菜作物重要的图谱，且许多被收集的图谱广泛作为相应作物的参照图谱，对有关研究具有重要的参考价值。这些网站还开发了展示工具，方便了访问者浏览与分析这些图谱，获取标记相关信息。

（一）BRAD 数据库

BRAD 是 Brassicadb 的简称，是一个由中国农业科学院蔬菜花卉研究所建立和维护的、综合性的芸薹属基因组数据库，访问网址是 http：//brassicadb.org。除了一般性的基因组数据之外，还包含大量芸薹属基因组分子标记的数据，包括遗传图谱、SSR 标记、InDel 标记等。BRAD 目前提供了 3 个白菜的遗传图，两个是 DH 群体遗传图：RCZ16 _ DH 和 VCS _ DH，1 个 F_3 群体遗传图：JWF3P。这 3 个遗传图是白菜基因组组装过程中用到的 3 个基本遗传图。其中 RCZ16 _ DH 包含的标记数量为 488 个，JWF3P 包含的标记数量为 390 个，VCS _ DH 包含的标记数量为 282 个，共有 1 160个标记。RCZ16 _ DH 群体以 InDel 标记为主，JWF3P 和 VCS _ DH 群体以 SSR 标记为主。其

中 RCZ16 _ DH 群体提供了所有标记的具体信息，包括标记的名称、染色体名称、遗传位置、物理位置。InDel 标记还提供了标记的引物、扩增序列等信息（表 5 - 2）。

表 5 - 2 BRAD 网站提供的遗传图谱标记数量分布

群体名称	各染色体标记数量									
	A01	A02	A03	A04	A05	A06	A07	A08	A09	A10
RCZ16 _ DH	34	43	72	30	54	53	53	29	79	41
JWF3P	33	29	110	20	20	37	22	33	73	13
VCS _ DH	21	23	75	12	26	27	23	17	44	14
总数	88	95	257	62	100	117	98	79	196	68

（二）SOL 数据库

SOL（http：//solgenomics. net）是一个茄科作物的综合性权威数据库。该数据库不仅提供了大量茄科作物基因组数据，而且包括多个茄科蔬菜作物的重要遗传图谱。其中包括 24 个番茄遗传图谱，2 个马铃薯、2 个茄子和 4 个辣椒的遗传图谱。番茄遗传图大多数是栽培番茄与不同野生番茄杂交 F_2、RILs 和 BC_1 后代的遗传图，其中 2 个是整合遗传图。该网站一个重要的特点是提供了一个非常直观的图谱浏览器，通过该浏览器能够了解每个遗传图的亲本信息、每个染色体标记和每个标记的具体信息等遗传图谱全部细节。

下面是一个番茄的遗传图（Tomato - EXPIMP 2009）在该浏览器中展示的情况（图 5 - 1）。整个页面包括：图谱标题、图谱染色体模式图、标记突出显示输入栏［Highlight marker（s）］、客户数据附加栏（Overlay customer data）、图谱摘要（Abstract）、亲本信息（Parents of mapping population）、图谱统计数据（Map statistics）。

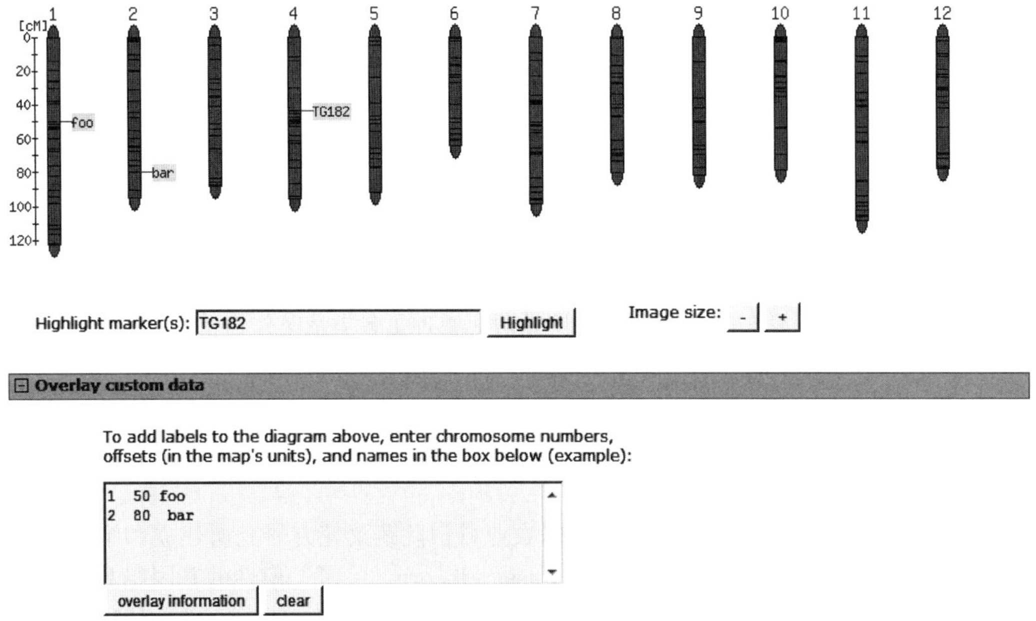

图 5 - 1 SOL 数据库标记浏览界面

图谱标题：Tomato - EXPIMP 2009：*S. lycopersicum*（NCEBR - 1）× *S. pimpinellifolium*（LA2093）type RIL - F7，2009。

其中 Tomato - EXPIMP 2009 是图谱名称，*S. lycopersicum*（NCEBR - 1）× *S. pimpinellifolium*

（LA2093）是构建图谱的杂交组合，type RIL－F7 是构建图谱的群体类型，2009 是构建图谱的年份。

为了便于展示关键信息，浏览器提供了标记突出显示，可以在 Highlight marker 栏中输入标记名称，在图谱上会特别显示这个标记，并用黄色背景标出。此外，使用者还可以针对各自特殊的需要将用户自己要显示的信息突出显示，只需要在用户数据附加栏中给出染色体编号、遗传位置和要显示的文字就能在图谱中看到黄色背景显示的用户信息。

图谱摘要：提供了该图谱发表时的摘要内容。

亲本信息：当建图使用的亲本有详细的研究信息时，在该栏目中会提供一个该亲本信息的链接。

图谱统计数据：提供了每一条染色体标记的数目、使用标记的类型等标记汇总信息。

（三）葫芦科基因组数据库（cucurbit genomics database，CGD）

葫芦科基因组数据库 CGD 是 International Cucurbit Genomics Initiative（ICuGI）建立和维护的综合性瓜类作物数据库，访问网址是 http：//www.icugi.org。该数据库提供甜瓜、黄瓜、西瓜、西葫芦和南瓜的基因组数据。其中甜瓜、黄瓜和西瓜的数据最完整。在分子标记方面，CGD 提供了大量利用 EST 开发的甜瓜、黄瓜和西瓜 SNP 和 SSR 标记，同时提供了多个遗传图谱信息。其中甜瓜有 3 263 个 EST－SSR 标记和 1 360 个 EST－SNP 标记，14 个不同群体的遗传图谱和 1 个整合遗传图谱；黄瓜提供了 3 864 个 EST－SSR 和 136 个 EST－SNP 标记，4 个遗传图谱；西瓜提供了将近4 500 个 EST－SSR 标记和 2 个遗传图谱。另外，EST－SSR 提供了 EST 序列、SSR 重复单元、扩增 SSR 标记引物等具体信息。EST－SNP 则提供了对应 EST 序列、SNP 位置和变异类型等信息。针对遗传图谱提供了图谱的示意图，以及标记名称、标记遗传位置、标记类型等具体信息。

五、分子标记在基因与性状定位方面的应用

（一）质量性状 BSA 标记筛选

BSA（bulked segregant analysis）混合分群分析是美国的 Michelmore 实验室于 1991 年开发的一种简单快速的标记任意特定基因或基因组区域的方法。该方法最早应用于生菜霜霉病抗性基因的标记。其原理是利用单个杂交的分离群体，根据目标性状或者基因组区域混合成不同的混合池，每个池包含性状或者基因组区段完全相同的单株。这样的混合池在选择的目标性状或者基因组区域遗传上是相近的，而其他区域是完全杂合的。然后利用各种标记方法对不同的混合池进行筛选，在不同混合池间表现差异的标记则与目标性状基因或者目标染色体区域连锁。在实践过程中，一般选择 10～20 个单株制备混合池。BSA 技术特别适于简单遗传的质量性状的标记筛选。由于该方法简单易行，不依赖序列信息，在很多蔬菜作物没有基因组序列的情况下，获得非常广泛的应用，几乎所有蔬菜作物质量性状的标记都是利用这种方法筛选出来的。

（二）数量性状分子标记筛选

1923 年，Sax 对菜豆种子大小（数量性状）和种皮色素（单基因性状）的研究是最早报道的对植物数量性状的标记与定位的相关研究。该研究首次报道了质量性状与数量性状间的关联。Harrison 和 Mather（1950）、Thoday（1961）、Wehrhahn 和 Allard（1965）对 QTL 的检测和作图进行了探索，此后发展了多种 QTL 定位和作图方法。目前 QTL 定位方法主要有如下 4 种。

1. 单一标记法　单一标记法就是通过方差分析、回归分析，比较不同标记的基因型及数量性状均值的差异。如果两者存在显著差异，则说明控制该数量性状的 QTL 与标记之间有连锁关系。由于单一标记法不需要整个基因组完整的遗传连锁图谱，因此早期进行的 QTL 定位研究多采用该种方法。但缺点是：①不能确定标记与 1 个 QTL 还是几个 QTL 连锁；②无法十分准确地估计 QTL 可能

存在的位置；③检测效率较低，检测需要的个体数较多；④由于遗传效应与重组率混合在一起，致使QTL的遗传效应被低估。

2. 区间作图法 由于单一标记方法在分析数量性状QTL时存在的诸多问题，Lander和Botstein（1989）提出了正态混合分布的最大似然函数和简单回归模型，结合基因组完整的分子标记遗传连锁图谱，计算在基因组上的任一相邻标记之间的任一位置上存在和不存在QTL的函数比值的对数（LOD值）。根据整个基因组上各位点处的LOD值可以描绘出QTL在染色体上是否存在的图谱。当检测得到LOD值超出某一分析的临界值时，QTL可能存在的位置可用LOD支持区间表示。随后Paterson等将区间作图分析法逐渐由BC群体扩展到F_2群体中，检测表现为显性的QTL。

3. 复合区间作图法 为了解决区间作图法所存在的缺点，1993年，Rodolphe和Lefort提出了一种新型的检测方法，是一种利用整个基因组的标记来进行全局检测的多标记模型。在该模型中，染色体上不同类型效应的参数可以相互独立地分解，单个标记相关联的效应估算只与其相邻标记的同类型效应相关联。在提出利用区间作图法针对一条染色体进行检测的同时，在整个模型中仍利用其他染色体上标记的信息，这样可以减少误差。但是该模型不能提供QTL数目、效应和位置的确切估算值，使定位结果的精度和效率都降低。1992年，Jansen等把检测QTL区间之外的标记作为协变量引入混合分布模型中，进一步将多元线性回归方法与传统的区间作图分析法结合，该方法称为多QTL模型（MQM）。1993年，Zeng等系统研究了多元线性回归QTL作图分析的方法，提出了把多元线性回归与区间作图结合起来进行QTL分析的复合区间作图法。复合区间作图法（CIM）是对染色体上的某一特定标记区间进行检测分析时，将与其他QTL连锁的标记信息同时整合在模型中，从而控制背景遗传效应。该方法是假定不存在基因型与环境的互作和上位性效应，用与区间作图相类似的方法获得各参数的最大似然估计值，计算其似然比，绘制各染色体的图谱，根据似然比统计量的显著性，获得QTL可能位置存在的标记区间。

4. QTL定位的混合线性模型方法 1998年，朱军等提出利用随机效应的预测方法获得基因型效应及基因型与环境互作效应的预测值，然后再用区间作图等分析方法进行遗传主效应及基因型与环境互作效应的QTL定位分析，并给出了发育性状的QTL定位分析方法。同年，朱军等又提出了环境互作效应、加性效应与显性效应的混合线性模型的复合区间作图分析方法，提出了可以分析包括上位性的各项遗传效应及其与环境互作效应的QTL检测方法。该方法把群体均值、目标QTL的各项遗传效应作为固定效应，而把环境效应、环境互作效应、分子标记效应等作为随机效应，将效应估计和定位分析结合起来，进行多因素下的联合QTL定位分析，提高了作图的精确度和效率。与基于多元回归分析的复合区间作图方法相比，用混合线性模型方法进行QTL定位，不但可以避免所选的标记对QTL效应分析结果的影响，而且还可以分析QTL与环境的互作关系，具备较高的灵活性和较强的模型扩展性。

5. 全基因组关联分析 全基因组关联分析（genome-wide association study，GWAS）是最早在人类与疾病相关位点筛选中建立起来的一种研究方法。关联分析（association analysis），又称连锁不平衡作图（LD mapping）或关联作图（association mapping），是一种鉴定某一群体内目标性状与遗传标记或候选基因关系的分析方法（Flint et al.，2003）。连锁不平衡指的是一个群体内不同座位等位位点之间的非随机关联，包括两个标记间或两个基因（或QTL）间，或一个基因（或QTL）与一个标记座位间的非随机关联（Gupta et al.，2005）。实际上全基因组关联分析或者全基因组遗传不平衡分析，基于紧密连锁的变异在遗传过程中不易被遗传重组打断，能够在自然遗传过程中保留的原理，以及利用自然状态下存在的变异群体，通过全基因组范围内序列变异筛选，确定与目标性状显著关联的序列变异。进行全基因组关联分析的关键是要有全基因组高密度遗传变异的信息和较大的自然变异群体。随着主要蔬菜作物测序的完成和SNP检测技术的发展，全基因组关联分析技术在蔬菜作物中的应用越来越广泛。

不同农作物的遗传特性具有显著差异，遗传关联的特性也显著不同。有些蔬菜作物以异花授粉为主，如十字花科蔬菜作物、瓜类作物，而有些作物以自花授粉为主，如茄科的番茄和茄子、豆类蔬菜等。常异花授粉作物，由于不同基因之间频繁发生差异片段之间的重组，一般关联的片段较短，如白菜连锁不平衡值（LD）只有 10 kb 左右。而自花授粉作物，差异片段之间的重组概率显著下降，关联的片段会比较长，如番茄连锁不平衡值可以超过 100 kb。连锁不平衡弱的作物，需要较高密度的标记才能检测到连锁。相反，连锁不平衡强的作物，需要较低密度的标记才能检测到连锁。在白菜中，由于其 LD 值小于 10 kb，意味着要很好地通过关联分析找到连锁标记，就必须有一个标记密度小于 10 kb 的遗传图。而番茄则要求标记密度小于 100 kb。

六、分子标记技术在种质资源研究中的应用

（一）遗传多样性的结构分析

2000 年，Pritchard 等提出一种基于模型的分类方法，并开发了 Structure 程序。结构分析是一种基于模型的运算方法，以基因型数据为基础，推测群体结构并且将个体分配到群体中。假设存在一个模型，含有 K 个群体，每一个群体都由每个位点的等位基因频率所表征。样品中的个体按照一定的概率被分配到群体当中，如果他们的基因型推测为混合模型，则一个单株可能参与到两个或者更多的群体。该模型并没有假设特异的突变过程，可以被应用于大多数的遗传标记中，但是这些标记不能是紧密连锁的。结构分析可以应用到很多方面，如群体结构的确定，个体的分配，杂交区域研究，确定迁徙或混合个体等。虽然结构分析和 ME 聚类树分析采用的运算方法不同，但是得到的结果较一致，结构分析在聚类树分析的基础上更能体现出个体间存在的血统关系，在体现遗传背景方面具有不可忽视的优势。

采用 13 个 SSR 引物对 126 份大白菜 DH 系进行结构分析，发现其存在 6 个不同的结构组，分别与球形和熟性相一致，而这种表型的不同也反映了地理分布的不同，分别代表了河北的直筒型，内陆地区的秋播叠抱型，山东青岛一带的合抱卵圆型、早熟耐热型，以贵州为代表的晚熟和极晚熟类型，山东胶州和东北的早中熟强冬性春白菜型（图 5－2）（李晓楠，2008）。

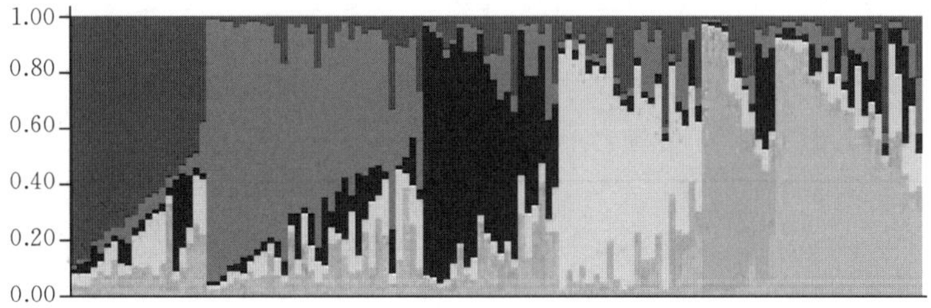

图 5－2　假设 K＝6 时群体按照所估计的成分（Q 值）排序后的结构分析结果（单行表示）（李晓楠，2008）

（二）品种分子身份证

分子身份证，是将 DNA 指纹数字化，是一种直观地对品种进行检索的技术。该技术在 DNA 指纹图谱的基础上，对 DNA 指纹图谱分析、指纹图像信息的识别和提取、信息化数据的分析处理进行规范，遵循尽可能涉及作物全基因组的引物选择，筛选最少引物代表最多种质的原则，并将分析技术标准化，以正确反映或标识种质的多样性和特异性。在蔬菜作物中，中国农业科学院蔬菜花卉研究所已对 247 份大白菜、101 份普通白菜、75 份萝卜和 40 份黄瓜开展了分子身份证构建的研究。现以萝

卜为例简述分子身份证的构建。

利用75份萝卜资源材料，筛选出8对扩增多态性高、带型清晰、重复效果好的引物。这些引物产生的多态性条带能将所有75份材料通过不同多态性带的组合进行区分。每一个多态性条带的有无分别用1和0二进制代码表示，统计各引物在单份种质中形成的原始二进制代码的组合数，并固定各引物及其条带类型的顺序，相应赋值并转换成十进制代码（表5-3）。用最少的数字串确定每一个品种唯一的有序编号。经过原始数据的处理和在MATLAB中的筛选，最终的数据表大小为8×75，即最终的编码长度为8位，按照引物顺序BrmS005、2170、2333、5761、612、Bn35 d、JKC4、2917组成，利用条形码生成器将数字转换成条形码（表5-4），即得到每份种质唯一的身份证。

表5-3 入选引物原始矩阵组合

引物对	二进制代码组合与十进制代码								
	PCR产物长度	1	2	3	4	5	6	7	8
BrmS005	170 bp	1	1	1	0	0	0		
	160 bp	0	0	0	1	0	0		
	150 bp	1	0	0	0	1	0		
	140 bp	0	1	0	0	0	1		
2170	200 bp	1	1	1	0	0	0	0	1
	180 bp	1	0	0	1	1	0	0	1
	170 bp	1	0	1	1	0	1	0	0
2333	160 bp	0	0	1	1				
	150 bp	0	1	0	1				
5761	250 bp	1	1	0					
	230 bp	0	1	1					
612	180 bp	1	1	0					
	170 bp	0	1	1					
Bn35d	250 bp	1	1	0					
	240 bp	0	1	1					
JKC4	220 bp	1	1	0	0				
	210 bp	1	0	1	0				
2917	270 bp	0	1						

表5-4 萝卜种质分子身份证号码

种质编号	分子身份证号码	分子身份证条形码
L08Q-12	12232121	
L08Q-5	12233121	
L08Q-53	15313231	
L08Q-65	47333142	

（三）核心种质构建

核心种质（core collection）是1984年澳大利亚科学家Frankel为了对庞大的种质资源进行高效、准确地挖掘优异的新基因资源，提高育种学家对优异种质资源的利用率提出的概念。1989年Frankel与Brown对这一概念进一步做了补充和完善。所谓核心种质，是指用最小的种质资源样品量、最大限度地代表种质资源的遗传多样性。分子标记由于其准确性，不易受基因与环境互作的影响，被广泛应用于核心种质的研究中。吕婧等（2011）使用23个SSR分子标记对3 342份来自世界各地的遗传资源材料分析，构建了包括115份材料的黄瓜核心种质。这份核心种质包含了77%的原始种质的SSR等位变异。

第三节　基因工程育种

一、基因工程的概念和原理

基因工程（genetic engineering），又称DNA重组技术，是以分子遗传学为理论基础，将不同来源的基因按预先设计的蓝图，在体外构建DNA分子，然后导入受体细胞，以改变生物原有的遗传特性，获得新品种，生产新产品。基因工程是现代生物技术的一个领域。狭义的基因工程指用体外重组DNA技术去获得新的重组基因；广义的基因工程则指按人们意愿设计，通过改造基因或基因组而改变生物的特点基因结构，从而产生新的遗传特性。

基因工程始于20世纪70年代对原核生物的研究。1972年Berg等使用核酸内切限制酶EcoRI在体外对猿猴病毒SV40的DNA和λ噬菌体的DNA分别进行酶切消化，后再用T_4 DNA连接酶将两种消化片段连接起来，结果获得了包括SV40和λ DNA重组的杂种DNA分子。1973年Cohon等将编码有卡那霉素抗性基因的大肠杆菌（*Eacherichia coli*）R6－5质粒DNA和编码有四环素抗性基因的另一种大肠杆菌质粒pSC101 DNA混合后，利用EcoRI进行酶切，而后再用T_4DNA连接酶将它们连接成重组的DNA分子。用这种连接后的DNA混合物转化大肠杆菌，发现某些转化子菌落的确表现出了既抗卡那霉素又抗四环素的双重抗性特征。由此种双抗性的转化子大肠杆菌细胞分离出来的重组质粒DNA，带有完整的pSC101分子和一个来自R6－5质粒编码卡那霉素抗性的DNA片段。而后他们又与Boyer等合作通过类似的方法将非洲爪蟾的编码核糖体基因DNA片段与pSC101质粒重组，并导入大肠杆菌细胞。转化细胞研究表明，动物的基因的确进入到大肠杆菌细胞，并转录出相应的mRNA产物。

植物基因工程（plant genetic engineering）是以分子生物学为理论基础，综合运用DNA重组技术、基因转化技术，以及鉴定筛选技术等，将外源基因导入受体细胞，以改变植物原有的遗传特性，获得新品种、新材料。它是随原核生物基因工程的发展而于20世纪80年代开始兴起和发展的。它在大肠杆菌或酵母菌作为受体的重组DNA技术的基础上，以植物细胞作为受体材料，将重组DNA分子导入到植物细胞。植物遗传转化（genetic transformation）系统的突破，建立在根癌农杆菌（*Agrobacterium tumefaciens*）Ti质粒（tumor－inducing plasmid）的利用及其发展与改建上。近来，源自于对细菌免疫系统的CRISPR－Cas9靶向基因编辑技术以其简单的操作、低廉的成本和较高的效率，逐渐成为具有广阔应用前景的基因组定点改造和功能鉴定的方法。

植物基因工程是在分子遗传学的理论基础上，综合采用了分子生物学、微生物学和植物组织培养的现代方法和技术。它给植物品种改良开辟了一条重要的途径。严格地说，植物基因工程是以改变生物有机体性状特征为目标的遗传信息的操作，它既包括一般的选择育种，也包括复杂的基因克隆等不同的技术层面。因此，植物基因工程虽然包括了基因工程的内容，但它的涉及面比基因工程要广泛得多。

植物基因工程育种是将基因工程技术应用于植物品种改良，又称转基因育种。它是根据育种目标，从供体生物中分离目的基因，经 DNA 重组、载体构建与遗传转化或直接将目的基因导入受体作物，经过筛选获得稳定表达外源基因的转基因植株（遗传工程体），并经过田间试验与大田选择育成转基因新品种或新种质资源。植物基因工程育种涉及：①目的基因的分离与改造、转化载体的构建及其转化农杆菌细胞；②通过农杆菌介导、基因枪轰击等方法使 DNA 重组体整合进受体细胞或组织，以及转化体的筛选、鉴定等遗传转化技术和相配套的组织培养技术；③获得携带目的基因的转基因植株；④转基因植物的安全性评价；⑤结合转基因育种和常规育种技术育成新品种等内容。

自 1983 年首例转基因植物诞生以来，在越来越多的植物物种中开展了转基因研究与转基因育种。所转移的基因从最初细菌来源的标记基因（如 *NPT Ⅱ*、*GUS* 等）到现在的许多有益基因（如 *Bt*、*Mi*）；从最初的组成型表达（花椰菜花叶病毒 CaMV35S 启动子）到组织特异性启动子（韧皮部特异表达启动子、果实特异启动子等）或诱导型启动子（激素诱导、高温诱导等）。随着转基因技术日臻完善，在转基因操作中通过过表达、反义抑制和 RNA 干扰等多种途径对外源基因实现转移和利用。转基因的目标亦更加明确，由最初的转基因系统的建立和完善到现在抗病、抗除草剂、抗逆、高产、保鲜和品质的定向改良，甚至还可利用植物作为生物反应器生产特定的药物等。1997 年，华中农业大学培育的耐贮藏转基因番茄是我国首例获准商业化生产的转基因农业生物。

二、基因工程技术

基因工程技术首先要获得目的基因，然后再把目的基因装载到载体上，才能导入植物。

目的基因分离克隆的策略可分为两种途径：一是正向遗传学途径和反向遗传学途径。正向遗传学途径以待克隆的基因所表现的功能为基础，通过鉴定基因的表达产物或表型性状进行克隆，如功能克隆（functional cloning）和表型克隆等；另一是反向遗传学途径，则着眼于基因本身特定序列或者在基因组中的特定位置进行克隆，如图位克隆（map - based cloning）、同源序列法克隆等。随着 DNA 测序技术和生物信息学的发展，又产生了测序克隆、电子克隆和全基因组关联分析（genome - wide association studies，GWAS）等新兴克隆技术。

1. 功能克隆——根据植物基因表达的产物蛋白质克隆基因 功能克隆就是从蛋白质的功能着手进行基因克隆，是人类采用的较早的克隆基因的策略。功能克隆法的基本技术环节：①根据已知的生化缺陷或特征确认与该功能有关的蛋白质；②分离纯化蛋白并测定出部分氨基酸序列；③根据遗传密码推测其可能的编码序列；④设计相应的核苷酸探针，杂交筛选 cDNA 文库或基因组文库，或者使用该蛋白质特异的抗体，筛选表达载体构建的 cDNA 文库，通过抗原抗体反应寻找特异的克隆；⑤对中选的克隆测序，获得目的基因的序列。用这一策略克隆基因的关键在于必须先分离纯化蛋白，测定出其一部分氨基酸序列或得到相应抗体；其次要构建 cDNA 文库或基因组文库，然后要对文库进行杂交筛选。

2. 图位克隆——根据连锁图谱定位基因来克隆植物基因 这是常见的基因克隆方法，又叫定位克隆技术（positional cloning），1985 年首先由剑桥大学的 Coulson 提出，是根据目标基因在染色体上的位置进行基因克隆的一种方法，适合于克隆编码产物未知的基因。图位克隆技术主要包括 4 个基本技术环节：①目的基因的初步定位；②精细定位；③构建目的基因区域的物理图谱和精细物理图谱直至鉴定出包含目的基因的一个较小的基因组片段；④筛选该区段中的候选基因，并通过遗传转化实验证实所获目的基因的功能。初步定位，是利用分子标记技术在一个目标性状的分离群体中把目的基因定位于染色体的一定区域内。常用于定位的分子标记有 RFLP、SSR、AFLP、STS 等。用于定位的分离群体有重组自交系、近等基因系、回交群体、F_3 家系群体等。

精细定位（fine mapping），就是在初步定位后，对目的基因区域进行高密度分子标记连锁分析。精细定位需要构建更大的分离群体，往往是图位克隆策略中最难和最耗时的限速步骤。利用侧翼分子标记分析和混合样品作图（bulk segregate analysis，BSA），可以有效地提高精细定位的效率。侧翼分子标记分析是利用初步定位的目的基因两侧的分子标记来鉴定更大分离群体单株，以确定标记与目的基因间发生交换的单株，再用这些单株分析两个标记间的所有分子标记，以确定与目的基因连锁最紧密的分子标记。混合样品作图是在准确鉴定目的基因的表型的基础上，把大群体中的单株分别混合提取 DNA，并且用目的基因附近的所有分子标记对混合的 DNA 样品池进行分析，根据所有池中包含有交换的 DNA 池的比例来确定与目的基因连锁最紧密的分子标记和目的基因附近所有分子标记的顺序。混合样品作图可以极大地提高分子标记分析效率，减少 DNA 提取的工作量，有利于扩大群体。随着高通量测序技术的普及，基于极端性状个体 DNA 或 RNA 混池进行 BSA - Seq 分析挖掘功能基因的方法体现出巨大的优势和应用前景。

运用图位克隆技术已从番茄中克隆到重要的抗病基因 *Pto*、*Cf - 2* 等。叶志彪研究组通过毛粉 802 与 IL2 - 3 和 IL2 - 5 基因渐渗系杂交，构建 F_2 群体，在第 2 条染色体上开发标记，通过图位克隆技术克隆了茸毛形成基因 *Wo*，并表明该基因调控茸毛发生，且基因纯合会导致胚胎败育（Yang 等，2011）。

3. 表型克隆——根据表型差异克隆基因　对于有些性状，既不了解控制其产生的相关基因的产物，也没有对相关基因进行定位，但已知植物表型在不同群体（或个体）中存在差异，利用这些差异就可以克隆相应基因。由于表型克隆（phenotype cloning）能较好地解决图位克隆策略所遇到的困难，因此被称作是分子遗传学观念上的一次革新。表型克隆与图位克隆相比，省去了用大量遗传标记进行定位分析的繁琐程序，可较容易地检测基因组之间差异或相同区域，大大加快了基因克隆的速度。

以下是几种常见的表型克隆方法：

（1）*转座子标签法*（transposon tagging）　转座子是可从染色体的一个位置转移到另一位置的 DNA 片段。转座子在生物界中普遍存在，并在生物的遗传进化方面有重要作用。根据结构的不同，转座子可以分为简单转座子和复杂转座子，这两类转座子在结构上具有两个共同的特征：①两端含有 20～40 个核苷酸的反向重复序列；②含有可以编码转座酶的基因。转座酶是转座子进行转座活动的关键因子。

转座子标签技术的基本原理是，利用转座子插入到基因内部或邻近位点，会引起相关表型突变的特点，以转座子的已知序列为标签，克隆因转座子插入而功能失活的基因。如果某基因的突变是由于转座子插入而造成的，那么以转座子序列为探针就可从变异株的基因组中筛选出带有此转座子的部分基因，再以突变基因的部分序列作探针，即可从野生型文库中克隆出完整的基因。

通常用于克隆植物基因的转座子有玉米的 Ac/Ds、En/Smp 和金鱼草的 Tn3 等。含有编码转座酶基因的自主转座子 Ac、En 能自主转座，而 Ds、Smp 是自己不编码转座酶的非自主转座子，它可和从自主因子改造过来的转座酶基因一起使用，这样就有自主转座子标签和双因子标签法两种形式。由于用自主转座子插入到突变基因内再解离或转座造成变异不稳定，而双因子转座可获得稳定插入的突变体，目前多用双因子标签法克隆植物基因。

转座子标签法克隆基因最初只在同源植物玉米和金鱼草中取得成功，后来用玉米和金鱼草的转座子在异源植物中克隆基因也获得成功。Jones 等（1998）通过转座子标签法从番茄中克隆到 *Cf - 9*。同时，随着拟南芥等模式植物以及水稻、番茄、黄瓜、马铃薯等作物的基因组测序完成，研究的热点正转向功能基因组的研究。转座子标签技术已经成为构建植物突变体库，进行基因功能研究的核心技术。中国在番茄上已经开展利用玉米 Ac/Ds 转座系统来构建突变体库的研究工作。

（2）*消减杂交*（subtractive hybridization，SH）　其基本原理是提取组织或器官特异表达的 mR-

NA，通过反转录酶合成cDNA的第1条链，然后与过量的不含有该组织或器官特异表达来源的mRNA杂交，去除cDNA和mRNA杂交的复合物，回收单链cDNA片段，用DNA聚合酶合成cDNA的第2条链。去除cDNA的发夹结构，构建富集特异表达基因的cDNA文库，再利用特异表达和不具有特异表达的cDNA作探针，进行差异杂交筛选，从富集cDNA文库中筛选出特异表达的阳性克隆，然后作序列分析，这样就克隆到特异表达的基因。

（3）抑制性消减杂交（suppression subtractive hybridization，SSH） SSH技术是1996年由Diatchenko建立的以抑制性PCR为基础的DNA消减杂交方法。其依据的技术主要有两点：①消减杂交；②抑制性PCR。经抑制性消减杂交后的cDNA群体不仅富集了差异表达基因（目的基因），而且目的基因间丰度的差异经过均等化作用已基本消除，使消减后的cDNA群体为丰度一致的目的基因群体。

其基本过程是：抽提两种不同细胞（tester和driver）的mRNA，反转录成cDNA，用四碱基识别酶（RsaⅠ）酶切两种cDNA产生平端片段；tester cDNA分别接上接头1和接头2，并与过量的经RsaⅠ消化的driver样本杂交。根据复性动力学原理，丰度高的单链cDNA退火时产生的同源杂交速度快于丰度低的单链cDNA，从而使得丰度有差别的cDNA的单链分子的相对含量趋向一致。这时混合两份杂交样品，同时加入新的变性driver cDNA进行第2次消减杂交。杂交完全后补平末端，加入合适引物（即adapter 1和adapter 2的部分特异序列）进行PCR扩增，只有含不同接头的双链DNA分子才可进行指数扩增，扩增产物即为目的片段。利用接头上的酶切位点可进行克隆、测序等。

SSH技术的优越性：①假阳性率大降低，这是它的最大优点。这是由它的两步消减杂交和两次抑制PCR所保证的。②高敏感性。在DDRT和cDNA-RDA中，低丰度的mRNA一般不易被检出，SSH方法所做的均等化和目标片段的富集，保证了低丰度mRNA也可能被检出。③速度快，效率高。一次SSH反应可以同时分离几十或成百个差异表达基因。另外，此技术还具有背景低，重复性好的特点。

SSH技术也有一定的缺点：①需要几微克量的mRNA，如若量不够，则低丰度的差异表达基因的cDNA很可能会检测不到，这是SSH技术不能被广泛应用的主要障碍；②SSH技术得到的cDNA是限制酶消化的cDNA，不再是全长cDNA，当然，这个缺陷可以通过筛选cDNA文库或者采用cDNA末端快速扩增技术（rapid amplification of cDNA ends，RACE）的方法获得全长目的基因；③不能同时在数个材料之间进行比较，材料之间存在过多的差异及小片段缺失也不能有效被检测。

此外，还有差异显示PCR法（differential display reverse-transcriptase PCR，DDRT-PCR）和cDNA代表性差异分析法（cDNA representational difference analysis，cDNA-RDA）。

（4）基因芯片技术（gene chips） 基因芯片，又称DNA芯片、DNA微阵列（DNA microarray），是指将许多特定的寡核苷酸片段或基因片段作为探针，有规律地排列固定于支持物上，然后与待测的标记样品的基因按碱基配对原理进行杂交，再通过激光共聚焦荧光检测系统等对芯片进行扫描，并配以计算机系统对每一探针上的荧光信号作出比较和检测，从而迅速得出所要的信息。基因芯片技术具有高通量、高信息量、快速、并行检测、样品用量少、用途广等优点，已经被应用到基因表达检测、突变检测、基因组多态性分析和基因文库作图以及杂交测序等方面。基因芯片根据序列性质可分为基因表达芯片（gene expression microarray）和DNA测序芯片（DNA sequencing chip）两类；按基因芯片的用途可分为表达谱芯片、诊断芯片、指纹图谱芯片、测序芯片等；根据所用探针的类型可分为cDNA微阵列芯片和寡核苷酸阵列芯片。

在植物基因克隆方面，运用较多的是基因表达芯片。基因表达芯片可以将克隆到的成千上万个基因的特异探针或所构建的cDNA文库内的cDNA片段固定在一块芯片上，对来源于不同的个体、组织、发育阶段或诱导处理条件下差异表达的mRNA反转录为cDNA进行检测，找出差异表达的序列，以差异序列设计探针就可从文库中筛出相应的克隆，经测序鉴定就可以确定是否为新基因。基因芯片具有高度的敏感性和特异性，它可以监测细胞中几个至几千个 mRNA 拷贝的转录情况。现代的 RNA - Seq 技术可取代基因芯片技术，正在广泛地运用于基因表达差异分析。

已经在越来越多的植物物种中开发出商业芯片，并应用于基因克隆。叶志彪研究小组通过表达芯片分析技术，从不同逆境条件下的番茄分离出番茄耐旱、耐盐，以及耐低温胁迫的关键基因（Ouyang et al.，2007；Gong et al.，2010）。类似的，也筛选到番茄抗坏血酸合成代谢相关的转录因子、果实成熟基因 *RIN* 响应的转录因子 fruitful 等（Zhang et al.，2011；Wang et al.，2014）。

4. 同源序列法——根据基因的已知同源序列克隆基因　同源序列法是根据与待克隆基因同源的已知序列进行基因克隆的方法。目前很多植物基因序列已知，当要克隆类似基因时，可先从 Genbank 库或特定物种的基因组数据库中找到有关基因序列，设计出特异引物，再以植物基因组 DNA 或者 cDNA 为模板，采取 PCR 或 RT - PCR 的方法来扩增目的基因。扩增的片段经纯化后，连接到合适的载体上，进行序列分析，比较验证而确认目的基因的克隆。这是 PCR 技术诞生后出现的一种快速、简便克隆植物基因的方法。

有时要从其他的种、属植物中克隆同源基因时，可以先比较已知的基因序列，寻找比较保守的区域，根据此区域的序列设计并合成探针，然后从 cDNA 文库或者基因组文库中筛选到目的基因的克隆。抗病基因同源序列法（resistance gene analogs，RGA）也属于同源序列克隆的范围。尽管抗病基因的病原物种类不同，有真菌、细菌、病毒和线虫等，但这些抗病基因的产物（即在抗病反应中起重要作用的蛋白质）却存在着非常类似的结构域，如核苷酸结合位点（NBS）、富亮氨酸重复序列（LRR）、丝氨酸/苏氨酸激酶（STK）、亮氨酸拉链结构（LZ）、跨膜结构域（TM）、白介素- 1 区域（TIR）等。利用这些保守结构域的特性，设计特异性的简并引物，以植物总 DNA、cDNA 为模板进行 PCR 扩增，就可得到抗病基因的候选片段，再通过分析验证确认目的基因的克隆。叶志彪研究小组根据番茄抗线虫基因 *Mi* 的保守区域，设计兼并引物，从辣椒中克隆了辣椒抗根结线虫基因 *Me*，通过在番茄中过表达鉴定了 *Me* 基因的抗根结线虫的功能（Chen 等，2007）。同时，利用抗病基因保守区域，克隆分析了辣椒中的抗病同源序列 RGA（张丽英，2010）。

5. 测序克隆——通过测定 DNA 的序列克隆基因　上述介绍的基因克隆策略都是在人们了解基因特性的基础上进行的，而对人们一无所知的基因的克隆，则需要大规模测序和计算机分析技术来完成。利用测序克隆基因的策略有两种：

（1）cDNA 测序　该方法是重点研究被转录的基因序列，即从构建的 cDNA 文库中随机挑取克隆进行 DNA 序列分析，然后输入计算机并与数据库中已知基因序列比较，进行贮存。这一策略的目标是着重获取大量正在表达的遗传信息，而非针对某一特定基因，它一般只测 1 个反应（约 500 bp），不要求测得全长 cDNA 序列，故这些序列被称为表达序列标签（expressed sequence tags，EST）。

但是，cDNA 测序不能测出许多重要基因的基因内和基因间的调控序列，特别是表达量极低或者不表达的基因。有时，从几个不同基因的高度保守区可得到相同的 cDNA 片段；有时，一个较大的基因不同外显子经过选择性剪切产生若干不同的 cDNA 片段。此外，基因的表达具有时空特异性，要获得全部基因还需进行 DNA 全序列分析。Gong 等（2010）利用基因芯片的方法，研究了抗旱的 IL 系与对照中抗旱途径的变化和差异基因的表达，获得了番茄耐旱关键基因。通过功能鉴定，表明 *USP* 基因可以显著增强番茄的抗旱性。

（2）基因组测序　这是目前大多数基因组测序中心在进行大规模基因测序时采用的方法，是人类、果蝇、拟南芥、水稻等各种模式生物基因组计划所采用的策略。DNA 全序列分析包括两种策略，即全基因组鸟枪法（whole genome shot - gun strategy）和分级鸟枪法（hierarchical shot - gun strategy）。

“分级鸟枪策略”是先构建基因组的大尺度物理图谱，然后从物理图谱中挑选出一组重叠效率较高的克隆群作为样本，进行鸟枪法随机测序。其基本步骤是：先将样本 DNA 随机切成 1.5 kb 左右的片段并克隆到合适的测序载体，再对每千个碱基的 DNA 进行 10～30 个亚克隆的高覆盖率的测序，然后根据测出的相互重叠序列组装成连续的多序列重叠线，最后从质量最高的测得序列中获得一致序列（consensus sequence）。由于在测序中每个克隆都是相对独立的，这样计算机在处理时就相对容易，也减少了填补间隙（gap）的工作难度。

“全基因组鸟枪策略”是直接将全基因组随机打断成小片段DNA，构建质粒文库，然后直接测序，测序的结果用计算机进行序列拼接。这个方法的提出将传统的基因组测序思路颠倒了过来，它的策略思想是先测序，后作图，省去了复杂的构建物理图谱的过程，是对不完整DNA序列的巧妙应用，可以大大加快基因组测序的步伐，其最大的优点是经济、快速、高效，但要求高性能的计算方法和设备。

随着技术的发展与研究的深入，DNA测序技术也得到了不断的创新与改良。新一代的测序技术也就应运而生，这类技术都是将片段化的基因组DNA连接上通用接头，随后应用不同的方法方式来产生上百万甚至更多的单分子多拷贝PCR克隆阵列。之后进行引物杂交与酶的延伸反应，这些反应可以大规模地同时进行，可以实现一次对几十万到几百万条DNA分子序列测定，然后对每一步反应所产生的信号进行同时的检测，再经过计算机分析获得完整的DNA序列信息。目前比较成熟的商品化测序技术主要有基于合成测序的454与Solexa，以及连接测序的SOLiD。新一代高通量测序技术使得对一个物种的转录组、基因组、表观组进行细致全貌的分析成为可能，所以又被称为深度测序（deep sequencing）。

为了追求更高的测序速度、准确度，以及降低测序成本，单分子测序也就应运而生。目前单分子测序作为更新一代的技术也已经有了较好的发展，其中具有代表性的是Helico Bio Science、Pacific Bio的单分子测序技术和基于纳米孔的测序技术。

利用基因组测序技术完成了黄瓜、番茄、马铃薯、辣椒、白菜、甘蓝、莲藕等基因组序列草图的绘制，这对蔬菜作物转基因育种提供了良好的基因资源。

6. GWAS——通过连锁不平衡克隆基因 基于覆盖全基因组的单核苷酸多态性（SNP）标记和基于连锁不平衡（linkage disequilibrium，LD）的全基因组关联分析（GWAS）是解析作物产量、品质和抗性等重要性状遗传基础的有效新途径。近年，由中国农业科学院、华中农业大学、东北农业大学等单位合作的利用全基因组关联分析发现了控制粉果果皮颜色基因*SlMYB12*的关键变异位点，此位点的变异导致成熟的粉果番茄果皮中不能积累类黄酮。这一发现为培育粉果番茄品种提供了有效的分子育种工具（Lin等，2014）。

二、转基因技术

（一）植物表达载体

将克隆到的基因导入到植物中，通常需要特定的载体介导遗传转化。用作真核细胞遗传转化的载体有一些共性，通常带有“标记”基因，具有多个独特酶切克隆位点，便于DNA的分子操作。表达载体（expression vectors）就是在克隆载体基本骨架的基础上增加表达元件（如启动子、终止子、标记基因），使目的基因能够表达的载体。常用的植物表达载体是农杆菌的Ti质粒和Ri质粒。另外还有病毒表达载体，用于在植物中瞬时表达目的基因。

1. 根癌农杆菌Ti质粒载体 农杆菌有4个种，其中与植物基因工程有关的主要是根癌农杆菌（*Agrobacterium tumefaciens*）和发根农杆菌（*A. rhizogenes*）。根癌农杆菌是一种土壤杆菌，在自然条件下，能通过伤口感染植物形成冠瘿瘤（crown gall），一旦冠瘿瘤形成，即使去除农杆菌，肿瘤组织仍能独立生长。这种病理现象早在1907年就被植物病理学家发现，直到1974年Zeahen等才从农杆菌中分离出200 kb的质粒，并发现它与致病性有关（Watsan et al.，1975）。1977年，Chilton等证明由根癌农杆菌的Ti质粒上的一段转移DNA（transferred-DNA，T-DNA）插入并整合到植物的基因组中引起的。这一发现很快使植物基因工程研究者把它作为转化载体而加以改进和利用。

植物细胞具有全能性，但用野生的 Ti 质粒 T-DNA 插入到植物基因组后，形成的瘤状组织就很难再生成株。1983 年，Motagu 等和 Fralcy 等分别将 T-DNA 上的致瘤区段（oncogenicity region）切除，代之以外源基因，实验证明外源基因可转入到植物基因组，并从转化的组织再生成完整的植株，至此，第一例转基因植物诞生。同时也证明这些致瘤基因只是为了维持农杆菌的正常生活所必需，对植物既非必需又无益处，因此可以切除掉。

Chilton 等（1982）在植物基因工程研究中取得的另一项突破性进展是将细菌的新霉素磷酸转移酶基因（*NPT Ⅱ*）转入植物细胞后使植物细胞获得可抗卡那霉素抗性，这一发现使植物基因工程研究者在切除原致瘤基因后，可加入选择标记基因对转化植物细胞加以选择。*NPT Ⅱ* 成为迄今用得最广泛的选择标记基因。目前用作选择标记的基因已发展了很多，如 *HPT*、*EPSPS*、*bar* 等。

Ti 质粒可进行系列改造，切除致瘤基因成为 Onc^- 后，引入适于克隆操作的小质粒载体，即共整合载体（cointegrative vector）和双元载体（binary vector）。目前而言，由于双元载体系统具易于构建和遗传操作，以及植物转化效率高等特点而被广泛采用。

双元载体系统主要包括两个 Ti 质粒，即微型 Ti 质粒和辅助 Ti 质粒。微型 Ti 质粒就是含有 T-DNA 边界，缺失 *vir* 的 Ti 质粒，因而转化的植物不会产生肿瘤。辅助 Ti 质粒含有 Vir 区域。实际上辅助 Ti 质粒是 T-DNA 缺失的突变型 Ti 质粒，其主要作用是提供 *vir* 功能，激活处于反式位置上的 T-DNA 转移。最常用的辅助 Ti 质粒是根癌农杆菌 LBA4404 所含有的 pAL4404。双元载体系统的发展是为了简化实验过程，便于实验操作，它充分利用 *vir* 对 T-DNA 的反式作用特点，只要把外源基因插入到广谱的大肠杆菌质粒 T-DNA 区域内，而不需修饰 Vir 质粒（不带 T-DNA）来满足同源重组的要求，因而操作更灵活。较为常用的双元载体系统有 pCAMBIA 系列载体和 pBI121。

此外，还有利用农杆菌属的发根农杆菌 Ri 质粒 T-DNA 进行植物遗传转化的。Ri 质粒可诱导植物外植体生成毛状根并由其再生成植株，因此，Ri 质粒可以作为植物转化的有效载体，在植物上有所应用。

2. 植物病毒表达载体　以上所述是用转基因的方法将外源基因整合入植物基因组进行稳定表达。此外，外源基因还可以通过植物病毒载体系统进行瞬时表达。与利用转基因表达外源基因相比，植物病毒载体是一类新型的外源基因表达载体。病毒表达载体有许多优点：①病毒增殖水平较高，可使伴随的外源基因有高水平表达。相对于基因遗传转化，其表达量可高出 100 多倍；②病毒增殖速度快，外源基因在较短的时间内（通常在接种后 1～2 周以内）就可达到最大量的表达；③植物病毒基因组小，易于进行遗传修饰，而且大多数病毒可以通过机械接种感染植物，这样易于在商业上大面积操作；④植物病毒可以侵染许多单子叶植物，扩大了基因工程的作用范围等。另外，植物病毒主要是利用植物细胞的遗传物质进行繁殖，可以使伴随表达的外源蛋白进行真核生物特有的修饰如翻译后加工和糖基化，这也是大肠杆菌和酵母等表达系统所不能达到的。利用植物病毒构建表达载体，可以通过 5 种方法，即基因取代（gene replacement）、基因插入（gene insertion）、融合抗原（epitope presentation）、基因互补（gene complementation）及融合/释放策略（fusion/release）等。

在基础研究领域，植物病毒载体的出现为研究许多生物学现象提供了强有力的工具，其中包括基因重组，植物病毒的运动、包壳和传播，基因沉默以及鉴定和分析基因的功能等诸多方面，特别是对于后基因组时代大量未知功能基因需要进行功能鉴定的情况，植物病毒载体提供了高效快捷的途径。

在植物基因功能鉴定上，利用病毒诱导的基因沉默（VIGS）是一种快捷的方法。VIGS 是植物体中天然存在的一种抵御外源核酸入侵的防御系统，正常情况下保护植物免受病毒的侵染。植物的这种防御机制可被病毒 RNA 激活，造成转录后基因沉默。如果在病毒载体中插入目标基因片段，侵染寄主植物后，植物会表现出目标基因功能丧失或表达水平下降的表型。利用这种机制就可初步确定基因功能。目前，VIGS 技术已发展成为一种简单、快速、高通量的分析已知序列基因功能的方法。

但是，植物病毒表达载体也存在弊端：①载体稳定性较差；②外源基因大小受到一定限制；③病毒载体的接种方法需要摸索。病毒载体的摩擦接种方法易受环境条件的影响，导致接种效果不够稳定；④安全性问题尚待商榷。

3. 植物基因定点编辑系统 随着蔬菜基因组的解析以及功能基因的发掘，可以通过基因组定点编辑开展蔬菜定向遗传改良。目前使用较多的基因组编辑系统有锌指蛋白核酸酶（zinc-finger nuclease，ZFN）和类转录激活因子效应物核酸酶技术（transcription activator-like effectors nuclease，TALEN），以及最近发展起来的CRISPR-Cas系统（Jansen et al.，2002）。CRISPR（clustered regularly interspaced short palindromic repeat sequences）是指成簇的规律间隔短回文重复序列，Cas（CRISPR associated）是指与CRISPR相关的蛋白，CRISPR-Cas系统是应用潜力最大的基因组定点编辑方法。Brooks等（2014）利用CRISPR-Cas系统建构2个sgRNAs（single guide RNA）来敲除番茄*SlAGO7*基因，通过根癌农杆菌法侵染番茄子叶获得转基因突变株，对转基因后代分析显示CRISPR-Cas在番茄中诱导的突变能够稳定遗传给后代，但不排除存在脱靶效应。

（二）植物遗传转化

1. 遗传转化体系 将目的基因重组DNA通过一定途径导入到受体植物基因组，称之为遗传转化。有三大关键因素是遗传转化过程必须考虑的。首先要有适宜的基因（包括目的基因、标记基因或报告基因）和合适的选择条件；其次是高效的组织培养体系，植物细胞必须能够有效地再生成株；第三是外源基因导入到植物的途径和方法，要求损伤小、频率高，且外源基因能稳定地整合到基因组并具有正常的时空表达能力。目前植物基因转移方法很多，归结起来有依赖组织培养和不依赖组织培养两大类。前者主要有农杆菌Ti（或Ri）质粒介导法、基因枪轰击法和PEG法，后者主要有花粉管通道法、DNA浸泡法和真空渗入法。任何一种转化体系并不适合所有植物，需要根据特定植物物种或品种选择转化体系。

转化受体是指用于接受外源DNA的转化材料。良好的植物基因转化受体系统应满足如下条件：①高效稳定的再生能力；②受体材料要有较高的遗传稳定性；③具有稳定的外植体来源，即用于转化的受体要易于得到而且可以大量供应，如胚和其他器官等；④对筛选剂敏感，即当转化体筛选培养基中筛选剂浓度达到一定值时，能够抑制非转化植株细胞的生长、发育和分化，而转化细胞能正常生长、发育和分化形成完整的植株。

很多蔬菜作物已经逐步建立较为完善的转化体系，但不同蔬菜作物的转化体系和效率不尽相同。目前受体材料系统存在的主要问题是：再生率低，基因型依赖性强，再生细胞部位与转化部位不一致等。常用的受体系统有以下几大类型：

（1）愈伤组织再生系统 愈伤组织再生系统是指外植体材料经过脱分化培养诱导形成愈伤组织，再通过分化培养获得再生植株的再生系统。愈伤组织受体再生系统具有外植体材料来源广泛，繁殖迅速，易于接受外源基因，并且转化效率高的优点。缺点是转化的外源基因遗传稳定性差，容易出现嵌合体。

（2）直接分化再生系统 直接分化再生系统是指外植体材料细胞不经过脱分化形成愈伤组织阶段，而是直接分化出不定芽形成再生植株。此类再生系统的优点是获得再生系统的周期短、操作简单，体细胞变异小，并且能够保持受体材料的遗传稳定性。

（3）原生质体再生系统 由于原生质体具有全能性，能够在适当培养条件下诱导出再生植株，也可以作为受体材料。事实上，原生质体受体系统是应用最早的再生受体系统之一。该系统的优点是能够直接高效、广泛地摄取外源DNA或遗传物质，可以获得基因型一致的克隆细胞，所获转基因植株嵌合体少，并适用于多种转化系统；缺点是不易制备、再生困难和变异程度高等。

（4）胚状体再生系统 胚状体是指具有胚胎性质的个体。胚状体作为外源基因转化的受体具有个体数目巨大、同质性好，接受外源基因的能力强，转基因植株嵌合体少，易于培养、再生等优点。不足之处是所需技术含量较高，在包括多数禾本科作物在内的许多植物上不易获得胚状体，使胚状体再生受体系统的应用受到了很大的限制。

（5）生殖细胞受体系统　利用植物自身的生殖过程，以生殖细胞如花粉粒、卵细胞等受体细胞进行外源基因转化的系统，称为生殖细胞受体系统。目前主要从两个途径利用生殖细胞进行基因转化：一是利用组织培养技术进行小孢子和卵细胞的单倍体培养、转化受体系统；二是直接利用花粉和卵细胞受精过程进行基因转化，如花粉管导入法、花粉粒浸泡法、子房微针注射法等。

2. 根癌农杆菌介导法　在植物基因工程的发展中，研究最清楚和应用最成功的是农杆菌介导的遗传转化。第一批能表达外源基因的转基因植物是由农杆菌介导转化获得的。目前农杆菌介导的遗传转化是基于 Horsech 等（1985）提出的叶盘法（leaf disc）逐步完善的。叶盘法是先将含有外源基因的农杆菌侵染叶片，再将叶盘与农杆菌共培养，再用抗生素进行选择，使带有插入基因的细胞再生成株。将叶盘法稍加改进就有利用子叶、茎段、下胚轴、块茎、韧皮组织、块茎薄壁组织、细胞或细胞团等作为外植体的方法。目前包括双子叶植物和单子叶植物的许多植物物种先后建立了农杆菌介导的转化体系。农杆菌转化法可以将 100 kb 以上的大片段导入植物基因组中，有利于作物遗传改良。农杆菌蛋白因子 VirD2 和 VirE2 甚至可以将 T-DNA 整合至哺乳动物细胞中（Pelczar et al.，2004）。

通过农杆菌介导的遗传转化，其受体可以是子叶、下胚轴、茎段、愈伤组织或原生质体等，通过组织培养再生途径获得转基因植株。受体还可以是整个植株，通过真空渗入法或者花序浸染法，不需要经过组织培养阶段，直接获得转化植株。

在双子叶植物中，以子叶为外植体较为常用。选取健康的无菌苗，切下带有部分叶柄基部的子叶，将带有新鲜伤口的子叶与携带目的基因的农杆菌液进行短期共培养，农杆菌通过伤口感染将外源目的基因导入细胞内并整合到植物基因组中。

而真空渗入法适合拟南芥等模式植物，在十字花科蔬菜中也具有潜在的应用价值。将适宜转化的健壮植株倒置浸于装有携带外源目的基因的农杆菌渗入培养基的容器中，经真空处理，创伤，使农杆菌通过伤口感染植株，在农杆菌的介导下，发生遗传转化。这是一种简便、快速、可靠而且不需要经过组织培养阶段即可获得大量转化植株的基因转移方法，具有良好的研究与应用前景。

3. 基因枪轰击法　基因枪技术（particle gun），又称粒子轰击技术（particle bombardment）和高速微粒子发射技术（high-velocity microprojectile）。其原理是利用高速飞行的微米或亚微米级惰性粒子（钨或金粉），将包被其外的目的基因直接导入受体细胞，并释放出外源 DNA，使 DNA 在受体细胞中整合表达，从而实现对受体细胞的转化。根据动力来源不同，基因枪可大体分为火药式（gun powder）、放电式（electric discharge）和气动式（pneumatic）3 种类型。3 种基因枪在原理、可控度和入射深度上都有差异。火药式基因枪的粒子速度由火药的数量及速度调节器控制，无法实现无级调速，可控度较低。放电式基因枪利用电加速器，通过高压放电将钨（金）粉射入受体细胞。它通过调节放电电压来控制粒子的速度和入射深度，能做到无级调速，准确控制包被目的基因的钨（金）粉粒子到达能够再生的细胞层。气动式基因枪的动力系统由氦气、氮气或二氧化碳等驱动。一种方法是把载有目的基因的钨（金）粉悬滴置于一张金属筛网上，利用高压气体的冲击，射入受体细胞。另一种方法是外源目的基因无需事先沉淀在钨（金）粉上，而使两者混合后雾化，再由高压气体驱动射入受体细胞，这种系统的靶范围可精确控制到 0.15 mm 左右，适于组织及胚胎的转化。这种基因枪更安全清洁，通过调节气体压力可有效控制粒子速度，使金属粒子分布更均匀，每枪之间的差异更小，且转化效率高。研究表明，高压放电及高压气体轰击的转化率均高于火药引爆法。

由于基因枪法的操作对象可以是完整的细胞或组织，这就克服了受体材料的限制，而且不必制备原生质体，具有相当广泛的应用范围。由于有些单子叶植物的遗传转化受农杆菌寄主限制，因此利用基因枪技术将外源 DNA 导入完整细胞成为单子叶植物遗传转化的主要手段。

4. 花粉管通道法 花粉管通道法（pollen tube pathway）也称子房注射法，是在授粉后向子房注射含目的基因的DNA溶液，利用植物在开花、受精过程中形成的花粉管通道，使外源DNA进入胚囊，转化受精卵或其前后的细胞（卵、早期胚细胞），进而自然发育成种子。花粉管通道法不仅可以用于外源总DNA的导入，也可以用于基因的导入。它是一种直接、简便的转基因方法，不需要组织培养的继代，从而排除了植株再生的障碍。利用花粉管通道法导入外源基因通常有以下几种方法：①微注射法：一般适合于花器官较大的作物，该方法利用微量注射器将带有外源基因的农杆菌也注射入受精子房；②花序浸染法：在授粉前后，将待转基因的菌液滴加在柱头上，或将花序浸染在农杆菌菌液中，通过负压渗透，促使农杆菌向花粉管转移。目前花粉管通道法在十字花科应用较为广泛。在基因瞬时表达研究时，农杆菌注射法（agroinfiltration）应用得较为成功。

微注射法是利用琼脂糖包埋、聚赖氨酸粘连和微吸管吸附等方式将受体细胞固定，然后将供体DNA或RNA直接注射进入受体细胞。所用受体一般是原生质体或生殖细胞，对于具有较大子房或胚囊的植株则无须进行细胞固定，在田间就可以进行活体操作，被称为"子房注射法"或"花粉管通道法"。以烟草、苜蓿和玉米原生质体等为受体材料，利用上述方法都获得了成功。此外，在玉米、小麦、水稻等多种植物上，也有利用子房注射法成功地获得转基因植株的报道。微注射法的优点是可以进行活体操作，不影响植物体正常的发育进程。田间子房注射操作简便、成本低，但只对子房比较大的植物有效，对于种子很小的植物操作要求精度高，需要显微操作，转化率也相对较低，而且转基因后代容易出现嵌合体。

花序浸染法操作相对较简便，花序浸染法首先在拟南芥的转化中获得成功。该方法主要步骤为：在开花早期将花浸入含农杆菌菌液的液体培养基，然后用真空泵抽真空处理再恢复常压，使农杆菌菌液深入到植物组织内部。真空处理之后植株处于一种极度衰弱的状态，需平放于高湿环境中进行恢复性生长，然后转栽于正常生长条件，收获种子，筛选、检测转基因植株。花序浸染法操作简便，转化效率较高（>1%）。在大白菜等作物中也均有成功应用的报道。

5. 其他遗传转化方法 其他遗传转化方法包括化学刺激法和DNA浸泡法等。化学刺激法是借助于聚乙二醇（PEG）、聚乙烯醇（PVA）或者多聚-L-鸟苷酸（PLO）等细胞融合剂的作用，这些多聚物和二价阳离子（如Mg^{2+}、Ca^{2+}、Mn^{2+}）及DNA常常在原生质体表面形成沉淀颗粒，通过原生质体的内吞作用而被吸收。大多数化学试剂利用是为了保护DNA，刺激核酸进入原生质体，但是它们常使细胞活性下降，如多胺（polyamines）、葡聚糖硫酸酯（dextransulfate）、脂质体等。其中以PEG的应用最为成功。PEG能使DNA大分子沉淀，刺激细胞内摄吸收，而对原生质体无大损伤。在DNA吸收之后，原生质体再以较高密度培养在常规培养基上，一旦细胞壁再生细胞即启动分裂，然后再以较低密度培养在选择培养基上。此法需要原生质体的分离和植株再生，费时费力，后代变异大，并且受基因型限制。

三、转基因植株的鉴定技术

（一）转基因植株的鉴定

植物外植体经过农杆菌等介导或DNA的直接转化后，尽管经过抗生素筛选压的选择，仍然有一部分再生细胞、组织、器官或植株是没有转化的，称之为逃逸体。转化再生细胞、组织、器官或植株需要经过鉴定，确认外源基因是否导入受体基因组中。目前，应用于转基因植株的鉴定方法可分为从DNA水平上鉴定外源基因是否整合至受体基因组，从转录水平上鉴定转基因的表达效率，从翻译水平上鉴定外源蛋白的表达量。

1. DNA水平的鉴定 DNA水平的鉴定主要是检测外源目的基因是否整合进入受体基因组，整合的拷贝数以及整合的位置，常用的检测方法主要有特异性PCR检测和Southern杂交。特异性PCR

反应是利用 PCR 技术，以待检测植株的总 DNA 为模板在体外进行扩增，检测扩增产物片段的大小以验证是否和目的基因片段的大小相符，从而判断外源基因是否整合到转化植株之中。特异性 PCR 检测方法具有简单、迅速、费用少的优点，但是检测结果有时不可靠，假阳性率高，因此必须与其他方法配合使用。Southern 杂交的原理是依据外源目的基因碱基同源性配对进行的，将外源目的基因全部或部分序列制成探针与转化植株的总 DNA 进行杂交，它是从 DNA 水平上对转化体是否整合外源基因以及整合的拷贝数进行鉴定的方法。

2. 转录水平的鉴定　通过 Southern 杂交可以得知外源基因是否整合到染色体上。但是，整合到染色体上的外源基因能否表达还未知，因此必须对外源基因的表达情况进行转录水平和翻译水平鉴定。转录水平鉴定是对外源基因转录形成 mRNA 情况进行检测，常用的方法主要有 Northern 杂交和 RT－PCR（reverse transcribed PCR）检测。

Northern 杂交可分为 Northern 斑点杂交和印迹杂交。其中斑点杂交是检测植物基因转录稳定表达量的有效方法。其原理是利用标记的 RNA 探针对来源于转化植株的总 RNA 进行杂交，通过检测杂交条带放射性，或其他标记信号的有无和强弱来判断目的基因转录与否以及转录水平的高低。Northern 印迹杂交的基本步骤是：先提取植物的总 RNA 或者 mRNA，用变性凝胶电泳分离，不同的 RNA 分子将按分子量大小依次排布在凝胶上，再将它们原位转移到固相膜上，在适宜的离子强度及温度下，探针与膜上同源序列杂交，形成 RNA－DNA 杂交双链。通过探针的标记性质可以检测出杂交体，并根据杂交体在膜上的位置可以分析出杂交 RNA 的大小。

RT－PCR 检测是以植物总 RNA 或者 mRNA 为模板进行反转录，然后再经 PCR 扩增，若扩增条带与目的基因的大小相符，则说明外源基因实现了转录。如同检测外源基因是否整合进入基因组 DNA 时所用的特异性 PCR 方法一样，用 RT－PCR 法检测外源基因转录情况具有简单、迅速的优点，但是对外源基因转录的最后确定，还需要与 Northern 杂交的实验结果相互结合验证。实时荧光定量 PCR（real－time quantitative PCR）是在 RT－PCR 反应过程中，通过引入携带荧光基团的寡核苷酸，可以实时监测荧光积累反映出扩增产物的多少，从而体现出基因表达强度。

3. 翻译水平的鉴定　为检测外源基因转录形成的 mRNA 能否翻译，还必须从蛋白质水平进行检测，最主要的方法是 Western 杂交。在 Western 杂交中，先将从转基因植株提取的待测样品溶解于含有去污剂和还原剂的溶液中，经过 SDS 聚丙烯酰胺凝胶电泳后转移到固相支持物上（常用硝酸纤维素滤膜），然后与抗靶蛋白的非标记抗体反应，最后，结合上的抗体可用多种二级免疫学试剂（^{125}I 标记的 A 蛋白或抗免疫球蛋白、与辣根过氧化物酶或碱性磷酸酶偶联的 A 蛋白或抗免疫球蛋白）进行检测。在转基因植株中，只要含有目的基因在翻译水平表达的产物均可采用此方法进行检测鉴定。

（二）转基因的表达与遗传

一般来说，将靶基因导入受体基因组中，目的有两个，一是通过转基因来研究靶基因的功能；二是通过转基因赋予植物新的产物或性状。无论是功能研究或者性状改良，都以靶基因有效表达为前提。根据其外源基因表达的时间长短分为瞬间表达（transient expression）和稳定表达（stable expression）。瞬间表达主要是将外源基因导入到原生质体后，研究基因表达的水平和组织特异性，了解启动子、增强子的功能，而不需要等待细胞长期稳定的改变，因此在基因工程基础研究中应用较多。对于以改良植物性状为目的基因工程都需要外源基因导入到植物细胞后稳定整合和表达，并在后代中稳定遗传。

大部分转化植株的外源基因呈现出单基因显性的孟德尔式分离，自交后代表现 3∶1 分离，与非转化亲本杂交后代表现 1∶1 分离规律。也有少部分表现出作为两个不连锁的显性基因，在自交后代中表现出 15∶1 的分离规律，或者呈现两对以上显性基因的分离规律。但是显性个体比例显著低于孟德尔比例的现象也普遍存在，这大多发生在早期世代。极少数转化体还常常发生复杂的转基因分离，例如有的转基因当代自交一代符合 3∶1 的分离规律，自交二代却不符合孟德尔规律。转基因无规律分离的可能原因有：外源基因的重排或者缺失；外源基因导入诱发的隐性致死突变或转基因纯合致死；含转基因的雄配子致死；非转化体在早代逃避选择等。进一步研究表明，转基因分离方式的多样性与转基因的整合方式和拷贝数有关。

（三）增强转基因的表达策略

理想的转基因植物往往需要外源基因在特定部位和特定时间内高水平表达，产生人们期望的表型性状。然而外源基因在受体植物内往往会出现表达效率低、表达产物不稳定甚至基因失活或沉默等不良现象，导致转基因植物无法实际应用。这可能需要进一步改进优化。

1. 启动子的选用和改造 选择合适的植物启动子在决定基因表达方面起关键作用。目前在植物表达载体中广泛应用的启动子是组成型启动子，例如，CaMV35S（大多数双子叶植物转基因使用）、Ubiquitin 和 Actinl 启动子（单子叶植物转基因使用）。在这些组成型表达启动子的控制下，外源基因在转基因植物的所有部位和所有的发育阶段都会表达。然而，外源基因在受体植物内持续、高效地表达不但造成浪费，往往还会引起植物的形态发生改变，影响植物的生长发育。为了使外源基因在植物体内有效发挥作用，同时又可减少对植物的不利影响，可选用组织或器官特异表达启动子，如种子特异性启动子、果实特异性启动子、叶肉细胞特异性启动子、根特异性启动子、损伤诱导特异性启动子、化学诱导特异性启动子、光诱导特异性启动子、热激诱导特异性启动子等。这些特异性启动子的克隆和应用为在植物中特异性地表达外源基因奠定了基础。例如，通过果实特异性启动子驱动 ACC 氧化酶基因反义（anti－sense）基因，可以在果实组织中特异地抑制乙烯形成，延迟果实成熟和衰老。构建复合式启动子是增强外源基因表达的有效途径，例如将章鱼碱合成酶基因启动子的转录激活区与甘露碱合成酶基因启动子构成了复合启动子，GUS 表达结果显示改造后的启动子活性比 35S 启动子明显提高。

2. 增强翻译效率 为了增强外源基因的翻译效率，构建载体时一般要对基因进行修饰，主要从三方面考虑：

（1）*添加 5′－3′-非翻译序列* 真核基因的 5′－3′-非翻译序列（UTR）对基因的正常表达是非常必要的，该区段的缺失常会导致 mRNA 的稳定性和翻译水平显著下降。例如，在烟草花叶病毒（TMV）的 126 ku 蛋白基因翻译起始位点上游，有一个由 68 bp 核苷酸组成的 Ω 元件，这一元件为核糖体提供了新的结合位点，能使 GUS 基因的翻译活性提高数十倍。

（2）*优化起始密码周边序列* 虽然起始密码子在生物界是通用的，然而，从不同生物来源的基因各有其特殊的起始密码周边序列。例如，植物起始密码子周边序列的典型特征是 AACCAUGC，动物起始密码子周边序列为 CACCAUG，原核生物的则与两者差别较大。Kozak（1987）详细研究发现在真核生物中，起始密码子周边序列为 ACCATGG 时转录和翻译效率最高，特别是－3 位的 A 对翻译效率非常重要。该序列被后人称为 Kozak 序列，并被应用于表达载体的构建中。

（3）*对基因编码区加以改造* 如果外源基因是来自于原核生物，由于表达机制的差异，这些基因在植物体内往往表达水平很低。例如，来自于苏云金芽孢杆菌的野生型杀虫蛋白（Bt）基因在植物中的表达量非常低，mRNA 稳定性差。美国 Monsanto 公司 Perlak 等在不改变毒蛋白氨基酸序列的前提下，对杀虫蛋白基因进行了改造，选用植物偏爱的密码子，增加了 GC 含量，去除原序列下影响 mRNA 稳定的元件，结果在转基因植株中 Bt 蛋白的表达量增加了 30～100 倍，抗虫效果显著增强。

3. 消除位置效应 当外源基因被移入受体植物中之后，它在不同的转基因植株中的表达水平往往有很大差异。这主要是由于外源基因在受体植物的基因组内插入位点不同造成的。这就是所谓的“位置效应”。为了消除位置效应，使外源基因都能够整合在植物基因组的转录活跃区，在目前的表达载体构建策略中通常会考虑到核基质结合区（matrix association region，MAR）以及定点整合技术的应用。

4. 构建叶绿体表达载体　叶绿体转化可以克服细胞核转化中经常出现的外源基因表达效率低，位置效应及由于核基因随花粉扩散而带来的生物安全等问题。目前构建的叶绿体表达载体基本上都属于定点整合载体。构建叶绿体表达载体时，一般都在外源基因表达盒的两侧各连接一段叶绿体的DNA序列，称为同源重组片段或定位片段。当载体被导入叶绿体后，通过这两个片段与叶绿体基因组上的相同片段发生同源重组，就可能将外源基因整合到叶绿体基因组的特定位点。到目前为止，已在马铃薯等多种作物中相继实现了叶绿体转化。由于叶绿体基因组的高拷贝性，定点整合进叶绿体基因组的外源基因往往会得到高效率表达。

5. 定位信号的应用　上述几种载体优化策略的主要目的是提高外源基因的转录和翻译效率，然而，高水平表达的外源蛋白能否在植物细胞内稳定存在和累积是植物遗传转化中需要考虑的。

在某些外源基因连接上适当的定位信号序列，使外源蛋白产生后定向运输到细胞内的特定部位（如叶绿体、内质网、液泡等），则可明显提高外源蛋白的稳定性和累积量。这是因为内质网等特定区域为某些外源蛋白提供了一个相对稳定的内环境，有效防止了外源蛋白的降解。

6. 内含子的应用　内含子可以增强基因表达。内含子增强基因表达的作用最初是由Callis等（1987）在转基因玉米中发现的，玉米乙醇脱氢酶基因（*Adhl*）的第1个内含子对外源基因表达有明显增强作用，该基因的其他内含子也有一定的增强作用。后来，Vasil等（1989）也发现玉米的果糖合成酶基因的第1个内含子能使CAT表达水平提高10倍。水稻肌动蛋白基因的第3个内含子也能使报告基因的表达水平提高2～6倍。Tanaka等（1990）的多项研究表明，内含子对基因表达的增强作用主要发生在单子叶植物，在双子叶植物中不明显。

7. 多基因策略　如果把两个或两个以上的能起协同作用的基因同时转入植物，将会获得比单基因转化更为理想的结果。这一策略在培育抗病、抗虫等抗逆性转基因植物方面已得到应用。例如，根据抗虫基因的抗虫谱及作用机制的不同，可选择两个功能互补的基因进行载体构建，并通过一定方式将两个抗虫基因转入同一植物中。在抗病方面，欧阳波等（2005）构建了包含β-1,3-葡聚糖酶基因及几丁质酶基因的双价植物表达载体，并将其导入番茄，结果表明，转基因植株均产生了明显的抗病性。

一般常规的遗传转化，尚不能将大于25 kb的外源DNA片段导入植物细胞，如果将某些大于100 kb的大片段DNA转入受体细胞，那么将有可能出现由多基因控制的优良性状或产生广谱的抗虫性、抗病性等，还可以赋予受体细胞一种全新的代谢途径，产生新的生物分子。不仅如此，大片段基因群或基因簇的同步插入还可以在一定程度上克服转基因带来的位置效应，减少基因沉默等不良现象的发生。刘耀光等（2000）开发出了新一代载体系统，即具有克隆大片段DNA和借助于农杆菌介导直接将其转化植物的BIBAC和TAC。这两种载体不仅可以加速基因的图位克隆，而且对于实现多基因控制的品种改良也会有潜在的应用价值。

8. 标记基因的利用和剔除　目前常用的筛选标记基因主要有两大类：抗生素抗性酶基因和除草剂抗性酶基因。前者可产生对某种抗生素的抗性，后者可产生对除草剂的抗性。使用最多的抗生素抗性酶基因包括*NPT Ⅱ*、*HPT*和*Gent*等。常用的抗除草剂基因包括*EPSP*（产生5-烯醇式丙酮酸莽草酸-3-磷酸合成酶，抗草甘膦）、*GOX*（产生草甘膦氧化酶，降解草甘膦）、*bar*（产生PPT乙酰转移酶，抗双丙胺膦或草胺膦）等。

近年来，转基因植物中筛选标记基因的生物安全性已引起全球关注。人们担心转基因植物的抗除草剂基因转入杂草，会造成某些杂草难以人为控制。为了避免转基因植物所带来的不安全因素，近年来在筛选标记的使用方面已有了一些新的改进。①利用生物合成基因作为筛选标记基因，提高安全性。例如，某些支链氨基酸（赖氨酸、苏氨酸、甲硫氨酸、异亮氨酸）的合成都要经过天冬氨酸合成途径。其中赖氨酸是由天冬氨酸激酶和二羟基吡啶酸合成酶催化合成的，两种酶都受赖氨酸的反馈抑制。细菌来源的这两种酶由于对赖氨酸不敏感，因此可作为植物转化的筛选标记，在含赖氨酸的培养基中转基因植株能够存活，而非转基因植株则因死亡而被淘汰。②筛选标记的剔除。抗生素抗性基因和除草剂抗性基因虽然有利于转化体的筛选，但它们对植物的生长并非必要。如果能剔除转基因植株的筛选标记基因，将是提高安全性的最好方法。例如，张余洋等（2006）将标记基因 *npt II* 和重组酶基因 *Cre* 同时置于 loxP 位点之间，利用 β-雌二醇诱导启动子驱动 *Cre* 重组酶，在转基因番茄当代特异诱导启动子表达，剔除标记基因和重组酶基因，获得了无标记基因的抗虫番茄。除了 Cre/lox 重组系统以外，利用 FLP/FRT 重组系统也可将筛选标记基因去除。另外，将筛选标记基因和目的基因分别构建在不同的载体上，通过共转化，然后从后代的分离群体中挑选，也可获得无筛选标记的转基因植株。③筛选标记基因的失活。为了减少抗性标记基因产物带来的不安全性，还有些研究者采用反义 RNA 基因、核酸裂解酶（ribozymes）基因或采用抗体基因等策略，使筛选标记基因或基因产物失活。但这些方法的缺点是没有去除标记基因，仍存在基因传播的可能性。

四、基因工程育种在蔬菜育种中的应用

第 1 个用于商业化生产的转基因植物品种是 1994 年美国 Calgene 公司推出的转基因耐贮番茄 Flavr Savr。之后，转基因植物的研究在各地广泛开展并应用于蔬菜作物的遗传改良和新品种选育。国外已批准上市的转基因蔬菜还有延熟番茄、抗甲虫马铃薯、抗病毒病的南瓜和西葫芦等。中国于 1997 年批准了转基因耐贮藏番茄华番 1 号。利用遗传转化途径培育的转基因植株从育种角度来看只是产生的一种新的种质材料，要想在生产上加以利用，必须通过育种家的加工，培育出成型的品种后，才能推广。

与常规育种技术相比，转基因育种在技术上较为复杂，要求也很高，但是具有常规育种所不具备的优势。主要体现在：

1. 拓宽可利用的基因资源 转基因育种技术体系的建立使可利用的基因资源大大拓宽，无论植物的，还是动物和微生物的基因都可以利用。野生种与栽培种往往具远缘杂交不亲和性，而使得常规杂交育种无法开展。转基因育种可以打破野生种与栽培种甚至不同物种之间的种间隔离，实现优异基因的高效利用。

2. 为培育优良品种提供了崭新的育种途径 转基因育种技术为培育高产、优质、高抗，适应各种不良环境条件的优良品种提供了崭新的育种途径。这既可大大减少杀虫剂、杀菌剂的使用，有利于环境保护，也可以提高农作物的生产能力，扩大作物品种的适应性和种植区域。

3. 对蔬菜的目标性状进行定向改良和定向选择 利用转基因育种技术可以对蔬菜的目标性状进行定向改良和定向选择，同时随着对基因功能认识的不断深入和转基因技术的完善，对多个基因进行定向操作也将成为可能。多基因转化和基因定点突变等新技术，可提高某个性状定向改良的效率，加快育种进程。

4. 根据特定育种目标，进行有针对地选择靶基因，以及遗传转化和遗传改良 通过转基因育种，可以根据特定育种目标，进行有针对地选择靶基因，以及遗传转化和遗传改良。常规育种是通过性状来选择，转基因育种是通过基因和性状双重选择，更有针对性。

目前，植物转基因育种主要成就表现在以下几个方面。

（一）抗虫品种培育

自 1987 年比利时科学家率先将抗虫毒蛋白基因导入烟草以来，转基因抗虫植物的研究日新月异、硕果累累。已克隆得到的抗虫基因可分为 3 类：第 1 类是从细菌中分离出来的抗虫基因，主要是苏云

金杆菌杀虫结晶蛋白（Bt）基因。苏云金杆菌属于革兰氏阳性土壤杆菌，其杀虫的主要活性成分为杀虫晶体蛋白（insecticide crystal protein，ICP），ICP 通常以原毒素的形式为主在昆虫幼虫的中肠道内借助于蛋白酶的水解，将原毒素转型为多肽分子。活化了的毒素可以与敏感昆虫肠上皮细胞表面的特异性受体相互作用，诱导细胞产生一些孔道，扰乱细胞的渗透平衡，并引起细胞肿胀甚至产生裂解，伴随着上述过程幼虫将停止进食，最终导致死亡。第 2 类是从植物组织中分离出的抗虫基因，主要为蛋白酶抑制剂基因、淀粉酶抑制剂基因、外源凝集素基因（*Lec*）等，应用最广泛的是豇豆胰蛋白酶抑制剂基因（*CpTI*）。第 3 类是从动物体内分离的毒素基因，主要有蝎毒素基因和蜘蛛毒素基因等。由于每一种抗虫基因都有其局限性，近年来正在研究或已应用于抗虫基因工程的基因还有胆固醇氧化酶基因、营养杀虫蛋白基因、几丁质酶基因、核糖体失活蛋白基因和异戊烯转移酶基因等。最近，芳樟醇、橙花叔醇等萜类物质可以诱导天敌进行生物防治，在基因工程抗虫育种上展现出了可喜的应用前景。

1. Bt 杀虫晶体蛋白基因　Bt 基因的应用经历了几个阶段。最初都是转化原始的微生物源的 Bt 基因。如 1987 年，美国 Monsanto 公司的 Fischhoff 等获得了转 Bt 基因的番茄，将 *Cry1Ab* 导入番茄获得转基因番茄品系 VF36，该品系对烟草天蛾的抗性较好，尽管其外源蛋白表达量较低。第 2 阶段则是 Bt 基因应用种类剧增和针对密码子偏好差异的基因修饰阶段。目前转化的 Bt 基因基本上都是经过修饰的 Bt 基因。李汉霞等（2006）将改造过的 *cry1Ac* 先后导入了番茄、甘蓝、青花菜和普通白菜中，提高了蔬菜对棉铃虫和菜青虫的抗性。第 3 阶段则注重于解决潜在的害虫对 Bt 基因产生抗性的问题，同时继续对 Bt 基因进行修饰以适用于特定的作物。包括转双价 Bt 基因、与其他类型的基因共同作用、诱导型表达和建立害虫庇护所等各种育种和栽培的综合措施均被提出来。Cao 等（2002）对转单个 *cry1Ac* 或 *cry1C* 的花椰菜和将两者杂交得到双价 Bt 基因的转基因花椰菜进行比较，发现双价基因对小菜蛾（*Plutella xylostella*）的杀灭效果更为理想。对这两种转基因类型中小菜蛾的抗性发展情况，经过 24 代小菜蛾的跟踪调查，发现在表达双价 Bt 基因的转基因花椰菜抗性产生要比单价基因明显推迟（Zhao et al.，2003）。可见，基因聚合（gene pyramiding）的策略将是解决害虫抗性的一条可行途径。

2. 蛋白酶抑制剂基因　蛋白酶抑制剂（PI）与昆虫消化道内蛋白酶相互作用，使昆虫产生厌食反应，最终导致昆虫发育异常和死亡。由于消化机制的差异，PI 对人和高等动物无害。PI 目前分为 3 类，即丝氨酸蛋白酶抑制剂、巯基蛋白酶抑制剂和金属蛋白酶抑制剂。由于大多数昆虫所利用的蛋白消化酶为丝氨酸类蛋白消化酶，因此丝氨酸蛋白酶抑制剂与植物抗虫性关系密切。其中，豇豆胰蛋白酶抑制剂（cowpea trypsin inhibitor，CpTI）和马铃薯蛋白酶抑制剂Ⅱ（potato proteinase inhibitor Ⅱ，Pi-Ⅱ）效果比较理想。方宏筠等（1997）将 *CpTI* 转入甘蓝，转基因植株对目标害虫表现明显抗性。

3. 植物凝集素基因　植物凝集素能凝集细胞及其他细胞的结合碳水化合物的蛋白质，它是一种植物保护蛋白，不同凝集素具有不同的防御功能，如抗病毒、细菌、真菌和昆虫等。其抗虫机理为：外源凝集素在昆虫消化道中与肠道围食膜上的糖蛋白专一性结合，影响昆虫对营养的吸收，从而达到杀虫目的。如雪花莲（*Galanthus nivalis*）凝集素（GNA）对蚜虫、叶蝉等同翅目昆虫具有较强的毒性。郭文俊等（1998）将 *GNA* 导入莴苣。吴昌银等（2000）通过导入 *GNA*，获得了对蚜虫具有一定抗性的转基因番茄。由于蚜虫是传播病毒病的一个重要媒介，因此，抗蚜的转基因植物将对病毒病的防治具有积极效果。

如何解决抗性问题将成为抗虫基因工程的发展能否继续迈向成功的关键。抗虫植物基因工程任一依赖单一抗性因子的行为都是极其危险的，在高选择压下，昆虫可以产生抗性使转基因植物失去抗虫性。以下是几种控制昆虫抗性产生的策略。

①“高剂量/逃避所”系统，即将转基因植物和非转基因植物混种于同一大田中，转基因植物中

高剂量的毒素足以杀死大部分敏感害虫，同时部分害虫仍可以在非转基因植物上繁殖，通过敏感害虫和抗性害虫的交配稀释了昆虫的抗性基因。②构建双价或多价抗虫基因。③寻找和筛选广谱性的抗虫基因。④提高外源基因表达活性。此外，还可利用特异性和诱导型启动子，把抗虫基因控制在植物的特定部位而高效表达，或者在植物受到害虫攻击时，抗虫基因在损伤部位瞬间高效表达，从而有效地防治害虫。这样在一定程度上也可减缓对昆虫的选择压力，减弱昆虫抗性的形成。

（二）抗病品种培育

应用基因工程技术提高植物抗病能力是十分有效的。蔬菜病害包括真菌、细菌和病毒 3 大类型，国内外围绕这 3 种病害进行了广泛的研究，在抗病转基因方面取得了瞩目的成绩。

1. 抗病毒基因工程 利用转基因技术进行蔬菜抗病毒材料或品种的创新策略有多样，包括：①利用病毒外壳蛋白基因，其抗病毒效应被称为病毒外壳蛋白介导的抗性（coat protein - mediated resistance，CP - MR）或病毒外壳蛋白介导的保护作用（cat protein - mediated protection，CP - MP）。②利用病毒复制酶基因介导抗性，其机理可能是病毒的复制受到干扰。病毒复制酶基因所介导的抗性要高于 CP 基因介导的抗性。③利用来自病毒的核酶（ribozymes）基因，它可高度特异性地催化切割 RNA。④利用核糖体失活蛋白（ribosome - inactivating protein，RIP）基因。RIP 广泛存在于高等植物中，它能特异抑制病毒的蛋白质生物合成。⑤利用植物抗病毒基因，如番茄的抗 TMV 基因已经克隆。植物真核翻译起始因子 eIF4e 被认为是参与病毒复制的寄主因子，通过调控 eIF4e 可以改变寄主植物对病毒（马铃薯 Y 病毒属）的抗性。此外，还可以利用毒蛋白基因、反义 RNA 技术、干扰素基因、病毒卫星 RNA（sat RNA）的 RNA 干扰技术（RNA interference，RNAi）等。值得关注的是，RNAi 和最近发展的 miRNA 技术被认为是一种介导病毒抗性极富前景的最新技术。

Powell 等（1989）首次将烟草花叶病毒（TMV）衣壳蛋白（coat protein，CP）基因转入烟草和番茄，培育出能稳定遗传的抗病毒植株。其 CP 表达量为叶片总蛋白量的 0.02%～0.05%，大田试验保护效果显著。Nelson 等（1988）将 TMV 的 *CP* 基因转化番茄品种 VF36，获得的转基因番茄中 CP 含量占叶片可提取蛋白量的 0.05%，大田试验中接种 TMV 后呈系统感染的植株不到 5%，而对照达 99%。转基因植株还对番茄花叶病毒（ToMV）有一定的抗性。杨荣昌等人（1985）用农杆菌介导法获得了 42 株转 *CMV-CP* 植株。通过对转基因番茄 R_1～R_4 代苗期人工接种 CMV 鉴定，表现出对该病毒有一定抗性，发病率和病情指数明显降低。Nilgun（1987）将苜蓿花叶病毒外壳蛋白（AMV - CP）基因导入番茄，其转基因植株接种 AMV 后发病推迟，病情减轻，叶片中 CP 含量占叶片可提取蛋白总量的 0.1%～0.8%，并对 TMV 也有一定抗性，表现了遗传工程的交叉保护作用。在马铃薯的抗病毒研究方面，通过向马铃薯基因组中导入复制酶基因（Braun et al.，1992）、病毒外壳蛋白基因等，获得了抗 PVX、PVY 等病毒的转基因材料。朱常香等（2001）将芜菁花叶病毒的 CP 基因（*TuMVCP*）导入到大白菜中，转基因植物具有明显的抗病毒侵染能力。张晓辉等（2011）通过设计两个人工 miRNA，分别识别 CMV 病毒 2a/2b 基因编码区重叠部位和病毒 RNA 基因组的 3′非翻译区的保守区域，并转化番茄感病品种。表达人工 miRNA 的转基因番茄表现出高效的 CMV 抗性，并且在接种非目标病毒 TMV 和 TYLCV 后仍然保持对 CMV 病毒的稳定抗性。表明人工 miRNA 能够耐受非目标病毒的干扰。

2. 抗真菌基因工程 目前用于抗真菌转基因研究的基因包括几丁质酶基因、β-1,3-葡聚糖酶基因、植物抗毒素基因、植物抗病基因、活性氧类物质合成的基因等，其中几丁质酶基因研究最多。几丁质酶基因和 β-1,3-葡聚糖酶基因作用机制相似，一方面其蛋白产物直接降解真菌菌丝细胞壁的成分几丁质（聚乙酰氨基葡萄糖）和葡聚糖，另一方面在降解中出现的寡糖可作为激发因子诱导植物的抗病反应。几丁质酶可以分为不同的类别，如根据作用方式可分为内切酶和外切酶，根据几丁质酶氨基酸序列结构特征可分为六类（Meins et al.，1994）。欧阳波等（2005）将烟草渗调蛋白（osmotin）

基因 *AP24* 和菜豆几丁质酶基因双价基因导入番茄，提高转基因番茄对番茄枯萎病菌（*Fusarium oxysporum* f. sp. *lycopersici*）的抗性。

抗虫、抗除草剂和改善品质的农作物转基因品种已经走进市场。然而，迄今仍然没有抗真菌病害的农作物转基因品种进入商业化阶段。虽然如此，研究人员仍然做了大量研究。在番茄的抗真菌研究中，Tabaeizadeh 等（1999）将智利番茄几丁质酶基因 *pcht28* 转入到普通番茄中，转基因番茄对黄萎病的抗性显著提高。二苯乙烯被认为是一种植物抗毒素，对真菌和细菌均有抑制作用，过表达葡萄二苯乙烯合成酶（stilbene synthase，STS）基因能够提高番茄对晚疫病的抗性。Jongedijk 等（1995）在转基因番茄中协同表达烟草几丁质酶和葡聚糖酶，使番茄对枯萎病的抗性显著提高。

3. 抗细菌基因工程 用于蔬菜抗细菌基因工程研究的基因包括抗菌肽基因、溶菌酶基因、植物防御素基因、植物保卫素合成酶基因、抗病基因以及病原菌的有关基因等。植物抗细菌转基因研究中研究得较多的是抗菌肽基因。20 世纪 70 年代中期，人们发现天蚕在各种理化或生物抗菌肽因子刺激下，在其血淋巴中可诱导产生抗菌肽（cecropins），它具有很强的杀菌或抑菌能力，而且抗谱广，对一些人畜病原菌和番茄、马铃薯青枯病，番茄溃疡病菌，马铃薯环腐病以及花椰菜软腐病菌等植物病原菌均有抗菌活性。抗菌肽的基本作用机制是它的特殊结构可以在病原细菌的质膜上形成巨大的离子通道，从而破坏细胞内外渗透压平衡，细胞内容物尤其是 K^+ 大量渗出，导致细胞死亡。贾士荣等（1998）和田长恩等（2000）分别将抗菌肽基因导入到马铃薯和番茄中，获得对青枯病抗性提高的材料。李乃坚等（2000）则将来自天蚕的抗菌肽 B 基因和柞蚕的抗菌肽 D 基因构建成双价基因，导入到辣椒栽培种中，获得青枯病抗性提高的转基因辣椒植株。

（三）抗除草剂品种培育

1987 年，从矮牵牛中克隆出在芳香族氨基酸生物合成中起关键作用的 EPSP 合成酶的基因，通过 CaMV35S 启动子转入油菜细胞的叶绿体，使转基因油菜叶绿体中 EPSP 合成酶的活性大大提高，从而有效地抵抗对 EPSP 合成酶起抑制作用的高效广谱除草剂草甘膦的毒杀作用。通过把降解除草剂的蛋白质编码基因导入宿主植物，从而保证寄主植物免受其害的方法，已引起重视，并在烟草、番茄、马铃薯中获得转基因抗磷酸麦黄酮类除草剂的品种等。

培育植物抗除草剂的基因工程主要策略有三：

1. 通过植物细胞靶酶的过表达，降低除草剂的毒性 来自矮牵牛中的 EPSP 酶（5 - enol - pyrevylshikimate - 3 - phosphate synthase），在 CaMV35S 启动子驱动下，转基因烟草对草甘膦（glyphosate）和草丁膦（glufosinate）具有抗性。

2. 改变除草剂靶物的敏感性，包括光合作用抑制剂和氨基酸生物合成抑制的靶物 将细菌突变的 *AvoA*（编码 EPSP 酶）转入烟草和番茄后，提高了对草甘膦的抗性。抑制谷氨酸合成酶（Gs）活性，使转基因烟草对除草剂草甘膦具有解毒作用，抗性提高了 10 倍。从细菌、酵母和植物中已分离出乙酰乳酸合成酶（ALS 酶）的突变基因。从拟南芥和烟草中分离的 *ALS* 突变基因转移到烟草中后，对除草剂 sulfonylureas 抗药性提高了 4 倍。

3. 导入编码降解除草剂的解毒酶基因 目前主要是从细菌中获得的解毒酶基因，包括 *bxn*（编码 Nitrilase）、*bar*（或 *pat*）和 2，4 - D 单加氧酶基因（*DPAM*）等，分别转移到辣椒、烟草和番茄中，增加了植物对除草剂的降解作用，提高了植物对除草剂的抗性。此外，除草剂还是一种抗性标记基因，可作为基础研究和在植物育种中应用。

（四）抗逆品种培育

非生物胁迫因子（如干旱、盐渍、低温）是制约植物生长、降低农作物产量与质量的重要因素。基因工程的发展打破了动物、植物、微生物的传统界限，为创造丰富的植物育种资源开辟了新的空间。

1. 耐盐基因工程 迄今，在基因工程中利用到的提高蔬菜耐盐性的基因包括渗透调节剂合成基因、膜转运蛋白基因、调控蛋白基因和清除有毒物质基因等。通过基因工程，能使细胞内积累甜菜碱、山梨醇、甘露醇、海藻糖等相容性溶质，不同程度地提高转基因植物的耐盐性。脯氨酸合成酶基因 *P5CS* 在胡萝卜（Han et al.，2003）中表达使植物的耐盐能力得到明显提高。耐盐植物调节离子的吸收和区隔化主要通过处于细胞质膜和液泡膜上的各种离子泵来完成。*HAL1* 最早是从啤酒酵母中克隆获得的，它是通过增加细胞内 K^+ 含量来提高酵母的耐盐性的，降低细胞内 Na^+ 含量，从而调节酵母细胞的 K^+/Na^+ 比率。Bordas 等（1997）将 *HAL1* 导入甜瓜，提高了转基因植株在组培条件下的耐盐性。Gisbert（2000）和张荃等（2001）先后将来源于酵母的 *HAL1* 转进番茄中，转基因植株表现出较好的耐盐性。Arillaga 等（1998）将酵母的 *HAL2* 转入番茄中，获得的转基因植株的子代耐盐水平比对照组要高。将 Na^+/H^+ 反向转运蛋白基因 *At NHX1* 导入番茄及芥菜中并过表达，获得的转基因植株，同样能在 200 mmol/L NaCl 处理下生长、开花和结果。近年来，虽已分离克隆出许多耐盐基因，但真正特异的耐盐基因及调控途径还没有被发现，彻底弄清盐胁迫机制仍然是一件较困难的事情。这可能是因为现有的基因只是与耐盐有关的关联基因，它们不直接调控植物的耐盐性，只是盐胁迫下的诱导产物。而且，现有基因都是在盐胁迫下激活进行表达的，可能一些对耐盐有重要作用的基因不一定在盐胁迫时表达，从而未被分离。植物的耐盐性是多种抗盐生理性状的综合表现，由位于不同染色体上的多个基因控制，因此培育转基因植物可能需要同时转移多个基因。

2. 耐旱基因工程 抗旱研究工作最早以酵母、细菌为模式生物，研究了生物的抗旱机理，克隆了一些抗旱基因，并在植物上得以验证。最近抗旱工作的研究重点转向了高等植物。

（1）*渗透保护物质（osmoporotectant）生物合成的基因* 许多植物在水分胁迫条件下会积累小分子相溶性溶质或渗压剂，通过基因工程的手段，已成功克隆出一批能有效地提高植物的渗透调节能力、增强植物的抗逆性基因。这类基因可分为 3 类：①氨基酸合成的关键基因；②季铵类化合物（如甜菜碱和胆碱等）合成的基因；③编码糖醇类及偶极含氮类化合物生物合成的基因。

（2）*编码与水分胁迫相关的功能蛋白的关键基因* 植物体可以通过调控水孔蛋白等膜蛋白以加强细胞与环境的信息交流和物质交换，通过调控胚胎发育晚期丰富蛋白（late embryogenesis abundant protein，LEA）等逆境诱导蛋白提高细胞渗透吸水能力，从而增强抗旱、耐盐能力。水孔蛋白、H^+-ATPase 和 Na^+/H^+ 反向运输蛋白在调节细胞水势和胞内盐离子分布中起信号传导作用。

（3）*与信号传递和基因表达相关的调控基因* 各种研究表明，蛋白激酶在信号传递过程中起重要作用。至今已研究的与植物干旱、高盐应答有关的植物蛋白激酶主要有：与感受发育和环境胁迫信号有关的受体蛋白激酶（receptor protein kinase，RPK），与植物对干旱、高盐、低温、激素（乙烯、脱落酸、赤霉素和生物素）等反应的信号传递有关的促分裂原活化蛋白激酶（mitogen activated protein kinase，MAPK），通过增加某些特定蛋白的合成使植物对外界胁迫做出反应的核糖体蛋白激酶（ribosomal protein kinase），主要参与生物生长、细胞周期、染色体正常结构与维持多种生命活动相关基因表达的转录调控蛋白激酶（transcription regulation protein kinase，TRPK），以及钙依赖而钙调素不依赖的蛋白激酶（calcium calmodul independent protein kinase，CDPK）等。目前，与抗逆相关的转录因子的研究也日益受到重视，它们可以控制一系列的下游胁迫反应，从而启动信号传导中的级联反应，使细胞产生相应的抗逆性。至今，已克隆出了大量的与植物抗旱、耐盐相关的转录因子。

（4）*与细胞排毒、抗氧化防御能力相关的酶基因* 现在已知的编码这些酶的关键基因主要为编码抗坏血酸过氧化物酶（ascorbate peroxide，APX）基因等。

（5）*microRNA 调控途径* microRNA 在调控基因表达中发挥重要作用，通过调控 microRNA 或人工构造 microRNA 可以改良植株的抗性。张晓辉等（2010）通过转基因研究，证实番茄 miR169 通过调控番茄叶片气孔的开闭来调控番茄植株的抗旱性。

3. 抗寒基因工程　植物抗寒基因工程主要在鱼类 AFP 途径、脂肪酸去饱和代谢关键酶基因途径、SOD 途径、脯氨酸（Pro）基因途径、糖类代谢基因途径等 5 个方面取得成果。另外，转录因子介导的抗寒基因工程也显示出较好的效果。

（1）AFP 基因途径　果蔬在低温贮藏期间，会形成冰晶，一旦温度变动会导致冰晶大小的变化和冰晶的重新分布。再结晶时，会在小冰晶的基础上形成大的冰晶，这对植物的组织与细胞造成更大的伤害。Hightower 等（1991）通过 AFP 基因表达来改变冰晶的大小和结构，从而改变冷冻和冻融植物组织的特性。利用农杆菌把比目鱼体内表达 AFP 的 *Cafa3* 基因导入番茄，发现转基因番茄不但能稳定转录 AFP 的 mRNA，还产生一种新的蛋白质，这种转基因番茄的组织提取液在冰冻条件下能有效阻止冰晶增长。

（2）脂肪酸去饱和代谢关键酶基因途径　膜脂的去饱和化是由一组去饱和酶催化进行的，而饱和脂肪酸和不饱和脂肪酸比例是决定细胞膜对低温敏感程度的关键因素之一。Murata 等（1992）以冷敏感植物南瓜和抗冷植物拟南芥为材料，分别得到甘油-3-磷酸酰基转移酶基因。甘油-3-磷酸酰基转移酶在叶绿体的 3-磷酸甘油酰化过程中，优先选择不饱和的 $C_{18:1}$ 接在甘油骨架 C-1 位上，负责 C-1 位上的酯化。在抗冷与不抗冷植物中，其甘油-3-磷酸酰基转移酶的区别在于能否对底物（脂肪酸酰基受体蛋白）的脂肪酸饱和度作选择。

（3）SOD 途径　冷敏感植物的细胞膜系统在低温下（特别是同时有强光）的损伤，与自由基和活性氧引起的膜脂过氧化及蛋白质被破坏有关。自由基指的是超氧阴离子（O_2^-）、羟自由基（OH·和 HO^{2-}），活性氧是指单线态分子氧（$^1O_2$）、过氧化氢（H_2O_2）和脂氧化物（LOOH）。植物细胞存在复杂的抗过氧或保护系统以保自身的正常代谢，其中 SOD 是超氧自由基的主要清除物质。将烟草的 Mn-SOD cDNA 导入苜蓿中，转基因植物的 SOD 活性增强，转基因植物不仅对冻害的抗性增强，而且对除草剂的抗性也增强，其后代冻害胁迫后生长比对照快得多，表明 Mn-SOD 抑制无氧自由基产生，从而提高抗寒能力。

（4）脯氨酸（Pro）基因途径　游离 Pro 能促进蛋白质的水合作用，在低温下参与了细胞膜和蛋白质稳定状态的维持、物质运输和渗透调节等。将 Pro 降解途径的关键酶基因的反义链转化拟南芥，得到耐寒性增强的株系，直接证明了 Pro 在植物耐寒性发育中的作用。

（5）糖类代谢基因途径　糖类与植物抗寒性关系密切。越冬植物无论是草本或木本植物，在低温锻炼过程中都可以观察到细胞内可溶性糖含量增加。这可能是由于：①糖作为渗透因子，其积累可以增加细胞的保水能力，增加组织中的非结冰水；②作为冰冻保护剂保护对冰冻敏感的蛋白质。抗寒性强的植物一般积累较多的可溶性糖来减轻寒害，保护植物细胞及其内膜系统。将 *otsA* 和 *otsB* 基因（分别编码大肠杆菌的海藻糖-6-磷酸合酶和海藻糖-6-磷酸酯酶）导入马铃薯中，获得大量廉价的海藻糖的同时，增强了植物的抗旱性和抗寒性。

（6）转录因子调控途径　相对于保护性蛋白介导的抗寒性基因工程，通过调控转录因子提高植物的抗寒性显示出更有效的前景。在番茄中，过表达转录因子 CBF1 可以显著提高番茄耐低温能力。转基因株系在 0 ℃下处理 7 d，存活率达 75%，而非转基因对照全部死亡。转 *ABRC1-CBF1* 基因番茄不仅在 0 ℃成活率显著提高，而且还对干旱和盐胁迫的耐性同时提高，这也显示出转录因子的调控途径对不同逆境的高效性。

值得注意的是，在所有组成型表达抗逆基因（如 35S∶CBF）的植物中，由于过强表达外源基因消耗大量的能量，这些转基因植物在正常环境下都会出现生长被延滞的现象。另外，在无逆境胁迫的时候，外源基因表达也是不需要的。所以，诱导性启动子研究就显得十分必要。Kasuga 等（1999）用冷诱导基因 *RD29A* 的启动子替代 CaMV35S 启动子，不仅大大缓解了这种生长延滞现象，而且使得植物的抗逆性得到进一步的提高。

近年来，植物的抗逆基因工程研究受到越来越广泛的关注和重视，然而，抗逆是一个极其复杂的生理过程，受多基因控制。植物在逆境下会产生复杂的生物化学和生理学上的响应，而引起这些响应的分子机制至今尚未完全阐明。基因组学的兴起对植物抗逆机制研究及其基因工程的发展起到了革命性的作用，大规模基因组或 cDNA 序列测定势必可以发现大量抗逆基因。功能基因组学方法将全面阐明植物抗逆蛋白的多样性。通过比较基因组学可把模式植物的抗逆信息推广到基因组复杂的植物上去。植物抗逆机制的研究和其相关基因工程具有更广阔的前景。

（五）高产优质品种培育

1. 提高光合作用 在光合作用过程中，CO_2 固定反应中的第 1 个酶为 1,5-二磷酸核酮糖羧化酶（Rubisco），该酶对 CO_2 的亲和力较低，对 O_2 亲和力较高，还催化光呼吸反应。因此，该酶固定 CO_2 效率低下。增施 CO_2，提高作物产量的技术已用于蔬菜生产。但是提高作物本身的 Rubisco 对 CO_2 的亲和力更为直接有效。现在已经克隆到许多种参与光合作用的基因，并分析了光对基因表达的调节作用。植物基因工程技术可以促进 Rubisco 酶对 CO_2 亲和性，降低光呼吸这一竞争反应。Rubisco 酶由 8 个大亚基（rbcL）和 8 个小亚基（rbcS）组成，rbcL 由叶绿体基因编码，rbcS 由核基因编码。将不同植物的 *Rubisco* 基因导入到植物细胞形成杂合亚基酶分子或诱导点突变，修饰酶活性，增加对 CO_2 亲和力，降低对 O_2 的亲和力，使基因在叶片中高效表达来提高光合生产率。

2. 营养元素高效利用 植物吸收氮的多少和氮利用效率高低对产量有重要影响。结合转基因技术和生理生化分析，人们对植物生长发育过程中氮吸收、同化和再利用的分子控制机理的认识越来越深入。谷氨酰胺合成酶（GS）、谷氨酸合成酶（GOGAT）、谷氨酸脱氢酶（GDH）是参与高等植物氮同化代谢的主要酶。胞质 GS 在大豆根中超表达，总 GS 活性增加 10%～30%，总氨基酸含量明显提高，但植株生长和形态没有变化。将大豆胞质 GS 在豆科植物根瘤中表达，植株茎和根的生物量提高 2 倍。其他矿质营养元素的高效利用相关基因克隆与利用已经相继开展。

3. 创建雄性不育材料 在杂种优势利用中，通过雄性不育系配制杂交种是一种有效途径。目前，采用植物基因工程已实现油菜等作物的三系配套。在大多数蔬菜上只需两系即可，操作起来更简单一些。Martine 等（1993）将花药绒毡层细胞中特异表达的 *TA29* 基因的启动子与核糖核酸酶（RNase）*barnase* 基因构建在一起，使 RNase 特异地在绒毡层细胞中表达，而导致花粉败育（即不育系）。将核糖核酸酶抑制基因（*bastar*）也置于绒毡层特异表达的启动子控制之下导入植物，可形成恢复系。在与雄性不育系杂交时，*bastar* 与 *barnase* 基因的转录物形成复合体，抑制了 RNase 的活性，F_1 花粉可育。保持系是将雄性不育基因与抗除草剂基因 *bar* 连接在一起，转化植物而成。在授粉结实后，幼苗期用除草剂来选择雄性不育幼苗。另一种创造雄性不育的途径是用编码 β-1,3-葡聚糖水解酶（β-1,3-glucanase）基因转化植物，也获得转基因雄性不育材料。因为在转基因植株中，由于β-1,3-葡聚糖壁过早地消失，产生不正常的小孢子所致。

4. 维生素基因工程 近年来，一些维生素在植物中的合成途径已经阐明，合成代谢关键酶基因也已克隆，这为利用基因工程的方法来改良植物中维生素的含量奠定了基础。

（1）维生素 A β-胡萝卜素是维生素 A 的主要前体，植物类胡萝卜素合成的基因工程以提高作物中 β-胡萝卜素的含量为主要研究目标。Rosati 等（2000）将从番茄自身克隆到的 β-番茄红素环化酶导入番茄植株，结果果实中 β-胡萝卜素含量增加 318 倍，但类胡萝卜素总量基本不变。

（2）维生素 E 维生素 E 是一种脂溶性的维生素，是生育酚不同异构体的总称。自然界中存在 4 种生育酚，即 α-生育酚、β-生育酚、γ-生育酚和 δ-生育酚。人类和动物所需的维生素 E 都来自于植物，因此提高植物维生素 E 含量基因工程的研究具有十分重要的意义。对于人体健康而言，α-生育酚的生物活性最高。γ-生育酚甲基转移酶（γ-TMT）在种子中的专一性过量表达并没有提高生育酚的总量，而是改变了种子中生育酚的组成，转基因植株中 α-生育酚含量的提高是由于野生型中 γ-生育酚转换所致，使维生素 E 的活性提高了 8～9 倍。

（3）维生素C　人类缺乏维生素C合成最后步骤的1个酶，并且人体中不能贮存维生素C，所以必须从日常饮食特别是植物中获得该维生素。华中农业大学番茄课题组（2010、2012、2014）克隆了番茄抗坏血酸代谢中13个关键酶基因（如GDP-D-甘露糖焦磷酸化酶、抗坏血酸过氧化物酶和抗坏血酸氧化酶）以及调控该途径的转录因子（AOBP），并过表达合成途径中的关键基因，或对氧化代谢途径中的关键基因进行RNAi抑制，有效调控番茄果实和叶片中维生素C含量，转基因番茄叶片和果实中维生素C含量提高22%～57%，同时表现出比对照更好的抗逆性。

5. 色泽和风味品质基因工程　Penarrubia等（1992）从非洲锡兰莓中提取了一种特殊甜蛋白monellin，比蔗糖甜100 000倍。这种蛋白质在自然条件下以二聚体形式存在，极易变性，变性后甜味消失。Penarrubia根据其氨基酸顺序、空间构象构建了具有同样生物效能但很稳定的甜蛋白基因，置于结构基因和控制成熟的特异性启动子E8之间，经农杆菌转入番茄。实验证明，只有成熟度在50%以上的果实中才可检测到monellin的mRNA，而在不成熟果实、番茄叶片和未转基因果实中检测不到。外源乙烯的施用会增强monellin基因的表达。只有monellin含量占番茄果实蛋白质含量的1%，其增加甜味的作用才明显。Bird等（1992）在研究与番茄成熟相关的基因时构建了cDNA pTOM5反义基因载体，对表达反义RNA的转基因植株分析表明，类胡萝卜素的生物合成被抑制97%以上，番茄红素的合成量也很低，仅为正常植株的2%。转基因植株的花冠为淡黄色，果实为黄色。说明该反义基因抑制了类胡萝卜素合成。目前调控果实色泽的代谢途径集中在类胡萝卜素合成途径，通过调控该途径的关键结构酶基因和上游调控因子（转录因子）可以有效改变果实色泽品质。

6. 蛋白质和氨基酸　在马铃薯块茎中，蛋白质含量较低（2%），且氨基酸组成不平衡，必需氨基酸（EAA）缺乏。Jaynes等（1985）首先设计出人工合成编码必需氨基酸（HEAAE）的一段DNA（292 bp），导入马铃薯之后，必需氨基酸含量达80%。尔后他们根据人体正常代谢必需氨基酸的需要比率，逻辑地设计出又一种新的DNA序列（HEAAE Ⅱ），在转基因烟草表达量比对照约高150%。

7. 淀粉含量和结构改良　植物淀粉合成涉及3个限速酶：AGPP（ADP葡萄糖焦磷酸化酶）、SS和SBE，其中AGPP是淀粉合成中的第1个酶，它催化1-磷酸葡萄糖和ATP生成ADP-葡萄糖，后者将作为淀粉合成酶的底物参与淀粉的合成。利用基因工程改造淀粉的目标有二：一是提高淀粉的质量，利用反义基因技术改变马铃薯直链淀粉和支链淀粉的比例已获成功；二是提高淀粉的含量。在淀粉合成中ADP-葡萄糖焦磷酸化酶是一关键酶。将来自大肠杆菌的ADP-葡萄糖焦磷酸化酶基因导入马铃薯中，块茎的淀粉和干物质含量平均提高24%。相反，若导入该酶反义基因，则淀粉含量下降到只有对照的2%，而蔗糖和葡萄糖含量分别上升到干物质含量的30%和8%。类似地将环状糊精糖基转移酶基因导入马铃薯后环状糊精仅占干物质含量的0.001%～0.01%。张兴国（2001）将ADP-葡萄糖焦磷酸化酶反义基因转入魔芋，通过限制淀粉的合成量来改良魔芋的品质。

8. 延长蔬菜货架期　目前主要通过两种途径来延长新鲜蔬菜存贮期：一是通过抑制多聚半乳糖醛酸酶（PG）的活性来抑制细胞壁果胶的降解，使果实抗软化；另一种是通过抑制乙烯的生成，提高果实耐受“成熟过度”的能力。

Paul等（1991）将氨基环丙烷羧酸（ACC）合成酶的一个cDNA反义系统导入番茄，转基因植株乙烯合成严重受阻。在表达反义RNA的纯合植株的果实中乙烯合成被抑制达99.5%。这种果实在空气中放置不能正常成熟，不出现呼吸跃变高峰，番茄红素积累也受抑制，果实不变软。只有通过外源乙烯或丙烯处理，果实才能成熟变软，表现出正常果实的颜色和风味。叶志彪等（1996）将反义ACO基因导入番茄，抑制果实中乙烯的活性，获得迟熟转基因番茄材料，再结合杂种优势育种，培育成一代杂种华番1号。该品种在常温下可贮藏45 d左右，且品质好。1997年通过农业部基因工程安全委员会审批，1998年通过品种审定，成为中国第1个获得农业部批准上市的转基因植物品种。果实细胞壁降解与果胶酶（多聚半乳糖醛酸酶PG和果胶甲酯酶PE）活性有关，通过PG和PE的克隆和反义遗传转化所获得番茄转基因植株，果实 PG 酶和 PE 酶活性受到显著抑制，从而延迟果实的成熟。美国 Calgen 公司将 PG 反义基因导入番茄，育成 Flavr Savr 转基因品种上市。

（六）转基因蔬菜生产疫苗

转基因蔬菜作为疫苗生产和药物生产的工厂是一个富有前景的方向，当前的研究主要集中在马铃薯等少数蔬菜品种上。王跃驹（1997）将乙型肝炎病毒的表面抗原基因导入马铃薯和番茄，成功地获得了转基因抗乙肝马铃薯和转基因抗乙肝番茄，将该转基因马铃薯饲喂给小鼠，使小鼠获得了对乙型肝炎的免疫能力。经过更深入的研究，相信在不久的将来，口服一定量的该转基因马铃薯或番茄后，人体即可通过免疫反应获得乙肝病毒的抗体。

五、转基因植物安全性

转基因技术打破植物物种之间的遗传限制，创造具有优异性状的材料，为人类提供高产优质的植物产品，而产量的提高则特别适合人口众多的发展中国家。但是，由于转基因植物发展至今仍然属于新生事物，自其诞生之日起，关于转基因食品是否危害人类健康的争论就没有停止过。一方面北美的消费者大都泰然自若地购买转基因食品，另一方面欧洲人对转基因作物和食品持相对谨慎态度。支持派强调：转基因番茄自 1994 年和 1997 年分别在美国和中国批准商品化销售以来，全球约有超过 10 亿人食用过数种转基因食品，至今为止并没有发现转基因食品危害人体健康和环境的确切证据。但美国康奈尔大学的研究发现，转基因玉米会危害蝴蝶幼虫及其相关生态环境。1998 年英国罗依特研究所的普斯陶依教授也声明他的一项结果，幼鼠食用转基因土豆会使内脏和免疫系统受损，这件事情，虽然后来在英国皇家学会组织的专门评审中被定调为共有 6 项缺陷，但仍然引起了人们对转基因食品的怀疑。关于转基因安全性的争论愈演愈烈，以至于许多国际组织，如联合国粮食及农业组织（FAO）、联合国环境规划署（UNEP）、经济合作与发展组织（OECD）、世界卫生组织（WHO）、国际消费者协会（CI）、绿色和平组织均对这种趋势表示密切关注，并在积极组织政府间生物安全议定书的谈判。

当前关于“转基因生物”（genetically modified organism，GMO）安全性的争论主要集中在两个方面：一是通过食物链对人类产生的影响；二是通过生态链对环境产生的影响。食物安全性因素：转基因产物的直接影响，包括营养成分、毒性或增加食物过敏性物质的可能。间接影响，即经遗传工程修饰的基因片段导入后，引发基因突变或改变代谢途径，致使其最终产物可能含有新的成分或改变现有的成分的含量所造成的间接影响；植物体导入了具有抗除草剂或毒杀害虫功能的基因后，它是否也像其他有害物质一样能通过食物链进入人体内；转基因食品经由胃肠道的吸收而将基因转移至胃肠道微生物中，从而对人体健康造成影响。环境安全性因素：转基因生物对农业和生态环境的影响；产生超级杂草的可能；种植抗虫转基因作物后可能使害虫产生免疫并遗传，从而产生更加难以消除的“超级害虫”；转基因向非目标生物漂移的可能性；其他生物吃了转基因食物是否会产生畸变或灭绝；转基因生物是否会破坏生物的多样性等。

（一）转基因产品的安全性评价

食品安全性是转基因产品安全性评价的一个重要方面。经济合作与发展组织于 1993 年提出了“实质等同性”（substantial equivalence）原则，即认为对人类食品的安全性评价是以在预期状况下使用不会对人造成伤害为基础。原则上，以传统方法生产和使用的食品被认为是安全的，这是依据人类长期的经验积累。如果一种新的食品或成分与一种传统的食品或成分“实质等同”（即它们的分子、成分与营养等数据，经过比对而认为是实质相等），该种食品或成分即可视为与传统品种来源的食品一样安全。现在“实质等同性”已被一些国际组织如联合国粮食及农业组织（FAO）、世界卫生组织（WHO）以及美国、加拿大和一些北欧国家作为对转基因食品的安全性评价的主要依据。在进行实质等同性评价时，一般需要考虑以下 3 个方面。

1. 有毒物质　必须确保转入外源基因或基因产物对人畜无毒。

2. 过敏物质　在基因工程中如果将控制过敏物质形成的基因转入新的植物中，则会对过敏人群造成不利的影响。所以，转入过敏原基因的植物不能批准商品化。如美国有人将巴西坚果中的 2S 清蛋白基因转入大豆，虽然使大豆的含硫氨基酸增加，但也未获批准进入商品化生产。另外，还要考虑营养物质和抗营养因子的含量等。

3. 标记基因是否残留也是安全评价的重点　标记基因包括除草剂抗标记基因及抗生素抗性标记基因。虽然至今并没有确实证据显示基因工程可从植物体内转移至肠道微生物中，但抗生素抗性标记基因一旦转移会影响到抗生素的效果。因此，为了减少残留的可能性，必须改造载体以降低其转移性。对临床上使用的抗生素会产生抗性的标记基因应被禁止使用。欧盟委员会于 2000 年 1 月 10 日公告，规定食品及加工食品添加物各种成分内含 GMO 容许量，若单项成分 GMO 含量达 1%以上者，必须标识为 GMO 产品。

（二）转基因生物的环境安全性

环境安全性评价要回答的核心问题是转基因植物释放到田间是否会将基因转移到野生植物中，或是否会破坏自然生态环境，打破原有生物种群的动态平衡。

1. 转基因植物演变成农田杂草的可能性　植物在获得新的基因后会不会增加其生存竞争性，在生长势、越冬性、种子产量和生活力等方面是否比非转基因植物强。若转基因植物可以在自然生态条件下生存，势必会改变自然的生物种群，打破生态平衡。从目前转基因植物的田间试验结果来看，转基因植物在生长势、越冬能力等方面并不比非转基因植物强，也就是说大多数转基因植物的生存竞争力并没有增加，故一般不会演变为农田杂草。

2. 基因漂移（gene drift）**到近缘野生种的可能性**　在自然生态条件下，有些栽培植物会与周围生长的近缘野生种发生天然杂交，从而将栽培植物种的基因转入野生种中。若在这些地区种植转基因植物，则转入基因可以漂移到野生种中，并在野生近缘种中传播。在进行转基因植物安全性评价时，应从两个方面考虑这一问题：一个是转基因植物释放区是否存在与其可以杂交的近缘野生种。若没有，则基因漂移就不会发生。另一个可能是存在近缘野生种，基因可从栽培植物转移到野生种中。这时就要分析考虑基因漂移后会有什么结果。如果是 1 个抗除草剂基因，发生基因漂移后会使野生杂草获得抗性，从而增加杂草控制的难度。特别是若多个抗除草剂基因同时转入 1 个野生种，则会带来灾难。但若是品质相关基因等转入野生种，由于不能增加野生种的生存竞争力，所以影响也不大。

3. 对自然生物类群的影响　所转的靶基因，如抗虫基因，对目标昆虫的抗药性以及其他非目标昆虫的影响，需要从生态安全来评估。

（三）我国的生物安全对策

近年来，随着人们对环境问题关注程度的不断加大，中国政府逐步加强转基因生物的安全性评估。1993 年，在国家科学技术委员会领导下成立了国家生物遗传工程安全委员会，由来自卫生部、农业部、轻工业部的专家组成，负责医药、农业和轻工业部门的生物安全，此时生物安全的主管部门是国家科学技术委员会。1994 年以后，由于农业生物技术，特别是转基因作物和转基因饲养动物的发展，农业部成为生物技术安全管理的主要部门。此后，国家环保总局作为主管全国环境问题的政府部门，开始介入生物安全管理事务。特别是在《生物多样性公约》各次缔约国大会和拟定《生物安全议定书》的过程中，环保总局作为中国政府的主管单位代表参加了议定书的谈判，同时又作为联合国环境规划署《国际生物技术安全技术指南》在中国的实施机构，逐渐成为生物安全的主管单位之一。

目前，在中国负责生物安全的部门包括科技部、环境保护部、农业部、卫生部、中国科学院和教育部等。中国还制定了一系列有关生物安全的标准和办法，其中第1个是1990年制定的《基因工程产品质量控制标准》。该标准规定了基因工程药物的质量必须满足安全性要求，但该标准只对生物技术产品的品质进行了限制，对基因工程实验研究、中间试验及应用过程等的安全性未做具体规定，因此只具有非常有限的指导价值。1993年12月，国家科学技术委员会发布了《基因工程安全性管理办法》。该办法规定了中国基因工程工作的管理体系，按潜在危险程度，将基因工程工作分为4个安全等级，并对基因工程工作在实验室阶段、中间试验阶段以及工业化阶段的安全等级的划分、批准部门以及申报、批准程序都做了规定。1996年，农业部以此办法为基础颁布实施了《农业生物基因工程安全管理实施办法》。该办法内容较为具体，针对性强，涉及面较广，对不同的遗传工程体及其产品的安全性评价都做了相对明确的说明，同时考虑到了外国研制的农业生物遗传工程体及其产品到中国境内进行中试、环境释放或商品化生产的问题，也做出了具体规定，具有比较强的可操作性。2000年8月，中国政府签署了《〈生物多样性公约〉的卡塔赫纳生物安全议定书》，成为签署该议定书的第70个国家。2001年5月23日，国务院发布了《农业转基因生物安全管理条例》。2002年1月5日，农业部发布了《农业转基因生物安全评价管理办法》《农业转基因生物进口安全管理办法》《农业转基因生物标识管理办法》3个配套文件，规定中国对转基因作物实行安全评价审批和标识申报制度，要求对大豆、玉米、油菜籽、棉花种子及番茄等17种农业原材料及其直接加工品做出标识。2002年4月8日出台的《转基因食品卫生管理办法》规定，从2002年7月1日起，对“转基因动植物、微生物或其直接加工品为原料生产的食品和食品添加剂”必须进行标识。2008年，环境保护部出版了《中国转基因生物安全性研究与风险管理》一书，详细介绍了中国生物安全框架和政策法规。这些法规的颁布实施，标志着中国对转基因产品的安全管理步入了法制化轨道。

（胡开林 王晓武 叶志彪）

主要参考文献

陈艳荣.2014.植物基因工程技术在农业上的应用研究[J].中国科技纵横（3）：268-268.

邓秀新，Gmitter F G，Grosser J W.1995.柑桔种间体配融合及培养研究[J].遗传学报，22（4）：316-321.

刁卫平，崔利，江彪，等.2009.黄瓜同源三倍体创制及减数分裂行为观察[J].西北植物学报，29（1）：36-42.

方宏筠，朱祯.1997.转豇豆胰蛋白酶抑制剂基因抗虫甘蓝植株的获得[J].植物学报：英文版，39（10）：940-945.

冯道荣，许新萍.2000.多个抗病抗虫基因在水稻中的遗传和表达[J].科学通报，45（15）：1593-1599.

郭文俊.1998.将GNA基因导入莴苣（*L. sativa*）及其表达的研究[J].复旦学报：自然科学版，37（4）：564-568.

侯喜林，曹寿椿，佘建明，等.2001.原生质体非对称电融合获得不结球白菜胞质杂种[J].园艺学报，28（6）：532-537.

胡立敏，朱惠霞，陶兴林.2015.细胞工程技术在花椰菜育种中的应用[J].农业科技通讯（6）：284-286.

扈新民，李亚利，赵丹，等.2010.辣椒SRAP分子标记的优化及在航椒4号种子纯度检测中的应用[J].长江蔬菜（22）：7-11.

黄三文，王晓武，张宝玺，等.1999.蔬菜作物分子标记研究进展与我国的发展策略[J].中国蔬菜，1：50-53.

孔平.1992.抗病突变体筛选技术及其在蔬菜上的应用[J].中国蔬菜（4）：51-54.

李汉霞，尹若贺，陆芽春，等.2006.*Cry1A*（*c*）转基因结球甘蓝的抗虫性研究[J].农业生物技术学报，14（4）：546-550.

李汉霞，张晓辉，付雪林，等.2010.双*Bt*基因提高青花菜对菜粉蝶和小菜蛾抗性[J].农业生物技术学报，18（4）：654-662.

李乃坚，余小林.2000.双价抗菌肽基因转化辣椒[J].热带作物学报，21（4）：45-51.

李培夫，李万云.2006.细胞工程技术在作物育种上的研究与应用新进展[J].中国农学通报，22（2）：83-86.

李新华. 2005. 花药组织培养和小麦×玉米杂交技术应用于产生小麦单倍体的比较研究 [J]. 核农学报，19 (1)：13-16.

李珍珍，韩阳. 2001. 植物基因工程及其在蔬菜育种方面的应用前景. 辽宁农业科学 [J]. 6：36-38.

廉勇，陈源闽，王勇，等. 2008. DNA 分子标记技术辅助蔬菜育种研究进展 [J]. 内蒙古农业科技 (5)：78-79.

林正斌，叶茂生. 1993. 人工种子的制作及应用 [J]. 科学农业（台湾），41 (1)：36-41.

刘东明，杨丽梅，方智远，等. 2015. 甘蓝类蔬菜作物分子育种研究进展 [J]. 中国农业科技导报 (1)：15-22.

刘万勃，刘富中. 2002. RAPD 和 ISSR 标记对甜瓜种质遗传多样性的研究 [J]. 农业生物技术学报，10 (3)：231-236.

吕婧. 2011. 黄瓜种质资源群体结构分析与核心种质收集筛选 [D]. 北京：中国农业科学院.

乔军，石瑶，王利英. 2015. 果菜类蔬菜早熟性育种研究进展 [J]. 中国蔬菜 (5)：14-17.

孙守如，章鹏，胡建斌，等. 2013. 南瓜未受精胚珠的离体培养及植株再生 [J]. 植物学报，48 (1)：79-86.

孙秀峰，陈振德，李德全. 2005. 分子标记及其在蔬菜遗传育种中的应用 [J]. 山东农业大学学报，36 (2)：317-321.

孙勇如，李向辉，孙宝林，等. 1989. 新疆甜瓜子叶原生质体的培养和植株再生 [J]. 植物学报，12：3.

汤绍虎，孙敏. 1994. 蕹菜人工种子研究 [J]. 园艺学报，21 (1)：71-75.

田长恩，王正询，陈韬. 2000. 抗菌肽 D 基因导入番茄及转基因植株的鉴定 [J]. 遗传，22 (2)：86-89.

王伟，朱祯. 1999. 转基因棉花高效定植方法的研究 [J]. 植物学报：英文版，41 (10)：1072-1075.

王晓佳. 1988. 细胞工程技术在蔬菜上的应用 [J]. 中国蔬菜，2：59-62.

王跃驹，李刚强，刘德虎. 1997. 利用转基因植物生产乙肝口服疫苗 [J]. 生物技术通报，5：21-25.

吴昌银，叶志彪，李汉霞，等. 2000. 雪花莲外源凝集素基因转化番茄 [J]. 植物学报，42 (7)：719-723.

闫静，张明方，陈利萍. 2004. 体细胞杂交技术在蔬菜育种中的研究与应用 [J]. 细胞生物学杂志，26 (1)：51-56.

叶志彪，李汉霞，刘勋甲，等. 1999. 利用转基因技术育成耐贮藏番茄——华番 1 号 [J]. 中国蔬菜 (1)：6-10.

叶志彪，李汉霞. 1996. 两个反义基因在番茄工程植株中的生理抑制效应分析 [J]. 植物生理学报 (2)：157-160.

张晓辉，邹哲，张余洋，等. 2009. 从反义 RNA 到人工 miRNA 的植物基因沉默技术革新 [J]. 自然科学进展，19 (10)：1029-1037.

张晓辉. 2010. 番茄中 microRNA 的功能和应用研究 [D]. 武汉：华中农业大学.

张兴国，杨正安，杜小兵，等. 2001. 魔芋 ADP-葡萄糖焦磷酸化酶大亚基 cDNA 片段的克隆 [J]. 园艺学报，28 (3)：251-254.

张余洋，欧阳波，叶志彪. 2004. 无抗性标记基因转基因植物研究进展 [J]. 农业生物技术学报，12 (5)：589-596.

周嫦. 1988. 三种植物花粉原生质体的大量分离与初步培养 [J]. 植物学报：英文版，30 (4)：362-367.

朱常香，宋云枝. 2001. 抗芜菁花叶病毒转基因大白菜的培育 [J]. 植物病理学报，31 (3)：257-264.

朱军. 1999. 运用混合线性模型定位复杂数量性状基因的方法 [J]. 浙江大学学报：自然科学版，33 (3)：327.

Abdullah R，Cocking E C，Thompson J A. 1986. Efficient plant regeneration from rice protoplasts through somatic embryogenesis [J]. Nature Bi otechnology，4 (12)：1087-1090.

Barchi L，Lanteri S，Portis E，et al. 2011. Identification of SNP and SSR markers in eggplant using RAD tag sequencing [J]. BMC Genomics，12 (1)：304.

Bordas M，Montesinos C，Dabauza M，et al. 1997. Transfer of the yeast salt tolerance gene HAL1 to *Cucumis melo* L. cultivars and in vitro evaluation of salt tolerance [J]. Transgenic Research，6 (1)：41-50.

Bramley P，Teulieres C，Blain I，et al. 1992. Biochemical characterization of transgenic tomato plants in which carotenoid synthesis has been inhibited through the expression of antisense RNA to pTOM5 [J]. The Plant Journal，2 (3)：343-349.

Bridgen M P，Staby G L. 1981. Low pressure and low oxygen storage of Nicotiana tabacum and Chrysanthemum×morifolium tissue cultures [J]. Plant Science Letters，22 (2)：177-186.

Brooks C，Nekrasov V，Lippman Z B，et al. 2014. Efficient gene editing in tomato in the first generation using the clustered regularly interspaced short palindromic repeats/CRISPR-associated 9 system [J]. Plant Physiology，166 (3)：1292-1297.

Carlson P S. 1973. Methionine sulfoximine-resistant mutants of tobacco [J]. Science，180 (4093)：1366-1368.

Cocking E C. 1960. A method for the isolation of plant protoplasts and vacuoles [J]. Nature, 187 (4741): 962 - 963.

Dale E C, Ow D W. 1991. Gene transfer with subsequent removal of the selection gene from the host genome [J]. Proceedings of the National Academy of Sciences USA, 88 (23): 10558 - 10562.

Dorion N, Regnard J L, Serpette I, et al. 1994. Effects of temperature and hypoxic atmosphere on preservation and further development of in vitro shoots of peach ('Armking') and peach×almond hybrid ('GF 677') [J]. Scientia Horticulturae, 57 (3): 201 - 213.

Ferriol M, Pico B, Nuez F. 2003. Genetic diversity of a germplasm collection of *Cucurbita pepo* using SRAP and AFLP markers [J]. Theoretical and Applied Genetics, 107 (2): 271 - 282.

Flick C E. 1983. Isolation of mutants from cell culture [M]//Evans D A, Sharp W R, Ammirato P V, et al. eds. Handbook of plant cell culture. New York, Macmillan publishing Co.

Fujimura T, Komamine A. 1980. Mode of action of 2, 4 - D and zeatin on somatic embryogenesis in a carrot cell suspension culture [J]. Zeitschrift für Pflanzenphysiologie, 99 (1): 1 - 8.

Gamborg O L, Miller R A, Ojima K. 1968. Nutrient requirements of suspension cultures of soybean root cells [J]. Experimental Cell Research, 50 (1): 151 - 158.

Guha S, Maheshwari S C. 1964. In vitro production of embryos from anthers of Datura [J]. Nature, 204: 497.

Guha S, Maheshwari S C. 1966. Cell division and differentiation of embryos in the pollen grains of Datura in vitro [J]. Nature, 212: 97 - 98.

Han K H. 2003. Research articles: molecular biology/gene transformation; salt tolerance enhanced by transformation of a P5CS gene in carrot [J]. Journal of Plant Biotechnology, 5 (3): 157 - 161.

Heinz D J, Mee G W P. 1969. Plant differentiation from callus tissue of *Saccharum* species [J]. Crop Science, 9 (3): 346 - 348.

Hightower R, Baden C, Penzes E, et al. 1991. Expression of antifreeze proteins in transgenic plants [J]. Plant Molecular Biology, 17 (5): 1013 - 1021.

Jander G, Norris S R, Rounsley S D, et al. 2002. Arabidopsis map - based cloning in the post - genome era [J]. Plant Physiology, 129 (2): 440 - 450.

Jansen R C. 1992. A general mixture model for mapping quantitative trait loci by using molecular markers [J]. Theoretical and Applied Genetics, 85 (2 - 3): 252 - 260.

Jones L H. 1974. Long term survival of embryoids of carrot (*Daucus carota* L.) [J]. Plant Science Letters, 2 (4): 221 - 224.

Jongedijk E, Tigelaar H, Van Roekel J S C, et al. 1995. Synergistic activity of chitinases and β - 1,3 - glucanases enhances fungal resistance in transgenic tomato plants [J]. Euphytica, 85 (1 - 3): 173 - 180.

Kamada H, Okamura N, Satake M, et al. 1986. Alkaloid production by hairy root cultures in *Atropa belladonna* [J]. Plant Cell Reports, 5 (4): 239 - 242.

Lander E S, Botstein D. 1989. Mapping Mendelian factors underlying quantitative traits using RFLP linkage maps [J]. Genetics, 121 (1): 185 - 199.

Larrick J W, Wallace E F, Coloma M J, et al. 1992. Therapeutic human antibodies derived from PCR amplification of B - cell variable regions [J]. Immunological Reviews, 130 (1): 69 - 85.

Li G, Quiros C F. 2001. Sequence - related amplified polymorphism (SRAP), a new marker system based on a simple PCR reaction: its application to mapping and gene tagging in *Brassica* [J]. Theoretical and Applied Genetics, 103 (2 - 3): 455 - 461.

Lichter R. 1981. Anther culture of Brassica napus in a liquid culture medium [J]. Zeitschrift für Pflanzenphysiologie, 103 (3): 229 - 237.

Lin T, Zhu G, Zhang J, et al. 2014. Genomic analyses provide insights into the history of tomato breeding [J]. Nature Genetics, 46 (11): 1220 - 1226.

McBride J S, Altman D G, Klein M, et al. 1998. Green tobacco sickness [J]. Tobacco Control, 7 (3): 294 - 298.

Melchers G, Labib G. 1974. Somatic hybridisation of plants by fusion of protoplasts [J]. Molecular and General Genetics

MGG, 135 (4): 277 - 294.

Melchers G, Sacristán M D, Holder A A. 1978. Somatic hybrid plants of potato and tomato regenerated from fused protoplasts [J]. Carlsberg Research Communications, 43 (4): 203 - 218.

Monette P L. 1986. Cold storage of kiwifruit shoot tips in vitro [J]. Hort Science, 21 (5): 1203 - 1205.

Mori M, Murata K, Kubota H, et al. 1992. Cloning of a cDNA encoding the Tcp - 1 (t complex polypeptide 1) homologue of *Arabidopsis thaliana* [J]. Gene, 122 (2): 381 - 382.

Mullin R H, Schlegel D E. 1976. Cold storage maintenance of strawberry meristem plantlets [J]. Hort Science, 11: 100 - 101.

Murashige T, Skoog F. 1962. A revised medium for rapid growth and bio assays with tobacco tissue cultures [J]. Physiologia Plantarum, 15 (3): 473 - 497.

Nelson R S, McCormick S M, Delannay X, et al. 1988. Virus tolerance, plant performance of transgenic tomato plants expressing coat protein from tobacco mosaic virus [J]. Nature Biotechnology, 6 (4): 403 - 409.

Niizeki H, Oono K. 1971. Rice plants obtained by anther culture [J]. Les Cultures de Tissus de Plantes, 193: 251 - 257.

Nilgun E T, Keith M, Richard S. 1987. Expression of alfalfa mosaic virus coat protein gene confers cross protection in transgenic tobacco and tomato [J]. The EMBO Journal, 6 (5): 1181 - 1188.

Nishio Takeshi, Sato Takanori, Takayanagi Kenji. 1987. Efficient plant regeneration from hypocotyl protoplasts in eggplant (*Solanum melongena* L. and *Solanum insanum* L.) [J]. Japanese Journal of Breeding, 37 (4): 389 - 396.

Nitsch C, Nitsch J P. 1967. The induction of flowering in vitro in stem segments of *Plumbago indica* L. [J]. Planta, 72 (4): 355 - 370.

Nitsch C, Norreel B. 1973. Factors favoring the formation of androgenetic embryos in anther culture [M]//Adran M Srb eds. Genes, Enzymes and Populations. Springer US: 129 - 144.

Ouyang B, Yang T, Li H, et al. 2007. Identification of early salt stress response genes in tomato root by suppression subtractive hybridization and microarray analysis [J]. Journal of Experimental Botany, 58 (3): 507 - 520.

Paran I, Michelmore R W. 1993. Development of reliable PCR - based markers linked to downy mildew resistance genes in lettuce [J]. Theoretical and Applied Genetics, 85 (8): 985 - 993.

Park S, Yu H J, Mun J H, et al. 2010. Genome - wide discovery of DNA polymorphism in *Brassica rapa* [J]. Molecular Genetics and Genomics, 283 (2): 135 - 145.

Pelczar P, Kalck V, Gomez D, et al. 2004. Agrobacterium proteins VirD2 and VirE2 mediate precise integration of synthetic T - DNA complexes in mammalian cells [J]. EMBO reports, 5 (6): 632 - 637.

Powell P A, Stark D M, Sanders P R, et al. 1989. Protection against tobacco mosaic virus in transgenic plants that express tobacco mosaic virus antisense RNA [J]. Proceedings of the National Academy of Sciences, 86 (18): 6949 - 6952.

Rodolphe F, Lefort M. 1993. A multi - marker model for detecting chromosomal segments displaying QTL activity [J]. Genetics, 134 (4): 1277 - 1288.

San Noeum L H. 1976. Haploides d'*Hordeum vulgare* L. par culture in vitro d'ovaires non fecondes [J] Annales de l'Amelioration des Plantes (26): 751 - 754.

Staritsky G, Dekkers A J, Louwaars N P, et al. 1986. In vitro conservation of aroid germplasm at reduced temperatures and under osmotic stress [M]//L A Withers & P G Alderson (eds.) . Plant tissue culture and its agricultural applications. Butterworths, London: 277 - 285.

Tanaka I, Kitazume C, Ito M. 1987. The isolation and culture of lily pollen protoplasts [J]. Plant Science, 50 (3): 205 - 211.

Thoday J M. 1961. Location of polygenes [J]. Nature, 191: 368 - 370.

Tissier A F, Marillonnet S, Klimyuk V, et al. 1999. Multiple independent defective suppressor - mutator transposon insertions in Arabidopsis: a tool for functional genomics [J]. The Plant Cell, 11 (10): 1841 - 1852.

Vasil V, Clancy M, Ferl R J, et al. 1989. Increased gene expression by the first intron of maize shrunken - 1 locus in grass species [J]. Plant Physiology, 91 (4): 1575 - 1579.

Von Klercker J. 1892. A method for isolating living protoplasts [J]. Ofvers Vetensk. Akad. Forh. Stockholm, 49: 463.

Wehrhahn C, Allard R W. 1965. The detection and measurement of the effects of individual genes involved in the inheritance of a quantitative character in wheat [J]. Genetics, 51 (1): 109.

Withers L A, Street H E. 1977. Freeze preservation of cultured plant cells. Ⅲ. The pregrowth phase [J]. Physiologia Plantarum, 39 (2): 171-178.

Yang C, Li H, Zhang J, et al., 2011. A regulatory gene induces trichome formation and embryo lethality in tomato [J]. Proceeding of National Academy of Sciences USA, 108 (29): 11836-11841.

Yang C, Li H, Zhang J, et al. 2011. Fine-mapping of the woolly gene controlling multicellular trichome formation and embryonic development in tomato [J]. Theoretical and Applied Genetics, 123 (4): 625-633.

Zeng Z B. 1993. Theoretical basis for separation of multiple linked gene effects in mapping quantitative trait loci [J]. Proceedings of the National Academy of Sciences USA, 90 (23): 10972-10976.

第六章

蔬菜抗性育种

第一节 抗病育种

一、抗病育种概述

（一）抗病育种概念及其作用

病害是蔬菜生产的大敌，在蔬菜生长发育过程中，经常遭受病毒、真菌、细菌、线虫等病原生物的侵染，加之一些品种的抗病性较差，致使蔬菜产量或品质下降，少则减产10%～20%，大流行年份可减产50%以上，局部地区甚至绝产绝收。在现代蔬菜生产中，为防治病害而经常大量使用化学药剂，不仅大大提高了生产成本，而且常带来环境污染及产品中残毒危害等严重问题，影响到蔬菜产品安全。因此，通过遗传改良来增强品种对病原的抗性是最廉价、安全、有效的病害防治方法。

抗病育种是利用作物不同种质对病原侵染反应的遗传差异，通过相应的育种方法，选育耐病、抗病或免疫新品种的技术。抗病育种是对蔬菜作物病害综合防治的重要手段之一，尤其是对于一些像结球白菜和黄瓜的霜霉病、番茄黄化曲叶病毒病、甘蓝枯萎病等流行性病害的控制更为有效。与其他防治方法相比，其防病效果相对稳定，持续时间长，简单易行，成本低，能减轻或避免农药对蔬菜产品和环境的污染，有利于保持生态平衡。

（二）蔬菜抗病育种的进展

美国、日本、荷兰等发达国家，19世纪末到20世纪初就开始重视蔬菜抗病育种研究。从明确危害番茄、甘蓝、甜椒、黄瓜等蔬菜主要病害的病原种类、生理小种（株系）分化和抗性遗传规律入手，建立了对各种病害的单抗到多抗鉴定方法，广泛搜集种质资源或通过栽培种与野生种的远缘杂交培育抗源材料。

20世纪50～60年代，上述几种蔬菜抗病育种取得突破性进展，培育出一批抗源材料和抗病品种应用于生产，有效地控制了部分病害的危害。70～80年代以来，主要蔬菜抗病育种向多抗性发展，以美国和日本为例，生产上应用的品种一般可抗3～4种甚至5～6种病害。

1. 美国

番茄、辣椒：抗病毒病（TMV、CMV、TEV、PMV）、枯萎病、黄萎病、疫病、叶霉病、青枯病、根结线虫病等。

黄瓜、甜瓜：抗枯萎病、白粉病、霜霉病、炭疽病、角斑病。

甘蓝：抗黑腐病、霜霉病、根肿病、病毒病（TuMV、CMV）。

菜豆：抗锈病、根瘤病、病毒病（BcMV）等。

2. 日本

番茄：抗枯萎病、青枯病、病毒病（TMV）、叶霉病、细菌性斑点病、线虫病、褐色根瘤病、黄萎病等。

茄子：青枯病、枯萎病、黄萎病。

白菜：病毒病（TuMV）、软腐病、根肿病。

甜椒：病毒病（TMV、CMV）、黄萎病、细菌性斑点病。

甘蓝：枯萎病、黑腐病、根肿病。

萝卜：病毒病、软腐病、枯萎病、疮痂病、黄萎病等。

近年来，多抗性仍是蔬菜抗病育种的主要研究方向。同时注意抗性育种与品质育种的结合，重视通过生物技术育种与常规育种的结合进行聚合育种，提高育种效率。

中国蔬菜抗病育种起步较晚，20 世纪 60 年代主要对农家品种进行抗病性观察及筛选。70 年代，蔬菜病害日趋严重，致使主要蔬菜作物单产下降。为减轻病害对蔬菜生产的影响，部分育种单位开始进行抗病育种，但都是以田间抗病性鉴定为主。从 1983 年开始，白菜、甘蓝、黄瓜、番茄、辣（甜）椒的抗病新品种选育列入国家重点科技攻关计划，并以选育抗病、丰产、优质品种为主要目标，同时结合育种开展了有关抗病育种应用基础理论和育种技术研究。“六五”（1981—1985）期间，要求育成的新品种在人工接种抗病性鉴定中可抗 1～2 种主要病害；“七五”（1986—1990）期间，要求培育双抗品种；“八五”（1991—1995）期间，育种目标进一步提高，育成的蔬菜新品种必须抗 3 种主要病害，并具有较优良的品质及良好的丰产能力。所以，抗病性是“六五”至“八五”期间中国主要蔬菜作物新品种选育的首要目标。

“九五”（1996—2000）期间，上述主要蔬菜作物育种目标除要求新品种应具有优质、丰产、抗 3 种以上主要病害外，并将适于保护地栽培专用品种以及耐低温、弱光或耐高温、晚熟抽薹等抗逆性作为重要的育种目标。

“十五”（2001—2005）和“十一五”（2006—2010）期间，中国蔬菜作物的育种目标将优质放在第 1 位，优质与抗病相结合，以选育出适于设施栽培和适合加工的专用品种为目标。多年来，经广大科技工作者协同攻关，我国蔬菜抗病育种取得显著成绩，概括如下：

（1）明确了中国主要蔬菜作物主要病毒病的毒源种群和株系。采用生物、物理、电镜、血清学鉴定等方法鉴定了近万份大白菜、甘蓝、番茄、辣（甜）椒病毒病样品，明确了大白菜、甘蓝产区主要病毒种群为芜菁花叶病毒（TuMV），其次为黄瓜花叶病毒（CMV）。危害番茄的病毒以番茄花叶病毒（ToMV）为主，其次为黄瓜花叶病毒（CMV）、马铃薯 X 病毒（PVX）、马铃薯 Y 病毒（PVY）。近几年对在我国番茄主产区暴发的番茄黄化曲叶病毒病类型和株系进行了研究。辣椒上采集的病毒标样中以 CMV 和 TMV 检出率最高，为主导毒源。

（2）确定了大白菜霜霉病、黑斑病、软腐病，番茄叶霉病、晚疫病、枯萎病、黄萎病，黄瓜枯萎病等病原的生理小种以及番茄根结线虫病的优势种。

（3）制定了大白菜、番茄、辣（甜）椒、黄瓜、甘蓝等主要蔬菜病害病原菌分离、纯化、保存以及苗期人工接种单抗和多抗性鉴定技术方法与标准。

（4）基本明确了病毒病（TuMV、TMV），十字花科蔬菜黑腐病、霜霉病，番茄叶霉病、晚疫病，瓜类蔬菜枯萎病、白粉病、霜霉病等主要病害的抗性遗传规律。

（5）筛选和创新了蔬菜抗源材料 200 多份。

（6）育成了抗 2～3 种病害的蔬菜新品种 300 多个，新品种的复合抗性明显提高。

生物技术也被越来越多地应用到蔬菜抗病育种中，国内蔬菜和植保方面的专家学者先后运用生物技术手段对蔬菜病害进行了研究，对相关病害的基因克隆、转化以及抗病材料纯合系的建立方法等进行了探索。

"十五"以来，国内主要蔬菜研究单位先后利用RAPD、AFLP、SSR、SRAP、SNP等分子标记技术进行蔬菜遗传图谱构建和抗病基因定位，越来越多的抗病性分子标记已在番茄、黄瓜、白菜、甘蓝、辣（甜）椒等主要蔬菜抗病育种中应用。以番茄为例，获得了番茄抗晚疫病、叶霉病、枯萎病、黄萎病、病毒病（TYLCV、ToMV）、根结线虫病等基因的分子标记，已用于抗性基因辅助选择，提高了育种效率。

（三）蔬菜抗病育种展望

（1）加强对蔬菜各种病害病理学、抗性遗传规律和抗病机理的研究。

（2）做好蔬菜病害抗病性鉴定研究，尤其是多抗性鉴定技术研究。

（3）加强抗病种质资源创新研究，广泛搜集近缘种、野生种，扩大田间发病调查范围，不断丰富抗病基因库，采用各种现代仪器和测试手段，开展种质资源的鉴定、筛选、创新研究。

（4）加强现代生物技术和常规育种技术的结合，根据不同蔬菜作物的育种实际，利用组培、细胞工程、分子育种等技术创新种质，加速育种进程。尤其是应用分子标记对于蔬菜病害抗源开发的研究和利用将具有巨大潜力，既可加快对抗源材料的筛选和鉴定，又有利于多抗性基因的聚合。

（5）此外，应开展重要抗病基因分离、发掘及其作用机制的研究。

二、蔬菜作物病害和病原生物

（一）蔬菜病害

蔬菜病害因病原生物、发病部位、发病时期、发病症状等不同可以划分为不同的类型。

1. 按病原生物划分　按病原生物可以划分为真菌病害（如黄瓜枯萎病、番茄黄萎病）、细菌病害（如大白菜软腐病、黄瓜角斑病）、病毒病害（如番茄、黄瓜花叶病毒病）、植物寄生线虫病害（如番茄、黄瓜根结线虫病）、寄生性种子植物病害（如菜用大豆菟丝子）和植原体病害等。

2. 按发病部位划分　按发病部位可以划分为根部病害（如萝卜、白菜根肿病）、叶部病害（如番茄叶霉病、黄瓜角斑病）、茎部病害（如西瓜、甜瓜蔓枯病）、花器病害（如黄瓜花腐病）、果实病害（如茄子、番茄绵疫病）和种子病害（如菜用大豆赤霉病）等。

3. 按发病时期划分　按发病时期可以划分为苗期病害（如黄瓜猝倒病）、成株期病害（如番茄青枯病）、结果期病害（如辣椒炭疽病）和贮藏期病害（如白菜软腐病）等。

4. 按传播方式划分　按传播方式可以划分为气流传播病害（如黄瓜霜霉病和白粉病）、土传病害（如枯萎病及黄萎病）及昆虫传播病害（如番茄黄化曲叶病毒病和黄瓜花叶病毒病）等。

5. 按发病症状特征划分　可以划分为变色型（如番茄花叶病毒病）、坏死型（如番茄条斑病）、萎蔫型（如瓜类蔓割病）和畸形（如西葫芦病毒病）等。当然，同一种病害在植物的不同部位发病，其病状有很大的变化。

（二）病原生物

导致蔬菜发病的病原生物按传统的分类方式包括真菌、细菌、病毒、植原体、植物寄生线虫和寄生性种子植物等。

1. 真菌　真菌在自然界分布很广，大部分是腐生的，少数可以寄生。目前记载的真菌估计在10万种以上，真菌的共同特点是生长过程中要形成菌丝和孢子，这也是判断真菌病害的基本特征。真菌病害在植物病害中占86%以上，几乎每种蔬菜都有几种至几十种真菌病害。

（1）*真菌的一般性状*　真菌的发育过程包括营养生长和生殖生长两个阶段。营养生长阶段主要是真菌的菌体的扩展伸长，真菌的菌体绝大多数为丝状体，有细胞壁和真正的细胞核，没有叶绿素，不能制造养分，需要依靠寄生或腐生来生存。生殖生长阶段，真菌产生各种类型的孢子，是真菌传播的主要形式。生殖阶段又分为无性生殖和有性生殖。

（2）真菌的致病特点 真菌引起的病害，常在发病部位表面长出菌丝——霉状物、粉状物等。不同真菌病害的病征不同，如腐霉菌、疫霉菌引起植物根部或茎基部腐烂，当湿度大时，常在病部长出白色毛状物；而霜霉菌为害蔬菜地上部，引起叶斑或花、荚变形，并生出白色霜霉状物。接合菌大多数是腐生菌，蔬菜病害较少，有南瓜软腐病等。子囊菌和无性型真菌所引起的病害，一般都形成明显病斑，其边缘的颜色明显较深，在病斑上产生各种颜色的霉状物或小黑点。担子菌中的黑粉菌和锈菌形成黑色或锈色的粉状物。

诊断真菌性病害时，可挑取寄主病部表面生出的各种霉状物和粉状物在显微镜下观察，能清楚看到真菌的菌丝和孢子的形态。

（3）真菌的生活方式 根据真菌对寄主的依赖性，可将真菌划分为腐生性真菌和寄生性真菌。一般寄生性真菌变异小，小种分化慢，而腐生性真菌则相反。另外，在抗病育种中，腐生性真菌和寄生性真菌的鉴定方式也有很大区别。

2. 细菌 植物病原细菌在自然界分布很广，在空气、水、土壤中都有，目前已知的植物细菌病害有 300 种左右，中国已发现的约有 100 种。危害蔬菜的主要细菌性病害有十字花科蔬菜软腐病、黑腐病，茄科蔬菜青枯病、马铃薯环腐病和黑胫病，黄瓜细菌性角斑病，菜豆细菌性疫病等。

（1）细菌的一般性状 细菌是单细胞微生物，基本形态有球状、杆状和螺旋状，植物细菌一般是杆状，大小 1 μm×3 μm。绝大多数有鞭毛，最少 1 根，一般 3～7 根，鞭毛是细菌的运动器官。在植物病原细菌中，除棒状杆菌属外，其革兰氏染色反应都是阴性。大多数植物病原细菌不产生荚膜。植物细菌对高温比较敏感，一般在 50 ℃经 10 min 即死亡。

（2）细菌的生长 植物病原细菌是异养的，不含叶绿素，依靠寄生或腐生生存。所有的植物病原细菌都可以在人工培养基上生长，而且对营养要求不严格，在固体培养基上形成不同菌落，其颜色有白色、黄色或灰色等，其表面特征有光滑和粗糙之分。细菌以裂殖的方式繁殖，即细菌细胞生长到一定大小时，从中部分裂，形成两个大小相似的子细胞，细菌的繁殖生长符合 S 曲线特征。

（3）细菌的致病特点 细菌一般通过伤口或蔬菜作物表面的自然孔口侵入。侵入后通常先将细胞或组织致死，然后从死亡的细胞或组织中吸取养分。细菌病害的病状因寄主发病部位而异，主要表现为腐烂、坏死、萎蔫。在寄主薄壁细胞或组织内扩展引起叶斑、腐烂；在寄主维管束的导管内扩展引起植株萎蔫；有的引起寄主细胞分裂，在病部表现水渍或油渍状，在空气潮湿时，有的在病斑上产生黏胶状物称为菌脓。切取病部在显微镜下观察可见到大量菌脓溢出。

3. 病毒 目前发现的植物病毒病害已超过 700 种，各种植物几乎都有病毒病害，而且其严重性超过细菌病害。茄科、十字花科、葫芦科、豆科等蔬菜作物病毒病较重。

（1）植物病毒的生物学特性

① 传染性。早在 1886 年德国人梅尔（Mayer）把烟草花叶病株的汁液注射到无病的烟草植株上，诱发了同样的花叶病。1890 年伊凡诺夫斯基（Dmitrii Ivanowski）进一步过滤烟草花叶病株汁液，发现过滤后的清液仍有传染性，证明了病毒的传染性。一般病毒侵入植物时，必须通过不至于造成寄主细胞死亡的微小伤口，与植物细胞的原生质接触，才能与植物建立寄生关系。有些病毒通过植物细胞摩擦等造成的伤口可直接侵入，这种类型称接触传染；有些需要特定的刺吸式口器昆虫把病毒输入到植物韧皮部内才能和植物建立寄生关系，叫昆虫传染。病毒进入细胞后，通过胞间联丝在细胞之间运转，一旦病毒进入韧皮部，即可随营养物质的流动而运转繁殖。

②（可）复制性。以单链 RNA 病毒为例，病毒侵入植物细胞后，首先单链 RNA 与蛋白质衣壳分离。单链 RNA 吸附在寄主细胞核及其周围，以这条 RNA 链为模板，复制出与它相对应的负链，再以这条负链为模板，反复复制出相对应的正链，随后复制出的正链进入细胞质，利用寄主的营养成

分，翻译产生病毒蛋白质。最后正链 RNA 与蛋白质结合成为完整的病毒粒体。正常情况下，病毒的繁殖速度很快，烟草花叶病毒在健株上接种 2 个月后大约可增加 5 000 万倍。

③ 稳定性。病毒具有一定的稳定性，不同的病毒在外界环境影响下的稳定性不同，这些特性可用作鉴定病毒的依据。

④ 稀释终点。把病株组织榨出的汁液用水稀释，当稀释超过一定倍数时，榨出的汁液便失去传染能力。保持传染力的最大稀释度称为稀释终点。各种蔬菜病毒病的稀释终点差别很大，如 TMV 为 1 000 000 倍，马铃薯轻型花叶病毒为 50～100 倍，CMV 为 1 000～10 000 倍。

⑤ 体外保毒期。把病株组织的榨出汁液置于室温（20～22 ℃）条件下直至失去感染力的最短时间，称病毒体外保毒期。不同病毒的体外保毒期差异很大，如 TMV 体外保毒期在 25 ℃以下可达 60 d以上，CMV 体外保毒期在 25 ℃以下不超过 3 d。外界温度、通气状况、汁液成分等也影响体外保毒期的长短。

⑥ 致死温度。把病株组织的榨出汁液放在不同温度下处理 10 min，在 10 min 内致使病毒失去侵染力的最低温度为该病毒的致死温度。不同病毒的致死温度有一定差异，一般为 52～93 ℃，大多数植物病毒的致死温度为 60 ℃。

⑦ 对化学物质的反应。病毒对一些杀菌剂如升汞、酒精、硫酸铜及甲醛等抵抗力都强。TMV 在 0.1%的升汞中浸泡 1 个月，仍有侵染力。病毒一般对除垢剂类物质很敏感，如肥皂水可以使病毒失活等，因此除垢剂通常用作病毒的消毒剂。

⑧ 对酸碱度的反应。病毒对于酸碱度反应不一，有的在酸性条件下稳定，有的在碱性条件下稳定。

⑨ 过滤性。1890 年伊凡诺夫斯基证明病毒汁液通过细菌滤器后，仍保持侵染性。

（2）*植物病毒结构及化学组成*　病毒属于非细胞生物，在电子显微镜下，植物病毒是微小的颗粒体，其形态主要有球状、棒状（包括杆状、线状）和弹簧状 3 种。植物病毒粒体的化学组成主要是核蛋白和核酸，其结构是以核酸为芯，外面包围着核蛋白衣壳。病毒粒体还含有水分和矿物元素，少数植物病毒还含有脂类及多胺物质。病毒的核酸有核糖核酸（RNA）和脱氧核糖核酸（DNA）两类，亦称 RNA 病毒和 DNA 病毒，绝大多数植物病毒的核酸是单链 RNA，即 RNA 病毒。病毒的分子质量很大，如 TMV 为 10×10^{7} u，是最大蛋白质的 100 倍。不同病毒大小差异显著，但均比细菌小得多。

（3）*病毒的致病性和病毒病症状特点*　病毒属非细胞生物，不能单独生存，属于严格寄生性生物。因此，病毒致病性的主要表现为与寄主争夺营养。病毒在植物体内细胞间传播、增殖，导致寄主生理生化紊乱，形成不同病征。

① 花叶。指植物叶片表现为深绿与浅绿、黄绿相间的特征，有时黄色斑块较大形成斑驳、黄斑，进一步发展成枯斑、枯条斑等。这类病毒主要分布于植物的薄壁细胞中，容易通过机械摩擦侵染，也可通过昆虫传播，有的花叶病毒也可通过种子传播。蚜虫在病株上取食获毒，病毒通常保持在蚜虫的前肠至中肠和口针内。这类病毒与蚜虫的关系绝大多数是非持久性的，少数是半持久性的。非持久性传染的特点是蚜虫获毒后立即可以传毒，传毒几株后即丧失传毒能力；半持久性传染特点是蚜虫获毒饲育时间长，要几分钟到几小时，传毒效能随获毒饲育期和传毒饲育期的增长而增加，但当体内保持的病毒被排出后，蚜虫就丧失传毒能力。

② 黄化。指叶片黄化等。这类病毒主要存在于寄主韧皮部的筛管和薄壁细胞中，不能通过机械摩擦传染，可以通过昆虫、嫁接和菟丝子传染。媒介昆虫主要是叶蝉、飞虱，其次是木虱、蚜虫、椿象和蓟马。

此类病毒与昆虫的相互关系主要是持久性的。其特点是获毒饲育期和传毒饲育期较长，时间越长传毒效能越高，获毒后要经过一个较长潜育期后才能传毒，介体昆虫获得病毒后能长期传毒，甚至终身传毒，有些病毒还能经卵传给下一代。

③ 畸形。指病毒引起植株叶片、果实、根茎等形状发生变化的特征。这通常由于病毒的刺激或

诱导，促使植株局部细胞的分裂和生长不同步，导致形状发生变化，如蕨叶、丛枝、果实畸形等。

④ 坏死。指病毒引起植株叶片、果实、根茎等坏死的特征。这一般是过敏反应，坏死可以发生在植株各个部位。

（4）蔬菜上常见的病毒种类 危害蔬菜的病毒种类很多，常见的有以下几种：

烟草花叶病毒（TMV）：寄主范围十分广泛，主要导致茄科蔬菜病毒病，也能危害十字花科蔬菜等。

番茄黄化曲叶病毒（TYLCV）：属于双生病毒，菜豆金色花叶病毒属（*Begomovirus*），主要通过烟粉虱传播，可以侵染茄科、豆科等多种植物。

黄瓜花叶病毒（CMV）：寄主范围很广，主要引起茄科蔬菜、葫芦科蔬菜病毒病，也能危害十字花科蔬菜和豆科蔬菜等。

芜菁花叶病毒（TuMV）：主要引起十字花科蔬菜病毒病，如大白菜、甘蓝、萝卜、芥菜等的病毒病。

马铃薯X病毒（PVX）：引起马铃薯花叶。

马铃薯Y病毒（PVY）：主要危害马铃薯，与PVX混合感染引起马铃薯皱缩花叶。

马铃薯卷叶病毒（PLRV）：主要危害马铃薯，引起卷叶，还危害番茄。

菜豆花叶病毒（BMV）：主要危害菜豆。可由种子带毒，种子带毒率达30%～50%。

菜豆黄色花叶病毒（BYMV）：主要引起菜豆黄化花叶，还能侵染其他豆科蔬菜。

西瓜花叶病毒（WMV）：主要危害葫芦科蔬菜，引起花叶、畸形等。

蚕豆萎蔫病毒（BBWV）：主要危害豆科蔬菜和菠菜等作物。

（5）类病毒 是一类比病毒更小的小分子RNA。其分子质量一般为1×10^5 u，没有蛋白质，RNA是含有很高碱基配对的单链闭合环形的杆状粒体。多数类病毒可以通过汁液传染，也可由种子和昆虫介体传染。

4. 植原体 植原体又称类菌原体（简称MLO），是介于病毒和细菌之间的单细胞微生物，归属于细菌界。有圆形、椭圆形或不规则形，没有细胞壁，外边是由蛋白质层夹裹的类脂质层构成的单位膜。植原体可以在人工培养基上生长，增殖方式主要为二均分裂，也有行芽殖和其他方式繁殖。植原体对抗生素如四环素、金霉素等比较敏感，对青霉素拮抗性强。可引起茄科、豆科蔬菜及芹菜等作物黄化、丛枝症状。

5. 植物寄生线虫 线虫是一种低等动物，又名蠕虫。线虫在自然界中分布很广，种类多。主要危害茄科、豆科、葫芦科和十字花科蔬菜的根部，影响生长，并能传播其他病原菌。

（1）线虫主要特征特性 植物寄生线虫一般是圆筒形，两端尖，体细小，长0.5～1 mm，宽0.03～0.05 mm。

线虫在土壤或植物组织中产卵，卵孵化后形成幼虫，幼虫侵入寄主危害。幼虫一般蜕皮4次变为成虫，交配后雄虫死亡，雌虫产卵。可在土壤内，也可以在寄主内以幼虫越冬。

不同线虫的寄生方式不同，大多数线虫在寄主体外以口针穿刺植物组织营寄生生活，称为外寄生。有些线虫寄生在植物寄主体内，称为内寄生。少数线虫则是先进行外寄生，后进行内寄生。

（2）线虫的致病特点 线虫对植物的致病作用表现在两个方面，其一以口针穿刺植物，吸取汁液；其二是穿刺寄主时分泌含各种酶或毒素的唾液，造成各种病变。其主要病征有3种：生长抑制型，植物表现生长缓慢、衰弱、矮小，似营养不良；异常生长型，根部肿大，须根丛生，局部畸形，扭曲；组织坏死型，叶片干枯，组织干腐、软化及坏死，根部腐烂，茎叶上产生褐色斑点，籽粒变成虫瘿等。危害蔬菜的线虫有瓜类根线虫（*Heterodera marioni*）、马铃薯金线虫（*H. rostochiensis*）和根结线虫（*Meloidogyne* spp.）等，其中根结线虫属对蔬菜的危害比较严重，又可分为南方根结线虫（*M. incognita*）、花生根结线虫（*M. arenaria*）、爪哇根结线虫（*M. javanica*）和北方根结线虫

(*M. hapla*) 等。

6. 寄生性种子植物　寄生性种子植物是一类由于器官退化或缺乏叶绿体不能自养的植物。寄生性种子植物大多数是双子叶植物，估计在 1 700 种以上，与蔬菜有关的主要是菟丝子亚科（Cuscutoide）和列当科（Orobanchaceae）的部分植物。

根据对营养的依赖程度，寄生性种子植物分为两类：一类称为半寄生种子植物，该植物有叶绿素，能够自制养分，但必须从寄主植物上吸取水分和无机盐，如桑寄生和槲寄生；另一类称为全寄生性种子植物，没有根、叶，必须从寄主体内吸收全部或部分碳水化合物等有机营养和水分、无机盐，如菟丝子和列当。

菟丝子，无根，叶退化成鳞片状，无叶绿素，寄生于植物茎部，被害植物发育不良，甚至萎黄枯死。中国常见的有日本菟丝子和中国菟丝子，日本菟丝子主要危害木本植物，中国菟丝子主要危害豆科、茄科蔬菜。

列当是一年生的草本植物，叶退化成鳞片，无叶绿素，根退化成吸盘，寄生于植物根部。中国主要有埃及列当（*Orobanche aegyptica*）和向日葵列当（*O. curnane*)。埃及列当也称瓜类列当，主要危害瓜类，还危害茄科、豆科蔬菜；向日葵列当仅危害向日葵。

三、蔬菜作物的抗病类别与机制

（一）蔬菜作物的抗病类别

由于分类的目的和方法不同，蔬菜作物抗病性可以划分为不同的抗病类别。

1. 根据抗病程度划分

（1）免疫　是指寄主植物对某一病害完全不感染，或极不容易遭受侵染发病。

（2）抗病　是指寄主植物对某种病原物具有抵抗能力，虽不能完全避免被侵染，但局限在很小范围内，只表现轻微发病。

（3）耐病　是指寄主植物受病原物侵染后，虽然表现出典型症状，但对其产量和品质没有明显影响。

（4）感病　是指寄主植物遭受病原物侵染而发生病害，使生长发育、产量或品质受到很大的影响，甚至引起局部或全株死亡。

不同作物、不同病害的抗病程度划分标准有所差异，在国家结球白菜区域试验的记载标准中，于结球中后期调查霜霉病，然后统计病株率及病情指数，根据病情指数进行抗性分级（参见本书第 10 章)。

感病和抗病都是用以表示寄主和病原物之间的某种相互作用的情况和程度，抗病和感病都是相对的，彼此也是相互联系的。

2. 根据抗病性表现形式划分

（1）阻止侵染型　在蔬菜作物品种中，有的表现为完全不允许病原物侵入植物组织，有的虽然侵入了，但会立即将病灶封闭，而不让其扩展。抗病品种阻止病原物侵入的方式最普遍的是过敏反应。植物病原侵染抗病品种和非寄主植物体后，其侵染部位的周围细胞组织迅速死亡，从而强化了周围的组织屏障，断绝向病灶输送养分，结果造成病原物本身死亡或丧失活性。这种过敏反应通常是出现一个坏死斑。

（2）抑制增殖型　过敏反应是完全不允许病原体在植物体内增殖，而抑制增殖型则是限制病原体在植物体内的增殖量，结果会使病害的蔓延和危害程度都比感病品种明显降低。这种类型的抗病性不能完全阻止病害的发生，直接用幼苗接种鉴定时，其抗病性也不太明显，一般多在田间栽培时与感病品种相比，才能看出差别。所以，有人又把这种抗性称为田间抗性或场圃抗性。

(3) 潜隐型　病原体在植物体内的增殖与感病品种差不多，但通常不表现症状，或即使有症状也很轻微，这样的抗性叫做潜隐型抗病性。潜隐型在病毒病中较为常见，如番茄中有的抗烟草花叶病毒的品种（带有 *Tm* 基因的）常常表现为潜隐型。

3. 根据抗病基因的遗传划分

(1) 细胞核遗传的抗性　分单基因抗性、寡基因抗性、多基因抗性。

① 单基因抗性。参与抗病的基因只有 1 个，可以根据抗病基因在杂合状态下表现为显性或隐性，分为单基因显性或单基因隐性抗性。单基因显性抗性由于在材料分离后代中能提供明显的抗、感病界限，当代即可对抗病基因进行选择，最容易进入育种程序。例如甘蓝抗枯萎病基因、黄瓜抗黑星病基因、辣椒抗 TMV 基因、番茄抗 TYLCV 病毒病基因等。

② 寡基因抗性。指抗病性是由少数几个基因（2～3 个）控制的抗性，如对番茄的 ToMV、黄瓜的枯萎病、豇豆的枯萎病等的抗性。

③ 多基因抗性。指抗病性由多个微效基因共同控制的抗性，如对甘蓝病毒病、黑腐病，黄瓜白粉病、霜霉病，番茄炭疽病等的抗性。相对单基因抗性，这类抗性基因在育种中的利用往往较复杂，难以将多个抗性基因同时聚合。但随着分子标记技术的发展，越来越多与抗性基因紧密连锁的标记得以开发，并用于多基因的聚合育种过程中。

(2) 细胞质遗传的抗性　指抗病基因分布在线粒体、质体中，其抗性遗传表现母性遗传的特点。

4. 根据寄主抗性基因与病原物小种专化性的分类　1963 年范德普朗克（Vanderplank）根据寄主、病原物变异的关联性，把植物抗病性分为垂直抗性和水平抗性。

(1) 垂直抗性　是指病原物的变异和寄主植物的变异是关联的，表现为一种植物品种对病原菌一个或几个小种具有抗性，所以又称小种专化抗性。其特点是，寄主植物对某些病原菌小种具有高度的抗性，而对另一些小种有时则高度感染，即对不同生理小种具有"特异"反应或"专化"反应。

(2) 水平抗性　是指病原物的变异与寄主变异无关，即两者变异不相关联，表现为一种植物或品种对病原物的所有小种都具有抗性，所以又称为非小种专化抗性。这种抗性对病原物的不同生理小种没有"专化"或"特异"的反应。它对病原物各小种的反应大体上接近同一个水平，故称之为水平抗性。

垂直抗病性往往表现为过敏坏死反应，抗病反应表现明显，易于识别，其最高程度可达到免疫。垂直抗性的遗传往往是单基因或少数基因决定的简单遗传，杂种后代分离也较简单。

水平抗性包括过敏坏死以外的多种阻止病原菌侵染或抑制增殖型的抗病性。其表现形式有侵染概率低、潜育期长、产生孢子量少和孢子堆小等特点。水平抗性的表现不如垂直抗性那样突出，多数表现为中等程度的抗病性。在遗传上，水平抗性是由多数微效基因所决定的，属于数量性状遗传范畴。

5. 根据抗病性机制划分　Kŭc 等（1983）指出，植物的抗病性不可能完全依赖于一种机制或某种化合物，而是决定于多种机制以不同方式和不同部位而表达的联合作用。

(1) 被动抗病性　是指植物在与病原物接触前即已具有的性状所决定的抗病性，如植物株型、气孔数量、开闭时间、体表角质层、体内薄壁组织厚度和硬度、各种抗菌物质等，也可称为既有的抗病性，又可分为组织结构抗病性和化学抗病性。

(2) 主动抗病性　是指植物受病原物侵染或机械损伤后，其生理代谢和细胞壁结构发生一系列的变化，构成了阻止或限制病原物侵染的化学和物理障碍。这种反应在各类病原物侵染的病害中普遍存在，也称为侵染诱发的抗病性。

无论是被动抗病性还是主动抗病性，都包括组织结构或形态抗性与生理生化抗性两大部分。

6. 按寄主抗性来源的分类　人们通常讲的抗病性主要是指可遗传的抗病性，即基因决定的抗病性。近年来，随着对植物抗病性的深入研究，人们可以采用一些外在的因素，诱导植物产生抗病性，叫获得性抗病性，或诱导抗病性。因此，实际抗病性就有先天抗性与后天抗性之分。

(1) 先天抗性（congenital resistance）　先天抗性或遗传抗性、基因抗性是寄主在进化过程中所获得的遗传性抗性，也是植株的先天性抗性，是植物在系统发育过程中已经形成的稳定性状，可以是形态的、解剖结构的、组织的，以及植物体内的生物化学成分等。不管病原是否存在或侵染，这些性状都是以一定的状态存在。病原侵染发生后，它们发挥抵御侵染的性能，寄主才表现抗病性。如过敏反应，是病原菌侵入植物体时，侵染点周围的组织迅速坏死。

（2）*获得性抗性*（acquired resistance）　即后天获得的抗病性，正常情况下植物不表现抗病性，当植物个体发育过程中受到某些刺激才产生的相应的抗性反应。常用的外部刺激主要为水杨酸处理、理化免疫处理、弱毒系接种等。获得抗性也是有遗传基础的，在重复进行刺激时，其抗病性可以重复产生，获得性抗性一般表现为水平抗病性。

7. 按寄主抗性表现的时间分类　有些抗病基因的表达与寄主发育阶段密切相关，有些抗病性与发育阶段没有关系。因此就有阶段抗性与非阶段抗性的区别。

（1）*阶段抗性*　指植株生长的不同阶段，其抗病性表现不同，如结球白菜霜霉病，幼苗期和结球期抗病性明显不同。阶段抗性的出现使有些病害的抗性鉴定难以在苗期实现。

（2）*非阶段抗性*　指植株不同发育阶段或不同的器官的抗病性表现一致的特性。这类抗病性与植株生长发育的时期和阶段没有关系，如对病毒病、枯萎病的抗性等。

8. 按寄主抗性表现的范围分类　不同病原物侵染寄主的部位、方式不同，其发生的病征不同。有些真菌侵染寄主后，造成局部组织坏死，完成一个生活周期后，再在其他部位重新侵染，病征发生在侵染部位。有些病原菌侵染后，伴随寄主的生长而繁殖生长，病征不断扩大或使植株整体表现病状。因此，就有系统病害与局部病害的区别。

（1）*局部病害*　指仅仅在植株局部组织或器官表现病征的病害，一般是在被侵染部位发病，大部分真菌和部分细菌的叶部病害都属于此，如大白菜黑斑病等。

（2）*系统病害*　指病原物侵染寄主后，导致植株整体表现病征或病征不断扩大的病害，如病毒病、枯萎病等。

（二）蔬菜作物抗病机制

蔬菜作物的抗病性并不是一个单因素的简单性状，而是通过多道防线、多种因素、多种途径综合形成的结果。一植物对某个菌株在一定的环境条件下的抗性可能以某种抗病因素为主导，而在另一种条件下可能以另一种因素为主导。总的说来，植物对病原物的抗病机制是一个多途径的复杂过程。

1. 抗病性物理（机械）机制　一种病原物侵染其寄主植物，首先发生病原与植物间的相互识别，植物在感受到病原入侵的信息后，启动或引发一系列的病理学反应，以抵抗病原物的侵袭。植物通过自身外部结构变化防止病原物感染的能力就是物理抗病性，这是植物抗病性的第一道防线。物理抗病性有以下几种：

（1）*植株形态的抗病作用*　由于植株特殊的形态可以减少或阻碍病原菌（真菌孢子）的着落，达到抗病的效果。这种抗病性主要针对真菌病害而言，其作用方式主要是植株形态直立和表面光滑，尤其是叶片直立，一方面真菌孢子不易着落，另一方面不易滞留水滴，难以形成孢子萌发的条件。如株型直立的马铃薯品种比匍匐型品种晚疫病轻；直筒型结球白菜品种比半直立和平展型品种霜霉病轻。

（2）*植株表面特殊结构的抗病作用*　植物本身的某些结构屏障，如细胞壁的蜡质层、角质层、木质素、气孔、毛刺等具有一定的抗病作用。

① 植株叶面蜡质层能减轻或延缓发病的作用主要表现在：真菌孢子不易着落；不易滞留水滴，使真菌孢子不能萌发；蜡质层使叶面伤口减少，细菌不易侵入；蜡质层对某些真菌菌丝和细菌有毒害作用。例如甘蓝和花椰菜的真菌病害就比白菜类蔬菜少。Skarpad 和 Tewaje（1977）比较了油菜和芥菜品种的蜡质层的有无与抗黑斑病（*Alternaria brassioae*）的关系，指出 Midas 和 Tower 两个品种均有相当厚的蜡质层，抹去蜡质层，显著增加了病原菌侵染率。从叶序也看出，幼叶蜡粉少，发病

重。随着叶位的增加，发病率降低（表 6-1）。

② 植株表面气孔密度、大小、开闭时间都与对真菌、细菌的抗性有关，主要表现如下：单位叶面积上气孔密度大，则细菌从气孔侵入的概率就大；叶面气孔开张大的，细菌就易随水滴侵入，气孔开张小的，细菌就不易侵入；气孔关闭，或气孔开张晚、关闭早的品种可以避免因遇露水而萌发的病菌孢子的入侵。

表 6-1 油菜和芥菜有无蜡层与黑斑病抗性的关系

（*Canadian Journal of Plant Science*，1977）

品种	处理	叶面平均侵染率（%）			
		叶 位			
		5	6	7	8
LB22A	未去蜡	3.0cedfg	2.4cdefg	0.6abcde	0.1a
(*Brassica juncea*)	去 蜡	4.0efg	3.3defg	2.4cdefg	0.4abcd
Midas	未去蜡	15.4i	5.0fgh	2.0bcdefg	1.8abcdef
(*B. napus*)	去 蜡	57.8k	36.0j	17.4i	11.0hi
Torch	未去蜡	39.0j	14.5i	5.5fgh	0.7abcde
(*B. campestries*)	去 蜡	39.2j	17.8i	10.4hi	6.6gh
Tower	未去蜡	1.7abcdefg	0.5abcd	0.3abc	0.1ab
(*B. napus*)	去 蜡	29.1j	13.7i	6.4gh	2.4cdefg

③ 表皮细胞的抗病作用。植株表皮细胞的角质层是一个疏水表面，因此起到了隔离层的作用，防止细胞表面水的积累，同时也限制了营养物质向表面细胞的流动，为此阻止了某些病原微生物在细胞表面上的寄生，表现抗性作用。角质层对于阻止真菌侵入叶片和真菌孢子萌发起到化学阻挡层和物理阻挡层的作用。另外，角质层使表皮细胞加厚，增加了硬度，对抗病原物侵入是有益的。

④ 植株表面刺毛的抗病作用。目前还没有叶面刺毛的多少与病原菌侵入相关的直接证据，但是通过刺毛来抗传毒介体（如蚜虫等昆虫），这方面的抗病性在病毒病上尤为突出，如毛粉 802 等番茄品种就是利用番茄多毛性状通过避蚜虫达到抗 CMV 的目的。

2. 抗病性化学机制 植物组织中有许多预先形成的抗菌物质，使得大多数微生物不能侵染活植物组织。这些物质通常在健康的植物组织中的浓度均较高，有时在植物受到侵染后，这些物质便转化为更加有效的毒素。例如在有色（红皮或黄皮）洋葱的着色老化的外层鳞片中含有大量的儿茶酚和原儿茶酸等具有抗洋葱炭疽病作用的物质；存在于十字花科蔬菜中的芥子油是异硫氰酸的配糖酯类，经酶水解后产生异硫氰酸盐；大蒜所含的大蒜素经酶水解为二烯丙基二硫化物。现已分离出数百种与抗病性有关的化合物，其中有的是植物组织既存的化合物（表 6-2）（陈捷，1994），有些属于植保素。

3. 侵染诱发的抗病因素 植株受病原物侵染或机械损伤后，其生理代谢和细胞壁结构要发生一系列的变化，构成了阻止或限制病原物侵染的化学和物理屏障。

（1）细胞和组织屏障

① 细胞质的凝集。在侵染点，植物细胞质发生的凝集作用是一种局部形成的细胞障碍。在细胞质凝集物中具有很多细胞器，可以向细胞壁分泌一些在寄主细胞壁晕圈和乳突中发现的添加物质。

② 晕圈和乳突。病菌侵染位点周围的寄主细胞壁成分和染色特性发生变化而形成的圆形或椭圆形圈叫晕圈。晕圈中具有还原糖、乙醛、乳色硅、木质素、胼胝质及 Ca^{2+}、Mg^{2+} 等。此外，晕圈中还含有木质素。活的植物细胞表面一旦遭到病菌侵染或显微针刺伤后，在受刺激位点处的质膜与细胞壁之间形成的沉积物叫乳突。它是诱导形成的，由异质物质组成，大多数含有胼胝质（β-1,3-葡聚糖）、木质素、酚类物质、纤维素、硅质、软木质及多种阳离子（Ca^{2+}、K^{+}、P^{5+}）。乳突形成可以作为抗病策略。一般而言，乳突一旦形成便能阻止病菌进入寄主体内，避免单个寄主细胞的死亡。

表 6-2　已报道的结构性抗性化合物

（陈捷，1994）

植物科	种	化合物
槭树科	挪威槭树	五倍子酸
石蒜科	洋葱	儿茶酚和原儿茶酸
五茄科	英国常青藤	Hederasponin C
小檗科	小檗	小檗碱
十字花科	大白菜、甘蓝等	芥子油糖苷
蔷薇科	苹果	根皮苷和根皮素
禾本科	燕麦、大麦、小麦、玉米	燕麦素、大麦醇、二羟甲氧基苯并嗪酮、DIMBOA 糖苷
樟科	油梨	Borbonol
豆科	鸟足车轴草	棉豆苷
百合科	郁金香	郁金香素
茄科	番茄、马铃薯	番茄苷、α-茄碱和 α-颠茄碱

③ 细胞壁的填充。病菌一旦侵入某些植物组织，在侵入点的几个到多个寄主细胞的细胞壁上便能发生明显的填充现象。寄主这种反应的程度和时间与限制病菌扩展同步发生。

④ 细胞壁木质化与木栓化。细胞壁木质化反应是植物组织对受伤和病菌侵染最普遍的反应之一。木栓质是受伤周皮的成分之一，具有封闭植物组织伤口，阻止病菌侵入的作用。木栓化细胞壁可以限制病斑的大小。

⑤ 分生组织的障碍。植物对受伤或侵染的典型反应就是围绕受伤部位和侵染位点形成一层由分生组织细胞构成的薄壁组织。由于新分生组织产生的多层新细胞内添充了木质素、木栓质或酚类物质，因而能够限制侵染和腐烂。

（2）生理生化特性　植物和病原物在共同进化、相互作用及相互识别过程中，形成了错综复杂的关系。病原物在侵染寄主植物、获取营养的同时也激发了寄主植物体内潜在的抗病能力，即激发产生一系列抗病生理生化反应，如过敏反应、植保素合成、酚类代谢等，抵抗或限制病原物的侵染。

① 寄主防御酶系统的变化。寄主并不是被动接受病菌侵染，寄主本身也相应产生主动的抗病反应，其中一系列防御酶系统的变化就是这种抗病反应的基础。概括起来说，防御酶系统主要包括苯丙氨酸解氨酶（PAL）、过氧化物酶（POD）、多酚氧化酶（PPO）、超氧化物歧化酶（SOD）、几丁质酶、β-1,3-葡聚糖酶、β-糖苷酶、脂肪氧合酶（LOX）和 NADPH 氧化酶等。寄主受到侵染后，这些酶活性都要发生变化。

② 过敏性反应。指寄主侵染点周围的少数细胞迅速死亡，从而限制病菌扩展的一种特殊反应。它只在抗病品种对非亲和小种或病菌与非寄主植物互作时才表现出来，它是植物抗性反应和防卫机制的重要特征。

③ 多酚类化合物。多酚类化合物是苯丙酸类代谢的产物，其中与抗病性有关的主要有阿魏酸、咖啡酸、绿原酸和香豆素等。植物受病原菌侵染后，绿原酸很快积累。绿原酸等多酚类化合物在抗病中的作用包括：一是在酚氧化酶或过氧化氢酶作用下，多酚类化合物的氧化产物对病菌菌丝生长有毒害作用；二是作为病原菌所分泌的细胞壁多糖降解酶类的抑制剂；三是酚类可以形成木质素前体，从而合成木质素使细胞壁木质化。

④ 木质素。寄主与寄生菌相互作用中，细胞壁在感染病菌后的木质化是寄主对感染的一种抵抗反应。因为病菌不能分泌分解木质素的酶类，所以木质素提供了有效的保护圈以阻止病菌对寄主的入侵。

⑤ 植保素。植保素是植物受病原微生物或非病原微生物或其他因素压抑刺激，而在受感染或受压抑的部位及其周围产生和积累具有抗菌作用的亲脂性的低分子量物质，是植物受病原菌侵染后保卫反应在生化上的重要表现。已在22科植物中发现150种植保素，主要集中于豆科和茄科植物上。植保素具有以下性质：对植物的病原微生物具有拮抗作用；植物的代谢物，在健康的未受刺激的植物组织中含量极低，一旦受到侵染或刺激便能迅速产生和积累；对植物和病原微生物都不具备高度专化性；在抗病品种上植保素的产生和积累比感病品种快且量也较多；植保素是诱发性物质。

4. 抗病性的遗传机制 植物与病原是互为依存、互相对立的一对矛盾，因此植物的抗病性与其他性状相比有其特殊的一面，即它不仅取决于植物本身的基因型，还取决于病原物的基因型。植物与病原互作的遗传基础构成了植物抗病的遗传基础。

（1）植物—病原的互作模式

① 与不亲和因子相关的互作模式。此模式即基因对基因学说（gene - for - gene theory）。这是Flor（1956）在对亚麻锈病系统的遗传学研究基础上建立起来的。Flor假定，如果寄主中有一个或多个调节抗病性的基因，那么病菌中也有一个或多个相关的基因调节对寄主的致病性。寄主植物的抗病基因和病原的无毒基因是显性的，而寄主的感病基因和病原的毒性基因是隐性的。寄主植物中的抗/感病基因和病原的无毒/毒性基因相互作用使植物表现出抗病或感病的性状。植物显性的抗病基因产物与病原显性的无毒基因产物结合，导致了不亲和反应，即植物抗病；反之，两者基因的产物不发生结合就导致亲和反应，即植物感病。由此看来，抗病性是主动过程，而感病性是由于寄主植物缺乏抗病基因或病原缺乏无毒基因表现出来的被动现象。抗病基因和无毒基因的克隆，从分子水平上证实了Flor学说。

② 与亲和因子相关的互作模式。亲和性因子通过改变寄主植物的生理状态而使其易受病原侵染，而抗病植物中相关的抗病基因所编码的蛋白能使亲和因子失活而不起作用。玉米抗叶斑病基因*Hml*是迄今所克隆的唯一符合此模式的抗病基因，它编码的酶能使病原真菌产生的致病因子失活（Johal et al.，1992）。

（2）与植物抗病性有关的基因

① 病原的无毒基因。致病基因（pathogenicity gene）是指病原中与植物致病性有关的基因，主要包括毒性基因和无毒基因。前者决定植物与病原之间的亲和关系；后者决定病原生理小种与含相应抗病基因的植物品种表现出专化性不亲和。

病原的无毒基因是Flor于1942年首次发现的，之后许多经典的遗传学研究证明，它广泛存在于植物的病原中，对无毒基因的克隆及其编码产物、功能的深入认识是近十年的事情，这得益于分子生物学中许多关键性理论与技术的重大进展，如DNA重组、基因分离与克隆、基因转移及基因表达与调控技术。现今从不同的病原（细菌、真菌和病毒）中克隆了30多个无毒基因。

无毒基因不仅决定病原小种的特异性（或寄主植物的品种特异性），而且还在更高水平上决定病原致病变种的特异性，这通过无毒基因转化到另外一些不含此基因的、寄主特异性不同的病原中的实验得到证明。如甘蓝黑腐黄单胞杆菌（*Xanthomonas campestris* pv. *campestris*）一个小种的无毒基因*avrRxv*转化到不含此基因的pv. *glycinea*、pv. *phaseoli*等致病变种中后，使其对应的原来感病的寄主植物如大豆、菜豆诱发过敏反应（张德水和陈受宜，1997）。过敏反应是许多病害中植物对病原抗性的表型。除*avr*基因外，细菌中与诱发过敏反应有关的基因还有*hrp*基因（hypersensitive response and pathogenecity gene）。*Erwinia amylovora*的*hrp N*及丁香假单胞菌的*hrp Z*分别编码使烟草产生过敏反应的蛋白（He et al.，1992）。根据基因对基因学说，在不相关的植物中可能蕴含着功能相同的抗性基因。序列分析表明，一些具有不同特异性的无毒基因有明显的同源性。由此推断，植物中对应于无毒基因的不同抗病基因可能也是同源保存的，并具有相似的抗病机制。

对丁香假单胞菌大豆变种的无毒基因*avrD*、番茄叶霉病菌的无毒基因*avr9*及烟草花叶病毒的外壳蛋白基因的编码产物及功能研究表明，无毒基因直接或间接的产物是和寄主抗病基因产物互作、诱发植物防卫反应的特异性激发子。

② 植物的抗病基因。在植物的主动抗病性中有两套基因先后起作用，即抗病基因和防卫基因（defense gene）。抗病基因不是字面上的具有抗病功效的基因，而是基因对基因学说中所指的与病原无毒基因表现出非亲和互作的基因。抗病基因产物与病原无毒基因产物相互识别，从而诱发防卫基因表达，产生一系列的防卫反应。使植物表现抗病性的基因叫防卫基因。它在抗、感品种中都存在，只是感病品种中的防卫基因相对抗病品种激活得慢、表达量微弱而已。与抗病基因相对的是感病基因（susceptible gene），和抗病基因一样，它们都是植物正常代谢所必需的基因，只是在病原侵染后才表现出迥然不同的次生功能。

四、抗病育种程序

在抗源搜集以后，育种上主要是对抗源筛选和根据不同抗性特点确定育种方法。美国威斯康星大学 Williams 教授根据病原、寄主和环境三者相互作用表现型的原理，将抗源筛选和选育品种两部分综合为一个简图（图 6－1）。

病原、寄主和环境是病害发生的三要素。寄主、病原物是自然界的两种生物，当两者相遇，在一定的环境条件下，就会发生抗病和感病的相互作用。由于寄主和病原物是完全不同的生物，其生长的适宜环境条件各不相同，而且寄主和病原物本身存在遗传多样性。极端发病的条件就是感病寄主、病原和致病环境同时存在和发展的结果；相反，极端抗病的条件则是抗病寄主、病原不能致病和环境不利于发病同时出现的结果。自然界的环境条件千变万化，病原物、寄主和环境之间可能出现各种不同的反应组合，因此，寄主往往表现出不同程度的抗性：抗性弱的寄主在环境条件不适于病原发展的情况下，其病情则较轻；在环境适合病原发展的条件下，则感病严重。抗病性强的寄主在不适合病原发展的环境条件下，表现型为高度抗病；在环境对病原发展有利的条件下，其抗性强弱是考验其抗病性的关键。

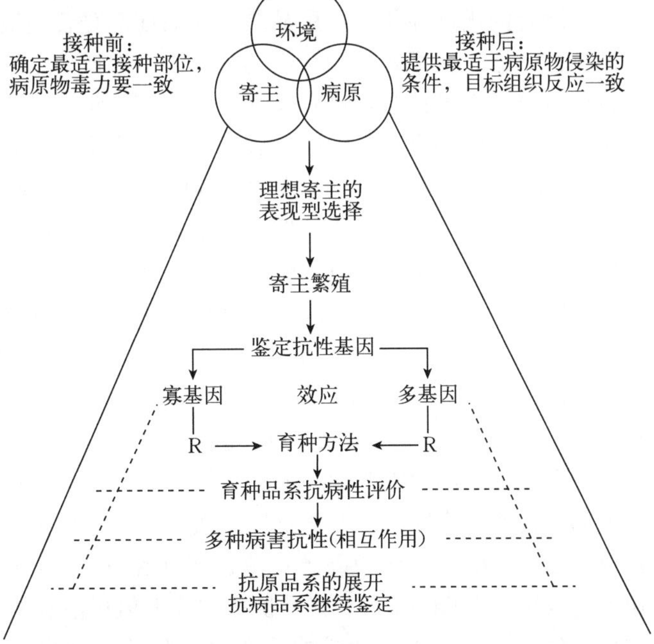

图 6－1　抗病育种筛选基本程序

（引自方智远主编《蔬菜学》，2004）

(一) 抗源的收集

1. 抗源的来源 抗源就是具有抗病特性的基因资源，是抗病育种的基础。根据抗病材料的来源，抗源可分为以下类型：

(1) *栽培品种* 很多生产上的栽培品种都带有不同的抗病基因，这些基因一般研究的比较清楚。已鉴定出的抗病基因，如结球白菜抗芜菁花叶病毒（TuMV）基因、番茄抗烟草花叶病毒的 $Tm-2^{nv}$ 基因、马铃薯抗晚疫病的 *R* 基因，以及黄瓜抗霜霉病的 *Pm* 基因、抗西瓜花叶病毒的 *Wmv* 基因、抗疮痂病的 *Clu* 基因等。这类资源包括相同抗病基因的各种转育系，如江苏省农业科学院蔬菜研究所将 $Tm-2^{nv}$ 转入番茄栽培品种北京早红，育成矮黄，用此材料育成了一系列番茄新品种。

(2) *农家品种* 传统的农家品种在长期的选择过程中积累了许多优良变异，特别是抗病基因，这些材料一般还未进行抗病基因鉴定，有很大的应用潜力。如黄瓜品种唐山秋瓜对霜霉病、白粉病、枯萎病都有一定抗性，但未具体进行抗病基因分析和鉴定。天津市农业科学院黄瓜研究所育成的抗霜霉病、白粉病、枯萎病的新品种津研 1 号、2 号、3 号、4 号，都是用该品种作亲本选育的。因此，研究开发农家品种对于抗病育种很有意义。

(3) *近缘野生种和半野生种* 近缘野生种和半野生种是重要的抗病基因来源，在长期恶劣的生长条件下，高度的适应性和抗病性是其生存的保证，同时由于与栽培种没有杂交障碍，利用比较方便，但其存在的遗传累赘需要通过打破连锁关系去除。这类材料可先搜集，然后进行鉴定和利用，如利用多毛番茄解决抗番茄 CMV 等。

(4) *远缘物种* 在种内没有抗病资源的情况下，利用抗病的近缘和远缘种是行之有效的途径。例如类番茄茄（*S. lycopersicoides*）是抗多种番茄病害的抗源材料，但利用这种材料必须解决杂交不亲和、杂交不稔和杂种不育等问题。

2. 抗病资源的搜集

(1) *种质资源交换与引进* 种质资源可以通过交换与引进获得，也可以从种子市场征集。另外，可从栽培中心搜集，尽可能以地方品种和在本地推广的外来品种中经过筛选鉴定的资源为材料，这两类品种对当地环境适应，并有综合的优良性状，食用品质和商品性都符合当地习惯，且对当地病原生理小种（或株系）有一定的抗性，这一切都是长期自然选择和人工选择的结果。地方品种（包括引进后长期栽培品种）对病害抗性特点是水平抗性，可延长新品种的使用年限。

(2) *作物起源中心搜集* 在起源中心有丰富的原始栽培种和近缘野生种，那里的栽培植物及其近缘野生种都是抗病基因携带者。Leppik（1970）的报告中提到了马铃薯抗晚疫病的 *R* 基因来自马铃薯原产地。由于植物和病原微生物在共同起源中心长期共同生活，相互选择，共同进化，并保持着丰富的抗性多样性，不能长期共同生活的寄主就被自然淘汰，在能共同生活的群体中必然就蕴藏着对病原高抗、中抗等不同的抗病基因型。研究证明，近缘野生种抗性比远缘抗性更有用，如抗马铃薯晚疫病 *R* 基因来自 *Solanum demissum*，番茄对叶霉病（*Cladosporium fulvum*）的抗性基因 *cf* 是以野生型亚种醋栗番茄（*Solanum pimpinellifolium*）、多毛番茄（*S. habrochaites*）和秘鲁番茄（*S. peruvianum*）几个亲缘关系较远的种上转导来的，抗性丧失快。

抗源搜集中专化抗源和非专化抗源都很重要。一般在资源搜集中往往重视主效基因专化性抗性材料，其实蔬菜抗病新品种大部分是非专化性的。专化抗性持久性差，一旦某一病原小种或株系发生变化，用专化性抗病材料育成的品种就由高抗变为高感。范德普朗克（Vanderplank，1963）发现的马铃薯抗晚疫病维梯弗里亚效应（Vertifolia effect）就是抗源搜集上值得注意的问题。这种效应的实质是垂直抗性育种使水平抗性流失，一旦病原小种或株系变化克服了垂直抗性，该品种就成为高感品种。因为只注意垂直抗性的鉴定选择，最后选出的是垂直抗性基因，水平抗性被削弱，这种现象首先在马铃薯抗晚疫病中发现，而品种 Vertifolia 表现最突出，故称维梯弗里亚效应。

（二）病原物的分离和保存

蔬菜抗病性鉴定是抗病育种工作的基础。要进行抗病性鉴定，必须具备病原物的纯系小种或株系。对于专性寄生菌，采集标本，活体保存待用；而兼性寄生菌则需要分离培养，至纯化后保存待用。

1. 病原物分离保存的基本设备和要求

（1）无菌操作　病原物分离保存过程中，必须保持无菌操作，是指操作空间，使用的器皿和工具，操作者的衣着、手，不得带有任何活着的微生物，以免污染，造成实验失败。

（2）无菌操作的基本装备　为了保证无菌操作，需要1个10 m^2 左右的无菌工作室，配有一台超净工作台，以及必要的工作柜。有条件的最好在无菌工作室外设缓冲间，以防进入无菌室时带进空气中的微生物。无菌工作室中装置紫外灯，便于灭菌，也可用甲醛加高锰酸钾气体熏蒸或喷洒新洁尔灭杀菌消毒。无菌室内除必要的物品外，不得放置其他物品以方便彻底灭菌。超净工作台在使用前，一般用酒精擦洗。

（3）分离培养需要的用具　包括培养皿、烧杯、试管、吸管、移植针、移植环、培养基、酒精灯或煤气灯、解剖刀、纱布、酒精、解剖剪、镊子、表面消毒液及记号笔等，另外还应配有恒温箱、烘箱、冰箱、高压灭菌锅等设备。

2. 培养基　病毒和有些真菌（寄生菌，如霜霉病菌、白粉病菌等）一般不能在培养基上生长，需要活体保存。其他真菌和细菌能在培养基上生长，可以培育保存。不同病原菌对培养基的要求有一定差异。

根据培养基成分来源可分为天然培养基、合成培养基和半合成培养基3种。天然培养基是以生物的组织、器官以及其抽提物等作为培养成分的培养基。合成培养基是由化学药品配成的培养基，其组成成分和浓度是完全知道的，可以说是标准培养基，根据需要可以调节成分和浓度，主要用于菌种的鉴定和生理研究方面。半合成培养基是由成分未知的生物提取物和化学药品配成的培养基，如马铃薯蔗糖培养基。

根据病原生物特征的需要，培养基又可分为液体培养基、固体培养基和半固体培养基3种。固体培养基主要用于真菌、细菌的分离和保存。

（1）培养基制备和灭菌

① 器皿和封口膜（棉塞）的准备。准备培养基前，准备好盛放培养基的各种容器，如试管、三角瓶、培养皿等。封口膜（棉塞）用于堵塞装有培养基的试管、三角瓶口，以防杂菌污染。制作棉塞用的棉花一般要求为长纤维非脱脂棉。棉塞塞入瓶管口的深度以1/2为宜。为防止棉塞上棉屑进入培养基内，可在棉塞外包1层纱布。

② 配制培养基。直接利用动植物组织、器官作培养基比较简便，如将马铃薯、胡萝卜切成柱状或斜面，装入试管，塞上棉塞，灭菌后即可使用。配制合成培养基时，可按培养基的成分一一称取，混在一起加水溶解即可。通常先配制成母液，用时稀释。配制时要注意有些药品互不相溶，会产生沉淀，应查阅资料分别溶解后再混匀。而配制半合成状态培养基时，天然物质的提取方法和步骤参见常见培养基的配方。

③ pH的调节。不同微生物生长有适宜的酸碱度范围。细菌、放线菌的最适pH为6.5～7.5，生存的pH范围为4～10；酵母菌、霉菌（许多真菌也是如此）最适pH为3～6，生存的pH范围为1.5～10。一般真菌偏好酸性，而细菌偏中性。pH的调节常用酸液（1 mol/L的HCl）和碱液（1 mol/L的NaOH），然后用pH试纸比色或精密的pH计测定。

④ 分装。配好后的培养基分装试管或三角瓶中。分装时应注意培养基直接流入试管或三角瓶内，切忌沾污管口和内壁。

⑤ 灭菌。配制好的培养基必须经过灭菌。常用的灭菌方法有煮沸灭菌法、高压蒸汽灭菌法、常压间歇灭菌法、巴氏灭菌法、干热灭菌法和过滤灭菌法等。

煮沸灭菌：煮沸温度为 100 ℃，5～10 min。

高压蒸汽灭菌：在高压灭菌锅内进行，一般灭菌蒸汽压力为 1.033×10^5 Pa，时间是 15～30 min。容积大的物体，要适当延长时间，土壤灭菌的时间要达到 2 h 以上。

常压间歇灭菌法：在没有高压蒸汽锅设备时，或培养基中含有不耐高温物质，可采用常压间歇灭菌，100 ℃蒸 3 次，每次 30～60 min，间歇为 24 h。

巴氏灭菌：有些液体（如牛奶等）不耐高温，不能加热到煮沸温度（100 ℃）灭菌。一般微生物在 60 ℃处理 15 min，或 70～80 ℃处理 5～10 min 可以被杀死。

干热灭菌：是指用烘箱灭菌。干热灭菌的温度一般在 160～180 ℃，常用的温度是 165 ℃，不宜超过 180 ℃。干热灭菌只用于培养皿、吸管与玻璃器皿，培养基灭菌不能用此法。

过滤灭菌：液体如含有易被高温破坏的物质，可用细菌过滤器过滤，得到无菌的滤液。

（2）常用培养基的配制

① 马铃薯葡萄糖琼脂培养基（PDA）：主要用于真菌的分离和培养。成分如下：

马铃薯	200 g	葡萄糖（或蔗糖）	10～20 g
琼　脂	17～20 g	水	1 000 mL

将洗净后去皮的马铃薯切碎，加水 1 000 mL 煮沸 30 min，用纱布滤去马铃薯，加水补足 1 000 mL，然后加糖和琼脂。加热使琼脂完全溶化后分装试管，加棉塞后灭菌。根据工作需要也可分装三角瓶中灭菌。高压灭菌后试管应保持稍斜状，自然冷却后即制成斜面固体培养基。

② 肉汁冻培养基：主要用于细菌的分离和培养。可以配成培养液或琼脂培养基使用。配方如下：

牛肉浸膏 3 g　蛋白胨 5～10 g　水 1 000 mL

先将牛肉浸膏和蛋白胨溶于水中，调节 pH 至 7，每 1 000 mL 加琼脂 17～20 g，溶化后分装试管灭菌即可。

③ 燕麦片琼脂培养基：这种培养基培养真菌（和放线菌），可以促使某些真菌形成孢子和子实体，也适用于保存腐霉菌（*Pythium*）和疫霉菌（*Phytophthora*）真菌的菌种。成分如下：

燕麦片 30 g　琼脂 17～20 g　水 1 000 mL

燕麦片加水 1 000 mL，在沸水浴上加热 1 h，纱布过滤后加水补足 1 000 mL，加琼脂溶化后分装灭菌（121 ℃，20 min）。

④ 玉米粉琼脂培养基。配方为：

玉米粉　300 g　　琼脂　17 g　　水　1 000 mL

配制方法与燕麦琼脂培养基相同，一般真菌在这种培养基上生长差，但适用于菌种保存。

⑤ 理查德（Richard）培养基。配方为：

KNO_3	10 g	KH_2PO_4	5 g
$MgSO_4\cdot7H_2O$	2.50 g	$FeCl_3$	0.02 g
蔗糖	50 g	蒸馏水	1 000 mL

按以上次序，将各种成分溶于水中，调节 pH，然后分装灭菌。

3. 病原物的分离和培养　病原物的分离是指从发病材料上获得致病病原物的过程，而且要让病原物与其他微生物分开。

（1）分离材料的选择　一般选择新近发病的植株、器官或组织作为分离材料，这样可以减少腐生菌的污染。对于斑点病害，应该从病斑邻近的健全组织中分离。从受害边缘部分分离这一原则，对于绝大部分病害是适用的。例如，果实的腐烂病，应该从刚开始腐烂的部分分离。根腐病、枯萎病应该尽可能从植株离土面较远的部分分离。但有些晕圈的斑点病（如结球白菜黑斑病），其病菌局限在斑点中心的坏死组织中，从病斑边缘是分离不到病菌的。如果病斑已经腐烂，并污染大量的腐生菌，可以重新接种发病后再分离。

(2) 分离材料的表面消毒　就是用适当的消毒剂，杀死和减少感病组织表面的腐生菌。常用的表面消毒剂有：0.1%升汞溶液、漂白粉液、70%的酒精，还有苯酚（1%）、福尔马林（5%）、过氧化氢（3%）和高锰酸钾（0.1%）液等。表面消毒剂的处理时间和浓度因材料而异，处理后都要用无菌水冲洗。

(3) 分离方法

① 组织分离法。植物病原真菌的分离，一般都用组织分离法。就是切取小块病组织（4～5 mm的小块），经表面消毒和无菌水冲洗过后，在琼脂培养基上培养。分离真菌时经常受到细菌污染，在培养基中滴加乳酸，可使大部分细菌受到抑制，而不影响真菌的生长。培养基中加入适当的抗生素是抑制细菌生长繁殖很有效的方法，如金霉素、青霉素、链霉素等。

② 稀释分离法。此法主要用于分离细菌和酵母菌等。取灭菌的培养皿 3 个，每个培养皿中加灭菌水约 0.5 mL，切取约 4 mm 见方小块病组织，经表面消毒和无菌水冲洗后，移至第 1 个培养皿的水滴中。用无菌的玻棒研磨病组织，静置 10～15 min 后，用无菌的移植环从第 1 培养皿中移植 3 环到第 2 个培养皿，充分混合后再取 3 环移入第 3 个培养皿中。然后将熔化的琼脂培养基冷却到 45 ℃左右，倒到 3 个培养皿中。冷却凝固后将培养皿翻转，适温下培养。

③ 平板划线分离法。用于细菌的分离。取小块病组织，经消毒清洗后放入 1 滴灭菌水中，研碎后用无菌的移植环蘸取以上组织液在琼脂平板上划线培养。先在平板的半边，顺序划 5 条线，再将培养皿转 90°，将移植环灭菌后，从第 2 条线顺序划 5 条线，使细菌分开形成分散的菌落。

(4) 各种类型病害病原真菌的分离法

① 坏死斑点病病原真菌的分离。切取病斑每边约 5 mm 的小块病组织，用 70%的酒精浸几秒钟，而后用灭菌水换洗 3 次，将其移植于琼脂平板培养基上培养。

② 根茎维管束组织病原真菌的分离。寄主病部表面消毒后，将表皮组织用灭菌的解剖刀切去，然后切取其中小块变色的维管束组织，移植于琼脂平板培养基上培养。表面消毒最常用的方法是在70%的酒精浸过后将酒精烧去。

③ 根腐病菌的分离。可以参照斑点病或维管束组织病害病原菌的分离法。

④ 肉质组织中病菌的分离。多肉的茎、根和果实等病害，可以采用维管束组织内病菌的分离法，除去表面组织，切取其中小块病组织分离。

⑤ 种子内病菌的分离。将整粒的种子或种子一部分进行表面消毒（升汞或漂白粉液），再用无菌水洗涤，然后接种在琼脂平板培养基上培养。种子如在未破裂的果荚内，可以不经过表面消毒，在无菌条件下取出移置于平板培养基上培养。

⑥ 孢子分离法。产生大量孢子的病菌，如青霉属（*Penicillium*）、交链孢霉属（*Alternaria*）、拟茎点霉属（*Phomopsis*）及茎点霉属（*Phoma*）等，则可配制成孢子悬浮液，以稀释法或划线法分离。

⑦ 土壤真菌的分离。分离土壤中特定的病原真菌，如土壤中的腐霉属（*Pythium*）、疫霉属（*Phytophthora*）、镰孢属（*Fusarium*）、丝核菌属（*Rhizoctonia*）等的分离，常常采用特殊的方法和选择性培养基。从土壤中分离腐霉和疫霉，往往利用植物的组织和器官作为饵料。方法是将土壤样本放在培养皿或其他玻璃皿中，加适量的水，然后把种子、瓜果或豆荚放在土壤上，当病菌在上面生长后，再从病组织上分离。另外，也可以用选择性培养基直接从土壤中分离，如烟黑胫病菌可用没食子酸琼脂培养基分离配方如下：

$NaNO_3$	2.0 g	$MgSO_4 \cdot 7H_2O$	0.5 g	KH_2PO_4	1.0 g
酵母浸膏	0.5 g	维生素 B_1	2.0 mg	没食子酸	425.0 mg

孟加拉红 0.5 g 蔗糖 30.0 g 琼脂 20.0 g

蒸馏水 1 000 mL

另外，加五氯硝基苯（70%可湿性粉剂）25 mg、青霉素 80 000 单位和制霉菌素（Nystatin）100 000单位。这 3 种试剂都是在培养基灭菌后冷却到 42～45 ℃时加入。培养基酸碱度调节到 4.5。

病毒分离通常采用提取液回接，活体保存。

另外，还有一些其他类型的真菌及线虫、病毒等病原菌的分离法可参见方中达所著《植病研究法》。

4. 菌种的纯化和单孢子的分离 为了获得单一致病性的病原菌，必须进行病原菌纯化。由于同种病原菌常分化有不同致病性的株系，因此一般从发病材料上初步分离到的病原菌往往是不同致病性病原菌的混合体，或者还会有非致病性的其他相似病原菌，只有通过菌种的纯化才能获得真正的致病性病原菌，使抗病性鉴定更准确。不同病害由于病原菌不同，其菌种的纯化方式也有所不同。

（1）*病原真菌的纯化* 病原真菌有有性阶段和无性阶段的交替，其有性孢子和无性孢子是其繁殖器官，单个孢子代表一个基因型，单孢分离可以获得遗传稳定的株系，即获得纯合的株系。单孢分离常用的方法有：

① 稀释纯化法。即将病菌孢子悬浮液加适量无菌水，不断稀释到每一小滴悬浮液中大致只有 1 个孢子，在显微镜下检查，确实只有 1 个孢子的悬浮液移植到适当的培养基上培养即可。

② 毛细管分离法。将孢子悬浮液放在灭菌的载玻片上，在显微镜下检视，寻找单个孢子，孢子因毛细管作用进入玻璃管内，然后将孢子吹在培养基上培养。

对于不产生孢子或者产生的孢子不容易分离的真菌，可用毛细管切取菌丝顶端的方法纯化。

（2）*病原细菌的纯化* 细菌单胞分离方法与真菌孢子分离方法大致相同。只是细菌太小，要在高倍镜下操作，且所用琼脂培养基要更加清洁才能看清和挑到细菌单细胞。

（3）*病毒病毒原的纯化* 由于病毒的寄生性，很难直接分离出活性病毒，通常采用寄主接种纯化。

5. 病原菌的菌种保存 菌种保存的方法很多，常用的菌种保存方法有以下几种：

（1）*低温保存法* 将菌种接种在所要求的培养基上，置最适宜温度下培养，长好后置 4～8 ℃冰箱保存。大部分真菌可以间隔 6～8 个月移植 1 次。有些生活力较差的真菌，存放在－20 ℃的低温冰箱中效果较好。细菌则每隔 1～2 个月需移植 1 次。病毒病毒原可以将感病材料保存在－20 ℃的低温冰箱。

（2）*矿物油保存法* 多数真菌和细菌都适合用这种方法保存。文献记载，真菌可以存活 10 年，植物病原细菌可存活几个月或 1 年以上，有的可长达 4～5 年。矿物油要用质量好的医用石蜡油，用高压灭菌器在 120 ℃下灭菌 2 h，于无菌操作条件下在生长好的菌种上面加一层石蜡油，加的量应超过斜面顶部 1 cm。然后在室温或冰箱中保存。

（3）*冷冻干燥保存* 这种方法用于保存大部分产生孢子的真菌，但对腐霉科（Phthiaceae）等卵菌门真菌，以及主要形成菌丝体类型的真菌不适用，一般细菌都适用。

具体方法是将要保存的真菌孢子和细菌悬浮在保护剂（血清和脱脂牛乳）中，再把少量孢子悬浮液于无菌的条件下分盛在灭菌的安瓿瓶中，高真空快速冷冻，保持干燥 5～6 h。可保存 15～20 年。

（4）*土壤保存法* 一般用于产生孢子的真菌。有两种方法：一种方法是将孢子悬浮液滴加入试管内已灭菌的土壤中，任其干燥后保存，或者将干的真菌孢子与试管中已灭菌干土混合后保存。另一种方法是试管中放 5 g 含水量 70%的土壤，灭菌后加 1 mL 孢子悬浮液，在适温下培养 10 d，然后置于冰箱保存。使用的土壤要求完全灭菌，方法是将土壤盛在试管内，连续 3 d，每天用高压灭菌器在 121 ℃处理 30 min。

（5）灭菌蒸馏水中保存　真菌保存在灭菌蒸馏水中效果很好。将需要保存的真菌先在琼脂平板培养基上培养，然后切取小块长有真菌的琼脂培养基，放在灭菌的蒸馏水中于室温下保存。可以存活多年不退化、变异。

（6）病毒的保存法　植物病毒可用干燥保存法。将病组织切碎，用 $CaCl_2$、$MgCl_2$ 或硅胶置于冰箱（1～5 ℃）中干燥 5～10 d 后，移入密闭容器中存放在冰箱里，可保存 10 年以上。

（三）病原菌的接种及鉴定方法

1. 病原菌的接种　要鉴定品种的抗病性，病原菌的接种方法应该根据各种病害在自然条件下的传染方式和途径进行设计，使其尽可能接近自然界实际发病条件。同时，接种时应该考虑到寄主植物的感病性及感病阶段、病原物的致病性、发病的环境条件等 3 个因素。

（1）接种方法　人工接种鉴定区别于田间鉴定的特点之一是室内鉴定，就是人工模仿病害的侵染条件，把病原物接种到寄主植物的感病部位，使之既有较高的发病率，又尽可能接近自然界的实际发病状况。蔬菜病害的种类繁多，不同类型的病害侵染方式和侵染途径不同，人工接种的方法也有所不同。

种子传染的病害接种：

① 拌种法。将病菌的悬浮液或孢子粉拌在植物种子上，然后播种诱发病害。茄子黄萎病和番茄早疫病等可以采用此法接种。

② 浸种法。用病原菌孢子或细菌悬浮液浸种后播种，菜豆疫病、棉花炭疽病可用此法接种。

土传病害接种：

① 土壤接种法。由粪肥、土壤传染的病害可以采用拌土接种法。土壤接种法是将人工培养的病菌或将带菌的植物粉碎，在播种前或播种时施于土壤中，然后播种。也可先开沟，沟底撒一层病残体或菌液，将种子播在病残体上，再盖土。有的病原物能在土壤中长期存活（土壤习居菌），把带菌土壤或带有线虫接种体的土样接种到无菌（虫）土中，再栽种植物，就可以使植物感染。枯萎病、黄萎病、青枯病、软腐病、根肿病等土传病害常用这种接种方法。

② 灌根法。为了鉴定结果准确，便于操作，可用病原菌孢子悬浮液灌根接种。有时为了加快感病，可利用利器从植株附近扦入土壤之中，使植株部分根系受到损伤，然后灌根。注意：土壤接种法或灌根法的培养土需先进行消毒。

③ 蘸根法（浸根接种法）。一定大小的幼苗用清水将根系冲洗干净后，将根部浸入一定浓度的接种菌液中，持续一定时间，再栽入事先已准备好的装有半钵灭菌土的营养钵中，覆土栽好后，灌适量水，按单株记载发病株，最后统计发病率。这种方法能使病原菌与寄主根部直接接触，受土壤微生物影响较小，效果好。

④ 胚根接种法或叫蘸胚根法。将萌芽种子或有一定长度（西瓜萌芽长约 1 cm）胚根的种子在病原菌孢子悬浮液中蘸一下，取出后种入灭菌沙土盘中。接种后自发病之日起，每天观察幼苗的发病情况，统计总发病株数。

气流和雨水传播的病害接种：

① 喷洒法。将孢子（或菌丝）悬浮液喷洒在寄主表面，病菌可以从气孔、伤口或表皮直接侵入。对于从气孔侵入的病菌，则应喷洒在叶背，因为叶背气孔数比正面多。对于从伤口侵入的病菌，喷洒前应将寄主表面稍微损伤，如用细沙土或金刚砂摩擦叶面。叶面有蜡质层的，可用湿布将蜡质层擦去，或者喷洒时在孢子悬浮液中加入适当的展布剂（如 0.1%的肥皂液等）。

② 喷撒法。如接种锈病和白粉病，可将两种孢子与滑石粉混合后放在小喷粉器中喷粉，滑石粉的量是孢子量的 10 倍左右。

③ 滴接法。用滴管将一定浓度的病菌孢子或菌丝的悬浮液滴到寄主植株的特定部位。该方法较

喷雾法用菌量少，接种定量定位，可比性强。

④ 涂抹法。用手指、玻璃棒等蘸取少许一定浓度的病原菌孢子或菌丝体悬浮液，在植株叶面上均匀涂抹，病原菌借助气孔或伤口侵入寄主植株。

⑤ 注射法。用注射器将一定浓度的孢子悬浮液注入寄主叶片表皮下、生长点或其他幼嫩部位。

⑥ 针刺法。用灭菌后的针刺伤寄主组织，然后将一定浓度的病原菌悬浮液接种在伤口上。

植物病毒的接种：

① 汁液摩擦接种法。先在鉴别寄主叶片上用小型喷粉器轻轻喷撒一层金刚砂（细度 400 目），然后用已消毒的棉球蘸被鉴定的感病组织液（番茄、马铃薯等叶汁或芽汁，稍加 pH7 的磷酸缓冲液，可按汁液量的 1/2 加入），在鉴别寄主叶片上轻轻摩擦接种后，及时用清水冲掉接种叶片上的杂物，待 2～3 d 后可逐日观察症状反应。

② 媒介昆虫（桃蚜）接种法。接种用的蚜虫必须是无毒蚜，预先在白菜上饲育 4～5 代，即可获得无毒蚜虫。先将蚜虫用针挑至试管里饿 1～2 h，然后放在感病植株（马铃薯、番茄、白菜等）的叶片上饲毒（蚜虫口器刺吸叶片）。饲毒时间长短因鉴定的病毒种类不同而异，按昆虫不同传播方式分别对待，例如马铃薯 Y 病毒的蚜虫传毒为非持久性传毒，时间只有 10～20 min，而马铃薯卷叶病毒为蚜虫持久性传毒，饲毒时间长达 24～28 h。饲毒后将带毒蚜虫放在无毒的鉴别寄主的叶片上放毒，放毒时间亦可按病毒种类而异，以后用杀虫剂灭蚜，经 5～7 d 后逐日观察症状。

③ 介体植物接种或叫嫁接接种法。利用鉴别寄主植物为砧木与感病植株病枝为接穗之间细胞的有机结合，使病毒从接穗中进入砧木体内，然后观察砧木新生的叶片发病症状反应，其主要方法是常规的劈接法。

④ 菟丝子接种法。在温室中研究病毒、植原体等病害广为采用的一种接种方法。即先让菟丝子侵染病株，待建立寄生关系或进一步生长以后，再让病株上的菟丝子侵染健康植株，使病害通过菟丝子接种传播到健康植株上。

所有的接种实验都应设对照，即用清水代替病原，用同样的方法接种，观察发病与否。

(2) *接种浓度* 指人工接种时菌液中孢子或菌体的浓度。不同病原引起发病的最低菌量、适宜菌量是不相同的。侵染效率高的病菌，用单个游动孢子接种即可发病，如锈菌、马铃薯晚疫病菌等；侵染效率不高的病菌，用一定数量的孢子接种才能发病。接种浓度是抗病性鉴定的关键因素之一，接种浓度过小时，感病的寄主不发病或者发病不充分；接种浓度过大时，抗病寄主的生长也受影响。这两种情况，都难以区分供试材料抗病性的强弱。适宜的接种浓度应该是既能保证寄主发病又能准确地反映育种材料间抗病性的差异。

在配制一定浓度菌液时，必须保证孢子或菌体有正常的生活力和致病力。专性寄生菌（如霜霉菌、白粉菌、锈菌等）不能在人工培养基上生长、繁殖，通常用来接种的菌种需要从寄主植物上繁殖或从自然发病的植株上收集接种用孢子。孢子在自然条件下存活时间短，因此接种时要用新鲜的孢子接种，保证孢子的侵染力。腐生菌在人工培养基上可长期繁殖、保存，会导致生活力下降，致病力减弱，甚至丧失致病能力，因此接种前需要进行致病力恢复。方法是将菌种在感病材料上回接 1 次，在适宜条件下发病后，重新分离，其致病能力可以恢复。

(3) *接种后的管理* 接种后寄主能否发病、发病的快慢及发病的严重程度，环境因子是关键因素。环境因子包括湿度、温度、光照等，其中湿度和温度最为重要。

① 湿度。在病原物的侵入和发病期，环境湿度条件是发病的重要条件。对大多数病原菌来说，孢子的萌发和芽管的侵入都要求较高的相对湿度，有的甚至要求湿度饱和、有水滴存在。例如，黄瓜霜霉病菌在干燥叶面上孢子囊不会萌发，在适温并有水滴或水膜存在时，孢子囊只需 1.5 h 即可萌发，2～3 h 即可完成侵染。

在发病期，湿度对病斑的扩大和孢子形成影响较大。例如，高湿是黄瓜霜霉病发病的前提，湿度高，孢子形成快，数量多。空气相对湿度在50%以下时不能产生孢子囊；空气相对湿度在83%以上时，经44 h病斑上就可以产生孢子囊；在气温20 ℃、相对湿度饱和的条件下，只需6～24 h病斑上就可以产生大量的孢子囊。结球白菜黑斑病菌孢子萌发要求相对湿度>90%，在相对湿度100%的条件下，萌发最快，经过4 h干燥后，萌发率下降80.6%。

② 温度。不同病原菌发病的适宜温度不同，同一病原菌在侵入期、潜育期、发病期需要的最适温度也有差异，因此在抗病性鉴定中，应调控环境温度使病原菌在不同病程中始终处于适宜温度范围内。

温度影响病原菌孢子的萌发和芽管的侵入。如大白菜黑斑病芸薹链格孢菌丝生长温度为0～30 ℃，适宜温度20～25 ℃；孢子萌发0～35 ℃，适宜温度15～30 ℃。温度还影响病害症状的表现。据报道，在黄瓜霜霉病苗期人工接种抗病性鉴定中，温度保持在23～26 ℃时，抗病品种、中抗品种和感病品种的症状表现差异明显；当温度超过31 ℃时，不论哪一类品种都严重发病，症状表现都是大型枯斑，无法区别各种抗性的高低。

③ 光照。有些病原菌的生长发育受光照影响，如适当的光照有利于结球白菜黑斑病菌孢子的产生。光照对有些病原菌的孢子萌发是不利的，因此接种后遮光是必要的。

2. 抗病性鉴定 抗病性鉴定是抗病育种工作必不可少的重要环节。抗病性鉴定的具体方法因材料、目的的不同而不同，应根据实际情况灵活应用。

（1）病圃的建立和接种诱发技术

① 病圃的建立。病圃可分天然病圃和人工病圃，无论在何种病圃内侵染强度要均匀一致，要求达到适合于试验目的的强度。天然病圃应选择在该种病害的老病区、流行基地等常发生区。人工病圃应选择地势、土质、气候条件利于该病害发生的地点。如果人工病圃要设生理小种圃，对通过气流传播的病害，则应选择在该病的偶发区或外来菌源较难传播的地点，并提前接种，使其发病早于天然流行；对土传和种传病害可选择无病地作为小种圃。小种圃之间要有一定间隔，间隔距离视病害的传播效能和具体环境条件而定。如果该病圃对四周生产田有威胁，四周应设一定间隔区，间隔区可种植抗病品种或其他作物。

② 接种诱发技术。人工接种方法随病害种类而异。对于再侵染频繁的气流传播病害，可以喷射孢子悬浮液，但在较大面积的病圃上常采用设置接种诱发行的办法，即在鉴定材料的四周和中间种上若干行最易感病的品种，一般每隔10～20行试验材料种一行诱发行，接种时只需对诱发行喷射孢子悬浮液。接种要选择在阴湿无风的傍晚进行，接种后灌水更利于病菌侵入。

在进行人工接种时，接种量要适当控制，由于不同地区的气候、土壤条件有差异，每个病害接种量的标准需在当地条件下通过试验加以确定。

③ 田间设计。设计气流传播病害的病圃，只要诱发行设置均匀，地势平坦，灌水一致，一般重复3次，即可保证鉴定结果可靠；设计土壤传播病害的病圃，受土壤状况及土壤带菌情况的影响更大，除要求地势平坦、多次耕耙、施肥灌水及接种力求均匀一致外，还宜多设重复，至少3次。小区形状以狭长为宜，方向也宜与肥力梯度和地势坡度平行。

病圃内要种植感病和抗病的标准对照品种，均匀分布于各重复中，作为评定试验材料抗病性程度的标准。

（2）抗病性鉴定方式

① 田间鉴定和室内鉴定。按照鉴定场所的不同，抗病性鉴定方法分为田间鉴定和室内鉴定。前者是利用大田自然病圃或人工病圃进行抗病性鉴定，后者是利用温室或人工气候室（箱）等设施进行抗病性鉴定。

田间抗病性鉴定能对育种材料或品种的抗性进行最全面、严格的评估，尤其适合在各种病害的常发区，进行多年和多点的联合鉴定。它不需要大型设施，操作方便，鉴定结果比较全面和实际，因而是最基本的鉴定方法。在田间鉴定时，有时需要采用一些诱病措施，如喷水、遮阳、多施氮肥、调节播期等，以促进发病。田间鉴定的局限性是容易受环境条件的影响，占地面积大，时间长；受气候变化影响大，重复性差；如果接种某些本地尚未产生的小种，则容易在大田中传播开来，难以进行有效的控制，风险大。田间抗病性有多点鉴定、季节鉴定等形式，田间鉴定一般要 2～3 年。室内鉴定是指在可控条件下进行的抗病性鉴定，通常在人工气候室等设施条件下仿照植物生育期的正常条件或按试验规定的条件，控制病原菌和环境，如光照、气温、湿度、大气组成、气流运动及土壤的温、湿度等进行抗病性鉴定。这种方法的优点是不受季节和自然环境条件的限制，有利于控制病原菌的扩散，而且鉴定结果准确、可靠，重复性好。缺点是采用利于发病的条件，所以容易造成鉴定材料发病过重，与田间实际感病情况存在一定的差异。另外，室内鉴定一般采用单一病原菌，自然条件下往往是混合病原菌，其结果有一定的差异，需要注意。

室内人工接种鉴定根据一次鉴定病害的数量又可分为单抗鉴定、双抗鉴定、三抗鉴定 3 种。在一个材料上只鉴定一种病害的抗性叫单抗鉴定；在一个材料上鉴定两种病害的抗性叫双抗（复抗）鉴定；在一个材料上鉴定两种以上病害的抗性叫多抗鉴定。

② 成株鉴定与幼苗鉴定。按照抗病性鉴定时寄主植物的生育时期，可分为成株鉴定和幼苗鉴定。进行田间或室内抗性鉴定时，均可在苗期或成株期进行。当幼苗抗病性和成株抗病性相一致时，幼苗鉴定是最经济的鉴定方法之一。幼苗鉴定的突出优点是鉴定周期短，占地面积小，可以一批接一批地进行，很适合大量种质资源抗性筛选和杂交后代的抗病性筛选；而且由于幼苗鉴定多在室内进行，可以防止病原物扩散，比较安全。对苗期抗性与成株期抗性鉴定结果不一致的病害，如结球白菜霜霉病等，只有在苗期和成株期同时进行鉴定，才能获得准确的结果。

③ 植株鉴定与离体鉴定。通常进行的抗病性鉴定都是以植株为单位进行的，可以叫植株鉴定。其鉴定的特点是植株一边生长一边发病，与自然发病情况相似，鉴定周期可长可短，而一旦发病严重可能丢失材料。为此人们寻找更简便的离体鉴定，即利用植株的部分组织或器官进行抗病性鉴定。此法主要适用于局部发生的真菌、细菌病害，如结球白菜黑斑病、马铃薯晚疫病等，利用的离体器官主要是寄主植物的叶片。离体鉴定操作简便，鉴定结果可靠，不影响植株结实留种和对其他农艺性状的鉴定，特别适用于分离群体优良单株的鉴定筛选。

④ 直接鉴定与间接鉴定。直接鉴定就是利用病原物直接感染寄主进行的抗病性鉴定，如前面的成株鉴定与幼苗鉴定等。间接鉴定就是利用抗、感寄主的生理生化差异或者遭受病原物侵染后产生的特殊代谢产物的差异进行的抗病性鉴定。这些生理生化差异主要表现在抗氧化酶、同工酶、特异氨基酸、特异蛋白、糖分等含量的差异，代谢物质可能是植物体保卫反应的产物，也可能是病原物代谢活动的产物，主要有毒素、植物保卫素等。检测这些物质的量，可作为植物抗病性鉴定的辅助指标。

⑤ 分子标记鉴定或叫基因鉴定。又称为分子标记辅助选择技术，是指利用与目标抗性基因紧密连锁的 DNA 遗传标记，分析鉴定寄主材料或品种是否带有目标抗性基因的方法。这种方法其实是抗病基因的鉴定，优点是用样少，简便快速，结果可靠，而且不需要病原物。该方法已成功应用于番茄的抗病育种。

3. 抗病性的记载和分级 寄主植物接种感病后，需要对发病情况进行观察记载和分级，对抗病性的表现做出评价。抗病性分级方法可分为两类：定性分级和定量分级。

（1）*定量分级评定法* 抗病性的定量表示有发病率、严重度和病情指数 3 个定量指标。发病率是表示群体发病一致性的数量指标，如病株率、病叶率、病果率等。严重度是表示植株个体发病程度的数量指标，如叶片上病斑面积占叶片总面积的百分比、单病斑的大小、产孢量的多少等。严重度通常采用分级方式表示发病轻重，常分为 0、1、3、5、7、9 级。病情指数是表示群体平均抗病性的综合指标，它是发病率和严重度按加权方式综合起来的一个数量指标，其计算公式为：

$$病情指数(DI) = \frac{\sum xa}{nT} = \frac{x_0a_0 + x_1a_1 + x_2a_2 + \cdots + x_na_n}{nT} \times 100$$

式中：x_0，x_1，x_2，…，x_n 表示不同级别病情的植株频数；a_0，a_1，a_2，…，a_n 表示各级病情等级（其中 0 级为不发病）；n 为最高级别；T 为调查总数。

（2）定性分级评定法　为了简单表示材料的抗病性，往往根据病情指数或者发病率的大小，把寄主抗病性划分为免疫（I）、高抗（HR）、抗（R）、感病（S）和高感（HS）5 级，或增加耐病（T）后成为 6 级，不同作物不同病害划分等级有所差异。

（四）抗病品种选育方法

1. 常规育种方法　蔬菜抗病育种的原理和方法与一般作物育种相同，由于增加了抗病性这一特殊目标，在选育的各个环节上也有一些特殊的要求。例如，在原始材料的搜集上要求广泛多样；在亲本选育选配上需要采用一些抗病性强，即使品质稍差或有个别缺点的材料，尤其是采用野生材料；在杂交方式上，由于希望把多个抗病基因聚合起来，或为了削弱某个抗病亲本的个别缺点，需采用复合杂交和连续回交等方法；在杂交的亲本性状差异过大或在复交的情况下，杂种后代分离很大，材料稳定所需世代较长，因此后代群体的种植规模要求较大，育种年限较长。更重要的是自始至终要贯彻对原始材料及杂交后代进行抗病性鉴定选择。

（1）引种　中国先后从国外引入许多抗源材料和抗病品种，例如，20 世纪 70 年代从日本引入含有 *Tm-1* 基因的抗 ToMV 的强力米寿番茄品种和从美国引入含有 *Tm-2* 基因的 Manapal 品种。近几年中国番茄黄化曲叶病毒病暴发式流行，已从国外引入含有 *Ty-1*、*Ty-2*、*Ty-3* 等基因的抗源材料如迪芬尼等番茄品种。

（2）选择育种　自然变异是经常发生的，因此在田间大群体通过多次观察、发现并选择变异株是获得抗病性资源的重要途径，特别是在灾害年份、病灾田块，表现抗病的少数单株往往就是抗病突变株，经过选育可能获得抗病性材料。利用单株选择法很容易将抗病单株选出来，培育成兼具丰产性和抗病性的新品种。西农 58 黄瓜是选用汶上刺瓜天然杂交种，经多代单株分离选育而成，是中国 20 世纪 80 年代初重要的抗黄瓜枯萎病、霜霉病等多抗性春、秋两用型黄瓜优良品种。大矬菜、小青口、抱头青、郑州小黑叶等结球白菜品种以及黄瓜抗病品种宁阳刺瓜都是从农家品种经单株系统选育而成的抗病品种。内蒙古农业科学院（1997）从白菜品种天津青麻叶中选出长炮弹中青麻叶，比青麻叶更抗霜霉病和软腐病。

（3）杂交育种　抗病育种主要是聚合抗病基因或将抗病基因与优良的经济性状结合。根据性状互补的要求，亲本之一应为综合性状好的品种，另一亲本具有高度抗病性，通过杂交就可以获得抗病、经济性状优良的自交系或品种。通过抗不同病害材料的杂交和选择，可以将多个抗病基因聚合在一个品种或亲本材料中。玉青大白菜是河北农业大学园艺系从玉田包头×天津青麻叶后代中选出的抗霜霉病、软腐病、病毒病三大病害的品种。20 世纪 70 年代，通过杂交育成了抗霜霉病、白粉病的津研系列黄瓜品种。

（4）回交育种　主要针对细胞质抗性基因或细胞核单基因或寡基因控制的抗病性。连续回交既可以保留轮回亲本的优良经济性状，又可获得抗病性。Tamietti 和 Matta（1984）将辣椒感病品种 Quadrato d'Asti 和抗病品系 PI. 201234 杂交，而后进行了 3 代回交，完成了对 Quadrato d'Asti 的遗传改良，得到了抗病辣椒品种。

（5）远缘杂交　植物的近缘野生属、种资源具有多种病害的抗病基因，通过远缘杂交，可将异源抗病基因转入栽培作物，选育出高抗或多抗品种。生产上利用的番茄抗番茄花叶病毒病（TMV）基因和抗叶霉病、枯萎病、斑枯病的基因都是来自醋栗番茄、多毛番茄或秘鲁番茄等番茄近缘野生种。

（6）杂种优势利用　对一些杂种优势明显，容易杂交制种的作物，可利用其杂种优势组配抗病杂交组合。对于抗病性为显性的，双亲中一亲抗病，即可育成强优势的抗病一代杂种；但若抗病性为隐性遗传，则需要双亲均表现抗病，才能育成抗病一代杂种。天津黄瓜研究所育成了抗霜霉病、白粉病、枯萎病、炭疽病、角斑病、疫病等3种以上病害的系列黄瓜杂种一代，如津杂、津春、津优系列黄瓜品种。中国农业科学院蔬菜花卉研究所育成了抗芜菁花叶病毒病、黑腐病等病害的中甘8号、中甘9号等中甘系列甘蓝一代杂种。

（7）诱变育种　一些感病品种，经物理诱变、化学诱变或复合诱变后，可获得抗病突变体，进而育成新品种。

2. 生物技术育种　主要包括应用细胞工程、基因工程、分子标记等技术进行抗病育种。细胞工程和基因工程一样是蔬菜抗病育种的重要途径，相对来说，细胞工程操作较简单些，耗费也较低。在抗病育种上，茎尖脱毒、体细胞杂交和细胞突变筛选有很大的应用价值，这两个方面都已被证明是抗病育种的重要途径。基因工程也称“基因转移”，它是在分子水平上将外源DNA分子片段，用人工的方法在生物体外进行重组，然后通过一定的载体，导入“受体”生物的细胞内，与其原有的DNA进行整合，并使后代表达出新渗入的DNA片段携带的遗传信息所控制的遗传性状，从而达到育种上的特定目标。抗病育种基因工程的目的基因就是抗病基因。分子标记辅助育种也叫分子标记辅助选择育种（MAS），就是利用与目标性状紧密连锁的分子标记，在目标性状从一个材料转向另一个材料过程中，快速高效地选择出带有目标基因的优良单株，加快育种进程，提高育种效率。

五、品种抗病性的丧失和抗病性的保持

（一）品种抗病性的丧失及其原因

许多抗病品种在生产上推广以后，常常出现抗病性逐渐减弱甚至完全丧失的现象。如番茄抗叶霉病品种自推广以来，已出现了好几次抗病性失效（叶青静等，2004）。造成品种抗病性减弱和丧失的原因是多方面的，概括起来主要有以下几个方面。

1. 新生理小种（或株系）的分化　寄主植物在进化，病原菌一样也在进化。在大量推广抗病品种的情况下，病原物可能产生一些变异，分化出新的生理小种或株系，从而造成品种抗病性的丧失。英国在引入抗TMV番茄品种后，很快就发现了TMV的新株系；日本的抗TMV番茄系列品种在1973年进行推广，1974年就报道这些品种已经发病。

2. 抗病性的单一化　抗病性的单一化也是造成抗病性丧失的原因之一。其他病害流行时，该品种感病后，生长势变弱，整体抵抗力下降，单抗某种主要病害的品种，不仅可能导致其他次要病害的流行，而且也会因其他病害的影响而降低其本身对主要病害的抗性。番茄抗枯萎病、黄萎病、青枯病等品种在感染了根结线虫时，便减弱甚至丧失对上述病害的抗性（Bowman，1966；Jenkins et al.，1973；Sidhn et al.，1974）。通常情况下可抗柱孢菌、镰孢菌、茎点霉、梭孢壳菌等侵染的番茄品种，在感染TMV后，同样会受上述病原菌的侵染危害（重松等，1975）。

3. 等位基因的影响　研究表明，纯合状态下的抗病基因具有相对稳定的抗性，垂直抗性和水平抗性都是如此。大多数试验表明，在利于发病的环境中，杂合基因型比纯合基因型的发病率高，即抗性基因大多表现为不完全显性。如番茄抗叶霉病基因*cf-1*与*cf-3*在杂合状态下抗性明显降低，番茄对晚疫病的抗性在杂合状态下也不如纯合状态（Kerr，1983）。

4. 不利环境条件的影响　环境条件对品种抗病性表现有着显著的影响。有些抗病品种在有利于病原发病的环境条件下可能表现为抗病性降低，垂直抗性和水平抗性都有可能，但对水平抗性的影响尤其明显。地温、气温、空气湿度、土壤湿度及pH等因子的不利都可能导致品种抗病性的减弱或丧失，但这种抗病性的减弱或丧失不是遗传上的变异所致，而是环境条件的改变导致了基因表达上的

差异。

（二）品种抗病性的保持

根据引起抗病性丧失的原因，获得稳定抗性主要有以下途径：

1. 利用水平抗病性　水平抗性对所有的生理小种都表现为几乎相同的抗性，一般来说，水平抗性是由多基因控制的抗性，比单基因控制的抗性（垂直抗性）更持久。因为病原通过自身的分化变异而克服多基因抗性的概率要比克服单基因抗性的概率小得多。

选育具水平抗性的品种，一般通过传统杂交和回交渐渗（introgression）方法使抗性基因有效结合在一起。其过程是非常漫长的，通常需要几十年，特别是由作物的野生近缘种提供抗源时。然而，现在可利用抗病基因分子标记，加速抗性基因的选育或导入。同时，可运用农艺性状相关的分子标记，保证回交后代能够携带亲本中期望的农艺性状基因，加快抗病基因与优异性状的聚合。

2. 利用复合抗病品种　不同病原物之间可能存在协同作用，某一病原物侵染寄主后，可能为后一种病原物提供更便利的侵染机会，或使寄主的病情加重。即使病原物之间不存在协同作用，当寄主被某一种病原物侵染后，寄主的抵抗力会降低，后来的病原物更容易侵染。因此，把已知的多种主效抗病基因引入到同一品种中，育成含有多种抗病基因、抗多种病害的复合品种是使蔬菜品种保持持久抗性最有效的方法之一。例如，番茄抗 TMV、枯萎病品种，甘蓝抗 TuMV、黑腐病等。

3. 推广多个来自不同抗源的抗性品种　抗病材料越丰富，抗不同生理小种或株系的可能性越大。大量收集不同的品种和抗源，是选育系列抗病品种以对付新生理小种或株系分化的重要途径之一。掌握了具有不同抗源的系列品种，若将其轮流推广应用，在新生理小种或株系发病时即可换用另一个抗新小种或株系的品种，从而可以不断地保持抗病品种在生产上的推广应用，若将其同时推广栽培，可避免某一个抗病品种大面积推广后因丧失抗病性而带来的毁灭性打击。

4. 应用多系品种（multilines）　把具有不同抗病基因且农艺性状相近的品种作为一个混合群体（品种）在生产上推广，称之为应用多系品种。由于多系品种含有不同的抗源，所以即使发生了病原物新生理小种或株系的分化，也只有一小部分植株丧失抗性，大部分仍能保持抗病性。即便是感病的那一部分，也可能因为与许多抗病个体混合而减缓病害的蔓延，从而减少损失。但对大多数蔬菜作物来说，却不一定都适用。因为蔬菜要求高度的产品一致性，而多系品种在这方面恰恰是一个弱点。

第二节　抗虫育种

虫害对蔬菜作物的危害不亚于病害，且用常规育种方法进行抗虫育种比抗病育种更难，因此，抗虫育种的资料积累不如抗病育种的多。但随着育种工作的不断深入，抗虫育种已经成为当前最重要的育种目标之一。下面简要介绍抗虫育种的基本原理和方法。

一、蔬菜作物害虫

昆虫、螨类或某些软体动物等常危害蔬菜的某些器官或组织，阻碍其生理进程，造成减产和品质下降。根据蔬菜生产的时间可分为产前害虫、产中害虫和产后害虫；根据在植株上危害的部位可分为地上害虫和地下害虫；根据其取食特性可分为咀嚼式口器害虫和刺吸式口器害虫。下面介绍几大类蔬菜的害虫。

(一) 十字花科蔬菜害虫

菜蚜、菜粉蝶、菜蛾、甘蓝夜蛾、斜纹夜蛾、菜螟、黄条跳甲危害严重；银纹夜蛾、甜菜夜蛾、红腹灯蛾、猿叶虫、叶蝉、菜蝽、叶蜂等在个别年份或局部地区发生严重。

1. 菜蚜类 危害十字花科的蚜虫（常统称菜蚜）有萝卜蚜（*Lipaphis erysimi* Kaltenbach）、桃蚜（*Myzus persicae* L.）、甘蓝蚜（*Brevicoryne brassicae* L.），均属同翅目蚜科，为世界性害虫，既直接危害蔬菜，又可传播病毒。已知萝卜蚜寄主50多种，主要危害十字花科蔬菜，偏嗜萝卜、白菜等叶面有毛品种。已知桃蚜寄主352种，可危害多科多种蔬菜。已知甘蓝蚜寄主50多种，主要危害十字花科蔬菜，偏嗜甘蓝、花椰菜等叶面无毛品种。

其他蔬菜上的主要蚜虫：豆蚜（*Aphis craccivora* Koch）、大豆蚜（*Aphis glycines* Matsumura）危害豆类作物；豌豆蚜（*Acyrthosiphon pisum*）主要危害豌豆；瓜蚜（*Aphis gossypii* Glover）主要危害葫芦科蔬菜，也危害茄科、豆科、菊科蔬菜；胡萝卜微管蚜（*Semiaphiss heraclei* Takahashi）危害胡萝卜；葱蚜（*Neotoxoptera formosana* Takahashi）危害葱、韭菜等；莲缢管蚜（*Rhopalosiphum nymphaeae* Linnaeus）危害莲藕等水生蔬菜；莴苣指管蚜（*Uroleucon formosanum* Takahashi）和柳二尾蚜（*Cavariella salicicola*）危害芹菜。

2. 粉蝶 危害十字花科蔬菜的粉蝶主要有5种：菜粉蝶（*Pieris rapae*）、大菜粉蝶（*P. brassicae*）、东方粉蝶（*P. canidia*）、褐脉粉蝶（*P. melete*）以及云斑粉蝶（*Pontia daplidice*），均属鳞翅目粉蝶科。其中菜粉蝶（幼虫称菜青虫）分布最广、危害最重，初龄幼虫在叶背啃食叶肉，残留表皮，3龄后吃成孔洞、缺刻，严重时仅留叶脉、叶柄。

3. 菜蛾（*Plutella xylostella*） 属鳞翅目菜蛾科，世界各地均有分布。在中国，为长江流域、华南、西南等地常年发生的害虫，黄淮流域也有发生。南方周年危害，4～6月和9～11月为两个危害高峰，秋峰大于春峰，防治不及时可引起严重减产或毁种。寄主主要是十字花科的各种作物，结球甘蓝、球茎甘蓝、花椰菜等受害尤重，偶见于番茄、姜、马铃薯、洋葱等受害。菜蛾初龄幼虫钻入叶片，咬食叶肉，稍大则啃食下表皮和叶肉，残留上表皮，形成透明斑。3～4龄则食叶成孔洞、缺刻，甚至成网状。常聚集心叶危害幼苗，影响结球甘蓝、结球白菜包心。危害种株嫩茎和荚，可造成严重损失。

4. 甘蓝夜蛾（*Mamestra brassicae*） 属鳞翅目夜蛾科，世界各地均有分布。已知寄主植物45科100余种，蔬菜中主要危害甘蓝，亦可危害十字花科其他蔬菜及瓜类、豆类、茄果类蔬菜。甘蓝夜蛾初孵幼虫群聚于卵块所在的叶背取食，残留表皮；2～3龄渐分散，昼夜食叶成小孔；4龄后昼伏夜出，食量骤增，食叶成孔洞、缺刻或仅留叶脉。危害豆类蔬菜时，亦可取食嫩豆荚。常吃完一片，成群爬迁他处继续危害。

5. 斜纹夜蛾（*Spodoptera litura*） 属鳞翅目夜蛾科。世界性害虫，中国以长江流域、华南、西南及华北部分菜区发生较重，是间歇性猖獗发生的害虫。每年7～10月危害严重。已知寄主植物99科290种。一年中，早期主要危害莲藕、芋、蕹菜，后期主要危害甘蓝等十字花科蔬菜，亦可危害瓜类、豆类、茄果类蔬菜以及苋菜、菠菜、韭菜、葱等。斜纹夜蛾幼虫危害叶片、花器及果实，初孵化时群聚咬食叶肉，2龄后渐分散，仅食叶肉，4龄后进入暴食期，食叶成孔洞、缺刻。严重时能将全田作物吃成光秆。在甘蓝、结球白菜上常蛀入心叶，造成腐烂和污染，不能形成叶球。

6. 菜螟（*Hellula undalis*） 属鳞翅目螟蛾科。为世界分布种，在中国春、秋两季发生，秋季危害较重，是十字花科蔬菜苗期的重要害虫，危害萝卜、白菜、甘蓝、花椰菜、芜菁等，秋播萝卜受害尤重。

7. 黄条跳甲 中国有4种：黄曲条跳甲（*Phyllotreta vitlata*）、黄直条跳甲（*P. rectilineata*）、

黄宽条跳甲（*P. humilis*）和黄狭条跳甲（*P. vittula*），属鞘翅目叶甲科。其中黄曲条跳甲为世界性害虫，中国除新疆、青海尚无报道外，其他各省份均有发生。主要危害多种十字花科蔬菜，萝卜、白菜、芥菜等受害重，有时可危害瓜类、豆类、茄果类蔬菜。成虫咬食叶片成小孔，也常咬食幼苗生长点及种株花蕾和嫩荚，引起全株死亡或毁种。幼虫蛀食根部表皮成弯曲虫道或咬断须根，使叶片由外及里变黄萎蔫死亡。萝卜被害，形成许多黑色凹斑，最后变黑腐烂。也可传播软腐病。

（二）茄果类蔬菜害虫

棉铃虫、烟青虫、马铃薯瓢虫、白粉虱、烟粉虱、酸浆瓢虫、马铃薯块茎蛾、斜纹夜蛾、茄黄斑螟、朱砂叶螨、棉叶蝉、蚜虫等危害较重。小地老虎是甜椒、茄子、番茄苗期的重要地下害虫，常造成缺苗断垄。20世纪70年代开始，温室白粉虱在北京、天津及东北等地严重危害茄果类蔬菜。茄黄斑螟在湖北、湖南等地严重危害茄子。茶黄螨在北京、四川、湖南等地严重危害茄子、甜椒。

1. 棉铃虫（*Heliothis armigera*）**和烟青虫**（*H. assulta*）　均属鳞翅目夜蛾科，是近缘种。棉铃虫为世界性害虫，中国各地均有分布。棉铃虫寄主多达250种，在蔬菜上，棉铃虫危害番茄最重，也危害甘蓝、结球白菜、冬寒菜等。烟青虫危害甜椒严重。两者幼虫初孵时先取食卵壳，接着食害嫩茎、幼叶，继而危害花蕾和果实。棉铃虫、烟青虫均钻蛀果实危害，烟青虫还在果内取食胎座，幼虫一生可转果危害3～5个。

2. 马铃薯瓢虫（*Henosepilachna vigintioctomaculata*）**和茄二十八星瓢虫**（*Epilachna vigintioctopunctata*）　均属鞘翅目瓢虫科。马铃薯瓢虫在中国分布于东北、华北等地，茄二十八星瓢虫分布于日本、中国长江流域及华南地区。两种瓢虫寄主范围较广，以茄子、马铃薯等茄科蔬菜受害重，还可危害葫芦科、豆科、十字花科和藜科蔬菜。成虫、幼虫均取食叶片，也危害果实、嫩茎、花瓣和萼片。

3. 白粉虱（*Trialeurodes vaporariorum*）　现几乎遍布全世界，20世纪70年代开始在北京、天津及东北等地严重发生，后迅速蔓延，除危害保护地蔬菜外，还严重危害露地果菜，是蔬菜的重要害虫之一。已知寄主23目47科213种，主要寄主有茄子、番茄、甜椒等。温室白粉虱的幼虫、成虫均能以针状口器吸食植物汁液。由于群集数量大，大量吸食，引起被害叶片失绿、萎蔫，甚至死亡。其弹射的蜜露易引起煤污病，还可传带黄矮病毒，引起黄矮病。

4. 烟粉虱（*Bemisia tabaci*）　属同翅目粉虱科小粉虱属，又称棉粉虱、甘薯粉虱，是一种食性杂、分布广的小型刺吸式口器害虫，是中国蔬菜生产上的重要害虫之一。烟粉虱有近10种生物型，其中以A、B型常见，以成虫和若虫吸食寄主植物叶片的汁液，造成被害叶褪绿、变黄，甚至全株枯死，严重影响产量。此外，烟粉虱还分泌大量蜜露，堆积于叶面和果实上，引起煤污病，降低商品价值。而且，烟粉虱已成为番茄黄化曲叶病毒（TYLCV）等病毒病的主要传播媒介。

（三）豆类蔬菜害虫

大豆食心虫、豆荚螟、白条芫菁严重危害大豆，豇豆荚螟、豆秆黑潜蝇严重危害豇豆，豌豆潜叶蝇、豌豆象严重危害豌豆。还有蛴螬、蝼蛄、金针虫、蚕豆象、苜蓿夜蛾、大豆小夜蛾、大豆毒蛾、豆小卷叶蛾、多种芫菁、土蝗、大豆根潜蝇、多种蚜虫、朱砂叶螨、叶蝉等危害豆类蔬菜。

豇豆荚螟（*Maruca testulalis*）属鳞翅目螟蛾科，在中国分布于华北、长江流域、华南、西南等菜区。寄主有多种豆类作物，豇豆、菜豆、扁豆等受害严重。豇豆荚螟以幼虫危害花、果荚和种子，引起落花、落荚，后期多从两荚接触处蛀入。幼虫也吐丝缀叶，取食叶肉。

（四）瓜类蔬菜害虫

小地老虎、守瓜类幼虫、蜗牛、蛞蝓危害瓜类幼苗；生长期，守瓜类成虫食叶，幼虫危害瓜根，使植株枯死；瓜蚜、叶螨吸食危害嫩尖及叶背，影响生长；瓜绢螟吐丝缀叶取食叶肉，还可蛀入果肉或瓜藤内取食；瓜藤天牛蛀食瓜藤，造成断藤落瓜；瓜实蝇幼虫危害幼瓜，造成畸形瓜、落瓜。部分地区尚有蜻类危害瓜蔓，使其纵裂，影响生长。

1. 守瓜类 在中国，已知危害瓜类的守瓜属害虫有15种，较普遍危害的有黄足黄守瓜（*Aulacophora femoralis*）、黄足黑守瓜（*A. cattigarensis* Weise）和黑足黑守瓜（*A. nigripennis*）3种，均属鞘翅目叶甲科。黄守瓜（黄足亚种）在中国普遍分布，食性杂，可危害19科69种植物，以葫芦科植物受害最重。成虫取食叶、茎、花器、幼瓜。食叶时，以腹末为中心，回转咬食成一圆弧形，易识别；危害瓜苗茎、叶，常造成大量死苗。幼虫危害瓜类蔬菜，致使地上部萎蔫死亡；危害贴地幼瓜，引起烂瓜。

2. 朱砂叶螨（*Tetranychus cinnabarinus*） 属真螨目叶螨科。世界广泛分布，为多食性害螨，已知危害18种蔬菜，以茄科、葫芦科、豆科及温室蔬菜受害较重。朱砂叶螨以幼、若、成螨在叶背吸食汁液。茄子、甜椒叶片受害后，初期叶面出现灰白色小斑点，后变为锈红色，呈火烧状，严重时脱落；茄果受害后，果皮变粗呈灰色；豆类、瓜类蔬菜叶片受害后，形成枯黄色细斑，严重时干枯脱落，缩短结果期，影响产量。

二、抗虫性的机制及遗传

（一）产生抗虫性的生理生化及物理机制

1. 生理生化因素（抗生性） 抗生性（antibiosis）是作物对害虫侵食以后表现出的一种抗虫机制，这类抗虫作物不能排斥害虫在其上取食、产卵和栖居，但作物通过产生一些生化物质，而对害虫的生长、发育和繁殖产生不利影响，使它们的生活力和发育速度，包括体形、体重、代谢过程等受到抑制，导致幼虫或未熟态虫体死亡率增加（Panda et al.，1995），这种抗虫性亦称抗生性。试验发现，豌豆和蚕豆的抗蚜性（Mustafa et al.，1999），茄子对茄黄斑螟的抗性（Panda et al.，1999），黄瓜、番茄和甜椒对苜蓿蓟马的抗性都分别与各自体内蛋白质、氨基酸或氮素组成有关（Mollema et al.，1995）。

除营养因子影响之外，植株或其部分器官的某些特异代谢产物使害虫消化系统受阻、厌食、体质降低以及发育期延缓，甚至中毒死亡。如生物碱、黄酮类、萜烯类以及酚类等，可使昆虫中毒或抑制昆虫对食物的消化利用。韩文智在对扁豆的抗豆蚜测试中发现，豆蚜对紫色品种具拒食作用，提纯分析后认为扁豆的红色“色素”是抗蚜的物质基础。韩心丽等研究了大豆蚜在寄主大豆和非寄主棉花、黄瓜、丝瓜上的取食行为，结果表明丝瓜叶片的内部结构和化学成分不适于大豆蚜。葫芦科作物被食植瓢虫危害后能诱导叶片中葫芦素B、D含量的上升，导致寄主植物对其适应性下降。菜豆在受到棉叶螨的攻击后，能释放出更多的挥发性次生化学物质，这些化合物除了能引诱捕食螨外，亦能抑制棉叶螨进一步取食并将受伤信息传递到健康植株。

多毛番茄叶面腺毛能分泌烷酮类和半倍萜类等化学物质，对叶螨类和白粉虱等害虫具有杀死或驱避作用（Weston et al.，1989；Snyder et al.，1993）；苦瓜对黄守瓜、西葫芦红守瓜等具有很强的抗性，这主要归因于苦瓜所含有的三萜葡萄糖苷，特别是苦瓜碱Ⅱ（雷建军等，2000）。黄瓜叶片葫芦素含量对黄瓜品种的抗虫性具有二重性，当一个品种的葫芦素水平高时，其对二斑叶螨抗性强；而当葫芦素水平低时，则对瓜叶甲类害虫具有抗性（Peirce et al.，1990）。南瓜中D-葡萄糖浓度在1%以上时对瓜螟有抗性，高抗品种中还含有半乳糖醛酸。胡萝卜对胡萝卜茎蝇的抗性与肉质根所含绿原酸水平有关，绿原酸越少抗性越高（Cole，1985）。

有一些物质正常情况下在植物体内并不多，只有当植株遭到害虫咬食后，其含量才迅速增加，如蛋白酶抑制剂等，可抑制害虫正常生长发育，最终导致其死亡，被称为诱导抗性。目前人们已经从豆豆、番茄、马铃薯等蔬菜中诱导、分离并纯化了多种蛋白酶抑制剂，有的抗虫基因还被克隆，通过基因工程应用于蔬菜抗虫品种改良。

2. 物理因素（排异性）　由于作物具备特殊的颜色、形态、体表毛状物、表面蜡质、组织厚度、物候特性以及植物次生物质等不利于害虫寄生的因素，使害虫在定向过程中对其无偏嗜性，不喜欢对该作物取食、产卵或栖居，因此可以避免或减轻虫害（Maxwell et al.，1980）。这种抗性也叫排异性（antixenosis）或排趋性，或拒虫性，在早期又叫非选择性（non - preference）。植物的拒虫性又可分为拒降落、拒产卵、拒取食几种。

（1）拒降落　植食性昆虫对所喜食的植物的颜色、颜色的深浅是有所选择的。如许多蚜虫具有畏强光的生理特点。另外，有翅蚜虫多趋向黄色，菜蚜拒避红色甘蓝品种，而绿色甘蓝品种则受害很重。秋季，豆蚜危害绿色豆类异常严重，但不触动红紫色的菜豆荚。而甘蓝地种蝇雌虫的降落则受到植物的颜色、距离地面的高度、寄主挥发物等因子的影响。同样，萝卜地种蝇的雌、雄虫均不喜欢在15～25 cm 的高度范围外飞翔和着陆。

（2）拒产卵　植物表面的物质有抑制产卵的作用，以生物物理和生物化学的刺激为主。

生物物理的刺激：Ilse（1937）的研究表明，大菜粉蝶易受绿色和蓝色基质吸引，在上面表现将要产卵的行为，黄色基质就没有此作用。

生物化学的刺激：甘蓝蝇的产卵，由于不同甘蓝品种发出引诱雌虫的气味不同而有所差异，特别是与烯丙基异硫化物的含量成正比。小菜蛾的雌蛾多在有硫氰化物的寄主植物的不平叶面周围产卵（Cupla 和 Thorsteinson，1960），而芥子油则能刺激菜粉蝶的产卵。

（3）拒取食　蔬菜作物可以以许多不同的方式对植食性昆虫予以拒食。

植物颜色的影响：在纽约州发现毛跗地种蝇（*Delia florilega*）幼虫不喜取食有色品系菜豆的萌发种子。

植物组织的影响：据研究，由于茄子的维管束压缩成层厚、细胞木质化和小的髓部等，致使茎节组织过硬，使茄黄斑螟（*Leucinodes ordonalis*）难于蛀入而不予取食。当瓜潜叶蝇（*Liriomyza pictella*）的小幼虫危害茄子时，潜道周围的组织很快失水变硬，把幼虫锢死在干枯的组织中（Oatman，1959）。对黄瓜等瓜类作物来说，茎部坚韧、木质化程度高、维管束密集等性状对南瓜藤透翅蛾（*Melitlia cucurbitae*）幼虫的蛀茎和取食均能起到抗拒作用。

生物化学物质的影响：蔬菜作物本身产生的化学物质如莴苣根中的酚类化合物，潘那利番茄（*S. pennellii*）及其与番茄杂交的 F_1 杂种中含有影响马铃薯长管蚜取食行为的 *IV* 类腺毛分泌物等，对昆虫取食有不良效应，能降低昆虫的存活率。华盛顿州立大学 Nelson 教授等发现番茄和马铃薯受咀嚼或口器害虫危害后，植株内部产生两种不同的蛋白酶抑制物质，能干扰昆虫对其所取食的植物的消化，当番茄叶片受到一次严重的虫伤后 4 h 内，这些抑制物质的含量达到高浓度，这个浓度约持续 5 h 后即迅速下降，但在 9 h 后遭受第 2 次虫伤时，该抑制物的积累速度比原来加快3 倍。

据北卡罗来纳州立大学 Bordner 研究报道，茄科植物含有一类独特的天然产物，即甾类糖苷，通常称为 Withanolides，可作为一种危害茄科多种植物的烟草天蛾的拒食剂。茄科的另一种野生番茄可产生一种强力的拒食化学物质十三烷酮，能抑制烟草天蛾的取食。

3. 耐害性　是指植物在被害虫侵害后具有很强的增长能力以补偿因受害而带来的损失。一般来讲，耐虫品种不会对害虫种群产生影响，也不会因选择压力而导致害虫新生物型的产生，植物的耐虫机制体现在生长势、补偿生长、受伤补偿及营养供需 4 个方面（俞晓平等，1993）。有研究报道，黄瓜叶面积被棉叶螨损害 30%也不影响黄瓜产量（张文珠等，1999）。

（二）抗虫性遗传

作物的抗虫性是由基因所控制的，并且能遗传给后代。抗虫性强弱除受环境条件影响外，主要决定于抗虫基因的遗传方式。抗虫性的遗传方式主要有以下 2 种。

1. 单基因或寡基因抗性

(1) 单基因抗性 (monogenic resistance) 是指参与抗虫的基因只有 1 个。还可以根据抗虫基因在杂合状态下的表现，分为显性单基因抗性和隐性单基因抗性。此遗传方式的抗虫品种与感虫品种，其 F_2 和以后世代的抗虫性分离明显，属质量性状，其抗性较不稳定，但抗性水平一般较高。王志民等（2006）从番茄近缘野生种中挖掘到优异的抗美洲斑潜蝇（*Liriomyza sativae*）的基因，初步判定该抗性由单显性基因控制。

(2) 寡基因抗性 (oligogenic resistance) 指抗虫性由少数几个基因控制的。西葫芦对条斑瓜叶甲和南瓜缘蝽的抗性由几个基因支配，至少由 3 对基因控制，属不完全显性和累加性（Nath, 1963)。甜瓜对黄瓜条叶甲和斑点瓜叶甲的抗性由 2 对隐性基因支配。

2. 微效基因或多基因抗性 此遗传方式的抗虫品种与感虫品种杂交，F_2 的抗性表现为感虫至抗虫的连续变异，属数量性状，其抗性稳定且持久。

三、蔬菜作物抗虫育种程序

(一) 抗源的搜集

抗源的搜集方法与抗病材料的搜集方法一样。首先要广泛搜集信息，详细地了解现有抗虫种质资源及其在国内外的分布情况，然后着手进行搜集。搜集的具体材料可以是携带抗虫基因的植株、种子、茎段、试管苗、胚、花粉或 DNA 片段等。目前主要是向生产单位或育种单位征集、购买或进行资源互换，有的是到害虫发生严重的地方或蔬菜多样性中心进行实地考察搜集。在野生资源中搜集抗虫材料是蔬菜抗虫育种的一项有效措施。野生芹菜（*Apium prostratum*）对潜叶蛾和甜菜叶蛾具有抗性，将其与普通芹菜杂交，在后代中获得了经济性状较好而且抗虫的品系。20 世纪 40 年代，在野生马铃薯中发现了抗科罗拉多甲虫的材料，利用这一抗源培育出了高抗甲虫的新品种（Plaisted, 1992)。从杂交特别是远缘杂交和诱变后代中搜集抗虫材料是另一条重要途径。美国的 Jansky 等（1999）曾经以抗虫机制不同的 4 种茄属植物为材料进行体细胞杂交融合，从杂交后代中得到了对科罗拉多甲虫具有稳定抗性的个体。从其他生物中搜集抗虫基因，再利用现代基因工程技术，将其导入到受体蔬菜品种体内并得到稳定表达，是现代蔬菜抗虫育种研究的热点，目前已经在许多蔬菜上得到应用。在搜集抗虫资源时，能够兼顾经济性状的当然更好，一般情况下，这两者是很难统一的，在这种情况下，应以抗虫性为主要目标进行搜集。

(二) 抗虫性的鉴定

1. 鉴定内容 各种作物的抗虫性均具有其自身的特点，因此，针对不同作物的鉴定方法和评价标准也不尽相同。Smith（1994）等将植物抗虫性鉴定内容归纳为以下 3 种类型。

(1) 植物受损程度 根据植株生长发育所受影响、植株死亡与否等进行抗虫性评价。这是目前最常用的鉴定方法，包括大田筛选法、大田笼罩法、温室筛选法、实验室筛选法及损害率等，其中温室筛选法又分为标准苗期集团筛选法（SSST)、改进筛选法（MSST）和无选择性筛选法。

植物受到害虫危害后，损伤程度越轻表明抗虫性能越强。很多害虫主要危害叶片，因此叶片受损程度是许多蔬菜抗虫性鉴定的主要内容。衡量叶片受损程度的指标有：叶片被害率、百叶潜道数、单位叶面积取食痕（邓望喜等，2001)、叶片受害指数（杨峰山等，2004)、卷叶株率（黄慧英和莫蒙异，1992)、叶面取食量（Ellis et al.，1979；McFerson et al.，1996）等。此外，检测幼苗伤亡、产量损失（Soni et al.，1984；黄慧英，1999；Lai et al.，1999)、果实受损情况（Lai et al.，1999）也是蔬菜抗虫性鉴定的重要指标。除对植物受损情况鉴定以外，在一定控制条件下，调查被害蔬菜植株或群体上的着卵量、虫口密度、发育速度、虫体大小、存活率等情况（Dickson，1975；Bosland，1996；McFerson et al.，1996；钟仲贤等，2000；余建明等，2001；何月平等，2009），同样是抗虫性鉴定的重要内容。

（2）*害虫对寄主植物的适应性反应*　包括害虫的定位与定居（赵伟春等，2000）、取食状况（肖英芳等，2001）、新陈代谢、生长发育、成虫寿命和生殖力、产卵和孵化率（仵均祥等，1999）、害虫种群数量的增长（刘勇等，2001）等。

（3）*种质材料相关形态或生理生化特性*　根据植物抗虫机制，鉴定植物形态结构（方继朝等，2002）、生长特性（刘绍友等，1993）及生理生化物质（Copaja，1999；Webster，2000）等。花椰菜中光叶型品种对菜粉蝶和甘蓝尺蠖有明显抗性（Dickson et al.，1975）；辣椒中叶片上具有短柔毛的类型可以抗蚜虫（Bosland，1996）；多酚氧化酶活性很高的马铃薯类型高抗桃蚜（Ryan，1983）。

2. 鉴定方法

（1）*直接法*　直接法是抗虫性评价的最重要方法，可以直接按作物品种受害后的反应或损失的程度来评价。损失程度通常用被害率、被害指数和产量损失率来表示。王海平等（2005）参考水稻螟虫危害抗性分级方法，结合研究虫害指数分布将抗虫性强弱分为 6 级，危害茄果类蔬菜的害虫，如危害番茄、甜椒的棉铃虫可直接调查被害果数或危害造成的果实脱落数，确定其抗性程度；危害根部造成死苗的害虫（如葱蝇），可通过统计死苗率评价其抗性程度。直接鉴定又可分为以下几种：

① 田间自然鉴定法。在虫口密度较大的地区或年份，依靠田间自然发生的害虫群体鉴定不同种质材料的抗性程度。新育成的抗虫品种在大面积推广之前也应该经过田间自然鉴定。

② 田间接种鉴定法。在虫口发生较少的地区或年份，人为在田间补充接种一定量虫源，增加害虫对作物的危害压力，强化种质材料间的抗虫性差异。

③ 网室鉴定法。在建造的网室内种植被鉴定的种质材料，并接种一定数量的害虫，使这些害虫在控制范围内危害材料，以鉴定材料的抗虫性。

④ 室内鉴定法。在实验室内制备待鉴定种质样品，接种一定数量虫体，用网纱、玻璃罩等隔离，在适宜温光条件下保持一定时间之后，观察害虫和材料变化情况，以此为据鉴定抗虫性。

（2）*间接法*　根据供试材料与抗虫性显著相关的其他性状表现来间接估测抗虫性能的强弱程度，如马铃薯腺毛中多酚氧化酶活性高的品种，抗桃蚜能力强（Ding et al.，1998）。在转基因抗虫甘蓝中，因为 *CpTI* 基因与 *NPT Ⅱ* 基因连锁，所以可通过检测幼苗 *NPT Ⅱ* 相对含量来间接鉴定该种质的抗虫性能（方宏筠等，1997；余建明等，2001）。应用间接法可以简化整个抗性鉴定的程序，但应用时要注意以下两个问题：①作物抗虫机制常由多方面因素构成，只有掌握主导因素才能客观估测；②不能靠间接法评价以耐害性为主的作物品种。

3. 分级标准　抗虫性的分级标准，不如抗病性分级标准（病情指数）完善，目前还没有一个被公认的指标体系和标准。

现以盖钧镒等（1997）报道的对大豆食叶害虫的抗性鉴定和标准为例介绍抗虫性的分级标准。单株抗性分级标准见表 6－3。他们先用主成分方法，后用算术平均数方法和加权平均数方法，将多次记录数据先转换为一种综合数据，再进行抗性分级。加权平均数科学分级的步骤为：

① 计算各参试品种（V）每次记录（R）的区组（B）间的平均数（M_i），得到 V×R 数据表。

② 计算各次记录（R）的变异系数（CV_i）。

③ 计算各次记录（R）的权重 $P_i = CV_i / \sum CV_i$。

④ 计算各参试品种的记录间的加权平均数 $PM_i = \sum (P_i \times M_i)$。

⑤ 求加权平均数（M）和标准差（S）。

⑥ 对加权平均数按表 6-4 的统计分级法进行品种抗性等级划分。

表 6-3 田间抗性指数与目测标准抗性指数

抗性指数	目测标准
0	≥50%的叶片被食叶面积占总面积 0%～5%
1	≥50%的叶片被食叶面积占总面积 6%～25%
2	≥50%的叶片被食叶面积占总面积 26%～50%
3	≥50%的叶片被食叶面积占总面积 51%～75%
4	≥50%的叶片被食叶面积占总面积 76%～100%

如果在条件很严格的网室内鉴定，也可以根据一次调查结果判断抗虫性。单株的抗虫性可根据单株被害程度（叶片被食程度，或果实或其他器官被害程度）划分等级，然后计算虫害指数。但根据一次统计的结果不够准确。

表 6-4 统计分级标准

抗性等级	标准	抗性类型
0	≤M−2.0S	高抗
1	M−2.0S～M−1.5S	高抗
2	M−1.5S～M−1.0S	抗
3	M−1.0S～M−0.5S	抗
4	M−0.5S～M−0.0S	中间
5	M−0.0S～M+0.5S	中间
6	M+0.5S～M+1.0S	感
7	M+1.0S～M+1.5S	感
8	M+1.5S～M+2.0S	高感
9	≥M+2.0S	高感

（三）抗虫育种方法

1. 常规育种 抗虫育种经常采用的常规方法有纯系选择、集团选择、杂交选育、轮回选择、远缘杂交、突变育种、优势育种、体细胞变异等。荷兰 De-Ponti（1979）曾经利用单系选择、杂交、多代选择相结合的方法，在搜集到的 800 个育种材料基础上，得到 15 个抗二斑叶螨的黄瓜品系。美国曾经利用自然发生的黄瓜光滑型突变材料培育出抗绢野螟的黄瓜新品种。美国 Elsry 和 Wehiner 等（1982、1983）在选育抗菜蛾甘蓝品种时，利用光叶型花椰菜品种与甘蓝进行杂交，之后进行选择、回交、重组、重复选择，得到许多抗虫单系，进一步选配杂交组合开展优势育种，新育成的杂交品种不仅抗虫，而且具有生长势强、早熟等优点。Rubatzky 等（1999）育成的抗胡萝卜茎蝇的胡萝卜品种 Flyaway 是采用优势育种方式从不同杂交组合中选择培育而成的，目前在欧美地区受到普遍欢迎。郑贵彬等（1986）报道，抗蚜番茄品种毛粉 802 也是采用优势育种技术选育而成，曾一度成为中国番茄的主栽品种之一。

2. 基因工程育种 由于常规育种方法在抗虫育种中，难以在短时间内奏效，因此，育种家近年来把抗虫育种的重点放在利用基因工程选育新品种上，并且取得了重大进展，尤其是在棉花、大豆、玉米、水稻等作物上。在蔬菜上，也取得了一定的进展。

利用现代基因工程技术进行抗虫育种，可以将来自其他生物的抗虫 DNA 片段或基因导入受体植物内，并使之得到稳定表达。目前已知的杀虫基因有苏云金芽孢杆菌毒蛋白基因（*Bt-Icp* 或 *Bt-toxin*）、蛋白酶抑制剂基因、外源凝集素基因、几丁质酶基因和昆虫毒素基因等。

利用基因工程选育抗虫新品种的程序见图 6-2。

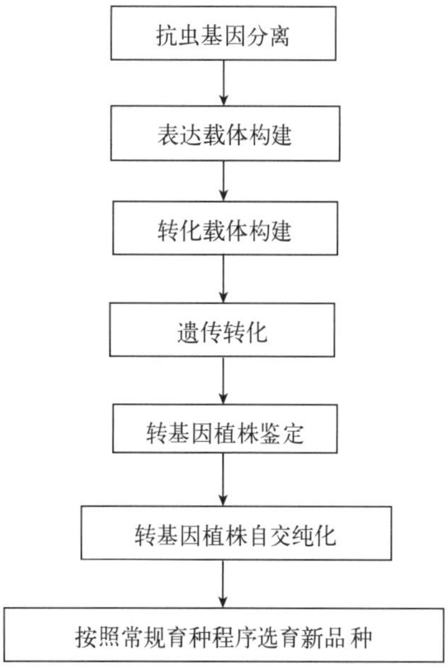

图 6-2　基因工程选育蔬菜抗虫新品种流程

第三节　抗逆育种

植物的生存逆境主要包括低温、高温、干旱、涝害、盐渍化、重金属污染、活性氧、有害气体以及农药的残留等，是农业生产的重要限制因子，它们对农业生产具有破坏性。每年因此造成全球主要作物减产 50%以上（Bray et al.，2000）。由于近代世界人口的增加以及现代工业对环境生态平衡的影响，逆境胁迫对农业生产的危害有日益加重的趋势。特别是蔬菜作物，由于其主要以鲜食产品供应市场，且种类繁多，对环境条件的要求各异，尤其在炎热的夏季和寒冷的冬季蔬菜供应不足，同时，还常常受到干旱、多雨等恶劣气候、土壤盐渍化以及土壤、水分和空气污染等逆境的影响，导致蔬菜产量和品质下降，严重制约着蔬菜的生产和供应。为达到周年生产和均衡供应，且稳产、高产，除了控制栽培环境、改善生产条件等措施外，进行抗逆品种的选育，也是一条经济有效的途径。近年来随着蔬菜设施生产的发展，抗逆育种工作显得越来越重要。

一、蔬菜作物对环境胁迫的反应

（一）低温伤害及其表现

植物在其生长发育的各个时期，都要求具有一定范围的环境温度。如果环境温度低于适宜生育温度下限，将对其构成危害，称为低温伤害或低温灾害。低温灾害根据其温度特点可分为冷害（chilling damage）和冻害（freezing injury）。

冷害是作物在生长季节内，因温度降到生育所能忍受的低限以下而受害，其本质是低温对植物体造成的生理损伤。冷害一般指 0 ℃以上低温造成的伤害，有时甚至是 10 ℃左右的低温造成的伤害。不同蔬菜作物对低温的反应相差很大，因作物起源地及其所处的发育期而异。热带起源的蔬菜作物对低温冷害较为敏感，而温带起源的蔬菜作物则敏感程度小。通常情况下，0 ℃左右的低温足以使番茄、茄子、辣椒、马铃薯、黄瓜、南瓜、菜豆等蔬菜死亡，而-3 ℃ 以内的低温可使甘蓝、花椰菜、莴苣、芥菜、萝卜、洋葱、芜菁等蔬菜叶片焦枯，但植株不会被冻死。另一些蔬菜作物如韭菜和菠菜等，则耐寒性很强。番茄起源于热带地区，大多数栽培番茄品种在 8 ℃ 以下低温时出现明显的冷害症状，如果实不能转色等，长时间处于 6 ℃以下低温可使植株致死（Foolad 和 Lin，2000）。黄瓜是典型的冷敏型植物，通常 10～12 ℃以下生理活动失调，生长缓慢或停止发育，5 ℃以下难以生存。其冷害的主要症状有：叶面出现水渍状斑点、失绿、萎蔫和边缘坏死并轻微内卷，果实黄化、变软甚至腐烂，冷害发生严重时，叶片或植株死亡，造成黄瓜产量和品质下降（逯明辉等，2004）。

冷害对植物造成的伤害程度，除取决于低温外，还取决于低温维持时间的长短。受冷害后作物形态上常常无明显症状，不易发现。黄瓜、番茄等喜温蔬菜对地温要求较为严格，耐寒能力差，根系生长的最低温度是8～10℃，根毛发生的最低温度为6～8℃，当地温低于6～8℃时，根毛死亡，新的根毛不能发生。植物是靠根毛从土壤中吸收水分和养分的，根毛死亡就会断绝水分和养分的来源，使植物停止生长发育，甚至造成全株死亡。低温也会使植物的养分运输受到阻碍，内部组织变化。冷害还对植物生理活动有影响，如低温冷害会使叶绿素的形成受到抑制，光合作用降低，幼嫩叶片发生缺绿、白化或造成花青素增加，使植物由绿色变为紫色。植物体在低温条件下会使正常的代谢活动失去平衡，代谢过程中产生的有毒物质不能及时转化，在体内积累，使植物体受害。低温灾害主要表现是苗弱，植株生长迟缓、萎蔫、黄化、局部坏死，落花落果，坐果率低，畸形果增加，产量降低和品质下降等。

冻害是作物在越冬期间，因长期处于0℃以下低温而丧失生理活动，造成植株受害或死亡。冻害对植株的损伤程度取决于0℃以下低温的程度和持续时间的长短，直接表现为叶片乃至整个植株呈水渍状或果实上出现斑点，其原因是低温引起细胞膜透性损伤，导致细胞质外渗。

（二）高温伤害及其表现

高温是蔬菜生产中常见的逆境，对蔬菜产量和质量可产生严重影响，是造成夏秋之交蔬菜淡季的根本原因，在中国长江以南地区高温危害尤其严重。蔬菜在保护地生产过程中，在初秋和暖春季节也经常出现塑料棚、温室内高温危害。蔬菜在不能忍受的高温下也会引起不同程度的伤害，如热害、日灼等。

热害主要指过高的温度对蔬菜生长造成的损害，通常表现为叶片发育期明显缩短，叶片萎蔫和出现水渍状，产生坏死斑，叶色变褐、变黄，茎变细，节间变长。对于一些喜冷凉的叶菜类和结球白菜、结球甘蓝，高温可以使短缩茎伸长，植株结球不紧实，甚至不结球，从而使商品性降低或失去商品性。过高的温度还可以使叶绿体失活，叶片黄化，光合作用受抑制而呼吸作用激增，使植株处于“饥饿状态”，同时导致细胞结构松散，细胞膜透性增大，植物组织遭到破坏。高温还可能影响根系生长，严重者导致根系萎缩或停止生长，丧失在土壤中延伸和吸收水分养分的功能。高温对生殖生长也会产生影响，通常表现为花芽数减少，着花节位升高，花粉发育不良，畸形花粉增加，花粉存活率下降。例如黄瓜在花芽分化期出现高温危害，往往使黄瓜的雄花增多，雌花分化少、分化晚，第1雌花节位上升。番茄与辣椒在高温条件下花蕾变小，发育不良。高温还引起授粉受精不良或不能受精，尤其是茄果类蔬菜，当白天温度超过35℃、夜间温度在25℃以上，则会出现大量的落花落果。此外，高温易引起畸形果发生，果实着色不良。番茄红素形成最适宜温度为20～25℃，30℃条件下番茄红素形成缓慢，超过35℃，番茄红素很难形成。

强烈的太阳辐射也可以引起果实高温伤害，称为日灼。日灼使果实向阳面剧烈增温，灼伤果实表面，形成坏死斑。有夏季日灼和冬季日灼两种类型，夏季日灼是在高温干旱的天气条件下，由于水分供应不足，植株的蒸腾作用减弱，在灼热的阳光下，因向阳面剧烈增温而遭受伤害。冬季日灼是由隆冬或早春白天的强烈日辐射导致局部剧烈升温而引起的伤害。

（三）涝害和水分亏缺对蔬菜的危害及其表现

蔬菜是需水量较多的作物，几乎整个生育期对水分要求都比较高。长时间的缺水或水淹，都会对蔬菜的生长发育造成严重危害。

1. 水分亏缺伤害及其表现 土壤缺水或大气相对湿度过低对作物造成的伤害称旱害。蔬菜对水分的要求比大田作物要严格得多，水资源成为许多地区发展蔬菜生产的瓶颈。大多数蔬菜作物对缺水敏感，特别是采收之前的一段时间，几乎所有蔬菜作物对水分亏缺敏感，有的蔬菜如花椰菜全生育期均不能缺水，花椰菜缺水时生长量减少，容易出现先期抽薹。

干旱可造成植物体水分亏缺，水分亏缺伤害是由于长期无降水或降水显著偏少以及无灌溉或灌溉不足，导致蔬菜作物生长发育所需水分得不到满足，而对植株正常生长发育造成损伤的现象。通常表现为出苗不齐、生长滞缓、花芽分化异常、落花、落果，甚至植株萎蔫乃至死亡。水分亏缺按其成因可分为土壤干旱和大气干旱两种，土壤干旱就是土壤中水分不足，根系吸收不到足够的水分；大气干旱是土壤中虽有一定量的水分可供植物利用，但由于空气干燥，气温高，并在有风的情况下形成干热风，使植株蒸腾量加大，在根系吸水力不能适应时导致植株水分收支失调，影响或中断光合作用，破坏细胞透性，营养物质合成与运输受阻，甚至代谢紊乱，严重的体内蛋白质分解，有毒中间代谢物质积累过高，叶片萎蔫或变干，最终导致植株死亡。

2. 涝害及其表现　长时间水淹对蔬菜的生长发育会造成严重危害。当土壤水分过多，土壤的孔隙为水分所占据，空气被排挤出去，导致蔬菜的根系与空气隔绝，缺乏氧气，根的呼吸作用受到抑制，甚至窒息死亡。土壤中有大量的微生物，正常情况下微生物能分解土壤中的有机物，为蔬菜提供营养物质。土壤微生物在水淹缺氧时，不仅不能分解有机物，反而会产生有害的气体，如硫化氢（H_2S），对根系产生毒害，破坏根系的正常功能，丧失吸水能力，导致茎叶干枯死亡。番茄对淹水的危害极为敏感，土壤水分过多，地温下降，新根生长困难，影响地上部的生长。

（四）盐害及其表现

全球有各种盐碱地约 9.5 亿 hm^2，占全球陆地面积的 10%，广泛分布于 100 多个国家和地区。在灌溉农用地中，约 20%的面积受到盐碱的危害。中国盐渍土面积约为 1.3 亿 hm^2，分布于 16 个以上的省或自治区。土壤盐渍化给农业生产造成巨大损失，设施农业特别是设施蔬菜产业的迅猛发展使得土壤盐渍化问题日益突出，中国蔬菜保护地栽培面积已达到 150 万 hm^2，保护地栽培中次生盐渍化问题日益严重，给蔬菜的产量和品质带来不良影响。

多数蔬菜作物如番茄、辣椒、茄子、甘蓝、菜豆等对盐碱都很敏感，当土壤电导率超过 1 dS/m（1 dS/m=0.06% NaCl），就对菜豆生长有抑制作用，电导率每增加 1 dS/m，其产量将下降 19%（Shannon 和 Grieve，1999；Chinnusamy et al.，2005）。

盐渍危害是指蔬菜生长在含水溶性盐类较多（0.6%以上）的土壤上，造成生长不良，产量下降甚至死亡的现象。其主要原因是土壤含盐较多，土壤溶液的渗透压高于植物组织液的渗透压，使植物难以从土壤中吸收必需的水分和养分，造成植物体生理干旱；加之由于蒸腾作用，使植物体内盐分不断积累，对植物产生毒害，导致植物生长受抑。保护地生产年份较久的地块，易形成次生盐渍化土壤，有时出现大面积植株滞长，生长速度下降（叶片变小，植株变矮，有时叶片数量减少；根的生长量减少，根变短），落花落果，产量明显下降，施肥越多越干旱，危害越重。由于土壤盐分浓度过高，使根内的水分和养分向外渗透，地上部因得不到水分和养分的供应而停滞生长。在一定意义上讲，旱害和盐害同属渗透胁迫，而盐害还可引起离子毒害和必需元素的缺乏。盐害的表现还与空气相对湿度、温度、辐射和空气污染等状况有关。高浓度的 Na^+ 或 Cl^- 可导致蔬菜叶片形成“灼伤”的症状，在 Na^+/Ca^{2+} 较高时表现明显的缺钙症状。同时盐害还抑制根际微生物的生存，从而影响根系的生长，Na^+ 可干扰 K^+ 的正常功能，使得许多依赖 K^+ 的酶类不能正常工作。

二、蔬菜作物抗逆性遗传

（一）蔬菜作物抗逆性遗传

1. 抗冷性遗传　不同的研究者分别用不同的生理形态作为耐冷指标来研究蔬菜抗冷性的遗传，研究结果认为，蔬菜耐低温性状的遗传多属于数量性状遗传。

在种子发育能力方面，Sayed（1973）用品种发芽积温（VEB）为指标研究了番茄种子低温下的发芽能力，结果表明杂交种（F_1）的发芽积温基于双亲的中间值，并指出品种发芽积温是由多基因控制的，该指标的遗传力为25%。Maluf 等（1980）也证明了番茄种子低温发芽能力为多基因遗传。在低温坐果率方面，Daubeny（1961）曾调查了番茄品种和一代杂种在低温下的坐果率，一代杂种趋向于较高坐果率的亲本。Kemp（1965）报道，番茄早北品种在夜温 14 ℃以下的坐果率高于迈球品种，也高于这两个品种的 F_1 及与迈球回交的 BC_1P_2；在 F_2 与早北回交的 BC_1P_1 群体内，低坐果率与高坐果率之比约为 3∶1 和 1∶1，从而认为能在低温下坐果的能力是由一隐性基因控制的。Foolad 等（2001）分析了番茄耐低温品种和不耐低温品种的 F_1、F_2、F_3、BC_1P_1 和 BC_1P_2 后代的遗传情况，用苗期干重在冷处理和对照的比值作为耐冷指数。研究表明，冷处理后，所有材料耐冷指数均下降，但是耐低温品种耐冷指数远远高于对照品种，杂交和回交后代的耐冷指数表现为双亲中间值，该遗传变异主要由加性效应和加性×加性互作效应控制，没有显著的显性和上位效应。蔬菜作物的抗寒性多属多基因控制的数量性状。Werther（1985）曾报道，15 ℃低温下黄瓜发芽百分率的遗传力为 15%～20%。朱其杰等（1995）对黄瓜叶面积、全株干物重、冷害指数、低温发芽指数 4 个耐冷性状进行了遗传参数估计，结果表明，上述性状的广义遗传力均在 98%左右，可见黄瓜抗寒性主要由基因型决定，受环境影响很小。苗期叶面积、全株干物重、冷害指数的狭义遗传力约为 60%，加性基因效应在遗传效应中占相对较大的比重，而低温发芽指数狭义遗传力较低，仅 31%，显性效应占优势。

黄瓜的耐冷性以加性基因效应为主，但显性基因效应不容忽视。在耐冷×耐冷、冷敏×冷敏、耐冷×冷敏的组合中进行配合力分析表明，耐冷×耐冷组合中，各耐冷性状（叶面积、全株干重、冷害指数、低温发芽指数）的特殊配合力表现出较小的正效应值至负效应值，通过耐冷×耐冷组合提高杂交一代的耐冷性是有限的。冷敏×冷敏组合中，虽然各指标的特殊配合力表现出较大的正效应值，具有较强杂种优势，但其实际值未达到耐冷水平而对耐冷育种毫无意义。耐冷×冷敏组合中，多表现较大的特殊配合力正效应值，通过不同生态型的亲本配组可显著提高杂交一代的耐冷性，但应避免用冷敏型亲本回交。沈文云等（1995）发现，黄瓜耐冷组合的叶片电导值、丙二醛含量表现出超亲优势，不耐低温组合中无超亲优势。因此指出，虽然黄瓜 F_1 在一些生理特征上与母本有一定关系，但要获得具有超亲耐冷性的杂交种，双亲必须都有耐低温性。顾兴芳等（2002）以 6 份保护地黄瓜自交系为试材研究了黄瓜低温下相对发芽势、相对发芽率、相对发芽指数、相对胚根长度的遗传规律，认为控制黄瓜低温下相对发芽势、相对发芽指数、相对胚根长度这些性状的遗传符合加性-显性模型，以显性效应为主，各性状的广义遗传力为 98.1%、96.9%、8.6%，狭义遗传力分别为 24.0%、28.6%和 37.9%，控制各性状的显性基因可能为寡基因或寡基因组。而低温下相对发芽率的遗传不符合加性-显性模型，控制该性状显性基因的组数可能有 2 个，不存在上位作用。林多等（2001）对低温下黄瓜幼苗生长率的遗传研究表明，低温下幼苗生长表现为不完全显性，回交效应显著，正反交差异不显著，呈现核遗传，细胞质作用不显著，符合加性-显性遗传模型且加性效应更为重要，亲代和子代存在极显著的正相关。

严继勇等（1995）以低温致死温度为指标研究了青花菜的抗冻遗传规律，证明抗冻性呈数量性状遗传，符合加性-显性遗传模型，以加性效应为主，显性效应也有一定作用。并有相当部分组合的正反交特殊配合力效应值有显著差异，表明具有一定的母体效应。还有研究发现，紫菜薹的抗冻性与品种的熟性、总莲座叶数、株高、开展度呈极显著负相关（刘承伯等，1998），在选择抗寒材料时应予以考虑。

2. 耐弱光性遗传 李建吾等（2006）以 6 份黄瓜自交系为试材，采用完全双列杂交设计 Griffing Ⅱ配制了 21 个组合。对正常温度（25 ℃/15 ℃）弱光条件下黄瓜苗期几个生理指标做了配合力、遗传力和遗传分析的研究，其中包括过氧化物酶（POD）酶活、多酚氧化酶（PPO）酶活、丙二醛含量（MDA）、叶绿素 a/b 等 4 个指标。从遗传效应来看，MDA 含量和叶绿素 a/b 两个性状的广义遗传力较高，说明它们受环境的影响较小，基因型决定表现型的程度较大，能稳定地表达，可进行早期世代选择；它们的狭义遗传力均为0或接近0，说明这两个指标几乎不受加性基因效应的影响，非加性基因效应的控制是绝对的，只适于优势育种。PPO活性、POD活性广义遗传力均较低，说明受环境的影响较大，需进行高代选择；这两个指标的狭义遗传力为0或较低，只适于优势育种。李建吾等（2005）以6份黄瓜自交系为试材，采用完全双列杂交Griffing Ⅱ设计配制15个组合研究了弱光单一因子条件下黄瓜苗期光补偿点、净光合速率和夜间呼吸强度的配合力及遗传规律，将6个亲本分类并得到2个较耐弱光的杂交组合。结果表明，在25℃条件下，黄瓜苗期光补偿点的广义遗传力和狭义遗传力分别为71.75%和21.42%，净光合速率的广义遗传力和狭义遗传力分别为73.62%和0；20℃条件下夜间呼吸强度的广义遗传力和狭义遗传力分别为49.77%和20.59%。余纪柱等（2004）以6份黄瓜自交系为试材，采用完全双列杂交设计Griffing Ⅰ配制15个组合，亲本自交留种，研究了弱光下黄瓜苗期茎粗、下胚轴长、比下胚轴长、叶面积、比叶面积、子叶面积、地上部鲜重、全株干重等8个性状的遗传规律。只有下胚轴长和比下胚轴长这2个性状的遗传符合加性-显性遗传。所测8个性状的狭义遗传力均较低，其遗传以非加性效应为主。

毛秀杰等（2005）对番茄耐弱光性进行了研究，番茄耐弱光性以显性遗传和基因互作效应为主，存在部分加性遗传效应。

3. 耐热性遗传　关于蔬菜耐热性遗传的研究相对较少，从目前的研究来看，不同蔬菜作物的耐热性遗传方式不尽相同。亚洲蔬菜和发展中心（AVRDC）较早开展了结球白菜耐热育种研究，指出结球白菜耐热性属于简单遗传，由隐性单基因控制（Opena，1994）。而萝卜耐热性配合力测定结果表明，F_1的耐热性一般居双亲之间，部分组合耐热性呈不完全显性，也有的组合耐热性表现出超亲优势，可见萝卜耐热性属数量遗传，在遗传效应中，加性效应和显性效应均占有一定份额（陈火英，1994）。康俊根等（2003）的研究表明，甘蓝的耐热性状符合加性-显性-上位性遗传模型，以加性效应为主，兼有上位性效应，显性效应不显著，广义遗传力和狭义遗传力均较高。因此，在耐热育种中单纯利用杂种优势试图获得超亲优势来显著提高耐热性是不现实的，而应该注重耐热亲本的定向选择。

于拴仓等（2003）对黄瓜耐热性遗传进行了研究，黄瓜耐热性符合加性-显性模型，以加性效应为主，显性效应不显著，广义遗传力和狭义遗传力均较高。以3个耐热自交系P1（R1、R2、R5）和4个热敏自交系P2（R21、R25、R28、R29）按不完全双列杂交方法配制杂交组合，配合力分析表明：群体一般配合力方差与特殊配合力方差之比较高，群体广义遗传力和狭义遗传力亦较高，控制杂交组合耐热性的主要是一般配合力。

易金鑫等（2002）对茄子耐热性的遗传研究表明，茄子耐热性为不完全显性遗传，受两对以上基因控制，符合加性-显性模型，其中加性效应占更主要成分。

李景富等（2007）对番茄耐热性遗传进行分析，番茄耐热性符合加性-显性遗传模型，以加性效应为主，兼有显性效应，狭义、广义遗传力较高，热害指数、质膜透性和坐果率3个耐热性状的狭义遗传力分别为52.98%、53%和54.89%，广义遗传力分别为72.62%、68.61%和69.7%。一般配合力方差居主导地位，基因加性效应大于显性效应。

对于许多蔬菜作物，耐热性是一个综合性状，如番茄的耐热性，不仅涉及高温下植株生长的状况，还涉及高温对花芽分化的影响，对花药功能与花粉发育的影响，对花器结构和授粉受精的影响等。而不同品种、不同性状对高温反应也不尽相同。因此，要搞清耐热性的遗传方式需将有关性状结合起来加以研究，才能取得良好效果。

4. 抗旱性遗传　Леухов的研究表明，马铃薯抗旱性状是以基因加性作用为主的多基因遗传的性状。Link等（1999）以干旱条件下和正常条件下的产量比值为指标对蚕豆的抗旱遗传进行了研究。结果表明，不同基因型蚕豆抗旱性存在差别，蚕豆的抗旱遗传力为0.51～0.88，干旱条件下和正常条件下产量的相关系数为0.77～0.97，这些数据暗示通过遗传改良蚕豆的抗旱性是可行的。

Abdelmula 等（1999）同样以干旱条件下和正常条件下的产量比值为指标对蚕豆的抗旱遗传进行了研究。结果表明，干旱条件下和正常条件下的产量存在显著的超中优势，但是它们的比值并不存在超中优势。干旱条件下的产量杂种优势比正常条件下的产量杂种优势要高，双亲正常条件下的产量遗传力（0.86）要高于干旱条件下的产量遗传力（0.61）。然而，在 F_1 代，这两个性状的遗传力没有明显区别。抗旱性的双亲和子代遗传力分别为 0.48 和 0.70，抗旱性与产量呈负相关。

5. 耐盐性遗传 Foolad 和 Jones（1991）用番茄耐盐品种 PI174263 和盐敏感品种 UCT5 杂交，分别得到 F_1、F_2和回交一代群体，对这些群体的种子发芽情况进行遗传分析显示，对于胚没有显著的加性、显性和上位效应，胚乳呈现显著的加性效应，外种皮呈现显著的显性效应。变异组分分析显示加性效应是主要的因素，而且研究表明这个变异归属于盐胁迫条件下发芽力中胚乳的加性效应。同时研究显示，性状的耐盐性狭义遗传力比较高。

Saranga 等（1992）用番茄和野生潘那利番茄种间杂交的分离群体为材料进行遗传分析，用果实产量（TY）、总干物质重（TD）和盐胁迫条件下与正常条件下的总干物质重比值（RD）作指标进行耐盐性研究，并且检测了叶片和茎的钠、钾和氯离子浓度。其中，TY、TD 和 RD 的遗传力都为 0.3～0.45，这说明番茄耐盐性可以通过选择来改良。性状之间的遗传相关显示，高产可能和耐盐性相关，离子浓度不可能是耐盐性有效的选择标准；不同盐胁迫水平表现的遗传相关显示这些群体有着类似的耐盐机制。这些结果显示，番茄的耐盐性状可以通过选择来改良，这种改良应该基于盐胁迫条件下的干物质和产量参数。

（二）蔬菜作物抗逆性性状的 QTL 分析

控制数量性状的遗传位点被称为 QTL（数量性状位点）。近年来，QTL 分析已经成为遗传学的主要研究领域，现在 QTL 分析已经结合了基于变异、方差、协方差的统计学方法，越来越多的有显著效果的 QTL 标记将逐步被定位到染色体上，用于标记辅助选择。

1. 耐冷性 QTL 分析 Vallejos 等（1983）用栽培番茄做亲本和耐冷野生资源多毛番茄杂交后得到后代群体，用同位酶进行耐冷性的标记，以第 1 个叶原基的形成与第 2 个叶原基的形成之间的间隔期增长指数为指标，发现了 3 个同位酶 QTL 标记，其中 2 个正相关，1 个负相关，1 个标记 Pgi－1 和低温呈显著的正相关。

Foolad 等（1998）采用番茄不耐冷材料回交亲本 NC84173 与耐冷材料醋栗番茄 LA722 进行杂交，应用 RFLP 方法标记了番茄种子发芽期的抗冷性 QTL。每隔 8 h 观察番茄种子发芽情况，连续观察 28 d，计算种子的发芽率、存活率和发芽指数（每个材料从培养到发芽的平均天数）。该研究用了区间映射和单点分析两种 QTL 作图方法发现 QTLs。两种方法结果相同，找到紧密连锁的 QTLs（3～5 个）分别位于 1 号和 4 号染色体上，与醋栗番茄连锁的 QTLs 大都在 1 号染色体上，与不耐冷材料 NC84173 连锁的 QTLs 都在 4 号染色体上，个体 QTLs 的可解释表型变异百分比为 11.9%～33.4%。多位点分析显示，所有显著的 QTLs 的聚合作用占总的表型变异的 43.8%，两个与 QTL 紧密连锁的标记存在上位作用。

Truco 等（2000）对耐冷的多毛番茄（LA1778）与不耐冷的栽培番茄（T5）杂交得到的回交群体进行 RFLP 分析，以低温条件下芽萎蔫和铝吸收为指标进行遗传分析，芽萎蔫程度分别于根暴露在 4 ℃条件下后 2 h 和 6 h（恢复）时观察。根暴露在 4 ℃条件下 2 h 芽萎蔫，分别位于 5 号、6 号和 9 号染色体上的 3 个 QTL 被发现与其紧密连锁，其中 5 号和 9 号染色体的 QTL 与芽萎蔫呈负连锁，而与 6 号染色体的 QTL 呈正连锁。根暴露在 4 ℃条件下 6 h，群体根据表现型和遗传型共同分类，表现型以在 6 h 时芽萎蔫为标准，遗传型以找到的 QTLs 进行分类。在 6 号染色体上，发现 1 个与表现型 6 h 芽萎蔫、遗传型 5 号染色体芽萎蔫、遗传型 9 号染色体芽萎蔫紧密连锁的 QTL；而 7 号染色体上发现了 1 个与表现型 6 h 芽萎蔫以及遗传型 5 号染色体芽萎蔫连锁的 QTL；3 个 QTL 标记分析后发现，分别与一类群体连锁，1 号染色体上发现与 6 号染色体遗传型萎蔫的 QTL 标记，11 号和 12 号染色体上发现与 5 号染色体和 9 号染色体遗传型萎蔫的 QTL 标记。7 号和 12 号染色体的 QTL 标记有正效应，可以从萎蔫中恢复，而其他 QTL 标记都呈现负连锁。3 个性状被用于铝吸收的耐冷性的标记，即冷处理后的铝吸收、冷处理前的铝吸收、吸收的冷抑制（即冷处理前后的吸收率差），在 3 号染色体上的 1 个 QTL 标记与冷处理前的铝吸收紧密连锁，在 6 号染色体上的 1 个 QTL 标记与吸收的冷抑制紧密连锁。结果表明，冷处理的芽萎蔫和铝吸收被多个 QTL 标记控制。Liu 等（2002）通过筛选耐冷的多毛番茄 LA1777 为供体、低温敏感的栽培番茄 LA4024 为受体的渐渗系群体，发现 22 个渐渗系在低温处理后的表现优于受体亲本。

2. 耐热性 QTL 分析 郑晓鹰等（2002）通过耐热结球白菜材料和热敏感材料杂交获得重组自交系，然后应用同工酶、RAPD 和 AFLP 方法进行 QTL 定位，单因子变异分析显示，有 9 个 QTL 标记与耐热性紧密连锁，其中包括 5 个 AFLP 标记，3 个 RAPD 标记，1 个 PGM 同工酶标记，这些标记对耐热性的总遗传贡献率为 46.7%。其中 5 个标记在 1 个连锁群上，其余 4 个标记分别在不同的连锁群上。这样，9 个标记分别分布在 5 个不同的连锁群上。

于拴仓等（2003）应用 352 个标记位点的结球白菜 AFLP 和 RAPD 图谱，采用复合区间作图的方法对控制结球白菜耐热性的数量性状基因位点（QTL）进行定位和遗传效应研究。用苗期热害指数进行耐热性表型鉴定，共检测到 5 个耐热性 QTL 位点，分布于 3 个连锁群上。*ht-1*、*ht-3* 和 *ht-5* 表现为增效加性效应，*ht-2* 和 *ht-4* 表现为减效加性效应。*ht-2* 对结球白菜耐热性的遗传贡献率最大，其次是 *ht-5*。发现了与 5 个 QTL 紧密连锁的侧链分子标记，它们与 QTL 间的距离为 0.1～2.4 cM。这为大白菜耐热性分子标记辅助选择提供了理论基础。

Lin 等（2006）用番茄耐热材料 CL5915 与热敏感材料 L4422 杂交后得到重组自交系，以开花数、结果数、坐果率、单果重和产量为指标用 RAPD 方法进行分析。单果重、果实数、坐果率与产量存在显著的正相关。然而，产量与开花数没有显著的相关性。试验了 200 条 RAPD 引物，通过 BSA 方法发现有 14 个引物与耐热性有关。在得到的 22 个多态 RAPD 条带中，其中 9 个条带与耐热性正相关，13 个条带与热敏感性状正相关。研究用 4 个与高温条件下高结果数、高单果重和高产量性状相关的 RAPD 标记检测 100 个 F_2 单株，证实了这 4 个 RAPD 标记可以很好地用于耐热性的标记辅助选择，也证实了 CL5915 可以用于耐热育种中耐热性状的供体亲本。

许向阳、李景富等（2008）以番茄热敏感材料 01137 与耐热材料 CW2001A 杂交产生 256 个 F_2 单株为作图群体，应用 SSR 和 RAPD 分子标记技术筛选得到与耐热性相关的 1 个 SSR 标记和 1 个 RAPD 标记，其耐热性遗传的贡献率分别为 5.2%和 7.7%，利用单标记法在第 3 和第 7 连锁群上各检测到 1 个与耐热性相关的 QTL。利用筛选出的与番茄耐热性显著相关的 2 个分子标记对 43 份番茄耐热、热敏种质资源进行 SSR 和 RAPD 分析，将 43 份番茄种质资源分成两组，耐热组和热敏组的分组准确率分别为 93.3%和 96.5%。

3. 抗旱性 QTL 分析 Foolad 等（2003）用抗旱野生醋栗番茄与不抗旱番茄杂交得到 BC_1，以种子发芽率为指标进行研究，选择生长最快的种子（先发芽 3%）。选择的 30 个 BC_1 苗长至成熟，自交后得到 BC_1S_1 后代种子，对 BC_1S_1 后代家系选择 20 个干旱处理后检查发芽率，它们的平均表现优于没有选择处理的 BC_1S_1 群体。研究表明，干旱条件下抗旱性（以发芽率为指标）的遗传力为 0.47。用 RFLP 方法分析，发现了 4 个 QTL 标记，分别位于 1 号和 9 号染色体上，2 个 QTL 标记紧密连锁抗旱性，比另外 2 个位于 8 号和 12 号染色体上的 QTL 标记连锁（与不抗旱性状连锁）要紧密，这些结果显示抗旱性状（以发芽率为指标）是受遗传控制的，可以通过直接的表型选择和标记辅助育种来改良。

4. 耐弱光 QTL 分析 张海英等（2004）应用欧洲 8 号×秋棚获得的重组自交系群体为材料，以叶面积增长量为鉴定指标，在弱光条件下［光照强度 801 μmol/(m² · s)，光照时数（白天）8 h/

(夜) 16 h，温度（白天）25 ℃/（夜）18 ℃] 对黄瓜的耐弱光性状进行了研究。发现该 RIL 群体的双亲在弱光条件下的叶面积增长量存在明显差异。应用该群体构建的具有 234 个标记位点的连锁图对控制黄瓜耐弱光的数量性状基因（QTL）进行了研究。共定位了 5 个叶面积增长量的 QTL，每个 QTL 的贡献率为 7.3%～20.2% 。其中 1 个 QTL 显示正效加性效应，4 个 QTL 显示负效加性效应。

5. 耐盐性 QTL 分析 Foolad 等（2004）用耐盐野生材料潘那利番茄 LA716 和盐敏感材料 UCT5 杂交获得 F_2 群体，性状表现为 175 mmol/L NaCl ＋ 17.5 mmol/L $CaCl_2$ 水平下的发芽反应。发芽反应主要指连续 30 d，每隔 6 h 观察 1 次胚根萌发情况。用 16 个等位酶和 84 个 RFLP 标记进行检测，研究表明，耐盐性遗传是数量性状遗传，耐盐紧密连锁的 QTL 标记在 1 号、3 号、9 号和 12 号染色体上，而盐敏感紧密连锁的标记在 2 号、7 号、8 号染色体上，这个结果可以用于选育耐盐品种的标记辅助育种上。

Foolad 和 Jones（1993）用耐盐野生材料潘那利番茄 LA716 和盐敏感材料 UCT5 杂交获得 F_2 群体，性状表现为 150 mmol/L NaCl ＋ 15 mmol/L $CaCl_2$ 和 200 mmol/L NaCl ＋ 20 mmol/L $CaCl_2$ 两个水平下的发芽反应。研究用反应分布的两端个体作为材料，用 16 个等位酶进行了标记，它们分别位于 12 个番茄染色体中的 9 个上。3 个同位酶标记，1 号染色体上的 *Est-3*、3 号染色体上的 *Prx-7* 及 12 号染色体上的 6*Pgdh-2* 和 *Pgi-1* 呈现与耐盐性状显著正相关，而 8 号染色体上的 *Aps-2* 和 7 号染色体上的 *Got-2* 与耐盐性状显著负相关。

Zhang 等（2003）利用耐盐材料 LA722 和盐敏感材料 NC84173 杂交获得 F_9 重组自交系，用种子发芽时间（发芽率 50%的时间 SG）和盐胁迫下的植物存活率（VS）作为指标，研究采用了 129 个 RFLP 标记和 62 个 RGA 标记（抗性类似基因）。其中，用种子发芽时间做指标，发现了 9 个 QTL 标记；用盐胁迫下的植物存活率做指标，发现了 8 个 QTL 标记。说明在这两个指标中有着不同的耐盐生理和遗传机制，可以通过标记辅助育种来选育番茄耐盐品种。

Foolad 等（2003）利用在逆境（高盐、干旱、低温）条件下发芽快的醋栗番茄与在逆境条件下发芽慢的栽培番茄杂交获得 BC_1 和 BCS_1 后代群体，对这些后代群体的研究显示，这些逆境条件可能被一些相同基因控制，所以选育在某一逆境条件下发育良好的作物很可能在其他方面也能获得较好的选育结果。

三、抗逆性鉴定方法

（一）抗逆性鉴定方法

目前用于蔬菜抗逆性鉴定的方法有多种，归纳起来可分为直接鉴定和间接鉴定。

1. 直接鉴定 直接鉴定就是给予蔬菜作物逆境胁迫后，从植株的生长状况、受害程度、死苗率等方面直接鉴定其抗逆性。直接鉴定又可分为田间自然鉴定和人工模拟鉴定。

(1) 田间自然鉴定 是将供试材料直接种植于大田，以自然出现的逆境对作物进行胁迫，使作物充分表现其抗性，进而利用植株形态表现或产量对其抗逆性进行评估的方法。根据作物生长发育时期又可分为芽期鉴定、苗期鉴定和成株期鉴定等。在抗寒性、耐热性鉴定中，可利用季节、纬度、海拔等自然因素造成的温度差异，通过分期播种、异地播种的方法鉴定作物的抗逆性。这种鉴定方法简便，结果直观可靠，容易被育种工作者接受。但其对自然环境条件的依赖性强，由于自然逆境的出现不以人们的意志为转移，如是否出现低温、高温、干旱等不良气候以及其持续时间的长短往往是难以控制和预测的，因而试验条件具有一定的偶然性，结果重复性差，所需时间长，工作量大。

(2) 人工模拟鉴定 是将供试材料置于人工创造的逆境条件下，测定逆境对作物生长发育、生长过程或产量的影响，观察其生长及受害状况，进而对抗逆性进行鉴定和评价。这种方法不受自然气候条件的限制，具有快速准确、重复性高的特点，成为目前抗逆性研究和鉴定的重要方法。但由于人工模拟逆境条件需要一定的设备，费用较高，难以大批量进行，且对于多数蔬菜作物的全发育期进行抗逆性鉴定有一定难度。因此，一般多在苗期进行抗逆性鉴定，然后根据苗期抗逆性与成株期抗逆性的相关性，推测该材料的抗逆性。

2. 间接鉴定　间接鉴定是对供试材料进行室内分析鉴定，通过测定某些与抗逆性有关的解剖学、细胞学及生理生化方面的指标来反映蔬菜作物实际抗逆水平的方法。植物逆境生理及抗逆机理研究表明，植物的抗逆性与植物体的组织、细胞结构及代谢活动密切相关，逆境条件下某些指标的变化可以用来鉴定抗逆性。目前常用来作为抗逆性鉴定指标的有电解质渗透率、脯氨酸含量、叶绿素结构和叶绿素 a/b 的比例、呼吸强度、体内水分变化、K^+/Na^+的比例、过氧化物酶及超氧化物酶等各种酶活性、内源乙烯释放量的变化等。近年来，叶绿素荧光反应、电子自旋共振、低温显微技术等新技术、新方法的出现，也为快速、准确地鉴定抗逆性提供了新的有力手段。间接鉴定法能在较短时间内对大量供试材料进行测定，且宜于定量分析，特别适于大量材料的筛选。但目前间接鉴定技术尚不够成熟，某些指标的应用往往有着一定的局限性，如高温下叶片的黄化速度通常可以反映植物的耐热性，而罗少波（1997）则指出黄瓜高温胁迫下叶绿素含量的减少与品种的耐热性没有必然联系。所以，寻找能真实反映某些抗逆性较为成熟的鉴定指标是间接鉴定研究的重要任务。

在实际工作中，通常将直接鉴定和间接鉴定、人工鉴定和自然鉴定结合起来，一方面用人工模拟逆境条件进行直接鉴定（主要是苗期鉴定）和间接鉴定，达到快速鉴定和筛选的目的；另一方面结合田间自然逆境条件下作物抗逆性的表现，对蔬菜作物的抗逆性做出更切合实际的评价。同时，许多研究者还致力于研究不同抗逆指标的相关性及利用多项指标进行抗逆性综合评价，寻求客观、准确、快速、简便的鉴定作物抗逆性的方法。

（二）抗逆性鉴定指标

抗逆性包括多种抗性，而每一种指标可能涉及多个性状，遗传机制相当复杂，其抗性的表现与许多性状有关，因而抗逆性鉴定的指标很多。通常可分为形态指标、生理生化指标等。必须注意，由于抗逆性的复杂性，抗性的鉴定必须采用一定的群体，通过单株判断材料的抗逆性有时候是非常危险的，因此在抗逆性的遗传和抗逆 QTL 定位等研究中，通常需要创建一些高级群体，如重组自交系（RIL）群体、渐渗系（IL）群体等。同时，在鉴定时常需选用由多个相关指标组成的综合抗逆性鉴定指标来评价所鉴定的材料。

形态指标鉴定主要是对与抗逆性有关的植株形态和产量等直观性状进行鉴定，确定其指标大小与抗逆性强弱的关系，其中产量是最为重要的鉴定指标。但测定产量需要时间较长，产量形成过程中除了需要鉴定的逆境因素外，还要受栽培条件等诸多因素的影响，因而有时需要利用其他形态指标，如发达的根系必然使作物的吸水率提高，而使水分亏缺程度减缓，同时，也增强了营养元素的吸收能力，无疑也增强了抗寒、耐热等抗逆能力。低温或高温下叶面积大小、叶片数等不仅与光合作用有关，而且与蒸腾系数也有关，而在逆境下叶片的生长速度或干物质含量也可以反映作物的抗逆能力，可作为抗寒（耐热）指标。叶面积相对较小，叶面有茸毛或表皮有蜡质层，气孔较少或较小，能降低蒸腾速率，可以减少水分散失，因而常作为抗旱性指标。在白菜等作物上，通常采用株型直立、梗长、叶小、生长迅速、叶色较深、叶片较厚，以及栅栏组织占叶厚的比例较大等指标作为耐热性鉴定的形态指标（曹寿椿等，1981）。也可以根据逆境条件下受害植株的多少及受害症状的严重程度，计算出冷害、旱害、盐渍、水涝等逆境胁迫下蔬菜的受害指数来鉴定其抗逆性。受害指数低，则该材料的抗逆性强。值得注意的是，不同种类的蔬菜，在不同类型的逆境下所表现的受害症状和受害程度是不同的，要根据实际情况确定合理的分级标准，才能使受害指数的计算准确、客观。生理生化指标方面，用于鉴定抗逆性的生理生化指标众多，如渗透调节能力（包括脯氨酸、羟脯氨酸、无机离子含量等)、膜透性变化(电导率)、膜组分差异(如不饱和脂肪酸比例等)、膜保护酶系统活性(包括过氧化物酶、过氧化氢酶、超氧化物歧化酶、谷胱甘肽还原酶等)、光合作用强弱、呼吸作用强弱、碳水化合物含量变化、水分生理(包括萎蔫系数、蒸腾系数、失水速度、抗脱水性、自由水、束缚水等)以及抗逆致死强度(包括致死低温、致死高温、低温致死时间、高温致死时间等)和逆境后恢复能力(包括恢复能力、恢复系数等)等。鉴定不同抗逆性所选指标差异较大,必须有针对性地选用。

1. 耐低温性评价鉴定 随着中国早春露地以及北方冬春保护地蔬菜种植面积的不断增加,低温危害已经成为制约蔬菜生产的一个重要因素。因此,耐低温性已经成为当今蔬菜品种选育的一个重要育种目标。如何建立有效、准确的耐低温评价体系来鉴定筛选蔬菜种质资源以及选育耐低温蔬菜新品种成为广大育种工作者研究的主要方向之一。目前,已对番茄、辣椒、茄子、黄瓜、苦瓜、结球白菜等许多蔬菜作物耐低温的鉴定方法进行了大量研究,对番茄、黄瓜等主要蔬菜作物已经提出一些低温综合评价鉴定的方法,并且国内已经利用这些鉴定方法筛选和培育了一批优良的耐低温蔬菜种质资源和新品种。

进行耐冷性选育的关键是采用准确、可靠、快速的耐冷性鉴定方法和鉴定指标。蔬菜作物耐冷性常用鉴定方法主要有以下几种:

(1)耐低温形态指标鉴定法 是指在低温逆境条件下对蔬菜种质资源不同发育时期、不同部位受害程度进行观察、鉴定的一种方法,具有直观、简便、准确等特点,被广泛用于各种蔬菜种质资源耐低温鉴定。

① 种子低温发芽鉴定。用低温胁迫条件下的种子发芽情况评价耐冷性是一种简便、可靠的方法。王富和李景富(1999)认为,番茄种子萌发期的低温鉴定指标是15 ℃条件下种子发芽指数(G_i)。公式如下:

$$G_i = \sum \frac{G_t}{D_t}$$

式中:G_t 为在时间 t 日的发芽数;D_t 为相应的发芽天数。

朱龙英等(1998)用低温处理后的番茄种子相对发芽势来鉴定番茄不同品种的耐低温性能。温度控制在(13±1)℃下进行发芽试验,以(27±1)℃的常温条件下发芽试验为对照,以胚根伸出种皮1~2 mm为准,逐日统计发芽粒数,计算低温处理和常温对照的发芽势,并按下列公式计算相对发芽势。

$$相对发芽势=\frac{低温处理的发芽势}{常温(对照)的发芽势}\times 100\%$$

赵福宽等(2001)用种子发芽期胚根生长的抑制度鉴定番茄抗冷性。方法是当种子在室温下发芽胚根长度达5 mm左右时,将正在发芽的种子置于3 ℃冰箱内低温胁迫处理3 d,然后测量胚根长度,并与未经低温处理的对照的胚根长度相比较,计算出胚根生长抑制度。

$$胚根生长抑制度=\frac{室温发芽平均胚根长-低温处理平均胚根长}{室温发芽平均胚根长}\times 100\%$$

于拴仓等(2003)用(25±0.5)℃和(15±0.5)℃处理黄瓜种子,每24 h调查1次发芽数,第8 d测定胚根及下胚轴长度,计算发芽率、发芽指数、活力指数及其相对值,其中活力指数=发芽指数×S(S=胚根长+下胚轴长,单位为cm)。

② 冷害指数鉴定。冷害指数是耐冷鉴定中最常用的方法之一,可以对鉴定材料进行较准确的评价。公式如下:

$$冷害指数=\frac{\sum(每个级别的植株数\times 级别数)}{总植株数\times 最高级别数}$$

抗冷指数为冷害指数的倒数。将待鉴定的材料的抗冷指数与抗寒和不抗寒的对照进行比较,做出相应的评价。

不同的蔬菜作物有不同的分级标准和处理时期。王孝宣等以 4 叶 1 心期番茄材料为试材，研究番茄的冷害指数，分级标准为：

0 级　叶片正常，未受冷害；

1 级　仅少数叶片边缘有轻度的皱缩萎蔫；

2 级　半数以下的叶片萎蔫死亡，但主茎未死，恢复常温后能长出新叶；

3 级　半数以上的叶片萎蔫死亡；

4 级　植株全部死亡。

查丁石等（2005）以 5～6 片真叶期茄子材料为试材，研究茄子的冷害指数，分级标准为：

0 级　秧苗生长正常，无任何受冻症状；

1 级　秧苗 1～2 叶受冻，受冻面积占 20%～30%；

2 级　秧苗 2～4 叶受冻，其中 1～2 叶受冻面积>50%；

3 级　秧苗 4～5 叶受冻，其中 2～3 叶受冻面积>50%；

4 级　秧苗各叶片普遍受冻，其中 3～4 叶受冻面积>50%；

5 级　全株受冻死亡或接近死亡。

张峰等（2003）以 2～3 片真叶期黄瓜材料为试材，研究黄瓜的冷害指数，分级标准为：

0 级　子叶、真叶完好，无明显冷害症状；

1 级　子叶下垂、发黄；真叶轻微反卷；

3 级　子叶下垂、出现坏死斑；真叶严重反卷、变厚；

5 级　全株严重萎蔫、死亡。

③ 其他形态指标鉴定。王孝宣等（1996）认为，低温（8 ℃和 12 ℃）下番茄花粉的发芽率、花粉管伸长速度及坐果率均与品种耐寒性呈显著的正相关。毛爱军等（2001）认为，耐低温甜椒材料与不耐低温甜椒材料的株高、节间长、落叶数和叶片数这 4 项指标的变化均达到显著差异。姜亦巍等（1996）研究表明，耐低温甜（辣）椒品种不出现伤害症状和落叶现象，叶片生长速度快。

虽然形态指标鉴定法具有直观、简便、准确等特点，但还存在筛选压力难确定，分级标准不统一等缺点。因此，在进行形态指标鉴定的同时，还要辅助进行逆境条件下生理生化方法的鉴定，对种质资源进行综合评定，提高鉴定的准确性。

（2）耐低温生理生化指标鉴定法

① 电解质外渗率和不饱和脂肪酸含量测定法。低温引起细胞膜结构的破坏是导致作物寒害的根本原因，测定低温胁迫下膜结构的变化，可以鉴定不同材料的耐低温性。

利用电导率法测定低温胁迫后作物组织的电解质渗透率是目前鉴定植物耐冷性最常用的方法之一。在低温胁迫下，膜的生物物理化学状态发生变化，膜脂组成和透性发生变化，这会导致植物脂膜选择透性的改变或丧失，而膜透性的增加与外渗电导率呈正相关。因此，膜透性的测定可作为作物抗寒性研究中的一个生理指标。王富等（2000）认为，相对电导率可以作为番茄快速、准确的抗冷性鉴定指标。

大量研究结果显示，膜系统中磷脂及脂肪酸的不饱和性与细胞抗冷性关系密切。实验证实，抗冷性植物一般具有较高的膜脂不饱和度，可在较低温度下保持流动性，维持正常的生理生化功能过程。王孝宣等（1997）报道，随着处理温度下降，番茄苗期的饱和脂肪酸棕榈酸（C16：0）与硬脂酸（C18：0）之和减少，不饱和脂肪酸油酸（C18：1）、亚油酸（C18：2）和亚麻酸（C18：3）总量增加。在 8 ℃处理下，饱和脂肪酸含量与番茄的耐寒性呈显著负相关，不饱和脂肪酸含量、不饱和脂肪酸与饱和脂肪酸之比及脂肪酸不饱和指数均与番茄耐寒性呈显著正相关。

② 根系活力测定法。耐寒性不同的黄瓜品种，其根系对低温胁迫的适应能力不同。一定低温条件下的幼苗根系活力大小可作为判断幼苗受害程度和黄瓜品种间抗寒能力的参考指标。王克安等

（2000）选用耐低温弱光能力不同的 3 个黄瓜品种进行低温处理。结果表明，温度对黄瓜幼苗根系活力影响很大。昼夜温度低于 24 ℃/10 ℃时，根系活力受到抑制；温度低于 16 ℃/6 ℃，根系活力下降 30%～60%。侯锋的实验表明，根系活力随黄瓜耐冷性的减弱而减弱，而且与冷害指数有很好的相关性。Tachibana 也发现温度低于 17.2 ℃时，黄瓜对水分与矿质营养的吸收和运转均会受到抑制。

③ 可溶性糖、游离脯氨酸含量测定法。植物在低温条件下，可溶性糖、脯氨酸等渗透调节物质的大量积累，被认为是植物体对低温胁迫的适应性反应。脯氨酸、可溶性糖在细胞质中大量积累，不仅保持了蛋白质的水合度，防止原生质脱水，而且还起到了平衡细胞质与液泡间的渗透势等多种作用，降低质膜受冻害的程度，从而增强了植物对冻害的适应能力。许多实验表明，脯氨酸、可溶性糖和可溶性蛋白质参与调控抗冷力的形成。

可溶性糖是冷害条件下细胞内的保护物质，其含量与多数植物的耐冷性成正相关。当植物处于低温条件下时，低温诱导了水解酶的活性，使淀粉的分解加速，从而增加了可溶性糖含量，而可溶性糖含量的增加对提高细胞液浓度、增强细胞液的流动性和维持细胞膜在低温下的正常功能方面有着重要的作用。因此，在大多数情况下低温处理后植物体内可溶性糖含量与植物的耐冷性有密切的关系。在番茄品种耐寒性的比较中也证实了低温下番茄品种的可溶性糖含量与品种的耐冷性成正相关（Chen et al.，1983）。

脯氨酸是一种无毒的中性物质，溶解度高。植物在正常条件下，游离脯氨酸含量很低，但遇到干旱、低温、盐碱等逆境时，游离脯氨酸便会大量积累，使植物具有一定的抗性和自我保护作用。它能维持细胞结构、细胞运输和调节渗透压。另外，脯氨酸积累还起到了降低蛋白质水解产生的有害游离脯氨酸的毒害，贮存氮素和碳架的作用，并且其积累指数与植物的抗逆性有关。因此，脯氨酸可作为植物抗逆性的一项生化指标。

④ 蛋白质含量测定法。低温冷害引起细胞蛋白质变化主要表现在可溶性蛋白的变化、酶类的变化及产生抗冷蛋白。一般认为，可溶性蛋白含量与耐冷性呈正相关。随着组织内可溶性蛋白含量的增加，植物的抗寒性也随着增强。黄瓜的耐寒性与其蛋白质合成系统的运行正常有关，而冷敏感型品种的许多蛋白质合成系统则受到抑制，表现为蛋白质的亚基种类少和含量低。高守云（1988）在黄瓜上发现不同抗寒型品种间蛋白质的合成系统有显著的差异，经 SDS－PAGE 电泳，抗寒性不同的黄瓜品种显示出不同的蛋白质条带。

⑤ ABA 脱落酸含量测定法。植物激素，特别是 ABA，是抗冷基因表达的启动因素，对植物抗冷力的调控起着重要作用。植物在低温冷驯化期间，ABA 的含量增加并伴随有冷驯化诱导蛋白（cold acclimation－induced protein，CAIP）的合成，同样在常温下这种冷驯化诱导蛋白也可被 ABA 诱导合成。王孝宣等（1998）在番茄品种耐冷性比较中也发现，ABA 与番茄的耐冷性关系密切，低温诱导了 ABA 的合成，使抗冷基因得到表达，从而提高了耐冷性，且 ABA 含量与番茄品种的耐冷性呈正相关。

⑥ Ca^{2+} 分布变化测定法。越来越多的证据表明，细胞内 Ca^{2+} 在植物对环境逆境的反应中起着重要作用，这一方面是由于 Ca^{2+} 能够维持细胞膜的稳定性和完整性，另一方面是 Ca^{2+} 在细胞内具有传导外界信号的第一信使的特殊功能。富江丽等（2000）采用焦锑酸沉淀的电镜细胞化学方法研究了低温胁迫与冷驯化下不同耐冷性番茄品种幼叶细胞 Ca^{2+} 定位分布的变化。结果表明，正常生长条件下，番茄幼叶细胞内 Ca^{2+} 主要存在于液泡和细胞间隙内，细胞质中含量很低，且耐冷性不同的品种间无明显差异。经 5 ℃低温处理 24 h 后，耐冷品种细胞内 Ca^{2+} 分布变化明显，胞内钙库（即液泡）释放 Ca^{2+} 进入细胞质，细胞间隙内仍有大量 Ca^{2+} 存在，而冷敏感品种无明显变化。当处理 48 h 后，耐冷品种细胞 Ca^{2+} 分布趋向于恢复到处理前的状态。而冷敏感品种则在细胞内形成较大的钙颗粒沉淀，多分布于叶绿体被膜与质膜内侧，细胞间隙内 Ca^{2+} 也集中聚集成团。18 ℃（昼）/8 ℃（夜）条件下的冷驯化对不同耐冷性番茄幼叶细胞内 Ca^{2+} 分布的影响也表现不同。因此，用低温胁迫下不同番茄

品种幼叶细胞内 Ca^{2+} 分布变化的差异作为番茄品种耐低温的鉴定指标是可行的。

⑦ 叶绿体及叶绿素荧光参数的研究。叶绿体对低温的敏感性较强，是光合作用对低温反应敏感的原因之一。研究表明，低温冷害对叶绿体的损伤一是扰乱叶绿素合成系统的功能，二是使叶绿体功能紊乱。低温影响叶绿素含量是由于叶绿素的生物合成过程绝大部分都有酶参与，温度影响酶活性，也就影响叶绿素的合成。Brooking（1973）指出，在出现可见伤害之前叶片已经发生了明显的超微结构的变化，如叶绿体变形、膜系统受破坏。黄瓜在昼夜 5 ℃/5 ℃的低温处理后，幼苗叶片明显黄化、萎蔫，超微结构严重受损。低温胁迫对叶绿体中光合过程的影响是通过酶的作用来实现的，其中包括与膜系统结构有关系的酶类。低温和光对植物光合器官的膜损伤与保护酶 SOD 活性的降低及低温胁迫引起植物组织膜脂过氧化产物 MDA 的积累有关。Van Hasselt（1980）指出，有光条件下的低温对黄瓜叶绿体膜系统的损伤比黑暗中更严重，这是由于光氧化作用引起了叶绿体膜系统的降解。温度对叶绿体功能影响的准确部位和过程目前尚不十分清楚，有报道根据低温下叶绿体荧光减弱现象分析，电子传递链中光反应系统Ⅱ是低温损伤的可能部位。王以柔（1990）发现低温处理引起 MDA 含量增加，叶绿体超微结构发生了不同程度破坏，叶绿素含量下降。有些研究则揭示，低温对叶绿体功能的损伤不仅局限于光反应过程，同时对暗反应亦有显著影响。总之，低温胁迫对叶绿体光合过程的影响是通过其对酶的作用来实现的，而非低温胁迫下叶绿体结构和功能并未变到伤害，而是由于叶片光合产物不能及时运转，造成光合反应反馈抑制，致使光合效率下降。

用叶绿素荧光法鉴定植物耐冷性是个快速而简捷的方法，它有着坚实的理论基础支撑。Papageorgion（1975）报道了叶绿素荧光测定技术后，Smillie 和 Hetherington 等将此法应用于黄瓜、玉米、马铃薯等作物的耐冷性鉴定获得成功。胡文海和喻景权（2001）指出，在番茄弱光低温处理中［温度 5 ℃、10 ℃和光强 60 μmol/(m^2·s)］，10 ℃处理对光系统Ⅱ F_v/F_m 并无显著影响，光系统Ⅱ光合电子传递效率 PSⅡ在处理后期有下降并能迅速恢复；5 ℃处理下 F_v/F_m 和 PSⅡ均随处理时间的延长而降低，且恢复 4 d 后才回升至对照水平。樊治成等（1999）在西葫芦上的研究结果表明，与 20 ℃处理相比，5 ℃处理下西葫芦幼苗电解质渗漏率和气孔阻力增大，光合效率和 F_v/F_m 下降。低温胁迫后，电解质渗漏率的增加量与冷害指数呈极显著正相关，光合速率及其恢复能力和 F_v/F_m 及其恢复指数水平与冷害指数呈极显著负相关，因此可以作为西葫芦品系耐冷性指标。

⑧ SOD、POD、CAT 的活性及 MDA 的含量测定法。植株的 SOD、POD、CAT 等的活性及 MDA 含量与植物膜质过氧化有关，在低温逆境条件下对其活性及含量进行测定可用作抗逆筛选指标。

SOD（超氧化物歧化酶）可以催化 O_2^- 发生歧化反应生成 H_2O_2 和 O_2，低温能增加植物体内活性氧含量，降低 SOD 活性，加强膜脂过氧化作用。在 0 ℃、黑暗条件下贮藏 3 d 的番茄叶片中没有检测到 SOD 活性，在－3～4 ℃下黄瓜子叶 SOD 活性下降 11.57％～21.65％，低温下 SOD 活性下降与植物品种本身抗寒性强弱呈负相关。

大多数人认为 POD（过氧化物酶）作为膜脂过氧化防御系统的组成部分，能够在逆境胁迫过程中清除植物体内的 H_2O_2，维持体内活性氧代谢平衡，保护膜结构，从而使植物能在一定程度上忍耐、减缓或抵抗逆境胁迫。戴金平等（1991）指出，黄瓜幼苗在低温胁迫中保持高的过氧化物酶活性，从而避免了幼苗伤害。马德华（1997）研究了低温对黄瓜幼苗膜脂过氧化的影响，结果表明，低温下细胞的膜脂过氧化程度明显加剧，丙二醛（MDA）含量显著增加，POD 活性上升，过氧化氢酶（CAT）活性明显下降，MDA 含量与黄瓜幼苗耐低温能力呈极显著负相关，POD 和 CAT 活性与黄瓜幼苗耐寒性分别呈正相关和显著正相关。

CAT 能够在低温处理过程中清除植物体内的 H_2O_2，维持体内活性氧代谢平衡，保护膜结构，从而使植物能在一定程度上忍耐、减缓或抵抗低温胁迫。庞金安和马德华（1997）在黄瓜幼苗上的研究结果表明，经低温处理后，各品种 CAT 活性均明显降低，其中耐寒性品种活性降低较少，活性较强，而耐寒性弱的品种活性降低较多。

MDA 是膜脂过氧化的主要产物之一，MDA 含量的上升与膜透性的增加呈显著的正相关，其积累是活性氧毒害作用的表现。通常 MDA 作为膜脂过氧化的指标，用以表示细胞膜脂过氧化程度和植物对逆境条件反应的强弱。黄瓜在低温处理过程中 MDA 含量明显增加，随着低温处理时间延长和冷害发展，膜脂过氧化加剧，MDA 积累。邹志荣和陆帼一（1996）对两种耐冷性不同的辣椒品种幼苗在低温胁迫下的质膜透性、MDA 含量和保护膜活性进行了比较研究，结果表明，随着温度降低，两个品种质膜透性和 MDA 含量增加，CAT 活性降低，SOD 和 POD 活性增高。Liu 等（2012）的研究表明，耐低温番茄材料在低温胁迫下叶片积累的 MDA 明显低于低温敏感的番茄材料。

⑨ 耐寒性鉴定的其他指标。叶绿素 a/b 值、表观光合速率及呼吸速率与植物的抗冷性有关。易金鑫等（2002）认为，茄子在 4 叶期时随处理温度的降低，叶绿素 a/b 值降低，叶绿素 a/b 值与冷害指数呈显著负相关。侯锋等认为，低温处理后黄瓜幼苗叶绿素 a/b 值随品种抗冷性减弱而增加，即与品种抗冷性呈负相关。朱其杰等认为，黄瓜品种抗冷性越强，其表观光合速率越高，呼吸强度也越大。因此，冷胁迫下表观光合速率和呼吸速率均可作为黄瓜抗冷性的鉴定指标。

机体对膜脂过氧化有两套防御系统：一类是酶促防御系统，除了 SOD、POD、CAT 之外，还有谷胱甘肽还原酶（GSH－R）系统、抗坏血酸过氧化物酶（ASA－POD）系统，它们都可以有效地清除 H_2O_2、O_2^-、COOH 等活性氧，并有终止自由基连锁反应的作用；另一类是非酶防御系统，维生素 A、维生素 C、辅酶 Q、硒、巯基化合物（GSH）等。植物细胞中含有大量的维生素 C 和 GSH，它在 NADPH/GSH/V_C 循环中能清除 H_2O_2 和 O_2^-。朱世东（1991）用低温（2±1)℃处理番茄和辣椒幼苗后发现，在处理的最初 12 d 内，维生素 C 和 GSH 含量均有一定幅度升高，并认为这可能是一种适应性反应。其后，随着低温处理时间延长，维生素 C 和 GSH 含量逐渐降低，这表明当低温超过一定范围时，番茄和辣椒幼苗的自由基系统受到破坏。实验表明，维生素 C 和 GSH 含量的降低与膜脂过氧化产物 MDA 含量的增加呈负相关。当用外源维生素 C 和 GSH 等对番茄、辣椒幼苗进行预处理后，发现维生素 C 和 GSH 能明显抑制低温引起的 MDA 增加。在黄瓜幼苗上的试验表明，低温对 GSH 含量的影响与低温胁迫程度有关，温度越低，GSH 含量越低。当 GSH 含量随温度胁迫程度增加而降低时，MDA 含量增高，二者之间呈显著负相关。这表明在幼苗低温伤害中，膜脂过氧化的加剧与 GSH 含量的降低有关，GSH 在防御膜脂过氧化上起着一定的保护作用。对维生素 C 的研究结果和 GSH 相似。刘鸿先和曾韶西（1985）的研究表明，在低温加剧膜脂过氧化的过程中，随着低温处理时间的延长，维生素 C、硫氢基（SH）和 GSH 含量逐渐降低，维生素 C 和 GSH 含量的降低与膜脂过氧化产物 MDA 含量的增加呈负相关。另外，王孝宣等（1997）研究了低温对苗期、开花期不同耐寒番茄品种的过氧化物酶、酯酶和超氧化物歧化酶的同工酶谱带的影响，结果表明，POD、酯酶对低温的敏感程度比 SOD 要高。低温引起有关酶类数量和活性的改变除前述外，在有些植物中还观察到磷酸同工酶组成的变化，淀粉酶和乳酸脱氢酶的活性变化；蔗糖合成酶、NAD^+-苹果酸脱氨酶，以及多种其他酶的量变。

2. 耐弱光性评价鉴定 设施蔬菜栽培面积的迅速增加，对冬春栽培番茄、黄瓜、辣椒、茄子等蔬菜品种的耐弱光性提出了一定的要求。目前，还没选育出适合设施，尤其是日光温室生产的理想专用品种，也没有找到一个衡量番茄、黄瓜、辣椒、茄子对弱光耐性较为可靠的鉴定指标，只能根据形态与生理对其进行综合评价。适宜的选择压力的确定是耐弱光品种筛选的关键，耐弱光鉴定利用黑色遮阳网，模拟弱光条件，遮光率为 6.4%～63%，也可在光温可调控的人工气候室或培养箱中进行。Voican（1909）采用 3 000 lx，9 h/d 及 18 ℃(昼)/12 ℃(夜）来模拟冬季条件。Primak－Ap（1988）将 6 000 lx 作为番茄低光照的标准。姜亦巍等（1996）通过对 8 个青椒品种在不同低温弱光条件下的冷害发生发展规律研究，初步确定 15 ℃(昼)/5 ℃(夜)，光照强度 4 000 lx，光照时间8 h，处理 15 d，是青椒低温弱光品种适宜的选择压力。

国内外对弱光下蔬菜的形态和生理特性做了某些探索性研究，主要集中在番茄、黄瓜、辣椒、茄子等果菜类蔬菜上。下面列出番茄、黄瓜、辣椒、茄子等几种蔬菜耐弱光相关性较大的形态指标和生理生化指标，它们对植株产量有重要影响。

（1）耐弱光植株形态指标鉴定

① 弱光下相对株高和茎粗比。弱光下果菜类蔬菜的株高增长，平均节间增长。侯兴亮和李景富（2003）选取不同的番茄品种，在不同生育期（苗期和开花坐果期）进行 3 种不同遮光度（100%自然光照、55%自然光照、25%自然光照）的处理，对番茄弱光条件下形态变化进行研究。结果表明番茄植株苗期弱光表现为徒长趋势，比叶重（SLW）和叶面积比（LAR）上升。提出苗期的耐弱光材料筛选指标是相对株高与茎粗比及相对叶绿素 a/b 值，两者拟合出一个回归方程来计算耐弱光指数并制定分级标准，以此来衡量品种的耐弱光性。上述指标与相对产量呈显著相关，可作为鉴定耐弱光性的直接可靠指标，相对株高与茎粗比值与相对可溶性蛋白含量可用作开花坐果期耐弱光性的鉴定指标，并建立如下回归方程。

苗期耐弱光回归方程：

$$y=-6.7029x_1-0.0550$$

$$y=-0.7173x_2-0.0869$$

$$y=-0.596x_1-0.303x_2-0.015$$

式中：x_1 为相对株高茎粗比值；x_2 为相对叶绿素 b/a 值；y 为耐弱光指数。

开花坐果期耐弱光回归方程：

$$y=-0.221x_1+1.104$$

$$y=-0.524x_2-0.1757$$

式中：x_1 为相对株高茎粗比值；x_2 为相对叶绿素 b/a 值；y 为耐弱光指数。

② 测定叶面积和株高相对变化量鉴定耐弱光性。选择已知耐弱光性较强（如番茄 Caruso、中杂 9 号等品种）和较差（如番茄中蔬 6 号等）的品种为对照，与待鉴定的材料同期在正常光照条件下用营养钵播种育苗，每个材料（包括对照材料）不少于 30 株。第 1 片真叶展开后，每个材料选择整齐、均匀的幼苗，分为两组，每组 10 株。一组仍然于正常光照下作为对照，另一组用黑色遮阳网进行遮光处理，对照和处理区的所有材料按完全随机排列。对照和处理应安排在同一设施内，以保证对照和处理的温度一致。在第 1 花序花蕾明显可见时，调查每株的株高和叶面积。根据调查的数据计算每个材料在遮光条件下叶面积、株高与正常光照条件下的相对变化量（%）。

$$相对变化量=\frac{遮光处理的数值-正常光照的数值}{正常光照的数值}\times 100\%$$

将待鉴定材料的叶面积、株高的相对变化量与耐弱光的对照进行比较。

③ 测定弱光条件下比叶面积（SLA）。比叶面积用来表示叶片的厚薄程度，叶片厚度与光合强度有一定的正相关，但较厚的叶片无论生长还是呼吸消耗都较大，势必造成光合面积的相应减少。弱光下 SLA 值高意味着植株叶片较薄且面积较大，其光能利用率与相对生长率（RGR）也较高，这样对保护地栽培更会有利一些。

（2）耐弱光生理生化指标鉴定

① 测定弱光条件下光补偿点与光饱和点。一般较低的光补偿点与光饱和点总是耐阴植物的重要特征，利用它来鉴定番茄材料的耐弱光程度准确度较高，是公认的指标。但是两者常随外界环境条件的变化而发生波动，可比性较差，在实际应用中有一定难度。

② 测定弱光条件下叶绿素含量与叶绿素 a/b 值。叶绿素在光合作用中具吸收光能的作用，其含量直接影响光合作用的强弱。在弱光胁迫下，植株叶片叶绿素 a、b 含量均上升，a/b 值下降。叶绿素相对含量高、a/b 值低的番茄材料应较为耐阴。朱龙英等（1998）研究结果也表明，如果弱光下叶

绿素含量相对增加较多，则该品种可能较为耐阴，但并不是越高越好，不应超过一定的限度（约 20 mg/dm^2）。沈文云等（1995）研究结果表明，较耐弱光的黄瓜品种在弱光处理后，叶绿体、线粒体等细胞器的破坏较小，不耐低温的黄瓜品种在弱光处理条件下叶绿体、线粒体超微结构破坏较大。王兴银等（1999）研究表明，冬季苗期在日光温室内进行处理后，叶绿素 a、叶绿素 b 和叶绿素（a+b）含量均上升，叶绿素 a/b 值下降。马德华等（1998）研究表明，在弱光处理黄瓜苗期的过程中，最终造成叶绿素 a/b 值下降。眭晓蕾等（2005）研究表明，随着光照强度的减弱，多个品种的叶绿素 a、叶绿素 b 和叶绿素（a+b）的含量表现出增加的趋势，而叶绿素 a/b 值下降，叶绿素 a 蛋白质复合体（CPI）含量降低，捕光叶绿素 a/b 蛋白复合体（LHCP）含量显著升高，这可能与增强对光能的捕获和提高有限光利用的能力有关，是植物对逆境适应的结果。这与王绍辉等（1998）在生姜上、易金鑫等（2002）在茄子上所得结果一致。

③ 净光合速率。净光合速率在弱光下变化较小，则植株耐弱光性强。光照强度对植株的光合作用影响显著，弱光条件下，植株的净光合速率下降，下降的幅度除了受诸如温度、CO_2 浓度、相对湿度等因素的影响外，还同作物品种间的耐弱光能力有很大关系，耐弱光能力强的品种光合速率降低幅度小。马德华（1994）对黄瓜进行了研究，发现弱光处理后，黄瓜幼苗光合速率有所下降，而且随着处理时间延长、处理强度加大，不耐弱光品种的光合速率下降的幅度明显增加。别之龙等（1998）在辣椒的研究中也发现，弱光处理不仅降低了光合速率，也减慢了光合产物的运输速度。郭泳等（1998）研究表明，番茄在光照强度小于 195 μmol/(m^2 · s) 时，其光合速率会随着光照强度的增加呈直线上升。王绍辉等对生姜的研究表明，遮阴降低了到达叶片的光量子通量密度，降低了叶温，气孔限制值增加，气孔导度下降，胞间 CO_2 浓度降低，光合速率下降。眭晓蕾等（2005）研究表明，70%光强下，甜椒的净光合速率最高，夜间的呼吸降低。随着光强的减弱，甜椒的光补偿点降低，而且弱光处理后 4 个品种的夜间呼吸速率均有不同程度的下降。王永健（1998）研究认为，在 15 ℃的偏低温度条件下，耐低温弱光的保护地黄瓜品种的光补偿点明显低于不耐低温弱光的代表品种。

④ 测定二磷酸核酮糖（RuBP）羧化酶活性。RuBP 羧化酶是光合作用 CO_2 固定的重要的酶类，其活性的大小直接关系到植物耐弱光程度的强弱。Brüggemann（1995）发现低温弱光下生长的番茄，RuBP 羧化酶的活性有下降趋势，不同种以及同种不同光照强度下栽培的植物 RuBP 羧化酶的活性与光合作用曲线相似。

除此之外，还包括净同化率、呼吸速率、坐果率等一些受光照强度影响较大的指标。每种植物或材料都有一定的光适应范围，高光强下表现不良的植株不一定在弱光环境中也表现不良。所以，在利用这些指标鉴定番茄、黄瓜、辣椒、茄子等材料耐弱光性时，只有在弱光条件下同时测定它们的绝对与相对值，并综合评价，才较为可靠。吴晓雷等（1997）采用模糊隶属法，用多项指标对品种的耐阴性进行了综合评价，效果较好，结果较为可靠。

⑤ 观察弱光下果菜类蔬菜叶绿体超微结构变化。沈文云（1995）报道，弱光下耐弱光黄瓜品种叶片栅栏组织细胞变得松散，基粒片层稀疏，基质片层排列方向改变，内质网、线粒体和高尔基体发育正常；而不耐弱光的黄瓜品种叶片栅栏组织细胞变短，叶绿体变小、变少，排列紊乱，方向不规则，叶绿体发育不良，内质网肿囊解体。侯兴亮和李景富（2002）报道，利用齐研矮粉和中杂 9 号两个番茄品种为试材，采用黑网（25%自然光）和白网（55%自然光）弱光处理，以自然光（100%）为对照，对弱光条件下番茄叶片显微结构与叶绿体超显微结构进行观察分析，发现弱光条件对番茄叶片叶绿体超显微结构有明显影响。弱光不但使叶片的叶绿体含量改变，而且也明显影响叶片叶绿体的显微与超显微结构，包括叶片厚度，细胞与叶绿体的大小、形状、分布，叶绿体的基粒、类囊体、脂质小球等的大小和分布在弱光条件下都有明显变化。

弱光下番茄叶片与叶绿体超显微结构发生明显变化。各品种的叶片栅栏组织细胞狭长，形状不规则，发育良好，排列规则且紧密；海绵组织空隙大，细胞无固定形状，且随着遮光程度的加重而趋于紊乱。自然光下各品种叶片细胞叶绿体均匀分布，数量较多；淀粉粒一般达 3～5 个，颗粒饱满；基粒与片层发育正常。其中齐研矮粉栅栏组织细胞叶绿体基粒 8～10 个，层数不多，脂球 5 个左右。中杂 9 号栅栏组织细胞叶绿体 11 个基粒，不厚，3～5 个脂球，2～3 个淀粉粒；海绵组织细胞叶绿体基粒较多，达 14 个，2～5 个脂质小球，1～3 个淀粉粒。白网处理下（55%自然光），各品种叶片栅栏组织与海绵组织细胞叶绿体较狭长，发育不完全，数目略有减少，且有部分堆积现象；基粒普遍增厚，堆叠较密，数目较对照增多或大体一致，有的片层排列略有紊乱；淀粉粒一般为 1～3 个，不饱满，脂质小球数目增加。其中齐研矮粉栅栏组织细胞叶绿体部分散布于细胞内，挤压液泡，1～2 个淀粉粒，个体小，基粒厚度增加，但个数增加不明显；海绵组织细胞叶绿体数明显减少，1～3 个淀粉粒，较饱满，2～5 个脂球，片层薄厚不均。黑网处理下（25%自然光），各品种与对照相比主要表现为细胞叶绿体发育不良，形状细小，数目明显减少，尤其是海绵组织细胞，在细胞内分布不均，个别堆积现象严重；叶绿体基粒呈明显增厚趋势，但数目与对照相比大体一致或略有降低，有些基粒片层肿囊解体，基质片层排列方向紊乱，也有一些比较正常，它们常表现为片层堆叠致密，即比基粒片层数增加；叶绿体内淀粉粒瘪小，数目显著降低，一般为 1 个，但脂质小球数目有增加趋势。

3. 耐热评价鉴定方法　耐热性材料的筛选是耐热育种的首要工作，研究和建立有效可靠的蔬菜耐热性鉴定方法，对于蔬菜耐热育种具有重要意义。目前，我国学者探索出一些针对不同蔬菜作物进行耐热性鉴定的方法，如在结球白菜、菜豆、生菜、萝卜、番茄、黄瓜、甘蓝、辣椒等作物上初步提出一些鉴定方法，并选育出一些优良的耐热品种。

（1）*耐热性形态指标鉴定*　形态指标鉴定法是利用田间自然高温条件下的植株形态和产量等进行直观性状鉴定。如重点调查番茄不同品种田间自然高温条件下坐果率、果实商品性状、产量、单果种子数等性状指标鉴定番茄品种的耐热性，从而进行耐热品种或材料的筛选。刘进生等（1994）利用此法对引自美国的 156 个番茄品种进行研究，筛选出 Flora 544、Heize 6035 和 Ohio 823 等耐热品种。康俊根（2002）于夏季日光温室采用 40 ℃高温对甘蓝 6 个品种进行耐热性鉴定，调查甘蓝品种耐热性差异。罗少波等（1996）利用田间自然鉴定法对结球白菜耐热性进行研究，选用野崎 1 号、城杂 5 号等 10 个品种。经过两年夏季高温期鉴定，结果表明：品种间生长势、结球性存在明显的差异。株型小的早熟品种 62 和卷龙高温下结球率较高，耐热性强；株型大、中晚熟的品种野崎 1 号、城杂 5 号、83 - 2、小杂 55 不能结球，说明耐热性弱；早皇白、夏播 50 日、早熟 5 号的结球率中等，认为耐热性中等。统计分析表明，高温结球率在品种间存在极显著差异。因此，高温结球性可作为结球白菜耐热性指标。胡志辉（2002）利用夏季田间自然鉴定法对 9 个辣椒品种耐热性进行鉴定，调查这些品种在高温胁迫后的外观形态表现，如生长滞歇、叶果脱色、落花落果、畸形果等，根据症状出现时间的早晚和严重程度进行评分，以 5 次评分的平均值来鉴定品种耐热性的强弱。以上利用田间自然鉴定方法，虽然可靠但耗时费工，一般要经过 2～3 年以上重复或多点试验，并且品种重复所观察的样本数不能太小。

（2）*耐热性生理生化指标鉴定方法*　耐热性生理生化指标鉴定法是利用各种蔬菜作物在高温逆境条件下的生理生化指标评价鉴定其耐热性的方法。此法能在较短时间内对大量供试材料进行测定，且结果易定量分析，也比较可靠，但需要一定的仪器和试验场地。

用于鉴定耐热性的生理生化指标众多，如渗透调节能力（包括各种氨基酸等）、膜透性变化（电导率）、膜保护酶系统活性（包括过氧化物酶、过氧化氢酶、超氧化物歧化酶），以及致死高温、高温致死时间等。

① 种子发芽指数测定和活力指数测定。种子活力不仅反映种子的发芽能力，还可以反映发芽后的生长势，因而逆境下的种子活力也不失为衡量蔬菜抗逆性的良好指标，其中以活力指数最能反映种子的活力水平。

$$\text{活力指数}（VI）=\text{发芽指数}（G_i）\times\text{幼苗生长势}（S）$$

种子发芽指数测定方法同本节耐低温性评价鉴定方法。测定幼苗生长势（胚根、胚轴长度或干重、鲜重）则以玻璃板垂直发芽法较为简便。现以测定种子在高温下的生长势为例，介绍具体测定方法：取2张略小于玻璃板的滤纸，用铅笔画线，浸湿，取其中1张铺于玻璃板上，用镊子将种子在线上排列整齐。取另一张滤纸覆盖并赶走其中气泡，将玻璃板插入盛水数厘米深的容器中，置于光照培养箱中进行高温培养数日后，取出测定发芽数及胚根、胚轴长度或幼苗高度。

② 质膜透性变化率（电导率）测定。细胞质膜热稳定性是反映作物耐热性的一个重要指标。植物经逆境胁迫细胞膜受损，质膜透性增加，而电解质外渗的多少与质膜损伤程度有关。因此，可以利用逆境胁迫后植物组织的电解质渗透率作为鉴定植物材料抗逆性的指标。该指标广泛应用于蔬菜作物的耐热性鉴定工作。

电解质渗透率通常用电导仪测定，其原理是高温胁迫伤害细胞膜，改变膜透性，使电解质外渗量增加，电解质浓度随之增加，电导率升高。电导率越高，表明胞膜损伤越严重，也即抗逆性越差。具体测定方法是：取待测定样本的叶片，用打孔器取一定直径的圆片若干个或称取一定量的子叶、胚根置于试管中，用去离子水冲洗2次，再加入一定量的去离子水，在特定的逆境中处理一定时间，振荡后测定溶液的电导率（EC）。或先将待测定样本进行胁迫处理，然后取一定量的叶片等组织，加去离子水后测定溶液电导率（EC_1），再将装有样品的试管置于高温下（100 ℃，10 min），使膜结构完全破坏，测定膜结构完全破坏时的电导率（EC_2），然后按下列公式计算电解质渗透率。

$$\text{电解质渗透率}=\frac{EC_1}{EC_2}\times 100\%$$

利用电解质渗透率鉴定抗逆性，关键是要确定适宜的胁迫程度和时间。另外，根据处理温度或时间和细胞膜伤害率列出方程，求出该方程出现拐点时间值或温度值，用该拐点的时间值或温度值作为植物组织的高温半致死时间或半致死温度的估计值（宋洪元，1998）。

③ 游离氨基酸含量测定。植物在逆境条件下，游离氨基酸含量的积累将会提高植物对逆境的忍耐力或适应能力。高温下，番茄叶片中游离氨基酸含量增加，番茄花粉中的脯氨酸含量与高温下花粉的萌发能力呈正相关。脯氨酸（Pro）含量测定采用酸性茚三酮比色法（徐同，1983）。

④ 丙二醛（MDA）含量测定。植物器官在逆境条件下遭受伤害时，往往发生膜脂过氧化作用，而产生丙二醛（MDA），其含量高低常用来说明过氧化作用的程度。

常温下各品种的丙二醛含量较为接近，随着处理温度的升高品种间丙二醛含量的差异也逐渐加大，与常温处理相比，温度越高，增幅越大，并且增幅大小与品种耐热性有一定联系，耐热性强的品种较耐热性差的品种增幅小。因此高温胁迫后丙二醛含量可作为耐热性鉴定指标。丙二醛（MDA）含量测定采用硫代巴比妥酸（TBA）法（汤章诚，1999）。

⑤ 超氧化物歧化酶（SOD）活性测定。SOD是一切需氧有机体中普遍存在的一种酶，许多研究证实，SOD能消除超氧化物自由基，控制膜的过氧化水平，在减轻膜的伤害上起保护作用。

⑥ 植物组织活力测定。这种方法的原理是氯化三苯基四氮唑（TTC）可以渗入活细胞，与细胞内的$NADPH_2$或$NADH_2$发生氧化还原反应，将无色TTC还原成红色的三苯基甲臜（TPF），再用乙醇提取色素，通过分光光度计测定其OD值。OD值越高表明植物组织的活力越强，而逆境胁迫的植物组织的活力则是植物抗逆性的体现。

⑦ 光合速率测定。逆境胁迫对植物的重要影响之一就是使其光合作用受阻，因此逆境下的光合速率也是测定抗逆性的重要指标。

沈征言等（1993）测定了不同基因型菜豆的光合速率，指出热胁迫后的光合速率及解除热胁迫后光合作用的恢复速率均能反映品种的耐热性。耐热品种热胁迫的光合速率下降幅度小，而解除胁迫后光合速率迅速回升。其测定方法是对展开复叶的菜豆幼苗进行24 h热胁迫处理（昼温/夜温：37 ℃/35 ℃；光照：12 h），与常温下生长的对照同时测定叶片的光合速率，然后在常温下恢复24 h，再次测定光合速率，每次处理测定 10 株。这种方法虽然需要特定的仪器设备，但方法简单、快捷，适宜大量材料耐热性的快速鉴定。

⑧ 配子体生活力测定。对于以果实为产品的作物，配子体抗（耐）胁迫的能力也是品种抗逆性的重要组成部分，其中最常用的是在高温胁迫下的花粉生活力。测定花粉生活力的方法有 TTC 染色法和花粉发芽法。

4. 耐旱性评价鉴定方法

（1）*蔬菜耐旱性的形态鉴定法*

① 耐旱指数鉴定法。吴晓花等（2008）利用耐旱指数对不同长豇豆品种进行耐旱性鉴定。具体方法为：待长豇豆植株第 1 片三出复叶平展，第 2 片三出复叶刚露出时进行处理，处理植株每盆每次浇水 200 mL，每 2 d 浇水 1 次。对照均为正常浇水栽培。分别于浇水处理后 6 d 和 12 d 调查各品种（系）的旱害症状。

旱害分 5 级标准：

0 级　植株真叶正常；

1 级　植株真叶轻度发黄；

2 级　植株真叶重度发黄；

3 级　植株子叶掉落；

4 级　植株死亡。

旱害指数（*DI*）依据下列公式计算：

$$DI=\frac{\sum S_i n_i}{5N}\times 100$$

式中：S_i 为旱害级别；n_i 为相应级别株数或平均单株表现症状的叶片数；i 为旱害分级的各个级别；N 为调查总株数。

$DI<5$ 为抗旱；$5\leqslant DI<10$ 为一般；$DI\geqslant 10$ 为不耐旱。

② 聚乙二醇（PEG）模拟干旱胁迫鉴定耐旱性。PEG 是一种较为理想的渗透调节剂，通过 PEG 诱导植物干旱胁迫探究耐旱机制报道很多，许多研究者认为用 PEG 模拟植物干旱逆境是可行的。

张余洋等（2009）通过 PEG 模拟干旱胁迫对新疆 14 个主要加工番茄品种进行萌芽期和幼苗期耐旱性鉴定。在 PEG 半致死浓度（11.4%）下，对加工番茄发芽率、发芽势、发芽指数、胚根长度、幼苗鲜重、幼苗干重等指标进行聚类分析和差异比较。结果表明，不同基因型加工番茄品种的耐旱性能具有较大差异。加工番茄萌发能力参数聚类分析和幼苗生长指标差异分析结果较为一致，在加工番茄萌芽期和幼苗期可对其耐旱性进行快速鉴定。

③ 极度干旱法鉴定耐旱性。张丽英等（2008）以不同番茄品种（系）为材料，采用极度干旱过程中遮阳和不遮阳的处理方法对其进行耐旱性筛选，以确定有效、易行的番茄苗期耐旱性鉴定评价方法。经过比较分析，发现苗期以营养钵栽植，施以极度干旱处理并在强光照天气采取遮阳措施是番茄抗旱性鉴定较为有效的方法，通过此方法从 139 份番茄材料中筛选出 24 份耐旱性强的材料，59 份耐旱材料。

（2）*蔬菜耐旱性的生理生化鉴定法*　孙涌栋等（2008）以津优 1 号和春四黄瓜为试验材料，研究了不同程度水分胁迫对黄瓜幼苗生理生化指标的影响。结果显示，随着水分胁迫程度的增大，2 个黄瓜品种幼苗的叶绿素 a、叶绿素 b 和叶绿素（a+b）含量逐渐下降，相对电导率、丙二醛含量、可溶性糖含量、脯氨酸含量以及 SOD 活性都随着水分胁迫程度的增大呈明显上升趋势，通过隶属函数法评定津优 1 号黄瓜品种较耐旱。

张玉霞等（2004）用聚乙二醇（PEG_{6000}）胁迫芦笋幼苗，检测幼苗的渗透调节物质含量、生物膜透性、抗氧化特性。结果表明，脯氨酸、可溶性糖含量随着处理时间的延长显著增加，且以 20%

的 PEG 浓度处理增加最明显；SOD、POD、CAT 活性在 PEG 处理后也明显增强，但不同浓度处理之间差异不显著；相对电导率随着处理浓度的增大和时间的延长而增大；MDA 含量随着处理时间的延长明显增加，且以 10%和 20%浓度处理增加显著。

刘遵春等（2008）以 3 个结球白菜品种（新早 56、新乡小包、北京小杂）为试材，采用田间模拟试验的方法，研究了结球白菜在水分胁迫下光合特性和抗旱性的关系。结果表明，随着土壤水分胁迫程度的增加，3 个结球白菜品种的叶片光合速率（P_n）、蒸腾速率（T_r）、气孔导度（G_s）均逐渐下降，利用隶属函数法对 3 个品种的耐旱能力进行综合评价，其耐旱能力为：新早 56＞新乡小包＞北京小杂。

5. 耐盐性评价鉴定方法 建立准确、快捷的蔬菜耐盐性鉴定和筛选体系，用于筛选耐盐蔬菜种质资源是蔬菜耐盐育种的关键。目前，国内外科技工作者已经对番茄、结球白菜、黄瓜等重要蔬菜耐盐性鉴定方法做了研究，这些方法主要包括直接鉴定方法和间接鉴定方法。

种子萌发期和幼苗期是大多数作物全生育期中对盐胁迫最为敏感的时期，因此，当前在蔬菜耐盐性直接鉴定方法研究中主要是在种子萌发期和幼苗期进行盐分胁迫，筛选出耐盐性鉴定指标和标准，建立耐盐性筛选技术体系。种子萌发期是作物生育期中对盐胁迫最为敏感的时期之一，许多研究都表明种子萌发期耐盐性可以反映出该品种其他时期的耐盐性，而且由于其具有鉴定方法简单易行、周期短等优点，因此成为当前作物耐盐性鉴定的主要时期。

在蔬菜作物种子萌发期耐盐性鉴定方法中主要有 2 个关键点：第 1 个关键点是确定耐盐性鉴定的 NaCl 浓度；第 2 个关键点是确定耐盐性鉴定指标和耐盐评价体系。耐盐性鉴定的指标很多，通常可以分为形态指标、生理生化指标等。另外，还可以利用细胞学标记、生化标记、分子标记进行鉴定。应该注意的是，由于耐盐机理的复杂性，在鉴定时需选用由多个相关指标组成的综合耐盐鉴定指标来评价所鉴定的材料。

（1）耐盐性形态指标鉴定 形态指标主要是根据与耐盐性有关的植株形态和产量等直观性状的表现，确定其指标大小和耐盐性强弱的关系。在种子发芽期和幼苗期形态建成阶段对盐胁迫有不同的反应，可以确定合适的盐浓度进行筛选。

发芽期鉴定常用的指标有发芽势、发芽率、相对发芽率、发芽指数、相对发芽指数、萌发活力指数、相对萌发活力指数、盐害指数等，也有用芽长、芽鲜重、芽干重等指标的。Ouyang 等（2007）研究发现，耐盐番茄 LA2711 与盐敏感的中蔬 5 号番茄在 100 mmol/L 盐胁迫时发芽势和发芽率差异都很明显。发达的根系有利于提高作物的吸水效率，减轻盐分胁迫程度，同时增强矿质养分的吸收能力和降低体内盐离子含量。另外，入土深而且分布面积广，利于避开盐层，吸收深层土壤的水分和养分。因此，常用的鉴定指标还有根系的干重、鲜重、根长、根的相对增长量、平均侧根数等。

蔬菜作物其他苗期耐盐性直接鉴定指标还有株高、茎粗、干物质量、根系与地上部干鲜比等。李晓芬等（2008）对辣椒幼苗株高、茎粗、茎叶鲜重和干重、根体积、根鲜重和干重、比叶重以及发芽期、发芽势、相对胚根长、相对发芽指数等进行多元统计分析，从而对辣椒品种进行耐盐性评价。刘翔等（2001）认为 100～150 mmol/L NaCl 胁迫下，植株的株高、茎粗、干物质量、根系与地上部干鲜比可以作为鉴别番茄耐盐性强弱的指标。

此外，叶面积大小、叶片数等不仅与光合作用有关，而且与蒸腾系数大小有关，叶肉质化、叶面茸毛、表皮蜡质、气孔的大小和多少也与水分的蒸腾有关，这些都可使植物体内的盐浓度相对降低，达到稀释的效果，减少细胞中盐离子浓度对植物的毒害作用。所以，盐胁迫下叶肉质化程度、叶面积或叶干物重的增长量、叶形、叶柄长短或有无、气孔的密度和大小、蜡质的厚薄等是常用的鉴定指标。在盐胁迫下，株型、株高、单果重、果数、产量等是易受盐害影响的性状，也可作为耐盐性鉴定的指标。总之，在盐胁迫条件下易受影响而又在材料间存在差异的有关的植株形态性状，经等级确定之后，均可作为耐盐性的直接形态鉴定指标。

（2）耐盐性生理生化指标鉴定 耐盐性间接鉴定法主要是根据一些与作物耐盐性相关的生理生化指标的变化判断植物耐盐性。由于植物的耐盐机理尚未清楚，目前对植物耐盐性尚无统一的生理生化鉴定指标，所以这种鉴定结果一般只作为参考，但也有人认为生理生化指标是一种更为直接可信的耐盐鉴定指标。

蔬菜作物耐盐性鉴定生理生化指标主要有渗透调节物质（无机盐离子、脯氨酸含量、可溶性糖含量、多胺和甜菜碱等)、叶绿素及光合作用、细胞膜透性与丙二醛（MDA）含量、抗氧化酶（SOD、POD、CAT 等）活性、呼吸作用以及激素水平等。盐胁迫下植物组织中 Na^+ 和 K^+ 含量以及 K^+/Na^+ 值能较好地反映植物的耐盐性，耐盐材料一般能够维持叶片较高的 K^+/Na^+ 值（Ouyang 等，2007）。

费伟等（2005）对番茄品种的耐盐性与其幼苗叶片中脯氨酸、可溶性糖、丙二醛含量及 SOD、POD 活性的关系进行了研究，结果表明，盐胁迫下番茄幼苗叶片中脯氨酸、可溶性糖、丙二醛含量明显增加，SOD 活性明显下降，POD 活性上升。吴能表等（2006）研究了 NaCl 胁迫对豌豆幼苗生理生化指标的动态影响，认为脯氨酸可以作为逆境伤害的指标。王冉等（2005）研究表明，在 300 mmol/L 和 500 mmol/L的 NaCl 条件下，白籽南瓜各个器官中的 Na^+/K^+、Na^+/Ca^{2+} 和 Na^+/Mg^{2+} 值显著高于黑籽南瓜，这表明盐胁迫下黑籽南瓜幼苗耐盐能力更强。Santa－Cruz 等（2002）研究发现，NaCl 胁迫下，番茄盐敏感品种和耐盐品种叶片中多胺总量都下降，其中腐胺和亚精胺含量下降，耐盐品种的精胺含量却有所上升。张恩平等（2007）报道，NaCl 胁迫下不同黄瓜品种幼苗子叶膜脂过氧化程度明显加剧，丙二醛含量显著增加，耐盐性强的品种膜脂过氧化程度明显低于耐盐性弱的品种。

四、抗逆育种方法与途径

近 20 年来，中国蔬菜育种者广泛搜集和引进抗逆性种质资源，利用系统选育、杂交育种、杂种优势及生物技术育种等方法，选育出大量具有抗寒、耐旱、耐热等抗逆性的蔬菜品种，在保证蔬菜稳产、高产和反季节供应方面发挥了重要作用。

（一）抗逆性种质资源的搜集

抗逆性种质资源是抗逆育种的物质基础，因而进行抗逆育种要从抗逆性资源的搜集和创新入手。抗逆性是植物对不良环境长期适应的结果，搜集抗逆性资源首先要到相应的生态环境中去寻找，如到高纬度地区搜集抗寒材料、在高温生态区搜集耐热品种，往往会取得良好的效果。在中国，耐寒性强的育种材料则以华北及东北地区的蔬菜种类和品种为主，长江中下游地区冬季栽培的白菜、萝卜也多有耐寒的品种。而耐热性强的蔬菜品种主要分布在长江中下游地区，特别是华南地区。东北农业大学番茄研究所从亚洲蔬菜研究中心搜集（引进）了 15 份耐热番茄育种材料，为番茄耐热育种提供了资源。

（二）系统选育和杂交育种

抗逆性选种常常结合种质资源的抗逆性鉴定，即使在同一品种内，不同个体间抗逆性也存在着差异，通过特定胁迫条件下的定向选择，就可以明显提高抗逆性。长江中下游地区夏季炎热，萝卜难以正常生长，并且受病毒病危害，严重影响萝卜的产量和品质。汪隆植等（1990）通过系统选育的方法，从醉仙桃萝卜选育自交系，经 6 代自交选育出耐热、抗病毒病萝卜新品种优抗。彭文上等（1998）对从国内外引种的 41 份芹菜种质资源进行了 4 年的高温选择，获得了上选耐热 1 号、上选耐热 2 号、上选耐热 3 号、上选耐热 4 号等 4 个耐热品种，高温季节栽培产量分别比对照增加 94％～151％。

抗逆性强的蔬菜种质资源有时会存在一些不良性状，如品质较差、产量低等，单纯利用引种和选种的方法往往难以取得突破性进展。因此，在多数情况，要利用杂交育种的方法，以抗逆资源为原始材料，通过杂交实现基因重组，选育出综合性状符合育种目标的抗逆品种（品系）。结球白菜是一种喜温、怕热、不抗寒的作物，形成紧实叶球的适宜温度为 15～20 ℃，对温度要求的特点是生长前期需较高温度，后期结球则要求较低温度，因而，不适于热带和亚热带种植。为了培育适于这些地区种植的耐热结球白菜品种，亚洲蔬菜研究中心自 1972 年以来，开展了以耐热为主要目标的育种研究工作。Opena 等（1994）以叶球用双手扣压不塌陷为耐热标准，搜集了多种多样的耐热品种资源，采用耐热品种与生态类型不同的热敏、叶球大、抗病性强的冬性品种杂交，通过混合选择和轮回选择的途径育成了一批耐热、抗病、高产的结球白菜新品系。

蔬菜野生种质资源往往比栽培种有较强的抗逆性，是抗逆育种的重要原始材料。育种工作者常常利用与栽培种亲缘关系较近的野生种与栽培种进行远缘杂交，选育抗逆品种或获得育种材料。Saranga 等（1992）采用普通番茄与野生番茄潘那利杂交（M82-1-8×*L. pennellii*716），通过回交［M82-1-8×（M82-1-8×*L. pennellii*716)］，并根据盐逆境处理下植株干物质和产量的高低指标进行选择，结果表明能够改良番茄的耐盐性并获得高产。

（三）杂种优势利用

利用杂种优势是抗逆育种的一条重要途径。陈英等（1994）用 45 ℃半致死时间（min）和热害后恢复能力（%）进行配合力测定，不同品种虽然有差异，但 F_1 的耐热性平均强于亲本，有的组合是超显性组合，可见耐热性育种以优势育种为主。曹寿椿等（1981）、朱月林等（1989）分别选育的普通结球白菜一代杂种矮杂 1 号和矮杂 3 号具有十分明显的耐高温、抗暴雨的性能。韩泰利等（1998）选育的结球白菜新组合潍白 1 号的抗性、早熟、丰产优势明显，在中国南方地区 4～9 月均可栽培。马德华等（1997）育成的露地黄瓜一代杂种津绿 4 号在 40 ℃高温下处理 2 d 尚无明显受害症状，表现出极强的耐热能力，且丰产性好、抗病性好。即使有些抗逆性状本身并无杂种优势，但利用优势育种可以改善综合性状。如结球白菜耐热性是由一对隐性基因控制的，本身并无杂种优势可言，亚洲蔬菜研究中心在进行耐热结球白菜选育的初期，采用混合选择和轮回选择的途径来提高单球重，一直进展不快。而 Opena 等（1994）通过杂交育成耐热、高产、抗病品系，再用选育出的耐热自交系作亲本配制一代杂种，不仅保持了耐热性，而且在单球重、总产量、结球率等方面都超过了当地对照品种。

（四）应用生物技术进行抗逆育种

传统的育种方法是以现有的抗逆资源为基础来开展抗逆育种工作，或直接利用现有资源中具有抗逆性的群体和个体，或通过有性杂交实现抗逆基因的重组。随着现代生物技术，尤其是近年来分子生物学技术的迅速发展，越来越多的研究者开始注重应用生物技术进行抗逆育种材料创新和抗逆品种选育。其中包括体细胞突变体离体筛选、原生质融合和体细胞杂交及转基因技术等作为获取抗逆变异资源的全新手段，在抗逆育种中逐渐呈现出重要作用。

1. 从突变体筛选抗逆品种 大量研究指出，植物离体培养过程中体细胞突变体是普遍存在的，许多突变体在植物遗传研究和改良抗逆性以提高产量等方面发挥了重要作用（缪树华，1990）。突变体既可发生于整个基因组，也可发生于特定的基因或基因簇、结构基因、调节基因，以及单个核苷酸等。突变既可自发也可诱发，在不用诱变剂处理的植物细胞培养中，突变体频率一般为 10^{-8}～10^{-5}，用诱变剂可增至 10^{-3}。常用的物理诱变方法有紫外线、X 射线和 γ 射线等。常用的化学诱变剂有 N-甲基-N-硝基-亚硝基胍（NTG）、甲基磺酸乙酯（EMS）、乙烯亚胺（EI）、硫酸二乙酯（DES）、亚硝基己基脲（NEH）、N-乙基-N-亚硝基胍等，它们使 DNA 碱基的位置烷基化，引起像天然碱基类似物一样的碱基错误配对；天然碱基结构类似物，如 5-溴尿嘧啶（BU）、2-氨基嘌呤（AP）、马来酰肼（MH）等，使 DNA 在复制过程中发生碱基转换；叠氮化合物，如叠氮化钠（NaN_3）能诱发基因突变或染色体异常。吖啶类染料（如原黄素、吖啶橙、5-氨基吖啶、溴化乙锭等都是有效的突变剂）。若在离体培养中施以物理或化学诱变剂，还可以进一步提高体细胞突变频率，增加抗逆性变异出现的概率。选择细胞突变体的理想材料应是单细胞（最好是单倍体），这是因为其分离程序简单。

一般认为突变的方向不能控制，这就要求根据抗逆育种的不同目标，在自发或诱发突变之后，采用不同的方法来选择和鉴定才能获得所需的突变体。筛选突变体的方法有正选择法、负选择法、逐一鉴定法等。正选择法又称直接选择法或群体选择法，是将成百上千的细胞置于选择剂或逆境下，群体中的抗逆性细胞能生长，而敏感的细胞则被杀死，从而达到筛选的目的。负选择法又称间接选择法，是在限制突变体生长的条件下，使代谢活跃的细胞死亡，然后把存活的细胞在适合条件下进行鉴定。逐一鉴定法又称无选择剂筛选或全数分离法，是将诱变的细胞或原生质体置于完全培养基上长成各个集落（单克隆），然后再在基本培养基或要求条件下，分别试验各个单克隆，进行筛选。与传统育种方法相比，利用突变体离体筛选技术选育的抗逆材料具有明显的优越性，它不仅变异率高、范围广，而且在人为施加的选择压力下，非目标变异体很快被淘汰，符合育种目标的突变体则可以存留下来，得以快速增殖，在短时间内形成具有一定规模的群体。作为细胞工程研究中一个十分活跃的领域，体细胞突变体离体筛选在耐盐、耐旱、耐热材料的创造培育方面取得了引人瞩目的进展。刘克斌（1988）以 NaCl 为选择剂，以番茄子叶为外植体进行盐胁迫下的离体培养再生的变异，再生形成的大多数植株表现耐盐，能在 0.5% NaCl 水溶液中开花结实。李乃坚等（1990）也应用离体筛选技术获得了栽培番茄耐盐细胞系和再生植株，耐盐性较原群体有明显提高。黄建华等（1995）以平阳霉素为诱变剂，经两步法高温筛选，得到了能耐 45～50 ℃高温的不结球白菜离体培养苗，并证明这种耐热性可以通过无性繁殖方式传递下去。

2. 利用转基因技术培育抗逆品种　利用转基因技术培育植物新品种是重要途径，也是生物技术对植物育种工作的重要贡献。在抗逆资源的利用方面，它突破了种、属等传统分类学上的界限，将不同种类植物，甚至将动物中分离出的抗逆基因转入蔬菜作物，有效地改善了其抗逆性，在耐寒、耐盐碱、耐旱等方面取得了一定进展（详见第五章）。

（五）穿梭育种

穿梭育种的实质是将育种材料在不同生态条件下交替进行种质鉴定和选择，以育成具有广泛适应性新品种的方法。具体讲，即选择若干不同生态环境条件下的试验点，相互推荐不同生态类型的优异亲本，共同制定育种计划，并把不同世代育种材料在不同生态地点穿梭种植，鉴定选择，最终选育出适应性广的新品种。可以在不同国家、地区育种单位之间进行合作研究，发挥各自优势，是提高育种效率的一条有效途径。目前世界上开展穿梭育种的作物不多，主要为大田作物如小麦、水稻等，在蔬菜育种上开展较少。

早在 20 世纪 60 年代，中国北方各地育种单位利用海南岛冬季气温较高的有利环境条件进行南繁冬育，当时主要是以加速杂种世代进程，缩短育种年限为出发点，但从育种材料在不同生态环境条件下交替种植，从经受不同自然和人为的选择来看，亦可认为是属于穿梭育种的范畴。这种异地、异季加代技术一直沿用至今，成为中国作物育种中的一条成功经验，并已取得了众多成果。

1. 穿梭育种的主要依据和应用价值　穿梭育种可以解决过去一地育种难以解决的问题，如需要实现某些特殊育种目标而当地又无经常性的鉴定筛选条件，或是要求选育适应性更强更广泛的新品种。由于穿梭育种合作单位所处生态环境不同，以及育种研究的思路、手段和力量各异等，有利于充分发挥各自优势，取长补短。同时，穿梭育种可定期相互进行现场考察，深入了解育种材料在不同生态条件下的表现，以便育种家按照各自的观点结合本地区的实际情况，有侧重地进行选择，及时在不同选择压力下淘汰那些不符合育种目标的基因型，从而进一步提高育种效率。作物基因型的不同，气候、生长环境各异，以及病虫害发生轻重等均会造成作物产量的变化。不同基因型（品种）在相同环境条件下栽培时，可以表现不同的反应，而同一基因型在不同环境条件下，也可表现出不同的反应。当某一作物基因型在不同环境条件下栽培时，均能表现出趋势一致的良好反应，就可称之为适应性广，若以获得高产为目标，则最终表现为产量的稳定性。

在蔬菜生产中，品种性状和产量或产量构成因素（基因型）与环境交互作用的现象是普遍存在的，如何育成基因型—环境互作最小的良种，减少基因型与环境交互作用所产生的不利的复杂影响，应在世代选育进程中提供多种生态环境条件，尽可能选择对环境变化具有缓冲能力的基因型，以便从中选育出具广泛适应性的品种，使之在各种不同生态环境条件下均能充分发挥优势生产力，获得高产稳产。

2. 穿梭育种的程序　虽然穿梭育种的程序在不同的育种过程中不尽一致，但一般应该是把 F_2 群体在主要目的地的正常季节下进行种植。若作为共同育种目标的，则 F_2 群体的筛选工作应同时由各试验点在正常季节下进行，而后再将不同世代材料在不同地点（或不同季节）交替种植选择。穿梭育种最好是选择地理纬度有差异、生态条件不同地区的研究单位合作进行，其育种程序为各杂交组合的 F_1、F_2、F_3、F_4 和 F_5 等各世代均在合作单位间相互穿梭种植选择，各个单位各世代当选的单株种子均分成若干份，除本单位留 1 份作种植用外（作对照用，以比较穿梭与不穿梭之差别），其他若干份互相交换分发给合作单位穿梭种植和选择。

以东北农业大学番茄研究所和天津沃野公司合作进行番茄穿梭育种程序为例作简单介绍。先经双方推荐优异亲本，共同制定育种计划，然后由东北农业大学番茄研究所于 2008 年在哈尔滨配制杂交组合 145 个，并获得杂交种子。2009 年将杂交种子按组合分成 2 份，各组合分别在山东寿光和哈尔滨两地，两季种植，即哈尔滨春茬、秋茬，山东寿光秋冬茬和春夏茬。经双方育种人员共同进行实地考察鉴定，重点鉴定抗逆性（耐低温弱光、耐热性）、抗病性（番茄黄化曲叶病毒病、根结线虫病、叶霉病等病害）、品质（果实整齐度、硬度等）和主要农艺性状（早熟性、产量等），选育出抗 ToMV、TYLCV、叶霉病、黄萎病，以及耐低温、耐贮运，货架期长达 30 d 的高产番茄新组合 09H106 和 12－34、12－14。

（李景富　张鲁刚　许向阳）

主要参考文献

陈火英，张建华．1999. NaCl 胁迫对不同品种萝卜种子发芽特性的影响 [J]. 江西科学，17（2）：96－99.

程继鸿，王鸣，何玉科．2000. 植物抗虫基因工程研究进展 [J]. 北京农学院学报，15（1）：70－73.

段灿星，王晓鸣，朱振东．2003. 作物抗虫种质资源的研究与应用 [J]. 植物遗传资源学报，4（4）：360－364.

方智远，侯喜林，祝旅．2004. 蔬菜学 [M]. 南京：江苏科学技术出版社．

费伟，陈火英，曹忠，等．2005. 盐胁迫对番茄幼苗生理特性的影响 [J]. 上海交通大学学报：农业科学版，23（1）：5－9.

冯英，薛庆中．2001. 作物抗虫基因工程及其安全性 [J]. 遗传，23（4）：400－407.

盖钧镒，崔章林．1997. 大豆抗食叶性害虫育种的鉴定方法与标准 [J]. 作物学报，23（4）：400－407.

高国训，顾自豪，靳力争，等．2002. 蔬菜抗虫研究进展 [J]. 园艺学报，29（增刊）：639－644.

何月平，张钰峰，陈列忠，等．2009. 双季茭白 2 号的抗虫性和耐寒性评价 [J]. 中国蔬菜（22）：67－69.

黄永芬，汪清胤，付桂荣，等．1997. 美洲拟鲽抗冻蛋白基因（*afp*）导入番茄的研究 [J]. 生物化学杂志，13（4）：418－422.

柯桂兰．2010. 中国大白菜育种学 [M]. 北京：中国农业出版社．

李景富，许向阳，等．2011. 中国番茄育种学 [M]. 北京：中国农业出版社．

李树德，徐鹤林．1995. 中国主要蔬菜抗病育种进展 [M]. 北京：科学出版社．

李卫欣，陈贵林，赵利，等．2006. NaCl 胁迫下不同南瓜幼苗耐盐性研究 [J]. 植物遗传资源学报，7（2）：192－196.

李晓芬，尚庆茂，张志刚，等．2008. 多元统计分析方法在辣椒品种耐盐性评价中的应用［J］. 园艺学报，35（3）：351－356.
刘翔，许明，李志文．2007. 番茄苗期耐盐性鉴定指标初探［J］. 北方园艺（3）：4－7.
逯明辉，娄群峰，陈劲枫．2004. 黄瓜的冷害及耐冷性［J］. 植物学通报，21（5）：578－586.
山川邦夫．1982. 蔬菜抗病品种及其应用［M］. 高振华，译．北京：中国农业出版社．
汪隆植．1998. 蔬菜抗病育种学［M］. 北京：中国农业出版社．
王春林，张玉鑫，陈年来．2006. NaCl 胁迫对甜瓜种子萌发的影响［J］. 中国蔬菜（5）：7－10.
王广印，张百俊，赵一鹏，等．2004. NaCl 胁迫对黄瓜种子萌发的影响［J］. 吉林农业大学学报，26（6）：624－627.
王吉明，马双武．2007. NaCl 胁迫对西瓜种子发芽的影响［J］. 北方园艺（3）：20－22.
王冉，陈贵林，宋炜，等．2006. NaCl 胁迫对两种南瓜幼苗离子含量的影响［J］. 植物生理与分子生物学学报，32（2）：94－95.
王欣，李锡香，吴青君，等．2007. 白菜抗小菜蛾网室鉴定和离体鉴定方法比较［J］. 中国蔬菜，12：22－24.
王学军，李仁所，李式军，等．2000. 黄瓜抗盐选择研究［J］. 山东农业大学学报，31（1）：71－73.
王玉凤．2006. NaCl 胁迫对西瓜种子发芽的影响［J］. 安徽农业科学，34（24）：6497－6499.
王志民，柴敏，姜立纲，等．2006. 从多毛野生番茄中初步鉴定出一个抗美洲斑潜蝇的显性基因［J］. 分子植物育种，4（3）：399－403.
吴能表，叶腾丰，王小佳．2006. NaCl 胁迫对豌豆幼苗生理生化指标的动态影响［J］. 西南农业大学学报：自然科学版，28（1）：40－42.
阎志红，刘文革，赵胜杰，等．2006. NaCl 胁迫对不同西瓜种质资源发芽的影响［J］. 植物遗传资源学报，7（2）：220－225.
张恩平，张淑红．2001. NaCl 胁迫对黄瓜幼苗子叶膜脂过氧化的影响［J］. 沈阳农业大学学报，32（6）：446－448.
张树清，张夫道，刘秀梅，等．2006. NaCl 对大白菜种子萌发和幼苗生长的影响［J］. 植物营养与肥料学报，12（1）：138－141.
张文珠，李加旺．1999. 蔬菜抗虫育种研究现状与前景［J］. 河南农业大学学报，33（4）：360－363.
赵军良，梁爱华，徐鸿林，等．2006. 豇豆胰蛋白酶抑制剂基因改良大白菜抗虫性的研究［J］. 西北植物学报，26（5）：878－885.
赵可夫，李法曾，樊守金，等．1999. 中国的盐生植物［J］. 植物学通报，16（3）：201－207.
周和平，张立新，禹锋，等．2007. 中国盐碱地改良技术综述及展望［J］. 现代农业科技（11）：159－164.
朱栋梁，胡静，张强．2005. Vat 抗性甜瓜研究进展［J］. 贵州农业科学，33（2）：94－96.
邹克琴，张银东，王金宇，等．2001. 几丁质酶和抗菌肽 D 双价基因转化茄子的研究［J］. 热带作物学报，22（2）：57－61.
邹学校．2009. 辣椒遗传育种学［M］. 北京：科学出版社．
Abe H，Urao T，Ito T，et al. 2003. Arabidopsis AtMYC（bHLH）and AtMYB2（MYB）function as transcription activators in abscisic acid signalling［J］. Plant Cell，15：63－78.
Arrillaga I，Gil Mascarell R，Gisbert C，et al. 1998. Expression of the yeast *HAL2* gene in tomato increases the in vitro salt tolerance of transgenic progenies［J］. Plant Sci，136：219－226.
Asano T，Tanaka N，Yang G，et al. 2005. Genome－wide identification of the rice calcium－dependent protein kinase and its closely related kinase gene families：comprehensive analysis of the CDPKs gene family in rice［J］. Plant Cell Physiol，46：356－366.
Bao J H，Chin D P，Fukami M，et al. 2009. Agrobacterium－mediated transformation of spinach（*Spinacia oleracea*）with *Bacillus thurigiensis cry1Ac* gene for resistance against two common vegetable pests［J］. Plant Biotechnology，26：249－254.
Boudsocq M and Laurière C. 2005. Osmotic signaling in plants：multiple pathways mediated by emerging kinase families［J］. Plant Physiol，138：1185－1194.
Bray E A，Bailey－Serres J，Weretilnyk E. 2000. Responses to abiotic stress［M］//Buchanan B，Gruissem W，Jones R Eds. Biochemistry & Molecular Biology of Plants. The American Society of Plant Physiologists.

Bretó M P, Asins M J, Carbonell E A. 1994. Salt tolerance in *Lycopersicon* species. Ⅲ. Detection of quantitative trait loci by means of molecular markers [J]. Theoretical and Applied Genetics, 88: 395 - 401.

Cheng S H, Willmann M R, Chen H C, et al. 2002. Calcium signaling through protein kinases: the *Arabidopsis* calcium - dependent protein kinase gene family [J]. Plant Physiol, 129: 469 - 485.

Cheong Y H, Kim K N, Pandey G K, et al. 2003. CBL1, a calcium sensor that differentially regulates salt, drought, and cold responses in *Arabidopsis* [J]. Plant Cell, 15: 1833 - 1845.

Chini A, Fonseca S, Fernandez G, et al. 2007. The JAZ family of repressors is the missing link in jasmonate signalling [J]. Nature, 448: 666 - 671.

Chinnusamy V, Jagendorf A, Zhu J K. 2005. Understanding and Improving salt tolerance in plants [J]. Crop Sci, 45: 437 - 448.

Chinnusamy V, Ohta M, Kanrar S, et al. 2003. ICE1, a regulator of cold induced transcriptome and freezing tolerance in *Arabidopsis* [J]. Genes & Dev, 17: 1043 - 1054.

Dubouzet J G, Sakuma Y, Ito Y, et al. 2003. OsDREB genes in rice, *Oryza sativa* L., encode transcription activators that function in drought -, high - salt - and cold - responsive gene expression [J]. Plant J, 33: 751 - 763.

Emilio A, Cano, Francisco P'erez - Alfocea, et al. 1998. Evaluation of salt tolerance in cultivated and wild tomato species through in vitro shoot apex culture [J]. Plant Cell, Tissue and Organ Culture, 53: 19 - 26.

Fan Y, Liu B, Wang H, et al. 2002. Cloning of an antifreeze protein gene from carrot and its influence on cold tolerance in transgenic tobacco plants [J]. Plant Cell Rep, 21: 296 - 301.

Foolad M R. 1997. Genetic basis of physiological traits related to salt tolerance in tomato, *Lycopersicon esculentum* Mill. [J]. Plant Breeding, 116: 53 - 58.

Foolad M R, Chen F Q. 1998. RAPD markers associated with salt tolerance in an interspecific cross of tomato (*Lycopersicon esculentum*×*L. pennellii*) [J]. Plant Cell Reports, 17 (4): 306 - 312.

Foolad M R, Chen F Q. 1999. RFLP mapping of QTLs conferring salt tolerance during vegetative stage in tomato [J]. Theoretical and Applied Genetics, 99: 235 - 243.

Foolad M R, Jones R A, Rodriguez R L. 1993. RAPD markers for constructing intraspecific tomato genetic maps [J]. Plant Cell Rep, 12: 293 - 297.

Foolad M R, Lin G Y. 2000. Relationship between cold tolerance during seed germination and vegetative growth in tomato: germplasm evaluation [J]. J Am Soc Hortic Sci, 125: 679 - 683.

Foolad M R, Stoltz T, Dervinis C, et al. 1997. Mapping QTLs conferring salt tolerance during germination in tomato by selective genotyping [J]. Molecular Breeding, 3 (4): 269 - 277.

Foolad M R, Zhang L P, Lin G Y. 2001. Identification and validation of QTLs for salt tolerance during vegetative growth in tomato by selective genotyping [J]. Genome, 44: 444 - 454.

Gisbert C, Rus A M, Bolarin M C, et al. 2000. The yeast HAL1 gene improves salt tolerance of transgenic tomato [J]. Plant Physiol, 123: 393 - 402.

Han K H, Hwang C H. 2003. Salt tolerance enhanced by transformation of a *P5CS* gene in carrot [J]. J Plant Biotechnol, 5: 149 - 153.

Haralampidis K, Milioni D, Rigas S, et al. 2002. Combinatorial interaction of Cis elements specifies the expression of the Arabidopsis AtHsp90 - 1 Gene [J]. Plant Physiol, 129: 1138 - 1149.

Harding M M, Anderberg P I, Haymet A D. 2003. Antifreeze glycoproteins from polar fish [J]. Eur. J. Biochem, 270: 1381 - 1392.

Hong S, Lee U, Vierling E. 2003. *Arabidopsis* hot mutants define multiple functions required for acclimation to high temperatures [J]. Plant Physiol, 132: 757 - 767.

Hrabak E M, Chan C W M, Gribskov M, et al. 2003. The *Arabidopsis* CDPK - SnRK superfamily of protein kinases [J]. Plant Physiol, 132: 666 - 680.

Hsieh T H, Lee J T, Yang P T, et al. 2002. Heterology expression of the *Arabidopsis* C - repeat/dehydration response element binding factor 1 gene confers elevated tolerance to chilling and oxidative stresses in transgenic tomato [J]. Plant

Physiol，129：1086－1094.

Huffaker A，Pearce G，Ryan C A. 2006. An endogenous peptide signal in *Arabidopsis* activates components of the innate immune response [J]. Proc Natl Acad Sci USA，103：10098－10103.

Kasuga M，Liu Q，Miura S，et al. 1999. Improving plant drought，salt，and freezing tolerance by gene transfer of a single stress－inducible transcription factor [J]. Nat Biotechnol，17：287－291.

Kasuga M，Miura S，Shinozaki K，et al. 2004. A combination of the *Arabidopsis DREB1A* gene and stress－inducible rd29A promoter improved drought－and low－temperature stress tolerance in tobacco by gene transfer [J]. Plant Cell Physiol，45：346－350.

Kenward K D，Brandle J，McPherson J，et al. 1999. Type Ⅱ fish antifreeze protein accumulation in transgenic tobacco does not confer frost resistance [J]. Transgenic Res，8：105－117.

Kumar S，Dhingra A，Daniel H. 2004. Plastid－expressed betaine aldehyde dehydrogenase gene in carrot cultured dells，roots，and leaves confers enhanced salt tolerance [J]. Plant Physiol，135：2843－2854.

Lee J T，Prasad V，Yang P T，et al. 2003. Expression of *Arabidopsis CBF1* regulated by an ABA/stress inducible promoter in transgenic tomato confers stress tolerance without affecting yield [J]. Plant Cell Envir，26：1181－1190.

Lei J J，Yang W J，Li CQ，et al. 2006. Study on transformation of cysteine proteinase inhibitor gene into cabbage (*Brassica oleracea* var. *capitata* L.) [J]. Acta Horticulturae，706 (706)：231－238.

Li J，Sima W，Ouyang B，et al. 2012. Tomato *SlDREB* gene restricts leaf expansion and internode elongation by downregulating key genes for gibberellin biosynthesis [J]. J Exp Bot，63：6407－6420.

Liu H，Ouyang B，Zhang J，et al. 2012. Differential modulation of photosynthesis，signaling，and transcriptional regulation between tolerant and sensitive tomato genotypes under cold stress [J]. PlOS One，7：e50785.

Liu H，Yu C，Li H，et al. 2015. Overexpression of *ShDHN*，a dehydrin gene from *Solanum habrochaites* enhances tolerance to multiple abiotic stresses in tomato [J]. Plant Sci，231：198－211.

Liu H T，Li B，Shang Z L，et al. 2003. Calmodulin is involved in heat shock signal transduction in wheat [J]. Plant Physiol，132：1186－1195.

Liu Q，Kasuga M，Sakuma Y，et al. 1998. Two transcription factors，DREB1 and DREB2，with an EREBP/AP2 DNA binding domain separate two cellular signal transduction pathways in drought－and low－temperature－responsive gene expression，respectively，in *Arabidopsis* [J]. Plant Cell，10：1391－1406.

Lorenzo O，Chico J M，Sanchez－Serrano J J，et al. 2004. JASMONATE－INSENSITIVE1 encodes a MYC transcription factor essential to discriminate between different jasmonate－regulated defense responses in *Arabidopsis* [J]. Plant Cell，16：1938－1950.

Loukehaich R，Wang T，Ouyang B，et al. 2012. SpUSP，an annexin－interacting universal stress protein，enhances drought tolerance in tomato [J]. J Exp Bot，63：5593－5606.

Lu L L，Lei J J，Song M，et al. 2004. Transformation of insect－resistant gene into cauliflower (*Brassica oleraces* var. *botrytis*) [J]. Agricultural Science and Technology，5 (3)：17－21.

Ma L，Zhou E，Huo N，et al. 2007. Genetic analysis of salt tolerance in a recombinant inbred population of wheat (*Triticum aestivum* L.) [J]. Euphytica，153：109－117.

Malik M K，Slovin J P，Hwang C H，et al. 1999. Modified expression of a carrot small heat shock protein gene，Hsp17.7，results in increased or decreased thermotolerance [J]. Plant J，20：89－99.

Moghaieb R E A，Tanaka N，Saneoka H，et al. 2000. Expression of betaine aldehyde dehydrogenase gene in transgenic tomato hairy roots leads to the accumulation of glycine betaine and contributes to the maintenance of the osmotic potential under salt stress [J]. Soil Sci Plant Nutr，46：873－883.

Monforte A J，Asíns M J，Carbonell E A. 1996. Salt tolerance in *Lycopersicon* species. Ⅳ. High efficiency of marker－assisted selection to obtain salt－tolerance breeding lines [J]. Theoretical and Applied Genetics，93：765－772.

Monforte A J，Asíns M J，Carbonell E A. 1997. Salt tolerance in *Lycopersicon* species. Ⅴ. Does genetic variability at quantitative trait loci affect their analysis [J]. Theoretical and Applied Genetics，95：284－293.

Monforte A J，Asíns M J，Carbonell E A. 1999. Salt tolerance in *Lycopersicon* spp. Ⅶ. Pleiotropic action of genes controlling earliness on fruit yield [J]. Theoretical and Applied Genetics, 98: 593-601.

Munne-Bosch S, Penuelas J, Asensio D, et al. 2004. Airborne ethylene may alter antioxidant protection and reduce tolerance of *Holm oak* to heat and drought stress [J]. Plant Physiol, 136: 2937-2947.

Nguyen T L, Buu B C, Ismail A. 2008. Molecular mapping and marker-assisted selection for salt tolerance in rice (*Oryza sativa* L.) [J]. Omonrice, 16: 50-56.

Ouyang B, Yang T, Li H, et al. 2007. Identification of early salt stress response genes in tomato root by suppression subtractive hybridization and microarray analysis [J]. J Exp Bot, 58: 507-520.

Park E J, Jeknic Z, Sakamoto A, et al. 2004. Genetic engineering of glycine betaine synthesis in tomato protects seeds, plants, and flowers from chilling damage [J]. Plant J, 40: 474-487.

Paschold A, Bonaventure G, Kant M R, et al. 2008. Jasmonate perception regulates jasmonate biosynthesis and JA-Ile metabolism: the case of COI1 in *Nicotiana attenuata* [J]. Plant Cell Physiol, 49: 1165-1175.

Peng S, Huang J, Sheehy J E, et al. 2004. Rice yields decline with higher night temperature from global warming [J]. Proc Natl Acad Sci USA, 101: 9971-9975.

Rus A M, Estan M T, Gisbert C, et al. 2001. Expressing the yeast *HAL1* gene in tomato increases fruit yield and enhances K^+/Na^+ selectivity under salt stress [J]. Plant Cell Environ, 24: 875-880.

Saijo Y, Kinoshita N, Ishiyama K, et al. 2001. A Ca^{2+}-dependent protein kinase that endows rice plants with cold- and salt-stress tolerance functions in vascular bundles [J]. Plant Cell Physiol, 42: 1228-1233.

Sanan-Mishra N, Pham X H, Sopory S K, et al. 2005. Pea DNA helicase 45 overexpression in tobacco confers high salinity tolerance without affecting yield [J]. PNAS, 102: 509-514.

Santa-Cruz A, Perez-Alfocea F, Caro M, et al. 1998. Polyamines as short-term salt tolerance traits in tomato [J]. Plant Sci, 138: 9-16.

Shannon M C, Grieve C M. 1999. Tolerance of vegetable crops to salinity [J]. Sci Hortic, 78: 5-38.

Sun W, Van Montagu M, Verbruggen N. 2002. Small heat shock proteins and stress tolerance in plants [J]. Bioch Bioph Acta, 1577: 1-9.

Sunkar R, Bartels D, Kirch H H. 2003. Overexpression of a stress-inducible aldehyde dehydrogenase gene from *Arabidopsis thaliana* in transgenic plants improves stress tolerance [J]. Plant J, 35: 452-464.

Thines B, Katsir L, Melotto M, et al. 2007. JAZ repressor proteins are targets of the SCF (COI1) complex during jasmonate signalling [J]. Nature, 448: 661-665.

Thipyapong P, Melkonian J, Wolfe D W, et al. 2004. Suppression of polyphenol oxidases increases stress tolerance in tomato [J]. Plant Sci, 167: 693-703.

Wang W, Vinocur B, Altman A. 2003. Plant responses to drought, salinity and extreme temperatures: towards genetic engineering for stress tolerance [J]. Planta, 218: 1-14.

Wang W, Vinocur B, Shoseyov O, et al. 2004. Role of plant heat-shock proteins and molecular chaperones in the abiotic stress response [J]. Trends Plant Sci, 9: 244-252.

Worrall D, Elias L, Ashford D, et al. 1998. A carrot leucine-rich-repeat protein that inhibits ice recrystallization [J]. Science, 282: 115-117.

Xiong L, Schumaker K S, Zhu J K. 2001. Cell signaling during cold, drought and salt stress [J]. Plant Cell, 14 (S1): 165-183.

Xiong L Z, Yang Y N. 2003. Disease resistance and abiotic stress tolerance in rice are inversely modulated by an abscisic acid-inducible mitogen-activated protein kinase [J]. Plant Cell, 15: 745-759.

Yamaguchi-Shinozaki K, Shinozaki K. 2005. Organization of cis-acting regulatory elements in osmotic- and cold-stress-responsive promoters [J]. Trends Plant Sci, 10: 88-94.

Yeo A R. 1994. Physiological criteria in screening and breeding [M]. Yeo A R & Flowers T J (eds.). Soil mineral stresses. Approaches to crop improvement. Springer Verlag, Berlin: 37-60.

Young T E, Meeley R B, Galliel D R. 2004. ACC synthase expression regulates leaf performance and drought tolerance in maize [J]. Plant J, 40: 813-825.

Zhang C, Liu J, Zhang Y, et al. 2011. Overexpression of SlGMEs leads to ascorbate accumulation with enhanced oxidative stress, cold, and salt tolerance in tomato [J]. Plant Cell Rep, 30: 389 - 398.

Zhang H X, Blumwald E. 2001. Transgenic salt tolerant tomato plants accumulate salt in the foliage but not in the fruits [J]. Nat Biotechnol, 19: 765 - 768.

Zhang X, Zou Z, Gong P, et al. 2011. Over - expression of microRNA169 confers enhanced drought tolerance to tomato [J]. Biotechnol Lett, 3: 403 - 409.

Zhang Y, Mian M A R, Chekhovskiy K, et al. 2005. Differential gene expression in *Festuca* under heat stress conditions [J]. J Exp Bot, 56: 897 - 907.

Zhu J K. 2002. Salt and drought stress signal transduction in plants [J]. Annu Rev Plant Biol, 53: 247 - 273.

Zhu J K. 2003. Regulation of ion homeostasis under salt stress [J]. Curr Opin Plant Biol, 6: 441 - 445.

Zhu J, Shi H, Lee BH, et al. 2004. An *Arabidopsis* homeodomain transcription factor gene, HOS9, mediates cold tolerance through a CBF - independent pathway [J]. Proc Natl Acad Sci USA, 101: 9873 - 9878.

Zhu J, Verslues P E, Zheng X, et al. 2005. HOS10 encodes an R2R3 - type MYB transcription factor essential for cold acclimation in plants [J]. Proc Natl Acad Sci USA, 102: 9966 - 9971.

第七章

蔬菜品质育种

随着市场经济的发展和人民生活水平的提高，要求新育成的蔬菜作物品种，不仅具有更高、更稳的产量，而且应具有更好、更全面的产品品质。蔬菜品质育种就是在人类生活水平提高的前提下对蔬菜作物育种提出的特殊要求。对蔬菜作物品质的具体要求，往往随蔬菜种类、用途、市场需求等而异，主要包含商品品质、风味品质、营养品质和贮藏加工品质等几个方面。由于国际、国内市场对优质农产品的需求不断增加，农业生产对产品品质的要求越来越高，品质的优劣已成为农民选用种植品种的主要依据之一。如果一个蔬菜品种的品质不良，即使产量较高，也难以受到欢迎。近十几年来，我国的优质蔬菜生产之所以得到迅速发展，主要是因为优质蔬菜的品质好，能够满足消费者生活水平提高的需求；同时优质蔬菜的价格较高，给菜农带来较好的经济效益。我国对选育蔬菜新品种的品质指标作了具体规定。

第一节　概　　述

一、品质的概念及品质性状的分类

（一）蔬菜品质的概念

蔬菜品质，简单地说是指蔬菜产品的优劣，能够符合人类对产品要求的蔬菜产品称为优质蔬菜产品。蔬菜产品的品质影响它的价值、加工利用、营养和相关的工业生产。鉴于蔬菜的种类繁多，产品各异，栽培者、消费者、加工企业等往往从不同的角度提出了不同的品质要求，所以很难给品质优、劣一个共同的、确切的标准。

虽然不同蔬菜作物和不同需求对蔬菜品质考察的项目有差异，但是，对品质性状的考察可以按其共性进行归纳。例如，Peirce（1987）提出评价蔬菜、果品的品质项目为：

1. 感官特性　包括产品的外观（颜色、光泽、形状和大小、黏性、伤痕）、产品质地（硬度、手感和口感）、风味（食味和气味）。

2. 内含特性　包括营养价值、毒性、无杂物。

影响蔬菜品质的因素很多，如蔬菜品种、栽培环境和栽培条件等。同一品种，在不同的气候、土壤、栽培措施、采收期以及不同的采后加工方法等条件下，其产品品质常有差异。然而，在众多的影响因素中，起基础作用的是蔬菜的遗传特性。没有优质的蔬菜品种，则难以生产出优质的蔬菜产品，而适宜的环境、栽培条件是蔬菜优异品质特性得以表现的条件。

（二）品质性状的分类

按照不同的特征，可以把蔬菜品质分为若干类。Peirce 的分类是一种比较广义的分类法，而在农作物育种中常将作物品质划分为物理品质、化学品质、外观品质、内含品质、营养品质、卫生品质以及食用加工品质、贮藏保鲜品质等。

从上述分类的方法可以看出，同一性状可以属于不同品质内容，而不同的品质内容有时对同一性状的要求是相反的，给育种工作带来困难。例如，从食用品质的角度看，薄皮番茄口感好，但从贮藏保鲜的要求看，皮厚的品种不易破损，耐贮运。如何解决这一矛盾是番茄品质育种的一个难题。

根据蔬菜作物的特点和蔬菜品质育种的重点，现将蔬菜的品质分为如下几类：

1. 商品品质 主要指蔬菜产品的形状、大小、色泽、整齐度、商品率、新鲜度、耐贮运性等。如黄瓜、番茄、甜瓜的果形和皮色，胡萝卜的根形，大白菜、甘蓝的球形等。

2. 风味品质 主要指蔬菜产品的质地、纤维素、果胶等的含量和组成与适口性相关的品质，以及蔬菜产品的糖酸比、干物质组成和含量、特征风味物质组成和含量等与风味相关的品质。如黄瓜果实丙醇二酸含量，番茄果实糖含量，辣椒的辣椒素含量及南瓜果实的纤维素含量等。

3. 营养品质 主要指蔬菜维生素、矿物质、膳食纤维等主要营养物质和具有保健功能的各类活性物质的组成和含量。如番茄果实的番茄红素含量，南瓜果实的类胡萝卜含量，辣椒的维生素 C 含量等。

4. 贮藏、加工品质 主要指与贮藏、加工品质及工艺要求相关的物理性状和生理生化特性等。如番茄果实硬度、糖酸比、pH 等。

二、品质改良的重要性

（一）蔬菜品质与人体健康

1. 蔬菜是人类健康必需的维生素、矿物质和膳食纤维以及活性物质的主要来源 蔬菜为人类不可或缺的食物，是维生素、矿物质、膳食纤维和活性物质的主要食物来源，而这些物质与人类的健康息息相关。

（1）*维生素与人体健康* 维生素是人体不能合成，微小量便能维持正常代谢机能的有机物质。它们不供给人体能量，也不是细胞结构成分。但是，如果缺乏某种维生素会引起某些病害，如脚气病、软骨病、坏血病和干眼病等。现代研究表明，某些维生素具有很强的抗氧化功能和提高人体免疫力以及延缓衰老的功能。

Funk（1911）首先使用维生素一词，1913—1948 年，共分离命名了 13 种维生素，其中不包含必需的脂肪酸，如亚油酸和亚麻酸（V_P）及其衍生物。维生素可分为二类，一类为脂溶性维生素，如维生素 A（V_A）、维生素 D（V_D）、维生素 E（V_E）和维生素 K（V_K）等；另一类为水溶性维生素，如维生素 C（V_C）和 B 族维生素，大部分维生素为辅酶的必要成分，在各种代谢中有重要作用。蔬菜是维生素的一个主要供给来源。

（2）*矿物质与人体健康* 蔬菜为人体铁、钙、钾等重要矿物质营养的主要供给来源。矿物质是某些细胞结构的不可缺少的成分，也是某些辅酶的必要成分，与维生素一样，在各种代谢中起重要作用。人体缺钾、缺铁、缺钙等均会引起某些对应的疾病。

（3）*膳食纤维与人体健康* 膳食纤维主要指人体中的酶类不能水解成单糖的植物细胞壁木质素和多糖类物质，包括纤维素、β-葡聚糖、半纤维素、果胶物质等。研究证明，如果纤维素为可发酵性的，可作为肠内有益细菌的重要食物和能量来源。有益菌群的活跃，能防止便秘。如果纤维素是非发酵性的，则借助其强水合力，也可起通便、排毒的作用。食物中的膳食纤维与人体的健康关系密切，膳食纤维的缺乏可引起某些疾病。研究表明，非洲人以粗植物产品为主要食物，富含膳食纤维素，而欧洲人食物中的膳食纤维素含量较低，相比之下，非洲人的便秘、肠胃病、大肠癌、糖尿病、动脉硬化等发病率显著低于欧洲人群（Wisker et al.，1985）。众所周知，蔬菜富含可食用纤维素，每天保证摄入足量的蔬菜对维持人体的健康有重要作用。

（4）活性物质与人体健康 自古以来，就有“药食同源”的说法，许多蔬菜被认为具有很好的保健作用，如冬瓜、山药利肾、补肾，洋葱降血脂等。

许多蔬菜含有成分、结构、功能尚待深入研究探索的物质，统称为生物活性物质。该类物质具有保健功能。已有的研究结果表明，有的蔬菜富含酚类化合物，具有很强的抗氧化、抗菌作用；有的蔬菜富含黄酮类物质，具有抗溃疡、抗过敏、抗氧化、抗衰老、降血脂等功效；大蒜、洋葱等葱蒜类蔬菜富含复杂的硫化物，能阻断强烈的致癌物质在胃部的形成和积累，而硫醚类物质（大蒜素）有抗病毒、抗菌、抗肿瘤、降血脂等功效；十字花科蔬菜一般富含有益健康的硫代葡萄糖苷，是化学保护剂，能防止多种癌变的发生。

对于蔬菜活性物质的研究，目前还处于初期阶段，有待进一步深入揭示相关活性物质的组分、结构、功能，发掘富含活性物质的蔬菜种质，研究和利用品种间活性物质含量的遗传差异，选育品质优异的蔬菜新品种。

（二）蔬菜品质与食品加工

1. 加工蔬菜在蔬菜食品中的地位 自古以来，加工蔬菜在蔬菜食品中占有重要地位。由于饮食习惯和加工技术发展的差异，不同国家和地区加工蔬菜的种类和消费水平存在较大差异。欧美国家，除腌渍蔬菜外，随着工业化加工技术的发展，各类真空罐装或袋装蔬菜成为加工蔬菜的主体，同时脱水蔬菜、速冻蔬菜等也有长足的发展。中国的加工蔬菜至今仍以腌渍菜为主，而罐装或袋装蔬菜、速冻蔬菜、脱水蔬菜虽有较大发展，但内需量仍然不大。由于饮食习惯和加工蔬菜的价格偏高等原因，中国商品加工蔬菜的消费量远远低于鲜食蔬菜。

随着都市生活节奏的加快和国内快餐业、连锁零售业和旅游业的发展，即食的方便农产品，如鲜切蔬菜和水果已成为农产品商品化的新形式。作为世界第一蔬菜生产和消费大国，中国鲜切蔬菜的研究开发符合市场发展的需求，有可能成为延长蔬菜产业链条的一个新的亮点。

农产品加工是实现产品增值、提高农业综合效益的有效途径，因此中国各级政府在制定农业产业结构调整的规划中大多将发展农产品加工业作为一个重要举措，蔬菜产区自然也十分看重蔬菜加工产业。

发达国家的农产品加工业相当成熟，美国的农产品产后产值与采收时自然产值之比为 3.7∶1。中国的农产品加工业相对落后，多数处于初级加工阶段，产后产值与采收时自然产值之比仅为 0.38∶1，几乎是以原始状态投放市场。目前国外除采用传统的加工技术生产传统的加工产品外，已经把更多注意力转向了采用高新技术开发生产具有保健功能的产品。

近 10 年来，中国蔬菜产品加工业取得了长足的进步，蔬菜加工业的优质原料基地的产业带正在形成，农产品加工标准化体系正在逐步建立，蔬菜加工可望逐渐成为中国蔬菜产区的一大支柱产业。

2. 改进加工品质，提高加工产品质量，降低生产成本 蔬菜加工产品质量和生产成本除了与加工技术密切相关外，实践证明改进加工蔬菜品种的相关品质性状不仅可以提高产品的质量，而且能有效地降低生产成本。例如，加工番茄果汁和果酱的品质标准是根据可溶性固形物的含量规定的，可溶性固形物高的品种每吨原料能得到较多品质优良的最终产品，同时浓缩到标准浓度所消耗的能量较少，显然能保证品质和降低生产成本。

3. 蔬菜是天然保健品的重要原料 如前所述，蔬菜除了是人类所需的多种维生素的主要来源外，不少蔬菜还含有天然活性物质，具有多种保健功能。以蔬菜为原料，研究开发天然保健产品是当前蔬菜深加工发展的一个新亮点。国内外以番茄为原料生产番茄红素、以洋葱等为原料生产大蒜素等已经进入产业化开发阶段，萝卜硫素（莱菔子素）、黄酮类化合物和花青素等的研究开发也取得了显著的进展。发掘利用富含维生素和各类活性物质的蔬菜特异种质材料，并选育优良品种是今后加工蔬菜遗传育种研究的一个重要方面。

三、育种程序与方法

蔬菜品质育种和定位与其他主攻方向的育种程序和方法是一样的，主要包括：种质资源的收集、利用、创新；采用引种、选种、杂交育种、杂交优势利用、诱变育种、多倍体育种、分子育种等方法对目标性状进行选育、改良；新品种的生产试验、示范推广。然而，品质性状的生理、遗传特点及复杂、多样的专门鉴定评价方法，赋予了蔬菜品质育种个性特点。

（一）高营养、高品质种质资源的利用与创新

实践证明，蔬菜育种突破性进展的取得，都是由于发现、引进和利用了符合育种目标的关键基因资源。在蔬菜高品质育种中，番茄的成就最大，其原因是发现和利用了近缘野生种中的高维生素 C、高 β-胡萝卜素、高番茄红素、高可溶性固形物含量的基因资源。例如，早在 1942 年美国就有人着手用商业品种与野生种杂交，以选育富含类胡萝卜素的番茄品种。Lincoln 等（1950）总结前人的经验，从 Indiana baltimore×F_1［Rutgers×*Lycopersicon hirsutum*（PI126445）］的杂交组合的分离世代中育成 β-胡萝卜素高达每 100 g 鲜重 6.75～12.0 mg 的品系。其后 Tomes 等（1958）又用野生多毛番茄（*L. hirsutum*）与栽培种 Indiana baltimore 和 Rutgers 杂交育成品种 Caro - Red，该品种的显性基因 *B* 和 moa^+ 有利于调控 β-胡萝卜素和番茄红素的合成过程，其果实为金黄色，β-胡萝卜素的含量几乎是红果品种 Rutgers 的 10 倍。此外，番茄的近缘野生种秘鲁番茄果实干物质含量可达 12.75%，每 100 g 鲜重维生素 C 含量可达 50.40 mg，含糖量 2.47%，已经成为高营养性状的基因源，用于品质育种取得一系列突破性进展。

中国蔬菜品种资源丰富，蕴藏着丰厚的高营养品质的育种资源。然而，中国蔬菜品种资源的研究起步较晚，特别是高营养品质资源的评价、利用和创新的研究尚处于初始阶段，同时相关资源虽然丰富，但底数不清，利用率低，尚未能发挥对品质育种的基础支撑作用。

番茄、甜椒、甘蓝、花椰菜、青花菜、叶用莴苣等是在中国栽培历史相对较短的主要蔬菜，高品质育种的资源基础相对薄弱，更需要加强品种资源研究，系统引进和利用高营养品质的育种材料，拓展品质育种的基础。

（二）育种方法、途径

1. 引种和系统选择　引进优质品种在生产上推广应用是提升蔬菜品质水平的重要途径。以甜瓜为例，由于生态适应性的差异，历史上东部沿海地区只能种植薄皮甜瓜。20 世纪 70 年代末，伊丽莎白甜瓜在北京引种成功后，迅速在中国东部地区推广，至今不仅是生产上广泛应用、消费者青睐的优质甜瓜品种，而且是中间型甜瓜的优质育种基础材料，与其有亲缘关系的甜瓜品种可谓“桃李满天下”。

发掘自然变异，通过系统的大群体连续选择，历史地造就了多个蔬菜优质品种。例如，以风味品质好见长的北京小刺黄瓜、小青口大白菜、胶县大白菜、哈密甜瓜等；外观别致、品质好的心里美萝卜。榨菜是中国独特的一种腌制品，经长期的选择，不乏适合加工的优质地方品种。番茄、甜椒、花椰菜等蔬菜都是近代引进的重要蔬菜，在引种的基础上经过系统选择，20 世纪 50 年代后选育出了一批番茄、甜椒、花椰菜的品质优良的品种，深受消费者欢迎。

2. 杂交育种　通过杂交实现优良品质性状与丰产性、抗病性、抗逆性的优化组合是品质育种应

用最广、成效最大的一种方法。一个能在生产上广泛应用的优质品种往往需要拥有多个与品质相关的优良性状以及高产、抗病、扰逆等重要的经济性状。实现这些目标性状的优化组合是十分复杂的，其中亲本选择是杂交育种成败的基因基础，通常应注意以下几点：

（1）具有选育目标所要求的关键基因。就品质育种而言，具有目标品质性状的基因是关键。因此，品质性状极为突出而其他性状较差的亲本亦可选用。

（2）两亲本有共同的优点或优点互补，不可有共同的缺点。

（3）注意选用具有高品质性状的“半成品”，特别是远缘杂交的后代选系。

（4）回交或添加杂交时，轮回亲本或添加亲本应具有绝大多数优良目标性状，特别是生态类型和适应性必须与选育目标相符。

杂交后代单株和品系的选择是杂交育种的核心。在制定和实施育种计划时，需要认真分析目标质量性状的遗传规律和数量性状的遗传参数，为优良性状的互补聚合和获得数量性状的高遗传增量提供科学依据

倘若育种的目标品质性状仅一个，并且性状由单基因或寡基因调控，杂交后代的选择比较简单。然而，品质育种往往包括多个品质性状的改良，同时常常需要将品质性状与产量、抗性等其他重要经济性状结合，选择将面临错综复杂的情况，需要一个很大的供选择的分离群体。即便如此，也常常难以决断。为了便于对杂交后代进行选择和提高选择的准确性，在制定育种计划时要分清主次，尽量减少主攻的目标品质性状，或者化整为零，采用添加杂交的方法分步积聚优良目标性状。对于简单遗传或遗传力高的目标品质性状可采用回交导入的策略，聚合供体亲本的优良品质性状基因与轮回亲本的基础优良性状基因。

品质育种涉及的性状很多，其中有一些性状，包括品质性状之间，或品质性状与产量等性状间是正相关的，可以利用相关性显著或极显著的性状，作为选配组合、进行杂种后代选择等的依据。有时还可以通过对杂种后代的产量和品质等重要性状的相关分析，找出比直接选择效果更好的相关选择方法，提高育种工作的准确性和效率，这对育种无疑是有益的。然而，在品质育种中常常遇到的问题是性状间的负相关及与此有关的不良性状的连锁，这是通过远缘杂交导入与高品质相关的基因时几乎不可避免的难题。

近缘野生种常常以某些品质性状见长，目前用近缘野生种作育种材料改良品质并取得较多重要成就的是番茄。前面已介绍了用野生种作亲本在番茄高类胡萝卜素、高维生素 C 育种上的成功实例。此外，在高糖含量育种方面，Thompson 等（1967）报道，醋栗番茄、秘鲁番茄和多毛番茄可作为高糖含量的亲本用于育种，从 *Lycopersicon esculentum*×*L. peruvianum* 的后代中已选育出干物质含量为 7.0%～11.0%，含糖量达 5.0%～6.8%的品系。

用近缘野生种与栽培种杂交时常常遇到杂交不亲和、杂种不育和不稔等问题。已有的研究表明，番茄野生种与不同谱系亲本交配的亲和性有很大差异，采用多种不同系谱栽培种亲本是克服杂交不亲和的有效方法，选用杂种做亲本也是克服利用野生种交配不亲和的一种方法。已经育成的一些包括 3 个亲本乃至 4 个亲本的种间杂种，大多是先用栽培种与桥梁种醋栗番茄或多毛番茄杂交，然后再与秘鲁番茄杂交而获得的。

克服远缘杂种不育性最常用的方法是胚胎培养。远缘杂种不育性主要表现为杂种种子发育不良，胚胎中途停止发育，种子无发芽力。克服杂种不稔性的方法以回交和连续选择最有效。双二倍体法对有些杂交组合有效，而对另一些组合无效。无性繁殖也常用来克服杂种不稔性。

3. 杂种优势利用 杂种优势利用是选育优质品种的重要途径，重要的是选育目标性状稳定的自交系和研究一代杂种目标性状的遗传规律，从而使一代杂种的目标品质性状与其他重要性状融为一体。许多重要品质性状是数量性状，需要研究 F_1 的表现和优势度。研究表明，番茄一代杂种维生素 C 的含量表现为双亲均量或趋向于高维生素 C 亲本，栽培条件只影响优势表现的程度，而

不改变表现的方向。为了获得高维生素 C 的一代杂种，双亲最好为高维生素 C 含量自交系。若其中一个亲本很难兼顾高维生素 C 含量和一些重要经济性状时，另一亲本必须为高维生素 C 自交系，以实现目标性状的互补。值得注意的是，有些性状的显隐性表现在亲本材料间有很大差异。例如，有试验证明某些番茄材料番茄红素含量为低亲本显性遗传，在杂交育种和选配一代杂种时应避免选择这类亲本材料。

迄今，有关品质性状的杂种优势利用研究的报道较少，而产量等性状的优势利用的研究，从理论到育种实践相对成熟，成效显著。因此，在杂种优势利用方面可以更多地注重产量等性状的配合力选择和强优势组合的选配，以利实现优良品质性状与其他重要优良经济性状的优化组合。

4. 其他育种方法

（1）*多培体育种* 无籽西瓜是目前蔬菜多倍体育种的成功范例。三倍体西瓜不仅无籽，而且含糖量高，果实中心与边缘糖含量差异较小。

（2）*自然或诱变的突变基因的选择利用* Stevens（1986）报道，通过天然和人工诱变，已获得类胡萝卜素、维生素 C 含量高的番茄突变体。

（三）蔬菜品质性状的评价选择

无论采用何种育种方法，目标品质性状的评价选择要贯穿整个育种过程，同时评价选择方法是品质育种效率高低乃至成败的关键。

蔬菜品质评价通常采用两种既相对独立又互为验证的方法进行。第 1 种方法是测量分析法，包括用简单的器具或仪器对蔬菜的长短、重量、硬度、含糖量、酸度等进行测量，也包括用分析仪器对各种生化成分进行精密的定量分析。第 2 种方法是感官品评法，包括目测鉴定和品尝。

严格的感官品评分别由专家组（一般由 10～12 人组成）和消费者（百人左右）品评计分（一般采用由劣到优的 1～9 数量级计分法，即所谓九分制），再进行数据处理（如方差分析）以确定品质的优劣。感官评定是依靠人的感觉器官来鉴别蔬菜外观、质地、风味或综合品质的好坏。由于个人之间的感觉差异较大，即使是同一个人，由于环境和身体条件的不同，也可能作出不同的判断。因此，必须使评定结果数量化，然后进行统计分析，才能客观地比较样品之间的差异。

感官评价辅以简单的器具、仪器测定是蔬菜品质育种最常用的方法，其所获得的调查结果的可靠性在很大程度上取决于试验样本的代表性、一致性和试验结果的可重复性以及对试验误差的科学估计。试验样本的代表性与目标性状所需的适宜的成熟度密切相关，成熟度不适宜的供试样本的评价结果代表性差，同时样本个体之间的成熟度如果不一致同样也会得出偏差大的评价结果。设置重复是非常必要的，这将为试验误差的合理估计奠定基础。环境条件对品质性状有显著的影响，因此蔬菜品质性状的评价和选择常常需要连续进行多年。对不同年份的评价结果的分析比较，一方面能对供测试材料品质性状表现的稳定性、可重复性得出较准确的判断，另一方面可了解环境条件对各相关性状的影响，为制定利于目标性状良好表达的栽培技术措施提供依据。

先进的仪器设备不仅能提供某些重要品质性状及其组分的精确的数据，而且能对与某些性状相关的未知功能成分进行深入的研究探索，推进营养品质研究的深入开展。但是仪器分析往往需要较长时间的前处理，而且每次常常仅能对 1 个性状成分进行分析，这就给育种过程中多个品质性状的大样本选择带来困难，近红外非破坏性快速检测技术为解决这一难题带来了希望。

感官评价与仪器分析各有特色和侧重，对于外观和风味品质的评定，感官品评法一般起主导作用。而对于可度量的性状，特别是营养品质分析则是感官评价所不能完全奏效的。两种方法的结合，即综合分析两种方法的评价结果，更利于对品质进行总体评价。Martens（1984）用来评价结球白菜品质的评价统计表（表 7－1）有助于理解这两种评价方法结合的实际应用。

表 7-1 大白菜品质评价统计

(Martens，1984)

评价项	X	S_d	F 值	评价项	X	S_d	F 值
第一类 感官变量				第二类 主观参数			
外部的				13. 印象分			
1. 粗糙（主叶脉粗）				第三类 化学物理参数			
2. 叶片数				14. 蔗糖（%）			
3. 绿色深浅				15. 葡萄糖（%）			
内部的				16. 果糖（%）			
4. 脆度				17. 可溶性盐（%）			
5. 抗咀性				18. 干物质（%）			
6. 汁液				19. 半纤维素（%）			
7. 总风味强度				20. 单株重（kg）			
8. 苦味				21. 纤维素（%）			
9. 硫化物味				22. 木质素（%）			
10. 果味				23. 中心柱（cm）			
11. 甜味				24. 株高（cm）			
12. 回味				25. 球叶数			

四、蔬菜品质育种的成就与发展趋势

（一）主要成就

1. 蔬菜品种的品质改良 自“六五”期间国家重点科技攻关项目（1983—1985）实施以来，蔬菜品质改良一直是蔬菜育种的重要目标之一，特别是近年来国家提出要促进蔬菜产业由规模扩张型向质量效益型转化后，蔬菜品质的改良更加受到各相关方面的重视，蔬菜品质育种已进入一个新的发展阶段。

如前所述，蔬菜品质改良主要包括商品品质、风味品质、营养品质、加工品质四个主要方面，而每一个方面都涉及诸多性状并且因作物而异。在“九五”（1996—2000）期间国家重点科技攻关研究、863 计划等科技计划的蔬菜育种课题中，对主要蔬菜作物不同类型品种的品质相关性状提出了明确的指标。例如，番茄果实的硬度、果肉的 pH、可溶性固形物含量；黄瓜的瓜色、瓜长/横径比、瓜把长度；西瓜果皮硬度、含糖量等。经过多年的努力，中国在主要蔬菜作物品种的品质改良方面取得了重要成就。

（1）*商品品质改良* 在蔬菜品质育种中商品品质的改良进展比较突出，从某种意义上说是在生产与市场变化的推动下发展。近 10 多年来，蔬菜生产流通方式发生了巨大的变革，对蔬菜商品品质提出了一系列新的要求，促进了主要蔬菜作物商品品质的改良。例如，番茄等作物果实硬度明显提高，多肉番茄品种逐步取代了多汁的番茄品种；西瓜瓜皮韧性增强、硬度提高。凡此种种，都是为了提高耐贮运性，延长货架期，以适应基地规模化生产、长距离运输等新的生产和流通方式发展的需求。

随着人民生活水平的提高，消费者对主要蔬菜品种的外部观感提出了新的、多样化的要求。例如，要求黄瓜着色均匀、瓜把较短，同时除长瓜型多刺品种外，开始青睐无刺短瓜型黄瓜。适应这一需求，新的黄瓜品种的瓜把正在逐步缩短，无刺迷你型黄瓜品种应运而生。再如，为适应消费者对番茄、甜椒的形状、色泽的新颖性、多样性需求，樱桃番茄、香蕉番茄、彩色甜椒等新的品种类型迅速进入市场，成为蔬菜商品品质改良的一个重要方面。

（2）风味品质改良成效显著　蔬菜的风味品质最受消费者关注。然而，风味品质的改良涉及多方面的构成因素，其中不乏未知的因素或有待深入研究的结构成分，难度大，需时长。尽管如此，在大白菜、西瓜等一些主要蔬菜作物上也取得长足进步。例如，北京新3号白菜等“开锅烂”、适口性好的品种相继推广应用，受到消费者的欢迎。再如，以含糖量为重点的西瓜品质改良成效显著，继京欣1号之后，目前在生产上大面积推广应用的西瓜品种，含糖量普遍可达到11%左右。

（3）营养品质、加工品质改良　国外对蔬菜营养品质、加工品质的改良比较重视，特别对番茄、胡萝卜、甜（辣）椒的营养品质的研究比较系统，取得了一系列重要成就。如前所述，1972年美国栽培番茄维生素C的平均含量比1952年提高了25%，同时选育出了高β-胡萝卜素含量的番茄品种Caro-Red，其β-胡萝卜素含量为红果品种Rutgers的10倍。再如，美国、加拿大培育的胡萝卜品种的胡萝卜素含量每100 g鲜重在20～50 mg，并且干物质含量高，而一般胡萝卜品种的胡萝卜素含量仅为每100 g鲜重5～6 mg。

中国在蔬菜品质育种中对营养品质的改良相对滞缓，目前的研究工作主要集中在加工品种上。中国加工番茄的年产量约为323万t，约占世界总产量的14.3%。传统番茄制品主要有番茄酱、番茄罐头、番茄沙司、番茄汁及番茄饮料等。当前，新型番茄制品正在不断进入市场，如番茄色素（番茄红素）、番茄膳食纤维等功能性保健产品。20世纪90年代，新疆等加工番茄产区大面积种植从美国引进并经筛选后的87-5、UC82等常规品种，由于种植年限较长，出现品种严重退化的现象。为了解决这一问题，相关育种单位选育出了一批干物质含量较高、产量高的加工番茄优良品种，并在生产上大面积推广应用。

近5～6年来，胡萝卜的深加工有所发展，迫切需要高胡萝卜素含量的优质加工胡萝卜品种。目前加工胡萝卜专用品种的选育已经起步并取得重要进展，一些专用品种开始在生产上推广应用。

2. 资源的研究深入开展

（1）资源的收集、利用、创新　优异品质资源是蔬菜营养品质育种的基础。如前所述，国外在番茄、甜（辣）椒、胡萝卜、西瓜、甜瓜、南瓜等重要蔬菜营养品质资源的发掘、研究、利用方面取得一系列成就，研究的重点主要放在高营养种质材料上。由于栽培种内遗传相似系数相对较高，营养品质相关性状的遗传变异基础相对较窄，因此，从近缘野生种中发掘出高营养品质的种质材料，采用远缘杂交方法并运用回交导入策略将目标性状的相关基因导入栽培种，进而创制高营养品质新种质成为显著提高番茄等蔬菜作物营养品质的一个重要研究方向。

中国对结球白菜、番茄、辣（甜）椒、黄瓜、萝卜等重要蔬菜的优良品质资源的研究，主要在地方品种和引进品种资源的收集、利用层面上展开，获得了一批具有优良商品品质和风味品质的育种材料用于新品种选育，显著地改进了上述重要蔬菜的相关品质性状。与此同时，也开始进行番茄等蔬菜的高营养品质的野生资源和“半成品”材料的研究。

中国蔬菜种质资源丰富，其中不乏高营养或具有新颖性特点的多样化蔬菜。20世纪末以来，对高营养蔬菜的发掘和活性物质的分析的研究逐步展开，积累了育种材料并开发出一批颇具特色的蔬菜品种在生产上推广应用。

（2）品质性状的生理生化和遗传研究　品质性状的生理生化和遗传研究是有预见性地利用育种材料、提高育种效率的理论、信息基础。因此，各国对这方面的研究十分重视，取得了一系列成就。

品质性状生理生化的研究涉及的面较广，包括产品器官与品质相关的外部和内部的结构特性分析、与品质相关的物质成分的研究分析以及某些重要物质的代谢途径、机理的研究等。随着研究的不断深化，一些重要品质性状的生化基础、遗传表达调控规律逐步被揭示，从而使品质育种研究能遵循客观规律卓有成效地深入开展。例如，番茄红素和β-胡萝卜素是番茄果实产生的重要色素和营养物质，这两种物质成分含量的高低，决定了果实的颜色和营养价值。能不能育成同时富含β-胡萝卜素和番茄红素的番茄品种？根据番茄红素和胡萝卜素的代谢途径，结论通常是否定的，因为番茄红素是各类胡萝卜素的前体，即番茄红素在番茄红素β-环化酶和番茄红素ξ-环化酶等的催化下生成胡萝卜素。显然要提高番茄红素的含量除了增加其前体的合成量外，更重要的是减弱上述环化酶的活性，其结果是减少β-胡萝卜素的生成量。然而，近期的研究发现了两个可使番茄红素和胡萝卜素同时增高的基因，将使两种成分含量的同时增高成为可能。

国内外对于主要蔬菜与商品品质相关的性状的遗传研究，特别是简单遗传的产品器官色泽、苦味等不良风味基因及与耐贮运性相关的结构特性、产品表面特征的研究开展得比较充分，研究成果已成为相关作物基因表的一个重要组成部分。部分风味品质和营养品质性状的遗传研究也比较深入，但大部分营养和风味性状的遗传研究尚未系统开展。

经过努力，在以现代生物技术为特征的农业科技革命浪潮的推进下，以现代生物技术不断提升传统育种技术为主要方向，基因工程和分子标记辅助育种的研究开始进入品质育种领域。应用基因工程技术转化ACC合成酶反义基因，选育出耐贮运、货架期长的番茄新品种，在美国成为首批进入市场的转基因蔬菜之一。与品质相关基因的分离、克隆的研究也取得重大进展，多个甜蛋白基因相继问世并获得专利（辛世文等，1995）。人们期望利用这类基因对蔬菜进行转化，改善蔬菜品质，例如选育低糖的甜蛋白西瓜，以便既满足人们对西瓜甜度的要求，又不至于摄入过多的糖分。中国在番茄红素代谢调控的相关酶基因的分离、克隆方面取得重要进展，成功地从胡萝卜肉质根中分离、克隆出番茄红素β-环化酶等基因的全长cDNA，率先在国际基因库登记（陈大明等，2002）。与蔬菜品质相关的分子标记的研究是当前品质育种研究的一个重要内容，番茄可溶性固形物的QTL在图谱上定位的研究是一个成功的实例（Paterson et al.，1998）。中国在黄瓜苦味调控基因分子标记、西瓜果实性状的QTL及结球白菜结球相关性状的QTL定位的研究方面也取得了重要进展（Shang et al.，2014；Ren et al.，2014；Zhang et al.，2012）。

（3）*营养品质评价的研究* 随着蔬菜高营养品质种质资源和育种研究的深入开展，营养品质评价及相关技术的研究不断改进。

20世纪80年代，中国以实施蔬菜育种"六五"攻关计划（1983—1985）为开端，先后建立了白菜、萝卜、黄瓜、番茄、辣（甜）椒、甘蓝等主要蔬菜的品质育种目标和评价标准，并不断细化、补充，推进了蔬菜品质育种的开展。与此同时，蔬菜营养品质分析的研究正逐步开展，"九五"（1996—2000）以来已对白菜、辣椒、菜豆等蔬菜的部分营养品质性状进行了初步评价，筛选出一批优异遗传资源，同时还对白菜、茄子、萝卜等蔬菜的总糖、纤维素、矿物质等主要营养成分进行了分析。

（二）问题与发展趋势

1. 问题 中国蔬菜品质育种虽然取得了一系列成果，但是，长期以来在产品供不应求的情况下，提高品质的研究并没有真正成为主要发展目标，相对于产量和抗逆性的改良，各方投放的力量要少得多，研究基础和成果积累相对薄弱。当前，在蔬菜生产由数量型向质量型发展转变的新形势下，蔬菜品质育种暴露出诸多问题。

（1）蔬菜高品质种质资源的研究滞后。一方面表现为对优良品质的种质资源发掘、利用的研究相对滞后，另一方面表现为对国内外已有的创新材料，如高营养品质的近缘野生种材料或已向栽培种转育的中间型材料的利用率低，其结果是导致蔬菜品质育种的优良材料短缺。

（2）蔬菜品质育种的育种技术等基础性研究尚未系统开展。营养品质的评价技术相对落后，主要蔬菜作物品质性状的遗传研究尚未系统开展，这些都阻滞了育种水平的提高。

（3）由于现有育种课题研究存在短期行为和低水平的重复，一般性的相似系数很高的品种大量地涌现，而突破性的品种屈指可数，高品质的品种更少。以加工品种的选育为例，1998年美国加利福尼亚州加工番茄生产中使用了175个品种，主栽品种20个，而中国加工番茄生产使用的品种不超过20个，主栽品种只有1～2个，由于品种的单一，不能满足不同地域种植需求以及不同加工方式的要求，而且成熟期非常集中，大量原料的积压使得原料品质严重下降和浪费。再如，美国、加拿大选育的胡萝卜品种的胡萝卜素含量达到每 100 g 鲜重 20～50 mg，并且干物质含量高，相比之下，中国目前用于加工的胡萝卜品种胡萝卜素含量每 100 g 鲜重仅为 5～8 mg，影响加工产品的质量，产品很难打入国际市场。

2. 展望　根据中国蔬菜品质育种的现实情况，需要重点加强以下几个方面的研究。

（1）*加强高品质蔬菜种质资源的研究，从源头上打好品质育种的基础*　一方面加强对高品质蔬菜种质资源的发掘利用，特别要注意对在产量、抗逆性方面有缺陷而风味品质优良的地方品种和材料的利用和提升；另一方面充分利用国内外已有的种质资源和技术，加大集成创新的力度，重点是通过杂交选育等途径，赋予它们良好的抗逆、抗病性和相对丰产的基因组背景，浓缩和提升种质材料，逐步构建重要蔬菜的优异品质种质组群，形成丰富的优异品质种质材料基础，建立资源优势。

（2）*加强品质育种的相关基础性研究和育种技术的研究*　针对品质育种存在的问题，需要重点加强如下方面的研究：一是研究建立蔬菜重要营养品质的快速、高效的分析、评价技术体系，提升品质育种的手段和水平；二是深化重要品质性状的生理、生化机理和遗传的研究，特别是重要品质性状基因的定位、分离，指导育种实践；三是强化现代生物技术对传统育种技术提升的研究，发展主要蔬菜的重要品质性状的分子标记辅助选择技术，打造高效的育种技术体系，特别要在提高聚合高产、优质与抗逆性等重要性状的效率上下功夫，从而实现以产量为基础、以抗逆性为保障，不断选育高水平优质蔬菜品种的发展目标，支撑蔬菜产业的可持续发展。

（3）*以市场为导向，制定蔬菜品质育种规划*　如前所述，蔬菜品质与人民身体健康、食品安全、园艺文化、饮食文化以及食品加工业发展的关系十分密切。这些都赋予了蔬菜产业内涵和产业链延伸的广阔发展空间，在一定意义上揭示了蔬菜产业的一个重要发展方向。不言而喻，如何适应蔬菜产业持续发展的需要，加强品质育种是蔬菜育种发展必须认真研究解决的命题。长期以来，蔬菜品质的改良在蔬菜育种中大体处于较次要的位置，除了番茄加工品种的选育，基本上没有相对独立的育种计划。当务之急是在研究分析蔬菜品质多样化、特色化的发展需求的基础上，以市场为导向制定主要蔬菜品质育种规划，明确各类加工品种、特色高营养品质鲜食蔬菜的发展目标和大宗蔬菜的商品品质、营养品质的相关标准。与此同时，加大对蔬菜品质育种研究支持的力度，以规划为指南，启动和加强蔬菜品质育种计划，提升突破性和高品质品种的产出水平。

第二节　商品品质育种

一、商品品质的主要相关性状

商品性状一般是指感官品质性状，对商品品质的评价标准，常因消费习惯的不同而有差异，而消费习惯又因社会经济、文化和国际交流的发展不断变化，呈现出需求多样化的发展趋势。伴随着蔬菜生产流通方式的改变，与贮存运输相关的品质性状日渐重要，赋予了商品品质更丰富的内涵。

（一）感官品质性状

蔬菜的种类繁多，产品器官多样，对于形形色色的感官性状难以确切地加以概括。总之，凡是人们用感觉器官或辅以简单的器具能感知的蔬菜性状均在此例。和其他农作物相比，蔬菜的感官品质性状的多样性极其丰富。例如，番茄果实的颜色有深浅不等的红色、黄色、橙色、绿色、紫色；果实形状有圆形、高圆形、扁圆形、樱桃形、香蕉形；果实小者仅数克，大者数百克，几乎呈常态分布。再如，南瓜可分为美洲南瓜、中国南瓜、印度南瓜 3 个变种，果色五彩缤纷，果形也是千姿百态。即使产品器官外观变化相对较小的结球白菜，叶球也有深浅不等的叶色和形状大小不一的球形。凡此种种，足以表明蔬菜感官性状的多样性、复杂性。

对于变化多端的性状，要制定出统一的评价标准是非常困难的。实际上对蔬菜感官品质性状的评价常因品种类型、种植季节、消费需求、食用烹调方法等而异。例如，中大型番茄和小型番茄各有依据其品种特点的评价标准；结球白菜需要根据栽培季节、生育期长短和基于各地区公认的相关标准品种的基本特点来制定在某种意义上说是约定俗成的评价标准。正是由于上述原因，消费者在审视感官品质的优劣或制定评价标准时，除一般的审美观点和消费习惯外，更注重产品的整齐度、成熟度的一致性、破损或畸形率以及清洁度等易于统计分类的共性标准。凡整齐度和清洁度高、成熟度一致、无破损和无畸形果者，常被视为上品所必备的条件。

（二）与贮运、货价期长短相关的商品品质性状

与贮运、货价期长短相关的性状有人称之为采后品质性状，主要包括产品器官的形状、外部和内部结构的相关特性等。通常具有如下特点的蔬菜品种比较耐贮运，货架期长。

（1）果皮硬度高、韧性强，肉质致密，内部无裂隙或种子腔小的果类蔬菜产品和根茎类蔬菜产品；

（2）内部结构致密，紧实度高，不易产生腋芽的叶球类产品；

（3）形状有利于包装、堆放的产品。

需要指出的是耐贮性和货架期的长短除了与以上表观性状有关外，还取决于相关的采后生理、生化特性。此外，包装箱、筐的标准化也对一些蔬菜产品的外观提出了一些要求。例如，日本的黄瓜长度要求在 20～22 cm，这既有消费习惯的因素，也有包装箱尺码的统一要求。

（三）商品品质与消费习惯

众所周知，对同一种乃至同一品种类型蔬菜的商品品质的评价标准，因消费习惯的不同而异。蔬菜商品品质的消费习惯的形成是一个复杂的过程，有时主要是传承性的。例如，华北地区的黄瓜，经过历代的选择、演变和传播，历史地形成了以有刺黄瓜为主流品种的消费习惯，并且将有刺和风味好联系在一起，时至今日，还是以有刺型黄瓜为主流。有时主要是因为生产过程中的某种因素决定的。例如，在 20 世纪前半叶，美国南部的加工黄瓜以黑刺类型为主流产品，因为当时的黑刺品种抗病，生产的安全性好，在生产上广为推广，久而久之被公众所认同。然而，当白刺型抗病品种育成推广、产品进入市场后，审美的观点起了主导作用，公众更愿接受比较悦目的白刺型产品。有时主要是从考虑营养的角度形成的。例如在美国，胡萝卜肉质根的颜色是最受重视的性状，消费者青睐韧皮部和木质部为深橙红色的胡萝卜，因为这种类型的胡萝卜其类胡萝卜素含量高。

消费习惯的形成是一个动态的过程。目前，虽然中国北方地区的消费者偏爱有刺型黄瓜，但是当前一部分消费者从易于清洗的角度开始接受无刺型优质黄瓜，消费习惯开始向多元化的方向转变。注意：蔬菜品种的改良，包括新的蔬菜品种类型的成功引种和在生产上的推广应用，使蔬菜市场上的花色品种迅速增加、人们的餐桌日渐丰盛，适应了人民生活水平提高后对膳食结构、饮食文化、生态环境不断变化的需求，历史上形成的消费习惯正在发生变革。适应需求并科学地引导消费是蔬菜商品品质改良的主要方向。

二、商品品质性状的生理与遗传

（一）色泽性状的物质基础、结构特点与遗传

1. 色泽性状的物质基础与结构特点 蔬菜十分丰富的色彩主要是以下述几类物质为基础的。

（1）花青素类 花青素类色素是广泛存在于植物体中的水溶性色素，是植物的主要呈色物质，在水果和蔬菜（如葡萄、萝卜、蓝莓、紫甘蓝等）中大量存在。花青素属于酚类化合物中的类黄酮类

(flavonoids)，具有类黄酮的典型结构，为2-苯基苯并吡喃阳离子的衍生物，基本结构包含两个苯环，并由一个三碳的单位连接（$C_6—C_3—C_6$）（图7-1）。现在已知的花青素有20多种，其中有6种为非配糖体（aglycone）。花青素因所带羟基数（—OH）、甲基化（methylation）、糖基化（glycosylation）数目、糖种类和连接位置等因素而呈现不同颜色。颜色的表现因生化环境条件而改变，如受花青素浓度、共色作用、液胞中pH的影响。

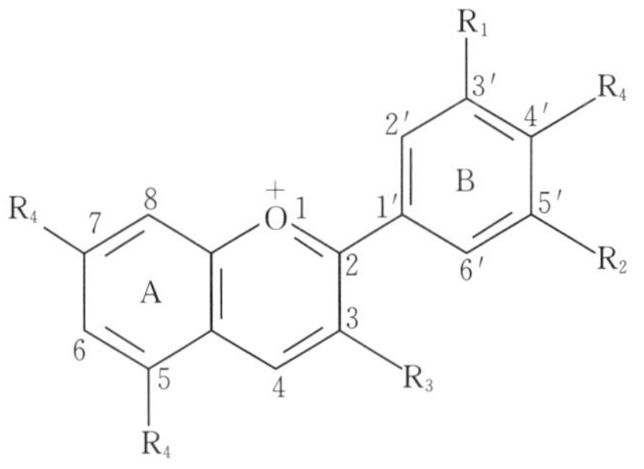

图7-1　花青素基本结构
（Stintzing和Carle，2004）

（2）类胡萝卜素　类胡萝卜素在植物细胞质体中合成，主要积累于叶绿体光合膜、成熟果实和花瓣的有色体中，类胡萝卜素还存在于细胞膜和其他结构中。脂溶性类胡萝卜素是类异戊二烯生物合成途径中生成的一大类化合物。

在蔬菜作物上，与外观品质有关的主要类胡萝卜素有：番茄红素，呈红色，是决定番茄、胡萝卜、西瓜等作物产品器官颜色的主要成分；以β-胡萝卜素为主的各类胡萝卜素，呈金黄色或橙色，是决定番茄、西瓜、胡萝卜、南瓜等蔬菜产品颜色的主要成分；辣椒红素、辣椒玉红素是辣椒的特色色素；叶黄素是决定莴苣等黄绿色蔬菜的主要成分。

（3）叶绿素　叶绿素也是类异戊二烯生物合成途径中生成的一类化合物，分为a、b、c、d 4种，其中a和b两种是主要叶绿素，a呈蓝绿色，b呈草绿色。

（4）甜菜苷　是甜菜的主要红色素，在有花青素的植物中未发现甜菜苷。

2. 色泽性状的遗传

（1）番茄果色的遗传　番茄和甜（辣）椒两种蔬菜色泽形成的重要物质基础是类胡萝卜素，色泽的形成与类胡萝卜素的遗传调控关系密切。

番茄果实颜色分为红色、粉红色、黄色、紫红色、橙黄色、橙红色、绿色、白色和彩色。类胡萝卜素的遗传调控是番茄果肉颜色的主要决定因素。

根据果肉颜色及β-胡萝卜素含量，可将番茄品种分为4种类型。

① 红肉品种（*RRTTbb*），这类品种富含番茄红素，而β-胡萝卜素含量不高。

② 黄肉品种（*rrTTbb*），这类品种色素含量较少。

③ 橙肉品种（*RRttbb*），这类品种主要含ξ-胡萝卜素和番茄红素。

④ 金黄色品种（*RRTTBB*），这类品种富含β-胡萝卜素。

如前所述，涉及番茄果实颜色的基因还有 *T*-*t*、*Del*、*dg*、*hp*、og^c 等突变基因。Ronen等（2000）发现1个控制富含β-胡萝卜素的基因，命名为*B*基因。这些基因在番茄胡萝卜素的代谢链的关键点上调控相关酶的活性，决定了果实中各种胡萝卜素和番茄红色合成的强弱，使果实表现出不同颜色，形成一个多层次的变化系列。

（2）甜（辣）椒果色的遗传

① 成熟果果色的遗传。辣椒红素、辣椒玉红素是辣椒的特色色素，使果实呈红色，由基因 y^+ 所控制。辣椒褐色基因为隐性的叶绿素保持基因 *cl*，它阻止了叶绿素完全退化，当叶绿素与红色素（y^+）共存时产生褐色果。进而提出了成熟果的果色的基因型：Oshkosh（黄）为 y/y，cl^+/cl^+；材料406（红）为 y^+/y^+，cl^+/cl^+；材料401（褐）为 y^+/y^+，cl/cl^+；成熟绿果为 y/y，cl/cl。成熟绿果基因型对选育收获期长、鲜销期长辣椒很有价值。其后的研究认为：*cl*（*c*）抑制类胡萝卜素形成，使成熟果的红色减弱1/10，而 *cl2* 有更强的抑制类胡萝卜素形成的作用，成熟果的红色减弱得多。这两对基因与 *y* 和 y^+ 相互作用，使成熟果色从红色到象牙白。*cl*（*g*）使成熟果中叶绿素保留，与 *y* 和 y^+ 相结合，使成熟果实分别呈现褐色或橄榄绿。

② 未熟果果色的遗传。甜（辣）椒未熟果果色主要有深浅不等的绿色、黄白色。研究认为，*swl*－*swn*决定甜（辣）椒未熟果的黄白色，显性等位基因控制绿色的深浅，以加倍或累加的方式起作用。还有一个基因 *im* 使未成熟果为非紫色，成熟果为紫色。

（3）*重要葫芦科作物果色遗传* 黄瓜、西瓜、南瓜、甜瓜是世界各国广为栽培的葫芦科蔬菜作物，这些作物的果皮和果肉的颜色也是丰富多彩的。西瓜果皮颜色的主色调为绿色和黄色，绿色果皮可分为深浅不等的全绿和以浅绿为底色带有宽窄不等的深绿条纹、斑块或网纹的花皮类型。西瓜果肉的颜色大体可分为红、粉红、黄、白等诸色，其中，粉红、红色品种占主导地位。

南瓜的皮色和肉色常因变种而异。西葫芦商品瓜的皮色以绿色（浅亮和墨绿）和黄色为主，有的间有深浅不等的条纹或网纹；果肉颜色以白色、浅黄色、浅绿色等浅色调为主。笋瓜、南瓜的成熟果实的皮色有红、黄、蓝、绿、橙等诸色，有的带有条纹、斑纹；果肉颜色以黄色和橙黄色居多。

鲜销黄瓜商品瓜的皮色以绿色为主，深浅不等，以着色均匀有光泽者为佳。加工黄瓜的皮色一般略浅于鲜销黄瓜，且常有斑纹。除皮色外，黄瓜刺的颜色也是受消费者重视的重要性状，通常白刺黄瓜受欢迎。黄瓜生理成熟果实的皮色有奶油色、黄色、绿色、橙色、红色，这一性状虽然与商品性关系不大，然而是区分不同类型黄瓜的重要形态依据。黄瓜果肉的颜色有浅绿、白色、黄色等，通常绿色受欢迎。

（4）*主要十字花科蔬菜产品器官颜色的遗传* 十字花科蔬菜产品器官颜色变化的物质基础主要是花青素、类胡萝卜素。

萝卜肉质根的颜色相对丰富，肉质根的皮色有紫色、红色、粉色、绿色、黄绿色、黄色、白色、黑色等。有些萝卜品种出土部分的皮色与入土部分不同，如心里美萝卜出土部分为绿色。

萝卜肉质根木质部薄壁组织含有叶绿素的，肉质呈绿色；含有花青素的，肉质呈紫红色；不含叶绿素，也不含花青素的，肉质呈白色。

甘蓝的叶球通常为深浅不等的绿色。红甘蓝花青素的颜色是由一些基因控制的数量性状遗传。基因 *M* 使产品呈红色，而 *S* 基因使叶片正面呈紫色。

与甘蓝一样，结球白菜的叶球也主要为深浅不等的绿色，橘红心白菜富含类胡萝卜素。

（5）*其他蔬菜产品器官颜色的遗传* 洋葱颜色的遗传是非常复杂的，也是洋葱育种和商业种子生产中的重要问题。洋葱鳞茎颜色可能存在较多互补的加性基因。

胡萝卜富含类胡萝卜素，包括α-胡萝卜素、β-胡萝卜素、δ-胡萝卜素、番茄红素、叶黄素等。胡萝卜的颜色取决于类胡萝卜素的含量和组成。深橘黄色的胡萝卜高含α-胡萝卜素、β-胡萝卜素，通常人们喜爱内外着色均匀的深橘黄色的胡萝卜；紫红色胡萝卜高含番茄红素。胡萝卜的颜色受多个基因调控。基因 *A* 调控α-胡萝卜素合成，其作用可能与基因 I_O 和 *O* 一致；I_O 决定深橙色木质部，*O* 决定橙色木质部；*y* 决定黄色木质部，*Y-1* 和 *Y-2* 决定木质部胡萝卜素水平与韧皮部胡萝卜素的区别；*L* 调控番茄红素的合成。

3. 与产品形状相关的性状遗传

（1）*果类蔬菜果形的遗传* 果类蔬菜，如番茄、辣（甜）椒、西瓜、黄瓜、南瓜等的果实形状和大小的变异极其丰富，从园艺文化、饮食文化的角度看是宝贵的资源。然而，从一般消费角度看，根据不同类型品种自身的特点，已形成了相对稳定的标准，例如加工黄瓜的果形指数常在 2.8 左右，而鲜销黄瓜的果形指数常达 7 左右或以上（欧洲小型黄瓜除外）；加工番茄均为小果类型品种，鲜销番茄除樱桃番茄外，果实重量一般在百克以上。

果实的大小是由多基因调控的性状，对于黄瓜、西瓜、番茄等果实大小的遗传研究的报道较多，但由于选用的材料不同，所估算的遗传力等参数和遗传模型的分析常有差异。

果实形状遗传比较复杂，多数是数量性状，迄今报道单基因性状的不多。

（2）主要结球蔬菜的球型遗传

① 结球白菜。结球白菜可分为卵圆、平头、直筒 3 个基本类型和花心变种。它们之间的杂交又形成了平头直筒、平头卵圆、圆筒、直筒花心、花心卵圆等中间类型。已有的研究结果表明，大白菜球型的相关性状在 F_1 多表现为双亲的中间型，有时偏向母本。

② 甘蓝。甘蓝的叶球形状分尖头形、平头形、圆头形。尖头对圆头为显性，然而一般认为叶球的形状由多基因调控。不结球与结球甘蓝的 F_1 为中间型。

叶球开裂和叶腋结球是甘蓝的两个不良性状。叶球的开裂，由 3 对具有加性效应的基因调控，早期开裂具有部分显性。

（3）主要根茎类蔬菜

① 萝卜。萝卜肉质根形状有圆形、扁圆形、卵形、长圆柱形、短圆柱形、圆锥形、纺锤形、炮弹形等。萝卜根形状的遗传比较复杂，研究尚需深入。萝卜根长、根粗这两个性状均为不完全显性，为核遗传，不受细胞质的影响。肉质根粗度的变异系数最小，而根重平均数的变异系数较大，杂种一代肉质根变异系数介于双亲之间。

② 胡萝卜。胡萝卜肉质根的基本形状为圆柱形、圆锥形，有长短之分。由于生产者、消费者和加工者的喜好不同，对根的形状要求也有所不同。鲜食和加工胡萝卜都要求外皮光滑。根开裂是一个不良性状，由显性基因 *Cr* 调控。

4. 与贮藏保鲜相关的性状的生理与遗传　在主要蔬菜中，用于冬季和早春供应的结球白菜、甘蓝、萝卜和洋葱等需要长期贮藏的蔬菜，耐贮藏性的选育十分重要。对于西瓜、番茄、甜椒、黄瓜等果类蔬菜，由于生产和流通方式的发展变化，对耐贮运性与长货架期的需求也日渐增高。

（1）与耐贮运性相关的植物学性状　冬贮的结球白菜、甘蓝一般为中晚熟或晚熟品种，叶球包合紧密，叶腋不易产生小叶球。就解剖结构而论，耐贮的萝卜、胡萝卜、洋葱品种，其肉质根或肉质茎的质地致密。例如，萝卜肉质根次生木质部薄壁组织的结构状况与耐贮性密切相关，一般薄壁细胞小，细胞间隙小，内含物充实者耐贮性好。已有的研究结果表明，萝卜肉质根木质部薄壁组织是数量遗传，肉质松（薄壁细胞大、细胞间隙大）×肉质较致密（薄壁细胞大小中等），F_1 肉质较松，薄壁细胞大小介于双亲之间。上述这些性状通常也与风味品质密切相关。

对于果类蔬菜与耐贮运性相关的性状的选择越来越受到重视，尤以易破损的番茄为最。提高番茄的耐贮运性的重点是提高果肉的坚实度和果皮的厚度及韧性。自 20 世纪 70 年代起，抑制成熟的 *rin* 基因和不成熟的 *nor* 基因在育种中被广泛利用。调控番茄肉质性状的因素较为复杂，目前对其遗传研究还不是十分深入，从总体看是数量性状。果皮易爆裂是一个不良性状，由隐性基因 *e* 调控。果皮韧性的遗传研究有待深入，目前已有果皮较薄但韧性强的育种材料用于育种，该性状有较高的遗传力。

西瓜的耐贮运性主要取决于果皮的韧性。黄瓜等其他果类蔬菜的耐贮运性和货架期的长短也与肉质的特性有关，通常种子腔小、肉质致密的品种耐贮运性好、货架期较长。

（2）与耐贮运性相关的生理生化性状　采后生理研究的结果表明：降低蔬菜产品的呼吸强度和抑制内源乙烯产生强度有利于提高耐贮运性；产品器官呼吸强度和内源乙烯含量低的品种耐贮性好。前述番茄的 *rin* 和 *nor* 基因实际上是抑制成熟过程中（颜色显现加深、果实变软）的乙烯和呼吸的增强。已成功实施的提高番茄耐贮性的基因工程育种计划和正在实施的延长嫩茎花椰菜等蔬菜货架期的基因工程计划都是根据上述原理选择目的基因和构建基因载体的。

（3）与耐贮运性相关的抗病性　黑腐病、软腐病、脐腐病、炭疽病等病害可能在蔬菜贮运期间侵害产品，使其腐烂。为此，提高蔬菜对相关病害的抗性与耐贮运性关系密切。有关抗病性的遗传在各蔬菜作物的育种部分将述及，本节不拟赘述。

三、商品品质性状的评价与选育方法

（一）评价鉴定方法

蔬菜商品品质性状绝大多数是由感官特性决定的，因此对商品品质评价的主要方法是目测鉴定，有时辅以简单的仪器。例如，在鉴定番茄果实的颜色时，用比色计比目测鉴定更精确一些；测定西瓜、黄瓜、番茄等果实的坚实度常用硬度计。产品器官的内部结构与商品品质关系密切，因此需要对果实、叶球、肉质根、鳞茎等的剖面进行观察比较，为确定商品品质提供依据。例如，对番茄、西瓜、黄瓜、南瓜等蔬菜果实纵剖面的观察，可获得果肉颜色、种子腔与果实直径的比例、心皮的数目和分离状况、果肉紧实度等性状的数据；对萝卜、胡萝卜、白菜等蔬菜纵剖面的观察，可获得肉质根木质部薄壁细胞结构、致密程度和叶球的紧实度、中心柱的长短、叶腋有无小叶球或侧芽等数据。

在评价鉴定蔬菜的商品品质时需要特别注意：①环境和成熟度是影响品质的重要因素，因此为了对果实等产品器官进行可靠的测定需要过细的取样。如在对品种的品质差异进行比较时，供鉴定的所有产品器官必须有近乎相同的成熟度。对于成熟期差异大的材料要做到这一点是困难的，常需要将成熟果实摘除，然后待下一批果实达到商品成熟时再收获取样进行评价鉴定，以保证果实成熟度的相对一致。②蔬菜商品品质性状大部分为数量遗传，对于这些性状，同一品种（材料）的不同个体间的表现型常存在一定的差异。为了能较准确地对育种材料或品种的相关性状进行评价，参试材料需要有较大的群体以保证提供足够的成熟度一致的产品器官用来进行鉴定评价，从而获得有代表性的平均数和方差等参数。③对产品器官的颜色进行评价时，要避免光照条件的影响。通常在阳光或白炽灯下进行颜色的观察较好。在荧光灯下观察，常影响对颜色评价的准确性。④设标准品种作为对照，这样可在对某些性状进行主观评价时以对照品种为参照标准，并用简单数字来表示，从而可根据评价结果对供试品种、材料进行客观地相互比较。

（二）评价标准的制定

评价标准的制定非常重要，但非常复杂。其一，商品品质涉及的性状较多；其二，同一种蔬菜同一性状的标准常因品种类型、消费习惯、种植习惯而异；其三，商品品质性状仅为品质性状的一部分，而品质性状也需要与产量、抗病、抗逆等主要性状统筹兼顾。如何在育种计划里提出有可操作性的评价标准和商品品质目标，是一个需要周密考虑的问题。其要点如下：①同一种蔬菜的评价标准除了考虑通用的原则外，需要根据品种类型和消费习惯作相应的调整。例如，鲜销类型的番茄、黄瓜和加工番茄、黄瓜的评价标准有较大差异；不同生态型的结球白菜、萝卜、甘蓝等蔬菜已形成了各自有影响的代表品种，可参照这些品种的相关特性并根据需求作必要的修正，制定商品品质标准；调查研究地区间对主要蔬菜消费习惯的差异，为标准的制定提供依据。②针对育种目标，尽量收集优质型育种材料是商品品质改良的基础，同时也是制定育种计划中商品品质评价标准的基础。标准的制定一方面要考虑育种材料的基础水平及其与其他品质性状的互补或相斥的规律，另一方面要注意到品质与丰产性、抗病性、抗逆性之间可能存在的矛盾。为了解决矛盾，在尽可能根据相关的遗传规律制定适宜的选育方法的同时，对商品品质的评价标准也需考虑全局作出必要的调整。

（三）选育方法要点

商品品质性状是品质性状的一个重要部分。在以品质改良为主要育种目标时，可能突出某些商品品质性状，也可能涉及包括商品性状的多个品质性状。无论是哪种情况，都需要与丰产性、抗病性等其他重要性状优化组合。这是一个涉及资源材料、育种方法、程序的比较复杂的研究过程。关于育种的方法、程序等已在本章概述部分简要介绍，本节仅针对商品品质育种的特点提出如下注意点。

1. 注重不同类型育种材料的收集　在诸多的品质性状中，蔬菜商品品质性状的构成复杂，形成了品种类型多样的特点，同时其需求还受消费习惯左右。如前所述，除了色泽和部分形状性状外，多数为数量遗传。即使由主基因调控的性状，也常呈现较复杂的互作关系。这些都构成了商品性状育种材料多样化和变异丰富的特点。此外，主要蔬菜作物由于起源地区的差异和物种进化过程中受到不同的地理、气候和栽培条件的影响，形成了具有不同形态、生理、生态特点的品种类型和地方品种。在蔬菜商品品质的育种中，要注意搜集不同生态和栽培类型的符合商品品质选育目标的育种材料。具有不同遗传背景的育种材料的搜集、积累，将拓宽育种的目标性状选择基础，减小目标性状聚合的难度，事半功倍地完成育种任务。

2. 大群体连续定向选择　对于由多基因调控的商品品质性状的改良，在按选育目标选定适宜的育种材料的基础上，在大群体内对目标商品品质性状进行多代定向选择，获得优良的亲本株系，进而用于一代杂种的选育或获得优良品系。满堂红心里美萝卜品种正是通过这一途径在地方品种心里美萝卜的基础上育成的。

3. 基于目标性状重组的选育　商品品质的改良往往涉及多个品质性状，同时更多的是要与丰产性、抗病性等重要经济性状组合。根据选育目标，选用优质型亲本与具有丰产性、抗病性、抗逆性等其他目标性状的亲本进行杂交，从后代的分离群体中选择符合目标性状组合的个体，进而进行多代定向选择，是获得优良品种或亲本用于一代杂种选育的主要途径。如前所述，在杂交亲本的选择上要选用目标品质性状特别优良的材料作相关品质性状的基因供体，以便使杂交后代有较大遗传变异幅度，通过选择能得到理想的遗传增量。如果涉及的品质性状多，双亲无法提供所有目标性状时，可进行添加杂交。倘若采用回交方法，轮回亲本要选用具有高产、抗病等优良背景的亲本材料。

第三节　风味品质育种

一、食用风味品质概述

（一）与风味品质相关的物理性状

质地是与风味品质相关的主要性状。对于一部分生食和凉拌的蔬菜，如萝卜、胡萝卜、黄瓜、彩色甜椒和适于凉拌的叶菜，脆度和柔嫩度十分重要，以脆、嫩者居上。对于另一部分可作为水果食用的果类菜，如西瓜、番茄等，瓜瓤或果肉的质地也是衡量品质的重要因素，但它们没有明确的界定。西瓜可粗略地分为融化型（或称细粒型）和多纤维型（或称粗粒型），以及耐运输的“坚实型”，究竟哪一种类型受欢迎，常取决于消费者的喜好。番茄可粗略地分为柔软多汁型和坚实型，消费者通常喜欢柔软多汁的番茄，但作西餐时，紧实型切片后能保持所需要的形状。就炒食的蔬菜而言，以“开锅烂”或者脆、嫩者为佳，炒后不烂或不脆、嫩者通常不受欢迎。

蔬菜的质地一方面与产品器官的细胞和组织结构等有关，另一方面与粗纤维素等的含量有关。通常粗纤维含量高者，食用品质差。以萝卜为例，肉质根的解剖结构与品质关系密切，一般凡食之脆嫩的品种，肉质根次生木质部薄壁细胞中等或较大，细胞壁薄，细胞间隙较小；凡食之质松水多的品种，其肉质根次生木质部薄壁细胞大，细胞壁薄，细胞间隙大；凡食之肉质紧脆、味甜的品种，其肉质根次生木质部薄壁细胞较小，细胞壁较厚，细胞间隙小。

（二）与风味品质相关的化学成分

蔬菜的种类繁多，每种蔬菜都有其独特的风味，不同种类的蔬菜可能有相似的风味，但不可能完全相同，即使同一种蔬菜，不同的类型、不同的品种之间，风味也有差别。这种差异往往反映风味品质的优劣，但有时与风味品质的优劣关系不大。蔬菜的风味尽管千差万别，但主要还是由酸、甜、苦、辣、辛、涩和特殊芳香味等组分构成的，每一种风味组分都有对应的生化物质基础。

1. 甜味 甜味是构成各种蔬菜风味的主要组分。西瓜、甜瓜以甜度高者为优质品；胡萝卜、水果萝卜、番茄等蔬菜通常也是甜度高者受欢迎；其他蔬菜大体也以味甘者为佳。众所周知，决定甜味的主要物质是糖，甜度的高低主要取决于含糖量的高低。目前常用的测定含糖量的折射仪实际上测定的是可溶性固形物的含量。西瓜、甜瓜的含糖量与可溶性固形物含量的相关系数很高，胡萝卜总糖含量与可溶性固形物含量的相关系数也达 0.75～0.95。因此，对于这一类蔬菜，折射仪的读数可以作为比较含糖量高低的依据。

糖的组成，主要是还原糖（葡萄糖、果糖）与蔗糖的比率，对蔬菜的风味有一定的影响。例如，提高胡萝卜、萝卜的还原糖比率，可提高其风味品质。还原糖和蔗糖的比率不受总糖含量的影响，而是由品种的遗传性以及栽培环境调控。

2. 酸味 酸味是构成某些蔬菜风味的基本组分。但是，就绝大多数蔬菜而言，倘若出现味觉可感知的酸味，则不受欢迎。

有机酸是番茄、生食甜椒等蔬菜的风味物质，它必须与糖以适当的比例配合，即适宜的糖酸比，才能构成这些物种的良好风味。生食甜椒适宜的糖酸比一般高于番茄。番茄适宜的糖酸比的标准，往往因消费习惯而异。欧美国家的消费者一般要求较低的糖酸比，而中国的消费者一般要求番茄偏甜一些。

3. 辣味 除辣椒、萝卜、生姜等少数蔬菜外，绝大多数蔬菜是没有辣味的。辣椒的辣味物质是辣椒素（$C_{18}H_{27}NO_3$）和结构相似的另外 4 种产生辣味的化合物。干红辣椒粉和含油树脂中辣椒素的百分率是这些产品的重要品质指标。萝卜的辣味源于萝卜素（硫苷的降解产物），就生食萝卜而言，微辣常能为消费者所接受，但若辣味过浓则不受欢迎。萝卜的辣味是一个可遗传的性状，但受环境条件的影响，通常高温、干旱促进萝卜素的合成，使萝卜的辣味变浓。

4. 鲜味 不少蔬菜，如结球白菜、白菜、荠菜、冬瓜等炒食时有特殊的鲜味。产生鲜味的主要物质为谷氨酸等多种氨基酸，氨基酸含量高，则鲜味浓、风味好。

5. 苦味 苦味通常是绝大多数蔬菜的不良风味。然而，苦瓜、苦苣等蔬菜的特有风味则是苦味。苦瓜苦味的物质成分是葫芦素（苦瓜素）。葫芦素是四环三萜（烯）类化合物，葫芦科的野生种多数能合成葫芦素，果实有苦味；栽培种除苦瓜外，都要求不合成葫芦素或能阻止葫芦素向果实的运转。葫芦素通常对人体无害，有研究表明，苦瓜、黄瓜的葫芦素有保健作用。然而，也有研究认为，南瓜的葫芦素有一定的毒性。除葫芦科作物外，萝卜等蔬菜的某些品种的肉质根也含有苦瓜素，使萝卜产生苦味，是一个不良的性状。

十字花科芸薹属的一些蔬菜，常有淡淡的苦味并与其他芳香物质构成了这些物种的特有的风味。硫苷的降解产物是构成十字花科蔬菜特殊风味的主要物质基础。

导致胡萝卜产生苦味的是异构香豆素。由于异构香豆素引起的苦味是长期冷藏的结果（乙烯会促进苦味的产生），因此在胡萝卜育种中不是主要目标。此外，异构香豆素对苦味的作用还不完全清楚。

黄酮类、多酚类物质是对人体健康有益的物质，但也可能使一些蔬菜有程度不等的苦味。苦苣的苦味可能源自这一类物质。

6. 芳香味 各种蔬菜的独特风味常由浓度很低的芳香物质和挥发性物质所致。据 Jones 和 Rosa 的研究，几种芳香物质赋予了辣椒的特殊风味（与辣味无关）。Buttery 等（1969）首次鉴定出辣椒的重要风味成分 2-异丁基-3-甲氧基丙嗪（2-isobuttyl-3-methoxypazine），这种成分极香。在外果皮中这种成分的浓度最高，胎座中较低，种子中没有。

番茄风味组分研究的报道较多，目前已经鉴定出的番茄挥发性组分多达 400 余种（Buttery et al.，1971；Dirinck et al.，1976；Stevens et al.，1977；Wright 和 Harris，1985）。然而，400 多种化合物中含量超过十亿分之一的只有 30 多种，其中对风味具有作用的只有 16 种主要化合物（Buttery，1993）。

十字花科蔬菜中主要的生物活性物质为硫代葡萄糖苷（glucosinolates），其在内源芥子酶的作用下可水解产生异硫氰酸酯（isothiocyanates）、硫氰酸酯（thiocyanates）和腈类（nitriles）等化合物。不同的异硫氰酸酯，是形成十字花科蔬菜特殊辛香风味的主要物质基础。白菜类的清鲜味、甘蓝类的苦味及萝卜的辛辣味，主要是由不同硫苷的降解产物形成的。

葱蒜类蔬菜，包括大蒜、大葱、洋葱等，其挥发性物质主要由 2-烯丙基乙腈、二烯丙基二硫醚、甲基烯丙基硫代乙酸酯等硫化物所组成。

（三）风味品质与消费习惯

对各种蔬菜风味品质的评价从总体看有一些基本标准是通用的。例如，番茄的风味品质取决于适当的糖酸比和番茄的香味；西瓜、甜瓜等主要以含糖量的高低决定优劣；辣椒则要有辣味，甜椒则要求甘甜、质脆，两者均要有特殊香味；苦瓜则要有其特殊的苦味，如此等等。然而，风味品质构成的因素较多，消费习惯对风味品质标准的确定也带来很大的影响，常不能简单地一刀切。

在制订品质育种计划、确定选择标准时，要考虑不同国家、地区消费习惯的差异。如前所述，欧美国家的消费者一般喜食稍偏酸的番茄，要求番茄有相对较低的糖酸比，而中国的消费者一般要求番茄有相对较高的糖酸比；中国消费者喜爱黄瓜特有的清香味，而欧美的消费者对此似乎不十分在意；苦瓜必须有苦味，然而不同消费群体对苦味浓淡的要求不一样。此外，同一种蔬菜，不同类型品种的风味品质标准亦有差异。例如，对生食萝卜风味品质的要求是：食之脆甜，还原糖含量高，多汁，微有辣味或基本无辣味；对熟食菜用萝卜风味品质的要求是：肉质鲜嫩，无苦味，无粗纤维，易煮烂；对加工萝卜风味品质的要求是：肉质致密，含水量低等。

需要指出的是消费习惯是动态变化的，随着人们生活水平的提高，对蔬菜风味品质会提出更高的要求，蔬菜品质育种需要与时俱进，不断改进，不断提高。

二、风味品质遗传

（一）质量性状遗传

根据目前的研究结果，由单基因或寡基因控制的与风味品质相关的质量遗传性状不是很多，主要集中在如下几个方面。

1. 苦味的遗传　如前所述，葫芦素是葫芦科作物和萝卜产生苦味的物质基础。主要葫芦科蔬菜苦味的遗传研究已取得了重要进展，认为苦味多数由单基因调控。但关于西瓜苦味的遗传有多个报道，Enslin 和 Rehm（1957）发现 1 对隐性单基因抑制西瓜果实的苦味的形成；Chambliss（1997）等发现西瓜无苦味对苦味是隐性，由 1 对单基因控制。进一步的研究认为，3 对基因控制苦瓜素的形成，其中在试验群体里分离出的 su^{Bi} 基因能消除苦味基因对果实的影响，但对叶片不起作用；有人认为还有第 3 个基因 mo^{B} 存在，这一基因调控苦味物质的浓度。

关于南瓜苦味的遗传也有多个报道。Grebenscikov（1954）报道，美洲南瓜苦味的形成由显性单基因 *Bi* 控制；Rehm 等推断有 1 个抑制葫芦素在果实（而不是在叶片）中形成的基因；Whitaker 报道，*Cucumis andreana*（南瓜近缘野生种）果实的苦味对印度南瓜果实的无苦味性状为显性。

在黄瓜生产中，时常会有苦味果实的出现，大大降低了其商品性，有关苦味果实的形成，通常认为既有栽培的原因，又有遗传的原因，以后者为主。

2. 辣味的遗传　关于辣椒辣味的遗传一般认为由 1 对显性基因控制。Webber（1912）报道，在 Red chili（辣）×Golden dawn（甜）的 F_2 中出现 25（辣）∶5（甜）的比率。Deshpande（1933）在 Cayenne 与几个甜椒型辣椒杂交的 F_2 中观察到 202（辣）∶70（不辣）的比率，χ^2（3∶1）＝0.078，P＝0.90。他将控制辣椒素的基因用 C 表示。

但是 Ohta 等（1962）将定量的方法测定辣度与品尝临界法相结合，发现 F_2 的辣度不一致，F_2 和回交后代群体呈二项分布。其结果表明辣味是多基因控制的，即 1 个主基因决定辣味，与此同时多基因以累加的方式起作用（正和负），从而决定了不同的辣度。

（二）数量性状遗传

蔬菜风味品质相关性状绝大多数为数量性状遗传，除番茄、西瓜等少数蔬菜作物外，相关的遗传研究尚未系统开展。

番茄风味品质遗传的研究主要为糖、酸含量的遗传，研究报道较多。例如，Fulton 等（2002）选用 4 个番茄的回交群体为材料进行了糖、有机酸及其对番茄风味可能起作用的生化物质等性状的 QTL 分析。该项研究获得了 222 个与 15 个风味品质性状相关的 QTL，并对生化物质与风味的关系及评价改进风味品质的可能的方法进行了分析。特别需要指出的是，所检出的与糖酸比有显著关联和对改进风味相关性高的 QTL 将能作为改进风味的重要目标。

西瓜可溶性固形物含量是影响西瓜商品品质的重要因素，历来受到育种家的重视。但是可溶性固形物含量为数量性状，其表达受多基因控制，易受环境的影响，选育效率相对较低，对可溶性固形物含量这一数量性状的准确选择常成为西瓜常规育种的难点。长期以来，人们从栽培措施、生理指标等角度对西瓜可溶性固形物含量开展了多项研究，其相关结论为西瓜栽培和品质改良提供了依据。然而有关可溶性固形物含量的遗传研究却鲜有报道，张海英等（2005）以 97103 和 PI29634 - FR 为亲本构建的重组自交系为材料，分别对生长在 3 个不同环境中的西瓜可溶性固形物含量进行了 QTL 的定位和分析，结果显示共有 18 个与可溶性固形物含量相关的 QTL，分别位于第 1、第 2、第 3、第 5、第 14、第 15、第 19 连锁群上。

三、评价与选择方法

蔬菜风味品质的评价方法主要有品尝法和仪器、化学分析两种方法。前者是传统的、简单有效的方法，而且评价结果与消费习惯密切相关；后者比较精确，但费时、费工和需要一定的仪器设备。

1. 品尝法 品尝法是目前常用的行之有效的风味品质评价的方法。尽管品尝法包含有许多主观的成分，但是大多数仪器分析家认识到只有将仪器分析和感官分析配合起来才能获得最令人满意的结果，甚至在仪器的灵敏度有限，仪器没有出现信号时，人的“生物学检测器”（感官）仍可感觉出味道、气味等。另外，仪器只能分析单项性状，而人的感觉器官能给出嗅感、味感、温感和触感的总感觉。

采用品尝法进行蔬菜风味品质的评定时，即使训练有素的专家也会由于口味等的差异出现偏差，因此品尝评价需由多人组成的小组实施，每一个成员根据评定的项目和标准独立地打分或提出评定等级。然后采用相关的统计方法对获得的数据进行比较分析，评定试验材料的风味品质的优劣。评定项目的确定及等级或记分的标准划分是品尝评价是否能客观地反映风味品质好坏的关键。不同蔬菜作物及同一作物的不同品种类型的评定项目和标准通常有差异，需要事先仔细地研究确定。表 7 - 1 所介绍的大白菜品质评价表即是一个实例。需要指出的是，对蔬菜的风味品质的评定常与商品品质的评定同时进行。

对于新选育品种的风味品质的评价常有数量众多的消费者参与，其结果有更好的代表性和可信度。表 7 - 2 所列的美国消费者对西瓜品种 Dixtelee 和 Charleston gray 喜好的评定即是一个值得借鉴的实例。

表 7-2　消费者对西瓜品种 Dixtelee 和 Charleston gray 喜好的评价

（《蔬菜作物育种》，1994）

审评的性状	测验编号	参加评审人数	喜好		
			Dixtelee	Charleston gray	无选择
甜 度	1 2 平均	63 287	91 71 85	6 16 11	3 6 4
风 味	1 2 平均	63 287	76 70 73	11 19 15	13 11
颜 色	1 2 平均	63 287	75 78 77	16 10 13	9 12 10
质 地	1 2 平均	63 287	65 67 66	25 20 22	10 13 2
异 味	1 2 3 平均	63 287 332	0 1 4 2	0 0 0 0	— — — —
综 合	1 2 3 平均	63 287 332	89 77 85 84	11 18 14 14	0 5 1 2

2. 仪器、化学分析法　手持折光仪和 pH 计是测定含糖量和酸度的简便、实用的仪器。虽然前者实际上测定的是可溶性固形物含量，但由于西瓜、甜瓜、番茄、胡萝卜等的可溶性固形物含量与含糖量有很高的相关性，因此所测得的结果能很好地代表甜度。上述这两种常用的简单仪器所测定的是总糖和总酸的含量，如果要对糖和有机酸进行分类和定量的研究，高压液相色谱仪则是必需的仪器设备。

蔬菜的风味物质通常是由各类挥发性物质组成，品尝是简单有效的鉴定方法。对风味物质的组成成分的分析是当前和今后蔬菜风味品质研究深入的一个重要方面，气相色谱和气质联用等仪器以及国标规定的其他化学分析法是进行这方面研究的重要仪器设备和技术手段。

四、风味品质育种的成就与问题

蔬菜风味品质的改善提高自古以来一直是蔬菜品种改良的重要内容，由此形成了蔬菜风味品质的丰富的内涵和数以千计的各种蔬菜的优质品种以及基础深厚的种质资源，为现代育种创造了良好条件。经过长期的自然选择和人工选择，各种主要蔬菜形成了种内各具特色风味的品种。例如，大白菜中胶东地区的白菜品种常以氨基酸含量较高为特点，而华北地区的白菜以炒食味甘的品种为佳品；以辣、苦为特色风味的蔬菜，根据不同的消费需求，形成了不同程度辣、苦味的品种分化；茄子品种的形状、质地多样，适应了烧、炒、蒸、炖等不同烹调方法对品质的需求。

20 世纪以来各国加强了主要蔬菜风味品质生理代谢和遗传的研究，开始实现从知其然向知其所以然的转变。这一方面提高了品质育种的水平，培育出一大批优良品种，使得各种蔬菜变得更可口；另一方面，为风味品质育种的可持续发展奠定了良好的理论基础。在近代育种中，通过杂交育种，番茄在提高干物质含量和糖酸比的适配方面取得了骄人的业绩，特别是利用野生种相关优异基因提高栽培种的风味品质的研究成效卓著。西瓜育种在提高含糖量方面的成就有目共睹，目前的优良西瓜品种的含糖量水平一般可达 11%左右。此外，在大白菜杂种优势利用的初期，北京等地推出的品种产量优势明显，但风味欠佳，引起了重视。20 世纪 90 年代中期，新 3 号等品种问世，获得了“开锅烂”的好评。

蔬菜风味品质的不断改善和提高无疑是主流，然而在前进过程中，也出现了不少问题：①在中国蔬菜杂种优势利用的初始阶段，鉴于供不应求的大环境，育种者常常更注意产量优势的利用，对品质的要求相对放松，风味品质的改良常提不上议事日程，或仅作为次要性状目标列入育种计划，致使以风味品质改良作为主攻方向的育种成果少之又少；②出现了贮运品质和风味品质选育的矛盾。突出的事例是耐贮运的番茄品种成为主流后，各国消费者普遍抱怨风味品质的下降，美国有许多文章对这类品种进行评论，戏称其为“纤维素橡皮块”，如何解决这一类矛盾是育种家需要着力研究解决的难题；③风味品质的评价鉴定水平有待提高。目前制约风味品质育种发展的一个重要因素是评价技术不能适应育种的需求，需要加强 3 个方面的工作。其一，研究品尝鉴定与化学测定评价相结合的方法。品尝鉴定的主要缺点是由主观性带来的较大差异。如美国调味品贸易协会用 Scoville 单位（SU）来衡量辣度，它是由品尝专家组能品尝出来的最高稀度的倒数。显然，用化学测定来控制 SU 的可靠性是十分必要的。为此，Rajpoot 等（1981）研究提出了基于纸色谱与分光光度计相结合的测定 SU 的方法并用于对品尝评价的结果进行验证。从蔬菜风味品质改良的实际需要出发，除糖酸等用简单仪器能快速测定的风味物质外，采用相应的仪器和化学分析方法对品尝鉴定结果进行必要的修正，并以对照品种作为入选门槛的参照是可行的。两者的结合可取长补短，有效地提高选择的效率和准确性。其二，加强对芳香味等目前知之不多的风味性状化学成分的研究，明确其主要物质基础，建立高效的检测方法。其三，加强分子标记辅助选择技术的研究，充分利用已有的质量性状分子标记和重要多基因性状的 QTL 的研究成果，建立完熟的、可用于育种的分子标记选择实用程序和方法。

第四节 营养品质育种

一、营养品质相关性状

蔬菜是人们日常生活中的重要食品之一，其共同特点是：水分多，蛋白质和脂肪含量低，但某些重要的维生素如维生素 C、胡萝卜素及矿物质含量十分丰富，是这些营养元素的主要膳食来源。此外，蔬菜中常含有各种芳香物质和色素，使食品具有特殊的香味和颜色，赋予蔬菜良好的感官性状，可增进食欲，调节体内酸碱平衡，促进肠的蠕动等。蔬菜中还含有一些酶类、杀菌物质和具有特殊功能的生理活性成分，对维持人体正常生理活动、促进健康有重要的营养价值。

（一）主要营养成分

1. 水 蔬菜中含有大量的水分，水是保证和维持蔬菜品质的重要成分。正常的含水量是衡量蔬菜新鲜程度的重要指标，一般鲜菜中含有 65%～90%的水分，如大白菜植株的水分含量是 95.6%，黄瓜为 96.9%，番茄为 95.9%，洋葱为 88.3%，山药为 82.6%，马铃薯为 79.9%。只有含水量充足时，才具有鲜嫩多汁的食用品质；如果失去了正常的含水量，蔬菜组织的细胞膨压减小，就会使蔬菜变得萎蔫而降低品质。不过也正是由于蔬菜的含水量大，给微生物繁殖提供了有利条件，才使得蔬菜一般很难贮运，容易腐败变质。

2. 矿物质

（1）钙　很多蔬菜的含钙量比大田作物高出很多，如番茄中的钙含量一般比水稻高出10倍以上，达到800 mg/kg（鲜重，以下同）。含钙量较高的蔬菜作物有：扁豆（1 160 mg/kg）、毛豆（1 000 mg/kg）、豌豆苗（1 560 mg/kg）、茴香（1 500 mg/kg）、香椿（1 100 mg/kg）、结球白菜（610 mg/kg）、普通白菜（1 630 mg/kg）、菠菜（720 mg/kg）等。

（2）磷　蔬菜中的含磷量大部分是比较高的，如扁豆含有630 mg/kg的磷元素，豇豆也为630 mg/kg，鲜豌豆为900 mg/kg，马铃薯为640 mg/kg，竹笋为760 mg/kg，油菜薹为530 mg/kg，雪里蕻为640 mg/kg，菠菜为530 mg/kg，芹菜茎为610 mg/kg，芹菜叶为710 mg/kg，蒜苗为530 mg/kg，洋葱为500 mg/kg，香椿为1 200 mg/kg，花椰菜为530 mg/kg。蔬菜中的磷大部分是有机态磷，约占全磷含量的85%，而无机磷只有15%左右。有机磷主要以核酸、磷脂和植素等形态存在，无机磷主要以钙、镁、钾的磷酸盐形态存在，这两种形态磷在植株体内均有重要作用。一般幼叶中的有机磷含量高，老叶则是无机磷含量较高。

（3）镁　镁元素在蔬菜体内的含量为0.05%～0.7%。不同种类蔬菜的含镁量不同，一般豆科蔬菜地上部的含镁量是禾本科蔬菜的2～3倍。对于同一种蔬菜来说，种子中含镁量较高，茎叶次之，根系一般较少。在正常植株的成熟叶片中，大约有10%的镁元素结合在叶绿素a和叶绿素b中，75%的镁结合在核糖体中，其余的15%或呈游离态或结合在各种需二价镁离子置换的阳离子结合部位（如蛋白质的各种配位基团，有机酸、氨基酸和细胞壁自由空间的阳离子交换部位）。

（4）硫　蔬菜中的含硫量一般为0.1%～0.5%，其变幅明显受到蔬菜种类、品种、器官和生育期的影响。十字花科蔬菜含硫量最高，豆科和百合科的蔬菜次之，禾本科蔬菜较少。硫元素在蔬菜植株开花前主要集中分布于叶片中，植株成熟后叶片中的含硫量逐渐减少并向其他器官转移。

（5）铁　不同蔬菜体内的含铁量差异较大。如扁豆为15 mg/kg，马铃薯为12 mg/kg，山药为3 mg/kg，芋头为6 mg/kg，胡萝卜为6 mg/kg，普通白菜为18 mg/kg，雪里蕻为34 mg/kg，菠菜为18 mg/kg，茼蒿为27 mg/kg，芫荽为56 mg/kg，芹菜茎为85 mg/kg，韭菜为17 mg/kg，洋葱为18 mg/kg，香椿为34 mg/kg，番茄为8 mg/kg，黄瓜为3 mg/kg。

（6）碘　蔬菜体内的含碘量一般比较低而且其植株含碘量主要取决于栽培土壤的含碘量。蔬菜叶片的含碘量通常高于根茎的含碘量。菠菜叶是所有蔬菜中含碘量最高的。蔬菜自身的生长发育并不需要碘元素的参与，但碘元素对于人体的营养功能却非常重要。

3. 维生素　蔬菜中一般不直接含有脂溶性的维生素A（除了菠菜含有少量具有生理活性的维生素A），但含有丰富的维生素A的前体，这主要指的是与维生素A化学结构相似的一类化合物，叫做类胡萝卜素，包括α-胡萝卜素、β-胡萝卜素、γ-胡萝卜素等。这些类胡萝卜素经过人体消化，可转化为维生素A。蔬菜中含量较多的胡萝卜素主要为α-胡萝卜素、β-胡萝卜素、γ-胡萝卜素。β-胡萝卜素理论上能生成两个分子的维生素A；而α、γ两种胡萝卜素仅含有一个白芷酮环，理论上只能生成一个分子的维生素A，所以都被称作维生素A原。很多蔬菜含有丰富的胡萝卜素，如胡萝卜的含量为36.2 mg/kg，普通白菜为29.5 mg/kg，豌豆苗为15.9 mg/kg，菜薹为18.3 mg/kg，菠菜为38.7 mg/kg，莴苣叶为21.4 mg/kg，茴香为26.1 mg/kg，芫荽为37.7 mg/kg，韭菜为32.1 mg/kg，萝卜叶为28.9 mg/kg。总体看，绿色蔬菜中β-胡萝卜素含量高，而黄色蔬菜中α-胡萝卜素含量高。在胡萝卜所含的类胡萝卜素中，以β-胡萝卜素为主要成分，约占85%，α-胡萝卜素含量在15%以下。

番茄红素在番茄、西瓜等蔬菜中含量很高，对氧化反应敏感，日光照射12 h后番茄红素基本上损失殆尽。番茄红素具有抗氧化、消除自由基、控制肿瘤增生、减缓动脉粥样硬化形成等功能。番茄红素主要来源于番茄及其制品，南瓜、西瓜等果实和胡萝卜、芜菁甘蓝等都含有。番茄红素在番茄中的含量随品种和成熟度的不同而异，番茄的成熟度越高，番茄红素的含量也越高。番茄中的番茄红素72%～79%存在于皮及水溶性组织中，食用时加少许烹调油或加热均可促进番茄红素的释放，从而提高肠道对它的吸收率。

维生素E是指一些具有α-生育酚的生物活性的脂溶性化合物，它们都有一个共同的甲基团（$—CH_3$）。现已证明，具有维生素E活性的生育酚一共有8种。很多蔬菜含有维生素E，如菠菜中的含量为20 mg/kg，马铃薯中含量8.5 mg/kg，胡萝卜中含量2.1 mg/kg。

抗坏血酸即维生素C，是一种简单的水溶性六碳化合物，与单糖极为相似，对酸稳定，但很容易被氧化。氧化后的最初产物为脱氢抗坏血酸，能同样有效地被人体利用，而且更容易输送到各个组织，更容易进入细胞。蔬菜中含有丰富的抗坏血酸，如豌豆苗含量为530 mg/kg，油菜含量为510 mg/kg，雪里蕻含量为830 mg/kg，菠菜含量为390 mg/kg，芫荽含量为410 mg/kg，韭菜含量为390 mg/kg，青蒜含量为770 mg/kg，香椿含量为560 mg/kg，花椰菜含量为880 mg/kg，苦瓜含量为340 mg/kg，尖椒含量为1 850 mg/kg，绿青椒含量为890 mg/kg。蔬菜中的维生素C含量受到多种因素的影响，新鲜的蔬菜一般比萎蔫蔬菜的含量高得多；根菜类蔬菜的维生素C含量损失很慢，但温度升高时损失就会加快；通常果实越成熟，维生素C的含量越高。在低温、高湿、空气流动差的冰箱中贮藏的蔬菜其维生素C的损失可显著减少。另外，加工和烹调方法也对蔬菜中维生素C的含量有重要影响。一般只要缩小与空气和水接触的面积即可减少损失，如在真空下加工会明显减少损失；烹煮时间越长，损失越大。蒸熟的蔬菜，维生素C保存较多，但常压蒸汽又不及高压蒸汽效果好。

硫胺素（维生素B_1）是白色晶体，溶于水，很容易因受热或氧化遭到破坏，在碱性环境中更是如此。一般豆类蔬菜中的硫胺素含量比较丰富，如四季豆中含量为0.8 mg/kg，豇豆中含量为0.9 mg/kg，毛豆中含量为3.3 mg/kg，鲜豌豆中含量为5.4 mg/kg，鲜蚕豆中含量为3.3 mg/kg。

核黄素（维生素B_2）性质比较稳定，耐酸，耐热，不易氧化，但在碱和光中不稳定，稍溶于水。核黄素在蔬菜中普遍存在，如四季豆中含有1.2 mg/kg，毛豆中含有1.6 mg/kg，鲜蚕豆中含有1.8 mg/kg，豌豆苗中含有1.9 mg/kg，油菜中含有1.1 mg/kg，雪里蕻中含有1.4 mg/kg，绿苋菜中含有1.6 mg/kg，菠菜中含有1.3 mg/kg，芫荽中含有1.5 mg/kg，韭菜中含有0.9 mg/kg，香椿中含有1.3 mg/kg，茄子中含有0.4 mg/kg，番茄中含有0.2 mg/kg。

尼克酸（烟酸）又叫维生素B_3，对热、光、酸、碱和氧化都很稳定，所以在食物的正常加工烹煮过程中损失很少。绝大部分蔬菜都可以检测到尼克酸，如四季豆中含有6 mg/kg，扁豆中含有7 mg/kg，豇豆中含有10 mg/kg，毛豆中含有17 mg/kg，结球白菜中含有3 mg/kg，普通白菜中含有6 mg/kg，雪里蕻中含有8 mg/kg，菠菜中含有6 mg/kg，芫荽中含有10 mg/kg，韭菜中含有9 mg/kg，青蒜中含有8 mg/kg，大葱中含有5 mg/kg，香椿中含有7 mg/kg，花椰菜中含有8 mg/kg，番茄中含有6 mg/kg，茄子中含有5 mg/kg。

4. 碳水化合物 碳水化合物主要是指淀粉、糖、纤维，是植物贮存能量的不同物质形态，也是人体的主要能源之一。膳食中碳水化合物的种类和比例可能同冠心病、糖尿病、高血脂、肿瘤的发病率有密切关系。随着人们生活水平的提高，一般是减少饮食中单糖用量，相应增加一些复杂碳水化合物和纤维素的摄入量有益于健康。

（1）*单糖* 单糖是碳水化合物的最简单结构单位，也叫六碳糖。从营养学角度看，重要的单糖有葡萄糖、果糖和半乳糖3种。各种蔬菜中均含有丰富的单糖。如结球甘蓝中含有葡萄糖16 g/kg，果糖12 g/kg；胡萝卜中含有葡萄糖9 g/kg，果糖9 g/kg；洋葱中含有葡萄糖21 g/kg，果糖11 g/kg；马铃薯中含有葡萄糖10 g/kg，果糖13 g/kg；南瓜中含有葡萄糖10 g/kg，果糖12 g/kg；番茄中含有葡萄糖11 g/kg，果糖13 g/kg。

（2）*双糖* 双糖是由两个单糖分子组成，约占食用碳水化合物的35%。最常见的双糖是蔗糖。

蔬菜中或多或少含有蔗糖，如结球甘蓝中含有 2 g/kg，胡萝卜中含有 42 g/kg，洋葱中含有 9 g/kg，马铃薯中含有 17 g/kg，南瓜中含有 16 g/kg，甜瓜中含有 59 g/kg。

（3）多糖　多糖结构复杂，完全是由葡萄糖分子组成的长链，包括淀粉、纤维素、半纤维素及果胶物质。淀粉是由葡萄糖脱水缩合而成的多糖，淀粉含量较高的蔬菜有薯类（占 14%～25%）、藕（约占 12%）、芋头、山药及一些豆类蔬菜、莲子等。蔬菜未成熟的果实一般含淀粉较多，在后熟作用下，由于体内淀粉酶的作用，将其水解，淀粉含量下降。但豆类、甜玉米等则随成熟度的提高，体内淀粉积累增加。淀粉的上述性质和代谢特征与加工及原料有关，如豌豆、甜玉米等必须在淀粉含量较低时采收，否则品质低下；而洋梨、香蕉等则需后熟，以降低淀粉含量。

纤维素也是由许多葡萄糖分子组成，但结构与淀粉不一样，人体缺乏能分解纤维素的酶，因此无法消化它，但这种残留物对促进人体肠道的蠕动有重要意义。蔬菜中含有丰富的纤维素，以粗纤维为例，多数蔬菜的纤维素含量在 4～14 g/kg。

果胶物质是由多聚半乳糖醛酸脱水聚合而成的长链高分子物质，在蔬菜组织中以原果胶、果胶和果胶酸几种不同形式存在，各种形式有不同的特性，从而影响蔬菜的耐贮性和工艺品质。原果胶不溶于水，存在于蔬菜细胞壁之间的中胶层内，功能是使细胞之间黏结。未成熟的蔬菜中含量丰富，故此时的蔬菜质地坚硬。随着蔬菜的成熟与老化，原果胶水解成水溶性果胶，组织崩溃软烂，致使瓜类蔬菜的果实绵软，食用品质下降。果胶在果胶酯酶的作用下脱脂化而变成果胶酸，不溶于水，无黏性。果胶酸在多聚半乳糖醛酸的作用下生成短链或单个的半乳糖醛酸，上述变化是蔬菜果实成熟后软烂的主要原因之一。果胶物质有很好的凝胶能力，在适当的条件下可形成凝胶，果酱的生产即可利用此特性。低甲氧基果胶和果胶酸能与钙等多价离子形成不溶于水的盐类，蔬菜的加工中利用此特性可增加产品的硬度和保持块形，贮藏中利用此特性保持硬度和新鲜度，但过度的硬化会使口感粗糙。

5. 脂肪　绝大多数蔬菜都能检测到脂肪，多数蔬菜作物脂肪的含量在 2～8 g/kg。大多数蔬菜都包含带有 8～10 个脂肪酸的甘油酯，即饱和与不饱和脂肪酸的混合物。不饱和脂肪酸构成的脂肪在常温下为液体，熔点较低；饱和脂肪酸占主要地位的脂肪则熔点较高，在常温下为固体。脂肪中的脂肪酸容易与碘结合，结合的多少，随其所含双键的数目而异。脂肪酸的这一特性便是测定脂肪饱和度的依据。如果脂肪含的不饱和脂肪酸多，它的碘值就高。双键还容易使不饱和脂肪酸氧化，由此产生的过氧化物便是油脂哈味和酸败味的根源。

6. 蛋白质　蛋白质是由许多氨基酸组成的极其复杂的物质。食物蛋白的最终价值在于其氨基酸的构成，因为人体必需营养素是氨基酸而不是蛋白质。许多蔬菜含有多种蛋白质，但通常以总蛋白来表示其蛋白质含量，多数蔬菜产品蛋白质的含量在 6～136 g/kg。

7. 活性物质　生物活性物质（bioactive compounds）是食品、生物体内存在的能使人体各种机能产生生物活化效应的一类物质，简单地说就是能够直接参与人体新陈代谢过程，对维持人体最佳健康状态起着重要作用的物质。蔬菜生物活性物质指的就是蔬菜中含有的可以调节人体生理功能、提高免疫力、预防疾病，具有营养保健功能的化合物，如有机硫化合物、类胡萝卜素、类黄酮和多糖等。它们在维持和促进人体健康，预防诸多慢性疾病方面具有突出的作用，同时又是功能性食品的主要成分。

（1）大蒜油　大蒜油是从大蒜中提取的一类与水不相溶的具有挥发性的浅黄色有机硫化物。大蒜油主要由大蒜辣素、大蒜新素及多种烯丙基和甲基组成的硫醚化合物，另外还含有柠檬醛、芳樟醇、水芹烯、丙醛、戊醛等。大蒜油可以抗菌，抗病毒，提高机体的免疫力；对心血管系统有保健作用，能降血黏、抗血栓、降血压和血糖、调节血脂、抗肿瘤。另外，大蒜油还有很强的抗氧化、抗衰老、保肝护肝、增强体力的作用。

（2）硫代葡萄糖苷　简称硫苷，是一类含硫化合物，是十字花科植物中特有的次生代谢产物，是一种生物活性物质。硫苷的降解产物是构成十字花科蔬菜特有的辛香气味的主要物质。不同的异硫氰酸酯构成了十字花科蔬菜的多种特殊风味，例如白菜的清鲜味、甘蓝类的苦味及萝卜的辛辣味。异硫氰酸酯类化合物可以抑制由多种致癌物诱发的癌症。此外，硫苷的降解产物还有抗虫、抗菌的功效。但是，某些硫苷会抑制动物对碘的吸收，导致甲状腺功能障碍。一些腈类对肝、肾有损伤作用。

（3）类黄酮 类黄酮属于植物次生代谢产物，类黄酮几乎在所有植物中都有分布，并常以糖苷形式存在。依据结构不同主要分为以下几类：黄酮、黄酮醇、黄烷酮、黄烷醇、异黄酮，其中后3种属于黄花素。有人也将花青苷归为类黄酮。异黄酮主要存在于豆类（尤其是大豆）及其制品中，但在发酵过的大豆制品中异黄酮主要以游离的苷元形式存在。类黄酮类化合物对人类健康有着重要的影响。它是一类供氢型的自由基清除剂，通过与铁的配合抑制过氧化氢酶驱动的Feton反应；并且通过还原α-生育酚自由基，使生育酚得到再生，同时猝灭了单线态氢。异黄酮与类黄酮的结构相似，主要存在于豆类尤其是大豆及其制品中。大豆异黄酮共有13种同分异构体，包括3种不含糖基及9种含有糖基的类黄酮。不含糖基的有大豆黄素、染料木素、黄豆黄素；包含糖基的有大豆苷、染料木苷、黄豆黄素苷、乙酰大豆苷等。大豆的加工产品保留了相当多的异黄酮，如组织大豆蛋白、大豆粉、分离大豆蛋白等。蔬菜中主要存在5种形式的类黄酮，即山柰黄素、槲皮素、杨梅黄酮、芹菜素、毛地黄黄酮，后两种属于黄酮，前3种属于黄酮醇。

（4）花青素 花青素又称花色素，是一类广泛存在于植物中的水溶性天然色素，属于类黄酮化合物，是植物的主要呈色物质。葡萄是花色苷类色素的主要来源，另外红橙、红莓、草莓、桑椹、山楂皮、茄子皮、紫薯、黑（红）米、牵牛花等都含有大量的花色苷类色素。大量研究表明，花青素具有抗氧化、抗突变、预防心脑血管疾病、保护肝脏、抑制肿瘤细胞发生等多种生理功能。

（5）有机硫化物 主要存在于葱属的蔬菜中，如大蒜、洋葱、大葱、韭菜、韭葱等。葱属蔬菜风味组分大部分是当组织细胞破碎时，在细胞中酶作用下产生的。例如，葱类蔬菜辛辣味的主要来源为γ-胺盐基转肽酶与蒜氨酸酶作用产生的含硫化合物。葱和蒜在组织被破坏时，所含的蒜氨酸在酶作用下形成的蒜素，散发出特有的气味。葱蒜类蔬菜中的有机硫化物对人体具有特殊的生理效应，有益于预防心血管疾病、抗癌、调节血糖及提高免疫力。芳香物质为油状挥发性物质，称油精。主要成分为醇、酯、醛和酮等，有些芳香物质是以糖苷或氨基酸状态存在，必须经酶的作用，分解成油精才具有香味（如蒜油）。

（6）有机酸 蔬菜中有机酸的含量比水果少，主要是苹果酸、柠檬酸和酒石酸，这3种酸统称为果酸。有机酸具有温和的酸味，对人体无害，并能促进消化液的分泌，有利于食物的消化，酒石酸还能阻止糖类转化为脂肪。某些蔬菜含有大量的草酸。有机酸的存在并不意味着它在体内呈现酸性，因为蔬菜里还含有钾、钠、钙、镁等离子，有机酸往往是以盐状态存在的。当有机酸盐类进入人体后可作为代谢中间物被氧化成二氧化碳和水排出体外，或者在肝内合成糖原贮存起来，其结果都会使血中氢离子浓度降低，同时原来与有机酸结合的钾（钠）则与碳酸氢根结合，从而增加了血液中的碱性，所以蔬菜被称为碱性食物。

除上述各类物质外，蔬菜中的生物活性物质还有很多种。由于富含活性物质，很多种类的蔬菜和水果具有潜在的保健功能。

综上所述，蔬菜的营养保健作用，通常是其他食物不可替代的，长期不吃蔬菜会导致严重的营养不平衡，进而降低人体的免疫功能，出现生理代谢失调。绝大部分蔬菜需要烹饪成菜肴才能食用，科学的烹饪方法可以最大限度地保留蔬菜中的营养成分，同时又不破坏风味和口感。蔬菜所含维生素、矿物质大部分是水溶性的，有些遇热不稳定，很容易在烹调过程中流失或被破坏。为了尽量减少营养素损失，能生吃的蔬菜尽量生吃或焯水后凉拌；烹调时，急火快炒、勾芡和加醋等均可减少水溶性营养素流失。

二、营养品质相关性状的遗传

蔬菜中各种营养物质的含量都受气候、土肥、栽培方式等多种因素的影响，但起决定作用的还是遗传因素。开展蔬菜营养品质遗传规律的研究，旨在为品质育种提供科学的理论依据。

（一）维生素

维生素C和胡萝卜素以及番茄红色的遗传研究开展得较多，供研究的主要蔬菜有番茄、甜椒、甘蓝、胡萝卜、白菜、韭菜等。番茄维生素C含量在品种间差异较大，部分野生或半野生种含量较高。一般认为高维生素C含量为不完全显性，并且与小果型相连锁。杂种一代维生素C含量表现为双亲的中间值或趋向高维生素C亲本，并受环境影响。进一步研究表明，番茄维生素C一般配合力和特殊配合力方差均达显著水平，两种效应都存在，但以加性效应为主，其狭义遗传力为60.21%。

番茄是富含胡萝卜素和番茄红素的蔬菜，如前所述，类胡萝卜素的组成是番茄红色的呈色基础。从营养的角度更多的是考虑这些物质的含量，而含量的高低由多个基因调控，呈现数量遗传的特点。已有的研究表明，在多毛番茄（*L. hirstum*）、潘那利番茄（*L. pennellii*）等野生番茄中存在增强果实颜色、提高番茄红素和胡萝卜素含量的数量性状位点（QTL）。目前已检出54个与番茄果色有关的QTL，并且建立了主效QTL的近等位基因系（QTL - NIL）或亚近等位基因系（sub - NIL）。这些研究为利用野生种质改良番茄果色和提高番茄红素和胡萝卜素含量打下理论基础。但是仍存在一个困难是，增强果实颜色的QTL的近等位基因系或者亚近等位基因系中所含野生番茄相关染色体片段的长度在5～50 cM之间，QTL与低产、小果实等不良基因间的连锁累赘仍较大，在育种中的直接应用仍有一定的难度。

Sant - Prakash等（1974）先后对胡萝卜的重要性状进行了系统研究，结果表明β-胡萝卜素含量遗传至少受3对基因控制，加性、显性效应都达到显著水平，总糖和干物质含量以显性效应为主，认为利用优势育种可望得到高品质材料。

巩振辉（1993）研究报道了辣椒主要品质性状的配合力，结果表明，辣椒维生素C含量受基因加性效应影响大。辣椒F_1的干物质含量和维生素C含量一般介于双亲之间，且具有超亲优势；β-胡萝卜素含量有正向超中优势，有些组合表现出高亲优势，说明利用优势育种方法改良辣椒营养品质是可行的。辣椒维生素C和β-胡萝卜素的一般配合力和特殊配合力方差均达极显著水平，其中维生素C含量的一般配合力方差略小于特殊配合力方差，其余性状一般配合力方差均大于特殊配合力方差。

刘清华（2009）研究结果表明，8个三倍体西瓜的番茄红素的平均含量为每100 g鲜重6.315 mg，均高于双亲，差异达到显著水平，表现出正中亲优势率和正超亲优势率。3种瓤色西瓜番茄红素含量的杂种优势分析结果表明，在深红瓤×深红瓤组合中，有2个F_1的番茄红素含量表现出正中亲优势率；在深红瓤×粉红瓤的组合中，有3个F_1的番茄红素含量表现出正中亲优势率；在粉红瓤×粉红瓤组合中没有表现出杂种优势率。

李怀志（2004）研究表明，韭菜的维生素C和胡萝卜素含量的一般配合力方差大于特殊配合力方差。于占东等（2005）利用3个基本生态型且品质有差异的6个结球白菜品种的高代自交系为材料，对结球白菜主要营养品质性状的遗传效应进行研究。结果表明，维生素C的加性及母体效应显著，狭义遗传力分别为53.11%和38.13%，符合加性-显性效应模型，加性方差大于显性方差，有利于利用加性遗传方差对杂交后代进行早期选择。

（二）碳水化合物和可溶性蛋白含量以及芳香油的遗传

于占东等（2003）的研究结果还表明，大白菜粗纤维、蛋白质、还原糖含量的广义遗传力分别为

50%、50%和64%，其狭义遗传力在47.71%～64.38%，不同生态型亲本系间配组的杂种优势较明显；干物质和氨基酸等3个品质性状的狭义遗传力较高，然而氨基酸含量在合抱类型内杂种优势较强，不同的生态类型间杂种优势不明显；粗纤维、可溶性蛋白的一般配合力方差大于特殊配合力方差，加性效应起主要作用，亲本对杂交后代的影响大，杂交育种时应选用粗纤维含量低和可溶性蛋白含量高的优良的材料作亲本。此外，芳香油、可溶性糖特殊配合力方差大于一般配合力方差，非加性效应占主导地位，选育一代杂种时注意特殊配合力方差高的杂交组合的选配。上述这些性状受环境条件影响较大，选择需要与优良栽培条件相配合。

张松等（1997）对大葱蛋白质、氨基酸、可溶性固形物、干物质、可溶性糖和香辛油含量遗传进行了分析研究，结果表明：不同类型以及同一类型不同品种间其含量差异很大。分葱的蛋白质和氨基酸、含糖量均较高，但香辛油普遍含量较低；长白型大葱含蛋白质丰富而氨基酸较少，短白型相反，蛋白质含量虽少但氨基酸含量较高，短白型和长白型大葱的可溶性固形物及干物质含量较低，但品种间的含糖量和含油量差异较大；鸡腿型大葱可溶性固形物、干物质、可溶性糖和香辛油含量均较高，但蛋白质和氨基酸含量皆低。

甘蓝的干物质遗传分析表明，干物质含量低为隐性，高为显性，而且高干物质含量与晚熟呈正相关，因此一般认为，选育早熟、干物质含量高的品种较为困难。洋葱可溶性固形物含量遗传分析表明，其加性效应占优势，且无正反交差异，世代平均数符合简单的加性-显性模型，可溶性固形物含量的广义遗传力为83%。

甘薯纤维素含量遗传分析表明，其遗传力为47%±4%。韭菜的粗纤维含量的一般配合力方差大于特殊配合力方差。

（三）活性物质和矿物质及其他物质的遗传

甘蓝中硫代葡萄糖苷的含量与风味有重要关系。已有的研究表明，硫代葡萄糖苷含量与成熟天数呈正相关。

萜类化合物是影响胡萝卜风味的物质，含量高时涩味浓且不能食用，胡萝卜淡涩味由隐性基因控制。异构香豆素是一种有毒物质，决定胡萝卜的苦味程度，遗传表现为数量性状，杂种趋于苦味高的亲本。

三、营养品质的改良

随着生活水平的提高，人们对蔬菜产品的质量更加重视，不仅要求外观美、风味佳、农药及有害物质残留低，而且要求其具有丰富、均衡的营养成分和较高的保健价值。加强高营养蔬菜品种资源的研究利用和新品种的选育已成为当前及今后蔬菜育种的重要内容。“九五”蔬菜育种攻关计划实施以来，国家将营养品质列为重要研究内容，开始对主要蔬菜的重要营养品质进行评价，筛选出一批优异品种资源，并在白菜、番茄、茄子、萝卜等蔬菜的总糖、纤维素、矿物质等营养成分的分析研究方面取得重要进展，为相关蔬菜作物的品质育种提供了依据。

营养品质的提高虽然常常与其他重要经济性状的选育结合，但有其自身的特点，在具体制订和实施营养品质改良育种计划时需认真考虑。

（一）相关选择法

蔬菜营养成分中有相当多的呈色物质，如类胡萝卜素、花青素，还有一些与风味品质有关的碳水化合物，如硫代葡萄糖苷、氨基酸、单糖、多糖、纤维素等。因此，在对蔬菜的色泽、风味进行评价选择时，实际上也起到对营养品质选择的作用，而且大多数是正相关选择。例如，红色番茄果肉颜色的深浅与番茄红素含量呈正相关，选择色深者，其番茄红素的含量一般都高；受欢迎的着色均匀的橘黄色胡萝卜，其胡萝卜素含量高；炒食有鲜味的大白菜，其氨基酸含量高；橘黄色叶球的大白菜肯定含有较高的胡萝卜素。

蔬菜品质中有诸多基于相同物质基础的性状，为相关选择和多个蔬菜品质性状的同时改良创造了自然的条件。感官评价与比较简单实用的仪器相结合，常常能获得可供综合评价的较可靠的数据，为多个品质性状的同时选择提供依据。采用这一方法已选育出了一些番茄、胡萝卜的优质品种，既有很好的商品性状和风味品质，又富含营养。

需要指出的是，上述蔬菜品质的综合改良的方法，要以标准化的定量评价体系为基础，并且要合理确定各个因子的权重系数，以此作为优质蔬菜品种选育的指南。

（二）化学分析法

基于感官评价和简单仪器的选择方法固然是常用的品质改良的有效方法，然而，对蔬菜营养品质正确的评价，是一项非常复杂的工作。感官评价虽然能用于多项营养品质性状的相关选择，但是有些营养品质性状，如活性物质、矿物质含量，感官评价难以收效，同时在进行感官评价时，主要是基于人的主观判断，存在不稳定的现象。化学分析法一旦建立，不受检验员身体状况和心理因素影响，结果一致性较好，便于自动化操作，在食品工业和营养品质育种上具有重要意义。

营养品质的化学分析方法的研究目前正在深入开展，在一些蔬菜上，已经建立了对主要营养成分的配套分析方法。例如，中国特产的山药良种选育已建立了水分、脂肪、蛋白质、粗纤维、灰分、矿物质、氨基酸、块茎黏度和块茎色度等的配套分析法。通常对块茎进行成分分析，个别品系也对茎、叶进行分析，以确保优良的品质。

如前所述，目前化学分析法有待解决的主要问题是，前处理耗时多，分析方法较为复杂，常常不能满足育种所需的大群体和多项性状指标的选择的需要。红外光谱测试技术是一种非破坏性营养分析方法，是近年来迅速发展的一门新的分析技术，主要是利用不同的物质在近红外（NIR）光区的特征吸收，配合计算机技术及现代数学作一系列的分析处理，最后完成该物质的定量分析。由于它具有快速、简便、非破坏性、准确等优点，目前已成为现代农业和生物学领域中一种极有发展前途的测试手段。金同铭等（1996）的研究结果表明，用近红外光谱法分析黄瓜中的维生素 C、还原糖、干物质 3 种成分含量，表明近红外光谱法不仅与国标法有着相似的准确性和精密度，而且不需要任何前处理，也不用化学试剂，分析效率可提高上百倍，适用于大批量样品的分析测定，为品质育种和种质资源品质鉴定提供了一种快速简便的研究手段。高效液相色谱法（high performance liquid chromatography，HPLC），是色谱法的一个重要分支，以液体为流动相，采用高压输液系统，将具有不同极性的单一溶剂或不同比例的混合溶剂、缓冲液等流动相泵入装有固定相的色谱柱，在柱内各成分被分离后，进入检测器进行检测，从而实现对试样的分析。姚建花等（2012）建立了 HPLC 法同时测定果蔬中的叶黄素、玉米黄素、β-隐黄素、α-胡萝卜素和 β-胡萝卜素含量的检测技术。Waters 公司在传统 HPLC 系统基础上开发的超高效液相色谱系统突破了色谱科学的瓶颈，使色谱分离的解析度达到新的高度。陈敏氡等（2013）建立了草莓果实类胡萝卜素超高效液相色谱法标准分析体系。

（三）蔬菜营养品质育种的多样化和特色化

蔬菜营养品质的内涵丰富，涉及多种多样的营养物质。就众多蔬菜而言，其营养成分的构成千差万别，即使同一种蔬菜，不同的类型之间也存在差异。这一方面使各种蔬菜营养品质评价和选择的标准各异，给育种带来难度；另一方面丰富的个性差异，为营养品质育种拓宽了空间，奠定了多样化和特色化的基础，利于满足不同的市场需求。

目前，蔬菜营养品质育种改良主要集中在番茄、胡萝卜、黄瓜、甜椒、辣椒、甜玉米等蔬菜上。

不少重要蔬菜，如结球白菜、普通白菜、萝卜、甘蓝类蔬菜、芥菜类蔬菜、南瓜、冬瓜、丝瓜、苦瓜、菠菜等，虽然受到关注，但是至今尚未建立相关的评价标准和体系，有计划的营养品质的改良尚未列入议事日程。除了主要蔬菜外，一些在市场上流通量相对较小的蔬菜，如苋菜、芦笋、紫甘蓝、紫马铃薯、朝鲜蓟等，其营养保健功能令人瞩目，除了作为名特蔬菜推广外，有关种质资源的发掘以及保健功能的机理和评价的研究有待深入开展。

第五节　加工品质育种

新鲜蔬菜组织柔嫩，养分丰富，但常因微生物以及外界因素的物理、化学作用而变质、腐烂。加工可以杀灭有害微生物和防止外界微生物的继发感染，还可控制微环境，抑制有害微生物的生长发育，延长蔬菜的货架寿命，同时利于运输，对调节市场供应和延伸蔬菜产业链有重要意义。

在蔬菜加工工业发达的国家，加工蔬菜有着很重要的地位。例如，美国的酸黄瓜所占的市场份额高于鲜食黄瓜，消费者的餐桌上离不开番茄酱、番茄汁等加工产品。中国传统的蔬菜加工产品是腌制和酱制蔬品，近年来，加工工业发展较快，各种加工产品进入市场或出口外销。据农业部发布的信息，2009 年中国有 10 000 家规模不等的蔬菜加工企业，加工产品达 4 500 万 t，需要原料蔬菜 9 200 万 t，蔬菜加工率达 14.9%。

蔬菜加工的方法多样，并伴随市场需求不断发展。目前蔬菜加工方法大体有以下几种。

(一) 罐藏

如番茄、黄瓜、辣椒、芦笋等的整装罐头，一般用稀盐液为填充液，采用 115.6～121.1 ℃的加压杀菌法。对少数 pH 小于 4.5 的蔬菜种类，可采取 100 ℃的常压杀菌。近来采用的水静压式杀菌法操作自动化，可以节约蒸汽和冷却水，并可使罐头无破损和保持内容物品质均一。

(二) 制汁、制酱

常用来制汁的蔬菜有番茄、食用大黄、甘蓝、洋葱、胡萝卜、芹菜和甜菜等，大多单独制汁，也可相互配制成混合菜汁。此外，菜汁也可通过干燥脱水制成粉状产品。

(三) 干制

如干辣椒、干菠菜、马铃薯片等。通过干制而成的脱水蔬菜的含水量一般不超过 6%，有的甚至降至 2%，故可长期保存。干燥方法除利用日光或通风的自然干燥外，一般用烘道、干制机等设备烘干。此外还有冷冻干燥法和真空膨化干燥法，产品包装要求能隔绝外界水湿。

(四) 腌制和酱制

用食盐腌制，或再用豆酱酱制的蔬菜产品具有强大的渗透压和较小的水分活性，可使微生物难以生存，从而具有较强的保藏性。此外，经乳酸发酵制取的酸菜类产品，因含有丰富的乳酸，介质 pH 降至 4.5 以下，因而对致病菌和腐败菌也有良好的抑制作用。

(五) 糖渍

仅用于加工少数种类的蔬菜，如姜、冬瓜、胡萝卜片等。

(六) 速冻

通常干物质含量较高的蔬菜适于速冻。速冻豌豆、甜玉米、毛豆、蚕豆等是比较受欢迎的产品。

笋类、蘑菇、菠菜、山芋、荸荠、马铃薯、花椰菜、青花菜、甘蓝、青椒、黄瓜等速冻蔬菜也占有一定的市场份额。

（七）蔬菜保健品生物活性物质提取

以蔬菜为原料，提取营养保健成分，开发高技术含量的精细加工品，是20世纪后半叶逐渐发展起来的精深加工产业。目前，以番茄为主要原料提取的各种番茄红素产品已经形成了一定的生产和市场规模。近来，以蔬菜为原料提取花青素、硫代葡萄糖苷、类黄酮等，进而制备天然保健品的研究开发也取得了较大进展。

一、加工品质相关性状

（一）与加工质量相关的物理性状

蔬菜加工常常对原料蔬菜的大小、形状和色泽等外观性状和质地有特殊的要求。蔬菜果实（植株）大小作为一种加工品质属性的重要性不仅在于适应消费者的喜好，而且决定了产品将进入什么样的市场，以什么样的等级和价格出售。黄瓜、胡萝卜按直径和长度分级；蚕豆按直径分级；鳞茎和球茎通常用周长分级。重量分个体重量和群体重量（产量）两种指标。按体积分级通常是将产品放入一个标准大小的容器中测量其大小，这种方法常用于莴苣等蔬菜。形状是指蔬菜产品的外形，不同的产品有不同的特征形状，如果失去了其特征形状，便不大受欢迎。

对于罐装蔬菜，其形状、大小、色泽和整齐度的标准比较严格。例如，在欧美受青睐的罐装酸黄瓜，要选择新鲜质嫩的欧美加工型黄瓜做原料，长度不超过12 cm，直径为3～4 cm，粗细均匀，无病虫害和机械损伤，肉质呈绿色。罐装小型番茄对形状、大小、整齐度、色泽等同样也有严格的标准，并且要求加工后果皮不出现裂纹。相对而言，产品器官分割加工的蔬菜对原料的外观性状的要求相对宽松。

腌制和干制蔬菜一般要求有较高的出菜率。质地致密的萝卜是腌制的好原料。果肉较薄、质地致密、着色均匀的红辣椒适于生产干椒和辣椒粉。腌渍用黄瓜则要求其果实鲜绿，瓜条顺直，皮色均匀，心腔小，果肉较厚，质地紧密，无病虫伤口、无苦味、无棱、无刺瘤或刺瘤少，出菜率高（50%以上）。

与萝卜加工相关的性状主要包括外皮色、肉色、根形、大小等。萝卜肉质根的皮色有紫色、红色、粉色、绿色、黄绿色、黄色、白色、黑色等，白色品种常用于腌制。萝卜的肉质根形状有圆形、扁圆形、卵形、长卵形、长圆柱形、短圆柱形、圆锥形、炮弹形等。小型萝卜常不经切割直接用于腌制或酱制，大型萝卜经切割后用于加工。

（二）与加工质量相关的生理生化特性

与加工质量相关的生理生化特性和化学成分主要有：可溶性固形物含量、含糖量、有机酸、糖酸比、番茄红素含量、干物质重以及黏稠度等。

番茄果实的可溶性固形物含量不仅是风味的重要指标，也直接影响其加工制品的原材料消耗定额。举例来讲，如果生产1 t 28%浓度的番茄酱，其所选品种的可溶性固形物含量从4%提高到5%，则原材料消耗将会降低25%。另外，番茄果实的可溶性固形物含量低，则使得加热浓缩时间增长，制成品易有焦糊味。所以作为加工用番茄品种，其可溶性固形物的含量应高于5.6%，糖酸比不低于8。果实要有良好的风味，糖、酸对风味很重要，人们通常认为番茄良好的味道取决于糖酸比，但目前还未数值化。在决定番茄加工制品风味的因素中，大约有49%是由酸度决定的，只有25%左右由含糖量决定。而且在pH高于4.3的情况下，常压下加温消毒过程不易杀死耐热细菌，番茄罐头制品就很容易发生酸败，贮藏的番茄汁的稠度也会因酸度的下降而降低。所以要选择酸度较高即 pH 较低的番茄作为加工原料。

黏稠度主要影响番茄汁的品质。采用增加总干物质含量的方法来增加稀浆黏稠度是很不经济的，效果也不好。由于黏稠度与干物质含量的相关性很低，所以必须直接选择高果汁黏稠度的番茄品种。番茄的固形物由可溶和不可溶的两部分物质组成。可溶部分由游离糖和有机酸组成，不溶部分由蛋白质、果胶、纤维素和多糖组成，影响番茄加工产品的黏稠度。Stevens（1979）指出，多聚半乳糖醛酸化合物是影响黏稠度最重要的成分。鉴定筛选黏稠度的技术很复杂，测定结果也不稳定，因为黏稠度对浆汁温度的变化极为敏感，温度的变化很容易影响测定结果。目前有一种比较简便的技术，即采用 AIS（20 g 果汁在 75%酒精内的不溶物质量）的间接鉴定法，其原理是番茄果汁的黏稠度主要与它在酒精内不溶物含量高度相关。

番茄红素对番茄罐头制品的颜色是起决定性作用，只有利用番茄红素含量高的品种作为原料，才会获得颜色鲜红的番茄制品。目前中国要求加工罐头所用番茄的番茄红素含量应该在每 100 g 鲜重 6 mg以上。需要指出的是，过分追求品种的高固形物含量，常会影响其罐头制品的番茄红素含量。

干物质和可溶性总糖含量是萝卜肉质根重要的营养品质指标，影响加工品质和营养品质。干物质含量高的肉质根适合于腌制且耐贮运；可溶性总糖含量高的萝卜品种，其肉质根的风味品质和加工品质均好。

二、加工品质主要性状的遗传

（一）与加工品质相关的生理生化特性

如前所述，蔬菜加工常常对原料蔬菜的大小、形状、色泽等外观性状和质地有特殊的要求。因此，研究相关性状的遗传规律，用以指导育种是十分重要的。蔬菜的色泽通常主要由主基因调控，而其他性状通常为数量遗传，受环境的影响较大。黄瓜、番茄在与加工相关物理性状的遗传研究方面较为系统、深入，其他蔬菜的相关研究相对较少。

腌制品的色泽是感官质量的重要指标之一，鲜艳的腌制菜给人以愉快的感觉并可增加食欲。因此，保持其天然色泽或改变色泽是在生产过程中需要特别注意的一个问题。褐变是食品比较普遍的一种变色现象，尤其是蔬菜原料受到机械损伤后，容易使原来的色泽变暗或变成褐色。

（二）相关有机物含量的遗传特性

大量研究表明，番茄的含酸量是由 1 对主基因控制，高酸为不完全显性，估算遗传力为 66%左右，其中控制柠檬酸和苹果酸含量变异的基因是连锁的，交换值为 0.18 左右。pH 与番茄红素之间具有极显著的正相关性，与其余指标之间相关性不显著。在番茄红素提高的同时，pH 也将增大。在番茄果实成熟过程中，番茄红素积累量增加，酸度呈下降趋势，与酸度密切相关的 pH 也会发生相应变化。

此外，番茄可溶性固形物含量与干物质及糖的含量呈高度相关，品质育种中常根据可溶性固形物含量这一指标进行选择。研究表明，番茄可溶性固形物含量遗传受多个基因控制，主要是累积效应，但也有一定的显性效应，广义遗传力在 54%～91%；F_1 可溶性固形物含量的超亲优势在多数组合均有表现。Janoria 等（1974、1975）研究结果表明，番茄黏稠度与在 50%酒精内的不溶物含量的相关系数为 $r=0.94$，并且根据一高一低亲本杂交的分离情况分析，AIS 值是由 2 对基因控制的，其广义遗传力为 84%，其中 62%为加性，22%为非加性基因作用。也有学者（Stevens et al.，1977）认为，番茄黏稠度是由 3 对基因控制的，遗传力为 68%～75%，主要是加性效应。

萝卜的干物质含量直接影响了萝卜的加工品质。加工用萝卜要求干物质含量高，以便加工时容易脱水。路绍亮等（2009）研究表明，干物质含量的最适遗传模型为两对完全显性主基因＋加性-显性多基因混合遗传模型，干物质含量的主基因遗传力为35%，多基因遗传力为55%。因此，应在控制环境因素条件下进行轮回选择，使萝卜干物质性状的基因累积。

三、加工品种选育的特点

（一）育种目标多样化

在中国用于加工的蔬菜种类繁多，与加工方法组合后，形成了众多的加工产品。在加工蔬菜中，有一类蔬菜的加工方法多样，如番茄、黄瓜、辣椒等。就番茄而言，其加工产品有罐装番茄、番茄酱、番茄汁，还有番茄红素提取物。显然不同的加工产品对番茄品种相关性状的要求各有侧重，因而育种的目标有较大差异。欧美等国家对这一类蔬菜采用规模化的加工生产方式，对原料蔬菜加工性状的要求明确而严格。例如美国等采用杂交育种技术不断选育、更新加工专用品种，支撑加工工业的持续发展。此外，对豌豆、甜玉米、芦笋、马铃薯等的加工专用品种的选育也取得了一系列成就。

与加工番茄品种的选育相比，中国在黄瓜、辣椒等蔬菜加工品种的选育方面有所进展，但迄今选育出的多为鲜食、加工兼用品种。除了上述蔬菜外，中国对其他蔬菜的商业化加工品种的选育尚未系统开展。多数蔬菜加工采用的是鲜食加工兼用品种。一些知名的加工蔬菜，如榨菜，种质资源和遗传变异基础比较丰富，即使通过系统的选择，往往也能提高入选品系的加工性能。

（二）健全选育标准和鉴定选择技术

中国蔬菜加工业已形成了规模，速冻蔬菜产业带、脱水蔬菜产业带、蔬菜汁加工产业带、腌制蔬菜产业带、蔬菜罐头产业带脱颖而出，外向型加工产业布局基本形成。与此同时，加工技术水平逐步提升，部分先进技术与装备已达到发达国家20世纪末的水平。然而，加工蔬菜技术体系和标准的不完善及加工专用品种选育滞后制约着蔬菜加工产业的可持续发展。目前中国几乎没有完善的果蔬加工原料分等分级标准和质量标准，不利于实行优质优价和产品质量的提高。用于蔬菜加工的品种虽然较多，但多数加工品种品质性状参差不齐，真正符合加工标准的优良品种不多，影响蔬菜加工业的发展。

需要指出的是，原料对加工产品的成本及品质的影响较大，保证原料蔬菜具有稳定达标的目标性状是十分重要的。加工性状，包括色泽、形状等外观性状和可溶性固形物的含量等，易受环境影响。因此，在品种选育的过程中，必须对目标性状进行遗传稳定性和环境影响的科学评估。首先，鉴定评价应在不同环境条件下进行，以便为评估提供较准确、完整的数据、资料。第二，供鉴定评价的样品需要有代表性。成熟度对蔬菜产品的加工品质影响很大，为了获得一致性的样品，其取样时期应根据产品最适宜的加工成熟度而定。进行蔬菜加工品质鉴定时，一般不采用随机取样的方法，而是强调选取植株部位一致、有代表性、无损伤、无病虫害的样品。小型蔬菜，如番茄、菠菜等可整个（株）品评；而大型蔬菜，如西瓜、大白菜等则只能取其一部分进行鉴定。如果需鉴定不同成熟度和不同部位的产品品质差异，则可按所需成熟度或部位取样。第三，供鉴定的样本大小必须符合统计分析的要求，并且要设置重复，以利减小试验误差和对误差作出符合实际的估算，从而保证鉴定结果的可靠性。

（王永健　秦智伟）

主要参考文献

蔡威.2006. 食物营养学[M]. 上海：上海交通大学出版社.

程安玮，杜方岭，徐同成，等.2009. 欧美型酸黄瓜的加工规程 [J]. 山东农业科学 (12)：105 - 106.
邓旭红，秦智伟.2006. 黄瓜酸渍工艺的研究 [J]. 中国蔬菜 (12)：9 - 13.
高莉敏，陈运起.2006. 中国蔬菜营养品质育种研究进展 [J]. 山东农业科学，5：109 - 111.
高阳，张世忠，王海岩.2008. 中国蔬菜加工业现状与发展方向 [J]. 中国食物与营养 (5)：29 - 30.
巩振辉.1993. 中国辣椒主要品种营养及风味品质评估 [J]. 作物品种资源 (2)：26 - 27.
顾兴芳，方秀娟，韩旭.1994. 黄瓜瓜把长度遗传规律研究初报 [J]. 中国蔬菜 (2)：33 - 34.
顾兴芳，张素勤，张圣平.2006. 黄瓜果实苦味 *Rt* 基因的 AFLP 分子标记 [J]. 园艺学报，33 (1)：140 - 142.
郭绍贵，许勇，张海英，等.2006. 不同环境条件下西瓜果实可溶性固形物含量的 QTL 分析 [J]. 分子植物育种，4 (3)：393 - 398.
何启伟.1993. 十字花科蔬菜优势育种 [M]. 北京：农业出版社：94 - 104，170 - 192.
何晓明，林毓娥，陈清华，等.2002. 不同类型黄瓜的营养成分分析及初步评价 [J]. 广东农业科学 (4)：15 - 17.
黄伟珍，罗桂华.2002. 加工型萝卜品种引种筛选试验 [J]. 福建农业科技 (2)：10 - 11.
金同铭，刘玲，唐晓伟.1996. 非破坏评价黄瓜的营养成分 [J]. 华北农学报，11 (1)：103 - 108.
李怀志.2004. 韭菜主要品质性状遗传规律的研究 [D]. 泰安：山东农业大学.
李会合.2006. 蔬菜品质的研究进展 [J]. 北方园艺 (4)：55 - 56.
李会合，田秀英，季天委.2009. 蔬菜品质评价方法研究进展 [J]. 安徽农业科学，37 (13)：5920 - 5922.
李君明，徐和金，周永健.2001. 加工番茄生产的现状及品种遗传改良浅析 [J]. 中国蔬菜 (6)：52 - 53.
李锡香.1993. 新鲜果蔬的品质及其分析法 [M]. 北京：中国农业出版社.
刘清华，王惠林，周志成.2009. 不同西瓜类型果实茄红素含量的比较研究 [J]. 北方园艺 (8)：44 - 46.
刘秀树，张凤兰，张德双，等.2003. 与大白菜橘红心基因连锁的 RAPD 标记 [J]. 华北农学报，18 (4)：51 - 54.
卢淑雯，秦智伟.2003. 大白菜不同品种酸渍适应性评价 [J]. 东北农业大学学报，34 (2)：137 - 141.
路昭亮，柳李旺，龚义勤，等.2009. 萝卜干物重和可溶性总糖含量的遗传分析 [J]. 南京农业大学学报，32 (3)：25 - 29.
吕发生，谭革新，罗永统，等.2006. 红心萝卜色素分布规律初步研究 [J]. 西南农业学报，19 (2)：276 - 279.
马永强，韩春然，刘静波.2005. 食品感官检验 [M]. 北京：化学工业出版社.
毛劲.2009. 腌制白萝卜黄变及其抑制的研究 [D]. 武汉：华中农业大学.
曲瑞芳，梁燕，巩振辉，等.2006. 番茄不同品种间番茄红素含量变化规律的研究 [J]. 西北农业学报，15 (3)：121 - 123.
宋敏，刘伟，郭世荣.2006. 蔬菜生物活性物质研究进展 [J]. 北方园艺 (6)：60 - 62.
孙洪涛.2010. 黄瓜果实横径遗传分析及分子标记 [D]. 哈尔滨：东北农业大学.
汪隆植，何启伟.2005. 中国萝卜 [M]. 北京：科学技术文献出版社：356 - 364.
王桂玲.2006. 黄瓜果瘤与果柄基因 SSR 标记 [D]. 哈尔滨：东北农业大学.
王华新，秦勇，王雷，等.2004. 加工番茄主要品质性状的遗传变异分析 [J]. 北方园艺 (2)：52 - 53.
徐强，陈学好，于杰，等.2001. 加工黄瓜品质性状遗传力和遗传相关的初步研究 [J]. 江苏农业研究，22 (4)：18 - 20.
叶志彪.2011. 园艺产品品质分析 [M]. 北京：中国农业出版社：102 - 128.
于占东，何启伟，王翠花，等.2005. 大白菜主要营养品质性状的遗传效应研究 [J]. 园艺学报，32 (2)：244 - 248.
余冰，郑志华，孔令云，等.2007. 加工黄瓜的标准化与质量控制 [J]. 中国农学通报，23 (3)：109 - 112.
翟凤林.1991. 作物品质育种 [M]. 北京：农业出版社：3 - 19，634 - 659.
张德双，金同铭，徐家炳.2000. 几种主要营养成分在大白菜不同叶片及部位中分布规律 [J]. 华北农学报，15 (1)：108 - 111.
张帆.2004. 西瓜品质性状及遗传的初步研究 [D]. 北京：中国农业大学.
张鹏.2009. 黄瓜果实弯曲性 QTL 定位及蛋白质组差异研究 [D]. 哈尔滨：东北农业大学.
张增翠，侯喜林，曹寿椿.1998. 蔬菜营养品质遗传规律研究进展 [J]. 园艺学进展 (第 2 辑)：320 - 324.
赵冰.2003. 蔬菜品质学概论 [M]. 北京：化学工业出版社.
周秀艳，秦智伟，王新国.2005. 黄瓜品种资源商品性的评价 [J]. 东北农业大学学报，36 (6)：707 - 713.

庄勇．2003. 洋葱主要品质性状遗传效应的初步研究［D］. 扬州：扬州大学．

Bassett M J. 1994. 蔬菜作物育种［M］. 陈世儒，译．重庆：西南农业大学编辑出版部．

Charke A E，Jonse H A，Little T M. 1944. Inheritance of bulb color in the onion［J］. Genetics，29：569－575.

El－Shafie M W，Davis G N. 1967. Inheritance of bulb color in the *Allium cepa* L［J］. Hilgardia，38：607－622.

Fulton T M，Bucheli P，Voirol E，et al. 2002. Quantitative trait loci（QTL）affecting sugars，organic acids and other biochemical properties possibly contributing to flavor，identified in four advanced backcross populations of tomato［J］. Euphytica，127（2）：163－177.

Garcia－Mas J，Benjak A，Sanseverino W，et al. 2012. The genome of melon（*Cucumis melo* L.）［J］. Proceedings of the National Academy of Sciences，109（29）：11872－11877.

He X，Li Y，Pandey S，et al. 2013. QTL mapping of powdery mildew resistance in WI 2757 cucumber（*Cucumis sativus* L.）［J］. Theoretical and Applied Genetics，126（8）：2149－2161.

Jason P，Katherine S，Hussein A H，et al. 2012. Main and epistatic quantitative trait loci associated with seed size in watermelon［J］. Journal of the American Society for Horticultural Science，137（6）：452－457.

Katherine S，Jason P，Adam H，et al. 2012. Comparative mapping in watermelon［*Citrullus lanatus*（Thunb.）Matsum. et Nakai］［J］. Theoretical Applied Genetics，125（8）：1603－1618.

Li Y，Wen C，Weng Y. 2013. Fine mapping of the pleiotropic locus B for black spine and orange mature fruit color in cucumber identifies a 50 kb region containing a R2R3－MYB transcription factor［J］. Theoretical and Applied Genetics，126（8）：2187－2196.

Lipperd L F，Bergh B O，Smith P G. 1965. Gene list for the pepper［J］. Journal of Heredity，56：30－34.

Lipperd L F，Smith P G，Bergh B O. 1966. Cytogenetics of the vegetable crops［J］. Garden pepper，Capsicum sp. Bot Rev，32：24－55.

Peterson P A. 1959. Linkage of fruit shape and color genes in *Capsicum*［J］. Genetics，44：407－419.

Qi J J，Liu X，Shen D，et al. 2013. A genomic variation map provides insights into the genetic basis of cucumber domestication and diversity［J］. Nature Genetics，45：1510－1515.

Rajpoot N C，Govindarajian V S. 1981. Paper chromatographic determination of total capsaicinoids in capsicums and their oleoresins with precision，reproducibility，and validation through correlation with pungency in Scoville Units［J］. J Am Off Anal Chem，64（2）：311－318.

Ren Y，Cecilia M G，Zhang Y，et al. 2014. An integrated genetic map based on four mapping populations and quantitative trait loci associated with economically important traits in watermelon（citrullus lanatus）［J］. BMC Plant Biology，10：14－33.

Robinson R W，Munger H M，Whitaker T W，et al. 1976. Genes of the Cucurbitaceae［J］. Hort Science，11：554－568.

Sampson D R. 1967. New light on the complexities of anthocyanin inheritance in *Brassica oleracea*［J］. Can J Genet Cytol，9：352－358.

Shang Y，Ma Y S，Zhou Y，et al. 2014. Biosynthesis，regulation，and domestication of bitterness in cucumber［J］. Science，346（6213）：1084－1088.

Simon P W，Peterson C E，Lindsay R C. 1981. The improving of flavor in a program of carrot genetics and breeding［J］. ACS Symp Ser，170：109－118.

Stevens M A，Kader A A，Albright－Holton M，et al. 1977. Genotypic variation for flavor and composition in fresh market tomatoes［J］. J Amer Soc Hort Sci，102（5）：680－689.

Stevens M A. 1979. Tomato quality：potential for developing cultivars with improved flavor［J］. Acta Hortic，93：317－329.

Stomel J R. 1992. Enzymic components of sucrose acculation in the wild tomato species *Lycopersicon peruvianum*［J］. Plant Physiol，99（1）：324－328.

Wehner T C，Staub J E. 1997. Gene list for cucumber［J］. Cucurbit Genetics Cooperation Report，20：66－88.

Weng Y，Colle M，Wang Y，et al. 2015. QTL mapping in multiple populations and development stages reveals dynamic quantitative trait loci for fruit size in cucumbers of different market classes［J］. Theoretical and Applied Genetics，128（9）：1747－1763.

Yuan X J，Pan J S，Cai R，et al. 2008. Genetic mapping and QTL analysis of fruit and flower related traits in cucumber（*Cucumis sativus* L.）using recombinant inbred lines [J]. Euphytica，164（2）：473 - 491.

Zhang Y，Wang A，Liu Y，et al. 2012. Improved production of doubled haploids in *Brassica rapa* through microspore culture [J]. Plant Breeding，131：164 - 169.

第八章

蔬菜良种繁育

第一节　蔬菜良种繁育的任务和特点

一、蔬菜良种繁育的任务

（一）良种繁育的意义和任务

良种繁育就是有计划、按科学的程序和方法繁殖出能保持品种优良特性的优质种子或种苗。繁：指繁殖及种子生产；育：指能保持品种优良特性的手段，而不是选育新品种。因此，良种繁育是育种工作的继续。

育种家通过各种育种手段培育的新品种，只有通过有效的种子繁育体系，才能生产出符合生产需要的高质量种子，然后生产出优质的蔬菜产品。良种繁育前承育种，后接推广，是育成品种成果转化为良种产业化的必要环节。不通过良种繁育繁殖出大量种子，优良品种就不可能实现大面积推广；再好的品种，如果繁不出大量种子，该品种不能在生产中发挥应有的作用；良种繁育过程中如果不遵循正确的程序和方法，已在生产上推广的优良品种就有可能很快地发生种性退化，丧失增产作用。

蔬菜良种繁育的对象为蔬菜优良品种，包括定型品种（常规育成品种或地方品种）和杂种一代品种。良种繁育的任务包含两个方面：

一是迅速繁殖和生产优质种子。根据良种繁育计划，迅速繁殖出一定数量的优良常规品种种子或杂交种子。为了保证质量，必须建立健全蔬菜良种繁育制度，严格遵循原原种、原种、生产用种三级繁育制度的技术规程和健全的组织管理，建立专业化的生产基地，培养和建立良种繁育专业人才队伍，实现种子生产专业化和规模化；不断改进采种技术，提高繁殖系数，增加种子产量和提高种子质量。

二是在繁育过程中防止品种混杂退化，保证种子的高质量。对于定型品种的繁育，不但要保持良种种性，而且要通过良种繁育使得良种不断地得到改进和提高。混杂是指品种里掺有非本品种的个体，包括机械混杂和生物学混杂两种情况。如果混杂的个体有选择上的优势，则会在本品种内很快地繁殖蔓延，降低该品种使用价值。品种退化是指作物品种在栽培过程中，某些个体逐渐丧失其原有的优良性状，并能遗传给下代的现象（如产量低、抗逆性差、品质差）。退化始于品种内个别植株，它虽然适于自身生存，对自然选择有利，但发展到整个品种，会使其经济性状变劣，生产利用价值降低。为了更好地防止品种的混杂与退化，需要按照良种繁育生产的各项技术规程，连续定向选择淘汰，提高优良品种的种性，确保种子质量。用经过优选提纯的优质原种繁殖生产用种，可实现种子的定期更新，保持原品种的典型性状和纯度。

（二）中国蔬菜良种繁育的成就

新中国成立以来，各级领导一直重视良种繁育工作，为适应农业生产发展，1958 年、1978 年先后提出“四自一辅”和“四化一供”的种子工作方针；1995 年，又实施了“种子工程”，其目标是要实现种子生产专门化，经营集团化，管理规范化，科研、生产、管理和育、繁、推一体化，用种商品化。2000 年 7 月，颁布的《中华人民共和国种子法》规范了育种和种子生产、经营、使用的行为，以维护育种者、种子生产者、经营者各方面的合法权益，使种子工作越来越适应社会主义市场经济和农业发展的需要。

经过几十年的努力，我国蔬菜良种繁育工作已取得举世瞩目的成就。

一是蔬菜良种繁育机构的技术力量已粗具规模。目前，我国以农业科研院校为背景的种子企业和民营蔬菜种子企业约有 5 000 家，它们大多进行着几种到十几种蔬菜作物良种繁殖工作，有专门从事蔬菜良种繁育的技术人员。改革开放以来，我国育成的 4 800 多个蔬菜新品种经过繁育，在各地广泛推广，从而使我国蔬菜良种更新了 3～4 次，良种覆盖率达 90%以上。

二是在适宜地区建立了规模化的蔬菜良种繁殖基地。如在山西、河北北部、辽宁南部、宁夏等地建立了茄果类、豆类繁殖基地；在山东、河北、山西中南部、河南北部、云南建立了十字花科蔬菜和瓜类蔬菜的繁殖基地；在甘肃、新疆、内蒙古建立了瓜类、茄果类、洋葱、胡萝卜种子繁殖基地，有的基地年繁种面积达到 667 hm^2 以上，年繁殖蔬菜种子 50 万 kg。

三是蔬菜繁种技术逐步提高，特别是蔬菜杂种一代品种的繁种技术取得显著进展，由过去靠人工授粉繁殖到目前用自交不亲和系、雄性不育系、雌性系制种，大大降低了制种成本，提高了种子质量。

四是建立了原原种、原种、生产用种的三级繁种制度，制定并颁布了主要蔬菜种子生产技术操作规程、种子质量检测规程和质量标准，推动了我国蔬菜良种繁育的规范化、标准化，改变了我国蔬菜种业过去大包装、无包装的落后状况，大大提高了蔬菜种子质量，提高了蔬菜种子的价值。

二、蔬菜良种繁育的特点

与粮、棉、油等主要农作物相比，蔬菜良种繁育具有如下特点：

（一）种类品种繁多

目前中国栽培的蔬菜种类有 100 多种，在同一种中还有不同变种、亚种，每一变种又有许多品种、品系。由于蔬菜作物种类和类型多，种植茬口多，为满足周年供应和产品类型多样化需求，品种也多种多样，数量众多。同一地区同时栽培同种蔬菜的品种通常有 3～5 个，有时多达 10 余个，既有主栽品种，又有搭配品种。众多的蔬菜种类和品种需要复杂多样的良种繁育方式和技术。

（二）开花结实习性迥异

蔬菜作物按开花结实习性分为自花授粉作物、异花授粉作物和常异交作物，开花授粉习性不同也导致繁殖方式、技术需求的多种多样。自花授粉作物的绝大多数植株为自花授粉，天然异交率一般小于 4%。自花授粉植株的花朵都有独特的防止外来花粉入侵的结构或提前完成授粉、受精的机制。自花授粉作物由于连续的自交，基因型往往比较纯合，群体表现一致。自花授粉作物在采种时不需要或只需要较近的隔离。主要的自花授粉蔬菜作物有豆类（蚕豆例外）、番茄等。自花授粉作物群体内的个体遗传基础比较纯合，基因型和表现型基本一致，这类作物自交后生活力衰退轻。因此，自花授粉作物便于良种繁育，种性易于得到保持。但是，这类作物尽管自交衰退程度低，却仍存在广泛的杂种优势。异花授粉作物在自然条件下，雌蕊接受并参与受精的花粉来自异株或同株异花，自然异交率一般在50%以上，甚至95%以上。同自花授粉作物相反，异花授粉作物具备有利于接受外来花粉的花朵结构和生理机制。例如，菠菜、芦笋的雌花和雄花异株，瓜类的雌、雄同株异花，葱、韭、胡萝卜和芹菜的雌、雄蕊异熟，十字花科蔬菜具有自交不亲和性等。因此，异花授粉蔬菜作物品种的基因型存在一定的杂合。同时，存在严重的自交衰退现象。而用自交系相互杂交后，则可获得杂种优势。在良种繁育中，必须严格隔离，防止发生生物学混杂。地方品种选留种中要注意防止基因漂移，保持遗传上的多样性。因此，选留种要保证有足够大的群体。常异交作物的杂交率在5%～25%，在一般条件下多为自交结实，如茄果类的甜椒、辣椒。

（三）繁育方式多样

蔬菜作物种类繁多，其种子繁育方式多样，包括有性繁殖和无性繁殖。有性繁殖又分一年生蔬菜当年繁种和二年生蔬菜隔年繁种。无性繁殖是利用母体的细胞、组织、器官等通过分裂分化而形成新个体。来自同一单株的无性繁殖群体具有完全相同的遗传物质，性状相同，保持原有的种性。根据不同作物的繁殖特点，还可以将无性繁殖分为两类，即自然无性繁殖和人工无性繁殖。自然无性繁殖是指在一定条件下作物自然产生无性繁殖器官，并成为主要的繁殖方式，例如马铃薯的块茎、大蒜的鳞茎、山药的块根。自然无性繁殖作物主要还有姜、芋、莲藕、黄花菜、菊芋等。这些作物的特点是繁殖系数低，用种量大，不易贮藏，容易携带病原物，导致种性退化。人工无性繁殖是指利用植物的再生能力，人工将营养器官变成繁殖器官。如有些作物可以通过扦插、压条、嫁接等方法进行繁殖。现在正逐步发展应用的组织培养方法也属于此类，如马铃薯脱毒苗的快速繁殖。

在蔬菜作物中，有些蔬菜既可以采用有性繁殖，也可以采用无性繁殖。如一般采用有性繁殖的番茄、蕹菜等也可以采用扦插繁殖，韭菜、芦笋等既可用种子繁殖，也可用分株无性繁殖。一般用块茎繁殖的马铃薯也可用种子繁殖。这些作物常根据育种和种子生产的需要而采用不同的繁殖方式。

（四）品种更新更快

在生产中，不断以新的更为理想的品种取代原有品种，达到高产、优质、高效等目的。蔬菜品种更新较其他作物快得多，不少蔬菜品种生产上仅使用3～5年便被新品种取代。

（五）生产周期较长

有的蔬菜作物当年不能采种，有的须在第2年采种，有的甚至第3年才能采收种子。例如，甘蓝、大白菜等蔬菜作物需经过低温春化才能抽薹开花，母株采种需要经过2个年度，近1年的时间。洋葱、大葱采种要经过3个年度，近3年的时间。所以，蔬菜良种生产必须实行专业化，建立专门的蔬菜良种繁育基地，并严格执行良种繁育程序和生产技术措施，才能确保种子质量和数量需求。

（六）种子生产与商品菜生产多不同步

商品蔬菜的产品，有的是嫩果如大多数瓜类和茄果类蔬菜，有的是营养器官如十字花科蔬菜等，而只有少数蔬菜是以成熟果实为产品如西瓜等，种子生产必须达到果实或种子成熟。同时，在商品菜生产中，留种是无法完全保证种子质量的。蔬菜品种杂优化后，杂交种子的生产是由专业的制种基地完成的，与商品菜的生产已完全不同。

（七）繁育技术复杂，成本高

蔬菜良种繁育基地一般要求土地园田化，生产组织专业化，繁育技术规范化。与其他作物繁种相比较，在生产管理上表现为制种技术复杂、成本高，产值也高。目前，主要蔬菜作物品种90%以上为杂种一代，亲本多为雄性不育系、雌性系、自交不亲和系，原种和杂交种繁殖技术都比较复杂。有些作物的良种繁育表现出高度的劳动密集型，如番茄、茄子、多数瓜类蔬菜的杂交种生产，主要靠人工授粉完成，成本高，授粉技术要求也高。

（八）调种引种区域广

不少蔬菜适应性广，南、北方可进行调种引种。如北方高纬度地区所繁殖的马铃薯种和甘蓝种子，常引到低纬度的南方。长城以南地区的洋葱、黄瓜良种生产成本较低，其种子引至东北三省和内蒙古等高寒地区栽培完全适应；山东生产的秋香菜种子引入内蒙古和东北地区，表现良好。

三、影响蔬菜良种繁育的因素

蔬菜作物种子生产的前提是必须开花。有些蔬菜作物从营养生长转向生殖生长需要特殊的环境条件，如有些作物需要一定的光周期和低温春化后才能开花结籽。

（一）光周期

指作物生长和发育对昼夜（光照和黑夜）相对长度的反应。光周期对作物生长发育起着促进或抑制作用，也可表现在对某种产品器官（如块茎、鳞茎）形成的促进或抑制。根据蔬菜作物对光周期的反应，可以分为下列3类。

1. 短日照蔬菜 要求日照长度短于11～14 h，在较长的日照条件下不开花或延迟开花。主要蔬菜种类有：大豆、豇豆、扁豆、刀豆、茼蒿、苋菜、蕹菜等。

2. 长日照蔬菜 要求日照长度长于14 h。主要蔬菜种类有：白菜类、甘蓝类、芥菜类，以及萝卜、胡萝卜、芹菜、菠菜、莴苣、蚕豆、豌豆、大葱等。这类作物往往是冬前播种，冬季通过低温春化后，在春季的长日照条件下抽薹开花。

3. 中性光照蔬菜 对日照长度要求不严格，在较长或较短日照下都能开花。主要蔬菜种类有：番茄、辣椒、黄瓜、菜豆、蚕豆等。

有些蔬菜作物的不同类型和品种对光周期的反应存在差异，例如，洋葱就有长日照、短日照和中性光照的不同品种。

（二）低温春化

植物经过一定时间的低温诱导后才能开花的现象叫做春化。起源于温带地区的很多二年生蔬菜作物都需要低温春化，例如，大白菜、甘蓝、萝卜、芥菜、洋葱、菠菜等。根据作物能够感受低温的发育时期可以分为两类：

1. 种子春化型 指从种子萌动开始一直到幼苗长大都可感受低温通过春化的类型。春化所需要的温度和时间随作物种类和品种的不同而有差异，例如白菜、芥菜、萝卜等在8～10 ℃的条件下经过20～30 d即可完成春化阶段。利用萌动种子就能通过春化的特性可以在育种和种子生产中进行人工快速加代。

2. 绿体春化型 指当幼苗长到一定大小时才能开始感受低温通过春化的类型。如甘蓝类、大葱、洋葱、芹菜、胡萝卜等。这类作物在进行种子生产时冬前播种不能太迟，否则幼苗难以长到感受低温的大小，影响抽薹开花。

（三）结实性

结实性影响种子产量。品种本身的种子产量差异很大，一个优良的品种除具备高产、优质、多抗、广适、高商品性等优良经济性状外，还应具备繁殖容易、杂交种产量高等特性。种子产量越高，制种越容易，繁种成本越低，种子价格越具有市场竞争力，特别是对于生产上用种量大、种子市场价位低的作物种类尤为重要，如常规品种及杂交一代小白菜、快菜品种等。即使是已经推广且具有一定市场面积的杂交一代品种，往往因结实率低、种子产量低，农户拒绝接受繁种任务，繁种成本上升，严重影响了品种进一步推广，最终会被市场淘汰。

（四）杂交亲和性

杂交亲和性影响杂交品种种子产量和纯度。对于采用自交不亲和性繁殖的一代杂种，如果双亲杂交不亲和，不仅杂交种子产量低，而且亲本还容易产生自交，形成假杂种，严重影响品种纯度，所以在利用自交不亲和系生产十字花科蔬菜杂交种子时，应选择双亲相互授粉是可亲和的两个系，而且利用雄性不育系生产十字花科蔬菜杂交种，父本最好是自交亲和系。也有一些品种的亲本材料显示出对双亲以外的第三者格外青睐，易导致产生杂株，因此对周围环境隔离条件要求非常高。

（五）生产基地的自然条件

生产基地的自然条件对种子的产量和质量也有显著的影响，因此在种子繁育基地的规划和选址方面需格外重视。不同作物的种子生产对自然条件的要求不同，应根据作物的特点合理规划良种繁育基地。比如，空气干燥少雨的西北地区繁育蔬菜种子产量高、质量好，中高海拔地区繁育耐寒耐抽薹作物种子产量高，非十字花科作物产区的丘陵山区繁育十字花科作物较好等。

（六）种植技术

在良种繁育基地、繁育品种选定的基础上，基地的种植技术水平对最终的种子产量和质量起到决定性的作用。影响种子产量的种植技术包括培育壮苗技术，十字花科蔬菜自交不亲和系亲本蕾期人工授粉繁殖以及花期喷盐水技术，成株、半成株和小株交替采种技术，茄果类、瓜类蔬菜的整枝、疏花疏果等植株调整技术，以及通常的水肥管理技术等；影响种子纯度和质量的种植技术包括同类作物的隔离条件和隔离距离，十字花科蔬菜杂交种配制的双亲花期相遇调节技术、苗床及田间去杂技术，茄果类蔬菜去雄技术等。为了提高种子产量和质量，应建立与品种相对应的提高种子产量的生产技术规程和提高种子纯度和质量的良种繁育规程，建立稳定的良种繁育技术人才队伍，加强对良种繁育种植户的技术培训，不断提高管理水平和质量意识。

第二节　品种混杂退化及防止措施

品种混杂退化是指品种在生产栽培过程中，纯度降低，种性发生不良变异，致使品种失去原有的形态特点、抗病抗逆性和适应性减弱，产量下降，品质变劣等现象。品种的混杂退化往往发生在原原种的繁殖、原种的扩大繁殖和生产用种的规模化繁殖过程中。生产用种的混杂退化只会影响生产用种当代种子的不纯或退化，而原原种、原种的混杂退化延续下去，将导致生产用种的性状变异，最终导致产品的产量和质量标准无法保证。因此，加强对品种混杂与退化发生原因及防止措施的认识非常重要。

一、品种混杂与退化发生原因

1. 机械混杂　指良种繁殖过程中，某一品种群体中混有同作物的其他品种或其他作物、蔬菜种子。一旦发生机械混杂，将导致品种植株整齐度下降、生育期不一致、质量降低等。如不及时采取提纯和严格的去杂去劣等有效措施，可能导致在以后的繁殖过程中产生生物学混杂，导致品种混杂退化的加剧。

2. 生物学混杂 指在品种繁育过程中，由于隔离条件不严格而产生不同品种或类型、亚种、变种之间的天然杂交，从而使优良品种的遗传性状发生变化，造成品种混杂。这种混杂常见于异花授粉作物中。造成生物学混杂的原因中，除作物授粉习性外，繁种时的隔离距离、天气情况、授粉昆虫活动、采种田面积太小、周围的地理环境对其都有影响。

品种混杂是指在某一个品种群体内，混有其他作物、杂草或同一作物的其他品种的种子，一般会造成产量和质量下降，也称机械混杂。如果异品种的种子混杂在采种群体内，花期经传粉后，则引起后代性状的变异，就发展为生物学混杂。

3. 群体太小，增强了遗传漂变和近交的作用 一个新育成的品种，其群体内的基因频率和基因型频率达到相对稳定，群体处于遗传平衡状态。品种混杂退化的实质就是某些因素打破了群体的遗传平衡，导致品种纯度下降、性状变劣，也就是哈代-温伯格遗传平衡的条件没有得到满足。

如果一个品种或者亲本的群体数量太小，会增强遗传漂变和近交的作用。由于群体大小引起基因频率随机波动，导致某些有益遗传基因丢失，这种现象称为遗传漂变。在大种群中由取样效应引起的基因频率随机变化是很微弱的，基本上可以忽略；但在小种群内这种变化往往很显著而且没有固定方向。种群越小遗传漂变的影响就越显著。

4. 基因突变 在品种的繁殖过程中，由于外界环境因素引发的自然变异也时有发生，这些变异逐渐积累起来，便会使一个品种失去原有的特性。以单基因计算，一个世代的自然突变率大约为百万分之一，因基因总数很多，整体看有相当的频率。特别是频发突变（以特有频率频频发生），又有选择上的优势，在大群体中不因抽样误差而消失，就会对群体基因型频率改变有影响。

5. 种群之间发生个体的迁移或基因交流 在种子生产田中，某些植株与机械混杂进入的异品种植株、本品种退化株或邻近种植的其他品种发生自然杂交后，“迁入”了新的基因，而且产生了新的基因型。这种来自其他品种的花粉污染导致杂交，使原有品种混杂，也称为生物学混杂。花粉混杂造成基因流动，基因迁移影响基因平衡。

6. 自然选择或人工选择 一般来说，一个品种的“纯”是相对的，同一品种的植株间在遗传性上总会有或大或小的差异。在种子的多代繁殖过程中，由于自然选择或者人工选择，会使品种群体的基因频率和基因型频率发生变化。

在自然选择下，相对一致的品种群体中普遍含有不同的基因，种子繁殖所在地的环境条件会对品种群体进行自然选择，如选留了人们所不希望有的类型在群体中扩大，会使品种原有特性丧失。当1个基因受自然选择作用时，它在子代中的频率就与在亲代中不同，从而引起基因型频率发生变化。

在人工选择下，正确的选择使品种不断地得到优化，而不正确的选择会加速品种的混杂退化。如在大白菜杂交种制种时，需应用纯合的亲本。而在间苗定苗时，往往留大除小，留强去弱。因此，在间苗过程中，要特别注意杂株的识别，否则容易造成拔除了基因型纯合的幼苗，留下杂苗，使 F_1 品种混杂。

7. 微效基因分离重组 新育成品种，本身在微效多基因上还存在着杂合性，因此在繁育过程中，由于它们的分离重组而引起品种的混杂退化。异花授粉作物群体中个体间异质性和个体内杂合性，这样的品种后代，如果不注意选择提纯，会因变异性状的继续分离形成一个混杂退化的群体，分离重组导致品种混杂退化速度更快。

8. 外界环境条件引起的表型变化 混杂退化是环境引起的表型变化。例如，病毒是引起马铃薯退化的主要原因，而病毒的发生又与媒介昆虫的传播和块茎形成时的温度有关。温度高时植株体内的病毒增殖快，植株的代谢活动也强，随着植株代谢活动的加快，病毒的扩散速度也快，在块茎中的积累也多，因而马铃薯的退化加快。马铃薯病毒传播媒介是蚜虫，在高纬度、高海拔地区无传媒生存，马铃薯感病毒速度慢。

二、防止品种混杂与退化的措施

1. 严格隔离

（1）隔离的作用　为了保证种子的质量，在种子生产中必须采取严格隔离措施。隔离的作用包括3个方面：

① 防止其他作物或品种的花粉污染，避免生物学混杂。

② 避免不同品种的种子在收获时发生机械混杂。

③ 减少同类作物病虫害的传播和危害。

（2）隔离的方法

① 时间花期隔离。利用不同年份、不同季节或不同播期分别生产种子，达到隔离的目的。

② 空间隔离。隔离距离的大小应根据作物传粉方式、授粉方式、种子级别确定。表8－1列出了几种主要蔬菜的最小隔离距离。如果采种田之间有建筑物、树林、高秆作物（如向日葵、高粱、玉米）或其他障碍物时，隔离距离可适当减小。

③ 保护设施隔离。网室、温室、塑料大棚等保护地设施都能够防止昆虫的进入而起到隔离的作用。对保护地设施内作物的授粉常采用人工授粉或放养蜜蜂授粉等方式。

表8－1　主要蔬菜作物的传粉方式及最小隔离距离

科、属	主要作物	主要授粉方式	传粉媒介	隔离距离（m）
十字花科	白菜类、甘蓝类、芥菜类、萝卜、荠菜	异花授粉	昆虫	1 000
茄科	番茄	自花授粉		50
	辣椒	常异交授粉	昆虫	500
	茄子	自花授粉		50
葫芦科	黄瓜、南瓜、冬瓜、西瓜、苦瓜、节瓜、瓠瓜、丝瓜、蛇瓜、佛手瓜	异花授粉	昆虫	1 000
豆科	菜豆、豌豆、豇豆、大豆（毛豆）、扁豆、刀豆、莱豆	自花授粉		100
	蚕豆	异花授粉	昆虫	1 000
百合科	大葱、洋葱、韭菜	异花授粉	昆虫	1 000
伞形科	胡萝卜、芹菜、芫荽、茴香	异花授粉	昆虫	1 000
藜科	菠菜、甜菜	异花授粉	风	2 000
菊科	莴苣、茼蒿、菊芋、牛蒡	自花授粉		100
锦葵科	黄秋葵、冬寒菜	异花授粉	昆虫	500
苋科	苋菜	异花授粉	风	2 000

2. 采用正确选择方式防止品种劣变　在蔬菜种子的多代繁殖过程中，可能发生部分个体特性变异，其原因或是由于原种本身存在部分杂合或外来花粉杂交导致的杂株。因此，必须进行适当的选择，它是蔬菜种子生产中保持品种质量的重要环节。选择的原则是按原品种的典型性选择，不要只针对单一性状选择；选留较多的个体，以免发生随机漂移；选择产量性状应兼顾几个与产量构成有关的因素，标准应接近群体的平均值，或按众数选择。

（1）正向选择　正向选择是指选优，即严格按照原品种的标准选留部分优良单株，繁殖原种。对于异花授粉作物，常规品种留种株数至少60～100株，否则容易造成基因漂变和近亲繁殖。选留种株的种子有两种方法：一是将这些种子混合后继续繁种，这也叫作集团选择法；另一种方法是将混合授粉的优良单株分别留种，然后在田间分别鉴定每个单株的优劣，将田间表现优良的单株种子混合后作为原种使用，这叫母系选择法。

（2）负向选择 所谓负向选择就是去杂，在采种田中除去不表现典型性状的植株。拔除植株的多少应根据品种的纯度确定。如果拔除20%，也就意味着80%的正向选择。因此，负向选择（去杂）的选择压力远远小于正向选择（选优）。

第三节 蔬菜良种的分级繁育及其繁育技术

良种分级繁育制度，就是在种子生产中，设置繁育不同级别种子的留种地，按照一定的技术规程，逐步扩大繁殖生产出不同级别的种子。种子产业发达国家在种子生产中都实行分级繁育制度。我国农作物的种子生产主要采用原原种、原种、生产用种的三级繁育制度。目前，主要蔬菜作物生产上大面积推广的蔬菜品种大多数为一代杂种，用种量大、繁殖系数都比较高。为保障种子质量，也采用原原种、原种、生产用种三级繁育制度，其基本程序就是原原种生产原种、原种生产生产用种。

一、蔬菜原原种繁育

原原种是指由育种家育成的遗传性状稳定的品种或杂交种亲本的最初一批种子，具有该品种最典型的特征，用于进一步繁殖原种种子。因原原种由育种家育成并掌握，故又称其为育种家种子。原原种是所有育成品种种子扩大繁殖的源头，其性状的优劣及遗传稳定性决定了品种的优劣及遗传稳定性，是育种家最需要保存和重视的种子。其他所有的种子都是由原原种经过一代或几代繁育而成。

原原种繁育对繁殖技术要求非常高，只能在懂专业技术且深知品种特性的育种单位和育种者直接或共同主持下，按品种的要求进行种子繁殖，纯度和质量要求高。由于由育种者亲自完成，繁育程序也就相对简单，质量也有保证。原原种一般种子量少，多采用人工单株授粉获得种子，通常采用母株采种，在鉴定综合经济性状的同时选择优良单株自交结实。如十字花科蔬菜品种的亲本原原种繁育通常采用人工单株套袋隔离授粉，并采用蕾期自交方法打破自交不亲和性繁殖。

原原种通常由育种家针对不同类型品种特点采用相应的繁育技术进行种子繁殖，一方面肩负着保证品种原始性状的遗传稳定性，另一方面还肩负着后续原种及生产用种繁殖和使用过程中发生的品种混杂和退化的提纯复壮重任，经由育种家提纯复壮后的品种或亲本种子又回到原原种起点。

二、蔬菜原种繁育

蔬菜原种是指由原原种繁殖出来的种子，如果是育成的常规品种或杂交种的亲本，种子公司在育种家的参与下由原原种种子扩繁而成，是原原种种子量的第一次扩大。扩繁出来的原种种子将继续用于自交繁殖或杂交配制杂种一代生产用种种子。所以说，原原种和原种都是性状纯合稳定的品种或亲本。由原原种、原种和生产用种构成的3级良种繁殖制或三圃制，主要适用于繁种量大的良种繁殖，因为原原种种子为人工自交单株种子，种子量很少，只有经过进一步株系群体内姊妹交扩繁出原种，才能满足规模化繁殖生产用种时对亲本原种种子的需要。对于一些种子生产量不是太大的蔬菜种类，实际上可以用原原种繁殖生产用种，称为2级良种繁殖制或二圃制。

蔬菜原种对种子的纯度要求很高，如果原种种子出现大量机械混杂或生物学混杂，在使用该原种繁殖生产用种时去杂极其困难，不仅耗费大量的去杂人工，即使通过苗床和定植后田间多次去杂，也难免有漏网杂株去除不净，而杂株导致的进一步的生物学混杂势必对生产用种的纯度造成严重影响。

鉴于对原种种子纯度的高要求，原种一般采用温室或大、中、小棚隔离繁殖，最好由种子公司在育种家的参与下完成。原种一年繁殖可多年多次使用，经纯度鉴定混杂严重的原种需要重新繁殖。根据蔬菜种类和品种类型的不同，采用不同的原种繁育方式。

（一）常规品种原种繁殖

最直接可靠的方法是用品种选育者提供的原原种直接繁殖原种。生产上使用的原种如果发现已经混杂退化，则需要提纯复壮。一般采用“三圃制”选择法选优提纯复壮，“三圃制”的生产程序为：

1. 单株选择　在全生育期选择具有本品种典型性状的优良单株留种，单独采收、入库。

2. 株行比较　将入选单株以株系为单位种于株行圃比较鉴定，选优良株行单独留种。

3. 混系繁殖　将入选优良株系种子种于原种圃扩大繁殖。

（二）杂交一代的亲本原种繁殖

1. 蔬菜自交不亲和系原种繁殖　拥有自交不亲和性的作物如十字花科蔬菜，包括白菜类、甘蓝类和萝卜，为异花授粉作物，虫媒传粉。自交不亲和系用于十字花科蔬菜一代杂种种子繁殖时，双亲上采收的种子都可用于生产用种。自交不亲和系具有花期系内植株自交、株间异交皆不亲和的特点，因此繁殖自交不亲和系原种时，通常采用人工蕾期自交繁殖，成本很高。也有采用花期喷盐水打破自交不亲和性的方法，盐水浓度因作物而异，白菜使用浓度3%～4%，甘蓝使用浓度5%，萝卜使用浓度0.4%，每天早晨9时左右喷盐水，然后在隔离的小棚内借助蜜蜂辅助授粉，能提高结实效果。

2. 蔬菜雄性不育系原种繁殖　目前采用雄性不育系繁殖一代杂种种子的作物有：白菜、甘蓝、萝卜、花椰菜、辣椒、番茄等。白菜、甘蓝、萝卜为异花或常异花授粉作物，虫媒传粉；番茄为自花授粉作物。其中甘蓝、萝卜应用较多。由于甘蓝生产上通常采用育苗移栽，因此对杂种种子的纯度要求非常高，采用雄性不育系可以繁育出100%甘蓝杂交种子，种子纯度大幅度提高。萝卜单荚种子粒大、种子少，采用自交不亲和系繁殖一代杂种种子产籽量低，费事且成本高，而采用雄性不育系繁育杂交种，不仅杂交率高达100%，杂种优势强，而且保存和繁殖亲本及配制一代杂种操作方便。繁殖雄性不育系原种一般在大棚或温室隔离条件下进行。雄性不育系的种类主要有以下几种：

（1）*雄性不育两用系繁殖*　雄性不育两用系繁殖时，通过雄性不育两用系植株中可育株花粉人工授粉于雄性不育两用系的不育柱头上，从雄性不育两用系不育株上采收的种子即为新繁育的雄性不育两用系种子。雄性不育两用系中的可育株在完成授粉后必须提早拔除。

（2）*核质互作型雄性不育系繁殖*　辣椒利用核质互作型不育系繁殖杂交种，需要“三系配套”，因此，需要同时解决雄性不育系、雄性不育保持系和雄性不育恢复系的繁殖问题。雄性不育系的繁殖同胞质雄性不育系繁殖，雄性不育保持系和雄性不育恢复系的繁殖与常规品种种子生产技术相同。

（3）*纯合显性雄性不育系繁殖*　代表性作物甘蓝。由于纯合显性雄性不育系不育性稳定，在不同生态环境条件下都不出现花粉，因此不育株不能自交繁殖，需要在实验室条件下用组织培养的方法保存、扩繁。一般于4～5月取不育株花枝或侧芽组培扩大群体，9～10月将生根组培苗移植于大田，冬季在保护地春化，翌年4～5月继续取不育株花枝或侧芽组培……如此反复进行。用优良的纯合显性雄性不育系做母本，用筛选出的保持系做父本，两者按3∶1的行比定植于特别严格的隔离区自由授粉，由纯合显性雄性不育系植株上收获的种子即是用于配制一代杂种的显性雄性不育系种子。

（4）*胞质雄性不育系繁殖*　以雄性不育系为母本，以雄性不育保持系为父本，在隔离区内雄性不育系和雄性不育保持系按3～4∶1的行比栽植，花期蜜蜂辅助授粉，从不育株上收获的种子即为新繁育的雄性不育系种子，从可育株上可采收雄性不育保持系种子。目前，甘蓝、花椰菜、大白菜可用此类型不育系配制杂交种。

3. 蔬菜雌性系和雌株系原种繁殖　采用雌性系繁育杂交种的蔬菜作物有黄瓜、南瓜、苦瓜、节瓜等，采用雌株系繁育杂交种的蔬菜作物有菠菜、莴苣等雌雄异株的蔬菜。黄瓜为异花授粉作物，虫媒花。雌性系黄瓜植株上只有雌花，没有雄花，因此利用雌性系繁育一代杂种就无需去雄，配制的一代杂种纯度更高，成本更低。黄瓜雌性系原种的繁殖通常采用赤霉素和硝酸银处理诱导雌性株产生雄花，在大棚或温室隔离条件下采用蜜蜂授粉来繁殖雌性系。菠菜为异花授粉作物，风媒传粉。菠菜的杂交制种多数利用雌株系制种，菠菜雌株系原种的繁殖需要在同一隔离区按3～5∶1的行比，相间条播雌株系和保持系，风媒传粉。亲本繁殖多用秋播老根越冬采种法，即第1年秋播，大苗越冬，第2年抽薹、开花、结实，可根据植株生长情况去杂去劣，有利于品种耐寒性的保持，种子质量好。

（三）提高繁殖系数，加快原种繁殖的方法

为使优良蔬菜品种迅速在生产上得到应用，必须加快种子的繁殖速度，特别是提高原原种、原种的繁殖效率，增加繁殖系数，获得更多的用于繁殖生产用种的高质量原种。

蔬菜作物不同，可采用不同的方法加快种子的繁殖，常用的方法主要有：

1. 利用不同气候条件或设施加快繁殖 我国南北方气候条件差异较大，可在海南岛、云南等冬季温暖地区设立冬季南繁基地，加代繁殖番茄、辣椒、黄瓜等喜温果菜。也可在温室、大棚等保护地设施结合低温光照处理增加白菜、不结球白菜、菜心等的每年繁殖代数。

2. 利用组织培养扩大繁殖 利用茎段、茎尖、腋芽等为外植体进行组培快繁，是加快良种繁育的一种先进手段。目前，马铃薯、草莓及甘蓝纯合显性不育材料，都是利用这一方法扩繁的。

3. 加强繁种田的育苗和栽培管理 苗期采用营养苗钵或苗盘方式节约原种用量。无性繁殖蔬菜采用扦插、分根、分株等扩大繁殖系数。种子田定植适当增加株行距，注意肥水管理，使采种植株生长健壮，提高繁殖种子产量。

4. 重视辅助授粉 在繁殖十字花科蔬菜作物自交不亲和系原种时，采用蕾期人工授粉繁殖，要重视授粉花蕾的大小。在露地或网棚隔离条件下繁殖种子时，及时放蜜蜂等授粉昆虫，提高有效坐果（角）率和单果（角）种子数。

三、蔬菜大田生产用种繁育

大田生产用种是由原种繁殖出的经确认达到规定质量要求的杂种一代种子或第一代至第三代常规品种种子，也称良种、生产用种或商品种子。

（一）良种繁育的方式

蔬菜作物种类繁多，良种繁育方式及技术措施也各不相同，形成了多种多样的良种繁育方式。

1. 繁育方式

（1）当年采种 一年生蔬菜作物大多是当年播种，当年收获新种子。这些蔬菜作物主要以果实或种子为产品，没有明显的营养生长和生殖生长之分，对温度条件没有严格的要求。例如，茄果类、瓜类、豆类及莴苣等。种子生产的栽培技术与通常的蔬菜产品的生产技术相似。

（2）隔年采种 二年生蔬菜作物在通常条件下是当年播种形成产品器官，第2年才能获得新种子。但是，通过特殊的栽培方法，也可以不让植株形成产品器官而当年获得种子。

① 成株采种。这是传统的二年生蔬菜作物采种方法。第1年秋季播种，植株形成产品器官，收获留种株，并贮藏。第2年春季重新定植，然后植株抽薹开花，获得新种子，如大白菜、甘蓝、萝卜、胡萝卜等。有些耐寒性强的蔬菜，在一些地区可以当年原地露地越冬，第2年春季抽薹开花，获得种子。这类蔬菜作物包括：菠菜、芹菜、芥菜、苤蓝、薹菜、大葱、洋葱、莴苣、芫荽、茴香等。

成株采种的优点是由于植株能够形成产品器官，有利于对品种繁种株进行选择和去杂，易于保持

品种的典型特性，所以原原种和原种的生产多采用这种方法。成株采种的缺点是由于成株需要贮藏，在贮存期容易受到病害危害，定植成活率低或种株生活力减弱，种子生产成本高。

② 小株采种。小株采种是植株在生长发育过程中不形成产品器官而直接抽薹开花、结籽的采种方式。小株采种既可以采取秋季晚播，植株经露地越冬，又可以采取冬春季育苗或直播，经自然低温春化处理，春季幼苗定植到田间，抽薹开花，生产种子。可根据作物种类和采种地区的气候条件确定采用哪种播种或育苗方式。小株采种占地时间短，不需要贮藏，病害轻，成本低，种子产量高。它的缺点是无法对品种的典型特征特性进行选择，因此主要用于繁殖生产用种或一代杂种。适于这种采种方法的蔬菜有：大白菜、甘蓝、萝卜、花椰菜、薹菜、菠菜、芹菜、大葱、洋葱、莴苣、芫荽等。

2. 栽培方式　蔬菜作物的栽培方式多种多样，在种子生产中需要根据作物的生长发育需求、生产种子的要求、生产成本等因素选择适宜的采种栽培方式。

（1）*露地繁育*　露地采种是指利用不加保护的天然露地进行种子生产的方法，适于大面积的种子生产，可采用直播或育苗移栽。露地采种最大优点是成本低，缺点是容易受到不利气候条件的制约和限制，人为设立隔离条件，可能对种子的产量和质量造成影响。

（2）*保护地繁育*　保护地采种是指利用人工设施，创造有利于作物生长发育的小气候条件或隔离条件进行种子生产的方法。

① 风障采种。在采种畦的北侧用作物秸秆建立风障，挡风保温，在早春可以提早播种或提早定植，延长植株的开花时间和增加结籽量，提高种子产量。这种方法在华北北部和东北地区常用于茄果类、瓜类、十字花科等蔬菜作物的采种。

② 阳畦采种。阳畦由风障、畦面、畦框和覆盖物组成。它既可用于早春育苗，也可以直接用于茄果类、十字花科等蔬菜作物的采种。

（3）*中棚、塑料大棚以及温室采种*　塑料中棚、大棚以及温室在冬春季可以更好地提供蔬菜作物生长发育所需要的条件和采种所需要的隔离条件，较少受到不利自然条件的影响。主要用于原种或加代种子的繁殖，但是种子生产成本高。目前，为提高种子产量和质量，茄果类蔬菜的杂交一代种子生产多在塑料大棚内进行。

3. 杂交制种方法　依据蔬菜品种的不同选择不同的杂交制种方式，总的原则是生产的大田生产用种纯度好、产量高，省工省力，效益高。

（1）*自交不亲和系、自交系制种方法*　这是目前白菜、甘蓝等十字花科蔬菜普遍采用的制种方法。利用自交不亲和系，双亲优先接受对方的花粉，且自交不容易结实，杂交种纯度好，制种成本低，但仍存在一定的自交种子（假杂种）。自交不亲和系亲本自交多代生活力容易衰退，亲本产量不高。利用自交系制种，要求双亲花期一致，保证双亲花粉充足、授粉均匀，可获得较高纯度的杂交种。

（2）*雄性不育系制种方法*　为了获得100%杂交率的大田用种，利用雄性不育系制种是首选的方法。雄性不育系具有省工、杂交种纯度高及可以保护自主知识产权等优点。细胞质雄性不育系（CMS）（白菜、甘蓝等）、显性细胞核雄性不育系（GMS）（甘蓝、白菜等）和核质互作雄性不育系（洋葱、胡萝卜等）均在制种中利用。白菜、甘蓝、萝卜等蔬菜可以直接利用雄性不育系为母本，与优良的父本系杂交，生产杂交种子，不需要恢复系。而辣椒等果菜类蔬菜还需要恢复系，即“三系”配套。

（3）*雌性系制种方法*　黄瓜、南瓜、苦瓜、节瓜等葫芦科已采用雌性系生产大田生产用种。

（4）*雌株系制种方法*　对菠菜、莴苣等雌雄异株的蔬菜，利用雌株系作为母本与父本杂交，生产大田生产用种。

（5）*人工去雄制种方法*　人工摘除花朵的雄蕊、雄花或雄株，再与父本自然授粉或人工辅助授粉进行大田种子生产。对于没有发现不育系或没有适合的不育系的番茄、辣椒等茄果类及西瓜、南瓜、西葫芦等葫芦科蔬菜，常常采用这种方法。因为需要人工去雄和辅助授粉，制种成本和费用增加。

（6）化学杀雄制种方法 利用化学杀雄剂培育杂交种品种是一种新型的大田用种生产途径，在国内外应用广泛。其原理是在植物雄性器官分化前或发育过程中，喷施内吸性化学药剂，经过一系列生理生化过程，阻止花粉的形成或抑制花粉的正常发育，导致雄性不育。化学杀雄制种方法可简化杂交去雄手续，制种时，喷施一定浓度的化学药剂如乙烯利、青鲜素（MH）处理母本，导致雄性不育，进而生产杂交种子，如乙烯利在黄瓜上已经应用，青鲜素在茄果类上已成功应用。

（7）倍性制种方法 以四倍体做母本与二倍体做父本进行杂交生产的种子已经成功应用于西瓜杂交种生产，大白菜四倍体技术也已用于杂交种生产。

（二）蔬菜大田生产用种繁育的一般技术

1. 采种基地的选择

（1）自然条件 种子生产基地所处的自然条件是采种基地首选考虑因素，包括温度、光照、土壤、水源（或降水量）、无霜期、无大风天气、无冰雹天气等。不同蔬菜作物需要不同的生长发育条件，所以选择的种子生产基地必须能最大限度满足蔬菜作物生长发育对环境条件的需求。现阶段，我国蔬菜种子的生产基本实现了区域化，基于蔬菜品种的生物学特性和开花授粉习性、制种基地的生态条件，如生长期长短、光照和温度条件（低温和高温、昼夜温差、冬季温度等）、降水量、多雨季节的发生月份和持续时间等，主要蔬菜繁种基地的分布见表 8－2。

表 8－2 我国主要蔬菜作物繁种基地分布

科	蔬菜作物名称	繁种基地主要省份
十字花科、藜科	大白菜、小白菜、甘蓝、青花菜、花椰菜、萝卜、菠菜	山东、河南、山西、甘肃、云南等
葫芦科	西瓜、西葫芦、南瓜、黄瓜、甜瓜	新疆、甘肃、河北、北京等
茄科	辣椒、番茄、茄子	辽宁、山西、河北、海南等
伞形科、百合科	胡萝卜、洋葱	山东、河南、甘肃等

（2）设备条件 蔬菜作物的种子生产必须具有一定的设备条件，例如，育苗设施（阳畦、大棚、温室）、采种田的隔离条件、排灌设施、晾晒场地、脱粒场所、种子脱粒机械、种子加工和贮藏库等。

（3）技术和人文条件 种子生产基地技术人员应具有较高的繁育技术水平，以定期对农民进行技术培训。种子生产基地的生产人员要求具有一定的种子生产经验或经过培训后能够严格按照良种繁育技术规程操作。同时，当地农业管理部门要大力支持良种繁育工作，切实负起安全隔离、协调不同品种种子生产的布局、种子流失等问题。从事种业生产的全部人员应具有良好的知识产权意识，做到不向第三方流散亲本材料和生产种子，为种子委托生产商保密也至关重要。

（4）效益 现阶段，委托繁育种子的单位或公司先与负责繁育的公司或蔬菜协会签订合同，然后负责繁育的公司或蔬菜协会再与每个基地的不同农户签合同、定面积，因此，制种产业不仅要保证农户有收益，也要保证繁育的公司或蔬菜协会有收益，同时委托繁育种子的单位或公司也需要通过销售合格种子创造效益。确保蔬菜制种产业能够良性循环、可持续发展，达到多方共赢的目标，首要前提条件是多方共同努力生产出高质量、合格的大田用种。

2. 采种田的设立与准备

（1）蔬菜采种田的设立原则

① 轮作。采种田的前几茬蔬菜作物与准备进行种子生产的蔬菜作物不能属于同科、同属，特别是不能属于同种。其原因：一是避免由于同种作物的种子遗落田间，花期时容易发生生物学混杂；二

是为了防止相同病虫害在同科、同属蔬菜作物积累暴发，造成损失。

② 隔离。不同蔬菜品种采种田的隔离距离必须满足最近隔离要求，以利于控制种子质量，节约人力和物力。要根据土质、水源、风向、空间、树木或村庄等条件具体安排，为了便于管理，应确保制种田连片，以保证大田用种的纯度。主要蔬菜推荐的最近隔离距离及传粉媒介见表 8-1。

③ 采种田的形状与大小。采种田应首选具有水源灌溉设施的地块，保证整个生育期尤其是花期和灌浆期不缺水。由于外来花粉污染采种田的情况主要发生在地块的周边，因此，采种田形状最好是方形，方形的周长最小。一旦发现花粉污染可能出现的情况，可将外围种子分别收获，单独鉴定，保证中心区内种子的质量。采种田面积越大，越不容易受外来花粉污染。在小面积生产原原种和原种时，采种田一定要严格隔离。

（2）采种田的准备

① 清洁。清除杂草、作物秸秆、残根、石块等杂物，施药杀灭残留的地下害虫（如蛴螬、蝼蛄等）虫卵或幼虫。

② 土地平整。土地平整对于水分的排灌非常重要，应优先选择肥沃平整的壤土作为繁育的地块。

③ 灌溉与排水。设立排灌水道，注意灌溉水是否含有较高的盐分及有害物质。

④ 土壤营养及调整土壤酸碱度。施足底肥，混合均匀，适当追肥。大多数蔬菜作物的适宜 pH 为 6.5～7.0。

⑤ 减少药剂污染土壤。近年来，由于在采种田生长的上茬作物，如玉米、花生等作物普遍喷施植物生长调节剂等，因此，存在土壤受到残留药剂污染的可能性。应尽量避免选择上茬喷施过除草剂、矮壮素的地块做蔬菜作物采种田，以减少对繁殖植株生长的不利影响。如十字花科的白菜类蔬菜一旦受到除草剂危害后，叶片皱缩畸形，失去生长点，影响开花和结实；而白菜、西葫芦等植株一旦受到矮壮素影响，则株型矮化，花期不正常，花量少等。

3. 播种及育苗　播种前，种子可以进行预处理，包括消毒、浸种和催芽，主要目的是预防种子传染病害，使种子在人工环境下吸足水分，保证出苗快、苗齐。调整播种期，使繁种株开花时处在最有利于开花、授粉、结实的条件，或有利于种株的贮藏等。如河南繁殖的越冬大白菜一般在 9 月 10 日播种，10 月 10 日左右定植，可以保证白菜的营养体在整个冬季不至于冻死，翌年春季可以快速返青，开花时间比小株采种要早，种子先成熟，制种产量也高。为了调整双亲的花期，必须人为进行错期播种，保证两者花期相遇，减少产生假杂种。

（1）露地直播　在准备好的采种田上直接播种。常用的播种方法有下列几种：

① 穴播。按一定的株行距挖穴，将种子播在穴内。豆类、瓜类等作物常采用穴播方式。

② 条播。在阳畦或垄上开沟，沿沟播种。

③ 撒播。在整平的畦面上均匀撒播，如白菜类作物有时采用此方法。

（2）育苗移栽　育苗移栽是蔬菜作物采种的主要方法。保护地育苗可避免外界的恶劣条件，培育壮苗，提早定植。保护地育苗的方法多种多样，主要根据作物种类和采种基地具有的设施确定，包括阳畦、小拱棚、大棚、温室等多种育苗方式。

4. 栽培管理

（1）间苗　直播的种子需要间苗，一般可进行 1～2 次。

（2）定植　按照不同蔬菜作物品种的生长特点、花期长短和花量多少等确定最适定植密度，选择合适的时间定植。十字花科等蔬菜作物杂交种生产中，父、母本需要按一定行比进行定植，而瓜类、茄果类等作物则是父、母本分区定植，有时为了防止亲本流失，父本和母本会安排很远种植，人工采取花粉，用保温箱长距离运输，再进行人工杂交。

（3）中耕　中耕的主要目的是疏松土壤、通气、保水保墒、铲除杂草。黄瓜、葱蒜类浅根作物应浅中耕，番茄、南瓜等深根作物可深中耕，生殖生长后期不宜中耕。

（4）浇水　在植株生长过程中，对水分的需求存在不同的敏感期。在这些敏感期，采种田需要及时浇水。一般果菜类蔬菜初花期不能缺水，十字花科蔬菜作物的花期和灌浆期不能缺水，而在种子成熟期应该适当控制浇水。

（5）追肥　采种田底肥要充足，苗期可施用少量提苗肥。在植株开始快速生长的时期，如瓜类和茄果类的结果初期及十字花科蔬菜的抽薹期，应及时追肥。追肥总的原则是控制氮肥、增施磷钾肥，促进开花坐果；开花后，喷施1～2次壮花、壮果营养肥。追肥要以复合肥为主，氮、磷、钾比例适当。制种田的氮肥不能施用过多，尤其在前期一般不施氮肥，否则植株易徒长、生长期延长、种子成熟期推迟、植株易倒伏，一般在开花后施1次氮肥，对提高种子产量和质量很重要。磷、钾肥对种子高产很重要，一般制种株在前期需磷肥较多，另外在开花时也要增施1～2次磷肥。磷肥有利于提高种株的抗病性、抗逆性和抗倒伏能力等。另外，硼肥利于授粉、结实和籽粒灌浆。

（6）植株修剪　对茄果类、瓜类蔬菜要及时摘心、打杈、疏花、疏果。如黄瓜采种时，为了促进种瓜早熟，增加黄瓜种子的千粒重，一般选留主蔓上第2、第3个雌花为采种瓜，当采种瓜坐住后，在植株长到18～20片真叶时便可以摘除主蔓生长点，以保证种瓜充足的营养。中晚熟番茄采种时，多采用单干整枝，在第2穗和第3穗果坐住后，及时摘心、摘除非留种花序和侧枝。在繁殖白菜等十字花科蔬菜种子时，应及早摘除主枝，一方面可以促进侧枝萌发和增加有效的授粉枝条，另一方面因为主枝的种子最先成熟，在收获前最先炸落，无法采收。因此，主枝一般在初花期即被摘除。同时，白菜类、甘蓝类、萝卜等蔬菜作物在花期和种子后熟期植株容易倒伏，尤其是浇水、大雨后持续刮大风，此时应及早培土，并在每6～8行采种株的四周钉桩子、拉线，防止植株倒伏，可以有效预防种子产量和质量降低。

（7）病虫害防治　在幼苗定植前和植株生长期间，要及时对植株进行病虫害防治，做到提早预防，尽早控制病虫害发生。病虫害的发生不仅造成种子减产和质量下降，同时部分病害可使种子带菌，如白菜的黑腐病等。但是，对于需要利用昆虫辅助授粉的蔬菜作物，应在开花前或投放蜜蜂前7～10 d喷施杀虫剂，并选用低残留或对授粉昆虫危害小的农药，在花期结束后可立即喷药剂杀虫、治病。另外，也需要及时对植株喷施防病药剂，进行病害的防治。虫害主要有蚜虫、菜青虫、美洲斑潜蝇，也需要及时用药进行防治。

5. 去杂去劣　杂株主要指那些与所繁殖品种主要形态特征和特性不同的植株。杂株发生的主要原因是由于外来花粉杂交、基因突变、机械混杂等引起。去杂是去除非本品种特征特性的植株。某一易于鉴别的性状，如白菜的毛刺有无、叶片颜色等明显不同于原品种的典型性状，可作为易鉴别的标记性状。有怀疑的杂株均应拔除。去杂去劣的基本原则：首先，尽量保证原种的纯度高，减少去杂的工作量。其次，在定植前对阳畦或保护地幼苗进行去杂。在缓苗后和花期前再次对采种田的植株进行去杂是种子生产中保障品种纯度的重要技术和必要环节。去劣主要是去除生长不良、感染病虫害的植株，以免导致繁殖的种子带菌和造成品种退化。

（1）提高去杂效率的措施

① 适当的定植株行距。在定植时采用适宜的株行距，以保证那些具有不良性状的小植株具有一定的生长空间，不至于被大植株掩藏，去杂时能够看到每个单株个体，及时拔除。

② 有序地逐行检查。多人同时去杂去劣检查时，要求从不同角度检查，每次检查行数不能过多，可以交叉检查，但不要出现漏查。

③ 拔净整株杂株。发现杂株，要连根拔净，田间不要留有杂株的残根或枝条，它们有可能再生长并产生花粉和结籽，影响种子质量。

④ 早晨去杂。在早晨去杂，既可防止植株因萎蔫而无法辨别形态性状，又可减少阳光对眼睛的干扰造成误判或漏判，在检查时，一定要背对太阳。

⑤ 避免延误检查。在杂株开花前，尽早拔除全部杂株，对有疑问的杂株，应采取一次性拔除，

不留隐患。

⑥ 选择杂株的标记性状。除了选择株型、生长势等明显性状外，叶片毛刺、颜色等标记性状也可以辅助分辨杂株，同时记录杂株表现类型和相应数量。

（2）去杂时期 由于杂株并不是在整个生育期都表现不良性状，所以，必须在最能表现大田用种亲本的典型性状和杂株不良性状的时期进行去杂。比较关键的时期是定植前阳畦或保护地去杂和缓苗后、开花初期采种田去杂以及成熟期去杂，一定要多花时间在这 4 个时期进行认真细致地去杂工作，如在十字花科蔬菜缓苗期，由于杂株株型大、颜色深容易识别，在初花期，杂株生长势旺，花瓣大、花色明显不同，相比较而言，杂株更容易被清除。选择在定植前对阳畦或保护地幼苗进行严格去杂，去杂工作可集中完成，一旦到大面积的采种田，去杂工作任务量增加近 25 倍以上。

（3）污染花粉的检查 为了防止外来花粉的污染，必须在开花前和开花期间仔细检查采种田周围是否存在外来花粉的污染源，即进行隔离区检查，重点检查用于种子生产的其他作物：① 品种试验的蔬菜作物；② 商品菜生产的蔬菜作物；③ 农户菜园或庭院种植的蔬菜作物；④ 菜农沿灌水渠道种植的蔬菜作物；⑤ 上茬蔬菜作物残留的植株或遗落种子再次发芽生长的植株；⑥ 提早抽薹的植株；⑦ 与采种作物能够杂交的野生种类；⑧ 大田作物田内生长的蔬菜作物。一般情况下，这些蔬菜作物不会与所采种蔬菜作物同期开花，但若花期相遇，在隔离区检查时一定注意去除，以保证生产种子的纯度。

6. 授粉 授粉是花粉粒从花朵的花药传播到柱头的过程。这个过程如果发生在同花之间，称作自花授粉；如果发生在不同花之间就称作异花授粉。

（1）传粉方式

① 天然自花授粉。在花朵花药和柱头的生长发育过程中，形成有利于自花授粉的花器结构，阻止异源花粉授粉、受精。

② 风传。指借助风力传粉的蔬菜作物，也称风媒花作物，如菠菜等。

③ 昆虫传粉。依靠昆虫传粉的蔬菜，也称虫媒花作物，包括十字花科蔬菜、瓜类蔬菜及大葱、韭菜、圆葱等蔬菜。

（2）辅助授粉 大多数蔬菜作物的传粉昆虫是蜂类，如蜜蜂、熊蜂、壁蜂，既有人工饲养的，也有野生的，它们访问花朵的目的是为了获得花蜜或花粉，同时也充当了授粉媒介。另一类主要的授粉昆虫是蝇类，其对圆葱、大葱、韭菜和胡萝卜等作物非常重要。条纹花虻也可作为传粉昆虫。在一般露地采种条件下，自然昆虫群体能够满足传粉的需要。但是，在大面积集中采种的情况下，自然昆虫群体的传粉可能不足以保证充分传粉而获得最多的结籽数，需要补充放养蜜蜂。放养蜜蜂是促进授粉、增加种子产量的一项重要措施。同时，又可以降低外来花粉污染的可能性。

昆虫活动减少的重要原因与下列情形有关：天气冷凉、阴天、风大、雨水多、人工喷药等。

（3）影响授粉的其他因素 影响授粉的其他因素包括：① 花朵，柱头容易受到霜冻等低温伤害，导致花瓣、柱头畸形；② 低温、高温或喷施的药剂影响花粉的形成或影响花粉活力；③ 甲虫等害虫大量吞食花粉，造成昆虫无花粉可传；④ 花蜜腺不发达，蜜蜂等昆虫访花频率低。

7. 收获 蔬菜种子的制种产量取决于品种原种或亲本系植株的开花结实能力、环境条件、栽培技术和管理水平等。

（1）影响种子产量的因素 植株长势或开花期整齐一致、充分的授粉和受精、种子成熟期适中（不能太长、太短），有利于提高蔬菜种子产量。大多数蔬菜作物都有一个相对较长的开花期和种子成熟期，因此，在有些蔬菜作物中，如芸薹属蔬菜，早期形成的荚果可能已经开裂，晚期的种子或果实还没有成熟。如果十字花科蔬菜种子后熟期浇水过多或遇到连雨天，植株可能会发生二茬花，导致养分倒流，严重影响种子产量和质量。“干热风”来得早或花期结束前即遇到干热风，同样会影响十字花科蔬菜种子产量。花期喷施硼肥等营养肥料有利于蔬菜种子的灌浆，提高种子的饱满度和千粒重。

高温、土壤水分少、相对湿度低有利于促进种子成熟，缩短种子成熟期。但是，如果上述因素过度或超出极限，不但种子产量降低，而且种子千粒重也会降低。

（2）种子收获时的类型 根据收获时种子的状态，可以将蔬菜作物种子分为 3 类，即干种子、肉质果实和湿肉质果实。

① 干种子。这类蔬菜作物的种子通常在收获之前已经在植株种荚内变干，如芸薹属蔬菜及莴苣、豌豆、菜豆、甜菜、圆葱、大葱、韭菜、胡萝卜、香菜、芹菜等的种子。

② 肉质果实。这类蔬菜作物先收获成熟的果实，然后将果实晒干，再采集种子，如辣椒等。

③ 湿肉质果实。有些蔬菜作物的果实含有大量的水分，必须在果实收获后很快取出种子，如番茄、黄瓜、西瓜等。番茄、西瓜种子还必须通过发酵或酸洗去除种子表面的胶状附着物。茄子等蔬菜，既可以待果实晒干之后取出种子，也可以从鲜果中取出种子。

（3）收获方法 种子或种果可以人工采收或机械采收，这取决于种子生产的规模、劳动力成本等。现阶段，机械收获或脱粒可以提高收获效率，节省人员开支，因此，机械收获或脱粒普遍受到青睐。

① 手工收获。各种蔬菜种子的采收都可以应用手工收获方法，例如茄果类、瓜类及小面积生产的圆葱、胡萝卜、辣椒等。手工收获的最大好处是随时成熟随时收获，分批采收，可减少收获过程中种子损耗。

② 机械收获。在大规模种子生产时，机械采收可以降低收获成本，有利于做到及时、集中收获种子，防止烂果或裂果，出现影响种子质量的情况。

（4）种子收获的注意事项 适时收获，最好在清晨或傍晚时收获，可以防止炸荚、种子遗落，如白菜类、甘蓝类；在种子收获时，在每次更换品种前必须对使用的机械、工具等进行严格清选，防止品种间机械混杂。

（5）影响种子收获的因素 防止植株倒伏，大风、大雨等都有可能导致植株倒伏，影响种子的采收。浇水、施用氮肥太多则植株容易徒长，造成花期延长，种子晚熟，收获期延后。白菜、甘蓝、萝卜等十字花科蔬菜父、母本成熟期不一致或父、母本植株高矮差异较大，高的一方盖住矮的一方，必将影响正常的种子收获。

8. 脱粒 脱粒就是利用揉搓、敲打、磙压、挤压、剥取、搓洗等方法，将种子从着生的材料上分离。脱粒的方式有 2 种：

（1）干种子脱粒

① 手工脱粒。如果劳动力充足，手工脱粒是最简单、最经济的方法，特别适用于十字花科蔬菜作物的干荚果或豆类等大粒种子脱粒。手工脱粒可以用手搓，或用木棒在坚实的地面上敲打，但是要注意有一定厚度的秸秆等作为衬托，用力不要过猛，以保证种子不受损伤。

② 用畜力或机械脱粒。用牛、骡子或拖拉机等拉动滚筒，使豆类、芸薹属蔬菜等作物种子脱离，但是要注意秸秆的厚度和晒场坚实光滑，防止土、沙等杂质混入蔬菜种子。

机械脱粒是效率最高的脱粒方法，在大面积种子生产时常使用机械脱粒。理想的蔬菜种子脱粒机械应该能够调整转速，具有独立的吹风和筛选系统，并且风速可调，不同孔径大小的筛子可更换等。有些适于禾谷类作物脱粒的机械在用于蔬菜种子脱粒时，滚筒的转速不能太快，转速太快极易损伤种子。对于大多数小粒蔬菜种子，转速可以设定为每分钟 1 100 转，而大粒的豆类种子，转速可以减小到每分钟 800 转。

（2）湿种子提取 很多蔬菜作物是从肉质果实里采集成熟的种子，如瓜类、茄果类等。这类蔬菜作物种子的提取速度要尽可能快，时间尽可能短，避免种子发芽率降低、褪色和病菌孳生等危害。

① 发酵法。切开果实后，将种子及胎座组织一起挤压到容器里，根据果实的成熟度和温度情况，发酵天数 1～5 d。每天检查种子周围的果胶层是否脱离，每天必须搅拌以保证发酵均匀，避免种子褪

色。最好将容器用纱布盖住，减少蝇虫的活动。禁止使用铁制容器，否则种子容易褪色。一旦种子的果胶层脱离，就可用水反复冲洗。健康的种子会沉底，杂质和轻的秕籽则会漂浮在水面，很容易去除。然后，将洗净的种子在凉席或篷布上晒干。在晾晒过程中，及时将粘连结块的种子散开，以免变质，影响种子发芽率、色泽。

② 酸处理法。酸处理是分离种子与果胶层的另一种方法，每 100 kg 的番茄种子浆加入 5～8 L 商业用盐酸（HCl），彻底搅拌混匀，大约 30 min 后，按要求用清水彻底冲洗、晾晒。

收取甜瓜、辣椒等果类作物的种子不需要发酵，只要直接切开果实剥取种子或在水中搓洗即可。要注意彻底去除果皮、果肉及其他杂质，以保证种子干净。

9. 干燥　种子可以在植株上或脱粒以后进行干燥。因蔬菜作物种类不同，种子干燥的速度也不同，大致可以分为 3 类：① 易干种子：莴苣、瓜类等蔬菜种子；② 中干种子：番茄、胡萝卜、甜菜等蔬菜种子；③ 慢干种子：豆类、芸薹属、葱韭类等蔬菜种子。

（1）*种子干燥的意义*　无论是短期还是长期贮藏，种子的含水量都必须达到一定的安全水平。对于开放贮藏的种子，淀粉质类蔬菜种子的安全含水量是 12%，脂肪类种子为 9%；对于密封贮藏的种子，安全含水量是 6%～8%。水分含量较高的种子会导致下列情况发生：① 种子呼吸增强，贮藏寿命和生活力降低；② 由于种子呼吸作用导致种子发热；③ 有利于霉菌的发生；④ 有利于虫害的发生。

（2）*种子干燥方法*　蔬菜种子应该直接铺放在铺席、篷布上晾干，避免将潮湿的种子直接放在水泥地面上干燥，以免烫伤种子，影响种子的发芽率。种子干燥的温度应该控制在 30～43 ℃，温度太高会损伤种子。干燥的时间长短依作物种类、种子本身的含水量多少、最后需要的含水量、干燥温度、空气相对湿度等因素确定。但是，如果大粒的豆类种子过度干燥，则会导致种皮或整个种子破碎。

① 自然干燥。在具有较长干旱条件和足够太阳辐射的地区，在铺席、篷布和坚实地面上干燥种子，充分利用自然条件使种子含水量降低到安全水平。

② 人工干燥　在蔬菜种子收获季节，如果雨水较多，蔬菜种子无法进行自然干燥，则可利用热风机械进行人工干燥。特别是在大规模种子生产、包衣处理种子或生产的种子准备长期贮藏时，应采用人工干燥。

第四节　种子清选、分级与加工

新采收的种子为一个极为复杂的群体，不仅含有各种不同大小、不同饱满度和完整度的本品种种子，而且还含有相当多的混杂物，如植株的茎叶碎片、泥沙、石块、杂草种子和微生物等。这些混杂物一般带菌量多，而且容易吸湿，阻碍种子的空气交流和湿热的扩散，降低种子质量，恶化贮藏条件，引起种子劣变，助长害虫和微生物的孳生。因此，种子入库前，必须清选、加工。

一、种子清选

（一）种子清选的目的

种子清选的目的是为了去除植物杂质，如秸秆、花头、叶片或其他植物杂质；将种子与非种子物质分离，如土、沙、石块；去除其他作物和杂草的种子；去除次籽、瘪籽，例如受损伤种子、感染病虫害种子、部分发芽种子、褪色或过小、过轻种子。

（二）种子清选的原理

种子的清选和分离是根据优质种子与次籽和杂质之间的物理特性不同，结合机械运动不同进行清选，如依据种子的相对大小、相对长度、相对形状、相对重量、表面结构和颜色、相对电导度等进行清选和分离。

（三）种子清选方法

在选用种子清选机具、规格型号进行清选种子时，首先必须了解各种类型种子的特性及其与混杂物之间的差异性，从而选用最有效的清选方法。另外，还要根据清选的种子数量，以及清选机的功率、性能、清选质量、效率、清理的难易等因素综合考虑。国内外蔬菜种子清选机多采用气流清选和物理清选相结合的方法，即利用鼓风、振动筛等，将大小、比重不同的种子和杂质分开。

1. 风扬 利用自然风或鼓风机吹风，使种子与较轻的果荚、碎屑等杂质分离。

2. 筛选 利用不同大小和形状筛孔的筛子，将种子与杂质分开。

3. 螺旋筛选 在同一周上装有两层或多层螺旋清选种子，特别适用于非圆形或形状不规则的种子，可以将好种子与破碎种子及其他杂质分离。

4. 重力筛选 病虫危害的种子、秕籽、空籽与好种子常常具有相同的大小，沙、土、石颗粒也可能混在种子中，利用它们的重力不同即可进行分离。重力筛选机是最常用的筛选机械。

5. 光电筛选 通过光电颜色感应装置区分不同颜色的种子。

6. 静电筛选 根据种子与杂质电子性质的不同，当携带种子的传送带经过一个电场时，产生排斥或吸引作用，使种子与杂质分离。

7. 水捞筛选 在盛水容器中，通过多次漂洗种子，使饱满种子与秸秆、次籽、瘪籽等杂质分离，然后及时捞出种子、晾晒。如对白菜、油菜等十字花科蔬菜和辣椒种子清选时，将种子倒入盛水的大桶中，然后用水多次漂洗，次籽、瘪籽等漂在水面，健康种子沉入水底。

（四）清选机械

目前使用较多的清选机械主要有：日本 MC－2－2 风选机及国产 5X－025 风压式种子清选机、5PS50 风选机、螺旋清选机等。

二、种子分级标准

（一）新种子质量国家标准取消了杂交种质量分级

国家标准《瓜菜作物种子　瓜类》(GB 16715.1—1996）按照品种纯度、净度、发芽率和水分标准，将杂交种种子分为一级、二级（表 8－3）。但是，2011 年 1 月 14 日国家质量监督检验检疫总局和国家标准化管理委员会新发布了部分蔬菜作物种子质量强制性国家标准，其中包括《瓜菜作物种子　第 1 部分：瓜类》(GB 16715.1—2010)、《瓜菜作物种子　第 2 部分：白菜类》(GB 16715.2—2010)、《瓜菜作物种子　第 3 部分：茄果类》（GB 16715.3—2010)、《瓜菜作物种子　第 4 部分：甘蓝类》（GB 16715.4—2010)、《瓜菜作物种子　第 5 部分：绿叶菜类》(GB 16715.5—2010)。新的《瓜菜作物种子》(GB 16715—2010）标准取消了杂交种质量分级，即杂交种种子一级和二级分级。

（二）杂交种子大小和色泽的分级

蔬菜种子可以按照种子的大小、千粒重、色泽等进行分级，例如西瓜、西葫芦、萝卜、白菜等种子分级。种子分级有利于提升蔬菜种子的品质，提高种子的品牌效应。种子色泽也是种子商品性状中较重要的指标之一，主要受种子成熟度，脱粒以及干燥是否及时、方法是否得当，贮藏中的温度、湿度以及虫蛀等多种因素的综合影响。目前，国外种子公司普遍采用蔬菜种子分级制，以销售分级的蔬菜种子为主。国内除了出口到国外的种子外，还刚刚开始销售分级的蔬菜种子。经分级的蔬菜种子每

表 8－3　主要蔬菜作物种子标准（GB 16715.1—1996）

作物种类	种子类别		品种纯度（%）≥	净度（净种子）（%）≥	发芽率（%）≥	水分含量（%）<
西瓜	二倍体杂交种	一级	98	99.0	90	8.0
		二级	95			
辣椒	杂交种	一级	95.0	98.0	80	7.0
		二级	90			
番茄	杂交种	一级	98	98.0	85	7.0
		二级	95			
茄子	杂交种	一级	98	98.0	85	8.0
		二级	95			
结球甘蓝	杂交种	一级	96	98	70	7.0
		二级	93			
结球白菜	杂交种	一级	98.0	98.0	85	7.0
		二级	96.0			

克种子所包含的粒数也较为固定，种子大小、色泽等指标比较一致，出苗较为整齐，便于农户育苗、分苗等播种和农事操作管理，同时分级的种子与没有分级的普通种子的销售价格也不同，分级的种子价格更贵。

（三）蔬菜种子分级机

1. 日本 RS－10740－02 分级机　主要利用种子的颗粒大小、饱满度等特征特性，在倾斜平面上，随着传送带移动，种子慢慢滑落，进行分级，如白菜、甘蓝、萝卜等蔬菜种子分级。

2. 韩国 SPK 分级机　主要利用种子的色泽对蔬菜种子进行分级，如白菜、萝卜、番茄、西瓜、南瓜等蔬菜种子。

3. 日本 MH－610 分级机　分级机的筛底孔径分别为 1.4 mm、1.6 mm、1.8 mm、2.0 mm、2.2 mm、2.4 mm、2.6 mm 7 个等级，筛底可以单独定制，只要种子直径在筛底孔径范围之内的种子均可加工。加工效率为白菜类蔬菜每小时 100 kg 左右，洋葱类每小时 40 kg 左右，萝卜类每小时 200 kg 左右。

三、种子加工与包装机械

蔬菜种子加工和包装有利于种子的销售和贮藏，直接裸露、与空气接触的种子，容易变质、破损、混杂等，不便于运输、销售和贮藏。种子包装的方法很多，设备也很多，从简单的人工操作到大型输送设备，以及自动控制的高速小型包装机等。具体采用的包装材料、方法和设备，应根据包装的蔬菜种类、数量、贮藏期限、贮藏温度、湿度等条件而定。

（一）包装材料

蔬菜种子一般采用纸袋、复合材料袋、布袋、编织袋、塑料袋、纸塑袋、铝箔袋、金属罐等进行包装，分为大包装和小包装。用带孔包装材料，如编织袋包装种子，经短期贮藏或低温干燥条件下贮藏后，可以保持种子的旺盛生命力。在高温多湿条件下贮藏或市场出售的种子，必须采用塑料袋、复合薄膜袋或金属罐等防潮材料，有些复合薄膜袋里配备有小的内袋，以更好地防潮。种子公司需要远距离运输大包装蔬菜种子，最好使用带有塑料内衬的编织袋，以防止种子运输途中遇雨受潮。

（二）种子加工

塑料袋、纸塑袋、铝箔袋、金属罐为常见的包装方式，可以装入普通种子、薄膜包衣种子、丸化种子。针对不同的包装材料和种子，选择不同的包装机进行种子加工。

1. 普通种子 清选后直接用于种子加工的蔬菜种子，没有经过任何包衣剂、药剂处理的种子。

2. 包衣种子 为了使种子更美观，并具有一定的防病虫能力，普遍采用包衣技术处理蔬菜种子。薄膜包衣种子应符合 GB 15671—2009 的规定。

（1）*薄膜种子* 在包衣机械的作用下，将种衣剂均匀地包裹在种子表面并形成一层膜衣的种子，膜衣颜色可以有多种选择。

（2）*丸化种子* 为提高播种质量，精量播种，整批种子通常做成在大小和形状上没有明显差异的单粒球状种子。丸化种子添加的丸粒物质可能含有杀虫剂、染料或其他添加剂。

（3）*薄膜包衣种子的技术要求* 包衣物质可能含有杀虫剂、杀菌剂、染料或其他添加剂。所使用的种衣剂应具有农药登记证号和生产批准证号，其农药有效成分含量和薄膜包衣种子药种比应符合种衣剂产品说明中的规定。

（4）*标志* 薄膜包衣种子包装物上应注明药剂名称、有效成分及含量、注意事项，并根据药剂毒性附上警示标记，同时还应有毒性说明、中毒症状、解毒方法和急救措施。

（三）加工机械

目前种子加工机械种类繁多，应根据加工目的和蔬菜作物种类选用不同的加工机械，如 BGB-150C 薄膜包衣机、沃尔 ZHF50 往复式分装机、沃尔 DXDK80 自动颗粒包装机、NTAC-6B-10-2B-01X-J 包装秤、Lcs-50 自动定量包装秤、真空自动封罐机。

第五节 种子质量检验检测

种子质量是指能够满足人们使用要求的种子所具有的特征特性总和。种子质量由质量指标和质量标注值组成。质量指标包括品种的纯度、净度、发芽率、水分含量；质量标注值应真实，符合品种纯度、净度、发芽率、水分含量规定的最低值。高质量的种子应当兼有优良的品种属性和良好的播种品质，缺一不可。

一、种子质量的构成因素

种子质量通常包含遗传质量和播种质量两个方面的内容。遗传质量是指种子的真实性、纯度、丰产性、抗逆性、早熟性、产品的优质性以及良好的加工工艺品质等。提高种子遗传质量的主要措施包括：①实行分级留种，规定原种和生产用种的质量指标和检验制度；②选择适于保持种性的采种地区和采种方法；③对异花授粉蔬菜和常异交蔬菜的采种进行空间隔离；④对繁种株进行严格的选优去劣，纯中选优；⑤每一代繁种株都能够保持较大的群体规模，以防止遗传漂移和近亲繁殖；⑥严防机械混杂。播种质量是指种子的充实饱满度、色泽、净度、千粒重、发芽势、发芽率、水分含量、生活力以及健康度等。提高种子播种质量的措施一般包括：

①加强对繁种株的肥水管理，做好整枝、搭架、疏花、疏果；②适时采收、后熟，及时脱粒、清洗和干燥；③合理贮藏等。

（一）遗传质量

种子的遗传质量包括品种真实性和种子纯度等。在种子生产和销售过程中，需要采取一系列措施保证品种的真实性和纯度，并对真实性和种子纯度进行严格检测。

（二）生活力

种子发芽的潜在能力或种胚具有的生命力，包括种子发芽势、发芽率、活力及其整齐一致性。繁种株开花早，则种子成熟度好，颜色深，籽粒饱满，其发芽整齐一致。繁育饱满种子的前提条件是必须培育健壮的繁种株，优化种子发育过程中的环境条件，及时对种子进行收获和后熟处理。

（三）物理质量

种子洁净，无植物体杂质，无其他作物或杂草种子，无泥沙等。

（四）种子健康

种子不携带病原菌（如真菌、细菌及病毒）、有害动物（如线虫及害虫）、无破损、着色均匀。白菜种子要求不带有黑腐病菌，西瓜种子要求不带有枯萎病菌等。

（五）种子水分

种子含水率低，有利于安全贮藏，延长贮藏时间。

2012年1月1日起施行的国家标准《瓜菜作物种子》（GB 16715—2010）对主要蔬菜作物种子的纯度、净度、发芽率、水分含量等又有新的规定，具体指标见表8-4。

表8-4　主要蔬菜作物种子标准

作物种类	种子类别		品种纯度（%）≥	净度（净种子）（%）≥	发芽率（%）≥	水分含量（%）≤
西瓜	亲本	原种	99.7	99.0	90	8.0
		大田生产用种	99.0			
	二倍体杂交种	大田生产用种	95.0	99.0	90	8.0
	三倍体杂交种	大田生产用种	95.0	99.0	75	8.0
甜瓜	常规种	原种	98.0	99.0	90	8.0
		大田生产用种	95.0		85	
	亲本	原种	99.7	99.0	90	8.0
		大田生产用种	99.0			
	杂交种	大田生产用种	95.0	99.0	85	8.0
哈密瓜	常规种	原种	98.0	99.0	90	7.0
		大田生产用种	90.0		85	
	亲本	大田生产用种	99.0	99.0	90	7.0
	杂交种	大田生产用种	95.0	99.0	90	7.0
冬瓜	原种		98.0	99.0	70	9.0
	大田生产用种		96.0		60	

（续）

作物种类	种子类别		品种纯度（%）≥	净度（净种子）（%）≥	发芽率（%）≥	水分含量（%）≤
黄瓜	常规种	原种	98.0	99.0	90	8.0
		大田生产用种	95.0			
	亲本	原种	99.9	99.0	90	8.0
		大田生产用种	99.0		85	
	杂交种	大田生产用种	95.0	99.0	90	8.0
结球白菜	常规种	原种	99.0	98.0	85	7.0
		大田生产用种	96.0			
	亲本	原种	99.9	98.0	85	7.0
		大田生产用种	99.0			
	杂交种	大田生产用种	96.0	98.0	85	7.0
不结球白菜	常规种	原种	99.0	98.0	85	7.0
		大田生产用种	96.0			
辣椒	常规种	原种	99.0	98.0	80	7.0
		大田生产用种	95.0			
	亲本	原种	99.9	98.0	75	7.0
		大田生产用种	99.0			
	杂交种	大田生产用种	95.0	98.0	85	7.0
番茄	常规种	原种	99.0	98.0	85	7.0
		大田生产用种	95.0			
	亲本	原种	99.9	98.0	85	7.0
		大田生产用种	99.0			
	杂交种	大田生产用种	96.0	98.0	85	7.0
茄子	常规种	原种	99.0	98.0	75	8.0
		大田生产用种	96.0			
	亲本	原种	99.9	98.0	75	8.0
		大田生产用种	99.0			
	杂交种	大田生产用种	96.0	98.0	85	8.0
结球甘蓝	常规种	原种	99.0	99.0	85	7.0
		大田生产用种	96.0			
	亲本	原种	99.9	99.0	80	7.0
		大田生产用种	99.0			
	杂交种	大田生产用种	96.0	99.0	80	7.0
球茎甘蓝	原种		98.0	99.0	85	7.0
	大田生产用种		96.0			
花椰菜	原种		99.0	98.0	85	7.0
	大田生产用种		96.0			
芹菜	原种		99.0	95.0	70	8.0
	大田生产用种		93.0			

（续）

作物种类	种子类别	品种纯度（%）≥	净度（净种子）（%）≥	发芽率（%）≥	水分含量（%）≤
菠菜	原种	99.0	97.0	70	10.0
	大田生产用种	95.0			
莴苣	原种	99.0	98.0	80	7.0
	大田生产用种	95.0			

注：1. 取消了杂交种质量分级，即杂交种种子一级和二级分级。

2. 三倍体西瓜杂交种发芽试验通常需要进行预处理。

3. 二倍体西瓜杂交种销售可以不具体标注二倍体，三倍体西瓜杂交种销售则需具体标注。

二、种子质量检验检测

种子质量检验的对象可以是种子，也可以是过程，检验的手段可以是观察和判断，也可以是测试、试验。种子质量检验方法分为下述两类。

（一）田间检验

田间检验是一项对种子田的隔离条件、亲本质量、去杂去劣等情况进行检查，据此判定种子田是否合格的田检工作。其作用主要表现在两个方面：通过隔离条件确认、去杂去劣、种子标签检查等，一是可以确保种子生产符合标准要求，提高种子遗传质量；二是有助于推测种子遗传质量，特别是常规种蔬菜种子。

田间种植检验的作用主要表现在两方面：一是种子繁殖过程的前期控制与后期控制，用于监控品种的真实性和纯度是否符合规定的要求。这种测试主要是测定种子批的一致性，判断品种特征特性在繁殖期间是否发生变化；二是田间小区种植鉴定是目前种子检验的唯一认可的检测品种种子纯度的方法，小区鉴定可以长期观察，充分展示品种的特征特性，加之现行品种描述的特异性都是根据表现型来鉴别，所以小区种植鉴定即使存在费工、费时等缺陷，仍是迄今为止检测品种纯度的唯一公认、可行的方法。

（二）室内检验

室内种子检验包括物理质量的检测和遗传质量的检验。物理质量检测主要是测定种子发芽率、净度、水分含量、健康状况、重量、生活力等指标。遗传质量包括品种真实性和种子纯度。蔬菜种子质量的检测应遵循《农作物种子检验规程》（GB/T 3543.1～3543.7—1995）之规定。种子检验操作程序如图 8－1。

1. 净度分析　具体分析应符合《农作物种子检验规程　净度分析》（GB/T 3543.3—1995）之规定。净度分析主要是测定供检样品不同成分的重量百分率和样品混合物特性，并据此推测种子批的组成。

对检测样品中所有植物种子和各种杂质应尽可能加以鉴定分析。为便于操作，将其他植物种子的数目测定也归于净度分析，采用供检样品中所含的其他植物种子数目来表示，它主要是用于测定种子批中是否含有有毒或有害种子，如需鉴定，可按植物分类鉴定到属。在净度分析时，一般将试验样品分成 3 种成分：净种子、其他植物种子和杂质，并测定各成分的重量百分率。净种子指送检者所述的种（包括该种的全部植物学变种和栽培品种）符合要求的种子单位或构造；其他植物种子指除净种子以外的任何植物种子单位，包括杂草种子和异作物种子；杂质指除净种子和其他植物种子

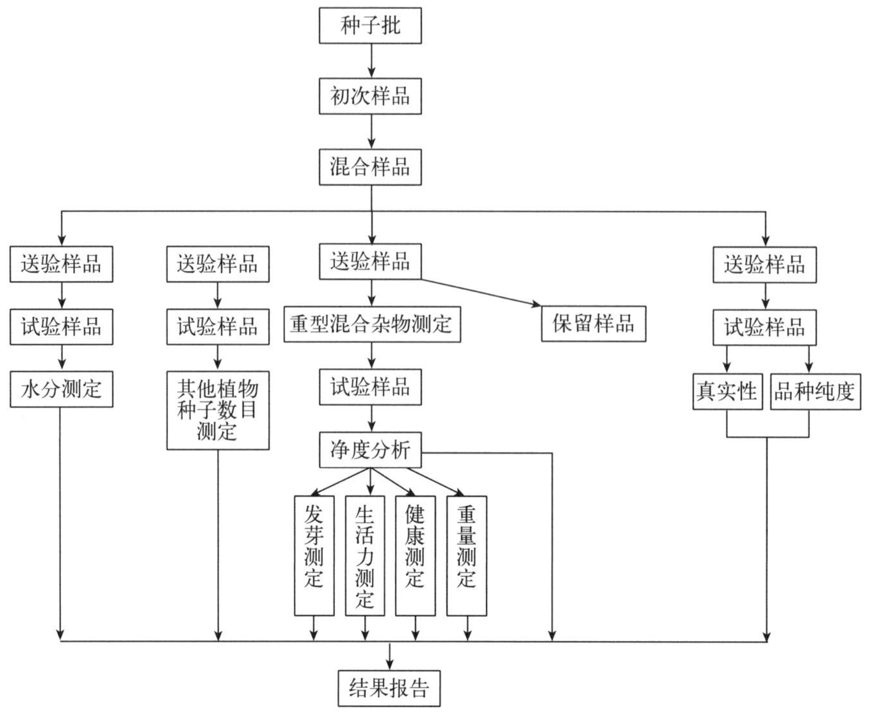

图 8-1 农作物种子检测规程

外的种子单位和所有其他物质和构造。在豆科、十字花科中，种皮完全脱落的种子单位列为净种子。

2. 发芽试验 具体试验方法应符合《农作物种子检验规程 发芽试验》（GB/T 3543.4—1995）的规定。发芽试验是测定种子批的最大发芽潜力，据此可比较不同种子批的质量，也可估测种子批的田间播种价值。发芽试验需用经过净度分析后的净种子，在适宜水分和规定的发芽技术条件下进行试验，待幼苗长到适宜评价阶段，按检测结果报告要求，检查每个重复，并计数不同类型的幼苗和数量。如需经过预处理的，应在报告上注明，如三倍体西瓜杂交种发芽试验通常需要进行预处理。

发芽率指在规定的条件和时间内长成的正常幼苗数占供检种子数的百分率。如十字花科白菜（不结球白菜、乌塌菜、紫菜薹、薹菜、菜薹）发芽率计算方法：以纸（TP）为发芽床，种子经预先冷冻，然后置于温度为 15～25 ℃的变温（每天 15 ℃，黑暗条件 16 h；25 ℃，光照条件 8 h）或温度为 20 ℃的恒温（每天 16 h 黑暗条件，8 h 光照条件）的发芽箱内，5 d 为初次记数天数，7 d 为末次记数天数。

发芽势的计算公式为：

$$发芽势=\frac{5\ \text{d}\ 种子发芽总数}{供检种子总粒数}\times 100\%$$

发芽率的计算公式为：

$$发芽率=\frac{7\ \text{d}\ 种子发芽总数}{供检种子总粒数}\times 100\%$$

3. 品种真实性和纯度鉴定 具体方法应符合《农作物种子检验规程 真实性和品种纯度鉴定》（GB/T 3543.5—1995）的规定。通过测定送验样品的种子真实性和品种纯度，据此推测种子批的种子真实性和品种纯度。种子真实性指供检品种与文件记录是否相符。品种纯度指品种在特征特性方面典型一致的程度，用本品种的种子数占供检作物样品种子数的百分率表示。其中，变异株指一个或多个性状（特征特性）与原品种育种者所描述的性状明显不同的植株。

真实性和品种纯度可以采用种子、幼苗或植株进行鉴定。田间小区种植是鉴定品种真实性和测定品种纯度最为可靠的、准确的、有效的方法。采用田间小区种植鉴定真实性和品种纯度，需要具备能使鉴定性状正常发育的气候、土壤及栽培条件，并对防治病虫害有相对的保护措施。为了使品种的特征特性能够充分表现出来，试验的田间设计和布局要选择气候条件适宜、土壤肥力一致、前茬未种植同类作物的地块，并有配套的栽培管理措施做保障。栽培的行株距应适宜大株型蔬菜作物可适当增加株行距。以标准品种为对照，标准样品应代表品种原有的特征特性，最好是育种家种子。通常，把种子与标准样品的种子进行比较，或将幼苗和植株与同期邻近种植在同一环境条件下的同一发育阶段的标准样品的幼苗和植株进行比较。为了鉴定品种的真实性，应在鉴定的各个阶段与标准样品进行比较。

$$种子纯度=\frac{N-1}{N}\times100\%$$

在进行种子纯度田间检验时，一般种植株数为 $4N$（N 代表种植株数基数），即可获得满意结果。N 的数值可以依据种子质量标准规定的纯度计算公式得出，如种子质量标准规定种子纯度为 99%，代入上述公式，计算得出 N 值为 100，则种植的株数 $4N=400$ 株即可达到要求；如种子纯度为 90%，N 值为 10，则种植的株数应为 $4N=40$ 株。可见，随着要求的种子纯度逐渐升高，需要检验的种植株数也随之增加。

当品种的鉴定性状比较一致时（如番茄等自花授粉作物），则对异作物、异品种的种子、幼苗或植株进行计数；当品种的鉴定性状一致性较差时（如白菜等异花授粉作物），则对明显的变异株进行计数，并做出总体评价。对杂交一代的种子，还要对假杂种（双亲自交）种子进行计数，计算杂交率。

4. 水分测定　具体方法应符合《农作物种子检验规程　水分测定》（GB/T 3543.6—1995）的规定。测定送验样品种子水分含量，为种子安全贮藏、运输等提供参考依据。种子水分测定必须使种子水分中自由水和束缚水全部除去，同时要尽最大可能减少氧化、分解或其他挥发性物质的损失。

5. 其他项目检验　具体检测方法应符合《农作物种子检验规程　其他项目检验》（GB/T 3543.7—1995）的规定。

（1）*生活力*　生活力的生化法测定是应用浓度为 0.1%～1.0%（m/V）的 2,3,5-三苯基氯化四氮唑（简称四唑，TTC）无色溶液作为一种指示剂。通常，种子在染色前要进行预湿。根据种子的不同，预湿的方式有所不同。一种是缓慢浸润，即将种子放在纸上或纸间吸湿；另一种是水中浸渍，即将种子完全浸在水中，充分吸胀。当四唑指示剂被种子活组织吸收，接受活细胞脱氢酶中的氢，四唑被还原成一种红色的、稳定的、不会扩散的和不溶于水的三苯基甲酯。因此，可依据胚和胚乳组织的染色反应来区别有生活力和无生活力的种子。1.0%的四唑溶液用于不切开胚的种子染色，0.1%～0.5%的溶液可用于切开胚的种子染色。除完全染色的有生活力种子和完全不染色的无生活力种子外，部分染色种子有无生活力，主要是根据胚和胚乳坏死组织的部位和面积大小来决定，染色颜色深浅可判别是健全的，还是衰弱的或死亡的种子。为了提高种子的活力和发芽整齐度，可对种子进行引发处理。

（2）*重量测定*　测定送验样品每 1 000 粒种子的重量。从净种子中数取一定数量的种子，称其重量，计算其 1 000 粒种子的重量，并换算成国家种子质量标准水分条件下的重量。

（3）*种子健康测定*　通过样品种子的健康测定，可推知种子批的健康（带菌）状况，从而比较不同种子批的使用价值。同时可采取措施，弥补发芽试验的不足。根据送检者的要求，测定样品是否存在病原体、害虫等，尽可能选用适宜的方法估计受感染的种子数，如十字花科的黑胫病（*Leptospha-*

eria maculans Ces. & de Not.)、甘蓝黑腐病（*Phoma lingam* Desm.）可采用吸水纸法检测，豌豆的褐斑病（*Ascochyta pisi* Lib）可采用琼脂皿法检测。如果种子带有检疫性病害，应进行干热灭菌或药剂灭菌处理。已经采用人工手段处理的种子批，应要求送检者说明处理方式和所用的化学药品。

（4）包衣种子检验　包衣种子泛指采用某种方法将其他非种子材料包裹在种子外面的各种处理的种子，包括丸化种子、包膜种子、种子带和种子毯等。但包衣种子难以按 GB/T 3543.2—1995～3543.6—1995 所规定的方法直接进行测定。

① 纯度检验。将薄膜包衣种子放入细孔筛子，再浸入水中，洗净种子表面的膜衣后，放在吸水纸上，并置于恒温干燥培养箱（干燥温度为 30 ℃）干燥，再按照《农作物种子检验规程　真实性和品种纯度鉴定》（GB/T 3543.5—1995）所规定的方法检验品种纯度。

② 净度检验。按照《农作物种子检验规程　净度分析》（GB/T 3543.3—1995）规定的方法，在除去包衣种子膜衣后，检验品种净度。

③ 水分检验。按照《农作物种子检验规程　水分测定》（GB/T 3543.6—1995）的规定进行品种水分检验。

④ 发芽率检验。按照《农作物种子检验规程　发芽试验》（GB/T 3543.4—1995）所规定方法进行品种发芽率检验，在发芽试验时，薄膜包衣种子每粒之间的距离至少保持在薄膜包衣种子同样大小的 2 倍，检验时间延长 48 h。

第六节　种子贮藏

贮藏指利用种子仓库对种子进行为期 3 个月以上的存放和保管，并使种子保持尽可能高的发芽率。种子贮藏是有计划安排种子生产，满足和调剂种子供应的重要环节，同时也是保证蔬菜获得丰产、稳产的重要措施之一。贮藏种子也是搜集、保存丰富品种资源和重要基因资源的有效手段。

根据品种不同需要控制良好的贮藏条件，使种子质量的变化降低到最低限度，保证种子旺盛的活力，在商品菜生产中达到优质、高产的目标。

一、种子的寿命

种子的寿命是指种子在一定条件下保持生活力的期限。超过这个期限，种子的生活力就丧失，也就失去萌发的能力。不同植物种子寿命长短不同，长的可达百年以上，短的仅能存活几周。一方面，种子寿命的长短决定于植物本身的遗传性；另一方面，种子本身的成熟度、发育状况及种子贮藏期的条件也影响种子寿命。种子寿命的长短还与母体植株的健康状况、种皮的完整状况，以及病虫害对于种子所产生的影响等因素有关，所以种子生活力的强弱、寿命的长短，实际上是多种因素综合反应的结果。蔬菜种子的寿命都不是很长，一般只有 3～4 年，如圆葱、莴苣、韭菜等蔬菜作物的种子，在贮藏 2～3 年后，就失去萌发的能力，特别是在潮湿的地区生活力丧失更快。因此，在安排良种繁育计划时要精心规划。表 8-5 列出了主要蔬菜作物种子寿命和使用年限。

蔬菜种子寿命的长短主要由本身的遗传特性、种子生理状态和环境条件等因素决定。加滕氏根据蔬菜种子本身的遗传特性及种子寿命，将蔬菜种子分为三类。

1. 长命种子　在没有控温条件下可存放 3～5 年，如番茄、茄子、西瓜种子等。

2. 常命种子　又分为稍长命种子和稍短命种子。稍长命种子在没有控温条件下可存放 2～3 年，如白菜、萝卜、芜菁、黄瓜、南瓜种子等；稍短命种子，如甘蓝、莴苣、辣椒、豌豆、莱豆、蚕豆、牛蒡、菠菜种子等，在没有控温条件下可存放 1～2 年。

表 8-5　主要蔬菜种子的寿命和使用年限

作物	寿命（年）	使用年限（年）	作物	寿命（年）	使用年限（年）
小白菜	3～4	2	西瓜	5～6	2～3
大白菜	3～4	1～2	冬瓜	3～4	2～3
芥菜	3～4	1～2	苦瓜	3～4	2～3
甘蓝	3～4	1～2	圆葱	2～3	1～2
花椰菜	3～4	1～2	大葱	2～3	1～2
菠菜	3～4	2～3	韭菜	2～3	1
萝卜	3～4	1～2	芹菜	3～4	2
番茄	4	2	香菜	3～4	2
茄子	5	2～3	胡萝卜	3～4	2
辣椒	2～3	1～2	莴苣	2～3	1～2
黄瓜	2～3	1～2	茼蒿	2～3	1～2
南瓜	5～6	2～3	豆类	2～3	1～2

3. 短命种子　在没有控温条件下可存放 1 年左右，如大葱、洋葱、韭菜、胡萝卜、芹菜、菜田大豆等种子。

二、影响蔬菜种子贮藏的因素

种子是独立存在的幼小个体，虽然处于休眠状态，但仍然存在呼吸作用和进行缓慢的新陈代谢。种子贮藏的目的就是减缓种子的呼吸作用，降低营养物质的消耗，减少有毒物质的积累，使其不发生物理和化学变化，有效地延长种子的寿命。影响种子贮藏的因素有：种子水分、环境温度和湿度，此外，微生物、氧气、光及电离辐射等也影响种子贮藏。研究发现种子含水量与贮藏温度之间有互补效应，干燥、低温和密闭可以有效地降低种子的呼吸作用和新陈代谢，防止真菌的生长，促进种子休眠，延长种子寿命。有的学者认为理想贮藏条件为：①相对湿度为 15%；②温度在－20 ℃以下；③空气中氧气少，二氧化碳多；④室内黑暗，没有光照；⑤没有辐射损害；⑥ 种子含水量 4%～6%。

三、建造蔬菜种子贮藏库

种子的贮藏条件明显影响种子寿命的长短。贮藏种子的最适条件是干燥和低温，特别是种子干燥。只有在这样的条件下，种子的呼吸作用最微弱、营养消耗最少，才有可能度过最长时间的休眠期。如果种子贮存环境湿度大、温度高，种子内贮存的有机养分将会通过种子的呼吸作用而大量消耗，种子的贮藏期限也就必然会缩短。完全干燥的种子是不利于贮藏的，因为这样会使种子的生命活动完全停止。所以，一般种子在贮藏时，对含水量有一个安全系数要求，例如白菜为 6%，高于或低于安全系数都不适于贮藏。另外，种子干燥的方法对种子寿命和活力也会产生影响，郑晓鹰等（2001）采用硅胶干燥、真空冷冻干燥、低温低湿干燥以及加温干燥 4 种方法将 6 种蔬菜（大白菜、韭菜、萝卜、黄瓜、番茄、茄子）种子的含水量降到 5%以下，在常温储存条件下保存 10 年后进行发芽试验，结果表明其发芽率与 10 年前比较没有明显变化，但加温干燥的种子降低了萌发时抵抗逆境的活力。

种子寿命的长短除了受物种本身的遗传基因制约外，还决定于种子在母体上的生态条件，以及在收获、脱粒、干燥、加工、储运中所受的影响，更为重要的是贮藏条件，其中贮藏温度、种子含水量（MC）和氧气是最为重要的因子。FAO/IBPRG 曾推荐 5%±1%的 MC 和－18 ℃低温作为世界各国长期保存种质的理想条件。国内种子库一般按照 5%～7%的 MC 标准。

蔬菜种子贮藏库可以分为常温种子仓库和低温种子仓库。常温种子仓库指在自然条件下贮藏种子的库房及其设施；低温贮藏库指在人为控制条件下贮藏种子的库房和设施，库内温度≤15 ℃，相对湿度≤65%。

1. 贮藏库的基本要求 种子贮藏库要选择地下水位低、排水通畅、交通便利的场所修建。采用国内外先进技术和优质保温、隔湿材料建造，具有控制温度和湿度（除湿）的设施，具有密闭与通风的性能，以及防虫、防鼠、防火措施，可创造低温、干燥的环境。

2. 贮藏库的类型

（1）*临时贮藏库* 在种子收获季节一般只作为临时使用的库房。库房较宽敞，通风条件好。种子可以散装或袋装。应加强观测种子的温、湿度变化，加大通风管理，防止病虫害、鼠类的危害。

（2）*简易贮藏库* 一般要求墙高 2～3 m，墙厚 0.5 m，可采用土墙、三合土墙或空心砖材料。地面可铺 15 cm 厚三合土夯实，或铺上 13～16 cm 厚的沙石轧平后，其上铺一层油毡，再铺一层水泥抹平。

（3）*永久贮藏库* 永久贮藏库用于商品种子的保藏，温度为（15±3)℃，湿度为 40%。一般采用钢筋水泥结构。

在种子贮藏库内，设立立体的钢结构驶入式货架，分层码放蔬菜种子。贮藏库内设有不同品种库位号、品种名称、出入库信息系统等，由专人管理和维护。种子企业一定要重视种子贮藏库的建设，贮藏库最好有降温和除湿设备，以延长种子的寿命和使用期限。

（4）*种质贮藏库* 主要用于蔬菜作物种质资源材料等保藏，这种贮藏库拥有优越的贮藏条件，保存的种子寿命较长，可作为长期贮藏库。中国农业科学院蔬菜花卉研究所在美国洛克菲勒基金会的无偿援助下，建成了一个总建筑面积 3 271 m^2 的现代化基因库。其中的试验区设有－196 ℃贮藏设备，可以进行组织培养材料、茎尖材料保存等。种子贮藏区设有两大间长期贮藏库，库温为－20～－15 ℃，湿度为 40%，全部管理均采用自动化控制。北京市农林科学院蔬菜研究中心建有中期种子储藏库，主要用于蔬菜作物种质资源材料、原原种、原种等保存，温度为（0±1)℃，湿度为 40%。贮藏的蔬菜种子包装小、数量大，一般需要盛装于统一规格的包装盒内或密闭的塑料桶中，桶内放硅胶干燥剂。

贮存种子的仓库必须长年保持低温干燥，以保证种子呼吸时产生的热量及时散失。对不同的蔬菜种子应有合理的方法进行贮藏，如水生植物的种子在干燥的条件下，反而容易失去生活力，如果将其浸在水中，特别是在低温的情况下，就能较好地越冬，保持较长的生活力。

3. 种子存放

（1）按蔬菜作物种类、品种区分存放。包衣种子设立专库，与其他种子分开存放。

（2）种子袋距离地面高度，最低 ≥20 cm，距库顶 ≥50 cm。呈“非”字形、半“非”字形堆放。距离墙壁≥50 cm，保证通气。

（3）种子存放后，留有通道，通道宽度 ≥1 m。

（4）放入低温种子库的种子温度与仓库内的温度≤5 ℃。

4. 堆垛标志 种子入库后标明堆号（囤号）、品种名、种子批号、种子数量、产地、生产日期、入库时间，以及种子水分含量、净度、发芽率、纯度等。

5. 检查

（1）种子入库后应定期进行检查，检查时应避免外界高温、高湿的影响。每天记录种子库内的温度和湿度。进入包衣种子库应有安全防护措施。

（2）定期检查或抽查种子的温度、种子的质量（水分含量和发芽率）、种子虫害发生情况。

（3）种子贮藏期。根据蔬菜作物种子贮藏期间南、北方发芽率变化规律，参考适宜的贮藏条件和期限贮藏蔬菜种子。部分蔬菜种子经低温库贮藏发芽率仍高于国家标准的期限见表 8-6。

表 8-6　部分蔬菜种子低温库贮藏发芽率高于国家标准的期限（GB/T 7115—2008）

种类	初始发芽率（%）	初始水分含量（%）	包装物种类	期限（月）		
				北京	合肥	南宁
芹菜	74	6.2	塑料袋	16（67）	5	—
			纸塑袋	16（70）	5	—
			铝箔袋	16（69）	16（70）	—
			铁罐	16（66）	16（71）	—
菠菜	97	7.8	塑料袋	16（93）	16（82）	16（86）
			纸塑袋	16（91）	16（84）	16（83）
			铝箔袋	16（93）	16（87）	16（82）
			铁罐	16（93）	16（83）	16（82）
番茄	91	6.6	塑料袋	16（90）	16（89）	16（86）
			纸塑袋	16（89）	16（90）	5
			铝箔袋	16（90）	5	16（85）
			铁罐	16（88）	16（87）	5
西瓜	97	6.4	塑料袋	16（94）	16（95）	16（94）
			纸塑袋	16（95）	16（94）	16（95）
			铝箔袋	16（97）	16（96）	16（92）
			铁罐	16（92）	16（95）	16（92）
辣椒	98	6.3	塑料袋	16（96）	16（98）	16（94）
			纸塑袋	16（96）	16（95）	16（94）
			铝箔袋	16（97）	16（94）	16（92）
			铁罐	16（95）	16（97）	16（96）
茄子	95	4.5	塑料袋	16（91）	16（87）	16（87）
			纸塑袋	16（91）	5	16（90）
			铝箔袋	16（90）	16（94）	16（89）
			铁罐	16（91）	16（87）	16（88）

注：1. 本贮藏试验时间为 2001 年 6 月至 2002 年 9 月，共 16 个月（贮藏两个夏季）。

2. 括号内数字为贮藏期达到 16 个月，但发芽率仍超过国家标准的实际发芽率（%）。

（孙日飞　余阳俊　张德双）

主要参考文献

曹辰兴 . 1995. 蔬菜良种繁育原理和技术［J］. 北京：中国农业出版社 .

郭尚 . 2010. 蔬菜良种繁育学 [M]. 北京：中国农业科学技术出版社 .
王爱民 . 1995. 蔬菜良种繁育原理与技术 [M]. 北京：中国农业出版社 .
王鸣 . 1980. 蔬菜杂交育种和杂种优势利用 [M]. 西安：陕西科学技术出版社 .
余文贵 . 1996. 蔬菜良种繁育与杂交制种新技术 [M]. 南京：江苏科学技术出版社 .
郑宝玲 . 1986. 蔬菜良种繁育 [M]. 北京：北京出版社 .

第九章

蔬菜育种的田间试验设计与统计分析

第一节　概　　述

一、试验设计与统计分析的重要性

蔬菜育种离不开田间试验。育种家长年累月在进行田间比较、分析、选择育种材料，发掘和利用有利的遗传变异，从而选育出符合育种目标的品种。育种家在田间能够看到的仅是育种材料各相关性状的表现型，它是遗传组分和环境影响相互作用的结果。

通常，任何田间试验都不可能在有十分把握的控制条件下进行，这意味着除了要研究的因子外，尚有许多外来因子干扰试验，产生试验误差，影响试验结果。试验误差是普遍存在的，田间试验误差是影响试验典型性、正确性和重演性的主要因素。概括地说，试验误差是由非试验因子引起的。非试验因子很多，可归为易控制和不易控制两大类。易控制的非试验因子主要源于试验人员制定的田间试验设计和操作规程的不严谨或试验工作中的疏忽大意。不易控制的非试验因子主要源于田间环境条件的差异、作物群体间竞争和植株个体间的差异等一些偶然性原因。这些因子造成了田间试验的主要误差。在自然界中，土壤肥力的差异是普遍存在的。由于地形、地物的影响，可能出现小气候差异。试验地内设施，如风障、遮阳网等能够改变小气候条件，并造成试验地不同部位的规律性差异。此外，在温室、塑料棚等设施内，不同部位的气温、地温、光照强度和空气湿度等也存在明显的差异。作物群体间的竞争，常使两个始终靠在一起的相邻品种或处理群体相互影响，由此产生试验误差。

正确的试验设计是做好科学试验的基础。首先，进行任何一个试验不仅要懂得试验误差的存在和估计，而且要求所进行的试验能得到没有偏性的、最小的试验误差估计。要做到这一点，必须要有一个好的试验设计。此外，应用统计方法对试验资料进行归纳、整理，离不开数学模型，而这些模型的合理运用必须符合一些基本假定。为此，在进行试验设计时需要对试验材料的选取、样本的提取、试验方法、数据的采集及田间试验安排等作周密的考虑，从而使试验设计能适应相关的基本假定的要求。

统计学是试验的数学，即应用于试验过程中所获得的观察资料归纳、整理的数学。统计学方法可以用来估算试验误差，并可进一步将试验结果与误差进行比较，从而判断试验的表面效应是归属于试验处理的直接结果，还是由于试验误差的影响而产生的。科学试验所得到的数据资料往往是大量的、复杂而凌乱无章的，如何把这些资料整理、归纳、精简，以几个简单的数值表示其全部资料和结果，使其主要内容和结论一目了然，显然是十分必要的。再者，试验的原始资料往往包含有一些不十分确切的或者粗糙的内容，通过统计处理可以去粗取精、去伪存真，把最主要的和真实的结果提炼出来，从而反映事物的本质、事物的内部规律。

综上所述，试验设计和统计分析是作物育种的重要环节。蔬菜育种的田间试验的规模通常是有限的，同时与大田作物相比，大多数蔬菜作物的株行距大，试验小区内的群体较小。如何以有限的试验规模和较小的样本群体，取得能反映客观规律的试验结果，从而提高育种效率呢？基于科学的田间试验设计的统计分析是解决问题的重要手段。蔬菜产品大多数是各种营养器官和多次采收的果实，育种需要对构成复杂、易受环境影响的相关数量性状进行选择分析，因此精确的田间设计分析更加重要。此外，蔬菜的集约化栽培要求生态型不同的品种，育种试验需要在不同的温、光生态环境下进行，品种与环境的互作更加重了对试验的影响，通过田间设计和统计分析来减小和估算环境误差的难度更大。

二、田间试验设计的目的和要求

（一）田间试验设计的目的

田间试验是遗传育种最基本的试验方法。为了使田间试验获得可靠的试验结果，正确地反映客观实际，达到遗传育种试验的目的，田间试验设计必须达到“三性”，即典型性、正确性、重演性的基本要求。

典型性：是指试验区的试验条件能够代表试验成果在未来应用地区的自然条件、生产条件、经济条件以及市场需求条件。

正确性：是指试验结果可靠，能够真实反映供试品种或处理间的真实差异，揭示相关的规律。

重演性：是指在类似田间条件下的重复试验或大面积生产，能够获得相同或相似的试验结果。这样的结果才能较好地在生产上得到应用或客观地反映某一科学规律。重演性取决于正确性和典型性。

怎样的试验设计才能产生符合“三性”要求的试验结果？其一，要合理地选择试验地，其土质、肥力、气候条件和施肥、灌溉等的管理水平能代表所在地或拟将该项试验成果推广应用地区的基本特点；其二，要运用田间试验设计的基本原理尽量减小试验小区的栽培环境差异，使试验得到最小的、无偏性的试验误差，这是试验正确、可靠的基本保证；其三，要周密地考虑试验材料的选取、样本的提取、试验方法、数据的采集以及田间试验安排等各个环节，保证产生的试验数据符合各相关统计数学模型的基本假定，从而通过统计分析获得能揭示客观规律、重演性好的试验结果。

上述三点都是田间试验设计需要考虑的基本内容。简言之，田间试验设计的主要目的是为了保证田间试验能达到“三性”的要求。

（二）田间试验设计的基本要求

为了保证田间试验结果的正确性、典型性、重演性，田间试验设计必须符合以下基本要求。

1. 遵循3个基本原则 田间试验设计是指按照试验的目的、要求和试验地的具体条件，将供试品种或处理的试验小区在试验地上进行合理的排列、设置。田间设计要遵循3个基本原则，即设置重复、随机排列和局部控制。

（1）设置重复 供试的同一品种或处理的种植次数称为重复。增加重复次数能降低试验的变异度，即减小试验误差，增强试验的正确性和代表性。田间试验的试验误差是不可避免的，只能尽量减小和正确估计。如果不设置重复，就无法区分和估计品种或处理间的本质差异和非试验因子所引起的差异，无法判定其主次，更无法估算出试验误差。只有设置了重复，才能判断试验因子间的差异显著程度，并估算出试验误差的大小。因此，设置重复能起到减小误差和正确估计误差的双重作用。

（2）随机排列 随机排列是一种无一定顺序的小区排列方式，即每一个品种或处理的小区在试验地的每次重复中的排列次序是随机的，不是按一定顺序或主观意志排列的。田间试验，如果仅设重复，而不作随机排列，则重复的作用就会降低。采用随机排列还可防范品种间的竞争误差，提高试验的正确性。

（3）*局部控制*　局部控制是排除规律性非试验因子干扰的主要手段。其核心是将参试的品种或处理均等地分配到试验田内不同条件下的各区组内。这样，同一重复之内的各品种或处理之间，处于相对均匀一致的条件下，便于比较、鉴定它们之间的真实差异，同时可用统计分析方法，去除和估计重复间非试验因子的差异。局部控制方法在蔬菜田间试验，特别是保护地田间试验中应用广泛。例如，在高大建筑物或风障前的试验地，其小气候条件的差异常呈垂直分布。按照这一规律，在垂直方向上设置区段，再在每一区段上按随机排列设置一次或多次重复。这样，就可使每个区组内的品种或处理处于相对一致的小气候条件下。再如，在温室或塑料棚等设施内，其小气候的差异也是呈规律性分布的，掌握其规律，采用局部控制，也是减小和估计非试验因子干扰的基本方法。

蔬菜试验地通常由于多年的培肥，肥力水平较高而且比较均匀。但是，如果试验地的土壤肥力差异较大或前茬不同，则应以消除土壤肥力差异为中心，通过试验设计进行局部控制，将同一区组安排在土壤肥力相对一致或同一前茬的区段内。

综上所述，运用上述三个基本原则进行田间试验设计，力求使重复区内品种或处理具有可比性，重复区间的异质性可以用统计方法加以估计，从而达到减小误差和正确估算误差的目的。

2. 根据试验目的和内容选用适宜的田间设计方案　根据田间试验设计的基本原理和小区的技术要求以及试验地的具体条件，将各试验小区在试验地上合理地排列，称为田间设计。目前常用的田间试验设计，可分为顺序排列和随机排列两大类。

（1）*顺序排列设计*　常用的顺序排列田间试验设计分为对比法设计与间比法设计两种。

对比法设计的要点是每隔两个供试品种或处理设一个对照小区，即每一品种或处理均可与相邻的对照小区直接比较，故称作对比法设计。对比法设计通常采用 3 次或 4 次重复。对比法设计一般适于不超过 10 个品种或处理的比较试验和示范试验。

间比法设计的要点是每个重复内第一个小区和末端 1 个小区，一定是对照小区。每两个对照小区间排列数目相同的品种或处理小区，通常是 4 个，有时多至 9 个。间比法一般采用 2～4 次重复。该类设计常用于育种工作初期的鉴定试验，也可用于供试品种较多而试验精确度要求不太高的品种比较试验。

（2）*随机排列的田间设计*　常用的随机排列田间设计有：完全随机设计、完全随机区组设计和不完全的随机区组设计、拉丁方设计、裂区设计、正交试验设计。就育种而言，最常用的是完全随机区组设计。

随机区组设计的要点是：试验地按土壤肥力走向等因素划分成若干区组，每一区组即为一次重复，区组内各试验小区随机排列。这种设计比较全面地运用了田间试验设计三项基本原则，是一种比较合理的田间试验设计，因此在田间试验中最常用。

随机区组设计通常采用 3～5 次重复，视品种或处理的多寡及对田间试验的精度要求来定。

随机区组设计的主要优点是：设计简单，易于掌握；应用广泛，单因子与多因子试验均可采用；能提供无偏的试验误差估计，并能有效地控制单向的土壤肥力差异，有利于降低试验误差；对试验地的大小、形状等要求不严格，只力求同一区组内条件一致，不同的区组可相对分散安排。

随机区组设计的主要缺点是：处理数不宜过多，否则区组加长，会降低局部控制的效果，一般处理数以 10 个以内为好，最多不要超过 20 个；不能控制具有两个方向的肥力误差。

三、统计分析的目的和要求

（一）统计分析的目的

统计分析的目的是把田间试验所得到的大量数据资料进行整理、计算，最后以几个简单的数值表示其全部资料和结果，使其主要内容和结论一目了然，从而反映事物的本质和内部规律。

任何田间试验都会产生误差，好的田间试验方案可以减小试验误差，但不可能避免误差。统计分析方法可以用来估计试验误差，进一步将试验结果与误差进行比较，从而判断试验的表面效应是试验处理的直接结果，还是由于试验误差的影响而产生的。

科学试验的目的除了揭示事物的本质，还要研究事物间的相互联系。例如研究某个蔬菜品种的产量，必须联系到品种的植株特征、生理因素、抗病性、抗虫性、抗逆性以及其他与产量相关的因素来进行研究，发现它们之间的相关性，明白丰产品种的特征，为选育丰产品种提供科学依据，增强预见性。研究性状间相关的性质及相关程度，揭示其本质联系也是统计分析的重要目的。

（二）统计分析的基本要求

1. 建立有代表性的样本 统计方法所研究的对象是集团。所谓集团是指包含大量有相似特征、性质个体的群体。从集团中发现的规律称为统计规律。然而要研究集团事实上是不可能的，通常仅能从集团中随机抽样，组成一个样本，根据对样本研究的结论推断集团的可能结果。研究工作所观察的一般是样本，其目的是用样本来估计集团。生物受到各种复杂因子的影响，由此引发个体间的差异。若连续抽取若干样本，样本之间也存在差异；若样本过小或取样方法不当，样本不一定能代表集团。生物统计的目标之一，就是采用恰当的试验设计，建立有代表性的样本，从样本推论集团的特征、特性。

从总体中随机抽取的一部分个体组成的样本称为随机样本，在统计上习惯地将随机样本称为样本。样本愈大，愈能代表总体情况，通常将取样数达 30 个及其以上的样本称为大样本，30 个以下的为小样本。

偏袒样本是试验者根据主观愿望抽取的个体所组成的样本，这样的样本不能准确地代表总体的情况，统计上不能采用。

2. 采用规范的田间试验设计 如前所述，任何统计分析方法都是以对应的数学模型为基础的，而数学模型的建立都有严格的前提条件。育种研究人员虽然不一定要去研究数学模型本身，但必须理解和正确掌控数学模型的前提条件。在此基础上，采用规范的试验设计和数据处理方法，使其符合统计分析模型的基本假定。

例如，方差分析是常用的统计分析方法。方差分析要求分析的数据满足以下 3 个条件：

（1）可加性 处理效应和误差效应是可加的，因为据以进行方差分析的模型就是线性可加模型。

（2）正态性 根据 F 测验的前提，试验误差必须是独立的随机变量，并遵从正态分布。

（3）同质性 方差分析是以各处理合并均方值作为检测处理间显著性的共用的误差方差，要求所有处理方差都是同质的，即 $\sigma_1^2=\sigma_2^2=\cdots=\sigma_k^2=\sigma_e^2$。

在试验中，经常有资料不能满足上述“三性”，特别是同质性和正态性，例如来自二项式分布集团，如坐果率、发病率、雌花节率等，对于这些资料必须进行适当的转换，才能进行方差分析。

3. 掌握相关统计分析方法的基本概念和原理 作为蔬菜育种研究人员，要在生物统计学方面有较深的造诣，难度很大。然而，科学的田间试验离不开统计分析，掌握相关统计分析的基本原理、概念、程序、方法是必需的。

蔬菜的性状大体上可分为质量性状和数量性状。对于质量性状，田间试验除了对分离群体按目标性状选择外，经常要研究目标性状的遗传规律，最常用的方法是进行适合性测验。掌握概率分布、二项式分布、假设测验等的概念、内涵，才能比较熟练、正确地运用适合性等方法进行遗传分析。

就数量性状而言，田间试验的目的主要包括两个方面：一是对目标性状进行选择和遗传分析，如对产量的遗传力和配合力分析等；二是对目标性状进行比较，如品种比较试验、生产试验等。这些试验离不开方差分析。掌握集团和样本、正态分布、平均数及其分布、变异量、标准差等的概念和内涵，才能较好地理解方差分析等的数学模型和比较熟练、正确地运用相关统计分析方法。

目前进行各类统计分析的计算机软件很多，如 SAS、SPSS、DPS 等，用起来快捷方便。但是需要注意的是，如果对上述基本概念、原理不清楚或田间试验设计不符合相关统计方法的数学模型，生搬硬套地按程序输入数据，给出的分析结果往往不符合客观规律，参考价值不大。

第二节　育种常用的试验设计和统计分析

蔬菜育种试验的内容涉及育种研究的方方面面。随着遗传育种研究的发展，育种的内涵不断深化，内容不断丰富。然而，就常规育种而言，田间试验的内容和目的主要包括如下方面：

1. 育种材料的比较、选择　通过系统选择、混合选择、轮回选择、配合力选择等获得主要性状符合选育目标的自交系，进而对入选自交系或株系进行田间比较试验。

2. 品种（组合）比较试验　通常为小区试验，供试材料为遗传表现稳定的优良杂交组合或品种。通过试验可对其应用前景做出估计和判断。多点品种比较试验亦常采用，通过与同类主栽品种的多点比较，判定参试品种的推广应用价值。

3. 生产试验　通常是与当地主栽或主要品种在同样的生产条件下较大面积的比较试验。通过多点、多年的生产试验可确定新选育品种的应用推广价值，并总结出适宜该品种的栽培技术要点。

4. 相关的遗传试验　主要包括单基因或寡基因的遗传模式（规律）的研究，数量性状遗传力、遗传进度等的估算，亲本配合力的分析和性状的相关分析以及基于表型性状的遗传图谱的构建、分子标记等方面的试验。这类试验一方面要有一个好的田间试验方案，以便能估算出无偏性的试验误差；另一方面必须精心准备适宜的试验材料。由于试验目的不同，所选用的试验材料会有差异。然而，所有的遗传试验都离不开目标性状有遗传变异的异质群体，如 F_2、BC_1 等异质杂合群体和 RIL（SSD）、DH、NIL 等异质纯合群体。双亲及 F_1（同质杂合群体）在试验中应用，除了能确定相关性状遗传的显隐性规律外，还可用以估算田间试验的环境误差。

5. 重要经济性状的遗传相关试验　主要是用直线相关、直线回归分析，为某些目标性状的间接选择提供依据。

众所周知，成功的蔬菜育种一方面取决于适宜的育种方法、技术和育种材料的选取，另一方面则取决于对目标性状的正确、高效的选择，选择是贯穿育种全过程的一条主线。上述各项田间试验的主要目的是为蔬菜育种各阶段选优汰劣提供依据。统计分析的方法很多，下面仅针对前述试验内容，简要陈述几种常用的统计分析方法。

一、适合性测验（χ^2 测验）

适合性测验用于测验试验观测频数与理论频数的符合程度。例如，在遗传试验中，用 χ^2 测验来决定所得的实际结果是否与孟德尔遗传定律相符合。计数资料百分数与理论数的假设测验及两个样本百分数相比较的假设测验也可用于遗传规律的分析，但仅限于分两组的资料的应用，而 χ^2 测验可用于两组或两组以上的资料的差异显著性测验。下面用 2 个实例说明适合性测验在单基因性状遗传规律研究方面的应用。

例 1：毛爱军等（2008）为了研究黄瓜抗病材料 Wis2757 对黑星病抗性的遗传规律，将其与感病自交系 19032 杂交，在 F_1 单株自交获得的 F_2 500 株中，有 390 株表现抗病，110 株感病。对此分离群体进行 χ^2 测验。

设立无效假设，H_0：抗病株∶感病株＝3∶1

计算观察值的 χ_c^2：

$$\chi_c^2=\sum\frac{(|O-E|-0.5)^2}{E}=\frac{(390-375-0.5)^2}{375}+\frac{(|110-125|-0.5)^2}{125}=2.24$$

分析结果：$\chi^2_{0.05}=3.841$，因 $\chi_c^2=2.24<\chi^2_{0.05}$，应接受 H_0，即试验株数与理论株数差异系偶然误差造成，实际分离数与理论比例 3∶1 相符，即抗病性由 1 对基因控制。

例 2：有报道认为，黄瓜抗病自交系 Wis2757 对黄瓜白粉病抗性的基因构成为：隐性主基因 s，决定胚轴和茎的部分抗性（MR），同时也是完全抗性所必需的；显性 R 基因为加强基因，也是完全抗性所必需的；i 为隐性基因，其等位显性 I 基因的存在可抑制抗性的完全表达。Wis2757 的基因型为：RRssii，它与基因型为 rrSSII 的感病自交系杂交，F_2 的分离比例应为：抗病∶部分抗性∶感病＝1∶3∶12。津研 2 号亦为抗白粉病的品种，表现为不完全抗性，其抗性基因型尚未确定。为了确认 Wis2757 的抗性基因模式和研究津研 2 号的抗病基因模式，毛爱军等分别选用 Wis2757 与感病自交系 19032 和津研 2 号杂交，两个组合双亲、F_1、F_2 的抗病性表现及相应的 χ^2 及其概率如表 9-1 所示。根据试验结果可确认 Wis2757 的基因型为 RRssii。由于 Wis2757×津研 2 号的 F_2 群体的分离比例为 3R∶1MR，可推断津研 2 号对白粉病抗性的基因型为 rrssii，与 Wis2757 相比缺少加强基因 R。

表 9-1 白粉病抗源 Wis2757 和津研 2 号的抗性遗传分析

（毛爱军等，2005）

试验材料	植株数量			期望比例	χ^2	P
	抗病	中抗	感病			
Wis2757×19032						
Wis2757（P_1）	30	0	0			
19032（P_2）	0	0	30			
F_1	0	0	30			
F_2	35	106	456	1R∶3MR∶12S	0.57	0.75
Wis2757×津研 2 号						
Wis2757（P_1）	12	0	0			
津研 2 号（P_2）	3	8	0			
F_1	17	20	0			
F_2	194	59	0	3R∶1MR	0.26	0.50～0.75

二、方差分析

平均数测验的方法，如 t 测验只适于两个样本的比较试验。但是，在农业和生物试验中，往往要进行几种处理，如多个品种的比较试验等。方差分析则适用于这类试验结果的比较分析。

方差分析法可称为分裂试验，即以资料中的变异作为组成部分的一种简单的算术方法。事物的变异是由多种因素决定的，例如在品种产量的比较试验中，遗传性、土壤肥力、栽培措施以及偶然因素等均可影响产量。方差分析实际上是从总的变异中将各种可能的变因逐个分出，以误差（偶然变因）为标准去判断其他变因方差的显著性，即以各个变因的方差除以误差，得到 F 值，F 值大，则对应变因的影响大，当 F 值达到显著或极显著水平，则该方差不是由随机误差造成，而是变因所固有。在这一分析的基础上，进一步对该变因影响下的各个样本平均数相互比较，测验其差异显著性。

方差分析可按资料分组数的多少分为单向分组资料分析和双向分组资料分析以及系统分组资料分析。其中，双向分组资料的方差分析最常用。实际的试验中，观测值往往要按两个方向分组（A 组和 B 组），以提高试验的精度。例如，品种比较试验采用随机区组试验设计，A 组为品种，B 组为区组。有的试验包括两个处理，形成两个分组方向（见例3）。

双向分组资料的方差分析与单向分组资料方差分析的方法与步骤基本上是一样的，关键是要计算求得两个组以及误差的平方和、方差和自由度。

例3：蒋健箴等（1987）选用5个辣椒品种：什邡椒（A）、安江六十早（B）、大红袍（C）、迟斑椒（D）、湘潭晚（E）作母本（P1），3个甜椒品种：早丰（F）、上海圆椒（G）、茄门（H）作为父本（P2），按照P1×P2模式配制了15个组合研究果实中辣椒素含量（%）的配合力。以随机区组设计三个重复进行种植，每小区随机选取10个商品成熟果实测定辣椒素含量。表9-2为15个杂交组合果实中的辣椒素含量，方差分析表明组合间的差异达到极显著水平（表9-3），可深入进行配合力分析。

表9-2　15个杂交组合果实中的辣椒素含量（%）平均值分析

（蒋健箴等，1987）

$P1_i$ / $P2_j$	A	B	C	D	E	$x_{.j}$
F	0.207	0.340	0.233	0.255	0.167	0.240
G	0.141	0.254	0.139	0.156	0.143	0.167
H	0.121	0.148	0.124	0.150	0.145	0.138
$x_{i.}$	0.156	0.247	0.165	0.187	0.152	$X_{ij}=0.181$

表9-3　果实中辣椒素含量的方差分析

变异来源	自由度	方差	F值
区组间	$b-1=2$	0.000 64	3.76
组合间	$n_1n_2-1=14$	0.011 80	69.41**
机误	$(b-1)(n_1n_2-1)=28$	0.000 17	

** 表示达到 $p=0.01$ 显著水平。

在方差分析中，可将其线性模型分为固定模型和随机模型。固定模型是指试验的各处理的样本来自于几个特定的处理亚集团，这些亚集团遵从 $N_{(\mu_i,\sigma_e 2)}$ 分布，因而处理的效应 $\tau_i=(\mu_i-\mu)$ 是固定的，是几个常量。试验的目的在于研究处理的效应 τ_i，其测验假设是 H_0：$\mu_i=\mu_0$。一般的栽培试验、品种试验都属于固定模型。在进行配合力分析时，如果目的在于研究供试亲本的配合力效应，则也属于固定模型。

随机模型是指试验中的处理皆随机抽自同一处理集团 $N(0, \sigma_\tau^2)$，其处理效应 τ_i 是随机的，会随试验的不同而异。试验的目的不在于研究处理效应 τ_i，而在于研究处理效应的变异度，即 σ_τ，所要推断的不是某些处理的效应，而是关于抽取这些处理的整个集团。因此，方差分析要测验的假设是 H_0：$\sigma_\tau^2=0$；H_A：$\sigma_\tau^2>0$。当 H_0 被否定后，要进一步对 σ_τ^2 作进一步的分析，而不是对样本平均数进行多重比较。随机模型在遗传、育种和生态试验研究等方面有较广泛的应用。

三、配合力分析

（一）配合力分析与双列杂交设计

育种的实践表明，在杂交试验中，有些亲本表现很好，但其杂交后代并不优良；相反的，有些亲本本身并不特别优良，但从其杂交后代中可能选择到特别优良的组合。进一步的研究才发现这是亲本配合力的差异所致。对于利用 F_1 代杂种优势而言，鉴定亲本的配合力，是发现高配合力优异亲本和选配强优势组合的有效途径。

对于常规杂交育种来说，应用配合力分析也利于在早代预测哪些杂交组合能够产生优异的杂交后代。双列杂交设计分析方法是测定杂交亲本配合力、选择亲本和鉴定组合的一种有效技术。同时，在遗传理论上也采用这一方法研究数量性状的有关遗传规律，如遗传力等重要遗传参数的估算。

双列杂交设计按其遗传交配的特点可分为以下几类：

1. AA式完全双列杂交 这类设计是指在设计方案里选出一组包括 P 个品系（自交系或纯品系品种），并在它们之间进行所有可能的杂交。这一方案提供了 P^2 个杂交或自交组合，其中包括了正、反交。

Griffing 将这类双列杂交进一步分为以下 4 种设计：

(1) 包括亲本和正、反交两组 F_1 材料，共有 P^2 个材料；

(2) 包括亲本和一组 F_1，共有 $P+\frac{1}{2}P\ (P-1)$ 个材料；

(3) 不包括亲本，有正、反交两组 F_1，共有 $P\ (P-1)$ 个材料；

(4) 不包括亲本，仅一组 F_1，共有 $\frac{1}{2}P\ (P-1)$ 个材料。

2. AB式双列杂交设计（不完全双列杂交设计） 这类设计是将亲本分成两组，A组为母本，B组为父本。若A组有4个母本，B组有5个父本，则4个母本分别与5个父本杂交，不包括反交，共有20个组合。此类设计适用于以雄性不育系或全雌系作母本研究亲本的配合力高低和选择强优势组合。此外，在育种研究中，也常选择一批本地区广泛推广的良种或优良自交系为一组亲本（A组），称之为“测验系”，与所要研究测定的另一组亲本（B组）进行杂交，根据杂交组合的产量及经济性状的表现即可估测第二组亲本的配合力。

3. 部分双列杂交设计 这类设计可以是由AA式第（4）种设计的组合中抽取部分组合作试验材料的设计，或由AB式不完全双列杂交的组合中抽取部分组合作试验材料的设计。

（二）双列杂交统计分析的两类模型

双列杂交的统计分析模型，根据统计的假定和试验的抽样性质，分为固定模型和随机模型两大类。固定模型试验的主要目的在于配合力效应的分析、比较，据此来评判亲本的优劣和选择强优势组合。

随机模型假定为试验亲本或其整个试验材料是从一个集团抽取的一个随机样本，由试验结果来估计集团的遗传变异的大小。例如，通过试验估计集团的一般配合力方差（$\hat{\sigma}_g^2$）和特殊配合力方差（$\hat{\sigma}_s^2$），进一步还可估算出加性方差（$\hat{\sigma}_d^2$）、显性方差（$\hat{\sigma}_h^2$）、广义遗传力（h_B^2）和狭义遗传力（h_N^2）等遗传参数。

在进行配合力分析时通常采用田间随机区组设计，有两项主要变异来源，即遗传型与区组（重复）效应。对应于两类模型，遗传型和区组均有两种效应的假定，只是区组一般是作为局部控制的手段，不论何种模型都不影响遗传参数的估计和配合力分析。两种遗传型效应的随机区组试验的方差分析及其期望均方（*EMS*）请参考有关资料。

（三）双列杂交的统计分析

双列杂交分析的主要步骤为：

(1) 绘制双列杂交的随机区组试验资料的方差分析表并进行 F 测验；

(2) 若测验结果表明遗传型方差达到显著水平，则绘制随机区组试验资料配合力方差分析表并进行配合力分析；

（3）若一般配合力和特殊配合力方差均达显著水平，就固定模式而言，则估算各亲本的一般配合力效应和特殊配合力效应，并进行各亲本一般配合力效应的 t 测验，测定其是否显著大于 0，进而估算各亲本的特殊配合力方差和一般配合力方差。就随机模型而言，估算集团的加性方差和显性方差，进而估算遗传力。

在双列杂交设计中，常用于蔬菜遗传育种的是 AA 式完全双列杂交第（4）种方法和 AB 不完全双列杂交设计。AA 式第（4）种方法与其他 3 种方法相比，在亲本数相同时，组合数最少，花费的人、财、物最少。如前所述，AB 不完全双列杂交设计适用于蔬菜的雄性不育系、自交不亲和系、全雌系的配合力分析。关于两种双列杂交设计统计分析的数学模型和统计分析的公式等，请参阅生物统计的相关资料。下面仅以一个实例来介绍配合力分析在育种中的应用。

例 4：邹学校等（2006）选用衡阳伏地尖 5901、祁阳矮秆早 5907、河西牛角椒 6421、湘潭晚班椒 8214、小矮秧 7801 和上海甜椒 8501 等 6 个辣椒材料作亲本，按 $\frac{1}{2}P(P-1)$ 双列杂交配制的 15 个组合，分析辣椒亲本在开花结果 3 个时期叶片净光合速率的配合力，采用唐启义等（2002）的 DPS 数据处理系统进行计算处理。从表 9－4 可知，开花结果前期上海甜椒的一般配合力最强，中期湘潭晚班椒的一般配合力最强，后期是祁阳矮秆早、湘潭晚班椒和小矮秧的一般配合力最强。

表 9－4　辣椒亲本净光合速率的一般配合力效应

杂交亲本	前期			中期			后期			平均值
5901	－0.061 6	ab	A	－0.191 2	bc	A	－0.336 1	b	B	－0.196 3
5907	0.009 3	ab	A	0.000 5	abc	A	0.231 9	a	A	0.080 5
6421	0.062 0	ab	A	－0.299 5	c	A	－0.001 4	a	AB	－0.079 6
8214	－0.172 7	b	A	0.308 8	a	A	0.202 8	a	A	0.113 0
7801	－0.301 9	b	A	－0.025 9	abc	A	0.188 9	a	A	－0.046 3
8501	0.464 8	a	A	0.207 4	ab	A	－0.286 1	b	B	0.128 7

注：同列大小写英文字母分别代表 1％和 5％显著水平。

在开花结果前期净光合速率特殊配合力较强的是小矮秧×上海甜椒、衡阳伏地尖×祁阳矮秆早、湘潭晚班椒×上海甜椒、祁阳矮秆早×湘潭晚班椒和衡阳伏地尖×河西牛角椒等组合，中期净光合速率特殊配合力较强组合有湘潭晚班椒×上海甜椒、衡阳伏地尖×小矮秧、祁阳矮秆早×上海甜椒，后期净光合速率特殊配合力较强的组合是祁阳矮秆早×湘潭晚班椒、小矮秧×上海甜椒、河西牛角椒×小矮秧和衡阳伏地尖×河西牛角椒（表 9－5）。按 Finlay 和 Wilkinson（1963）的测定标准，当回归

表 9－5　辣椒杂种一代净光合速率特殊配合力效应

杂交组合	前期	中期	后期	平均值	效应	方差	回归系数
5901×5907	1.016 9	－0.343 7	－0.070 5	0.200 9	0.131 5	0.59 6	－12.743 1
5901×6421	0.575 2	0.134 1	0.207 3	0.305 5	0.236 2	0.083	－4.140 4
5901×8214	－0.923 4	－0.163 1	－0.352 4	－0.479 6	－0.549 0	0.118	7.100 2
5901×7801	0.039 1	1.060 5	0.150 4	0.416 7	0.347 3	0.263	9.157 9
5901×8501	－0.816 5	－1.561 7	0.069 8	－0.769 5	－0.838 8	0.706	－6.119 1
5907×6421	－0.595 6	0.220 2	0.017 1	－0.119 4	－0.188 8	0.138	7.618 7
5907×8214	0.839 1	－0.177 0	1.224 0	0.628 7	0.559 3	0.579	－8.821 9
5907×7801	－0.665 1	0.524 4	－0.151 0	－0.097 2	－0.166 6	0.295	10.887 3

（续）

杂交组合	前期	中期	后期	平均值	效应	方差	回归系数
5907×8501	−0.154 0	0.935 5	0.101 8	0.294 4	0.225 1	0.269	9.847 1
6421×8214	−0.688 7	0.067 4	−0.331 6	−0.317 6	−0.387 0	0.105	6.938 3
6421×7801	−0.105 4	−0.086 7	0.226 8	0.011 6	−0.057 8	0.036	0.359 1
6421×8501	0.178 0	0.268 8	−0.287 1	0.053 2	−0.016 1	0.089	0.538 8
8214×7801	−0.916 5	−0.061 7	−0.121 8	−0.366 7	−0.436 0	0.183	8.070 7
8214×8501	0.894 6	1.038 3	0.142 1	0.691 7	0.622 3	0.230	0.841 6
7801×8501	1.523 8	−0.027 0	0.267 1	0.588 0	0.518 6	0.767	−14.535 2

系数等于1时代表平均稳定性；当回归系数大于1时代表低于平均稳定性；当回归系数小于1时代表高于平均稳定性。湘潭晚班椒×上海甜椒、祁阳矮秆早×湘潭晚班椒、小矮秧×上海甜椒、衡阳伏地尖×河西牛角椒和衡阳伏地尖×祁阳矮秆早等组合在3个时期净光合速率的特殊配合力较强、稳定性较好。

例5：严慧玲等（2007）选择129-2、516-10、606-7、603-28、523-16等5个纯合显性雄性不育系作为母本，101、102、103、104、105等5个不同类型甘蓝高代自交系作为父本，采用AB式双列杂交设计配制了25个组合，研究甘蓝显性雄性DGMS79-399-3不育性的遗传效应。结果表明（表9-6、表9-7），双亲的一般配合力效应和组合的特殊配合力方差对不育度的影响均达到极显著水平，用一般配合力为正值的不育系所配制杂交组合时育性均较稳定，适合用于杂交组合配制。

表9-6 AB不完全双列杂交设计配合力分析

（严慧玲等，2007）

变异来源	方差	F
P_1	85.44	56.96**
P_2	335.46	223.64**
$P_1 \times P_2$	124.38	82.92**

表9-7 亲本不育度的一般配合力相对效应及组合的特殊配合力相对效应

（严慧玲等，2007）

P_1	P_2					$g'_{i.}$
	101	102	103	104	105	
129-2	1.78	−14.00	1.57	9.35	1.30	−2.08
516-10	1.52	−1.77	1.32	−2.68	1.62	−1.06
606-7	1.08	10.42	1.90	−14.66	1.26	−2.16
603-28	−1.67	1.80	−1.87	3.30	−1.57	2.12
523-16	−2.71	3.55	−2.92	4.69	−2.61	3.17
$g'_{.j}$	3.56	−5.52	3.76	−5.25	3.46	

若假定亲本随机抽自同一集团$N_{(0,\sigma_\tau^2)}$，则可按随机模型分析。通过遗传参数估算发现，决定育性的主要是显性作用和上位作用的非加性效应，而加性效应仅占很少的部分（相关数据表略），通过亲本的育性表现来推测杂交后代的育性表现比较困难。

四、遗传参数的估算

遗传力和遗传进度是研究数量性状的两个重要遗传参数。实践证明，根据遗传力的大小决定不同性状的选择时期和选择方法，根据遗传进度估计试验群体的遗传进展，对于改进育种方法，避免育种工作的盲目性和提高育种效率是卓有成效的。目前，估算遗传力的方法很多，可以根据不同群体的遗传特点，设计出不同的估算方法，并根据估算的遗传力计算出遗传进度。在相关公式的确定和计算过程中，引入了统计推断原理，为所测参数提供一定的概率保证，这就使得遗传力、遗传进度从估算到应用这一完整过程更加科学合理。诚然，遗传力、遗传进度的估算还存在有待进一步研究解决的问题。

统计分析方法是遗传参数估算的统计学基础，下面简要介绍几个重要遗传参数的估算方法。

（一）遗传力

遗传力是指基因型方差占表型总方差的比值，即用以衡量基因型变异和表型总变异程度的遗传统计量。这是遗传力概念一般的、基本的定义。出于育种工作的需要，为了适应各种不同的设计要求，遗传力的概念进一步拓宽为由遗传引起的变异占整个表型总变异的比例。根据遗传变异的不同性质，通常可将遗传力分为如下三类：

广义遗传力（h_B^2）＝基因型方差/表型方差×100％

狭义遗传力（h_N^2）＝加性方差/表型方差×100％

广义狭义遗传力（h_{BN}^2）＝（加性方差＋部分显性方差）/表型方差×100％

从理论上讲，任何一种遗传交配设计和育种方案，只要能估计出遗传方差和表型方差，都能估测遗传力。只是在不同的设计中，估测的遗传力性质有所区别。主要估测方法有以下几种：

① 以不分离世代估计环境方差法估测 h_B^2；

② 随机区组设计，方差法估测 h_B^2；

③ 分解 B_1、B_2、F_2 方差估测 h_N^2；

④ 解有关世代方程组估测 h_N^2；

⑤ 亲子回归法估测 h_{BN}^2；

⑥ 以遗传进度估测 h_{BN}^2（现实遗传力）。

完全随机区组设计和双列杂交是比较常用的设计，利用机误方差来估计环境方差，进而估算出广义遗传力。

（1）完全随机区组设计实例

例 6：王永健等（1998）通过研究黄瓜光补偿点与低温弱光耐受性的关系，证明低温（15 ℃）下黄瓜品种的光合补偿点是一个能反映品种低温弱光耐受性的重要指标。为了估算黄瓜在低温下光合补偿点的遗传力，试验选用 20 个黄瓜品种的幼苗（三叶期）在 15 ℃下测定光补偿点，3 次重复。根据试验结果估算品种间和误差的方差，列于表 9－8。

$$V_1=\sigma_e^2+r\sigma_g^2=1\,091.20 \quad V_2=\sigma_e^2=99.42 \quad \sigma_g^2=\frac{V_1-V_2}{r}=\frac{1\,091.20-99.42}{3}=330.59$$

$$h_B^2=\frac{\sigma_g^2}{\sigma_g^2+\sigma_e^2}\times100\%=\frac{330.59}{330.59+99.42}\times100\%=76.88\%$$

（2）双列杂交设计实例　吴国胜等（1997）在大白菜耐热性遗传效应的研究中采用下述两种方法估测结球白菜耐热性的遗传力。

例 7：配合力方差分析估算遗传力：选用 2 个耐热亲本和 3 个热敏感亲本按 AA 式（2）设计配

制出 15 个杂交组合（含亲本），用于估算大白菜耐热性遗传力，获得配合力方差分析表 9－9。

表 9－8 黄瓜品种光补偿点随机区组方差分析

（王永健等，1998）

变异来源	自由度	方差	理论方差组成
总变异	59		
区组间	2		
品种间	19	1 091.20（V_1）	$\sigma_e^2+r\sigma_g^2$
误差	38	99.42（V_2）	σ_e^2

表 9－9 大白菜耐热性配合力方差分析表

（吴国胜等，1997）

变异来源	df	SS	V（S^2）
GCA	4	208.11	52.03
SCA	10	19.3	2.93
试验误差	28		2.573

GCA 的 S^2 的随机模型 EMS 为：$\sigma_e^2+\sigma_s^2+(P+2)\sigma_g^2$

SCA 的 S^2 的随机模型 EMS 为：$\sigma_e^2+\sigma_s^2$

$$\sigma_g^2=\frac{S^2-(\sigma_e^2+\sigma_s^2)}{P+2}=\frac{52.03-2.93}{7}=7.05$$

$$h_B^2=\frac{2\times7.05+0.357}{2\times7.05+0.357+2.573}=\frac{14.457}{17.029}=84.90\%$$

$$h_N^2=\frac{14.1}{17.029}=82.8\%$$

例 8：分解 B_1、B_2、F_2 方差估算遗传力：上述研究还获得 B_1、B_2、F_2 方差的资料，采用分解 B_1、B_2、F_2 方差的方法估计 h_N^2。该法的原理是利用不同回交世代抵消 F_2 代中的显性方差和环境方差，从而把加性方差分解出来，求得狭义遗传力。

表 9－10 耐热×热敏感大白菜各世代方差表

（吴国胜等，1997）

世代 177×276	个体数	方差	世代 176×279	个体数	方差
P_1	31	0.003 6	P_1	46	0.019 6
P_2	30	0.136 9	P_2	27	0.168 1
F_1	75	0.476	F_1	64	0.372 1
F_2	152	3.824 9	F_2	147	3.496 9
B_1	58	1.921 6	B_1	71	1.849 6
B_2	65	2.532 1	B_2	94	2.528 7

$$h_N^2=\frac{2V_{F_2}-(V_{B_1}+V_{B_2})}{V_{F_2}}\times100\%$$

$$h^2_{N_1}=\frac{2\times 3.8249-4.4574}{3.8249}\times 100\%=82.81\%$$

$$h^2_{N_2}=\frac{2\times 3.4969-(1.8449+2.5287)}{3.4969}\times 100\%=74.92\%$$

例 9：邹学校等（2006）用固定模型估算了辣椒不同开花结果时期叶片净光合速率的配合力方差（表 9－11），结果表明前、中、后期都是特殊配合力方差明显大于一般配合力方差，说明辣椒控制开花结果期光合作用的基因效应是显性效应和上位性效应之和明显大于加性效应。用随机模型估算了辣椒开花结果期净光合速率的广义遗传力等遗传参数（表 9－12），结果表明开花结果前、中、后期的遗传方差都较小，环境影响大，所以遗传决定度、狭义遗传力、广义遗传力都较低。

表 9－11　辣椒开花结果期净光合速率配合力方差（固定模型）

配合力方差	前期	中期	后期
一般配合力方差	0.038 4	0.025 2	0.008 1
ii 特殊配合力方差	0.197 4	0.129 8	0.041 8
ij 特殊配合力方差	0.190 9	0.125 5	0.040 4
特殊配合力方差	0.388 3	0.255 3	0.082 2

表 9－12　辣椒开花结果期净光合速率遗传参数估算（随机模型）

遗传参数	前期	中期	后期
加性方差	0.000 0	0.000 0	0.087 9
显性方差	0.405 9	0.255 6	0.091 2
遗传方差	0.405 9	0.255 6	0.179 1
环境方差	3.316 9	2.181 3	0.701 8
表型方差	3.722 8	2.436 8	0.836 9
遗传决定度（%）	10.90	10.49	10.89
狭义遗传力（%）	0.00	0.00	10.50
广义遗传力（%）	10.90	10.49	21.39

盖钧镒等（1999）认为主基因＋多基因混合遗传是植物数量性状遗传的普遍性模型，发展了一套遗传模型检测的分离分析方法。这种分离分析的主要理论基础是混合分布理论，将分离世代的分布看作多个主基因型在多基因和环境修饰下形成的多个正态分布的混合分布（王建康、盖钧镒，1995）。这种方法所用试验材料可以是单个分离世代及其亲本，也可以是多个分离世代及其亲本，可以检测 1 对主基因、2 对主基因、多基因、1 对主基因＋多基因等多种遗传模型。其主要方法是采用 IECM 算法（盖钧镒等，2000）计算极大似然估计值和 AIC 值，然后通过 AIC 值判别及一组适合性测验从中选出最适遗传模型，并由之估计相应的主基因和多基因的效应值、方差和有关遗传参数。

例 10：严慧玲等（2007）利用早熟圆球型的纯合显性不育系 516210 为母本（P_1），高代自交系 104 为父本（P_2）杂交获得 F_1 代，利用 F_1 代中产生微量花粉的敏感株自交获得 F_2 代，同时从 F_1 的敏感株上取微量花粉分别和两个亲本回交获得 B_1、B_2 代。按照（盖钧镒等，2002）6 个世代联合分析的方法估算主效基因和微效基因的遗传率，及其加性效应、显性效性、上位性效应，深入了解甘蓝显性雄性 DGMS79－399－3 不育性的遗传规律。

表 9-13 组合 516×104 用 IECM 算法估计各种遗传模型的极大对数似然函数值和 AIC 值

模型	极大对数似然函数值	AIC	模型	极大对数似然函数值	AIC
A-1	-782.959 0	1 573.918 0	C-1	-775.434 3	1 564.868 6
A-2	-836.500 1	1 679.000 4	D	-720.730 2	1 465.460 4
A-3	-792.334 4	1 590.668 8	D-3	-765.836 4	1 547.672 7
A-4	-899.490 8	1 804.981 7	D-4	-775.408 9	1 566.817 9
B-1	-700.877 3	1 421.754 6	E	-715.133 8	1 466.267 7
B-2	-730.171 8	1 472.343 5	E-1	-724.972 2	1 479.944 4
B-3	-841.461 6	1 690.923 2	E-2	-731.953 5	1 485.907 0
B-4	-839.503 3	1 685.006 6	E-3	-748.819 4	1 515.638 9
B-5	-791.921 4	1 591.842 8	E-4	-754.020 8	1 524.041 5
B-6	-793.190 3	1 592.380 6	E-5	-741.782 4	1 501.564 8
C	-774.992 8	1 569.985 6	E-6	-755.877 0	1 527.753 9

由表 9-13 可知，有 5 种模型的 AIC 值相对较小，通过一组适合性检验（每种模型均有 30 个统计量）分析，只有 D 模型（1 对加性-显性主基因＋加性-显性-上位性多基因模型）适合性检验统计量达到显著差异的个数最少，为最优模型，即影响甘蓝显性雄性不育材料的育性存在主基因，而且还有微效基因的作用。

根据 D 模型遗传参数估计主基因的加性效应为 14.83，显性效应为 74.38，显性度为 5.02，B_1、B_2、F_2 主基因遗传率分别是 82.03%、94.12%和 94.06%（表 9-14），B_1、B_2、F_2 微效基因的遗传率分别为 10.94%、1.43%和 0.14%，表明主基因的遗传率较高。因此，甘蓝雄性不育材料的不育性对可育性为显性，且显性作用远远大于加性作用。

表 9-14 组合 516×104 不育度的有关遗传参数估计值

一级参数	6 个世代联合分析	二级参数	6 个世代联合分析		
			B_1	B_2	F_2
m_1	85.17	主基因方差 σ^2_{mg}	1 030.981	1 872.414	1 433.184
m_2	8.51	多基因方差 σ^2_{pg}	137.441 3	28.471 6	2.096
m_3	14.83	主基因遗传率 mg（%）	82.03	94.12	94.06
m_4	19.37	多基因遗传率 pg（%）	10.94	1.43	0.14
m_5	15.46				
m_6	23.76				
d	14.83				
h	74.38				
h/d	5.02				

（二）遗传进度

遗传力反映的是某一性状的遗传方差占表型方差的比例。对于某一性状来说，在遗传力相同的情况下，亲代的变异幅度愈大（方差绝对值大），则子代的平均表现值可能愈高。因此，遗传力尚不能作为评价选择效果的唯一指标。遗传进度，又称作遗传获得量或选择响应，反映了选择之后子代从亲本获得的遗传增量，能够较好地表明选择效果。

遗传进度定义为入选子代群体的平均数 m'' 与亲代群体平均数 m 之差（ΔG）；与遗传进度有关的选择差 i 定义为入选群体平均数与亲代群体平均数之差。可分别记作：

$$i=m'-m \quad \Delta G=m''-m$$

原始群体经过一代选择，形成了亲子两个群体。新形成的子代群体是由优良个体组成的，其基因型频率由于选择而发生了变化，在表现型上，则主要为群体均数的变化。对于一个有集团含义的群体来说，其群体均值就等于基因型值。因此，亲子两代群体的平均数之差，就可以代表两个群体的基因型之差。子代群体均数的增量也就是从亲代获得的遗传增量，可用以表示遗传进度。这个遗传增量源于子代群体优良基因型频率的提高。原始群、选拔群和选拔群子代的分布如图 9－1 所示。

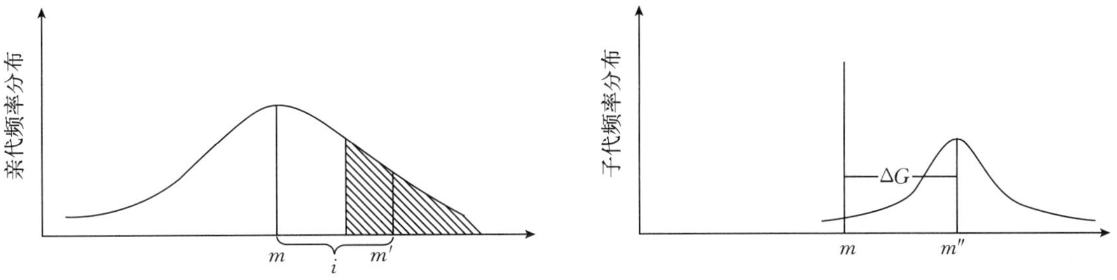

图 9－1　经一代选择的遗传响应

根据上述分析，在实际运算中遗传进度的表达式可写成：

$$\Delta G=ih^2=k\sigma_p h^2=k\sigma_g\sqrt{h^2}$$

式中：ΔG 为遗传进度；i 为选择差；k 为选择强度；σ_g 为遗传标准差；h^2 为广义遗传力或狭义遗传力，它们的取舍取决于被选群体的遗传特性。一般而言，对于分离群体宜用狭义遗传力；对于遗传稳定的群体，则可选用广义遗传力。

五、相关分析

在遗传育种的试验中，所需研究的变数往往有两种或两种以上。例如，蔬菜生长量与温度的关系包含两种变数；番茄的产量与结果数及单果重的关系存在着产量、结果数、单果重 3 种变数。为了测定具有一定联系的两种或两种以上变数的相互关系的变化趋势，必须采用相关和回归的统计方法。其中直线相关和直线回归是遗传育种试验中常用的方法。

相关是研究两种或两种以上变数的相关变异程度，即研究相关变数间的共同变化规律。例如，黄瓜雌花节率与产量间是否存在相关变异？相关程度如何？这是相关统计方法能够解决的问题。在相关的理论模型中，x 和 y 变数是平行变化关系，各自均具随机误差，因而不能区别哪一个为自变数，哪一个为依变数。因而相关只能研究、确定两种或两种以上变数之间协同变化的关系及相关程度的大小，而不能说明它们间的因果关系或依存关系。

关于研究 2 个变数相关关系的简单相关及研究 3 个以上变数相关关系的净相关和复相关，已有的研究表明，直线相关的相关系数 r 是测度相关程度很好的统计数。相关系数的计算公式为：

$$r=\frac{1/n\sum(x-\bar{x})(y-\bar{y})}{\sigma_x\sigma_y}=\frac{\sum(x-\bar{x})(y-\bar{y})}{\sqrt{(x-\bar{x})^2(y-\bar{y})^2}}$$

$$=\frac{\sum(xy)-\dfrac{\sum x\sum y}{n}}{\sqrt{\left[\sum x^2-\dfrac{(\sum x)^2}{n}\right]\left[\sum y^2-\dfrac{(\sum y)^2}{n}\right]}}$$

公式中的 $1/n\sum(x-\overline{x})(y-\overline{y})$ 称为互变异量或协方差，所以相关系数是互变异量与两个变数几何平均数（$\sigma_x\sigma_y$）的比值。

上述相关包含有环境的影响，称作表型相关。表型相关系数（r_P）是由性状之间的遗传效应相关（遗传相关 r_G）、基因型×环境互作效应相关（互作相关 r_{GE}）和环境效应的相关（环境相关 r_E）所决定的。

相关系数的显著性测验，可用相关系数的标准差测验 t 值是否显著或查表判定。费雪氏根据所测相关系数对数的多少，求出各种自由度（$n-2$）下要达到一定概率的 r 值，制成相关系数显著性检测表。查此表，可根据已求得的相关系数值直接判定该相关系数是否显著。

相关系数的平方即 r^2 称为决定系数。决定系数表明 x 或 y 变数的变异中可由两变数协同变异来解释的比重。

从育种角度看，相关分析有 3 个方面的意义：①由于表型相关受到环境的影响，因此从中分解出遗传相关，用它的数量来测定性状间遗传方面的相互联系；②遗传相关系数 r_G，可以看出哪些性状可作为间接选择的重要性状，如与产量相关的性状的比较选择；③根据相关系数可判断在制定选择方案时可不考虑的性状。

下面介绍一个实例来说明相关分析的应用。

例 11：潘敏等（2011）用相关法分析了韭菜迟眼蕈蚊（*Bradysia odoriphaga*）对韭菜为害程度的 3 个指标（虫口密度、受害植株比例、叶片被害指数）与粗纤维素等 7 种生化物质的关系，结果（表 9－15）表明，芳香油含量与虫口密度和受害植株比例、可溶性蛋白与受害植株比例的相关性达到显著水平。由此推测这两个生化指标与韭菜抗虫性有较密切的关系。

表 9－15　3 个抗虫性指标与 7 种生化物质的相关分析

（潘敏等，2011）

抗虫性指标	粗纤维	芳香油	可溶性蛋白	可溶性糖	色素	叶绿素 a	游离氨基酸
虫口密度	−0.037	0.483 5*	−0.244 99	0.372 27	−0.109 1	−0.117 9	0.320 77
受害株比例	−0.006	0.459 0*	−0.545 81*	0.287 90	−0.355 9	−0.340 0	0.025 83
叶片被害指数	−0.118	0.359 7	−0.208 06	0.338 16	−0.205 7	−0.219 5	0.079 30

* 表示显著相关（$\alpha=0.05$）。

第三节　田间试验的统计分析在育种上的应用

如前所述，成功的蔬菜育种一方面取决于适宜的育种方法、技术和育种材料的选取，另一方面取决于对目标性状的正确、高效的选择，选择是贯穿育种全部过程的一条主线。统计分析的目的在于为选择提供科学的数据，换言之，田间试验的统计分析结果是指导育种的依据。

一、质量性状遗传研究与育种

蔬菜作物的重要性状中有许多是由单基因或寡基因调控的质量性状。近百年来蔬菜质量性状遗传规律的研究（常称“经典遗传”）成果使蔬菜育种走上了科学选育之道，不断推进蔬菜育种的发展。实践证明，经典遗传的研究比较深入的作物如番茄，其遗传育种的发展较快，水平相对较高，种质创新成果的积累多。而对于一些相关研究基础较薄弱的作物，其重要性状遗传规律研究的缺失，常制约育种研究的深入开展。

质量性状遗传规律的统计分析结果是一目了然的，用于指导育种，其预期效果明确而稳定。当涉及多个性状的组合时，需要选用适用的杂交重组的方法，并对其分离后代目标性状优化组合的概率进行测算，确定适宜的育种规模。下面以聚合黄瓜抗黑星病、抗枯萎病和抗 3 种病毒病的 5 个抗病基因，选育具有华北型复合抗性材料的育种为例，提出一个设计方案，供参考。已有的遗传信息为：黄瓜抗黑星病为显性单基因遗传，同时抗黑星病与抗枯萎病（生理小种 4）紧密连锁，中国华北类型黄瓜缺少这两种抗病基因；黄瓜对西瓜花叶病毒（WMV）、小西葫芦花叶病毒（ZYMV）、番木瓜花叶病毒（PRSMV）的抗性均由隐性单基因调控，华北型黄瓜大多拥有 3 种抗病基因。基于以上遗传信息，同时考虑到要积聚华北型黄瓜综合性状的遗传背景基因，采用回交导入的策略，以抗黑星病、枯萎病的材料为供体亲本，以抗病毒病的优良华北型材料为轮回亲本，通过饱和回交和嗣后的自交选择，可望用较小的育种群体获得优良华北型抗黑星病、枯萎病的近等位基因系或优良自交系，用于育种或相关的遗传研究。

需要指出的是，许多性状，特别是抗病性、抗虫性存在遗传多样性，即不同抗病虫亲本的抗性遗传模式有可能不一样，不能按一种模式通用。因此，首先要了解选用的供体亲本的抗病性遗传模式。

二、遗传力、遗传进度分析与育种

由遗传进度的定义可以推断，遗传进度受遗传力和选择差的影响。它们之间的数学关系为：

$$\Delta G=h^2 i$$

式中：i 为选择差；ΔG 代表遗传进度。

选择差同时受选择率即入选率和标准差这两个因素的影响。就选择率而言，在群体方差相同时，选择率越小，则选择差越大；就群体方差而言，在相同选择率下，群体方差越大，选择差越大。

选择差的单位若为标准差，则此时的选择差称作选择强度 k，这时 k 正好是标准正态群体下的选择差。选择强度是随入选率的减小而增大的。因此，选择强度越大，则入选的比例则越小，选择水平越高。

综上所述，对数量性状的选择效果，首先取决于遗传力，特别是狭义遗传力高的性状，选择进度一般较大。例如前面介绍的遗传力估算实例中的黄瓜弱光耐受性和大白菜耐热性的狭义遗传力均较高，选择一般能取得较好的效果。

对于某一性状来说，在遗传力相同的情况下，亲本的变异幅度越大（方差绝对值大），则子代能获得的遗传增量可能越大。因此，遗传力尚不能作为评价选择效果的唯一指标。例如，就产量而言，若其遗传力较高，且亲代群体的方差大时，采用适当小的选择率（较大的选择差），则子代群体可获得较高的遗传进度。

对于数量性状的选择，决定选择率（q）是十分重要的。减小选择率无疑可加大选择差和选择增量。然而，已有的研究表明，当 q 小于 30%时，若将 q 减少 10 倍，k 的增加却不到 2 倍，所以在这样的情况下，强化选择的响应是下降的。同时育种常会涉及多个性状的选择，过低的选择率会影响综合选择的效果。

已有的研究结果表明，在实际工作中，为了获得优良的子代，应考虑以下几点：

（1）选用不同亲本衍生的家系，因为这类群体具有较大的遗传方差和较高的群体平均值。

（2）为了最大限度地提高遗传力，应通过有效的试验设计和田间管理来控制试验误差。

（3）强化选择，但要考虑响应递减的问题，避免入选比例过小而减小遗传方差和增加工作量。所以要综合考虑各因素间的关系，确定最适宜的入选率。

三、配合力分析与育种

在杂交育种研究中，常常不能获得预期的杂交组合。杂交育种无论其目标是创制具有强杂交优势的杂交种，还是分离出超亲的优异自交系，测定和选用高配合力的亲本品系或自交系是一个非常关键的环节。对于利用 F_1 代杂种优势而言，鉴定亲本的配合力，是发现和选育强优势组合和高配合力优异亲本的有效途径。对于常规杂交育种来说，应用配合力分析也利于在早代预测哪些杂交组合能够产生优异的杂交后代。

在实际育种中，根据配合力分析的数据，可将亲本分为四类：

Ⅰ. 一般配合力效应高，特殊配合力方差大；

Ⅱ. 一般配合力效应高，特殊配合力方差小；

Ⅲ. 一般配合力效应低，特殊配合力方差大；

Ⅳ. 一般配合力效应低，特殊配合力方差小。

上述类型对于响应量愈大愈好的育种目标（如产量）而言，第Ⅰ类为最理想的亲本类型，因为它既可利用一般配合力，又可利用特殊配合力，从而选出杂种优势突出的组合或者从其杂交后代中选育出超亲的纯合体品种；第Ⅱ类也是较好的亲本，因为其一般配合力高，具有"广谱的"适用性，选用其作为杂交亲本时，后代的遗传进度一般较大；第Ⅲ类亲本只能利用其特殊配合力，个别组合可能较突出；第Ⅳ类亲本一般没有什么利用价值。

双列杂交是分析配合力的一种较完善的方法。实际上在杂交亲本的低世代对配合力的早期选择也是十分重要的，通过选优汰劣可提高子代株系的配合力。常用的方法是顶交法，可以将目标性状的选择和配合力分析结合进行。具体做法是：按育种目标对较低世代的供选株系（1 个或多个）的主要经济性状进行单株选择，稍后以入选的优良单株为父本与具有一定杂合性的测验系进行杂交。下一生长季节同时播种子代自交株系和测验组合，以株系间比较的结果和测验组合比较的结果为依据，选留目标性状优良并且对应组合杂种优势强的株系。测验组合一般只进行产量比较，在组合数不是很多的情况下，可采用随机区组设计，减小试验误差，提高试验的精确度。产量的直接选择对多数蔬菜作物，如多次采收的果类蔬菜而言是个难题。上述配合力选择是解决这一难题的有效方法，因为测验组合的比较与亲本材料的性状（除产量）的选择是分开进行的，而测验组合比较试验的结果可以作为预测各对应株系产量潜力的一个重要依据。

配合力选择可进行一轮或多轮，根据选择预期效果分析、工作量等具体情况酌定。在进行多轮选择时，方法可以变通。如上所述，第一轮对于低世代的自交系，无论是主要经济性状的选择，还是配合力选择都以单株选择为基础。其后的选择可以系间比较为主，即先进行经济性状的系间比较、选择，然后株选，同一系内的入选单株与测验系杂交获得的杂交种子可混收用来进行组合比较。对于世代较高的株系，则可采用完全双列杂交法或不完全双列杂交方法进行配合力的系统分析。

四、相关分析与育种

相关分析的研究目的多样，当前有一些研究根据性状间存在显著相关作为推断性状间存在连锁关系的依据。张晓芬等（2011）在《甜椒疫病抗性遗传及相关基因分子标记研究》中指出，E73、E318 两个 EST－SSR 标记与疫病抗性等级呈显著负相关（$P<0.01$），相关系数分别为－0.629 2、－0.549 2，由此推断这 2 个标记同疫病抗性基因紧密连锁。验证结果表明，在 22 份甜椒材料中，标记与抗病性表现的分离基本一致，仅有 6 份材料抗、感表现与标记分离不一致。魏克云（2011）等在《芸薹种作物开花相关基因 *BrFLC2* 的 InDel 标记》的研究中指出："开花时间早晚与 *BrFLC2* 的 InDel 标记的分型结果显著相关（$r=0.412$，$P<0.01$）……研究证明该标记与开花时间表型显著相关，可以用来进行分子标记辅助选择育种。"

需要指出的是，两个连锁的性状肯定是显著相关的，在某些情况下性状间的显著相关可以作为推测连锁的依据，但不是性状间的所有显著相关都能用遗传连锁来解释的。此外，也很难根据相关系数来推断两个性状间连锁的紧密程度。

相关分析的结果有时可以作为间接选择的依据。在什么情况下利用相关性进行选择才有利呢？通常需要考虑以下条件：①副性状比直接选择性状的遗传力高，同时这一副性状与直接性状的遗传相关系数高；②对副性状的选择可采用更高的选择强度；③在某些情况下，对目标性状的直接选择有技术上的困难。例如，对目标性状的选择不易做精细的度量或具有较大的试验误差，因而降低了选择的遗传进度，在这种情况下间接选择是有利的。

蔬菜的产量和品质是两个都需改进的主要的目标性状，在保证产量和提高品质的选择中，可根据品质性状与产量性状间相关程度来决定选择方案：正相关则在改进品质的同时又可能提高产量；不相关则改进品质不影响产量；若是负相关则要权衡利弊综合考虑。

对于育种来讲，遗传相关比表型相关更有用。如果两个性状的遗传相关系数（r_G）和遗传力（h_xh_y）已经估计，则可进一步预测相关性状选择的遗传进度，即通过对 x 性状的选择可以预测 y 性状的相关遗传进度。其估算公式如下：

$$y\text{性状的相关遗传进度}（CGS_y）=k_x\, h_xh_y\, r_G\sigma_{py}$$

式中：k_x 为选择强度，按选择率查表可得到，如选择率为 5%，查得 $k_x=2.06$；h_xh_y 分别为目标性状和相关性状的遗传力；r_G 为两个性状的遗传相关系数；σ_{py}为性状 y 的标准差。

水稻在这方面的研究较多，为此以一个水稻的实例来介绍相关选择在育种上的应用。

例 12：已知水稻的抽穗期和单株穗重的相关数 $r_G=0.95$，两个性状的遗传力分别为 $h_x=82.2\%$ 和 $h_y=42.1\%$，单株穗重的表型方差为 $\sigma_{py}=6.89$。若对抽穗期进行强度为 5%的选择，查得 $k=2.06$，按上述公式预测单株穗重的相关进度（《数量遗传学与水稻育种》，1990）。

$CGS_y=k_x\, h_xh_y\, r_G\sigma_{py}=3.06$，而单株穗重的直接选择进度为 $CGS_y=2.33$。

两种选择的遗传进度的结果为 $CGS_y/CGS_y=1.3120$。这一结果表明相关选择的效果优于直接选择。

五、方差分析与育种

数量遗传学是以群体为研究对象，研究群体内基因的传递、选择等问题。

在群体中，反映群体变异的统计参数很多，其中最普遍应用的是方差。方差分析是数量性状统计分析中的最基本的方法，不仅普遍用于对产量等数量性状的多重比较，而且贯穿于遗传力估算、配合力分析等方法之中。

方差分析的结果简明、扼要，很容易对试验材料的目标性状的优劣做出明确的判断。然而，在试验中有时会发现有些试验资料不能完全满足前述“三性”的要求，出现不完全适合这种分析的情况：资料表现极端偏斜性；资料内有极显著的偏差数据；试验内有个别小区表现反常的试验结果；处理效应与环境效应表现严重的“非可加性”；试验误差变异量的变化与平均数呈现相关或试验的一部分相关。为改变这类有缺陷的试验资料，一般可采用以下方法：①将某些表现“特殊”的观察值、处理或重复剔除；②将整个试验的总试验误差变异量分裂为几个较为同质的试验误差变异量；③在分析之前应用某种转换变数的方法将原来的变数转换为新尺度变数，然后进行方差分析。如果样本平均数与其变异量有成比例的关系时，采用平方根转换可获得同质的变异量；如果样本平均数与全距（或标准差）成比例时，采用对数转换可获得同质变异量；如果资料为乘数或百分数时，采用反正弦函数转换；采用几个观察值的平均数取代“异常”的个体观察值，如抽取小样本而求其平均数，然后对这些平均数进行分析。

（王永健　于拴仓）

主要参考文献

盖钧镒，管荣展，王建康．1999. 植物数量性状 QTL 体系检测的遗传试验方法 [J]. 世界科技研究与发展，21 (1)：34 - 40.

盖钧镒，章元明，王建康．2000. QTL 混合遗传模型扩展至 2 对主基因＋多基因时的多世代联合分析 [J]. 作物学报，26 (4)：385 - 390.

盖钧镒，章元明，王建康．2002. 植物数量性状遗传体系 [M]. 北京：科学出版社．

蒋健箴，王德恒，王志源，等．1987. 辣椒果实中辣椒素含量遗传参数的研究 [J]. 中国农业科学，20 (6)：39 - 43.

孔繁玲．2006. 植物数量遗传学 [M]. 北京：中国农业大学出版社．

毛爱军，王永健，冯兰香，等．2004. 水杨酸等 4 种诱导剂诱导辣椒抗疫病作用的研究 [J]. 中国农业科学，37 (10)：1481 - 1486.

毛爱军，张锋，张海英，等．2005. 两个黄瓜品种对白粉病的抗性遗传 [J]. 中国农学通报，6：302 - 304.

南京农业大学．1997. 田间试验和统计方法 [M]. 北京：中国农业出版社．

潘敏，杨建平，曹安堂．2011. 几种生化物质与韭菜抗迟眼蕈的相关分析 [J]. 中国蔬菜 (12)：42 - 45.

唐启义，冯明光．2002. 实用统计分析及其 DPS 数据处理系统 [M]. 北京：科学出版社．

王建康，盖钧镒．1995. 混合分布理论及应用 [J]. 生物数学学报，10 (3)：87 - 92.

王永健，姜亦巍，吴国胜，等．1998. 黄瓜光补偿点与低温弱光耐受性关系初探 [J]. 园艺学报，25 (2)：199 - 200.

魏克云，王倩，汪骞，等．2011. 芸薹种作物开花相关基因 *BrFLC2* 的 InDel 标记 [J]. 园艺学报，38 (7)：1291 -1298.

吴国胜，王永健，姜亦巍，等．1997. 大白菜耐热性遗传效应研究 [J]. 园艺学报，24 (2)：141 - 144.

西南农业大学．1986. 蔬菜研究法 [M]. 郑州：河南科学技术出版社．

徐静斐，孙五成，程融，等．1990. 数量遗传学与水稻育种 [M]. 合肥：安徽科学技术出版社．

严慧玲，方智远，刘玉梅，等．2007. 甘蓝显性雄性不育材料 DGMS79 - 399 - 3 不育性的遗传效应分析 [J]. 园艺学报，34 (1)：93 - 98.

张晓芬，韩华丽，陈斌，等．2011. 甜椒疫病抗性遗传及相关基因分子标记研究 [J]. 园艺学报，38 (7)：1325 -1332.

朱军．1997. 遗传模型分析方法 [M]. 北京：中国农业出版社．

邹学校，马艳青，刘荣云，等．2006. 辣椒净光合速率配合力分析 [J]. 中国农业科学，39 (11)：2300 - 2306.

Finlay K W，Wilkinson G N. 1963. The analysis of adaptation in a plant - breeding programme [J]. Australian Journal of Agricultural Research，14：742 - 754.

Yao M，Li N，Wang F，et al. 2013. Genetic analysis and identification of QTLs for resistance to cucumber mosaic virus in chili pepper (*Capsicum annuum* L.) [J]. Euphytica，193：135 - 145.

下篇 各论

下篇 各论

第十章

大白菜育种

大白菜是十字花科（Cruciferae）芸薹属芸薹种大白菜亚种中能形成叶球的变种，染色体数 $2n=2x=20$，一、二年生草本植物。别名：结球白菜、黄芽菜、包心白菜等。学名：*Brassica rapa* L. ssp. *pekinensis*（Lour.）Hanelt，异名：*Brassica campestris* L. ssp. *pekinensis*（Lour）Olsson。大白菜叶球品质柔软，是中国特产蔬菜之一。各地普遍栽培，在海拔 3 600 m（如西藏自治区拉萨地区）也有种植，但主产区在长江以北，2006 年中国大白菜栽培面积约 262 万 hm^2，年总产量约 10 506 万 t，种植面积约占蔬菜面积的 15%，是中国种植面积最大的蔬菜作物。大白菜营养较丰富，含有蛋白质、脂肪、多种维生素和钙、磷等多种矿物质及大量的膳食纤维。据测定，每百克可食用部分含蛋白质 1.1 g，脂肪 0.2 g，碳水化合物 2.1 g，膳食纤维 1.5～2.3 g，粗纤维 0.4 g，维生素 C 20 mg，维生素 B_1 20 mg，钙 40～80 mg，磷 37 mg，铁 0.5 mg，钾 199 mg，钠 70 mg，镁 8 mg，硅 128 mg，锰 3.12 mg，锌 4.22 mg，镍 46.8 mg。

大白菜起源于中国。据叶静渊在《从杭州历史上的名产黄芽菜看中国白菜的起源演化与发展》一文中记述，大白菜在中国的出现，大约于明代中叶，即 15 世纪或 16 世纪初。因为明代李翊《戒庵漫笔》（16 世纪后期）中已有“杭州俗呼黄矮菜为花交菜，谓近诸菜多变成异种”的记载。文中所说的黄矮菜即是大白菜。1875 年大白菜由中国传入日本，20 世纪 20 年代传入朝鲜，以后陆续传入东南亚、欧洲、美洲一些国家，至今在日本、朝鲜、韩国及东南亚各国已普遍栽培。

第一节　育种概况

一、育种简史

大白菜在中国具有悠久的栽培历史，在长期的演化栽培过程中，形成了丰富的种质资源。日本于 1875 年从当时的清代引入大白菜种子在新宿的劝业寮出张所试种未能成功，以后在爱知县才试种成功，接着在茨城县（1902）、宫城县（1905）都相继获得成功。主要是从中国沿海的山东烟台等地引种，到 1915 年，在日本松岛湾内的马放岛开始进行隔离采种才获得成功。自 20 世纪 50 年代以后，日本遗传育种家伊藤庄次郎（1954）和治田辰夫（1962）在开展十字花科蔬菜的自交不亲和系选育和遗传基础研究的基础上，确立了利用自交不亲和系配制杂种一代的理论和技术途径，培育出适用于各种栽培类型、整齐度高、抗病性强的系列杂交一代品种，从而大幅度地提高了大白菜的产量和品质，树立了大白菜品种改良的新的里程碑。

结球类型的大白菜大概于 20 世纪 20 年代初引入朝鲜，由中国商人引进，因为它具有结球性好、抗病、生长速度快和适应性强的特点，从而被广泛栽培。在 30 年代通过日本的种子公司引入了早、中、晚熟的新品种之后，更加迅速地占有了市场。韩国的园艺试验场成立于 1950 年，成立后即开展了大白菜的育种工作，后陆续培育出大量的新品种供生产上使用。据韩国专家介绍，通过对 26 个大白菜重要品种调查可知，都是利用了来自中国和日本的资源经选育配制而成的。

另外，日本、韩国的大白菜资源虽然引自中国，但在春播晚抽薹大白菜育种和栽培开始较早，积累了一批晚抽薹材料，育成了一批商品品质优异的晚抽薹品种。近年来，随着国内春大白菜和高原高山大白菜栽培的兴起，韩国、日本的晚抽薹大白菜品种纷纷进入中国。

中国从 20 世纪 60 年代中期至 70 年代末是地方品种的搜集整理和提纯复壮阶段；70 年代至 80 年代中期是杂种优势利用的兴起阶段；80 年代中期至 90 年代末期突出抗病性品种的选育；21 世纪以来是突出常规育种技术与生物技术应用相结合的发展阶段。经过多年的努力，筛选和创新了一批主要经济性状优良的抗病材料，并育成了一大批适合中国不同季节和不同生态型的春、夏、秋播大白菜一代杂种应用于生产，对大白菜的丰产、稳产发挥了重要作用，并基本做到了大白菜的周年均衡供应。

（一）栽培历史悠久的地方品种

大白菜起源于中国，在中国具有悠久的发展和栽培历史。在大白菜演化的历程中凝聚了广大劳动人民的智慧，积累、培育了丰富的大白菜地方品种。大白菜的集中产区为山东、河北、河南等省，在这些不同生态环境下，经过自然和人为选择，形成了各具特色的品种类型。例如，起源于山东半岛的卵圆大白菜类型，适应气候温和而变化不剧烈、昼夜温差小、空气湿润的气候条件，分布于山东半岛，并渐及江苏、浙江沿海，四川、贵州、云南以及辽宁、黑龙江等省的气候温和湿润地区，如福山包头、胶县二叶等；起源于冀东一带的直筒大白菜类型，适应海洋性及大陆性气候交叉的气候条件，适应性较强，如天津青麻叶、北京大青口等；起源于河南中部的平头大白菜类型，适应气候剧烈变化和空气干燥的大陆性气候。另外，在中国的南方地区也形成一些耐热品种类型，如福建省地方品种漳浦蕾、广东省的早皇白，这些品种叶片无毛，叶片组织光滑而厚。

（二）地方品种搜集与提纯复壮

1955 年至 1960 年初，中国进行了蔬菜品种资源第一次调查、征集、整理工作。自 1981 年以来，由中国农业科学院蔬菜花卉研究所牵头，组织全国 29 个省、自治区、直辖市的蔬菜科研、教学单位开展了第二次蔬菜品种资源调查、征集工作，并将搜集到的蔬菜种质资源经过系统整理和繁殖更新，送交国家种质资源库长期保存。中国已收集保存国内外芸薹属蔬菜种质资源 5 469 份，其中白菜类 3 412份，大白菜 1 688 份，98%的白菜类蔬菜种质资源来自国内不同地区。经过近 20 年的国家科技攻关研究，既对所有种质的农艺性状进行了初步的鉴定，还对部分种质的抗病性及品质性状等进行了测试、评价研究，鉴定筛选出一批丰产、优质及抗病等优良种质。

（三）杂种优势利用

大白菜属于典型的异化授粉作物，存在显著的杂种优势。日本自 20 世纪 50 年代以来，开展十字花科蔬菜自交不亲和系的选育和遗传机制研究，确立了利用自交不亲和系生产杂交一代种子的技术途径，为大白菜杂种优势利用打下了理论基础。“自交不亲和系”由于选育和制种容易，种子产量高，所以是国内外应用最早、发展最快、利用最多的途径。60 年代初期，青岛市农业科学研究所开始进行大白菜自交不亲和系的选育，1971 年和 1975 年分别育成了福山包头自交不亲和系及一代杂种青杂中丰。自 70 年代以来，中国大白菜杂种优势利用得到迅速发展，北方各省、直辖市有关蔬菜研究单位，均先后开展了大白菜杂种优势利用的研究，并在育种途径和方法上进行了探索，为推动大白菜杂种一代优势利用打下了基础。特别是 90 年代自喷盐水打破自交不亲和性技术应用和推广后，此途径得到更广泛的应用和发展，至今仍占主导地位。自 20 世纪 70 年代利用自交不亲和系育成第一个大白菜杂交种至今已有 40 多年，尽管利用自交不亲和系进行大白菜制种还存在诸多问题，但至今中国大部分主栽品种仍然是利用自交不亲和系选育的。

中国自 20 世纪 70 年代初开始，进行了大白菜雄性不育系的选育与利用研究。首先开展了细胞核雄性不育研究与利用。谭其猛（1973）首次报道在大白菜万全青帮和 60 天还家品种自交后代中发现了雄性不育株，经鉴定为隐性核不育（ms），随后育成了具 50%不育株率的雄性不育“两用系”。钮心恪（1974）、陶国华（1978）分别从小青口中发现了隐性核不育材料，且陶国华等育成了“127 雄性不育两用系”。张书芳（1979）利用雄性不育两用系育成了沈阳快菜杂种一代品种。张书芳等（1990）首先发现了大白菜核基因互作雄性不育遗传现象，育成了具有 100%不育株率的大白菜核基因互作雄性不育系，并提出了“大白菜显性上位互作雄性不育遗传假说”。冯辉等（1996、1998、2005、2007）针对核基因互作雄性不育系的遗传特点，首先提出了“大白菜核基因雄性不育复等位基因遗传假说”，并设计了“合成转育”和“定向转育”两种方案，应用于不育系转育实践。

大白菜细胞质雄性不育研究与利用始于 20 世纪 80 年代。1980 年由美国威斯康星大学引入第一代 Ogura 细胞质白菜不育材料，中国农业科学院蔬菜研究所、北京市农林科学院蔬菜研究所、陕西省农业科学院蔬菜研究所、南京农业大学、沈阳农业大学等单位利用该不育源进行了广泛的转育研究。经过多年的选择和培育，虽然对该不育源材料的蜜腺退化、幼苗黄化、结实不良等缺陷有所改进，但是终因用其配制的杂交组合优势不强而研究停顿。90 年代由美国康奈尔大学引进第二代 Ogura 细胞质白菜不育材料，孙日飞（1997）获得了多份稳定的不育系，但是也因其配合力不强未能应用。1996 年引进第三代 Ogura 细胞质雄性不育材料，分别来自甘蓝或者甘蓝型油菜。张德双等（2002）和孙日飞等（2008）成功将第三代 Ogura 细胞质雄性不育性从甘蓝型油菜和甘蓝转育到大白菜中，获得不育性稳定，不育株率和不育度 100%，蜜腺正常，花药白色退化，植株整齐一致，生长旺盛的大白菜细胞质雄性不育系材料。赵利民等（2007）利用甘蓝型油菜萝卜细胞质雄性不育材料 RC97－1 为不育源，采用种间杂交，将不育性导入大白菜，再通过连续回交转育和严格经济性状选择育成新的大白菜胞质雄性不育系 RC7。

柯桂兰等（1989）引进甘蓝型油菜 Pol CMS，首先成功转育成大白菜雄性不育系 CMS3411－7，配制出优良组合杂 13 和杂 14，并大面积应用于生产（柯桂兰等，1992）。该类雄性不育转育容易，亲本不退化，但属温敏型不育，在温度变化时易恢复育性。

（四）抗病育种

自 1983 年国家科委和农业部组织成立全国“白菜抗病新品种选育协作攻关组”以来，中国白菜育种进入以抗病为主攻方向的品种选育阶段。“六五”期间（1983—1985）主要开展以抗病毒病为主的单抗育种；“七五”期间（1986—1990）开展以优质、双抗（抗病毒病、霜霉病）为主的抗病育种；“八五”期间（1991—1995）以多抗（抗病毒病兼抗霜霉病、黑斑病、黑腐病、白斑病、软腐病等其中两种以上病害）为主攻目标；“九五”期间（1996—2000）则以筛选、创新三抗育种材料及完善多抗性鉴定方法为主攻目标。这期间在病毒病研究上取得了显著成绩，在基本摸清中国大白菜主产区病毒病种群分布的基础上，筛选出了一套鉴定 TuMV 株系的寄主谱，建立了“中国大白菜 TuMV 抗源资源库”，研究并制定了病毒病、霜霉病、黑斑病、黑腐病等人工接种鉴定技术规程，大白菜杂种优势利用在以抗病育种为主攻目标的育种理论、手段和方法上都得到了较大发展，为今后的大白菜抗病育种奠定了坚实基础。经过多年不懈的努力，筛选出了一批主要经济性状优良的抗病材料，并育成了一大批适合中国不同季节和不同生态型的春、夏、秋大白菜优良抗病一代杂种应用于生产，对大白菜的丰产、稳产发挥了重要作用，由此基本做到了大白菜的“周年供应”，获得了显著的经济效益和社会效益。

（五）生物技术应用

20 世纪 90 年代以来，在传统育种技术不断提高的同时，大白菜游离小孢子培养技术、多倍体育种技术、分子标记辅助育种技术、基因工程技术等已先后在大白菜种质创新中得到应用，这显著提高了中国大白菜育种的技术水平。通过游离小孢子培养技术获得再生植株首先在日本获得成功，此后，中国在培养基、培养条件和胚发生机制方面做了进一步的系统研究工作，胚诱导率、成苗率得到大幅度提高，获得成功的基因型范围不断扩大，并先后育成了北京橘红心、豫白菜 7 号等多个品种在生产上推广应用。目前该技术已在多家育种单位作为常规手段应用于大白菜育种。

2011 年 8 月 29 日，国际权威学术期刊《自然·遗传学》在线发表了白菜全基因组研究论文（The genome of the mesopolyploid crop species *Brassica rapa*）。此项成果是在中国农业科学院蔬菜花卉研究所和油料作物研究所、深圳华大基因研究院主导下，由中国、英国、韩国、加拿大、美国、法国、澳大利亚等国家组成的“白菜基因组测序国际协作组”共同完成，标志着中国以白菜类作物为代表的芸薹属作物基因组学研究取得了国际领先地位。

在完成白菜基因组测序的基础上，中国科学家联合国际同行进一步开展了白菜基因组注释、比较基因组学、基因组进化和各种相关的生物学分析。由于白菜基因组与拟南芥基因组存在高度的相似性，白菜基因组的测定为利用丰富的拟南芥基因的功能信息架起了桥梁，也为利用模式物种信息进行栽培作物的改良奠定了良好的基础，将极大地促进白菜类作物和其他芸薹属作物的遗传改良。

中国大白菜分子育种技术研究进展快速，先后利用不同群体、不同标记构建了较为完整的大白菜分子遗传图谱，在晚抽薹性、耐热性、抗 TuMV 等重要农艺性状的 QTL 定位以及橘红心基因、雄性不育基因、TuMV 感病基因等重要农艺性状的连锁分子标记研究方面取得了一定进展。

关于大白菜基因工程遗传改良工作，主要开展了芜菁花叶病毒（TuMV）抗性、软腐病抗性及对鳞翅目害虫的抗性改良方面的工作，大白菜病毒病或抗虫基因的转化材料目前已经有案例进入中间试验，但未见进入环境释放的案例。

二、育种现状与发展趋势

（一）育成一批实用的大白菜品种应用于生产

利用雄性不育系和自交不亲和系生产一代杂种，基本实现品种杂优化。

张扬勇等（2013）收集并整理了 1978—2012 年全国审（认）定、登记、备案及国家鉴定的蔬菜品种，初步总结分析了各蔬菜作物以及各省份育成品种情况。1978—2012 年，全国共审（认）定、登记、备案及国家鉴定大白菜品种 538 个，其中：国家 96 个，辽宁 135 个，山东 81 个，北京 56 个，黑龙江 43 个，山西 20 个，吉林 19 个，其他省份 88 个。538 个大白菜品种中，499 个为杂交种，占 92.8%，15 个常规种，24 个不详。徐东辉和方智远（2013）对全国蔬菜育种科研情况进行了初步的调研和分析，在全国大专院校和科研院所中，从事大白菜育种的单位有 18 个。

在生产中先后发挥作用较大的大白菜品种有：青杂中丰、山东 4 号、鲁白 3 号、鲁白 6 号、北京 106、北京小杂 56、秦白 2 号、秦白 3 号、早熟 5 号、沈阳快菜、北京小杂 60、丰抗 70、丰抗 78、改良青杂 3 号、北京新 1 号、北京新 3 号、郑白 4 号、鲁春白 1 号、山东 19、青庆、晋菜 3 号、太原 2 青、秋绿 60、秋绿 7、北京 68、京夏 1 号等。

（二）育种技术研究得到深入开展，育种效率不断提高

1. 品种基本实现杂优化 广泛开展杂种优势育种研究，利用自交不亲和系和雄性不育系生产一代杂种。

2. 深入开展了抗病育种研究　研究了病毒病、霜霉病、黑斑病等主要病害病原的种群分布及株系划分，建立了“中国大白菜 TuMV 抗源资源库”，确立了一整套病毒病、霜霉病、黑斑病、黑腐病、白斑病、软腐病等苗期人工接种抗病性鉴定方法和规范化操作规程，育成了一大批优良的大白菜单抗、双抗和多抗性育种材料及杂种一代品种。

3. 品种实现了多样化和专用化　为满足当前大白菜生产和多样化消费的需要，选育了生产上急需的春播晚抽薹类型和秋播、优质、多抗、耐贮运品种，以及微型白菜、娃娃菜、苗用白菜品种等。

4. 双单倍体育种技术普遍应用　游离小孢子培养技术，在优化前处理条件、胚诱导和芽再生培养基等研究的基础上，逐步建立了大白菜双单倍体育种技术体系，并作为有效育种技术应用于大白菜育种中。利用该技术已成功培育了近 20 个品种，并在生产中推广应用。

5. 分子育种技术研究快速发展　构建了遗传图谱，开发了一批分子标记，对一些重要农艺性状，如耐热性、晚抽薹性、抗病性、橘红心、品质等方面的基因进行了定位研究。完成了大白菜的全基因组测序，构建了白菜基因组的精细图谱，并实施了大规模的基因组重测序工作，为大规模基因挖掘奠定了良好基础。

（三）存在的主要问题

1. 抗病育种仍需加强　一些目前尚未发现高水平抗源的病害如黑腐病、软腐病等仍将是未来主要的病害，而大白菜根肿病、黄萎病等一些新发生病害已逐渐成为一些地区影响生产的毁灭性病害，急需开展新病害的育种研究和抗病品种的选育。

2. 抗逆育种任务艰巨　由于中国大白菜生产逐渐向多季节栽培、周年供应方向发展，必须改良其对不良气候条件的适应性。中国对大白菜抗逆资源的收集、开发和利用起步晚，水平低，特别是在建立高效的抗逆性鉴定技术方法的研究较薄弱。另外，为了应对生产中低温、高温等不利的生态环境，以及为了应对日益严重的土壤盐渍化，应把培育耐低温、高温、盐碱及对不良环境适应性强的品种作为大白菜重要的育种目标。

3. 现有品种优质与高产高抗的矛盾突出　随着中国人民生活水平的日益改善，人们对产品的质量和多样化将会不断提出更高的要求。目前中国大白菜育种已逐渐由高产育种转向品质育种，如选育高度整齐一致、符合人们消费要求的商品性好的品种；适合商品菜贮藏及运输的耐贮运品种；适合生食需求的生食专用品种；具有较高干物质含量的适合加工用品种；高含某种营养物质如β-胡萝卜素、硫代葡萄糖苷、花青素的大白菜品种等。

（四）需求与发展趋势

面对近年来种植结构的调整和国内运输业的迅速发展，生产上对大白菜品种提出了新的要求，育种研究如何保持对生产发展的科技支撑能力？面对国际上特别是发达国家育种技术的快速进步以及优良品种向中国市场的快速推进，如何建立快速应对市场变化的育种机制和不断提高中国大白菜种业的竞争能力？面对以细胞工程和分子育种技术为主的高新育种技术正在成为国际作物育种的发展趋势和方向，如何与时俱进利用高新技术与常规育种技术的结合建立新型高效育种技术体系？这些都是目前迫切需要解决的问题。

1. 调整育种目标，实现育成品种的多样化与专用化　就国内市场来说，首先要重视市场需求的多元化。例如，以山东半岛为代表的东部沿海地区，多喜爱种植合抱的卵圆类型品种；以河南、陕西为代表的内陆广大地区，则喜爱种植叠抱的平头类型品种；北京、河北等地区，多习惯栽培高桩叠抱类型；天津、内蒙古和河北东北部、辽宁西部等地区，则多栽培拧抱直筒的麻叶类型品种。再如，黑龙江等省喜爱种植以二牛心为代表的合抱大白菜，广东等南方诸省则喜爱种植品质好的早熟、包心或半包心的小棵菜或快菜（苗菜）。近年来，不少大白菜专业化生产基地大多种植叶球上下粗细相近、便于包装且耐贮运的品种；而高纬度、高海拔地区则需要生长期较短、晚抽薹的品种。其次，为实现大白菜多季栽培、周年供应的目标需求，重视选育不同结球类型、不同熟性的品种，特别应加强选育春夏季节栽培的大白菜品种。第三，从长远来看，随着人民生活水平的不断提高，生产者和消费者对大白菜品种的需求应在实现品种抗病、丰产、稳产、综合性状优良的基础上，重点突出商品品质、营养品质、风味品质俱佳的中、小型或新、稀、特品种。

从国际市场看，要实现中国大白菜种子尽快进入国际市场，则应重视国际市场对大白菜品种商品性状的需求以及生态条件和栽培习惯的调研，重点选育生长期短、适应性强、抗病、稳产、品质优良的大白菜品种。

2. 丰富种质资源，加强种质创新 作为大白菜原产国，我们有责任继续广泛搜集、保存好种质资源，并利用形态学、生理学和分子生物学手段，深入开展种质资源的研究、鉴定和评价，在此基础上建立大白菜种质资源数据库和相关的信息管理系统，以利方便、快捷地为广大育种者服务。

利用现代高新技术和常规育种技术的紧密结合，进行大白菜种质资源创新，是加快新品种选育，提高育种水平的基础性工作。利用基因工程，改良某些不良性状；通过近缘或远缘杂交、多亲杂交等创新种质；坚持做一些艰苦、细致、长远的材料创新工作，积极创新出优异的种质资源材料，为今后的大白菜高水平新品种选育工作奠定坚实的基础。

3. 强化育种理论与现代育种技术研究，提升育种水平

(1) 在大白菜杂种优势利用的技术途径上，要加强雄性不育系选育理论、选育和转育技术的研究，建立准确、快捷、有效的技术体系，尽快扩大雄性不育系的育种应用。在自交不亲和系利用方面，要努力克服杂交率偏低等问题，研究提高杂种一代种子纯度和质量的相关技术。

(2) 要重视大白菜主要经济性状遗传规律的研究，为提高亲本系和杂种一代选育的效率提供技术支持。要研究提高亲本系配合力的理论依据和技术措施，探讨配合力形成的机制，完善提高配合力的技术措施，为提高亲本系选育水平奠定理论基础。

(3) 抗病育种依然是育种工作的重点之一，不可忽视。由于气候变化、环境污染、长年连作的影响，一些新病害，如根肿病、黄萎病等悄然发展，甚至流行；一些老病害，如病毒病、霜霉病、软腐病、黑斑病、黑腐病等，会随新株系、新的生理小种的产生而加重危害。因此，抗病育种中应认真研究新病害、密切关注老病害，不断提高抗病育种的水平。在今后的抗病育种工作中，还要十分重视克服抗病与优质的矛盾，采用相关技术打破抗病与品质不良的连锁，创新优质、抗病种质。

4. 加强抗逆性与广适性的机制与鉴定方法的研究 实践证明，要实现大白菜的稳产和扩大品种的种植区域，亲本系和品种的抗逆（耐热、耐寒、耐湿、耐旱等）性与广适性是必须重视的目标性状。因此，研究大白菜育种材料抗逆性和广适性形成的机制，及其生理、生化指标和鉴定评价的可行方法，将可以显著提高育种水平。

(1) 目前，将现代生物技术与传统育种技术相结合，正在从深度和广度上推进育种科学的发展。以分子育种技术为代表的高新育种技术，正在成为国内外作物育种的发展趋势和方向。在大白菜分子育种中，基于迅速增长的生物信息学，开发新型分子标记，构建高饱和分子遗传图谱，进行重要性状的 QTL 定位和重要基因分子标记的开发，大力发展分子标记辅助育种。建立和完善大白菜再生和遗传转化体系，开展重要功能基因的转基因研究，创新和改良大白菜种质。可以预见，随着上述研究的深入，在不久的将来，一个更完善、更高效的现代生物技术与常规育种技术紧密结合的育种技术体系可以建立起来，届时大白菜育种将会发生革命性的变化，从而进入一个崭新的发展阶段。

(2) 加强良种繁育技术和种子质量控制研究，推进良种产业化。从育种材料和亲本系开花生物学的研究入手，开展提高种子产量和确保种子质量的相关技术研究，努力提高大白菜良种繁育的技术水平，提高一代杂种种子的纯度和质量。研究完善种子鉴定、清选、干燥、分级、包装的机械化操作技术体系和配套机械，提高种子的播种品质和包装质量，力争在较短时间内达到国际先进水平。

随着改革开放的深入，中国蔬菜育种产业呈现一片繁荣景象，产学研结合有了显著进展，国家和省级育种单位与种子企业合作，育种水平、开发实力及产业化得到了很大发展。与此同时，一批民营科技企业发展迅速，在市场竞争中占有越来越大的份额，从而进一步推进了大白菜良种产业化的发展。

第二节 种质资源与品种类型

一、起源与传播

大白菜起源于中国，关于其起源主要有两种假说，即分化起源假说与杂交起源假说。

（一）分化起源说

谭其猛（1979）认为："大白菜可能是由不结球的普通白菜，在由南方向北方传播栽培中逐渐产生的。"并在以后发表的《试论大白菜品种起源、分布和演化》一文中作了进一步阐述："我认为大白菜起源于芜菁与普通白菜或普通白菜原始类型的杂交后代，是很有可能的。但另外还至少有一种可能，即芸薹的种内变异在栽培前早已存在，叶柄扁圆至扁平，……大白菜的原始栽培类型可能就起源于具有相似性状的野生或半栽培类型。"并指明："前一说可称为杂交起源说，后一说可称为分化起源说。"至于大白菜的起源中心，"很可能是冀鲁二省"。

（二）杂交起源说

李家文（1981）提出："据观察，普通白菜和芜菁的杂种性状极似散叶大白菜。根据各种理由推论大白菜可能是由普通白菜和芜菁通过自然杂交产生的杂种，并认为大白菜和普通白菜虽然有许多共同的特征和特性，但有相当大的差异。因此大白菜不可能是由普通白菜发生变异而直接产生的新种。"

曹家树等（1994、1995、1996、1997）从种皮饰纹、杂交实验、叶部性状观察、染色体带型研究、RAPD分子标记分析、分支分析等方面对大白菜的起源演化进行了一系列的研究，提出了大白菜的"多元杂交起源学说"。他认为大白菜是普通白菜进化到一定程度分化出不同生态型以后，与塌菜、芜菁杂交后在北方不同生态条件下产生的，并且认为普通白菜的分化在前，大白菜的杂交起源在后。Song等人（1988）的RFLP研究结果也支持了杂交起源假说。

目前大白菜的主要栽培国家是中国、日本、韩国、朝鲜、泰国、越南、马来西亚等。大概是13世纪，不结球大白菜被引入朝鲜，19世纪30年代，朝鲜泡菜的加工工艺开始兴起，大白菜才成为朝鲜的最重要蔬菜之一（Pyo，1981）。结球类型的大白菜于20世纪20年代初由中国商人引进。1875年大白菜被首次引种到日本，1920年才开始品种的选育（Watanabe，1981）。大白菜引种到东南亚却很晚，第二次世界大战前后，国际交往频繁，东南亚各国相继引入了大白菜的栽培技术。首先是近邻越南试种成功，泰国、马来西亚和印度尼西亚虽然地处热带，但在海拔较高的凉爽地区也能栽培出优质的大白菜，结球大白菜已成为这些国家人民所喜爱的蔬菜。

二、种质资源的研究与应用

（一）种质资源的研究

中国大白菜种质资源极为丰富，已搜集保存的大白菜种质资源有1 706份，比较集中于华北、东北、西北地区。其中山东省是大白菜的主要产区，种质资源数量居全国首位；其次是河北省、河南省；再次是辽宁省和四川省。

中国已经建立了大白菜种质资源数据库，记录了有关品种的性状描述数据。这些数据主要是在产地的鉴定评价结果。根据现有的可取数据，对已经搜集的大白菜种质资源的主要性状进行了分析，以便对这些资源有一个基本的了解。

1. 生长期 品种生长期的长短决定品种所适宜栽培的地区和栽培季节，也可能决定产量和贮藏性。从搜集品种在产地的生长期可以看出，生长期的范围 40～150 d，多数品种在 80～100 d。

2. 叶球重 叶球的重量是大白菜最重要的性状，也是收获的产品器官。叶球重最小的只有几百克，最大的可达 10 kg 以上，大多数品种的叶球重为 2～4 kg。

3. 株高 植株的高度变化，反映着大白菜生长过程中株型的变化，也可作为由外叶发育转变为球叶发育的形态指标。从幼苗期结束到莲座末期，是株高增长速度最快的时期，当进入结球期后，株高的增长明显减缓。当大白菜从以外叶生长为主的时期进入以球叶生长为主的阶段时，大白菜的株高停止发展。株高的变化范围为 20～90 cm，大多数品种在 40～60 cm。

4. 叶球抱合方式 大白菜的叶球是由众多的叶片通过不同的抱合方式而形成的。在中国的种质资源中，合抱类型最多，表现为叶片两侧纵向沿中肋向内褶合，叶片尖端在叶球顶部合拢而不叠盖。叶片的上部弯曲抱盖叶球顶部的叠抱类型数量次之。拧抱是大白菜的一种特殊抱合方式，即叶片沿植株中轴呈螺旋状向上拧曲卷合，如拧心青、天津青麻叶等品种，这类品种约占资源总数的 10%。花心或者翻心类型品种最少。

5. 叶色 大白菜品种之间的叶片颜色差异很大，一般高寒地区及北方品种的叶色常较深，南方品种多较淡。大多数品种为绿色，深绿和浅绿次之，浅色的黄绿色最少。

6. 叶柄色 大白菜的叶柄颜色大多数为白色。从叶柄白色到深绿色，品种数量依次递减，最少的为深绿色。

7. 叶面状况 大白菜外叶表面的皱缩程度是品种的重要特征。多数品种叶面表现为稍皱或中皱，平叶面次之，多皱者较少。

（二）优异种质资源

在中国数以千计的大白菜地方品种中，不仅在园艺性状上存在着明显的不同，而且在抗病性、适应性、生长期及品质等方面也有较大的差异。有的地方品种是非常好的育种材料，在多年的大白菜育种中发挥了重要作用，如早皇白、翻心黄、天津中青麻叶、大青口、大白口、二牛心、肥城卷心、玉田包尖、胶州白菜、福山包头、黄芽菜、洛阳包头、冠县包头城阳青等。

1996—2000 年，从国家种质库中提取经“八五”攻关协作组初评的优良大白菜品种材料 78 份，自 1997 年秋季开始，每年秋季进行田间种植，调查各品种的农艺性状、抗逆性、抗病性（主要是霜霉病、病毒病），1998 年评选出优良大白菜品种 46 份。1999 年对评选出的大白菜品种进行更新、繁种，并进行再次田间种植，调查农艺性状、抗逆性、抗病性，最后筛选出 3 份大白菜优异种质——李楼中纹、河北石特 1 号、山东福山包头。

（三）抗病种质资源的创制

1983 年以来，中国白菜抗病育种研究和 TuMV 研究协作组，经过几年努力，查明了中国 6 个大区 10 个省（直辖市）的白菜和甘蓝病毒病的主要毒原是 TuMV，并集中各地的主流分离物，研究划分出 7 个株系，明确了各株系特性。在此基础上，对河北省农林科学院蔬菜研究所、中国农业科学院蔬菜花卉研究所、北京市农林科学院蔬菜研究中心、陕西省农业科学院蔬菜研究所、山东省农业科学院蔬菜研究所、沈阳农业大学和黑龙江省农业科学院园艺研究所在全国范围内搜集的大白菜资源 3 000余份进行人工接种 TuMV，从中筛选出抗病材料 28 份。进一步用 10 个省（直辖市）的 TuMV7 个株系 19 个主流分离物进行统一交叉接种，鉴定出对每个主流分离物都表现高抗的材料 5 个，分别为 BP016、BP007、BP058、BP031、BP079（李树德，1995）。特别是 TuMV 抗源 BP007 对 19 个分离物的平均病情指数为 0.47。该材料由河北农林科学院蔬菜研究所刘志荣研究员等创制，是从国内不同生态区搜集的 170 个品种中，通过连续 6 年鉴定筛选最后选定的抗病、适应性广的引自内蒙古品种“长炮弹”。该抗源材料 BP007 被国内 11 个省、直辖市的科研单位引用。

三、品种类型与代表品种

（一）植物学分类

李家文曾根据 20 世纪 50 年代各地调查地方品种的资料，于 1963 年提出了对中国大白菜亚种以下分类的初步意见，并在 1984 年出版的《中国的白菜》一书中正式将其划分为 4 个变种。

1. 散叶大白菜变种（var. *dissoluta* Li）　这一变种是大白菜的原始类型。其顶芽不发达，不形成叶球。莲座叶倒披针形，植株一般较直立。通常在春季和夏季种植作绿叶菜用，如北京的仙鹤白、济南的青芽菜和黄芽菜。在偏远地区目前还种有一些秋冬栽培的散叶大白菜，如雁北地区的神木马腿菜。

2. 半结球大白菜变种（var. *infarcta* Li）　植株顶芽之外叶发达，抱合成球，但因内层心叶不发达，球中空虚，球顶完全开放呈半结球状态。常以莲座叶及球叶同为产品。该变种对气候适应性强，多分布在生长季节较短、高寒或干旱地区。代表品种有山西大毛边、辽宁大矬菜等。

3. 花心大白菜变种（var. *laxa* Tsenet Lee）　顶芽发达，形成较紧实的叶球。球叶以裥褶方式抱合，叶尖向外翻卷，翻卷部分颜色较浅，呈白色、浅黄色或黄色，球顶部形成所谓“花心”状。一般生长期较短，多用于夏秋季早熟栽培或春种，不耐贮藏。代表品种有北京翻心黄和翻心白、肥城卷心、济南小白心等。

4. 结球大白菜变种（var. *cephalata* Tsenet Lee）　顶芽发达，形成紧实的叶球。球叶全部抱合，叶尖不向外翻卷，因此球顶近于闭合或完全闭合。这一变种是大白菜的高级变种，栽培也最普遍。熟性包括有 45 d 成熟的极早熟种，70～80 d 的中熟种，以及需 120 d 方可成熟的典型晚熟品种。对温度的适应性，既有耐热品种，也有耐寒品种。由于起源地及栽培中心的气候条件不同，形成了 3 个基本生态型（图 10－1）。

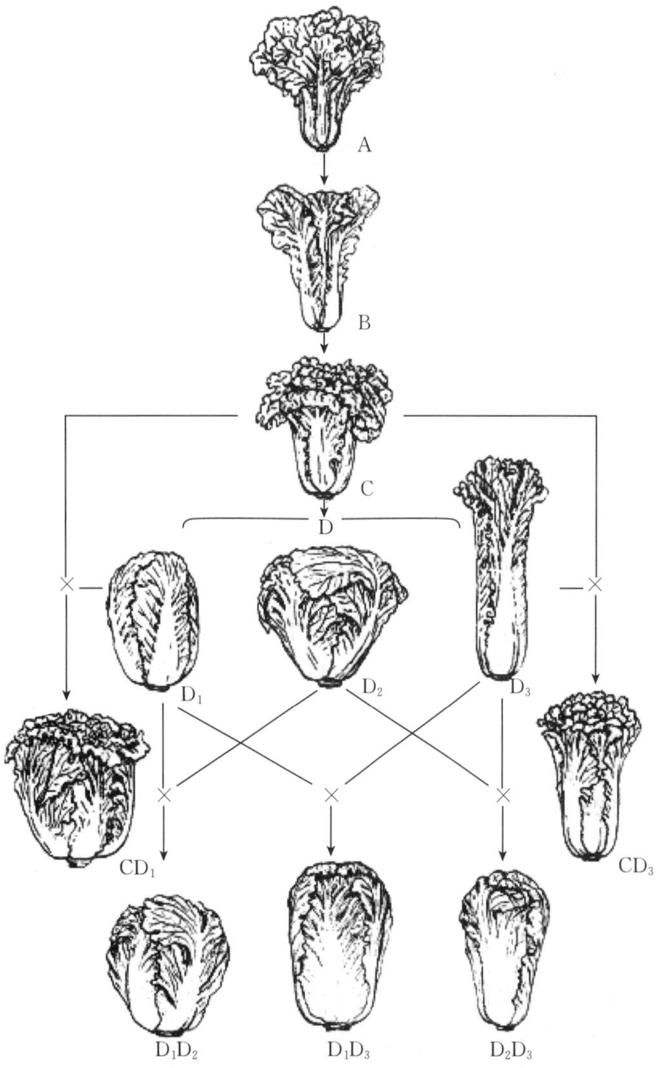

图 10－1　大白菜进化与分类模式
（李家文，1981）

（二）园艺学分类

1. 按照生态型分类 由于大白菜的不同品种长期在不同生态环境下栽培，再经过变异和选择，使现有品种在形态、生长发育习性、生态适应性等方面都有较复杂的差异，而各种性状在繁多品种间的变异几乎都是连续的，使得明确区分类群增加了困难。李家文在将大白菜划分为4个变种的基础上，依据结球白菜变种中栽培中心地区的生态差异，分为3个基本的生态型，此外还有由这3个基本生态型杂交而产生的若干派生类型。

（1）卵圆大白菜类型（f. *ovata* Li，D_1） 叶球卵圆形，球形指数约1.5，球顶尖或钝圆，近于闭合。球叶倒卵形或宽倒卵形，抱合方式“裥褶”呈莲花状。起源地及栽培中心在山东半岛，故为海洋性气候生态型。要求气候温和而变化不剧烈，昼夜温差小，空气湿润。本生态型品种除在胶东半岛栽培外，还传播分布于江苏、浙江沿海，以及四川、贵州、云南、辽宁、黑龙江等省的温和湿润地区。代表品种有福山包头、胶州白菜、旅大小根，二牛心等。

（2）平头大白菜类型（f. *depressa* Li，D_2） 叶球呈倒圆锥形，球形指数约为1。球顶平坦，完全闭合。球叶为宽倒卵圆形，抱合方式“叠抱”。起源地及栽培中心在河南省中部，为大陆性气候生态型。能适应气候剧烈变化和空气干燥，要求昼夜温差较大、日照充足的环境。分布于陇海铁路沿线陕西省东南部到山东西部，以及沿京广线由河南南部到河北中部以及山西的中南部。湖南、江西也有这一类型品种。代表品种有洛阳包头、太原二包头、冠县包头等。

（3）直筒大白菜类型（f. *cylindrica* Li，D_3） 叶球呈细长圆筒形，球形指数>3。球顶尖，近于闭合。球叶为倒披针形，抱合方式“旋拧”。起源地及栽培中心在冀东一带，当地近渤海湾，基本属海洋性气候。但因接近内蒙古，因此又常受大陆性气候的影响，因此这一类型为海洋性与大陆性气候交叉的生态型。这一生态型对气候的适应性很强。代表品种有天津青麻叶、河北玉田包尖、辽宁河头白菜等。

通过天然杂交和人为选择，在中国还形成了下列优良的品种类型：

（1）直筒花心型（CD_3） 结球的直筒大白菜与花心大白菜杂交而成的派生类型。叶球长圆筒形，球形指数2.5～3，上部和下部大小相等。球叶褶抱，球顶闭合不严密，叶尖有不同程度的外翻，外翻部分白色、淡黄色或淡绿色，分布于山东沿津浦铁路线北段。该类型适应性和抗逆性较强，代表品种如山东德州香把、山东泰安青芽和黄芽等。

（2）卵圆花心型（CD_1） 结球的卵圆类型大白菜与花心大白菜变种杂交而成的派生类型。叶球卵圆形，球形指数1～1.5，上下部大小相似，叶球不紧实，顶部开张、花心。分布于山东沿津浦线南段，适应性很强。代表品种如肥城花心、滕县狮子头等，东北的通化白菜、桦川白菜也属于这一类型。

（3）圆筒型（D_1D_3） 卵圆类型与直筒类型杂交而成的派生类型。叶球长圆筒形，球形指数接近2，上部和下部横径相等，顶部圆或略尖锐。球叶褶抱，球顶抱合严密。分布于山东北部与河北东部各县，适于温和大陆性气候。代表品种如沾化白菜、黄县包头、掖县猪咀等。

（4）直筒平头型（D_2D_3） 平头类型和直筒类型杂交而成的派生类型。叶球上半部较大，下半部较小，球形指数接近或大于2。球叶上部叠抱，球顶闭合严密。分布于北京至保定一带，适宜于温和的大陆性气候，抗逆性较强。代表品种如北京大青口、小青口、拧心青、保定大窝心等。

（5）卵圆平头型（D_1D_2） 平头类型与卵圆类型杂交而成的派生类型。叶球短圆筒形，顶部平坦，球形指数近于1～1.5。球叶叠抱，球顶闭合严密。适于温和的海洋性气候，抗逆性较强。代表品种如城阳青等。

2. 按照叶球分类

（1）根据球叶数量及重量分类 大白菜叶球的重量主要是由球叶的数量和各叶片的重量构成的。

根据球叶的数量及其重量所占叶球重的比例不同，又可分为 3 种类型：

① 叶重型。每一叶球内叶片长度在 1 cm 以上的叶片数为 45 片左右，但叶球外部球叶的单叶重量与内部球叶的叶片重量相差悬殊，对叶球重起决定性作用的叶片主要是第 1 至第 15 片球叶的重量，再向内的叶片数虽然数量多，但对球叶重量影响不大。

② 叶数型。每一叶球内叶片长度大于 1 cm 以上的叶片数 60 片以上，而且在较大范围内（第 1 至第 30 片），单叶之间重量的差异较小，决定叶球重量的因素，主要与具有一定重量的叶片数目有关。

③ 中间型。对叶球重量形成起重要作用的叶数界于前两者之间，单叶的重量比叶重型小，比叶数型又大些。

（2）根据叶球形状分类　球形与球形指数（叶球高度/横径）及最大横径出现的位置、球顶的形状有关，对它们的综合描述表现出叶球的形状。

① 球形指数 3.0 以上，上下近等粗，或最大横径在近基部
　尖头……炮弹形（内蒙古长炮弹、玉田包尖）
　圆头至平头……长筒形（河头、大绿白、北京新 1 号）
② 球形指数 1.5～3.0
　上下近等粗、圆头或平头……高桩形（林水白、大矬菜、北京新 3 号）
　最大横径偏上部
　　尖头……直筒形（拧心青）
　　圆头至平头……倒卵形（包头青、大青口、北京新 2 号）
　最大横径近中部
　　尖头……橄榄形（赣州黄芽白）
③ 球形指数 1.5 以下
　尖头……矮桩形（胶县白菜　福山包头）
　圆头至平头……短筒形（诸城白菜、城阳青）
　最大横径偏上部，圆头至平头……倒圆锥形（正定二庄、济南大根、秦白 2 号）
　最大横径近中部，圆头……近球形（定县包头、北京小杂 50）

（3）按照熟性分类　根据从播种到叶球形成收获的天数，可以将大白菜分为不同的类型：极早熟：＜55 d；早熟：56～65 d；中熟：66～75 d；中晚熟：76～85 d；晚熟：＞85 d。

第三节　生物学特性与主要性状遗传

一、植物学特征与开花授粉习性

（一）植物学性状

1. 根　大白菜在生长过程中需要通过根系吸收大量的水分和养分，根也是对植株起支持固定作用的器官。大白菜为浅根系植物，分主根和侧根，主根较粗，扎得较深。大白菜在整个生长的前半段，以长主根为主，往下生长；后半段往下和四周生长，主要长侧根和根毛。大白菜播种后第 5 d 出现第 1 片真叶时，主根向下长到 11～12 cm；第 8 d 拉十字时主根可长到 15～17 cm，侧根数增多，长达 3～7 cm。这时已具备了一定的吸收能力和抗旱能力，但根系很浅，所以在此期间需要有足够的水分。当植株进入幼苗期以后根系生长较快，主根长达 30～35 cm，侧根横向生长可达 20 cm 的范围，但大部分根系集中在 20 cm 土层以内。到团棵时，主根向下可达 60 cm，侧根横向可达 50 cm。进入莲座期时，主根生长速度变慢，侧根迅速生长，在地表 30 cm 宽、60 cm 深的范围内形成一个上大下小的圆锥形根群。到结球前期，莲座叶基本覆盖了地面，此时主要生长侧根和根毛。结球期地表0～7 cm 深处几乎全部布满了细小的侧根和根毛，此时期大白菜根系的吸收能力最强。因此，在栽培上必

须加强水肥管理。到了结球中期，根系一般停止生长。

2. 茎 大白菜的茎根据生长发育阶段的不同，可分为幼茎、短缩茎及花茎。幼茎即下胚轴，指幼苗出土后子叶以下的部分。短缩茎是大白菜营养生长时期着生叶片的茎，由于叶片不断分化，叶数增加，叶序排列紧密，节间极短，所以称之为短缩茎。大白菜收获期短缩茎的长短是判断品种冬性强弱的指标之一。一般收获时短缩茎越短，品种的冬性则越强。花茎即翌年春天从短缩茎上长出的花薹，茎顶端长出的花薹称主枝，叶腋间抽出的侧薹称为侧枝。

3. 叶 大白菜的叶子分为子叶、基生叶、中生叶、顶生叶（球叶）、茎生叶 5 种，为异形变态叶。子叶两枚对生，呈肾形。基生叶两枚对生呈长椭圆形，有明显的叶柄。中生叶着生于短缩茎上，互生，一般早熟种有 2 个叶环，晚熟品种有 3 个叶环，构成植株的莲座叶。中生叶为功能叶，是制造养分的叶。不同类型的品种其中生叶（外叶）的颜色不同，有黄绿、浅绿、绿、深绿等色。顶生叶着生于短缩茎的顶端，互生，以拧抱、合抱、叠抱等方式抱合成不同类型的叶球，叶球有圆球形、倒锥形、直筒形、炮弹形等，顶生叶是大白菜养分的贮藏器官。顶生叶的颜色也因品种不同有较大差异，有白色、浅绿色、浅黄色、深黄色（黄心品种）、橘红色（橘红心品种）等。茎生叶则是着生在花茎和花枝上的叶，互生，花茎基部叶片大，上部渐小，叶柄短、扁阔，基部抱茎。

4. 花、果实与种子 大白菜为复总状花序，异花授粉。花是由萼片、花瓣、雄蕊、雌蕊构成的完全花，每朵花有 4 片萼片、4 片花瓣、6 枚雄蕊（4 长 2 短，称为 4 强雄蕊），雌蕊位于花的中央，由柱头、花柱和子房 3 部分组成。花瓣开放呈十字形，颜色有白色、浅黄、黄色、深黄、橘红色等，大多数品种为黄色。果实为长角果，中间由假隔膜分为两室。种子成排生于假隔膜边缘，每角果一般 15～25 粒种子，成熟后沿腹缝线纵裂为二。种子圆或微扁，呈浅褐、红褐、深褐或黄褐色，无胚乳，千粒重 2～3 g。

（二）开花授粉与结实特性

大白菜为复总状花序，有 1～3 次分枝。植株主花序分生侧枝能力由顶部向基部逐渐增强。主花茎基部分生一级侧枝数增加而且还分生出二、三级侧枝。一、二级侧枝的多少是单株产种量的基础。同一品种花量多少与播期、育苗质量、定植期、株行距、水肥管理有密切关系，播种定植晚、水肥管理不良则一级以上侧枝少。如大白菜一般单株花数 1 000～2 000 朵，多者 2 500 朵以上，少者不足 1 000朵。若按单株 1 500 朵花、有半数发育成种荚计算，一株可得到 15 000 粒左右的种子，千粒重平均以 3 g 计算，单株约产 45 g 种子。每公顷平均按 52 500 株计算，每公顷产种量 2 362.5 kg。早熟品种要比中晚熟品种种子产量低，一般情况下，每公顷产种量 750～1 125 kg。

二、生长发育及对环境条件的要求

（一）生长发育周期

李家文（1984）研究认为，大白菜的生长发育过程可以分为营养生长和生殖生长两个阶段，并将营养生长阶段分为发芽期、幼苗期、莲座期、结球期和休眠期，生殖生长阶段分为返青期、抽薹期、开花期和结荚期。

1. 发芽期 大白菜从播种后种子萌动到第 1 片真叶显露为发芽期，在适宜环境条件下需 5～6 d。种子吸水膨胀后，温度适宜，水分与氧气充足，经 16 h 后胚根由珠孔伸出，24 h 后种皮开裂，子叶及胚轴外露，胚根上长出根毛，其后子叶与胚轴伸出地面，种皮脱落。播种后第 3 d 子叶展开，第5 d 子叶放大，同时第 1 片真叶显露，此时发芽期结束。子叶变绿前，主要是靠种子子叶中贮藏养分供应。随着子叶中叶绿素的增加，植株从自养逐步转向异养，形成可以进行光合作用的同化器官。此期结束时，幼苗的主根可达 11～15 cm，并有一、二级侧根出现。幼苗开始从单纯依靠子叶里贮存的养分供应逐步转向依靠根系吸收水分、养分，进行光合作用为主。

2. 幼苗期　从第 1 片真叶显露至外观可见第 8～10 片真叶展开，俗称“团棵”。生长期 21～22 d。在幼苗期，叶片数目分化较快，而叶面积扩展和根系的发育较缓慢。通常将 4 片真叶排成近十字形时，称为“拉大十字期”，以后叶面积及叶片数目明显增多，再经过 7～9 d 的时间就达到幼苗期结束时的形态指标。幼苗期的根系向纵深方向发展，拉大十字期时，根可伸长 22～25 cm，根系分布宽度约为 20 cm。在幼苗期结束时，主根长达 40～50 cm，侧根生长迅速，发生第 3 至 4 级分枝，根系分布横径可达 40 cm 左右，主要根系分布在距地面 5～20 cm 处。同时根部逐渐发生“破肚”现象，完成了根系的初生生长，转入次生生长。

3. 莲座期　是指从幼苗期结束，至外叶全部展开，球叶刚开始出现抱合时为止，生长期 20～28 d。莲座期结束时，一般早熟品种外叶数 16～18 片，中、晚熟品种外叶数 24～26 片，外叶全部展开，全株绿色叶面积将近达到最大值，形成一个旺盛的莲座状，为结球创造了条件。此时，球叶的第 1～15 片已开始分化、发育。此期主根深扎速度减缓，最长的主根可达 1 m 以上，根系分布横径 60 cm左右，主要根群分布在距地面 5～30 cm 处。

4. 结球期　从心叶开始抱合至叶球膨大充实，达到采收标准为结球期，早熟品种 20～30 d，中、晚熟品种 40～60 d。结球期又可分为结球前期、中期、末期。结球前期外层球叶生长迅速，较快地构成了叶球的轮廓。对于叶重型品种来说，此期是第 1～5 片球叶的发育高峰期，根系不再深扎，但侧根分级数及根毛数猛增，横径可达 80～120 cm，主要根系分布在地表至 30 cm 的土层中，吸水、吸肥能力极强。结球中期是叶球内部球叶充实最快的时期，球叶的第 6～10 片发育旺期。当叶球膨大到一定大小、体积不再增长时，即进入结球后期，是第 10～17 片球叶的发育旺期，叶球继续充实，但生长量增加缓慢，生理活动减弱，逐渐转入休眠。对于叶数型品种来说，由于其结球叶片数目增多，而且单片叶重间差异较小，在结球的前、中、后期叶片数均较叶重型品种多 4～7 片。莲座末期，最早生长的外叶开始衰老脱落，直至结球结束时脱落 10～12 片叶。结球后期，根系也开始衰老，吸水、吸肥能力明显减弱。

5. 越冬贮藏期（休眠期）　当遇到不适宜的气候条件时，大白菜的生长发育过程受到抑制，由生长状态转入休眠状态。大白菜成株的休眠属于被迫休眠，如果条件适宜，可以不休眠或随时恢复生长。在休眠期间植株不进行光合作用，只有微弱的呼吸作用，外叶的养分仍向球叶部分输送，生殖顶端处于半休眠状态。贮藏期的长短，除与品种特性有关外，还取决于贮藏期的温度和湿度条件。

6. 返青期　种株切菜头后栽植于采种田至抽薹为返青期，8～12 d。在此期内，给予适当的温度、光照和水分时，球叶生理活动活跃，由白色逐渐变绿。叶片转绿后，开始发生新根和吸收水分的根毛，花茎亦有明显的增长。

7. 抽薹期　从开始抽薹到开始开花为抽薹期，约 15 d。随着温度的升高和光照的加强，从残根的上、中、下部发生多条侧根，垂直向下生长。地上部抽生花茎，花芽形成花蕾。此期要求根和花茎生长平衡，以根比花茎生长优先为宜。随着花茎的伸长，茎生叶叶腋间的一级侧枝长出。当主花茎上的花蕾长大，即将开花时，抽薹期结束。

8. 开花期　由始花到整株花朵谢花为开花期，15～20 d。期间，花蕾和侧枝迅速生长，逐渐进入开花盛期。花朵从主花茎下部向上陆续开放，花茎不断抽生花枝。早熟大白菜成株每个种株有 12～20 个花枝，中、晚熟品种每株有 15～25 个花枝。主枝和一、二级分枝上花数占全株的 90%，其结实率也高。

9. 结荚期　谢花后果荚生长、种子发育和充实为结荚期，20～25 d。此期内，花枝生长基本停止，果荚和种子迅速生长发育，种子成熟时果荚枯黄。要注意防止种株过早衰老或植株贪青晚熟，当大部分花落，下部果荚生长充实时，即可减少浇水。大部分果荚变成黄绿色即可收获。

以上所述的是秋播大白菜生长发育周期。在采用小株采种或春播采种时，以收获种子为目的，植株可从莲座期或幼苗期直接进入生殖生长阶段，不需经历结球期和休眠期。

（二）对环境条件的要求

1. 温度 大白菜喜冷凉，属半耐寒蔬菜，耐热性和抗寒性都比较差。但经过长期驯化、选择和育种，现已培育出较耐热（夏播品种）和较耐寒（春播品种、晚熟品种）品种在生产上推广应用。

一般来说，大白菜营养生长的温度范围是5～25℃，超过25℃时会影响生长，28℃时生长很差，超过30℃生长就受到危害。但适于夏播的耐热品种能够耐受32℃以上的高温，在此高温下仍能正常生长和结球。

（1）发芽期 种子在5～10℃即能缓慢发芽，但发芽势很弱，20～25℃发芽迅速而强健，26～30℃虽然出苗更快，但幼苗徒长细弱。

（2）幼苗期 幼苗对温度适应能力较强，能忍耐较长期的－2℃低温，也能耐26～30℃高温，但温度过高或高温持续时间过长，幼苗生长不良且易诱发病毒病。一般白天温度为22～25℃，夜晚不低于15℃为宜。

（3）莲座期 是大白菜功能器官形成的主要时期，日均温以17～22℃为最佳，温度过高莲座叶易徒长或感病，过低则因生长缓慢而延迟结球。

（4）结球期 是产品形成的重要时期，对温度要求最为严格，日均温12～18℃生长良好。结球前期17～19℃，中期13～14℃，后期9～11℃，这样的温度条件最有利于叶球抱合、壮心，同时又能抑制生殖生长而不至于先期抽薹。

（5）休眠期（贮藏期） 以0～2℃最适宜，这一温度能强迫大白菜休眠，抑制呼吸作用，减少养分和水分的消耗。低于0℃易发生冻害，高于5℃养分消耗增加，并易引起脱帮和腐烂。

（6）抽薹期 12～22℃最适于花薹的生长。12～16℃时，地下部和地上部生长平衡。

（7）开花、结荚期 以17～22℃为宜。温度过低影响正常开花，过高植株易迅速衰老，同时也易形成畸形花。

温度对大白菜的影响，主要是由于它对光合作用的重要影响，10℃为有效光合作用的始限，10～15℃微弱，15～22℃最佳，22～32℃衰退，32℃为光合作用终限。另外，昼夜温差对大白菜生长也有重要影响，在适宜的温度范围内，白天温度较高能加强光合作用，制造较多的养分，夜间温度较低能减弱呼吸作用，减少养分的消耗，增加物质积累。

大白菜在整个生长期还要求有一定的积温（5～25℃温度的累积），在适温范围内，温度较高能在较少的日数内得到足够的积温而完成生长和结球；相反，温度较低则需较多的日数才能得到足够的积温。积温与大白菜品种、熟性以及原产地的关系较大，一般早熟品种积温为1 200～1 400℃，中熟品种1 500～1 700℃，晚熟品种1 800～2 000℃。

2. 光照 光照是大白菜进行光合作用的能量来源，对大白菜的生长发育影响较大。大白菜的光合作用与光照强度有密切的关系，在一定范围内光照越强，光合强度越强。大白菜的光合补偿点约为1 500 lx，饱和点为40 000 lx，在1 500～40 000 lx的范围内，光合强度随光照的增加而加强。大白菜不同生长期的光合强度有差别，幼苗期最低，莲座期较高，结球前中期最强。

光照时数的多少对大白菜的产量和质量也有很大影响，在大白菜的营养生长期内，平均每天的光照时数不少于7～8 h生长最好，莲座期需要较长的光照时间，平均每天达8.5～9 h则生长良好。结球期要保证平均每天8 h以上的光照有利于叶球的充实。

另外，大白菜属二年生作物，其抽薹开花需要13℃以下低温和12 h以上的长日照条件，但耐热的华南型极早熟品种对低温和长日照条件要求不严格，易抽薹开花，在引种和栽培上应特别注意。

3. 土壤 大白菜属浅根系蔬菜作物，以肥沃而物理性状良好的壤土、沙壤土或轻黏土较好。据调查，其耕作层的沙粒和黏粒比为1∶3，土壤空隙度为20%～25%，保水保肥能力和通气性最为良好，既便于耕作管理，也适合根系生长。

大白菜在沙土上种植时发芽快，出苗整齐，幼苗生长速度快，但因沙土地保水、保肥能力差，后期易脱肥。所以，一方面要注意土壤改良，多施一些有机肥或草炭；另一方面追肥要及时，并注意轻施、勤施，以防止肥料流失，保证肥料的均匀供给。大白菜由于生长期长，所以在沙土地种植时要特别注意施足基肥，重视追肥，注意中后期水肥管理，否则不易获得高产。

在黏土地种植时与沙土地相反，农民俗称“发大不发小”，即前期生长较慢，后期生长较快，易获得较高产量。但黏土地通气不良，当雨水多或浇水过大时易积水而发生软腐病。此外，也需要多施有机肥，掺沙改土，并注意中耕松土，以提高土壤通气性。

大白菜对土壤的酸碱度也有一定要求，在微酸性到弱碱性（pH 6.5～8）土壤上都能正常生长。若在 pH 超过 8，含盐量为 0.2%～0.3%，地下水位又较低的土壤栽培，如不注意水肥管理，容易出现“干烧心”现象。若土壤酸度高，则根系不能正常生长，主根畸形，易诱发根肿病。

4. 水分　大白菜生长发育需水量很大。大白菜植株大，叶面积大，水分蒸腾量也大。据测定，1 棵 5 kg 的大白菜，1 h 蒸发水分达 1.5 kg。一般大白菜含水量为 94%～95%，而大白菜又属浅根系蔬菜作物，对土壤深层水分吸收能力差。所以，及时浇水、保持土壤一定湿度，才能保证大白菜新陈代谢的正常进行。

大白菜生长发育的各个阶段对水分要求不同：

（1）出苗期　要求较高的土壤湿度。大白菜的种子小，播种浅，覆土薄，播种层温度变化剧烈，秋播时正逢高温季节，如果土壤干旱，萌动的种子很易出现“芽干”死苗现象。因此，播种时要求土壤墒情要好，播种后应及时浇水，土壤相对湿度应保持在 85%～90%。

（2）幼苗期　此期虽然幼苗小，本身需水量并不多，但正值高温干旱季节，为了降温防病浇水要勤，一定要保持土表湿润，通常要求是“三水齐苗，五水定棵”。此期土壤相对湿度应保持在 80%～90%。

（3）莲座期　此期大白菜生长量增大，为了使叶片增厚，有利于养分和干物质的积累，同时促进根系下扎，需根据品种特性和苗情适当控制浇水，此期土壤相对湿度以 75%～85%为宜。

（4）结球期　此期生长量为全生育期的 70%，需水量更多，一般 7 d 左右浇一水，应保持地表不干，要求土壤相对湿度为 85%～94%。此时如果缺水，不但影响包心还易发生“干烧心”。但也不宜大水漫灌，否则积水后易感染软腐病。

5. 矿质营养　大白菜在生长发育过程中要吸收大量的氮、磷、钾三要素和一些中、微量元素。三要素对于大白菜的生长虽然各有其特殊作用，但它们又是相互依存，相互制约的。因此必须科学、合理地配合使用。试验表明，如果将大白菜的产量指标定为每公顷 120 000～150 000 kg 时，约需从土壤中吸收氮 140～190 kg，五氧化二磷 60～85 kg，氧化钾 270～375 kg，其平均比例约为 2.3：1：4.4。大白菜不同生育期所需上述三要素数量也不一样，苗期比例大致为 5.7：1：12.7，莲座期为 2：1：6，结球期为 2.2：1：4.3。总的趋势是苗期三要素吸收较少，莲座期后吸肥量逐渐增大，莲座后期呈直线上升，至结球后期生长缓慢，吸肥量不断下降。在大白菜生长全过程，三要素在植株体内的绝对含量，以钾为最多，其次是氮，磷最少。

（三）阶段发育特性

大白菜是低温长日照作物，要求一定的低温通过春化阶段，长日照和适当的较高温度通过光照阶段。通过以上的阶段发育以后才能由营养生长阶段转入生殖生长阶段。掌握大白菜阶段发育的特性，对防止先期抽薹以及种子的生产，有极其重要的意义。

大白菜一般在 0～10 ℃通过春化阶段，在 2 ℃以下，生长点细胞分裂不甚活跃，春化时间长。在 10～15 ℃的温度下也能较缓慢地通过春化阶段。有些大白菜种类和品种在 15 ℃以上经过较长的天数也能通过春化。大白菜一般在 0～10 ℃下经 15～30 d 通过春化。经受低温的时间越长，抽薹开花就越快。

冬性的强弱，大白菜品种之间是有差异的，一般说来，南方的品种冬性弱，北方品种次之，高寒地区的品种冬性最强。

大白菜通过春化阶段后，一般每天 12～20 h 的日照，2～4 d 即通过光照阶段，完成春化阶段后在 12 h 以上的日照和 18～20 ℃的条件下有利于抽薹开花，但温度在 30 ℃以上就会抑制抽薹开花。

大白菜与结球甘蓝不同，在种子萌动发芽后，各个时期遇到适宜的条件都能通过春化阶段。

三、细胞遗传学特性

大白菜属于芸薹属芸薹种的大白菜亚种。芸薹种作为一个基本种，包括大白菜、芜菁、白菜等几个亚种。其中大白菜亚种包括散叶大白菜、半结球大白菜、花心大白菜和结球白菜 4 个变种；白菜亚种包括普通白菜、塌菜、菜心、紫菜薹、薹菜等变种，它们一起称为白菜类蔬菜。因其主要特征和特性相似，杂交率可达 100%，而且种内杂种可以正常生长和繁殖，且染色体数全都为 $2n=20$，同属于 AA 染色体组，因此将它们归为同一种是合理的。而它们又是芸薹属植物中分布最为广泛的物种，由英伦三岛经欧洲、北非再经亚洲南部与纬度 45°平行至喜马拉雅山以北几乎包括全部中国及朝鲜中部（Yarnell，1956）的地区都有分布。它们都是异花授粉作物，种内各亚种、变种及类型间的杂交毫无障碍，不同类型长期在不同生态环境下栽培，经过杂交、选择，在形态、生长发育习性、生态适应性上都产生很多变异。

袁文焕等（2008）利用大白菜品种玉青对大白菜的核型进行了研究，结果见表 10－1。大白菜染色体的相对长度平均为 9.79%±2.28%，变异系数为 0.23。在 10 对染色体中有 5 对（1、2、3、4、7）为中部着丝粒染色体（臂比＝1.13～1.62），有 4 对（3、6、8、9）为近中部着丝粒染色体（臂比＝1.73～2.05），有 1 对（10）为近端部且带随体的染色体（臂比＝3.04）。其核型公式为 $2n=2x=20=10\text{ m}+8\text{sm}+2\text{st}$（2SAT）。最长染色体是最短染色体的 2.11 倍，臂比大于 2.0 的染色体占 30%。依据 Stebbins 的核型分类标准，大白菜的染色体核型在遗传进化上属于 2B 型。

表 10－1 大白菜的核型参数

（袁文焕等，2008）

染色体序号	相对长度（%）	臂比（L/S）	类型
1	8.24＋6.41＝13.65	1.29	m
2	7.21＋4.66＝11.87	1.55	m
3	7.09＋3.77＝10.86	1.88	sm
4	5.47＋4.86＝10.33	1.13	m
5	5.33＋3.89＝9.22	1.37	m
6	5.67＋2.79＝8.46	2.03	sm
7	4.86＋3.01＝7.87	1.62	m
8	4.99＋2.44＝7.43	2.05	sm
9	4.09＋2.37＝6.46	1.73	sm
10	8.84＋2.91＝11.75	3.04	st（SAT）

Koo 等（2004）以 5S rDNA、45S rDNA 和大白菜 DNA 重复序列 C11－350H（350 bp）为探针，采用多彩色荧光原位杂交技术对有丝分裂中期和减数分裂粗线期的染色体进行了研究，构建了一幅大白菜的分子细胞遗传图谱。结果表明，在大白菜有丝分裂中期，其染色体长度为 1.46～3.30 μm。通过荧光原位杂交技术，在第 1、2、4、5、7 条染色体上分别观察到 1 个 45S rDNA 位点，在第 2、7、10 条染色体上分别观察到 1 个 5S rDNA 的位点。此外，还将 C11－350H 位点定位到了除 2 号、4 号染色体以外的全部染色体上。

在减数分裂粗线期，10 条染色体的平均长度为 23.7～51.3 μm，总长度为 385.3 μm（表 10－2），比有丝分裂中期的要长 17.5 倍。异染色质区域的总长约为 38.2 μm，大约是粗线期染色体总长度的 10%。粗线期染色体组型主要由 2 个中间着丝粒（metacentric，染色体 1 和 6）、5 个亚中间着丝粒（submetacentric，染色体 3、4、5、9、10），2 个亚端着丝粒（subtelocentric，染色体 7 和 8），以及 1 个近端着丝粒（acrocentric，染色体 2）构成（图 10－2）。除了在近着丝粒区域分布有异染色质外，在染色体 3、4、5 和 7 的长臂上也分布有较小的异染色质区域。

表 10－2　减数分裂粗线期大白菜染色体特征

染色体序号[a]	参数						
	染色体长度（μm）		着丝粒指数[b]	异染色质（%）	杂交荧光信号[c]		
	范围	平均			5S rDNA	45S rDNA	C11－350H
1	46.0～66.0	51.3±7.45	38.8±1.59	6.37±1.44	—	S	L
2	45.1～53.3	48.0±3.05	9.38±0.91	11.5±1.14	S	S	—
3	38.8～55.8	47.1±6.20	29.5±2.78	6.37±0.78	—	—	L+S
4	37.9～47.7	41.4±3.64	30.4±3.26	6.04±0.66	—	S	—
5	34.2～47.8	40.8±6.16	32.3±2.18	14.7±1.84	—	S	L
6	34.0～40.4	36.8±2.49	41.0±4.66	13.5±1.07	—	—	S
7	32.4～42.2	36.8±4.41	17.4±4.73	16.9±1.57	L[d]	L	L+S
8	28.8～37.6	32.7±3.18	20.2±2.08	7.65±0.93	—	—	L+S
9	25.6～33.2	27.0±2.62	36.7±1.94	9.26±1.02	—	—	L+S
10	18.5～27.0	23.7±2.97	32.9±2.43	7.38±1.13	S	—	L+S

注：a. 染色体的序号以大小顺序排列。b. 着丝粒指数指染色体短臂与长臂长度的百分数。c. S：短臂；L：长臂；—：无。d. 2 个位点。

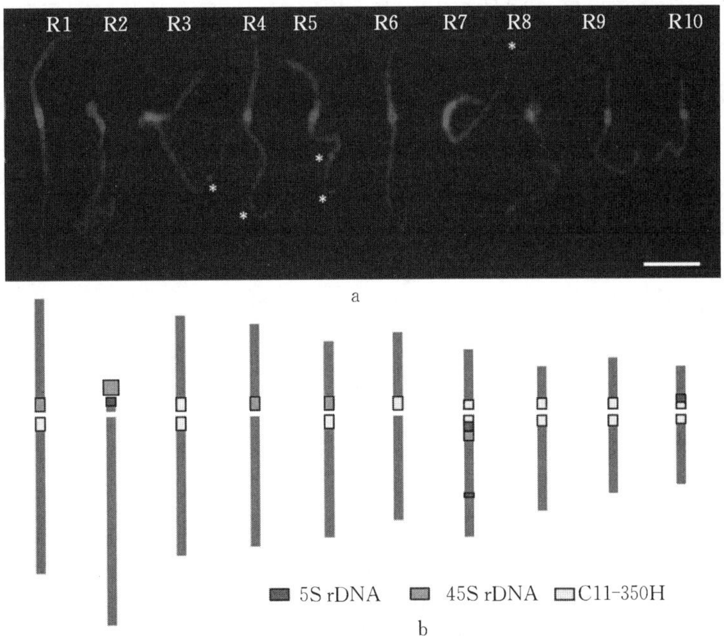

图 10－2　大白菜染色体核型

a. 在每个二价体中，染色明亮的为近着丝粒的异染色质区域。第二条染色体的断臂包含核仁组织区（nucleolus organizing region，NOR）。星号表示异染色质区域的位置

b. 标有 5S rDNA、45S rDNA 和 C11－350H 位点的染色体模式图

（Koo 等，2004）

四、基因组学特性

由于白菜类作物具有重要的经济学价值和生物学价值，国际白菜基因组测序计划（The multi-national *B. rapa* Genome Sequencing Project，BrGSP）于2003年启动，其中白菜第3号染色体A03基因组信息由以韩国科学家为首的基因组测序团队通过传统Sanger测序方法获得（Mun et al.，2010）。2008年，快速发展的新一代测序技术被应用在白菜类作物基因组测序中，越来越多的白菜类作物代表品种测序工作已完成或者大部分完成。一个由基因组序列特异性分子标记构建的高密度遗传连锁图谱可以在白菜类作物基因组测序过程中将组装完成的scaffold锚定到白菜染色体中。利用现有已经公开发表的一些白菜类作物参考遗传图谱（Kim et al.，2006；Choi et al.，2007；Kim et al.，2009）仅能将73.6%的scaffold锚定到白菜染色体中。

Park等（2010）对中国大白菜品种Chiifu的557个细菌人工染色体（bacterial artificial chromosome，BAC）序列进行了全基因水平上的DNA多态性扫描分析。对8个基因型作物中1 398个序列标记位点（sequence-tagged sites，STSs）进行重测序的结果分析，获得了21 311个单核苷酸多态性（single nucleotide polymorphism，SNP）位点和6 753个插入缺失多态性（insertion-deletion lengthpolymorphism，InDel）位点。

2011年在中国农业科学院蔬菜花卉研究所和油料作物研究所、深圳华大基因研究院主导下，由中国、英国、韩国、加拿大、美国、法国、澳大利亚等国家组成的"白菜基因组测序国际协作组"共同完成了大白菜基因组测序和组装工作，标志着中国以白菜类作物为代表的芸薹属作物基因组学研究取得了国际领先地位（Wang等，2011）。

白菜基因组大小约为485 Mb，共包含约42 000个基因；白菜的祖先种与模式物种拟南芥非常相似，它们在1 300万～1 700万年前发生了分化，但两者依然维持着良好的基因之间的线性对应关系；白菜基因组存在3个类似但基因密度明显不同的亚基因组，其中1个亚基因组密度显著高于另外2个亚基因组，推测白菜基因组在进化过程中经历了两次全基因组加倍事件与两次基因丢失的过程。

白菜在基因组发生加倍之后，与器官形态变异有关的生长素相关基因发生了显著的扩增，白菜基因组复制导致了许多与形态变异有关的基因存在更多拷贝，这可能是白菜类蔬菜具有丰富的根、茎、叶形态变异的根本原因，这一成果对研究不同产品器官的形成与发育具有重要价值。由于白菜基因与拟南芥基因存在高度的相似性，白菜基因组的测序为利用丰富的拟南芥基因的功能信息架起了桥梁，这为利用模式物种信息进行栽培作物的改良奠定了良好的基础，将极大地促进白菜类作物和其他芸薹属作物的遗传改良。

五、主要植物学性状的遗传

（一）主要植物学性状的遗传

根据多年各地的研究结果，综合大白菜主要性状的遗传表现见表10-3。

表10-3 大白菜主要性状的遗传表现

（何启伟，1993）

双亲的相对性状	F_1的表现
叶片有毛×无毛	有毛
叶片多毛×少毛	中间偏多毛
叶片深绿色×绿色	偏深绿色

（续）

双亲的相对性状	F_1的表现
绿帮×白帮	中间偏绿帮
球叶合抱×叠抱	合抱或叠抱
球叶合抱×褶抱	近褶抱
球叶褶抱×拧抱	褶抱
球叶褶抱×合抱	近褶抱
球叶叠抱×拧抱	叠抱
球叶叠抱×褶抱	叠抱或褶抱
莲座叶直立×平展	中间偏直立
半结球×花心	花心
半结球×结球	半结球
花心×结球	花心
球顶闭合×舒心	中间型
叶球长筒形×短筒形	中间型
叶球长筒形×矮桩形	高桩形
叶球短筒形×矮桩形	短筒或矮桩形
叶球短筒形×倒圆锥形	矮倒卵形
叶球矮桩形×倒圆锥形	倒卵至矮倒卵形
叶球倒卵形×短筒形	近短筒形
叶球倒卵形×矮圆锥形	矮倒卵形
株型大×株型小	中间偏大株型
叶重型×叶数型	中间型

（二）品质性状的遗传

大白菜的品质包括商品品质、风味品质（感官品质）和营养品质。商品品质是指大白菜叶球的形状、大小、色泽、抱合方式、球顶形状、叶球紧实度和一致性等，这些性状的遗传在植物学性状遗传部分已提及，在此不再赘述。风味品质是指人们在食用大白菜时味觉和触觉的综合反应，有关风味品质的评判，过去主要靠品尝鉴定，故风味品质又称为感官品质。对大白菜风味品质的鉴定与评价，除了靠生食和熟食的感官品尝外，有人还采取对与风味品质有关的营养成分和风味物质进行测定分析，但由于感官品质的复杂性，目前还没有公认的方法进行准确的判断。营养品质是指大白菜叶球主要营养成分含量的高低，包括维生素、矿物质、糖、蛋白质、膳食纤维、有机酸等营养成分。中国农业科学院蔬菜花卉研究所 1986 年对不同类型的 382 份大白菜品种的水分、可溶性糖、粗纤维及维生素 C 含量的测定表明：不同类型品种间可溶性糖含量的变幅为 0.65%～3.35%，粗纤维含量的变幅为 0.61%～2.29%，品种间差异十分显著。而同一品种在不同地区栽培，其营养成分的含量有差异，但变幅不大。北京市农林科学院蔬菜研究中心 1995 年对 68 个大白菜早、中、晚熟品种营养品质成分测定分析后认为，大白菜球叶干重粗蛋白的含量变幅为 6.7%～28.6%；维生素 C 含量多数品种为100 g 鲜重中含 20 mg 左右，少数品种达 30 mg 以上，最高的超过 40 mg；可溶性糖一般为鲜重的 1%～2%。另外，近几年橘红心、黄心、紫色等大白菜育种得到重视。橘红心大白菜品种的胡萝卜素含量是普通大白菜的 6 倍以上（张德双，2004），紫色大白菜品种花青素的含量为 2.42 mg/g（以鲜重计），而普通大白菜几乎检测不到花青素。从上述数据可见，品种间主要营养成分含量的差异是十分显著的，从而使提高大白菜营养品质育种成为可能。

（三）主要产量性状的遗传

大白菜以肥硕的叶球为产品器官，其单位面积的产量（指经济产量）构成因素包括：单株重、单位面积株数、净菜率，以及品种结球性状的一致性，即品种的整齐度、结球率。

孙日飞（1986）对有关大白菜产量的19个性状进行了研究，证明杂交子代（F_1）的表现与双亲的性状相关紧密。但具有明显杂种优势的性状为单株叶球重、单株重、平均球叶重、最外球叶重、帮重、软叶重、帮宽、帮厚，稍有杂种优势的性状为球叶数、叶宽、叶长等。由此可见，与丰产性有关的主要性状杂种优势明显。这就是说，通过亲本系选育和杂交组合选配，育成产量超亲的杂种一代（F_1）并不困难。

孙日飞（1986）进行基因效应分析认为，所研究的19个性状中，球径、叶帮比、帮长、净菜率、球高、球紧实度、帮厚等，其加性效应大于显性效应，其他性状则是显性效应大于加性效应。但不同学者采用不同试材研究，所获得的结果则不尽相同。如崔崇士等（1995）认为，大白菜毛重、净菜率、球径、叶宽等性状的遗传主要受非加性效应影响；株幅和球形指数受加性和非加性效应共同作用；株高、球高、叶长等受加性效应控制。王学芳等（1998）认为，大白菜的株高、株幅（即植株开展度）、叶长、叶宽、外叶数、叶球高度、叶球横径、净菜率、成球率、单株毛重等，对于单株净菜产量有着非常重要的影响。其中，球叶数和成球率两性状与其他性状关系不太密切，它们的遗传相关系数大多未达显著或极显著水平。而株高、株幅等10个性状之间的遗传相关系数大多达显著或极显著水平。

（四）耐贮性遗传

影响耐贮性的性状主要有：生育期长短、花芽分化早晚、抗病性强弱和贮藏期呼吸强度高低等。耐贮性还与低温下花序和侧芽萌动生长速度有关，萌动生长快的容易造成裂球、脱帮、品质风味迅速降低。一个耐贮性弱的亲本与一个耐贮性强的亲本杂交，F_1 大多是中间偏弱的；要育成耐贮性好的 F_1 品种，双亲最好都较耐贮藏。

（五）抗病性遗传

1. 抗病毒病遗传规律 有关大白菜对TuMV抗性遗传规律研究报道很多，说法不一，归结起来主要有以下结论：Provvidenti（1980）应用来自中国和日本的大量大白菜品种，进行了TuMV与品种间关系研究，发现大白菜TuMV的抗性具有株系特异性，一些品种或品系携带有独立的、显性遗传的抗TuMV基因。多数研究结果认为大白菜对TuMV抗性受1对或2对显性基因控制（钮心恪，1984；Sun et al.，1995、1996；Kim et al.，1996）。也有部分研究认为大白菜对TuMV的抗性受隐性基因控制（魏毓堂等，1991；Yoon，1993）。研究结果的不同是因选用的抗性材料及TuMV株系不同所致。

2. 抗霜霉病 国内外对大白菜霜霉病抗性遗传规律研究较少，仅钮心恪（1984）对大白菜霜霉病抗性遗传进行了初步研究，认为大白菜苗期对霜霉病的抗性属显性遗传。

3. 抗黑斑病 张凤兰等（1997）研究认为，大白菜苗期对黑斑病的抗性属于数量遗传，符合加性-显性模型，以加性效应为主，其广义遗传力为64.45%，狭义遗传力为61.95%，1个抗病亲本和1个感病亲本杂交的F_1表现中间偏抗，为不完全显性。杨广东等（2000）研究指出，大白菜对黑斑病的抗性为显性遗传，并受单个显性基因控制。

（六）耐热性遗传

吴国胜等（1997）通过研究认为，大白菜耐热性的遗传是由多对基因控制的，呈现数量遗传的特点。大白菜的耐热遗传符合加性-显性-上位性模型，且以加性遗传效应为主，兼有上位效应，其广义遗传力和狭义遗传力均较高。因此，采用常规的杂交育种方法，可望在耐热性的选育方面取得良好的效果，但在总的遗传变异中，一般配合力方差占绝大部分，特殊配合力方差所占比例很小，显性效应不明显。因此，单纯利用杂种优势难以收到显著提高耐热性的效果。

（七）抽薹性遗传

多数研究认为抽薹这一性状是偏向于多基因控制的数量性状。早抽薹和晚抽薹材料杂交后代表现中间偏早。程斐等（1999）对大白菜抽薹性状遗传研究结果表明，大白菜抽薹性状是受核基因控制的数量性状，与细胞质遗传无关；该性状符合加性-显性遗传模型，其中基因加性效应比显性效应更为重要，显性效应表现为部分显性，控制该性状的隐性基因比显性基因多，早抽薹对晚抽薹为显性。由于大白菜的早抽薹基因呈显性，晚抽薹材料与早抽薹材料杂交，F_1 的抽薹性表现为中间偏早。因此，利用杂种优势育种难以收到提高晚抽薹性的显著效果，双亲需同时具有晚抽薹性才能育成一个晚抽薹性强的 F_1 品种。

（八）熟性遗传

熟性是指从播种至叶球充实所需的天数，实际上应称为生长期。由于不同地区适合大白菜生长的季节长短不同，需要有早、中、晚生长期不同的品种，即使同一地区为了延长市场供应期和茬口安排的需要，也要有不同生长期的品种。通常父母本生长期相差较大时，F_1 大多是中间稍偏早；父母本生长期相近时，F_1 的生育期往往与父母本相似或有时稍早。一般选育早熟品种，双亲应该都是早熟的，或至少一个亲本是早熟的，另一亲本是中早熟的；选育晚熟品种，双亲应该都是晚熟的，或至少一个亲本是晚熟的，另一亲本是中晚熟的；选育中熟品种，双亲都是中熟的，或双亲一早一晚。另外，F_1 的熟性往往较偏向母本，在选配杂交组合时需注意。

大白菜熟性的遗传规律见表 10－4。

表 10－4　大白菜熟性的遗传表现

（《中国大白菜育种学》，2010）

组　合	F_1 熟性表现
早熟×早熟	早熟
中熟×中熟	中熟
晚熟× 晚熟	晚熟
早熟×中熟	中间偏早
早熟×晚熟	中熟
中熟×晚熟	中晚熟

（九）雄性不育性遗传

植物雄性不育是指两性花植物雄性器官发生退化或丧失功能的现象。植物雄性不育表现种类众多，引起雄性不育的原因也有多种，根据大白菜雄性不育的特点，一般归纳为 4 种类型：核基因雄性不育、核质互作雄性不育、细胞质雄性不育和环境敏感型雄性不育。不同的不育类型其遗传模式不同。

1. 核基因雄性不育的遗传

（1）单基因隐性核不育　迄今发现的大白菜雄性不育材料，大部分属于这种类型。不育基因为

ms，不育株基因型为 *msms*；可育株基因型有 *Msms* 和 *MsMs* 两种。两种基因型的可育株均不能100%保持不育株的不育性。采用测交筛选法，也只能获得不育株率稳定在50%左右的雄性不育“两用系”。该类核基因雄性不育系通常被称为甲型“两用系”。甲型“两用系”的繁殖模式如下：

$$\underset{（不育株）}{msms} \times \underset{（可育株）}{Msms} \longrightarrow \underset{（不育株）}{msms} : \underset{（可育株）}{Msms}$$

（2）单基因显性核不育　不育基因为 *Ms*，不育株基因型为 *Msms*。另一种不育株基因型 *MsMs* 理论上存在，但实际上难以获得。可育株基因型为 *msms*。可育株与不育株交配，后代不育株与可育株1∶1分离，因此，测交筛选也只能获得不育株率50%左右的雄性不育“两用系”。该类核基因雄性不育系通常被称为乙型“两用系”。乙型“两用系”的繁殖模式如下：

$$\underset{（不育株）}{Msms} \times \underset{（可育株）}{msms} \longrightarrow \underset{（不育株）}{Msms} : \underset{（可育株）}{msms}$$

（3）核基因互作雄性不育　不育性由两对核基因互作控制。显性不育基因 *Ms* 对可育基因 *ms* 为显性，另有一对显性抑制基因Ⅰ抑制显性不育基因 *Ms* 的表达。不育株有 *MsMsii* 和 *Msmsii* 两种基因型，可育株有 *MsMsII*、*MsMsIi*、*MsmsII*、*MsmsIi*、*msmsII*、*msmsIi*、*msmsii* 七种基因型。选育具有100%不育株率的雄性不育系遗传模式如图10-3所示。

（4）复等位基因雄性不育　在控制雄蕊育性的位点上有 Ms^f、*Ms* 和 *ms* 3个基因，Ms^f 为显性恢复基因，*Ms* 为显性不育基因，*ms* 为隐性可育基因。三者之间的显隐关系为 $Ms^f > Ms > ms$，不育株有 *MsMs* 和 *Msms* 两种基因型；可育株有 Ms^fMs^f、Ms^fMs、Ms^fms 和 *msms* 四种基因型。具有100%不育株率的雄性不育系遗传模式如图10-4所示。

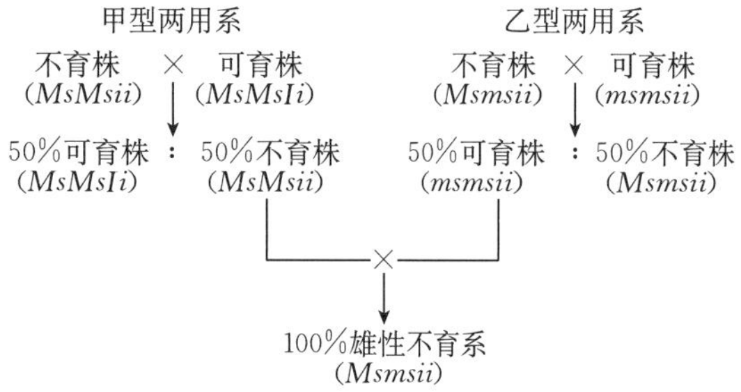

图10-3　大白菜核基因互作雄性不育系遗传模式
（张书芳，1990）

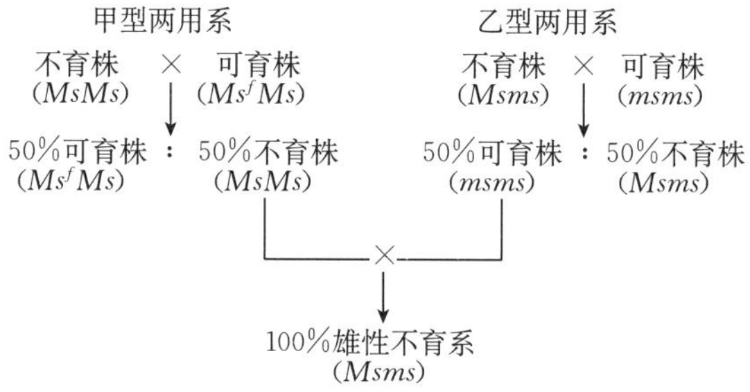

图10-4　复等位基因雄性不育系遗传模式
（冯辉，1996）

2. 核质互作雄性不育的遗传　一般认为大白菜核质互作型雄性不育的遗传表现为不育细胞质基因（*S*）和单隐性细胞核不育基因（*rf*）共同决定，其恢复基因为单显性基因（*Rf*）。不育基因型只有一种：*S*(*rfrf*)，可育基因型有五种：*N*(*rfrf*)，*N*(*Rfrf*)，*N*(*RfRf*)，*S*(*RfRf*)，*S*(*Rfrf*)，其遗传关系见表10-5。

表10-5　大白菜核质互作型雄性不育可育株基因型及其恢保关系

（《中国大白菜育种学》，2010）

基因型	*N*(*rfrf*)	*N*(*Rfrf*)	*N*(*RfRf*)	*S*(*RfRf*)	*S*(*Rfrf*)
表现型	可育	可育	可育	可育	可育
与不育株测交	全可育	50%可育	全可育	全可育	50%可育
自交后代	可育	可育	可育	可育	3∶1分离
利用价值	保持系	恢复系或保持系	恢复系	恢复系	恢复系或保持系

3. 细胞质雄性不育的遗传　目前大白菜育种中使用的细胞质雄性不育源主要是改良萝卜细胞质不育（改良 Ogura CMS）材料，所有的大白菜材料都是该类不育系的保持系，但尚未在大白菜中找到恢复系。

4. 环境敏感型雄性不育　环境敏感型雄性不育是指不育性表达主要受环境条件影响的一种不育类型。利用雄性不育性的温度敏感特性，可以在不育温区内配制杂交种，在可育温区内繁殖亲本，一系两用，“两系法”制种。“两系法”制种可以简化制种程序，降低杂交制种成本，扩大配组范围，是一条较为理想的杂种制种途径。

冯辉等（2002）设计遗传分析试验，对大白菜温敏雄性不育的遗传特性进行了系统研究，证明该不育性属于核遗传，提出了不育性遗传模式。即不育性由隐性主效基因 ms^t 控制，但是，不育株的不育度具有数量遗传特征，受微效基因 fdi（$i=1, 2, 3\cdots\cdots$）影响。不育系基因型为 ms^tms^tfdi，可育品系基因型为 Ms^tMs^tfdi。温敏不育系与可育品系杂交遗传模式如图 10－5 所示。

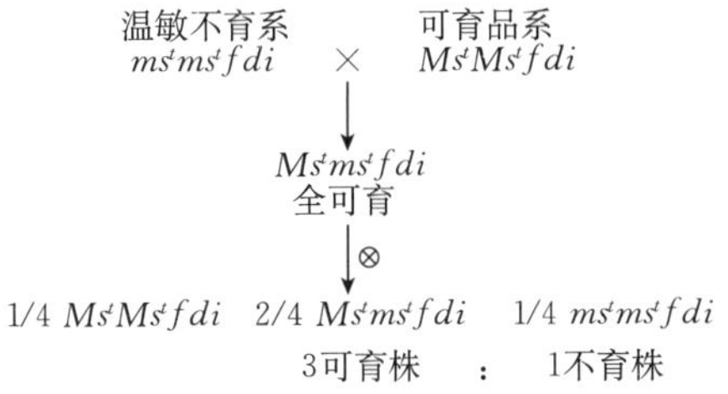

图 10－5　大白菜温敏型雄性不育系与可育品系杂交遗传模式（冯辉等，2002）

（十）自交不亲和性遗传

大白菜的自交不亲和性为孢子体型自交不亲和性，其自交不亲和性由供体植株的 S 等位基因型决定，许多的研究表明了大白菜自交不亲和性遗传上的复杂性，在白菜类作物中已经鉴定出至少 30 个 S 复等位基因。孢子体型自交不亲和性由 S 复等位基因控制，当雌雄性器官具有相同的 S 基因时，表现交配不亲和，雌雄双方的 S 基因不同时交配能亲和。进一步的研究表明，自交不亲和性的遗传表现十分复杂，杂合 S 基因间在雌蕊和雄蕊方面存在独立和显隐关系，使其亲和关系更加复杂。独立遗传是指两个不同等位基因分别呈独立、互不干扰作用；显隐性是两个不同等位基因仅有一个起作用，另一个则表现完全或部分无活性。Haruta（1962）将这两种关系归纳为 4 种遗传型。更深入的研究表明，杂合的 S 基因间还存在着竞争减弱和显性颠倒现象。竞争减弱是指两基因的作用相互干扰，促使不亲和性减弱乃至亲和；显性颠倒是指同一基因对雌雄蕊的显隐性效应是颠倒的。据此，谭其猛（1982）推测可能还存在着另外 6 种遗传型，在 Haruta（1962）的基础上将遗传型扩展到 10 种。

第四节　育种目标与选育方法

一、不同类型品种的育种目标

根据市场需求和生产发展及大白菜品种变迁的规律分析，优质、抗病、抗逆、丰产、耐贮运和多熟性、多类型将是主要的育种目标。而不同季节播种的品种，其主要育种目标又有一些差异。

（一）春播品种

1. 晚抽薹　春播品种必须具备晚抽薹的特性，否则生产中易发生先期抽薹而造成极大损失。

2. 早熟性　一般要求春季直播栽培，从播种到收获 60～75 d；育苗移栽时，从定植到收获 45～60 d。

3. 抗病性　要求抗霜霉病和软腐病，低海拔地区还要求抗病毒病和干烧心病。根肿病严重的地区需抗根肿病。

4. 抗逆性　由于春播大白菜生长前期气温低，而生长后期的气温又较高，因此春播品种需具备苗期和定植前期较耐低温、结球期较耐高温的特性。

5. 品质 口感要求生食无辛辣、苦味，略带甜味；熟食时易煮烂，味鲜美，粗纤维含量少。

6. 球叶色 南方市场及部分出口日本、韩国的品种偏向球内叶黄色。叶球黄色品种色泽鲜黄，营养较丰富，也适于腌渍和加工。

7. 耐运输 由于高山或高海拔地区春夏季生产的大白菜产品主要供应各大城市淡季蔬菜市场。因此要求品种耐运输，不易脱帮，纤维含量中等。

8. 叶球大小 市场一般要求中小叶球，单球重 1.5～2.5 kg。

9. 叶球形状 用于远距离运输的品种，要求 25～30 cm 的中等球高，上下等粗，合抱或叠抱，便于包装运输。

（二）夏播品种

1. 耐热 夏播品种的全生长期处于炎热的夏季，因此夏播品种首先要具有较强的抗热性，一般要求品种在日平均温度 25 ℃以上、日最高气温 32 ℃以上时能正常结球。

2. 早熟性 夏播品种生长期要短，生长速度快。因此生产上使用的品种一般都为极早熟品种，直播栽培从播种到收获 45～55 d。

3. 抗病性 夏季高温、多雨，要求耐热品种抗软腐病和霜霉病，在大陆性气候区还特别要求高抗病毒病。

4. 耐湿 夏季高温、多雨，要求品种具有较好的耐湿性，株型最好较直立，以避免植株下部存水造成腐烂。

5. 优质 要求品质脆嫩，无辛辣、苦味，纤维含量少。

6. 叶球大小 理想的夏播大白菜品种的单球重 1～2 kg 为宜。

7. 叶球形状 一般以中等球高、上下等粗最为理想，偏向株型较直立的中高桩类型。但也有部分地区有特殊要求，如福建喜欢圆球形等。

8. 球叶色 一般以白色、浅黄色居多。

（三）早秋播品种

1. 耐热性 早秋播品种一般在 7 月中下旬播种，生长前期气温仍然较高，因此早秋播品种一般要求具有一定的耐热性。

2. 早熟性 早秋播栽培的大白菜一般在 9 月中下旬至国庆节前后上市，以补充北方秋大白菜收获前、高海拔地区夏大白菜收获季已结束而造成的供应淡季，一般要求品种较早熟，直播栽培从播种到收获 60～65 d 为宜。

3. 抗病性 早秋播品种要求高抗病毒病，兼抗霜霉病、软腐病和黑腐病等病害。

4. 优质 要求生食品质脆嫩，无辛辣、苦味；熟食时易煮烂；纤维含量少。

5. 叶球大小 一般要求早秋播大白菜品种的单球重为 2～3 kg。

6. 叶球形状 不同地区喜欢的叶球形状有所不同。东北地区喜合抱卵圆类型或中桩直筒类型；华北和中原地区喜叠抱头球类型；西南地区喜中高桩舒心类型；天津、河北、辽宁和内蒙古的部分地区喜青麻叶类型等。

7. 球叶色 一般以白色、浅黄色居多。

（四）秋播品种

1. 熟性 秋播栽培的大白菜一般在北方立秋前后播种，11 月上旬后陆续收获上市，生长季节较长，生产上一般使用中晚熟品种，采用直播栽培，从播种到收获 75～90 d。生长期在 100 d 以上的晚熟品种生产中已很少使用。

2. 抗病性　秋播品种要求抗病毒病、霜霉病和软腐病，兼抗黑斑病和黑腐病等病害。另外，秋播品种的产品很大部分用于贮藏，要求品种耐贮藏性优良，并抗干烧心。

3. 优质　要求生食品质脆嫩，有甜味，无辛辣、苦味；熟食时易煮烂；纤维含量少。

4. 叶球大小　一般要求秋播大白菜品种的单球重为4～5 kg。

5. 叶球形状　不同地区喜欢的球型有所不同，可选用合抱卵圆类型或中桩直筒类型、高桩叠抱直筒类型、叠抱头球类型或青麻叶类型品种等。

6. 球叶色　一般以白色、浅黄色居多。

7. 耐贮性　秋大白菜是一年中栽培面积最大、供应时间最长的一季大白菜。北方广大地区贮藏的大白菜也是解决一二月冬淡季的重要蔬菜，要求品种有较好的耐贮性，不易脱帮、腐烂和发生干烧心。

二、抗病品种选育方法

大白菜的主要病害为病毒病、霜霉病和软腐病，常称三大病害。此外，黑腐病、黑斑病、白斑病、根肿病、黄萎病和生理性病害（干烧心病、小黑点病）等也是常见病害，尤其是近几年，在某些地区和某些年份常造成严重危害。

（一）病毒病

1. 毒源种类鉴定　自20世纪50年代开始，大白菜病毒病逐步流行，尤其在大城市郊区造成严重减产，因而引起生产者和学者的广泛关注。1957—1976年，裘维蕃、范怀忠、魏宁生等分别对北京、天津、西安、广州等地大白菜病毒病毒源种群进行研究，认为主要毒源是TuMV，其次是CMV，亦有少量TMV。

冯兰香等于1983—1991年先后从北京地区不同地块的大白菜生产田和采种田中采集具有病毒病症状的样本482份，鉴定出4种病毒：TuMV、CaMV、CMV和TMV，后3种病毒单独侵染大白菜的情况少见，基本上是与TuMV混合侵染。其中以TuMV的检出率最高，占81.95%；CaMV占49.8%；CMV占16.8%，TMV只占2.3%。

1983—1985年，国家蔬菜抗病育种攻关协作组组织11个科研单位和农业大学在10个省、直辖市的大白菜、结球甘蓝为主的蔬菜上采集病毒样品7 982份，经指示植物归类和各类代表毒源纯化后，进行了寄主范围鉴定、抗血清反应、电镜观察和体外抗性鉴定。将综合结果对照前人报道，确认含TuMV的样本5 739份，占总样本的71.9%；CMV 1 309份，占16.4%；TMV 335份，占4.2%；未定毒源42份，占0.35%。余为无毒样本。

可见，中国大白菜病毒病的毒源主要是TuMV。

2. TuMV的株系划分　自1935年Hoggan和Johnson首次开展TuMV株系分化研究以来，国内外有不少学者先后采用了不同的方法划分TuMV株系。直到1980年Provvidenti应用从日本和中国得到的大量的大白菜栽培品种进行了TuMV与品种间关系的研究，发现大白菜对TuMV的抗性具有株系特异性，一些品系或品种携带有独立的显性遗传的抗TuMV基因，并从中筛选出具有株系特异性的4个大白菜栽培品种PI418957、PI419105、Tropical Delight和Crusader，同时将美国纽约州大白菜、芜菁上的TuMV划分为4个株系：TuMV C1、C2、C3、C4株系。Green（1985）用同样方法对中国台湾十字花科蔬菜的TuMV进行株系鉴定，结果除确定了C1～C4株系在台湾存在外，还发现了另一株系即C5株系。

沿用Provvidenti和Green的株系划分方法，刘栩平等（1990）对中国10个省、直辖市7 982份病样中筛选出的 19 个 TuMV 主流分离物进行株系鉴定，结果表明：有 1 个分离物属 C1 株系，6 个分离物属 C4 株系，7 个分离物属 C5 株系，未检出 C2 和 C3 株系，其余 5 个不能按 Green 的标准归类，暂分别定为 C3－2 和 C6 株系。C4 株系占 31.58%，C5 株系占 36.84%，C1 株系占 5.26%，C3－2株系占 21.05%，C6 株系占 5.26%。进一步用生物学标准，即致病力分化的差异对 TuMV 株系鉴定研究提出了新的方法，按照其规定的抗性分类标准和各分离物的症状特征，将 19 个分离物归为 7 类，即 7 个株系，根据各株系对十字花科不同种类蔬菜致病力的专化性，分别命名为：普通株系（Tu1），普通大白菜株系（Tu2），海洋大白菜株系（Tu3），大陆大白菜株系（Tu4），甘蓝株系（Tu5），花椰菜株系（Tu6）和芜菁株系（Tu7）。通过广泛的寄主反应试验，选出了一套对各分离物有一定特异性可利用的鉴别寄主谱。

3. 人工苗期接种筛选抗 TuMV 的白菜抗源材料 经过“六五”“七五”“八五”大白菜攻关协作组联合攻关，提出了大白菜抗病毒病苗期人工接种鉴定技术规程。在掌握并使用中国 TuMV 7 个株系为措施的基础上，白菜攻关协作组对 3 000 多份大白菜资源进行了筛选，获得高抗 TuMV 各株系的抗源 8 份，建立了中国大白菜抗 TuMV 抗源资源库。近些年来，中国大白菜主要育种单位采用人工接种鉴定和田间鉴定筛选相结合的方法，不断选育出一些高抗大白菜病毒病的材料和品种。

大白菜抗病毒病苗期人工接种鉴定技术规程参照《大白菜种质资源描述规范和数据标准》（李锡香等，2008），具体操作方法如下：

① 播种育苗。设鲁白菜 1 号或其他可替代的品种为抗病对照，胶白二叶或其他可替代的品种为感病对照。根据参试材料的发芽率，准备各材料的种子量。各试验材料用 10%磷酸三钠溶液浸种 20 min，然后用清水冲洗干净，放入垫有滤纸的培养皿中，置于恒温培养箱中 28 ℃催芽，出芽后播种，或直播于塑料育苗钵内。育苗基质为蛭石和草炭 2∶1（体积比），基质经高温蒸汽灭菌。在防虫日光温室里育苗，温度控制在 20～30 ℃。每材料每重复 10 株，重复 3 次。

② 病毒繁殖与接种液准备。接种毒源为危害中国大白菜的芜菁花叶病毒主流株系 TuMV C4，在胶白二叶或其他感病品种上繁殖，温度 20～30 ℃，隔离网室，自然光照。接种 10～15 d 后，采集症状明显的发病叶片，取鲜叶 1 份加入 5 倍于鲜叶的 0.05 mol/L 的磷酸缓冲液（pH 7.0），经捣碎机捣碎后双层纱布过滤，滤液立即用于接种。

③ 接种方法。当幼苗的第 3 片真叶充分展开后，在叶上接种，叶面用喷枪或人工喷布 600 目的金刚砂。喷枪接种的压力为 2.06×10^5～2.45×10^5 Pa，喷枪嘴距叶面 2～3 cm；或用手蘸取病汁液摩擦接种两个叶片。接种后立即用洁净水冲洗叶面，遮阴 24 h，隔日再接一回，在 22～28 ℃的防虫温室中培养。

④ 病情调查与分级标准。接种 15～20 d 后进行单株病情调查，记录病级。病级的分级标准如下：

病级	病　情
0 级	无任何症状；
1 级	接种叶出现少数褪绿斑，或心叶明脉；
3 级	心叶及中上部叶片轻花叶；
5 级	心叶及中上部叶片花叶，心叶皱缩呈畸形；
7 级	心叶及中外部叶片重花叶，2～3 片叶畸形、皱缩或有坏死斑，植株轻度矮化；
9 级	多数叶片重花叶、畸形、皱缩或有坏死斑，植株严重矮化，甚至死亡。

根据病级计算病情指数，公式为：

$$DI=\frac{\sum S_i n_i}{9N}\times 100$$

式中：DI 为病情指数；S_i为发病级别；n_i为相应发病级别的株数；i 为病情分级的各个级别；N

为调查总株数。

鉴定材料对 TuMV 的抗性依苗期病情指数分为 6 级，详见表 10－6。

表 10－6　病毒病群体抗性的分级标准

级　别	病情指数	代　码
免疫	0	0
高抗（HR）	0.01～11.11	1
抗病（R）	11.12～33.33	3
中抗（MR）	33.34～55.55	5
感病（S）	55.56～77.77	7
高感（HS）	77.78～100	9

（二）真菌性病害

1. 黑斑病　病原：*Alternaria brassicae*。

（1）*黑斑病种群和致病力划分*　自 20 世纪 70 年代中期以来，白菜类黑斑病在白菜主产区已成为主要病害之一，1988 年在北方部分省、直辖市流行，造成了较严重的损失。柯常取等（1991）对白菜黑斑病菌进行了较深入的研究，明确了在大白菜上的黑斑病菌均以芸薹链格孢为主。北京地区所调查的 1 447 个样品中，芸薹链格孢占 96.6%，甘蓝链格孢仅占 0.07%，未发现萝卜链格孢。陕西的调查结果表明，在所调查的 307 个样品中，芸薹链格孢占 77.41%，甘蓝链格孢占 9.46%，萝卜链格孢占 2%。因此，在中国北方开展大白菜黑斑病的抗性鉴定时，应以芸薹链格孢为主。严红等（1996）用 4 个不同抗性的大白菜品种作为鉴别寄主，对从全国采集的 53 个芸薹链格孢菌菌株进行了致病力分化的研究。结果表明：这 53 个菌系由弱至强可划分为 AB1、AB2、AB3、AB4、AB5 五个不同的致病类型，且 AB4 具有较强的致病力，在鉴定中出现的频率最高，因此推荐为全国进行抗源筛选用的接种菌。

（2）*人工苗期接种筛选抗黑斑病的大白菜抗源材料*　在各项技术研究的基础上，白菜攻关协作组制定出了大白菜苗期抗黑斑病鉴定技术规程。具体操作方法参照《大白菜种质资源描述规范和数据标准》（李锡香等，2008）。

① 播种育苗。设牡丹江 1 号或其他可替代的品种为抗病对照，胶白二叶或其他可替代的品种为感病对照。各试验材料种子经 50 ℃温水浸种 20 min 后，用清水冲洗，放入垫有滤纸的培养皿中，置于恒温培养箱中 28 ℃催芽，出芽后播种于塑料育苗钵内。育苗基质为蛭石、草炭和营养土 2∶1∶1（体积比），基质经高温蒸汽灭菌。在防虫日光温室里育苗，温度控制在 20～30 ℃。每材料每重复 10 株，重复 3 次。

② 接种液准备。供试黑斑病菌菌种在 V8 培养基（V8 10 g、碳酸钙 0.02 g、琼脂 1.5～2.0 g、无离子水 100 mL）上培养 10 d，培养温度 20 ℃，然后收集分生孢子，并加适量无菌水配制成 1×10^4 个分生孢子/mL 的悬浮液，立即用于接种。或从病圃中采集鲜病叶，用 0.5%蔗糖溶液洗下孢子置于盛有无菌水的烧杯中，搅拌均匀后，用血球计数板计数分生孢子数，调至每毫升含有 1×10^4 个分生孢子的悬浮液用于接种。

③ 接种方法。当幼苗的第 2 片真叶充分展开后，采用点滴接种法接种。用吸管吸取上述接种液，滴一滴悬浮液于第 2 片真叶上，约 0.01 mL。接种后置于 20 ℃左右黑暗条件下保湿 24 h。然后揭掉保湿物，在白天 25 ℃左右、夜晚 18 ℃左右、正常光照的温室中正常管理 3 d。自第 4 d 开始，每天夜间保湿，白天给予光照。第 8 d 保湿 24 h。

④ 病情调查与分级标准。接种后 9 d 进行单株病情调查，记录病级。病级的分级标准如下：

病级　　　　　　　　　　　　　　病　　情

0 级　无任何症状；

1 级　接种叶上有褐色小点，无褪绿斑；

3 级　接种叶上的褪绿斑≤3 mm，无霉层；

5 级　接种叶上的褪绿斑>3 mm，有较少霉层，病斑不连成一片；

7 级　接种叶上的褪绿斑>3 mm，有较多霉层，病斑连成一片；

9 级　接种叶上病斑连成片，且大面积枯死，霉层明显，接种叶上的褪绿斑>3 mm。

根据病级计算病情指数，公式同病毒病。鉴定材料对黑斑病的抗性依苗期病情指数分为 5 级，抗性分级标准见表 10－7。

1987—1990 年，北京市农林科学院蔬菜研究中心利用黑斑病苗期人工接种抗病性鉴定技术对 444 份材料进行了苗期抗黑斑病鉴定，同时还对 654 份材料田间抗黑斑病情况进行调查，综合两个时期的鉴定结果，选出 3 个抗源材料 88－3－96、88－3－137 和 88－3－51。可见，利用苗期鉴定和田间鉴定相结合的方法，可以准确有效地筛选出抗源材料，用于大白菜抗病育种。

表 10－7　黑斑病群体抗性的分级标准

级　别	病情指数	代　码
高抗（HR）	0.01～11.11	1
抗病（R）	11.12～33.33	3
中抗（MR）	33.34～55.55	5
感病（S）	55.56～77.77	7
高感（HS）	77.78～100	9

2. 霜霉病　病原：*Peronospora parasitica*。

（1）*霜霉病种群和致病力划分*　1983—1985 年，国家蔬菜抗病育种白菜攻关协作组曾对中国 3 属 9 种 88 个白菜品种分别接种 14 个白菜霜霉菌株和 6 个其他十字花科蔬菜霜霉菌株，筛选出 5 个普通白菜品种作为鉴别寄主，区分出北京、上海、广州小白菜上的霜霉菌为 3 个不同生理型，筛选出 3 个大白菜品种，把大白菜上的 11 个菌株区分为 8 个生理型。另外，协作组研究发现，多年一贯栽培单一品种的地区，霜霉菌的生理型也比较单一、稳定，侵染强度居中。同一地区常年栽培两个血缘关系远的白菜品种，则出现两个菌株生理型。中国大白菜品种丰富，自然生态多样，其生态型或生理型也必然复杂，就白菜抗病育种而言，应进一步查清目标地区病菌的分化，有针对性地进行筛选鉴定。

（2）*人工苗期接种筛选抗霜霉病的大白菜抗源材料*　经过“七五”“八五”国家大白菜攻关协作组研究，提出了大白菜抗霜霉病苗期人工接种鉴定技术规程。利用此技术规程，多数育种单位都开展了白菜霜霉病的抗源筛选工作，获得了一批霜霉病的抗源材料。另外，育种过程中发现在海洋性气候区起源的品种比大陆性气候区的品种对霜霉病的抗性强，抗源材料较多。

大白菜苗期霜霉病抗性鉴定具体操作方法参照《大白菜种质资源描述规范和数据标准》（李锡香等，2008）。

① 播种育苗。设“华良春秋”或其他可替代的品种为抗病对照，胶白二叶或其他可替代的品种为感病对照。其他播种育苗方法同上述黑斑病鉴定。

② 接种液的制备。从田间采集自然发病的早期病叶，用清水冲洗干净后，叶柄处用湿棉球包裹，置于铺有两层湿滤纸的容器内，密闭或塑料膜覆盖，于 20～22 ℃的温度下保湿 1 d。取出病叶，用毛笔刷取叶背面上的孢子囊，置于盛有无菌水的烧杯中，搅拌均匀后，用血球计数板计数分生孢子囊

数，调至每毫升含有 1×10^4 个孢子囊的悬浮液用于接种。

③ 接种方法。当幼苗长至第 2 片真叶时，采用点滴接种法接种。用吸管吸取上述接种液，各滴一滴霜霉菌悬浮液于每个叶片中央，约 0.01 mL。接种后于 20～22 ℃温室中黑暗条件下保湿（相对湿度 100%）24 h。然后揭掉保湿物，在白天 25 ℃左右、夜晚 18 ℃左右温室中保持空气相对湿度 85%左右，正常光照管理。到第 7 d 再在 16～20 ℃下保湿 16～24 h。

④ 病情调查与分级标准。接种第 8 d 后进行单株病情调查，记录病级。单株病级的分级标准如下：

病级	病　　情
0 级	无任何症状；
1 级	接种叶上有稀疏的褐色斑点，不扩展；
3 级	接种叶上有较多斑点，多数凹陷，无霉层；
5 级	叶片病斑向四处扩展，叶背生少量的霉层；
7 级	病斑扩展面积占叶面积的 1/2 以上至 2/3 以下，有较多霉层；
9 级	病斑扩展面积占叶面积的 2/3 以上，有大量霉层。

根据病级计算病情指数，公式同病毒病。鉴定材料对霜霉病的抗性依苗期病情指数分为 5 级，抗性分级标准同黑斑病鉴定。

（三）细菌性病害

1. 黑腐病　病原：*Xanthomonas campestris* pv. *campestris*。

解永梅等 2005—2006 年从山东泰安、济南、烟台、威海等地采集大白菜黑腐病病害标样 25 份，室内分离纯化获得 65 个菌株。经致病性测定后选出致病力较强的 4 个菌株，对其进行了形态学观察、生物学特性测定和分子检测。研究表明，供试菌株生物学特性反应表现基本一致，16S－ITS rDNA 序列分析表明供试病原菌与 Genbank 中的 *Xanthomonas campestris* pv. *campestris* 的同源性是 99.63%。结合形态学特征和致病性反应，确认引起山东大白菜黑腐病的致病菌是 *Xanthomonas campestris* pv. *campestris*。

大白菜攻关协作组通过研究，提出了大白菜黑腐病苗期人工接种鉴定技术规程。具体操作方法参照《大白菜种质资源描述规范和数据标准》（李锡香等，2008）。

① 播种育苗。设庆丰或其他可替代的品种为抗病对照，鲁白 13 或其他可替代的品种为感病对照。其他播种育苗方法同上述病毒病鉴定。

② 接种液的制备。接种病原为从中国白菜主产区白菜病株上分离的主流菌株。供试菌株转接在肉汁胨或 PDA 斜面培养基上，于 27～28 ℃恒温箱内培养 2～3 d，然后加适量无菌水稀释后，用分光光度计比浊法调整菌液浓度至每毫升含有 5×10^7～5×10^8 个菌体，立即用于接种。

③ 接种方法。当幼苗长至 3～4 片真叶时移到定温室保温一夜，第 2 d 早晨用当时制备的细菌悬浮液通过微喷雾器接种，喷雾要均匀，直到滴落为止。接种后黑暗条件下保湿 2 d，室内相对湿度 95%～100%、温度 26～28 ℃。然后移到温室内继续培养，温室内温度控制在 20～30 ℃，正常光照管理。

④ 病情调查与分级标准。接种约 15 d 后进行单株病情调查，记录病级。单株病级的分级标准如下：

病级	病　　情
0 级	无任何症状；
1 级	接种叶水孔处出现褪绿斑，褪绿斑扩展深度≤3 mm；
3 级	3 mm＜水孔处最大病斑扩展深度≤6 mm；

5 级 6 mm＜水孔处最大病斑扩展深度≤10 mm；

7 级 10 mm＜水孔处最大病斑扩展深度≤15 mm；

9 级 水孔处最大病斑扩展深度＞15 mm。

根据病级计算病情指数，公式同病毒病。鉴定材料对黑腐病的抗性依苗期病情指数分为 5 级，抗性分级标准见表 10－8。

表 10－8 黑腐病群体抗性的分级标准

级 别	病情指数	代 码
高抗（HR）	≤10	1
抗病（R）	10～20	3
中抗（MR）	20～40	5
感病（S）	40～60	7
高感（HS）	60～100	9

关于黑腐病病原菌相关的基础研究，国内外都很缺乏。另外，目前中国大白菜资源中有一些抗黑腐病的材料。在芸薹属近缘种中也存在高抗黑腐病的基因，可通过远缘杂交将抗病基因导入大白菜中。

2. 软腐病 病原：*Erwinia carotovora* ssp. *carotovora*。

引起大白菜软腐病的病原菌主要是胡萝卜软腐欧氏菌胡萝卜软腐致病型，占 80％以上。苗期人工接种抗病性鉴定有离体针刺接种法（张凤兰，1992）和活体接种法（张光明，1995；臧威，2003）两种，4～8 片真叶期是抗性鉴定的适宜接种苗龄。对于大白菜苗期软腐病的抗性鉴定，离体接种可选用 4～8 片真叶期的幼苗，而活体接种则应以苗龄 7～8 片真叶为宜。

大白菜对软腐病的抗性，品种之间存在很大差异。抗病品种的愈伤速度较快。青帮直筒类型的品种，由于外叶直立，垄间通风良好，在田间发病轻；外叶贴地、叶球牛心类型的品种发病则重。柔嫩多汁的白帮品种抗病性一般都比青帮品种差。大多数高抗病毒病和霜霉病的品种，往往也抗软腐病。中国大白菜抗病育种起步较晚，而抗软腐病育种进展较慢，山东、黑龙江、北京等省、直辖市育种单位已在人工接种、抗源筛选、品种选育等方面取得了一些成绩，但由于抗源的匮乏，优质、高抗软腐病的种质资源材料的创新工作尚需长期艰苦的努力。

（四）生理病害

干烧心病和小黑点病是大白菜两种主要的生理性病害。

1. 干烧心病 大白菜干烧心病是由缺钙引起的生理性病害，在大白菜结球的前、中、后期和贮藏期都可发病，结球后期和贮藏期发病较重。干烧心病在田间始见于莲座期，病株表现为幼叶的边缘干枯或卷缩。较轻的病株，在收获时外观正常，剖开叶球可见到中部个别至部分叶片的软叶上部局部变干，灰黄色，呈干纸状。有时病部在大白菜的贮藏期继续扩展，使叶片上半部呈水渍状，叶脉暗褐色，表面黏滑，但没有臭味。严重时，病株没有食用价值。

干烧心病的鉴定方法主要有 3 种：

① 田间自然鉴定。即在田间状态下使植株自然生长，等结球收获后，切开叶球调查统计发病情况。此法耗时太长，而且受环境因素的影响较大，准确率不高，有些年份发病较重，有的年份发病很轻，很难鉴定出品种间的差异。

② 苗期鉴定法。张凤兰等（1994）、余阳俊等（2001）建立了苗期缺钙营养液无土培养鉴定法，此法优点是不受环境条件的限制，可排除外界因子的干扰，准确率高，而且比较省时。

③ 离体叶片溶液扦插鉴定法。根据 Na_2－EDTA 能将叶肉组织的 Ca^{2+} 固定成为难以利用的形态，叶片生长、叶肉组织的发育处在 GA_3 以及高温高湿条件下急速生长需要的 Ca^{2+} 增多，从而导致叶片旺盛生长组织高度的 Ca^{2+} 饥饿，是干烧心病发生的原因，日本学者吉川宏昭 1998 年建立了大白菜耐低钙简易鉴定方法，此法快速、简单、方便、省时，适于大量材料的快速鉴定。

大白菜对干烧心病的抗性品种间存在一定的差异，一般来说，合抱卵圆类型的品种易发生干烧心，而天津青麻叶类型的品种对干烧心病的抗性较强。杨晓云等（2006a）调查了 253 份大白菜自交系的耐低钙性，筛选出了 15 份耐低钙的材料和 8 份最不耐低钙的材料以及大量的中抗材料。这说明不同品种和材料对干烧心病的抗性存在较大的差异，即干烧心病的发生与大白菜的基因型有关。这也是今后干烧心病抗病育种工作的基础。

2. 小黑点病　小黑点病是指大白菜球叶叶柄表面产生小黑点样病变，是近几年出现的一种新的生理性病害，并且有发生越来越严重的趋势。小黑点病的发生严重影响产品的商品品质，在田间和贮藏期都可发病。栽培中过量使用氮肥，尤其是铵态氮会加重小黑点病的发生（杨晓云等，2006b）。国内外对小黑点病的研究尚少，日本农林水产省野菜茶叶试验场参照干烧心病离体叶片扦插鉴定方法设计了大白菜小黑点病苗期离体叶片扦插鉴定法，这种方法使离体叶片处在氮素过剩的状态下，人为地造成叶脉上小黑点的发生。该方法快速、简单，但准确性和稳定性较差。

大白菜对小黑点病的抗性品种间存在一定的差异，一般来说，合抱卵圆类型的品种易发生小黑点病，而天津青麻叶类型、华北直筒叠抱类型品种对小黑点病的抗性较强。

三、抗逆品种选育方法

品种的抗逆性是保障大白菜稳产的基础，也是扩大大白菜种植区域，实现周年生产的必要性状。春大白菜必须具备的首要性状是晚抽薹性。在大白菜三种基本生态型品种中，卵圆类型品种花芽分化较晚，冬性较强，表现晚抽薹；另外，由于春季气温逐渐升高，春大白菜还需具备一定的高温结球性。夏大白菜必须具备耐热性，即使在高温条件下也能正常结球。

（一）晚抽薹

1. 晚抽薹性的评价方法　Mero（1984）报道，采用 2～3 叶龄幼苗在 5 ℃低温条件下处理 6～7 周，调查显蕾期或短缩茎长短来评价晚抽薹性。余阳俊等（1996）发现，大白菜晚抽薹性与开花时的叶片数呈极显著的正相关。对于同一材料花芽分化越早，则叶数越少；相反，花芽分化越迟，叶数越多。开花时的叶数可作为判断材料或个体抽薹性状的一项间接指标。程斐等（1999）进一步研究指出，大白菜抽薹早晚与花芽分化临界期的相关系数为 0.979 4，呈显著正相关关系，可以用花芽分化临界期代替抽薹早晚，可在生育期进行晚抽薹性状选择。以上这些研究从大白菜的外部形态入手，为抽薹性的判断提供了较简便的外部形态指标。事实上，对抽薹性早晚的判断，一直沿用花芽分化早晚的鉴别方法。然而，花芽分化只是抽薹相关的生理过程之一，花芽分化开始后，抽薹过程还受温度和光周期的影响，在对日照长度要求不同的品种比较时，花芽分化越早并不意味着抽薹越早。由于大白菜系种子春化作物，在 0～13 ℃范围内，自种子萌动开始至成株的整个生长发育过程均可感应低温春化。针对这一特点，余阳俊等（2004）从研究种子春化处理的温度和时间、定植后的补光光强及光周期着手，进一步研究晚抽薹评价指标及其分级标准，建立了快速、简便、准确的晚抽薹评价方法：采用萌芽种子于 3 ℃条件下低温春化处理 20 d 后，播种于 20～22 ℃的温室，夜间用日光灯补光至光周期 16 h，补光光强 108～144 $\mu mol/(m^2 \cdot s)$。综合考虑现蕾、抽薹、开花性状，以抽薹指数作为形态评价指标，建立了 6 级抽薹调查分级标准、5 个抽薹评价等级。

以上都是在人工控制条件下大白菜晚抽薹性的快速评价方法。在实际育种过程中，结合田间植株经济性状的鉴定和筛选，也可通过抽薹率和短缩茎长等指标判断组合或亲本系的晚抽薹性。在相同生长条件下（低温和日照条件），一般来说短缩茎越短，晚抽薹性越强。

2. 晚抽薹种质资源 早在 20 世纪 60 年代，中国蔬菜工作者在西藏经历了几乎所有的大白菜品种普遍存在着先期抽薹现象的境遇后，陈广福等经过长期不懈的努力，终于选育出适合高海拔地区栽培的晚抽薹大白菜品种。说明中国复杂多样的地理和气候条件决定了晚抽薹遗传基因存在的可能性。日喀则 1 号便是西藏晚抽薹大白菜品种的典型代表。尽管如此，由于非高海拔地区当时没有春大白菜栽培的需求，国内众多育种工作者并未在晚抽薹育种方面收集资源和进行深入研究，导致晚抽薹大白菜育种工作滞后。相反，韩国、日本的大白菜资源虽然引自中国，但春大白菜育种和栽培开始较早，积累了一批晚抽薹材料，育成了一批商品品质优异的晚抽薹品种，如春夏王、强势、良庆等。近年来，随着中国春大白菜栽培的兴起，韩国、日本的春大白菜品种纷纷登陆中国。目前，国内市场上的晚抽薹的大白菜品种多为韩国、日本品种。

另外，日本发现的抽薹对低温有极高要求的欧洲芜菁材料“Manchescher market”，抽薹开花不需低温、只需要长日照条件的大阪白菜晚生，以及对低温和长日照都有很高要求的品种五月慢，都可以作为大白菜晚抽薹育种的良好的种质资源。

3. 晚抽薹大白菜的优势育种 由于晚抽薹为多基因控制的数量性状，且大白菜的早抽薹基因呈部分显性，晚抽薹基因呈隐性，晚抽薹材料与早抽薹材料杂交，F_1 的抽薹性表现为中间偏早。因此，利用杂种优势育种难以收到提高晚薹抽性的显著效果，双亲需同时具有晚抽薹性才能育成一个晚抽薹性强的 F_1 品种。开展大白菜晚抽薹育种，必须先筛选、纯化双亲的晚抽薹性。根据大白菜的晚抽薹性遗传以加性效应为主且遗传力较高的原理，采用常规杂交转育和系统选择的方法可以在转育和纯化晚抽薹育种材料方面取得良好的效果。

选育晚抽薹育种材料的技术途径有三：一是从现有育种材料中筛选，或从引进杂交种自交分离材料中筛选，或通过种内及种间杂交转育。由于国内大白菜晚抽薹种质缺乏，从现有育种材料中选育效果不佳，因此，以引种春大白菜品种做种质资源进行自交分离从中筛选晚抽薹材料已成为主要途径。然而，由于韩国、日本地处海洋性气候，多数引进的春大白菜品种病毒病抗性较差，难以通过自交分离直接利用。解决这一问题的最好途径是把外来的晚抽薹性状转育到国内的抗病材料上，即通过杂交、回交途径提高外来晚抽薹品种的抗病性，同时通过这一途径还能拓宽育种材料的遗传多样性。

由于目前春大白菜材料的小孢子培养胚诱导成功率极低，因此，加快晚抽薹育种材料的纯化速度主要采用人工加代方法。

中国近几年育成和推广了一批春大白菜品种，如京春 99、京春白 2 号、改良京春绿、京春黄、京春黄 2 号、鲁春白 1 号、天正春白 1 号、春优 1 号、春优 2 号、春珍白 3 号、德高春、陕春白 1 号等，但在生产上推广面积还不大。

4. 耐热性大白菜优势育种

(1) *大白菜耐热性鉴定方法* 由于形成正常的叶球是大白菜生产的先决条件，因此，田间自然高温条件下的结球性被认为是鉴定大白菜耐热性的最为可靠、也是被广泛采用的指标，而且通常把在平均气温持续超过 25 ℃的环境条件下的结球率作为大白菜耐热性鉴定指标（表 10－9）。以高温下结球

表 10－9 田间耐热性鉴定分类标准

耐热性	高温下结球率
耐热（T）	80%以上
中等耐热（M）	60%～80%
不耐热（S）	60%以下

率鉴定大白菜耐热性一般在夏季田间进行，而完全通过人工气候模拟难以实现。由于品种的生态型差异，大多数南方生态型品种在北方露地种植时常生长不良甚至死亡。因此，在南方或海洋性气候区可以在露地种植鉴定，北方或大陆性气候区应在塑料大棚或网棚内进行，以避免高温以外其他因素的不利影响。结球标准以手压叶球达中等以上紧实度为准。

吴国胜等（1995）提出的室内人工苗期热害指数鉴定法克服了季节限制及气候变化的影响，该方法提出苗期经 32 ℃、10 d 的高温胁迫，叶片皱缩反卷作为大白菜发生热害的代表症状，能够稳定准确地鉴别品种的耐热性，并把代表症状划分为 0、1、3、5、7 级（表 10－10，图 10－6），从而用热害指数衡量品种或材料的耐热性（表 10－11）。

表 10－10　热害调查分级标准

级别	特　征
0	幼苗生长正常，无明显热害症状
1	幼苗生长正常，新叶叶缘轻度反卷
3	新叶轻度皱缩，叶缘中度反卷
5	叶片中度皱缩，叶片严重反卷
7	叶片严重皱缩反卷，呈细条状

表 10－11　热害指数法耐热性鉴定分类标准

耐热性	热害指数
耐热（T）	0～14.29
中等耐热（M）	14.30～42.86
不耐热（S）	42.87～71.43
极不耐热（SS）	71.44～100

$$热害指数 = \frac{\sum(级数 \times 各级株数)}{最高级数 \times 总株数} \times 100$$

0级　1级　3级　5级　7级

图 10－6　热害分级标准

（吴国胜，1995）

电导法虽然在耐热性鉴定中被普遍采用，但关于电导百分率与品种耐热性的相关性，各研究结论不尽一致。罗少波等（1996）研究认为电导法测定的电解质渗透率在品种间有显著差异，与高温结球率之间有极显著的负相关性，可以鉴定大白菜的耐热性。司家钢等（1995）研究认为，直接用电导百分率来评定大白菜品种的耐热性不够准确，应利用高温处理后与未处理间的电导百分率的相对差异来反映大白菜品种的耐热性。司家钢等还认为半致死温度、半致死时间以及高温胁迫后的变化可较好地反映品种间的耐热性差异，呼吸强度、脯氨酸含量等均与品种耐热性成正相关，可以作为鉴定品种耐热性的生理生化指标。

（2）*大白菜耐热种质资源* 大白菜原产于中国，喜好冷凉气候，多栽培在温带地区。然而，在中国华南地区及东南亚的热带和亚热带地区，气候炎热、多雨，大白菜经过长期自然驯化和人工选择，形成了适于当地气候的耐热大白菜类型。这些耐热大白菜品种通常具有耐热、耐湿、早熟、个体小、高温下结球性良好的特性。国内利用较多的耐热大白菜品种早皇白是广东省的地方品种，“亚蔬”类型的耐热材料来源于福建省的漳浦蕾品种。亚洲蔬菜研究发展中心（中国台湾）和泰国正大都曾培育出一批优良的耐热大白菜 F_1 品种。国内从 1986 年开始先后从国（境）外引进了一些耐热品种，有的直接用于生产，或作为耐热资源材料培育出适合本地消费习惯的耐热新品种。

（3）*耐热大白菜优势育种* 在国内较早推广的耐热大白菜杂种一代品种为从日本引进的夏阳。但是，在中国的南方地区，地方品种早皇白由于价格低廉且耐热、极早熟、品质脆嫩，符合地方消费习惯，至今还占有相当面积。

20 世纪 80 年代以来，中国直接或间接地利用“亚蔬”类型的耐热材料进行了大白菜耐热品种研究、选育工作，培育了一大批不同类型的耐热大白菜一代杂种。目前，国内外依然采用自交不亲和系进行杂种优势育种。由于大白菜耐热性为数量性状，显性效应不显著，因此要求双亲都具有耐热性，否则杂种一代耐热性减弱。然而绝大多数耐热材料集中在南方地区，且通常个体较小，基因范围狭窄，杂交后产量优势小，因此如何提高耐热大白菜叶球大小已成为耐热大白菜育种的一个难题。

目前生产上推广应用的杂种一代耐热大白菜品种主要有：夏阳、亚蔬 1 号、正暑 1 号、京夏王、京夏 1 号、京夏 4 号、京研快菜、夏优 1 号、夏优 3 号、夏珍白 1 号、夏翠、胶白 6 号、鲁白 13、夏丰、早熟 5 号等。

四、优质品种选育方法

（一）品质主要构成因素

大白菜的品质可以分为商品品质、营养品质和风味品质。

1. 商品品质 商品品质是指大白菜作为商品上市时，决定其商品等级的性状，主要是一些能够进行外观评价的形态性状，包括球色、球型、球的紧实度、球的大小和重量、球心叶色等。对商品品质的要求，因食用与消费习惯的不同往往存在着较大的地区差异，如北京地区喜欢直筒、绿帮、核桃纹类型的品种，天津地区喜欢青麻叶类型的品种，河南省和西北地区喜欢平头、叠抱、倒锥类型的品种。一般来说，优质品种的外叶不要过大，外叶数少，叶球紧实、不易裂球，叶色、球色和球型要符合当地的消费习惯。

2. 营养品质 营养品质主要取决于叶球营养成分的含量，同时也受有害成分含量及污染残留物的影响。大白菜的营养价值在于可提供人体所需的矿物质、维生素和粗纤维。因此，高营养品质的品种要求干物质、可溶性固形物和维生素 C 含量高，粗纤维含量适中，硝酸盐含量低，不含农药等残留物质。近几年选育的黄心和橘红心类型的品种其干物质的含量较高，而且 β-胡萝卜素的含量比一般品种高 6～8 倍。

3. 风味品质 对风味品质的要求往往因食用方法及膳食习性不同而异。一般生食时，要求脆嫩、多汁、味甜、无异味。风味品质也与氨基酸的种类和含量有关。赵义平（1987）认为，大白菜的风味品质与营养品质有一定的关系，风味与蛋白质、还原糖和粗纤维的含量相关显著，对风味品质影响的重要性是还原糖＞粗纤维＞蛋白质。

（二）优质品种选育

大白菜的优质育种，过去主要重视商品品质的选育。近年来随着国民生活的不断提高，营养品质和风味品质的育种也越来越受到重视，成为重要的育种目标之一。

1. 品质鉴定方法　大白菜是以肥硕的叶球为产品器官。因此，鉴定大白菜的商品品质主要是调查叶球的形状、大小（球高、球粗、球重）、色泽（外叶色、心叶色），甚至结球方式、球顶状况、叶球紧实度、个体间整齐度等。调查方法可以参照标准《植物新品种特异性、稳定性、一致性测试指南　大白菜》进行。大白菜含有的多种营养物质，是人体所必需的维生素、矿物质及膳食纤维等营养物质的重要来源。大白菜含有丰富的钙和维生素 C 及胡萝卜素等，同时，也含有蛋白质、糖、有机酸等营养成分。对大白菜风味品质的鉴定与评价，除了靠感官品尝外，还采取与风味品质有关的营养成分和风味物质的测定分析、叶部解剖结构的观察等手段，使风味品质的评价更为客观、准确。对大白菜感官品质的测定一般分生食和熟食两种，生食主要考察多汁度、脆度、甜度、有无苦味、有无辣味、纤维多少等；熟食主要考察鲜味、甜味、易煮烂程度等。对风味品质的评价目前无统一的标准可供参考。一般采用的方法是无论生食和熟食都是把待鉴定品种统一编号，采用相同的方法进行烹调后，请 8～10 人进行品尝并采用系统评分法评定打分，根据打分的结果判定品质的优劣。

2. 品质育种

(1) *制定明确的品质育种目标*　品质目标要落实到品种的球叶抱合方式、叶球形状、球叶色泽、叶球紧实度、叶球整齐度、耐贮运性、晚抽薹性（春夏大白菜）、单球重等商品性状。同时，要对营养品质和风味品质提出比较明确的性状指标，如是否适于生食，生食时球叶质地是否脆嫩、味甜、无辣味；熟食则应口感绵软、易嚼烂、味鲜美。要对球叶干物质含量、可溶性糖含量、有机酸含量、氨基酸含量，以及主要风味物质含量等进行测定和分析。营养品质性状多属数量性状遗传，易受环境条件影响，其营养成分指标只要在适宜范围内即可，不宜做硬性规定。

(2) *品质育种的工作程序*　从亲本系选择、杂交组合选配，到 F_1 品比试验，首先要进行的是商品性状的鉴定。商品性状不符合育种目标要求就应将其淘汰。商品性状符合要求者，可进行品质的感官鉴定，评价其生食、熟食品质是否符合育种目标要求，淘汰那些感官鉴定表现不良者。对感官鉴定符合育种目标要求者，可取样进行营养成分和风味物质的测定，明确其干物质、可溶性糖、维生素 C、有机酸、氨基酸、粗纤维、蛋白质等营养成分的含量，有条件的可同时进行风味物质含量的测定。根据以上程序，可将评判、测试结果进行综合分析，对入选亲本系或 F_1 品种做出品质的综合评价，最后选出符合优质目标的优良品种。

五、不同熟性品种的选育方法

（一）熟性的划分

目前生产上使用的品种由于栽培季节和栽培地区的不同，对品种的生长期有不同的要求。另外，为了满足周年栽培、周年供应的要求，也应该早、中、晚熟品种搭配使用。根据目前生产上应用品种生育期的特点以及育种家的观点，白菜品种熟性的划分见表 10－12。

表 10－12　大白菜熟性的划分

熟性级别	极早熟	早熟	中熟	中晚熟	晚熟
从播种到收获的天数（d）	<50	50～65	66～75	76～85	>85

（二）不同熟性的品种选育

大白菜的熟性也称生长期，是指从播种出苗到叶球成熟（收获）的天数。熟性和叶球大小也是重要的商品品质性状。因此，要选育不同熟性和不同叶球大小的品种，首先要利用不同熟性的种质资源选育出具不同熟性和不同叶球大小的亲本系，再利用不同熟性的亲本系选育出符合市场要求的不同熟性的品种。随着消费者和市场需求的变化，生长期在 90 d 以上、单株球重在 7.5 kg 以上的品种已很少应用；生长期 60、70、80 d 左右，单株球重 2～3、3～4、4～5 kg 的品种更受欢迎。春大白菜多为生长期 60～70 d 的品种，夏大白菜多为 45～55 d 的品种，早秋大白菜多为 55～65 d 的品种，秋大白菜多为 75～85 d 的品种。另外，近几年发展起来的“娃娃菜”则是需要在高密植（120 000～150 000 株/hm^2）下生长期 55～60 d、单球重 0.5～1 kg 的品种。

六、高产品种选育方法

（一）产量构成因素

大白菜以叶球为产品器官，其单位面积的产量（指经济产量）构成因素包括：单株重、单位面积株数、净菜率，以及品种结球性状的一致性，即品种的整齐度、结球率。因为净菜率高低影响单位面积株数和单株叶球重，因而也影响单位面积产量。

在大白菜育种中，不论适合哪个季节栽培的品种，也不论熟期早晚，品种的丰产性都是育种的重要目标性状，也是大白菜生产所追求的主要目标之一，只是随着市场和消费需求的变化，产量在众多育种目标中的权重有所变化，即不再是追求的唯一目标，需要兼顾品质、抗病性、抗逆性、商品性、适应性等众多目标性状。

1. 单株重 大白菜的单株重主要包括外叶和叶球两部分。由于大白菜品种类型多，生长期长短差异显著，故叶球重差异很大。在大白菜单球重的构成中，主要是球叶数和球叶重两大因素，根据球叶数和球叶重在单株重中的贡献率不同，大白菜分为叶数型、叶重型和中间型品种。一般来说，合抱卵圆类型品种球叶数多，其球叶数在叶球构成中占的比重较大，故称之为叶数型品种类型。而叠抱平头类型品种与之不同，其单株球叶数明显偏少，平均球叶单叶重则高得多，其球叶重在叶球构成中占的比重较大，称之为叶重型品种类型。拧抱直筒类型品种的叶数、叶重则规律性较差，叶数多偏少，但有叶数偏多的品种；叶重则多介于叶重型和叶数型品种之间，为中间型品种类型。

2. 单位面积株数 在单位面积产量构成中，单位面积株数是重要因素。但是，由于不同类型之间株型差异较大，即大白菜莲座叶状态有平展、半直立和偏直立的差别，其影响叶面积指数的合理数值，即影响植株的光合效率和光能利用率。就不同类型品种而言，莲座叶偏直立的直筒类型品种，其叶丛开展度较小，单位面积种植株数较多；卵圆类型品种，莲座叶多半直立，其叶丛开展度偏大，单位面积种植株数应适中；平头类型品种，莲座叶多偏平展，其叶丛开展度大，单位面积种植株数较少。另外，因为不同生长期的品种株型大小差异也很大，因此单位面积的株数差异较大。

3. 净菜率 净菜率是大白菜一个重要的经济性状，原则上净菜率的高低标志着生物产量中经济产量所占的比值，净菜率高说明品种的经济产量高。大白菜以叶球为产品器官，但由于不同品种类型包球方式的不同，计算净菜率的实际标准则往往不同。例如，对叶球与莲座叶（外叶）易于区分的合抱卵圆类型品种和叠抱平头类型品种来说，大多以叶球重作为净菜重，即平均叶球重/平均植株总重×100%为净菜率（一般取 10～20 株计算平均重）。而对于花心品种和直筒类型品种来说，叶球与莲座叶（外叶）则较难严格区分，多带 1～2 层护球叶作为净菜重，有的还将叶球顶端叶梢部分削去后作为净菜重。另外，近年来越来越提倡净菜上市，消费者买到的菜基本上就是净菜。不同类型的品种净菜率差别也很大，一般来说，合抱卵圆类型品种净菜率较高，直筒类型品种次之，叠抱平头类型品种较低。

4. 结球整齐度和结球率 该性状是大白菜的主要经济性状，尤其是结球性状的一致性，即品种的整齐度如何，以及品种结球率的高低对单位面积产量有重要影响。品种整齐度如何，一要看植株个体大小是否一致，或者说个体间生长期长短是否一致；二要看植株个体间结球能力，即结球性是否一致。这两者都影响单株球重和产品的商品性，这是影响大白菜单位面积产量的重要因素，也是育种工作中必须高度重视的重要目标之一。目前使用的 F_1 品种一般都具有很高的整齐度和结球率。

（二）高产品种的选育

根据第三节描述的大白菜产量性状的遗传规律可见，大白菜的产量是杂种优势十分显著的性状。因此，利用一代杂种优势进行高产品种选育是可行的技术途径。育种实践的结果表明，在选配的大量杂交组合中，有 50%以上的组合，其 F_1 的产量超过双亲，即说明了这一点。在丰产组合选配时，既要注意亲本材料的一般配合力，也要特别关注组合的特殊配合力。在亲本系选育中，不仅要注重主要经济性状或特异性状的选择，还要重视亲本系配合力的选择。可以在入选育种材料（地方品种，甚至杂交种）时进行初步的配合力测定，而后在亲本系选育过程中，在注重主要经济性状选择的同时，最好也参考配合力测定的结果作为入选材料的依据，待亲本系选育基本完成时，再进行配合力（含一般配合力和特殊配合力）的全面测定，并筛选出优良杂交组合，配制 F_1 种子安排品比试验。实践证明，从高配合力亲本后代内比较容易得到高配合力的亲本系。另外，高产育种只是大白菜育种的一个重要目标性状，亲本系选育既要十分重视双亲在产量构成因素上的互补，以利于获得产量杂种优势明显的杂交组合；同时要重视所获得的产量优势组合在球叶抱合方式、球型、叶色等方面是否符合市场的消费习惯。

第五节　杂种优势利用

大白菜的杂种优势十分显著。近年来由于自交不亲和系以及不育系选育技术的进步及其在杂交制种上成功应用，大大加快了大白菜品种的杂优化进程，优势育种已成为大白菜育种的主要途径。目前生产上应用的品种基本上全部为一代杂种。

一、杂种优势的表现与育种程序

（一）杂种优势的表现

大白菜两个不同的亲本系杂交后，杂交一代大多表现为在生长势、株高、开展度、叶片大小、叶片数、单株重、单球重、抗病性、抗逆性等方面超过亲本。大白菜杂种优势的主要表现如下：

（1）*生长势*　大白菜杂种一代生长势具有明显的优势，与亲本相比无论是生长速度，还是生长量都明显加快。杂种优势从苗期就能表现出来，幼苗叶片肥大、根系发达、生长旺盛。进入结球期生长优势进一步扩大，与亲本相比表现在：植株高大，长势强，叶片明显加厚，叶面积显著增大。

（2）*丰产性*　大白菜 F_1 代不但具有明显的生长势强的优势，其强大的植物体还为丰产打下了坚实的基础。F_1 代产量优势明显，表现在株高、开展度、叶片大小、叶片数、单株重、单球重等都超过双亲。

（3）*抗病性*　大白菜主要病害有病毒病、霜霉病、黑斑病及黑腐病、软腐病等，其发病季节主要在夏秋季节。利用杂种优势提高大白菜品种的抗病性是抗病育种的主要途径。大白菜主要病害的抗性多为数量性状，但都有主效基因存在，F_1 代抗病性大多介于双亲之间且多数组合偏向抗病亲本。因此抗病育种在亲本的选择上，最好双亲都为抗病材料，或至少双亲中有一个亲本为抗病亲本。

（4）*抗逆性*　大白菜的抗逆性主要表现在晚抽薹、耐低温、耐热性等，主要是春播和夏播大白菜品种的目标性状。同抗病性一样，大白菜的抗逆性也多为数量性状，F_1 代抗性大多介于双亲之间且多数组合偏向抗性亲本。因此抗逆育种在亲本的选择上，最好双亲都为抗逆材料，或至少双亲中有一个亲本为抗逆亲本。

大白菜的杂种优势是普遍存在的，但并不是任何两个亲本系杂交都表现杂种优势，而且即使是同一组合，它的不同性状表现的优势程度也是不同的。因此，在优势育种中亲本系的选择和选配非常重要。

（二）优势育种程序

大白菜优势育种程序如图 10－7 所示，首先是确定育种目标，根据育种目标广泛搜集种质资源，然后对收集到的种质资源进行鉴定评价，并通过杂交、回交等手段富集优良基因，对已有资源进行创新改良，进而进行自交系、自交不亲和系或雄性不育系的选育。该过程可以通过 DH 育种技术或分子标记辅助选择进行，并同时对产量、品质、抗病性及其他经济性状进行鉴定。对已入选的优良亲本系进行杂交组合选配，测定配合力。将入选的优良组合用生产上的主栽品种作对照，进行品种比较试验，选出的优良杂交组合参加多点区域试验，经生产试验后申请品种审定（品种登记）和推广。

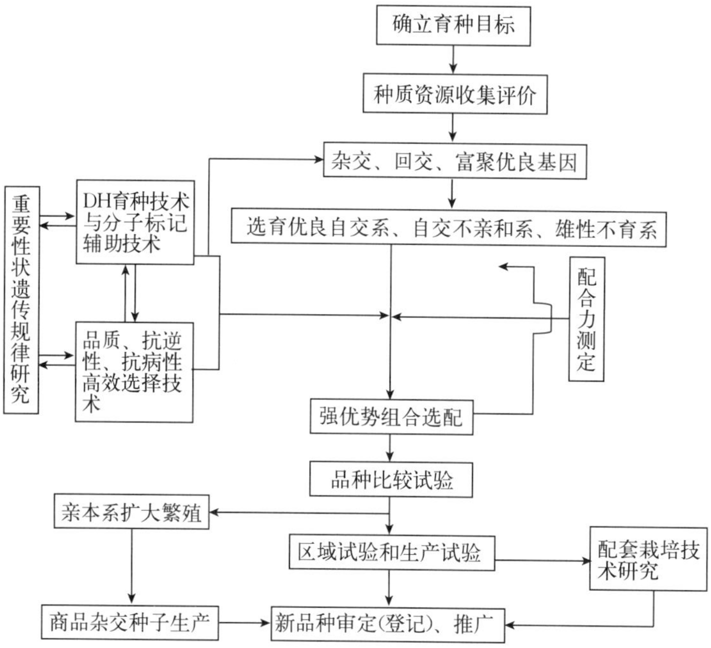

图 10－7 大白菜杂种优势利用程序示意

二、自交不亲和系选育与利用

自 20 世纪 70 年代以来，在大白菜的杂交种子生产中，自交不亲和系利用一直作为杂交制种的主要途径在应用。利用自交不亲和系配制杂交种有较多优点：不需要选育保持系，简化了育种程序；正反交杂交种子都可以使用，种子产量高；自交不亲和性在大白菜中广泛存在，其遗传机制比较清楚，而且容易获得自交不亲和系。但是，利用自交不亲和系的难点是自身繁殖系数低，需要采取“蕾期授粉”，费工费时，增加了种子的生产成本，同时，随着自交代数的增加，不可避免会出现经济性状的退化。有些自交不亲和系用蕾期繁殖结实率也很低，更增加了繁殖成本和亲本保存风险。20 世纪 90 年代以来，采用喷盐水法克服自交不亲和性，收到了明显的效果。这一技术被中国大白菜育种界广泛采用，大大降低了自交不亲和系的繁殖成本，使自交不亲和系在大白菜制种中得到广泛的应用。

（一）自交不亲和性的分子生物学基础

十字花科植物自交不亲和性的分子生物学研究进展较快，但以大白菜为材料的研究并不十分充分，因此大白菜自交不亲和性的分子生物学机理必须参照整个芸薹属植物研究结果。芸薹属植物中普遍存在一个以 S 基因介导的自交不亲和信号传导途径，包含 S 位点糖蛋白基因 *SLG*（S-locus glycoprotein）和 S 位点受体激酶基因 *SRK*（S-Locus receptor kinase）两个雌性决定基因，花粉外壳蛋白基因 *SCR/SP11*（S-locus cysteine-rich protein/S-locus protein11）这一雄性决定基因，以及其他与自交不亲和性反应的有关基因。对这些基因的鉴定和功能解释已进行了较深入的研究。

1. S 位点糖蛋白基因 *SLG* 和 S 位点受体激酶基因 *SRK*　S 位点糖蛋白基因最初是从芜菁和甘蓝柱头乳突细胞中鉴定分离纯化出的，在白菜中也发现了这种物质，正是这种蛋白质抑制了花粉的萌发和花粉管的伸长。S 位点糖蛋白 SLG 是与 S 位点紧密连锁的可溶性胞外碱性蛋白，分子质量为 55～65 ku（Hinata 和 Nishio，1978）。基因型不同，SLG 分子质量有所差异（Nasrallah et al.，1984）。SLG 蛋白分布在柱头乳突细胞的细胞壁和胞间区，在成熟的柱头乳突细胞壁中大量积累，其基因表达时间与植物自交不亲和性表达时间关联。SLG 氨基酸序列由一个外显子编码，总长 436 个氨基酸，N-端由 31 个氨基酸序列构成 1 个信号肽，功能蛋白包括 405 个氨基酸和几个数目不等的 N-糖化位点，不同 S 基因编码的 SLG 的 N-糖化位点排列位置不同，表明了 SLG 的分子多样性。SLG 的氨基酸序列分成了 3 个区域：氨基端约有 80%保守性，包括第 1～181 个氨基酸残基；第 182～268 个氨基酸残基变异幅度较大，只有 52%的保守性；羧基端保守性约为 78%，其中包括 12 个保守的半胱氨酸残基（Nasrallah et al.，1989）。目前已经从芸薹属植物分离提取了多种编码 SLG 的基因，白菜中就有 *SLG-8*、*SLG-9*、*SLG-10*（Goring 和 Rothstein，1992）等。

S 受体激酶基因（S-locus receptor kinase，SRK）是在 SLG 基因鉴定之后发现的与 S 位点紧密连锁的又一雌性决定因子（Howlett et al.，1991），该基因与 SLG 密切相关，一般认为 SRK 在柱头乳突细胞拒绝不亲和花粉的信号传递过程中起核心作用（华志明，1999）。SRK 是一种跨膜的蛋白质激酶，它位于柱头乳突细胞质膜上，其氨基酸序列除包含一个信号肽，还包括 3 个区域：第 1 个是与 SLG 具有高度一致性的 S 区域 SRK 的胞外/受体区域，该区域包含 N-糖化位点和 3 个变异区域以及 12 个完全保守的半胱氨酸残基区域；第 2 个区域是一个跨膜结构区域；第 3 个是与丝氨酸/苏氨酸受体蛋白同源的激酶区域，一般认为该区域为 SRK 的功能区域（Stein et al.，1991）。许多转基因试验证明 SRK 是自交不亲和反应中雌蕊一方的首要因子（Yu et al.，1996）。

2. 花粉外壳蛋白基因 *SCR/SP11*　自 SLG 和 SRK 基因鉴定以来，众多的研究者就致力于鉴定雄性决定因子。Suzuki 等（1999）最先在白菜 S9 纯合植株花粉表达基因中发现一个编码富含半胱氨酸蛋白的基因 *SP11*，*SP11* 在花药组织中特异表达，其产物在减数分裂后期积累。几乎同时 Schoper（1999）也发现一个决定花粉 S 单倍型特异性的 S 位点基因 *SCR*，很快 Takayama（2000）发现 *SP11* 和 *SCR* 基因序列完全相同，实质为同一个基因，确认为 *SCR/SP11* 基因。将 *SCR/SP11* 转入自交不亲和芸薹属植物后，表达转入的 *SCR/SP11* 基因的转基因植株在花粉中要求转入基因的 S 单元型特异性，而不是在柱头上，表明 *SCR/SP11* 是雄性决定因子。再者，自交亲和系花粉的自交不亲和功能缺失与 *SCR/SP11* 基因缺失有关，表明 *SCR/SP11* 对花粉自交不亲和特异性是必要的，进一步证明 *SCR/SP11* 是自交不亲和的雄性决定基因。*SCR/SP11* 编码的 SCR 蛋白是一个 8.4～8.6 ku 大小的亲水蛋白，包含 8 个保守的半胱氨酸残基（Schoper，2000）。

3. 其他与自交不亲和有关的基因　其他与自交不亲和有关的基因有 S 位点相关基因（S-locus related，SLR）（Lalonde et al.，1989）、M 位点蛋白激酶（M-locus protein kinase，MLPK）（Sophia et al.，2003）和臂内重复蛋白 ARC1（arm repeat containing 1）（Murase et al.，2004）。

（二）自交不亲和系选育与利用

1. 优良自交不亲和系应具备的特性

（1）具有高度的花期系内株间自交不亲和性，大白菜自交亲和指数要小于2，而且遗传性相对稳定，不因世代环境条件、株龄、花龄等因素而发生变化。

（2）蕾期授粉有较高的自交亲和指数，以降低生产自交不亲和系原种的繁殖成本，大白菜蕾期自交亲和指数最好大于6。

（3）自交多代后生活力衰退不显著。

（4）具有整齐一致和符合育种目标要求的经济性状。

（5）与其他自交不亲和系杂交时具有较强的配合力。

（6）胚珠和花粉均有正常的生活力。

2. 自交不亲和性的鉴定方法

（1）*亲和指数测定法* 在盛花期选3～5个花序在1～2次内完成30～40朵花的自花授粉，记录授粉花朵数，待种子收获后调查种粒数。根据以下公式计算亲和指数。

$$SI=n/N$$

式中：SI 为亲和指数；n 为结籽粒数；N 为授粉花朵数。

$SI<2$ 的株系为自交不亲和系。

（2）*荧光显微镜观察法* 在花朵自花授粉16～24 h后，将雌蕊切下，放在60% NaOH溶液中软化，然后用苯胺蓝染色，再将柱头和花柱压碎后进行镜检。不萌发花粉管或萌发少的为不亲和；萌发花粉管数中等的为弱不亲和；萌发花粉管数多者为亲和。

3. 自交不亲和系选育与利用 选择具有良好的经济性状、符合育种目标的地方品种、常规品种、F_1 品种或多亲本复合杂交获得的材料，在 S_0 代进行单株自交，每材料入选10～20株进行自交不亲和测定。在严格的隔离条件下，花期自交测定亲和指数，蕾期自交授粉繁殖种子。选择田间经济性状表现优良且自交亲和指数低的株系进入下一代鉴定和选择。在 S_1、S_2 代进行单株自交分离、筛选的同时，可用半轮配法测定株间不亲和性，分析单株基因型间的关系，入选单株和株间亲和指数都低的植株。在 S_3、S_4 代，采用株系内混合授粉或株间成对授粉法进行花期系内兄妹交测定亲和指数，若亲和指数小于2，即为自交不亲和系。育成1个自交不亲和系一般需要连续自交选择5～6代。

利用自交不亲和系配制杂交种是目前国内常用的杂交制种方法。自交不亲和系育成后，要按照育种目标要求，根据大白菜各性状的遗传规律，本着双亲性状互补的原则进行大量的组合选配工作。

以北京新3号（为品种审定和植物新品种保护证书上的名称）的选育为例（图10-8），说明自交不亲和系的选育过程。该品种亲本832172系1983年采用多亲本杂交后经多代选育而成，亲本84427于1984年从山东地方品种胶县二叶中筛选而成。亲本832172-4-3-21-23-1-1为稳定的自交不亲和系，亲和指数为0.23；亲本84427-2-23-1-24-103为稳定的自交不亲和系，亲和指数为2.0。北京新3号1989年试配，同年进行品比试验。1994—1996年参加了北京市区域试验，1995—1996年参加了北京市生产示范。

北京新3号品种选育的创新之处在于利用多材料复合杂交后再进行连续自交选育出了直筒叠抱、抗病、耐贮的种质材料832172，结合从优质的地方品种胶县二叶中自交选出的自交不亲和系84427，育成了北京新3号品种。其突出优点为：①结球紧实，净菜率高，品质佳；②叶球上下等粗，外观好，便于包装和运输；③适应性广，耐贮藏。北京新3号近年来推广迅速，特别在北京、河北、天津、山东、辽宁等地推广面积较大，已成为这些地区大白菜的主栽品种，并继续扩大至河南、江苏、安徽的部分地区种植，是中国近10年来栽培面积最大的秋大白菜品种之一。北京新3号由于耐贮运，现已成为中国北菜南运量最大的大白菜品种。

在中国大白菜的杂种优势育种中，育成了几个有影响的杂种一代品种，如青杂中丰、山东4号、丰抗70、早熟5号、北京小杂56、秦白2号、郑白4号、山东19、北京新3号、改良青杂3号（87－114）等。下面再列举几个代表性品种的选育过程：

（1）青杂中丰　青岛市农业科学研究所于1973年育成，是通过连续7年的自交纯化和亲和指数测定，从福山包头和城阳青中选育出性状稳定的福山包头自交不亲和系15－5－16及较稳定的自交不亲和系中青73－17－1。在自交不亲和系选育过程中，进行了组合力的测验，选育出福山包头自交不亲和系×中青（中型城阳青）71－5－1－6正反交的优良组合。在青岛地区1973年多点试种，1974年进行示范，受到消费者的欢迎。1975年开始推广，定名为“青杂中丰”。该品种双亲1∶1隔行栽植，系间自然杂交率100%及98.1%，正反交性状一致，杂种优势明显；中晚熟，生长期85～95 d；抗病力强；每公顷产净菜75 000～127 500 kg，比当地主栽品种城阳青增产20%～64.6%；外叶少，帮子薄，品质好，是中国最早育成的大白菜一代杂种。

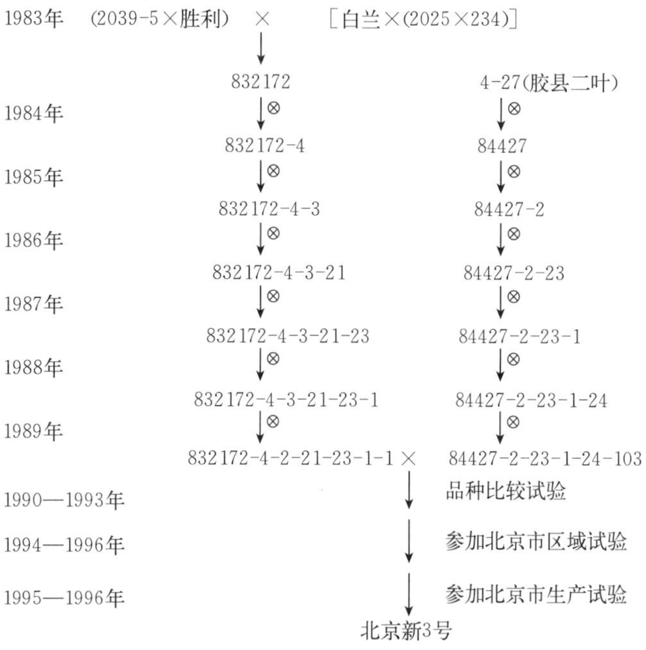

图10－8　北京新3号选育过程示意

（2）早熟5号　浙江农业科学院蔬菜研究所选育的大白菜品种。具有耐热、优质、适应性强、产量高等特点，且生长期短，上市期正值9～10月蔬菜淡季，种植经济效益显著。浙江省农业科学院蔬菜研究所自1978年起，广泛收集国内外耐热、抗病、优质等不同基因型的种质资源80余份，进行田间观察、鉴定和自交纯化。1983年开始选取具有不同优良性状的早熟亲本材料，配制42个杂交组合进行对比试验，同时对配合力强的亲本进行连续自交，按系谱选育。每年测定自交材料的不亲和性、生活力及经济性状、蕾期自交的结实性和配合力等，根据这些方面综合评价，最后选出了自交不亲和系10383－1和二环系26－5－4－5配制的优良杂交组合早熟5号。早熟5号株高31 cm，开展度40 cm×45 cm，最大叶长36.7 cm，宽25.5 cm，深绿色；中肋长20 cm，宽6 cm，白色；叶片厚，无毛。叶球高25 cm，横径15.5 cm，叶球重1.3 kg，球形指数1.6，球叶数23片，净菜率70.04%。未结球时外观好，质嫩、风味佳，也是作小白菜栽培的良好品种。

（3）丰抗70（鲁白8号）　山东省莱州市西由种子公司1985年育成。鲁白8号的亲本为石特79－3－10－1－3－10－2和冠291两个自交不亲和系。石特79－3－10－1－3－10－2是以山东省农业科学院蔬菜研究所提供的石特1号自交系作原始材料，经过3年纯化鉴定育成，亲和指数为0.99；冠291也引自山东省农业科学院蔬菜研究所。在对亲本纯化的同时进行杂交组合的试配及其鉴定。在1985年品种比较试验中，该组合每公顷产量202 875 kg，比对照山东4号增产30.85%。1986年继续进行品种比较试验，每公顷产量162 495 kg，比山东4号增产16.9%，比山东7号增产20.9%。生产示范中，每公顷产量180 975 kg，比山东7号增产27.8%，产量居参试品种第一。1987—1988年参加山东省大白菜区域试验。该品种植株开展度65 cm，株高40～45 cm。外叶较少，叶色黄绿，叶面皱，叶柄白色，帮小而薄。叶球叠抱平顶呈倒锥形，球心闭合，单球重6～9 kg。抗病毒病，较抗软腐病、霜霉病。中熟，生育期70～75 d，丰产性好，一般每公顷产净菜75 000～120 000 kg，品质好，净菜率75%以上，适应性广。

在大白菜的优势育种中，骨干亲本的选育和利用发挥了极其重要的作用，每个骨干自交不亲和系或其衍生系被众多育种单位利用，育成了多个品种，这些品种在生产中发挥了极大作用。如从北京小青口中选育的2039－5（图10－9），从石特1号选育的石特79－3、石特826（图10－10），从福山包头选育的福77－65（图10－11）和从青麻叶类型的黑牛城小纹选育的黑229、黑265（图10－12）。

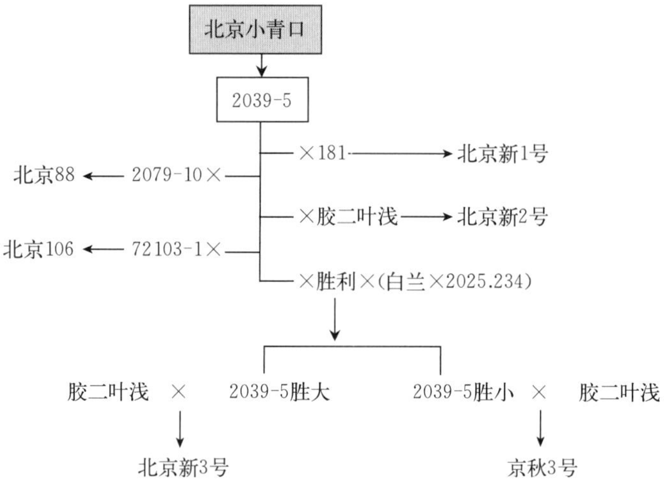

图10－9　北京小青口来源的骨干自交不亲和系2039－5的育种利用

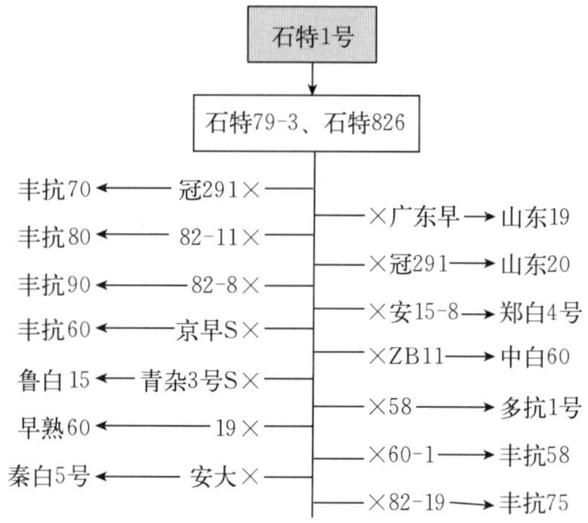

图10－10　石特1号来源的骨干自交不亲和系石特79－3、石特826的育种利用

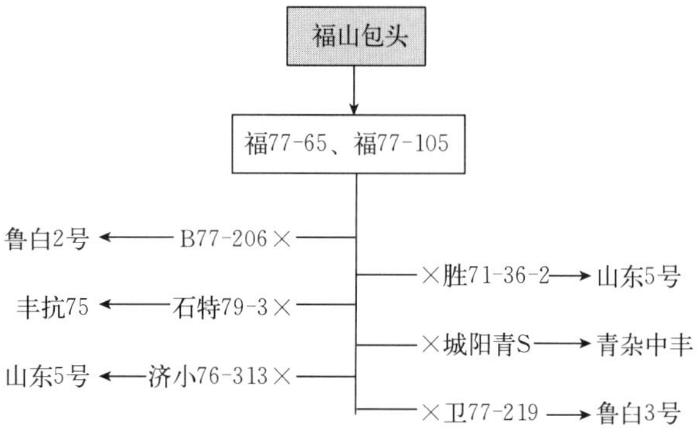

图10－11　福山包头来源的骨干自交不亲和系福77－65、福77－105的育种利用

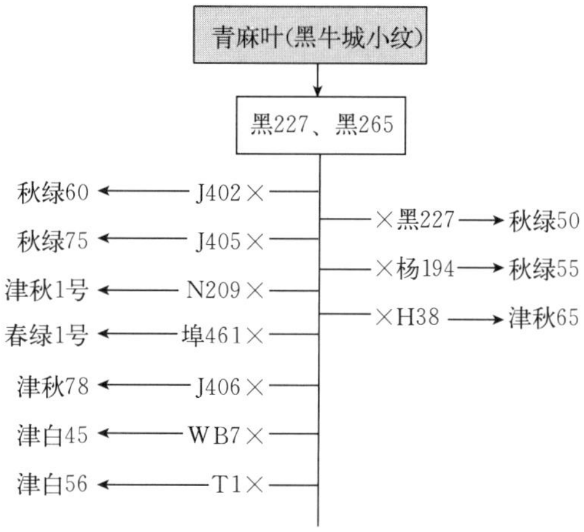

图10－12　黑牛城小纹来源的骨干自交不亲和系黑227、黑265的育种利用

三、雄性不育系的选育与利用

中国于20世纪70年代初开始大白菜雄性不育的研究，历经了几个重要发展阶段。利用雄性不育系杂交育种，方法简便、制种成本低，有利于保护知识产权，是杂种优势利用的最佳途径，这也是多年来国内外学术界研究和攻克的重点课题。

（一）雄性不育系的选育与利用

不同类型的雄性不育系，其选育过程也有很大区别，按目前育种中常用的不育类型分述如下。

1. 细胞核雄性不育的转育和利用　中国从20世纪70年代即开始大白菜雄性不育系的研究和选

育，获得了细胞核雄性不育系，即两用系，并在生产上配制了杂种一代。但利用两用系制种需拔除50%的可育株，既增加成本，又影响杂种纯度，种子产量也受到限制。因此，在实际育种中单隐性核基因控制的不育已很少应用。20 世纪 90 年代，利用核基因互作雄性不育育成了不育度和不育株率达到 100%的核基因雄性不育系，使得核基因雄性不育性的研究有了历史性的突破。对核基因互作雄性不育目前存在显性上位假说（张书芳等，1990）、显性抑制假说（魏毓棠等，1992）和复等位基因遗传假说（冯辉等，1996）。下面以复等位基因遗传模式为例阐述细胞核雄性不育的转育和利用。

根据复等位基因遗传模式，一般可育品系在核不育复等位基因位点上的基因型为 Ms^fMs^f、Ms^fms、$msms$，由表 10－13 可知，用甲型“两用系”不育株或可育株，乙型“两用系”不育株或核不育系为测交亲本，均可测验出一般可育品系的基因型。

表 10－13　核不育材料与可育品系杂交后代基因型

（《中国大白菜育种学》，2010）

不育材料基因型	可育品系基因型		
	Ms^fMs^f	Ms^fms	$msms$
甲型两用系不育株 $MsMs$	Ms^fMs （全可育）	Ms^fMs、$Msms$ （可育：不育＝1：1）	$Msms$ （全不育）
甲型两用系可育株 Ms^fMs	Ms^fMs^f、Ms^fMs （全可育）	Ms^fMs^f、Ms^fms、 Ms^fMs、$Msms$ （可育：不育＝3：1）	Ms^fms、$Msms$ （可育：不育＝1：1）
乙型两用系不育株或核不育系 $Msms$	Ms^fMs、Ms^fms （全可育）	Ms^fMs、Ms^fms、 $Msms$、$msms$ （3：1）	$Msms$、$msms$ （可育：不育＝1：1）
乙型两用系可育株或临时保持系 $msms$	Ms^fms （全可育）	Ms^fms、$msms$ （全可育）	$msms$ （全可育）

基因型为 Ms^fMs^f 可育品系的转育：对于基因型 Ms^fMs^f 的可育品系，由于缺少 Ms 和 ms，因此可用已有不育系（$Msms$）进行转育。转育模式见图 10－13。

基因型为 Ms^fms 可育品系的转育：由于该种基因型可育品系转育缺少 Ms 基因，因此用于转育该类可育品系的不育源可以是甲型两用系不育株（$MsMs$）、甲型两用系可育株（Ms^fMs）和已有不育系（$Msms$）。转育模式如图 10－14、图 10－15、图 10－16 所示。

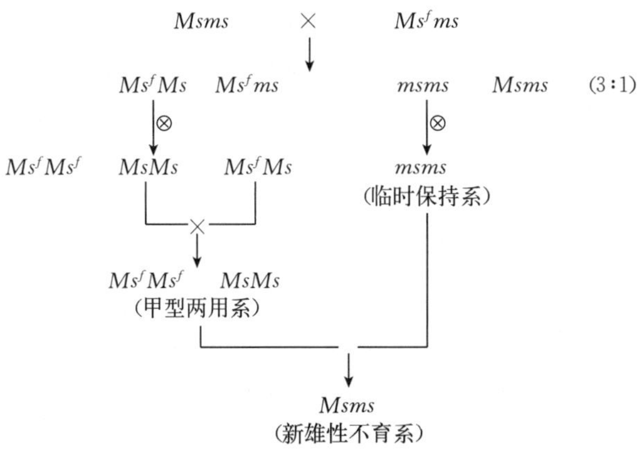

图 10－13　大白菜核不育复等位基因型雄性不育系合成转育模式－1

（岳艳玲等，2005）

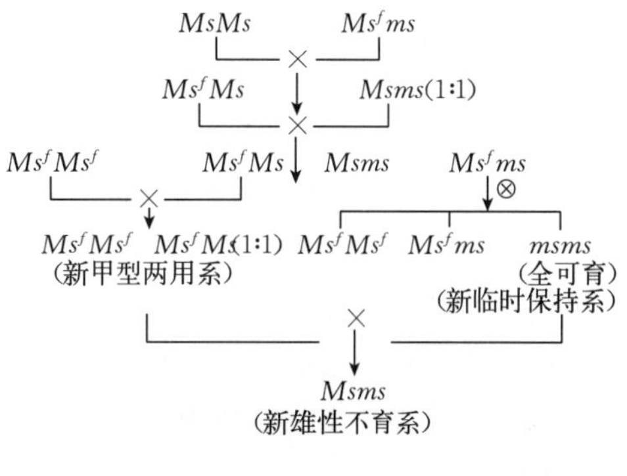

图 10－14　大白菜核不育复等位基因型雄性不育系合成转育模式－2

（岳艳玲等，2005）

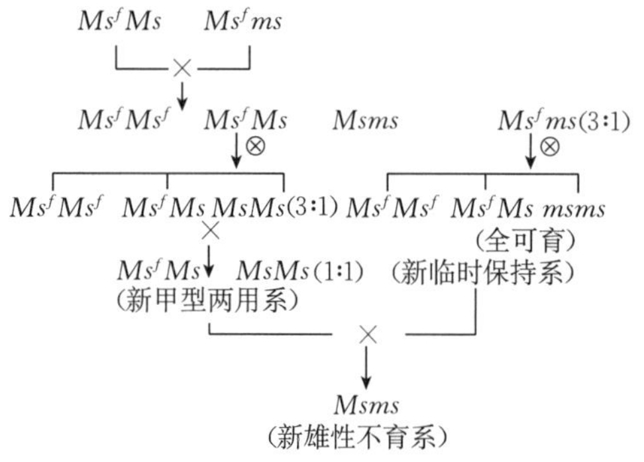

图 10-15 大白菜核不育复等位基因型雄性不育系合成转育模式-3
（岳艳玲等，2005）

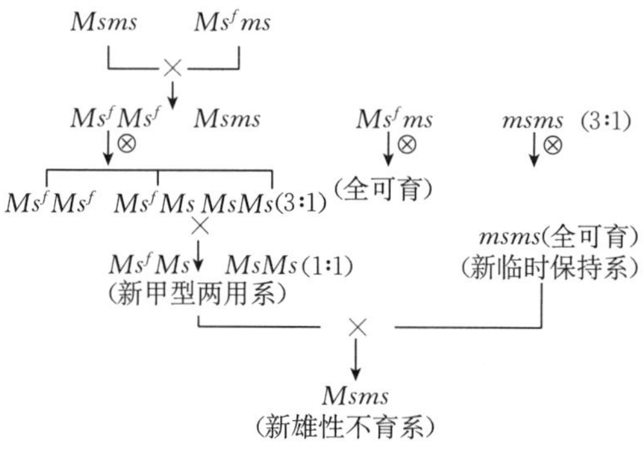

图 10-16 大白菜核不育复等位基因型雄性不育系合成转育模式-4
（岳艳玲等，2005）

基因型 *msms* 可育品系的转育：基因型为 *msms* 可育品系由于缺少 Ms^f 和 *Ms* 基因，可用甲型两用系可育株作为不育源进行转育。转育模式见图 10-17。

按照上述转育模式，可以实现将核不育基因向可育品系中的转育。因此，近年来全国各地的大白菜育种单位纷纷引进该类不育系，但该类不育系不能通过连续回交进行保持，因此也就不能用一般的饱和回交法进行转育，造成了这类不育系转育难的问题。至今该不育系并未在生产中得到更广泛的应用。

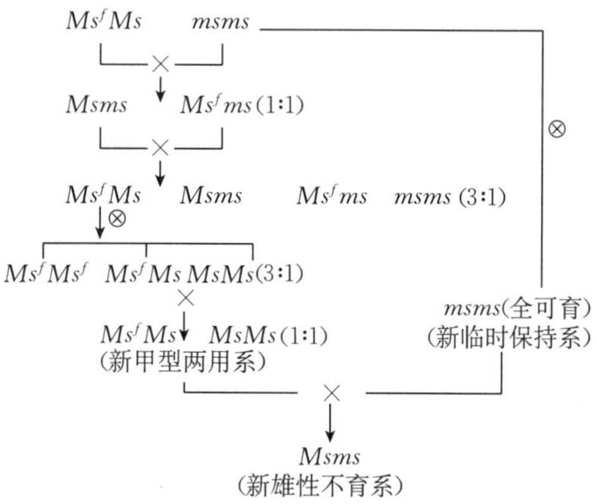

图 10-17 大白菜核不育复等位基因型雄性不育系合成转育模式-5
（岳艳玲等，2005）

2. 质核互作和细胞质雄性不育的选育和应用 大白菜质核互作型和细胞质雄性不育的选育主要是采用饱和回交转育法，以引进或者发现的质核互作型或细胞质雄性不育源（株或系）为母本，以目标品种为轮回亲本，连续回交 5～6 代，就基本完成了经济性状的转育，育成新的雄性不育系。目前使用的大白菜质核互作型雄性不育由于在许多情况下，不同遗传背景转育的雄性不育系有不同程度的微量花粉，因此开始转育时要同时选用多个轮回亲本，确保选育出对温度不敏感的雄性不育系。大白菜质核互作型和细胞质雄性不育的利用比较简单，主要是利用单交种。只要以质核互作型或细胞质雄性不育系为母本，与父本自交系测交，经过组合比较，按照蔬菜新品种鉴定程序即可选育出新品种。该不育类型的雄性不育系多表现配合力不强，故也未大量用于杂交育种。

四、优良杂交组合的选配与一代杂种的育成

大白菜虽然杂种优势明显，但也不是用任何两个亲本系随意组合就能育成优良的杂种一代，而是要在严格亲本选择的基础上，根据大白菜主要性状遗传规律进行杂交组合选配，经过田间性状鉴定和配合力测定，才能选出强优势组合。

（一）组合选配与配合力测定

1. 组合选配的原则 亲本选择是获得强优势组合的关键环节，要紧紧围绕育种目标来选择选配

亲本。根据大白菜主要性状遗传表现，参照组合选配的一般规律和前人的经验，在进行大白菜组合选配时，需掌握以下亲本选配原则：①重视各目标性状之间的互补；②亲本在生态型和系统来源上应有所不同；③亲本应具有较好的配合力；④亲本自身种子产量高，开花习性符合制种要求等。

2. 配合力测定　配合力又称组合力，是指一个亲本与另外的亲本杂交后，杂种一代的生产力或其他性状指标优势的大小，是亲本系（自交系）的一种内在特性，受多基因效应控制。农艺性状好的自交系不一定配合力高，只有配合力高的亲本系才能产生强优势的杂交种。配合力又分一般配合力和特殊配合力。一般在亲本系选育过程中要选择一般配合力高的亲本，再在强优势组合中选出特殊配合力高的组合。

配合力的测定是先选择若干符合育种目标的自交系、自交不亲和系或雄性不育系，按照 Griffing（1956）完全双列杂交的方案制订杂交计划，在温室或隔离网棚内栽植亲本种株，在花期进行不同组合的蕾期杂交获得各杂交组合的种子。在当地大白菜适宜生产季节或相似气候条件下进行各组合的种植鉴定。一般设双行区，2～3 次重复，小区株数 30～60 株，每 10 个组合设一对照，按常规栽培进行管理。生长期内进行物候期、抗病性、适应性、产量及全部经济性状的调查和记载。将调查鉴定的各项数据进行整理分类，选目标性状及重要经济性状，计算各亲本的一般配合力和各组合的特殊配合力及杂种优势值，选出特殊配合力高、杂种优势强的组合继续配制杂交种进入品比试验和生产试验。

（二）品种比较与区域性试验

1. 品种比较试验　按照育种目标和计划，在进行了品种资源的收集整理、鉴定筛选、亲本选择纯化、杂交组合选配等一系列工作后，需要按照要求的田间试验设计，进行新品种小区比较试验，这是在育种程序中进行的最后一项田间试验。通过田间观察和性状记载，生物统计分析，尤其是配合力分析，从中选出强优势组合，以便参加新品种区域性鉴定。品种比较试验的小区面积可根据试验条件确定，但栽植株数不应少于 30 株，以便调查记载。小区形状最好为狭长形，小区排列方向和试验地的肥力方向相平行。为克服边际效应，试验田四周应设置 1 m 左右的保护行。根据生物统计原理，品种比较试验大多采用设置重复的完全随机区组设计，重复 3～4 次。每 10 个品种设一对照，对照一般选用当前生产上的主栽品种，同时按照育种目标，选用目标品种作对照。例如，选育抗病品种，则用抗性强的品种作对照；选育春季种植的品种，则用冬性强、晚抽薹的品种作对照。但无论哪种目标品种作对照，都要注意品种熟性的对应。试验按当地正常田间管理技术进行栽培，生长期内注意记载物候期、抗病性和适应性，收获时进行全部性状的调查记载。在进行品种鉴定的同时，也可安排进行播期、密度、肥水管理等栽培试验。

2. 区域性试验和生产试验　区域试验一般由省级种子管理部门组织进行，育种单位也可以在全国范围内委托品种应用单位多点种植观察比较，以便了解和掌握该品种的适宜推广地区和相应的配套栽培技术。

参加省级区域试验，由省种子管理部门确定 1 个标准品种和当地主栽品种为对照，田间设计与品种比较试验相似，但小区面积应该大一些。新品种区域性鉴定至少进行 2 年，在此期间，可以在省内外大白菜主产区多布点进行试验示范。这样，经过 2 年的区域性鉴定，就可选出表现突出的新品种。

区域试验表现突出的品种，可安排进入生产试验。生产试验须安排同类型主栽品种为对照，一般不设重复，但需要扩大种植面积，并安排在适宜的栽培季节，以适宜的栽培管理方式种植，以充分表现品种的生产力，并进一步明确品种的适宜推广地区和相应的配套栽培技术。生产试验一般进行一年，有时在区域试验第 2 年即选出表现优异的品种，同时进行生产试验。

区域试验和生产试验表现优良的品种可申请新品种审定或新品种鉴定。

第六节 生物技术育种

一、细胞工程育种

常规选择方法获得一个遗传稳定、纯合的自交系或自交不亲和系，一般需要5～8代。近年发展起来的单倍体育种技术为缩短育种年限、提高育种效率提供了可能。所谓单倍体指具有配子体染色体数的个体，其染色体数目只有体细胞的一半，它的这一特点在作物育种上极为珍贵：单倍体一经加倍，便可获得纯合的二倍体，称为双单倍体（double haploid，DH）。这样可省去多代自交，快速地获得纯合的亲本系；单倍体植物的单套染色体不存在显性基因掩盖隐性基因的现象，因此单倍体植株的表现型和基因型是一致的，这在杂交育种和诱变育种中可避免"误选"，从而可以大大提高选择效率。另外，单倍体也为现代基因工程研究提供了很好的受体材料。获得单倍体或双单倍体的途径很多，目前花药培养和游离小孢子培养是芸薹属作物获得单倍体的两个主要途径。

（一）花药培养

1975年，Keller和Thomas分别从十字花科芸薹属的白菜型油菜（*B. campestris* var. *oleifrea*）和甘蓝型油菜（*B. napus* var. *oleifera*）花药培养中诱导出胚状体。中国大白菜花药培养始于20世纪70年代后期，河南省洛阳市农业科学研究所（1977）用石特1号等4个大白菜品种进行花药培养，获得了5株植株。邓立平等（1982）对白菜离体花药进行培养，通过诱导愈伤组织形成了再生植株。迄今为止，关于白菜花药培养的报道不多，大部分研究均集中在如何提高花药培养的成胚率上，因为这是影响花药培养能否应用于育种实践的重要因素。

（二）游离小孢子培养

游离小孢子培养（isolated microspore culture），又叫花粉培养（pollen culture），是指直接从花蕾或花药中获得游离的、新鲜的、发育时期合适的小孢子群体（未成熟的花粉），通过培养使其脱分化，经由胚状体或愈伤组织的诱导，再生为完整的单倍体植株，而后经过自发或诱发的染色体加倍成为正常可育的、高度纯合的二倍体植株的过程。

游离小孢子培养与花药培养相比，产生单倍体频率高，可以不受花药壁、花药隔等母体组织上体细胞的干扰，有可能从较少的花药获得大量的花粉植株，因此有着花药培养不可替代的优点。同时小孢子植株隐性性状得以表现，因而植株类型多样；还可以得到纯合的多倍体、双单倍体、异源附加系和代换系，从而提供多种遗传分析材料。但游离小孢子培养要求的培养技术及培养条件比花药培养更为严格。大白菜花药培养和游离小孢子培养的应用主要体现在亲本材料纯化、种质资源创新、DH遗传作图群体创建、遗传转化受体构建和在染色体工程方面的应用等5个方面。

大白菜游离小孢子培养始于1989年，日本学者Sato首次报道从一个早熟大白菜品种成功地诱导出小孢子胚和再生植株。之后的十几年里，研究人员对大白菜小孢子胚胎发生机制、影响因素等进行了大量的研究和探索，并取得了许多重要进展。中国大白菜小孢子培养研究工作虽然起步晚于日本，然而应用于育种实践最早。研究工作开始于1989年前后，首次报道在1992年，曹鸣庆等（1992）和栗根义等（1993）报道大白菜游离小孢子培养获得成功，此后众多学者从多个不同的侧面进行了研究。中国科研人员先后利用小孢子培养单倍体技术育成了一大批大白菜DH株系和大白菜品种，如豫白菜7号、北京橘红心、豫新5号、豫白菜12、京秋1号、京翠70等。

（三）影响花药与游离小孢子培养的因素

由于花药和游离小孢子培养包括小孢子胚状体的获得、胚状体的再生成苗和大规模的获得DH系的过程，因此要成功地将该技术体系应用于育种中，必须首先了解影响胚状体发生、再生成苗和植株加倍的影响因素。

1. 影响胚状体发生的因素

(1) 基因型　在大白菜游离小孢子培养和花药培养中，基因型对大白菜小孢子胚状体发生具有决定性作用。体现在两个方面：一是基因型反应范围；二是胚状体发生频率（产胚率）的差异，不同基因型的小孢子胚发生能力差别很大。在实际工作中，要对育种材料进行筛选，选择性状优良或者有一定特色的杂种 F_1 代进行培养，将获得的优良双单倍体纯系材料用于育种。

(2) 供体植株的生理状况　提供花蕾的供体植株生理状况对小孢子胚状体发生有直接影响。一般温度在 15～20 ℃、日照 14～16 h 较为合适（张凤兰等，1994）。另外，一般从发育健壮的植株上取花蕾进行培养效果较好。生长在光温条件均可控的人工气候室里的供体植株，产胚率很高，同步性很好。而在大田自然条件下选取材料，合适的取材季节很短，产胚率低而不稳，同步性也差。

(3) 小孢子发育时期　小孢子所处的发育时期是否合适，是影响游离小孢子培养成功的关键因素之一。二倍体大白菜游离小孢子培养的花粉发育合适时期为单核晚期至双核早期（栗根义，1993），四倍体大白菜进行小孢子培养的合适发育时期为单核靠边期小孢子占多数时胚状体产量最高（申书兴等，1999）。小孢子发育进程与花蕾性状密切相关，蕾长 2～3 mm，花瓣与花药长度之比为 1/2～4/5，此时为花药和小孢子培养的最佳时期。

(4) 小孢子密度　小孢子培养时，密度过大或过小均不利于小孢子胚产生，合适的小孢子密度应在 1×10^5～5×10^5 个/mL。

(5) 接种后高温热激处理　高温热激处理对大白菜游离小孢子胚状体的诱导非常重要，一般采用 33～35 ℃暗培养条件下热激处理 1～2 d。

(6) 培养方式　小孢子在 33～35 ℃暗培养条件下热激处理 1～2 d 后，转入 25 ℃下暗培养。采用的培养方式为液体静置培养和振荡培养两种，普遍采用液体浅层静止培养法。振荡培养有利于气体交换，对胚状体的正常发育有利。

(7) 培养基成分及添加物　常用的基本培养基是 NLN 培养基。培养基添加物包括一些氨基酸、激素和活性炭等，可促进胚状体的发生。

2. 影响小孢子胚状体再生成苗的因素　小孢子胚的生长发育受内外两种因素的制约。这里所提的内因指小孢子胚的质量，即不同发育阶段的胚状体，一般而言，子叶形胚再生成苗能力强。

大白菜花药或小孢子培养中，小孢子来源的胚状体的发育并不同步，原胚、球形胚、心形胚、鱼雷形胚及子叶形胚并存，同时还有许多畸形胚，这些不同类型胚状体再生成苗率不同。通常子叶形胚、心形胚、鱼雷胚属于正常胚，因两极性发育好，即一端具有类似下胚轴结构，另一端则类似芽端，有不完全的两片子叶结构，故再生频率高。球形胚由于两极性发育较差，难以再生植株。

外因包括萌发培养基（也叫成苗培养基）的成分、水分状况、通气状况、光温等条件。培养基通常采用不加或只加少量激素的 MS、B5 固体培养基，培养基中添加 20～30 g/L 蔗糖或白糖。培养基水分状况与小孢子胚成苗率有关（李岩等，1997；申书兴，1999），这可能是因为小孢子胚成熟后需要较干燥的生长环境，及时将成熟的子叶期胚转入相对干燥的培养环境，对于植株再生有利。成苗培养基中琼脂浓度从 0.8%增加到 1.2%，其成苗率可从 37.5%提高到 85.8%，而且还可明显减少玻璃化苗和二次分化再生现象。适宜大白菜胚状体成苗的培养基是 B5 附加 3%蔗糖和 1.2%琼脂（李岩等，1997）。适当早地将子叶形小孢子胚转接到成苗培养基上，可提高胚成苗率（申书兴，1999）。

3. 影响小孢子再生苗倍性的因素　大规模获得 DH 纯系包括小孢子植株的倍性及其染色体加倍技术，小孢子来源的 DH 后代的获得及性状鉴定等内容。由小孢子培养所得到的单倍体植株只有通过染色体加倍成为二倍体即 DH 植株，才能用于育种实践。

基因型对小孢子再生苗倍性的影响：大白菜小孢子培养获得的再生植株有自然加倍成为二倍体的

特点，但自然加倍的频率在不同作物和同一作物的不同品种间有较大的差异。张凤兰（1993）以10个品种及组合的大白菜为材料，对小孢子再生植株的倍性进行了鉴定，发现其自然加倍率很高，在50%～70%，认为大白菜由小孢子培养得到的植株无需人工加倍。

（四）大白菜细胞工程育种程序

采用大白菜花药和游离小孢子培养技术，对广泛收集的国内外优良种质资源进行培养，获得大批小孢子胚再生植株，经染色体自然加倍后可快速获得大批DH纯系；经对纯系农艺性状进行鉴定筛选后，经配合力测定，选出优良的自交不亲和系配制大量杂交组合；经品比试验，选出不同类型的优良F_1，在不同地区及生态区进行区试、生产试验及示范等，最终可得到优良的新品种。

这里需强调说明的是，花药培养与游离小孢子培养相比，操作相对简单，污染率低，出胚材料多但诱导率低。而游离小孢子培养操作技术难度大，污染率高，出胚材料少但出胚效率高。研究中还发现，同一材料花药培养与小孢子培养的效果相一致，即花药培养出胚率高，小孢子培养出胚率亦高，但有时也存在不一致的情况：花药培养能诱导出胚而小孢子培养不能诱导出胚，或小孢子培养能诱导出胚而花药培养诱导不出胚。另外，花药培养尽管效率低，但一般胚质量好，成苗率高，而小孢子培养尽管效率高，但相当一部分胚质量较差，成苗率低。因此，在实际应用中可将两者结合起来以互相取长补短。

比较传统的杂种优势利用与细胞工程应用程序可见，应用传统的杂交、回交、自交等方法，育成一个稳定的优良自交系（自交不亲和系），一般需要5～7代。而采用小孢子培养或花药培养技术，仅需1～2代即可获得大批育种所需的纯系材料，可直接用于选配优良组合。育种周期缩短约一半，这是常规育种方法所无法实现的。

二、分子标记辅助育种

20世纪80年代以来，RAPD、SSR、AFLP、CAPS、RGA、SCAR和SNP等分子标记取得迅速发展。分子标记能够直接在DNA水平上检测遗传差异，广泛用于种质资源的鉴定与分类、遗传作图、基因快速定位、特殊染色体区段的鉴定和分离等许多方面。现代分子标记辅助育种技术，借助与目标基因紧密连锁的分子标记，在实验室直接对基因型进行选择，不仅可以判断目标基因是否存在，而且不受环境条件和生育期限制地进行早代选择；能够克服传统育种方法对表现型选择存在的缺陷，具有节时、省费、简单和不受外界环境影响等优点。它正在成为蔬菜育种的有效工具，可以大大缩短育种周期，提高育种效率，促进蔬菜作物综合性状的遗传改良。

（一）分子连锁图谱的构建

对于具有重要经济价值的大白菜来说，构建一张高密度的遗传连锁图具有重大意义。1991年，Song等以大白菜Michili和Spring broccoli杂交的F_2群体为材料构建了第1张RFLP图谱。此后，已发表的白菜类作物遗传连锁图谱超过了30多张。Song等于1991年构建的第1张白菜RFLP标记遗传图谱由10个连锁群组成，覆盖基因组总长度为1 850 cM，包括280个RFLP标记位点。1998年，Matsunomoto等首次利用大白菜的DH群体构建了RFLP遗传连锁图，其中63个RFLP位点分布在10个连锁群上，总图距为735 cM。张鲁刚等（2000）用RAPD标记和F_2群体构建了国内第1张白菜图谱，随后于拴仓等（2003）用中国大白菜的102个重组自交系群体，通过AFLP、RAPD分析，得到一张352个标记的遗传连锁图。张俊华等（2008）以中国大白菜1个高抗TuMV的A522材料和TuMV感病材料GCⅣ的F_2代群体的255个单株为作图材料，利用EST-PCR-RFLP标记和AFLP标记构建了1张包含12个连锁群、124个遗传标记（118个AFLP和6个EST-PCR-

RFLP)、平均图距 5.52 cM、基因组覆盖长度 683.9 cM 的遗传连锁图谱。张明科等（2009）以大白菜和紫菜薹杂交得到的 F_2 群体为材料，得到 1 张长度为 821.3 cM、标记平均图距 5.04 cM 的遗传连锁图谱，分别含有 117 个 RSAP 标记、38 个 SRAP 标记、5 个 SSR 标记和 3 个 RAPD 标记。从以上已发表的图谱中可以看出，大白菜遗传连锁图谱的构建已从单一类型标记向多种类型标记方向发展，标记密度逐渐增大，标记平均图距也逐渐缩小。但是这些作图群体多采用 F_2 和 BC_1 临时性作图群体，这些群体后代具有易发生性状分离，不能准确地对数量性状进行 QTL 定位，不利于永久保存，无法对图谱继续加密等缺点。近些年来，利用 DH 群体进行分子遗传连锁图的构建已成为研究的热点。张立阳（2005）以高抗 TuMV 和高感 TuMV 的中国大白菜为亲本构建 DH 群体，得到 1 张包含 406 个标记位点、平均图距 2.0 cM、基因组总覆盖度长度为 826.3 cM 的分子遗传图谱。Zhang 等（2006）以 183 个 DH 株系为试验材料，对 186 个 AFLP 引物进行筛选，构建了 1 张平均图距为 4.47 cM、总长度为 887.8 cM 的大白菜遗传连锁图谱。Suwabe 等（2006）发表了 1 张由 113 个 SSR 标记、87 个 RFLP 标记和 62 个 RAPD 标记构建的遗传连锁图谱，该图谱的平均图距为 3.7 cM、覆盖整个基因组的长度为 1 005.5 cM，SSR 标记在连锁群中的平均分布距离为 8.7 cM。于仁波等（2008）以 100 个 DH 株系为作图群体，将甘蓝型油菜和大白菜的基因组特异性 SSR 标记当作锚定标记，得到 1 张由 497 个标记组成的、标记间平均图距为 2.19 cM、覆盖基因组总长度为 1086.7 cM 的大白菜高密度遗传连锁图。

随着白菜基因组测序项目的实施，国际间交流研究更加广泛，大量的 SSR 标记得以开发并且得到广泛应用，白菜类作物中已经利用 SSR 标记构建了 3 张能够与染色体进行关联的参考遗传连锁图谱，分别是 VCS _ DH 图谱、JWF3P 图谱（http：//www.Brassica－rapa.org）（Kim et al.，2006）和 CK _ DH（Choi et al.，2007；Kim et al.，2009）图谱。然而在公开发表的白菜类作物的遗传连锁图中，只在为数不多的几个遗传图谱中存在有限数量的基于基因组信息的序列特异性标记，而且标记类型都是 SSR 标记，可以用来锚定白菜染色体并且可以方便应用在其他作图群体中的序列特异性标记更为稀少。

（二）重要农艺性状的 QTL 定位

由于分子标记的发展，目前人们已有可能将复杂的数量性状进行分解，像研究质量性状一样对控制数量性状的多个基因分别进行研究，从而使数量性状遗传研究取得了突破性的进展。目前，对芸薹属的各种数量性状的分子标记研究已经广泛开展，通过与重要性状紧密连锁的标记，可对所需要的性状进行早期、间接、准确地选择，即所谓的分子标记辅助育种。如今，对大白菜数量性状的 QTL 定位研究也已经广泛开展。

1. 开花及抽薹性的 QTL 定位　在中国北方春季和高海拔地区春夏季的大白菜栽培中，先期抽薹是主要限制因素。因此，选育优良的晚抽薹品种，是其稳定、安全生产的重要保障。由于控制白菜的晚抽薹性状为数量性状，常规育种工作进展缓慢，为建立晚抽薹分子标记辅助育种技术体系，国内外不少学者对春化、抽薹性、开花期等性状进行了 QTL 定位研究。Nozaki 等（1997）对 *Brassica campestris* 的抽薹时间做了分析，表明抽薹时间与 2 个同工酶标记紧密连锁，还有 6 个 RAPD 标记和该性状连锁，主效基因位点分布在第 8 和第 9 连锁群上。Teutonico 等（1995）在 1 张白菜 RFLP 图谱上定位了 3 个控制春化的 QTL，其总贡献率达 75.8%。Osborn 等（1997）将 *B. rapa* 控制春化开花时间定位为 2 个 QTL，它也与 *B. napus* 控制春化的位点相符合，指出甘蓝型油菜的春化基因来源于 *B. rapa*。Kole 等（1997）利用重组近交系的 RFLP 连锁图谱，将 *B. rapa* 的春化基因定位在 LG2 和 LG8 上。Miki 等（2005）利用大白菜 AFLP 图谱，在不同的环境条件下定位了 10 个影响抽薹的 QTL。Yang 等（2007）利用白菜和芜菁杂交获得的 DH 群体构建的分子遗传图谱，在 3 个连锁群上定位了 8 个控制晚抽薹的 QTL。

2. 耐热性 QTL 定位 大白菜性喜冷凉，春夏季生产非常困难，因而耐热育种成为大白菜育种的热点之一。郑晓鹰等（2002）基于单一标记，采用方差分析的方法获得与耐热性连锁的 9 个分子标记，包括 5 个 AFLP 标记、3 个 RAPD 标记和 1 个 PGM 同工酶标记。在此之后，于拴仓等（2003）利用重组自交系群体采用复合区间作图的方法对大白菜的耐热性进行了 QTL 定位研究，共检测到 5 个耐热性 QTL 位点，分布于 3 个连锁群上。5 个 QTL 中，3 个表现为增效加性效应，2 个表现为减效加性效应，这些位点对耐热性遗传的贡献率达 53%。

3. 抗性基因的 QTL 定位

（1）根肿病抗性基因 QTL 定位 Hirai 等（1998）利用 RAPD 标记将大白菜根肿病抗性基因定位在 LG2 和 LG3 连锁群上。Mastsumoto 等（1998）将大白菜抗根肿病的主效基因定位于 LG3 连锁群，两个 RFLP 标记与抗病基因的连锁距离分别为 3 cM 和 12 cM。Saito 等（2006）利用拟南芥—大白菜的微观共线性方法精细定位了根肿病抗性基因 *Crr3*，将其定位于 STS 标记 BrSTS－33 和 BrSTS－7 之间的 0.35 cM 区间。

（2）TuMV 抗性的 QTL 定位 Zhang 等（2008）以 DH 系为材料，对大白菜 TuMV 抗性进行 QTL 定位分析，发现有 2 个 QTL（*Tu1*、*Tu2*）控制大白菜苗期对 TuMV－C4 的抗性，分别解释总效应的 58.2%和 14.7%；另有 2 个 QTL（*Tu3*、*Tu4*）与田间（成株）抗性有关，分别解释总效应的 48.5%和 32.0%。

（3）白粉病抗性的 QTL 定位 Kole 等（2002）将抗白粉病的基因定位在白菜型油菜由 RILs 群体构建的连锁图谱上，找到了控制生理小种 2 和小种 7 的单主效位点以及抗小种 2 的微效位点。

（4）霜霉病抗性的 QTL 定位 Yu 等（2009）利用 DH 群体对大白菜苗期霜霉病抗性进行了 QTL 定位研究，发现 A08 连锁群上的 1 个主效 QTL，其 LOD 值为 17.2，贡献率达 65.4%，加性效应为－22.2，即该位点的存在可明显降低病情指数。该 QTL 被定位于同工酶标记 PGM 和 RAPD 标记 K14－1 030 之间，距离 PGM、K14－1030 和 SSR 标记 Ol12G04 分别为 0.46、1.00 和 4.37 cM；在此基础上，分别在莲座期和结球期采用离体接种鉴定技术对 DH 群体的抗性进行分离分析。结果表明，苗期抗性、莲座期和结球期对霜霉病的抗性遗传基本一致，但各阶段存在不同的微效 QTL，从而在一定程度上影响了抗性。采用复合区间作图法进行 QTL 定位，结果表明，3 个时期存在共同的主效 QTL，即位于 A8 连锁群的 QTL 位点 BrDW－1，但不同的是莲座期和结球期该位点的贡献率明显低于苗期，分别解释变异的 21%和 32%；莲座期和结球期各检测出一个微效 QTL 位点，分别是位于 A1 和 A7 连锁群上，解释变异的 13%和 10%。

4. 品质性状的 QTL 定位 白菜类作物品质性状的 QTL 定位研究近几年进展较快。赵建军等（2007）利用 5 个分离群体对白菜种子和叶中的植酸和有效磷含量进行了 QTL 定位分析，共发现 27 个 QTL 分布于 4 个连锁群上，其中 2 个控制种子植酸、2 个控制种子有效磷，1 个控制种子有效磷和 1 个主效控制叶子植酸含量的 QTL 至少在两个群体中检测到。徐东辉等（2007）利用 BIL 群体对白菜类作物的硫苷含量进行了 QTL 分析，在 6 个连锁群上检测到 14 个 QTL，贡献率范围为 16.0%～82.7%。在使用 GC－MS 进行代谢组分测定的基础上，对所得的代谢组分进行了 QTL 定位分析，发现控制 20 个代谢组分的 33 个 QTL，分布于 9 个连锁群，贡献率范围为 6.7%～92.1%。

5. 其他重要农艺性状的 QTL 定位 Song（1995）以中国大白菜品种 Michihi 与芸薹变种 Spring broccoli 杂交的 F_2 为材料，分析了开花性状、叶部性状和茎部性状等 28 个性状，在 10 个 RFLP 连锁群的 48 个区间找到了可能的 QTL，每个性状的 QTL 位点多达 5 个，同时发现功能相关的性状，其 QTL 往往定位于相同的连锁群，甚至在相同的位点，这对于研究一因多效或同缘性状的发生都有重要参考价值。张鲁刚（1999）利用芜菁×大白菜杂交的 F_2 群体构建遗传图谱，在 13 个连锁群上定位了 12 个性状的 QTL 位点 51 个。于拴仓等（2004）利用不同生态型的大白菜获得的 F_6 重组自交系，在 17 个连锁群上定位了控制 17 个农艺性状的 94 个 QTL，并估算了单个 QTL 的遗传贡献率和加性效应。

另外，其他许多数量性状 QTL 定位研究也取得了一定进展（徐东辉等，2007），这些研究为大白菜分子标记辅助育种提供了理论依据。但就这些研究结果来看，由于利用不同群体和不同标记构建的遗传图谱进行 QTL 定位，相互之间无可比性。另外，这些 QTL 还不足以进行数量性状的标记辅助选择和分子克隆的研究。因此，在建立高密度大白菜参考图谱的基础上，建立一套“代换系重叠群”，利用迅速增长的生物信息进行 QTL 精细定位将是下一步的研究方向。

（三）重要农艺性状的连锁分子标记

基因定位一直是遗传学研究的重要范畴之一。质量性状的基因定位相对简单，可在已知目标基因位于某一染色体或连锁群上的前提下，选择该连锁群上下不同位置的标记与目标基因进行连锁分析。但该方法效率偏低，由此定位的目标基因与标记间的距离取决于所用连锁图上的标记密度，也不适合尚无连锁图或连锁图饱和程度较低的植物。近等基因系（NIL）和分离群体分组分析法（bulked segregate analysis）可以克服上述局限性，是进行快速基因定位的有效方法。利用这些方法已定位了许多质量性状基因。

1. 大白菜橘红心基因的分子标记　大白菜球色育种（黄心和橘红心品种的选育）是品质育种的研究内容之一。Matsumoto 等（1998）把一个控制橘黄色球色和花色遗传的隐性单基因定位于以 DH 系和 RFLP 标记构建的大白菜连锁图谱上，找到紧密连锁的 3 个 RFLP 标记与橘黄心基因连锁，其中 HC173 标记与橘黄色基因的遗传距离为 18 cM。张凤兰等（2008）运用 RAPD 和 AFLP 标记，在大白菜的小孢子培养 DH 系群体中采用 BSA 法进行了分子标记研究，找到了 3 个与橘红心 *or* 球色基因连锁的分子标记 OPB01－845、OPAX18－656 和 P67M54－172，其遗传距离分别为 6 cM、8 cM、13 cM，同时将其转化为引物长 20 个碱基的 SCAR 标记 SCB01－845、SCOR 204和 SCOR 127，并将其用于球色分子标记辅助育种中，与田间球色鉴定吻合率分别为 92%、90%、89%；通过遗传作图将 *or* 和 3 个 SCAR 标记定位于大白菜 A09 连锁群，利用包含 1 076 个单株的回交群体进行精细定位，将 *or* 基因定位于 2 个 InDel 标记 BVI7413 和 BVD6142 之间 1.9 cM 的区间。

2. 雄性不育基因的分子标记　张淑江等（2008）采用 BSA 方法和 RAPD 技术，筛选到与核显性雄性不育基因紧密连锁的标记 S264300，并将其成功转化为 SCAR 标记 SS264300，用该 SCAR 标记对群体中所有单株进行扩增，作图研究表明该标记与雄性不育基因的遗传距离为 2.6 cM。

3. 大白菜抗病基因的连锁分子标记

(1) 根肿病（*Plasmodiophora brassicae*）Kuginuki 等（1997）首先开展了 *B. rapa* 根肿病抗性基因的分子标记研究，获得了与抗性基因连锁的 3 个 RAPD 标记。Kikuchi（1999）利用共分离的 RAPD 标记设计了 RA－12－75A 引物，该标记可用于抗根肿病标记辅助育种中。朴忠云等（2002）将 BSA 和 AFLP 标记相结合，对 DH 群体分析，找到了与大白菜根肿病连锁的 AFLP 标记，并对其进行了精细作图。Piao 等（2004）筛选获得了 6 个与大白菜显性根肿病抗性基因（*CRb*）连锁的 AFLP 标记，5 个成功转化为 CAPS 和 SCAR 标记。

(2) TuMV　韩和平等（2004）以抗病自交系和感病自交系杂交后代的 F_2 分离群体为试材，采用 BSA 法筛选到 2 个与 TuMV 感病基因紧密连锁的 AFLP 分子标记。钱伟等（2012）以大白菜抗 TuMV 高代自交系 BP8407 和感 TuMV 高代自交系极早春为亲本，构建 F_2 群体及 $F_{2:3}$家系，抗性鉴定结果证明该群体中 TuMV 抗性受一对隐性基因控制。利用混合群体分组分析法（BSA）、SSR 和 Indel 标记技术筛选与 TuMV 抗性基因连锁的标记，获得与抗 TuMV 基因紧密连锁的双侧翼分子标记 BrID10694 和 BrID101309，其与抗病基因连锁距离分别为 0.3 cM 和 0.6 cM。通过图位克隆方法，将该抗病基因定位于大白菜 A04 染色体上的 scaffold 000060 或者 scaffold 000104 位置上，命名为 retr02。

另外，大白菜抗黑腐病（Ignatov et al.，2000）、白锈病（Kole et al.，2002）等分子标记的研究也有报道。

在中国，常规技术育种仍为大白菜育种的主体，利用分子标记进行基因定位和辅助育种的研究才刚刚起步，通过分子标记辅助选择提高育种效率，培育优良品系或品种的期望仍未实现。究其原因，主要有以下几个方面：

（1）鉴定技术的成本过高，实用性较差，国内许多育种单位还不具备开展大规模分子标记辅助选择的条件；

（2）已经定位的重要农艺性状的主效基因不是很多，可用于 MAS 的基因有限，许多已定位的基因与其连锁的分子标记的图距太大而无法应用；

（3）以往的研究没有把标记鉴定与辅助育种这两个重要环节融为一体。如果选用的起始亲本是目前推广的优良品系或品种，那么很容易就可将所获得的种质材料进一步利用培育出新的优良品系或品种。

针对以上存在的问题，主要应加强以下方面的工作：

（1）加强对重要农艺性状基因的定位研究，构建更为饱和的分子标记连锁图谱，寻找与目标基因紧密连锁的两侧的分子标记，提高基因型与表现型的一致性；

（2）对于控制数量性状的 QTL 进行精细定位，研究 QTL 的数目、位置、效应，以及 QTL 之间、QTL 与环境的互作、QTL 的一因多效等，充分发掘 QTL 的信息，选择最佳组合进行分子标记辅助选择；

（3）寻找新型的分子标记，简化分子标记技术，降低成本，实现检测过程的自动化、规模化；

（4）将分子标记技术与传统育种手段结合将大大加速作物遗传改良进程，以更快的速度培育出抗病、高产、优质蔬菜新品种，尽快产生较大的经济效益和社会效益。

三、基因转化技术

农杆菌进行基因转化的效率受农杆菌感染外植体的频率和被感染组织的再生频率的影响，因此，大白菜基因遗传转化成功的前提是建立一个高效、重复性强的植株再生和基因转化系统。

（一）大白菜组织培养植株再生系统的建立

1990 年以来，研究人员通过调整培养基中激素的种类及浓度，添加 $AgNO_3$ 和琼脂含量等，逐渐建立了大白菜植株离体再生体系。白菜类作物组织培养技术的日趋成熟，为进行遗传操作奠定了基础。不定芽再生体系受到外植体种类、苗龄、培养基组成等多种因素的影响，而且不同种、变种、品种之间存在较大差异。张凤兰等（2002）对 123 份大白菜品种进行了子叶培养研究，结果表明：基因型间再生率差异极大，115 个品种有不定芽再生，但再生率可以高至 95%，或低至 2.5%。外植体必须同时具备芽再生频率高、易为农杆菌侵染等特点，才能成为良好的转化受体。目前应用最多的外植体有无菌苗的子叶-子叶柄、下胚轴、根段以及大田植株的花薹切段（花梗）等。同一基因型的不同外植体在相同的分化培养基上，芽分化率也不尽一致。张军杰等（2003）以北京 80 大白菜为例进行研究，子叶-子叶柄、真叶不定芽分化率分别达 96.3%和 71.8%，而子叶切片根本没有芽的分化；下胚轴虽然愈伤组织率达到了 80%，但芽分化率仅 10%。这种现象在福山包头、石特基因型中也存在（于占东等，2005）。培养子叶等外植体具有简便、快速等优点，但其再生植株易为嵌合体，基因型也可能是杂合的。无菌苗的子叶和下胚轴等为外植体时，苗龄显著影响芽再生频率，最适苗龄为 4～7 d。

寻求适当的激素配比是提高芽再生频率的重要途径。不同品种、外植体对激素组成的要求有较大差异。激素以 BA、NAA 组合为多，也有用 BAP、NAA 组合的，BA（BAP）的使用浓度一般为 2～5 mg/L，NAA 一般为 0.5～1 mg/L。

（二）遗传转化体系的建立

农杆菌介导转化是迄今植物基因工程中应用最多、最理想、也是最简便的方法。常用于植物转化的有根癌农杆菌（*Agrobacterium tumefaciens*）和发根农杆菌（*A. rhizogenes*），它们能分别把 Ti 和 Ri 质粒中的 T－DNA 转移并插入植物细胞的染色体基因组中。

1. 农杆菌介导的转化方法　可分为两大类：

（1）*不依赖于植物细胞或组织培养的转化系统*　曹鸣庆等（1991）采用这一方法，成功地得到了白菜栽培种“49 菜心”的抗除草剂转基因植株。

（2）*建立在细胞或组织培养基础上的遗传转化*　Zhang 等（2000）研究表明，侵染时间、菌液浓度、预培养和共培养时间等均显著影响农杆菌的侵染及转化芽的再生。农杆菌在侵染过程中，其 *Vir* 基因受植物细胞释放的酚类物质的刺激而活化，从而提高侵染能力。外植体与农杆菌共培养时，乙酰丁香酮（acetosyringone）对高效率的转化有一定的作用。

2. 筛选标记　被转化的组织能否长成植株在很大程度上依赖于筛选体系的选择效果，新霉素磷酸转移酶Ⅱ（NPT Ⅱ）基因是目前普遍被利用的选择标记。氯霉素磷酸转移酶基因、潮霉素磷酸转移酶基因和二氢叶酸还原酶基因及 *bar* 基因、*spt* 基因也作为筛选标记被利用，它们分别介导对潮霉素、氨甲喋呤、除草剂 PPT 及链霉素的抗性。

3. 抗生素的选择　共培养后，外植体表面和内部残留的农杆菌容易引起污染，从而影响不定芽的再生，一般采用抑菌剂来抑制农杆菌的繁殖。常用的抑菌剂有羧苄青霉素和头孢霉素等。良好的抑菌剂应具有仅抑制农杆菌的生长而不影响芽再生的特点。

（三）大白菜的遗传转化

近年来，大白菜高频植株再生体系的建立及遗传转化效率的不断提高，为大白菜的基因遗传转化研究奠定了坚实的基础。目前导入大白菜的外源基因主要有：苏云金芽孢杆菌的 *Bt* 基因（Cho et al.，2001）、蛋白酶抑制剂基因（杨广东等，2002；张军杰等，2004）、病毒外壳蛋白基因、复制酶基因（朱常香等，2001；于占东等，2005）等（表 10－14）。这些目的基因的成功导入，为大白菜的遗传改良提供了有效的途径。

表 10－14　大白菜的转化体系和基因转化

品种名	转化受体	转化方法	目的基因和目标性状	参考文献
	原生质体	电激		何玉科，1989
Green light	根	Ar 介导法	*nptⅡ*，*cry 1A*，抗虫	Christey et al.，1997
Spring flavor	子叶-子叶柄	At 介导法	*TMV-CP*	Jun et al.，1995
Seoul	下胚轴	At 介导法	*bar*	Lim et al.，1998
丰抗 70	花期植株	农杆菌真空渗入	*hpt*	张广辉等，1998
CRshinki	子叶-子叶柄	At 介导法	抗卡那霉素	Zhang et al.，2000
Seoul、Olympic	下胚轴	At 介导法	*Bt*，抗虫	Cho et al.，2001
福山包头	子叶-子叶柄	Ar 介导法	*TuMV-NIb*	朱常香等，2001
GP－11、中白 4 号	子叶-子叶柄	At 介导法	*CpTI*，抗虫	杨广东等，2002
北京 80	子叶-子叶柄	At 介导法	抗虫	张军杰等，2004
福山包头	子叶-子叶柄	Ar 介导法	*TuMV-CP*，抗病毒	于占东等，2005

注：At=*Agrobacterium tumefaciens*（根癌农杆菌）；Ar=*Agrobacterium rhizogenes*（发根农杆菌）。

第七节 良种繁育

一、繁育方式与技术

（一）良种繁育方式

1. 成株采种 又叫母株采种、大根采种、大株采种等，是大白菜最基本的采种方式，历史悠久，应用普遍。第1年秋末冬初大白菜种株长成叶球后，选择符合本品种特征特性、抗病性强、结球良好的大白菜植株，单独入窖贮藏越冬。第2年春季将种株重新栽植于采种田使之抽薹开花繁殖种子。成株采种的优点是：由于成株采种种株能形成完整的叶球，有条件严格选择符合该品种特征特性的种株，从而能保证品种的优良种性和纯度。成株采种多用于品种的提纯复壮，以及原原种、原种繁殖，也适用于新品种选育过程中对亲本的选择。该方法的缺点是：占地时间长，又需经冬季贮藏，种株第2年定植后易腐烂，种子产量不高，因而生产成本较高，不适合繁殖大量种子。

2. 半成株采种 与成株采种技术环节相似，一般较正常生产的大白菜播期晚20～30 d，由于生长天数少，到小雪前后收获时植株较小，还未充分发育，心叶虽能结球，但不够紧实，收获后入窖贮藏，翌春移栽到采种田，生产种子。

采用半成株采种，其种株是半结球，经济性状不能完全表现出来，只能进行粗略的选择，选择效果不如成株采种法。优点：半成株采种的种株较成株采种的播种晚，病害少，翌春种株生活力旺盛，产量稳定。缺点：不能像成株采种那样对经济性状进行严格选择。因此，半成株采种一般应用于大白菜杂交制种的双亲扩大繁殖。

3. 小株采种 是采用播种育苗后直接定植大田，种株不经过结球期，直接进入开花结籽的一种采种方法。优点是：可经济利用土地，种株病害少，生活力强，花枝生长旺盛，结荚多，种子产量高，采种成本低。缺点是：由于种株不经过结球阶段，品种特征特性不能充分表现，不能按品种的经济性状进行选择，种性保持较差。如连续采用这种方式，将引起品种退化。因此，仅适合用于生产用种的生产，是目前大量生产大白菜杂交种最主要的方法。

（二）良种繁育制度（三级圃地建立）

成株（母株）、半成株和小株结合三级繁育制，是生产三种不同等级的种子，即原原种、原种和生产用种的良种繁育制度（图10－18）。原原种和原种供繁殖用种，生产用种则直接用于生产。这种繁育制既可保持优良品种的种性，又能降低种子的生产成本。对于目前生产上利用的杂交种，则双亲用成株繁殖原原种。用半成株或小株生产原种，用小株生产 F_1 种子。

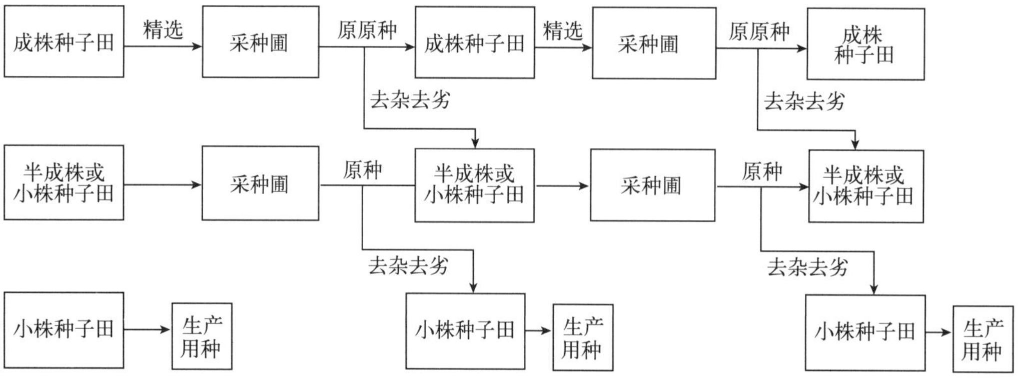

图10－18 成株、半成株、小株结合三级繁育制模式图

二、自交不亲和系原种繁殖与一代杂种制种技术

（一）自交不亲和系的繁殖与保存

由于自交不亲和系花期自交和系内株间交配的结实率都很低，要在自然条件下进行大量繁殖几乎是不可能，因此如何克服自交不亲和性、提高结实率是多年来许多学者关注和研究的问题，并已摸索出多种克服自交不亲和性、提高结实率的方法。目前常采用的方法包括蕾期授粉法、喷盐水法、提高 CO_2 浓度法等。

1. 蕾期授粉法　对自交不亲和原原种的繁殖一般用蕾期授粉法。在严格的隔离条件下进入开花期后，将开花前 2～3 d 的花蕾用镊子剥开露出柱头，授以同系相邻植株上的花粉，即可得到大量的种子。这种方法是目前较常用的方法，其优点是：容易掌握，对授粉人员稍作培训即可熟练操作，大多数亲本材料用这种方法都可以获得一定量的种子。缺点：费工，人工成本高，而且极个别亲本材料用这种方法采种量极低。

2. 喷盐水法　试验表明，用盐水处理花粉和柱头都具有抑制胼胝质合成的作用，也就是为花粉管的进入消除了障碍。喷盐水法一般要结合放蜂授粉共同使用。因此，也应该在人工隔离条件下进行，一方面可减少雨水对授粉的不良影响，另一方面有利于蜜蜂授粉。进入开花期后，将蜜蜂放入隔离区中，一个大棚（300 m^2）放入 1 箱蜂即可，每天上午 9～11 时用 3%～5%的盐水喷雾，重点是喷花序部分，喷雾要均匀。如果没有蜜蜂也可进行人工辅助授粉，在喷雾 0.5～1 h 后，雾滴逐渐消失，用海绵块或鸡毛掸子轻轻摩擦花序达到辅助授粉的目的。这种方法的优点是省工，较容易掌握。应注意使用雾化较好的喷雾器，以便喷雾均匀，保证效果。而且，不同的亲本系用多大盐水浓度，应先做试验确定。

3. 提高 CO_2 浓度法　将空气中的 CO_2 浓度提高到 3.6%～5.9%可克服自交不亲和性，但需要在 18～26 ℃和空气湿度 50%～70%的密封室内保持 5 h，这就要求在具有密封条件的大棚或温室中进行。目前这种方法在日本等国家应用很广泛，国内的一些国际种苗公司也普遍采用。一般在下午 7 时以后进行，先将门窗或风口全部关闭，将 CO_2 发生器或者 CO_2 气罐打开，待 CO_2 释放出来至浓度适宜即关闭。对于大白菜来说，浓度达到 5%～6%闭棚 2 h 即可，然后打开门窗或风口。这种方法的优点是省工，但有局限性，需要有 CO_2 发生器或者 CO_2 气罐等设备，而且对设施的要求较高。

（二）自交不亲和系生产一代杂种技术

目前利用自交不亲和系生产一代杂种，一般都利用小株采种法。

1. 播种育苗　在中国北方大白菜制种地区，大多采用塑料薄膜覆盖的阳畦（又称冷床）育苗，夜间加盖草苫等。此方法制种产量较高而且稳定，设备及管理简单，被普遍采用。

（1）苗床准备　育苗的阳畦应选在背风向阳处，冬前做好，并设风障。阳畦北墙高 40～50 cm，畦宽 1.5～1.8 m，东西向延伸，一般每公顷制种田需 300～450 m^2 的育苗阳畦。苗床土一般是园田土中加腐熟厩肥，再加适量的氮、磷、钾复合肥，充分拌匀而成。播种前 15～20 d 覆盖薄膜烤畦，提高床温，傍晚加盖草苫。

（2）播种期　大白菜制种育苗的苗龄为 60～70 d，以幼苗长有 8 片叶时定植为宜。各地定植适期以 10 cm 地温稳定在 5 ℃以上为宜，由此向前推算 60～70 d 即是播种适期。如山东地区在 12 月中旬至 1 月上旬播种，河北、天津、山西地区在 12 月下旬至 1 月中旬播种，陕西关中、河南西部地区在 12 月中、下旬播种。有些品种为了保证父、母本花期的一致，父、母本需错期播种。

（3）苗床管理　播种前首先将苗床浇足底水，待水渗下后，上面撒一层薄细土，并在每个营养土

块中央点播一粒饱满种子，播后覆 1 cm 左右过筛细土，盖严薄膜，傍晚加盖草苫，白天上午揭开。播种后要尽可能提高苗床温度，温度保持 20～25 ℃，促进出苗。草苫于晚上覆盖，白天揭开，保持薄膜干净，以接受更多阳光。一般经 8～10 d 苗可出齐。随着外界温度升高，白天苗床要及时通风，在保证幼苗不发生冷害的前提下，草苫要早揭晚盖，以延长光照时间。

2. 定植 大白菜的定植适期以 10 cm 地温稳定在 5 ℃以上为宜。定植密度应根据品种的分枝习性和生育状况而定，一般可按照种株开展度（株幅）的 2/3 来确定密度较为合理，每公顷栽 45 000～52 500株。定植时种苗应尽量多带土坨，少损伤根系，先挖窝，再浇水、摆苗，最后覆土。采用地膜覆盖有利于前期提高地温和增产。父、母本的定植比例根据其种株株高、分枝数和花粉量确定，采用 1∶1 或 1.5∶1 或 2∶1 等。定植地块周围不能有大白菜的其他品种，以及普通白菜、芜菁、薹菜及白菜型油菜等采种田，或春季生产田有先期抽薹的情况。安全隔离距离不少于 2 000 m。

3. 田间管理

（1）浇水 浇足缓苗水后，在现蕾前一般不旱不浇水。当种株 75%以上抽薹 10 cm 左右时，可开始浇水。此后直到盛花期过后，要及时浇水，使土壤保持湿润状态，切忌干旱。当花枝上部种子开始硬化时，要控制浇水，雨后要注意排涝。种荚开始变黄后，不要浇水。

（2）施肥 施肥的原则是重施基肥，适施薹花肥。增施磷肥及钾肥能促进根系的发育和幼苗的生长，并能提高种子产量。

（3）放蜂 为提高授粉质量，在野蜂较少或不足的情况下，最好每公顷放 15～30 箱蜜蜂辅助授粉。

（4）中耕、培土、支架 早春气温较低，为使种株快速生长，应设法提高土壤温度。办法是及时中耕，在不伤害根系的前提下，中耕应尽量做到“勤、深、细”。大白菜枝条细弱，种株到生长后期，遇上风雨很易倒伏。种株倒伏后常造成大幅度减产。因此，在初花期，种株未封垄时，利用竹竿支架，或根部培土，是防止倒伏的有效措施。

（5）病虫害防治 大白菜制种田的病害主要是菌核病、霜霉病。虫害主要是蛴螬、蚜虫、小菜蛾、菜青虫等。防病要及早摘除病叶、黄叶，拔除病株，并及时用农药进行防治。防虫要防早、防了，必须注意：防虫工作一定在花前或花谢后，切不可在花期，以免伤害蜜蜂。

三、雄性不育系亲本繁殖与一代杂种制种技术

（一）雄性不育系亲本繁殖

1. 雄性不育两用系的繁殖 大白菜雄性不育两用系是 50%不育株率的稳定系统，其可育株对不育株具有“保持系”作用。由可育株授粉，从不育株上收获的种子仅为 50%不育株率；同时系统中的不育株具有“不育系”的作用，只要在现蕾开花前拔除可育株，就可以作为不育系用来制种，其杂交率达 100%。

2. 核基因互作雄性不育系的繁殖 根据冯辉（1996）提出的大白菜核基因雄性不育“复等位基因遗传假说”，大白菜核基因雄性不育受细胞核同一位点 3 个复等位基因控制：Ms 为显性不育基因；ms 为 Ms 的等位隐性可育基因；Ms^f 为 Ms 的等位显性恢复基因。三者之间的显隐关系为：$Ms^f > Ms > ms$。甲型“两用系”不育株基因型为 $MsMs$，可育株为 Ms^fMs，不育株的不育性通过“两用系”内不育株与可育株兄妹交保持（$MsMs \times Ms^f Ms \rightarrow 1/2MsMs$，$1/2Ms^fMs$）；乙型“两用系”不育株基因型为 $Msms$，可育株为 $msms$，不育株的不育性亦是通过“两用系”内不育株与可育株兄妹交保持（$Msms \times msms \rightarrow 1/2Msms$，$1/2\,msms$）。用甲型“两用系”不育株（$MsMs$）与乙型“两用系”可育株系或称临时保持系（$msms$）交配，可以获得具有 100%不育株率的雄性不育系（$MsMs \times msms \rightarrow Msms$）。其繁殖、制种程序如图 10 - 19 所示。

新甲型两用系的繁殖：与雄性不育两用系的繁殖程序完全相同。必须用母株繁殖。在这个区域内只种植新甲型两用系，开花时，标记好不育株和可育株，只从不育株上收种子，可育株在花谢后便可拔掉。

临时保持系的繁殖：必须用母株繁殖。一般与自交不亲和系的繁殖程序相同，但它一般是自交系，不需要剥蕾授粉。通常所需种子量不大，人工套袋自交授粉即可。

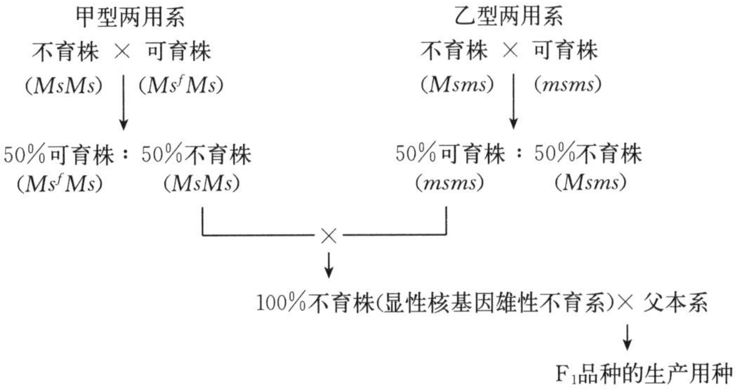

图 10-19　核基因互作雄性不育系的繁殖和杂交种生产示意图

（冯辉，1996）

显性核基因雄性不育系的繁殖：一般采用小株繁殖纱网隔离采种，或天然隔离采种法进行繁殖。在这个区域内临时保持系与新甲型两用系按 1∶3～4 的行比种植，在新甲型两用系不育株上收获的种子即为显性核基因雄性不育系种子，下一年用于 F_1 种子生产。

父本系的繁殖：父本系的繁殖相对简单，原原种生产用母株，原种生产用小株，选隔离区或隔离网罩人工授粉或昆虫辅助授粉。

3. 细胞质雄性不育系的繁殖　大白菜细胞质雄性不育系繁殖和杂交种制种程序如图 10-20 所示。

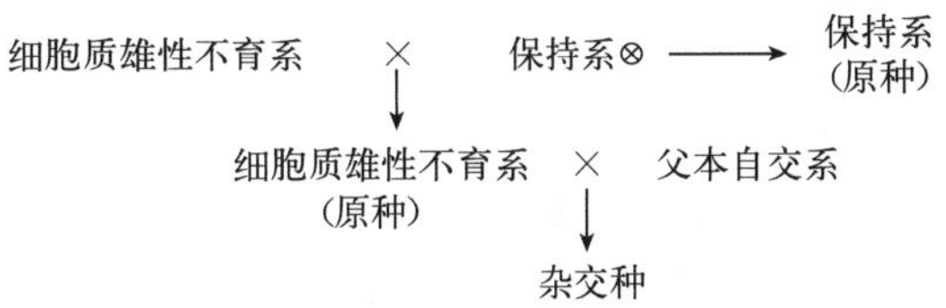

图 10-20　大白菜细胞质雄性不育系繁殖和杂交种制种程序

原原种繁殖采用成株采种。于秋季大白菜收获前，按照标准进行严格株选，选留雄性不育系和保持系的母株，冬季安全假植贮藏，翌春不育系与保持系以 3～4∶1 的行比定植在 40～60 目纱网隔离区内授粉。种子成熟后在不育系上采收的是不育系原种，保持系上采收的为保持系原种。

（二）利用雄性不育系生产一代杂种技术

利用雄性不育系生产一代杂种的育苗、定植与田间管理技术与自交不亲和系相同。这里需强调的是定植时父、母本比例一般为 1∶2～4，根据品种的具体情况而定。花期可以控制让父本系提前 1～2 d开花。在开花结束后要及时拔除父本株，只收获不育系上结的种子。

四、种子贮藏与加工

（一）种子检验

种子检验主要对品种的真实性和纯度、种子净度、发芽力、水分含量以及生活力等特性进行分析检验，其中真实性和品种纯度鉴定、净度分析、发芽试验、水分测定为必检项目。种子质量检测中真实性和品种纯度鉴定主要在大田进行，也可在室内利用分子标记进行鉴定。净度分析、发芽试验和水分测定主要在室内进行。

1. 品种的真实性和纯度检验　应先进行种子真实性鉴定，肯定品种真实无误后，再进行品种纯度鉴定。品种的真实性和纯度检验分田间检验和室内检验两种方法。

田间检验指田间小区种植鉴定，检验品种与文件记录（如标签等）是否相符，以及品种在特征特性方面典型一致的程度。主要根据品种植株形态特征特性的差异，将不同品种区分开来，将假杂种和异型株鉴定出来，获得品种的真实性及纯度结果。田间小区种植鉴定法是鉴定品种最基本、最简单和最有效的方法。田间检验应注意首先要了解品种的特征特性，主要包括：植株性状：株高、植株开展度等；叶片性状：叶片形态、叶色深浅、叶面茸毛有无及多少、褶皱有无及多少、叶缘有无波状及缺刻、叶柄颜色、中肋宽度、叶片数；叶球性状：叶球形状、结球状况、叶球高度、球心颜色、叶球抱合类型等。同时要抓住生育期中品种特征、特性表现最突出时检验。大白菜的田间检验一般在苗期和结球期鉴定两次。将田间检验各时期结果分别记录，进行综合分析、评定、确定品种田间纯度。

$$品种纯度=[(供检总株数-杂株数)/供检总株数]\times 100\%$$

室内检验是按照统一规定的检验程序，借助一定的检验设备和仪器，运用科学方法对种子的内在品质及外观进行鉴定、分析，从而对种子质量给予科学、正确的评价。大白菜品种真实性和纯度的室内检验主要利用同工酶、蛋白质和DNA分子标记技术等进行。由于大白菜当年生产的种子若当年销售，从种子收获到农民播种只有1个多月的时间，进行田间检验时间不够，因此多采用室内检验的方法进行品种真实性和纯度的检验。

2. 种子净度、发芽力和含水量检验 种子净度是指本作物净种子的质量占样品总质量的百分率。分析时将试验样品分成净种子、其他植物种子和杂质三种成分，分别将每份试样的各分离成分称重，将各成分质量的总和与原试样质量进行比较，核对质量有无增减。精确度为0.01 g。

发芽力是指在规定的时间、条件下，能够长成正常幼苗的种子数与被检种子总数的比例，通常用发芽势和发芽率表示。发芽势是指规定日期内（大白菜一般为3 d）正常发芽种子数占供试种子数的百分率。种子发芽势高，表示种子发芽整齐，生活力强。发芽率是指在发芽试验期内（大白菜一般为5 d）发芽正常幼苗的种子数占供试种子数的百分率。发芽势和发芽率以4次重复的平均值为试验结果，用百分数表示。

含水量是指按规定程序种子样品烘干所失去的质量占供检验样品原始质量的百分率。水分对种子生活力的影响很大，种子水分的测定可为种子安全贮藏、运输等提供依据。目前最常用的种子水分测定法是烘干减重法（包括烘箱法、红外线烘干法等）和电子水分速测法（包括电阻式、电容式和微波式水分速测仪）。一般正式报告需采用烘箱标准法进行种子水分测定。在生产基地的种子采收等过程中则可采用电子水分仪速测法测定。白菜种子安全贮存的含水量应低于7%。

（二）种子加工

田间种子成熟以后，要经过采收、加工等程序，才真正成为商品种子进入市场销售。种子采收后一般在生产基地经过简易加工，再调运到种子销售单位，然后再根据具体需要进行精加工处理。

1. 初级加工 清选是种子生产加工过程中的关键环节。清除混入种子中的茎叶碎片、泥沙、石砾以及小籽、瘪籽等杂物，以提高种子的净度和纯度。清选过的种子基本可以达到质量标准要求，从而为简易包装、调运以及精加工等环节做好准备。生产基地一般用带有风机和筛子的简单清选机械进行清选工作。如果种子中混有与种子形状相似的泥土、沙粒时，可用螺旋分离机进行清除，效果比较好。农户在种子脱粒后晾晒的过程中，可先用简单风车、螺旋分离机进行初步清选，这样既可以提高种子干燥的效果，也方便统一收购时清选机械的清选作业。

2. 精加工 种子精加工是研究提高种子生活力，使其萌发整齐一致的技术，对于提高种子的播种质量起到重要作用。种子处理技术是随着农业现代化发展而出现的一项种子加工新技术，大白菜种子的精加工常见的是种子包衣处理。对包衣种子的发芽及后期幼苗生长起主要作用的是包衣剂中的有效成分，主要包括杀菌剂、杀虫剂、微肥、植物生长调节剂等。

（三）种子贮存

经过清选干燥的大白菜种子在生产基地加以简易合理的包装，可防止种子混杂、病虫害感染、吸湿回潮以及种子劣变等，以保证安全贮藏。进行包装的种子含水量和净度等指标必须达到标准要求，水分含量小于 7%，净度大于 98%，确保种子在贮藏过程中不会降低原有质量和生活力。宋顺华等（1999）研究了种子含水量对大白菜精包装种子活力的影响，发现含水量在 6%以下时，随着老化时间的延长，种子生活力的变化表现为缓慢下降；而含水量在 6%以上时，随着老化时间的延长，种子生活力大幅度地下降。6%的含水量为大白菜种子在精包装条件下贮藏的含水量上限。另外，种子贮藏时，贮藏库一定要保持干燥，空气相对湿度小于 30%，最好有除湿设备。大白菜种子在干燥条件下，常温下一般能保存 3 年左右，在 10～15 ℃的条件下能保存 5 年左右，在更低的温度条件下则可以保存更长的时间。

（孙日飞　张凤兰）

主要参考文献

北京市农业科学院蔬菜研究所大白菜杂优组．1978. 大白菜“127”雄性不育两用系的选育与利用［J］. 遗传学报，5（1）：52-56.

曹家树．1996. 中国白菜起源、演化和分类研究进展［M］//中国园艺学会，中国农业大学．园艺学年评．北京：科学出版社．

曹家树，曹寿椿．1994. 中国白菜与同属其他类群种皮形态的比较和分类［J］. 浙江农业大学学报（20）：393-399.

曹家树，曹寿椿．1995. 大白菜起源的杂交验证初报［J］. 园艺学报（22）：93-94.

曹家树，曹寿椿．1997. 中国白菜各类群的分支分析和演化关系研究［J］. 园艺学报，24（1）：35-42.

曹鸣庆，李岩，蒋涛，等．1992. 大白菜和小白菜游离小孢子培养试验简报［J］. 华北农学报，7（20）：119-120.

程斐，李式军，奥岩松，等．1999. 大白菜抽薹性状的遗传规律研究［J］. 南京农业大学学报，22（1）：26-28.

崔崇士，马云学，董玉清．1995. 大白菜主要农艺性状遗传相关的研究［J］. 中国蔬菜（2）：11-15.

邓立平，曹烨，郭亚华，等．1982. 白菜花粉植株的诱导［J］. 园艺学报，9（2）：37-42.

冯辉．1996. 大白菜核基因雄性不育性的研究［D］. 沈阳：沈阳农业大学．

冯辉，徐巍，王玉刚．2007.“奶白菜 AI023”品系核基因雄性不育系的定向转育［J］. 园艺学报，34（3）：659-664.

冯兰香，徐玲，刘佳．1990. 北京地区十字花科蔬菜芜菁花叶病毒株系分化研究［J］. 植物病理学报，20（3）：185-188.

韩和平，孙日飞，张淑江，等．2004 大白菜中与芜菁花叶病毒（TuMV）感病基因连锁的 AFLP 标记［J］. 中国农业科学，37（4）：539-544.

何启伟．1993. 十字花科蔬菜优势育种［M］. 北京：中国农业出版社．

华志明．1999. 植物自交不亲和分子机理研究的一些进展［J］. 植物生理学通讯，35（1）：77-82.

柯常取，李明远，曾丽，等．1991. 芸薹链格孢菌菌系分化的研究［J］. 北京农业科学（增刊）：14.

柯桂兰，宋胭脂．1989. 大白菜异源胞质雄性不育系的选育及应用［J］. 陕西农业科学（3）：9-10.

柯桂兰，赵稚雅，宋胭脂，等．1992. 大白菜异源胞质雄性不育系 CMS34117 的选育及应用［J］. 园艺学报，19（4）：33-40.

李家文．1981. 中国蔬菜作物的来历与变异［J］. 中国农业科学，14（1）：90-95.

李家文．1984. 中国的白菜［M］. 北京：农业出版社．

李树德．1995. 中国主要蔬菜抗病育种进展［M］. 北京：科学出版社．

李锡香，孙日飞，冯兰香，等．2008. 大白菜种质资源描述规范和数据标准［M］. 北京：中国农业出版社．

李岩，刘凡，姚磊，等．1997. 培养基水分状况对大白菜小孢子胚成苗的影响［J］. 农业生物技术学报，5（2）：131-136.

栗根义，高睦枪，赵秀山．1993. 大白菜游离小孢子培养［J］. 园艺学报，20（2）：167-170.

刘栩平，路文长，林宝祥，等．1990. 中国十省（市）十字花科蔬菜芜菁花叶病毒（TuMV）株系分化研究Ⅰ．用 Green 氏方法划分株系［J］. 病毒学杂志，1：82-87.

刘宜生．1998. 中国大白菜［M］. 北京：中国农业出版社．

罗少波，李智军，周微波，等 . 1996. 大白菜品种耐热性的鉴定方法 [J]. 中国蔬菜 (2)：16－18.
钮心恪 . 1984. 大白菜抗霜霉病，病毒病原始材料的筛选及抗性遗传的研究 [J]. 中国蔬菜，4：28－32.
钮心恪，吴飞燕，钟惠宏，等 . 1980. 大白菜雄性不育两用系的选育及其利用 [J]. 园艺学报，7 (1)：25－31.
申书兴，梁会芬，张合成，等 . 1999. 提高大白菜小孢子胚胎发生及植株获得率的几个因素的研究 [J]. 河北农业大学学报，22 (4)：65－68.
司家钢，孙日飞，吴飞燕，等 . 1995. 高温胁迫对大白菜耐热性相关生理指标的影响 [J]. 中国蔬菜 (4)：4－6.
孙日飞，张纪增，钮心恪 . 1986. 大白菜数量性状的遗传分析 [J]. 蔬菜 (6)：36.
谭其猛 . 1979. 试论大白菜品种的起源、分布和演化 [J]. 中国农业科学 (4)：68－75.
谭其猛 . 1982. 蔬菜杂种优势利用 [M]. 上海：上海科学技术出版社 .
陶国华 . 1987. 关于转育大白菜 CMS 的探讨 [J]. 中国蔬菜 (8)：20－22.
王景义 . 1994. 中国作物遗传资源 [M]. 北京：中国农业出版社 .
王学芳，任芝荣 . 1998. 大白菜育种中数量性状相关与遗传分析 [J]. 北方园艺 (S1)：5－7.
魏毓棠，冯辉，张蜀宁 . 1992. 大白菜雄性不育遗传规律的研究 [J]. 沈阳农业大学学报，23 (3)：260－266.
魏毓棠，李广海，王允兰，等 . 1991. 大白菜对芜菁花叶病毒（辽宁一号分离物）的抗性遗传规律研究 [J]. 植物病理学报，21 (3)：199－203.
吴国胜，王永健，曹宛虹，等 1995. 大白菜热害发生规律及耐热性筛选方法的研究 [J]. 华北农学报，10 (1)：111－115.
吴国胜，王永健，姜亦巍，等 . 1997. 大白菜耐热性遗传效应研究 [J]. 园艺学报，24 (2)：141－144.
徐家炳，张凤兰，陈广，等 . 2004. 植物新品种特异性、稳定性、一致性测试指南——大白菜 [S]. 北京：中国标准出版社 .
徐家炳，张凤兰 . 2005. 中国大白菜品种市场需求的变化趋势 [J]. 中国蔬菜 (5)：36－37.
严红，李明远，柯常取 . 1996. 芸薹链格孢菌菌系致病力分化的研究 [J]. 华北农学报，11 (3)：87－90.
杨广东，李燕娥，薛建兵，等 . 2000. 大白菜黑斑病抗性遗传规律 [J]. 中国蔬菜 (1)：17－19.
杨晓云，张淑霞，张清霞，等 . 2006a. 氮肥对大白菜生理障害——小黑点病发生影响的初步研究 [J]. 华北农学报，21 (增刊)：151－153.
杨晓云，张淑霞，张清霞，等 . 2006b. 基因型对大白菜小黑点病发生的影响及抗病品种筛选 [J]. 北方园艺，6：25－26.
于仁波，于拴仓，戚佳妮，等 . 2008. 大白菜 SSR 锚定标记分子遗传图谱的构建 [J]. 园艺学报，35 (10)：1447－1454.
于拴仓，王永健，郑晓鹰 . 2003. 大白菜分子遗传图谱的构建与分析 [J]. 中国农业科学，36 (2)：190－195.
于拴仓，王永健，郑晓鹰 . 2003. 大白菜耐热性 QTL 定位与分析 [J]. 园艺学报，30 (4)：417－420.
于拴仓，王永健，郑晓鹰 . 2004. 大白菜叶球相关性状的 QTL 定位与分析 [J]. 中国农业科学，37 (1)：106－111.
余阳俊，陈广，刘琪 . 1996. 大白菜晚抽薹性状及其与开花叶片数的关系 [J]. 北京农业科学，14 (3)：32－34.
余阳俊，耿欣，赵岫云，等 . 2001. 大白菜品种苗期抗干烧心（缺钙）鉴定 [J]. 北京农业科学，2：14－15.
余阳俊，张凤兰，赵岫云，等 . 2004. 大白菜晚抽薹快速评价方法 [J]. 中国蔬菜 (6)：16－18.
袁文焕，王新娥，刘建敏，等 . 2008. 几种芸薹属蔬菜的核型分析与比较 [J]. 河北农业大学学报，31 (2)：27－30.
岳艳玲，冯辉，宋阿丽 . 2005. 大白菜核基因雄性不育系的合成转育研究 [J]. 吉林农业大学学报，27 (2)：179－182.
臧威，崔崇士，张耀伟 . 2003. 大白菜软腐病苗期抗性鉴定方法的研究 [J]. 北方园艺，3：57－58.
张德双，曹明庆，徐家炳，等 . 2002. 大白菜转育新甘蓝型油菜细胞质雄性不育系的研究 [J]. 华北农学报，17 (1)：60－63.
张德双，徐家炳，张凤兰 . 2004. 不同球色大白菜主要营养成分分析 [J] . 中国蔬菜 (3)：37.
张凤兰 . 1992. 白菜对软腐病的室内抗性鉴定方法及抗源筛选 [J]. 蔬菜 (4)：20－28.
张凤兰，钉贯靖久 . 1993. 大白菜小孢子再生植株自然加倍率的探讨 [J]. 北京农业科学，11 (2)：23－24.
张凤兰，钉贯靖久，吉川宏昭 . 1994. 环境条件对白菜小孢子培养的影响 [J]. 华北农学报，9 (1)：95－100.
张凤兰，徐家炳，飞弹健一 . 1994. 大白菜对干烧心病（缺钙）抗性室内鉴定方法的研究 [J]. 华北农学报，9 (3)：127－128.

张凤兰，徐家炳，严红，等 . 1997. 大白菜苗期对黑斑病抗性遗传规律的研究 [J]. 华北农学报，12 (3)：115 - 119.

张光明，王翠花 . 1995. 大白菜抗软腐病接种鉴定方法的初步研究 [J]. 山东农业科学，5：39 - 40.

张军杰，刘凡，罗晨，等 . 2004. 大白菜的马铃薯蛋白酶抑制剂基因转化及抗菜青虫性的鉴定 [J]. 园艺学报，31 (2)：193 - 198.

张立阳，张凤兰，王美，等 . 2005. 大白菜永久高密度分子遗传图谱的构建 [J]. 园艺学报，32 (2)：249 - 255.

张鲁刚，王鸣，陈杭，等 . 2000. 中国白菜 RAPD 分子遗传图谱的构建 [J]. 植物学报，42 (5)：484 - 489.

张书芳，宋兆华 . 1990. 大白菜细胞核基因互作雄性不育系选育及应用模式 [J]. 园艺学报，17 (2)：117 - 125.

赵义平，谭其猛，魏毓棠 . 1987. 大白菜风味品质相关性状及其遗传规律的研究 [J]. 北方园艺 (4)：1 - 6.

郑晓鹰，王永健，宋顺华，等 . 2002. 大白菜耐热性分子标记的研究 [J]. 中国农业科学，35 (3)：309 - 313.

中华人民共和国农业部 . 2006. 中国农业统计资料 [M]. 北京：中国农业出版社 .

Charlotte F Nellist, Wei Qian, Carol E Jenner, et al. 2014. Multiple copies of eukaryotic translation initiation factors in *Brassica rapa* facilitate redundancy, enabling diversification through variation in splicing and broad - spectrum virus resistance [J]. Plant J. 77：261 - 268.

Choi S R, Teakle G R, Plaha P, et al. 2007. The reference genetic linkage map for the multinational *Brassica rapa* genome sequencing project [J]. Theor Appl Genet, 115：777 - 792.

Goring D R, Rothstein S J. 1992. The S - locus receptor kinase gene in a self - incompatible *Brassica napus* line encodes a functional serine/threonine kinase [J]. Plant Cell, 4：1273 - 1281.

Hinata K, Nishio T. 1978. S - allele specificity of stigma proteins in *Brassica oleracea* and *Brassica campestris* [J]. Heredity, 41：93 - 100.

Howlett B, Boys D C. 1991. Molecular cloning of a putative receptor protein kinase gene encoded at the self - incompatibility locus of *Brassica oleracea* [J]. Proc Natl Acad Sci USA, 88：8816 - 8820.

Keller W A, Rajhathy T, Lacapra J. 1975. *In vitro* production of plant from pollen in *Brassica campestris* [J]. Can J Genet Cytol. , 17：655 - 666.

Kim H, Choi S, Bae J, et al. 2009. Sequenced BAC anchored reference genetic map that reconciles the ten individual chromosomes of *Brassica rapa* [J]. BMC Genomics, 10：432 - 446.

Kim J S, Chung T Y, King G J, et al. 2006. A sequence tagged linkage map of *Brassica rapa* [J]. Genetics, 174 (1)：29 - 39.

Kole C, Kole P, Vogelzang R, et al. 1997. Genetic linkage map of a *Brassica rapa* recombinant inbred population [J]. J. Hered. , 88：553 - 557.

Kole C, Williams P H, Rimmer S R, et al. 2002. Linkage mapping of genes controlling resistance to white rust (*Albugo candida*) in *Brassica rapa* (syn. *campestris*) and comparative mapping to *Brassica napus* and *Arabidopsis thaliana* [J]. Genome, 45：22 - 27.

Koo D H, Plaha P, Lim Y P, et al. 2004. A high resolution karyotype of *Brassica rapa* ssp. *pekinensis* revealed by pachytene analysis and multicolor fluorescence in situ hybridization [J]. Theor. Appl. Genet (109)：1346 - 1352.

Kuginuki Y, Ajisaka H, Yui M, et al. 1997. RAPD markers linked to a clubroot - resistance locus in *Brassica rapa* L. [J]. Euphytica, 98：149 - 154.

Lalonde B, Nasrallah M E, Dwyer K D, et al. 1989. A highly conserved Brassica gene with homology to the S - locus - specific glycoprotein structural gene [J]. Plant Cell, 1：249 - 258.

Matsumoto E, Yasui C, Ohi M, et al. 1998. Linkage analysis of RFL P markers for clubroot resistance and pigmentation in Chinese cabbage (*Brassica rapa* ssp. *pekinensis*) [J]. Euphytica, 104 (2)：79 - 86.

Mero C E, Honma S. 1984. A method for evaluating bolting - resistance in *Brassica species* [J]. Scientia Horticulturae, 24：13 - 19.

Miki N, Koji T, Masaki H, et al. 2005. Mapping of QTLs for bolting time in *Brassica rapa* (syn. *campestris*) under different environmental conditions [J]. Breeding Science, 55 (2)：127 - 133.

Murase K, Shiba H, Iwano M, et al. 2004. Membrane - anchored protein kinase involved in *Brassica* self - incompatibility signaling [J]. Science, 303：1516 - 1519.

Nasrallah J B, Nasrallha M E. 1989. The molecular genetics of self - incompatibility in *Brassica* [J]. Annu Rev Genet, 23: 121 - 139.

Nasrallha M E. 1984. Electrophoretic heterogeneity exhibited by the S - allele specific glycoprotein of *Brassica* [J]. Experimental, 40: 279 - 281.

Niu X, H Leung, P H Williams. 1983. Sources and nature of resistance to downy mildew and turnip mosaic virus in Chinese cabbage [J]. J. Amer. Soc. Hort. Sci. , 108: 775 - 778.

Nozaki T, Kumazaki A, Koba T, et al. 1997. Linkage analysis among loci for RAPDs, isozymes and some agronomic traits in *Brassica campestris* L. [J]. Euphytica, 95: 115 - 123.

Osborn T C, Kole C, Parkin I A P, et al. 1997. Comparison of flowering time genes in *Brassica rapa*, *B. napus* and *Arabidopsis thaliana* [J]. Genetics, 156: 1123 - 1129.

Provvidenti R. 1980. Evaluation of Chinese cabbage cultivars from Japan and People's Republic of China for resistance to TuMV and cauliflower Mosaic Virus [J]. J. Ameri. Soci. Hort. Sci. , 105 (4): 571 - 573.

Qian Wei, Shujiang Zhang, Shifan Zhang, et al. 2013. Mapping and candidate - gene screening of the novel Turnip mosaic virus resistance gene *retr02* in Chinese cabbage (*Brassica rapa* L.) [J]. Theor. Appl. Genet. 126: 179 - 188.

Saito M, Kubo N, Matsumoto S, et al. 2006. Fine mapping of the clubroot resistance gene, Crr3, in *Brassica rapa* [J]. Theor Appl Genet. , 114 (1): 81 - 91.

Sato T, Nishio T, Hirai M. 1989. Plant regeneration from isolated microspore culture of Chinese cabbage (*Brassica campestris* ssp. *pekinensis*) [J]. Plant Cell Rep, 8: 486 - 488.

Schoper C R, Nasrallah M E, Nasrallah J B. 1999. The male determinant of Self - incompatibility in *Brassica* [J]. Science, 286: 1697 - 1700.

Schopper C R, Nasrallah J B. 2000. Self - incompatibility: prospects for a novel putative peptide - signaling molecule [J]. Plant Physiol, 124: 935 - 939.

Song K M, Osborn T C, Williams P H. 1988. *Brassica* taxonomy based on nuclear restriction fragment length polymorphism (RFLPs): 2 preliminary analysis of subspecies within *B. rapa* (syn. *campestris*) and *B. oleracea* [J]. Theor Appl. Genet (76): 593 - 600.

Sophia L, Stone S L, Erin M Anderson, et al. 2003. ARCT is an E3 ubiquitin ligase and promotes the ubiquitination of proteins during the rejection of self - incompatible *Brassica* pollen [J]. Plant Cell, 15: 885 - 898.

Stein J C, Howlett B, Boys D C, et al. 1991. Molecular cloning of a putative receptor protein kinase gene encoded at the self - incompatibility locus of *Brassica oleracea* [J]. Proc Natl Acad Sci USA, 88 (19): 8816 - 8820.

Suh S K, Green S K, Park H G. 1995. Genetics of resistance to five strains of turnip mosaic virus in Chinese cabbage [J]. Euphytica, 81: 71 - 77.

Suwabe K, Tsukazaki H, Iketani H, et al. 2006. Simple sequence repeat - based comparative genomics between *Brassica rapa* and *Arabidopsis thaliana*: the genetic origin of clubroot resistance [J]. Genetics, 173 (1): 309 - 319.

Suzuki G, Kai N, Hirose T, et al. 1999. Genomic organization of the S locus: Identification and characterization of genes in SLG/SRK region of S (9) haplotype of *Brassica campestris* (syn. *rapa*) [J]. Genetics, 153 (1): 391 - 400.

Takayama S, Shiba H, Iwano M, et al. 2000. The pollen determinant of self - incompatibility in *Brassica campestris* [J]. Proc. Natl. Acad. Sci. USA, 97: 1920 - 1925.

Teutonico R A, Osborn T C. 1995. Mapping loci controlling vernalization requirement in *Brassica rapa* [J]. Theor Appl Genet, 91: 1279 - 1283.

Wang X, Wang H, Wang J, et al. 2011. The genome of the mesopolyploid crop species *Brassica rapa* [J]. Nat Genet, 43 (10): 1035 - 1039.

Yang Xu, Yu Yangjun, Zhang Fenglan, et al. 2007. Linkage map construction and QTL analysis for bolting trait based on a DH population of *Brassica rapa* [J]. Journal of Integrative Plant Biology (JIPB), 49 (5): 664 - 671.

Yoon J Y, Green S K, Opena R T. 1993. Inheritance of resistance to turnip mosaic virus in Chinese cabbage [J]. Euphytica, 69: 103 - 108.

Yu K, Schafer U, Glavin T L, et al. 1996. Molecular characterization of the S Locus in two self - incompatible *Brassica napus* lines [J]. Plant Cell，8：2369－2380.

Yu S C，Zhang F L，Yu R B，et al. 2009. Genetic mapping and localization of a major QTL for seedling resistance to downy mildew in Chinese cabbage（*Brassica rapa* ssp. *pekinensis*）[J]. Molecular Breeding，23：573－590.

Zhang F L，Takahata Y，Watanabe M，et al. 2000. *Agrobacterium*－mediated transformation of cotyledonary explants of Chinese cabbage（*Brassica campestris* L. ssp. *pekinensis*）[J]. Plant Cell Report，19：569－575.

Zhang F L，Wang G C，Wang M，et al. 2008. Identification of SCAR markers linked to or，a gene inducing beta－carotene accumulation in Chinese cabbage [J]. Euphytica，164：463－471.

Zhang F L，Wang M，Liu X C，et al. 2008. Quantitative trait loci analysis for resistance against Turnip mosaic virus based on a doubled－haploid population in Chinese cabbage [J]. Plant Breeding，127：82－86.

第十一章

普通白菜、菜心育种

第一节　普通白菜

普通白菜是十字花科（Cruciferae）芸薹属芸薹种白菜亚种中的一个变种，一、二年生草本植物。学名：*Brassica campestris* L. ssp. *chinensis*（L.）Makino var. *communis* Tsen et Lee［*B. rapa* ssp. *chinensis*（L.）Makino var. *communis* Tesn et Lee］；别名：白菜、小白菜、青菜、油菜（北方）等。染色体数 $2n=2x=20$。普通白菜可煮食或炒食，亦可做成菜汤或者凉拌食用。普通白菜所含营养成分价值较高，每 100 g 鲜菜含水分 93～95 g、碳水化合物 2.3～3.2 g、蛋白质 1.4～2.5 g、维生素 C 30～40 mg、纤维素 0.6～1.4 g，以及其他矿物质等。

普通白菜原产中国，古称“菘”。“菘”的最早文字记载，见于西晋张勃著《吴录》（3 世纪后期）。后魏贾思勰著《齐民要术》中有关于“菘似芜菁，无毛而大”的记载。明朝李时珍著《本草纲目》（1587）中记载：“白菘即白菜，牛肚菘即最肥大者”。

中国各地普遍栽培，长江以南为主产区，在长江中下游各大、中城市占蔬菜上市总量的 30%～40%，长江中下游南岸地区普通白菜种植面积占秋、冬、春菜播种面积的 40%～60%。20 世纪 70 年代后，北方地区的栽培面积也迅速扩大，已成为保护地春季早熟栽培和越冬栽培的主要蔬菜之一。据农业部统计资料，2006 年全国播种面积 55.4 万 hm^2，产量 1 323 万 t。近年来，东南亚、日本、美国及欧洲一些国家和地区也广泛引种。

一、育种概况

（一）育种简史

芸薹种（*Brassica campestris*）在东西方的栽培分化，都是先形成作为油料的油菜和具有肉质根的芜菁（蔓菁），之后西方则重视了甘蓝类蔬菜的栽培改进，而在东方则是叶用类型得到了发展。芸薹种的野生类型过去主要分布在江淮以南，正是现在普通白菜分布的地带。原产中国的普通白菜是由芸薹演化而来的，属白菜亚种，在几千年的历史长河中，由于自然变异和人工选择的结果，形成了普通白菜、塌菜、菜薹、薹菜、分蘖菜 5 个变种。日本和韩国所培育和栽培的普通白菜都源自中国。日本水菜被认为是受外来种质渗入影响而脱离于分蘖菜的分支类群；从基因进化角度的研究结果证明，日本的普通白菜是从中国江苏、浙江和福建引进的。普通白菜中的青梗类型，在中国南北各地广泛种植，也是日本和韩国的主栽类型。

由于栽培面积小，普通白菜在欧美国家开展的育种工作较少。近些年，由于华人在欧美国家数量的上升，普通白菜的消费需求量有较大增长，但所用种子大部分来源于中国。日本和韩国普通白菜的育种工作起步于20世纪60年代，但因为需求量小，并没有像大白菜那样开展很多工作。进入21世纪以来，因中国市场的大量需求，日本和韩国的种苗公司开始重视普通白菜的育种工作，进展较快的是日本武藏野和东北种苗公司，育成的品种如华王、华冠、早生华京、冬赏味、夏赏味、夏帝等，一度在中国东部沿海地区大面积推广，也带动了中国普通白菜杂交种的快速发展。日本对普通白菜的要求为：优质、高产、抗病和周年生产，且大部分为青梗类型。韩国对普通白菜的要求为：满足市场需要，品质好，可一年四季生产；抗病、抗逆性好，满足菜农的需求。

据国外文献报道，普通白菜品种质资源欧洲共保存146份，东南亚96份，日本近90个，亚洲蔬菜研究发展中心（AVRDC）及美国保存较少。

普通白菜起源于中国，但在20世纪50年代以前生产用种主要由菜农自选自留，经过长期的自然和人工选择，形成了适合各地栽培的地方品种。一般来说，地方品种品质好，适应当地气候条件，也比较适合当地生产和消费习惯。但由于各种条件的限制，地方品种通常较混杂，甚至发生退化，严重影响普通白菜的种性、产量与品质。代表性的地方品种有：南京的矮脚黄和高桩白菜、扬州的花叶大菜、常州的长白梗、无锡的矮箕大叶黄、云南蒜头白、广州中脚黑叶、赣榆杓头菜、杭州半早儿、上海二月慢、长沙迟白菜、合肥四月青等。

20世纪50年代以来，中国普通白菜育种大致经历了以下几个重要阶段。

1. 品种资源调查征集阶段　1954—1966年、1972—1976年、1980—1982年，研究人员多次深入主要产区调查征集普通白菜资源，以江苏、上海、浙江、安徽等地方品种为主，兼顾湖北、湖南、江西、贵州、云南、四川、广东、广西、山东、陕西等省、自治区的主要地方品种，共搜集到品种资源200余份，经南京农学院（现南京农业大学）观察记载各品种的26个园艺性状，整理出其中同名异种或异名同种的品种，为普通白菜种质资源研究和利用打下了基础。

2. 抗病育种和杂种优势初步利用阶段　1983年国家科委和农业部组织成立了全国“白菜抗病新品种选育协作攻关组”，开始对普通白菜杂种优势利用进行研究。南京农业大学针对普通白菜的“伏缺”，利用耐热品种资源常州短白梗为父本，与南京矮脚黄两用系杂交，育成抗高温、暴雨、高产、优质的矮杂1号新品种，较对照增产30%～152%。在江苏、安徽、四川、湖北等21个省份推广，对克服各地蔬菜“伏缺”起到了重要作用。

针对普通白菜“春缺”现象，以耐寒品种资源南京亮白叶及合肥黑心乌为父本，矮脚黄两用系为母本，育成耐寒性强的矮杂2号和矮杂3号一代杂种，在全国10余省份广泛推广，对解决当地蔬菜“春缺”发挥了重要作用。

针对普通白菜病害严重的现象，从矮脚黄品系的抗病资源中选出抗病、优质和商品性好的矮抗1号至3号新品种，并在南京、无锡、合肥等地推广。还育成了多抗、优质、丰产的矮抗4号至6号系列新品种及暑绿、寒笑。

1983—1990年，上海市农业科学院通过抗病性鉴定和常规育种选出的优良普通白菜高代自交系，经杂交选配，获得两个杂种优势强、综合经济性状优良，且抗病性强的组合：冬常青、夏冬青，两者曾广泛应用于生产。

北京市农林科学院蔬菜研究中心利用自交不亲和系育成耐寒品种京绿7号、耐热品种京绿2号、秋播品种京冠等，并在北方地区大面积推广应用。

浙江省农业科学院利用雄性不育系709－311A和自交系801－112育成青丰1号杂交种。

广东省农业科学院以优质丰产的坡高（坡头×高脚）F_1做母本，选用叶色深绿、耐热、抗性较强的夏白菜地方品种做父本，育成黑叶白菜17杂交种。

3. 杂种优势利用和生物技术快速发展阶段　1995年以来，普通白菜的杂交一代选育得到重视和加强，北京市农林科学院蔬菜研究中心、山东德高种苗蔬菜研究所、沈阳农业大学、天津科润蔬菜研究所、青岛国际种苗等单位先后开展普通白菜的杂交育种工作，育出一大批新品种在生产上推广应用。北京蔬菜研究中心先后育成京冠 1 号、京冠 2 号、京冠 3 号、国夏 1 号、奶白 1 号、奶白 3 号、京研黑叶、京研黑叶 2 号和春油 1 号、春油 3 号、春油 5 号等适于春、夏、秋不同季节栽培的多类型系列新品种 20 余个，年推广面积达 6.67 万 hm^2。

进入 21 世纪，生物技术在普通白菜育种上得到应用，拓宽了普通白菜育种途径，加速了育种进程，提高了育种效率。近年来快速发展起来的游离小孢子培养技术与传统育种技术的结合是优异种质创新的有效途径之一。北京市农林科学院蔬菜研究中心（李岩等，1993）、河南省农业科学院（蒋武生等，2005）、沈阳农业大学（姜凤英等，2006）、南京农业大学（高素燕等，2009）先后报道对普通白菜进行小孢子培养获得再生植株和 DH 系。

原生质体培养与体细胞杂交育种在创造新类型与品种改良上起到重要作用。侯喜林等（2001）利用 Ogura 细胞质雄性不育系下胚轴原生质体与保持系子叶原生质体的非对称细胞融合（asymmetrical cell fusion）技术，创建了普通白菜细胞质雄性不育新种质，克服了原 Ogura 雄性不育材料存在的低温苗期黄化、蜜腺不发达等问题。

普通白菜农杆菌介导的遗传转化体系得到不断优化，利用转基因技术向普通白菜中转化抗病虫基因（刘凡等，2004；罗晨等，2005；张军杰等，2006）、耐热基因（刘同坤等，2011）和耐寒基因等得到成功。但是，由于转基因生物（genetically modified organism，GMO）的安全性问题，普通白菜的转基因育种材料距离其商品化生产还要经历相当长的时间。

此外，DNA 分子标记（molecular marker）技术已用于种质资源遗传关系及品种鉴定（Wang et al.，2010）、普通白菜分子遗传图谱的构建（耿建峰等，2007）、核心种质的构建等（韩建明等，2007），还用于抗霜霉病（冷月强，2006）、抗抽薹性（张波，2007）等目标性状连锁的分子标记与分子标记辅助选择（marker assisted selection，MAS）等诸多方面，但由于实用的分子标记尚少，分子标记辅助选择尚未规模化应用于普通白菜育种中。

（二）育种现状与发展趋势

1. 育种现状 目前，我国对普通白菜育种工作十分重视，不仅长江流域和华南地区各省份有从事普通白菜育种的单位，华北、东北一些大中城市的科研单位、种子企业也开展普通白菜育种工作，如北京农林科学院、沈阳农业大学、德高种苗研究所等。普通白菜育种科研项目一直得到国家和有关省（自治区、直辖市）科技项目的支持，如国家 973 计划、863 计划、科技支撑计划、国家自然科学基金项目中都列有普通白菜育种的相关内容，经过大家的努力，在种质创新、育种技术、新品种选育推广等方面取得显著成绩。

在种质资源研究方面，通过多种途径，搜集各种类型普通白菜种质资源 1 392 份，在国家种质库保存。经鉴定评价，筛选出一批抗病、抗逆、优质种质供生产或育种利用，创制出普通白菜雄性不育、多倍体等特殊优异种质。

在育种技术上，普通白菜自交不亲和系、雄性不育系育种技术获得突破，杂种优势利用得到普及，新育成普通白菜品种 90%以上为杂交种。同时建立了普通白菜抗病、抗逆等多抗性鉴定技术规程。南京农业大学园艺学院、上海市农业科学院园艺研究所、广东省农业科学院经作研究所、江苏省农业科学院蔬菜研究所等单位组成的抗病育种协作组，在近 20 年时间里，先后育成矮杂 2 号、矮杂 3 号、矮抗 1 号、矮抗 2 号、黑叶白菜 17、冬常青、夏冬青等抗病毒病、霜霉病新品种，在各地大面积推广。

近年来，为提高育种效率，普通白菜生物技术育种也得到发展，小孢子培养、利用原生质体非对称融合改良胞质不育以及分子标记辅助育种都获得成功。完成了普通白菜分子遗传图谱的构建和普通白菜基因组的测序，抗病、品质等重要农艺性状的遗传规律等应用基础研究也获得重要进展。

在新品种培育方面，1978—2012 年，已培育抗病、优质、抗逆普通白菜新品种 100 余个，其中通过审定（认定、鉴定）的新品种 68 个，良种覆盖率 90%以上，国内培育的普通白菜新品种市场占有率 85%以上，支撑了我国普通白菜的生产发展。

但是，随着普通白菜栽培范围的扩大和栽培方式的变化，加上灾害性气候频发和病虫害的影响，急需培育更多的抗病、抗逆普通白菜品种，以及适用于不同栽培方式、不同用途的专用品种和多样性品种。

2. 需求与发展趋势　由于新品种的不断推出和栽培技术的不断完善，目前我国普通白菜基本实现了周年栽培，但是由于极端气候和病虫害的影响，尚不能达到周年均衡供应，常常出现普通白菜的“春缺”、“伏缺”和“冬缺”现象。但优质抗病普通白菜杂种一代制种成本高，严重阻碍了新品种的应用和推广。另外，生产上需要“专业化”和“多样化”的普通白菜品种，而现阶段抗逆、抗病、耐虫、耐贮运和适合加工的品种较少。随着人民生活水平的提高和市场需求的不断变化，普通白菜的育种目标从追求高产转变为周年均衡生产、供应，需求抗病、抗逆性强，以及优质、高产、商品性好的优良品种。

（1）*春夏反季节普通白菜*　四月慢、五月慢耐寒、晚抽薹、产量高，是南方冬春季和最早引入北方广泛栽培的普通白菜品种。其缺点是叶脉明显，束腰性不好，商品性和品质较差。近年来北京市农林科学院蔬菜研究中心推出的春油 1 号、春油 5 号和天津科润蔬菜研究所育成的寒绿在整齐度、商品性等方面有了较大的改进和提高。日本武藏野种苗公司选育出的冬赏味商品性较好，但价格昂贵，很难大面积应用和推广。夏季，南方高温多雨，要求普通白菜能抗热耐湿，抗霜霉病和软腐病；北方高温干旱，要求普通白菜抗热、抗病毒病。日本目前推出的华冠、华王等普通白菜品种的抗热性还有待提高。福建春晓种子公司推出的金品一夏和金品改良 28 表现出突出的耐热性和耐雨性，已在南方夏季大面积推广应用。普通白菜需要全年生产，周年均衡供应，如果春夏季品种有所改进和突破，将会对生产和市场供应起巨大作用。

（2）*优质抗病一代杂种*　多年来普通白菜由于生产周期短，用种量大，产品便宜，种子价格也很低廉。另外，普通白菜绝大部分是小苗上市，一般播种后 20～45 d 即可收获，所以对产品纯度要求不高。许多地方品种通常在隔离条件较差、管理粗放的地方繁种，不少还是越冬采种，产品质量得不到应有的保证。相比之下生产优质的一代杂种成本高，种子价格也高，所以长期以来杂种一代的推广应用发展缓慢。随着人民生活水平日益提高，生产和消费结构也产生了较大变化，优质、抗病、整齐度高、商品性好的一代杂种越来越受到市场的欢迎，日本及上海、南京、北京一些单位生产的普通白菜一代杂种在中国一些地区的大面积推广充分说明了这一点。今后优质、抗病、高产、外观美的品种是重要的育种方向。

（3）*优质外销品种*　广东优质奶白菜多年来除本地消费外，还常年供应港、澳地区及东南亚国家。目前奶白菜地方品种整齐度较差，冬性弱，抗热性不理想，不适应生产的需求。为了克服不利的气候条件，近年来一些制种单位在全国各地建立繁种基地进行生产。但即使这样，也往往因现有品种的缺点而使生产受到限制。北京郊区、宁夏、云南等有一些奶白菜生产基地，在夏季生产奶白菜外销香港和东南亚。奶白菜在北京生产季节为 4～9 月，其中 4 月上旬和 9 月下旬易出现先期抽薹，而6～8 月则往往因高温而生长不良。北京市农林科学院蔬菜研究中心近年推出的奶白 1 号、奶白 3 号等一代杂种，在整齐度、冬性等方面远远超过地方品种，推广后已受到生产基地的青睐。

（4）*耐贮运品种*　普通白菜是速生蔬菜，一般是当地生产、就近消费，但有些品种在有的季节也能销往外地，如奶白菜类品种因叶片和叶柄较厚，不易失水和萎蔫，所以有利于短期贮存和运输。另外，在冬季也有一部分南方普通白菜品种投放北方市场，如特矮王和黄心乌等。特矮王叶片较厚，叶簇紧密，耐挤压和贮运；黄心乌也能形成较紧实的小叶球，品质好且较耐贮运。所以类似这样的品种一旦有所改良和提高，加之进一步改进包装，则调节市场和外销均会有很大潜力。

（5）加工品种　长江以南的不少地区均有腌菜和晒干菜的习惯，常用品种如南京箭杆白、镇江花叶大菜、泰州青梗腌菜，但这些品种均有不同程度的混杂退化现象。优良腌菜品种应具备整齐、抗病、高产、干物质含量高等特点，腌制后品质好，味道鲜美。干制品种一般要求和腌制品种相类似，如果作为方便食品的配料，从营养和色泽考虑，多选用叶色绿、叶柄绿且薄的品种。从蔬菜深加工发展前景来看，此类品种会有较大发展空间。

二、种质资源与品种类型

（一）起源与传播

1. 起源　普通白菜起源于中国，由芸薹（*Brassica campestris*）演化而来。在中国江淮以南地区及东南亚地区，有野生种和半栽培种的芸薹（以嫩茎叶和总花梗作蔬菜，种子用于榨油），很可能是普通白菜的祖先，这为国内外多数学者所认可（周长久，1995）。在中国不同地理分布条件下，普通白菜性状变异极为多样，经各地长期自然和人工定向选择，最终形成了一批形态、性状各具特色的地方品种。

普通白菜古名“菘”。中国早在西晋张勃著《吴录》（3 世纪后期）中就有“陆逊方催人种豆菘”记载。春秋中期编辑成书《诗经·谷风》中有“采葑采菲，无以下体”之句，其中“葑”是周代对十字花科植物的总称。晋朝嵇含撰《南方草木状》和南朝梁萧子显撰（6 世纪前期）《南齐书·周颙传记》中均有“菘”的记录，如“晔留王俭设食，盘中菘菜而已”。南北朝陶弘景撰《神农本草经集注》说：“菜中有菘，最为常食”。古代的“葑”与“菘”同义，指的就是普通白菜。

据叶静渊考证，初步认为普通白菜起源中心是在长江下游太湖地区一带。

普通白菜按叶柄的颜色可分为青梗和白梗两个类型。宋朝吴自牧（1274）著《梦粱录》中记述杭州物产曾提到白菜有矮黄、大头白、小头白等品种，当时似已有白梗类型。《本草纲目》中说：“菘即今人呼为白菜者，一种茎圆厚微青；一种茎扁薄而”。可见当时栽培的普通白菜中青梗和白梗两个类型已有明显的区别。远古的时候人类采食柔嫩多汁的野生植物作为蔬菜。《诗经》中所说：“采葑采菲”也是说当时仍采食一些野菜。后来这些野菜被人栽培，就渐形成栽培类型。普通白菜是这样产生的。各种普通白菜中青梗白菜叶柄为绿色，适应性也最强，可能是最早形成的栽培类型。人类栽培时采取施肥、浇水和中耕除草等措施，创造良好生长条件，因此叶子渐为肥嫩，而且在密植时叶柄易失去叶绿素，于是形成白梗类型。

2. 传播　南北朝（420—589）时期中国南方的普通白菜栽培已相当发达。在唐代至宋代（618—1279），普通白菜才由中国南方传入北方。因此普通白菜起源于中国南方，明代以前普通白菜主要在长江下游太湖地区栽培，明清时期普通白菜在北方得到了迅速的发展。在明朝时期，普通白菜由中国传到朝鲜；19 世纪传入日本及欧美国家。现今，世界各地许多国家都有引种。根据基因组学最新研究结果表明，普通白菜的传播是由中国太湖地区经浙江、福建到台湾和香港，然后再传播到世界各地。普通白菜在中国各地均有栽培，深受消费者的喜爱。

（二）种质资源的研究

1. 种质资源的搜集　20 世纪 50 年代中期，农业部组织蔬菜科技人员对包括普通白菜在内的蔬菜地方品种进行了调查、搜集和整理。其中搜集到的普通白菜资源以江苏、上海、浙江、安徽等地方品种为主，兼顾湖北、湖南、江西、贵州、云南、四川、广东、广西、山东、陕西等省、自治区的地方品种，观察记载各品种共 26 个园艺性状，整理出其中同名异种或异名同种的品种，为白菜种质资源研究和利用，奠定了坚实的物质基础。中国已搜集保存了大量普通白菜种质资源，目前国家农作物种质资源库保存普通白菜种质资源 1 392 份。

2. 种质资源的鉴定与评价　搜集后对种质资源进行了鉴定评价，其中对耐抽薹（天数）性状已鉴定了556份次，明确抽薹的材料有3份；对抗TuMV性状鉴定了1 000份次，鉴定出属高抗和抗病的有58份，占鉴定数的5.8%。另外，据国家蔬菜种质资源中期库统计，1986—1998年累计向国内外分发提供利用的普通白菜种质资源为296份，其中国外63份，国内233份；共涉及23个批次，17个单位（国内9个单位，国外8个单位）。详细情况如下：

（1）*抗病种质资源*　南京农业大学采用多抗性鉴定方法，筛选、创新出抗芜菁花叶病毒（TuMV）、霜霉病（*Peronospora parasitica*）、黑斑病（*Alternaria brassicae*）的普通白菜育种材料3份（表11-1）。1999年秋经国家重点科技攻关组室内人工接种鉴定及田间鉴定，结果均达抗或高抗水平，且综合性状优良，配合力强（刘克钧等，1997）。

表11-1　3份普通白菜抗源材料鉴定结果及F_1代表现

材料名称	育成时间	叶柄颜色	株型	叶色	材料特性	F_1代表现
98秋-10	1996—2000	白梗	直立	淡绿	耐寒、抗病、配合力好	抗病、优质、丰产
98H秋-30	1996—2000	青梗	直立	深绿	耐热、抗病、配合力好	比对照增产11.6%以上
98H秋-13	1996—2000	青梗	直立、束腰	翠绿	优质、抗病、配合力好	抗热、优质、抗病

（2）*抗逆种质资源*　普通白菜中耐寒性极强的有：南京白叶、无锡黑麻菜、扬州二青子、上海黑叶四月慢等（朱月林等，1988）。

耐寒性强的有：南京矮脚黄、四月白；无锡三月白；常州三月白；苏州上海菜；镇江条棵菜、迟长梢、锯子口老菜、四月白；扬州大头青、高脚白；南通青菜；徐州青梗菜；上海大青菜、二月慢、三月慢、毛叶白油菜；杭州蚕白菜；合肥四月青、慢菜；拉萨青菜等。

耐寒性中等的有：南京二白、高桩；无锡矮箕大叶黄、青大头、小圆菜、黑油菜；常州白梗菜、青梗菜、大头黄、大叶白；镇江花叶大菜、大头矮；上海火白菜、矮箕白菜、白叶三月慢、五月慢；杭州半早儿、晚油冬；合肥大叶菜等。

抗高温、高湿，适于夏秋高温季节栽培的优良普通白菜有：南京高桩、二白；常州白梗菜；镇江及扬州花叶大菜；苏州白叶、苏州青；上海火白菜；杭州火白菜、荷叶白；合肥高杆白；广东坡头、奶白菜、佛山乌白菜、黑叶高脚白菜等。这些品种一般均属于普通白菜的极早熟和早熟类型。中晚熟普通白菜一般都不耐热（刘维信和曹寿椿，1993）。

另外，南京农业大学筛选、创新出耐热普通白菜育种材料2份。经室内苗期人工接种鉴定及田间成株鉴定，结果表现为耐热，并对TuMV和炭疽病（*Colletotrichum higginsianum*）有较强抗性，且综合性状优良。

98K-28：白梗，株型直立，叶片灰绿。耐热，抗炭疽病。

98K秋-20：从泰国引入，经多代自交分离选出。青梗，株型直立，叶片墨绿色。耐热性强，高抗炭疽病。

（3）*优质种质资源*　优质普通白菜种质资源除具有良好的产品商品性外，还含有较高的营养。经过鉴定筛选，南京农业大学已拥有36份普通白菜优质种质，如矮脚黄、苏州青、短白梗、南农矮脚黄、四倍体苏州青自交系等。

不同普通白菜品种、不同季节栽培，硝酸盐含量表现出明显差异。邵贵荣等（2006）研究表明，同一季节不同普通白菜品种和不同季节种植同一品种的硝酸盐含量均差异明显。冬季硝酸盐含量高的华皇是硝酸盐含量低的早生华京的2.10倍，夏季硝酸盐含量高的绿元帅是硝酸盐含量低的绿冠的2.13倍（表11-2）。

汪李平（2004）对46个普通白菜品种分春、夏、秋、冬4个季节栽培，以对硝酸盐含量进行品比与筛选。结果表明，普通白菜不同品种间硝酸盐含量差异极显著，最高与最低差异可达 2 000～4 000 mg/kg（FW）；同一品种在不同季节栽培，硝酸盐含量有一定变化，一般春夏季要比秋冬季含量高 500～2 000 mg/kg（FW）。硝酸盐含量较低的普通白菜种质资源为：上海青、热优 2 号、矮脚奶白菜（在春、夏、秋、冬四季栽培中含量均较低），以及虹明青（在冬、春、秋季栽培中含量较低）、矮抗青、上海夏冬青（在春、夏季栽培中含量较低）和勺白菜（在冬季栽培中含量较低）。

表 11-2 不同栽培季节不同普通白菜品种硝酸盐含量比较

（邵贵荣，2006）

品种名称	冬 季		夏 季	
	硝酸盐含量（mg/kg）	等级	硝酸盐含量（mg/kg）	等级
早生华京	451.4	2	1 814.5	4
平成 5 号	538.2	2	1 364.4	3
绿元帅	564.1	2	2 044.1	4
正大抗热青	609.7	2	1 145.8	3
抗热 605 青菜	676.5	2	1 406.6	3
绿冠	680.6	2	889.7	3
台湾清江白菜	684.8	2	1 716.1	4
沪青 1 号	740.7	2	1 575.4	4
京冠王	757.8	2	1 448.9	4
华冠	796.1	3	1 491.0	4
日本四季青菜	804.6	3	1 294.1	3
夏王	825.8	3	1 336.3	3
华皇	901.6	3	1 209.7	3

注：表中“等级”是沈明珠等据世界卫生组织和联合国粮农组织规定的 ADI 值，提出的蔬菜可食部分硝酸盐含量的分级评价标准，即 1 级≤432 mg/kg，2 级≤785 mg/kg，3 级≤1 440 mg/kg，4 级≤3 100 mg/kg。

（4）特殊种质资源

① 雄性不育种质资源。曹寿椿和李式军（1980）育成了普通白菜矮脚黄雄性不育两用系，并应用于生产。曹寿椿和任成伟于 1987 首次获得了普通白菜 Pol 细胞质雄性不育材料，并对其黄化缺陷进行了研究和改良（任成伟和曹寿椿，1992）。宋胭脂等（1998）以异源细胞质雄性不育系 CMS3411-7 为母本，13 个生产上主栽品种为父本，进行杂交和连续回交，转育普通白菜细胞质雄性不育系。经 BC3 代转育，不育系的经济性状已完全同于轮回父本，筛选出不育率、不育度比较稳定的 95-C1、95-C8、95-C11、95-C19 等不育系。蒋树德等（2002）转育出了 Ogura 不育源普通白菜雄性不育系，解决了 Ogura 不育源低温条件下黄化的问题，不育率达 100%，雄蕊完全退化成小花瓣，无雄蕊、无花药，蜜腺发育较好，在自然状态下能正常结实，完全保持了 Ogura 不育源特性，且非黄化的性状能稳定遗传给后代。

② 自交不亲和系。曹寿椿等（2002）采用花期自交和蕾期自交选育出了普通白菜矮脚黄自交不亲和株，然后在其后代中用混合花粉授粉法选育自交不亲和系，参照系内亲和指数、单株亲和指数和蕾期自交、花期自交的结籽情况，对材料进行选择，育成自交亲和指数稳定在 1.0 以下的自交不亲和系。

③ 多倍体种质资源。刘惠吉等（1995）在对二倍体与四倍体的核型、带型分析结果表明，四倍体染色体平均长度比二倍体增加 8.1%～10.2%，长臂/短臂增加 5.9%～16.0%。邓云等（2006）以 0.1 mol/L 秋水仙素处理二倍体普通白菜子叶生长点，获得了抗热同源四倍体普通白菜，夏季高温条

件下四倍体表现出良好的丰产性和抗热性。

④ 耐抽薹种质资源。中国农业科学院蔬菜花卉研究所已从 556 份普通白菜种质资源中筛选出自播种至抽薹天数大于 80 d 晚抽薹材料 3 份。曹寿椿和李式军（1981）在对各地迟熟品种的调查、引种和选择基础上，选出 20 个晚抽薹品种进行比较试验，结果表明，上海五月慢是一个优良的晚抽薹品种，比一般迟熟品种延迟 10～15 d 抽薹。同时，对各品种的抽薹期和抽薹速度、最适播种期和产量及品质进行了较全面的观察与分析，并依据现蕾与抽薹速度，将晚抽薹种质资源归纳为 3 种类型：慢薹型、速薹型、渐薹型，抽薹期愈晚则单位面积产量和每日生产率愈高。

3. 种质资源的创新

(1) 利用非对称细胞融合技术创建雄性不育新种质　侯喜林等（2004）以普通白菜 OguCMS 91H 秋 100（不育系）和 91H 秋 21（保持系）为试材，对非对称细胞融合获得的再生植株后代 ZS_6 $(A)_{10}$的植株进行田间和实验室鉴定，结果表明，该材料的不育率、不育度均为 100%，低温下苗期叶片不黄化，并有 4 个较发达的蜜腺，在自然条件下结实率与保持系相同，并极显著高于原不育材料；细胞核染色体为 $2n=2x=20$，与保持系相同；胚根和子叶的 POD 同工酶与保持系和原不育系有显著差异，EST 同工酶在下胚轴中差异较大；叶绿体 DNA 和线粒体 DNA 总量介于保持系和原不育材料两者之间，经 PCR 扩增 cpDNA 和 mtDNA 的电泳证实 ZS_6 $(A)_{10}$为体细胞杂种，其后代 98H 秋- 45 为普通白菜细胞质雄性不育新种质。

表现型特征有助于体细胞杂种的鉴定，而形态学特征是判断所获得的植株是否有利用价值的最基本而又最重要的指标。细胞染色体数目结合形态学特征可以可靠地证明融合产物的杂种本质。同工酶的电泳带型多态性分析是鉴定种内体细胞杂种的常规方法。分子生物学鉴定手段，使鉴定技术更加先进、可靠；细胞器基因组包括叶绿体 DNA（cpDNA）和线粒体 DNA（mtDNA），将提取得到的 cpDNA 和 mtDNA 用已知引物进行扩增，然后对体细胞杂种与其融合亲本的细胞器 DNA 进行比较，比较的结果就可用于判定融合产物中的叶绿体或线粒体是否与融合亲本的一方或双方相同，或者是新的一种；对细胞器 DNA 进行 PCR 扩增，是一种鉴定体细胞杂种细胞器基因组的好方法，它不仅准确，而且只需少量的植物材料。

(2) 同源四倍体新材料的获得　自然栽培的普通白菜为二倍体，即 $2n=2x=20$。刘惠吉等（1990）用秋水仙素处理普通白菜生长点，在国内外首次创制了四倍体普通白菜新种质（$2n=4x=40$），获得 10 份四倍体新材料，并选育出南农矮脚黄、热优 2 号、寒优 1 号等四倍体新品种 6 个及四倍体雄性不育系。这些品种已在全国 23 个省、自治区、直辖市大面积推广。

（三）种质资源的利用、保存

种质资源的搜集、保存、鉴定和研究，其最终目的在于开发和利用。

1. 种质资源的利用

(1) 发掘晚抽薹资源材料　针对白菜的"晚春缺"，1960—1961 年从普通白菜晚抽薹品种资源中，发掘出优良地方品种上海五月慢，经品比试验，较南京四月白晚抽薹 10～15 d，增产 17.3%～91.6%。自 1963 年起，在江苏、广西、江西等地繁种推广，有效地缓和了当地 4～5 月蔬菜淡季供应。

(2) 选育出适宜腌渍的新品种　针对冬季缺抗病、高产的腌渍品种，1975 年从腌渍品种资源中，选择南京高桩×杭州瓢羹白的一代杂种，进一步在其后代中选育出抗病、高产、优质的腌渍新品种，并成为当地主栽品种，对改善冬季腌菜供应起到积极作用。

(3) 优异资源"矮脚黄"的利用

① 育成抗热矮杂 1 号新品种。针对白菜的"伏缺"，1973 年利用耐热品种资源常州短白梗为父本，与南京矮脚黄两用系杂交，育成抗高温、暴雨、高产、优质的矮杂 1 号抗热新品种，较对照增产

30%～152%。1977 年起陆续在江苏、安徽、四川、湖北等 21 个省推广，对克服各地蔬菜“伏缺”起到重大作用。

② 选育出耐寒矮杂 2 号和矮杂 3 号新品种。针对普通白菜“春缺”，1977 年利用耐寒品种资源南京亮白叶及合肥黑心乌为父本，矮脚黄两用系为母本，育成耐寒性强的矮杂 2 号和矮杂 3 号一代杂种。1980 年起在全国 10 余省推广。

③ 育成雄性不育两用系、自交不亲和系。选育出矮抗 5 号、矮抗 6 号、暑绿、寒笑新组合。针对杂优利用制种技术难题，1972 年从优良地方品种矮脚黄自交后代中，育成雄性不育两用系，不仅用于矮杂 1 号、矮杂 2 号、矮杂 3 号的大面积制种，而且优良亲本为国内育种工作者有效利用。1986 年选用了 4 份矮脚黄自交系，采用花期自交和蕾期自交选育自交不亲和株，然后在其后代中用混合花粉授粉法选育自交不亲和系，参照系内亲和指数、单株亲和指数和蕾期自交、花期自交的结籽情况，对材料进行取舍，直至育成自交亲和指数稳定在 1.0 以下的自交不亲和系。以该自交不亲和系为母本配制的矮抗 5 号、矮抗 6 号及暑绿、寒笑新组合正在全国各适宜地区大面积推广应用。

④ 育成抗病性强的矮抗 1 号、矮抗 2 号、矮抗 3 号、矮抗 4 号系列新品种。针对普通白菜病害严重，1985 年利用矮脚黄的抗病株系，选育出抗病、质优和商品性好的矮抗 1 号、矮抗 2 号，之后又陆续育成矮抗 3 号、矮抗 4 号新品种，且在生产上大面积应用。

2. 种质资源的保存 种质保存是指利用天然或人工创造的适宜环境保存种质资源。主要作用是防止资源流失，便于种质资源的研究利用。普通白菜种质资源保存的方法如下：

（1）种子保存 建立植物种子库保存种子，这是目前以种子为繁殖材料的植物应用最普通的资源保存方法。普通白菜属于长命种子（macrobiotic seeds），寿命一般在 15 年以上。普通白菜种子保存最适空气相对湿度 30%。

用于保存种子的种质库有 3 种类型：

① 短期库。任务是临时贮存应用材料，并分发种子供研究、鉴定、利用，库温 10～20 ℃，相对湿度 45%～60%，种子存入纸袋或布袋，一般可存放 5 年左右。

② 中期库。任务是繁殖更新，对种质进行描述鉴定、记录存档，向育种家提供种子，库温 0～10 ℃，相对湿度 60%以下，种子含水量 8%左右，种子存入防潮布袋、聚乙烯瓶或螺旋口铁罐，要求能安全贮存 10～20 年。

③ 长期库。是中期库的后盾，防备中期库种质丢失，一般不分发种子。为确保遗传完整性，只有在必要时才进行繁殖更新，库温 －10 ℃、－18 ℃或 －20 ℃，相对湿度 50%以下，种子含水量 5%～8%，种子存入盒口密封的种子盒内，每 5～10 年检测种子发芽力，要求能安全贮存种子 50～100 年。

（2）离体保存 植物细胞具有全能性，离体的植物细胞在合适的条件下均可诱导再生出完整的植株。这样，通过保存植物的细胞、组织或器官，即可达到保存种质资源的目的。如对于雄性不育两用系不育株的无性繁殖，可利用组织培养手段来获得核型不育株的无性系，以提高杂交种子的产量和质量。

侯喜林等（1992）以 3 份矮脚黄抗病两用系的种子为试材在无菌条件下播种，用其幼芽进行培养，通过多次继代培养，获得了大量无根小苗。各无性后代经生根、春化处理及驯化后定植田间进行育性鉴定（实验室内保留相同编号的不育株），进一步扩大繁殖不育株后代，形成并建立起普通白菜核型不育无性系，且得到了籽粒饱满的杂种 F_1 种子。

种质资源的保存，除资源材料本身的保存外，还应包括种质资源的各种资料的保存。每一份种质资源材料应有一份档案，档案中记录有编号、名称、来源、研究鉴定时间和结果。档案按材料的永久编号顺序排列存放，并随时将有关该材料的试验结果及文献资料登记在档案中。根据档案记录可以整理出系统的资料报告。档案资料输入计算机贮存，建立数据库，以便于资料检索和进行有关的分类、遗传研究。

（四）品种类型与代表品种

普通白菜品种繁多，曹寿椿等（1982）根据其植株的形态特征、生物学特性、栽培特点，并按其成熟期、抽薹期的早晚和栽培季节特点，将普通白菜品种分为3类。

1. 秋播白菜　秋播，翌春抽薹早，长江中下游地区多在2月抽薹，故又称二月白或早白菜。依叶柄色泽的不同又可分为：

（1）白梗类型　株高20～60 cm，叶片绿或深绿色，叶柄白色。如浙江杭州的瓢羹白菜；江苏常州的长白梗、无锡的矮箕大叶黄、扬州的花叶大菜、南京的矮脚黄；广东的中脚黑叶、矮脚黑叶、奶白菜等。

南京矮脚黄：南京郊区农家品种。8月中、下旬至9月中、下旬播种育苗，植株直立，束腰。株高21～22 cm，开展度35 cm×36 cm。叶片近圆形，长13～14 cm，宽12～13 cm，叶片黄绿色，叶面平滑，全缘，内卷。叶柄白色，短，扁平，长6～7 cm，宽4～5 cm，厚0.6 cm。收获时单株叶数18～19片，单株重400 g左右。种子千粒重1.8 g。早熟，从播种到收获40～60 d。秋播大株留种全生育期230 d。耐寒，不耐热，抗病性较强，适应性强。纤维少，叶片柔嫩，品质优良。

（2）青梗类型　多为矮桩类型，少数为高桩类型。叶柄绿白色至浅绿色，品质柔嫩，有特殊风味。如山东的杓子头；浙江的矮脚青大头、杭州早油冬、台州青梗腌菜；江苏无锡小圆菜、苏州青、扬州大头矮、徐州青梗菜等。近年来国内外育成众多的一代杂种在生产上推广应用，商品性远远好于常规种，如华冠、华王、金夏莳、京冠1号、京冠2号、京冠4号、跃华等。

苏州青：苏州吴江农家品种。9月中旬至10月上旬分批播种，植株开展，半塌地，株高25～35 cm，开展度48 cm×50 cm。叶片卵圆形，长20.5 cm，宽14 cm，叶片有黄绿色、深绿色两种，叶面有细皱褶。叶柄绿白色，扁平，较短。单株重350 g。中熟，从播种到收获130 d。喜冷凉气候，能耐－2～3 ℃低温。抗病性弱。叶片肉厚，质嫩，品质好。

2. 春播白菜　于冬春种植，长江中下游地区多在3～4月抽薹，故又称慢菜或迟白菜。具有耐寒性强、高产、晚抽薹等特点，但品质较差。按其抽薹早晚和供应期的不同又可分为：

（1）早春菜类　为中熟种，冬春栽培，长江中下游地区于3月抽薹，主要供应期为3月，故又称“三月白”。如江苏省的无锡三月白、扬州梨花白、南京亮白叶；浙江省的杭州半早儿、晚油冬；上海市的二月慢、三月慢等。

二月慢：上海郊区农家品种。于10月上、中旬播种，植株苗期塌地生长，后期直立，株高16～20 cm。叶片深绿色，近圆形，叶面平滑，全缘。叶柄较薄，浅绿色，长约10 cm，宽4 cm。叶柄基部稍向内曲。单株重175 g。生长期130～140 d，抗寒力强，品质中等。

（2）晚春菜类　晚熟种，冬春栽培，长江中下游地区于4月上、中旬抽薹，主要供应期在4月（少数品种可延至5月初），故又称四月白菜。如江苏省的南京四月白、无锡四月白；浙江省的杭州蚕白菜；湖南省的长沙迟白菜、白四月齐（又名湖南白）；上海市的四月慢、五月慢；安徽省的合肥四月青；湖北省的武汉光叶黑白菜（又名黑四月齐）等，以及南京农业大学育成的寒笑、北京市农林科学院蔬菜研究中心育成的京绿7号、春油1号、春油3号等一代杂种。

华南地区的春白菜品种，如水白菜、赤慢白菜及春水白菜等，在广东广州一般于11月至翌年3月种植，1～5月供应，冬性较强，抽薹较迟，但较长江中下游地区的春白菜抽薹要早。上海市的四月慢在广州市自然条件下是很难抽薹开花的。

五月慢：上海郊区农家品种。上海地区一般于10月下旬播种，植株直立，束腰，株高25～30 cm，开展度30 cm左右。叶呈椭圆形，全缘，叶色深绿，叶面平滑，有光泽，叶脉明显，较粗。叶柄浅绿色，扁平，基部稍向内曲成匙状。单株重750 g。生长期150～180 d，抗寒力中等，耐热力中等，冬性强，抽薹迟，品质差。

3. 夏播白菜 为6～9月夏秋高温季节栽培与供应品种，又称火白菜、汤菜、伏菜秧，以幼嫩秧苗或成株供食。这类白菜具有生长快、抗高温和暴雨、抗病虫害等抗逆性强的特点。如上海市的火白菜、浙江省的杭州火白菜、广东省的广州马耳白菜、江苏省的南京矮杂1号等。但一般生产上也用秋冬白菜中生长快速、适应性强的品种作为夏白菜栽培。如江苏省的南京高桩、二白，浙江省的杭州荷叶白菜，广东省的广州矮脚黑叶和黄叶白菜、湛江坡头白菜，广西壮族自治区的北海白菜等，南京农业大学育成的暑绿，北京市蔬菜研究中心育成的京绿1号、京绿2号、国夏1号、京冠3号，福州春晓种苗推广的金品一夏等一代杂种。

杭州火白菜：杭州郊区农家品种。杭州地区一般6月下旬至8月播种，植株直立、较小，株高28 cm，开展度28 cm×22 cm。叶片倒卵圆形，长12～15 cm，宽7～9 cm，叶柄白色，较扁，长15～18 cm，宽1.5 cm，厚0.4 cm。收获时单株叶片数6～8片，单株重50 g。早熟，从播种到收获25～35 d，耐高温，不耐寒，抗病性中等，纤维含量中，品质中上。

三、生物学特性与主要性状遗传

（一）植物学特征与开花授粉习性

1. 主要植物学特征

（1）根 直根系，浅根性，须根较发达，主要分布在表土层10～13 cm处。根系再生能力较强，适于育苗移栽。

（2）茎 营养生长期为短缩茎，但遇高温和过度密植也会伸长。花芽分化后，遇温暖气候和长日照茎节伸长而抽薹，品质下降。

（3）叶 分莲座叶和花茎叶两种。莲座叶着生在短缩茎上，柔嫩多汁，为主要供食部分。叶的形态特征依类型、品种和环境条件而有较大变异。叶色黄绿、浅绿至墨绿，叶片多数光滑，亦有皱缩，少数具茸毛。叶形有匙形、圆形、卵圆形、倒卵圆形等。叶缘全缘或有锯齿、波状皱缩，有的基部有缺刻或叶耳，呈花叶状。叶柄明显肥厚，一般无叶翼，柄色有白、绿白、浅绿或绿色。花茎下部的茎生叶倒卵圆形至椭圆形，叶基部呈耳状抱茎或半抱茎。

（4）花 复总状花序，完全花，花冠黄色，花瓣4片，十字形排列，异花授粉，虫媒花。

（5）果实和种子 果实为长角果，角长而细瘦，内有种子10～20粒，成熟的角果易裂开。种子近圆形，红褐或黄褐色，千粒重1.5～2.8 g。

2. 开花授粉习性 普通白菜花芽分化的早迟决定于品种的遗传性，而抽薹的速度则取决于气温和长日照对花茎器官发育的满足程度。因此，掌握普通白菜不同类型与品种的特性是进行新品种选育、周年生产与供应的重要依据。

普通白菜在种子萌动及绿体植株阶段，均可接受低温感应而完成春化。长日照及较高的温度条件有利于抽薹、开花。根据普通白菜分期播种与春化处理的试验结果（曹寿椿和李式军，1981），按其对低温感应的不同，可归纳为以下4类。

（1）春性品种 萌动种子或成株在0～12 ℃范围内处理不到10 d即可通过春化，或不经过低温处理，于江南地区自然条件下，几乎全年都能抽薹开花，如南京紫菜薹、广东菜心等，属于对春化要求最不严格的一类。

（2）冬性弱的品种 在0～12 ℃下，经10～20 d才能通过春化。如江苏省的南京矮脚黄、苏州青，上海市的矮箕白菜，属于对春化要求较严格的一类。

（3）冬性品种 在0～9 ℃下，经20～30 d才能通过春化。如上海市的三月慢，浙江省的杭州晚油冬和半早儿等，属于对春化要求严格的一类。

（4）冬性强的品种 在0～5 ℃下，经40 d以上才能通过春化。如江苏省的南京四月白、镇江迟长梢、常州三月白，上海市的四月慢，浙江省的杭州蚕白菜等，属于对春化要求最严格的一类。

由此可见，低温感应是品种发育所必需的条件，如不进行一定的低温感应，均不能现蕾抽薹开花。根据曹寿椿（1981）对南京普通白菜不同类型与品种进行光照处理（自然光照 13～14 h，长光照 16 h，短光照 10 h）表明，对春化要求严格的品种，对长光照的要求也严格。

普通白菜大多数品种，一般于 8～9 月播种，当年 11～12 月花芽开始分化，其中冬性弱的品种，甚至当年就抽薹开花。但多数品种，则要到翌年 2～4 月气温升高、日照变长的情况下才会抽薹开花。对冬性强的四月慢试验表明，光照条件相同，增加温度，可以显著地促进抽薹开花，而在同一温度下，虽然长日照比短日照提早抽薹开花，但没有温度的影响大。因此在栽培春白菜时，除应选择冬性强的品种外，还要选择那些已经花芽分化，但在较高温度下抽薹缓慢的品种，并配合增施氮肥，才能获得较大的叶簇与延长其供应期。

当花芽分化后，在温暖气候条件下，茎节即伸长，称为“抽薹”，形成花薹或花茎。一般情况下，抽薹后则品质下降而丧失商品价值。花茎在叶腋中抽生侧枝，于第 1 侧枝上抽生第 2 侧枝，并继续不断分枝，上部呈总状花序。据观察，依普通白菜花茎的分枝习性不同，又可分为：扇形，如浙江省的杭州蚕白菜、早油冬等；筒形，如四川省的成都乌鸡白；带形，如上海的矮箕白菜等 3 种类型。不同分枝类型与种子产量、质量、花期等均有密切关系。

（二）生长发育及对环境条件的要求

1. 生长发育周期　普通白菜生育周期分为营养生长期和生殖生长期。

营养生长期包括：发芽期，从种子萌发到子叶展开，真叶显露；幼苗期，从真叶显露到形成一个叶序；莲座期，植株再长出 1～2 个叶序，是个体产量形成的主要时期。

生殖生长期包括：抽薹孕蕾期，抽生花蔓，发出花枝，主花茎和侧花枝上长出茎生叶，顶端形成花蕾；开花结果期，花蕾长大，陆续开花、结实。

2. 对环境条件的要求

（1）温度　普通白菜较耐寒，适于冷凉的气候。发芽期适宜的温度为 20～25 ℃，生长期适温为 15～20 ℃，−3～−2 ℃能安全越冬，25 ℃以上的高温生长衰弱，易感病毒病。只有少数品种较耐热，可在夏季栽培。适于春、秋栽培的品种较耐寒，栽培期的适宜月均温为 10～25 ℃，春季低于 0～5 ℃时，须稍加保护。普通白菜萌动的种子及绿体植株均可在低温条件下通过春化阶段。通过春化阶段的最适温度为 2～10 ℃，经 15～30 d 即完成春化阶段。

（2）光照　普通白菜以绿叶为产品，产品形成要求较强的光照。在较强光照下，叶色浓绿。株型紧凑，产量高而品质好。普通白菜虽耐一定的弱光，但长时间光照不足，会引起徒长，降低产量和品质。普通白菜属长日照作物，通过春化阶段后，在 14～16 h 的长日照条件和较高的温度（18～30 ℃）下迅速抽薹、开花。

（3）水分　普通白菜根系分布较浅，吸收能力较弱，而叶片柔嫩，蒸腾作用较强，耗水量大，所以需要较高的土壤湿度和空气湿度。在干旱条件下，叶片小，品质差，产量低。在不同的生长期，普通白菜对水分的要求不同。发芽期要求土壤湿润，以促进发芽和幼苗出土，但需水量不大。幼苗期叶面积较小，蒸腾耗水少，但根系很弱，吸收能力也弱，需要土壤见干见湿，供给适当的水分。莲座期叶片多而大，蒸腾作用旺盛，是产品形成期，需水量最大，应保证土壤处在湿润状态。在夏季高温季节栽培时，应保持地面湿润，勤浇水，以降低地温，减少高温灼根和病毒病的发生。莲座叶期是产品形成期，应供给充足的水分。

（4）土壤、肥料　普通白菜喜疏松、肥沃、保水、保肥的壤土或沙壤土。生长期需氮肥较多，需磷肥较少。氮肥充足，植株旺盛，产量提高，品质改善。

（三）主要性状的遗传

普通白菜的主要性状，如株型、叶片性状、叶柄性状、抽薹性、抗病性、品质等，在 F_1 大多表现为双亲的中间型，有时偏向母本。优良的普通白菜一代杂种，应该表现出性状高度整齐一致和显著的产量增加，以及品质的改良和抗病性、适应性的增强。

1. 株型 曾国平等（1996）选用普通白菜 5 个主要变种类型中 15 个有代表性的品种做试验材料，采用双亲杂交遗传设计，运用 P_1、P_2、F_1、RF_1、F_2、RF_2、B_1、RB_1、B_2 和 RB_2 10 个世代的材料，进行遗传稳定性研究。结果发现：直立束腰对直立不束腰为显性，由 3 对互补基因控制；直立对塌地为不完全显性，F_1 代表现为半直立；有分蘖对无分蘖为不完全显性，F_1 代表现为中间类型而偏向有分蘖，两者分别由 2 对基因所控制。

2. 叶片 叶片深裂对叶片无缺刻为显性，受 1 对基因控制；叶面有刺毛对无刺毛为显性，叶面皱缩对叶面平滑为显性，叶缘锯齿对全缘为显性，均分别由 1 对主效核基因和细胞质修饰基因控制；叶色深绿对黄绿为显性，受 3 对基因控制；叶色墨绿对黄绿为不完全显性，F_1 代表现为深绿，由 2～3 对基因控制。

韩建明等（2007）应用"主基因＋多基因"6 个世代联合分离分析方法，对普通白菜 SI×秋 017 组合的叶片重和叶柄重性状进行了分析。结果表明，SI×秋 017 组合的叶片重性状遗传受 1 对负向完全显性主基因＋加性-显性多基因控制；叶柄重的遗传受 1 对加性主基因＋加性-显性多基因控制。对叶片重性状的改良要在晚代选择；对叶柄重的改良要以主基因为主，可在早代选择。

3. 叶柄 圆梗对扁梗为显性，由 2 对核基因和细胞质修饰基因共同控制；青梗对白梗不完全显性，F_1 为绿白梗，由 3 对基因控制。

4. 抽薹性 张波等（2007）研究了抽薹期明显不同的亲本材料 Y5、P120、R1、S1 等配制的 F_1、F_2 及回交世代组合，并对各世代的抽薹性进行调查研究。对试验结果进行正态检验和遗传模型分析，并通过最小 AIC 值法，选出最适遗传模型，同时进行了遗传参数的估算。结果表明，抽薹性遗传符合一对加性主基因＋加性-显性多基因模型（D－2），多基因遗传率大于主基因遗传率，环境方差占表型方差比例较大，容易受到外界环境影响。

5. 抗病性 冷月强等（2006）通过人工接种方法对普通白菜的抗、感两个亲本及其 F_1、F_2 进行了抗霜霉病鉴定，并在子叶期和 4 叶期进行了两次鉴定，以确定霜霉病的抗性是否在不同的生育期表现不同。结果发现，两个亲本无论在子叶期还是在 4 叶期的鉴定结果一致，F_1 在子叶期和 4 叶期也都表现为抗病，说明霜霉病在所用的材料中没有发生抗性的转变；F_2 中的 144 株单株在子叶期和真叶期都表现出近似 3∶1 的分离，初步认为普通白菜对霜霉病的抗性应该存在一个显性的主效基因在起作用，但也不排除其他微效基因的作用。

6. 品质 品质性状多为数量性状，但在近年的遗传研究和育种中发现控制数量性状的基因在效应上存在较大的差异，有的甚至表现出主基因遗传的特性。利用适当的统计分析方法鉴定一些具有较大遗传效应的主基因对指导育种实践有非常重要的意义。

采用普通白菜营养成分含量差异显著的 5 个亲本进行完全双列杂交，对其干物质、粗纤维、维生素 C、有机酸、可溶性蛋白质和可溶性糖等含量的遗传效应进行分析。结果表明，除可溶性糖外，其他均适合加性-显性的遗传模型，加性效应占主导地位，显性效应居次要地位；平均显性度均为部分显性，显性方向为减效。可溶性糖表现为明显的超中优势，其他性状的杂种优势不明显。干物质、粗纤维、维生素 C、有机酸、可溶性蛋白质、可溶性糖等含量的狭义遗传力分别为 90.1%、84.2%、82.9%、75.1%、67.3%和 27.9%。

采用主基因-多基因混合遗传模型分析方法，对普通白菜乌塌菜×矮脚黄、雪克青×矮脚黄两个组合的维生素 C、可溶性糖含量进行单世代和联合世代遗传分析。结果表明，两组合中维生素 C 含量遗传符合一个主基因-多基因的混合遗传模型，主基因遗传力为52.68%～74.12%。可溶性糖在雪克青×矮脚黄组合中也符合主基因-多基因遗传模型，主基因遗传力为89.73%～89.79%。维生素C和可溶性糖主基因效应均以加性效应为主，在乌塌菜×矮脚黄组合中，两性状主基因有较明显的负向显性效应；在雪克青×矮脚黄组合中，显性效应不明显。育种实践中应注重对主基因加性效应的利用。

四、育种目标与主要鉴定方法

普通白菜育种目标涉及的性状较多，不同时期往往有不同的要求。一般来说，凡是通过品种选育可以得到改进的性状都可以列为育种的目标性状，其中包括丰产性、品质、抗病性、适应性、熟性、耐热性、晚抽薹性等。但对于这些目标性状，特别是体现这些目标的具体性状指标，在不同地区、不同季节及生产发展的不同时期，对品种要求的侧重点和具体内容则不尽相同。

（一）育种目标

1. 不同地区的育种目标　普通白菜的梗色分为白梗和青梗，不同地区的育种目标有所不同。上海、北京、杭州等地，以青梗为主；广州、南京、合肥等地，以白梗为主。

2. 不同时期的育种目标　1983年以前的育种目标为丰产、抗病，比对照增产15%。1983—1985年，抗TuMV并对霜霉病有一定抗性，比对照增产10%。1986—1990年，抗TuMV并兼抗霜霉病、黑斑病、白斑病中1种主要病害，比对照增产10%。1991—1995年，抗霜霉、TuMV、黑斑病，比对照增产10%。1996—2000年，抗TuMV、霜霉病、黑斑病、黑腐病和软腐病等3种以上病害，比对照增产10%。2001—2005年，优质、抗逆、抗病，比对照增产5%。2005年以后，优质、株型美观、商品性好、抗病、抗逆，比对照增产5%。

3. 不同茬口白菜的育种目标

（1）春播白菜　春播白菜品种要求晚抽薹、耐寒、抗病、优质、高产。春白菜一般是晚秋或冬季播种，翌年春季供应上市。长江流域10月上旬至11月中旬播种，小苗越冬，翌春陆续收获。华南地区12月下旬至翌年3月播种，3～5月上市。南方均为露地栽培。华北地区在12月上旬至1月上、中旬播种育苗，2月至3月上旬定植，4月中、下旬采收。北方多为保护地栽培。

（2）夏播白菜　夏播白菜品种要求抗高温暴雨、抗病、优质、丰产、生长速度快、高温下不拔节。夏白菜的栽培是在夏季高温时期，利用菜田倒茬的空茬，随时播种，随时收获，以收获幼苗或成株为主的栽培方式。北方在5月上旬至8月上旬可随时播种，不断收获。

（3）秋播白菜　秋播白菜的生长期是温、湿度最适于普通白菜生长的季节，因此，选育出的品种要求丰产、株型美观、生长快、品质好、较晚抽薹。一般秋季播种，秋末和冬季收获上市。秋播栽培在华南地区是9～12月陆续播种，分期收获至翌年2月；江淮地区是8月至10月上旬陆续播种，封冻前收获完毕，这些地区均为露地栽培。在华北地区利用保护地栽培时，一般在9～10月播种，翌年1～3月随时采收。

（二）主要病害及其鉴定方法

白菜的主要病害包括霜霉病（*Peronospora parasitica*）、病毒病（TuMV、TMV和CMV）、软腐病（*Erwinia carotovora* subsp. *carotovora*）、白斑病（*Pseudocercosporella capsella*）、黑斑病（*Alternaria japonica*）、炭疽病（*Colletotrichum higginsianum*）、白锈病（*Albugo candida*）、白粉病（*Erysiphe cruciferarum*）、根肿病（*Plasmodiophora brassicae*）和菌核病（*Sclerotinia sclerotiorum*）。

（1）*TuMV、霜霉病、黑斑病三抗鉴定方法* 有关十字花科蔬菜抗病性鉴定方法和抗源筛选方面的报道较多，但均限于对单一病害的研究。刘克钧等（1997）研究了普通白菜的多抗性鉴定方法。选取84份经芜菁花叶病毒（TuMV）、霜霉病菌、黑斑病菌单抗鉴定后筛选出的自交系，对其进行上述3种病害苗期人工诱发接种和多抗性联合鉴定，获得21份三抗材料，后经进一步鉴定的确认为三抗抗源材料。同时探讨了多抗性联合鉴定的技术与方法，联合鉴定程序如图11－1所示。

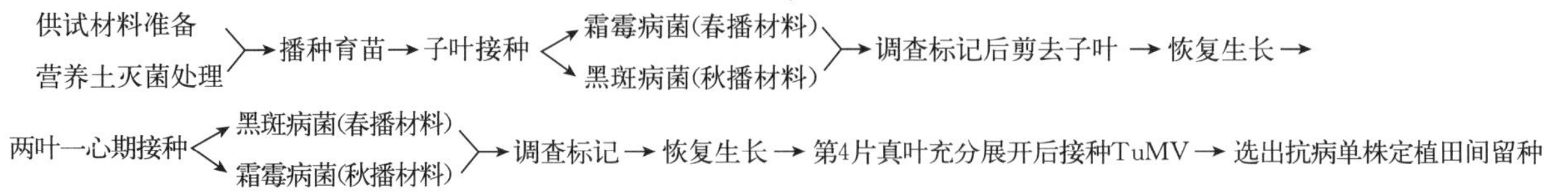

图11－1 普通白菜病害多抗性联合鉴定程序

（刘克钧等，1997）

可见苗期人工接种鉴定及筛选的程序和方法是可行的，关键是要解决好4个问题：①接种菌源必须是优势种群；②接种的孢子浓度必须适中；③接种后的环境条件控制应有利于发病；④接种材料的幼苗应保持正常生长状态。

对同一份材料先后进行3种病害的人工接种鉴定程序：当第1种病菌接种后，对表现抗病单株进行标记，然后接种第2种病菌，调查时对抗病单株继续标记，再接种第3种病菌，最后筛选出对3种病菌均表现抗性的单株，定植田间进行留种，对所得种子再进行鉴定。如果将一份材料播种后分成3份分别接种不同病菌，虽可将该材料对3种病害的抗性做出总的评价，但在一次试验中无法选出对3种病菌均具抗性的单株。如果先对一种病菌进行鉴定，获得单抗株系，再对其他病菌进行人工接种鉴定，虽可逐步改良其综合抗病性，但所需时间较长，且育种效率较低。至于对同一份材料的幼苗先后接种3种不同病菌，在寄主体内是否会产生互相干扰问题，尚有待进一步研究。

（2）*炭疽病鉴定方法* 普通白菜炭疽病在夏秋季发生危害，常在叶片和茎上形成枯斑，发病严重时枯斑可连成片，影响植株生长，甚至引起成片死亡，影响普通白菜的产量和品质。而且普通白菜田间生长期较短，施用药剂防治往往造成收获时植株农药残留偏高。为此，对普通白菜不同品种（株系）进行了抗炭疽病鉴定研究。

炭疽病菌培养：豇豆截成2 cm左右的小段，烘干，置干燥皿中备用。使用前将豇豆小段在无菌水中浸泡6 h左右，待充分吸水后分装于150 mL三角瓶中，每瓶10段左右，以棉花塞封口，121 ℃灭菌20 min。冷却后接入在PDA平板上生长7～10 d的菌丝块数块（2 mm×2 mm），24 ℃黑暗培养7 d后可产生大量分生孢子。向三角瓶内加入无菌水振荡洗涤，单层纱布过滤，即得分生孢子悬浮液。用血球计数板确定分生孢子液浓度，配制不同浓度的孢子悬浮液。

接种方法：在2片真叶期，以1×10^6个/mL孢子浓度悬浮液喷雾接种，至叶片正、背两面均完全湿润，25 ℃、相对湿度100%保湿24 h，25 ℃光照培育7 d，可快速地将26个不同抗性品种（株系）鉴别出来。

抗炭疽病田间鉴定分级标准：0级，无病斑；1级，下部叶片有个别到少量的枯斑；3级，中下层叶有1/4以下的面积有枯斑；5级，中下层叶有1/2以下的面积有枯斑；7级，可见叶几乎均有枯斑，枯斑面积占叶面积的3/4以下，少数外叶干枯；9级，可见叶均有病斑，病斑面积占叶面积的3/4以上，多数外叶干枯。抗性归类：免疫（Ⅰ），病情指数为0；高抗（HR），病情指数为0.1～11.11；中抗（MR），病情指数为11.12～33.33；感病（S），病情指数为33.34～77.77；高感（HS），病情指数为77.78～100.00。

用该方法筛选所获得的品种（株系）抗性鉴定结果与田间苗期（5片真叶期）和成株期抗性鉴定结果基本一致。将该方法与田间抗性鉴定相结合，从26个品种（株系）中筛选出4个高抗材料，可供生产上使用或作为抗病育种的抗源材料。

（三）耐热、耐寒性鉴定方法

1. 耐热性鉴定　通过室内和室外耐热性多项指标的测定，筛选出简易、快速、方便的抗热性鉴定方法：种子→老化处理→种子活力测定→鉴定抗热性。曹寿椿和李式军（1981）对各地区不同类型的代表品种，分别进行田间抗热性观察和品质分析。结果表明，抗高温和高湿的资源，一般属普通白菜类的极早熟和早熟型。从生态型看，一般株型较直立，长梗小叶的生长速度快。中晚熟白菜和塌菜一般不耐热。

2. 耐寒性鉴定　1959—1960 年，南京农业大学对近 100 个品种，按五级耐寒性评分法，进行了田间比较观察，初步获得各类品种抗冻性与地理分布、发育特性和形态特征相关关系以及抗冻性差异。1984—1985 年选择有代表性的主栽品种及杂交种，采用田间鉴定与电导法相结合的方法，进行抗冻性测定。研究结果表明，普通白菜类致死温度为－13.8～－8.9 ℃；塌菜类为－11.1～－10.8 ℃；薹菜类为－13.5～－12.1 ℃；菜薹类为－10～－5 ℃。而杂种一代如矮杂 2 号与普通白菜中二月白或三月白类型相近，为－13.1～－11.3 ℃。并且在前人研究的基础上，进一步提出用消除本底的Logistic方程拐点温度来估计普通白菜的低温致死温度，改进了植物组织低温致死温度的确定方法。

（四）主要品质性状鉴定方法

1. 鉴定内容

（1）商品外观性状　株型、株高、叶色、叶形、柄色和柄形。

（2）风味品质性状　软硬性、味觉和综合风味。

（3）营养品质性状　干物质、维生素 C、可溶性糖、有机酸、粗纤维和总氨基酸含量。

2. 鉴定方法

（1）商品外观性状　目测鉴定或简易测定。

（2）风味品质性状　品尝鉴定，方法如下：

① 品尝鉴定方法：从田间取样 3～5 株，洗净。在实验室将可食用部分按四分法取样，称取 500 g，加入 100 mL 自来水，在 1 000W 电炉上炒 20 min。放入编号碗中，由 10 名有经验的鉴定人员按次序食用，品尝计分。每品尝一个品种后，必须漱口，方可品尝下一个品种。记载表上的食用次序是根据随机数字表确定的，整个试验进行 2 次重复。

② 记载标准：普通白菜风味品质性状鉴定标准见表 11－3。

表 11－3　普通白菜风味品质性状鉴定标准

（南京农业大学园艺系白菜课题组，1995）

评分标准	软硬性		味　觉		综合风味
	叶片	叶柄	叶片	叶柄	
3.0	软	同叶片	鲜香	同叶片	好
2.5	倾向软	同叶片	倾向鲜香	同叶片	倾向好
2.0	中	同叶片	无味	同叶片	中
1.5	倾向硬	同叶片	稍异味	同叶片	倾向差
1.0	硬	同叶片	异味	同叶片	差

（3）营养品质测定方法

① 干物质：烘干称重法。

② 维生素 C：2,6－二氯靛酚钠盐滴定法。

③ 可溶性糖：蒽酮法。

④ 有机酸：酸碱中和滴定法。

⑤ 粗纤维：酸碱洗涤法。

⑥ 总氨基酸：日立 835 型氨基酸自动分析测定法。

3. 优质品种指标

(1) 商品外观性状 符合推广地区的消费习惯。

(2) 风味品质性状 软硬性、味觉和综合风味的品尝鉴定平均得分都高于 2.5 分。

(3) 营养物质性状 叶片和叶柄的平均含量：①干物质：5.5%～7%；②维生素 C：每 100 g 鲜重不低于 35 mg；③可溶性糖：不低于 0.8%（FW）；④有机酸：1.5%～2.0%（FW）；⑤粗纤维：0.55%～0.65%（FW）；⑥总氨基酸：不低于 1.2%（FW）。

五、杂种优势利用

（一）杂种优势的表现与育种程序

我国对普通白菜杂种优势利用的研究始于 20 世纪 50 年代初期，但直到 60 年代初尚未在生产中应用。60 年代后期至 70 年代初，我国第 1 批优良的普通白菜一代杂种逐渐问世。1973 年曹寿椿等利用耐热品种资源常州短白梗为父本，与南京矮脚黄两用系为母本杂交，育成抗高温、暴雨、高产、优质的矮杂 1 号抗热新品种，较对照增产 30%～152%。1977 年分别利用耐寒品种资源南京亮白叶及合肥黑心乌为父本，矮脚黄两用系为母本，育成耐寒性强的矮杂 2 号和矮杂 3 号一代杂种。

1. 优势表现 普通白菜的杂种优势一般表现为抗病性增强，产量提高；抗逆性增强，品质提高等多个方面。普通白菜一代杂种优势十分明显，主要表现为叶片大而多、生长速度快、健壮旺盛、抗病力强。

普通白菜一代杂种主要经济性状的遗传动态见表 11－4。

表 11－4 普通白菜一代杂种主要性状遗传动态

（侯喜林，2012）

亲本性状		杂种一代性状	例 证
株型	高株×矮株	中间偏高	高桩×矮脚黄
	束腰×直立	中间偏束腰	矮脚黄×短白梗
	束腰×半塌地	直立微束腰	矮脚黄×瓢儿菜
	菜头大×菜头小	中间型	矮脚黄×亮白叶
叶片	板叶×花叶	花叶	矮脚黄×合肥小叶
	叶形长×叶形圆	中间偏长	短白梗×矮脚黄
	叶数多×叶数少	中间偏多	百合头×上海矮箕
	叶色深×叶色浅	中间偏浅	矮脚黄×黑叶苏州青
	叶面光滑×皱缩	皱缩	矮脚黄×瓢儿菜
	叶片翘曲或匙形×平展	翘曲或匙形	上海矮箕×矮脚黄
	叶片内凹×平展	中间偏内凹	矮脚黄×短白梗
叶柄	长梗×短梗	中间偏长	高桩×矮脚黄
	白梗×青梗	浅绿梗	矮脚黄×大头矮
	扁梗×半圆梗	半圆梗	矮脚黄×短白梗
	宽梗×窄梗	中间偏宽	矮脚黄×亮白叶
熟性	早熟×晚熟	中熟偏早	矮脚黄×亮白叶
抗病性	强×弱	中间偏强	矮脚黄×短白梗

2. 育种程序　中国自20世纪70年代开始进行杂种优势的研究。在普通白菜杂种优势利用中，主要有3种育种途径：利用雄性不育两用系、细胞质雄性不育系及自交不亲和系。其中，自交不亲和系育种途径的突出优点是易于选育和制种，种子产量高；而雄性不育系的应用因能够生产高质量的杂交种子而具有极大的诱惑力，成为国内外竞相研究的热点。杂种优势育种的一般程序为：确定育种目标→搜集原始材料→自交系的选育→亲本配组及配合力测定→确定制种途径→品比、区域、生产试验→推广应用。其中自交系的选育和配合力的测定是杂种优势育种的核心程序。

（1）优良自交系的选育　自交系的培育过程就是对选定做亲本的品种连续自交和选择的过程。采用系谱法经过4～6代自交选择，即可获得主要性状不再分离，生活力不再明显衰退的高度纯合的自交系。当选定的亲本材料已经是一个自交系，但存在个别需要改良的性状时，可采用轮回选择法、回交法和多亲聚合杂交法来改良自交系。为了加速自交系的选育过程，可以采用花粉（药）培养法，获得纯合的双单倍体（DH）植株，直接用于亲本自交系的选育，能够缩短育种年限，加速新品种选育过程。还可采用保护地内加代繁殖或异地加代繁殖，以加快育种进程。

（2）亲本的选择选配　杂种优势利用的关键是要正确选择亲本，配成理想的组合。首先要根据育种目标的要求，尽可能选用不同类型的亲本配组；其次，要根据目标性状的遗传规律，注意构成综合性状的各目标性状之间的互补，使亲本优良性状在F_1充分表现出来。

（3）配合力测定和品比试验　在亲本材料的自交纯化、自交不亲和系和雄性不育系选育成功后，可以通过一般配合力和特殊配合力的测定，确定符合育种目标要求的优良杂交组合，并配置杂交种进入品比试验。品比试验通常进行2～3年。在进行品比试验的同时，也可进行播期、密度、水肥等栽培试验，同时参加省内外多点试验。这样，经过1～2年的品比试验，就可选出表现突出的新品种，并了解和掌握该品种适宜推广的地区和相应的配套栽培技术。从品比试验中选出具有超亲优势或超标优势的杂交组合，申请进行区域试验和生产试验，并准备报审新品种。

（二）自交不亲和系选育

国内外学者研究表明，十字花科蔬菜杂种优势显著。中国自20世纪70年代初至今，在大白菜、普通白菜、甘蓝等蔬菜上，利用雄性不育两用系和自交不亲和系解决了大量杂交制种中的关键技术难题。曹寿椿等（2002）成功选育出普通白菜自交不亲和系（矮脚黄），以该自交不亲和系为母本配制的矮抗5号、矮抗6号杂种在全国各适宜地区大面积推广。

国内在普通白菜自交不亲和系选育方面做了很多工作，但对其遗传、形态和生理生化方面尚缺乏深入研究。史公军等采用亲和指数法和荧光显微镜观测法研究了普通白菜自交不亲和性，发现自交不亲和性的反应部位是在柱头上——授粉后的柱头表面产生了明显的胼胝质反应。用上述两种方法观测，其结果完全吻合，但认为荧光显微镜观测法更为简便、准确，可应用于普通白菜自交不亲和性的测定。

1. 自交不亲和性测定　理想的自交不亲和系，除了要求系统内所有植株花期自交不亲和外，还要求同一系统内所有植株在正常花期内相互授粉也表现不亲和（系内近交不亲和），只有这样才能保证制种时有最低的假杂种率。系内近交亲和指数的测试方法有混合花粉授粉法（取4～5株花粉混合）及成对授粉法。如测定结果为不亲和（亲和指数小于2），即为自交不亲和系。育成一个自交不亲和系一般需要5～6代。

亲和指数（compatible index）是指授粉一朵花所平均结的种子数，用公式表示：

$$亲和指数=\frac{人工花期授粉结籽数}{单株人工授粉总花数}$$

2. 自交不亲和系具体选育步骤　自交不亲和系的选育一般是通过连续多代单株自交、分离，并对其后代进行自交不亲和测定和选择得来。采用花期自交鉴定不亲和株，然后在其后代中用混合花粉授粉法选育自交不亲和系，参照系内亲和指数、单株亲和指数和蕾期自交、花期自交的结籽情况，对材料进行取舍，育成自交亲和指数稳定在 2.0 以下的自交不亲和系。一个优良的自交不亲和系，必须同时具备以下条件：具有高度的自交不亲和性，而且遗传稳定，不因世代、环境、株龄、花龄等因素而变化；蕾期授粉结实率高，以降低生产自交不亲和系原种的繁殖成本；整齐度高，并具有良好的经济性状和配合力。

(1) 自交不亲和性的选择　选择经济性状优良、配合力好的普通白菜品种，在当代进行单株自交，从中选出花期自交结实率低的自交不亲和株。在花期自交的同时，注意进行人工蕾期自交以获得种子。对初选出的优良自交不亲和植株，还应连续进行蕾期自交分离、纯化，并严格测定亲和指数。蕾期自交的具体做法是：在配合力强的品种中选优良植株的健壮花序套袋，同时在同株上选 1～2 个花序进行授粉，将开花前 2～4 d 的花蕾用尖头镊子剥开，使柱头露出，涂上同株事先套袋的花粉，授粉前后均应立即套袋，以防昆虫传粉污染。

(2) 经济性状的选择　通过蕾期自交得到的种子产生的后代在不亲和性方面或其他经济性状方面都会发生分离，因此要继续选择经济性状好、亲和指数低的优良单株留种，下一年同样进行花期、蕾期自交，继续选择花期亲和指数低而蕾期亲和指数高的单株，大约经 4～5 代的自交，即可得到自交不亲和性和经济性状稳定的株系。

暑绿新品种的选育程序见图 11－2。

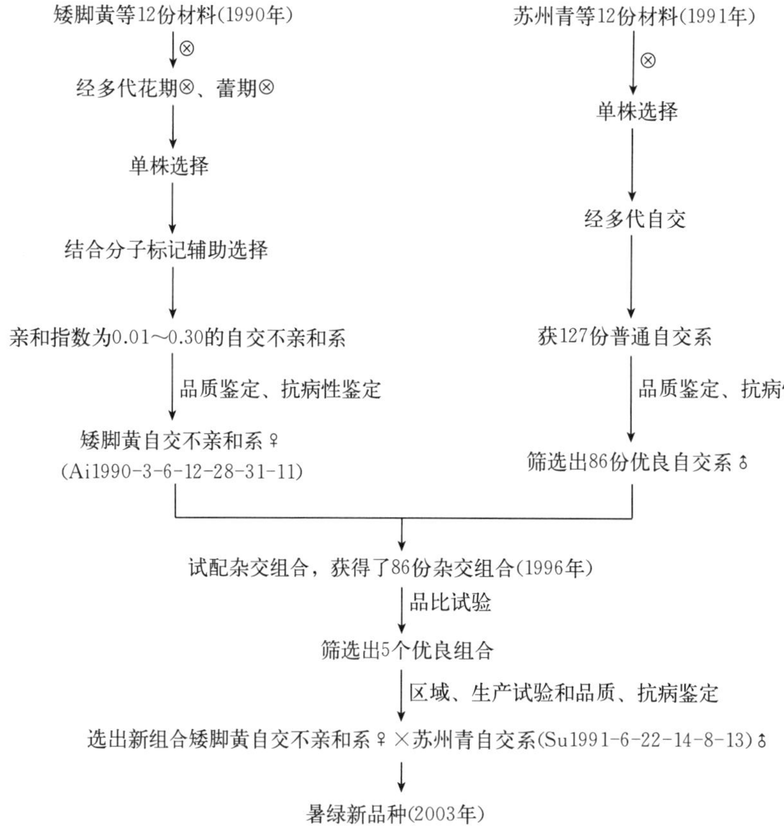

图 11－2　暑绿新品种的选育程序

(三) 雄性不育系选育

1. 雄性不育两用系的选育与利用　所谓“两用系”，就是同一系统既作不育系用，又作保持系用。利用两用系制种时，按照一定的行比栽植两用系和父本系，在初花期拔除两用系内的可育株，从不育株上收获的种子即为一代杂种。

通过自交、杂交和自然群体中寻找都可以发现各种类型的雄性不育株，然后进行品种内或品种间测交筛选（可育株给不育株授粉），每代从不育株上收获种子，直到其后代稳定出现 1∶1 的育性分离，雄性不育两用系也就育成。

如果育成的两用系其配合力或某些经济性状不理想，可以进行不育性的转育，即将不育性转移到经济性状优良、配合力高的品种或品系上，育成新的雄性不育两用系。两用系的转育主要采用连续回交再自交的方法。

由于利用雄性不育两用系生产一代杂种在初花期需拔除两用系内的可育株，费工费时，若不能把可育株拔除干净，会影响杂交一代的纯度，因此近些年该途径已很少有育种单位利用。

2. 细胞质雄性不育系的选育与利用

（1）*Ogura 萝卜细胞质雄性不育系的选育*　自 1968 年日本人小仓发现萝卜细胞质不育源之后，欧美一些国家已将甘蓝、甘蓝型油菜、白菜的细胞核导入到萝卜细胞质中，育成了甘蓝、甘蓝型油菜、白菜的雄性不育系。20 世纪 90 年代中期以前，这一 Ogura 萝卜细胞质在中国被广泛利用，但普遍存在苗期叶片黄化、蜜腺退化的缺点。侯喜林等（2001）利用非对称细胞融合技术获得的 Ogu CMS 新种质不仅克服了原不育材料低温黄化、无蜜腺的缺点，而且不育率和不育度均达到 100%，结实率与保持系无显著差异。但由于用 Ogura CMS 生产一代杂种的种子产量比用自交不亲和系低 30%以上，造成制种成本大幅提高，加之普通白菜用种量大，因此 Ogura CMS 至今为止尚未在育种中得到广泛应用。

（2）*Polima 细胞质雄性不育系的选育*　最早的 Polima 细胞质雄性不育源是由傅廷栋 1972 年从甘蓝型油菜品种 Polima 群体中发现的雄性不育株。任成伟和曹寿椿（1992）利用普通白菜品种与甘蓝型油菜细胞质雄性不育源进行远缘杂交和多代回交，将甘蓝型油菜 Polima 雄性不育细胞质转育至普通白菜，获得了异质普通白菜雄性不育材料，不育株率达 100%。该不育材料生长发育正常，且具有较好的产量、抗病性和配合力。

六、生物技术育种

（一）细胞工程育种

1. 小孢子培养　采用小孢子培养技术进行普通白菜育种的一般程序，包括：对广泛搜集的国内外优良种质资源进行培养，获得大批小孢子胚再生植株，经染色体加倍后可快速获得大批 DH 纯系，对纯系农艺性状进行鉴定筛选后，再经配合力测定，选出优良的自交不亲和系配制大量杂交组合，经品比试验，筛选出不同类型的杂交种，在不同生态区进行区试、试种及示范等中间试验，最终获得优良的新品种（系）。耿建峰等（2007）对影响普通白菜游离小孢子培养的关键因素进行了单因素和多因素分析研究。单因素研究结果表明：54 个基因型之间的小孢子胚诱导率差异显著；对供体材料的花蕾进行低温处理，在 0～5 d 内小孢子胚诱导率差异不大，超过 5 d 则明显降低；高温诱导在 12～60 h 内差异不大，超过此范围则小孢子胚诱导率明显降低；NLN 培养基中 NAA 和 6－BA 的添加对小孢子胚诱导率影响不大，浓度过大时小孢子胚诱导率反而降低；活性炭的有无和浓度大小对小孢子胚诱导率影响极大。通过基因型、NAA、6－BA、活性炭四因素分析结果表明：基因型之间差异显著，活性炭不同浓度之间差异显著；不同基因型与活性炭不同浓度之间的互作差异显著；其他互作差异均不显著。

2. 原生质体培养及非对称细胞融合

（1）*Ogu CMS 下胚轴原生质体核失活研究*　为了利用非对称细胞融合改良普通白菜 Ogu CMS 系统的苗期低温黄化和蜜腺发育不良缺陷，在 Ogu CMS 原生质体培养再生植株的基础上，侯喜林等

(2001) 对普通白菜 Ogu CMS 下胚轴原生质体^{60}Co核失活技术进行了研究。结果表明，下胚轴原生质体适宜的核失活剂量（LD_{50}）为 140 Gy，致死剂量（LD_{80}）为 240 Gy，故在非对称细胞融合中，Ogu CMS 下胚轴原生质体可用 LD_{50} 剂量照射后再进行融合。

(2) 子叶原生质体线粒体失活研究　在子叶原生质体培养再生植株的基础上，侯喜林等（2002）对普通白菜子叶原生质体的线粒体失活技术进行了研究。实验以 91H 秋-21（矮脚黄）普通白菜为试材，研究了碘乙酰胺（IOA）和罗丹明（R－6G）对子叶原生质体线粒体失活效果的影响。结果表明，0.5 mmol/L 的 IOA，在 25 ℃条件下处理 20 min，就能将植板率从 15.0%降到 6.6%；1.0 mmol/L 的 IOA，在 25 ℃条件下处理 10 min，可使普通白菜叶原生质体中的线粒体失活。40 μg/mL 的 R－6G，在 25 ℃条件下处理 30 min，可有效地抑制普通白菜子叶原生质体的分裂和愈伤组织的形成。利用 R－6G使原生质体线粒体失活，更有利于非对称细胞融合的进行。

(3) 利用原生质体非对称融合获得普通白菜胞质杂种　芸薹属的 CMS 特性均与线粒体有关，而线粒体基因组控制的 CMS 特性的产生，使叶绿体 DNA 发生了相应的变化，因此异源胞质植株上最常见的异常现象就是叶绿素缺乏症和雄性不育，这些异常是核与叶绿体之间功能性不亲和的结果。国内外众多研究者试图通过常规手段从芸薹属作物品种中筛选“缺绿”的“校正基因”和 CMS 性状的恢复基因以改变胞质遗传背景，结果均告失败。这是因为通过有性杂交，杂种的细胞质几乎全由母本提供，其结果必然是要么后代的细胞质得不到改变，要么完全改变，从而导致不育性的丧失。因此，必须采用既能保持线粒体不育胞质，又能使叶绿体基因组与核基因组亲和的特殊手段，而利用非对称细胞融合获得的“胞质杂种”是有希望的手段之一。通过细胞质基因组的转移，与相应的保持系形成“胞质杂种”，便能向萝卜细胞质掺入正常的普通白菜细胞质，以改善细胞质与核的协调性，从而使其既保持 CMS 特性，又克服原有苗期低温黄化缺陷，再经过严格的鉴定筛选，便有希望获得无黄化、有蜜腺的 CMS 系。为此，侯喜林等（2001）以普通白菜 Ogu CMS91H 秋-100（不育系）和 91H 秋-21（保持系）为试材，研究了不同交流场强、交流频率、直流脉冲场强、直流幅宽及脉冲次数对非对称细胞融合效果的影响。结果表明，普通白菜电融合的最适电场条件为交流场强 20V/cm、交流频率 1 500kHz、直流场强 200V/cm、直流脉冲幅宽 40 μs、直流脉冲次数 3 次。融合产物用 KM8P 培养基进行包埋培养，获得了 383 块小愈伤组织，其中 32 块分化出芽，形成 20 株完整植株，驯化栽培成活 8 株，其中 ZS_2、ZS_6、ZS_8 3 株不育，后用保持系花粉授粉，分别收获了种子。该研究已获国家发明专利。

（二）分子标记辅助育种

1. 重要性状连锁分子标记的开发　分子标记辅助选择（marker assisted selection，MAS）是指在品种遗传改良中利用分子标记来提高选择效率的方法。分子标记辅助育种主要包括重要性状的基因聚合、重要性状的基因渗入、QTL 的分子标记辅助选择。现阶段，利用分子标记进行基因定位和辅助育种的研究处于起步阶段，但随着研究的深入和新的分子生物学技术的发展，更完善、效率更高的分子标记辅助育种技术体系将很快建立。

冷月强等（2007）研究了与抗霜霉病基因紧密连锁的分子标记。利用普通白菜抗病品种 014 和感病品种 010 杂交的 F_2 群体为材料，通过人工接种鉴定，采用高抗单株和高感单株分别构建抗、感病池。结果表明：在所筛选的 560 条 RAPD 引物中只有 1 条引物 AY12 在抗感病池中扩增出多态性片段 $AY12_{1238}$，通过 F_2 单株验证后，证明 $AY12_{1238}$ 是与抗霜霉病基因紧密连锁的，其遗传距离为 6.7 cM。

张波等（2009）研究了与晚抽薹基因紧密连锁的分子标记。利用普通白菜晚抽薹品种 Y5 和早抽薹品种 P120 杂交的 F_2 群体为材料，通过田间调查，采用极晚抽薹单株和极早抽薹单株分别构建晚抽池和早抽池。结果表明：在所筛选的 182 对 SSR 引物中只有 1 条引物 DBC16 在晚抽薹池中扩增出多态性片段 LB，通过 148 株 F_2 单株验证后，证明 LB 与晚抽薹基因紧密连锁，其遗传距离为 5.7 cM。

史公军（2008）对普通白菜细胞质雄性不育系 98HA 及其保持系 98HB 进行 RAPD 及 SCAR 分子标记的筛选，获得与普通白菜细胞质雄性不育基因连锁的两个标记 NAU/RAPD/CMS1800 和 NAU/RAPD/CMS2600，并将其转化为两个 SCAR 标记 NAU/SCAR/CMS3800 和 NAU/SCAR/CMS4600。

2. 分子遗传图谱的构建　耿建峰等（2007）利用普通白菜暑绿得到的 112 个双单倍体株系构成的群体作为作图群体，应用 SRAP、SSR、RAPD 和 ISSR 4 种分子标记来构建普通白菜遗传连锁图谱，图谱总长度 1 116.9 cM。成妍等（2009）以普通白菜 SW－13× L－118 的品种间杂交（寒笑）后代所获得的 127 个 DH 系为作图群体，构建了一张普通白菜分子标记遗传连锁图谱，总长为 973.38 cM，标记间平均距离为 3.63 cM。以普通白菜 SW－13×V－126 的品种间杂交（矮抗 5 号）后代所获得的 117 个 DH 系为作图群体，构建了另一张普通白菜遗传图谱，总长为 936.28 cM，标记间平均距离为 2.71 cM。

3. 重要性状的 QTL 定位　利用已构建的普通白菜矮抗 5 号 DH 群体及其分子标记遗传连锁图谱，采用复合区间作图法，分别于播种后 40 d 和 80 d 对叶片和叶柄的硝酸盐含量进行 QTL 定位。共在 5 个连锁群上的 7 个标记区间检测到控制普通白菜硝酸盐含量的 11 个 QTL，这些定位到的 QTL 为普通白菜低硝酸盐含量遗传育种提供了理论基础。利用普通白菜矮抗 5 号 DH 群体在已构建的连锁图谱上采用复合区间作图法，对普通白菜 13 个经济性状进行 QTL 定位和遗传效应研究。这些定位到的 QTL 为普通白菜主要经济性状分子标记辅助选择提供了理论基础。基于普通白菜暑绿 DH 群体及其分子遗传图谱，分别于 2006 年和 2007 年在普通白菜收获前的 8 个不同发育时期进行株高性状调查，检测与株高有关的非条件 QTL 和条件 QTL。结果表明，结合非条件 QTL 和条件 QTL 分析方法能高效地进行发育性状 QTL 定位。

近年来，普通白菜分子生物学领域的研究取得了重要进展，在核心种质构建的基础上，南京农业大学联合国内外多家科研单位，率先对 100 份种质资源和 2 份杂种一代共计 102 份材料进行了基因组深度测序，已于 2011 年 12 月完成重测序工作。目前，还完成了基因组的 De Novo 测序，测序所用材料为苏州青。通过 Illumina 测序平台，总计产出 22.96G 数据，组装结果总 Contig 个数为 91 666 个，组装出的基因组大小为 283.07Mb，GC 含量为 36.00%，预测有 41 658 个基因。普通白菜基因组测序的完成，为芸薹种不同亚种之间的进化及比较基因组学的研究提供了丰富的基因资源。通过普通白菜基因组重测序，为揭示普通白菜遗传信息的奥秘，挖掘抗病、抗虫、抗逆等基因，改进品质，提高普通白菜产量和分子设计育种奠定了基础。

（三）基因工程育种

基因工程一般是指在体外用人工方法将不同生物的遗传物质（基因）分离出来，人工重组拼接后，再将重组体置入欲改良作物细胞内，使新的遗传物质在宿主细胞或个体中表达的技术。其主要环节包括：目的基因的克隆；目的基因的功能验证及表达载体构建；目的基因导入目标材料即遗传转化；转基因材料的筛选、鉴定、选择与利用。

1. 普通白菜重要基因的克隆　在普通白菜上，发现了多个与耐寒相关的基因 *BcWRKY46*、*BcSLAC1*、*BrCOR14*、*BrCBF*、*BrICE* 和 *BrLOS2*，其中 *BrLOS 2* 是组成性表达的，其表达量随冷诱导时间呈轻微上调趋势，*BrCOR14*、*BrCBF* 受冷诱导表达，明确了 ABA 和 H_2O_2 作为信号分子响应冷胁迫条件控制气孔关闭的信号转导过程（陈海旺等，2011）。*BcFLC* 可以显著延迟抽薹时间 10 d 左右，表明 *BcFLC* 是抑制抽薹开花的一个基因。在 *BcFLC* 过表达植株中，花期的 *SOC1* 的表达量降低，但 *LFY* 和 *FT* 的表达量显著高于对照。故 *BcFLC* 过表达植株比对照植株需要更多剂量的 *LFY* 和 *FT* 来促进开花。同时，还发现过表达 *BcFLC* 的拟南芥育性和抗寒性受到影响（刘同坤，2012）。

2. 农杆菌介导的普通白菜遗传转化体系的建立 遗传转化技术已突破了物种间不亲和性的界限，并具有快速、有效等特点。植物遗传转化成功的先决条件是建立一个良好的分化再生系统，而普通白菜的离体分化比较困难，分化频率极低，因此建立高效的普通白菜遗传转化体系，对改良遗传性状有着极其重要的意义。

普通白菜带柄子叶在添加 0.1 mg/L 2,4－D 和 0.1 mg/L NAA 的预处理培养基上处理 3 d，AB 耐寒系不定芽分化率由 6.0%提高至 44.6%，而在短－126 品系上则没有明显的效应；卡那霉素对普通白菜子叶分化有强烈的抑制作用，在 15 mg/L 时产生 100%白化外植体；羧苄青霉素不仅不抑制带柄子叶的不定芽分化，反而可使不定芽分化时间由 20 d 提前至 14 d；农杆菌侵染浓度对带柄子叶分化影响不大，但随着共培养时间的延长，不定芽分化率显著下降（张革平，2000）。

3. 普通白菜的遗传转化 以普通白菜品种中脚黑叶和矮脚黑叶种子无菌苗的子叶为外植体材料，在附加 2 mg/L CPPU、0.1 m g/L NAA 和 7.5 m g/L $AgNO_3$ 的稍作修改的 MS 培养基上诱导不定芽。子叶（柄）和子叶切段诱导不定芽频率分别为 32.5 2%、4.35%和 4.79%、11.55%。应用农杆菌介导法将含有豇豆胰蛋白酶抑制剂基因（*CpTI*）和新霉素磷酸转移酶基因（*NPT*）的重组质粒导入普通白菜，获得具有卡那霉素抗性的再生植株。具有卡那霉素抗性的当代转基因植株（T_0）及其自交后代（T_1）植株经 PCR 和 Southern blot 分子检测，确认抗虫基因已整合到受体植株的基因组中，并通过有性生殖遗传给后代。生物测定结果显示，抗虫性状在转基因植株自交后代中得到表达。

七、良种繁育

（一）常规品种的繁育方式与技术

1. 隔离留种 防止天然杂交对于异花授粉的普通白菜特别重要。其方法是在留种时对易于相互杂交的变种、品种或类型进行隔离。隔离的方式有 3 种：

（1）机械隔离 主要应用于繁殖少量的原种种子或原始材料的保存。其方法是在开花期采取花序套袋、网罩隔离或温室隔离留种等。

（2）花期隔离 分期播种，采用春化处理和光照处理等措施，使不同品种的开花期前后错开，以避免天然杂交。

（3）空间隔离 将容易发生杂交的品种、变种、类型之间相互隔开适当的距离进行留种即可，开阔地距离为 2 000 m，有屏障地隔离距离为 1 000 m 左右。

2. 严格执行种子收获调制的技术操作规程 这是防止机械混杂的主要措施：

（1）收获种子 种子收获时，不同品种要分别堆放。在更换品种时，必须彻底清除前一品种残留的种子。

（2）防止机械混杂 对于种株的后熟、脱粒、清选、晾晒、消毒、贮藏，事先都应对场所和用具进行清洁，并认真检查，清除残留的种子。

3. 常规品种繁育技术规程

（1）播种育苗 应选择土壤肥沃，便于灌、排的田块作苗床，每 667 m^2 苗床施腐熟农家肥 1 500～3 000 kg，氮、磷、钾复合肥 40 kg。苗床畦宽 1.5～2.0 m，把苗床整平，无土块时方可播种。采用大株或中株繁种，中株繁种产量较高。一般江南地区于 9 月 10 日露地播种或 10 月上旬播种育苗。根据品种特征特性，对苗床种株严格去杂去劣。

（2）繁种田管理 定植后须浇淋根肥，每 667 m^2 施尿素 10 kg。缓苗后施发棵肥及抽薹肥各 1 次，每次每 667 m^2 浇施腐熟粪肥 3 000 kg 或尿素 10 kg。抽薹期和盛花期用 0.3%磷酸二氢钾（KH_2PO_4）进行根外追肥 1～2 次，以提高结实率，增加种子千粒重。开花、结荚期用 0.3%硼肥各喷施 1 次。

（3）病虫害防治　主要虫害有蚜虫、黄条跳甲、菜青虫等，用 40%乐果 1 000～1 500 倍液防治，或 2.5%敌杀死 3 000～4 000 倍液防治；生长中后期用 500 倍液瑞毒霉防治霜霉病 1～2 次。

（二）自交不亲和系原种繁殖与一代杂种制种技术

1. 自交不亲和系原种繁殖技术　普通白菜应于 9 月中旬播种育苗，10 月中旬定植，12 月上、中旬进行株选，并定植于大棚内（不盖薄膜），畦宽 1.6 m 栽 2 行（株距 35 cm），沟宽 0.6 m，每隔两畦留一通风沟（1.2 m），便于授粉。重视施用有机肥，加强对种株的管理，并防冻害发生。

翌年春天在大棚顶部覆盖薄膜，四周覆盖防虫网。开花时，在晴朗或无雨天气用 5.0%食盐水，于上午 9～10 时对自交不亲和系材料进行喷雾处理，当天中午前后等水雾干后，即人工辅助授粉 1 次，第 2 d 再授粉 1 次。坚持每隔 48 h 重新喷花 1 次，整个开花期不少于 10 次，以保证开花期内盐水喷雾不间断。同时，在开花结荚期间选晴天傍晚，喷施 0.1%～0.3%硼肥 1～2 次，以增进结实率，提高千粒重。

2. 自交不亲和系一代杂种制种技术　利用自交不亲和系配制杂种可大大降低制种成本，提高杂种种子的产量和质量。

（1）播种育苗　见常规品种繁育。采用中株或小株制种，但中株制种产量较高。一般江南地区于 9 月 20～25 日露地播种或 11 月中、下旬塑料中棚、小棚育苗。小株制种于早春 1 月下旬至 2 月上旬露地或小棚播种育苗。为使父、母本花期相遇，应根据父、母本花期的早晚错期播种。播种前首先将苗床浇足底水，待水渗下后，上面撒一层薄细土，将亲本种子均匀撒播于苗床上，播后覆 1 cm 左右过筛细土。每 667 m^2 制种田需苗床 25～30 m^2。

（2）种株定植　根据父、母本特征特性，对苗床种株严格去杂去劣，以确保 F_1 种子的纯度。制种隔离区必须选择 1 500 m 内绝对不能有大白菜、普通白菜、芜菁及白菜型油菜植株存在；1 000 m 内应无甘蓝型油菜植株。定植前施足基肥，每公顷施优质腐熟有机肥 22 500 kg、草木灰 1 500 kg、复合肥 375 kg。穴施化肥时，要与土混匀后栽苗，以免影响根系生长。中株制种的父、母本于次年 2 月中、下旬，温暖晴天及时定植；小株制种于 3 月下旬至 4 月上旬，苗具 7～8 片真叶时定植。父、母本一般按 1∶1 行比定植。为便于正反交分收，也可 2∶2 定植。畦宽 0.8～0.9 m，沟宽 0.3 m，每畦栽 2 行，行距 50 cm，株距 20～25 cm。定植前苗床上应浇透水，便于拔苗。

（3）制种田管理　详见常规品种繁育的田间管理。

（4）采收　中株制种于 5 月中、下旬，小株制种于 6 月上旬角果八九成熟时及时采收，防止裂角，种子散失受损。采收后晒干、扬净，专仓贮存。在整个收获过程中均应严防机械混杂。

（三）雄性不育亲本繁殖与一代杂种制种技术

1. 雄性不育系亲本繁殖技术

（1）细胞质雄性不育采用设置雄性不育系隔离区繁殖雄性不育系　雄性不育系与保持系按 3～5∶1行比种植，调整花期相遇，隔离区内任其自由授粉或人工辅助授粉，在不育系上收获的种子，大部分用于下一代 F_1 种子的生产，少部分用作不育系的繁殖。如果雄性不育系的不育株率为 100%，不育度为 98%以上，在保持系上收获用于下一代繁殖用的保持系种子，否则另设隔离区繁殖保持系。

（2）雄性不育两用系采用设置 AB 系隔离区繁殖 AB 系　种植 AB 系，株距为正常密度的 1/2，在花期每隔一行拔掉相邻 3～4 行中的可育株，以后只从这 3～4 行的不育株上收获 AB 系种子，大部分 AB 系种子用于生产 F_1 种子，少部分用于繁殖 AB 系。不拔行（不育株和可育株）为供应花粉行，不收种子。

2. 雄性不育系一代杂种制种技术

（1）利用细胞质雄性不育系生产 F_1 代杂交种　雄性不育系与父本系按 3∶1 行比种植。调整花期相遇，隔离区内任其自由授粉，在雄性不育系上收获的种子即为 F_1 种子，用于商品生产。如果雄性不育系的不育株率为 100%，不育度为 96%以上，在父本系上收获的种子，下一代继续作父本用于 F_1 制种。

（2）利用雄性不育两用系生产 F_1 代杂交种　雄性不育两用系（AB 系）与父本系按 3～5：1 行比种植，调整花期相遇，AB 系株距为正常密度的 1/2。从初花期开始，拔除 AB 系中 50%的可育株，隔离区内任其自由授粉，从不育株上收获 F_1 杂种用于生产。

（四）种子贮藏与加工

1. 种子检测　根据种子检验（seed test）采用方法的难易程度分为常规检验和特殊检验。常规检验方法比较简单，不用或只用简单的仪器（天平、烘箱等）对种子质量优劣鉴别。特殊检验需复杂的仪器设备，只在需要时进行，包括 X 射线法、四唑法、电泳法、荧光法、染色体鉴定、离体胚鉴定等。

种子检验主要是检验与种子质量有关的项目。种子质量又叫种子品质（seed quality），它包括种子外在价值和种子内在价值。种子的外在价值是指在一定程度上可从种子外表看得到，或应用简单的仪器与方法可以测得的特性，主要包括纯度、净度、发芽率、水分、种子大小、种子健康状况等；种子内在价值是指用肉眼看不到的一种遗传特性，主要指生产力、抗病性、抗逆性、熟性、品质等。

2. 种子加工　种子加工是实现种子标准化、商品化和现代化的重要手段，是提高普通白菜种子质量的重要途径，主要包括：种子干燥、精选、分级、包衣、计量包装等工艺过程。加工后可提高种子净度、千粒重，用种量减少 10%～20%。种子包衣后实现了地下施药，在种子苗期不再地上施药，保证苗齐苗壮，有利于环保。

3. 种子贮藏　普通白菜种子贮藏根据需要分为两种：

（1）普通仓库　这种仓库虽设有防湿隔热层和气窗，但仓内温、湿度仍随外界环境的变化而变化。使用这种仓库在入仓或包装前，种子含水量必须降到安全水平，并做好防漏雨、渗水，及防鼠、鸟、虫工作。贮藏期间应经常检查，根据外界温、湿度的变化，及时通气、降温、降湿。

（2）调温调湿仓库　这类仓库的仓顶、仓壁和仓底设有隔热和防湿层，仓内装有制冷、降湿装置，温、湿度可以调节。一般夏季温度可控制在 15～20 ℃，相对湿度在 50%左右，可保存种子 3～5 年。

（侯喜林　袁希汉　王枫）

第二节　菜　　心

菜心属十字花科芸薹属芸薹种白菜亚种中以花薹为产品的变种，一二年生草本植物，学名 *Brassica campestris* L. ssp. *chinensis*（L.）Makino var. *utilis* Tsen et Lee，别名菜薹、绿菜薹、广东菜、菜花、菜尖等，古称“薹心菜”。染色体数 $2n=2x=20$。

菜心原产我国，起源于中国南部，南宋时栽培成功，主要分布于广东、广西、海南、台湾、香港和澳门等地，为华南特产蔬菜之一。菜心的称谓，最早文字记载见于清朝道光二十一年（1841）广东《新会县志》，食用器官为花茎和薹叶，薹质柔嫩多汁，风味独特，深受群众喜爱。近年来，由于市场需求变化、冷链技术和运输业的发展，北方一些地区利用相对凉爽、雨水较少的气候条件，也开始大面积种植菜心。

菜心食用器官为花茎和薹叶，薹质柔嫩多汁，富含粗纤维、维生素 C 和胡萝卜素，每 100 g 鲜菜中含水分 94～95 g、蛋白质 1.3 g、脂肪 0.2 g、碳水化合物 0.72～1.08 g、粗纤维 0.5 g、钙 50 mg、磷 40 mg、铁 0.6 mg、维生素 C 34～39 mg、维生素 B_1 0.04 mg、维生素 B_2 0.03 mg、胡萝卜素 0.1 mg、尼克酸 0.7 mg。

一、育种概况

(一) 育种简史

菜心起源于中国南方，20 世纪 60 年代以前，生产上使用的菜心品种都是农民自选、自留的地方品种，60 年代以来，育种工作者对菜心遗传育种进行了广泛深入的研究，在常规品种选育、抗性育种、杂种优势利用等方面取得了较大的进展，先后选育出一批在生产上推广应用的新品种。目前我国从事菜心品种选育的科研单位主要有广州市农业科学研究院、广东省农业科学院蔬菜研究所、广西柳州市农业科学研究所、西北农林科技大学、沈阳农业大学等。当前生产上应用的菜心品种主要为科研单位选育和种子企业自繁的品种。20 世纪 70 年代前生产上应用的传统农家品种由于已不适应当前市场需求，大多已退出市场。

菜心品种选育主要有系统选育、杂交选育和杂种优势利用等技术手段。系统选育和杂交选育为当前菜心育种的主要手段，迄今为止育成的菜心品种主要来自选择育种。如广州市农业科学研究院自 20 世纪 60 年代始，率先在全国开展菜心新品种选育工作，以广州市冼村菜农选育的四九菜心为原始材料，从台风暴雨后不倒伏且生长正常的 1 株菜心后代中分离出 20 多个单株，以编号 19 的单株经连续多代培育和定向选择于 1978 年育成了四九菜心-19，其抗病性、抗逆性、丰产性和商品性较四九心有明显的提高，已在生产上推广 30 多年，仍为当前早熟菜心中栽培面积较大的常规品种之一。

20 世纪 80 年代，广州市白云区蔬菜科学研究所采用四九菜心与慢早菜心杂交，育成 20 号菜心；广州市农业科学研究院利用 50 天菜心与四九菜心杂交，培育出 151 早菜心。

在杂种优势利用上，广州市农业科学研究院最早（1973）利用甘蓝型油菜湘油 A 为雄性不育源进行研究，通过种间杂交和连续回交，于 1989 年实现三系配套，培育出早优 1 号、早优 2 号和中花杂交菜心。随后，陕西省农业科学院蔬菜花卉研究所（1992）利用甘蓝型油菜玻里马（Polima）雄性不育系为母本，并将其转育到菜心上，育出了秦薹 1 号菜心；广西柳州市农业科学研究所培育出柳杂 1 号和柳杂 2 号菜心。

在抗病育种方面，病毒病是菜心栽培中的主要病害，侵染菜心的病毒病主要有 TuMV、CMV、TMV，田间以 TuMV 及其复合毒株为主。华南农业大学植保系（1990）以四九菜心、60 天特青等 35 个菜心品种为材料，经病毒接种后筛选出 60 天特青为最耐病毒病的原始材料，然后对 60 天特青 20 多个不同株系进行田间比较，经单株选择培育出代号为 8722 中花菜心新品种。郑岩松（1996）等对芥蓝与菜心远缘杂交后代进行了 TuMV 抗性研究，其回交后代的抗性水平很大程度上取决于回交亲本的抗性水平。张华等（1998）开展了菜心炭疽病抗性鉴定方法的研究，初步摸索出了一套菜心炭疽病苗期抗病性的鉴定技术，并对 34 份菜心材料的炭疽病抗性进行了室内人工接种和田间观察鉴定。结果表明，鉴定材料中没有免疫和高抗材料，但不同材料间的抗病性差异明显。一般叶色较浅的早熟黄叶菜心品种的抗病性较强，叶色较深的早熟油青和中熟品种次之，叶色深绿的中晚和晚熟品种抗病性较弱。

目前通过系统选育方法育成的通过审定的品种有：四九菜心-19、迟心 2 号菜心、迟心 29 号菜心、油青 12 号菜心、油绿 501 菜心、绿宝 70 天菜心、特青迟心 4 号菜心、碧绿粗薹菜心、油绿粗薹菜心等 9 个；通过杂交选育方法育成并通过审定的品种有：20 号菜心、油绿 50 天、油绿 701、油绿 702、油绿 80 天、油绿 802 等 6 个；通过杂种优势利用方法育成通过审定的品种有：柳杂 2 号、早优 3 号、玉田 1 号、玉田 2 号、苏薹 3 号。其中早熟品种 10 个、中熟品种 4 个、晚熟品种 6 个；黄绿品种 2 个、油绿品种 14 个、深绿品种 4 个。以上品种中的 15 个由广州市农业科学研究院育成。

这些育成新品种大多已成为生产上的主栽品种，并在生产中发挥了重要的作用，大大提高了菜心品种的商品性、抗性和适应性，促进了菜心产业的发展。

（二）育种现状与发展趋势

随着经济和菜心产业的发展、人民生活水平的提高及生产区域的全国布局，利用传统的育种技术和手段培育出的常规品种在抽薹的一致性、商品性、丰产性和抗性等方面已难以满足生产要求，因此对菜心种业的发展也提出了更高的要求。

目前早熟耐热和晚熟耐寒品种在生产上应用面积较大，因此要求在育成品种的商品性、品质、丰产性、多抗和适应性较好的基础上，应重点加强早熟耐热、晚熟耐寒品种和杂种一代新品种的选育研究；同时由于劳动力短缺和老龄化加剧，劳动力成本也越来越高，因此希望能培育出适合机械化采收要求的菜心品种。另外，由于侧薹品质较好，同时为延长晚熟品种的采摘期，即在主薹采收后，可多采几次侧薹，以提高菜心产量，增加经济效益，因此，应加强这方面品种的选育。但采用传统的常规品种选育技术较难满足要求，只有采用杂交优势利用及现代育种新技术创制新种质，才有可能培育出适应现代市场需求的新品种。目前重点应加强以下几方面的研究，以提高菜心种业技术水平和品种抽薹的整齐一致性、商品性、抗性和丰产性，满足生产和市场的需求。

1. 加强种质资源和种质创新研究 菜心主要由白菜类中易抽薹类型材料经长期选育而成，通过对现有遗传资源鉴定发现，菜心育种材料的亲缘关系较近、遗传背景狭窄，不利于选育适应性强、商品性好的菜心新品种。为加强种质资源的创新利用，应采用先进技术加强抗病、抗虫、抗逆、营养丰富、品质优良等特异种质资源的鉴定、评价和筛选研究，同时注意利用与红菜薹、普通白菜等其他十字花科蔬菜种质进行杂交、基因重组的方法，不断开发可供菜心利用的基因资源，满足育种要求。

2. 加强杂种优势利用研究 杂种优势利用主要是指利用雄性不育系来配制杂种一代，目前菜心细胞质雄性不育主要有玻里马（*Pol* CMS）和萝卜胞质（改良型 *Ogu* CMS）两种不育源。以前对菜心细胞质雄性不育研究主要以玻里马雄性不育为主，如广州市农业科学研究院培育出的早优 1 号、早优 2 号和中花杂交菜心；陕西省蔬菜花卉研究所育成的秦薹 1 号菜心；广西柳州市农业科学研究所培育的柳杂 1 号和柳杂 2 号菜心等。这些杂种一代均具有较强的杂种优势，但在生产种的繁育中，不育亲本的育性易受温度影响，不育性不稳定，制种较为困难，且配制的杂交种经济性状变异大，在生产上较难推广应用。

Ogura 不育源由于不育性不易受环境影响、不育性彻底，再加上细胞工程技术的发展，对 Ogura 不育源进行改良后，苗期黄化现象得以克服，近年来对菜心细胞质雄性不育研究主要集中在 Ogura 不育源上。如广州市农业科学研究院重点开展了来源于 Ogura 不育源的菜心细胞质雄性不育杂种一代选育研究工作，通过杂交和回交转育，目前获得不育株率和不育度达 100%、经济性状似菜心的不育系（图 11-3），并育成了通过广东省审定的商品性和经济性状较好、抗性较强的品种 2 个。目前，

Ogura不育系 Ogura保持系

图 11-3 菜心 Ogura 不育系

应拓宽新型细胞质雄性不育系在菜心杂种优势利用中研究，因为大多数商品化的菜心都具有同一不育细胞质源，这种细胞质的单一性可能导致杂交菜心对病、虫抗性的遗传脆弱性，可能造成对菜心产业的不利影响。

3. 加强早熟耐热和晚熟耐寒品种选育研究　早熟和晚熟品种在生产上应用面积较大，应重点加强早熟耐热和晚熟耐寒品种选育研究，同时晚熟品种还要求腋芽萌发力强，在主薹采收后还可抽 2～3 次侧薹，以提高菜心产量。

4. 加强品质和抗性育种研究　随着人民生活水平的提高，对菜心的商品外观及品质和抗性提出了更高的要求。因此，应加强商品性状、品质及病毒病、炭疽病抗性等方面的育种研究，以适应市场需求的变化。

5. 加强小孢子培养技术和分子标记辅助育种研究，提高育种效率　菜心为异花授粉作物，亲本材料纯化需要 5～6 代，费时较长，而采用小孢子培养技术是加速亲本材料纯化、提高菜心育种效率的有效手段。目前该技术在大白菜、普通白菜和油菜等十字花科作物上取得成功，已培育出一大批供育种利用的纯系材料，同时育出一批新品种。广州市农业科学研究院开展了菜心小孢子培养研究，但进展较慢。因此要加强菜心小孢子培养技术研究，探索提高不同菜心基因型出胚率的方法，加速亲本材料的纯化，提升品种的整齐性，加快菜心育种进程。

通过分子标记，可间接地对目标性状进行选择，同时也是检测种质遗传多样性的有效方法。目前菜心分子标记技术已在辅助育种研究上的有所应用。

二、种质资源与品种类型

（一）起源、传播

菜心原产我国，起源于中国南部，为华南特产蔬菜之一，在华南地区广泛种植，常年播种面积较大，在本地市场供应中占有非常重要的地位。菜心既适合国内市场销售，又可出口创汇，主要销往香港、澳门地区及日本、美国、欧洲和东南亚等各国。

进入 21 世纪以来，由于经济、冷链保鲜技术和运输业的发展，同时由于菜心消费量大增，华南地区本地生产量难以满足市场需求，再加上夏季气候炎热、雨水多，病虫害发生严重，菜心产量不稳、质量不高，种植难度较大等原因，一些企业寻求利用不同区域的气候条件进行异地生产，供应广东等华南地区及香港、澳门和海外市场，因此，近年来北方地区如宁夏、河南等地菜心的栽培面积发展迅速，其中仅宁夏地区菜心常年栽培面积就达 6 000 hm^2 以上。由于“宁夏菜心”薹粗壮、味甜、口感好、卖相好，很受市民喜爱。

（二）种质资源评价与利用

菜心栽培历史悠久，类型和品种丰富，目前在生产上应用的主要为科研单位选育和种业企业自繁的品种。

按熟性分，主要有早熟、中熟、晚熟三种类型。生产上以早熟品种耐热、耐湿能力较强，适播期较长，生产面积较大；晚熟品种较耐寒，不耐热，生产面积次之；中熟品种耐热性中等，生产面积较少。按叶色分，主要有黄绿、油绿、深绿三种。一般黄绿叶色品种表现较耐热，适合夏季高温多雨季节种植；深绿叶色品种表现较耐寒，对霜霉病和病毒病抗性较强，适合冬春季节种植。

张华（2000）等对 34 份菜心材料的炭疽病抗性进行了室内人工接种和田间观察鉴定，结果表明鉴定材料中没有免疫和高抗材料，但不同材料间的抗病性差异明显。一般叶色较浅的早熟黄叶菜心品种的抗病性较强，叶色较深的早熟油青和中熟品种次之，叶色深绿的中晚熟和晚熟品种抗病性较弱。

李光光等（2012、2013）对菜心的耐热性和耐寒性评价指标进行了研究，研究表明，耐热菜心的产量与生物量和薹重呈极显著正相关，与薹粗、植株的最大开展度、薹叶数、最大叶片的长和最大叶片的叶柄长呈显著性相关，与株高、基叶数、薹高、最大叶片的宽和最大叶片叶柄的宽度相关程度低。因此，产量、生物量和薹重可作为评价菜心耐热性强弱的3个关键农艺性状指标，薹粗、植株的最大开展度、薹叶数、最大叶片的长和最大叶片的叶柄长等可以作为5个次级农艺性状指标。同时菜心品种的耐寒性研究结果表明，耐寒性与其熟性相关，晚熟菜心的耐寒性较好，中熟品种耐寒性一般，早熟品种为不耐寒，因此选育耐寒性较好的菜心应以晚熟菜心类型为主，可用基叶数和SOD含量两个指标来简略评价菜心品种（系）的耐寒性。

加强骨干材料、有针对性的有性杂交和品种创新利用研究，如从骨干材料黄村三月青菜心中自交分离选育出迟心2号、迟心29菜心，又从迟心2号中采用系统法选育出绿宝70天和特青迟心4号菜心新品种等；利用性状互补的原则杂交选育出20号菜心、151早菜心等。目前通过系统选育育成并通过审定的品种有9个；通过杂交选育法育成品种有6个；通过杂种优势利用方法育成品种有5个。

同时开展了远缘杂交创新种质的研究，如方木壬等（2003）通过远缘杂交的途径获得了芥蓝与菜心的种间杂种；梁红等（1990）探讨了利用甘蓝与菜心杂交，培育出介于双亲之间的种间杂种，并通过扦插育苗，解决了杂交不亲和及杂种不育问题，培育出的新种在南方炎热的夏季生长正常。

（三）种质资源类型与代表品种

菜心在长期的栽培历史过程中，经长期选择和栽培驯化，形成了不同类型适于不同季节栽培的品种。如有较耐热适于夏秋栽培的品种，有较耐寒适于冬春栽培的品种；也有适应性较广，几乎可以周年栽培的品种。根据生长期的长短和对栽培季节适应性可将菜心分为早熟、中熟和晚熟3种类型。

1. 早熟类型 耐热、耐湿能力较强，适宜夏秋种植，播种期5～10月，生长期28～50 d。植株和菜薹较小，短缩茎不明显，生长期短，生长迅速，4～5片叶开始抽薹，腋芽萌发力弱，以收主薹为主。对低温敏感，遇低温容易提早抽薹。目前代表性的主栽品种有：四九菜心-19、油绿501、碧绿粗薹、农苑45天油青、菜场4号、碧绿四九、中南尖叶油青甜菜心、新西兰杷洲甜菜心4560、强盛尖叶菜心、桂林柳叶早菜心等。

四九菜心-19：由广州市农业科学研究院从四九菜心中经系统选育而成。植株中等，半直立。基生叶5～6片，倒卵形，叶长23 cm，宽13 cm，淡绿色，叶柄短，长约6 cm，薹叶4～6片，长卵形。商品菜薹高约20 cm，横径1.5～2.0 cm，淡绿色，有光泽，主薹重约40 g，品质优良。生长迅速，生长期短，播种至初收33 d，延续采收约10 d。侧芽弱，以收主薹为主，根群发达，耐热、耐湿能力强，抗逆性强，适应性广，较耐霜霉病及菌核病，经台风暴雨后受害轻，恢复生长快，是目前夏秋耐热、抗台风暴雨、堵淡的当家品种。

油绿501：广州市农业科学研究院育成。株高24.4 cm，开展度21.3 cm。基叶4～5片，圆形。叶卵圆形，长18.3 cm，宽10.2 cm，油绿有光泽；叶柄长5.2 cm，宽1.6 cm，油绿色。主薹高约18.4 cm，横径1.7～2.0 cm，薹叶4～6片，短卵形，油绿色。主薹重约40 g。早熟，播种至初收32～35 d，延续采收6～8 d。根群发达。侧芽萌发力较弱，以收主薹为主。适应性较广，耐热、耐湿能力强；抗逆性强，田间表现较耐霜霉病和炭疽病，品质优。每公顷产量15～22 t。

碧绿粗薹：广东省农业科学院蔬菜研究所育成。株高28.7 cm，开展度23.1 cm。基叶5～7片。叶椭圆形，长17.6 cm，宽10.0 cm，油绿色；叶柄长10 cm，宽1.3 cm。主薹高约19.9 cm，横径1.6～2.0 cm，薹叶6～7片，短卵形，油绿色。主薹重约30.3 g。早熟，播种至初收30～35 d，延续采收5～7 d。主根不发达，须根多。侧芽萌发力一般，以收主薹为主，适应性广，田间表现耐热性、耐涝性强，抗炭疽病中等。品质较优。每公顷产量15～20 t。

农苑45天油青：株高20.2 cm，开展度19.5 cm。基叶5～7片。叶卵圆形，长14.3 cm，宽12.5 cm，油绿色；叶柄长4 cm，宽1.4 cm，油绿色。主薹高约15 cm，横径1.4～1.8 cm，薹叶5～6片，卵形，油绿色。主薹重约 45 g。早熟，播种至初收 35 d 左右。侧芽少。质脆爽甜，食味佳，品质较优。每公顷产量 16～18 t。

中南尖叶油青甜菜心：株高 25.2 cm，开展度 18.5 cm。基叶 5～6 片。叶卵形，长 15.6 cm，宽 8.5 cm，油绿色；叶柄长 4.5 cm，宽 1.1 cm，油绿色。主薹高约 21 cm，横径 1.3～1.5 cm，薹叶5～6 片，油绿色。主薹重约 38 g。早熟，播种至初收 28～35 d。侧芽少。质脆爽甜，食味佳，品质优。田间表现耐热、耐雨水能力强。每公顷产量 15～17 t。

新西兰杷洲甜菜心 4560：株高 21.8 cm，开展度 19.5 cm。基叶 5～7 片。叶卵圆形，长 13.6 cm，宽 11.5 cm，油绿色；叶柄长 3.8 cm，宽 1.5 cm，油绿色。主薹高约 17 cm，横径 1.5～1.7 cm，有棱沟，薹叶 5～6 片，卵圆形，油绿色。主薹重约 50 g。早熟，播种至初收 37～40 d。质脆爽甜，食味佳，品质较优。田间表现耐热、耐雨水能力较强。每公顷产量 18～20 t。

菜场 4 号（45 d）：株高 20.3 cm，开展度 19.8 cm。基叶 6～8 片。叶卵圆形，长 14.7 cm，宽 12.5 cm，油绿色；叶柄长 4.5 cm，宽 1.6 cm，油绿色。主薹高约 15.6 cm，横径 1.5～1.6 cm，有棱沟，薹叶 5～6 片，卵圆形，油绿色。主薹重约 48 g。早熟，播种至初收 37 d 左右。质脆爽甜，食味佳，品质较优。田间表现耐热、耐雨水能力较强。每公顷产量 18～20 t。

碧绿四九：株高 20.3 cm，开展度 18.8 cm。基叶 6～7 片。叶卵形，长 15.3 cm，宽 10.5 cm，油绿色；叶柄长 5.5 cm，宽 1.3 cm，油绿色。主薹高约 17.6 cm，横径 1.3～1.5 cm，薹叶 5～6 片，卵形，油绿色。主薹重约 40 g。早熟，播种至初收 33 d 左右。质脆爽甜，食味佳，品质中等。田间表现耐热、耐雨水能力较强。每公顷产量 18～20 t。

强盛尖叶菜心：株高 21.5 cm，开展度 19.6 cm。基叶 6～7 片。叶卵形，长 16.7 cm，宽 11.3 cm，油绿色；叶柄长 5.8 cm，宽 1.3 cm，油绿色。主薹高约 18.5 cm，横径 1.3～1.5 cm，薹叶 5～6 片，稍柳叶形，油绿色。主薹重约 40 g。早熟，播种至初收 28～35 d。质脆爽甜，食味佳，品质优。田间表现耐热、耐雨水能力较强。每公顷产量 16～18 t。

东莞 45 天：农家品种。植株较短壮，基叶少，叶长椭圆形，薹色油绿有光泽，菜薹匀条，薹叶狭卵形。商品菜薹高 23～25 cm，横径 1.5～2.0 cm。播种至初收 30～35 d，延续采收 10～15 d，耐热、耐湿，纤维少，品质优。

桂林柳叶早菜心：桂林农家品种。植株直立，叶长倒卵形，有皱褶，向内卷曲，浅绿色，叶柄绿白色，花薹青白色。早熟，耐热，腋芽萌发力较强，质脆嫩，品质优。生长期 60～70 d，每公顷产量 15 t。

2. 中熟类型　耐热性中等，适宜秋季或春末栽培，适播期 3～4 月及 9～10 月，生长期 60～80 d。植株中等，有短缩茎，5～7 片叶开始抽薹，菜薹较大，具浅棱沟，腋芽有一定的萌发力，主侧薹兼收，以收主薹为主，菜薹品质好。对温度适应性广，遇低温易抽薹。目前生产上应用的品种主要有油绿 701 菜心、油绿 702 菜心、绿宝 70 天菜心、桂林柳叶中菜心等。

油绿 701 菜心：广州市农业科学研究院育成。株高 30.4 cm，开展度 26.7 cm。基叶 5～6 片，稍柳叶形。最大叶片长 23.7 cm，宽 9.2 cm，油绿有光泽；叶柄长 8.7 cm，宽 1.7 cm，油绿色。主薹高 23～25 cm，横径 1.5～2.0 cm，薹叶 4～6 片，柳叶形，油绿色。主薹重 45～50 g。中熟，播种至初收 37～40 d，延续采收 7～10 d。侧芽萌发力中等，以收主薹为主，可兼收侧薹。田间表现耐病毒病、霜霉病。适应性广，抗逆性强。品质优。每公顷产量 15～18 t。

油绿 702 菜心：广州市农业科学研究院育成。生势强，株高 24.9 cm，开展度 15.9 cm。基叶 5～6 片。叶短卵形，长 18.6 cm，宽 8.2 cm，深油绿色；叶柄长 7.6 cm，宽 1.9 cm，碧绿有光泽。主薹高约 22.4 cm，横径 1.7 cm，薹叶 4～6 片，油绿色。主薹重约 40 g。中迟熟，播种至初收 36～40 d，延续采收 7～10 d。根群发达。侧芽萌发力中等，以收主薹为主，可兼收侧薹。抽薹整齐，花球大，齐口花。味甜，爽脆，纤维少，品质优。田间表现耐软腐病、霜霉病，适应性广，抗逆性强。丰产稳产，每公顷产量 18～22 t。

绿宝 70 天菜心：由广州市农业科学研究院选育。基叶 7～9 片，长卵形，长 18 cm，宽 10 cm，深绿色，叶柄长 10 cm，薹叶 6～7 片，近柳叶形。主薹高 22～26 cm，横径 1.5～1.8 cm，青绿色有光泽，重约 45 g。中迟熟，播种至初收 39～45 d，延续采收 10 d，以收主薹为主，前期生长缓慢，中后期生长较快，耐肥，耐病毒。质脆嫩，纤维少，味较甜，品质优。适播期 9～11 月及 3 月，每公顷产量为 15～22 t。

桂林柳叶中菜心：地方品种。植株较高大，开展度较大，叶和叶柄深绿色，腋芽萌发力强，花薹稍起棱，质脆嫩，味佳。中熟，生长期 80～100 d，每公顷产量为 22～30 t。

3. 晚熟类型 较耐寒，不耐热，适宜冬春栽培，适播期 11 月至翌年 3 月，生长期 70～90 d。植株较大，直立或半直立，8～10 片叶开始抽薹。叶较粗大，薹粗壮，短缩茎明显，有明显棱沟，花球大，腋芽萌发力强，主侧薹兼收。低温下抽薹慢，冬性强，采收期较长，菜薹产量较高。目前生产上应用的品种主要有油绿 802 菜心、迟心 4 号菜心、迟心 2 号菜心、穗美 89 号迟花菜心、玉田 2 号、增城迟菜心、鹩哥利、桂林扭叶菜心、竹湾迟菜心、柳叶晚菜心等。

迟心 2 号：广州市农业科学研究院育成。植株矮壮，半直立生长，略具短缩茎。基生叶 7～8 片，阔卵形，长 19 cm，宽 10 cm，绿色，叶柄长 13 cm，薹叶狭卵形。商品菜薹高 25～27 cm，横径 1.5～2.0 cm，油绿有光泽，重约 53 g，花球大。播种至初收 55～60 d。根系发达，耐肥，侧芽生长弱，耐寒性中等，抗逆性较强，耐霜霉病、软腐病。质脆嫩，纤维少，不易空心，风味好，品质优。

特青迟心 4 号：广州市农业科学研究院育成。植株矮壮，株高 28 cm。基叶 9～11 片，长卵形，长 21 cm，宽 11 cm，深绿色，叶柄长 10 cm，薹叶 6～8 片，狭卵形。商品菜薹高 20～23 cm，横径 1.5～2.0 cm，光泽性好，重约 50 g。播种至初收约 50 d。生长势强，冬性中等，耐霜霉病，质脆嫩，味清甜，品质好。每公顷产量为 15～22 t。

油绿 802 菜心；广州市农业科学研究院育成。生势强，株型紧凑，株高 22.7 cm，开展度 19.3 cm。基叶 5～6 片，圆形，叶片主脉较明显，最大叶片长 22.0 cm，宽 10.1 cm，深油绿色；叶柄长 8.0 cm，宽 1.5 cm，碧绿有光泽。主薹高约 22.4 cm，横径 1.7 cm，薹叶 4～6 片，油绿色。主薹重约 40 g。中迟熟，播种至初收 38～45 d，延续采收 7～10 d。根群发达，侧芽萌发力较强，以收主薹为主，可兼收侧薹。抽薹整齐，花球大，齐口花，肉质紧实，味甜，爽脆，纤维少，品质优。田间表现耐寒性强，抗软腐病和霜霉病能力强。适应性广，丰产稳产，每公顷产量 18～22 t。

油绿 80 天菜心：广州市农业科学研究院育成。株高 35.5 cm，开展度 29.2 cm。基叶 5～6 片，长椭圆形，浅绿色。最大叶片长 28.2 cm，宽 10.5 cm，油绿有光泽；叶柄长 11.5 cm，宽 1.7 cm，油绿色，主薹高 25～27 cm，横径 1.5～2.0 cm，薹叶 5～6 片，柳叶形，油绿色，主薹重 55～65 g。迟熟，播种至初收 43～48 d，延续采收 7～10 d。根群发达，侧芽萌发力中等，以收主薹为主，可兼收侧薹。耐寒性较强，耐热性中，耐涝性较强，田间表现耐病毒病、霜霉病。适应性广，品质优。丰产稳产，每公顷产量 18～22.5 t。

穗美 89 号迟花菜心：株型半开展，株高 33.5 cm，开展度 27.2 cm。基叶 9 片，椭圆形，油绿色。最大叶片长 25.5 cm，宽 12.8 cm，叶柄长 7.5 cm，宽 1.8 cm，油绿色。主薹高约 25 cm，横径 1.9 cm，薹叶 8 片，卵圆形。主薹重 50～65 g。迟熟，播种至初收 50 d 左右，延续采收 10～12 d。根群发达，侧芽萌发力中等，以收主薹为主，可兼收侧薹。田间表现耐寒性中等，抗逆性中等。品质中等。每公顷产量 18～20 t。

玉田 2 号菜心：广州市农业科学研究院育成的杂种一代。株高 27.5 cm，开展度 25.2 cm。基叶 6～7 片，长椭圆形，碧绿色。最大叶片长 24.1 cm，宽 11.1 cm，油绿有光泽；叶柄长 5.8 cm，宽 2.0 cm，油绿色，主薹高 24～25 cm，横径 1.8～2.0 cm，薹叶 6～7 片，卵叶形，油绿色，主薹重

60～65 g。中迟熟，播种至初收 43～46 d，延续采收 7～10 d。根群发达，侧芽萌发力较强，以收主薹为主，可兼收侧薹。耐寒性较强，耐热性中，耐涝性较强，田间表现耐病毒病、霜霉病。适应性广，品质优，丰产稳产，每公顷产量 18～22.5 t。

鹩哥利菜心：又名了哥利菜心。地方品种。植株高大，生势旺，分枝力强。株高 55 cm，开展度 58 cm。叶长卵形，淡绿色，叶缘稍缺刻，长 62 cm，宽 22 cm；叶柄匙形，青白色，长 30 cm，宽 2.3 cm。菜薹粗壮，有沟纹，被白粉，主薹高约 46 cm，横径 3～4 cm，薹叶 10～12 片，主薹重约 400 g。迟熟，播种至初收约 80 d。冬性较强，晚抽薹，抗逆性好，纤维少，品质优，风味佳。可采收主薹和侧薹，采收期长，每公顷产量 35～38 t。

增城迟菜心：又名增城菜心、高脚菜心、山白菜、山婆菜。地方品种。植株高大，分枝力强。株高 60 cm，开展度 55 cm。基叶 12～15 片，叶长卵形，淡绿色，叶面皱，背部叶脉明显，叶缘波状缺刻，长 35～50 cm，宽 20～30 cm；叶柄匙形，粉白色或青白色，叶柄长 32 cm，宽 2.5 cm。菜薹粗壮，有沟纹，被白粉，主薹高约 50 cm，横径 3～4 cm，薹叶 10～12 片，主薹重约 500 g。冬性强，抗逆性好，晚抽薹，品质优，侧芽多，可主、侧薹兼收，每株有侧枝 5～8 条。迟熟，播种至初收 100 d 左右，采收期长，适播期 8 月至翌年 1 月。每公顷产量 38～42 t。

桂林扭叶菜心：桂林地方品种。植株高大，开展度大，株高约 58 cm。叶片大，长 35 cm，宽 5～8 cm，淡绿色，狭长形至长披针形，叶面皱缩，向内卷曲；叶柄长 18～24 cm，圆形，绿白色；基叶 15～16 片叶开始抽薹，此时叶片开始扭曲，向上纵卷为本品种特征之一。主薹粗壮，高 42 cm，横径 2 cm；侧薹发达，可分生 7 根侧薹，单株重约 500 g。薹肉多，皮薄，质脆嫩，纤维少，品质优，耐寒但不耐热，需肥水较多，产量较高。迟熟，播种至初收 60～70 d，可延续采收 30～40 d。

竹湾迟菜心：广西梧州市地方品种。植株高大，株高 58 cm。基叶长椭圆形，长 25 cm，宽 11 cm，青绿色，薹叶狭长形，青绿色。主薹矮壮，无空心，薹质柔嫩，味甜，品质优。侧芽多，耐寒性较强，适宜在气温较低条件下生长，产量高，迟熟，播种至初收为 55～60 d。每公顷产量为22～30 t。

柳叶晚菜心：广西柳州市地方品种。植株高大，腋芽萌发力强。迟熟，冬性较强，产量较高，广西地区 11 月上旬至 12 月中旬播种，生长期 100～120 d。

三、生物学特性与主要性状遗传

（一）植物学特征与开花授粉习性

1. 植物学特征

（1）根　菜心主根短，根系不发达，分布浅，主要根群分布于 3～10 cm 的表土层中。苗期根的再生能力强，移栽后容易恢复生长；中后期根的再生能力弱，移栽时必须多带土。

（2）短缩茎和菜薹　株型直立或半直立生长，高 30～45 cm，开展度 25～35 cm。抽薹前茎短缩，晚熟品种短缩茎明显，早、中熟品种不明显。当生长发育到一定程度，便拔节抽薹，在茎节上长出薹叶，茎顶部及分枝上长出小花蕾，花薹和主茎顶花蕾为食用部分，即菜薹。菜薹白绿色、淡绿色或深绿色，具光泽，少数品种或早熟品种在冷凉季节种植，其菜薹表面会出现灰白色蜡粉（俗称“灰薹”）。

（3）基生叶和薹叶　着生于短缩茎上的基部叶片称为基生叶。基叶坚挺，直立或斜举，叶数因品种而异。一般来说，早熟品种的基生叶较少，为 4～6 片；中熟品种次之，为 7～9 片；晚熟品种较多，为 10～16 片。叶多为卵形或阔卵形，少数为圆形，黄绿色、绿色或深绿色；叶柄狭长，绿色或浅绿色。薹叶 6～12 片，窄卵形或披针形，有短柄或无柄，黄绿色、浅绿色或深绿色。

（4）花序和花　菜心为总状花序，多个分枝，在主茎上叶腋间着生一级分枝，一级分枝再分生二级分枝。花为完全花，由花萼、花冠、雌蕊、雄蕊等组成。花萼 4 片，着生在最外轮；花冠多为黄色，个别品种为白色和橘红色，由 4 个花瓣构成，开花后呈“十”字形展开。花冠内侧着生雄蕊 6 枚，4 长 2 短，分为 2 轮，位于外侧的 2 枚花丝较短，位于内侧的 4 枚花丝较长。雌蕊 1 枚，位于花的中央，旁边有蜜腺，能分泌出甜的黏液，为虫媒花。

（5）果实和种子　果实为长角果，由假隔膜分为 2 室，种子排成 2 列，每个角果内含种子 15～30 粒。角果生理成熟后，容易裂开，籽粒自然脱落。种子小，近圆形，棕褐色或黑褐色，千粒重 1.3～2.5 g。

2. 开花授粉习性　菜心的花为总状花序，多个分枝，在主茎上叶腋间着生一级分枝，还可再着生二级分枝。初花后花茎开始迅速生长，并从腋芽由下而上相继抽生侧花茎。

菜心开花有一定的顺序，主枝上的花先开，后一级、二级分枝上的花开放。各枝上的花由下而上依次开放，整个花序为无限生长型，陆续开花。一般从下午开始花蕾的花冠变黄、逐渐增大，翌日上午花冠展开，显露出 4 个花瓣，上午 9～11 时和下午 3～5 时为开花散粉时间，此期为授粉最佳时期。花粉生活力强，开花后 3 d 左右花冠凋萎脱落。菜心雌蕊可授粉期长，即开花前后 1～2 d 均可受精结实，但以开花当日受精能力最强。雄蕊的生活力与雌蕊的生活力有所不同，以开花当日生活力最强。

花期 25～30 d，但花期长短与品种、栽培技术和植株生长环境条件等的关系密切。

（二）生长发育及对环境条件的要求

1. 生长发育特点

（1）发芽期　自种子萌动至子叶展开为发芽期，一般需 5～7 d。条件适宜时，种子很快发芽出土。此期经历时间长短主要受温度影响，在水分充足时，如果温度较高（30 ℃左右），3～4 d 即可发芽；如果温度在 15 ℃左右时，需 7～8 d 才能发芽。播种后水分足才能出齐苗。

（2）叶片生长期　自子叶展开至植株现蕾为叶片生长期，需 20～30 d。此期主要是叶片数和叶面积的增长，同时在 2～3 片真叶时开始进行花芽分化。一般在此期形成 8～12 片叶，其叶片数的多少和生长时间长短主要与品种和栽培季节有关。一般早、中熟品种的叶片数较少，需时间较短；晚熟品种的叶片数较多，需时间较长。早熟品种如四九菜心-19，在较高的温度（25～30 ℃）和充足的肥水条件下，生长快，具 8 片叶左右就开始抽薹开花；晚熟品种如迟心 2 号在正常的低温栽培条件下，植株具 10 片叶以上才能现蕾抽薹。

（3）菜薹形成期　从现蕾至菜薹采收为菜薹形成期，历时 14～18 d。此期是菜心产量形成的关键时期。菜薹形成初期，叶片继续生长，并仍占植株生长的主导地位，同时节间变长、薹叶变细变尖。之后，菜薹发育加快，其重量迅速增加，成为植株的主要部分。菜薹的产量和品质与其形成期间的温度高低关系最密切，在 10～15 ℃条件下，菜薹生长发育良好，品质佳，产量高。

（4）开花结实期　自植株初花至种子成熟为开花结实期。初花后花茎开始迅速生长，并从腋芽由下而上相继抽生侧花茎，同时自下而上开花结实直至种子成熟。一般开花期 30 d 左右，自初花至种子成熟，需要 60～70 d，但花期长短与品种、栽培技术和植株生长环境条件等密切相关。早熟品种花期较短，晚熟品种花期较长；气温高，种子成熟较快，花期短，气温低则花期长；栽培水平高，则生长发育时间长，花期也长。

2. 对环境条件的要求

（1）温度　温度是菜心生长发育的重要条件，其对温度的适应范围很广，在月均温 3～28 ℃条件下均可栽培，但不同的生长发育阶段对温度的要求不同。种子发芽的适宜温度为 25～30 ℃。种子萌动后，若遇到 3～15 ℃的低温就能迅速通过春化阶段。因此，冬春播种在气温较低时，应注意做好防寒工作，防止“冷芽”而提早抽薹。叶片生长的适宜温度稍低，为 20～25 ℃，低于15 ℃

则生长缓慢，高于 30 ℃时生长较困难。菜薹形成期要求比较冷凉的气候。在这样的条件下，菜薹生长发育良好，纤维少，品质佳，产量高。如温度超过 25 ℃，则菜薹不紧实，质粗味淡，品质差。

不同熟性的品种对温度的感应也不同，在同样的低温条件下，早熟品种容易通过春化，而晚熟品种则需较长的时间才能通过春化。一般早、中熟品种在 3～15 ℃条件下约需 25 d 便可通过春化阶段，而晚熟品种需 35～45 d。早、中熟品种对温度反应敏感，发育快，苗期应避免过早发育而先期抽薹，而晚熟品种对温度要求严格，在较高温度条件下虽能花芽分化，但花芽分化延迟，迟迟不能抽薹，因而不宜提早播种。低温能促进菜心的生长发育，如在冬季播种，当种子萌发至第 1 片真叶期间，若遇上 8 ℃以下的低温，就会促进植株迅速通过春化阶段，引起早抽薹，这对早、中熟品种的作用尤为明显。但如果将晚熟品种安排在 5～9 月播种，由于温度不能满足其发育要求，则出现只长叶、难抽薹的现象。因此在生产中必须根据当地的气候条件和栽培季节选用适宜的品种。

菜心开花结实与温度也有密切关系，其开花最适宜的温度为 15～25 ℃。气温在 10 ℃以下时，开花显著减少，且授粉不良，造成结实差；0 ℃左右会引起落花；气温 30 ℃以上时，会导致花器变小，花药退化，花粉少甚至没有花粉，花粉萌发率低，结实困难。

（2）光照　菜心对光周期的要求不严格，光周期长短对菜心的抽薹开花影响不大。菜薹生长快慢主要受温度影响，只要有适当的低温便能通过春化阶段，顺利抽薹开花，但在整个生长发育过程中都需要较充足的光照，特别在菜薹形成期，光照不足会影响光合作用，导致菜薹纤细，质量差，产量低。

（3）水分　菜心根系浅，主要分布在 3～10 cm 的土层中，既不耐旱又不耐涝，对土壤水分条件要求较高。菜心根系吸水力弱，而蒸腾作用旺盛，消耗水分多，需经常淋水，保持土壤湿润，但又以不积水为度，以满足生长发育对水分的需求。如果播种后土壤水分不足，空气又干燥，则出苗差，不能保证齐苗，同时出苗后茎叶生长会受阻，造成提早抽薹，菜质差；相反，如果土壤水分过多，易造成土壤通气不良，根系不能很好地发育，生长缓慢，甚至停滞生长，引发病害或导致植株死亡，因此在雨水较多的地区，应注意排水和降低地下水位。

（4）土壤和养分　菜心对土壤的适应范围广，只要肥水条件充足就可以获得高产，但以中性或微酸性、土层疏松、排灌方便、有机质含量丰富的壤土或沙壤土为宜。

菜心对营养元素的吸收量以氮最多，钾次之，磷最少，全期吸收氮、磷、钾之比为 3.5∶1∶3.4。菜心生长期短，但生长量大，需肥多，除施足腐熟的基肥外，应注意追肥。追肥以氮肥为主，应勤施少施，生长后期对磷、钾的需求明显，可适当追施磷、钾肥，这对根系生长和提高菜薹品质有明显的促进作用。

（三）主要性状遗传

菜心为异花授粉作物，一般品种间都是可杂交的，其遗传基础比较复杂，再加上菜心为南方特色蔬菜，过去在品种改良上主要注重品种的选育，对其主要性状的遗传规律缺乏系统的研究。

1. 主要性状间的遗传相关　曾国平等（1995）对菜心单株菜薹重与株高、叶数、叶片重、叶柄重等 10 个性状的相关性进行了研究（表 11－5），结果表明，单株菜薹重与株高、叶数、叶片重、叶柄重、菜薹粗等性状存在显著或极显著的正相关，其相关系数大小依次为菜薹粗>叶数>叶片重>叶柄重>株高。单株菜薹重与叶片长、叶片宽、叶柄长、叶柄宽、菜薹长之间相关不显著。在这 10 个性状中，影响菜薹重的主要因素为菜薹粗、叶片重、叶数和叶柄重。其中菜薹粗和叶片重是决定菜薹重的主要性状，其次为叶数。这 3 个性状与单株产量的遗传相关系数及直接通径系数均达到极显著水平（表 11－6），对菜心产量有显著正向贡献，可作为选育菜心丰产品种的选择性状。叶柄重对菜心产量为负向贡献，因此选育丰产品种时，应适当地降低叶柄重，选择叶片重/叶柄重数值较高的优良植株。

表 11-5 菜心性状间的遗传相关系数

（曾国平，1995）

性状	株高	叶数	叶片长	叶宽	叶片重	叶柄长	叶柄宽	叶柄重	薹长	薹粗
叶数	0.654*									
叶片长	0.393	0.179								
叶宽	0.489	0.240	0.440							
叶片重	0.676**	0.962**	0.207	0.283						
叶柄长	0.674**	0.497	0.319	0.579*	0.558*					
叶柄宽	0.293	0.405	−0.303	−0.114	0.428	0.304				
叶柄重	0.635**	0.922**	0.126	0.191	0.965**	0.505	0.483			
薹长	0.658*	0.271	0.338	0.158	0.345	0.446	−0.191	0.280		
薹粗	0.383	0.987**	0.135	0.256	0.974**	0.483	0.396	0.925**	0.259	
薹重	0.632*	0.982**	0.085	0.213	0.965**	0.483	0.468	0.913**	0.252	0.994**

注：*：$P<0.05$；**：$P<0.01$。

表 11-6 菜心单株薹产量与 5 个农艺性状的直接和间接遗传通径系数

（曾国平，1995）

性状	遗传相关系数 r_y	直接作用 P_i
叶数	0.982**	0.165
叶片重	0.965**	0.339
叶柄重	0.913**	−0.249
薹长	0.252	−0.041

邹琴等（2004）运用灰色系统理论对 6 个菜心品种的 8 个主要性状与单株产量的关联度进行了分析。其产量与各农艺性状的关联度为：株高 0.677 6，叶柄及叶长 0.725 1，最大叶宽 0.606 9，薹粗 0.716 2，根重 0.572 5，叶柄及叶重 0.720 0，薹重 0.419 4，叶片数 0.689 6。关联序为：叶柄及叶长＞叶柄及叶重＞薹粗＞叶片数＞株高＞最大叶宽＞根重＞茎薹重，说明叶柄及叶长、叶柄及叶重、薹粗、叶片数等与产量的关联度较密切，对产量的影响较大。因此，在菜心高产育种时要在叶柄及叶长、叶柄及叶重、薹粗、叶片数的多少上下工夫，并兼顾其他性状，充分发挥各性状的增产潜力。

刘自珠等（1995）研究了菜心的株高、开展度、叶数、薹高、薹粗、单株重、薹重、商品率等性状的配合力与遗传力（表 11-7）。

表 11-7 菜心各性状的配合力方差和遗传力（%）

（刘自珠，1995）

性状	一般配合力（V_{GCA}）	特殊配合力（V_{SCA}）	广义遗传力（h^2_B）	狭义遗传力（h^2_N）
株高	58.89	41.11	94.46	58.89
开展度	77.83	22.17	87.82	68.35
叶数	96.21	3.79	98.18	94.46
薹高	59.21	40.49	86.11	51.24
薹粗	66.94	33.06	97.01	64.94
单株重	86.35	13.65	99.93	86.29
薹重	37.46	62.54	99.78	37.37
商品率	95.89	4.11	99.63	95.53

株高、薹高、薹粗这 3 个性状的一般配合力（V_{GCA}）为 59%～67%，略高于特殊配合力（V_{SCA}为 33%～41%）；广义遗传力高（86%～97%），狭义遗传力中等（51%～65%），说明既有加性效应又有显性效应，在选种时应注意选择适中的材料，例如株高没有必要选太高的，因为株高不可能与菜薹高成正比，反而会造成商品率低。

单株重的一般配合力（V_{GCA}）为 86%，特殊配合力（V_{SCA}）较小，约为 14%；广义遗传力和狭义遗传力都相当高，分别为 99%和 86%。说明以加性效应为主，该性状大部分可固定遗传，亲本重，后代必然重，因此在选种时应注意选择比较重的材料，以求获得较好的丰产性。

叶数和商品率的一般配合力（V_{GCA}）约为 96%，特殊配合力（V_{SCA}）约为 4%；广义遗传力和狭义遗传力很高，达 94%以上。说明这两个性状主要是加性效应，绝大部分可固定遗传，双亲叶数多，后代的叶数必然多，双亲商品率高，后代的商品率也必然高。在选种时要根据不同的熟性，选择叶数适中，叶与薹协调的材料，而不是叶数越多越好。

开展度的一般配合力（V_{GCA}）约为 78%，特殊配合力（V_{SCA}）约为 22%；广义遗传力和狭义遗传力分别为 88%和 68%，说明主要是加性效应起作用，该性状可大部分遗传。双亲的开展度大，后代的开展度也必然大。在选种时应注意选株型较直立，开展度适中的材料，以利密植。

薹重的一般配合力（V_{GCA}）为 37%，特殊配合力（V_{SCA}）为 63%；广义遗传力为 99%，狭义遗传力为 37%，说明显性效应大于加性效应，性状固定遗传的能力较低，杂种优势强。

李光光等（2012）研究了高温胁迫下菜心产量与发育相关的表型性状的相关性。研究表明（表 11－8），高温胁迫下菜心产量与生物量和薹重呈极显著正相关，与薹粗、植株的最大开展度、薹叶数、最大叶片的长和最大叶片的叶柄长呈显著性相关，与株高、基叶数、薹高、最大叶片的宽和最大叶片叶柄的宽度相关程度低。因此，产量、生物量和薹重可作为评价菜心耐热性强弱的 3 个关键农艺性状指标，薹粗、植株的最大开展度、薹叶数、最大叶片的长和最大叶片的叶柄长等可以作为 5 个次级农艺性状指标。在育种中可应用这些指标来鉴定菜心的耐热性。

表 11－8　高温胁迫下供试菜心品种（系）产量与一些农艺性状的相关性分析

植株				薹				最大叶片		最大叶片叶柄	
生物量	株高	基叶数	开展度	薹重	薹高	薹粗	薹叶数	长	宽	长	宽
0.93**	0.28ns	0.33ns	0.65*	0.92**	0.12ns	0.74*	0.45*	0.46*	0.27ns	0.57*	0.08ns

注：ns：无显著差异；*：$P<0.05$；**：$P<0.01$。

同时采用综合隶属函数法（主成分分析和最小距离聚类法相结合），以 10 份菜心为材料，研究了菜心的耐寒性与相关性状的相关性。利用主成分综合分析菜心耐寒性指标发现，苗期的 SOD 活性与 Pro 含量，营养期的 MDA、Pro 含量和电导率，采收期的 MDA、电导率、薹粗、薹重 9 个为正向指标，而苗期的 MDA 和电导率，采收期的 SOD 活性、Pro 含量以及开展度、基叶数、最大叶片的长/宽、最大叶柄的长/宽和薹高 9 个为负向指标。采用最小距离法对隶属函数值进行聚类分析，结果显示 10 份菜心材料可以分为 3 类：第 1 类是耐寒类型，包括特青迟心 4 号、油绿 802 菜心和迟心 2 号；第 2 类为中度耐寒类型，包括油绿 702 菜心、绿宝 70 天菜心、油绿 701 菜心、油绿 80 天、油绿 501 菜心；第 3 类为不耐寒类型，包括油绿 50 天菜心和四九菜心－19。可见菜心品种（系）的耐寒性与其熟性相关，晚熟型菜心的耐寒性较好，中熟型耐寒性次之，早熟型菜心不耐寒，因此选育耐寒性较好的菜心品种应以晚熟菜心类型为主。

另外，在采收期有两个单项指标与隶属函数值的相关性显著，分别是基叶数（相关性为－0.827**）和 SOD 含量（相关性为－0.705*），可以用这两个指标来简略评价菜心品种（系）的耐寒性。

2. 花色的遗传　菜心花的颜色有黄色、白花和橘红色 3 种，生产上主要为黄花菜心，白花和橘红色菜心极为少见。张华等（2000）利用 151 白花菜心为材料，与菜心胞质雄性不育系 20A 4－1、自交系迟心 2 号及 151 黄花菜心，分别进行测交、自交和回交，对其花色遗传的规律进行研究。结果表明，花色遗传受 1 对核等位基因控制，与细胞质无关，其中黄花为显性，白花为隐性。张德双等（2013）研究了橘红色花菜薹的遗传规律，在橘红色花菜薹 11A－47 与黄色花菜薹杂交 F_2 群体中，橘红色子叶与绿色子叶的分离比例符合 1∶3，$\chi^2=1.938\ 9<\chi^2_{0.05}=3.841$；$BC_1$ 群体中，橘红色子叶与绿色子叶的分离比例符合 1∶1，$\chi^2=1.369\ 7<\chi^2_{0.05}=3.841$。说明菜薹的橘红色花为质量性状，由 1 对隐性等位基因控制。

四、主要育种目标与选育方法

（一）主要育种目标

提高产量、抗性，改善品质，是任何时期菜心品种改良工作共同追求的育种目标。过去由于菜心适应性差、产量低，再加上经济不发达，人民生活水平低，对菜心育种主要追求产量，要求育出的品种丰产、抗逆性强。随着经济的快速发展，人民生活水平的提高，消费习惯的改变和出口创汇的需求，人们对色泽鲜嫩、营养丰富的菜心需求量大大增加，对菜薹的品质也提出了更高的要求，如何提高菜心的商品品质和食用品质，从而满足人们对菜心的需求变得日益重要。现代育种目标，首先要注重其商品性和品质；其次为丰产、多抗和适应性，特别是面对出口市场，选育优质、丰产、适合机械化采收要求的菜心品种是目前育种工作的当务之急。

目前种植户和消费者对菜心品种要求的标准趋向较一致，一般要求植株较矮，商品菜薹和叶柄较短，菜薹紧实匀条、无糠心、无或浅棱沟、油绿有光泽、粗壮，抽薹整齐；口感脆嫩、味较香甜、食用口感好；晚熟品种则还要求在主薹采收后，腋芽萌发力强，可采收侧薹。同时要求育成品种抗病性强和适应性好，早熟品种要求抗（耐）炭疽病和软腐病，中熟品种要求抗（耐）病毒病，晚熟品种要求抗（耐）霜霉病。

（二）选育方法

1. 优质 菜心的品质性状主要包括商品品质、营养品质和风味品质。

商品品质：是菜心作为商品销售时，决定商品等级的性状，可以通过目测或直接简便鉴定，主要包括株高、薹高、薹粗、叶色、薹色、光泽、菜薹紧实度等。不同地区对菜心商品品质的优劣标准存在一定的差异，品种选育首先应考虑育成品种服务地区对商品性状的要求，如有的地区要求叶色淡绿、植株比较高、腋芽萌发能力强的品种，有的地区喜欢叶片缺刻比较多的品种。但整体来讲，随着生产规模化和大流通格局的形成及出口创汇的需要，传统的叶柄长、节疏、齐口花采收、菜薹长而老，已不再适应目前市场需求，而正在向叶柄短、密节、油绿有光泽、薹较粗壮、匀条、口感好、采收的菜薹短、刚现蕾、晚熟品种腋芽萌发力强等方向转化。因侧薹大小适中、光泽性更好、口感更甜，更易受市民欢迎。

营养品质：主要指维生素 C、蛋白质、还原糖、可溶性固形物、纤维素等。要求这些营养成分含量较高，纤维素含量较低，纤维少。产品营养成分含量不但与品种本身的特性有关，还受土壤、肥料、气候等环境条件影响，取样检测时要选有代表性的样品进行检测。

风味品质：主要包括菜薹组织的柔嫩性、味道的鲜香性。其风味品质与营养品质有一定的相关性，营养品质鉴定比较复杂，通常主要根据人们的口感即通过品尝对食用品质的诸方面进行评选和鉴别。一般要求口感清脆、柔嫩、味较香甜。

各地在选育时，应根据当地人们的食用习惯和市场需求不断对菜心的外观形态、株型和品质等进行改良和创新，提高其商品性和品质，以适应当地需求。

2. 抗病 病害是影响菜心优质、稳产的重要因素，影响其生长的病害主要有炭疽病、病毒病、霜霉病、软腐病等。不同类型品种播种适期不同，影响其生长的病害也有所不同。早熟菜心适宜在4～10月种植，此期易发生炭疽病和软腐病，要求育出的品种抗（耐）炭疽病和软腐病；中熟菜心适宜在秋季种植，易发生病毒病，要求育出的品种抗（耐）病毒病；晚熟菜心适宜在冬春种植，往往霜霉病易发生，要求育出的品种抗（耐）霜霉病。

选育时，要针对不同的抗性采用田间观察与接种鉴定相结合的方法对材料和育成品种的抗性进行鉴定筛选，以选育出符合目标要求的抗性品种。

3. 丰产　丰产性是选育不同类型菜心品种的共同特性，是一个综合性状。构成菜心丰产性的3个主要因素为单位面积株数、单薹重和商品率，各性状之间既互相制约，又互相协调，株数过多，往往降低单薹重和商品率，单薹重和商品率高，往往株数偏少，在育种中必须正确协调处理好三者之间的关系，以达到提高商品产量的目的。要育成高产品种还必须有较强的适应性和抗逆能力。与这3个主要因素相关的性状有：

（1）*株型*　主要指植株开展度，可分为直立型、半直立型和开展型3种。株型一方面通过影响株幅而影响单位面积株数，另一方面影响植株叶片利用光能的效率。株型直立者叶片直立、株型紧凑，有利于叶片利用光能制造更多的养分，适于密植，丰产性较好。在育种实践中一般要求育成品种株型直立，株型的测定一般用目测法。

（2）*株高*　株高与菜薹高存在一定的相关，在选种时可适当选择株型较高或适中的单株，但没有必要选太高的，因为株高不一定与菜薹高完全成正比，太高反而会造成商品率低。

（3）*单株重*　主要由菜薹粗、叶片重和叶数这3个性状决定，可作为选育菜心丰产品种的选择性状。亲本菜薹粗、后代必然粗，叶片重、后代必然重，叶数多、后代的叶数必然多，因此在选种时应根据不同的熟性，注意选择菜薹比较粗壮、叶数适中、叶与薹协调的材料，以求获得较好的丰产性。

（4）*商品率*　亲本商品率高，后代的商品率也必然高，在选种时注意选择商品率高的单株。

丰产性育种最有效的途径就是优势育种，据刘自珠等（1995）对22个杂交组合的配合力测定，有59.1%的组合表现增产，增产率为4.6%～58.8%，多数组合增产15.0%左右。采用杂种优势育种法有可能出现特殊配合力高的组合，而采用常规育种法很难育成丰产性比较高的品种。

4. 专用品种　菜心类型和品种丰富，不同地区对品种需求有所不同，对育种目标要求也有所不同。如叶色，依叶色不同可将菜心分为叶色黄绿、油绿和深绿三大类型，而对叶薹色要求不同地区有所不同，有的地区要求叶薹色绿，也有的地区要求叶薹色深绿或黄绿。叶色黄绿品种一般表现较耐热，适合夏季高温多雨季节种植；叶色深绿品种一般表现较耐寒，对霜霉病和病毒病抗性较强，适合冬春季节种植。20世纪80年代以前夏秋季种植的耐热、早熟品种主要为叶色黄绿的品种，进入90年代以来这类品种不适合优质菜薹及出口创汇的需求，现在种植的主要为叶色油绿的品种。各地应根据当地的生态特点，选育或引进适合各种生态型的品种。

（1）*耐热型*　因此要求育出的品种耐热、耐雨水、耐湿。一般生长期短、叶色淡绿、基叶少的早熟品种耐热性强。耐热性鉴定可以在夏季田间自然条件下进行或采用电导率法进行测定，经高温处理后的电解质渗出率直接反映叶片细胞受热害程度及细胞膜的热稳定性。

（2）*耐寒型*　要求较耐寒、耐湿，冬性强，耐抽薹，遇到低温不易提早春化。一般生长期长、叶色深绿、基叶数多、生长速度较为缓慢的晚熟品种耐寒性强。

（3）*加工型*　要求培育出的品种叶薹色深绿，植株中等大小，纤维少，适宜密植。

（4）*适合机械化采收型*　目前生产上应用品种的抽薹整齐一致性不够好，一般品种前后抽薹完需10～15 d，不符合机械化采收要求。适合机械化采收品种要求整齐一致性好，一般在2～3 d内抽薹完毕。

五、育种途径

（一）系统选育与有性杂交育种

菜心的常规育种，主要有系统选育和杂交育种两种方法。目前生产上应用的菜心品种主要为通过常规育种方法育成品种。

1. 系统选育 系统选育为目前菜心育种的主要手段之一，现有菜心品种主要来自常规品种的系统选育，即根据育种目标从某一品种内选出优良变异单株，然后对单株后代的不同株系进行定向培育和连续多次选择、比较鉴定，最后育成优良品种。因为菜心为异花授粉作物，大面积留种时很难做到严格隔离，难免会发生与其他十字花科作物或其他菜心品种发生串粉，同时品种群体及个体多为杂合体，再加上品种本身也会有个别单株发生变异，所以一个品种经多代繁殖后，会发生变异，从中可以发现一些优异变异株育成新品种。四九菜心-19、迟心 2 号、迟心 29、油青 12 号早菜心、绿宝 70 天菜心、特青迟心 4 号等 6 个品种均为广州市农业科学研究院采用此法育成。

2. 杂交选育 杂交选育的优点是可以人工创造新的变异，扩大选择范围，有可能创造出比双亲更优异的品种。

20 世纪 80 年代，广州市白云区蔬菜科学研究所采用四九菜心与慢早菜心杂交，育成 20 号早菜心；广州市农业科学研究院利用 50 天菜心与四九菜心杂交，培育出 151 菜心。进入 90 年代，继续利用不同材料杂交，培育出油绿 50 天、油绿 701 和油绿 80 天等菜心新品种。

（1）亲本选择与组合配制 在杂交前要对亲本的性状及遗传背景有所了解，选择合适的杂交亲本，以便在后代中分离选择出所需要的类型，做到杂交的目的性强，避免盲目杂交。

在杂交亲本选定后，从中选生长健壮、良好的亲本株进行杂交。如父、母本花期差异大，需合理安排播种期调节花期。在做杂交前集中移入采种室或温室内，待成活后即可进行杂交。也可在露地进行，即在开花前 1～2 d 摘去父、母本已开花花朵，然后用透明硫酸纸套袋，套袋规格一般为长 32 cm、宽 17 cm，在每一植株旁立一小竹竿，用塑料绳交叉把植株和纸袋固定在竹竿上，防倒伏和串粉。去雄当天选取母本株上花蕾饱满、当天将要开放的花蕾用小镊子小心去雄，注意不要碰到柱头，以防损伤柱头或把花粉传给柱头上造成串粉。也可提前 1 d 去雄，每去完 1 个花蕾，把镊子放入 75%酒精中蘸一下消毒，然后进行下 1 个花蕾去雄，去完雄后挂上纸牌，注明母本名称。从父本株上取预先套袋隔离的花朵内的花粉轻轻涂抹于柱头上授粉，授完粉后套上纸袋，并在挂牌上注明父本及授粉日期。如遇阴雨天或其他原因不能在开花的当天进行授粉，已去雄的花朵可延至开花后 1 d 授粉。每个母本株可选不同的枝条进行杂交授粉，第 2 d 继续选当天即将开花的花蕾去雄授粉，并对前 1 d 已授粉的柱头继续涂抹花粉，以提高结实率。一般进行 3～4 次授粉即可，未授粉的花蕾要及时摘除，待种子成熟后即为 F_1 代种子。

（2）杂交后代的选择 菜心性状的遗传力较低，对杂交后代的选择一般采用系谱选择法为宜，即可以从每个个体的表现获得有价值的材料，并评价个体的遗传表现。该法比混选法更为有效。

杂交第 1 代（F_1）：分别按组合播种，同时种植亲本材料便于识别和拔除假杂种及混杂植株。一般亲本纯度较高时，F_1 较少分离，性状表现较整齐一致，因此 F_1 一般不进行单株选择，主要根据表型即商品性，对表现不好或有严重缺点的组合及早进行淘汰，从表现较好的组合中选商品性和抗性表现较好的单株进行套袋自交，一般每个组合自交 5～10 个单株。如果杂交亲本不纯，在 F_1 发生一定的分离时也可进行单株选择。如要选择品种的耐热性，在广州地区可将材料提早至 7 月下旬或 8 月上旬播种，在高温天气情况下进行观察，选择萎蔫程度低的植株移入采种室留种。如要选择品种的耐寒性，可将材料安排在 12 月份或在寒潮来临之前播种，观察其耐寒情况，选择菜薹粗壮的植株移入采种室留种。

杂交第 2 代（F_2）：按组合种成 F_2 代，此时性状发生分离，因此 F_2 代群体应尽可能大些。F_2 要对单株进行选择，首先淘汰表现不好的群体，然后对中选的群体加以重点选择，从中根据育种目标选叶柄短、菜薹矮壮、薹和薹叶比例协调、商品率高、综合性状表现优良的单株套袋留种。此时应尽量扩大选择范围，每一群体选择的株数可适当多些。

杂交第 3 代（F_3）、第 4 代（F_4）：一般根据育种目标，继续进行群体间和群体内个体间的比较鉴定，先选系统，然后从优良系统中继续根据育种目标选择综合性状表现较好的单株进行套袋自交，可育成好的品系。到第 5～6 代，大部分品系的性状已基本趋于稳定，可进行混合授粉留种及产量、抗性和其他性状的初步鉴定，从中选出优良的品系。优良品系经品种比较试验、区域试验和生产试验，即可申请审（认）定为新品种，并在生产上推广应用。

（二）杂种优势利用

十字花科蔬菜作物杂种优势明显，利用杂种优势是提高菜心产量、改良品质的有效途径。我国菜心的杂种优势利用研究起步较晚，始于 20 世纪 70 年代中期，取得了一定的成果。

从理论上讲，菜心杂种优势利用的途径主要有细胞质雄性不育系（CMS）、细胞核雄性不育系（GMS）、自交不亲和系（SI）利用等几个方面。在十字花科蔬菜上广泛应用的自交不亲和系由于繁殖时需要在蕾期人工授粉或采用化学、物理等手段打破不亲和性，产籽量少，并且繁殖生产用种时单位面积株数多、用种量大，造成种子生产成本相当高，而且一些自交不亲和系经过连续多代自交，生活力衰退，自交不亲和性减弱，从而可能影响杂种一代种子的产量和质量；利用细胞核雄性不育系做母本制种，需要在制种时拔除 50%可育株，费工费时，制种成本高，且杂种一代质量难以得到保证，因而这两种方法在菜心上应用比较少，在生产上实际应用的主要为细胞质雄性不育系（CMS）途径。

1. 细胞质雄性不育系（CMS）　细胞质雄性不育系又称质核互作雄性不育系，是菜心杂种优势利用的主要途径之一，也是在农作物上应用最广泛、最有效的杂种优势利用方法。利用细胞质雄性不育系配制杂交品种，必须实现三系配套。需要选出雄性不育系——A 系［*S*（*msms*）］，作为杂交品种的母本系；雄性不育保持系——B 系［*N*（*msms*）］，用来给不育系授粉，保持其不育性；自交系——C 系［*S*（*MSMS*）或 *N*（*MSMS*）］，作为杂交品种的父本系。利用 A 系与 B 系回交，产生的后代仍然保持其不育特性，用来繁殖 A 系；B 系自交繁殖 B 系；C 系自交繁殖 C 系；以 A 系与 C 系杂交配制一代杂种。在生产杂种时，至少要设立两个隔离区，以便可同时繁殖不育系和配制杂交种（图 11－4）。

图 11－4　菜心细胞质雄性不育系的利用

目前，我国菜心上利用最广泛的不育源是 Pol CMS（波里马细胞质雄性不育）。广州市农业科学研究院彭谦等最早开展这方面的研究，他从 1976 年起，就开展了菜心三系利用研究，以 Pol CMS 甘蓝型油菜“湘油 A”为不育源，用菜心品种四九- 19 做父本进行杂交、回交，至回交第 5 代后，利用“台山白菜/马耳白菜”F_3 代的雄性不育株与四九- 19 杂交后自交 4 代的可育株作为父本进行转育，通过种间杂交和连续回交，于 1988 年选育出菜心胞质雄性不育系“002－8－20A”（图 11－5）和相应的保持系，以及早、中、晚熟父本自交系多个，基本实现了三系配套。刘自珠等（1996）从 1989 年起利用该不育系和父本自交系陆续配制出多个杂种一代新品种，其中早优 1 号、早优 2 号、中花杂交菜心已在华南地区得到了较大面积的推广应用，受到广泛欢迎。晏儒来等（2002）用本地大股子作转育亲本，转育 Pol CMS 雄性不育系，获得不育率达 100%的原始不育系，利用 40 天红菜薹不育系为母本，菜心为父本进行转育，育成形态、熟性、色泽不同的不育系 18 个和自交系一批，并用于组合配制，表现优良。柯桂兰等（1992）以 Pol CMS 甘蓝型油菜为母本，用大白菜 3411－7 为父本，进行杂交和连续回交，以及定向培育，育成了大白菜异源胞质雄性不育系 3411－7，并将其转育到菜心上，选育出菜心胞质雄性不育系“TCMS 6－1－2－7－5－1－3”，进而育出了秦薹 1 号菜心品种。广西柳州市农业科学研究所利用其提供的不育系配制的柳杂 1 号、柳杂 2 号新组合等均具有较强的杂种优势，在生产上逐步示范推广。唐文武等（2010）以油菜波里马胞质雄性不育系为不育源，四九-19 菜心等 6 个品种为轮回亲本进行杂交、回交转育研究。结果表明，经过 4 个世代的单株选择和回交转育，选育出的菜心胞质雄性不育材料经济性状与轮回亲本相似，平均不育株率为 89.4%。其中以 80 天特青为轮回亲本转育的不育材料表现最好，不育株率达到 98%，基本达到菜心胞质雄性不育系的育种目标。

许明等（2004）利用 Ogura 不结球白菜雄性不育系和改良萝卜胞质不结球白菜雄性不育系转育菜心品种，经过多代回交，已获得经济性状与保持系基本一致的菜心胞质雄性不育系。

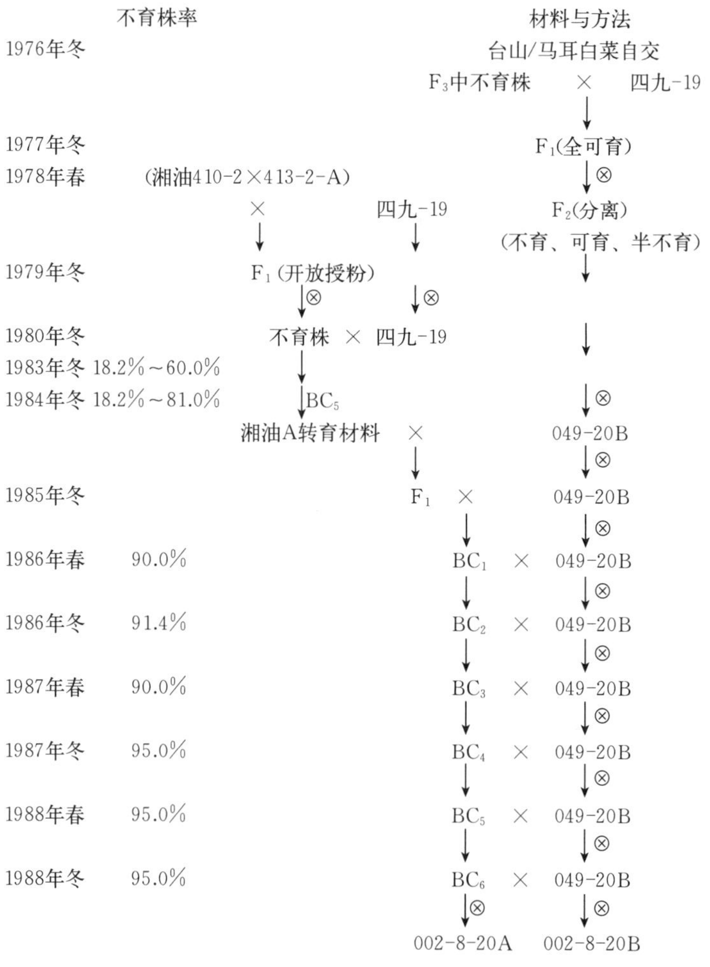

图 11－5 不育系 002－8－20A 与保持系 002－8－20B 的选育图图谱

2. 细胞核雄性不育系（GMS） 简称核不育（GMS），利用核不育配制杂种，已成为油菜、大白菜、小白菜等十字花科蔬菜作物杂种优势利用的重要途径之一。由于核不育受隐性基因控制，不育性彻底且恢复源极为广泛，很容易获得强优势组合，有可能成为今后菜心杂种优势利用的一个发展方向。

细胞核雄性不育制种法使用的是核雄性不育两用系，是一种育性分离稳定在1∶1的核不育系，即同一系统既可作为不育系利用，又可作为保持系利用，其不育株率为50%左右，制种时需拔除50%可育株，在生产上应用的主要为单基因隐性两型系（图11－6）。

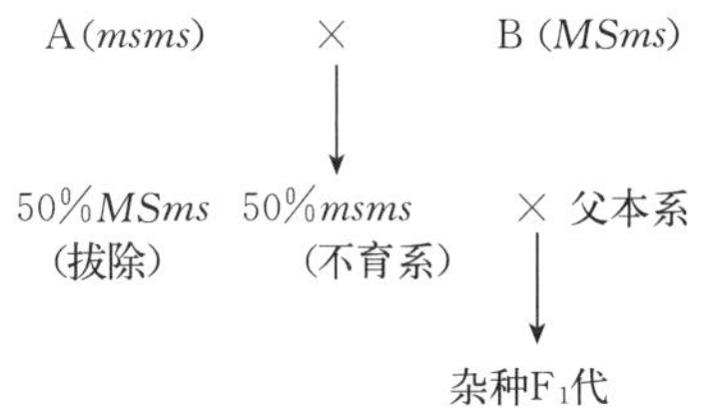

图11－6　菜心细胞核雄性不育系的利用

广东省农业科学院经济作物研究所对菜心优势育种进行了一定的研究，选育出四九心雄性不育两用系、宝青60天不育系、松六雄性不育两用系等。其中松六雄性不育两用系是由白菜转育而成的雄性不育系，对温度不敏感，利用该不育系做母本，选配出在夏季表现耐热、丰产、生长势和抗逆性强的优良组合（松六×四九心）F_1、（松六×石牌早心）F_1，产量分别比当时主栽品种四九心增产24.9%和28.5%。

李大忠等（2002）报道，从福州地方菜心品种七叶心自交后代中发现两个雄性不育单株66A和68A，经过一代测交、3代回交后，68A株系中各组合多为半不育，被全部淘汰，而66A株系中大部分组合不育株率稳定在50%左右，获得雄性不育两用系“66A”。

3. 杂种优势的表现　菜心与其他十字花科蔬菜一样，具有明显的杂种优势。杂种一代品种在生长速度、抗逆性、产量、品质等方面表现都优于常规品种。

（1）*雄性不育系杂种优势表现*　菜心杂种优势产量一般比常规品种提高15%～20%，杂种优势明显，选育和利用杂种优势是菜心育种的主要方向。一般作物杂种优势多数突出表现在营养生长方面，菜心杂种优势表现不但体现在营养生长方面，同时还体现在生殖生长方面，即菜薹上。

刘自珠等研究了22个菜心杂交组合杂种优势表现，所配制的杂交组合大多表现发芽快而整齐、生长迅速、根系发达、抗逆性强、商品性好、品质优、产量高，其中有13个组合表现增产，增产率为4.6%～58.8%，多数组合增产15.0%左右，表现出较强的杂种优势，同时在生产上应用的早优1、早优2号菜心软腐病株率相应较对照品种四九-19菜心减少4.2%和3.7%，表现出较强的抗性。李大忠等（2002）研究了菜心雄性不育两用系66A与小白菜亚种间杂交后代优势表明，F_1代综合了两亲本的性状，但优于父本。两年性状观察，可食用部分重量都超出父、母本1～2倍；同时冬性表现趋中，比父本弱而比母本强，亦表现出较强的杂种优势。何秋芳等（1999）比较了秦薹1号的表现，结果其产量较窖埠中花和石牌菜心分别增产34.2%和60.4%，病毒病发生率低于对照，表现出抗病性明显高于亲本及对照，同时纤维少、脆嫩、清甜无苦味，品质优良。张征等比较了柳杂2号的表现，结果其产量较四九菜心增产20%以上，其抗性、产量、综合品质优于四九菜心。

（2）*种间杂交杂种优势表现*　种间杂交由于其亲本亲缘关系较远，有可能产生较品种间和亚种间杂种更大的杂种优势。梁红等研究了甘蓝和菜心间的杂种优势表现，杂种一代生长速度快，在生长势方面表现出较强的杂种优势。在成熟期，菜心×甘蓝的杂交后代株高的超亲优势为59.51%，叶面积的超亲优势为17.23%；甘蓝×菜心的杂交后代株高的超亲优势为77.30%，叶面积的超亲优势为20.57%，其蛋白质和还原糖含量明显高于双亲，亦表现出较强的超亲优势，游离氨基酸介于两亲本之间，且质地嫩脆。但种间杂种由于后代稳性较差且整齐度一般，很难选育出生产上能够利用的品种。

4. 雄性不育系的选育　利用雄性不育系生产一代杂种是菜心杂种优势利用的主要途径。现在菜心上利用最广泛的不育源为Pol CMS（波里马细胞质雄性不育）和Ogu CMS（萝卜细胞质雄性不育），可利用不同菜心品种内健壮的可育株（编号为父本）与不育系进行广泛测交，同时父本株自交以选保持系（B），将不育系上收的测交种子和父本株上收的自交种子分别成对种植，在开花时检查各组合的育性表现，以筛选保持系基因型。一般杂交转育当代植株形态完全似母本，但也表现出偏父遗传的倾向。如彭谦等（1989）利用甘蓝型油菜雄性不育株为母本与四九-19菜心进行杂交，转育当代植株形态完全似油菜，叶柄较长，叶缘缺刻明显，并继续用菜心回交，其形态逐渐趋向菜心，至回交第5代，已完全似菜心；梁红等研究了甘蓝和菜心间的杂种后代表现，利用早秋甘蓝和60天菜心为材料进行杂交，杂种后代不结球，花粉败育，叶片基部有波状缺刻，其株型、叶形和叶色介于两亲本之间，其中甘蓝×菜心的杂种后代较接近菜心，菜心×甘蓝的杂种后代较接近甘蓝，表现出偏父遗传的倾向，这就为芸薹属间的不育源向菜心中转移创造了可能性。李大忠等（2002）用菜心雄性不育两用系 66A 与小白菜杂交，后代株型接近小白菜，表现出偏父遗传的倾向，但品质却偏向菜心，质地柔软，带有菜心的清香和甜味。

在 F_1 代，从各组合中选不育株率和不育度高的组合，继续与相应父本进行回交，同时父本株自交，以后每年都重复上一年的工作，一般经过 5～6 代选育，不育系经济性状与保持系基本一致，而花器形态有明显差异，一般不育株花瓣较小，花丝短缩，柱头较长，雄蕊长度仅及雌蕊的 1/3～1/2，花药退化成戟形或三角形，白色，不开裂，花粉败育，镜检无花粉，雌蕊正常，蜜腺发达，分泌量大，诱虫授粉结籽力强，同时其不育系的育性也逐步提高。据刘自珠等对菜心胞质雄性不育系“002-8-20A”的恢保关系的研究，在观察的 22 个组合中，恢复能力强（育性恢复 60% 以上）的组合有 17 个，保持能力强的组合（育性恢复 10%以下）有 1 个，恢复能力和保持能力相当的组合有 4 个。在恢复能力强的 17 个组合中，以迟 2-88-2-1、迟 2 选、29-13 迟、迟 29-9、151 白花、迟白花等 6 个自交系做父本所配的组合恢复能力最强，达 95%以上，其中除 2 个白花菜心外，其他 4 个自交系均带有农家品种黄村三月青菜心的亲缘，表明黄村三月青和白花菜心带有全套育性恢复基因，易育成恢复能力达 100%的自交系，其他材料带有部分恢复基因，较难使 F_1 育性全部恢复正常，并且发现，以湘 B24 做父本所配组合保持能力最强（不育株率达 94% 以上），易转育成新的不育类型。同时，研究发现菜心胞质雄性不育系“002-8-20A”易找到恢复系而难找到保持系，是一个恢复品种谱广的雄性不育系。

（三）生物技术育种

1. 小孢子培养技术研究 小孢子培养是菜心单倍体育种获得纯合稳定材料的有效途径，目前十字花科蔬菜中大白菜、普通白菜、芥菜、甘蓝等蔬菜已经建立了稳定的小孢子培养技术体系。近几年，广州市农业科学研究院重点开展了菜心小孢子培养技术的攻关研究，但菜心小孢子培养出胚率非常低，仅获得了很少的胚，有 10 多个胚成功培养出菜心植株（图 11-7）。

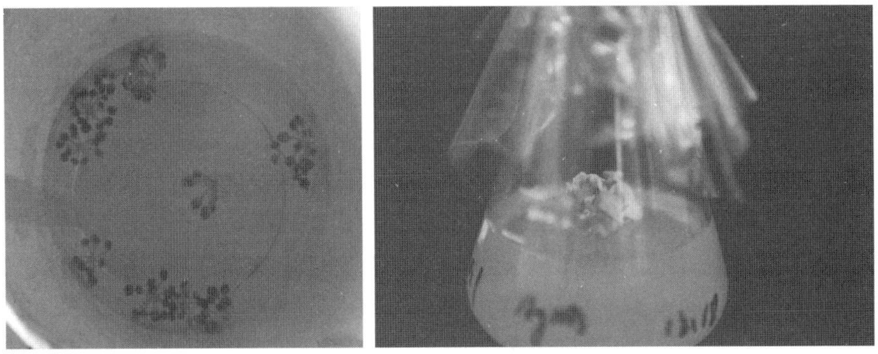

图 11-7 菜心小孢子培养

2. 分子标记在菜心育种研究中的应用 利用 SRAP 分子标记技术开展了菜心及近缘种的遗传多样性研究。乔燕春（2012）以 30 份菜心及近缘种为材料进行 SRAP 遗传多样性及多个表型性状研究分析，结果从 99 对 SRAP 引物中筛选出扩增条带清晰、多态性强且重现性好的 28 对 SRAP 引物，共扩增出 111 条带，其中多态性带为 57 条，占 51.35%。当遗传相似系数为 0.92 时，30 份供试材料被分为四大类：作为外围材料的芥菜被聚为一类；七星红菜薹为一分支聚类；增城迟菜心和早丰红菜薹聚为一类，表明增城迟菜心更接近红菜薹类型，而和普通菜心亲缘关系较远。当遗传相似系数为 0.952 时，原聚为一类的剩余的 25 份材料又可以分为四类，其中特青迟心 4 号、日本福田菜心和福田菜心聚为一类，矮脚束腰青江白、农普奶白菜、东莞 45 天、大种 45 天聚为一类，四九菜心单独为一类，其他17份菜心材料聚为一类。材料中的早、中、晚熟菜薹并未按熟性聚类，从DNA水平上很难分清早、中、晚熟品种，变异较小，这与我国长期利用系统选育法培育新品种有关（图11-8）。

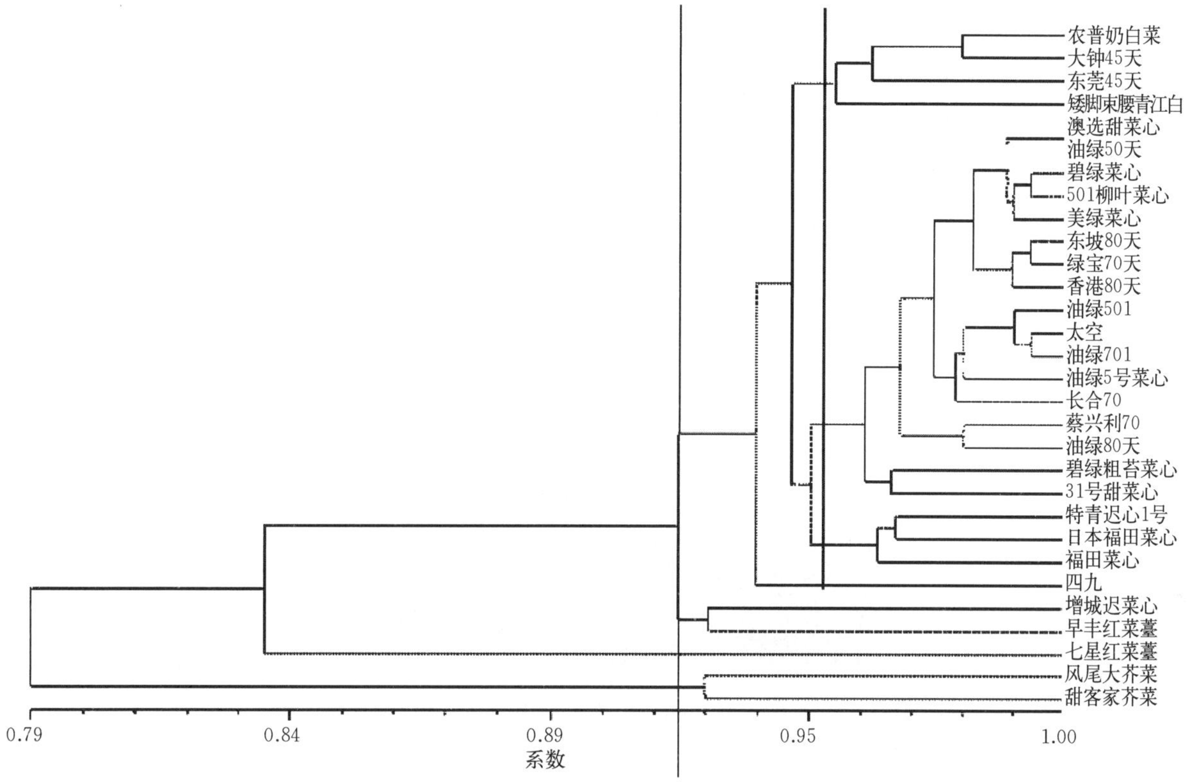

图11-8　菜心及近缘种资源的亲缘关系分析

3. 菜心雄性不育系的分子生物学鉴定　李光光等利用特异引物orf138-F3、orf138-F5对菜心BC_4代及BC_2代雄性不育系DNA进行扩增（菜心CMS有条带而对应的保持系没有），结果发现菜心BC_4代的不育系基因组经过特异引物orf138-F3扩增获得大小为300bp和250bp左右（图11-9）的特异性片段，但回交较低的BC_2代雄性不育系不能扩增得到特异性片段，说明外源不育性相关基因经过回交发生基因重组需要较长时间才能转育到菜心基因组中；利用orf138-F5对BC_4代菜心不育系及保持系的基因组进行扩增都获得了大小不一的片段，说明不育源转入菜心后获得的遗传信息有所改变，并非任一个orf138引物都能用来作为鉴定菜心的雄性不育类型。

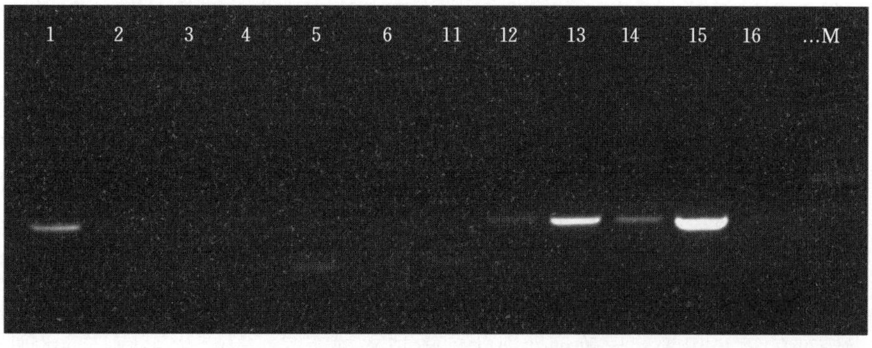

图11-9　特异引物orf138的扩增结果

注：1～6分别表示：BC_4代A1 CMS、A1保持系，BC_2代A2 CMS、A2保持系，BC_4代A3 CMS、A3保持系，在orf138-F3的引物下扩增结果；11～16分别表示：BC_4代A1 CMS、A1保持系，A2 CMS、A2保持系，A3 CMS、A3保持系，在orf138-F5的引物下扩增结果；M：DL2000

为了扩大特异性片段的回收数量，利用特异性引物 orf138－F3 对 BC_4 代菜心 A1 CMS 的基因组进行扩增（图 11－10），经过条带回收检测发现（图 11－11），条带均一，均为 300bp 大小。

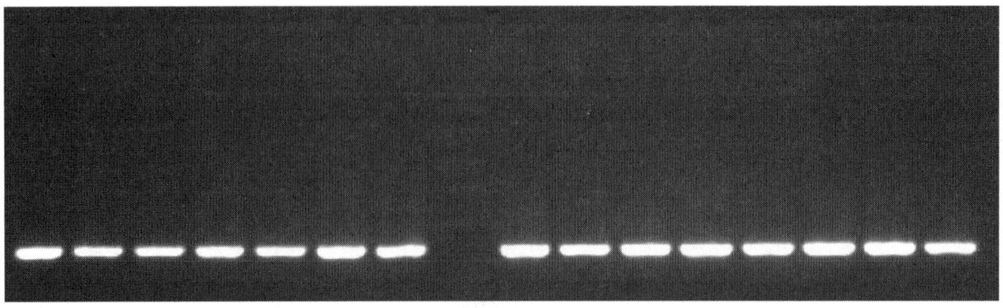

图 11－10 特异引物 orf138－F3 对 A1 CMS 的扩增结果

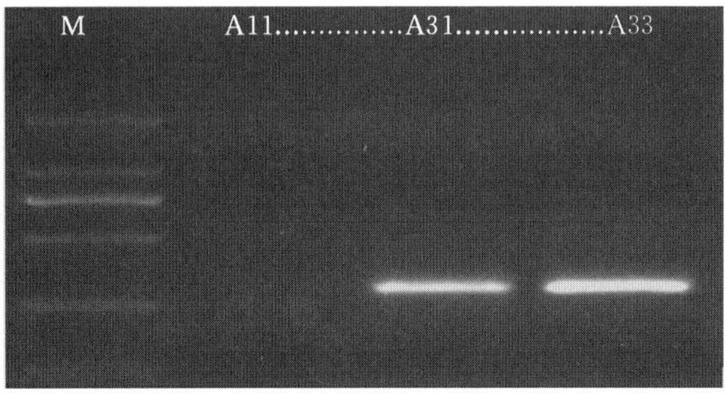

图 11－11 A1 CMS 和 A3 CMS 的特异性 DNA 片段回收产物

（A11 表示 A1 CMS 在 orf138－F_1 扩增条带，A31、A33 分别表示 A3 CMS 在 orf138－F_1、orf138－F_3 扩增条带）

测序、拼接后获得的 286bp 条带经过比对发现与油菜 orf138 有 99％的同源性，而 orf138 是控制 Ogu CMS 不育性状的关键基因，这说明选育出的菜心迟 29－9CMS 属于 Ogu CMS 类型。

通过分子标记辅助育种，不仅可以对菜心种质资源进行遗传评价、鉴别转育的雄性不育源类型，而且可以对提高菜心及近源种的优良基因的改良效果进行科学评价，可合理减少菜心育种的田间筛选工作量，更有效地开展菜心选育种工作。

六、良种繁育

（一）菜心品种混杂退化原因

在生产上，经常会发现某一个菜心优良品种，由于不注意繁育过程中的保纯和提纯复壮，经过几年后，会逐渐失去原有品种的优良特性和典型性，而非本品种特性的植株则明显增多，导致植株生长势差、参差不齐、熟期改变、抗逆性变弱、经济性状变劣，最后造成产量、质量下降，甚至完全丧失经济价值，这种现象称为品种的混杂退化。造成菜心品种混杂退化的原因主要有如下几个方面。

1. 遗传原因 在菜心品种繁殖过程中，由于受环境条件的影响，会经常发生一些自然突变，一般对表型影响较大的突变概率并不高，多数为微小的突变，在这些突变中有利的变异较少，多数表现为劣变，其在形态上的表现往往不易区分，并且劣变株往往生命力较强，如在繁殖过程中未能对此做出正确的鉴别或选择不严，有可能将劣变的个体继续进行繁殖，必然会引起种性退化。随着繁殖代数的增加，劣质微突变的逐步积累，导致种性退化现象越来越明显，最后失去原品种的典型性。

同时菜心为异花授粉作物，即使其品种纯度很高，其基因型也不可能绝对“纯”，因此在繁种过程中品种本身的遗传特性也会不断发生变化。

2. 生物学混杂 菜心为异花授粉作物，其染色体数 $2n=2x=20$，与大白菜、普通白菜、乌塌菜、白菜型油菜、红菜薹、芜菁、薹菜等同属一个基本染色体组，各种类和品种之间极易自然杂交。由于同一植株或同一品种不同植株之间授粉受精，它们的遗传基因相同或极相似，所以下一代仍保持其种性不变。但如果在繁殖过程中不注意严格隔离，极易发生不同亚种、变种、品种或类型之间的天然杂交，产生一些杂合体。这些杂合体在继续繁殖过程中就会产生许多重组类型，在后代中产生变异和分离现象，使原品种群体的遗传结构发生较大变化，从而造成品种混杂和劣变，失去原品种的典型性和一致性。例如菜心与小白菜或白菜型油菜杂交，其后代的株型变得松散，叶片变大、叶脉明显，有的叶背有刺毛，有的叶缘缺刻明显，不能抽薹或抽薹性极差，从而引起品种的混杂退化。异花授粉作物混杂退化，一般主要是由生物学混杂引起的（俗称“串粉”），而且混杂退化速度非常快。

3. 机械混杂　菜心种子小，在种子繁育过程中须经过田间种植、采收、晾晒、精选加工、运输及贮存等多道工序，如果在某个环节上不严格按照良种繁育技术规程操作，例如不合理的轮作、前作种子自然脱落田间，施用混有十字花科其他作物种子未经充分腐熟的厩肥和堆肥或用作物秸秆覆盖地面，加工场地、用具、器械、容器等清扫不干净，包装、运输、贮藏过程中不小心等，都有可能在原品种中混入其他品种或变种的种子，从而造成机械混杂，由其提供的异种花粉会进一步引起生物学混杂。

4. 不正确的选择方式　菜心品种是一个异花授粉的群体，其后代难免会出现变异株，如果在繁育过程中，不能及时严格地将混杂、劣变的植株淘汰掉，任其自然授粉留种，就会导致株型松散、叶柄变长、抽薹不整齐、菜薹组织变硬、纤维增多等不良性状出现，使一些原有优良性状丢失，从而造成品种混杂退化。

另外，选择标准不严格，或不同的人掌握的标准不同或仅根据个人的喜好，而忽视原品种的典型性和一致性，可能经过几代选择后，有的与原品种相似，有的会产生较大的差异，有的甚至面目全非，造成品种种性退化。因此，选种时一定要以原品种的特征特性为依据，并且每一代都要按照同一标准，只有这样，才能保证原品种的种性不致退化较快。当然，在选择和保留原品种特征特性的基础上，最好能对其某些不良性状加以改良，使其种性不断提高，这样品种的推广使用期就会更长些。

5. 不恰当的繁种方式　菜心为南方特色蔬菜，比较适合南方的自然生态环境。一旦环境发生变化，其种性也会跟着发生变化。例如，如果将晚熟菜心品种连续在北方留种，经3～4年后，其冬性会逐渐变弱，熟性会提早。因此，菜心一般在南方留原原种，北方留生产种，以防种性发生变化。

（二）菜心品种保纯措施

1. 防止生物学混杂　菜心为异花授粉作物，通过蜜蜂传粉，在繁种时必须对易于与其杂交的其他十字花科芸薹种作物或不同菜心品种进行隔离，建立隔离区，以免造成生物学混杂。设置隔离区，是保纯的关键。常用的隔离方法主要有：

（1）空间隔离　菜心在与其他十字花科芸薹种作物杂交后几乎会完全丧失经济价值，因此在繁种时必须进行严格的空间隔离。一般在开阔地带应隔离2 000 m以上，在有村庄、树林、山岭等屏障阻隔条件下隔离距离1 000 m以上。不同菜心品种杂交后虽未完全丧失经济价值，但失去了原品种的典型性和一致性，造成经济价值的降低，故繁种时也要注意隔离，根据屏障的有无，隔离距离500～1 000 m。

（2）花期隔离　采用分期播种的方法，使不同品种前后花期错开，造成花期不遇，又称时间隔离。如在华南地区可将早熟品种与晚熟品种分开播种，使不同品种的开花期前后错开，避免相互“串粉”。一般早熟品种可在9月上旬播种，中迟熟品种在10月下旬后开始播种，这样花期至少相隔约2个月以上，可使2个品种的花期完全错开。

（3）机械隔离　采用套袋、网罩、网棚、温室隔离留种等方法，可防止昆虫串粉。这种操作成本高，费时费工，主要用于繁殖少量原原种或保存少量原始材料。在这种隔离条件下，必须进行人工辅助授粉或在棚内放养蜜蜂，以提高结实率。

2. 避免机械混杂

（1）品种繁殖地布置要考虑前作是否种过易与繁殖品种天然杂交的作物，是否有种子自然脱落田间，同时繁种地不应施入含有易与留种品种天然杂交的作物种子的肥料。

（2）在用机械或手工进行播种、收种、脱粒、清选、晾晒、贮运等环节，要防止机械混杂，不同品种要分开堆放。在更新品种时，要彻底清除机械、容器、用具、晒场等处残留的前一品种种子。晒种时，同一晒场，最好堆放相同品种，如有不同品种在邻近堆放或摊晒，应有一定的距离，以防风吹或人畜践踏而引起品种的机械混杂。

（3）在包装、运输、贮存过程中，特别是用机器包装种子时，要小心谨慎，防止机械混杂。

3. 合理选留种

（1）*实行合理的留种制度* 一是实行严格的三级留种制度，利用育种家的种子或精选的原原种繁殖原种（又称母种），然后利用原种繁殖生产种。二是实行在品种原产地（南方）选留原种，在异地（北方）繁殖生产种，切忌在异地选留原种或将生产种再留种。

（2）*要根据各类型品种的特征特性严格选留原种* 在留种时应依据本品种的特征特性在容易鉴别时，分阶段对留种株进行多次的选择和淘汰，保证各生育阶段的特征特性都能符合本品种的典型性。对繁殖原种的应进行严格的株选，对繁殖生产用种的可以结合除杂去劣，淘汰病株进行片选。一般早熟菜心品种应选择基生叶4～6片，株型适中，侧芽弱，菜薹上下均匀、具光泽、无纵沟纹，薹叶较细，耐热、耐湿性强，抗或耐炭疽病、软腐病的植株留种；中熟菜心应选择基生叶7～9片，菜薹匀称，有浅纵沟纹，品质好，耐病毒病的植株留种；晚熟菜心应选择基生叶10片以上，冬性强，花球大，菜薹匀称、有纵沟纹，短缩茎明显，抗或耐霜霉病的植株留种。

（3）*除杂去劣，保持品种的纯度和抽薹的整齐性* 菜心田间的除杂去劣，是保证菜心种子纯度的重要措施，一般可分4次进行。第1次在苗期，可结合间苗和定苗或移栽，从单株的株型、叶形、叶色等方面，把不符合本品种特征特性的植株和生长异常的单株拔除。第2次在抽薹前，可淘汰那些与本品种不同、差别明显和生长特别旺盛的杂株、劣株和变异株。第3次在抽薹期，此期是品种种性表现最明显，也是田间除杂去劣的关键时期，应除掉叶形不一、株型不同、薹粗细差异大、质地硬，以及根据蜡粉的有无除掉与原品种薹色不同的植株如灰薹株、杂株等，同时应淘汰抽薹过早和过晚的植株。早熟品种主要应淘汰后期抽薹过晚的植株，晚熟品种应主要淘汰冬性较弱过早抽薹的植株。第4次在角果生理成熟期，根据种荚的色泽，淘汰种荚畸形、植株贪青及色泽不一致的植株。

（三）菜心常规品种种子生产

1. 原种繁育 菜心生产种必须用高标准的原种来繁殖。原种是育种单位新育成品种的原始种子或按原种标准繁育方法从原种圃收获符合原种标准的种子。菜心原种繁育普遍采用株系选优提纯方法，即单株选择、分系比较、混系繁殖方法，也即株行圃、株系圃和原种圃。

（1）*单株选择* 选择典型性、丰产性等性状优良的单株是原种的基础，即要在原种田或纯度高的大田中选择符合原品种特征特性的单株。

（2）*株行比较鉴定* 将上一年入选的单株种子分行种于株行圃，每株行种一小区，建立株行圃，每隔10个小区设一对照，四周用本品种的原种设保护行。在商品成熟期，根据观察结果和田间记载资料对各株行进行田间综合评价，选择具该品种的典型性、综合性状优、丰产的株行，分行采收，供下年进行株系比较试验。

（3）*株系比较试验* 将上一年当选的各株行分区种植，每系一区建立株系圃，每10个株系圃设一对照，对其典型性、丰产性、适应性等进行进一步比较，入选各株系经除杂去劣后混合收获、脱粒、验收、贮藏用于下一年繁殖。

(4) 混系比较　将上年入选的株系圃混系种子种于原种圃扩大繁殖，原种圃要隔离安全，经严格除杂去劣，混合收获，用于扩大繁殖，或用于生产种繁育。

2. 生产种繁育

(1) 确定适宜的播种期　广东地区菜心留种适播期为9～11月，12月至翌年3月采收种子，这时留种产量高，质量好。但不同熟性品种的留种适播期不同，一般早、中熟菜心品种的适播期为9～10月，如要留母种，则早熟品种可提前至8月下旬播种，使播期尽可能与生产季节相同，以便对品种的适应性和抗性进行观察，淘汰不良株，提高种性。但过早播种，会由于前期气温较高，造成种子发育不够饱满，产量低。晚熟品种的留种适播期为10下旬至11月，适当早播可以争取在早春低温阴雨来临之前收种完毕。若过迟，如12月中旬以后播种，则花期正值早春低温阴雨天气，易引起落蕾、落花，病害严重，种子不饱满，产量低、质量差。

在北方留种，一般于早春，当平均气温达5～10℃即可播种，如东北地区可于3月下旬至4月上旬播种，甘肃、新疆地区于4月上旬播种，此时气温低、土壤蒸发量小、表层土壤墒情好，利于全苗。5月中旬至6月初开花，7月初可收种子。一般在北方留种，由于日照时间长、昼夜温差大、雨水少，留种产量高，每667 m^2 产量可达75 kg以上，而南方地区留种，每667 m^2 产量仅40～60 kg，同时北方留种籽粒较大、饱满、色泽好、发芽率高、质量好，一般千粒重可达2.3 g左右，而南方地区由于雨水多、昼夜温差小，籽粒不饱满、色泽差，千粒重一般在2.0 g以下。

(2) 选地与整地　在留种基地布局上要考虑前作是否种过易与菜心杂交的十字花科芸薹种其他作物或菜心品种，是否有种子自然脱落田间，一般要求2年内未种过其他十字花科作物或其他菜心品种。如前作有种过，则会有种子自然脱落田间，易造成生物学混杂、串粉。在留种地安排不过来，最好能用上年种过同一品种的地块留种。

同时应选择地势平坦、排灌方便、土质疏松、有机质含量丰富的壤土或沙壤土，每667 m^2 可施腐熟鸡粪500 kg，复合肥5～10 kg做基肥，精细整地，南北向起畦，畦宽（包沟）1.6～1.7 m，畦高20～30 cm，畦面略呈龟背形。

(3) 种植方式和规格　菜心留种有直播和育苗移栽两种方式。直播留种是将母种种子直播到留种田，其用工相对较少，耕作管理较粗放，可以大量留种，但淘汰杂株不容易、不彻底，会影响种子纯度，一般仅用作留生产种。

移栽留种是育苗后再移植到留种田。采用这种方法容易将具本品种特征特性的植株移到留种田，除杂去劣彻底，收获的种子纯度高，适合留原种，但用工较多，耕作管理较精细。

南方地区大面积留种一般选用经济作物田或于晚稻收获后直播。以选择排灌方便、较为肥沃的田块较好，隔2～3 m开1条沟，播前翻耕晒耙，每667 m^2 施入腐熟的有机粪肥1 000～1 500 kg或有机鸡粪500 kg，复合肥30～40 kg进行整地。然后撒播、条播或穴播种子，一般每667 m^2 播种量为200～300 g，接着灌“跑马水”1次，湿透即排干。

北方播种采用条播或穴播。条播可采用机械播种，将种子与有机肥混合播种，一般行距为20～25 cm，播后用适量有机肥覆盖，再覆一层薄土，灌水。穴播可采用地膜覆盖播种，播种前先覆盖薄膜，然后破膜挖穴，穴深0.6～1.0 cm，播后平穴，株距为15～20 cm，行距为20～30 cm。

(4) 田间管理

① 间苗和定苗。出苗后要及时进行查苗、补苗，3～4片真叶时进行间苗和定苗，补苗时要带坨移栽并及时浇补苗水。一般直播留种的株行距为（8～10）cm×（10～12）cm，以保证每667 m^2 有5万株以上的苗。在移栽或间苗和定苗时要进行除杂去劣。

② 肥水管理。一般全生育期追肥4次左右，注意施用复合肥、增施磷钾肥、防止偏施氮肥。第1次追肥在间苗后，每667 m^2 用尿素5 kg、复合肥10 kg混施或用20%～30%的人粪水淋施，隔7～10 d再追施1次。第3次追施在抽薹开花初期，每667 m^2 可追施复合肥20 kg、尿素10 kg、钾肥

7 kg。第 4 次追肥在开花后期，每 667 m^2 施复合肥 15 kg、尿素 5 kg 或用 0.3%的磷酸二氢钾叶面肥 1～2 次，以促进籽粒饱满。施肥时应避免肥料残留在茎叶上灼伤植株，每次施肥应注意结合灌（浇）水，一般开花期灌水 2～3 次，结荚期灌水 2 次。

（5）病虫害防治 危害留种菜心的病害主要有：软腐病、霜霉病、病毒病等，虫害主要有黄曲条跳甲、菜青虫、小菜蛾、斜纹夜蛾、蚜虫、斑潜蝇等。具体防治方法参见第十章大白菜育种之良种繁育部分内容。

（6）采收 当大部分植株种荚有 70%～80%由青转黄，籽粒硬实呈黄褐色时，应及时采收，以防自然裂荚散失种子。一般南方地区可于 12 月至翌年 3 月收种，北方地区于 7 月初收种，可选择晴天早晨，进行整株采收。收割后可将种株竖着堆放 3～4 d，待种子后熟后再进行脱粒、清选、晒干。遇阴雨天气，要及时收割种株，忌堆放，并要将收后的种株捆成小束，悬挂在通风防雨处晾干。有条件的可用机械加工干燥，以保证种子色泽新鲜。

（7）种子精选和包装 种子干燥后采用机械和人工相结合的方法进行精选，除掉秸秆、瘪粒、杂质和灰尘，经过精选后的种子应当光亮，净度不低于 98%，发芽率不低于 90%，水分含量不高于 7%。然后采用两层编织袋加一层聚乙烯内膜进行包装，每袋重量保持一致。注意做好标记，种子内外袋标签一致，编号准确、字迹清楚、袋口严密，以便运输。

（四）细胞质雄性不育系生产杂种一代种子

1. 亲本的繁育

（1）细胞质雄性不育系的繁育 一般是将不育系与保持系按 4～5：1 的行比种植于同一隔离区内或大棚内，行距 15 cm 左右，在开花期内任其自由授粉或放蜂授粉，同时对不育系和保持系逐株进行检查，淘汰劣株、杂株和不育系中出现的可育株，待种子成熟后将不育系与保持系分收，不育系上收的种子仍为不育系，保持系上收的种子仍为保持系。

（2）父本自交系的繁育 将其种植于隔离条件良好的留种田中，除去杂株、劣株，任其自然授粉，待种子成熟后即混收。

2. 杂种一代的制种 在制种田，父母本行比按 1：4～5 播种，开花后任其自然授粉，最好在花期放养蜜蜂，以提高一代杂种的杂交率和制种产量。蜜蜂的数量及活动量与产种量关系很大，应保证每公顷制种田放 4～5 箱蜂。蜜蜂来源要固定一致，放蜂前要关箱净身 2 d，以防其身上残留的其他十字花科作物花粉串粉，同时注意对不育系和父本系进行检查，淘汰劣株、杂株和不育系中出现的可育株。待花期结束后，将父本行植株拔除，以防收种时混杂，可确保杂种一代种子的纯度，这样从不育系上收的种子即为杂交种。

（张 华）

主要参考文献

曹家树，余小林，黄爱军，等.2000. 提高白菜离体培养植株再生频率的研究 [J]. 园艺学报，27（6）：452-454.

曹健，李振源，罗少波，等.2006. 博罗福田菜心空间诱变效应研究初报 [J]. 广东农业科学（1）：46-48.

曹寿椿，侯喜林.2002. 不结球白菜矮脚黄自交不亲和系选育及繁育技术的研究 [J]. 南京农业大学学报，25（1）：111-113.

曹寿椿，李式军.1963. 蔬菜按栽培季节的分类及其应用 [J]. 江苏农学报，2（2）：81-90.

曹寿椿，李式军.1980. 矮脚黄白菜雄性不育两用系的选育与利用 [J]. 南京农学院学报，1：59-68.

曹寿椿，李式军.1981. 白菜地方品种的初步研究Ⅱ. 主要生物学特性的研究 [J]. 南京农学院学报，4（1）：1-11.

曹寿椿，李式军.1982. 白菜地方品种的初步研究Ⅲ. 不结球白菜品种的园艺学分类 [J]. 南京农学院学报，5（2）：1-8.

陈世儒．1995．蔬菜种子生产原理与实践［M］．北京：中国农业出版社：124．
成妍．2009．不结球白菜分子遗传图谱构建及数量性状位点分析［D］．南京：南京农业大学．
邓云，张蜀宁，孙敏红，等．2006．采用秋水仙碱创制优质、抗热同源四倍体不结球白菜［J］．武汉植物学研究，24（2）：159－162．
方智远．2004．蔬菜学［M］．南京：江苏科学技术出版社：30－31．
耿建峰．2007．利用DH群体构建不结球白菜遗传连锁图谱及重要农艺性状的QTL定位［D］．南京：南京农业大学．
耿建峰，侯喜林，张晓伟，等．2007．利用DH群体构建不结球白菜遗传连锁图谱［J］．南京农业大学学报，30（2）：44－49．
耿建峰，侯喜林，张晓伟，等．2007．影响白菜游离小孢子培养关键因素分析［J］．园艺学报，34（1）：111－116．
韩健明．2007．不结球白菜种质资源遗传多样性和遗传模型分析及 *bcDREB2* 基因片段克隆［D］．南京：南京农业大学．
韩建明，侯喜林，史公军，等．2007．不结球白菜叶子重量性状遗传模型分析［J］．遗传，29（9）：1149－1153．
何秋芳，覃程辉，张征．1999．杂交菜心秦薹1号的特征特性［J］．广西农业科学（2）：97－98．
侯喜林，曹寿椿，佘建明，等．2001．不结球白菜OguCMS下胚轴原生质体的核失活研究［J］．南京农业大学学报，24（3）：116－117．
侯喜林，曹寿椿，佘建明，等．2001．原生质体非对称电融合获得不结球白菜胞质杂种［J］．园艺学报，28（6）：532－537．
侯喜林，曹寿椿，佘建明，等．2002．碘乙酰胺和罗丹明对不结球白菜子叶原生质体线粒体失活效果的影响［J］．中国蔬菜（4）：18－19．
侯喜林，曹寿椿，张蜀宁，等．2005．优质不结球白菜新品种暑绿的选育［J］．南京农业大学学报，28（3）：30－33．
侯喜林，宋小明．2012．不结球白菜种质资源的研究与利用［J］．南京农业大学学报，35（5）：35－42．
蒋树德，陈虎根，杨雪梅，等．2002．Ogura不育源不结球白菜雄性不育系的转育［J］．中国蔬菜（5）：28－29．
冷月强．2006．不结球白菜霜霉病抗性机制及其分子标记［D］．南京：南京农业大学．
冷月强，侯喜林，史公军．2007．白菜抗霜霉病基因的RAPD标记［J］．园艺学报，34（3）：763－766．
李大忠，李永平，温庆放，等．2002．菜心雄性不育两用系66A的选育与利用初报［J］．江西农业大学学报：自然科学版，24（3）：368－372．
李锡香．2002．中国蔬菜种质资源的保护和研究利用现状与展望［C］//全国蔬菜遗传育种学术讨论会论文集．北京：中国农业科学院蔬菜花卉研究所．
李学文，欧锦堃，崔力强，等．1989．广州地区小白菜花叶病的发生及防治［J］．广东农业科学（4）：39－41．
梁红，覃广泉，何丽贞．1994．菜心与甘蓝种间 F_1 代的杂种优势观察：初报［J］．中国蔬菜（1）：1－3．
刘惠吉，曹寿椿，王华，等．1990．南农矮脚黄四倍体不结球白菜新品种的选育［J］．南京农业大学学报，13（2）：33－40．
刘克钧，朱月林，侯喜林，等．1997．不结球白菜抗病育种的研究Ⅳ．不结球白菜抗芜菁花叶病、霜霉病及黑斑病的多抗性鉴定及筛选［J］．南京农业大学学报，20（3）：31－35．
刘维信，曹寿椿．1993．夏季自然高温条件下不结球白菜品种评价及相关性状的研究［J］．山东农业大学学报，24（2）：176－181．
刘自珠．1995．菜心主要性状遗传规律的研究［D］．广州：华南农业大学．
刘自珠，张华，刘艳辉，等．1996．菜心胞质雄性不育系的选育及利用［J］．广东农业科学（5）：13－15．
刘自珠，张华，刘艳辉，等．1997．菜心杂种一代组合5号的选育［J］．中国蔬菜（5）：29－30．
刘自珠，张华，刘艳辉，等．2002．菜心新品种绿宝70天的选育［J］．中国蔬菜（4）：30－31．
毛伟海，胡天华，包崇来，等．2005．小白菜新品种青丰1号［J］．中国蔬菜（3）：54．
孟瑛．2005．广东菜种新疆扩繁的关键措施［J］．新疆农垦科技（1）：17－18．
农业部．2007．2005年全国各地蔬菜播种面积和产量［J］．中国蔬菜（1）：40－41．
彭谦，李汝松，吕英华，等．1989．菜心雄性不育研究初报［J］．中国蔬菜（1）：1－3．
乔燕春，黄红弟，李光光，等．2012．菜心及近缘种的SRAP标记及形态表型的遗传多样性研究［J］．分子植物育种（网络版）（10）：1369－1375．

任成伟，曹寿椿．1992a. 不结球白菜雄性不育材料选育及应用潜力研究［C］//江苏省首届青年学术年会论文集：农业分册．北京：中国农业科学技术出版社：144－149.
任成伟，曹寿椿．1992b. 萝卜胞质不结球白菜雄性不育材料黄化缺陷的改良研究［J］. 南京农业大学学报，15（1）：13－19.
邵贵荣，陈文辉，方淑桂，等．2006. 不同小白菜品种硝酸盐含量比较试验初报［J］. 福建农业科技（1）：56－57.
佘建明，蔡小宁，朱祯，等．2000. 普通不结球白菜抗虫转基因植株的获得［J］. 江苏农业学报，16（2）：79－82.
史公军．2004. 不结球白菜胞质雄性不育基因的分子标记及不育相关基因的克隆［D］. 南京：南京农业大学．
史公军，侯喜林．2004. 白菜自交不亲和性的荧光测定［J］. 武汉植物学研究，22（3）：197－200.
宋胭脂，柯桂兰．1998. 不结球白菜雄性不育系选育研究初报［J］. 西北农业学报，7（1）：41－44.
孙雪梅，乔爱民，孙敏，等．2007. 菜心 ISSR－PCR 反应体系的优化［J］. 西南大学学报：自然科学版，29（10）：129－134.
谭其猛．1979. 试论大白菜的起源、分布和演化［J］. 中国农业科学（4）：68－75.
唐文武，吴秀兰，李桂花，等．2005. 菜心杂种优势利用的现状与展望［J］. 江西农业学报，17（2）：73－76.
唐文武，周军，吴秀兰．2010. 菜心细胞质雄性不育系转育研究［J］. 江西农业学报（5）：51－53.
汪李平，向长萍，王运华．2004. 白菜不同基因型硝酸盐含量差异的研究［J］. 园艺学报，31（1）：43－46.
王焕华，倪慧珠．2002. 中国传统饮食宜忌全书［M］. 南京：江苏科学技术出版社．
徐家炳．1995. 白菜抗病育种研究进展概况［M］//李树德．中国主要蔬菜抗病育种进展．北京：科学出版社：3－4.
徐家炳，赵岫云．2005. 中国小白菜品种市场需求的变化趋势［J］. 中国蔬菜（6）：39－40.
徐显亮，许明．2009. 菜心主要品质性状和农艺性状的分析及相关性研究［J］. 江苏农业科学（3）：180－182.
晏儒来，王先，李健夫．2002. 菜心细胞质雄性不育系选育报告［J］. 长江蔬菜（学术专刊）：86－87.
曾国平，曹寿椿．1996. 不结球白菜主要经济性状遗传规律的研究Ⅰ. 11 个质量性状的遗传分析［J］. 南京农业大学学报，19（3）：23－30.
曾国平，章崇岭．1995. 菜心主要农艺性状遗传相关与通径分析［J］. 中国蔬菜（5）：10－12.
张波．2007. 不结球白菜晚抽薹分子标记及抽薹性遗传分析［D］. 南京：南京农业大学．
张波，侯喜林．2009. 白菜晚抽薹基因的 SSR 标记［J］. 园艺学报，36（增刊）：195－196.
张德双，张凤兰，余阳俊，等．2013. 橘红色花菜薹突变体的发现和研究［J］. 中国蔬菜（4）：20－25.
张华，刘自珠，刘艳辉，等．2001. 耐热优质丰产早菜心新品种油青 12 号的选育［J］. 广东农业科学（4）：19－21.
张华，刘自珠，郑岩松，等．2000. 菜心品种资源炭疽病抗性鉴定［J］. 广东农业科学（3）：47－49.
张华，刘自珠．1999. 菜心白花花色性状遗传及其在育种上的应用［J］. 广东农业科学（6）：16.
张华，周而勋，刘自珠，等．1998. 菜心炭疽病苗期抗病性鉴定技术［J］. 华南农业大学学报（3）：47－50.
张华，周而勋，刘自珠，等．2002. 菜心炭疽病病原菌的分离及抗病性鉴定技术研究［C］//全国蔬菜遗传育种学术讨论会论文集．北京：中国园艺学会．
张仁珍，陈维中，钟广建，等．1990. 抗病黑叶白菜 17 号选育初报［J］. 广东农业科学（3）：24－27.
张衍荣．1997. 菜心育种现状与展望［J］. 广东农业科学（3）：15－16，17.
张衍荣，曹健，李桂花，等．2004. 酥醪菜、福田菜心、耙齿萝卜的航天诱变育种研究初报［J］. 核农学报（4）：314－316.
赵利民，柯桂兰．2003. 河西走廊地区菜薹杂交种制种技术［J］. 中国蔬菜（6）：47－48.
赵岫云，徐家炳，张凤兰，等．2000. 束腰、抗病小白菜新品种京冠 1 号的选育［J］. 中国蔬菜（4）：81－82.
郑岩松，方木壬，张曙光．2003. 芥蓝与菜薹杂种后代对 TuMV 的抗性［J］. 中国蔬菜（5）：18－20.
中国农业科学院蔬菜花卉研究所．2001. 中国蔬菜品种志：上卷［M］. 北京：中国农业科学技术出版社：350－420.
周长久．1995. 蔬菜种质资源概论［M］. 北京：中国农业大学出版社：73.
朱德蔚，王德槟，李锡香．2008. 中国作物及其野生近缘植物：蔬菜作物卷（上）［M］. 北京：中国农业出版社：159.
朱玉英，张素琴，凌超，等．1994. 不结球白菜高代自交系杂交育种的效应及其利用［J］. 上海农业学报，10（2）：33－36.
朱月林，曹寿椿，刘祖祺．1988. 致死低温确定法的改进及其在不结球白菜上的验证［J］. 园艺学报，15（1）：51－56.

邹琴，徐彦军．2004. 菜心杂种一代品种产量与相关性状的灰色关联度分析 [J]. 贵州农业科学 (6)：33 - 35.

Chen X，Hou X，Zhang J Y，et al. 2008. Molecular characterization of two important antifungal proteins isolated by downy mildew infection in non - heading Chinese cabbage [J]. Mol Biol Rep，35：621 - 629.

Cheng Y，Geng J F，Zhang J Y，et al. 2009. The construction of a genetic linkage map of non - heading Chinese cabbage (*Brassica campestris* ssp. *chinensis* Makino) [J]. J. Genet Genomics，36 (8)：501 - 508.

Cheng Y，Wang Q，Ban Q Y，et al. 2009. Unconditional and conditional quantitative trait loci mapping for plant height in nonheading chinese cabbage [J]. Hortscience，44 (2)：268 - 273.

Hou X L，Cao S C，He Y K. 2006. Creation of a new germplasm of CMS non - heading Chinese cabbage [J]. Acta Horticulturae，637 (1)：75 - 81.

Jiang F L，Wang F，Wu Z H，et al. 2011. Components of the *Arabidopsis* CBF cold - response pathway are conserved in non - heading Chinese cabbage [J]. Plant Mol Biol Rep，29：525 - 532.

Li Y，Song Y P，Shi G J，et al. 2009. Response of antioxidant activity to excess copper in two cultivars of *Brassica campestris* ssp. *chinensis* Makino [J]. Acta Physiol Plant. 31：155 - 162.

Liu H J，Wang H，Zhou Y P. 1995. Comparison of karyotype and C - banding pattern between two autotetraploids and two diploids Chinese cabbage varieties [J]. Acta Horticulture，402：87 - 94.

Liu T K，Hou X L，Zhang J Y，et al. 2011. A cDNA clone of BcHSP81 - 4 from the sterility line (Pol CMS) of non - heading Chinese cabbage (*Brassica campestris* ssp. *chinensis*) [J]. Plant Mol Biol Rep，29：723 - 732.

Ma J F，Hou X L，Xiao D，et al. 2010. Cloning and characterization of the BcTuR3 Gene related to resistance to Turnip Mosaic Virus (TuMV) from non - heading Chinese cabbage [J]. Plant Molecular Biology Reporter，28：588 - 596.

Peng H T，Wang L，Li Y，et al. 2012. Differential gene expression in incompatible interaction between turnip mosaic virus and non - heading Chinese cabbage [J]. Eur J Plant Pathol，132：393 - 406.

Sun F F，Hou X L，Li Y，et al. 2008. Molecular cloning and characterization of nitrate reductase gene from non - heading Chinese cabbage [J]. Scientia Horticulturae，119：1 - 10.

Sun F F，Yang X D，Li Y，et al. 2010. Molecular cloning and characterisation of cytoplasmic glutamine synthetase gene *BcGS1* from non - heading Chinese cabbage [J]. Journal of the Science of Food and Agriculture，90 (5)：891 - 897.

Wang F，Hou X L，Tang J，et al. 2012. A novel cold - inducible gene from Pak - choi (*Brassica campestris* ssp. chinensis)，BcWRKY46，enhances the cold，salt and dehydration stress tolerance in transgenic tobacco [J]. Mol Biol Rep，39：4553 - 4564.

Wang Q，Hou X L，Geng J F，et al. 2010. Quantitative trait loci for photosynthetic pigment concentration in a doubled - haploid population of Pak Choi (*Brassica rapa* ssp. chinensis var. *communis* Tsen et Lee) [J]. Journal of Horticultural Science & Biotechnology，85 (5)：421 - 426.

Xiao D，Zhang N W，Zhao J J，et al. 2012. Validation of reference genes for real - time quantitative PCR normalisation in non - heading Chinese cabbage [J]. Functional Plant Biology，39：342 - 350.

Yang X D，Sun F F，Xiong A S，et al. 2012. BcNRT1，a plasma membrane - localized nitrate transporter from non - heading Chinese cabbage [J]. Mol Biol Rep，39：7997 - 8006.

Zhang C W，Li Q，Hou X L，et al. 2010. Differential gene expression analysis of a new Ogura CMS line and its maintainer in non - heading Chinese cabbage by cDNA - AFLP [J]. Acta Physiol Plant，32 (4)：781 - 787.

Zhang J Y，Li Y，Shi G J，et al. 2009. Characterization of α - tubulin gene distinctively presented in a cytoplasmic male sterile and its maintainer line of non - heading Chinese cabbage [J]. J Sci Food Agric，89：274 - 280.

Zhang J Y，Zhang C W，Cheng Y，et al. 2012. Microtubule and male sterility in a gene - cytoplasmic male sterile line of non - heading Chinese cabbage [J]. J Sci Food Agric，92：3046 - 3054.

第十二章

芥 菜 育 种

芥菜［*Brassica juncea*（L.）Czern et Coss.］是十字花科（Cruciferae）芸薹属异源四倍体栽培变种群，为一二年草本植物。染色体数 $2n=4x=36$。中国是芥菜的起源地或起源地之一。芥菜包括菜用芥菜和油用芥菜两大类，菜用芥菜包括茎芥、根芥、叶芥和薹芥 4 大类，共 16 个变种。芥菜在中国各地普遍栽培，其中叶用芥菜分布最广，茎用芥菜主要分布在重庆、四川和浙江等地，根用芥菜主要分布在西南和长江中下游地区。2014 年，中国芥菜栽培面积约 100 万 hm^2，其中茎用芥菜 23.3 万 hm^2。菜用芥菜在国外种植面积不大。近年来根芥在日本有一定的栽培面积，小叶芥、卷心芥和结球芥在东南亚国家也有一定的栽培面积。油用芥菜在我国西北地区和其他国家有一定的种植面积，其中印度的种植面积最大。

芥菜的营养成分丰富，以茎瘤芥为例：每 100 g 鲜重含维生素 C 40～80 mg、核黄素 60～180 μg、尼克酸 700～800 μg、磷 390 mg、钙 210 mg、铁 30 mg 等，尤其富含硫代葡萄糖苷，具有特殊的辛辣味。鲜食、腌渍皆宜。

第一节 育种概况

一、育种简史

相对于白菜和甘蓝来说，芥菜的育种起步比较晚。20 世纪 90 年代之前以搜集整理资源为主，在种质资源搜集、保存过程中，同时开展了选择育种研究。种质资源搜集和选择育种研究主要集中在西南地区的一些高校和研究机构。20 世纪 80 年代开始开展杂交育种研究，如广东省汕头市白沙蔬菜原种研究所选育出叶芥品种白沙短叶 6 号，山东省泰安市农业科学研究所选育出鲁笋芥 1 号笋子芥品种。

芥菜的优势育种研究起步更晚。1981 年，西南农业大学陈世儒教授从美国引进叶用芥菜的雄性不育材料，其不育性稳定，不育株率和不育度均为 100%。不育性的表现为花药花瓣状，无花粉，幼叶未见黄化现象，种子产量稍低。用 16 个变种，共 100 多个品种做轮回亲本进行多代回交转育，所有材料都能做该雄性不育材料的保持材料，没有找到可使育性恢复的材料。经过近 20 年的回交转育，根用芥菜、茎瘤芥、抱子芥和叶用芥菜均有部分品种获得了雄性不育系，并用其做亲本配制了一些杂交组合。浙江大学陈竹君教授也报道过芥菜雄性不育研究结果。20 世纪末涪陵市农业科学研究所用云南省农业科学院芥菜型油菜的雄性不育材料做不育源，选育出第 1 个杂种一代新品种涪杂 1 号。从此以后优势育种进入了快速发展的阶段。

二、育种现状与发展趋势

从事芥菜育种研究的单位不多。据初步了解，从事芥菜育种及其相关研究的单位有原重庆市涪陵农业科学研究所（即现在的渝东南农业科学院）、重庆市农业科学院、西南大学、浙江大学、广东省汕头市白沙蔬菜原种研究所、山东省泰安市农业科学研究所等。近年来选育的芥菜品种见表 12-1。现状与发展趋势如下：

表 12-1　芥菜育种情况

变种	品种名	育种方法	选育单位	选育或报道时间
茎瘤芥	涪杂 1 号	优势育种	重庆市涪陵农业科学研究所	1999
	涪杂 2 号	优势育种	重庆市涪陵农业科学研究所	2006
	涪杂 3 号	优势育种	重庆市涪陵农业科学研究所	2008
	涪杂 4 号	优势育种	重庆市涪陵农业科学研究所	2009
	涪杂 5 号	优势育种	重庆市涪陵农业科学研究所	2009
	涪杂 6 号	优势育种	重庆市涪陵农业科学研究所	2010
	涪杂 7 号	优势育种	重庆市涪陵农业科学研究所	2011
	涪杂 8 号	优势育种	重庆市涪陵农业科学研究所	2013
	涪丰 14	选择育种	重庆市涪陵农业科学研究所	1992
	冬榨 1 号	选择育种	温州科技职业学院、浙江省瑞安市农业局、浙江大学蔬菜研究所	2009
	浙桐 1 号	选择育种	浙江大学、桐乡县榨菜研究所	1992
	浙桐 2 号	选择育种	浙江大学、桐乡县榨菜研究所	2009
	余缩 1 号	选择育种	浙江省余姚市农业技术推广总站	2009
	甬榨 1 号	常规杂交育种	宁波市农业科学院蔬菜研究所、余姚市种子管理站	2009
	甬榨 2 号	常规杂交育种	宁波市农业科学院蔬菜研究所、浙江大学园艺系	2010
	慈选 1 号	选择育种	浙江省慈溪市种子公司、浙江省慈溪市周巷镇农业办公室	2009
笋子芥	鲁笋芥 1 号	选择育种	山东省泰安市农业科学研究所	2002
包心芥	白沙短叶 6 号	常规杂交育种	广东省汕头市白沙蔬菜原种研究所	2002
分蘖芥	华芥 1 号	优势育种	华中农业大学	2013

（一）种质资源调查搜集

芥菜起源于中国，其他国家的芥菜资源很少，消费量也很少，从事这方面研究的人也很少，只有亚洲少数国家有些零星报道。芥菜的种质资源调查搜集在中国做得比较多。1953 年农业部组织有关单位深入产区进行调查，搜集地方品种资源，之后，西南农学院（现西南大学）、重庆市农业科学研究所、涪陵地区农业科学研究所（现渝东南农业科学研究院）于 1963 年、1965 年、1973—1974 年、1976 年在重庆市沿江两岸产区开展了品种资源的调查和鉴定，发现当地的三层楼、枇杷叶、鹅公包、三转子、潞酒壶和蔺市草腰子等品种比较优良，在当地大面积栽培。1980—1984 年，重庆市农业科学研究所和涪陵农业科学研究所与农、商部门配合，对分布在四川和重庆的茎用芥菜品种资源进行了全面的调查，搜集了茎瘤芥品种 100 余份（余贤强，1993），为茎用芥菜育种工作提供了丰富的种质资源。

“七五”期间（1986—1990），涪陵农业科学研究所和重庆市农业科学研究所共同承担了科技部的芥菜种质资源调查项目，在全国范围内开展了芥菜种质资源的调查搜集工作，共搜集整理出 1 000 多份材料，加上其他单位的资源，全国共有芥菜资源 1 500 余份。

（二）选择育种

芥菜的育种历程与其他作物一样，首先都是利用现有的变异，进行选择育种。最先开展选择育种研究的是涪陵农业科学研究所，他们针对茎用芥菜病毒病害严重这一事实，从1974年起，于涪陵县（现涪陵市）石马乡太乙四村的三转子品种重病田中遗留了76个抗病单株，经系统选育获得63001耐病品种，其发病率和病情指数分别较三转子、蔺市草腰子品种低96%和117%，是当时最耐病的品种，适宜近郊栽培。

1987年涪陵农业科学研究所从柿病芥品种变异群体中，经系统选育，得到了表现突出的中晚熟品系，继而选育出丰产性好、适应性强、耐肥、耐病毒病、播种期弹性大、抽薹晚的优良品种涪丰14。浙江省桐乡榨菜研究组与浙江农业大学（现浙江大学）合作，从半粹叶品种的变异群体中，经过多代定向选择和培育，选育出了浙桐1号新品种（陈竹君等，1992）。重庆市永川的临江儿菜也是通过选择育种选育而成。

（三）常规杂交育种

广东省汕头市白沙蔬菜原种研究所采用杂交育种方法选育出叶色浓绿、株型矮、结球紧实、丰产、抗逆性强的晚包心芥品种白沙短叶6号。20世纪80年代，山东省泰安市农业科学研究所从四川引进笋子芥品种，利用长日照做选择压，对原始产量进行选择，并进行杂交，经过多代母系选择法，选育出能在北方条件生长的笋子芥新品种鲁笋芥1号（张煜仁等，2002）。

（四）杂种优势育种

由于芥菜是芸薹属不具备自交不亲和特性的作物之一，只有当雄性不育系选育成功后，才能选育杂种一代。因此，选育杂种一代芥菜新品种研究比较晚。但雄性不育系的选育研究比较早。1981年，陈世儒教授从美国引进叶用芥菜的雄性不育材料，进行了大量的转育研究工作。用16个变种100多个品种作轮回亲本进行多代回交转育，所有材料都能保持其不育性，但没有找到可使育性恢复的材料。经过近20年的回交转育，获得了几乎所有类型的雄性不育系。

王永清等（1999）和范永红等（2001）从云南农业科学院引进油用芥菜的雄性不育材料欧新A进行转育，获得了一批雄性不育系。陈材林等（2003）以11个茎瘤芥杂交组合及其亲本为试材，研究了F_1优势表现特点及其与亲本间的关联性，并对F_1主要性状与其产量的关系进行通径分析。结果表明，F_1具有较强的优势，主要表现在瘤茎重（单株产量）和单株鲜重，极显著超过大值亲本，瘤茎横径超过大值亲本接近显著水平，叶长、叶宽、瘤茎纵径、根鲜重与大值亲本差异不显著；单株产量超亲优势主要受株鲜重、株型指数、瘤茎横径等性状优势的共同影响；F_1各性状对其产量直接作用最大的是瘤茎横径，其余性状依次为叶长＞叶宽＞单株鲜重＞瘤茎纵径＞株型指数；F_1叶长、叶宽、单株产量与父本相应性状值呈显著正相关，F_1叶长、根重、单株产量、瘤茎横径与大值亲本值呈极显著正相关，F_1单株产量、株鲜重、根鲜重与双亲均值呈显著或极显著正相关；单株产量、瘤茎横径平均优势强弱与双亲差值呈显著正相关，单株产量超亲优势受母本值影响较大。1999年，选育出适合加工的茎瘤芥杂种一代新品种涪杂1号，通过了重庆市农作物品种审定委员会的审定。与此同时，重庆市农业科学研究所利用同样的雄性不育材料转育到笋子芥中，获得了笋子芥雄性不育系，选育出笋子芥杂种一代新组合。研究人员对芥菜胞质型雄性不育系CMSS9010、CMSJL44及其保持系S9010、JL44不同发育时期小孢子进行了观察比较研究，结果表明不育系与保持系在减数分裂期无可见差异，在单核期不育系小孢子呈现败育特征，细胞质内容物减少，花粉壁四周出现空腔，整个小孢子停止膨大。成熟花粉粒在扫描电镜下观察发现，不育系花粉粒较小、干瘪、形态不规则，畸形花粉粒78%～89%（王永清等，1999）。陈竹君教授1983年引进芥菜×结球白菜的种间杂种不育源，用茎瘤芥为回交亲本，育成胞质雄性不育系。其不育性在各种环境下表现稳定，雄蕊无花药，形态有丝状、羽毛状和瓣状3种。部分丝状雄蕊中上部有囊状突起物，内有微量发育不良的花粉粒。部分瓣状雄蕊和羽毛状雄蕊心皮化，其基部也有微量发育不良的花粉粒。张明方等（1997）分析了芥菜雄性不育系的内源激素的变化。泰国 Nikornpun 等（2004）从美国康威斯康星大学引进叶用芥菜雄性不育材料，转育到结球芥中，选育出 2 个有希望的杂种一代组合。Rao 等（1994）通过 *Diplotaxis siifolia*×芥菜获得了不育性和不育度都很稳定，蜜腺正常的芥菜雄性不育系。Kirti 等（1995）用含有重组线粒体基因组的体细胞杂种（*Trachystoma ballii*× *B. juncea*）培育成了稳定的胞质雄不育芥菜品系，以及该不育系的恢复系（Kirti et al.，1997）。Bhat 等（2005）选育的孢子体型和配子体型雄性不育系，来源于 *Moricandia arvensis* 的为孢子体型雄性不育，来源于 *Diplotaxis catholica* 的为配子体型雄性不育。Prakash 等（2001）利用远缘杂交获得了芥菜的雄性不育系并选育出恢复系。

在利用芥菜雄性不育系生产杂种一代种子过程中，笔者发现其种子产量只有正常可育系自由授粉种子产量的 50%左右，导致杂种一代种子成本比较高。戈加欣（2004）针对母本对蜜蜂的吸引力差的特点，再根据蜜蜂的生活习性，在花期，用母本花糖浆饲喂诱导驯化蜜蜂或对母本喷施一定的母本花糖浆水（1∶100），可增加对蜜蜂的吸引力，增加蜜蜂的访花率。结果表明，在网棚内，蜜蜂授粉比人工授粉产量可提高 41%以上，种子发芽率比对照高 5.5%，差异达到显著水平。适时适度遮阳，可以减缓成年蜜蜂对网棚生活的不适性。

李云开等（2002）于 1997 年在芥菜型油菜隐性核不育材料 05S 姊妹交后代中发现具光温敏感特性的不育材料，于 1999 年育成光温敏核不育系 K121S。在昆明自然温光气候条件下，K121S 表现稳定的夏播不育，秋播可育。不育期间不育株率及不育度均可达 100%，可育期间自交结实率可达到 70%以上。K121S 的育性主要受温度影响，日最低气温<10 ℃，日照长度<12 h 可育；日最低气温>10 ℃，日照长度>12 h 不育。K121S 恢复源广泛，可利用于两系育种及生产。

（五）生物技术的应用

生物技术在芥菜育种上的应用，目前还停留在实验室阶段，纯粹通过生物技术或以生物技术为主要手段选育新品种的报道尚没有。

1. 细胞工程　雷建军等在 20 世纪 90 年代初，率先获得茎瘤芥和儿芥的原生质体再生植株，之后通过突变体离体筛选技术，获得了茎瘤芥抗氨基酸类似物 S-2-（氨乙基）-L-半胱氨酸（AEC）的变异体等。茎瘤芥的空心和裂心是经常发生的，而且是一个可以遗传的性状，用常规方法难以选择，因为必须将瘤茎剖开后才能知道是否空心或裂心，一旦将瘤茎剖开，就难以像萝卜那样重新定植到田间，让其开花结果。陈利萍等（2005）利用组织培养技术辅助选择取得了较好的效果，他们取剖开的茎瘤芥茎尖进行组织培养，得到再生植株后，第 2 年 3 月定植到田间，可以得到种子，经过多代选择使空心率从原始材料的 35.1%降至 15.1%，裂心率从 18.6%降至 9.0%。刘冬等（1997）获得了茎瘤芥花药培养的再生植株。1988 年印度的 Chatterjee 等首次报道芥菜与二行芥（*Diplotaxis muralis*）的原生质体融合并获得再生植株。1989 年，瑞典的 Sjödin 等报道，将抗茎点霉（*Phoma lingam*）的芥菜叶肉原生质体用 X 射线照射处理后与油菜的下胚轴原生质体融合，将融合体在加有选择压（*P. lingam* 的毒素）的培养基中培养，得到了对称的和不对称的再生植株。通过同工酶分析和 DNA 探针分析，证实再生植株是体细胞杂种，并且在加有选择压的培养基中再生的植株，绝大多数都抗 *P. lingam*。Kirti 等（1991）用 PEG 将芥菜下胚轴原生质体与 *Brassica spinescens* 叶肉原生质体融合，获得了抗白粉病的体细胞杂种再生植株。之后，他们又进行了芥菜与 *Tracaystoma ballii* 的属间原生质体融合研究，获得了抗斑点病的体细胞杂种。

2. 基因工程和分子标记辅助育种　芥菜的基因工程和分子标记辅助育种始于 20 世纪 90 年代。乔爱民、雷建军等（1998）最先报道利用 RAPD 分子标记对芥菜 16 个变种进行了聚类分析，并同时利用 RAPD 标记鉴定芥菜品种。曹必好、雷建军等（2001）利用 RAPD 找到了芥菜红叶性状的分子标记。Mahmood 等（2005）利用双单倍体作材料，用 RFLP 技术对芥菜种子颜色进行了分子标记。

黄菊辉等（1994）利用发根农杆菌（*Agrobacterium rhizogenes*）进行芥菜遗传转化方法的初探，建立了遗传转化体系。杨朝辉等（2003）用农杆菌介导将豇豆胰蛋白酶抑制剂（CpTI）基因导入芥菜，获得了Kan抗性植株。在室内进行了喂虫试验，结果表明转基因芥菜抗虫性明显高于对照，转基因植株之间存在抗虫性差异。曹必好、雷建军等将从甘蓝中分离出来的抗TuMV（芜菁花叶病毒，turnip mosaic virus）基因导入芥菜中，使芥菜对TuMV的抗性有所增强。骞宇等（2004）将水稻几丁质酶基因导入芥菜，为选育抗真菌病害的芥菜新品种奠定了一定的基础。金万梅、巩振辉等（2003）以芥菜雪里蕻和圆叶芥为试材，在携带潮霉素磷酸转移酶基因和CaMVBari-1基因*VI*的根癌农杆菌菌株GV3101的介导下，采用植株原位真空渗入遗传转化技术，将外源基因潮霉素磷酸转移酶基因和CaMVBari-1基因*VI*导入芥菜，获得了转基因植株。李学宝等（1999）将苏云金杆菌晶体毒蛋白基因（*Bt*）导入叶用芥菜中，获得了抗虫性增强的株系。1995年新加坡大学利用编码1-氨基环丙烷-1-羧酸盐（ACC）氧化酶的反义基因转化芥菜，结果发现，与未转化的对照相比，转基因植株的乙烯生产量降低，离体培养物再生能力显著增加。高效再生转基因植株始终保持ACC氧化酶活性和乙烯产量降低。Prasad等（2004）将胆碱氧化酶基因（*codA*）导入到芥菜的叶绿体，使芥菜对光抑制的耐性增强。印度学者Eapen（2003）利用发根农杆菌转化产生的根毛来吸附重金属铀，从而用于消除土壤或营养液中的重金属污染。美国科学家用转基因芥菜吸附环境中过量的硒。吸附较多硒的芥菜可以作为饲料添加剂，用于缺硒地区的畜牧业和养殖业。Kanrar等（2002）将橡胶凝集素基因导入到油用芥菜中，使转基因芥菜对芥菜黑斑病（*Alternaria brassicae*）的抗性有所增强。Yao等（2003）将拟南芥的*ADS1*基因导入到油用芥菜中，使饱和脂肪酸含量降低。印度的Das（2002）从芥菜中分离出脂肪酸延长酶基因。新加坡学者Gong（2004）从芥菜中分离出一些与植株再生有关的候选基因。Veena等（1999）从芥菜中分离出乙二醛酶基因（*Gly Ⅰ*），并转化到烟草进行功能鉴定，结果表明转基因烟草对甲基乙二醛和高盐的耐性增强。杨景华、张明方等（2005）根据甘蓝型油菜（*Brassica napus*）细胞质雄性不育相关基因*orf222*设计兼并引物，利用PCR方法，获得了与芥菜雄性不育相关的基因*orf220*。Hu等（2005）从油用芥菜中克隆了4个与多胺合成有关的候选S-腺苷甲硫氨酸脱羧酶基因。

随着芥菜育种研究的不断深入，育种技术在不断地进步，利用现代育种技术（包括诱变、远缘杂交、转基因等）创造优良种质资源将是一个重要途径。在育种目标上，对优质、抗病和抗逆的要求会越来越高。

第二节 种质资源与品种类型

一、起源与传播

（一）起源

中国是芥菜的原生起源中心或起源中心之一。在中国新疆、青海、宁夏、甘肃等西北地区，存在着芥菜的两个原始基本种——野生类型的黑芥（汪良中等，1982）和芸薹，同时有野生芥菜的分布。中国的芥菜类蔬菜即起源于这一地区，于公元前6世纪以前由该地区的野生芥菜进化而来，四川盆地是芥菜的次生多样性分化中心（陈材林等，1992）。

Morinaga和Sasaoka对芸薹属种间杂种减数分裂中染色体配对行为进行了深入研究，认为几个物种之间染色体组有着密切的亲缘关系。芥菜与芸薹杂交时，F_1减数分裂中期染色体配对情况为10Ⅱ（10个二价体）+8Ⅰ（8个一价体），而芥菜与黑芥（*B. nigra*，$n=8$）杂交时，F_1减数分裂中期染色体配对情况为8Ⅱ+10Ⅰ。从而推知，芥菜是芸薹与黑芥杂交后合成的异源四倍体或双二倍体。若芸薹的染色体组为A，黑芥的染色体组为B，甘蓝（*Brassica oleracea* L.）为C，则芥菜的染色体组为AB。Nagaharu（1935）提出了芸薹属6个物种的细胞遗传关系假说并建立著名的禹氏三角模式图(图12-1)。

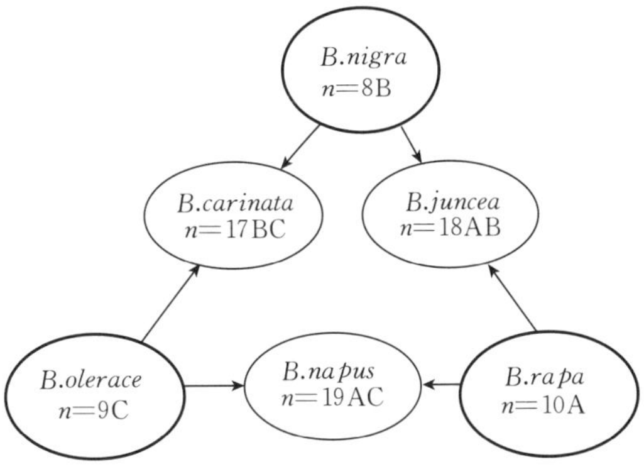

图12-1　禹氏三角模式图
（Nagaharu，1935）

后来通过人工杂交重新合成了芥菜、甘蓝型油菜（*B. napus* L.）和阿比西尼亚芥（*B. carinata* L.），其特性与天然存在的上述3个复合种具有形态特征的一致性和细胞学结构的同一性，且与天然存在的该物种植株之间也不存在生殖隔离，从而有力地证明了芥菜的遗传学起源，它是来自黑芥与芸薹的杂交所形成的复合种。这个观点得到了学术界的普遍认同。

（二）传播

西周初年至春秋时期，黄河中下游地区的诗歌总集《诗经·邶风·谷风》（约公元前6世纪中期成书）就有利用芥菜的文字记载。在数千年的进化发展中，特别是该物种自公元5～6世纪由黄河流域或长江中下游地区传入四川盆地后的1 500年间，在盆地独特的地理条件、温暖湿润的气候环境、相对较少历史战乱和发达的农耕水平背景下，经长期自然和人工选择，形成了而今种类多样的芥菜大家族，其多样性变异的程度和范围均超过了同属的白菜和甘蓝，成为芸薹属植物东方系统分化演变的典型（刘佩瑛，1996）。

在中国，除高寒干旱地区外，都有芥菜栽培，只是在不同的地区，其分布的集散程度、类型和品种数量的多少不一样。其中，秦岭淮河以南、青藏高原以东至东南沿海的地区，是中国芥菜的主要栽培区域。在此区域内，芥菜栽培很普遍，16个变种都有分布，有栽培品种资源800余份，中国以芥菜做原料加工的名特产品也主要集中在这个区域（刘佩瑛，1996）。

在中国芥菜主要栽培区域中，四川盆地的芥菜分布最为广泛，除作为一种大众化鲜食蔬菜外，还普遍用于加工。在变种和品种分布上，除分蘖芥、花叶芥、结球芥外，其余13个变种都有分布，栽培品种400余份。据"六五""七五"期间对全国各省、自治区、直辖市芥菜品种资源的调查研究和鉴定分析，可以明显地看出，以四川盆地为中心向外围的西南、东南、西北、东北各省、自治区、直辖市延伸，变种和品种数量的分布呈现出明显的递减趋势（周光凡、陈学群等，1990）。

在16个变种中，茎瘤芥、笋子芥、抱子芥、凤尾芥、长柄芥、白花芥等6个变种，最先在四川盆地发现，至今，凤尾芥、长柄芥、白花芥3个变种仍局限在盆地内一定区域栽培。茎瘤芥于20世纪30年代由四川盆地传入浙江省，后及湖南、湖北、贵州、陕西、云南、福建、江西、广东、广西、河南、山东、安徽等省（自治区）。目前，浙江省的茎瘤芥已形成了适合该地区生态的品种类型。随着茎瘤芥的传播，主作鲜食蔬菜的笋子芥也由四川盆地传入浙江、湖南、湖北、陕西、山东和江西等省；抱子芥也由四川盆地开始向贵州、湖北、湖南等省扩散；卷心芥和叶瘤芥虽然在贵州、云南、湖南、江苏、浙江，广西、广东等省（自治区）也有分布，但仍以四川盆地的品种数量最多，分布最广；大头芥、大叶芥、小叶芥、宽柄芥在中国多数省、自治区、直辖市都有分布，但其分布的广度和品种的数量远不及四川盆地，且无由其他省（自治区）传入四川省的历史痕迹。薹芥虽然主要分布于江苏、浙江、河南、广东、广西、福建等省（自治区），但这些省、自治区的薹芥均是单薹型品种，而多薹型品种目前仅分布于四川盆地。以上情况说明，在芥菜16个变种中，茎瘤芥、笋子芥、抱子芥、凤尾芥、长柄芥、白花芥等6个变种首先在四川盆地分化形成；大头芥、大叶芥、小叶芥、宽柄芥、叶瘤芥、卷心芥、薹芥等7个变种则是在四川盆地和其他省、自治区多点分化形成的（刘佩瑛，1996）。

二、种质资源的研究与利用

（一）地方品种的搜集与引种

“六五”（1981—1985）、“七五”（1986—1990）期间，涪陵农业科学研究所和重庆市农业科学研究所等联合，在全国28个省（自治区、直辖市）搜集到各类芥菜地方品种资源1 000余份（其中四川盆地500余份）。1986—1988年，在涪陵集中种植观察并结合品种资源原址调查，对这些资源进行了多方面的研究和鉴定评价。

中国各地具丰富的芥菜品种资源，在鉴定评价的基础上，这些资源有的已直接应用于生产，如目前在重庆、四川大面积种植的茎瘤芥优良品种永安小叶，是涪陵农业科学研究所1986年搜集芥菜资源时在当时的涪陵县永安乡发现的“少叶菜”资源，通过较短时间提纯复壮后，更名为“永安小叶”，在茎瘤芥主产区推广应用。该品种于20世纪90年代取代原当家品种蔺市草腰子，成为重庆、四川片区栽培加工榨菜的原料作物的主推品种，目前在重庆市其种植面积约占总面积的70%。有部分资源本身就是当地的主推优良品种，通过鉴定整理和推广，为各地相互引种进一步提供了借鉴，如四川省自贡市的笋子芥地方品种白甲菜头，目前已在重庆市的永川、涪陵、璧山等区、县较大面积种植。

（二）分类与亲缘关系研究

根据形态学、细胞学、生物化学等方法，将芥菜类蔬菜划分为根用芥菜（根芥）、茎用芥菜（茎芥）、叶用芥菜（叶芥）和薹用芥菜（薹芥）四大类，再细分为大头芥（*B. juncea* var. *megerrhiza*）、笋子芥（var. *crassicaulis*）、茎瘤芥（var. *tumida*）、抱子芥（var. *gammifera*）、大叶芥（var. *rugosa*）、小叶芥（var. *foliosa*）、白花芥（var. *leucanthus*）、花叶芥（var. *multisecta*）、长柄芥（var. *longepetiolata*）、凤尾芥（var. *linearifolia*）、叶瘤芥（var. *strumata*）、宽柄芥（var. *latipa*）、卷心芥（var. *involuta*）、结球芥（var. *capitata*）、分蘖芥（var. *multiceps*）、薹芥（var. *utilis*）共16个变种。形态学的观察比较是形成芥菜类蔬菜这一新分类系统的主要研究方法（杨以耕等，1989）。

1. 分类

（1）根芥的分类　可以将根用芥菜分为3个基本类型：①圆柱形。肉质根纵径16～18 cm，横径7～9 cm，上下大小基本接近。如四川省的小叶大头菜、荷包大头菜和广东省的粗苗等品种。②圆锥形。肉质根纵径12～17 cm，横径9～10 cm，上大下小，类似圆锥状。如四川省的白缨子、重庆市的合川大头菜和江苏省的小五缨等。③近圆球形。肉质根纵径9～11 cm，横径8～12 cm，纵横径基本接近。如四川省的兴文大头菜、马边大头菜和广东省的细苗等品种。

（2）茎芥的分类　芥菜茎的变异有3个类型，共同特征是伸长茎膨大呈肉质，以其肥大的肉质茎或茎上肥大侧芽为产品器官，依其品质特性的不同，分别主作腌渍加工原料或鲜食，栽培学上统称茎用芥菜。此类芥菜在中国秦岭、淮河以南多数省份均有栽培，主要集中在四川盆地及长江流域，为中国的特产蔬菜之一。

笋子芥：伸长茎肥大呈肉质，棒状，茎上无瘤突。此类芥菜在四川盆地及长江中下游地区有较多的品种资源，尤以四川省（除川西北高原）最为丰富。如四川省成都市的竹壳子棒菜、大狮头、二狮头，自贡市的白甲菜头、齐头黄菜薹、黄骨头菜薹，泸州市的稀节子棒菜、密节子棒菜，天全的白叶笋包菜。此外，如湖北省武汉市、宜昌市等地的春菜，江西省的吉安、上饶一带早熟芥菜头、中熟芥菜头等，都是产量较高、品质优良的主栽品种。

茎瘤芥：伸长茎肥大呈肉质，茎上有瘤状突起（瘤状茎）。此类芥菜资源相对偏少，其分布区域较为狭窄，集中在重庆市、四川省及浙江省。按瘤状茎和肉瘤的形状，茎瘤芥可分为4个基本类型：①纺锤形。瘤状茎纵径13～16 cm，横径10～13 cm，两头小，中间大。如重庆市涪陵区的蔺市草腰子、细匙草腰子等。②近圆球形。瘤状茎纵横径基本接近，个头大小不等。如重庆市的小花叶、枇杷叶和浙江的浙桐1号等。③扁圆球形。肉瘤大而钝圆，间沟浅，瘤状茎纵径8～12 cm，横径12～15 cm，纵横径比值小于1，如重庆市的柿饼菜。④羊角菜形。肉瘤尖或长且弯曲，形似羊角，此类茎瘤芥商品性差，特别不宜用于加工榨菜，但其中一些资源可用作育种材料。如重庆市的皱叶羊角菜、矮禾棱青菜等。

抱子芥：伸长茎和茎上侧芽同时肥大呈肉质。此类芥菜主要在四川省中部、南部和重庆市西部一带栽培，近10余年来已向多个省、市扩展。按肉质侧芽的形状和大小，可将抱子芥分为2个基本类型：①胖芽型。每株着生肥大肉质侧芽15～20个，侧芽呈不正圆锥形，纵径10～15 cm，横径5～7 cm，单个侧芽平均重50 g以上。如四川省、重庆市的大儿菜、妹儿菜等。②瘦芽型。每株密生肥大肉质侧芽25～30个，侧芽呈不正的纺锤形，纵径11～14 cm，横径3～4 cm，单个侧芽平均重35 g以下。如四川省的下儿菜、抱子青菜等。

(3) 叶芥的分类　芥菜叶的变异最为复杂，除叶形、叶色、叶缘的多种变化外，在形态结构上具有本质差异的变异类型有10个，以其肥大的叶片、叶柄或叶球（含中肋）为产品器官，分别主作腌渍或鲜食，或作饲料，栽培学上称叶用芥菜（含下述白花芥）。此类芥菜在四川省、重庆市和湖南的西部地区通称青菜，其他地区亦称青菜、辣菜、苦菜等。叶用芥菜在中国南北各地广泛栽培，但不同的类型在分布上有区域性，总的情况是，叶片宽大、板叶、叶柄肥厚的类型和品种多在南方栽培；反之，叶片窄小、花叶、叶柄较薄的类型和品种则多见于北方。

① 大叶芥。叶片宽大，叶柄短，其长度不足叶长的1/10，叶柄横断面呈弧形，中肋宽度小于或等于叶柄宽度。

② 小叶芥。叶片较小，叶柄较长，其长度接近叶长的4/10，叶柄横断面呈半圆形，中肋宽度小于叶柄宽度。

③ 花叶芥。叶缘深裂或全裂，呈多回重叠的细羽丝状。

④ 长柄芥。叶柄特长，其长度为叶长的6/10左右，叶柄横断面呈半圆形，中肋裂变呈分枝状，掌状网脉。

⑤ 凤尾芥。叶片狭长，呈披针形或阔披针形，叶柄短，中肋宽度小于叶柄宽度。

⑥ 叶瘤芥。叶柄较短，叶柄与中肋交汇处正面着生卵形或奶头状凸起肉瘤。

⑦ 宽柄芥。叶柄短，其长度不足叶长的1/10，横断面呈扁弧形，叶柄和中肋宽大肥厚。

⑧ 卷心芥。叶柄和中肋宽大肥厚且合抱，心叶外露。

⑨ 结球芥。叶柄和中肋宽大肥厚，心叶叠抱成球，状如结球甘蓝。

⑩ 分蘖芥。叶片较短小，叶柄短而细窄，营养生长期短缩茎上侧芽萌发抽生形成庞大叶丛。

⑪白花芥。花为白色。叶片长椭圆形，长74～81 cm，宽25～29 cm。

(4) 薹芥的分类　薹芥亦称薹用芥菜，可分为2个类型：

① 单薹型。顶芽早抽，侧芽不发达，形成一个肥大的花薹。

② 多薹型。顶芽和侧芽同时早抽，形成多个柔嫩多汁的花薹。

2. 亲缘关系　陈学群等（1990、1994）从历史考证、比较形态学、细胞学和同工酶分析入手，研究了芥菜的进化路径和进化机制，认为首先是由原始的野生芥菜双向分化（主要是叶柄和叶片的分化）形成了小叶芥和大叶芥，这两个变种是基本变异类型，其他变种都是在其基础上直接或间接演化而来。由大叶芥短缩茎上的多个腋芽萌发，抽生多个分枝呈丛生状，形成分蘖芥；大叶芥叶片深裂或全裂成多回重叠的细羽丝状，产生了花叶芥；大叶芥的叶柄和中肋增宽、增厚呈肉质，产生了宽柄芥；大叶芥叶柄和中肋逐渐隆起形成瘤状突起，演变成叶瘤芥。由宽柄芥的叶柄和中肋逐渐向内弯曲，进而形成叶柄和中肋合抱，心叶外露的卷心芥；宽柄芥的叶柄、中肋和心叶逐渐向内卷曲，进而叠抱成球，由此产生结球芥。大叶芥的叶片进一步变长，宽度逐渐变窄，形成了叶为阔披针形的凤尾芥。小叶芥在一定的栽培条件下，叶柄逐渐增长，中肋裂变呈分枝状，产生了长柄芥；小叶芥的黄色花产生突变，变为乳白色，形成白花芥。大头芥则可能是大叶芥和小叶芥两个变种分别演化而来。大叶芥的短缩茎逐渐伸长、膨大，出现了一个过渡类型，这一过渡类型的基部继续伸长、膨大，产生了笋子芥；此过渡类型的肉质茎不再继续伸长而是横向膨大，同时在肉质茎上（叶柄基部外侧）出现瘤状突起，形成茎瘤芥；此过渡类型横向膨大的同时，肉质茎上的侧芽也伸长、膨大呈肉质，形成抱子芥。薹芥可能是由早期的大叶芥演化而来。但薹芥中多薹型品种表现植株矮小，叶片较窄，抽薹早，结籽多，阶段发育对环境条件要求不严格，这种生殖器官特异强化和营养器官相对原始的现象似乎比叶芥更为古老，因此薹芥也可能是直接由野生芥菜演化形成（刘佩瑛，1996）。

三、品种类型

（一）根芥

在芥菜类蔬菜中，根用芥菜的适应性最强，在中国南北各地的秋季和冬春季节栽培，如不受高温威胁和冻害，均能正常生长，且对病毒病和软腐病具较强的抗性或耐性，唯南方特别是西南地区开花结实期若遇绵雨天气，空气湿度较大时，易感染霜霉病。

1. 缺叶大头菜 四川省内江市地方品种。株高 49～53 cm，开展度 72～78 cm。叶长椭圆形，最大叶长 61 cm，宽 16 cm，深绿色，叶面平滑，无刺毛，蜡粉少，叶柄长 17 cm。肉质根圆柱形，纵径 15 cm，横径 9.0 cm，入土约 3.0 cm，皮色浅绿，地下部皮色灰白，表面较光滑，单根鲜重 450～500 g。在内江市近郊 8 月下旬至 9 月上旬播种，次年 1 月中、下旬收获。每公顷产肉质根 37 500 kg 左右。

2. 花叶大头菜 云南省昆明市地方品种，开远、建水一带亦普遍栽培。株高 38～40 cm，开展度 45～48 cm。叶椭圆形，最大叶长 38 cm，宽 10 cm，绿色，叶缘全裂。肉质根短圆柱形，纵径 10.5 cm，横径 8.0 cm，单根鲜重 350～400 g，入土 3.5 cm，皮色浅绿，地下部皮色灰白，表面粗糙易裂口。在昆明市郊 8 月下旬至 9 月上旬播种，次年 2 月上、中旬收获。每公顷产肉质根 37 500 kg 左右。

3. 大五缨大头菜 江苏省淮安市地方品种。株高 35 cm 左右，开展度 35～40 cm。叶长椭圆形，最大叶长 33 cm，宽 12 cm，深绿色，叶面微皱，叶缘具浅缺刻。肉质根短圆锥形，纵径 12 cm，横径 10 cm，入土约 3.0 cm，皮色浅绿，地下部皮色灰白，表面光滑，单根鲜重 350 g 左右。耐寒，耐病毒病。肉质根质地嫩脆，芥辣味浓，皮较薄。在淮安近郊 8 月中、下旬播种，11 月中、下旬收获。每公顷产肉质根 34 500 kg 左右。

（二）茎芥

茎用芥菜在中国秦岭、淮河以南的各省、自治区、直辖市广泛栽培，主要集中在四川盆地及长江流域，为中国的特产蔬菜之一。

1. 笋子芥 又名棒菜、笋子青菜，在江西、湖北等省也称芥菜头、青菜，以其肥大的棒状肉质茎为主要产品器官。笋子芥在中国西南地区及长江流域栽培较为普遍，但以四川盆地的品种其肉质茎的膨大最为充分，也是主要的食用器官；在湖北省宜昌市及其以下的长江中下游地区则多为茎叶兼用型品种。因其肉质茎含水量特高，质地柔嫩，皮较厚，所以主作鲜食，少量可用于加工泡菜，其叶可用于加工半干态的腌渍品。

（1）竹壳子棒菜 四川省成都市地方品种。株高 72 cm，开展度 76～84 cm。叶长椭圆形，绿色，叶面微皱，叶缘浅缺具细锯齿，最大叶长 58 cm，宽 19 cm，叶柄长 2.5 cm。肉质茎长棒状，长 24 cm，横径 4.0 cm，表皮浅绿色，鲜重 450～500 g。在成都近郊 8 月中、下旬播种，次年 2 月下旬至 3 月上旬采收。每公顷产肉质茎 45 000 kg 左右。

(2) 白甲菜头　四川省自贡市地方品种。株高 70 cm，开展度 67～72 cm。叶倒卵形，绿色，最大叶长 65 cm，宽 40 cm，叶面微皱，无刺毛，少被蜡粉，叶缘波状具细锯齿，叶柄长 6.0 cm。肉质茎长棒状，上有棱，长 30 cm，横径约 4.0 cm，皮色浅绿，鲜重 400 g 左右。熟食略带甜味。在自贡市近郊 8 月下旬至 9 月上旬播种，次年 2 月上、中旬收获。每公顷产肉质茎 45 000 kg。

(3) 迟芥菜头　又名猪脚包菜头，江西省吉安市地方品种。株型高大，株高 85～100 cm，开展度 65～75 cm。叶长倒卵圆形，长 85 cm，宽 38 cm，绿色，叶面皱褶，有光泽，叶缘波状具粗锯齿，叶柄长 5.0 cm，较扁平。肉质茎棒状，上有棱，长 36 cm，横径 8.0 cm，表皮浅绿色，鲜重 750～1 200 g。耐肥，耐寒。肉质茎肥嫩，汁多味甜，品质好。在吉安市近郊 8 月下旬至 9 月上旬播种，12 月下旬至翌年 2 月上、中旬采收。每公顷产肉质茎 37 500～45 000 kg。

2. 茎瘤芥　又称青菜头、包包菜，多作为加工榨菜的原料作物。其膨大的肉质茎上每一叶基外侧均有明显的瘤状突起物 3～4 个。该肉质茎称为瘤茎，是主要的产品器官。瘤茎上的突起物则称肉瘤，肉瘤间的缝隙称间沟。茎瘤芥主作加工，亦可鲜食。以瘤茎作为原料的加工成品即是世界三大名腌菜之一的“榨菜”，由于其质地嫩脆，风味鲜香，营养丰富，在国内、外享有较高声誉，为中国的重要出口蔬菜之一。

(1) 蔺市草腰子　重庆市涪陵区地方品种。1965 年由西南农业大学、重庆市农业科学研究所和涪陵农业科学研究所联合发掘于涪陵县蔺市镇龙门乡，1972 年开始在生产上应用。该品种株型较紧凑，株高 45～50 cm，开展度 55～60 cm。叶倒卵形，绿色，叶面微皱，叶缘具细锯齿，最大叶长 53 cm，宽 25～30 cm，叶柄长 3.0～5.0 cm，上生 2～3 对小裂片。瘤茎纺锤形，纵径 12.3 cm，横径 10.8 cm，皮色浅绿，肉瘤较大而钝圆，间沟较浅，鲜重 300 g 左右。瘤茎质地致密，品质佳，含水量较低，脱水速度快，加工成菜率高。但早播易先期抽薹，且抗病毒病能力弱，因此只宜在城市远郊常年轻病的粮作区种植。在涪陵沿长江榨菜产区，一般 9 月 15 日至秋分播种，次年 2 月中旬收获。每公顷产肉质瘤茎 30 000 kg 左右。

(2) 三转子　重庆市涪陵区李渡镇地方品种。株高 66～70 cm，开展度 65～70 cm。叶长椭圆形，深绿色，叶面中等皱缩，最大叶长 69 cm，宽 31 cm，具 3～5 对裂片，裂片部分占叶长的近 1/2，叶柄长 4.0～6.0 cm。瘤茎扁圆球形，纵径 10.3 cm，横径 12.2 cm，皮绿色，肉瘤较大，间沟较深，鲜重 250～300 g。耐肥，耐病毒病，加工适应性与蔺市草腰子接近。在涪陵沿长江地区，9 月上旬播种，次年 2 月中旬收获，现仅少量种植。每公顷产肉质瘤茎 30 000 kg 左右。

(3) 三层楼　重庆市涪陵区地方品种。株高 50～55 cm，开展度 55～60 cm。叶倒卵形，浅绿色，叶面微皱，叶缘具细锯齿，最大叶长 55 cm、宽 28 cm，叶柄长 3.0～4.0 cm，裂片 3～4 对。瘤茎纺锤形，纵径 13.3 cm，横径 11.1 cm，皮色浅绿，肉瘤小而圆，间沟较深，鲜重 250 g 左右。耐瘠薄，适应性强。瘤茎皮薄筋少，易脱水，品质较好，加工成菜率稍次于蔺市草腰子。在涪陵沿长江地区 9 月中旬播种，次年 2 月中旬收获。每公顷产肉质瘤茎 25 500 kg。

(4) 柿饼菜　重庆市涪陵区地方品种。株高 60～65 cm，开展度 65～70 cm。叶片较大，深绿色，阔卵圆形，成熟后叶上端自然向外披垂；最大叶长 70 cm，宽 31 cm，叶柄长 3.0 cm；裂片 1～2 对，叶面微皱，叶缘具细锯齿。瘤茎扁圆形，上下扁平，纵径 9.5 cm，横径 13.2 cm，皮色浅绿，肉瘤大而钝圆，间沟浅，鲜重 300～350 g。耐肥，较耐病毒病，抽薹较晚，丰产性好。瘤茎形状美观，皮较厚，含水量较高，脱水速度较慢，宜鲜食，亦可加工。在涪陵沿长江地区 8 月下旬至 9 月上旬播种，次年 2 月中、下旬收获。每公顷产肉质瘤茎 45 000 kg 左右。

(5) 半碎叶　浙江省海宁县地方品种，20 世纪 30 年代从四川省引种驯化栽培。株高约 50 cm，开展度 55～60 cm。叶长椭圆形，深绿色，叶面微皱，叶缘深裂；最大叶长 58 cm，宽 25 cm，叶柄长 3.5～4.5 cm。瘤茎近圆球形，纵径 13 cm，横径 10 cm，表皮浅绿色，上被较厚的蜡粉，间沟较浅，鲜重 250 g 左右。耐肥、耐寒，加工性能好。在海宁、余姚等地 10 月上旬播种，定植成活后以大苗（俗称小砣子苗）越冬，次春瘤茎迅速膨大，于4月上旬采收。每公顷产肉质瘤茎60 000 kg左右。

3. 抱子芥 抱子芥又称儿菜、娃娃菜，主要以其肥大的肉质茎及其侧芽供鲜食。其肉质茎及侧芽含水量很高，质地柔嫩，因此连同肥厚的叶柄一起可用于加工泡菜，但不宜用于加工半干态的腌渍品。在栽培上和选择品种时，抱子芥与茎瘤芥一样，同样应考虑病毒病、空心和后期的软腐病等问题。

（1）大儿菜 四川省南充市地方品种。株高52～57 cm，开展度63～68 cm。叶长椭圆形，绿色，叶面微皱，无刺毛，无蜡粉，叶缘具细锯齿；最大叶长53 cm，宽28 cm，叶柄长5.0 cm。肉质侧芽长扁圆形，每株18～20个，鲜重约900 g；最大侧芽长13 cm，宽约6.2 cm，厚4.1 cm。肉质茎短圆锥形，纵径20 cm，横径8.0 cm，鲜重600 g。全株肉质茎及侧芽群合计鲜重1 500 g左右。耐肥，耐寒。肉质侧芽柔嫩多汁，味微甜，皮厚，易空心，只宜鲜食。在南充地区8月下旬至9月上旬播种，次年2月下旬至3月上、中旬收获。每公顷产量75 000 kg左右。

（2）抱儿菜 四川省南充市地方品种。株高62～67 cm，开展度74～79 cm。叶卵圆形，浅绿色，叶面微皱，刺毛较多，无蜡粉，叶缘浅波状；最大叶长51 cm，宽30 cm，叶柄长2.5～3.0 cm。肉质侧芽长扁圆形，每株26～29个，鲜重750 g；最大侧芽长13 cm，宽4.3 cm，厚2.9 cm。肉质茎棍棒状，纵径25 cm，横径9.0 cm，鲜重750 g。全株肉质茎及侧芽群合计鲜重1 500 g左右。生物学特性与大儿菜近似。在南充地区8月下旬至9月上旬播种，2月中、下旬收获。每公顷产量67 500～75 000 kg。

（三）叶芥

以其肥大的叶片、叶柄或叶球为产品器官，分别主作腌渍或鲜食，或作饲料。

1. 大叶芥 大叶芥在全国有很多优良的地方品种，也是加工蔬菜的主要原料。

（1）鸡叶子青菜 四川省南充市地方品种。株高72～77 cm，开展度62～72 cm。叶倒卵圆形，绿色，叶面平滑，叶缘具细锯齿；最大叶长71 cm，宽28 cm，叶柄长4.0 cm，扁平，横断面弧形。单株重1 500 g左右。耐肥，较耐病毒病。芥辣味较浓，质地柔嫩，是加工冬菜和家常腌菜的主栽品种。在南充市近郊8月下旬至9月上旬播种，次年2月上旬采收。每公顷产量75 000～82 500 kg。

（2）圆梗芥菜 别名宽叶芥菜，江西省萍乡市地方品种。株高82 cm，开展度90 cm。叶长倒卵圆形，绿色，叶面中等皱缩，叶缘波状具细锯齿；最大叶长85 cm，宽40 cm，叶柄长6.2 cm，中肋窄而内卷。单株鲜重2 500 g左右。抗逆性较强，抽薹晚，丰产性好，芥辣味浓，主要作腌渍加工原料。在萍乡市郊10月上、中旬播种，次年4月中、下旬采收。每公顷产量60 000～75 000 kg。

此外，还有二宽壳冬菜、箭杆冬菜、宽叶箭杆青菜等。独山大叶芥是贵州省独山、都匀"腌酸菜"的主要原料栽培品种。福建省建阳春不老、宁德满街拖，广东省的三月青芥菜、南风芥、高脚芥，江西省的红筋芥菜，云南省的澄江苦菜、粉秆青菜等，都是供鲜食或加工酸菜的优良品种。

2. 小叶芥 在四川省及云南、贵州等省有较为丰富的品种资源，除可加工、鲜食外，还可作饲料。

（1）二平桩 四川省宜宾市地方品种。株高68～73 cm，开展度55～60 cm，株型紧凑。叶长椭圆形，绿色，叶面中等皱缩，无刺毛，叶片上部全缘，下部羽状全裂，裂片小而密；最大叶长77 cm，宽23 cm；叶柄肥厚，长15 cm，侧边钝圆，横断面半圆形。单株重1 500 g左右。耐肥、耐寒，耐病毒病。芥辣味较浓，是用于加工芽菜的优良主栽品种。在宜宾市9月上、中旬播种，次年2月下旬采收。每公顷产量90 000～97 500 kg。

（2）白秆甜青菜 四川省泸州市地方品种。株高74～79 cm，开展度78～83 cm。叶倒卵形，黄绿色，叶面皱缩，叶缘波状；最大叶长 75 cm，宽 28 cm；叶柄长 37 cm，横断面半圆形。单株鲜重 1 200～1 500 g。耐肥，熟食略带甜味，品质好，主作鲜食，亦可加工腌渍。在泸州市 9 月上旬播种，12 月至次年 2 月上、中旬分次采收。每公顷产量 75 000～82 500 kg。

加工品“宜宾芽菜”的原料品种除二平桩外，还有二月青菜、四月青菜等。此外，重庆市涪陵区的圆叶甜青菜、蓝筋青菜，垫江县的红筋青菜，万源县的鸡血青菜，云南省的圆秆青菜等，均是可用于鲜食或加工的优良品种。

3. 白花芥　主要品种有白花青菜，四川省泸州市地方品种。株高 51 cm，开展度 65 cm，株型较紧凑。叶椭圆形，浅绿色，略显白色，叶面中等皱缩，无刺毛，被蜡粉，叶缘波状；最大叶长54 cm，宽 21 cm；叶柄肥厚，长 23 cm，横断面半圆形。花瓣乳白色。单株鲜重 2 000 g 左右。耐肥，耐寒，叶柄和叶片柔嫩多汁，芥辣味淡，主作鲜食，亦可加工腌渍，或作饲料。在泸县 9 月上、中旬播种，次年 2 月中旬至 3 月上、中旬分次劈叶采收。每公顷产量 90 000 kg 左右。

除白花青菜外，目前发现在四川省泸县还有另一个品种白秆青菜，花乳白色，植株比前者高大，零星分布。

4. 花叶芥　主要品种有金丝芥，系上海市郊区地方品种。株高 25～30 cm，开展度 36 cm。叶椭圆形，嫩绿色，有光泽，叶片羽状全裂，裂片小而细碎，呈多回重叠的细羽丝状。最大叶长 42 cm，宽 6.9 cm，叶柄长 3.5 cm。单株鲜重 300～500 g。分枝性强，耐寒力强，叶片柔软，炒食清香味浓郁。在上海市 8 月中、下旬播种，11 月中、下旬采收。每公顷产量 30 000 kg 左右。

此类芥菜品种除金丝芥外，还有上海市的银丝芥，甘肃省的花叶芥菜，江苏省的木樨芥，陕西省的腊辣菜等。

5. 长柄芥　主要品种有叉叉叶香菜，系重庆市垫江县地方品种。株高 50～55 cm，开展度60～65 cm，株型松散。叶扇形，浅绿色，叶面微皱，无刺毛，被蜡粉，叶缘皱褶，呈不等锯齿状；中肋裂变成 3～5 个分杈，形成假复叶状；最大叶长 53 cm，宽 32 cm，叶柄长 27 cm，侧边钝圆，横断面半圆形。单株鲜重 2 000 g 左右。耐肥，耐寒，质地柔嫩，芥辣味淡，煮食或炒食具浓郁清香味。在垫江县 9 月上旬播种，12 月下旬至次年 2 月中、下旬分次劈叶采收。每公顷产量 90 000～120 000 kg。

长柄芥品种较稀少，除叉叉叶香菜外，还有梭罗菜、烂叶子香菜、长梗香菜等品种，均主作鲜食。

6. 凤尾芥　主要品种有凤尾青菜，系四川省自贡市地方品种。株高 63～68 cm，开展度 84～89 cm。叶长披针形，深绿色，叶面平滑，全缘；最大叶长 86 cm，宽 14 cm；叶柄长 10 cm，横断面近圆形。单株重 1 500 g。耐肥，耐寒，耐病毒病。叶片柔嫩，芥辣味较浓，适宜腌制加工，亦可鲜食。在自贡市 9 月上旬播种，次年 2 月中旬收获。每公顷产量 75 000 kg 左右。

除凤尾青菜外，在四川省西昌市还有阉鸡尾辣菜零星栽培。

7. 叶瘤芥

（1）*白叶弥陀芥*　上海市地方品种。株高 28～35 cm，开展度 52～57 cm。叶倒卵圆形，浅绿色，叶面中等皱缩，刺毛稀疏，无蜡粉，叶缘具细锯齿；最大叶长 49 cm，宽 34 cm；叶柄长 6.5 cm，中肋宽 16 cm；叶柄与中肋交界处内侧着生一椭圆形肉瘤，肉瘤高 6.3 cm，横径 3.5 cm。单株鲜重 1 500 g左右。质地柔嫩，芥辣味较浓，品质好，主作腌制加工，亦可鲜食。在上海、常州等地 9 月中、下旬播种，次年 3 月中、下旬至 4 月上旬收获。每公顷产量 75 000 kg 左右。

（2）*窄板奶奶菜*　四川省泸州市地方品种。株高 40～45 cm，开展度 58～63 cm。叶椭圆形，绿色，叶面皱缩，叶片上部边缘具细锯齿，下部全裂；最大叶长 46 cm，宽 27 cm，叶柄长 9.0 cm；中肋宽 8.0 cm，中肋上内侧着生有一奶头状肉瘤突起，肉瘤长 5.6 cm，横径 3.6 cm。单株鲜重 1 200～1 500 g。耐肥，耐寒。芥辣味较浓，质地嫩脆，品质好，主作鲜食和腌制泡菜。在泸州市郊 9 月中旬播种，次年 2 月中、下旬收获。每公顷产量 60 000～75 000 kg。

8. 宽柄芥

(1) 宽帮青菜　四川省万源县地方品种。株高 57～60 cm，开展度 72～76 cm。叶椭圆形，绿色，叶面中等皱缩，叶缘不等锯齿状；最大叶长 62 cm，宽 33 cm；叶柄扁平，长 6 cm，宽 4 cm，厚 1.2 cm，横断面扁弧形，中肋宽 9 cm。叶柄和中肋鲜重 105 g，单株鲜重 1 400 g。耐肥，耐寒。芥辣味淡，质地较柔嫩，主作鲜食，亦可用于加工酸菜。在万源县 9 月上、中旬播种，次年 2 月中、下旬收获。每公顷产量 67 500～75 000 kg。

(2) 花叶宽帮青菜　四川省成都市地方品种。株高 50～55 cm，开展 77～82 cm。叶椭圆形，深绿色，叶面多皱，被蜡粉，叶缘深裂。最大叶长 50 cm，宽 28 cm，叶柄扁平，长 1.0 cm，宽 8 cm，厚 1.4 cm，横断面扁弧形，中肋宽 13 cm。叶柄和中肋鲜重 170 g，单株鲜重 1 800～2 000 g。耐肥、耐寒。芥辣味较淡，质地柔嫩，主作鲜食，亦可加工。在成都市郊 8 月下旬至 9 月上旬播种，次年 3 月上旬收获。每公顷产量 82 500～97 500 kg。

除上述品种外，另有四川省的大片片青菜、宽帮皱叶青菜、白叶青菜，上海市的粉皮芥，湖南省的面叶青菜，江苏省的黄芽芥菜，贵州省的皮皮青菜等，都是宽柄芥的优良品种。

9. 卷心芥　主要有抱鸡婆青菜，系重庆市垫江县地方品种。株高 28～32 cm，开展度 64～68 cm。叶椭圆形，浅绿色，叶面较平滑，叶缘细锯齿。最大叶长 40 cm，宽 27 cm；叶柄长 3 cm，宽 5 cm，横断面扁弧形，中肋宽 15 cm。叶柄和中肋合抱，心叶外露，合抱体极紧实，扁圆形。单株鲜重 1 200～1 500 g。芥辣味淡，质地嫩脆，熟食略带甜味，品质好，主作鲜食和腌制泡菜。在垫江县 9 月上、中旬播种，次年 2 月中、下旬收获。每公顷产量 67 500～75 000 kg。

除上述品种外，还有成都市的砂锅青菜，自贡市的香炉菜、包包青菜，万州的米汤青菜，另有重庆市涪陵、垫江一带的罐罐菜等。

10. 结球芥　主要有番苹种包心芥菜，系广东省汕头市地方品种。株高 29 cm，开展度 48～53 cm。叶阔卵圆形，黄绿色，叶面多皱，叶缘具锯齿；最大叶长 38.8 cm，宽 35.1 cm；叶柄长 4.7 cm，宽 4.4 cm，中肋宽 14.3 cm。叶片叠抱呈牛心状的叶球，重 1 350 g。芥辣味淡，熟食略带甜味。在汕头市郊 9 月上旬至 10 月下旬播种，次年 1 月中旬至 2 月中旬收获。每公顷产量 75 000 kg 左右。

结球芥主要分布在中国华南沿海，尤以广东省的澄海、汕头和福建厦门等地品种较多，如广东省的短叶鸡心芥、晚包心芥、哥苈大芥菜，福建省的厦门包心芥菜、霞浦包心芥菜等。

11. 分蘖芥　主要有九头雪里蕻，系江苏省无锡市地方品种。株高 49 cm，开展度 58～63 cm。叶狭倒卵形，绿色，叶面平滑，叶缘具粗锯齿；最大叶长 53 cm，宽 2.5 cm，叶柄细窄，长 9 cm。侧芽发达，单株侧芽 23 个，单株鲜重 1 500 g。耐寒，耐病毒病。芥辣味较浓，主作腌渍加工。在无锡市郊早春栽培，2 月上、中旬播种，5 月上、中旬收获，每公顷产量 52 500 kg 左右；秋冬季栽培每公顷产量 90 000 kg 以上。

分蘖芥在中国长江中下游地区及北方各省份广泛栽培，品种资源极为丰富。主栽品种还有：上海市的黄叶雪里蕻、黑叶雪里蕻，浙江省的细叶雪里蕻、嘉雪四月蕻、七星鸡冠菜，江苏省的九头鸟、银丝雪里蕻，江西省的细花叶雪菜，湖南省的大叶排菜、细叶排菜、鸡爪排菜等。

(四) 薹芥

主要有小叶冲辣菜，系重庆市地方品种，属多薹类型。株高 45～50 cm，开展度 65～70 cm。叶倒披针形，绿色，叶面平滑，叶缘不等锯齿状；最大叶长 41 cm，宽 5 cm；叶柄细窄，长 1 cm，宽约 1.3 cm。单株肉质侧薹 7～9 个，单株鲜重 1 600 g。耐肥，耐病毒病。芥辣味特浓。在重庆巴南区南泉乡等地 9 月上旬播种，10 月上旬定植，移栽后 40 d 即可陆续摘取嫩薹食用。每公顷产量 60 000 kg 左右。

属于多薹型的品种还有贵州省的贵阳辣菜、枇杷叶辣菜等。属于单薹型的品种有浙江省的天菜，广东省的梅菜等。

第三节　生物学特性与主要性状遗传

一、植物学特征与开花授粉习性

（一）植物学特征

1. 根　芥菜的根分为两大类，一类是根用芥菜的肉质根及其上面的须根；一类是非根用芥菜的根。这两类根在植物学形态上差别较大。根用芥菜的根分为两部分，一部分是肉质根，一部分为承担吸收任务的须根。其中肉质根的形态有圆柱形、圆锥形和近圆球形之分。肉质根分为由短缩茎组成的根头部、下胚轴发育而成的根颈部，以及真根发育而成的真根部。其中根颈部多在地面上，有的部分入土，入土深浅因品种而异。真根部分的下半部分周围着生须根，以吸收水分和营养物质。

2. 茎　芥菜的茎在营养生长阶段分为五类，即瘤茎（茎瘤芥）、儿茎（儿芥）、笋茎（笋子芥）、薹茎（薹芥）和短缩茎（叶芥和根芥类）。在生殖生长阶段，所有类型芥菜的茎都伸长，变成花茎，并产生多级侧枝。

3. 叶　芥菜的叶片形态差别较大，有椭圆、卵圆、倒卵圆、披针等形状；叶色有绿、深绿、浅绿、绿色间血丝状条纹及紫红色等；叶面有平滑、皱缩之分；叶缘锯齿状或波状，全缘或基部浅裂或深裂，或全叶具有不同大小深浅的裂片；叶片中肋或叶柄有的扩大成扁平状，有的伸长（长柄芥），也有伸长呈箭杆状的，有的形成不同形状的突起，或曲折包心结球（结球芥）。

4. 花　芥菜的花序为总状花序，花器由花萼、花冠、雄蕊、雌蕊和蜜腺等部分组成。花萼 4 片，完全分离，蕾期呈绿色，随后逐渐转变成黄绿色。花冠由 4 个花瓣组成，蕾期及始花期各花瓣互相旋叠，花朵盛开时，花瓣完全分离平展呈十字状；花瓣的颜色，大部分为黄色或鲜黄色，但白花芥的花瓣为白色。雄蕊包括 6 个小蕊，四长两短，称 4 强雄蕊。雌蕊单生，子房上位，有 4 个蜜腺。

5. 果实及种子　芥菜的果实为长角果，由果喙、果身和果柄组成。果喙长 0.4～1 cm，果身长 3～4 cm，果柄长 1.2～2.5 cm。嫩果绿色，以后逐渐转黄。每角果内约有种子 10～20 粒，种子干燥后略收缩，而稍呈念珠状，果瓣有强棱。

芥菜种子呈圆形或椭圆形，色泽有红褐、暗褐等。正常无病种株的种子千粒重为 1 g 左右。种子色泽受收获时间的影响比较大，收获较早者，种子偏红，收获过迟者，种子偏暗褐色。种子千粒重受品种、留种方式、收获时间、着生部位以及生长环境条件的影响，大株留种的种子产量最高，中株留种的次之，小株留种的种子产量最低。

（二）开花授粉习性

1. 阶段发育特性　芥菜属于一二年生作物，一般在秋季播种，第 2 年春季开花。但对低温春化要求不严格，甚至没有要求；对光周期要求也不严格，只要营养生长时间足够，或营养体达到一定大小后，就可开始花芽分化。例如，在 25 ℃恒温、连续光照或每天 12～16 h 的光照的人工气候室内，1 年可以繁殖 5～6 代，即使营养体不够大（不到田间种植的 1/2），照样可以开花结果，只是种子数量少一些而已。在自然条件下，如果播种比较早，当年的低温来临之前，也可完成花芽分化，并且在当年开花。

2. 开花和授粉习性　芥菜属虫媒传粉的常异花授粉植物，没有严格的自交不亲和性，因此，在芥菜中选育不出自交不亲和系。由于自交是正常现象，因此，芥菜自交生活力衰退不严重。芥菜与十字花科芸薹属含 A 染色体组的大白菜、普通白菜、菜心、芜菁、白菜型油菜均有少量的天然杂交率。

芥菜的花期，就单株来说，有效花期为 15～30 d，一个品种群体的花期为 25～45 d，盛花期 10 d 左右。同一品种，由于播种期的推迟，开花期的气温逐渐升高，花期有缩短的趋势。另外，开花期的水肥条件良好，花期增长；反之缩短。一天中上午 10 时至下午 4 时花粉散出最多。单株的花数因基因型和营养条件而异，一般为 1 500～4 000 朵。以每 667 m^2 种植 4 000 株蔺市草腰子茎瘤芥为例，在正常情况下，每株开花数 2 500～3 000 朵，其中，第 1、第 2 级分枝上的花朵占全株总花数的 80%左右，3 级分枝花朵只占 15%～20%。随着播种期的延迟，种植密度的增加，种株营养体生长随之减小，单株开花数逐渐减少。同一播种期，同一种植密度，水肥条件良好者，单株开花数增多，反之则减少。

以茎瘤芥为例，一天之中开花系在上午 4 时至下午 6 时内进行，而花朵盛开和散粉的时间是上午 10 时至下午 4 时，这段时间也便是授粉最适宜的时间。就一朵花的开放过程来看：下午 6 时以后花蕾开始膨大，花柄伸长，萼片合缝上部展现黄色；晚上 8 时至凌晨 3 时，互相旋叠的花瓣开始松散，萼片合缝上部分离，略见黄色花瓣，柱头伸长与花瓣顶部平直，偶有个别柱头伸出花瓣顶部；凌晨 4 时至上午 8 时，花瓣伸长出现小口，呈初开花状，萼片完全分离；上午 9 时至 10 时，花瓣先端分离呈半开花状；上午 10 时至 11 时以后，萼片和花冠都平展呈十字状，花药开始破裂，散布花粉。开花后 3～4 d，萼片及花瓣先后脱落，如遇阴雨和低温，萼片和花瓣延迟脱落。

从全株来看开花顺序，一般都是主花序先开，或主花序与相邻的一次分枝下面的某一个或几个一级分枝花序同时开，而与主花序相邻的一次分枝花序在主花序开放后 2～5 d 才开始开花。各级分枝花序的开花顺序是 1 级分枝先开，依次是 2 级分枝、3 级分枝、4 级分枝。同一级分枝花序是上部先开、下部后开。一个花序上的花朵，不论主序和分枝都是由下向上、从外到内开放。

二、生长发育及对环境条件的要求

（一）生长发育阶段

芥菜类型多，生长发育因类型不同而不同。总体上，可以分为如下几个阶段。

1. 发芽出土期 休眠期过后，当种子吸收足够的水分后，便可在适宜的温度条件下萌发。发芽的适宜温度为 25 ℃。在田间水分充足、旬平均温度 25 ℃左右的条件下，3 d 后出苗。低于 25 ℃时，出苗时间会推迟。

2. 幼苗期 从出苗到产品器官膨大之前为幼苗期，具体持续时间因品种、季节和地区而异。例如，重庆市涪陵区在 9 月上旬播种育苗移栽，11 月上旬茎部开始膨大，幼苗期 60～70 d，而浙江推迟 1 个月播种，以大苗越过寒冷冬季，翌年 2 月下旬，肉质茎才开始膨大，幼苗期长达 130 d。

3. 产品器官膨大期 幼苗期过后，大多数白菜类和甘蓝类蔬菜都有一个莲座期，但芥菜的莲座期不明显，幼苗期结束后便可进入产品器官形成期。茎芥的肉质茎开始膨大，根芥的肉质根开始膨大，薹芥进入该阶段后，开始抽薹，叶芥中的结球芥开始形成叶球，卷心芥的叶柄开始弯曲，其他叶芥在形态上没有太大的变化，只是生长速度加快，营养物质不断地积累，逐渐达到商品成熟。

4. 开花结实期 芥菜虽然对低温春化没有明显要求，但在生产上一般还是于前一年秋冬季播种，第 2 年才抽薹开花。如果春季播种，当年夏天就可以开花。有实验认为，如开花时遇到高温，将结实困难。现蕾后 5～8 d 就开始抽薹，抽薹后 20～28 d 开始开花（李曙轩，1972）。长日照能加速发育进程，缩短生育周期。生产实践证明，秋播过早，幼苗受高温长日照影响，促进生长发育，导致先期抽薹。

（二）对环境条件的要求

1. 温度 芥菜喜温和的气候条件，生长适温 12～22 ℃。不同生长发育阶段对温度的要求不一样，前期要求较高的温度，器官形成期要求较低的温度。发芽出土期，适温为 25 ℃左右，幼苗期适温为 22 ℃左右，莲座期为 15～20 ℃，产品器官形成期对温度的要求，变种之间有较大的差异。茎瘤芥的茎膨大最适温度为 15 ℃以下，无论营养生长有多么旺盛，如果温度高于最适温度太多，茎也不会膨大。瘤茎开始膨大后，最适合肉质茎发育的温度为旬均温 6～10 ℃。关于笋子芥与抱子芥产品器官生长发育的最适温度，很少有专门的研究报道，但从主产区的分布来看，笋子芥和抱子芥对温度的要求基本上与茎瘤芥一致。叶芥为 10～15 ℃，结球芥、卷心芥对温度要求比较严格。其他类型叶用芥菜对温度的要求不如结球芥和卷心芥严格，较耐高温，如雪里蕻、南风芥等生长期较短，可周年栽培。根芥为 10～18 ℃。品种之间对温度的要求也有较大的差异，如结球芥的哥苈大芥菜只有在 10～15 ℃下才结球良好，而鸡心芥的适应性强，在 19 ℃以下的温度条件下均结球良好。重庆和四川是绝大部分芥菜的最适生产区，但结球芥在这里却很难结球。结球芥只有在冬季温度较高的广东、福建和台湾结球良好，可见结球芥结球的最适温度比较高。芥菜的生殖生长对温度的要求与其他十字花科蔬菜不一样，不需要低温春化。在 25 ℃左右恒温的人工气候室内，一年可繁殖 4～5 代。

2. 光照　Xu 等（2008）以浙桐 1 号茎瘤芥为材料，在杭州于 8 月中旬播种，苗龄 1 个月，移栽成活后，给以 3 个光照时间处理，即长日照，每天光照 16 h；短日照，每天光照 8 h；对照为自然光照，每天光照 12 h。结果表明，茎瘤芥植株鲜重的增加以对照为快，植株生长健壮，而短日照下植株鲜重增加缓慢，长势不良；长日照下，植株鲜重增加居上述两者之间。从总的生长来看，长日照下，茎重增加最快，但偏向于伸长生长，粗度几乎没有增加，且于 11 月中旬即抽薹开花。对照在 10 月底开始形成瘤茎，瘤茎的增重较快、较大，且以增粗为主，特别是后期。而短日照下，虽在 11 月中旬即有瘤茎膨大迹象，但茎的增重缓慢，后期的增长以增粗为主（刘佩瑛等，1996）。

3. 水分　芥菜喜湿，但不耐涝，要求土壤有充足的水分，并经常保持湿润。一般适宜土壤湿度为田间最大持水量的 80%～90%，适宜空气相对湿度为 60%～70%。芥菜有一定的抗旱能力，但土壤水分不足，不仅会影响产量，而且产品质量也会变劣。

4. 土壤和肥料　芥菜对土壤有较强的适应性，但以土壤肥沃、土层深厚、有机质丰富、保水保肥力强的土壤为好。芥菜在 pH 为 6.0～7.2 的微酸性土壤中生长良好。每生产 500 kg 鲜茎瘤芥，需吸收氮（N）2.74 kg，磷（P_2O_5）0.27 kg，钾（K_2O）2.68 kg。养分吸收的高峰期为茎瘤膨大初期，这个时期氮的吸收占总吸收量的 53.5%，磷占 48.3%，钾占 52.1%（周建民，1993）。适量施氮，可以显著增加茎瘤氨基酸总量、必需氨基酸和鲜味氨基酸含量；施磷能增加必需氨基酸的含量；施钾能降低苦味氨基酸的含量。

三、主要性状的遗传

（一）叶色

芥菜叶色有多种变异类型，每类中颜色深浅程度的变异较难区分，但红色和深绿色两大类叶片区分明显。红叶与绿叶杂交，正、反交杂种 F_1 植株均表现红色叶，F_2 代红叶株与绿叶株的比例为 3∶1，测交分离比例为 1∶1，完全符合孟德尔 1 对等位基因控制的性状的遗传模型（童南奎等，1992）。因此，红叶和绿叶为 1 对等位基因控制的质量性状，红叶为显性，绿叶为隐性。

（二）花色

芥菜的花一般为黄色，但白花芥菜的花为乳白色。黄花芥菜与白花芥菜杂交的 F_1 代植株的花表现为黄色，F_2 代植株有分离，表现为黄色、淡黄色、乳白色 3 种花色。黄色为显性，白色为隐性。对于控制黄色花与白色花遗传的基因对数和基因作用的方式，研究认为，花色是受 1 对互作基因控制的（Sun，1945）。

（三）叶的大小、叶缘、叶形、叶面特征

芥菜叶形变异大，类型多，特别是叶用芥菜，叶片形状、大小表现复杂。如有大叶芥菜、小叶芥菜之分。按叶片缺裂程度的不同，可区分为深裂叶、浅裂叶和全缘叶几种叶形的植株。有的植株叶片还表现为叶尖为一大裂片，另有一种类型的芥菜表现为叶片卷曲。叶面特征分为有绒毛和叶面光滑两

种类型。对芥菜叶形和叶面特征的遗传研究报道较多。

1. 大叶与小叶 大叶芥菜与小叶芥菜杂交，F_1 植株表现为大叶芥性状，F_2 代有大、小两种叶片的植株，分离比例为 3∶1，回交为 1∶1。因此，大叶为显性性状，小叶为隐性性状，控制它们的基因为 1 对等位基因（童南奎等，1992）。

2. 叶片缺裂 在整个芥菜物种中，叶片缺裂程度不一致。芥菜无缺裂表现为显性性状，叶片深裂为隐性性状，它们是 1 对等位基因控制的质量性状（童南奎等，1992）。

3. 叶尖端大裂片 在叶用芥菜中，有的品种叶片尖端有一大的裂片，如梭罗菜的叶片，叶尖部形成一个较大的裂片。对此性状进行遗传分析后，发现叶尖大裂片表现为显性遗传，并表现为 1 对基因控制的质量遗传性状（童南奎等，1992）。

4. 叶片卷曲 叶片卷曲表现为显性遗传性状，正常平展叶为隐性性状，它们为 1 对基因控制的质量性状（童南奎等，1992）。

5. 叶面绒毛 有的芥菜品种叶面被有绒毛，有的则叶面光滑。Singh 等（1967）报道，用这两种叶面特征的油用芥菜植株杂交，其 F_1 代所有植株均表现有绒毛，F_2 代出现 3∶1 分离，回交后代比例为 1∶1，符合 1 对基因控制的质量性状的遗传模型，植株叶面被有绒毛为显性性状。Pokhrigal 等（1964）也用印度油用芥菜试验，发现叶面绒毛和茎表面绒毛总是伴随一起遗传的，且控制它们的基因为 2 对显性互补基因。

（四）植株分枝性

芥菜植株的分枝性有基部分枝和高位分枝两种类型。基部分枝性以分蘖芥为典型代表。在营养生长早期，抽薹前植株基部侧芽生长旺盛，形成丛生状的植株。基部分枝性是显性性状，由 1 对显性主效核基因和胞质中的修饰基因共同控制（童南奎等，1992）。Singh 等（1967）的试验认为，印度油用芥菜的基部分枝性是一显性基因控制的质量性状。

（五）种皮颜色

芥菜种皮有褐色和黄色两种，褐色种皮受 2 对重复基因（*R1R1R2R2*）控制，只要有 1 个显性等位基因存在时，就能产生褐色种皮。当 2 个位点上的 2 对等位基因都为隐性基因时产生黄色种皮的种子（Sun，1945）。

（六）结球性

结球芥的品种与不结球的品种杂交，植株均表现为结球性，只是结球紧实程度较结球芥菜的低。统计 F_2 代和回交世代结球和不结球植株的比例，结果表明芥菜结球性是显性性状（童南奎等，1992）。

（七）根部膨大性

用大头芥与根部不膨大的芥菜杂交，F_1 根部表现膨大，但膨大程度比大头芥类亲本小。F_2 代植株根膨大与不膨大没有明显的变异界限，呈连续性变异。因此认为根部膨大性为显性遗传的数量性状。按数量性状遗传分析方法分析，根部膨大性的遗传符合加性-显性效应模型，以基因加性效应和显性效应为主，而非等位基因间的互作效应不明显，加性方差高于显性方差，遗传力不高（h_B^2=33.3%，h_N^2=17.6%）。控制该性状的有效基因不少于两对（童南奎等，1992）。

（八）茎部膨大性

用茎用芥菜与茎部不表现膨大的其他类型芥菜杂交，F_1 植株茎部表现膨大，但没有茎用芥菜茎部膨大那样明显，也没有明显的瘤状突起。F_2 代茎重表现为连续变异。由此看来，茎膨大性为核基因控制显性遗传的数量性状。进行数量遗传学分析表明，芥菜茎部膨大性符合基因加性-显性效应模型，基因显性方差高于加性方差，基因有超显性表现，控制该性状的有效基因有 2 对以上。茎重的遗传力不高，其中 $h_B^2=58\%$，$h_N^2=20\%$（童南奎等，1992）。

（九）开花期和成熟期

菜用芥菜开花期和成熟期遗传分析的资料尚未发现，这里就印度油用芥菜这方面的研究给予扼要介绍，以便开展菜用芥菜开花期和成熟期遗传分析工作时参考。据 Sancha 等（1987）报道，利用印度油用芥菜 3 个杂交组合，21 个株系材料进行遗传分析的结果表明，试验中涉及组合的开花期和成熟期符合两基因连锁遗传模型。在连锁基因对中，两基因互作的加性×加性、加性×显性、显性×显性 3 种互作类型对开花期和成熟期的遗传具有显著的作用。大值亲本中具较大效应的基因间有紧密连锁关系。开花期和成熟期在试验的某些组合中具有重复上位性。看来，芥菜开花期和成熟期是数量性状遗传。

（十）氨基酸含量

童南奎等（1991）报道，芥菜氨基酸总量表现为数量遗传性状，世代均值分析表明符合加性显性效应模型，加性方差明显高于显性方差，控制该性状的基因表现加性效应和不完全显性效应，至少有两对有效基因控制氨基酸含量，遗传力不高（$h_B^2=-51.6\%$，$h_N^2=42\%$）。

（十一）果实多室性

赵洪朝等（2003）对芥菜型油菜多室、二室相对性状遗传的研究发现，多室、二室相对性状受 1 对主效基因控制，且受微效基因所修饰，无胞质效应；多室性状受 1 对隐性基因控制，二室性状受 1 对显性基因控制。

（十二）芥酸含量

王兆木等（1989）用无芥酸芥菜型油菜泽蒙 2 号分别与 6 个高芥酸芥菜型油菜品种（系）杂交，所得 F_1 种子的芥酸含量介于两亲本之间，F_2 种子的芥酸含量基本按 1∶4∶6∶4∶1 的比例分离，表明芥酸含量受 2 对没有显隐关系但有累加效应的基因控制。泽蒙 2 号不论做母本还是做父本与高芥酸亲本杂交，其 F_2 的芥酸含量与高芥酸亲本芥酸的含量无显著相关关系。Bhat 等（2002）的研究结果表明，芥酸含量由 2 个主效显性基因（位于 B 基因组的 *E1* 和位于 A 基因组的 *E2*）控制，而且 *E2* 的作用大于 *E1*。

（十三）芥子油苷

Sodhi 等（2002）用双单倍体材料研究了芥子油苷的遗传规律。结果表明，总芥子油苷受 7 个基因控制。

（十四）硝酸盐含量

林家宝等（1994）的研究表明，硝酸盐含量是可遗传的数量性状。但遗传力很低，直接选择基本无效。通过对各性状间的遗传相关及通径分析研究指出，选择生长速度快，叶片及分蘖数多，叶形大，叶片缺刻较浅，植株高大且单株重的植株可望获得低硝酸盐含量的芥菜品种。

（十五）抗病性

对芥菜抗病性研究的报道，目前只有少量。童南奎等对芥菜抗芜菁花叶病毒（TuMV）的特性做了一些初步研究（刘佩瑛等，1996）。利用弥渡绿秆做抗病亲木，与感病亲本蔺市草腰子进行杂交，研究了抗病性的初步表现，结果表明，对TuMV的抗性为少数基因控制的质量性状。

第四节 育种目标

一、品质育种

芥菜因类型种类不同，对品质性状的具体要求也不一样，而且同一类型中，鲜食品种和加工品种品质的要求也有差异。例如根芥、叶芥、茎芥及薹芥不同类型间，仅就鲜食品质而言，它们之间在各自品质上的具体内容都有其独特性，加工品质要求又有别于鲜食品质。

（一）鲜食品种的品质要求

对鲜食品种而言，色、香、味、形态、质地等显得十分重要。以茎用芥菜为例，要求膨大肉质茎形状好，短而肥大，主茎上瘤状突起大而呈圆钝形，质地脆嫩，无苦涩味，煮熟后具有浓郁的鲜味。鲜食叶芥的品质目标是水分多，脆嫩，苦味淡。鲜食薹芥的要求是薹比较细，含水量较高，质地脆嫩。理化品质性状着重于营养学方面的内容，如蛋白质和维生素含量高。

（二）加工品种的品质要求

对于加工品种，品质性状要求重点在于工艺学和营养学方面。叶芥、根芥、茎芥都分别有适于加工的品种，各类加工品种品质的具体要求各不一样。如脱水榨菜加工品种，要求瘤状茎大小适中（500～700 g）或略小（300 g左右），以适于整菜加工的需要。菜头形状以纺锤形或近圆球形为好，瘤状突起圆钝，但突起间纵沟浅而小，皮薄，质地细嫩，不易空心，含水量低，固形物含量高，粗纤维含量低，蛋白质、氨基酸含量高。用作加工的叶芥抽薹时的主茎粗，叶片中肋和叶柄粗，加工后存放2～3年后仍脆嫩，不变软。根芥的品质要求为肉质根圆锥形或圆柱形，表面光滑，粗纤维少，含水量低（90%左右）。加工薹芥的薹要求较粗，水分含量低。

二、丰产性育种

（一）生物总量

生物总量是产量的基础，与产量的相关性极为密切。对于叶芥和薹芥来说更是如此。高产是优良品种的基本特征。因此，产量是芥菜育种的基本目标。叶芥产量因素一般由单位面积株数、单株叶数和单叶重量构成；茎芥产量构成因素主要包含有单位面积株数、肉质茎膨大率和单株肉质茎重（抱子芥另含单株肉质侧芽重）；根芥由单位面积株数、根膨大率和单株膨大根重等几个因子构成。芥菜产量的这些构成因素在产量的形成过程中相互联系、相互制约。实践证明，当选择对象产量较低时，针对其产量的构成成分进行选择，对提高产量是有效的。但这种对产量各构成成分的选择也不一定就比对产量本身的选择更为见效。因为这些构成因子之间还具有互相制约的一面。增大单位面积株数必然会增大种植密度，这样植株生长受到一定影响，导致单株产量下降。芥菜丰产性育种应当培育合理群体结构，改良株型使之成为理想株型（株型紧凑，便于密植）。对茎用芥菜来说，鲜食品种和加工品种在单株膨大茎大小要求上还具有差异。单株膨大茎过大不适于目前对加工品种的要求，作为鲜食品种也不宜于过大或偏小，要求大小适中，一般为500 g左右。因此，芥菜丰产性育种不能单纯考虑产量的构成因子，应将群体结构、合理密植度、加工和消费要求等因素结合考虑，改良品种的遗传特性，提高品种的丰产潜力。

芥菜的产量是数量遗传性状，遗传力低，因而产量的鉴定须采用统计分析的方法。在育种的前期，鉴定的重点应主要放在株型和产量的构成因素上，如对茎芥的茎膨大性、整齐度、株型、外叶数、抗病性、密植适应性等性状进行鉴定。在育种的后期阶段，获得了较稳定的系统后，才宜对产量这一综合性状进行鉴定。对产量的鉴定应严格按照有关试验设计的方法和栽培技术要求进行。

（二）生物量的分配

芥菜类蔬菜主要食用其营养器官，其中叶芥以叶片（含叶柄）为产品器官，其经济产量与生物产量非常接近。茎芥的笋子芥和茎瘤芥的经济产量大体为生物产量的50%，而抱子芥、根芥的经济产量约占生物产量的60%。在育种实践中，通过遗传改良的途径来增大经济产量占生物产量的比重具有重要意义。要最大限度地提高芥菜类蔬菜的经济产量，应从提高光合生产率和增大同化物质向产品器官的分配率两方面着手。通过遗传改良来增强芥菜类蔬菜作物的适应性、抗性和光合作用能力等，可使生物产量得到一定程度的增加。

三、病虫害及逆境抗性育种

（一）抗病性

病害对蔬菜生产威胁严重，芥菜也不例外，特别是病毒病对茎用芥菜的危害，使产量、品质都蒙受重大损失。此病在整个生长期均可发生，但以生长前期发病导致的损失严重。据调查，病毒种群主要是TuMV，其次是CMV和TMV。病毒传播途径主要是病毒汁液摩擦接种传毒、蚜虫传毒而种子不传毒。严重危害芥菜生产的病害种类，除病毒病最严重外，主要还有芥菜类软腐病（病原菌 *Erwinia carotovora* subsp. *carotovora*）、芥菜类白锈病（病原菌 *Albugo candida*）、芥菜类霜霉病（病原菌 *Peronospora parasitica* var. *brassicae*）。对上述危害芥菜的几种主要病害的防治，依靠改良和提高作物抗病性，培育抗病品种，才是根本途径。特别是病毒病，一旦蔬菜作物受到侵染，化学药剂和栽培措施的改进都难以奏效。并且化学药剂的使用大大提高生产成本，污染环境，因此，抗病性是芥菜品种选育的重要目标。

（二）抗虫性

虫害给芥菜生产带来极大的损失。危害芥菜类蔬菜的主要害虫为蚜虫和菜粉蝶（*Pieris rapae*）。蚜虫是传播病毒的主要媒介昆虫，它本身的危害远不如传播病毒病造成的损失。因此，防治蚜虫，提高芥菜的抗虫性非常重要。目前，抗虫育种工作落后于抗病育种，对虫害主要还是采取化学防治法。由于蚜虫是芥菜病毒的主要传毒媒介，培育蚜虫“非选择性”的芥菜品种，是芥菜抗虫育种的一个重要发展方向。所谓“非选择性”是指农作物本身具有使害虫不愿取食的性质。

（三）抗逆性

芥菜的变种多，不同变种适宜种植的季节不一样，所以抗逆的范围很广。茎瘤芥早熟品种要求抗热性强，晚熟品种要求耐低温、耐未熟抽薹能力强，在广东夏季种植的叶用芥菜要求抗热性强。

第五节　育种途径

芥菜的育种途径有很多，目前在植物育种上所采用的育种途径，几乎都可应用到芥菜育种上，在这里只介绍于芥菜育种上已经取得了较好成效的育种途径。

一、选择与有性杂交育种

(一) 选择育种

绝大多数农作物育种都是从引种和选择育种起步的。由于芥菜育种研究起步比较晚，育种的历史不长，因此，选择育种是芥菜育种的主要途径之一。芥菜是一种常异花授粉植物，天然异交率比较高，自然群体中存在较多变异，因此通过选择育种比较容易选育出新品种。

由于芥菜多代自交后生活力衰退不严重，因此可进行连续多代的单株选择。主要性状的选择方法如下：

1. 品质的鉴定方法 芥菜感官品质的鉴定，主要通过感官检验，如眼看、鼻嗅、口尝等途径进行。较科学的方法是由一个经过专门训练的评定小组，在条件一定的实验场所，对产品的质地、风味、色泽等预先确定的指标性状进行客观的鉴评和描述。理化品质的鉴定则是借助于一定的测试仪器、分析方法进行物理学和化学测定。

2. 抗病性鉴定和选择方法 对茎用芥菜造成危害的病害主要是病毒病和软腐病。危害芥菜的病毒主要是芜菁花叶病毒。从营养生长初期就可开始遭受危害，严重时，植株矮化，几乎毫无商品产量。软腐病有两种，一是细菌软腐病，由 *Erwina aroideae* 感染所致；一种是菌核软腐病，由 *Sclerotinia sclerotiorum* 感染引起。这两种病害主要在抽薹开花期危害严重，对营养生长的影响不大。现将研究得比较多的病毒的接种鉴定方法做一简单介绍。

病毒病的鉴定可以在发病比较严重的年份和地块进行田间鉴定。进行抗病性鉴定的材料不要喷施防治蚜虫和病毒病的农药，等发病后进行病情调查。植株的不同发育阶段的病情分级标准不一样，现分别介绍如下。

营养生长期：

0 级 全株无任何症状。

1 级 有少量病叶（明脉、皱缩或花叶），占全株总叶片数的 1/3 以下，影响产量不明显。

2 级 病叶较多，占全株叶片总数的 1/2 以下，皱缩、花叶明显，生长受阻，影响产量。

3 级 病叶多，占全株叶片总数 1/2 以上，皱缩、花叶、扭曲显著，生长严重受阻，影响产量显著。

4 级 全株显症状，无一健叶，叶片皱缩，花叶严重畸形，全株矮缩，瘤茎产量锐减，或早期死株而无产量。

种株期：

0 级 全株无任何症状。

1 级 抽薹开花正常，薹茎叶有轻微花叶，影响种子产量不明显。

2 级 薹茎尖端短缩，花及角果丛生，普遍出现花叶，影响产量。

3 级 薹茎明显缩短，或大部分枝梗不能抽出，花及角果丛生，株形矮化，显著影响产量。

4 级 全株严重矮化，薹茎全部不能抽出，花及角果丛生一团，种子量极少。

这种鉴定方法简单易行，但易受毒原量、传病媒介和发病条件的影响，因此，结果不够准确。准确的方法是进行苗期人工接种鉴定。方法如下：

(1) *芥菜幼苗的准备* 用营养钵以蛭石或珍珠岩为基质在温室或人工控温室中育苗，每品种 15～30钵。种子催芽后播种，每个营养钵播种 2～3 粒。用 Hogland 氏营养液浇灌。2～3 叶期间苗，每钵留 1 株，3～5 叶期接种。

(2) *病毒汁液的准备* 首先将芜菁花叶病毒（TuMV）分离纯化，然后通过活体保存，即将 TuMV 接种在感病的芥菜上繁殖保存，最后按 1∶2 或 1∶3（重量∶体积）加入 0.05 mol/L、pH 7.0 的磷酸缓冲液，研磨成匀浆，用双层纱布过滤，过滤的汁液即为病毒汁液。

(3) *接种* 对 3～5 叶期的幼苗喷洒 400～600 目金刚砂，用带有橡胶手套的食指和拇指蘸取病毒汁液在芥菜叶片上轻轻来回摩擦 2～3 次，然后用水冲洗接种叶片。注意保持接种手法的一致性。也可将金刚砂先放入病毒汁液中，而不是直接喷洒在叶片上，然后蘸取病毒金刚砂混合液，在叶片上来回摩擦几次后用水冲洗叶片。接种后的材料放在 25 ℃左右、有光照的条件下培养（有的在接种前后 24 h，将芥菜幼苗放在黑暗条件下，然后再转到光照条件下），用 Hogland 氏营养液浇灌。

（4）病情调查　接种 10 d 后进行病情调查。病情分级标准（涪陵农业科学研究所，1990）为：

0 级　幼苗无任何症状。

1 级　心叶明脉或轻度花叶，心叶外的叶片无症状。

2 级　心叶及中部叶片花叶，少数（1/2 以下）叶片皱缩、花叶、畸形。

3 级　皱缩、花叶严重，多数（1/2 以上）叶片畸形。

4 级　全株发病严重，皱缩、花叶、畸形或坏死，无一健叶。

群体的抗病性用病情指数来衡量：

$$病情指数=\frac{a_0x_0+a_1x_1+a_2x_2+\cdots+a_nx_n}{nT}\times100$$

式中：a_0、a_1、a_2、…、a_n 表示各级病情的等级；x_0、x_1、x_2、…、x_n 表示各级病情的株数；n 表示最高级数；T 表示调查的总株数。

芥菜群体病情分级标准至今尚无人提出。

（二）有性杂交育种

芥菜属于常异花授粉植物，经过多代自交后，生活力衰退不严重。因此，通过常规杂交育种，容易在较短时间内通过连续多代单株选择（系谱选择）选育出基因型纯化的常规品种。

进行有性杂交育种，首先应该尽可能多地搜集种质资源，这是育种的基础。在对大量种质资源进行观察比较的基础上，选择符合育种目标要求的亲本杂交。尽管在杂交后代中，有可能分离出亲本不具备的优良性状，但为了提高成功的概率，育种目标所涉及的要求，最好在亲本中都具备。如果 2 个亲本满足不了要求，则选 2 个以上亲本采取复合杂交（添加杂交或合成杂交）。亲本性状互补是亲本配组最重要的原则，优良性状双亲都具有会更好，至少 1 个亲本必须具备，否则成功的概率会很低。如广东省汕头市白沙蔬菜原种研究所用株型较小、紧凑、中肋肥厚且短、结球紧实、商品性状好，但抗逆性一般，不耐寒、易抽薹的中熟包心芥菜做母本，以抗逆性强的三稔婆晚熟品种做父本，杂交选育出了中晚熟结球芥菜品种白沙短叶 6 号（郑汉藩等，2002）。这 2 个亲本抗逆性互补、熟性互补，且都具有较好的商品外观、产量和叶球紧实度。

杂种后代的选择方法，可采取系谱选择法和母系性状法，系谱选择法的纯化速度比母系选择法更快。白沙短叶 6 号就是用系谱选择法选育出来的，而鲁笋芥 1 号是先用系谱法，后用母系法连续选择 4 代选育出来的。

在自然条件下，芥菜一年只繁殖一代。刚收获的芥菜种子大多数都存在休眠现象。为了加速育种进程，缩短育种年限，可以通过人工加代技术，使之在一年之内繁殖 2 代或 2 代以上。打破休眠的方法主要有以下几种。

1. 赤霉素（GA_3）**处理**　用笋子芥品种棒棒菜和茎瘤芥品种板叶羊角作材料，对刚收获的新鲜成熟种子（浅褐色、已硬化），用 200 mg/L 的 GA_3 浸种 12 h 和 24 h，3 d 后统计发芽率。棒棒菜新鲜种子的发芽率分别为 93%和 97%，比对照分别提高 8.3 倍和 8.7 倍；板叶羊角分别比对照增加 0.9 倍和 3.1 倍。

2. 过氧化氢（H_2O_2）**处理**　栾兆水等（1996）用 10%的 H_2O_2 浸泡休眠茎瘤芥种子 3 min，其发芽率为 42%，低于对照，而其他处理的发芽率均高于对照。其中 10%的 H_2O_2 浸泡 8 min，15%和 20%的 H_2O_2 分别浸泡 5 min 和 8 min，25%的 H_2O_2 分别浸泡 3、5、8 min。8 个处理的发芽率均较高，为 89.0%～97.6%。如以 89.0%为解除榨菜种子休眠的最低临界发芽率，则这 8 个处理均解决了茎瘤芥种子的休眠问题。10%、15%、20%的 H_2O_2 浸泡休眠茎瘤芥种子的时间越长，发芽率也越高，而25%的 H_2O_2 浸泡 3 min、5 min 和 8 min，发芽率的变化都不如前者明显。另外，在处理时间相同的条件下，随着浓度的提高，发芽率呈现如下变化：浸泡 3 min 的，发芽率随浓度的增高而明显增高；浸泡 5 min 和 8 min 的，H_2O_2 的浓度在增至 15%以前，发芽率增高的趋势较明显。但 H_2O_2 浓度大于 15%后发芽率却变化不大，略有下降趋势。

3. 低温处理 魏安荣（1994）用低温（5 ℃）处理芥菜种子，可在一定程度上打破休眠。打破休眠的效果见表 12-2。

表 12-2 低温（5 ℃）处理打破休眠的效果

（魏安荣，1994）

处理时间	发芽率（%）							备注
	处理时间（h）						常温	
	1	2	3	4	12	24	CK	
采种后 3 d（5 d后观察）	0	0	0	0	0	0	0	
采种后 25 d（5 d后观察）	1	1	1	1	7	32	1	
采种后 52 d（3 d后观察）	4	55	100	100	100	100	3	以处理 3～4 h 发芽最快，处理时间长了发芽速度相对减慢
采种后 72 d（3 d后观察）	100	100	100	100	100	100	5	处理 1～4 h 的芽最长，处理 24 h的芽最短
采种后 92 d（3 d后观察）	100	100	100	100	100	100	90	处理 1～4 h 的芽最长，处理 24 h的芽最短

二、杂种优势育种

芥菜的杂种优势比较明显，大部分杂种一代组合的杂种优势表现在整个地上部分，尤其是株高、叶片大小上。瘤茎上也有明显的杂种优势。目前只有茎瘤芥有杂种一代品种在生产上应用。芥菜是不具备自交不亲和特性的少数十字花科作物之一，选育杂种一代只能应用雄性不育系。在芥菜中目前有两种类型雄性不育性，一类是对环境不敏感的雄性不育性，一类是对温光敏感的雄性不育性。对环境不敏感的雄性不育材料包括细胞核不育和质核互作雄性不育性（简称胞质不育，CMS）。Banga 和 Labana（1983）获得的芥菜 ms-1 雄性不育材料，以及通过德国的两个品种间杂交（EJ1× EJ2）获得的 ms-2 雄性不育材料均属受 1 对隐性基因（*msms*）控制的核雄性不育性类型。ms-1 雄性不育材料表现为植株矮生，侧枝发达，花瓣变窄。小孢子母细胞减数分裂正常，但小孢子刚游离出来就退化了。绒毡层中缺乏 DNA 和蛋白质，因而导致造孢组织的解体。ms-2 雄性不育植株中的花药中缺少 DNA 和蛋白质，尤其是减数分裂早期的造孢组织中缺乏。ms-3 雄性不育是通过秋水仙碱处理得到的，也属核不育。这种植株在减数分裂早期表现 pH 降低引起早熟的胼胝质分解使小孢子游离出来，从而发生退化。绒毡层在四分体形成前发育正常，但以后绒毡层细胞不正常地变大，呈质体状粘连在一起。

质核互作雄性不育（CMS）由细胞质和细胞核基因共同决定。细胞质中可育类型为 N（normal），不育类型为 S（sterile），细胞核不育基因大多为 1 对 *ms*，细胞核可育基因为 *Ms*，只有当胞质为 S、细胞核育性基因位点同时均为 *ms* 时才表现为雄性不育。除此以外，其他任何一种类型或基因组合均为雄性可育株。Rawat 和 Anancl（1979）首次报道的芥菜雄性不育材料也属质核互作雄性不育，但这种不育材料的细胞核不育基因为 2 对，只有 S 胞质与 *fr1fr1fr2fr2* 组合在一起时才表现为雄性不育，其他任何类型或组合均表现为雄性可育株。Brar（1980）通过种间杂交获得的雄性不育株也是这种类型。在油用芥菜地方品种中也曾发现质核互作雄性不育材料（史华清等，

1990）。1981 年，陈世儒从美国引进了胞质雄性不育材料，雄蕊花瓣化，蜜腺正常，与可育株杂交，少数果实畸形，种子产量稍低。张明方（1993）从中国农业科学院蔬菜花卉研究所引进雄性不育芥菜型油菜与白菜的种间杂交种后，再用芥菜做轮回亲本进行转育，得到了芥菜不育系，即雄蕊无花药结构，变态成丝状，瓣状或羽毛状，部分瓣状和羽毛状雄蕊心皮化，存在外生胚珠和乳突的组织结构，有部分变态雄蕊的中部或基部存在微量花粉。曾志红（1998）用芥菜型油菜胞质雄性不育系欧新 A 做不育源，获得了芥菜雄性不育系。雄性不育系花蕾比保持系略有增长，且柱头伸出蕾外 2～3 mm；花瓣略有增大，皱缩或半皱缩，呈深黄色；花药从外形上观察形态正常，但呈暗黄色，花丝变短。

环境敏感型的雄性不育材料由细胞隐性单基因控制。李云开等（2002）于 1999 年育成了温光敏核不育系 K121S。该不育系育性主要受温度和光周期的影响，日最低气温＞10 ℃，日照长度＜12 h 可育；日最低气温＞10 ℃，日照长度＞12 h 不育。在昆明（25°1′N）自然温光气候条件下，K121S 表现稳定的夏播不育，秋播可育。不育期间不育株率及不育度均可达 100%，可育期间自交结实率可达到 70%以上。K121S 恢复源广泛，可利用于两系育种及生产。

芥菜雄性不育材料的花器形态可分以下 3 类：

（1）*雄蕊花瓣化*　雄蕊发育不全，花丝变宽，花药不存在，整个雄蕊变成花瓣状。

（2）*雄蕊柱头化*　雄蕊的花药变成柱头状，并有乳突，退化花药无花粉粒。这种雄蕊也叫心皮化雄蕊。

（3）*雄蕊细丝化*　雄蕊退化成很小的白色的细丝状结构，这种雄蕊也称退化雄蕊。

这 3 种形态在极端温度或不同温度条件下发生交错变化，形成多态性。柱头状雄蕊经常伴有多个具 3～6 个胚珠的假子房，并且与角果弯曲性连锁。

有了雄性不育材料后，以雄性不育材料做母本，与待转育的材料杂交，然后用该材料做轮回亲本进行饱和回交，连续进行选择，便可获得雄性不育系。

涪杂 1 号是以胞质雄性不育系 96118－3A 为母本，自交系 920154 为父本杂交选育而成的茎瘤芥一代杂种。母本 96118－3A 是以芥菜型油菜胞质雄性不育系欧新 A 为不育源，96118－3 为轮回亲本，经连续 6 代回交选育而成。其不育性状稳定，不育株率为 100%，经济性状优良。同时也选育出了保持能力强的 96118－3B。父本是利用涪陵地区茎瘤芥地方良种永安小叶经 3 代单株自交和 2 代系内自交选育而成的优良自交系 920154。1996 年 3 月，用 96118－3A 与 920154 等自交系配制组合 11 个，1996 年 9 月至 1997 年 2 月进行组合比较试验，从中筛选出综合性状优良且具明显产量优势的组合 96118－3A×920154。1997—1998 年参加重庆市茎用芥菜（加工型）新品种区域试验，1998 年在涪陵、万州、丰都等地进行生产试验，1999 年进行抗芜菁花叶病毒（TuMV）鉴定和加工性能测定，2000 年 1 月通过重庆市农作物品种审定委员会审定（图 12－2）。

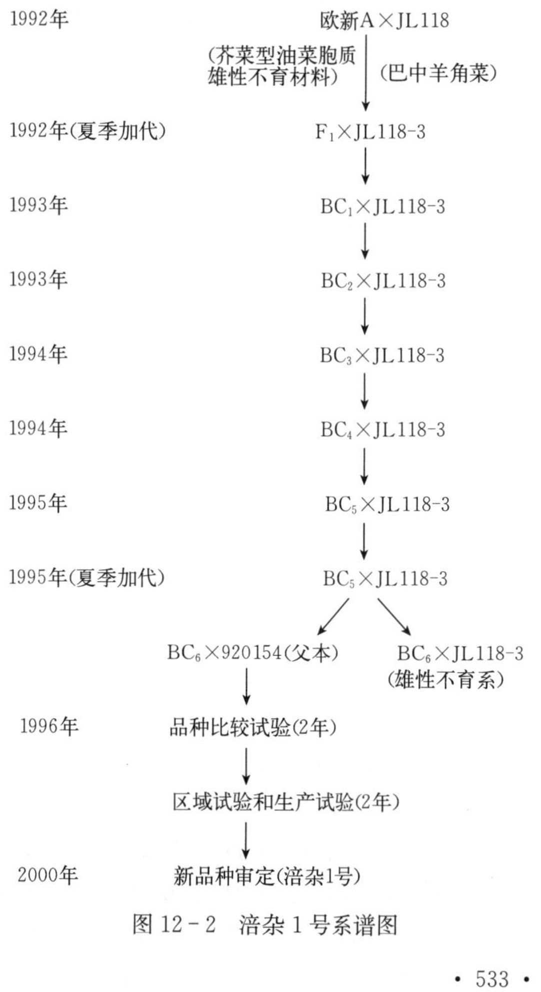

图 12－2　涪杂 1 号系谱图

三、生物技术育种

生物技术可以解决常规育种不能解决的许多问题。例如，利用突变体筛选技术可以在较小的空间内对大量材料进行有目的地选择，利用花药培养技术可以在较短时间内纯化亲本，利用组织培养技术可以解决茎瘤芥小株留种不能对营养器官进行准确选择的问题。如果大株留种，第二年春季，已经膨大的瘤茎极容易发生软腐病，导致种株在种子充分发育之前死亡。小株留种虽然可以避免种株腐烂的问题，但对瘤茎无法选择，如此多年后，就有可能导致种性退化。而利用组织培养技术，则可将两者结合起来，对瘤茎选择后，取瘤茎表现好的单株进行组织培养，用试管苗进行小株留种，则可巧妙地解决这一问题。利用分子标记可以快速准确地对杂种进行鉴定；利用基因工程技术可以将任何生物中的基因导入到芥菜中，而且可以做到不带累赘。生物技术的内容很多，可用于芥菜育种的归纳起来有两个方面，一是细胞工程育种，一是基因工程育种。

（一）细胞工程育种

在细胞工程中，最关键的技术是离体培养技术。芥菜的离体培养相对来说比较容易，MS 基本培养基加 1～3 mg/L BA 和 0.2 mg/L NAA 的培养基，对大多数芥菜品种来说都适合。雷建军（1991、1992）获得了茎用芥菜（茎瘤芥和儿芥）的原生质体再生植株，之后通过突变体离体筛选技术，获得了茎瘤芥抗氨基酸类似物 S－2－（氨乙基）－L－半胱氨酸（AEC）S－（2－氨乙基）L－半胱氨酸（AEC）的变异体等。陈利萍等（2005）利用组织培养技术辅助选择取得了较好的效果，他们取剖开的茎瘤芥茎尖进行组织培养，得到再生植株后，第 2 年 3 月定植到田间，可以得到种子，经过多代选择使空心率从原始材料的 35.1%降至 15.1%，裂心率从 18.6%降至 9.0%。刘冬等（1997）获得了大头菜花药培养的再生植株。

1989 年，瑞典的 Sjödin 等报道，将抗甘蓝类黑胫病的芥菜叶肉原生质体用 X 射线照射处理后与油菜的下胚轴原生质体融合，后将融合体在加有选择压（*P. lingam* 的毒素）的培养基中培养，得到了对称的和不对称的再生植株。通过同工酶分析和 DNA 探针分析，证明再生植株是体细胞杂种，并且在加有选择压的培养基中再生的植株，绝大多数抗甘蓝类黑胫病。Kirti 等（1991）用 PEG 将芥菜下胚轴原生质体与 *Brassica spinescens* 叶肉原生质体融合，获得了抗白粉病的体细胞杂种再生植株。之后，他们又进行了芥菜与 *Trachystoma ballii*（Kirti et al.，1995）的属间原生质体融合研究，获得了抗斑点病的体细胞杂种。

（二）基因工程育种

杨朝辉等（2003）取生长 4 d 的芥菜子叶、下胚轴和 25 d 的叶片在分化培养基（MS 培养基＋BA 310 mg/L＋NAA 0.1 mg/L）上预培养 2～3 d 后，投入农杆菌菌液中浸染 20 min，再在分化培养基上暗培养 2 d。之后，正常条件下培养 2 d，转入抗性培养基（MS＋BA3.0 mg/L＋NAA 0.1 mg/L＋Carb 500 mg/L＋Kan 30 mg/L）筛选抗性愈伤组织和抗性芽。每 2 周更换 1 次培养基。经多次继代筛选，再在生根培养基（MS＋NAA 0.2 mg/L＋Carb 300 mg/L＋Kan 30 mg/L）上生根。随后，获得了转基因植株（转豇豆胰蛋白酶抑制剂基因，抗虫基因），并进行了抗虫性鉴定。即在培养皿两边各放数片对照和转基因芥菜叶片，放入 10 条菜青虫（*Pieris rapae* L.）幼虫后盖好培养皿，2 d 后观察到对照的芥菜叶片被严重咬食，并且排泄大量虫便，而转基因芥菜的叶片被咬食的程度大大低于对照组。将转基因和对照植株分单株隔离，每株放 3 条菜青虫幼虫，4 d 后，转基因植株的幼虫全部提前蛹化，而对照植株上的幼虫生长正常。同时观察到转基因植株的单株之间抗虫性有着一定的差异。

李学宝等（1999）将带有子叶柄的子叶浸入到农杆菌液中 3～5 min，后转移到含 4.5 mg/L 6－BA

的MS培养基上共培养2～3 d后，再转移到附加10 mg/L卡那霉素、500 mg/L羧苄青霉素和5～15 mg/L $AgNO_3$ 的相同培养基上，光照培养2周。然后，将子叶外植体转移到含20 mg/L卡那霉素的MS培养基上继续培养，筛选转化体分化出来的抗性苗相继在含30～50 mg/L卡那霉素的培养基上培养筛选，淘汰非转化体。将抗性苗移入含20 mg/L卡那霉素和0.5 mg/L IBA的MS培养基，诱导生根后，移栽于土壤中。将甜菜夜蛾（*Laphygma exigua*）卵（或幼虫）培养在70%相对湿度、24 ℃光照培养箱内孵化，幼虫长大化蛹，交配，雌虫产卵后，收集虫卵，卵粒孵化后约36 d的幼虫用于试验。试验前称量幼虫体重。从转化植株和对照植株上取一定量的叶片，切成圆片，放入直径9 cm的培养皿中，立即小心地放入10条幼虫，于24 ℃条件下培养，每2 d更换1次叶片，统计幼虫死亡数，并取出存活的幼虫称重，观察其生长和叶片被摄食情况。结果表明，用转*Bt*基因植株当代（T_0）和后代（T_1和T_2）的叶片饲喂幼虫，其虫体重量比对照轻，死亡率为0%～60%（对照的死亡率为0）。

赵爽等（2008）以子叶为外植体，通过根癌农杆菌的介导，将商陆抗病毒蛋白基因*PAP*导入到芥菜中。取生长4 d的芥菜无菌苗子叶做外植体，将外植体于分化培养基MS+6-BA 2.0 mg/L上预培养2～3 d，将预培养的外植体投入稀释5～10倍的农杆菌菌液，不时摇动，让外植体与农杆菌充分接触，感染20 min后取出，置滤纸上吸去多余菌液，转至分化培养基上，暗处共培养2 d后转为正常条件下再共培养2 d。经共培养的外植体，转至抗性筛选培养基（MS+6-BA 3.0 mg/L+NAA 0.1 mg/L+Carb 500 mg/L+Kan 30 mg/L）上。每两周更换1次培养基，并逐渐降低Carb的浓度至300 mg/L。经多次继代后，抗性芽转到生根培养基（MS+NAA 0.2 mg/L+Cef 300 mg/L+Kan 20 mg/L)上诱导生根。对所获得的40株抗性植株进行PCR扩增，其中阳性植株为29株。Southern blot分析结果表明，*PAP*基因已被整合到芥菜基因组中，在大多数转基因植株中外源基因呈单拷贝，少数为双拷贝。Northern blot分析结果进一步表明，*PAP*在转基因植株中正常表达。转基因植株接种病毒试验初步结果表明，转*PAP*基因的植株对TuMV的侵染有一定的抑制作用。

第六节　良种繁育

一、常规品种的繁育方式与技术

在中国，目前芥菜类蔬菜大面积生产上使用的品种，绝大多数为比较优良的地方品种，或者由育种者通过系统选育而获得的常规新品种。这些品种经过一定年限推广应用后，往往由于机械混杂、生物学混杂、种株选择和留种方式不当、长期近亲繁殖以及栽培技术措施应用不当等原因导致品种的典型性、一致性下降，产量降低，品质变劣，这就是品种的退化现象。因此，从品种进入生产开始，尤其是进入大面积生产之前，就应特别重视良种繁育问题。

（一）良种田的选择

选择一年内没有留过芥菜（含芥菜型油菜）种的地块，以避免上年掉落种子发芽造成机械混杂。留种田应选择易于隔离，距十字花科蔬菜地距离较远（开阔地隔离距离至少1 500 m左右，有屏障的地方至少1 000 m）的地段，采用大、中株三级繁育制，选留作繁殖原种用的种株应人工套袋隔离，以保证品种纯度和提高种子质量。

留种地还应排灌良好，以防软腐病、霜霉病和白锈病等病害的发生和蔓延，土质以选用壤土为宜。

（二）田间管理

1. 适时播种，合理密植　为了减轻病毒病的发生，一般播种期比大面积生产的播种期推迟7～

10 d。定植密度要适宜，密度过大，品种典型性状不能充分表现，影响对种株的选择；密度过小，虽然一些重要性状得以充分表现，如茎芥肉质茎膨大过大，也易发生软腐病，种株死亡率高，因而种子产量低。原种生产的种植密度与大田生产基本相当即可。

2. 肥水管理和病虫害防治 种株定植后应加强肥水管理。在种株生长过程中，根据天气、土壤以及种株本身生长发育情况进行施肥、灌溉（或排涝）和防治病虫害等，其中施肥时应注意在种株抽薹以后增施磷钾肥（可采用根外追肥），开花期适当喷施硼肥。注意提早防治蚜虫，减轻病毒病危害，同时还应综合防治软腐病、霜霉病。开花结实期特别应注意防治白锈病和霜霉病。

3. 去杂去劣 从播种育苗期开始，在整个生长发育过程中都应随时注意去杂去劣，淘汰病株，以所繁殖品种的典型性状和丰产、抗病作为选择标准。

（1）*播种育苗期* 根据本品种叶形、叶色、叶缘等典型特征，选留无病苗，淘汰不具这些典型特征和感病的幼苗。

（2）*根、茎膨大始期或叶形成初期* 根据本品种叶形、叶色、叶缘等典型特征，选留茎膨大（茎用芥菜）、根膨大（根用芥菜）、叶球形成（结球芥和卷心芥）一致的无病植株，淘汰不具这些典型特征和根、茎或叶球形成过早、过晚以及感病的植株。

（3）*成熟期* 在产品器官成熟期，根据本品种最大叶的叶形、裂片数、膨大根形状、膨大茎形状、肉瘤形状、间沟深浅、叶球紧实度、球叶形状、球叶数目、蜡粉和刺毛等典型性状，分别对根用芥菜、茎用芥菜、叶用芥菜等繁殖品种进行选择，选留具有本品种典型性状、株高和开展度基本一致的无病株作为种株。

（4）*抽薹开花期* 选留抽薹开花整齐一致的无病株作留种株。

（5）*种子成熟期* 选留无病种株，淘汰病株。

4. 摘心 芥菜类蔬菜的花期长短，因品种类型不同而异，一般为 20～30 d。早开花的种子饱满，质量高；迟开花的种子则细小干瘪。为了提高种子的产量和质量，可以视具体情况采取摘心措施，即在开花后 15 d 左右摘除主花序和全部分枝花序的顶端，使养分集中供应选留的果实。

（三）种子的采收

当种株分枝中下部角果由绿变黄，籽粒呈褐色时，即可连枝收割，捆扎成束，挂置通风避雨处晾干后脱粒。脱粒时，场地和用具要打扫清理干净，防止其他芥菜品种和十字花科蔬菜种子混入。种子脱粒、晒干、扬净后（不宜在烈日下长时间暴晒），于低温干燥处贮藏备用。贮藏前用双标签标明品种名称、种子级别、纯度及采收日期等。

二、杂种一代制种技术

以利用雄性不育系配制育成茎瘤芥一代杂种为例，介绍其亲本的繁殖和杂种一代制种技术。

（一）亲本种子的生产

1. 亲本原原种的生产 亲本原原种的繁殖，包括在不育系繁殖区繁殖不育系、保持系和设置专门的父本系繁殖区繁殖父本系。必须注意以下事项：

（1）由育种者或专门育种机构进行亲本原原种的繁殖。因为他们对该品种（组合）亲本原有的遗传结构和性状有足够的认识和了解，掌握了亲本的遗传特性和性状表现，能熟练地对其进行遗传性状鉴定、栽培和繁育等。

（2）采用大母株留种方式，严格进行性状鉴定和去杂去劣工作，选择优良单株留种。

（3）严格按照原种生产的栽培技术要求进行生产，特别注意综合防治病虫害。

(4) 采取人工套袋隔离，同时进行人工辅助授粉。

(5) 摘心去枝。开花后 15 d 左右摘除生长点，同时去掉其他不需保留的侧枝、侧芽，保证亲本原原种种子的产量和质量。

(6) 亲本原原种种子应保存在良好的种子贮藏室，并进行种子生活力、含水量、发芽率、发芽势等检测，以确保原原种的质量。

2. 亲本原种的繁殖　亲本原种是由原原种繁殖产生的，由它提供 F_1 良种（生产用种）繁殖的亲本。亲本原种的繁殖是指繁殖母本系（不育系）和父本系，其繁殖的基本操作规程是按繁殖原种的要求进行的，与亲本原原种繁殖要求有所不同的只是原种繁殖时，可以采取空间隔离的方式，但必须严格执行所要求的隔离距离和其他隔离条件，可以不进行人工辅助授粉。由专门的原种繁殖机构设置专门的原种繁殖圃进行繁殖。其他要求与亲本原原种繁殖相同。

（二）杂种一代制种

下面以茎瘤芥杂种一代品种涪杂 2 号为例，介绍茎瘤芥杂种一代种子的制种技术。

1. 调节播种期　合理的播种期调节是保证父、母本花期相遇良好的前提条件。涪杂 2 号在重庆市海拔 500～700 m 地区，秋季制种其父本的最佳播期是 10 月 1～5 日，母本相应推迟 5 d 播种。

2. 培育壮苗

(1) 选好床地　苗床地应选择地势向阳、排灌方便、土层深厚、质地疏松、富含有机质的地块，同时尽可能远离十字花科蔬菜地，以减少病毒病感染机会。

(2) 整地施基肥　床地于 8 月下旬前深挖炕土，整地前每公顷用 750 kg 过磷酸钙和 75 kg 氯化钾均匀撒施于土面，整平，1.5 m 筑厢（畦），厢沟宽 20 cm、深 15 cm，床地四周理好排水沟。

(3) 稀播匀播　播种在阴天或晴天的傍晚进行。播前用腐熟的人畜粪水泼透厢面，让床土充分湿润，按每公顷 4 500～5 250 g 的用种量分好每厢种子后，与湿润的草木灰混合均匀，多次撒播在厢面上，播后用草木灰或细泥沙盖种。

(4) 苗床期管理　当菜苗出现第 2 片真叶时，第 1 次匀苗，保持苗距 3～4 cm；当菜苗出现第 3 片真叶时，第 2 次匀苗，保持苗距 5～6 cm。匀苗时注意除去杂、劣、病、弱苗和特大苗。第 2 次匀苗后，第 1 次追肥，每公顷用尿素 60～75 kg 对 2 500～3 000 kg 腐熟清淡人畜粪水泼施；菜苗 4～5 片真叶时，第 2 次追肥，每公顷用尿素 75～90 kg 对 3 000～3 500 kg 腐熟清淡人畜粪水泼施。如遇干旱，应结合抗旱，增加施肥次数，降低肥料浓度。

(5) 严格治蚜、防病　苗床期做好蚜虫的防治工作，对控制病毒病的发生危害有重要的作用。当菜苗出现第 1 片真叶时，第 1 次施药，以后每隔 7～10 d 施药 1 次，移栽前 5 d 加施 1 次。施药应在晴天进行，力求心叶、外叶、叶面、叶背喷洒周到，且与周围十字花科蔬菜地的治蚜同时进行，以提高治蚜效果。药剂可选用抗蚜威、乙酰甲胺膦、氢戊菊酯等，也可用辛硫磷混合敌敌畏兼治黄曲跳甲、菜青虫等。

3. 适时移栽，合理密植　当菜苗具 5～6 片真叶时，应及时移栽。涪杂 2 号秋季制种，其不育系和父本系的行比约为 3∶1，栽植穴行距为 33.3 cm× 33.3 cm，每穴双株。具体操作为：1.5 m 宽为一栽植小区，先栽 1 行父本，再栽 3 行母本，小区间留 20 cm 的间隔。

4. 加强田间管理

(1) 施足底肥　移栽前每公顷用过磷酸钙 750 kg、氯化钾 75 kg 或草木灰 300～450 kg 混合腐熟的人畜粪作基肥。

(2) 合理追肥　菜苗返青成活后第 1 次追肥（提苗肥），用尿素 75～90 kg/hm^2 对 3 000～3 500 kg 腐熟的清淡人畜粪水进行；移栽后 30～40 d 第 2 次追肥，用尿素 150～225 kg/hm^2 对 4 000～4 500 kg 腐熟的清淡人畜粪水进行。以后是否追肥要视菜苗的长势而定。追肥还要考虑土质、气候等因素，保水保肥能力差的土壤，追肥次数应适当增加，每次用量适当减少；如遇冬旱，追肥还应结合抗旱进行；若土壤过分潮湿，应减少粪水用量，增施干肥。

5. 加强病虫害防治 移栽后及时防治病虫害，一般施药 2～3 次，药剂可选用辟蚜雾、抗蚜威、敌敌畏等。在 3 月中旬即始花前彻底防治蚜虫，花期一般不喷农药，花后用上述农药再加施 1～2 次，防治蚜虫、菜青虫等对角果的危害。

6. 及时喷施多效唑，降低母本植株高度 在母本现蕾期和薹高 4～5 cm 时，各喷施 1 次 300 mg/L 的多效唑液，一般每公顷用液量为 600～750 kg。母本要喷洒周到，但不能喷到父本植株上。

7. 根外追肥 在母本植株抽薹期、始花期喷雾农药和多效唑时，可用 0.3%的硼砂混合喷雾，防治瘤茎空心腐烂和增加父本的花粉供给量，提高结实率。在结荚期，可喷施 2%的磷酸二氢钾，以促进同化产物向籽粒运输，提高种子饱满度和千粒重。

8. 及时除杂去劣 在瘤茎膨大盛期、现蕾期和始花期，依据不育系和父本系的形态特征和典型性状，及时严格的逐行逐株地进行除杂去劣，除去非本品种杂株和淘汰病、劣株，保证杂交种纯度。

9. 人工辅助授粉 在不育系和父本系开花后的晴天，每天上午 10～11 时、下午 2～3 时各进行 1 次人工辅助授粉，即用长 3 m 左右的木棒或竹竿把父本植株轻轻向母本行挤压、抖动。注意不要用力过大，以免折断父本花枝。

10. 及时剔除父本 在父本断花后，应及时逐行逐株地剔除父本植株，以降低田间湿度，增强通风透光，减少病害发生。

11. 收获 当不育系植株中下部角果由绿转黄时，应及时收获，置于避雨通风处，让种子充分后熟，然后脱粒、晒干、扬净、保存。

因两个亲本的植株高度、开展度、生育期、开花习性等性状的不同，有的甚至存在较大差异，因此在策划具体制种方案和措施，特别是调节父、母本播期和行比设置时，应在制种基地反复进行试验探索，以期提高制种的成功率，提升杂一代种子的产量和质量。

三、种子休眠、质量检测、加工与贮藏

（一）种子休眠

大部分芥菜品种种子都有休眠现象，而且休眠期较长。栾兆水等（1996）调查了青圆茎瘤芥品种种子收获后 12 d、25 d、40 d、50 d 和 1 年种子的发芽特性，发芽率分别为 19.7%、46.0%、50.3%、69.7%和 94.3%。如以发芽率不低于 89.0%为解除休眠的界限，则收获后 50 d 内的芥菜种子均处于休眠期。

（二）种子质量检测

在芥菜类蔬菜中，仅大头芥、茎瘤芥、抱子芥、宽柄芥、结球芥、分蘖芥等少数几个变种在中国形成了大小不等的种子繁殖基地。这些基地多为生产商提供繁殖用种（含杂种一代亲本种子），由基地农户承包繁（制）种，然后按约定要求分户收购种子。收购时必须做到分户留取样品并详细编号，生产商和农户双方现场封样保存，以备质量检测和查验。芥菜的生产用种，无论是常规品种还是杂交品种的种子，收获后包装、贮藏前都必须进行严格的种子质量检测，主要包括种子的纯度、净度、发芽率、含水量等的检测。

目前没有有关芥菜种子质量的国家标准，四川省榨菜（茎瘤芥）种子一级良种标准（试行）是：纯度≥95%，净度≥99%，发芽率≥85%，水分含量≤11%，籽粒饱满，色泽美观。芥菜种子纯度的检测主要在田间苗床期进行。每户收回的种子单独播 1 个小区，同时安排小区播上所繁殖品种上年度经检测合格的种子以备对照观察，特别要求稀播匀播，且其数量应保证每个样本田间检测的菜苗数不少于 200 株。纯度调查时期应掌握在菜苗具 5～6 片真叶时，分别对其株型、叶形、叶色、叶脉、叶缘、刺毛等易识别苗期性状做详细的调查统计。常规种主要调查杂株率，对于杂交种，除调查杂株

外，还要重点调查混入的亲本株率。检测完毕后分户给出种子的纯度，结合专业种子检验员的其他鉴定，再对各户种子给出合格与否的最终检测结果。对纯度未达标的种子，要坚决予以剔除。

除纯度检测外，芥菜种子的净度、发芽率和水分含量等质量检测的方法与其他十字花科蔬菜种子类同，可以参照进行。

（三）种子加工与贮藏

对检测合格的同一品种的芥菜种子，分批充分混合后进一步作风选和精选处理，除去霉变、破损、“枝荫”（相当于禾本科作物的穗萌）、空瘪等不正常种子及砂砾、草籽等杂质。种子经精选后，即可根据需要进行包装。对暂不使用（销售）的种子用麻袋或布袋包装，一般每袋 40～50 kg；或以细口陶土坛盛装以备贮藏，每坛 40 kg 左右。上述种子包装好后，置于专门的种子贮藏室保存。成熟的芥菜种子，在不使用任何降温和除湿设备时，在中国北方室内一般可存放 2～3 年；在南方地区，气温较高、湿度较大，一般只能保存 1 年。若在密闭的第 2 层楼以上室内保存，室内搁置若干生石灰用以吸潮，则种子寿命可延长 1 年左右。

用于当年进入市场的芥菜种子，多选用 10～30 g 不等铜版纸袋或复合铝箔袋小包装，包装袋正面一般注明有商标、品种名称、研制或经销单位、种子重量等，背面则标注有种子纯度、净度、发芽率、含水量等质量指标，以及检疫证号、生产日期、产地、是否杂一代品种、品种特征特性、栽培技术要点和注意事项等。

（雷建军　周光凡）

主要参考文献

曹必好，雷建军，宋洪元，等 . 2001. 芥菜的红叶的 RAPD 标记筛选研究 [J]. 农业生物技术学报，9 (3)：238 - 239.
陈材林，周光凡，范永红，等 . 2003. 茎瘤芥新品种涪杂一号的选育 [J]. 中国蔬菜 (1)：23 - 24.
陈利萍，李春顺，戈加欣 . 2005. 利用组织培养技术辅助茎用芥菜育种 [J]. 中国蔬菜 (3)：22 - 23.
陈竹君，孙卫国，汪炳良，等 . 1992. 优质高产春茎用芥菜新品种浙桐一号的选育 [J]. 中国蔬菜 (4)：15 - 16.
陈竹君，张明方，汪炳良，等 . 1995. 榨菜胞质雄性不育及其农艺性状研究 [J] . 园艺学报，22 (1)：40 - 46.
范永红，周光凡，陈材林 . 2001. 茎瘤芥胞质雄性不育系的选育及其主要性状调查 [J]. 中国蔬菜 (5)：4 - 7.
戈加欣 . 2004. 杂交榨菜制种蜜蜂授粉技术研究 [J]. 种子，23 (10)：56 - 57.
金海霞，冯辉，徐书法 . 2006. 通过大白菜胞质不育系与芥菜远缘杂交选育新的芥菜胞质不育系 [J] . 园艺学报，33 (4)：737 - 740.
金万梅，巩振辉 . 2000. 芥菜真空渗入遗传转化体系适宜苗态的建成 [J]. 西北农业学报，9 (4)：22 - 25.
雷建军，曹必好，郭余龙，等 . 1995. 用茎瘤芥再生芽离体筛选抗 S -（2 - 氨乙基）- L -半胱氨酸变异体研究 [J]. 西南农业大学学报，17 (2)：95 - 100.
李石开，刘其宁，吴学英，等 . 2002. 芥菜型油菜光温敏核不育系 K121S 的选育 [J]. 中国油料作物学报，24 (3)：1 - 5.
李学宝，秦明辉，施荣华，等 . 1999. 芥菜型油菜抗虫转基因植株及其后代株系的研究 [J]. 生物工程学报，15 (4)：482 - 489.
林家宝，吴仲可，林观捷，等 . 1994. 控制芥菜、苋菜硝酸盐含量遗传的初步研究 [J]. 上海农学院学报，12 (2)：125 - 130.
刘冬，郭平仲，刘凡，等 . 1997. 芥菜（*Brassica juncea*）小孢子胚发生和植株再生 [J]. 首都师范大学学报：自然科学版，18 (1)：76 - 81.
刘佩瑛 . 1996. 中国芥菜 [M]. 北京：中国农业出版社 .
栾兆水，慕桂兰 . 1996. 榨菜种子的休眠特性及解除方法 [J]. 中国农学通报，12 (5)：31.
孟秋峰，汪炳良，王毓洪，等 . 2010. 春茎芥菜新品种“甬榨 2 号”[J]. 园艺学报，37 (8)：1371 - 1372.

骞宇，王健美，游大慧，等．2004. 水稻几丁质酶基因导入芥菜型油菜的研究［J］. 广西植物，24（2）：139－143.
史华清，龚瑞芳，庄丽莲，等．1990. 芥菜型油菜（*Brassica juncea*）杂种优势利用研究优质-强优势杂交油菜的选育［J］. 作物研究，4（3）：41－46.
童南奎，陈世儒，郭余龙．1991. 芥菜氨基酸含量及成分的遗传分析［J］. 西南农业大学学报，13（2）：161－164.
童南奎，陈世儒．1992. 芥菜几个品种主要经济性状的遗传规律研究［J］. 园艺学报，19（2）：151－156.
王永清，曾志红，陈学群，等．1999. 芥菜雄性不育系小孢子败育细胞学观察［J］. 西南农业学报，12（4）：1－4.
魏安荣．1994. 北移茎用芥菜种子休眠问题初探［J］. 中国蔬菜（5）：41－42.
杨朝辉，宋洪元，何凤田．2003. 豇豆胰蛋白酶抑制剂基因转化芥菜及抗虫性鉴定［J］. 中国生物化学与分子生物学报，19（6）：731－735.
杨以耕，陈材林，刘念慈，等．1989. 芥菜分类研究［J］. 园艺学报，16（2）：114－121.
叶静渊．1993. 中国古代芥菜类的演化与栽培［J］. 古今农业，4：60－68.
余贤强．1993. 涪陵地区茎用芥菜选育概述［J］. 中国蔬菜，3：45－47.
曾志红，王永清，陈学群，等．1998. 芥菜胞质雄性不育系花器形态结构与育性表现［J］. 西南农业学报，11（2）：40－44.
张明方，陈竹君，汪炳良，等．1993. 榨菜胞质雄性不育系选育初探［J］. 北京农业大学学报，19（增刊）：129－133.
张明方，陈竹君，汪炳良，等．1997. 榨菜胞质雄性不育系和保持系花器内源激素变化［J］. 浙江农业大学学报，23（2）：154－157.
张煜仁．2002. 中国北方生态型笋形茎用芥"鲁笋芥1号"的育成及其利用价值［J］. 蔬菜，8：33.
张智明，周黎丽．2004. 南京地区榨菜品种筛选及生产技术［J］. 长江蔬菜，6：51.
章时蕃，张淑江，李菲，等．2014. 萝卜胞质结球芥和长柄芥雄性不育系的选育［J］. 中国蔬菜（2）：20－23.
赵洪朝，杜德志，刘青元，等．2003. 芥菜型油菜多室性状的遗传研究［J］. 西北农林科技大学学报：自然科学版，31（6）：90－62.
赵爽，雷建军，陈国菊，等．2008. 商陆抗病毒蛋白基因转化芥菜的获得及抗性研究［J］. 农业生物技术学报，16（6）：971－976.
郑汉藩，林奕韩，陈捷凯，等．2002. 白沙短叶6号晚包心芥菜的选育［J］. 广东农业科学，5：18－20.
Anand I J，Mishra P K. 1985. A mutable gene for flower colour in Indian mustard [J]. Eucarpia Cruciferae Newsletter，10：38－39.
Banga S S，Labana K S，Banga S K. 1984. Male sterility in Indian mustard [*Brassica juncea*（L.）Coss.] － a biochemical characterization [J]. Theoretical and Applied Genetics，67（6）：515－519.
Bhat M A，Gupta M L，Banga S K，et al. 2002. Erucic acid heredity in *Brassica juncea* － some additional information [J]. Plant Breeding，121：456－458.
Bhat S R，Prakash S，Kirti P B. 2005. A unique introgression from Moricandia arvensis confers male fertility upon two different cytoplasmic male－sterile lines of *Brassica juncea* [J]. Plant Breeding，124：117－120.
Das S，Roscoe T J，Delseny M B，et al. 2002. Cloning and molecular characterization of the Fatty Acid Elongase1（FAE 1）gene from high and low erucic acid.
Eapen S，Suseelan K N，Tivarekar S，et al. 2003. Potential for rhizofiltration of uranium using hairy root cultures of *Brassica juncea* and *Chenopodium amaranticolor* [J]. Environmental Research，91：127－133.
Ebrahimi A G，Delwiche P A，Williams P H，1976. Resistance to *Brassica juncea* to *Peronospora parasitica* and *Albugo candida* race 2 [J]. Proc. Am. Phytopathol. Soc，3：273.
Gong H，Pua E C. 2004. Identification and expression of genes associated with shoot regeneration from leaf disc explants of mustard（*Brassica juncea*）*in vitro* [J]. Plant Science，167：191－120.
Hu W W，Gong H，Pua E C. 2005. Molecular cloning and characterization of S－adenosyl methionine decarboxylase genes from mustard（*Brassica juncea*）[J]. Physiologia Plantarum，124：25－40.
Kanrar S，Venkateswari J C，Kirti P B，et al. 2002. Transgenic expression of hevein，the rubber tree lectin，in Indian mustard confers protection against *Alternaria brassicae* [J]. Plant Science，162：441－448.
Kirti P B，Baldev A，Gaikwad K，et al. 1997. Introgression of a gene restoring fertility to CMS（Trachystoma）*Brassi-*

ca juncea and the genetics of restoration [J]. Plant Breeding, 116 (3): 259 - 262.

Kirti P B, Mohapatra T, Baldev A, et al. 1995. A stable cytoplasmic male - sterile line of *Brassica juncea* carrying restructured organelle genomes from the somatic hybrid *Trachystoma ballii*+*B. juncea* [J]. Plant Breeding, 114 (5): 434 - 438.

Mahmood T, Rahman M H, Stringam R G, et al. 2005. Molecular markers for seed colour in *Brassica juncea* [J]. Genome, 48 (4): 755 - 759.

Nagaharu U. 1935. Genome analysis in *Brassica* with special reference to the experimental formation of *B. napus* and its peculiar mode of fertilization [J]. Am J Bot, 7: 389 - 452.

Nikornpun M, Senapa M. 2004. 细胞质雄性不育系在叶用芥菜上的利用 [J]. 中国蔬菜, 1: 10 - 11.

Pokhrigal S C, Kumar V, Mangath K S. 1964. Inheritance studies in *Brassica juncea* (L.) Coss. [J]. Indian Oilseeds J., 8: 293 - 296.

Prakash S, Ahuja I, Upreti H C. 2001. Expression of male sterility in alloplasmic *Brassica juncea* with Erucastrum Canariense cytoplasm and the development of a fertility restoration system [J]. Plant Breeding, 120: 479 - 482.

Prasad K V S K, Saradhi P P. 2004. Enhanced tolerance to photoinhibition in transgenic plants through targeting of glycine betaine biosynthesis into the chloroplasts [J]. Plant Science, 166: 1197 - 1212.

Qiao Aimin, Liu Peiying, Lei Jianjun, et al. 1998. Identification of mustard (*Brassica juncea* Coss.) cultivars with RAPD markers [J]. Acta Scientiarum Naturalium Universitatis Sunyatseni, 37 (2): 73 - 76.

Rao G U, Batra - Sarup V, Prakash S, et al. 1994. Development of a new cytoplasmic male - sterility system in *Brassica juncea* through wide hybridization [J]. Plant Breeding, 112 (2): 171 - 174.

Sancha J N, Singh B. 1987. Generation mean analyses for flowering and maturity in Indian mustard [*Brassica junca* (L.) Czern & Coss.] [J]. Theor. Appl. Genet, 73 (4): 571 - 574.

Singh D. 1967. Inheritance of some qualitative characters in Indian mustard [*Brassica juncea* (L) Gern & Coss.)] [J]. Indian Journal of Agricultural Sciences, 38 (1): 97 - 100.

Sodhi Y S, Mukhopadhyay A, Arumugam N, et al. 2002. Genetic analysis of total glucosinolate in crosses involving a high glucosinolate Indian variety and a low glucosinolate line of *Brassica juncea* [J]. Plant Breeding, 121: 508 - 511.

Sun P C. 1945. Genetic studies in *Brassica juncea* Coss.: flower colour, leaf shape, seed colour and branching habit [J]. J. agri. Assoc. China. Suppl, 50: 12 - 13.

Veena, Reddy V S, Sopory S K. 1999. Glyoxalase Ⅰ from *Brassica juncea*: molecular cloning, regulation and its over - expression confer tolerance in transgenic tobacco under stress [J]. The Plant Journal, 17 (4): 385 - 395.

Xu Z, Wang Q M, Guo Y P, et al. 2008. Stem - swelling and photosynthate partitioning in stem mustard are regulated by photoperiod and plant hormones [J]. Environmental and Experimental Botany, 62: 160 - 167.

Yao K, Bacchetto R G, Lockhart K M, et al. 2003. Expression of the *Arabidopsis ADS1* gene in *Brassica juncea* results in a decreased level of total saturated fatty acids [J]. Plant Biotechnology Journal, 1 (3): 221 - 229.

第十三章

结球甘蓝育种

甘蓝（*Brassica oleracea* L. var. *capitata* L.）是结球甘蓝的简称，为十字花科（Cruciferae）芸薹属（*Brassica*）甘蓝种（*oleracea*）中顶芽能形成叶球的变种，属二年生草本植物。别名：圆白菜、洋白菜、包菜、卷心菜、莲花白、椰菜、大头菜、茴子白等。染色体数 $2n=2x=18$。产品器官为扁圆形、圆形、牛心形的叶球。

甘蓝叶球营养丰富，每 100 g 鲜重含碳水化合物 2.7～3.4 g，粗蛋白 1.1～1.6 g，粗纤维 0.5～1.1 g，维生素 C 38～41 mg 及其他维生素和矿物质。

甘蓝的起源中心在地中海至北海沿岸，在世界各地普遍栽培，据 FAO 统计，2012 年全世界甘蓝收获面积 239.17 万 hm^2，是欧洲、南北美洲、亚洲、大洋洲各国的主要蔬菜。自 16 世纪至 19 世纪下半叶的 300 多年间，从不同途径多次引入中国，目前中国各地均有种植，是东北、华北、西北等较冷凉地区春、夏、秋季的主要栽培蔬菜，长江流域及其以南地区秋、冬、春季也大面积栽培，特别是近 20 余年来，种植面积扩大迅速，1989 年播种面积为 20.93 万 hm^2，到 2006 年已增至 93.7 万 hm^2，居世界各国的第一位，在中国蔬菜周年供应和出口贸易中占有十分重要的地位。

第一节　育种概况

一、育种简史

（一）国外甘蓝早期品种的形成与育种简史

约在公元 13 世纪，欧洲形成结球甘蓝之后，经过人工栽培和选择，培育出各种不同类型的结球甘蓝早期品种。许多地方农家原始品种，由种植者自己留种，长期在生产上使用。如约克（York）、布伦什维克（Brunswiek）、斯特拉斯堡（Strasbourg）、厄尔（Ulm）、奥伯维利尔斯（Aubervilliers）、邦尼尔（de Bonneuil）、圣丹尼斯（Saiint Denis）（Nieuwhof，1969）。

从达尔文（1809—1882）时代开始，包括甘蓝在内的动植物育种进入了一个新的阶段，他在《植物界异花受精和自花受精的效果》（1876）一书中，就以早熟甘蓝品种“巴尔尼斯”（early Barnes cabbage）为试材，研究证实了异花受精的有利性。在《物种起源》（1859）一书中，提出物种进化和选择理论，为动植物选种提供了理论基础，使包括甘蓝在内的动植物育种工作逐步由无意识选择过渡到有计划、有目的地选择育种阶段，大大促进了欧美各国甘蓝品种的培育。19 世纪中期到 20 世纪初，美国栽培的 9 个主要甘蓝品种有 7 个先后引自欧洲，2 个由美国有关种子公司选育（Nieuwhof，1969）。

（1）Jersey wakefield　尖球形，早熟，1840年引自英国。

（2）Copenhagen market　早熟，圆球形，由丹麦哥本哈根 Hjalmar Hartmam & Co 公司培育，1909年美国引入。此品种来源于单株选择，亲本之一为德国早期品种 Ditmaescher。

（3）Early winnigstadt　中熟，尖球形，耐裂球德国品种，1866年引入美国。

（4）Glory of enkhnizen　中熟，圆球形，原为荷兰一个种子公司选育，美国于1902年引进。

（5）All seasons　中晚熟、扁圆形品种。

（6）Late flat dutch　晚熟、高扁圆球形品种，由荷兰引进，最初来源于德国品种 Brunswick。

（7）Danish ball head　中早熟、近圆球形品种，由丹麦引进，原品种为丹麦老品种 Amageer，1887年由美国一公司引进。

（8）Wisconsin hollander　晚熟，高圆球形、抗黄萎病品种。1911—1919年威斯康星农业试验站通过系统选育而成。

（9）Charleston wakefield　早熟、牛心形品种，是美国从 Earty jersey waletfield 中选育出来的。

孟德尔（Mendel）（1822—1884）遗传因子分离规律和独立分配规律的发现，奠定了现代遗传育种的理论基础，把植物育种由经验科学提高到现代实验科学阶段，具体到甘蓝这种作物来说，就是由系统选择育种到杂交育种及杂种优势利用阶段。

自20世纪20年代开始，美国、日本、苏联及西欧的一些国家相继开展了甘蓝杂种优势利用研究，发现甘蓝在产量、抗病性、早熟性等方面杂种优势明显。为实现甘蓝杂种优势实用化，从理论和技术上研究解决杂种一代制种技术难题，Peason（1932）首先提出把甘蓝两个自交不亲和系间隔种植，使之天然杂交生产一代杂种种子。Odland 和 Nall 于1950年提出了一个近似双交种的甘蓝杂交种制种方法。1950年日本泷井种苗公司首先利用自交不亲和系配制出世界上第一个甘蓝杂交种“长岗1号”。1954年伊藤确立了利用自交不亲和系生产一代杂种的体系。Bateman 等（1952、1954、1955）发现甘蓝等十字花科蔬菜自交不亲和性属于孢子体类型。治田辰夫（1962）在其发表的《十字花科蔬菜自交不亲和性遗传机制》的论文中，对甘蓝等十字花科蔬菜自交不亲和性和杂种优势利用做了全面阐述，推动了甘蓝杂种优势利用研究工作的深入开展。据不完全统计，1958—1974年日本培育的221个甘蓝新品种，杂交种191个，占87%，而1966年以后培育出的新品种几乎均为一代杂种。1980年美国《园艺学》杂志（第一期）发表的14个甘蓝新品种，全部为一代杂种。1973—1976年欧洲共同体各国培育出128个甘蓝新品种，一代杂种占40%以上。俄罗斯对甘蓝杂种优势研究比较早，但真正利用比较晚，20世纪80年代以后生产上才大部分使用一代杂种。

在研究自交不亲和系制种途径的同时，许多国家还十分重视甘蓝雄性不育系的研究。从20世纪50年代开始，有不少有关甘蓝隐性单基因雄性不育材料发现的报道（Cole，1959；Borechers，1966；Dickson，1970）。1972年，Peason 报道通过青花菜与黑芥杂交获得细胞质甘蓝雄性不育系，但这两种甘蓝雄性不育均因不能获得不育性达到100%的不育系而无法应用。Bannerot 等（1974）通过远缘杂交结合胚培养将 ogura 萝卜胞质不育转入甘蓝中，但获得的不育系（oguCMSR$_1$）苗期低温黄化，不能被应用。1992年康奈尔大学 Walters 采用原生质体非对称融合的方法初步获得改良的萝卜胞质雄性不育材料 oguCMSR$_2$，虽然苗期低温黄化问题基本解决，但花朵蜜腺不发达，雌蕊畸形结实不良，且杂交优势不强，因而也不能被利用。90年代后期，美国 Asgrow 公司继续采用原生质体非对称融合的方法得到既有很好的雄性不育性，又有较好的雌性器官和良好的配合力的新型改良甘蓝胞质雄性不育系材料 oguCMSR$_3$，并于21世纪初逐步在育种中得到应用。

20世纪70～80年代开始，美、日及西欧各国在甘蓝抗黑腐病、枯萎病、根肿病、病毒病育种上也取得很好的成就，耐未熟抽薹、耐寒、耐裂球、耐贮运、适于加工和机械化收获的专用品种选育均获得成功。90年代开始，随着科学技术的进步，小孢子或花药培养、原生质体融合、分子标记、转抗虫基因等生物技术在甘蓝育种中逐渐与常规育种技术相结合，有些生物技术如小孢子培养等细胞工程技术、分子标记辅助育种技术等已经在甘蓝育种中实用化，有效地提高了育种效率。

美国、日本、荷兰、德国、法国等市场经济比较发达的国家，自20世纪70～80年代开始，农业科研单位、大学、种子企业在甘蓝育种中就逐步有较明确的分工，大学主要从事基础研究，国家科研单位主要从事育种技术和种质创新研究，而种子企业主要从事品种选育和种子繁殖销售，比较好地实行了产、学、研的结合。美国先锋（Pioneer）、圣尼斯（Seminis），荷兰瑞克斯旺（Rijk Zwaan），瑞士先正达（Syngenta），法国利马格兰（Limagrain），日本泷井（Takii）、坂田（Sakata）等大型种子公司都具强有力的育种科研实力和市场营销能力，针对世界各国不同生态条件开展甘蓝育种，大批优良甘蓝品种在很多国家推广。

（二）中国甘蓝育种简史

16世纪开始，甘蓝通过不同途径逐渐传入我国，经过我国劳动人民长期的栽培驯化，形成一些各具特色的地方品种。如山西、内蒙古地区的大同茴子白、二虎头等大型晚熟甘蓝品种，上海、四川、云南等地区的黑叶小平头、楠木叶、大乌叶、二乌叶等耐高温高湿、抗病的中晚熟甘蓝品种，长江中下游地区的鸡心、牛心等早熟、耐抽薹甘蓝品种。20世纪20～30年代，随着对外交流的增多，国外不少新的甘蓝品种也随着传入我国。

20世纪50年代以前，中国栽培的甘蓝品种，不仅数量少而且产量低，结球率一般只有70%～80%。当时与甘蓝育种有关的科学试验工作，多为引进甘蓝品种比较试验，如分期播种栽培试验及采种方法试验等，在龚厥民先生1929年著的《蔬菜园艺》中仅列有夏季早生（Early summer）、成功（Succesion）、四季早生（Apriu）3个由美国、英国引进的品种。在熊同和先生1935年编的《蔬菜园艺》中列有Early spring、Flower of spring、Little gem、Early jersey wakefield、Copenhagen market、Early summer、Succeson、Autumn king、Summer drumhead、Drumhead savoy等10个由美国、英国引进的甘蓝品种。

管家骥先生于1934年在《中华农学会》上发表了《甘蓝数量性状遗传研究》的文章，为目前国内已见文献中最早报道甘蓝主要性状遗传的文章，该试验以紫色×日光色、紫色×绿色两个甘蓝杂交组合为试材，研究了甘蓝植株叶片色泽、叶型、株高、叶球重的遗传，这些研究结果至今仍有参考价值。

20世纪50年代以来，中国甘蓝遗传育种研究得到迅速发展，其发展历程大致可分为以下几个阶段：

1. 国外品种的引进、地方品种的搜集整理与系统选育 50～60年代，一些省、市科研单位开展了国外甘蓝品种的引种比较试验，如当时的华北农业科学研究所由丹麦引进的丹京早熟（Copenhagen market）、狄特马尔斯卡（Ditmarska），由东欧引进苏联1号和捷克皱叶等甘蓝品种，比原有地方品种表现早熟、丰产，曾在我国北方地区推广。1966年中国农业科学院蔬菜研究所由加拿大引入Vinking early strain，经多年选择，选出早熟春甘蓝品种北京早熟；原北京市农业科学研究所由丹麦引入金亩84（Golden acre 84）；青岛市农业科学研究所由国外引入小金黄，这几个品种因早熟、品质好等优点，都曾在我国北方作为早熟春甘蓝推广应用，到目前为止，仍被作为早熟甘蓝育种原始材料应用。在这一时期全国各地还开展了群众性蔬菜遗传资源调查搜集整理工作，当时全国主要农业科研、教学单位保存的结球甘蓝种质资源达434份，在此基础上，各地对结球甘蓝种质资源有选择地进行了鉴定，筛选出一批优良品种在生产中推广应用。例如，列入1959年出版的《中国蔬菜优良品种》一书中的结球甘蓝优良品种就有46个，这些品种都是当时各地生产上应用的品种。

50年代中期到60年代中后期，一些科研单位采用系统选育方法培育出一批甘蓝新品种，如旅大市农业科学研究所以辽宁金县甘蓝地方品种“牛心”为原始材料，于1953年育成我国第一个通过系统选育的方法培育出的甘蓝新品种“金早生”。该品种不仅早熟，而且外叶少，耐寒性强，适应性广，50年代后期和60年代初曾在我国北方地区广泛种植。后来，该研究所又以金早生为原始材料，通过系统选育的方法，育成早熟春甘蓝新品种迎春。东北农学院园艺系也通过系统选育的途径育成红旗磨盘和海拉尔4号等甘蓝新品种，在黑龙江、内蒙古等省、自治区推广。在这段时间内，沈阳农学院园艺系还研究总结了结球甘蓝紫色的遗传规律，北京大学生物系等单位开展了白菜与甘蓝种间杂交并对远缘杂交后代的主要性状进行了研究，这些工作对后来的结球甘蓝遗传育种有一定的参考价值。

60年代中后期，由于“文化大革命”的影响，多数科研教学单位的甘蓝育种工作被迫停顿。但是，部分科技人员坚持与生产实践相结合，在甘蓝选种及优良品种繁育推广等方面做了不少工作。例如，当时我国华南地区每年要种植黄苗甘蓝几万公顷，但由于我国华南地区缺乏甘蓝通过阶段发育所需要的低温条件，所需黄苗甘蓝种子都要通过我国香港由日本进口，1967年，国外种子商不仅乘机提高种子价格，而且以次充好，使我国广东等省春季种植的黄苗甘蓝出现了严重的未熟抽薹。面对这一情况，中国农业科学院蔬菜研究所、山东农学院、广东省副食品公司等单位的科技人员互相协作，采用南选北育的途径，经过3年的努力，在我国北方繁育出国内系统选育出的黄苗甘蓝种子。

2. 利用杂种优势育种　中国甘蓝杂种优势利用研究起步于50年代末、60年代初，但直到70年代初才在生产中实际应用。1959年前后，旅大市农业科学研究所、中国农业科学院江苏分院、西安市农业科学研究所等单位利用原始地方品种作亲本，试配了一批甘蓝品种间杂交组合，试验结果显示，品种间一代杂种与两个亲本品种相比，在产量、抗逆性等方面都具有明显的杂种优势，一般可比亲本增产20%左右。但是，由于甘蓝花朵小，每个种荚中种子数也不多，如果采用人工授粉的方法配制一代杂种，种子成本太高。为了解决甘蓝一代杂种制种的这一技术难题，中国农业科学院江苏分院于1963年在晨光、大平头等5个结球甘蓝品种中进行了自交不亲和系的选育。测定结果表明，结球甘蓝植株中存在着不同程度的自交不亲和性。上海市农业科学院也在地方品种黑叶小平头中进行了自交不亲和系的选育，并初步获得103和105两份有希望的自交不亲和材料。甘蓝杂种优势研究工作虽然在60年代后期因故中断，但一些初步研究成果为后来的杂种优势利用打下了基础。

70年代初，中国甘蓝育种科研人员在极为困难的条件下，开始系统地开展甘蓝杂种优势利用和自交不亲和系选育研究并很快取得突破性进展。中国农业科学院蔬菜研究所与北京市农业科学院蔬菜研究所合作利用“黄苗”7224-5-3和“黑叶小平头”7221-3两个自交不亲和系作亲本，于1973年育成我国第一个甘蓝杂交种“京丰1号”。京丰1号不仅产量高，比两个亲本增产30%以上，而且适应性广、抗逆性强、整齐度高，因而在我国各地迅速推广应用，2000年前后，年种植面积达到33.33万hm^2，直到2013年，仍是国内种植面积最大的甘蓝品种，1985年获国家发明一等奖。此外，两个单位还合作育成报春、晚丰、庆丰、秋丰等早、中、晚熟配套品种，上海市农业科学院育成新平头、夏光、寒光等品种，江苏省农业科学院育成苏晨1号、春丰等品种，山西省农业科学院育成理想1号等品种，内蒙古自治区农业科学院育成内配1号、内配2号、内配3号等品种，这些新品种一般比原有同类常规品种增产20%以上。到80年代中期，中国甘蓝杂交种种植面积占甘蓝种植总面积的80%以上。

3. 开展抗病育种研究　20世纪80年代，随着甘蓝栽培面积的扩大，病害对甘蓝特别是对夏秋甘蓝的危害日益严重，据调查，在病害流行年份秋甘蓝病毒病、黑腐病发病株率达到30%～40%，有的地块达70%以上。为了解决甘蓝生产上病害日益严重的问题，促进甘蓝生产的丰产、稳产。从1983年开始，甘蓝的抗病育种被列为国家重点科技协作攻关课题，在育种目标上，“六五”期间要求抗TuMV一种病害；“七五”（1986—1990）期间要求抗TuMV兼抗黑腐病；“八五”（1991—1995）期间要求抗TuMV、黑腐病兼耐CaMV或根肿病，春甘蓝则要求不易未熟抽薹，并抗干烧心病，产量均要求比同类主栽品种增产10%以上。为完成甘蓝抗病育种攻关任务，中国农业科学院蔬菜花卉研究所、西南农业大学园艺系、江苏省农业科学院蔬菜研究所、陕西省农业科学院蔬菜研究所、东北农业大学园艺系等单位组成甘蓝抗病育种协作攻关组，经过10余年的努力，建立了甘蓝主要病害的多抗性苗期人工接种鉴定技术和标准，创制出20-2-5-2、8020-2-1、23202-1、8364、1162、84025、85003等我国首批抗TuMV兼抗黑腐病的抗病材料，育成中甘8号、中甘9号、西园2号、西园3号、西园4号、秦菜3号、秦甘4号、东农607等抗TuMV兼抗黑腐病的抗病秋甘蓝品种，以及中甘11、东农605等早熟、抗干烧心病的春甘蓝新品种。

4. 开展生物技术研究，与常规育种相结合 20世纪90年代中期到21世纪初，甘蓝育种目标除继续重视抗病、抗逆、丰产外，还把优质作为最重要的育种目标，要求育成的品种不仅抗2～3种病害，而且要求叶球外观符合市场需求，叶质脆嫩，帮叶比30%左右，叶球紧实度0.5以上，中心柱长度不超过球高的1/2。在育种技术上，甘蓝显性核基因雄性不育系选育获得突破，改良的萝卜胞质雄性不育系的引进和转育获得成功。小孢子培养、分子标记辅助育种和转*Bt*抗虫基因育种在甘蓝育种材料创制中发挥了重要作用。

二、我国甘蓝育种现状与发展趋势

（一）育种现状

中国甘蓝育种在各级政府的支持下，已经形成一支有较强实力的育种科研队伍，全国有20多个农业科研、教学单位和部分种子企业开展了甘蓝育种。在大家的共同努力下，我国甘蓝遗传育种取得了显著成绩。

1. 种质资源的搜集、保存、创新工作取得显著成绩，为甘蓝品种改良打下良好的基础 国家种质资源库已搜集、保存以中国地方品种为主的甘蓝类蔬菜种质资源544份，许多优良的地方品种如黑叶小平头、黑平头、北京早熟、金早生、牛心甘蓝、鸡心甘蓝、楠木叶等在育种中发挥了重要作用。与此同时，国外种质资源的搜集引种工作也得到重视，仅中国农业科学院蔬菜花卉研究所1991—2010年20年间就从美国、日本、荷兰、俄罗斯等20多个国家引进甘蓝种质资源1 479份次，不少国外引进的优良种质资源已在育种中发挥重要作用，如90年代后期引进的改良萝卜胞质甘蓝不育材料已经成为我国甘蓝育种的优良不育源之一。

在种质创新研究方面，国家甘蓝抗病育种攻关协作组从791份材料中，筛选出20-2-5-2等7份抗TuMV兼抗黑腐病的抗源材料。近年来，在优质、耐抽薹、耐裂球、耐寒等优异种质和耐根肿病、抗枯萎病抗源材料筛选方面都取得显著进展。

2. 新品种培育方面取得重要成果，支撑了甘蓝生产的发展 据不完全统计，1978—2012年全国已育成通过国家或省（自治区、直辖市）级审定（认定、登记、国家鉴定）的甘蓝新品种201个，其中杂交种167个，占83.10%；优良新品种已更新3～4代，良种覆盖率达95%以上，一大批优良甘蓝品种在生产中发挥了重要作用。如京丰1号、晚丰、8398、中甘11、中甘21、春丰、争春、夏光、西园4号、秦甘60、惠丰1号等，中国自己育成的甘蓝品种至今仍在生产和市场上占主导地位。

3. 育种技术包括杂种优势利用育种技术，抗病、抗逆、优质等优良性状的鉴定、筛选技术以及生物技术在育种中的应用取得了重要进展 甘蓝杂种优势育种技术主要包括自交不亲和系、雄性不育系选育与利用两个方面，其中，自交不亲和系选育与利用在20世纪70年代获得突破之后，大大促进了甘蓝杂种优势的利用，在21世纪之前，生产上使用的一代杂种，绝大多数都是用自交不亲和系配制的。90年代后期，甘蓝显性核基因雄性不育系、改良萝卜胞质甘蓝雄性不育系选育技术相继获得成功，自21世纪以来，中国农业科学院蔬菜花卉研究所等单位利用这两类雄性不育系配制出了中甘17、中甘18、中甘21、中甘192、中甘96、中甘101等甘蓝新品种，并在生产上应用，使甘蓝杂交制种技术逐步实现由自交不亲和系到雄性不育系制种的变革，提高了中国甘蓝杂种优势利用的技术水平。

在抗病、抗逆性鉴定技术方面，20 世纪 80 年代以前，主要采用田间鉴定的方法，经过全国抗病育种协作组几个单位的十几年的联合攻关，系统地提出了甘蓝对黑腐病、TuMV、CaMV 或 CMV、枯萎病、根肿病等主要病害的单抗或多抗性鉴定方法和标准，叶球球叶质地、叶球紧实度、帮叶比等主要品质性状的鉴定方法和标准。90 年代后期以来，又先后提出耐热、耐寒、耐未熟抽薹、耐裂球等抗逆性鉴定方法和标准，从而对甘蓝抗病、抗逆、优质育种起到重要的促进作用。

为提高育种效率，加强了甘蓝生物技术的研究。甘蓝与萝卜、白菜远缘杂交结合胚培养、小孢子培养、花药培养，甘蓝雄性不育、抗枯萎病等的分子标记辅助育种，转 Bt 抗虫甘蓝材料筛选均已取得成功，有的已开始实践应用。近年甘蓝基因组测序工作已完成，这些研究成果有力地促进了中国甘蓝遗传育种水平的提高。

我国甘蓝育种虽然取得不少成绩，但还不能完全满足国内生产和市场的需求，与发达国家的甘蓝育种水平相比还有一定差距：如育种队伍分散，分工不明确，研究内容重复；育种规模较小，育成品种数量多，但突破性品种少；育种目标与市场需求联系不够紧密；相当长的时间内过于重视丰产性品种的选育，对优质、抗逆性育种和反季节、耐贮运，适于加工出口及设施栽培等专用品种选育重视不够；遗传资源不丰富，特别是抗根肿病、黑腐病，耐寒、耐裂球等优异种质资源缺乏；基础研究薄弱，常规育种与生物技术结合不紧密；甘蓝杂交种制种基地不稳定，甘蓝商品种子质量急需提高；甘蓝种子市场不规范，育种知识产权常常得不到保护；育种主要集中在科研单位，种子企业规模小，育种能力薄弱等。特别是近年来，日本、韩国、美国、荷兰等国多个种子公司的甘蓝种子进入中国种子市场，这些公司的甘蓝品种在耐裂球性、耐贮运性、耐寒性、商品外观以及对某些病害的抗性方面具有优势，我国甘蓝育种面临激烈竞争。

（二）需求与发展趋势

1. 甘蓝生产和市场对育种的新需求　近年来，随着中国蔬菜产业的发展，甘蓝生产面积也迅速增加。据农业部统计，20 世纪 80 年代末到 90 年代初，中国甘蓝种植面积约 20 万 hm^2（1989 年 20.93 万 hm^2，1990 年 23.33 万 hm^2，1991 年 24.13 万 hm^2），经过十几年的迅速发展，到 21 世纪初已达 90 万 hm^2 左右，增长了 4 倍多（2003 年 88.33 万 hm^2，2004 年 87.77 万 hm^2，2005 年 89.83 万 hm^2，2006 年 93.74 万 hm^2）。随着市场需求、生产基地及茬口的变化，对育种提出许多新的需求。

（1）培育适于春、夏、秋、冬多茬栽培的品种　20 世纪 90 年代以前，中国甘蓝生产主要分为春甘蓝、夏甘蓝、秋甘蓝，以及内蒙古、黑龙江、宁夏等高寒地区一年一季栽培。近年来，除上述栽培方式外，增加了适于以下栽培方式的新品种需求。

① 适于北方冬季小拱棚、大棚、日光温室等设施栽培甘蓝品种：以早熟圆球类型品种为主，可在冬季蔬菜淡季供应市场。

② 适于高纬度、高海拔地区高山（高原）越夏栽培品种：包括河北北部，河西走廊，太行山区，秦岭北麓，湖北恩施、长阳等地，栽培早熟或中早熟圆球类型品种或中熟扁球类型品种为主，在夏秋蔬菜淡季供应市场。

③ 适于中原南部地区越冬栽培耐寒品种：包括河南南部、湖北、湖南、江西、安徽、江苏中部和北部地区，以栽培耐寒、耐裂球、耐贮运的带球越冬甘蓝品种为主，冬季或早春蔬菜淡季供应市场。

④ 适于广东、广西、福建、云南等华南、西南南部地区冬季栽培品种：以栽培早熟、优质、外观好的圆球形品种和中晚熟、耐裂球、球色绿的扁圆形品种为主，产品除在冬季满足本地需求外，还

部分供应香港、澳门市场或出口东南亚地区。

（2）适于优势产区规模化生产基地的耐贮运、耐裂球的新品种　甘蓝规模化生产基地主要包括河北北部，山西寿阳，甘肃兰州、定西，陕西太白，湖北利川、长阳，重庆武隆等越夏甘蓝生产基地；河南新野，湖北嘉鱼等越冬甘蓝生产基地；河北中东部冬季设施甘蓝生产基地，云南宜良、通海等秋冬甘蓝生产基地等。这些基地大都采用公司＋农户的产销方式，农户生产，公司收购，远距离运往市场销售，因此需求耐裂球、耐贮运的甘蓝品种。

（3）品质和类型多样性的品种　随着人民生活水平的不断提高，除继续要求甘蓝产品数量充足外，市场对甘蓝叶球的球形、球色、叶球大小等商品外观品质和叶球紧实度、中心柱长度、耐裂球性、耐贮运性等都提出愈来愈高的要求。另外，甘蓝除供应国内市场外，部分鲜菜及脱水加工菜还出口到东南亚及俄罗斯、日本、韩国等国家和地区。种植季节、栽培形式、市场需求的不同导致对甘蓝品种、类型多样性的需求日益迫切。

2. 发展趋势与对策

（1）适应生产和市场的需求，不断调整育种目标　要继续重视我国原有优势的育种目标，主要包括培育适于露地或保护地栽培的早熟、优质、耐抽薹的圆球类型春甘蓝品种；早熟、优质、耐抽薹、耐寒的尖球类型春甘蓝品种；中熟、抗病、耐热、优质的扁圆类型秋冬甘蓝品种。与此同时，应根据生产和市场需求确立一些新的育种目标：主要包括适于高海拔、高纬度栽培的耐裂球、耐贮运、抗病（特别是抗黑腐病、枯萎病、根肿病）、优质的中早熟圆球类型或中熟扁球类型甘蓝品种；适于中原地区露地越冬栽培的耐寒性强的扁球或近圆球类型甘蓝品种；适于东部地区秋冬栽培鲜食或脱水加工用的叶球深绿色、绿叶层次多的扁球或近圆球类型甘蓝品种等。此外，还应有目的地了解国外市场需求，培育适应某些特定国家或地区需求的甘蓝品种，使我国培育的甘蓝品种逐渐打入国际市场。

（2）加强甘蓝种质资源的搜集、鉴定和优异种质创新　对国内已有的种质资源进一步进行鉴定评价，从中发现优异种质。甘蓝起源于欧洲，且欧美等发达国家栽培、育种历史悠久，资源丰富，要利用各种方式抓紧从国外搜集、引进优良的甘蓝种质资源。

（3）加强应用基础和育种技术研究，提高甘蓝育种水平　在进一步完善甘蓝自交不亲和系选育及其制种技术的同时，加强甘蓝显性核基因雄性不育系和胞质雄性不育系育种技术的研究，选好不育源和自交亲和的亲本系，抓紧进行雄性不育系的转育，全面实现甘蓝制种技术的变革。要更加重视常规育种技术与生物技术的结合，提高育种效率。

（4）完善制种技术，提高种子质量　既要重视新品种的培育，也要重视新品种的繁育与示范推广，在适宜地区建立稳定的甘蓝良种繁育基地和新品种示范基地，严格按照已制定的甘蓝新品种制种技术规程和标准，生产高质量的甘蓝种子。当前，特别要保证杂交种的杂交率和发芽率达到国家标准。

（5）加强产学研结合　从事甘蓝育种研究的科研院所、学校、企业要进一步分工合作，从长远来说，国家科研单位和大专院校要逐步过渡到主要从事基础和应用基础研究，优异种质和育种技术创新研究；种子企业则要加强新品种选育与推广应用。在当前育种仍以科研单位为主的过渡时期，要认真实行科研单位、大学和种子企业的产、学、研结合。

第二节　种质资源与品种类型

一、起源与传播

甘蓝是由起源于地中海至北海沿岸的不结球野生甘蓝（*Brassica oleracea* var. *oleracea*）演化而

来。公元前 600—前 400 年，野生甘蓝的一些类型，包括不分枝的、饲用的羽衣甘蓝，就被古罗马、古希腊人利用。*Brassica* 这个拉丁文名称就是塞尔特文 bresic 一词派生出来的，意为甘蓝。到公元 9 世纪，一些不结球的甘蓝类型已成为欧洲国家广泛种植的蔬菜，经过长期的人工栽培和选择，衍生出甘蓝类蔬菜作物的各个变种（图 13-1）。大约在 13 世纪，在德国由不分枝的羽衣甘蓝分化出叶球松散的结球甘蓝（Helm，1963），其后经进一步选择培育，逐渐发展进化成为叶球紧实的普通结球甘蓝。在圆球、扁圆球和尖球三类球型结球甘蓝中，圆球类型比扁圆球类型和尖球类型更古老。在公元 14～16 世纪，在意大利、英国分化出紫红色甘蓝和皱叶甘蓝（Nienwhofo，1969）。

在 16 世纪以前，甘蓝主要在欧洲各国之间传播。起初在花园中种植，多作为药用植物，后来逐渐发展成为人类喜爱的蔬菜。16 世纪，结球甘蓝由欧洲传入北美加拿大，17 世纪传入美国，18 世纪传入日本（星川清亲，1981）。自 16 世纪开始主要通过以下途径传入中国：通过东南亚传入中国云南；通过俄罗斯传入中国黑龙江和新疆；通过海路传入中国东南沿海地区（蒋名川，1983；叶静渊，1984）。20 世纪 20 年代以来，中国与欧洲、美洲各国的来往日益增多，又引入许多不同类型的甘蓝种质资源，促使甘蓝在中国的栽培得到迅速发展。

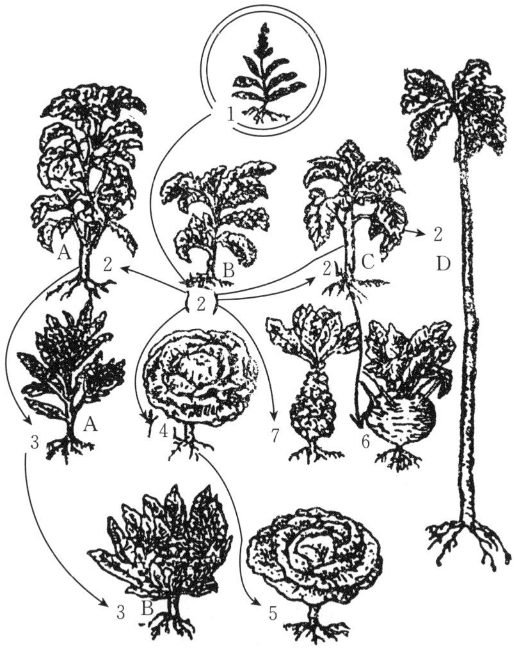

图 13-1　在人工选择和培育下野生甘蓝的变异
1. 一年生野生甘蓝　2. 羽衣甘蓝（2A. 分枝者；2B. 不分枝者；2C. 髓状者；2D. 饲用高茎者）
3. 花椰菜［3A. 二年生者（木立花椰菜）；3B. 一年生者（花椰菜）］　4. 甘蓝　5. 皱叶甘蓝
6. 球茎甘蓝　7. 抱子甘蓝
（马尔柯夫，1953）

二、种质资源的研究与利用

（一）种质资源的搜集引进与保存

世界各国都十分重视甘蓝种质资源的搜集、保存和研究工作。据欧洲芸薹属数据库（The ECP/GR *Brassia* Database）资料记载，欧洲搜集、保存甘蓝类种质资源 10 414 份，其中结球甘蓝 4 437份。美国搜集、保存甘蓝类蔬菜种质资源 1 907 份，其中结球甘蓝 1 000 余份（李锡香等，2007）。

结球甘蓝虽然不是原产于中国，但是传入中国已有几百年的历史，经中国各地区的栽培驯化和选择，形成了适于各地不同生态条件的地方品种。20 世纪 50～60 年代，各地开展了群众性蔬菜种质资源的调查、搜集、整理工作，1964 年全国主要农业科研、教学单位保存的甘蓝种质资源达 434 份，遗憾的是这些分散在各农业科研、教学单位保存的甘蓝种质资源除少数被育种科技工作者保存下来外，大部分都因“文化大革命”的冲击而散失。80 年代初开始，中国农业科学院蔬菜花卉研究所在国家有关种质资源研究项目的支持下，再次组织全国各地有关科研、教学单位进行包括甘蓝在内的蔬菜种质资源的搜集、保存工作，包括对云南、西藏及神农架等边远地区的蔬菜种质资源进行重点考察，把搜集到的种质资源进行初步整理、编目，存入蔬菜种质资源中期库和国家种质资源库保存。到2015年，国家种质资源库已搜集、保存国内外甘蓝类蔬菜种质资源551份，其中结球甘蓝224份。经鉴定评价，筛选出一批抗病、抗逆等性状表现优异的地方甘蓝品种资源，如抗病、耐热的上海地方品种黑叶小平头、早熟、耐抽薹的辽宁地方品种金早生，抗病、耐高温高湿的四川地方品种楠木叶，早熟、耐抽薹、耐寒的江苏、上海地方品种鸡心、牛心等。这些种质资源已在甘蓝育种中作为优异育种原始材料得到利用。

国外甘蓝种质资源的引进，也是甘蓝种质资源工作的重要内容。欧洲、北美洲各国以及亚洲的日本等国甘蓝种质资源丰富，20世纪50～60年代，中国农业科学院蔬菜研究所等单位就从上述地区引进一大批甘蓝种质资源，有不少在生产上被直接利用，如丹京早熟（哥本哈根市场）、狄特马尔斯克、金亩、北京早熟、黄苗等，有些国外种质资源至今仍作为甘蓝育种的原始材料。70～80年代以来，随着对外交流的增多，又通过各种途径包括农业部的948项目，由国外引进一大批甘蓝种质资源，仅中国农业科学院蔬菜花卉研究所甘蓝育种课题组1991—2010年就从美国、日本、荷兰、俄罗斯等20余个国家引进甘蓝种质资源1 479份次。在这些种质资源中，很多是这些国家的种子企业或科研、教学单位最新育成的优良一代杂种或常规品种，既有抗黑腐病、抗枯萎病、耐寒、耐热、耐裂球、球型球色好、品质优异的品种，也有珍贵的原始育种材料，如改良的Ogura萝卜胞质雄性不育材料CMS $R_3$625、CMS $R_3$629等，进一步丰富了中国甘蓝种质资源库，促进了甘蓝杂种优势利用和抗病、抗逆、优质育种的发展。

（二）种质资源的鉴定、创新与利用

1. 种质资源的鉴定 按照抗病、抗逆、高产、优质等育种目标，将搜集和引进的国内外种质资源在田间和试验室相结合的条件下进行鉴定，筛选出符合育种目标需求的优异种质资源作为育种原始材料应用。中国从“六五”（1981—1985）科技攻关开始，甘蓝等蔬菜育种被列入国家科技攻关计划，由中国农业科学院蔬菜花卉研究所、西南农业大学园艺系、江苏省农业科学院蔬菜研究所、上海市农业科学院园艺研究所、陕西省农业科学院蔬菜研究所、东北农业大学园艺系等单位组成的甘蓝抗病育种攻关协作组，制定了统一的抗病、抗逆和品质鉴定方法与标准，采用苗期人工接种鉴定和田间鉴定相结合，筛选出一批高抗TuMV、CMV兼抗黑腐病的甘蓝育种材料20-2-5、8020-2、23202-1、1162、84025、85003等，鉴定出楠木叶等耐根肿病的材料，以及96-100-11-4、84-253-3-3、99-192-1-2、05-468-1-2、05-184-1-1等抗枯萎病的材料。还鉴定筛选出一批冬性强、耐未熟抽薹的种质资源材料，如24-5-3、86-311、47-1-2等，耐寒材料02-12、86-311、47-1-1、鸡心等，耐热材料21-3、60天早椰菜等，为甘蓝的优质、多抗、丰产育种提供了重要的种质资源。

2. 种质资源的创新与利用 种质资源的创新是指以优异的原始种质资源为原始育种材料，采用杂交、回交、自交等常规技术或与细胞工程、分子标记辅助选择、转基因等生物技术手段相结合，创制出具有优异性状且与原始种质资源不同的育种材料。例如，采用多代连续自交、定向选择的方法育成的甘蓝自交亲和系中甘87-534，高抗甘蓝枯萎病的材料96-100-11-4、84-253-3-3、99-192-1-2等；采用小孢子培养育成的甘蓝DH系DH181、DH811等；采用转*Bt*基因方法初步育出抗虫甘蓝材料；采用分子标记辅助选择加速甘蓝显性雄性不育系选育等。图13-2中的01-20和图13-3中的21-3是通过连续自交定向选择育成的两个甘蓝骨干自交系，其中01-20来自国外引进品种北京早熟，21-3来自上海地方品种黑叶小平头。利用它们做亲本已分别育成十几个甘蓝新品种。

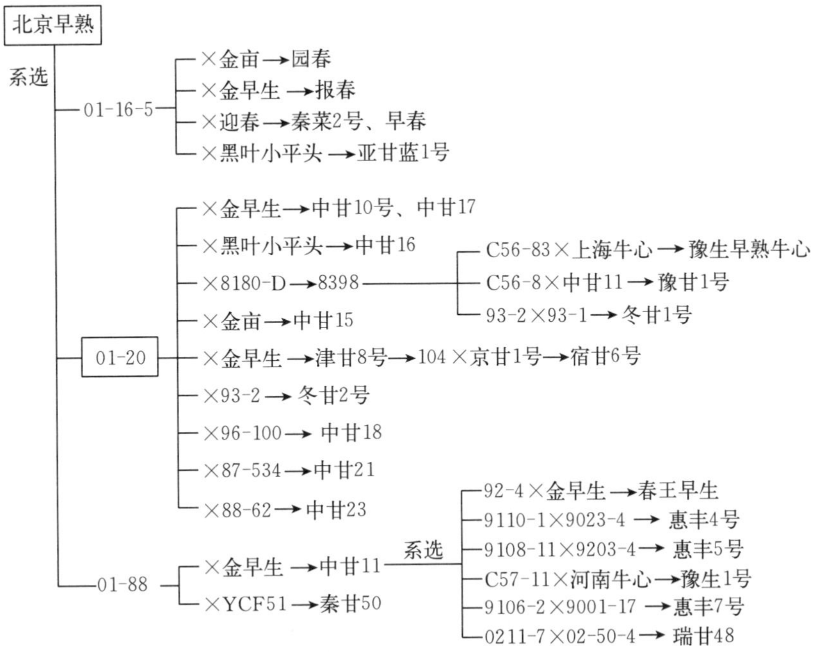

图 13-2　骨干亲本“01-20”的来源及利用

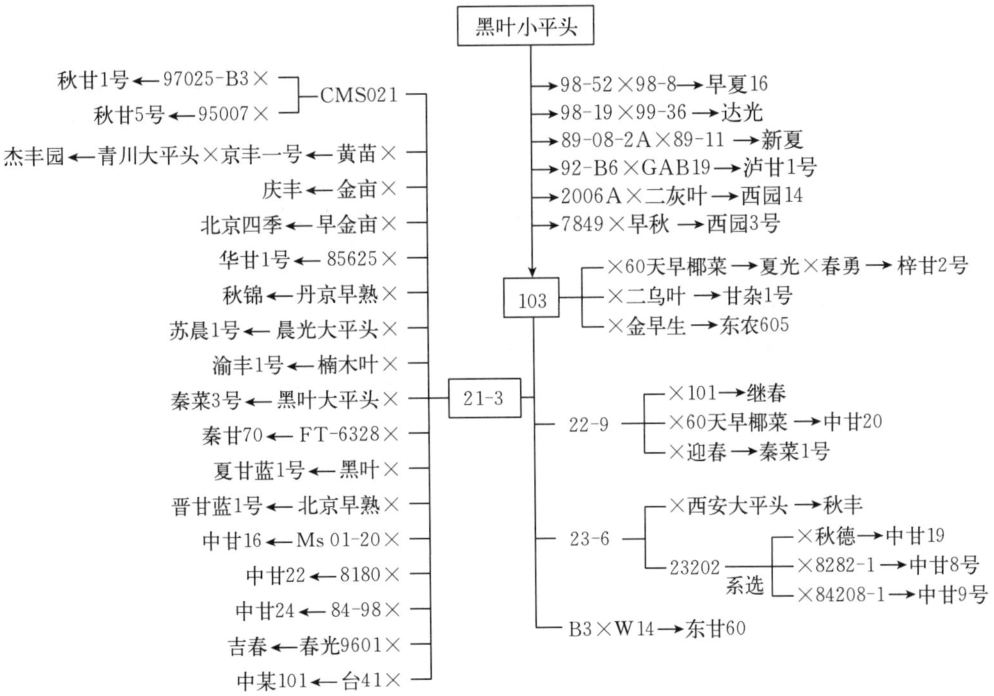

图 13-3　骨干亲木“21-3”的来源及利用

三、甘蓝品种资源类型

甘蓝品种资源分类方法较多，有的按植物学分类，也有的按叶球形态、栽培季节、成熟期早晚分类，还有的按其生态特点分类。

（一）植物学分类

可分为白球甘蓝（*B. oleracea* var. *capitata* L. f. *alba* DC.）和紫甘蓝（*B. oleracea* var. *capitata* L. f. *rubra* Thell）2个变形。皱叶甘蓝（*B. oleracea* L. var. *bullta* DC.）叶球与结球甘蓝相似，但它是一个与之平行的变种。

白球甘蓝的叶面平滑，无显著皱折，叶中肋稍突出，叶色绿至深绿，为我国和世界各地栽培最普遍、种植面积最大的一个类型。

紫甘蓝叶面和白球甘蓝一样，平滑而无显著皱折，但其外叶及球叶均为紫红色。栽培面积远不如白球甘蓝，在中国一些地区作为特菜栽培，栽培面积逐年扩大。

皱叶甘蓝其叶色似白球甘蓝，绿色至深绿色，但叶片因叶脉间叶肉发达，凹凸不平而使叶面呈现皱折。球叶质地柔软。在中国部分地区也作为特菜栽培，但栽培面积不大。

（二）按叶球形状分类

可分为扁圆球、圆球、尖球3种类型，也是常用的分类方法。

1. 扁圆球类型 叶球扁圆、较大，多数为中晚熟类型，冬性较强，作春甘蓝种植时不易发生未熟抽薹，其中一部分冬性极强，一般抗病、耐热、耐寒性较好。该类型大多数品种完成阶段发育对光照长短不敏感。采种种株开花早，花期一般30～40 d，种株高度介于圆球类型与尖球类型之间。中国各地春夏季栽培的中晚熟甘蓝及秋冬甘蓝多为这种类型。该类型中有些球型高扁圆的品种，其抗寒性强，叶球紧实，叶片厚，极耐裂球，完成阶段发育除需要低温外，还需要较长光照条件才能抽薹开花。

2. 圆球类型 叶球圆球形或近圆形，多为早熟或中熟品种，叶球紧实，球叶脆嫩，品质较好。但此类型中部分品种冬性较弱，作春甘蓝种植时，如播种过早或栽培管理不当易发生未熟抽薹，一般抗病、耐热、耐寒性较差。完成阶段发育除低温外，还需要有较长时间的光照。采种种株开花晚，花期长达40～50 d，种株高度可达150 cm以上，在中国北方作早熟春甘蓝栽培的多为这类品种。

3. 尖球类型 也称牛心形，叶球顶部尖，多为早熟品种，一般冬性较强，作为春甘蓝种植不易未熟抽薹，抗病、耐热性差，但抗寒性较强，完成阶段发育对光照长短不敏感。采种种株开花早，种株高度100～120 cm，花期30 d左右。这种类型一般在中国南北各地作春季早熟品种栽培。

（三）按栽培季节及熟性分类

一般可分为春甘蓝、夏甘蓝、秋冬甘蓝及一年一熟大型晚熟甘蓝四种类型。有的类型还可以按其成熟期分为早、中、晚熟型。

1. 春甘蓝 冬季播种育苗，春季栽培的类型。该类型品种一般品质较好，但抗病、耐热性较差。按其成熟期又可分为早、中、晚熟春甘蓝。早熟春甘蓝定植后45～60 d可收获，叶球多为圆球形或尖球形。中、晚熟春甘蓝品种定植后70～90 d可收获，叶球多为扁圆形。

2. 夏甘蓝 一般指在二季作地区4～5月播种，8～9月收获上市的品种类型。该类型品种一般耐热、抗病性较好，叶色较深，叶面蜡粉较多，多为扁圆形的中熟品种。但近年在高海拔的高山或高纬度的高原等夏季冷凉地区，一般种植早熟圆球类型品种或中熟扁圆类型品种，其栽培面积呈逐年增加的趋势。

3. 秋冬甘蓝 7～8月播种，秋冬季节收获上市的品种类型。该类型品种一般抗病、耐热性较好，按成熟期还可分为早、中、晚熟秋冬甘蓝。早熟品种多为圆球或近圆球形，定植后 55～60 d 可收获。中、晚熟品种一般为扁圆球形，定植后 70～90 d 可收获。近年长江中下游地区增加了 8～9 月播种、带球露地越冬的冬甘蓝，多为高扁或扁圆形，可耐－6 ℃低温。

4. 一年一熟大型晚熟类型　该类型主要分布在我国长城以北及青藏高原等高寒地区。由于这些地区无霜期短，无明显的夏季，而这一类型品种多为扁圆或近圆球形晚熟品种，生育期长，因而只能一年一熟。一般 3～4 月播种，10 月份收获，是这些地区的主要冬贮蔬菜之一。

（四）按植物学性状和熟性综合性状分类

汤姆逊（1949）按植物学性状和熟性两种性状的综合表现把结球甘蓝分为 9 个类型，即：威克非展翼群（早熟尖球）、哥本哈根群（早熟圆球）、荷兰平头、鼓头群（晚熟扁圆或圆球）、皱叶甘蓝群（皱叶）、丹麦头球群、A 群、伏尔加群、红甘蓝群等。每一个类型在植物学性状和熟性上都有其相似的特点（朱其杰，1981）。

（五）按幼苗春化型分类

甘蓝为植株春化型植物，即要求一定大小的植株才能感受低温作用而通过阶段发育，但品种类型不同完成阶段发育要求的营养生长时期的长短、植株大小以及感受低温、光照时间的长短存在着差异。筱原（1959）按幼苗春化型分类，根据完成阶段发育要求条件的特点，将甘蓝分为春播晚熟型、秋播型、夏播型、北方春播型、热带型 5 个生态类型。并用关于“相”方面的阶段发育学说，说明各类型发育所需的基本营养相、感温相、感光相（图 13－4）。

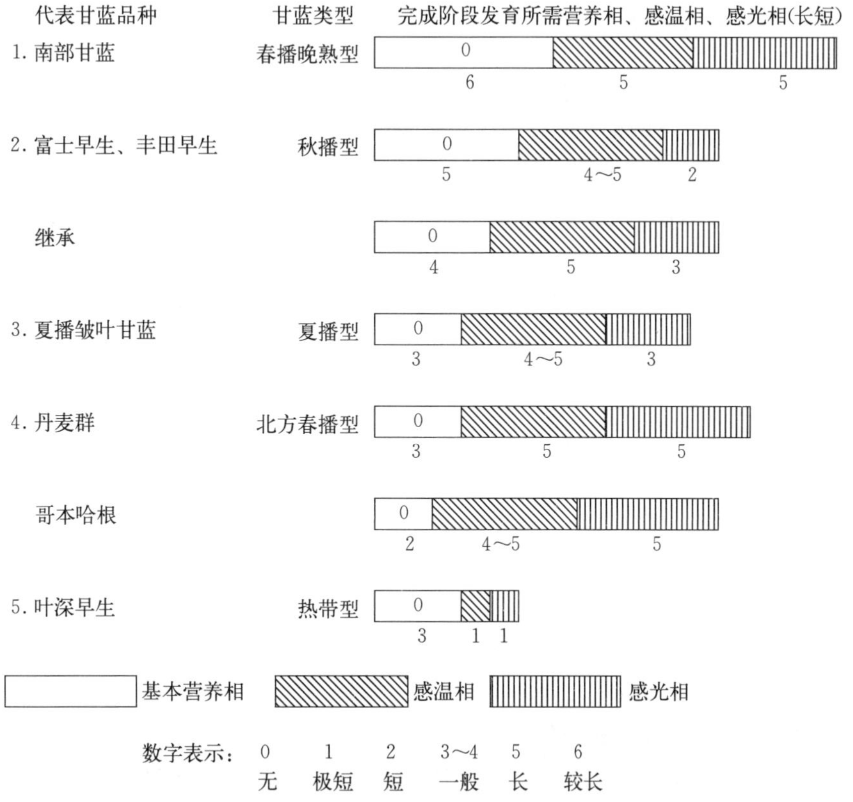

图 13－4　按完成阶段发育所需营养体、温度、光照条件对结球甘蓝的分类

（筱原，1959；朱其杰译，1981）

四、中国甘蓝地方品种资源的代表品种

（一）早熟耐寒的牛心类型春甘蓝品种资源

该类型的共同特点是叶球尖球形，熟性早，耐寒性强，适于春季栽培而不易未熟抽薹。代表品种有：

1. 金早生 系辽宁旅大市农业科学研究所于1953年由旅大金县农家品种牛心中通过系统选育而成。株高约30 cm，开展度40～50 cm，外叶12～18片，深绿色。叶球牛心形或近圆形，单球重500 g左右，早熟，耐寒性及冬性强，不易未熟抽薹，适于早春栽培，每667 m^2 产量2 000 kg左右。

2. 鸡心甘蓝 长江中下游地区早熟春甘蓝地方品种。植株开展度55～60 cm，较直立，外叶15～18片，深绿色。叶球呈鸡心形，单球重1～1.5 kg。抗寒性及冬性强，不易未熟抽薹。长江流域一般10月下旬播种，幼苗可露地越冬，翌年4月下旬至5月上、中旬上市，一般每667 m^2 产量2 500 kg。

3. 顺城牛心 河南省开封市地方品种。植株开展度40～50 cm，外叶12～16片，深绿色。叶球牛心形，单球重约700 g。叶质较硬，品质一般。叶球内中心柱极短，仅3 cm左右。抗寒性及冬性强。一般10月下旬播种，露地越冬后，翌年春季收获前很少发生未熟抽薹，每667 m^2 产量2 500～2 700 kg。

4. 牛心甘蓝 长江中下游地区早熟春甘蓝地方品种。植株开展度60～65 cm，外叶15～20片，较直立，深绿色。叶球顶部呈牛心形，单球重1.5 kg左右。冬性强，不易未熟抽薹。长江流域一般在10月中、下旬播种，幼苗露地越冬，翌年4月下旬到5月上、中旬采收，每667 m^2 产量2 500 kg左右。

（二）早熟优质圆球类型春甘蓝品种资源

该类型叶球为圆球形，早熟，叶质脆嫩，品质优良。但抗病性、耐寒性较差，春季种植，如播种过早易发生未熟抽薹。代表品种有：

1. 北京早熟 1966年中国农业科学院蔬菜研究所由加拿大引入后经系统选育而成。一般株高25 cm，开展度40～50 cm，外叶17～20片，浅绿色。叶球圆球形，结球紧实，单球重500～700 g。球叶脆嫩，品质好。早熟，一般定植后55 d可收获，每667 m^2 产量2 000～2 500 kg。

2. 丹京早熟 原名哥本哈根，20世纪50年代从丹麦引入。植株开展度50～60 cm，外叶15～18片，球叶色绿，蜡粉中等。叶球圆球形，单球重600～800 g。冬性较弱，播种过早易发生未熟抽薹。球叶叶质脆嫩，品质较好。定植后60 d左右收获，每667 m^2 产量3 000～3 500 kg。

3. 金亩 1965年由丹麦引入。植株开展度50～60 cm，外叶15～20片，浅绿色，蜡粉少。叶球高圆球形，结球紧实，单球重600～800 g。球叶脆嫩，品质好。定植后60 d左右收获，每667 m^2 产量3 000～3 500 kg。

4. 小金黄 1969年青岛市农业科学研究所由国外引进。植株开展度45～50 cm，外叶15～20片，球色绿，蜡粉较少。叶球圆球形，单球重500～750 g，叶质脆嫩，品质好。冬性弱，球内中心柱约占球高的2/3，易发生未熟抽薹。早熟，定植到收获50 d左右，一般每667 m^2 产量2 500 kg。

5. 狄特马尔斯卡 20世纪50年代由丹麦引入，植株生长势略强于北京早熟。株高约30 cm，开展度45～50 cm，外叶18～20片，球色绿。叶球圆球形，单球重500～600 g。叶质脆嫩，品质好，球内中心柱约占球高的2/3。早熟，定植后约55 d收获。一般每667 m^2 产量2 000～2 500 kg。

6. 迎春 1971年旅大市农业科学研究所由当地金早生中经系统选育而成。其特点是株型小，外叶数仅10～12片，叶色深绿。叶球近圆形，单球重500～600 g。球内中心柱长大于球高的1/2，冬

性较弱，播种过早或苗期管理不当易发生未熟抽薹。早熟，定植后 45～50 d 可收获。一般每 667 m^2 产量 2 000 kg。

（三）中熟、抗病、耐热、扁圆类型秋甘蓝品种资源

该类型共同特点是叶球扁圆形，抗病、耐热性强。主要作夏秋甘蓝种植。代表品种有：

1. 黑叶小平头　上海市地方品种。植株开展度 60～70 cm，外叶 15～18 片，灰绿色，蜡粉多。叶球扁圆形，单球重 1.5 kg 左右。定植后 70～80 d 可收获。抗病、耐热性较强，地区适应性广。一般每 667 m^2 产量 3 000～3 500 kg。

2. 黑平头　华北、西北地区的地方品种。植株开展度 65～75 cm，外叶 16～20 片，灰绿色，蜡粉多。叶球扁圆形，单球重 1.5～2 kg，抗病、耐热、耐贮性较好。定植后 90～100 d 可收获，每 667 m^2 产量 3 500～4 000 kg。

3. 楠木叶　四川省地方品种。植株开展度 50～70 cm，外叶 15～18 片，深绿色。叶球扁圆形，单球重 2～3 kg。抗病性较强。中熟至中晚熟，6 月下旬至 7 月上旬播种，11～12 月收获，一般每 667 m^2 产量 3 000～4 000 kg。由于植株开展度大小、成熟期早晚不同，又有大楠木叶和小楠木叶之分。

4. 60 天早椰菜　20 世纪 70 年代由泰国引进。植株开展度 60～65 cm，外叶 16～19 片，绿色，蜡粉中等。叶球扁圆形，单球重 1～1.5 kg。中早熟，定植后约 60 d 可收获。耐热性较好，但抗病性较差，在中国南方可作夏秋甘蓝栽培，每 667 m^2 产量 2 500～3 000 kg。

（四）中晚熟、抗病、扁圆类型秋冬甘蓝品种资源

该类型主要特点为中熟到中晚熟，抗病性强，叶球扁圆。代表品种有：

1. 北杨中平头　上海市郊区中晚熟地方品种。植株开展度 60～70 cm，外叶 17～21 片，绿色，蜡粉中等。叶球扁圆形，单球重 2～2.5 kg。抗病、耐热性较好。定植后 90 d 可收获。

2. 成功 2 号　最初由日本引入，为秋甘蓝品种。植株开展度 60～70 cm，外叶 17～24 片，绿色。叶球扁圆形，单球重 2～2.5 kg。中熟，定植到收获 80～90 d，每 667 m^2 产量 3 500 kg 左右。

3. 斑大古　辽宁省蔬菜试验站 1949 年从旅大郊区农家品种中选出。植株开展度 60～70 cm，外叶 17～20 片，绿色。叶球扁圆形，单球重 2～2.5 kg。中晚熟，定植到收获 80～90 d。每 667 m^2 产量 3 500～4 000 kg。

4. 继承甘蓝　辽宁省地方品种。植株开展度 70～90 cm，外叶 18～24 片，绿色，蜡粉中等。叶球扁圆形，单球重 1.5～2.5 kg。从定植到收获 75～90 d。每 667 m^2 产量 3 000～4 000 kg。

5. 晨光平头　长江流域地区秋冬甘蓝地方品种。植株开展度 60～70 cm，外叶 16～20 片，绿色，蜡粉中等。叶球扁圆形，单球重 1～1.5 kg。中早熟，定植到收获 60 d 左右，每 667 m^2 产量约 3 000 kg。

6. 台青　植株开展度 70～75 cm，外叶 18～22 片，深绿色，蜡粉多。叶球扁圆形，单球重 2～2.5 kg。抗病性好。中晚熟品种，从定植到收获 90～100 d，每 667 m^2 产量 4 000 kg 左右。

7. 黄苗　最初由日本引进。由于该品种冬性强，广东、广西、福建等地曾在 20 世纪 60～70 年代用作春季中晚熟品种栽培。植株开展度 65～75 cm，单球重 2～2.5 kg。叶球脆嫩，品质好，但抗病性较差。中晚熟，从定植到收获 90～100 d，每 667 m^2 产量 4 000 kg 左右。

8. 大平头甘蓝　原名成功甘蓝，1926 年金陵大学由国外引进栽培，然后传播到华东、华中等地。植株开展度 70～80 cm，外叶 18～20 片，绿色。叶球扁圆形，单球重 1.5～2.5 kg。中晚熟，从定植到收获 90～100 d，每 667 m^2 产量 4 000 kg 左右。

9. 短把甘蓝 青海地方品种。植株开展度 70～80 cm，外叶 20～25 片，绿色，蜡粉中等。叶球扁圆形，单球重 2～3 kg。中晚熟，从定植到收获 90 d 左右，每 667 m^2 产量 4 000 kg 左右。

10. 二乌叶 四川成都郊区地方品种。植株开展度 65～75 cm，外叶 17～22 片，深绿色，蜡粉少。叶球扁圆形，球顶平，单球重 1.5～2.5 kg。叶质脆嫩，品质好。四川一些地区主要作中晚熟秋甘蓝栽培，6 月下旬到 8 月上旬播种，11～12 月收获，每 667 m^2 产量 4 000 kg 左右。

11. 大乌叶 四川成都郊区地方品种。较二乌叶株型大，成熟晚。植株开展度 70～80 cm，外叶 18～24 片，深绿色，蜡粉少，叶脉粗。叶球扁圆平顶，单球重可达 3.5～4 kg。中晚熟，冬性强，不易未熟抽薹。在四川一些地区作秋甘蓝栽培，6 月下旬到 8 月上旬播种，12 月至翌年 3 月收获，每 667 m^2 产量 5 000 kg 左右。

12. 六月黄甘蓝 青海地方品种。植株开展度 65～70 cm，外叶 15～20 片，绿色，蜡粉少。叶球扁圆形，单球重 1.5 kg 左右。中熟，从定植到收获 70 d 左右，每 667 m^2 产量 3 000～3 500 kg。

13. 大种莲花白 云南昆明地方品种。植株开展度 70～75 cm，外叶 18～24 片，深绿色，蜡粉多。叶球扁圆形，单球重 2～3.6 kg。从定植到收获 90～100 d，每 667 m^2 产量 3 000～3 500 kg。

（五）一年一熟大型晚熟甘蓝品种资源

该类型的特点是晚熟、叶球大、抗病、耐贮。代表品种有：

1. 二虎头 内蒙古地方品种，在山西、黑龙江等省也有种植。植株开展度 100 cm 左右，外叶 30 余片，灰绿色，蜡粉多。叶球扁圆或圆球形，单球重 4～6 kg，叶球厚实，耐贮藏。晚熟，从定植到收获 110 d 以上，每 667 m^2 产量 5 000 kg 左右。

2. 红旗磨盘甘蓝 黑龙江省地方品种。植株开展度 90～100 cm，外叶 25～30 片。叶球扁圆或圆球形，单球重 3～4 kg。晚熟，从定植到收获 100～110 d，每 667 m^2 产量 4 000～5 000 kg。

3. 大同茴子白 山西大同地方品种。植株开展度 100～110 cm，外叶约 30 片，灰绿色。叶球扁圆或圆球形，单球重 5～10 kg。晚熟，定植到收获 100～110 d，每 667 m^2 产量 5 500 kg 以上。

4. 大叶甘蓝 宁夏地方品种。植株开展度 90 cm 左右，外叶灰绿色。叶球扁圆或圆球形，单球重 4～5 kg。叶球厚实，品质好，耐贮性好。中晚熟，从定植到收获约 100 d，每 667 m^2 产量 5 000～7 000 kg。

第三节　生物学性状与主要性状遗传

一、植物学性状

（一）根

甘蓝的根为圆锥根系。主根基部肥大，根尖端向地下生长，主根基部分生出许多侧根，在主、侧根上发生须根，形成密集的吸收根系。播种后到 2 片真叶出现前，只有初生根生长。2 片真叶期，次生根增加，7～10 片真叶时，侧根、须根数迅速增多。甘蓝的根属浅根系，入土不深，主要根群分布在 60 cm 以内的土层中，以 30 cm 的耕作层中最密集，最具活力的根系，大多分布在地下 7～10 cm 处。从种子发芽到叶球形成，根系分布的深度和宽度逐渐扩大，莲座期根群横向伸展主要在 80 cm 范围内，到结球期可达 100 cm 的范围（岩间诚造，1984）。根系的发达程度在品种之间有较大差异，抗旱、耐热、耐寒品种根系往往较发达，有利于从土壤中吸收水分、养分，提高抗逆能力。甘蓝的根再生能力很强，主根、侧根断伤后，容易发生新的不定根，因此，甘蓝适于育苗移栽。

（二）茎

甘蓝的茎分为营养生长期的短缩茎和生殖生长期的花茎。短缩茎在营养生长期生长很慢，在整个营养生长阶段基本上是短缩的。短缩茎又分外短缩茎和内短缩茎。外短缩茎在叶球外，着生莲座叶，外短缩茎长短依品种和栽培条件而异。叶球内着生球叶的茎称为内短缩茎，即叶球中心柱。一般内短缩茎短的叶球较紧密，品质也较好。这是鉴别叶球品质优劣的指标之一。春季内短缩茎（中心柱）短的品种一般冬性强，如顺城牛心的中心柱仅 3 cm 左右，冬性很强。迎春的中心柱 7 cm 左右，冬性弱，如果春季播种过早，易发生未熟抽薹。

甘蓝通过阶段发育后，进入生殖生长阶段，此时抽出的薹称为花茎。花茎可分枝生叶，形成花序。在中央主花茎上的叶腋间发生一级分枝。在一级分枝的叶腋间发生二级分枝，若养分充足管理条件好，还可发生三、四级分枝。花茎的长短、粗细、分枝习性与叶球类型、品种及营养状况有关，营养供应充分，则花茎粗壮、分枝多。一般圆球类型品种主花茎明显，而牛心类型和扁圆类型品种的一、二级分枝甚至三级分枝较发达。

（三）叶

甘蓝的叶可分为子叶、基生叶、幼苗叶、莲座叶、球叶、茎生叶。除球叶为养分贮藏器官外，其余均为同化器官。不同时期叶片的形态差异很大，子叶呈肾形对生；第一对真叶即基生叶对生，与子叶垂直，无叶翅，叶柄较长。随后发生的幼苗叶，呈卵圆或椭圆形，网状叶脉，具有明显的叶柄，互生在短缩茎上。随着生长，逐渐长出强大的莲座叶，也叫外叶。甘蓝的外叶数在 10～30 片之间，早熟品种的外叶数一般较少，中、晚熟品种的外叶数一般较多。莲座后期发生的外叶叶片越加宽大，叶柄逐渐变短，以至叶缘直达叶柄基部，形成无柄叶。据此，可以作为判断品种特性和结球的征兆，为栽培管理提供形态依据。

甘蓝外叶叶色有浅绿、黄绿、绿、深绿至灰绿色，紫甘蓝品种外叶为红色或紫红色。多数品种叶面光滑无毛，皱叶甘蓝叶片皱缩。叶面覆盖白色蜡粉，一般叶面蜡粉多，则较耐旱、耐热。

甘蓝进入包球期，再发生的叶片中肋向内弯曲，包被顶芽。随着继续新叶的生长，包被顶芽的叶子也随之增大，逐渐形成紧实的叶球。构成叶球的叶片都是无柄叶，为黄白色。叶球形状因品种而异，一般分为圆球形、尖球形（圆锥形）和扁圆形。

甘蓝花茎上的叶称为茎生叶，互生，叶片较小，先端尖，基部阔，无叶柄或叶柄很短。

甘蓝的叶序为 2/5 和 3/8，有左旋和右旋两种。

（四）花和花序

甘蓝的花序属复总状花序。每个健壮的开花植株开花数量因品种和栽培管理条件而异，一般有 800～2 000 朵花。

开花顺序，一般主薹先开花，然后是由上而下的一级分枝开花，再往后是二、三、四级分枝依次开花。从一个花序来说，不论主枝或分枝，花朵均由下而上逐渐开放。

甘蓝植株的开花期一般 30～50 d，但春季开花时间早晚与开花期长短，品种类型之间有差异。一般来说，在同样栽培管理条件下，尖球类型和扁圆类型的品种初花期要比圆球类型品种早 5～7 d，但花期一般短 7～10 d。

甘蓝的花为完全花，包括花萼、花冠、雌蕊、雄蕊几个部分，开花时 4 个花瓣呈十字形排列，花瓣内侧着生 6 个雄蕊，其中 2 个较短，4 个较长，每个雄蕊顶端着生花药，花药成熟后自然裂开，散出花粉。

甘蓝为典型的异花授粉作物，在自然条件下，授粉靠昆虫作媒介。两个不同品种种株隔行栽植在一起，开花后自然杂交率一般可达 70%左右。

柱头和花粉的生活力，以开花当天最强，但柱头在开花前 6 d 和开花后 2～3 d 都可接受花粉进行受精。花粉在开花前2 d和开花后1 d都有一定的生活力。如果将花粉取下贮存于干燥器内，在干燥、低温条件下，花粉生活力可保持7 d以上，在0 ℃以下的低温干燥条件下可保持更长的时间。

从授粉开始到受精过程完成所需的时间，在15～20 ℃温度条件下，2～4 h后花粉管开始伸长，经过6～8 h，穿过花柱组织，经过36～48 h完成受精。授粉时的最适温度一般认为是15～20 ℃，低于10 ℃花粉萌发较慢，而高于30 ℃影响受精活动正常进行。

（五）果实和种子

甘蓝的果实为长角果，圆柱形，表面光滑似念珠状，成熟时细胞壁增厚硬化，种子排列在隔膜两侧。

一般每株的有效角果为900～1 500个。角果的多少因品种差异和栽培管理条件的不同差异很大。在一个植株上，大部分有效角果集中在一级分枝上，其次是二级分枝和主枝上。

每个角果约有20粒种子。在一个枝条上，上部角果和下部角果内种子较少，而中下部角果内种子最多。种子为红褐色或黑褐色，千粒重为3.3～4.5 g。一株生长良好的种株可收种子50 g左右。

甘蓝的种子一般在授粉后55 d开始成熟，但成熟所需要的时间因品种类型和温度条件而异。一般在高温条件下种子成熟快一些，温度较低时成熟慢一些。在华北地区，一般6月下旬收获种子，因此，5月中旬以后开的花，即使完成受精也往往不能形成完全成熟的种子，即使形成少量种子，其发芽率也很低。

甘蓝种子宜在低温干燥的条件下保存。北方地区，充分成熟的种子在一般室内条件下可保存2～3年，而在潮湿的南方只可保存1～2年，但在干燥器或密封罐内保存8～10年的种子仍有相当高的发芽率。

二、生长发育与开花授粉习性

甘蓝是典型的二年生蔬菜作物，其生长发育过程分为营养生长和生殖生长两个阶段，在适宜的气候条件下，于第一年进行营养生长，通过发芽期、幼苗期、莲座期、结球期形成根、茎、叶、叶球等营养器官，并在叶球内贮藏大量的同化产物，经过冬季低温完成春化阶段，至翌春通过长日照阶段，进入生殖生长阶段，形成生殖器官而抽薹、开花、结实，完成从播种到收获种子的生长发育过程（图13-5）。

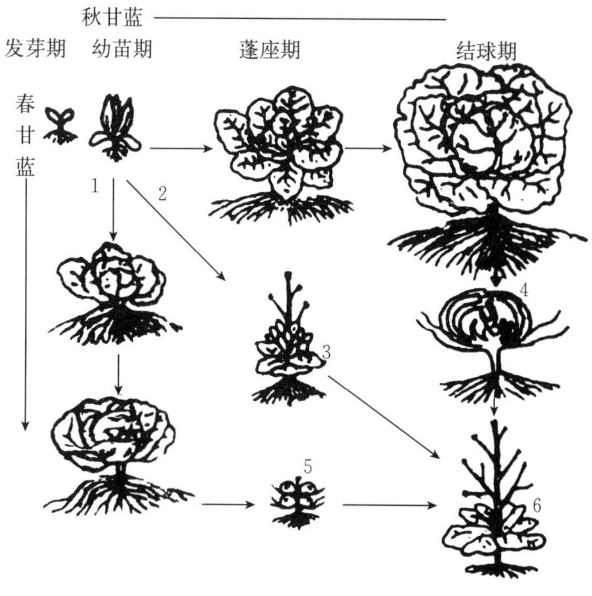

图13-5 结球甘蓝生长周期示意图
1. 小苗越冬 2. 大苗越冬（低温花芽分化）
3. 未熟抽薹（高温长日照） 4. 球内抽薹
5. 侧芽结球（低温越冬） 6. 开花（高温长日照）
（岩间诚造，1976）

（一）生长发育

1. 营养生长

（1）发芽期 从种子萌动到第一对基生真叶展开，与子叶垂直形成十字形时为发芽期。随季节的不同，发芽期长短不一，夏、秋季节需要8～10 d，冬、春季节需要15～20 d。在适宜条件下，种子吸水膨涨，16～20 h后胚根由珠孔伸出，约24 h后种皮破裂，子叶及胚轴外露，胚根长出根毛，其后子叶与胚轴伸出地面，4～5 d后子叶展开，8～10 d后真叶显露，完成发芽期。种子发芽到长出子叶主要靠种子自身贮藏的养分，因此，饱满的种子和整理精细的苗床是保证出好苗的主要条件。随着子叶和第一片真叶的生长和叶绿素的增多，叶片开始进行光合作用，制造营养。

(2) *幼苗期*　从第一片真叶展开到第一叶环形成达到团棵时为幼苗期。一般早熟品种为 5～7 片叶，中晚熟品种为 7～8 片叶，幼苗期长短随育苗季节的不同而异，冬春季需要 25～30 d，夏秋季只需 20～25 d。为培育壮苗，要根据育苗条件因地制宜地注意水肥管理，防止幼苗徒长。

(3) *莲座期*　从第二叶环出现到形成第三叶环，达到心叶开始包合时为莲座期。时间长短也依品种不同而异，一般早熟品种需 20～25 d，中晚熟品种需 25～30 d。此期叶片和根系的生长速度较快，要及时中耕，促使根系向纵深发展，防止外叶生长过旺，以利于形成强壮的同化和吸收器官，为形成硕大而紧实的叶球打下基础。

(4) *结球期*　从开始结球到叶球形成为结球期。依品种不同需要 25～40 d，此期应及时追肥浇水，以促使球叶扩展，叶球充实。

(5) *冬季贮藏休眠期*　种株可在冬季 2～3 个月的低温贮存条件下完成春化阶段发育，华北北部、东北、西北等地区的种株贮存于菜窖或假植于日光温室或阳畦等设施内越冬，华北南部及长江流域种株可以露地越冬。在此期间要做好温度、湿度等方面的管理，保证种株安全越冬。

2. 生殖生长

(1) *抽薹期*　从越冬后的种株定植到花茎长出，开始开花为抽薹期，需要 25～30 d。随着春天气温升高，光照增强，种株根部迅速长出新根，叶球长出花茎，主花茎再长出分枝，当主花茎开始开花时，抽薹期结束。

(2) *开花期*　由始花到整个种株花朵谢花为开花期。依品种的不同，花期长短不一，一个健壮的种株开花期为 30～40 d。在开花期的前期花茎陆续抽出侧枝，整个开花期花序上的花朵由下而上逐渐开放。

(3) *结荚期*　从谢花到角果黄熟时为结荚期，为 45～55 d。在这期间花枝基本停止生长，角果和种子迅速生长发育，当花朵基本谢花，主枝和一级分枝下部的角果饱满时，应逐渐减少浇水。大部分角果变成黄绿色，内部种子种皮变为褐色时开始收获。

(二) 开花授粉习性

1. 阶段发育特性　甘蓝是典型的植株春化型二年生植物，萌动的种子在低温下不能完成春化。甘蓝完成春化必须具备两个条件：一是一定大小的植株营养体；二是在一段相当长的时间内，经受一定范围的低温影响。一般认为，茎粗 0.6 cm 以上，真叶数 7 片以上的幼苗，经过 50～90 d 0～12 ℃的低温作用条件，即可完成春化阶段。所以，我国各地栽培的春甘蓝，如果播种过早，品种选择不当或低温期内苗子生长过大，往往会因为完成了春化阶段而发生未熟抽薹，给甘蓝生产造成损失。植株大小不同，完成春化阶段需要的低温时间也长短不同。一般来说，植株的营养体越大，通过春化阶段所需低温时间越短。伊东等（1966）报道，同一个甘蓝品种，茎粗 1 cm 的植株，经过 25 d 的低温作用，即能诱导出花芽分化；茎粗 0.8 cm 的植株，则需 30 d 的低温；茎粗 0.6 cm 的植株，需 40 d 的低温；茎粗 0.5 cm 的植株，需 50 d 的低温。完成春化的低温范围，一般认为是 0～12 ℃，最适温度为 2～4 ℃。

品种间冬性强弱差异较大，即完成春化需要的低温时间长短、苗龄大小相差很大。总体看来，牛心类型品种及一部分扁圆类型品种，冬性较强不易发生未熟抽薹，大部分扁圆类型品种次之，圆球类型品种往往冬性偏弱。冬性强的品种，完成春化所需苗子大，且要求低温时间长。反之，冬性弱的品种，完成春化所需植株小，需低温时间也短。例如，黄苗、黑平头等冬性极强的品种，茎粗 1.5 cm

以上、真叶15片以上的植株，在约90 d的低温作用下，才能完成春化。所以，黄苗甘蓝在我国华南地区，可于10～11月播种，大苗越冬，第二年春季收获，很少发生未熟抽薹。而迎春、小金黄等冬性弱的甘蓝品种，茎粗0.6 cm、真叶7片的幼苗，经过50～60 d的低温作用，就可通过春化。所以，对于这些冬性弱的品种，必须适当晚播种，控制幼苗营养体不能过大，防止发生未熟抽薹。

关于赤霉素对开花的促进作用已有很多报道。对于甘蓝，若赤霉素使用得当，也能促进开花。顾祯祥（1979）报道，用100～200 mg/L的赤霉素处理后，可使未经低温春化处理的36株黑叶小平头植株，全部现蕾开花。同时处理的冬性较强的鸡心甘蓝，未处理的现蕾开花的植株只有处理植株的22%～40%。赤霉素处理的时期，以开始结球时效果最好，已结球的植株处理效果较差。

关于光照对甘蓝抽薹开花的作用，总的说来，长日照有利于甘蓝抽薹开花。但不同生态类型的品种，对光照的反应差异很大。尖头类型、平头类型品种对光照要求不严格，种株在冬季贮存于菜窖或进行埋藏，翌年春季定植后均可正常抽薹、开花。而来源于北欧、北美的圆球类型品种，对长日照要求比较严格，种株在冬季贮存于菜窖或进行埋藏，翌春定植后，往往有相当一部分种株不能正常抽薹、开花。

已经抽薹、开花的圆球类型品种的种株，如果置于30 ℃以上的高温条件下，花茎顶端就不再继续长出花蕾，而会长出绿叶，这就是所谓的营养逆转现象。在高温条件下定植圆球类型甘蓝种株，常会出现这种情况。

2. 抽薹与开花习性 甘蓝种株的高度，因品种和栽培管理条件不同而异。早熟牛心类型品种，种株高度1.0～1.2 m；圆球类型、扁圆类型品种，种株高度可达1.3～1.8 m。在北京地区，冬前定植于保护地的种株，其高度要比第二年春季定植于露地采种田的种株高1/3以上。

甘蓝为复总状花序，但不同生态类型的甘蓝种株，由于分枝习性不同，株型差异很大。一般说来，圆球类型品种的种株，主花茎生长势强，抽薹初期往往只有1个主花茎，以后才慢慢发生一级分枝及二级分枝等，但分枝数比较少。而牛心类型和扁圆类型品种，主花茎生长势没有圆球类型品种那样强，但一级、二级分枝，甚至三级分枝都比较发达，即使在同一甘蓝品种中，种株之间的分枝习性也有差异。如在北京地区，冬前就把种株在保护设施内定植好，种株分枝数显著增加。而春季定植的种株往往生长势偏弱，侧枝数也明显减少。牛心类型和扁圆类型品种的种株，如果开花结实不良或人为整枝后，很快就会发出新的侧枝，但圆球类型品种则较难再发生侧枝。这种特性在杂交制种田调节开花期时应充分注意。

每个健壮的甘蓝种株一般有800～2 000朵花，但种株的花数也因品种和栽培管理条件不同而有差异。冬前定植于温室，且管理良好的种株，每株花数可达1 000朵以上；而第二年春季定植于露地的种株，如果管理不当，通常只有200～300朵花。对每棵种株来说，一般是主花茎上的花先开，然后由上而下的一级分枝开花，再是二、三级分枝逐渐先后开花。就每个花枝来说，花朵是由下而上依次开放。各级分枝上的花数，不论主花茎发达与否，都是一级分枝上的花数最多，二级分枝和主花茎次之。

春季开花时间的早晚，品种间差异很大。一般来说，在同样的栽培管理条件下，牛心类型和扁圆类型品种的花期要比圆球类型品种早5～7 d。即使同一个品种，植株之间的花期也常相差5 d左右。原产北欧的圆球类型品种，如果秋季播种过早形成紧实的叶球，第二年抽薹开花显著推迟。开花期的长短，一般为30～50 d。就一个种株来说，花期一般为20～40 d。生长势强的品种或植株，花期长一些；生长势弱的品种或植株，花期就短一些。

一个花序（枝）上，每天一般开花2～5朵。晴天气温较高时，每天开4～5朵；阴雨天气温较低时，每天开2～3朵。绝大多数花在上午11时前开放，但也有少数花朵在下午开放。在自然条件下，每朵花一般开3 d，然后凋谢。

3. 受精与结实习性　甘蓝为异花授粉作物，在自然条件下，靠昆虫传粉完成授粉。如果把不同品种栽植在同一采种田里进行天然杂交，在开花期一致的条件下，杂交率一般可达 70%左右。

甘蓝柱头和花粉生活力一般以开花当天最强，但甘蓝具有雌蕊先熟的特性，其柱头在开花前 6 d 已有接受花粉而受精的能力，其雌蕊接受花粉有效期可延至开花后 2～3 d。开花前 2 d 和开花后 1 d 的花粉生活力较强。如果将花药取下，贮存于干燥器内，在室温条件下，花粉生活力也可保持 7 d 以上；在 0 ℃以下的低温干燥条件下，花粉生活力可保持更长的时间。

甘蓝在 15～20 ℃的温度条件下，异花授粉后，2～4 h 花粉管开始伸长，经 6～8 h 花粉管穿过花柱组织，经 36～48 h 完成受精。授粉时的最适温度，一般认为是 15～20 ℃。在低于 10 ℃的情况下，花粉粒萌发较慢。而高于 30 ℃，也影响授粉、受精的正常进行。

甘蓝的种子一般在授粉后 55 d 开始成熟，但成熟所需要的时间，也常因品种类型和温度条件不同而异。圆球类型品种的种子成熟时间一般需要长一些；牛心类型和扁圆类型的品种，需要的时间短一些。在高温条件下，种子成熟快一些；温度较低时成熟慢一些。在北京地区，甘蓝种子一般于 6 月下旬收获。因此，5 月中旬后开的花，即使完成受精，往往也不能形成成熟的种子，或形成发芽率低的种子。

甘蓝的果实为长角果，圆柱形，种子排列在角果隔膜两侧。每个甘蓝种株，一般具有有效角果 900～1 500 个。角果的多少因栽培管理条件不同而差异很大。如北京地区，冬季定植于保护地，管理又正常时，种株有效角果多；而春季定植于露地的种株，单株有效角果较少。在 1 个种株上，大部分有效角果集中在一级分枝上，其次是二级分枝和主花茎上。

正常的甘蓝种株单株采种量 50 g 左右。甘蓝种子宜在低温、干燥的条件下贮存。在我国北方比较干燥的条件下，充分成熟和晒干的甘蓝种子，在一般室内条件下可保存 2～3 年，而在潮湿的南方只可保存 1～2 年。在干燥器或密封罐内保存 8～10 年的种子，仍可有较高的发芽率。

三、对环境条件的要求

甘蓝是一种适应性比较强的蔬菜作物，虽然比较喜欢冷凉、温和的气候，但有些类型在炎热的夏季也能栽培。由于适应性广、抗逆性强，在世界各地普遍栽培，在中国南方、北方都广为种植。

（一）温度

甘蓝喜温和冷凉的气候，但对寒冷和高温也有一定的忍耐能力。一般在 15～25 ℃的条件下最适宜生长，但在各个生长时期对温度的要求也有一定差异。如在 2～3 ℃时种子能缓慢发芽，但发芽适温为 18～20 ℃。7～25 ℃适于生长，进入结球期以 15～20 ℃为适温。

对高温的适应力在不同生长期有所不同。幼苗和莲座期，对 25～30 ℃的高温有较强的适应力。进入结球期要求温和冷凉的气候，特别是在昼夜温差明显的条件下，有利于养分积累，结球大而紧实。35 ℃以上高温会阻碍包心过程，如果高温加干旱，会造成外叶焦边、叶球松散，产量下降，品质变劣。开花时如遇连续几天 30 ℃以上高温，则会对受精、结实造成不良影响。

对低温的忍耐力往往因品种、生长期的不同而有差异。刚出土的幼苗抗寒能力弱，随着植株的生长，耐寒力逐渐加强，具有 6～8 片真叶的健壮幼苗能忍耐较长时期－2～－1 ℃及较短期－5～－3 ℃的低温，有些耐寒品种经过低温锻炼的幼苗能忍耐较短期－8 ℃甚至－12 ℃的严寒。5～10 ℃低温时，叶球仍能缓慢生长。成熟的叶球耐寒力虽不如幼苗，但早熟品种的叶球可耐短期－5～－3 ℃的低温，中晚熟品种的叶球能耐短期－8～－5 ℃的低温。在抽薹开花期，抗寒力很弱，10 ℃以下的低温影响正常结实，遇到－3～－1 ℃低温，能使花薹受冻害。

（二）水分

甘蓝球叶含水量约为92%～93%，且根系分布较浅，外叶大，水分蒸发量大。因此，要求在湿润的栽培条件下生长，一般在80%～90%的空气相对湿度和70%～80%的土壤湿度下生长良好。其中，尤其对土壤湿度要求严格，如果土壤水分保持适当，即使空气湿度较低，植株也能生长良好。如果空气干燥、土壤水分不足时，就会造成生长缓慢，包心延迟。结球甘蓝不耐涝，如果雨水过多，土壤排水不良，往往使根系泡水受渍而变褐死亡。因此，在甘蓝的栽培过程中，水的排、灌措施要配套，做到旱能浇，涝能排，才能实现高产稳产的目的。

（三）光照

甘蓝是长日照植物，又是喜光性蔬菜，在未通过春化阶段前，充足的光照有利于生长，但对光照强度的要求不像果菜类那么严格，故在阴雨天多、光照弱的南方和光照强的北方都能生长良好。在高温季节，与玉米等高秆作物进行遮阴间作，可使夏季甘蓝获得较好的收成。长日照对完成春化后的种株抽薹、开花有促进作用。

（四）土壤

甘蓝对土壤适应性较强，从沙壤土到黏壤土都能种植。在中性到微酸性的土壤中生长良好，但在酸性过度的土壤中表现不好，也容易发生根肿病等，故对偏酸性的土壤应补充石灰和必要的微量元素。甘蓝能忍耐一定的盐碱性，据山西农业科学院报道，在含盐量0.75%～1.2%的盐渍土上也能结球。

（五）肥料

甘蓝为喜肥、耐肥作物，由根吸收土壤中的水分和氮、磷、钾等营养物质。

甘蓝苗期和莲座期需要较多的氮，特别是莲座期达到高峰。土壤中的氮以硝态氮（$NO_3^- - N$）或氨态氮（$NH_4^+ - N$）的形式被根吸收到植株体内，经转化一部分合成各种氨基酸和必要的蛋白质；另一部分则有机化，形成核酸及其他物质。一般来说，在比较肥沃的田块要减少氮肥施用量，在肥力一般的田块可多施一些。不管地力差异如何，每次追肥以每667m^2 20 kg左右为适量。

甘蓝在叶菜中是含磷量较多的一种蔬菜。如果缺乏必需量的磷，就不可能正常生长发育，特别是在结球期需磷量达到高峰。在肥沃的农田里，磷是充足的，往往看不出生长发育差异。在比较瘠薄的田块上，要增施磷肥，否则就会影响结球。甘蓝生长初期吸收钾较少，但在结球开始之后对钾的吸收逐渐增加。钾在细胞液中以无机态存在，或者与钙、镁等一起在植物体内起酸的中和或缓冲作用，或在植物体内帮助完成转移阴离子的任务。

甘蓝整个生长期吸收氮、磷、钾的比例为3∶1∶4。除了氮、磷、钾外，还需要其他无机元素，如植株体内钙的含量较多，仅次于氮。钙除具有钾的中和及缓冲酸性的作用外，还可完成有机酸的解毒作用，使代谢顺利进行。缺钙时，生长点附近的叶子就会发生叶缘枯萎或干烧心病。对镁、硼、锰、钼、铁等中微量元素需要量不多，但一旦缺乏也会引起各种不良反应。

四、主要性状遗传

甘蓝主要性状的遗传比较复杂，多数属于数量性状遗传，但也有部分性状属单基因或少数基因控制的遗传。弄清主要性状的遗传规律，对正确选择亲本，加速优良杂交组合的选配具有重要的意义。

（一）叶片性状

1. 叶色　甘蓝的叶色有浅绿、黄绿、绿、深绿、灰绿等。绿×黄，F_1 为绿色，黄色为隐性。蜡粉缺失亮绿叶×普通有蜡粉叶，无蜡粉亮绿叶为隐性，且为一对隐性基因控制（李景涛，2012），但也有蜡粉缺失亮绿材料为显性（唐俊，2015）。深绿×绿或深绿×黄绿，F_1 为中间型偏深绿色。紫甘蓝的紫色为数量性状遗传，紫红×绿，F_1 为淡紫红色。主脉红色×主脉绿色，F_1 主脉暗红色，F_2 分离比率为：主脉暗红色∶淡红色∶绿色＝9∶3∶4（管家骥，1934；谭其猛，1965）。

2. 叶面　皱叶×平滑叶，一代杂种为中间型偏皱叶；皱叶甘蓝×普通平叶甘蓝，F_2 叶面皱到平滑有许多中间类型出现，证明皱叶为显性，但还有微效因子在起作用。

3. 叶的宽窄　宽叶×窄叶一代杂种接近宽叶。

（二）结球性状

1. 结球性　通常情况下，结球甘蓝×不结球甘蓝，一代杂种仅有部分植株结一个松散的叶球。

2. 叶球大小　叶球大小属数量性状，且表现杂种优势。

3. 球型　尖球形×圆球形或扁圆形，F_1 为尖球形，尖头为显性，F_2 出现各种类型分离。圆球形×扁圆形，一代杂种为近圆形，或扁圆稍鼓。

4. 中心柱长度　长中心柱对短中心柱由两对不完全显性基因控制，中国农业科学院蔬菜花卉研究所甘蓝育种组在1978—1980年春季调查了269个杂交组合，结果是192个组合的中心柱长超过了长中心柱亲本，60个组合的中心柱为中间偏长，仅17个组合 F_1 的中心柱为中间偏短。

5. 中心柱宽度　宽中心柱对窄中心柱为显性。

6. 裂球性　据研究，至少有3对加性效应的基因控制叶球的开裂，且基因作用大都是累加的，早开裂为不完全显性。

（三）植株性状的遗传

1. 外叶数　外叶多×外叶少，F_1 外叶数为中间型偏少。

2. 株高　株高为复杂的数量遗传，F_1 表现为中间型，F_2 分离时出现超亲现象。

3. 腋芽结球　指外短缩茎上及叶球中形成的小叶球。早期腋芽结球为隐性，由1个主基因加一些修饰基因控制，其遗传力低，选择困难。

（四）熟性和冬性的遗传

1. 熟性　早熟×早熟，F_1 成熟期为早熟或更早；中熟（晚熟）×早熟，F_1 成熟期多为中间型偏早。

2. 冬性　弱冬性×强冬性，F_1 冬性表现多为中间型偏弱冬性。

（五）品质性状的遗传

1. 营养成分　甘蓝的主要营养成分，如蛋白质、糖、维生素C等，在 F_1 中一般介于双亲之间。

2. 球叶品质　球叶质地、叶脉粗细，在 F_1 中一般表现为中间型。

（六）抗病性

1. 枯萎病　据Walker（1973）报道，枯萎病有两种类型的抗性，一种称为A型抗病性，受单基因控制；另一种称为B型抗病性，受多基因控制，表现为隐性遗传。吕红豪等（2011）报道，北京延庆发现的甘蓝枯萎病抗源属A型，为显性单基因遗传。

2. 病毒病 Pound和Walker（1951）报道，甘蓝对芜菁花叶病毒（TuMV）的抗性为部分显性，可能受多基因控制。Provvideri（1976）在1个俄罗斯栽培品种中，发现1个单基因显性抗病基因，但它只对TuMV的两个株系有抗性。

3. 黑腐病 Williams等（1972）报道，甘蓝对黑腐病的抗性是由1个主效基因控制的，当其为杂合状态时，表现为受1个隐性和1个显性修饰基因的影响。王晓武（1995）通过试验证明甘蓝对黑腐病的抗性符合两对隐性基因加两对隐性修饰基因影响的遗传模式。

4. 根肿病 Vriesenga（1971）等报道，根肿病的抗性受1个隐性和1个不完全显性基因控制。而Chiang（1988）报道，用抗根肿病8-41和感病品种红亩、金亩杂交，显示感病受两个显性重复基因控制，只有两个隐性基因纯合时才表现抗性。

5. 干烧心病 Dickson认为受2～3个显性基因控制，但Walker等报道受2～3个隐性基因控制。

6. 白粉病 受显性单基因控制。

（七）雄性不育性

1. 隐性核基因雄性不育 已在甘蓝中报道多个由单个隐性核基因控制的雄性不育材料（Borechers，1966；Cole，1959；Dickson，1970；方智远等，1981）。

2. 显性核基因雄性不育 已发现甘蓝79-399-3雄性不育受一对显性核基因控制（方智远等，1981），并已成功在甘蓝育种中应用。

3. 细胞质雄性不育 法国、美国在20世纪90年代通过甘蓝与ogura萝卜雄性不育系远缘杂交后又通过原生质体融合，育成萝卜胞质甘蓝雄性不育系，属母系遗传，所有甘蓝都可作为它的保持系。

4. 自交不亲和性 甘蓝的自交不亲和性属孢子体不亲和性，受复等位基因控制。

（八）几个主要数量性状的遗传力

Swarp等（1964）研究了甘蓝的开展度、外叶数、全株重、成熟期、叶球紧实度、单球重等性状的遗传力，分别为0.70、0.52、0.37、0.80、0.65、0.38。方智远、孙培田（1982）利用F_2及相应的回交一代的方差，估算出甘蓝主要数量性状的狭义遗传力，分别为：开展度0.65～0.77，外叶数0.64～0.89，单球重0.26～0.42，中心柱长0.58～0.83，全株重0，21～0.36，净菜率0.31～0.46，叶球紧实度0.81～0.39。利用F_2和F_1的方差估算出的广义遗传力分别为：开展度0.81～0.86，外叶数0.78～0.91，单球重0.57～0.62，中心柱长0.84～0.91。方智远、孙培田（1982）利用双列杂交的方法，估算出下列性状的广义遗传力，分别为：外叶数0.69～0.90，全株重0.37～0.58，单球重0.52～0.63，叶球坚实度0.55～0.59，中心柱长0.64～0.67；上述性状的狭义遗传力分别为：外叶数0.62～0.67，全株重0.26～0.37，单球重0.11～0.30，叶球紧实度0.54，中心柱长0.52～0.66。从以上结果可以看出，两种方法估算出的主要数量性状遗传力总趋势是一致的，即外叶数、开展度、中心柱长、叶球紧实度的遗传力较高；而全株重、单球重的遗传力较低。吉林省长春市蔬菜研究所叶启真等的研究也获得了类似的结果。

第四节 主要育种目标与选育方法

一、主要育种目标性状

甘蓝的育种目标性状主要包括高产、稳产、抗病、抗逆、优质等。但是近年来蔬菜产业发展和人民生活水平的提高，特别是市场需求的变化，对甘蓝育种目标性状的具体要求和侧重点发生了一些变化。当前甘蓝育种目标性状主要包括：

（一）丰产、稳产

甘蓝生产一个很重要的任务就是要提供数量充足的产品满足市场需求，特别是 20 世纪 70～80 年代以前，市场上的蔬菜供应较困难，丰产、稳产更是甘蓝最主要的育种目标，一般要求新品种比原有品种增产 20%以上。“七五”至“九五”期间（1986—2000），国家科技攻关计划项目中甘蓝育种课题育成的新品种以及新品种审定标准仍要求比主栽品种增产 10%以上。近年来，随着市场对甘蓝产品品质的重视，对甘蓝新品种增产幅度要求有所降低，但仍要求比主栽品种增产 5%。对具有某项特别优异的品质性状及抗病性、抗逆性的品种，则要求产量至少与主栽品种相当。

（二）优质

20 世纪 90 年代初期开始，市场对新育成甘蓝品种叶球品质的要求越来越高，主要包括叶球外观符合市场需求，商品球叶叶质脆嫩，风味优良，叶球紧实度 0.5 以上，球内中心柱长小于球高的 1/2，纤维素含量在 0.8%左右。近年来对叶球商品性的要求更高，要求球色亮绿、球形圆正、大小适中，叶球内结构匀称，达不到要求的作为等外次品处理。

（三）抗病

病害对甘蓝特别是夏秋甘蓝的丰产、稳产以及品质都构成严重威胁。春甘蓝病害不太严重，但也要重视耐干烧心病性状的选育。黑腐病、芜菁花叶病毒病是危害我国夏秋甘蓝的主要病害，因此，从 20 世纪 80 年代中期开始就开展了甘蓝抗 TuMV 和黑腐病的育种。近年来，在我国云南、四川、重庆等地，甘蓝根肿病愈来愈严重，山西寿阳、甘肃定西、北京延庆等地枯萎病流行，因此，培育抗根肿病、枯萎病品种成为甘蓝抗病育种新的目标。

（四）耐未熟抽薹

北方和南方的春甘蓝幼苗期都会遇到低温，冬性弱的春甘蓝品种植株在低温作用下，容易完成春化阶段发育，而在叶球未成熟时就抽薹开花，即“未熟抽薹”，给甘蓝生产带来严重损失。因此，培育冬性强，在低温条件下不易未熟抽薹的品种是春甘蓝的重要育种目标。

（五）耐热、耐寒

我国广大地区夏季气候炎热，冬季寒冷，培育出能在夏季 35 ℃左右高温条件下，或能在冬季 −6 ℃左右的低温下生长发育、包球的品种，也是甘蓝重要的育种目标。

（六）不易裂球、耐贮运

裂球使甘蓝叶球丧失商品品质，因此耐裂球也是甘蓝重要的育种目标。20 世纪 90 年代前，我国甘蓝生产主要在城市郊区，运输距离相对较短，但近年来远郊农村甘蓝规模化生产基地面积迅速增加，因此，需要培育适于远距离运输的耐贮运甘蓝新品种。

（七）适于加工

近年来，用于脱水加工的甘蓝迅速增加，加工后的产品除部分内销外，大部分出口日、美等国家。因此，需要培育叶球扁圆，绿叶层数多（7 层以上），干物质含量高，适于加工的甘蓝品种。

（八）熟性配套

甘蓝在蔬菜周年供应中作用很大，为了使甘蓝可周年均衡供应市场，除在栽培上进行分期播种外，还需要培育出早、中、晚不同熟性配套的新品种。

二、不同类型品种的育种目标

（一）春甘蓝

可分为北方露地及设施栽培的春甘蓝和南方苗期越冬的冬春甘蓝两类。

北方春甘蓝1～2月播种，3～4月定植，5～6月收获。以早熟圆球品种为主，也需要少数近圆球或扁圆球形中熟品种。早熟春甘蓝品种主要的育种目标：早熟，定植到收获45～55 d；耐未熟抽薹；叶球紧实，球形圆正，球色绿，球面光滑，单球重0.8～1.0 kg，耐裂球，球内中心柱长不超过球高的1/2。

南方苗期越冬冬春甘蓝主要指长江中下游地区年前11月份播种，幼苗定植于露地越冬，春季3～5月收获上市的甘蓝。亦分为早熟品种和中熟品种。早熟品种叶球多为牛心形，中熟品种以扁圆球为主，育种目标除一般的丰产、优质外，最主要的是要求冬性和抗寒性极强，幼苗越冬时可抗较长时间的－8～－6 ℃的低温，短期抗－10 ℃低温，而且在低温作用下也不易完成春化阶段发育而未熟抽薹。

（二）夏秋甘蓝

可分为一般平原、丘陵地区种植的夏秋甘蓝和高山、高原地区种植的夏秋甘蓝两类。

平原、丘陵地区栽培的夏秋甘蓝一般3～4月播种，7月中、下旬到8月中、下旬供应市场。此时我国各地高温多雨，病虫害多，育种目标主要包括耐热、耐涝，叶球紧实，扁圆形，定植到收获80～90 d，抗黑腐病、软腐病、枯萎病，南方还需抗根肿病。

高山或高原地区种植的夏甘蓝，一般4～5月播种，7～9月收获上市。此时虽然是高温多雨季节，但1 000 m左右的高山或高原地区气候凉爽，适于甘蓝生长。长江中下游地区高山上种植的甘蓝以中熟扁圆球形品种为主，而河北、山西、陕西、内蒙古等省、自治区高原地区种植的夏甘蓝以早熟圆球形品种为主，叶球圆正，紧实，不易裂球，抗枯萎病，耐贮运，是其共同的育种目标。

（三）秋冬甘蓝 也称为秋甘蓝，主要有早熟和中晚熟两种类型。

早熟秋甘蓝于7月上、中旬播种，10月份收获，或8～9月播种，11～12月收获。主要育种目标要求：早熟，从定植到收获55～60 d；叶球圆球形，紧实，叶质脆嫩，球内中心柱短，不易裂球，耐热，抗黑腐病、病毒病、枯萎病。

中晚熟秋冬甘蓝在我国北方于6月下旬到7月上旬播种，11月份收获上市，南方7～8月播种，11～12月收获。主要育种目标要求：叶球扁圆，紧实，球形圆正，球色亮绿有光泽，不易裂球，耐热，抗黑腐病、病毒病、枯萎病、根肿病等，12月份收获的品种，还需要耐寒性好。

（四）一年一熟的晚熟甘蓝

华北、西北、东北北部及青藏高原等高寒地区，无霜期短，种植的晚熟甘蓝为一年一熟，一般4月份播种，10月上、中旬收获。育种目标要求：熟性晚，叶球大，紧实，球形扁圆或近圆，单球重10～15 kg，夏季耐热、抗软腐病，冬季耐贮藏。

（五）越冬甘蓝

这是近年新发展起来的一种甘蓝栽培形式，包括长江中下游地区带球越冬甘蓝和北方地区冬季设施栽培甘蓝。

南方带球越冬甘蓝一般于 8～9 月播种，12 月至翌年 1～2 月收获。主要育种目标要求：能耐 －6 ℃左右的低温，叶球圆正、扁圆或高扁圆，球色绿，紧实，耐裂，耐贮运。

北方设施冬甘蓝 9 月上、中旬到 11 月分批播种，10 月中、下旬后分批定植于中小拱棚，翌年 1～2 月收获上市。主要育种目标：早熟，圆球形，在中小拱棚、日光温室内低温弱光条件下结球率高、耐未熟抽薹、较耐裂球等。

三、抗病品种的选育方法

危害我国甘蓝特别是夏秋甘蓝的病害主要有黑腐病、病毒病、根肿病、枯萎病等，选育抗病品种方法包括以下 3 个步骤：

（一）搜集、筛选抗病种质资源

根据已往育种经验，抗上述病害的种质资源主要存在于圆球、扁圆球夏秋甘蓝原始材料中，因此，可广泛搜集国内外圆球、扁圆球夏秋甘蓝种质资源，先进行田间鉴定，从中筛选抗病性优异的种质资源。

（二）纯合、鉴定、筛选抗病材料

将初步筛选出的优异抗病种质，进行自交、分离、纯化，再采用田间和苗期人工接种鉴定相结合的方法，鉴定自交系的抗病性，筛选出在田间和苗期人工接种鉴定条件下均表现抗病的自交系作杂交亲本。

（三）试配抗病杂交组合

在试配杂交组合时，要按照抗性遗传规律选择亲本，上述 4 种病害中枯萎病的抗性为显性单基因遗传，两个亲本中有一个为抗病，F_1 即表现为抗病，但要想使 F_1 抗性强，最好双亲均抗病。黑腐病、病毒病、根肿病的抗性遗传均比较复杂，虽然 F_1 的抗性遗传多数表现为偏向抗病亲本，但要想得到稳定的抗性最好两个亲本均为抗病。由于苗期抗病性与成株抗性有时不完全一致，因此，配制出的杂交组合，可先进行苗期人工接种抗性鉴定，然后在田间进行成株抗性鉴定以最终确定其抗病性表现。下面主要介绍甘蓝对几种主要病害苗期人工接种抗病性鉴定的方法（李锡香等，2006）。

1. 甘蓝对芜菁花叶病毒病（TuMV）的抗性鉴定方法　供试甘蓝种子在 50 ℃热水中处理 10 min，催芽或直播在装有灭菌土的育苗钵内，育苗基质为蛭石、草炭和营养土（配比为 2∶1∶1），育苗钵置于防虫温室内，室内温度 20～30 ℃，每份试材重复 3 次，每一重复 10 株苗。以黑平头甘蓝自交系 20－2－5 为抗病对照，以北京早熟甘蓝自交系 01－16－5－7 为感病对照。

以 TuMV 主流株系作为接种毒源，在北京早熟 01－16－5－7 上繁殖，温度 20～30 ℃，自然光照，约 15 d 后，采集鲜病叶，加入 5 倍于鲜病叶重量的 0.03 mol/L 磷酸缓冲液（pH 7.0），捣碎后双层纱布过滤，立即用于接种。

当幼苗 2～3 片真叶时进行第 1 次接种。将幼苗覆盖遮光 24 h 后，叶面撒布一薄层 300～400 目的金刚砂，采用人工摩擦接种。蘸取病叶汁摩擦接种 2 个叶片，单株接种后立即用净水冲洗叶面，接种后遮阴 24 h，通常隔日再接 1 次，接种后的幼苗置于防虫日光温室或网室里培养，温度一般控制在 20～30 ℃。

接种后 20 d 调查发病情况，记录接种株数和病级（李锡香等，2006）。

2. 甘蓝对根肿病抗性鉴定方法 将用于抗性鉴定的种子置于 50 ℃热水中浸种 10 min 催芽。育苗基质为珍珠岩，基质经高温蒸汽灭菌，装入营养钵内，营养钵放在塑料盘内（保持 1 cm 深的水），以金春甘蓝为抗病对照，黑叶小平头甘蓝为感病对照。

接种病原为从中国南方甘蓝根肿病主要发生区病株上分离的主流菌株。孢子悬浮液的制备：首先收获并冲洗病根，及时磨碎混匀，经过粗纱布过滤，用 Neubauer 血球计数器进行测定，获得孢子浓度为 2×10^{9} 个孢子/g 的悬浮液，并和无菌土混合，使菌土孢子含量达到 2×10^{8} 个孢子/g，用于接种。

在装好珍珠岩的营养钵上挖一小穴，并在穴中放入 25～30 g 菌土，然后将所有催芽的种子播在菌土中。幼苗生长期间，适当浇以 Hoagland 营养液，所有用于浇灌的水和营养液的 pH 调至 5.5～6.5。在日光温室里育苗，室内温度 20～30 ℃，光照 18 h/d，光强 1 000 lx。每份种子重复 3 次，每一重复 20 株苗。接种后 2 个月，拔出幼苗，洗净根部杂质，观察发病情况，记录接种发病株数和病级。

3. 甘蓝对黑腐病抗性鉴定方法 供试甘蓝材料种子在 50 ℃热水中浸泡 10 min，催芽或直播在装有经高温消毒、灭菌的土中，育苗基质为蛭石、草炭和营养土（配比为 2∶1∶1），育苗钵置于防虫日光温室中，室内温度 20～30 ℃。每份试材重复 3 次，每一重复 10 株苗。以黑平头甘蓝自交系 20－2－5为抗病对照，以北京早熟 01－16－5－7 或姜城灰叶甘蓝为感病对照。

接种病原菌为从我国甘蓝主产区甘蓝黑腐病病株上分离的主流菌株。供试菌株转接在肉汁胨或 PDA 斜面培养基上，27～28 ℃恒温箱内培养约 2 d，加适量无菌水稀释后，调整菌液浓度至 1×10^{7}～1×10^{8} 个菌体/mL，立即用于接种。

当幼苗长至 3～4 片真叶时移至定温温室保湿一夜，第 2 d 早晨用当时制备的细菌悬浮液通过微喷雾器接种，喷雾要均匀，直到滴落为止。接种后保湿 2 d，室内相对湿度保持 95%～100%，温度 26～28 ℃，无光照。然后移入日光温室内继续培养，温室内温度控制在 20～30 ℃，正常光照。

接种后 15 d 调查发病情况，记录接种株数、发病株数和病级（李锡香等，2006）。

4. 甘蓝对枯萎病的抗性鉴定方法 将甘蓝种子消毒后在生长箱内催芽，温度设置为 28 ℃，全黑暗。发芽后播种于灭菌土（蛭石∶草炭∶土壤＝1∶1∶2）中，培养甘蓝幼苗至两叶一心期。以中甘 18 为抗病对照，希望甘蓝为感病对照。

将供试菌株接种在 PL（马铃薯-乳糖）液体培养基中振荡培养 3 d（150r/min，26 ℃），过滤除去菌丝后，根据血球计数板法将孢子浓度稀释至 1×10^{6} 个/mL，以备接种用。

参考相关文献中描述的接种方法（Booth，1971；张扬勇等，2007；田仁鹏等，2009），将幼苗拔出，适度伤根后将根系浸入孢子悬浮液中（对照株浸入灭菌的蒸馏水中）15 min，然后将植株栽到装有灭菌土（蛭石∶草炭∶土壤＝1∶1∶2）的营养钵（直径×高度＝8 cm×8 cm）中，接种后置于白天 27～29 ℃、夜间 23～25 ℃的温室里培养，8～10 d 后调查发病情况，记录接种株数、发病株数和病级（吕红豪等，2011）。

四、抗逆性品种选育方法

（一）耐未熟抽薹品种的选育方法

北方露地早熟春甘蓝、设施栽培的冬春甘蓝以及南方幼苗越冬春甘蓝苗期都会遇上低温，容易发生未熟抽薹。因此，需要冬性强、耐未熟抽薹的甘蓝品种。其选育方法主要分为以下 3 个步骤：

1. 种质资源的搜集鉴定　广泛搜集冬性较强、主要经济性状优良的种质资源，比普通播期适当早播，在田间进行鉴定，筛选出经济性状好、冬性强的优异种质。

2. 自交系纯化鉴定　将优良单株自交分离，对其后代的冬性进行鉴定、筛选。鉴定方法为田间鉴定与苗期低温春化处理相结合，以田间鉴定为主。

3. 杂交组合配制　冬性弱为不完全显性，杂交种的冬性往往偏向于冬性弱的亲本，因此，组合双亲一般应均为冬性强的自交系材料。

甘蓝耐未熟抽薹性的鉴定方法主要靠田间鉴定。田间鉴定要在早春低温条件下进行，可将需要鉴定的材料在早春比正常播期提早 5～7 d 甚至更长的时间播种，同时比正常栽培提早 5 d 左右定植于露地或小拱棚等设施中，成熟前调查未熟抽薹情况。在冬性强的品种中选出未发生未熟抽薹、中心柱短、其他经济性状优良的植株，用春老根方法留种，经过 3～4 代自交纯化，可获得冬性强的自交系材料。

对甘蓝耐抽薹性的鉴定也可在人工低温条件下进行。早春选取 8～10 片叶龄、茎粗 0.6～0.8 cm 的幼苗，在适宜光照条件下，4 ℃低温处理 45 d，每处理 20～30 株，设 3 次重复。处理后于春季定植露地，叶球收获前调查试验小区植株的抽薹率。

（二）耐寒品种的选育方法

长江流域的冬甘蓝和幼苗越冬的冬春甘蓝，在苗期或结球期长期处于低温条件下，需要选育可抗－8～－6 ℃低温的甘蓝品种。其方法步骤如下：

1. 抗寒种质资源搜集鉴定　选育苗期越冬早熟春甘蓝的种质资源可由国内原有的牛心、鸡心类型中搜集，但我国原有甘蓝种质资源中，能带球越冬的耐寒种质比较少，可由近年从日本、荷兰、俄罗斯等国引进的部分扁圆或高扁圆甘蓝种质资源或一代杂种中选用作为培育耐寒冬甘蓝的原始材料。

除搜集耐寒种质材料外，还要设置极端环境条件进行鉴定。例如，北方可定植在大棚中，经受低温的考验，凡叶片皱缩不平展，即表现冻害症状的即可淘汰。

2. 抗寒自交系材料的纯化鉴定　由优良的抗寒种质中筛选出优良抗寒单株，可先自交分离，并用田间成株鉴定和苗期人工鉴定相结合的方法筛选出抗寒自交系材料。抗寒性鉴定应以田间鉴定为主，最好在长江中下游地区进行。成株越冬的冬甘蓝材料于 8～9 月播种，苗期越冬的春甘蓝材料 11 月份播种，在露地－8～－6 ℃的低温条件下鉴定它们的抗寒性。选择寒害指数低、经济性状好的种质继续露地选育，反复经过 3～4 年鉴定筛选，可获得抗寒性强、其他经济性状好的自交系材料。选择耐寒性自交系也应在极端条件下，再经 2～3 年鉴定，这样选留的植株才能经受住严寒的考验。

抗寒性鉴定也可在苗期进行，甘蓝植株对低温的忍受力往往在不同的生长时期有不同的反应。弱小幼苗耐寒性较差，随着幼苗的长大，耐寒性逐渐增强，一般 4～5 叶的幼苗耐寒性较强，在低温下锻炼良好的幼苗耐寒性更强。

通过苗期鉴定进行结球甘蓝种质耐寒性的评价，具体做法是在冬季寒冷的地区，于晚秋初冬在大棚内进行营养钵播种育苗，正常管理培育 4～5 叶幼苗，每份种质设 3 次重复，每一重复 10 株苗，随机排列。通过揭盖薄膜和草帘，让经过逐步降温锻炼的幼苗，经历一段最低夜温为－5 ℃的自然温度处理。当耐寒种质开始表现萎蔫但尚能恢复正常时，恢复正常管理。设耐寒性强、中、弱 3 个品种作为对照。

恢复正常管理 7 d 后调查植株的受冻害情况，记录寒害级别。

（三）耐热品种的选育方法

夏甘蓝的结球期，秋冬甘蓝的幼苗期处于炎热高温季节，需要选育能耐 35 ℃左右高温的品种。

其方法步骤如下：

1. 耐高温种质的搜集鉴定 根据经验，叶球扁圆或圆球，叶色灰绿或深绿的甘蓝品种中，耐高温性的原始材料较多，可广泛搜集国内外这类种质资源，在夏秋高温季节田间进行鉴定，从中筛选出耐 35 ℃左右高温，其他经济性状也表现优良的种质材料。也可在设置的极端条件下进行鉴定筛选，例如，夏季在大棚中，接受 40 ℃左右高温的考验，凡叶片边缘干枯、扭曲的，即表现为热害症状，即可淘汰。

2. 耐高温自交系的纯化鉴定 将筛选获得耐高温种质进行自交纯化，在田间高温条件下对自交后代进行耐高温鉴定。一般 6 月份播种，7 月下旬至 8 月上旬定植露地，在苗期、莲座期、结球期调查耐热性表现。选择耐热自交系也可在极端高温条件下进行，经过 3～4 年鉴定，选留的材料才能经受住高温的考验。

3. 耐热杂交组合的选配 甘蓝杂交种的耐热性表现为中间型，配制耐热品种的两个亲本必须有一个是耐热性强的，另一个也是强的或比较强的。初步配制的杂交组合，还应在夏季或早秋进行田间鉴定，从中选出耐热性好的、其他经济性状也优良的组合。

耐热性的具体鉴定方法如下：

（1）*成株耐热性鉴定* 在夏季炎热的地区，平畦育苗，待幼苗 7～8 片叶时，于 7 月下旬定植于大棚，每处理 3 次重复，每重复 20 株，通过揭开或关闭棚膜维持棚内白天温度在 35 ℃以上，最高不超过 40 ℃。定植后于结球始期调查田间植株叶片干边级数或卷叶级数，于收获期调查植株的结球性，记录热害级别。

注意根据历年的气温变化确定播种育苗时间，以保证植株的生长盛期和结球期处在高温条件下。注意棚内通风，防止高湿。加强统一的肥水管理，使幼苗生长健壮，整齐一致，并设置合适的对照品种。

（2）*苗期耐热性鉴定* 选择 4～5 叶苗龄、生长状态一致的甘蓝幼苗，每份种质、每一重复 10 株，3 次重复，设耐热性强、中、弱三类品种为对照，置于 38℃/29 ℃（日/夜）的光照培养箱中进行高温处理，光照时间为 12 h。处理 7 d 后从光照培养箱中取出，调查幼苗的热害症状，记录热害级别。

试验中要注意采用相同的育苗基质配比和大小相同的营养钵，加强肥水管理，使幼苗生长健壮、整齐一致。

五、优质品种的选育方法

甘蓝的品质包括叶球的商品品质，球叶的风味品质和营养品质三项内容，每项还包括若干分项，例如，叶球的商品品质，包括叶球形状、颜色、大小、紧实度、球内结构以及球内中心柱长、宽等；风味品质主要包括球叶质地、风味；营养品质包括粗蛋白、脂肪、糖及主要矿质营养和维生素的含量等。

优质品种的选育方法也包括种质资源的搜集、优质自交系纯化鉴定及杂交组合的试配鉴定和筛选 3 个步骤。

对以上品质性状的选育目标已在育种目标中作了说明，而这些品质性状的筛选鉴定方法因性状不同而异。球形、球色等商品品质主要在田间进行鉴定，营养品质主要靠试验室测定，风味品质比较复杂，有些指标需要靠人的感官品尝。下面介绍几个甘蓝品质性状的鉴定方法。

（一）叶球紧实度

以 5 个叶球的净重以及相应叶球的纵径和横径为基础，按照下列公式计算叶球的紧实度。

$$叶球紧实度=\frac{W}{(\pi/6)\times D\times H^2}\times 100$$

式中：W 为单叶球质量（g）；D 为叶球横径（cm）；H 为叶球纵径（cm）。

参照下列说明确定不同试验材料叶球的紧实度：

松：叶球内上部存在明显空隙，叶球紧实度<0.4；

中：在中心柱周围存在明显空隙，0.4≤叶球紧实度<0.5；

紧：叶球内有空隙，但不明显，0.5≤叶球紧实度<0.6；

极紧：叶球内球叶排列紧密，无空隙，叶球紧实度>0.6。

（二）叶球耐裂性

适时收获期后，定期调查和记录每小区叶球裂球情况。按照裂球率达到 15%所对应的天数，确定每份试验材料的叶球耐裂性。

极易：达到 15%的裂球率所需要的天数≤1 d；

易：1 d<达到 15%的裂球率所需要的天数≤3 d；

中：3 d<达到 15%的裂球率所需要的天数≤5 d；

不易：5 d<达到 15%的裂球率所需要的天数<7 d；

极不易：达到 15%的裂球率所需要的天数≥7 d。

（三）帮叶比

以剥离的球叶为观测对象，首先去掉最外面的 2 片叶，然后称取每片叶的全叶重，再将叶片中肋用刀切下，称其重。按下列公式计算每片叶的帮叶比。

帮叶比=中肋重/全叶重×100%

叶球外部 10 个叶片的平均帮叶比，基本可以代表整个叶球的帮叶比。

（四）叶球风味

叶球风味是由产品中可溶性糖、硫代葡萄糖苷等化学成分引起的人感官的甜、辣、苦等特殊味感。

以切碎混匀的球叶样品为试验材料，从中取 1 000 g，按照《感官分析　方法学　总论》（GB/T 10220—2012）中的有关部分进行评尝员的选择、样品的准备以及感官评价的误差控制等。

请 10～15 名评尝员对每一份样品通过口尝和鼻嗅的方法进行尝评。

商品叶球的风味分为 4 级：

微甜：略有甜味；

甜：有明显的甜味；

辛辣：有明显的辛辣味；

异味：有明显的苦味或其他异味。

（五）球叶质地

以切碎混匀的样品为试验材料，从中取 1 000 g，按照《感官分析　方法学　总论》（GB/T 10220—2012）中的有关部分进行评尝员的选择、样品的准备以及感官评价的误差控制。

请 10～15 名评尝员对每一份样品通过牙咬嚼，对正常收获的新鲜叶球球叶进行质地评价。球叶质地分为 3 级：

脆嫩：组织细密，水分较多，牙咬切易碎，并能发出清脆声；

柔软：组织较疏松，牙咬切时有一定的松软、弹性感；

粗硬：水分较少，用牙咬切时，感觉组织粗硬。

（六）综合品质

结球甘蓝的综合品质是指风味、质地、叶球外观等的总体表现。

首先让评尝员对叶球的外观形状和颜色进行初步评价，然后按照（四）和（五）的方法对叶球质地和风味进行评价。再按照下列分类标准综合评价各种质叶球的品质等级。

好：颜色绿，球形圆正，形状正常，中心柱短，帮叶比小，质地脆嫩，味甜且略有甘蓝的特殊风味；

中：颜色较绿，球形较圆正，中心柱长度和帮叶比居中，质地较脆嫩，味微甜；

差：颜色灰暗，球形不正，中心柱长，帮叶比大，质地粗硬，淡而无味或极度辛辣苦涩。

六、不同熟性品种的选育方法

为了使甘蓝能周年供应市场，不仅需要选育适于不同季节栽培的品种，还要选育在同一季节栽培的不同熟性的配套品种，如春季露地栽培的早熟、中早熟、中熟、中晚熟、晚熟品种，秋季种植的早熟、中熟、晚熟品种等。

由于不同季节种植的甘蓝育苗环节田间差异较大，造成不同季节甘蓝幼苗期长短差异较大。因此，甘蓝的熟性一般是指由定植到收获的天数。

要选育某一熟性的品种，首先要按照熟性育种目标要求，搜集相应熟性的种质资源进行田间鉴定，选择熟性合适且其他经济性状优良的种质作为原始材料。

熟性的鉴定主要在田间条件下进行。熟性的早、晚除取决于遗传因素外，与栽培条件关系密切，因此，田间鉴定时应在正常栽培条件下进行。甘蓝为异花授粉作物，一份甘蓝种质甚至一株未经纯化的植株，在熟性上也是杂合的，自交后代熟性也会发生分离。由于熟性的遗传力比较高，选择效果比较好，一般通过3～4代自交鉴定、选择，可由同一份优良种质中分离筛选出几个熟性有差异且较为稳定的自交系材料。

甘蓝的熟性属于数量性状，早熟性常表现为不完全显性。早熟品种与另一早熟品种杂交，F_1 的熟性与双亲接近或早于双亲。不同熟性的品种杂交，F_1 的熟性多数情况下中间偏早。

选育某一熟性的品种，在亲本选择上主要根据亲本熟性早、晚互补这一原则进行。按照熟性的遗传表现，要选育晚熟品种，应选择双亲都是晚熟的；要选育一个中熟品种，最好双亲也是中熟的或晚熟×早熟、晚熟×中熟组合。

在熟性育种中，早熟性育种很受重视，因为不论是春甘蓝或秋甘蓝，早熟品种上市时多数情况下都是蔬菜供应的淡季，上市价格比较好，而且因为早熟品种生育期短，病虫害少，品质也常常比中晚熟品种好，因此，很受生产者、消费者的欢迎。

早熟性为不完全显性，配制出早熟甘蓝杂交组合最关键是选育出早熟或极早熟的自交系。根据已往的育种经验，早熟甘蓝种质基本上集中在圆球类型和尖球类型中，例如，北京早熟、金早生、丹京早熟、鸡心、牛心、希望等。一般来说，早熟的种质外叶少、包球早、成球快，在田间可通过对育种材料的外叶数、结球期、收获期等性状的调查、鉴定与选择，获得早熟或极早熟自交系材料，配制出市场需求的早熟甘蓝品种。

七、丰产性品种的选育方法

丰产是育种最基本的目标，高产是杂种优势的重要表现。甘蓝是以叶球为产品的蔬菜，单位面积产量的构成因素＝单位面积植株数×平均叶球重。单位面积植株数与株型关系密切，单球重与叶球大小和紧实度密切相关。选育丰产性甘蓝品种最关键的就是要搜集具有多个丰产构成因素的种质资源，分离筛选具有丰产构成因素的自交系材料，利用杂种优势的途径实现培育丰产性品种的育种目标。

具体来说，在亲本分离、鉴定、筛选过程中，要重视以下几点：

（1）在熟性相同的情况下要选择叶球较大、紧实度好、单球质量高的自交系作亲本。因为试验证明，F_1 的产量与亲本单球质量呈高度正相关，相关系数达到 0.7 以上（方智远等，1983）。

（2）在熟性、单球质量相同或相近的情况下，要选外叶数少且直立，株型紧凑的自交系作亲本。外叶数少意味着净菜率高，外叶直立、株型紧凑可增加单位面积种植密度，提高单位面积的产量。

（3）选择地理来源不同或农艺性状有一定差异且能互补的两个自交系作亲本，以保证杂交种有较好的产量优势和配合力。

在原始种质资源的纯化过程中，自交系的单株质量、株型等构成因素都要发生分离，选择与纯化不是 1～2 个世代能够完成的，必须逐代鉴定、筛选。配合力也一样要发生分离，因此也应在早代自交系间（自交 3～4 代后）进行产量配合力测定，以便在较早的世代、由产量配合力好的种质中筛选出配合力更优的自交系，最终由这些产量配合力高的优良自交系配制出高产的杂交组合。

第五节 杂种优势育种

甘蓝杂种优势十分明显。甘蓝杂种优势不仅研究的历史早，而且应用十分普遍。美、日及西欧一些国家早在 20 世纪 20 年代就开展甘蓝杂种优势利用研究，50～60 年代生产上就已使用杂交种。中国在 50～60 年代开始研究甘蓝杂种优势，70 年代以后逐步育成并广泛使用甘蓝杂交种。目前，杂种优势育种已成为国内外甘蓝最主要的育种途径，生产上使用的甘蓝新品种 95％以上都是一代杂种。

一、杂种优势表现与育种程序

（一）杂种优势表现

甘蓝一代杂种能聚集两个亲本的优点，在生长势、产量、抗病性等性状上都表现出明显的杂种优势。

1. 生长优势 一代杂种与亲本相比，苗期即表现出根系发达，叶片肥大，茎粗壮，叶片数增加快，最大叶宽等营养生长速度快的特点，直到结球前期，外叶数介于双亲之间，但植株开展度、最大叶宽明显超过亲本。说明甘蓝一代杂种生长速度快，生长势强，营养器官发达，有较大的叶面积，为一代杂种的高产奠定了基础。

2. 产量优势 优良的甘蓝一代杂种不论在单株产量还是单位面积产量方面，都具有明显的产量优势。20 世纪 70～80 年代，国内育成的一批优良甘蓝一代杂种，产量一般比原有地方品种增产20％～30％（赵稚雅等，1975；张文邦等，1979；许蕊仙等，1981；周祥麟等，1981）。方智远等（1983）对 345 个甘蓝一代杂种进行了调查，结果表明（表 13－1）：90.43％的一代杂种单株产量超过高产亲本；8.41％的一代杂种产量介于双亲之间；仅 1.16％的一代杂种产量低于低产亲本。

方智远等（1982）采用双列杂交的方法，研究分析了几个甘蓝自交系部分数量性状的一般配合力方差分量和特殊配合力方差分量，结果表明，单球重的特殊配合力方差分量大于一般配合力方差分量，而且广义遗传力与狭义遗传力之间有较大的差异，表明它的遗传主要受非加性基因控制。在甘蓝育种中，为提高单球重采用优势育种较为有利。

表 13－1 甘蓝一代杂种的产量优势

（方智远等，1983）

年份	调查组合数	超过高产亲本组合		介于两亲本之间的组合		低于低产亲本的组合	
		组合数	百分率（%）	组合数	百分率（%）	组合数	百分率（%）
1978	57	44	77.2	13	22.8	0	0
1979	98	93	94.9	4	4.1	1	1.0
1980	154	149	96.7	5	3.3	0	0
1982		3626	72.2	7	19.4	3	8.3
合计	345	312	90.43	29	8.41	4	1.16

两个亲本系来源于不同地区或属于球型不同的杂交组合，产量优势尤为显著，如圆球类型×扁圆类型、圆球类型×尖球类型等组合，有很强的产量优势。但是，这类组合的双亲开花期常常不一致，制种时需要调整双亲花期，增加了制种成本。选配球型相似，而叶色深浅、蜡粉多少等性状有一定差异的组合，如叶色灰绿×黄绿、灰绿×深绿、绿×深绿等组合，也能获得产量优势较好的组合，而这些组合双亲的开花期往往较为一致，故容易制种，且一代杂种的整齐度更好（表 13－2）。

表 13－2 不同类型杂交组合的产量优势

（方智远等，1983）

组合类型			1979 年春		1980 年春	
熟 性	双亲球型	双亲叶色	调查组合数	F_1 产量超过双亲产量平均值的百分率(%)	调查组合数	F_1 产量超过双亲产量平均值的百分率(%)
早熟	圆球×尖球	绿×灰绿或深绿	44	48.13	76	26.50
	圆球×圆球	绿×绿	—	—	—	15.40
中早熟	圆球×尖球	绿×灰绿或深绿	17	66.57	33	63.50
	圆球×圆球	绿×深绿	8	50.11	13	49.90
中熟	圆球×扁圆	绿×灰绿 黄绿×灰绿	13	56.61	5	81.80
	扁圆×扁圆	或绿×灰绿	3	40.08	6	50.30

同一品种不同自交系间产量配合力相差很大。方智远等（1983）调查了 23 个金早生自交系与北京早熟自交系 7201－16－5－7 的顶交种的产量。结果表明，产量最高的折合每 667 m^2 产量 3 500 kg 以上，而最低的每 667 m^2 产量不足 2 500 kg。一代杂种产量与亲本系产量的高低呈高度正相关，相关系数为 0.69～0.83。因此，除了注意品种的产量配合力外，还要注意选育产量配合力好的自交系。

3. 抗病性 病毒病、黑腐病是危害甘蓝的重要病害，病毒病的种群中，以芜菁花叶病毒（TuMV）为主。对这两种病害的抗性，F_1 代常表现为部分显性。方智远等（1983）曾将 5 个自交系用双列杂交半轮配法配制了 10 个 F_1，田间试验 4 次重复，随机排列。对病毒病、黑腐病的调查结果表明，除 1 个组合的抗病性超过双亲外，其余 9 个组合的病情指数介于双亲之间，其中有 8 个组合的病情指数偏向于抗病亲本。

来源于同一个品种，甚至来源于同一原始单株的不同姊妹自交系，抗病性也可能差异很大。例如，方智远等（1978）调查了黑平头自交系 20－2－5 的病毒病病情指数为 2.4，而来源于同一原始单株的姊妹系 20－2－4 病情指数高达 33.3，这说明通过自交分离，可以筛选出一些抗病性超过原始品种的抗病材料，用这些抗病材料作亲本配制一代杂种，其抗病性可明显超过一般地方品种。1983 年，方智远等用 18 个抗病性较好的自交系配制了 71 个杂交组合，秋季鉴定结果，对病毒病的抗性超过北京秋甘蓝地方品种黑平头的有 54 个组合，占配制组合数的 76.1%；抗黑腐病超过黑平头的有 52 个组合，占 73.2%。

4. 提早成熟　甘蓝一代杂种的成熟期往往介于双亲之间偏于早熟亲本。方智远等（1983）调查了 269 个杂交组合，结果表明，成熟期中间偏早的为 193 个，占组合数的 72.0%；中间偏晚的 46 个组合，占 17.0%；有 30 个组合的成熟期与早熟亲本相同或超过早熟亲本，占 11.0%。在甘蓝这类异花授粉作物中，同一个品种不同植株间成熟期有差异。在早熟品种中，通过自交、分离、选择，可以选出早熟性超过原品种的自交系，再进行早熟自交系杂交，即可得到成熟期与早熟品种相同，甚至更早熟的一代杂种。一代杂种在熟性上具有较好的整齐度，这也是一代杂种总的成熟期提早的一个重要原因。

5. 品质优势　只要亲本选配得当，一代杂种表现为球型美观，球色好，整齐度高，商品一致性好，品质优。一代杂种的营养品质一般介于双亲之间，如能重视自交系选育中营养指标的选择，再通过适当的组合选配，可以获得营养品质优良的一代杂种。方智远等（1983）对京丰 1 号等 13 个甘蓝 F_1 进行了营养品质分析，还原糖含量超过双亲的有 8 个组合，占 61.5%；介于双亲之间的有 2 个组合，占 15.4%；低于双亲的有 3 个组合，占 23.1%。维生素 C 含量超过双亲的有 4 个组合，占 30.8%；介于双亲之间的有 8 个组合，占 61.5%；低于双亲的为 1 个组合，占 7.7%。由此可见，选育出营养品质优良的 F_1 是可能的。

（二）杂种优势育种程序

甘蓝杂种优势的育种程序主要包括：确定育种目标；按照育种目标搜集种质资源，并进行鉴定、评价；对中选的优良种质资源通过自交进行纯化，筛选出优良的高代自交系（包括自交不亲和系、自交亲和系、雄性不育系）；利用高代自交系配制杂交组合。通过配合力测定和品种比较试验，选出优良杂交组合；选择优良杂交组合进行区域性试验和生产试验；新的优良组合提交审定（认定）或鉴定成为新品种。

1. 种质资源的搜集与鉴定评价　根据不同的育种目标，有目的、有计划地搜集种质资源，并进行鉴定评价，从中筛选出有利用价值的材料，作为开展自交系选育的基础材料。要注意搜集种质资源的类型和来源的多样性。甘蓝起源于欧洲，国外种质资源比较丰富，因此，除重视国内种质资源的搜集外，要特别重视国外种质资源的搜集。当前，雄性不育系在不少国家已作为杂交种的亲本，使有利用价值的种质资源的搜集更为困难，许多国家开始重视对种质资源的保护，更应抓紧搜集国外甘蓝种质。

搜集来的种质可分为两份，一份放入种子库保存，一份播种于田间进行农艺性状的鉴定评价。选择符合育种目标的优良种质，须注意在适宜季节种植鉴定，使种质的优良特性得到充分表现。例如，用于选育抗病、丰产的秋甘蓝一代杂种的原始材料，应在秋季进行鉴定；用于选育丰产、冬性强、品质好，适于春季栽培的一代杂种的原始材料，主要在春季进行春播鉴定。

华南地区种植的冬春甘蓝，多在 2～3 月收获。这类种质资源可采用南选北繁的方法进行鉴定、选择，即 1～2 月在甘蓝鉴定田或生产田中选出优良单株，然后将整个叶球连根运往北方，在低温下贮存通过阶段发育后采种。

种质资源的鉴定评价以田间鉴定为主，根据所了解的生育期和生长习性分类种植，一般每份材料种一个小区，不设重复，顺序排列。每份种植株数按搜集的种质而定，地方品种纯度、整齐度较差，应种植 200～300 株。如果为一代杂种，种植 50～100 株即可。生长期间，进行物候期、生物学特性及主要经济性状的调查记载。

在成株期选择优良植株留种。一般的地方品种选留3～5株，特别优良的地方品种材料选留10株以上。如果搜集的是纯度较好的杂交种，选留3～5株即可。选种的标准主要按育种目标进行，一般要求植株生长正常，无病害；株型紧凑，外叶数适中，球型圆正，球色绿或亮绿，叶球紧实，球内结构好，中心柱长度小于球高的1/2。

2. 优良种质的纯化与自交系的筛选 甘蓝为异花授粉作物，从地方品种或杂交种中选出优良植株，杂合性都比较高，要选出一致性高、遗传稳定性好的自交系，需要采用连续自交、筛选的方法。

为防止因自交不亲和得不到数量足够的自交后代，每代均采用蕾期自交的方法获得自交后代的种子，用自交后代种子继续进行田间鉴定，选出的优良植株再继续进行自交纯化，直到系内植株整齐一致，遗传性稳定为止。由于甘蓝杂合性强，获得一致性好的自交系，一般需要连续自交6～10代。为加速优良自交系的纯化，目前不少育种单位采用小孢子培养的方法，约经过2～3年就可能获得性状优良的自交系（DH系）。为获得抗病、抗逆性好的自交系，在进行田间鉴定的同时，还需在人工控制的条件下进行抗病、抗逆性鉴定、筛选。在实际育种工作中，种质的自交纯化与自交不亲和系、自交亲和系的选育一般同时进行。

3. 配合力测定与品种比较试验 获得优良的自交系之后，就要进行杂交组合的试配，即配合力测定。一般分两步：第一步采用顶交法，即先用1～2个已知的配合力优良自交系为一方，多个新选出的自交系为另一方，试配杂交组合，然后通过鉴定筛选，初步获得一批新的配合力优良的自交系，再用双列杂交的方法进行配合力测定，选出少数几个最优良的杂交组合。由于实践已证明甘蓝杂交种的正反交表现基本一致，进行双列杂交时只需采用半轮配法即可。

初步筛选出的几个优良杂交组合，再进入品种比较试验，每个组合小区面积不小于50 m^2，3次重复，以生产上的主栽品种作对照。品比试验一般进行2年，产量、品质、熟性、抗病性、抗逆性达到育种目标要求且主要经济性状超过对照品种的可中选。

4. 区域性试验和生产试验 为明确新育成甘蓝品种在不同生态区的表现和推广的适宜地区，自20世纪80年代以来，全国农作物品种审定委员会就组织了我国甘蓝新品种的区域试验和生产示范，2000年以后该项工作由全国农业技术推广服务中心组织，试验具体工作一直由中国农业科学院蔬菜花卉研究所甘蓝育种课题组负责，到目前为止，已完成六轮全国秋甘蓝新品种区试，四轮全国春甘蓝新品种区试，一轮长江流域越冬甘蓝新品种区试。除国家级区试外，一些省（自治区、直辖市）也组织了省级甘蓝新品种区试和生产示范。全国甘蓝新品种区域试验要求在不同生态区设10个左右的区试点，每轮参加区试的同一熟性的品种一般有5～8个，每个品种小区面积不少于50 m^2，3次重复，以生产上主栽品种为对照。目前，国家级试验为3年，第1、第2年为区域试验，第3年为生产示范。

5. 品种审（认）定或鉴定 2000年前，甘蓝新品种的审（认）定由全国农作物品种审定委员会和各省级农作物品种审（认）定委员会负责，在区域试验和生产示范中表现优秀的组合可申报审（认）定，未经审（认）定的品种不能在生产上推广应用。据统计，1984—2004年国家或各省（自治区、直辖市）审（认）定的甘蓝新品种有122个。

新《中华人民共和国种子法》颁布后，甘蓝被列为非主要农作物，不在需要审定作物品种之列，但在一些省（自治区、直辖市）仍开展甘蓝新品种审（认）定、登记工作。2005年开始，全国农业技术推广服务中心主持恢复甘蓝等主要蔬菜作物新品种的全国区域试验和生产示范，并组织成立蔬菜品种鉴定委员会，到2015年为止，已有57个甘蓝新品种通过国家鉴定。

二、优良自交不亲和系或自交亲和系的选育

自交不亲和性在甘蓝中广泛存在，这为甘蓝在杂种优势育种中利用自交不亲和系途径提供了重要

的遗传基础。据方智远等（1983）对86个甘蓝品种的741个植株测定的结果，花期自交当代亲和指数小于1的植株有421株，占被测株数的56.8%（表13-3）。但与此同时，自交亲和性强的植株比例不高，这又为选育自交亲和系造成一定困难。

表13-3　甘蓝品种自交当代自交不亲和株出现频率

（方智远、孙培田等，1983）

品种名称	测定株数	花期自交亲和指数低于1的株数	自交不亲和株率（%）
北京早熟	95	37	38.9
金早生	49	36	73.5
DT409	65	31	47.7
迎春	28	4	14.3
金亩84	77	49	63.6
黄苗	44	19	43.2
701	10	6	60.0
顺城牛心	38	12	31.6
田村金早生	12	10	83.3
小金黄	15	11	73.3
黑平头	18	9	50.0
其他75个品种	285	197	69.1
总　计	741	421	56.8

(一) 甘蓝优良自交不亲和系、自交亲和系的标准

按照杂种优势育种的要求，一个可实际应用的甘蓝自交不亲和系，必须同时具有以下特性：

(1) 自交不亲和性强且稳定，即要求花期自交亲和指数（结籽数/授粉花数）小于1，而且在不同的环境条件下，株系内各个植株花期自交及株系内各植株之间花期异交均稳定表现不亲和，用这样的自交不亲和系制种，才能保证杂交种有较高的杂交率。

(2) 蕾期自交有较高的结实性，一般要求蕾期自交每荚结籽能达到10粒左右，以降低自交不亲和系原种繁殖的成本。

(3) 经济性状优良且自交衰退速度慢、程度小。主要性状整齐一致，为杂交种的优良性状和整齐度提供遗传上的保障。

(4) 有较好的配合力，与其他自交系杂交有较强的杂种优势。

至于优良自交亲和系的标准，则要求花期自交亲和指数达到5左右，对于经济性状与配合力的要求与自交不亲和系一致。

(二) 优良自交不亲和系、自交亲和系的选育方法

要选育出一个同时具备上述优良性状的自交不亲和系或亲和系，首先要在搜集的种质资源中鉴定出一批经济性状优良、配合力好的原始材料，然后从中选择优良单株进行自交分离，并在其自交后代中，按照上述标准逐代进行严格的定向选择。

1. 自交不亲和性的鉴定和选择　甘蓝自交不亲和性受S复等位基因控制，研究表明，甘蓝中存在50个以上的S复等位基因。甘蓝的自交不亲和性属孢子体型，其不亲和性表现并不取决于花粉本

身所带的S基因型，而是取决于产生花粉的父本（孢子体）是否具有与母本不亲和的基因型。由于控制甘蓝不亲和性的S等位基因数量比较多，又属于孢子体型不亲和，遗传比较复杂，因此，不同的甘蓝种质资源之间以及同一种质资源的不同植株之间，自交不亲和性都可能有差异。要选育自交不亲和系或亲和系，首先要进行自交不亲和性测定。

试验证明，甘蓝的自交不亲和性是可遗传的性状。自交不亲和性受S基因控制，但还受遗传背景的影响。在自交早代，自交不亲和性往往会发生分离，有些表现自交亲和植株的后代，经继续自交，可分离出少数自交不亲和的植株；而在一些表现自交不亲和植株的自交后代中，也能分离出少数自交亲和的植株。自交亲和的植株，其自交后代出现自交亲和的株率高；自交不亲和的植株，其自交后代出现自交不亲和的株率高。与其他性状一样，通过自交分离和定向选择，自交不亲和株率能逐渐稳定提高。自交不亲和性稳定的快慢，在株系之间存在着明显差异。有的株系的自交不亲和性在自交3代就能基本稳定，有些株系需4～5代或更多的自交代数才能稳定。根据自交不亲和性的上述遗传表现，自交不亲和性的鉴定和选择应采取连续自交、分离和定向选择的方法进行。具体做法如下：

在配合力好的甘蓝育种原始材料中，选择一些优良单株进行自交，自交株数根据原始材料的性质而定，如果是一般常规品种需20～30株，如果是性状一致的一代杂种只需3～5株即可。在植株开花之前在一级或二级花枝上套上硫酸纸袋，待袋内花枝开花后，取本植株的新鲜花粉进行花期自交授粉，授粉后立即套上纸袋。根据花枝上开花情况，可在以后2～3 d内对新开放的花朵再行花期自交1～2次，每个植株花期自交花数30～50朵。最后一次授粉后4～5 d，可除去纸袋，摘除花枝上未授粉的花朵和顶端的花蕾，并挂牌标记。种荚成熟后分别调查花期自交结实情况，从中选出自交结实率低的自交不亲和株。自交亲和与不亲和的标准，目前国内一般用花期自交亲和指数，即结籽数/授粉花数来表示，亲和指数小于1的为自交不亲和。为了保证自交不亲和植株留下自交后代，应在花期自交的同时，在同一植株的另一部分花枝上进行人工蕾期自交授粉。因为花期自交不亲和的植株，蕾期自交一般都能获得自交种子。初步选出的自交不亲和植株，其自交后代的自交不亲和性还会发生分离，所以，对它们的自交后代要连续进行花期自交不亲和性的测定，每代都注意选择那些花期不亲和性好但蕾期自交结实性好的植株留种，每系一般遗留10株以上，直到自交不亲和性稳定为止。

育成的自交不亲和系，除要求系内所有植株花期自交都不亲和外，还要求系内所有植株在正常花期相互授粉也表现为不亲和（又称系内异交不亲和），只有这样的系统在制种时才能保证有很好的杂交率。人工测定系内异交不亲和性的方法有两种：一是混合花粉授粉法，即在株系内随机取10株左右植株的花粉加以混合，在正常开花期给同株系内各姊妹株授粉，如各姊妹株均表现不亲和，一般就可证明该株系内异交也是不亲和的。二是成对授粉法，即在正常花期使系内姊妹株间成对相互授粉，如果均不亲和，也证明系内异交是不亲和的；如果部分组合是亲和的，部分组合是不亲和的，可把那些表现不亲和的植株选出。到下一代再进行系内姊妹交，直到系内所有植株间花期异交均不亲和时为止。前一种方法比较省事，但对于表现系内异交亲和的株系来说，剔除亲和株较困难。后一种方法工作量较大，但对于出现系内异交亲和的株系来说，较易于淘汰亲和株。

系内异交不亲和性的测定，除上面介绍的人工授粉测定方法外，还可以采用空间隔离法进行测定。其方法是将供测定的材料定植于空间隔离区内，观察同一株系内株间靠昆虫自由授粉情况下的不亲和性表现。这种方法观察的结果比人工测定结果更为可靠，但需要严格的空间隔离条件。

自交亲和系的选育过程与自交不亲和系选育过程基本相同，只是选择目标是自交亲和株。

为了使自交不亲和系的选择进行顺利，在不亲和性的鉴定与选择过程中有几点必须注意：

（1）*自交不亲和性测定要力求准确*　为提高不亲和性测定的准确性，授粉前授粉者的手和授粉用的镊子一定要用70%的酒精严格消毒，授完1株消毒1次。授粉的花朵应是当天或前一天开放的，授粉用的花粉应是新鲜的，每株测定的花数一般在30朵以上。要防止异常授粉条件下，对不亲和性表现的影响，例如，不宜在高温、高湿条件下测定不亲和性。因为在这种条件下，亲和植株也往往表现不亲和，造成测定结果不准确。

（2）*注意特殊情况下的植株选择*　在不亲和性测定中，对于一些经济性状和配合力特别好，而且自交亲和的植株，不宜淘汰。因为通过连续自交有可能从中分离出自交不亲和的植株，即使不能分离出自交不亲和植株也可留作选育自交亲和系。在自交不亲和性测定中，发现有些单株或株系在正常开花期表现为不亲和，但老龄花或花枝末梢的花朵自交尚能结实，对这类植株或株系，不宜用作自交不亲和系。因为，如果利用这种开花后期老龄花可自交结实的株系作亲本杂交制种，会影响杂交种的杂交率。

（3）*要严格掌握把花期自交亲和指数小于1作为判断甘蓝自交不亲和性的标准*　试验证明，用亲和指数小于1的自交不亲和系作亲本，配制的一代杂种可保持很高的杂交率。一般情况下，甘蓝的每个角果约有20粒种子，用亲和指数小于1的自交不亲和系制种，20粒种子中可能出现1粒未杂交的亲本自交种子，理论上的杂交率应为95%左右。方智远等（1983）在以下两种情况下的试验结果与这个估计基本相符，一是对几个自交亲和性程度不一的甘蓝材料，先行花蕾去雄，在开花时先授本株系混合花粉，授粉同时及授粉后4、8、12、24、36 h，再授以具有一定标记性状的异株系或异品种的花粉，秋季将所得种子精细播种，然后调查杂交率。结果表明，凡自交亲和指数小于1的株系，其杂交率可达95%以上，即使在用本株系花粉授粉36 h后，再授以异株系或异品种的花粉，也有很高的杂交率。而亲和指数大于1的株系，采用上述相同处理杂交率都在80%以下，而且在先授本株系花粉后，间隔时间越长再授异株系或异品种花粉，其杂交率越低。二是用不亲和程度不一的材料作母本，将异株系或异品种定植在采种田作父本进行天然杂交，所得种子精细播种，然后调查杂交率，其结果与上述人工授粉试验基本一致（表13-4）。

表13-4　母本不亲和性程度与天然杂交率

（方智远、孙培田等，1983）

年　份	组合名称	母本花期自交及系内异交亲和指数	杂交率（%）
1978	01-16-5-7×02-11-2-6	0～0.45	96.7
1978	02-11-2-6×01-16-5-7	0～0.30	96.4
1978	02-11-2×01-16-5-7	0.29～5.72	85.2
1979	722-1-3×24-5-3	0～0.09	96.4
1979	7221-3×04-2-1	0～0.09	95.4
1979	04-2-1×7221-3	1.2～2.7	73.9
1980	22-5-4×紫甘蓝	4.37～11.1	70.8

试验还证明，多数花期自交亲和指数在1以下的原始材料，其自交不亲和性能够较快稳定。而多数亲和指数在1以上的材料，尤其是低世代的自交材料，不亲和性较难稳定。据方智远等（1983）对86个甘蓝原始材料的统计，用花期自交亲和指数在1以下的材料进行定向选择，在S_1代658个植株中，自交亲和指数在1以下的就达478株，占72.6%，到S_3代，自交亲和指数在1以下的植株所占比例可达91.8%。而S_0代花期自交亲和指数在1以上的植株30个，在114个S_1代植株中，亲和指数在1以下的株数只占28%。

2. 蕾期自交结实性状的选择　甘蓝自交不亲和系一般采用人工蕾期授粉的方法进行繁殖，因此，蕾期自交结实性状的好坏，直接关系着亲本系种子繁殖的难易和成本。试验证明，蕾期自交结实性状的好坏，在自交不亲和系间存在着明显的差异，并且是可遗传的性状。

由于甘蓝中自交不亲和株率比较高，选择一个花期自交不亲和性很好的材料并不十分困难，但是要选出一个花期自交不亲和而蕾期自交结实也很好的材料常常比较困难，不少甘蓝育种材料自交不亲和性很好，花期自交亲和指数仅为0.1左右，但蕾期自交结实也较差，甚至授粉一个花蕾仅平均结1～2粒种子，如图

13－6 中的 7205－11－1。在原始材料中通过大群体鉴定筛选，可获得自交不亲和性稳定且蕾期自交结实很好的材料，如表 13－5 和图 13－6 中的 7221－3、7201－16－5－7、7202－11－2－6 等几个自交不亲和系，自交不亲和株率为 100%，系内异交亲和指数均在 1 以下，而蕾期自交亲和指数可达 10 以上。

表 13－5 几个甘蓝自交不亲和系花期、蕾期自交结实表现

（方智远、孙培田等，1983）

株系名称	自交不亲和株率（%）	系内花期异交亲和指数	蕾期自交结实指数
7221－3	100.0	0～0.09	14.0
7224－5－3	100.0	0.16～0.31	6.7
7201－16－5－7	100.0	0.06～0.45	12.5
7202－11－2－6	100.0	0～0.3	12.9
7223－6	100.0	0～0.66	9.1
7205－11－1	100.0	0～0.51	1.61

蕾期自交结实性状的测定与花期自交同时进行，用金属镊子把花蕾轻轻剥开，露出柱头，取同株的新鲜花粉授粉，授粉完成后去掉同枝开放的花朵及上部未授粉的花蕾，然后套袋，待种子成熟后，调查结实情况。在测定过程中需要注意的是，结实性好坏不仅与该材料的遗传特性有关，还与花蕾大小有关，当天即将开放的花蕾及枝条上部过小的花蕾一般结实不好，选用花前 2～4 d 的花蕾自交可获得较好的结实性。如图 13－6 中的自交不亲和系都存在这种情况。

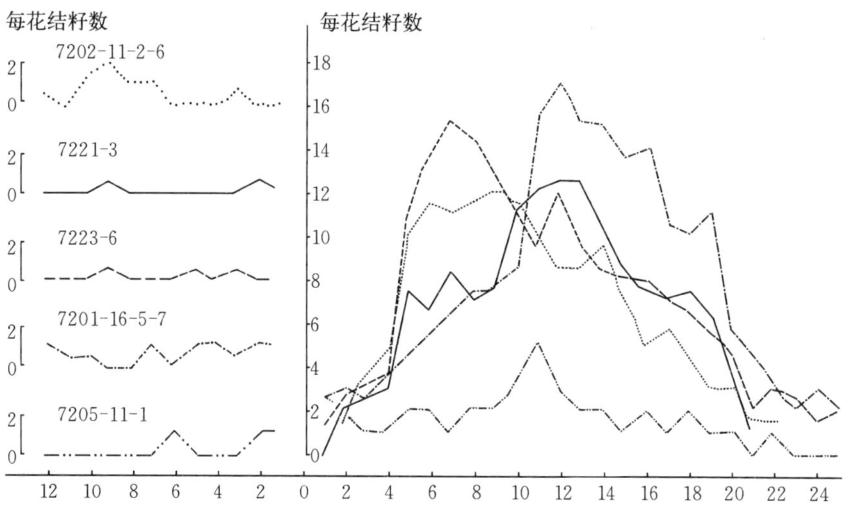

图 13－6 甘蓝自交不亲和系花期、蕾期自交结实情况

注：0 表示开花当天的花朵自交结实情况，右边表示当天开放花朵向上的花蕾自交结实情况，数字表示蕾位，如 2 表示开放花朵向上的第 2 个花蕾。左边为花期自交结实情况，数字表示花位，如 2 表示当天开放花朵向下第 2 个花朵

（方智远、孙培田，1983）

3. 经济性状和配合力的选择 主要包括 3 个含义，一是选择具有更多优良育种目标性状且配合力好的自交系材料；二是选择自交衰退慢、退化程度小的自交系材料；三是要求系内植株间生物学性状和农艺性状都有很好的整齐度。

甘蓝是异花授粉植物，育种的原始材料在自交早代，许多性状都要发生分离，杂合性强的育种材料分离更为严重，要获得经济性状优良、整齐度一致的自交系，必须结合原始材料的自交、分离，进行各主要经济性状的鉴定和定向选择，一般经连续 5～6 代自交、分离选择之后，主要经济性状能基本一致。

在进行主要经济性状选择时，在自交早代，要注重单株的选择，在自交 3～4 代开始要注意优良株系的选择，同时在优良株系内选择优良单株。在株系的选择时，除了注意选择综合性状优良的株系外，还要特别注意选择那些具有突出优良性状的株系。主要经济性状的选择最好和配合力的测定结合起来，要特别重视从配合力好的系统中再选择优良单株。中选的株系数、每株系的选留株数，要根据育种目标的要求、材料的纯度和优良程度而定。同时，还要考虑试验条件和人力的许可。一般来说，在人力物力允许的条件下，在自交早代，要多留一些具有各种优良性状的单株和株系，以保证优良性状不至于丢失和亲本自交系的多样性。至于每个系统供选择的植株数和最后选留的株数，则要根据具体情况而定，经济性状和配合力特优异但杂合性很强的育种材料，自交后的第 1 代（或 F_2 代）供选择的群体要在 250 株左右，从中选择优良单株数一般不少于 10～15 株。纯度比较好或性状一般的原始材料，供选择群体的植株可少一些，一般 50 株左右，从中选择 5～10 株。从自交第 2 代（F_3 代）开始，从优良株系中选择优良单株，优良单株的选择要符合育种目标，同时还要适当注意性状的多样性。

一般情况下，自交数代后的自交系与原品种相比，生活力往往出现衰退，主要表现为生长势、抗病性、抗逆性减弱。但是，不同的株系退化的速度和程度不同，有的株系生活力衰退慢，有的则衰退快。生活力衰退的速度一般在自交 1～2 代时快。有些优良的自交系，虽经多代自交选择，其生活力退化程度小，并能基本稳定在一定的水平上。所以，在实际工作中要注意选择那些自交生活力下降慢、下降程度小的系统，这对克服自交后代生活力衰退现象有重要意义。

为了叙述方便，上面是把优良自交不亲和系选育的几个方面的选择工作分别进行了叙述的，然而在实际工作中，这几个方面的选择是紧密结合的，即在自交纯化过程中，进行经济性状选择的同时，开展自交不亲和性测定；在单株自交不亲和性测定的同时进行蕾期自交结实性测定。在自交早代，就可以进行株系内植株间自交不亲和性测定和配合力测定等，这样可以缩短育种年限。图 13－7 表示用自交不亲和系途径选育甘蓝单交种的模式图；图 13－8、图 13－9表示两个自交不亲和系选育系谱图。

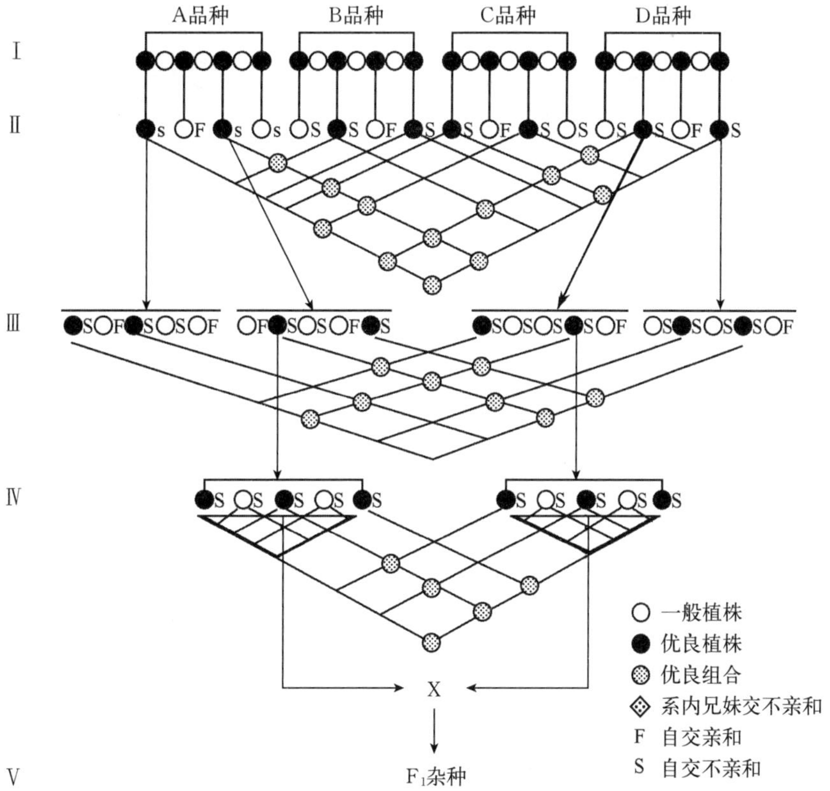

图 13－7　用自交不亲和系途径选育甘蓝单交种的模式图

Ⅰ. 亲代材料单株选择纯化　Ⅱ. 配合力及不亲和性初步测定

Ⅲ. 优良组合及不亲和系进一步选育　Ⅳ. 优良 S_1 系育成及一代杂种试验采种

Ⅴ. 一代杂种制种

（方智远、孙培田，1977）

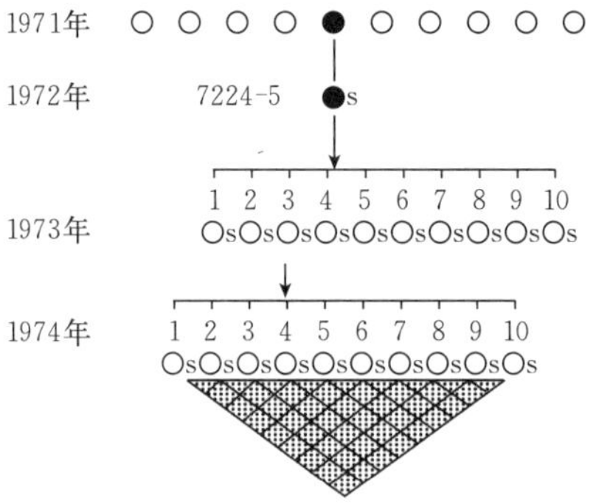

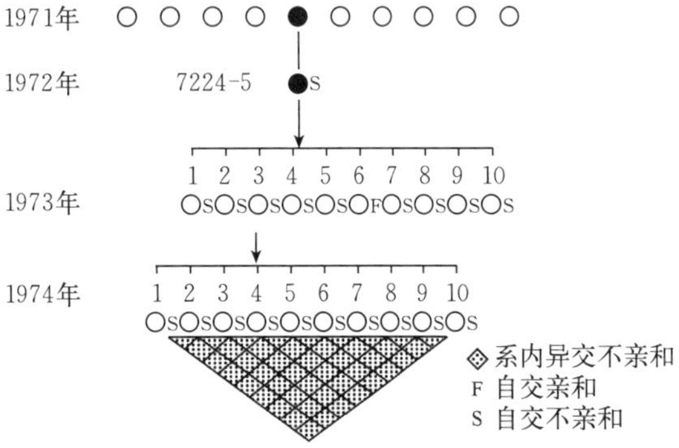

图 13-8 黄苗自交不亲和系 7224-5-3 的选育过程
（方智远、孙培田，1977）

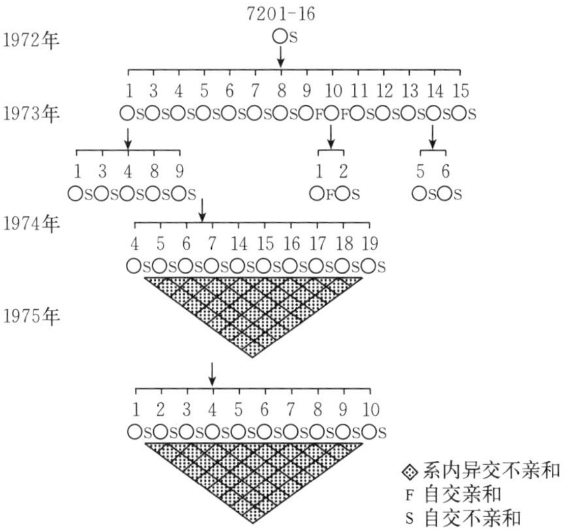

图 13-9 北京早熟自交不亲和系 7201-16-5 选育过程
（方智远、孙培田，1977）

三、甘蓝雄性不育系的选育

21 世纪初以前，甘蓝杂交种几乎都是利用自交不亲和系制种。利用自交不亲和系配制甘蓝一代杂种有许多优点：自交不亲和系配制的甘蓝杂交种，比用一般自交系配制的杂交种杂交率高；用两个自交不亲和系配制杂交种时，互为父母本，双亲上收到的种子都可作杂交种应用。但用自交不亲和系制种也存在一些缺点：杂交种的杂交率很难达到 100%，特别是双亲花期不遇时，杂交率通常只有 80%左右；自交不亲和系长期连续自交繁殖易发生自交退化；自交不亲和系亲本靠人工蕾期授粉繁殖，成本高等。用雄性不育系途径生产杂交种与用自交不亲和系途径相比有明显的优点：一是杂交种的杂交率一般可达到 100%，比用自交不亲和途径杂交率可提高 5%～8%；二是杂交种的父本及雄性不育系的保持系均可用自交亲和系，可在隔离条件下用蜜蜂授粉繁殖，降低种子生产成本。因此，国内外甘蓝育种工作者多年来十分重视甘蓝雄性不育系的选育工作。

（一）甘蓝雄性不育源的类型

1. 隐性核基因雄性不育材料 Nieunwhof（1961）在对结球甘蓝、花椰菜、抱子甘蓝雄性不育遗传研究中，报道发现简单隐性核基因雄性不育，此后 Dickson 等（1970）也发表有关甘蓝隐性核基因材料发现的报道。在我国，方智远等（1983）从小平头甘蓝群体中发现隐性雄性不育材料 83121。这类雄性不育由于其测交后代不育株率一般只能达到50%左右，在制种过程中必须拔除50%的可育株，所以实际应用困难。

2. 黑芥胞质甘蓝雄性不育材料　Pearon（1972）用青花菜与黑芥杂交获得此类雄性不育材料，并命名为NPS/ps.。我国于1980年从荷兰引进。这种不育源多数花朵不能正常开放，部分雄蕊瓣化，蜜腺小或无，在自然条件下不利于吸引昆虫授粉，且不育材料测交后代中，不育株率只有33.7%～60%。因此，在实际制种中也无法利用。

3. 波里玛油菜胞质甘蓝雄性不育材料　陕西农业科学院柯桂兰等（1992）用白菜与波里玛油菜胞质雄性不育系进行远缘杂交，通过多代回交，育成波里玛油菜胞质白菜雄性不育系，后又与甘蓝多代回交，育成波里玛油菜胞质甘蓝雄性不育系。这类不育材料，不育株率可达100%，但不育性存在敏感性，不育株常常出现少量花粉。

4. Ogura萝卜胞质甘蓝雄性不育材料　法国凡尔赛植物育种试验站Bannerot（1974）通过萝卜与甘蓝属间远缘杂交结合胚培养的方法，将Ogura（1968）在萝卜自然群体中发现的胞质雄性不育转移到甘蓝中获得Ogu CMS R_1，后来试验结果表明，该不育材料表现出低温下（15℃以下）叶片黄化，蜜腺不发达，开花结实性状不良等问题（Bannerot，1977）。1980年李家文先生由美国引进该材料，一些育种单位用各种类型的甘蓝自交系进行转育，虽然在秋季高温条件下，转育后代叶色黄化减轻，但只要遇到低温，苗期叶片很快黄化（方智远等，1984）。中国有些单位先后通过不同途径引进这份材料，用很多不同类型父本进行转育，都未能获得可纠正上述不良性状的基因型。

康奈尔大学Walters（1992）采用原生质体非对称融合的方法，成功地将Ogu CMS $R_1$7642A不育系的萝卜叶绿体替换成了花椰菜的叶绿体，获得Ogu CMS R_2 9551、Ogu CMS R_2 9556等材料，基本上克服了苗期叶片低温黄化问题。方智远等1994年由美国康奈尔大学Dickson先生处引进了这份初步改良的萝卜胞质不育材料并进行转育，筛选出几份开花结实性状较好的不育系，但多数材料在转育5～6代后，植株生长势变弱，雌蕊畸形的花朵数、畸形种荚数较多，配制的杂交组合杂种优势不强，实际应用有局限性（杨丽梅等，1997；方智远等，2001）。

美国Asgrow公司于20世纪90年代后期，进一步用原生质体非对称融合的方法，在原有叶绿体替换的基础上进行了线粒体的重组，获得了两个既有很好的雄性不育性又有很好的雌蕊结构的不育源998.5和930.1。用上述两个不育源为母本，不同类型的甘蓝材料为父本进行转育，获得新改良的萝卜胞质甘蓝雄性不育材料。方智远等于1998年通过国际科技合作项目，由美国引进了这一类型新的改良萝卜胞质甘蓝雄性不育材料CMS $R_3$625、CMS $R_3$629等，其植株性状、开花结实性状和配合力均较好，有较好的应用前景（方智远等，2001、2004）。通过回交转育，已经育成不少优良的甘蓝胞质雄性不育系，配制出一批通过审（认）定或鉴定的新品种，如中甘22、中甘192、中甘96、中甘101、中甘102、中甘828等（方智远等，2001；杨丽梅等，2005）。

5. 显性核基因雄性不育材料　中国农业科学院蔬菜花卉研究所甘蓝育种课题组于20世纪70年代在甘蓝原始材料的自然群体中发现雄性不育株79-399-3，研究发现该不育株及其衍生后代中分离出的不育株与正常可育株的测交后代，可育株与不育株的比例为1∶1，正常可育株自交后代全部可育。低温诱导下可出现微量花粉的敏感不育株，其自交后代育性呈3∶1分离（表13-6）。上述结果表明，该不育材料的不育性受1对显性主效基因控制，且微量花粉中也携带有雄性不育基因。该雄性不育材料的遗传模式如图13-10（方智远等，1997）。

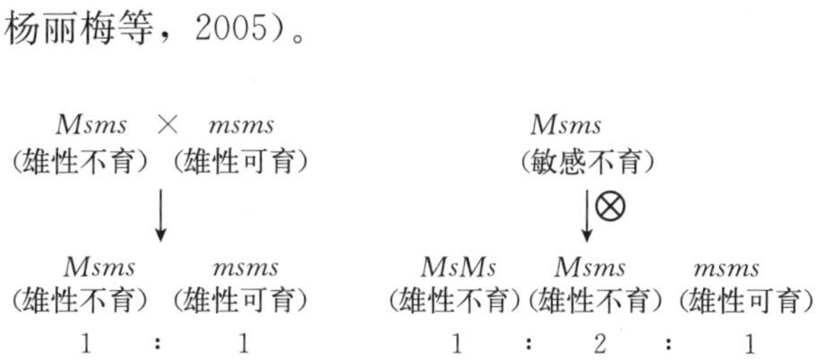

图13-10　甘蓝显性雄性不育系材料DGMS399-3的遗传模式

表 13-6 甘蓝不育株与正常可育株的测交后代及微量花粉敏感株自交后代育性分离

（方智远等，1997）

组合类型	年份	观察植株总数	雄性不育植株数	可育植株数	概率值
测 交	1981	7	3	4	0.71
	1982	20	9	11	0.65
	1984	14	6	8	0.59
	1991	20	9	11	0.65
	1992	84	44	40	0.66
	1993	1 902	987	915	0.10
	1994	1 532	789	743	0.24
	总 计	3558	1836	1720	0.25
自 交	1 993	147	103	44	0.17
	1 994	314	227	87	0.27
	总 计	461	330	131	0.10

研究发现 DGMS79－399－3 这份雄性不育材料部分不育株在低温诱导条件下，少数花朵可产生微量花粉，具有微量花粉的不育株其自交后代可获得显性纯合不育株（*MsMs*）。目前已利用这一材料育成十几个雄性不育性稳定、配合力优良的新型雄性不育系，并配制出中甘 17、中甘 18、中甘 19、中甘 21 等优良甘蓝新品种。

研究表明，这类甘蓝显性雄性不育系与用相同自交系回交转育的萝卜胞质甘蓝雄性不育系相比，开花初期死花蕾少，花朵大，花色较深，花蜜多，能更好地吸引蜜蜂授粉。因此，制种时杂种一代种子产量高 16.7%～41.3%（王庆彪等，2011），在以后的中甘 21 大面积制种时，也同样证明了这一点。分析其原因：胞质雄性不育系的异源胞质可能对结实性状存在一定负面影响。另外，可能与两种类型甘蓝雄性不育系花药败育的时期有关系，显性核基因雄性不育主要败育时期在四分体后期，萝卜胞质雄性不育主要败育时期在四分体前期，其败育更早可能对花器官的影响更大。

由以上介绍的甘蓝雄性不育材料可以看出，有几类甘蓝雄性不育材料无实际应用价值或应用价值比较小，而显性核基因雄性不育材料和新改良的萝卜胞质甘蓝雄性不育材料已得到比较好的应用。下面叙述这两类甘蓝雄性不育系的选育方法。

（二）优良的甘蓝显性核基因雄性不育系的选育

1. 优良显性雄性不育系应具备的条件

（1）雄性不育性稳定，在不同年份不育株率达 100%，不育度达到或接近 100%；

（2）开花结实性状中，除雄蕊退化无花粉外，花冠、蜜腺、雌蕊等均正常；

（3）植物学性状正常，经济性状优良，整齐度高并且与保持系（回交父本）表现一致；

（4）保持系为性状稳定的自交亲和系，保持系及不育系可在严格隔离条件下用蜜蜂授粉；

（5）有良好的配合力。

2. 显性雄性不育系的选育方法 采用连续回交转育的方法，其具体步骤如下：

（1）在显性雄性不育原始材料中，选经济性状优良的不育株为母本，与开花结实性状和植物学性状正常，经济性状优良、整齐、配合力好的自交亲和系进行杂交。

（2）在杂交后代中继续选择优良不育株为母本与原父本连续回交。

（3）回交 5～6 代以后，注意扩大回交后代群体植株数量（50 株以上），并于开花期在低温（15 ℃左右）条件下诱导不育株产生微量花粉。选择低温诱导条件下产生微量花粉的不育株进行蕾期自交。

（4）以低温敏感不育株自交后代中出现的不育性稳定的雄性不育株为母本，与原父本进行测交。

（5）在田间鉴定这些测交后代的经济性状与雄性不育性表现，如果某个测交后代（12 株以上）不育株率达 100%，则该测交组合的母本不育株即为纯合显性不育株。对纯合显性雄性不育株的测交后代进行鉴定，选择雄性不育性稳定、经济性状优良、整齐、配合力好的系统作为配制杂交组合的显性雄性不育系，回交父本即为保持系。图 13－11 为甘蓝显性雄性不育系的选育过程的模式图，图 13－12为显性核基因雄性不育系 DGMS01－216 和用其作为母本配制的中甘 21 的系谱。显性雄性不育系 DGMS01－216 按图 13－11 的过程采用连续自交的方式进行。为提高育种效率，在鉴定纯合显性雄性不育株时，除用测交的方法外，用分子标记筛选的方法成本低、效率更高。自交亲和系选育主要采用连续定向选择的方法，每代都选择花期自交亲和、叶球大而圆、球色绿、包球好、中心柱短、抗病抗逆性较强的株系留种。

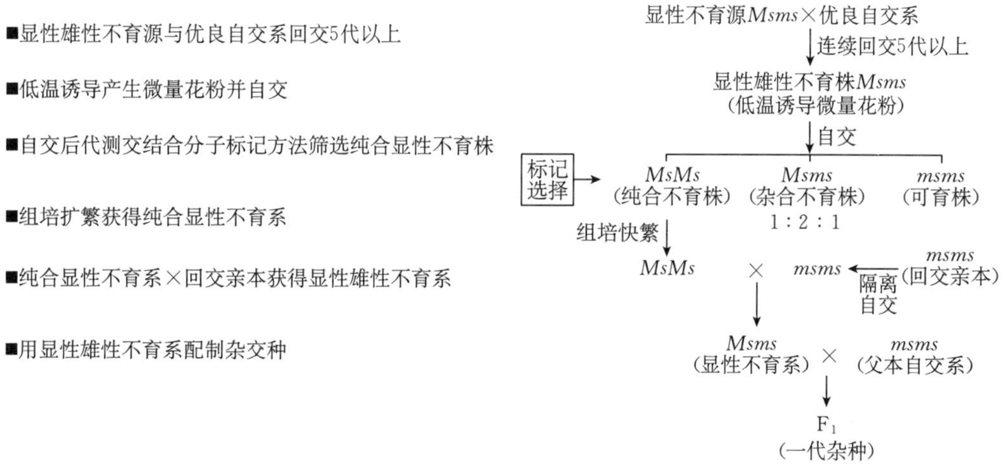

图 13－11　甘蓝显性雄性不育系选育模式图

（三）甘蓝胞质雄性不育系的选育

1. 优良胞质雄性不育系应具备的条件

（1）雄性不育性稳定，转育容易，与所有甘蓝杂交其后代均表现 100%雄性不育；

（2）植株生长发育正常，低温下叶片不黄化；

（3）花朵开放正常，死蕾少，花药退化无花粉，雌蕊正常，蜜腺发达，结实后种角正常；

（4）主要经济性状优良、整齐，与保持系（回交父本）一致；

（5）配合力优良。

2. 甘蓝胞质雄性不育系的选育方法

（1）以植株生长发育正常、雄性不育性稳定，但其他花器官正常的改良的 Ogura 不育源为母本，以经济性状优良、稳定、配合力好的自交系（最好为自交亲和系）为父本进行杂交。

（2）在杂交后代中继续选不育性稳定、生长发育正常、花朵可完全开放，死花蕾少，雌蕊正常、蜜腺发达的不育株与父本自交系（保持系）继续回交。

（3）在每个回交世代中，除对其花器官继续进行调查外，还要在田间鉴定它们的主要经济性状。

（4）一般在连续回交 6 个世代之后，雄性不育系主要经济性状与保持系可基本一致，改良胞质不育系初步育成。

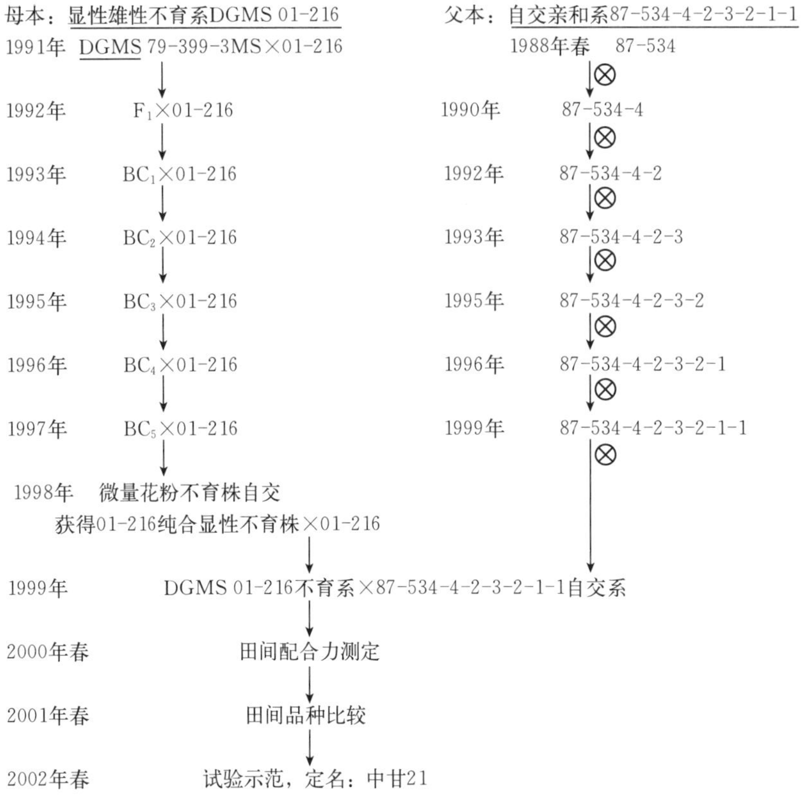

图 13-12 中甘 21 选育系谱图

四、优良杂交组合的选配与一代杂种育成

（一）优良杂交组合亲本选配的主要原则

1. 按照育种目标的需求选配亲本，使亲本具有较多的优良目标性状 甘蓝的经济性状很多为数量性状，杂交种经济性状的表现与亲本关系密切，因此，选择的亲本应尽可能具有育种目标所需要的优良性状，如果其中一个亲本的某一性状有欠缺，应从另一亲本得到互补。例如，我国育成时间最早、推广面积最大、时间最长的京丰 1 号甘蓝，其亲本黑叶小平头，表现耐热、抗病性好，但耐抽薹性不理想，另一个亲本黄苗抗病性不强，但极耐未熟抽薹，因此两者配制的杂交种京丰 1 号具有双亲的优点，并克服了双亲的缺点。

2. 重视在我国优良的地方品种中选择亲本 甘蓝虽不起源于中国，但有不少优良地方品种已在各地种植多年，对各地的气候条件有较好的适应性，虽然一些地方品种遗传上比较混杂，但通过自交纯化完全可以选出一些优良的育种亲本材料，用这些材料作亲本，培育出的杂交种，对中国的自然条件有很好的适应性。例如，从中国的黑叶小平头、黑平头、金早生、牛心甘蓝、楠木叶等优良地方品种中选出的自交系作亲本已配制出一批适应性较好的甘蓝杂交种。

3. 注意选择来源于不同国家或地区的材料 甘蓝起源于欧洲，国外栽培历史悠久，种质资源丰富，选择来源于不同国家或地区的材料作亲本不仅可以丰富亲本材料的遗传基础，而且一代杂种往往具有较强的杂种优势。中国生产上应用广泛的许多甘蓝一代杂种如京丰 1 号、中甘 21、春丰、夏光等，其亲本都符合这一原则。

4. 注意选择植物学性状有一定差异的材料作亲本 这种杂交组合也往往有较大的杂种优势，如晚丰、春丰其双亲均来自中国，但来源的生态地区不同，而且双亲植物学性状有较大差异。

5. 按照一代杂种制种时的需求选择亲本 甘蓝杂交种制种是采用自交不亲和系或雄性不育系途径在隔离条件下通过昆虫授粉而实现的。用自交不亲和系配制杂交种，亲本选择除重视上述几点外，还特别要重视两个亲本具有不同的S基因型，杂交时能相互亲和，获得较高的种子产量。

用雄性不育系配制杂交种，两个亲本中母本为不育系，父本为有花粉的自交系，由母本上收获的种子为杂交种。在双亲的选择时，母本不仅应与父本杂交亲和，两亲本花期基本一致，而且母本应具有很好的结实能力，而父本最好是花粉量较大的自交亲和系。

6. 按照性状的遗传表现选择亲本 在一代杂种中，甘蓝多数性状表现为中间型，但也有不少性状明显表现为显性或隐性遗传。例如，叶球内中心柱长度，长中心柱为显性，短中心柱为隐性，要选中心柱短的一代杂种，最好双亲都具备中心柱短这一性状。球型的遗传表现，尖球与圆球、尖球与扁圆球杂交，尖球一般为显性，要培育一个球型圆正的甘蓝品种，不宜选用尖球类型的自交系作亲本。

7. 按照配合力强弱选择亲本 有些自交系经济性状很好，但配合力不一定好，有些亲本一般配合力好但特殊配合力不理想，应选择具有很好的一般配合力而且特殊配合力也好的材料作亲本。

（二）各种类型甘蓝杂交组合亲本的选配

1. 不同生产季节栽培的杂交组合的亲本选择 按照生产季节，甘蓝主要可分为春、夏、秋冬和越冬甘蓝。在各生产季节，对甘蓝品种有不同的要求，春甘蓝主要要求早熟、耐未熟抽薹；夏、秋甘蓝主要要求抗病、耐热；越冬甘蓝主要要求耐寒。因此，在选育不同季节栽培的甘蓝一代杂种时，要按主要需求选择亲本，例如，选育春甘蓝需选择早熟、不易未熟抽薹的材料作亲本；选育夏、秋甘蓝要选择抗病、耐热的材料作亲本；选育带球露地越冬甘蓝，必须选择耐寒的材料作亲本。

2. 不同生态条件下栽培的杂交组合的亲本选择 生态条件不同，温度、湿度、光照差异很大，对甘蓝杂交组合及亲本选择也有不同的要求。例如，我国西南地区的重庆、四川、贵州等地，夏秋季温度高、湿度大，根肿病流行，配制甘蓝杂交组合应选择耐高温、高湿，抗病性强的亲本。我国长江中下游地区栽培的春甘蓝一般在冬前播种，苗期露地越冬，早春3～4月上市，应选择抗寒性强、早熟性好、耐未熟抽薹的尖球类型材料作亲本。

3. 不同叶球类型杂交组合的亲本选择 按照叶球形状，甘蓝主要分为圆球、扁圆球和尖球三种类型。不同球形的亲本杂交后杂种优势很强，产量高，球的形状除尖球一般表现为显性外，多数表现为中间型。在以获得高产为主要育种目标时，可选择不同球形的材料作亲本。但近年来，市场越来越欢迎叶球圆正的甘蓝品种，配制这种球型圆正的扁圆或圆球类型品种，亲本在球型上不宜差异过大，应选择球型相同或相近的材料作亲本。

（三）优良一代杂种新品种的育成

一个优良的甘蓝一代杂种新品种的选育过程已在育种程序一节作了说明，其要点是：按照育种目标要求，搜集、鉴定出优异的种质资源；通过多代连续自交纯化，由优异种质资源中选育出优良的自交系；与此同时，按照亲本选配的原则，选择亲本进行一般配合力和特殊配合力测定，选育出优良杂交组合，并进行品种比较试验，然后再进行区域性试验和生产示范，在区域性试验和生产示范中表现优秀并符合审（认）定、鉴定条件的杂交组合即可通过审定（认定、鉴定），作为新品种在适宜地区推广。

从确定育种目标、搜集种质资源开始，到育成一个新品种，一般需要7～8年或者更长的时间，为了使选配的杂交组合符合育种目标，并尽量缩短育种年限，提高育种效率，在整个过程中，有几点是特别需要重视的。

（1）亲本的纯化可以与配合力测定同时进行，可在自交早代，如自交第3～4代就进行配合力测定，比较早地预测出优良的杂交组合。

（2）配合力的测定要在多个世代、多次进行。用不同种质资源互相杂交进行配合力测定，筛选出优良种质，在优良种质的自交后代中再进行配合力测定，在姊妹系中筛选出最优良的自交系作杂交种的亲本。

（3）在规模化制种之前，要进行试验采种。

小规模配合力测定所需用的种子，可用人工蕾期杂交的方法获得。区域性试验和生产示范需用的种子，应把双亲种株定植在一个隔离区，用蜜蜂授粉获得种子。这样做的目的：一是可获得较多的杂交种种子；二是也可观察两个亲本的亲和性和开花期的一致性，为规模化制种提供依据。

（4）应用小孢子培养的方法加速亲本的纯化，用分子标记辅助优良性状的选择以提高育种效率。具体做法将在生物技术育种一节叙述。

第六节 生物技术育种

甘蓝的生物技术育种比大田作物起步晚，但发展较快。特别是甘蓝基因组测序的完成，促进了分子标记、基因工程等技术在甘蓝育种上的应用。目前在甘蓝育种上主要应用的生物技术主要有细胞工程、基因工程和分子标记等技术。

一、甘蓝细胞工程育种

（一）单倍体育种（haploid breeding）

传统的育种方法周期长，需耗费大量的人力物力才能得到稳定自交系。而通过单倍体培养可以快速得到单倍体（haploid）植株，再经过自然加倍或人工加倍成双单倍体（DH）自交系，从而缩短育种周期。甘蓝的单倍体培养方法包括花药培养和游离小孢子培养。甘蓝花药培养在20世纪70～80年代获得突破，而小孢子培养直到1989年才由Lichter取得成功。此后，花药培养以及小孢子培养成为了双单倍体育种的两种重要手段，目前在甘蓝育种及相关应用基础研究中得到广泛利用。

1. 甘蓝单倍体培养的影响因素

（1）*花药培养* 小孢子处于单核靠边期是花药培养的最佳时期，可以通过镜检或按花瓣与花药的长度比来挑选适合花药培养的花蕾，这是花药培养能否成功的一个先决条件。在温度预处理方面，35 ℃热激处理24 h比处理48 h的出胚率更高，4 ℃低温预处理也能起到与热激处理相类似的效果；在培养基对花药培养的影响方面，B5培养基可直接诱导出胚状体，而在MS培养基上多产生愈伤组织（Lillo和Hansen，1987；Roulund et al.，1991；Górecka，1997；张恩惠等，2006）。培养基的碳源方面，使用13%蔗糖比10%蔗糖的胚胎诱导频率更高，这与Chiang等（1985）、Roulund等（1990）的研究结果中的趋势大致相同。此外，还发现添加2 mg/L $AgNO_3$能提高胚状体诱导频率。花药培养中多采用激素组合，如2,4-D+NAA（陈世儒等，1991），2,4-D+Kt（张恩慧等，2006）。

甘蓝花药培养的关键技术环节之一是单核靠边期的确定，很多刚开始从事花药培养的学者都不太容易把握。可以采用花瓣长与花药长的比值，也可经显微镜观察确定时期。另外一个关键指标，处于单核靠边期的小孢子的比例也影响到花药培养的出胚率。一般而言，在自然条件下植株开花早期温度适宜，处于单核靠边期的小孢子比例会高一些，而到末花期温度高，小孢子发育的同步性更差，因此应尽量在开花早期、盛花期进行花药培养，在末花期进行花药培养的效果不理想。

（2）*游离小孢子培养* 相比花药培养，小孢子培养涉及小孢子的游离环节，要求的技术相对复杂一些。但由于花药培养存在来自药壁的影响以及药壁所形成的体细胞植株的混杂，而小孢子培养则可消除这个不利因素，因此小孢子培养得到越来越广泛的应用。自 1989 年 Lichter 成功得到了甘蓝游离小孢子再生植株后，各国学者陆续对结球甘蓝小孢子培养影响因素及加倍频率等方面进行了研究（Takahata et al.，1991；Duijs et al.，1992；Rudolf et al.，1999；严准等，1999），其中供体植株的基因型对小孢子胚胎发生的影响极为重要。

最适于进行培养的时期是单核靠边期或双核早期。但因花蕾位置和所处开花时期不同，小孢子培养的效果也不同，有认为主花序上的花蕾效果较好（汤青林等，2000），也有认为初花期的花蕾小孢子培养的效果要明显优于盛花期（严准等，1999），还有认为在品种强夏上以盛花前期取材进行游离小孢子培养最适宜（方淑桂等，2005）。与花药培养类似，一般是初花期或盛花前期取材比较好，推测是因为前期温度较低，花蕾发育一致性较好。

预处理是利用一种逆境来改变花粉发育途径，诱导胚胎形成。预处理有低温、高温、糖饥饿、甘露醇和秋水仙素处理等，目前广泛应用的是高温热激。

培养基方面，普遍都是用 NLN 进行悬浮培养，以 13%的蔗糖为碳源，添加 0.5～1 g/L 的活性炭，一般不采用激素（Duijs et al.，1992；Rudolf et al.，1999；严准等，1999；杨丽梅等，2003）。

2. 单倍体培养在甘蓝育种上的应用　单倍体培养在甘蓝上的应用之一就是快速获得纯系直接应用于育种，提高新品种的培育效率，缩短育种周期。河南农业科学院园艺研究所的张晓伟等（2001、2008）利用游离小孢子培养技术获得 C57－11、C95－16、CF－4、CH81 等优良甘蓝纯系，并育成甘蓝新品种豫生 1 号和豫生 4 号。中国农业科学院蔬菜花卉研究所的杨丽梅等（2003）通过小孢子培养获得了 4 个纯合自交系，以其试配的 3 个杂交组合具有较好的农艺性状。自 2005 年以来，中国农业科学院蔬菜花卉研究所的甘蓝课题组还通过小孢子培养获得了一批新的优良 DH 系，如叶色绿、中心柱短的 DH811，耐寒性强、晚熟扁圆球类型的 DH07－329，耐寒性强、晚熟圆球类型的 DH07－338，球色绿、耐裂性强的 DH181，球色绿、抗枯萎病的 D134 等。

在实际应用过程中，利用 F_1 代进行双单倍体培养获得的很多 DH 系的综合性状并不优良，特别是在 DH 系群体数量小的情况下，要获得优良的 DH 系非常困难。因此在双单倍体育种过程中，要么扩大 DH 群体株系数量，要么在 F_1 自交后经过 2－3 代田间选择（如 F_3、F_4 代）再用于单倍体培养，能大大提高目标性状的选择效率，且能避免大量 DH 系的田间筛选工作。

双单倍体的获得受基因型的影响，不少基因型很难诱导出胚。如果想利用这些资源材料中的优异性状，一方面可采用杂交的方法，将易出胚基因转移到难出胚基因型中，提高难出胚基因型的出胚率（Rudolf et al.，1999），但问题是也会引入易出胚基因型的其他一些不良性状，降低了目的基因型出现的频率。另一方面是继续改良难出胚基因型的培养条件或预处理方式，从而启动胚状体发育途径。中甘 8 号属于难出胚基因型，通过改变 pH（6.4）、添加 MES［2－（N－molpholino）ethanesulfonic acid］和 AGP（arabino galactan－protein），大大提高了中甘 8 号的出胚率（Yuan et al.，2012）。

双单倍体的另一个应用是构建 DH 群体，用于遗传连锁图谱构建和重要农艺性状的定位。如中国农业科学院蔬菜花卉研究所的甘蓝课题组采用中甘 18 进行小孢子培养构建了包含近 200 个 DH 系的群体（吕红豪，2011），用于枯萎病抗性、叶色、球宽、球高、单球重等重要农艺性状的定位。DH 群体是永久性作图群体，可以反复使用，重复试验，因此特别适合于 QTL 定位的研究。缺点是小孢子培养易出现偏分离的现象，而且群体的建立过程比较耗时耗力。

在甘蓝类蔬菜作物中，尽管游离小孢子培养技术已取得了很大的进展，但是目前还有很多问题有待进一步解决。在基础理论研究方面，诱导胚形成的机理尚未明确，有待进一步深入、细致地研究。在实际应用方面，主要存在胚诱导频率和优良 DH 系选择效率不高、难出胚基因型障碍等问题。

现在的甘蓝单倍体培养只是针对小孢子（雄配子）培养，还未见关于大孢子（雌配子）培养的报道。如能获得突破，或许能弥补小孢子难诱导基因型不出胚的技术缺陷，而且甘蓝显性核基因雄性不育杂合材料将能通过大孢子培养获得纯合不育系，这通过小孢子培养是无法实现的。

（二）组织培养与胚培养

1. 组织培养 在甘蓝育种过程中，有些种子或植株数量较少的珍贵材料，常常因为种种原因而丢失，使育种工作受到影响。从20世纪80年代开始，国内相关育种单位开展了组织培养的研究工作，主要进行了外植体类型、分化培养基、生根培养基、防止褐化等方面的研究，并建立起了甘蓝组织培养体系。大多数体系均以MS培养基为基础，添加3%蔗糖、激素6-BA、IAA（或NAA），琼脂浓度约0.7%，pH 5.8（金波等，1982；章志强等，1991）。

组织培养在甘蓝育种中的应用主要是对重要育种材料的保存或扩繁。在春甘蓝育种过程中，5～6月选择的优异材料需要留种，可以通过组培将材料保存至9月份，然后将组培苗移栽后在冬季通过低温春化。另外，远缘杂交后代通常表现为不育，采用组培保存下来，可满足进一步的试验需要（金波等，1982）。甘蓝显性核基因雄性不育系的利用过程中，纯合不育株无法通过种子繁殖，但通过组培可以繁殖，满足大规模显性雄性不育制种的需要（方智远等，2004）。组培扩繁通常采用的是花茎培养，特点是分化快、繁殖系数高，1棵种株经过68 d的培养可获得幼苗近5 000株（金波等，1982）。

2. 胚培养 远缘杂交可以突破种属界限，扩大遗传变异，从而创造新的种质资源。但远缘杂交普遍存在早期胚败育现象，很难或无法得到杂交种子。而采用幼胚培养，将败育之前的幼胚从母体剥离出来，进行离体培养可获得杂交苗，达到远缘杂交的目的。胚培养几乎与组织培养一样从20纪80年代开始得到甘蓝育种者们的研究和重视，在杂交后幼胚发育形态、授粉后接种时间、接种培养基成分、杂交后代的形态特征及育性等方面陆续取得了进展，并获得了白菜与甘蓝（Nishi et al.，1959；Inomata，1981；冯午等，1981）、萝卜与甘蓝（金波等，1982；方智远等，1983）、甘蓝与菜心（梁红等，1994）、白菜型油菜与甘蓝（张国庆等，2005）的远缘杂种植株。

胚培养在甘蓝育种中的应用主要是通过远缘杂交导入近缘种或属间的优异基因。其中最典型的例子是，法国凡尔赛植物育种试验站的Bannerot等（1974）通过反复开放授粉结合胚培养的方法，属间杂交将萝卜细胞质雄性不育基因（Ogura，1968）转移到甘蓝，并进行了不同甘蓝材料的转育。但后来的结果表明，该不育系表现出低温（15 ℃以下）黄化（Bannerot et al.，1977）、低叶绿素含量（Rousselle，1982）、蜜腺发育不完全或花蜜分泌少（Mesquida和Renard，1978）等不良性状。经过多个材料筛选均无法改变这种不良性状，使得该不育系无法在生产上加以利用（Bannerot et al.，1977）。中国农业科学院蔬菜花卉研究所最开始引进的Ogura CMS $R_1$409材料就是这种类型（Dickson，1985；方智远等，2001）。鉴于属间有性杂交后代的胞质均为萝卜Ogura胞质，不良性状的产生是由于异源胞质和甘蓝核基因的不协调造成的，所以很多学者提出采取原生质体非对称融合，将部分Ogura萝卜胞质转到甘蓝胞质中来解决低温黄化、低叶绿素含量的问题。

（三）原生质体培养及融合

远缘杂交能一定程度上突破种属界限，但仅限于亲缘关系不太远的物种之间。而有些亲缘关系远，无法通过胚培养获得杂交后代。因此，原生质体融合就成为了转移属间目标性状的重要手段。在20世纪80年代后期至90年代初，甘蓝与萝卜原生质体融合获得成功并得到再生植株。此外，原生质体还是基因遗传转化的良好受体。

吕德扬等于1982年以基因型“Greyhound”的子叶为材料，在甘蓝上进行游离原生质体培养并获得成功。之后陆续以甘蓝的根（Xu et al.，1982）、真叶（Bidney et al.，1983；傅幼英等，1985）和下胚轴（Lillo et al.，1986；钟仲贤等，1994）等外植体为材料获得了再生植株。甘蓝原生质体培养多采用下胚轴或子叶为材料；酶解时的纤维素酶浓度一般为 1%～2%，果胶酶浓度为 0.5%～1.0%；培养基是以 MS 和 B5 培养基为基础的改良培养基，如 KM8P 和 NT 培养基等，pH 为 5.6～5.8；以糖为渗透压稳定剂和碳源，常用的有甘露醇、山梨醇、蔗糖和葡萄糖；培养方法主要有液体浅层培养和琼脂糖包埋培养；培养密度一般在 5×10^4～1×10^5 个/mL；一般是经细胞团发育形成愈伤组织，再分化出芽长成植株。

原生质体培养体系建立后，就可以进行原生质体融合。Schenck 等（1982）采用 PEG 法获得甘蓝与白菜的体细胞杂种。之后各国学者在提高异核体的融合率、怎样选择和鉴别融合体、提高体细胞杂种愈伤组织的植株再生频率方面进行了研究。Toriyama 等（1987）用 15 mmol 碘乙酰胺处理甘蓝原生质体，使其细胞核钝化，再利用白菜原生质体再生能力差的特性进行互补选择，结果体细胞杂种率提高到 50%。随后相继获得了甘蓝和白菜（Schenk et al.，1982；Terada et al.，1987）、甘蓝和芜菁（Tered et al.，1987）、甘蓝和 *Moricandia arvensis*（Toriyama et al.，1987）、甘蓝和萝卜（Kemeya et al.，1989）的体细胞杂种植株。

目前，原生质体培养及融合在甘蓝育种中的应用有以下两个典型例子。

1. 属间或种间优异性状的转移　甘蓝育种经常面临种质资源遗传背景狭窄的问题，而原生质体融合则是拓宽遗传背景的一个有效手段。如甘蓝中缺乏一些病（虫）害的抗源，即使个别品种有一定的抗性，其抗性水平也比较低。但在属间或种间常常有很好的抗源，传统的育种方法克服不了有性杂交的不亲和性，很难利用这些抗源。Paul 等（2010）用 PEG 法将芸薹属其他种中的特异抗病基因转移到甘蓝中，包括抗黑斑病（*Alternaria brassicicola*）、抗根肿病（*Plasmodiophora brassicae*）、抗茎点霉（*Phoma lingam*）等。

2. 甘蓝 Ogura 细胞质雄性不育的改良　有性杂交后代的细胞质都是由母本提供的，因此不可能获得胞质杂种。由于甘蓝 Ogura CMS R_1 的细胞质全部为萝卜胞质，转到甘蓝中后具有低温黄化、叶绿素含量低等缺陷，因此许多学者试图通过原生质体融合创造胞质杂种，既要将萝卜胞质不育留下来，又要尽量减少萝卜胞质的比重，从而避免甘蓝细胞核和萝卜细胞质间的不协调。

康奈尔大学的 Walters 等（1992）采用 Ogura CMS $R_1$7642A 和花椰菜保持系 NY3317 的原生质体进行非对称融合获得了体细胞融合植株，成功将原不育系的萝卜叶绿体与保持系花椰菜的叶绿体进行重组整合，克服了低温黄化及低叶绿素含量的问题，然后再进行变种间材料的有性杂交转育。中国农业科学院蔬菜花卉研究所最开始引进的改良萝卜胞质不育材料 Ogura CMS R_2（9551、9556）属于这种类型（方智远等，2001）。虽然其转育后代解决了低温下叶色黄化、叶绿素含量低的问题，并在转育后代中筛选出几份开花结实性状较好的不育系，但经多代回交后，不育系配制的 F_1 杂种优势弱，植株生长势减弱，雌蕊畸形花朵数、畸形种荚数较多，应用有局限性。推测可能由于其萝卜胞质仍在融合植株中占较大比例，影响了进一步的应用。

Asgrow 公司（1994 年被 Seminis 收购）在 Walters 等（1992）融合的 Ogura CMS 材料基础上，以青花菜自交系 BR206 和不育系 Ogura CMS BR362 为材料，进行原生质体非对称融合。由于 Ogura CMS 的叶绿体已和花椰菜叶绿体重组过（Walters et al.，1992），因此这次融合主要针对的是线粒体，融合后获得了两个既有很好的雄性不育性又有很好的雌蕊结构的不育源：998.5 和 930.1。通过 RFLP 技术鉴定发现，融合再生植株线粒体发生了重组，在保证雄性不育性状不丢失的前提下减少了萝卜线粒体的所占比例。以这两个不育源对不同甘蓝材料进行转育，包括自交系 C44、C45、C517、C80、C631、C916 等。中国农业科学院蔬菜花卉研究所新引进的 Ogura CMS R_3 625、Ogura CMS R_3 629 即属于这种类型。这种新改良的 Ogura 胞质不育系在低温下的叶色不黄化、植株生长势正常、开花结实及配合力均较好，有较好的应用前景（方智远等，2001）。方智远等（2004）以改良萝卜胞质甘蓝不育系 Ogura CMS R_3 为不育源，优良稳定自交系为保持系，育成了 10 余个应用前景较好的甘蓝细胞质雄性不育系，其中的CMS7014、CMS87－534、CMS96－100－312具有优良的经济性状，且不育性稳定，目前已配制出优良早熟秋甘蓝中甘22（方智远等，2003）、早熟春甘蓝中甘192（庄木等，2010）、抗枯萎病秋甘蓝中甘96（杨丽梅等，2011）等品种。

二、基因工程育种

甘蓝基因工程技术是指将外源目的基因借助生物或理化的方法导入甘蓝细胞中并与甘蓝DNA整合，以改变甘蓝原有遗传特性的技术。利用基因工程技术并配合常规育种手段，可以培育出具有抗病、抗虫、优质等特性的甘蓝新品种。目前甘蓝转基因研究和育种还主要集中在抗虫方面。

（一）甘蓝转基因的研究进展

Holbrook等（1985）利用根癌农杆菌介导法首次对甘蓝的遗传转化进行了研究，揭开了甘蓝转基因研究的序幕。Metz等（1995）以下胚轴和叶柄为外植体，利用根癌农杆菌介导法获得了转*cry1Ac*基因的甘蓝，通过与Southern杂交首次在分子水平上证明*cry1Ac*已被成功地整合到甘蓝基因组中，并利用抗虫性鉴定试验证明转基因植株抗虫效果明显。

建立高效的再生体系是成功地进行遗传转化的前提。甘蓝具有较好的组织培养基础，其不定芽的诱导相对容易，但品种之间存在较大差异，并且供体植株的苗龄、外植体的类型、培养基中的激素配比、硝酸银浓度、硫代硫酸银浓度等因素对再生体系的影响都很大。植物的外植体必须具备较高的芽再生率和易被农杆菌侵染才能成为良好的转化受体。目前甘蓝类蔬菜应用最多的外植体是子叶、下胚轴和花茎切段等（卫志明等，1998；崔磊等，2009）。在以下胚轴和具柄子叶为外植体时，苗龄显著影响芽的再生频率，最适的苗龄为5～10 d（蔡林等，1999；崔磊等，2009）。寻求最佳的激素配比是提高芽再生频率的重要途径，不同的植物品种、外植体对激素组成的要求有较大差异。甘蓝类蔬菜的外植体在培养基中含有4 mg/L 6－BA和0.01 mg/L NAA时可获得较高的再生频率（Rafat et al.，2010）；张文玲等（2010）的研究结果显示，在培养基中激素配比为1 mg/L 6－BA和0.1 mg/L NAA时能显著提高羽衣甘蓝的再生频率。银离子作为乙烯生理作用的抑制剂已经被广泛应用于芸薹属作物的再生体系建立和遗传转化中。卫志明等（1998）研究发现，培养基中添加7.5 mg/L的$AgNO_3$可使甘蓝下胚轴的再生频率由48.33%提高到81.67%。

用于甘蓝抗虫研究的外源基因来源十分广泛，除了来源于微生物外，还有植物、动物等。目前主要有以下几种：苏云金芽孢杆菌杀虫晶体蛋白（Bt）基因、蛋白酶抑制剂基因、外源凝集素基因和昆虫神经毒素基因等。目前甘蓝上应用较多的转抗虫基因是Bt基因，其次是蛋白酶抑制剂基因，外源凝集素基因转化甘蓝的研究尚未见报道。

（二）Bt基因转化甘蓝的研究

继Metz等1995年将*cry1Ac*基因成功导入青花菜和甘蓝中之后，Bai等得到了转Bt基因的甘蓝转化植株，有两株对小菜蛾（*Plutella xylostella* L.）幼虫抗性明显（Bai et al.，1993）；Cao Jun等将高毒力的*cry1C*基因导入青花菜中，获得转化植株，转化率为5.25%（Cao Jun et al.，1999、2003）。在国内，甘蓝转基因研究也相继展开，毛慧珠等将*cry1Ac*基因导入甘蓝品种青种大平头和黄苗中（毛慧珠等，1996），在T_0代与T_1代对小菜蛾均有较强的抗性；薛经卫、卫志明等人也报道将Bt基因导入到甘蓝中（卫志明等，1998）。蔡林等采用根癌农杆菌介导的方法，成功地将Bt毒蛋白基因*GFM Cry1A*导入到甘蓝中，并获得了抗菜青虫的转基因植株（蔡林等，1999）。李贤等人将*cry1Ac*基因导入甘蓝中，饲喂二龄小菜蛾的生物测定表明，其对小菜蛾具有较强的毒杀作用，而且该基因已经稳定地遗传到 T_2 代（李贤等，2008）。李汉霞等利用优化的遗传转化体系将 Bt *cry1Ac* 基因导入甘蓝获得抗虫植株（李汉霞等，2006 年）。崔磊等（2009）将 Bt *cry1Ia8* 基因导入甘蓝，通过 PCR、Southern blot、RT-PCR、Western blot、Northern blot 等检测证明抗虫基因已成功整合到甘蓝基因组中并得到表达。Yi 等（2013）通过农杆菌介导法将 Bt *cry1Ba3* 基因转入甘蓝，获得在 DNA、RNA、蛋白质水平均表达的转基因株系，且高抗小菜蛾（Yi et al.，2011）。为有效延缓小菜蛾等害虫对 Bt 转基因甘蓝的抗性，Yi 等又将 *cry1Ia8*-*cry1Ba3* 双价 Bt 基因转入甘蓝，由农业部批准的二次中间试验表明，转基因株系在田间高抗小菜蛾，且其农艺性状未发生改变（Yi et al.，2013）。

（三）蛋白酶抑制剂基因转化甘蓝的研究

蛋白酶抑制剂抗虫谱广，害虫不易产生耐受性，无污染，现已成为一种重要的抗虫基因资源。蛋白酶抑制剂可分为丝氨酸蛋白酶抑制剂、巯基蛋白酶抑制剂、金属蛋白酶抑制剂和天冬氨酰蛋白酶抑制剂等近 10 个蛋白酶抑制剂家族（Hilder et al.，1987）。其中，丝氨酸类蛋白酶抑制剂的抗虫作用研究得最为深入，因为大多数昆虫肠道内的蛋白酶主要是丝氨酸蛋白酶（Ryan et al.，1990）。丝氨酸类蛋白酶抑制剂中的豇豆胰蛋白酶抑制剂（cowpea trypsin inhibitor，CpTI）的抗虫效果最好，CpTI 对大部分鳞翅目和鞘翅目害虫均有较好的杀虫作用。张七仙、高丽等将 CpTI 基因导入甘蓝中，得到了具有抗虫效果的植株（张七仙等，2001；高丽等，2010）。然而蛋白酶抑制剂的不足是其转化植株还无法达到与 Bt 类转基因植株同样高效的抗虫效果。

三、分子标记辅助育种

分子生物学和功能基因组学的飞速发展，为育种家对甘蓝类作物基因型的选择提供了极大的帮助，从而可以大幅度地提高育种效率，缩短育种年限，如分子标记辅助育种为实现基因型的直接选择和有效聚合提供了可能；分子设计育种省去了繁杂的表型选择过程，仅需在最后育种阶段进行田间表型鉴定，从而达到提高育种效率的目的。

2014 年结球甘蓝全基因组序列的公布将为更多重要性状的分子标记开发、基因定位和克隆提供参考（Liu et al.，2014）。报道的甘蓝全基因组序列大小约为 530 Mb，蛋白编码基因约为 45 758 个，其中每个基因的转录物平均长度约为 1 761 bp，每个基因的编码序列长度约为 1 037 bp，每个基因约含有 4.55 个外显子，有 13 032 个基因具有可变剪切变异。此外，基因组注释信息还预测了 3 756 个非编码 RNA（miRNA、tRNA、rRNA and snRNA），这些信息的公布将有助于更多基因的挖掘及代谢调控的研究。

随着分子生物学技术的实用化，DNA 分子标记技术在甘蓝上已被广泛应用于构建分子遗传图谱、鉴定遗传多样性与种质资源、定位克隆重要农艺性状相关基因、分子标记辅助选择等方面。

（一）遗传图谱的构建

遗传图谱（genetic map）是指以染色体重组交换率为相对长度单位，以遗传标记为主体构成的染色体线状连锁图谱。其中利用分子标记构建的分子遗传图谱在遗传学理论、物种进化、分类以及辅助育种等领域具有重要的价值。

甘蓝类作物的作图开始于 20 世纪 90 年代，Slocum 等（1990）以甘蓝的两个亚种，青花菜与甘蓝杂交的 F_2 群体为作图群体，利用 RFLP 标记构建了第 1 张分布在 9 个连锁群上，涵盖 820 个重组单元的连锁图。Landry 等（1992）建立了一个由 201 个 RFLP 标记组成的分布在 9 个连锁群、覆盖

1 112 cM的甘蓝图谱。Kinanian 和 Quiros（1992）的甘蓝图谱包括 102 个标记，分布在 11 个连锁群，覆盖 747 cM。Camargo 等（1997）对甘蓝和青花菜杂交的 F_2 群体作图，构建了 1 张含有 117 个 RFLP 和 47 个 RAPD 标记的连锁图谱，分布在 9 个连锁群上，覆盖 921 cM，并将自交不亲和基因定位在第 2 连锁群上。同年，Cheung 等（1997）用 AFLP、RAPD、SCAR 和 STS 的 310 个标记构建的甘蓝遗传图谱，覆盖 1 606 cM，标记间的平均间距仅为 5 cM。Voorrips 等（1997）利用 92 个 RFLP 和 AFPD 标记，以 107 个甘蓝 DH 群体，构建甘蓝遗传图谱，覆盖基因组总长度为 615 cM。Hu 等（1998）通过 AFLP 分子标记方法，对甘蓝 F_2 群体的 69 个单株进行标记，构建了一张分布在 9 个连锁群上，含有 175 个 RFLP 标记的遗传图谱，该图谱覆盖了 1 738 cM。陈书霞等（2002）以"芥蓝 C100－12×甘蓝秋 50－Y7"的 F_2 群体为基础，用 96 个 RAPD 标记建成了"芥蓝×甘蓝"的 RAPD 标记连锁图，在所构建的 9 个主要的连锁群中，共发现两对共分离的 RAPD 标记。该图谱覆盖基因组总长度约为 555.7 cM。胡学军，邹国林（2004）以两个不同生态型甘蓝品种杂交得到的 F_2 代为作图群体，选取 111 个 RAPD 引物对群体进行分析，构建了一张含有 135 个标记位点，9 个连锁群，覆盖 1 023.7 cM 的分子连锁图。Lv 等（2014）利用包含 196 个 DH 系的甘蓝 DH 群体，构建了一张含有 413 个 SSR 和 InDel 标记的连锁图，对多个农艺性状相关的 QTL 进行了分析。

（二）亲缘关系和遗传多样性分析

分子标记是进行种质亲缘关系分析和检测种质资源多样性的有效工具。在种质资源鉴定方面，分子标记可以用来绘制蔬菜品种、品系的指纹图谱，确定亲本之间的遗传差异和亲缘关系，从而确定亲本间的遗传距离，进行杂种优势预测（曹维荣，2003）。

Phippen 等（1997）利用 RFLP 分子标记方法，筛选出可以产生 110 个片段的 9 个引物，其中的 80 个多态性的片段将"Golden Acre"甘蓝栽培种分为 4 个品系。宋洪元等（2002）曾利用 RAPD 标记对 17 个结球甘蓝品种进行了分析，发现利用 4 个引物在 17 个品种间扩增出的多态性标记可将全部品种鉴别。17 个品种的遗传多样性分析显示，秋冬甘蓝品种内的遗传差异较春甘蓝品种内更大。缪体云等（2010）利用 26 对 SRAP 引物组合对 46 份甘蓝材料的遗传多样性和亲缘关系进行了分析，在相似性系数为 0.568 的水平上，可将 46 份甘蓝品种分为 4 大类，除第 4 类是形态特征明显有别于其他材料的抱子甘蓝外，其余 3 类结球甘蓝的主要聚类依据是其开花时间依次间隔 1 周左右。Zuzana Faltusová 等（2011）以 30 个 AFLP 引物组合共产生的 1 084 个片段为基础，利用其中的 364 个多态性片段，将来源于捷克作物研究所基因库中的 20 个甘蓝栽培种以及地方品种分为 A、B 两大类，而 B 类又因地域来源不同分为两个亚群。Kang 等（2011）通过 AFLP 标记技术研究了 83 份甘蓝地方品种的遗传多样性和亲缘关系。当引物平均多态性信息含量（PIC）为 0.354 时，575 个 AFLP 标记中 41.9%表现出多态性，通过非加权组平均法（UPGMA）聚类分析及群体结构分析，将这 83 份材料分别来源于中国北方、中国南方、欧洲东部、欧洲西部及其他国家的地方品种分为 2 大类。第 1 大类包括来源于中国北方和欧洲东部的地方品种，而将来源于中国南方、欧洲西部及其他国家的地方品种归为第 2 大类。

（三）基因定位及克隆

基因定位是指通过构建分离群体、筛选多态性引物、连锁分析或基因组重测序等方法将目的基因定位于某一特定染色体上，以及确定基因在染色体上线性排列的顺序和距离的过程，是基因分离和克隆的基础。

基因克隆是指将目的基因与具有自主复制能力的载体在体外人工连接，构建成新的重组 DNA，再将该重组 DNA 导入特定的宿主细胞，使之能够在其中扩增，形成大量的子代分子。

在甘蓝育种过程中，利用分子标记技术已经成功定位了一些重要性状的基因。Landry 等（1992）通过 RFLP 标记将 2 个与甘蓝根肿病 2 号生理小种抗性基因连锁的标记 CR2a 和 CR2b 分别定位于 LG6 和 LG1 上。Camargo 等（1995）通过 F_3 家系（甘蓝品种 BI－16×抗病青花菜 OSU Cr－7），找到了与甘蓝抗黑腐病有关的若干个数量基因座位。苗期抗性的 4 个 QTLs 分别位于 LG1、LG2、LG2 和 LG9，成株期抗性的 2 个 QTLs 定位在 LG1、LG9，和苗期的 2 个位点相同。Camargo 等（1996）发现的 3 个分别位于第 2、6 和 8 连锁群上的 QTLs，即 wg5a1、wg6f10、ec3b2，可解释甘蓝 54.1% 开花时间系数的变化。Camargo 等（1997）将自交不亲和基因定位在第 2 连锁群上。Voorrips（1997）等通过甘蓝 DH 群体，利用 RFLP 和 AFLP 标记，定位了抗根肿病的相关基因，发现了 2 个主效基因座位 ph－3、ph－4 和 2 个微效基因座位 pb－3、pb－4，并分别定位于 LG3 和 LG4 上。Bohuon 等（1998）找到了 6 个与甘蓝开花时间相关的 QTLs。刘玉梅等（2003）运用 RFLP 技术，采用 BSA 进行了甘蓝显性雄性不育基因连锁的分子标记研究，首次将甘蓝显性雄性不育基因定位在第 1 或第 8 条染色体上。胡学军（2004）利用 RAPD 标记构建的连锁图，对甘蓝叶球紧实度和中心柱长两性状进行了 QTL 定位分析，检测到 3 个与叶球紧实度相关的 QTL，总贡献率为 62.5%；检测到 4 个与中心柱长相关的 QTL，总贡献率为 59.1%。Lv 等利用双亲重测序数据开发了 InDel 分子标记，以 DH 群体和 F_2 群体对结球甘蓝抗枯萎病基因进行了初步定位和精细定位，最终将抗性基因定位在 84 kb 的区域内，并利用 80 份自交系材料对候选基因进行了分析和验证，为进一步基因功能分析奠定了基础（Lü et al.，2014a）。

（四）品种和品种纯度鉴定

鉴定作物品种纯度的常规方法是根据田间表现性状进行鉴定，后来发展为利用同工酶的方法，但两者都有一定的缺陷。近年来应用分子标记建立的品种指纹图谱较多，已用于品种纯度的鉴定，该方法快速、准确、简便，成本也不太高，在幼苗或种子阶段就可鉴定出品种的纯度。

Phillip 等（1999）最早利用 RAPD 标记方法鉴定甘蓝杂种，36 个随机引物共有 241 个条带，其中 54 个条带存在多态性，选取其中的 2 个随机引物便可检测出 F_1 杂种的纯度。庄木等（1999）利用 RAPD 方法，通过对 100 个随机引物的筛选获得能区分中甘 11 及其亲本和 8389 及其亲本的引物 OPR15，从而可鉴定这两个春甘蓝品种的纯度，实现了甘蓝一代杂种纯度的快速鉴定。田雷等（2001）利用 AFLP 方法对农业生产上大面积推广使用的 5 个甘蓝杂交组合及其 10 个亲本共 15 个材料进行了分析研究，得到了清晰的 DNA 扩增指纹图谱，从而对供试的 5 个甘蓝杂交种进行了真实性及品种纯度鉴定。宋洪元等（2002）借助 RAPD 分子标记技术对 17 个结球甘蓝品种进行了分析，利用 4 个在 17 个品种间扩增出的多态性条带的引物，便可以将全部品种鉴别开来。宋顺华等（2006）以 AFLP 引物 E－AAC/M－CTA 和 E－AG/M－CTC 组合的多态性条带构建了 9 个栽培地区的 44 份甘蓝主栽品种材料的指纹图谱，此指纹图谱可将这 44 份材料一一区分。郝风等（2006）利用 RAPD－PCR 技术构建了西园 4 号甘蓝及其亲本的 DNA 指纹图谱，用于西园 4 号及其亲本的种子质量鉴定。刘冲等（2006）通过 SSR、RAPD 两种分子标记方法构建了甘蓝杂交种夏光、早夏 16 及其各自亲本的 DNA 指纹图谱，用于纯度鉴定。通过 RAPD 标记方法筛选出能鉴定 2 个杂交种纯度的引物分别为 S15、S42、S147 和 S42、S78、S88，其中引物 S42 对 2 个组合均能扩增出特异的 RAPD 指纹图谱，并将 RAPD 指纹图谱转变为相应的数字指纹。薄天岳等（2006）通过 RAPD 标记方法筛选出能鉴定争春和寒光 2 号 2 个品种纯度的引物，分别为 S42、S103、S193 和 S42、S89、S151，其中引物 S42 对两组材料均能扩增出特异的 RAPD 指纹图谱，并将 RAPD 指纹图谱转变为相应的数字指纹。陈琛等（2010）通过开发的 EST－SSR 引物，利用其中的 4 对多态性引物，初步构建了中甘 11、8398、中甘 15、中甘 21 杂交种及其亲本的指纹图谱。苗明军等（2011）利用 SSR 分子标记技术对结球甘蓝西园4号及其亲本的DNA进行扩增，从90对SSR引物中筛选出1对具有双亲条带差异明显的引物O112-G04，构建了清晰的DNA扩增指纹图谱，并对西园4号种子进行了纯度鉴定，与田间形态学的鉴定结果高度一致，种子纯度均为96.7%。简元才等（2011）以4个甘蓝杂交种秋甘2号、秋甘3号、春甘2号和紫甘2号以及其亲本共12份种子为试材，应用4对具有稳定多态性的EST-SSR引物便可将以上4个杂交种与其亲本鉴定开来，从而对杂交种的纯度进行了鉴定。陈琛等（2011）运用SSR分子标记技术，利用BoE974、BoE916、BoE337、BoE316和BoE222等5对引物构建了6个秋甘蓝杂交种京丰1号、晚丰、中甘8号、中甘18、中甘19和中甘22及其亲本共18份材料的指纹图谱，实现了这18份材料的分子鉴定。利用引物BoE222对一份京丰1号的商品种子进行纯度鉴定，种子纯度为90%。

（五）分子标记辅助选择

作物育种中，对目标性状的选择过去是根据形态标记进行的，由于环境因素对表型有极大影响，因此这种选择需要花费大量的人力及很长时间。分子标记辅助选择（marker-assisted selection，MAS）通过分析与目标基因紧密连锁的分子标记来判断目标基因是否存在，可以大大加速目标基因的转移和利用，有效提高回交育种的效率，较早淘汰不利相关性状，设计和培育理想品种。其快速、准确的优越性已在实践中得到表现。

王晓武等（1998a、1998b、2000）利用一个青花菜与显性雄性不育甘蓝材料的回交群体，通过对300个随机引物的筛选，获得了一个与显性雄性不育基因连锁距离为8.0 cM的RAPD标记OT11900，并对这个标记在不同甘蓝自交系中的多态性进行了初步分析。其连锁距离虽然小于10 cM，但由于该标记不太稳定，直接用于辅助选择不十分可靠。通过3′端延长随机引物的方法，将OT11900转化为更稳定的延长随机引物扩增DNA（extended random primer amplified DNA，ERPAD）标记EPT11900，对33个甘蓝自交系的多态性分析表明，该标记可用于辅助大多数牛心类型或晚熟扁圆类型甘蓝的Ms基因转育；EPT11900在辅助两个甘蓝自交系回交三代及两个青花菜自交系回交一代的Ms基因转育中，预测的准确性超过90%。之后又将此RAPD标记OT11900转化为显性的SCAR标记ST 11900，可用于甘蓝显性雄性不育基因转育辅助选择。由于上述标记为显性标记，不能区分纯合基因型和杂合基因型，因而不能用于显性不育基因型的鉴定和辅助转育。刘玉梅等（2003）运用RFLP技术，采用BSA法进行甘蓝显性雄性不育基因连锁的分子标记研究，找到了一个与甘蓝显性雄性不育基因连锁的RFLP标记Pbn11，经两个回交群体检测，其遗传距离分别为5.189 cM和1.787 cM。曹必好等（2003）经过多年的选育，已经成功地把外源胞质雄性不育基因转育到甘蓝自交不亲和系，现已成功选育出不育性稳定和经济性状优良的甘蓝雄性不育系。为更深入地研究其不育机理，利用RAPD分子标记技术对其不育基因进行了标记，为以后开展甘蓝杂优育种提供标记基因打下基础。王神云（2006）找到了与甘蓝抗霜霉病基因连锁的AFLP标记，并将其中一个标记成功转化成SCAR标记。根肿病抗性基因有3个主要的数量性状位点，Nomura等分别对甘蓝根肿病抗性基因进行RAPD和RFLP标记，最终获得了15个与这3个主要数量性状位点紧密连锁的RAPD标记，并将其转化成9个SCAR标记，以及1个RFLP标记转化成的1个SCAR标记，从而可以对甘蓝抗根肿病进行分子标记辅助选择。Genyili（2001）等将甘蓝中控制芥子油合成基因划分为3个连锁群，并将其中的2个主要基因转化成SCAR和CAPS标记。高金萍等（2008）获得了2个与甘蓝抗TuMV基因连锁的RAPD标记U16/660和AG13/2000，并成功转化为SCAR标记USC16和ASC13。Lv等（2013）以“抗枯萎病×感枯萎病”的F_1为材料构建DH群体，通过参考基因组设计InDel标记将基因定位在第6染色体上，获得双侧翼标记M10和A1，遗传距离分别为1.2 cM和0.6 cM。

随着甘蓝基因组测序的完成，挖掘全基因组序列变异信息，建立基于 SNP 芯片的全基因组标记选择技术和基于关联分析的全基因组功能基因挖掘技术，有望在较短的时期内大大提高我国甘蓝功能基因标记开发的效率和水平，例如抗病基因的转育可以缩短到只要 3 个世代，而且可以同时针对多个基因进行选择，达到分子聚合育种的目的，推动我国甘蓝由传统的“经验育种”向高效的“精确育种”转变。

第七节　良种繁育

我国甘蓝生产上目前使用的品种绝大部分是一代杂种，但少数比较偏远的地区仍种植一些传统的地方品种，本节除重点介绍甘蓝杂交种的制种技术外，同时简要介绍甘蓝常规品种的繁殖技术。

一、甘蓝良种繁育基地的选择

甘蓝是典型的二年生植株春化型异花授粉植物，冬季低温条件下完成春化后，翌年春季抽薹，开花后通过蜜蜂等昆虫授粉结实。因此，在选择甘蓝繁种基地时，需要考虑以下几个重要的气候环境因素：一是冬季种株顺利完成春化需要的 0～12 ℃的低温条件；二是春季开花结实期雨水相对较少，有利于开花、授粉、结实；三是有良好的隔离条件和蜂源。

为满足冬季春化的低温条件，一方面要求繁种基地的气候有一段时间 0～12 ℃的低温，持续时间不少于 90 d。另一方面，又要求植株在度过低温期时能正常存活，不会遭到过低温度的伤害，在露地自然越冬条件下最寒冷的时期夜间最低温度一般不低于－6 ℃。热带、亚热带区域因为冬季温度较高，不能满足甘蓝种株春化所需的低温条件；寒带区域冬季温度过低，甘蓝种株很难在自然条件下露地安全越冬。因此，这两类地区都不太适宜作为甘蓝的繁种基地。温带、暖温带冬季有一段温度较低的时期，且最低气温不是很低，是适合于甘蓝采种的气候带，我国华中北部、华北、西北中南部及西南部分地区都有适于甘蓝繁种的区域。

开花期降雨会降低授粉昆虫的活动频率以及影响的花粉萌发，从而影响甘蓝的结实和种子产量；种子成熟期，过多的雨水易引起多种病害的发生并影响种子成熟；种子采收期雨水过多还会引起种子霉烂，严重影响种子的发芽率，降低种子的质量。因此，选择的制种地区应具备在种株花期、种子成熟期和采收期雨水较少的气候条件。

当繁种基地冬季温度过低影响种株安全越冬时，可采用小拱棚、阳畦（冷床）、日光温室等保护栽培和地窖贮藏等方式越冬，采用保护地栽培越冬的方式可以使甘蓝采种区域向较高纬度地区推广，但过冬需要控制越冬温度不要过高，以免采种种株春化不完全。圆球类型甘蓝材料春化后抽薹开花前需要一定的长日照条件，当采用地窖贮存越冬时需要补充光照；采用草帘等不透明物覆盖贮存时，则需在白天揭开覆盖物，增加光照时间，否则会影响正常抽薹开花。

甘蓝繁殖特别是一代杂种的制种，需要靠蜜蜂授粉，又要与其他甘蓝类作物采种地严格隔离，丘陵地区蜂源丰富，隔离相对比较容易，是比较好的甘蓝繁种地区。

二、常规品种、品系的繁殖方式与技术

常规品种和品系的繁殖方式主要有秋季成株繁殖、秋季半成株或小株繁殖、春甘蓝老根繁殖三种。

（一）秋季成株繁殖

将需繁殖的甘蓝品种或品系的种子，在秋季适时早播，让种株叶球在越冬前基本长成，然后选择

优良植株留种。此法又可分为带球采种和割球采种两种。带球采种是将选中的种株带完整的叶球越冬，冬季或翌年早春选晴朗天气，把叶球顶端用刀切成十字形。切球时叶球四周刀口可深一些，直至中心柱的边缘，其顶部刀口不可过深，以防切断主薹。顶端切球可分 2～3 次进行，以防低温冻伤主薹。切开的叶球在阳光作用下可使部分球叶变绿，既可增强抗寒抗病能力，又有利于抽薹开花结实。割球采种是将叶球的四周和外叶切去，以带叶球中心部分的种株越冬，翌年采种。秋季成株采种可按植株性状严格选种，采种纯度高，常用此法繁殖秋甘蓝品种或自交系的原种、原原种。但因不能在春季栽培条件下鉴定种株的冬性与结球性状，所以春甘蓝原种不宜连续用此法采种。成株繁殖各环节的技术要点如下：

1. 繁种种株的培育 采种种株播种时间要根据品种的熟性早晚和当地的气候条件决定，华北地区中、晚熟品种可在 7 月上、中旬播种，早熟品种在 7 月下旬播种。由于播种育苗时期温度高，雨水多，要选择土壤肥沃、地势较高的地块做小高畦育苗，出苗前，畦面上搭荫棚以防暴雨和暴晒。幼苗长到 2～3 片真叶时分苗 1 次，株行距（10～15）cm×（10～15）cm。7～8 片真叶时移栽到大田，中、晚熟类型株行距 40～50 cm，早熟类型 30～40 cm。从苗期到种株收获前，除注意一般水肥管理外，应特别注意用药防治菜青虫、小菜蛾、蚜虫等的危害。

2. 留种种株的选择 为保证原品种、品系的特性和纯度，在苗期、叶球形成期及抽薹、开花期等几个时期进行去杂去劣，每个品种采种种株至少保持在 100 株以上，混合授粉。

（1）*苗期选择* 选择下胚轴色泽，叶片颜色、形状、叶缘、叶面蜡粉、叶柄等性状符合本品种特征特性，并生长正常、无病害的幼苗留种。

（2）*冬前结球成株期选择* 选留株型、外叶数、球形、球色、叶球大小等主要性状符合本品种特征特性，并生长正常、无病害的植株留种。

（3）*抽薹开花结实期选择* 主要根据开花结实期种株株型及分枝习性，花茎及茎生叶颜色、形态、花形、花色、角果形状、颜色等性状选择，淘汰不符合本品种特征特性的植株。

3. 种株的越冬 冬季露地最低气温在−6 ℃以上的地区，结球甘蓝种株可在大田直接越冬。华北北部及西北、东北地区冬季温度过低，选好的种株需利用阳畦假植、死窖埋藏、活窖贮藏越冬。

（1）*露地越冬* 在华北、西北南部及长江中下游、西南部分地区，冬季露地最低温度一般在−6 ℃以上，甘蓝种株可在冬前定植于露地。但应注意当最低气温低于 0 ℃的时，需要在种株根部周围培细土，保护种株短缩茎不受冻害。

（2）*阳畦假植* 将中选的甘蓝种株连根挖起，除去老叶、病叶，囤于阳畦内，然后浇一次透水。夜间温度低于 0 ℃时，应加盖草帘或苇席，白天揭开，使阳畦内温度保持在 0 ℃左右。

（3）*死窖埋藏* 选地势较高、排水较好的地方挖沟，沟深一般 80～90 cm，宽 1 m。甘蓝种株收回后晾晒 3～4 d，上冻前囤于沟内。随着气温的下降，在种株上方逐渐加盖土壤或其他覆盖物，覆盖厚度根据各地气温高低而异，总的原则是：既保持种株不受冻害，又不要因覆盖物过厚而使种株受热腐烂。扁圆或尖球类型种株通过阶段发育对光照要求不严格，可用此方法越冬；圆球类型甘蓝种株通过阶段发育需要长日照，不宜采用此方法越冬。

（4）*活窖贮藏* 将收回的甘蓝种株去掉老病叶，晾晒 3～4 d，于上冻前存入菜窖里。可在窖内用木条或竹竿搭架，种株放在架上。窖内温度保持在 0 ℃左右，湿度以 60%～80%为宜。

4. 种株的定植及田间管理 露地越冬的种株在冬前定植于大田。采用阳畦假植、活窖贮藏、埋藏过冬的种株，于翌年春季定植，定植株行距一般为 30～40 cm。定植后，为促进种株尽快缓苗，提高种子产量，可覆盖地膜。浇缓苗水后，要控制浇水，及时中耕，以提高地温，促进种株根系发育。如叶球尚未切开，应及时切开叶球，以利抽薹。种株抽薹后要适当追肥，每 667 m^2 施硫酸铵 15～20 kg，并将下部老叶、黄叶去掉。进入初花期后，注意追肥、浇水，每 667 m^2 追复合肥 10～

15 kg。进入盛花期，每隔 5～7 d 浇水 1 次；进入结荚期可适当减少浇水，但如遇到高温、干旱天气，仍应及时浇水。进入末花期应控制浇水，以防发出第 2 茬花枝。在种株整个生长期间，要特别注意防治蚜虫、菜青虫和小菜蛾的危害。

5. 种子收获　种荚开始变黄，荚中种子开始变色时即可收获。由于成熟种荚容易裂开，收获不可过迟。于上午 9～10 时前收获，以免种荚开裂而造成损失。收获后的种株可后熟 2～3 d，并要防止雨淋，以免霉烂。脱粒后的种子要及时晒干，含水量高的种子，不要在口袋内存放过夜，以防种子在高温、高湿的环境中发霉。晾晒种子，不宜直接在水泥地或塑料薄膜上暴晒。在晾晒、脱粒、精选、装袋过程中，应有专人管理，防止机械混杂。

6. 隔离　甘蓝为异花授粉植物，不同品种之间以及与甘蓝类其他变种之间均易杂交。为保证种子纯度，甘蓝繁种田至少应与不同甘蓝品种以及花椰菜、青花菜、球茎甘蓝（苤蓝）、抱子甘蓝、羽衣甘蓝、芥蓝等的采种地隔离 1 000 m 以上。小面积原种繁殖可用纱网隔离，单株自交繁殖可用纱袋或透明纸袋隔离。

（二）秋季半成株或小株采种法

半成株采种将需繁殖的品种在秋季适当晚播，使其在冬前长成半包心的松散叶球越冬，翌年春季采种。此法种株占地时间短，成本低，种株越冬抗逆性强，春季种株发育好，种子产量高。小株采种法是播种期更晚，种株在冬前生长到可通过春化的大小。由于不能对叶球性状进行严格选择，此方法只能作为繁殖一般生产用种，而不宜用于原种繁殖。其繁种过程除播种期略晚外，其他田间管理与成株采种基本一致。

（三）春甘蓝成株留种法

春甘蓝的自然生长条件与秋冬甘蓝差别较大，仅就温度来说，春甘蓝生长季节是由低温到高温，秋冬甘蓝是由高温到低温，因此，春甘蓝优良种株的选种应在春季条件下进行。为了使春季选择的优良种株安全度过炎热的夏季，达到开花、结实留种的目的，主要有以下 3 种留种方法。

1. 春老根腋芽扦插法　在春甘蓝鉴定田中选择优良单株，连根移到地势较高的空闲地或花盆中，待晴天切去叶球，切口要斜，留下 4～5 片莲座叶，约 1 周后，老根上可长出腋芽，待腋芽长到 4～6 片叶时，将其连同部分老茎组织切下，并蘸上萘乙酸或生根粉后扦插在湿润的沙土里。为促进腋芽生根，提高成活率，扦插后要搭荫棚，防雨防晒，并保持沙土湿润，随时防虫、防病。秋季扦插的腋芽长成植株，有的还可形成叶球，到秋冬季在低温下通过春化，实现开花结实留种。这种方法的优点是选种时，不仅可通过株型、外叶、球型、性状进行选择，而且可观察到叶球内部的结构，如中心柱性状，因此选择的准确率高。但因需经过一个炎热的夏季，老根和扦插腋芽的成活率常常不高。

2. 春甘蓝成株留种法　在春甘蓝鉴定田中选择优良单株，剥去外叶，在通风的阴凉地面上晾放 5～7 d，然后用报纸包住根部，放到 1～4 ℃的低温冷柜中。在冷贮过程中，既要保湿，又要防止湿度过大，引起腐烂，每隔半月左右要翻动 1 次，除去烂叶，待 9 月中旬天气转凉时取出种株，剥去烂叶，切开叶球，栽到阴凉、通风、可见散射光的湿润沙土中。待 10 d 左右后，切开的叶球变绿，9 月下旬再移栽到大田，冬季在阳畦等保护地中越冬、春化，第 2 年春季采种。此法繁殖的春甘蓝品种种株经过春季严格选择，可保持春甘蓝的固有特性，但采种比较费工，成本高，还需经过两个年头，故可与秋季成株法交替进行。也可直接将选留的种株放到有光的低温春化室春化，但成本更高。

3. 组培留种法　在春甘蓝中选取优良单株，直接切开叶球，在叶球内取出腋芽，或由上述腋芽扦插留种的植株上取出叶芽，带到无菌试验室用 70%的酒精消毒后，接种到装有分化培养基的三角瓶中，接种的腋芽可直接长出幼苗或分化出小苗，秋季取出使其生根，长成幼苗，越冬后可开花结实。此法选取的优良单株性状可靠，但往往成本较高。

三、甘蓝自交不亲和系原种及杂交种的繁殖

直到目前为止，生产上使用的甘蓝杂交种不少仍是自交不亲和系配制的，用自交不亲和系配制结球甘蓝一代杂种的制种技术主要包括原种繁殖和一代杂种种子生产两个方面。

（一）自交不亲和系原种的繁殖

为了保证一代杂种种子的质量，需要按原种繁殖规程，建立起亲本自交系的原原种、原种和生产用种的三级繁种体系。在育成的不亲和系中选留优良单株，通过成株自交繁殖，经过种子纯度鉴定合格后留作原原种；取出一部分原原种种子播种，叶球成熟后选留优良单株采种，经纯度检验合格后，留作原种备用；取出部分原种种子播种，通过选种、去杂去劣，采种后的种子作为生产杂交种用的亲本种子。

为了避免原原种、原种自交代数过多而导致生活力退化，原原种一次繁殖 100～200 g，放入干燥器于冷库低温条件下保存，每次取出 5～10 g，繁殖原种即可。一般存放 8～10 年后，种子仍有较高的发芽率。原种一次繁殖可按采种需要繁殖 3～5 kg，冷库保存。每次按制种需要取 50～100 g，繁殖生产用种，为下一年繁殖一代杂种提供充足的亲本种子。在原原种用完前，再在原原种繁殖原种的种株中精选 10～20 株，繁殖原原种保存，供长期使用，这样就可以减少自交代数，防止原原种的生活力退化。原种的繁殖按以下步骤进行：

1. 培育种株 能作为杂种亲本的自交不亲和系都是经过多代自交选育成的，抗病、抗逆性一般较差，需要适当晚播，采用半成株法留种。其优点：一是能避开早期高温，减少苗期病害；二是种株包球不实，既利选种又有利于贮存越冬；三是翌年种株生长旺盛，种子产量高。但播种期也不能太晚，否则苗子太小，影响选种，甚至不能通过春化，影响开花结实。在华北地区，一般中熟、中晚熟自交系可在 7 月中旬育苗或 8 月中旬直播，早熟、中早熟自交系在 8 月中旬育苗或 8 月下旬前后直播，其他管理与常规品种种株培育相同。

2. 选种及种株贮存 为了保证自交系的纯度，应在苗期、莲座期、包心期，根据该亲本系的植物学特征特性严格选种。选性状典型、不带病的优良种株作繁殖原种用。不仅病株要淘汰，生长势特强，叶片大、叶色特别深绿，结球特大的特异株可能是杂株，也应淘汰。

华北地区在 10 月中、下旬至 11 月中旬进行种株贮存，尖球、扁圆类型的种株可带土坨假植于阳畦（冷床），也可死窖埋藏或存入菜窖；圆球类型的种株应在阳畦贮存，白天让种株见到阳光，否则影响翌年抽薹开花。温度高、湿度大易导致种株腐烂，湿度过小易被风干温度过低易发生冻害，贮存温度一般以 0 ℃左右为宜。

3. 种株定植管理 一般自交系的原种，目前多数是在冬前或早春定植于日光温室、塑料棚或阳畦等保护地内繁殖。这种方法的优点：一是容易与其他甘蓝类种子田隔离；二是开花较早，授粉结实较好。

为了便于授粉，种株定植时，株距为 30 cm，行距为 40 cm 左右，种株要除去老叶，切开叶球。畦与畦之间要留 60～70 cm 的授粉道。从定植到抽薹现蕾，夜间温度控制在 0 ℃左右，白天 10 ℃左右，还要适当控水。注意中耕提高地温，以促进根系生长，抽薹及开花授粉期要有充足的肥水供应。如在温室繁种，要注意通风、降温，夜间保持 10 ℃左右，白天温度不超过 25 ℃。还要注意防治菜青虫、小菜蛾、蚜虫等害虫。

圆球类型自交不亲和系、自交系的已结球种株始花期较晚，在日光温室内繁殖，如温度、光照管

理不当，常不能正常开花结实，因此注意不仅整个冬季要保持低温，而且要每天打开覆盖物保持光照。也可将种株在冬前先假植于阳畦，春季于3月上旬定植于温室，可正常开花。还可在冬前10月下旬或早春2月中旬直接将种株定植于阳畦，开花前用纱罩将种株罩上，但开花后不能使花枝接触纱罩，以免昆虫传粉，造成种子混杂。

为了保证原种纯度，在抽薹开花期直到结荚期，还要根据本株系的开花、结荚特性，对种株进行一次选择。

4. 蕾期授粉　自交不亲和系植株花期自交及系内姊妹株异交都不易受精结实，其原原种、原种一般用人工蕾期授粉的方法繁殖。具体做法是：先用镊子或剥蕾器将花蕾顶部剥开，露出柱头，然后取同系的花粉授在柱头上。生产用种可用剥蕾器旋转剥蕾，用海绵球棒蘸取本系混合花粉授粉。此法比用镊子剥蕾授粉速度快，可提高授粉效率数倍以上。

授粉后结实多少与花蕾大小密切相关，但株系之间有区别，一般来说，即将开花的大花蕾和过小花蕾授粉后的结实都不好。如按开花时间计算，以开花前2～4 d的花蕾授粉结实最好。如从花蕾在枝条上的位置看，以当天开放的最后一朵花往上数，第5、6个花蕾到第20个花蕾授粉结实最好，一般能结5粒以上，甚至10～20粒种子。而当天开放的最后一朵花往上数1～5个花蕾和21～25个花蕾结实都较少（表13-7）。种株生长势较弱的不亲和系，以当天最后一朵花往上数第4个到第13个花蕾结实较好，而前1～4个和13个以上的花蕾授粉后结实效果差。

表13-7　自交不亲和系花蕾大小和自交结实的关系

授粉花蕾大小 / 每朵花平均结籽数 / 株系	开花当天	开花前1 d	开花前2 d	开花前3 d	开花前4 d	开花前5 d	开花前6 d
7222	0.2	0.3	13.8	17.8	13.6	8.8	4.1
7223	0.0	1.4	14.8	17.4	15.4	10.7	5.5
7201-16-5	0.6	2.3	4.3	20.7	14.6	3.3	1.4
7203-8-5	0.2	2.1	13.0	12.4	4.3	3.0	—

每个授粉工一般可负责60株左右植株授粉。授粉时第1 d可先做20株，所有枝条上的适宜授粉的花蕾都做完；第2 d做另外20株；第3 d做最后20株。第4 d再从第1次做过的20株做起，所有枝条上适宜的花蕾都要作蕾期授粉，然后以此类推。授粉时如果只给大蕾授粉，丢掉中等花蕾不授粉，实际上就丢掉了种子产量。因此，授粉时可丢下一些大花蕾不做，而抓紧多做一些中等大小的花蕾，以提高原种产量。

授粉工作要求特别精心、细致，要专人负责，严防混杂。由一个不亲和系转移到另一个不亲和系授粉时，要用酒精将手和镊子上的花粉杀死。采种的日光温室或纱罩内要严防蜜蜂等昆虫飞入，并要防止花枝顶到纱网，以免外部昆虫接触花朵传粉，造成种子混杂。授粉用的花粉要取当天或前1 d开放的花朵中的新鲜花粉。如用前2 d的花粉，结实率就会大大下降。

为了避免自交代数过多而导致生活力过度退化，可取同系内各株的混合花粉授粉。如用套袋隔离繁殖，必须在花蕾开放前，先在花枝上套上半透明纸袋，待花枝下部花朵开放后，取同株系纸袋内混合花粉进行蕾期授粉，授粉后立即套上纸袋。剥开花蕾要轻，不能在剥蕾时转动花柄，更不能损伤柱头。

蕾期授粉用工多，成本高。为克服这一缺点，国外一些学者研究提出电助授粉、钢丝刷授粉，热助授粉及提高二氧化碳浓度等方法，但都存在不足而停留在试验阶段。近年来，我国一些单位试验在花期喷5%的食盐水，可克服自交不亲和性，提高自交结实率，有的单位已在原种繁殖中采用，获得了成功。例如，西南大学周庆红设计了用① 5%的 NaCl 溶液；② 5%KH_2PO_4（磷酸二氢钾）溶液；③ 0.1%植株凝集素溶液；④ 0.1%Ser（丝氨酸）溶液；⑤ 0.1%KT（一种激素）溶液；⑥ 75%酒精溶液，处理了 3 个甘蓝自交不亲和系，与花期自交相比提高了结实数，达到了显著水平。其中以 5%NaCl+0.3%硼酸溶液处理效果最佳，柱头表面黏附的花粉粒相对较多，大多数花粉萌发形成花粉管，处理后平均自交亲和指数为 4.87，接近于人工蕾期授粉结实的效果。

中国农业科学院蔬菜花卉研究所甘蓝育种课题组研究发现，花期喷盐水提高自交不亲和系结实的效果在株系间差异较大，有些弱不亲和株系如中甘 11 的亲本之一 02－12，8398 的亲本之一 79－156 可以用此法繁殖。盐水处理的具体做法是：将原种定植于温室或大棚，扣上纱罩，种株开花后，每天上午 9 时前后在花枝上喷 5%不含碘的食盐水＋0.5%硼砂溶液，要用雾化程度精细的喷雾器喷洒。同时在温室或网棚放置蜜蜂授粉，也可在喷完盐水后约 30 min，进行人工辅助授粉。用这种方法授粉，要注意如下几点：

（1）网棚或温室授粉的蜜蜂应在开花前约 1 周内放入；

（2）进入甘蓝种株繁殖棚的工作人员必须穿工作服，每人每棚换一套，防止混杂；

（3）原种种株纯度一定要达到 100%，而且繁殖出的种子，只能一次性做配制杂交种的亲本，不可再做原种使用；

（4）纱网隔离要严密，防止纱网外的昆虫进入，以免造成种子混杂。

5. 原种种子收获 原种种子在种荚开始变黄时就要分批收获。过早，种子不饱满，影响发芽率；过迟，会因种荚开裂落地造成损失。有的自交不亲和系种子易在种荚内出芽，应适当早收。为保证种子的发芽率，原种种子晒干后，应放在低温干燥条件下或罐头盒中保存。种子采收、晾晒、保管都要专人负责，严防机械混杂。

（二）自交不亲和系甘蓝一代杂种的制种

用双亲都是自交不亲和系配制一代杂种种子，面积大，亲本比较纯。因此，一般用半成株或小株制种，种株播种期可晚些，华北地区晚熟品种可在 8 月上、中旬播种，早熟品种可在 8 月中、下旬播种。种株的其他管理环节与原种繁殖基本相同，但还须注意以下几点。

1. 保证隔离条件 甘蓝自交不亲和系开花以后易接受外来其他甘蓝类花粉。因此，制种田应与甘蓝不同品种以及花椰菜、球茎甘蓝、青花菜、羽衣甘蓝、抱子甘蓝、芥蓝等甘蓝类蔬菜的采种田空间隔离至少 1000 m 以上。

2. 选定适宜的制种方式 目前制种方式主要有：露地大田制种，也有用阳畦制种、薄膜改良阳畦制种，以及阳畦、露地（阳畦道）相间排列制种等。两亲本花期基本一致的组合，如京丰 1 号、晚丰、中甘 8 号、夏光、8398 等一代杂种，上述几种制种方法均可选用。如采种面积大，以露地大田制种为宜。双亲花期相差较大的组合，如中甘 11、庆丰等组合，采种技术不高的最好采用阳畦或改良阳畦制种，以便调节花期。制种面积大，苇席、薄膜等设备又不足时，可采用阳畦、露地（阳畦道）相间排列制种。山东、河北、山西南部地区，可采用种株露地培土越冬的制种形式。冬前培土至种株高的 2/3 处，使种株安全越冬，待翌年转暖后，逐渐将土扒开，这种方法既节省种株冬贮的人工管理，且种株根系已经发育完好，生长旺盛，种子产量较春季定植的高。

华北中部地区露地制种，种株冬前假植于阳畦过冬，早春 3 月下旬定植露地，父母本按 1∶1 或 2∶2 的比例隔行定植。双亲生长势差异较大的组合，如中甘 11、庆丰等应采用隔双行定植，以利蜜蜂授粉，一般行距为 40 cm，株距 30 cm，每 667 m^2 定植 4 500 株左右。双亲结实性状有差异的组合，可考虑适当多栽一些结实性状好的亲本，按 2∶1 的比例定植。

采用阳畦制种，种株于 10 月中旬至 11 月上旬定植。准备定植在阳畦道的种株可囤在空阳畦里，翌年 3 月下旬定植露地，株行距一般为 35 cm，双亲按 1∶1 或 2∶2 的比例定植。阳畦道也采用此方式定植。花期一致的组合，其双亲可按南北向隔行或隔双行定植，以使双亲都能充分利用阳畦不同位置的小气候。对于花期不遇的组合要按东西方向定植，花期晚的亲本定植在阳畦见光早、升温较快处，以利用小气候调节花期。

3. 注意调节双亲花期　如果双亲花期不遇，不仅会影响一代杂种种子的产量，更严重的会造成杂交率不高而影响杂种种子的质量。为了解决花期不遇问题，可采取以下措施：

（1）*利用小株、半成株种株制种*　试验表明花期晚的圆球类型亲本，半成株和小株的花期能比成株提早 3～5 d。相反，开花早的尖球、扁圆类型的亲本其半成株始花期及盛花期均比成株略晚。所以在中甘 11、庆丰等甘蓝一代杂种制种时，把双亲都适当晚播，利用半成株或小株采种，不仅有利于种株安全贮存过冬，而且有利于花期相遇。如果花期晚的圆球类型亲本冬前已结球，可在冬前提早划开叶球，使叶球见到阳光变绿后越冬，这样也有利于翌春提早开花。

（2）*冬前割球*　为了使花期晚的圆球类型亲本第 2 年春季提早开花，可适当早播使其冬前结小球，并在冬前割去叶球，使基部长出腋芽过冬，也能提早开花。

（3）*冬前定植*　不论是露地或阳畦、温室采种，在冬前 10 月下旬至 11 月中旬定植种株，不仅可使种株根系发达、生长旺盛，提高种子产量，而且能使开花晚的类型始花期比翌春定植的提前。冬前定植开花早的类型，虽然始花期也略有提前，但由于生长势强，每株开花时间可延长 5～7 d，促使其末花期延后，有利于双亲后期花期相遇。

（4）*利用风障阳畦的不同小气候调节花期*　风障阳畦的不同位置，温度、光照都不同，据观察，1～3 月种阳畦白天上口（北边）温度比下口（南边）高 5～10 ℃。因此，冬前把开花晚的亲本栽到靠近风障阳畦的上口，使其处于温度较高、光照较好的情况下生长发育，可促使提前开花。把抽薹开花较快的种株栽到阳畦的下口，使其生长发育受到抑制，花期延后。这种方法可促进双亲始花期相遇。

采用露地越冬繁种的地区，也可采取打土埂、夹小风障等方式，将开花晚的亲本定植于紧靠土埂、风障南侧温度略高的位置，促进其提早开花，有利于花期调节。

在阳畦贮存越冬的种株，翌春再定植到露地采种的杂交组合，如果两亲本花期相遇较难，可在越冬前将两个亲本贮存于不同阳畦，春季定植前 30 d 左右，把花期早的亲本提前逐渐放风降温，而对花期晚的亲本夜间加盖薄膜，提高阳畦温度，促其加速生长发育，待主薹抽出 3～5 cm 时再逐渐放风降温，以便和花期早的亲本一同定植露地，有利于两个亲本花期一致。

（5）*覆盖地膜调节花期*　露地越冬的采种田，可在开花晚的亲本上冻前覆盖地膜，在越冬过程中促其植株生长旺盛，加快发育速度，春季也能提前抽薹、开花。

对双亲花期均晚的组合，如双亲均为圆球类型的杂交组合，在上冻前覆盖地膜，在越冬过程中可加快发育速度，开春后也能提前抽薹、开花。

（6）*错开双亲的播种期*　当扁圆×圆球、尖球×圆球的组合制种时，可将扁圆及尖球类型亲本适当早播，圆球类型亲本适当晚播 10～15 d，有利于翌春双亲花期相遇。

（7）*通过整枝调节花期*　如果制种时将要出现花期不遇的局面，可采用整枝的方法调节花期。整枝的强弱要根据花期相差的程度而定。如果相差 5～7 d，例如扁圆×圆球、尖球×圆球的组合，可在花期早的亲本花蕾刚要变黄时，对花期晚的亲本采取打掉主薹的 1/2 办法，促其一级分枝迅速发育，提早开花。如果双亲花期差不多，可在双亲抽出主薹后，将其主薹打掉 1/2，过 7 d 左右再把一级分枝的花蕾顶端抹去顶尖，使双亲在适宜温度条件下开花，花期集中，提高种子产量。

4. 制种田的水肥等田间管理　制种田的水肥等田间管理与常规品种采种田基本相同。但更要注意以下几点：

（1）*去杂去劣*　在种株定植前后及抽薹开花前，要对采种种株再各进行 1 次严格选择，淘汰不符合本亲本株系性状的杂株及病、劣株。露地越冬的采种田要在每年的 10 月下旬严格去杂去劣。春季初花期前还要根据本亲本的开花特性，再去杂去劣 1 次，以保证杂交种的纯度。

（2）保证蜂源　为了使双亲充分杂交授粉，需要有蜜蜂等昆虫授粉。每 667 m^2 甘蓝一代杂种制种田，至少有一箱蜜蜂授粉，这样不仅可提高种子的产量，而且可提高一代杂种的杂交率。

（3）搭架防倒伏　种株倒伏，不仅影响昆虫授粉，而且在后期常引起种荚霉烂而影响种子产量和质量。因此，应在种株初花期前用竹竿、树枝、绳索、铅丝等搭架，防止种株倒伏。

5. 一代杂种种子收获　如果双亲均为自交不亲和系，一代杂种种子一般可混收。为了提高一代杂种的整齐度，也可采用双亲分收的方法。特别是双亲花期不一致的杂交组合，可先收开花早的亲本上的种子，后收开花晚的亲本上的种子。种子收获后，要注意及时晾晒，防止种子霉烂，影响发芽率。

四、雄性不育系及其杂交种繁殖技术

近年来，甘蓝杂交种的制种已越来越多地采用雄性不育系制种，目前已规模化应用于制种的主要有两类雄性不育系：一类是显性核基因雄性不育系（DGMS）；一类是 Ogura 萝卜胞质甘蓝雄性不育系（CMS）。

用雄性不育系配制甘蓝杂交种的繁育技术主要包括不育系及其保持系的繁殖和一代杂种制种两个方面。图 13－13 为甘蓝显性核基因雄性不育系（DGMS）配制甘蓝杂交种的示意图。

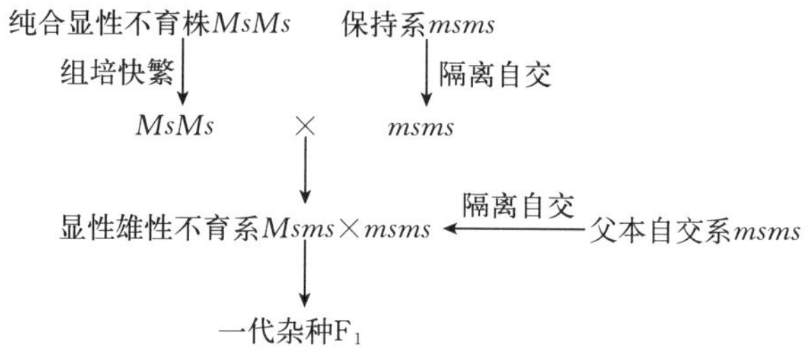

图 13－13　甘蓝显性雄性不育（DGMS）配制杂交种示意

（一）雄性不育系及其保持系的繁殖

为确保雄性不育系的纯度，雄性不育系一般在日光温室或网室等严格隔离条件下繁殖。

显性核基因雄性不育系的繁殖包括纯合显性雄性不育株的扩繁及用纯合显性不育株与保持系（回交父本）配制显性雄性不育系两个方面。由于纯合显性不育株没有花粉，因此只能在春季从纯合不育植株上取幼嫩侧芽在实验室用组织培养方式保存并扩繁组培苗。具体步骤是：

春季 4～5 月时，由纯合显性雄性不育开花植株上剪下生长健壮、无蚜虫侵染、带腋芽的花茎，在组培室将花茎剪成 3～5 cm 长茎段，用 70％酒精杀菌、消毒，在无菌室的超净工作台上将消毒好的带芽茎段接种在盛有分化培养基的三角瓶中，每瓶 3～5 个茎段，置于 25 ℃左右的培养架上，分化培养（如果原来已有保留的组培苗，也可直接取组培苗分化、扩繁）。大约 20 d 后，茎段上逐渐分化出小芽，当小芽长到 2～3 片叶时，将小芽由原茎段上切下，再接种到分化培养基上，继续分化，长出更多的新芽。8 月下旬，将组培苗移入生根培养基生根，约 20 d 后，当绝大部分组培苗长出新根，并有 3～4 片新叶时，约在 9 月中、下旬，将带根组培苗植入装有蛭石的苗盘，浇水后，其上扣地膜小拱棚，棚上盖遮阳网，最高温度尽量控制在 25 ℃左右。7 d 后开始放风，8～10 d 后逐渐撤除遮阳网，以后逐渐扩大放风口，10～12 d 后撤除地膜，浇水，让其在阳光下生长。一般可进行根外追肥，出苗后 8～10 d，第 1 次喷浓度为 0.3％的尿素水溶液，过 5～7 d 后再喷 0.5％的尿素＋0.2％的磷酸二氢钾溶液。

11 月至 12 月中旬将组培苗定植于日光温室，为使组培苗能在冬季顺利通过春化，定植不可太晚，定植开始后可适当加温，使其生长成较大的营养体。12 月中旬开始降低温度，特别是白天温度控制在 10 ℃以下，使其顺利完成花芽分化。白天尽可能早揭开覆盖物，下午尽可能晚覆盖，以延长光照时间，促使其在 4 月上、中旬前抽薹开花。提供花粉的保持系（回交父本）植株定植在同一温室中，组培苗与保持系的比例一般为 3∶1。如果保持系为自交亲和系可在网罩隔离条件下，用蜜蜂授粉，开花结束后拔除保持系种株，种子成熟后，由纯合显性不育组培苗植株上收到的种子即为配制杂交种用的显性雄性不育系种子。不育系的保持系（回交父本）宜选用自交亲和系，故也可在隔离网罩下用蜜蜂授粉繁殖。

胞质雄性不育系的繁殖只需要将不育系与保持系（回交父本）种植在同一隔离棚内，如果保持系是自交亲和系，可在隔离棚内放蜜蜂授粉繁殖，如果保持系是自交不亲和系，则需要蕾期人工授粉繁殖。由不育株系植株上收获的种子即为配制杂交种用的胞质雄性不育系。

（二）甘蓝雄性不育杂交种的繁殖技术

用雄性不育系生产甘蓝杂交种，采种种株的培育、制种田的田间管理大都与用自交不亲和系生产一代杂种相同，但需要注意的有以下几点：

（1）为降低亲本繁殖成本，保持系（回交父本）及杂交种的父本应尽量选择自交亲和系。

（2）杂交种制种时，母本（不育系）与父本自交系种株可按 3∶1 种植，如果父本生长势不强，花粉量不够用，也可按 2∶1 种植。可适当缩小父本行植株的株距，以保证父本有充分、足够的花粉，有利于提高种子产量。

（3）制种田隔离应更加严格，一般要求与不同甘蓝品种或其他甘蓝类作物采种田相隔 1 500 m 以上。

（4）制种田对授粉蜜蜂要求更多，每 667 m^2 制种田一般要 2 箱以上。

（5）为保证杂交种的纯度，花期结束后应尽快将父本种株拔除干净。

（6）当光照不足时，不育系花蕾易发生死亡，制种田应选择阳光充足的地区和田块。

在用雄性不育系作母本制种时，由于保持系和杂交种的父本自交系都可采用自交亲和系，可用蜜蜂授粉繁殖，在这种情况下降低了亲本原种的生产成本，用雄性不育系配制一代杂种杂交率可达到100%，比用自交不亲和系配制的一代杂种杂交率一般可提高 5%～10%，只要制种时田间管理及时，气候条件正常，每 667 m^2 制种田可生产杂交种种子 40～50 kg，特别是用显性雄性不育系作母本制种，高产地块种子产量达到 80～100 kg。由于种子杂交率、发芽率高，深受市场和生产者的欢迎。

五、甘蓝种子的检测加工与贮藏

甘蓝种子收获后，不论是常规品种、杂交种的亲本或一代杂种都要进行种子质量检测。目前，多数甘蓝繁种基地是由农户承包制种，由每个农户收购来的种子，必须分户留取样品，详细编号，以备质量检查用。质量检测合格的种子要及时加工、包装贮存。

（一）种子质量检测

种子质量检测指标主要包括种子的纯度、净度、发芽率、含水量等，按照 GB 16715.4—2010 标准的规定，甘蓝种子质量应符合表 13-8 的指标要求。

表 13-8 甘蓝种子质量标准（GB 16715.4—2010）

名称 \ 项目	级别	纯度不低于（%）	净度不低于（%）	发芽率不低于（%）	水分含量不高于（%）
亲本	原种	99.9	99.0	80.0	7.0
	大田用种	99.0			
杂交种	大田用种	96.0	99.0	80.0	7.0
常规种	原种	99.0	99.0	85.0	7.0
	大田用种	96.0			

按照上述指标要求，纯度达不到原种指标的降为大田用种，达不到大田用种指标的，即为不合格种子。净度、发芽率、水分含量各定一个指标，其中一项达不到指标的即为不合格种子。不合格种子不允许作为商品种子在市场上流通。

净度、发芽率、水分的检测主要在室内按照种子检验规程规定的方法进行。新收获的种子，首先检测水分，因种子收获正值高温多雨季节，如果水分过高，应抓紧晾晒，防止种子霉烂而影响发芽率。有些品种种子收获后有休眠期，为打破休眠，可在发芽率检测前采用 5～10 ℃低温处理 3 d 左右。有些甘蓝种子种皮较薄，在高温高湿条件下容易发生霉烂，测定发芽率时一般用培育皿加滤纸或纱布做发芽床，加水后每个发芽床置检测种子 100 粒左右，3 次重复，置于 15～25 ℃条件下。滤纸或纱布上加水不能过多，待种子吸足水分后应将多余的水倒掉，一般 3 d 后开始统计发芽数，第 4 d、第 5 d 各再计 1 次，3 次记录的发芽数占检测种子总数的百分比即为发芽率。

甘蓝种子纯度的检测主要在田间进行。首先对检测的种子要准确取样，不论是常规种、亲本原种或杂交种，同一品种不同产地的不同批次都要取样。同产地同品种同批次的种子可取混合样本进行纯度检测，有些需重点检测的种子应单独取样检测。每个样本田间检测的植株数应不少于 200 株。纯度调查时间应在品种特征特性表现最明显的时期，可在幼苗长到 7～8 片叶时，对其株型、叶型、叶色等做初步调查统计，常规种和自交系主要调查是否存在杂株，杂交种除调查杂株外，还要重点调查杂交率，即未杂交的亲本植株数，到结球期还要根据株型、外叶及叶球的特征特性做最后的调查。

田间检测是测定种子纯度最准确的方法，但需要时间长。近年来，一些单位试采用同工酶电泳方法或简单序列重复（SSR）、随机扩增多态性（RAPD）、限制性片段长度多态性（RELP）、扩增片段长度多态性（AFLP）等分子标记技术检测甘蓝品种的纯度，可快速得到准确的检测效果。

（二）甘蓝种子加工、包装与贮存

种子加工的目的主要是除去霉烂、空瘪等不正常种子及沙、石、草籽等杂质，提高种子的净度、发芽率等质量指标。

种子加工可分步进行，从采种户收购种子时，对目测不合格的种子，可先进行简单的筛选和风车选，使净度基本达到要求。对已收购的种子，在纯度测定初步合格后进行精选。甘蓝种子属圆形、小粒种子，精选主要用精选机、螺旋分离器等种子加工机械进行，精选后的种子其净度、发芽率等达到国家规定的标准，才能作为商品种子出售。

经过精选加工的种子再进行包装，包装一般分大包装和小包装两种，批量大而暂不出售的种子用麻袋或布袋包装，一般每袋 50～100 kg。20 世纪 90 年代以前，国内市场上的甘蓝种子都是用麻袋散装出售。为了提高质量，减少种子质量纠纷，90 年代以后销售的甘蓝种子逐步改为小包装。目前，主要采用铜版纸袋、铝箔袋和金属桶等，市面上流行的主要是铜版纸袋、铝箔袋，10～25 g 的精包装，也有 0.5 kg 的金属桶包装。小包装上印有品种名称、代表本品种特征特性的图片，标明种子纯度、净度、发芽率、含水量等质量标准，以及生产、经销单位，重量、采种日期，产地、品种特征特性、栽培技术要点和注意事项等。

甘蓝种子的寿命与种子本身的成熟度及贮存条件密切相关，暂不销售的种子要在适宜的条件下贮存。在我国北方室内一般常温条件下，成熟的甘蓝种子可存放 2～3 年，而未完全成熟的种子，一年后几乎全部丧失发芽率。贮存甘蓝种子最重要的条件是干燥，其次是低温，在我国北方气温相对较低，湿度相对较少的情况下，可存放 2～3 年，而在气温相对较高、湿度较大的南方，一般只能保存 1～2 年。

甘蓝种子的贮存，可按种子的性质、用途不同采用不同的方式。试验用种子或制种用的亲本原原种，短期贮存可在常温下用干燥器内加硅胶等干燥剂密封保存，这种保存方式一般可保存 7～8 年。如需更长时间保存，则需将密封干燥器置于－4 ℃左右的冷库中。即将上市的大小包装种子，可贮存于一般的种子库内，库内要求通风、除湿设备齐全，相对湿度 30%～60%，温度 25 ℃左右。需要较长期贮存的商品种子应存于 4 ℃左右的冷库中，在这种低温条件下，原始质量好的甘蓝种子贮藏 3～4 年，种子的发芽率仍可达到国家规定标准。

（方智远　杨丽梅　张扬勇　刘玉梅　庄木　孙培田　吕红豪）

主要参考文献

安采泰，马静芳．2007. 植物界中的不亲和性 [M]. 兰州：甘肃科学技术出版社．

卞春松，方智远，孙培田，等．1995. 甘蓝显性雄性不育材料 92－438 的花药发育细胞学研究 [M]. //李树德．中国主要蔬菜抗病育种进展．北京：科学出版社：670－671.

蔡林，崔红志，张友军，等．1996. 苏云金芽孢杆菌毒蛋白基因导入甘蓝获得抗虫转基因植株 [J]. 中国蔬菜（4）：31－32.

曹必好，宋洪元，雷建军，等．2002. 结球甘蓝抗 TuMV 相关基因的克隆 [J]. 遗传学报，29（7）：646－652.

陈琛，庄木，张扬勇，等．2010. 一个与结球甘蓝显性雄性不育基因连锁的 EST－SSR 标记 [J]. 园艺学报，37（增刊）：2129－2129.

陈锦秀，任云英，童尧明．2002. 利用田间和电导法鉴定几个结球结球甘蓝品种的耐热性试验 [J]. 蔬菜（8）：30－31.

陈世儒，王晓佳，宋明．1989. 结球甘蓝自交不亲和系的离体培养繁殖研究 [J]. 西南农业大学学报，11（1）：93－96.

崔磊，杨丽梅，刘楠，等．2009. Bt cry1Ia8 抗虫基因对结球甘蓝的转化及其表达 [J]. 园艺学报，36（8）：1161－1168.

达尔文．1876. 植物界异花受精和自花受精的效果 [M]. 季道藩，刘祖洞，译．北京：科学出版社．

丁万霞．2001. 甘蓝类蔬菜栽培与病虫害防治技术 [M]. 北京：中国农业出版社．

丁万霞，李建斌．1999. 我国南方地区结球结球甘蓝的生产和育种现状 [J]. 中国蔬菜（6）：34－36.

方智远．1995. 选育和推广蔬菜杂种一代，促进蔬菜丰产稳产 [M]//中华人民共和国农业部．中国菜篮子工程．北京：中国农业出版社．

方智远．2004. 蔬菜学 [M]. 南京：江苏科学技术出版社．

方智远．2008. 中国结球甘蓝产销变化与育种对策 [J]. 中国蔬菜（1）：1－2.

方智远．2010. 中国蔬菜生产和市场变化与育种对策 [C]//首届中国（博鳌）农业科技创新论坛论文集．琼海：首届中国（博鳌）农业科技创新论坛组委员．

方智远，刘玉梅，杨丽梅，等．2004. 结球甘蓝显性核基因雄性不育与胞质雄性不育系的选育及制种 [J]. 中国农业科学，37（5）：717－723.

方智远，刘玉梅，杨丽梅，等．2004. 结球甘蓝制种技术上的一项重要变革 [J]. 中国蔬菜（5）：33－33.

方智远，刘玉梅，杨丽梅，等．2007. 结球甘蓝杂种优势育种技术研究和中甘系列新品种选育回顾与展望 [J]. 中国农业科学（40）：320－324.

方智远，刘玉梅，杨丽梅，等．2007. 雄性不育系配制的结球甘蓝新品种及其繁育技术 [J]. 长江蔬菜（1）：32－34.

方智远，刘玉梅，杨丽梅，等．2012. 结球甘蓝自交亲和系"中甘 87－534" [J]. 园艺学报，39（12）：2535－2536.

方智远，孙培田，刘玉梅．1983. 结球甘蓝杂种优势利用和自交不亲和系选育的几个问题 [J]. 中国农业科学（3）：51－62.

方智远，孙培田，刘玉梅，等．1997. 结球甘蓝显性雄性不育系的选育及其利用 [J]. 园艺学报，24（3）：249－254.

方智远，孙培田，刘玉梅，等．2001. 几种类型结球甘蓝雄性不育的研究与显性不育系的利用 [J]. 中国蔬菜（1）：6－10.

方智远，孙培田，刘玉梅，等．2008. 结球甘蓝栽培技术 [M]. 北京：金盾出版社．

方智远，孙培田．1981. 结球甘蓝几个数量性状遗传力研究初报 [J]. 中国蔬菜（创刊号）：23－25.

方智远，孙培田．1982. 结球甘蓝自交系几个数量性状配合力的分析初报 [J]. 中国农业科学（1）：44－55.

方智远，孙日飞．2005. 中国十字花科蔬菜品种改良的进展与展望 [J]. 中国园艺文摘（5）：1－6.

方智远，张扬勇，刘玉梅，等．2010. 高原夏菜中的结球甘蓝 [J]. 中国蔬菜（19）：12－13.

方智远，祝旅，李树德．1999. 我国蔬菜科技五十年的主要成就与今后的任务 [J]. 中国蔬菜（5）：1－5.

冯午．1981. 结球甘蓝与白菜种间杂交的双二倍体后代 [J]. 园艺学报，8（2）：37－40.

顾祯详．1981. 夏结球甘蓝几个数量性状配合力测定分析 [J]. 上海农业科学（4）：11－13.

何启伟．1993. 十字花科蔬菜杂种优势育种 [M]. 北京：中国农业出版社．

胡昌炽.1962.蔬菜学各论[M].台北:台湾中华书局印行.
胡昌炽.1970.园艺植物分类学[M].台北:台湾中华书局印行.
姜明,赵越,颉建明,等.2011.结球甘蓝枯萎病SCAR标记的开发[J].中国农业科学,44(14):3053-3059.
蒋名川.1983.关于几种蔬菜引进中国历史的商榷[J].中国蔬菜(4):35-37.
金波,王纪方,贾春兰,等.1982a.甘蓝花茎培养的研究.园艺学报,9(1):53-57.
金波,王纪方,贾春兰,等.1982b.萝卜×甘蓝远缘杂种幼胚离体培养简报[J].中国蔬菜,1(3):34-35.
康俊根,田仁鹏,耿丽华,等.2010.结球甘蓝抗枯萎病种质资源的筛选及抗性基因分布频率分析[J].中国蔬菜(2):15-20.
康俊根,张国裕,张延国,等.2006.四种结球甘蓝雄性不育类型差异基因表达分析[J].农业生物技术学报,14(4):551-554.
李曙轩.1990.中国农业百科全书.蔬菜卷[M].北京:农业出版社.
李树德.1995.中国主要蔬菜抗病育种进展[M].北京:科学出版社.
李锡香,方智远.2007.结球结球甘蓝种质资源描述规范和数据标准[M].北京:中国农业出版社.
李贤,钟仲贤.1996.结球甘蓝原生质体培养和融合的初步研究[J].上海农业学报(3):23-27.
刘佳,冯兰香,蔡少华,等.1988.结球结球甘蓝对TUMV和黑腐病的抗性鉴定[J].植物保护(6):9-11.
刘佳,李经略,蔡岳松,等.1995.甘蓝病毒病的毒原原种种群鉴定及TuMV株系分化[M]//李树德.中国主要蔬菜抗病育种进展.北京:科学出版社:583-584.
刘玉梅,方智远,Michael D McMulle,等.2003.一个与结球甘蓝显性雄性不育基因连锁的RFLP标记[J].园艺学报,30(5):549-553.
刘玉梅,方智远,孙培田,等.2001.作物雄性不育类型和遗传[J].园艺学报,28(增刊):716-722.
吕红豪,方智远,杨丽梅,等.2011.结球甘蓝枯萎病抗源材料筛选及抗性遗传研究[J].园艺学报,38(5):875-885.
马克J.1986.蔬菜作物育种[M].陈世儒,译.重庆:西南农业大学编辑出版部.
毛慧珠,唐惕,曹湘玲,等.1996.抗虫转基因甘蓝及其后代的研究[J].中国科学(C辑),24(4):339-347.
上海市农业局.1958.结球甘蓝(卷心菜)[M].北京:科学出版社.
孙振久.1993.结球甘蓝子叶原生质体培养与植株再生研究[J].西北农业科学(1):100-102.
谭其猛.1982.蔬菜杂种优势的利用[M].上海:上海科学技术出版社.
瓦维洛夫.1982.主要栽培植物的世界起源中心[M].董玉琛,译.北京:农业出版社.
王超,曹维荣,刘英.2005.结球甘蓝分子育种研究进展[J].中国园艺文摘(5):19-20.
王超,吴世昌,秦智伟,等.2000.结球甘蓝苗期多抗性鉴定技术研究[J].东北农业大学学报(2):152-159.
王超,许蕊仙,春智伟,等.1995.甘蓝抗TuMV的抗性遗传研究[M]//李树德.中国主要蔬菜抗病育种进展.北京:科学出版社:625-626.
王超,张韬,吴世昌.2001.春结球结球甘蓝未熟先期抽薹原因及防止对策[J].北方园艺(4):48.
王鸣.1980.蔬菜杂交育种和杂种优势利用[M].西安:陕西科学技术出版社.
王庆彪,方智远,杨丽梅,等.2013.中国甘蓝育成品种系谱分析[J].园艺学报,40(5):869-886.
王庆彪,方智远,张扬勇,等.2011.两种类型结球甘蓝雄性不育系开花授粉特性及其对制种产量的影响[J].园艺学报,38(1):61-68.
王庆彪,张扬勇,庄木,等.2014.中国50个甘蓝代表品种est-ssr指纹图谱的构建[J].中国农业科学,47(1):111-121.
王小佳.1999.蔬菜育种学(各论)[M].北京:中国农业出版社.
王晓佳,宋明,陈世儒,等.1991.甘蓝CMS的原生质体培养与自主再生[J].西南农业大学学报(4):399.
王晓佳,朱利泉.1998.结球甘蓝自交不亲和性的测定方法[J].农业生物技术学报,6(2):195-199.
王晓武,方智远,孙培田,等.1995.甘蓝黑腐病抗性遗传分析研究[M]//李树德.中国主要蔬菜抗病育种进展.北京:科学出版社:627-631.
王晓武,方智远,孙培田,等.1998.一个与结球甘蓝显性雄性不育基因连锁的RAPD标记[J].园艺学报,25(2):197-198.
王晓武,方智远,孙培田,等.2000.一个用于结球甘蓝显性雄性不育基因转育辅助选择的SCAR标记[J].园艺学报，27（2）：143－144.
王晓武，方智远.2001. 分子标记在结球甘蓝类作物研究中的应用［J］. 园艺学报，28（增刊）：637－643.
王裕中.1963. 洋白菜［M］. 北京：北京出版社.
吴其俊.1848. 植物名实图考［M］. 初刻本. 上海：中华书局.
西南农业大学.1991. 蔬菜育种学［M］. 2 版. 北京：农业出版社.
星川清亲（日）.1981. 栽培植物的起源与传播［M］. 段传德，译. 郑州：河南科学技术出版社.
许蕊仙，崔崇士，李桂英.1981. 结球甘蓝自交不亲和系的研究和利用［J］. 东北农学院学报（1）：1－15.
严慧玲，方智远，刘玉梅，等.2007. 结球甘蓝显性雄性不育材料 DGMS79－399－3 不育性的遗传效应分析［J］. 园艺学报，34（1）：93－98.
杨丽梅，方智远，刘玉梅，等.2003. 利用小孢子培养选育结球甘蓝自交系［J］. 中国蔬菜（6）：31－32.
杨丽梅，方智远，刘玉梅，等.2005. 用雄性不育系配制的秋结球甘蓝系列新品种（组合）［J］. 中国蔬菜（1）：23－25.
杨丽梅，方智远，刘玉梅，等.2011. "十一五"中国结球甘蓝遗传育种研究进展［J］. 中国蔬菜（2）：1－10.
杨丽梅，方智远，刘玉梅，等.2011. 抗枯萎病耐裂球秋结球甘蓝新品种"中甘 96"［J］. 园艺学报，38（2）：397－398.
杨丽梅，刘玉梅，王晓武，等.1997. 结球甘蓝胞质雄性不育材料主要植物学性状的初步观察［J］. 中国蔬菜（6）：24－25.
叶静渊.1984. 中国结球结球甘蓝的引种史［J］. 中国蔬菜（2）：51－52.
张恩慧.1989. 用荧光显微法测定结球甘蓝的自交不亲和性研究［J］. 陕西农业科学（1）：6－7.
张恩慧，程永安，梁宝魁，等.2000. 结球甘蓝柱头对不同来源花粉的选择性研究［J］. 西北农业科学，9（4）：30－32.
张恩慧，程永安，许忠民，等.2001. 结球甘蓝三种病害抗源筛选及抗病品种选育研究［J］. 西北农林科技大学学报，29（6）：30－33.
张受远.1980. 结球结球甘蓝生殖生长的初步观察［J］. 内蒙古农业科技（1）：31－35.
张文邦.1979. 选育结球甘蓝自交不亲和系配制杂种一代的研究［J］. 湖北农业科学（6）：27－30.
张文邦，叶志彪.1982. 结球甘蓝杂种优势利用及某些性状遗传的初步研究［J］. 华中农学院学报（6）：56－60.
张晓伟，高睦枪，耿连峰，等.2001. 利用游离小孢子培养育成春甘蓝新品种豫生一号［J］. 园艺学报，28（6）：577.
张扬勇，方智远，刘玉梅，等.2005. 早熟春甘蓝新品种中甘 21 的选育［J］. 中国蔬菜（10/11）：28－29.
张扬勇，方智远，刘泽洲，等.2013. 中国蔬菜育成品种概况（1978—2012）［J］. 中国蔬菜（23）：1－4.
张扬勇，方智远，王庆彪，等.2011. 两种结球甘蓝 Ogura 细胞质雄性不育源的分子鉴别［J］. 中国农业科学，44（14）：2959－2965.
张扬勇，靳哲，方智远，等.2011. 结球结球甘蓝抗寒性配合力分析及优良抗寒组合选育［J］. 中国蔬菜（14）：23－27.
赵稚雅，于正荣，等.1975. 甘蓝品种间杂种一代优势利用的研究［R］//蔬菜科学实验资料汇编. 西安：陕西省农林科学院.
赵稚雅，于正荣，等.1975. 甘蓝自交不亲和系选育初报［R］//蔬菜科学实验资料汇编. 西安：陕西省农林科学院.
中国农业科学院蔬菜花卉研究所.2010. 中国蔬菜栽培学［M］. 2 版. 北京：中国农业出版社.
中华人民共和国农业部.2006. 中国农业统计资料［M］. 北京：中国农业出版社.
朱其杰，陈琰，张仪.1981. 结球结球甘蓝品种生态型及开花特性的研究［J］. 北京农业大学学报（3）：35－44.
朱玉英，姚文岳，张素琴，等.1998. Ogura 细胞质雄性不育系选育及其利用［J］. 上海农业科学，14（2）：19－24.
庄木，方智远，刘玉梅，等.2010. 春结球甘蓝新品种"中甘 192"［J］. 园艺学报，37（11）：1881－1882.
庄木，张扬勇，方智远，等.2009. 结球结球甘蓝耐裂球性状的配合力及遗传力研究［J］. 中国蔬菜（2）：12－15.
Bai Y Y，Mao H Z，Cao X L，et al. 1993. Transgenic cabbage plants with insect tolerance［J］. Biotechnology in Agriculture，1：309－317.
Bannerot H，Boulidard L，Canderon Y，et al. 1974. Transfer of cytoplasmic male sterility from *Raphanus sativus* to *Brassica oleracea*［J］. Eucarpia Cruciferae Newsletter，1：52－54.
Bannerot H，Boulidard L，Chupeau Y. 1977. Unexpected difficulties met with radish cytoplasm in *Brassica oleracea*［J］. Eucarpia Cruciferae Newslett，2：16.
Bhattacharya R，Viswakarma N，Bhat S，et al. 2002. Development of insect－resistant transgenic cabbage plants expressing a synthetic cryIA（b）gene from *Bacillus thuringiensis*［J］. Current Science，83（2）：146－150.
Boswell V R. 1934. Descriptions of types of principal american varieties of cabbage［M］. US Department of Agricul-

ture. Washington DC : United States Department of Agriculture.

Camargo L, Savides L, Jung G, et al. 1997. Location of the self - incompatibility locus in an RFLP and RAPD map of *Brassica oleracea* [J]. Journal of Heredity, 88 (1): 57 - 60.

Duijs J G, Voorrips R E, Visser D L, et al. 1992. Microspore culture is successful in most crop types of *Brassica oleracea* L [J]. Euphytica, 60: 45 - 55.

Fang Z Y, Liu Y M, Lou P, et al. 2004. Current trends in cabbage breeding [J]. Journal of New Seeds (2): 75 - 107.

Fang Z Y, Sun P T, Liu Y M, et al. 1995. Preliminary study on the inheritance of male sterility in cabbage line 79 - 399 -438 [J]. Acta Horticulturae (402): 414 - 417.

Fang Z Y, Sun P T, Liu Y M, et al. 1997. A male sterile line with dominant gene (Ms) in cabbage and its utilization for hybrid seed production [J]. Euphytica (97): 265 - 268.

Iniguez - Luy F L, Lukens L, Farnham M W, et al. 2009. Development of public immortal mapping populations, molecular markers and linkage maps for rapid cycling *Brassica rapa* and *B. oleracea* [J]. Theoretical and Applied Genetics, 120 (1): 31 - 43.

Izzah N K, Lee J, Jayakodi M, et al. 2014. Transcriptome sequencing of two parental lines of cabbage (*Brassica oleracea* L. var. *capitata* L.) and construction of an est - based genetic map [J]. BMC Genomics (15): 1471 - 2164.

Javier E, Foreward Q. 1993. Plant resources of southeast asia no. 8. vegetables plant resources of south - East Asia, Bogor, Indonesia [M]. Leiden : Backhuy Pub.

Jennings D, Simmonds N. 1976. Evolution of crop plants [M]. New York: Longman Pub.

Kianian S, Quiros C. 1992. Generation of a *Brassica oleracea* composite RFLP map: linkage arrangements among various populations and evolutionary implications [J]. Theoretical and Applied Genetics, 84 (5 - 6): 544 - 554.

Kifuji Y, Hanzawa H, Terasawa Y, et al. 2013. QTL analysis of black rot resistance in cabbage using newly developed EST - SNP markers [J]. Euphytica, 190 (2): 289 - 295.

Kim H A, Lim C J, Kim S, et al. 2014. High - throughput sequencing and de novo assembly of *Brassica oleracea* var. *capitata* L. for transcriptome analysis [J]. PloS One (9): e92087.

Landry B S, Hubert N, Crete R, et al. 1992. A genetic map for *Brassica oleracea* based on RFLP markers detected with expressed DNA sequences and mapping of resistance genes to race 2 of Plasmodiophora brassicae (Woronin) [J]. Genome, 35 (3): 409 - 420.

Lee Y, Yoon I, Suh S, et al. 2002. Enhanced disease resistance in transgenic cabbage and tobacco expressing a glucose oxidase gene from *Aspergillus niger* [J]. Plant Cell Reports, 20 (9): 857 - 863.

Lichter R. 1989. Efficient yield of embryoids by culture of isolated microspores of different *Brassicaceae* species [J]. Plant Breeding, 103: 119 - 123.

Liu S, Liu Y, Yang X, et al. 2014. The *Brassica oleracea* genome reveals the asymmetrical evolution of polyploid genomes [J]. Nature Communications (5): 1 - 11.

Lou P, Kang J, Zhang G, et al. 2007. Transcript profiling of a dominant male sterile mutant (Ms - cd1) in cabbage during flower bud development [J]. Plant Science, 172 (1): 111 - 119.

Lü H H, Fang Z Y, Yang L M, et al. 2014a. Mapping and analysis of a novel candidate *Fusarium wilt* resistance gene FOC1 in *Brassica oleracea* [J]. BMC Genomics, 15 (1): 1094.

Lü H H, Wang Q B, Yang L M, et al. 2014b. Breeding of cabbage (*Brassica oleracea* L. var. *capitata*) with fusarium wilt resistance based on microspore culture and marker - assisted selection [J]. Euphytica (200): 465 - 473.

Lü H H, Wang Q B, Zhang Y Y, et al. 2014c. Linkage map construction using inDel and SSR markers and QTL analysis of heading traits in *Brassica oleracea* var. *capitata* L. [J]. Molecular Breeding (34): 87 - 98.

Lü H H, Yang L M, Kang J G, et al. 2013. Development of InDel markers linked to *Fusarium wilt* resistance in cabbage [J]. Molecular Breeding, 32: 951 - 967.

Moriguchi K, Kimizuka - Takagi C, Ishii K, et al. 1999. A genetic map based on RAPD, RFLP, isozyme, morphological markers and QTL analysis for clubroot resistance in *Brassica oleracea* [J]. Breeding Science, 49 (4): 257 - 265.

Nagaoka T, Doullah M, Matsumoto S, et al. 2010. Identification of QTLs that control clubroot resistance in *Brassica oleracea* and comparative analysis of clubroot resistance genes between *B. rapa* and *B. oleracea* [J]. Theoretical and Applied Genetics, 120 (7): 1335 - 1346.

Nieuwhof M, Cole Crops. 1969. World Crops Series [M]. London: Leonard Hill Pub.

Pang W, Li X, Choi S R, et al. 2015. Mapping QTLs of resistance to head splitting in cabbage (*Brassica oleracea* L. var. *capitata*) [J]. Molecular Breeding: 35.

Pu Z J, Shimizu M, Zhang Y Y, et al. 2012. Genetic mapping of a fusarium wilt resistance gene in *Brassica oleracea* [J]. Molecular Breeding, 30 (2): 809 - 818.

Rocherieux J, Glory P, Giboulot A, et al. 2004. Isolate - specific and broad - spectrum QTLs are involved in the control of clubroot in *Brassica oleracea* [J]. Theoretical and Applied Genetics, 108 (8): 1555 - 1563.

Roulund N, Andersen S B, Farestveit B. 1991. Optimal concentration of sucrose for head cabbage [Brassica oleracea L. convar. *capitata* (L.) Alef.] anther culture [J]. Euphytica, 52: 125 - 129.

Rudolf K, Bohanec B, Hansen M. 1999. Microspore culture of white cabbage, *Brassica oleracea* var. *capitata* L.: genetic improvement of non - responsive cultivars and effect of genome doubling agents [J]. Plant Breeding, 118: 237 - 241.

Shimizu M, Pu Z J, Kawanabe T, et al. 2015. Map - based cloning of a candidate gene conferring fusarium yellows resistance in *Brassica oleracea* [J]. Theoretical and Applied Genetics (128): 119 - 130.

Suteki Shinohara. 1984. Vegetable seed production technology of Japan [M]. Tokyo: Shinohara Agricultural Technician Office.

Voorrips R, Jongerius M, Kanne H. 1997. Mapping of two genes for resistance to clubroot (*Plasmodiophora brassicae*) in a population of doubled haploid lines of *Brassica oleracea* by means of RFLP and AFLP markers [J]. Theoretical and Applied Genetics, 94 (1): 75 - 82.

Walters T W, Mutschler M A, Earle E D. 1992. Protoplast fusion - derived Ogura male - sterile cauliflower with cold tolerance [J]. Plant Cell Reports, 10: 624 - 628.

Wang W X, Huang S M, Liu Y M, et al. 2012. Construction and analysis of a high - density genetic linkage map in cabbage (*Brassica oleracea* L. var. *capitata*) [J]. BMC Genomics, 13 (1): 523.

Wang X W, Fang Z Y, Huang S W, et al. 2000. An extended random primer amplified region sterility gene in cabbage (*Brassica oleracea* L. var. *capitata*) [J]. Euphytica, 112: 267 - 273.

Yi D X, Cui L, Yang L M, et al. 2011. Transformation of cabbage (*Brassica oleracea* L. var. *capitata*) with Bt cry1Ba3 gene for control of diamondback moth [J]. Agricultural Sciences in China, 10 (11): 1693 - 1700.

Yi D X, Cui L, Yang L M, et al. 2013. Pyramiding of Bt cry1Ia8 and cry1Ba3 genes into cabbage (*Brassica oleracea* L. var. *capitata*) confers effective control against diamondback moth [J]. Plant Cell, Tissue and Organ Culture (PCTOC), 115 (3): 419 - 428.

Yu J Y, Zhao M X, Wang X Y, et al. 2013. Bolbase: a comprehensive genomics database for *Brassica oleracea* [J]. BMC Genomics (14): 1471 - 2164.

Zhang X, Wu J, Zhang H, et al. 2011. Fine mapping of a male sterility gene ms - cd1 in *Brassica oleracea* [J]. Theor Appl Genet (123): 231 - 238.

Zhang Y Y, Fang Z Y, Wang Q B, et al. 2012. Chloroplast subspecies - specific SNP detection and its maternal inheritance in *Brassica oleracea* L. by using a dCAPS marker [J]. Journal of Heredity, 103 (4): 606 - 611.

Сигиева Е С. 1978. Гетерозис и его использование в овощеводстве [M]. Москва: Колос.

Тимофеев Н Н. 1960. Селекция и семеноводство овощных культур [M]. Москва: Колос.

第十四章

花椰菜、青花菜、芥蓝育种

第一节　花 椰 菜

花椰菜（*Brassica oleracea* L. var. *botrytis* L.）属十字花科（Cruciferae）芸薹属（*Brassica*）甘蓝种（*Brassica oleracea* L.）的以花球为产品的一个变种，一二年生草本植物。别名：花菜、菜花、木立花菜等，染色体数 $2n=2x=18$，与同种的甘蓝、青花菜、芥蓝、苤蓝、羽衣甘蓝等相互间易于杂交。

花椰菜起源于地中海东部沿岸，是野生甘蓝在进化过程中，在不同环境条件影响下，经过人为长期培育和选择形成的变种。星川清亲（1981）的《栽培植物的起源与传播》记载，花椰菜于 1680 年引入中国，通过长期的栽培实践和人工选择，培育出了许多栽培品种。据 FAO 统计，2012 年中国花椰菜种植面积 45 万 km^2，占世界总面积的 37%，产量达到 900 万 t，占世界总产量的 44%。

花椰菜的食用部分为未形成花蕾的小花球与幼嫩的花茎组成的花球，其风味鲜美，营养丰富，每 100 g 鲜菜中，含蛋白质 2.10 g，脂肪 0.20 g，碳水化合物 4.60 g，膳食纤维 1.20 g，以及维生素和矿物质。花球质地脆嫩，多用于炒食、凉拌等。可短期贮藏保鲜，在蔬菜周年供应中占有重要地位。

一、育种概况

（一）育种简史

20 世纪 60 年代以前世界各地对花椰菜的品种改良和培育主要是依靠选择育种方法培育常规种，欧美各国采用系统选育法培育出许多优良花椰菜品种。英国于 1720 年育成 Sprout cauliflower，即 Italian asparagus。19 世纪中期丹麦培育出适于当地的品种。当时有代表性的品种为：英国的 Snowball、Michaelmas、White、Autumn giant 和 Satistaction，法国的 Ertrut malmaision，丹麦的 Pioneer、All season 和美国的 March early 等。杂交一代育种始于 20 世纪 50 年代，日本始于 1950 年，美国始于 1954 年（《野菜图芸大事典》）。Watts 1963 年系统研究了花椰菜的自交不亲和性，1966 年成功利用自交不亲和系选育成花椰菜杂交种，1985 年实现了利用自交不亲和系规模化生产花椰菜杂交种（Crisp 和 Tapsell，1993）。Dickson 于 1995 年将 Ogura 萝卜胞质不育系成功转育到花椰菜中（Ruttio - Chabl，Earle 和 Dickson），实现了 Ogura 花椰菜雄性不育杂交种的商品化生产。

日本学者将日本蔬菜育种事业的发展划分为四个时期：

第一期（明治初期）1871—1884 年，这一时期的主要特点是：大量从欧美等国引进新的蔬菜种类和品种，花椰菜就在其中。第二期（明治后期・大正期）1885—1925 年，这一时期主要是利用系统分离和个体选择的方法进行育种，该技术的成功应用，标志着蔬菜育种已经发展到依靠理论进行有目的、有方向研究的阶段。第三期（昭和前期）1926—1945 年，此时期是以母系亲本为对象，实施有计划、有目的育种的时代，它是日本现代育种的雏形时期，开始了杂交育种以及杂交一代杂种优势利用和利用单倍体、多倍体进行育种。这一时期是有理论依据的蔬菜育种研究的大发展时期。但是由于第二次世界大战的爆发而使蔬菜生产和育种的研究处于停滞状态。第四期（昭和中期）1946—1958 年，这个时期是战后日本蔬菜育种研究的恢复和振兴时期，1958 年前后各类蔬菜有了比较齐全的杂交一代组合。第五期（现代昭和期）1959 年至今，其标志是主要蔬菜的杂交一代组合都已齐备，而且早、中、晚熟型品种配套，同时杂交一代组合的数量和种子生产量逐年增加。从 1970 年开始，耐病性和多抗性育种成为主要的育种目标。

中国花椰菜育种研究起步较晚。在我国南方，18 世纪 90 年代后，就有国外花椰菜品种不断传入种植，当地农民自交留种繁殖，基层农业科研单位采用单株选择和群体选择法选育新品种，培育出一批适于当地生产种植的花椰菜地方品种。如 20 世纪 60～70 年代，福建农学院培育出福大 2 号、福大 7 号，福州市农业科学研究所培育出福州 50 天、福州 60 天、福州 70 天，广东澄海白沙农场培育出白沙 60 天、澄海早花，南昌农业科学研究所培育出洪都 15、洪都 17 等。

在我国北方，20 世纪 70 年代以前主要靠引进国外及我国南方花椰菜品种繁殖推广，如 1957 年由尼泊尔引进瑞士雪球，60 年代由国外先后引进法国菜花、荷兰雪球、耶尔福莱花等进行繁殖推广，成为当时我国花椰菜主栽品种。到 70 年代中期，天津市农业科学院蔬菜研究所率先开展了花椰菜自交不亲和系研究，1988 年育成了中国第 1 个花椰菜自交不亲和系 F_1 品种白峰，1990 年实现了商业化生产；20 世纪末到 21 世纪初，由国外引进或通过由甘蓝转育，利用 Ogura 萝卜胞质雄性不育系开展花椰菜胞质雄性不育系研究，2005 年北京市农林科学院蔬菜研究中心利用花椰菜萝卜胞质不育系育成 F_1 杂交品种京研 50 和京研 60（图 14 - 1、图 14 - 2）。此后，我国花椰菜育种进入快速发展期。

图 14 - 1　白峰品种

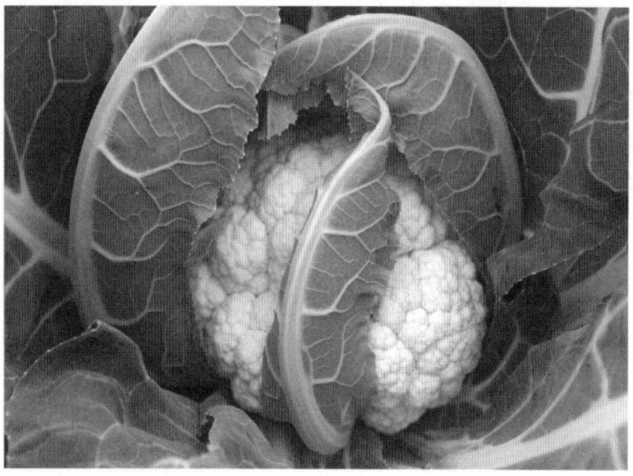

图 14 - 2　京研 60 品种

（二）育种现状与发展趋势

我国花椰菜的育种工作起步晚，从 20 世纪 80 年代以来，中国花椰菜育种得到了较快的发展。目前国内从事花椰菜育种的已有天津市农业科学院蔬菜研究所、厦门市农业科学研究所、重庆市农业科学院、北京市农业科学院蔬菜研究中心等 7 个科研单位和福州神农、三角种苗等民营企业，初步形成花椰菜育种队伍，并取得丰硕成果。

种质资源方面，已搜集、整理、保存各类花椰菜种质资源 124 份，特别是来自我国福建、浙江、广东、四川的早、中熟花椰菜种质资源较多。近年来，随着改革开放，各育种单位由国外引进不少优异种质资源，有的已被用于育种。

育种技术方法，已突破花椰菜自交不亲和系选育技术并育成自交不亲和系杂交种用于商品种子生产。20 世纪初，通过引进或转育，已育成多个类型花椰菜萝卜胞质不育系并用于种子生产。近年来，花椰菜一代杂种制种技术也逐渐得到提高。利用各种途径，已培育通过审定（认定、登记）花椰菜新品种 59 个。津品系列花椰菜 F_1 品种在各地大面积推广。随着育种、繁种技术发展至今，我国南北方均有适应当地不同生态条件的国内花椰菜系列品种。

在抗病育种方面，制定了抗黑腐病和芜菁花叶病毒的人工接种鉴定标准和方法，建立了这两种重要病害的抗病育种体系，并培育出可抗这两种病害的品种。

生物技术在花椰菜育种上的应用是以科研单位和高等院所为主，开展了花椰菜花粉培养、游离小孢子培养和原生质体培养的研究和应用，从而培育出福雪 60 和津品 50 品种。另外，浙江农业大学用特异的 PCR 引物扩增芜菁花叶病毒外壳蛋白基因获得 0.9kb 的片段；中国科学院上海生命科学分院植物生理生态研究所的研究表明，*BobCAL* 基因调控花椰菜花球的发育；南开大学找到了白色花冠特有的谱带；天津市蔬菜研究所利用 AFLP-银染法筛选到 4 个与抗黑腐病性状和 1 个感黑腐病性状连锁的 DNA 分子标记等。

我国在花椰菜育种方面取得的成绩虽缩短了与发达国家的差距，但育种的总体水平与产业需求相比还有较大差距。

我国优异花椰菜的种质资源相对缺乏，需要广泛引进。育种技术，包括抗病、抗逆性鉴定选择技术、杂交种制种技术、小孢子培养技术等需要进一步完善，常规育种要与生物技术结合，提高育种效率。目前，育种科研单位、大专院校和种业企业之间联系不够紧密，需要加强交流、分工协作、互利共赢，使我国的花椰菜育种事业立足内需，放眼世界，开创新局面。

二、种质资源与品种类型

（一）起源与传播

1. 起源与进化 有关花椰菜（*B. oleracea* var. *botrytis* L.）演化的研究报道较少。早期研究主要是从形态上和历史资料上推测其进化关系。多数学者认为地中海东部的克里特（Kreta）岛是花椰菜类的起源、进化中心，由野生甘蓝（*B. oleracea* var. *sylvestris* L.）经过长期人工选择，形成花茎肥大、颜色各异的木立花椰菜（sprouting broccoli），然后逐渐分化、选择形成现在的花椰菜类型。Vilmorin（1883）认为，从能抽薹的野生甘蓝植株，经过人工选择，演化成每节上发生少数花枝的木立花椰菜（white-sprouting broccoli），再经过选择形成花球肥大、密集成球的青花菜，青花菜为花椰菜的原始型，以后逐渐改良为现在的花球紧实、白色的花椰菜。Gray（1982）与 Vilmorin 的观点相同，认为花椰菜是由青花菜的原始祖先进化而来，因为甘蓝类中花椰菜的基因组更接近青花菜；Robinson（1920）认为青花菜的栽培比花椰菜早，是甘蓝进化为花椰菜过程的中间产物；Giles（1944）推测花椰菜是青花菜的类型之一，是从没有色素显色的青花菜发育而来；Snogerus（1980）认为花椰菜起源于 *B. cretica*；Crisp 和 Gray（1982）、Song（1990）也认为花椰菜起源于青花菜；Switzer（1729）认为黄白色和紫色的花球及绿色花球为花椰菜的原型，此后逐渐进化为今日着生紧实白色花球的现代品种。李家文（1962）认为野生结球甘蓝向花薹肥大而分枝多的方向培育，将能进化成为具有肥大花球的新类型，在结球甘蓝进化过程中也首先是由当年能抽薹植株，选育成每节上发生少数花枝的木立花椰菜，然后选育成花球肥大密集成球的青花菜，再进一步育成花球自然软化的花椰菜。李家慎（1991）认为，野生甘蓝向花薹肥大而多枝的方向培育，进化为具有肥大花球的花椰菜新类型。

大多数文献把花椰菜定为甘蓝种的亚种。宋克明（1988）、Boyles（2000）把青花菜和花椰菜定为两个亚种：*Brassica olerecea* ssp. *italica*；*Brassica olerecea* ssp. *botrytis*。孙德岭（2002）采用

AFLP 分子标记技术研究了花椰菜基因组亲缘关系，结果表明 4 种颜色花椰菜之间遗传同源性较高，亲缘关系较近，认为花椰菜亚种 *B. oleracea* ssp. *botrytis* L. 包括 3 个变种：花椰菜变种 *B. oleracea* var. *botrytis* L.、青花菜变种 *B. oleracea* var. *italica* P.、紫花菜变种 *B. oleracea* var. *purpura italica* P.。

15 世纪，在法国南部形成了现在栽培的花椰菜（刘英等，2006）。16～18 世纪，花椰菜传入欧洲北部，在沿海地区形成了二年生类型，在内陆地区形成了一年生类型（田源，2007）。

花椰菜经过近 500 年的进化，在不同的气候条件和栽培区域形成了各具特色的花椰菜类型，Swarup and Chatterjee（1972）将花椰菜划分为意大利类型（Italians or Original）、康沃尔类型（Cornish）、北方类型（Northerns）、罗斯科夫类型（Roscoff）、翁热类型（Angers）、雪球类型（Snowball）、印度类型（Indian cauliflower）（表 14-1）。

表 14-1　花椰菜类型

花椰菜类型	起源国家	最早栽培时间	特　点
意大利类型 Italians or Original	地中海	16 世纪	植株矮小，叶片直立，叶色蓝绿，不护球，花球品质好
康沃尔类型 Cornish	英国	19 世纪初	植株长势强，长茎；叶片紧凑，不平、大波浪明显；花球平滑、不规则、紧凑、不护球、黄色、芥末味浓烈
北方类型 Northerns	英国	19 世纪	叶片长叶柄，不平、大波浪明显、叶缘锯齿；花球品质好，护球
罗斯科夫类型 Roscoff	法国	19 世纪	植株矮小，叶片直立、不平、小波浪、叶脉明显、叶色蓝绿；花球白、光滑，半球，护球好
翁热类型 Angers	法国	19 世纪	叶片不平，大波浪明显，叶缘锯齿状、叶色灰绿；花球紧实、洁白、护球好
雪球类型 Snowball	荷兰	19 世纪	植株矮小，叶片短小直立、叶色蓝绿，花球紧实，护球好
印度类型 Indian cauliflower	印度	19 世纪末	植株矮小，长茎；叶片紧凑，不平、大波浪；花球平滑、略紧，黄色细嫩，不护球，芥末味浓烈

2. 传播与分布　据星川清亲（1981）编写的《栽培植物的起源与传播》记载，在公元前 540 年古希腊，把花椰菜称为 Cyma；到 12 世纪由叙利亚传入西班牙，同时在土耳其、埃及也开始栽培。1490 年热拉亚人将花椰菜从黎巴嫩或塞浦路斯引入意大利，在那不勒斯湾周围地区繁演。Bosweel（1949）报道，1586 年英国开始种植花椰菜，种子来自塞浦路斯。16 世纪法国开始种植花椰菜，也被称为塞浦路斯甘蓝（Hymas，1971）。到 16～17 世纪，花椰菜在中欧和北欧地区得到普及。1720 年意大利将花椰菜称为 Sprout cauliflower（嫩茎花椰菜）或 Italian asparagus（意大利的石刁柏），直到 1829 年 Switzer 才将黄白色花球的称为 Cauliflower，紫色花球的称为 Purple sproting，腋芽分生的叫 Broccoli。17 世纪末，英国从意大利引进结球的青花菜，有时花椰菜和青花菜种子混杂在一起（Gray，1982），从那时起，许多白花球的花椰菜在英国被普及和种植（Gile，1941；Gray，1982）；1806 年花椰菜由欧洲移民引入美国，1822 年花椰菜从英国传至印度、缅甸及印度尼西亚、马来西亚等国。据《日本野菜园艺大事典》记载，日本于明治初期引入花椰菜，一直到第二次世界大战以后，才被迅速普及成为大众化的蔬菜。

多数认为花椰菜是在 19 世纪中期由英国传入中国福建省的厦门，据清代郭苍柏《闽产录异》（1886）记载，"近有市番芥蓝者，其花如白鸡冠"，随后花椰菜经推广在福州、汕头、漳州等地普遍栽培，台湾约在 80 余年前由大陆引进栽培。但星川清亲在《栽培植物的起源和传播》（1981）中提出，据文献记载，花椰菜传入中国华南地区最早在 1680 年。

花椰菜分布较为广泛，目前全世界约有 70 多个国家种植花椰菜，其中亚洲有 21 个国家，欧洲有 26 个国家，美洲有 15 个国家，大洋洲有新西兰和澳大利亚两个国家，非洲有 10 个国家。全世界花椰菜种植面积最大的国家是中国，其次是印度，此外在法国、意大利、英国、西班牙、美国、墨西哥、澳大利亚、巴基斯坦、日本等国也有较多栽培。

（二）种质资源的研究与利用

1. 种质资源类型 花椰菜传入中国经过长期驯化和定向选择，已形成类型丰富、种类繁多的地方品种，为花椰菜育种提供了宝贵的资源。至20世纪90年代末，中国已收集、保存的花椰菜地方品种资源124份，主要分布在福建、浙江、四川、广东、上海等地，但从总体上看中国花椰菜种质资源较为贫乏，而且遗传背景狭窄，因此搜集、整理种质资源，是花椰菜育种研究的基础。

中国花椰菜种质资源主要有福建类型、浙江温州类型、上海类型三大类。

（1）*福建类型* 又分为福州和厦门两个类型。福州类型代表品种有福州40天、福州50天、福州60天等，其特点为花球呈扁圆形、乳白色、球面光滑、较松散，耐涝能力较强，中抗病毒病、霜霉病，易感软腐病、黑腐病；厦门类型的代表品种有粉叶60天、粉叶80天、田边80天、夏花80天等，其特点为花球为半圆形、紧实、雪白、球面较粗。

（2）*浙江温州类型* 主要包括龙湾、瑞安、清江3个系列，代表品种有温州80天、登丰100天、清江60天、清江120天、龙峰60天、龙峰80天，中抗软腐病，易感病毒病、霜霉病。

（3）*上海类型* 代表品种有申花1号、申花2号、申花3号、早慢种、早旺心、晚旺心、慢慢种等，抗寒，抗黑腐病、菌核病、病毒病、霜霉病、软腐病等多种病害。

其他地方形成的品种资源均来自这三大类型，如广东都斛早花、都斛中花品种，四川、重庆的大花、二花品种。

2. 种质资源的研究与利用

（1）*种质资源的研究* 资源是生物遗传多样性的重要组成部分，是育种不可缺少的物质基础，随着花椰菜在中国栽培面积的不断扩大及育种工作的发展，中国已有一批学者从不同角度对花椰菜种质资源进行研究。黄聪丽等（2001）利用RAPD分析了13个花椰菜品种的基因组DNA多态性；高兆波（2003）利用统计分析方法对花椰菜品种资源进行了分类和数量性状遗传分析；许卫东等（2006）利用RAPD分析花椰菜遗传多样性及预测杂交优势组合；林珲等（2008、2012）对花椰菜种质资源进行了形态标记与RAPD标记，以及花椰菜形态标记遗传多样性分析研究；赵前程等（2009）利用AFLP技术对花椰菜、青花菜、紫花菜、黄花菜自交系的遗传关系进行了聚类分析，并根据UPGMA方法构建聚类树状图来分析亲缘关系；陈阳等（2010）利用RAPD分析花椰菜种质资源遗传多样性；古瑜等（2010）利用AFLP和NBS profiling技术构建了花椰菜遗传图谱，研究了NBS-LRR类抗性同源基因在图谱中的定位；刘运霞（2011）利用SSR进行了花椰菜种质资源遗传多样性分析。

但是，中国对花椰菜资源研究还不够系统、深入并且针对性不强，对种质资源的收集整理、保存和遗传学评价缺乏全面系统的研究，对一些主要性状的鉴定评价仍处于表型的认识上，使得许多优异性状不能被准确、有效地挖掘与利用。因此，必须从分子水平深入研究花椰菜资源的遗传背景、亲缘关系，并进行系统分析，同时加强对有益基因的挖掘，加大对种质资源的改良和创新。

（2）*种质资源的利用*

① 抗病种质资源的利用。1990—2000年，中国对危害花椰菜的主要病害黑腐病和芜菁花叶病毒病进行了研究，制定了花椰菜抗黑腐病和芜菁花叶病毒病的苗期人工接种鉴定的标准和方法，经鉴定、评价与筛选，选育出一批抗黑腐病和芜菁花叶病毒病资源材料，利用这些材料培育出优良的抗黑腐病和芜菁花叶病毒病的杂交品种，如津雪88、丰花80、申花3号、银冠、京研50等。赵正卿等（2011）利用抗病材料育成高抗黑腐病、黑斑病，中抗霜霉病，松花型花椰菜品种——浙801。

② 自交不亲和系的利用。花椰菜杂种优势育种的主要途径之一是利用自交不亲和系配制杂种一代。自20世纪70年代中期开始，天津科润蔬菜研究所、北京市农林科学院蔬菜研究中心、厦门市农

业科学研究所、温州神良种业有限公司、上海长征蔬菜种子公司等相关单位与科技型种业企业先后开展了花椰菜自交不亲和系杂交品种选育研究，利用自交不亲和系，选育出白丰、丰花 60、津雪 88、云山、京研 60、厦花 6 号、泰国耐热 40 天、申花 3 号、银冠等系列花椰菜杂交品种，形成不同熟期、不同季节、不同生态类型配套，在很大程度上缓解了国内生产上花椰菜优良品种的供需矛盾。目前国内生产上，利用自交不亲和系培育的花椰菜杂交品种的覆盖率达 50%以上。

③ 雄性不育系的利用。花椰菜杂种优势育种的另一途径是利用雄性不育系配制杂种一代，克服了利用自交不亲和系途径存在的繁殖亲本费工、成本较高、自交多代退化问题严重，而且杂交种的纯度很难达到 100%等缺点。

中国花椰菜雄性不育育种研究与利用主要采用萝卜细胞质雄性不育源（Ogura CMS），其特点为幼苗不黄化、花器正常、雄蕊退化、蜜腺发达、花蜜多（图 14－3）。姜平等（1992、1999）1987 年从美国引进了胞质型雄性不育系 NY7642A 和保持系 NY7642B，经过 3 年的回交提纯，获得不育率达 98%以上的稳定不育系。何承坤等（1999）以 Ogura 细胞质雄性不育源为母本，分别以福州 50 天、福州 60 天、福州 80 天花椰菜为父本，经过回交转育而获得 3 个稳定的花椰菜异源细胞质雄性不育材料。北京市农林科学院蔬菜研究中心、天津市蔬菜研究所自 1998 年相继从国外引进了 Ogura CMS 材料，经过连续回交转育、定向选择，育成花器、蜜腺、植株生长均正常，不育率和不育度达 100%的系列 Ogura CMS 不育系，利用不育系分别育成了津品系列和京研系列花椰菜杂交品种。陆宝发等（2009）利用不育系，育成了兴绿杂 100 花椰菜杂交品种。

图 14－3　花椰菜雄性不育与可育花器图片

（三）品种类型

花椰菜品种类型通常依据栽培季节、成熟期、花球颜色分类。

1. 按栽培季节分类　根据栽培季节和对环境条件的适应性，将花椰菜品种分为春花椰菜类型、秋花椰菜类型、四季花椰菜类型、越冬花椰菜类型。

（1）春花椰菜类型　适宜春季栽培，在春、初夏（5～6 月）收获的花椰菜品种。特点是幼苗在较低温度条件下能正常生长，在较高气温下形成花球。这一类型的品种占中国花椰菜总种植面积的 20%左右，主要品种有云山、春雪 1 号、春雪 2 号等。

（2）秋花椰菜类型　适宜秋季栽培的花椰菜品种。特点是幼苗在较高温度条件下能正常生长，而在较低气温下形成花球。秋季是中国花椰菜主要栽培季节，种植区域大，范围广，全国 20 多个省、自治区、直辖市都有种植。秋花椰菜品种占中国花椰菜品种的 90%左右，种植面积占 60%以上。主要品种有丰花 60、神良 65 天、雪宝、津雪 88、津品 70、秋王 70 天、京研 50、京研 60 等。

（3）四季花椰菜类型　春、秋季均能种植的花椰菜品种。该类品种冬性较强，适应性广，占中国花椰菜品种数量的 5%。主要品种有雪山、雪岭、雪宝、云山 1 号等。

（4）越冬花椰菜类型　在黄河以南地区适于越冬栽培的花椰菜品种。秋季育苗，定植后在冬季生长越冬，来年 4～5 月收获。品种生长期 150 d 以上，耐寒性强，能耐短期－5 ℃以下的低温。这一类品种占中国花椰菜品种数量的 4%左右，种植面积的 2%左右。主要品种有冬花 204、傲雪系列花椰菜。

2. 按成熟期分类　根据成熟期，可将花椰菜品种分为极早熟、早熟、中熟、晚熟品种。

（1）极早熟品种　从定植到收获40～50 d。其特点为耐热、耐湿性强，花芽分化早，生育期短，冬性弱，易发生“早花”现象。植株矮小，花球小，单球重0.3～0.5 kg，产量低，适宜夏播秋收。主要品种有夏雪40、福州40天、夏花40天、矮脚59天、京研45、泰国耐热40天等。

（2）早熟品种　从定植到收获50～70 d。这类品种占中国花椰菜品种数量的20%左右。具有耐热、耐湿性较强，花芽分化较早等特点，适于夏播秋收种植。主要品种有丰花60、白峰、津品66、龙峰60、夏花6号、雪宝55天、神良65天、福州60天、京研60等。

（3）中熟品种　从定植到收获70～90 d。这类品种占中国花椰菜品种数量的40%左右。特点是耐低温，花芽分化较晚，植株生长势较强，花球致密紧实，单球重1.0～2.0 kg，适宜夏秋播、秋冬收获种植。代表品种有津品70、云山、雪宝、夏花80天、田边80天、温州80天、龙峰80天、申花3号、银冠、一代天使80等。

（4）晚熟品种　从定植到收获90 d以上。这类品种占中国花椰菜品种数量的30%左右。特点是喜冷凉的气候条件，耐低温，花芽分化较晚。植株生长势强，植株高大，花球致密紧实，单球重2.0 kg以上，适宜秋播、秋冬收获种植，主要在我国长江以南地区栽培。代表品种有法国的福门、福州100天、同安100天、同安120天、登丰100天、巨丰130天、傲雪、荷兰83等。

3. 按花球颜色分类　根据花球颜色，花椰菜分为白色、绿色、紫色、黄绿色、橙色品种。

（1）紫色品种　花球颜色有紫色、灰紫色和紫红色3种（图14-4）。特点为耐寒性强，不耐热，不耐旱，25 ℃以上的高温花球生长发育不良。生长势强，叶绿色，花球紫色，紧密，圆凸形，单球重1 kg左右，适宜春、秋种植。紫色花椰菜含有丰富的营养，每100 g鲜花球含蛋白质1.7～3.3 g，糖3～4 g，脂肪0.4 g，维生素C 90 mg，磷33～36 mg，铁1.2～1.8 mg，钙18 mg。主要品种有紫玉、紫云、圣紫、Violetta等。

图14-4　紫花椰菜

（2）黄绿色品种　花球球面外形有宝塔形（螺旋状、珊瑚状）和光滑形两种（图14-5）。

宝塔形品种：不耐霜冻，不耐热，生育适温范围较窄，耐旱、耐涝能力较弱。生长势强、叶片绿色，长椭圆形，叶面有蜡粉。花球紧密，黄绿色，塔形，花茎绿白色。塔形花椰菜营养丰富，每100 g鲜重含蛋白质3.93 g，膳食纤维0.70 g，可溶性糖2.99 g，可滴定酸0.31 g，维生素C86.2 mg，铁0.97 mg，钙26.65 mg，锌0.73 mg，磷85.44 mg。主要品种有绿峰、翡翠塔、青宝塔、富贵塔、Uzumki等。

绿峰　　黄玉

图14-5　宝塔形和光滑形黄绿色花椰菜

光滑形品种：不耐霜冻，不耐热，生育适温范围较窄，耐旱、耐涝能力较弱。植株直立，叶片深绿色，卵形，花球紧密，球面平滑，黄绿色，花茎绿白色。光滑形花椰菜营养丰富，每 100 g 鲜重含蛋白质 2.83 g，膳食纤维 0.98 g，可溶性糖 2.84 g，可滴定酸 0.24 g，维生素 C 86.9 mg，铁 0.82 mg，钙 18.17 mg，锌 0.82 mg，磷 75.26 mg。主要品种有绿宝石、黄玉、Broccoverde、Ro. cauliflower 等。

（3）橙色品种　耐热，不耐寒，耐旱、耐涝能力较弱。植株直立，叶片灰绿，叶片宽披针形，叶面蜡粉多，花球紧密、橙色，主茎和花茎髓部橙色。橙色花椰菜营养丰富，特别是富含具有抗癌功能的β-胡萝卜素，每 100 g 鲜重含β-胡萝卜素 35.4 mg，是普通花椰菜的 10 多倍，蛋白质 21.37 g，膳食纤维 7.55 g，可溶性糖 3.17 g，可滴定酸 0.12 g，维生素 C77.0 mg，铁 0.58 mg，钙 23.7 mg，锌 0.24 mg，磷 43.5 mg。主要品种有 Orange cauliflower、金玉 60、金玉 70、金玉 80。

三、生物学特性与主要性状遗传

（一）植物学特征与开花授粉习性

1. 根　花椰菜的根系发达，由主根、侧根及在主、侧根上发生的许多须根形成网状结构，主要分布在 40 cm 以内的土层中，以 20 cm 以内的根系最多。根系横向伸展半径在 40 cm 以上，但也以 20 cm以内的根系最多。主根不发达，入土浅，抗旱、抗涝能力差。花椰菜的根系再生能力强，适合育苗移栽。

2. 茎　营养生长期的茎是短缩茎，茎的下部细，直径 2～3 cm，靠近花球部分变粗，直径 4～6 cm，茎长因品种而异，一般 20～25 cm，呈高脚花瓶状。茎上腋芽大多数品种全生育期不萌发，有少数品种会萌发而形成 1 个或数个侧枝，进而长成非商品性的小花球。这些侧枝应及早打掉，以免影响主花球的产量。由于形成侧枝具有遗传性，在选种过程中应淘汰有侧枝的植株。

3. 叶　花椰菜的叶着生于短缩茎上，从第 1 片真叶起为 3 叶 1 层、5 叶 1 轮左旋形式排列，心叶合抱或拧合，心叶中间着生花球。从第 1 片真叶到最后一片心叶止，总叶片数多为 30～40 片，但近底层的叶片易脱落，只留下 20～30 片叶作为花椰菜的营养叶簇，为花球的生长制造养分。

花椰菜叶簇生长分直立、半直立、平展、叶下垂；叶片形状有披针形、宽披针形、长卵圆形；叶片顶部有尖形、钝圆形；叶缘全缘，或光滑或有极浅缺刻、微波浪状；叶色有浅绿、绿、灰绿和深绿；叶面有灰白色蜡粉，叶肉肥厚，幼龄叶片平滑，成熟叶叶面有的光滑、有的微皱、有的皱褶，内叶向内合抱护球、无叶柄；外叶有叶柄，但有的品种叶柄不明显，叶柄长度因品种而异，且有的品种叶柄上带有叶翅，有的品种不带。

4. 花球　花球由肥大的主花茎和许多肉质花梗及绒球状花枝在顶端集合而成，是花椰菜营养贮藏器官，也是食用器官，着生在短缩茎的顶端，由心叶包裹着。当植株长到一定大小感应一段时间低温后，花椰菜叶原基停止分化，花原基分化开始，最后分化形成花球。每 1 个肉质花梗由若干个 5 级花枝组成的小花球体组成，50～60 个肉质花梗从中心经 5 轮左旋辐射轮状排列构成 1 个花球。各级分枝界限可从每个分枝基部着生的鳞片状小包叶辨认。花球多为白色（雪白色、乳白色）、紫色、橘黄色、黄绿色。花球形状高圆形、圆球形、扁圆形。

5. 花　花椰菜花序为复总状，花为完全花，花萼绿色或黄绿色，花冠颜色有黄色、乳黄色、白色 3 种。花椰菜的花完全开放时，4 个花瓣呈十字形排列，基部有 4 个分泌蜜汁的蜜腺，花瓣内侧着生 6 个雄蕊，4 长 2 短。每个雄蕊顶端着生花药，花药 2 室，成熟后纵裂散发出黄色的花粉。雌蕊 1 个，二心皮，子房下位，柱头为头状。

6. 果与种子　花椰菜果实为长角果，扁圆筒形，长 5～8 cm，先端喙状，有柄，表面光滑，成熟时纵向爆裂为两半，两侧膜胚座上着生种子，呈念珠状，每个角果含种子十余粒。种子圆形或微扁，红褐色至灰褐色，千粒重 3～3.5 g。

7. 开花、授粉与结实习性 随着花球的生长，组成花球的花枝开始伸长，花球逐渐松散，进入抽薹期，同时花枝顶端花器官开始分化，当花枝抽薹到一定高度时，其顶端继续分化形成正常花蕾，此后各级花梗伸长，开始抽薹形成花蕾。各级花枝上的花蕾由下而上陆续开放，整个开花期 20～50 d，早熟品种花期约 20 d，中熟品种花期约 30 d，晚熟品种花期为 35～50 d。

花椰菜具有雌蕊先熟的特性，其雌蕊柱头在开花前 4～5 d 已有接受花粉能力，其能力可延至花后 2～3 d。花粉在开花前 2 d 和开花后 1 d 均有较强的生活力，但雌蕊和花药的生活力都以当天开的花最强，雄蕊柱头上的乳凸状细胞在开花 4 d 后开始萎缩，到第 9 d 全部萎缩，所以开花后 4 d 内授以新鲜花粉结实率无明显差异，4 d 以后结实率下降至不结实。将采集的花粉在 4 ℃左右温度下贮存 1 个月，仍有生活力。

花椰菜为异花授粉作物，虫媒花，依靠蜜蜂等昆虫授粉，在繁殖种子（原种、生产种）时要与同种的甘蓝类蔬菜采种田严格隔离，以免杂交串粉。花椰菜连续自交，容易发生自交退化现象。

（二）生长发育及对环境条件的要求

1. 生长发育 花椰菜属一二年生植物，其生育期可分为营养生长和生殖生长两个时期。营养生长期从播种到出现花球，其生长发育过程分为发芽期、幼苗期、莲座期、现球期，前 3 个时期主要进行营养器官的生长，在莲座期结束后，植株心叶开始向内弯曲，生长点进行花芽分化，逐渐形成花球，这一时期营养生长和生殖器官生长并行。花椰菜属绿体春化作物，植株必须长到一定大小，才能感应低温通过春化，诱导花芽分化。一般情况下，早熟品种植株茎粗 5～6 mm、叶片 6～7 片，中熟品种茎粗 7～8 mm、叶片 11～12 片，晚熟品种茎粗 10 mm、叶片 15 片时可接受低温通过春化。生殖生长期从现花球到开花、结实，其生长发育过程分为花球生长期、抽薹期、开花期、结荚期。

花球生长期：从现花球到花球成熟，一般需 20～50 d。早熟品种所需时间短，晚熟品种所需时间长。

抽薹期：从花球松散、花茎伸长到初花，需 6～10 d。

开花期：从初花到花期结束，需 24～30 d。

结荚期：从花谢到果荚成熟，需 30～50 d。

2. 对环境条件的要求

（1）温度 花椰菜喜冷凉温和的气候，属半耐寒蔬菜，其耐寒、耐热能力均不如结球甘蓝，是甘蓝类蔬菜中对温度要求较为严格的一个变种。

种子发芽的最低温度为 2～3 ℃，发芽适温为 18～25 ℃。幼苗生长适温为 15～25 ℃，耐寒、耐热能力较强，能忍受较长时间－2～0 ℃的低温及短时间的－5～－3 ℃的低温，也能忍耐 35 ℃以上的高温，但超过 25 ℃光合能力衰退，干物质合成减少，根系少，幼苗瘦弱，易形成徒长苗。莲座叶生长适温为 15～20 ℃，并要求一定的昼夜温差。由于品种不同，其耐热性和耐寒性也有一定差异，早熟品种耐热性强，但耐寒性弱；晚熟品种耐热性较差，但耐寒性较强。

诱导花芽分化的温度条件因不同品种有较大的差异，早熟种为 17～25 ℃，完成春化时间为 15～20 d；中熟种为 15 ℃左右，完成春化时间为 20～25 d；晚熟种 5～15 ℃，完成春化时间为 30 d。在同一平均气温情况下，夜间最低温度对春化的影响较大，而白天的高温对夜间的低温有抵消作用。另外，在一定的温度范围内，温度越低春化所需时间越短，温度越高则春化所需时间越长。花椰菜只有通过春化、完成花芽分化后才能形成花球，温度过高或过低，都会导致花芽分化出现异常现象。在花芽分化期如果连续遇到 30 ℃以上的高温，小花球之间就会出现叶片，俗称“花球夹叶”，而且花柄伸长，花球上出现花器，并产生绿色小苞片、萼片及小花蕾。如连续遇到－5 ℃以下的低温，则花芽不能正常发育，就会形成“瞎花芽”，或将使花球由白变绿、变紫，称为“绿毛”，有时在花球表面还会着生许多茸毛状和针状小叶而称为“毛花”。

花球的形成要求冷凉的气候，适温为15～18℃，在适温下，花球组织致密、紧实，品质优良。花球在8℃以下低温时生长缓慢，遇0℃以下低温时易受冻害，平均气温在25℃以上时则花球质量变劣，粗糙老化、变黄，花球松散，表面“长毛”，产量下降，商品价值降低。

开花时骤然霜冻，能引起单性结实，形成无种子肥胖空角。

（2）光照　花椰菜属长日照作物，喜充足光照，耐弱光，叶簇生长适宜较强的光照与较长的日照，花球生长适宜短日照，花球在日光直射下，其颜色由白色变成浅黄色，有的变成绿紫色，影响商品品质。因此，在出现花球之后应及时采取折叶或用细绳扎束外叶以达到遮光的目的。在育种上，应选择株型直立、心叶覆盖护球的品种，以达到自然护球、减少用工、提高花球质量的目的。

（3）水分　花椰菜喜湿润的环境条件，其根系较浅，植株叶丛大，蒸发量大，不耐旱，不耐涝。生长最适宜的土壤湿度为70%～80%，空气相对湿度为85%～90%。花椰菜对土壤湿度的要求较为严格，如土壤水分充足，即使空气湿度较低，也可较好地生长发育。土壤水分不足，加上空气干燥，很容易造成叶片失水，地上部生长受到抑制，植株生长发育不良，导致提前形成小花球即“先期现球”，不但失去商品价值，且影响产量。因此，在花椰菜整个生长过程中，需要充足的水分，特别是早熟品种在莲座期和花球形成期充足的水分是获得高产的关键。但是水分过多，使土壤中氧气含量下降，影响根系生长，地上部表现为叶柄从基部下垂，下部叶片黄化脱落，植株出现凋萎，植株矮小，早熟品种苗期出现死苗，莲座期出现“早花”。晚熟品种在花球膨大期土壤和空气水分过多，易引起花球腐烂，也易发生霜霉病、黑腐病、软腐病等病害。在进行保护地栽培时，应特别注意通风，以降低空气湿度。

（4）土壤营养　花椰菜喜肥、耐肥，适合在有机质丰富、疏松肥沃、土层较深、排水保水及保肥能力较好的微酸性到中性的壤土或沙壤土栽培。在肥沃的轻度盐碱地上也能获得好收成。花椰菜最适合的土壤pH为6～6.7。

花椰菜在整个生长期都要供给氮素营养，它可以促进花椰菜的生长发育，增加花球产量，提高花球品质，特别是在叶丛旺盛生长期，更要供给充足的氮素养料。幼苗期氮素对幼叶的形成和生长影响特别明显，氮充足幼苗生长繁茂健壮，反之植株矮小，叶片数少而短，地上部重量轻，出现提早现球、花球小而品质不良的现象。花芽分化前缺氮不仅影响茎叶生长，也会抑制花球的发育。

磷素可促进花椰菜的茎叶生长和花芽分化，特别是在幼苗期，磷对叶的分化和生长有显著作用，如果缺磷，叶片边缘出现微红色，植株叶片数少，叶短而狭窄，地上部重量减轻，同时也会抑制花芽分化和发育。在花芽分化到现球期间，如缺磷，会造成提早现球，甚至影响花球的膨大而形成小花球。因此，在幼苗期及花芽分化前后，必须充分供应磷肥。

钾素也能影响叶的分化，这种影响虽没有氮、磷那样明显，但如果缺钾，植株下部叶片易黄化，叶缘与叶脉间呈褐色；同时缺钾不利于花芽分化及以后的花球膨大，造成产量降低。所以在栽培过程中，不论是基肥或追肥都应有充足的钾肥。在整个花椰菜生长过程中，要求氮、磷、钾的比例大致为23∶7∶20。关佩聪等（1994）认为，氮钾交互作用明显影响叶片的硝酸还原酶活性和NO_3^-的含量。

此外，微量元素和钙对花椰菜的生长发育也有一定的影响。在莲座期，如果土壤偏酸性，会阻碍钙的吸收，出现弯形叶、鞭柄叶或畸形叶，特别是叶尖附近部分变黄，出现缘腐。如果在前期缺钙，植株顶端的嫩叶呈黄化，最后发展成明显的缘腐。在多肥、多钾、多镁的情况下，钙的吸收也会受阻并表现出缺钙的症状；土壤干燥，更易阻碍钙的吸收。

除钙以外，花椰菜对硼和钼的需求量也较高。缺硼，叶缘向内反转，叶脉出现龟裂或出现小叶片，生长点受害萎缩，出现空茎，花球膨大不良，严重时花球变成锈褐色。早期缺硼，会造成生长点停止并产生心腐。李春花等（1996）研究表明，施用镁、硼、钼可改善花椰菜经济性状，提高产量。朱凤林（2005）认为，增施钼酸可显著提高叶片叶绿素含量和硝酸还原酶活性，提高维生素C含量和可溶性糖含量，增加产量。

缺钼：出现畸形的酒杯状叶和鞭形叶，植株生长迟缓矮化，花球膨大不良，产量及品质下降。

缺镁：下部叶的叶脉间黄化，最后整个叶脉呈黄化。如叶片上出现黄色斑点，芽的生长严重受到抑制，新叶细小，则是缺锰的象征。叶尖失绿发白，并是从老叶向新叶发展，则是缺铜的象征。

花椰菜对硼和钼的需求量高，在生产过程中如发现缺硼或缺钼的症状，特别是常年连作的地块容易引起缺钼，因此要及时进行叶面喷洒钼肥，根外施硼肥。

（三）主要性状遗传规律

花椰菜主要性状的遗传改良是花椰菜的重要育种工作，遗传规律的研究对花椰菜主要性状改良具有指导作用，有助于提高育种的效率。

1. 花球质量 花椰菜以花球为产品器官，花球产量直接影响生产者经济效益和生产积极性，是育种工作者的主要育种目标。

Crip（1982）认为花球的形成受主基因控制，有的基因是显性，有的则是隐性。Gray（1988）认为花球形成是多基因遗传，修饰基因在花球形成上起相当重要的作用，这可能是花球的大小和形状变异如此丰富的原因。

多数学者认为花椰菜的花球质量遗传力高，受加性效应影响大，可以稳定遗传。也有少数学者持相反观点，认为单球重以显性效应为主，遗传率较低。魏迺荣等（1992）认为，花椰菜单球质量遗传力高，达 95.43%，可在早代进行选择；张振贤（1995）认为，花球质量与叶质量和茎直径呈正相关；李素文等（1996）认为，单株经济产量以及与花球质量相关的球径、纵径、紧实度等性状基因加性效应作用更大，可以稳定遗传；孙剑等（1996）认为，单球质量特殊配合力方量与一般配合力方量比值<1，遗传力高，优势率低，受加性效应影响大，可以稳定遗传；程卫东（1998）认为，球高与单球质量的遗传相关不显著，而花球横径与单球质量的遗传相关虽显著，但该性状的遗传力很低；杨加付等（2002、2003）认为，单球质量以显性效应为主，遗传率较低（<30%），但单球重与成熟期、球径间存在较大的加性相关，选择成熟期和球径时，单球重相对遗传效率分别达到 124.5%和 74.9%；刘厚诚等（2004）研究表明，植株质量和花球直径对花球质量有直接的显著影响，叶质量、叶面积和花球直径则是通过显著影响前两者而间接影响花球质量；李素文（2005）通过对花椰菜亲本主要经济性状的多元逐步回归分析，建立了杂交一代单球质量和成熟期的预测模型，结果表明，母本的全株质量和父本的成熟期对模型贡献最大，均达极显著水平。

2. 成熟期 不同熟性的花椰菜生育期相差较大，培育不同熟性的配套品种，有利于生产的合理安排。花椰菜成熟期的遗传效应由营养生长期决定，而结球期主要表现为互作效应，受环境影响较大。孙剑等（1996）认为，花椰菜品种成熟期受环境影响较大，同一花椰菜品种在不同栽培时期和栽培季节，其花球成熟期都会受到严重影响。李素文等（1996）认为，成熟期受基因非加性效应作用大，2005 年建立了花椰菜杂交种熟性预测模型，认为母本的成熟期（B13－2）和父本的显球期（B15－3）是影响杂一代成熟期的最主要因子；张凯等（2003）认为，花椰菜的早花球相对晚花球为显性；杨加付等（2004）研究表明，成熟期主要受加性效应控制，其遗传受环境影响较大。

3. 株高、株幅 株高、株幅遗传变异系数较小，是较稳定的性状，选择的范围有限。魏迺荣等（1992）利用方差与协方差分析法，研究了花椰菜 11 个数量性状的遗传力、遗传变异系数、遗传进度及性状间的表现型相关和遗传相关系数，结果发现，株高、株幅和叶柄长度遗传变异系数较小，可以认为是较稳定的性状，选择的范围有限，并且株高、株幅和叶柄长度遗传力易受环境因素影响，遗传力较弱，可从低代到高代实行定向选择，在连续多代的选择中逐渐提高其遗传力。株高和株幅均以显性效应为主，遗传率较低。孙剑等（1996）认为，株高、株幅的一般配合力小于特殊配合力，遗传力小，优势率高，遗传均受加性效应和非加性效应的共同作用；李素文等（1996）采用 6×6 双列杂交法研究了花椰菜10个经济性状的配合力，发现株高、叶片数量等性状在相当程度上受非加性基因控制。

4. 营养品质　杨加付等（2005）用基因型× 环境互作效应的遗传模型，对花椰菜营养品质性状进行了遗传研究，结果表明，可溶性固形物含量、蛋白质含量、总糖含量和维生素C含量性状以遗传主效应为主，且仅表现为加性效应，狭义遗传力均较高，其中以普通狭义遗传力为主，在育种改良中宜在低世代进行选择；同时对6个亲本遗传效应预测，亲本6可以明显增加杂种后代的可溶性固形物含量和维生素C含量，在特定环境条件下，还可以明显增加杂种后代的蛋白质量；亲本3和亲本4也可以明显增加杂种后代的可溶性固形物含量，因此，这些亲本在花椰菜营养品质育种中的利用效果可能会好于其他亲本。杨加付等也对花球与营养品质的遗传相关性进行了研究，认为球径与维生素C含量、蛋白质含量，球高与可溶性固形物含量、维生素C含量、蛋白质含量，球形指数与可溶性固形物含量的遗传协方差皆达显著或极显著水平，因此，对花球外观品质的选择会明显影响花球营养品质性状，适当减小球径、球形指数或增加球高可提高杂交花椰菜组合的可溶性固形物含量，增大球径或球高可提高杂交组合的维生素C含量。

四、育种目标

在花椰菜育种中，品种的丰产性一直是育种的重要目标性状。随着市场和消费需求的变化，产量在众多的育种目标中的权重有所变化，需要兼顾品质、抗病性、抗逆性等众多目标性状。

（一）品质育种

随着人民生活水平的提高和消费习惯的变化，人们对花椰菜的品质提出了更高的要求，开展品质育种已成为花椰菜育种的重要育种目标。花椰菜是以花器官为产品，对环境反应非常敏感，因此优质育种对于花椰菜新品种选育尤为重要。花椰菜的品质性状可分为外观品质、营养品质和风味品质。

1. 商品外观品质　花椰菜的商品器官为花球，花球的质量决定着商品品质优劣。在确定花椰菜商品品质育种时，主要考虑以下花球性状。

（1）*花球形状*　花椰菜花球周边形状分为：圆形、近似五角形、不规则形；按花球高度可分为：近球形、高圆形、半圆形、扁圆形、三角形。花球周边形状圆形，花球高度近球形、高圆形、半圆形是所希望的目标性状。

（2）*花球球面*　按球面光滑程度分为：光滑细嫩、粗糙、凹凸不平；按球面有无绒毛和夹叶可分为：无毛、少茸毛、多茸毛、绿毛、紫毛、夹叶；按花球紧实度可分为：极紧实、紧实、较紧实、松散。球面光滑、紧实、无毛、无夹叶是希望的目标性状。

（3）*花球色泽*　按花椰菜花球颜色可分为：雪白、乳白、浅黄；按花茎的颜色可分为：白色、浅绿、浅紫。花球颜色雪白是理想的性状。

（4）*花球内叶*　指生长在花球附近的小叶片，有开展、直立、弯曲覆盖花球。白色的花球在阳光照射下，易变黄，商品品质降低。为防花球变黄，生产上通常对花球内叶开展、直立的品种，在花球生长期采用人工摘叶覆盖花球，而内叶覆盖花球的品种可省去此工序。内叶覆盖花球也是主要的目标性状之一。

根据市场需求，在实际育种中要求选择花球高圆或半圆形、球面光滑细嫩、无毛、雪白、紧实，花茎为白色，内叶覆盖花球的材料和品种。

2. 营养品质　花椰菜营养丰富，除含有钙、磷、钾等矿质营养外，还含有蛋白质，尤其是维生素C的含量远远超过结球甘蓝。据钟惠宏（1998年）研究报道，花椰菜不同品种间营养成分、色素含量以及过氧化物酶活性方面都存在较大差异。特别是不同品种具有极明显的差异，引进的Orange cauliflower 橙色材料，其胡萝卜素含量是普通花椰菜品种的 9 倍。杨加付（2005）认为亲本之间营养品质的利用效果存在差异。

在花椰菜育种中，选择蛋白质、维生素 C、胡萝卜素、矿物质等营养成分含量高的材料，培育经济性状优良、营养丰富的花椰菜品种。

3. 风味品质 花椰菜营养丰富，品种间不但营养有差异，而且风味口感有明显的不同。有些品种和育种材料富含异硫氰酸盐，芥油味重，略带辛辣味；有些品种糖含量较高，口味微甜，适合生食和凉拌。因此，根据不同区域的饮食习惯和烹调方法，选育不同风味和口感的花椰菜品种，如适合凉拌的生食品种，适合烹饪的鲜食品种，适合干制的加工品种，以满足不同市场和消费群体的需求。

4. 特色类型育种 随着市场对花椰菜多样性的追求，选育橙色、紫色、黄绿色和塔形花椰菜品种，是丰富市场花椰菜种类的主要育种目标。

5. 松花类型品种选育 松花类型的花椰菜质地脆嫩，烹调时容易入味且口感好，这种类型的花椰菜目标性状要求是：花球较松散，球面平整，花茎脆嫩、较长且为淡绿色。该类型近年来种植区域不断扩大，也逐渐成为北方高原夏菜种植的重要蔬菜种类，是具有较大发展潜力的花椰菜类型。

（二）丰产性育种

1. 产量性状构成因素 花椰菜的产品器官是肉质花球，决定丰产性的主要因子是单球重和单位面积的株数。单位面积的株数取决于株型的开张程度和生育期的长短，而影响花球重量的因素是多方面的，主要有以下几个方面。

（1）生育期 一般来讲，生育期越长，单球重越重，产量越高，通常晚熟品种比早熟品种产量高。

（2）花球紧实度 严格来讲花球紧实度是指花球单位体积的重量。同样大小的花球，紧实度越大，单球重越重。品种之间花球紧实度存在较明显的差异，通常晚熟品种花球相对紧实，早熟品种花球相对松散。

（3）全株重 全株重也称为生物产量。花椰菜花球重量与生物产量呈极显著正相关，花椰菜植株生长势强，秧体大，其花球重量亦大。

2. 丰产性育种 决定花椰菜丰产性的主要因子是单球重和单位面积的株数。因此在丰产性育种中，其亲本和杂一代的目标性状选择，要围绕与单球重紧密相关的性状进行。

（1）株型的选择 花椰菜的株型直接关系到花椰菜的种植密度，进而影响产量。花椰菜品种的叶簇生长分为：直立、半直立、半开展、开展。植株开展度越大，每株花椰菜所占空间越大，单位面积种植的株数越少，在单球重相同的情况下产量越低。育种中，要选择株型紧凑、直立、开展度小的资源材料为亲本，以期从中选出直立型或半直立型的适合密植的花椰菜品种，通过增加单位面积株数来实现产量的提高。从花椰菜资源来看，早熟材料直立型、半直立型的较多，而晚熟材料以半开展、开展的类型为主。

（2）生育期的选择 生育期的长短与花球的质量密切相关，通常晚熟品种生育期长，单球质量大，产量高；早熟品种与此相反。但是熟性相同的品种间，单球重也有较大的差异，在花椰菜育种中要选择生育期短、花球生长快的材料做亲本；淘汰生育期长，秧体大而花球质量低的材料。

（3）花球紧实度 花球紧实度不但影响花球的球重，而且也是衡量花球质量的重要指标。因此在花椰菜育种中，花球紧实度的性状显得尤为重要。通常晚熟品种的花球比早熟品种紧实，而且熟性相近的品种，花球紧实度也有显著的差异。在实际育种中，通常选择花球紧实度大的材料做亲本，以期选育出丰产的优良品种。

（4）单球重 单球重是直接影响产量的性状，可对它直接进行选择。由于家庭人口的减少，就花椰菜市场需求而言，产品小型化是发展趋势。这与种植者考虑产量存在矛盾。为此在花椰菜育种上，品种选择要通过选育紧凑株型，在保证个体产量的前提下，通过增加群体的个数来达到丰产的目的。

（三）抗性育种

1. 抗病性　随着花椰菜生产向着规模化发展，花椰菜病害日趋严重，轻者减产，重者绝收。生产上，危害花椰菜主要病害有黑腐病、霜霉病、病毒病、软腐病、菌核病、根肿病。特别是菌核病和根肿病近年来蔓延很快，对花椰菜生产构成了较大的威胁。为此筛选抗病资源，选育多抗品种是解决病害危害的重要途径之一。可采用苗期人工接种鉴定和田间鉴定相结合的方法进行抗病资源材料的筛选，再通过常规育种方法或远缘杂交、体细胞融合、转基因等高新育种技术将抗病基因转入花椰菜中，育成抗病品种。

2. 抗虫性　花椰菜生产上的害虫种类有小菜蛾、菜青虫、蚜虫；秋季花椰菜在叶簇生长期虫害较重，花球生长期虫害较轻，主要害虫为菜青虫和小菜蛾。种质资源和品种间抗虫性差异明显，一般来讲，叶色浅绿、蜡质少的品种抗虫性差，叶色深、蜡质多的品种抗虫性强。在育种过程中，选择叶色深绿、蜡质多的材料做亲本，有望选出抗虫性强的花椰菜品种。

3. 抗逆性　温度过高或过低不利于花椰菜生长，但市场需求周年供应，近年来花椰菜反季节栽培面积不断扩大，如张家口坝上地区、甘肃省榆中县春花椰菜种植，于4月播种，8月收获，生产上急需抗逆性强、适应性好、耐抽薹的花椰菜品种。选育适合这些地区的品种，要求成熟期100 d以上，抗抽薹能力和抗寒能力强，同时要求内叶自覆能力好，花球耐强光、耐高温能力强。

此外，为达到周年供应，保护地花椰菜专用品种的选育，已成为花椰菜育种研究的当务之急。保护地花椰菜专用品种的育种目标：早熟，冬性强不易抽薹，株型直立、紧凑，内叶护球，适合密植，花球洁白、紧实、无毛。在品种和亲本的筛选过程中，花椰菜抗逆性材料鉴定，可在冬季利用日光温室进行，采用人工遮光、增湿、降温的方法，筛选耐低温、高湿、弱光及耐抽薹的花椰菜抗逆性资源和抗逆性强的品种。

（四）耐贮运品种选育

由于交通运输条件的改善，中国花椰菜生产格局发生了较大的变化，改变了过去就地生产、就地供应的流通方式，初步形成了区域化、规模化生产，大市场、大流通的格局。因此，生产上急需耐贮运、货架期长的花椰菜品种。

五、育种途径和方法

中国花椰菜育种始于20世纪50年代，杂交育种始于70年代。近年来发展迅速，利用自交不亲和系技术取得了较大的成就、利用雄性不育系技术也已经取得突破性进展，目前国内的花椰菜生产用种基本实现了杂优化。随着生物技术的发展，生物学手段也逐渐应用到花椰菜育种研究当中。

（一）选择与有性杂交育种

选择是为了获得所需基因型的一种方法，其作用是改变群体内各种基因型频率，保留产生的有价值的突变基因。

1. 主要育种目标性状的选择　通过种植观察，在一定的物候期调查其植物学性状、农艺学性状和田间抗病性、抗虫性等性状，对性状进行评价和筛选，从而获得具有目标性状的育种材料。

（1）*主要性状的鉴定、评价与选择*　性状的鉴定与评价，是育种研究的重要环节，是挖掘资源潜力的重要手段。选择的方法主要采用单株选择，选择具有综合优良性状或某单一优良性状的单株。鉴定、评价花椰菜的主要性状有：

形态性状：株型、株高、株展长、株展宽、叶数、叶柄长、叶长、叶宽、叶形、叶厚、叶色、叶面是否有蜡质等；

商品性状：球径、球茎颜色、球高、花球形状、花球是否规则、花球颜色、花球是否有绒毛、花球是否有夹叶、花球粗细、花球是否细嫩、花球口感；

产量性状：单球重、全株重；

生育期：成熟期、现球期等。

（2）抗病性的鉴定、评价与选择　危害花椰菜的主要病害有病毒病、黑腐病、霜霉病、软腐病、菌核病、根肿病。植物体中存在着抗原，是病原菌在寄主体内生存和变异的主要因素，对花椰菜种质资源材料进行鉴定、评价，从中可筛选出抗病的育种材料。

① 病毒病。是危害花椰菜的主要病害之一，分布于全国各地，北方尤为严重。危害花椰菜的病毒病主要是芜菁花叶病毒（*Turnip mosaic virus*，TuMV），占70%；其次是花椰菜花叶病毒（*Cauliflower mosaic virus*，CaMV）及黄瓜花叶病毒（*Cucumber mosaic virus*，CMV）。中国在1991—1995年的花椰菜育种研究中，建立了花椰菜芜菁花叶病毒病的苗期人工接种多抗性鉴定方法和评价标准，具体方法如下：采病叶按1∶3～5（g/mL）浓度，加0.01%（pH7.0）磷酸缓冲液匀浆，双层纱布过滤，制成菌液。当幼苗长到2叶1心时，在叶面喷洒600目金刚砂，用脱脂棉浸菌液，在叶面上摩擦接种，后用自来水冲洗叶片。接种后20～25 d调查发病情况。根据分级标准和计算公式，计算病情指数；根据病情指数按评价标准评价鉴定材料的抗病性，从中可筛选抗芜菁花叶病毒病的育种材料。

花椰菜芜菁花叶病毒病病害程度分级标准：

0级　无任何症状；

1级　心叶明脉，轻花叶；

3级　心叶及中部叶片花叶明显；

5级　花叶重，少数叶片畸形或皱缩；

7级　花叶重，多数叶片畸形或皱缩；

9级　花叶严重，畸形，叶脉或全株坏死。

病情指数计算方法：

$$病情指数(DI)=\frac{\sum(发病等级\times该级样本总数)}{调查样本总数\times最高病级数}\times 100$$

花椰菜芜菁花叶病毒病群体抗病性评价标准：

高抗（HR）　$0<DI\leqslant 2$

抗（R）　$2<DI\leqslant 15$

中抗（MR）　$15<DI\leqslant 30$

感（S）　$DI>30$

② 黑腐病。黑腐病（*Xanthomonas compestris* pv. *campestris*）为细菌性病害，是危害中国花椰菜第一大病害，全国各地均有发生。在抗病性鉴定中，苗期鉴定要与田间鉴定相结合，才能准确地选择出抗黑腐病的育种材料。中国在1990—1995年，研究、建立了花椰菜黑腐病的苗期人工接种抗性鉴定方法和评价标准，具体方法如下：将病原菌种在肉汁胨斜面划线，置27 ℃温箱内繁殖培养2～3 d，将繁殖病菌加无菌水制备成接种液，接种菌液浓度为每毫升含10^7～10^8个菌株。幼苗长到4～5叶期时，将幼苗保湿一夜，次日上午幼苗叶缘吐露时，向叶面均匀喷洒接种液，接种后保湿24 h，后在22～30 ℃环境下生长培养。接种后2周左右按分级标准调查发病情况，按评价标准评价、筛选抗病材料。

花椰菜黑腐病病害程度分级标准：

0级　无任何症状；

1 级　接种叶片叶缘出现褪绿斑；
3 级　病斑扩展深度 6～10 mm；
5 级　病斑扩展深度 10～15 mm；
7 级　病斑扩展深度 16～20 mm；
9 级　病斑扩展深度 21 mm 以上。
病情指数计算方法：

$$病情指数(DI)=\frac{\sum(发病等级\times该级样本数)}{调查样本总数\times最高病级数}\times100$$

花椰菜黑腐病群体抗病性评价标准：
高抗（HR）　$0<DI\leqslant5$
抗（R）　$5<DI\leqslant20$
中抗（MR）　$20<DI\leqslant40$
感（S）　$DI>40$
已公开发表的花椰菜抗黑腐病种质资源见表 14－2。

表 14－2　花椰菜抗黑腐病种质资源

病害	资源代号	抗性	作者与年份
黑腐病	Sn 445、Pua kea、MGS2－3	抗	Sharma et al.，1972
	RBS－1、EC162587、Lawyan	抗	Sharma et al.，1995
	Sel－12	抗	Gill et al.，1983
	Sel－6－1－2－1、Sel－1－6－1－4	抗	Chatterjee，1993
	Sakata6、Takki's february、Nazarki early、Henderson's Y 76、Henderson's Y 77	抗	Moffett et al.，1976
	Avans、Igloory	抗	Dua et al.，1978
	Pusa shubhra（Pua kea×MGS2－3）	抗	Singh et al.，1993

③ 菌核病。菌核病（*Sclerotinia sclerotiorum*）为真菌性病害，是危害花椰菜的重要病害之一。品种和育种材料间对菌核病抗性有一定的差异，但抗病资源相对较少，表 14－3 收集的为已发表的花椰菜抗菌核病种质资源。孙溶溶（2010）借鉴油菜菌核病抗病性鉴定方法，建立了花椰菜菌核病抗病性鉴定方法，她认为结球期琼脂块叶腋接种法为最佳抗病性鉴定方法，并利用此方法，筛选出了神良金花和长胜 65 天两份高抗材料。具体的鉴定方法为：

采集菌核经表面消毒后接种于琼脂平板上，在 23 ℃ 培养 4～6 d 至长出菌丝进行纯化鉴定，最后转至琼脂面置于 4 ℃ 冰箱保存备用。花椰菜结球期进行病菌接种，用打孔器沿菌落边缘打孔，成 5 mm 的菌丝琼脂片，接种前将无菌水浸泡的棉花与 1 个菌丝琼脂片包在一起，并用大约 10 cm 长的锡箔纸将菌丝琼脂片和棉花缠绕在预备接种的花椰菜叶腋处，缠绕要牢固。接种 7 d 后开始调查发病指数。

花椰菜菌核病病害程度分级标准（孙溶溶，2011）：
0 级　健康植株；
1 级　病斑仅出现在接种点处，无扩展；
2 级　表面侵染面积达茎秆面积的 25%；
3 级　表面侵染面积达茎秆面积的 50%；
4 级　表面侵染面积达茎秆面积的 75%；
5 级　病斑伤害深度达茎秆直径的 25%；
6 级　病斑伤害深度达茎秆直径的 50%；
7 级　病斑伤害深度达茎秆直径的 75%；

8级 整个植株严重受害，出现大面积的白色病斑；

9级 植株死亡。

花椰菜菌核病群体抗病性评价标准（孙溶溶，2011）：

高抗（HR） 相对抗性指数<－1.2

中抗（MR） －1.2<相对抗性指数<－0.7

低抗（LR） －0.7<相对抗性指数<0

低感（LS） 0<相对抗性指数<0.9

中感（MS） 0.9<相对抗性指数<2.0

高感（HS） HS<相对抗性指数

表 14－3 花椰菜抗菌核病种质资源

病害	资源代号	抗性	作者与年份
菌核病	EC131592、Janavon、EC103576、Kn－81、Early winter、EC162587、EC177283	抗	Kapoor，1986；Baswana et al.，1991；Singh 和 Kalda，1995；Sharma et al.，1995；Sharma et al.，1997

④ 霜霉病。霜霉病（*Peronospora parasitica* var. *brassicae*）为真菌性病害，多发生在低温高湿的环境，选育抗病品种是解决霜霉病危害的有效途径。花椰菜品种间对霜霉病的抗性差异明显，国内地方品种具有许多花椰菜霜霉病的抗源，有待进一步收集整理。表 14－4 收集了已发表的花椰菜抗霜霉病种质资源。目前国内还未见有关花椰菜霜霉病鉴定方法和标准的报道。借鉴结球白菜霜霉病的鉴定方法，建立花椰菜霜霉病的鉴定方法和标准是育种研究亟待解决的问题。

表 14－4 花椰菜抗霜霉病病种质资源

病害	资源代号	抗性	作者与年份
霜霉病	Igloo、Snowball Y、Dok Elgon、RS355	中抗	Kontaxis et al.，1979
	BR－2、CC－3－5－1－1、EC177283、Ec191150、EC191157、Kibigiant、Merogiant、EC191140、EC191190、EC191179、Noveimbrina	中抗	Singh et al.，1987；Mahajan et al.，1991
	MGS2－3、1－6－1－4、1－6－1－2、12C	中抗	Chatterjee，1993
	KT－9	中抗	Sharma et al.，1991
	Early winter	中抗	Sharma et al.，1995
	CC－13、KT－8、XX、3－5－1－1、CC	中抗	Trivedi et al.，2000
	Perfection、K1079、K102、9311 F1、9306 F1	中抗	Jensen et al.，1999
	Kunwari－7、Kunwari－8、Kunwari－4、First early luxmi	中抗	Pandey et al.，2001
	Pusa hybrid－2、Pusa snowball K－25	抗	Singh et al.，1994

⑤ 根肿病。根肿病（*Plasmodiophora brassicae* Woronin）属真菌性病害，是近年来蔓延最快，对花椰菜生产危害较大的病害。北京市农林科学院蔬菜研究中心在 2010—2014 年研究、建立了甘蓝类蔬菜抗根肿病人工接种的鉴定方法和评价标准，具体方法是：

将采集、保存于－20 ℃下的根瘤取出，解冻后置入捣碎机中加适量清水捣碎。两层纱布过滤，除去根部纤维组织，离心机离心浓缩，用水稀释配制成孢子浓度至 1×10^6 个/mL 的悬浮菌液备用；将鉴定的材料播种于装有 2∶1 的草炭和蛭石基质的 8 cm×10 cm 的塑料钵中，每钵播 2 粒种子，用蛭石覆盖，然后浇水；待幼苗出土，两片子叶展开时，用移液器或注射器抽取配制的悬浮菌液（孢子

浓度 1×10^6 个/mL)，在苗基部每钵注射 2 mL 接种，幼苗在室内温度 25 ℃左右，相对湿度 80%～90%，保持钵内土壤湿润的条件下生长。待接种后 40～45 d 调查鉴定病情，按病害分级标准调查各参鉴材料的所有植株，检查每株根部病情，统计发病率和病情指数。

根肿病病害程度分级标准：

0 级　根系正常，无肿瘤；

1 级　侧根有小肿瘤；

3 级　主根肿大，其直径小于 2 倍茎基部；

5 级　主根肿大，其直径是茎基部的 2～3 倍；

7 级　主根肿大，其直径是茎基部的 3～4 倍；

9 级　主根肿大，其直径是茎基部的 4 倍以上或肿大的根部出现变黑。

病情指数计算方法：

$$病情指数（DI）=\frac{\sum（发病等级\times该级样本数）}{调查总株数\times最高病级数值}\times100$$

根肿病抗性表型评价标准：

根据调查统计的各材料的病情指数，按照表 14－5 评定各参鉴材料对根肿病的抗性。

表 14－5　参鉴材料抗根肿病评价标准

抗性表型	病情指数
高抗（HR）	$0\leqslant DI<2$
抗（R）	$2<DI\leqslant10$
中抗（MR）	$10<DI\leqslant25$
中感（MS）	$25<DI\leqslant35$
感（S）	$35<DI\leqslant50$
高感（HS）	$DI>50$

2. 有性杂交育种　有性杂交育种是选育新品种的途径之一，其方法是根据品种选育目标，选用具有不同目标性状品种（系），通过人工杂交，将优良性状组合到杂交种中，再对其后代进行选育，获得具有优良目标性状，且遗传性相对稳定的新品种。

有性杂交后代的选择：

(1) F_1 代的选择　选用具有不同目标性状品种（系），通过人工杂交，将获得的杂交种子按不同组合分别播种育苗，对 F_1 的性状表现进行观察和鉴定，筛选出优良的杂交组合。为了减少工作量，在入选的较优良的组合内只选留优良的单株，对入选的单株进行有性隔离，并进行自交授粉留种，种子分别编号登记。F_1的播种株数，应视 F_2 计划种植群体而定，一般 20～30 株即可。

(2) F_2 代的选择　F_2 的种子，按单株播种育苗，每个单株分别定植于 1 个小区。F_2 是性状分离最明显也是群体分离类型最多的 1 代，育种研究的成败很大程度取决于这一代的选择。实际育种中，为了避免丢失优良的基因型，一方面尽可能多地扩大 F_2 的群体，一般组合应不少于 100 株以上，优良杂交组合后代群体应达到 250 株以上；另一方面适当降低选择标准，提高入选率；适当放宽数量性状的选择，而对遗传力大的性状可适当的严一些。对入选的单株进行有性隔离，并进行自交留种，种子按单株分别编号登记。

(3) F_3 代的选择　将 F_3 的种子，按单株播种育苗，每个单株分别定植于 1 个小区，初步形成 1 个株系，每个株系种植 50 株。F_3 的各株系内个体间已趋于一致，这一代应注重株系之间的比较，从中选出优良的株系。同时为了避免漏选，株系的入选率要高些。对优选出的株系从中再按育种目标筛选出几株最优单株，并分别编号自交留种。

(4) F_4 代的选择　将 F_4 的种子，按株系设区，株系内各单株分别播种育苗，每个单株分别定植于1个小区，每个单株种植30～50株。F_4 的各株系内个体间性状已基本稳定，这一代首先进行株系间的比较和目标性状的鉴定，从中选出优良的株系。再在优良的株系内筛选出最优良的单株5～10株作为种株，编号自交留种。

(5) F_5 代的选择　F_5 株系内个体性状已稳定，系间差异明显。因此，F_5 及以后世代的选择，主要应在株系间进行。

通过连续自交，逐代定向选择，能选育出所希望的、性状稳定的品种（系）。

在育种过程中，为了获得某些目标优良性状，削弱不良性状，通常采用杂交、回交与自交配合的方法加以解决。

实例：北京市农林科学院蔬菜研究中心京研45品种的选育

第1步：从日本引进的白玉杂交品种中选择5株优良的单株，开花时，每株套纸带隔离，单株自交授粉留种。

第2步：将获得的单株 F_2 种子播种育苗，分别种植30株，从各株系选择性状优良、抗病的单株5株，开花时，套纸带隔离，单株自交留种。

第3步：从获得的 F_3 种子各系中，分别选1株的种子播种育苗，各种植30株，从个体间性状较一致的株系中，各选择优良的单株5株自交留种。

第4步：将获得的各 F_4 单株种子播种育苗，各种植30株，进行株系间比较和性状鉴定，从中选的优良株系中，选择5～10株性状优良、抗病的单株自交留种。

第5步：从中选株系中，各选3株 F_5 单株种子播种育苗，各种植30株，再次进行株系间比较与评价，选择性状稳定、花球性状优良、丰产、抗病的株系，从中选择5～10株自交留种。

第6步：选2～3株的 F_6 用于品种比较试验，选育出性状稳定、早熟、花球性状优良、丰产、抗病的品系京研45。

（二）优势育种

Jones（1932）最早提出花椰菜具有明显的杂种优势，后来许多学者相继发现花椰菜在早熟性、花球质量、花球大小、成熟期等方面都有明显的杂种优势。

1. 花椰菜杂种优势的表现　花椰菜是杂种一代优势十分明显的蔬菜种类之一，这为杂种优势利用提供了较大的潜力。杂种优势主要表现在生长势、抗病性、丰产性、花球质量等方面。

(1) 生长势　花椰菜杂种一代生长势具有明显的优势，与亲本相比无论是生长速度，还是生长量都明显加快。杂种优势从苗期就能表现出来，幼苗叶片肥大、茎秆粗壮、根系发达、生长旺盛。进入结球期生长优势进一步扩大，与亲本相比表现在秧体高大、长势强、叶片明显加厚、叶面显著增大。

(2) 抗病性　花椰菜主要病害有黑腐病、病毒病、霜霉病、菌核病、根肿病，抗病性多为数量性状，F_1 的抗病性介于双亲之间，多数为部分显性，偏向抗病亲本。在抗病育种的亲本选择上，最好选择均为抗病的双亲，或其中之一为抗病亲本。

(3) 丰产性　花椰菜 F_1 代具有显著的丰产优势。蒋先明（1958）用高产的山农1号与低产的澄海早品种杂交，研究了花椰菜的杂种优势。试验结果表明，F_1 的产量分别比山农1号和澄海早高21.13%和58.55%，表现为较强的杂种优势。杨家付等（2012）采用完全双列杂交研究了6个花椰菜品种（系）农艺性状的杂种优势，认为 F_1 的单球重高于中亲值，以加性效应为主。

(4) 产品品质　花椰菜外观品质亦称商品品质，在育种中主要考虑的外观性状有花球表面茸毛有无、荚叶有无及花球的形状。花球无毛与有毛，F_1 趋中偏无毛；花球无荚叶与有荚叶，F_1 花球有荚叶；高圆形花球与扁圆形花球，F_1 居中间型。

（5）*花球颜色*　花椰菜花球颜色有白色、紫色、黄绿色、橙色。白色与紫色，F_1 表现为紫绿色，紫色为部分显性；白色与黄绿色，F_1 表现为黄白色，为中间型；白色与橙色，F_1 表现为橙色，橙色为显性。北京市农林科学院蔬菜研究中心利用白色和橙色材料，育成了金玉 60、金玉 70、金玉 80 系列橙色花椰菜杂交品种。

（6）*花球球面*　花椰菜花球球面外形有光滑形和宝塔形（螺旋状、珊瑚状），光滑形×宝塔形，F_1 花球球面表现为宝塔形，宝塔形为显性。北京市农林科学院蔬菜研究中心利用黄绿色的光滑形和宝塔形材料，育成了宝塔形的绿峰杂交品种。

2. 杂种优势预测　杂种优势的预测是杂交育种成败的基础。选配一代杂种亲本时，应注重构成综合性状的各目标性状之间的优势互补，使亲本优良性状在杂种一代中充分表现出来。理想中的花椰菜优良品种应为：株型直立、紧凑，单球大而紧实，花球呈高半球形，花球表面光滑细嫩、洁白、无毛无荚叶，抗多种病害，适应性强且营养含量高。但是将上述优点全部集中到一个品种难度很大，甚至很难做到。因此，在实际育种研究中，首选要根据自身掌握的资源情况，有重点地设计育种目标，同时也要考虑主要性状的遗传表现并结合育种经验，才可能达到预期效果。

（1）*株型*　它关系到品种的种植密度，进而影响产量。早熟品种要求株型直立，选择亲本时至少应有 1 个亲本株型直立。晚熟品种要求株型紧凑，选择亲本时，应避免株型开张的材料做亲本。

（2）*内叶护球方式*　花球洁白程度直接关系到产品的质量。花椰菜内叶的功能除了进行光合作用制造养分外，还具有保护花球免受太阳光直射，防止花球变黄的作用。内叶护球方式有叠抱、拢抱、半拢抱、开张等几种。因此，现代花椰菜育种把内叶护球方式作为重要的目标性状。在亲本选配上要选择叠抱或拢抱护球的材料进行组配，以选育出内叶护球好的品种。

（3）*花球单球重*　花球单球重决定花椰菜品种的丰产性。由于单球重为数量性状，一般情况下，当两个亲本的单球重都较低时，F_1 的单球重也较低。因此，在亲本选配时，要求双亲单球重都比较高，这样才能选出丰产品种。

（4）*花球紧实度*　为了选育花球紧实的品种，在亲本选配时，应选择花球紧实的父、母本。如果亲本之一为松花球材料，其 F_1 的花球紧实度趋中偏紧实的亲本。但近年来南方部分地区，喜爱食用松花类型的品种，则应选用花枝较长、浅绿色，花球松散的材料做亲本。

（5）*花球表面茸毛和荚叶*　优良的花椰菜品种要求：球面光滑、细嫩、无茸毛、无荚叶。在亲本选配时，应选用球面光滑、细嫩、无茸毛、无荚叶的材料做父、母本。

（6）*耐贮运性*　由于花椰菜的耐贮性在 F_1 往往表现为双亲的中间型，所以，要选配耐贮藏的杂交组合，其两个亲本均应是耐贮藏材料。

（7）*适应性和抗病性*　适应性和抗病性是关系着一个品种种植范围和稳产性的关键目标性状。欲选配适应性强的杂交组合，双亲最好选用来自不同生态类型地区的材料。抗病杂交组合最好根据花椰菜对各种病害抗性遗传规律加以选配。通常抗病性强的花椰菜材料往往品质较差，而品质优良的材料多不抗病。为克服这一矛盾，可先将抗病材料和优质材料进行杂交，再种植、选择、自交、分离，待育成一些比较抗病、优质，又各具特点的材料后，再进行组合选配。这项研究的实质，是将抗病基因转育到优质材料上。

3. 自交不亲和系的选育与利用　利用自交不亲和系配制一代杂种是花椰菜杂种优势育种的主要途径之一。自交不亲和系选育是花椰菜杂种优势育种的关键环节，优良自交不亲和系是通过多代连续自交，逐代进行亲和指数测定和定向选择，选择亲和指数低、蕾期授粉结实率高、抗病、性状优良、配合力强的株系获得。

花椰菜存在自交不亲和性，但发生频率较低，多数花椰菜常规品种极难找到自交不亲和株。利用已育成的花椰菜自交不亲和系杂交品种，从中分离自交不亲和材料是自交不亲和系选育的捷径。对常规品种或自交系，可用自交不亲和株转育来获得自交不亲和系，即将经济性状优良、配合力好的常规品种或自交系与已育成的自交不亲和系杂交，然后对杂交后代进行自交，选择自交不亲和株。选择目标是育成经济性状优良、配合力好的新的自交不亲和系。在选择自交不亲和系过程中，如果主要经济性状不符合要求时，可用原品种或自交系进行一次回交；如果自交不亲和性不符合要求时，则可用自交不亲和系回交，然后继续选择。魏迺荣等曾利用此法，将埃阿尔利白峰的自交不亲和性转育到60天花椰菜（亲和指数6.2）上，在杂种 F_3 代，自交不亲和株已占50%以上，进而育成了经济性状近于60天花椰菜的自交不亲和系。

花椰菜自交不亲和系的标准：花期自交亲和指数<1，系内姊妹花期异交亲和指数<2，蕾期自交授粉亲和指数>5。

优良花椰菜自交不亲和系的特点：自交不亲和性强而稳定，蕾期授粉结实率高，自交多代后生活力衰退缓慢，经济性状优良，配合力强。

自交不亲和系的繁殖方法：一般采用蕾期授粉繁殖自交不亲和系，将开花前2～4 d的花蕾用镊子剥开，授以本株或同系的花粉，可获得大量的种子。为节省人工，可用盐水克服自交不亲和性繁殖种子，即在隔离区内，于开花期每天上午9～10时用5%的盐水喷雾，放蜜蜂传粉，直至花期结束。此方法不能连续使用，以防自交亲和性提高。

自交不亲和系长期自交易引起生活力衰退，选育时尽量选用自交退化慢的材料，繁殖时用同系不同株的混合花粉授粉；或大量繁殖自交不亲和系原种，每年取少量原种繁殖亲本用于生产杂交种，以延缓生活力衰退。

利用优良花椰菜自交不亲和系配制杂种一代，要求双亲均为自交不亲和系，按育种目标的要求和亲本组配原则，采用轮配法或半轮配法配制少量杂种一代种子，以亲本系和生产上同类型主栽品种为对照（CK），进行品种比较试验，测定其一般配合力和特殊配合力（图14-6）。根据试验调查结果，进行统计分析，选出具有符合目标性状设计要求的优良杂交组合。也可采用结实率高的自交不亲和系为母本，自交系为父本配制一代杂种（图14-7）。

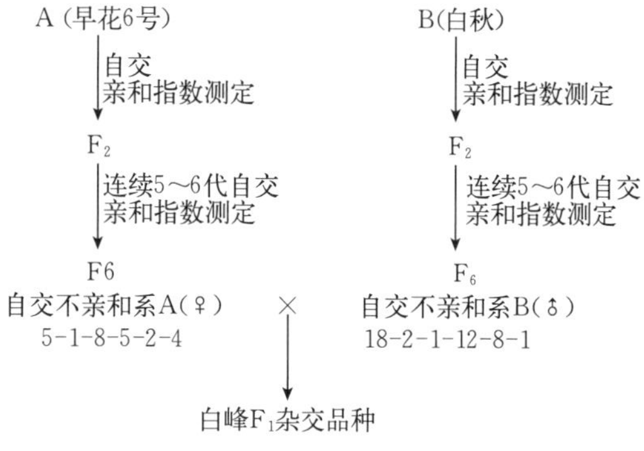

图14-6 利用自交不亲和系育成杂交品种白峰的示意

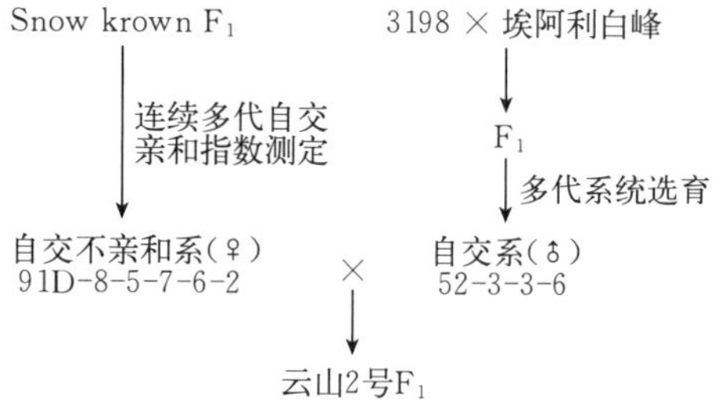

图14-7 利用自交不亲和系育成杂交品种云山的示意

4. 雄性不育系的选育与利用 利用雄性不育系配制一代杂种是花椰菜杂种优势育种的重要途径，克服了自交不亲和系途径存在的繁殖亲本费工、成本较高，多代自交亲本退化严重，生产的杂交种纯度很难达到100%的缺点。该途径在花椰菜杂种优势育种中将得到广泛应用。

雄性不育主要有核型和胞质型不育两种类型。胞质型雄性不育主要有黑芥、甘蓝型油菜、萝卜细胞质雄性不育3种类型，在花椰菜杂种优势育种中，广泛应用的是萝卜细胞质雄性不育型（Ogura CMS）。细胞质雄性不育是受细胞质基因控制的，随母性遗传，所有花椰菜种类均为其保持系。

花椰菜细胞质雄性不育系的选育主要是通过5～6代的连续回交转育与定向选择，获得所希望的细胞质雄性不育系。具体选育方法：

第 1 代：以细胞质雄性不育材料为母本，与性状优良、稳定的自交系（B）父本杂交，获得不育的 F_1，父本自交留种。

第 2 代：F_1 为母本，与 B 系回交，获得不育的回交后代 BC_1，从 BC_1 不育株中选择花器正常、雄蕊无或退化、花瓣鲜艳、蜜腺正常、花蜜多的植株进入第 3 代转育。

第 3 代：回交后代 BC_1 为母本，与 B 系回交，获得不育的回交后代 BC_2，从 BC_2 不育株中选择花器正常、雄蕊无或退化、花瓣鲜艳、蜜腺正常、花蜜多、性状优良的植株进入第 4 代转育。

第 4 代至第 6 代：回交后代为母本，与 B 系连续回交至 6 代，逐代进行选择，最终获得花器正常、雄蕊无或退化、花瓣鲜艳、蜜腺正常、花蜜多、不育率和不育度达 100%、性状与自交系 B 一致的细胞质雄性不育系及对应的保持系 B。

优良花椰菜细胞质雄性不育系的特点：花器正常、雄蕊无或退化、花瓣鲜艳、蜜腺正常、花蜜多、不育率和不育度达 100%，结实率高，经济性状优良，配合力强。

花椰菜细胞质雄性不育系繁殖方法：在隔离区内，不育系与保持系按 2∶1 行比定植，用蜜蜂授粉，从不育系植株收种用作亲本，从保持系植株收种可再做保持系用。

利用优良的花椰菜细胞质雄性不育系配制杂种一代，以性状优良、配合力强、结实率高的不育系为母本，性状优良、配合力强的自交系为父本配制少量杂种一代种子，以亲本系和生产上同类型主栽品种为对照（CK），进行品种比较试验，测定其一般配合力和特殊配合力。根据试验调查结果，进行统计分析，选出具有符合目标性状设计要求的优良杂交组合。

图 14－8 为橙色花椰菜杂交品种金玉 70 选育。

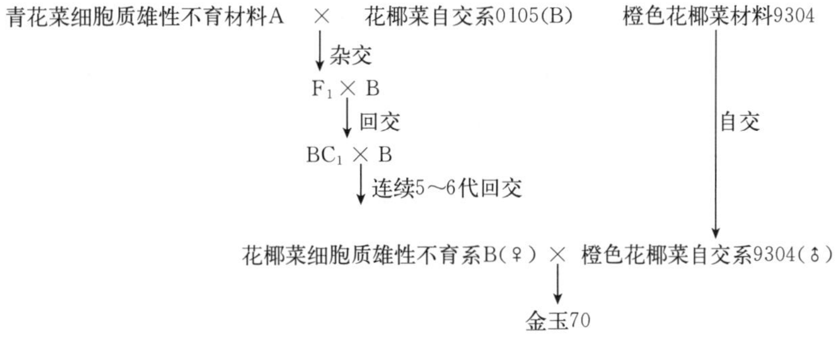

图 14－8　橙色花椰菜金玉 70 杂交品种选育

（三）生物技术育种

1. 细胞工程育种

（1）*花粉花药培养技术*　利用花粉花药培养方法，是种质资源创新的快捷、有效途径，具有提高花椰菜种质资源的纯化速度，缩短育种年限，提高选择效率等优点。1964 年 Guha 和 Maheshwari 开创了通过花药培养诱导单倍体的方法，并逐渐在一些农作物育种中得到有效应用。

陈国菊等（2004）以 5 个花椰菜品种为材料，进行花药离体培养，结果表明愈伤组织的诱导、芽的分化频率与供试材料基因型、低温预处理、培养基中蔗糖浓度和激素配比有关，并从再生植株获得了自交种子。张绪璋等（2006）以杂交品种 B－21 为材料，对花椰菜的花药培养条件进行了研究，试验结果表明：花药消毒处理，采用 0.11%升汞消毒 30 min 效果较好，成活率达 86.167%；E3 培养基愈伤组织诱导率为 86.11%，比 MS 培养基提高 41.40%；用培养基 MS＋0.15 mg/L 6－BA＋0.15 mg/L NAA，出芽率为 31.167%，分化绿苗率为 94.179%；用生根培养基 1/2 MS＋0.11 mg/L NAA＋活性炭 2 g/ L，生根率达 100%。天津市蔬菜研究所建立了花椰菜花粉花药培养技术体系，获得了一些花椰菜种质资源。

(2) 游离小孢子培养技术 游离小孢子培养 (isolated microspore culture) 技术是快速创新种质资源的有效途径，较常规育种技术，能缩短育种材料的纯化时间、提高育种效率、缩短育种周期。该技术主要包括小孢子胚的诱导、再生植株和 DH 系形成 3 个过程。

基因型、花蕾大小、预处理、培养基是影响小孢子胚发生的关键因素。方淑桂等（2006）以 80 份早、中熟花椰菜栽培种为材料进行小孢子培养研究，有 20 份材料诱导出胚状体，诱导率为 25%，基因型不同，产胚量差异也较大。顾宏辉等（2007）试验结果表明，不同花椰菜品种对小孢子培养的反应不同，胚状体产量最高的品种平均每花蕾胚产量达 45.6 个，最高每花蕾胚产量达到 112 个，而早花 45 天小孢子未能诱导出胚。赵前程等（2007）研究的 186 个花椰菜试材中，有 55 个材料得到了小孢子胚，培养反应率为 29.6%，并认为小孢子胚发生能力同其他遗传性状一样，是受基因调控的遗传特性；同时研究了花蕾不同发育阶段对小孢子胚状体发生的影响，认为单核靠边期到双核期的小孢子培养出胚率高，而在三核期和单核早期进行花椰菜小孢子培养不能获得胚状体。这一结果与方淑桂等（2006）的研究一致，盛花前期培养的小孢子产胚量最高，比其他时期培养的高 20%以上，差异达极显著水平。顾宏辉等（2004）研究了花椰菜小孢子培养预处理中不同的热激温度与热激时间组合对胚产量的影响，认为 32 ℃热激处理 24 h，小孢子胚产量显著高于其他组合，而方淑桂等（2006）的研究认为 33 ℃处理 48 h 最适宜。张晓芬等（2005）研究了不同蔗糖浓度的培养基对出胚率的影响，结果表明含 13%蔗糖的 NLN 培养基胚发生率最高。方淑佳等（2006）的研究认为，为了维持小孢子的活力，起始培养用含 16%蔗糖的培养液，3 d 后加入等量的含 10%蔗糖的培养液，使蔗糖浓度稀释到 13%，出胚率与 13%蔗糖的培养液对照相比增 205.08%。赵前程等（2007）研究了培养基中植物生长调节剂对诱导胚的影响，当 1.0 mg/L NAA+0.5 mg/L 6-BA 组合使用时，愈伤组织发育速度较快，愈伤组织质量最好，能够进一步诱导获得胚芽，而 6-BA 1.0 mg/L+NAA 0.1 mg/L 植物生长调节剂组合最适宜花椰菜胚愈伤组织分化形成再生植株，愈伤组织分化率达到 100%，平均每块愈伤组织的胚芽分化数量达到 6.52 个。培养基中添加活性炭可提高胚产量，孙丹等（2005）研究表明，在培养基中添加 0.10 mg/L 活性炭能增加大多数品种的胚产量，原因可能是适量的活性炭可以吸附一些由于胚滋生产生的代谢物质，从而促进胚发育；赵前程等（2007）的研究表明，在胚转移到脱分化培养基的初期，添加 100 mg/L 的活性炭可以减少胚褐化、死亡。这个结果与姜风英等（2006）的研究结果相一致，试验中还发现，活性炭添加在固体培养基表面比混合在培养基中效果更好。花椰菜小孢子培养时小孢子密度对出胚率有较大影响，赵前程等（2007）的研究表明，小孢子培养密度为 1×10^5～2×10^5 个/mL 时，出胚率较高。

胚状体经过诱导、萌发和继代培养，5～6 周可获得再生植株。胚状体的萌发受胚状体生育期、数量、大小和培养基的影响，而再生植株的生成还受到培养基水分、通气、光照、温度的影响。刘凡等（1997）研究发现，成熟的小孢子胚在 NLN（13%）液体培养基中停留时间的长短对以后的胚培养影响甚大，在液体培养基中停留 14 d 和 21 d 的小孢子胚转移至 MS 培养基培养 56 d 时，成苗率分别为 85.0%和 81.6%，停留 28 d 和 35 d 的小孢子胚最终成苗率只有 63.3%和 42.7%。周伟军等（2002）发现，胚状体转移到固体培养基后立即进行低温诱导（2 ℃）处理 10 d，其萌发率和成苗率均显著高于无低温处理。赵前程等（2007）将 20 d 的胚状体进行脱分化处理，可大幅度提高胚状体的成活率，植株再生率为 53%，再生植株中双单倍体占 83.15%。

小孢子植株有单倍体、二倍体及多倍体等类型，植株自然加倍率为 60%～70%，对单倍体植株主要用 0.2～4.0 mg/L 秋水仙碱处理加倍。同一小孢子来源的个体，其性状在遗传上是纯合的，而不同小孢子来源的植株后代，其性状均有差异，可通过选择，获得性状、倍性稳定，后代自交结实正常的 DH 株系。

(3) 细胞融合技术 原生质体融合也称体细胞杂交，是创新育种材料和新品种的有效途径。体细胞杂交的过程没有减数分裂，为两个二倍体细胞原生质体融合产生出四倍体的杂交植株。它可打破种间、属间存在的性隔离和杂交不亲和性，从而广泛地聚合各种优良的基因，创造出所谓“超性杂种”，通过原生质体融合还可转移细胞质雄性不育基因，加速雄性不育系转育速度。自 Carlson 等在 1972 年获得第 1 株烟草体细胞杂种植株以来，技术体系不断完善和发展，在许多物种上细胞融合获得成功，得到了融合杂种植株。在十字花科芸薹属中已获得的融合杂种植株有：拟南芥油菜、结球甘蓝油菜、结球甘蓝＋白菜型油菜、白菜型油菜＋花椰菜。惠志明（2005）进行了原生质体非对称融合向花椰菜转移 Ogura 萝卜胞质雄性不育的研究，获得了花椰菜与 Ogura 萝卜胞质结球甘蓝型油菜种间体细胞杂种种株。张丽（2008）以具有良好再生能力的花椰菜下胚轴原生质体作为融合受体，具有抗黑腐病、黑胫病和根肿病优良性状的黑芥叶肉原生质体作为融合供体，采用非对称体细胞杂交技术，获得抗病的花椰菜（*Brassica oleracea* var. *botrytis*）与黑芥（*B. nigra*）的种间杂种，实现了野生种质抗病基因向甘蓝类蔬菜作物的渗透。王桂香等（2011）以花椰菜—黑芥体细胞杂种的自交及回交后代为材料，经流式细胞仪 DNA 含量分析，B 基因组特异分子标记和染色体原位杂交的大规模群体分析技术，以及连续 3 年黑腐病病菌人工接种鉴定，获得高抗黑腐病株系 12 个，抗黑腐病株系 17 个。

植物原生质体融合技术，除还需完善技术体系，提高培养效率外，融合杂种植株的经济性状定性选育和新物种的消费需求也是该项技术需研究的课题。

2. 分子标记辅助育种　在作物的遗传改良中，连锁图谱的构建为基因定位及重要农艺性状分析提供了重要基础，基因连锁标记的选择，可加速目标基因的转移和利用，提高回交育种的效率，较早淘汰不利相关性状，设计和培育理想品种。此外，作物品种资源的 DNA 指纹分析可以在种质资源本身的评价、归类和利用，品种的纯度鉴定和品种知识产权保护，特定 DNA 片段（或染色体）的追踪，杂种优势预测，寻找有重要价值的农艺基因，分析育种系谱的亲缘关系，制作品种分子身份证等方面发挥作用。

分子标记辅助选择技术应用于花椰菜遗传育种有很多报道。古瑜等（2007）利用 AFLP 和 NBS profiling 技术，以 F_2 群体为材料构建了第一张花椰菜遗传连锁图谱，由 234 个 AFLP 标记和 21 个 NBS 标记构成 9 个连锁群，总图距为 668.4 cM，标记间平均距离 2.9 cM，每个连锁群包含 12～47 个位点，NBS 标记分布在 8 个连锁群中。

黄聪丽等（2001）应用 RAPD 技术对 13 个花椰菜品种进行多态性分析，选用 20 条随机引物共扩增出 175 条片段，其中多态性片段 118 条，占 67.4%，花椰菜品种间具有丰富的遗传多样性。孙德岭等（2004）利用 AFLP 技术对花椰菜、青花菜、紫花菜、黄花菜自交系的遗传亲缘关系进行了研究，结果表明花椰菜、青花菜、紫花菜、黄花菜明显分为四大类群，青花菜与紫花菜亲缘关系较近，花椰菜与其他花菜亲缘关系较远，黄花菜居中。Muhammet 等（2004）设计了 43 个 SSR 引物，共评价了 54 个甘蓝、花椰菜、青花菜 3 个不同类群的栽培种，并计算每品种的遗传相似性，制作了系统发育树。许卫东等（2006）应用 RAPD 技术对 24 个花椰菜品种的基因组 DNA 进行多态性分析，选用 20 个 10 bp 随机引物共扩增出 180 条 DNA 片段，其中多态性片段 123 条，占 68.3%。遗传相似分析表明，品种间的亲缘关系远近与地理分布有一定的相关性，品种熟性的差异与其遗传基因差异相关。林挥等（2008）利用 RAPD 技术对 61 份花椰菜品种进行了遗传多样性分析，从 200 条引物中筛选出 10 条引物，10 条引物扩增的总位点数为 69 个，多态位点数为 44 个，多态性达 63.77%。聚类分析揭示不同的品种的亲缘关系，RAPD 标记说明花椰菜品种间有相同的遗传背景，但相互之间又存在一定的差异。

李传勇等（2001）利用 RAPD 分析鉴定花椰菜杂种纯度；Bornet 等（2002）使用 ISSR 分子标记法，鉴定不同的花椰菜栽培品种；张丽等（2008）利用 RAPD 和 SRAP 分子标记鉴定花椰菜-黑芥体细胞杂交获得的 40 个再生植株，结果表明 30 棵为体细胞杂种；赵新等（2012）利用 EST－SSR 技术鉴定花椰菜杂交品种纯度。

黄聪丽等（2001）应用 RAPD 分析方法，分别对 3 组花椰菜自交不亲和系和自交系的基因组 DNA 进行差异分析，得到与花椰菜自交不亲和性相关的差异片段，作为筛选自交不亲和系的标记。

宋丽娜等（2005）用 RAPD 和 ISSR 分子标记技术，分别对 5 组花椰菜自交不亲和系和对应的自交亲和系的基因组进行指纹差异分析。结果表明，花椰菜自交不亲和系与自交系基因组 DNA 之间存在差异，扩增出的差异片段与花椰菜自交不亲和性相关，并可作为自交不亲和系和自交亲和系育种筛选的分子标记。王春国等（2006）以花椰菜细胞质雄性不育系 NK－6 和相应保持系 NK－6B 为材料进行 RAPD 分析，筛选了 406 条 RAPD 引物，共获得了 2 160 条清晰可辨的条带，平均每个引物产生 5～10 条，并将 RAPD 标记转化成特异 PCR 标记，命名为 S2121900。

张峰等（1999）利用 AFLP 技术在 1 对花椰菜抗、感黑腐病的近等基因系中筛选到 4 个与抗黑腐病性状、1 个与感黑腐病性状连锁的 DNA 分子标记，对其中 1 个 400 bp 的抗病标记进行 Southern 杂交检测，结果表明，该标记与甘蓝黑腐病抗性基因紧密连锁。刘松（2002）研究了与花椰菜抗黑腐病基因连锁的 RAPD 标记，结果表明，花椰菜种质 C712 抗黑腐病生理种 BJ 的抗性由 1 对显性基因控制，RAPD 标记 OP224/1600 与抗病基因连锁，其遗传距离为（4.5±1.37）cM。

李凌等（2000）利用 cDNA－AFLP 技术对花椰菜黄花（A023）和白花（A123）1 对近等基因系的 mRNA 进行了分析，得到白花品系和黄花品系特有的 2 个标记：W260 和 Y310。Smith 等（2000）以 *BoCAL* 和 *BoAPL* 两个隐性等位基因在特殊位点上的分离为切入点，研究了花球的起源和进化过程，得到花球发育的遗传模式，认为 *BoCAL－a* 等位基因与离散花序的形态之间存在很强的相关性，并提出以 SSR 分子标记对花球形态品质进行检测的方法，从而为提高品质育种提供了可行的方法。赵升等（2005）对外源 *BoCAL* 基因对花椰菜花球形态发生的调节及遗传的研究发现，不结球与 *BoCAL* 基因的突变有关，而早散球与 *BoCAL* 基因的时空表达有关，可以利用 *BoCAL* 基因调控花球发育的性状。

3. 基因工程技术 主要基因分离克隆对花椰菜高效育种具有重要作用。涉及有关花椰菜主要基因分离克隆的报道很多，Bowman 等（1993）首先在拟南芥中发现了花球突变体 Cauliflower，随后 Kempin 等（1995）分离出与花球发生有关的 *CAL* 基因。李凌等（2000）利用 AFLP 技术对黄花和白花 1 对近等基因系的 mRNA 进行了花色相关基因的 cDNA 分析。Smith 与 King（2002）对两个影响花球形成的候选基因 *BoCAL* 与 *BoAPL* 进行了 RFLP 分析，提出一个花球形成遗传模型，证明 *BoCAL－a* 等位基因与花球表现型的关联性。Li 等（2003）开展了 *Or* 基因的图位克隆研究，构建了 *Or* 纯合的花椰菜 BAC 文库，包括 60 288 个克隆，平均大小 110 kb，涵盖 10 倍基因组。江汉民等（2010）以花椰菜抗黑腐病近等基因系 C712（抗病系）和 C731（感病系）为材料，构建了 C712 黑腐病病菌诱导表达的正向消减 cDNA 文库，并于 2012 年从花椰菜中克隆获得与对黑腐病抗性反应有关的 *BoPAL* 基因。李蓉（2011）利用 RT－PCR 及 RACE 技术，克隆获得与抗氧化酶的抗氧化和抗逆有关的 *Fe－SOD*、*CAT*、*Tub* 基因。

在花椰菜育种中转基因技术应用较多的是农杆菌介导法，华学军等（1992）利用土壤根癌农杆菌的介导，将抗虫 *Bt* 基因导入 14 d 苗龄的花椰菜下胚轴和子叶柄中，得到转基因植株。Ding 等（1998）利用农杆菌介导，将从当地甘薯中分离得到的抗虫基因转入花椰菜中，得到抗虫转基因花椰菜。蔡荣旗等（2000）、徐淑平等（2002）、吕玲玲等（2004）、Lu 等（2006）用根癌农杆菌介导法，将 *Bt* 基因和豇豆胰蛋白酶抑制剂（CpTI）转入花椰菜下胚轴，获得转基因植株。转基因植株叶片的离体饲虫试验结果表明，对鳞翅目害虫菜青虫的生长发育有一定的抑制作用。王亚琴等（2010）通过根癌农杆菌介导法，将抗病转录因子基因 *Pti4* 导入花椰菜无菌苗下胚轴，获得抗细菌病害的转基因植株。

六、良种繁育

（一）自交不亲和系原种繁殖与一代杂种制种技术

1. 自交不亲和系原种繁殖

（1）播种育苗 一般采用营养钵育苗，基质选用珍珠岩、蛭石和农家肥，以 3∶2∶1 比例（容积）掺匀，播前在育苗盘中浇足底水，播后覆土 0.3～0.5 cm，再罩上塑料小拱棚保温。出苗后及时撤去拱棚或其他覆盖物，白天温度控制在 20～25 ℃，夜间不低于 10 ℃。

（2）定植　当幼苗长到 5 叶 1 心时，选择肥沃的壤土或沙壤土田块进行定植。双行定植，株行距为 40 cm×50 cm，双行间留 60 cm 通道，便于人工授粉。定植前对小苗进行选择，严格去杂，去除株型不一致的、有病的弱苗。

（3）隔离与割球　采用纱网隔离，防止蜂、蝇等昆虫进入，以免造成种子混杂。割球在花球长到拳头大小时进行，保留外缘 2～3 个均匀对称小花球，其余花球全部割除，以利于抽薹开花。

（4）授粉　繁殖自交不亲和系原种必须用蕾期授粉的方法。具体做法是：选开花前 2～4 d 的大花蕾，用镊子将花蕾轻轻拨开，露出柱头，取同株当天开放的新鲜花粉涂在柱头上。镊子和手要用酒精严格消毒。

（5）田间管理　花椰菜喜肥水，定植要浇足底水。开花授粉期不得缺水，始终保持土壤见干见湿。施肥管理上，开花初期增施尿素，开花后期增施磷、钾肥，追肥量不宜过大。授粉结束，以浇水为主，不再施肥，结荚后适当控制浇水。

（6）防治病虫害　花椰菜采种要注意防治菜青虫和蚜虫。在开花前用氯戊菊酯 1 000 倍液喷洒种株以防蚜虫。授粉时不可喷药，否则影响授粉效果，造成减产。

（7）收获种子　一般授粉后 50～60 d 收获种子。由于花椰菜种荚成熟后，种荚变黄易爆裂，致使种子脱落，所以在每天早晨趁潮湿时采收，后熟风干后脱粒、清选。

2. 杂交制种技术

（1）制种地选择　花椰菜喜水、喜肥、怕涝，制种地宜选择前茬没有种植过十字花科作物，方圆 2 000 m 范围内没有甘蓝类蔬菜种植的排灌水良好、肥沃的壤土或黏壤土地块。

（2）播种期　花椰菜不同成熟期的亲本、不同的制种区域播种期不同，但总的原则是将开花授粉期调节到 15～25 ℃、无雨或少雨的季节。根据父、母本的成熟期确定播种的间隔期，以保证父、母本花期相遇。一般晚熟亲本早播，早熟亲本晚播。以云南省元谋地区为例，每年 12 月初到翌年 2 月底最高气温低于 30 ℃，是花椰菜授粉的最佳时期，因此早熟亲本播种期一般控制在 8～9 月，晚熟亲本一般在 6～7 月播种。

（3）播种育苗　为了防止种子带菌，减少种传病害，在播种之前要对种子进行消毒，一般用温水浸种或药剂拌种消毒。浸种，即将种子放入 55 ℃温水中，并不断搅拌，浸种 4 h 后，涝出用干净湿毛巾包好，1 d 后播种；或播种时用 0.5%的多菌灵等药剂拌种。

营养钵育苗：营养土选用壤土 1 份、蛭石 1 份、草炭 1 份、充分腐熟过筛的堆肥 1 份，或壤土 3 份、草木灰 2 份、充分腐熟过筛的堆肥 1 份。播种前先将营养钵浇透水，后用手指在营养钵正中央点成直径 1 cm 左右、深 0.5 cm 的小穴，将种子播在穴内，每穴 1～2 粒，用蛭石或过筛的细土覆盖，厚度为 0.6 cm 左右。苗床上用细竹片搭成小拱棚，顶高 0.5 m 左右，小拱棚用地膜覆盖，防雨保湿。地膜上面覆盖遮光率为 80%的遮阳网，在拱棚的两端留放风口，以降低棚内温度。播种后经常观察种子出苗状况，待种子拱土 60%左右下午及时去掉覆盖物，根据出苗情况进行第 1 次覆土，同时也可以根据土壤墒情和拱土龟裂状况可适量喷小水后再进行覆土以保全苗。

苗期管理：当子叶充分展开，第 1 片真叶吐心时间苗，每钵留 1 株。根据墒情进行浇小，水以透为准，钵内要经常见干见湿。育苗后期适当少量追施一些氮肥。苗期注意猝倒病和霜霉病的防治及菜青虫和小菜蛾的防治。

（4）定植　定植前每公顷繁种田使用腐熟的厩肥 30 000 kg，过磷酸钙 750 kg，硼砂 15 kg 做基肥，将繁种田进行翻晒、耙细。当秧苗长到四叶一心时即可定植。定植选择在多云天或晴天进行，边定植边浇水，确保成活率。株距要根据亲本生育期和植株开展度而定，早熟亲本植株较小，开花数量少，定植密度要求大些；晚熟亲本植株强壮，植株开展度较大，株距大些。为了便于管理，父、母本要分开定植，做到每行只定植一个亲本。同时要严格控制父、母本的定植比例，一般父本和母本比例按 1∶1 隔行种植，如父本为自交系，按行比 1∶2 种植。

（5）田间管理　早熟亲本较矮小，为了使其多抽薹、多开花，定植后要以促为主，大水大肥，形成强大的营养体。晚熟亲本定植要适当控制水肥，控制营养生长。亲本定植后要及时中耕，一般进行 3 次，掌握一浅、二深、三适中的原则。水肥要根据土壤情况、亲本的熟期区别管理，生长初期由于生长量小，对水肥没有过多的要求，一般于定植后 5 d 左右，可结合浇缓苗水每公顷施尿素 150 kg 或硫酸铵 225 kg。缓苗后到团棵期结合浇水追施 2～3 次尿素，每公顷 150 kg，也可以再追施 1～2 次人畜粪尿。

花球生长期对磷肥需求增加，显球后每公顷施磷肥 150 kg 左右。在这个生长过程中以促为主，肥水及时，不能发生干旱。

（6）割球、花期调整和管理　割球是促使花椰菜抽薹开花和调节父、母本花期的重要环节，当花球直径长到 8～10 cm 时，选择晴天割球，用小刀将花球中间的小花切去，删除小花枝，保留外缘 2～3个均匀对称小花球，切口尽量小而齐，稍斜，用农用链霉素＋代森锌喷涂伤口，以利伤口愈合，防止病菌侵染。

花椰菜松花球比紧花球抽薹、开花早 10～15 d，割心留边比割边留心抽薹、开花早 5～10 d。为调整父、母本花期一致，对紧花球亲本提早割球，对早熟亲本割边留心，晚熟亲本割心留边。若出现花期明显不相遇的情况，对开花早的亲本应及时打去早开花的枝条，让底层花球生长，晚的亲本应及时割球疏枝，促进抽枝。

用赤霉素处理也可调整花期。对抽薹、开花晚的亲本用浓度 30～50 mg/L 的赤霉素喷雾植株生长点，能促进植株抽薹开花。

花期水肥管理至关重要，浇水施肥必须及时保持土壤见干见湿。同时在花期前一定要连续喷药做好防虫工作，尽量做到花期不喷药。杀虫剂要以生物农药为主，如克蛾宝、爱福丁、Bt 等。喷洒农药最好于蜜蜂回箱后进行。

（7）授粉　花椰菜为虫媒花，自交不亲和系杂交制种，利用蜜蜂进行辅助授粉，一般每公顷繁种田需要 15～20 箱蜜蜂。

（8）荚期管理　结荚前期仍需适当浇水施肥，保证种子灌浆发育。到种子灌浆完毕后，停止施肥，减少浇水，防止母本出现“贪青”而推迟采收。结荚后植株还会出现返花现象，要及时剪除，防止消耗营养。

（9）种子采收　当 80%种荚变黄，种子变褐后可陆续从父、母本分别收种，如父本为自交系，花期结束后将其拔除，只从母本株收种。采收要在清晨露水未干时进行，此时种荚开裂少，损失小。做到适时采收，如过晚，会造成种荚开裂、种子落地等损失；过早，种子未完全成熟，会造成种子不饱满，影响产量、发芽率和种子的保存年限。为提高种子净度，要用纱袋或布袋进行采收，后在苫布或其他布质材料上晒，并随时翻动。切不可在水泥或沥青路面上直接摊开暴晒，否则会严重影响种子的发芽率。晒干后打场，应避免土场内的小土块混入种子中，给种子的清选带来困难。

（二）雄性不育系亲本繁殖与一代杂种制种技术

1. 雄性不育系亲本繁殖　不育系和保持系要同时播种，不育系和保持系播种和定植比例为 2∶1 或 3∶1，在隔离区内，采用蜜蜂授粉。如果保持系是自交不亲和的，采用人工授粉。其他方法和田间管理与自交不亲和系繁种相同。

2. 杂种制种技术　雄性不育系制杂交种与自交不亲和系不同的是，父、母本种植比例为 1∶2 或 1∶3，花期结束后，拔除父本株，只从母本株（雄性不育株）收种，其他方法和田间管理与自交不亲和系制杂交种相同。

（三）常规品种生产

常规品种制种技术参考自交不亲和系制种技术。常规种制种中省去了花期调节的繁琐步骤，只要掌握合理播期，将开花、授粉时期调整到15～25 ℃的季节，制种就较易获得成功。但常规品种易出现品种退化问题，在制种过程中要杜绝机械混杂、生物混杂等现象。对于已经发生退化的品种，应根据不同的混杂退化原因，采取不同的提纯复壮方法。一般提纯复壮的方法有混合选择法、集团选择法和品种内杂交等。

（四）种子贮藏与加工

1. 种子清选　清选是为清除种子中的夹杂物，如鳞片、果皮、果柄、枝叶、碎片、瘪粒、病粒、土粒及其他植物的种子等。一般少量种子可用手选，种子量比较多时可用风选、筛选等方法清选种子，提高种子质量。

2. 种子通风贮藏　通风降温贮藏是利用通风机，采用强制通风的方法将冷空气通入种堆，以降低种温，增加种子的贮藏稳定性，延长贮藏时间。

通风的形式有两种，一种是压入式，一种是吸出式。一般采用压入式，风机的风口与风管相连接，将风管插入种堆，把外界冷空气从风管压入种堆，使堆内湿热空气由堆表面散发出去。在冬季使用效果最为显著，且不会增加种子水分。

3. 种子低温贮藏　一般利用空调设备来控制贮藏库内的温度和相对湿度，使得种子贮藏时间明显延长。在温、湿调控条件好的仓库，如温度在0～4 ℃，相对湿度＜30%的条件下，花椰菜种子贮藏8年仍有85%以上的发芽率。

4. 种子大小分级　种子大小按直径分级，一般分为4级，即1.4～1.6 mm、1.6～1.8 mm、1.8～2.0 mm、2.0～2.2 mm，用分选机分选。种子大小分级有利于发芽势一致，出苗整齐。

5. 种子包衣　种子包衣技术是一种新型高效的种子处理技术，同时也有利于机械化播种。采用多种杀菌剂与抗生素复配的包衣剂对花椰菜种传的黑腐病、软腐病和菌核病等病害的防效达90%以上。包衣剂还可提高种子活力，减少贮藏期间的种子霉变。

6. 种子丸粒化　种子丸粒化技术是指能够实现生产目标和商品需要而又不影响种子原有优良性状的药剂、肥料、激素及对种子无副作用的辅助原料等，经过特殊工艺均匀地包裹在种子表面，并具有一定形状、一定强度、表面光滑的种子处理技术。它使小粒种子大粒化、不规则种子成形化，既便于机械化播种又能防虫防病，既省工省药又增产增收，是继种子包膜技术之后的又一项种子处理新技术。

花椰菜种子丸粒化的主要技术指标：

（1）丸粒近圆形，大小适中，表面光滑，色泽鲜亮；

（2）单粒抗压力（N）≥15N；

（3）单粒率（DZ）≥98%；

（4）有籽率（YZ）≥98%；

（5）整齐度（ZQ）≥98%；

（6）裂解度适中，能够适时裂解；

（7）不抑制种子的优良农艺性状；

（8）具备丸化目标性状。

（孙德岭　简元才）

第二节 青花菜育种

青花菜（*Brassica oleracea* L. var. *italica* Plenck）为十字花科（Cruciferae）芸薹属（*Brassica*）甘蓝种中以绿色或紫色花球为产品的一个变种，一二年生草本植物。染色体数 $2n=2x=18$。又名茎椰菜、嫩茎花椰菜、绿花菜、西蓝花、绿菜花、意大利芥蓝、木立花椰菜等。

青花菜的食用部分主要是由肉质花茎、小花梗和绿色花蕾群组成的花球，茎秆上部脆嫩部分也可食用。其花球质地柔嫩，营养丰富，风味清香。据测定，每 100 g 可食用花球鲜品含水分 89 g，蛋白质 3.5～4.5 g，碳水化合物 5.9 g，脂肪 0.3 g，维生素 A 2 500～3 800 IU，维生素 B_1 0.1 mg，维生素 B_2 0.23 mg，维生素 C 110～113 mg，无机盐 0.7 g，磷 78 mg，钠 15 mg，铁 1.1～1.8 mg，钙 78～103 mg，钾 382 mg，锌 0.65 mg，镁 18.5 mg 及丰富的叶酸，胡萝卜素含量为花椰菜的 43～60 倍。青花菜含有一种特殊成分莱菔硫烷，它是目前公认的防癌效果最好的天然产物之一。据梁浩等（2007）研究表明，莱菔硫烷对人肺腺癌细胞 A2 具有明显的抑制作用。青花菜还含有吲哚甲醇，可分解雌性激素，防止乳腺肿瘤生长。另外，花球内二硫亚铜的含量也较高，该化合物对癌症有较好的预防作用。青花菜可炒食、煮食、凉拌，也可加工成脱水干菜用于速冻，少量用于罐藏和腌渍。

青花菜是欧美和亚洲许多国家的重要蔬菜，近 10 年来中国青花菜的种植面积也逐年增加，大中城市近郊区种植较普遍。浙江、云南、福建、上海、北京、江苏、山东、河北、湖北、甘肃等生产基地开始成片大规模种植，据不完全统计，目前国内青花菜种植面积约 13.33 万 km^2。

一、育种概况

（一）育种简史

青花菜是甘蓝种的一个变种，是由野生甘蓝演化而来，其野生种主要分布于地中海沿岸。大约在公元 9 世纪以后，一些不结球的野生甘蓝经过长期的人工栽培和选择衍生出甘蓝类蔬菜的各个变种（参见第十三章图 13－1），其中包括青花菜变种。约自 13 世纪以来，一些类型在欧洲通过人工选择成为了适应当地消费和具地方特色的品种，在英国、意大利、法国、荷兰等国广为种植。19 世纪传入美国，后传到日本。美国在战后以加利福尼亚为中心，青花菜的栽培面积逐渐增加。20 世纪 50 年代起，英国、意大利、法国、荷兰、日本等国先后开展了青花菜新品种育种工作，特别是日本发展较快，逐渐成为日本一种主要的蔬菜。20 世纪 50～60 年代，日本遗传育种家伊藤庄次郎（1954）和治田辰夫（1962）在开展十字花科蔬菜的自交不亲和系选育和遗传基础研究的基础上，确立了利用自交不亲和系配制十字花科蔬菜杂种一代的技术途径。此后，对青花菜类蔬菜的特性、类型和栽培方法进行了研究和探讨，进一步改良品种和培育新的优良品种。到 20 世纪 90 年代初，日本育成、已见报道的青花菜品种有 54 个，这些品种中除中绿早生外，其他均为杂种一代。这些优良品种种子不仅供应日本国内市场，还用于出口，如 20 世纪 90 年代初中国、美国等国家栽培的青花菜 80%以上的种子来源于日本。在研究自交不亲和系制种途径的同时，许多国家还十分重视雄性不育系的研究。1992 年康奈尔大学 Walters 采用原生质体非对称融合的方法初步获得改良的萝卜胞质雄性不育材料 Ogu CMS R2，但该材料植株蜜腺不发达，雌蕊畸形结实不良，因而不能利用。90 年代后期，美国 Asgrow公司继续采用原生质体非对称融合的方法得到具较好的雌性器官和良好的配合力的新型改良甘蓝胞质不育系材料 Ogu CMS R3，并转育到青花菜中，于 21 世纪初逐步在青花菜育种上应用。目前泷井（Takii）、坂田（Sakata），先正达（Syngenta）、比久（Bejo）、利马格兰（Limagrain）等国外大型种子公司都有强大育种科研实力和市场营销能力，并针对世界各国不同生态条件，利用胞质雄性不育系和自交不亲和系开展青花菜育种，已育成的一批优良青花菜品种（如优秀、耐寒优秀、幸运、强悍等）在世界很多国家推广种植。

中国青花菜栽培历史短，种质资源搜集整理及新品种育种研究起步晚。中国开展青花菜品种资源的搜集、引进、评价及新品种选育，始于20世纪70年代末和80年代初，并得到迅速发展，其发展过程大致可分以下几个阶段。

1. 国外青花菜品种引进、试种　19世纪末或20世纪初青花菜传入中国时仅在香港、广东、台湾一带种植。20世纪80年代初开始作为特菜在福建、上海、北京、云南等地引种成功，并逐渐被人们广泛食用。这阶段从日本引进的早熟青花菜一代杂交种里绿、绿慧星、东京绿和中熟品种绿岭，以及自韩国引进的中熟品种绿秀等在国内较为广泛种植。

2. 青花菜杂种优势利用与新品种选育　1986—1995年，“青花菜新品种选育”被列为农业部“七五”（1986—1990）、“八五”（1991—1995）重点科技研究项目，“七五”（1986—1990）期间中国农业科学院蔬菜花卉研究所与北京市农林科学院蔬菜中心合作完成了农业部重点科技研究项目“青花菜新品种选育”专题。通过各种途径引进鉴定资源材料600多份，育成11份优良的自交不亲和系，并用于配制杂交种，在国内首批育成青花菜杂交一代新品种中青1号、中青2号、碧松、碧衫。“八五”（1991—1995）期间，在中国农业科学院蔬菜花卉研究所的主持下，与北京市农林科学院蔬菜中心、上海市农业科学院园艺研究所、深圳市农科中心蔬菜研究所等单位联合进行攻关，在从国外引进一批新的青花菜种质资源（主要是杂交种）的基础上，重点开展了青花菜自交不亲和系和雄性不育系的选育和研究，经过多代的自交、回交和定向选择，获得了一批优良的自交系或不亲和系和雄性不育系，并用于配制杂交组合，育成中青3号、上海2号、碧秋、早青等青花菜杂交一代新品种。

3. 抗病青花菜新品种选育　20世纪90年代中后期以来，随着青花菜栽培面积的不断扩大，病害对青花菜的危害日益严重，在病害流行年秋青花菜病毒病、黑腐病发病株率达30%～50%，严重地块达80%以上。近年来根肿病的发生也严重影响青花菜的正常生长，严重地块导致绝收。为了解决生产上病害日益严重的问题，促进青花菜生产的发展，“青花菜新品种选育”先后被列为农业部“九五”（1996—2000）重点科技研究项目、现代农业产业技术体系“十一五”至“十三五”（2006—2020）研究内容。“青花菜种质资源的引进、创新和利用”被列入农业部948和国家“十一五”（2006—2010）、“十二五”（2011—2015）、科技支撑计划等相关课题的研究内容。此外，青花菜新品种的选育也被上海、浙江、北京、天津等省份列为重点科研课题。在育种目标上，“九五”（1996—2000）期间主要是选育单抗病毒病或黑腐病的抗源和品种，“十五”（2001—2005）、“十一五”（2006—2010）期间要求抗或耐两种病害（病毒病或黑腐病），“十二五”（2011—2015）期间要求育成优质、抗或耐两种病害（病毒病或黑腐病或根肿病）的抗源和新品种。在中国农业科学院蔬菜花卉研究所、北京市农林科学院蔬菜中心、上海市农业科学院园艺研究所、深圳市农科中心蔬菜研究所、江苏省农业科学院蔬菜研究所、浙江省农业科学院蔬菜研究所、天津市农业科学院蔬菜研究所、厦门市农业科学研究所等单位的共同努力下，明确了TuMV、黑腐病和根肿病是危害青花菜的主要病害；建立了青花菜抗病毒病、黑腐病、根肿病的苗期人工接种鉴定方法和标准以及青花菜耐贮性的鉴定方法和标准；创制出B8551、B137、B132、B35、B8588、92005、B97-9、B98-1等10余份抗病毒病兼抗或耐黑腐病或耐根肿病的青花菜抗源材料；育成中青3号、中青7号、碧秋、圳青1号、上海2号、中青8号、中青9号、闽绿1号等优质、抗病青花菜杂交种10余个。

4. 注重品质育种，采用生物技术与常规育种相结合，提高育种效率　21世纪以来，在注重抗病、丰产青花菜新品种选育的基础上，尤为注重优质（外观品质和营养品质）新品种的选育，要求青花菜花球浓绿、花蕾细、主茎实心、口感好。如近年育成的中青10号、中青11、中青12、台绿1号、绿海等。创新莱菔硫烷含量较高的育种材料和新品种也成为研究重点。小孢子培养、分子标记辅助育种、转Bt抗虫基因和耐贮基因等生物技术在青花菜育种中成功应用，显著地提高了青花菜的育种效率。如中国农业科学院蔬菜花卉研究所建立了青花菜小孢子培养技术体系，利用该体系育成了多个

DH 群体，并成功用于青花菜花球荚叶、球色、主花球茎空心和莱菔硫烷含量等重要性状的遗传和分子标记的研究及新品种的选育。浙江省农业科学院蔬菜研究所利用小孢子培养技术育成优良青花菜DH 系，并用于配制杂交新品种。

（二）我国青花菜育种现状与发展趋势

1. 育种现状

（1）育种技术研究取得了重要进展 20 世纪 80 年代以来，我国在青花菜抗病和抗逆鉴定、小孢子培养、分子标记辅助育种、杂种优势利用等育种技术研究方面取得了重要进展，为提高育种效率提供了技术支撑；建立了青花菜抗病、抗逆等鉴定技术标准，为抗病和抗逆材料的筛选提供了技术支撑。"八五"至"九五"期间，通过开展对不同地区青花菜病害发生情况的调查，明确了 TuMV 和黑腐病是危害青花菜的主要病害。青花菜存在 TuMV、CMV、CaMV 的侵染，在国内首次对病毒病的种群变化进行了研究，其中以 TuMV 为主，占 39.2%；其次是 CaMV 和 CMV，分别占 28.4%和20.3%，同时研究和制定了青花菜苗期抗病毒病和黑腐病的鉴定方法和标准。研究和制定了青花菜耐贮性的鉴定方法和标准。"十二五"期间研究和制定了青花菜苗期抗根肿病的鉴定方和标准，初步建立了青花菜耐抽薹（早花）的田间鉴定方法和标准。

建立了青花菜小孢子培养技术体系和植株再生培养技术体系，研究并提出了利用叶绿体气孔保卫细胞数目鉴定染色体倍性的鉴定方法：研究明确了青花菜小孢子胚胎发生的主要途径，构建了青花菜分子连锁图谱，获得了与青花菜显性雄性不育基因、胞质不育雌蕊心皮化基因、耐贮性、莱菔硫烷含量、花器官大小等重要性状连锁的分子标记，提高了育种效率。

开展了青花菜杂种优势育种技术的研究，育成了一批优良的自交亲和与自交不亲和系，获得了优良的胞质不育和细胞核显性雄性不育源，通过用优良的自交系进行回交转育，已育成一批优良的细胞质和显性细胞核雄性不育系，并成功地用于配制杂交组合，育成新品种。

（2）种质资源不断丰富 20 世纪 80 年初，我国青花菜种质资源极度缺乏，国家种质资源库搜集、保存的青花菜资源仅有 4 份。80 年代中期以来，各主要青花菜育种单位，十分重视青花菜种质资源的搜集、引进、鉴定和保存。"七五"期间，中国农业科学院蔬菜花卉研究所与北京市农林科学院蔬菜中心从国外引进资源 600 多份，同时，其他育种单位又通过各种途径引进大批不同类型的青花菜种质资源，创新优质、抗病、抗逆育种材料超过 50 份。通过小孢子培养技术，创新优良的 DH 系30 余个。通过多种途径引进优良的细胞质雄性不育源，已育成一批优良的胞质雄性不育系。将甘蓝中的显性不育基因成功转育到青花菜中，育成优良的显性雄性不育系。

（3）育成一批新品种 据不完全统计，20 世纪 90 年代以来，已育成通过国家或省级审（认、鉴）定的青花菜新品种 50 多个，并在我国适宜生态区进行示范推广。如中国农业科学院蔬菜花卉研究所利用显性雄性不育系与优良的自交系杂交育成的青花菜新品种绿奇（中青 9 号），自 20 世纪末以来在我国西北、华北、华南等地进行较大面积示范、推广种植，一度成为甘肃兰州青花菜主产区的主栽品种。此外，由中国农业科学院蔬菜花卉研究所、北京市农林科学院蔬菜中心、上海市农业科学院园艺研究所、江苏省农业科学院蔬菜研究所、浙江省农业科学院蔬菜研究所、厦门市农业科学研究所、天津市农业科学院蔬菜研究所、深圳农科中心蔬菜研究所、浙江台州农业科学院和江苏丘陵地区镇江农业科学研究所等单位育成的中青系列、碧绿 1 号、碧玉、上海 2 号、上海 3 号、上海 5 号、清风、苏青 2 号、苏青 3 号、绿海、绿宝、绿宝 2 号、津青 1 号、津青 2 号、早青、圳青 3 号、台绿 1号、台绿 2 号、瑞绿 5 号、瑞绿 6 号等青花菜新品种均在我国适宜生态区进行示范推广，在我国青花菜生产中发挥了较重要的作用，为逐步实现青花菜品种国产化打下了重要的基础。

2. 需求与发展趋势 青花菜 20 世纪初传入我国时仅在香港、广东、台湾一带种植，20 世纪 80年代初开始作为特菜在福建、上海、北京、云南等地引种成功，并逐渐被人们广泛食用。20 世纪 90

年代以来青花菜生产面积迅速增加，据不完全统计，目前国内青花菜种植面积约 13.33 万 km^2，并有较大的发展势头，青花菜已成为我国生产及出口的一种重要蔬菜。随着我国蔬菜产业的发展，市场品种多样化、周年生产及生产基地不同种植模式的需要，对青花菜新品种选育、类型多样性提出了更多、更高的需求。

（1）培育适于规模化生产基地的耐贮运的新品种　青花菜规模化生产基地主要包括河北张北、沽源，浙江临海、宁波、慈溪，甘肃兰州，云南通海、玉溪、江川，山东莱西、泰安，陕西太白，湖北荆州，河南新野等基地，这些基地大都采用"公司＋农户"的产销方式，农户生产，公司收购，远距离市场销售，因此需要耐贮运的青花菜品种。

（2）培育适于春、秋、越夏、秋冬不同季节栽培的新品种　我国大部分地区一年一般种两茬，即春季和秋季种植青花菜，春季种植的品种要求耐散球、耐抽薹（早花），秋季种植的品种要求耐热、耐雨水，抗病性好。在一些高寒地区进行青花菜越夏栽培，如河北张北、陕西太白等地要求优质、早中熟青花菜，以供应夏秋蔬菜淡季市场。在一些可以露地越冬栽培的地方，如浙江临海，湖北荆州、嘉鱼，河南南部，广东、福建等地进行越冬栽培，要求耐寒、花球紧密、抗病性好的中晚熟品种。在云南可以周年种植青花菜，要求适应性广的不同熟性的新品种。

（3）培育适于出口加工的新品种　青花菜除供应国内市场外，部分鲜菜及脱水加工菜还出口到东南亚、欧洲及俄罗斯、日本等国家和地区，这就对青花菜的商品品质提出更高的要求，要求球形美观、花球浓绿、花蕾细、主花球茎实心等。

（4）培育优质、特殊营养成分含量高的新品种　青花菜富含维生素 C 和莱菔硫烷。研究发现，莱菔硫烷是迄今为止在蔬菜中发现的抗癌活性最强的有效成分之一，莱菔硫烷能够通过抑制体内Ⅰ相解毒酶的表达和诱导体内Ⅱ相解毒酶的表达来间接消除致癌物和自由基并将致癌物质排出体外（Dinkova，2002）。Jugea 等（2007）研究发现莱菔硫烷能够在肿瘤的形成期、生育期和成熟期等各阶段发挥细胞阻滞和诱导细胞凋亡的作用，从而能够降低多种癌症，如胃癌（Fahey et al.，2002；Jugea et al.，2007）、肺癌（Jeffery et al.，2008）、肝癌（Hintze，2003）、乳腺癌（Fowke et al.，2003）、前列腺癌（Brooks，2001）等的发生。因此，培育莱菔硫烷和维生素 C 含量高的青花菜新品种是目前研究的热点。

二、种质资源与品种类型

（一）起源与传播

1. 起源与进化　前人的研究表明，青花菜起源于地中海东部沿岸地区，由一种野生甘蓝 *B. cretica* 演化而来。青花菜最早的文字记载，始见于公元前的希腊和罗马文献，并由罗马人将其传入意大利。罗马人 Cato 提及的散花甘蓝（sprouting form of cabbage）可能就是青花菜的原始类型，当时的 Pling 在 *Natural History* 一书中，首次提到了形成花球的类型。12～13 世纪，西班牙藉阿拉伯人 Iban - al - Awan 和 Iban - al - Baithar 提到过散花与花球的区别，然而当时对青花菜与花椰菜的区分是不明确的。据米勒《园艺学辞典》（1724）记载，1660 年已有"嫩茎花菜"和"意大利笋菜"等名称，与花椰菜名称相混淆。瑞典生物学家林奈（Carl von Linne，1701—1778）将青花菜归入花椰菜类，法国 Lammark 也将青花菜视为花椰菜的亚变种，将其定名为 *B. oleracea* var. *botrytis* L. subvar. *cymosa* Lam.，直到 1829 年英国 Switzer 才把长黄白色花球的植株叫花椰菜，把主茎和侧枝都能结花球的植株叫青花菜，定名为 *B. oleracea* L. var. *italica* Plenck。现在普遍认为青花菜是平行于花椰菜的变种。

2. 传播与分布　据记载，意大利最早盛行栽培青花菜，19 世纪初传入美国，并先后扩展到欧美一些国家及日本、韩国等亚洲国家。进入 20 世纪 50 年代后，青花菜在国际上受欢迎的程度有超过花椰菜的趋势。19 世纪末或 20 世纪初传入中国，20 世纪 80 年代初开始在上海、福建、浙江、北京、云南等地引种成功，近年在我国南、北方大中城市郊区栽培面积迅速扩大，产业前景非常广阔。

由于青花菜具有较广泛的适应性和较高的经济和食用价值，栽培发展很快，目前英国、法国、意大利、荷兰、美国、日本、巴西、日本、韩国等国都广泛种植，如美国青花菜近年来的种植面积不断增加，大大超过了花椰菜。目前我国台湾、广东、云南、福建、浙江、甘肃、湖北、河北、山东、安徽、江苏、河南、辽宁、陕西、山西各省及北京、上海、天津等大中城市郊区都普遍种植，尤其是在台湾、浙江、云南、福建、甘肃、山东、北京、上海等地已形成了年种植规模达几百公顷乃至上万公顷的生产基地，如浙江临海生产基地每年成片规模种植达 10 000 hm^2 以上。

（二）种质资源的研究与利用

1. 种质资源的搜集引进与保存 青花菜野生种主要分布于地中海沿岸，在欧洲和北美通过人工选择已形成了适应当地消费和具地方特色的品种。美国国家植物种质系统中搜集的 60 份青花菜种质资源材料，其中 25 份来自意大利，2 份来自日本，1 份来自中国台湾，9 份来自英国。我国青花菜栽培历史短，种质资源搜集整理及新品种育种研究起步晚，被列入《中国蔬菜品种资源目录》的青花菜种质资源只有 4 份。我国开展青花菜品种资源的搜集、引进、评价及新品种选育，始于 20 世纪 80 年代初。“七五”期间中国农业科学院蔬菜花卉研究所与北京市农林科学院蔬菜中心从国外引进资源 600 多份，“八五”以来经各单位联合攻关，先后从国外引进一批不同类型种质资源，如中国农业科学院蔬菜花卉研究所 1985—1995 年先后从美国、日本、荷兰、韩国、南非、巴西、英国等引进青花菜种质资源 417 份，但这些种质资源主要为育成的优良一代杂种，如抗黑腐病、霜霉病的抗病品种，耐寒、耐热的耐逆品种，球形、球色好，品质优良的品种等，进一步丰富了我国青花菜种质资源，促进了青花菜杂种优势利用和抗病、优质育种的快速发展。

2. 种质资源的鉴定、创新与利用

（1）*种质资源的鉴定* 青花菜新品种选育被列为农业部重点科技研究项目后，各主要参与单位协作攻关，制定了统一的抗 TuMV、黑腐病和耐贮性的鉴定方法和标准。采用苗期人工接种鉴定和田间鉴定相结合，筛选出一批抗 TuMV 兼抗或中抗黑腐病的青花菜育种材料，如 8551、B132、B35、8519、9494－8、8590、91－81－2 等；鉴定筛选出一批耐贮性好的种质资源材料，如 B8554、B32；鉴定筛选出 93219、99249、93213、00340、05812 等优质、球形好的种质资源材料，为青花菜的优质、多抗、丰产育种奠定了一定的种质资源基础。

（2）*种质资源的创新利用* 青花菜在中国引进种植的时间比较晚，青花菜的种质资源相对比较匮乏，青花菜遗传育种方面的研究也起步较晚。中国农业科学院蔬菜花卉研究所在 20 世纪 70 年代末 80 年代初开始进行青花菜国外资源引进、鉴定研究的基础上，1985 年开始青花菜杂种优势利用的研究，经过几年的努力，1989 年育成中青 1 号、中青 2 号两个青花菜一代杂种，这也是国内首批育成的青花菜新品种（方智远等，1992）。自 20 世纪 80 年代以来，国内相关育种单位利用国外引进的杂交种，经过多代的自交和定向选择，获得了一批优良的自交系或自交不亲和系，并用于配制杂交组合，育成一批新品种。如中国农业科学院蔬菜花卉研究所利用从国外引进的青花菜杂交种经过多代的自交和定向选择，育成 8589－1－1、8551－1－1、86104、90196、93219、94174、99249、00340、04728、07983 等 40 余份优良的青花菜自交不亲和系或自交系，并利用自交不亲和系选育出中青 1 号等一代杂种。厦门市农业科学研究所、北京市农林科学院蔬菜中心、上海市农业科学院园艺研究所、深圳农科中心蔬菜研究所、江苏省农业科学院蔬菜研究所也先后育成了一批优良的自交系或自交不亲和系，并先后利用自交不亲和系育成绿宝 1 号、碧杉、碧松、上海 1 号、上海 2 号、圳青 1 号、青丰等 10 余个杂交新品种。20 世纪 90 年代以来，细胞质雄性不育（CMS）源在青花菜育种上的应用成为研究重点，并成为青花菜杂交制种的主要方法。在利用自交不亲和系进行新品种选育的基础上，中国农业科学院蔬菜花卉研究所、厦门市农业科学研究所、北京市农林科学院蔬菜中心、上海市农业科学院园艺研究所、深圳农科中心蔬菜所、江苏省农业科学院蔬菜研究所等单位先后从美国、德国、荷兰等国引进细胞质雄性不育（CMS）源，经多代回交转育，先后育成一批优良的细胞质雄性不育系，并利用雄性不育系育成中青 5 号、中青 12、绿宝 2 号、碧绿 1 号等杂交新品种。中国农业科学院蔬菜花卉研究所利用甘蓝显性雄性不育源 79－399－3，用优良青花菜自交系通过多代回交转育，育成青花菜显性雄性不育系 DGMS8554，并用其与优良自交系杂交，育成青花菜新品种绿奇（中青 9 号），在生产中得到较大面积推广应用。我国自主育成青花菜新品种的推广应用有利于改变我国青花菜种子依赖进口的局面。

通过小孢子培养是创制优良资源的有效途径。陆瑞菊等（2005）以青花菜品种上海 4 号和东村交配为材料经小孢子培养，获得了 9 份细胞膜热稳定性比原始品种明显提高的变异体材料，为创造耐热新种质打下了基础。Yuan Suxia 等（2011）利用青花菜不同基因型进行游离小孢子培养，获得了优良的 DH 系。孙继峰等（2012）通过游离小孢子培养技术，构建了由 176 个 DH 系组成的 DH 群体，用于青花菜重要性状的遗传分析及分子标记等研究。顾宏辉等（2014）通过小孢子培养，获得优良 DH 系 2016－2 和 2028－4，并用其杂交，育成青花菜新品种绿海。

（三）品种类型及代表品种

1. 种质资源类型

（1）植物学分类　青花菜的植株形态和花球的颜色都有明显差异，按照植株形态和花球的颜色来分，青花菜有青花、紫花、黄绿花三种类型。Gray（1982）基于紫花菜和青花菜亲缘相近，认为青花菜是从紫花菜颜色发生突变而来。大多数文献把花椰菜类蔬菜定为甘蓝种的两个变种，即花椰菜变种 *Bvassica olerecea* var. *botrytis* L. 和青花菜变种 *B. olerecea* var. *italia* P.，紫花菜也被归类于青花菜变种内。孙德岭等（2002）采用 AFLP 分子标记技术研究了花椰菜类蔬菜基因组亲缘关系，结果表明：白、绿、紫、黄四种颜色的花椰菜遗传同源性较高，亲缘关系较近，尽管紫花菜与青花菜表现出较近的亲缘关系，但它们基因组各自独立聚为一个亚群，认为紫花菜在分类地位上应与青花菜和花椰菜一样，应把它列为独立的变种更为合理。关于青花、紫花、黄绿花三种类型之间进化关系研究报道较少，还缺乏充足的依据，仍需要做进一步深入的研究和探讨。

① 青花类型。叶缘多具缺刻，叶身下端的叶柄处多有下延的齿状裂叶，叶柄较长。主茎顶端的花球为分化完全的花蕾组成的青绿花蕾群与肉质花茎和小花梗组合而成，花球颜色有浅绿、绿、深绿、灰绿等。叶腋的芽较活跃，主茎顶端的花球一经摘除，下面叶腋便生出侧枝，而侧枝顶端又生小花蕾群。因此，可多次采摘。该类型为我国和世界各地栽培最普遍、面积最大的一种类型。

② 紫花类型。叶缘多无缺刻，叶身下端的叶柄处一般无裂叶，叶柄中等长，茎、叶脉多为紫色或浅紫色。花球是由肉质花茎、花梗及紫色花蕾群所组成，花球表面颜色有浅红、紫红、深紫和灰紫等色。该类型栽培面积较少。

③ 黄绿花类型。叶缘有缺刻或无缺刻，叶身下端的叶柄处有裂叶或无裂叶，叶柄较长，花球是由肉质花茎、花梗及黄绿色花蕾群所组成。花球呈宝塔形，花球表面颜色有浅黄、黄绿和黄等色。该类型栽培面积很少。

（2）按花球形状分类　可分为半圆球形、扁圆球形、扁平球形和宝塔形（尖形）四种类型（图 14－9）。

① 半圆球类型。花球高圆球形或半圆形，花球紧实、圆正，花球表面平整，花蕾紧密，蕾粒细，主花球横茎与纵茎基本相似，茎秆粗，单球重，品质好。这类品种多表现为中熟或中晚熟或晚熟。代表品种有中青 8 号、中青 10 号、中青 12、绿宝 2 号、优秀、耐寒优秀、蔓陀绿等。

② 扁圆球类型。花球扁圆球形，花球紧实、较圆正，花球表面平整，花蕾较紧密，主花球横茎中等，单球较重，品质较好。这类品种多表现为中早熟、中熟或中晚熟。代表品种有马拉松、玉皇、绿秀、中青 2 号、上海 2 号等。

半圆球形 扁圆球形

扁平球形 宝塔形(尖形)

图 14－9 青花菜的花球类型

③ 扁平球类型。花球扁平形，花球不紧实、不太圆正，花球表面较平整或不平整，花蕾不紧密，主花球横茎较大，纵茎小，球不厚，品质一般。这类品种多表现为早熟或中早熟或中熟。代表品种有里绿、万绿 320、玉冠西兰花等。

④ 宝塔类型（ROMANESCO）。花球呈宝塔形，花球紧实，花球表面为黄绿色，由许多尖型小球组成，花蕾紧密，肉质细嫩，主花球纵茎一般大于横茎，茎秆粗，单球重，品质好。代表品种有CELIO 和 NAVONA。

（3）按栽培季节分类　一般可分为春青花菜、秋青花菜、春秋兼用类型、秋冬青花菜四种类型。

① 春青花菜类型。指适宜春季栽培的青花菜类型，一般在冬末春初播种育苗，春季栽培。其特点是冬性较强，幼苗在较低温度条件下能正常生长，而在较高气温下形成花球，但抗病、抗热性较差。代表品种有碧衫、绿宋、绿皇、优美、青绿等。

② 秋青花菜类型。指适宜秋季栽培的青花菜菜类型，一般在夏末播种育苗，秋季栽培。其特点是抗病、抗热性较强，幼苗在较高温度条件下能正常生长，在较低气温下形成花球。代表的品种有中青 10 号、中青 11、青丰、上海 2 号等。

③ 春秋兼用类型。指春、秋季均能栽培的品种类型。该类品种适应性广，冬性较强，抗病抗热性较强，幼苗在较高或较低温度条件下能正常生长和结球。代表品种有优秀、耐寒优秀、中青 8 号、绿奇、中青 2 号、绿秀等。

④ 秋冬青花菜类型。指适于越冬栽培的青花菜品种类型。这类品种一般在 8 月至 9 月上旬播种，第 2 年 2 月前后收获。抗寒性强，能耐短期－3～－1 ℃的低温。代表品种有绿带子、绿雄 90、圣绿、马拉松、中青 12、碧绿 1 号等。

（4）按生育期分类　青花菜依生育期长短及花球发育对温度要求不同，可将其划分为早熟种、中熟种、晚熟种 3 种类型。

① 早熟品种。定植后 50 d 左右成熟的称为极早熟品种；定植后 60 d 左右成熟的称为早熟品种。

生产上推广应用的代表品种主要有：绿奇（中青 9 号）、中青 10 号、绿宝 2 号、碧松、碧杉、上海 1 号、上海 2 号、绿雄 60、早绿、优秀等。

② 中熟品种。定植后 75 d 左右成熟的品种称为中熟品种，又可分为中早熟、中熟和中晚熟三个类型。生产上应用的代表品种主要有：耐寒优秀、中青 8 号、圳青 3 号、青丰、绿公爵、詹姆、绿秀、哈依姿、绿宇、佳绿、幸运等。

③ 晚熟品种。定植后 85 d 以上成熟的品种称为晚熟品种。生产上应用的代表品种主要有：中青 12、绿宝 3 号、碧绿 1 号、马拉松、绿雄 90、圣绿、玉皇、大力、强悍等。

2. 从国外引进的种质资源

（1）晚生圣绿　原名 N. 180，由江苏省丘陵地区镇江农业科学研究所从日本引进，为主花球型青花菜。株型直立，生长势强，全生育期 170 d 左右，株高约 70 cm，开展度约 75 cm，外叶数约 22 片，叶蓝绿色。主球近半球形，鲜绿色，蕾粒细小均匀，结球紧密，外观整齐，主茎稍粗不空；花球高 13. 8 cm，横径 16 cm，单球重 0. 5 kg，抗寒性强。

（2）圣绿　原名 N. 81，由江苏省丘陵地区镇江农业科学研究所 1996 年从日本引进，为主花球型青花菜。株型直立，生长势强，全生育期 150 d 左右，株高 66 cm，开展度 70 cm，外叶数约 22 片，叶色浓绿。主球近半球形，结球紧密，花球绿色，蕾粒细小，外观整齐，品味佳。花球高约 14 cm，横径 15 cm 启动，单球重 0. 52 kg。主茎不空心，商品性好，抗寒性强。

（3）哈依姿　从日本引进的中早熟品种，生育期 105 d 左右。株高 45～50 cm，生长势强，侧花枝多。叶片长卵圆形，灰绿色，被覆蜡粉。主花球扁圆形，直径 15 cm 左右，花球紧实度中等，花蕾小，绿色，单球重 0. 45 kg，品质好。该品种耐热、耐寒性均强，适应性广，除了可在春、夏季露地栽培和秋冬保护地栽培外，还可以在晚春和初夏露地栽培。

（4）东京绿（宝冠）　由日本引进的一代杂种，全生育期 95 d 左右，从定植至初收约 65 d。花球半圆形，直径 14 cm 左右，花茎短，花蕾层厚，细密紧实，花蕾中等，浓绿色，品质优良。主花球重 0. 4 kg 左右。该品种抗病性、耐热性、耐寒性均强，适应性广，适于鲜销或速冻加工。

（5）绿雄 90　杭州三雄种苗有限公司从日本引进，中熟种。株高 65～70 cm，开展度 40～45 cm，叶挺直而窄小，总叶数 21～22 片。作保鲜小花球 0. 3 kg，作大花球可达 0. 75 kg，直径 15～18 cm。球形圆整，蘑菇形，蕾中细，色深绿。耐寒性强，耐阴雨，连续 7～8 d 阴雨花蕾不发黄。较抗霜霉病，高抗花球褐斑病，不抗黑腐病。

（6）绿峰　泰国引进品种、具有早熟、抗病、商品性好、耐热性强等优点。早秋保护地栽培，耐热、抗病、早熟，植株生长势强，叶面蜡粉较多，主花球生长期间侧枝少，主花球采收后侧枝花球发生快，花蕾粒细密，球径 16～22 cm，单球重 0. 4～0. 6 kg，花球蓝绿色圆球形，商品性好。定植后 55～60 d 可收获。

（7）绿洋　从美国引进的杂交一代，中早熟，较耐热耐寒，适应性广，抗病。从定植到采收约 60 d 左右。株型矮，适宜密植，生长特别迅速，花球紧密而浓绿，球大，品质优，外观好，不易黄化，主花球直径 15～25 cm，重 0. 4～0. 6 kg，再生芽大。从现蕾至采收一般为 13 d，华南大部分地区可在晚稻田冬种。

（8）绿岭　从日本引进的优良杂种一代，全生育期 105～110 d，从定植至采收，春、秋露地栽培为 60～80 d，冬、春保护地栽培为 45～60 d。植株体较大，生长势强，株型紧凑，侧枝发生数量，中等，可作为顶、侧花球兼用种。叶片浓绿肥厚，蜡粉多。花球半圆形，大而整齐，花蕾层厚，花蕾中等排列紧密，不易散花，色泽艳绿，外形美观，单球重 0. 5 kg 左右。该品种耐霜霉病和黑腐病，耐寒，适应性广，可春、秋季露地栽培和冬季、早春保护地栽培。

（9）绿秀　韩国引进的适于鲜食及冷冻加工出口的优良品种。其株型直立，株高约 50 cm，少有侧枝，茎不空心。蕾径 12～14 cm，蕾粒致密细嫩，深绿色，蕾球整齐，球重 0. 40～0. 50 kg。该品种耐寒、耐湿、抗逆、抗病、品质好。

（10）绿丰　由韩国引进的中早熟青花菜品种，从定植到收获 60～65 d，株型直立，侧枝极少适宜密植。花蕾密集，呈绿色，球重 0.2～0.3 kg。品质好，抗热性、抗病能力强。

（11）绿慧星　从日本引进的早熟品种。株型直立，生长势很强，从播种到收获需 90 d 左右，从定植至初收约 50 d。花球紧密，直径约 17 cm，花蕾中等，平均单球重 0.4 kg。花球色浓绿，风味好，品质上等，耐贮藏，适宜春、秋季栽培。

（12）绿皇　由日本引进的中晚熟一代杂种，定植后 65 d 开始采收主花球。植株直立粗壮，生长势强，侧枝发生少。花球肥大，直径可达 25 cm，花枝较长，花蕾均匀，排列紧密，单球重 0.5 kg 左右，成熟期一致。该品种耐热性强，适应性广，可春、秋露地栽培。

（13）里绿　由日本引进的早熟杂交品种，全生育期 90 d。生长势中等，生长速度快。植株较高，色泽深绿，花蕾小，单球重 0.2～0.3 kg。适合于春、秋露地栽培以及春夏栽培，具有较强的抗病性和抗热性。

（14）马拉松　从日本引进的中熟杂交品种。株型直立，生长势较强，从定植至初收约 70 d。花球紧密，直径约 17 cm，花蕾中等，平均单球重 0.4 kg。花球色浓绿，整齐度好，风味好，品质上等，耐贮藏，适宜春、秋季栽培。

（15）绿秀　由韩国引进的中熟青花菜杂交品种，从定植到收获 70 d。花蕾致密细嫩，呈深绿色，单球重 0.4 kg 左右，侧枝少，采收后不易变黄。抗黑腐病、霜霉病、软腐病能力强。适应性强，春播初夏采收，在寒冷地区的夏季、秋季栽培时也可收获商品性极好的花球。

（16）玉冠　由日本引进的一代杂种，中晚熟。生长势强，植株叶片开展度大。花球较大，稍扁平状，花蕾较大，质量中等。侧花枝生长势较强，侧花球较大。单球重 0.3～0.5 kg。具有较强的抗病性和抗热性。

（17）蔓陀绿　荷兰先正达公司育成的杂交一代。早熟，定植后 60 d 左右收获。特别适于温带气候的秋季栽培，植株直立，叶色中绿，抗病性强。花球紧凑，花蕾细小，无空心，单球重 0.4～0.5 kg。

（18）绿宝塔　从荷兰、法国引进的新品种。该品种花球呈塔尖形，经速冻或加热鲜食，颜色更加碧绿诱人，是替代普通青花菜的高档特色良种。绿宝塔青花菜因品种不同，生育期各异，一般为 90～120 d。春、秋两季均可栽培，其低温感应所需温度在 16～20 ℃时需 15～20 d，花芽分化时植株需具有 10～13 片叶，基茎粗 1 cm 以上。植株定植后，只有营养体达到花芽分化标准时，花球形成才能大而早。

（19）紫云　1996 年从日本引进，属中晚熟品种。植株生长势强，较直立，株高 60～70 cm，叶片呈长匀形，根系非常发达。幼苗叶片带淡紫色，叶脉呈紫红色，生长比青花菜缓慢，成株后叶缘紫红色明显。一般在定植后 55 d 左右开始现蕾，幼蕾生长缓慢，当花球长至 6～7 cm 时生长明显加快。花球呈圆头形，表面呈紫红色，蕾粒细。球径 12～14 cm，单球重 0.4～0.5 kg，很少生侧球。

（20）黄冠　黄色青花菜品种，生长势强，株型直立，花蕾黄绿色，花球为球形，坚实致密，花蕾熟后变为绿花椰菜一样的绿。

3. 育成的优良种质资源

（1）抗源材料 8551　由中国农业科学院蔬菜花卉研究所育成，抗 TuMV 兼抗黑腐病。外叶数 8～10片，株高 52.9 cm，开展度 60.9 cm×60.4 cm，主花球高 15.3 cm，主花球重 0.25 kg，主花球质地较细、紧、浓绿。

（2）抗源材料 8519　由中国农业科学院蔬菜花卉研究所育成，抗 TuMV，耐黑腐病，外叶数 12～14片，株高 57.6 cm，开展度 57.5 cm×56.5 cm，主花球高 14.9 cm，主花球重 0.20 kg，主花球质地细、较紧、浅绿。

(3) 自交不亲和系 86-9-①-2-2-3　天津市蔬菜研究所从日本进口品种绿峰经数代自交分离、定向选择筛选出的优良自交不亲和系。植株长势强，成熟期 65 d，中大花球、扁圆，中花蕾，深灰绿色，紧实，苗期人工接种表现抗 TuMV 和黑腐病。

(4) 自交不亲和系 91-1-①-2-1　天津市蔬菜研究所从日本引进的中熟品种绿王经数代自交纯化、分离、定向选择筛选出的优良自交不亲和系。植株生长势旺盛，成熟期 70 d，小花球，中大花蕾，较紧实，灰绿色，半圆，苗期人工接种表现抗 TuMV，轻感黑腐病。

(5) 抗热材料 Ky-29A　外叶数 18 片，株高 28.55 cm，球高 14.4 cm，单球重 0.23 kg，收获率 75%。

(6) 自交系 B8589-2　中国农业科学院蔬菜花卉研究所选育而成。田间表现较耐寒，抗病性较强，定植后 60 d 左右可收获。花球紧密，蕾粒细，单花球重 0.4 kg 左右。

(7) 自交系 B93219-1　中国农业科学院蔬菜花卉研究所选育而成。田间表现耐早花（先期抽薹），抗病性较强，定植后 70 d 左右可收获。花球较紧密，蕾粒较细，单花球重 0.4 kg 左右。

(8) 自交系 B8554-1　中国农业科学院蔬菜花卉研究所育成。花球浓绿，耐贮性好，田间表现耐早花（先期抽薹），定植后 65 d 左右可收获。花球较紧密，蕾粒中等，单花球重 0.4 kg 左右。

(9) 细胞质雄性不育源 94175　中国农业科学院蔬菜花卉研究所从美国引进的经二代改良的萝卜细胞质雄性不育源。其外叶绿色，苗期低温下叶色不黄化，且能正常生长。不育性稳定，不育率及不育度均达 100%。雌蕊结构正常，但蜜腺较小，结籽较差。目前未能用于育种实践。

(10) 细胞质雄性不育系 CMS8554　中国农业科学院蔬菜花卉研究所以 1998 年从美国引进的经三代改良的萝卜甘蓝细胞质雄性不育源为母本，以优良青花菜自交系 8554 为回交父本，经多代回交转育而成的优良的细胞质雄性不育系。其外叶深灰色，苗期低温下叶色不黄化，且能正常生长。不育性稳定，不育率及不育度均达 100%。蜜腺较大，雌蕊结构正常，结籽较好。具有良好的配合力，目前已用于育种实践。

(11) 细胞核显性雄性不育系 DGMS8554　中国农业科学院蔬菜花卉研究所以甘蓝显性细胞核不育源 79-399-3 为母本，以优良青花菜自交系 8554 为回交父本，经多代回交转育而成的优良的细胞核显性雄性不育系。其外叶深灰色，苗期低温下叶色不黄化，且能正常生长。不育性稳定，不育率及不育度均达 100%。蜜腺大，花蜜多，雌蕊结构正常，结籽好。具有良好的配合力，目前已用于育种实践。

(12) 细胞核显性雄性不育系 DGM8590　中国农业科学院蔬菜花卉研究所以甘蓝显性细胞核雄性不育源为母本，以优良青花菜自交系 8590 为回交父本，经多代回交转育而成的优良的显性细胞核雄性不育系。其外叶深灰色，苗期低温下叶色不黄化，且能正常生长。不育性稳定，不育率及不育度均达 100%。蜜腺大，雌蕊结构正常，结籽好。具有良好的配合力，目前已用于育种实践。

(13) 不育源 92-08　华南农业大学对引进的萝卜细胞质雄性不育性转育而成的细胞质雄性不育系。其外叶蓝绿色，苗期低温下叶色稍浅但不黄化，且能正常生长。不育性稳定，不育率及不育度均达 100%。蜜腺稍小但健全，雌蕊结构正常，结籽良好。

(14) 不育系 BC7-19　由华南农业大学育成。具有稳定的不育性，在低温（12 ℃以下）下叶片不表现黄化，蜜腺绿色，雌蕊正常，结实率高，株高 41.0 cm，最大叶长 23.8 cm，单球径 12.8 cm，单球重 0.22 kg，球绿色。

4. 国内育成的部分优良品种

(1) 中青 8 号　中国农业科学院蔬菜花卉研究所育成的中早熟青花菜杂交新品种，从定植到收获平均约 71 d。株型较直立，株高 56 cm。开展度 79.2 cm×80 cm。外叶数约 17 片，外叶灰绿色，蜡粉中等。侧枝较少。花球半圆形，紧密，外形美观，球色绿、均匀，花球蕾粒细且均匀。主花球茎实心，球内无夹叶，主花球平均高约 13 cm，平均宽约 16 cm，单球重约 0.36 kg。田间表现高抗病毒病，苗期人工接种，高抗 TuMV（芜菁花叶病毒），抗 CMV（黄瓜花叶病毒）。

（2）碧绿 1 号　北京市农林科学院蔬菜研究中心育成的晚熟青花菜杂交种，从定植到收获约 86 d。株型半开展，株高约 63 cm，开展度 86.9 cm×85.4 cm。外叶数约 20 片，深绿色，叶面蜡粉多，叶缘波，无缺刻，侧枝数 4～6 个。花球半圆形，绿色，紧实，花球蕾粒较小、均匀，球高约 11.1 cm，球径约 15 cm，无小叶，主茎不易空心，单球重约 0.4 kg。田间表现高抗病毒病和黑腐病。

（3）沪绿 2 号　上海市农业科学院园艺研究育成的中早熟青花菜杂交种，从种植到收获约 67 d。株型较矮，平均株高约 55 cm，开展度 75.5 cm×75.6 cm，外叶约 18 片，绿色，蜡粉中等，叶缘有波纹，近叶柄处有缺刻，侧枝约 7 个。花球近半圆形，球色绿，花球紧密，花球蕾粒较细、均匀。主花球茎中空度较小，夹叶少。主花球平均高约12 cm，宽约 16 cm，平均单球重约 0.4 kg。田间表现高抗病毒病和黑腐病。

（4）绿宝 3 号　厦门市农业科学研究与推广中心育成的晚熟青花菜杂交种，从定植到收获约 85 d。株型较矮，平均株高约 57 cm，开展度 88 cm×85 cm。外叶数约 21 片，侧枝数 2～4 个，外叶灰绿色，蜡粉中等偏多。花球近半圆形，球色绿、均匀，蕾粒细、均匀，主球茎不易空心，球高约 11 cm，球宽约 16 cm，平均单球重 0.44 kg。田间表现高抗病毒病和黑腐病。

（5）青峰　江苏省农业科学院蔬菜研究所育成的中晚熟青花菜杂交品种，从定植到收获约 75 d。株型直立，株高约 53 cm，开展度 86.6 cm×85.5 cm，外叶约 20 片，绿色，叶面蜡粉中等偏多，叶缘裂刻，基部叶耳明显。花球半圆形，球色绿，花球紧实，蕾粒中等、较匀，球高约 12.3 cm，宽约 15.1 cm，平均单球重约 0.37 kg。田间表现高抗病毒病和黑腐病。

（6）圳青 3 号　深圳市农科中心蔬菜研究所育成的中早熟青花菜杂交品种，从定植到收获约 68 d，株型中等，株高约 58 cm，开展度 85 cm×88 cm，外叶约 18 片，灰绿色，叶面蜡粉多。侧枝约 11 个。花球半圆形，花球紧实，球色绿，较均匀，蕾粒较细，大小较均匀。花球高约 13 cm，宽约 15 cm，平均单球重约 0.36 kg。田间表现高抗病毒病和黑腐病。

（7）中青 1 号　中国农业科学院蔬菜花卉研究所育成的青花菜一代杂种。株高 38～40 cm，开展度 60～650 cm。外叶 15～17 片，复叶 3～4 对，叶面蜡粉较多。花球紧密，浓绿，花蕾较细，主花球重 0.3 kg 左右，侧花球重 150 g 左右。适于春、秋两季种植，春季种植表现早熟，成熟期比日本品种绿岭早 5 d 左右；秋季种植表现中熟，定植后50～60 d收获，主花球可达 0.5 kg 左右。田间表现抗病毒病。

（8）中青 2 号　中国农业科学院蔬菜花卉研究所育成的一代杂种，春季定植后 55 d 可开始收获，秋季定植后 60～70 d 可采收。花球圆形，花蕾细小、排列紧密，浓绿色。春季栽培主花球重 0.35 kg 左右，秋季栽培主花球重可达 0.5 kg 以上。田间表现抗病毒病和黑腐病。

（9）中青 3 号　中国农业科学院蔬菜花卉研究所育成的青花菜一代杂种。株高 76.8 cm，开展度 77～84 cm，叶面蜡粉较多。花球紧密，浅绿色，花蕾细，品质好，主花球重略超过日本品种绿岭，田间表现抗病毒病和黑腐病。

（10）上海 3 号　上海农业科学院园艺研究所育成中晚熟杂交品种。全生育期 110～120 d，从定植到采收约 90 d，长势强，株高约 35 cm。花梗粗，主花球大，横径约 14 cm，重 0.5 kg 左右，球形、高圆，花球紧实，球色深绿，花蕾细，品质优。抗病毒病、黑腐病，耐寒。

（11）绿莲　天津市蔬菜研究所育成的青花菜一代杂种，中熟，成熟期 65～75 d，花球扁圆，中小花蕾，灰绿色，紧实，平均单球重 0.26 kg 左右。抗 TuMV，耐黑腐病。

（12）绿宝　厦门市农业科学研究所育成的青花菜一代杂种。早熟，生长势强，定植后 50～55 d 采收。株高 55～60 cm，开展度 85～93 cm，绿叶数 11～13 片，叶色浓绿，叶面较平整，蜡粉多。花茎高 30～35 cm，主花球扁圆，直径 16～18 cm，单球重 0.45 kg 左右，花球紧密，蕾粒粗细中等，小花蕾较软，品质优良，为鲜菜及速冻加工兼用品种。田间表现抗病毒病及黑腐病，耐热性较强。

（13）碧秋　北京市农林科学院蔬菜研究中心育成的青花菜一代杂种。植株较平展，生长势强，叶色深绿，叶面蜡粉多。花球紧密，圆凸形，花蕾小，浓绿，主花球重 0.4 kg 左右。抗芜菁花叶病毒病，耐黑腐病。

（14）上海 2 号　上海市农业科学院园艺研究所育成的青花菜一代杂种。植株生长势较强，花球紧密，呈圆平状，色浓绿，花蕾小，主花球重约 0.5 kg，每公顷产量 12 000～15 000 kg，比上海 1 号增产 10%以上。抗芜菁花叶病毒病，耐黑腐病。

（15）申绿 2 号　中晚熟种，主花球类型。株高约 75 cm，开展度 85 cm 左右。叶片数 18～20 片，叶片蜡粉重。长江中下游地区秋季定植后 100 d 左右达到采收标准。主花球呈高圆形，平均单球重 0.40～0.50 kg，最大可达 1.0 kg 以上。花蕾细密，花枝短，小花球排列紧凑，深绿色。球茎充实，不中空。尤其是遇到低温时，不出现紫球现象。每公顷花球产量近 15 000 kg。

（16）碧杉　北京市农林科学院蔬菜研究中心育成的中熟一代杂种，定植后 60 d 左右可收获。植株半直立，生长势强。花球圆形，花蕾细小，排列紧密，绿色，品质较好，露地栽培主花球重 0.36 kg，大棚栽培主花球重约 0.45 kg。该品种抗逆性强，适应性广，露地、保护地栽培均可。一般每公顷产量 12 750～13 500 kg。

（17）上海 1 号　上海市农业科学院育成的中早熟品种。全生育期 105～110 d，从定植至初收为 65 d 左右。植株直立，生长势旺盛，侧枝较少，为顶花球专用种。花球半圆形，花蕾颗粒细小，排列紧密，颜色浓绿，品质优良，单花球重 0.4 kg 左右。该品种耐寒性强，但不耐热，适于 7 月下旬以后播种栽培。

（18）早青　深圳农科中心蔬菜研究所育成的青花菜一代杂种。植株整齐，株高 30 cm，开展度 65～70 cm。叶片平展，侧芽少。花球紧实，扁圆球形，青绿色，花蕾中等大，主花球重 0.26 kg 左右，每公顷产量 10 350～11 250 kg。耐热性强，抗病毒病，耐黑腐病。

（19）闽绿 1 号　福州市蔬菜科学研究所育成的青花菜一代杂种。株高 42 cm，开展度 63 cm×63 cm，叶色深绿，叶面光滑，蜡粉较少。花球半圆形，横径 17 cm，纵径 14 cm，花球紧密，花蕾细，色浓绿，花茎细，主花球重 0.5 kg 左右，每公顷产量 15 000 kg 左右，主花球收获后可采收侧花球。耐寒性强，在福建可于 9 月至翌年 3 月栽培，定植到初收约 70 d。耐渍能力较强，抗黑腐病。

（20）绿奇（中青 9 号）　为中国农业科学院蔬菜花卉研究所利用显性雄性不育系育成的早熟青花菜杂交品种。定植后 60 d 左右收获，可春、秋种植。株型半直立，开展度中等，外叶数较少，叶片灰绿，抗病性较强。侧枝发生率极低，生长势强，具有较强的适应性。花球致密浓绿，呈蘑菇形，直径一般可达 14～20 cm，单球重一般可达 0.45～0.65 kg，花球田间保持能力出色。

（21）中青 10 号　中国农业科学院蔬菜花卉研究所育成的极早熟青花菜杂交品种。早熟性好，定植后 50 d 左右成熟。株型半直立，株高约65 cm，植株开展度约 60 cm，外叶数 12 片左右，叶片灰绿。花球半高圆形，外形美观，球色浓绿，花球紧密，蕾粒细，品质佳，主花球茎实心，单球重 0.6 kg左右，直径约 18 cm。田间抗病性较强，主要用于秋季种植，北方部分地区也可春季种植。

（22）中青 12　中国农业科学院蔬菜花卉研究所育成，定植到收获约 85 d。株型直立，外叶深绿，平均株高 77～85 cm，外叶 12～13 片。花球半高圆形，花球紧实，花蕾较细，深绿，球色好，色均，单球重 0.6～0.75 kg。主花球茎实心，无夹叶。低温花球不易发紫，较耐寒。

三、生物学特性与主要性状遗传

（一）植物学特征与开花授粉习性

1. 植物学性状

（1）根　青花菜主根基部粗大，根系发达，为主根、侧根及在主、侧根上发生的许多须根形成的网状结构，主要根群分布在30 cm耕作层内，以20 cm以内的根系最多，根系横向伸展半径在40 cm左右。由于主根不发达，根系入土较浅，易倒伏，抗旱、抗涝能力较差，因此要求在地势较高且灌溉条件较好的土壤条件下栽培。青花菜根系再生能力强，断损后容易生新根，所以青花菜适合育苗移栽。

（2）茎 青花菜的茎分为短缩茎和花茎（图14-10）。营养生长期的茎是短缩茎，营养生长后期茎较粗且较长，茎粗一般3～7 cm，茎长因品种而异，一般25～45 cm。阶段发育完成后抽生花茎。茎上腋芽大多数品种在生育中后期可萌发而形成数个侧枝，主花球收获后，一般每个叶腋间均能生出多级侧枝，各侧枝顶部又能结出侧花球，因此可多次收获。侧枝的多少因品种而异，一般侧枝2～8个，有的侧枝多达20余个（图14-11）。青花菜主茎有空心和实心两种，而主茎空心程度因品种不同差异较大（图14-12）。一般生产上要求主茎为实心的品种。

短缩茎

花茎

图14-10 青花菜的茎

无侧枝

侧枝多

图14-11 青花菜的侧枝

（3）叶 青花菜的外叶着生于主茎上，心叶中间着生花球。根据外叶生长的角度而形成不同的株型，一般有半开展、半直立、直立等（图14-13）。植株高度因品种不同而差异较大，一般为60～

图 14-12　青花菜的主茎空心程度

85 cm，有的高达 100 cm 以上。植株开展度因品种不同也差异较大，一般为 55～80 cm，有的高达 95 cm以上。从第 1 片真叶到最后 1 片心叶，总叶片数 18～28 片，但近底层的叶片易脱落，只留下 15～20 片叶作为营养叶簇，为花球的生长制造养分。

半开展　　半直立　　直　立

图 14-13　青花菜的株型

青花菜的叶色和叶形因品种不同差异较大，叶色主要有浅绿、绿、蓝绿、灰绿、深灰绿等，叶形有细披针形、披针形、卵圆形，长卵圆形等。幼龄叶片一般平滑，成熟叶叶面有的光滑、有的微皱、有的皱褶。叶柄明显，其形状因品种而异，一般有扁平、半圆和圆等，有的品种叶柄上带有叶翼，有的品种不带叶翼。外叶长度和宽度也因品种不同差异较大，最大叶长一般为 50～70 cm，最大叶宽一般为 20～30 cm。叶片顶部有尖、钝圆、平和凹等形状，叶缘有全缘、浅裂和深裂，或波浪状。叶面覆盖白色蜡粉，一般叶面蜡粉越多，越耐旱、耐热。

（4）花球　花球是青花菜的营养贮藏器官，也是食用器官，主花球着生在主茎顶端。花球由肥嫩的主轴和 40～50 个肉质花梗组成；一个肉质花梗具有若干个 3～4 级花枝组成的小花球体。正常花球呈半球形，表面呈颗粒状，平整、较平整和不平整等。花球质地有粗、中、细之分（图 14-14）。球色分浅绿、绿、深绿、灰绿、浅红、紫红、深紫、灰紫、紫、浅黄、黄绿、黄等色。花球形状多样，为半球形、高圆形、扁圆形、扁平形等形状。花球内一般无荚叶，但有的长有荚叶（图 14-15）。青花菜侧枝比较活跃，主花球收获后，一般每个叶腋间均能生出多级侧枝，各侧枝顶部又能结出侧花球，因此可多次收获。侧花球明显小于主花球。

（5）花　青花菜为复总状花序，异花授粉，在自然条件下，授粉靠昆虫作媒介。完全花，包括花萼、花冠、雌蕊、雄蕊、蜜腺几个部分，花萼绿或黄绿色，花冠黄或乳黄色，花色有白、淡黄和深黄等，大多数品种为黄色。开花时 4 个花瓣呈十字形排列，花瓣内侧着生 6 个雄蕊，其中 2 个较短，4 个较长，每个雄蕊顶端着生花药，花药成熟后自然裂开，散出花粉。

图 14－14　青花菜的花球质地

图 14－15　花球荚叶

（6）果实和种子　青花菜果实为长角果，扁圆筒形，长 4～7 cm，先端喙状，有柄，表面光滑，成熟时纵向爆裂为两瓣，两侧膜胚座上着生着种子，呈念珠状。种子圆形，浅褐色至灰褐色。每个角果含种子十余粒，千粒重 3.5～4.0 g。

2. 开花授粉与结实特性　青花菜为复总状花序，花球的花枝顶端继续分化形成正常花蕾，此后各级花梗伸长，开始抽薹开花。各级花枝上的花由下而上陆续开放，只有部分花枝顶端能正常开花，多数干瘪或腐败，整个花期持续 20～30 d。

目前在青花菜制种时需要进行疏球处理，青花菜每株的花朵数主要取决于青花菜制种中所保留的肉质花梗（一级分枝）数、二级分枝和三级分枝数。根据品种主花球紧密程度的差异，制种时一般留 3～5 个一级分枝，每个一级分枝留 5～10 个二级分枝，每个二级分枝留 5～10 个三级分枝，每个三级分枝开花 35～50 朵，但种株的花数因品种和栽培管理条件不同而有差异。柱头和花粉的生活力，以开花当天最强，但柱头在开花前 4～5 d 和开花后 2～3 d 都可接受花粉进行受精。花粉在开花前 2 d 和开花后 1 d 都有一定的生活力。如果将花药取下贮存于干燥器内，在干燥、室温条件下，花粉生活力可保持 3 d 以上，在 0 ℃以下的低温干燥条件下可保持 30 d 以上。授粉时的最适温度一般认为是 15～20 ℃，低于 10 ℃花粉萌发较慢，而高于 30 ℃也影响授粉活动正常进行。青花菜的种子一般在授粉后 45 d 左右成熟，但成熟所需要的时间常因温度条件而异，一般在高温条件下种子成熟快一些，温度较低时成熟慢一些。每个角果含种子 10～20 粒，千粒重 3.5～4.0 g，一般每公顷产种子 300～750 kg。

（二）生长发育及对环境条件的要求

1. 生长发育周期　青花菜是一二年生的绿体春化型植物，其生育周期可分为营养生长和生殖生长两个时期，生长发育过程与结球甘蓝相似，但对发育条件不像结球甘蓝要求那样严格。在营养生长过程中，发芽期、幼苗期、莲座期与结球甘蓝相似，结球甘蓝在莲座期结束后进入结球期仍为营养生长，但青花菜在莲座期结束时主茎顶端发生花芽分化，继而出现花球进入生殖生长期。青花菜的花芽发育程度高，分化到性器官形成期才停止发育，主要食用雄蕊形成期的花芽，这时花芽已有米粒大小。

在适宜的气候条件下，青花菜于第 1 年形成叶球，完成营养生长，经过一定的低温完成春化阶段，当年或至翌春通过一定的长日照阶段，随即形成生殖器官而开花结实，完成从播种到收获种子的生长发育过程，这个过程可分为营养生长期和生殖生长期。营养生长期依器官发育过程和植株外形又可分为发芽期、幼苗期、莲座期和结球期，前两期主要进行营养器官的生长，莲座期是营养生长和生殖生长同时进行，花芽分化是进入生殖生长的开始。生殖生长期又可分为抽薹期、开花期、结荚期。

（1）营养生长期

① 发芽期。从播种到第 1 对基生真叶展开，与子叶垂直形成十字形时为发芽期。发芽期的长短因季节而异，夏、秋季节 7～10 d，冬、春季节 15～20 d。

② 幼苗期。从第 1 片真叶展开到第 1 叶环形成。此期需时间长短与不同品种的熟性、所处环境条件密切相关。冬、春季一般需 50～65 d，而夏、秋季需 25～35 d。

③ 莲座期。从第 2 叶环出现至莲座叶全部展开，开始结花球为莲座期。莲座期时间长短因品种和栽培季节而异，春季一般需 30～50 d，秋季一般需 45～90 d。

④ 结球期。从开始现花球至花球适于商品采收时为花球形成期。结球期时间长短因品种和栽培季节而异，春季一般需 15～20 d，秋季一般需 20～35 d。

（2）生殖生长期

① 抽薹期。从花球边缘开始松散至花茎伸长为抽薹期，北方地区一般为 10～15 d。

② 开花期。从始花到终花为开花期。依品种的不同，花期长短不一，群体花期 25～40 d。

③ 结荚期。从谢花到角果黄熟时为结荚期，一般 45～55 d。

2. 对环境条件的要求

（1）温度　青花菜喜温和冷凉的气候，但对寒冷和高温有一定的忍耐能力，一般在 15～25 ℃的条件下最适宜生长。根系生长所要求最低温度为 5 ℃，最适温度为 20 ℃，最高温度不超过 30 ℃。种子发芽温度范围为 10～30 ℃，在 3～5 ℃条件下能缓慢发芽，最适发芽温度为 20～25 ℃。幼苗期生长适温为 20～25 ℃，能忍耐短时间－5～0 ℃的低温而不受冻害。莲座期生长适温为 15～20 ℃，高于 26 ℃造成植株徒长推迟显球。花球发育适温为 15～18 ℃，温度低于 5 ℃以下，花球生长缓慢，能忍耐短时间的－3～0 ℃低温。温度过高，则花球发育不良，花球大小不匀，品质变劣；炎热干旱时，花蕾易干枯或散球，或者抽枝开花。开花结荚期生长适温为 18～22 ℃。开花时如遇连续几天 30 ℃以上高温，则会对开花、授粉、结实造成不良影响。种子保存时间的长短与温度和湿度有密切的关系，正常种子在室温条件下，在北方干燥地区，一般可保存 2～3 年，在温度高、湿度大的南方地区可保存 1～2 年。在良好保存条件下（干燥器或密封罐内）保存 8～10 年的种子仍可有相当高的发芽率，在低温、干燥、密封的条件下可保存 15 年以上。

（2）光照　多数品种对日照长短要求不严格，青花菜在生长发育中喜欢充足的光照，光照充足有利于植株形成强大的营养体，利于养分的积累，使花球紧实致密，颜色鲜绿，产品质量好。光照不足，植株徒长，花茎伸长，花球颜色变淡发黄，品质降低。但阳光过强也不利于青花菜的生长发育。

（3）水分　青花菜根系分布较浅，且植株高大，外叶大，水分蒸发量多，耐旱、耐涝能力都较弱，对水分要求比较严格。要求在湿润的栽培条件下生长，一般在 70%～80%的土壤湿度下生长良好。如果空气干燥、土壤水分不足时，就会造成生长缓慢，结球延迟。干旱时，花蕾易干枯或散球。青花菜也不耐涝，如果雨水过多，土壤排水不良，往往使根系受渍而变褐死亡。在花球生长期，土壤也不宜长期过湿，暴雨后应及早排除积水，防止植株腐烂，减少发病机会。如结球期雨水过多，花球易霉烂，也易发生霜霉病、黑腐病。

（4）土壤、养分 青花菜是喜肥、耐肥蔬菜，适合在有机质丰富、疏松肥沃、土层深厚、保水保肥能力强的微酸性的壤土地栽培。排灌方便，pH5.5～8.0 的土壤均可栽培，以 pH5.5～6.5 为宜。土壤瘠薄，植株生长不良；土壤过肥，会使植株徒长，花茎空心。

青花菜对土壤养分要求较严格，生长过程中需要充足的肥料，尤其需要充足的氮素营养，但施氮肥不要过多，过多的氮肥容易引起腐烂和推迟收获期。生长的中后期即花芽分化和花球形成膨大阶段还需要大量的磷、钾肥，一般主花球产量达到 10 500 kg/hm^2，需氮 240 kg，磷 300 kg，钾 240 kg，另外还需硼等微量元素。青花菜对硼、钼、镁等中微量元素有特殊需求，在生长期间如果缺硼，常引起花茎中心开裂、空心，或花球表面变褐色、味苦等；如果缺钼或缺镁，则叶片失去光泽变黄色，植株发育不良。

3. 阶段发育特性 青花菜属于低温长日照植物，对环境条件的要求比较严格，但对春化作用所需温度条件不严格。品种不同、苗龄不同则植株完成春化对外界温度的要求也不同。一般早熟品种主茎直径达 3.5 mm，10～17 ℃，20 d 左右完成春化；中熟品种主茎直径达 10 mm，5～10 ℃，20 d 左右完成春化；晚熟品种主茎直径达 15 mm，2～5 ℃，30 d 左右完成春化。花球发育适温为 15～18 ℃，开花结荚期生长适温为 18～22 ℃，开花时如遇连续几天 30 ℃以上高温，则会对开花、授粉、结实造成不良影响。多数品种对日照长短要求不严格，但有些品种只能在长日照下形成花球，短日照下不形成花球。

（三）主要性状遗传

1. 主要植物学性状的遗传 目前，国内市场及出口对青花菜花球的外观品质要求越来越高，选育球色好、外形美观、圆正的花球是青花菜新品种选育的首选目标，而花球荚叶的有无、绿色的深浅及球色均匀性、球茎是否空心等性状是影响青花菜花球外观品质的重要因素。

刘二艳等（2009）应用DH群体分离分析和六世代联合分离分析对青花菜花球荚叶性状、球色性状和球茎空心性状进行遗传分析，结果表明：经DH群体分离分析，花球荚叶性状的遗传受到2对连锁并有加性-加性＋加性上位性主基因＋多基因控制，主基因遗传力为70.80%；球色性状的遗传受到3对加性上位性主基因＋加性上位性多基因控制，主基因遗传力为93.40%；球茎空心性状的遗传受到3对加性主基因＋多基因控制，主基因遗传力为84.62%。经六世代联合分离分析，花球荚叶性状的遗传受2对加性-显性-上位性主基因＋加性-显性-上位性多基因控制，B_1、B_2 和 F_2 世代主基因遗传力分别为73.59%、57.70%和87.07%；球色性状的遗传受2对加性-显性-上位性主基因＋加性-显性-上位性多基因控制，B_1、B_2 和 F_2 世代主基因遗传力分别为83.13%、97.67%和98.34%；球茎空心性状的遗传受1对加性-显性主基因＋加性-显性上位性多基因控制，B_1、B_2 和 F_2 世代主基因遗传力分别为48.33%、70.91%和75.00%。

2. 品质性状遗传 青花菜富含硫代葡萄糖苷成分甲基亚磺酰基丁基硫苷，其水解产物莱菔硫烷，是迄今为止在蔬菜中发现的抗癌活性最强的活性成分之一。李占省等（2012）研究发现，青花菜中莱菔硫烷含量性状受3对主基因＋多基因控制，且存在加性-上位效应，群体主基因遗传力为89.28%，多基因遗传力为2.58%，主基因遗传率较高，表明该性状主要受主基因调控。史明会等（2014）按照Griffing Ⅱ不完全双列杂交设计，对6个青花菜自交系育种材料的花球质量和花球中4-甲基亚磺酰丁基硫苷含量进行配合力和遗传相关分析。结果表明：青花菜的花球质量和4-甲基亚磺酰丁基硫苷含量同时受加性和非加性效应控制，其中花球质量的特殊配合力大于一般配合力，主要受基因非加性效应控制，而 4-甲基亚磺酰丁基硫苷的特殊配合力小于一般配合力，主要受基因加性效应控制。青花菜 4-甲基亚磺酰丁基硫苷的狭义遗传力大于花球质量，花球质量与 4-甲基亚磺酰丁基硫苷含量间无显著相关关系，说明这 2 个性状的选择可独立进行，从而实现同一组合或品种兼备这 2 个优质性状。

3. 花球产量性状的遗传　花球产量的构成包括主花球和侧花球两部分，一般认为产量的构成以主花球为主。Khattra 等（2001）对青花菜产量与产量构成性状进行了相关和通径分析，显示主花球重与产量呈最直接正相关，其次为单株侧花球产量、主花球直径、单株侧花球数。因此，为了提高产量需要格外关注主花球的生长状况。Pritam 等（2002）研究发现青花菜与产量有关的性状中，叶面积、嫩茎数、植株重、顶花球重、花球紧实度、产量和平均嫩茎重的表型和基因型变异系数较高；产量、顶花球重、叶和花球的高度、球形指数、嫩茎数、平均嫩茎重、植株重和叶面积的遗传力较高，这些性状的加性基因起作用，可通过选择来进行性状改良；花球紧实度的遗传力中等，遗传进度高，这些性状的加性和非加性基因起作用；商品成熟期具有高遗传力和低遗传进度，球茎直径以及收获指数表现中等遗传力和低遗传进度，这些性状以非加性效应遗传为主。崔丽红（2011）研究发现，叶面积指数、花球直径与花球质量呈极显著相关，花球茎直径与花球质量呈显著相关，其相关系数大小依次为叶面积指数＞花球直径＞花球茎直径＞开展度＞株高。此结果可作为青花菜育种中目标性状选择的依据。

4. 耐贮性遗传　樊艳燕等（2015）利用六世代联合分离分析法对青花菜的耐贮性进行遗传分析，发现该性状受 2 对主基因＋多基因控制，2 对主基因的负向显性效应大于正向加性效应，且还存在较大的负向加性×加性互作效应，这些效应均有降低贮藏寿命的作用。

5. 抗病性遗传

（1）抗病毒病遗传　方智远等（1990）认为，青花菜对病毒病的抗性为显性。

（2）抗霜霉病遗传　青花菜对霜霉病的抗性依赖于植株年龄，目前对于青花菜霜霉病的研究主要集中在子叶期与成株期两个时间段。现有研究结果认为，不管是控制子叶期还是成株期霜霉病的位点都属于质量性状，由单基因或少数基因控制（张志仙等，2015）。Jensen 等（1999）研究了青花菜子叶期霜霉病局部抗性的遗传效应，结果显示控制该性状遗传的基因存在加性效应。Wang 等（2001）还研究了青花菜真叶期霜霉病抗性的遗传，结果显示：霜霉病抗性是由两个显性基因互补作用决定的，说明通过抗病品系杂交选育 F_1 品种可以用来防治霜霉病。

（3）抗黑腐病遗传　张黎黎等（2013）研究认为青花菜苗期对黑腐病的抗性可能为质量遗传性状，该抗性主要受两对显性基因控制，并伴有隐性基因的共同作用和影响，同时不排除有环境影响和修饰基因的作用。

（4）抗根肿病遗传　张小丽等（2014）以高感根肿病的青花菜自交系 93219 和高抗根肿病的甘蓝近缘野生种自交系 B2013 为亲本配制的 6 个联合世代群体为试材，采用主基因＋多基因混合遗传模型对根肿病抗性进行了遗传分析。结果表明，青花菜×甘蓝近缘野生种 B2013 后代对根肿病抗性的最适遗传模型为 B-1 模型，即由两对加性-显性-上位性主基因控制。

（5）抗逆性遗传　Dickson 等（1993）用耐热株系间杂交，杂交种耐热性好于两个亲本，表明耐热性受控于基因加性效应。严继勇等（1995）认为青花菜的抗冻性呈数量性状遗传，符合加性-显性模型，以加性效应为主，显性效应也有一定作用。早期多代选择抗冻性强及花球性状优良的亲本，是可能获得高产抗冻新组合的有效途径。

（6）开花时间及花器官大小遗传　舒金帅等（2016）研究表明，花冠和花瓣宽、雄蕊和花药长受多基因控制，开花时间、花瓣和柱头长受两对主基因＋多基因控制，花柱长受一对主基因＋多基因控制。

（7）熟性遗传　不同生态区域和种植季节对生育期的要求不尽相同，生育期是决定一个品种种植区域和种植季节的主要性状之一。方智远等（1990）阐述了青花菜杂交种生育期与 2 个亲本生育期的关系，认为杂交种的生育期偏向于迟熟亲本。严继勇等（1999）初步明确青花菜生育期遗传符合 2 对主基因加性-显性-上位性模型，主基因的遗传力中等，受环境的影响比较大，分离世代选择的单株后代还会出现较大的分离。何道根等（2014）研究发现青花菜生育期性状的遗传符合 2 对主基因加性-显性-上位性模型（B-1 模型）。

（8）雄性不育性遗传 显性核基因雄性不育 刘玉梅等选育出蜜腺和雌蕊正常、雄蕊退化和花粉败育的细胞核雄性不育系，杂交分离试验表明不育性符合 1 对显性核基因控制遗传模式，利用此不育系育成的杂交新品种绿奇（中青 9 号）产量明显高于玉冠和万绿 320 品种，有极大的应用潜力。细胞质雄性不育：法国、德国、美国在 20 世纪 90 年代通过甘蓝与 Ogura 萝卜雄性不育系远缘杂交后，又通过原生质体融合，育成萝卜胞质青花菜雄性不育系，属母系遗传，所有青花菜都可作为它的保持系。

（9）自交不亲和性遗传 青花菜具有广泛的自交不亲和性，由具有多个复等位基因的单基因位点 S 位点控制，属孢子体不亲和类型。陈澍棠等（1994）对青花菜 3 份材料进行了 *S* 基因型分析，筛选出若干 *S* 基因同质结合型的自交不亲和系，明确认为青花菜自交不亲和性的遗传属治田辰夫划分的Ⅱ型。

四、主要育种目标与选育方法

在青花菜育种目标中，品质育种一直是非常重要的目标，在注重品质育种的同时，还要兼顾高产、抗病、抗逆、耐贮等。

（一）不同类型品种的育种目标

1. 春季栽培品种 南北方露地春青花菜 1 月至 2 月上、中旬播种，3～4 月定植，5～6 月收获。主要育种目标是要求花球浓绿，球形高圆或半高圆，主花球茎实心，球内无荚叶，前期耐寒性好，后期耐热性强，耐抽薹（早花）。

2. 秋季栽培品种 南北方露地秋青花菜 6 月下旬至 7 月下旬播种，7～8 月定植，10～12 月收获。主要育种目标是要求花球浓绿，球形高圆或半高圆，主花球茎实心，球内无荚叶，前期耐热性好，后期耐寒性强，抗病毒病、黑腐病、霜霉病和根肿病，耐贮运。

3. 越冬栽培品种 南方露地秋冬青花菜，8 月下旬至 9 月下旬播种，9～10 月定植，12 月至第 2 年 1～2 月收获。主要育种目标是要求花球浓绿，低温球色不变紫，球形高圆或半高圆，主花球茎实心，球内无荚叶，耐寒性强，抗病毒病、黑腐病、霜霉病、菌核病和根肿病，耐雨水，耐贮运。

（二）抗病品种选育方法

青花菜病害包括病理性病害和生理性病害：病理性病害有病毒病、根肿病、黑腐病、黑斑病、软腐病等；生理性病害包含空茎、散花球、荚叶花球、黄花球等。选育抗病品种包括以下步骤：

1. 搜集、筛选抗病种质资源 在广泛搜集国内外青花菜种质资源的基础上，先进行田间鉴定，从中筛选抗病性优异的种质资源。

2. 纯化、鉴定抗病自交系材料 将初步筛选出的优异抗病种质，自交、分离、纯化，再采用田间和苗期人工接种鉴定相结合的方法，鉴定自交系的抗病性。筛选出在田间和苗期人工接种鉴定条件下均表现抗病的自交系做亲本。

3. 试配抗病杂交组合 根据抗性遗传规律选择亲本，结合配合力等试配杂交组合。将苗期人工接种抗性鉴定和田间成株抗性鉴定相结合，最终确定其抗病性表现。

下面主要介绍青花菜对几种主要病害苗期人工接种抗病性鉴定方法：

（1）对芜菁花叶病毒（TuMV）的苗期抗性鉴定

播种育苗：供试材料的种子在 50 ℃热水中处理 10 min，播种到消毒的营养钵中，置隔离环境中生长。

接种物的准备：接种毒源为芜菁花叶病毒主导株系 TuMV－C4。TuMV 在大白菜苗上繁殖，接种液的配制：1 g 鲜病叶用 3～5 mL 浓度为 0.01 mol/L 的磷酸缓冲液（pH7.0）磨成匀浆，取滤液用于接种。

接种方法：在幼苗长到 1～2 叶期时，采用人工摩擦接种，接种后温室内温度控制在 22～30 ℃。

病情调查与分级标准：接种后 20～25 d 进行单株病情调查，记录病级。

病级的分级标准如下：

0 级　无任何症状；

1 级　接种叶出现少数褪绿斑，或心叶明脉；

3 级　心叶及中上部叶片轻花叶；

5 级　心叶及中上部叶片花叶，心叶皱缩呈畸形；

7 级　心叶及中外部叶片重花叶，2～3 片叶畸形、皱缩或有坏死斑，植株轻度矮化；

9 级　多数叶片重花叶、畸形、皱缩或有坏死斑，植株严重矮化，甚至死亡。

根据病级计算病情指数，公式为：

$$DI=\frac{\sum S_i n_i}{9N}\times 100$$

式中：DI 为病情指数；S_i 为发病级别；n_i 为相应发病级别的株数；i 为病情分级的各个级别；N 为调查总株数。

鉴定材料对 TuMV 的抗性依苗期病情指数分为 5 级，详见表 14－6。

表 14－6　病毒病群体抗性的分级标准

级 别	病情指数
免疫（I）	0
高抗（HR）	$0<DI\leqslant 2$
抗病（R）	$2<DI\leqslant 15$
中抗（MR）	$15<DI\leqslant 30$
感病（S）	$DI>30$

（2）对根肿病的苗期抗性鉴定

病原：*Plasmodiophora brassicae* Woron.。芸薹根肿菌属专性寄主菌，1931 年 Hönig 就提出了该菌存在小种分化的观点，且小种分化比较复杂。目前国际上通用的根肿菌小种鉴别系统为 Williams 系统和 ECD 系统。利用 Williams 鉴别系统理论上可将根肿病菌划分为 16 个生理小种，但实际上目前只鉴定出 13 个生理小种（刘 勇等，2011）。吉川（1990）采用该系统鉴定了日本关东的 63 个菌株，确定为 1、2、3、4、8、9 号生理小种，其中以 1、3 号小种为主。我国近几年对根肿菌生理小种的鉴定工作也开展较多，主要集中在黑龙江、吉林、辽宁、山东、湖北、湖南、四川、云南等十字花科作物主产区及根肿病多发区域。我国各地区根肿菌生理小种类型较多，同一地区分布有不同的小种，主要包括 1、2、4、5、6、7、9、10、11、13 号 10 个小种，其中 4 号小种是我国十字花科作物产区根肿菌的优势小种，在多个地区均有分布，寄主范围也较广。

播种育苗：选取饱满无病种子，播种于口径为 10 cm×10 cm 育苗钵内，设 3 次重复，每重复 7

株苗。育苗基质为蛭石、草炭和营养土 1∶1∶2（V/V/V），灭菌处理后使用。

接种液的制备：将预存于-20 ℃冰箱内的大白菜或青花菜腐烂根肿块，用组织搅碎机将其搅碎，四层纱布过滤，冷冻离心机 2 500 r/min 离心 5 min，弃上清；后用蒸馏水悬浮沉淀，重复 3 次，用血球计数板统计悬浮液休眠孢子浓度，用蒸馏水调至休眠孢子 3×10^8个/mL，4 ℃保存备用，24 h 之内使用。该根肿菌为 4 号生理小种，是我国主流的小种类型。

接种方法：取长到 2～3 叶期植株幼苗，接种前先用刀片在幼苗根部一侧将部分根部轻轻切断，给根系造成机械伤害，后将 5 mL 浓度为休眠孢子 3×10^8 个/mL 的接种菌液灌入伤根部位。接种后置于 25 ℃温室环境中，16 h 光照条件。

病情调查与分级标准：接种 6～7 周后单株调查发病情况，记录病级。

单株病级的分级标准如下：

0 级 根部无任何症状；

1 级 根肿只附着在侧根上，数量占根系全部的 1%～25%；

2 级 主根上有根肿附着，侧根上根肿数量占 25%以上；

3 级 根肿数量占 50%～75%的根系，主根上有根肿附着；

4 级 根肿数量占 75%以上的根系，主根上有根肿附着。

根据病级计算病情指数。鉴定材料对根肿病的抗性依苗期病情指数分为 6 级，抗性分级标准见表 14-7。

表 14-7 根肿病群体抗性的分级标准

级 别	病情指数
免疫（I）	0
高抗（HR）	$0<DI\leqslant25$
抗病（R）	$25<DI\leqslant45$
中抗（MR）	$45<DI\leqslant65$
感病（S）	$65<DI\leqslant80$
高感（HS）	$DI>80$

2012—2015 年，中国农业科学院蔬菜花卉研究所采用苗期人工接种鉴定方法——伤根灌菌法，对 446 份青花菜种质资源进行抗根肿病鉴定（高代自交系 393 份，杂交种 53 份），鉴定结果缺乏高抗（HR）和抗病（R）种质，筛选出中抗（MR）资源 5 份，占供试种质的 1.12%；感病（S）资源 189 份，占供试种质的 42.38%；高感（HS）资源 252 份，占供试种质的 56.50%。对来自国内外的 53 份青花菜杂交种进行了抗根肿病评价，并未发现抗病（R）材料，均为感病（S）或高感（HS）材料。在芸薹属近缘种中存在高抗根肿病的基因，可通过远缘杂交将抗病基因导入青花菜中。

（3）对黑腐病的苗期抗性鉴定

病原：*Xanthomonas campestris* pv. *campestris*。

播种育苗：将青花菜种子播种于育苗圃，隔离病虫害培养。待植株长至 3～5 片真叶时，移至人工接种室，浇足水后用塑料薄膜罩住，15 ℃左右低温黑暗保湿一夜。

接种液的制备：将黑腐病菌划线接种于盛有培养基的培养皿中，于 28 ℃恒温培养箱中培养，待菌落长好后当天使用。挑取当天培养好的黑腐病菌，用细菌繁殖液体培养基于 28 ℃黑暗下震荡培养，接种前用分光光度计测定菌液吸光值，使菌液浓度为 3.0×10^8cfu/mL。

接种方法：喷雾接种法。次日清晨，小心打开薄膜不要使叶缘吐水水滴掉落，手持小型喷雾器对植株均匀喷雾接种浓度为 3.0×10^8 cfu/mL 的黑腐病菌悬浮液，接种量以菌液均匀铺满叶片又不至于滴落为宜。接种后立刻用塑料薄膜罩住，在 28 ℃、光暗正常交替的环境下保湿，撤掉塑料薄膜后正常管理，接种 11 d 后调查发病情况。

病情调查与分级标准：以叶片为单位，分级调查植株的病情指数。调查时只针对接种的片叶，新生叶片不算。

病级的分级标准如下：

0 级　叶片上无任何症状；

1 级　水孔处有黑色枯死点，且病斑稍有扩展，占叶面积 5%以下；

3 级　病斑从水孔处向外扩展，占叶面积 5%～25%；

5 级　病斑占叶面积的 25%～50%；

7 级　病斑占叶面积的 50%～75%；

9 级　病斑占叶面积的 75%以上。

根据病级计算病情指数。鉴定材料对黑腐病的抗性依苗期病情指数分为 6 级，抗性分级标准见表 14－8。

表 14－8　黑腐病群体抗性的分级标准

级 别	病情指数
免疫（I）	0
高抗（HR）	$0<DI\leqslant5$
抗病（R）	$5<DI\leqslant20$
中抗（MR）	$20<DI\leqslant40$
感病（S）	$40<DI\leqslant60$
高感（HS）	$60<DI\leqslant100$

2013 年，中国农业科学院蔬菜花卉研究所对 293 份青花菜材料，在其 3～5 叶期进行人工喷雾接种黑腐病抗性鉴定，发现青花菜种质资源中缺少高抗黑腐病的种质材料，少部分表现抗黑腐病，绝大多数材料表现耐病。因此，对于高抗黑腐病青花菜材料的筛选研究仍将成为重要且有实际意义的研究课题。

（三）抗逆品种选育方法

1. 耐热性育种　青花菜性喜冷凉，忌炎热。苗期温度超过 25 ℃，幼苗易徒长。成株期，当温度高于 25 ℃时，大多数品种所形成的花球的花枝多松散，花球质量降低。青花菜耐热性鉴定可在苗期人工模拟条件下进行。培育和选择 5～6 片叶苗龄的青花菜幼苗，每份材料种植 15～21 株，3 次重复，放置在32℃/20 ℃（日/夜）的光照培养箱中进行高温处理，光照时间为 12 h，待处理 7 d 后，从光照培养箱取出，调查幼苗的热害症状，热害级别根据热害症状分级，见表 14－9。

表 14－9　热害调查分级标准

级别	特　征
0	植株生长正常
1	植株新叶叶缘轻度反卷
2	植株叶缘轻度反卷，叶面轻度皱缩
3	植株叶缘中度反卷，叶面轻度皱缩
4	植株叶缘重度反卷，叶面中度皱缩
5	植株叶缘重度反卷，叶面重度皱缩

$$热害指数=\frac{\sum（级数\times各级株数）}{最高级数\times总株数}\times100$$

种质群体的耐热性根据寒害指数分为 3 级：强，热害指数＜35；中，35≤热害指数＜65；弱，热害指数≥ 65。

2. 耐寒性育种 青花菜喜温暖湿润的气候，不耐长期霜冻，其耐寒能力不如结球甘蓝。青花菜对低温的忍受力因不同的生长时期、不同的器官有不同的反应。青花菜耐寒性鉴定可在成株期进行，将花球生长后期置于 11 月的初霜期，让植株经历 10 d 最低夜温 3～5 ℃的自然温度处理，然后进行保温处理，使植株在较正常的条件下恢复 1 周，调查植株和花球的生长状况。分级标准如表 14－10。

表 14－10 寒害调查分级标准

级别	特 征
0	花球生长正常，植株无寒害症状
1	花球生长正常，植株 1～2 片老叶变黄，且 50%以上的黄叶基本能恢复正常
3	花球出现少量的紫花，植株一半叶片变黄，且有 25%黄叶基本能恢复正常
5	花球较松散，植株大部分叶片变黄
7	花球变褐，整株萎蔫枯死

$$寒害指数=\frac{\sum（级数\times各级株数）}{最高级数\times总株数}\times100$$

种质群体的耐寒性根据寒害指数分为 3 级：强，寒害指数＜35；中，35≤寒害指数＜65；弱，寒害指数≥6。

3. 耐贮性育种

（1）*耐贮藏的评价方法* 青花菜衰老的一个显著标志就是花球颜色由绿转黄，Ku 等（1999）对青花菜贮藏过程中颜色变化采用 1～5 级分级调查，其中 5 级代表花球深绿、新鲜；4 级表示花球有 10% 黄化；3 级有 30%黄化，轻微腐烂；2 级表示黄化面积 30%～50%，中等腐烂；1 级表示黄化面积大于 50%，严重腐烂。并提出当级数降到 3 级时的贮藏天数为青花菜的贮藏寿命。李长缨等（1999）提出以青花菜花蕾黄化指数作为耐贮性鉴定的指标，花蕾黄化分级标准如下：

0 级 目测不到花蕾变黄，球坚挺；

1 级 花球中有轻微变黄或花球中有 1～3 粒花蕾变黄；

3 级 花蕾变黄，占整个花球的 5%；

5 级 花蕾变黄，占整个花球的 50%；

7 级 花球变黄，占整个花球 75%；

9 级 100%的花蕾变黄。

$$花蕾黄化指数=\frac{\sum（黄化级数\times该级株数）}{最高黄化级数\times总株数}\times100$$

以花蕾黄化指数≥33 的天数为适贮期。

颜色参数 H 值的变化可以反映青花菜衰老的进程（Gómez－Lobato et al.，2012）。大量研究证明通过 1－MCP（Ku & Wills，1999）、葡萄糖（汤月昌等，2014）等药剂处理以及气调贮藏（Serrano et al.，2006）等处理后的青花菜贮藏过程中 H 值的下降均得到抑制。樊艳燕等（2015）研究发现无论低温条件还是常温条件，贮藏寿命较长的青花菜材料在贮藏过程中 H 值的下降幅度较小，尤其在低温贮藏的 10～30 d 里，有的材料 H 值甚至有小幅上升过程，其原因可能是青花菜体内自身产生了某种延缓衰老的调控机制抑制了 H 值的下降。另外，刘芬等（2009）在研究真空预冷处理对青花菜在 5 ℃贮藏条件下生理活性变化时指出，当 H 值低于 110 时认为失去商品价值。

（2）*耐贮藏种质资源及育种*　国内缺乏耐贮藏性好的青花菜品种，目前有报道的耐贮性好的青花菜新品种均来自日本，分别是 2005 年由福建引进的马拉松（吴厚桂等，2007）及 2010 年武汉引进的绿莹莹（徐翠容等，2012 ）。随着分子生物学的发展，转基因技术成为改善植物某些特性及研究基因功能方面一种有效的工具。Henzi 等（1999）成功将番茄反义 ACC 氧化酶基因转入青花菜中，使乙烯的生成量明显降低，但延缓黄化效果不明显。Higgins 等将反义 ACO 和 ACS 基因转入青花菜中，发现在 20 ℃条件下其贮藏期能延长 2 d。另外，还有转 IPT 基因（Chen et al.，2001；Chan et al.，2009）及*BoCLH1*基因（Chen et al.，2008）也被证明能在 25 ℃条件下使青花菜的贮藏期延长 1～2 d。但随着人们对食品安全、营养保健方面的高度重视，选育自身耐贮性好且营养含量高的青花菜新品种具有重要的现实意义。樊艳燕等（2015）对 38 份青花菜材料进行 4 ℃贮藏试验，22 份材料进行 20 ℃常温试验发现，低温贮藏时，有 6 份材料的贮藏寿命达 50 d 以上；常温贮藏试验中，有 3 份材料的贮藏寿命长达 4 d。并以从中筛选出的耐贮性存在显著差异的青花菜高代纯合自交系 13B32 和 13B33 为亲本构建的六世代群体进行遗传分析，表明青花菜的耐贮性受两对主基因＋多基因控制，主基因遗传力在 F_2 分离群体中较高，为 86.43％，但两对主基因的效应有降低贮藏寿命的作用，因此想要获得耐贮藏性好的杂交种，必须选择双亲的贮藏寿命均较高的自交系材料。而回交群体 BC_1、BC_2 的多基因遗传力较高，分别为 62.17％、56.25％，表明在青花菜中微效基因对耐贮性也有明显的影响，可以利用微效基因的累加作用来选育耐贮藏性好的青花菜新品种。想要获得耐贮藏性好的杂交种，必须选择双亲的贮藏寿命均较高的自交系材料。

（四）优质品种选育方法

青花菜是以花器官为产品，优质育种对于青花菜新品种选育尤为重要。青花菜的品质性状可分为外观品质、营养品质和风味品质。

1. 商品外观品质　青花菜的商品器官为花球，花球的质量决定着商品品质优劣。在确定青花菜商品品质育种时，主要考虑以下花球性状：

（1）*花球形状*　花球周边圆形，花球高度近球形、高圆形、半圆形是理想的目标性状。

（2）*花球球面*　球面平整、紧实、无荚叶，主花球茎实心是理想的目标性状。

（3）*花球色泽*　花球深绿色是最理想的性状。

（4）*花球荚叶*　指生长在花球球内的小叶片。花球无夹叶是最理想的性状。

根据市场需求，在实际育种中选择花球高圆或半圆形、球面平整圆正、花球紧实、深绿色、球内无荚叶、主花球茎实心的育种材料和品种。

2. 营养品质　青花菜营养丰富，除含有维生素 A、维生素 B_1、维生素 B_2 及磷、钠、铁、钾、锌、镁等外，还含有丰富的叶酸、胡萝卜素、维生素 C 等。青花菜含有一种特殊成分莱菔硫烷，它是目前公认的防癌和抗癌效果最好的天然产物之一。

在青花菜育种中，要注重选择维生素、胡萝卜素、矿物质、莱菔硫烷等养分成分含量高的材料，培育营养丰富的青花菜品种。

3. 风味品质　青花菜花球风味品质有较大差异。有些品种花球质地柔嫩、风味清香，有些品种花球质地发梗、芥末油味较重，略带辛辣味；有些品种糖分含量较高，口味微甜，适合生食和凉拌。因此，根据不同区域的饮食习惯和烹调方法，需选育不同风味和口感的青花菜品种，以满足不同市场和消费者的需求。

（五）高产品种选育方法

1. 产量构成因素　青花菜的产品器官是肉质花球，决定丰产性的主要因素是单球重和单位面积的株数。单位面积的株数取决于株型的开张程度和生育期的长短，而影响花球重量的因素主要有以下几个方面。

（1）生育期 一般来讲，生育期越长，单球重越重，产量越高，通常晚熟品种比早熟品种产量高。

（2）花球紧实度 同样大小的花球，紧实度越高，单球重越重。通常晚熟品种花球紧实，早熟品种花球相对松散。

（3）球形 依据花球性状，一般来讲，球形高圆的产量高于半圆，半高圆的产量高于扁圆，扁圆高于扁平。

2. 丰产性育种 青花菜的丰产性主要影响因素是单球重和单位面积的株数。因此在丰产性育种中，其亲本和一代杂种的目标性状选择，要围绕与单球重紧密相关的性状进行。

（1）株型的选择 青花菜的株型分为：直立、半直立、半开展、开展。育种中，要选择株型紧凑、直立、开展度小的材料为亲本，配制直立型或半直立型的适合密植的品种，通过增加单位面积株数来实现产量的提高。

（2）生育期的选择 在青花菜育种中要根据不同栽培季节选择不同生育期的材料，一般来说，春季多选择早中熟材料做亲本，秋季选择早、中、晚熟材料做亲本，越冬选择中晚熟和晚熟材料做亲本。同时要注意选择花球生长快的材料做亲本，淘汰生育期过长、秧体大而花球重量低的材料。

（3）花球紧实度 在青花菜育种中，通常选择花球紧实度高的材料作亲本，配制出高产的优良品种。

（4）主花球球形 通常选择花球高圆或半高圆的材料做亲本，配制出高产的优良品种。

（六）不同熟性品种选育

在熟性育种中，中早熟性或中晚熟性育种很受重视，因为早熟品种在生产种如果栽培管理稍有不当，或遇到异常天气，容易造成早花、散球现象，中早熟或中晚熟品种不论是春季还是秋季栽培时出现散球的风险要低一些。

五、杂种优势利用

（一）杂种优势的表现与育种程序

青花菜具有明显的杂种优势，近年来由于自交不亲和系和雄性不育系选育技术的进步及其在青花菜杂交制种上的成功应用，极大地推进了青花菜杂交育种的进程。目前，杂种优势育种已成为国内外青花菜育种的最主要途径，生产上应用的品种95%以上为 F_1 代杂交种。

1. 杂种优势的表现 青花菜为异花授粉作物，两个不同的亲本杂交后杂种优势十分明显，这为杂种优势利用提供了较大的潜力。杂交一代能够会聚双亲的优点，在生长势、抗病性、抗逆性、成熟期、花球大小和花球质量等方面表现出明显的杂种优势。

（1）生长势 青花菜杂种一代生长势与亲本相比优势明显，无论是生长速度，还是生长量都明显加快。与亲本相比杂交种幼苗根系发达、叶片肥大、茎秆粗壮、叶片数增加快、生长旺盛，进入结球期生长优势进一步扩大，与亲本相比主要表现在：植株高大、长势强、叶片明显加厚、叶面积显著增大、花球生长速度快。

（2）抗病性 青花菜主要病害有霜霉病、病毒病、黑斑病及黑腐病、根肿病等，利用杂种优势提高青花菜品种的抗病性是抗病育种的主要途径。青花菜主要病害的抗性多为数量性状，但都有主效基因存在，F_1 代抗病性大多介于双亲之间，多数为部分显性，且多数组合偏向抗病亲本。因此，在抗病育种的亲本选择上，最好双亲都为抗病材料，或至少双亲中有1个亲本为抗病亲本。

（3）抗逆性 青花菜的抗逆性主要表现在晚抽薹、耐低温、耐热等方面。同抗病性一样，青花菜的抗逆性也多为数量性状，F_1 代抗性大多介于双亲之间且多数组合偏向抗性亲本。因此，抗逆育种在亲本的选择上，最好双亲都为抗逆材料，或至少双亲中有 1 个亲本为抗逆亲本。

（4）*丰产性*　青花菜 F_1 代不但具有明显的生长势强的优势，其强大的植株体，为丰产打下了良好的基础。F_1 代产量优势明显，表现在花球宽、球茎粗、球高和单球重等都超过双亲。舒金帅等（2015）研究发现由相同保持系转育获得的细胞质雄性不育系和显性细胞核雄性不育系配制的 F_1 代在单球重、花球高和花球宽等方面较亲本表型出明显的杂种优势。

（5）*产品品质*　青花菜的外观品质亦称商品品质，在育种中主要考虑花球的颜色、花蕾大小、荚叶有无及花球的形状。花球浓绿与浅绿，F_1 趋中偏绿；花蕾大与小，F_1 居中间型；花球无荚叶与有荚叶，F_1 花球有荚叶；高圆形花球与扁圆形花球，F_1 居中间型。在实际育种中要根据不同性状的遗传规律进行选育。

青花菜的杂种优势是普遍存在的，但并不是任何两个亲本（自交系）杂交都表现杂种优势，而且即使是同一组合，它的不同性状表现的优势程度也是不同的。因此，在优势育种中亲本（自交系）的选择和选配非常重要。

2. 杂种优势育种程序　青花菜杂种优势育种程序主要包括：确定育种目标，根据育种目标广泛搜集种质资源，并对收集到的种质资源进行鉴定和评价；对中选的优良种质资源通过自交进行纯化，筛选出优良的高代自交系（或自交不亲和系、雄性不育系）；或通过杂交、回交等手段富集优良基因，对已有资源进行创新改良，进而进行自交系、自交不亲和系或雄性不育系的选育。该过程可以通过 DH 育种技术或分子标记辅助选择进行，并同时对产量、品质、抗病性及其他经济性状进行鉴定。对已入选的高代自交系（或自交不亲和系，或雄性不育系）进行杂交组合选配，测定配合力；将入选的优良组合用生产上的主栽品种做对照，进行品种比较试验，选出的优良杂交组合参加多点区域试验，经生产试验后申请品种审定（品种登记）和推广。

（二）自交不亲和系选育与利用

中国于 20 世纪 80 年代初开始进行青花菜自交不亲和系选育和利用，以及新品种的选育种工作，到目前为止，已取得了较大的进展。育种者对其遗传机制、亲和性的鉴定、在育种中的选育和利用及自交繁种等方面进行了深入的研究。

利用自交不亲和系配制青花菜杂交种有较多优点：不需要选育保持系，简化了育种程序；正反交杂交种子都可以使用，种子产量高；自交不亲和性在青花菜中广泛存在，其遗传机制比较清楚，而且容易获得自交不亲和系。但是，利用自交不亲和系的难点是自身繁殖系数低，需要采取“蕾期授粉”，费工费时，增加了种子的生产成本，同时随着自交代数的增加，不可避免会出现经济性状的退化。有些自交不亲和系用蕾期繁殖结实率也很低，更增加了繁殖成本和亲本保护风险。20 世纪 90 年代以来，在白菜中采用喷盐水法克服自交不亲和性，收到了明显的效果。随后这一技术在青花菜中也开始广泛使用，大大降低了青花菜自交不亲和系的繁殖成本。

1. 自交不亲和性的分子生物学基础　在青花菜中存在着广泛的自交不亲和性，由于它是甘蓝的一个变种，因此属典型的孢子体型自交不亲和性（sporophytic，self - incompatibilty，SSI）植物。其自交不亲和性是由亲本细胞中的具有多个 S 复等位基因所控制（Bateman，1955），不同 S 等位基因（S - allele）的株间授粉能正常结籽，但花期自交或相同 S 等位基因型的株间授粉不能结籽或结籽率极低。目前在甘蓝类蔬菜中的 S 位点已鉴定出 50 多个复等位基因，并已在青花菜的 S 位点处鉴定出 2 个与自交不亲和性相关的基因：一是 S 位点糖蛋白（S locus glycoprotein，SLG）基因，它编码一种分泌型糖蛋白，是 SI 反应的辅助受体；另一个是 S 位点受体激酶（S locus receptor kinase，SRK）基因，它编码一种跨膜的具有丝氨酸/苏氨酸活性的蛋白激酶，是 SI 反应主要的受体；SRK、SLG 均在柱头中表达。Yu 等（2014）对 18 个青花菜 DH 系的 S -单元型进行了鉴定，在每个系中均扩增出了 SRK 和 SCR/SP11 基因的片段，根据这 3 个基因的扩增模式，青花菜中存在Ⅰ类和Ⅱ类两种 S -

单元型，其中15个DH系属于第Ⅱ类S-单元型，且其序列相同，其余3个系属于第Ⅰ类S-单元型，但SRK基因的DNA序列不同。

利用SLG抗体鉴定法、等电聚焦与免疫杂交相结合法以及SLG和SRK位点的RFLP多态性检测法（Chen et al.，1990；Ruffio-Chable，1999；Sakamoto et al.，2000），在青花菜的S位点已经检测出多个复等位基因，如S^{2}、S^{13}、S^{15}、S^{16}、S^{18}、S^{36}、S^{39}、S^{64}等。其中S^{2}和S^{15}属于第Ⅱ类复等位基因，表现为较弱的自交不亲和性；其余的属于第Ⅰ类复等位基因，表现强自交不亲和性。

2. 自交不亲和性的鉴定

（1）优良的青花菜自交不亲和系具备的特征 具有高度的花期系内株间自交不亲和性，而且遗传性相当稳定，不因世代环境条件、株龄、花龄等因素而发生变化；蕾期授粉有较高的自交亲和指数，以降低生产自交不亲和系原种的繁殖成本；自交多代后生活力衰退不显著，且具有整齐一致和符合育种目标要求的经济性状；与其他自交不亲和系杂交时具有较强的配合力；胚珠和花粉均有正常的生活力。

（2）自交不亲和性的测定 自交不亲和性的测定是青花菜自交不亲和系选育和利用的基础性工作，目前在青花菜上主要采用亲和指数法来测定其自交不亲和性，即在开花时用人工授粉的方法进行花期自交，种子成熟时，调查不亲和性的表现。青花菜的自交不亲和性程度也以花期自交亲和指数（结籽总数/授粉花数）表示。为了能准确测定其自交不亲和性，每棵授粉株应对3～5个嫩枝进行人工授粉，要注意套袋隔离。此外，也要注意授粉温度，最适温度为15～25 ℃（方智远，1987）。

3. 自交不亲和系选育与利用 在进行自交不亲和系选育时，一个优良的青花菜自交不亲和系，应同时具备自交不亲和性稳定，经济性状优良，蕾期自交结实良好，配合力强等几方面的优良特性。只有在此基础上才能进行下一步的杂交一代品种的培育。

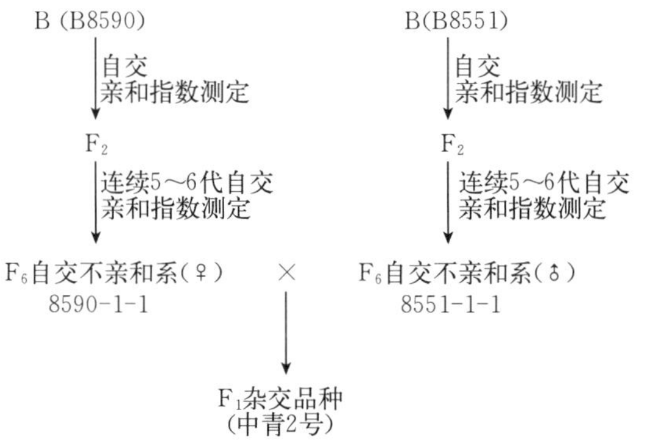

图14-16 利用自交不亲和系育成杂交品种中青2号的示意

中国农业科学院蔬菜花卉研究所于20世纪80年代初进行青花菜国外遗传资源引种、鉴定研究，在此基础上，1985年开始青花菜杂种优势利用的研究。经过多代的自交和定向选择，已获得了一批优良的自交不亲和系，并育成了11个优良的杂交一代品种。已获得的优良青花菜自交不亲和系，如B8590、8589、B8694、86104、90196、8519等的花期自交亲和指数均在1以下，蕾期结实较好，抗病性较强，定植后60 d左右可收获。1987年初配制了杂交组合8589-1-1×8551-1-1和8590-1-1×8551-1-1，分别命名为中青1号和中青2号（方智远等，1987），中青2号的选育过程如图14-16所示。1990年春这两个品种通过农业部组织的“七五”重点科研项目专家组的正式验收。为我国首批利用自交不亲和系育成的新品种，1998年通过了北京市农作物品种审定委员会审定。“八五”期间继续选育出两个经济性状好、病毒病（TuMV）、耐黑腐病的青花菜新品种中青3号’和‘中青6号’。

北京市农林科学院蔬菜研究中心，从20世纪80年代初搜集、引种国外青花菜品种资源，进行其新品种选育研究，于“七五”期间，育成了碧杉、碧松两个新品种，为我国首批利用自交不亲和系育成的新品种，在一些种植区表现为花球性状优良、品质好、产量高；于“八五”期间继续选育出两个经济性状好、抗病毒病（TuMV）、耐黑腐病的青花菜新品种B27和B53。

上海市农业科学院园艺研究所于1981年开始采用杂优利用的技术途径进行新品种选育，经过大量材料的多代自交分离，筛选出一批优良的自交不亲和系，并配制了杂交组合。陈澍棠等（1993）从823

品种及一个 F_1 代经多代的自交分离中分别筛选出自交不亲和系 82351 和 63521。两者的自交不亲和株率均为 100%，花期授粉自交亲和指数分别为 0.04～0.90 和 0～0.40，蕾期自交亲和指数分别为 1.8～3.2 和 1.6～4.7。用其配制的杂交组合 82351×63521，命名为上海 1 号。该品种为我国首批育成的青花菜品种之一。之后，又育成了 2 个稳定的优良自交不亲和系：5-49-3-16-7-2 和 2-2-4-3-2。两者的自交不亲和株率均达 100%，亲和指数均小于 1.0，蕾期授粉结实率高，经济性状优良，整齐一致，退化轻。用其配制的一代杂种上海 2 号（陈澍棠，1996）于 2007 年通过了国家新品种鉴定。

此外，国内其他科研单位也相继对青花菜自交不亲和系进行了选育和利用，也培育了一些优良的新品种，如闽绿 1 号（林碧英等，1995）、绿宝、绿岛（张克平等，1995、1997）、绿莲（方文慧等，2001）、申绿 2 号（苏恩平等，2006）。

（三）雄性不育系的选育与利用

现今，生产中实际使用的青花菜品种种子大部分是利用自交不亲和系生产的，而自交不亲和系的繁殖需人工蕾期授粉，成本较高。而利用雄性不育系生产一代杂种，方法简便、优势强、纯度高，还可大大降低成本和保护知识产权，是杂种优势利用的最佳途径，这也是多年来国内外学术界研究和攻克的重点课题。因此，青花菜育种工作者对青花菜雄性不育系的发掘、回交转育及利用进行了研究。20 世纪 90 年代以来，细胞质雄性不育（CMS）在国际青花菜育种上的应用成为研究重点，并成为青花菜杂交制种的主要方法（赵前程，2006）。20 世纪 70 年代末，我国首次发现甘蓝显性雄性不育材料 79-399-3Ms，经过多年的研究，已经建立了一系列利用该显性雄性不育基因获得的甘蓝显性雄性不育系及其配制杂交种的新方法（方智远等，2004）。中国农业科学院蔬菜花卉研究所甘蓝青花菜课题组已将甘蓝中的显性雄性不育基因成功地转育到青花菜的多个自交系中，并成功应用于青花菜新品种的选育和杂交种子的生产研究中。

1. 青花菜雄性不育系的遗传类型

（1）*细胞核雄性不育*　细胞核雄性不育类型在植物中普遍存在，其不育性受细胞核基因控制。细胞核雄性不育株主要来源于自然突变。根据不育基因与可育基因之间的显隐性关系，又可分为隐性核不育和显性核不育。不育基因的数目有一对的，也可能有多对的，还可能有复等位基因控制不育性状的表达；除主效核基因外，还可能有修饰基因对不育基因的表达产生影响。因此，核不育类型雄性不育性的遗传比较复杂。刘玉梅等 1985 年发现的青花菜 8588 ms，其不育性由两对独立遗传的隐性核基因共同控制（ms_1、ms_2），只有当两对核基因为纯合隐性时才表现为不育（$ms_1ms_1ms_2ms_2$）；有部分保持能力的保持系基因型有 3 种：$MS_1ms_1MS_2ms_2$、$MS_1ms_1ms_2ms_2$ 和 $ms_1ms_1MS_2ms_2$。

（2）*细胞质雄性不育*　在自然界自发突变的细胞质雄性不育并不多见。细胞质雄性不育（CMS）是由细胞核不育基因与细胞质不育基因互作，共同控制的遗传性状。由于这种类型的不育性既能筛选到保持系，又能找到恢复系，可以实现“三系”配套。因此，自十字花科植物第 1 个细胞质雄性不育源 Ogu CMS 被 Ogura 在萝卜中发现以来，国内外在十字花科作物中发现和培育出多种不同来源的细胞质不育类型（刘玉梅等，2001），而研究最多、利用最广泛的是 Ogu CMS（萝卜细胞质雄性不育）和 Pol CMS（波里马细胞质雄性不育）。在青花菜上，由于缺乏天然的细胞质雄性不育材料，因此，利用异源胞质雄性不育通过核置换是选育青花菜雄性不育系的一条有效途径。如 McCollum 等（1981）通过远缘杂交和核置换获得了具有萝卜胞质的青花菜雄性不育系。在实际应用中，主要以 Ogu CMS 不育源的利用为主。

Ogu CMS 是 Ogura 于 1968 年在日本萝卜繁种田中发现的。该不育为完全不育，不育性十分稳定，不受环境条件影响。1977 年 Bannerot 将此不育源首次向甘蓝等十字花科芸薹属作物上转育时，由于遗传上的远缘，细胞质遗传物质和细胞核遗传物质之间存在着不协调，导致转育后代存在低温黄化、蜜腺少、部分雌蕊不正常等缺陷（其中黄化严重妨碍了光合作用使植株生长缓慢，成熟期推迟，产量降低；蜜腺退化、雌蕊不正常，造成自然状态下结实率低）。因此，在育种实践中很难利用。后来，在美国康奈尔大学、威斯康星大学通过原生质体融合等方法进行多次改良，最终于20世纪90年代由Asgrow公司通过原生质体非对称融合，获得不育性彻底、苗期低温不黄化、配合力好、开花结实正常、可用的胞质不育系。

中国农业科学院蔬菜花卉研究所、上海市农业科学院园艺研究所和厦门市农业科学研究所与推广中心等单位先后以从美国引进的经三代改良的萝卜甘蓝细胞质雄性不育源为母本，以优良青花菜自交系为回交父本，经多代回交转育，已育成一批青花菜优良的细胞质雄性不育系，苗期低温下叶色不黄化，且能正常生长；不育性稳定，不育率及不育度均达100%；蜜腺较大，雌蕊结构正常。

2. 青花菜雄性不育系的选育与利用 近年来，青花菜的种植面积逐年增加，但培育新品种的速度远远跟不上生产的需要，目前国内生产上推广的品种大都靠进口昂贵的种子或利用自交不亲和系制种，因而种子成本高，且杂交率不稳定。所以利用雄性不育系选育杂种一代新品种具有重要的实践意义。

（1）*细胞核雄性不育系的选育及利用* 从20世纪90年代起即开始青花菜雄性不育系的研究和选育，刘玉梅等以甘蓝显性细胞核雄性不育源DGMS79－399－3为母本，以40余个优良青花菜自交系为回交父本，经多代回交转育，目前已获得60余个青花菜显性细胞核雄性不育材料，其中回交转育9代以上的优良的青花菜显性细胞核雄性不育材料12个，获得了DGMsB8590、DGMsB8554等7份显性细胞核雄性不育材料。其外叶深灰色，苗期低温下叶色不黄化，生长正常；不育性稳定，不育率及不育度均达100%；蜜腺大，雌蕊结构正常，结籽好；具有良好的配合力，目前正用于育种实践。利用此不育系配制的杂交组合产量明显高于中青1号、中青2号等品种，并选育出青花菜新品种绿奇（中青9号），具体选育过程如图14－17所示。

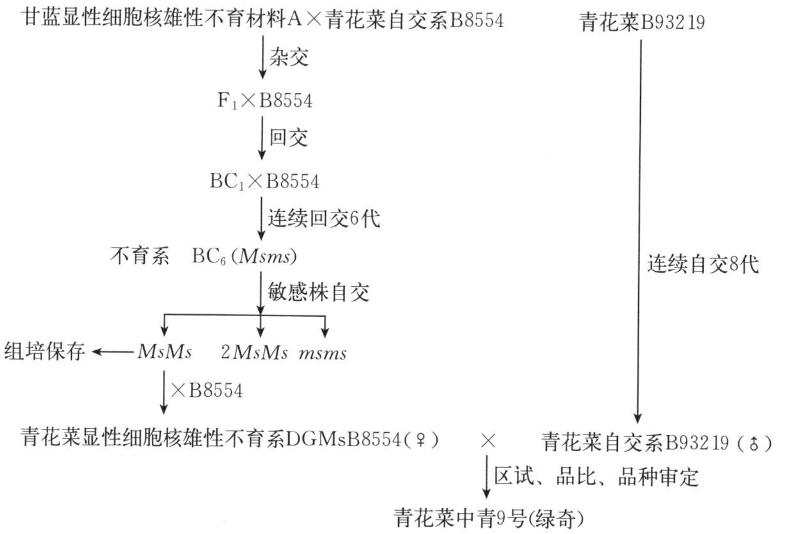

图14－17 利用显性细胞核雄性不育系选育青花菜杂交品种中青9号（绿奇）示意

（2）*细胞质雄性不育系的选育及利用* 青花菜细胞质雄性不育的选育主要是采用饱和回交转育法，以引进的细胞质雄性不育源为母本，以目标品种为轮回亲本，连续回交5～6代，基本完成了经济性状的转育，育成新的雄性不育系。目前使用的青花菜细胞质雄性不育常由于核质间不协调而存在死花蕾严重、花小、花蜜分泌量少、对蜜蜂吸引能力差和种子产量低等问题。因此开始转育时要同时选用多个轮回亲本，确保选育出开花结实性状优良的雄性不育系。青花菜细胞质雄性不育的利用比较简单，主要是利用单交种。只要以细胞质雄性不育系为母本，与父本自交系测交，经过组合比较，按照蔬菜新品种鉴定程序即可选育出新品种。到目前为止，我国已经在青花菜细胞质雄性不育系的选育和利用上取得了较大进展。

刘玉梅等利用优良的细胞质雄性不育系与自交系配制出10多个较好的杂交组合，其中用优良的细胞质雄性不育系育成的青花菜新品种中青8号于2007年通过了国家农作物品种鉴定委员会鉴定；中青10号、中青11和中青12于2015年通过甘肃省农作物品种审定委员会认定。

朱玉英等（1999）以具有萝卜细胞质雄性不育性的甘蓝材料 92－08 为不育源，以 19 份来自于不同地理环境、具有不同遗传背景的青花菜材料（95－03－5、95－04A、95－04B、5B－12－1、5B－11－1、95－02－2、90－08－7、C11－2－1、18－2－4、95－01－2、C8－1－2、C5－3－1、14－1－2、C2－3－2、17－3－1、95－08－2、95－07－3、15－3－6、15－1－1）为杂交父本，分别进行杂交和多代回交。在回交后代中观察到，父本遗传背景对回交后代花器结构和结实能力的影响作用很大，因此，在选育细胞质雄性不育系的青花菜育种过程中，选择适宜的转育父本有利于不育系的选育。朱玉英等（2001、2002）以萝卜细胞质甘蓝雄性不育系 92－08 为不育源，对自交系 A15－1－1 进行回交转育，育成了萝卜胞质青花菜雄性不育系 BC7－19。该不育系不育性稳定，不育株率及不育度均达 100%，基本克服了苗期低温黄化现象，花器结构正常，结实能力强。利用此不育系培育出青花菜一代杂种沪青 1 号。

此外，林荔仙等（2002）、林碧英等（1997）、张克平等（2003）、邵泰良等（2005）以从国外引进的青花菜细胞质雄性不育材料为不育源，经过多代回交育成了一批不育系及新品种。

（四）优良杂交组合的选配与一代杂种的育成

1. 组合选配与配合力测定　亲本的纯化要和配合力测定结合进行，要在自交早代，如自交第 3～4 代就进行配合力测定，使优良组合的选配更准确有效。配合力的测定要在多个世代、多次进行，用不同种质资源互相杂交进行配合力测定，选出优良种质，在优良种质的自交后代中进行配合力测定，在姊妹系中筛选出最优良的自交系作杂交种的亲本。

2. 品种比较试验　选育出优良杂交组合，并进行品种比较试验。

3. 区域性试验和生产示范　品种比较试验后再进行区域性试验和生产示范。

4. 品种审定或认定、鉴定　在 2 年区域性试验和 1 年的生产示范中表现优良的并符合审（认）定、鉴定条件的杂交组合才能通过审定（认定、鉴定）命名，作为新品种在适宜地区推广。

六、生物技术育种

（一）细胞工程育种

在育种中，杂交育种是其主要的育种方式。但由于青花菜为异花授粉作物，因此，在杂交种亲本系的常规选育过程中，一般至少需要 7～8 代的连续蕾期自交，才能育成一个稳定的自交系。然而，通过单倍体培养技术，则可在 2 年内获得纯合的育种材料，这样加快了选择速率，大大缩短了育种年限。因此，单倍体培养技术在青花菜上已成为研究的热点之一。可以通过雌核途径或雄核途径获得单倍体，但在青花菜上，主要是通过雄核途径进行单倍体诱导，即花粉母细胞经减数分裂之后形成的小孢子，在正常条件下发育成成熟的花粉粒，即配子体发育途径；若在外界胁迫的条件下，就会转向孢子体发育途径，形成小孢子胚，进而发育成单倍体植株（Nitsch 和 Norreel，1973；Touraev et al.，1997）。这种通过雄核发育诱导单倍体的方法有 2 种，即花药培养和游离小孢子培养。

1. 花药培养　Keller 和 Armstrong（1983）首次在青花菜（Green mountain）花药培养中获得成功，但胚胎发生频率很低。Arnison 等（1990）以 Green mountain、Green dwarf、Bravo、Improved comet、Corsair5 个基因型为试材，对其花药培养的条件进行研究和改善，结果在 100 个花药中最多也只能获得 275 个胚。蒋武生等（1998）对 22 个基因型的青花菜进行花药培养，只在加州绿和美国 1 号上没有获得胚，在出胚的基因型中，虽然以全绿（CL－765）的产胚率最高，但平均 100 个花药也只获得 31.1 个胚。

由于花药培养的出胚率较低，因此，在此基础上发展了青花菜的游离小孢子培养。

2. 游离小孢子培养　游离小孢子培养的技术是在花药培养技术的基础上发展而来的，但它比花药培养产生的单倍体频率高，而且不受花药壁、花药隔等母体组织的影响。因此，游离小孢子培养有着花药培养不可代替的优点。

青花菜的游离小孢子培养最早见于 1991 年 Takahata 等的报道。到目前为止，对青花菜游离小孢子培养的研究主要集中在小孢子胚胎发生的影响因素、植株再生、染色体加倍及倍型鉴定等方面。

（1）培养条件及影响因素

① 供体植株的生理状况。供体植株的生长状况是决定青花菜游离小孢子培养成功与否的关键因素之一。温度是最重要的关键因子，若在花芽分化之后，温度的突然变化会严重地影响小孢子的胚性，因为这种外界胁迫会改变植株体内的激素、氨基酸、碳水化合物及脂肪等物质水平。生长在较低温度条件下的植株会产生较多的胚性小孢子。一般温度在 15～20 ℃或恒温 18 ℃，日照 16 h 较为合适。另外，健壮的植株和幼嫩的枝条能够产生较多的胚性小孢子。因此，在植株养护管理时要重视环境温度和养分供给，还要注重取样位置。

② 小孢子发育时期。小孢子发育时期通常分为单核期、双核期和三核期，并非任何时期的小孢子都适于培养。单核期又分为单核早期、单核中期和单核靠边期，通常最适宜小孢子培养的时期为单核靠边期至双核早期。但由于青花菜小孢子在花药中发育极不一致，双核期小孢子比例对青花菜游离小孢子培养的影响也较大，只有比例适当，才能获得大量小孢子胚。Dias（2003）报道，在青花菜小孢子培养中，所取的花蕾应包含绝大多数的单核晚期小孢子和 10%～30%的双核期小孢子，这样才最适于胚胎发生。Yuan 等（2011）一直采用 Dias（2003）的方法，取 3.0～3.5 mm 长的青花菜花蕾为试材，能够获得发育整齐一致的小孢子胚胎。

③ 预处理。对小孢子进行预处理就是利用一种逆境（环境胁迫）来诱导胚胎的形成（Lichter，1982；Touraev et al.，1997）。预处理包括：离心、低温、高温、射线、秋水仙素、饥饿等人为处理。目前广泛应用的预处理有低温预处理、高温预处理、糖饥饿预处理、甘露醇预处理和秋水仙素预处理。预处理能改变小孢子的发育途径，使其从配子体发育途径转向孢子体发育途径，从而诱导小孢子胚的形成。32.5 ℃热激预处理 1 d 被认为是青花菜小孢子培养的最佳预处理方式（Dias，2001；张德双等，1999；方淑桂等，2005）。在此基础上，Yuan 等（2011）采用 4 ℃低温预处理 1～2 d 与 32.5 ℃预处理 1 d 相组合的预处理方式能够显著地提高小孢子的出胚率，尤其是使低出胚率的 TI－111 基因型的出胚率提高了 63～72 倍。

④ 供体植株的基因型。供体植株基因型是影响青花菜小孢子培养的关键因素之一，它不仅影响胚胎发生能力，而且也影响胚的质量。张德双等（1998）对 13 份青花菜供试材料进行了游离小孢子培养，其中只在 8 种基因型中获得了小孢子胚。在这 8 种具有胚胎发生能力的基因型中，以巴绿青花菜的出胚率最高，达 37.08 胚/蕾；而 B105－13 的出胚率最低，为 0.31 胚/蕾。方淑桂等（2005）和 Yuan 等（2011）在青花菜不同基因型的游离小孢子培养中也获得了类似的结果。严准等（1999）对青茎蓝、茎蓝、结球甘蓝、青花菜 4 种甘蓝类材料进行游离小孢子培养，结果，在青花菜上仅诱导出大量愈伤组织，而未获得小孢子胚。可见，不同基因型的小孢子胚发生能力差别很大。在实际工作中，要对育种材料进行筛选，选择性状优良、小孢子出胚率较高的材料进行培养。

⑤ 培养基及其添加剂。在青花菜游离小孢子培养中，采用的冲洗培养基为 B5 培养基（Gamborg et al.，1968），用来游离小孢子培养的培养基为 1/2 NLN 培养基（Dias，2001）。培养基中蔗糖的作用不仅是渗透稳定剂，而且是重要的能源，最常用的糖浓度为 13%（Dias，2003）。另外，在青花菜游离小孢子培养中，加入 0.1 mL 的 1%的活性炭能显著地提高小孢子出胚率（Dias，1999）。其原因可能是活性炭吸附了来自培养基中琼脂、无活性的小孢子以及大量二核晚期小孢子等产生的代谢抑制物质。活性炭不仅可吸附一些游离小孢子培养中的有毒物质，而且还可吸附一些必要元素（Lichter，1989），因此，活性炭浓度不宜过高，否则会引起副作用。

小孢子密度也是影响出胚率的因素之一。在青花菜游离小孢子培养中常用的小孢子密度为 4×

10^4～5×10^4个/mL（Dias，2003；Yuan et al.，2011)。此外，外源激素对青花菜游离小孢子培养的影响并没有取得一致的结果，而是因基因型而异（张德双等，1999；方淑桂等，2005)。但是目前在青花菜小孢子培养中不加入任何的外激素（Dias，2003)。

培养基的pH也是诱导小孢子胚胎发生的一个关键因素（Ballie et al.，1992)。pH可能充当着一个调节物的角色，它调节小孢子与培养基之间的物质交换（Gland et al.，1988)。目前，在甘蓝类蔬菜游离小孢子培养中pH通常调至5.8（Ferrie，2003)。袁素霞等（2009）的研究结果表明，在结球甘蓝和青花菜供试基因型的游离小孢子培养中，NLN-13和1/2 NLN-13培养基的最适pH均为6.2或6.4。Barinova等（2004）报道，烟草和金鱼草这两种植物的游离小孢子培养在25℃条件下，当培养基的pH从7.0提高至8.0～8.5时，培养的小孢子发生均等分裂的比例显著增高，配子体发育途径受阻。通过糖代谢分析，在高pH条件下，小孢子体内的转化酶活性降低，同时，^{14}C标记的蔗糖从培养基中大量进入小孢子体内，这说明处在高pH环境下的小孢子不能进行糖代谢，从而造成饥饿胁迫，这一结果阻碍了配子体发育途径，而诱导了孢子体发育途径（Barinova et al.，2004)。由此推断，适当的高pH也许有利于诱导小孢子的孢子体发育途径。

(2) 小孢子植株再生　青花菜小孢子培养2～3周后可以形成胚状体。小孢子胚状体的类型分为：球形、心形、鱼雷形、子叶形和畸形。胚状体的发育类型也是影响植株再生的关键因素之一，其中以子叶胚的植株再生率最高。决定胚状体的发育类型的因素有两个，一是取样时期，二是培养时间。所以在青花菜游离小孢子培养中，尽可能选择小孢子发育时期一致（含有70%～90%单核靠边期小孢子）的花蕾作为培养试材，小孢子培养25 d左右的胚最有利于植株再生（袁素霞等，2010)。同时，袁素霞等（2010）还发现琼脂浓度为1%～1.25%的B5培养基（无激素，蔗糖浓度3%，pH 5.8）是青花菜小孢子最佳的植株再生培养基。

(3) 小孢子植株染色体倍性鉴定　通过游离小孢子培养技术获得的小孢子再生植株群体往往是染色体倍性水平不同的混合群体，除自然加倍的双单倍体（DH）外，还可能有单倍体、三倍体、四倍体及其他的多倍体，甚至还可能有嵌合体，这给实际应用带来很大的不便，因此对获得的小孢子植株需要进行染色体倍性鉴定。在甘蓝类蔬菜作物上进行倍性鉴定的最常用方法有：形态学鉴定法、根尖染色体计数法和流式细胞仪测定法。形态学鉴定法简单，但必须等到植株定植于田间开花后才能得出鉴定结果，需要的周期长；由于甘蓝类蔬菜的染色体较小，染色体计数法比较烦琐，而且费时；流式细胞仪测定法，高效、准确，但所需仪器非常昂贵，成本高。袁素霞等（2009）建立了一种根据甘蓝类蔬菜气孔保卫细胞叶绿体数进行染色体倍性鉴定的方法，即气孔保卫细胞叶绿体数≤10的为单倍体，10<叶绿体数≤15的为二倍体，>15的为多倍体。该方法准确率达93.93%，此倍性鉴定方法简便、经济、实用、可靠，且稳定，不受植株生长环境等外界因素影响。

(4) 小孢子植株染色体加倍　染色体加倍是游离小孢子培养技术在单倍体育种中有效应用的一个关键环节。因为小孢子培养得到的单倍体植株，通常表现为高度不育，为了能使之正常结籽，与育种实践相结合，必须诱导染色体加倍。染色体加倍的方式有两种，一是发生在游离小孢子培养时期的自然加倍，二是对成苗的小孢子后代植株进行人工加倍。

从理论上讲，单倍体的小孢子只携带供体植株一半的染色体，由小孢子胚再生成的植株应该都是单倍体。但实际情况并非如此，获得的小孢子再生植株群体中除了含有单倍体外，还存在一定比例的二倍体，甚至还有少量的多倍体。在游离小孢子培养技术的实际应用中，最理想的加倍方式是在游离小孢子培养时期发生自然加倍，获得完全可育的DH植株，这样省去了人工加倍的步骤。Dias（2003）在实验中发现，青花菜自然加倍的双单倍体频率为43%～88%。张延国和王晓武等（2005）通过游离小孢子培养获得的基因型绿秀再生植株群体的自然加倍率只有13%。Yuan等（2015）在15个青花菜小孢子再生植株群体中发现自然加倍率（包括二倍体、多倍体和嵌合体）为52.2%～100%，其中双单倍体频率为50.6%～100%。

影响小孢子自然加倍的因素有多种。不同的基因型，小孢子再生植株群体的自然加倍率也不相同；不同的预处理方式，小孢子再生植株群体的自然加倍率也不同。Yuan 等（2011）在青花菜游离小孢子培养中发现，相对于单独的热激预处理，低温与热激组合的预处理方式不仅提高了小孢子胚胎的发生频率，同时也提高了再生植株群体的二倍体频率。预处理可能会造成均等分裂后细胞壁形成的失败，从而导致核的熔合（Kasha，2005）。此外，小孢子再生植株的自然加倍还与预处理时的小孢子发育时期有关，单核期的小孢子可能产生较高频率的双单倍体，双核早期的小孢子可能会产生更多的三倍体或其他水平的多倍体（Kasha，2005）。另外，再生植株的组培时间也会影响其染色体倍性，单倍体在组培时间超过 1 年以上也会自动转变为双单倍体或嵌合体（Yuan et al.，2015）。

由于在小孢子培养中自然加倍是随机发生的，且因基因型而异，因此对于自然加倍率低的基因型需要采用人工加倍方式。最常用的人工加倍方法是秋水仙素处理。张延国和王晓武等（2005）对青花菜小孢子再生植株进行 1%秋水仙素溶液苗期顶芽处理，获得总的加倍率（包括自然加倍率和人工加倍率）达 24%，比未进行人工加倍处理的对照群体的自然加倍率高出 11%。Yuan 等（2015）采用 0.05%浓度的秋水仙素溶液进行蘸根 6～12 h，效果非常好，可以使 50%以上的单倍体基因型发生加倍。

3. 青花菜单倍体培养在辅助育种中的应用

（1）*种质创新* 为了获得耐热的青花菜材料，陆瑞菊等（2005）以青花菜品种上海 4 号和东村交配经小孢子培养后获得的单倍体茎尖为试材，利用平阳霉素对其进行诱变处理，并以高温作为选择压，筛选出了一批单倍体变异体。再经染色体加倍后获得了 9 份细胞膜的热稳定性比原始品种明显提高的变异体材料，此材料在田间具有较高的成活率，并且长势良好，为创造耐热新种质打下了基础。因此，此方法为筛选出稳定遗传的、更耐热的种质材料开辟了一条新途径。

（2）*创建遗传分析群体* 孙继峰等（2012）通过游离小孢子培养技术和人工自交方法，分别构建了由 176 个 DH 系组成的 DH 群体和由 176 个单株组成的 F_2 群体，对两个群体的遗传表现进行分析，在 DH 群体和 F_2 群体中均发现了正向和负向两个方向的超亲基因型，两群体的平均变异系数和遗传多样性指数相近，说明 DH 群体是进行遗传分析的理想材料。

（3）*遗传转化的理想材料* Cogan 等（2001）对 3 个基因型 Marathon、Trixie、Corvet 及它们通过花药培养获得的 DH 系进行遗传转化，发现 DH 系的转化效率高于其对应的 F_1 代。因此，青花菜单倍体培养与常规育种及其他生物技术相结合，在新品种选育、种质资源创新、辅助育种等方向起着重要的作用。获得 DH 系可以直接用于选配优良组合。为了能获得聚合多个优良性状的 DH 亲本系，建议选择 F_3 代或 F_4 代的优良单株作为供体植株。

（二）分子育种

自 Song（1988）开辟了芸薹属作物分子标记研究的新领域以来，分子标记在青花菜中得到了较为深入的研究和应用。目前，RFLP、RAPD、AFLP、SSR、SCAR、SRAP 和 SNP 等分子标记技术已广泛用于青花菜重要性状的鉴定、遗传图谱的构建、基因定位和种质资源的分类及多样性分析等方面。随着分子育种技术研究快速发展，目前已构建了多张遗传图谱，开发了一批分子标记，对一些重要农艺性状，如自交不亲和、抗病性、雄性不育、花球相关性状和品质性状等方面的基因进行了定位研究。

1. 分子连锁图谱的构建及重要农艺性状的 QTL 定位 随着分子标记技术的发展，人们开始逐渐对青花菜复杂的数量性状的遗传模式进行解析。目前，关于青花菜自交不亲和性状、花球重、贮存期间失重及叶片结构等农艺性状的 QTL 定位已有报道。

（1）*自交不亲和性状的 QTL 定位* Camargo 等（1997）利用一个甘蓝×青花菜的 F_2 群体构建了一张包含 112 个 RFLP 标记和 47 个 RAPD 标记、覆盖 9 个连锁群、长度为 921 cM 的遗传连锁图谱，利用该图谱将控制自交不亲和的基因定位在第 2 连锁群上。

（2）*农艺性状的 QTL 定位* Walley 等（2012）利用青花菜 DH 群体结合 SSR 及 AFLP 分子标

记技术，构建了一张包含 9 个连锁群，覆盖 946.7 cM 的遗传连锁图。该连锁图已用于青花菜球重、球直径、茎直径、贮存期间失重以及叶片结构等农艺性状的 QTL 定位。

（3）品质性状的 QTL 定位　Brown 等（2014）利用 $F_{2:3}$ 群体构建了一张包含 547 个非冗余 SNP 标记的遗传连锁图谱，该图谱覆盖 9 个连锁群，长度为 948.1 cM，平均间隔为 1.7 cM，最大间隔小于 7.5 cM，仅有 14 区间（约 3%）超过 5 cM。利用该图谱对青花菜花球中的类胡萝卜素进行了 QTL 定位，共获得 3 个 QTLs，单个 QTL 可以解释 6.3%～24%的表型变异。樊艳燕等（2015）利用青花菜 F_2 群体构建了一张包含 157 个 SSR 标记和 15 个 InDel 标记的遗传连锁图谱，覆盖 9 个连锁群，总长为 830.20 cM。利用该图谱对青花菜耐贮性进行了 QTL 定位，共获得 8 个 QTLs，贡献率为 1.16%～14.20%。

2. 重要农艺性状的连锁分子标记　分离群体分组分析法（bulked segregate analysis）是基因定位的重要方法之一，能够快速获得与目标基因连锁的分子标记，并对目标基因进行定位。在青花菜中，BSA 法已经广泛用于抗病性状、雄性不育相关性状等的分子标记开发和定位。

（1）霜霉病基因的分子标记　霜霉病是危害青花菜的主要病害之一，Giovanelli 等（2002）利用 BSA 法在子叶期对青花菜 F_2 群体的 100 个单株进行筛选，获得了 8 个与显性抗性位点连锁的 RAPD 标记，并将其中 2 个成功转化为 SCAR 标记。Farinho 等（2004）利用 RAPD、AFLP 和 ISSR 技术对青花菜抗感基因池进行筛选，获得 3 个与青花菜霜霉病抗性位点连锁的分子标记，其中最近的遗传距离为 2.7 cM。

（2）自交不亲和基因的鉴定　Yu 等(2014）对 18 个青花菜 DH 系的 S-单元型进行了鉴定，在每个系中均扩增出了 *SRK* 和 *SCR*/*SP11* 基因的片段，根据这 2 个基因的扩增模式推断青花菜中存在Ⅰ类和Ⅱ类两种 S-单元型，其中 15 个 DH 系属于第Ⅱ类 S-单元型且其序列相同，其余 3 个系属于第Ⅰ类 S-单元型但 *SRK* 基因的 DNA 序列不同。

（3）细胞质雄性不育基因的分子标记　Ogura 细胞质雄性不育（CMS）广泛用于青花菜杂交种子生产，为深入研究其不育机理，姚雪琴等（2009）开发出 1 个区分青花菜 Ogura CMS 和保持系的 SRAP 标记，并将该标记成功转化为 SCAR 标记，首次揭示了 Ogura CMS 和保持系在核 DNA 上存在差异。荆赞革等（2015）利用 *orf138* 基因保守序列设计特异引物将青花菜不育材料与可育材料分开，获得的青花菜 *orf138* 基因片段与已报道的 Ogura CMS 所具有的 Ogura *orf138* 基因的同源性为 100%，序列比对发现 *orf138* 基因存在变异位点。

（4）细胞质雄性不育雄蕊心皮化基因的分子标记　细胞质雄性不育雄蕊心皮化是指花的雄蕊结构被类似于雌蕊结构的器官所代替的现象，这不仅造成花器官形态结构的变化，也常导致植株发生雄性不育突变。在转育青花菜细胞质雄性不育过程中，发现有些不育材料转育的不育系会表现雄蕊心皮化现象，利用雄蕊心皮化的不育系生产杂交种时，种荚异常，种子产量极低，致使不育系失去利用价值（Shu et al.，2015）。为提高优良青花菜细胞质雄性不育系的转育效率，深入研究细胞质雄性不育雄蕊心皮化的分子机理，Shu 等（2015）开发出 1 个能够 100%区分细胞质雄性不育雄蕊心皮化的线粒体标记 mtSSR2，分析发现由 mtSSR2 产生的多态性主要源于 SSR 位点附近序列的插入或缺失，多态性条带的 ORF 区域位于甘蓝型油菜、芥菜型油菜、白菜型油菜、芝麻菜、甘蓝、花椰菜和榨菜 *orf125* 的编码区，同时也位于埃塞俄比亚芥 *orf108c* 和萝卜 *orf108* 的编码区，对氨基酸序列进行相似性分析发现，雄蕊心皮化相关序列与萝卜和埃塞俄比亚芥亲缘关系最近。

（5）显性细胞核雄性不育基因的分子标记　显性细胞核雄性不育是青花菜中一种重要的不育类型，其花器官大小和杂交结实特性等均优于同类细胞质雄性不育系（舒金帅，2013）。为提高青花菜显性细胞核雄性不育系的选育效率，舒金帅等以甘蓝显性细胞核雄性不育源（DGMS79 - *399* - *3*）转育获得的青花菜 3 个回交分离群体为试材，利用 SSR、SPAR、SCAR 技术首次开发出 12 个青花菜中与显性细胞核雄性不育基因 *CDMS399* - *3* 紧密连锁的分子标记。在含有 747 个单株的 DGMS8554 回交群体中最近的双侧翼标记 scaffold 129 _ 2012 和 scaffold 10312a 的遗传距离分别为 0.328 cM 和 0.563 cM，将显性雄性不育基因 *CDMs399 - 3* 定位在 0.891 cM 的区间内；在含有 338 个单株的 DGMS90196 群体中获得的标记数目最多，为 10 个标记，最近的双侧翼标记 scaffold 10312a 和 scaffold 3778 将显性雄性不育基因 *CDMs399 - 3* 定位在 2.602 cM 的区间内（舒金帅，2013）。

3. 遗传信息鉴定 利用分子标记技术可以对不同类型或来源种质资源的遗传信息进行快速鉴定，明确各资源所属的类别，将有利于提高资源的利用效率。目前，分子标记技术已广泛用于青花菜种质资源遗传信息的鉴定和遗传多样性分析等方面。

(1) 杂种鉴定 蒋振等（2014）利用 SSR 技术对通过胚挽救获得的青花菜与萝卜属间杂种植株进行了鉴定，发现杂种植株包含了双亲的遗传信息。Kumar 等（2015）利用 RAPD 技术对青花菜组培苗的遗传完整性进行了分析。

(2) 品种鉴定 Hu 等(1991) 利用 RAPD 标记成功鉴别了 12 个花椰菜和 14 个青花菜品种，发现来自同一公司品种间的遗传距离明显小于不同公司的品种。刘冲等（2006）利用 SRAP 和 ISSR 标记鉴别了 8 种甘蓝类植物（白甘蓝、皱叶甘蓝、红甘蓝、羽衣甘蓝、花椰菜、青花菜、抱子甘蓝、球茎甘蓝）的种子。李媛等（2010）优化了青花菜 SRAP 反应体系，并在 6 个青花菜和花椰菜品种中进行了验证。

(3) 遗传多样性分析 Santos 等（1994）利用 RAPD 和 RFLP 标记对 37 份青花菜、5 份花椰菜和 3 份甘蓝进行了遗传多样性分析，发现 RAPD 在评价亲缘关系方面与 RFLP 技术具有同等的功效。李钧敏等（2006）通过 RAPD 技术发现青花菜拥有中等的遗传多样性，并将 30 份青花菜栽培品种分为 3 大类。钟然等（2007）利用 ISSR 标记对 14 份青花菜材料和 1 份油菜材料进行了基因组遗传多态性分析，发现青花菜材料和油菜参照材料彼此间区分明显，14 份青花菜材料可聚为 2 类。李钧敏和林俊（2008）利用 ISSR 技术对 7 个已知特性的青花菜栽培品种进行分析，发现青花菜具有中等偏低的遗传多样性，聚类结果显示 7 个青花菜品种可分为早中熟品种、中晚熟品种和耐热性的早熟品种 3 类，聚类结果与抗性和生育特性密切相关。荆赞革等（2010）对甘蓝 SSR 引物在青花菜中的通用性和青花菜基因型的遗传多样性进行了研究，发现甘蓝和青花菜基因组间存在一定的相似性，同一来源的基因型间具有相近的遗传基础，聚类与熟性具有一定的相关性。荆赞革等（2014a、b）发现同一地域或来源的青花菜及其近缘种间具有较为相近的遗传背景，亲缘关系相对较近，青花菜种质资源间具有较为丰富的遗传多样性，显示熟性和来源可作为青花菜早中熟种质聚类的重要农艺性状之一。张志仙等（2014）采用 ISSR 技术对 10 份青花菜自交系材料进行分析，发现各自交系间的遗传相似系数为 0.557 9～0.852 6，平均相似系数为 0.703 2，10 份自交系材料聚为 2 大类（A、B 类），其中 A 类分为 4 个亚类。Ciancaleoni 等(2014a、b) 发现青花菜地方品种与衍生品种和 F_1 代杂交种间具有明显的差异，利用 SSR 技术对其进行遗传多样性分析发现，供试的 18 份材料分为 2 个主集群，大多数资源间具有遗传多样性。此外，青花菜合成品种和商品种具有很高的遗传多样性，与非选择的地方品种结果类似。

(4) 病原菌鉴定 Eckstein 等（2014）在分子水平上发现叶蝉为巴西青花菜绝技（BS）病原菌 16SrIII 植原体的潜在媒介。Gašić 等（2015）利用传统的细菌学方法结合 ITS - PCR - RFLP 技术将青花菜中的软腐病致病菌归为果胶杆菌属（*Pectobacterium carotovorum* subsp. *carotovorum*）。

4. 基因表达及克隆研究 随着分子生物学和测序技术的快速发展，在青花菜中已经有关于花球衰老、硫代葡萄糖苷代谢途径和抗逆等相关基因的研究。

(1) 花球衰老相关基因 陈贝贝等（2012）和蒋明等（2012）分别克隆了青花菜转录因子基因 *BoWRKY3* 和抗坏血酸过氧化物酶基因 *BoAPX*，并进行了相关表达分析。Gómez - Lobato 等（2012）发现 1 - MCP 可选择性地抑制叶绿素分解代谢中与编码基因相关的酶活性，从而改变青花菜的衰老进程。Gómez - Lobato 等(2014) 发现 *BoSGR* 基因与青花菜采后衰老及叶绿体降解相关，细胞分裂素和 1 - MCP 可以延缓 *BoSGR* 的表达，乙烯能够加速 *BoSGR* 的表达。Eason 等（2014）从青花菜中分离出半胱氨酸蛋白酶抑制剂基因 *BoCPI - 1*，并发现花球中 *BoCPI - 1* 的过表达能够降低总蛋白酶活性，而细胞中可溶性蛋白含量不变，从而延缓采收后花球的衰老。

（2）硫代葡萄糖苷代谢途径相关基因　Gao 等（2014）利用 RNA－Seq 技术鉴定了 25 个与硫代葡萄糖苷代谢途径相关的基因，其核苷酸序列与拟南芥同源基因存在 62.04%～89.72%的一致性，并发现很多生物合成与降解相关基因在种子萌发后表达量升高。

（3）盐胁迫相关基因　Tian 等（2014）通过测序技术发现，当青花菜受到盐胁迫时，保守的 miR393 和 miR855 及候选 miR3 和 miR34 显著下调；保守的 miR396a 和候选的 miR37 显性上调。通过 GO 和 KO 数据库分析，发现一些参与代谢和细胞功能的基因与盐胁迫相关。

（4）其他基因　Liu 等（2012）明确了青花菜中 EMBRYONIC FLOWER 2（*EMF2*）基因的分子特性和功能。高世超等（2014）克隆了青花菜 β－14－木糖基转移酶 *IRX9H* 基因的 cDNA 序列全长，分析发现该基因没有信号肽，与拟南芥聚类关系最近。裴徐梨等（2014）克隆得到青花菜花粉外壁蛋白（PCP）基因，分析表明青花菜花粉外壁蛋白与同属植物的进化关系较近，与甘蓝进化关系最近。

在中国，青花菜遗传育种研究起步较晚，始于 20 世纪 80 年代。目前，常规育种技术在青花菜育种中仍占主导地位，利用分子标记进行基因定位和辅助选择育种的研究处于起步阶段。虽然通过分子标记辅助选择可以在室内进行基因的筛选，排除外界环境对基因表达的影响，能够提高目标基因的选择效率，但通过分子标记在青花菜育种实践中仍未广泛应用，通过分子标记辅助选择培育优良青花菜品系或品种的期望仍未实现。主要原因如下：①开发出的与重要质量性状连锁的标记种类和数量过少，标记适用性较差，不能有效地对目标性状进行辅助选择；②对于数量性状，已定位的重要农艺性状的主效基因过少，且定位的基因与其连锁分子标记的遗传距离太远，无法用于 MAS；③分子标记鉴定成本过高，不能够广泛推广，且国内许多育种机构不具备开展分子标记开发和辅助选择的条件；④没有把分子标记辅助选择和常规育种实践有机结合，造成基础研究和应用研究脱轨。

针对青花菜育种中存在的以上问题，今后应该主要开展以下工作：①结合现代分子生物学新技术，加强对重要质量性状的基因定位，开发出与目标基因紧密连锁的分子标记，提高标记的适用性和选择的准确性。②构建高密度遗传连锁图谱，对数量性状位点进行精细定位，明确各位点的遗传贡献率和效应值，挖掘调控目标性状的主效 QTL 位点，开发最佳分子标记，提高标记的选择效率。③开发出操作简单、成本低廉、适合实验中规模化操作的新型标记，降低成本，提高标记应用的广泛性。④将常规育种实践和分子标记辅助选择相结合，实现优势互补，加快青花菜的遗传改良进程，培育出高产、优质、抗病和耐贮的青花菜优良品种，创造出较多的社会效益和经济效应。

5. 基因工程育种　常规育种往往受到基因资源的限制，而利用转基因技术可以定向地进行种质资源的创新，是改良资源不利性状和获得特殊资源的重要方法。但是成功的基因转化都必须以高效的、重复性强的植株再生和基因转化系统为前提。有关青花菜基因工程的研究自 20 世纪 80 年代末开始有报道，至今已取得较大进展。

（1）青花菜组织培养植株再生系统的建立　在青花菜中，研究表明，基因型是影响愈伤和再生芽形成的重要因素之一。激素配比、$AgNO_3$ 浓度、蔗糖浓度及外植体类型也因基因型而异。Qing 等（2007）发现子叶诱导不定芽较下胚轴容易，而且培养基中一定浓度的 $AgNO_3$（4～5 mg/L）可以促进愈伤和再生芽形成。进而，Kim 和 Botella（2002）发现，10 d 苗龄下胚轴诱导不定芽的频率显著高于 14 d 苗龄。黄科等（2005）研究表明，苗龄显著影响再生芽频率，新绿的 7 d 苗龄下胚轴诱导不定芽的频率最高，为 100%。目前，通常以种子萌发 3～10 d 的子叶和下胚轴为外植体。生长素和细胞分裂素是诱导愈伤组织和再生芽的必备因子，常用的是低浓度 NAA（0.02～0.5 mg/L）和相对高浓度 6－BA（2～4 mg/L）组合，蔗糖浓度通常为 2%～3%。

（2）遗传转化体系的建立　农杆菌介导转化是迄今植物基因工程中应用最多、最理想，也是最简便的方法。常用于植物转化的有根癌农杆菌（*Agrobacterium tumefaciens*）和发根农杆菌（*A. rhizogenes*）。它们能分别把 Ti 和 Ri 质粒中的 tDNA 转移并插入植物细胞的染色体基因组中。

① 农杆菌介导的转化方法。该方法通常是建立在细胞或组织培养基础上的遗传转化。预培养、侵染时间、菌液浓度和共培养时间等都显著影响农杆菌的侵染及转化芽的再生（黄科等，2005；Ravanfar et al.，2015）。一般预培养时间是 3～4 d，侵染时间 0.5～8 h，共培养时间 2～4 d。

农杆菌在侵染过程中，其 *vir* 基因受植物细胞释放的酚类物质的刺激而活化，从而提高侵染能力。外植体与农杆菌共培养时，乙酰丁香酮（acetosyringone）和甘露碱同时使用对高效率地转化有一定的作用（Henzi et al.，2000）。

② 抗生素的选择。共培养后，外植体表面和内部残留的农杆菌容易引起污染，从而影响不定芽的再生，一般采用抑菌剂来抑制农杆菌的繁殖。良好的抑菌剂应具有仅抑制农杆菌的生长而不影响芽再生的特点。常用的抑菌剂有氨苄青霉素（黄科等，2005）、羧苄青霉素（Yu et al.，2015）和卡那霉素（Metz et al.，1995；Kim 和 Botella，2002）等。

（3）青花菜的遗传转化 青花菜作为一种优质蔬菜，越来越受到人们的喜爱。但在商品化生产中，青花菜存在一个突出的问题，就是产后保鲜非常困难，一般采后 1 周开始变黄甚至腐烂。所以延缓采后衰老对青花菜具有重要的意义。另外，菜粉蝶和小菜蛾是危害青花菜的主要害虫，因而培育抗虫品种显得尤其重要。此外，雄性不育系在杂交制种中具有重要的应用价值。因此，在青花菜中，转基因主要应用于改变资源抗性、育性、成熟期及耐贮性等几个方面（表 14－11）。目前转入青花菜的目的基因有两种类型：①转入外源基因，增加植物体内某种蛋白的表达量，改善植株某方面的生理特性。如 Jiang 等（2012）将兰花中的 RsrSOD（过氧化物歧化酶）基因转入到青花菜中，获得了 3 个对霜霉病具有较高抗性的株系。②抑制原有基因的表达，阻断某个代谢通路，使某个生理代谢途径消失或减弱。如 Chen 等（2008）利用反义 RNA 技术将青花菜花球衰老过程中表达的 BoCLH1（叶绿素酶）基因 沉默，得到 22 株花蕾和叶片黄化减缓的植株。

表 14－11 青花菜主要转化体系和基因转化

目标基因	目标性状	技术手段	外植体	参考文献
Cry1A（*c*）Bt 蛋白基因	抗虫	外源基因		Metz et al.，1995
Cry1C Bt 蛋白基因	抗虫	外源基因	叶柄、下胚轴	Cao et al.，1999
ACO（ACC 氧化酶）	延迟衰老	反义 RNA	毛状根	Henzi et al.，2000
ipt（异戊烯基转移酶基因）	延迟衰老	外源基因	叶柄、下胚轴	Chen et al.，2001
OX1 和 *OX2*（ACC 氧化酶）	延迟衰老	反义 RNA	下胚轴	徐晓峰等，2003
Boers（乙烯反应传感蛋白基因）	延迟花球和叶片衰老	突变体	子叶、下胚轴	Chen et al.，2004
BoINV2（可溶性酸性转化酶 2）	延迟衰老	反义 RNA		Eason et al.，2007
BoACS1（ACC 合成酶）、*BoACO1*/*BoACO2*（ACC 氧化酶 1/2）	延迟衰老	反义 RNA	茎	Huang et al.，2007
BoCLH1（叶绿素酶）	延迟黄化	反义 RNA	子叶、下胚轴	Chen et al.，2008
ProDH（脯氨酸脱氢酶）	抗旱	RNA 干涉	下胚轴	杨鹏等，2010
BoiDAD1（花药开裂缺陷蛋白 1 基因）	雄性不育	反义 RNA	子叶	Chen et al.，2010
CYP86MF（育性相关基因）	雄性不育	反义基因	下胚轴	黄科等，2005
Cry1Ac/*Cry1C* Bt 蛋白基因	抗虫	外源基因	下胚轴	李汉霞等，2010
RsrSOD 超氧化物歧化酶	霜霉病抗性	过表达	嫩茎	Jiang et al.，2012
KTI（Kunitz 型丝氨酸胰蛋白酶抑制剂）	小菜蛾抗性	过表达	下胚轴	江汉民等，2013
Tch（内切几丁质酶基因）	抗真菌	外源基因	子叶	Yu et al.，2015
AtHSP101（热激蛋白基因）	耐热	外源基因	下胚轴	Ravanfar et al.，2015
BoGI	延迟衰老	反义 RNA	子叶、上胚轴、下胚轴	Thiruvengadam et al.，2015

在青花菜中，转基因技术对受单基因控制的性状改良效果显著，但对多基因调控的性状效果不佳。目前，鉴于转基因技术的安全性，只在基因功能验证中使用，在青花菜的育种中尚未应用。然而这些目的基因的成功导入，为青花菜的遗传改良提供了有效的途径。

七、良种繁育

（一）自交不亲和系原种繁殖与一代杂种制种技术

1. 自交不亲和系的繁殖与保存　自交不亲和系花期自交和系内株间交配的结实率都很低，要在自然条件下进行大量繁殖几乎是不可能的，因此需要采用特殊的方法进行繁殖。目前在青花菜上常采用的方法主要有蕾期授粉法和喷盐水法。具体步骤如下：

（1）播种育苗　在中国北方青花菜制种地区，大多采用温室育苗。一般采用营养钵育苗，基质选用珍珠岩、蛭石和农家肥，以 3∶2∶1 比例（容积）掺匀，播前在育苗盘中浇足底水，播后覆土 0.3～0.5 cm，再罩上塑料小拱棚保温。出苗后及时撤去拱棚或其他覆盖物，白天温度控制在 20～25 ℃，夜间不低于 10 ℃。

（2）定植　当幼苗长到 5～6 叶 1 心时，选肥沃的壤土进行定植。双行定植，株行距为 40 cm×45 cm，双行间留 55 cm 通道，便于人工授粉。

（3）隔离与疏球　采用纱网隔离，防止蜂、蝇等昆虫进入。疏球在花球长到 7～8 cm 大小时进行，保留外缘 2～3 个均匀对称小花球。

（4）授粉　繁殖自交不亲和系原种主要用蕾期授粉的方法。具体做法是：选开花前 2～4 d 的大花蕾，用镊子将花蕾轻轻拨开，露出柱头，取同株当天开放的新鲜花粉涂在拨蕾的柱头上。镊子和手要用酒精严格消毒。此外，也可以用喷盐水法繁殖原种，即在开花期间每天早上在蜜蜂还没有访花之前对开放的花朵喷一遍 3%～5%浓度的食用盐水，然后利用蜜蜂进行辅助授粉。

（5）田间管理　青花菜喜肥水，定植时浇足底水。开花授粉期不得缺水，始终保持土壤见干见湿。结荚后适当控制浇水。

（6）防治病虫害　青花菜采种要注意防治菜青虫和蚜虫。在开花前用氰戊菊酯 1 000 倍液喷洒种株或用熏烟剂进行熏烟以防蚜虫、小菜蛾和菜青虫。授粉期间不可喷药，否则影响蜜蜂授粉效果，造成减产。

（7）收获种子　一般授粉后 50～60 d 收获种子。最好选择早晨趁潮湿时采收，后熟风干后脱粒、清选。

2. 自交不亲和系生产一代杂种　目前利用自交不亲和系生产一代杂种，一般都利用小株采种法。

（1）制种地选择　制种地宜选择前茬没有种过十字花科作物，方圆 2 000 m 范围内没有甘蓝类蔬菜种植的排灌水良好、肥沃的壤土地块。

（2）播种期　青花菜不同成熟期的亲本，不同的制种区域播种期不同，但总的原则是将开花授粉期调节到气温 15～25 ℃、无雨或少雨的季节。云南省元谋地区，早熟亲本播种期一般控制在 8～9 月，晚熟亲本一般在 6～7 月播种。

采用育苗盘育苗，营养土选用壤土 1 份、蛭石 1 份、草炭 1 份。充分腐熟过筛的堆肥 1 份。播种前先将育苗盘浇透水，后用苗盘背面在苗盘上面轻压成直径 2～3 cm、深 0.5 cm 的小穴，将种子点在穴内，每穴 1～2 粒，用蛭石或过筛的细土覆盖，厚度为 0.6 cm 左右。苗床上用细竹片搭成小拱棚，小拱棚用地膜覆盖，地膜上面覆盖遮阳网，待种子拱土 60%左右下午及时去掉覆盖物。

当子叶充分展开，第 1 片真叶吐心时，间苗，每穴留 1 株。

（3）定植　北方青花菜的定植适期以 10 cm 地温稳定在 5 ℃以上为宜。定植密度，应根据品种的分枝习性和生育状况而定，一般可按照种株开展度（株幅）的 2/3 来确定密度较为合理，一般品种为每公顷栽67 500～97 500株。定植时种苗应尽量多带土坨，少损伤根系，先挖窝、摆苗、覆土，最后浇水。父、母本的定植比例根据其种株株高、分枝数和花粉量确定，采用1∶1～2比例。定植地块周围不能有青花菜的其他品种，以及甘蓝、花椰菜、芥蓝及苤蓝等甘蓝类作物采种田，或春季生产田有甘蓝类作物先期抽薹的情况。安全隔离距离不少于2 000 m。

（4）疏球　疏球是促使青花菜抽薹开花和调节父、母本花期的重要环节，当花球直径长到6～8 cm时，选择晴天割球，用小刀将花球中间的小花切去，删除小花枝，保留外缘2～3个均匀对称小花球，用农用链霉素＋代森锌喷涂伤口，以利伤口愈合，防止病菌浸染。

（5）放蜂　为提高授粉质量，在野蜂较少或不足的情况下，最好每公顷放15～30箱蜜蜂辅助授粉。

（6）田间管理

① 浇水。浇足缓苗水后，在现蕾前一般不旱不浇水。当种株75%以上抽薹10 cm左右时，可开始浇水。此后直到盛花期过后，要及时浇水，使土壤保持湿润状态，切忌干旱。当花枝上部种子开始硬化时，要控制浇水，雨后要注意排涝。种荚开始变黄后，不要浇水。

② 施肥。施肥的原则是重施基肥，适施薹花肥。增施磷肥及钾肥能促进根系的发育和幼苗的生长，并能提高种子产量。

③ 中耕、培土、支架。早春气温较低，为使种株快速生长，应想方法提高土壤温度。办法是及时中耕，在不伤害根系的前提下，中耕应尽量做到"勤、深、细"。青花菜枝条细弱，种株到生长后期，遇上风雨很易倒伏，常造成大幅度减产。因此，在初花期，种株未封垄时，利用竹竿支架，或根部培土，是防止倒伏的有效措施。

（7）病虫害防治　青花菜制种田的病害主要是黑腐病、菌核病、霜霉病，虫害主要是蚜虫、小菜蛾、菜青虫等。防病要及早摘除病叶、黄叶，拔除病株，并及时用农药进行防治。防虫要防早，但必须注意，防虫工作一定在花前或花谢后，切不可在花期，以免伤害蜜蜂。

（8）种子采收　当80%种荚变黄、种子变褐后可陆续从父、母本分别收种。如父本为自交系，花期结束后将其拔除，只从母本株收种。为提高种子质量，采收后，在苫布或其他布质材料上晒，并随时翻动，切不可在水泥或沥青路面上直接摊开曝晒，否则会严重影响种子的发芽率。

（二）雄性不育系亲本繁殖与一代杂种制种技术

1. 雄性不育系亲本繁殖

（1）显性核基因雄性不育系的繁殖　通过组织培养的方法进行不育系的原原种的保存和繁殖。将组培苗与临时保持系（父本）按2∶1的比例种植于具有防虫网的大棚或温室种，用蜜蜂进行授粉，获得显性雄性不育系。父本系的繁殖：父本系的繁殖相对简单，原原种生产用母株，原种生产用小株，选隔离区或隔离网罩人工授粉或昆虫辅助授粉。其他方法和田间管理与自交不亲和系繁种相同。

（2）细胞质雄性不育系的繁殖　青花菜细胞质雄性不育系繁殖和杂交种制种程序如图14-18所示。

原原种繁殖采用成株采种。于秋季青花菜收获前，按照标准进行严格株选，选留雄性不育系和保持系的母株，移栽于温室，人工授粉。种子成熟后在不育系上采收的是不育系原种，保持系上采收的为保持系原种。其他方法和田间管理与自交不亲和系繁种相同。

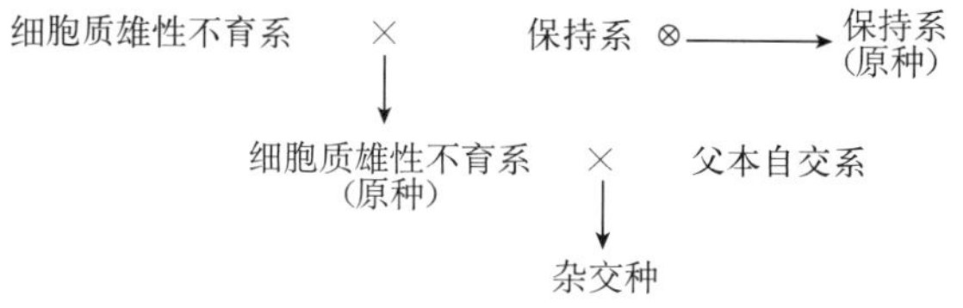

图14-18　青花菜细胞质雄性不育系繁殖和杂交种制种程序

2. 利用雄性不育系生产一代杂种　利用雄性不育系生产一代杂种的育苗、定植与田间管理与自交不亲和系相同。定植时父、母本比例一般为1∶2～3，根据品种的具体情况而定。用蜜蜂进行授粉。花期可以控制使父本系提前1～2 d开花。在开花结束后要及时割掉父本株，只收获不育系上结的种子。

3. 常规品种生产　常规品种制种技术参考自交不亲和系制种技术。制种要掌握合理播期，将开花、授粉时期调整到20～25 ℃的季节。但常规品种要进行严格的去杂去劣，同时要杜绝机械混杂、生物混杂等现象。对于已经发生退化的品种，采取不同的提纯复壮方法进行繁殖。

（三）种子贮藏与加工

种子加工的目的主要是除去霉烂种子、空瘪种子、夹杂物，如鳞片、果皮、果柄、枝叶、碎片等。种子量大时用风选、筛选等方法清选种子，将杂物去除。

从制种基地采种户收购种子时，先行简单的筛选和风车选，使净度基本到达要求。对已收购回来的种子进行精选，主要用精选机、螺旋分离器等种子加工机械进行，精选后的种子其净度、发芽率等到达国家规定的标准，才能作为商品种子出售。

经过精选加工的种子再进行包装出售，目前青花菜多用10 g精包装进行包装出售。包装上印有品种名称、代表本品种特征特性的图片，标明种子纯度、净度、发芽率、含水量等质量标准，以及生产单位、经销单位、重量、采种日期、产地、品种特征特性、栽培技术要点和注意事项等。

（刘玉梅）

第三节　芥　　蓝

芥蓝（*Brassica alboglabra* Bailey），是十字花科（Cruciferae）芸薹属中以花薹为产品的一、二年生草本植物，别名：白花芥蓝、格蓝、盖蓝等。染色体数 $2n=18$。原产中国南部，从宋代苏轼的《雨后行菜圃》诗句“芥蓝如菌蕈，脆美牙颊响”推论，芥蓝在中国至少有900余年的栽培历史。

芥蓝是中国的特产蔬菜，以其幼嫩、肉质的花薹、幼嫩植株及嫩叶供食。营养丰富，每100 g产品中含水分92～93 g，维生素C 51～68.8 mg，还含有蛋白质、碳水化合物、矿物质等。芥蓝主要产区在广东、广西、福建和台湾，尤以广东栽培最为普遍。近年来，北京、上海及南京、武汉等大中城市也有种植。目前，芥蓝已经传播到东亚、东南亚、西欧与北美、大洋洲等世界各地。

一、育种概况

（一）育种简史

芥蓝育种比其他主要蔬菜作物要晚得多，这主要是由于芥蓝种植范围在20世纪前多局限在中国华南地区，近年才逐步往中国北部及世界各地扩散；由于从事芥蓝育种研究的人员比较少，新品种几乎都是通过选择育种和杂交育种得到的，在生产上大面积栽培的品种主要都是农家品种，这些农家品种都是农民在种植过程中有意识地选留一些优良单株留种，进行多次混合选择或母系选择得到的。1998年，初莲香等用普通芥蓝香港白花做母本与无蜡粉亮叶结球甘蓝杂交，后代经反复回交，转育5代并加以选择育成了无蜡粉亮叶型芥蓝。从形态上看，无蜡粉亮叶芥蓝叶色亮绿，无蜡粉，其他形态和普通有蜡粉芥蓝基本相同，但其品质优于普通芥蓝，且产量较高。

2005年以后，育种工作者开始重视芥蓝的优势育种，为实现杂种优势利用开始选育芥蓝的自交不亲和系。广东省良种引进服务公司于2007年从日本武藏野种苗公司引进绿宝芥蓝，2009年在广东省开始推广。华南农业大学首先开展芥蓝的选择育种，选育了一些优良品系并在生产上推广应用。广东省农业科学院蔬菜研究所于2010年选育出我国第1个芥蓝杂交种夏翠芥蓝，并通过广东省农作物品种审定委员会审定。随后，华南农业大学和广州市农业科学研究院也相继选育出了芥蓝杂交种。

(二) 育种现状与发展趋势

目前中国从事芥蓝育种研究的单位不多，主要集中在华南地区，如广东省农业科学研究院、华南农业大学、广州市农业科学研究院、广西壮族自治区农业科学院、福建省农业科学院等单位，台湾地区也有从事芥蓝育种的单位。近几年由于芥蓝被越来越多的消费者所认识和接受，北方也有一些单位在从事芥蓝育种研究，例北京市农林科学院蔬菜研究中心、沈阳农业大学等。

芥蓝育种研究也和其他蔬菜作物一样，包括种质资源搜集与创新、常规育种、分子标记辅助育种、细胞工程和基因工程育种研究等。在种质资源研究方面，我国已搜集保存 91 份芥蓝种质资源。另有一些单位报道了芥蓝的分类、营养成分分析等，其中华南农业大学对 43 份材料的硫苷含量进行了分析，为选育富硫苷芥蓝品种提供了依据。在常规育种研究方面，国内多家科研单位近年在芥蓝的优势育种方面取得了一些突破性的进展。广东省农业科学院蔬菜研究所首次育成了多个芥蓝自交不亲和系，并利用这些自交不亲和系配制了夏翠芥蓝和秋盛芥蓝两个杂交种。该单位还对芥蓝进行了雄性不育系的转育，已转育成了胞质雄性不育系，可直接用于配制杂交组合。中国农业科学院蔬菜花卉研究所通过转育，育成了不育株率和不育度达 100%的细胞质雄性不育系，并已配制了多个杂交组合。华南农业大学园艺学院选育了一个抗癌硫苷（4-甲基亚磺酰基丁基硫苷）含量很高的芥蓝杂交种，它的硫苷含量是一般青花菜品种和紫甘蓝品种的 3 倍以上，且有害硫苷（2-羟基 3-丁烯基硫苷，导致动物甲状腺肿大的硫苷）含量很低。广州市农业科学研究院将西蓝薹胞质雄性不育转育到芥蓝中，选育出了芥蓝雄性不育系，并用于配制杂交组合。

与其他蔬菜作物相比，芥蓝在很多方面研究还比较薄弱，对芥蓝种质资源的研究不够深入，如抗病性、抗逆性等的研究都很薄弱。其他基础研究特别是分子生物学研究也不够深入等。

芥蓝是南方重要的特色蔬菜，近年来，在中国北方的栽培面积也不断扩大，消费的人群也不断增加。另外，有一部分芥蓝出口到新加坡、泰国及欧美地区一些国家，深受这些国家消费者的欢迎。因此，为满足市场需求，应在以下方面进一步加强育种研究。

(1) 在育种方法上，随着现代生物技术的发展，常规育种方法应与生物技术紧密结合，用于芥蓝的新品种选育，如分子标记辅助选择、基因工程技术应在芥蓝育种中发挥越来越重要的作用。芥蓝的虫害比较严重，用常规育种方法很难选育出既抗虫又品质优良的品种，而借助基因工程技术则能解决这一问题。

(2) 芥蓝雄性不育系将会在芥蓝杂种一代种子生产中发挥越来越重要的作用，以前的芥蓝杂种一代种子大多数都是利用自交不亲和系生产的，虽然这种方法很实用，但不可避免地存在一些问题，例如不利于品种权的保护，有一定的假杂种，而利用雄性不育系则可克服这些问题。

(3) 在育种目标上，除了传统的目标（如产量、外观品质、抗病性等）以外，内在品质（如硫苷的含量、其他营养物质的含量、风味品质等）应越来越引起重视。

二、种质资源与品种类型

(一) 起源与传播

1. 起源 甘蓝类蔬菜如结球甘蓝、羽衣甘蓝、皱叶甘蓝、抱子甘蓝、球茎甘蓝和花椰菜等均起源于地中海沿岸地区的野生甘蓝，只有芥蓝的起源地域尚有中国南方说和地中海沿岸地区说等不同意见。根据我国古代文献记载，芥蓝起源于中国南方。早在公元 5～6 世纪的南北朝时期，可供菜用的散叶类型甘蓝（*Brassica oleracea* L.）就从其原产地域经由中亚地区传入到中国，当时被称为“西土蓝”。其后在亚热带气候条件下的广东地区通过自然选择以及长期的人工选育，最终形成了以嫩叶和花薹供食的芥蓝（张真平，2009）。

关于支持芥蓝起源于中国的分子生物学证据是王冬梅等于 2011 年获得的，他们利用 EST－SSR 分子标记技术对包括 8 份芥蓝在内的 38 份甘蓝类植物材料进行了遗传多样性分析。通过引物筛选，选取 61 对 EST－SSR 引物扩增 38 份材料，共获得 174 条多态性好、稳定、清晰的条带。遗传相似性系数和聚类分析结果显示，在相似系数为 0.62 处，所有甘蓝类材料分为三大类群：欧洲西北部沿海地区类群、地中海沿岸地区类群、中国华南地区类群。其中芥蓝作为一个单独的类群首先聚出，与其他甘蓝类材料的亲缘关系较远，可能是芥蓝进化形成的时间较早，且进化形成的地域与其他甘蓝类作物隔离，支持了芥蓝起源于中国南方的说法。

2. 传播　芥蓝在广东、广西、福建和台湾等地具有悠久的栽培历史，20 世纪 80 年代开始在中国北方地区作为特菜栽培，目前已成为北方各大中城市的重要蔬菜种类。随着近年国际交流的日益扩大，芥蓝已传入日本、朝鲜、东南亚各国以及欧、美、大洋洲等地区。

（二）种质资源的研究与利用

1. 种质资源的搜集、评价　20 世纪 80 年代，广东省农业科学院和广州市蔬菜研究所开始搜集保存芥蓝种质资源并提交了一部分给国家种质资源库。目前，全国入库保存的芥蓝种质资源有 91 份，主要来自于广东省，有 72 份，占入库总数的 80%，福建、广西、云南、四川也有少量资源，但资源量较少（孙丽娜等，2008）。广东省农业科学院蔬菜研究所共搜集了芥蓝种质资源 100 份，广州市蔬菜研究所搜集的芥蓝资源也接近 100 份，华南农业大学园艺学院搜集了 83 份芥蓝资源。中国农业科学院种质资源库中搜集的芥蓝，搜集的地区包括广东省各地，其中以潮汕地区较多，主要有赤叶、铁种芥蓝、锡场青脚芥蓝、快花桃山尖萼芥蓝、慢花桃山尖萼芥蓝、黑叶芥蓝、揭阳割枝中花芥蓝、红脚早熟芥蓝、红脚中熟芥蓝、红脚晚熟芥蓝、荷塘芥蓝、澄海粗条芥蓝、夏无薹芥蓝等，还有一些从泰国引进的叶用型如红箭芥蓝。这些资源大部分是农家品种，但对以上种质资源材料进行 DNA 遗传多样新性（多样性）分析表明，它们之间的差异不大。

2. 分类与亲缘关系

（1）分类　按熟性分，有早熟、中熟、晚熟 3 种类型；按食用部位分，有叶用、薹用、叶薹兼用多种类型；按花颜色分，有黄花、白花两种类型；按菜薹颜色分，有绿色和紫红色两种；按叶面状况可分为平滑叶和皱叶两种。

目前栽培的芥蓝以白花早、中熟类型为主，栽培面积大，主要分布在广东，广西、福建等地也有栽种。薹用芥蓝的菜薹肥嫩，叶柄较明显，具叶耳，以采收菜薹为主。

黄花芥蓝只有少量栽培，主要集中在广东省的潮汕地区、福建省一部分地区。茎秆肥大，不易抽薹，叶柄不太明显，淡绿色或淡紫色。叶长椭圆形，叶身小，叶缘绿色或略带紫色，裂刻较深，叶面较皱，有蜡粉。分枝性强，侧薹数可达 12～15 根，菜薹较细。叶色浅绿，有光泽，叶全缘，节间密。耐热，纤维较多，香味浓郁，采收期长。

（2）代表品种

1）早熟种　耐热性较强，在较高温度（27～28 ℃）下花芽也可迅速分化和形成花薹，分枝力强，基生叶较疏。从播种至采收 40～50 d，可持续采收 35～45 d，产量高，品质好，适于春夏、夏秋露地栽培。主要品种有：

① 滑叶早芥蓝。叶较小，卵形，浓绿，叶面光滑，蜡粉多，叶基部深裂成耳状。主茎长 25～30 cm，横径 2～3 cm，主茎重 100～150 g。初花时花薹着生紧密，薹叶卵形或狭长卵形。侧枝萌发能力强，品质优。

② 皱叶早芥蓝。叶大且肥厚，椭圆形，浓绿，叶面较皱，蜡粉多。主薹高 30～40 cm，薹粗 3～3.5 cm，主薹重 150～200 g。初花时花薹较松散，薹叶较大。侧枝萌发力强，品质较好。

2）中熟种　耐热性不如早熟芥蓝，耐寒性又弱于晚熟种。冬性较强，生长慢。基生叶稍密，分枝力中等。播种至采收50～60 d，连续采收40～50 d。适于春季保护地栽培，秋季露地、保护地栽培。一般来说，华南作秋冬栽培，长江流域作夏秋或秋冬栽培。以叶形大小又可为分：

① 大叶芥蓝。株高30～50 cm，叶宽大、近圆形，长18 cm、宽16 cm，绿色，叶柄肥大，叶面平滑，蜡粉较少，有叶翼。菜薹粗壮，主薹高33 cm左右，浅绿色，花枝密，节间短，基部粗，皮稍厚，纤维少。抽薹较晚，分枝性中等，品质佳。如宜山白花滑叶、昆明大叶、成都平叶等。

② 小叶芥蓝。株高40 cm左右，叶卵圆形至长椭圆形，长16 cm、宽13 cm，绿色或浓绿色，叶面平滑或微皱，蜡粉较少或中等，叶基部有裂片。菜薹较细，主薹高30～35 cm，重100～150 g，薹叶卵形至长卵形，无柄或极短叶柄，节间较长，质地脆甜，皮薄，纤维少。侧薹萌发力中等，品质优良。主要品种有荷塘芥蓝、登峰芥蓝、中花芥蓝等。

3）晚熟种　不耐热，耐寒性强。较低的温度和较长的低温时间有利于花芽分化，冬性较强。基生叶较密，叶大，分枝力较弱，营养生长期长，菜薹采收期晚。花薹粗壮，高产，品质好。播种至初收70～85 d，可连续采收50～60 d。适于冬季保护地栽培。华南为冬春栽培，长江流域作秋冬栽培。主要品种有：

① 皱叶迟芥蓝。植株高大，叶片肥大，近圆形，浓绿色，叶面皱缩，蜡粉较少，基部有裂片。主薹高30～35 cm，横径3～4 cm，节间较密，主薹重200～300 g，薹叶卵形、微皱。花白色，初花时花蕾大而紧密。侧薹萌发力中等，品质好。

② 迟花滑叶芥蓝。叶片近圆形，深绿色，叶面平滑，蜡粉少。主薹高30～35 cm，横径3～3.5 cm，重150～200 g，薹叶卵形。花白色，初花时花蕾较大、成簇。侧枝萌发力弱，品质好。

③ 钢壳叶芥蓝。植株较高大粗壮，生长旺盛。叶片近圆形，叶肉较薄，蜡粉少，叶面稍皱，叶缘略向内弯，形如壳状，叶基部深裂成耳状裂片。主薹高30～35 cm，横径3 cm左右，主薹重100 g左右，质地脆嫩，纤维少。花白色，侧薹萌发力强，适于保护地栽培。

（3）*亲缘关系*　周禹等（2010）以2个芥蓝品种、2个青花菜品种、2个球茎甘蓝品种和2个结球甘蓝品种为试材，通过芥蓝与其他3个变种的正反交以及杂交后代自交，测定杂交或自交亲和指数，并以8个亲本和24个杂交组合为材料，对其主要植物学性状进行聚类分析。结果发现，芥蓝与上述具有代表性的甘蓝其他3个变种能正常杂交，平均杂交亲和指数为13.4；杂交后代均正常可育，其植物学形态介于双亲之间，并分别偏向于结球甘蓝、青花菜和球茎甘蓝；各杂交后代自交亲和，平均自交亲和指数为14.1，F_2代能正常发芽。聚类分析显示，在欧氏距离为2.78时，2个芥蓝品种单独聚为一类，2个结球甘蓝品种及其与2个芥蓝品种杂交的8个F_1可以聚为一类，2个青花菜品种及其与2个芥蓝品种杂交的8个F_1可以聚为一类，2个球茎甘蓝品种及其与2个芥蓝品种杂交的8个F_1可以聚为一类，芥蓝与结球甘蓝的亲缘关系相对较近。此研究结果表明，芥蓝与甘蓝类其他变种属于同一物种，将其确立为甘蓝的另一个变种是合适的。王晓薏（1987）的染色体组型及带型的证据也支持芥蓝为甘蓝的一个变种而非独立物种的观点。

3. 种质资源的鉴定

（1）*抗病种质资源*　芥蓝在生产上常会发生猝倒病、软腐病、黑斑病、霜霉病、黑腐病、菌核病等。郑岩松和方木壬（1996）研究结果表明，广东省的许多芥蓝资源对TuMV具有很高的抗性，田间基本无病毒病症，对本地TuMV主导株系的抗性接近免疫，抗TuMV的品种荷塘芥蓝、柳叶芥蓝、东圃芥蓝、二号芥蓝等。

（2）*抗逆种质资源*　芥蓝喜冷凉，30 ℃以上菜薹发育不良，纤维木质化，品质粗劣，但耐热品种除外。目前已知的耐热品种资源有尖叶夏芥蓝、皱叶芥蓝、尖叶芥蓝、中花芥蓝和早芥蓝等。

（3）*优异种质资源*　早熟、品质优良、商品性状好的优异种质资源有潮州早熟芥蓝筷、黄花芥蓝和荷塘芥蓝等。

（4）特殊种质资源　具有变态叶（因形态像蘑菇，故称之为菇叶）的资源为矮脚香菇芥蓝、中熟香菇芥蓝和迟香菇芥蓝。具黄花的芥蓝资源为黄花芥蓝。

4. 种质资源的创新　广东省农业科学院蔬菜研究所通过芥蓝多代自交，已选育出能稳定遗传的自交不亲和系 6 份，其亲和指数<1，开花习性良好，性状稳定。中国农业科学院蔬菜花卉研究所将萝卜的细胞质雄性不育转育至芥蓝中，育成了性状表现稳定、100%胞质雄性不育系。广东省农业科学院蔬菜研究所从国外引进了一份芥蓝的细胞质雄性不育系，已转育成胞质不育 100%的雄性不育系，可以用来配制杂交种。华南农业大学和广州市农业科学院利用西蓝薹作为不育源，通过回交转育获得了一系列雄性不育系。

方木壬等（1995）通过远缘杂交的途径已获得芥蓝与菜心的种间杂种。郑岩松和方木壬（1996）探讨了芥蓝与菜心的种间杂种后代对 TuMV 抗性的回交和选择效应，为远缘杂交育种提供了理论依据。初莲香等（1998）采用香港白花芥蓝×无蜡粉亮叶结球甘蓝，并经多代回交转育，成功选育出无蜡粉亮叶芥蓝。刘海涛和关佩聪（1998）用芥蓝分别与结球甘蓝、花椰菜、青花菜杂交，结果率都在 82.9%以上，说明芥蓝与其有很强的亲和性和密切的亲缘关系。而芥蓝与萝卜进行属间杂交有 5.6%的结果率，可能是两者都原产中国、长期相同的生态条件以及都开白花，使其有一定的杂交亲和性。殷家明等（1998）用子房培养和胚培养相结合的方法，获得了芥蓝×诸葛菜属间杂种，将诸葛菜的优良性状引入芸薹属蔬菜，丰富了芥蓝遗传变异资源。

三、生物学特性与主要性状遗传

（一）植物学特征与开花授粉习性

1. 植物学特征　芥蓝为十字花科芸薹属甘蓝类一二年生草本蔬菜。须根系，茎较短缩，绿色，基叶互生，初生花茎肉质，绿色，称为菜薹，为食用器官。菜薹收获之后，有些品种可长出侧薹。总状花序，花多为白色，也有黄色品种。种子近圆形，褐色。

（1）根　根系浅，根深 20～30 cm，根幅 20～30 cm。有主根和侧根，主根不发达，侧根多，根系再生能力强，易发不定根，根群主要分布在 15～20 cm 耕层内。新根发生缓慢，移植后约需 3 d 才能发新根。

（2）茎　茎直立，节间短缩，绿色，光滑，有蜡粉，皮薄。肉质肥嫩，纤维少，绿白色。茎较粗大，基部粗 1.5～2.0 cm，中部粗 3～4 cm。茎部分生能力较强，每一腋芽处的腋芽均可抽生成侧薹，主薹收获后，基部腋芽能迅速生长，可多次采收。薹茎肉质化，呈圆柱形，基部 3～4 节较粗壮，向上渐细，皮绿色，表面有蜡粉，肉绿白色、脆嫩、纤维少。

（3）叶　单叶互生、叶形有长卵形、椭圆形、圆形或近圆形等，叶长 22～28 cm、宽 17～23 cm，有大叶种与小叶种之分。叶面平滑或皱缩，叶色从绿到灰绿，有蜡粉，叶缘平直或波浪，叶基部有不规则小裂片或叶耳。叶柄长，青绿色。基生叶长卵形或近圆形，叶缘细锯齿状。最初的 5 片基生叶较小，抽薹后陆续脱落 2～3 片，占总生长量的 5%左右。从第 1 片真叶起，叶簇生长加快，叶片直立，当叶簇生长到一定叶数后就完成花芽分化。8～12 片叶时植株进入现蕾、菜薹生长期。初期薹叶生长较快，后期生长速度变慢。薹叶小而稀疏，有短叶柄或无叶柄，卵形或长卵形。

（4）花　初生花茎肉质，节间较疏，绿色，脆嫩清香，称为菜薹。花茎不断伸长和分枝，形成总状或复总状花序。花为完全花，雄蕊 6、雌蕊 1。花白色或黄色，以白色为主，花数较少，密集枝顶，异花授粉，虫媒花。

（5）果　果实为长角果，长 3～9 cm，喙长 5～10 cm，内含多粒种子。种子细小，近圆形，褐色至黑褐色，千粒重 3.5～4 g。

2. 开花授粉与结实习性　芥蓝完成春化后耐抽薹开花所需低温不严格，不同熟性的品种通过春化所要求的低温和低温持续时间不同，早熟品种 20～22 ℃，中、晚熟品种 18 ℃左右。适温下，幼苗期即开始花芽分化，温度高则花芽分化延迟。在华南地区，芥蓝营养生长期从播种至初收一般为50～65 d；播种至种子成熟期需 160～180 d。秋冬栽培的芥蓝，花期从当年的 11 月下旬至翌年 1 月。也有一些品种到翌年春节后才开花。

在华南地区，春夏栽培的品种一般都是较耐热的早熟品种，虽然可以开花，但由于开花期温度太高，不能正常结实；在夏季温度比较低的云南曲靖、西北地区或高海拔地区可以正常开花结实。开花期与品种熟性有关，对温度的要求与华南地区秋冬季栽培的一样。

（二）生长发育及对环境条件的要求

1. 生长发育阶段 根据食用器官的差异，芥蓝可以分为薹叶兼用型、薹用型和叶用型三类，其生长发育因类型不同而不同。总体上，可以分为如下几个阶段。

（1）发芽期 自种子播种至子叶展开，第 1 片真叶显露，约需 7～10 d。

（2）幼苗期 自第 1 片真叶显露至第 5 片真叶展开，约需 15～25 d。适温下，幼苗期即开始花芽分化。

（3）叶丛生长期 第 5 片真叶展开至现蕾期，一般需 20～25 d。叶片迅速生长，茎端发生花芽。

（4）产品器官形成期 是采收的重要时期，对于薹叶兼用型和薹用型芥蓝来说，植株现蕾至菜薹采收为菜薹形成期。主薹采收后，可采收多次侧薹。对于叶用型芥蓝来说就是叶片旺盛生长期。

（5）开花结果期 花茎不断伸长并分枝，陆续开花，花期 1 个月左右，初花至种子成熟约需75～90 d。

芥蓝从茎端现蕾至菜薹形成约需 25～30 d。主薹采收后，基部腋芽抽生形成侧薹。当侧薹长至 17～20 cm，达到采收标准约需 20 d。由于芥蓝的产品是菜薹，而菜薹的发育是植株由营养生长向生殖生长转化的结果，所以，菜薹的产量和质量与幼苗期和叶片生长期植株的营养生长状况是密切相关的。幼苗期和叶片生长期是菜薹发育的基础阶段，只有在幼苗期和叶片生长期植株旺盛生长、茎秆粗壮、叶数多而肥大，植株才能积累更多的光合产物，从而获得较高的产量和质量。因此，培育壮苗，加强前期管理，是芥蓝高产优质的保证。

2. 对环境条件的要求

（1）温度 芥蓝性喜冷凉，整个生育期以 15～25 ℃为宜，在 10～30 ℃范围内均能生长良好，生长期可忍耐短期−2 ℃的低温或轻霜，忌高温炎热天气。不同生育时期对温度要求有所差异。种子发芽期和幼苗期的生长适温为 25～30 ℃，20 ℃以下生长缓慢。叶丛生长期和菜薹形成期适温为 15～20 ℃，喜较大昼夜温差，10 ℃以下菜薹发育缓慢，30 ℃以上菜薹发育不良，纤维素增加，品质粗劣。因此，芥蓝的商品栽培以气温由高渐低的秋冬季最为适宜，但有少数耐热品种开花结果期则需要稍高的温度。

种子发芽期、幼苗期这两个阶段过早地处于 15～18 ℃低温下，则花芽分化快，叶片数少，叶片生长期缩短，不利于养分制造和累积，往往造成菜薹细小，产量低，尤其是早熟品种在较低的温度下，很快就抽薹开花。

（2）光照 芥蓝属长日照植物，但现有栽培品种对光照要求不严。长日照有利于菜薹的抽生，整个生长期间喜充足光照。光照条件好，则植株生长健壮，茎粗叶大，菜薹发育好，但夏季强光易使菜薹老化。光照不足，植株易徒长，菜薹质量差，产量低。

（3）水分 芥蓝喜湿润，不耐干旱。生长期保持土壤较大持水量和较高的空气相对湿度，才能形成品质优良的菜薹和肥嫩的叶片。菜薹形成期是需水分最多的时期，要求土壤湿度保持在 70%～80%，空气相对湿度 80%～90%，但不能渍水。芥蓝不耐涝，土壤过湿影响根系生长，过分干旱则茎易硬化，品质差。

（4）土壤和肥料　芥蓝对土壤的适应性强，沙壤土、壤土、黏壤土均可种植。由于芥蓝根群分布浅，须根发达，故以土质疏松、保水保肥能力强的壤土最为适宜。芥蓝较耐肥，但苗期不能忍受土壤中过高的肥料浓度，施肥量宜逐步提高，菜薹形成期是需养分最多的时期。芥蓝对有机肥和化肥都能很好利用，对氮、磷、钾三要素的吸收比例为5.2∶1∶5.4。苗期吸收氮肥占总吸收氮肥量的12%左右；生长中后期即菜薹形成期，对氮肥的吸收量最大，占总吸收量的87%左右，并要求氮、磷、钾配合施用，钾肥有利于菜薹的形成和质量的提高。

（三）主要性状的遗传

芥蓝的遗传规律研究报道比较少，有些性状的遗传规律可以参考甘蓝类其他蔬菜作物。

1. 薹色　紫红色对绿色为显性（李瑞富等，2008）。

2. 花序形态　芥蓝与花椰菜杂交，F_2 中花序形态类似于母本与父本的比例接近于15∶1，表明有2对基因参与了花椰菜花序形成的调控（Spini，2000）。

3. 花色　花色由1对基因控制，白花对黄花为显性。

4. 蜡质　蜡质对非蜡质为显性，在 F_2 中，具蜡质叶片的植株对非蜡质叶片的植株比例为3∶1（初莲香等，1996）。

5. 叶片裂片　通过青花菜×芥蓝杂交分析表明，叶片羽裂对全缘为显性。

6. 菇叶　菇叶是一个显性性状，有菇叶与无菇叶杂交的 F_1 有菇叶，但菇叶的数量没有亲本的多，F_2 中分离也比较复杂，不同组合有些差异。

7. 其他　植物学性状中花芽形成所需天数、收获所需天数、单株重、花薹重、叶片重与花薹长的加性效应都很大，还要受显性效应的影响。除叶片数、茎粗与花枝粗外，多数性状存在上位性效应。单株重、花薹重、花枝数的遗传力较高。单株重、叶片重、花枝粗具有正向杂种优势和超亲优势，而花芽形成所需天数、收获所需天数与花枝数具负向杂种优势和超亲优势。茎粗只有正向杂种优势，而叶片数则只有负向超亲优势。

四、育种目标

（一）品质育种

1. 商品外观　芥蓝对菜薹商品品质要求较高，但优质菜薹的标准因地区而异，优质的目标要按各地要求制定。珠江三角洲的标准是薹茎较粗嫩，节间较长，薹叶细嫩而少。广东潮汕地区和东部沿海地区，如上海等地的标准是薹粗壮，鲜嫩，薹用品种比较受欢迎。出口东南亚的采收标准较严格，菜薹横径1.5 cm，长13 cm，花蕾未开放，无病虫斑，收割后修理整齐。

2. 营养品质　随着人民生活水平的提高和消费习惯的变化，对芥蓝的营养品质提出了更高的要求，开展营养品质育种已经成为芥蓝育种的重要课题。总的来说，芥蓝的营养品质育种指标重点是肉质鲜嫩，粗纤维含量低，维生素C、可溶性蛋白质和还原糖含量高。抗癌硫苷含量也是一个越来越被重视的品质指标。

3. 新类型　根据种植和消费群体的要求，芥蓝新类型育种主要表现在薹叶小、颜色深绿、植株开展度小，以便于密植。

（二）丰产性育种

芥蓝的产量以菜薹为主，多数品种在采收主薹后，还可产生侧薹。一般春夏季种植主要采收主薹，以早、中熟品种为主；秋冬季种植可以采收侧薹，以中、晚熟品种为主。

1. 产量性状构成因素　芥蓝的产量构成因素可分为两种情况：以采收菜薹为主的，其商品产量构成因素为种植株数、单株薹重、侧薹数、单株侧薹重；以采收菜薹和叶为主的，其商品产量构成因素一般为种植株数和单株重。叶用型芥蓝的产量即为地上部分的生物量。

2. 高产育种的技术要点 要使芥蓝在不同种植季节获得高产和优质，关键要选育不同类型的品种。在广东夏季种植，要培育出耐热、耐涝且性状、品质优良的杂交一代；在秋季种植，要选育采收主薹后还可多次产生侧薹的杂交一代；冬季种植的，要考虑品种的耐寒和耐未熟抽薹的能力，要选育苗期能在 3～5 ℃下正常生长，播种至采收 85～90 d 的杂交一代。

（三）抗性育种

1. 抗病育种 芥蓝的病害较少，危害芥蓝的病害主要有甘蓝类黑腐病（病原：*Xanthomonas campestris* pv. *campestris*）、甘蓝类霜霉病（病原：*Peronospora parasitica* var. *brassicae*）和甘蓝类软腐病（病原：*Erwinia carotovora* subsp. *carotovora*）等。国内已初步选育出一些抗病材料，并试配了一些抗病杂交组合。如广州市农业科学院利用雄性不育系选育了一些杂交组合（3 号中花芥蓝、4 号尖叶芥蓝、5 号靓薹芥蓝），田间表现为高抗病毒病，抗软腐病、黑腐病和粉霉病。

2. 抗逆育种 在抗逆育种方面，重点是选育对较高温度和较低温度适应性较强的品种，即在高温或低温条件下，可以正常抽薹。通过大田鉴定、选择，已筛选出抗逆性强的材料。广东省农业科学院蔬菜研究所从收集的芥蓝种质资源中，已筛选出抗逆性强的材料如黄花红脚芥蓝。广州市农业科学院选育的 3 号中花芥蓝、4 号尖叶芥蓝、5 号靓薹芥蓝 3 个杂交组合，田间鉴定结果显示，3 号中花杂交芥蓝最耐热，在高温条件下，表现比顺宝生长快，植株高大，耐热性强，单株产量高，经济性状好，可比对照早 5 d 采收；4 号尖叶杂交芥蓝和 5 号靓薹杂交芥蓝表现较耐热，与顺宝（对照）相当。同时，研究还表明，这 4 个品种的耐寒性和耐旱性也比对照好，耐涝性中等，与对照相当（刘振翔等，2012）。

五、育种途径

（一）选择与有性杂交育种

1. 选择育种 由于芥菜育种研究起步比较晚，育种的历史不长，因此选择育种是芥菜育种的主要途径之一。芥蓝是一种异花授粉植物，天然异交率比较高，因此，自然群体中存在较多变异，通过选择育种比较容易选育出新品种。目前生产上应用的绝大多数品种都是通过选择育种选育出来的。

芥蓝的选择育种可通过连续单株-混合选择或母系选择法选育新品种，不宜连续多代进行单株选择，因为芥蓝自交多代后会存在生活力衰退的问题。农家品种大多数也是先经过 1～2 代的单株选择，然后进行混合选择得到的。或者经过多代母系选择，每一代都选留最好的单株作种株。由于芥蓝可以多次采收，即使整齐度差一点，对生产也不会造成太大的影响。

中花 13 芥蓝是通过单株-混合选择法选育出来的品种，其选育过程：1993—1995 年，先后从广州市郊区、汕头、香港等地引进芥蓝材料 20 多份，经田间观察及单株套袋分离，发现编号为 K95－13 单株系整齐一致，与一般的中晚熟芥蓝相比呈现薹叶细小、节间疏、商品率高的优点。1996—1998 年继续对 K95－13 进行株选、群选，于 1998 年选出表现稳定的自交系，命名为中花 13。1998 年和 1999 年进行了品种比较试验，1999—2001 年分别在广州、深圳、上海等地进行生产试种。

选择的标准因不同育种目标而异。在珠江三角洲地区，育种目标是产量高、外观品质好，外观品质主要是指叶片小而少，节间长。按这样的选择标准选育出来的品种是薹叶兼用型品种。叶用品种在生产上栽培面积不大，生物量和叶质脆嫩是主要选择标准。薹用芥蓝种的选择标准是产量高，菜薹粗壮，菜薹不易开裂，质地脆嫩。芥蓝抗病育种的选择标准可参考甘蓝抗病育种。

2. 有性杂交育种 首先应该尽可能多地搜集种质资源，在对大量种质资源进行观察比较的基础上，选择符合育种目标要求的亲本杂交。为了提高成功的概率，育种目标所涉及的优良性状，最好在亲本之一中应具备，如果 2 个亲本满足不了要求，则选 2 个以上亲本进行复合杂交（添加杂交或合成杂交）。亲本性状互补是亲本配组最重要的原则，双亲都具有优良性状会更好，至少 1 个亲本必须具备，否则成功的概率会很低。

杂种后代的选择方法，前几代可采取系谱选择法，4 代以后可采取母系性状法，如果一直采取系谱选择法，会出现生活力衰退。大连市农业科学研究所初莲香 1998 年报道，1989 年开始用普通芥蓝香港白花做母本与无蜡粉亮叶结球甘蓝杂交，F_1 代表现为既不像结球甘蓝又不像芥蓝的普通有粉型，将 F_1 代进行自交，F_2 代出现了分离，约有 25%为无蜡粉亮叶型，再以普通芥蓝香港白花做母本，以分离出的亮叶型植株做父本进行回交，得出的普通型植株再行自交分离，这样连续回交一代、自交一代、连续回交转育 5 代，并通过反复选择，于 1995 年育成了无蜡粉亮叶型芥蓝。

（二）优势育种

1. 杂种优势的表现与育种程序　芥蓝与其他十字花科蔬菜一样，具有明显的杂种优势，主要表现在生长势增强、抽薹期整齐一致、侧薹萌芽加快、产量提高、抗逆性提高等方面。

育种程序是先纯后杂，先选育出优良自交系，再进行配合力分析，选出特殊配合力高的组合进行 2 茬以上的品种比较试验，选出优良性状表现稳定的组合升级进行品种区域试验和生产试验。

2. 自交不亲和系选育与利用　自交不亲和系的选育：自交不亲和系的选育一般采取连续单株自交、分离和定向选择的方法进行。具体做法如下：

首先，在一些经济性状优良、配合力好的芥蓝品种中，选择优良单株（一般 10～30 株），定植于大田中。在植株开花前，在一级或二级花枝上套上硫酸纸袋。于开花当天，取本植株的花粉授粉，再立即套上纸袋。根据花枝上开花情况，可连续授粉几次，操作同前。最后一次授粉后 4～5 d，可除去纸袋，但要摘除花枝顶端，不留花蕾，并挂牌标记。角果成熟后分别调查它们的花期自交结实情况，从中选出自交结实率低的自交不亲和株。自交亲和与自交不亲和的标准，目前国内一般用花期自交亲和指数，即结籽数/授粉花数来表示，亲和指数小于 1 的为自交不亲和。为了使自交不亲和植株留下自交后代，应在花期自交的同时，在同一植株的另一部分花枝上进行人工蕾期自交。初步选出的自交不亲和植株，继续单株自交，测定亲和指数，每代都注意选择那些自交不亲和性好的植株留种（每系统一般 10 株左右），直到自交不亲和性稳定为止。

其次，进行系统内不同单株之间的花期授粉以测定亲和指数。这是因为育成的自交不亲和系，除要求系统内所有植株花期自交都不亲和外，还要求同一系统内所有植株在正常花期相互授粉也表现为不亲和（又称系内异交不亲和）。只有这样的系统在制种时才能保证有相对高的杂交率和非常低的假杂种（即系内交配）率。人工测定系内异交不亲和性的方法有两种：一是混合花粉授粉法，即在株系内随机取 4～5 个植株的花粉加以混合，在正常开花期进行株系内姊妹株间授粉，如各姊妹株均表现不亲和，一般就可证明该株系内异交也是不亲和的。二是成对授粉法，即在正常花期使系内姊妹株间成对相互授粉，如果均不亲和，也证明系内异交是不亲和的；如果有的组合是亲和的，有些组合是不亲和的，就必须把那些表现不亲和的植株选出，到下一代再进行系内姊妹交，直到系内所有植株间异交均不亲和为止。前一种方法比较省事，但对于表现系内异交亲和的株系来说，剔除亲和株较困难；后一种方法工作量较大，但对于系内异交亲和的株系来说，较易剔除亲和株。

目前在生产上应用的大多数芥蓝杂种一代品种，如日本的绿宝、顺宝，广东省农业科学院的秋盛、夏翠等，都是利用自交不亲和系生产种子。

3. 雄性不育系选育与利用　目前中国农业科学院蔬菜花卉研究所已利用萝卜的不育源 Ogura 进行雄性不育系的转育，获得了芥蓝的细胞质雄性不育系。该不育系性状稳定，商品外观较好，缺点是蜜腺不发达，制种时产量稍低。广东省农业科学院蔬菜研究所从国外引进了一份芥蓝的细胞质雄性不育系，并进行了转育，和配制了杂交组合。广州市农业科学院（刘振翔等，2012）和华南农业大学利用西蓝薹雄性不育材料作不育源，经过多代回交转育，也选育出了芥蓝雄性不育系。华南农业大学用该雄性不育系进行制种，种子产量基本正常。

4. 优良杂交组合选配与一代杂种的育成

（1）夏翠芥蓝　夏翠芥蓝是利用自交不亲和系配制而成的早熟杂交一代品种。2004—2006 年先后从广东省惠州博罗菜场、潮州、揭阳、澄海等地共征集引进了 40 多份芥蓝材料，进行田间鉴定，2007 年以表现较好的材料（包括 Cz－07f）共 15 份做父本，分别与来自日本品种绿宝，通过连续自交育成了一个稳定的自交不亲和系，编号为 Lb07 m－1，经配合力测定和多次品种比较，以组合 Lb07 m－1×Cz－07f 表现早熟、耐热、抗性强、薹形好，春季产量 10 452 kg/hm^2，比对照绿宝增产 13.8%，秋季产量为 21 679 kg/hm^2，较对照绿宝增产 12.6%。

（2）秋盛芥蓝　2004—2006 年先后从广东省惠州博罗菜场、潮州、揭阳、澄海等地共征集引进了 40 多份芥蓝材料，进行田间鉴定。2007 年以表现较好的材料（包括 PLf－06）共 15 份做父本分别与自交不亲和系 Lb07 m－2 杂交，经配合力测定和多次品种比较试验，以组合 Lb07 m－2×PLf－06 表现抗性强，生长旺盛，薹粗，侧芽分枝能力极强，产量比对照绿宝增产显著。

（3）华芥 1 号　华南农业大学通过配合力分析（Chen，2010），利用 RAA（4－甲基亚磺酰丁基硫苷，降解后成为萝卜硫素）含量高且 PRO（2－羟基－3－丁烯基硫苷，可导致动物甲状腺肿大）含量低的材料做亲本，配制了 15 个杂交组合，筛选出一个萝卜硫素含量高的杂交组合，定名为“华芥 1 号”。

（三）生物技术育种

1. 细胞工程育种　芥蓝的细胞工程研究主要集中在器官和单倍体育种方面（秦耀国等，2009）。单独的细胞工程育种主要是花药培养和游离小孢子培养。何杭军等（2004）首次报道了芥蓝游离小孢子培养并获得再生植株，发现供体基因型对成功诱导胚状体发生影响很大，振荡培养明显有利于胚状体的发育，改良 MS 和 B5 培养基均能诱导胚状体成苗。其他研究还显示：单核靠边期到双核期的小孢子最适合进行胚胎诱导；高温预处理即 32 ℃处理 24 h、NLN 培养基中蔗糖浓度 130 g/L、添加活性炭均有利于胚胎发生；提高成胚速度和质量（赵前程等，2007）。花药培养中添加 10 mg/L 的 $AgNO_3$ 能显著增加胚状体的产量（Dias et al.，1999）。广州市农业技术推广中心曾经开展了菜薹和芥蓝的游离小孢子培养研究，结果菜薹很难得到再生植株，而芥蓝比较容易获得再生植株。芥蓝的离体培养与甘蓝相似，甘蓝离体培养技术体系几乎可以完全用于芥蓝，当然基因型的差异是必然的，即使不同的甘蓝品种也有较大的差异，同样不同的芥蓝品种也有较大差异。

2. 分子标记辅助育种　Sebastian 等（2000）分别以芥蓝×青花菜、花椰菜×抱子甘蓝的 F_1 获得的双单倍体群体为作图群体，通过 RFLP、AFLP 和 SSR 标记构建遗传图谱。以共有的 105 个位点为依据，通过 Joinmap2.0 软件整合了这两张图谱，基于 9 个连锁群上的 547 个标记，整合后的图谱共覆盖图距 893 cM，位点平均间距 2.6 cM。陈书霞等（2002）以芥蓝 C100－12×甘蓝秋 50－Y7 的 F_2 为作图群体，利用 96 个 RAPD 标记构建了甘蓝的基本遗传图谱。由 9 个主要的连锁图构成，覆盖基因总长度约为 555.7 cM。王晓武等（2005）利用青花菜与芥蓝杂交后代双单倍体群体为材料，构建的 AFLP 遗传图谱，覆盖基因总长度为 801.5 cM，含 337 个标记，标记间平均距离为 3.6 cM。数量性状基因定位方面，陈书霞等（2003）利用 RAPD 标记连锁图进行了 19 个农艺学性状的 QTL 定位，在 9 个连锁群上共定位了 28 个 QTL 位点。其中控制抽薹期、开花期、株高的 QTL 各 3 个；控制伸展度、株高、叶柄长 QTL 各 2 个；控制茎高、叶数、叶宽的 QTL 各 1 个；控制叶宽的 QTL 有

5个。

3. 基因工程育种　芥蓝基因工程的研究报道不多。芥蓝 cDNA 文库、基因组 BAC 文库的构建及与拟南芥的比较基因组研究，为进一步分离基因、研究基因的结构与功能奠定了基础。黄科等（2007）建立了芥蓝的遗传转化技术体系。Qin 等（2011）克隆了芥蓝花药不开裂基因；赵蓉蓉等（2010）克隆了芥蓝花青素合成酶基因 *BaANS*；黄鹂等（2007）从芥蓝中克隆得到与白菜花粉特异的多聚半乳糖醛酸酶基因 *BcMF*9 同源的基因 *BoMF*9*I*，该基因在花蕾中特异表达，推测可能在花粉萌发和花粉管伸长中起作用；丁淑丽等（2007）从芥蓝中克隆了参与植物多胺合成的一个关键酶腺苷甲硫氨酸脱羧酶（SAMDC）基因的同源序列；谢丽雪等（2008）克隆出芥蓝的黑芥子酶基因的全长 cDNA 序列。Cao 等（2010）用芥蓝做材料，利用 RNA 干涉技术鉴定了 BoTCTP 的功能，证明 BoTCTP 具有促进生长，增强抗逆性的功能。转入的基因还有自交不亲和性基因 S-糖蛋白（SLG）反义基因、甘薯贮藏蛋白（胰蛋白酶抑制剂）基因、抗除草剂 *bar* 基因、雄性不育相关基因 *CYP*86*MF* 反义片段，获得了转基因植株材料，验证了基因功能（秦耀国等，2009）。

华南农业大学将拟南芥中的抗旱基因 *AtEDT1/HDG11* 导入到芥蓝中，转基因植株的抗旱性明显增强。

六、良种繁育

（一）良种繁育基地的选择

芥蓝虽然属于甘蓝类蔬菜作物，但在种子繁育基地选择上的要求上与其他甘蓝类蔬菜作物有很大的差异，尤其是对温度的要求差别很大。大多数芥蓝品种对低温的要求并不是很严格，即使在冬季温度比较高的华南地区，在当年就可以抽薹开花。但低温会促进抽薹开花。开花期降水会降低授粉昆虫的活动频率以及花粉萌发，从而影响芥蓝的结实和种子产量。种子成熟期，过多的雨水易引起多种病害的发生并影响种子成熟，种子采收期雨水过多还会引起种子霉烂，严重影响种子的发芽率，降低种子的质量。因此，选择的繁种地区应具备种株花期、种子成熟和采收期雨水较少的气候条件。

芥蓝的种子繁殖特别是一代杂种的制种，需要靠蜜蜂授粉，因此必须与其他甘蓝类作物种子生产基地严格隔离。丘陵地区隔离相对比较容易，是比较好的繁种地区。

基于上述要求，芥蓝种子可以在南方生产，也可在北方生产。南方（珠江三角洲地区等）一般在9月下旬至10月中旬播种，育苗移植。如果播种太晚，翌年才能抽薹开花。华南地区每年上半年都会遇到梅雨季节，雨水比较多，在这样的条件下，种株极易发生软腐病或菌核病，因此在南方繁种时，最好把开花期安排在雨水极少的冬季。

西北地区也是芥蓝的最佳繁种基地之一。例如甘肃河西走廊、青海等地，一般于3月中、下旬播种，采取地膜覆盖直播或阳畦育苗移植进行繁育。

云南曲靖上半年的温度不是太高，雨水比较少，因此，也是芥蓝繁种基地的最佳选择之一。

（二）常规品种的繁育方式与技术

常规品种可在南方生产，也可在北方生产。主要制种程序如下：

1. 基地准备　制种田应远离甘蓝类植物，隔离距离不少于 1 000 m。忌连作和重茬，前茬以麦类、瓜类、豆类、茄果类等非十字花科蔬菜作物为好。播种前每公顷施优质农家肥 60 000 kg，过磷酸钙 375～450 kg，硫酸钾 150～225 kg。做成平畦，畦宽 1.2 m。

2. 播种　点播或移植，株距 12～15 cm，行距 25～30 cm，每畦 5 行，密度 150 000～180 000 株/hm^2。

3. 田间管理 出苗后3～4叶间苗，4～5叶定苗，中耕除草2次。定苗后结合灌水每公顷施尿素150～225 kg，三元复合肥150～225 kg；花薹形成期每公顷施尿素150～225 kg，磷酸二氢钾37.5 kg；开花期每公顷追施尿素150 kg。生长期保证充足的肥水供应，土壤相对湿度保持在80%～90%。如果肥水供应不足，植株叶片较小、蜡粉堆积。苗期、抽薹期应培土或设立支架以防止倒伏。从苗期到抽薹开花期应注意清除杂株，选择花薹肥大、皮薄、节间短、薹叶小、抽薹开花一致的植株做种株。有条件的地方，在芥蓝开花期放蜂辅助授粉。芥蓝制种中虫害是影响产量的主要因素之一，而病害较轻。在芥蓝开花期应控制喷药次数，以保护传粉昆虫。

4. 收获留种 芥蓝花期维持约45 d，自初花到种子成熟约80 d。当85%的种荚变黄、籽粒转黑成熟时将种株割下，就地晾晒，后熟3～5 d，运至晒场上脱粒。种子晾晒至水分含量不高于8%时，用螺旋式精选机精选入库。种子产量为1 200～2 250 kg/hm^2。

（三）自交不亲和系原种繁育与一代杂种制种技术

1. 自交不亲和系的繁殖 采用成株采种法繁殖，播种及田间管理与常规品种相同，采用人工蕾期授粉加喷盐水的方法繁殖自交不亲和系亲本。具体方法可参照甘蓝自交不亲和系的繁殖。

2. 一代杂种制种

（1）亲本育苗 杂交芥蓝制种其亲本播种时间、田间管理与常规品种繁育相同。但父、母本的播期要按花期早晚调节，使两者花期相遇。

（2）植株种植

① 北方制种。父、母本双收的杂交种可按照1∶1的行比种植父、母本，行距50 cm，株距25～30 cm。采用直播育苗，每公顷父、母本各33 350～40 020穴，每穴播2～3粒。只在母本株上收获杂交种种子的，则按照1∶2的行比种植父、母本，行距50 cm，母本的株距30 cm，父本的株距25 cm，每公顷播母本44 460穴，父本26 670穴，每穴播2～3粒。

② 南方制种。采用父、母本育苗移植法，密度为约180 000株/hm^2。

3. 采收 结荚后期停止浇水，防止返青。只收母本的组合应在花期后将父本铲除，父、母本双收的组合将父、母本分开采收。当85%的种荚变黄、籽粒转黑时将种株割下，要求将收获的枝条放于洁净的棚膜或彩条棚上，防止土粒及小石头混入，后熟3～5 d后脱粒。种子水分含量不高于8%时，用螺旋式精选机对种子进行精选入库。

（四）雄性不育系亲本繁殖与一代杂种制种技术

1. 雄性不育系亲本繁殖 雄性不育系可用保持系繁殖。将雄性不育系与保持系同时播种，露地生产时，任其自由授粉，但周围2 000 m以内不应种植容易与芥蓝杂交的甘蓝类蔬菜（结球甘蓝、花椰菜、青花菜、羽衣甘蓝等）种株。隔离网室内生产时，人工将保持系的花粉传授给不育系或者在隔离网室内放蜜蜂传粉。从不育株上收获的种子即为不育系种子，父本株（可育）上收获的种子即为保持系种子。田间管理同常规品种的繁育。

2. 一代杂种制种技术 用雄性不育系配制一代杂种，父、母本行比为1∶2～3。由于多数芥蓝胞质雄性不育系蜜腺不发达，制种时产量稍低，因此种植时尽量使父、母本靠近，并采取花期加放蜜蜂的方法，以增加传授花粉的机会。

（五）种子贮藏与加工

1. 种子检测 芥蓝种子检测包括纯度、净度、水分、发芽率等。2011年我国发布的农作物种子质量标准《瓜菜作物种子 甘蓝类》(GB 16715.4—2010)，中没有提到芥蓝，但可以参考结球甘蓝的标准实施。该标准规定的指标见表14-12。

表 14-12 规定的指标甘蓝类（结球甘蓝）种子质量指标

种子类别		品种纯度（%）不低于	净度（%）不低于	发芽率（%）不低于	水分（%）不高于
常规种	原种	99	99	85	8
	大田用种	96		80	
亲本	原种	99.9	99	80	
	大田用种	99			
杂交种	大田用种	99	99		

2. 种子加工 芥蓝种子采收后，要马上晒干，使种子含水量降至标准 8%以下，并要进行精选，使种子大小均匀，有条件的可将芥蓝种子用福美双拌种。

3. 种子贮藏 影响芥蓝种子贮藏的条件主要是温度、湿度。温度对种子活力的影响与其本身含水量有密切关系，种子含水量越低，温度对贮藏效果的影响越小；种子含水量越高，对贮藏效果的影响越大。因此，要较长时间保存芥蓝种子，在贮藏前，必须把种子含水量降至 8%以下，并采用铝箔包装，于低温、干燥环境下贮藏。

（陈汉才 雷建军）

主要参考文献

毕宏文，邓立平，张宏．1999. 蔬菜空间诱变育种研究概述和展望［J］. 北方园艺（1）：13-14.

曹家树，秦岭．2005. 园艺植物种质资源学［M］. 北京：中国农业出版社．

陈贝贝，蒋明，苗立祥，等．2012. 青花菜转录因子基因 *BoWRKY3* 的克隆与表达分析［J］. 浙江大学学报：农业与生命科学版，38（3）：243-249.

陈澍棠，朱根娣．1993. 青花菜新品种——上海一号［J］. 中国蔬菜（2）：53.

陈澍棠，朱根娣，殷秀妹．1996. 青花菜新品种"上海二号"育成［J］. 上海农业学报，12（2）：96.

陈书霞，王晓武，方智远，等．2002. RAPD 标记构建芥蓝×甘蓝分子标记连锁图［J］. 园艺学报，29（3）：229-232.

陈书霞，王晓武，方智远，等．2003. 芥蓝×甘蓝的 F_2 群体抽薹期性状 QTLs 的 RAPD 标记［J］. 园艺学报，30（4）：421-426.

陈文辉，方淑桂，曾小玲，等．2006. 甘蓝和青花菜杂种小孢子培养［J］. 热带亚热带植物学报，14（4）：321-326.

陈文辉，方淑桂，朱朝辉，等．2010. 花椰菜雄性不育系的选育与应用［J］. 福建农业学报，25（5）：580-583

陈文文，刘厚诚，陈日远，等．2011. 基于 RAPD 标记的芥蓝种质资源遗传多样性分析［J］. 中国农学通报，27（8）：150-155.

陈晓邦，华学军，黄其满，等．1995. 农杆菌介导的 Intron-GUS 嵌合基因转入花椰菜获得转基因植株［J］. 植物学通报（S1）：50-52.

陈阳，周先治，陈晟，等．2010. 基于 RAPD 技术分析花椰菜种质资源遗传多样性［J］中国农学通报，26（13）：41-46.

陈银华，张俊红，欧阳波，等．2005. 花椰菜 ACC 氧化酶基因的克隆及其 RNAi 对内源基因表达的抑制作用［J］. 遗传学报（7）：24-26.

陈玉萍，Andrzej W. 2000. 利用胚和胚珠的离体培养获得甘蓝型油菜与青花菜的种间杂种．华中农业大学学报，19（3）：274-278.

程玉萍，郑建礼．1997. 花椰菜群体自交亲和性变异和自交不亲和性选择效应［J］. 北方园艺（3）：1-3.

初莲香，王秋艳，王英明，等．1998. 无蜡粉亮叶芥蓝的选育及利用［J］. 中国蔬菜（4）：30-31.

初莲香，张晓红，王余文．1996. 甘蓝类无蜡粉亮叶性状遗传规律及其利用的研究［J］. 遗传，18（1）：26-28.

邓俭英，方锋学 . 2005. 分子标记及其在蔬菜研究中的应用［J］. 长江蔬菜（8）：42－46.
丁淑丽，卢钢，李建勇，等 . 2007. 十字花科植物 *SAMDC* 基因同源序列的克隆与进化分析［J］. 遗传，29（1）：109－117.
樊艳燕 . 2015. 青花菜耐贮性生理与遗传研究［D］. 北京：中国农业科学院 .
方木壬，等 . 芥蓝与菜心种间杂交初步研究［C］// 中国园艺学会广东分会 1995 年会论文集 . 广州：中国国艺学会广车分会 .
方淑桂，陈文辉，曾小玲，等 . 2005. 影响青花菜游离小孢子培养的若干因素［J］. 福建农林大学学报：自然科学版，34（1）：51－55.
方文慧，孙德岭，李素文，等 . 2001. 青花菜新品种"绿莲"的选育［J］. 天津农业科学（3）：42－44.
方智远，侯喜林，祝旅 . 2004. 蔬菜学［M］. 南京：江苏科学技术出版社 .
方智远，孙培田，刘玉梅，等 . 1987. 青花菜自交不亲和系选育初报［J］. 中国蔬菜（1）：27－29.
方智远，孙培田，刘玉梅，等 . 1997. 青花菜新品种"中青 1 号""中青 2 号"［J］. 长江蔬菜（6）：25－26.
高世超，钟凤林，林义章，等 . 2014. 青花菜 beta－1，4－木糖基转移酶 *IRX9H* 基因的克隆及在模拟酸雨胁迫下的表达分析［J］. 热带作物学报，35（4）：729－737.
高兆波 . 2003. 花椰菜品种资源分类和数量性状遗传分析［D］. 泰安：山东农业大学 .
古瑜，毛英伟，赵前程，等 . 2008. 花椰菜（*Brassica oleracea* var. *botrytis*）抗黑腐病差异表达 cDNA 片段的克隆及功能的初步研究［J］. 南开大学学报：自然科学版（4）：42－48.
古瑜，赵前程，孙德岭，等 . 2007. 花椰菜遗传图谱的构建及 NBS－LRR 类抗性同源基因在图谱中的定位［J］. 遗传（6）：751－757.
何杭军，王晓武，汪炳良 . 2004. 芥蓝游离小孢子培养初报［J］. 园艺学报，31（2）：239－240.
何启伟 . 1993. 十字花科蔬菜优势育种［M］. 北京：农业出版社 .
黄聪丽，李传勇，潘爱民，等 . 2001a. RAPD 分析花椰菜不同品种的遗传变异［J］. 亚热带植物科学（3）：1－6.
黄聪丽，李传勇，潘爱民，等 . 2001b. 花椰菜自交不亲和性的 RAPD 分析［J］. 福建农业学报（4）：58－61.
黄聪丽，朱凤林，刘景春，等 . 1999. 我国花椰菜品种资源的分布与类型［J］. 中国蔬菜（3）：35－38.
黄科，曹家树，余小林，等 . 2005. *CYP86MF* 反义基因转化获得青花菜雄性不育植株［J］. 中国农业科学，38（1）：122－127.
黄科，叶纨芝，余小林，等 . 2007. 农杆菌介导的芥蓝遗传转化体系的建立［J］. 细胞生物学杂志，29：147－152.
黄鹏，曹家树，叶意群，等 . 2007. 甘蓝花粉特异表达的多聚半乳糖醛酸酶基因 *BoMF9* 的克隆与特征分析［J］. 农业生物技术学报，15（2）：268－273.
惠志明，刘凡，简元才，等 . 2006. 原生质体非对称融合获得花椰菜与 Ogu CMS 甘蓝型油菜种间杂种［J］. 华北农学报（3）：65－70.
简元才，杜广岑，李长缨 . 1998. 保护地甘蓝花菜栽培技术［M］. 北京：中国农业大学出版社 .
江汉民，郝擘，于雪梅，等 . 2010. 花椰菜抗黑腐病消减 cDNA 文库的构建和分析［J］. 南开大学学报：自然科学版（2）：15－20.
江汉民，宋文芹，刘莉莉，等 . 2013. 抗虫相关基因 *KTI* 对青花菜的转化及其对小菜蛾抗性的分析［J］. 园艺学报，40（3）：498－504.
江汉民，王楠，赵换，等 . 2012. 花椰菜苯丙氨酸解氨酶基因的克隆及黑腐病菌胁迫下的表达分析［J］. 南开大学学报：自然科学版（4）：87－92.
姜宗庆，蔡志林，谢吉先，等 . 2011. 施氮量对花椰菜生长和产量的影响［J］北方园艺（24）：191－192.
蒋明，苗立祥，钱宝英 . 2012. 青花菜抗坏血酸过氧化物酶基因 *BoAPX* 的克隆与表达分析［J］. 浙江大学学报：理学版，39（3）：345－351.
蒋武生，邓玉宝，粟根义，等 . 1998. 提高青花菜花粉胚状体诱导频率的研究［J］. 信阳农业高等专科学校学报，8（3）：8－11.
蒋先明 . 1958. 花椰菜杂种第一代利用的初步研究［J］. 山东农学院学报（10）：29－34.
蒋振，张晓辉，蒋磊，等 . 2014. 青花菜与萝卜属间杂种的表型和分子鉴定［J］. 植物遗传资源学报，15（4）：859－864.

荆赞革，裴徐梨，唐征，等.2014a.青花菜早中熟种质资源遗传多样性 SRAP 标记分析 [J]. 江苏农业科学，42（1）：41-43.
荆赞革，裴徐梨，唐征，等.2014b.青花菜及其近缘种亲缘关系 SRAP 标记分析 [J]. 生物技术通报，6：101-105.
荆赞革，裴徐梨，唐征，等.2015.青花菜 Ogu 不育胞质分子鉴定和序列分析 [J]. 广西植物（35）：239-243.
荆赞革，唐征，罗天宽，等.2010.甘蓝 SSR 标记在近缘种青花菜的通用性及其应用 [J]. 基因组学与应用生物学，29（4）：685-690.
赖芳兰，华建良.1998.特色蔬菜栽培技术 [M]. 南昌：江西科学技术出版社.
李长缨，简元才，杜广岑，等.1999.青花菜耐贮性鉴定方法和标准 [J]. 华北农学报，14（4）：134-136.
李传勇，黄聪丽，潘爱民，等.2001.利用 RAPD 分析鉴定花椰菜杂种纯度 [J]. 亚热带植物科学（4）：1-4.
李光庆，谢祝捷，姚雪琴.2013.花椰菜主要经济性状的配合力及遗传效应研究 [J] 植物科学学报（2）：143-150.
李桂花，陈汉才，宋钊，等.2011.芥蓝新品种‘夏翠芥蓝’[J]. 园艺学报，38（1）：195-196.
李桂花，陈汉才，张艳，等.2011.芥蓝种质资源遗传多样性的 SRAP 分析 [J]. 热带作物学报，12：101-105.
李国梁，钟仲贤，李贤.1999.青花菜子叶和下胚轴原生质体的遗传转化系统 [J]. 上海农业学报（1）：28-32.
李汉霞，张晓辉，付雪林，等.2010.双 *Bt* 基因提高青花菜对菜粉蝶和小菜蛾抗性 [J]. 农业生物技术学报，18（4）：654-662.
李金国.1999.蔬菜航天诱变育种 [J]. 中国蔬菜（1）：4-5.
李钧敏，金则新，柯喜丹.2006.西兰花品种的随机扩增多态 DNA 分析 [J]. 江苏农业科学，4：66-70.
李钧敏，林俊.2008.青花菜品种的 ISSR 分析 [J]. 江苏农业科学，2：85-88.
李全国.1999.蔬菜航天诱变育种 [J]. 中国蔬菜（1）：4-5.
李瑞富，刘厚诚，陈日远，等.2008.芥蓝菜薹颜色遗传初探及 F_1 杂交优势研究 [M]. 上海：中国园艺学会第八届青年学术讨论会暨现代园艺论坛.
李素文，孙德岭，张宝珍，等.1996.花椰菜主要经济性状的配合力分析 [J]. 华北农学报（4）：104-108
李贤，姚泉洪，庄静，等.2001.ACC 解氨酶基因转入青花菜的研究 [J]. 上海农业学报，17（3）：5-8.
李又华，杨暹，罗志刚，等.2003.青花菜雄性不育系与保持系花蕾同工酶分析 [J]. 华南农业大学学报，24（1）：14-15.
李媛，姚雪琴，谢祝捷，等.2010.正交设计优化花菜类 SRAP 分子标记体系的研究 [J]. 上海农业学报，26（1）：42-45.
李志琪.2003.应用 AFLP 标记技术研究甘蓝类蔬菜遗传多样性及亲缘关系 [D]. 北京：中国农业科学院.
利容千.1989.中国蔬菜植物核型研究 [M]. 武汉：武汉大学出版社：54-55.
林碧英，魏文麟.1995.青花菜新品系“闽绿 1 号”的选育和丰产栽培技术研究 [J]. 福建省农科院学报，10（1）：20-22.
林珲，黄科，李永平，等.2008.花椰菜种质资源遗传多样性分析 [J]. 福建农业学报（2）：172-177.
林珲，李永平，朱海生，等.2012.花椰菜形态标记遗传多样性分析 [J] 福建农业学报（5）：491-497.
林俊，李钧敏.2006.青花菜 RAPD 扩增条件的优化 [J]. 浙江农业科学（4）：364-366.
林荔仙，张克平.2000.青花菜新品种绿宝 [J]. 长江蔬菜（4）：23.
刘冲，葛才，林任，等.2006.SRAP、ISSR 技术的优化及在甘蓝类植物种子鉴别中的应用 [J]. 生物工程学报，22（4）：657-661.
刘芬，张爱萍，刘东红.2009.真空预冷处理对青花菜贮藏期间生理活性的影响 [J]. 农业机械学报（10）：106-110.
刘海涛，关佩聪.1996.黄花芥蓝与白花芥蓝的分类学关系 [J]. 华南农业大学学报，17：13-16.
刘松，宋文芹，赵前程，等.2002.与花椰菜（*Brassica oleracea* ssp. *botrytis*）抗黑腐病基因连锁的 RAPD 标记 [J]. 南开大学学报：自然科学版（1）：126-128.
刘艳辉，周伟华，张华，等.2002.芥蓝新品系中花 13 号的选育初报 [J]. 广东农业科学，6：22-23.
刘玉梅，孙培田，方智远，等.1996.青花菜抗源材料的筛选和利用 [J]. 中国蔬菜（6）：23-26.
刘运霞.2012.花椰菜种质资源遗传多样性的分析 [D]. 北京：中国农业科学院.
刘运霞，王晓武.2010.我国花椰菜种质资源及育种研究现状 [J] 北方园艺（19）：218-220.
刘振翔，李向阳，刘自珠，等.2012.芥蓝雄性不育杂交一代选育初报 [J]. 广东农业科学，13：38-40.
陆瑞菊，王亦菲，孙月芳，等.2006.利用青花菜单倍体茎尖筛选耐热变异体 [J]. 核农学报，20（5）：388-391.
罗双霞，张成合，陈雪平，等.2013.埃塞俄比亚芥与芥蓝杂交获得异源三倍体及其细胞学研究 [J]. 植物资源学报，14（2）：361-366.

马志强，胡晋，马继光．2011．种子储藏原理与技术［M］．北京：中国农业出版社，275－278．
密士军，郝再彬．2002．航天诱变育种研究的新进展［J］．黑龙江农业科学（4）：31－33．
裴徐梨，荆赞革，唐征，等．2014．青花菜花粉发育基因 *MF21* 的克隆及表达特征分析［J］．生物技术通报，33（5）：1046－1052．
秦耀国，雷建军，曹必好．2004．青花菜遗传育种与生物技术应用研究进展［J］．北方园艺（2）：11－13．
秦耀国，杨翠芹，曹必好，等．2009．芥蓝遗传育种与生物技术研究进展［J］．中国农学通报，25（18）：296－299．
任艳蕊，张成合，申二巧，等．2010．芥蓝—菜薹种间三倍体回交子代染色体数鉴定及单体异附加系的选育［J］．园艺学报，37（2）：213－220．
上海市蔬菜经济研究会．2000．优质蔬菜栽培手册［M］．上海：上海科学技术出版社．
邵国根，周志辉．2007．花椰菜自交不亲和系的选育与利用研究［J］．温州农业科技（2）：14－16．
邵泰良，黄承贤，张以光．2005．利用雄性不育培育青花菜新品种初报［J］．上海蔬菜（3）：20－21．
史卫东，黄如葵，陈振东，等．2012．利用 MSAP 分析 18 个芥蓝齐口期的表观遗传多样性［J］．基因组学与应用生物学，31（5）：505－512．
舒金帅，刘玉梅，李占省，等．2015．青花菜两类雄性不育系主要农艺性状的研究［J］．植物遗传资源学报，16（1）：7－14．
舒金帅．2014．青花菜两类不育系农艺性状及显性雄性不育分子标记的研究［D］．北京：中国农业科学院．
司雨，陈国菊，雷建军，等．2009．不同基因型芥蓝硫代葡萄糖苷组分与含量分析［J］．中国蔬菜，6：7－13．
宋丽娜，张赛群，张丽芳，等．2005．花椰菜自交不亲和性的分子标记研究［J］．厦门大学学报：自然科学版（S1）：140－143．
宋世威，廖国秀，刘厚诚，等．2011．不同芥蓝品种产量及品质性状聚类分析［J］．中国农学通报，27（19）：161－165．
宋元林．2000．稀特蔬菜周年多茬生产指南［M］．北京：中国农业出版社．
苏恩平，陈红辉，盛明峰，等．2006．青花菜新品种申绿 2 号的选育与栽培要点［J］．上海蔬菜（3）：21－22．
孙勃，方莉，刘娜，等．2011．芥蓝不同器官主要营养成分分析［J］．园艺学报，38（3）：541－548．
孙德岭，赵前程，宋文芹，等．2002．花椰菜类蔬菜自交系基因组间亲缘关系的 AFLP 分析［J］．园艺学报（1）：72－74．
孙继峰，刘玉梅，方智远，等．2012．青花菜相同亲本的 DH 与 F_2 群体遗传多样性的比较［J］．园艺学报，39（6）：1090－1098．
孙剑，徐艳辉，王鑫，等．1996．花椰菜自交系配合力分析及性状遗传特点初报［J］．北方园艺（1）：1－6．
孙莉娜，李锡香．2008．芥蓝种质资源描述规范和数据标准［M］．北京：中国农业出版社．
孙溶溶，彭真，程琳，等．2011．花椰菜菌核病抗性鉴定方法比较及抗病种质资源筛选［J］浙江大学学报（6）：596－602．
谭冠宁，蓝永庆，李丽淑，等．2007．青花笋（西蓝薹）新品种桑甜 2 号［J］．中国蔬菜，10：63－64．
汤月昌，许风，王鸿飞，等．2014．葡萄糖处理对青花菜品质和抗氧化性的影响［J］．食品科学，14：205－209．
唐宇，吕淑霞，刘凡．2010．黑芥与花椰菜体细胞杂种不同世代遗传变异的 SRAP 分析［J］．分子植物育种（2）：303－306．
唐征，刘庆，张小玲，等．2006．甘蓝型油菜与青花菜种间杂种子房离体培养研究［J］．中国农学通报，22（10）：93－96．
陶兴林，胡立敏，朱慧霞，等．2010．花椰菜的 ISSR－PCR 反应体系的建立与优化［J］．中国农学通报（3）：27－31．
万双粉，张蜀宁，张杰．2006．青花菜花粉母细胞减数分裂及雄配子体发育［J］．西北植物学报，26（5）：970－975．
万双粉，张蜀宁，张伟，等．2007．二、四倍体青花菜花粉母细胞减数分裂比较［J］．南京农业大学学报，30（1）：34－38．
王春国，陈小强，李慧，等．2008．花椰菜细胞质雄性不育系及保持系中特异序列的克隆、分析［J］．分子细胞生物学报（1）：19－27．
王冬梅，陈琛，王庆彪，等．2011．一个支持芥蓝起源于中国的分子证据［J］．中国蔬菜（16）：15－19．
王桂香，严红，曾兴莹，等．2011．花椰菜-黑芥体细胞杂交获得抗黑腐病异附加系新材料［J］．园艺学报（10）：1901－1910．
王劲，袁旭，李旭峰．2000．芥蓝 cDNA 文库的构建及文库质量检测［J］．四川大学学报（增刊），37：76－79．
王晓蕙，罗鹏．1987．芥蓝和结球甘蓝染色体组型及 C-带带型的研究［J］．植物学报，29（2）：149－155
王晓武，娄平，何杭军，等．2005．利用芥蓝×青花菜 DH 群体构建 AFLP 连锁图谱［J］．园艺学报，32（1）：30－34．

王燕，朱隆静，柳李旺，等．2008. 花椰菜生物技术育种研究进展［J］. 分子植物育种（3）：549－554.
王志平．1997. 几个青花菜新品种的耐贮性及其贮藏过程中主要生理和品质性状的研究［D］. 北京：中国农业科学院．
卫志明，许智宏．1990. 影响花椰菜下胚轴原生质体培养和植株再生的因素［J］. 植物生理学报（4）：394－400.
魏迺荣，陆长苹，方文惠，等．1985. 花椰菜自交不亲和性的测定与白峰的育成［J］. 蔬菜（3）：5－9.
魏迺荣，陆长苹，李云华，等．1992. 花椰菜主要性状遗传参数的初步研究［J］. 华北农学报（1）：83－88.
吴国兴．2002. 名优蔬菜反季节栽培［M］. 北京：金盾出版社．
吴厚桂．2007. 青花菜新品种——马拉松［J］. 长江蔬菜（5）：5－6.
吴文林，陈国菊，郑华杰，等．2012. 芥蓝主要经济性状经济性状的配合力及遗传力分析［J］. 中国蔬菜，10：31－35.
谢丽雪，黄科，李宾，等．2008. 芥蓝黑芥子酶基因的克隆与原核表达［J］. 福建农林大学学报：自然科学版，37（5）：501－505.
徐翠容，龙启炎，骆海波，等．2012. 青花菜新品种——绿莹莹［J］. 上海蔬菜（1）：21－22.
徐淑平，卫志明，黄健秋，等．2002. 根癌农杆菌介导的 *Bt* 基因和 *CpTI* 基因对花椰菜的转化［J］. 植物生理与分子生物学学报，28（3）：193－199.
徐晓峰，黄学林，黄霞．2003. ACC 氧化酶反义基因转化青花菜的研究［J］. 中山大学学报：自然科学版，42（4）：64－68.
许卫东，黄聪丽，李传勇，等．2006. 利用 RAPD 分析花椰菜遗传多样性及预测杂交优势组合［J］. 浙江农业科学（5）：495－498.
严继勇，李式军，徐鹤林．1995. 青花菜抗冻性的遗传分析［J］. 南京农业大学学报（1）：21－25.
杨加付，饶立兵，顾宏辉．2004. 花椰菜熟期性状的遗传效应及其与环境互作分析［J］. 浙江农业学报（4）：182－185.
杨加付，饶立兵，顾宏辉．2005. 花椰菜营养品质性状的遗传效应分析［J］. 浙江农业科学（4）：252－254.
杨加付，饶立兵，顾宏辉，等．2010. 花椰菜花球和植株性状的遗传与相关分析［J］. 福建农林大学学报：自然科学版（4）：361－365.
杨加付，饶立兵，顾宏辉，等．2010. 花椰菜主要农艺性状的遗传效应及其与环境互作分析［J］. 科技通报（3）：396－401.
杨加付，饶立兵，顾宏辉．2012. 不同环境下花椰菜农艺性状的杂种优势分析［J］浙江农业学报（3）：415－420.
杨加付，饶立兵，朱剑桥．2002. 花椰菜花球性状遗传效应分析［J］. 安徽农业科学（5）：664－665.
杨鹏，刘莉莎，温常龙，等．2010. 青花菜 *ProDH* 基因的克隆及功能鉴定［J］. 基因组学与应用生物学，29（2）：206－214.
杨清，曹鸣庆．1991. 通过花药漂浮培养提高花椰菜小孢子胚胎发生率［J］. 华北农学报（3）：65－69.
杨暹，杨运英．2002. 苗期温度对芥蓝花芽分化、产量与品质形成的影响［J］. 华南农业大学学报，23（2）：5－7.
姚星伟，刘凡，云兴福，等．2005. 非对称体细胞融合获得花椰菜与 *Brassica spinescens* 的种间杂种［J］. 园艺学报（6）：1039－1044.
姚雪琴，李媛，谢祝捷，等．2009. 青花菜胞质不育相关基因的 SRAP 标记筛选［J］. 分子植物育种，7（5）：941－947.
叶静渊．1986. 甘蓝类蔬菜在我国的引种栽培与演化［J］. 自然科学史研究（3）：247－255.
尤进钦，曾梦蛟，陈良筠．1996. 苏力菌杀虫晶体蛋白基因转移到青花菜、花椰菜及小白菜［J］. "中国园艺"（台湾），42（4）：312－330.
袁素霞，刘玉梅，方智远，等．2009. 甘蓝类蔬菜游离小孢子再生植株染色体倍性与气孔保卫细胞叶绿体数目相关性研究［J］. 中国农业科学，42（1）：189－197.
袁素霞，刘玉梅，方智远，等．2010. 结球甘蓝和青花菜小孢子胚植株再生的研究［J］. 植物学报，45（2）：226－232.
张宝珍，孙德岭，李素文，等．2001. 晚熟花椰菜云山 2 号的选育［J］. 中国蔬菜（4）：22－23.
张德双，曹鸣庆，秦智伟．1998. 绿菜花双核期小孢子比例对游离小孢子培养的影响［J］. 园艺学报，25（2）：201－202.

张德双，曹鸣庆，秦智伟．1998. 绿菜花游离小孢子培养胚胎发生和植株再生［J］. 华北农学报，13（3）：102－106.

张德双，曹鸣庆，秦智伟．1999. 影响绿菜花游离小孢子培养的因素［J］. 华北农学报，14（1）：68－72.

张国裕，康俊根，张延国，等．2006. 青花菜雄性不育相关基因 *BoDHAR* 的克隆与表达分析［J］. 生物工程学报，22（5）：752－756.

张国裕，康俊根，张延国，等．2006. 青花菜快速碱化因子 RALF 的克隆与序列分析［J］. 园艺学报，33（3）：561－565.

张国裕，康俊根，张延国，等．2006. 青花菜雄性不育相关基因 *BoDHAR* 的克隆与表达分析［J］，生物工程学报，（5）：751－756.

张国裕，康俊根，张延国，等．2006. 青花菜快速碱化因子 RALF 的克隆与序列分析［J］. 园艺学报，33（3）：561－565.

张静，张鲁刚，张玉．2009. 芥蓝种质资源营养成分及商品性评价［J］. 中国蔬菜（16）：41－44.

张静，张鲁刚．2008. 芥蓝种质资源的多样性和聚类分析［J］. 西北农业学报，17（4）：285－289.

张俊华，崔崇士，潘春情．2006. 分子标记及其在芸薹属植物中的应用［J］. 东北农业大学学报，37（5）：700－705.

张凯，徐艳辉．2003. 花椰菜的分子遗传与育种研究进展概述［J］. 辽宁农业科学（1）：31－34.

张克平，林荔仙．1995. 介绍两个青花菜新品种“绿宝”“绿岛”［J］. 福建农业（9）：9.

张克平，林荔仙．1997a. 青花菜新品种“绿宝”的选育和栽培要点［J］. 福建农业科技（4）：13.

张克平，林荔仙．1997b. 青花菜一代杂种“绿宝”的选育［J］. 中国蔬菜（2）：36.

张克平，林荔仙．2003. 利用青花菜胞质雄性不育系育成新品种绿宝 2 号［J］. 中国蔬菜（3）：12－14.

张丽，赵泓，刘凡．2008. 花椰菜与黑芥非对称体细胞杂种的鉴定分析［J］. 分子细胞生物学报（4）：265－274.

张平真．2009. 关于芥蓝起源的研究［J］. 中国蔬菜（14）：62－65.

张晓芬，王晓武，张延国，等．2005. 花椰菜游离小孢子培养再生植株研究［J］. 中国蔬菜（1）：16－17.

张延国，王晓武．2005. 小孢子培养技术在青花菜上的应用［J］. 中国蔬菜（6）：7－8.

张振贤，梁书华．1995. 花椰菜花球与其他器官相关性的研究［J］. 山东农业大学学报（3）：307－310.

张志仙，朱长志，何道根．2014. 青花菜自交系的遗传多样性及花球营养成分［J］. 湖南农业大学学报：自然科学版，40（1）：23－27.

赵前程．2006. 我国青花菜品种选育及其生产应用［J］. 当代蔬菜（1）：18－19.

赵前程，吉立柱，蔡荣旗，等．2007. 花椰菜游离小孢子培养及植株再生研究［J］. 华北农学报（6）：65－68.

赵前程，李素文，文正华，等．2007. 芥蓝游离小孢子培养及植株再生研究［J］. 北方园艺（9）：4－6.

赵蓉蓉，蒋明，贺蔡明，等．2010. 芥蓝 *Brassica albograbra* 花青素合成酶基因 *BaANS* 的克隆与序列分析［J］. 浙江农业学报，22（2）：161－166.

赵振卿，盛小光，虞慧芳，等．2011. 花椰菜新品种浙 801 杂交种纯度的 SSR 鉴定［J］长江蔬菜（18）：18－20.

赵振卿，虞慧芳，张晓辉，等．2010. 花椰菜与青花菜 DNA 标记研究进展［J］. 浙江农业学报（2）：258－262.

郑岩松，方木壬，张曙光．2003. 芥蓝与菜薹杂种后代对 TuMV 的抗性［J］. 中国蔬菜（3）：18－20.

中国农学会遗传资源学会．1994. 中国作物遗传资源［M］. 北京：中国农业出版社.

中国农业百科全书编辑部编．1990. 中国农业百科全书：蔬菜卷［M］. 北京：农业出版社.

中国农业科学院蔬菜花卉研究所．1987. 中国蔬菜栽培学［M］. 北京：农业出版社.

中国农业科学院蔬菜花卉研究所．1992. 中国蔬菜品种资源目录：第一册［M］. 北京：万国学术出版社.

中国农业科学院蔬菜花卉研究所．1998. 中国蔬菜品种资源目录：第二册［M］. 北京：气象出版社.

中国农业科学院蔬菜花卉研究所．2001. 中国蔬菜品种志：下卷［M］. 北京：中国农业科学技术出版社.

钟然，李敏，韩闽，等．2007. 青花菜种质的 ISSR 分子标记研究［J］. 厦门大学学报：自然科学版，46（6）：842－846.

钟仲贤，李贤．1994. 青花菜和甘蓝下胚轴原生质体培养再生植株［J］. 农业生物技术学报，2（2）：76－80.

周禹．2010. 芥蓝与甘蓝其他变种分类关系的研究［J］. 园艺学报，37（7）：1161－1168.

朱世杨，张小玲，刘庆，等．2012. 花椰菜自交系主要形态性状的主成分分析和聚类分析［J］植物遗传资源学报（1）：77－82.

朱玉英，龚静，吴晓光，等．2004. 萝卜细胞质青花菜雄性不育系花药发育的细胞形态学研究［J］. 上海农业学报，20

(3)：42－44.

朱玉英，杨晓锋，侯瑞贤，等. 2006. 青花菜细胞质雄性不育系线粒体DNA的提取与RAPD分析［J］. 武汉植物学研究，24（6）：505－508.

邹学校. 2004. 中国蔬菜实用新技术大全：南方蔬菜卷［M］. 北京：北京科学技术出版社.

AlisonM G，Elaine H. 2005. The use of small interfering RNA to elucidate the activity and function of ion channel genes in an intact tissue［J］. Journal of Pharmacological and Toxicological Methods，51（3）：253－262.

Anderson W C，Carstens J B. 1977. Tissue culture propagation of broccoli，*Brassica oleracea*（*italica* group），for use in F_1 hybrid seed production［J］. J. Amer. Soc. Hort. Sci，102：69－73.

Arnison P G，Donaldson P，Ho L C，et al. 1990. The influence of various physical parameters on anther culture of broccoli（*Brassica oleracea* var. *italica*）［J］. Plant Cell，Tissue and Organ Culture，20：147－155.

Arnison P G，Donaldson P，Jackson A，et al. 1990. Genotype－specific response of cultured broccoli（*Brassica oleracea* vat. *italica*）anthers to cytokinins［J］. Plant Cell，Tissue and Organ Culture，20：217－222.

Astarini I A，Plum mer J A，Lancaster R A，et al. 2005，Genetic diversity of open pollinated cauliflower cultivars in indonesia［ J］. Acta Horticulturae，694：149－152.

Astarini I A，Plummer J A，Lancaster R A，et al. 2006. Genetic diversity of indonesian cauliflower cultivars and their relationships with hybrid cultivars grown in Australia［J］. Scientia Horticulturae，108（2）：143－150.

Baggett J R，Kean D，Kasimor K. 1995. Inheritance of internode length and its relation to head exsertion and head size in broccoli［J］. Journal of the American Society for Horticultural Science，2：292－296.

Ballie A M R，Epp D J，Hutcheson D，et al. 1992. In vitro culture of isolated microspores and regeneration of plants in *Brassica campestris*［J］. Plant Cell Rep，11：234－237.

Barinova J，Clement C，Marting L，et al. 2004. Regulation of developmental pathways in cultured microspores of tobacco and snapdragon by medium pH［J］. Planta，219：141－146.

Biddington N L，Robinson H T. 1991. Ethylene production during anther culture of Brussels sprouts（*Brassica oleracea* var. *gemmifera*）and its relationship with factors that affect embryo production［J］. Plant Cell，Tissue and Organ Culture，25：169－177.

Borowski J，Szajdek A，Borowska E J，et al. 2008. Content of selected bioactive components and antioxidant properties of broccoli（*Brassica oleracea* L.）［J］. Eur Food Res Technol，226：459－465.

Brown A F，Yousef G G，Chebrolu K K，et al. 2014. High-density single nucleotide polymorphism（SNP）array mapping in *Brassica oleracea*：identification of QTL associated with carotenoid variation in broccoli florets［J］. Theor Appl Genet，127：2051－2064.

Camargo L E A，Osborn T C. 1996. Mapping loci controlling flowering time in *Brassica oleracea*［J］. Theor Appl Genet，92：610－616.

Camargo L E A，Savides L，Jung G，et al. 1997. Location of the self－incompatibility locus in an RFLP and RAPD map of *Brassica oleracea*［J］. The Journal of Heredity，88：57－60.

Camargo L E A，Williams P H，Osborn T C. 1995. Mapping of quantitative trait loci controlling resistance of *Brassica oleracea* to *Xanthomonas campestris* pv1campestris［J］. Phytopathology，85（10）：1296－1300.

Canaday C H，Wyatt J E，Mullins J A. 1991. Resistance in broccoli to bacterial soft rot caused by *Pseudomonas marginalis* and fluorescent *Pseudomonas* species［J］. Plant Disease，7：715－720.

Cao B，Lv Y，Chen G，et al. 2010. Functional characterization of the translationally controlled tumor protein（TCTP）gene associated with growth and defense response in cabbage［J］. Plant Cell Tissue and Organ Culture，103（2）：217－226.

Cao J，Tang J D，Strizhov N，et al. 1999. Transgenic broccoli with high levels of *Bacillus thuringiensis* Cry1C protein control diamondback moth larvae resistant to Cry1A or Cry1C［J］. Molecular Breeding，5：131－141.

Chan L F，Chen L F O，Lu H Y，et al. 2009. Growth，yield and shelf－life of isopentenyltransferase（ipt）－gene transformed broccoli［J］. Canadian Journal of Plant Science，89（4）：701－711.

Chen C H，Nasrallah J B. 1990. A new class of S sequences defined by a pollen recessive self－incompatibility allele of

Brassica oleracea [J]. Mol Gen Genet, 222: 241 - 248.

Chen G J, Cao B H, Xu F, et al. 2010. Development of adjustable male sterile plant in broccoli by antisense DAD1 fragment transformation [J]. Afr. J. Biotechnol, 9 (29): 4534 - 4541.

Chen G, Si Y, Cao B, et al. 2010. Analysis of combining ability and heredity parameters of glucosinolates in Chinese kale [J]. African Journal of Biotechnology, 9 (53): 9026 - 9031.

Chen L F O, Huang J Y, Wang Y H, et al. 2004. Ethylene insensitive and post - harvest yellowing retardation in mutant ethylene response sensor (boers) gene transformed broccoli (*Brassica oleracea* var. *italica*) [J]. Molecular Breeding, 14: 199 - 213.

Chen L F O, Hwang J Y, Charng Y Y, et al. 2001. Transformation of broccoli (*Brassica oleracea* var. *italica*) with isopentenyl transferase gene via Agrobac - terium tumefaciens for post - harvest yellowing retardation [J]. Molecular Breeding, 7: 243 - 257.

Chen LO, Lin C, Kelkar S M, et al. 2008. Transgenic broccoli (*Brassica oleracea* var. *italica*) with antisense chlorophyllase (BoCLH1) delays postharvest yellowing [J]. Plant Science, 174 (1): 25 - 31.

Cho U, Kasha K L. 1989. Ethylene production and embryogenesis from anther culture of barley (*Hordeum vulgare*) [J]. Plant Cell Reports, 8: 415 - 417.

Christey M C, Makaroff C A, Earle E D. 1991. Atrazine - resistant cytoplasmic male - sterile - nigra broccoli obtained by protoplast fusion between cytoplasmic male - sterile *Brassica oleracea* and atrazine - resistant *Brassica campestris* [J]. Theor Appl Genet, 83: 201 - 208.

Ciancaleoni S, Chiarenza G L, Raggi L, et al. 2014a. Diversity characterisation of broccoli (*Brassica oleracea* L. var. *italica* Plenck) landraces for their on - farm (in situ) safeguard and use in breeding programs [J]. Genet Resour Crop Evol, 61: 451 - 464.

Ciancaleoni S, Raggi L, Negri Valeria. 2014b. Genetic outcomes from a farmer - assisted landrace selection programme to develop a synthetic variety of broccoli [J]. Plant Genetic Resources: Characterization and Utilization, 12 (3): 349 - 352.

Cogan N, Harvey E, Robinson H, et al. 2001. The effects of anther culture and plant genetic background on *Agrobacterium rhizogenes* - mediated transformation of commercial cultivars and derived doubled - haploid *Brassica oleracea* [J]. Plant Cell Rep, 20: 755 - 762.

Costa J Y, Forni - Martins E R. 2004. A triploid cytotype of *Echinodorus tennellus* [J]. Aquatic Botany, 79: 325 - 332.

Dias J S. 1999. Effect of Activated charcoal on *Brassica oleracea* microspore culture embryogenesis [J]. Euphytica, 108 (1): 65 - 69.

Dias J S. 2001. Effect of incubation temperature regimes and culture medium on broccoli microspore culture embryogenesis [J]. Euphytica, 119: 389 - 394.

Dias J S. 2003. Protocol for broccoli microspore culture [M] // Maluszynski M, Kasha K J, Forster B P (eds) . Doubled haploid production in crop plants. the Netherlands: Kluwer Academic Publishers: 195 - 204.

Dias J S, Martinc M G. 1998. Effect of silver nitrate on anther culture embryo production of different *Brassica oleracea* morphotypes [J]. SECH, Actas de Horticulture, 22: 189 - 197.

Dias J S, Martins M G. 1999. Effect of silver nitrate on anther culture embryo production of different *Brassica oleracea* morphotypes [J]. Scientia Horticulturae, 82 (3 - 4): 299 - 307.

Dickson M H, Kuo C G. 1993. Breeding for heat tolerance in green beans and broccoli [M] // Kuoca, Center V D, eds. Adaptation of food crops to temperature and water stress. Proceedings of an international symposium, Taiwan. 296 - 302.

Dickson M H, Petzoldt R. 1993. Plant age and isolate source affect expresion of downy mildew resistance in broccoli [J]. Hort Science, 7: 730 - 731.

Duijs J G, Voorrips R E, Visser D L, et al. 1992. Microspore culture is successful in most crop types of *Brassica oleracea* L. [J]. Euphytica, 60: 45 - 55.

Eason J R, Ryan D J, Watson L M, et al. 2007. Suppressing expression of a soluble acid invertase (BoINV2) in broccoli（*Brassica oleracea*）delays postharvest floret senescence and downregulates cysteine protease（BoCP5）transcription [J]. Physiologia Plantarum，130（1）：46－57.

Eason J R，West P J，Brummell D A，et al. 2014. Overexpression of the protease inhibitor BoCPI－1 in broccoli delays chlorophyll loss after harvest and causes down－regulation of cysteine protease gene expression [J]. Postharvest Biology and Technology，97：23－31.

Eckstein B，Barbosa J C，Kreyci P F，et al. 2014. Identification of potential leafhoppers vectors of phytoplasmas（16Sr Ⅲ group）associated with broccoli stunt disease in Brazil [J]. Australasian Plant Pathol，43：459－463.

Farinhó M，Coelho P，Carlier J，et al. 2004. Mapping of a locus for adult plant resistance to downy mildew in broccoli（*Brassica oleracea* var. *talica*）[J]. Theoretical and Applied Genetics，109：1392－1398.

Ferrie A. 2003. Microspore culture of *Brassica* species [M]//Maluszynski M，Kasha K J，Forster B P，et al (eds). Doubled Haploid Production in Crop Plants. Kluwer Academic Publishers，the Netherlands：205－215.

Gamborg O L，Miller R A，Ojima K. 1968. Nutrient requirements of suspension cultures of soybean root cells [J]. Exp. Cell Res，50：151－158.

Gapper N E，McKenzie M J，Christey M C，et al. 2002. *Agrobacterium tumefaciens*－mediated transformation to alter ethylene and cytokinin biosynthesis in broccoli [J]. Plant Cell，Tissue and Organ Culture，70：41－50.

Gašió K，Gavrilovicó V，Dolovac N，et al. 2014. *Pectobacterium carotovorum* subsp. *carotovorum*－the causal agent of broccoli soft rot in Serbia [J]. Pesticidi I Fitomedicina，29（4）：249－255.

Giovannelli J L，Farnham M W，Wang M，et al. 2002. Development of sequence characterized amplified region markers linked to downy mildew resistance in broccoli [J]. Journal of American Society for Horticultural Science，127：597－601.

Gland A，Lichter R，Schweiger H G. 1988. Genetic and exogenous factors affecting embryogenesis in isolated microspore cultures of *Brassica napus* L. [J]. Plant Physiology，132：613－617.

Glimelius K. 1984. High growth rate and regeneration capicity of hypocotyl protoplast in some Brassicaceae [J]. Physiol plant，61：38－44.

Gonzalez N，Botella J R. 2003. Characterization of three ACC synthase gene family members during post－harvest－induced senescence in broccoli（*Brassica oleracea* L. var. *italica*）[J]. Plant Biol.（46）：223－230.

Gray A R，Crisp P. 1997. Breeding system，taxonomy，and breeding strategy in cauliflower，*Brassica oleracea* var. *botrytis* L.）[J]. Euphytica（2）：369－375.

Gómez－Lobatoa M E，Hasperuéb J H，Marcos Civelloa P，et al. 2012. Effect of 1－MCP on the expression of chlorophyll degrading genes during senescence of broccoli（*Brassica oleracea* L.）[J]. Scientia Horticulturae，144：208－211.

Gómez－Lobatoa M E，Mansillaa S A，Civelloa P M，et al. 2014. Expression of Stay－Green encoding gene（BoSGR）during postharvest senescence of broccoli [J]. Postharvest Biology and Technology，95：88－94.

Habib A，Shahada H. 2004. Meitotic analysis in the induced autotetraploids of *Brassica rapa* [J]. Acta Botanica Yunnanica，26（30）：321－328.

Harris R B. 1989. Processing of pro－hormone precursor proteins [J]. Arch. Biochem. Biophys，275：315－338.

Haruta M，Constabel P C. 2003. Rapid alkalinization factors in poplar cell cultures. peptide isolation，cDNA cloning，and differential expression in leaves and methyl jasmonate－treated cells [J]. Plant Physiology，131：213－246.

Hayes J D，Kelleher M O，Eggleston I M. 2008. The cancer chemopreventive actions of phytochemicals derived from glucosinolates [J]. Eur J Nutr，47（Suppl 2）：73－88.

Henzi M X，Christey M C，McNeil D L. 2000. Morphological characterisation and agronomic evaluation of transgenic broccoli（*Brassica oleracea* L. var. *italica*）containing an antisense ACC oxidase gene [J]，Euphytica，113（1）：9－18.

Henzi M X，McNeil D L，Christey M C，et al. 1999. A tomato antisense 1－aminocyclopropane－1－carboxylic acid oxidase gene causes reduced ethylene production in transgenic broccoli [J]. Functional Plant Biology，26（2）：179－183.

Henzi M X，Christey M C，McNeil D L. 2000. Factors that influence *Agrobacterium rhizogenes*－mediated transformation of broccoli (*Brassica oleracea* L. var. *italica*) [J]. Plant Cell Reports, 19: 994 - 999.

Higgins J D, Newbury H J, Barbara D J, et al. 2006. The production of marker - free genetically engineered broccoli with sense and antisense ACC synthase 1 and ACC oxidases 1 and 2 to extend shelf - life [J]. Molecular Breeding, 17: 7 - 20.

Hu J, Quiros C F. 1991. Identification of broccoli and cauliflower cultivars with RAPD markers [J]. Plant Cell Reports, 10: 505 - 511.

Huang L C, Lai U L, Yang S F, et al. 2007. Delayed flower senescence of petunia hybrida plants transformed with antisense broccoli ACC synthase and ACC oxidase genes. Postharvest Biol. Tec, 46 (1): 47 - 53.

Jensen B D, Vaerbak S, Munk L. 1999. Characterization and inheritance of partial resistance to downy mildew, *Peronospora parasitica*, in breeding material of broccoli, *Brassica oleracea* convar, botrytis var. *italica* [J]. Plant Breeding, 6: 549 - 554.

Jiang M, Miao L X, He C. 2012. Overexpression of an oil radish superoxide dismutase gene in broccoli confers resistance to downy mildew [J]. Plant Mol. Biol. Rep., 30 (4): 966 - 972.

Kao H M, Keller W A, Gleddie S, et al. 1990. Efficient plant regeneration from hypocotyl protoplasts of broccoli (*Brassica oleracea* L. ssp. *italica* Plenck) [J]. Plant Cell Reports, 9: 311 - 315.

Kasha K J. 2005. Chromosome doubling and recovery of doubled haploid Plants [M] //T Nagata, H Lorz and J M Widholm. Haploids in crop improvement Ⅱ - biotechnology in agriculture and forestry. Springer - verlag, Germany, 56: 123 - 152.

Keller B, Heierli D. 1994. Vascular expression of the GRP118 promoter is controlled by three specific regulatory elements and one unspecific activation sequence [J]. Plant Molecular Biology, 26 (2): 747 - 756.

Keller W A, Armstrong K C. 1983. Production of haploids via anther culture in *Brassica oleracea* var. *italica* [J]. Euphytica, 32: 151 - 159.

Khattra A S, Gurmail Singh, ThakurJ C, et al. 2001. Genotypic and phenotypic correlations and path analysis studies in sprouting broccoli (*Brassica oleracea* var. *italica* L.) [J]. Journal of Research, Punjab Agricultural University (3 - 4): 195 - 201.

Kim H U, Park B S, Jin Y M. 1997. Promoter sequences of two homologous pectin esterase genes from Chinese cabbage (*Brassica campestris* L. ssp. *pekinensis*) and pollen specific expression of the GUS gene driven by a promoter in tobacco plants [J]. Molecular Cell, 7 (1): 21 - 27.

Kim J H, Botella J R. 2002. Callus induction and plant regeneration from broccoli (*Brassica oleracea* var. *italica*) for transformation [J]. Journal of Plant Biology, 45 (3): 177 - 181.

Ku V V, et al. 1999. Effect of 1 - methylcyclopropene on the storage life of broccoli [J]. Postharvest Biol. Technol, 17: 127 - 132.

Kumar P, Gambhir G, Gaur A, et al. 2015. Molecular analysis of genetic stability in vitro regenerated plants of broccoli (*Brassica oleracea* L. var. *italica*) [J]. Current Science, 109 (8): 1470 - 1475.

Laser K D, Lersten N R. 1972. Anatomy and cytology of microsporogenesis in cytoplasmic male sterile angiosperms [J]. Bot. Rev., 38 (3): 425 - 454.

Lee B Smith, Graham J King. 2000. The distribution of BoCAL - a alleles in *Brassica oleracea* is consistent with a genetic model for curd development and domestication of the cauliflower [J]. Molecular Breeding, 6: 603 - 613.

Lender E S. 1989. Mapping mendelian factors underlying quantitative traits using RFLP Linkage map [J]. Genetics, 121: 185 - 199.

Lichter R. 1982. Induction of haploid plants from isolated pollen of *Brassica napus* L [J]. Z. Pflanzenphysiol, 105: 427 - 434.

Lichter R. 1989. Efficient yield of embryoids by culture of isolated microspores of different *Brassicaceue* species [J]. Plant Breeding, 103: 119 - 123.

Liu F, Ryschka U, Marthe F, et al. 2007. Culture and fusion of pollen protoplasts of *Brassica oleracea* L. var. *italica* with haploid mesophyll protoplasts of *B. rapa* L. ssp. *pekinensis* [J]. Protoplasma, 231: 89 - 97.

Liu M S, O Chen L F, Lin C H, et al. 2012. Molecular and functional characterization of broccoli EMBRYONIC FLOWER 2 genes [J]. Plant and Cell Physiology, 53 (7): 1217 - 1231.

Maluf W R, Corte R D, Toma - Braghini M, et al. 1988. Early testing of parental combining ability in tropical cauliflower hybrids [J]. Euphytica, 8: 42 - 45.

Mets T D, Dixit R, Earle E D. 1995. *Agrobacterium tumefaciens* - mediated transformation of broccoli (*Brassica oleracea* var. *italica*) and cabbage (*B. oleracea* var. *capitata*) [J]. Plant Cell Report , 15: 287 - 292.

Metz T D, Roush R T, Tang J D, et al. 1995. Transgenic broccoli expressing a *Bacillus thuringiensis* insecticidal crystal protein: implications for pest resistance management strategies [J]. Molecular Breeding, 1: 309 - 317.

Nigel E Gapper, Simon A Coupe. 2005. Regulation of harvest - induced senescence in broccoli (*Brassica oleracea* var. *italica*) by cytokinin, ethylene, and sucrose [J]. J Plant Growth Regul, 24: 153 - 165.

Nitsch C, Norreel B. 1973. Effet d'un choc thermique sur le pouvoir embryogene du pollen de Datura innoxia cultive dans I'anthere ou isole de I'anthere [J]. C. R. Acad. Sc. Paris, 276 (serie D): 303 - 306.

Pearson O H. 1932. Incompatibility in broccoli and the production of seed under cages [J]. Proc Am Soc Hort Sci, 29: 468 - 471.

Palmer E E. 1992. Enhanced shoot regeneration from Brassica campestris by silver nitrate [J]. Plant Cell Reports (11): 541 - 545.

Pritam - Kalia, Shakuntla, Kalia P. 2002. Genetic variability for horticultural characters in green sprouting broccoli. Indian Journal of Horticulture. 1: 67 - 70.

Qin Y, Li H, Guo Y. 2007. High - frequency embryogenesis, regeneration of broccoli (*Brassica oleracea* var. *italica*) and analysis of genetic stability by RAPD [J]. Scientia Horticulturae, 111: 203 - 208.

Qin Y, Lei J, Cao B, et al. 2011. Cloning and sequence analysis of the defective in anther dehiscencel (DAD1) gene fragment of Chinese kale [J]. African Journal of Biotechnology, 10 (56): 11829 - 11831.

Ravanfar S A, Aziz M A, Saud H M, et al. 2015. Optimization of in vitro regeneration and *Agrobacterium tumefaciens* - mediated transformation with heat - resistant cDNA in *Brassica oleracea* subsp. *italica* cv. Green Marvel [J]. Curr Genet, 61: 653 - 663.

Robertson D, Earle E D. 1986. Plant regeneration from leaf protoplasts of *Brassica oleracea* var. *italica* cv Green Comet broccoli [J]. Plant Cell Rep. , 5 (1): 61 - 64.

Robertson D, Earle E D, Mustschler N A. 1988. Increased totipotency of protoplasts from *Brassica oleracea* plants previously regenerated in tissue culture [J]. Plant Cell, Tissue and Organ Culture, 14: 15 - 24.

Rudolf K, Bohanec B, Hansen M. 1999. Microspore culture of white cabbage, *Brassica oleracea* var. *capitata* L. : genetic improvement of non - responsive cultivars and effect of genome doubling agents [J]. Plant Breeding, 118: 237 -241.

Ruffio - Chable V, Le Saint J P, Gaude T. 1999. Distribution of S - haplotypes and relationship with self - incompatibility in *Brassica oleracea*. 2. In varieties of broccoli and romanesco [J]. Theor Appl Genet, 98: 541 - 550.

Sakamoto K, Kusaba M, Nishio T. 2000. Single - seed PCR - RFLP analysis for the identification of S haplotypes in commercial F_1 hybrid cultivars of broccoli and cabbage [J]. Plant Cell Reports, 19: 400 - 406.

Santos J B, Nienhuis J, Skroch P, et al. 1994. Comparison of RAPD and RFLP genetic markers in determining genetic similarity among *Brassica oleracea* L. genotypes [J]. Theoretical and Applied Genetics, 87 (8): 909 - 915.

Sebastian R L, Howell E C, King G J, et al. 2000. An integrated AFLP and RFLP *Brassica oleracea* linkage map from two morphologically distinct doubled - haploid mapping populations [J]. Theoretical and Applied Genetics, 100 (1): 75 - 81.

Serrano M, Martinez - Romero D, Guillén F, et al. 2006. Maintenance of broccoli quality and functional properties during cold storage as affected by modified atmosphere packaging [J]. Postharvest Biology and Technology, 39 (1): 61 - 68.

Shu J, Liu Y, Li Z, et al. 2015. Organelle simple sequence repeat markers help to distinguish carpelloid stamen and normal cytoplasmic male sterile sources in broccoli [J]. Plos One, 10 (9): e0138750.

Slocum M K. 1990. Linkage arrangement of restriction fragment length polymorphism loci in *Brassica oleracea* [J]. Theor

Appl Genet, 80: 57 - 64.

Song K M. 1988. Brassica taxonomy based on nuclear restriction fragment length polymorphisms (RFLPs) 2: Preliminary analysis of subspecies within *B. rapa* (syn. *campestris*) and *B. oleracea* [J]. Theor Appl Genet, 76: 593 - 600.

Spini V, Kerr W E. 2000. Genetic analysis of a cross of gaillon (*Brassica oleracea* var. *alboglabra*) with cauliflower (*B. oleracea* var. *botrytis*) [J]. Genetics and Molecular Biology, 23 (1): 221 - 222.

Starinilum mer ancaster Watts LE. 1965. The inheritance of curding periods in early summer and autumn cauliflower [J]. Euphytica (1): 83 - 90.

Takahama U. 1994. Regulation of peroxidase - dependent oxidation of phenolics by ascorbic acid : different effects of ascorbic acid on the oxidation of coniferyl alcohol by the apoplastic soluble and cell wall - bound peroxidases from epicotyls of *Vigna angularis* [J]. Plant and Cell Physiology, 34 : 809 - 817.

Takahata Y, Keller W A. 1991. High frequency embryogenesis and plant regeneration in isolated microspore culture of *Brassica oleracea* L [J]. Plant Sci. , 74: 235 - 242.

Takahata Y, W A Keller. 1991. High frequency embryogenesis and plant regeneration in isolated microspore culture of *Brassica oleracea* L. [J]Plant Sci. , 74: 235 - 242.

Thiruvengadam M, Shih C, Yang C. 2015. Expression of an antisense *Brassica oleracea* GIGANTEA (BoGI) gene in transgenic broccoli causes delayed flowering, leaf senescence, and post - harvest yellowing retardation [J]. Plant Mol Biol Rep, 33: 1499 - 1509.

Thomas C E, Jourdain E L. 1990. Evaluation of broccoli and caulifower germplasm for resistance to race 2 of *Peronospora parasitica* [J]. Hort. Science, 11 : 1429 - 1431.

Tonguc M, Griffiths P D. 2004. Development of black rot resistant interspecific hybrids between *Brassica oleracea* L. *cultivars* and *Brassica accession* A19182, using embryo rescue [J]. Euphytica. , 136: 313 - 318.

Touraev A, Vicente O, Heberle - Bors E. 1997. Initiation of microspore embryogenesis by stress [J]. Trends Plant Sci. , 2: 29 - 302.

Walley P G, Carder J, Skipper E, et al. 2012. A new broccoli×broccoli immortal mapping population and framework genetic map: tools for breeders and complex trait analysis [J]. Theor Appl Genet, 124: 467 - 484.

Wang M, Farnham M W, Thomas C E. 2001. Inheritance of true leaf stage downy mildew resistance in broccoli [J]. J. Am. Soc. Hortic. Sci. , 126 (6): 727 - 729.

Waugh R, Bonar N, Baird E, et al. 1992. Using RAPD markers for crop improvement [J]. Trend Biotechnol (10): 186 - 192.

Yarrow S A. 1990. The transfer of " Polima" cytoplasmic male sterility from oil seed rape (*B. napus*) to broccoli (*B. oleracea*) by protoplast fusion [J]. Plant Cell, 9 (4): 185 - 188.

Yu H F, Zhao Z Q, Sheng X G, et al. 2014. Identification of S - haplotypes in DH - lines of broccoli (*Brassica oleracea* L. var. *italica*) [J]. Journal of Horticultural Science & Biotechnology, 89 (4): 430 - 434.

Yu Y, Zhang L, Lian W, et al. 2015. Enhanced resistance to *Botrytis cinerea* and *Rhizoctonia solani* in transgenic broccoli with a *Trichoderma viride* endochitinase gene [J]. Journal of Integrative Agriculture, 14 (3): 430 - 437.

Yuan S, Liu Y, Fang Z, et al. 2011. Effect of combined cold pretreatment and heat shock on microspore cultures in broccoli [J]. Plant Breeding, 130 (1): 80 - 85.

Yuan S, Su Y, Liu Y, et al. 2015. Chromosome doubling of microspore - derived plants from cabbage (*Brassica oleracea* var. *capitata* L.) and broccoli (*Brassica oleracea* var. *italica* L.), Front [J]. Plant Sci. , 6: 1118.

第十五章

萝 卜 育 种

萝卜（*Raphanus sativus* L.），别名：莱菔、芦菔，属于十字花科（Cruciferae）萝卜属（*Raphanus*）能形成肥大肉质根的二年生草本植物，染色体数 $2n=18$。其产品器官肉质根是由横向扩展的短缩茎、发达的下胚轴和主根上部共同膨大形成的复合器官。不同类型的品种，这三部分所占比例有一定的差异。

萝卜营养丰富，可以生食、炒食、煮食、腌渍、制干，还可以作为水果食用。每 100 g 新鲜肉质根，含维生素 C16～40 mg、还原糖 2～4 g、干物质 5～13 g、淀粉酶 200～600 个酶活单位，还含有其他维生素和磷、铁、硫、锰、硼等矿质元素。萝卜中含有芥子油 $[(C_3H_5)-S-C\equiv N]$，使其具有特殊的风味；含有莱菔子素（$C_6H_{11}ON-S_3$），是一种杀菌物质，因而萝卜也是药用植物之一。

萝卜在世界各地都有种植，其中，欧洲、美洲国家主要栽培小型四季萝卜；亚洲国家则以栽培大型萝卜为主，中国、日本、韩国、朝鲜等国家栽培尤为普遍，并成为这些国家的主要蔬菜之一。

第一节　育种概况

一、育种简史

（一）中国古代萝卜品种的演化与栽培

关于萝卜栽培的文字记载，始见于北魏《齐民要术》（533—544）："种菘芦菔，与芜菁同""七月初种，根叶俱得"，可见当时在山东一带主要种植秋冬萝卜。到唐代后期，已培育出立夏播种、盛夏收获的萝卜品种。到宋代、元代，生长期短的春种或初夏种的萝卜品种及栽培技术已较普及。到明代中后期，在我国南方一年中几乎随时都有可种可收的萝卜品种。明代《便民图纂》中载有"萝菔三月下种，四月可食；五月下种，六月可食；七月下种，八月可食。"

在萝卜品种的皮色方面，古代主要有红、白两种。宋代在四川已有顶端为绿色的萝卜，明代则有肉质根大部分为绿色的绿皮萝卜。在清代的地方志中，则有许多优良萝卜品种的记载，如山东的潍县青萝卜，浙江的象牙白萝卜，广东的春不老萝卜、耙齿萝卜，甘肃的大花缨、小花缨、大鹅蛋、珍珠萝卜等。到 20 世纪初，在一些地方志中已提有皮绿肉红的心里美萝卜。

（二）现代萝卜育种史

1920 年，Stout 报道了萝卜自交不亲和性的研究。伊藤（1954）确立了利用自交不亲和系生产十字花科蔬菜杂种一代种子的技术体系后，十字花科蔬菜优势育种得以迅速发展。由于萝卜单个角果结籽粒数远较白菜、甘蓝少，自交不亲和系原种种子靠人工蕾期授粉繁殖成本太高。因此，日本等国家采用四元杂交配制萝卜双交种，降低了制种成本，但 1 个双交种需要选育 4 个基因型不同的自交不亲和系，程序复杂。

日本的 Tokumaso（1951）、Nishi（1958）曾发现了萝卜核隐性基因 *ms* 控制的萝卜不育株。Ogura（1968）在日本鹿儿岛一个萝卜品种留种田中发现了雄性不育株，并通过试验证明该雄性不育性是由细胞质和核内 1 对隐性基因（*ms*）控制，属于核质互作型雄性不育性。由于 Ogura 原始株系的结实性较差，当时在日本未被深入地研究和利用。Bannet（1977）将 Ogura 萝卜雄性不育系引入法国，与几个欧洲萝卜品种杂交转育，改进了其不良的结实性，获得了 B16－2 等多个雄性不育系及其相应的保持系，并用其为母本选配 F_1 品种，取得了可喜的效果。另外，日本、韩国在萝卜抗病育种、耐抽薹育种方面均取得了重要进展。

20 世纪 50 年代中后期，在农业部发出“从速调查搜集农家品种，整理祖国农业遗产”的号召后，李鸿渐先生搜集全国萝卜地方品种 400 多个，进行了种植观察和性状记载，并率先开展了萝卜的春化特性、性状遗传及杂优利用研究，育成了浙大长×胶州青等品种间 F_1 在生产上推广。同时，山东农学院李家文先生进行了萝卜的生长发育规律及生物学特性的研究；浙江农学院李曙轩先生开展了萝卜生理特性的研究。1964—1970 年，山东省农业科学院蔬菜研究所何启伟等利用品种间杂交，配合苗期标记性状剔除假杂种的方法，选育并大面积推广了济杂 2 号、济杂 3 号、济杂 5 号等 F_1 品种。20 世纪 70 年代，李鸿渐、汪隆植选育出了耐热萝卜品种中秋红。1972 年，郑州市蔬菜研究所李才法等，率先发现了金花薹萝卜雄性不育源，并育成了 48A 萝卜雄性不育系。随之，山东省农业科学院蔬菜研究所何启伟等、山西省农业科学院蔬菜研究所郭素英等、沈阳市农业科学研究所张书芳等，以及武汉市蔬菜研究所、青岛市农业科学研究所、南京农业科学院园艺系、北京市蔬菜研究中心等，相继发现了萝卜雄性不育源，并先后育成了萝卜雄性不育系及 F_1 品种在生产上推广应用。何启伟等（1981）报道了萝卜杂种优势形成的生理基础，并提出了以萝卜肉质根解剖结构和主要生化指标为选择依据的优质型生食萝卜品种选育的方法。进入 90 年代，北京农业大学周长久先生（1991）提出了中国萝卜起源于黄淮海地区及山东省丘陵地区的观点；何启伟等（1997）报道了心里美（绿皮红肉品种）萝卜系杂交起源的论据；南京农业大学汪隆植、武汉市蔬菜研究所张雪清等先后育成冬春和春夏白皮 F_1 品种。

二、育种现状与发展趋势

（一）育种现状

萝卜作为我国各地普遍栽培的蔬菜作物，由于育种力量相对薄弱和地区间消费习惯的显著差异，育成的新品种较少，且推广难度较大，成为实现品种更新的重要限制因素。但是，从另一个角度来看，全国各地却保存了较多的地方品种，而有些优良的地方品种依然是当地的主栽品种，如山东的潍县青、天津的卫青等则是典型的代表。

同其他十字花科蔬菜一样，萝卜的主要经济性状多数受非加性基因效应的影响，因而固定某些优良经济性状的机会较少。实践证明，萝卜的杂种优势十分显著。因此，在萝卜育种上主要是采取杂种优势利用这一育种技术途径。如前所述，由于我国各地对萝卜的商品经济性状要求不一，且地方品种资源极为丰富，因此利用自然变异或辐射诱变等人工创造变异，配合系统选育，也有育成新品种的先例。

在萝卜杂种优势育种方面，目前主要取得了以下进展：其一，关于萝卜雄性不育系选育与利用的研究。李才法（1972）发现萝卜雄性不育源（金花薹）后，国内先后又发现了多个萝卜雄性不育系。何启伟等（1986）研究并明确了中国秋冬萝卜雄性不育的遗传机制，确立了雄性不育系和保持系的基因型，提出了萝卜雄性不育选育和转育的技术方案。近年来，邓代信等（2004）、张丽等（2006）先后进行了萝卜雄性不育系及其保持系花蕾期几种同工酶酶谱和酶活性差异的研究，探讨了雄性不育形成的机理。其二，关于萝卜的品质育种。众所周知，萝卜品种有较多的类型和食用方法，其中，在我国北方地区素有食用水果萝卜的习惯。据此，何启伟、石慧莲等运用所提出的优质型生食萝卜品种选育方法，育成了绿皮绿肉的鲁萝卜1号、鲁萝卜4号，绿皮红肉的鲁萝卜5号、鲁萝卜6号等水果萝卜品种；林欣立等育成了绿皮红肉（全红）的满堂红水果萝卜品种。其三，关于萝卜的抗病育种。日本是栽培萝卜最多的国家之一，在萝卜育种上注重抗病（主要是抗黑腐病、根结线虫病等）品种的选育，以及克服生理障碍（由生理障碍引起的糠心、黑心等）和生理病害（如缺硼引起的红腐、黑筋等）品种的选育。我国在"八五"期间，开展了抗 TuMV、抗黑腐病萝卜品种资源的鉴定、筛选研究，进行了抗病毒病、霜霉病、黑腐病等抗病育种技术的研究和抗病品种的选育。其四，关于适合不同季节栽培品种的选育。韩国、日本等国家在强冬性、适合春夏栽培的品种选育方面取得了重要突破。以白玉春为代表的强冬性白皮萝卜品种进入我国后，得到了迅速推广。国内武汉市蔬菜研究所等单位在冬春萝卜品种选育和耐热萝卜品种选育方面取得了重要进展，已经育成了耐寒的冬春萝卜品种和抗病、耐热的夏秋萝卜品种在生产上推广应用。

近年来，我国在萝卜生物技术和分子生物学研究方面已经做了一些有益的工作，为创造新种质和提高育种效率、加快育种进程奠定了良好的基础。梅时勇（2002）、李靖等（2005）先后报道了萝卜花药培养的研究进展，张丽等（2004）开展了萝卜游离小孢子培养的研究；崔群香（1999）、武剑等（2003）先后报道了建立萝卜再生体系的研究结果。孔秋生等（2005）利用筛选出的8对引物对56份来源于不同国家和地区的萝卜种质的亲缘关系进行了 AFLP 分析，结果表明，基于分子标记的分类与种质的表型基本吻合。在基因工程研究方面，熊玉梅等（1997）开展了萝卜叶绿体 *rbcl* 基因定位及 ctDNA 基因文库构建的研究；潘大仁等（1999）报道了将萝卜抗线虫基因导入油菜的研究结果；邓晓东等（2001）进行了萝卜抗真菌蛋白基因 *Rs-AFPs* 转化番茄的研究；李文君等（2001）发表了萝卜叶绿体 ATP 酶β亚基的 cDNA 克隆及序列特征的研究结果；王玲平等（2005）报道了萝卜 *RsC-YP86MF* 基因 cDNA 全序列克隆及结构特征分析。

（二）发展趋势

我国萝卜种质资源丰富，类型和品种繁多，且有多种食用方法；同时，萝卜又富含淀粉酶、硫代葡萄糖苷、维生素C，以及其他维生素和多种矿物质，具一定药用价值，是颇受欢迎的保健食品。目前，除东亚国家大面积种植萝卜外，其他国家只有少量栽培，品种类型也少。因此，只要调整和把握好育种目标，改进和提高育种技术水平，育成各具特色、优质、抗病、稳产、适应性广的品种，并繁育出优质种子，不仅能够加快国内品种更新，丰富市场供应，而且有条件推向国际市场，增加萝卜种子和产品出口。今后一个时期，在注重保护萝卜种质资源的基础上，萝卜育种的发展应着重关注以下两个方面：

1. 育种目标的多样性与目标性状的协调与统一

首先，要围绕一年多季栽培、周年供应的目标，选育适于不同地区、不同季节栽培的品种。目前，我国在强冬性春夏萝卜品种和耐热、抗病夏秋萝卜品种选育上与日本、韩国有一定差距，亟待加强。

其次，要针对不同食用和加工用途，分别选育适于生食（水果用）、熟食（炒食、做汤等）、腌渍、制干等的不同皮色、肉质色的品种，体现品种类型的多样性。以生食品种为例，可以选育肉质脆嫩、味甜、多汁的绿皮绿肉、绿皮红肉、红皮红肉、白皮白肉、白皮红肉，以及肉质根形状不同的品种。

第三，要注重协调好产量与品质的关系，使育成品种具有优良的品质，包括商品外观品质、营养和风味品质；同时，育成品种还应具有较高的产量水平，特别应具备良好的稳产水平。

第四，要特别重视育成品种对某些病害应具有较高的水平抗性，对不同生态环境具有良好的适应性。能抗多种病害和广适应性是确保品种稳产性及大面积推广应用的基础。

2. 育种技术的改进、提高与综合利用

首先，由于萝卜单个角果结籽少，利用自交不亲和系配制杂种一代种子，自交不亲和系原种繁育成本较高，故应以选育和利用雄性不育系为母本配置杂种一代种子更为可行。今后，要在进一步研究雄性不育性形成机制的基础上，简化雄性不育系选育和转育技术，加快不育系选育进程，以利于扩大不育系的应用。

其次，要努力提高萝卜亲本系及杂种一代主要经济性状的选择和鉴定的技术水平。例如，采用轮回选择法提高育成亲本系的配合力；根据叶丛状态（直立或半直立）、肉质根膨大期功能叶光合能力及收获时根/叶比值的测定，入选光合能力强、源库关系协调的材料；采用官能鉴定、生化指标测定，结合肉质根解剖结构观察，鉴定育种材料和育成品种的品质；采取人工接种苗期鉴定与田间自然诱发鉴定相结合，鉴定育种材料和育成品种的抗病性；以及人为创造高温、低温等逆境环境与不同季节、不同生态地区种植观察相结合，鉴定试材的适应性、耐热性、耐寒性、耐抽薹性等。同时，注重在经济性状鉴定中选择确定相应的生理、生化指标，力求提高性状鉴定的准确性、可比性。

第三，实行生物技术与常规育种技术的紧密结合，努力提高萝卜育种的技术水平。例如，采用花药或小孢子培养技术，加快育种材料的纯合过程，并配合室内和田间主要经济性状的鉴定、选择，缩短优良亲本系选育年限。对皮色、肉质色、耐抽薹性、耐寒性、耐热性等主要经济性状进行分子标记研究，辅助常规亲本系及杂种一代的选择，提高选择的效率和准确性。运用基因工程，转化特异基因，创新萝卜种质，丰富育种材料。实践证明，在保持某些育种材料优良性状的基础上，利用基因工程技术改变育种材料某个不良性状，是实现种质创新的有效方法。

第二节　种质资源与品种类型

一、起源、传播与分布

（一）起源与传播

有关萝卜的起源问题，众说纷纭。Decandolle 认为萝卜起源于西亚细亚，并由此传到世界各国。Linne 认为萝卜起源于中国。据 Vavilov（1923—1931）、Darlington（1945—1955）的调查，认为萝卜起源于中亚细亚中心和中国中心。P. M. Zhukovsdy 认为萝卜起源于中国和日本一带，也有人认为起源于欧洲。现今多数学者认为，萝卜的原始种（*Raphanus sativus* L.）起源于欧亚温暖海岸的野萝卜（*Raphanus raphanistrum* L.）。Bailey 认为，中国、日本的萝卜是由原产于中国的 *R. sativus* 演变而来；欧洲的萝卜是由原产于地中海沿岸的 *R. sativus* 演变而来。据孔秋生、李锡香等（2004）对栽培萝卜种质亲缘关系的 AFLP 分析认为，亚洲与欧洲栽培萝卜种质之间表现出较远的亲缘关系，大多数欧洲萝卜种质之间的关系较近，但黑皮萝卜与四季萝卜之间的亲缘关系相对较远。中国萝卜种质的多样性丰富，其分类表现出与肉质根皮色相关的特征；来自日本和韩国的萝卜种质虽与中国萝卜种质的关系较近，但也各自成组，由此可佐证 Bailey 的观点。

中国萝卜栽培历史悠久，种质资源丰富。但是，关于中国萝卜究竟起源何地，历史上未见考证。近年来，周长久（1991）运用植物地理学、生态学及酯酶同工酶分析等方法，依据 Vavilov 的“分布集中而形态学变异最丰富的地区往往是该作物的起源地”“初生中心经常包含有大量遗传显性性状”

等理论，分析了中国萝卜种质资源的分布，认为中国萝卜起源于山东、江苏、安徽、河南等省，也就是黄淮海平原及山东丘陵地区。

（二）萝卜的分布

萝卜在世界各地都有栽培。欧洲、美洲国家主要栽培生长期较短的四季萝卜，在欧洲有黑皮萝卜栽培。亚洲国家，尤其是中国、日本、韩国、朝鲜栽培萝卜极为普遍，而且主要栽培大型萝卜。在日本、韩国等国家，多栽培白皮类型的品种，而且是露地栽培的主要蔬菜，已经培育出适于春、夏、秋不同季节栽培的品种，萝卜的食用方法也多种多样。

中国各地普遍种植萝卜，有众多的品种类型和适于生食、熟食、加工的不同品种。就地域范围来说，北起黑龙江漠河，南至海南岛；东起东海之滨，西至新疆乌恰；高至海拔 4 400 m 的青藏高原，低至海平面以下的吐鲁番盆地；无论在城镇郊区，还是偏远的山村，都有萝卜的栽培和分布，其栽培面积和产量在我国栽培的大宗蔬菜中名列前茅。

（三）萝卜的植物学分类

有关萝卜的植物学分类尚有不同观点，命名尚难统一。目前，普遍认为萝卜属（*Raphanus*）可分为 3 个种：*R. sativus* L.（普通萝卜）、*R. caudatus* L.（长角萝卜）、*R. raphanistrum* L.（野萝卜）。

Linne（1753）首先描述了 *Raphanus sativus* L，定名为萝卜属普通种，并将该种分为 3 个变种：*R. sativus* L. var. *minor oblongus*（短细萝卜）、*R. sativus* L. var. *niger*（黑萝卜）、*R. sativus* L. var. *chinensis annuus oleiferas*（中国一年生油料萝卜）。

根据萝卜栽培区域和经济性状的显著差异，Bailey 将萝卜的主要栽培类型划分了两个主要变种：*R. sativus* L. var. *longipinnatus* Bailey（中国萝卜）、*R. sativus* L. var. *radiculus* Pers（四季萝卜）。

中国萝卜叶丛大，肉质根大型，生态类型丰富，有适于不同季节和不同地区栽培的众多品种，生长期长短差异显著；肉质根形状及大小各异，皮色有白、红、绿及众多中间型。

四季萝卜叶丛较小，肉质根小，生长期短；对环境适应性较强，适于多季栽培；肉质根以圆形或短圆锥形为主，皮色多为红色。

二、种质资源的研究与利用

（一）种质资源的搜集与保存

种质资源是开展育种工作的基础，根据育种目标要求，广泛收集并保存种质资源，是搞好育种研究的前提。中国萝卜的种质资源十分丰富，到 2000 年国家种质资源库长期保存的萝卜资源已达 1 996份。

1. 关于种质资源的搜集　要搞好种质资源的搜集，须注意做到以下两点：一是根据育种目标的要求，认真分析各主要目标性状及其相互之间的关系，本着优良性状互补的原则，力求搜集到符合目标性状要求的种质材料，例如优质材料、抗病材料、丰产材料、不同生育期的材料等。二是要充分查阅资料，明确萝卜种质资源研究现状、分布区域与单位，做到有目的搜集。

“九五”以来，我国在萝卜种质资源抗病性（主要是抗 TuMV、黑腐病及综合抗病性）及品质鉴定等方面，已经做了大量卓有成效的工作。育种者可根据需要，向国家蔬菜种质库申请索要种质材料。育种者还可以根据查阅有关资料所得到的信息，到所需种质材料的产地去搜集所需要的种质材料。利用种子展销会搜集某些具有所需目标性状的商品种子，也是一种方便可行的搜集种质材料的方式。根据育种目标的要求，可以搜集国外的萝卜种质材料，如日本、韩国的耐抽薹材料，适于腌渍、做泡菜的材料，抗根肿病等抗病材料等，以及欧美国家、俄罗斯的生长期短、品质优良的四季萝卜材料等。

2. 种子的整理与保存 将搜集到的材料逐一登记，并将种子加以清理，称重或数清种子粒数，记入登记表中。一般情况下，可将每份材料的种子分成两份，一份保存，一份准备种植观察。由于所搜集到的种子采种年限可能不同，种子的发芽率和种子的寿命可能会有差异，为防止因保存条件不良使种子发芽率丧失，最好将保存和种植观察的种子分别放在干燥器内或防潮冰柜内保存。

将搜集到的种质材料安排在适宜的季节种植观察，是验证种质材料特征特性与原资料介绍的情况是否相符，并初步确定各份种质材料有无利用价值的重要环节。对有利用价值的种质材料还可以安排留种，为下一步的经济性状鉴定和选择利用做好准备。种质资源观察圃内，一般每份材料种一小区，不设重复，顺序排列，每隔 10 个小区设一标准品种做对照。对所搜集到的种质材料，可根据资料介绍按不同类型在圃内分类排列，以便于观察比较。

（二）种质资源的鉴定、利用与创新

1. 种质资源的鉴定与利用

（1）种质资源的鉴定

① 要根据育种目标的要求，有重点和有针对性地观察、记载所搜集种质资源的植物学性状和生物学特性。例如，主要的植物学性状：叶形、叶色、叶丛状态、叶片数、叶丛开展度、叶重；肉质根形状、皮色、肉色、根长、根粗、根重；根/叶等。主要农业生态学特性：生长期、单位面积产量、品质（商品性、食用风味）、田间抗病性表现等。通过种植、观察可以初步入选有利用价值的种质材料。

② 对初步入选的种质材料，可按照育种目标中的主要目标性状要求，创造条件再进行科学、客观的鉴定，以便进一步明确各种质材料的利用价值和利用方式。例如，采取苗期人工接种鉴定其对病毒病、霜霉病、黑腐病等病害的抗性；采用官能鉴定和生化指标测定相结合的方法鉴定种质材料的食用品质；采用人工春化处理和冬、春提前播种鉴定种质材料的耐抽薹性；采取室内苗期高温处理和越夏种植相结合，鉴定种质材料的耐热性等。对通过主要目标性状鉴定后入选的种质材料，要采取可行措施繁育并采收种子，为以后的利用奠定基础。

（2）种质资源利用 优良的种质资源可以当作优良品种直接利用，目前大多数萝卜种质资源都是直接利用。也有一部分当作亲本利用，或两者都有。

2. 种质材料的创新 多数情况下，搜集到的种质材料不好直接利用，需对其进行改良和创新。例如，某些品质优良的种质材料抗病性太差，而多数抗病种质材料品质却不优良。还有，多数情况下，搜集到的雄性不育材料的皮色、品质或冬性、耐热性、抗病性等不符合育种目标中主要目标性状的要求，以及缺乏强冬性、耐热、抗某一特定病害的种质材料等。

种质材料的创新可以采用两条技术途径：一是常规杂交转育的方法，即以初步入选的种质材料为改造对象，用具有某一特定优异性状的材料为父本进行杂交。F_1 自交，对 F_2 进行选择，如果在一次杂交后父本的特异性状表现未达到要求，还可再用原父本进行回交，回交后代再行自交、选择，到所需性状符合要求且能稳定遗传时为止。二是利用生物技术与常规育种技术相结合的方法。例如，对利用杂交转育的材料，可以采取花药或游离小孢子培养，尽快选育出符合要求的纯合体；或对父本材料的特异性状进行分子标记，避免在杂交转育和杂种后代选择中特异基因的丢失，从而提高选择的效率和准确性等。利用基因工程技术改造种质材料某个不良性状是尤为可靠、可行的技术途径。目前，有关萝卜的再生体系和遗传转化体系已初步建立，利用基因工程技术创新种质将成为现实。

三、品种类型与代表品种

(一) 品种类型划分的依据

适于不同季节栽培的品种，说明品种对不同季节的气候等环境条件具有不同的适应性，以其为依据划分品种类型符合客观实际，对开展育种工作也具有指导意义。萝卜的皮色、根形等是重要的园艺学性状，并与各地消费习惯、食用品质和食用方法等有密切关系，故也成为品种类型划分的依据。据此，根据栽培季节的不同，首先划分为：秋冬萝卜、冬春萝卜、春夏萝卜、夏秋萝卜4个生态型；在每个生态型内，再根据皮色、根形等进行品种类型的划分。

(二) 主要品种类型与代表品种

1. 秋冬萝卜　夏末或秋初播种，秋末冬初收获，主要于秋末和冬季供应市场，故称为秋冬萝卜，俗称秋萝卜。该生态型是中国萝卜的主要生态型，其品种多，栽培广泛，产品质量佳，耐贮运，供应期长。按照皮色以及根形和肉质色的不同，其品种类型划分和代表品种如下：

(1) 红皮类型

肉质根圆形或扁圆形的代表品种有：王兆红、辽阳大红袍、天津灯笼红、济宁大红袍、江油红灯笼等。

肉质根卵圆形或纺锤形的代表品种有：向阳红、夏邑大红袍、宿县大红袍、新闸红、福州芙蓉萝卜等。

肉质根长圆锥形或倒锥形的代表品种有：枣庄大红袍、安徽牛桩红等。

肉质根圆柱形的代表品种有：夏县罐儿萝卜、固原冬萝卜、垫江半截红萝卜、贵州胭脂红萝卜等。

肉质根长圆柱形的代表品种有：南京穿心红、安康大红袍、临夏冬萝卜、西藏红皮冬萝卜等。

(2) 绿皮类型

肉质根圆形或扁圆形的代表品种有：林西青皮脆、阜阳练丝萝卜、乐山黑叶圆根等。

肉质根短圆柱形或卵圆形的代表品种有：金良青、葛沽青、青圆脆、合肥长丰青等。

肉质根圆柱形的代表品种有：卫青、高密堤东萝卜、系马桩萝卜、海原大青皮、格尔木青萝卜、界首青、扬州羊角青、云南冬萝卜等。

肉质根长圆柱形的代表品种有：潍县青、左云青、大连翘头青、崂山大青皮、洛阳露头青、昌地青萝卜等。

肉质根长圆锥形的代表品种有：丹冬青、赤峰大青萝卜、北京紫芽青、新郑扎地橛等。

(3) 白皮类型

肉质根圆形或扁圆形的代表品种有：晏种萝卜、屯溪白皮梨、南通蜜饯儿萝卜、如皋萝卜、宁波圆萝卜、内江雪萝卜、重庆酒罐萝卜、贵州团白萝卜等。

肉质根卵圆形的代表品种有：晋城白萝卜、如皋60天、杭州大钩白、信丰圆萝卜、乐平萝卜、江津砂罐萝卜等。

肉质根圆柱形的代表品种有：太原通身白、宁波60日板叶、信丰长萝卜等。

肉质根长圆柱形的代表品种有：石家庄白萝卜、河北三尺白、临清栓牛橛、月浦晚长白萝卜、上海60日萝卜、浙大长等。

肉质根圆锥形或长圆锥形的代表品种有：象山酒坛萝卜、绍兴驼背白萝卜、长沙升筒萝卜、上海筒子萝卜等。

(4) 绿皮红肉类型

肉质根扁圆或圆形的代表品种有：泰安心里美、怀远青皮穿心红等。

肉质根短圆柱形的代表品种有：北京心里美、满堂红、济南心里美等。

肉质根圆柱形的代表品种有：曲阜心里美等。

2. 冬春萝卜 在我国长江以南地区，晚秋或初冬播种，露地越冬，翌年2～3月收获，故称为冬春萝卜。该生态类型的特点是耐寒性较强、冬性强、抽薹迟，肉质根不易糠心。供应江南早春市场。按照皮色及肉质根形状的不同，其品种类型划分和代表品种如下：

（1）红皮类型

肉质根圆形的代表品种有：杭州洋红萝卜等。

肉质根圆柱形的代表品种有：雪梨迟萝卜、汉中笑头热萝卜等。

（2）白皮类型

肉质根圆形的代表品种有：杭州迟花萝卜等。

肉质根长圆锥形的代表品种有：太湖迟萝卜、南昌春福萝卜等。

（3）绿皮类型

肉质根圆柱形的代表品种有：成都青头萝卜等。

肉质根长圆柱形的代表品种有：德昌果园萝卜、云南三月萝卜等。

3. 春夏萝卜 国内多数地区早春播种，初夏（或夏季）收获，生长期一般40～60 d，各地又俗称"春萝卜"或"春水萝卜"。该生态型的特点是：生长期较短，冬性较强、但多数品种耐贮藏性较差。按照皮色及肉质根形状的不同，其品种类型划分和代表品种如下：

（1）红皮类型

肉质根圆形或扁圆形的代表品种有：兰州红蛋子、固原红蛋蛋、甘谷圆萝卜、临夏红斑鸠嘴等。

肉质根短圆柱形或圆柱形的代表品种有：南京泡里红萝卜、扬州红鸡心萝卜、碌碡齐春水萝卜、包头小籽水萝卜等。

肉质根长圆柱形的代表品种有：蓬莱春萝卜、南京五月红、成都小缨子枇杷缨、银川红棒子水萝卜等。

肉质根长圆锥形的代表品种有：大连小五缨、呼市鞭杆红、北京四缨水萝卜、汾阳水萝卜等。

（2）白皮类型

肉质根圆形或扁圆形的代表品种有：固原白蛋蛋、临夏白斑鸠嘴、喀什大白蛋子、扬州白鸡心萝卜等。

肉质根长圆锥形的代表品种有：白城白水萝卜、高台白衣子、乌兰浩特白水萝卜等。

（3）红白皮类型 此类型肉质根出土部分皮红色或紫红色、粉红色，入土部分皮白色，肉质白色。

肉质根长圆柱形的代表品种有：长春粉白水萝卜、浑江白腚水萝卜等。

肉质根长圆锥形的代表品种有：天水丰春子、兰州花缨子、青海水萝卜、乌海花叶水萝卜等。

（4）淡绿皮类型 此类型指肉质根出土部分皮淡绿色，入土部分皮白色。

肉质根长圆柱形的代表品种有：陇南白热萝卜、晋城白皮等。

肉质根圆柱形的代表品种有：汉中鸡蛋皮。

肉质根短圆柱形的代表品种有：扬州五缨。

4. 夏秋萝卜 在我国除东北、西北、华北北部以外的广大地区，于夏季播种，初秋收获，生长期一般50～70 d，各地又俗称"伏萝卜"。该生态型的特点是：生长期较短，耐热，较耐湿，较抗病毒病等病害。按照皮色及肉质根形状的不同，其品种类型划分和代表品种如下：

（1）白皮类型

肉质根圆形或卵圆形的代表品种有：海安三十子、长沙枇杷叶等。

肉质根长圆锥形或纺锤形的代表品种有：杭州小钩白、宜夏萝卜、乐山60日早等。

肉质根圆柱形的代表品种有：澄海马耳早萝卜、鹤山耙齿萝卜、短叶13等。

（2）红皮类型

肉质根圆锥形或纺锤形的代表品种有：六安五月红、宜宾缺叶透身红等。

肉质根圆柱形的代表品种有：南农伏抗萝卜、成都枇杷缨满身红、云南全身红萝卜等。

肉质根长圆柱形的代表品种有：成都大缨枇杷缨萝卜等。

（3）红白皮类型　此类型肉质根出土部分皮红色，入土部分皮白色，肉质白色。

肉质根圆柱形的代表品种有：成都半头红花缨子、云南半截红萝卜等。

肉质根长圆锥形的代表品种有：中卫半春萝卜等。

（4）绿皮类型　在夏秋萝卜生态类型中，绿皮品种较少，《中国蔬菜品种志》只介绍了肉质根长圆锥形的潍县弯腰青萝卜1个品种。

第三节　生物学特性与主要性状遗传

一、植物学特征与开花授粉、结实习性

（一）植物学特征

1. 根　萝卜为直根系，且根系发达，一般小型萝卜主根的入土深度达60 cm以上，大型萝卜的主根入土深度可达180 cm，而主要根群则分布20～45 cm的耕层中。

萝卜的食用器官为“肉质根”，由短缩茎（栽培学上称“根头”）、发达的下胚轴（栽培学上称“根颈”）和主根上部（栽培学上称“真根”）三部分共同膨大形成。因此，它不是简单的根，而是一种复合器官。肉质根形状有圆形、扁圆形、短圆柱形、圆柱形、长圆柱形、圆锥形、卵圆形等；皮色有白皮、绿皮、红皮、紫红皮、紫皮、紫黑皮，以及上绿下白、上红下白等。不同的类型和品种，其根头、根颈和真根的膨大程度及其在肉质根构成中所占的比例有显著差异。一般肉质根2/3以上露出地面的品种中多为绿皮绿肉的优质生食品种，如山东的潍县青萝卜、天津的卫青萝卜等；肉质根近全部入土的品种，其真根部发达，有的有细颈，如江苏的晏种萝卜、南通蜜饯儿萝卜等。多数品种的肉质根出土与入土部分相近，其根颈部和真根部所占比例较为协调。

2. 茎、叶　萝卜的茎在营养生长期内短缩，即根头部，其上着生莲座叶片。通过阶段发育后，在适宜的温、光条件下抽生花茎。

萝卜有子叶两枚，肾形。第1对真叶匙形，称初生叶。尔后在营养生长阶段长出的叶子统称莲座叶。莲座叶叶形有板叶（即全缘叶）、浅裂叶、羽状裂叶，叶色有深绿、绿、浅绿之别，叶柄有绿、淡绿、淡红、浅紫等色，叶柄和叶片上有茸毛。小型萝卜品种一般为2/5的叶序，大型萝卜品种多为3/8的叶序。莲座叶丛有直立、半直立、平展、塌地等不同状态。

3. 花、果实、种子　萝卜的花为完全花，由花萼、花冠、雄蕊、雌蕊组成。花萼有萼片4枚，绿色，开花前包被在花的最外层，开花后排列呈十字形，位于花的下层。花冠由4枚花瓣组成，开花后呈十字形展开；花冠的颜色有淡紫色、白色、粉红色等。雄蕊6枚，花丝4长2短；每个雄蕊由花丝和着生于花丝顶端的花药组成，内轮雄蕊间有4个蜜腺。雌蕊位于花的中央，由柱头、花柱、子房组成，子房上位。正常的萝卜花，花朵开展度为18～20 mm，花丝长5～9 mm，花柱长8～9 mm。有个别品种或自交系，在大蕾期有柱头外露现象；还有的在开花时花瓣扭曲，不能正常展开，在育种中这样的材料应予以淘汰。因为柱头外露不利于自交时的保纯，花冠不能正常展开则会影响自然授粉时昆虫传粉。

萝卜的果实为长角果，每个角果有种子3～10粒，一般4～6粒。萝卜角果的结构不同于白菜和甘蓝，其角果成熟后不开裂，种子不易散出，脱粒较困难。种子为不规则的球形，种皮有浅黄、黄

褐、红褐、暗褐等色，千粒重一般6～15 g。

（二）开花与授粉、受精、结实习性

秋冬萝卜及需要秋播留种的其他类型的萝卜品种，在肉质根进入膨大期后，其苗端已由营养苗端转变为生殖顶端，只是此时的气温日渐降低，光照日渐变短，而被迫进入半休眠状态。待翌春将其栽植（或当年冬季栽植于温室等设施内），只要满足其抽薹开花所要求的温、光条件，特别是温度条件，即可抽薹、开花、结籽。春季提早播种的春夏萝卜及利用小株采种的其他类型的萝卜品种，早春播种后当年可通过阶段发育而抽薹、开花、结籽。

1. 开花习性 萝卜的花序为复总状花序，由主枝、一级侧枝、二级侧枝组成，个别情况下也萌生三级侧枝。其开花的顺序是：主枝的花开得最早，由下而上开放；一级侧枝是主枝上部的一级侧枝先开花，渐及下部的一级侧枝。不论是一级侧枝，还是二级或三级侧枝，侧枝上的花均为由下而上依次开放。所以，整个植株上的花是按先后顺序陆续开放，表现为无限生长特点。据调查，每一健壮的成株种株开花1 500～3 500朵；小株采种的单株开花1 000～2 000朵。总的花期为30～40 d，气温为25 ℃以上，或遇干热风、梅雨天气，花期则显著缩短。每朵花开放的时间，在日均温12～15 ℃时为4～5 d，20 ℃时为2～3 d。一般情况下，不同种株间主枝上的花数差异较小；一级侧枝的花数在种株总花数中占的比例较大，是结籽的主要部位；而种株生长势偏旺者，其二级侧枝的花量也较大；一、二级侧枝上的花数可占种株总花数的80%以上。

2. 授粉、受精与结实习性

（1）*雄蕊散粉特点与花粉生活力* 一般情况下，开花当日上午雄蕊成熟，花药的两个药囊裂开散出花粉。据观察，不同品种或自交系有不同的散粉特点。多数品种或自交系一般于上午9～10时散粉，气温高、空气干燥时散粉就早一些；气温较低、空气较湿润时散粉就晚一点。有些品种或自交系，如潍县青、卫青、石家庄白萝卜等品种散粉稍迟，花粉量较大，全天都可以采到花粉。

花粉生活力检验结果表明，花粉贮存在室温、干燥的条件下，生活力可维持5～6 d。但是，值得注意的是，在萝卜自交系选育过程中，个别品种会分离出花粉生活力弱的系统，应注意识别和及早淘汰。

（2）*关于雌蕊有效期* 萝卜花的雌蕊柱头在开花前1～4 d就有接受花粉的能力，其雌蕊有效期可延至开花后2～3 d。进行人工蕾期授粉，以开花前1～3 d的蕾授粉后结实率高。蕾龄过小，剥花蕾时受损伤较大，结实率会降低。若进行花期授粉，开花两天内授粉后结实率无明显变化，但以开花当天授粉后结实率最好。

（3）*受精与结实* 花粉落在雌蕊柱头上，花粉粒很快萌发，花粉管伸长并通过花柱，进入子房直达胚囊，花粉管破裂，放出管核（也称营养核，以后被胚乳吸收而消失）和两个精子，一个精子与胚囊中的卵子结合，形成受精卵（结合子）；另一个精子与胚囊中的两个极核结合，形成胚乳母细胞，这个过程称之为双受精过程。受精后胚乳很快发育，而胚的发育迟缓。受精3周后胚已充满种皮，此时胚乳已近全被吸收。萝卜种子和其他十字花科蔬菜的种子一样，是无胚乳种子，供胚芽萌发的营养贮存在两片子叶里。

为了验证萝卜花粉粒萌发和花粉管伸长的速度，何启伟等以莱阳五缨萝卜为试材，利用授粉后不同时间切去柱头的方法观察结实情况。结果表明（表15－1），在济南地区5月中旬的气候条件下（日均温22.2℃），不论是花期还是蕾期授粉，在授粉后4 h切去柱头与晚切柱头者在坐果率差异上与切去柱头早晚无关，而是受其他因素的影响。结果说明，授粉后4 h内花粉粒已经发芽，花粉管已进入花柱。但是从单角果平均结籽数来看，其趋势是切去柱头迟，单角果结籽数则显著增加，说明晚切去柱头者有较多的花粉粒发芽，较多的花粉管进入了花柱，故受精结籽数明显增加。同时也可以说，至少在24 h内落到柱头上的花粉粒（非不亲和花粉）是陆续发芽的，并伸出花粉管进入花柱到达子房完成受精过程。

表 15-1　萝卜授粉后不同时间切去柱头的结实情况

（何启伟等，1984）

试验处理		授粉花数	结果数	结果率（%）	平均单果结籽数
花期授粉后	4 h 切去柱头	16	5	31.3	3.2
	8 h 切去柱头	12	9	75.0	6.0
	16 h 切去柱头	14	5	35.7	6.8
	24 h 切去柱头	28	14	50.0	7.1
蕾期授粉后	4 h 切去柱头	10	6	60.0	3.2
	8 h 切去柱头	24	5	20.8	2.8
	16 h 切去柱头	23	10	43.5	4.4
	24 h 切去柱头	8	3	37.8	6.6

二、生长发育及对环境条件的要求

（一）生长发育周期

萝卜的生长发育周期可分为营养生长和生殖生长两个阶段。在这两个阶段中，又根据形态发生和发展进程及生理特性的不同，划分为以下几个分期。

1. 营养生长期

（1）*发芽期*　从种子萌发到第 1 片真叶显露，即“破心”为发芽期。此期主要靠种子的贮藏营养来完成，在适宜的环境条件下，此期需 5～6 d。

（2）*幼苗期*　从第 1 片真叶显露，即“破心”，到第 1 个叶环的叶子全部展开，根部完成“大破肚”，为幼苗期。叶序为 3/8 的品种，需展开 2 片基生叶和 8 片莲座叶，在适宜的条件下需 20 d 左右。叶序为 2/5 的品种，需展开 2 片基生叶和 5 片莲座叶，在适宜的条件下需 15 d 左右。

（3）*肉质根膨大前期*　从肉质根“大破肚”到“露肩”，第 2 个叶环的叶子全部展开，为肉质根膨大前期。在适宜的条件下，大型品种需 15～20 d。此期肉质根虽明显膨大，但主要是莲座叶的旺盛生长。小型品种，如春夏萝卜、四季萝卜，此期也需 15～20 d，但其不仅形成叶丛，也可完成肉质根膨大。

（4）*肉质根膨大盛期*　大型品种从肉质根“露肩”到肉质根形成，为肉质根膨大盛期。在适宜的条件下，此期需 20～60 d。一般品种在此期内叶面积缓慢增长直到停止，肉质根则迅速膨大；特大型萝卜品种则还要形成第 3 个叶环。此期的长短，是形成秋冬萝卜、夏秋萝卜早、中、晚熟品种生长期长短不一的主要成因；也就是说，品种间营养生长期长短的差异，主要是肉质根膨大盛期长短不同造成的。

2. 生殖生长期

（1）*花茎抽生期*　从种株定植、抽生花茎至初花前。春季，于 10 cm 地温稳定在 5 ℃以上时将种株定植。在较适宜的条件下，种株孕蕾并逐步抽生花茎，此期 20～30 d。

（2）*开花期*　从种株开始开花至中上部的花开放，即达盛花期为开花期，一般需 20～30 d。

（3）*结果期*　从盛花期至多数角果变黄、种子成熟为结果期，一般需 30 d 左右。

（二）对环境条件的要求

1. 温度　温度是影响萝卜生长发育最重要的环境因素。萝卜是喜冷凉的蔬菜作物，其生长发育要求温和的气候和凉爽的环境。根据对潍县青萝卜的研究，其种子发芽适温为 25 ℃左右，叶器官形成的适宜温度为 20～24 ℃，肉质根膨大期的最适温度为 15～18 ℃；种株的根系在 5 ℃以上可以生长，抽薹期适温为 10～12 ℃，开花、结荚期适温为 15～21 ℃。

2. 光照 萝卜是需中等光照强度的作物。据研究，萝卜的光补偿点为 600～800 lx，光饱和点为 18 000～25 000 lx，不同生态型的品种需光量有一定差异。潍县青萝卜种植密度试验结果表明，由适宜种植密度和科学管理所形成的萝卜田合理群体结构，中层叶片（地面以上 15～25 cm 叶层处）的光照强度应在光饱和点以上；其下层叶片（地面以上 5～14 cm 叶层处）的光照度应在 4 000 lx 以上，这是实现优质、丰产的必要条件。

萝卜花茎抽生和开花结实需要长日照条件，但多数品种对长日照要求并不严格。

3. 水分 萝卜发芽期、幼苗期需水不多，而夏秋和秋季栽培适时浇水，不仅有利于出苗整齐，而且可降低地表温度，避免高温灼伤而易感病毒病等病害。肉质根膨大前期需水量增加，可适当浇水。中大型萝卜品种在第 2 叶环的叶子大都展出时，应适当控制浇水以防止叶部徒长。肉质根膨大盛期是需水量最多的时期，应及时供水，保持土壤相对含水量 70%～80%为宜。

4. 土壤和矿质营养 萝卜适合在沙质壤土、壤土和黏质壤土栽培。根据对潍县青萝卜的研究，营养生长期各阶段对氮、磷、钾的吸收比率，除发芽期外，在其他各生长阶段，均是钾的吸收量占第 1 位，其次是氮，磷最少。在各个生长时期所吸收的氮、磷、钾的数量，以肉质根膨大盛期最多，所吸收的氮、磷、钾的比例是 2∶1∶2.3。

（三）阶段发育特性

萝卜属于半耐寒性二年生植物，在阶段发育中需感受低温完成春化，苗端由营养苗端转化为生殖顶端，然后在长日照和较高的温度条件下抽薹、开花、结籽，完成一个生育周期。

1. 春化阶段 萝卜属低温感应型植物，其萌动的种子、幼苗、肉质根生长期及贮藏期，均可接受低温影响而通过春化阶段。李鸿渐等（1983）研究证明，中国栽培的各种类型萝卜品种，完成春化阶段所需的温度范围为 1～24.6 ℃；在 1～5 ℃较低的温度条件下，其春化阶段则完成较快。

根据李鸿渐、汪隆植（1981）对不同萝卜品种春化处理和春播试验的结果，不同类型的萝卜品种完成春化阶段所需要的低温范围和时间有较大差异。以此为依据，将萝卜品种划分为春性系统、弱冬性系统、冬性系统和强冬性系统 4 种类型。

2. 光照阶段 完成春化阶段的萝卜植株，在长日照（12 h 以上）及较高的温度条件下，花芽分化快，并抽生花茎和开花、结籽。据观察，秋冬萝卜品种在黄淮海地区 8 月上、中旬播种后，一般于 9 月下旬，萝卜植株的苗端已由营养苗端转化为生殖顶端，停止了叶子的分化。但由于此后日照渐短、温度日趋降低，生殖顶端则处于半休眠状态。此时，萝卜叶片制造的大量同化产物向肉质根运输，促成了肉质根的膨大。

三、主要性状的遗传

（一）主要植物学性状

1. 叶形 萝卜的叶形有全缘叶（板叶）和羽状裂叶（花叶），以及中间型浅裂叶，羽状裂叶的侧裂叶对数则有多有少。全缘叶×羽状裂叶，F_1 浅裂叶，且正、反交结果相同；羽状裂叶×羽状裂叶，F_1 羽状裂叶，但侧裂叶数目偏向数目多的亲本。这表明叶形属核基因遗传，全缘叶对羽状裂叶表现为不完全显性。

2. 叶色 叶片浅绿×绿色，F_1 绿色；叶片绿色×深绿色，F_1 深绿色；叶片绿色×绿色，F_1 偏深绿色。F_1 叶片的叶绿素含量有一定的超亲优势。另外，心叶紫色×绿色，F_1 心叶紫色。

3. 叶丛状态　叶丛直立×半直立，F_1 叶丛偏直立；直立×平展，F_1 叶丛半直立；半直立×平展，F_1 叶丛偏半直立。叶丛直立对平展表现为不完全显性。

4. 肉质根形状　肉质根长圆柱形×长圆柱形，F_1 长圆柱形；长圆柱形×短圆柱形（或圆球形），F_1 圆柱形；圆锥形×扁圆形，F_1 卵圆形；扁圆形×短圆柱形，F_1 圆球形。肉质根的长、粗两个性状均为不完全显性。

5. 肉质根皮色　萝卜的皮色是质量性状。皮色的遗传是：绿皮×白皮，F_1 淡绿皮；红皮×白皮，F_1 粉红或淡紫皮（白皮品种根顶带淡绿色，F_1 为淡紫皮）；绿皮×红皮，F_1 紫皮；深绿皮×绿皮，F_1 深绿皮。绿皮对白皮、红皮对白皮均表现为不完全显性；红皮与绿皮杂交，F_1 表现为基因互作。

6. 肉质色　肉质白色×白色，F_1 肉质白色；肉质白色×绿色，F_1 肉质淡绿色；肉质紫红色（红心）×绿色，F_1 肉质暗紫色，皮亦紫红色，还会出现肉质淡绿色，皮绿色的植株，即 F_1 代发生性状分离。

7. 肉质根解剖结构　品种间肉质根次生木质结构差异显著，与产量和品质密切相关。肉质松×肉质较致密，F_1 肉质较松，肉质根次生木质部薄壁细胞大小介于双亲之间；肉质较致密×肉质致密，F_1 肉质较致密，薄壁细胞大小介于双亲之间，略偏向薄壁细胞较大的亲本。

（二）品质性状

萝卜的品质性状与其他蔬菜作物一样，应包括产品外观品质（或称为商品品质）、风味品质和营养品质。影响产品外观品质的植物学性状的遗传和影响风味品质中肉质根解剖结构方面的遗传，前已说明，不再赘述。

影响萝卜风味品质的风味物质主要是与辣味有关的芥子油（4-巯基丁烯异硫氰酸盐）、与萝卜嗅味有关的萝卜苷。这两种物质在不同类型品种、同一品种肉质根的不同部位的含量均有一定的差异；而且，其含量较易受环境条件，如高温、干旱等方面的影响。据杂交试验结果初步证实，F_1 这两种物质的含量多介于双亲之间。

萝卜的营养品质主要取决于肉质根干物质、维生素、淀粉酶、还原糖等营养成分的含量。据研究，萝卜肉质根干物质、维生素 C、还原糖含量等几个关系到萝卜营养品质的生化指标中，除还原糖含量在 F_1 代表现超亲优势外，其余几个指标均表现为双亲的中间类型。另对萝卜亲本系几个生化指标配合力的研究结果表明，萝卜亲本系的维生素 C、淀粉酶含量的一般配合力差异极显著；不同杂交组合间维生素 C、淀粉酶、还原糖含量的特殊配合力差异也极显著，上述 3 个性状的正反交差异并不显著。因此，可以认为在萝卜优质育种中采取杂种优势育种是可行的途径，可以在选择一般配合力高的亲本系的基础上，再选配特殊配合力高的组合，实现提高营养品质的育种目标。

（三）耐贮性

耐贮性是一个值得重视的经济性状。在收获后贮藏期间，肉质根会发生一系列的生理生化变化，主要表现：一是肉质根内的水分和干物质含量逐渐降低，碳水化合物大量损耗。二是肉质根的木质素、纤维素和可溶性糖含量发生变化。对于贮藏期长的秋冬萝卜来说，木质素含量在贮藏后 30 d、纤维素含量在贮藏后 40 d 显著增加，可溶性糖含量在贮藏后 30 d 显著升高，而后显著下降。试验证明，萝卜肉质根的木质素、纤维素含量增加，可溶性糖含量降低，是肉质根贮藏期间发生糠心现象的重要原因。三是肉质根中可溶性蛋白浓度随贮藏时间延长而下降。

萝卜的耐贮性品种之间差异显著，且与品种生长期长短、肉质根的解剖结构状况密切相关，而贮藏期间不同品种或试材的呼吸消耗速率和失水速率则显著制约着其耐贮性。凡贮藏期间呼吸消耗速率低、失水速率低的品种或试材，其耐贮性则强。何启伟等（1989）根据对 5 个 F_1 及其亲本贮藏期间呼吸消耗速率的测定，有 3 个 F_1 的呼吸消耗速率超过了双亲，表现耐贮性降低；有 2 个 F_1 的呼吸消耗速率表现为中间型而偏向较低的亲本。由此可见，要育成耐贮藏的 F_1 品种，双亲均应具备耐贮的特点。

（四）抗病性

萝卜的主要病害有病毒病、霜霉病、黑腐病，以及软腐病、根肿病等。在各种病害中，以病毒病发生最为普遍，其次是霜霉病、黑腐病等。

造成萝卜病毒病发生的病毒种类很多，主要有芜菁花叶病毒（TuMV）、黄瓜花叶病毒（CMV）、萝卜花叶病毒（RMV）、花椰菜花叶病毒（CaMV）等，其中以芜菁花叶病毒为主。王爱民、汪隆植等（1990）研究了萝卜体内不同生化物质和酶活性与 TuMV 抗性的关系，结果表明，叶绿素、丙二醛、赖氨酸含量与 TuMV 的抗性呈显著正相关，而与天门冬氨酸、丙氨酸、组氨酸及游离氨基酸总量等呈显著负相关；萝卜对 TuMV 的抗性与过氧化物酶、核糖核酸酶的活性呈极显著正相关，而与超氧化物歧化酶活性呈极显著负相关。萝卜对 TuMV 的抗性属于数量性状遗传，并符合加性-显性模型，以加性效应为主；受主效基因控制，抗性属不完全显性。实践中观察到，抗病×不抗病，F_1 表现中间型偏较抗病；抗病×较抗病，F_1 表现抗病。

萝卜霜霉病是萝卜的主要叶部病害。对霜霉病的抗性是由一对或两对显性基因所控制。因此，只要有对霜霉病的抗源材料，不抗病×抗病，F_1 表现抗病。

黑腐病是萝卜的主要病害之一。据 Gabrielson 等的研究，认为萝卜等十字花科蔬菜对黑腐病的抗性属于遗传性复杂的多基因抗性。目前，国内已从 970 份品种资源中筛选出了相对抗性指数大于 1.0 的萝卜品种 22 个，为抗病育种提供了抗源材料。

（五）抗逆性

抗逆性应包括品种的耐热性、耐寒性、耐涝性、耐旱性等。这里着重介绍有关萝卜的耐热性、耐寒性及其遗传情况。

作为夏秋季节栽培的萝卜品种，其耐热性应是重要的目标性状之一。所谓耐热性是指在高温逆境条件下，植株随之发生与温度变化相适应的生理生化代谢变化，使植株不受或少受高温伤害，或具有自我修复高温伤害的特性。但是，萝卜耐热性的遗传规律比较复杂，在杂优利用中，其耐热性的优势表现方向和程度因杂交组合不同而存在差异，有的组合表现为中间型或部分显性，有的组合表现为正向的超显性，有的组合则表现为负向的超显性。配合力分析表明，要选配出耐热性强的杂交组合，需在选用一般配合力强的亲本系基础上，再选配特殊配合力好的杂交组合。

长江中上游冬季不甚寒冷地区的冬春萝卜栽培，以及近年来黄淮海地区冬季和早春的保护地设施萝卜栽培，都对品种的耐寒性提出了较高的要求。遗传研究表明，植物的耐寒性是由多个特异基因控制的数量性状。因此，要选育耐寒或较耐寒的 F_1 品种，所选用的两个亲本系都应具有较强的耐寒性，才有可能选育出耐寒的 F_1 品种；或 1 个亲本系综合性状优良，耐寒性一般，另一亲本系则应有较强的耐寒性，选育出的 F_1 品种才可能较耐寒。

（六）耐抽薹性

在冬春萝卜、春夏萝卜及高寒地区萝卜栽培中易发生先期抽薹现象，导致萝卜减产和品质变劣。我国众多的萝卜种质资源中，耐抽薹资源较少或鉴定挖掘不够，耐抽薹品种选育起步较晚，致使日本、韩国的耐抽薹品种进入国内市场。

在萝卜生长发育过程中，低温是萝卜花芽分化的基本条件；花芽分化后，长日照及较高的温度则促进抽薹、开花。作为生化指标，生长点的淀粉含量升高是花芽分化早期的一个指标；而赤霉素（内源或外源）也促进萝卜抽薹、开花。

据 Mero（1985）用耐抽薹的芜菁与不耐抽薹的白菜杂交，进行抽薹性遗传规律的研究，发现抽薹性早、晚受两个主效加性基因控制，早抽薹对晚抽薹为不完全显性。作为同属十字花科的萝卜来说，应大体符合这一规律。育种实践初步证实，于冬春季节利用保护设施创造一个适于萝卜生长，又具偏低温度的条件，不同品种，甚至同一品种的不同个体间抽薹早、晚悬殊，通过拔除早抽薹植株，保留晚抽薹植株自交（或集团选择），并连续多代鉴定、选择，可使含隐性耐抽薹基因的植株得以充分表现，由此可获得耐抽薹的亲本系材料。如果双亲均为耐抽薹材料，则 F_1 会耐抽薹。Yook（1998）研究了日照长短对萝卜抽薹开花的影响，认为萝卜长日照敏感性对不敏感性也为部分显性。实际上，冬春季节设施栽培条件下对萝卜抽薹早、晚的鉴定、选择过程中，除了低温因素外，也包含了日照时间由短变长的因素。

（七）熟性

萝卜品种的熟性受众多因素的影响，但主要取决于品种本身的生长速度、生长期长短，也受其冬性强弱、环境条件和栽培管理水平的影响。实地观察表明，萝卜早、中、晚熟不同品种，其发芽期、幼苗期历时相差无几，而生长期长短，即熟性早晚的差异，主要是肉质根膨大期长短不同造成的。有的品种肉质根膨大速度快，肉质根形成时间短或肉质根个体较小，即表现为早熟；反之，则表现为晚熟。

杂交试验证明，萝卜熟性的遗传表现是：早熟×早熟，F_1 表现早熟，但早熟性超双亲的不多；早熟×中熟、早熟×晚熟、中熟×晚熟，F_1 的熟性一般是介于双亲之间，或表现略偏早。萝卜的熟性一般是指从播种到肉质根长成所需要的天数（确切地说是肉质根长成所需要的有效积温数），即生长期的长短。一般认为生长期 60 d 以内为早熟品种，70～80 d 为中熟品种，90 d 以上为晚熟品种。

第四节　育种目标与选育方法

一、育种目标

（一）育种目标确定的原则与目标性状

1. 确定育种目标的原则　根据生产和市场的需求制定明确、可行和具有前瞻性的育种目标，是成功育成新品种的前提。为此，在确定育种目标时可参考以下几条原则：

第一，要认真开展调查研究，落实以生产和市场需求为导向的原则。就国内情况来说，我国地域宽广，生态条件复杂，要注重选育适合不同地区、不同季节及不同食用或加工要求的品种；在确定具体的育种目标时，必须重视当地市场和销地市场的具体需求。就国际市场来说，我国绿皮绿肉、绿皮红肉的生食水果萝卜品种，有可能扩大种子和产品出口，只是应当重视国外消费者的具体需求而对品种的目标性状加以适当调整。

第二，合理搭配目标性状和突出重点的原则。由于萝卜栽培地区广泛，加之不同栽培季节和食用与加工的不同需求，在确定具体育种目标时，必须合理搭配目标性状，但要突出重点，以体现育成品种的特色。例如，选育白皮春夏萝卜品种，其目标性状包括：生长期较短（60～70 d）、丰产（单株根重 400～500 g）、皮白色、品质好（肉质根质地细嫩）且不易糠心，但重点是冬性强，不易抽薹。

第三，品种的专用性与用途多样性相结合的原则。我国栽培萝卜历史悠久，各地常喜食不同皮色的品种，并有不同的食用和加工方法。随着萝卜一年多季栽培和周年供应的需要，要求选育适于不同季节和不同栽培方式的专用品种。因此，在萝卜新品种选育中，要重视专用品种的选育，并努力做到品种的专用性与品种用途的多样性相结合，以满足生产者和市场对萝卜品种的需求。

2. 主要育种目标性状

（1）生长期　指从播种到肉质根完成膨大所需天数，实际是指从播种出苗到完成肉质根膨大所需的有效积温数。萝卜的不同生态类型，因其生长期内的环境因素（主要是温度、其次有光照和肥水条件等）差异较大，生长期的长短应按生态类型分别确定。在同一生态类型内，如栽培最为普遍的秋冬萝卜，生产上常需要生长期长短不同的品种，如50～60 d、70～80 d、90～100 d的早、中、晚熟品种，是育种目标中必须涉及的目标性状。

（2）丰产　丰产性是重要目标性状。萝卜丰产性的衡量要考虑生长期长短、一定生长期内的单株肉质根重和适于密植的程度。从生理角度上说，影响丰产性的因素是萝卜莲座叶丛的光合能力与肉质根积累同化产物的能力。因此，对萝卜不同品种间丰产性差异的评判可根据一定生长期内单位面积株数、单株肉质根重、肉质根重/叶重（即根/叶）比值作为主要指标。在同样生长期内，肉质根长得大，根/叶比值高，品种的丰产性就好。另外，莲座叶丛直立或半直立的品种适于密植，有增产潜力。

（3）优质　品质是重要目标性状，而品质性状包括商品品质或称为外观品质、营养品质和风味品质。萝卜的商品品质涉及肉质根皮色（如绿、红、白等）、形状、大小、整齐度等，其中，皮色是最为重要的商品品质性状之一，育种者需高度重视。萝卜的营养品质是指肉质根的糖、维生素C、淀粉酶、纤维素、木质素，以及其他维生素和矿物质的含量。其中，维生素C和淀粉酶含量是营养品质的重要指标。影响萝卜风味品质的性状，主要与肉质根次生木质部的结构，以及糖、萝卜辣素、水分含量等有关。生食、熟食、腌渍、制干等不同食用和加工性状，常对品质有不同的要求，在制定育种目标时应分别加以确定。

（4）抗病　抗病是重要目标性状，它直接影响品种的稳产性，也利于减少防病药剂的使用。目前萝卜上发生的病害主要有病毒病、霜霉病、黑腐病、软腐病、黑斑病等，其中以病毒病和霜霉病发生较为普遍，造成的损失也大，在育种中应作为重要目标性状。

（5）抗逆与适应性　为满足一年多茬栽培、周年供应的需求，冬春萝卜、春夏萝卜（又称春萝卜）和夏秋萝卜（又称夏萝卜）品种选育正逐步得到重视和加强。冬春和春夏萝卜须具备耐寒和强冬性等；而夏秋萝卜则应具备耐热、抗病（主要是病毒病）等目标性状；抗逆性还包括耐旱、耐涝、耐瘠等特性。品种的适应性中包含了部分抗逆特性，但其主要是指一个品种对不同地区，甚至不同季节环境条件的适应能力。因此，适应性是一个更为值得关注的重要目标性状。

（6）耐贮性　中国北方的秋冬萝卜多于初冬收获，经贮藏于冬季和早春供应市场。因此，耐贮藏性是秋冬萝卜品种的一个重要目标性状。随着萝卜周年供应和适地适季生产、长途运销供应市场模式的出现和发展，对春夏萝卜和夏秋萝卜品种来说，品种的耐贮运性和长货架期，即产品经过贮运后仍能保持鲜嫩的品质而且不发生失水糠心现象提出了新的要求。因而，春夏萝卜和夏秋萝卜的耐贮性也就成了重要目标性状。

3. 不同类型品种的育种目标

（1）春夏萝卜　又称春萝卜，一般于春季土壤解冻后，10 cm地温稳定在8 ℃以上时播种，于5～6月收获。随着日本、韩国大型春白皮萝卜品种的引进，以及中小拱棚绿皮水果萝卜栽培的发展，极大丰富了春季和初夏萝卜的市场供应，而春夏萝卜的育种目标应分为3种类型分别提出。

春水萝卜：冬性强，耐抽薹，生长期40～50 d，单株根重80～120 g。肉质根圆柱形，皮色多为红色，光滑，肉质细嫩，不易糠心。

春夏白萝卜：冬性强，耐抽薹，生长期60～70 d，单株根重400～500 g。肉质根长圆柱形，皮白色，光滑，肉质细嫩，不易糠心。

春设施栽培水果萝卜：冬性较强，在春季中小拱棚设施栽培时不易抽薹或抽薹晚，不影响肉质根品质。肉质根短圆柱形或圆柱形，皮绿色，肉质淡绿色或紫红色。生长期70～80 d，单株根重400～

500 g。生食脆甜，微辣或不辣，品质优良，适于作为水果萝卜食用。

(2) *夏秋萝卜*　初夏播种，8～9 月收获。要求育成品种耐热，能较好地适应夏季干热或湿热的气候；抗病，尤其要能够抗病毒病，以及软腐病等病害。生长期 60～70 d，单株根重 500～700 g。肉质根质地细嫩，生食辣味淡、味稍甜，熟食无苦味。皮色以白皮、红皮或淡绿皮为宜。

(3) *秋冬萝卜*　又称秋萝卜，夏末播种，秋季生长，秋末或初冬收获，是我国广为栽培的类型。生长期 60～100 d，可分为早熟、中熟、中晚熟等不同熟期。单株根重小则 250～300 g，大则数千克不等。皮色作为重要质量性状，也是主要的商品性状，全国各地常喜食不同皮色的品种，甚至对肉质色也有一定的要求。这里主要依据皮色，兼顾肉质色，分别提出秋冬萝卜不同类型品种的育种目标。

绿皮品种：在我国北方各地广为栽培，供生食或熟食，个别用于腌渍。绿皮生食品种的育种目标是：肉质根出土部分比例大，皮深绿色，圆柱形或长圆柱形；肉质翠绿，质脆味甜，生食风味好，较抗病、丰产，耐贮藏；生长期 75～80 d，单株根重 400～600 g。绿皮熟食菜用（或生、熟食兼用）品种的育种目标是：肉质根圆柱形或长圆柱形等，皮绿色，肉质淡绿色，抗病，丰产，耐贮藏，生长期 70～80 d，单株根重 600～1000 g。

红皮品种：在我国北方和长江流域均有栽培，主要供熟食菜用。其育种目标是：肉质根圆形、卵圆形或圆柱形，皮鲜红色或紫红色，肉质白色，干物质含量高（一般 8%～9%），肉质致密，熟食风味好。抗病毒病、霜霉病等病害，具有良好的丰产性，生长期 70～80 d，单株根重 600～1 000 g，较耐贮藏。

白皮品种：在我国长江以南广为栽培，北方地区零星种植，主要供熟食菜用，也多用于腌渍加工。其育种目标是：肉质根形状以圆柱形、长圆柱形为主，白皮白肉，皮光滑，味稍甜，肉质脆嫩；抗病毒病、霜霉病等病害，丰产，生长期 60～90 d，单株根重 500～1 500 g，较耐贮藏。

加工用品种：国内部分地区有加工萝卜干等加工品的习惯。加工品种多于秋季种植，其育种目标是：植株叶丛较小，适于密植；肉质根皮薄，肉质致密，个体较小，干物质含量高，不易糠心。

(4) *冬春萝卜*　又称冬萝卜。我国长江以南及四川等冬季不甚严寒的地区，于冬季播种，翌春收获。其育种目标是：植株叶丛较大，肉质根大部分入土，耐寒性强，短时－6 ℃不受冻害，而且对低温有较强的适应性；冬性强，不易发生先期抽薹；肉质较致密，不易糠心，品质较好，其产量应比现有地方品种增产 15%以上。

(5) *四季萝卜*　品种多由欧美国家引进，表现生长期短，适应性强，在北方地区可在保护地设施内栽培，不易发生先期抽薹，其他季节也可栽培。育种目标是：叶枇杷形、叶丛小；肉质根圆球形，皮红色，肉质白色，细嫩多汁，不易糠心，较耐寒，冬性强，生长期短，25～35 d，单株根重 20～30 g。

二、选育方法

（一）抗病品种的选育方法

1. 主要病害与抗病性鉴定

(1) *病毒病*　萝卜病毒病在秋冬萝卜和夏秋萝卜上普遍发生，常造成严重减产。萝卜病毒病主要毒原有芜菁花叶病毒（TuMV）、黄瓜花叶病毒（CMV）和萝卜耳突花叶病毒（REMV）。芜菁花叶病毒侵染危害最为普遍，其典型症状是花叶、叶片凹凸不平，致使其畸形或矮缩。为了筛选抗病毒材料，应首先对病毒种群进行鉴别，若主要毒原是 TuMV，则需根据 Green 氏方法，对其分离物进行株系划分。获得毒原的简便可行的方法，是向权威研究机构直接引进病毒毒原。

病毒病室内苗期抗病性鉴定方法如下：育种材料的接种鉴定和筛选应在严格防虫的温室内进行。首先要将待鉴定的材料播种于育苗穴盘或育苗钵内，待接种。引进的毒原或自行在当地萝卜病毒株上分离得到的毒原，必须将其接种到易感材料上令其增殖，接种 18～20 d 后采毒原供接种用。接种方法一般采用摩擦接种法。当被鉴定材料的幼苗 2～3 片真叶时，取增殖毒原的鲜病叶 1 份，加3～5 份 0.03 mol/L 的磷酸缓冲液研磨成浆，然后接种到待鉴定的幼苗上。一般是接种 2 次，中间间隔 1～2 d。18～22 d 后调查发病情况。温室内温度白天 20～30 ℃，夜间 12～15 ℃，自然光照。调查结束后，保留无病症植株，剪去外部叶片，只留 2 片心叶，进行第二轮接种。第二轮接种仍无病症植株，需妥善管理，令其开花结实，进入下一世代选育。

（2）黑腐病　为黄单胞杆菌属细菌侵染所致，是危害萝卜的主要病害之一。病原菌的分离方法：在萝卜黑腐病发病期，从田间采集新鲜病样，将病叶汁液用常规划线法，接种于纤维二糖琼脂（D_5）或马铃薯葡萄糖琼脂（FDA）培养基上培养。在 25～28 ℃条件下培养 24～48 h，培养基上可得到典型的黄单胞杆菌。其菌落的典型特征：菌落蜡黄色或淡黄色，圆形，中凸，表面光滑，半透明，有湿润光泽。然后将其接种到萝卜幼苗上，接种叶边缘出现 V 形病斑。再取此病叶病部回接到 D_5 或 FDA 培养基上，若又长出具典型特征的菌落，即可确定为黑腐病菌。将此菌移到斜面培养基上，放在冰箱内保存备用。

黑腐病苗期人工接种鉴定常用剪叶法，其具体做法：首先要制备菌液，菌原取自当地或外地萝卜黑腐病病株，接种到琼脂培养基上，在 28 ℃条件下培养 24 h，然后用灭菌蒸馏水制成黑腐病细菌悬浮液，并调至每毫升（1～5）×10^7 个菌体的浓度，随配随用。接种的适宜苗龄为 4～5 片真叶，用剪刀蘸取菌液，剪二、三叶的尖端，剪口长约 1 cm，以叶尖端为中点延向两侧。接种后保持接种室室温 25～28 ℃，相对湿度 100%，保湿 24～36 h，然后移入普通温室令幼苗继续生长，室温控制在 25～30 ℃，湿度可稍降低，7～8 d 后调查发病情况。拔除病株，留下无病植株到花期人工蕾期自交留种。

（3）霜霉病　危害萝卜的霜霉病菌为卵菌门寄生霜霉菌萝卜属变种。萝卜品种间或个体间抗病性差异显著，可通过鉴定筛选，选出抗病材料。育种材料的鉴定筛选，必须在密闭防虫的温室内进行，使用的培养土要经过灭菌处理，所用器皿和用具也要消毒。

供鉴定育种材料的种子应充实饱满、无杂质。播种前将种子分别用 0.1%升汞或其他消毒剂进行表面消毒 5 min，用清水洗干净后播种。将种子播在营养钵内，按接种鉴定要求，每份材料应播种出苗 60 株左右。接种前白天室温 35 ℃左右，夜间 16～20 ℃；接种后白天 25～30 ℃，土壤相对湿度 65%～75%，空气相对湿度 90%～100%。

霜霉病菌悬浮液的制备：在田间一次性采集萝卜霜霉病病叶，用蒸馏水冲洗表面着生的霉层和附生物，然后保温诱发出孢子囊，再用涂液法接种于感病萝卜品种的叶片上，以活体保存霜霉病菌备用。

接种前 1 d，将新鲜病叶表面霉层洗去，在 16～20 ℃，相对湿度 100%的黑暗条件下培养 16～24 h，诱发新鲜、侵染力一致的孢子囊，用洁净毛笔将诱发产生的新鲜孢子囊刷洗入无菌水中，在 100 倍光学显微镜下测 100 个视野，计算平均浓度，然后稀释成浓度为每毫升 1×10^4 个孢子囊的菌悬浮液。如果浓度不够，可离心浓缩 5 min 后配制。配好的接种液不宜久放，最好在 4 h 内完成接种。

在萝卜 2 片子叶充分展开时用点滴法接种。接种时，用注射器安装 5 号针头或微量取液器，将菌液滴于萝卜子叶上，每叶 1 滴。为了保证接种液浓度一致，在接种过程中需要经常摇晃接种液。接种后，温度控制在 18～20 ℃，遮光保湿 24 h，相对湿度 100%。然后将接种的萝卜幼苗置于 20～22 ℃，散射光条件下培育 4～5 d，相对湿度要达到 100%。幼苗发病后进行调查、分级、鉴定、筛选，拔除感病植株，留下的健壮植株妥善管理令其开花，进行人工蕾期自交留下种子。

2. 育种材料的多抗性鉴定和自然诱发鉴定

（1）多抗性鉴定　在生产上往往是两种或两种以上病害并发，故开展多抗性育种很有必要。为提高抗病性鉴定效率，可以采取两种病害复合接种鉴定育种材料和育成的品种。

病毒病和霜霉病复合接种鉴定：在萝卜子叶期先接种霜霉病菌，7 d 后进行病情调查，淘汰严重感病植株。对 2 片真叶已展平的健株，再用摩擦法接种病毒毒原，发病条件的控制同前。接种 18～22 d 后进行病情调查，保留无病植株妥善管理，并单株人工蕾期自交留种。

病毒病与黑腐病复合接种鉴定：在萝卜幼苗长到 2～3 片真叶时，用摩擦法接种病毒毒原；待植株长到 5～6 片真叶时，在第 4、5 片叶上接种黑腐病菌，发病条件控制同前。接种 30 d 后进行发病情况调查，保留无病症植株妥善管理，并单株人工蕾期自交留种。

(2) 大田自然诱发鉴定　将经过苗期人工接种鉴定选出的抗病材料各单株自交的种子，安排在相应栽培季节种植。每份自交材料分别种一小区，各小区间适当安排易感病品种作为病害诱发行。在田间病害发病盛期进行田间调查。同时，根据育种目标对抗病性和主要经济性状的要求，选出优良株系及优良单株继续单株自交留种。所采得的二代自交种子，可再安排苗期人工接种进行抗病性鉴定，以及大田自然诱发鉴定。一般经过连续 3～5 代的系谱鉴定和选择，中选材料的抗病性可基本稳定。如果其他主要经济性状也整齐一致，各自交系（或自交不亲和系、雄性不育系）可转为隔离条件下的花期混合授粉，以防止生活力衰退。

(3) 抗病性的转育与抗病杂交组合的选配

① 抗病性的转育。通过基因工程转化抗病基因是创新抗病种质的有效方法。这里主要介绍利用常规育种方法转育抗病材料的做法：将抗病材料与经济性状优良、配合力好但不抗病的材料杂交，对杂交后代从 F_2 开始，对各个个体进行抗病性鉴定和经济性状选择，并采用单株人工蕾期授粉留种。如前所述，经 4～5 代自交和连续鉴定选择，有可能育成主要经济性状优良而又抗病的材料。如果在杂种后代中未能获得抗病性理想的材料，可将这些材料为母本，用抗病材料为父本再进行一次回交，回交一代（BC_1）自交，从回交 2 代（BC_2）开始，进行严格的抗病性鉴定和经济性状选择，经连续 4～5 代鉴定、选择，达到目的为止。

② 抗病杂交组合的选配。要选配能抗多种病害的杂交组合，必须具有经济性状好和能够抗多种病害的亲本系材料。同时，还需要了解不同病害抗性的遗传规律。例如，对某种病害的抗性为显性基因控制，杂交组合中有一个亲本具有这个显性基因，F_1 就会表现抗病；对某种病害的抗性为隐性基因控制，则杂交组合中两个亲本系均需具有这个隐性基因才可。杂交组合的选配可采用简单配组法或半轮配法，选出优良杂交组合后，可安排少量杂交制种进行品种比较试验。在品种比较试验，以及区域试验时，应抓住病害大流行的年份，在发病严重的试验区内进行田间抗病性调查，选出抗病杂交组合。对选出的抗病杂交组合还可以安排苗期人工接种鉴定，确定其抗病级别。

(二) 优质品种的选育方法

1. 品质育种的目标

(1) 综合目标　萝卜品质育种的综合目标是：改善萝卜肉质根的外观，包括肉质根形状、大小、皮色及其整齐度等，使其符合市场和消费者要求；要适当提高肉质根营养物质，如可溶性糖、维生素 C、淀粉酶、纤维素、氨基酸等成分的含量，明显改善其营养品质；明显改良其风味品质，如生食品种可溶性糖含量提高，辣味降低，口感脆甜、多汁，有萝卜特有的风味等。

由于萝卜的生态类型多，食用方法和加工方法多种多样，而且各地又有不同的食用和消费习惯。所以，萝卜的品质育种目标较为复杂和多样，应根据不同食用或加工要求加以具体确定。

(2) 几种主要类型品种的品质育种目标

① 绿皮生食品种。包括绿皮绿肉和绿皮红肉品种。绿皮绿肉品种：肉质根圆柱形或长圆柱形，根颈部发达，肉质根大部分出土，皮深绿色，入土部分皮淡黄白色，肉质翠绿色。肉质根可溶性糖含量 4%左右，每 100 g 鲜重维生素 C 含量 20～30 mg，干物质含量 7%～8%，芥子油含量低，纤维素

含量中等。生食脆甜、多汁，不辣或稍有辣味。生长期 75～80 d，单株根重 500～700 g。绿皮红肉品种：肉质根圆柱形、短圆柱形，出土部分皮绿色，入土部分皮黄白色，肉质紫红色。肉质根可溶性糖含量 3.5%以上，每 100 g 鲜重维生素 C 含量 20～30 mg。生食脆甜多汁，无辣味。生长期 70～80 d，单株根重 500～600 g。

② 熟食菜用品种。包括白皮和红皮熟食菜用品种。白皮菜用品种：肉质根长圆柱形、圆柱形或纺锤形，白皮，皮薄且光滑。肉质白色，肉质较致密，含水量适中，干物质含量 6%左右，熟食易煮烂，风味佳。生长期 60～80 d，单株根重 1～1.5 kg。红皮菜用品种：肉质根圆柱形、纺锤形或圆球形，皮色全红。肉质白色，肉质较致密，含水量偏少，干物质含量 7%～8%，熟食易煮烂，风味佳。生长期 70～80 d，单株根重 750～1000 g。

③ 加工品种。国内各地许多地方有加工萝卜的习惯，加工产品有腌渍、酱渍、醋渍，以及制干等。对加工品种的品质要求大体是：肉质根个头较小，多数为圆柱形、卵圆形或圆球形，白皮白肉，皮光滑；肉质致密，含水量少，干物质含量达 10%～12%；生长期 80～90 d，单株根重 250～500 g。

2. 优质品种选育方法

（1）*有针对性地收集和纯化育种材料* 搞好优质育种，关键是针对育种目标的要求收集优质育种材料。例如，要选育绿皮绿肉的优质生食品种，应收集潍县青、卫青、葛沽青、高密堤东萝卜等绿皮绿肉的优质生食品种资源。要选育绿皮红肉的优质生食品种，则需要收集北京心里美、曲阜心里美、泰安心里美、济南心里美等绿皮红肉的优质生食品种资源。要选育适于加工的优质萝卜品种，则应收集扬州晏种萝卜、南通如皋 60 天萝卜、南通蜜饯儿萝卜、萧山一刀种等适于加工的优质品种资源。

萝卜的优质育种要利用杂种优势育种的技术途径。为此，对收集到的品种资源要进行自交、选择、纯合，并在此基础上开展优良自交系、自交不亲和系的选育和雄性不育系的转育。在上述工作过程中，需特别重视利用与品质性状相关的鉴定评价手段和方法，对育种材料进行科学、客观的鉴定、评价和选择。

（2）*采用多种方法鉴定评价萝卜的品质* 有关萝卜的商品外观品质（即商品品质），可根据育种目标的要求，通过观察、比较进行评价，确定育种材料的入选、淘汰或改良。而萝卜的营养和风味品质的鉴定评价则较为复杂，生食和熟食育种材料或品种的品质鉴评通常采用官能鉴定（又称感官鉴定）和营养成分分析相结合的方法，必要时还可配合进行肉质根解剖结构的观察。

官能鉴定通常组成 8～10 人的鉴评组，评价内容：作为水果食用的生食萝卜品质常分为肉质根肉质的脆度、甜味、辣味、水分多少、有无异味，以及口感综合评价等内容，每项内容分值 1～5 分，或 1～10 分。为了减少鉴评组内人员之间的评分误差，通常先选择一个品质一般的材料品尝后共同评议打分，然后以此为对照，对参与鉴评的材料分别品尝打分。在计算各材料的平均分值时，去掉 1 个最高分和 1 个最低分，再计算平均分值。萝卜作为熟食菜用的品质指标则主要包括：易煮烂程度、有无糯性、细腻程度、有无苦味、综合评价等。品尝打分时，须将各参与鉴评的材料定量取样、切片、加同等量水、盐，在匀火下煮相同的时间。

有关营养成分，即生化指标的化验分析，可弥补官能鉴定的不足，为优质材料的鉴定和选择提供数据依据。何启伟等（1982）在鉴定评价生食萝卜育种材料和品种时，测定了还原糖（氰化盐法）、维生素 C（2，6-二氯酚靛酚法）、淀粉酶（次亚碘酸法）、干物质和水分（烘干至恒重）等与生食品质有关的部分生化指标。

何启伟等（1982）的研究结果表明，萝卜肉质根的解剖结构与品质的关系密切，即萝卜的肉质根对同化产物存在着不同的积累和贮藏方式，在秋冬萝卜育种材料和品种中有高产积累型、优质积累型及中间类型等。高产积累型的材料或品种，其肉质根次生木质部的薄壁细胞大、形状不规则、排列疏松、细胞间隙也大，从而使肉质根个体大、水分多、产量高。优质积累型的材料或品种，其肉质根次生木质部的薄壁细胞小、形状规则、排列整齐、紧凑，细胞间隙也小，从而使肉质根个体较小，水分含量中等或偏少，品质好。观察肉质根解剖结构还发现，优质积累型材料或品种，其肉质根的三生构造发达，且细胞排列密集；高产积累型的材料或品种，其肉质根的三生构造也较发达，只是其细胞较大且排列较疏松。因此，观察萝卜肉质根的解剖结构状况，也可作为萝卜品质鉴定的依据之一。

（3）有目的进行杂交组合的选配 要选育优质萝卜品种，可参照下述几点进行杂交组合的选配：

① 选择光合能力强的材料为双亲。萝卜叶片的高光合能力是实现产品优质的源泉。实践证明，不同的育种材料或品种，其叶片光合能力差异显著，由此提供了选择的机会。测试材料间叶片光合能力差异的简便可行的方法是，于萝卜收获期，每份材料随机取样 10 株，分别称量叶重和肉质根重（均为鲜重），然后计算根叶比。据调查，叶片光合能力强的萝卜育种材料和品种，根叶比可达到 3～5。而且，萝卜叶片光合生产率的遗传力较高。因此，选用高光合能力的材料为双亲，可以获得具有高光合能力的 F_1 品种。

何启伟等（1984）用 4 个秋萝卜高代自交系，采用双列杂交配制了 16 个组合，进行了维生素 C、还原糖、淀粉酶等生化指标的配合力测定。结果表明，供试材料间维生素 C、淀粉酶含量的一般配合力差异极显著；组合间维生素 C、还原糖、淀粉酶含量的特殊配合力差异也极显著；而上述 3 个指标的正、反交效应差异不显著。因此，在生食萝卜品质育种中杂种优势育种是可行的途径，可以在选择一般配合力高的亲本系基础上，再选配特殊配合力高的杂交组合，从而实现品质育种目标。

② 根据解剖结构状况进行组合选配。根据对不同类型萝卜试材肉质根解剖结构的观察认为：肉质疏松、含水分多的品种或育种材料，其肉质根次生木质部薄壁细胞大、细胞壁薄、细胞间隙大。肉质根肉质脆嫩、含水分较多的品种或育种材料，其肉质根次生木质部薄壁细胞较大、细胞壁较薄、细胞间隙较小。而肉质根肉质较致密、质脆味甜的品种或育种材料，其肉质根次生木质部薄壁细胞较小、细胞壁较厚、细胞排列紧凑、细胞间隙小，且三生构造发达。研究结果证实，F_1 的肉质根次生木质部薄壁组织结构多介于双亲之间。因此，可根据育种目标对肉质根质地的要求，选择相应的亲本系为双亲，可基本把握 F_1 肉质根的质地和风味。

③ 注意克服品质与抗病、丰产的矛盾。同其他蔬菜作物一样，品质优良的育种材料或品种，往往不抗病或不丰产；而抗病、丰产者往往品质不佳。为克服这一矛盾，可采取如下措施：一是注意在育种材料的较大群体内进行连续定向选择，即在优质育种中选择品质好，而抗病性、丰产性也较好的优良单株和系统，连续选择的效果明显。二是及早向优质育种材料转育抗病性，其做法是将优质材料与抗病材料杂交，对杂交后代进行连续自交和定向选择，即选育品质优良而且较抗病的二环系。三是可以考虑利用基因工程技术，将某个抗病基因转化到优良育种材料中。

（三）关于熟性与耐抽薹及耐热品种的选育方法

1. 不同熟性品种育种方法 生产上需要不同生长期的品种。据观察，在萝卜的产品器官形成过程中，其发芽期、幼苗期历时相差无几，品种间熟性，即生长期长短的不同，差异主要在肉质根膨大期的长短不同。肉质根膨大速度快，肉质根生长期短的就表现早熟；反之，则表现晚熟。再者，不同品种的莲座叶丛大小和肉质根大小差异显著，这与熟性也关系密切。

萝卜不同熟性的划分，一般常分为：生长期（指从播种到肉质根长成所需要的天数）25～40 d 为极早熟品种，生长期 50～60 d 为早熟品种，生长期 70～80 d 为中熟品种，生长期 90 d 以上为晚熟品种。此处所指的生长期长短，是指在适于萝卜正常生长的环境条件下的天数。如果条件不适，则可能会延长生长期。

要做好熟性育种工作，必须根据育种目标的要求，收集不同熟性的种质资源，对收集到的资源要进行自交纯化，以及开展自交不亲和系或雄性不育系的选育。同时，可结合进行初步的配合力测定，为育种材料的纯化与亲本系选育做参考。所选育的亲本系性状基本整齐一致后，可参照萝卜熟性的遗传表现，即早熟×早熟，F_1 表现早熟，但表现超亲的不多；早熟×中熟，早熟×晚熟，中熟×晚熟，

F_1 生长期一般是介于双亲之间或略偏早，可根据这一规律开展不同熟性杂交组合的选配。对选配的杂交组合安排在相适应的栽培季节进行品比试验，可从中选出符合育种目标要求的具有不同熟性的 F_1 品种。

2. 耐抽薹品种育种方法 在生产上安排种植的冬春萝卜（长江中游地区）、春夏萝卜，以及高纬度、高海拔地区种植的萝卜和新近发展起来的冬春设施栽培的萝卜，因其生长期间总会经历低温影响而通过春化阶段，故易于发生先期抽薹，为实现成功栽培必须选育和利用冬性强、耐抽薹的品种。但是，随着人们生活水平的提高，对萝卜的商品外观及营养和风味品质有了更高的要求。例如，山东省潍坊市已从原秋季栽培的地方名产潍县青萝卜（长圆柱形、绿皮、绿肉，生食脆甜多汁、微辣）中，选出了在冬、春季节适合中、小拱棚栽培的新品系，于新年、春节和春季上市供应。

应根据育种目标的要求，广泛收集主要经济性状优良且冬性较强的种质资源，开展冬性强、耐抽薹萝卜育种材料的鉴定和选择。为此，可以采取两种方法：其一，春化处理鉴定选择法。将拟鉴定材料的种子用温水浸种后，放在20～25 ℃的条件下 8～12 h 令其萌动；然后放在冰箱中 2～3 ℃低温条件下处理 20～40 d（同一份材料的种子可分为 2～3 份，处理不同的天数）后播种，并给予适宜生长的温度和 12 h 以上的光照。要精细管理，并注意观察各材料的叶丛和肉质根生长动态，调查记载初现蕾日期、株数、花薹抽生的速度及开花始期。注意选择那些低温处理时间长、现蕾迟、花薹生长慢，而且肉质根生长良好的材料，从中再选择优良单株，留下继续生长或另行栽植令其生长，开花后人工蕾期授粉、单株自交，留下种子。为达到春化处理鉴定各试验材料冬性强弱，又便于留下晚抽薹植株采到种子，春化处理应在 2～3 月或 7～8 月进行。其二，设施条件下冬播或早春播鉴定选择法。在北方地区冬季可将欲鉴定选择的材料播于日光温室内，或 2～3 月播于中小拱棚内，令其生长。待有抽薹植株时应及早拔除，并记载拔除的日期和株数。待冬性偏弱的材料已大部分被拔除，冬性强的材料已有部分植株抽薹时，可将试验材料全部收获，并调查经济性状的表现，然后按照育种目标所要求的经济性状，选留经济性状好而又晚抽薹或未抽薹的植株另行栽植，于隔离条件下采种（单株人工蕾期自交授粉）。经过连续 3～4 代的选择，可明显增强中选材料的冬性，筛选出耐抽薹的材料。

根据以往的育种经验，要选配经济性状优良而又耐抽薹的杂交组合，双亲最好均为耐抽薹的材料。

3. 耐热品种育种方法 为了满足夏秋蔬菜淡季对萝卜产品的需求，选育耐热萝卜品种进行夏季栽培十分必要。据调查，在萝卜品种耐热性方面，有耐湿热和耐干热的区别。这里是指我国长江以南广大地区，夏季炎热而湿度大，即湿热；而在我国华北地区夏季也十分炎热，但大多数年份是干热，即雨水相对偏少，空气偏干燥。萝卜是喜冷凉的蔬菜作物，而高温对萝卜的不利影响主要是影响叶片的光合作用和肉质根对同化产物的积累；高温、多雨、渍涝主要是恶化了土壤的通气状况而影响根系呼吸作用和减弱吸收功能；高温、干旱则利于病毒病的发生和危害。

要开展耐热品种的选育工作，首先要从我国丰富的萝卜品种资源中，收集南、北方各地适于夏秋栽培的耐热品种作为育种材料。对所收集到的耐热育种材料，要一分为三，即一份妥善保存，一份安排在夏季进行耐热性、抗病性鉴定，一份于秋季播种，观察经济性状和便于留种。

萝卜的耐热性及抗病性鉴定，在华北地区可安排在 7 月上旬高垄播种，经历 7～8 月高温季节，对各份育种材料的耐热性完全能够做出客观的鉴定。同时，还可以采取以下措施补充鉴定的内容和结果：一是在夏季雨后天晴的中午，到田间观察各供试材料叶丛萎蔫的严重程度和萎蔫延续的时间，可作为鉴定、选择萝卜育种材料耐热、耐涝性的一个参考。二是调查病害发生程度和进行生物产量和经济产量的统计，并计算根叶比，入选表现抗病、叶丛较小、产量高的材料，并考虑对优良材料的优良单株安排妥善留种（如定植于塑料大棚等设施内）。三是在试材耐热性田间鉴定期间，可分别进行叶片光合强度、呼吸强度，以及脯氨酸含量的测试分析。这几个生理生化指标可能与品种（试材）的耐热性成正相关关系。

对于经过鉴定选择出的耐热、抗病材料，要安排留种和进行人工蕾期授粉自交纯化，同时配合进行自交不亲和系和雄性不育系的选育或转育。在育种材料的选育过程中，要注意处理好耐热性、抗病性鉴定和主要经济性状评价选择与留种的关系，因为耐热材料的留种和扩大繁育最好是秋季播种留种、春季采种。

育种材料基本纯合后进行配合力测定，选出优良杂交组合，安排在夏季进行品比试验，从中选出优良品系。

第五节　杂种优势育种

一、杂种优势的表现与育种程序

（一）杂种优势表现

作为十字花科蔬菜之一的萝卜，其主要的育种技术途径是杂种优势育种。

杂种优势是一个复杂的生物学现象，但杂种优势的有无、强弱及正负，除取决于具体杂交组合双亲的配合力之外，还会因测试分析的水平、衡量的尺度和角度不同而异。育种上通常所说的杂种优势多指杂种一代在产量、品质、抗性及生育期等主要经济性状的综合表现。

实践证明，萝卜的杂种优势十分显著。据何启伟等（1993）研究证实，优良杂交组合的 F_1，其莲座叶丛（源器官）具有明显的光合优势，而肉质根（库器官）则具有很强的同化产物贮藏能力，F_1 植株同化产物的制造、运输、积累等生理活性的优势奠定了萝卜杂种优势形成的生理基础。而肉质根积累同化产物的不同类型，则分别体现在产量优势、品质优势等不同方面。

优良的萝卜 F_1 具有非常明显的产量优势，大量的研究结果已经充分证实了这一点。据何启伟等对 272 个杂交组合 F_1 产量统计，75%以上的 F_1 单株产量和单位面积产量都能够超过双亲的平均值，有 30%以上的 F_1 单株产量和单位面积产量能够超过高产亲本。表 15-2 列举了 4 个 F_1 与高产亲本及对照品种的单位面积产量，F_1 较高产亲本增产 10.5%～18.1%，较对照品种增产 18.4%～44.0%，表现了极显著的产量优势。

表 15-2　萝卜 F_1 与高产亲本的产量比较试验

（何启伟等，1980）

材料名称	小区 42 m^2 产量（kg）	折合 667 m^2 产量（kg）	较高产亲本增产（%）	较对照品种增产（%）	折合 667 m^2 干物质产量（kg）	较高产亲本增产（%）
（潍县青×北京白）F_1	461.4	7 327.5	15.4	44.0	445.3	40.4
北京白	399.7	6 347.6	0	24.7	317.2	0
（堤东×北京白）F_1	453.6	7 203.6	13.5	41.6	420.5	32.6
露八分（CK）	320.4	5 087.9		0	377.4	
（潍县青×青圆脆）F_1	441.2	7 006.3	10.5	37.6	479.0	32.4
青圆脆	399.8	6 348.8	0	24.7	361.7	0
（枣庄大红袍×菏泽大红袍）F_1	379.6	6 028.0	18.1	18.4	538.7	31.5
枣庄大红袍	321.9	5 111.7	0	0.4	409.3	0

研究证明，萝卜的产量和品质与肉质根的解剖结构有密切关系。萝卜肉质根的主要可食部为次生木质部，而肉质根中三生构造的出现，并与次生构造协调一致的生长是萝卜肉质根形成的特点，三生

构造的出现显然有利于同化产物向肉质根运输。解剖学研究还表明，影响萝卜肉质根产量和品质的解剖学依据是次生木质部薄壁组织的结构状况。据观察，凡是产量优势特别显著的杂交组合，必有一个高产亲本，而且高产亲本肉质根次生木质部的薄壁细胞大、细胞壁薄、细胞间隙也大，表现肉质疏松。当其与肉质根次生木质部薄壁细胞较小、形状规则、细胞间隙小，表观肉质紧实致密的另一亲本杂交后，由于 F_1 肉质根次生木质部的结构介于双亲之间，薄壁细胞形状、大小以及排列状况的变化，促成了肉质根体积和重量的增加，形成了 F_1 的产量优势。育种实践证明，凡产量优势特别显著的 F_1，其品质的各项指标虽较高产亲本有所改善，但未表现超亲优势，品质往往介于双亲之间。但是，有些杂交组合的 F_1 其双亲品质均较好，而产量水平一般，如（潍县青×青圆脆）F_1 等，其产量虽能超过高产亲本，但比对照品种增产幅度不大，可是这些 F_1 的含糖量却显著提高（表 15－3）。另外，这些 F_1 肉质根的干物质、淀粉酶、维生素 C 含量等指标也接近或超过双亲平均值，表现了明显的质量优势。对这些表现质量优势的 F_1 的观察证实，它们既具有旺盛的同化能力和积累能力，而其肉质根又具有肉质较致密、次生本质部薄壁细胞较小、三生构造发达等结构特点，致使肉质根薄壁组织积累贮藏了较多的同化产物和营养物质，表现了质量优势。

表 15－3　部分萝卜 F_1 与亲本系的品质测定

（何启伟等，1980）

材料名称	肉质根干物质含量（%）	每 100 g 鲜重维生素 C 含量（mg）	淀粉酶（U）	还原糖含量（%）	较高含量糖亲本增加（%）
潍县青 S5－2	8.0	32.6	471.8	3.20	
（潍县青×青圆脆）F_1	8.9	27.5	525.0	4.27	18.6
青圆脆 S5	10.5	20.9	491.7	3.60	
潍县青 S5－1	9.3	33.7	565.0	3.20	
（潍县青×青皮青）F_1	11.7	35.0	527.2	4.20	31.3
青皮青 S6	13.9	37.0	22.3	2.70	
潍县青 S4	8.9	16.3	55.4	3.75	
（潍县青×卫青）F_1	9.9	14.8	38.8	4.00	6.7
卫青 S4	11.1	30.5	32.2	2.85	
潍县青（CK）	8.5	18.2	482.9	3.39	

另外，只要杂交组合的双亲选配得当，F_1 在抗病性、抗逆性（耐寒、耐热、耐瘠等）、耐抽薹性等方面也能够表现出杂种优势。

（二）杂种优势育种程序

萝卜杂种优势育种一般要遵循以下程序，即确定育种目标→收集育种材料（或称种质资源）→育种材料的评价、选择与自交纯化→确定杂种一代制种技术途径（即利用雄性不育系、自交不亲和系或高代自交系）→利用选育的亲本系进行杂交组合选配（即进行配合力测定）→选出优良杂交组合，获得 F_1 种子，安排品种比较试验→选出超过对照品种、主要经济性状达到育种目标要求的新品系，参加区域试验（或自行安排在不同生态地区种植，观察其适应性），以及生产试验（即通过生产试验确定适宜的播期、密度、栽培方式等），通过品种审定（或品种鉴定），即可定名为新品种。现就杂种优势育种程序中某些环节再做些补充说明。

（1）收集育种材料　育种材料的收集是开展育种工作的基础。为了搞好育种材料的收集，应根据育种目标的要求，对各个目标性状进行认真的研究和分析，弄清楚各目标性状间的关系，据此制订育种材料的收集计划。在育种材料的收集过程中，首先要注重当地地方品种的收集；同时要根据收集计划，有目的地收集外地品种，并特别注意从外地（省外、国外）引进具有符合育种目标要求并具有某些特异性状的品种，以弥补育种材料基因型的缺乏。

（2）育种材料的评价与选择、纯化　将收集到的育种材料登记、清选、晾晒，一式两份分装。一份放于干燥器内妥善保存，另一份安排在适宜季节种植观察。在种植观察过程中，注意在各目标性状得以表现时，进行性状观察、评价和记载。收获前，从各材料中选择具有某些目标性状的优良单株留作种株，经妥善贮存，安排栽植采种。萝卜为异花授粉作物，长期异花授粉的结果，使各个品种多为异质结合的杂合体。在杂种优势育种过程中，为了育成同质结合、遗传性稳定的亲本系，进而选配出优良杂交组合，育成遗传性稳定和性状高度整齐一致的杂种一代，那就必须对育种材料进行自交纯化。育种材料的评价、选择与纯化，是杂种优势育种过程中的重要环节，其中有关育种材料的自交纯化可在主要目标性状评价、选择的基础上连续进行多代，直到性状整齐一致为止；有的则可转入自交不亲和系的选育，或利用多代自交材料开展雄性不育系的转育。

（3）确定杂种一代的制种技术途径　萝卜的花小，单荚结籽数少，不能够依靠人工授粉杂交生产杂种一代种子用于生产。在开展杂种优势育种工作时，必须确定是利用自交不亲和系进行杂交制种，还是利用雄性不育系进行杂交制种，或者两种途径都用。这可根据所掌握的育种材料和技术引进的可能性等酌情确定，并且可以结合育种材料的自交纯化结合进行。

（4）配合力测定与品比试验　在育种材料的自交纯化、自交不亲和系和雄性不育系选育取得一定进展时，可以进行一般配合力和特殊配合力测定，并且可以将配合力的测定结果作为自交系、自交不亲和系和雄性不育系选育的参考。经过配合力测定，若能够选出基本符合育种目标要求的多个优良杂交组合，则可人工或自然杂交获得少量杂种一代种子，然后以亲本系和标准品种为对照，进行品种（系）比较试验。品比试验一般应进行两次。根据品比试验结果，选出具有超亲优势和超过标准品种的杂交组合，并配制出 F_1 种子，可申请参加品种区域试验。

（5）区域试验与生产试验　我国《种子法》实施后，萝卜已成为不需要品种审定的作物。为了明确品种的适应性和适宜栽培的地区，并加快新品种的推广，有的省份则恢复了萝卜品种的审定。区域试验一般要设统一对照品种（多从主栽品种中确定）和地方对照品种，与参试品系（种）按照随机区组法排列，设 3 次重复，小区面积 30～40 m^2；一轮区试一般进行 2 年。区试结束后，要对参试品系（种）做出客观评价，确定有无推广价值和适宜推广的地区。通过区试的品系（种）则应安排生产试验，目的是确定参试品种的生产能力，并通过生产试验确定相适应的种植密度及肥水管理等技术措施。生产试验的参试品种与对照品种采取对比排列，一般不设重复，但小区面积要扩大，一般不少于 200 m^2。生产试验一般只进行 1 年，通过生产试验的新品系（种）即可正式定名为新品种，并扩大杂交制种进行示范和推广。

二、自交不亲和系选育与利用

（一）自交不亲和系的选育

萝卜是异花授粉作物，地方品种往往是杂合的群体。自交不亲和系的选育就是从杂合群体中选育出具有自交不亲和性的自交系。自交不亲和性与其他性状一样，通过自交分离和定向选择，自交不亲和性能稳定提高。自交不亲和性稳定的快慢，在不同材料之间存在明显差异。有的材料在连续自交 3 代就基本稳定，有的材料需连续自交 4～5 代，甚至更多的代数才能稳定。

自交不亲和系选育的具体做法：首先，对所收集到的育种材料先进行一次初步的配合力测定（也可在育种材料自交纯化1～2代时，选各育种材料的部分株系安排配合力测定）；然后从配合力好的材料中，分别选择经济性状优良的单株（一般每份材料选10株左右），经妥善贮存，于翌春定植于采种田。植株开花前，在每个单株上选2～3个花枝，套上硫酸纸袋（温室内冬季定植早春开花、无传粉昆虫时可不套袋）。在花枝上的花初开时，于当日上午取本株花粉授于本株已开放花的柱头上，即进行花期自交；授粉后立即套上纸袋，防止花粉污染。根据花枝上开花情况，可连续授粉几次，每株授粉50～60朵花即可。最后一次授粉5～6 d后，可除去纸袋，但要摘除花枝顶端，不留花蕾，并挂牌标记。种荚成熟后分别调查各株花期自交结籽情况，计算亲和指数。

亲和指数＝花期人工授粉结籽数/单株花期人工授粉总花朵数

由于萝卜单荚结籽粒数少，初步确定亲和指数低于0.3为自交不亲和。现举例分析如下：若单株花期套袋人工授粉自交50朵花，共结籽14粒，其亲和指数＝14/50＝0.28。正常异花授粉情况下，一般萝卜品种自然授粉单花结籽平均约为5.5粒，50朵花应当结275粒种子。这就是说，在开放授粉和暂不考虑选择受精的情况下，亲和指数为0.3的这一萝卜植株，自交结实的机会只有5.0%，从而可使杂交制种时异交率达到95%以上。

为了使选出的自交不亲和株留下后代，应在花期自交的同时，用同一株上事先套袋花枝上“干净”的花粉，授于同株花枝剥开的花蕾柱头上（指开花前2～3 d的花蕾），可以多授一些花枝，授粉后随即套袋，5～6 d后除去纸袋。

实践证明，初步中选的自交不亲和株，其自交后代的自交不亲和性还会发生分离。所以，对中选的自交不亲和株，在自交的2～3代内，还应连续进行花期自交不亲和性的测定，每代都注意选择那些亲和指数低的植株自交留种，直到自交不亲和性稳定时为止。此后，还需要进行系内花期自交不亲和性的测定，即一个遗传性稳定的自交不亲和系，需要达到系内花期自交不亲和。花期系内自交不亲和性的测定方法主要有两种：一种是轮配法，即在待测的自交不亲和株系内，随机取10株左右进行半轮配花期授粉，然后统计每一轮配组合的亲和指数，发现个别亲和指数高的组合，可将其组合的单株淘汰。此法结果可靠，并能淘汰亲和指数高的单株，而缺点是工作量大。另一种是混合授粉法，即将被测自交不亲和株系内的种株，每株等量采花粉经混合后，分别对系内每一植株进行隔离条件下的花期人工授粉，结实后测定亲和指数；也可以将被测自交不亲和株系，安排在一个隔离区内，令其花期自然授粉，调查其自交不亲和性的表现。需要指出的是，系内花期授粉不亲和性的测定十分重要，它直接关系着该自交不亲和系用于杂交制种时的杂交率。

要育成优良的萝卜自交不亲和系，应注意以下几点：一是自交不亲和性的测定要力求准确。为此，授粉过程要严格避免花粉污染，授粉用的花粉一定是新鲜的，授的花须是当日开放的。二是对于一些经济性状和配合力表现优异而自交亲和指数高的植株，不宜过早淘汰，因为通过连续自交，还可能会分离出自交不亲和的植株来。三是一个优良的自交不亲和系，不仅自交不亲和性稳定，还要求主要经济性状优良且整齐一致。为此，在开展自交不亲和性选择的同时，必须配合进行各主要经济性状的鉴定和选择。要获得一个经济性状优良且整齐一致的自交不亲和系，一般需要连续进行5～6代的自交、分离和选择，个别性状甚至自交7～8代才会一致。

（二）自交不亲和性的克服

自交不亲和系育成之后要用于杂交制种，必须进行自交不亲和系的繁育。而自交不亲和系繁育的难题是要克服其自交不亲和性。目前，克服自交不亲和性的常用方法如下。

1. 蕾期人工授粉 利用花的蕾期雌蕊不能识别花粉基因型的特性，以开花前2～3 d的花蕾，采取人工剥蕾授粉。需注意，在自交不亲和系繁育时，最好采用系内混合花粉授粉。而且，在采粉和人工授粉过程中要严格防止花粉污染；在人工剥蕾时，要避免伤至花柱和柱头。

2. 氯化钠与其他药剂喷花　近年来，十字花科蔬菜育种工作者应用1%、3%和5%的NaCl水溶液于花期喷洒，克服大白菜、甘蓝、萝卜等十字花科蔬菜的自交不亲和性，均取得明显效果。但是，需注意不同的自交不亲和系对NaCl的反应不同，在采用该项技术时，应对NaCl的浓度及喷洒时间进行必要的试验，以确定该自交不亲和系所喷NaCl的适宜浓度、喷洒时间和喷洒次数。喷过NaCl溶液后，可进行花期人工授粉以得到自交不亲和系的种子。但是，要特别注意搞好隔离，防止天然杂交；还要注意此法不宜连续使用，以免自交不亲和性降低。

3. 利用自交不亲和系育种的特点　育种实践证明，自交不亲和性在萝卜等十字花科蔬菜上普遍存在，易于获得成功。需要注意的是，杂交组合双亲的选配，不仅要重视 F_1 生产力和主要经济性状的表现，还要注意杂交组合双亲花期是否一致和杂交结实的情况，双亲花期不一致则显著降低种子产量和杂交率。而且，因为不同的自交不亲和系之间有时也存在着不同程度的异交不亲和性。所以，为了确保杂交制种有较高的种子产量，所选出的杂交组合的双亲应是系内自交高度不亲和，而双亲系间异交亲和性强。

利用自交不亲和系育种，在杂交制种时也有一些值得注意的特点：利用自交不亲和系选配出的优良杂交组合，在杂交制种时双亲互为父母本，可生产出正反交 F_1 种子。通过生产鉴定，如果正反交 F_1 种子长成的植株，其主要经济性状基本一致而无明显差异，则正反交 F_1 种子均可利用；如果正反交 F_1 种子长成的植株，其主要经济性状差异较大，则最好只在一个亲本系上收获种子，另一个亲本系则应在盛花期过后拔除。在后一种情况下，最好将花粉量大的亲本系做父本，在杂交制种田可适当增加母本株的株数；如果母本系自交高度不亲和，也可按父本、母本 1∶2 的行比安排种株定植，以提高杂交制种田的种子产量。利用自交不亲和系育种的缺点：F_1 原则上达不到100%的杂交率，亲本的知识产权难以保护，亲本易于丢失；再者，自交生活力衰退的问题明显，需通过选育自交后生活力衰退不明显的系统和扩大原原种繁育数量，适当减少繁育代数克服。

三、雄性不育系的选育与利用

（一）雄性不育系的选育

在我国众多的地方萝卜品种中，比较容易找到雄性不育源。因此，要开展萝卜雄性不育系选育，可以在地方品种的采种群体中寻找，或者向有关单位引进。实践证明，发现雄性不育株或引进雄性不育源并不困难，关键在于能否找到对雄性不育具有完全保持能力且育性正常的保持系。找到了保持系，其相应的雄性不育系即告育成。

雄性不育系和保持系的选育主要采取以不育株为母本进行成对测交、父本株同时自交，以及连续回交的方法。具体做法如下：发现、引进、确认原始雄性不育株后，将不育株编号，并将已开的花或角果去掉；然后逐一套袋，在同一采种田内选取一部分正常可育株作为测交父本，或者选用同时开花的萝卜育种材料的正常可育株作为测交父本。所用的不育株及各测交父本株逐一编号，测交父本所准备采花的花枝在摘掉已开的花、角果后也要套袋。经2～3 d袋内的花蕾开花时，用套袋的不育株花枝做母本，采用“一母多父”授粉法，将各测交父本株的洁净花粉授在不育株花的柱头上，配成若干测交组合，每个测交组合授粉花数（指母本不育株的花或花蕾）不少于30～50朵，一次授粉花数不够，可多做几次，每次授粉后要套袋隔离，严防花粉污染。注意，各测交父本株需同时选一部分花枝进行套袋人工蕾期自交授粉，每株应授50～80个花蕾，授粉后也要套袋隔离。待种荚黄熟后，将各测交组合和测交父本自交的种荚分别采收、晒干、脱粒、装袋，并核实各测交组合及测交父本株的编号。

在适宜的季节或适宜的设施条件下，点播各测交组合的种子（或催芽至种子萌动，3～4 ℃春化处理 20～30 d），并同时播种测交父本自交的种子（每份材料不少于 15～30 株）。如果是秋季播种，测交种子粒数不多又不能间苗，可将测交组合的种子点播后，再适当混播大白菜种子，出苗后将大白菜苗拔除。初冬收获时，各测交组合 F_1 植株及测交父本自交后代植株在去掉叶丛后做好标记，然后贮藏；有条件也可将各测交组合的 F_1 植株密植于日光温室的采种田内，各测交父本自交后代各选 10～15株密栽于日光温室内。经过冬季贮藏者，于早春将各测交组合 F_1 植株全部密栽于采种田内，并同时栽植各测交父本的自交后代植株（一个测交父本不少于 10～15 株）。开花时观察测交组合的育性状况，调查统计各测交组合不育株和可育株的数目及其比例。同时，也要观察各父本株自交后代有无育性分离。

根据各测交组合育性分离情况，淘汰育性全恢复、不育株率低和父本自交后代出现育性分离的组合。在不育株率高的测交组合中，选择不育度高、植株生长健壮的雄性不育株做母本，从该测交组合相应测交父本的自交后代中，各选 5～10 株为父本，配成若干回交一代组合，即 BC_1；各父本株同时进行蕾期人工套袋自交，获得 S_2 代自交种子。

各个 BC_1 代种子和相应父本各 S_2 代种子，按上述测交组合及相应测交父本的播种管理办法进行管理。花期调查各 BC_1 组合的育性分离情况，淘汰不育株率低或父本 S_2 代中出现育性分离的 BC_1 组合。在不育株率高的 BC_1 代组合中，选择不育度高和其他性状表现优良的不育株做母本，以相应 S_2 代 5～10 株做父本，分别配成回交二代组合，即 BC_2。BC_2 代的授粉采种量要加大，以便扩大观察育性分离的群体（BC_2 代每个组合群体应不少于 200 株）；相应父本自交，获得 S_3 代种子。授粉、采种及播后管理、调查同前。

从 BC_2 代开始，对各父本系及不育株的主要经济性状，应根据育种目标的要求加大选择力度。一般情况下，连续测交、回交 4～6 代，父本株连续自交 5～6 代，即有可能选出具有 100%的不育株率、经济性状整齐一致的雄性不育系及相应保持系。须注意，原始雄性不育株经过 4～6 代的测交、回交后，由于核置换的结果，所育成雄性不育系的主要经济性状，已基本与相应保持系相似。由于萝卜 F_1 是以肉质根为产品器官，故所选用的 F_1 父本系是否是恢复系而无关紧要，只要配合力好，F_1 优势明显，主要经济性状符合育种目标要求即可。实践证明，在萝卜雄性不育系选育中要抓住以下两个关键环节：一是要重视各测交、回交父本株系谱的考察，并适当增加测交和回交早代中选组合用作回交父本的株数。二是要注重测交、回交父本株和父本系经济性状的选择。

（二）质-核互作雄性不育系的转育

根据对萝卜雄性不育遗传机制的研究，目前在我国发现的不育源及育成的雄性不育系的遗传属核-质互作不育类型。如果已经育成的雄性不育系的经济性状不理想，或不育系的配合力不好，难以选配出优良的杂交组合，就需要将不育性转育到优良的育种材料上，在这里主要介绍两种转育方法。

1. 连续回交法 即用已经育成的雄性不育系为母本，以配合力优良的育种材料（品种或自交系）为父本选配若干测交组合，而所用父本株同时进行人工蕾期自交。从不育株率高的测交组合中，选性状优良的不育株为母本，与相应父本株自交后代（10～15 株）进行回交。连续回交 4～5 代，父本株连续自交 5～6 代，就有可能把配合力好、经济性状优良的育种材料转育成新的雄性不育系。

2. 利用不育系合成新的保持系法 首先，以育成的遗传性稳定的雄性不育系为母本，用经济性状优良、配合力好而无保持能力的品种或自交系为父本，选配若干杂交组合，各父本株相应自交。第二，在父本株自交后代全部为可育株的株系中，每系选 3～4 株做母本，利用其与不育系所配组合中的可育株做父本，进行去雄（即母本株去雄）杂交。同时，在有育性分离的组合（即第一步所配组合）中，将不育株与可育株进行兄妹交，以保证下一代有不育株出现，供作下一步测交的母本。第三，在上一步去雄交配的组合中，选出全部是正常可育株的组合，并从每一组合中选 10～16 株做父本，再与兄妹交组合中的不育株为母本进行测交，各父本株进行自交。第四，选出不育株率高而该组合父本株自交后代又不出现不育株的组合，以该组合的不育株为母本，在原父本株自交后代中再选出 10～16 株做父本进行回交，所用父本株继续进行单株自交。第五，选不育株率接近 100%的回交组合，并在这些组合中选择经济性状优良的不育株做母本，与原父本株的自交后代继续回交。检验中选回交组合不育性的遗传稳定性，并注意不育株和父本株经济性状的选择。如果回交组合的不育性不稳定，或经济性状尚不符合要求，可继续进行回交和回交父本株自交，到符合要求为止。还有一点需要指出，由于所用的测交、回交父本是杂交合成的，故在测交、回交所用父本株的自交后代中，应注意参照期望转育的原父本品种或自交系的经济性状，在连续测交、回交所用父本株自交后代中进行严格的选择。

（三）利用雄性不育系育种的特点

选育遗传性稳定、不育率和不育度高的雄性不育系，进而选配出优良的 F_1 品种，在理论上可以获得具有近 100%杂交率的 F_1 种子。而且雄性不育系及其保持系、父本系均可采取距离隔离法进行较大面积的繁殖，而不需要人工授粉，从而降低了原种的生产成本。

雄性不育系的繁殖是不育系和保持系大群体自由交配，不会发生生活力的明显衰退。利用雄性不育系做母本，用配合力好的自交系做父本，能生产出高纯度的 F_1 种子。而且，在杂交制种田制种时，制种田内只有不育系和父本系，不需要种植保持系，故易于保护知识产权。

育种实践说明，一个优良雄性不育系的不育性和经济性状的遗传稳定性，主要取决于保持系的保持能力和经济性状的遗传性是否稳定，或是否受到了遗传干扰。所以，要特别重视保持系的安全繁育，严格进行经济性状的选择和严防花粉污染。保持系一旦发生花粉污染，则宜尽早进行不育株与保持系单株父本株的成对测交，所用的父本株要单株蕾期自交授粉，并严防花粉污染。根据测交组合是否有育性分离决定取舍，淘汰那些已丧失保持能力的父本株系。

利用雄性不育系育种的不足之处是：雄性不育系的选育和转育比较费时费力，而且育成的不育系有时配合力不一定好。一般采用顶交法进行组合选配，组合选配受到一定的局限。再者，在近几年萝卜雄性不育系选育和繁育中，发现不少雄性不育系的保持系与不育系花期交配结籽很少，产生不亲和现象，在不育系选育中应注意避免。

（四）关于萝卜不同类型杂交组合的选配

1. 雄性不育系与自交不亲和系杂交组合的选配　在萝卜杂种优势育种中，目前国内许多单位主要采用雄性不育系的技术途径。在杂交组合选配时，多以不育系为母本（测验者），以多个遗传性稳定、性状比较整齐一致的自交系为被测验者配制杂交组合。通过各组合 F_1 的性状鉴定选出优良杂交组合。如果所选择的是自交不亲和系（或自交系）的技术途径，可采用不规则配组法选配杂交组合。在具体操作时，可根据育种目标的要求，从初步育成的众多自交不亲和系中，选出部分有代表性、具较多优良性状的材料，本着双亲主要经济性状互补的原则，有计划地选配杂交组合，通过各组合 F_1 的性状鉴定选出优良杂交组合。

2. 根据生态类型选配杂交组合　不同地区、同一地区的不同季节需要栽培不同生态类型的品种。因此，杂交组合的选配首先要着眼于按照不同的生态类型开展工作。例如，要选育适于春季到初夏栽培的 F_1 品种，双亲均应是冬性强、生长期短的材料，才能有效地防止先期抽薹，确保春夏萝卜丰产。要选育适于夏秋栽培的夏秋 F_1 品种，双亲应具备耐热、抗病毒病等特性。

3. 根据对皮色的要求选配杂交组合　萝卜肉质根的皮色是重要的商品性状，各地市场和消费者对皮色往往有不同要求。要选配红皮、白皮、绿皮等不同皮色的杂交组合，双亲应分别为同一皮色的红皮、白皮、绿皮材料。为使 F_1 有明显的产量优势，双亲应在根形上有较大差异。

4. 根据不同食用要求选配杂交组合 萝卜有生食、熟食、腌渍、制干等不同的食用和加工要求，在杂交组合选配时应特别注意。例如，要选配绿皮绿肉、生食脆甜多汁的生食萝卜杂交组合，双亲均应为绿皮绿肉的优质萝卜材料，可根据肉质根解剖结构的细微差异，并通过品尝和糖、维生素 C、淀粉酶等生化指标差异选配杂交组合和鉴定 F_1 的表现。再如，我国南方地区对熟食萝卜的品质要求是肉质细嫩、易煮烂、风味好，要选配优质熟食杂交组合，双亲均应为质嫩、易煮烂、风味鲜美的材料。而要选配适于加工制干的杂交组合，双亲均应是肉质根干物质含量高、肉质致密，而肉质根根形有一定差异的材料。

（五）杂种一代新品种育成

在自交系、自交不亲和系、雄性不育系基本育成，根据育种目标要求，参照萝卜主要经济性状遗传规律、杂交组合选配原则，经配合力测定选出优良杂交组合，一个新的 F_1 品种（系）即可初步育成。配合力测定一般需采用人工授粉杂交，但需进行不去雄蕾期杂交，每个杂交组合授粉 60～100 个花蕾。通过配合力测定选出优良杂交组合后，要安排隔离条件下的双亲自然杂交采种，可采得较多的 F_1 种子，便于安排品比试验和参加区域试验、生产试验。区域试验的目的是明确该 F_1 新品种（系）适宜栽培的地区，生产试验的目的是鉴定 F_1 新品种（系）与标准品种相比的生产能力，并明确适宜的播种期、种植密度和肥水管理等生产要素。通过了区域试验和生产试验的新品种（系），才可正式命名和推广应用。

第六节 生物技术在萝卜育种上的应用

一、单倍体培养技术

（一）花药与游离小孢子培养的意义与进展

在十字花科蔬菜育种实践中，已广泛开展了花药培养、游离小孢子培养的研究与利用。与大白菜等蔬菜作物相比，萝卜的花药和游离小孢子培养的研究起步较晚，特别是游离小孢子培养进展迟缓，尚未能大量应用于萝卜育种。

实践证明，花药、游离小孢子培养技术，能够在较短时间内很快产生纯合的二倍体材料，可大大缩短自交系选育的年限。而且，通过单倍体培养，可使具有某个（些）隐性性状的个体提前出现，故可显著提高选择效率，缩短选育年限。另外，还可以利用花药、游离小孢子培养过程，在培养基中加入高盐、病原毒素等施加选择压力，从而筛选出耐盐、抗病的有益变异，创新育种材料。

武汉市蔬菜研究所生物技术育种课题的梅时勇等（2000）在萝卜花药、游离小孢子培养技术的研究方面取得了重要进展，成功诱导出了较大批量的萝卜单倍体胚状体，进而选育出了系列萝卜双单倍体纯系，并先后育成了两个双单倍体杂交组合，命名为武单 1 号、武单 2 号萝卜。此后，山东省农业科学院蔬菜研究所、北京市农林科学院蔬菜研究中心等单位，也先后培养出了双单倍体萝卜育种材料。

（二）萝卜单倍体培养技术的应用

根据梅时勇（2005）的研究报道，萝卜的单倍体培养技术可按如下规程进行操作：在萝卜开花季节，于晴天上午 10 时至下午 3 时，取相关试材的花序，喷少许杀虫剂与抗生素复配消毒液，然后置于冰箱中预处理 2 d，取长 2～4 mm 的正常花蕾，用 75%的酒精处理 15s，除去蜡质后置于 0.1% $HgCl_2$ 溶液中消毒 10 min，然后用无菌水清洗 3 次，每次 6～7 min。之后，在 $NaSO_4$ 灭菌纸上切剥花蕾，并接种于萝卜单倍体诱导培养基上，每个直径 60 mm 的培养皿内接种花药 50 个左右。将接种后的培养皿置于培养箱，35 ℃暗培养 24 h，再置于 25℃暗培养至出现胚状体。将出现胚状体的培养皿移至 25℃光照培养箱内培养绿化。胚状体转绿后，转入生芽培养基上诱导生芽。9 月上旬开始，将诱导出的试管苗转入生根培养基上诱导生根。在武汉地区 10 月中旬移入大田，11 月底定植于采种网棚，翌春分单株自交留种。单倍体诱导和生芽、生根培养基配方列入表 15－4 和表 15－5。

表 15－4　萝卜单倍体诱导培养基配方

（梅时勇，2005）

成　分	浓度（mg/L）	成　分	浓度（mg/L）
$(NH_4)_2SO_4$	134.00	肌醇	25.00
$CaCl_2 \cdot 2H_2O$	450.00	烟酸	1.00
KNO_3	1 500.00	叶酸	1.00
NH_4NO_3	900.00	维生素 B_1	5.00
KH_2PO_4	170.00	维生素 B_6	1.00
$MgSO_4 \cdot 7H_2O$	370.00	甘氨酸	1.00
$FeSO_4 \cdot 7H_2O$	27.80	生物素	1.00
Na_2－EDTA	37.30	丝氨酸	30.00
$CoCl_2 \cdot 8H_2O$	0.025	谷氨酰胺	40.00
$CuSO_4 \cdot 5H_2O$	0.025	谷胱甘肽	5.00
H_3BO_3	10.00	活性炭	500.00
KI	0.75	蔗糖	100 000.00
$MnSO_4 \cdot 4H_2O$	10.00	琼脂粉	8 000.00
$ZnSO_4 \cdot 4H_2O$	1.25	pH	5.8～6.0
$NaMoO_4$	0.25		

表 15－5　萝卜生芽、生根培养基基本配方

（梅时勇，2005）

成　分	浓度（mg/L）	成　分	浓度（mg/L）
NH_4NO_3	825.00	$MnSO_4 \cdot 4H_2O$	10.00
KNO_3	9 500	$ZnSO_4 \cdot 4H_2O$	1.25
$CaCl_2 \cdot 2H_2O$	110.00	肌醇	1.25
KH_2PO_4	170.00	烟酸	25.00
$MgSO_4 \cdot 7H_2O$	370.00	叶酸	1.00
$FeSO_4 \cdot 7H_2O$	27.80	维生素 B_1	10.00
Na_2－EDTA	37.30	维生素 B_6	1.00
$CoCl_2 \cdot 8H_2O$	0.025	活性炭	500.00
$CuSO_4 \cdot 5H_2O$	0.025	蔗糖	20 000.00
H_3BO_3	8.00	琼脂粉	8 000.00
KI	0.75	pH	5.8～5.6

注：生芽培养基附加 6－BA 0.2～1.0 mg/L，生根培养基附加 NAA 0.2～1.0 mg/L。

单个花药出胚较少时，可在胚状体绿化后再转入生芽培养基中诱导生芽；而单个花药出胚很多时，则宜及时转入生芽培养基，让众多的小胚状体及时分散生长、绿化，并得到较充足的营养。胚状体开展度达 1 cm 左右时，其外形酷似子叶苗，但随体形长大，只有少数胚状体发育过程像种子发芽后子叶苗破心一样长出真叶；而大多数胚状体则是长成形状各异的培养物，并逐渐在不同部位形成不定芽。

不同萝卜种质材料利用花药培养诱导胚状体阶段，适合培养基差异较大；而在生芽、生根阶段则无明显差异，说明萝卜不同基因型主要在小孢子胚的形成过程中表现出差异。

由于萝卜单倍体培养过程中自然加倍率在70%左右，一般很少进行人工加倍，只要试管苗自交后代不表现性状分离，即为双单倍体纯系。

二、基因工程技术

利用基因工程技术创新种质大体包括下述几个环节：首先是目的基因的分离与克隆；其次是构建基因的表达载体，并在目的基因的5′端加上启动子，在目的基因的3′端加上终止子，以利该基因的有效表达；第三是进行基因的遗传转化，可利用农杆菌介导法、基因枪法、花粉管通道法、真空渗透法等进行目的基因的遗传转化；第四是转基因植株的验证与后代的连续选择。

目的基因的分离与克隆是利用基因工程技术创新种质的首要环节。一般认为，确定有价值的目的基因，并选用科学、可行的基因分离、克隆的方法非常关键。例如，抗病基因、耐抽薹基因、耐热基因、影响萝卜品质的相关基因，以及影响萝卜皮色、肉质色的色素基因等，都可以作为目的基因。据报道，目前有关目的基因的克隆策略和方法大体有以下几种：一是基于基因产物（蛋白多肽）的克隆；二是基于基因差异表达的克隆，如利用差减杂交、mRNA差异显示（DDRT-PCR）法等；三是基因序列同源克隆法，是根据类似功能基因其一级结果可能相同或极其相似的原理，克隆类似基因；四是基于图谱的基因克隆方法，又叫图位克隆法；五是以DNA插入诱变为基础的克隆方法，又称基因标签法等。随着分子标记技术的发展，高密度遗传图谱和物理图谱的构建、异源转座子的成功应用等，在不久的将来，基因的分离与克隆技术将会迅速发展和完善。

在目的基因的遗传转化方面，需要尽快研究建立一个高效、实用的萝卜再生体系和组培快繁体系；在此基础上，完善通过农杆菌介导法获得萝卜转基因植株的遗传转化体系。同时，在以上技术尚未取得重大突破的情况下，可以采用将在发育的活体花组织浸入到含有目的基因的农杆菌溶液中进行遗传转化，即俗称的浸花法。据报道，Curtis（2001）利用浸花法进行了萝卜的遗传转化研究，并成功获得了萝卜转基因再生植株。

三、分子标记辅助育种技术

就总体而言，分子标记在萝卜育种上的应用研究才刚刚起步，远未达到有效辅助育种的阶段。为了推动分子标记在萝卜育种上的应用，应抓住有关萝卜抗病性、品质及某些特异性状，通过试验选择简便、可靠、可行的分子标记技术，筛选鉴定出与目标性状遗传距离近、紧密连锁的分子标记，使分子标记辅助育种技术尽快进入实用阶段。

为了掌握分子标记在染色体上的相对位置与排列情况，有效地分析与利用标记提供的遗传信息，以便更好地为遗传育种及基因的分离与克隆服务，有必要构建高密度的标记遗传图谱。据柳李旺（2005）报道，构建分子标记遗传图谱的基本操作步骤如下：一是要选择合适的分子标记技术；二是根据种质材料之间的多态性，确定亲本组合。目前的图谱多是选用栽培种与近缘野生种间的后代构建的；三是建立作图分离群体，可分为暂时性分离群体（包括 F_2 群体、回交群体等）、永久性分离群体、加倍单倍体群体（包括重组自交系群体）；四是分析群体中不同单株或品系的标记基因型；五是对群体标记基因型数据借助计算机作图软件进行连锁分析，建立标记连锁群，从而为分子标记辅助育种奠定基础。

第七节　良种繁育

一、亲本系的繁育

（一）成株法繁育亲本系原原种

不论是繁育哪个生态类型萝卜品种（F_1）的亲本系原原种，也不论是繁育雄性不育系、自交不亲和系或自交系原原种，均需利用成株法进行繁育。成株法繁育的优点：品种的亲本系在适宜的栽培季节种植，种株经历了完整的产品器官形成过程，其植物学特征和生物学性状可以得到充分表现，便于选优去劣，能够保持和提高亲本系的良好种性，故亲本系原原种的繁育必须采用成株法。

在我国北方地区，春夏萝卜亲本系的成株法繁种，需利用阳畦或中小拱棚等设施，要比露地春播栽培提前 30～40 d 播种，植株生长 5～6 片叶后，在夜间最低温度不低于 0 ℃时可不盖保温覆盖物，令其充分接受低温影响而通过春化阶段。肉质根膨大基本结束时（植株有 10～12 片叶），全部留叶收获，严格进行选优去劣，淘汰性状不典型、病株、早抽薹植株等。若亲本系是自交不亲和系或自交系，可将选出的种株定植于采种网棚等人工隔离设施内，花期进行人工蕾期混合授粉。若亲本系是雄性不育系，可将选出的不育系和保持系种株，按 3∶1 的比例定植于具有良好隔离条件的采种田内（自然隔离半径不少于 2 000 m），花期令其自然授粉，盛花期后拔除保持系植株（保持系需另安排采种圃）；也可以将不育系与保持系种株定植于同一采种纱棚内，花期进行人工授粉或放蜂授粉，种子成熟后分别收获，并严防混杂。

夏秋萝卜栽培正处在炎热多雨季节，种株收获后（8～9 月）难以贮藏到翌春安排繁种，因此需在种株收获后随机定植于采种温室或大棚内，人工创造较适宜的环境条件令其抽薹开花，并进行人工授粉。自交系、自交不亲和系人工蕾期混合授粉，雄性不育系用保持系花粉花期授粉或放蜂授粉。

秋冬萝卜用成株法繁育亲本系种子，其播种期可与生产田相同或稍晚几天。收获时选优去劣，将种株留 1～2 cm 叶柄，切去叶丛，置于沟窖内贮藏；有条件的也可用沟窖贮藏 1～2 个月，于 12 月至翌年 1 月定植于采种温室内，于 2～4 月人工授粉，获得亲本系原原种。若种株需定植在防虫网棚内采种，需将种株安全越冬贮藏（防冻、防热、防腐烂），待春季 10 cm 地温稳定在 5 ℃以上时定植于防虫网棚内。若亲本系是自交系、自交不亲和系，须进行人工蕾期混合授粉；若亲本系是雄性不育系，可将不育系与保持系按 3∶1 的比例定植，花期进行人工授粉或放蜂授粉。待种子成熟后严格分别收获，防止机械混杂。

（二）半成株法繁殖亲本系原种

所谓半成株法（又称小母株法），是指利用未充分膨大的肉质根作为种株来繁种的方法。半成株法繁种的优点是：种株的播种期晚，占地时间短，又可加密种植，降低了生产成本。种株个体虽然尚未长足，但肉质根已基本成型，可以去杂去劣。种株个体较小，便于贮藏，而且种株的生活力较强，种子产量较高，故大量繁育亲本系原种时可以利用此法。半成株繁种法的缺点：肉质根膨大期短，种性未能充分表现，难以做到严格淘汰种性不良的植株。

现以华北地区为例，介绍春夏萝卜、夏秋萝卜、秋冬萝卜利用半成株法繁育亲本系原种的主要技术环节。

1. 种株的栽培与贮藏　秋冬萝卜半成株繁种的播种期比正常秋冬萝卜播种期可推迟 15～20 d，在山东省一般是 8 月下旬播种，采用稀播，不间苗或稍加间苗，单位面积留苗数一般为生产田的 2～3 倍，秋季管理同生产田。立冬前收获时，单株肉质根重控制在 100～150 g 为宜。夏秋萝卜品种多生长期短、生长速度较快，冬性往往偏弱，肉质根质地较松，贮藏期间易糠心等，故半成株繁种播期宜晚些，在山东省多于 9 月上旬播种，立冬前收获时，单株肉质根重控制在 100 g 左右。春夏萝卜秋播半成株繁种，山东省多于 9 月下旬播种，立冬前收获时，单株肉质根重控制在 20～30 g。在留种田的田间管理上，除注意增加密度以外，水肥管理可根据地力和萝卜种株的生长势灵活进行。地力较差、播期偏晚，预计种株生长量不足时，可适当追肥、浇水，促其生长；在地力好，萝卜种株生长偏旺的情况下，可适当控制追肥、浇水。

种株收获时尽量少造成肉质根损伤，在根顶留 1～2 cm 叶柄，切掉叶丛。根据亲本系的性状特征，严格去杂去劣。然后，采用沟窖贮藏。沟窖宽 80 cm，深 60 cm，长度据需要和地块而定。沟内土壤过于干燥时，可喷洒一些清水。然后，放一层萝卜种株，撒一薄层细湿土。为有利于沟窖通风，在沟窖中间每 2～3 m 竖一玉米秸把。沟窖内萝卜种株高 35～40 cm 时，上面覆盖细湿土厚 10～15 cm，以后随天气转冷，分 2～3 次增加覆土，覆土总厚度达 30～40 cm（即相当于当地冻土层的厚度）。萝卜种株适宜的贮藏温度为 1～3 ℃。在种株贮藏期间，前期（11 月中旬至 12 月中旬）和后期（翌年 2 月中旬至 3 月上旬）应注意防止窖温偏高。前期防窖温过高，可在寒流每次到来之前进行覆土，并切忌一次覆土过厚；后期防窖温过高，可随天气转暖渐去覆土。严冬期间（指 12 月下旬至翌年 2 月上旬）则应注意防止冻害。

2. 种株栽植与管理 翌春，10 cm 地温稳定在 5 ℃以上时，即可安排栽植种株。采种田应提前 8～10 d 施肥、耕地耙细、起垄或作畦。自交不亲和系、雄性不育系及自交系的繁育，一般需安排在有防虫网覆盖的采种棚内，或在通风口处安装防虫网的温室内。繁育自交不亲和系时，因需要人工蕾期剥蕾及系内混合授粉，故栽植行距宜大些，以利于人工授粉。繁育雄性不育系时，不育系和保持系可按 2～3∶1 栽植，花期人工授粉或放蜂授粉。繁育自交系时，在防虫网棚内人工授粉或放蜂授粉，也可安排在具有良好隔离条件（隔离距离不少于 2 000 m）的大田，花期自然授粉。种株的田间管理同一般采种田，开花前需注意喷药防治蚜虫等虫害，坐荚期注意喷药防治霜霉病等病害。种荚黄熟后要及时采收，收获和脱粒及种子晾晒期间要严防机械混杂。

二、F_1 的杂交制种

（一）半成株法杂交制种

1. 种株的栽培与贮藏 各生态型萝卜 F_1 的亲本系播种期、留苗密度、田间管理、冬前收获、去杂及种株的冬季贮藏等，与半成株法繁殖亲本系相同。不同处：如果 F_1 的双亲为自交不亲和系或自交系时，一般是双亲种株按 1∶1 播种；或自交不亲和系为母本、自交系为父本时，双亲按 2∶1 播种。如果 F_1 的双亲是雄性不育系为母本、自交系为父本时，双亲按 3∶1 播种。

2. 种株栽植与田间管理 一般在翌春地温稳定在 5 ℃以上时栽植双亲的种株。采种田应具备良好的自然隔离条件，在该 F_1 杂交制种田 2 000 m 以内，不能有其他萝卜品种的采种田；也不允许春夏萝卜生产田中有抽薹开花的植株，以避免自然杂交，发生生物学混杂。制种田应提前 8～10 d 施足基肥、耕翻耙平作垄，垄宽 60～65 cm（含垄沟），每垄栽植 2 行，株距 30～35 cm，每 667 m^2 栽植 6 000株左右。自交不亲和系或自交系为双亲时，双亲一般按照 1∶1 栽植；自交不亲和系为母本、自交系为父本时，双亲也可按 2∶1 栽植，即 2 行母本、1 行父本。如果母本是雄性不育系、父本是自交系时，双亲一般按 3∶1 栽植，即 3 行母本、1 行父本，或 3 垄母本、1 垄父本，需注意缩小父本株距，适当增加父本株数，以保证有充足的花粉数量，使母本得以充分受粉，以便获得较高的杂交种子产量，盛花期后拔除父本，严防种子机械混杂。对于自交不亲和系为母本、自交系为父本，正反交 F_1 经济性状差异较大时，也可在盛花期过后拔除父本，只收获正交种子。

在杂交制种田的管理上，还需要重视以下几点：①注意双亲初花期是否相遇。一般来说，采用半成株法进行 F_1 的杂交制种，由于种株经历了漫长冬季的低温影响，春化阶段均已通过。如果双亲初花期有差异，主要与亲本系对日照长度感应敏感与否有关，对日照长度感应不敏感者，往往表现抽薹速度较快。在杂交制种田内若发现双亲抽薹不一致时，可对抽薹早的亲本系进行掐薹抑制。②初花前，严格喷药防治蚜虫、斑潜蝇等虫害；花期尽量不喷洒杀虫药剂，以免杀伤传粉昆虫。盛花期过后，则应及时喷布杀虫剂杀灭害虫；同时，若发现种荚上有霜霉病斑时，则应及早喷布杀菌剂，控制霜霉病等病害的危害。③肥水管理同一般繁种田。种株栽植后若土壤墒情尚可，可踩实种株定植穴、耙平垄面并覆盖地膜。如果土壤墒情不好，可在覆盖地膜后浇水。在种株抽薹开花前应控制浇水，避免花薹生长过快后期发生倒伏。制种田进入初花期后，可进行追肥、浇水。盛花期若天气无雨，可5～7 d浇1水，并适当追施速效氮磷钾肥，也可叶面喷施0.3%磷酸二氢钾等。盛花期后进入种荚生长期，适当减少浇水次数并控制氮肥施用，防止种株贪青生长。④种荚黄熟后收获，经晾晒充分干燥后打压脱粒。

（二）阳畦育苗法杂交制种

对于春夏萝卜或冬性偏弱、冬季不耐贮藏的亲本系要配制 F_1 种子，可以采用阳畦或中小拱棚育苗法进行杂交制种。阳畦或中小拱棚应于冬前做好，并施足底肥、深翻耙细。山东各地一般于12月上中旬播种育苗。播种前，育苗畦内浇透底水，并按7～8 cm见方，趁水未渗完用长刀划方格，深度8～10 cm。然后将清选后的萝卜亲本系种子点播于方格中央，每格播种1～2粒，播后覆土1～2 cm，盖严塑料薄膜，夜间加盖草苫。利用自交不亲和系或自交系制种时，双亲育苗数按1∶1安排；若用自交不亲和系为母本、自交系为父本制种时，父母本也可按1∶2安排，盛花期后拔除父本株。利用雄性不育系制种时，父母本种植比例可按1∶3安排，盛花期后拔除父本株。

阳畦或中小拱棚育苗期间，出苗前不通风，白天畦温控制在20～25 ℃，夜间8～10 ℃。出苗后，白天畦温控制在20 ℃左右，夜间6～8 ℃。幼苗达5～6片真叶时，若夜间温度不低于0 ℃可不再覆盖，使幼苗接受低温锻炼。10 cm地温稳定在5 ℃以上，幼苗达6～8片真叶时，即可安排定植。采种田隔离条件、施肥整地起垄、栽植方式和密度等同半成株法制种。不同处在于只能根据叶型、叶色和根头部分识别亲本系纯度，去杂较为困难。起苗时尽量多带土，以利于缓苗。栽植后应随即浇水，待缓苗后再整理垄面覆盖地膜。抽薹开花后的管理也同半成株法制种，不同处是：如果双亲开花不一致，除对早抽薹的亲本系植株进行掐薹抑制外，翌年再制种时，迟开花的亲本系可适当提前播种。

（何启伟）

主要参考文献

邓代信，龚义勤，汪隆植，等.2004. 萝卜雄性不育系几种同工酶研究［J］. 西南农业学报，17（3）：348－352.

邓晓东，费小雯，胡新文，等.2001. 萝卜抗真菌蛋白基因 *Rs-AFPs* 在大肠杆菌中的表达及其转化番茄的研究［J］. 园艺学报，28（4）：361－363.

何启伟.1993. 十字花科蔬菜优势育种［M］. 北京：农业出版社.

何启伟.2006. 山东蔬菜科技进步与产业发展［M］. 北京：中国农业出版社.

李鸿渐，汪隆植，张谷雄，等.1983. 以春化特性为基础的萝卜品种分类的探讨［J］. 南京农学院学报（3）：31－35.

李寿田，汪隆植，刘卫东，等.2001. 萝卜霜霉病抗性鉴定及抗性品种筛选［J］. 南京农业学报，17（1）：9－12.

李文君，范静华，赵南明，等.2001. 萝卜叶绿体ATP酶亚基的cDNA克隆及序列特征［J］. 清华大学学报：自然科学版，41（4－5）：36－40.

梅时勇，杨保国，姚芳，等.2002. 萝卜单倍体培养. 植物生理学通讯，38（1）：37.

潘大仁，Friedt W.1999. 萝卜抗根结线虫基因导入油菜的研究［J］. 中国油料作物学报，21（3），6－9.

冉茂林，邹明华，范世祥，等.2006. 热胁迫下萝卜干物质形成特性研究［J］. 西南农业学报，19（3）：465－469.

汪隆植，何启伟．2005. 中国萝卜［M］. 北京：科学技术文献出版社．
王冰林，李媛媛，韩太利，等．2009. 我国萝卜分子生物学研究现状与前景展望［J］. 长江蔬菜（238）：1-3.
张丽，宫国义，李霄燕，等．2006. 萝卜雄性不育系及其保持系个体发育中 5 种同工酶比较［J］. 西北农业学报，15（3）：116-120.
中国农业科学院蔬菜花卉研究所．2001. 中国蔬菜品种志［M］. 北京：中国农业科学技术出版社．
朱德蔚，王德槟，李锡香．2008. 中国作物及其野生近缘植物：蔬菜作物卷［M］. 北京：中国农业出版社．

第十六章

胡萝卜育种

胡萝卜（*Daucus carota* L. var. *sativa* DC.）是伞形花科（Umbelliferae）胡萝卜属野胡萝卜种胡萝卜变种中能形成肥大肉质根的二年生草本植物。别名：红萝卜、黄萝卜、丁香萝卜等。染色体数 $2n=2x=18$。多数学者认为，胡萝卜起源于亚洲西部，阿富汗为紫色胡萝卜最早演化中心，其栽培历史已有2 000年以上。中国关于胡萝卜的记载始见于宋、元时期，也有学者认为胡萝卜是在13世纪由伊朗传入中国，驯化成为长根形中国生态型。胡萝卜是全球十大蔬菜作物之一，适应性强，易栽培，种植十分普遍。根据联合国粮食及农业组织（FAO）统计，2013年全世界胡萝卜栽培总面积为119.95万 hm^2，其中中国达到47.50万 hm^2。胡萝卜在中国各地均有栽培，尤以内蒙古、河北、山西、陕西、山东、河南、江苏等地区栽培较多。胡萝卜是人们喜爱的蔬菜，生食、熟食、加工俱佳，现已成为一种健康功能型食品。胡萝卜富含多种维生素，尤其是β-胡萝卜素，是主要维生素A源。维生素A是人体不可缺少的一种维生素，可促进生长发育，维持正常视觉，防治夜盲症、干眼病、上呼吸道疾病，又能保证上皮组织细胞的健康。

第一节　育种概况

一、育种简史

胡萝卜的早期育种方法主要是从原有的品种中选择农艺性状优良的株系，经过多年的纯化栽培形成的新品种。橘色胡萝卜是最富含β-胡萝卜素的类型，也是目前育种家最为关注的一类品种。荷兰Banga（1957）认为，记载最早的橘色胡萝卜有两种：一种是短的，称作Horn；另一种是长的，称作Long orange，这是橘色胡萝卜育种史的开始。到1763年，经过长期的选择，衍生出3种类型的橘色胡萝卜：Early short horn、Early half long Horn和Late half long horn。到19世纪，衍生出多种橘色栽培类型品种，在根形、熟性和颜色亮度方面都具有各自的特点。

17世纪，胡萝卜随着欧洲的“拓荒者”来到美国。到19世纪中期，尽管橘色、黄色和紫色品种在欧洲都有种植，但在美国只有橘色品种被广泛种植。1928年，美国Asgrow种子公司通过Nantes和Chantenay杂交获得一新类型品种——Imperator，并迅速在美国流行。

胡萝卜为异花授粉作物，由于花器官很小，难以开展常规人工杂交育种。因此，早期育种方法主要采用群体选择和系谱选择，但这种方法育成的品种一致性和稳定性都比较差，主要在于常规品种本身的杂合性和群体内长期自交会引起性状衰退。20世纪，众多科研机构和种子公司开始尝试有性杂交育种。在北美洲，通过常规品种间的杂交获得了一些很好的品种，如Gold pak、Waltham hicolor

等，其中Gold pak是Long imperator和Nantes杂交获得的。日本最早选育的橘色胡萝卜品种是从西方引进的橘色类型材料中选育而成的，在20世纪50年代选育出了亚洲主栽的黑田五寸（Kuroda）类型（Simon et al.，2008）。

Frimmel和Lauche（1938）最早建议进行胡萝卜杂交一代选育。Welch和Grimball（1947）首先发现了胡萝卜褐药型雄性不育，而瓣化型雄性不育（Munger，1953）的发现为推动一代杂种选育奠定了重要基础。20世纪60年代早期，第一个杂交品种在美国投放市场（Peterson和Simon，1986年）。目前，胡萝卜杂交品种已在世界上广为使用，欧洲早熟和晚熟品种中杂交品种的比例为60%～90%，美国现有推广的品种基本都是杂交一代。

中国最早由台湾从日本引入金时、长崎五寸等橘色品种。20世纪40年代，引入了其他橘色品种，如东京大长胡萝卜、丹佛斯半长（Danvers half long）、美国早熟鲜红角、法国早熟等。在20世纪60年代，吴光远等在皇帝型（Imperator）品种中发现了褐药型雄性不育株，并开始了雄性不育系的选育工作。但在后来中国利用雄性不育系育成的胡萝卜一代杂种中，除20世纪80年代中期山东省莱阳蔬菜技术服务公司报道了利用褐药型雄性不育进行杂交育种外，其他均是利用瓣化型雄性不育系育成的。

二、育种现状与发展趋势

（一）育种现状

最初的胡萝卜育种工作主要由各国的科研机构负责，如美国的康奈尔大学、威斯康星大学、美国农业部（USDA）等，只有很少的种子公司参与胡萝卜育种。进入20世纪90年代，越来越多的种子公司参与到胡萝卜育种中，如Sunseeds、Sakata、Siegers、Asgrow等，不断推出公司的自主产品，目前，国外的科研机构逐渐退出品种选育和种子生产工作，更注重于胡萝卜的基础研究领域。中国胡萝卜的育种工作还主要由国家和各省市的农业科研单位进行，经过多年努力也取得一定进展。如中国农业科学院蔬菜花卉研究所利用瓣化型雄性不育系材料育成的橘红1号、中加643，北京农林科学院蔬菜研究中心培育出红芯系列品种，内蒙古农牧业科学院蔬菜研究所选育出的金红1号、金红5号等，天津市园艺工程研究所选育的天红2号。

抗病性育种是胡萝卜育种的重要目标，培育抗病品种是实现无公害生产的重要保证（欧承刚等，2009）。国外关于胡萝卜病害研究的报道很多，中国也早有关于胡萝卜病害的种类及其在生产中的发生与危害等报道，但是对种质资源的抗性鉴定等研究还未见报道。随着橘色胡萝卜品种栽培区域不断扩展以及品种单一性程度的增加，为病虫害的侵袭提供了有利的条件。因此，有效地收集和利用抗病资源，培育抗病品种，减少病害对胡萝卜生产的损失成为育种家的重要工作；加之无公害生产的推广和普及，化学农药的使用范围受到限制，进行抗病育种的研究，提高植株本身的抗性或耐性就显得十分必要。

（二）发展趋势

现代生物技术与传统育种方法相结合是现代育种的发展方向。胡萝卜是组织培养的模式植物，很容易通过诱导愈伤组织和胚状体发生途径获得再生植株，非常适合作为生物技术研究素材（Hardegger和Sturm，1998）。单倍体培养可以快速纯化育种材料，加快育种进程，目前花药培养和游离小孢子培养方面已取得了突破性的进展，特别是游离小孢子培养国内研究已领先，多种基因型材料可以产生大量胚状体或愈伤组织，成功获得一批单倍体和双单倍体材料（Ferrie et al.，2011；庄飞云等，2010；李金荣等，2011）。

国外分子标记辅助育种技术已在胡萝卜中尝试应用，如抗叶斑病材料、抗根接线虫材料的筛选。

饱和遗传连锁图谱的绘制是进行基因克隆、数量性状定位、分子标记辅助选择等遗传研究的重要工具。最近发表较为饱和的遗传图谱是由 Cavagnaro 等（2011）构建的，采用栽培种 B493 与野生种 QAL 杂交的 F_2 群体，其中野生种 QAL 连锁图谱含有 202 个分子标记，9 个连锁群，全长 1 120.8 cm，平均遗传距离为 5.8 cm；栽培种 B493 连锁图谱含有 193 个标记，9 个连锁群，全长 1 273.2 cm，平均遗传距离为 6.9 cm。国内只有个别遗传图谱的报道（欧承刚等，2010）。

基因工程技术的发展为快速改善蔬菜品种的农艺特性和抗性水平提供了重要基础和技术手段。Takaichi 和 Oeda（2000）将人体溶菌酶基因导入到胡萝卜栽培种中，两个转化株系后代表现高抗白粉病和中抗黑斑病，在抗病株系中检测到人体溶菌酶蛋白含量的富集。Jayaraj 和 Punja（2007）将大麦几丁质酶基因（*chi-2*）和小麦脂质转移蛋白基因（*ltp*）导入胡萝卜中，导入两种基因的植株对黑腐病抗性显著高于导入单一基因的植株，发病率减少 90%。Wally 等（2008）研究表明，导入过氧化物酶基因的转化株表现为发病时间晚，病害扩展速度慢，可显著减少由腐生细菌引起的病害发生。

转基因作物还可以作为载体表达细菌抗原或外源蛋白等，发展成可直接食用的人体抗病疫苗，具有重要的科学和经济价值。以转基因作物为载体的人体疫苗具有价格低廉、贮藏期长、药效稳定、易管理等优点，逐渐进入人们的视野，并迅速得到发展（Streatfield et al.，2001；Mendoza et al.，2007）。Blouin 等（2003）获得具有抗麻疹病毒免疫球蛋白的转基因胡萝卜。Imani 等（2007）将胡萝卜中乙型肝炎病毒（HBV）表面抗原蛋白的表达水平由每克鲜重 25 ng 提高到 15 μg。Mendoza 等（2007）将热解肠毒素（LTB）导入胡萝卜中，LTB 总可溶性蛋白的表达量最高为 0.3%。Kim 等（2009）将霍乱毒素 B（CTB）通过农杆菌导入胡萝卜肉质根中，并在基因组 DNA 中检测到合成的 CTB 基因，Western 杂交分析 CTB 以寡聚蛋白结构表达和富集，CTB 的总可溶性蛋白表达水平为 0.48%。

随着国内种植基地规模化发展，种植制度逐渐改变，胡萝卜消费形式向多样化高品质发展。为满足市场需求，未来品种选育方向应该具有优质性、专一性和多样性，主要体现在以下 4 个方面。

（1）一致性　胡萝卜肉质根的一致性是种植者和经销商最为关注的重要商品性状。整齐一致的品种有利于表现其本身的特性，是品种纯度的体现，同时也便于加工、运输和销售。由于肉质根生长在土壤中，对土壤及环境的变化极为敏感，而且在采收前种植户很难确定其变化。因此，种植大户通过选择优良品种、优质种子，采用精量播种、精准灌溉和施肥等技术，确保收获的肉质根具有较高的一致性。

（2）外观　良好的外观性状是蔬菜作物育种的主要目标，是多种性状的综合体现。胡萝卜的外观主要包括根形、根长、根色和表皮的光滑度等。胡萝卜肉质根的形状可谓是多种多样，有圆柱形、圆锥形、球形，肉质根的长短差异也很大。目前，国内经销商和种植者最喜爱的是长圆柱形，根长 22 cm左右。肉质根的颜色要求表皮、韧皮部和木质部色泽一致，以橘色和橘红色为主。根表皮光滑度是一个重要商品性状，对于鲜食品种，光滑的外观易于被消费者接受；对于加工品种，光滑的表皮易于清洗和加工。

（3）抗病性　黑斑病（*Alternaria dauci*）、斑点病（*Cercospora carotae*）和细菌性叶斑病（*Xanthomonas campestris* pv. *carota*）现已成为世界上影响胡萝卜生产的主要病害。主要危害植株地上部，轻则叶片黄化、萎蔫，重则造成地上部死亡，不利于大规模机械化采收，并且大多数胡萝卜品种不具有抗黑斑病的基因。由于这 3 种病害的症状很相似，所以国外学者将这 3 种病害统称为叶斑病（leaf blight）。黑腐病（*Alternaria raicina*）在中国部分地区成为主要病害，不仅危害地上部，而且也危害根部，发出很浓的腐烂霉味。胡萝卜猝倒病（*Pythium* spp.、*Rhizoctonia solani*）在苗期危害很大，特别是高温暴雨季节，严重的可造成成片死苗，同时 *Pythium* spp. 也是胡萝卜形成叉根的主要因素。白粉病（*Erisyphe umbelliferarum*）危害植株地上部，引起地上部萎蔫、枯死。胡萝卜根结线虫（*Meloidogyne javanica*、*M. incognita*、*M. arenaria*）也是目前胡萝卜生产中的重要病害之一，主要危害主根生长点形成大量叉根，直接影响肉质根的商品率和产量。

（4）品质 胡萝卜的品质不仅仅指营养价值，还包括风味。特别是鲜食类型，风味显得尤为重要。影响胡萝卜风味的主要有糖类、挥发性萜类、羰基类、酚醛类物质以及一些游离氨基酸，其中以挥发性萜类物质扮演着决定性的角色。它必须和糖类物质达到一定的比例才能增加胡萝卜的风味。

第二节 种质资源与品种类型

一、起源与传播

关于野胡萝卜种（*D. carota* L.）的系统分类仍存在较大分歧。多数学者认为，栽培胡萝卜变种可以分成两种类型：东方类型和西方类型，或者是亚洲类型和欧洲类型，或者是亚热带类型和温带类型（Rubatzky et al.，1999）。但也有学者认为，栽培胡萝卜应该分成东方变种（var. *atrorubens* Alef.）和西方变种［var. *sativus*（Hoffm.）Arcangeli］（Small，1978）。东方类型的肉质根色多为紫红色或黄色，叶片灰绿色，叶柄多茸毛，耐高温，但容易抽薹，花薹主茎粗壮，主轴花序大，而侧枝较弱；西方类型的肉质根色多样，有橘色、黄色、红色和白色，叶片绿色，耐抽薹，花薹主茎不明显。

由于阿富汗、土耳其以及从西欧大西洋海岸到中国西部，广泛分布着大量野生胡萝卜种，Vavilov（1951）提出亚洲中部是东方类型的起源地，而亚洲西部（主要是土耳其）是西方类型的起源地。Simmonds（1976）认为，西方橘色胡萝卜起源于东方紫色胡萝卜，而东方紫色胡萝卜可能是由阿富汗含花青素的亚种 ssp. *carota* 演变发展而来的。Mackevic（1929）和 Heywood（1983）认为，胡萝卜的初生起源中心在阿富汗的喜马拉雅山、兴都库什山地区。总的来说，大家较为认可一致的观点是东方类型胡萝卜起源于阿富汗地区，但西方类型胡萝卜起源还不明确。

10世纪以前，在希腊以及罗马等国家遗留下来的古籍中已提及野生胡萝卜种子，被长期用作药材或香料。直到10世纪，开始有文献记载紫色、红色和黄色胡萝卜在伊朗和阿拉伯北部栽培，11世纪胡萝卜经阿拉伯国家传到叙利亚和北非，12世纪传到西班牙，13世纪传到中国和意大利，14世纪传到法国、德国和荷兰，15世纪传到英格兰，17世纪传到了日本、韩国及欧洲北部和北美洲等（图16-1）。

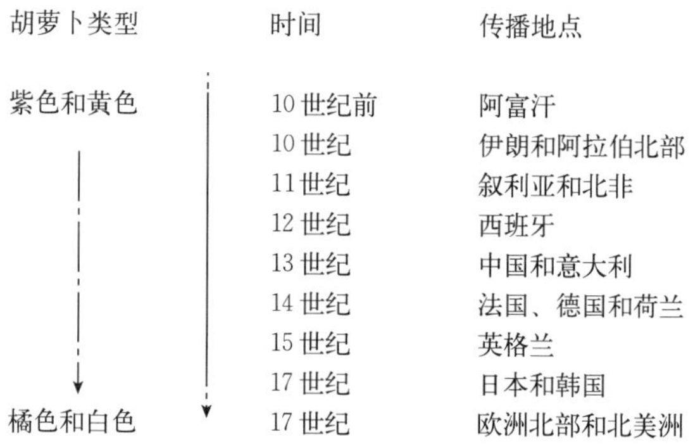

胡萝卜类型
时间
传播地点
紫色和黄色
10世纪前
阿富汗
10世纪
伊朗和阿拉伯北部
11世纪
叙利亚和北非
12世纪
西班牙
13世纪
中国和意大利
14世纪
法国、德国和荷兰
15世纪
英格兰
17世纪
日本和韩国
橘色和白色
17世纪
欧洲北部和北美洲

图16-1 胡萝卜栽培种传播和演变历程
（Rubatzky et al.，1999）

关于胡萝卜何时传入中国的观点不一。有学者认为是汉武帝时（前140—前88），由张骞出使西域，经中亚细亚首次传至中国的，故名胡萝卜，最初是紫色胡萝卜。在12—13世纪的宋、元时期，胡萝卜经丝绸之路再次传入中国。南宋绍兴二十九年（1159年）由王继先等人校改的《绍兴校定经史证类备急本草》一书中记载：“胡萝卜味甘平无毒，主下气，调利肠胃，乃世之常食菜品矣，然与芜菁相类，固非一种，处处产之。”元至顺（1330—1333）《镇江志》记载：“胡萝卜，叶细如蒿，根少而小，微有荤气，故名。”明代李时珍在《本草纲目》（1578）中记载：“元时（1280—1367）始自胡地来，气味微似萝卜，故名胡萝卜。”清代吴其浚《植物名实图考》（1848）所载胡萝卜经云南省进入，有红、黄两种。植物分类学表明，中国存在1个野胡萝卜种和1个栽培变种，其中野胡萝卜产于四川、贵州、湖北、江西、安徽、江苏、浙江等省（《植物志》），栽培胡萝卜根色呈红色或黄色。

关于橘色胡萝卜的起源还没有确切的文献记载。Banga（1963）根据欧洲油画上的胡萝卜特征，认为橘色胡萝卜是17世纪初在荷兰从黄色胡萝卜中突变而来的，这也得到了分子标记亲缘关系研究结果的支持（Iorizzo et al.，2013）。而Simmonds（1976）则认为，西方橘色胡萝卜起源于东方紫色胡萝卜。但是一些分类学家认为，橘色类型不是从栽培种中选择出来的，而是由 *D. carota* spp. *carota* 和地中海地区的 *D. carota* ssp. *maximus* 杂交产生的变异。Heywood（1983）认为，橘色胡萝卜是由野生胡萝卜自然杂交和人工选择两种因素结合产生的。马振国等（2015）通过对中国地方品种资源与西方橘色栽培品种之间亲缘关系的研究发现，中国胡萝卜橘色资源可能来源于本土红色或黄色资源的突变，可能存在自身驯化过程。

二、种质资源的研究与利用

（一）种质资源的搜集研究

胡萝卜属包含22个种，多数种的染色体基数为 $n=11$ 或 $n=10$，而野胡萝卜种（*D. carota* L.）的染色体基数为 $n=9$。全世界已搜集保存5 600份胡萝卜种质资源（FAO，1996），其中俄罗斯（Vavilov Institute of Russia，VIR）保存有1 000多份。美国农业部搜集保存了大约800份，95%是野胡萝卜种。英国（Horticulture Research International，Wellesbourne，Warwick）种质库保存的种质多数也是野胡萝卜种，但也搜集了其他一些种的资源，如 *D. broteri*、*D. glochidiatus*、*D. gracilis*、*D. hispidifolius*、*D. involcratus*、*D. littoralis*、*D. montividensis* 和 *D. muricatus*。

总体上，中国的栽培胡萝卜资源较为丰富，已搜集编目保存的地方品种有389份，来自于27个不同省、自治区、直辖市，种子保存在中国农业科学院蔬菜花卉研究所国家蔬菜种质资源中期库中。关于中国胡萝卜资源研究仅处在搜集、更新水平上，对其有用基因资源的深入研究较少。在1990—1995年，张夙芬（1998）对胡萝卜地方品种资源的基本农艺性状和主要营养品质指标进行观测，结果表明，胡萝卜种质资源材料存在较大变异；同时分别筛选出高胡萝卜素资源13份、高总糖含量资源12份、高干物质含量资源29份。庄飞云等（2006）在其研究基础上初步构建了15%～20%的核心种质资源样品。

（二）种质资源的利用

广泛多样的种质资源是胡萝卜育种基础。对于育种者来说，种质资源的有效利用是一项十分重要的课题，不断创制新的种质资源，才能推动胡萝卜的育种进程。现在国内外对种质资源的利用主要集中在细胞质雄性不育资源、抗病虫资源以及具有优良品质资源。另外，通过栽培品种与野生种的杂交可以创制特异根色、根形的新种质。

细胞质雄性不育的利用是胡萝卜育种史上的一个重要转折点，使得杂交一代种子广泛应用成为可能。1947年，Welch和Grimball首先从一些野生资源和驯化品种中发现了褐药型不育。吴光远等（1964）在皇帝型老魁品种中也发现了褐药型雄性不育株。1953年，Munger首先在野生胡萝卜中发现瓣化型不育，在1970年，Morelock等发现了另一种瓣化型不育资源。这两种不育类型很容易通过多代回交转育方法加以利用。张夙芬（1998）在丹佛斯（Danvers）等国外引进品种中发现了瓣化型雄性不育株，通过成对杂交、测交等手段选育出了100%瓣化型不育系。

从种质资源中挖掘抗病虫材料是育种者极为关注的。康奈尔大学的Abawi教授在2000年美国纽约州蔬菜大会的汇报中表示，已从21个胡萝卜品种中筛选出4个抗黑斑病品种：Bolero、Neal、Fullback和Carson。此外，遗传分析显示Brasilia常规品种对黑斑病抗性具有中等水平的遗传力（$h^2=0.40$），可以通过轮回选择提高（Boiteux et al.，1993），还具有抗根结线虫基因 *Mj-1*（Simon，2000）。我国地方胡萝卜也发现存在抗根结线虫基因 *Mj-2*（Ali et al.，2013）。山西省农业科学院植物保护研究所与中国农业科学院蔬菜花卉研究所共同研制了胡萝卜对黑腐病和白粉病抗性分级标准。由于不同年份降水和温度的差异，品种资源材料对黑腐病的田间抗性存在一定差异。

近几年来，通过国际交流，先后从欧洲及美国、日本、韩国、新西兰等地引进一批橘色优异胡萝卜品种资源。这些品种胡萝卜素含量相对较高，适应性广，已陆续成为中国胡萝卜生产上的优势品种，如红映2号、早春红冠、牛顿、SK 316等。这些品种不仅丰富了中国胡萝卜种质资源库，而且也为国内胡萝卜新品种选育提供了重要素材。

三、品种类型及代表品种

橘色类型胡萝卜是世界上种植最为普遍的，主要有以下几种：南特斯型（Nantes）、皇帝型（Imperator）、阿姆斯特丹型（Amsterdam forcing）、钱特内型（Chantenay）、丹佛斯型（Danvers）、黑田型（Kuroda）、博力克姆型（Berlicum）等（图16-2）。南特斯型分布范围较广，主要在欧洲地区。黑田型Kuroda主要分布在亚洲、南美洲以及非洲。皇帝型主要分布在北美洲以及大洋洲。

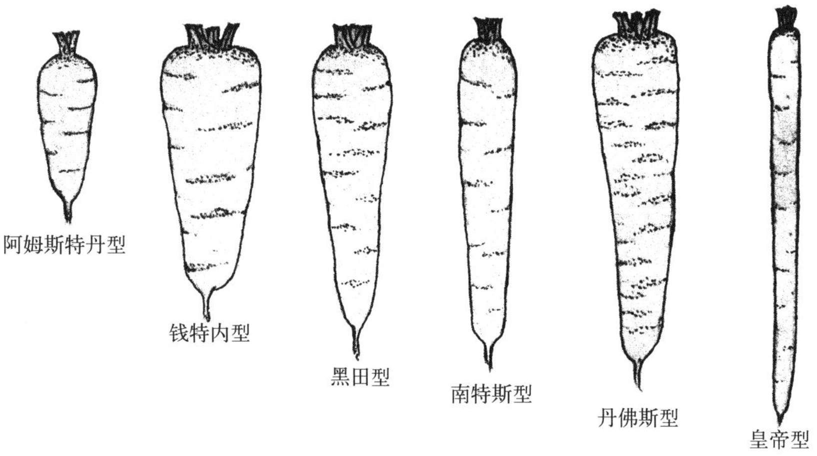

图16-2 橘色胡萝卜主要栽培类型示意图

中国胡萝卜资源颜色较为丰富，黄色、橘红色、红色、紫红色均有，市场上栽培品种以橘红色为主。依据胡萝卜的园艺学性状、栽培季节及用途等，中国栽培胡萝卜资源可进行以下几方面的分类。

（一）按肉质根形状分类

根据肉质根长短不同可分为长根类型、中根类型和短根类型；因其根形不同，又可分为圆锥形和圆柱形两种类型。

1. 长根类型 肉质根长20 cm以上，一般生长期较长，在120 d以上，属中晚熟品种。长圆柱形的品种有：常州胡萝卜、上海本地黄胡萝卜、SK 316（坂田七寸）。长圆锥形的品种有福建省汕头红胡萝卜、北京市气死牛倌胡萝卜等。

常州胡萝卜：晚熟品种，从播种至收获150 d以上。叶绿色，生长势较强。长圆柱形，根长40 cm，最长可达60 cm以上，横径约4 cm，单根重0.7 kg。根表皮有金黄和橘红两种颜色，表面光滑，肉质细致，味甜，品质佳，生熟食及腌渍均适宜。

SK 316：晚熟品种，生长期130～160 d。长圆柱形，根长23～26 cm，直径5 cm左右，单根重350 g左右。无黄色髓心条纹，心肉、皮深红色。表皮光滑、有光泽，商品性好，成品率高。由日本坂田种子公司育成。主要在厦门翔安、漳浦等地区种植，一般在9月下旬至10月下旬播种。

2. 中根类型 肉质根长15～20 cm。中国大部分品种属此类型，分布地区广，种植面积大，一般生育期为 120 d 左右，属于中熟种。圆柱形的品种有南京长红胡萝卜、北京鞭竿红、红映 2 号、日本黑田五寸等；圆锥形的品种有太阳红心、北京黄胡萝卜、山西省平定胡萝卜等。

南京长红胡萝卜：中晚熟，从播种至收获 120～180 d。植株半直立，株高 50 cm。叶片深绿色，叶柄绿色，基部带紫色，叶数 20 片左右。肉质根长圆柱形，根长 18 cm，横径 4 cm，单根重 150～200 g。根表皮橘红色，肉红色，木质部带黄色，尾部钝尖。较耐热、耐旱、抗病。水分少，肉质致密，宜熟食或腌渍。

北京鞭竿红：中晚熟品种。叶簇直立。叶片深绿色，叶柄基部带紫色。肉质根为长圆锥形，根长 24～30 cm，粗 4 cm，单根重 150 g 左右。根表皮为紫红色，韧皮部为粉红色，木质部橘黄色。肉质较硬、脆，水分少，品质佳，耐贮藏。适宜熟食或加工。

红映 2 号：由北京井田种苗公司从日本丸种株式会社引进。地上部长势旺盛，直立，叶色浓绿。早熟，生育期 90 d 左右。圆柱形，根长 18 cm 以上，根重 200～250 g。表皮、韧皮部及心柱均为橘色。根形整齐，表皮光滑，收尾好，耐抽薹，高产，适应性强。

日本黑田五寸：20 世纪 80 年代引自日本，是目前中国的主栽品种之一。中熟，从播种至收获 110～120 d。植株紧凑，叶簇直立，叶柄长，绿色。肉质根圆柱形，根头部较大，根长 17～20 cm，横径约为 4 cm，单根重 160～200 g。根表皮光滑，肉质橘红色，木质部颜色略淡。耐寒性较强。肉质根脆嫩、水分多、味甜、品质佳，生熟食俱佳，是目前主要速冻出口品种类型。

3. 短根类型　肉质根长 6～15 cm，一般生育期较短，为 70～100 d，产量低，适应低洼地种植，耐寒又耐热，适宜促成栽培。短圆柱形的品种有麦村金笋、美国的 Little Finger 等；短圆锥形的品种有山东省烟台三寸等；圆球形的品种有樱桃胡萝卜。

麦村金笋：在广州市鹤洞乡已种植百余年。从播种至收获 90～120 d。株高 42 cm，开展度40 cm。叶绿色，长 43 cm，宽 16 cm，叶柄浅绿色。肉质根呈长圆柱形，尾部较钝，长 14 cm，横径 4 cm。根表皮光滑，橘红色。稍耐热、耐旱，易抽薹。适宜加工。

樱桃胡萝卜：属于 Paris market 类型，早熟，从播种至收获 80 天左右。地上部长势弱。肉质根呈球形，直径 5 cm 左右，心柱较大，橘红色。适合生食。

（二）按用途分类

1. 鲜食　肉质根要求“三红”，表皮光滑，根形美观，无绿肩，质甜脆，口感好，粗纤维少。目前使用较多的品种有黑田五寸、红映 2 号、早春红冠、慕田红光、金红 5 号、H1182 等。用于速冻出口的品种，除了上述性状外，对根形要求较高，长圆柱形最佳，代表品种有 SK 316。

早春红冠：由韩国农友 BIO 株式会社选育，韩国世农种子公司经销。春播品种，生育期 90～100 d。根长 20～24 cm，尾部钝圆，单根重 250 g 左右。表皮、韧皮部及心柱为浅橘色。根部出土少，青头黑头现象少。耐抽薹，商品率高。

金红 5 号：由内蒙古农牧业科学院蔬菜研究所育成的一代杂种。生长期 130 d 左右。圆柱形，平均单根重 250 g 左右。β-胡萝卜素含量达 90～96 mg/kg，可作为鲜榨汁专用品种，平均每公顷产量 7 500 kg左右。

H1182：由中国农业科学院蔬菜花卉研究所育成的一代杂种。适合春秋两季栽培，中早熟，生长期 100 d 左右。叶色较深，地上部长势中上，顶小，肉质根长圆柱形，根尖钝圆，绿肩少或无，根长 20 cm 左右，根粗 4～5 cm，单根重 200 g 左右。肉质根表皮、韧皮部及木质部皆为橘红色，耐抽薹，适应性广，商品率高。

2. 加工用　脱水加工用的品种要求肉质根“三红”，无绿肩，干物质含量高，产量高，代表品种有黑田五寸、中加 643、天红 2 号等。目前国内腌渍加工仍为小作坊式，基本上是就地取材，选用当地品种，如河南省杞县胡萝卜、江苏省扬州三红、北京鞭竿红等。用于胡萝卜汁加工的品种要求肉质根“三红”，口感好，高产，特别是胡萝卜素含量要高，用于医药原料的则要求其含量更高。国内胡萝卜汁加工专用品种较少，大部分仍使用黑田系列品种，其β-胡萝卜素含量一般在50～80 mg/kg。中国农业科学院蔬菜花卉研究所推出的中加643品种β-胡萝卜素含量能达到130 mg/kg以上。另外，有一种特殊加工类型产品，称为微型胡萝卜（Baby carrot），它是由细长类型切段打磨而成，可直接生食，美国市场占到1/3以上。近几年在国内推广中已受到广大消费者的认可，代表品种有贝卡、H1063、H1040等。

中加643：中国农业科学院蔬菜花卉研究所利用雄性不育系选育而成的一代杂种。中晚熟，生长期120～140 d。地上部生长势中上，直立，叶色暗绿。长柱锥形，根长22 cm左右，根粗4 cm左右，表皮、韧皮部和木质部皆为橘红色。胡萝卜素含量达到130～170 mg/kg。商品率高，口感佳，适合胡萝卜汁加工专用。

贝卡：由上海惠和种业有限公司从美国引进。适合鲜食的水果型胡萝卜品种。极早熟，生长期60～80 d。细长柱形，根长15～18 cm，根粗1.5～2 cm，表皮、韧皮部和木质部皆为橘色。单根重50 g左右，商品率高，甜脆，心柱小。

H1063：中国农业科学院蔬菜花卉研究所利用雄性不育系选育而成的一代杂种。水果型胡萝卜品种，生长期120 d左右。叶色绿，地上部长势中上，肉质根细长圆柱形，根尖钝圆，绿肩无，根长26 cm左右，根粗1.5～2 cm，单根重80 g左右。肉质根表皮、韧皮部及木质部皆为橘红色，适应性广。口感佳，适合切段和生食。

3. 饲料用 一般要求产量高，地上部生长繁茂，西北地区多有栽培。多数采用当地品种，如河南省安阳胡萝卜、陕西省榆林胡萝卜、内蒙古自治区扎地黄等。

（三）按栽培季节分类

1. 春播类型 一般冬性较强，生育期较短，耐寒又耐热，春播不易抽薹，耐贮藏，肉质根多为橘红色和橘黄色。如红映2号、早红90、早春红冠、慕田红光、红圣5号、极早南特斯型等。

2. 夏秋播类型 适宜在气候凉爽的条件下生长发育，一般播种面积大，产量高，中国的胡萝卜品种以此类居多。目前多用于速冻出口、加工，或者用于贮藏，供应冬春季蔬菜市场。代表品种有新黑田五寸、红映2号、中加643、北京鞭竿红等。

3. 越冬类型 多用于越冬栽培，生育期长，冬性较强，不易抽薹。主要在福建、广西等南方地区栽培，可满足春夏季速冻出口或加工等需要。市场受欢迎的品种有SK 316。

第三节 生物学特性与主要性状遗传

一、生物学特性与开花授粉习性

（一）主要植物学特征

1. 根 胡萝卜的根分为肉质根和吸收根。肉质根分为根颈、根头（下胚轴）和真根3部分，横切面包括次生木质部、形成层、次生韧皮部和表皮，其中次生韧皮部肥厚发达，是胡萝卜主要的食用部分，绝大部分营养物质贮存其中（图16-3）。而肉质根的次生木质部（心柱）的水分含量较少，且质地粗硬。因此，肥厚的韧皮部、较小的心柱，是胡萝卜品质优良的重要特征。肉质根的形状主要为锥形、圆锥形和圆柱形，随品种不同而有差异。胡萝卜肉质根长5～50 cm不等，一般长度为10～25 cm。

2. 茎 胡萝卜在营养生长阶段为短缩茎，着生在肉质根的顶端。短缩茎上着生丛生叶。胡萝卜在生殖生长阶段则在肉质根顶端抽生出繁茂的花茎，主花茎可达1.5 m以上，其粗度自下而上渐细，下部横茎可达 2 cm 以上。茎的分枝能力很强，地上部各节均能抽生出 1 级侧枝，1 级侧枝上又可抽生出 2 级侧枝，2 级侧枝上可再分生出 3 级侧枝。茎多为绿色，并有深绿色条纹，形成棱状突起。有的品种下部几节或茎节处带紫色纵向条纹。茎的横断面为圆形，外围有细棱，幼嫩的茎或茎的上部节间，棱沟不明显，但随株龄增加棱沟也随之逐渐明显。茎的棱状突起的纵条上密生白色刚毛，但沟凹处几乎无毛。大多数东方类型品种和黑田类型品种的主薹很发达，侧枝相对较弱，而有些南特斯型和皇帝型品种主薹和侧枝长势差异不明显。

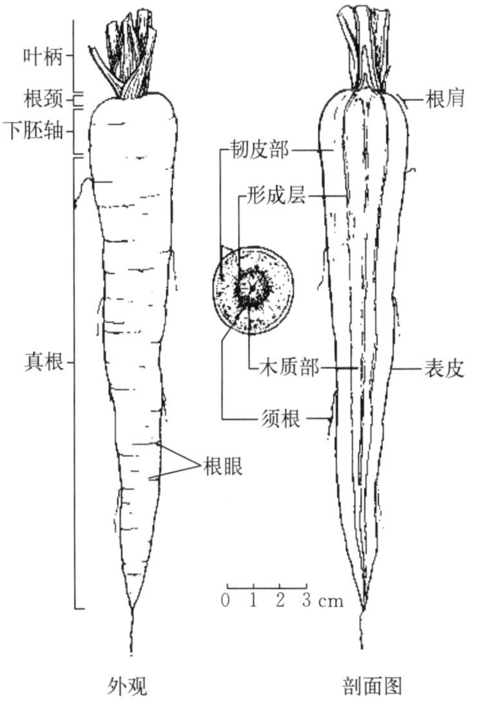

图 16－3　胡萝卜肉质根外观和剖面图
(Rubatzky et al.，1999)

3. 叶　营养生长阶段，叶丛着生于短缩茎上，一般有 15～22 片叶，为三回羽状复叶。新叶从茎中部环状发出。叶裂深浅因品种而异，以全裂叶居多，裂片呈狭披针形，裂片的宽窄品种间也有差异。裂叶细碎程度重的品种多表现耐旱。叶片大小还受栽培和自然环境的影响。胡萝卜一般叶柄细长，有的品种叶柄着生茸毛，其多少因品种而异。叶柄多为绿色，少数品种叶柄基部为紫色或浅紫色。叶片颜色与叶绿素含量有关，多数品种为暗绿色、浓绿色和绿色，也有品种为黄绿色或浅绿色，紫色品种叶片带有花青素，呈紫绿色，特别在下霜后更明显。叶片大小因品种而异，通常叶片长 40～60 cm，宽 15～25 cm，叶片外形轮廓呈高等腰三角形。第 2 年花茎上的叶片轮生，无托叶。胡萝卜叶展度虽较大，但分裂细，叶面积相对较小，多数品种叶面或叶背生有茸毛，因而较其他作物耐旱。

4. 花　胡萝卜的花序为复伞形花序，着生于花枝的顶端，所有的花朵均分布在小伞形花序中，小花伞又排列成大的伞形花序。主伞形花序成熟时可包含 1 000 多朵花，2 级、3 级花序所含花朵数目依次减少，一株上常有小花几千朵到上万朵。每朵花的雄蕊、花瓣和花萼同时发育，随后才完成心皮的发育，因此，胡萝卜的雄蕊早于雌蕊 2～3 d 成熟，每朵花的花粉不能给同一朵的柱头授粉，只能给先于其开放的花朵的雌蕊柱头授粉。每一朵正常花有 5 枚雄蕊、5 个花瓣、5 个花萼和 1 枚具有 2 个柱头的雌蕊（每一雌蕊由 2 个心皮组成）（图 16－4）。

胡萝卜雄性不育花主要分为两种类型，一类是瓣化型不育，另一类是褐药型不育。瓣化型雄性不育花的特点是其雄蕊的花丝和花药转变为花瓣，呈重瓣花，因此花药不能产生花粉。根据其颜色总体上又分为 3 种类型：白色瓣化型、绿色瓣化型和粉色瓣化型。瓣化型雄性不育植株花朵开放时，柱头未伸长，雌蕊成熟时期实际上要晚 1 周左右。褐药型不育花的基本表型特征为花药褐色、变形（图 16－4）。由于绒毡层和小孢子发生细胞异常，提前衰败，减数分裂过程未能发生，或者虽然减数分裂正常，但由于绒毡层细胞在四分体时期膨大，随后破裂，形成原质体，因此花药不能产生功能花粉，经常在花瓣展开时就变褐、脱落。褐药型不育系在橘红色胡萝卜品种中广泛存在，不同品种不育程度有所差异，最高可达到 40%以上。

5. 果实和种子　胡萝卜的果实为双悬果，成熟时分裂为二，成为独立的半果实，生产上即以此作为种子，真正的种子包含在果皮内。每个胡萝卜的半果实呈长椭圆形，扁平，长约 3 mm，宽 1.5 mm，厚 0.4～1 mm。两个半果相对的一面较平，背面呈弧形，并有 4～5 条小棱，棱上着生刺毛。果皮革质，含有挥发油，有一种特殊的香气，不利于吸水。胡萝卜种子成熟期不一致，常造成种胚发育不良，种子发芽率降低。胡萝卜种子有胚乳，千粒重 1.0～3.0 g。

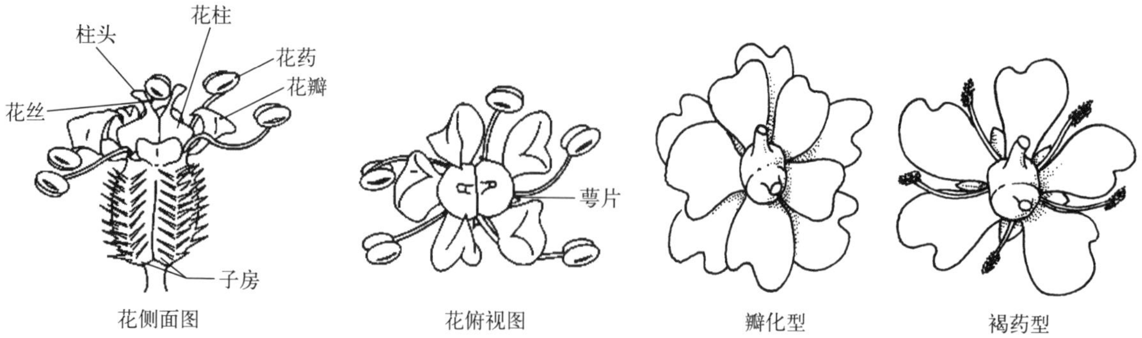

图 16-4 胡萝卜花形态

(Rubatzky et al., 1999)

(二)开花授粉与结实习性

胡萝卜属虫媒花，异花授粉。胡萝卜肉质根必须经过一段时间的低温春化，才能抽薹开花。通常每一植株可抽出几十个花薹，先发生主薹，再产生侧枝，每一花枝上都有许多小的伞形花序组成一个大的复伞形花序，1个复伞形花序上又有上千朵小花。侧枝花序小于主薹花序、2级侧枝花序又小于1级侧枝花序，随着分级数的增进复伞内的小伞数逐步递减，每小伞内的花数也逐步递减，采种时一般只保留1个主花序和几个1级侧枝花序。同一株的主花序先于侧枝上的花序开放，10 d左右第1侧枝花序开花，再过10 d左右第2侧枝花序开花；同一花序上每一复伞内的花序是外围小花序先开，每一小伞形花序内的花也是由外向内逐渐开放；每一小花序花期持续7～10 d，整株花期30～50 d。

(三)生长发育及对环境条件的要求

1. 温度 胡萝卜原产于中亚细亚干燥地区，为半耐寒性蔬菜，对温度的要求与萝卜相似，但耐热性和耐寒性比萝卜强。胡萝卜生长温度在5～35 ℃，最适温度18 ℃，不同发育时期对温度的要求有所不同。发芽最适温度是20～25 ℃，但在4～6 ℃时种子即可萌动，在8 ℃时开始生长；在18～20 ℃的条件下，经10 d左右即可出苗。胡萝卜幼苗能忍耐短时间－4～－3 ℃的低温，也能在27 ℃以上的高温气候条件下正常生长。叶部生长时期的适宜温度，白天为20～25 ℃，夜间为15～18 ℃。肉质根肥大期，要求温度逐渐降低，以20～22 ℃为适宜，温度降低到6～8 ℃时，根部虽能继续生长但比较缓慢，温度降低到3 ℃以下就停止生长。环境温度对肉质根形状有显著影响，昼温18 ℃、夜温7 ℃的温差变化相对于18 ℃恒温更容易形成又细又长的肉质根。在肉质根膨大期，如果遇到持续7 ℃的低温，容易造成根肩部位比正常的大，根形偏锥形。如果超过20 ℃，肉质根的畸形率会增加，根表面的光滑度也会变差。

胡萝卜的春化是在低温条件下进行的，一般在0～10 ℃的低温下，需经60～100 d才能通过春化。胡萝卜一般采用母根采种，春季在土壤温度达到8～10 ℃时即可定植。胡萝卜开花、授粉、结籽的适宜气温以白天22～28 ℃、夜间15～20 ℃为宜。白天气温超过35 ℃，授粉结实率会显著降低。随着种株生长期间温度的升高，开花提早，始花期缩短。

2. 光照 胡萝卜为喜光植物，特别是营养生长期，需要中等强度以上的光照，如果光照不足，则叶片狭小，叶色变淡，叶柄细长变软，肉质根膨大变慢，产量显著降低。翌年，胡萝卜种株通过春化后，只需要适宜的温度，在长日照或短日照条件下均可抽薹、开花。冬春栽培胡萝卜发生先期抽薹现象，除了短暂低温作用外，还受到长日照的诱导。

3. 水分 胡萝卜对水分的要求依生长阶段的不同而有所变化。播种时要注意灌溉，促使种子迅速发芽和保证出苗整齐。幼苗期和叶部生长旺盛期，应适当减少灌溉，增加土壤透气性，促使肉质根良好发育。肉质根膨大期是整个生长期中需水量最多的时期，应增加灌溉次数和灌溉量，以满足肉质根迅速膨大的需要。胡萝卜根采收前半个月停止浇水，减少肉质根开裂。

4. 土壤　胡萝卜喜土层深厚、土质疏松、排水良好、孔隙度高的沙壤土和壤土。若栽培在透气不良的黏重土壤中，肉质根颜色淡，须根多，易生瘤，品质低劣；若栽培在低洼排水不良的地方，肉质根易开裂，畸形根增多，常引起腐烂。胡萝卜生殖生长期对土壤的要求与营养生长期基本相同，疏松的土壤有利于提高地温，促进须根生长。胡萝卜对土壤酸碱度的适应范围较广，在 pH 5～8 的土壤中均能良好生长，在 pH 5 以下的土壤中则生长不良。

5. 营养与肥料　胡萝卜在整个生长发育过程中吸收钾最多，氮和钙次之，磷、镁较少。钾能促进根部形成层的分生活动，增产效果十分显著。每生产 1 000 kg 胡萝卜产品，约需氮 3.2 kg、磷 1.3 kg、钾 5.0 kg。胡萝卜不同时期对肥料的要求有所不同。地上部旺盛生长期，对氮肥的需求多，追肥时，以氮肥为主，但也要防止氮肥过多，以免引起地上部徒长。肉质根膨大期，以钾肥需求为主，应施用钾肥含量高的复合肥。生殖生长期，施肥以磷钾肥为主，防止使用过多氮肥，造成徒长，使花期延后。花期叶面施用钼肥有利于结籽。

二、主要性状遗传

胡萝卜农艺性状的遗传规律研究报道较早，多数研究围绕胡萝卜的根形、根色、胡萝卜素含量、可溶性糖含量以及雄性不育性等开展。

(一) 主要植物学性状的遗传

1. 叶色　胡萝卜叶色与叶绿素含量密切相关，一定程度上反映了植株的光合效率。目前从欧洲引进推广的品种多为暗绿色或浓绿色，地上部长势中等，而黑田类型和国内地方品种资源多为绿色，地上部长势较强。Nothnagel 和 Straka（2003）从 Carl Sperling 品种中筛选出了一份叶黄色突变体（YEL），受单个隐性核基因控制，筛选了 2 个与其紧密连锁的 AFLP 分子标记 AGL15 和 AGL2，遗传距离分别是 0.1 cm 和 0.2 cm。沈火林等（2006）在新黑田五寸品种的高世代自交系中也发现了能稳定遗传的黄色突变体，遗传规律与 Nothnagel 和 Straka（2003）结果一致，绿色对黄色为完全显性。黄色突变体（yelyel）地上部和地下部的生长量明显少于正常株系（YELYEL），但杂合株系（YELyel）与正常株系的生长量、产量和营养品质无显著差异。

2. 根形　根形的遗传规律十分复杂，受环境影响很大。Thompson（1969）研究认为，胡萝卜根形在生长初期都是锥形的，随着肉质根的膨大，迅速由锥形转变到圆柱形。通常圆柱形×球形、圆柱形×短柱形的杂交后代表现为中间类型，圆锥形×圆柱形、纺锤形×圆柱形的杂交后代表现为圆锥形或者纺锤形，大根肩与小根肩杂交后代表现为大根肩，小根肩和小根肩杂交后代表现为小根肩（Timin 和 Vasilevsky，1997）。但是部分圆柱形×圆锥形的后代表现为中间类型，圆锥形×圆锥形杂交后代基本为圆锥形，但也有部分植株表现为圆柱形。有学者认为，根尖端圆钝由 1 个不完全显性基因 *S* 控制的。不同根长亲本材料之间杂交一代的根长基本介于两者之间，但部分杂交组合后代表现出偏母本遗传现象，如樱桃胡萝卜（根长 6.4 cm）与 5238B（根长 19.6 cm）正反杂交一代的根长分别是 10.8 cm 和 13.6 cm，Little（根长 18.6 cm）与山西绛紫红胡萝卜（根长 13.1 cm）的正反杂交一代的根长分别是 17.1 cm 和 15.8 cm。遗传分析表明，胡萝卜的根粗和根长性状主要受亲本自身的加性效应及其与环境的互作效应影响，不具备正向的超亲优势，在育种中应当利用根形优异的亲本进行杂交，改善后代的根形表现（欧承刚等，2009）。此外，栽培密度和成熟性对根形和根长都有影响，对于早熟品种，较高的栽培密度易形成圆柱形的根；而对于晚熟品种，低密度易形成圆柱形的根。

3. 根色　胡萝卜的根色主要是由肉质根所含胡萝卜素、叶黄素、番茄红素和花青素的种类及含量决定的，因此，不同颜色的胡萝卜可提供不同的营养成分。橘红色品种营养成分主要是β-胡萝卜素和α-胡萝卜素，这种色素可在人体内直接转化成维生素A，防治夜盲症，提高人体免疫力。紫色品种可提供多种类型的花青素，具有抗氧化、抗衰老、抗癌等功能。红色品种主要含有番茄红素和β-胡萝卜素，具有抗衰老、抗癌等功能。黄色品种主要含有叶黄素，具有预防眼睛疾病和动脉硬化功能。白色品种不含有任何色素，其纤维有助于人体消化。

1968年，Laferriere和Gabelman首次报道胡萝卜肉质根颜色遗传规律的研究，发现单一基因（Y）决定黄色×白色的分离比率，白色为显性；在白色×橘色中至少有3个主效基因；橘色×黄色中有4个主效基因。Kust（1971）根据橘色×白色杂交后代中颜色的分离比例，提出有5个基因参与调控肉质根颜色分离，分别是Y、Y_1、Y_2、IO和O，其中Y、Y_1和Y_2相对于IO和O的具有上位性表达；当Y、Y_1和Y_2为显性时，抑制类胡萝卜素在木质部中的合成；当其为纯合隐性$yyy_1y_1y_2y_2$时，IO和O表达，类胡萝卜素合成；当上述5个基因都为隐性表达时，没有任何色素在木质部中合成。Umiel和Gabelman（1972）在W93（橘色）×Kintoki（红色）杂交后代中存在A基因和L基因，其中A调控α-胡萝卜素的合成，L调控番茄红素的合成，认为后代的根色表现是由A和L共同决定的，因此推测W93和Kintoki的基因型分别为$AAll$和$aaLL$。

1979年，Buishand和Gabelman通过多个杂交试验表明，基因Y控制橘色×浅橘色（橘色韧皮部-白色木质部）和白色×黄色杂交后代中，浅橘色和白色表型的表达，基因Y_2控制黄色×橘色杂交后代中黄色表型的表达；即当后代为Y_2Y_2和$Y_2_$时表现黄色，为y_2y_2时表现橘色；Y和Y_2同时存在时，后代表现为白色。在红色×黄色杂交中，有3个基因Y_2、L和A_1共同参与调控后代根色分离，推断A_1可能就是IO或O（Buishand和Gabelman，1980）。Simon（1996）在紫色×黄色杂交中发现基因P_1，它与Y_2分别调控紫色和黄色表型的表达，当后代为p_1p_1和y_2y_2时，不表达紫色，黄色则转变为橘色。由此可见，胡萝卜根色是多基因遗传，并且浅色相对于深色为显性（Nieuwhof，1983）。

根色除受上述遗传影响外，环境对根色的深浅也有影响，适宜的温度和土壤条件可以增加胡萝卜的根色，但持续低温会使肉质根细胞内的色素减少，根色变浅。然而，一定程度的昼夜温差有利于增加根表皮的色泽。沙壤土或含有丰富有机质的土壤都可以增加根色；反之，黏重的土壤不利于根色的形成。

歧根、裂根性状会造成商品根的比例降低，直接影响生产者的效益。Brar和Ghai（1970）研究表明，歧根和毛根各由一对重复基因FK_1FK_2和H_1H_2控制。Dickson（1966）遗传研究表明，裂根特性是由单个显性主效基因控制的，但其遗传力较低。除了遗传因素外，歧根和开裂还受到环境和栽培条件的影响，如土壤结构、灌溉、病害以及冻害等。通过严格的株系筛选，淘汰歧根和裂根，可以显著降低后代的歧根和裂根比例。

绿肩会直接影响消费者的购买欲望。绿肩不仅表现在表皮，部分品种的韧皮部和木质部也会变绿，这就导致肉质根商品品质的降低，加工用的品种还会直接影响后续产品的品质。McCollum（1971）认为，绿肩的遗传力较低（$h^2=0.23$），受环境和栽培条件的影响较大，尤其是强光照。

（二）主要经济性状的遗传

1. 胡萝卜素 在胡萝卜肉质根中主要存在两种：α-胡萝卜素和β-胡萝卜素，其含量积累与根色密切相关，所以早期研究多是根据杂交后代的颜色分离规律寻找调控胡萝卜素合成的相关基因，例如Y、Y_1和Y_2基因抑制胡萝卜素的合成，IO、O或A_1可以促进胡萝卜素的合成。2002年，Santos和Simon首次对主要类胡萝卜素含量进行QTL分析，总共检测到21个相关QTL位点。在Brasilia（橘色）×HCM A.C.（深橘色）的杂交群体中，检测到4、8、3、1和5个QTL分别控制ζ-胡萝卜素、α-胡萝卜素、β-胡萝卜素、番茄红素和八氢番茄红素含量，主效QTL分别解释13.0%、10.2%、

13.0%、7.2%和10.2%的表型变异。通过最小基因数的估算，在Brasilia×HCM A.C.群体中可能存在4个基因调控α-胡萝卜素的合成，有2～3个基因调控β-胡萝卜素的合成；而在B493（橘色）×QAL（白色）群体中存在4个基因调控α-胡萝卜素的合成，但只有1个基因调控β-胡萝卜素的合成（Santos和Simon，2006）。欧承刚等（2010）检测到1个主效QTL和1个显性×加性上位性QTL调控β-胡萝卜素的合成，可解释12.79%和15.06%的表型变异。然而上述研究均未明确哪些基因是调控胡萝卜中胡萝卜素合成的关键基因。

植物中类胡萝卜素生物合成路径及其酶基因功能的诠释为深入研究胡萝卜中类胡萝卜素合成机制开辟了新思路。在胡萝卜中，这条生物合成路径上涉及24个合成酶基因，Just等（2007）将其中22个酶基因定位到由B493×QAL的F_2群体构建的遗传连锁图上，其中ZDS2（ζ-胡萝卜素脱氢酶2）和ZEP（玉米黄质环氧化酶）两个酶基因与Y_2基因紧密连锁，因此认为这两个基因有可能是调控胡萝卜中胡萝卜素合成的重要酶基因。此外，*PSY*（八氢番茄红素合成酶）是限制白色胡萝卜中类胡萝卜素合成的关键酶基因，LCYE（番茄红素ε-环化酶）是调控黄色胡萝卜中叶黄素合成的酶基因，*ZDS*是调控红色胡萝卜中番茄红素合成的酶基因；但橘色胡萝卜中，尚未找到关键的调控基因（Santos和Simon，2005；Clotault et al.，2008；Maass et al.，2009）。

2. 可溶性糖 可溶性糖包括蔗糖、葡萄糖和果糖，不同胡萝卜品种的可溶性糖含量变化比较大，一般为3.5%～10.8%。可溶性糖是胡萝卜的一个重要品质，其含量和种类不仅影响胡萝卜的营养价值，还影响其风味。还原糖含量低的胡萝卜缺乏甜味，风味也差，但可以减少非酶褐变反应，适宜胡萝卜脱水、榨汁等加工要求。

Stommel和Simon（1989）从同一遗传背景下分离得到的可溶性固形物高含量群体（HTDS）和低含量群体（LTDS），再从这两个群体中分别筛选出高水平还原糖群体（HRS）和低水平还原糖群体（LRS），经过5代选择后构建4个群体研究可溶性固形物含量与可溶性糖类型之间的关系，结果表明，LTDS/HRS和LTDS/LRS群体的TDS分别下降21.9%和15.9%，而HTDS/HRS和HTDS/LRS群体的TDS则分别增加22.4%和28.2%；在HRS中还原糖的含量只有2%，在LRS中没有检测到还原糖含量，由此可知，蔗糖是胡萝卜肉质根主要的碳水化合物形式；尽管LTDS/HRS的还原糖比例是HTDS/HRS还原糖的2.5倍，但两群体的葡萄糖和果糖的绝对值是相近的，4个群体的遗传力为0.4～0.45。

和其他蔬菜作物一样，胡萝卜也可以通过贮藏的碳水化合物转化为可溶性糖，大部分的可溶性糖都以蔗糖的形式存在。Freeman等（1983）研究表明，胡萝卜肉质根中存在1个控制可溶性糖转化的*Rs*基因，当该位点为隐性表达*rs/rs*，肉质根富集蔗糖；当该位点为显性表达*Rs/_*时，蔗糖含量下降，葡萄糖和果糖含量增加。Yau和Simon（2003）研究发现，胡萝卜中*Rs*基因与酸性转移酶Ⅱ相关，通过RT-PCR和序列分析，在自交系B4367的分离群体*rs/rs*中，位于酸性转移酶Ⅱ基因的5′端的第1个内含子区存在1个2.5 kb大小的插入序列；而在*Rs/Rs*群体中不存在这个插入片段。

3. 雄性不育性 胡萝卜雄性不育性的遗传机制十分复杂，由于所用材料的不同，研究的结论存在较大差异。根据Banga（1964）的研究，褐药型雄性不育是由褐药型不育细胞质（Sa）和两对独立遗传的核基因（纯合隐性基因*aa*和显性基因*B*）互作控制的，两对显性互补核基因（*E*和*D*）控制育性的恢复。Frese（1982）、Mehring-Lemper（1987）等报道了和Banga的假设基本一致的研究结果。但Timin（1986）研究认为，褐药型雄性不育是由两对隐性核基因（*ms1ms1*，*ms2ms2*）和细胞质因子共同控制的，两对显性互补核基因控制育性恢复；Park和Pyo（1988）也研究认为，褐药型雄性不育是由两对显性基因和细胞质因子共同控制的，两对显性互补基因控制育性恢复。

Morelock（1974）研究认为，瓣化型雄性不育是两对相互独立的显性核基因（*M1*，*M2*）和不育细胞质因子（Sp）互作的结果。而Mehring Lemper（1987）根据自己的研究结果却做出不同的遗传假设：瓣化型雄性不育是不育细胞质因子（Sp）和3对独立遗传的核基因，即1对显性基因（*M*）和

2 对隐性基因（*ll*，*tt*）互作的结果；杂合状态（*Mm*）表现温度敏感，并且特殊条件下部分不育。但是 Mehring Lemper 的遗传假设不能解释所有的分离结果。Timin（1986）研究结论则与上述所有结果不同，认为瓣化型雄性不育是由细胞质因子（Sp）和 3 对隐性核基因（*ms3ms3*，*ms4ms4*，*ms5ms5*）互作控制，两对附加的显性互补基因控制育性的恢复。

国外最近发现了一种新的齿龈型异源胞质（gummifer）不育类型：小花的花药和花瓣同时减少，类似齿龈状，花柱和蜜腺突出。它是通过野生胡萝卜 *D. carota* ssp. *gummifer* Hooker Fil. 和栽培胡萝卜远缘杂交获得的。这种类型的遗传机制较为简单，它是由齿龈型不育细胞质和一对隐性核基因（*gugu*）互作控制的。由于这种类型遗传简单、表型稳定、选择方便，很有可能成为育种中一种新的潜在不育源。

胡萝卜雄性不育分子机理研究进展较为缓慢。Nakajima 等（1999）采用 RAPD 和 STS 标记对 13 份不育系和可育系材料的线粒体 DNA 进行了定性研究，获得了可区分不育系和可育系的两个特异标记 STS1 和 STS4，其中 STS1 标记含有一段与 *orfB* 基因同源序列，而 STS4 标记结构较为复杂，含有一段类反转录转座子序列和小片段叶绿体 DNA 序列。司家钢等（2002）利用 STS 标记成功鉴定了原生质体非对称融合获得的再生植株后代的细胞质基因的基因型，筛选出雄性不育的再生植株。Szklarczyk等（2000）从瓣化型不育系中分离出了不同于可育植株和褐药型不育系的 F_0-F_1 ATPase 亚基 9 基因（*atp 9－1*），与 *rrn5* 基因共同转录编码 5S rRNA，可能是产生瓣化型不育性的主要诱导因子。Chahal 等（1998）在由野生不育源转育获得的新型不育系后代中，出现了可育的回复突变体（fertile revertant），研究认为可能是线粒体基因组发生重组产生的。

（三）主要抗性的遗传

1. 抗根结线虫 危害胡萝卜的根结线虫主要有 *M. hapla*、*M. incognita*、*M. javanica*、*M. arenaria* 和 *M. chitwoodii*。这些线虫在世界各地广泛存在，但不同地区危害的种类不同。Frese（1983）在野生胡萝卜 *D. carota* ssp. *hispanicus* 中发现了相关抗性，Kraus（1992）报道了在 *D. carota* ssp. *azoricus* 中发现的具有较好耐性的种质资源。Vieira 等（2003）评价了胡萝卜对多种根结线虫的田间抗性表现，发现基本都被 *M. incognita* race 1 和 *M. javanica* 侵染，但栽培种 Brasilia 含有抗 *M. javanica* 显性基因 *Mj－1*（Simon，2000）。最新报道中国地方品种平定胡萝卜也具有对 *M. javanica* 的抗性，受不完全显性单基因 *Mj－2* 控制，与 *Mj－1* 同在 8 号染色体上，但其遗传力很高（$h^2=0.78$）（Ali et al.，2013）。

2. 不易先期抽薹 关于胡萝卜抽薹开花遗传规律的研究进展缓慢。Dickson 和 Peterson（1958）认为，胡萝卜抽薹以显性效应为主，还受到其他环境因素的影响。Alessandro 和 Galmarini（2007）研究表明，早开花或一年生胡萝卜品种受一个显性春化基因 *vrn1* 控制，并进行了遗传定位。毛笈华等（2013）以松滋野生胡萝卜为亲本，分别与 6 个栽培品种正反杂交获得 F_1 和 F_2 进行遗传分析，结果表明，胡萝卜先期抽薹以加性效应（V_A）为主，还有显性效应（V_D）及环境因子（V_E）。同时还发现，短日照可显著推迟植株起始抽薹时间，降低先期抽薹率。

第四节 育种目标与选育方法

确立育种目标是育种过程的一个重要环节，其基本原则是依据国内外市场发展的需求，减少或消除已推广的常规品种或杂交品种的缺陷，挖掘新引进品种或种质资源的优良特性，培育优异品种。表 16－1 比较了国内外胡萝卜主要育种目标的重要性，其中地上部性状在国外极为关注，如叶片垂直生长、叶柄与根冠连接紧密程度直接影响肉质根机械化采收，开花时期一致性可以保证种子成熟期一致，也有利于种子机械化采收，而且可以大大提高种子质量和整齐度。国内对这些性状并不十分关注，但随着国内规模化基地发展，育种专家和种植者已逐渐认识到这些性状的重要性。肉质根性状和产量是国内外最为关注的性状，另外肉质根的品质（如风味、质地、营养成分等）、抗病性、抗虫性、抗逆性以及专用性将成为未来选育的主要目标。

表 16-1　国内外胡萝卜主要育种目标的重要性比较

植株部位		主要目标	国内	国外
地上部	叶冠	叶片垂直生长	重要	非常重要
	叶片	小，但叶柄与叶基盘连接紧密	一般	非常重要
	茎	单一主茎	一般	重要
	花	开花期一致	一般	重要
肉质根	根形	形状	非常重要	非常重要
		根长	非常重要	非常重要
		一致性	非常重要	非常重要
	表皮	光滑，根眼小，根毛少	非常重要	非常重要
	根肩	内外无绿色	非常重要	非常重要
		圆形	一般	重要
		叶基盘与根肩相平	一般	重要
	表皮色	亮橘色	重要	重要
	韧皮部和木质部	橘色，两者颜色一致	重要	重要
		形成层无黄圈	重要	重要
	心柱	小	重要	重要
	歧根	无或者很少	非常重要	非常重要
	裂根	无或者很少	非常重要	非常重要
	产量	高产	非常重要	一般
抗病性	叶片/叶柄	抗黑斑病	非常重要	重要
		抗黑腐病	非常重要	一般
		抗斑点病	重要	重要
		抗细菌性叶斑病	重要	重要
		抗根结线虫	重要	重要
抗虫性	叶片/叶柄	抗蚜虫	一般	重要
	肉质根	抗胡萝卜茎蝇	一般	重要
抗逆性	茎	耐先期抽薹	非常重要	重要

一、品质改良育种

品质是由多种因素构成的复合性状，它的主要构成因素随着用途不同而不同，并且很大程度上受到社会发展水平、消费水平和人们对营养结构的认识而改变。胡萝卜能成为人们消费的一种重要蔬菜，其原因归功于它是人类主要的维生素 A 源，在美国大约 30%的维生素 A 是从胡萝卜中获取的。随着胡萝卜消费需求增加，加工出口的需求不断增大，肉质根的根形、根色、质地以及营养成分成为当前育种的重要目标。

（一）商品品质

1. 根形　根形是目前胡萝卜育种最重要的商品性状，直接决定品种的市场应用前景。胡萝卜根形大致可分为圆锥形和圆柱形，另外还有圆球形。一般圆锥形品种属于晚熟品种，产量高，品质好，用于加工的较多，而圆柱形品种属于早中熟品种，外观漂亮，适于鲜食或速冻出口。但通常胡萝卜肉质根完全成熟期是难以确定的，只要有良好的栽培环境条件，肉质根均可持续生长，不过圆柱形品种后期生长势较为缓慢，圆锥形品种后期生长势较强。在实际生产中，多数收获的肉质根处于未成熟阶段，而且，杂交品种的根形除受到两亲本根形影响外，还受到两亲本根长、熟性以及栽培密度等影响。

适于鲜食、速冻出口的品种要求根形为圆柱形，根尖为钝形或圆钝形，根长 22 cm 左右，根粗为 3.0～5.5 cm，表皮光滑。胡萝卜汁加工品种对于根形要求不严，柱形和锥形均可以，但要求产量高，营养品质好。黑田型（Kuroda）胡萝卜是亚洲地区的主栽品种，不仅用于鲜食还可用于加工。在中国胡萝卜主要种植基地，黑田型产量的市场份额可达到 80%～90%。美国用于鲜食的品种主要是皇帝型（Imperator），多数根长达到 30 cm 左右，根粗在 4 cm 左右，而用于微型胡萝卜（Baby carrot）加工的通常要求品种为细长柱形，根长在 30 cm 以上，根粗相对较小，为 1.5～2.0 cm，非常适合密植。

对于育种者来说，丰富多样的育种材料是培育优良组合的前提。从栽培品种的演化过程来看，现有的橘色胡萝卜类型的遗传背景十分狭窄，均来自于原初的 Horn 和 Long orange。现有栽培品种也主要选自于不同根形的杂交后代，如皇帝型（Imperator）来自于南特斯型（Nantes）×钱特内型（Chantenay）。总体来说，根形之间差异越大，后代群体的变异越丰富，特别是温带地区和亚热带地区的品种间杂交。

2. 根色 胡萝卜肉质根颜色较为丰富，不同颜色类型有不同的用途。目前人们食用的胡萝卜品种主要是橘色类型，而黄色胡萝卜多用作饲料。不同国家和地区食用的胡萝卜颜色也有差异，美国以橘红色为主，现在逐渐倡导食用其他颜色的胡萝卜。欧洲国家主要以橘色和橘黄色为主。亚洲国家以橘红色类型为主。但中国部分地区仍种植黄色、红色等地方品种，满足地方消费习惯的需求。印度也在推广品质好的红色品种。土耳其以紫色类型为主，主要用于加工成胡萝卜汁食用。

目前，国外公司已推出白色、黄色、红色和深紫色等鲜食品种，而中国橘色和橘红色品种仍是当前的主要育种目标。但不同用途品种存在差异，鲜食类型品种颜色多为橘红色，颜色光亮，而胡萝卜汁加工专用品种主要为深橘红色，高含胡萝卜素。

根色筛选通常采用目测方法，或结合比色卡。由于肉质根的颜色在不同光照条件下表现得不一样，最好在光照一致的条件下筛选，而且根色在太阳光和白炽灯下通常比在荧光灯下显得暗些，因此在荧光灯下筛选很容易丢弃一部分优异的育种材料。

最理想的根色分布是从肉质根的根冠到根尖全为相同橘色或橘红色，而且从外到内的颜色也均为相同或相似。观察肉质根的内部颜色，通常在离肉质根根尖 1/3 或 1/4 处横切，就可以比较韧皮部、形成层和木质部的颜色差异，一般形成层区域与其他部分颜色差异较大，经常表现为黄色或白色，形成黄圈或白圈。观察根肩内部的颜色，通常需要纵切，但为了不影响种根后期生殖生长，可斜切到木质部，这样可以筛选出根肩没有绿色，内外颜色一致的育种材料。有的育种材料，橘色或橘红色可延伸到顶芽或内部叶柄，因此在保留种根时，通过切断顶端部分叶片（通常保留 1～2 cm），可以初步区分内部颜色优异的材料。

（二）感官品质

因不同国家和地区食用习惯不同，对胡萝卜品种风味品质要求可能不同。从鲜食角度来说，一般要求肉质根味甜，质地清脆，纤维素少，风味适中，不能有很强的胡萝卜味或者苦味，也不能淡而无味。从加工角度来说，由于加工类型不同对品种的品质要求又不一样，如胡萝卜汁加工专用品种要求风味好，无异味外，还要求胡萝卜素和糖分含量高，而脱水专用品种则要求质地坚硬，含水量少。

1. 风味 胡萝卜的风味是一种综合指标，直接受到肉质根中糖组分、不同萜类化合物含量的影响。最简单快速有效的鉴定方法就是通过品尝，在肉质根尖端切取一薄片进行品尝即可，剔除无甜味、具有很浓胡萝卜味或者苦味的株系。由于不同人的味觉敏感度以及喜好不同，在实际鉴定过程中会对同一材料有不同评价。因此，最好选用经过严格培训过的人员或者相关的育种者进行评价。

由于肉质根中不同糖分含量不同，会产生不同的甜味，在实际筛选时，除了品尝方法外，最好借助生化方法测定材料中不同糖分的含量，再做出严格的筛选。

不同品种的萜类化合物含量变化较大，其范围在 5～200 mg/kg，这也导致不同胡萝卜品种口味差异较大，并且肉质根中的萜类化合物含量受环境、栽培条件以及肉质根成熟度的影响较大。直接冷冻贮藏的肉质根，其萜类化合物含量比较稳定，但经过加工处理的肉质根，其含量则会降低。通常认为，风味比较好的品种，其萜类化合物含量在 20～50 mg/kg。

多数栽培品种和种质资源的风味表现一般，但通过选择可以显著改善。如果两亲本材料中有一个风味好的，其杂交组合通常会表现出较好的风味。由于胡萝卜风味受多种因素影响，其遗传受多个基因控制，因此要获得风味好的株系材料必须在初代就进行选择，而且每一代都需要筛选。单株材料筛选时可以借助气相色谱仪测定，准确了解不同株系材料中的成分种类和含量，从而可做出准确选择。

肉质根的苦味主要来自于异香豆素（isocoumarin），表现为数量性状，杂交后代倾向于比较苦的亲本。异香豆素的苦味主要是肉质根长期冷藏的结果，特别是在出现乙烯情况下。Seljasen 等（2001）发现，生长在逆境条件下的胡萝卜具有高含量的异香豆素。目前这一性状还未引起育种者的关注。

2. 质地　质地与肉质根中的含水量以及纤维素含量有密切关系，同时受到环境、栽培条件的影响。在中国北方冷凉气候条件下，土壤较为肥沃，肉质根质地比较好，表现为脆嫩，而南方由于温度较高，土壤肥力比较低，肉质根质地通常表现为艮硬。目前华中地区实现胡萝卜两季栽培，同一品种的肉质根质地表现出显著差异，特别是春季栽培，由于肉质根膨大期处于高温多雨季节，其质地通常表现为艮硬，而夏秋季栽培，肉质根的膨大期处于冷凉气候条件下，肉质根的质地较为脆嫩。

不同品种之间的质地差异较大。由于欧美国家胡萝卜育种起步早，对质地的筛选较为关注，因此许多欧洲品种质地较为脆嫩，纤维含量低。黑田系列多数品种质地表现艮硬，粗纤维多。由于中国多数地方品种用作饲料，人的食用较少，由于没有经过筛选，质地通常比较差，粗纤维多。目前优良材料的选择也主要采用品尝方法，通过人的咀嚼直接判断肉质根质地是否优良，但这些人员也必须经过培训。另外也可借助仪器测定肉质根中的纤维素含量，来判断肉质根的质地。

（三）加工品质

目前胡萝卜加工业呈现多样化，其产品有胡萝卜汁、胡萝卜冻干粉、胡萝卜酱、脱水胡萝卜丁及脱水胡萝卜片等，因此生产者除了要求改善胡萝卜商品性状外，对营养品质，特别是胡萝卜素、糖和干物质含量等提出了新的要求。

1. 胡萝卜素　在植株营养生长初期到中期，胡萝卜素的合成非常缓慢，但从中期到后期，合成非常迅速。早熟品种的胡萝卜素合成和积累速度比晚熟品种要快。胡萝卜素的积累最大值是在肉质根最佳收获期，然后逐渐降低，但由于肉质根在适宜温度和湿度条件下会持续膨大，因此胡萝卜素合成也会持续进行，尽管总体含量呈下降趋势。为了确定品种和育种材料中胡萝卜素含量最大值，最好延长肉质根的生长期。而且环境条件对胡萝卜素含量影响也较大，生长在肥沃土质或沙壤土中的肉质根的胡萝卜素含量比生长在黏性土壤中的高，温度高于 30 ℃或者低于 5 ℃，都会显著降低肉质根中胡萝卜素的合成，适宜温度在 15～21 ℃。

胡萝卜素的含量和成分比例在不同品种中表现不同，主要品种或材料每 100 g 鲜重的含量在 4～8 mg（表 16－2），并且同一品种在不同年份间以及不同个体间也会存在较大差异。红映 2 号不同年份每 100 g 鲜重胡萝卜素含量在 4.5～8.5 mg，中加 643 在 13～17 mg。HCM A. C. 为高胡萝卜素自交系，含量为 47.5 mg，但对 12 个不同单株的测定，结果呈现很大差异，其每 100 g 鲜重 β-胡萝卜素含量 21.1～99.9 mg，α-胡萝卜素含量 25.6～122.4 mg，ζ-胡萝卜素含量 4.1～23.4 mg（Santos 和 Simon，2006）。在北京地区种植，其每 100 g 鲜重胡萝卜素总含量只有 17.2 mg。

表 16-2　几种栽培类型胡萝卜品种或种质资源的胡萝卜素含量比较

品种或种质资源	每 100 g 鲜重胡萝卜素含量（mg）
Chantenay	4.1
Nantes	5.9
Danvers 126	7.1
Imperator 58	7.8
BETA Ⅲ	27.0
HCM A. C.	47.5
Kuroda	5.0～7.0
红映 2 号	4.5～8.5
中加 643	13.0～17.0

根色与胡萝卜素含量存在一定的关系，通常深橘色类型的含量比较高。但是胡萝卜素含量超过一定程度则难以通过目测方法进行辨别，必须借助生化测定方法，如采用分光光度计比色法、高效液相色谱仪（HPLC）或超压液相色谱仪（UPLC）测定。肉质根取样对于其含量测定的准确性较为关键，通常在肉质根收获后 1～2 周内需要及时取样，肉质根表皮不能发蔫，最好放置在塑料口袋中低温条件下保湿。研究表明，单个肉质根整体的胡萝卜素含量分布比较均匀，通常选取中间部分 2 g 样品即可，如果是混合取样，只需在各个肉质根上取相似重量的样品，然后混合即可。这些样品可以采用液氮速冻，可以长期保存在超低温冰箱中，或者通过真空冷冻干燥，可长期保存在－20 ℃条件下。分光光度计比色法只能测定肉质根中总胡萝卜素含量，而且会受到其他色素的干扰，由于肉质根中的β-胡萝卜素含量占到 50%～70%，通常为 α-胡萝卜素含量的 2 倍，实际计算时一般乘以 0.6 或 0.7 的系数进行估算，这也是国内普遍采用的方法。高效液相色谱仪（HPLC）和超压液相色谱仪（UPLC）则可以将不同类型的胡萝卜素区分开，而且还可以测出其他色素的含量。

美国农业部（USDA）在 1970 年就设立高胡萝卜素品种选育项目，这对胡萝卜品质育种起了很重要的推动作用。在 1970 年前，美国主要栽培品种的胡萝卜素含量为 50～70 mg/kg，在 1970 年后期到 1980 年早期，达到 70～120 mg/kg，目前多数品种的含量可达到 150 mg/kg。中国现有主栽黑田系列品种的胡萝卜素含量在 50～70 mg/kg，与国外品种相比还存在较大差距。中国 1996—2000 年“十五”国家科技攻关设立了相关项目，要求鲜食类型达到 80 mg/kg 以上，加工类型则需要达到 100 mg/kg以上。目前国内育种单位已选育出胡萝卜素含量达到 150 mg/kg 以上的育种材料。

2. 总糖和干物质　糖、可溶性固形物和干物质表现为数量遗传。总糖含量与可溶性固形物或干物质含量之间存在正相关，相关系数 r=0.75～0.95，而可溶性固形物和干物质含量之间存在更高的相关性，相关系数 r=0.85～0.95。其原因是可溶性固形物可以占到干物质含量的 90%以上，而总糖只占可溶性固形物含量的 60%～70%、干物质含量的 40%～60%。

肉质根中的可溶性固形物含量测定比较容易，选取 5 g 左右的样品，用打浆机打成匀浆，取 1 滴汁液放在糖度计上则可测出其含量。干物质含量测定可通过称取鲜样，烘干，再称重，即可获得相关数据。但是糖分含量测定则比较费时费工，采用高效液相色谱方法可以精确知道不同糖组分的含量。高糖分含量不仅可以显著改善胡萝卜的风味，而且也是加工品种的重要营养指标。糖含量高的肉质根可直接加工成萝卜汁，不需要添加其他甜味剂。

Carlton（1963）选择两个可溶性固形物含量高的 S_1 代和两个低的 S_1 代，翌年测定它们后代不同指标。从表 16-3 中可看出，除还原糖外，高可溶性固形物 S_1 的后代指标都显著高于低可溶性固形

物 S_1 的后代。Stommel 和 Simon（1989）结合高效液相色谱仪测定，通过 5 代筛选获得了不同糖组分基因型材料，遗传分析认为，胡萝卜中糖分的积累是由单个基因 *Rs* 控制的，*Rs*/ _ 为含有高还原糖（葡萄糖和果糖），低非还原糖（主要是蔗糖）；*rs*/*rs* 为含有高非还原糖，低还原糖。提高肉质根中的还原糖含量可以显著改善胡萝卜的风味。采用 3 对特异引物即可区分不同基因型材料，具有 1.6 kb和 1.3 kb 两条带的株系为杂合型（*Rs*/*rs*），只有 1.6 kb 的株系为纯合 *Rs*/*Rs* 系，只有 1.3 kb 的株系为纯合 *rs*/*rs* 系（Yau et al.，2005；图 16－5）。

表 16－3 不同可溶性固形物含量的株系后代 S_2 的干物质和糖分含量比较

(Carlton，1963)

株系	1957 年 S_1 代	1958 年 S_2 代				
	可溶性固形物（%）	可溶性固形物（%）	干物质（%）	全糖（%）	还原糖（%）	非还原糖（%）
LC 623	10.7	14.0	14.0	7.2	1.0	6.2
N 659	11.0	12.5	12.5	6.4	1.7	4.7
LC 733	5.0	5.0	7.9	3.7	2.1	1.6
LC 856	6.9	5.9	8.9	3.8	2.3	1.5

胡萝卜从肉质根收获到种子生产需要较长时间，国外学者认为这个过程可以详细测定胡萝卜相关营养指标来进行选择。只要种根长度达到 6～10 cm，即可成功进行种子生产，余下的部分可用来进行营养成分测定。如图 16－6 所示，完成上述 5 个指标的测定需要 12～18 g 肉质根。一般选育过程中，对于分离较小群体只需测定少部分植株，而且此方法也适合于单株选择。质地和风味评价一般选用采收后 2 周内的新鲜根，其余样品可称重后冷冻，用于胡萝卜素、糖、可溶性固形物、挥发性萜类化合物等含量的测定。

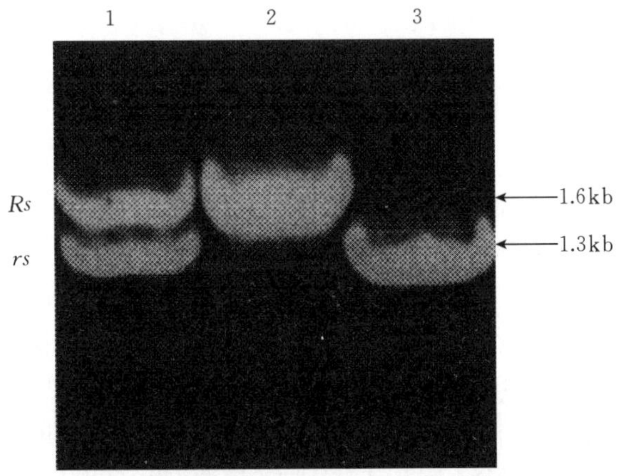

图 16－5 采用特异分子标记筛选不同基因型材料

(Yau et al.，2005)

1. *Rs*/*rs* 2. *Rs*/*Rs* 3. *rs*/*rs*

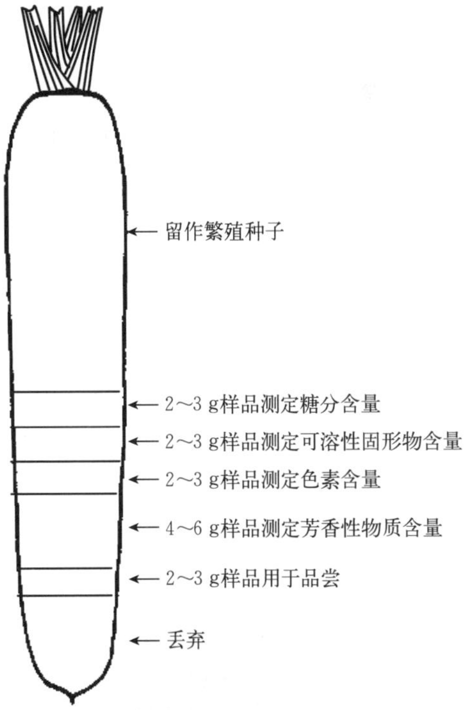

图 16－6 用于胡萝卜采种和营养成分测定的种根分割示意

(Simon，2000)

二、丰产性育种

胡萝卜丰产性是指单位面积达到生产者要求的肉质根产量，主要由单位面积内植株数、平均单根重和成品比例等因素构成。但这 3 个因素又是复合性状，各自又有不同的构成因子和影响因素。胡萝卜丰产性除了品种因素外，还受到栽培方式、环境栽培条件等因素影响。虽然美国育种者没有把丰产性作为主要育种目标（表 16 - 1），但实际栽培中，生产者要求早熟品种达到 60～75 t/hm^2，一般鲜食品种的产量范围要求在 75～150 t/hm^2，而用于微型胡萝卜加工的品种产量通常可达到 255 t/hm^2。这些微型胡萝卜加工品种的根长在 30 cm 以上，采用宽带多系播种方式，每个带宽 15～18 cm，同时播种 5～12 条，带间距为 15～20 cm，栽培密度可达到每平方米 175 株，而普通鲜食品种的栽培密度为每平方米 100 株，生长期在 130～150 d。这种栽培方法可以促使肉质根紧密生长，形成细长柱形，外形较为一致。而中国主栽品种为黑田系列，地上部长势很强，通常栽培行距要求 25 cm，株距 10 cm以上，栽培密度一般每平方米只有 40～50 株，而多数根长只有 16～18 cm，生长期在 100～120 d，产量通常在 60 t/hm^2 左右，晚熟品种 75 t/hm^2 以上。国内产量最高的是日本 SK 316 品种，其产量可达到 120～135 t/hm^2，主要适合于福建翔安、漳州地区采用越冬栽培，生长期需要 180 d。

（一）单位面积株数

单位面积内种植的株数多少主要取决于地上部生长势、开展度以及肉质根粗度。地上部生长势和开展度包括叶长、叶柄粗和叶片角度等性状。欧美现有品种多数叶片较短，叶柄较细，呈直立生长，因此非常适合密植。黑田系列品种多数叶片长，叶柄较粗，呈半直立或匍匐状。不同类型胡萝卜的肉质根粗差异较大，黑田型一般在 5～6 cm，通常每公顷植株数在 37.5 万～45 万株；南特斯型一般在 4 cm左右，通常每公顷植株数在 60 万～75 万株；而皇帝型中细的类型只有 1～2 cm，更适合密植，每公顷植株数可达 120 万～150 万株，美国规模化农场种植通常要求达到 300 万株左右。

（二）单根重

单根重主要取决于单根的体积和比重，不同品种之间的肉质根比重差异很小，单根体积则与根形密切关系。通过增加根长和根粗都可显著增加单根重。常规品种的选育，可通过连续多代单选或混选来提高单根重。而对于杂交种的选育，则需考虑亲本的性状及其配合力。

（三）成品比例

成品比例主要是指肉质根达到商品标准的比例。除了栽培环境条件外，商品标准要求、歧根和裂根比例以及抗病性等因素都会直接影响成品比例。

三、抗性育种

由于胡萝卜耕作制度的改变、栽培区域的发展以及胡萝卜品种单一化，为病虫害的发生提供了有利条件，目前在内蒙古、河北、山西、河南、安徽等地区危害较严重的主要有黑斑病、黑腐病和根结线虫。胡萝卜生产由过去的单一化栽培发展为现在的多样化栽培模式。在东北地区着重发展早熟栽培，华北华中地区发展一年两季栽培（春季大棚栽培和夏秋播种），华南地区发展越冬栽培。春播品种早期处于低温条件，后期处于高温多雨时期，与胡萝卜原有的生长习性完全不同，这对品种的抗性提出了很高的要求。

（一）抗病性

国外对于胡萝卜病害极为关注，认为至少有 3 种病毒、2 种细菌、15 种以上的真菌对胡萝卜造成危害。中国报道的胡萝卜病害至少有8种（吕佩珂等，1996；郑建秋，2004）。

胡萝卜黑腐病属于土传病害，病原可存在于种子中，也可以孢子在作物病残体或土壤中存活8年以上，土壤灭菌处理作为防治土传病害的有效手段，其成本较高，且对于露地生产并不适用。选用黑腐病抗病品种十分必要，再结合药剂防治，胡萝卜黑腐病的危害会显著降低。2012年山西省农业科学院植物保护研究所和中国农业科学院蔬菜花卉研究所在山西应县对64份品种和资源材料进行田间黑腐病抗性鉴定，获得了3份抗病材料［当阳胡萝卜（V01B0328）、红都345、新太胡萝卜（V01B0183）］，8份中抗，12份感病，其他均表现为高感。2013年重复了相关鉴定试验，增加了部分品种和资源材料，共对77份进行鉴定，但仅获得中抗材料2份，分别是自交系12149和12410；其他表现为感病或高感，其中红都345也表现为高感。这说明，不同年份气候条件对材料抗性影响较大，必须持续多年鉴定才能获得准确结果。

黑斑病是危害叶片的重要病害，直接影响机械采收。目前市场上的多数品种表现为感病。1970年，美国学者对241份引进资源和90份自交系进行田间抗性筛选，获得9份抗病材料，表现最抗病的是日本栽培品种Kokubu（PI 261648）、San nai（PI 226043）和Imperial long scarlet。选择抗性株系的最好方法是将不同育种材料种植在病害发生严重的病圃中，在各育种材料两边统一种植感病材料，便于接种以提供一致病原。长势健壮的材料主要表现在以下两方面：一方面可以快速发生新叶替代病害致死的叶片，另一方面是在感病处发生局部坏死以便减少整个叶片的死亡。

上述方法也可用于胡萝卜斑点病和胡萝卜细菌性叶斑病的筛选，基本原则是创造适合病害发生的条件，最好方法是建立永久性病圃，对育种材料进行连续性观察评价。Angell和Gabelman（1968）提出在温室内培养和接种筛选的方法，但这种方法实际使用非常有限。

（二）抗虫性

国外的胡萝卜害虫主要有根结线虫、胡萝卜茎蝇、潜叶蝇、蚜虫和白粉虱等，在中国还有茴香叶蛾和尺蠖等。胡萝卜茎蝇主要发生在温带地区，危害最为严重，在欧洲及加拿大和新西兰造成了很大的经济损失。生化研究表明，胡萝卜中绿原酸含量（chlorogenic acid）与抗性呈负相关（Cole，1985）。育种者可以直接通过降低胡萝卜中绿原酸的形成，提高植株的抗性，以缓解胡萝卜茎蝇的危害。栽培品种Sytan表现中抗，而Danvers 126表现得极为敏感。

栽培种Brasíllia和平定胡萝卜是目前发现具有抗根结线虫的种质资源，均为显性单基因抗性（Simon et al.，2000；Ali et al.，2013），通过杂交选育并结合分子标记辅助育种方法，可将其抗性基因转入到现有栽培品种中。

（三）耐先期抽薹

建立一个持续的选择压，选育抗抽薹育种材料是非常重要的，可以避免由于常规育种方法造成群体基因向易抽薹方面漂移。20世纪40～50年代国外学者就提出胡萝卜抗抽薹能力评估体系。Dickson等（1961）认为，2个月大小的植株在10℃低温处理大约650 h，在经过3个月的生长，所有具有潜在能力抽薹的植株都可以继续发育。Peterson和Simon（1986）建议利用冬天自然冷空气诱导秋季栽培的植株产生不完全春化作用，从中筛选出不抽薹或晚抽薹植株。由于胡萝卜生长周期长（365 d），春化要求较为严格，上述两种方法在实际操作中存在很多局限。前一种方法难以对几百份资源材料开展鉴定，后一种则受到气候变化的影响，所选出的植株必须进一步进行春化或者进行资源保存，也难以开展大规模的选育工作。

中国农业科学院蔬菜花卉研究所根据多年田间露地和大棚试验结果，提出了北京地区在冬春大棚中进行胡萝卜耐抽薹性鉴定评价的方法。一般可在1月中、下旬播种，4月底揭掉棚膜，5月初就可以观察到部分材料开始抽薹。图16－7是分别于2012年2月10日和2013年1月23日播种并进行的鉴定和比较分析，结果表明，冬春感受低温时间越长，材料之间先期抽薹比例差异越明显。

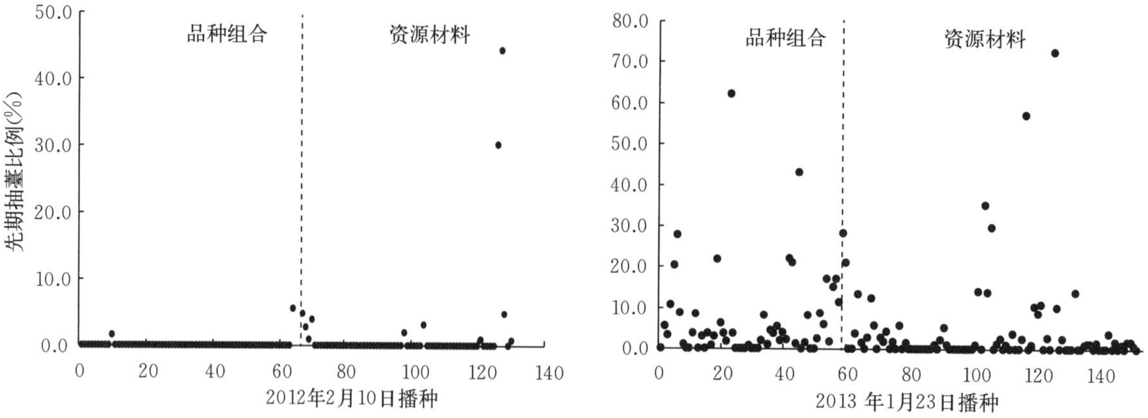

图 16－7　北京地区不同年份冬春大棚胡萝卜栽培先期抽薹鉴定结果比较

第五节　育种途径

一、选择与有性杂交育种

（一）选择

选择是胡萝卜育种最有效的手段。初始选择主要根据不同植株在田间的表现进行。一些农艺性状和品质性状，如风味、胡萝卜素含量等，可在生殖生长前进行。单株选择是纯化农艺性状最有效的方法，但是自交衰退在胡萝卜中表现极为严重。单个株系自交 2～3 代后则会出现严重的衰退现象，结籽率明显降低，植株生长势变弱，多数株系不能生存下来。为了解决这一问题，在自交 2～4 代后，选择同一株系内几个单株混合授粉，或者选择姊妹系之间的不同单株进行混合授粉，观察后代植株的长势。如果植株的活力恢复，可继续进行单株选择。一般单株自交 2～5 代后可以混合授粉 1 次，直到株系的目标性状一致。紫色胡萝卜自交系 B7262 是由美国威斯康星大学 Simon 教授选育的，它是由 PI 173687（来自于土耳其的紫色品种资源）和深橘色自交系 B10238（选自于 Danvers 126）杂交选育而成（图 16－8），根长 15～19 cm，根粗 1.5～2 cm，表皮和外围韧皮部为紫黑色，里面韧皮部和心柱为橘黄色，耐黑斑病，但对白粉病敏感（Simon，1997）。

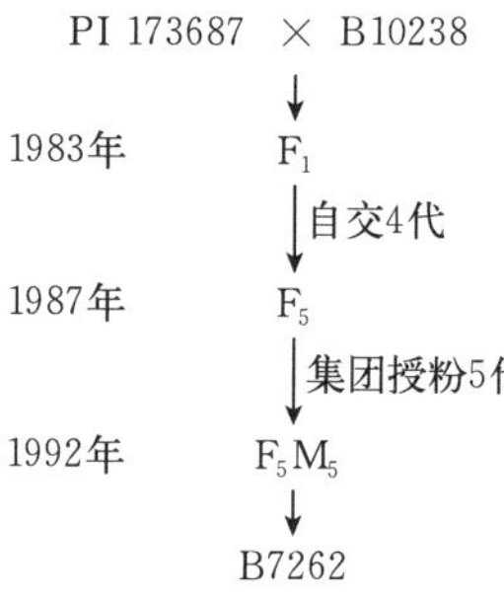

图 16－8　B7262 紫色胡萝卜自交系选育过程（Simon，1997）

（二）有性杂交育种

根据育种目标，通过人工杂交手段，把分散在不同亲本上的优良性状组合到杂种中，对其后代进行选择，获得遗传性相对稳定、有栽培和利用价值的定型新品种，这是胡萝卜早期育种的主要方法。由于胡萝卜花小、数量多，人工去雄费力又费时，难度大，主要采用混合种植昆虫授粉的方法，也就是将两亲本种植在一起，选取一个或两个亲本花序，用布笼子罩上，间断性在里面放入苍蝇或蜜蜂进行授粉。多数情况下，两亲本花序上都会含有杂交种和自交种，根据植株在田间的生长势或不同农艺性状来区分自交种和杂交种。这种方法对于有标记性状的亲本间杂交较为适合，但对于相似的亲本间杂交或者多代轮回杂交不太适用。

中国农业科学院蔬菜花卉研究所建立一套胡萝卜粘贴去雄的方法，可以大量开展胡萝卜自交系间的杂交或多代轮回杂交。当杂交母本植株的花即将开放时，去除复伞形花序中间的小伞形花序，保留周边的小伞形花序，同时去除每个小伞形花序中间的小花蕾和已开放的花朵。用胶带轻轻粘贴小花蕾上的未成熟花药，每天早中晚各处理 1 次，连续 3～4 d，即可去除干净，再选择父本花粉进行人工授粉。

二、杂交优势育种

由于常规品种本身的杂合性以及群体内随机自交造成衰退，所以选育一致性好、多代自交不衰退的品种难度非常大。利用杂种优势不但可以提高产量，整合亲本间的优良性状，而且可以提高品质以及植株抗性。随着国内胡萝卜规模化、机械化和集约化种植发展，杂交一代逐渐成为市场的主导品种。

（一）杂交优势育种途径

胡萝卜杂交优势主要表现在种子发芽快、地上部长势增强、抗病和抗逆性增强等，但肉质根的杂交优势并不明显。胡萝卜主要利用雄性不育系配制一代杂种。由于褐药型不育系的不育率低，易受环境影响，实际育种应用较少。目前市场推广的品种主要是利用瓣化型不育系。育种程序是遵循先纯后杂的原则，先选育优良雄性不育系，再与自交系进行组合配制，通过 2 茬以上的品种比较试验，选出性状优良、表现稳定的组合，进一步进行品种区域试验和生产试验。

（二）瓣化型雄性不育系选育

瓣化型雄性不育主要受细胞质基因遗传控制，不育系的选育通常采用多代轮回杂交转育的方法。理论上讲，市场上的杂交一代均可作为不育源，但多数杂交一代的后代会出现不同比例的可育株，因此尽量筛选没有出现可育株或者低比例的杂交一代作为不育源（图 16－9）。保持系可以选择高代自交系或者性状优良的低代株系，但低代株系转育过程中必须同时进行自身单株选择，直到性状表现稳定为止。在初始 1～3 代转育过程中一般采用一对一的授粉和单选方法。在进行高代转育过程中，由于受到自交衰退等影响，植株结实率显著降低，可采用集团授粉和单选或混选的方法，淘汰低结实率的株系。在每个世代都要测定转育株系的不育率，淘汰不育率低（95%以下）的株系，保留性状优良、不育率高的株系继续进行转育，直到不育系的整体性状表现与保持系相似或一致为止。理想的不育系要选择 10 个世代以上。

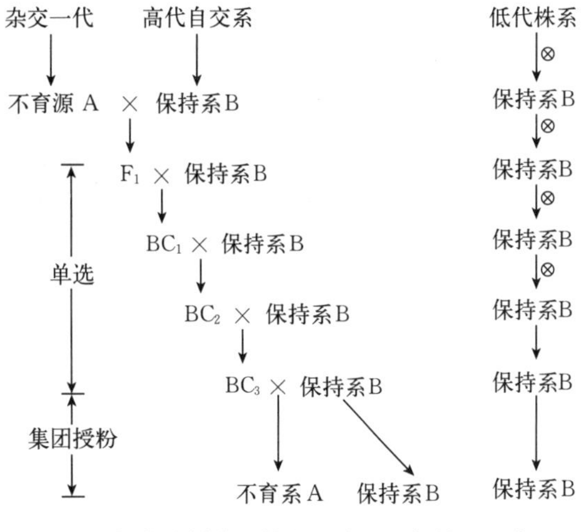

图 16－9　胡萝卜瓣化型雄性不育系和保持系选育过程

（三）亲本选配原则

肉质根的商品性和一致性是胡萝卜育种最重要的目标。亲本选择时首先明确亲本材料肉质根的根色、根形、根长、收尾（指的是根尖变钝或变圆的程度）等，其次注重亲本材料抗性的互补性。另外，还需要关注亲本材料自身繁种产量以及杂交一代大田繁种产量。在实际推广过程中，由于不能大规模繁种或者单产种子量很低，有些优良品种不得不退出市场。为了解决这一问题，现在一些种子公司或育种单位采用三交种的方法，杂交品种的种子生产可以利用雄性不育 F_1 作为生产母本。这种方法为品种选育提供了更多新组合的配制，但缺陷是选育组合的纯度低于单交种，而且周期比较长，通常需要 7～8 年。

（四）杂种一代配制

在杂交组合选配时，多以不育系为母本（测验者），以多个遗传性稳定、性状比较整齐一致的自交系为被测验者配制杂交组合。以实际生产主栽品种为对照，通过对各组合的重要经济性状综合评价，筛选出优良杂交组合，用于进一步品比试验、区域试验和生产示范等。

（五）中加 643 品种选育实例

本品种适合胡萝卜汁加工和脱水加工用，也可作为鲜食菜用品种，其每 100 g 鲜重胡萝卜素含量达到 13～17 mg，比黑田系列品种高出 60%以上，由中国农业科学院蔬菜花卉研究所选育而成（图 16－10）。主要特征：地上部生长势中上，直立，叶色暗绿。长柱锥形，根长 22 cm 左右，根粗 4 cm左右，表皮、韧皮部和木质部皆为橘红色。它的母本 60025A 为瓣化型雄性不育系，是 1998 年从欧洲引进的 Danvers 品种中筛选出的，并以其可育株作为轮回亲本，多代纯化后成为保持系。结合生化指标的测定，筛选高胡萝卜素株系。先通过单株轮回杂交 3 代后，再进行集团授粉回交转育 3 代而成。父本 50354 是 2004 年从美国威斯康星大学引进的自交系 2327，结合生化指标测定，集团授粉纯化 2 代后而成。2006—2007 年进行品比试验，2007—2009 年分别在安徽、内蒙古、河北、河南和新疆等地进行区试和示范试验。

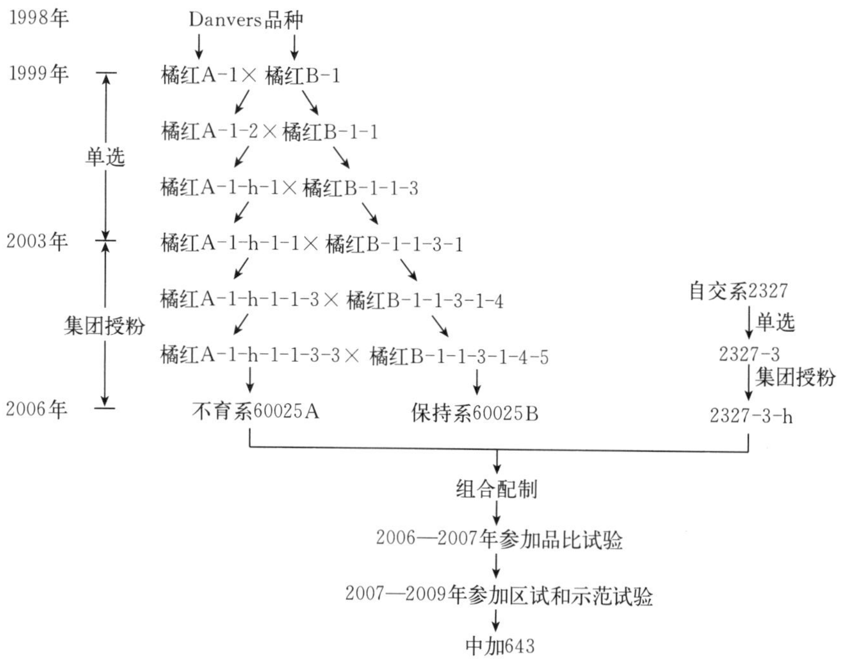

图 16－10 中加 643 品种选育过程及其系谱图

（六）金红 5 号品种选育实例

本品种由内蒙古农牧业科学院蔬菜研究所选育而成，可作为鲜榨汁专用品种。其母本 10423 雄性不育系是以 Nanters 中分离选育的雄性不育系 A03 为不育源，以日本引进品种单株多代选择而成的自交系 2017－1 为转育亲本，经连续 4 代回交转育而成（图 16－11）。父本 3030 是利用日本引进品种新黑田五寸经多代单株自交选育而成。2000 年进行组合配置，2001—2002 年进行品比试验，2004—2005 年参加内蒙古自治区胡萝卜区域试验，2005—2006 年在全区进行生产示范，2007 年通过内蒙古自治区农作物品种审定委员会审定并命名。

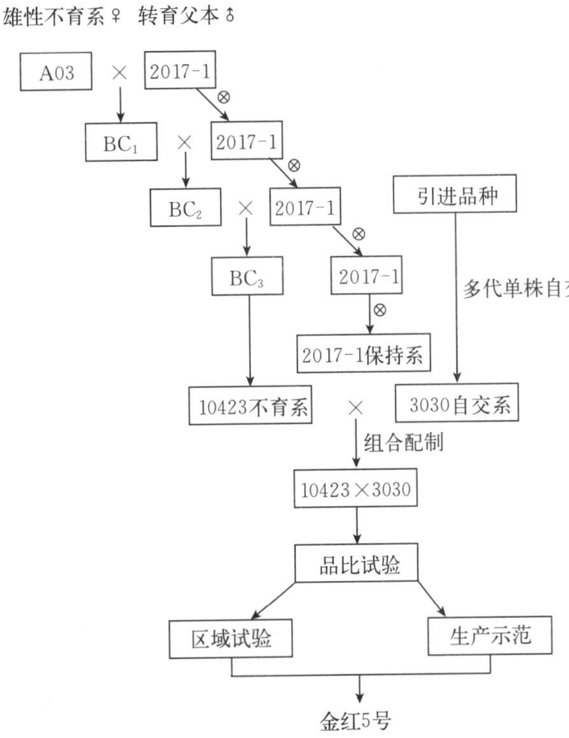

图 16－11　金红 5 号品种选育过程及其系谱图

三、细胞工程育种

细胞工程技术为植物新品种的培育、细胞遗传、分子遗传等研究领域提供了重要素材，但在胡萝卜中尚处于研究阶段，没有进入大规模实际生产应用。研究表明，胡萝卜花药培养受到基因型、小孢子发育时期、植物生长调节剂、低温预处理以及供体植株生长条件等影响（Andersen et al.，1990；Matsubara et al.，1995；Adamus and Michalik，2003；Górecka et al.，2005）。Andersen 等（1990）首先通过花药培养获得了胡萝卜单倍体植株，产生胚状体和小孢子愈伤组织比例为 0.8%。Adamus 和 Michalik（2003）对 21 份不同胡萝卜基因型材料进行花药培养，其中 8 份材料产生胚状体，最高出胚率为 1.2%，17 份材料产生小孢子愈伤组织，最高出愈率为 20.8%。庄飞云等（2010）选用胡萝卜 7 个常规品种、10 个自交系、16 个 F_1 代杂交种和 6 个 F_2 代进行花药培养，有 6 份材料产生小孢子胚状体，其中 50071 号材料出胚率最高，达到 3.89%，有 30 份材料产生小孢子愈伤组织，其中 600Q6 号材料出愈率达到 36.70%。细胞学鉴定 121 株由胚状体产生的再生植株中，93.39%为二倍体。

Andersen 等（1990）和 Matsubara 等（1995）在游离小孢子培养中均诱导出小愈伤组织，但没有形成再生植株。Górecka 等（2005）从基因型 Feria 的 5 株不同供体植株中诱导出胚状体，获得 42 株再生植株，倍性鉴定全部为二倍体。Ferrie 等（2011）对 20 种伞形花科作物进行游离小孢子培养，获得了 17 株胡萝卜再生植株。李金荣等（2011）对 11 份不同基因型胡萝卜进行游离小孢子培养，诱导培养 92 d 后，有 5 份材料形成肉眼可见胚状体或愈伤组织。细胞学观察表明，胚状体和愈伤组织形成过程具有完全不同的结构特征，发育成胚状体的小孢子细胞壁变薄，膨大伸长，长度可至原来 1.5～4 倍，有明显大液泡，初期细胞纵向分裂，成串排列，细胞间紧密连接，而发育成愈伤组织的小孢子膨大成球状，多次分裂后松散地连接在一起。通过流式细胞仪鉴定了 137 株再生植株倍性，单倍体、二倍体及三倍体所占比例分别为 68.6%、29.9%和 1.5%。

胡萝卜原生质体非对称融合研究最早开始于 20 世纪 80 年代。Ichikawa 等（1987）实现了野生种 *D. capillifolius* 与栽培胡萝卜的融合，获得了胞质杂种。对其提取线粒体 DNA 进行限制性酶切，发现再生植株的线粒体带型出现了不同于双亲的特异带。Dudits 等（1987）利用 γ 射线辐射处理胡萝卜悬浮细胞系，与烟草的叶片原生质体进行融合，获得了远缘体细胞非对称杂种。杂种后代具有烟草的形态特征，同时又具有胡萝卜的一些特性。通过对其线粒体 DNA 和叶绿体 DNA 的限制性酶切图谱分析，杂种的叶绿体 DNA 图谱与烟草的高度一致，而线粒体 DNA 出现了特异带，表明胡萝卜线粒体基因组和烟草的发生了重组（Smith et al.，1989）。Tanno－Suenaga 等（1988）利用 X 射线辐射胡萝卜褐药型不育材料 28A1 的原生质体，与可育材料 K5 进行融合，成功获得了新的不育材料。对再生植株的线粒体 DNA 进行限制性酶切分析，同样发现了线粒体基因组间的重组现象。随后，Tanno－Suenaga 等（1991）又用瓣化型不育材料 31A 的原生质体通过 PEG 介导与可育材料 K5 进行融合。一次融合后获得再生植株均为胞质杂种，不过未表现出瓣化型不育特征，但通过两步融合法实现了瓣化型不育性在种内的转移，他们认为这可能与融合双亲的基因型有关。司家钢等（2002）利用紫外线辐射处理胡萝卜瓣化型不育材料 7－0－8 的原生质体，与可育材料 66－3 进行电融合，获得了 33 株再生植株，通过 RAPD 标记鉴定，均为胞质杂种。通过对其中 4 个再生植株进行花期形态学鉴定，全部表现为雄蕊瓣化型。

第六节 良种繁育

胡萝卜的商品种子生产包括常规品种（开放性授粉品种）和杂交一代品种（利用雄性不育系）的繁殖，由于两者繁种过程和对环境条件要求基本一致，所以下面将结合国内外繁种情况，从基地选择、良种繁育方式、种根处理和栽培技术、雄性不育系制种、种子采收以及种子加工处理等方面分别进行阐述。

一、基地选择

良好的基地条件是获得高产优质商品种子的前提。依据胡萝卜的生物学特性，基地的温度要满足植株春化要求，而夏季高温不宜超过 32 ℃，否则会显著影响结实率和产量，同时要求后期少雨，但又能满足灌溉的要求。如美国西北地区是最适宜的胡萝卜繁种地，而且可以满足小株采种方法的要求。中国比较好的地区是甘肃、宁夏等。

不同品种之间要求严格隔离，如果根形相似的品种，只需要隔离 500～1 000 m，不同类型的品种则要求间隔距离 2 000 m，原种繁殖至少要求间隔距离 2 000 m。

二、良种繁育方式

胡萝卜良种繁育方式主要有两种：大根采种法和小株采种法。

（一）大根采种法

这种方法要求在收获时肉质根具有品种的基本特征，特别是根形、根色，以便于进行种株的严格筛选，这是原种繁殖必须采用的方法。在东北和西北地区，播种期 6～7 月，在华北地区可于7～8 月进行。用于生产商品种子的种株达到七成大小即可，而且这种肉质根易于贮藏，具有较强的抗性，比正常晚播 20～30 d。

（二）小株采种法

这种方法的特点是种株在收获时未充分发育，不能区分品种的基本特征，但一般要求肉质根直径达到 1 cm 以上，便于后期充分春化。这种方法的优点是播种期比较晚，便于茬口的安排，翌年抽薹早，抗冻性强。缺点是种根比较小，翌年必须加强肥水管理，促进植株的生长，如果土地肥力低，会严重影响植株的生长势，从而大大降低种子的产量，另外由于种根未经筛选，种子纯度降低。在美国商品种生产基地，小株采种的种株通常采用露地直接越冬，而且后期不进行移栽，如果遇到寒冷的天气，可以直接覆盖一层泥土以防冻害。中国部分地区也采用小株采种法，一般都进行移栽。如果地区最低温度不低于－5 ℃，可以在收获后 2 周内直接定植于大田。

三、种株处理与栽培技术

种株收获通常在霜冻前进行，根据品种特性进行株选，淘汰杂根以及开裂根等。留下叶柄基部 2～3 cm，切去上部的叶片，先在露地阴凉处堆成小堆晾晒，上面覆盖一些叶子，起到散热和保湿作用。不要过早贮藏，否则温度过高、湿度过大，容易发生菌核病，而且极易早抽薹。最佳贮藏方法是置于冷库中，但国内通常采用窖藏或沟藏方法，一般待天气冷凉时进行。窖温控制在 1～4 ℃为宜，挖沟时选择地势干燥、避风地块，沟不宜过宽过深，宽 1～1.5 m，深度根据当地冻土层而定，一般在冻土层以下 0.5～0.6 m 即可。如果有条件可以采用假植方式，或者散放，便于通气通湿。种株可贮藏 3～5 个月。

当气温达到 7 ℃以上时进行种根定植，如果采用地膜覆盖，可提前 1 周进行。栽植时，种根根茎部稍低于地面，浇水后，为防止倒春寒冻死种株或顶芽，在根茎上方覆盖一小堆干土，可以起到防冻的效果。通常大根采种法的栽培密度在 45 000～67 500 株/hm^2，小株采种法的栽培密度相对比较高，在 67 500～82 500 株/hm^2。在美国生产基地，小株采种法的栽培密度通常达到 120 000 株/hm^2。这可能与国内外品种植株株型、生长势有关。研究表明，栽培密度比较低，生产的种子千粒重比较大，如果比较密则反之，而且一味地增加栽培密度，也不能提高种子产量，反而会降低种子质量。表 16－4 是小株采种法栽培密度试验结果，表明如果胡萝卜种植密度过大，对产量贡献大的主要是主薹，然后是一级侧枝；而密度比较小，对产量贡献大的主要是一级侧枝，然后是主薹，第二、三级侧枝几乎没有产量。

表 16－4　栽培密度对种子产量分布和产量的影响

(Gray et al.，1983)

年份	栽培密度（株/m^2）	种子产量（kg/hm^2）	种子产量分布（%）		
			主薹	一级侧枝	二级以上侧枝
1978	10	3 180	18	74	8
	80	4 035	63	37	0
1979	10	2 385	38	58	4
	80	3 360	57	43	0
1980	10	5 835	19	74	7
	80	5 865	65	35	0

因此选择适宜的栽培密度非常重要。国外一些种植户采用窄株距宽行距的方法减少第二、三级侧枝的数量和生长，通常行距 65～90 cm，株距 3～5 cm，如果贮藏过的种株进行移栽，株距则比较宽，10～30 cm。国内种根定植主要采用宽窄行结合，宽行距为 90 cm，便于人工农事操作，窄行距为 40～60 cm，株距 30～40 cm。如果在越冬前定植，小种株密度可以加大，株距 15～20 cm，以防止越冬后严重缺苗。

四、雄性不育系繁种和杂交一代制种

杂交一代种子生产涉及母本雄性不育系和父本自交系的繁育，最重要的是注意严格隔离、去杂去劣。

（一）雄性不育系繁种

雄性不育系亲本繁种时，不育系和保持系要同时播种。由于胡萝卜自交衰退问题，高代保持系的花粉和结实率显著降低，一般建议不育系和保持系播种比例为 2∶1，确保贮藏后有足够的保持系。种根定植时不育系和保持系比例为 2∶1 或 3∶1，根据保持系花粉量来定。

（二）杂交一代制种技术

杂交种的生产涉及父、母本，通常种株栽培比例是 1∶3～4。准备种根时，必须按其比例播种。在种根采收、贮藏和定植时必须将两者分开，以免混淆。在美国，生产者常采用 2∶6 或 2∶8 的比例，种植 6 行或 8 行母本后间隔种植 2 行父本，目的是便于机械化操作。

由于胡萝卜是虫媒花，授粉昆虫数量会显著影响种子产量和质量。胡萝卜虫媒主要有熊蜂、蜜蜂等，因此授粉期防治病虫害应尽早进行，如果必须喷施农药，最好对熊蜂和蜜蜂进行必要的隔离。对于杂交种，授完粉后必须及时清除父本，以免影响商品种子纯度。

五、种子采收与加工

种子采收是种子生产的关键环节，特别是对于机械化采收，必须确定一个最佳时期，如果采收过早，后期种子的成熟度不够，影响种子质量；如果采收过晚，早期种子就会很容易散落，从而影响种子的产量。对于机械采收，一般在主薹花序变成褐色，一级侧枝花序开始转变成褐色时进行，或者一级侧枝花序变成褐色，二级侧枝花序开始转变成褐色时进行。目前，国内生产基地通常采用人工采收，而且可以分批采收。胡萝卜种子人工采收最佳时期是种子完全转色，一般是花序第 1 朵小花开放后 50～55 d 才能完成，但不同品种或气候条件，种子成熟期会有差异。

由于栽培条件、气候变化、品种不同以及栽培技术差异，胡萝卜产量差异较大。在美国，常规种的产量一般是 1 950～2 250 kg/hm^2，最高产量可达到 3 000 kg/hm^2，而杂交种由于要去掉父本，一般产量只有常规种的 1/3～1/2，但有的也能达到 1500 kg/hm^2 以上。中国胡萝卜种子产量差异也较大，常规种的最低产量只有 600～750 kg/hm^2；最高可达到 2 250～3 000 kg/hm^2；杂交种产量相对较低，一般产量是 600～900 kg/hm^2，但有的也能达到 1 200 kg/hm^2 以上。

由于胡萝卜花序和种子的特殊性，机械化采收需要采用专门的采收机器，主要在于如何将种子从花序上脱落，并与杂质分离。一般采用机动采收机，首先将切下的花序运到一个大的旋转鞭打容器中，将种子与花序分离。通过风扇和筛子将种子与杂质分开，种子进入收集容器中，杂质返回到地里。国内主要采用人工采收方法，首先将成熟花序剪下并晾干，采用胡萝卜脱扬机将种子从花序上脱落。由于胡萝卜种子带有刺毛，容易相互粘在一起，影响后期包装、播种等，并极易吸潮，影响其贮藏寿命，必须将其除去，可采用专门的搓毛机进行处理。花序、花梗可采用不同规格的网筛去掉。

种子精选是非常重要的过程，不仅可以提高种子质量、净度，而且可以提高其商品价格。可采用大型的风选机或比重机，有时可两者结合，这样可以将不同大小的种子区分开。目前国外多数种子公司还采用包衣，可以防治种子自身病原菌以及早期的病害。

处理后的种子需要及时晒干或者烘干（40～50 ℃），商品种子含水量要求 7%～10%。贮藏温度一般要求 10 ℃，可以放置 3 年以上。

（庄飞云　欧承刚）

主要参考文献

鲍生有，欧承刚，庄飞云，等．2010. 胡萝卜春季栽培先期抽薹的调查与分析［J］. 中国蔬菜（6）：38－42.

李金荣，欧承刚，庄飞云，等．2011. 胡萝卜游离小孢子培养及其发育过程研究［J］. 园艺学报，38：1539－1546.

吕佩珂，刘文珍，段半锁，等．1996. 中国蔬菜病虫原色图谱续集［M］. 呼和浩特：远方出版社．

马振国，欧承刚，刘莉洁，等．2015. 胡萝卜品种资源遗传多样性及亲缘关系研究［J］. 中国蔬菜，1（11）：28－34.

毛笈华，茅淑敏，庄飞云，等．2013. 胡萝卜先期抽薹遗传及环境调控研究［J］. 华北农学报，28（3）：67－72.

欧承刚，邓波涛，鲍生有，等．2010. 胡萝卜（*Daucus carota* L.）中主要胡萝卜素和番茄红素含量的 QTL 分析［J］. 遗传，32（12）：1290－1295.

欧承刚，庄飞云，赵志伟，等．2009a. 胡萝卜主要病害及抗病育种研究进展［J］. 中国蔬菜（4）：1－6.

欧承刚，庄飞云，赵志伟，等．2009b. 胡萝卜根粗和根长的遗传及其杂种优势分析［J］. 园艺学报，36（1）：115－120.

沈火林，程杰山，韩青霞．2006. 胡萝卜黄色突变体的遗传及表现研究［J］. 园艺学报，33（4）：856－858.

司家钢，朱德蔚，杜永臣，等．2002. 利用原生质体非对称融合获得种内胞质杂种［J］. 园艺学报，29（3）：128－132.

吴光远，丁犁平，庄灿然．1964. 胡萝卜雄性不孕研究初报［J］. 园艺学报，3（2）：153－157.

郑建秋．2004. 现代蔬菜病虫鉴别与防治手册［M］. 北京：中国农业出版社．

庄飞云，裴红霞，欧承刚，等．2010. 胡萝卜小孢子胚状体和愈伤组织的诱导［J］. 园艺学报，37（10）：1613－1620.

庄飞云，赵志伟，李锡香，等．2006. 中国地方胡萝卜品种资源的核心样品构建［J］. 园艺学报，33（1）：46－51.

Abawi G S，Widmer T L. 2000. Impact of soil health management practices on soilborne pathogens，nematodes and root diseases of vegetable crops［J］. Applied Soil Ecology，15：37－47.

Adamus A，Michalik B. 2003. Anther cultures of carrot（*Daucus carota* L.）［J］. Folia Horticulturae，15：49－58.

Alessandro M S，Galmarini C R. 2007. Inheritance of vernalization requirement in carrot［J］. Journal of the American Society for Horticultural Science，132：525－529.

Ali A，Matthews W C，Cavagnaro P F，et al. 2013. Inheritance and mapping of Mj－2，a new source of root－knot nematode（*Meloidogyne javanica*）resistance in carrot［J］. Journal of Heredity，105：288－291.

Andersen S B，Christiansen J，Farestveit B. 1990. Carrot（*Daucus carota* L.）in vitro production of haploids and field trials［M］//Bajaj Y P S. Biotechnology in Agriculture and Forestry. Springer Verlag，Berlin，12：393－402.

Angell F F，Gabelman W H. 1968. Inheritance of resistance in carrot，*Daucus carota* var. *sativa*，to the leaf spot fungus，*Cercospora carotae*［J］. Proceedings of the American Society for Horticultural Science，93：434－437.

Banga O. 1957. The development of the original European carrot material［J］. Euphytica，6：64－76.

Banga O. 1963. Origin and distribution of the western cultivated carrot［J］. Genet Agrar，17：357－370.

Blouin E M，Bouche F B，Steinmetz A，et al. 2003. Neutralizing immunogenicity of transgenic carrot（*Daucus carota* L.）－derived measles virus hemagglutinin［J］. Plant Molecular Biology，51：459－469.

Boiteux L S，Della vecchia P T，Reifschneider F J B. 1993. Heritability estimate for resistance to *Alternaria dauci* in carrot［J］. Plant Breeding，110：165－167.

Brar J S，Ghai B S. 1970. Inheritance of root characters in carrot（*Daucus carota* L.）［J］. Journal of Research－Punjab Agricultural University，7：464－467.

Buishand J G，Gabelman W H. 1979. Investigations on the inheritance of color and carotenoid in phloem and xylem of carrot roots（*Daucus carota* L.）［J］. Euphytica，28：611－632.

Buishand J G，Gabelman W H. 1980. Studies on the inheritance of root color and carotenoid content in red×yellow and red×white crosses of carrot，*Daucus carota* L.［J］. Euphytica，29：241－260.

Carlton B C，Peterson C E. 1963. Breeding carrots for sugar and dry matter content［J］. Proc Am Soc Hortic Sci，82：332－340.

Cavagnaro P F，Chung S M，Manin S，et al. 2011. Microsatellite isolation and marker development in carrot－genomic distribution，linkage mapping，genetic diversity analysis and marker transferability across Apiaceae［J］. BMC Genomics, 12: 386 - 405.

Chahal A, Sidhu H S, Wolyn D J. 1998. A fertile revertant from petaloid cytoplasmic male - sterile carrot has a rearranged mitochondrial genome [J]. Theoretical and Applied Genetics, 97: 450 - 455.

Clotault J, Peltier D, Berruyer R, et al. 2008. Expression of carotenoid biosynthesis genes during carrot root development [J]. Journal of Experimental Botany, 59: 3563 - 3573.

Cole R A. 1985. Relationship between the concentration of chlorogenic acid in carrot roots and the incidence off carrot fly larval damage [J]. Annals of Applied Biology, 106: 211 - 217.

Dickson M H. 1966. The inheritance of longitudinal cracking in carrots [J]. Euphytica, 15: 99 - 101.

Dickson M H, Peterson C E. 1958. Hastening greenhouse seed production for carrot breeding [J]. Proceedings of the American Society for Horticultural Science, 71: 412 - 415.

Dickson M H, Rieger B, Peterson C E. 1961. A cold unit system to evaluate bolting resistance in carrots [J]. Proceedings of the American Society for Horticultural Science, 77: 401 - 405.

Dudits D, Maroy E, Praznovsky T, et al. 1987. Transfer of resistance traits from carrot into tobacco by asymmetric somatic hybridization: regeneration of fertile plants [J]. Proceedings of the National Academy of Sciences of the United States of America, 84: 8434 - 8438.

Ellis P R, Hardman J A, Crowther T C, et al. 1993. Exploitation of the resistance to carrot fly in the wild carrot species *Daucus capillifolius* [J]. Annals of Applied Biology, 122: 79 - 91.

Ferrie A M R, Bethune T D, Mykytyshyn M. 2011. Microspore embryogenesis in Apiaceae [J]. Plant Cell, Tissue and Organ Culture, 104: 399 - 406.

Freeman R E, Simon P W. 1983. Evidence for simple genetic control of sugar type in carrot (*Daucus carota* L.)[J]. Journal of the American Society for Horticultural Science, 108: 928 - 931.

Frese L. 1983. Resistance of the wild carrot *Daucus carota* ssp. *hispanicus* to the root - knot nematode *Meloidogyne hapla* [J]. Journal of Plant Diseases Protecion, 81: 396 - 403.

Frimmel F, Lauche K. 1938. Heterosis - Versuche an Karotten [J]. Z Pflanzenzüchtg, 22: 469 - 481.

Gray D, Steckel J R A, Ward J A. 1983. Studies on carrot seed production: effects of plant density on yield and components of yield [J]. Journal of Horticulture Science, 58: 83 - 90.

Górecka K, Dorota K, Ryszard G. 2005. The influence of several factors on the efficiency of androgenesis in carrot [J]. Journal of Applied Genetics, 46: 265 - 269.

Hardegger M, Sturm A. 1998. Transformation and regeneration of carrot (*Daucus carota* L.) [J]. Molecular Breeding, 4 (2): 119 - 127.

Heywood V H. 1983. Relationship and evolution in the *Daucus carota* complex [J]. Israel Journal of Botany, 32: 51 - 65.

Ichikawa H, Tanno - Suenaga L, Imamura J. 1987. Selection of *Daucus* cybrids based on metabolic complementation between X - irradiated *D. capillifolius* and iodoacetamide treated *D. carota* by somatic fusion [J]. Theoretical and Applied Genetics, 74: 746 - 752.

Imani J, Lorenz H, Kogel K H, et al. 2007. Transgenic carrots: potential source of edible vaccines [J]. J Verbr Lebensm. 2 (supplement 1): 105.

Iorizzo M, Senalik D A, Ellison S L, et al. 2013. Genetic structure and domestication of carrot (*Daucus carota* subsp. *sativus*) (Apiaceae) [J]. American Journal of Botan, 100: 930 - 938.

Jayaraj J, Punja Z K. 2007. Combined expression of chitinase and lipid transfer protein genes in transgenic carrot plants enhances resistance to foliar fungal pathogens [J]. Plant Cell Reports, 26: 1539 - 1546.

Just B J, Santos C A F, Fonseca M E N, et al. 2007. Carotenoid biosynthesis structural genes in carrot (*Daucus carota*): isolation, sequence - characterization, single nucleotide polymorphism (SNP) markers and genome mapping [J]. Theoretical and Applied Genetics, 114: 693 - 704.

Kim Y S, Kim M Y, Kim T G, et al. 2009. Expression and assembly of cholera toxin B subunit (CTB) in transgenic carrot (*Daucus carota* L.) [J]. Molecular Biotechnology, 41: 8 - 14.

Kraus C. 1992. Untersuchungen zur vererbung von resistenz und toleranz gegen meloidogyne hapla bei möhren, unter besonderer berücksichtigung von *Daucus carota* ssp. *azoricus* franco [R]. Doctoral Dissertation. Universitaetsbibliothek Hannover.

Kust A F. 1971. Inheritance and differential formation of color and associated pigments in xylem and phloem of carrots *Daucus carota* L. [D]. University of Wisconsin - Madison.

Laferriere L, Gabelman W H. 1968. Inheritance of color, total carotenoids, alpha - carotene, and beta - carotene in carrots, *Daucus carota* L. [J]. Proceedings of the American Society for Horticultural Science, 93: 408 - 418.

Maass D, Arango J, Wust F, et al. 2009. Carotenoid crystal formation in *Arabidopsis* and carrot roots caused by increased phytoene synthase protein levels [J]. PloS One, 4 (7): 6373.

Matsubara S, Dohya N, Murakami K, et al. 1995. Callus formation and regeneration of adventitious embryos from carrot, fennel and mitsuba microspores by anther and isolated microspore cultures [J]. Acta Horticulture, 392: 129 -137.

McCollum G D. 1971. Greening of carrot roots (*Daucus carota* L.) - estimates of heritablility and correlation [J]. Euphytica, 20: 549 - 560.

Mendoza S R, Guerra R E S, Flores M T J O, et al. 2007. Expression of *Escherichia coli* heat - labile enterotoxin b subunit (LTB) in carrot (*Daucus carota* L.) [J]. Plant Cell Reports, 26: 969 - 976.

Nakajima Y, Yamamoto T, Muranaka T, et al. 1999. Genetic variation of petaloid male - sterile cytoplasm of carrots revealed by sequence - tagged sites (STS) [J]. Theoretical and Applied Genetics, 99: 837 - 843.

Peterson C E, Simon P W. 1986. Carrot breeding [M] //Bassett M J (eds). Breeding vegetable crops. AVI Publishing Company. Westport, Connecticut: 321 - 356.

Robison M M, Wolyn D J. 2002. Complex organization of the mitochondrial genome of petaloid CMS carrot [J]. Molecular Genetics and Genomics, 268: 232 - 239.

Rong J, Lanmers Y, Strasburg J L, et al. 2014. New insights into domestication of carrot from root transcriptome analyses [J]. BMC Genomics, 15: 895.

Rubatzky V E, Quiros C F, Simon P W. 1999. Carrots and related vegetable umbelliferae [R]. University press, Cambridge, UK.

Santos C A F, Senalik D, Simon P W. 2005. Path analysis suggests phytoene accumulation is the key step limiting the carotenoid pathway in white carrot roots [J]. Genetics and Molecular Biology, 28 (2): 287 - 293.

Santos C A F, Simon P W. 2002. QTL analyses reveal clustered loci for accumulation of major provitamin a carotenes and lycopene in carrot roots [J]. Molecular Genetics and Genomics, 268: 122 - 129.

Santos C A F, Simon P W. 2006. Heritabilities and minimum gene number estimates of carrot carotenoids [J]. Euphytica, 151 (1): 79 - 86.

Scheike R, Gerold E, Brennicke A, et al. 1992. Unique patterns of mitochondrial genes, transcripts and proteins in different male - sterile cytoplasms of *Daucus carota* [J]. Theoretical and Applied Genetics, 83: 419 - 427.

Seljäsen R, Bengtsson G B, Hoftun H, et al. 2001. Sensory and chemical changes in five varieties of carrot (*Daucus carota* L.) in response to mechanical stress at harvest and post - harvest [J]. Journal of the Science of Food and Agriculture, 81: 436 - 447.

Simon P W. 1996. Inheritance and expression of purple and yellow storage root color in carrot [J]. Journal of Heredity, 87: 63 - 66.

Simon P W. 1997. Plant pigments for color and nutrition [J]. Horticultural Science, 32: 12 - 13.

Simon P W. 2000. Domestication, historical development, and modern breeding of carrot [M] //Janick J (ed), Plant Breeding Reviews, John Wiley & Sons, Inc., 19: 157 - 190.

Simon P W, Freeman R E, Vieira J V, et al. 2008. Carrot[M]//Prohens J, Nuez F (eds). Vegetables Ⅱ: Fabaceae, Liliaceae, Solanaceae, and Umbelliferae. Handbook of Plant Breeding. Springer, New York, 2: 327 - 357.

Small E. 1978. A numerical taxonomic analysis of the *Daucus carota* complex [J]. Canadian Journal of Botany, 56: 248 - 276.

Smith M A, Pay A, Dudits D. 1989. Analysis of chloroplast and mitochondrial DNAs in asymmetric somatic hybrids between tobacco and carrot [J]. Theoretical and Applied Genetics, 77: 641 - 644.

Stein M, Nothnagel T H. 1995. Some remarks on carrot breeding (*Daucus carota* sativus Hoffm.) [J]. Plant Breeding, 114: 1 - 11.

Stommel J R, Simon P W. 1989. Influence of 2 - deoxy - D - glucose upon growth and invertase activity of carrot (*Daucus carota* L.) cell suspension cultures [J]. Plant Cell, Tissue and Organ Culture, 16: 89 - 102.

Streatfield S J, Jilka J M, Hood E E, et al. 2001. Plant - based vaccines: unique advantages [J]. Vaccine, 19: 2742 -2748.

Szklarczyk M, Oczkowski M, Augustyniak H, et al. 2000. Organization and expression of mitochondrial atp - 9 genes from CMS and fertile carrots [J]. Theoretical and Applied Genetics, 100: 263 - 270.

Tanno - Suenaga L, Ichikawa H, Imamura J. 1988. Transfer of the CMS trait in *Daucus carota* L. by donor - recipient protoplast fusion [J]. Theoretical and Applied Genetics, 76: 855 - 860.

Tanno - Suenaga L, Nagao E, Imamura J. 1991. Transfer of the petaloid - type CMS in carrot by donor - recipient protoplast fusion [J]. Japan J Breed, 41: 25 - 33.

Thompson R. 1969. Some factors affecting carrot root shape and size [J]. Euphytica, 18: 277 - 285.

Timin N I, Vasilevsky V A. 1997. Genetic peculiarities of carrot (*Daucus carota* L.) [J]. Journal of Applied Genetics, 38: 232 - 238.

Umiel N, Gabelman W H. 1972. Inheritance of root color and carotenoid synthesis in carrot, *Daucus carota* L.: orange vs. red [J]. Journal of the American Society for Horticultural Science, 97: 453 - 460.

Vavilov N I. 1951. The origin, variation, immunity and breeding of cultivated plants [J]. Translated by K. Start. Chron. Bot. 13: 1 - 366.

Vieira J V, Charchar J M, Aragão F A S, et al. 2003. Heritability and gain from selection for field resistance against multiple root - knot nematode species (*Meloidogyne incognita* race 1 and *M. javanica*) in carrot [J]. Euphytica, 130: 11 - 16.

Vivek B S, Simon P W. 1999. Linkage relationships among molecular markers and storage root traits of carrot (*Daucus carota* L. ssp. *sativus*) [J]. Theoretical and Applied Genetics, 99: 58 - 64.

Wally O, Jayaraj J, Punja Z K. 2008. Comparative expression of β - glucuronidase with five different promoters in transgenic carrot (*Daucus carota* L.) root and leaf tissues [J]. Plant Cell Reports, 27: 279 - 287.

Welch J E, Grimball E L J. 1947. Male sterility in the carrot [J]. Science, 106: 594.

Yau Y Y, Simon P W. 2003. A 2.5 kb insert eliminates acid soluble invertase isozyme Ⅱ transcript in carrot (*Daucus carota* L.) roots, causing high sucrose accumulation [J]. Plant Molecular Biology, 53: 151 - 162.

Yau Y Y, Sontos K, Simon P W. 2005. Molecular tagging and selection for sugar type in carrot roots using co - dominant, PCR - based markers [J]. Molecular Breeding, 16: 1 - 10.

第十七章 黄瓜育种

黄瓜（*Cucumis sativus* L.，$2n=2x=14$）是葫芦科（Cucurbitaceae）甜瓜属中幼果具刺的栽培种，别名：王瓜、胡瓜，古称：胡瓜、莿瓜，属一年生攀缘性草本植物，一般认为原产于喜马拉雅山南麓的印度北部地区。

黄瓜有悠久的栽培历史，3000 年前已在印度栽培，以后随着南亚民族间的迁移和往来，由原产地传入中国南部、东南亚各国，继而传入南欧、北非，并进而传至中欧、北欧、俄罗斯及美国等地。在中国，文字记载最早见于南北朝后魏贾思勰著《齐民要术》中，当时称为胡瓜。“黄瓜”一名首次出现在唐朝陈藏器著《本草拾遗》中。

黄瓜主要以嫩瓜为食用部分，可鲜食、炒食、腌渍、酱渍和制干，含矿物盐和维生素。每 100 g 鲜果含水量为 94～97 g，含碳水化合物 1.6～4.1 g，蛋白质 0.4～1.2 g，脂肪约 0.18 g，维生素 C 6～25 mg，钙 12～31 mg，磷 16～58 mg，铁 0.2～0.5 mg，胡萝卜素约 0.2 mg。黄瓜还具有特殊香味，果实或植株可提取香精，用于制作食品添加剂或化妆品。黄瓜还有药用功效，如利尿、解毒、降压、减肥等。另外，黄瓜籽在民间治疗疾病已有悠久的历史，是民间接骨壮骨及补钙的最佳秘方。

黄瓜是中国栽培的主要瓜类蔬菜之一。经过长期的自然选择和人工选择，形成了中国黄瓜生态型，培育出适合在南、北方露地和保护地栽培的优良品种，栽培面积和总产量都位列世界第一。据联合国粮农组织（FAO）2013 年统计，全世界黄瓜总产量是 6 513 万 t，中国达到 4 800 万 t，占到世界的 70%以上。另外，美国、荷兰、日本、韩国、印度、俄罗斯等也都针对本国的生态类型开展了品种选育工作，成为主要的黄瓜生产国。

第一节 育种概况

一、育种简史

（一）国外黄瓜育种简史

1. 美国黄瓜育种简史和品种演化 黄瓜在 15 世纪末被引入美国，现在在美国仍能找到 100 年之前从国外引进的一些品种，如 Early Cluster 和 Early Russian 等。第一个重要的美国本土育成的品种是 1872 年马萨诸塞州的 Joseph Tailby 培育的 Tailby's Hybrid。在随后的几十年里许多重要的品种如 Arlington White Spine、Boston Pickling、Chicago Pickling 相继问世。National Pickling 是密歇根州立大学的 George Starr 于 1924 年育成的，作为一个重要的品种在美国推广了许多年；而作为一个重要的种质资源，它的优良抗 CMV 基因仍存在于当今的许多品种或品系中，如 Yorkstate Pickling、

Ohio MR17、Wisconsin SMR18、MSU713－5 等。继 National Pickling 之后，比较有名的两个品种是 Asgrow种子公司 1943 年推出的 Marketer 和 1946 年推出的 Model，此期育种家将重点放在了瓜条形状和颜色的改良上。Marketer 是鲜食黄瓜品种，果形好，父母本分别是 Longfellow 和 Straight 8；Model 是加工品种，瓜色深绿、白刺。由于具有良好的外观品质，这两个品种在生产上应用了很多年。

黄瓜抗病育种工作始于 1920 年，1943 年 Porter 从中国引进了抗 CMV 的种质资源。Chinese Long 与 Davis Slicer 杂交育成 Shamrock。此后，1961 年和 1968 年 Munger 分别育成了鲜食黄瓜品种 Tablegreen 和 Marketmore，两品种的 CMV 抗性更强，同时外观品质优良，成为当时生产上的重要品种和一些后来品种的育种材料。1939 年开始推广的 Maine No. 2 是美国的第一个抗黑星病品种，并成为后来许多品种的抗源。在单一病害抗病育种的基础上，逐步开展了双抗和多抗育种研究。Walker 于 1955 年育成了兼抗黑星病和 CMV 的品种 Wisconsin SMR9 和 SMR12，1958 年育成了 SMR15 和 SMR18。Barnes 于 1955 年育成了兼抗霜霉病和白粉病的品种 Ashley，1961 年育成了抗霜霉病、白粉病和炭疽病 3 种病害的品种 Polaris，至今该品种仍在生产上应用。随后，其他的抗病基因不断被鉴定和整合进新的品种，例如 Sumter 抗 7 种病害、Wisconsin 2757 抗 9 种病害。

在黄瓜抗病育种取得进展的同时，对黄瓜其他性状如单性结实、植株生长类型、性型等的改良也同时进行。1930 年 Hawthorne 和 Wellington 推广了美国第一个单性结实黄瓜品种 Geneva。Hutchins 于 1940 年率先育成了有限生长的矮生品种 Midget。关于紧凑型品种和多侧枝品种的选育也一直受到重视，前者有利于高密度栽培，后者适合于一次性机械化采收。1945 年 Oved Shifriss 育成了雌雄同株品种 Burpee hybrid，但是较高的制种成本限制了它的大面积应用。相反，雌性系品种可以降低制种成本，同时具有早熟特性和有利于机械化采收。Meader 从韩国引进了含有雌性基因的黄瓜种质，美国农业部命名为 PI 220860 并将其传播。Peterson 利用回交的方法将雌性基因转育到 Wisconsin SMR18 中，育成了自交系 MSU713－5，它是美国第一个雌性系品种 Spartan dawn 的母本。而含有果实不苦基因的品种和自交系如 Marketmore 80 和 Wisconsin 2757 则来源于荷兰的品种。

目前美国鲜食黄瓜的主栽品种和重要品系有：Dasher Ⅱ、Marketmore 76、Poinsett 76、Sprint 440S、Straight 8 和 Tablegreen 65 等；加工黄瓜的主栽品种和重要品系有：Albion、Calypso、Castlepik、Gy14、H－19、M21、Pixie、Raleigh、Wisconsin SMR18、Sumter 和 Wautoma 等。

2. 荷兰黄瓜育种简史 黄瓜是荷兰的主要园艺作物之一，尤以温室黄瓜著名，在欧洲温室黄瓜选育方面处于领先地位。荷兰瓦赫宁根植物育种研究所自 20 世纪 50 年代开始黄瓜无苦味、雌性系选育及白粉病抗病育种工作，目前推出的品种都不含苦味素，在无苦味育种方面做出了较大贡献；从 1952 年开始抗黑星病育种研究，品种来源是美国的 Highmoor；20 世纪 60 年代开始从事单性结实及角斑病、蔓枯病等抗病研究工作；20 世纪 70 年代开始黄瓜耐低温研究，天然的弱光条件，造就了品种的耐弱光能力。

目前黄瓜育种工作主要在种子公司开展，如 Nunhems、Rijk Zwaan、De Ruiter 和 Enza 等种子公司。生态类型以欧洲温室类型、水果型黄瓜和加工盐渍黄瓜为主，市场上常见的黄瓜品种分 3 大类：①温室长黄瓜：一般瓜长 34～42 cm，皮厚，无刺，单瓜重 400～450 g，如 Prolong RZ、Camaro、Carrascus 等。②水果型黄瓜：瓜长 12～18 cm，无刺无瘤，单瓜重一般 100～120 g，如 Nun 系列 mini 黄瓜和 De Ruiter 公司的 mini 黄瓜。③加工黄瓜：瓜长 12～14 cm，有刺，如 Marketmore 80、Marketmore 76、Boston pickling、Pickle bush 和 Salad bush 等。在黄瓜单倍体育种方面荷兰也处于世界领先地位，未受精子房培养技术早在 20 多年前就已经申请了专利保护。

3. 日本黄瓜育种简史 公元 10 世纪以前，日本由中国引入华南型黄瓜，18 世纪开始广泛利用。19 世纪后半叶，春季栽培的分为半白群（类似国内华南型，果色花绿，上半部分深绿色、下半部分白绿色）和青节成（日本类型，果色深绿一致，坐果多，雌花节率高），要求节成性高的品种；夏秋栽培的分化为地这群（可进行无支架栽培的类型，也可自封顶的有限生长类型）。

日本黄瓜研究机构由国家科研单位、都道府县、农协种苗公司组成。国立研究机构的黄瓜育种是在1925年前后开始的。1960年下半年开始，育种的主体主要转移到民间的种苗公司如日本泷井种苗株式会社（TAKII）。

日本的杂优利用开始于1930年，到1950年，杂交育种已成为主流。生态育种开始于20世纪50年代。60年代大棚、温室白刺类型的黄瓜增加，70年代白刺黄瓜占主导地位。日本黄瓜瓜条长度一般在21～22 cm，少刺，把短。80年代黄瓜主产地的主栽品种是女神2号、北极2号、北极3号、王金促成、新北星1号和3号等。

日本非常重视抗病育种和品质育种，对黄瓜花叶病、斑点细菌病、白粉病、褐斑病、黑星病、炭疽病、蔓割病等抗性研究较为深入。三重县津市日本国家蔬菜和茶业研究所（NIVTS）对低温和高温下抗白粉病黄瓜进行了抗病性研究。1965年开始注重鲜食品种的选育，在品质育种方面对无种子腔（单性结实）品种给予高度重视，喜浓绿有光泽，且无果粉的果实。目前黄瓜品质育种目标是果实硬度大、心腔小、产量高；对腌渍黄瓜果实育成目标是肉硬、干物质含量高、细胞小且密度大。

4. 韩国黄瓜育种简史　韩国黄瓜主要有3种类型：半白类型（Baek－Da－Da－Ki），约占栽培面积的80%；翠绿类型（Qui－Chung），约占10%；深绿类型（Ga－Si，类似于中国华北密刺型黄瓜的颜色），约占10%，其中，翠绿类型为黑刺黄瓜。

韩国于1908年有了关于黄瓜品种的最早公开报道，第一个杂交品种Jin－Joo No. 1是1954年由私营育种家培育的，也是韩国的第一个果菜类杂交种，属于黑刺深绿类型。1960—1990年，由私营公司育成了很多黑刺类型黄瓜杂交种。黑刺型品种果肉致密且具有较好的耐寒性，可以用于腌渍加工，目前只是在局部地区有少量的越冬栽培。1997年，兴农公司利用长达14年的时间育成了第一个白刺半白型黄瓜杂交种，该品种一入市立即引发了市场由深绿型黄瓜到半白型的需求变化，半白类型成为市场的主导，占栽培面积的80%以上，Joeun半白是韩国的主栽品种。

耐寒、强雌、长生育周期是目前黄瓜重要的育种目标，果实大小、质地、风味、果皮颜色等是黄瓜品质育种的主要目标，坐果性和生长势是产量育种的重要指标，盐渍化和线虫近年成为保护地黄瓜栽培的主要障碍，因此，对盐渍化及抗线虫病，以及霜霉病、白粉病、CMV、ZYMV成为抗病育种的主要目标。自2005年开始，半白类型抗霜霉病黄瓜品种开始进入市场，部分品种对霜霉病和白粉病的抗性达到了很高的水平。目前，病毒病还没有成为韩国黄瓜的主要病害，但是半白黄瓜的抗病毒病研究已经启动，以应对露地黄瓜栽培过程中由于环境条件变化可能带来的病毒病。

目前韩国的种子公司多为小型的家庭公司，规模较小，韩国农友种子公司（Nong Woo Bio Co.，Ltd）是现今唯一一家大型种子企业。原有较大型的种子企业如韩国兴农种子公司和中央种子公司被美国的圣尼斯（Seminis）种子公司兼并，韩国汉城种苗公司则被瑞士的先正达公司兼并。

5. 印度黄瓜育种简史　20世纪70年代之前常规品种在印度占主导地位，这些品种产量低、货架寿命短、黑刺，在贮运过程中果皮容易变黄而失去商品性。对黄瓜品种的遗传改良开始于20世纪50年代，培育了一批有代表性的黄瓜品种，如印度农业研究所（IARI）1975年推出了Green Long；Chandra Shekhar Azad农业技术大学（CSAUA&T）于1975年推出了Katrain和Solan Green，1983年推出了Kalyanpur；Dr. B. S. Konkan Krishi Vidyapeeth，Dapoli于1989年推出了白黄瓜品种Sheetal。进入21世纪，公共研究单位开展了生物和非生物逆境胁迫育种研究。

在印度黄瓜产业化历史上，Poinsett、Malini、Ajax 3个品种起了重要的推动作用。Poinsett是美国Clemson大学1966年培育的品种，1970从美国引进印度，在印度北方的深绿色黄瓜市场上占有主要的份额，已在印度的北部种植超过了30年，目前仍有种植。Poinsett是利用源自印度的种质材料PI 197087与南卡罗来纳州的品种杂交选育而成，该品种抗霜霉病、白粉病、炭疽病和角斑病。

1998—2003年跨国种子公司开始试种并推出了一批杂交种，对市场冲击最大的品种是2002—2003年美国圣尼斯（Seminis）推出的杂交种Malini，该品种迅速取代了印度北方的所有当地品种和南方的本地品种 Green Long，到 2004—2005 年即成为印度市场的主流品种。2011—2012 年随着全雌型杂交品种的引入，Malini 品种的种植才开始下降。Malini 的推出具有里程碑的意义，标志着市场开始从常规品种向杂交种转换。目前印度南方 90%的黄瓜品种是杂交种，但是，印度的北方仍以常规品种为主，约占 70%。

2003 年荷兰纽内姆公司（Nunhems）在印度南方试种并引入了腌制用的杂交种 Ajax，2005 年 Ajax 成为腌制型黄瓜的主导品种，每年种植面积在 12 500 hm^2 以上，产品主要出口欧洲及美国、澳大利亚、俄罗斯等。目前市场上的主导品种是纽内姆公司的 Ajax 和 Sparta。

（二）中国黄瓜育种简史

黄瓜在中国栽培已有 2 000 多年的历史，资源丰富，品种多样。北魏贾思勰的《齐民要术》中即有黄瓜种植和留种方法的记载，说明中国劳动人民在黄瓜栽培和选种、留种方面具有悠久的历史和丰富的经验，但是，真正的品种选育工作始于 20 世纪 50 年代后。中国黄瓜育种工作大致经历了以下几个发展阶段：

1. 地方品种的挖掘与利用 早期的黄瓜生产主要采用适合本地区种植的地方品种，农民自留种，种子质量不高，数量不足，品种混杂退化现象较为严重，同时，由于大部分品种抗病性较差，栽培困难。1955 年开始，全国各地广泛开展了蔬菜地方品种的搜集、整理工作，是新中国黄瓜育种工作的起步阶段。自 1981 年开始，再一次开展了全国范围的黄瓜品种资源搜集、整理工作，许多优良的地方品种被发掘、纯化和利用。

2. 有性杂交育种与系统育种 20 世纪 60～70 年代的黄瓜育种主要是采用有性杂交育种和系统育种，该期的黄瓜育种以抗霜霉病和白粉病为主要目标，同时重视丰产性状的选择。天津市农业科学院从 1959 年开展黄瓜抗病育种研究，利用唐山秋瓜和天津棒槌瓜通过有性杂交育成津研 1 号至 4 号黄瓜新品种，津研系列黄瓜的育成和应用对中国黄瓜丰产和稳产起了重要作用。

1976—1977 年，天津市农业科学院黄瓜研究所在津研 2 号群体中筛选出抗枯萎病的单株，通过系统选育育成了抗霜霉病、白粉病和枯萎病的黄瓜品种津研 7 号。

3. 杂交优势利用与抗病、丰产品种选育 黄瓜是生产上最早推广应用一代杂种的蔬菜作物之一。早在 1916 年，Hayes 等就指出产量的杂种优势在平均结果数上最显著。Hutchins 随后证实了他的结论，并且还观察到早熟性及早期产量的杂种优势。日本、美国于 20 世纪 60 年代中期开始全面应用黄瓜杂交一代品种。

中国从 20 世纪 70 年代开始进行黄瓜杂种优势利用研究，并育成了一批优良的黄瓜新品种。1975 年中国农业科学院蔬菜花卉研究所率先育出一代杂交种长青（朱庄秋瓜株系 19 - 2 - 7×津研株系 7 - 1 - 5）。天津市农业科学院黄瓜研究所于 1976 开始进行杂种优势利用研究，1983 年育成了津杂 1 号和津杂 2 号黄瓜品种，成功地解决了早熟、抗病与丰产的矛盾。20 世纪 70～80 年代，中国利用杂种优势育种方法进行黄瓜抗病、丰产育种取得了突出成绩，先后育成了津杂 1～4 号、中农 2～5 号、夏青 2～4 号、早青 1 号和 2 号、龙杂黄 2～6 号、鲁黄瓜 1 号等优良黄瓜新品种，并在生产中广泛应用。

在抗病性鉴定方面，开展了黄瓜主要病害的苗期人工接种鉴定技术研究，统一了接种方法、培养条件和鉴定的分级标准，促进了抗源的筛选和抗病品种的选育。

4. 优质、多抗、丰产、专用品种选育 20 世纪 90 年代以来，中国黄瓜育种进入了新的发展阶段。2001 年，黄瓜育种研究首次被列入国家“863”项目，在加快材料创新的同时，育种目标转向多样化和专用化，加强了保护地长季节、出口、加工专用品种的选育，同时，育种方法和技术也得到了快速发展，对黄瓜的一些主要经济性状的遗传规律、抗逆性评价指标、多抗性鉴定方法、单倍体诱导、分子标记、辐射诱变等方面开展了研究，并在黄瓜育种实践中发挥了重要作用，先后培育出优质、丰产、多抗、专用的黄瓜新品种100多个，实现了黄瓜的周年栽培，黄瓜栽培面积不断扩大，种植效益大幅度提高。这时期育成的代表品种有津优1号、津绿3号、津优35、中农8号、中农16、中农26、迷你2号等优良新品种。

二、中国黄瓜育种现状与发展趋势

（一）育种成就与面临的问题

近20年来世界黄瓜育种无论在种质资源的发掘、利用和创新上，还是在所育成品种的科技含量水平上都有了显著的进步和提高。世界各国都投入大量人力、物力进行种质资源的搜集、鉴定、评价以及优异种质资源的创新研究。品种选育总体目标上尽管仍然是抗病、抗逆、优质及高产，但与过去相比，表现出以下明显的特征和发展趋势：越来越重视提高产品品质，包括外观品质、营养品质；重视满足不同栽培方式和消费习惯的专用品种的选育；重视提高品种对多种病害的复合抗性；重视提高品种对逆境环境条件的抗性；重视针对国际种子市场的品种选育。在育种手段、方法上虽然还是以常规技术为主，但是随着生物技术的发展，常规技术与生物技术两者之间的结合越来越紧密。

在各级政府的支持下，中国已经形成一支有一定实力的育种科研队伍，全国有20多个科研、教学单位和部分种子企业开展了黄瓜育种工作，如天津黄瓜研究所、中国农业科学院蔬菜花卉研究所、黑龙江省农业科学院园艺分院、山东省农业科学院蔬菜研究所、广东省农业科学院蔬菜研究所、青岛农业科学院等，从事黄瓜育种的科技人员超过100余人。在大家的共同努力下，中国黄瓜遗传育种成绩是显著的，主要体现在以下几个方面：

1. 育成品种在产量、抗病性、抗逆性、多样性、品质等方面有很大提高　育成品种单位面积产量大幅度提高，目前，保护地品种平均每公顷产量90 000～150 000 kg，最高达到300 000 kg以上；露地品种每公顷产量75 000～150 000 kg。抗病水平显著提高，育成品种均能抗3种以上黄瓜主要病害，部分品种可兼抗7种以上黄瓜病害。抗逆育种取得明显进展，育成了一批耐低温弱光、耐热的黄瓜新品种，实现了黄瓜的周年生产。专用品种选育取得重要进展，育成了适应温室、大棚和露地各个栽培茬口的专用品种。同时，为满足不同消费习惯，在原来华北密刺型、华南型黄瓜的基础上，还育成了水果型、日本少刺型、加工专用型、欧美型黄瓜新品种。育成品种的品质也有很大改善，外观符合消费习惯，皮色有光泽，瓜把短，瓜腔小，口感脆嫩、清香、无苦味。

2. 育种技术及方法研究取得较大进展　通过远缘杂交及渐渗杂交将野生种的基因导入栽培黄瓜已取得成功，利用辐射诱变技术和太空育种技术创新黄瓜种质已开始应用于育种实践。杂种优势利用成为普遍采用的育种方法，除常规的单交种外，三交种也有所研究和应用。对黄瓜重要病害及主要经济性状的遗传规律进行了研究，苗期人工接种抗病性鉴定技术得到广泛应用，并开展了多种病害复合接种鉴定方法研究。黄瓜耐热性、耐寒性评价鉴定技术不断完善，制定了黄瓜品质性状鉴定标准与方法，对主要经济性状和品质性状的配合力进行了分析，为黄瓜品种的选育奠定了基础。黄瓜生物技术研究取得重要成果，完成了黄瓜全基因组测序，建立了多个高密度遗传图谱，获得了黄瓜霜霉病、白粉病、黑星病等重要病害抗性基因紧密连锁的分子标记，全雌性等一些重要农艺性状分子标记研究也取得进展。黄瓜转基因技术体系不断完善，水稻几丁质酶基因、抗除草剂基因、抗寒基因等已成功导入黄瓜基因组。黄瓜单倍体育种技术研究取得突破，利用黄瓜花粉小孢子培养途径获得单倍体植株已获成功，利用未受精子房培养获得加倍单倍体的技术体系已进入成熟应用阶段，显著缩短了黄瓜资源纯化和种质创新的速度，提高了育种效率。

过去60年中国在黄瓜育种方面取得了长足的进步，但是与发达国家相比还存在着不小的差距。在品质方面，中国黄瓜畸形瓜率较高，整齐度差；国外黄瓜品种多是没有刺瘤的光滑型品种，这和中国的消费习惯存在较大差距，导致中国黄瓜良种和产品出口存在较大困难；品种多样化方面尚不能满足生产和消费需求。当前，只要发挥常规育种的优势，同时又加强生物技术研究，实现生物技术与常规育种的有机结合，培育出更多优良黄瓜新品种，将极大地提高中国黄瓜的产业化水平。

3. 需求与发展趋势 在世界果菜栽培面积中，黄瓜仅次于番茄，是中国最主要的蔬菜作物之一，在中国保护地蔬菜栽培中黄瓜位居第一。黄瓜产业的迅速发展，栽培方式的不断创新，以及不断提高的市场消费需求，对黄瓜优质专用品种选育及育种技术进步提出了迫切要求。而气候变化、病害发展、连作障碍等不利因素的存在，也给黄瓜育种提出了许多新的课题，综合归纳起来有如下几个方面：

（1）种质资源创新 种质创新是品种创新的基础，黄瓜育种工作要在抗性、产量、品质等方面取得突破性进展，必须更广泛地收集、引进资源，并对现有资源的主要经济性状进行系统的鉴定和评价，建立完善的黄瓜种质资源数据库。同时，加强种质资源创新，以获得新的具有突破性的育种材料。在创新手段方面，加强生物技术的研究和应用，利用单倍体育种技术、转基因技术、诱变技术等，结合近缘杂交、远缘杂交等手段，重点实现抗性、抗逆性、优质、早熟等性状的挖掘、转化和聚合，创造出优异的黄瓜育种新材料。

（2）抗病虫育种 在未来很长时间内抗病性仍将是黄瓜育种的重要目标之一，培育兼抗多种病害的品种，才能使黄瓜生产无公害和高产稳产成为现实。在育种上，要求新选育的黄瓜品种对主要病害达到抗性以上水平，对一般病害也要达到耐病。目前中国黄瓜品种的大多数对霜霉病、白粉病、枯萎病、病毒病等主要病害具有不同程度的抗性。黄瓜灰霉病、菌核病、根腐病、蔓枯病、黑斑病是近几年发生较为严重的病害，抗病育种研究势在必行。黄瓜的主要害虫有蚜虫、螨类、白粉虱、美洲斑潜蝇等，以为害黄瓜果实为主的鳞翅目害虫日趋严重，黄瓜的抗虫育种工作亟待开展。

（3）生态育种 随着中国栽培设施的发展和栽培技术的进步，黄瓜周年生产、周年供应已成为现实，培育适合不同生态类型的新品种也成为黄瓜育种研究的重点。要进一步加强黄瓜耐低温、耐弱光、耐热性鉴定方法及抗性指标研究，加大特异抗性材料的筛选和创新，实现黄瓜抗逆性状的突破。同时，要适时开展黄瓜耐盐碱、耐旱、耐瘠薄等性状的研究和特异材料筛选，选育适应中国高山偏远地区、盐碱地区栽培的黄瓜新品种。

（4）品质育种 黄瓜品质包括商品品质、风味品质、营养品质和加工品质。随着中国人民生活水平的不断提高，对黄瓜品质的要求越来越高，品质育种已成为黄瓜育种研究的重要方向。

（5）丰产性育种 黄瓜单位面积的产量是由平均单株果数、平均单果重和单位面积种植密度构成的。目前国内多数主栽品种雌花结率不高，叶片较大，节间长。今后应进一步优化品种农艺性状和经济性状，提升植株光合效率，加强雌性、强雌性单性结实及小叶型、短节间品种选育，降低畸形瓜率和化瓜率，进一步提高黄瓜丰产潜能。

（6）生物技术在常规育种中的应用 生物技术应用将成为黄瓜种质创新和品种创新的重要手段。开展黄瓜基因组学研究，通过分子标记将黄瓜重要性状基因定位到染色体上，建立黄瓜基因图谱；筛选与重要经济性状连锁的分子标记，开展黄瓜分子聚合育种，提高性状鉴定和筛选效率；加强转基因技术在黄瓜育种中应用，实现特异性状的转化与聚合；加强黄瓜细胞工程研究，提高利用花粉小孢子及黄瓜未受精子房培养途径获得加倍单倍体植株的效率，从而提高育种效率。

第二节 种质资源与品种类型

一、起源与传播

1883年De Candolle在《栽培作物的起源》中，根据世界各地的黄瓜名称和古代地区的栽培资料，认为黄瓜的原产地大概在印度东北；此后，英国植物学家Hooker首次在喜马拉雅山麓不丹至锡金地区发现了一种野生黄瓜类型，因其与栽培种杂交亲和力很高，故确认它为黄瓜的原生种，定名为 *Cucumis hardwickii*。

日本京都大学 1952 年组织了尼泊尔和喜马拉雅科学探险队，在海拔 1 300～1 700 m 地区发现生长在玉米田中的野生黄瓜，它在 9 月开花，12 月成熟，果实椭圆形，黑刺，苦味重，不能食用，染色体 $n=7$，能与栽培种亲和，北村将其定名为 *C. sativus* var. *hardwickii*。另外，还将尼泊尔附近当地栽培的椭圆形、无苦味的本地栽培种定名为 *C. sativus* var. *sikkinensis*。该探险队还在巴基斯坦、阿富汗、伊朗收集了许多当地的品种。

据云南植物所考察，中国云南省景东彝族自治县等地有野生黄瓜（*C. callosus*）。另外，在 1979—1980 年，由中国农业科学院蔬菜研究所与云南省农业科学院园艺研究所组成的蔬菜品种资源考察组在云南西双版纳收集到一种新类型黄瓜，方圆形，大脐，果肉橙色，染色体 $n=7$，过氧化物酶、同工酶酶谱和普通黄瓜相近，定名为 *C. sativus* L. var. *xishuangbannanesis* QI et Yuan。

综上所述，从喜马拉雅山南麓印度西部到锡金、尼泊尔乃至中国的云南分布有多个类型的野生种，进一步证实了黄瓜起源地为印度北部。

黄瓜在印度栽培至少有 3 000 多年的历史。在有史前期，随着亚利安族的迁徙和入侵印度后又和 Ham 族入驻埃及而得以传播，在古埃及第 12 王朝（公元前 1750 年）已有栽培。公元 1 世纪传入小亚细亚（西亚北部）和北非，此后逐渐向北欧扩展，9 世纪传入法国和俄罗斯，1327 年英国始有栽培记录，1494 年哥伦布在美洲海地岛试种，1535 年加拿大始有栽培记录。美国于 1584 年和 1609 年分别在弗吉尼亚州和马萨诸塞州开始栽培。

亚洲主要是向中国和日本传播。日本于 10 世纪传入，1833 年的《草本六部耕种法》中有记载，东京的砂町、大阪今宫和京都爱宕郡圣护院村有早熟栽培。大正五年（1917）出现利用油纸的保护地栽培，此时黄瓜的种植在日本国全面普及。

黄瓜传入中国主要有两条途径：第一条是经丝绸之路传入中原。据史书记载，在西汉武帝（前 140—前 88）时，张骞出使西域，从印度带回黄瓜种子，经新疆传到北方，经驯化形成华北系统的黄瓜。另外一条是由缅甸和中、印边界的蜀身毒道传入中国华南地区，经驯化形成华南系统黄瓜，其传播时间并不比华北生态型晚。中国华东沿海直到山东蓬莱、烟台、青岛及辽宁大连、丹东等地也分布有华南生态型的品种，如旱黄瓜，这可能与早年海上交流有关。

二、种质资源的研究与利用

（一）种质资源的收集与保存

对黄瓜种质资源的收集、保存在许多国家都得到了重视，并取得了显著成绩。据不完全统计，世界保存黄瓜种质资源近万份，其中美国约 1 568 份；整个欧洲 5 896 份，包括俄罗斯 1 935 份，保加利亚 1 032 份，捷克 794 份，荷兰 790 份，德国 588 份，土耳其 298 份，匈牙利 191 份，葡萄牙 43 份，西班牙 129 份。

中国从 20 世纪 50 年代后期开始进行黄瓜品种资源的调查和搜集整理工作。1981—1985 年，在全国范围内组织 30 多个省、市级蔬菜研究所进行蔬菜种质资源的收集，截至 2006 年，中国收集及繁种入库的黄瓜种质资源 1 928 份，分别来源于 17 个国家，其中国内的黄瓜资源 1 470 份，占保存总份数的 76%，来源于全国 29 个省、自治区、直辖市（包括台湾）的地方品种和育成常规品种。其中山东省 215 份，河北省 115 份，辽宁省 98 份，分列前 3 位。在国家农作物种质资源长期库和国家蔬菜种质资源中期库中已安全保存了 1 506 份。2001—2005 年先后引进了美国、韩国及巴西 3 个国家种质 189 份，使中国收集保存的国外黄瓜种质资源占有率从以前的 2.92%上升到现在的 15.7%。另外，将通过各种渠道收集的国外推广的杂交品种逐步纳入中期库保存体系中，现已初步保存184份。地方各级育种科研机构也分别保存了一定数量的黄瓜种质材料，其中天津市黄瓜研究所保存数量最多。

（二）中国黄瓜种质资源的特点

中国地域辽阔，气候多样，栽培历史悠久，栽培方式多样，经过历代劳动人民的辛勤耕耘和栽培演化，已产生了异常丰富的种质资源，现已成为一个重要的黄瓜次生起源中心。中国黄瓜种质资源有如下特点：

1. 品种、类型 中国黄瓜的分布十分广泛，各省份都有自己的优良地方品种，尤其以山东、河南等省较多。中国栽培的黄瓜主要有华北型和华南型两个生态类型。华北型黄瓜在中国华北发展起来，并扩展到东北及中国大部地区以及朝鲜、日本。其瓜形瘦长，皮色绿色，白刺，刺瘤明显（少数小刺瘤），肉质较脆，品质好，该类型黄瓜大多对日照不敏感。华南型黄瓜以华南为中心，分布于中国华南、华中地区，以及东南亚和日本等地。其瓜把短，果皮滑，刺瘤稀少，黑刺，少数白刺，果皮较厚，肉质较软，该类型黄瓜长势强，对温度和日照长度较敏感。

中国地方品种资源搜集、调查结果表明，中国黄瓜种质资源丰富，品种多样，其中有适应不同日照条件、低温、高温、弱光等生态条件的地区生态型品种，也有适应不同栽培条件、不同消费方式的品种。

2. 抗病性 黄瓜的主要病害有霜霉病、白粉病、枯萎病、疫病、黑星病等。中国黄瓜中有一批抗病性极强的优良地方品种，如长春密刺、汶上刺瓜、图门八杈等，对土传病害枯萎病有极强的抗性。西农58黄瓜高抗霜霉病、白粉病，是从河南地方品种河南刺瓜中选育而成的；津研系列黄瓜的抗病性来源于天津棒槌瓜和唐山秋瓜。当前中国选育的诸多优良的抗病品种，其抗病基因基本来源于中国黄瓜资源。

与此同时，中国黄瓜已被许多国家引进作为抗源，并运用到育种实践。如欧美许多品种的抗CMV基因均来自中国华北型黄瓜；日本利用中国黄瓜也育成了一些抗病性较强的一代种，如近成四叶、近成北京及山东四叶、旭光四叶等。

3. 单性结实品种 黄瓜子房不经受精就能膨大成瓜的现象称单性结实。这一性状最有利于冬季保护地栽培，也是强雌性品种所必需的性状之一。中国黄瓜资源中大多华北型品种都具有单性结实能力强的特性，如北京小刺、北京大刺、汶上刺瓜、长春密刺等，这些品种节成性好，花芽分化对日照条件不敏感，且具有肉质脆嫩、无苦味、味清香等优点，国外誉称中国长（Chinese Long）。这些品种雌花节位低，瓜码密，熟性早，适于保护地栽培。Pike 和 Peterson（1969）认为单性结实的黄瓜品种不需要昆虫授粉，结实能力较强，果实变老较慢，心腔内没有发育的种子，更适合做腌渍用。中国适合做腌制的品种有扬州乳黄瓜、绍兴黄瓜、津研4号、津春5号、津美1号、中农8号等。

4. 强雌性资源 黄瓜雌性型、强雌型品种表现为雌花节率高，第1雌花节位低等特性，一般单性结实能力强，耐低温弱光，适应保护地栽培。在中国黄瓜种质资源中存在许多强雌型品种，如扬州乳黄瓜、绍兴乳瓜、三叶早等。一些华北型品种如汶上刺瓜、新泰密刺等经过分离筛选强雌型比例可明显提高，表明中国许多黄瓜品种中都存在强雌或纯雌性基因与性状。中国利用强雌资源先后选育出多个雌性型或强雌型黄瓜优良新品种，如中国农业科学院蔬菜花卉研究所选育的中农5号、中农13，广东省蔬菜研究所选育的粤早75、粤早80等。

5. 早熟性品种丰富 在中国地方种质资源中，有许多雌花节位低、早熟性好的优良品种，如济南叶三、汶上刺瓜、新泰密刺等，第1雌花往往在第2、第3叶腋出现。另外，丹东大刺、北京小刺、安宁刺瓜、长春密刺等均有雌花节位低、瓜码密、前期产量高的特点。在中国育成品种中，许多品种表现了早熟、耐低温等优良特性，如津春3号、津优2号、津优35、中农13、农大12等。

6. 品质 黄瓜的品质包括外观品质、风味品质、加工品质等。鲜食黄瓜品质主要包括商品外观、口感、风味，肉质脆嫩、致密与否，口味的涩甜等。华北型黄瓜大多具有刺瘤适中、果皮色绿均匀、有光泽、皮薄肉厚、口感清香、脆甜等优良性状；一些白皮黄瓜品种也具有相似的风味及口感。目前，华北型黄瓜以其优良的综合性状，成为中国黄瓜主栽品种类型；一些华南型旱黄瓜品种同样具有质细、脆甜的口感，因其品质优良也逐步得到更多消费者喜爱。

三、种质资源类型与代表品种

（一）黄瓜种质资源的分类

1. 按种质来源分类　按种质来源可分为本地种质资源、外地种质资源、野生种质资源和人工创造的种质资源。

（1）*本地种质资源*　是指在当地的自然条件和栽培条件下，经过长期的培育和选择获得的地方品种或类型。这类种质资源往往对当地自然条件有较高的适应性、抗逆性，既可直接利用，也可通过改良加以利用，或者作为重要的育种原始材料。

（2）*外地种质资源*　是指从国内、外其他地区引入的品种或类型。这类种质资源往往具有不同的生物学和经济学上的遗传性状，其中有些是本地区品种所欠缺的，特别是原产于起源中心与次生起源中心的许多原始品种，集中反映了遗传的多样性，从中可筛选出一般品种没有的特殊种质。有效利用外地种质资源中的有利基因，是实现种质资源创新的重要途径。

（3）*野生种质资源*　包括栽培品种的近缘野生种和有潜在利用价值的野生种。这类资源具有丰富的抗性基因，但经济性状较差。在抗病育种或其他抗逆性育种中，可以考虑通过远缘杂交，把野生资源中的优异基因转移到栽培品种中。

（4）*人工创造的种质资源*　是指通过杂交、诱变等方法获得的种质资源，包括人工诱变而产生的各种突变体，通过远缘杂交而创造的各种新类型，以及人工选育的各种育种系、基因纯合系和特殊的遗传种质等。

2. 按照植物学特征分类　按照黄瓜果实刺瘤特征可分为密刺型、少刺型品种；根据黄瓜果色可分为深绿、绿、浅绿、黄或白等类型；根据果型可分为棍状、棒状、短柱状等类型。

3. 根据分布区域及其生态学性状　按分布区域将栽培黄瓜分为南亚型、华南型、华北型、欧美露地型、北欧温室型、水果型和乳黄瓜等7种类型。中国黄瓜主要为华北型和华南型两个生态类群。

国外也有资料将栽培黄瓜分为：①美洲类型：美洲鲜食黄瓜（American slicer）、美洲酸渍黄瓜（American pickle）；②中东类型：中东露地栽培鲜食型黄瓜（Beit Alpha）、保护地栽培单性结实黄瓜（Parthenocarpic cucumber）；③亚洲类型：中国黄瓜、中东黄瓜；④欧洲类型：长形单性结实黄瓜（European slicer）、欧洲酸渍黄瓜（European pickle）。

（二）主要品种资源类型与代表品种

1. 野生黄瓜　野生黄瓜分布在印度、锡金等地，野生黄瓜（*C. sativus* var. *hardwichii*）与普通黄瓜易杂交，可能是栽培黄瓜的野生种或祖先，代表品种哈德威克（Hardvickii）、LJ90430。野生黄瓜最有潜力的用途之一是能在1个植株上连续地结出大量的有籽果实，果实中的种子不像栽培黄瓜那样会对后来的受精子房的发育产生抑制作用，此外，野生黄瓜的抗根结线虫的能力也很强。

LJ90430在美国已被广泛利用在育种计划中，该株系的一些形态学及开花特性不同于栽培黄瓜，其植株比栽培黄瓜大，侧枝多而无顶端优势；种子大小只有栽培黄瓜种子的1/6；果实椭圆形带苦味，重25～35 g；短日照类型，在光周期小于12 h（白天30 ℃，夜间20 ℃）才能开花；如果夜间温度低到15 ℃，即使经过72 d的光周期诱导，也不能分化花芽；每株能结80个成熟果实，有很大的增产潜能。此外，LJ90430抗爪哇根结线虫，中抗花生根结线虫小种2，对南方根结线虫小种1和小种

3 高感。1996 年 Walters 和 Wehner 利用 LJ90430 和 Mincu 首次报告育成了 NC－42 和 NC－43 两个抗线虫的黄瓜资源。NC－42 是从 LJ90430 自交 5 代筛选出来的，高抗花生根结线虫小种 1 和小种 2，抗爪哇根结线虫和北方根结线虫，但果实小且极苦，只能作为抗源而无法直接利用。Walters 和 Wehner 用美国国内 12 个黄瓜品种、品系与 LJ90430 杂交，后代采用蜜蜂传粉，形成改良北卡 Hardwickii 1（NCH1）黄瓜群体，此后进行 9 代混合选择，自交 7 代，筛选出 NC44、NC45 和 NC46 三个高抗品系，分别命名为 Manteo、Shelby 和 Lucia，这 3 个品系高抗花生根结线虫小种 1 和小种 2，高抗爪哇根结线虫，其根结指数均小于 12%。此外，Lucia 还抗黑星病、炭疽病，中抗白粉病；Shelby 抗黑星病，中抗白粉病。这些品系可用于培育优良品种或在线虫为害区直接利用。

另外，还有一种被称为酸黄瓜（*Cucumis hystrix* Chakr.）的黄瓜近缘种，分布于中国（云南省）以及亚洲的缅甸、印度（阿萨姆邦）和泰国等地。染色体数 $n=12$，它的营养器官和花器官在形态特征上类似黄瓜，但果实不同于黄瓜。陈劲枫等（1997）利用胚胎拯救方法，首次成功实现了栽培黄瓜第一个与同属野生种的种间杂交。杂交 F_1 植株形态一致，多分枝，密被茸毛（尤其在花瓣和雌蕊上），橘黄色花冠及卵圆形果实，这些特征与亲本 *C. hystrix* 相似，而第 1 雌花节位则与亲本黄瓜相似。其他性状如株径、节长、叶和花的形状、大小都介于双亲之间而呈中间型。F_1 种间杂种染色体 $2n=2x=19$，植株不育。随后陈劲枫等（2000）将其染色体加倍成 $2n=2x=38$，恢复了育性，是人工合成新物种，定名为 *C.* ×*hytivus* Chen et Kirkbride。以此为基础，陈劲枫等（2004）又创造出携带有 *C. hystrix* 优异基因的新种质，如异源三倍体、渐渗系等。*C.* ×*hytivus* 是黄瓜亚属和甜瓜亚属种间杂交及品种改良的重要桥梁。

2. 南亚型黄瓜 南亚型黄瓜分布于南亚各地及中国云南，茎叶粗大，易分枝；果实大，单果重 1～5 kg，果短圆筒或长圆筒形，皮色浅，瘤稀，刺黑色或白色，皮厚，味淡，喜湿热，严格要求短日照。地方品种群很多，如锡金黄瓜、中国西双版纳黄瓜及昭通大黄瓜等。

西双版纳黄瓜分布于中国云南省西双版纳及周围热带雨林地区，适宜于高温高湿的环境，野生状态下，7～8 月采收嫩瓜，至 10 月采收种瓜。该品种植株生长势强，侧枝发达，主蔓长至 6～7 m，节间长平均 8.9 cm；单株结瓜 10 余个，单瓜重 2～3 kg，最大瓜重 5 kg；瓜型有方圆形和短圆柱形，方圆形瓜还有向外突出的大脐，直径超过 4 cm；嫩瓜皮色有白色和浅白绿色，嫩瓜果肉和胎座初为白色，随着果实膨大和成熟，渐变为橙黄色，而后变为橙红色；老熟瓜皮色白、灰、绿、棕黄色，网纹密，皮硬；果肉味淡、水分少；心室 4～5 个；单瓜含种子数 1 000 多粒，是普通黄瓜种子数的 4～8 倍。

3. 华北型黄瓜 该类型黄瓜品种在中国华北地区发展起来，并扩展到全国各地，以及朝鲜、日本和中亚地区。该类型适应性强，对日照不敏感，能适应北方干燥、长日照气候，也能适应南方温暖潮湿的环境条件。植株发育快，节间和叶柄长，叶肉薄，瓜条呈棒状、细长，果实表面多有刺瘤和棱，皮绿色，刺白色，肉质脆嫩，品质好，老熟瓜无网纹。

（1）长春密刺 植株生长势强，以主蔓结瓜为主，主蔓长 200 cm 左右，分枝少；叶片大，叶色绿；早熟性好，第 1 雌花节位着生在第 3～5 节；瓜条长棒形，长 30～40 cm，皮色绿，棱、刺瘤明显，白刺；节成性好，单性结实能力强；果肉厚，风味好；耐低温、弱光，对霜霉病、白粉病抗性差，抗枯萎病。适合北方冬春保护地栽培。

（2）北京小刺 北京市地方品种。植株生长势中等，株高 130～170 cm；叶片较大，叶色绿，分枝弱；早熟，第 1 雌花出现在第 3～4 节，瓜码密；瓜条棒状，长 28～33 cm，横径 3 cm 左右，密刺，瘤中等大小，有棱；对霜霉病、白粉病抗性差，对枯萎病有较强抗性。

（3）汶上刺瓜 山东省汶上县地方品种。植株生长势中等，主蔓长 170 cm 左右，分枝少，以主蔓结瓜为主；叶片大，叶色绿；早熟性好，第 1 雌花出现在第 4～5 节，瓜码较密；瓜条长棒形，长 35～40 cm，横径 3～4 cm，皮色绿，瓜条端部少有黄纹，棱、刺瘤明显，白刺，肉质脆，味清香，品质好；抗霜霉病、白粉病较差，抗枯萎病好。适合北方冬春保护地栽培。

（4）天津棒槌瓜　天津市地方品种。植株生长势强，分枝性强；叶片中等大小，叶色绿；中熟品种，第1雌花出现在第6～7节，瓜码较稀；瓜条棒状，长25～30 cm，横径4～6 cm，皮色深绿，刺瘤较大，棱明显；侧枝结瓜多；抗霜霉病、白粉病能力强。适宜北方春露地栽培。

（5）闻喜黄瓜　山西省闻喜县地方品种。植株生长势强，分枝强，叶片大第1雌花出现在第3～5节，瓜码密；瓜条长40 cm左右，皮色深绿，棱明显，瘤大，果肉致密，品质好；抗病性较差。

（6）津研1号　天津市农业科学院黄瓜研究所利用唐山秋瓜和天津棒槌瓜杂交后单株系选而成。植株生长势强，叶片大，叶色深绿，每株有侧枝3～5条；中早熟品种，第1雌花出现在第4～6节，每隔2～3节见一雌花；主蔓和侧枝均具结瓜能力；瓜条棒状，皮色深绿，棱、刺瘤明显，刺白色，长30～35 cm，商品性好；适应性强，抗霜霉病、白粉病。适应北方早春塑料棚及露地栽培。

（7）胜芳二快　河北省胜芳地方品种。植株生长势强，叶片大，分枝性强，以主蔓和侧枝结瓜；中早熟品种，第1雌花出现在第5～6节，成瓜性好，瓜码适中；瓜条长35 cm左右，皮色浅绿，棱瘤小，白刺，果肉厚，心腔小，味浓；抗病性中等，耐热性好。适应北方露地栽培。

（8）周至黄瓜　陕西省周至县地方品种。植株生长势强，茎粗壮，分枝性差；叶片大，叶色浅绿；中熟，第1雌花出现在第5～7节；瓜条棒状，长32 cm左右，皮色浅绿，老熟瓜白色，棱大，刺瘤明显，白刺，果肉厚，品质好；抗病性一般。

4. 华南型黄瓜　该类群黄瓜以华南为中心，分布在中国华南、华中地区，以及东南亚和日本。多数品种对日照敏感，要求短日照；植株生长势强，茎蔓粗壮，根系发达，较耐旱；瓜条圆筒形，多为绿色，也有黄白色，果皮光滑，刺瘤稀少，多黑刺，也有白刺品种，瓜皮厚，肉质较软，老熟瓜多有网纹。

（1）成都二早子　四川省成都市地方品种。植株生长势强，主蔓长2～2.3 m，分枝极少；叶片中等大小，叶色绿；中早熟，第1雌花出现在第3～4节；瓜条圆筒形，瓜形整齐，条长29 cm，横径4.5 cm左右，皮绿白色，有绿色条纹，光滑，刺稀少，白刺，种瓜白色，果肉厚，味甜；抗霜霉病、白粉病能力强。

（2）唐山秋瓜　河北省唐山市地方品种。植株生长势强，叶片大，叶深绿，株高2 m以上，分枝性中等；中熟品种，第1雌花出现在第5～6节，以后每隔1～4节出现一雌花。瓜条长20 cm，横径3 cm左右，皮色浅绿，白刺，刺瘤稀。抗病性强，品质好。

（3）杭州青皮　浙江省杭州市地方品种。植株生长势及分枝性中等，主蔓较长；中熟品种，第1雌花出现在第6～8节；腰瓜长28 cm，横径4 cm左右，皮色绿，表面光滑，瓜端部有条纹；黑刺，种瓜褐色，表皮有网纹。

（4）青鱼胆　湖北省武汉市地方品种。植株生长势强，叶片大，叶色绿，主蔓长1.8～2 m，分枝性强；中晚熟品种，第1雌花出现在第7～8节，瓜码稀，瓜条长20 cm，圆筒形，皮色绿白相间，无棱瘤，褐刺，老瓜棕红；抗病性强，品质中等。

（5）广州大青黄瓜　植株生长势中等，分枝性中，第1雌花出现在第7～8节；瓜长20 cm，横径4 cm左右，瓜粗，皮色绿，圆筒形，无棱瘤，表面光滑，白刺，种瓜褐色，有明显网纹；肉质脆，风味好；抗病性中等。

5. 乳瓜型黄瓜（泡菜型）　分布于亚洲及欧美各地。植株生长势强，分枝性强，多花多果，瓜较小，果实表面无瘤刺或刺瘤较少，质地脆嫩。多为加工腌渍用，亦可鲜食。代表品种有扬州乳黄瓜、Gy14等。

（1）扬州乳黄瓜　江苏省扬州郊区地方品种。中早熟，分枝性弱；第1雌花位于第5～6节；雌瓜棒状，皮色深绿，瓜端略粗，瓜柄略细，长20～22 cm，横径3.5 cm，表皮光滑，白刺；种瓜橙黄色，表皮无网纹；抗病性较差；肉质细，口感好。适宜加工腌制或鲜食。

(2) Gy14　Clemson 大学于 1973 年选育的全雌型腌制性黄瓜品种。适应性广泛，对美国南北方的主要病害，如霜霉病、白粉病、炭疽病、角斑病、黑星病、CMV 和 WMV，都有抗性。2009 年美国威斯康星大学的研究人员完成了对 Gy14 的全基因组测序。

6. 欧美露地型黄瓜（也称切片型）　分布于欧洲及北美洲各地。茎叶繁茂，果实圆筒形，中等大小，瘤稀，白刺，味清淡，熟果浅黄或黄褐色，有东欧、北欧、北美等品种群。代表品种有 Marketmore 76、Tablegreen 等。

(1) Marketmore 76　美国康奈尔大学 Munger 选育的鲜食类型黄瓜杂交种。植株生长旺盛，熟期 67～70 d，普通花型；果色深绿，均匀一致，白刺，瓜条长 20～24 cm，横径 5.5 cm，外观品质优良；丰产性好，抗霜霉病、白粉病、黑星病、CMV。

(2) Tablegreen　1960 年美国康奈尔大学选育，系谱是（Niagara × Marketer）× [(Chinese Long × A&C) × Cubit]。果实深绿色，抗白粉病和 CMV。

7. 北欧温室型黄瓜　分布于英国、荷兰。茎叶繁茂，耐低温、弱光，果面光滑无刺无瘤，有或无浅棱，浅绿色，果长 30 cm 左右，最长可达 50 cm 以上，单性结实能力强，抗黑星病、枯萎病，但多数不抗霜霉病和白粉病，不适宜露地栽培。代表品种有荷兰公司 Rijk Zwaan 的 Prolong RZ 和 De Ruiter 的 Camaro 等。

8. 中东类型（迷你水果黄瓜）　分布于中东等各国，中国已有栽培，从以色列引进。瓜长 15 cm 左右，横径 3 cm 左右，重 50～60 g，果实整齐一致，瓜味浓。全雌株，每一节生一个或多个雌花，单性结实能力强，坐果率高，抗黑星病、枯萎病。代表品种有美雅 3966、以色列 Hazera 的萨瑞格（HA-454）等。

第三节　生物学特性与主要性状遗传

一、植物学特征

(一) 根

黄瓜的根系为浅根系，根群主要分布于 30 cm 的耕层内，主根可长达 1 m 以上，骨干侧根可横展 2 m。根细弱，吸收力差，维管束木栓化较早，再生力差，在生产上要求土壤肥沃、疏松透气。

(二) 茎

黄瓜茎的横截面呈 4 菱或 5 菱形，表皮具毛刺，双韧维管束 6～8 条，分布松散，厚角组织及木质部均不发达，容易折断。茎蔓生，多为无限生长类型，有不同程度的顶端优势，主蔓长可达 8～10 m。茎的叶腋有分生侧枝能力，侧枝多少品种间差异较大，主侧枝均可结果。

(三) 叶

黄瓜子叶对生，长椭圆形；真叶互生，极少有对生现象，五角掌状或心形，全缘浅裂，长柄，绿色有茸毛，保卫组织和薄壁组织不发达，易受机械损伤。黄瓜叶缘有水孔，吐水作用明显。叶缘吐水和叶面结露为病菌萌发创造了条件，因此易感染多种病害。叶腋有腋芽或花原基，抽蔓后出现卷须。卷须是茎的变态器官，具有攀缘作用，但在生产上要求及时摘除，减少养分损失。

(四) 花

黄瓜的花为退化型单性花，为腋生花簇。每朵花于分化初期都具有两性花的原始形态特征，但在形成萼片与花冠之后，有的雌蕊退化形成雄花，有的雄蕊退化形成雌花，也有的雌、雄蕊都发育，形成两性花。植株以雌、雄同株异花为主，亦有全雄株、全雌株。一般先发生雄花，以后雌、雄花交替发生。花腋生，花萼和花冠均为钟状五裂，花萼绿色有刺毛，花冠黄色；雄花簇生，3 雄蕊；雌花单生或簇生，子房下位，3 室（或 4～5 室），花柱短，柱头 3 裂；虫媒花，品种间自然杂交率为53%～76%。

（五）果

黄瓜的果实为假果，由子房与花托合并形成，外果皮为花托表皮发育而来，果实表面光滑或具刺瘤，果皮由花托皮层和子房壁组成。嫩果白色至绿色，条状、棒状或圆筒状；成熟果白色至棕褐色，有的出现裂纹；通常开花后 8～18 d 商品成熟，生理成熟需 40～55 d。

（六）种子

黄瓜果实的侧膜胎座上，每座着生两列种子，每果有种子 100～400 粒，千粒重 20～40 g。黄瓜种子披针形，扁平，黄白色，无生理休眠，但需后熟，常温下种子发芽年限可达 4～5 年。种子宜在低温干燥的条件下保存。

二、生长发育周期

黄瓜生长发育周期是指从种子萌芽至生长结束的整个生育阶段。不同地区、不同季节和不同栽培方法所需时间不同，一般需 75～150 d，有些保护地长季节栽培可达 300 d。根据植株的形态特征及生理变化，整个生育周期可分为发芽期、幼苗期、抽蔓期和开花结果期。

（一）发芽期

指从种子萌动至子叶充分展平，第 1 片真叶出现的阶段，一般历时 5～10 d。发芽期需高温，最佳温度为 25～32 ℃，播后地温在 25～26 ℃较好。发芽初期的 32 h 内种子需要吸收相当于种子重量 180%的水分。从浸种开始，24 h 后，胚根伸出约 1 mm，48 h 后可达 1.5 cm。4 d 后子叶抽出，呈 V 形水平展开，此时子叶长度为 2 cm 左右，胚根长 6～7 cm，侧根开始发生，向自养阶段过渡。

（二）幼苗期

从子叶展平到第 4 片真叶充分展开，历时 25～40 d。所需温度较发芽期低，并需要一定温差，白天 25～28 ℃，夜间 12～20 ℃，应适当控水。子叶出土后展平，叶绿素开始形成，开始向自养阶段过渡。至第 2 片真叶形成时，开始花芽分化。黄瓜幼苗期，主根生长较快，侧根较小。幼苗已经分化 50%～60%的叶片和 35%～40%的花芽。幼苗期既有营养器官的分化又有生殖器官的分化和发育，因此，黄瓜幼苗期虽然生长量不大，却奠定了黄瓜一生中大部分生长器官分化和生长的基础，也是早熟丰产的基础。

（三）抽蔓期

从开始抽蔓至第 1 雌花坐果，历时 15～20 d。抽蔓期结束时，植株的第 12～13 片叶张开而包住龙头。抽蔓期为从茎叶生长为主转向果实生长为主的过渡时期，这时既要加强茎叶的生长和根系的深入，又要促进子房细胞的分化和形成，以便在结果前形成一个相当大的根系。这一时期在栽培上要求是调节营养生长和生殖生长的关系。植株的壮苗情况要达到茎粗壮，棱角清晰；龙头比例适中，心叶舒展；子叶完好，叶色深绿；避免徒长和化瓜。

（四）结果期

第 1 雌花坐果到采收结束，历时 40～60 d 或更长，长季节栽培可达 180 d 以上。根瓜坐住后，叶片的生长加速，1.5 d左右一片叶。果实的生长按指数曲线进行，前期较慢，后期较快。根系的活动加强，应提供充足的养分和水分。根瓜应及时采收，否则会抑制腰瓜的生长，并消耗根系营养，导致根系衰弱，从而又影响到茎叶的生长。结果期，果实的生长逐渐抑制茎叶和根的生长，当第2条瓜达到商品成熟时，叶面积的增加开始缓慢，渐趋平衡。当侧枝开花结果时，植株进入结果盛期，这时要注意调节开花结果和茎叶生长的关系。黄瓜结果期需要水肥充足，控制温度和空气湿度，加强病虫害防治，并及时采收。

三、花芽分化与性型表现

（一）花芽分化

当黄瓜幼苗第1片真叶初展时，茎端已分化7～8节，在第3～4片真叶的叶腋处，可以观察到花芽，花芽原基以小而圆的细胞突起而出现，其后花芽由下而上连续地或周期地分化。生长到一定程度的叶腋处，无论是主蔓还是侧蔓，都能分化出雄花或雌花。黄瓜花原基最初具两重性，分化过程中，因内源激素（如乙烯、赤霉素等）浓度发生变化，从而形成雌花或雄花。黄瓜花芽的性分化、雌雄花的比例与结果习性，受种类、品种、温度、光照、水分、养分、植物激素、栽培季节等诸多因素影响。温度是花芽性型分化的主导因素，低温特别是低夜温可以导致花芽向雌性方向转化；短日照（8～10 h）有利于花芽分化和雌花的形成；正常的直射光下较遮阴条件下形成雌花多。黄瓜性型分化受温度和光照影响最敏感的时期是在子叶展平的第10～30 d。另外，氮（N）元素有利于雌花的形成；磷（P）元素能加速黄瓜从营养生长到生殖生长的转变；钾（K）元素有利于雄花的形成；乙烯气体有利于雌花的形成。此外，多种植物激素对黄瓜的花芽分化也有影响。

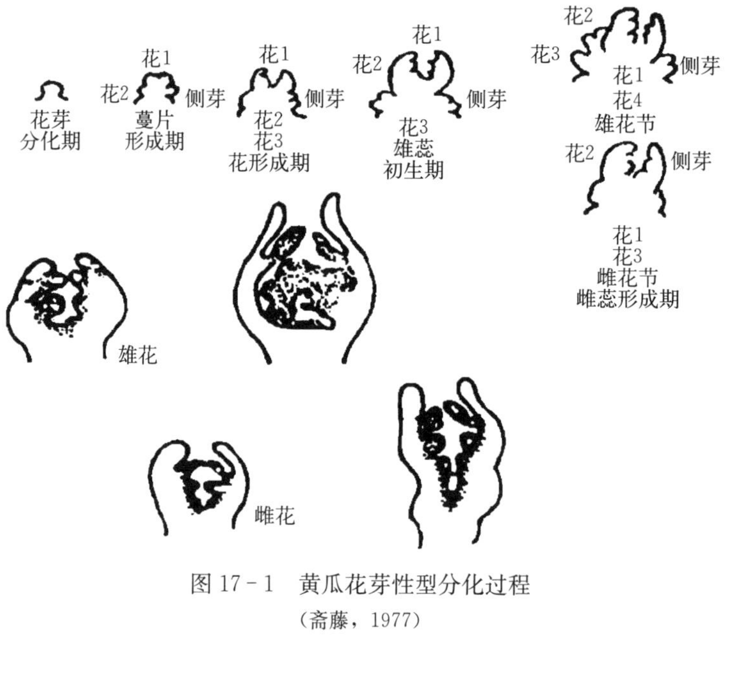

图17-1　黄瓜花芽性型分化过程

（斋藤，1977）

（二）性型表现

根据黄瓜植株上花的着生情况、雌花节位的连续发生能力，以及两性花的有无等遗传特性，将黄瓜的性型分为以下8种类型。

1. 雌雄异花同株（monoecious）（雌雄间生型）　即普通的黄瓜植株，雄花和雌花都有且同株，先出现雄花，以后雌、雄花交替出现，雌、雄都可连生数节。

2. 全雌株（gynoecious）（雌性型）　植株上着生的全部是雌花。

3. 混生雌性型（强雌性型）　先出现雄花，继之出现雌、雄混生节，然后连续出现雌花。

4. 两性雌性型（雌全株）　植株上着生的花有雌花和两性花。

5. 雌雄全同株　植株上着生的花包括雄花、雌花和两性花。

6. 两性株（hermaphroditic）（完全花型）　植株上着生的全部为两性花。

7. 雄全株（两性雄性型）（andromonoecious）　开始出现雄花，以后在雄花节上混生两性花，基本无雌花。

8. 全雄株（androecious）（雄性型）　植株上着生的全部是雄花。

黄瓜多数品种为雌雄间生型、纯雌性型和混生雌性型，其他类型不常见。

四、主要性状的遗传

（一）早熟性遗传

早熟性是黄瓜育种的重要目标之一。始花期（从定植到第1雌花开放的天数）、第1雌花着生节位、果实发育速度等是构成黄瓜早熟性的重要性状。早花和晚花亲本杂交，后代开花期早晚的遗传是累加的，涉及的基因不多。早花和第1雌花节位是不完全显性，广义遗传力为55%～62%，狭义遗传力为46%～51%，开花所需天数和平均果实成熟期之间的相关系数为$r=0.82$（Miller，1976）。第1雌花节位特殊配合力方差小于一般配合力方差，基因加性效应占主导地位，而且遗传力较高，广义遗传力为49.7%，狭义遗传力42.3%。果实发育速度特殊配合力方差大于一般配合力方差，受非加性效应影响较大，遗传力较低，广义遗传力为27.4%，狭义遗传力为14.5%（王玉怀，1989）。早期产量的遗传基本符合加显模型，以加性效应为主。早期产量一般配合力方差占总基因型方差的91.9%，广义遗传力为86.3%，狭义遗传力为80.4%（顾兴芳，2004）。

（二）产量性状遗传

黄瓜单位面积总产量由单株瓜条数、单瓜重、种植密度等性状构成。决定黄瓜自交系产量的因素是瓜长、果肉厚度、果径大小、单株瓜数和早期产量。早期产量、单株结瓜数、株高呈负相关，第1雌花节位、总产量、单瓜重呈正相关。早期产量、单株结瓜数、单瓜重的遗传加性效应方差小于显性效应方差；第1雌花节位、株高的遗传是加性效应方差大于显性效应方差；总产量的遗传是显性方差显著地大于加性效应方差，同时还存在显著的上位性效应（曹齐卫，2008）。也有研究表明，总产量的遗传基本符合加显模型，以加性效应为主，总产量一般配合力方差占总基因型方差的82.9%，广义及狭义遗传力分别为64.2%和60%（顾兴芳，2004）。

1. 雌花数的遗传　黄瓜的单株结瓜数首先与雌花数有关。通常用第1雌花节位低的亲本，也就是趋雌较强而且雌花节率较高的亲本，与第1雌花节位高的亲本，也就是趋雌性较弱且雌花节率较低的亲本相配，F_1和F_2平均数是在两亲之间稍偏于低节位亲本，F_2个体间的变幅很大。

另一与雌花数有关的性状是雌花的簇生性。对于复雌花性状的遗传，以往的研究结果存在分歧。主要有5种观点：由显性单基因*Mp-2*加上几个修饰基因控制（Thaxton，1974）；由1对隐性主基因*mpmp*和一些修饰基因所支配（Nandgaonkar和Baker，1981）；由复等位基因控制，大多数为显性或不完全显性，控制这一性状的位点被命名为*pf*，而控制单雌花SP、双雌花DP、复雌花MP的基因分别被命名为pf^s、pf^d、pf^m（Fujieda等，1982）；由单基因*mp*控制，并且与有限生长基因*de*之间具有连锁关系（刘进生和Wehner，2000）；为数量性状，由多基因控制（苗晗等，2010）。

2. 结瓜数的遗传　黄瓜总产量与单株结瓜数、单瓜重之间存在显著正相关，与瓜长、瓜把长等性状之间相关系数较小。单株结瓜数对产量的影响，无论是相关系数，还是通径系统以及决定系数都最大，相关系数 $r_{1y}=0.8142$，通径系数 $P_{xy}=0.9791$，均达极显著水平，决定系数 $d=0.9587$（王玉怀，1985）。早期产量与早期采瓜数也呈显著正相关，因此，认为总采瓜数一般配合力方差较大，即加性基因效应较大，而且狭义遗传力大（为59.8%）（马德华等，1994）。

3. 单瓜重的遗传 单瓜重可作为选择高产品种和选配高产组合亲本的选择性状，单瓜重与单株产量的相关系数达显著水平，通径系数达极显著水平。一个大瓜亲本和一个小瓜亲本杂交的 F_1 瓜重接近于双亲的几何平均数，F_2 一般只在双亲瓜重相近而且不是很大很小时才出现超亲分离。平均单瓜重的一般配合力和特殊配合力方差都达到极显著水平，加性效应和显性效应都较大。单株结瓜数、单瓜质量对产量有较明显的影响，华南型黄瓜单瓜重、果实横径、果肉厚度与产量呈极显著或显著相关，平均单瓜重与产量呈显著正相关关系，利用华北型黄瓜进行试验也得出相似的结果，表明这两类黄瓜在产量构成上有一定的共性。华南型黄瓜果实横径对产量的影响最大，果实长度的影响次之，这两个性状可以作为华南型黄瓜高产育种的主要选择性状。因此，加强对果实横径及长度的选择可达到高产育种的目的（何晓明，2001）。

4. 瓜长的遗传 瓜长的遗传有部分显性效应，显性效应较低，显性方差所占的比重较小。与育种实践中，短瓜和长瓜杂交，F_1 处于两亲的中间值略偏长相吻合。黄瓜瓜长的遗传力平均54.5%±28.7%；果形指数遗传力高，狭义遗传力为82.9%（王玉怀，1989）。

（三）性型遗传

黄瓜是研究性型的模式植物，目前已确定影响黄瓜性别表达的7个不连锁位点：a（雄性，androdioecious）、F（雌性，female）、gy（全雌，gynoecious）、In-F（雌性表达增强子，intensifier）、m（雄花、两性花同株，andromonoecious）、m-2（雄花、两性花同株基因-2，andromonoecious-2）、Tr（三性花同株，trimonoecious）。*F* 基因控制雌性表达，但其表达强度受到环境及一些背景基因（如 *In-F*）的修饰；*a* 基因控制雄性表达；*M* 基因则控制着花原基向雌花或雄花转变的过程。

早在1928年Rosa指出，雌雄同株对雄性株为显性，由1对基因 *G/g* 控制。雌性系×雌雄株系的后代是纯雌株和雌雄株，或强雌株和雌雄株，说明雌性为显性或不完全显性。雌性系×完全株系的后代全为雌性株。根据上述这些杂交试验的结果，前人曾提出关于黄瓜植株性型遗传的3个假说：第1个是Shifriss（1961）提出的控制黄瓜性别由2对基因决定。第1对基因 *G/g*，*G* 控制雌花的发育形成，*g* 控制完全花的发育形成；第2对基因 *Acr/acr*，*Acr* 能加速植株的性转变过程，即加强雌化性，*acr* 使性转变过程延缓或保持基本发育顺序，*AcrG* 为纯雌株，*Acrg* 完全株，*acrG* 雄全株。第2个假说由Galun（1961）提出，花性型发育顺序受微效基因的影响，并提出由2对主要基因控制性变。*St* 基因使植株的花型发育向基本顺序右方移动，即加强趋雌性。St^+st^+ 型株为普通的雌雄异花同株，而 *Stst* 成为纯雌性株或强雌株。*m* 基因的作用是加强雄性，它一方面使原来发育为雌花的花内雄性器官发育起来而成为完全花，另一方面使植株的花型发育向基本顺序左方移动，即减弱趋雌性。*mm* 型转为完全株或雄全株，而 *Mm* 或 *MM* 型株为雌雄株或雌性株。以上两种假说的基本内容是一致的，主要差别是，前一种假说认为加强雌性的基因是显性，后一种假说则认为加强雌性 *St* 基因为不完全显性，对于趋雄性基因为完全显性。第3个假说由Malepszy等（1991）和Perl-Treves（1999）提出，性型受3对主要基因（*F/f*、*M/m* 和 *A/a*）控制，雌性株（*F_M_*）、雌雄异花同株（*ffM_*）、雄全株（*ffmmA_*）、两性株（*F_mm*）、全雄株（*ffaa*）。

孙小镭和郭树桐等（1986）研究指出，雌雄同株黄瓜与纯全株黄瓜交配，F_1 表现型全部为纯雌株；F_2 代表现有4种类型，即纯雌株型、雌雄株型、纯全株型、雄全同株型，分离呈9∶3∶3∶1比例。结果表明控制黄瓜性型的主要是2对独立遗传互作基因，表示符号为 *Aa*、F^+，且各等位基因之间呈显隐性关系。纯雌株型由2对纯合或杂合显性基因控制，雌雄同株和纯全株分别由1对纯合成杂合显性基因、1对纯合隐性基因控制。1对基因 *Aa* 的作用是控制雄花的发育，当显性基因 *A* 存在时，抑制雄花的产生；隐性基因 *a* 纯合时产生雄花。另一对基因 F^+ 的作用控制雌花和完全花的发育，显性基因 *F* 存在时产生雌花，隐性基因 f^+ 纯合时产生完全花。陈惠明等（2005）新发现两个黄瓜性别表达基因，暂命名为 $Mod-F_1$（不完全显性）、$mod-F_2$（隐性基因），两者均与 *F* 和 *M* 基因独立遗传，能够增强黄瓜植株的雌性表达。

表 17-1　控制黄瓜性型表达的基因

基因	异名	特　征
a	—	雄性（androeious），如果 *F* 为隐性时主要确定雄花的产生
F	*Acr*、acr^F、*D*、*st*	雌性（female）。雌性高度表达，与 *a* 基因和 *M* 基因互作，强烈地被环境条件和基因背景所修饰
gy	*G*	全雌（gynoecious）。高度雌性表达的隐性基因
In-F	*F*	雌性表达的增强子（intensifier）。增强 *F* 基因的植株的雌性表达
m	*a*、*g*	雄花、两性花株（andromonoecious）。植株基因型为 *mmff* 时表现雄花、两性花株；*MMff* 为雌雄同株；*MMFF* 为全雌株；*mmFF* 为两性花株
m-2	*H*	雄花两性花株基因-2（andromonoecious-2）。两性花具有正常子房
Tr	—	植株性别表现 3 种花型，在花器官发育过程中，顺序是先开雄花，再开两性花，最后开雌性花

在黄瓜的性型分化研究中，不少研究表明其植株茎端乙烯的形成与雌花的分化存在很大的相关性。影响植株体内乙烯合成的关键酶是 ACC 合成酶，是由多基因家族编码的，不同时期、不同因素会影响其不同基因的表达。乙烯能够增强 CS-ETR2、CS-ERS、CS-ACS2 基因的表达，乙烯信号传导影响雌雄同株和纯雌株黄瓜中 M 位点基因的表达，并抑制雄蕊发育。对黄瓜不同性型植株的药剂处理结果表明，全雌株（*FFMMAA*）、强雄株（*ffMMAA*）、两性花株（*FFmmAA*）、和雄全株（*ffmmAA*）对乙烯利和 $AgNO_3$ 溶液处理的反应很一致，即乙烯利能诱导产生雌花，$AgNO_3$ 诱导形成雄花，说明 *F* 和 *M* 基因的调控途径均与乙烯作用密切相关。

2006 年，韩国学者 Cho 等从雌雄同株黄瓜中克隆了 5 个有利于黄瓜雄花发育（短日照）表达的基因：*CsM1*、*CsM2*、*CsCYR*、*CsCYP*、*CsM10*，定位于第 6 条染色体端粒区的 *CsM10* 基因优先表达，且在不同组织、不同发育时期和不同光周期，其表达有所不同。对其序列结构、表达模式及同源性的分析表明，*CsM10* 基因在 RNA 水平上对黄瓜性别起作用。

雄花的败育受 2 个不育基因 *ms-1*、*ms-2* 控制，另外还有 *ap*、*cl*、*gi*、*ps* 不育基因，未见细胞质雄性不育性的报道。

除了上述基因决定着性型以外，黄瓜的性型表达还受到其他修饰基因以及激素和环境因子的影响，包括温度、光周期、药剂处理（如赤霉素、乙烯利等）。环境因子中，较弱的光照或短日照有利于雌花的形成，低温有利于雌花形成；硝酸银、赤霉素、氨基醋酸（AVG）可诱导雄花的产生，乙烯利诱导雌花的产生。

（四）品质性状遗传

1. 商品品质

（1）果皮色　已报道的控制黄瓜嫩果果皮颜色的基因有深绿色果皮基因（*DG*）、浅绿色果皮基因（*dg*）、白色果皮基因（*w*）、黄绿色果皮基因（*yg*）。嫩果白色果皮性状由隐性单基因（*w*）控制，深绿色（*DG*）对白色（*w*）为显性；嫩果绿色果皮（*yg*）对白色果皮（*w*）表现为显性；黄绿色果皮（*yg*）对深绿色（*DG*）表现为隐性，对浅绿色（*dg*）表现为上位性；嫩果白色果皮（*w*）对绿色果皮（*yg*）为隐性，且 *w* 与其他修饰基因存在隐性上位互作，同时发现 *w*、*yg*、*Tu*（有果瘤）及 *Se*（瓜顶，暂命名）之间独立遗传。

（2）果肉色　黄瓜果肉因色素含量不同而呈现多种颜色，主要有浅绿、白绿、白色、黄绿和橙色。在生产中，栽培黄瓜的果肉颜色主要分为白色、白绿和浅绿色。黄瓜果肉颜色受多个基因控制，以显性效应为主，存在加性效应。西双版纳黄瓜橙黄色果肉颜色由多基因控制，基本符合两对主基因+多基因模型。也有一些特殊材料含有控制果肉颜色的单个基因，如PI200815含有黄色果肉基因 *yf*（Wehner，2005）。

（3）果瘤果刺　黄瓜果皮有瘤由显性单基因 *Tu* 控制，有瘤（*Tu*）对无瘤（*tu*）为显性。已报道的控制黑色果刺的基因有4个：*B*、*B-2*、*B-3*、*B-4*，黑刺对白刺为显性。野生黄瓜LJ90430中存在2个黑色果刺基因 *B-3* 和 *B-4*，且两基因存在互作，F_2 后代中黑刺和白刺分离比为9：7。

（4）有毛或无毛　最早发现的黄瓜无毛突变体（*gl*）是通过辐射诱变产生的，表现为茎、叶、子房等各器官均没有表皮毛，果实表面也没有果刺和果瘤。无毛性状由隐性单基因控制，无毛基因参与果瘤的形成，对果瘤基因存在隐性上位作用（曹辰兴等，2001）。黄瓜种质NCG-042的无毛性状与 *gl* 不同，表现为仅茎、叶及叶柄光滑无毛，但果柄、花萼有稀疏的绒毛，果皮也有稀少的果瘤。该无毛性状由细胞核单基因（*gl-2*）控制的，无毛对有毛为隐性。*gl* 和 *gl-2* 存在互作效应（杨双娟等，2011）。

（5）瓜长、把长、瓜粗、瓜形　黄瓜瓜长、瓜粗、把长、瓜形是由多基因控制的。瓜长、瓜粗和把长符合加性-显性模型，加性效应为主，还存在上位性效应。瓜长受1对主效基因和多个微效基因控制，受环境影响较大。瓜长、横径的遗传是加性效应方差大于显性效应方差。黄瓜把长遗传以加性效应为主。瓜粗性状由多基因控制，以加性效应为主，显性效应较小，广义遗传率为60.6%，狭义遗传率为57.3%（孙洪涛等，2010）。黄瓜果形弯曲属于数量遗传，主要受加性效应影响（张鹏等，2006）。

（6）蜡粉　黄瓜蜡粉的有无或多少是由1对主基因控制的，有或多蜡粉表现为显性或部分显性。在自然栽培群体中，往往出现蜡粉甚微的遗传突变株。用多蜡粉的落合2号为父本，与少蜡粉的日向2号杂交育成久留米落合H型品种，该 F_1 蜡粉的发生偏向父本，F_2 中少蜡粉株的分离比例近于1/4（韩旭，1997）。另外，由于多蜡粉的黄瓜品种间，蜡粉的发生程度具有一定差异，藤枝国光（1988）认为除主基因控制外，尚存在与之相关的修饰基因。

砧木、温度、湿度、光照等环境因素对蜡粉性状表现也有影响，原本为多蜡粉的黄瓜品种，嫁接到适当的南瓜砧木上后，会使蜡粉量明显减少。高温环境下蜡粉发生多，低温环境下蜡粉发生少；空气湿度与蜡粉量显著相关，低夜温下的加湿处理可显著促进蜡粉生成；受光量可通过温湿度影响蜡粉的发生，弱光下的低温管理促进蜡粉增多。

（7）果皮的光泽度　果皮的光泽度极大地影响果实的商品性，是非常重要的经济性状。果皮无光泽性状受显性单基因 *D* 控制，果皮无光泽对有光泽为显性（Pierce 和 Wehner，1990）。但是，研究者也发现了受显性单基因（*G*）控制的果皮有光泽性状（董邵云等，2013）。

2. 风味品质　风味品质包括质地和风味。其中质地又包括硬度、坚韧度、紧密度。风味一般是指黄瓜特有的气味和滋味。目前的研究主要集中在苦味方面，其他研究相对较少。

葫芦科植物果实苦味的成分是葫芦素（又称苦味素，cucurbitacin），黄瓜苦味也是由于含有葫芦素引起的。葫芦素的种类和组成随黄瓜不同器官和不同的发育阶段而异，幼苗根中含有葫芦素B，没有完全展开的子叶内含葫芦素B和葫芦素C，展开子叶和植株内只是含有葫芦素C。葫芦素含量随黄瓜植株的生长而逐渐增加，叶片位置高、葫芦素含量也高。每克鲜叶中葫芦素含量大约为0.13～1.13 mg；果实中的葫芦素含量，随着果实的成熟逐渐下降。葫芦素C的浓度如果超过0.1 mg/L，就能够明显感觉到苦味。

1959年，Andeweg 和 DeBruyn 从美国改良长绿品种中发现了黄瓜营养体无苦味突变体，将该基因定名为 *bi*，它能抑制黄瓜叶片和果实中葫芦素的产生，该突变体由1对隐性基因控制，符合质量性状遗传特点。具有 *bibi* 基因型的黄瓜，植株体内不含有葫芦素，任何环境条件下果实都不苦。在没有发现无葫芦素黄瓜植株突变体之前，所有的黄瓜植株均含有葫芦素，该突变体的发现使得选育无苦味黄瓜成为可能。

Wenher 等（1998a）发现了控制黄瓜植株营养体无苦味的另一个基因 *bi－2*。研究发现两个无苦味品系杂交（NCG－093×WI2757）后代的 F_1 代营养体含有葫芦素，F_2 代营养体苦与不苦的比例符合 9∶7，回交一代营养体有苦与不苦的比例为 1∶1。用无苦味品系 NCG－093 与植株营养体有苦味的品系杂交、回交、自交，后代的遗传符合单一隐性基因的遗传模式。因此，推论 NCG－093 中阻遏葫芦素形成的基因与基因 *bi* 不同，后代的表现符合两个隐性基因的上位作用，两个隐性基因都能够抑制苦味的形成，但彼此独立。只要黄瓜营养体中含有两个隐性基因中的任何一个，葫芦素就不能在植株体内合成。并将 NCG－093 中含有的营养体无苦味基因命名为 *bi－2*，且 *bi－2* 与短下胚轴基因连锁。

野生黄瓜果实具有苦味，是由单一显性基因 *Bt* 控制。Walters 等（2001）发现了控制黄瓜果实苦味且不同于 *Bt* 的另外一个基因 *Bt－2*，该基因存在于黄瓜野生变种 LJ90430 中，果实具有极端苦味，杂交组合 LJ90430×PI173889（基因型为 *BtBt*）的 F_2 后代中果实苦与不苦的分离比例符合 13∶3，表明这两份材料中控制果实苦味的基因不同，两者间存在显性和隐性上位作用。目前已知控制黄瓜果实有无苦味的基因有两对：*Bt*/*bt* 和 *Bt－2*/*bt－2*，这两对基因均表现为单基因显性独立遗传。

当 *Bt*、*bi* 在同一个遗传背景时两者存在互作。在纯合 *Bi* 背景下，*Bt* 是独立遗传的，纯合基因型 *bibi* 对 *Bt* 具有隐性上位作用（顾兴芳等，2004）。

除遗传因素外，苦味也受环境等条件影响，黄瓜苦味在露地及保护地均有发生，但由于保护地特定的小气候，苦味果的出现率较露地高，发生高峰期主要集中在初花期的根瓜及盛花后期衰老植株上所结的瓜。黄瓜苦味也与环境条件有关，一般认为低温（低于 13 ℃）、高温（30 ℃以上）、光照不足、植株衰弱、氮肥过多或不足及土壤干旱，都会使苦味增加。

黄瓜的风味与其独特的芳香味和一些非挥发性的物质密切相关，黄瓜风味物质已有 30 多种被鉴定出来，其中反，顺-2，6-壬二烯醛和顺-2，6-壬二烯醇是黄瓜的特征香气物质，对黄瓜风味影响较大，而其他芳香物质只能起到辅助和调和作用。2E，6Z-壬二烯醛、E-壬烯醛、烯醇受加性和显性效应控制，壬醛、6Z-壬烯醛受加性效应控制，且 2E，6Z-壬二烯醛的加性与环境互作效应极为显著（耿友聆，2009）。

3. 营养品质　营养品质主要是指人体需要的营养、保健成分如可溶性固形物（糖）、维生素 C 及矿物质等的含量。关于营养品质遗传分析报道不多，可溶性固形物、维生素 C 等品质性状可作为营养品质育种材料的选择依据；可溶性固形物应在育种低世代进行选择（乔宏宇等，2005）。黄瓜果实果糖、有机酸和可溶性固形物含量主要受加性效应影响，其中果糖含量受 1 对加性-显性主基因＋加性-显性多基因控制，以主基因控制为主。

（五）抗病性遗传

1. 霜霉病　黄瓜对霜霉病的抗性遗传机理较为复杂，多数报道认为黄瓜对霜霉病的抗性受多基因控制，且与果色、刺色独立遗传。华北密刺型黄瓜霜霉病抗性至少由 3 对基因控制，感病性具有部分显性，其广义遗传力为 62.3%，狭义遗传力为 47.7%，属于遗传力较高的性状，容易稳定（吕淑珍等，1990）。印度黄瓜品种 Bangalare 的霜霉病抗性由数个基因决定。抗病材料 Chinese Long 和 Puerto Rico37 的霜霉病抗性是由 1 个或 2 个主基因以及 1 个或多个微效多基因控制（Jenkins，1946）。PI197087 的抗性由 1 个或两个主效基因以及 1 个或多个次效基因控制（Barnes 等，1955）。抗病品种 Aojihai 的抗性是由 3 对隐性基因控制的，并且认为控制果皮深绿的基因与这 3 对基因是连锁的（Shimizu，1963）。Poinsett 的抗性是由 1 个隐性单基因 *dm* 控制，且与黄瓜抗白粉病的基因连锁（van Vliet 等，1974）。抗病材料 WI4783 的抗性是由 3 对隐性基因 *dm－1*、*dm－2*、*dm－3* 决定的。

2. 白粉病 黄瓜对白粉病的抗性遗传也较为复杂，多数报道认为是由多个隐性基因控制的，已公布的基因有 5 个，分别是 *pm－1*、*pm－2*、*pm－3*、*pm－4*、*pm－h*。抗病种质 PI2000812 的抗性是由 3 个基因控制的，分别定名为 *pm－1*、*pm－2*、*pm－3*（Kooistra，1968）。抗病自交系 WI2757 的抗性基因模式为 *RRssii*，即抗性由 1 个隐性主效基因 *s*、1 个显性加强基因 *R* 和 1 个隐性抑制基因 *i* 决定的。津研 2 号的抗性基因模式为抗性有 1 个隐性主效基因 *s* 和 1 个隐性抑制基因 *i* 决定的 *rrssii*，差异在 *R* 基因上（毛爱军等，2005）。华北密刺型黄瓜 K8 的白粉病抗性是由 2 对主基因控制，并受到微效多基因的修饰。

日本学者认为部分黄瓜品种对白粉病的抗性随温度的变化而出现明显的差异，而有的品种则表现稳定。据此，把黄瓜分为 3 种类型：在高温（如 26 ℃）和低温（如 20 ℃）下均抗病的品种，如 PI197088－5（P）等；在高、低温下均感病的品种，如 Sharp（S）；在高温下抗病而在低温下感病的品种，如 Natsufushinari（N）。把这 3 种不同类型的黄瓜相互杂交，然后自交、回交，再分别检测其抗病能力。结果表明，PI197088－5 的抗性可能是由 1 对隐性基因 *aa* 和 1 对不完全显性基因 *BB* 控制的；Sharp 的基因类型应该是 *AAbb*；Natsufushinari 的基因类型应该是 *aabb*。只有当基因类型为 *aaBB* 时，黄瓜才表现为完全抗性而不受温度限制；当基因类型为 *A_b_* 时，黄瓜在高温（如 26 ℃）和低温（如 20 ℃）下均感病；当基因类型为 *aab_* 时，黄瓜在高温下抗病而在低温下感病。

3. 枯萎病 国外报道黄瓜枯萎病菌有生理小种分化，定名为小种 1、小种 2、小种 3。中国发现各地枯萎病病菌为同一生理小种，但与国外不同，定名为小种 4。美国学者认为抗性是由单显性基因（*Foc*）控制的，日本学者则认为是由 3 对基因所决定。通过国内学者的大量研究，一般认为华北密刺型黄瓜抗枯萎病为数量性状，抗性由显性基因控制，抗病与感病亲本杂交，F_1 表现完全或部分显性。

4. 疫病 有关疫病抗性遗传的研究较少。黄瓜疫病抗性遗传效应的组成中以加性效应为主，也存在部分显性和上位性效应；控制抗性的最少基因数目为 3 对；抗性的狭义遗传力较高。

5. 细菌性角斑病 国外多数报道认为黄瓜对细菌性角斑病的抗性是由多基因控制的。而 Dessert 等（1982）用抗病类型黄瓜 MSU9402 和 GY14 与感病类型杂交，F_1 感病，F_2 感病和抗病比例呈现 3∶1，说明黄瓜对细菌性角斑病的抗性是受隐性单基因 *psl* 控制的。也有中国学者认为黄瓜对细菌性角斑病抗性是由 1 对隐性基因控制的，感病对抗病呈显性遗传。

6. 黑星病 黄瓜对黑星病的抗性由单一显性基因 *Ccu* 控制。另外，*Ccu* 基因与控制黄瓜枯萎病的基因相连锁。

7. 炭疽病 黄瓜对炭疽病抗性的遗传存在不同的研究结果。有两种类型，一种是由多基因控制的；另一种是由显性单基因控制的中等抗性。PI157111 等中等抗性品系中存在抗炭疽病基因 *Ar*，PI197087 的抗性是由多基因控制的，SC19B 中存在抗炭疽病生理小种 1 号的隐性基因 *cla*。

8. 棒孢叶斑病（褐斑病） 黄瓜种质 Royal Sluis 72502 对棒孢叶斑病的抗性是由 1 对显性单基因控制，并命名为 *Cca*（Abul－Hayja et al.，1978）。野生变种 PI 183967 的棒孢叶斑病抗性基因也是由单显性核基因控制。但是，也有学者认为，华北密刺型黄瓜抗性是由 1 对隐性单基因控制的，感病相对抗病为不完全显性。

9. 黄瓜花叶病毒病（CMV） 不同材料对 CMV 的抗性遗传不一致，抗病品种 Chinese Long 的抗性是由 3 对互补基因控制的。Chinese Long 对病毒病的反应是前期病斑多而后期几乎无病症（先重后轻），东京长绿的反应则是先轻后重。从这 2 个品种的杂交 F_2 中分离出近乎免疫的单株。Wis. SMR 12 等黄瓜品系中存在抗 CMV 的显性单基因 *Cmv*。

10. 西瓜花叶病毒（WMV）、**西葫芦黄化花叶病毒**（ZYMV）**和番木瓜环斑病毒病**（PRSV） 黄瓜对西瓜花叶病毒的抗性是由 1 对隐性基因 *wmv－1*（抗株系 1）控制，且与 *bi* 无苦味基因连锁；

也有报道认为西瓜花叶病毒是由显性基因 *Wmv* 控制，黄瓜栽培种 Kyoto 3 Feet 中存在抗 WMV 的显性基因。西葫芦黄化花叶病毒是由不完全隐性基因 *zym* 控制。番木瓜环斑病毒 PRSV 抗病材料 Surinam Local 的抗性受 1 对隐性基因控制。

源于中国台湾的黄瓜材料 TMG－1 对多种病毒均有抗性，其对 WMV 的抗性分为两种基因控制：一种是在子叶和全株均表现抗性的 *wmv－2*，另一种是只在真叶表现抗性的 2 个相互作用的上位基因 *wmv－3* 和 *wmv－4*；而且对 ZYMV 产生抗性的基因 *zym*、对 PRSV 产生抗性的基因 *Prsv－2* 和对 WMV－2 产生抗性的基因之一 *wmv－2* 存在于同一连锁群（Wai et al.，1997）。

华北密刺型抗病毒病自交系秋棚对 ZYMV、PRSV、WMV 3 种病毒的抗性是受隐性单基因控制的，并且抗性基因是成簇存在的，但同时也存在微效基因的修饰（张海英等，2005）。通过对国内外近 60 份材料或杂交种进行 CMV、WMV、ZYMV 鉴定，中国多数材料抗 WMV、ZYMV，中抗 CMV，而欧美材料多不抗这 3 种病毒（顾兴芳等，2006）。

11. 根结线虫　世界许多黄瓜种植区因受根结线虫为害，产量大幅度减产。自 1855 年根结线虫被作为病害首次报道以来，到目前为止发现世界上有 70 多种根结线虫，其中为害黄瓜的主要有南方根结线虫（*Meloidogyne incognita*）、花生根结线虫（*M. arenaria*）、北方根结线虫（*M. hapla*）、爪哇根结线虫（*M. javanica*）。各地的主要根结线虫种类因气候等条件不同而有所不同，在中国北方保护地栽培以南方根结线虫为害为主；在南方的露地，4 种线虫都有为害。黄瓜中缺少抗南方根结线虫资源。

到目前为止，仅有抗爪哇根结线虫遗传规律的报道。控制黄瓜抗爪哇根结线虫的基因是由一隐性基因 *mj* 控制的。该基因与 *B－1*（黑刺 1）、*B－3*（黑刺 3）、*B－4*（黑刺 4）、*Bt*（果苦味）、*D*（暗色果皮）、*df*（花期迟缓）、*de*（有限生长型）、*F*（雌性表达）、*lh*（长下胚轴）、*ns*（密刺）、*pm－h*（下胚轴抗白粉病）、*R*（种果红色）、*ss*（小刺）、*te*（果皮软薄）、*Tu*（果瘤）等 17 个基因无连锁关系。

（六）其他性状遗传

1. 株型、蔓长及子叶性状　控制黄瓜有限生长的是隐性单基因 *de*，相对于无限生长 *De*。另外，有修饰 *de* 基因表现的 In^{de} 基因。WI7201 的节间短缩是单隐性基因（*cp*）控制的质量性状（Li et al.，2011），*cp* 控制着黄瓜的节间长度，使节间极为短缩，从而造成植株矮化。PI308916 的极矮化株型由单一隐性基因控制，它对另一矮性基因为上位。另外，茎上有卷须对无卷须为显性。

关于黄瓜的叶色突变体，国内外报道有多种类型，主要包括 *v*、*yc－1*（yellow cotyledon－1）、*yc－2*（yellow cotyledon－2）、*ls*（light sensitive）、*vvi*（variegated virescent）、*yp*（yellow plant）、*gc*（golden cotyledon）、*ygl*（yellow green leaf）、*pl*（pale lethal）、*cd*（chlorophyll deficient）、albino，以及国内两例未定名的叶色突变体。其中，前 10 种叶色突变全部由 1 对隐性核基因控制。可存活的突变体有 *yc－1*、*yc－2*、*ygl*、*v*、*vvi*、*yp*，致死突变有 *gc*、*pl*、*cd*；属于自然突变的有 *yc－1*、*cd*、*ygl*、*vvi*、、*yp*，通过辐射诱变得到的有 *yc－2*、*ls*、*gc*。在非致死突变体中，*v*（芽黄突变体）是 Strong（1931）和 Tkachenko（1935）发现的，该突变体苗期芽黄随生长期延长黄叶转绿，目前该突变体已经丢失；*vvi*（斑驳芽黄）是 Abul－Hayia 和 Williams（1976）发现的，黄色叶慢慢转绿成斑驳的叶子，该突变体也已经丢失；*yp*（黄色植株）淡黄绿色叶片生长缓慢，该突变体存在与否不明；*yc－1*（黄子叶 1）子叶是黄色的，然后转绿，该突变体是从 Ohio MR25 中自然突变得到的；*yc－2*（黄子叶 2）子叶黄色，是源于 Burpless Hybrid 的突变体；*ygl*（黄绿叶）突变体叶片先呈黄绿色后转绿，弱光下 3～4 d 转绿，强光下 1 d 转绿，营养生长迟缓，生产上不能直接利用。苗晗等（2010）报道了金黄色突变体 *v－1*，子叶和第 1、第 2 真叶最初为金黄色，叶绿素含量约为正常株的 3/5，差异达到极显著水平，随着叶片的生长，颜色逐渐转绿，叶色变化主要在幼苗期，通过对亲本、

F_1、BC 及 F_2 代观察和叶绿素测定，证明该突变体是细胞核遗传，由单一隐性基因控制，并且绿色对黄色为不完全显性。

2. 单性结实 目前，关于单性结实的遗传相关结论不一致。腌渍型黄瓜的单性结实受 3 个独立的、同分异构的、具有加性效应和上位性作用的主基因共同决定，其中一个基因与控制雌性的基因位于同一条染色体上，另一基因与控制果实刺、毛性状的基因位于另一条染色体上（de Ponti 和 Garretsen，1976）。华北密刺型黄瓜单性结实性状遗传符合加性-显性遗传模型，以加性效应为主，培育单性结实性能强的 F_1 代杂交组合，双亲都需要具有较强的单性结实性能（王莉莉，2008）。全雌黄瓜单性结实性受两对加性-显性-上位性主基因＋加性-显性多基因控制，强单性结实全雌黄瓜品种选育以双亲均为强单性结实为宜（闫立英等，2008）。也有研究认为，单性结实是一种质量性状且由 1 个不完全显性基因 P 决定的，在纯合条件下 PP 早期就能单性结实，在杂合条件下 Pp 产生单性结实比纯合子 PP 迟，单性结实果也少；隐性纯合子 pp 不能单性结实（Pike 和 Peterson，1969）。

第四节 育种目标与选育方法

一、不同类型品种的育种目标

（一）露地栽培品种

露地品种生长在一年中温度最高的季节，也是病虫害高发的时期，耐热、抗病是露地品种的主要育种目标，一般要求新品种能在 35～36 ℃条件下正常发育和结瓜，能抗 4 种以上黄瓜主要病害，尤其对霜霉病、白粉病等叶部病害达到抗病级以上，对病毒病具有较强抗性。南方冬季栽培露地品种还要求具有较强的耐低温能力。

（二）塑料大棚栽培品种

在塑料大棚栽培条件下，易出现光照减弱、湿度加大、土壤盐类聚集及酸化等现象。早春塑料大棚栽培时，前期低温、后期高温；秋季塑料大棚栽培时，前期高温、后期低温，在选育适宜塑料大棚的品种时，需要选择适应性较强的亲本材料，育成品种要求具有较强的耐低温弱光能力和较强的抗病能力，产量较当前主栽品种提高 10%左右，同时要求具有良好的品质性状。

（三）日光温室品种

日光温室栽培是中国黄瓜的主要栽培方式。日光温室黄瓜越冬生产处于一年中低温寡照时期，长时间处于低温、高湿状态，二氧化碳不足，如遇多年重茬，则土壤易产生盐渍化，对栽培品种的要求更高。耐低温、对弱光、抗枯萎病等土传病害成为首要育种目标，同时要求品种单性结实能力强、雌花节率高、分枝性弱，具有良好的适应性。

（四）加工专用品种

加工专用品种要求具备优良的加工品质，采收期集中，适合机械化采收。收获的瓜条整齐一致、瓜把短，刺瘤稀疏、白刺、大瘤，瓜色深但不均匀，果肉致密、脆而硬，但果实表皮薄而软，肉厚，心腔小；果实呈三棱而不要太圆滑，长度适中以适合罐装，果形指数 3.0 左右；可溶性固型物含量高，畸形瓜率小于 15%，无苦味，腌渍后出菜率不低于 50%，抗 3 种以上黄瓜主要病害，抗逆性强。

二、抗病品种选育方法

（一）黄瓜主要病害与抗病育种目标

黄瓜主要病害有霜霉病、白粉病、枯萎病、细菌性角斑病、黑星病、疫病、炭疽病等。近年来，一些次要病害，如病毒病、褐斑病、根腐病等逐步上升为主要病害，给中国黄瓜生产带来严重危害。

抗病育种的基础是要广泛收集抗病性资源（抗源）。一般认为，在寄主和病原物的共同发源地或历史性的经常发病的地区，常存在着较为丰富的抗源；栽培植物的近缘野生种和古老的农家品种也常含抗多种病害的抗源；中国黄瓜种质资源中存在着丰富的抗病基因，构成了中国及世界黄瓜抗病育种的基础。为害黄瓜的病害种类很多，育种过程中需要抓住主要矛盾，主要选择为害普遍、严重，而在品种间抗耐性差异显著的种类进行。

抗病育种工作中存在的问题，一是抗病和丰产优质常存在矛盾；二是主要病害与次要病害关系的处理。抗病品种推广后，往往是所能抵抗的病害减轻了，但另一些原属次要的病害急剧上升。为此，抗病性与农艺性状兼顾，在抗主要病害的同时适当兼顾抗其他病害，使品种的抗病性能稳定持久，应是抗病育种的主要战略目标。此外，还应重视相对抗病性（中等抗病）的选育和利用，以利于生态平衡和环境保护。

（二）主要病害的鉴定、选育方法

1. 抗病性鉴定方法　抗病性鉴定是抗病育种的关键环节。在广泛收集相关种质材料的基础上，应对各材料进行抗感性鉴定，抗病性鉴定有以下几种方法：

（1）*自然鉴定*　即将受试的品种，在最有利于发病的季节及条件下，在大田里播种，采用不抗病的品种作对照，调查测试品种感病后受害程度。为了提高鉴定的可靠性，许多土传病害（如枯萎病等）的田间鉴定需在专门的人工病床或病圃进行；对某些气传病害，常在田间每隔一定距离种植一行感病品种作为诱发行，以保证有充足的病原。自然鉴定简单易行，但常因自然条件下气候差异、病原小种不一、不同病害的相互影响、寄主感染受害不匀等原因而影响鉴定结果。此外，栽培条件差异也会对鉴定结果产生影响。

（2）*人工接种鉴定*　在人工控制条件下通过向受试品种接种病原，致其发病。这种鉴定方法可控性强、结果准确可靠，是当前抗病性鉴定的主要方法。即用所需病原，采用适当的接种手段（喷雾、浸渍、注射、摩擦等），在适宜的环境条件下，按一定浓度，在适当苗龄的植株易感部位接种，接种后通过创造侵染环境，促使发病。接种所用的病原物，因病害种类不同，可分别在寄主活体、残体或合适的人工培养基上保存、繁殖。通过调查记载发病的普遍率、严重度（病情指数）和反应型，以估计、判断群体发病情况、发病程度和抗病的特点。

（3）*分子检测*　通过分析与黄瓜病害抗性基因连锁的分子标记来判断目标基因是否存在。这是近年来发展起来的一种生物新技术，可从分子水平上检测是否拥有抗病基因，该项检测快速准确，不受病原、时间、植株状态影响，显著提高了抗病性鉴定的效率。分子检测的前提是需要获得相关分子标记，随着分子标记技术的发展，将会有越来越多的病害可进行分子检测。目前中国农业科学院蔬菜花卉研究所已成功地将黑星病、病毒病等的分子标记应用于黄瓜育种实践。

2. 抗病品种选育方法

（1）*系统选种*　从现有品种中按育种目标选出抗病单株，分别采种，形成不同株系，通过多代鉴定比较和选择，选出优良的抗病系统。

（2）*杂交育种*　选择抗病亲本进行有性杂交，在后代分离过程中通过鉴定、选择，育成抗病品种。杂交后代的鉴定选择应注意亲本抗病性的显、隐表现。当抗病性为隐性遗传时，F_1 和各分离世代的杂合基因个体虽表现感病，但在下一个世代中能够获得稳定的隐性纯合抗病单株。当抗病性为显性遗传时，所选得抗病单株的基因为纯合或杂合，可通过下一代有无分离来鉴定。一般 F_1 除淘汰不突出组合外，应全部留种，从 F_2 开始经多代抗病性鉴定筛选，直至抗病性及其他经济性状均臻于稳定为止。

(3) 杂种优势利用　根据不同自交系抗病性的配合力差异，育成抗病一代杂种。这是当前应用最多的一种途径。抗病性为显性遗传时，只要一亲本抗病即可，另一亲本应是经济性状优良的品系。抗病性为隐性遗传时，只有双亲均表现抗病，才能得到抗病一代杂种。

(4) 回交育种　通过连续回交，把具有抗性的原始材料的垂直抗性转育到经济性状优良的感病品种中，育成新的抗病品种。

3. 黄瓜主要病害鉴定与选育方法

(1) 黄瓜霜霉病（*Pseudoperonospora cubensis*）　是一种真菌性病害，是世界上黄瓜普遍发生的重要病害之一，发病范围广，为害严重。

①自然田间鉴定。自然发病条件下的田间鉴定是黄瓜霜霉病抗性鉴定的基本方法，尤其是在病害的常发区，应进行多年、多点联合鉴定。黄瓜霜霉病菌喜冷凉潮湿的环境条件，昼暖夜凉、多雨潮湿、大雾重露天气最有利于本病发生。在天津地区，夏、秋两季是霜霉病大发生的季节，因此在夏、秋季节进行抗病性鉴定是最有利的，而在广州地区，春黄瓜和秋黄瓜发病严重，应选择冬、春季节进行抗病性鉴定。由于不同地区气候条件差异大，要因地制宜选择最利于发病的季节进行抗性鉴定。

②苗期人工接种抗病性鉴定。人工接种鉴定受外界气候条件影响小，结果可靠，是当前霜霉病鉴定的重要方法。步骤如下：采集新鲜的自然感病病叶或人工接种发病病叶，保湿培养后制备成浓度为每毫升 4 000 孢子囊的悬浮液；测试材料使用第 1 真叶展开后的黄瓜幼苗；采用喷雾接种法，用手持喷雾器将孢子囊悬浮液均匀喷于叶面，以雾滴布满叶面但不流失为度，一般每株需孢子囊悬浮液 3～5 mL；接种温度为 16～20 ℃，接种后保湿 24 h 左右，以后夜间适当保湿；接种后 5～7 d 调查病情指数。根据病情指数，霜霉病一般分为高感、感、中抗、抗和高抗五级。

抗霜霉病育种的关键是选育抗病的亲本材料。已有的研究认为黄瓜霜霉病抗性为隐性性状，但控制该性状的基因是单基因还是多基因尚有争论。黄瓜抗霜霉病基因存在加性效应和显性效应，但显性效应较弱。当双亲均为抗病材料，F_1 表现为抗病，在其后代自交分离群体中可筛选出超亲的抗病材料；当一亲本抗病，另一亲本不抗病时，F_1 抗病性倾向于不抗病亲本，后代分离群体中可筛选出较抗病的自交系材料；当双亲均不抗病时，其杂交后代也表现不抗病。因此，在选育抗病亲本材料时，可直接筛选抗病性强且经济性状理想的自交系材料，或利用高抗病材料与抗性中等但其他性状优良的材料进行杂交，在其后代分离群体中筛选综合性状优良的抗病材料。亲本选配时，至少有一个亲本需要有优良的抗病性。最理想的是选择双方都抗病的优良亲本材料，如果不能满足，可选择一个高抗亲本，另一亲本抗病性达到中抗以上水平，方能保证 F_1 代具有较好抗性。

(2) 黄瓜枯萎病（*Fusarium oxysportum* f. sp. *cucumerinum*）　是中国及世界范围严重为害黄瓜的重要病害之一。黄瓜枯萎病菌存在生理分化，根据鉴定寄主的不同反应，将来源于美国、以色列、日本、中国的黄瓜枯萎病菌分为生理小种 1、2、3、4 号。

①田间鉴定。枯萎病是一种土传病害，田间自然鉴定时需要将测试品种种植于含有枯萎病菌的地块。由于土壤中病菌浓度分布不均匀，因此，在鉴定时需要设置重复并进行多点测试。田间鉴定受土壤等外界因素影响大，对枯萎病的鉴定往往需要借助人工接种鉴定方法。

②人工接种鉴定。早期的人工接种鉴定多采用菌土、灌根、浸根、人工苗圃等手段，鉴定周期长，操作不简便。翁祖信（1989）等开展了胚根接种法试验，通过不同接种浓度、浸种时间、胚根长度等的试验，并与菌土、灌根、浸根等方法相比较，结果表明胚根接种法快速、简便、准确，同时提出了较为详细的分级标准，此后，相关人员对胚根接种法进行了完善和改进。常用的鉴定方法是：将

测试品种催芽至胚根长 0.5 cm 左右，然后浸泡于浓度为每毫升 10^6 个孢子的孢子悬浮液中（或将种子放入培养皿中，加入 30 mL 孢子悬浮液），并振荡使种子均匀接触孢子悬浮液，30 min 后取出，播种于灭菌的蛭石营养钵中。接种后置于 25 ℃左右条件下，于接种后 7～10 d 调查病情指数，根据病情指数确定测试材料的抗性程度。

黄瓜枯萎病的抗性遗传比较复杂，其遗传特性研究尚有争议。可以肯定的是，不同黄瓜品种抗感程度存在较大差异，通过合理的亲本选配可实现抗性转育，获得抗性较强的育种材料。中国黄瓜中存在一批对枯萎病抗性优良的种质材料，如长春密刺、北京小刺、唐山秋瓜、津研 7 号等，先后育成了一批高抗枯萎病的黄瓜品种，如津春 4 号、津春 5 号、津优 1 号、中农 5 号、中农 13、西农 58、龙杂黄 1 号等。

（3）*黄瓜白粉病*（*Sphaerotheca fuliginea*）　是黄瓜重要的病害之一，一般在生长后期发生严重，主要为害黄瓜的叶片、叶柄和茎。白粉病发病范围较广，只要有病原菌存在，一般栽培条件下白粉病均可发生，夏、秋季节发病最重。

①田间鉴定。田间自然鉴定是黄瓜白粉病抗性鉴定的基本方法，鉴定时需要设置重复并保证栽培管理条件一致。黄瓜白粉病抗、感品种发病症状表现不同，抗病品种病斑菌丝稀疏，子实层薄，感病品种菌丝发达，子实层厚，抗性程度调查时，需要有所区分。

②人工接种鉴定。人工接种鉴定采用的主要方法有直接涂抹法、掸菌法、菌膜法、喷雾接种法等。鉴定时期一般为子叶期，虽然简便，但由于以上方法接种体难以定量控制，同时存在接种个体差异大，抗、感材料差异不明显等问题，鉴定结果往往不可靠。现多采用第 1 真叶期喷雾法，接种孢子浓度 20 000 个/mL，接种部位为幼苗第 1 真叶叶面，喷雾要均匀，以雾滴布满叶面但不流失为度，接种温度 15～25 ℃。接种后适当保湿，7 d 左右调查病情指数，根据病情指数确定材料抗性程度。

黄瓜白粉病的抗性受一对或多对隐性基因控制，不同黄瓜品种抗病性及不同病原菌的致病能力存在较大的差异，为黄瓜抗病育种带来较大难度。在进行亲本选配时需要选择抗病材料做亲本。黄瓜白粉病和霜霉病抗性基因存在连锁关系，国内抗霜霉病的黄瓜品种一般抗白粉病。

（4）*黄瓜病毒病*　目前报道的侵染黄瓜的病毒主要有 7 种：CMV（黄瓜花叶病毒）、WMV（西瓜花叶病毒）、ZYMV（西葫芦黄化花叶病毒）、ZYFV（西葫芦黄斑病毒）、PRSV-W（番木瓜环斑病毒西瓜株系）、MWMV（摩洛哥西瓜花叶病毒）、CGMV（黄瓜绿斑花叶病毒）。中国常见的主要有 CMV、WMV、ZYMV 等。

黄瓜病毒病的发生通常由一种病毒单独侵染或几种病毒复合侵染所致，黄瓜对不同病毒的抗性存在差异，病毒病的鉴定主要采用田间自然鉴定和摩擦接种鉴定法。目前国内在黄瓜上进行室内苗期病毒病接种时多参照 2010 年 9 月农业部发布的黄瓜抗黄瓜花叶病毒病鉴定技术规程和分级标准（NY/T 1857.7—2010），依照病毒种类不同，可做适当调整。黄瓜病毒病多由隐性基因控制，因此，亲本选配时需要选择双亲均抗病毒病的材料才能获得抗性良好的品种。中国黄瓜中存在许多高抗的种质材料，不同材料之间存在明显的抗性差异。目前中国抗病毒病的品种有津研 2 号、津春 4 号、津春 5 号、津优 1 号、中农 8 号、中农 16、中农 26 等。

（三）多抗性育种

黄瓜在生长发育过程中会受到多种病原菌的为害，兼抗多种病害是黄瓜生产的现实要求。从 2001 年开始，多抗性育种即成为中国黄瓜抗病育种的主要方向。

顾名思义，多抗性育种即抗多种病、虫害育种，目前多抗性的概念主要指能兼抗多种黄瓜重要病害，必要时，还包括抗某病害多个生理小种或毒株的侵染。因此，要求亲本不仅农艺性状优良，还必须具有广谱抗性，并且经过自然和控制条件下对多种病害病原物的抗性鉴定。

即使是多抗性育种，育成品种也不能抗所有病害，只能是抗当地的主要病害的优势小种，因此多抗性育种的首要条件是根据生产主要矛盾和抗源特点准确设定育种目标。多抗性育种过程中，由于要在不同时期、世代对多种病害进行鉴定、分析，使得工作量和鉴定难度显著增加。筛选到聚合多种优良性状的多抗亲本是育种成功的关键，所用亲本既要有良好的抗病性，也应有良好的经济性状和广泛的适应性。在亲本选育和筛选过程中，必须根据育种目标、性状遗传力等进行鉴定方法、选择世代、选择强度等的阶段性调整。在亲本选配时，需要充分考虑不同病害、抗病性与其他性状的配合力。

2006 年，国家科技支撑计划项目对黄瓜新品种多抗性提出了保护地品种抗 3 种病害、露地品种抗 4 种病害的抗性指标。黄瓜多抗性鉴定技术的研究与应用是多抗性育种的重要手段，多抗性鉴定提高了病害鉴定的效率，可明显缩短育种进程，目前可实现 3～4 种黄瓜主要病害的多抗性鉴定。中国农业科学院蔬菜花卉研究所确定了一套适合黄瓜枯萎病、白粉病和霜霉病苗期多抗性复合接种鉴定方法，接种程序为：霜霉病→白粉病→枯萎病，即在黄瓜子叶展平期，采用点滴接种法接种霜霉病菌；在 1 片真叶期，采用喷雾法接种白粉病菌；黄瓜 2 片真叶期，采用浸根接种法（将接种过霜霉病菌、白粉病菌的幼苗掘起，根部用清水冲洗后在接种液中浸泡 5 s，然后移植到装有培养土的育苗钵中）接种枯萎病菌。分别于霜霉病菌接种后 10～12 d、白粉病菌接种后 14 d、枯萎病菌接种后 10～15 d 调查各病害的病情指数。

三、抗逆品种选育方法

黄瓜生长发育中所遇到的逆境主要有低温、高温、弱光、盐渍、干旱、水涝等。解决上述问题的途径，除了改善生产条件以及通过农艺措施提高植物适应性以外，进行抗逆性育种也是一条经济有效的途径，也是育种工作者关注的重要内容。当前黄瓜抗逆育种的目标主要针对低温、高温和弱光等逆境条件。作为目标性状的抗逆性常常不是单纯地追求抗逆程度，而是要求在逆境条件下保持相对稳定的产量和产品品质。

（一）黄瓜抗逆性鉴定方法

开展抗逆育种，首先要对收集的种质资源进行抗逆性鉴定，是筛选抗源和开展抗逆育种的重要环节。要在相应的逆境条件下鉴定抗逆性，通过鉴定，明确造成植株损伤的某种逆境的范围或剂量，并进行定量测定，鉴别各个体对此种逆境的反应和承受能力，筛选出抗该逆境能力强的个体。

黄瓜抗逆性鉴定通常采用自然逆境鉴定与间接鉴定两种途径。自然逆境鉴定是在具有逆境的地区或季节种植供试种质材料，观察比较它们的抗逆性。这种鉴定方法一般费用较低，但由于每次鉴定遇到的逆境强度往往不同，同时可能会受到其他环境条件的影响，鉴定结果精确度不高。为了提高鉴定的准确性，自然逆境鉴定一般要经过 2～3 次以上重复或多点试验。抗逆性鉴定可通过植株受害程度分级法来调查统计。人为地将植株对逆境敏感部位的受害程度分成若干级别，一般分 4～6 级。统计各级植株数，计算受害指数，根据受害指数判断种质材料的抗逆性。间接鉴定是通过分析供试材料在逆境伤害前后生理生化指标的变化，间接推断植物种质材料的抗逆性。植物受到逆境伤害后，细胞脂膜结构和体内的生理生化机制会发生变化，通过分析不同种质材料逆境胁迫前后生理生化指标的变化程度可间接推断该材料的抗逆性。评价指标和鉴定方法的选择直接影响测试结果的准确性。

1. 耐低温、弱光性鉴定 黄瓜对低温和对弱光的耐受性是两个相对独立的性状，需要单独进行评价。在田间自然鉴定时，低温和弱光通常相伴出现，筛选既耐低温又耐弱光的品种对生产特别是保护地生产具有重要意义。低温条件下黄瓜植株生长速度、生长点状态、叶片形态、化瓜率、产量等都是黄瓜低温弱光耐受性的重要表现。田间鉴定直观有效，是最常用的鉴定方法。不少生理学家和育种家从不同的角度提出了低温弱光耐受性的早期鉴定方法和指标，如叶面积指数、叶重指数、叶绿素含量、叶绿素 a/b 值、低温下的光补偿点、叶绿素荧光动力学有关参数、细胞渗漏程度、冷害指数和低温下种子及花粉萌发率等。此外，叶片气孔的开张度、花粉粒表面的纹饰（雕纹）也与耐寒性相关。也有学者提出由上述某几个指标建立一个综合指标来评价黄瓜低温弱光耐受性。

也可以利用实验室逆境胁迫条件下生理生化指标间接推断植株耐寒性。如电导率及超氧化物歧化酶（SOD）、过氧化物酶（POD）、过氧化氢酶（CAT）活性测定与同工酶分析，以及丙二醛（MDA）、可溶性糖、淀粉及脯氨酸含量以及束缚水/自由水比值等。上述指标可作为黄瓜耐寒性鉴定的参考指标。

北京市农林科学院蔬菜研究中心王永健等建立了以叶面积增长量为主要性状的弱光或偏低温弱光耐受性评价指标体系和以冷害指数为主的临界低温耐受性评价指标体系，以及两种评价指标体系的复合运用方案。具体为：将待测材料在光照强度 300 μmol/s、光照时间 12 h，温度 25 ℃/18 ℃条件下，培养至第 1 片真叶展开，测量基础叶面积；在温度 20 ℃/12 ℃，光照强度 80 μmol/s、光照时数 8 h 条件下处理 15 d，测量并计算叶面积增长量；在光照强度 300 μmol/s、光照时间 12 h，温度25 ℃/18 ℃条件下，恢复 2 d；在温度 15 ℃/7 ℃，光照强度 300 μmol/s、光照时数 8 h 条件下处理 10～15 d，调查并计算冷害指数。

黄瓜耐低温、耐弱光性鉴定比较复杂，任何一个单独指标往往难以反映品种的真实耐受性。因此，实际操作时，通常需要进行综合分析，并进行多次重复测试。

2. 耐热性鉴定　主要有田间直接鉴定法、人工模拟直接鉴定法和间接鉴定法。田间直接鉴定法是在自然高温条件下，以较为直观的性状指标为依据来评价作物品种的耐热性。这种方法比较客观，但试验结果易受地点和年份的影响，重复性较差。为获得可靠的结果，须进行多年多点的重复鉴定，费工费时。人工模拟直接鉴定法是在人工模拟的高温胁迫条件下通过直观性状指标变化对耐热性进行评价，这种方法能克服田间鉴定的缺点，逆境条件容易控制，但并非所有自然条件均能完全模拟，且受设备投资和能源消耗等因素的限制，难以对大批量材料进行鉴定。在模拟的高温胁迫条件下，可依据外部形态及经济性状等变化进行耐热性评价，也可按照热害指数和热感指数鉴定作物的耐热性。耐热性间接鉴定是根据形态解剖学、生理学、生物物理学、生物化学及分子生物学等学科的研究结果建立起来的，一般是依据作物耐热性在生理和生化特性上的表现，选择和耐热性密切相关的生理或生化指标，借助仪器等实验手段在实验室或田间进行耐热性鉴定。这类方法一般不受季节限制，而且快速准确。目前普遍认可的鉴定指标是商品瓜产量及其变化率，高温下黄瓜产量及产量变化率可以作为成株期耐热性鉴定指标。高温下产量变化率与 38 ℃下处理 60 h 的胚根长比率存在显著正相关，可以作为苗期耐热性筛选指标。50 ℃条件下黄瓜叶片热致死时间、50 ℃条件下 15 min 黄瓜叶片的伤害度可以作为苗期耐热性鉴定指标。也有研究认为 42 ℃下黄瓜种子发芽指数、38 ℃下处理 60 min 的胚根长比率及 38 ℃条件下处理 60 h 的胚根的 MDA 值可以作为黄瓜种子萌发期耐热性鉴定指标。生理生化指标鉴定法方面，电导率法已被普遍认可；SOD 单位酶活力和比活力、脯氨酸含量、可溶性蛋白质含量也被认为可作为黄瓜耐热性鉴定指标；而叶绿素含量能否作为耐热性鉴定指标则存在不同的观点，根系 TTC 还原力被认为不能作为耐热性鉴定指标（孟焕文等，2000；杨寅贵等，2007）。

（二）黄瓜抗逆育种的亲本选配

由于耐低温、弱光、耐高温等性状大多受多基因控制，因此双亲均需有较高的耐性，至少双亲之一要具有高的抗性。

四、优质品种选育方法

（一）品质性状的构成及鉴定标准

黄瓜品质主要包括商品品质、风味品质、营养品质和加工品质 4 个方面。商品品质主要包括瓜色均匀度、瓜把长短、心腔大小、畸形瓜率等。风味品质包括质地和风味，其中质地又包括硬度、坚韧度、紧密度，风味一般是指黄瓜特有的气味和滋味。营养品质主要是指人体需要的营养、保健成分如可溶性固形物（糖）、维生素 C 及矿物质等含量要高，而有害成分如硝酸盐、农药残留、重金属（汞、镉、砷等）等含量要低。加工品质要求肉质致密，心腔小，无空心现象等。

就目前育种而言，鲜食黄瓜品质主要指商品品质和风味品质。鲜食品种要求瓜条整齐度一致，畸形瓜率低；心腔小，瓜把短；瓜色均匀一致。如 2001—2005 年，国家攻关项目对新育成品种要求：瓜条色泽均匀，瓜尾基本无黄色条纹，瓜把短（小于瓜长的 1/8～1/7），瓜腔细（小于瓜横径的 1/2），商品瓜率不低于 85%，口感瓜味浓，无苦味。2011 年开始注重果实光泽材料的选育。腌渍品种要求：肉质致密，心腔小，无空心现象，长度/直径（L/D）为 2.8～3.2，腌渍后出菜率高。至于营养品质，目前还没有规定具体指标。

（二）黄瓜品质性状的鉴定方法

黄瓜品质性状的鉴定包括感官鉴定和仪器测定两种方法。

1. 感官鉴定法 黄瓜品质的感官鉴定主要是指通过人的感觉器官直接品评其外在或某些内在性状的优劣。由于中国黄瓜多用于生食，其产品品质指标要符合人们的嗜好和饮食习惯，因此感官鉴定必不可少。可测指标有外观、风味和质地。目前多采用名次法和评分法，尤其是评分法结果更为可靠。其基本方法是：请 10～15 名品尝员对每一份样品进行品尝，通过与对照风味的比较，进行打分，按照品尝员对样品的打分结果进行汇总分析。感官鉴定的优缺点明显，优点是快速，贴切人们的感官实际；缺点是各人的感官效果不同，对同一品种往往会得出不同的结果。

2. 仪器测定法 仪器测定法包括化学分析和物理测定两个方面。化学分析主要是对产品内部营养成分、有害物质含量等化学成分进行定性和定量分析。主测指标有维生素 C 和可溶性固形物。维生素 C 含量的测定按照 GB/T 6195—1986《水果、蔬菜维生素 C 含量测定法（2，6-二氯靛酚滴定法）》进行；可溶性固形物含量的测定采用 GB/T 12295—1990《水果、蔬菜制品可溶性固形物含量的测定——折射仪法》。物理测定是对果实大小、颜色、质地等性状的测定。如瓜条长短、瓜把（指近瓜柄处，瓜身明显变细无心腔的部分）长短、心腔大小的测定采用直尺测量。

瓜色均匀度则根据果面瓜色的一致程度进行描述，一般分为 4 级：

优：瓜色均匀，无或基本无黄色条纹；

良：瓜色基本均匀，黄色条纹长占总长的 1/7 以下；

中：瓜色较均匀，黄色条纹占 1/7～1/3；

差：瓜色不均匀，黄色条纹占瓜长的 1/3 以上。

果实脆度的评价方法除品尝外也可采用硬度计测定果皮、果肉的硬度。余纪柱等认为测定参数果肉硬度（MXF、FHF）、脆度（FPF）、果肉弹性（2BD）及果皮硬度（SHF）中的 1～2 个即可评价黄瓜的脆度。此外，刘春香等（2002）研究表明：黄瓜果实中的特征芳香物质反，顺-2，6-壬二烯醛分别与香气、甜度、综合口味、感官总分等感官检验项目呈显著正相关关系，反式石竹烯与香气、甜度、综合口味等相关性显著。因此，可通过测定黄瓜的反，顺-2，6-壬二烯醛含量，评价黄瓜的风味。仪器测定法的优点是可以进行标准统一的定性定量测定，缺点是不能真实反映人们的感观。所以在实际工作中，往往将以上两种方法结合起来鉴定黄瓜品质的优劣。

（三）黄瓜品质育种的亲本选配

主要根据主要品质性状的遗传规律，采用显隐性互补或加强的原理选择亲本。黄瓜的品质性状多数为数量性状，是由多基因控制的，这也是品质改良比较困难的主要原因。多数研究认为瓜把、心腔等为数量性状，以加性效应为主，连续选择有效，可通过连续选择获得瓜把短、心腔小的材料。若要获得品质好的杂种一代，则需选择双亲均为优良的材料。果色一致是由隐性 *u* 基因控制的，双亲都需具有该基因，才能选育出无黄色条纹的 F_1 代。如中国农业科学院蔬菜花卉研究所育成的中农 8 号、中农 12、中农 16 及天津的津绿 3 号等黄瓜品种，其双亲均瓜把短、心腔小、果色均匀一致，其 F_1 代才会表现优质。荷兰温室品种果色亮绿、均匀一致、无瓜把，国内华北型黄瓜多有黄色条纹，可通过杂交、回交等途径创新优质材料，改良中国黄瓜优质资源。

黄瓜苦味的遗传较为复杂，在选择亲本时需慎重。控制黄瓜植株营养部分苦与不苦的基因 *Bi*/*bi* 在后代表现为独立遗传，不受控制果实苦味基因 *Bt*/*bt* 影响，纯合的 *bi* 基因对 *Bt* 基因存在隐性上位作用（顾兴芳等，2004）。若要培育营养部分无苦味的杂交种，则双亲均需无苦味，目前推广的欧洲温室品种多属此种类型。若要培育营养器官有苦味而果实在任何条件下都不苦的黄瓜品种，则双亲均需不含果实苦味基因，目前生产上推广的大部分华北型黄瓜品种属于此种类型。

有研究认为黄瓜果实中可溶性固形物、维生素 C 含量的遗传以加性效应为主，连续选择有效，杂优利用则需双亲均为高含量。

第五节　选择育种与有性杂交育种

一、选择育种

选择育种是指采用选择手段从群体中选取符合育种目标的类型，经过比较、鉴定从而培育出新品种的方法，是一种改良现有品种和创造新品种的简便有效的育种途径。黄瓜虽为异花授粉作物，但自交不易衰退，常见的选育方法包括单株选择法和母系选择法。

（一）单株选择法

单株选择法是黄瓜育种最常用的选择方法。从黄瓜原始群体中选取优良单株分别编号、分别留种，次年单独种植成一单株小区，根据各株系的表现进行鉴定的方法。若只进行一次单株选择，称为一次单株选择法；如在选留的株系内进行重复多次选择则称为多次单株选择法，又叫系谱选择法。实际育种工作中，若群体分离不大，可采用一次单株选择，否则采用多次单株选择。多次单株选择可以定向积累变异，从而有可能选出超过原始群体内最优良单株的新品种。

天津市农业科学院黄瓜研究所选育的津研 7 号就是采用多次单株选择法育成的。1976—1977 年先后在津研 2 号、石丰 8 号、德州秋瓜等抗霜霉病、白粉病的材料中进行抗枯萎病单株选择，最后在津研 2 号中入选了 20 个兼抗枯萎病的单株，经田间观察入选 77 - 19 单株，进一步在春、秋两季种植选择，最后入选 77 - 19 - 2 - 1 品系，经多年综合品种比较试验，1981 年定名为津研 7 号在各地推广。

西北农业大学选育的西农 58 是利用山东汶上刺瓜的天然杂交种，经过多代单株分离选育而成的具有抗枯萎病兼抗霜霉病及丰产稳产的新品种。1973 年在霜霉病和枯萎病严重发生的情况下，在汶上刺瓜材料中发现 1 株较抗病的单株，获得 1 个自然杂交的果实，同年秋季即开始单株选择，每年进行春、秋两代选育，1976 年性状基本稳定，1977 年秋季用优系单株混合留种，1978—1979 年在陕西省内做多点区域试验和生产试验，1980 年定名为西农 58。

（二）母系选择法

母系选择法的选择程序与多次单株选择法类似，但只根据母本的性状进行选择，不需隔离，免去人工授粉的麻烦，较为简便，且生活力不易衰退。在群体混杂不严重的情况下可采用此法，但选纯的速度较慢。农民自留种就是采取的母系选择法。

二、有性杂交育种

有性杂交育种是指通过人工杂交的手段，把分散在不同亲本上的优良性状组合到杂种中，然后对其后代进行多代培育选择，比较鉴定，以获得遗传性状相对稳定、有栽培利用价值的定型新品种的一种育种途径。有性杂交育种是培育黄瓜新品种和进行种质资源创新的重要手段。根据杂交亲本亲缘关系的远近，可分为近缘杂交和远缘杂交。黄瓜远缘野生种染色体数多为12，与黄瓜杂交不亲和，目前多为近缘杂交。中国在20世纪60～70年代的黄瓜育种方法主要采用有性杂交育种。

（一）亲本选择

杂交亲本传递给后代的基因是杂种性状形成的内在基础，因此正确选择亲本十分重要。黄瓜亲本选择的原则与其他作物类似，首先明确选择亲本的目标性状，依据选育目标，分清主次。例如在黄瓜优质、抗病育种时，选择的亲本一定要优质、抗病；其次研究了解目标性状的遗传规律。例如选择无苦味的黄瓜品种，由于果实的苦味是由显性基因控制，且受环境条件影响，必须选择亲本之一无苦味。第三，亲本应具有尽可能多的优良性状和较少的不良性状，便于选配能互补的双亲。第四，重视选用地方品种。育种实践证明，不少有性杂交育成的品种都含有地方品种的血统，如津研系列黄瓜，其亲本之一是地方品种棒槌瓜，长春密刺和新泰密刺的亲本为新泰小八杈，宁青黄瓜其亲本之一为广东二青。第五，亲本优良性状的遗传力要强，不良性状遗传力弱，杂交群体内具有优良性状组合的个体出现的概率大。

（二）亲本选配的原则

第一，亲本性状要互补。优良性状互补有两方面的含义，包括不同性状的互补和构成同一性状的不同单位性状的互补。在选育早熟、抗病的黄瓜品种时，亲本一方应具有早熟性，而另一方应具有抗病性，如中农8号的母本具有早熟性，父本具有抗病性，但晚熟。同一性状不同单位性状的互补，以黄瓜早熟性为例，雌花节位低、开花早、瓜条发育速度快均影响早熟性，选择时可选择不同类型的亲本。第二，不同类型的或不同地理起源的亲本相组配。如保护地黄瓜和露地黄瓜、欧洲温室黄瓜和华北型黄瓜，由于后代的分离较大，易选出理想的性状重组植株。第三，以具有最多优良性状的亲本做母本。例如当育种目标是提高品质、早熟的抗病品种时，母本应选用品质好、早熟和其他经济性状都符合要求的品种，用抗病品种做父本。本地品种与外地品种杂交时通常以本地品种做母本。第四，质量性状，双亲之一要符合育种目标。当目标性状为显性性状时，如抗黑星病，亲本之一应抗黑星病，但不必双亲都有。当目标性状为隐性性状时，双亲都应该具有该性状，如黄瓜果色一致、白刺等性状。第五，用普通配合力高的亲本配组，一般配合力的高低决定数量遗传的基因累加效应。

（三）杂交的方式与技术路径

1. 杂交的方式 根据杂交过程中使用亲本的数量，杂种方式可以分为两亲杂交（单交）、多亲杂交、回交等。

（1）*两亲杂交* 实践证明黄瓜的大多数性状由核基因控制，正反交的差别不大，在杂交种子生产中，正反交种子均可利用。两亲杂交方法简单，变异容易控制，现有黄瓜杂交种中不少亲本都是从单交种后代分离出来的，如津研品种、长春密刺等都是从单交种后代选育出来的。

（2）*回交* 在育种工作中，常利用回交的方法来加强杂种个体中某一亲本的性状表现。回交法对从非轮回亲本引入单一抗病基因，保持轮回亲本的优良性状效果显著。

（3）多亲杂交 是指 3 个或 3 个以上亲本参加的杂交，又称复合杂交或复交。根据参加杂交亲本顺序不同又分为添加杂交和合成杂交。如中国农业科学院蔬菜花卉研究所育成的优良自交系 371G、9110G 等都是采用多亲杂交育成的。

2. 杂交技术 黄瓜雌花和雄花都是从上午 5～6 时开始开放，一般开花前、后两天雌蕊都有受精能力，但雄花寿命很短，一般开花后几个小时花粉即丧失发芽能力，授粉时一定要用当天开放的雄花。具体操作过程为：在黄瓜雌、雄花开花前 1 d，在母本田选取 5 节以上第 2 d 要开的雌花蕾，用隔离用具如束花夹等夹好，同时在父本田选取第 2 d 要开放的雄花蕾夹花。次日上午采摘前 1 d 束花的父本雄花，拨去花冠，或用镊子取出花药，在母本株雌花柱头上轻轻摩擦多次，使花粉均匀而全面地附着在雌花的柱头上，然后套上隔离物，并做杂交标记。一般每株选取 2～3 朵花做杂交即可。

（四）杂交后代的选择

1. 系谱法 即多次单株选择法，是黄瓜育种中最常用的选择方法。

（1）杂种第 1 代（F_1） 分别按组合播种，两旁播种母本和父本，每组合种植 20 株左右。理论上各组合群体间应表现一致，不必进行严格选择，只淘汰不良组合或组合内显著不良的杂株，授粉时采用人工隔离授粉，组合内株间采用姐妹交或自交授粉即可，按组合混收种子。多亲杂交的 F_1 代，播种株数需增加，而且从 F_1 代就要进行单株选择。

（2）杂种第 2 代（F_2） 是性状分离最大的世代，种植群体一定要大。理论上 F_2 的种植株数可根据目标性状显隐性基因对数而定，一般来讲 F_2 的种植株数在数百株，但实际工作中往往由于土地和工作量的限制达不到。F_2 代株选工作是后继世代选择的基础，因此 F_2 代株选工作需特别重视。黄瓜植株的大部分重要经济性状要到瓜条达到商品成熟期才能充分表现出来，这时植株上的大部分雌花都已开过不能供交配之用。如果这时期才选择优良单株进行授粉留种，则往往由于植株后期衰老而收不到种子，所以黄瓜首次株选是于最初雌花开放前进行，根据当时能够观察到的性状，如第 1 雌花节位、雌花节率、子房形态、长势等选取约为计划数加倍以上的植株，在这些植株上用第 1 雌花（早熟育种）或第 2、第 3 雌花作为母本花，进行自交或杂交留种，一般每株确保留 1～2 条种瓜即可。多数作物是先选后配，而对黄瓜而言是先配后选，虽然增加了授粉工作量，但为了确保试验成功还是必须进行的。第 2 次株选在瓜条发育到商品瓜时进行，根据经济性状淘汰不符合标准的植株。第 3 次株选在种瓜成熟后进行，根据植株长势、抗病性、坐果性能进行决选。F_2 代主要根据质量性状和遗传力高的性状进行单株选择，如瓜条颜色、刺瘤特征、瓜把长短、成熟期、第 1 雌花节位等性状可在 F_2 代选择。一般优良组合 F_2 代入选单株数应为本组合群体总数的 5%～10%，次优组合的入选率可少些。目前随着分子生物技术的快速进展，已开发了与黄瓜的主要性状连锁的分子标记如抗病、品质等，在苗期可采用标记对特定性状进行筛选，减少工作量，加速育种进程。

（3）杂种第 3 代（F_3） 主要在田间种植 F_2 入选单株，每个单株播种 1 个小区，每小区种植10～30 株。比较株系间的优劣，选择优良株系，同时在株系中选择优良单株，入选株系尽量多点，每株系入选单株可适当少些，一般在 10 株以下。

（4）杂种第 4 代（F_4） 种植 F_3 入选株系，种植株数多于 F_3 代。来自 F_3 同一系统的 F_4 系统为一系统群，同一系统群内的各系统为姊妹系，各姊妹系的综合性状往往表现相近，因此 F_4 应首先比较系统群优劣，选择优良系统，再从中选优良单株。F_4 应开始出现稳定系统，优良系统可去劣混收，升级鉴定，个别优良单株可以继续选择。

（5）杂种第 5 代（F_5）及其以后世代 F_5 代以后的选择基本同 F_4 代。当系统内主要性状整齐一致时，单株选择可以停止，按系统或系统群混合留种成为优良品系。继续进行品比试验、区域试验、生产试验等程序，表现突出并被确定为新品种后在生产上推广应用。

一般而言，异花授粉作物容易自交退化，不宜采用多次单株选择，但黄瓜连续自交，退化不严重，可以采用系谱选择法。为加速系统纯化并防止生活力衰退，在进行 2～3 代单株选择后，还可采用母系选择方法。如天津市农业科学院黄瓜研究所育成的津研 1～7 号黄瓜，其骨干亲本是抗白粉病、霜霉病、高产的地方品种唐山秋瓜和抗病性稍差但品质好的地方品种天津棒槌瓜，1964 年对两个亲本天然杂交后代进行定向选育，用系统单株选择法进行选择（入选单株混合授粉，单株留种），经过 4 代的单株系统选择后，选出了 6 个优良品系，再经过 3 代品系鉴定，其中 64－38－5－4－11 表现抗病、高产、瓜条形态稳定，1968 年春进行生产鉴定，1969 年定名为津研 1 号。此后又对选出的另一个优良品系 64－39－5－（2）－6 进行选择，于 1970 年进行生产鉴定，结果比津研 1 号高产、抗病、晚熟，定名为津研 2 号。

2. 单子传代法 一般 F_2 代种植数百株，从 F_2 代开始，每代从每一单株上取 1 粒种子播种下一代，为保险期见可播种 2～3 粒，每代不进行选择，直到稳定性状不再分离为止，一般进行到 F_4～F_5 代，再将每个单株种子分别采收，下代播种成数百个株系，进行比较鉴定，一次选出符合要求的品系。如果两亲本差别较大，需多自交 1～2 代，尤其是构建重组自交系需到 F_8～F_9 代，性状才能稳定。单子传代法更适合于自花授粉的作物。

（五）杂交后代的培育条件

品种性状的形成除决定于选择方向和方法外，杂种后代的培育条件也十分重要，不同生态类型的品种需要在不同生态条件下进行筛选，如保护地品种一定要在保护地条件下选择，而露地耐热品种则需在露地高温条件下筛选。津研系列黄瓜不仅抗病强，适应性也广，这与天津的气候和土壤条件有很大关系，天津受海洋和大陆气候双重影响，土壤盐碱化较为严重，因此所选品种较能适应各地气候和土质。另外，应在春、秋不同季节进行选择，使得品种具有广泛的适应性。

第六节 杂种优势育种

一、杂种优势的表现与育种程序

黄瓜的杂种优势早在 1916 年 Hayes 等就已有报道，中国黄瓜杂优利用研究始于 20 世纪 70 年代中后期。

（一）黄瓜杂种优势的表现

黄瓜在早熟、丰产、抗病等方面存在杂交优势，尤以早期产量优势明显。利用早熟、感霜霉病和较低产的品种与晚熟、抗病和丰产品种配制组合，多数组合表现早熟，但在总产量方面不稳定，在抗霜霉病方面由于抗病性由隐性基因控制，因此无杂种优势。平均单株结瓜数和平均单瓜重都表现超亲优势，尤以结瓜数最为明显。黄瓜早期主蔓坐瓜率、果实日增克数、有效分枝数、早期坐瓜数、早期主蔓雌花节率均存在着正向超亲优势。另外，开花速度、第 1 雌花节位、初花期叶片数均存在一定的负向优势。早熟性状表现较大的特殊配合力方差，利用杂种优势比较容易，而在抗病性上则较难利用杂种优势。

黄瓜单株前期产量和单株总产量也表现出较高的杂种优势，其平均杂种优势值分别为 14.7%和 11.5%，且各有 38.1%和 52.4%的杂交组合超过高亲，这说明利用杂种优势取得黄瓜增产有较大的潜力。在品质性状方面，可溶性固形物、维生素 C 的平均杂种优势值分别为 11.6%和 8.0%，表现出一定程度的正向杂种优势。其中，可溶性固形物有 52.4%的组合超高亲，维生素 C 有 42.9%的组合超高亲，利用杂种优势可以改善品质性状（查素娥等，2008）。

（二）黄瓜杂种优势的预测

长期以来黄瓜优势育种主要根据育种经验和配合力测定结果选配亲本，配合力的测定多采用双列杂交、顶交等，在选择亲本时根据一般配合力和特殊配合力的大小进行选择。从大量系统选配亲本时，先考察各系统与目标性状相关的多个性状，利用遗传距离对系统进行初步选择，从中选择遗传距离较大的少量系统进行遗传配合力测定，确定最优配组方式，可能更容易获得优势最强的组合。夏立新等（2006）研究发现，黄瓜园艺性状与分子遗传距离间的各种相关曲线中，以抛物线的相关系数最优，其中坐瓜率、收获始期与分子遗传距离的抛物线相关系数存在显著相关。

（三）杂种优势育种的程序

杂种优势育种主要包括优良自交系的选育、配合力测定和配组方式的确定，可概括为“先纯后杂”。正确选择亲本是进行黄瓜优势育种的关键环节。

二、自交系的选育与利用

自交系是由一个单株经过连续数代自交和严格选择而育成的性状整齐一致、基因型纯合、遗传性稳定的自交后代系统。黄瓜自交系的选育方法一般为系谱选择法，也可采用轮回选择法。选择的原始材料一定要具有育种目标要求的某些优良性状，配合力高，不同原始材料的优缺点能够互补。用于选育自交系的原始材料可分为两类，一类是普通品种，包括生产上推广的常规品种、地方品种和品种间杂种一代，如津优 1 号黄瓜品种，其母本 451 是从地方品种二青条中连续多代自交选育而成，津绿 4 号母本是从地方品种金早生变异株中经多代选择而成；另一类为自交系间杂种一代（包括单交种、三交种和双交种）。如津优 1 号父本 Q12－2 是从津研 4 号与四平刺瓜杂交后代经连续多代选择获得的，具有抗病、抗逆等特点；津绿 4 号父本 Q24 是津研 4 号和自交系 Q12 经杂交、回交及多代自交育成的自交系：中农 8 号的母本是从秋棚 1 号杂种连续多代自交选育而成的自交系。

三、雌性系的选育与利用

雌性系黄瓜往往表现出早熟、瓜密、采瓜期集中、丰产性强等优点，用雌性系作母本配制的一代杂种也多表现早熟、前期产量高、雌花多，甚至节节有雌花或一节有两朵雌花、采瓜期集中、丰产等优点。因此，在杂交一代品种的选育中，雌性系的研究和利用一直受到育种者的青睐。早在 20 世纪 30 年代，苏联特卡钦科发现在黄瓜品种中有雌性系类型，由于当时繁殖不过关，一直未广泛应用于生产。直到 20 世纪 60 年代美国 Peterson 首次将赤霉素用于黄瓜雌性系诱雄后，以黄瓜雌性系为母本配制的一代杂种，在美国、日本、荷兰等国迅速发展。但国外雌型品种商品性多不符合中国市场需求，难以直接利用。中国雌性系的选育始于 20 世纪 70 年代中后期，中国农业科学院蔬菜花卉研究所首先育成了 7925G 和 371G 雌性系，广东农业科学院经济作物研究所育成粤早和黑龙选，至 20 世纪 80 年代，黑龙江、山东等省相继育成了一批具有特色的雌性系，并育成了中农 1101、中农 5 号、早青 1 号、夏青 4 号等一系列雌型品种。

（1）雌性系的选育　雌性系是指植株只生雌花而无雄花且能稳定遗传的品系。雌性系的选育主要有 3 种方法：一是从国内外引进雌性系直接利用或转育；二是从雌性杂交种自交分离选育雌性系；三是可从雌雄株与完全株或雌全株杂交的后代分离出来。

获得雌型株后与具有优良性状和配合力高的雌雄株系杂交，雌型株再与雌雄株系回交，直到经济性状和配合力达到要求为止，然后通过自交获得纯雌性系。

中国农业科学院蔬菜花卉研究所育成的371G是引进日本雌型杂交种与国内具有抗霜霉病、白粉病、CMV的地方品种铁皮青杂交，然后再与耐低温性强、品质优的地方品种北京刺瓜回交2次，自交选纯5代，定向培育，育成瓜条性状符合中国消费习惯，适宜中国保护地栽培的纯合基因型雌性系。利用此雌性系配制了雌型杂交种中农3号和中农5号。

广东省1994年从日本引进早龙杂种一代和黑龙杂种一代，1995年春发现F_2代植株中有3种类型，纯雌株型、强雌株型和弱雌性株型。用强雌株的雄花花粉给纯雌株雌花授粉，同样F_3代继续用强雌株花粉给雌株授粉，结果到F_4代雌株率达到40%～100%，然后用赤霉素对纯雌株诱雄处理，自交，选出纯雌株较高的株系，纯雌株率达到94.4%～100%，定名为粤早和黑龙选。

（2）雌性系的利用　雌性系育成以后，可通过配合力测定选配优良组合。雌型单交种的配制是用雌性系做母本，普通花型或另一雌性系做父本配制而成。雌型杂交种具有早熟、连续结果能力强、丰产潜力大、制种简单等优点，但对栽培技术要求较高。国内雌型单交种多用单一雌性系做母本，如中农1101、中农5号、早青2号等杂交种，国外如荷兰温室品种多为双雌性系配制而成，其单性结实能力强，产量高。近来国内也从欧洲温室型杂交种中选育出了优良的雌性系、并配制杂交种，如中农19、京研迷你2号等。此外，为解决雌型单交种制种产量低，母本留种困难问题，中国农业科学院蔬菜花卉研究所提出了雌型三交种的育种途径，即用雌性系与父本1配制单交种，再以此单交种为母本与父本2配制三交种，此种方式减少了母本的用量，三交种制种产量较单交种提高几倍，大大降低了制种成本。以此种方式育成了中农7号、中农13，在保护地生产中发挥了一定的作用。

雌型杂交一代种子的生产是在制种田以雌性系为母本，雌雄株为父本，按母：父为3～5：1的比例种植，任其天然授粉即可。而雌性株的繁育则用人工诱导雌型株产生雄花，在有隔离条件的地区进行自然授粉。研究发现，用赤霉素GA_4、GA_7处理黄瓜幼苗，其作用效果比GA_3好，但是用赤霉素处理后随着雄性的增强，植株节间长度和茎的硬度均增加。此后研究发现硝酸银和硫代硫酸银及AVG都能诱导雄花的产生，各类物质诱导作用的大小受内源乙烯的影响，其中硝酸银和硫代硫酸银比赤霉素更为优越、价廉，且能稳定溶解，对雌性强的雌株系更为有效，也不会像赤霉素那样引起节间的增长和脆度的增加。目前国内外多用硝酸银和硫代硫酸银诱导雌型株雄花的产生，但是若这些物质的使用浓度过高，也会引起植物的中毒反应。不同雌性系对硝酸银的反应不同，最好先进行少量试验后，再大面积应用。目前雌性系的保持多在苗期（1片叶和3片叶或2片叶和4片叶时）叶面喷施200～400 mg/L硝酸银或硫代硫酸银促雄花产生，然后通过自交得以保存。

四、优良杂交组合的选配与一代杂种的育成

（一）组合选配原则

由于杂交种需每年制种，因此杂交种的组配，不仅要考虑到F_1代产量的高低和农艺性状的优劣，还应该有利于种子繁殖。杂交种组配除遵循杂交育种中亲本选配原则外，还应遵循以下几条原则：各亲本的一般配合力高；双亲间特殊配合力高；性状优良，且双亲互补；双亲亲缘关系差异适当；亲本自身种子产量高，两亲花期相近。

在杂种优势利用中，为获得最高性状值的杂交组合，通常应在选择一般配合力高的亲本基础上，再选择特殊配合力高的组合。配合力测定方法主要包括双列杂交、顶交和不等配组法。经过配合力测定获得配合力高的杂交组合后，下一步工作要确定各自交系的最优组合方式，以期获得优势最为显著

的杂种一代。根据配制杂种一代所用亲本的自交系数，可分为单交种、双交种和三交种，目前生产用的黄瓜品种多为单交种。

（二）品种比较试验、区域性试验和生产示范

2000 年《中华人民共和国种子法》颁布前，按以上程序获得优良组合后尚不能在生产中大面积应用，还需要进行品种审定。育成单位需在拟推广地不同茬口进行 2～3 年的品种比较试验后，再在参试省份参加 2 年区域试验和 1 年生产试验，与当地对照品种进行比较，确定其适应性和有无推广价值。若比当地对照表现优良，一般产量比对照增产 10%以上，或其他性状表现突出，可提交全国或参试省份品种审定委员会进行审（认）定或鉴定后，方可在生产上进行大面积推广应用。新《种子法》颁布以后，主要农作物品种在推广应用前应当通过国家级或者省级审定，主要农作物是指水稻、小麦、玉米、棉花、大豆以及国务院农业行政主管部门和省、自治区、直辖市人民政府农业行政主管部门各自分别确定的其他 1～2 种农作物，黄瓜在很多省份没有被列为主要农作物，推广应用不需要进行审定；在需要审定的省份，可根据各省份规定参加审（认）定。为保护品种权，可申报植物新品种保护。

（三）育成品种选育实例

中国黄瓜杂种优势利用研究始于 20 世纪 70 年代，至今经历了 3 次品种更新换代。1981—1985 年，将早熟和抗病作为主要目标，育成了以天津市农业科学院黄瓜研究所的津杂 1 号至 4 号、中国农业科学院蔬菜花卉研究所的中农 1101、山东省农业科学院的鲁黄瓜 1 号、广东省农业科学院的夏青 2 号，以及黑龙江省园艺研究所的龙杂黄 2 号等为代表的抗病品种。1986—2000 年，开始选育适宜不同茬口的配套品种，如保护地专用品种中农 5 号、夏青 4 号、龙杂黄 3 号和 6 号、津春 1 号至 5 号、中农 8 号、中农 13 等。2000 年以后，将优质、丰产、抗逆、专用作为选育目标，育种目标转向多样化和专用化，加强了保护地长季节、出口、加工专用品种的选育。推出的最有代表性的杂交种有津优1 号至6 号、津优 10 号、津优 12、津优 30、津优 35、津绿 1 号至 4 号、吉杂 4 号、中农 12、中农 16、中农 106、中农 26、迷你 2 号、龙杂黄 8 号、鲁黄瓜 10 号等一大批黄瓜杂交种（图 17－2）。目前，生产上推广的黄瓜 80%～90%以上为杂交种，取得了显著的经济效益和社会效益。

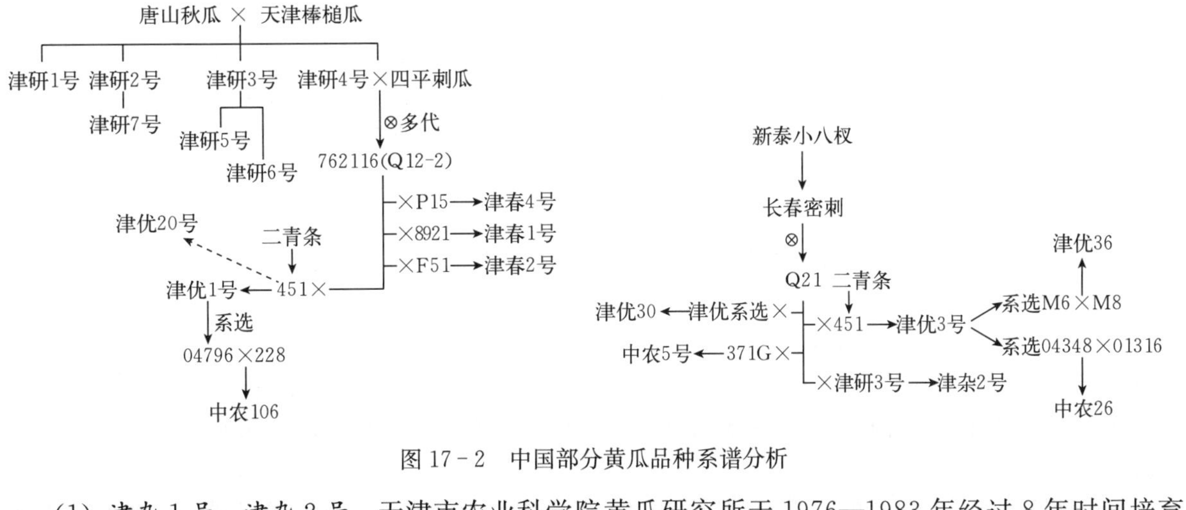

图 17－2　中国部分黄瓜品种系谱分析

(1) 津杂 1 号、津杂 2 号　天津市农业科学院黄瓜研究所于 1976—1983 年经过 8 年时间培育而成。首先确立选育目标：抗病（抗霜霉病、白粉病能力接近或超过津研 2 号，抗枯萎病能力超

过长春密刺)、早熟(始收期、前期产量接近或超过长春密刺)、丰产(塑料大棚栽培每公顷产量105 000 kg)。为达到此目标必须选育早熟及兼抗多种病害的亲本。

1976—1979年采用常规育种方法，在枯萎病病圃地进行分离筛选早、中、晚不同熟性的兼抗自交系。其中对津研2号×长春密刺、津研3号×长春密刺、津研2号×四平刺瓜3个组合及津研2号群体中进行多代分离筛选鉴定，共选出了22个兼抗3种病害和具有不同性状的纯合自交系。1979年配制杂交组合48个，从1980年开始对这些组合进行鉴定，入选两个组合，1983年定名为津杂1号、津杂2号。

津杂2号主要特征：主蔓第5～6节着生第1雌花。果实长32～36 cm，横径3.8～4.1 cm，深绿色，刺瘤密，白色，顶部有浅黄色条纹，肉厚1.3～1.5 cm，白色，单果重350～500 g。播种至初收春播60～70 d，秋播38～42 d，延续采收35～40 d。生长势强，主侧蔓均可结果。较耐寒，抗霜霉病、枯萎病和白粉病。质脆，味微甜，品质优。是20世纪70年代中国的主栽黄瓜品种。

(2) 津春3号 天津市黄瓜研究所于1994年育成。1989年开始对耐低温、耐弱光及抗病自交系进行田间成株期的自然鉴定筛选，并进行苗期人工接种鉴定，共筛选出6个适合育种目标的亲本自交系。1989—1990年进行配合力测定，筛选出配合力高的两个高代自交系P-8-2-3-7和B-9-2-4，以此为母父本配制组合，同时进行3年品种比较试验，1990—1992进行了多点区域试验，1992年进行多点生产试验，并在全国部分地区进行试种示范，1994年通过天津市农作物品种审定委员会审定。

津春3号主要特征：生长势强，以主蔓结瓜为主，单性结实能力强。腰瓜长30 cm，瓜色深绿，把短，条直。抗病性强，具有较强的耐低温、弱光能力，适宜日光温室栽培。

(3) 津春4号 天津市黄瓜研究所于1993年育成。母本是经过多代杂交、回交后经自交而成的高代自交系Jin-90-3，具有生长势强，分枝多，高抗霜霉病、白粉病和枯萎病，中晚熟，商品瓜品质优良，生长发育速度快等优点；父本为高抗枯萎病、霜霉病和白粉病，品质优良的高代自交系76-2-1-1-6-4。1987年开始亲本自交系的抗性鉴定并配制组合。1988—1989年进行亲本组合力测定，1989—1991年在天津市进行区域试验和生产鉴定，同时在全国各地进行试种示范。1993年通过天津市农作物品种审定委员会审定。

津春4号主要特征：植株生长势强，早熟，从播种到采收约70 d，抗霜霉病、白粉病和枯萎病等病害。瓜条长棒形，品质优良，适合各地露地栽培。

(4) 津优1号 天津科润黄瓜研究所于1997年育成。该品种适合于春、秋塑料大棚和露地种植，是目前推广面积较大的黄瓜品种之一。其亲本之一451来源于地方品种二青条，1988—1991年经连续多代自交，定向选育而成。耐低温弱光，丰产性好，具有一般配合力高、综合性状优良、自身种子产量高等优点；父本Q12-2是从津研4号与四平刺瓜杂交后代经连续多代选择获得的，植株长势强，具有抗病、抗逆等特点。1991年配制组合，表现出较强的杂种优势。1993—1995年于春塑料大棚进行品种比较试验，综合性状表现优良。1994—1995年进行多点小区试验，1995—1996年参加天津市黄瓜生产示范，其早期产量和总产量较品种长春密刺增产15%以上。1997年通过天津市农作物品种审定委员会审定。

津优1号主要特征：植株长势强，叶深绿色，以主蔓结瓜为主，第1雌花着生在第4节左右。瓜条长棒形，长约36 cm，单瓜重约200 g。瓜把较短，约为瓜长的1/7，瓜皮深绿色，瘤明显，密生白刺，果肉脆甜，无苦味。从播种到采收约70 d，采收期70～90 d。抗霜霉病、白粉病和枯萎病。

(5) 津绿4号 天津科润黄瓜研究所于1997年育成，为春露地专用黄瓜品种。1992年先后对300余份资源进行苗期人工接种抗病性鉴定，并对试验中表现抗病的材料在进行重复鉴定的同时进行产量、品质等性状鉴定，筛选出多份优良自交系材料。其中母本 F15 是从地方品种金早生的变异株中经多代选择而成，父本 Q24 是津研 4 号与自交系 Q12 经杂交、回交及多代自交育成的自交系。1992 年配制组合，1993 年开始进行品种比较试验、区域试验、生产示范及苗期人工接种抗病性鉴定，最后筛选出高抗霜霉病、枯萎病、白粉病的杂种一代。1997 年通过天津市农作物品种审定委员会审定，1999 年通过山西省农作物品种审定委员会审定。

津绿 4 号主要特征：植株紧凑，长势强。主蔓结瓜为主，第 1 雌花节位 5～6 节，雌花节率 40%左右。回头瓜多，侧枝结瓜后自封顶，较适宜密植。商品性好，瓜条顺直，长 35 cm 左右，瓜色深绿，棱瘤明显，单瓜重 220 g 左右，瓜把短。果肉淡绿色，质脆、味甜，品质优。高抗霜霉病和白粉病，中抗枯萎病。

（6）中农 5 号　中国农业科学院蔬菜花卉研究所于 1989 年育成的早熟雌型杂种一代。母本为引进日本雌型杂交种与国内具有抗霜霉病、白粉病、CMV 的地方品种铁皮青杂交，然后再与耐低温性强、品质优的地方品种北京刺瓜回交 2 次，自交选纯 5 代，定向培育，育成瓜条性状符合中国消费习惯，适宜中国保护地栽培的纯合基因型雌性系 371G。父本是从保护地品种长春密刺中经多代苗期人工接种鉴定及病圃筛选育成的抗枯萎病自交系 476。1983 年试配组合，1984—1985 年在配合力测定基础上，进行小区鉴定。1986—1988 年参加北京市区域性试验，1988—1990 年参加山西省区域性试验，于 1989 年、1991 年通过北京和山西省农作物品种审定委员会审定，1992 年通过全国农作物品种审定委员会审定。同时在全国各地示范推广。

中农 5 号主要特征：植株生长速度快，以主蔓结瓜为主，回头瓜多，第 1 雌花始于主蔓 2～3 节，其后连续雌花。雌性强，雌株率 90%以上，结瓜早而集中，瓜条发育速度快，耐低温，早熟性强。瓜长棒形，瓜色深绿，瘤小刺密，白刺，瓜长 22～32 cm，横径约 3 cm，瓜把短，单瓜重 100～150 g，果实清香，瓜条商品性好。抗疫病、枯萎病、细菌性角斑病、黄瓜花叶病毒病及西葫芦花叶病毒病，耐霜霉病。平均每公顷产量 93 000 kg，高产达 135 000 kg。

（7）中农 8 号　中国农业科学院蔬菜花卉研究所于 1995 年育成的露地专用优质杂种一代。从国内外品种中选出商品性较好的 F_1 进行分离、系统选育、结合苗期人工接种鉴定及田间抗病性筛选，定向培育，育成了 211、373、228、306、7872 等一批优质具有不同抗性的高代自交系。1990 年用 5 个高代自交系以双列杂交方式配制正反交组合 20 个，通过配合力测定，用自交系 211 作母本、自交系 373 作父本配制而成的一代杂种具有最明显的杂种优势。1991—1993 连续 3 年在春、秋两季对产量、抗病性及品质性状进行鉴定，1993—1994 年参加山西省、北京市区域试验，同时在全国各地露地大面积推广，成为露地主栽品种之一。

中农 8 号主要特征：生长势强，株高 2.2 m 以上，主侧蔓结瓜，春季栽培第 1 雌花始于主蔓 4～7 节，每隔 3～5 片叶出现一雌花。瓜长棒形，瓜色深绿，有光泽，无花纹，瘤小，刺密，白刺，无棱，瓜长 35～40 cm，横径 3～3.5 cm，单瓜重 150～200 g，瓜把短，质脆，味甜，品质佳，商品性极好。抗霜霉病、白粉病、枯萎病、病毒病等多种病害。除鲜食外，也是加工腌渍优良品种。

（8）中农 13　中国农业科学院蔬菜花卉研究所用雌性系 9110G 与自交系 450、自交系 436 配制而成的日光温室专用雌型三交种。

雌性系 9110G 是 1985 年引进荷兰雌型一代杂种与中国农业科学院蔬菜花卉研究所选育的保护地普通花型三交种［（感×朝）×津 6］进行杂交，选择雌性株，经 6 代自交纯化，苗期抗性筛选，定向培育而成；父本 450 是从引进美国的多抗材料 359 与长春密刺回交转育 2 代，多代自交，苗期抗性筛选培育而成；自交系 436 是从地方品种新泰密刺中选择优良单株自交纯化而成。

1989 年用 9110G、46G、7G、371G 等作母本，与自交系 450、436、66、492 等作父本配制 37 个杂交组合，1990—1991 年进行融合力测定，1992—1995 年进行品种比较试验，1993 年开始进行多点试验和生产示范，同时研究提高种子产量的制种途径与方法，提出了三交种的选育方法。中农 13 分别于 1999 年 6 月、2000 年 2 月通过北京市和黑龙江省农作物品种审定委员会审定。

中农 13 主要特征：植株生长势强，生长速度快。主蔓结瓜为主，侧枝较短，回头瓜多。第 1 雌花始于主蔓 2～4 节，雌株率 50%～80%。单性结瓜能力较强，连续结瓜性好，可多条瓜同时生长。耐低温性强，在夜间 10～12 ℃下植株可正常生长发育。早熟，从播种到始收 62～70 d。正常发育的瓜条匀直，长棒形，瓜色深绿，无花纹，白刺密，瘤小，无棱，瓜长 25～35 cm，瓜粗 3.2 cm 左右，单瓜重 100～150 g，肉厚，质脆，味甜，品质佳，商品性好。高抗黑星病，抗枯萎病、疫病及细菌性角斑病。每公顷产量 90 000～105 000 kg，高产达 135 000 kg 以上。

（9）夏青 4 号 广东省农业科学院蔬菜研究所育成的华南型雌型黄瓜品种。1986—1988 年用多抗性的黄瓜雌性系 82 大-1、75-1 为母本，与穗 6、穗 56 等优良自交系配制了 37 个组合，通过组合测定，苗期人工接种抗病性鉴定，筛选出多抗、优质、丰产的 4 个组合。1988—1990 年进行品种比较试验，选出适宜夏季栽培的组合 82 大$^{-1}$×穗 6 定名为夏青 4 号。1991—1992 年参加广东省区域试验，1994 年通过广东省农作物品种审定委员会审定。

夏青 4 号主要特征：生长势强，主侧蔓结瓜，第 1 雌花着生在 5～6 节，雌花多。瓜长，色深绿，少蜡粉，品质好，肉厚。早熟，从播种到初收 31 d，抗枯萎病、细菌性角斑病、炭疽病和白粉病。

（10）中农 16 中国农业科学院蔬菜花卉研究所育成的适宜早春露地及春、秋棚室栽培杂交种。1999 年利用 6 个高代自交系以双列杂交法配制正、反组合 30 个，通过组合测定，用自交系 01316 作母本、99246 作父本配制而成的一代杂种具有最明显的杂种优势。2000—2004 年连续 4 年在春露地和秋季塑料大棚对产量、抗病性及品质性状进行鉴定，品比后进入区域试验及生产示范、推广。于 2005 年通过了山西省农作物品种审定委员会认定，2006 年获得了黑龙江省农作物品种审定委员会品种登记证书。

中农 16 主要特征：早熟普通花型一代杂种，植株长势强，生长速度快，结瓜集中。主蔓结瓜为主，第 1 雌花始于主蔓第 3～4 节，每隔 2～3 片叶出现 1～2 节雌花，瓜码较密。品质及商品性突出，瓜条长棒形，瓜长 28～35 cm，瓜把 3 cm，瓜粗 3.5 cm，心腔 1.6 cm，瓜色深绿、均匀一致，有光泽，无黄色条纹，白刺、较密，瘤小，单瓜重 150～200 g，口感脆甜，无苦味，风味清香。早熟性好，前期产量每公顷 17 400 kg，比对照品种增产 22.8%；总产量每公顷 706 450 kg，比对照增产 18.9%。高抗 ZYMV、WMV、细菌性角斑病，抗白粉病、黄瓜叶脉黄化病毒病，中抗霜霉病、枯萎病、CMV。

（11）中农 26 中国农业科学院蔬菜花卉研究所育成的优质抗病温室品种。母本 01316 和父本 04348 均分别是由国内优良杂交种园丰 3 号和津优 3 号经连续多代自交纯化选育而成的耐寒、优质、抗病自交系。于 2003 年配制组合，2004—2008 年连续 5 年进行配合力测定和小区试验、表现耐低温、弱光，丰产，抗病，优质。2008—2009 参加山西省区域试验，2009 年获山西省农作物品种审定证书，2012 年获北京新品种鉴定证书，2013 年获得植物新品种保护权，成为北京、辽宁、河北、天津等地的温室主栽品种。

中农 26 主要特点：中熟普通花型杂交种。生长势强，分枝中等，叶色深绿、均匀。主蔓结果为主，回头瓜多。持续结果及耐低温弱光、耐高温能力突出。早春第 1 雌花始于主蔓第 3～4 节，节成性高。瓜色深绿、亮，腰瓜长约 30 cm，瓜把短，瓜粗 3 cm 左右，心腔小，果肉绿色，商品瓜率高。刺瘤密，白刺，瘤小，无棱，微纹，质脆味甜。综合抗病性强，抗白粉病、霜霉病、西瓜花叶病毒病，中抗枯萎病。丰产优势明显，每公顷产量 150 000 kg 以上。

（12）津优 35 天津科润黄瓜研究所育成适宜日光温室越冬茬及早春茬栽培的品种。母本 X8-20-2 早熟，生长势强，抗病，适应性强；瓜条长 35 cm 左右，刺密，瘤中等，瓜皮深绿色，有光泽，瓜把较短，瓜条生长速度快。父本 G35-1-5 是从通化密刺的高代自交系与日本优良品种节成 1 号杂交后代分离群体中，按照系谱法选择的单株经连续 6 代单株选择和定向分离筛选而成的自交系，生长势中等，耐低温弱光能力强，抗病性中等，刺瘤略小，无棱，瓜条长 32 cm 左右，瓜把极短，商品性优良，配合力高。2003 年配制杂交组合，2003—2005 年进行品种比较试验，2004—2006 年进行区域试验和生产试验，先后在天津、河北、辽宁、山东、河南、甘肃等省、直辖市试种示范。2007 年 4 月通过天津市科委组织的成果鉴定，定名为津优 35。

津优 35 主要特征：植株生长势较强，叶片中等大小，以主蔓结瓜为主，瓜码密，单性结实能力强，回头瓜多，瓜条生长速度快。早熟，抗枯萎病，中抗霜霉病、白粉病，耐低温弱光，在连续 7 d 温度 6～7 ℃及光照强度 5 000 lx 条件下生长发育无明显影响，叶片及生长点基本正常。瓜条顺直，瓜皮深绿色，有光泽，瓜把小于瓜条长 1/8，心腔小于瓜横径 1/2，刺密，瘤中等。腰瓜长 32～34 cm，畸形瓜率低，单瓜质量 200 g 左右。质脆味甜，商品性极佳。适应性强，不早衰，越冬栽培每公顷产量 150 000 kg 以上，高产可达 375 000 kg。

第七节　生物技术在育种上的应用

一、黄瓜分子标记辅助选择育种

2009 年，中国农业科学院蔬菜花卉研究所发起的国际黄瓜基因组计划（CuGI），完成了华北密刺型黄瓜 9930 的全基因组序列测定，采用传统 Sanger 法和新一代 Solexa 法相结合的策略，测序深度达基因组的 72 倍，单碱基错误率小于十万分之一。在 367 Mb 总长度的黄瓜基因组中，共预测了 26 820 个基因，与模式植物拟南芥相似，基因区域覆盖度达 99%以上。基因组水平的 *R* 基因分析表明，黄瓜含有相对较小的 *R* 基因总数，NBS encoding *R* 基因为 61 个。构建了不同插入片段大小、完成末端测序的基因组文库 5 个，物理覆盖度为 36.6 倍。此后，美国威斯康星大学的研究人员完成了对美国加工型黄瓜 Gy14 的全基因组测序。

（一）黄瓜遗传图谱构建

黄瓜基因组长度 750～1 000 cM，一张饱和的遗传图谱至少包括 1 000 个左右的标记。自 1987 年第 1 张黄瓜遗传图谱建立至今，各国学者利用各种标记已经构建了 30 多张黄瓜遗传图谱。首张黄瓜遗传图谱，包含 11 个形态学标记和抗白粉病基因，共 4 个连锁群，图谱长 168.0 cM，标记间的平均距离为 12.9 cM（Fanourakis 和 Simon，1987a）。1992 年的黄瓜遗传图谱，首次将同工酶标记用于遗传图谱的构建，将 12 个同工酶位点分为 4 个连锁群，图谱长为 266 cm，平均间距 22.1 cM（Knerr 和 Staub，1992）。首张利用 RFLP 和 RAPD 分子标记的遗传图谱完成于 1994 年，含有 58 个位点，10 个连锁群，图谱长达 766 cM，包含 31 个 AFLP 标记、20 个 RAPD 标记、5 个同工酶标记、1 个形态标记（雌性基因 *F*）和 1 个抗病标记（抗黑星病基因 *Ccu*）（Kennard et al.，1994）。1996 年的遗传图谱，包含了 9 个形态标记（有限生长基因 *de*，小叶基因 *ll*、*F*、*B*，长下胚轴 *lh*，心形叶 *hl*，果瘤 *Tu*，小刺 *ss*，光滑叶片）、4 个抗病标记（抗黑星病基因 *Ccu*、抗白粉病 *pm*、抗炭疽病 *Ar* 和抗细菌性角斑病）和 19 个同工酶标记，图谱长为 584 cM，平均标记间距 19 cM（Meglic 和 Staub，1996）。首张以重组自交系（RILs）为材料的黄瓜遗传图谱，包含 RAPD、RFLP、AFLP 标记 353 个位点，12 个连锁组群，图谱长 815.8 cm（Park et al.，2000）。连锁组群数目与黄瓜染色体数目相同的图谱长为 706 cM，分 7 个连锁群，包含 27 个 AFLP 标记、62 个 RAPD 标记、14 个 SSR 标记、24 个 SCAR 标记、1 个 SNP 标记、3 个重要的形态标记（*F*、*de* 和 *ll*），平均标记间距 5.6 cM（Fazio et al.，2003）。

中国黄瓜遗传图谱的构建始于 2004 年，国内第 1 张黄瓜遗传图谱包含 9 个连锁组群，141 个

AFLP 标记、4 个 SSR 标记和 89 个 RAPD 标记，图谱长 727.5 cM，平均图距 3.1 cM（张海英等，2004）。应用 SRAP 标记，研究者构建了两张遗传图谱。其中一张含有 77 个标记位点、9 个连锁群的遗传图谱，图谱长 1 114.2 cM，标记平均间距 14.5 cM（潘俊松等，2005）。另一张图谱长 1 164.2 cM，含 92 个 SRAP 标记，分布在 7 个连锁群上（Wang et al.，2005）。2006—2010 年，中国黄瓜遗传构图工作快速发展，构建了近 10 张遗传图谱。比较典型的有，以野生黄瓜×普通栽培黄瓜为亲本材料，构建了包含 159 个标记，其中包括 112 个 AFLP 标记、39 个 SRAP 标记和 8 个 SSR 标记，10 个连锁群，图谱长 743.1 cM，平均间距 4.67 cM 的遗传图谱（徐晴等，2008）。还有包括 170 个 SSR 标记，3 个 SCAR 标记和 6 个 EST - SSR 标记，分为 7 个连锁群，图谱长 862.9 cM，平均图距为 4.79 cM 的图谱（王军辉，2010）。

在黄瓜图谱整合方面，将以黄瓜栽培种之间杂交后代为作图群体、所获得的 5 个连锁图谱整合成包含 134 个位点的图谱，图谱长 431 cM，平均间距 3.2 cM；将以黄瓜栽培种和野生种杂交后代为作图群体、所获得的 5 个连锁图谱整合成含有 147 个位点的图谱，图谱长 458 cM，平均间距 3.1 cM（Staub 和 Serquen，2000）。应用上述群体，以 AFLP 作为锚定标记进行图谱整合，获得的图谱长为 538.6 cM，10 个连锁群，包含 AFLP、RAPD、形态学等 255 个标记，平均标记间距为 2.3 cM（Bradeen，2001）。将 WIS2757×19032 和 WIS2757×津研 2 号这两个群体构建的两张图谱整合，得到包含 311 个标记、10 个连锁组群、总长为 934 cM、标记平均间距 3.0 cM 的黄瓜遗传图谱（李楠，2008）。

国际黄瓜基因组计划（CuGI）实施以前，构图数量虽然不少，但是存在的诸多不足，限制了其在基因遗传定位、分子标记辅助育种上的应用。主要的缺陷有：①饱和度低。根据黄瓜基因组长度计算，一个饱和的黄瓜遗传图谱至少包括 1000 个左右的标记，以往的图谱所包含的标记数量最多只达到了 353 个，有的连锁群中包含大段的间隙区。②通用性标记少。大多数遗传图谱使用的是 RAPD、AFLP 等随机标记，SSR 等通用性标记所占比例较少，最多的仅有 120 个 SSR 标记。③连锁群与染色体不对应。④作图群体主要是临时性群体 F_2 或者 BC_1，永久性群体 RILs 少。

利用 CuGI 平台，基于测序结果，2100 多对多态性好的黄瓜基因组 SSR 标记被开发出来，使得高密度图谱的构建和以 SSR 为锚定标记的图谱整合成为可能。构建的首张与染色体对应的高密度 SSR 遗传图谱，含有 995 个 SSR 标记，分布在 7 条染色体上，覆盖基因组长度 573.0 cM，标记间平均遗传距离为 0.58 cM（Ren 等，2009）。该图谱为黄瓜重要性状基因的染色体定位奠定了基础。另外，还构建了栽培黄瓜较为饱和的 SSR 分子图谱，覆盖基因组长度 711.9 cM，含 248 个 SSR 和 7 个形态学标记，7 个连锁群对应于 7 条染色体，平均间距 2.8 cM（Miao et al.，2011）。构建了高密度整合遗传图谱，定位在图谱上的标记达到 1 369 个，包含 1 152 个 SSR、192 个 SRAP、21 个 SCAR、1 个 STS 位点和 3 个果实性状基因（*Tu*、*D*、*U*），图谱长 700.5 cM（Zhang，2012）。最新构建的遗传图谱定位的标记数量则达到了 1 681 个（Yang et al.，2013）。国内外已发表的主要黄瓜遗传图谱列于表17 -2。

（二）黄瓜分子标记研究

开展与农艺性状基因紧密连锁的分子标记研究对于分子标记辅助选择（MAS）育种意义重大。针对黄瓜抗病性、果实品质、性别表达、植株其他性状的分子标记已经进行了深入研究，目前有些分子标记已经应用于育种实践。

在抗病分子标记方面，发现了与霜霉病抗病基因连锁的 RFLP（CsC230/EcoR，与 *dm* 连锁距离 9.5 cM；CsC593/Dra，17.7 cM）、RAPD（$BC519_{1100}$，9.9 cM；SPS18 - 561，7.85 cM）、SCAR、AFLP 和 SSR 标记；获得了 3 个与白粉病主效感病基因连锁的 AFLP 标记以及与白粉病主效抗病基因连锁的 SSR 分子标记 SSR97 - 200（5 cM）、SSR273 - 300（13 cM）和 SSR00772 及 1 个 ISSR 标记

表 17-2　国内外已发表的主要黄瓜遗传图谱

时间	群体	标记类型	标记数	连锁群	图长（cM）	来源
1987	F_2、BC	Resistance and phenotype	13	4	168.0	Fanourakis et al.，1987
1990	—	Resistance and phenotype	40	6	—	Pierce&Wehner，1990
1992	F_2、BC	Isoenzyme	12	4	166.0	Knerr&Staub，1992
1992	F_2、BC	Resistance and phenotype	11	4	95.0	Vakalounakis，1992
1994	F_2	Isoenzyme、RAPD、RFLP	58	10	766.0	Kennard et al.，1994
1994	F_2	Isoenzyme、RFLP	70	10	480.0	Kennard et al.，1994
1995	F_2	RAPD	28	—	—	Lee et al.，1995
1996	F_2	Isoenzyme、Morphological	32	4	584.0	Meglic&Staub，1996
1997	F_2	RAPD、Morphological	80	9	630.0	Serquen et al.，1997
1999	F_3	RAPD、Resistance	5	—	—	Horejsi&Staub，1999
2000	RIL	RAPD、RFLP、AFLP	353	12	815.8	Park et al.，2000
2000	F_2	RAPD、AFLP、SSR、Isoenzyme	123	13	780.2	Danin-Poleg et al.，2000
2001	F_2	Morphological	18	5	—	Walters et al.，2001
2004	RIL	RAPD、AFLP、SSR	234	9	727.5	Zhang et al.，2004
2004	F_2	RAPD、Morphological	79	9	1 110.0	Li et al.，2004
2004	F_2	SRAP	92	7	1 164.2	Wang et al.，2005
2005	F_2	SRAP	77	9	1 114.2	Pan et al.，2005
2005	RIL	SCAR、AFLP、SSR、CAPs	154	9	533.3	Sakata et al.，2005
2007	F_2	SRAP、ISSR	109	7	992.2	Yeboah et al.，2007
2007	RIL	RAPD、AFLP、SSR	234	8	727.5	Li et al.，2007
2008	F_2	AFLP、SSR、Morphological	36	10	569.5	Heang et al.，2008
2008	F_2	ISSR、SRAP	65	7	831.6	Ji et al.，2008
2008	F_2	AFLP、SSR、SRAP	159	10	743.1	Xu et al.，2008
2008	F_2	SRAP、SSR、SCAR、STS RAPD、ISSR	173	7	1 016	Yuan et al.，2008a
2008	RIL	SRAP、SSR、SCAR、STS、Morphological	254	7	1 005.9	Yuan et al.，2008b
2008	RIL	SSR、SCAR	126	8	625.7	Fukino et al.，2008
2009	RIL	SSR	955	7	573	Ren et al.，2009
2011	RIL	SSR、Morphological	248	7	711.9	Miao et al.，2011
2012	RIL	SSR、SRAP、SCAR、STS、Morphological	1369	7	700.5	Zhang et al.，2012
2013	F_2	SSR、Morphological	1681	7	730.0	Yang et al.，2013
2014	F_2	SNPs	1800	7	890.79	Wei et al.，2014

UBC809。找到了与黄瓜枯萎病抗病基因连锁的 RAPD 标记 S49-300（遗传距离为 14 cM）、AFLP 标记 P15M5-310（7 cM）、AFLP 标记 E15/M65；发现了与黑星病抗性基因连锁的 AFLP 标记 E20M64（4.83 cM）、SSR 标记 CSWCT02B（28.7 cM）、SSR 标记 CSWCTT02D（3.1 cM）、SSR03084 和 SSR17631（0.7 cM 和 1.6 cM）、InDel 标记 InDe101 和 InDe102（0.15 cM 和 0.14 cM）；

筛选出与黄瓜抗炭疽病相关基因连锁的AFLP标记，并将其转换成了SCAR标记SCEM131/125和SCEM178/172，遗传连锁距离为2.73 cM；找到了与WMV抗性基因连锁的AFLP标记和SCAR标记（8 cM）、与CMV抗性相关基因连锁的AFLP标记E22/M88－204（8.57 cM）、与ZYMV－CH抗性基因连锁的两条特异性片段（E－ACG/M－CAG－182和E－ACG/M－CAG－180），遗传连锁距离分别为5 cM和11 cM；获得与小西葫芦黄花花叶病毒ZYMV－CH抗性基因连锁的两个AFLP标记E－ACG/M－CAG－182和E－ACG/M－CAG－180、SCAR标记SCAR3－109和SCAR4－134、RAPD标记AU3－400、R12－1300和AR1－1500，连锁距离分别为5 cM、10 cM、10 cM、10 cM、1 cM、4 cM和6 cM；获得与西瓜花叶病毒WMV抗性基因连锁的共显性AFLP标记E－ACT/M－CTT－427、SCAR标记PWMV－214及WMV感病基因连锁的RAPD标记OPQ15－400，连锁距离分别为2 cM、2 cM和9 cM；发现了与番木瓜环斑病毒西瓜株系PRSV－W感病基因连锁的RAPD标记AP7－1800，连锁距离为3 cM；检测到了与抗爪哇根结线虫基因*mj*连锁的AFLP和SRAP标记，遗传距离分别为16.3 cM和19.3 cM；得到了与细菌性角斑病抗性基因连锁的RAPD标记OP-AO 07。

在黄瓜品质方面，获得了与营养器官无苦味基因*bi－1*连锁的AFLP标记（6.43 cM）、SCAR标记、SSR标记（SSR02309和SSR00004，连锁距离为1.7 cM和2.2 cM）；得到了与*bi－3*连锁的SSR标记（SSR00116和SSR05321，*bi－3*所处区段遗传距离为6.3 cM）；发现了与果实苦味基因*Bt*连锁的AFLP、SSR和InDel标记E23M66－101、E25M65－213、SSR10795、SSR07081和Bt－InDel－1，遗传距离分别为5 cM、4 cM、0.8 cM、2.5 cM和0.8 cM；获得了与果肉胡萝卜素含量*ore*基因连锁的SSR标记SSR07706（1.9 cM）和SSR23231（4.1 cM）；发现了与果皮颜色和光泽基因连锁的AFLP标记V7T3A_（363）和V7T5A_（181）（13.64 cM和9.09 cM）、SSR标记Cs28（2.0 cM）和SSR15818（6.4 cM）；得到了与果瘤*Tu*基因连锁的SSR标记SSR16203（1.4 cM）和SCAR标记C_SC933（5.9 cM）；发现了与嫩果白色果皮*w*基因连锁的AFLP标记E43M61（5.2 cM）和E34M59（5.6 cM），SSR标记SSR23517（4.9 cM）和SSR23141（1.9 cM）；找到了与圆形果实性状基因连锁的SRAP标记ME21/EM18；获得了与果实横径相关基因连锁距离为1.98 cM的标记CSWTA03。研究发现与果色一致基因*u*、果实光泽基因*d*、瓜棱基因*fr*、种瓜网纹基因*H* 4个基因紧密连锁，与其连锁的SSR标记为SSR15818－*fr*－*H*－*d*－*u*－SSR01331，连锁距离分别为3.5 cM、2.5 cM、1.5 cM、0.4 cM和4.7 cM（Yuan et al.，2008；Miao et al.，2011；张圣平等，2011）。

在与黄瓜性别相关基因连锁的分子标记方面，获得了与*M*基因连锁的SRAP标记ME23SA4（17.8 cM），SSR标记SSR23487（0.28 cM）、SSR19914（3.20 cM）和SCAR标记SCAR123（0.94 cM）；与*M*基因共分离SNP标记SN1；与强雌基因连锁的CAPS标记C－MT700；与雌性基因*F*连锁的RAPD、SRAP、SCAR、ISSR、SSR标记（SSR15516和SSR00126，连锁距离分别为1.4 cM和3.0 cM）及特异片段。

与植株性状连锁的分子标记方面，获得了与叶色突变基因*v－1*连锁的SSR标记SSR18405和SSR01331，连锁距离分别为0.4 cM和1.6 cM；与小叶*ll*基因连锁的SSR标记SSR02355和SSR03940，连锁距离分别为4.2 cM和3.6 cM；与叶片有毛基因（*Gl*）连锁的显性SRAP标记ME6EM5和ME230D15（3.6 cM和12.9 cM）；与*gl－2*连锁的SSR标记SSR10522和SSR13275，遗传距离分别为0.6 cM和3.8 cM；与*de*基因连锁的SSR标记CSWCTT146和SSR13251，连锁距离分别为1.4 cM和4.2 cM；与黄瓜单性结实基因连锁的ISSR分子标记N92（18.9 cM）；与黄瓜耐高温QTL连锁的1个SSR标记和9个SRAP标记。

（三）黄瓜质量性状和数量性状的基因定位

1. 质量性状的基因定位 1987年，Fanourakis和Simon（1987）将小刺基因*ss*、多刺基因*ns*、

果色一致基因 *u*、果瘤基因 *Tu*、暗色果皮基因 *D*、黑刺基因 *B*、种瓜红色果皮基因 *R* 等基因定位在所构建的包含 4 个连锁群遗传图谱上。此后众多学者对雌性基因 *F*、抗黑星病基因 *Ccu*、有限生长基因 *de*、小叶基因 *ll*、长下胚轴 *lh*、心叶型 *hl* 及 *B*、*Tu*、*ss*、*ns*、*D* 等 10 多个质量性状基因进行了图谱定位，但是没有定位到对应的黄瓜染色体上，直到最近，基于参考遗传图谱，实现了 *M*、*cp*、*Ccu*、*Bt*、*Bi*、*Tu*、*Ore*、*F*、*w*、*G* 等 10 多个基因的染色体定位。

黄瓜果实苦味基因 *Bt* 被定位在 Chr. 5 短臂一端 SSR10795 和 SSR07081 之间 3.3 cM 范围内。营养体苦味基因 *bi* 被定位于 Chr. 6 上 3.97 cM 范围内，两侧翼标记是 SSR02309 和 SSR00004。无毛基因 *gl-2* 被定位在 Chr. 2 上，两侧最近的连锁标记为 SSR10522 和 SSR13275，遗传距离分别为 0.6 cM和 3.8 cM。*Ccu* 基因被初步定位在 Chr. 2 上 SSR 标记 SSR03084 和 SSR17631 之间的 2.3 cM 范围内。*ll* 基因和 *de* 基因均被定位在 Chr. 6 上遗传距离为 7.8 cM 和 5.6 cM 的区段内。果瘤基因 *Tu* 被定位在 Chr. 5 上共显性标记 SSR16203 和 SCAR 标记 C _ SC933 之间，遗传距离分别为 1.4 cM 和 5.9 cM。果肉胡萝卜素含量 *ore* 基因被定位于 Chr. 3 标记 SSR07706 和 SSR23231 之间 6.0 cM 范围内。*F* 基因定位于 Chr. 6 上的 SSR 标记 SSR15516 和 SSR00126 之间 4.4 cM 范围内。利用栽培黄瓜较为饱和的 SSR 分子图谱，将果色一致基因 *u*、果实光泽基因 *d*、瓜棱基因 *fr*、种瓜网纹基因 *H* 定位在 Chr. 5 上标记 SSR15818 和 SSR06003 之间的 11.5 cM 范围内，这 4 个基因紧密连锁。果皮有光泽基因 *G* 被定位到 Chr. 5 上，侧翼标记为 Cs28 和 SSR15818，遗传距离分别为 2.0 cM 和 6.4 cM。白色果皮基因 *w* 定位到黄瓜 Chr. 3 上 SSR23517 和 SSR23141 之间 6.8 cM 范围内。

质量性状精细定位方面，黄瓜簇生基因 *cp* 被精细定位在 Chr. 4 长臂末端 220kb 区域内，并获得候选基因 *CKX*，该基因是细胞分裂素的类似物。黄绿叶色基因 *v-1* 被精细定位在 Chr. 6 上 0.42 cM 的范围内，位于标记 SSR18405 和 CAPS15170-4 之间，它们与 *v-1* 基因的遗传距离分别为 0.27 cM 和 0.15 cM，这两个标记之间区域的物理距离为 231.9 kb，共有 20 个候选基因。利用两个 InDel 标记 InDel01 和 InDel02 将 *Ccu* 基因精细定位到 Chr. 2 上 0.29 cM 的区域内，此区域存在 6 个 NBS 类抗病基因。利用 3 个共显性标记 SSR23487、SCAR123 和 SSR19914，将 *M* 基因精细定位于 Chr. 1 上 1.22 cM的遗传区间内。

2. 黄瓜数量性状的 QTL 定位　黄瓜数量性状的 QTL 定位始于 20 世纪 90 年代，Kennard 等（1994）利用 RFLP 作图首次对黄瓜瓜长、瓜粗、心腔、瓜色、瓜长/瓜粗、心腔/瓜粗等 6 个果实性状进行了 QTL 定位。其后，研究者完成了黄瓜植株性状（包括植株高度、主茎长度、节间长度、侧枝数、侧枝长度、侧枝数量、第 1 侧枝节位、花期、始花节位、性型、单性结实、复雌花性等）、产量性状（包括结果数量、果实重量、前期产量、果实日增重量、总产量等）、果实性状（包括果实横径、果实长度、瓜把长度、瓜刺密度、果瘤大小、果实黄色条纹程度、果肉颜色、果肉类胡萝卜素含量和叶黄素含量等）、抗逆性（如耐弱光性、耐热性等）、抗病性（主要集中于白粉病和霜霉病）等的 QTL 定位。但是，上述绝大多数研究所构建的遗传图谱与染色体不对应，加上锚定标记少、图谱整合困难等因素限制，不同研究机构检测到的 QTL 不能比较分析。

近两年，基于参考图谱，黄瓜数量性状 QTL 的染色体定位发展较快，中国农业科学院蔬菜花卉研究所的研究人员完成了与瓜长、把长、瓜粗、心腔大小、瓜刺密度、瓜瘤大小、瓜棱等 42 个性状相关的 120 个 QTL 位点的染色体定位。其中果实性状 QTL 有 40 个，主要分布在 Chr. 5 和 Chr. 6，贡献率大于 10.0%的 QTL 有 35 个；雌花性状 QTL 有 18 个，主要分布在 Chr. 1、Chr. 3、Chr. 6 上，贡献率大于 10.0%的 QTL 有 15 个；叶片性状 QTL 有 20 个，茎性状 QTL 有 21 个，主要分布在 Chr. 1、Chr. 3、Chr. 5、Chr. 6 上，贡献率大于 10.0%的 QTL 有 31 个。在 Chr. 1、Chr. 3、Chr. 5、Chr. 6 染色体上出现了不同性状 QTL 成簇聚集的现象。其中 Chr. 1 上聚集了 6 个叶片相关性状 QTL 和 6 个茎相关性状 QTL；Chr. 3 上聚集了与雌花性状相关的 4 个 QTL 和与叶片性状相关的 5 个 QTL；Chr. 5 上主要聚集了 8 个与果实性状相关的 QTL；Chr. 6 上成簇聚集了 6 个与雌花性状相关的 QTL 和多个与果实性状相关的 QTL。另外，检测到 4 个白粉病抗性基因的 QTL 位点 *pm5.1*、*pm5.2*、*pm5.3* 和 *pm6.1*。其中，*pm5.1*、*pm5.2*、*pm5.3* 位于 Chr.5 上，*pm5.2* 位点的贡献率最大，是黄瓜白粉病抗性基因的主效 QTL 位点，在其所在区域预测到了 4 个 NBS 类抗病基因；*pm6.1* 位于黄瓜 Chr.6 上，是个微效的 QTL 位点（张圣平等，2011）。检测到 5 个霜霉病抗性基因的 QTL，*dm1.1*、*dm5.1*、*dm5.2*、*dm6.1*、*dm5.3* 分别位于第 1、第 5、第 5、第 6 和第 5 染色体的 SSR31116－SSR20705、SSR00772－SSR11012、SSR11012－SSR16110、SSR16882、SSR16110 处，贡献率分别为 18.6%、19.55%、10.7%、7.6%和 14.7%（Zhang et al.，2013）。

（四）黄瓜分子标记辅助选择育种存在的问题及展望

黄瓜全基因组测序完成以后，分子标记的数量将不是限制黄瓜分子标记辅助育种的主要障碍，分子标记的质量成为分子辅助选择育种的主要问题，在一个群体发现的分子标记需要在另外一个群体上验证后才能应用育种实践中。在目前的育种实践中具体表现为：一是与目标性状连锁的分子标记应用于育种实践的准确性偏低且不稳定；二是定位在黄瓜染色体上的基因数量有限，且精细定位的基因数量偏少；三是数量性状 QTL 定位不精细，且不同研究者利用不同群体检测到的 QTL 不能进行相互比较分析。分子标记辅助育种的美好未来，有待于克隆更多黄瓜基因，开发与性状共分离的基因标记，提高分子设计育种的准确性。

二、黄瓜基因工程育种

黄瓜基因工程育种是指利用转基因技术，将外源基因通过一定方法直接或间接导入黄瓜细胞或组织，同时将外源基因整合到黄瓜基因组并表达，从而实现黄瓜遗传性状的定向改变。黄瓜遗传转化始于 20 世纪 80 年代，Trulson 等（1986）以下胚轴为外植体通过发根农杆菌介导，将 *NPT II* 基因转入黄瓜，开创了黄瓜转基因研究的先河。应用在黄瓜上的转基因方法有农杆菌介导法、基因枪法、花粉管通道法、Floral dip 法和电击法等，目前以农杆菌介导法为主要方法，转化目的主要集中于抗病虫、抗逆和品质改良等方面，已经将 *CMV－Cp*、*CBF 3*、*CSMADS06*、*pDsBar*、*iaaM*、*Cor15A*、*Chi*、*Glu*、*CTB/CS 3*、*RS*、*t－PA*、*Mn－SOD*、*BnCS*、*DREBIA*、*GLP－T* 蛋白等基因导入黄瓜。

（一）黄瓜抗病虫遗传转化

几丁质酶基因是应用较多的用于提高黄瓜抗病性的外源基因，以黄瓜叶柄为外植体，用含有不同双元载体的根癌农杆菌将几丁质酶编码的基因导入黄瓜，经检测外源基因已整合到植物基因组中并得到表达。研究者利用农杆菌介导法，已经将水稻、菜豆几丁质酶基因导入黄瓜，获得了抗灰霉病和 PCR 阳性的转基因植株。另外，通过花粉管通道法，也完成了将外源基因导入黄瓜，使受体材料的霜霉病发病率明显下降。

在黄瓜抗病毒病遗传转化方面，国内外部分研究者已将相关病毒外壳蛋白基因导入黄瓜，得到了相应的抗性材料。实现转化的外壳蛋白基因有：黄瓜花叶病毒 C 株系（CMV－C）的外壳蛋白基因（*CMV－C－cp*）、烟草花叶病毒外壳蛋白基因 *TMV－cp*、黄瓜花叶病毒外壳蛋白基因 *CMV－cp*、西瓜花叶病毒 2 号外壳蛋白基因 *WMV－2－cp* 基因等。

相对于抗真菌性病害和病毒病基因的遗传转化，黄瓜抗虫基因的遗传转化研究较少。采用农杆菌介导法和花粉管通道法将抗虫基因 *EQKAM* 转入黄瓜，经卡那霉素抗性筛选，获得了再生植株，但是转化率较低，仅为 0.14%（魏爱民等，2007）。另外，已分别通过农杆菌介导法和花粉管通道法将抗根结线虫基因 *MiMPK1* 和根结线虫保守基因 *16D10* 转入黄瓜。

（二）黄瓜抗逆遗传转化

低温是黄瓜反季节栽培优质丰产的主要制约因子之一，黄瓜抗逆遗传转化大多数研究集中于抗寒基因的转化。已分别通过农杆菌介导法，以子叶和子叶节为外植体，将冷诱导转录因子 *CBF3* 基因、冷诱导基因 *cor15a*、抗逆基因 *DREB1A*、抗除草剂基因（*bar*）、南方根结线虫基因 RNA 干扰载体导入黄瓜。对转基因植株的鉴定表明，耐冷性、抗干旱、抗除草剂能力明显增强。

（三）黄瓜单性结实、保健功能等基因的遗传转化

随着用于黄瓜遗传转化的外源基因来源和种类的不断丰富，除传统的抗病虫基因和抗逆基因外，其他许多有益基因，如单性结实基因、具有保健功能的基因等，已通过相应的转化方法导入黄瓜，获得了具有外源基因表达特性的材料，丰富了黄瓜的遗传背景。例如，将拟南芥生长素结合蛋白基因（*ABP1*）和单性结实基因 *iaaM* 导入黄瓜，转基因植株的单性结实率比对照明显增加。运用 Floral dip 法，将治疗糖尿病的相关基因 *GAD-GLP-1* 导入黄瓜自交系 P2 和 2M1，获得了阳性植株；将具有清除人体内自由基、抗辐射光敏作用的金属硫蛋白基因（*MT*）导入黄瓜。另外，还完成了肝炎 B 型病毒的表面抗原、荧光素基因（*luc*）和 *ATT1* 基因、花生白藜芦醇合酶（*RS*）基因、转化组织型纤溶酶原激活剂（*t-PA*）基因、*MADS-box* 同源基因-*CSMADS06* 基因对黄瓜的转化。

（四）黄瓜遗传转化存在的问题及前景展望

虽然黄瓜遗传转化在抗病、抗虫、抗逆、品质改良等方面取得了较快进展，但存在的问题也不容忽视。一是转化体系不成熟、不完善，转化频率低，周期长，耗资大。黄瓜的遗传转化具有很强的基因型依赖性，建立一套广谱、高效的转化体系是研究者面临的巨大挑战；二是外源基因种类相对较窄，有待于拓宽基因来源；三是转化方法比较单一，仅以农杆菌介导方法为主；四是转化方法的机理有待明确，目前对农杆菌介导的转化方法研究较为透彻，但尚未明确其他转化方法的机理；五是外源基因插入位点的随机性和基因沉默会带来相应问题，插入位点的随机性导致遗传转化重复性差和转化植株性状不稳定，基因沉默致使转化植株在田间不能表现出相应的生物学性状；六是转基因植物的生态安全性和食品安全性一直是争议的焦点，如何继续运用分子生物学手段提高转基因植物的环境安全性和食品安全性也是亟待解决的问题之一。

同时应当看到，作为基因工程技术的重要内容，遗传转化在植物品种改良、材料创新、加速育种进程等方面已经显示了巨大优越性。遗传转化目的基因来源广泛，可以从植物、动物、微生物分离和克隆优良基因，从而打破物种间的生殖隔离，进而有针对性地改良作物。中国黄瓜遗传转化虽然起步较晚，但发展十分迅速，目的基因来源范围越来越宽广，转化方法越来越丰富，操作步骤也越来越简单，对于丰富黄瓜品种资源的基因库、扩大其遗传背景具有重要的现实意义。随着黄瓜分子生物学的飞速发展，遗传转化目前存在的问题终会解决，进而步入快车道。有关黄瓜遗体转化研究的相关成果见表 17-3。

表 17-3　黄瓜遗传转化研究汇总表

研究者	时间	外源基因	外植体	转化方法
Turlson et al.	1986	*NPT Ⅱ*	下胚轴	发根农杆菌介导
Paula P. Chee	1990	*NPT Ⅱ*	子叶	根癌农杆菌介导
Paula P. Chee et al.	1991	*CMV CP*	子叶	根癌农杆菌介导
Sarmento et al.	1992	*NPT Ⅱ*	子叶、下胚轴	根癌农杆菌介导
Paula P. Chee et al.	1992	*Nos-NPT Ⅱ*	—	基因枪
Yutaka Tabei et al.	1994	*HPT*	子叶	根癌农杆菌介导

（续）

研究者	时间	外源基因	外植体	转化方法
Raharjo et al.	1996	几丁质酶基因	叶柄	根癌农杆菌介导
Tabei et al.	1998	几丁质酶基因	下胚轴	根癌农杆菌介导
Szwacka et al.	1999	甜蛋白基因	—	根癌农杆菌介导
Lee et al.	2003	超氧化物歧化酶基因	子叶	根癌农杆菌介导
Yin. Z et al.	2005	*Dhn 10* 基因	—	—
Vengadesan G et al.	2005	*NPT Ⅱ* 和 *bar*	子叶	根癌农杆菌介导
汤辉仙 等	1988	氯霉素乙酰转移酶基因	原生质体	PEG 诱导融合法
徐华强 等	1991	氯霉素乙酰转移酶基因	—	原生质体电击法
董伟 等	1992	—	—	子房微量注射
郭亚华 等	1995	—	—	花粉管通道法
刘伟华 等	1998	烟草花叶病毒外壳蛋白基因	子叶、真叶	发根农杆菌介导
施和平 等	1998	*NPT Ⅱ*	子叶	发根农杆菌介导
王慧中 等	2000	*WMV-2-cp*	子叶	根癌农杆菌介导
何铁海 等	2002	*CMV-cp*	子叶	根癌农杆菌介导
杨成德	2001	几丁质酶基因	下胚轴、子叶	根癌农杆菌介导
陈峥 等	2001	抗除草剂基因（*bar*）	子叶	根癌农杆菌介导
金红 等	2003	抗除草剂基因（*bar*）	子叶	根癌农杆菌介导
陈丽梅	2004	荧光素和 Cyt450 氧化酶基因	子叶	根癌农杆菌介导
张兴国 等	2004	CBF 3 和 CORL5A 抗旱基因	子叶	根癌农杆菌介导
邓小燕 等	2004	冷诱导转录因子 *CBF 3*	子叶	根癌农杆菌介导
白吉刚 等	2004	生长素结合蛋白基因	子叶	根癌农杆菌介导
纪巍 等	2005	抗逆基因 *DREB1A*	子叶节	根癌农杆菌介导
苏少坤 等	2006	单性结实基因 *iaaM*	子叶节	根癌农杆菌介导
李泠	2007	ACC 合酶基因 *ACS1*	子叶	根癌农杆菌介导
赖来 等	2007	花器官发育基因（*CSMADS06*）	子叶	根癌农杆菌介导
东丽 等	2008	chi 基因、rip 基因、DREB1A 基因	—	根癌农杆菌介导
于玉梅	2008	*16D10*	子叶	根癌农杆菌介导
王翠艳 等	2008	*GAD-GLP-1*	花序	Floral dip 法
刘文萍 等	2009	抗冷基因 *BnCS*	子叶节	根癌农杆菌介导
郑丽娟	2009	GUS 基因	子叶、茎节	根癌农杆菌介导
郑伟 等	2009	金属硫蛋白（MT）基因	子叶	根癌农杆菌介导
Sindhu C. Unni et al.	2010	肝炎 B 型病毒的表面抗原	子叶	根癌农杆菌介导
Selvaraj N et al.	2010	*GFP*	子叶	根癌农杆菌介导
刘缙 等	2010	*GNK2-1*	子叶节	根癌农杆菌介导
张守杰	2011	黄瓜反义 cuPLDa 基因	子叶节	根癌农杆菌介导
田花丽 等	2011	银杏抗菌肽 *GK-2*	子叶节	根癌农杆菌介导
范爱丽 等	2011	Mn-SOD 基因	子叶节	根癌农杆菌介导
刘培培	2012	Rubisco 活化酶基因 *CsRCA*	子叶节	根癌农杆菌介导
苑志明 等	2012	黄瓜 GalLDH 基因	—	根癌农杆菌介导
王学斌 等	2013	转化酶抑制子基因（*INH*）	子叶节	根癌农杆菌介导

（续）

研究者	时间	外源基因	外植体	转化方法
宁宇	2013	转录因子 CsCBF3	子叶节	根癌农杆菌介导
Wang et al.	2013	胞外信号调节激酶基因	子叶节	根癌农杆菌介导
任国良 等	2014	黄瓜果瘤基因（*Tu*）	子叶节	根癌农杆菌介导
王烨 等	2014	南方根结线虫基因 RNA 干扰载体	子叶、子叶节	根癌农杆菌介导
魏爱民 等	2014	抗除草剂 *Bar* 基因	雌花	Floral dip 法

三、黄瓜细胞工程育种

细胞工程育种在黄瓜上的成功应用，主要体现在单倍体和多倍体培养方面。黄瓜单倍体诱导主要有 3 个途径：未受精子房培养、花药培养和辐射花粉授粉诱导，均获得单倍体再生植株，其中对于未受精子房培养的研究较多。

国外利用黄瓜未受精子房培养获得的单倍体早已应用于黄瓜育种，1994 年就曾对黄瓜单倍体的植物学性状作过报道。在利用黄瓜未授粉子房培养获得黄瓜单倍体及双单倍体植株的同时，对高频率植株获得的培养方法及单倍体与双单倍体植株的植物学性状进行了比较研究（Gemesne et al.，1997；Cagla 和 Abak，1996）。对影响未受精子房培养条件的研究表明，开花前 6 h（即较为成熟或者完全成熟胚囊的子房）为最适培养期，且在诱导培养时 35 ℃热激处理 2～4 d 获得的胚状体诱导频率和植株再生率最高。

中国在利用组织和细胞培养进行黄瓜植株再生的研究方面也取得了较大进展，但多处于试验阶段，应用于黄瓜育种实践的甚少，且存在再生频率偏低、受基因型限制较大、畸形苗率偏高等问题。天津科润黄瓜研究所在国内首次建立了一整套通过未受精子房离体培养获得黄瓜单（双单）倍体植株的技术体系，再生频率达 25%（魏爱民等，2007），已利用此技术培育出黄瓜新品种。

花药培养方面，日本的西贞夫最早开展了这方面的研究并获得黄瓜花药愈伤组织，但没有发育成再生植株。1982 年，Lazarte 等（1982）利用深绿色的花药愈伤组织，通过胚状体途径获得再生植株。对于培养条件方面，4 ℃预处理 2 d 的黄瓜花药愈伤组织诱导率及胚胎诱导率最高；2,4－D 比其他生长素效果更佳，最佳浓度为 2.0 μmol/L；细胞分裂素 BAP 优于 KN、TDZ，且诱导培养基中低浓度的细胞分裂素有利于启动雄核发育；ABA 可促进子叶型胚的正常生长并发育成完整植株，对细胞胚性的保持具有较好的作用。黄瓜花药诱导培养的最佳碳源为蔗糖，浓度 0.25 mol/L；混合氨基酸（谷胱氨酸、甘氨酸、精氨酸、天冬氨酸、半胱氨酸）在一定浓度范围内的效果比单一氨基酸的效果更好。预处理和胚诱导是花药培养的关键，并证明添加 0.54 μmol/L 和 13.32 μmol/L 的培养基对胚的诱导效果最好。基因型和小孢子发育期是成胚的关键因子，单核靠边期是游离小孢子培养成功的最佳时期，4 ℃预处理 2～4 d 有利于胚状体的诱导（詹艳等，2009）。

辐射花粉授粉诱导黄瓜单倍体方面，不同基因型黄瓜利用辐射花粉诱导单倍体获得再生植株的频率存在差异（杜胜利等，1999）。杂交种和自交系经辐射花粉授粉后均可获得单倍体植株，但杂交种比自交系更易于产生单倍体植株（Caglar 和 Abak，1996）。不同生态型材料不影响单倍体胚状体的产生率（Lotfi et al.，1999）。最适宜的钴射线剂量为 0.3～0.5 kGy（Nikolova et al.，2001）。国内研究者通过辐射花粉授粉并结合胚培养，从 3 个基因型中获得了单倍体植株，同时发现辐射剂量、亲本基因型、授粉组合对坐果率和单倍体产生率有一定影响（雷春等，2004）。

通过细胞工程育种技术针对耐逆性、抗病性和品质进行改良是黄瓜育种中一条崭新的途径，并且通过单倍体培养和多倍体培养等方式在黄瓜育种工作中取得了一些重要进展，但还存在一定的问题：

（1）由于基因型的限制，细胞工程技术还不能在黄瓜所有基因型中加以普遍应用，究其原因主要是由于离体雌核、雄核发育机理尚不明确，因此今后在机制研究上需进一步深入。

（2）通过单倍体或多倍体诱导，大都经过愈伤组织获得再生植株，但在诱导过程中经常发生结构松散、不具有再生能力的愈伤组织，此过程中还极易发生再生植株的染色体倍性混杂问题。

（3）由于黄瓜子房壁或花药壁的影响，在诱导再生过程中同样易导致再生植株的倍性变得复杂。

综上所述，黄瓜细胞工程育种具有重要的遗传研究价值和实践意义，尤其是单倍体育种技术，可使植株的性状特别是隐性性状在较早世代就得以表现，因此可显著缩短育种年限。此外，还可加快突变体的筛选。利用单倍体还可进行诱变育种，突变体当代即可表现，对突变体进行选择、加倍，就可以获得稳定的二倍体突变材料。通过细胞工程，利用远缘杂交进行种质创新，经倍性育种稳定新性状，创制出新的遗传材料。在发育遗传的研究中，利用单倍体和多倍体材料还可以研究细胞的分裂、分化、孢子的发育途径以及相关基因的调控机理等。

第八节　良种繁育

一、常规品种的繁育方式与技术

（一）良种繁育方式

黄瓜繁种主要分为露地制种和网室制种两种方式。露地黄瓜制种是指在自然条件下利用空间隔离和昆虫授粉的露地采种方法，是常规品种繁育的主要方式。其安全距离开阔地为 1 000 m 以上，有屏障的地区为 500 m 以上。网室隔离制种法就是在纱网隔离的条件下，进行黄瓜种子生产的方式。由于网室将黄瓜种株和外界隔开，避免了外部黄瓜传粉，同时，由于消灭了网室内的昆虫，也避免了纱网内的自由传粉。因此，可以进行有目的的人工授粉，种子纯度高。主要用于原种繁殖和杂交种子生产。

（二）良种繁育技术

1. 原种的繁育技术　原种质量的好坏直接影响生产用种的质量和优良品种的使用年限，生产的原种或亲本必须具备原品种或亲本的典型特征、特性，种子质量符合国家规定的黄瓜原种质量标准。

由于黄瓜是雌雄同株异花的异花授粉作物，在自然条件下，全部靠昆虫进行传粉，因此，黄瓜原种的生产必须进行严格的隔离。黄瓜原种生产田除与其他黄瓜品种种植田保持 1 000 m 以上的空间隔离外，最好再用网室进行机械隔离。

原种的生产要求：

（1）不同的原种应在不同的网室内进行生产。

（2）*原种生产田管理*　适期播种，加强苗期管理，培育壮苗。生产田要求地块平坦，地力均匀，排灌方便，4～5 年以上没有种过瓜类作物或棉花；定植的密度要合理；在施肥上要适度使用氮肥，适当多施磷钾肥和农家肥；注意防治病虫害等。

（3）*原种提纯复壮*　原种每使用 4～5 代，应用其原种或原一代杂交种与新生产的生产用种或一代杂交种进行 1 次比较，以检查原种或亲本生产性能，对出现显著劣变的生产用原种或亲本，应重新提纯复壮。

（4）*种瓜的采种*　种瓜的采收期，由于品种和生产季节的不同有很大的区别。早春生产一般授粉后 40 d 左右种瓜就能达到生理成熟，夏季生产仅需要 30 d 左右。

种瓜成熟后，混合采收，用刀将种瓜纵向剖开，把种子挖在非铁制容器中，自然发酵 24 h 用清水将之漂洗干净。洗净的种子在筛内或席子上晒干，要防止暴晒与烫籽。标好品种名称、代号、年月日后入库。

（5）*种子库管理*　种子库要有专人负责，注意防混、防潮、防火、防鼠、防虫等，经常检查，确保种子质量。

（6）原种种子的检验　生产出的原种种子在入库前要经过严格的种子质量检验，经过种子检验部门检验，达不到国家规定标准的种子，不得作为原种发出。

当原种出现混杂时，需要将种子提纯后再进行原种的生产。原种提纯的方法和步骤如下：

（1）单株选择　单株选择应在原种圃或纯度较高的种子生产田内进行。供选择的种植面积不少于 200 m^2。

单株选择在生产中一般分 3 次进行。第 1 次在开花初期，主要选择株型、叶型、第 1 雌花节位等符合原原种标准的植株，并对中选植株挂牌、记载。此次株选数目要在 200 株以上，以备逐步淘汰。第 2 次株选，在第 1 条瓜长成商品瓜时，在第 1 次中选的植株内，选择生长势、果实性状等符合原种标准的植株。将入选植株的第 1 条瓜全部摘掉，其上部的雌花应授粉留种。第 3 次株选，在第 2 次中选的种株第 2 条种瓜长成商品瓜后，主要根据雌花率、抗病性、生长势进行决选，中选者单株采种。

（2）株行选择　将单株决选的种子分小区种于田间，每个小区不少于 100 株，并且使每个小区的面积和种植株数相同。按上述单株选择中的方法调查和记载每个株行，中选株行淘汰少数不良单株进行混合采种。将中选株行混合采收的种子，进入来年的株系选择。

（3）株系选择　选择方法和株行选择相同，中选株系混合留种。

（4）株系比较试验　以本品种纯化前的种子为对照，与经过纯化的株系混合种进行比较试验，每个小区不少于 100 株，设 3～4 次重复进行观察，符合原品种要求的，方可用于原种生产。

2. 常规种采种技术要求

（1）采种地点　为了降低采种成本，保障种子质量，选择最适宜黄瓜生长的地区采种是极为重要的。中国南方种瓜成熟期适逢梅雨季节，种子易遭霉烂损失；而华北平原春季寒冷干燥，夏季酷热，黄瓜的生长期较短，因此采种田种子产量不高。东北 3 省、内蒙古自治区、山西省以及云贵高原，夏季不太热，温暖湿润，黄瓜生长期长，结瓜多，种子产量高，是理想的黄瓜采种地区。华北南部结合隔离纱棚采种也可取得良好效果。另外，各地应注意选择适宜黄瓜生长的小气候环境作为采种基地。

（2）隔离条件　黄瓜是虫媒花，要防止其他品种的花粉被带入采种田内，造成品种混杂。在采种田周围 1 000 m 范围内，不得栽种其他品种的黄瓜。除了防止其他采种田黄瓜的花粉传入外，还要注意零星栽培黄瓜的花粉传入。另外，与甜瓜、越瓜等异种虽不能杂交，但他们的花粉能刺激黄瓜产生无籽果实，因此，最好要有一定的隔离距离。

（3）栽培管理技术

①育苗。黄瓜采种应安排在春夏季栽培，而且必须育苗。育苗使黄瓜延长 1 个多月的生长期，这样可以增加种子的产量。

②定植密度。由于留有种瓜的植株生长势比采摘嫩瓜的植株弱，所以采种田黄瓜定植密度应大于采摘嫩瓜的黄瓜，具体密度依品种和栽培方式确定，一般比同品种上市嫩瓜的栽培密度增加 20%。

③增施有机肥。黄瓜栽培应以有机肥为主，采种田更要注意增施有机肥，除腐熟的猪、牛粪外，增施鸡粪、豆饼等精肥。施用的有机肥中除了氮肥之外，还应含有丰富的磷、钾肥，这些肥料能使种子饱满，增加产量。

④整枝摘心。为了不使植株养分消耗在过于旺盛的营养生长上，应及时除去不留种瓜的侧枝。另外，留 2～3 条种瓜之后（小瓜可留 5～6 条），在种瓜以上留 5～6 片叶后打掉生长点，使营养集中到种瓜上，控制植株继续生长。

⑤种瓜节位与留瓜。中晚熟品种第 1 雌花节位出现节位高，第 1 条瓜就应留种；而早熟品种 3～4 片叶就出现雌花，第 1 雌花是否留种，视植株生长情况而定。如果植株发育健壮，第 1 雌花就应留种；如果植株生长势弱，叶片较小，第 1 雌花在未开之前就应摘去，使养分集中到营养生长上，第 2 雌花出现再留种。如果黄瓜的适宜生长期较长，每一植株上不仅能留 2～3 条种瓜，而且留种节位有

调节的余地；如果黄瓜的适宜生长期较短，每株只能留 1 条种瓜，则第 1 雌花应及早留种。一般品种适宜的留瓜部位 7～12 节。

⑥自然授粉及辅助授粉。黄瓜不经授粉也能结瓜，但没有种子，因此，采种必须授粉。蜜蜂、蝴蝶等昆虫都是携带花粉的媒介。如果连续喷杀虫剂，消灭了昆虫，也就消灭了传粉的媒介，黄瓜采种将大受影响。因此，采种田在开花结果期要保护昆虫，有条件的，还应放养蜜蜂，增加传粉媒介。在温室、塑料大棚中采种，或在露地采种遇阴雨天气，昆虫很少，就要进行人工辅助授粉。其方法是在开花当天上午取雄花，将花药在雌花柱头上轻轻摩擦，或用毛笔刷取花粉，在柱头上涂抹。在开花坐果期每天反复授粉，能显著地提高种子产量。

⑦去杂去劣。从第 1 雌花出现到采收种瓜都要注意去杂去劣。去杂，是将非本品种特性的黄瓜种株淘汰。从植株出现侧枝情况、第 1 雌花节位看与本品种的差异；从嫩瓜上看，瓜形、刺瘤、皮色等不符合本品种特征的植株，应及时拔掉。对种瓜畸形、烂果等，也应及时淘汰。采收种瓜时，应该根据种瓜的特征，及时去除杂瓜。

⑧采收种瓜及洗种。黄瓜雌花受精后 25 d 左右，种子已有发芽能力，但尚不饱满。受精后 40～50 d，种子才能饱满。因此，种瓜应留在植株上让其充分成熟，但易发芽品种必须及时采收。

洗种时应先剖开种瓜，将种子和瓜瓤一起掏出，放入缸内发酵，注意不用金属容器，金属容器会使种皮变黑。发酵的种子也不能加水，加水就会稀释瓜瓤中抑制种子发芽的物质，导致发酵过程中种子发芽。发酵的时间视温度而定，夏季温度高时发酵 24 h 即可。如发酵过度，种子色泽会变灰，失去光泽，甚至影响发芽率。将发酵后的种子放在清水中漂洗，沉入底层的是饱满的种子，漂在上面的是瘪籽，应将瘪籽和瓜瓤发酵物一起漂洗掉。将漂洗出的种子放在苇席上晾晒，切忌放在水泥地上暴晒，这样会灼烧种子，降低发芽率。合格的种子外表洁白，无杂物。

3. 良种繁育体系

(1) 加强良种繁育管理，确保种子质量 第一，要加强原种的管理。原种或亲本是生产高质量生产用种的前提，要获得高质量的原种，就必须由品种育成者或熟悉原种特征、特性的专业技术人员，按生产技术要求进行原种的生产，生产出来的原种，必须按国家标准进行检测，未经过检测或检测不合格的原种不能用于生产种的生产。第二，加强生产种的管理。从原种的分发到生产种的收购，整个生产过程，生产部门要有专人进行定期的技术培训。制定种子生产技术规程，并在生产过程中，对生产技术规程执行情况进行定期检查，发现问题及时解决。种子收购时逐户编号抽样，进行田间纯度鉴定，将田间纯度鉴定结果作为种子入库的依据，田间纯度鉴定不合格的种子不能入库。第三，加强入库种子检测。对纯度鉴定合格的种子，在种子入库前，还应按黄瓜种子质量国家检测标准，进行全面检测。为减少不合格种子给农业生产带来的经济损失，生产和经营部门应做到不合格或未经过种子质量检测的种子不销售。

(2) 建立稳固的繁种基地，促进种子产业化 在自然条件适宜的地区建立稳定的良种繁育基地，不仅有利于统一管理、统一安排、统一指导、统一培训，而且对保证种子的生产质量、数量，促进种子生产布局的区域化、种子生产的专业化和种子质量的标准化具有非常重要的意义。

(3) 加强生产计划性，节约成本 黄瓜制种生产经常受到自然条件的影响，制种产量极不稳定，丰年和歉年单位面积产量浮动很大。种子生产不足和积压都会给种子经营者带来严重的经济损失。这就要求生产部门，在种子生产前，加强计划的制订，既要重视市场预测，又要充分考虑到种子生产自身的不稳定性。通过签订生产合同的方式可以保证计划的实施，最大限度地避免由种子生产的盲目性造成的种子积压或紧缺的局面。

二、雌性系繁殖与一代杂种制种技术

(一) 雌性系繁殖

雌性系亲本繁殖时，需采用化学诱雄的方法，促使一部分植株长出雄花，然后进行人工或自然授粉繁殖。生产上常用的雌性系诱雄方法有 2 种。

1. 赤霉素诱雄　将雌性系原种播种在阳畦或温室里，当幼苗长到一叶一心时，用 50～100 mg/L 的赤霉素处理 30%～50%的幼苗；到二叶一心时，用 1 000～1 500 mg/L 的赤霉素处理第 2 遍；到三叶一心、四叶一心时用 1 000～1 500 mg/L 的赤霉素处理第 3 遍和第 4 遍，处理次数视材料而定，易出雄花材料处理 1～2 次即可。

2. 硝酸银或硫代硫酸银诱雄　当幼苗长到一叶一心或二叶一心时用 100～150 mg/L 的低浓度硝酸银或硫代硫酸银溶液处理 1 次，再在三叶一心或四叶一心时用 300～400 mg/L 的硝酸银或硫代硫酸银溶液处理 1～2 次。大面积使用硝酸银或硫代硫酸银诱雄前，一定要做小面积浓度试验，选择合适的处理浓度及时期，确保安全。

有时受环境条件影响或药剂有效性的影响，经处理的植株诱雄效果不很理想，可及时摘心，重新处理促使其在侧枝上长出雄花。

诱雄处理的植株和未处理的植株按照 1∶2～5 的比例间隔种植，等长出雄花时，采集当天开放的雄花，剥除花冠，用雄蕊对当天开放的雌花进行人工授粉，或采用昆虫授粉。

（二）一代杂种制种技术

用雌性系进行杂种一代种子生产，可在纱网中进行，亦可在露地进行。露地生产要求在方圆 1 000 m之内无其他黄瓜品种栽培。

1. 施肥　由于雌性植株生殖生长和营养生长不协调，因此在肥料成分上，不同于常规的品种。按照常规种子生产，每生产 100 kg 种子需要氮（N）14.3 kg、磷（P_2O_5）17.18 kg、钾（K_2O）47 kg，雌性系种子在氮、钾的水平上要高于常规种。

2. 育苗及诱雄　雌性系亲本种子一般作母本，父、母本的比例为 1∶4～6。若父本也为雌性系，则需诱雄，诱雄方法同上。

3. 定植　父、母本的栽培可按照 1∶3～5 的比例，但对于有些雄性较强的父本自交系，父、母本比例可高达 1∶6。将父、母本按比例间行栽植，也可按比例将父本集中栽在两头或一头。

4. 人工授粉　当外界温度达 20 ℃以上时可进行授粉，从父本摘取当天开的雄花放在一塑料容器中或碗中，剥去花瓣给母本的雌花柱头授粉，一般 1～2 朵雄花授 1 朵雌花。

5. 昆虫授粉　可在纱网内或露地放置蜜蜂，让蜜蜂在父本和母本之间自由授粉。

6. 检查　当植株开花后，应天天检查，母本中发现开雄花的植株或性状不一致的植株应及时拔掉。授粉时将所有开过的雌花和幼瓜全部摘除，每株最好连续授粉 3～4 朵花。5～7 d 后当幼瓜长至商品瓜时，即可看出种瓜的结籽状况。有籽的瓜瓜头部膨大；而没有授上粉的瓜，上下一样粗或头部略显尖。短瓜条的雌性系即使授上粉也不易辨认，应仔细观察果肩处。未结籽或结籽很少的种瓜应及时摘掉，以确保植株上其他种瓜的正常生长。每株一般坐 3～4 条大瓜，5～8 条小瓜。

7. 水肥管理　雌性系苗期长势较弱，在营养均衡的条件下，可多施氮肥，土壤应保持见湿不见干。第 1 条瓜坐住时，每公顷施尿素 150 kg、磷酸二胺 150 kg，中、后期每浇 1 次水施尿素 75 kg 或硫酸铵 105 kg。

三、自交系繁殖与一代杂种制种技术

（一）自交系繁殖

黄瓜亲本自交系的繁殖可参照本节黄瓜原种繁殖的方法和要求进行。

（二）一代杂种制种技术

雌雄同株黄瓜制种方法概括起来有 3 种。

1. 化学去雄天然杂交制种技术 在黄瓜花芽分化初期叶面喷施一定浓度的乙烯利，人为创造雌性系母本。春季栽培一般在母本一叶一心，秋季在二叶一心时，叶面喷施150～250 mg/L的乙烯利，每隔4～5 d喷1次，共喷3～4次，确保植株自3～7节起至中部数十节内连续着生雌花而无雄花，免去人工去雄、束花、授粉的麻烦。但需要注意的是，由于喷药的均匀程度和植株个体之间的差异，少数植株上可能会出现雄花，为确保种子纯度，在母本雄花开花前必须彻底摘除母本株上的雄花花蕾。另外，为提高种子产量可采用人工辅助授粉。

2. 全人工隔离杂交制种技术 在黄瓜雌、雄花开花前一天，在母本田选取5节以上第2天要开的雌花，用隔离用具如束花夹等夹好，同时在父本田选取第2天要开放的雄花蕾夹花。次日上午采摘前一天束花的父本雄花，拔去花冠（或用镊子取出花药），在母本株雌花柱头上轻轻摩擦数次，使花粉均匀而全面地附着在柱头上，然后套上隔离物，并做杂交标记。一般每株选取4～5朵花做杂交。为提高工作效率，父本可以不束花，在开花前一天下午或授粉当天早晨5点以前采摘将要开放的雄花花蕾，待散粉后进行授粉。此法较为费事，但可确保种子质量和产量。

3. 纱网隔离杂交制种技术 将父、母本定植在纱网内，开花前和制种过程中，每周喷杀虫剂，保证纱网内无昆虫传粉。授粉前父、母本不必束花隔离，用当天开放的雌、雄花授粉即可。此法可免去人工束花的麻烦，但成本较高。目前国内黄瓜大面积制种时，多采用此法。该方法是黄瓜育种专家侯锋于20世纪80年代初，首先提出并应用于黄瓜杂交制种生产的一项实用技术。具体要求如下：

（1）*生产基地的选择与建立* 黄瓜杂交种子生产基地，应选择在有一定种子生产经验，劳动力充足并且具有较强科技意识。同时，要求地势平坦，土质适宜、肥沃，排灌便利，光照充足，雨量适中的地区。基地应具有一支相对稳定的专业繁种队伍。

（2）*栽培管理和制种时期* 根据各地气候条件特点，选择晴天多、阴雨天少，气温为20～28 ℃的季节制种，特别应注意避开当地的雨季。栽培管理技术参照常规品种繁育技术。

（3）*父母本比例* 为确保父本能提供足够的花粉和保证父、母本花期相遇，根据亲本的不同特点，适当调整播期和父母本比例，一般父本比母本提前7～10 d栽培，并且，父本阳畦内夜间的温度应比母本阳畦内的温度高1～2 ℃，以促进其雄花的分化。在不对父本采取化学诱雄的情况下，父、母本的比例以1∶3～5为宜；在对父本采取化学诱雄的情况下，父、母本比例应为1∶9～10。

（4）*父本植株的诱雄* 目前对父本诱雄效果最好的药剂是300～400 mg/L的硫代硫酸银溶液。药剂配好后，用普通喷雾器在秧苗第1片真叶展平时，选一个晴天、无风的下午进行均匀喷洒。以后，分别在第2、第3片真叶展平时各喷1次。

（5）*隔离及棚内消毒* 在定植前1周，用孔径为14目的聚乙烯纱网将繁种地块扣成网室，并用敌敌畏等触杀性农药进行网室内消毒。在整个生育期网室内要定期进行消毒，确保无昆虫传粉。

（6）*雄花的采集* 每天早晨太阳出来后，花上没有水珠时，选择当天开放的父本植株上的雄花及母本植株上的雄花摘下，分别放在两个不同的容器中，置阴凉处备用。

（7）*授粉* 授粉时用以父本株上摘取的雄花给母本株上的雌花授粉，从母本株上摘取的雄花给父本株上的雌花授粉。当天开放的雌花应在中午12点前完成授粉，阴天可适当延长，雨天不授粉。

（8）*授粉后植株的管理* 授粉过程中要及时摘除授粉不良或没有授粉的瓜。当植株上坐住3条瓜后，根据植株的长势决定是否继续授粉。原则上大瓜品种每株结2～4条瓜，小瓜品种5条以上。

（9）*田间去杂* 在第1条瓜全部长到商品瓜后，根据材料的特征特性，逐株进行1次田间去杂。种瓜采收前再进行1次去杂。

（10）*种子采收及保存* 同常规种。

四、黄瓜种子的检测加工与贮藏

（一）黄瓜种子质量检测

种子的质量检测主要包括种子的纯度、净度、发芽率、含水量等，按照 2012 年开始实施的瓜菜作物种子类种子质量标准的要求进行，黄瓜种子质量指标见表 17－4。

表 17－4　瓜菜作物种子质量指标（GB16715.1—2010）

名称＼项目	级别	纯度≥（%）	净度≥（%）	发芽率≥（%）	水分≤（%）
常规种	原种	98.0	99.0	90	8.0
	大田用种	95.0			
亲本	原种	99.9	99.0	90	8.0
	大田用种	99.0		85	
杂交种	大田用种	95.0	99.0	90	8.0

20 世纪 70 年代以来，国内外种子纯度检验技术迅速发展，从常规的田间形态特征鉴定到生物化学技术鉴定，现已发展到用分子标记技术进行纯度鉴定。

1. 形态特征鉴定　种子、幼苗和植株的形态特征是鉴定品种纯度的基本依据。传统的形态特征鉴定法是在植株长至一定大小后，观察杂交种的各种性状与标准株的相似性，从而鉴定杂交种的纯度。此法虽费时费工，但准确度高，仍是国内外主要检测手段。

2. 生物化学鉴定　利用电泳技术进行品种纯度的检测是近来发展较快的一种鉴定方法，包括蛋白质和同工酶电泳、特异酶类的活性试验及抗体反应等。在黄瓜上国内外研究较多的是同工酶技术。同工酶技术虽然手段简单，适合较大群体的遗传分析和鉴别，但是由于能够使用的同工酶和特异蛋白数量有限，应用受到限制。

3. 形态标记性状鉴定　利用形态标记性状进行纯度鉴定可以在田间进行，甚至可以在苗期进行。该方法简单易行，成本低，准确性好，而且不受环境条件影响，只要找到好的形态标记，通过育种手段解决杂种一代的纯度问题是当前切实可行的鉴定方法。但目前缺少好的标记性状。已发现无毛性状、叶色突变、软毛等性状，可以加以利用。

4. 分子标记技术鉴定　进入 90 年代，分子标记技术日趋成熟，应用分子标记建立品种的指纹图谱已经开始应用于品种纯度的鉴定。该方法具有很高的准确性、稳定性和重复性，在苗期或种子阶段就可以鉴定品种的纯度，快速简单，可大大缩短鉴定时间。但前提是必须找到适合的分子标记。目前国外大的种子公司及中国农业科学院蔬菜花卉研究所和天津市科润黄瓜研究所等已采用分子标记技术鉴定黄瓜杂交种种子纯度。为确保准确，每个品种可选用 1～3 个标记进行鉴定。

（二）黄瓜种子加工、包装与贮存

种子加工的目的主要是除去霉烂、空瘪等不正常种子及沙、石、草籽等杂质，提高种子的净度、发芽率等质量指标。

种子加工可分步进行，由采种户收购种子时，对目测不合格的种子，可先进行简单的筛选和风选，使净度基本达到要求。对已收回的种子，在纯度测定初步合格后进行精选，精选主要用精选机。精选后的种子其净度、发芽率等到达国家规定的标准才能作为商品种子出售。经过精选加工的种子再进行包装，一般分大包装和小包装两种，批量大而暂不出售的种子用麻袋或布袋包装，一般每袋30～

50 kg。销售的种子采用小包装，主要采用铝箔袋和金属罐等，规格在3～50 g。

因种子的寿命与种子本身的成熟度及贮存条件密切相关，因此暂不销售的种子要在适宜的条件下贮存。贮存黄瓜种子最重要的条件是干燥，其次是温度，在中国北方气温相对较低，湿度相对较小的情况下，可存放2～3年，而在气温相对较高、湿度较大的南方，一般只能保存1～2年。

种子的贮存可根据种子的性质、用途不同，采用不同的方式。试验用种子或制种用的亲本原原种，短期贮存可于常温下在干燥器内加硅胶等干燥剂密封保存，这种保存形式发芽率一般可保持7～8年。如需8年以上较长时间保存，则需将密封干燥器置于－4 ℃左右的冷库中。本年度内将要出售的大小包装种子，可贮存于一般的种子库内，库内要求通风、除湿设备齐全，相对湿度保持30%～60%，温度25 ℃左右。本年度不用的或需要较长期贮存的种子，应存于4 ℃左右的冷库中，可贮藏5～6年。在常温下贮藏种子注意事项如下：

1. 种子仓库的要求 黄瓜种子的贮藏，大多采用一般的常规仓库，也有少数密封性能较好的仓库。由于黄瓜种子仓库有其一定的特殊性，它不但要保证种子不发生霉烂、变质和损耗，而且要求经过长时间的保存仍能保持旺盛的生活力，因此，作为保管贮藏种子的仓库应比别的仓库更加严密完善。具体要求如下：应选择地下水位低、干燥的地方，地面、墙壁应平整、光滑，便于清扫；应有较大的仓容量，避免种子堆叠过高、过密和造成人为的混乱、混杂，仓库应有足够数量的地台板，避免种子与地面、墙壁直接接触而吸湿受潮；要有通风设施，并具有密封条件，这样便于贮藏管理中灵活掌握，并根据天气情况，做好保温、保湿工作。

2. 仓库环境的清洁工作 种子入库前，必须对仓库进行全面的检修与消毒，做到仓库无虫、无尘土、无缝隙、无垃圾、无杂草和瓦砾，达到天棚、地板、四壁溜光。仓内消毒可用0.1%敌百虫或0.1%敌敌畏喷洒，以杀死库内残余害虫和各种有害的微生物；也可利用烟雾剂或熏蒸剂，施药时密闭仓库48～72 h，然后打开门窗彻底通风散毒。种子入库后，除了经常性的清洁外，还需定时对仓内各个部位进行药物消毒。

3. 种子进仓时的注意事项 入库种子的放置及层叠要整齐、清洁、有条理，叠堆要牢固，种子包距仓壁0.5 m，垛与垛之间留出0.6 m宽的通道，以利通风、检查和随时扦样、取用。存放时，最好将当年使用和隔年使用或更长时间使用的种子，含水量高和含水量低的种子，净度高和净度低的种子，不同品种和不同来源的种子，分类别、分仓位贮藏，以便管理和检查。

4. 种子贮藏期间的管理 严格的管理制度是保证黄瓜种子品质、纯度及防止品种互相混杂的重要措施。贮藏期间，种子本身的生命活动，仓虫、微生物的为害及温、湿度的影响，将使种子发生一系列的变化，为了及时掌握藏种子状况和贮藏环境的变化动态，应加强检查和测定工作，做到定期普查，随时小查，风雨必查，要害勘查。检查的主要项目是湿度、含水量、发芽率、虫害感染等情况，有条件的还可进行散落性、酸度及化学成分的变化等检查。

5. 贮藏期间温、湿度的控制 夏、秋气温过高时，早、晚注意通风，降低室温；干燥天气时，也应早晚通风；阴雨天气，则关闭门窗，防止湿气进入仓库，从而达到散热降温，提高种子贮藏稳定性地目的。在常温库储存要放置除湿器，保持室内湿度低于50%。

6. 虫害的防治 黄瓜种子极易感染虫害。防治虫害必须贯彻“预防为主，综合防治”的方针，这样可以及早消灭害虫或限制害虫的发生。具体措施如下：

（1）*虫害的预防* 建立制度，经常性地搞好仓内环境卫生，保持仓内的整洁，定期对仓内各个部位进行药物消毒，以杀死隐藏的害虫和各种有害的微生物。

（2）*虫害的防治方法* 黄瓜种子一旦发现虫害，就必须尽快采取措施灭虫，以减轻损失，防止蔓延。

①物理防治法。将黄瓜种子在阳光下晾晒，趁热装进密封包装，这样不但降低含水量，恶化害虫的生活环境，而且可以直接杀死害虫。经过这样处理后的种子，其生活能力不会受到影响。

②化学药剂防治法。目前，常用的化学杀虫药剂如磷化铝、敌敌畏等，主要是通过药物熏蒸来杀死害虫。操作需严格按规程进行，避免中毒。

③鼠害的防止方法。鼠害也是仓库保管工作中特别需要防范的一个方面，黄瓜种子在贮藏时易受老鼠的侵害而造成损失。防止方法：一是需填平地面，堵塞墙壁裂缝、洞穴，保证仓库的整洁和密封性；库外四周要清除草堆、杂草、瓦砾、垃圾等，填平水坑，使老鼠（包括雀类）无藏身之处。二是，在仓库四周分点设置配制好的杀鼠药，也可装上套鼠夹板防治老鼠的为害。

（顾兴芳　杜胜利　张圣平　孙占勇　韩毅科）

主要参考文献

曹辰兴，张松，郭红芸．2001. 黄瓜茎叶无毛性状与果实瘤刺性状的遗传关系[J]. 园艺学报，28（6）：565-566.

曹家树，申书兴．2001. 园艺植物育种学[M]. 北京：中国农业大学出版社：61-134.

曹齐卫，张卫华，王志峰，等．2008. 黄瓜产量性状的 Hayman 遗传分析[J]. 西北农业学报，17（5）：252-256.

查素娥，李红波，温红霞，等．2008. 不同生态型黄瓜亲本杂种质量性状及杂种优势表现程度研究[J]. 内蒙古农业科技，2：35-37.

陈惠明，卢向阳，刘晓虹，等．2005. 两个新发现的黄瓜性别决定基因遗传规律的研究[J]. 园艺学报，32（5）：895-898.

陈劲枫，林茂松，钱春桃，等．2001. 甜瓜属野生种及其与黄瓜种间杂交后代抗根结线虫初步研究[J]. 南京农业大学学报，24（1）：21-24.

陈劲枫，罗向东，钱春桃，等．2003. 黄瓜单体异附加系的筛选与观察[J]. 园艺学报，30（6）：725-727.

陈青君，张海英，王永健，等．2010. 温室黄瓜产量相关农艺性状 QTLs 的定位[J]. 中国农业科学，43（1）：112-122.

池秀蓉，顾兴芳，张圣平，等．2007. 黄瓜无苦味基因 bi 的分子标记研究[J]. 园艺学报，34（5）：1177-1182.

董邵云，苗晗，张圣平，等．2013. 黄瓜果皮光泽性状的遗传分析及基因定位研究[J]. 园艺学报，40（2）：247-254.

董彦琪，刘喜存，王文英．2014. 瓜类作物离体雄核发育和离体雌核发育单倍体育种技术研究进展[J]. 中国瓜菜，27（增刊）：9-16.

杜胜利，魏惠军．1999. 通过辐射花粉受粉诱导获得黄瓜单倍体植株[J]. 中国农业科学，32（2）：107.

方秀娟，顾兴芳，韩旭，等．1996a. 高抗黑星病的日光温室专用黄瓜新品种中农 13 号的选育初报[J]. 中国蔬菜（2）：28-31.

方秀娟，顾兴芳，韩旭，等．1996b. 露地黄瓜新品种中农 8 号的选育[J]. 中国蔬菜（1）：12-14.

方秀娟，尹彦，韩旭，等．1995. 保护地早熟、抗病、丰产黄瓜新品种“中农 5 号”的育成[M]//李树德．中国主要蔬菜抗病育种进展．北京：科学出版社：468-471.

方智远．2004. 蔬菜学[M]. 南京：江苏科学技术出版社：132-149.

高洪斌，司龙亭，宋铁峰，等．2002. 黄瓜亲本遗传距离与 F_1 代产量优势相关关系的研究[J]. 辽宁农业科学，3：9-12.

顾兴芳，方秀娟，韩旭．1994. 黄瓜瓜把长度遗传规律研究初报[J]. 中国蔬菜（2）：33-34.

顾兴芳，方秀娟，张孟玉，等．2000. 黄瓜苦味研究概况[J]. 园艺学报，27（增刊）：504-508.

顾兴芳，张圣平，冯兰香，等．2005. 黄瓜抗病毒病材料的鉴定与筛选[J]. 中国蔬菜（6）：21-23.

顾兴芳，张圣平，国艳梅，等．2004. 黄瓜苦味遗传分析[J]. 园艺学报，31（5）：613-616.

顾兴芳，张圣平，徐彩清，等．2004. 春露地黄瓜产量性状配合力分析[J]. 中国蔬菜（6）：13-15.

顾兴芳，张素勤，张圣平．2006. 瓜果实苦味 *Bt* 基因的 AFLP 分子标记[J]. 园艺学报，33（1）：140-142.

韩旭．1997. 黄瓜蜡粉性状遗传及少蜡粉砧木特性[J]. 中国蔬菜（5）：27-30.

何晓明，陈清华，林毓娥．2001. 华南型黄瓜产量与果实性状的相关和通径分析[J]. 广东农业科学，1：17-18.

侯锋．1999. 黄瓜[M]. 天津：天津科学技术出版社：84-97.

侯锋，李淑菊．2000. 中国黄瓜育种研究进展与展望[J]. 中国农业科学，33（3）：100-102.

稽怡．2008. 黄瓜矮生性状的遗传分析及相关 QTLs 初步定位[D]. 扬州：扬州大学．
雷春，陈劲枫，钱春桃，等．2004. 辐射花粉授粉和胚培养诱导产生黄瓜单倍体植株[J]. 西北植物学报，24（9）：1739－1743.
李楠．2008. 黄瓜分子遗传图谱构建与整合[D]. 兰州：甘肃农业大学．
刘进生，Wehner T C. 2000. 黄瓜复雌花等 6 对基因间连锁遗传关系的研究[J]. 遗传，22（3）：137－140.
吕淑珍，霍振荣，陈正武，等．1990. 黄瓜抗病性遗传研究初报[J]. 天津农林科技，2：22－25.
马德华，吕淑珍，霍振荣，等．1997. 保护地黄瓜新品种津优 1 号的选育[J]. 中国蔬菜（6）：21－23.
马德华，吕淑珍，沈文云，等．1994. 黄瓜主要品质性状配合力分析[J]. 华北农学报，9（4）：65－68.
毛爱军，张 峰，张海英，等．2005. 两个黄瓜品种对白粉病的抗性遗传分析[J]. 中国农学通报，21（6）：302－306.
孟焕文，张彦峰，程智慧，等．2000. 黄瓜幼苗对热胁迫的生理反应及耐热鉴定指标筛选[J]. 西北农业学报，9（1）：96－99.
苗晗．2010. 栽培黄瓜 SSR 遗传图谱构建及重要农艺性状定位[D]. 北京：中国农业大学．
苗晗，顾兴芳，张圣平，等．2010. 两个黄瓜叶色突变体的比较分析[J]. 中国蔬菜（22）：16－20.
苗晗，顾兴芳，张圣平，等．2010. 黄瓜复雌花性状 QTL 定位分析[J]. 园艺学报 37（9）：1449－1455.
乔宏宇，朱 芳，栗长兰，等．2005. 黄瓜主要营养品质性状遗传分析[J]. 东北农业大学学报，36（3）：290－293.
沈镝，李锡香，王海平等．2006. 黄瓜种质资源研究进展与展望[J]. 中国蔬菜（增刊）：77－81.
沈丽平．2009. 黄瓜白粉病抗性遗传分析及相关 QTL 初步定位[D]. 扬州：扬州大学．
孙洪涛，秦智伟，周秀艳，等．2010. 黄瓜果实横径的遗传分析及分子标记[J]. 中国农学通报，26（20）：38－42.
王莉莉，司龙亭，邹芳斌．2008. 黄瓜单性结实的遗传分析[J]. 湖北农业科学，4：437－439.
王敏，董邵云，张圣平，等．2013. 黄瓜果实品质性状遗传及相关基因分子标记研究进展[J]. 园艺学报，40（9）：1752－1766.
王亚娟．2005. 黄瓜枯萎病抗性相关基因的分子标记研究[D]. 杨凌：西北农林科技大学．
王烨，顾兴芳，张圣平．2014. RNAi 载体导入黄瓜的遗传转化体系[J]. 植物学报，49（2）：183－189.
王玉怀．1985. 黄瓜主要农艺性状与产量的通径分析[J]. 东北农学院学报，1：54－58.
王玉怀，崔日山．1989. 大棚春黄瓜主要农艺性状的配合力分析[J]. 东北农学院学报，20（1）：20－28.
魏爱民，韩毅科，杜胜利．2007. 供体植株栽培季节和栽培方式对黄瓜未受精子房离体培养的影响[J]. 西北农业学报，16（5）：141－144.
翁祖信，徐新波，冯东昕．1989. 黄瓜枯萎病菌生理小种研究初报[J]. 中国蔬菜（1）：l9－21.
夏立新，陈德富，哈玉洁，等．2006. 黄瓜亲本间分子遗传距离与杂种优势的相关性[J]. 南开大学学报：自然科学版，34（2）：91－94.
徐晴，张桂华，韩毅科，等．2008. 黄瓜远缘群体分子遗传连锁图谱的构建和分析[J]. 华北农学报，23（1）：45－49.
闫立英，娄丽娜，娄群峰，等．2008. 全雌黄瓜单性结实性的遗传分析[J]. 园艺学报，35（10）：1441－1446.
杨瑞环，刘殿林，哈玉洁，等．2005. 黄瓜早熟及丰产性与主要农艺性状的相关性分析[J]. 华北农学报（5）：34－37.
杨双娟，苗晗，张圣平，等．2011. 黄瓜无毛基因 *GL－2* 的遗传分析和定位[J]. 园艺学报，38（9）：1685－1692.
杨寅桂，李为观，娄群峰，等．2007. 黄瓜耐热性研究进展[J]. 中国瓜菜（5）：30－34.
余纪柱，石内佐治．1996. 黄瓜果实脆度的简易评价方法[J]. 园艺学报，23（1）：91－93.
詹艳，陈劲枫，Malik A A. 2009. 黄瓜游离小孢子培养诱导成胚和植株再生[J]. 园艺学报，36（2）：221－226.
张海英，陈青君，王永健，等．2004. 黄瓜耐弱光性的 QTL 定位[J]. 分子植物育种，2（6）：795－799.
张海英，葛风伟，王永健，等．2004. 黄瓜分子遗传图谱的构建[J]. 园艺学报，31（5）：617－622.
张海英，毛爱军，张峰，等．2005. 三种主要黄瓜病毒抗性基因的定位[J]. 农业生物技术学报，13（6）：709－712.
张鹏，秦智伟，王丽莉，等．2010. 黄瓜果实弯曲性状的 QTL 定位[J]. 东北农业大学学报，41（11）：28－31.
张若纬．2010. 黄瓜离体再生和遗传转化体系的建立[D]. 北京：中国农业科学院．
张圣平，刘苗苗，苗晗，等．2011. 黄瓜白粉病抗性基因的 QTL 定位[J]. 中国农业科学，44（17）：3584－3593.
张圣平，苗晗，程周超，等．2011. 黄瓜果实苦味基因 *Bt* 的初步定位[J]. 园艺学报，38（4）：709－716.
张文珠，李加旺，王疆．2007. 日光温室黄瓜新品种津优 35 号的选育[J]. 中国蔬菜（12）：33－35.
周健，顾兴芳，张圣平，等．2012. 黄瓜对西瓜花叶病毒病抗性的研究进展[J]. 中国蔬菜（10）：7－13.

朱德蔚，王德槟，李锡香 . 2008. 中国作物及其野生近缘植物：蔬菜作物卷[M]. 北京：中国农业出版社 .

藤枝国光 . 1988. キュウリの少ブルーム台木[J]. 施设と园芸（61）：24 - 27.

Abul - Hayja Z，P H Williams. 1976. Inheritance of two seedling markers in cucumber[J]. Hort Science 11：145.

Abul - Hayja Z，P H Williams，C E Peterson. 1978. Inheritance of resistance to anthracnose and target leaf spot in cucumbers[J]. Plant Dis. Rptr，62：43 - 45.

Andeweg J M. 1956. The breeding of scab - resistant frame cucumbers in the Netherlands[J]. Euphytica，5：185 - 195.

Bradeen J M，J E Staub，C Wye，et al. 2001. Towards an expanded and integrated linkage map of cucumber（*Cucumis sativus* L.）[J]. Genome，44：111 - 119.

Caglar G，K Abak. 1996. Efficiency of haploid production in cucumber[J]. Report - Cucurbita - Genetics - Cooperative，19：36 - 37.

Chee P P，Slightom J L. 1991. Transfer and expression of cucumber Mosaic virus coat protein gene in the genome of *Cucumis sativus* L. [J]. J Amer Soc Hort Sci，116（6）：1 - 6.

Chen J F，J Kirkbride. 2000. A new synthetic species of *Cucumis*（Cucurbitaceae）by interspecific hybridization and chromosome doubling[J]. Brittonia，52（4）：315 - 319.

Chen J F，J E Staub，Y Tashiro，et al. 1997. Successful interspecific hybridization between *C. hystrix* and *C. sativus* through embryo culture[J]. Euphytica，96：413 - 419.

Chen J F，X D Luo，C T Qian，et al. 2004. Cucumis monosomic alien addition lines：morphological，cytological，and genotypic analyses[J]. Theor Appl Genet，108（7）：1343 - 1348.

Cho J，D H Koo，Y W Nam，et al. 2006. Isolation and characterization of cDNA clones expressed under male sex expression conditions in a monoecious cucumber plant[J]. Euphytica，146（3）：271 - 281.

De Ponti O M B，F Garretsen. 1976. Inheritance of parthenocarpy in pickling cucumbers（*Cucumis sativus* L.）and linkage with other characters[J]. Euphytica，25：633 - 642.

De Ruiter A C，B J van der Knapp，R W Robinson. 1980. Rosette，a spontaneous cucumber mutant arising from cucumber - muskmelon pollen[J]. Cucurbit Genet. Coop. Rpt，3：4.

Dessert J M，L R Baker，J F Fobes. 1982. Inheritance of reaction to *Pseudomonas lachrymans* in pickling cucumber [J]. Euphytica，31：847 - 856.

Fanourakis N E，P W Simon. 1987. Inheritance and linkage studies of the fruit epidermis structure in cucumber[J]. J Hered，78：369 - 371.

Fazio G，J E Staub，M R Stevens. 2003. Genetic mapping and QTL analysis of horticultural traits in cucumber（*Cucumis sativus* L.）using recombinant inbred lines[J]. Theor. Appl. Genet，107：864 - 874.

Fujieda K，V Fujita，Y Gunji，et al. 1982. The inheritance of plural - pistillate flowering in cucumber [J]. J. Jap. Soc. Hort. Sci，51：172 - 176.

Galun E. 1961. Study of the inheritance of sex expression in the cucumber. The interaction of major genes with modifying genetic and non - genetic factors[J]. Genetica，32：134 - 163.

Gemesne J A，G P Venczel，A Altman，et al. 1997. Haploid plant induction in Zucchini（*Cucurbita pepo* L. convar. *giromontiina* DUCH）and in Cucumber（*Cucumis sativus* L.）lines through in vitro gynogenesis[J]. Acta - Horticulturae，447：623 - 625.

Horejsi T，Staub J E. 1999. Genetic variation in cucumber as assessed by random amplified polymorphic DNA[J]. Genet Resour Crop Evol，46：337 - 350.

Jenkins J M，Jr. 1946. Studies on the inheritance of downy mildew resistance[J]. J. Hered，37：267 - 276.

Kennard W C，K Poetter，A Dijkhuizen，et al. 1994. Linkages among RFLP，RAPD，isozyme，disease - resistance，and morphological markers in narrow and wide crosses of cucumber[J]. Theor. Appl. Genet，89：42 - 48.

Knerr L D，J E Staub. 1992. Inheritance and linkage relationships of isozyme loci in cucumber（*Cucumis sativus* L.）[J]. Theor. Appl. Genet，84：217 - 224.

Kooistra E. 1968. Powdery mildew resistance in cucumber[J]. Euphytica，17：236 - 244.

Lazarte J E，C C Sasser. 1982. Asexual embryogenesis and plantlet development in anther culture of *Cucumis sativus* L

[J]. Hortscience, 17: 88.

Lee Y H, H J Jeon, K H Hong, et al. 1995. Use of random amplified polymorphic DNA for linkage group analysis in an interspecific cross hybrid F_2 generation of *Cucurbita*[J]. J. Korean Soc. Hortic. Sci, 36: 323 - 330.

Li Y H, L M Yang, P Mamta, et al. 2011. Fine genetic mapping of cp: a recessive gene for compact (dwarf) plant architecture in cucumber, (*Cucumis sativus* L.) [J]. Theor Appl Genet, 123: 973 - 983.

Lotfi M, A Kashi, R Onsinejad, et al. 1999. Induction of parthenogenetic embryos by irradiated pollen in cucumber [J]. Acta - Horticulturae, 492: 323 - 328.

Malepszy S, K Niemirowicz - Szczytt. 1991. Sex determination in cucumber (*Cucumis sativus* L.) as a model system for molecular biology[J]. Plant Science, 80: 39 - 47.

Meglic V, Staub J E. 1996. Inheritance and linkage relationships of isozyme and morphological loci in cucumber[J]. Theor Appl Genet, 92: 865 - 872.

Miao H, Zhang S P, Wang X W, et al. 2011. A linkage map of cultivated cucumber (*Cucumis sativus* L.) with 248 microsatellite marker loci and seven genes for horticulturally important traits[J]. Euphytica, 182: 167 - 176.

Miller G A, W L George, Jr. 1979. Inheritance of dwarf determinate growth habits in cucumber[J]. Journal of the American Society for Horticultural Science, 4: 114 - 117.

Nandgaonkar A K, L R Baker. 1981. Inheritance of multi - pistillate flowering habit in gynoecious pickling cucumber [J]. J. Amer. Soc. Hort, 106: 755 - 757.

Nikolova V, V Rodeva, M Alexandrova, et. al. 2001. Effect of gamma irradiation for induction of gynogenesis in cucumber (*Cucumis sativus* L.) [J]. Bulgarian J of Agri Sci, 7: 415 - 420.

Park Y, S Sensoy, C Wye, et al. 2000. A genetic map of cucumber composed of RAPDs, RFLPs, AFLPs, and loci conditioning resistance to papaya ringspot and zucchini yellow mosaic viruses[J]. Genome, 43: 1003 - 1010.

Paula P Chee, Jerry L Slightom. 1991. Transfer and Expression of cucumber Mosaic Virus Coat Protein in the genome of *Cucumis sativus*[J]. J. Amer. Soc. Hort. Sci, 116 (6): 1098 - 1102.

Perl - Treves R. 1999. Floral development and sex expression in *Cucumis sativus*, the cucumber: genetic and molecular approaches[J]. Flowering Newsletter, 28: 39 - 48.

Pierce L K, T C Whener. 1990. Review of genes and linkage groups in cucumber[J]. Hort. Science, 26: 605 - 615.

Pike L M, C E Peterson. 1969. Inheritance of parthenocarpy in the cucumber (*Cucumis sativus* L.) [J]. Euphytica, 18: 101 - 105.

Qingzhen Wei, Yunzhu Wang, Xiaodong Qin, et al. 2014. An SNP - based saturated genetic map and QTL analysis of fruit - related traits in cucumber using specific - length amplified fragment (SLAF) sequencing[J]. BMC Genomics, 15: 1158.

Raharjo S H T, Hernandez M O, Zhang Y Y, et al. 1996. Transformation of pickling cucumber with chintinase - encoding genes using *Agrobacterium tumefaciens*[J]. Plant Cell Rep, 15: 591 - 596.

Ren Y, Zhang Z H, Liu J H, et al. 2009. An integrated genetic and cytogenetic map of the cucumber genome[J]. PloS One, 4 (6): e5795.

Rosa J T. 1928. The inheritance of flower types in *Cucumis* and *Citrullus*[J]. Hilgardia, 3: 233 - 250.

Sakata Y, N Kubo, M Morishita, et al. 2005. QTL analysis of powdery mildew resistance in cucumber (*Cucumis sativus* L.) [J]. Theor Appl Genet, 112: 243 - 250.

Serquen F C, Bacher J, Staub J E. 1997. Mapping and QTL analysis of horticultural traits in a narrow cross in cucumber (*Cucumis satiuas* L.) using random amplified polymorphic DNA makers[J]. Molecular Breeding, 3 (4): 257 - 268.

Shifriss O. 1961. Sex control in cucumbers[J]. Journal of Heredity, 52: 5 - 12.

Staub J E, Serquen F C. 2000. Towards an integrated linkage map of cucumber: map merging[J]. Acta Horticulture, 510: 357 - 336.

Tabei Y, Kitade S, Nishizawa Y, et al. 1998. Transgenic cucumber plants harboring a rice chitinase gene exhibit enhanced resistance to gray mold (*Botrytis cinerea*) [J]. Plant Cell Rep, 17: 159 - 164.

Thaxton P M. 1974. A genetic study of the clustering characteristic of pistillate flowers in the cucumber, *Cucumis sativus*

L. [D]. Texas A &M Univ College Station.

Trulso A J, Simpson R B, Shahin E A. 1986. Transformation of cucumber (*Cucumis sativus* L.) plants with *Agrobacterium rhizogenes*[J]. Theor Appl Genet, 73: 11-15.

Vakalounakis D J. 1992. Heart leaf, a recessive leaf shape marker in cucumber: linkage with disease resistance and other traits[J]. Journal of Heredity, 83: 217-221.

van Vliet, G J A, W D Meysing. 1974. Inheritance of resistance to *Pseudoperonospora cubensis* Rost. in cucumber (*Cucumis sativus* L.) [J]. Euphytica, 23: 251-255.

Vengadesan G, Anand R Prem, Selvaraj N, et al. 2005. Transfer and expression of npt Ⅱ and bar genes in cucumber (*Cucumis sativus* L.) [J]. The Society for In Vitro Biology, 41 (1): 17-21.

Wai T, J E Staub, E Kabelka, et al. 1997. Linkage analysis of potyvirus resistance alleles in cucumber[J]. Journal of Heredity, 88: 454-458.

Walters S A, Shetty N V, Wehner T C. 2001. Segregation and linkage of several genes in cucumber[J]. Journal of the American Society for Horticultural Science, 126: 442-450.

Wehner T C. 2005. Gene list 2005 for cucumber[J]. Cucurbit Genetics Cooperative Report, 28: 105-141.

Wehner T C, Liu J S, Staub J E. 1998a. Two-gene interaction and linkage for bitterfree foliage in cucumber[J]. Journal of the American Society for Horticultural Science, 123 (3): 401-403.

Yang L M, Li D W, Li Y H, et al. 2013. A 1, 681-locus consensus genetic map of cultivated cucumber including 67 NB-LRR resistance gene homolog and ten gene loci[J]. BMC Plant Biology, 13: 53.

Yin Z, Pawlowicz I, Bartoszewski G, et al. 2004. Transcriptional expression of a *Solanum sogarandinum* pGT: Dhn 10 gene fusion in cucumber, and its correlation with chilling tolerance in transgenic seedlings[J]. Cellular and Molecular Biology Letters, 9 (4B): 891-902.

Yuan X J, Li X Z, Pan J S, et al. 2008. Genetic linkage map construction and location of QTLs for fruit-related traits in cucumber[J]. Plant Breeding, 127: 180-188.

Yutaka Tabei, Takeshi Nishio, Kazunori Kurihara, et al. 1994. Selection of transformed callus in a liquid medium and regeneration of transgenic plants in cucumber (*Cucumis sativus* L.) [J]. Breeding Science, 44: 47-51.

Zhang S P, Miao H, Gu X F, et al. 2010. Genetic mapping of the Scab resistance gene (Ccu) in cucumber (*Cucumis sativus* L.) [J]. Journal of the American Society for Horticultural Science, 135 (1): 53-58.

Zhang S P, Liu M M, Miao H, et al. 2013. Chromosomal mapping and QTL analysis of resistance to downy mildew in *Cucumis sativus* L. [J]. Plant Disease, 97 (2): 245-251.

Zhang W W, Pan J S, He H L, et al. 2012. Construction of a high density integrated genetic map for cucumber [J]. Theor Appl Genet, 124: 249-259.

第十八章

西 瓜 育 种

西瓜［*Citrullus lanatus*（Thunb.）Matsum. et Nakai］是葫芦科（Cucurbitaceae）西瓜属（*Citrullus*）中的栽培种，一年生蔓性草本植物。别名：水瓜、寒瓜。染色体数 $2n=2x=22$。西瓜成熟果实每 100 g 果肉含水分 86.5～92.0 g，总糖 7.3～13.0 g，具有性凉爽口，消暑解渴的作用，同时含有丰富的番茄红素与瓜氨酸等营养保健物质，对人体也有一定保健与疾病辅助治疗作用。西瓜不仅成为夏季消暑的大众果品，也是一年四季餐前餐后大众喜爱的果盘水果。

西瓜起源于非洲南部的卡拉哈里沙漠。早在五六千年以前，古埃及就已种植西瓜。后经陆路从西亚经波斯（今伊朗）、西域，沿古代丝绸之路于五代以前传入中国新疆。10 世纪上半叶，在内蒙古一带已有西瓜栽培。南宋时西瓜已由北方（今北京、大同等地）引入浙江、河南等地栽培。元代司农司撰《农桑辑要》（1273）首次记载了西瓜的栽培方法。

西瓜是世界重要的园艺作物。世界西瓜的收获面积占世界水果总收获面积的比例一直维持在 5.5%左右，达到 356.8 万 hm^2，居世界各水果品种收获面积的第 7 或第 8 位，但其产量占世界水果总产量的 13%左右，2011 年仅次于香蕉，居世界各水果品种产量的第 2 位，达到 10 447.24 万 t。世界西瓜产区分布比较广泛，但亚洲一直是西瓜最重要的产地。2011 年亚洲西瓜收获面积达到 273.83 万 hm^2，占世界西瓜总收获面积的 76.74%，欧洲与美洲西瓜收获面积分别排在第 2 与第 3 位。世界西瓜产量近八成集中在中国、伊朗、土耳其、巴西和美国，中国是世界西瓜生产与消费的第一大国，2011 年播种面积达到 182.2 万 hm^2，产量为 6 889.3 万 t。西瓜是中国五大水果之一，在夏季水果消费市场的占有率超过 50%，占世界西瓜产量的 67%以上。西瓜在中国各地均有广泛的栽培，长江中下游与华北两大地区占主导，其播种面积占全国的 3/4 左右。西瓜的栽培方式和生产技术与果类蔬菜有较多的类同，且可与许多蔬菜作物连作、轮作与换茬。尽管西瓜作为一种水果来消费，但在归口统计、技术指导与瓜农生产方面，一直将其作为蔬菜的一个作物种类来进行管理。

第一节 育种概况

一、育种简史

世界有计划、有目标地进行西瓜品种改良始于 19 世纪末期与 20 世纪初。从 20 世纪中叶开始，美国育成了多个优良常规品种，如查里斯顿（Charleston gray）、久比利（Jubilee）、克伦生（Crimson sweet）和全甜（Allsweet）、蜜宝（Sugar baby）等。进入 20 世纪 80 年代，随着作物杂种优势利用研究的不断深入，西瓜杂交种的明显优势以及杂交一代良种给商业育种公司带来了巨大利益，杂交种开始主导西瓜品种。20 世纪 90 年代，日本、韩国与中国几乎所有的西瓜生产均使用杂交一代种，但目前在非洲、东欧、中东和南美洲等地仍有一定面积的常规种栽培。目前，世界范围内西瓜新品种选育与材料创新以及相关基础研究主要集中在欧洲及美国、日本、韩国、中国等国的大学与科研院所、种子公司。近些年跨国种苗公司在西瓜育种技术与新品种选育甚至在基础性研究上都得到了极大提高，已经成为主要的创新主体。

自 20 世纪 60 年代以来，中国的西瓜品种历经多次的更新换代，基本上历经了 4 个阶段：①中华人民共和国成立初期至 20 世纪 60 年代末，主要围绕地方品种的收集、提纯与繁育，西瓜生产以地方农家品种为主，如花狸虎、马铃瓜、喇嘛瓜、核桃纹、三白、黑崩筋、黑油皮、手巾条等。②20 世纪 70 年代初期，开始从国外引入优良品种，主要引自日本、美国等国家，如日本的新大和、旭大和系统；美国的蜜宝、查里斯顿、克伦生和久比利等。③进入 20 世纪 70 年代后期，中国自主开展了西瓜常规品种的选育工作，主要基础材料为中国地方品种、日本品种和美国品种，并以晚熟高产耐贮运的大型瓜品种选育为目标，其代表品种为中国农业科学院选育的中育系列品种，该品种也成为中国西瓜品种改良的基础材料。④自 20 世纪 80 年代中期开始，杂种优势的研究利用成为中国西瓜育种的重点并在全国各个育种单位开展，多家单位先后育成了许多不同类型、不同成熟期的一代杂种西瓜新品种。代表品种有中国农业科学院郑州果树研究所选育的郑杂系列，其中郑杂 5 号在 20 世纪 80～90 年代成为露地早熟栽培的主栽品种。在兼顾西瓜品种丰产性的同时，育种学家对抗病性也非常重视，丰产性和抗病性都较好的代表品种为西北农林大学育成的西农 8 号，该品种成为近 30 年来中国晚熟西瓜生产的主栽品种。北京市农林科学院蔬菜研究中心育成的京欣系列西瓜品种，新疆农业科学院育成的早佳（8424），将西瓜的早熟性和品质育种水平与日本等先进国家接轨，并直接带动了中国保护地西瓜早熟栽培技术的发展，目前这些品种在生产中依然发挥着重要作用。无籽西瓜品种的选育也得到较快发展，其代表品种为中国农业科学院郑州果树研究所选育的黑蜜 2 号。进入 90 年代后，品质育种和特色品种的选育受到了全国育种工作者的空前重视，目前中国西瓜品种的选育目标呈现多样化，主栽品种基本实现了国产化、一代杂种化及良种化。

二、育种现状与发展趋势

20 世纪 70 年代，中国开展了自己的西瓜育种工作，初期通过引进日本与美国优良品种，将地方品种与日本和美国品种相互配组杂交，选育出一批常规品种。至 80 年代，杂种优势的研究利用成为中国西瓜育种的重点，先后育成了许多不同类型、不同成熟期的一代杂种西瓜新品种，基本实现了中国西瓜主栽品种的国产化，先后育成了一批丰产、优质、抗病或具有特殊性状的优良西瓜新品种，特别是在优质与抗病育种领域取得了突出成就。随着我国经济社会的发展，城市家庭消费者开始不欢迎果型太大的西瓜，而小型优质的“袖珍西瓜”却越来越受到消费者的青睐。全国多个育种单位及种业公司先后育成了一批高糖度小型（1.5～2.0 kg）的迷你型西瓜和黄皮、黄瓤西瓜新品种，并广泛应用于生产。

近些年，我国在西瓜基础理论研究和育种技术以及人才队伍建设等方面均取得了重要进展，创办了世界上唯一的西瓜甜瓜专业性科技刊物《中国西瓜甜瓜》（1999 年创办，2005 年改名为《中国瓜菜》）。中国农业科学院郑州果树研究所于 2000 年组织编纂出版了西瓜甜瓜大型著作《中国西瓜甜瓜》。中国还拥有世界上最庞大的西瓜科技队伍，从事西瓜科技工作的县以上单位近百个，科技人员近 500 名，并培养了一批具有硕士、博士学位的年轻科技人员。2009 年建立了国家西甜瓜产业技术体系，由 23 位岗位科学家与 20 个综合试验站组成，科技骨干近 200 人，有力地支撑了全国西瓜产业的可持续发展。2001 年，中国农业科学院郑州果树研究所建立了国家西瓜甜瓜中期库，目前保存有 1 600余份西瓜种质资源；2005 年，出版了《西瓜种质资源描述规范和数据标准》。2013 年，农业部发布了《农作物优异种质资源评价规范 西瓜》（NY/T 2387—2013）。近 10 年来，在国内外发表了一批有重要参考价值的论文论著。2013 年，北京市农林科学院蔬菜研究中心在《自然·遗传学》上发表了西瓜全基因组草图与重测序变异图谱，奠定了中国在西瓜基因组研究方面的领先地位。中国已经成为世界西瓜育种研究与良种开发的重要国家。

中国今后一段时期内的西瓜育种发展趋势主要体现在以下几个方面：

（1）*西瓜育种目标呈现多样化与特色化* 由于小家庭数目的增多，小型优质西瓜大受欢迎。然而这并不说明大型西瓜将会失去市场，宾馆、饭店则要求大型品种；在旅游业兴旺的地区，则需发展一些奇异特色的品种。一方面，高品质、肉质脆嫩、不易运输的品种受到大城市高端消费者的喜爱；另一方面，耐贮运、果肉硬脆的品种是规模化生产基地的主导品种。因此，由规格单一、肉色单调的品种选育转向适应不同消费对象的多样化品种选育是今后的趋势。

（2）*育成突破性的大品种将是未来重点* 自 1978 年以来，全国通过正式审定鉴定及认定的品种数量达到 785 个，但在生产上发挥作用的大品种只有 50 个左右，其中在 20 世纪 80 年代育成的品种依然发挥作用，衍生品种或者同物异名的品种在市场上鱼目混珠，需要加快培育突破性的大品种。

（3）*骨干亲本材料的创制得到广泛重视，紧缺性材料的创新还有待加强* 突破性品种的选育依赖于骨干亲本材料的创制，在国家各类项目的支持下，已经在多个类型材料上取得突破，如抗枯萎病 3 个生理小种的优质西瓜材料，抗白粉、炭疽病材料，硬肉型耐贮运材料等。但在适应低温弱光、耐高温、抗水脱等材料以及技术方法上尚未取得突破，需要进一步加强投入，特别是在技术创新方面。

（4）*与育种相关的基础性研究开始有所突破，分子辅助育种与传统技术的结合尚需加强* 材料创新突破的瓶颈主要是育种技术的滞后。西瓜全基因组测序工作的完成，特别是一些重要抗病基因已获得定位与克隆，为分子标记辅助育种提供了重要的技术支撑。目前跨国种苗公司已在西瓜上开始规模化应用，中国也正在迎头赶上，一批具备现代分子生物学知识背景的西瓜育种者全面走上育种第一线，将带动中国西瓜分子育种的技术水平发展。另外，单倍体与辐射诱变等技术也将发挥重要作用。

（5）*以企业为创新主体的西瓜育种与良种产业化体系雏形已形成，体制与机制改革尚需突破* 目前西瓜品种的选育创新依然以全国的科研院所为主，科研单位随着改革的推进，将逐步从商业化西瓜育种与良种开发中退出。目前，已经有一些民营企业育成了一批有知识产权的品种，企业的研发力量在不断增强，但全面担当育种创新的主体尚待时日，特别是面对跨国种苗公司利用高技术实现品种突破的竞争，需要进一步提升科研院所在育种技术与资源创制上的原始创新能力，并有效地与企业对接，努力将企业打造成为中国西瓜育种的创新主体，这将是未来中国西瓜种业面临的首要任务。

第二节 种质资源与品种类型

一、起源、传播与分类

西瓜原产于非洲。1857 年，著名的传教士探险家 David Livingstone 发现在非洲的卡拉哈里（Kalahari）大沙漠同时生长着苦的与甜的西瓜，呈野生状态。从此，这一地区被认定为栽培西瓜的起源地中心，今为博茨瓦纳（Botswana）地区。干旱、少雨和阳光充足的起源地生态条件使西瓜进化为具有一定耐旱性、喜光、耐高温不耐冷、果实含水量高等生物学特性的物种。

在西瓜属（*Citrullus*）中曾公认有 5 个种，即西瓜种［*C. lanatus*（Thunb.）Mansf.］、药西瓜［*C. colocynthis*（L.）Schrad］、无卷须西瓜（*C. ecirrhosus* Cogn.）、热迷西瓜（*C. rehmii* de Winter.）和罗典诺丹西瓜［*C. naudianianus*（Sond）Hook.］。近期研究表明，罗典诺丹西瓜［*C. naudianianus*（Sond）Hook.］与西瓜属几个种差异较大，染色体数目 $2n=24$，与栽培西瓜杂交

不亲和。其余 4 个种均具有相同的染色体数目 $2n=22$，可以相互交配，并产生正常可育的 F_1 植株。与西瓜属血缘相近的 *Praecitrullus fistulosus*，在西瓜属的分类历史上也曾列入西瓜属，现已确定为葫芦属的一个种，在印度称为“水瓜”。*C. colocynthis* 起源于非洲的北部，为二年生单性花作物，与 *C. lanatus* 主要区别在于植物器官的大小上，其叶子、果实与种子均很小，叶子上有灰色的茸毛，果肉为海绵状，常常发苦。*C. ecirrhosus* 起源于非洲西南部的沙漠地区，为二年生两性花作物，开花在第 2 年才出现。野生种均表现出生长势旺，对某些病虫害具有抗性，但果实皮厚、味淡或苦，不能食用，很少用作栽培，在起源地少量作为饲料。

西瓜种 *C. lanatus*（Thunb.）Mansf. 起源于非洲南部或中部，现主要分布在埃及以及亚洲的南部、西部与中部，为一年生单性花作物，包括 3 个亚种：①栽培西瓜亚种 *C. lanatus* subsp. *vulgaris*，食用的西瓜属于该亚种，早年有分类学者曾定名为 *Citrullus vulgaris*。②黏籽西瓜亚种 *C. lanatus* subsp. *mucosospermus*，俗称 Egusi 西瓜。③饲料西瓜 *C. lanatus* subsp. *lanatus*，俗称 Tsamma 或 Citron 西瓜，主要分布在非洲西瓜起源地，可作为当地牲口水源，其品质极差，或有苦味，不能直接食用，但其中有些具有极强的抗病性，可用作抗病抗逆育种的种质材料。

西瓜的栽培历史可以追溯到史前时期，4 000 多年前，西瓜已经是古埃及重要的蔬菜作物，这可以从考古挖掘的图片上反映出来。西瓜的名称在阿拉伯文、Sanskri 文、西班牙文与 Sardinian 文等古文献上出现，说明西瓜从地中海地区向东到印度，经陆路从西亚经波斯（伊朗）、西域，沿古代丝绸之路于五代以前传入中国新疆。据宋代欧阳修撰《新五代史·四夷附录》（11 世纪）引胡峤《陷虏记》所载，辽代上京（今内蒙古自治区巴林左旗南波罗城）以东10 km处，在 10 世纪上半叶已有西瓜栽培，10 世纪下半叶，北京一带已有相当数量的栽培，以后逐步向南传播。南宋著名诗人范成大的《西瓜园》（1170）注云：“西瓜本燕北种，今河南皆种之。”可见在南宋时期西瓜已由北方（今北京、大同等地）引入浙江、河南等地广为栽培了。元代司农司撰《农桑辑要》（1273）首次记载了西瓜的栽培方法。

栽培西瓜可分为果用和籽用两大类。果用西瓜是普遍栽培的类型，占栽培品种的绝大部分，但中国也是世界籽用西瓜的生产与消费大国。本章内容主要以果用西瓜为主。果用西瓜的分类方法很多，依果实大小分小型（2.5 kg 以下）、中型（2.5～6.0 kg）、大型（6.0～10.0 kg）、特大型（10 kg 以上）4 类；依果形分为圆形、椭圆形和枕形；依瓤色分为红、黄、白等。而以生态型的分类方法在栽培上更为适宜，可分为华北生态型、华东生态型、西北生态型和华南生态型，但由于中国不是西瓜的原产地，在上述生态类型中的品种资源分化特征不是十分明显，特别是保护地栽培的普及与全国大流通市场的形成，各地资源特征更显模糊。

二、种质资源评价与利用

在 20 世纪初，美国人就开始注重对西瓜种质的搜集、评价与利用，现在美国国家种质资源库中保存的西瓜种质材料达到 1 644 份。苏联也十分重视西瓜资源的收集，目前保存的西瓜材料达到2 292 份。欧洲资源库中也保存了上千份西瓜野生材料。

通过对这些种质进行评价，已发现不少种质具有某些特异抗性，如：抗炭疽病小种 1，2，3（Winstead et al.，1959；Sowell et al.，1980），抗枯萎病小种 1，2（Martyn 和 Netzer，1991；Bates 和 Robinson，1995），抗蔓枯病（Sowell，1975），抗番木瓜环斑病毒（PRSV）(Provvidenti，1986)，抗小西葫芦黄花叶病毒（ZYMV）（Provvidenti，1984），耐低温（Provvidenti，1994；许勇等，1996），抗线虫（张学炜等，1989；沈镝等，2007），耐旱（杨安平等，1996）以及耐贮运（赵尊练和魏大钊，1992）等性状。

有关西瓜野生种质优良抗性的转育工作早在 1919 年就已开始，美国农业部育种家 Orton 利用可食用的西瓜品种 Eden 与野生品种 Stock citron 杂交，育成第一个抗枯萎病品种 Conqueror。该品种成为后来培育的抗病强、品质好的商业品种的主要抗病亲本。1931 年，美国艾奥瓦试验站开始研究将非洲西瓜抗炭疽病的基因转育到栽培西瓜上，于 1947 年推出抗炭疽病的品种 Black Kleckley。Leesburg 试验站利用野生抗源基因培育了兼抗枯萎病与炭疽病小种-1、高品质的西瓜品种 Smokylee（1971)、Dixilee（1979)、Sugarlee（1981)、Mickylee 和 Minilee（1986)。Norton 在 1971 年开始，将 PI189225 的抗炭疽病小种-2 与 PI271778 的抗蔓枯病的基因转育到抗枯萎病与抗炭疽病小种-1 的栽培品种 Jubilee 与 Crimson sweet 上，育成了抗 3 种病害的新品种 AU-Jubilant 和 AU-Producer。Miltau（1978）将野生种 *C. colocynthis* 抗白粉病的基因转育到了栽培西瓜品种上。上述研究为后续西瓜育种的突破提供了种质基础。

中国西瓜种质资源较为贫乏，种质资源研究工作也起步较晚。虽然从 1959 年开始组织各省份开展西甜瓜地方品种的搜集整理，但是，正式列入国家研究项目还是从 1982 年开始。目前中国国家种质资源库中保存的西瓜材料有 1099 份。林德佩（1977）将近百份国内外搜集的西瓜种质材料种植在新疆昌吉，根据其形态特征、农艺性状与地域分布将西瓜分为 5 个生态型，即非洲生态型、美洲生态型、欧洲生态型、俄罗斯生态型及华北生态型。2003 年，北京市农林科学院蔬菜研究中心将美国 1 000多份 PI 编号的西瓜资源引进中国，进行繁殖评价并保存在该中心资源库中。

杨健（1995）根据有关资料对中国不同时期表现优良的 110 份西瓜品种进行了血缘关系分析，认为不同时期不同品种，日本品种血缘最高占 82.70%、美国品种血缘最高占 44.5%、中国品种血缘最高占 40.0%，而其他国家品种血缘最高只占 9%，说明中国西瓜种质的基础血缘主要来自于日本、美国。

前人试图利用同工酶与蛋白质来研究西瓜的遗传多样性与遗传关系，Navot 与 Zamir（1987）在 384 份 *C. lanatus* 材料上的 26 个酶位点上发现只有 4 个位点有多态性，但在栽培西瓜种（*C. lanatus*）与野生西瓜种（*C. colocynthis*）的种间存在丰富的同工酶与种子蛋白质的多态性，根据其杂交后代的分离群体，描述了西瓜的 19 个蛋白质基因位点的连锁关系。Biles 等（1989）分析了 8 个商业品种的 11 个蛋白位点，在子叶、茎与叶组织上无差异，只在伤流液中发现蛋白谱带上有差异，并可能与抗枯萎病有关，这也是仅有的一篇在栽培品种间确有蛋白谱带差异的报道。国内研究者利用同工酶和可溶性蛋白质研究技术的主要目的是研究西瓜杂种纯度检测。张兴平和王鸣（1989）对西瓜的 10 个杂种及其 16 个亲本的同工酶进行了分析，结果表明西瓜杂种与亲本在同工酶表现上关系很复杂，没有足够遗传差异的西瓜品种，其种子的过氧化物酶、酯酶差异很小或无差异。曹宛虹等（1994）用同工酶及可溶性蛋白质分析了西瓜品种及种间差异，认为同工酶适用于某些西瓜野生品种与栽培品种间鉴定，但栽培品种内无差异，且认为 4 种同工酶系统（过氧化物酶、酯酶、淀粉酶、过氧化氢酶）及可溶性蛋白质均不可用于像京欣 1 号这种父母本亲缘关系很近的杂种纯度鉴定。由此可以看出，对于像西瓜这种基因组较小，遗传差异小的作物，进行遗传关系与杂交种纯度鉴定有必要采用多态性更高的研究手段。北京市农林科学院蔬菜研究中心基于全基因组序列构建了 1 300 份西瓜品种与种质的 SSR 标记的核酸指纹库，美国先正达公司利用 SNP 芯片构建了 900 份材料的遗传关系图，这将在西瓜遗传多样性研究及遗传背景选择上开辟出新的方法。

三、品种资源类型

（一）生态类型

根据中国 20 世纪 60 年代开始搜集整理的西瓜原始品种资源，可分为以下几个类型：

1. 华北生态型 本生态型主要分布在华北温暖半干栽培区（山东、山西、河南、河北、陕西及江苏北部、安徽北部地区），是中国特有生态型。果实以大型、特大型为主。以此生态型作亲本选育出的品种大部分也属此类型。

（1）大型品种群　红瓤品种有花里虎、手巾条、三结义、郑州 2 号、庆丰等；黄瓤品种有核桃纹、柳条青、梨皮、郑州 1 号等；白瓤品种有三白、冻瓜等。

（2）特大型品种群　如大麻子、高顶白、黑油皮等。

2. 华东生态型　本生态型主要分布在中部温暖湿润栽培区（长江中下游及四川、贵州等省）和东北温寒半湿栽培区（东北三省及冀北地区）。华东生态型也是中国特有的生态型，果实以中、小型为主。浜瓜和日本浜瓜（嘉宝）杂交育成的小玉类是著名的小型特殊类型品种，植株生长较弱，结果部位早。由日本引入的东亚型品种近似此类生态型。以此生态型作亲本选育出的品种大部分也属此类型。

（1）小型品种群　如浜瓜、小子香、红小玉等。

（2）中型品种群　红瓤品种有华东 25、解放瓜、旭东、兴城红、琼酥、红花、中育 6 号、抚州瓜、旭大和、新大和等；黄瓤品种有马铃瓜、海宁瓜、黄岩瓜、嵊县瓜、华东 26、大和、冰淇淋等。

3. 西北生态型　本生态型主要分布在西北干旱栽培区（甘肃、宁夏、内蒙古、青海和新疆等省份）。果实以大型为主，生长旺盛，坐果节位高，生育期长，极不耐湿，引进的苏联品种与本类型相近似。品种有精河西瓜、白皮瓜、花皮瓜、苏联 1 号、苏联 2 号、苏联 3 号、墨拉摩尔里等。

4. 华南生态型　本生态型主要分布在南方高温多湿栽培区（广西、广东、台湾、福建等省份），果实以大、中型为主。生长旺盛，耐湿性强，生育期也较长。从美国引进的品种，或以其选育出来的品种均为此类型，如澄选 1 号、澄育 1 号、中石红等。

（二）主要品种

1. 早中熟品种

（1）京欣 1 号　北京市农林科学院蔬菜研究中心于 1985 年育成。早中熟，果实发育期 30 d，全生育期在 100 d 左右。生长势中等，叶型小。每 5 片叶有 1 个雌花。果实圆形，有明显的深绿色条纹 16～17 条，上有一层蜡粉。果肉粉红色，纤维少，肉脆，含糖量 11.5%～12%。皮厚 1 cm，皮较脆，单果重 5 kg 左右。

（2）京欣 2 号　北京市农林科学院蔬菜研究中心于 2001 年育成。中早熟种，全生育期 90 d 左右，果实发育期 28～30 d，单瓜重 5～7 kg，有果霜，红瓤，中心含糖量 11%～12%。质地脆嫩，口感好，风味佳，耐贮，高抗枯萎病兼抗炭疽病。适合保护地和露地早熟栽培。

（3）早佳（84－24，新优 3 号）　新疆农业科学院园艺作物研究所和新疆葡萄瓜果开发研究中心于 1990 年共同育成。早熟，生长势中等。果实圆球形，果皮绿底带墨绿条带，整齐美观。红瓤，剖面好，质地松脆，较细，多汁，不易倒瓤。风味爽，中心含糖量 11.1%。单瓜重 3 kg 左右。

（4）玉玲珑　合肥市丰乐种业公司于 2001 年育成。早熟，果实发育期 30 d，全生育期 90 d。植株长势平稳，分枝适中，雌花出现早，极易坐果。主蔓第 1 雌花着生于第 6～7 节，以后每隔 4～5 节再现一雌花。果实圆球形，果形指数为 1，外观光滑圆整，有蜡粉，果皮绿色底上覆盖黑色条带，皮厚 1 cm，不裂果。不空心，耐贮运。瓤色深红，瓤质紧脆，中心含糖量 12%左右，口感好。七八成熟即可采收上市，贮藏 7～10 d 后品质更佳。单瓜重 4～5 kg。不抗枯萎病，重茬地需嫁接栽培。

（5）郑杂 5 号　又名新早花，中国农业科学院郑州果树研究所于 1982 年选配的杂种一代组合。早熟种，全生育期 85 d 左右，果实发育期 28～30 d，主蔓上第 6～7 节开始发生第 1 雌花。从开花到果实成熟 28～30 d。果实长椭圆形，皮色浅绿，上有深绿色宽条纹。果皮厚约 1 cm，耐贮运性稍差。大红瓤，果肉脆沙，中心含糖量 11%，品质好。单瓜重 4～5 kg，一般每公顷商品瓜产量52 500 kg，高产栽培可达 60 000 kg 以上。种子千粒重约 60 g，种皮浅黄褐色带有黑边。

(6) 郑杂7号 中国农业科学院郑州果树研究所于2001年育成。早熟，全生育期85 d左右，果实发育期30～32 d。植株长势中等，坐果性较好，抗病性中等。第1雌花着生在主蔓第5～7节，以后每5～6节再现雌花。果实高圆形，果形指数为1.1～1.2，果面光滑，淡绿底色上覆有深绿色齿条，红瓤，瓤质松脆，汁多爽口，中心含糖量11%左右。皮厚1 cm。单瓜重5 kg，每公顷产量45 000 kg。种子千粒重43 g左右。

(7) 郑杂9号 中国农业科学院郑州果树研究所育成。早熟，果实发育期28～30 d，全生育期85～90 d。植株生长势较强，抗病性也较强。第1雌花出现在主蔓第7～8节，以后每隔6～7节再现雌花。果实椭圆形，瓜皮绿色，覆有细网条。皮厚约1 cm，较耐运输。瓤色大红，质沙脆、甜、汁多，中心含糖量11%以上，平均单瓜重4.5 kg，最大可达10 kg以上，每公顷产量52 500～60 000 kg。

(8) 郑抗3号 中国农业科学院郑州果树研究所于2001年育成。早熟，全生育期90 d左右，果实发育期28～30 d。植株生长势较旺，易坐果，高抗枯萎病，可重茬种植。第1雌花着生在主蔓第5～7节，以后每隔4～5节再现雌花。果实椭圆形，果形指数1.36，绿色果皮上覆有深绿色的不规则条带。皮厚1.05 cm，皮硬，耐贮运，瓤色大红，中心含糖量10.5%。单瓜重4 kg，每公顷产量60 000 kg。种子千粒重25.2 g。

(9) 特早佳龙（郑抗6号） 中国农业科学院郑州果树研究所于2001年育成。早熟，全生育期83 d左右，果实发育期25 d左右。植株生长势中等，极易坐果，轻抗枯萎病。第1雌花出现在主蔓第5～6节，以后每隔4～5节出现雌花。果实椭圆形，果形指数1.41，绿皮上覆有墨绿色齿条带，果面无蜡粉，瓤色大红，汁多味甜，中心含糖量11.2%左右。皮厚0.9 cm，皮硬，较耐贮运。单瓜重5～6 kg，每公顷产量60 000 kg左右。种子千粒重47.6 g。

2. 中晚熟品种

(1) 西农8号 西北农林科技大学育成。中晚熟，果实发育期33 d，植株生长势强健，抗枯萎病，耐重茬。花皮椭圆，果肉红，肉质细，中心糖含量12%，坐果性好，整齐一致，单瓜重7 kg，产量高。

(2) 新红宝 台湾省育成的杂种一代早熟种，果实发育期35 d左右，全生育期100 d。植株生长势强，抗枯萎病较强。第1雌花着生在主蔓第7～9节，以后每隔4～5节再现雌花。果实椭圆形，瓜皮浅绿色散布着青色网纹，皮厚1～1.1 cm，坚韧，不破裂。瓜瓤鲜红色，肉质松爽，质地中等粗，中心含糖量11%，含糖梯度较大。单果重5～6 kg，一般每公顷产量60 000 kg。种子千粒重35～38 g。

(3) 金钟冠龙 台湾省选配的一代杂交中熟偏晚品种，全生育期105 d左右。植株生长势中等，易坐果，适应性强。主蔓上第6～7节出现第1雌花，以后每隔4～5节出现1朵雌花，从雌花开放到果实成熟需38 d左右。果实椭圆形，瓜皮浅绿色，上有草绿色条带。皮厚1.2 cm左右，耐贮运。瓜瓤红色，肉质松沙，中心含糖量10%以上。单瓜重4.5 kg，每公顷产量45 000 kg以上。种子千粒重为36 g左右。

(4) 蜜桂 又名湘西瓜3号，湖南省园艺研究所于1987年育成。中晚熟，全生育期95 d，果实发育期40 d。植株生长势中等，分枝性较强，主蔓第12节出现第1雌花。果实椭圆形，果形指数1.39，绿皮上覆有墨绿色隐网纹，皮厚1.2 cm，坚韧耐贮运。红瓤，肉质致密，质脆，中心含糖量11%。种子千粒重30 g，单瓜重5 kg。

(5) 庆农5号 黑龙江省大庆市庆农西瓜研究所于2001年育成。中熟，全生育期105 d，果实发育期33 d。植株生长健壮，抗病性较强，耐旱不耐湿。果实椭圆形，浅绿色果皮上覆有墨绿色条带。红瓤，中心含糖量12%以上，皮厚1 cm。单瓜重8～10 kg，每公顷产量85 500 kg。

3. 小型西瓜品种

(1) 早春红玉 日本米可多公司育成，上海市种子公司引进并推广。早熟，果实发育期32～

38 d。早春结果的开花后 35～38 d 成熟，中后期结果的开花后 28～30 d 成熟。植株生长势强，果实长椭圆形，长（纵径）20 cm，单瓜重 1.5～1.8 kg。果皮深绿色上覆有细齿条花纹，果皮极薄，皮厚 0.3 cm，皮韧而不易裂果，较耐运输。深红瓤，中心含糖量 13%左右，口感风味佳。

（2）红小玉 日本南都种苗株式会社育成。极早熟种，全生育期 83 d 左右。植株生长势强，抗病，耐湿性强，低温生长性良好。单株坐果数 2～3 个，单果重 2 kg 左右。果实高圆形，果皮深绿色覆有细虎纹状条带，果实剖面浓粉红色，皮厚 0.3 cm。中心含糖量 12.5%以上，肉质脆沙细嫩，味甜爽口，不倒瓤。较耐贮运。

（3）小天使 合肥丰乐种业瓜类研究所于 2001 年育成。早熟，主蔓第 10 节左右出现第 1 雌花，雌花间隔 5～7 节，果实发育期 25 d。单瓜重 1.5 kg 左右。果实椭圆形，鲜绿皮上覆墨绿齿条，外形美观，皮厚 0.3 cm。红瓤，质细，脆嫩，中心含糖量 13%左右，风味佳。

（4）京秀 北京市农林科学院蔬菜研究中心于 2002 年育成。早熟，果实发育期 26～28 d，全生育期 85～90 d。植株生长势强。果实椭圆形，绿底色锯齿形显窄条带。单瓜重 1.5～2 kg。无空心，无白筋；瓜瓤红色，肉质脆嫩，口感好，风味佳，少籽，中心含糖量 13%左右，糖度梯度小。可适当提早上市。

（5）特小凤 台湾农友种苗公司育成。极早熟种。单瓜重 1.5～2 kg。果皮极薄，瓤色晶莹，种子特小，是其最大优点。在高温多雨季节结果稍易裂果，应注意排水及避免果实在雨季发育。

（6）黄小玉 日本南都种苗株式会社育成。极早熟种，全生育期 83 d 左右。植株生长势中等，分枝力强，耐病，抗逆性强，低温生长性良好。易坐果，果实高圆形，单果重 2～2.5 kg，适于 4～5 月温室大棚早熟栽培。浓黄瓤，瓤质脆，中心含糖量 12%～13%，口感风味极佳。外观美，果实圆整度好，皮薄而韧，厚度为 0.3 cm，较耐贮运。种子比同类品种少 30%～40%。

（7）黑美人 台湾农友种苗公司育成。墨绿皮上覆有暗条带，果实长椭圆形。极早熟，生长势强。皮薄而韧，极耐运输。单瓜重 2.5 kg 左右。深红瓤，质细多汁，中心含糖量 12%左右。适应性广。

4. 无籽西瓜品种类型

（1）黑蜜 2 号 中国农业科学院郑州果树研究所育成。中晚熟，果实发育期 36～40 d，全生育期 100～110 d。植株生长势旺，抗病性强，叶片肥大，茎蔓粗壮。果实皮色为墨绿色覆盖隐宽条带。瓜瓤为红色，质脆，汁多，中心含糖量 11%以上。皮厚 1.2 cm，坚硬耐运。单瓜重 8 kg。

（2）农友新 1 号 台湾农友种苗公司育成。中晚熟，生长势强、结果力较强。果形较大，耐枯萎病和蔓枯病，栽培容易，产量较高。果实圆球形，暗绿皮上覆有青黑色条带，红瓤，肉质细，中心含糖量 11%，皮韧耐贮运。单瓜重 6～10 kg。

（3）广西 5 号 广西农业科学院园艺研究所育成。中熟，全生育期为春作 105 d，秋作 80 d。生长势强，耐湿抗病，坐果稳；果实椭圆形，深绿皮，皮韧耐贮运，皮厚 1.1～1.2 cm。红瓤，肉质细，中心含糖量 12%左右，不空心，白秕子少。单瓜重 8～10 kg。

（4）黑蜜 5 号 中国农业科学院郑州果树研究所于 2000 年育成。中晚熟，全生育期 100～110 d，果实发育期 33～36 d。植株生长势中等，第 1 雌花着生在第 15 节左右，雌花间隔 5～6 节。果实圆球形，果形指数 1～1.05。墨绿色果皮上覆有暗宽条带，果实圆整度好，果皮较薄，在 1.2 cm 以下。单瓜重 6.6 kg 左右。大红瓤，剖面均匀，纤维少，汁多味甜，质脆爽口，中心含糖量 11%左右。无籽性好。耐贮运。

（5）雪峰无籽 304 湖南省瓜类研究所于 2001 年育成。中熟，全生育期 95 d，果实发育期35 d。植株生长势较强，耐湿抗病，易坐果。果实圆球形，黑皮覆有暗条纹，红瓤，瓤质清爽，无籽性能好，皮厚 1.2 cm，中心含糖量 12%，单瓜重 7 kg。

第三节 生物学特性与主要性状遗传

一、植物学特征与开花授粉习性

（一）植物学特征

1. 根 西瓜植物的根由主根、多级侧根和不定根组成。其根系为主根系，入土范围广，呈广圆锥形。垂直主根的长度一般为1～1.5 m，水平生长的侧根有时可长达2～3 m。主根和侧根的作用是扩大根系的入土范围，使之伸长、固定。主、侧根的先端根尖的表皮及各级侧根上着生的根毛是根系的主要吸收水分和营养的部位，大多数根毛均生长在2、3级侧根上。

在土壤水分充足的情况下，西瓜茎蔓接触地面的茎节处能形成不定根，其作用除固定茎蔓外，还能吸收土壤中的水分和养料。

西瓜的根系主要分布在土壤表层20～30 cm的耕作层中，在此范围内一条主根上可长出20多条1级侧根，并与垂直生长的主根呈40°～70°的夹角延伸。西瓜根系的分枝级数因品种而异，通常早熟品种形成3～4级侧根，而晚熟品种则可形成4～5级侧根。

2. 茎 西瓜是蔓生植物，茎包括下胚轴和子叶节以上的瓜蔓，前期呈直立状，子叶着生的方向较宽，具有6束维管束。蔓的横断面近圆形，具有棱角，10束维管束。茎上有节，节上着生叶片。叶腋间着生苞片、雄花或雌花、卷须和根原始体。根原始体接触土面时发生不定根。

西瓜瓜蔓的特点是前期节间甚短，种苗呈直立状，4～5节以后节间逐渐增长，至坐果期的节间长18～25 cm。另一个特点是分枝能力强，根据品种、长势可以形成4～5级侧枝，造成一个庞大的营养体系。当植株进入伸蔓期，在主蔓上2～5节间发生3～5个侧枝；当主、侧蔓第2、3节位雌花开放前后，在雌花节前后各形成3～4个子蔓或孙蔓，这是第2次分枝时期。其后因坐果和植株的生长重心转移为果实的生长，侧枝形成数目减少，长势减弱。直至果实成熟后，植株生长得到恢复，在基部的不定芽及长势较强的枝上重新发生侧枝，可以利用它二次坐果。

3. 叶 西瓜的叶为单叶，互生，叶序为2/5，由叶柄和叶片构成，无托叶。成长叶常呈灰绿或深绿色，偶有黄色、黄斑点等突变叶色，叶片大小常因种类、品种不同而差别很大，长8～22 cm，宽5～24 cm。

全叶密被茸毛和蜡质，偶有光滑无毛突变类型。具羽状和二回羽状裂片，掌状深裂，叶缘常具细锯齿，少数品种叶片为全缘叶（俗称板叶）。叶的形状因着生的位置而不同，幼苗期第1真叶小，近矩形，裂刻不明显，叶片短而宽，以后叶片逐渐增大，叶形指数提高，裂刻由少到多，至4～5叶开始伸蔓后，其裂刻或叶形才具有品种的特征，根据裂叶的宽窄和裂刻的深浅可分为狭裂片型和宽圆裂片型，前者裂片狭长，裂刻较深；后者裂片宽圆，裂刻较浅。狭裂片型和宽圆裂片型因其程度不同又可分为若干类。

4. 花 西瓜的花为单性花，有雌花、雄花。雌、雄同株为部分雌花的小蕊发育成雄蕊而成雌型两性花，花单生，着生在叶腋间。雄花的发生早于雌花，雄花在主蔓第3节叶腋间开始发生，而第1雌花多在主蔓5～6节才出现。雄花萼片5片，花瓣5枚，黄色，基部联合，花药3个，呈扭曲状。雌花柱头宽4～5 mm，先端3裂，雌花柱头和雄花花药均具蜜腺，靠昆虫传粉。

5. 果实 西瓜的果实由子房发育而成。瓠果由果皮、内果皮和带种子的胎座3部分组成。果皮紧实，由子房壁发育而成，细胞排列紧密，具有比较复杂的结构。最外面为角质层和排列紧密的表皮细胞，其下是8～10层叶绿素或无色细胞（外果皮），其内是由几层厚壁木质化的石细胞组成的机械组织。往里是中果皮，由肉质薄壁细胞组成，较紧实，通常无色，含糖量低，一般不可食用。食用部分为带种子的胎座，主要由大的薄壁细胞组成，细胞间隙大，其间充满汁液，为三心皮、一室的侧膜胎座，着生多数种子。

6. 种子　西瓜的种子扁平，宽卵圆形或矩形，具有喙和眼点，由种皮和胚组成。种皮坚硬，表皮平滑或有裂纹，有的具有黑色麻点或边缘具黑斑，分为脐点部黑斑、缝合线黑斑或全部具褐色斑点。种子的色泽变化很大，可分为白、黄、红、褐和黑色等，不同品种种子的色泽及深浅均有差异。种子的大小差异悬殊，大籽种子千粒重最大可达 200 g 左右（如籽瓜），一般种子千粒重 30～50 g，小籽种子千粒重最小仅 6 g 左右。

（二）开花授粉习性

1. 开花习性　西瓜的花是半日花，开放的时间很短。在适宜条件下，晴天 5～6 时花瓣开始松动，6～7 时花瓣展开，花药开裂散出花粉，15 时开始闭花，傍晚雄花的花冠皱缩凋谢。在同一蔓上雄花的开放时间早于雌花，雄花在开花当时或稍晚的时间散粉。西瓜每天开花时间早晚主要受夜温高低所支配，同时受花蕾发育程度及光照和水分条件的影响。

2. 授粉习性　西瓜的雄花和雌花均具有蜜腺，靠昆虫传粉。雄花清晨开花、散粉后，由昆虫（蜜粉、蝴蝶等）将花粉传至雌花柱头即完成授粉过程。花粉到达柱头后，花粉粒迅速萌发，花粉管伸长伸入柱头，而后沿花柱到达胚珠。花粉中的精核穿过珠孔与胚细胞结合，受精卵发育成种子，子房膨大形成果实。据观察，西瓜从授粉到受精大致需要 1 d 时间。在适宜条件下，当日上午 7～10 时柱头稍带绿色并分泌有少量黏液时，花粉粒落在雌花柱头上，需要 15～20 min 后花粉粒开始萌芽，花粉管开始伸长，约经 2 h 花粉管伸入柱头，5 h 伸入到花柱中部分歧处，再经 5 h 可到达花柱基部，而后进入子房与胚珠结合，完成受精作用，这一过程约需 1 d 时间。

西瓜在气温 23～27 ℃时花粉粒的萌芽最为旺盛，花粉管的伸长能力最强，而在低温、高温、多雨和干燥条件下花粉的发芽率降低，影响授粉受精过程。西瓜正常受精作用取决开花时柱头与花粉成熟度，而花粉的成熟度又受环境条件的影响，特别是温度，直接影响花粉成熟、花药开裂和开花。在稍高温度和空气湿度下，花粉粒的萌发和花粉管的伸长过程完成较快，低温和干燥环境条件将延迟这一过程。

二、生长发育及对环境条件的要求

（一）西瓜的生长发育

西瓜的生长发育具有明显的阶段性，其生育期可划分为发芽期、幼苗期、伸蔓期和结果期 4 个时期。

1. 发芽期　西瓜从播种到第 1 片真叶显露（露心、破心、两瓣一心）为发芽期。西瓜在发芽期主要依靠种子内贮藏的营养，因而种子的绝对重量和种子的贮存年限对发芽率和幼芽质量具有重要影响。

西瓜第 1 片真叶出现，表明同化机能开始活跃，植株由异养阶段逐步过渡到以独立自养为主的新阶段。此时苗端已分化出 2～3 枚幼叶和 1～2 枚叶原基，下胚轴开始伸长并形成幼根。在适宜的水分和通气条件下，西瓜发芽期的长短，主要取决于地温的高低，在地温 15～20 ℃时，发芽期需 7～13 d，地温高发芽迅速，地温低发芽缓慢。

西瓜种子发芽要求适宜的温度、水分和氧气，在适宜发芽条件下发芽迅速，幼芽苗壮，可明显提高发芽率和出苗率，遇到不适条件将引起沤籽、芽干等生理障碍。

2. 幼苗期　西瓜从第 1 片真叶显露到团棵为幼苗期，团棵是幼苗期与伸蔓期的临界特征。团棵期的幼苗具有 5 片真叶，茎的节间很短，植株呈直立状态。团棵后随着节间伸长开始匍匐生长，在适宜温度条件下幼苗期需 25～30 d。

西瓜在幼苗期，地上部分生长较为缓慢，根系生长极为迅速，且具有旺盛的吸收能力。在高温、高湿或弱光条件下，下胚轴和节间伸长，叶片变小，形成组织柔嫩的徒长苗（高脚苗），从而降低幼苗质量和对不良环境条件的适应能力。

西瓜花芽分化在幼苗期进行，第 1 片真叶显露花芽分化就已开始，团棵时第 3 雌花的分化已基本结束，表明影响西瓜产量的所有雌花都是在幼苗期分化的。

3. 伸蔓期 西瓜从团棵到主蔓第 2 雌花开花为伸蔓期。伸蔓期亦称孕蕾期或甩条发棵期。团棵后地上部营养器官开始旺盛生长，茎蔓迅速伸长，叶数逐渐增加，叶面积扩大，孕蕾开花，侧芽萌发形成侧枝，株冠扩大开始匍匐生长，根系继续旺盛生长，分布体积和根量急剧增长。表明西瓜在伸蔓期的生长发育特点是同化器官和吸收器官迅速发育，生殖器官初步形成，已为转入生殖发育奠定了物质基础。在 20～25 ℃适温条件下，伸蔓期需 18～20 d。这一阶段，又可以雄花始花期为界限，将伸蔓期划分为伸蔓前期和伸蔓后期两个分期。

（1）伸蔓前期 西瓜从团棵到雄花始花期为伸蔓前期。此期的生长发育特点是随着节间伸长开始伸蔓，叶数迅速增加，但单株叶面积较小，出现侧枝并孕蕾开花。

（2）伸蔓后期 西瓜从雄花始花期到主蔓第 2 雌花开花为伸蔓后期。此时根、茎、叶均在旺盛生长，第 2 雌花正处于现蕾开花之际。

4. 结果期 西瓜从第 2 雌花开花到果实生理成熟为结果期，在 25～30 ℃的适温条件下需 28～40 d。结果期所需日数的长短，主要取决于品种的熟性和温度状况，一般早熟品种所需天数较短，晚熟品种则需 35 d 以上。

西瓜在结果期，果实形态将发生退毛、变色、定个等形态变化，依据上述形态特征可将结果期分为坐果期、果实生长盛期和变瓤期 3 个时期。

（1）坐果期 西瓜从第 2 雌花开花到果实褪毛为坐果期，在 25～30 ℃适温条件下需 4～6 d。雌花受精后子房开始膨大，表明受精过程已经完成。当幼果长至鸡蛋大小时，果实表面的茸毛开始稀疏不显，并呈现明显光泽，这一现象群众称作褪毛。退毛是坐果期和果实生长盛期的临界特征，它表明幼果已彻底坐稳，无异常情况不再发生落果现象，并开始转入果实生长盛期。坐果期果实生长速度较快，但绝对生长量较小，果实细胞的分裂增殖主要在该阶段进行。

（2）果实生长盛期 西瓜从果实退毛到定个为果实生长盛期，亦称膨瓜期，在 25～30 ℃的适温条件下需 18～24 d。定个指果实的体积已基本定型，果皮开始出现变硬、发亮等综合表现。

果实生长盛期植株鲜重或干物重的绝对生长量和相对生长量最大，叶面积在定个前后达到最大值。果实生长优势已经形成，植株体内的同化物质大量向果实中运转，果实已成为此时的生长中心和营养物质的输入中心，果实直径和体积急剧增长，从而进入果实生长盛期，是决定西瓜产量高低的关键时期。

（3）变瓤期 西瓜从定个到生理成熟为变瓤期（亦称成熟期），在适温条件下需 7～10 d。变瓤期植株日趋衰老，长势明显减弱，基部叶片开始枯黄、脱落，叶面积略有降低，果实体积和重量的增长逐渐减慢，最后处于停滞状态。此时主要是果实内部发生一系列生化反应，表现为胎座细胞色素含量增加，瓜瓤着色并逐步呈现品种固有色泽，果实汁液中还原糖含量下降，果糖、蔗糖含量增加，甜度明显提高；胎座的薄壁细胞充分扩大，细胞间隙中胶层解离，果实的比重下降；瓤质变软，果皮变硬，果实表面的花纹明显清晰；种皮着色、硬化并逐渐成熟。

（二）西瓜对环境条件的要求

西瓜对环境条件总的要求是气温较高、日照充足、供水及时、空气湿度小、土壤肥沃。

1. 温度 西瓜为喜温植物，不耐低温，最适生长温度为 25～30 ℃，但西瓜在各生育期对温度要求有所不同，发芽期的最适温度为 28～30 ℃，幼苗期的最适温度为 22～25 ℃，伸蔓期最适温度为

25～28 ℃，结果期的最适温度为 30～35 ℃。西瓜整个生长发育期间所需的积温为 3 000 ℃左右，其中从雌花开放到该果实成熟的积温为 800～1 000 ℃。另外，西瓜在特定的条件下栽培时，对温度也有一定的适应范围，如在冬春温室或大棚内种植西瓜时，夜间温度可低至 8 ℃，而昼温可高达 38～40 ℃，昼夜温差在 30 ℃时仍能正常生长和结果。一般认为在温室栽培中，坐果的适宜温度为 25 ℃，18～20 ℃是结果的低限，在 18 ℃以下结的果容易畸形。

在一定的温度范围内，较高的昼温和较低的夜温有利于西瓜的生长，特别有利于西瓜果实内的糖分积累。这是因为在适温范围内虽然光合作用与呼吸作用都随温度的升高而增强，但在通常情况下，白天光合作用总是显著大于呼吸作用，所以较高的昼温有利于碳水化合物的积累，而较低的夜温既可降低呼吸作用、减少消耗，又有利于碳水化合物由叶子运转到茎蔓、果实和根部。

2. 光照　西瓜对光照条件的反应十分敏感。天气晴朗条件下，株型紧凑，节间和叶柄较短，蔓粗，叶片大而厚实，叶色浓绿；而在连续多雨、光照不足的条件下，则表现为节间和叶柄较长，叶形狭长，叶薄而色淡，机械组织不发达，容易发生病害，影响养分的积累和果实的生长，含糖量显著降低。

西瓜每天需日照时数一般为 10～12 h。幼苗期光饱和点为 8 万 lx，结果期光饱和点为 10 万 lx 以上，光补偿点为 4 000 lx，较短的日照时数和较弱的光照度不仅影响西瓜植株的营养生长，而且影响结实器官的数量、子房的大小、授粉和受精过程，但对性别比率的关系则影响不大。另外，光质对幼苗生长影响亦很明显，红、橙长波光可使植株伸长加速，节间细长；而蓝、紫短波光则有抑制节间伸长的作用。

3. 水分　西瓜根系较深，分布面较大，可以吸收较大范围的水分，凋萎系数低，属于比较耐旱的作物。但由于西瓜枝叶茂盛，生长迅速，蒸发量大，产量高，果实中含有大量水分，所以西瓜又是需水量较多的作物。西瓜适宜生长的土壤持水量为 60%～80%。不同生育期有所不同，幼苗期为 65%，伸蔓期为 70%，而果实膨大期为 75%。

西瓜生长发育过程中，水分敏感时期主要有两个阶段，一是雌花现蕾到开花期，此时如果水分不足，雌花蕾小，子房瘦弱，影响坐果；二是果实膨大期，若此时缺水，则果实甚小，出现扁瓜、畸形瓜，严重影响西瓜产量和品质。

尽管西瓜需水量大，但却要求较低的空气湿度，空气相对湿度为 50%～60%时最为适宜。较低的空气湿度有利于果实成熟，并可提高其含糖量；若空气湿度过高，则其果实会味淡、皮厚、品质差，同时也易感病。因此，西瓜适宜的水分条件是较低的空气湿度和适宜的土壤含水量。

4. 土壤　西瓜对土壤条件的适应性较广，在沙土、丘陵红壤以及水田黏土均可栽培，但最适于在土层深厚、排灌条件较好的壤土或沙壤土栽培，这是因为这些土壤的通气性和透水性好。西瓜根系具有明显的好气性，只有物理结构良好的土壤才能有足够的氧气供应，这样的土壤降水或灌溉后水分下渗快，干旱时地下水通过毛细管上升也比较快，同时白天吸热快、增温高，春季地温回升早、夜间散热迅速，昼夜温差大，不仅有利于根系的正常发育和对水分、矿物质的吸收，也有利于养分的运转和叶片的同化，从而促进幼芽出土快，幼苗生长迅速而健壮，西瓜成熟早，含糖量高、品质好。

西瓜适于在中性土壤中生长，但对于土壤酸碱度的适应性比较广，在 pH5～7 范围内能正常生长发育。但在枯萎病发病地区，则在中性偏碱的土壤中种植比较安全。西瓜对土壤中的盐碱较为敏感，只有当土壤中的盐碱含量低于 0.2%时才能够正常生长。

三、主要性状遗传

（一）抗病性

1. 枯萎病　病原：*Fusarium oxysporum* sp. *niveum*。以色列植物病理学家 Netzer 研究结果表

明，Summit 与 Calhoun gray 对生理小种 1 的抗病性由单显性基因所控制。Zhang 和 Rhodes（1993）利用抗病品种 PI296341 - FR 与感病品种 NHM 杂交后代的 F_1、F_2 与 BC_1 为试材，研究 PI296341 - FR 抗 3 个生理小种的遗传规律。结果表明，PI296341 - FR 对生理小种 0 的抗性由一个或多个显性基因所控制，而 NHM 上有修饰基因可改变显性基因的抗性。PI296341 - FR 对生理小种 1 的抗性由一个显性基因所控制，但也存在修饰基因，因为在延长抗病鉴定时间时会发现在 F_1、F_2 与 BC_1 分离群体中，感病植株的数量比期望的要多。PI296341 - FR 对生理小种 2 的抗性由隐性多基因控制。邹小花等（2011）利用 PI296341 - FR 与 97103 杂交重组自交系（F_2S_8）群进行分析发现，西瓜枯萎病菌生理小种 2 的抗性遗传受 3 对等加性主基因控制，综合 P_1、P_2、F_1、B_1、B_2、F_2 等 6 世代群体遗传参数可知，西瓜枯萎病菌生理小种 2 的抗性遗传是由主基因和微效基因共同控制，微效基因累积的加性效应和显性效应的绝对值均高于主基因，隐性效应主要来自表型效应较大的主基因，显性效应主要来自微效基因。

2. 炭疽病 病原：*Colletotrichum lagenarium*。衣阿华试验站 Layton 博士在利用非洲可食用西瓜品种与 Iowa Balle 杂交过程中发现，对炭疽病生理小种 1，3 的抗性由单显性基因 *Ar - 1* 控制（Layton，1937）。自 Sowell 等（1980）报道对生理小种 2 有抗性的材料后，Suvanprakom 等利用抗病材料 PI189225、PI271778、PI026525 和 AWB - 1 - AR2 与感病品种 Charleston Gray，Jubilee Crimson Sweet 和 AWB - 10 中的优良单系杂交，观察 F_1、F_2 及 BC_1 抗性分离情况，结果表明上述 PI 材料对生理小种 2 的抗性均系单基因显性遗传。可见，西瓜对炭疽病菌 3 个生理小种的抗性均为单一显性基因控制，对炭疽病生理小种 2 的抗性由另一抗病基因 *Ar - 2 - 1* 控制。

3. 白粉病 病原：*Sphaerotheca cucurbitae* 和 *Erysiphe cucurbitacearum*。感白粉病基因 *pm* 为隐性，来自 PI 269677，感染西瓜白粉病菌 *Podosphaera xanthii*（Robinson et al.，1975）。PI 189225 和 PI 271778 为西瓜白粉病的抗性材料。

4. 病毒病 能侵染西瓜的病毒有：*Papapy ring spot virus*（PRSV）、*Zucchini yellow mosaic virus*（ZYMV）、*Watermelon mosaic virus*（WMV）、*Cucumber mosaic virus*（CMV）、*Squash mosaic mosaic virus*（SqMV）、*Watermelon curly mottle virus*（WCMV）、*Watermelon silver mottle virus*（WSMV）、*Watermelon bud necrosis virus*（WBNV）、*Cucumber green mottle mosaic virus*（CGMMV）、*Tobacco ring spot virus*（TRSV）、*Bean yellow mosaic virus*（BYMV）等数十种，其中 PRSV、ZYMV 两种病毒在生产上危害西瓜尤为严重。PI 244017、PI 244019 和 PI 485583 对番木瓜环斑病毒西瓜株系（PRSV - W）表现抗性，该抗性由隐性单基因 *prv*（Guner et al.，2008）控制。PI 595203 抗小西葫芦黄花叶病毒（ZYMV），由 *zym - FL - 2* 控制，对西葫芦黄化花叶病毒中国株系的抗性基因为 *zym - CH*（Xu et al.，2004），该基因可能是 *zym - FL - 2* 的等位基因。同时，PI 595203 对西瓜花叶病毒（WMV）表现为中抗，对番木瓜环斑病毒西瓜株系（PRSV - W）表现抗性。

（二）种子性状

西瓜种皮颜色主要由 3 个基因控制，*r*、*w*（Poole et al.，1941）和 *t*（McKay，1936），分别控制红色、白色和褐色。其中隐性基因 *r* 与 *w* 和 *t* 互作，*w* 与 *r* 和 *t* 互作，*t* 与 *r* 和 *w* 互作。这些基因相互作用产生 6 种表型：黑色种皮（*RRTTWW*）、杂色偏褐（*RRTTww*）、褐色种皮（*RRttWW*）、白色种皮带褐色种脐（*RRttww*）、红色种皮（*rrttWW*）、白色种皮带粉色种脐（*rrttww*）（Kanda，1951）。第 4 个控制种皮颜色的是 *d* 基因，隐性，导致种皮上有斑点产生，当 *d* 对 *r*、*t* 和 *w* 呈显性时，种皮上有黑色斑点（Poole et al. 1941）。

基因 *s*、*l* 分别是控制短种子（short）和长种子（long）基因，*s* 上位于 *l*（Poole et al.，1941），隐性。*l* 基因对中等长度的种子呈隐性，与 *s* 互作。基因型为 *LLSS* 的种子表现为中等长度，*llSS* 为长种子，*LLss* 或 *llss* 为短种子。据 Tanaka 等（1995）报道，*Ti* 基因可导致极小种子（tiny seed），

Ti 基因不同于 *l*、*s* 的基因，来自 Sweet princess 的 *Ti* 基因对中等大小种子的基因（显性单基因）呈显性，而 *s* 基因对中等大小的种子呈隐性。类似番茄种子大小的西瓜种子（tomato seed）比基因型为 *llss* 的短种子更短更窄。该性状是由 *ts* 基因控制（Zhang，1996a；Zhang et al.，1994a），基因型为 *LLsststs*。4 个控制种子大小的基因（*l*、*s*、*Ti* 和 *ts*）之间的相互作用，还需要进一步研究。

导致种皮裂纹（cracked seed coat）的基因 *cr*（El－Hafez et al.，1981）呈隐性单基因遗传，PI 593350 中含有该基因。Egusi 类型的种子是由 *eg* 基因控制（Gusmini et al.，2004），种子表面覆盖肉质，但在水洗和晒干后，肉质种子很难和正常种子区分。

（三）叶性状

很多基因参与西瓜叶性状的控制。*nl*（nonlobed leaf）基因，为全缘叶，叶片少缺刻（又叫板叶），对正常缺刻叶呈不完全显性（Mohr，1953），隐性遗传。按照系统命名法，该性状应该直接利用其突变性状名称命名，故该基因应该命名为 *sn*（sinuate leaves），而不是 *nl*。幼苗杂色叶（seedling leaf variegation）基因 *slv*（Provvidenti，1994），属于单隐性基因，与耐寒基因 *Ctr* 有连锁关系。黄色叶片（yellow leaf）基因（*Yl*），对正常绿叶呈不完全显性（Warid 和 Abd－El－Hafez，1976）。延迟变绿（delayed green）基因 *dg*（Rhodes，1986），隐性，子叶和幼叶初为淡绿色，随蔓生长，叶色变绿，对 *I－dg*（inhibitor of delayed green leaf）呈下位。延迟变绿抑制基因 *I－dg*，对 *dg* 上位，*dgdgI－dgI－dg* 和 *dgdgI－dgi－dg* 的叶片为淡绿色，*dgdgi－dgi－dg* 叶片正常。幼苗白化基因 *ja*（Zhang et al.，1996b）可导致幼苗组织叶绿素含量降低，在短日照条件下，还可以降低叶缘和果皮叶绿素含量。显性基因 *Sp*（Poole，1944）可在子叶、真叶和果实形成圆形黄斑，导致果实外观呈现星点状。幼苗叶片灰绿基因 *pl*（pale leaf）是由于子叶时期叶绿素产生可保留的突变，呈淡绿色。

（四）矮化性状

到目前为止，西瓜中有 4 个矮化基因已被证实，*dw－1*（Mohr，1956；Mohr 和 Sandhu，1975）和 *dw－1s*（Dyutin 和 Afanas'eva，1987）是等位基因，*dw－1*、*dw－2*（Liu 和 Loy，1972）与 *dw－3*（Huang et al.，1998）属于非等位基因。隐性基因 *dw－1* 导致植株变短的原因是节间细胞比正常的少而短，拥有 *dw－1s* 基因的植株蔓长介于正常植株和 *dw－1* 植株间，下胚轴稍短于正常蔓，而比短蔓长得多。*dw－1s* 对正常蔓呈隐性。矮化基因 *dw－2*，隐性，导致节间变短的原因是节间细胞少的缘故。*dw－3* 矮化植株比正常植株有较少的叶垂。

（五）瓤色

关于西瓜瓤色遗传规律的研究还不够深入，目前，发现 6 个基因协同控制瓤色，产生鲜红、淡红、橘色、橙黄、淡黄和白色等颜色。6 个基因分别是：*B*（Shimotsuma，1963）、*C*（Poole，1944）、*i－C*（Henderson et al.，1998）、*Wf*（Shimotsuma，1963）、*y*（Porter，1937）和 *y－o*（Henderson，1989；Henderson et al.，1998）。淡红色（*Y*）对橙黄色（*y*）呈显性，橘色（*y－o*）基因是位于 *Y* 基因位点的等位基因之一，对 *Y* 呈隐性，对 *y* 呈显性。对白色、黄色和红色瓤的控制是由两个基因的上位互作完成，黄色瓤基因对红色呈显性，*Wf* 上位于 *B*。因此，基因型 *WfWf BB* 或 *WfWf bb* 为白色瓤，*wfwf bb* 为红瓤。*i－C* 对淡黄瓤（*C*）起抑制作用，产生红瓤。当没有 *i－C* 基因时，*C* 上位于 *Y*。

另外，单显性基因 *Scr* 可导致 Dixielee 和 Red－N－Sweet 出现鲜红瓤，而在 Angeleno Black Seeded 中表现为淡红瓤（Gusmini 和 Wehner，2006）。关于 *Scr* 与 *Y*、*y－o*、*y* 和 *C* 等基因的互作还有待进一步研究。瓤色遗传比较复杂，以上基因之间产生重组后可能产生混合的颜色，可以通过各部位颜色的不同判断基因的重组。

（六）抗虫性

西瓜对果蝇的抗性由单显性基因 *Fwr* 控制（Khandelwal 和 Nath，1978），对红色南瓜甲虫的抗性由单显性基因 *Af* 控制（Vashishta 和 Choudhury，1972）。

（七）耐寒性

单显性基因 *Ctr* 对低温胁迫具有抗性（Provvidenti，1992、2003）。

（八）花性型

雄花两性花同株（雄全同株）基因为 *a*，对雌雄异花同株呈隐性（Rosa，1928）。全雌株为隐性单基因 *gy*，可使植株全开雌花（Jiang 和 Lin，2007）。

（九）雄性不育

gms：无毛雄性不育基因（Ray 和 Sherman，1988；Watts，1962，1967），隐性，即雄性不育基因与无毛叶基因连锁。雄性不育是由于染色体二次联合引起，该不育系植株苗期易识别，在低节位雄花不散粉，而在高节位雄花开始有少量花粉，这就为把该不育系改良成可自交保持的不育纯系奠定了基础。该不育系植株雌、雄花萼难以开张，单果胚珠数仅 20～30 个，繁殖系数很低，影响了其在生产和育种上直接应用。

ms-1：雄性不育基因，导致花药变小，花粉败育，隐性（Zhang 和 Wang，1990）。该不育系的特点是：雄花很小，花蕾仅存 2～4 mm，开放后花冠直径仅 10～20 mm；雌花先于雄花开放；花药小而秕，无花粉粒散出，无蜜腺；雌花正常，授以可育二倍体花粉，易坐果并结正常种子，授以可育四倍体花粉，能结具空壳种子的果实。

ms-*dw*：该雄性不育基因与矮小基因同时存在，故命名为 *ms*-*dw*（male sterile dwarf）。该矮小基因与其他 3 种已知的矮小基因不同（Huang et al.，1998），该不育植株表现为蔓短，雄花不开放，或开放后颜色不正常，花药黄中带绿或呈褐色等，为雄花败育型。该不育性状和叶片缺刻少的标志性状连锁，后代的不育株可在 2～3 片叶时准确识别，能提高该不育两用系的应用价值，同不育基因 *gms* 类似。

以上雄性不育基因都可导致雌花育性降低，所以这些雄性不育基因用于生产中培育杂交种时会导致种子产量降低。

基因 *ms*-*2* 来自自然突变的雄性不育基因，不影响种子产量（Dyutin 和 Sokolov，1990），隐性。基因 *ms*-*3* 雄性不育，伴随少量无毛叶片，隐性（Bang et al.，2006）。

（十）果实性状

控制果实表型和颜色的基因十分丰富。果皮易碎基因 *e*，隐性，导致收获或切瓜时果皮炸裂（Porter，1937）。该基因与果皮厚度基因不连锁，因此果皮厚度和果皮易开裂之间的关系还需要进一步研究。果实表面有沟皱（*f*）对果实表面光滑（*F*）呈隐性（Poole，1944）；果皮淡绿色 *g* 对果皮深绿色呈隐性（Weetman，1937）；果皮杂色 *m* 导致绿白相间（Weetman，1937）。*O* 基因控制果实形状，对球形果呈不完全显性（Poole 和 Grimball，1945；Weetman，1937），3 种表型分别为球形（*oo*）、椭圆形（*Oo*）、加长型（*OO*）；*p* 基因可使果皮上有细线纹，但不明显（Weetman，1937）。

第四节　主要育种目标与选育方法

一、主要育种目标

作为果品的西瓜在制定育种目标时不但要考虑其科学性，同时也不能忽视其艺术性，即内在的品质和外在的美观均需兼顾，此外，就是它的经济用途，这包括产量、抗性、熟期等各个方面。台湾西瓜育种家郁宗雄先生将现代西瓜育种的目标概括为一个英文词汇“PERFECT”（完美），这个词汇的各个字母的含意如下：P：productive yield（丰产）；E：excellent quality（优质）；R：resistance to diseases，pests and stress environments（抗病虫害及逆境）；F：few seeds（for watermelon），flesh thick（for melons）（对西瓜要求少籽，对甜瓜要求肉厚）；E：early maturity（earliness）（早熟）；C：color of skin and flesh with attractive（果皮及果肉美丽诱人）；T：thin & tough rind for good transportation（薄而坚韧的果皮以耐贮运）。西北农林大学王鸣教授提出现代西瓜育种还包括一些特殊的育种目标：①株型：灌木型、紧凑型、矮生型。②果皮和果肉色泽，如黄色果皮、黄色果肉等。③果型适于冰箱存放和小型家庭的迷你型小西瓜。④种子：少籽西瓜、无籽西瓜、番茄籽瓜、籽瓜。⑤标志性状，如甜瓜叶、黄色叶、光滑无茸毛叶等隐性性状。⑥雄性不育系的育种。⑦砧木品种选育。上述目标应基本涵盖了西瓜育种的主要目标，育种者应依据需求来取舍各自的目标。以下分别阐述几个重要育种目标。

（1）优质　西瓜的优质包括风味、含糖量、瓤色、果皮厚度、外观果形、皮色及种子颜色与大小等。西瓜风味，主要指西瓜中糖和酸的含量比例，其中含糖量更为重要，其高低是判断西瓜果实品质的最主要指标，国际上把“可溶性固形物”作为间接含糖量指标，优质西瓜一般要求超过 11.5%，且在瓤中分布梯度小。瓜瓤颜色，由消费习惯决定，一般同色者，色深为好，人们习惯以肉色深浅来判断果实的成熟度，对于红肉品种而言，肉色越深越受消费者的欢迎。粉红瓤多沙，肉质嫩。黄瓤品种一般肉质细嫩爽口，带有清香的风味，近年来黄色瓤逐渐受欢迎。优质西瓜的果皮厚度在 1 cm 以下，适合就近供应，对于长途运输的品种其果皮可以在 1.5 cm 左右。产品品质还包括果形、皮色、大小及果实整齐度等。要求果实外观整齐一致，果面光洁，畸形瓜少，商品率高，这是商业化育种的重要目标。种子的颜色以黑色或深褐色为好，这样的西瓜剖面美观，其商品西瓜的种子大小适中较为合适。

（2）高产　西瓜的高产、稳产是西瓜的重要育种目标，这样才能降低生产成本，减少土地、人力、物力的耗费，并提高经济效益。西瓜产量的构成取决于单位面积株数，单株结果数，平均单果重，这些性状应予综合考虑。对于中小型西瓜品种的选育，重点要解决好果实大小与结果数的对立统一。

（3）熟性　西瓜需要选育出早、中、晚熟各种不同成熟期的配套系列品种，解决均衡供应，延长上市时间。但对一个具体地区和育种单位而言，则应根据土地市场上最短缺、最需要的成熟期品种，确定育种目标。中国目前的西瓜品种，以中晚熟居多，且优良品种众多，因此选育早熟品种是当前育种的关键。早熟及极早熟品种在当前较为缺乏，且现有早熟品种也不理想，尤其是抗病性、耐贮性亟待改良。影响西瓜熟性的构成性状是全生育期、结实花节位及开花期、果实膨大速度及果实发育期，在亲本选择、选配及后代选择中要予以注意。

（4）抗性　抗性包括抗病性、抗虫性和抗逆性，育种实践中以抗病性为主，包括西瓜枯萎病、炭疽病、白粉病、病毒病、叶枯病和疫病等。生产中急需抗线虫、抗白粉虱、蚜虫的品种，但有关研究及进展都不多。在西瓜生产过程中还存在不同程度的不利的气候、土壤等环境因素，因此结合各地特殊环境条件，抗寒、抗旱、耐湿、耐酸、耐盐碱、耐瘠薄以及对氮肥反应迟钝的品种等，也是制定地区性育种目标应考虑的因素。其中在早春保护地低温弱光下，生长性能好，易坐果，膨瓜快应是目前保护地品种选育的最重要的难点问题。

（5）耐贮运性　西瓜耐贮运性的提高，可以延长果实的货架期和供应期，并减少腐烂、变质及破损，对外销及出口尤为重要，目前随着优势产区的不断集中以及全国大市场大流通的形成，对各类品种的耐贮运性要求都有较大的提高。果实的耐贮运性包括果皮厚度、硬度和韧性。在育种中如何兼顾耐贮运性与果肉的口感品质是育种的主要难点。

（6）特殊的育种目标　包括有多个目标类型：①短蔓紧凑株型育种：由于节间短，株幅小，可不整枝，适于密植和机械化耕作，因而节约劳力，降低成本，并可提高单位面积产量。如美国育成的短蔓沙漠王和BW-2短蔓西瓜。②小果型育种：小果型西瓜就是外形似水果的西瓜，平均单果重只有1～2.5 kg，具有品种花色多、外形美观、肉质细嫩、生育期短、携带和贮藏方便等特点。③特殊皮色及瓤色的育种：除传统的花皮、绿皮、黑皮西瓜以外，近年来黄皮西瓜，黄、白瓤西瓜以及黄红瓤镶嵌的西瓜等给消费者以新颖的感受，可以刺激消费者的购买欲。

二、植株形态与生长特性选育方法

（一）根

根系生长与抗旱性有较密切的关系。西瓜根系可以在土壤形成8～10 m的网状根群，可以最大限度地利用土壤水分，所以西瓜有高度的抗旱性。西瓜不同品种根系分布差异明显，适合水田栽培的品种旭大河，根系分布较浅，水平分布宽，根细；适于旱地栽培的品种根系分布较深，水平分布范围较小，根粗而长。西瓜杂种一代的根表现明显优势，粗度和长度均优于亲本。

（二）叶形

西瓜叶片有板叶和裂叶两种类型，板叶对正常缺刻叶呈不完全显性（Mohr，1953），呈隐性遗传，且在瓜苗3～4片叶时能看出明显的区别，可用于杂交种子纯度早期鉴定的标记性状。因此，随着中国西瓜杂种优势育种的推广和普及，板叶品系的选育和利用越来越受到重视。黄仕杰等用蜜宝×中育3号培育出了板叶新品种重凯1号。河南省开封市蔬菜研究所以具板叶性状的品系做母本杂交，分别培育出了西瓜杂优新品种F35和汴早露等。

（三）株型

短蔓西瓜由于瓜蔓短可用来密植栽培，很早就从国外引进利用，主要有两种类型：一种叫日本短蔓，属于细胞小的类型（*dw-1*），由一对隐性基因控制；另一种叫美国短蔓，属于细胞少的类型（*dw-2*），也由一对隐性基因控制。两种短蔓基因不等位，杂交后代表现为长蔓，但都有果实小、坐果难的缺点，因此作为纯短蔓品种直接利用价值较小，一般都做亲本材料，用来培育早熟小型西瓜品种。如中国农业科学院郑州果树研究所用红花×日本短蔓育成了极早熟西瓜新品种端阳1号，台湾省育出了小果形黄色果皮的西瓜新品种宝冠等。另外，日本短蔓（*dw-1*）材料具有下胚轴极短、不徒长、叶色浓绿的特点，可做杂交母本，也可作为杂交纯度苗期鉴定的标记性状。

近年研究表明，西瓜的短蔓还有其他类型。黄河勋等发现的1个短蔓雄性不育材料，分别与*dw-1 dw-1*和*dw-2 dw-2*两种短蔓型植株进行杂交，其F_1全为长蔓，F_2除长蔓外，有短蔓类型分离，这说明西瓜短蔓除了*dw-1*和*dw-2*两个基因型以外，还有第3个基因，这个基因还与1个不育基因连锁，命名为*dw3*。马国斌等研究认为，从美国引进的1份短蔓材料（P_1）受2对隐性短蔓基因控制，基因型可表示为*dw1/dw1*、*dw2/dw2*，1份中蔓材料（P_2）受1对隐性短蔓基因控制，基因型可表示为*Dw1Dw1 dw2 dw2*，自选的1份长蔓材料（P_3）不含短蔓基因，基因型可表示为

$Dw1Dw1Dw2Dw2$，说明西瓜短蔓性状还有第 4 种控制类型。

（四）果实大小

小果形品种适于家庭消费，中果形品种适于外销，大果形品种适于水果店销售。如属同一品种，在同一田内同一时期所生产的同一熟度的西瓜，果形越大，瓤质发育越充分，品质越佳。育成品种的果形以整齐均一为佳，大果品种和小果品种杂交，F_1 果形表现为中间型。

（五）果形

西瓜果形自圆形至长椭圆形，有不同程度的果形指数，圆形者可食部分较多，长形者运输力较强。圆形品种与长形品种杂交，F_1 表现型为中间型，F_2 表现型以 1∶2∶1 分离。

（六）外皮色彩

西瓜外皮大致可分为网纹、条斑、花皮、黑皮、白皮、黄皮等。西瓜皮色的遗传，青黑对淡绿网纹，青黑对条斑、条斑网纹，黄色对绿色均为单因子显性，F_2 表现型则以 3∶1 分离。

（七）果皮硬度

果皮坚硬者不易破裂，耐贮运。果皮在果实采收时较为脆弱易破，经贮藏后较为坚韧。果皮脆嫩者与坚韧者杂交，F_1 的果皮为中间型。

（八）果皮厚薄

果皮越厚，可食部分越少，果皮厚薄除与品种有关外，还与成熟度等有关，未熟时果皮较厚，低温期成熟者和初期成熟者果皮较厚；高温期成熟和中后期成熟者果皮较薄。厚皮品种与薄皮品种杂交，F_1 为中间型。

（九）瓤色

瓤色依品种主要可分为红色、桃红色、黄色、橙黄色和白色 5 种，其间有各种不同程度的浓淡。瓤色又依成熟度的不同而有差异，即未熟时色素尚未发育完全，其色较淡，成熟时色素已完全发育，其色较深。四倍体品种的瓤色比二倍体品种的浓。

三倍体品种因受其母本四倍体的影响，瓤色也较浓，且有“早期着色性”（即瓤质未成熟时其瓤色已呈固有的色泽），因此，一般瓜农常误认为已经成熟而采收。这种早采的西瓜，果皮太厚，瓤质仍紧硬，品质低劣，应加注意。红瓤品种与桃红瓤品种杂交，F_1 为中间色；红瓤品种与黄瓤、白瓤品种杂交，F_1 偏于黄或白瓤；橙黄瓤与红瓤杂交，F_1 为橙黄瓤。

（十）瓤肉崩裂空心

瓤肉崩裂有两种性状：一种为不规则的纵横崩裂，亦为最常见的崩裂；另一种以心部为中心，3 子室间作放射状崩裂，这在三倍体无籽西瓜授粉不良时容易发生。瓤肉崩裂难易和崩裂程度，除与品种有关外，且与下列条件有关：①土质：在疏松土壤中比在黏重土中容易崩裂，且崩裂程度较为严重。②气温：高温期果实发育迅速时较易崩裂。③灌水：接近成熟期土壤中水分过多时易崩裂且严重，所以在接近成熟期节制灌水，可以防止崩裂或减少崩裂程度。④着果节位：茎蔓上低节位着生的初果较易崩裂，高节位着生的中后期果不易崩裂。⑤成熟度：成熟度越高，崩裂程度越大。容易崩裂的品种与不易崩裂的品种杂交，F_1 果实易崩裂。

(十一) 瓤质

瓤质以细嫩、松爽、渣少、汁多为佳，但是具备这些条件的西瓜，瓤质易变劣，较不耐贮藏。瓤质粗硬渣多汁少的西瓜，品质较劣，但耐贮藏。未熟的西瓜、黏重土壤中的西瓜和在低温期成熟的西瓜，瓤质较为紧硬。瓤质粗硬的品种与脆嫩的品种杂交，F_1 的瓤质为中间型。

(十二) 种子

种子颜色由 4 个因子决定，即黑色 RTW、褐色 RtW、绿色 rTW、红色 rsW，故种子全黑色对黑斑、黑色对褐色、褐色对红色及白色、绿色对红色均为单因子显性，F_2 的种子色呈以 3∶1 分离。

种子大小的遗传，据仓田久男报道，系由 L 及 S 两个因子所控制，大型种子为 lS，中型种子为 LS，小型种子为 Ls 或 ls。所以在育成 F_1 品种时，如用大型种子的品种做母本，中小型种子的品种做父本，则用作栽培的 F_1 种子仍为大型，可得到良好的发芽和强壮的苗子，所结果实内的种子则为小型。

三、抗病育种方法

西瓜抗病育种需要较长周期，难度大，这是因为：①西瓜商品性强，既要抗病，又要优质、稳产、商品性好，而现有一些抗源材料往往与不良的经济性状相联系，优质与抗病两种性状的结合需要长时期的转育，传统选育过程比较复杂。②抗病性与其他质量性状不同，大多为多基因控制，遗传规律比较复杂；病原菌本身也不断变化，某些病害生理小种很多，要培育出能抵抗所有生理小种或要求兼抗多种病害的品种就更加复杂、困难。

自 20 世纪 50 年代以来，美国先后推出一大批商品性好、抗枯萎病或兼抗炭疽病的品种，如 Charleston gray、Jubilee、Smokylee calhoun gray、Crimson sweet、Dixilee、Mickylee 等。这些品种不仅是美国西瓜生产的主栽品种，有些还是重要的抗病亲本，早已流传世界各地。自 20 世纪 70 年代开始先后被中国引进，并成为抗病育种的重要材料。

中国西瓜抗病育种起步较晚，1986 年全国西瓜抗病育种协作组正式成立，针对生产上的迫切需要和各单位现实情况，讨论明确了研究方向和近期任务，决定以西瓜枯萎病为对象，在总体设计下，分别从育种和病理两个方面进行协作攻关。此外，在西瓜炭疽病、西瓜花叶病毒病等方面，西北农业大学、东北师范大学、新疆八一农学院、中国农业科学院郑州果树研究所等单位亦开展了病原调查、病理和接种技术等方面的研究，为开展抗病育种打下了基础。

(一) 抗枯萎病育种

美国从 1902 年开始西瓜抗枯萎病育种工作，自第一个抗病品种 Conqueror 问世以来，又培育出 Iowa king、Iowa belle、Jubilee、Calhoun gray、Crimson sweet 等抗病性强、商品性好的品种。中国的西瓜抗枯萎病育种工作虽起步较晚，但进展很快，目前全国已育成并在生产中推广应用的抗病品种主要有郑抗 1 号、郑抗 2 号、京抗 2 号、京抗 3 号、早抗京欣、西农 8 号、丰乐 5 号、抗病苏蜜、抗病苏红宝等。Netzer 等（1980）对高抗品种 Summit 和 Calhoun gray 的抗性遗传进行了研究。上述两个品种分别与感病品种 Mallali 的杂种一代，对生理小种 1 都表现高抗，F_2 的抗性呈 3∶1 分离，回交世代 BC_1 的抗性呈 1∶1 分离，因此认为 Summit 和 Calhoun gray 的抗性是由 1 对显性基因控制的。

1. 病原菌 病原：*Fusarium oxysporum* Scht f. sp. *niveum*，称尖镰孢菌西瓜专化型，属半知菌类真菌。尖镰孢菌西瓜专化型的不同菌株还存在生理小种分化现象。史里奇（Slecth，1934）根据美国 7 个州 23 个分离物的致病性存在差异这一结果，认为西瓜专化型可能有不同病原株系（strain）存在，这一论点被以后学者证实。区分西瓜专化型生理小种的鉴别寄主见表 18－1。尽管 Martyn

(1989) 认为 Clarleston gray 并非理想，但目前尚未找到可取代它的抗小种 0 而对所有小种 1 感病的品种，因此，上述 4 个鉴别寄主已被国际公认。中国学者以增加一些中抗品种如 Charleston gray 103 (张兴平，1991)、Crimsen sweet、118、Mickylee 等（吉加兵，1989、1990）进行试验，提出更加完善的系列鉴别寄主。

来自中国不同地区的菌株，致病力存在明显差异（刘秀芳，1990；吉加兵，1989；张兴平和王鸣，1991)，说明国内西瓜枯萎病菌株存在生理小种分化现象。菌株 F Bed（北京大兴菌株)、Fn2 - 2（兰州西枯 2 号菌株)、FXj8910（新疆菌株）被初步认定为生理小种Ⅰ号；张兴平和王鸣（1991）以具有不同抗性的 8 个西瓜品种为鉴别品种，将 4 份菌株认定为生理小种 0，3 份为生理小种 1。另外，陕西大荔菌株致病力比生理小种 1 强，但不同于公认的生理小种 2。

表 18 - 1　区分西瓜专化型生理小种鉴别寄主

(Hort Science，1989)

鉴别寄主	生理小种 0	生理小种 1	生理小种 2
Black diamond (Sugar baby)	S	S	S
Charleston gray	R	M	S
Calhoun gray	R	R	S
PI 296341 - FR	R	R	R

2. 种质资源抗病性　西瓜原产地非洲存在大量的野生或半野生西瓜，对西瓜枯萎病具有很高的抗病性，是重要的抗源。利用非洲西瓜，美国培育出抗病品种 Conqueror，王鸣最早由非洲博茨瓦纳引进的非洲西瓜中有 8 份具高抗水平（张显和王鸣，1988），是进行西瓜抗病育种的优良材料。为了寻找对尖镰孢菌西瓜专化型生理小种 2 的抗源，以色列植物病理学家 Netzer 经历了近 10 年时间，从 200 多份材料中发现了 PI 296341，可作为抗尖镰孢菌西瓜专化型生理小种 2 的抗源。

3. 人工接种鉴定技术　苗期接种方法可分成两大类：一类是以不同浓度的孢子悬浮液为接种体，如浸根接种、育苗盘浸接种法、伤根灌液接种等；另一类是按不同含菌量的病土或病麦粒为接种体，如病土接种、病麦粒拌土接种。

(1) *浸根法*

①病原菌的准备。采用无菌操作，从菌株试管（长时间保存的需复壮）中挑取一块约 0.2 cm×0.2 cm 大小的菌块，放在 PDA 培养基中，置于 25～28 ℃培养箱培养。等菌丝基本布满培养基表面时（5～7 d)，即可转入 PL 培养基中培养，于摇床中 25～28 ℃、125 r/min 培养，5～8 d 即可使用。

②接种菌液的准备。将菌液用两层纱布过滤至 1 000 mL 烧杯中，6 000 r/min 离心 15 min，倒去上清液，用去离子水溶解孢子沉淀，加适量蒸馏水。用血球计数板计数，调整孢子浓度为每毫升 5×10^6 个孢子。

③寄主的准备。用杀菌和杀虫剂熏棚，器具和栽培容器（营养钵、穴盘等）要清洗干净。蛭石、草炭和土等基质消毒采用 121 ℃高压湿热灭菌 2 h。1.5%（指有效氯含量）次氯酸钠溶液消毒种子 20 min 后催芽，播种后用蛭石覆盖，并盖薄膜保温保湿。

④接种。播种后 8～10 d，两片子叶平展时接种，接种在遮阴条件下进行，将苗取出，洗净根部，浸根在准备好的孢子液中 15 min，保持根系全部浸入，中间摇动 2～3 次，防止孢子沉降。浸根完成后，定植到营养钵的基质中，用蛭石覆盖营养钵表面，用清水稍微冲洗叶面上可能沾染的菌液。

⑤接种后管理。接种后前 3 d 保持遮阴，温度保持在 24～30 ℃、3 d 缓苗后撤掉遮阳网，剔除不正常的苗子。自然光照条件下培养，感病寄主在接种后 5～10 d 发病。记录寄主的生长和发病状况，接种后 15～20 d，调查病情指数（最好下午调查，否则轻度萎蔫的上午不明显），按照植株萎蔫程度

将其分为0～5级，2级以下为抗病，3级以上为感病类型。

（2）育苗盘浸接种法　接种程序和方法与浸根法一样，只是将育苗盘内全部秧苗一次浸入孢子悬浮液，免除了浸根法将瓜苗一一拔出、冲洗、浸根和移栽等程序，不仅排除了幼苗伤根出现的误差，而且节省大量人力和时间。应该强调的是，在浸根前1 d，穴苗盘内要控制水分，不浇或浇少量的水，使瓜苗内基质能充分吸收菌液。盘浸接种法效率高，对一次性接种量大的试验是很方便的。

（3）灌根接种法　将配制好定量的孢子悬浮液浇灌到盛幼苗的营养钵或育苗穴盘孔中，通过根系吸收菌液而感病称为灌根接种。有时为了加快发病，可用尖刀直插入营养钵内使幼苗断根，称为伤根浇灌接种。具体操作是，用吸管或注射器或自动吸管吸取5 mL调整好的孢子悬浮液灌注到每株瓜苗营养钵内。与浸根法相比，灌根法也可免除起苗、冲洗移栽等程序，虽比育苗盘浸法费工，但操作还是方便的。

（4）病麦粒拌土接种　将活化的菌株移入灭菌麦粒，放到25～28 ℃温箱内培养2周，使产生大量孢子和菌丝，按灭菌土重量的0.5%称取病麦土均匀拌入灭菌土内，然后播种定植瓜苗使感染发病。操作时，可将病麦粒与适量灭菌蒸馏水混合，经匀浆3 min后再倒入灭菌土中，经均匀拌和，装入营养钵和穴苗盘内备用。病麦粒拌土接种发病较快，但菌丝与孢子不能分开，不能准确了解每克病土中孢子数，可比性较差。

（5）病土接种法　将种子直接播在含有一定菌量的土壤里，通过根部感病鉴定瓜苗的抗病程度。美国早期的抗病品种Iowa king就是利用自然感病田块大量筛选而得。自20世纪50年代以来，众多植物病理学家和育种学家围绕提高病土接种的准确性，从病土接种体配制、选择性培养基和从病土中获得分离物，并测定含菌量等方面做了大量工作，逐步形成了规范化的程序，为抗病育种材料的大量筛选提供方便。

（二）抗炭疽病育种

抗炭疽病由显性单基因*Ar*控制，*Ar*可以使西瓜品种对生理小种1和生理小种3具有抗性，有*Ar*基因亲本与感病亲本杂交后代分离规律符合单显性基因的遗传。*Ar*基因对生理小种2不具抗性；Suvanprakom等（1980）发现，抗病材料PI 189225、PI 271778、PI 326525和AWB-1-AR2对生理小种2的抗性均系单基因显性遗传，与感病品种杂交，F_1植株呈抗性，F_2的抗病与感病植株比例为3∶1；F_1与感病亲本回交，分离比例为1∶1。

1. 病原菌　病原：*Colletotrichum lagenarium*，称瓜类炭疽菌，属半知菌类真菌。除危害西瓜外，还侵害黄瓜和甜瓜，对南瓜和西葫芦的侵染不重。Coode（1958）首先报道了西瓜炭疽病菌存在生理分化现象。他发现一些抗炭疽病的品种如Charleston gray、Comgo、Fairfax等在北卡罗来纳州4个地区却严重感病，通过接种试验定为*C. lagenarium*的3个生理小种（表18-2）。

表18-2　西瓜炭疽病3个生理小种对不同瓜类致病性（病情指数0～5）**反应**

（Pytopathology，1958）

供试品种		生理小种1	生理小种2	生理小种3
西瓜	Charleston gray	2.1	5.0	1.1
	Congo	2.3	5.0	1.1
	Fairfax	2.3	5.0	1.1
	Garrison	5.0	5.0	5.0
	N. H. Midget	5.0	5.0	5.0
黄瓜	Model	5.0	5.0	4.9
	Palmetto	4.9	4.9	4.9
南瓜	Buttemut	2.5	4.0	1.0

注：1=高抗；2=抗病；3=中抗；4=感病；5=高感。

Jenkins 等（1970）又报道了西瓜炭疽病的 4 个小种，其中小种 4 对所有鉴别寄主致病；小种 5 高感西瓜，轻感黄瓜；小种 6 高感西瓜，但对硬皮甜瓜的毒性较弱；小种 7 与小种 6 相似，但对黄瓜 Pixie 的毒性较弱。总之，西瓜炭疽病菌已发现有 7 个生理小种，其中小种 1、小种 2、小种 3 的分布较普遍，流行最广。

2. 抗病近缘野生材料

（1）来自南非食用型西瓜非洲 8 号、非洲 9 号和非洲 13 抗炭疽病，但感枯萎病。

（2）非洲饲料西瓜后代 W－695 对生理小种 2 有不完全抗性。

（3）PI 189225、PI 271775、PI 271778 和 PI 299379 对炭疽病菌（包括生理小种 2）有抗性。

（4）野生西瓜 K－4598、K－1298、K－2814 和 K－643 对炭疽病菌具抗性。

3. 抗病品种资源

（1）Black kleekley（1974） 由衣阿华试验站 Layton 博士率先培育的抗炭疽病兼抗枯萎病的品种，它是利用非洲 8 号、非洲 9 号、非洲 13 与 Iowa king、Iowa belle 杂交，后代与 Klondike、Stone mountain 和 Improved kleckley No. G 杂交选育的后代。

（2）Congo（1949）、Fairfax（1952）、Charleston gray（1954）、Garrisonian（1957） 由南卡罗来纳州查理斯顿美国农业部蔬菜育种实验室 Andrus 博士主持培育的，其中 Charleston gray 抗炭疽病兼抗枯萎病。

（3）Crimson sweet（1963） 由堪萨斯州立大学 D. V. Hall 培育，抗枯萎病兼抗炭疽病。自 20 世纪 70 年代传入中国，是重要的育种材料，已被利用配制了浙蜜 1 号、黑蜜无籽等优良杂种一代。

（4）Jubilee（1963）、Smokylee（1971）、Dixielee（1979）、Sugarlee（1981） 由佛罗里达大学 Leesbur 9 农业研究中心 J. M. Crall 主持培育的抗枯萎病兼抗炭疽病小种 1 的优良品种。20 世纪 70 年代开始陆续引入中国，已被利用，成为一些优良杂交种（如红优 2 号、西农 8 号等）的亲本材料。

（5）AU－Producer、AU－Jubilant（1983） 由美国亚拉巴马州立大学园艺系 Norton 博士等培育出的多抗新品种，即利用对炭疽病生理小种 2 和蔓枯病都具抗性的 PI 271778 和 PI 189225 分别与 Jubilee 和 Crimson sweet 杂交，经多次回交、苗期接种筛选和反复自交选择等手段，培育成的抗炭疽、枯萎和蔓枯病的品种。

4. 人工接种鉴定方法

（1）*采集病原* 取重病区病斑，经分离、培养及单孢分离而得到纯化菌种。经回接鉴定及致病性试验已确认为西瓜炭疽病病原，分离的菌落在 PSA 培养基上 28 ℃培养 7～10 d，用无菌水冲洗，收集分生孢子，稀释至需要的浓度。

（2）*接种* 温室苗期接种一般在出苗后 2 周，1 片真叶时进行，孢子悬浮液浓度为每毫升 1×10^4～1×10^6 个，接种方法多用喷雾法，也可用点滴法或涂抹法。接种后的幼苗应立即移到 25 ℃恒温室，100%相对湿度和无光条件下经 48 h 后，再移到温室生长，1 周后开始发病。

田间苗期接种可在 2 叶期，采用喷雾法，于傍晚进行以保证较高湿度，夜间也利于孢子萌发。田间植株接种可在开始伸蔓时进行，蔓长约 30 cm，接种用菌量一般为每毫升 5×10^4 个，傍晚喷雾，10 d后可出现病斑，接种 3 周后按 6 级制标准调查病情指数：0、1、2 级为抗病，3、4、5 级为感病。

（三）抗白粉病育种

1. 病原菌 目前可引起瓜类白粉病发生的真菌有 6 种：*Erysiphe cichoracearum* DC. *sensu latu*（=*E. orontii* Cast. Emend. U. Braun）、*E. communi*（Wallr.）Link、*E. polygoni* DC.、*Sphaerotheca fuliginea*（Schlecht. ex Fr.）Poll.、*Leveillula taurica*（Lév.）Arnaud、*Oidium* sp.，其中 *S. fuliginea* 和 *E. cichoracearum* 是主要病原菌（Vakalounakis，1994）。特别需要指出的是，*Sphaerotheca fuliginea* 改名为 *Podosphaera xanthii*，*Erysiphe cichoracearum* 也已经改名为 *Golovinomy-*

ces cichoracearum。

2. 抗病种质资源 2003年，北京市农林科学院蔬菜研究中心引进了鉴别寄主，其中PI 124112、PMR 45、PMR 6、PI 124111、Topmark、Vedrantais和WMR 29由James D. McCreight（美国农业部农业研究中心，USDA-ARS）赠送，Nantais oblong、Edisto 47、PI 414723、PMR 5、Iran H和MR 1由Michel Pitrat（法国农业科学研究院，INRA）赠送，后由蔬菜研究中心统一编号（表18-3），向全国科研单位发放，实现了全国主要省份瓜类白粉病生理小种鉴别与监控。2004—2006年对北京部分地区瓜类作物的白粉病菌进行鉴定，初步认为北京地区危害瓜类作物白粉病的优势生理小种是*Podosphaera xanthii* France 2。各地鉴别结果表明，生理小种1与生理小种2是优势小种。2007年在海南的实验结果表明，可能存在多个生理小种。2008年监控发现，北京秋季大棚内出现了生理小种5。很显然，仍需要在大范围乃至全国开展葫芦科白粉病生理小种的鉴定工作。

3. 人工接种鉴定方法 因为白粉病是空气传播的病害，必须做好隔离措施。可采用塑料薄膜封闭四周和顶部。每个病原菌收集物的鉴定在一个小格棚中进行。于子叶展平期接种，接种采用孢子悬浮液喷雾法。取感病严重的叶片收集其孢子到蒸馏水中，充分振荡打散孢子团，加1～2滴吐温20，在15×10倍的显微镜下，观测孢子浓度达到每视野20个左右孢子（加盖玻片），用喷雾器把孢子悬浮液喷到叶片表面，接种后保持温度28℃/20℃（日/夜），相对湿度约70%。

西瓜鉴别寄主的病情指数调查：人工接种5～7 d开始发病，接种12～15 d充分发病后，开始调查鉴别寄主的抗感反应。根据0～5的6级制标准，0级和1级为抗病，2级和3级为中间型，4级和5级为感病。

（四）抗蔓枯病育种

根据抗病性遗传研究的结果（Norton，1979），PI 189225对西瓜蔓枯病抗性是由单一的隐性基因（*dbdb*）所控制。

表18-3 瓜类白粉病生理小种的鉴别寄主及其抗感反应

（引自《中国蔬菜》，2005）

鉴别寄主	单囊壳白粉菌（*Sphaerotheca fuliginea*）							二孢白粉菌（*Erisyphe cichoracearum*）	
	生理小种0	生理小种1	生理小种2		生理小种3	生理小种4	生理小种5	生理小种0	生理小种1
			生理小种2US	生理小种2France					
Iran H	S	S	S	S	ND	ND	ND	S	S
Topmark	S	S	S	S	S	S	S	S	S
Vedrantais	R	S	S	S	S	S	S	R	S
PMR 45	R	R	S	S	S	S	S	R	S
PMR 5	R	R	R	R	S	R	R	R	R
WMR 29	R	R	H	R	ND	S	S	R	S
Edisto 47	R	R	S	R	R	R	S	R	S
PI 414723	ND	R	S	R	ND	R	R	ND	ND
MR 1	ND	R	R	R	R	ND	R	R	R
PI 124111	ND	R	R	R	R	ND	ND	ND	ND
PI 124112	R	R	R	R	R	R	R	R	R
PMR 6	R	R	R	R	S	ND	ND	ND	ND
Nantais oblong	R	S	ND	S	ND	S	S	R	R

注：S=感病；R=抗病；H=中间型；ND=目前无数据。

1. 病原菌 西瓜蔓枯病病菌属于半知菌亚门真菌，在土壤中的病残体上越冬，种子也可带菌。无性阶段由壳二孢属真菌引起（*Ascochyta cucumis* Fautr et Rohm），病斑上黑色小点为分生孢子器，有性阶段为子囊菌［（*Mycosphaerella citrullina* C. O. Smith）Gross］（Schenk，1962），但对西瓜蔓枯病菌命名国内外尚不统一。Wall 和 Grimball（1960）鉴定病原为 *Didymella bryoniae*（Auersw）。Norton 等（1979）将两种病原等同起来，即病原为 *Diymella bryoniae*（Auersw）Rehm（=*Mycosphaerella citrullina* C. O. Smith）。陈熙（1991）的报道提出，西瓜蔓枯病菌的有性阶段与 Chin 和 Walker（1994）在甜瓜上描述的一样，故鉴定为 *Mycosphaerella melonis*（Pass.）Chin & Walker，异名为 *Didymella melonis* Pass.。

2. 抗源及抗病品种 位于美国佐治亚州的引种试验站在发掘和鉴定抗源上做出了贡献，1961 年从 439 份材料中，经温室苗期接种和大田直播苗接种，鉴定出 PI 189225、PI 171392、PI 186975、PI 255136 和 PI 189317 等对西瓜蔓枯病菌的抗性均明显高于 Charleston gray。PI 189225 具有高抗水平并兼抗西瓜炭疽病生理小种 2，该材料为半野生型，已被利用为育种材料。

1975 年 Sowell 又鉴定出 PI 271778 抗西瓜蔓枯病兼抗西瓜炭疽病生理小种 2。Norton 将 PI 271778 和 PI 189225 经多代转育，率先培育出抗西瓜蔓枯病的品种 AU - Jubilant 和 AU - Producer，已引入中国，可做抗病亲本。

3. 人工鉴定接种方法

（1）*菌液准备* 从西瓜病株上采样，经分离鉴定后，取单孢分离物接种到经高压消毒的菜豆上（盛在 125 mL 三角瓶内），放在荧光灯下培养 7～10 d，室温维持（25±5)℃。将 2 个培养菌源的三角瓶合在一起再加消毒蒸馏水进行搅拌 2 min，每升接种物都要按这一程序进行，将搅拌后的混合物通过 Waterman 4 号滤纸得到分生孢子液，用血球计数器计数，并调整接种浓度到每毫升 5×10^5 个或 5×10^6 个。

（2）*接种方法* 西瓜幼苗 2 片真叶时，用喷雾器反复喷洒孢子液直至叶面淌水，随即将被接种瓜苗放到（25±5)℃、100%相对湿度的人工气候箱 48 h，然后再移入温室生长。一般在接种后 2 周开始记载发病株数。

（3）*病情指数测定* 一般按感病植株占植株总数的百分率分 6 级，表示抗病程度（Nortor，1979）。但感病植株并非病死植株，有的报道同时记载死亡率（Grover，1961）。病情指数 0=不感染；病情指数 1=1%～20%病株；病情指数 2=21%～40%病株；病情指数 3=41%～60%病株；病情指数 4=61%～80%病株；病情指数 5=81%～100%病株。

四、抗逆性育种方法

西瓜生产季节性强，在其生长发育过程中易受逆境影响而使产量和品质下降。解决这些问题的途径，除了改善生产条件和控制环境污染以外，改良西瓜品种使之适应环境，即进行抗逆性育种，是一条经济有效的途径。

（一）耐低温育种

西瓜原产非洲，喜温，但不耐低温，因此西瓜早春种植时常会受到低温的不良影响，其中包括 0 ℃左右的冻害与小于 15 ℃的偏低温冷害。为了提早上市，满足人们淡季西瓜需求，近年来许多地方采用早春大中棚进行早熟西瓜栽培。但由于早春大中棚投资大，栽培成本高，制约了大面积应用。迄今为止，还没有可早春露地种植的耐低温西瓜品种。Provvidenti（2003）认为，如果有耐冷西瓜品种可供广泛栽培的话，那么西瓜露地栽培不仅可以提前几周，而且还可以避免早春栽培可能遇到冷害带来的巨额经济损失，因此耐低温育种对于西瓜提早栽培具有重要意义。

1. 耐低温种质资源 尽管不同西瓜品种间存在一定的耐低温差异，但是目前真正的耐低温种质十分匮乏，在很大程度上制约了西瓜耐低温育种的开展。许勇等（1997）通过野生种质与栽培西瓜低温培养下的对比试验，证明野生西瓜种质 PI 482322、PI 482261、PI 482299、PI 482308、PI 494528、PI 494532 表现出较强的耐寒性，其中 PI 482322 耐低温能力最强，能够忍耐较长时间的 0 ℃低温，幼苗在 10 ℃条件下生长 6 d，其冷害症状也不十分明显，表明野生种质具有良好的耐低温能力，是西瓜重要的耐低温种质资源。

为了利用现有的西瓜栽培品种创制耐低温种质资源，近年来国内进行了物理诱变和耐低温体细胞无性系变异研究，如张硕（2006）利用^{60}Co γ 射线进行了西瓜耐冷种质的诱变研究；闰静（2005）进行了耐冷体细胞无性系变异研究，所筛选的耐低温材料经过低温处理后，通过分子检测表明，与耐低温相关的 *DREBI* 基因表达明显增强，这些研究对于拓宽西瓜耐低温种质资源都是有益的尝试。

2. 耐低温鉴定方法 Provvidenti（1992）指出，西瓜幼苗生长在低于 20 ℃的温度条件下即表现出叶绿体发育受阻，真叶出现花叶，呈病毒侵害状，因此可以根据所需低温胁迫程度的高低，选择 20 ℃以下的不同低温进行鉴定。许勇等（1997）通过 0 ℃、10 ℃和 15 ℃共 3 个温度处理，均能较明显地区分出不同品种的耐冷性差异，而且 3 个温度处理表现较好的一致性。这与黄瓜耐低温鉴定结果有所不同，并且在低温条件下，提高光照强度明显加重了冷害症状。因此认为，鉴定西瓜幼苗耐冷性的最适条件为 10 ℃的温度，100 μmol/（cm^2 · s）的光照强度或 15 ℃的温度，200 μmol/（m^2 · s）的光照强度。根据西瓜植株叶片的冷害程度分级标准，再根据冷害分级代表值计算冷害指数评估耐低温能力。

3. 耐低温性状的遗传与育种 目前对西瓜耐低温遗传规律研究不多。许勇等（1997）将京欣 1 号父本自交系 97103 与耐冷材料 PI 482322 进行杂交，对 F_2代获得的 113 个单株进行耐冷性鉴定后，群体可分为耐冷与冷敏两类植株，其中耐冷株为 80 株，冷敏株为 33 株，经适合性测验基本符合 3∶1分离比例。这说明其耐冷性是由单显性基因所控制，与 Provvidenti 在另一个耐冷材料 PI 482261 所得到的结论是完全一致的，并将其控制基因暂定名为 *slv*＋。

经美国种质资源信息网（GRIN，网址 http：//www.ars－grin.gov）植物种质资源数据库搜索，发现上述野生西瓜耐低温材料 PI 482322、PI 482261、PI 482299、PI 482308、PI 494528、PI 494532 均为饲料西瓜，而饲料西瓜与栽培西瓜具有很好的杂交亲和性，因此，可以通过杂交方法将耐低温性状控制基因转育到栽培西瓜中，但由于饲料西瓜食用品质低劣，杂交时会将一些不良性状也转育到栽培西瓜中，需要经过多次回交、选择，才可能得到综合性状优良的耐低温材料。

（二）耐高温育种

西瓜适宜生长的温度为 18～32 ℃，对高温具有较强的忍耐能力，在 40 ℃以上仍能维持一定的同化能力。但在中国很多地区，高温多伴随着干旱或者强日照，而在通风不良的塑料大棚或温室内，高温又常伴随着高湿，对西瓜的产量和品质均有不良影响。如高温胁迫下植株生长不良，易发生病害，造成死苗死株，易引起花器发育不正常，造成坐果率低，畸形果率高，尤以夜温高危害最大。在果实发育期，若遭遇高温，可快速催熟，果实易发生空洞，影响果实品质。而夏秋季栽培西瓜坐果期和果实发育期易遇高温，因此夏秋栽培的西瓜品种对耐高温能力具有更高的要求。

目前对西瓜耐高温鉴定指标研究较少。苏联曾提出，用叶片中蛋白质的凝固温度来确定瓜类耐高温能力，但西瓜耐高温能力与水分状况是紧密联系的，强烈的蒸腾作用可以使叶子的周围气温降低 7 ℃，比土温低 18 ℃，相对于甜瓜、印度南瓜和西葫芦，饲料西瓜蛋白质对高温敏感，按照生物化学本性饲料西瓜比甜瓜和南瓜抗热性差，但实际的耐热性是由于提高蒸腾作用，引起叶片更强的自身冷却（Б. А. 鲁滨，1982）。

在实际育种工作中可采用最直观的种质鉴定法。调查高温胁迫下西瓜的生长、开花和坐果情况来评估种质对高温的忍耐能力。采用塑料大棚种植，模拟高温对西瓜进行的胁迫，来比较不同材料对高温的忍耐能力。华北地区可在6月下旬至7月上旬催芽播种育苗，苗床采用塑料小拱棚防雨高畦，苗龄10～15 d。根据种质在塑料大棚内的植株生长与果实发育情况来分级。

（三）耐旱育种

西瓜根系发达，吸水能力强，具有较强的耐干旱能力，但西瓜枝叶茂盛，果实含水量高，生育期大部分时间处于少雨季节，叶片蒸腾强度大，耗水量极多，对水分要求又极为强烈。据估计，一株西瓜一生需要消耗水1 t左右。如果缺水，西瓜生长发育会受到严重的影响，产量和品质显著降低。中国西北西瓜产区因独特的气候条件，盛产的西瓜品质优良，但是因为缺水问题限制了西瓜栽培面积的进一步扩大。目前，中国推广的西瓜品种几乎全部是在水浇地选育而成的，在选育过程中没有进行有目的的耐旱性筛选和鉴定，大多不耐干旱，因此选育耐旱品种对于扩大干旱、半干旱地区的西瓜栽培具有重要意义。

1. 耐旱种质资源　杨安平等（1996）对非洲西瓜种质资源进行了耐旱性鉴定研究，结果是非洲西瓜91-003为苗期耐旱性极强的种质材料，同时作为对照的郑杂5号也有很好的耐旱性；土耳其Karipcin等（2008）对搜集的不同地区和国家的85份西瓜进行了耐旱性初步鉴定，通过干旱胁迫条件下果实直径、果实重量、果实总可溶性固形物含量、种子数量和种子重量的调查比较，将耐旱指数高于70的35份种质归为耐旱种质，其中来自埃及的编号为24的种质耐旱能力最强，耐旱指数达到99。在西瓜近缘种中，分布在非洲南部纳米比亚沙漠地带的缺须西瓜，呈野生状态，可能会为西瓜提供重要的耐旱基因源（Sarafis，1999）。

2. 耐旱性鉴定方法　杨安平等（1996）采用持续干旱法，以存活率来评价幼苗耐旱能力。具体方法为：幼苗第1真叶展开后停止供水，进行持续干旱处理，待60%左右的幼苗达到永久萎蔫时恢复供水，次日调查幼苗存活率，用存活率作为评价幼苗耐旱性的指标，并且经过对游离脯氨酸积累含量测定后指出，在土壤含水量下降到8.11%时，游离脯氨酸积累含量也可作为西瓜苗期耐旱性鉴定指标；刘东顺等（2008）通过对干旱胁迫下西瓜幼苗的干物质积累量、根冠比、叶片相对含水量、细胞膜透性、脯氨酸含量的胁迫指数后指出，参试材料不是在所有指标上都表现突出，因此，用单一指标评价西瓜的耐旱能力具有片面性，用多个指标进行综合评价才准确可靠，提出了用隶属函数综合评价方法，可以根据隶属函数平均值对参试材料的耐旱性进行评价。

西瓜苗期耐旱性并不能代表植株整个生育期的耐旱程度并对果实产量和品质的影响，因此，在还没有找到能准确反映整个生育期耐旱能力的评价指标之前，苗期耐旱性鉴定可作为大量种质耐旱性的筛选手段，对苗期耐旱能力强的种质需要进一步进行全生育期耐旱性鉴定。

3. 耐旱性的遗传与育种　植物的耐旱性是一种数量性状，受多基因调控，存在多种调控途径并可能发生交叉。刘东顺等（2008）用7个西瓜杂交组合及其亲本材料进行耐旱性鉴定表明：99C25、92A10与其他亲本相比耐旱性较强，以其做母本的杂交组合05E01、05E02和04E08，虽然父本99H10、02C17的耐旱性较差，但这3个杂交组合的耐旱性仍明显高于其他杂交组合，因此进行耐旱性育种时只要其中一个亲本具有较强的耐旱性，就可得到一定耐旱能力的杂交后代。

五、品质育种方法

西瓜品质主要包括内在品质（如果肉糖度、风味、质地等）、外在品质（如果肉颜色、果实形状、果皮颜色）、贮运品质（如果皮硬度）等组成，其中糖度是构成品质的主要因素，是品质育种首要考虑的目标。

（一）高糖度种质资源

A. И. Фиов和T. Б. Фурса曾对苏联作物栽培研究所保存的2 000余份西瓜种质材料进行了分析研

究，确定了在各生态型品种中高糖型品种所占的比例，指出属于高糖型的品种有俄罗斯生态型的美丽和美国生态型的 Klondike 等品种。

在中国现有的西瓜种质资源中，高糖型的材料大多从日本、美国和前苏联引进，如日本的旭大和、新大和、大和冰淇淋等，前苏联的美丽、苏联 3 号，美国的 Crimson sweet、Charleston gray、Klondike、Sugar baby、Sugarlee、Dixielee、SC-7 等；部分是中国自己选育的，如兴城红、郑州 3 号、84-24 和黑美人等。

（二）糖度遗传与育种

西瓜糖度为数量性状，符合一般数量性状遗传规律，不同的种质资源之间糖度差别较大，中心含糖量最高可超过 12%，而最低不到 5%。但在育种实践中容易出现“假”高糖材料，给高糖度育种工作带来不少困难，因此，科学的选育方法对于提高育种效率至关重要。贾文海等（1994）结合杂交育种工作，自 1980 年起历时 12 年，对 78-8、乐蜜 1 号及鲁西瓜 1 号等的 6 个数量遗传变量和选择效果进行测定表明，西瓜果实中心部位可溶性固形物广义遗传力较小，基因加性效应较大，环境变量又较小，应先混种几年后，待显性效应减少，而遗传力随世代增加而提高后，再进行单株选择效果会更好。逯泽生（2000）研究表明，若以加性方差占遗传方差的 90%作为开始选择的世代，F_4 是开始选择可溶性固形物含量的较好世代。刘东顺（1994）对 7 份西瓜亲本材料及其 12 个杂交组合进行了亲本一般配合力（GCA）和杂交组合特殊配合力（SCA）的分析后也认为，中心含糖量则主要是由基因的累加效应决定的，因此对品质性状的改良，只能在施加选择压力的前提下，通过系统选育来实现，并从中选出了中心部位含糖量一般而配合力相对效应值较高的亲本 4 份。

西瓜含糖量大约具有 10%左右的杂种优势，因此通过高糖亲本的杂交可以获得更高糖度的杂种一代。蒋洪林（1981）通过 4 年观察，发现 F_1 果实平均含糖量比双亲平均含糖量高，尤其是地理类型差异大的组合表现更明显，表现出杂种优势。双亲含糖量平均值高，F_1 一般含糖量也高，而双亲含糖量低的，F_1 含糖量也低。因此，要育成高糖西瓜新品种，必须要选择含糖量高、地理类型差异大的亲本，易于取得成功。

除了糖度外，果肉质地、果肉纤维的多少、有无酸味或异味也是衡量品质的重要内容。一般来说，人们喜食糖度高、质地酥脆（质地较沙，汁液多）、果肉纤维少、无酸味和异味的西瓜，即瓜瓤吃起来甜蜜、水分多、入口化渣、味道纯正，吃完后口腔清爽。此外，消费者对果实形状、皮色、瓜瓤颜色等外在品质也有不同的要求，育种时可有目的地进行选择。

贮运品质中的果皮强度包括果皮韧性和硬度，两者共同决定了果实抗挤压和摔打能力，由于果皮硬度对果皮强度起到重要作用，因此，人们常用硬度计测量果皮硬度，以此衡量果皮的强度。

果皮硬度大的西瓜在搬动和运输过程中不容易开裂，耐贮藏，便于长途运输，成为育种工作的兼顾目标。但是果皮硬度过大可能出现厚果皮、硬果肉等不良性状，影响内在品质，同时也可能给消费者切瓜带来操作不便，因此，要求果皮硬度适中为宜。硬果皮对脆果皮呈显性，由单基因控制，在 F_2 中呈 3∶1 的分离比例，该遗传特性为品种果皮硬度改良提供了方便。

六、熟性育种方法

西瓜需要选育出早、中、晚熟各种不同成熟期的配套系列品种，以延长西瓜的供应期。但对一个地区和育种单位而言，则应根据当地市场上最短缺、最需要的成熟期品种，确定自己的育种目标。在西瓜生产中，中晚熟品种较为丰富，且不乏优良品种；早熟及极早熟品种较缺乏，且早熟品种的抗病性、耐贮运性亟待改进和提高。因此，优良早熟品种的选育应该作为目前西瓜熟性育种的重点。

（一）种质资源

西瓜熟性取决于全生育期、开花坐果早晚和果实发育天数等因素。Фурса 等（1976）根据全世界的西瓜品种生育期天数按生态型的不同，指出最早熟的西瓜生态型是苏联远东地区的品种，它们是世界西瓜种质资源中最珍贵的早熟材料。

在中国西瓜种质资源中，全生育期短的是东亚（主要为日本）生态型品种，它们是培育早熟品种的适宜材料。中国育成的早花、苏蜜 1 号、金夏（3301）、伊选、郑州 3 号、琼酥等新品种，无不是东亚生态型品种参加杂交或系统选育的结果。地方品种浜瓜、十八天照、小花狸虎等也是较好的早熟材料。日本的红小玉、乙女等则为极早熟品种。

（二）熟性遗传及育种

西瓜熟性是众多数量性状中受环境因素影响较小的性状之一。为缩短熟性选择周期，贾文海（1994）对西瓜 6 个数量性状的广义遗传力测算后发现，西瓜生育期的遗传力较高，为 85.32%，受环境影响小，因此可以在早代选择并在后代中固定下来，并且该性状主要决定于基因相加效应。因此，如果要改良亲本的熟性，可采用两个基因型完全不同亲本先杂交，再使 F_1 自交，然后在 F_2 或 F_3 中选择超亲类型分离出来的优良单株。

关于亲本对杂交后代熟性的影响，蒋洪林（1981）经过观察分析得知，西瓜品种间杂交，F_1 果实发育期一般都介于两亲本之间。早熟品种双亲杂交，F_1 也为早熟，双亲中熟杂交，F_1 也为中熟，但果实发育期有缩短的趋势。中熟和晚熟品种杂交，F_1 一般为中熟，但果实发育期有倾向中熟亲本之势。因此，选育早熟西瓜品种时，应选用雌花出现早、坐果节位近、果实发育期短的早熟材料做亲本，这样杂交后代中，早熟类型出现比例高，变异多，有可能选出超亲本类型。

由于西瓜熟性与全生育期、开花坐果早晚和果实发育天数等有关，在实际育种工作中可利用育种材料间的生长发育阶段差异来选育早熟品种。Б. А. 鲁滨（1982）指出，瓜类不同品种的生育期长短差异与生长阶段的长短有关，一些品种取决于某一个生长阶段的长短，而另一些品种则取决于多个生长阶段的长短，这种情况对育种研究人员是非常重要的，他们不仅要知道总的生育期长短，也要知道组成生育期各个阶段的长短，可以将两个中熟但每个阶段长短不同的品种进行杂交，得到比两个亲本更早熟品种，或将一个早熟品种和一个较晚熟但品质好的品种进行杂交，得到既早熟品质又好的品种。

七、丰产选育方法

丰产选育是利用不同西瓜种质产量构成性状的遗传差异，通过一定的育种程序和途径，使丰产因素得到合理组合，选育出高产稳产新品种的技术。丰产性是西瓜优良品种的基本特性，是获得高产的基础。丰产育种是西瓜育种工作中重要任务之一，是其他育种要求必须兼顾的目标。影响西瓜产量的生理基础是品种根系的吸收能力、叶面积大小、净同化率高低、花芽分化特性，以及营养生长与生殖生长关系是否协调等。

（一）西瓜产量的构成

西瓜的产量可用株数×坐果率×平均果重表示，由于每公顷株数与品种特性、栽培条件和管理方式紧密相关，相对稳定，因此西瓜产量主要受坐果率和平均果重的影响。仓田通过 1958—1961 年的调查后提出，西瓜产量和坐果率呈正相关，但和平均果重的相关性不明显，并认为提高产量的首要条件是确保果数；俞正旺等（1991、1998）分别用通径分析和灰色关联度分析法研究了西瓜主要性状对产量的影响，结果表明，对产量影响最大的性状是单瓜重，其次是坐果率。上述两个结论不一致的原因可能与试验材料、气候条件和栽培管理方式等差异有关。在实际育种中一般认为，在确保较高的坐果率情况下，提高平均果重是获得高产稳产的关键。

（二）种质资源

据Фрyca等（1976）的研究，全世界的西瓜种质资源的果实单瓜重与生态型关系密切。单瓜重大的是阿富汗生态型品种，其次是印度和中亚生态型。在现代品种中，以美国生态型的大型品种最多，苏联远东地区的西瓜品种单瓜重较小，日本、韩国的西瓜大多为中型或中小型。在中国现有的西瓜种质资源中，属于高产型的品种主要有美国生态型的Charleston gary、Jubilee及其衍生品种；华北生态型的黑油皮、三白、高顶白、冻瓜等晚熟地方品种，以及新疆生态型的地方晚熟品种吐鲁番黄瓤花皮、黑皮冬西瓜等。

（三）果实重量遗传及育种

西瓜的果实重量为数量性状，F_2代分离符合正态分布规律，同时果实重量易受环境影响，环境方差几乎与遗传方差相近，在选择后代时存在较大的误差，因此，适合采用轮回选择法选择后代（Gusmini和Wehner，2007）；贾文海（1994）研究后也指出，单瓜重的广义遗传力虽然较高，但因为这些性状由环境引起的变异也较大，而基因相加效应变量较小，所以在早期世代进行个体选择的效果往往不够理想，通过计算选择效果（R）表明，西瓜的单瓜重在早期世代不易稳定，但选择效果较大，因而可适当增加入选率，以防漏选最优良单株。在亲本对杂交后代的影响方面，当基因型不同的两个纯合亲本杂交后，F_1的果实重量将会出现不同程度的杂种优势，有的单株甚至会超过其高亲值。

八、无籽西瓜品种选育方法

三倍体无籽西瓜是人工利用多倍体获得无籽果实最成功的作物之一，通过四倍体和二倍体的杂交组合获得高度不孕的三倍体，综合杂种优势和多倍体优势，实现了西瓜果实无籽的目的，极大地提高了西瓜的食用价值。

（一）三倍体西瓜的高度不孕性

三倍体西瓜含有3组染色体，$2n=33$，在生成配子的减数分裂时，每个染色体都与其另外两个同源伙伴联合，形成1个“三价体”，共形成11个三价体。这11个三价体中的每一个在第一次成熟分裂时，都将按2∶1分配分向两极。这样，3组染色体便会出现许多种不同的分配情况，但产生有正常的受精机能配子的概率只有1/1024，不孕配子的概率则为$1-1/2^{11}$，其近似值为99.9%。由于理论上不能达到完全无籽，因此，在三倍体无籽西瓜中，偶尔会出现可孕的种子。三倍体花粉没有生命力，其单性结实是由胚不孕和正常可育花粉（二倍体提供）所产生的激素引起的。

（二）三倍体无籽西瓜的育种特点

三倍体无籽西瓜是多倍体水平上的杂种一代，而且对它的经济性状又有一些特定的要求，所以和二倍体杂种一代育种相比，又有许多不同的特点。另外，三倍体产生的若干缺陷不易像二倍体或四倍体西瓜一样通过系统选育加以改善，多通过对亲本的选择和组合的选配来实现。因此，并不是任意一个四倍体和任意一个二倍体杂交，都能得到优良的三倍体。通过组合选配后，仅仅从亲本的表现还难于推断所获得的三倍体表现究竟如何，所以三倍体无籽西瓜育种是以三倍体的实际表现来决定取舍的。因此，三倍体无籽西瓜除了具有育种目标中所制定的一些特殊要求外，还应具备下列的特性：①选择适当母本和适当的组合，使杂交后单瓜采种数达到 100 粒以上。②三倍体西瓜果实果形端正，果肉颜色美观，肉质细致紧实，多汁爽脆，不空心，果皮不宜太厚，果实皮色、肉色符合市场习惯。③三倍体西瓜果实糖梯度小，中心含糖量应在 11%以上，无异味。④三倍体西瓜果实内应完全没有着色秕子，未发育的白胚应少而且小。

（三）三倍体无籽西瓜母本（四倍体）的诱变

1. 四倍体的诱变方法　用于无籽西瓜母本的四倍体主要是利用二倍体西瓜诱变获得的。诱变的方法有物理、化学和生物技术等方法，但目前应用最多的是化学方法（利用秋水仙素诱变），该方法已经成为一项成熟的技术。

现介绍利用秋水仙素诱变方法如下：

（1）*浸种法*　先将种子在清水中浸种 6～12 h，然后在 0.2%～0.4%的秋水仙素溶液中浸种24 h；也可将干种子放在上述浓度药液中浸种 24 h 或 48 h，还可将催芽后刚刚萌动的种子在药液中浸种 24 h。种子经药剂处理后用清水冲洗 20～30 min，洗净种子表面的药液。干种子处理完毕用清水冲洗后，最好再放在清水中浸种 10～12 h，然后在 28～30 ℃温度条件下催芽，出芽后播种。这种方法简便、有效，缺点是耗药量大，且浓度不易掌握。

（2）*胚芽倒置浸渍法*　温水浸种 5～10 h 后，催芽，根长 1.5 cm 左右、刚露出子叶时，只将子叶部分浸入浓度为 0.4%的秋水仙素药液中，根尖朝上，盖上湿纱布保湿，放入 30 ℃恒温箱中，处理时间从当日 11 时到次日早 8 时。处理后用清水冲洗 1～2 h，放在有胡敏酸的沙质培养基上，使生侧根。这种方法用药量少，可在平皿中处理，药液用量以没过子叶为度，而且费时少，诱变频率高，根部不受药剂的伤害，变异植株成活率高。

（3）*滴苗法*　当幼苗子叶刚展平时，用 0.2%～0.4%秋水仙素药剂于每日 5～6 时、17～18 时滴浸幼苗生长点各 1 次，连续 4 d。处理时期，子叶刚展开时立即进行，越早越好。处理时若在生长点放上小团脱脂棉，能增进诱变效果。每天处理后注意遮阳和覆盖塑料薄膜，以保持空气湿度和药液浓度，使药液能够在生长点上停留尽可能长的时间。这是普遍采用的方法，但这一方法较为费时费工。应当注意的是，每次滴药液以形成 1 滴水珠包住生长点为度，点滴过多药液则会顺下胚轴流下，影响处理效果。处理时若气温过高，幼苗细胞分裂迅速，药液抑制作用减弱，变异频率低。以昼夜平均气温 15 ℃左右处理，诱变频率可获得提高。

（4）*涂抹法*　将秋水仙素配成 1%水溶液，置于水浴上加温，倒入 20 g 羊毛脂，充分搅拌均匀，即成为 1%秋水仙素羊毛脂膏，当西瓜子叶出土后即在生长点上细致地涂抹一层。点滴法需处理多次，涂抹法涂抹 1 次即可，且幼苗受药剂伤害也较小，生存率可达 70%。处理最好在晴天中午高温时进行，处理时将羊毛脂膏加热变稀，有利于药剂紧密附着在生长点上。

2. 四倍体西瓜的鉴定　二倍体西瓜经秋水仙素处理后，有的个体仍维持二倍体状态，有的个体则会发生变异，在这些变异的植株中，可根据四倍体西瓜的各项指标进行鉴定，筛选出诱变成功的四倍体植株，并自交留种，以后再进一步进行选育，以育成可被利用的稳定的四倍体系（品种）。目前常用的几种鉴定方法有：

（1）*形态学鉴定法*　形态学鉴定法又称间接鉴定法，是最直观的鉴定方法，育种实践证明，利用形态学方法能够简便而且有效地将变异成功的四倍体植株鉴别出来。诱变成功的四倍体主要特征是：苗期子叶增厚，真叶畸形；成株期叶片宽大肥厚，叶缘锯齿明显，颜色深绿，茎节间粗短，刚毛粗硬，花器变大，花瓣大而肥厚，颜色较淡，果实成熟后果形指数（L/D 值）变小，果皮增厚，种子数量变少，种子变宽，种子嘴部变宽。对于不能确定的突变单株，可以通过与二倍体或者四倍体杂交的方法验证，或者进一步利用细胞学方法，镜检花粉粒大小、叶片气孔保卫细胞的大小和单位面积内的数量等微观形态特征，更有助于确认变异株倍性属性。

（2）染色体计数法　观察诱变株根尖或花粉母细胞的染色体数目（西瓜三倍体染色体数目 $2n=3x=33$，西瓜四倍体染色体数目 $2n=4x=44$）是最直接、最准确的鉴定方法。郭启高等（2000）在离体培养过程中利用不定芽叶尖记数，可以在组织培养早期100%检出西瓜植株倍性。

（3）流式细胞仪分析法　该方法可迅速测定细胞核内DNA含量和细胞核大小，是大范围实验中鉴定倍性的快速有效的方法。此法测定细胞核DNA含量不受外部因素（如光密度、植物组织含水量）的影响。

（4）分子生物学鉴定法　随着分子生物学技术的发展，人们开始从分子水平着手研究多倍体，对其倍性、来源进行鉴定。目前，分子生物学技术主要应用在西瓜多倍体育种材料的选择、植株种子和幼苗的纯度鉴定等领域。

3. 四倍体西瓜的选育　四倍体西瓜的选育，旨在获得可以被利用的具有优良性状的稳定的四倍体品种（系）。在选育过程中，除了按照育种目标进行系统选育和杂交育种外，选育四倍体还应注意以下几点：

（1）四倍体西瓜的孕性　同源四倍体西瓜孕性降低，种子数减少，特别是通过人工诱变刚刚获得的四倍体更是如此。对同源四倍体进行适当的连续选择，可以有效地提高孕性，但若使四倍体种子数量恢复到二倍体水平，目前仍未能实现，这是一个有待进一步深入研究的课题。

（2）异味　在用四倍体西瓜和二倍体西瓜杂交所获得的三倍体无籽西瓜中，有的果肉具有一种特殊的怪味。实践证明，四倍体果实异味大，而二倍体亲本没有同样异味，表明异味是多倍体果实所特有的，因此在选育四倍体品系时，有强烈异味的品系应该被淘汰。

（3）其他性状　在选育中，除了注意果形好、皮薄、糖度高、品质优良、瓤色纯正外，还应注意坐果稳定和自然发病条件下对病害的抗性。

（4）杂交育种　将不同的四倍体品系进行杂交育种，杂交亲本应当差异较大或具有互补性，以使其后代能达到育种计划所制定的目标。尽管四倍体杂种不容易稳定，但对选育优良的四倍体品种（系）仍是一条重要途径。

4. 三倍体无籽西瓜的组合选配　三倍体无籽西瓜的组合选配，与二倍体杂种一代育种有相同的方面，如双亲差异大、性状能互补、亲本应为纯系以求得到性状一致和具有杂种优势的杂交一代，但也有不同的一面，即这个杂交种产生了染色体数目的改变。新产生的三倍体其体细胞中的染色体，母本提供了2/3，父本只占1/3，因此遗传性状的显隐性，与二倍体的表现并不一致。获得优良的无籽西瓜，是三倍体育种的最终目标，而三倍体组配的优劣，还不能完全用亲本性状来估计，目前只能用实验（测交）的结果，才能对组合选配的成败加以确定。

在选配组合时，应注意以下若干现象：

（1）三倍体西瓜果肉结构是三倍体无籽西瓜育种的主要指标。果肉纤维粗糙、质地疏松是造成三倍体空心的重要因素，而这一性状对果肉纤维细而紧凑是显性性状，但果肉纤维粗糙在二倍体或四倍体上并不一定表现空心，因而常常被忽视。所以，不空心的两个亲本可以产生空心的三倍体品种，因此，很多组合必须经过试验，以从中发现不空心的三倍体杂种。

（2）三倍体种子的采种量以产籽量高的四倍体亲本为基础，但在育种实践中往往出现不同的结果，这与双亲配子亲和力有关。因此，三倍体种子产种量的高低，决定于组合选配是否得当。

（3）无籽西瓜组合选配，可以是单交种（$4x\text{A}\times2x\text{B}$），也可以是三交种［（$4x\text{A}\times4x\text{B}$）$\times2x\text{C}$］，还可以是双交种［（$4x\text{A}\times4x\text{B}$）×（$2x\text{C}\times2x\text{D}$）］。前两种组合方式已在生产栽培中广泛应用。只是在利用四倍体杂种一代或二倍体杂种一代时，它们的双亲必须相似，这样才能获得表现型一致的三倍体杂种。而通过利用三交种等多元杂交，更可提高四倍体母本生活力及种子孕性，并将更多的优良性状，如对多种病害的抗性，组合到一个三倍体杂种中去，部分相对性状在三倍体杂种中的隐显性表现见表 18－4。

表 18－4　一些相对性状在三倍体（4x×2x）杂种中的隐显性

（引自《中国西瓜甜瓜》，2000）

性状类别	亲本性状组合	三倍体杂种性状表现
果形	圆形×长筒形	高圆形
	圆形×椭圆形	不正圆形或圆形
果皮	浅绿皮×花皮	花皮（花纹镂空）
	青皮×黑皮	深绿皮
	浅绿皮×黑皮	深绿皮
	黑皮×花皮	深绿皮有隐条
	黄皮×黑皮	金黄色皮
	黄皮×花皮	黄皮黄条
	硬皮×脆皮	硬皮
	厚皮×薄皮	中间性状
瓤色	红瓤×粉红瓤	红瓤
	红瓤×白瓤	桃红瓤
	红瓤×黄瓤	黄瓤或中间性状
种子	大籽×小籽	白秕籽中大
	中籽×小籽	白秕籽小
糖度	高糖×低糖	中间性状
茎蔓	长蔓×短蔓	长蔓
抗性	任何亲本提供单基因抗性	仍具有抗性
	任何亲本提供多基因抗性	抗性加强

下面以黑蜜 5 号为例，简单介绍无籽西瓜新品种的选育过程（图 18－1）。中国农业科学院郑州果树研究所于 1991 年选配了 24 个三倍体杂交组合，经 2 年小区比较试验，从中选出综合性状较好的组合 91－3－15×91－3－24，1993 年定名为黑蜜 5 号。它的父本 JN04 是从美国引进的二倍体材料中经多代选育固定而成的高代自交系，其特点是花皮红瓤、中熟、易坐果、产量高、耐贮运、抗逆性强、品质中上。母本为 1 对四倍体姊妹系杂交而成，该四倍体姊妹系为中国农业科学院郑州果树研究所诱变而成，代号分别为 506 和 508，果实圆球形，共同特点是易坐果、优质、耐贮运、产量高。

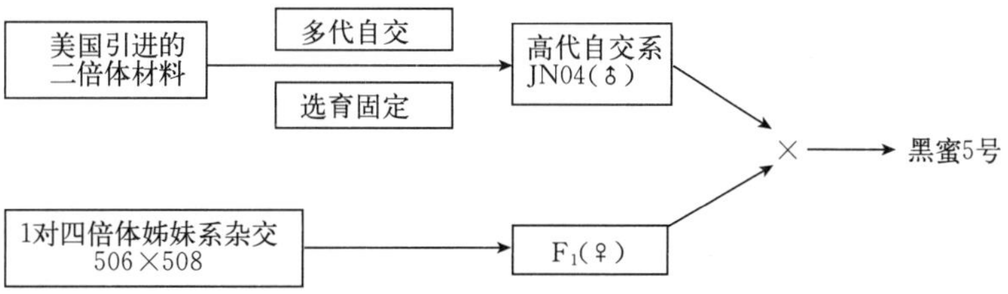

图 18－1　黑蜜 5 号选育过程示意

第五节 育种途径

一、选择与有性杂交育种

（一）选择育种

选择育种是利用西瓜繁殖更新过程中，因植株个体基因重组或基因突变所产生的各种遗传性变异，通过一次或多次定向选择，达到改善品种群体的遗传组成或获得优良新品种的育种途径。

选择是选择育种的主要手段，产生于长期的农业生产实践中，并在品种形成和改良中起重要作用。西瓜的许多农家品种都是通过选择而产生的。选择对品种改良的作用，是指通过定向的多代选择，筛选出优良变异留种，淘汰掉原始类型及不良变异。

1. 选择育种的原理

（1）*纯系学说* 由一个同质的亲代自交而产生的后代，称为纯系。授粉植物经过多代自交后都能得到纯系，纯系最大的优点是性状稳定，后代群体若无杂交或突变，所有的基因型一样，性状趋于一致。因此，选择是在西瓜自交后代中最大效能地分离和筛选出纯系，过滤出符合目标的单株或有利基因型，以纯系的形式保持后代遗传性状的稳定。对于已经成为纯系的西瓜品种，自交后代群体基因型保持一致，再进行选择是无效的，所以理论上不宜在纯系中选育新品种。

（2）*突变学说* 西瓜个体在逐代自交过程中及长期种植过程中，都会发生由于极端的环境条件（如高温、低温、自然辐射、环境污染等）的作用或由生物体内的生理和生化原因而发生的自然变异即基因突变。在西瓜突变过程中，可以观察到极少数的突变属于有利突变，如早熟、丰产、优质等，有极少数的突变可以加强生物体对外界不良条件的适应能力，如耐旱、抗病等。这些突变一经出现，就可能被自然选择或人工选择所保留，而逐步形成新品种。

因此，无论是纯系学说还是变异学说，首要条件是要有变异，没有变异选种就无从做起。变异为选择育种提供材料，而纯系为固定优良性状提供可能。

2. 选择育种方法

（1）*系统选种法* 从现有大田生产品种的群体中，选择优良的基本类型（纯系）或利用自然界出现的优良变异类型（杂系），从中选择若干优良单株进行自交，单株单瓜采种，翌年或下一季相邻分别种植各个株系，每系不少于20株，以原始品种做对照，进行比较，鉴定淘汰不符合选种目标的后代，选出最优良的单株后代，并从中再选出优良单株和单瓜，经4代以上的重复单株选择，就可能选出新的品系或品种，这就是系统选择法，又称单株选择法或个体选择法。它是最常用而有效的育种方法，也是最基本的育种方法之一。

（2）*混合选种法* 从品种群体中将表现该品种优良性状的或符合选种目标的单瓜混合采种，这种方法称为混合选种，翌年将选出的混合单瓜种子播种后，与原品种进行相关性状的比较，优于原品种者就可在生产上推广。这种方法是有经验的瓜农经常采用的方法，许多农家品种就是用这种方法选育出来的。如果有必要，可进行多次混合选种，即在第1次混合选种的后代中，继续选择表现更优良的能代表该品种特性的单瓜，混合留种后下季继续混合播种。这样的工作可进行3～4次，直到产量较稳定、性状表现一致，并超过原始品种或对照品种为止。

与系统选种法相比，混合选种方法简便，可以迅速获得大量种子，供大田生产上应用。其缺点是把入选的种子混合播种，不能鉴定每个个体后代的遗传表现，导致有些由于环境影响而产生的“表现型”优良但“基因型”不良的个体入选，会影响整个品种群体的优良程度，降低选择效果。

（二）有性杂交育种

根据品种的选育目标，有目的地选配遗传性不同的品种、变种、亚种或种作为亲本，通过人工交配使它们的雌雄配子结合产生变异的后代，再进行一系列的培育选择，经比较鉴定后，获得遗传性相对稳定的新品种，称为有性杂交育种。就性状来讲还是利用原已存在的或自然出现的性状，把分散存在于不同亲本个体上的性状重新组合，因此又可称为重组育种。有性杂交育种是现代西瓜育种的基本手段，可以创制出丰富的育种材料。

1. 有性杂交育种的方式　杂交育种的方式很多，按杂交亲本间的亲缘关系远近可分为近缘杂交和远缘杂交；按参与杂交的亲本数目及参与方式可分为成对杂交、三亲杂交、多亲杂交、回交及添加杂交（梯级杂交）等。许多著名品种则大多是采用多亲杂交育成，而且其亲本中常包括远缘野生物种在内。回交法是一种普遍采用的重要方法，特别在远缘杂交中常被采用。

（1）成对近缘杂交　参与杂交的只有两个（1 对）亲本，且均属于同一个种的不同品种。大多数杂交育成的西瓜品种都是采用这一方式获得的。

（2）三亲杂交和添加杂交　如果采用成对杂交所获得的杂种后代的性状仍不能达到育种目标的要求，则需要引入第三个亲本的有利基因予以改进，如果 3 个亲本杂交仍不能满足育种要求，则需要添加第 4 个亲本继续进行杂交选育。每添加 1 个亲本，便添加进去 1 个亲本的优良性状，因此称为添加杂交。又因为这种杂交的图式像“梯级”（台阶），所以又称为梯级杂交。

（3）回交育种　将杂种后代与其亲本之一交配，称为回交，用以加强亲本之一的优良性状，同时削弱另一亲本的不良性状，而最终达到育种的目标。

（4）多亲杂交　4 个亲本以上的杂交属于多亲杂交（梯级杂交也是多亲杂交的一种特殊类型）。多亲杂交由于采用的亲本多，可以将更多的优良基因及其性状综合在一个杂种后代中，因而可育成具有多种优良性状的品种，尤其是在多抗育种中更为常用，这是现代育种中的一种形式，需要花费相当长的育种时间。如美国佛罗里达大学用多个亲本历经十几年育成了高抗枯萎病与炭疽病、品质好、综合性状优良的品种 Sugarlee（糖尼）（图 18－2）。该育种方案有以下几个特点：抗源使用的是从野生材料转育过来的材料 Summit，该材料的抗性较强，但品质与综合性状尚不能在生产上使用；利用了 Texas WS 与 Crimson sweet 材料的优良品质；通过回交与多亲复合杂交的方式综合了多个亲本的优良性状；在后代群体的选择过程中，通过重茬地病圃来筛选抗病单株，采用大群体严格淘汰劣质单

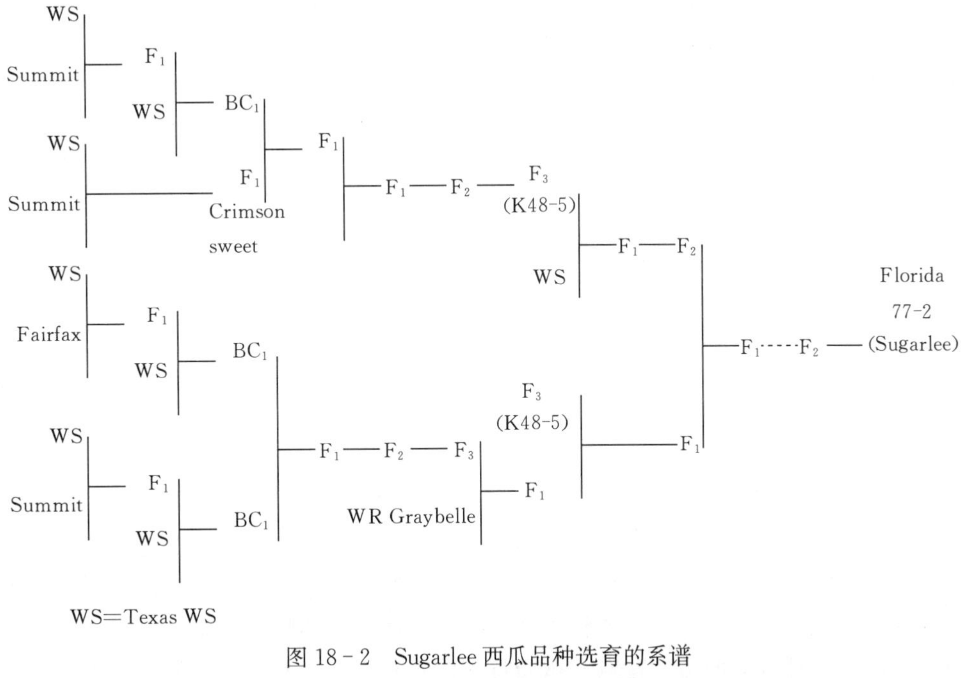

图 18－2　Sugarlee 西瓜品种选育的系谱

（引自《中国西瓜甜瓜》，2000）

株。Sugarlee在世界上被广泛利用，其中我国选育的西农8号的母本就采用该材料。Sugarlee的成功选育是20世纪美国农业部多个试验站从50～80年代合作开展西瓜资源创新与常规品种选育的经典案例，体现了国家公益性研究机构在蔬菜资源创新研究上的支撑与主导作用。

（5）远缘杂交 不同种间、属间甚至亲缘关系更远的物种之间的杂交，突破种属界限，扩大遗传变异，从而创造新的变异类型或新物种。西瓜遗传基础比较狭窄，通过远缘杂交的方法可以引入近缘亚种或种的抗性或其他性状。远缘杂交由于存在不同程度的生殖障碍，常常难以实施，有利的是，目前发现的西瓜属的4个种之间均可以杂交亲和，产生可育的后代。

2. 杂交亲本的选择与选配 亲本的选择与选配乃是决定杂交育种成败的关键。亲本选择是指根据育种目标选择具有符合育种目标性状的品种或种质材料，而亲本选配则是指在入选的这些亲本材料中选用哪两个（或哪几个）亲本配组杂交，以及具体的配组方式。只有遵循正确的亲本选择与选配原则，来选定杂交亲本及其组合方式，才能增加杂交育种的预见性，减少盲目性，从而提高杂交育种的效果。对于西瓜杂交育种来说，应遵循目标性状明确，亲本应具备尽量多的优良性状和最少的不良性状，亲本的优点互相补充，亲本之间应有适当的差异和亲本配合力高等原则。

二、杂种优势利用

中国西瓜杂种优势的研究利用起步较晚。20世纪60年代末有少量研究，至70年代中期已有一代杂种应用于生产。最早推广的一代杂种是新澄1号，在全国推广范围较大的还有郑杂系列的一代杂种等。80年代初期台湾省的西瓜一代杂种新红宝及金钟冠龙等品种，在大陆地区迅速推广。

关于杂种优势的理论、利用方式及组合力测定的方法等共性问题在一般育种学的书籍或教材中均有论述，不再赘述。下面仅结合西瓜杂种优势育种的特点，重点讨论自交系及雄性不育系和全雌系在西瓜杂种优势利用中的有关问题。

（一）自交系的选育和改进

西瓜杂种优势的利用则主要是采用自交系间的杂交方式，因此自交系的选育和改进，就成为西瓜杂种优势的核心和重点，有必要做深入的探讨。

1. 西瓜自交效应的特殊性及利用杂种一代育种的优越性 大部分葫芦科作物（如甜瓜、西瓜、黄瓜、南瓜等）与其他异花授粉作物（如玉米、十字花科蔬菜等）不同，没有显著的自交衰退现象，具体到西瓜，一般也认为自交衰退现象不太明显，而且绝大多数西瓜品种是雌、雄异花，无需像雌、雄同花植物那样在生产一代杂种中逐花进行去雄，因而省工、省时，加上西瓜花器大，操作容易，西瓜每杂交1朵雌花可获得大量杂交种子，便于大面积人工授粉。

西瓜中存在着叶色突变性状如后绿（delayed-green）、黄叶、黄斑点、黄叶脉以及其他易识别的突变性状如全缘叶（板叶）、光滑无毛等隐性标记性状，用具有这些性状之一的品种做母本，可以很容易地早期鉴定并淘汰假杂种，从而保证一代杂种的高纯度。如中国农业科学院郑州果树研究所利用西瓜后绿材料做母本，培育出的杂交品种郑果5506能够在播种后1周内准确鉴定出杂交种子纯度，有效地实现了西瓜杂交种子纯度的早期鉴定。

2. 自交系间杂交亲本选择选配的原则 西瓜自交系间杂种优势利用中，亲本选择选配的原则与西瓜杂交育种的亲本选择选配原则基本相同，但由于一代杂种育种与常规杂交育种相比有其自身的特殊性，再结合西瓜的特点，在其一代杂种亲本选择选配原则上还应该注意：当西瓜一代杂种的育种的目标性状属显性时，亲本材料之一具有这种性状即可，若属隐性遗传时，则两个亲本材料必须同时都具备育种目标性状；另外针对西瓜的特点，欲做母本的材料最好具有较大的种子采种量，不宜选用两性花类型，以免制种时带来去雄的麻烦；选育的目标性状属数量性状时，两个亲本材料应同时都有高水平的表型为好。

3. 自交系的选育和改进 用于选育自交系的原始材料确定后，即可着手自交系的选育工作。值得提出的是，中国近年来育成的西瓜杂交种，除少数优异组合外，许多是由少数几个品种（如查里斯顿、久比利、蜜宝、克伦生、旭大和等）作为骨干亲本配制的组合，致使很多杂交种不但表型上彼此雷同，更重要的是它们的遗传基础狭窄，使杂种优势受到制约，难以育成更突出、更优良的新组合（杂种一代）。因此，急需扩大西瓜种质资源的搜集研究范围，并采用综合的、新的育种技术手段对自交系进一步改进提高。比较适用于西瓜的自交系选育和改进的方法有：

（1）自交分离测验法 这是当前西瓜自交系选育最常用的方法，其基本操作是连续进行多代自交，在自交过程中，加入1～2次早代一般配合力测验。它的理论根据是，亲本材料在多代自交过程中遗传物质的纯化积蓄不断提高，逐渐育成纯系。同时，某些不利的隐性性状由于隐性基因的纯合而在表型上表现出来，有利的基因则得到积累，通过淘汰选择便可使不利基因在群体中的频率不断减少，而有利基因的频率提高，最终育成比原始材料在遗传上更为优良的自交系。

（2）轮回选择法 上述自交法，虽能有效而迅速使选育群体的遗传型趋于纯化，但正是这种过于迅速的纯化，使自交系的遗传基础狭窄，群体的变异范围缩小，并使杂交种的适应性受到限制。为此，近代育种学提出轮回选择法，它的特点是选育群体在缓慢的逐渐纯化的过程中，原有的不利的连锁不断被打破，再通过基因重组建立新的有利的连锁关系，有利基因在群体内的频率提高，杂种优势不断提高。轮回选择的基本程序是：

第1年和第2年：选育方法与分离测验法完全相同。

第3年：将上一年入选的优株播种，并进行系间相互杂交或随机交配，以增加系间基因重组的机会，采收后选优留种。

第4年：将上一年杂交种子混合播种，合成1个新的综合群体，至此完成第1个周期的轮回，有必要时候再开始下一轮的选择。经过1～2次轮回之后，再经几代自交纯化，最后做配合力测验，选出最优良的自交系。

以西农8号一代杂种为例，介绍西瓜杂交一代品种选育过程（图18-3）。20世纪70年代末至80年代初西北农林大学（原西北农学院）王鸣教授搜集引入国外大量西瓜种质资源，并对其遗传学和病理学进行深入鉴定，在此基础上进行了自交系的分离、筛选和纯化。在自交系的分离选育过程中，还分别采用过电离辐射引变，以及连续多代人工接种高浓度的枯萎病菌孢子鉴定筛选等技术路线，育成一批具有不同性状的抗病、优质、高产的优良自交系。西农8号母本是从北美生态型种质资源中选择出Sugarlee与Dixielee杂交后代中选育而来，具有生长势强、果实大型、坐果性好、高抗枯萎病、兼抗炭疽病、含糖量高、品质优良及耐贮运等优良性状；父本是由东亚生态型种质资源旭大和易位系，通过用γ射线处理种子，自交分离，严格进行单株单瓜选择而来，具有含糖量高、品质优良、适应性好的优点。双亲有较大的差异，除生态型不同外，母本为近圆形果，父本为长形果；母本为大籽粒，父本为特小型籽粒；父、母本生育期天数也有差异，母本晚熟、生长势旺，父本相对较早熟、生长较弱。西农8号的培育成功，充分体现了正确地应用遗传学和抗病育种理论对育种实践的指导意义。例如亲本选择、选配的原则，即双亲要有尽量多的优点，且不能有重大缺点，双亲的生态型要不相同。双亲要有一定的差异，通过异质基因的合理搭配，使优点互补（如圆形果×长形果），以及双亲均抗病才能选出更抗病的品种。

西农8号一代杂种综合经济性状全面超过金钟冠龙、新红宝等进口主栽品种，在全国各地均表现高产、稳产、坐果性好、含糖量高，且梯度小、果肉质细、品质极优、高抗枯萎病、兼抗炭疽病、耐重茬，可解决连作障碍的难题。果实耐贮运，外观及果肉美观，商品性好，露地栽培及大棚栽培效果均佳。已在中国20余省份大面积推广，在许多地区已取代或逐步取代进口西瓜品种，成为中国20世纪80年代中后期开始最受欢迎的西瓜中晚熟品种，创造了显著的社会效益和经济效益。

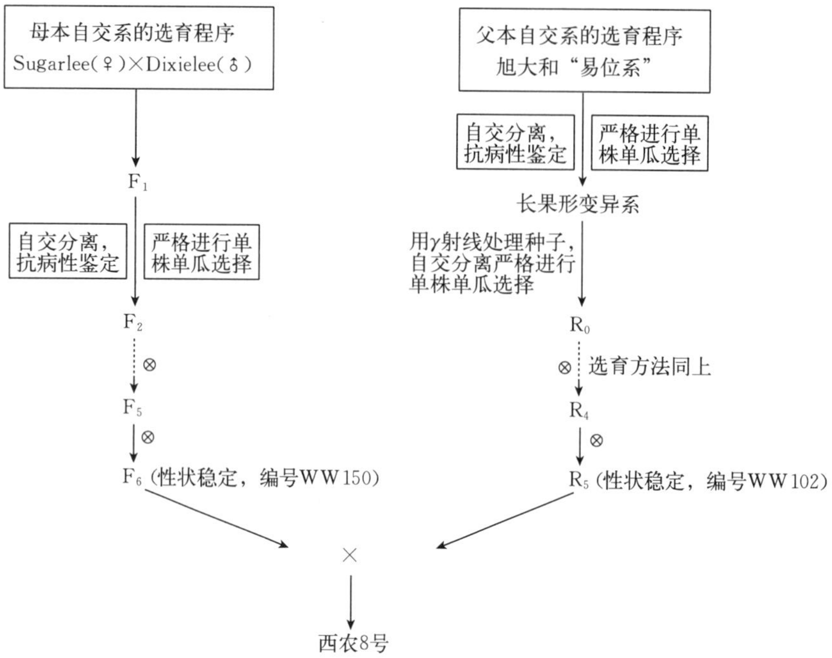

图 18-3　西农 8 号选育过程示意

［引自《西瓜一代杂种的选育方法（西农 8 号）》，1995］

（二）雄性不育系和全雌系在西瓜杂种优势中的利用

1. 雄性不育系的利用　20 世纪中期，美国堪萨斯大学用 γ 射线处理蜜宝品种，在 R_2 中发现雄性不育突变株。经研究证明，该性状受 1 对隐性等位基因控制，并且与光滑无毛基因连锁，建议用 *msg* 代表此连锁基因。由于该不育性状具有可苗期识别的无毛连锁性状，所以制种时在分离群体中可轻易剔除可育株，保留不育株。遗憾的是该突变性状较差，极难坐果，难以大量应用。

中国对西瓜雄性不育的研究开始于 20 世纪 70 年代，新疆石河子蔬菜研究所李树贤等用 γ 射线照射西瓜种子，获得了西瓜雄性不育的突变体；1983 年沈阳市农业科学研究所夏锡桐等用龙蜜 100 西瓜品种与不同品系的核不育材料进行杂交，经 5 代选育，育成了 G17AB 雄性不育两用系（AB 系），此不育系是受 1 对隐性基因控制的“核不育型”，与前述 *msg* 不育系同样为两用系（AB 系），定名为 G18AB。属雄蕊败育类型，花药退化、瘦小、无花粉，蕾期即可识别，目前已经转育成一些新的 AB 系，并配制杂交组合用于生产，制种时在蕾期将可育株拔除，同时摘除不育株上着生的幼果，然后让其与父本自然授粉，减少了人工授粉劳动强度，纯度也得到提高。

2. 全雌系的利用　与甜瓜、黄瓜等葫芦科植物复杂的性型不同，西瓜的性型比较单一，大多是雌雄花同株，少数为两性花与雄花同株。Wehner 等（2001）指出，大多数西瓜品种雌雄花比例为1∶7 左右，少数品种雌雄花比例为 1∶4 左右，通过后代选择增加雌花节数有可能得到全雌系西瓜。1996 年中国黑龙江省大庆市农民育种家姜向涛从新红宝母本（自交系）中发现了 1 株每节都现雌花的变异株。由于该单株没有雄花（蕊），故只有选择同品种中雌花比例最高的强雌株的少量雄花来给全雌变异株授粉，无法自交保持，2000 年通过试验采用硝酸银诱雄使得该全雌系得以自交保存，因而得到全雌系。该全雌系每节都只着生 1 朵单性雌花，全株无雄花（蕊），后经世代遗传分离的 χ^2 试验证实，全雌性由 1 对隐性基因控制，将该基因命名为 *gy*（姜向涛和林德佩，2007）。

在利用该全雌系时首先要进行硝酸银诱雄，以便全雌系的自交继代保纯。其次是在大规模制种中，使用全雌系做母本，使用昆虫自然授粉，不用人工授粉，简化了制种，降低了成本。第三，用全雌系做亲本杂交转育，可以改良现有自交系。

三、诱变与生物技术育种

（一）辐射育种

1. 辐射育种特点

（1）*提高突变频率，扩大突变谱，创造新类型* 自然界中的突变频率很低，辐射诱变可以使突变频率提高几百倍甚至上千倍，而且突变的范围和类型广泛，产生新的基因类型，即有较广的变异谱。

（2）*打破连锁，促进基因重组* 传统育种最大的困难就是无法有效分离优良性状和不良性状的连锁遗传。如野生西瓜抗枯萎病和苦味连锁遗传，通过辐射方法，可以改变染色体结构，把两个连锁基因拆开，通过染色体交换、基因重新组合获得新类型。

（3）*有效地改良植物个别性状* 辐射育种往往只能够改变某一不良基因，而其他性状无明显改变。对于综合性状很好、个别性状有缺陷的材料，通过辐射诱导突变可以改变不良性状。

辐射育种也有其缺点，诸如诱发出现的有益突变较低，变异方向难以控制，鉴定数量性状的微突变比较困难，工作量大，有些变异不易稳定。

2. 射线剂量与供试材料 辐射剂量的选择，对诱变育种的效果有重要的作用。一般来说，在一定剂量范围内，突变频率随剂量的增加而提高，同时植株的不育性、致死率和不利突变频率也会增加，因此，宜选择可获得有益突变率最高的剂量为诱变剂量。在辐射育种中常用半致死剂量（D_{50}）或临界剂量对辐射剂量进行判断。中国农业科学院郑州果树研究所西瓜抗病育种课题组 1990 年用 γ 射线 10.32、12.90、15.48 C/kg，0.025 8～0.051 6 C/(kg・min）的剂量率，对郑州 3 号、长灰、PR-2 的种子进行处理，10.32C/kg 的致死率已达 77.4%。不同品种的致死剂量有明显差异，因此，选择适宜的剂量、剂量率时，还必须根据不同的辐射材料、不同的处理方法、拟诱发的突变性状等具体情况进行综合考虑，才能得到较理想的结果。

西瓜可供辐射的材料可以为其种子、活体、种胚等，种子可为休眠种子和萌动种子。休眠种子辐射，其优点是适于长距离运输，操作方便可大量处理，处理后可在较长时间内保持生物学效应。萌动种子辐射较干种子的敏感性高，诱变频率高，但处理后不便运输。另外，种子含水量、温度和空气成分等环境因子对辐射效应有修饰作用。

此外，也可处理花粉、合子、愈伤组织及组织培养的“小株”，至于田间成株照射需专门的设备和严格的防护，在西瓜上目前还未采用。

3. 辐射后代的选择

（1）*M_1 代的种植及选择* 各世代群体数量的大小，直接关系到能否选择到所需突变体。许耀奎等（1985）介绍了根据目标性状的突变率来确定 M_1 代群体的大小的方法。假定目标性状是由 1 个单基因突变的细胞分化而成，M_1 代群体应辐射并种植 2 500 粒种子。如果目标性状由多个基因突变细胞的种子长成，则其照射的种子数还要相应扩大。在西瓜育种中，如此大量的群体很难种植，一般每个处理为 100～200 粒种子，定植时每处理种植 10 m 长的畦 1～2 行植株。这个数比理论数少得多，可能这正是辐射育种在西瓜上成功较少的原因。但多数单位的实践表明，1～2 行的 M_1 代，在大多数情况下也能选出突变体。

M_1 代由于辐射作用，表现为出苗率降低、植株变矮、生长发育延迟、生长受抑制、长势差、叶窄色暗、育性不正常、结实率降低等损伤效应。所以，在管理中要比一般植株更加细致，创造良好的条件，使植株能正常收获。

辐射处理引起的突变，大多为隐性，M_1 代一般不表现。但可能出现少数显性突变，即由于突变细胞的增殖或某一性状来自1个突变细胞，则 M_1 代出现可遗传的突变性状。M_1 代出现的形态结构变化，大多不能遗传到后代。根据上述特点，M_1 代除少数符合育种目标要求的显性突变可进行选择外，一般不进行选择，实行单瓜单收留种。

(2) M_2 代种植及选择　辐射产生的各种突变性状，大多在这一世代显现，是突变显现最多的世代。出现的突变大多是不利的，同时可以出现如早熟、矮秆、短蔓、抗病、抗逆、优质等有价值的突变。因此，M_2 代是根据育种目标选择优良单株的关键。

在西瓜辐射育种的实践中，M_2 代是分离最大的世代，为了不丢失有利突变，这个世代种植的群体要尽可能增大。从 M_1 代收获的所有单瓜中，各抽出20～50粒，分单瓜种植，但也有进行混合种植的。分单瓜播种便于鉴定和分离变异，选择效果高；混合播种方法简单易行，省时省工。

M_3 代及以后的分离度，比杂交育种的后代分离度小，固定优良性状要快，一般 M_4 代就能决定取舍。

4. 辐射育种进展　辐射育种在西瓜上的应用始于1960年，西村、板口等（1960、1962、1967）和下间实、木原均（1968）相继应用辐射诱发染色体易位，进行无籽或少籽西瓜的选育研究，均得到部分不育的西瓜株系。王鸣、马克奇（1988）辐射优良品种和原始易位系，通过自交分离、选择和杂交育种，育成了几个少籽西瓜新品系。吴进义等通过辐射育种和杂优利用，培育了少籽杂交一代品种。中国农业科学院郑州果树研究所对西瓜种子进行γ射线处理，获得了短蔓、丛生、无叉、种子变大等突变体。西北农业大学和甘肃农业大学利用γ射线诱发染色体易位，选育少籽西瓜。也可以利用药剂甲基磺酸乙酯（EMS）来处理种子。

（二）细胞工程育种

细胞工程育种主要通过组织与细胞培养实现。植物离体培养之所以能成功，主要基于植物的再生能力和细胞的全能性。

离体无性繁殖技术可将无籽西瓜或四倍体材料以及珍贵西瓜种质快速繁殖，可以进行花药离体培养及原生质体培养，国内外有大批学者在此方面有相当多的研究。国内20世纪80年代曾进行过商业化开发的尝试，但终因成本问题和一些技术难题而夭折。

单倍体植株的诱导是加速育种进程的有效办法，这在结球白菜育种实际中得到了很好的应用，但目前在西瓜花粉培养、小孢子培养、子房培养和孤雌生殖单倍体胚诱导的成功报道不多。薛光荣等（1982、1987）成功获得了西瓜花粉植株。Sari等（1994）报道了通过诱导孤雌生殖单倍体胚获得西瓜单倍体植株，在国内目前尚未见报道。

细胞分裂素类中的BA对西瓜幼芽增殖最为有效。诱导生根常采用低浓度的生长素，如NAA、IAA、IBA。移栽初期保证饱和湿度和较高温度（25～28℃）有利于试管苗成活。通过对大量无性繁殖苗的田间种植情况来看，未观察到任何无性系变异。

1. 三倍体无籽西瓜组培无性繁殖　无籽西瓜生产上传统做法是用四倍体西瓜与二倍体西瓜杂交，获得三倍体种子，但这种方式存在人力、物力和土地耗费大及制种量少等缺点。如果使用组培无性繁殖技术快速繁殖无籽西瓜植株，可不受季节限制，但因成本等因素尚未商业化应用。其组织培养的大体流程如下：

（1）三倍体西瓜种子消毒后接种到MS固体培养基上，诱导愈伤组织培养基：MS+6-BA 2.0 mg/L+NAA 0.1 mg/L+蔗糖30 g+琼脂10 g。

（2）芽分化诱导，带子叶的顶芽转移到诱导芽分化培养基中培养，诱导芽分化培养基：MS+6-BA 2.0 mg/L+NAA 0.5 mg/L+蔗糖30 g+琼脂10 g。随着芽的生长，可将BA的含量增加到5 mg/L，再添加2～6 mg/L的KT，促使芽的分化。

（3）转移到生根培养基上培养，获得无籽西瓜试管苗，生根培养基：1/2 MS+IAA 0.2 mg/L+

蔗糖 15 g＋琼脂 10 g。

(4) 试管苗转移到大田。为提高成活率，采用嫁接的方法，砧木可用瓠瓜，也可用饲料西瓜及非洲西瓜中抗枯萎病的材料做砧木。

培养基中只添加细胞分裂素或生长素，不能诱导愈伤组织形成或诱导率极低，且愈伤组织生长不正常。生长素和细胞分裂素配合使用，诱导效果较好，当 6－BA 的浓度为 2.0 mg/L 时，诱导率较高且愈伤组织长势良好，颜色正常，结构致密。

2. 四倍体诱导 三倍体西瓜因其无籽受消费者青睐，经济效益也高。但其母本的四倍体西瓜的生产效率低，严重限制了三倍体西瓜的生产。传统获得四倍体的方法是用秋水仙素处理西瓜幼苗茎尖生长点或浸泡种子，该方法诱导率低，易出现嵌合体。离体组织培养诱导西瓜四倍体的优势在于，一是提高四倍体出现的频率；二是通过一些室内鉴定方法有效地识别四倍体变异，降低成本；三是通过离体悬浮培养等手段使细胞高度分散，直至变成单个细胞群，可克服嵌合体现象。利用组织培养手段诱导四倍体西瓜，其四倍体的变异频率一般在 40%～60%，且不受季节限制，能有效利用时间。使加倍、选择和快繁同时进行，缩短育种周期，加速多倍体西瓜育种进程。

(1) *诱变材料的选择* 应选择综合经济性状优良的纯系二倍体品种（品质好、糖分高、皮薄、肉色纯正、坐果容易等特性），诱变成四倍体后性状易稳定，以节约诱变后四倍体水平上选纯的时间。西瓜四倍体诱导外植体可选用未成熟胚、无菌苗子叶、不定芽及茎尖等作为处理对象进行离体染色体加倍；马国斌等用 0.1%秋水仙素处理 24～48 h 诱导成熟胚茎尖获得四倍体植株。此外，西瓜愈伤组织、悬浮培养细胞作为处理对象，可降低诱变剂量，减少嵌合现象，提高诱变效率。

(2) *诱导四倍体西瓜的培养基* 诱导四倍体西瓜的培养基即是在常规西瓜组织培养基中添加适当浓度的诱变剂，普遍认为 MS 培养基较适合西瓜离体培养。BA 是诱导西瓜不定芽发生最有效的生长调节剂，其最合适的浓度为 5～10 mg/L。诱导培养基中一般添加 BA 和少量 IAA 或者只添加 BA。不同的研究中，BA 和 IAA 的适宜浓度有差异。西瓜材料应接种到 MS＋10 mg/L BA＋0.05%秋水仙碱培养基培养 1 周，然后再转到 MS＋10 mg/L BA 新鲜培养基上。甜瓜材料可直接接到 MS＋10 mg/L BA 培养基上。子叶组织在培养基上应以背面接触培养基。大约在培养 5 周后应看到不定芽的形成。将诱导产生的芽或者继代培养增殖的不定芽转入含生长素类调节剂（如 IAA、IBA 和 NAA）的培养基上既可以诱导其生根，一般使用较低浓度生长素 0.1～0.5 mg/L 即可。培养室温度一般保持在 25 ℃左右，每天光照 12～16 h，光照度 1 500～3 000 lx。

(3) *诱导方法* 诱导方法分为直接诱导法和间接诱导法。直接诱导法即将外植体第 1 次离体培养时，直接接种在含秋水仙素的诱导培养基上，诱发变异一定时间，再依次转入分化培养基、成苗培养基上培养成再生变异株。秋水仙素能严重干扰和破坏愈伤组织的代谢和分化，导致诱变成功率低，材料死亡率高，实验重复性不强。间接诱导法即将外植体先经常规组织培养手段诱导出愈伤组织、不定芽后，再转入含有秋水仙素的诱导培养基中，经一定时间处理后，转入分化培养基、成苗培养基培养成再生变异株，并经筛选固定。该法可减少实验原材料使用量，经组织培养快繁后的处理对象生理状态一致，可提高实验的重演性和诱变效率。

(4) *四倍体西瓜鉴定方法* 常用的有形态特征鉴定法、杂交鉴定法、染色体计数法以及细胞学气孔鉴定法。在花期对四倍体变异株进行选择和确认，四倍体花冠较大，花色较浓，花粉粒较相应二倍体花粉粒大。西瓜四倍体的花粉有 4 个萌发孔而呈方形，二倍体的花粉有 3 个萌发孔而呈三角形。Zhang 等利用扫描细胞光度仪可以快速检测西瓜多倍体变异及变异情况。流式细胞分离器也可迅速测定细胞核内 DNA 的含量和细胞核大小，可用来测定细胞核的倍性。郭启高等设计的增殖系数法、高温胁迫法和低温胁迫法鉴定西瓜试管苗四倍体，平均符合程度分别为 88%、90%和 80%，这 3 种方法省掉了独立的单株倍性鉴定过程，只需对大批量再生苗一次性地做短时处理后即可检出四倍体，是快捷高效的四倍体鉴定方法。

(5) 经鉴定筛选的试管苗炼苗后移栽于田间或温室 选择生长势强、品质优良、育性较强的四倍体植株个体上所有顶芽和侧芽，接种到诱导不定芽再生培养基上培养，诱导出的再生芽在扩繁培养基上扩增，经诱导生根即可获得大量的再生四倍体小植株。植株在定植前最好进行嫁接增强抗性，常规嫁接或试管苗嫁接均可。人工诱变多倍体的方法必须与杂交和选择相结合。由于经微体扩繁而获得了大量的、具有稳定表现的四倍体植株，育种者在当年即可进行亲本自交、田间育性检测和试配多个组合。选择优良的四倍体自交系或杂交系与优良二倍体西瓜种杂交，从而能较快地培育出适用于生产的无籽西瓜新品种。

3. 西瓜花药培养 西瓜花粉染色体数目只有体细胞的一半，称为“单倍体细胞”。用离体培养花药的方法，可使其中的花粉发育成完整的植株，叫作“单倍体植株”。对单倍体植株进行染色体加倍，可诱导成纯合二倍体植株。据此可加速纯合化，缩短育种进程。

其过程如下：①当小孢子发育处于单核期时，采集花蕾，消毒后在无菌条件下，剥取花药。操作时要除去花丝，但不要损伤花药，将花药接种在去分化培养基中。②去分化培养，将采集的花药接种到 MS+2 mg/L BA+2 mg/L Kt+4 mg/L IAA 的培养基上培养。③分化培养，选用愈伤组织，转入到 MS+2 mg/L 三十烷醇的培养基上培养。加入三十烷醇对西瓜器官建成起分化作用。④生根，分化植株可在 MS+2 mg/L 三十烷醇的培养基上产生完整的根系。⑤移栽，或采用嫁接方法。目前西瓜花药培养技术应用于育种实践尚未见报道。

(三) 分子标记辅助育种

研究生物变异的标记来源大体可分 4 类，即表型变异、染色体多态型、蛋白质的多态性和 DNA 多态性。相比之下，DNA 分子标记更为直接地反映了生物的遗传差异，因此在生物的遗传改良上更为有效。分子标记技术已用于研究西瓜的种质资源遗传亲缘关系，品种（杂种）鉴定，目标性状的连锁分子标记与分子标记辅助选择以及分子遗传图谱的构建等多方面，并取得了快速的发展。

1. 种质资源亲缘关系 前人试图利用同工酶与蛋白质来研究西瓜的遗传多样性与遗传关系，Zamir 等利用 12 个酶系统对 12 个商业品种进行了评价，未发现其遗传多态性。随后，Navot 和 Zamir 发现在 384 份 *C. lanatus* 材料上的 26 个酶位点只有 4 个位点有多态性，但在栽培西瓜种（*C. lanatus*）与野生西瓜种（*C. colocynthis*）的种间存在丰富的同工酶与种子蛋白质的多态性，根据其杂交后代的分离群体，描述了西瓜的 19 个蛋白质基因位点连锁关系。Biles 等分析了 8 个商业品种的 11 个蛋白位点，在子叶、茎与叶组织上无差异，只在伤流液中发现蛋白谱带上有差异，并可能与抗枯萎病有关。这也是仅有的一篇在栽培品种间确有蛋白谱带差异的报道。上述研究说明，西瓜是一种遗传基础十分狭窄的作物。

Zhang（张兴平）与 Rhodes（1993）对 3 个栽培品种、1 份栽培种（*C. lanatus*）的野生类型材料，以及 1 份栽培种与野生种的杂交种进行 RAPD 检测，在 5 份材料筛出的 53 个引物所产生的谱带中，多态性为 62.3%，而在 3 个栽培品种内的多态性仅为 10.1%，其平均遗传距离为 0.240～0.263 cM。日本的 Toshiharu Hasizume 用 RAPD 技术研究发现日本的 1 个杂交种的两个亲本间能产生多态性的引物仅为 3%。韩国的 Lee 等对 39 份西瓜材料进行 RAPD 检测与聚类分析，其平均遗传距离为 0～0.366 cM。美国的 Jarret 等（1997）利用能产生多态性更高的 SSR 技术，较好地对西瓜种质的亲缘关系进行了研究，栽培品种间也有较多的差异。北京市农林科学院蔬菜研究中心（2002）对国内外 32 份西瓜材料（主要是国内主栽品种）及其亲本材料进行了 RAPD 与 AFLP 分析，研究结果均表明，西瓜栽培品种间的 RAPD 多态性较低，而与野生类型间的多态性较丰富。通过大量的引物筛选，较为明确分析了中国核心材料的亲缘关系。赵虎基等（1999）对籽用西瓜品种间的亲缘关系进行了 RAPD 分析。

2. 杂交种纯度与真实性及品种的 DNA 指纹 研究者利用同工酶和可溶性蛋白质研究技术的主要

目的是研究西瓜杂种纯度检测。张兴平、王鸣、郑素秋与曹宛虹等的研究表明，西瓜杂种与亲本在同工酶表现上关系很复杂，没有足够遗传差异的西瓜品种，其同工酶很难鉴定出栽培品种间的差异。北京市农林科学院蔬菜研究中心用RAPD、AFLP与SCAR技术进行西瓜品种的纯度与真实性的快速鉴定研究，已找到了京欣1号、京欣2号、无籽京欣1号与黑蜜2号等品种的特异标记，并转化为SCAR标记，应用结果与田间鉴定结果基本一致。

3. 目标性状的连锁分子标记与分子标记辅助选择 许勇等（1999）获得了与西瓜耐冷材料PI 482322耐冷基因连锁标记 OPG12/1950，其遗传距离为 6.98 cM。找到了一个与西瓜抗病材料PI 296341抗枯萎病生理小种1的抗性基因连锁的分子标记 OPP01/700，该标记与抗病基因的遗传距离为 3.0 cM。通过 Southern 杂交检测证明：抗病连锁 RAPD 标记 OPP01/700 为单拷贝，对其进行克隆与测序并转化为 SCAR 标记，上述技术在抗病转育 F_3 代群体中得到了很好的应用。这是国内外目前为止，首次在西瓜上获得的抗病基因 RAPD 标记及 SCAR 标记，并成功建立的一整套西瓜抗枯萎病育种分子标记辅助选择技术系统。

4. 分子遗传图谱的构建 Toshiharu Hashizume 等（1996）利用西瓜野生类型 SA－1 与栽培品种自交系 H－7 杂交 F_2 后代为试材，构建了西瓜遗传图谱，这是第1张西瓜分子遗传骨架图谱，含有69个RAPD位点、1个RFLP位点、1个同工酶位点及3个形态性状位点，图距为524 cM。许勇等（2000）利用97103（京欣1号的父本）与PI 296341杂交后代 F_2 为群体构建了世界上第2张分子遗传图谱，包括85个RAPD标记、3个SSR标记、3个同工酶、4个形态标记及1个抗枯萎病生理小种1基因，覆盖基因组长度为1 203.2 cM。并初步进行了西瓜的果实性状QTL定位与遗传分析。上述利用 BC_1 或 F_2 等非永久群体所构建的西瓜分子框架图谱为开展西瓜果实性状的QTL定位打下了良好的基础，但利用非永久群体所构建的遗传图谱，无法继续将其饱和，很难准确地对西瓜果实性状等进行QTL定位，同时也很难与其他实验室合作进行比较研究。因此，采用永久群体如重组自交系与DH群体进行分子图谱的构建，已成为目前国际上图谱构建的主流方向。由于西瓜花粉与小孢子培养十分困难，利用重组自交系来构建西瓜永久分子遗传图谱可能成为最有效的选择。Zhang Renbing 等（2004）利用RILs群体构建第1张来自永久性群体遗传图谱，包含87个RAPD、13个ISSR和4个SCAR，覆盖遗传距离1 027.5 cM。

综上可知，中国西瓜的分子标记研究起步较晚，还存在以下问题：使用的分子标记主要是RAPD、AFLP等早期的第1代分子标记以及同工酶标记等，第2代的SSR标记及第3代的SNP等标记还较少开发使用；种质资源亲缘关系分析及品种纯度鉴定工作，由于缺乏高效的分子标记鉴定体系，难以大规模推广；难以获得与某些优良性状紧密连锁或共分离的标记，限制了分子辅助选育的有效开展；分子遗传图谱作为分子辅助育种中最重要的工具之一，迄今为止没有取得重大突破。首先，所使用的作图群体多为非永久性群体，不便于实验室间的交流；其次，遗传图谱密度不高，没有饱和的高密度遗传图谱构建，这将严重限制分子标记辅助选择和重要农艺性状基因克隆。

（四）基因工程育种

西瓜的基因遗传转化研究始于20世纪80年代末90年代初。至今在西瓜上的唯一报道是1994年韩国学者Choi等，将抗性筛选基因（*NPT2*）和标记基因（*GUS*）利用农杆菌改良株系LBA4404有效地转入了2个不同的西瓜品种。将有经济价值的基因转入西瓜的研究尚未见报道，但美国至少有两家单位，即Asgrow种子公司和佛罗里达大学进行了病毒外壳蛋白基因的转化工作。

1. 转化基因

（1）*病毒外壳蛋白基因* 病毒在植物体内得到增殖的第1步是脱去蛋白外壳，如果植物细胞内存在病毒外壳蛋白，则病毒的脱壳过程受干扰，从而导致病毒不能在植物细胞内有效增殖。将被克隆的病毒外壳蛋白基因经过修饰和改造，将其装配在植物特异性启动子下，转化到植物基因组后，植物细胞就可以合成对病毒有抗性的外壳蛋白。CaMV35S启动子是目前植物上最常用的外源启动子。抗病毒基因一般存在于野生植物中，难以通过传统育种培育出抗病品种，有时还存在生殖隔离，无法进行杂交。因此，通过基因工程手段，培育抗病毒新品种就显得尤为重要。

（2）抗虫基因 *BT* 基因来自苏云金杆菌（*Bacillus thuringiensis*），其编码存在于该细菌伴胞晶体的内毒素蛋白质中。这种蛋白质在细菌细胞内以一种无功能的前体形式存在，但被对这种蛋白质敏感的昆虫摄入消化道后，在昆虫肠道的碱性环境下，这种蛋白质被酶水解为有功能的活性蛋白质，这种活性蛋白质使昆虫肠壁细胞破洞，进而使昆虫营养吸收受阻，停止发育或死亡。在中国至少有4家单位已得到 *BT* 基因，这些单位是中国科学院微生物研究所、中国农业科学院、上海植物生理研究所和华中农业大学。

另一类可用来提高转基因植物抗虫性的基因是蛋白酶抑制剂基因。蛋白酶抑制剂是一种抑制蛋白酶活性的蛋白质，广泛存在于植物特别是植物的种子中（占种子蛋白质总量的1%～10%）。绝大多数蛋白酶抑制剂对植物内源蛋白酶无抑制作用，但对动物和微生物的蛋白酶有抑制作用。科学家发现1个抗虫的黑眼豇豆（*Vigna unguiculata* L.）品种含有2～4倍于其他品种的Tripsin抑制剂CpTI，进一步的鉴定表明CpTI对多种害虫有高效的抑制作用。将编码Tripsin抑制剂的cDNA克隆组装在CaMV35S启动子控制的基因构体上，用农杆菌转入烟草后，其转基因植株表现出远高于对照的抗虫性。

（3）葫芦科作物已克隆基因 随着葫芦科作物研究的深入，越来越多来自葫芦科内基因将被克隆。有的基因来自突变体，有的来自野生种。因此，不便于通过传统育种导入商品种，可通过遗传转化快速将其导入商品种中，缩短育种年限。目前，葫芦科作物中已克隆的有较大利用价值的基因有控制甜瓜雄花两性花基因 *a* 和开雌花基因 *G*，控制黄瓜开雌花基因 *M*，控制西瓜抗西葫芦黄化花叶病毒基因 *eIF4E*。

在葫芦科作物基因组研究中，中国农业科学院蔬菜花卉研究所2009年完成了黄瓜全基因组测序，北京市农林科学院蔬菜研究中心牵头启动了西瓜全基因组计划，构建了西瓜高密度遗传图谱，并进行了抗病、性别与品质等性状的定位，发表了西瓜全基因组序列图谱和变异图谱。

2. 遗传转化

（1）农杆菌介导的遗传转化 利用组织脱分化、再分化和再生植株是基因转化的前提，国内外有不少学者利用西瓜幼胚子叶、幼苗子叶与无性胚均可再生植株。5 μmol/L BA甚至更高浓度对不同基因型的西瓜诱导不定芽均有效，在诱导培养基中添加0.05%秋水仙碱将大大提高再生植株四倍体的出现频率。

将有益基因通过农杆菌介导导入西瓜，有可能创造出新的育种材料。西瓜遗传转化最早的报道是韩国学者Choi等（1994）将 *GUS* 基因有效地转入了两个西瓜品种。国内学者近几年在西瓜遗传转化方面取得较大的进展，首先是建立了西瓜高频率植株再生体系，王春霞等（1997）首次将 *ACC* 合成酶基因及其反义基因导入了西瓜。北京市农林科学院蔬菜研究中心成功将马槟甜蛋白基因 *MBL Ⅱ* 导入西瓜。同时根据果实特异表达基因 *ADP* 葡萄糖磷酸化酶大亚基基因 *WM11* 序列，采用Uneven PCR方法，从西瓜基因组DNA中分离具启动子特征的 *WM11* 基因5′端序列，这为定向改良西瓜果实品质打下良好基础。中国农业科学院郑州果树研究所将WMV-2的 *CP* 基因导入到西瓜，进行纯合自交系的选育与抗病性鉴定。

（2）花粉管通道遗传转化 花粉管通道法是利用植物授粉后形成的天然花粉管通道（花粉管引导组织），经珠心将外源DNA携带入胚囊，完成遗传转化。花粉管通道法是一种较老的植物转化方法，是中国科学家周光宇在1983年首次在《酶学方法》报道的研究成果。1974年周光宇教授提出了DNA片段杂交理论，在该理论的基础上，周光宇等分析了杂交成功经验，从而设计了自花授粉后外源DNA导入植物的技术。该技术的原理主要是授粉后使外源DNA能沿花粉管渗入，经过珠心通道进入胚囊，转化成尚不具备正常细胞壁的卵、合子或早期胚胎细胞。转化方法有以下几种：

①授粉后柱头滴加法。操作步骤如下：选择当日将开花且容易坐果节位（3～10 节）的花蕾自交（前日已经套袋），挂牌用自交符号表示，若是姊妹交则用姊妹交符号表示，并将牌套于瓜柄，作为收获时的标记。授粉后 3～8 h，使用 10 μL 微量进样器，吸取 5 μL 质粒 DNA（500 ng/μL，冰盒中存放，0.1×TE 溶解），小心滴加到柱头处，挂牌，标识，记录每次处理总花数。注意不能损伤幼子房的表皮层，以免增加脱落率。

②子房注射法。选择当日将开花且容易坐果节位（3～10 节）的花蕾自交（前日已经套袋），挂牌用自交符号表示，若是姊妹交则用姊妹交符号表示，并将牌套于瓜柄，作为收获时的标记。授粉后 3～8 h，使用 10 μL 微量进样器，吸取 5 μL 质粒 DNA（500 ng/μL，冰盒中存放，0.1×TE 溶解），一手轻扶幼子房，沿子房的纵轴方向进针至柱头基部，并后退至柱头中部处，缓慢将 DNA 溶液推入受精子房中。挂牌，标识，记录每次处理总花数。可以在瓜柄基部涂抹 50 mg/L 赤霉素溶液，抑制脱落酸的形成，以减轻幼瓜脱落。

③授粉前柱头滴加法。选择当日将开花且容易坐果节位（3～10 节）的花蕾（前日已经套袋），用质粒 DNA（500 ng/μL，冰盒中存放，用含 20 mg/L 硼酸、15%蔗糖溶液溶解）滴加 5 μL 在柱头处。硼酸和蔗糖溶液起调节渗透压作用，避免花粉在水溶液中吸胀破裂。

④混合授粉法。提取质粒后用含 20 mg/L 硼酸、15%蔗糖的溶液溶解。选择当日将开花的雄花，将尽量多的花粉抖落在硫酸纸上，吸取质粒 DNA（根据可授粉花数决定用量：可授粉花数×10 μL）与花粉混匀于 1.5 mL 管中。雌花开放后，用 Tip 头吸取质粒、花粉混合物 7 μL（500 ng/μL）滴加到柱头上，注意防止液滴滑落。

植物进行外源基因转化总体上可分为 3 种转化系统：载体转化系统、直接转化系统和种质转化系统。载体转化系统是将目的基因插入农杆菌质粒上或病毒的 DNA 序列上，随着质粒 DNA 载体或病毒 DNA 载体的转移而携带，其转移的 DNA 不是裸露的。直接转化系统是将裸露的 DNA 通过物理或化学的方法直接导入细胞，达到转化目的。种质转化系统是借助生物自身的种质系统，如花粉、卵细胞、子房、幼胚等以及细胞的结构来实现。

花粉管通道法属于种质转化系统，其优点：①以常规育种为基础，保留了常规育种的基本特点，可以以商品种为导向，转育新品种。②转化后直接得到种子，省去组织培养、离体原生质过程。③操作简便，育种研究人员可直接在大田操作，成本低廉，无需昂贵的仪器和化学药品。④进入植物体基因组的是部分 DNA 片段或目的基因，导入胚囊的 DNA 易于整合，在转化后代中易于稳定遗传。⑤比常规有性杂交育种有更快的速度，可以快速地将有生殖隔离野生种中基因导入栽培种。⑥避免了抗生素标记基因使用，因而在转基因产品中，将不会含有抗生素表达，安全性可能更好。

总之，花粉管通道法现已成为一种重要的转化方法，在以下情况可以考虑采用：第一，农杆菌难以介导的遗传转化；第二，植株再生困难的转化。同时，花粉管通道法也有其弱点，只能用于开花植物，且只有在花期可以进行转育。如果将完整的基因组导入新品种，会在后代中产生大量重组，不利于目标性状的纯合。花粉管通道法的外源基因整合机理还不清楚。因此，花粉管通道法技术还并不十分成熟，在一定程度上限制其广泛应用。

第六节 良种繁育

一、自交系和常规品种的繁育技术

杂交一代种与无籽西瓜种的亲本繁育技术与自交系和常规品种的繁育技术、常规固定品种的原种生产技术相同。现将西瓜的原种生产技术介绍如下：

（一）原种

西瓜原种是指新育成品种的原始种子——原原种，经过专门原种繁育机构1～2次扩繁的种子，或指按照生产原种的标准化方法（二圃制或三圃制），从原种圃收获，并经过种子检验符合原种标准的种子。西瓜原种的标准为（供参考）：原种纯度99%，净度99%，发芽率97%，含水量<8%。对父、母代亲本为自交系种子的要求标准更高，尤其是父本自交系的纯度不得低于99.5%。

（二）原种的生产程序

西瓜原种生产应严格按照原种生产程序进行，其核心是建立二圃制或三圃制的原种生产制度。

1. 二年二圃制生产原种（图18-4） 二年二圃制原种生产的第1年，把上季选出的优良单瓜，按单瓜分别种植，每个单瓜种1个小区，小区中可根据该单瓜种子数量的多少，种1行或数行，由单瓜小区组成单瓜圃。单瓜圃中的植株全部人工单株自交。单瓜选择分两次进行，一次在第2～3雌花开放时，另一次在果实成熟时。首先，淘汰杂株率>5%的单瓜小区。在保留的单瓜小区中，再进行单株单瓜选择，选优汰劣。最后，把中选单瓜小区内的单株单瓜混合采种，供下一年原种圃播种用。

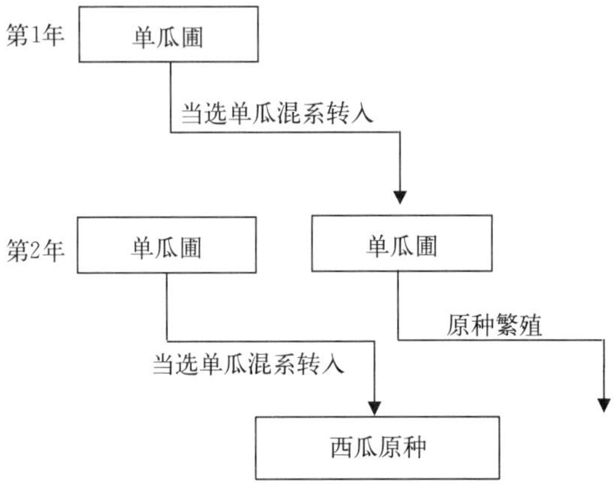

图18-4 原种二年二圃制生产示意

第2年，将上一年单瓜圃中入选的单瓜小区所采收的种子播种，即是原种圃。在生长期间及果实成熟时，按照品种的典型性状，如叶片、茎蔓、花器和果实的特征特性以及坐果节位、整齐度、抗逆性、果实的大小和品质等严格挑选，去杂去劣。混合采收的种子经检验合格的，即为原种种子。

2. 三年三圃制生产原种（图18-5） 三年三圃制单瓜圃所需的单瓜种子，应在专门设置的选种田中选择，即将育成的品种或经过提纯的优系种子，种植在选种田中，然后进行单株自交，选择优良单瓜。单瓜选择分田间观察与室内考种。田间观察主要项目是植株形态、叶色、生育期、坐果性、果形、皮色花纹；室内考种的内容为果形指数、果皮厚度、肉色、肉质、纤维含量、折光糖的含量与梯度、可食比率、果皮硬度及种子。田间观察时，初选原品种典型性状的植株，做好标记，按单株分别自花套袋自交。复选在结果期进行，在自交的果实中，选果柄长、果形正、果实大小、皮色花纹符合品种标准要求的果实，同时做好预选种瓜的标记。预选种瓜数，一般应不少于300个。果实采收后，经室内考种决选，决选的单瓜数在30个左右。预选种瓜采收时要编号，室内考种以后，将决选的单瓜种子分别洗净、晾干、存放，严防混杂。

瓜行圃应选生茬地（5年内未种西瓜），要求地势平坦、肥力均匀、土层深厚、排灌方便，隔离条件是四周各1～2 km内不种植西瓜。田间设计是每1个单瓜设1瓜行圃（1个小区），种植40株。小区长20 m、宽2.2 m，株距50 cm。以单瓜选择的原种为对照，小区间留走道宽30 cm，瓜行圃四周种植保护行。

瓜行圃的西瓜应在当地最适宜的生长季节和优良的技术措施下进行栽培管理，以便使性状能得到充分表现，在此基础上进行选择。开花坐果期所有的植株要进行单株自交，并做出明显的标记。

田间观察鉴定。在幼苗期、伸蔓期、开花坐果期和果实生长发育成熟时，对每个瓜行认真观察记载，若发现瓜行中出现杂株，即将这一瓜行淘汰。经田间观察入选的瓜行，还要进行核产、单收、室内考种鉴定等综合比较，选出具有本品种典型标准、性状优良、一致性好的瓜行和单瓜。瓜行圃入选

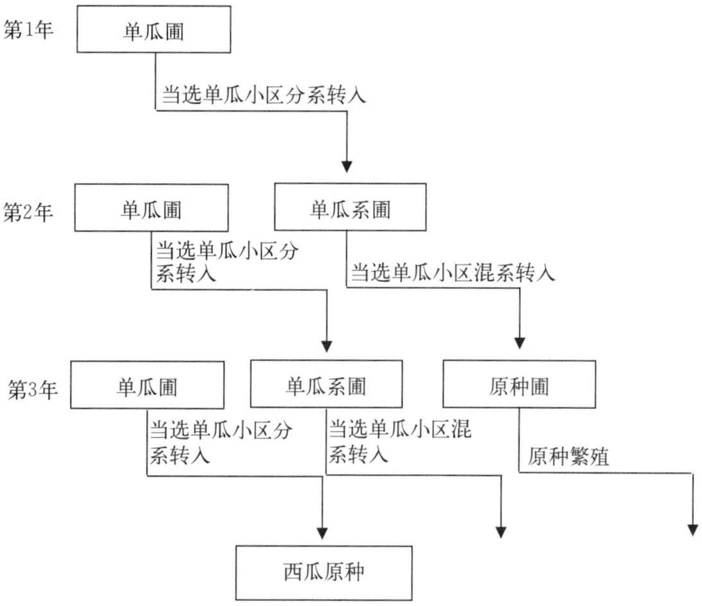

图 18-5　原种三年三圃制生产示意

率不宜超过 50%，决选的入选单瓜则可进入单瓜系圃。

单瓜系圃，是将入选瓜行中的单瓜进一步扩大繁育，再经过田间鉴定和室内考种，选出性状典型、一致性稳定而优良的瓜系。

决选的单瓜系，田间种植 1 个小区，每个小区种 60 株，重复 2 次。圃地选择、栽培管理、自交授粉和观察记载的项目及要求与瓜行圃相同。经观察鉴定、综合比较，选出优良的单瓜系，其种瓜则可混合留种进入原种圃。

原种圃中种植单瓜系混合的种子，以扩繁原种种子，其栽培管理方法与瓜行圃相同。得到原种以后，还必须经过鉴定。其方法是取在原种圃中繁殖的原种种子，以单瓜选择原种圃的种子或其他优良的原种为对照。试验设计可参照品种比较试验，也可取原种圃杂交的一代种子与原亲本杂交，一代种子与优良的杂交一代种子作生产比较试验，进行杂交一代种子的种性鉴定，并计算其增产率和品质评价。

二、有籽西瓜一代杂种制种技术

西瓜杂交一代制种的技术性很强，必须建立良种繁育基地，组织专业化生产。杂交一代良繁基地应具备以下几个条件：①有稳定的亲本原种供应来源。②拥有有经验的专业技术人员和一批训练有素的制种员或专业制种户。③土地较多，能实行合理轮作和空间隔离。④具有一定的繁殖种子所需的各种设备条件，如种子库、晒种场、取籽机、精选机、种子检验室、种子包装间等，其中最关键的是杂交制种田。制种田的栽培管理与大田生产大体相同，但也有其不同特点，现仅介绍其不同点和注意事项。

（一）播种前准备

播种用的种子应该是高纯度的亲本，自交系亲本要求更高，父本纯度要求 99.5%以上，母本 98%以上。用种数量应根据制种田面积、父本母本配制比例以及栽培密度的计算结果而定，但要有一定数量的备用种，以防万一和临时缺苗补种用。制种田应具有隔离条件，要求在 1 000 m 范围内不种植其他品种，以防天然杂交。为了提高种子质量，在制种田的基肥中应每公顷增施过磷酸钙 450～750 kg。

（二）播种或定植

播种或定植前首先要明确父本母本比例，如采取人工授粉方法，则其父本母本比例为 1∶(15～20)；若采用母本去雄，自然杂交授粉，则父本母本比例为 1∶(5～6)；若由基地或育种单位统一提供父本花粉，则各制种户只种母本，不种父本。

播种或定植期的确定应考虑授粉结果期能在最适宜的季节，南方地区应避开梅雨天气的影响。一般父本应比母本提早 1 周播种。

制种田的母本种植密度比一般生产田要大得多，以便能多结果增加种子产量。北方常采用单蔓整枝密植法，每公顷株数可达 22 500～30 000 株，新疆高度密植制种田每公顷达 30 000 株以上；南方则多采用双蔓整枝密植法，每公顷株数 15 000 株左右。因为父本不留果而只取其雄花，故都采用稀植多蔓整枝，以便多生雄花。

（三）杂交授粉

1. 去雄套帽 为了提高杂交率和防止自然授粉，在授粉阶段首先要做好去雄套帽工作。母本上的雄花应该全部去除，去雄宜早，蕾期即可进行，除了结合整枝压蔓去雄外，一般在授粉期每天下午进行第 1 次复查，清晨花朵开放前再复查 1 次，以免漏摘。去雄时要做到蔓蔓到顶，节节不漏。夹花与套袋可以起到隔离雌花的作用，但是夹花、套袋比较麻烦费工，故生产上普遍应用的是套帽。套帽一般均用纸帽，最好用醒目的红色或白色蜡光纸做成，也有用一般报纸制作的。南方雨多，为了防雨可用防水的硫酸纸制作。纸帽的直径以略大于雌花子房的直径为宜，但应视不同亲本情况而定，一般普通西瓜杂交种以 0.8 cm 左右即可。套帽时间为每天下午，在田间巡视寻找次日将要开放的雌花（花蕾膨大而稍显松动，花瓣稍呈微黄色而较硬挺）套上即可。

2. 杂交授粉 杂交制种的人工授粉与一般生产田的人工辅助授粉，在授粉时间的选择与具体的授粉操作上完全相同，但有其不同点，主要体现在：

(1) *雄花采集* 杂交制种的父本雄花采集要求十分严格，必须采集杂交制种田的父本雄花，首次采集花粉前，对父本区认真细致地逐株检查植株和雌花子房的形态特征，确认无误后方可采集其雄花，一旦发现有个别不符合品种特征的植株，应立即拔除。

(2) *授粉* 杂交制种雌花授粉的前后都要进行套帽隔离，以防其他花粉的混入。授粉前的隔离采用套帽方法最为适宜，简单方便，操作快而安全。授粉后也可继续用套帽方法隔离，在开花前套红色纸帽，授粉后改套白色纸帽，以便识别是否已杂交。授粉后再套帽，因花瓣已完全张开，重新套入纸帽，操作稍为困难，故有人改用铝片夹花方法，操作可以加快。夹花用铝片的软硬度要合适，过硬容易夹破花瓣，过软又往往夹不紧花瓣。此外，杂交授粉过的子房必须做出明确标志，一般可在授粉过的雌花节上结一彩色线绳或布条，现大多已改用红色塑料细环套在子房的花柄上，再进行夹花隔离，这样的标志十分鲜明而易于识别，也不会脱落，采摘种瓜时也十分方便。

（四）采种

1. 种瓜采收 种瓜采收前必须严格做好去杂去劣工作，凡不符合母本品种特征（主要表现在果实与植株上）的果实、没有杂交授粉标志的果实以及病果、畸形果等，必须摘除干净。种瓜必须充分成熟后分期分批采收。种瓜的成熟度越高，种子的饱满度越好，切不可提早采收，以免影响种子质量。采下的种瓜，最好放置在通风良好的库房内，可以堆积 2～3 层，放置 2～3 d 后，待果肉变软即可剖瓜取种。也有把采下的种瓜就地集中放置在瓜田沟内或地边树荫下，等待剖瓜取籽。

2. 剖瓜取种 剖开瓜后连籽带瓤一起挖出，放入大容器内，一般放置一夜后，次日进行淘洗，这样经过发酵容易使瓤籽分离，去净种皮上的黏着物。瓤籽的发酵时间不宜过长，发酵过程不宜在金属容器内进行，以免影响种皮色泽。一般发酵 4～6 h 即可，至多发酵一夜。淘洗净的种子，应立即进行晾晒，晾晒宜放置在晒种网或凉席上进行，切忌把种子摊在水泥地上暴晒。晾晒的种子层要摊匀摊薄，并应勤加翻动。连晒几天后，种子含水量降至 8%以下时即可开始收藏包装。

3. 种子的精选与收藏　充分晾晒干燥后的种子，应进行精选工作。种子精选可用精选机进行风选，也可人工进行风选和粒选，以便剔除畸形种子、色泽不良和未成熟的种子以及各种夹杂物。精选过后的种子，装入麻（布）袋中，麻袋内衬有塑料袋以防潮。袋内、袋外都要放置或挂上标签，注明品种名称、重量、制种人姓名、制种地点、制种年月等。然后入库存放在凉爽干燥处，等待包装。

三、无籽西瓜一代杂种制种技术

无籽西瓜的制种过程与普通西瓜的杂交一代制种过程基本相同，其不同点是由于母本四倍体西瓜的特性特征与二倍体西瓜大不相同，从而派生出来一些无籽西瓜制种上的不同特点。

（一）母本四倍体西瓜的保存与繁殖

母本四倍体西瓜的保存与繁殖四倍体西瓜是生产无籽西瓜的关键，其种性的优劣直接影响到无籽西瓜的产量和品质。四倍体品种的保存主要是保持和提高品种的种性，防止种性的退化，繁殖一定数量的种子，供无籽西瓜的制种需要。

四倍体品种的保存与繁殖，应该选用种性优良的纯系种子。种性的退化主要是由于栽培条件不良和不注意选择所引起，其中选种更为重要，若不注意选种，则品种的种性已经变异、混杂、退化，即使给予优良的栽培条件，由于已经失去了优良性状的基因，优良性状也难以得到恢复。

四倍体西瓜的繁殖栽培，必须针对其特点来进行。四倍体西瓜的生长发育和对环境条件的要求与普通西瓜不同，主要是生长发育需要的温度较高，育苗期最适温度为 26 ℃（普通西瓜为 24 ℃，无籽西瓜为 25 ℃），夜间温度不低于 19 ℃；前期生长缓慢，一般比普通西瓜生育期推迟 10 d左右，比无籽西瓜也要迟 2～3 d；耐热性强，在盛夏高温期生长良好；耐肥力强，不易因施肥过多而徒长；坐果性良好；具有较强的抗炭疽病、白粉病和枯萎病的能力；耐旱能力差，对水分比较敏感，在干旱年份和季节易感染病毒病；节间较粗短，分枝力弱，叶大、叶色深；适宜密植。根据以上特点，四倍体西瓜繁殖栽培上应着重注意以下几个环节：①早播种晚定植，适于用温床育苗，催芽与育苗温度应适当提高 1～2 ℃，最好采用破壳催芽，以利加速发芽。②适当密植，采用单、双蔓整枝，每公顷密度在 12 000～15 000 株以上。③必须覆盖地膜，促进四倍体植株加速生长。④增施肥料，总施肥量比普通西瓜增加 20%～30%，尤其应增施磷、钾肥，以提高种子的产量和质量。⑤加强后期管理，延长结果期，以增加单株采种量。⑥合理灌溉，及时防蚜，防止病毒病危害。

（二）无籽西瓜的制种技术

无籽西瓜的制种方法与程序和普通西瓜杂交一代的制种方法与程序基本相同，但在制种时更应该重视父母本的纯度，尤其是要注意四倍体中恢复二倍体“返祖”现象的出现。近年来，少数四倍体植株在一定的环境条件下恢复成二倍体，所结种子为二倍体种子，播种后所结果实外形与四倍体果实相似，但种子则完全是二倍体种子，因此制种过程中必须及时淘汰二倍体种子和植株。此外，三倍体种子剖瓜后应直接进行淘洗，不要经过发酵处理，否则会严重降低种子发芽率。

与二倍体西瓜不同，三倍体无籽西瓜采种量低，除了在育种时注意选择多籽四倍体做母本、高亲和力三倍体组合外，在制种时还应该采取适当的栽培措施提高采种量。

1. 改善授粉条件 自由授粉状态下，由于花粉量不足或者昆虫活动量少等原因，造成授粉不够充分，降低了三倍体无籽西瓜采种量和种子孕性，可通过人工辅助授粉或放蜂等措施改善授粉条件，提高采种量。

2. 选择合适的播种期 四倍体在不同地点、年份、栽培季节的采种量差异很大，通常早期采收的果实种子较少，而在采收盛期果实种子较多。如郑州、开封一带以 6 月中旬开花授粉，7 月中旬采收的果实种子量最多。

广州市果树科学研究所（1979）经多年的观察发现，同一品种单瓜种子数随授粉期的温度、湿度而变化。温度 25～28 ℃、相对湿度 80%～85%时授粉，花粉的生活力最高，所以种子量较多。比较春季和秋季采种时的温度和湿度条件，气温都在适温范围以内，但是秋季空气湿度显著不足，影响授粉和采种量。中国农业科学院郑州果树研究所（1976）的观察也有类似的情况，认为开花坐果期的平均温度 22～26 ℃、相对湿度 60%～80%的条件下结籽率较高。

根据以上的观察，掌握适期播种，使植株开花授粉期处于适宜的气候条件下，对提高三倍体、四倍体采种量是切实可行的。

3. 密植多果栽培 密植是提高三倍体采种量的一条重要经验。适宜的种植密度南方地区以每公顷 12 000 株；北方地区双蔓整枝以每公顷 15 000～18 000 株为宜，单蔓整枝的每公顷 22 500～30 000 株，新疆高度密植田每公顷可达 30 000 株以上。

单株坐果数与采种量也有一定的关系。单株留果数越多，单瓜重和单瓜种子数有下降的趋势，但单株果重和种子数则增加，然而坐果过多，后期果型甚小，不孕籽显著增加，影响成熟种子数。以每株留 3 个果为宜。

4. 改善植株营养条件 磷、钾营养对提高三倍体的采种量有显著的效果。山东省昌乐县副食品公司（1974）试验指出，每公顷施 375 kg 过磷酸钙采种量增加 11.4%，而每公顷施 750 kg 则可提高采种量 31.3%，但种子千粒重差异不大。陕西省果树研究所（1973）的试验结果表明，施磷较对照采种量提高 15%。中国农业科学院郑州果树研究所（1974）试验表明，以磷、钾并用来提高种子数，每公顷采种量可提高 49.3%～53.0%，比单施磷肥效果好。

四、种子质量检测、贮藏与加工技术

西瓜种子质量的优劣，是实现高产、优质、高效的基础。西瓜种子质量包括以下几个参数：

（1）纯度 是指受检种子中符合本品种性状特征的种子占全部受检种子的百分率。百分率越高，种子质量越好。1 级西瓜种子纯度应达到 99%以上，2 级种子纯度也不低于 96%。

（2）净度 是指除去夹杂物后，纯净种子的重量占全部受检种子重量的百分比。1 级种子净度应达到 99%以上，2 级种子净度应达到 96%以上。

（3）千粒重 不同品种千粒重不同，但同一品种的种子千粒重基本上是一定的。在标准含水量条件下，种子千粒重反映出种子饱满程度，千粒重高的种子质量就好。

（4）含水量 种子含水量对种子寿命和保存年限影响较大。在常温下贮存种子含水量应保持在 12%～14%以下。种子含水量越低，表明种子质量越高。

（5）发芽率 是指发芽试验终期，在规定的日期内全部正常发芽种子数占供试种子的百分比。发芽率（%）＝规定日期内全部发芽种子数/供试种子粒数×100，发芽率是确定播种量大小的依据之一。1 级种子发芽率不低于 95%，2 级种子发芽率应在 80%以上。

根据国际种子检验协会（ISTA）对西瓜种子质量的定义，西瓜种子质量包括 3 个方面：遗传质量、生理质量与病理质量。其质量标准如表 18－5。

表 18-5　西瓜种子质量标准

（国际种子检验协会，2006）

真实性（%）	纯度（%）	含水量（%）	饱满度（千粒重）	发芽率（%）（36 h）	发芽势（%）（24 h 内的发芽率）	直播出土率（%）（6 d 正常温度下）	净度（%）	表面清洁度	带菌率（%）
≥98	≥98	≤7	依不同品种而异	≥98	≥90	≥95	≥99	无浑浊	<0.01

（一）种子的遗传质量

指所繁育的杂交种或自交材料是否具有很高的真实性与纯度。要求达到98%为1级种，98%～95%为2级种，可作为生产用种，低于95%应报废。为提高种子质量需做到：首先在开始授粉以前需要严格按照父本的基本性状对父本进行逐棵逐苗地检查，发现有疑问的苗，及时报告技术员，鉴定后立即去掉，对拿不准的，也要去掉。第二，保证做好母本去雄，雌花套帽，及时采摘父本雄花进行杂交，并做好标记工作。在开始授粉以前，将所有母本的雄蕊全部去掉，检查无误后才能开始授粉，决不允许一边授粉一边去雄。要于前一天下午进行母本雌花套帽，第二天早上检查，部分母本雌花尚未套帽的，要继续套帽，太阳出来后立即停止母本雌花套帽（尽可能在前一天下午做好这一工作）。太阳出来前，将父本尚未完全开放的雄花采摘，并一次性采摘够，在授粉时发现未套帽的母本雌花或吹掉帽的花，应去掉。授粉以后再套好帽，做好标记。第三，同样按照母本的基本性状对母本进行逐棵苗检查，发现有疑问的果实及时报告技术员，鉴定后立即去掉，对拿不准的，也要去掉。第四，在晾晒种子的过程中，应严格防止其他品种种子混入，特别是防止在吃其他瓜过程中混进其他种子，或同时繁殖几个品种时，也容易造成混种。

（二）种子的生理质量

是指种子达到完全成熟时所表现的饱满度、水分、发芽率、发芽势以及出土能力。这关系到种子在再生产过程中能否按栽培者的愿望达到满意的效果，特别是有利于控制苗期病害。1级种子要求饱满度高（千粒重，依不同的品种而异），含水量低于7%，发芽率（36 h）大于98%，发芽势（24 h内的发芽率）大于90%，直播出土率大于95%（6 d正常平均温度25 ℃下）。2级种子要求为水分低于8%，发芽率（36 h）98%～95%，发芽势（24 h内的发芽率）90%～85%，直播出土率95%～90%（6 d正常平均温度25 ℃下）。为达到以上目标需做到：第一，施足底肥，除农家肥以外，还需每667 m^2 施100 kg的复合肥。结果期喷施叶面肥3次，特别是磷酸二氢钾叶面肥，以保证西瓜植株有足够的营养与生长期，而不是靠太阳晒熟的。第二，及时防治病害，严格防止浇水时跑水漫瓜秧，导致病害流行而影响植株生长。第三，及时将烂瓜与裂瓜去掉，不能混在好瓜中。第四，严格按照采种技术规程（包括采瓜、发酵、药剂处理、洗种晒种等方法）进行采种。

（三）种子的病理质量

是指种子的干净程度以及种子传病害的带菌量，要求种子本身所带来的病菌在种子再生产过程中不会导致严重的病害暴发，包括净度、表面清洁度与带菌率等指标。1级种子要求：净度99%，扬起时无明显灰尘，有光泽，不黏手，表面清洁度高（1 kg种子在1 kg清水中清洗后，无明显的浑浊现象），种子带菌率低于0.1%（PCR检测）。2级种子要求：净度98%，扬起时有灰尘，表面清洁度中（1 kg种子在1 kg清水中清洗后，有点浑浊现象），带菌率0.5%（PCR检测）。为达到以上目标需做到：①将所有烂瓜和裂瓜全部去掉。②种瓜分两次全部采收，不要分多次采收。③将瓜籽淘出后，装入编织袋中，放到阴凉处，或埋入地下，发酵24～48 h。无籽瓜可省略此程序，以防降低发芽率。④发酵后，将种子洗净，沥干，将装有湿种子的编织袋（或将种子倒入药液缸）直接转入80 mg/L的过氧乙酸溶液中浸泡15 min，并不断搅动。然后直接将编织袋（或种子）提出药液，沥干，不要用水清洗，直接在强太阳底下晒干。药剂杀死了病菌并防止了病菌在种子表面的附着。⑤快速风干是保证种子无菌的主要环节之一。美国采用机械烘干设备保证在 4 h 内种子基本干燥，这是美国瓜类制种带菌率低的主要原因。在中国现已开始生产适合小农户使用的小型烘干机。其基本原理是在高温（48 ℃）、强风力与快速转动下保证种子表面水分快速蒸发，避免了病菌在种子表面可能的大量繁殖。对于没有烘干机的农户，需要注意收听天气预报，如遇阴雨天，可适当延长 1～2 d 的发酵时间，确保晒种在好天气进行。清早洗种，确保在 10 时以前将种子晾晒，以保证种子在当天基本晒干。当天尚未完全干燥的种子不要堆放在库中，需要尽可能地平摊。种子要一次性完全干燥后封袋入库，防止种子在贮存中返潮。

（许勇　刘君璞）

主要参考文献

曹宛虹，赵艳茹．1994. 西瓜同工酶及可溶性蛋白分析 [J]. 华北农学报，9（2）：64－71.

陈熙，鲍建荣，钟慧敏．1991. 西瓜蔓枯病研究Ⅲ. 病残体上病菌的存活力及其传病作用 [J]. 浙江农业大学学报，17（4）：401－406.

高新一，林翔鹰，杨春燕，等．1983. 无籽西瓜无性系繁殖的研究 [J]. 中国农业科学（2）：58－63.

郭启高，宋明，杨天秀，等．2000. 西瓜子叶组织培养中四倍体的产生及鉴定 [J]. 西南农业大学学报，22（4）：228－229.

黄河勋，张孝祺，魏振承，等．1995. 短蔓雄性不育西瓜的研究 [J]. 中国西瓜甜瓜（3）：6－9.

黄仕杰．1989. 全缘叶西瓜新品种——“重凯一号”的选育及利用 [C]//中国园艺学会成立六十周年纪念暨第六届年会论文集Ⅱ. 蔬菜．北京：中国园艺学会．

黄学森，赵福兴，王生有．2005. 西瓜优质高效栽培新技术 [M]. 北京：中国农业出版社．

吉加兵，徐润芳．1990. 西瓜种质资源抗枯萎病性的苗期鉴定 [J]. 中国西瓜甜瓜（2）：19－20.

贾文海．1983. 西瓜花芽分化的研究 [J]. 山东农业科学，3：14－17.

贾文海，杨际华，夏瑞芝．1994. 西瓜品种几个数量性状的遗传力和选择效果 [J]. 中国西瓜甜瓜（1）：13－15.

蒋洪林．1981. 西瓜品种间杂交一代主要遗传性状的初步观察 [J]. 新疆农业科技（5）：33－34.

李树贤．2002. 同源多倍体育种的几个问题 [C]//全国蔬菜遗传育种学术讨论会论文集．北京：全国蔬菜遗传育种学术讨论会组委会．

林德佩．1977. 新疆近年推广的西瓜品种 [J]. 新疆农业科技（2）：17.

林德佩．1983. 西瓜的生态型和杂种优势利用 [J]. 中国果树（2）：60－64.

刘东顺，杨万邦，赵晓琴．2008. 西北旱砂田西瓜抗旱性鉴定指标与方法初探 [J]. 中国蔬菜（7）：17－21.

刘莉，王鸣．1990. 西瓜种质资源苗期对炭疽病抗性的研究 [J]. 中国西瓜甜瓜（1）：9－13.

刘秀芳，丁建成，丁爱，等．1990. 九省（市）西瓜枯萎病菌形态及致病性比较 [J]. 中国西瓜甜瓜（1）：45－46.

鲁滨 Б А［俄］．1982. 蔬菜和瓜类生理 [M]. 解淑贞，郑光华，译．北京：农业出版社．

逯泽生，张红，贺洪军．2000. 西瓜可溶性固形物含量的基因效应分析 [C]//中国园艺学会第四届青年学术讨论会论文集．北京：中国园艺学会青年学术分会．

马国斌，陈海荣，谢关兴，等．2004. 利用分子标记技术鉴定西瓜杂交种纯度 [J]. 上海农业学报，20（3）：58－61.

马双武，刘君璞，王吉明，等．2005. 西瓜种质资源描述规范和数据标准 [M]. 北京：中国农业出版社．

仇志军，郑素秋，王鸣．1994. 西瓜品种资源亲缘关系的同工酶分析 [J]. 湖南农学院学报，20（3）：222－227.

闰静．2005. 西瓜愈伤组织分化不定芽体系的建立及耐冷体细胞无性系变异研究 [D]. 杭州：浙江大学．

单福成，王如英，谭俊杰．1990. 西瓜果实营养物质积累规律的研究 [J]. 中国西瓜甜瓜（2）：6－8.

沈镝，李锡香，冯兰香，等．2007. 葫芦科蔬菜种质资源对南方根结线虫的抗性评价 [J]. 植物遗传资源学报，8（3）：340－342.

王春霞，简志英，刘愚，等．1997. ACC 合成酶基因及其反义基因对西瓜的遗传转化 [J]. 植物学报：英文版，39（5）：445－450.

王浩波，马德伟．1994. 用生物间遗传学原理研究西瓜与枯萎病菌的相互关系 [J]. 河北农业大学学报，17（3）：

29 -33.
王坚.1986. 无籽，少籽西瓜的科研生产现状与在我国的发展前景 [J]. 瓜类科技通讯，3：4 - 8.
王坚，刘君璞.1991. 郑杂系列西瓜品种的选育与开发利用 [J]. 中国西瓜甜瓜 (1)：1 - 8.
王鸣，张显.1988. 西瓜种质资源苗期对枯萎病抗性人工接种鉴定的研究 [J]. 中国西瓜甜瓜 (1)：6 - 10.
王鸣，张兴平.1988. 非洲珍贵西瓜种质资源的研究与利用 [J]. 果树学报，5 (3)：109 - 115.
王鸣.1993. 高产抗病西瓜新品种——西农 8 号 [J]. 中国西瓜甜瓜 (1)：5 - 6.
温筱玲.1981. 西瓜的花芽分化与幼苗形态 [J]. 中国果树 (3)：63 - 64.
吴进义，吴逸华，谢锡林.2013. 诱变选育西瓜染色体易位系的步骤及其杂交 1 代少籽组合的选配 [J]. 中国瓜菜，26 (1)：1 - 6.
夏锡桐.1986. 西瓜雄性不育两用系选育初报 [J]. 果树学报 (2)：11 - 12.
夏锡桐，刘寅安，柳文锦.1988. 西瓜 G17AB 雄性不育两用系选育 [J]. 沈阳农业大学学报，19 (1)：9 - 13.
徐润芳.1990. 美国西瓜抗枯萎病育种进展 [J]. 中国西瓜甜瓜 (2)：1 - 5.
徐润芳，杨鼎新.1992. 我国西瓜抗枯萎病育种的进展与前景 [J]. 中国西瓜甜瓜 (1)：2 - 5.
许耀奎.1985. 化学诱变剂 EMS 对春小麦诱变效应的研究 [J]. 作物学报，11 (3)：215 - 216.
许勇，王永健，葛秀春，等.2000. 枯萎病菌诱导的结构抗性和相关酶活性的变化与西瓜枯萎病抗性的关系 [J]. 果树科学，17 (2)：123 - 127.
许勇，王永健，张峰，等.1997. 西瓜幼苗耐低温研究初报 [J]. 华北农学报，12 (2)：93 - 96.
许勇，张海英.1999. 分子标记技术在西瓜甜瓜上的应用研究进展 [J]. 中国西瓜甜瓜 (4)：34 - 38.
薛光荣，费开韦.1982. 西瓜花药培养获得花粉植株简报 [J]. 中国果树 (5)：51.
薛光荣，余文炎，杨振英，等.1988. 西瓜花粉植株的诱导及其后代初步观察 [J]. 遗传，10 (2)：5 - 8.
杨安平，王鸣，安贺选.1996. 非洲西瓜种质资源苗期抗旱性研究 [J]. 中国西瓜甜瓜 (1)：6 - 9.
杨健.1995. 国外西瓜种质资源在我国的利用 [J]. 作物品种资源 (4)：43 - 44.
于思勤，王守正.1990. 西瓜品种抗枯萎病鉴定方法的研究 [J]. 中国农业科学，23 (1)：31 - 36.
俞正旺.1991. 西瓜杂种后代主要农艺性状的遗传分析 [J]. 中国西瓜甜瓜 (2)：16 - 20.
俞正旺，李子云，张卫芳.1998. 应用灰色关联度分析西瓜主要性状对产量的影响 [J]. 中国西瓜甜瓜 (3)：14 - 16.
张硕.2006. 西瓜耐冷种质的离体物理诱变研究 [D]. 杭州：浙江大学.
张兴平，王鸣.1991. 我国西瓜枯萎病生理小种分化研究初报 [J]. 中国西瓜甜瓜 (1)：39 - 43.
张学炜，钱笑丽，刘济伟.1989. 西瓜种质资源抗根结线虫鉴定及防治研究 [J]. 果树学报 (1)：33 - 38.
赵虎基，乐锦华，李红霞，等.1999. 籽用西瓜品种 (系) 间亲缘关系的 RAPD 分析 [J]. 果树科学，16 (3)：235 -238.
赵尊练，魏大钊.1992. 一份耐藏的西瓜品种资源 [J]. 中国西瓜甜瓜 (2)：44.
中国农业科学院郑州果树研究所.2000. 中国西瓜甜瓜 [M]. 北京：中国农业出版社.
周光宇，龚蓁蓁，王自芬.1979. 远缘杂交的分子基础——DNA 片段杂交假设的一个论证 [J]. 遗传学报，6 (4)：405 - 413.
邹小花，张海英，李胜，等.2011. 野生西瓜种质 PI296341 - FR 抗枯萎病菌生理小种 2 的遗传规律[J]. 园艺学报，38 (9)：1699 - 1706.
邹祖申，解潮福.1979. 无籽西瓜新品种介绍[J]. 农业科技通讯 (3)：19.
Bang H，King S R，Liu W. 2006. A new male sterile mutant identified in watermelon with multiple unique morphological features [J]. Cucurbit Genetics Cooperative Reports，28：47.
Barham W S. 1956. A study of the Royal Golden watermelon with emphasis on the inheritance of the chlorotic condition characteristic of this variety [J]. Proceeding of the American Society for Horticultural Science，67：487 - 489.
Biles C L，Martyn R D，Wilson H D. 1989. Isozymes and general proteins from various watermelon cultivars and tissue types [J]. HortScience，24 (5)：810 - 812.
Boyhan G，Norton J D，Jacobsen B J，et al. 1992. Evaluation of watermelon and related germ plasm for resistance to zucchini yellow mosaic virus [J]. Plant Disease，76：251 - 252.
Chambliss O L，Erickson H T，Jones C M. 1968. Genetic control of bitterness in watermelon fruits [J]. Proceeding of

the American Society for Horticultural Science, 93: 539 - 546.

Choi P S, Soh W Y, Kim Y S. 1994. Genetic transformation and plant regeneration of watermelon using agrobacterium tumefaciens [J]. Plant Cell Reports, 13 (6): 344 - 348.

Cucurbit Gene List Committee. 1979. New genes for the Cucurbitaceae [J]. Cucurbit Genetics Cooperative Reports, 2: 49 -53.

Cucurbit Gene List Committee. 1982. Update of cucurbit gene list and nomenclature rules [J]. Cucurbit Genetics Cooperative Reports, 5: 62 - 66.

Cucurbit Gene List Committee. 1987. Gene list for watermelon [J]. Cucurbit Genetics Cooperative Reports, 10: 106 -110.

Desbiez C, Lecoq H. 1997. Zucchini yellow mosaic virus [J]. Plant Pathology, 46: 809 - 829.

Dyutin K E, Afanaséva E A. 1987. Inheritance of the short vine trait in watermelon [J]. Cytology Genetics (Tsitologiya i Genetika), 21: 71 - 73.

Dyutin K E, Sokolov S D. 1990. Spontaneous mutant of watermelon with male sterility [J]. Cytology Genetics (Tsitologiya i Genetika), 24: 56 - 57.

El - Hafez A A A, Gaafer A K, Allam A M M. 1981. Inheritance of flesh color, seed coat cracks and total soluble solids in watermelon and their genetic relations [J]. Acta Agronomica Academiae Scientiarum Hungaricae, 30: 82 - 86.

Guner N, PesicVan - Esbroeck Z, Wehner T C. 2004. Inheritance of resistance to Papaya ringspot virus - watermelon strain in watermelon [J]. Hortscience, 39 (4): 811.

Guner N, Wehner T C, Lebeda A, et al. 2004. Resistance to a severe strain of zucchini yellow mosaic virus in watermelon [C]//Progress in cucurbit genetics and breeding research. Proceedings of Cucurbitaceae 2004, the 8th EUCARPIA Meeting on Cucurbit Genetics and Breeding, Olomouc, Czech Republic.

Guo S, Zhang J, Sun H, et al. 2013. The draft genome of watermelon (*Citrullus lanatus*) and resequencing of 20 diverse accessions [J]. Nature Genetics, 45 (1): 51 - 58.

Gusmini G, Wehner T C, Jarret R L. 2004. Inheritance of egusi seed type in watermelon [J]. Journal of Heredity, 95: 268 - 270.

Gusmini G, Wehner T C. 2006. Qualitative inheritance of rind pattern and flesh color in watermelon [J]. Journal of Heredity, 97: 177 - 185.

Hall C V, Dutta S K, Kalia H R, et al. 1960. Inheritance of resistance to the fungus *Colletotrichum lagenarium* (Pass.) Ell. and Halst. in watermelons [J]. Proceeding of the American Society for Horticultural Science, 75: 638 -643.

Henderson W R. 1989. Inheritance of orange flesh color in watermelon [J]. Cucurbit Genetics Cooperative Reports, 12: 59 - 63.

Henderson W R. 1991. Gene list for watermelon [J]. Cucurbit Genetics Cooperative Reports, 14: 129 - 138.

Henderson W R. 1992. Corrigenda to the 1991 watermelon gene list (CGC 14: 129 - 137) [J]. Cucurbit Genetics Cooperative Reports, 15: 110.

Henderson W R, Jenkins S F, Rawlings J O. 1970. The inheritance of *Fusarium wilt* resistance in watermelon, *Citrullus lanatus* (Thunb.) Mansf. [J]. Journal of the American Society for Horticultural Science, 95: 276 - 282.

Henderson W R, Scott G H, Wehner T C. 1998. Interaction of flesh color genes in watermelon [J]. Journal of Heredity, 89: 50 - 53.

Huang H, Zhang X, Wei Z, et al. 1998. Inheritance of male - sterility and dwarfism in watermelon [*Citrullus lanatus* (Thunb.) Matsum. and Nakai] [J]. Scientia Horticulturae, 74: 175 - 181.

Jarret R L, Merrick L C, Holms T, et al. 1997. Simple sequence repeats in watermelon (*Citrullus lanatus* (Thunb.) Matsum. and Nakai [J]. Genome, 40: 433 - 441.

Jiang X T, Lin D P. 2007. Discovery of watermelon gynoecious gene, gy [J]. Acta Horticulturae Sinica, 34: 141 - 142.

Kanda T. 1951. The inheritance of seed - coat colouring in the watermelon [J]. Japanese Journal of Genetics, 7: 30 - 48.

Karipcin Z, Sari N, Kirnak H, et al. 2008. Preliminary research on drought resistance of wild and domestic Turkish watermelon accessions [M] //Pitrat M, (ed) . Cucurbitaceae 2008, Proceedings of the IXth EUCARPIA meeting on genetics and breeding of Cucurbitaceae INRA, Avignon (France) .

Khandelwal R C, Nath P. 1978. Inheritance of resistance to fruit fly in watermelon [J]. Canadian Journal of Genetics and Cytology, 20: 31 - 34.

Kwon Y S, Dane F. 1999. Inheritance of green flower color (gf) in watermelon (*Citrullus lanatus*) [J]. Cucurbit Genetics Cooperative Reports, 22: 31 - 33.

Layton D V. 1937. The parasitism of *Colletotrichum lagenarium* (pass.) Ells. and Halst. [J]. Retrospective Theses and Dissertations. 14080.

Lecoq H, Purcifull D E. 1992. Biological variability of potyviruses, an example: zucchini yellow mosaic virus [J]. Archives of Virology Supplementum, 5: 229 - 234.

Lee S J, Shin J S, Park K W. 1996. Detection of genetic diversity using RAPD - PCR and sugar analysis in watermelon (*C. lanatus*) germplasm [J]. Theoretical and Applied Genetics, 92: 719 - 725.

Lin D, Wang T, Wang Y, et al. 1992. The effect of the branchless gene bl on plant morphology in watermelon [J]. Cucurbit Genetics Cooperative Reports, 15: 74 - 75.

Liu P B W, Loy J B. 1972. Inheritance and morphology of two dwarf mutants in watermelon [J]. Journal of the American Society for Horticultural Science, 97: 745 - 748.

Love S L, Rhodes B B. 1988. Single gene control of anthracnose resistance in *Citrullus* [J] Cucurbit Genetics Cooperative Reports, 11: 64 - 67.

Love S L, Rhodes B B. 1991. R309, a selection of *Citrullus* colocynthis with multigenic resistance to *Colletotrichum lagenarium* race 2 [J]. Cucurbit Genetics Cooperative Reports, 14: 92 - 95.

Martyn R D, Bruton B D. 1989. An initial survey of the united states for races of *Fusarium oxysporum* f. sp. Niveum [J]. HortScience, 24: 696 - 698.

McKay J W. 1936. Factor interaction in *Citrullus* [J]. Journal of Heredity, 27: 110 - 112.

Mohr H C. 1953. A mutant leaf form in watermelon [J]. Proceeding of the Association of the Southern Agricultural Workers, 50: 129 - 130.

Mohr H C. 1956. Mode of inheritance of the bushy growth characteristics in watermelon [J]. Proceeding of the Association of the Southern Agricultural Workers, 53: 174.

Mohr H C, Sandhu M S. 1975. Inheritance and morphological traits of a double recessive dwarf in watermelon, *Citrullus lanatus* (Thunb.) Matsum. and Nakai [J]. Journal of the American Society for Horticultural Science, 100: 135 -137.

Navot N, Sarfatti M, Zamir D. 1990. Linkage relationships of genes affecting bitterness and flesh color in watermelon [J]. Journal of Heredity, 81: 162 - 165.

Navot N, Zamir D. 1986. Linkage relationships of 19 protein coding genes in watermelon [J]. Theoretical and Applied Genetics, 72: 274 - 278.

Navot N, Zamir D. 1987. Isozyme and seed protein phylogeny of the genus *Citrullus* (Cucurbitaceae) [J]. Plant Systematics and Evolution, 156: 61 - 67.

Netzer D, Weintall C. 1980. Inheritance of resistance to race 1 of *Fusarium oxysporum* f. sp. *niveum* [J]. Plant Disease, 64: 863 - 854.

Norton J D. 1979. Inheritance of resistance to gummy stem blight in watermelon [J]. HortScience, 14: 630 - 632.

Poole C F. 1944. Genetics of cultivated cucurbits [J]. Journal of Heredity, 35: 122 - 128.

Poole C F, Grimball P C. 1945. Interaction of sex, shape, and weight genes in watermelon [J]. Journal of Agricultural Research, 71: 533 - 552.

Poole C F, Grimball P C, Porter D R. 1941. Inheritance of seed characters in watermelon [J]. Journal of Agricultural Research, 63: 433 - 456.

Porter D R. 1937. Inheritance of certain fruit and seed characters in watermelons [J]. Hilgardia, 10: 489 - 509.

Provvidenti R. 1986. Reactions of PI accessions of *Citrullus* colocynthis to zucchini yellow mosaic virus and other viruses [J]. Cucurbit Genetics Cooperative Reports, 9: 82 - 83.

Provvidenti R. 1991. Inheritance of resistance to the Florida strain of zucchini yellow mosaic virus in watermelon [J]. HortScience, 26 (4): 407 - 408.

Provvidenti R. 1992. Cold resistance in accessions of watermelon from Zimbabwe [J]. Cucurbit Genetics Cooperative Reports, 15: 67 - 68.

Provvidenti R. 1994. Inheritance of a partial chlorophyll deficiency in watermelon activated by low temperatures at the seedling stage [J]. Hort Science, 29 (9): 1062 - 1063.

Provvidenti R. 2003. Naming the gene conferring resistance to cool temperatures in watermelon [J]. Cucurbit Genetics Cooperative Reports, 26: 35 - 45.

Ray D T, Sherman J D. 1988. Desynaptic chromosome behavior of the gms mutant in watermelon [J]. Journal of Heredity, 79: 397 - 399.

Rhodes B B. 1986. Genes affecting foliage color in watermelon [J]. Journal of Heredity, 77: 134 - 135.

Rhodes B B, Zhang X P, Baird V B, et al. 1999. A tendrilless mutant in watermelon: phenotype and inheritance [J]. Cucurbit Genetics Cooperative Reports, 22: 28 - 30.

Rhodes B, Dane F. 1999. Gene list for watermelon [J]. Cucurbit Genetics Cooperative Reports, 22: 61 - 74.

Rhodes B, Zhang X. 1995. Gene list for watermelon [J]. Cucurbit Genetics Cooperative Reports, 18: 69 - 84.

Robinson R W, Munger H M, Whitaker T W, et al. 1976. Genes of the Cucurbitaceae [J]. HortScience, 11: 554 -568.

Robinson R W, Provvidenti R, Shail J W. 1975. Inheritance of susceptibility to powdery mildew in the watermelon [J]. Journal of Heredity, 66: 310 - 311.

Rosa J T. 1928. The inheritance of flower types in *Cucumis* and *Citrullus* [J]. Hilgardia, 3: 233 - 250.

Saito K, Inoue K, Fukushima R, et al. 1997. Genomic structure and expression analyses of serine acetyltransferase gene in *Citrullus vulgaris* (watermelon) [J]. Gene, 189: 57 - 63.

Sarafis V. 1999. Cucurbit resources in Namibia [M] //J Janick. Perspectives on new crops and new uses. ASHS Press, Alexandria, VA: 400 - 402.

Shimotsuma M. 1963. Cytogenetical studies in the genus *Citrullus*. Ⅷ. Inheritance of several characters in watermelons [J]. Japanese Journal of Breeding, 13: 235 - 240.

Sowell G, Rhodes B B, Norton J D. 1980. New sources of resistance to watermelon anthracnose [J]. Journal of the American Society for Horticultural Science, 105: 197 - 199.

Strange E B, Guner N, Pesic - VanEsbroeck Z, et al. 2002. Screening the watermelon germplasm collection for resistance to Papaya ringspot virus type - W [J]. Crop Science, 42: 1324 - 1330.

Suvanprakorn K, Norton J D. 1980. Inheritance of resistance to anthracnose race 2 in watermelon [J]. Journal of the American Society for Horticultural Science, 105: 862 - 865.

Tanaka T, Wimol S, Mizutani T. 1995. Inheritance of fruit shape and seed size of watermelon [J]. Journal of the Japanese Society for Horticultural Science, 64 (3): 543 - 548.

Toshinaru H, Ikuhiro S, Yoshiaki H, et al. 1995. Construction of a linkage map for watermelon (*Citrullus lanatus*) using RAPD [J]. Euphytica, 90: 265 - 273.

Toshinaru H, Shimamoto I, Hirai M. 2003 Construction of a linkage map and QTL analysis of horticultural traits for watermelon [*Citrullus lanatus* (Thunb.) Matsum. Nakai] using RAPD, RFLP and ISSR Markers Ⅲ [J]. Theoretical and Applied Genetics, 106: 779 - 785.

Vakalounkis D J, Klirenomou E, Papadakis A. 1994. Species spectrum, host range and distribution of powdery mildews on Cucurbitaceae in Crete [J]. Plant Pathology, 43 (5): 813 - 818.

Vashishta R N, Choudhury B. 1972. Inheritance of resistance to red pumpkin beetle in muskmelon, bottle gourd and watermelon [M]. Proceedings of the third International Symposium on Sub Tropical and Tropical Horticulture, 1: 75 - 81.

Warid A, Abd - El - Hafez A A. 1976. Inheritance of marker genes of leaf color and ovary shape in watermelon, *Citrullus vulgaris* Schrad [J]. The Libyan Journal of Science, 6: 1 - 8.

Watts V M. 1962. A marked male - sterile mutant in watermelon [J]. Proceeding of The American Society for Horticultural Science, 81: 498 - 505.

Watts V M. 1967. Development of disease resistance and seed production in watermelon stocks carrying the msg gene [J]. Proceeding of The American Society for Horticultural Science, 91: 579 - 583.

Weetman L M. 1937. Inheritance and correlation of shape, size, and color in the watermelon, *Citrullus vulgaris* Schrad [J]. Research, 228: 222 - 256.

Wehner T C, Shetty N V, Elmstrom G W. 2001. Breeding and seed production [M] //D N Maynard (ed.). Watermelons: Characteristics, production, and marketing. ASHS Press, Alexandria, Va: 27 - 73.

Wimmer B, Lottspeich F, Klei van der I, et al. 1998. The glyoxysomal and plastid molecular chaperones (70 - kDa heat shock protein) of watermelon cotyledons are encoded by a single gene [J]. Proceedings of the National Academy of Sciences, 94: 13624 - 13629.

Winstead N N, Goode M J, Barham W S. 1959. Resistance in watermelon to *Colletotrichum lagenarium* races 1, 2 and 3 [J]. Plant Disease Reporter, 43: 570 - 577.

Xu Y, Kang D, Shi Z, et al. 2004. Inheritance of resistance to zucchini yellow mosaic virus and watermelon mosaic virus in watermelon [J]. Journal of Heredity, 96: 498 - 502.

Yang D H. 2006. Spontaneous mutant showing pale seedling character in watermelon (*Citrullus lanatus* (Thunb.) Matsum. and Nakai) [J]. Cucurbit Genetics Cooperative Reports, 28 - 29: 49 - 51.

Zamir D, Navot N, Rudich J. 1984. Enzyme polymorphism in *Citrullus lanatus* and *C. colocynthis* in Israel and Sinai [J]. Plant Systematics and Evolution, 146: 163 - 170.

Zhang J. 1996. Inheritance of seed size from diverse crosses in watermelon [J]. Cucurbit Genetics Cooperative Reports, 19: 67 - 69.

Zhang R B, Yi K, Xu Y. 2003. Construction of a molecular genetic map for watermelon derived from recombinant inbred lines (RILs) [J]. Molecular Plant Breeding, 1 (4): 481 - 489.

Zhang X P, Rhodes B B, Baird V, et al. 1996a. A tendrilless mutant in watermelon: phenotype and development [J]. Hort Science, 31 (4): 602.

Zhang X P, Rhodes B B, Bridges W C. 1996b. Phenotype, inheritance and regulation of expression of a new virescent mutant in watermelon: juvenile albino [J]. Journal of the American Society for Horticultural Science, 121 (4): 609 - 615.

Zhang X P, Skorupska H T, Rhodes B B. 1994b. Cytological expression in the male sterile ms mutant in watermelon [J]. Journal of Heredity, 85: 279 - 285.

Zhang X P, Wang M. 1990. A genetic male - sterile (ms) watermelon from China [J]. Cucurbit Genetics Cooperative Reports, 13: 45.

第十九章

甜 瓜 育 种

第一节　育种概况

甜瓜（*Cucumis melo* L.）是葫芦科（Cucurbitaceae）甜瓜属中幼果无刺的栽培种，一年生蔓性草本植物。别名：哈密瓜、香瓜、果瓜。染色体数 $2n=2x=24$。甜瓜的起源中心是在热带非洲的几内亚，经古埃及传入中东、中亚（包括中国新疆）和印度。中国、日本、朝鲜是东亚薄皮甜瓜的次生起源中心，土耳其是西亚厚皮甜瓜的次生中心，伊朗、阿富汗、土库曼斯坦、乌兹别克斯坦和中国新疆的广大地域是中亚厚皮甜瓜的次生起源中心。甜瓜的栽培主要分布于北半球的 4 个区域，即环地中海甜瓜栽培区、中东-中亚甜瓜栽培区、美洲甜瓜栽培区、东方薄皮甜瓜栽培区。亚洲是世界最重要的甜瓜主产区，2013 年中国甜瓜播种面积 42.31 万 hm^2，总产量 1 433.7 万 t。甜瓜主要用作生食鲜果，优质的厚皮甜瓜品种常被视为高档水果。新疆的哈密瓜，除用作鲜食水果外，还可制成瓜干，香甜可口，风味特佳，亦可加工成哈密瓜汁。甜瓜果实营养丰富，每 100 g 果肉含碳水化合物 9.8 g，维生素 C 29～39 mg，以及少量蛋白质、脂肪、矿物质、其他维生素等。甜瓜籽仁的含油量较高，含有 27%的脂肪酸和 5.78%的蛋白质、糖类等，可供榨油用或牲畜饲料用。

一、育种简史

国内外许多国家对甜瓜种质资源搜集与育种研究都十分重视。早在 1925 年，苏联就从世界各地搜集到 4 500 份甜瓜种质资源，美国农业部、日本国立蔬菜试验场是目前世界上甜瓜种质资源保存较多的机构。

美国甜瓜育种从引种开始，在 1878—1900 年从欧洲引进品种金黄（Golden beauty）和蜜露（Honey dew）。从 19 世纪后期开始，美国甜瓜育种以抗病育种为主线，主要做了 3 项工作：第一，重视抗原的搜集和筛选，先后从印度等地引进抗甜瓜白粉病和霜霉病的材料。第二，重视主要病害抗性遗传规律的研究，已基本摸清甜瓜抗枯萎病、抗蔓枯病、抗白粉病的遗传基因，在病理基础上着重开展了病原菌生理小种分化与侵染机理的研究。第三，育成和推广了一批多抗或兼抗的品种。如：1891 年 W. Atlee Burpee 公司在美国第 1 个育成了小果、网纹、绿肉甜瓜品种 Netted gem；1936 年加利福尼亚大学戴维斯分校（农业部 La Jolla 试验站）育成了第 1 个抗白粉病的甜瓜品种 PMR 45；1942 年由 Archie D. Smith 育成了抗霜霉病甜瓜品种 Smith's perfect；1944 年康奈尔大学育成了抗镰刀菌枯萎病甜瓜品种 Iroquois；1952 年佐治亚州农业试验站育成了高抗霜霉病、中抗白粉病、部分抗蚜虫的甜瓜品种 Georgia 47；1957 年克列姆森大学育成了抗叶枯病、中抗霜霉病和白粉病甜瓜品种

Edisto；1960年美国农业部La Jolla试验站育成了抗番木瓜环斑病毒（PRSV）甜瓜品种WMR 29；1963年Dessert种子公司育成了抗白粉病、耐霜霉病甜瓜品种Top mark；1978年加利福尼亚大学戴维斯分校Zink报道了甜瓜短蔓材料Grenshaw bush等；1983年威斯康星大学园艺系报道了甜瓜全雌系材料Wisconsin 998。

早在210年，日本就从朝鲜半岛引进了薄皮甜瓜（香瓜）。明治初年（1874年）日本才从英国、法国等国引入厚皮甜瓜品种Earl's favourite、Spicy、Rocky ford等，由于不适应日本气候，采用露地栽培一直未成功。直到明治三十四年（1903年）才在皇宫御苑及农林省试验温室试种成功。20世纪50年代以前，日本全境以露地栽培薄皮甜瓜为主，育成的薄皮甜瓜类型品种有黄金9号、奈良1号、金太郎等。此后，为了改善薄皮甜瓜的品质和质量，普遍开展厚、薄皮亚种间的杂交育种，育成的品种有伊丽莎白、王子、白雪、本垒打等。20世纪60～70年代，随着日本经济的起飞，对设施农业和高档瓜果的需求激增，育成的厚皮甜瓜品种有夕张、真珠、安德斯、阿木斯、哥萨克等。甜瓜育种在70～80年代迎来了一轮新高潮，育成了一大批厚皮甜瓜品种群，如Earl's favourite纯系群，可冬、春、秋作，以及Earl's×British queen杂种群，夏作。日本甜瓜育种正在朝向“精品”和“精准”农业的方向迈进。

我国的甜瓜栽培历史悠久，至今已有4 000年以上。至20世纪60年代以前，在甜瓜育种上采用自然选择、人工选择，经长期驯化使之形成生产上栽培的传统地方品种，例如，山东的益都银瓜，陕西的白兔娃，浙江、上海的黄金瓜，广东的广州蜜瓜，甘肃兰州的金塔寺，河南的王海，东北三省的铁把青、大香水等，都属薄皮甜瓜亚种。甘肃兰州的麻醉瓜，新疆的热瓜蛋、红心脆、黑眉毛等属于厚皮甜瓜的农家品种。1979—1981年新疆维吾尔自治区科学技术委员会、农业厅组织“甜瓜西瓜资源调查队”，在全疆范围内进行3年调查，征集、保存、研究了一大批地方种质资源，为以后新疆的甜瓜育种改良打下了良好基础。

中国甜瓜的育种改良是从国外引种开始的。著名的农作物引种事件之一发生在1944年，时任美国副总统的华莱士（Wallace）受罗斯福总统委派来华，共商世界反法西斯作战大计，因华莱士是农业专家，故携带甜瓜蜜露（Honey dew）种子赠予我国。此后，该品种在兰州试种，大获成功，兰州称之为华莱士甜瓜，视为珍品。新中国成立后，更名为白兰瓜。与此同时，新疆伊犁地区也从苏联引进了女庄员甜瓜品种进行种植，后来称之为黄蛋子。我国甜瓜的现代育种起步较晚，大致始于20世纪60年代，真正在全国范围内开展甜瓜育种工作是1980年以后。随着改革开放的到来，一批国外优良抗病品种被引进，如金黄（Golden beauty）、安浓2号等。从20世纪60年代开始，我国甜瓜育种机构育成了一大批有价值的甜瓜品种，其中在不同时期作为主栽品种的有：20世纪60～70年代，湖北荆州地区农业科学研究所育成的薄皮甜瓜荆农4号；广州市农业科学研究所育成的薄皮甜瓜品种广州蜜瓜；吐鲁番地区科委育成的厚皮甜瓜选系红心脆、黑眉毛蜜极甘、香梨黄等；新疆生产建设兵团102团选育的网纹香、八一香、青麻皮等厚皮甜瓜。在20世纪80年代，河南省临颍种子公司系选出薄皮甜瓜白沙蜜；兰州市农业科学研究所杂交选育出厚皮甜瓜兰甜5号；黑龙江省农业科学院园艺研究所选育出薄皮甜瓜品种龙甜1号；新疆农业科学院、吐鲁番地区葡萄瓜类研究所（现新疆维吾尔自治区葡萄瓜果研究所）通过多亲复合杂交选育出厚皮甜瓜品种皇后、芙蓉、郁金；新疆农业科学院、新疆哈密地区农业科技开发中心选育出我国第1批甜瓜杂种一代品种8501、8601等。20世纪90年代随着设施园艺的发展，国内许多科研单位开始了甜瓜常规杂交育种研究，培育出一大批一代杂交种，如郑甜1号、丰甜1号、中甜1号、玉金香等，仅2004—2013年通过国家鉴定的甜瓜品种就有45个。在我国甜瓜育种史中，还应该列入农友种苗公司先后育成的状元、蜜世界等品种，这些品种不仅在台湾地区，而且在华东、华南、海南等部分地区获得大面积推广种植。

随着现代分子生物学的发展，生物技术手段在甜瓜育种中也得到了广泛的应用，国内外均取得了一些成就。如通过转基因技术获得了抗几种病毒的甜瓜品系；利用随机扩增多态性（RAPD）、扩增片段长度多态性（AFLP）与简单序列重复（SSR）等技术获得了抗病基因标记；通过分子辅助育种技术获得了抗甜瓜枯萎病、白粉病、霜霉病等的复合抗性的甜瓜品系。近年来，甜瓜离体再生与遗传转化技术体系、大孢子培养、胚挽救与体细胞杂交等技术也得到全面完善，为克服甜瓜远缘杂交不育、缩短育种年限以及细胞与基因工程改良技术的应用奠定了坚实的基础。

二、育种现状与发展趋势

（一）育种现状

目前，中国从事甜瓜育种研究的机构有100多家，主要有新疆农业科学院哈密瓜研究中心、新疆维吾尔自治区葡萄瓜果研究所、中国农业科学院郑州果树研究所、中国农业科学院蔬菜花卉研究所、国家瓜类工程技术研究中心、甘肃省农业科学院蔬菜研究所、上海市农业科学院园艺研究所、江苏省农业科学院蔬菜研究所、北京市农林科学院蔬菜研究中心、广西农业科学院园艺研究所、安徽省农业科学院园艺研究所、黑龙江省农业科学院、吉林省农业科学院、辽宁省农业科学院，以及一些蔬菜瓜类企业和大专院校等。各地育种研究机构依据当地生态气候，制定出适合市场需求的育种目标。如新疆农业科学院哈密瓜研究中心和新疆维吾尔自治区葡萄瓜果研究所主要进行厚皮甜瓜（哈密瓜）育种研究，搜集整理国内外甜瓜种质资源近2 000份，在育种技术、品种选育等方面取得一系列成果，培育出适合西北地区露地及其他地区设施栽培的皇后（新密1号）、黄醉仙（新密杂9号）、金凤凰、黄皮9818、西州蜜系列品种。中国农业科学院郑州果树研究所主要进行甜瓜种质资源的搜集、整理，以及薄皮甜瓜和厚薄皮中间类型甜瓜的品种选育，培育出多个厚薄皮中间类型甜瓜品种，如中甜1号等。黑龙江省农业科学院、吉林省农业科学院、辽宁省农业科学院主要进行薄皮甜瓜品种选育。

随着人们生活水平的不断提高和环保意识的增强，对精品特色水果的需求越来越多，为此，世界各国非常重视依靠现代科技，发展现代农业。尤其欧美国家及日本、中国的瓜果产业化发展较快，且具有以下特点。

1. 种质资源的搜集与研究 种质资源是育种工作的基础，美国农业部甜瓜类种质资源由佐治亚州的Griffin试验站和科罗拉多州的Ft. Collins国家种子贮存库（NSSL）贮存，搜集的种质资源最多，并对种质资源进行了系统评价和研究。我国主要进行甜瓜种质资源的种植观察、筛选纯化，在鉴定评价和利用方面相当不足。

2. 产品多元化 甜瓜育种方向主要是抗病育种、品质育种和特色育种。在抗病育种方面，美国研究比较深入，所培育的品种抗一种或多种病虫害。日本和中国台湾在品质育种研究方面手段先进，含糖量要求在15%以上，且培育出在不同栽培模式下的专用品种。这些品种的选育具有鲜明特点：一是随着社会的发展和家庭结构的变化，大果型逐渐减少，中、小果型增加；二是重视提高果实对人体健康有益的营养成分，如抗坏血酸（维生素C）、叶酸、尼克酸（烟酸）等；三是中国甜瓜品种基本实现了杂种化，且新品种层出不穷，但新育成的品种在花色种类上模仿较多，创新较少，优质特色新品种较少，品种结构需调整完善。目前，比较有特点的品种有新疆农业科学院哈密瓜研究中心选育的具甜酸清香口味的风味4号、风味5号等风味系列品种，新疆维吾尔自治区葡萄瓜果研究所选育的适合湿润地区种植的抗病耐湿的哈密瓜品种西州密17、西州密25等，中国农业科学院郑州果树研究所、合肥丰乐种业公司选育的薄厚皮杂交甜瓜品种中甜1号、丰甜1号、翠玉等，天津科润蔬菜研究所选育的薄皮甜瓜品种花雷等。

3. 转基因技术 20世纪80年代末至90年代初，转基因技术逐步运用于甜瓜育种。美国密歇根州立大学的Fang等（1990）首次报道利用根癌农杆菌改造系LBA4404成功将*NPT*基因（抗卡那霉素基因）转入甜瓜品种。Yoshioka等（1991）首次报道用根癌农杆菌将黄瓜花叶病毒外壳蛋白基因（*CMV-CP*）成功地转入甜瓜。Grumet等（1993）将西葫芦花叶病毒外壳蛋白基因（*ZYMV-CP*）

用农杆菌介导转入甜瓜后，其转基因植株表现出对 ZYMV 的抗性。但分子育种研究目前还只停留在实验室，未见大面积应用报道。

（二）发展趋势

1. 加强种质资源征集、评价与利用研究　种质资源的研究水平是影响育种工作的一个主要方面。目前，除了与栽培品种有密切关系的种质资源得到较多的研究外，大量的野生资源没有得到利用，有些种质资源只停留在保存阶段，甚至很多资源没有得到征集。种质资源研究水平的低下，造成育种遗传基础的狭窄。为使中国育种工作向深层次发展，必须加大对种质资源研究的深度和广度。

2. 生物技术研究　加强分子标记技术的应用；进一步研究和利用原生质体培养及细胞融合技术；加强花药、大孢子培养的研究。

3. 抗病育种　在保证果实品质条件下以复合抗性为目标，即选育以抗根部枯萎病、蔓枯病、疫霉病等的品种，以及抗叶部霜霉病、白粉病、细菌性病害和病毒病等的品种。

4. 品质育种　主要目标是提高甜瓜产品的质量，包括提高外观质量，提高风味品质，提高维生素 C、叶酸及烟酸的含量，提高耐贮运性和延长货架期，以及提高产品的加工性能。

5. 专用品种的选育　随着设施园艺的发展，急需大量的适合保护地栽培的专用甜瓜品种，其育种目标是抗病性强，品质优，耐低温、耐湿、耐弱光。充分利用中国种质资源的优势，根据国外对品种的要求特点，培育适合国际市场需求的甜瓜品种，打入国际市场。

第二节　种质资源与品种类型

一、起源、传播与分类

（一）甜瓜的起源与传播

甜瓜广泛分布于世界各地。关于甜瓜的起源，目前还没有统一的看法，国外普遍认为起源于非洲和印度。美国葫芦科专家德康多尔（De Candou）和怀特克（Whitaker，1976）根据在非洲采集到野生甜瓜样本以及甜瓜野生近缘种集中分布在欧洲的事实，认为甜瓜种的起源是非洲撒哈拉南部的回归线东侧，并且认为在印度发现的野生甜瓜很可能是散逸在自然界后野生化的结果，因此，认为印度是甜瓜起源的次生中心。苏联玛里尼娜（Мапинина，1977）研究了从亚洲的印度、伊朗和阿富汗等国家搜集的甜瓜原始材料后认为，栽培甜瓜起源于印度，是甜瓜种的初生起源中心。日本星川清亲（1981）研究认为，甜瓜起源于中部非洲热带地区，经古埃及传入中东、中亚和印度。传入中亚的甜瓜祖先演化成厚皮甜瓜。传入印度的甜瓜祖先进一步分化出薄皮甜瓜的原始类型，经越南传入华南，在中国变异分化出各种类型的薄皮甜瓜。

传统认为甜瓜的次生起源中心有 3 个：一是东亚薄皮甜瓜（Conomon）次生起源中心，包括中国、朝鲜半岛和日本等地；二是西亚厚皮甜瓜（粗皮甜瓜 Cantaloupes 和卡沙巴甜瓜 Cassaba）次生起源中心，包括土耳其、叙利亚、黎巴嫩、约旦、以色列等国；三是中亚厚皮甜瓜（哈密瓜类 Rigidus）次生起源中心，包括中国新疆、苏联中亚地区、阿富汗、伊朗等国。除此之外，也许还有地中海西部的伊比利亚半岛（西班牙）厚皮甜瓜次生起源中心。

（二）甜瓜的分类

甜瓜是葫芦科中高度多型性的大种群，因此，甜瓜种的分类，东西方学者竞相提出各自的分类系统，分歧甚大。事实上，在甜瓜种内不论薄皮甜瓜、厚皮甜瓜、野生甜瓜，还是栽培甜瓜的染色体数均相同，$2n=24$，在杂交亲和力上，种内杂交均易结实。因此，将甜瓜划分成一个种，即 *Cucumis melo* L. 是合适的。

目前，原则上是以其遗传特性为主要依据进行甜瓜分类。林德佩等（2000）根据苏联的潘加洛、格列宾茨霍夫、茹可夫斯基分类，把甜瓜种以下划分成5个亚种、8个变种（或栽培变种）。

甜瓜种 *Cucumis melo* L.

亚种1：野甜瓜亚种 ssp. *agrestis*（Naud.）Greb. 主要分布于北非、中亚和西南亚及中国、朝鲜、日本。常见于田间杂草。植株纤细，花较小，双生或3枚聚生；子房密被柔毛和糙硬毛，果实小，长圆形、球形，有香味、不甜，果肉极薄。中国北方俗称"马泡瓜"。

亚种2：香瓜亚种 ssp. *dudaim*（L.）Greb. 原产于西亚、北非。M. Hassib（1938）在埃及记录了大批栽培类型，在中国东南沿海常见栽培的观赏植物。又据怀特（1962）报道，在美国路易斯安那州和得克萨斯州已散逸于自然野生。植株茎蔓细长，茸毛多，叶色深绿，雌、雄异花同株，结实力极强。果实小，黄色或红褐色，果径3～5 cm，成熟时果面有毛，并散发出柔和的香味。

亚种3：蛇甜瓜亚种 ssp. *flexuosus* 原产伊朗、阿富汗和苏联。古老栽培植物，今已不多见。雌、雄同株异花。果实蛇形弯曲，粗6～9 cm，长1～2 m，果皮光滑，果肉疏松，成熟后具有不愉快气味。坐果后5～7 d的嫩果可用于做菜或盐渍加工。

亚种4：薄皮甜瓜亚种 ssp. *conomon*（Thunb.）Greb. 原产东亚的中国、朝鲜和日本。古老的栽培植物，东汉时帝都长安就有闻名的东陵瓜。植株茎蔓细，叶色深绿，叶面不平，有泡状凸起。雌雄同株异花或雌两性同株。果实小，熟后显黄、白、绿色，果肉厚在2.5 cm以下。

本亚种按果实含糖量多少、香气物质的有无及能否供生食划分为2个变种。

（1）越瓜变种 var. *conomon* 原产中国江浙一带。雌花性型单性，果皮长30～50 cm，果皮绿色或白色，味淡，无香气，果实成熟后做蔬菜炒食或盐渍加工。品种有青皮梢瓜、白皮梢瓜等。

（2）梨瓜变种 var. *chinensis*（Pang.）Greb. 现广泛栽培于中国的东北、华北、华东及朝鲜、日本等地。雌花性型为两性花。果实较小，多早熟、味甜，成熟时有香气溢出，故又名香瓜。肉质脆（脆瓜）或软绵（面瓜），成熟后做水果生食。品种有山东益都瓜、兰州金塔寺、上海黄金瓜、陕西白兔娃、黑龙江白沙蜜、河南王海瓜等，以及育成品种广州蜜瓜、龙甜2号、荆农4号等。

亚种5：厚皮甜瓜亚种 ssp. *melo* 原产西亚（土耳其）和中亚（伊朗、阿富汗、土库曼斯坦、乌兹别克斯坦和中国新疆），现广泛栽培于世界各地。植株生长势旺，茎蔓粗壮，叶片大、色浅绿，叶面平整。雌花性型除阿达纳甜瓜变种为单性花外，其余均为两性雌花。果实中等至大型，最大单瓜重达8～10 kg。果实形状、皮色、条带、肉色十分多样化，果肉厚2.5 cm以上。按生态地理起源和成熟期的不同，可划分为6个变种：

（1）阿达纳甜瓜变种 var. *adana*（Pang.）Greb. 原产西亚土耳其，以该国地中海沿岸城市阿达纳命名，现栽培很少。果实形状与蛇甜瓜近似。雌单性花植物。果实长50～80 cm，长纺锤形、稍弯曲，果面不平、有细棱凸起，果皮黄绿色，熟后常开裂，果肉疏松、淡甜、少汁。品种有香蕉等。

（2）卡沙巴甜瓜变种 var. *cassaba*（Pang.）Greb. 原产西亚土耳其，卡沙巴是该国西部地名，现广泛分布在欧美各国。植株雌花性型为两性花，果实近圆形，果皮光滑或有细沟纹，但无网纹，果柄短，花痕处常有乳突起，果皮黄白色至墨绿色，果肉绿白色，成熟后果肉变软，醇香味浓、味甜，品质优良。本变种有五心室的品种（如新疆农家品种伯谢克辛），主要品种有白兰瓜（Honey dew）、金黄（Golden beauty）、巴伦西亚诺、Santa claus、Grenshow等，改良品种有黄河蜜、状元（F_1）等。

（3）粗皮甜瓜亚种 var. *cantalupa*（Pang.）Greb. 原产土耳其东部凡湖（Van Lake）地区，现广泛分布在欧美各国。雌花两性花。果实近圆形，果皮表面粗糙，常有粗大网纹凸起，果肉橘红色。多早中熟，果实成熟后肉变软，果柄脱离。甜度中等，常有异香（故名"麝香甜瓜"）。品种多，大多数欧美栽培品种均属之，如金山、糖球、PMR45、Perlita、Iroquois、SR-91，以及近年来日本育成的改良品种真珠、安浓系列品种和我国育成的绿宝石、西域1号、西域3号等。

(4) 瓜蛋甜瓜变种 var. *chandalak* (Pang.) Greb. 原产中亚（伊朗、阿富汗、土库曼斯坦、乌兹别克斯坦及中国新疆等），现主要分布在同一地域。全为早熟品种。生长势旺，雌花两性。果实圆球形，果面大多有10条浅灰纵沟，肉质软、中等甜、有香气，果实成熟后常与果柄脱离。据Malinina（1985）报道，苏联有3个品种群，中国新疆有2个品种群。主要品种有其里甘、卡赛其里甘和Chadalak等农家品种，以及改良品种女庄员、黄蛋子、河套蜜、黄醉仙等。

(5) 夏甜瓜变种 var. *ameri* (Pang.) Greb. 原产中亚，现主要分布在同一区域。全为中熟品种，生长势强，雌花两性。果实形状多样化，以椭圆形至卵圆形为主，果实大小中等至大型，肉质软或脆，味甜至极甜，熟后果柄不脱离，采收后大多能短期存放。前苏联有26个品种群，中国新疆有70个农家品种，归并成6个品种群：纳西甘、伯克扎尔德、长棒、白皮瓜、可口奇夏瓜、密极甘夏瓜品种群。主要品种有纳西甘、伯克扎尔德、金棒子、白皮脆、阿克可口奇、香梨黄、红心脆等农家品种，以及改良品种皇后、芙蓉、郁金、86-1（F_1）等。

(6) 冬甜瓜变种 var. *zard* (Pang.) Greb. 原产中亚，以伊朗著名的Zard冬甜瓜命名，现主要分布在同一地域。全为晚熟种。生长势强，雌花两性。果实大型，形状以椭圆为主。成熟时，果肉硬、脆，贮藏后变醇香、松软、味甘甜。采后大多能存放30～60 d。前苏联有36个品种群，中国新疆有可口奇冬瓜和密极甘冬瓜2个品种群。主要品种有黑眉毛密极甘、青麻皮、卡拉克赛、炮台红、小青皮等农家品种，以及改良品种杂交伽师瓜、93-1（F_1）。

随着现代生物科学的发展，花粉学、细胞学与遗传学、分子生物学技术在甜瓜分类学上的应用，使甜瓜分类的标准在理论上更加充实，鉴定的准确性不断提高，逐渐排除了同名异物，避免了因只考虑园艺性状而导致的一些分类上的失误。

二、种质资源研究与利用

早在1925年，苏联就从世界各地搜集到4 500份甜瓜种质资源。美国最早建立了国家长期库，据美国国家资源信息网（GRIN）2005年12月统计，目前进入GRIN的甜瓜种质为3 331份。中国甜瓜种质资源调查与搜集始于20世纪50年代，目前依托中国农业科学院郑州果树研究所建设的国家西甜瓜中期库是我国甜瓜资源保存数量和种类较多的地方，保存的甜瓜种质资源有1 200余份，包括甜瓜的地方品种、育成品种（系）、野生近缘种等不同种类品种。在搜集保存的基础上还进行了种植观察、筛选纯化、鉴定评价和开发利用。另外，新疆农业科学院园艺作物研究所从美国引进1 300多份甜瓜种质资源。

1955—1981年，新疆维吾尔自治区科学技术委员会和农业厅先后3次组织有关科研人员对新疆厚皮甜瓜资源进行调查，共搜集甜瓜种质资源218份，确定了有一定生产价值甜瓜品种101个，筛选出外形美观、品质优良、产量高的红心脆、黑眉毛蜜极甘、炮台红、青皮红肉、可口奇、香梨黄、卡拉克赛（伽师瓜）等品种进行推广，成为新疆20世纪80年代前生产上主栽品种，特别是甜瓜品种卡拉克赛至今还是新疆晚熟甜瓜的主栽品种。黑龙江省农业科学院搜集整理出的薄皮甜瓜地方品种，目前生产上仍有一定栽培面积，如牙瓜、五楼供（一窝猴）、白沙蜜、台湾蜜、蛤蟆酥、金道子、羊角酥等，有些品种成为杂种一代品种的亲本材料，也是甜瓜抗病育种的主要抗源材料。

甜瓜种质资源创新途径主要有3个：一是自然变异，通过天然杂交或自然突变所产生的新类型和新物种；二是通过育种手段创建新品种、新品系和种质材料；三是通过现代新技术如远缘杂交、体细胞杂交、基因工程、胚挽救技术等。陈劲枫等（1994、2000、2003、2004、2008）利用甜瓜属珍稀野生种 *C. hystrix* Chakgng 与栽培黄瓜进行远缘杂交得到具有单数染色体 $2n=19$ 植株，因没有育性，对染色体进行加倍，获得 $2n=38$ 的异源四倍体植株，创造了新的种质，它可将来自野生种中有价值的性状转移到甜瓜和黄瓜中进行商业化生产。贾媛媛等（2009）利用体细胞无性系变异技术，用齐甜1号甜瓜未成熟胚子叶组织培养个体创造体细胞无性系变异，诱导出同源四倍体甜瓜。

三、品种类型

甜瓜栽培品种十分丰富，类型很多。根据生态类型可分为厚皮甜瓜、薄皮甜瓜及厚薄甜瓜。每一类都包含着大量形态各异、外观、肉色不同的早熟、中熟和晚熟栽培品种。20 世纪 50～70 年代各地主要种植地方优良农家品种，80 年代后各地种植的主要是经过选育的新品种。

(一) 薄皮甜瓜品种

薄皮甜瓜又称梨瓜、香瓜，学名 *C. melo*. ssp. *conomon*。主要分布于中国东部季风气候区内夏季潮湿多雨的地域，如东北、华北、江淮流域、东南、华南等地。薄皮甜瓜株型较小，叶色深绿，果型小，单瓜重 0.3～1 kg，果皮光滑而薄，可食用，肉厚 2.5 cm 以下，可溶性固形物含量 10%～13%，不耐贮运，较抗病，耐湿、耐弱光。主要品种如表 19-1。

表 19-1 薄皮甜瓜品种简介

品种名称	品种来源或育成单位	主要特征特性	种植区域
白沙蜜	东北地方品种	早中熟种，全生育期 80 d 左右，果实发育期 30～32 d，生长势较强；原有地方品种的果实外观不一致，有花皮、白皮，分长卵形、高圆形；株选后的单系，果实为高圆形，表皮光滑，外形美观，成熟时瓜皮为乳白色，肉脆味甜，可溶性固形物含量 12.0%～13.0%；皮较硬，不易裂果，耐贮运，单瓜重 0.4～0.6 kg，667 m^2 产量 2 500～3 000 kg	南、北方均可栽培，目前在河南、山西等地有种植
梨瓜	华东地方品种	中熟种，生育期约 90 d；果实扁圆或圆形，顶部稍大，果面平滑，近脐处有浅沟，脐大，平或稍凹入；单瓜重 0.35～0.6 kg；幼果期果皮浅绿色，成熟后转白色或绿白色；果肉白色，肉厚 2.0～2.5 cm，质脆味甜，多汁清香，风味似雪梨，故又名雪梨瓜；可溶性固形物含量 12.0%～13.0%，667 m^2 产量 2 000 kg	江西、浙江、江苏等地，以江西上饶梨瓜最著名
白兔娃	陕西地方品种	中熟种，生育期约 90 d，果实发育期 33～35 d；果实长圆筒形，蒂部稍小，果皮白色或微带黄绿色，果面较平滑，单瓜重 0.4～0.8 kg；果肉白色，肉厚 2.0 cm，质脆，过熟则变软，果柄自然脱落；可溶性固形物含量 13.0%	在陕西汉中有一定面积
黄金瓜	江浙一带的古老地方品种	早熟种，全生育期约 75 d；果实圆筒形，先端稍大，果形指数 1.4～1.5，单瓜重 0.4～0.5 kg；皮色金黄，表面平滑，近脐处具不明显浅沟，脐小，皮薄；果肉白色，肉厚 2.0 cm，质脆细，可溶性固形物含量 12.0%，较耐贮运，抗热、抗湿	浙江、江苏和上海等地
龙甜 1 号	黑龙江省农业科学院园艺研究所育成	生育期 70～80 d；果实近圆形，幼果呈绿色，成熟时转为黄白色，果面平滑有光泽，有 10 条纵沟；单瓜重 0.5 kg，果肉黄白色，肉厚 2.0～2.5 cm，质地细脆，味香甜；可溶性固形物含量 12.0%，高者达 17%，品质上等；单株结瓜 3～5 个，667 m^2 产量 2 000～2 300 kg	全国各地
齐甜 1 号	黑龙江省齐齐哈尔市蔬菜研究所育成	生育期 75～85 d；果实长梨形，幼果绿色，成熟时转为绿白色或黄白色，果面有浅沟，果柄不脱落；单瓜重 0.3 kg 左右；果肉绿白色，瓤浅粉色，肉厚 1.9 cm，肉质脆甜，浓香适口，可溶性固形物含量 13.5%，高者达 16%	全国各地
白玉满堂	中国农业科学院郑州果树研究所育成	全生育期 85～100 d，果实发育期 31 d 左右；果实圆形至梨形，果形指数 1.0～1.1；果皮白色，成熟时有黄晕，光皮，果肉白色；单瓜重北方组平均 0.4 kg，可溶性固形物含量 14.8%，果实商品率平均 92%	全国各地

（续）

品种名称	品种来源或育成单位	主要特征特性	种植区域
京玉 10 号	北京市农林科学院蔬菜研究中心育成	植株生长势较强，果实卵圆形，果皮白绿色，果柄处有绿晕，果皮光滑无棱，果肉白色，瓤黄白色，口感爽脆，单瓜重 300～400 g，可溶性固形物含量 12%～14%；果实发育期 29～32 d，子蔓、孙蔓均可坐果，果实不易落蒂，抗逆性较强；果实商品率 95%左右，不易倒瓤，耐贮运	全国各地
银宝	合肥丰乐种业股份有限公司育成	早熟品种，全生育期 90 d 左右，果实发育期 32 d 左右；植株生长势较强，易坐果；果实梨圆形，果皮白色，果面光滑，果肉白色，腔较小，果肉厚 2.2 cm 左右，可溶性固形物含量 12.5%左右，中边糖梯度小；可食率高，肉质脆酥，香味较浓；单瓜重 0.4 kg 左右，果实商品率 97%左右	全国各地
花雷	天津科润蔬菜研究所育成	长势旺盛，综合抗性好；子蔓、孙蔓均能结瓜，单株可留瓜 4～5 个，单瓜重 500 g，果实成熟期 30 d；成熟果皮黄色，覆暗绿色斑块；果肉绿色，可溶性固形物含量 15%以上；肉质脆，口感好，香味浓；春季保护地、露地均可种植	全国各地

（二）厚皮甜瓜品种

新疆的哈密瓜、甘肃的白兰瓜、日本和中国台湾的洋香瓜及欧美的网纹甜瓜等，学名 *Cucumis melo* ssp. *melo*。厚皮甜瓜植株生长势较强，叶片较大，叶色浅绿。果型中大，单瓜重 2～5 kg，果皮较厚粗糙，多数有网纹，去皮而食，肉厚 2.5 cm 以上，可溶性固形物含量 12%～17%，种子较大，品质优，耐贮运。对生长环境条件要求较严，喜干燥、炎热、温差大、强光照。主要品种如表 19-2。

表 19-2　厚皮甜瓜品种简介

品种名称	品种来源或育成单位	主要特征特性	种植区域
1. 适宜东部湿润半湿润地区种植的新品种			
伊丽莎白	从日本引进的早熟厚皮甜瓜杂交一代品种	全生育期 90 d，果实发育期 30 d；果实光亮黄艳，单瓜重 0.5～1.0 kg，果实整齐一致。果肉白色，肉厚 2.5～3.0 cm，肉软质细多汁味甜，果实中心可溶性固形物含量 13%～15%，单株结瓜 2～3 个，高产优质，适应性广，抗逆性较强，易于栽培	河北、北京、山东等地
西薄洛托	从日本引进的早熟厚皮甜瓜品种	果实发育期 40 d，植株长势前弱后强，结 2～3 次瓜的能力强；抗病力强；果实圆整，果皮光滑，外形美观，白皮白肉，有香味，可溶性固形物含量 16.0%～18.0%，单瓜重 1.2 kg 左右	山东、上海等地
新世纪	台湾农友种苗公司育成	植株生长健壮，抗病，耐低温，结果力强；果实橄榄形至椭圆形，成熟时果皮淡黄绿色，有稀疏网纹，单瓜重 1.5 kg，果肉厚，淡橙色，肉质脆嫩细致，可溶性固形物含量 14.0%左右，风味佳，果皮较硬，果梗不易脱落，耐贮运	保护地栽培
中甜 2 号	中国农业科学院郑州果树研究所育成	全生育期 95 d；果实椭圆形，果皮光亮金黄色，果肉浅红色，肉厚 3.1～3.4 cm，肉质松脆爽口，香味浓郁，单瓜重 1.5 kg 左右，可溶性固形物含量 14.0%～17.0%，耐贮运性好，抗病性强，坐瓜整齐一致	适于日光温室和大棚栽培
京玉 2 号	北京市蔬菜研究中心育成	果实高圆形，果皮光滑、洁白有透感，果肉浅橙色，香味比较浓；植株生长势和抗逆性比较强，容易坐果；全生育期 95～100 d，单瓜重 1.1 kg，可溶性固形物含量 15.2%	适于日光温室和大棚栽培

（续）

品种名称	品种来源或育成单位	主要特征特性	种植区域
网络时代	中国农业科学院郑州果树研究所育成	全生育期105～120 d；果实高圆形，果皮深灰绿色，春季和秋季栽培表现上网早且易，网纹细密美观；果肉绿色，腔小，肉厚一般在4.0 cm以上，可溶性固形物含量15.0%以上，口感好，有清香味，单瓜重1.7 kg；果实成熟后不落蒂，耐贮运性好	适于日光温室和大棚栽培
中蜜4号	中国农业科学院蔬菜花卉研究所育成	全生育期100～105 d，果实发育期40～45 d；植株生长健壮，易坐果；果实椭圆形，果皮黄色，灰白色网纹，细密均匀，单瓜重1.3 kg；果肉浅橙红色，肉厚2.5～3 cm，肉质脆、香甜，哈密瓜风味，可溶性固形物含量15%左右	适于日光温室和大棚栽培
黄皮9818	新疆农业科学院哈密瓜研究中心育成	全生育期85 d左右，果实发育期45 d；结果性强，整齐一致，皮色灰黄，密网纹，肉色橘红，肉质细脆、甜、微香，可溶性固形物含量15%左右，单瓜重1.4 kg，肉厚3.2 cm；抗病性强，耐湿、耐弱光	适于浙江、江苏、上海及广西等地保护地栽培。从2007年起在美国加利福尼亚州大面积种植
风味5号	新疆农业科学院哈密瓜研究中心育成	全生育期85～90 d，果实发育期40～45 d；果实椭圆形，果形指数1.43～1.48，果皮白色有黄晕，果面偶有稀网，不脱蒂；单果重1.5 kg左右，肉厚3.3～3.6 cm，果肉白色，质地细脆、甜酸、清香可口，可溶性固形物含量16%；果实商品率95%以上	适于日光温室和大棚栽培
2. 适宜西部干旱地区种植的新品种			
皇后	新疆农业科学院园艺作物研究所与新疆维尔自治区葡萄瓜果研究所合作育成	全生育期105 d，果实发育期50 d；果实长椭圆形，果形指数2.1，单瓜重3.5～4.0 kg，果柄不脱落；果皮黄色，未成熟时带有绿色隐条，成熟后果面转变为艳丽的金黄色，网纹密布全果；果肉橘红，肉厚4.0 cm，细脆爽口，汁液中等，可溶性固形物含量15%以上；皮质硬韧耐贮运，单株结瓜1～2个，667 m^2 产量3 000～4 000 kg；叶部病害较轻，对肥水要求高，果实膨大期如受旱，极易长成畸形瓜；外观醒目，产量高，品质好	适于西北地区露地栽培
新皇后	新疆维尔自治区葡萄瓜果研究所与新疆农业科学院园艺作物研究所合作育成	早中熟种，果实发育期35 d左右，全生育期85～100 d，比皇后早熟5～10 d；坐果节位较皇后低，一般在三蔓第4～10节着生第1雌花；果实椭圆形，皮金黄色，皮色比皇后黄，全网纹，外观美，果肉橘红，品质好，具果酸味，可溶性固形物含量15%；单瓜重3.0 kg，最大达5.0 kg	露地、保护地栽培兼用品种
含笑	新疆吐鲁番市农技站育成	生育期95 d，较红心脆早熟1周，果实发育期45 d；果实长卵形或椭圆形，果面黄色覆墨绿色散花条，网纹中等，密布全果，单瓜重3.0 kg左右，果柄不脱落；果皮紧而脆，易裂果；果肉浅橘红色，肉厚3.5 cm，质地特细嫩而酥脆，汁液中等，清甜爽口，可溶性固形物含量15.0%左右，品质优，种腔小而充实，耐贮运，可贮藏到春节前后	在新疆吐哈盆地种植
黄河蜜	甘肃农业大学瓜类研究所从白兰瓜变异中系选育成	生育期比白兰瓜早10 d左右；果实圆形或长圆形，单瓜重2.1 kg；果皮金黄色，光滑美丽；果肉绿色或黄白色，肉质较紧，汁液中等；可溶性固形物含量14.5%，最高18.0%	甘肃产瓜区大面积种植，并在宁夏、内蒙古等地推广
新密杂7号（8601）	新疆农业科学院园艺作物研究所与哈密地区农业科技开发中心合作育成	生育期约115 d，果实发育期55 d；果实卵圆形或长椭圆形，单瓜重3.5 kg，果柄不脱落；果面黄绿色，覆有深绿色条斑，网纹中粗，密布全果；果肉橘红，肉厚4.0 cm，肉质松脆多汁，可溶性固形物含量13.0%，品质中上；皮质较硬，耐贮运，适期采收常温下可存放1个月，9月下旬采收可作冬贮；适应性好，产量高，一般667 m^2 产量3 000 kg以上	主要在哈密及北疆地区栽培

（续）

品种名称	品种来源或育成单位	主要特征特性	种植区域
黄醉仙	新疆农业科学院园艺作物研究所与新疆维尔自治区葡萄瓜果研究所合作育成	早熟，生育期 77 d，果实发育期 35 d；果实圆形或高圆形，单瓜重 1.5 kg；果面金黄色，网纹细密；果肉浅绿色，肉厚 3.5 cm，肉质细软，汁液丰富，浓香宜人；可溶性固形物含量 15.0%左右；易坐瓜，单株结瓜 2～3 个，一般 667 m² 产量 2 500～3 000 kg	新疆吐鲁番、鄯善、昌吉、呼图壁等地推广
新密杂 15（香妃密）	新疆哈密哈密瓜科学技术研究中心育成	全生育期 95～100 d，果实发育期 45 d；果实长卵圆形，充分成熟后为金黄色，并覆有绿斑，全网纹。果肉橘红色，质地细、松、脆、爽口，品质好，可溶性固形物含量 14.8%，最高可达 18%；成熟时果柄不脱落，田间不裂瓜，耐贮运；单瓜重 3.2 kg，667 m² 产量 2 500～4 500 kg；抗病性较强，特别是抗疫霉病和枯萎病	新疆各地栽培
金凤凰	新疆农业科学院哈密瓜研究中心育成	生育期 85 d，果实发育期 45 d；单瓜重 2.5 kg 以上；果实长卵形，皮色金黄，全网纹，外观诱人，肉色浅橘，内外均美，质地细松脆，蜜甜、微香，可溶性固形物含量 15%。是哈密瓜中的精品，也是 21 世纪初哈密瓜南移或东移成功的品种	新疆露地及其他地区保护地栽培
西州蜜 17	新疆维尔自治区葡萄瓜果研究所育成	中熟品种，果实发育期 50～57 d；果实椭圆，黑麻绿底，网纹中密全，单瓜重 3.0～4.0 kg，果肉橘红，肉质细、脆，蜜甜、风味好，可溶性固形物含量15.2%～17%，品质稳定；抗蚜虫，抗病性较强；较耐贮运	我国南、北方保护地或西北露地栽培

（三）厚薄皮甜瓜品种

属厚皮甜瓜与薄皮甜瓜杂交的中间类型甜瓜，是经薄皮甜瓜和厚皮甜瓜多次杂交或回交而选育出的。主要特点：生育期与薄皮甜瓜相当，在我国东部露地栽培条件下（下同）果实发育期一般为26～35 d，全生育期 85～105 d。各组织器官的大小介于薄皮甜瓜和厚皮甜瓜之间，茎粗和叶柄粗介于两者之间，种子、子叶、叶、花、子房比薄皮甜瓜的稍大，明显小于厚皮甜瓜，成熟果实大小一般为 0.5～2.5 kg；抗病性和适应性与薄皮甜瓜相当，抗叶部病害能力、耐湿性明显高于厚皮甜瓜；果实贮运性比大部分厚皮甜瓜品种稍差，明显高于薄皮甜瓜。代表品种见表 19－3。

表 19－3　厚薄皮中间型甜瓜品种简介

品种名称	品种来源或育成单位	主要特征特性	种植区域
中甜 1 号	中国农业科学院郑州果树研究所育成	全生育期 85～88 d；果实长椭圆形，果皮黄色，上有 10 条银白色纵沟，果肉白色，肉厚 3.1 cm，肉质细脆爽口，可溶性固形物含量 13.5%～15.5%，单瓜重 0.8～1.2 kg，667 m² 产量 2 500～3 500 kg；子蔓、孙蔓均可结果，耐贮运性好，抗病性强，适应性极广	适于露地地膜覆盖、小拱棚、大棚及日光温室保护地栽培，也可进行秋季反季节栽培
丰甜 1 号	安徽省合肥市种子公司育成	极早熟，全生育期 80 d，雌花开放至果实成熟 28 d；植株长势中等，子蔓、孙蔓均可坐果，以孙蔓坐果为主，果实椭圆形，果面上有 10 条银白色棱沟，成熟果金黄色，果脐极小，外表美观，果肉白色、细密，肉厚 3.0 cm，可溶性固形物含量 14.0%左右，肉质清香纯正，脆甜爽口，单瓜重 1.0 kg	适于大棚、小拱棚、露地栽培
翠玉	中国农业科学院郑州果树研究所育成	全生育期 85～95 d，花后 26 d 左右成熟；果实椭圆形，绿皮，果肉翡翠绿色，肉厚 3.5 cm 左右，含糖量 14.5%～17.5%，单瓜重 0.8～1.7 kg，子蔓、孙蔓均可结果，耐贮运性较好，适应性广	露地、保护地兼用

（续）

品种名称	品种来源或育成单位	主要特征特性	种植区域
仙果	新疆农业科学院哈密瓜研究中心与新疆维吾尔自治区葡萄瓜果研究所合作育成	生育期 75～80 d，果实发育期 45 d；单瓜重 2 kg 左右；果实长卵形，果底黄绿色，覆深绿色断续条带，全果网纹较稀，肉色青白，肉质细脆爽口，带果酸味，风味特佳；可溶性固形物含量 16%以上；较耐贮存，中抗广谱性病毒病	新疆露地及东南部地区保护地栽培

第三节 生物学特性与主要性状遗传

一、植物学特征与开花授粉习性

（一）植物学特征

1. 根 甜瓜根系由主根、侧根（多级）和根毛三部分组成。主根由种子萌发时长出的胚根发育而成，垂直向下生长，入土深度可达 1.5 m 以上。侧根是由主根长出的根，生长迅速，不断分级，可达 3～4 级，大多水平横向伸展，长度可达 2～3 m。根毛生长在主、侧根先端吸收区，90%的根毛生长于侧根上。主根和侧根主要作用是固定、支撑和延伸，根毛是完成吸收养分和水分功能的主要部位。

甜瓜根系生长发育有 3 个特点：一是好氧性强，要求土壤结构良好，有机质丰富，通气性良好。二是根系发育早，若损伤易木栓化，再生能力弱，故在生产中进行育苗移栽时，要注意避免伤根，可采用直播栽培或不伤根的容器育苗（营养钵、营养袋、穴盘苗等）。三是具有一定的耐盐碱能力，适于甜瓜根系生长的土壤酸碱度 pH 6～6.8，但甜瓜适应土壤酸碱度范围较宽，特别是对碱性的适应能力强，在 pH 8～9 的条件下，也能生长发育。甜瓜的耐盐能力也较强，通常土壤总盐量在 1.14%以下，甜瓜仍能正常生长。

2. 茎 甜瓜茎为一年生蔓性草本，中空，柔软，有条纹或棱角，表皮密生短刺毛。由主蔓和多级侧蔓组成。主蔓由上胚轴的生长点发育而成，上有茎节，每一茎节上着生叶片、侧枝、卷须和花，生长出的一级侧蔓叫子蔓，子蔓生长出的二级侧蔓叫孙蔓，还有三级、四级侧蔓等，只要条件适宜，甜瓜茎蔓可长到 2.5～3 m 或更长，形成一个庞大的株丛。茎粗 0.4～1.4 cm，大多1.0 cm左右。在自然生长状态下，主蔓的顶端生长优势弱。基部第 1～3 节长出的子蔓长势常超过主蔓。卷须不分杈，起攀缘、固定作用。

3. 叶 甜瓜叶片为单叶，互生在茎蔓节上，无托叶。叶形有掌状、五裂状、近圆状和肾状。厚皮甜瓜叶厚 0.4～0.5 mm，长宽 15～20 cm，叶柄长 8～15 cm。叶缘有波状齿或锯齿，叶的正反面都有刺毛。不同类型和品种的甜瓜叶片形状、大小、色泽、裂刻有无或深浅、叶柄长度以及叶面光滑程度均不相同。厚皮甜瓜多数叶大，叶柄长，裂刻明显，叶色较浅，叶面较平展，皱褶少，刺毛多且硬。甜瓜子叶出苗展平后，形状近圆形或阔披针形，含叶绿素，光合作用产物对苗期生长发育有很大作用。

4. 花 甜瓜的花冠黄色，花瓣基部连合属全瓣花，子房下位，形状有长椭圆、卵圆、圆球、纺锤形等。胚珠多数，有蜜腺，被刚毛。雄花单性，常数朵簇生，花丝较短，花药在雄蕊外侧折叠。雌花花柱短，柱头肥厚，3～4 裂，靠合。结实花分为两性花和单性雌花，单生，少数情况下，同一叶腋有 2～3 朵雌花。两性花既有雄蕊又具雌蕊，花药位于柱头外侧，柱头、子房结构同雌花。

普通甜瓜栽培种的厚皮、薄皮甜瓜花性绝大多数是雄全同株型，少数是雌雄异花同株型；越瓜、菜瓜是雌雄异花同株型；中国部分地区的古老的薄皮甜瓜和野生甜瓜是完全花株型。由于甜瓜的两性花具有功能正常的雄蕊，因此雄全同株便于自交授粉结实，但在杂交时必须去雄；而雌雄异花同株的类型，自交时需人工授粉，但在杂交时结实花则勿需去雄。

甜瓜花属虫媒花。雄花开放早于雌花（或完全花）1周左右，每天开花时间在上午8时左右，雌花、雄花同时开放，上午11时前凋萎。因此，授粉期间无论杂交或自交均必须在上午进行。

5. 果实　甜瓜的果实为瓠果，3心皮和3心室，侧膜胎座。果实由子房和花托共同发育而成。主要食用部分是中果皮和内果皮。薄皮甜瓜单瓜重一般0.3～0.7 kg，厚皮甜瓜单瓜重一般1～5 kg，大者10 kg以上，如新疆晚熟哈密瓜。甜瓜果实甜度由蔗糖的含量决定，通常甜瓜用可溶性固形物含量来衡量果肉的含糖量。薄皮甜瓜可溶性固形物含量为9%～15%，厚皮甜瓜可溶性固形物含量为12%～16%，最高可达23%。甜瓜果实形状有扁圆形、圆形、卵圆形、椭圆形、圆柱形、纺锤形、长棒形等。甜瓜幼果时为淡绿、绿和浓绿，成熟时变为乳白、白、浅黄、黄、橙黄、浅绿、绿、深绿、墨绿，同时伴有各色条纹、斑点。甜瓜果皮表面光滑或不光滑、有棱沟或无棱沟、有网纹或无网纹，网纹有分裂纹、凸纹和瘤状纹等，新疆哈密瓜属于平裂纹，而欧美和日本网纹甜瓜属于凸出网纹。甜瓜果实肉色呈现不同程度的绿色、青白色、白色、橙红、黄色，肉质有脆、面（粉质）、软而多汁、松脆多汁，果肉纤维或多或少，口感也有粗细之分。果实风味有微香、香、浓香、麝香、干甜、酸等。

6. 种子　甜瓜种子的形状，有扁卵圆形、披针形、椭圆形等，哈密瓜种子大多为扁卵圆形。种皮的颜色多为深浅不同的土黄色，表面平直或波曲。种子的大小因种类、品种的不同，差别很大。薄皮甜瓜种子较小，千粒重一般在10 g左右；厚皮甜瓜种子比较大，千粒重一般在35～80 g。一个成熟的甜瓜果实中含有种子400～600粒。种子通常寿命在5～6年，在新疆干燥、通风的自然条件下可保存10年以上，特别是在新疆吐鲁番贮藏20年，仍有发芽能力。

（二）生长发育及对环境条件的要求

1. 温度　甜瓜是喜温作物，整个生长发育期间最适宜的温度是25～35 ℃，低于13 ℃时生长停滞，10 ℃时完全停止生长，7 ℃时产生冷害。温度越高，甜瓜植株积累的干物质多，产量高，品质好。温度日较差大，植物的光合作用强，制造的干物质多，夜间温度低，呼吸作用等代谢活动缓慢，十分有利于糖分等贮藏物质的积累。在新疆吐鲁番地区，甜瓜植株生长期中日最高气温大于35 ℃的日数有100 d，日较差大于20 ℃以上，故吐鲁番甜瓜品质闻名中外。

通常将15 ℃以上的温度作为甜瓜生长发育的有效温度，不同的类型或品种整个生长发育期间的有效积温不同。厚皮甜瓜早熟品种80 d以下，有效积温1 600～1 800 ℃；中熟品种85～95 d，有效积温1 900～2 800 ℃；晚熟品种100～120 d，有效积温2 900 ℃以上。如在中国新疆各地≥15 ℃的年积温，吐鲁番5 100 ℃，南疆3 800～5 200 ℃，北疆2 500～3 000 ℃，因此，新疆是中国盛产哈密瓜著名地区。薄皮甜瓜生长发育有效积温低于厚皮甜瓜，为2 000 ℃左右，并且耐低温性强。

2. 湿度　甜瓜生长发育适宜的空气相对湿度为50%～60%，薄皮甜瓜可适当高些。不同生育阶段，甜瓜植株对空气湿度的适应性不同。开花前，对空气相对湿度要求不是很严格，但在开花坐果期反应敏感。开花时，若空气湿度过低，雌蕊柱头容易干枯、黏液少，影响花粉的附着和吸水萌发。空气湿度过高或饱和时，花粉容易吸水破裂，影响受精与坐果，并且叶的蒸腾降低，影响植株根系吸收功能与同化作用，易造成茎叶徒长，开花不结实。果实网纹发生时，空气相对湿度过高或过低都会发生不良现象，影响商品性。

甜瓜不同生长发育阶段对土壤湿度要求不同。幼苗期植株需水量少，伸蔓至开花坐果期植株需大量水，果实发育期对水分需求逐渐减少，果实成熟期停止供水。植株生长期适宜的土壤（土层0～30 cm）湿度应保持在田间最大持水量的70%。过大，会沤烂根系，特别是在果实成熟期会降低果实的含糖量，影响品质。当土壤田间持水量低于48%时，就会受旱，影响产量。

3. 光照 甜瓜是喜光作物，生长发育期要求10～12 h以上的光照。光照时数短或不足8 h，植株节间长，生长弱，叶色浅而薄，光合产物减少，坐果困难，果实小，品质降低。甜瓜生育期对日照总时数因品种而异。通常早熟品种1 100～1 300 h光照，中熟品种1 300～1 500 h光照，晚熟品种1 500 h以上的光照。甜瓜对光照度的要求是：光补偿点4 000lx，光饱和点55 000～60 000 lx，低于其他瓜类作物。薄皮甜瓜与厚皮甜瓜相比对光照要求少些，在阴雨、光照不足的情况下，仍能维持生长发育和结实。

4. 土壤 适宜甜瓜生长发育的土壤是土层深厚、肥沃而通气性良好。甜瓜根系好氧性强，要求含氧量在10%以上，否则影响植株生长发育。甜瓜耐盐碱，适宜的土壤酸碱度pH为6.0～6.8，在pH 7～8的情况下也能正常生长。过酸的土壤影响甜瓜对钙离子的吸收而使茎叶发黄，并且有利于枯萎病等病原物的生存和发生。甜瓜耐盐性强，土壤总盐量通常在1.14%以下，极限是1.52%，仅次于南瓜。在轻度含盐土壤上种植甜瓜，会增加果实的蔗糖含量，有利于提高品质。不同的土壤盐碱成分对甜瓜的危害程度不同，忌氯盐，碳酸盐次之，硫酸盐最轻。

二、主要性状的遗传

甜瓜的遗传研究开始于1914年，美国的拉姆斯登（Lumsden，1914）发表了“甜瓜的孟德尔现象”（Mendelism in melons）。1976年，罗宾逊（Robinson）等首次发表了葫芦科植物的基因目录（Gene List）。从1979年起葫芦科基因目录的修订和新基因发布均由国际葫芦科遗传协会（Cucurbit Genetics Cooperative，简称CGC）下属的基因目录委员会（Gene List Committee）进行，截至2002年共发布5轮甜瓜基因目录，已知甜瓜基因达到165个，其中植株茎蔓性状基因13个、叶片性状基因20个、花器性状与性型基因17个、果实性状基因34个、种子性状基因3个、抗病或感病基因45个、抗虫基因6个、酶调控基因27个。

（一）植株茎蔓性状

影响甜瓜植株茎蔓长短的基因有长节间主蔓隐性基因 *long mainstem internode*（*lmi*），存在于P48764中，3个短节间隐性基因，分别是Topmark bush中 *short internode -1*（*si -1*），Persia202中的 *short internode -2*（*si -2*），Maindwarf中的 *short internode -3*（*si -3*），植株表现出紧凑（矮生型）、丛生型或短节间。少侧蔓隐性基因 *abrachiate*（*ab*）会影响主蔓上分枝数量，与 *a* 和 *g* 互作（*ababaag _*）只产生雄花。正常植株茎叶上有刚毛，但Arizona gla含有茎叶无毛隐性基因 *glabrous*（*gl*）。正常茎蔓为绿色茎隐性，在PI157083中含有茎红色隐性基因 *red*（*r*），使茎皮下形成红色素，特别是节上尤其明显，种子呈棕褐色。Vilmorin104品种中还含有扁茎隐性基因 *fasciated*（*fas*），对正常圆形有棱茎隐性。

PI 161375中含有子叶胚轴弯曲的隐性基因 *exaggerated curvature of the hook*（*ech*），这是由于乙烯的存在造成幼苗暗萌发时的过度反应。幼苗苦味显性基因 *bitter*（*Bi*）通常存在于Honey dew（白兰瓜类）和Charentais类型中，大多数美国粗皮甜瓜无苦味 Bi^+。

（二）叶片性状

甜瓜叶片裂叶性状基因有4个，分别是裂叶显性基因 *Lobed*（*L*），与 *Ala* 叶缘锐角连锁；叶片深裂隐性基因 *dissected leaf*（*dl*）、*dissected leaf -2*（*dl -2*）、*dissected leaf velichd*（*dlv*）。甜瓜叶缘锐角为显性，由 *Acute leaf apex*（*Ala*）基因控制，存在于Main rock中。叶片卷曲性状基因有2个，上卷叶隐性基因 *cochleare folium*（*cf*），叶缘向上卷曲呈匙状叶片；叶片卷曲隐性基因 *curled leaf*（*cl*），叶片在伸长时向上或向内卷曲，通常雄性或雌性不育。

正常植株叶片颜色为绿色，但不同材料中还存在浅绿色、黄绿色等性状。决定叶片浅绿色隐性基因有 3 个，分别是 *virecent*（*v*）、*virecent*-2（*v*-2）、*virecent*-3（*v*-3）。子叶下胚轴乳白色，叶片黄绿色（主要是幼叶），当成为老叶时变为正常叶。还有叶黄绿色隐性基因 *yellow green*（*yg*）、叶浅黄绿色隐性基因 *yellow virescence*（*yv*）、*yellow virescence*-2（*yv*-2）、幼叶黄化隐性基因 *cytoplasmic yellow tip*（*cyt*-*Yt*）等。

在甜瓜中有 4 对基因控制叶片致死性状。坏死延迟隐性基因 *delayed lethaldlet*（*dl*），生长衰退，叶片有坏死斑，早期死亡，对正常健康苗隐性；白化苗隐性基因 *albino*（*alb*），为致死突变基因，存在于 Trystorp 甜瓜中；黄叶隐性基因 *flava*（*f*），叶绿素缺乏的突变体，生长速率下降，存在于 K2005 品种中。还有叶片绿白色显性基因 *Pale*（*Pa*），*PaPa* 基因型植株叶片呈白色，然后坏死，*Papa* 基因型植株叶片呈现黄色，存在于 30 567 品种中。

（三）花器性状与性型基因

甜瓜有两性花、单性雄花和单性雌花，性型十分复杂。雄两性花同株隐性基因 *andromonoecious*（*a*），一株上大多数是雄花，少数是两性花（完全花），甜瓜栽培上绝大多数是此类型；雌两性花同株隐性基因 *gynoecious*（*g*），一株上大多数是雌花，少数是两性花（完全花），同 *a* 基因互作时，*A*_*G*_雌雄异花同株，*A*_*gg* 雌花两性花同株，*aaG*_雄花两性花同株，*aagg* 全两性花株；全雌性隐性基因 *gynomonoecious* [*gy*（*n*，*M*）]，因与 *a* 和 *g* 互作而产生稳定的全雌株 *A*_*gggygy*，存在于 WI998 中。

关于甜瓜雄性不育基因已发现 5 个：雄性不育隐性基因-1（*male sterile*-1，*ms*-1），花药闭合不开裂，在花粉母细胞的四分体时败育，留空花粉壁；雄性不育隐性基因-2（*male sterile*-2，*ms*-2），花药闭合不开裂，大多数剩下空花粉壁，生长速率下降；雄性不育隐性基因-3（*male sterile*-3，*ms*-3），花药蜡质、半透明、闭合，有两种类型的空花粉囊；雄性不育隐性基因-4（*male sterile*-4，*ms*-4），花药小、闭合，第 1 雄花在萌芽阶段败育，存在于保加利亚-7 品种中；雄性不育隐性基因-5（*male sterile*-5，*ms*-5），花药小、闭合，空花粉囊，存在于 Jivaro、Fox 品种中。

另外，还发现了一些花器性状基因。绿色花瓣隐性基因 *green petals*（*gp*），花冠呈叶片状，对黄色花瓣隐性；花瓣绿黄色隐性基因 *greenish yellow corolla*（*gyc*），绿黄色花瓣，对绿黄色花瓣隐性；花萼巨大显性基因 *Macrocalyx*（*Mca*），雄花和两性花上有大型、叶状花萼，*Mca* 存在于 Makuwa（香瓜）品种中，*mca* 存在于 Annamalai 品种中；花 5 基数（指花器由 5 个雄蕊和 5 心皮构成）隐性基因 *pentamerous* [5（*p*）]，对绝大多数甜瓜 3 基数花呈隐性，目前仅在原始的卡沙巴（Cassaba）甜瓜中保存 5 基数花，中国新疆的伯谢辛甜瓜品种为 5 基数花；苞叶花状显性基因 *Subtended floral leaf* [*Sfl*（*S*）]，结实的完全两性花被小而无柄的花叶包被，*Sfl* 存在于香瓜中，sfl^{+} 存在于 Annamalai 品种中。

（四）果实性状

1. 果皮　甜瓜卵圆形果实受 *Oval*（*O*）基因控制，对圆球形果实呈显性，与雄花两性花同株基因 *a* 有联系。果皮有杂色斑存在 2 个基因，对果皮单一色呈显性，分别是 *Mottled*（*Mt*）、*Mottled*-2（*Mt*-2）。果皮条带对无条带果皮呈隐性，已发现 2 个相关基因，分别是 *striped epicarp*（*st*）和 *striped epicarp*-2（*st*-2）。*Mt* 对果皮黄色基因 *Y*（在 $Y^{+}y$ 时不表达）和果皮条带基因 *st*（*Mt*_*stst* 和 *M*_*St*_表现为杂色斑，*mtmtstst* 表现出条带，*mtmtSt*_为单一色）呈上位，*Mt* 存在于 Annamalai 品种中，*mt* 存在于香瓜中。白皮果实对深绿色果皮呈隐性，由 *white*（*w*）控制，存在于白兰瓜品种中，而 *W* 存在于粗皮甜瓜 Smith's perfect 品种中。果皮黄色对白色果皮呈显性，嫩果皮白色对绿色嫩果皮呈显性。果皮有棱对光滑果皮呈隐性。另外，发现2个果实有缝线隐性基因，*sutures*（*s*）和*sutures*-2（*s*-2）。

2. 果肉 绿色果肉对橙红色果肉呈隐性，受*green flesh*（*gf*）控制，*gf*存在于白兰瓜品种中，*Gf*存在于粗皮甜瓜 Smith's perfect 品种中。果肉白色对橙红色果肉呈隐性，受*white flesh*（*wf*）控制，*Wf*对果肉绿色基因*Gf*表现上位。果肉粉质基因有2个，分别是*Mealy*（*Me*）和*Mealy*-2（*Me*-2），对脆肉呈显性，*Me*存在于*C. callpsus*中，*me*存在于香瓜 Makuwa 中，*Me*-2存在于PI414723中。

3. 风味 麝香味显性基因*Musky*（*Mu*），对淡味呈显性，*Mu*存在于*C. callpsus*中，*mu*存在于香瓜 Makuwa 和 Annamalai 品种中。果实苦味基因有3个，果实苦味显性基因-1（*Bitter fruit*-1，*Bif*-1），野生甜瓜嫩果的苦味，尚不知与甜瓜苗的苦味基因*Bi*间的关系。果实苦味显性基因-2（*Bitter fruit*-2，*Bif*-2）、果实苦味显性基因-3（*Bitter fruit*-3，*Bif*-3），是幼果苦味的两个互补的独立基因之一，*Bif*-2_*Bif*-3_基因型是苦味的，尚不知与甜瓜苗的苦味基因*Bi*、果实苦味基因*Bif*-1间的关系。果实酸味基因有2个，果实酸味显性基因*Sour taste*（*So*），果实酸味对甜味呈显性；果实酸味显性基因-2（*Sour taste*-2，*So*-2），与*So*基因的关系未知，存在于PI414723中。果实酸碱度隐性基因*pH*，低*pH*对高*pH*呈显性，低*pH*存在于PI414723中，高*pH*存在于Dulce品种中。

4. 果柄 果柄离层性状基因有4个，离层显性基因-1（*Abscission layer*-1，*Al*-1）、离层显性基因-2（*Abscission layer*-2，*Al*-2），在C68品种中，为*Al*-1 *Al*-2，在Pearl品种中为*al*-1 *al*-2；离层显性基因-3（*Abscission layer*-3，*Al*-3），控制果柄离层形成的1个显性基因，存在于PI161375中，与*Al*-1、*Al*-2基因的关系未知；离层显性基因-4（*Abscission layer*-4，*Al*-4），控制果柄离层形成的1个显性基因，存在于PI161375中，与*Al*-1、*Al*-2基因的关系未知。

（五）抗病或感病基因

1. 根部病害基因 甜瓜根部病害主要是枯萎病，由3个基因控制。抗尖镰孢枯萎病显性基因-1[*Fusarium Oxysporum mielonis*-1，*Fom*-1（*Fom1*）]，抗尖镰孢枯萎病菌专化型小种0和2，感染小种1和3，以及小种1.2.3，*Fom*-1存在于法国甜瓜品种Doublon、美国品种U.C.PMRt和U.C.Top mark中，*fom*-1存在于Charentais T品种中；抗尖镰孢枯萎病显性基因-2[*Fusarium oxysporum mielonis*-2，*Fom*-2（*Fom1.2*）]，抗尖镰孢枯萎病菌专化型小种0和1以及3，感染小种2以及小种1.2.3，存在于甜瓜品种CM17187中；*fom*-2存在于Charentais T品种中；抗尖镰孢枯萎病显性基因-3（*Fusarium oxysporum mielonis*-3，*Fom*-3），是抗尖镰孢枯萎病菌专化型小种0和2，感染小种1和3，*Fom*-3与*Fom*-1不等位，属于“多因一效”性质，存在于甜瓜品种Perlita FR中；*fom*-3存在于Charentais T品种中。

2. 叶部病害基因

（1）抗霜霉病基因 抗甜瓜霜霉病由5个基因和1个修饰基因控制。抗霜霉病不完全显性基因-1（*Pseudopernospora cubensis*-1，*Pc*-1），存在于印度甜瓜PI124111中；抗霜霉病不完全显性基因-2（*Pseudopernospora cubensis*-2，*Pc*-2），与*Pc*-1互补，存在于印度甜瓜PI124111中；抗霜霉病显性基因-3（*Pseudopernospora cubensis*-3，*Pc*-3），部分抗霜霉病，存在于PI414723中；抗霜霉病显性基因-4（*Pseudopernospora cubensis*-4，*Pc*-4），抗霜霉病的两个互补基因之一，存在于印度甜瓜PI124111中，与*Pc*-1或*Pc*-2互作；抗霜霉病显性基因-5（*Pseudopernospora cubensis*-5，*Pc*-5），存在于甜瓜品系5-4-2-1中，与感病品系K15-6的*M*-*Pc*-5基因互作时抗病；抗霜霉病修饰基因（*M*-*Pc*-5）是*Pc*-5的修饰基因，*Pc*-5在*M*-*Pc*-5存在下呈显性，在*M*-*Pc*-5缺失情况下呈隐性。

（2）抗白粉病基因 抗甜瓜白粉病基因多，比较复杂，有14个。抗白粉病显性基因-1（*Powdery mildew*-1，*Pm*-1），抗甜瓜白粉病菌小种1，存在于美国抗病品种PMR45中；抗白粉病显性基因-2（*Powdery mildew -2*，*Pm -2*），与 *Pm -1* 互作，抗白粉病菌小种1和小种2，存在于抗病品种PMR5中；抗白粉病显性基因-3（*Powdery mildew -3*，*Pm -3*），抗白粉病菌小种1，与 *Pm -1* 基因不等位，存在于印度甜瓜PI124111中；抗白粉病显性基因-4（*Powdery mildew -4*，*Pm -4*），抗白粉病菌小种1，与 *Pm -1*、*Pm -2*、*Pm -3* 基因不等位，存在于印度甜瓜PI124112中；抗白粉病显性基因-5（*Powdery mildew -5*，*Pm -5*），抗白粉病菌小种1，与 *Pm -1*、*Pm -2*、*Pm -3*、*Pm -4*基因不等位，存在于印度甜瓜PI124112中；抗白粉病显性基因-6（*Powdery mildew -6*，*Pm -6*），抗白粉病菌小种2，存在于印度甜瓜PI124111中；抗白粉病显性基因-7（*Powdery mildew -7*，*Pm -7*），抗白粉病菌小种1，存在于PI414723中；抗白粉病显性基因-E（*Powdery mildew -E*，*Pm -E*），抗白粉菌属的二孢白粉菌 *Golovinomyces cichoracearum*，与 *Pm -2* 基因互作，存在于PMR5中；抗白粉病显性基因-F（*Powdery mildew -F*，*Pm -F*），抗白粉菌属的二孢白粉菌 *Golovinomyces cichoracearum*，在PI124112中与 *Pm -G* 基因互作；抗白粉病显性基因-G（*Powdery mildew -G*，*Pm -G*），抗白粉菌属的二孢白粉菌 *Golovinomyces cichoracearum*，在PI124112中与 *Pm -F* 基因互作；抗白粉病显性基因-H（*Powdery mildew -H*，*Pm -H*），抗白粉菌属的二孢白粉菌 *Golovinomyces cichoracearum*，感染单丝壳属白粉菌 *Podosphaera xanthii*，存在于法国甜瓜品种Nantais oblong中；抗白粉病显性基因-w（*Powdery mildew -w*，*Pm -w*），抗单丝壳属白粉菌 *Podosphaera xanthii* 小种2，存在于WMR-29中；抗白粉病显性基因-x（*Powdery mildew -x*，*Pm -x*），抗单丝壳属白粉菌 *Podosphaera xanthii*，存在于PI414723中；抗白粉病显性基因-y（*Powdery mildew -y*，*Pm -y*），抗单丝壳属白粉菌 *Podosphaera xanthii*，存在于VA435中。

（3）抗甜瓜蔓枯病基因　抗甜瓜蔓枯病基因至少有4个。抗甜瓜蔓枯病显性基因 *Mycospharella citrullina*（*Mc*），存在于野生甜瓜PI140471中；抗甜瓜蔓枯病显性基因-2（*Mycospharella citrullina -2*，*Mc -2*），存在于品系C-1和C-8中；抗甜瓜蔓枯病显性基因-3（*Mycospharella citrullina -3*，*Mc -3*），存在于PI157082中，独立于 *Mc* 基因外；抗甜瓜蔓枯病显性基因-4（*Mycospharella citrullina -4*，*Mc -4*），存在于PI511890中，与 *Mc* 和 *Mc -3* 基因的关系未知。

（4）抗病毒病基因　抗葫芦蚜传黄化病毒基因是两个互补的独立基因，*cucubit aphid borne -1*（*cab -1*）和 *cucubit aphid borne -2*（*cab -2*），*cab -1cab -1cab -2cab -2* 基因型植株是抗性的，存在于PI124112中。*Flaccida necrosis*（*Fn*）感病植株的不完全显性基因，它对西葫芦黄斑花叶病毒（*Zuchini yellow mosaic virus*，ZyMV）的F小种类型表现出感病症状，*Fn* 存在于法国抗尖镰孢枯萎病的甜瓜品种Doublon中，在ZyMV病毒F感染下，Doublon植株会迅速感病并导致萎蔫坏死，fn^+ 存在于Vedrantais中。另外还发现，*Lettuce infectious yellows*（*Liy*）抗莴苣传染性黄化病毒显性基因、抗甜瓜黄化病毒基因 *Melon yellows*（*My*）、抗甜瓜坏死斑点病毒基因 *Melon necrotic spot virus*（*Mnsv*）、抗番木瓜环斑病毒基因 *Papaya ringspot virus* [Prv^1（*WMV*）] 和 [Prv^2（*WMV*）]、抗蚜虫传播病毒基因 *Virus aphid transmission*（*Vat*）、抗西瓜花叶病毒-2基因 *Watermelon mosaic virus*（*Wmr*）和抗西葫芦黄斑花叶病毒基因 *Zym -1*、*Zym -2* 和 *Zym -3*。

另外，还发现一些抗虫基因，如抗红色南瓜甲虫基因 *Aulacophora foveicollis*（*Af*）、耐甜瓜蚜虫显性基因 *Aphis gossypii*（*Ag*）、抗黄守瓜隐性基因 *Cucumber beetle* [*cb*（cb_l）]、抗瓜类大实蝇基因 *Dacus cucurbitae -1*（*dc -1*）和 *Dacus cucurbitae -2*（*dc -2*）、抗潜叶蝇显性基因 *Liriomyza trifolii*（*Lt*）。

第四节　主要育种目标与选育

一、主要育种目标

在甜瓜育种中，正确制定育种目标十分重要（表19-4）。制定育种目标前，应针对不同的生态地域、不同的栽培模式和产、供、销、运、贮及流通环节等进行调研，再根据市场需求和可能，慎重确定甜瓜育种目标。最重要的育种目标是果实品质及抗病性和抗逆性。

表 19-4 甜瓜主要育种目标

育种目标	主 要 性 状
品质	外观：果形、皮色不一，但鲜艳美丽，有网纹或无；果重：单果重 1.5 kg 以上；肉质：果肉颜色不一，质地松脆或软，爽口，中心可溶性固形物含量 14%以上
产量	植株结果能力强，坐果整齐一致
成熟期	全生育期 80～100 d，果实发育期 30～45 d
抗病性	主要抗霜霉病、白粉病、蔓枯病、枯萎病、细菌性角斑病及病毒病等，至少抗两种以上病害
生态适应性	要求适应保护地栽培的环境，如在较湿润、日照较少、昼夜温差较小的环境中植株仍能生长良好

（一）品质

随着消费者生活水平的提高，对品质的要求而不同，在品质育种上要培育出具有不同风味、质地、外观和形状等多元化的新品种。甜瓜果实品质性状的构成包括可溶性固形物含量（包括中心、边和梯度）、质地（粗、细、脆、软、酥、沙等）、风味（甜、酸、香等）、果实外观（形状、色泽、网纹、条带等）、果皮厚度、果腔大小及整齐度等。

选育含糖量高、梯度小的品种是甜瓜育种者最重要的目标，薄皮甜瓜中心可溶性固形物含量应在11%～13%或更高，厚皮甜瓜中心可溶性固形物含量应在 13%～16%或更高。甜瓜品种果肉厚薄差异很大，薄皮甜瓜肉厚应在 2 cm 以上；早熟厚皮甜瓜肉厚应在 2.5 cm 以上；中晚熟厚皮甜瓜肉厚应在 3.5 cm 以上。外观商品品质的要求是，甜瓜果皮颜色色彩鲜艳，果实形状要对称、圆整，其中光皮类型应表皮光洁，若有沟条应分布均匀；网纹应粗细一致、美观，分布均匀，不裂口。

不同消费群体对甜瓜果品的果肉质地、香味有不同的喜好，如华北地区多数人喜欢软香光皮甜瓜，西北和华南地区多数人及海外华侨一般喜欢脆肉型甜瓜，东部地区多数人则喜欢薄皮甜瓜，欧美人爱好有麝香味的 Cantalope 类型甜瓜。

（二）产量

甜瓜的产量取决于种植密度、单株坐果数和单瓜重 3 个因素。其中单株坐果数和平均单瓜重是决定产量的最重要性状，现有甜瓜品种中，两者成负相关。另外，种植密度与品种的生长势和蔓长有关，生长势强而蔓长的种植密度小。为提高种植密度可选育短蔓或丛生的植株，可进一步提高产量。

一般育种的产量目标是：薄皮甜瓜应在每 667 m^2 2 000 kg 以上，早熟厚皮甜瓜应在每 667 m^2 3 000 kg以上，中晚熟厚皮甜瓜应在每 667 m^2 3 500 kg 以上。另外，随着时代的发展和家庭规模的变化，大果型甜瓜市场需求量越来越小，中小果型甜瓜市场需求量越来越大，甜瓜育种工作者要根据市场需求，多选育中小果型甜瓜品种。

（三）抗病虫性和抗逆性

提高甜瓜抗逆性主要指抵抗不良条件的能力，包括抗病虫害、抗旱涝、抗风、抗盐碱、抗寒力等。在目前中国甜瓜病害严重的情况下，提高甜瓜主要病害的抗性是重中之重。危害中国甜瓜的主要病害有枯萎病、疫霉病、蔓枯病、白粉病、霜霉病、细菌性病害以及病毒病等，虫害有蚜虫、温室白粉虱或烟粉虱、守瓜、叶螨、美洲潜叶蝇、瓜蓟马、根结线虫等。

(四) 适合设施栽培的品种

由于保护地栽培投入成本高，要求生产出的甜瓜要熟性早、品质优、价格好。春季保护地栽培常因低温寡照，出现坐瓜难、产量低、果实成熟后难以转色问题；秋季保护地栽培又会出现前期生长过快，花芽分化不好，后期温度低，膨瓜速度慢等问题。因此，要培育出适合设施环境的甜瓜专用品种，要求在各种气候环境中都能良好生长，既耐低温又耐高温、耐寡日照、耐湿，易坐瓜，果实膨大速度快，抗病性强，早熟或早中熟，在昼夜温差较小的环境中仍具有较高的积累糖分的能力。

二、抗 病 性

美国是最早开展甜瓜抗病育种研究的国家，1927 年加利福尼亚州立大学和农业部 La Jolla 试验站从印度引进果肉粉质、不可食的甜瓜材料 Calf，通过与栽培种 Hales best 杂交和回交，于 1936 年育成了世界第 1 个抗白粉病甜瓜品种 PMR45。日本从 1966 年开始进行耐病育种研究，先后育成抗白粉病和抗枯萎病兼抗白粉病甜瓜品种。中国甜瓜抗病育种起步较晚，1987 年新疆农业科学院王志田、黄再兴等对新疆甜瓜品种进行疫霉病（*Phytophthora melonis*）抗性鉴定并人工接种筛选出抗疫霉病品种与组合。1994 年林德佩、黄传贤、王叶筠等培育出中国第 1 个甜瓜抗病品种西域 1 号。

在中国甜瓜中，薄皮甜瓜耐湿抗病性较强，厚皮甜瓜则极易感染病害，特别是中国新疆哈密瓜，受栽培条件的限制，过去只能在西北地区种植，随着育种工作者的努力，培育出适合设施种植的抗病哈密瓜品种，使新疆哈密瓜南移或东移成功，延长了甜瓜供应期。

以新疆农业大学（原新疆八一农学院）林德佩、王叶筠等 1994 年选育并通过品种审定的抗枯萎病甜瓜新品种西域 1 号为例，阐述抗尖孢镰刀菌甜瓜育种的全过程。

(一) 病原菌的分离、纯化、鉴定和致病性测定

从 1989 年起，先后在乌鲁木齐、昌吉、五家渠、阜康、石河子、鄯善等新疆甜瓜产区采集甜瓜枯萎病株，然后在实验室进行 PDA 平皿分离，经单孢纯化后，依据 Booth 分类中尖孢镰刀菌的主要分类特征（菌落生长速度、颜色、孢子大小及形态）进行鉴定，确定了尖孢镰刀菌纯系再进行致病性测定。通过以上程序，成功确定了强致病力的昌吉甜瓜枯萎病病原菌是尖孢镰刀菌专化型 *Fusarium axysporum* f. sp. *melonis*（Leach et Curense）Snyder et Hanen，并保存其病原菌供使用。

(二) 抗病种质资源的征集和鉴定

1973—1991 年，先后从国内各省份以及美国、日本、乌兹别克斯坦等国家的教学、生产、科研机构引进各类甜瓜种质资源 408 份，其中甜瓜野生近缘种 78 份，栽培品种（系）330 份，通过抗病鉴定筛选出一批抗性种质材料。

(三) 甜瓜抗病接种方法的确定

根据《西瓜枯萎病抗性的苗期接种鉴定操作规程》，结合甜瓜实际，提出了对甜瓜尖孢镰刀菌的两种接种鉴定方法。

1. 镰刀菌孢子悬液搅拌浸根接种法　采用单孢分离的纯镰刀菌孢子做接种体，用 PDA 培养液接菌振荡培养，滤去菌丝，离心→冲洗→再离心，获得纯孢子团。接种使用时，将其配成一定浓度的孢子悬浮液，拔出育苗盘中的甜瓜苗进行无伤（或切去少许须根）浸根接种。浸根时用磁力搅拌器不断搅拌，

使孢子不会沉淀。浸根后将瓜苗定植于温室灭菌的培养基质中，正常肥水管理，并统计观察发病情况。

接种参数：接种体培养 7 d，孢子 2 000 r/min 离心 15 min，浸根接种浓度每毫升 10^6 个孢子。浸根接种时间 20 min，接种苗龄为 1 片真叶展开期，接种后 3～30 d 统计记载病情，抗性确定在接种后 20 d。病情统计分为发病百分率和病情指数（病情分级为 0～4 级）。

2. 镰刀菌培养滤液水培接种法 培养、滤去菌丝方法同浸根接种法，滤液离心除去孢子，得到无孢子的上清液，然后用 Stock 营养液将滤液配成适当浓度，倒入 250 mL 烧杯中，将接种的甜瓜苗根系用水冲洗后固定在杯中，放置在温室发病，统计结果。

接种参数：接种体培养 7 d。上清液，通过滤液经2 000 r/min离心 15 min 获得。上清液稀释成 2～8 倍水溶液，接种苗龄为 2～3 片真叶期瓜苗，接种后48～96 h 统计病情。病情统计同上。

使用以上确定的接种方法，在 1989—1991 年的 3 年中，进行了 3 轮甜瓜苗期抗病接种实验筛选，确定了一批抗病的亲本材料和杂交组合。

（四）抗病甜瓜杂种一代的选育过程

1979 年起，从日本引进品种真珠的天然杂交后代中选育出优质新品系 8303，1986 年又从引自日本农林蔬菜试验场（三重县安浓町）的多抗甜瓜品种安浓 2 号中选育出抗病自交系 M327－1。通过试配组合，连续人工接种鉴定和品种比较试验、区域试验和生产示范，1994 年选育成功西域 1 号抗病甜瓜 F_1 新品种。图 19－1 是该品种的育成系谱。

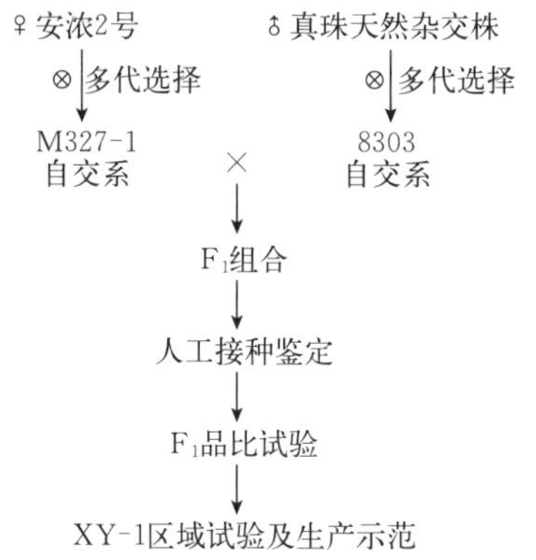

图 19－1 西域 1 号甜瓜新品种育成系谱

三、抗 逆 性

所谓抗逆性，就是植物对非生物胁迫的适应性和抵抗力，主要来自于气候和土壤。针对甜瓜植物的抗逆性主要来自高温或低温、高湿、弱光、高盐碱、干旱等，要求在各种逆境环境条件下甜瓜植株生长发育良好。也就是既耐低温又耐高温，既耐强光又耐弱光，既耐干旱又耐高湿，在昼夜温差小的环境中，仍具有较高的积累糖分的能力。

在选育中，首先要针对不同育种目标地区多年气候特征和土壤特点来搜集抗逆种质资源，同时确定鉴定方法和指标。如选育抗旱品种，廉华和马光恕（2004）研究甜瓜苗期抗旱性与根系生长、胚轴伸长的关系，认为抗旱性品种发根早，主根长，侧根数量多，侧根总长度长，胚轴长，根冠比大。同时认为株高胁迫指数（PHSI）、干物质胁迫指数（DMSI）、叶片水分饱和亏缺、电解质渗出率、干旱处理伤害率等生理指标，以及叶片可溶性糖含量、脯氨酸含量、硝酸还原酶活力、超氧化物歧化酶等生化指标可作为甜瓜抗旱性鉴定指标。

搜集来的抗逆种质资源，经鉴定筛选后，可通过杂交重组等传统育种方法以及生物技术进行甜瓜抗逆育种，定向选育抗逆性强、品质优、产量稳定的品种。根据育种目标，可参考《甜瓜种质资源描述规范和数据标准》（马双武等，2006）对种质资源和育成品种（组合）进行耐盐性、耐冷性、耐热性、耐旱性、耐涝性鉴定评价。

四、品 质

品质是甜瓜果实中最重要的经济性状，包括含糖量（中心糖、边糖、含糖梯度）、质地（肉质粗、细、脆、酥、面、软等）、风味（甜、酸、香、麝香味等）、果肉颜色（橘、白、绿等）、果皮颜色

（黄、白、绿、褐、灰等）、果面特征（色泽、条带、网纹、形状等）及果实形状（椭圆形、卵圆形、纺锤形、梨形、圆筒形、棒形等）等性状。

果实可溶性糖的含量与其他糖分含量高低是衡量甜瓜品质的主要依据，但单一高糖的品种不一定受到消费者欢迎，高糖还必须与质地、风味和外观、果实整齐度等性状结合，才具有商品价值。吴建义（1994）认为厚皮甜瓜含糖量与叶片纵径、果实横径和果实纵径×横径之间呈显著负相关，含糖量与播种至开花日数和花柄粗度呈正相关趋势。

随着人们生活水平的提高，消费者越来越重视营养。提高甜瓜果实中柠檬酸、维生素、烟酸、叶酸等成分的含量，可软化人体血管，预防高血压等疾病。2006年新疆农业科学院哈密瓜研究中心采用诱变育种技术，培育出具有酸甜风味的甜瓜"风味"系列品种。

由于人们的消费习惯、品味、爱好的不同而要求不同，因此，在品质育种上应考虑消费者的不同要求，培育出具有不同风味、质地、外观形状多样化的新品种。甜瓜的品质性状以数量性状为主，在进行品种选育设计时，要先根据育种目标综合考虑选择合适的亲本。如选育黄色光皮品种，两个亲本的主色均应是黄色非网纹材料；选育橙红肉色的品种，两个亲本应为橙红肉或白肉，不要选用绿肉材料；选育圆形品种，两个亲本果实形状应为扁圆、圆或高圆，不要选用椭圆形、纺锤形、棒形等材料；选育脆肉品种，不要选用质地面、软的材料。

五、熟　　性

甜瓜起源于热带地区，是喜温和光照的植物，整个植株生长发育期间要求有充足而强烈的光照和较高的积温。所以，甜瓜成熟性受到环境因子特别是日照和温度的多重影响，它是由花蕾节位、现蕾时期、开花时期、果实发育时间等性状构成。当温度低于13℃，植株生长受到限制，日照时数短或光照不足会严重影响幼苗器官的分化，植株生长势减弱，延长了生育期。一般按果实发育期可分为早熟（<30 d）、中熟（35～50 d）、晚熟（>50 d）3种类型。针对不同生态地域、不同栽培模式选育出不同成熟期的品种。

随着设施园艺的发展，急需保护地栽培的甜瓜专用品种。甜瓜熟性在群体及个体间存在差异，而且这种差异是可以遗传的，这就给选育不同熟期的甜瓜品种奠定了基础。广泛搜集和引进不同熟期的甜瓜种质资源，利用选择育种、杂交育种、杂种优势育种等方法，选育不同熟期甜瓜品种，尤其是利用杂种优势育种方法选育甜瓜品种效果更好。在引入材料后，要对种质资源进行雌花开放时间及节位、花器发育期、授粉时间、坐果时间、坐果难易、果实发育期等观察鉴评，选出不同熟期甜瓜育种材料。开花速度和果实发育速度及在低温下生长发育等性状，构成和影响甜瓜的性状。因此，要育成早熟的品种，必须在选配亲本时，把一方的早花性和另一方的果实快速发育性结合起来，同时选配亲本时要兼顾熟性早晚与果实大小、产量、抗病性等性状。为培育早熟品种，选择亲本时，植株要株型紧凑，适于密植；果实不宜过大；果实发育适应较低温度，耐弱光、耐湿，抗病；适收期要早，早期产量高，成熟期比较集中。

六、丰 产 性

甜瓜产量取决于植株种植密度、单株坐果数、果实大小及结果能力等因素。一般情况下，种植密度与品种的生长势和蔓长短有关，生长势强而蔓长的品种种植密度小。新疆大果型厚皮甜瓜，植株生长势强而蔓长，种植密度较小；薄皮甜瓜植株生长势弱而蔓短，种植密度较大。

单株坐果数和果实大小是决定甜瓜产量的最重要性状，但两者呈负相关。新疆早熟甜瓜品种中，单株结果数多，平均单瓜重小。据统计，早熟的其里干甜瓜品种群单株结果数为（4.90±1.55）个，单瓜重仅为（1.2±0.14）kg，晚熟的可口奇甜瓜品种群的单株结果数为（1.60±0.49）个，单瓜重为（4.64±1.15）kg。产量育种必须兼顾单株坐果数与单瓜重两者之间的关系。另外，厚皮甜瓜果实大小与播种至开花天数呈显著负相关，与开花至成熟天数呈正相关。因此，培育高产品种要求植株结果能力强，厚皮甜瓜2～4个，薄皮甜瓜3～6个；叶片较直立，叶绿素含量高，光能利用率高，便于密植。

在进行高产品种选育时，选配高产的亲本材料是育成高产品种的关键。在亲本选配过程中，除根据育种目标和性状遗传规律外，要选择不同生态型的远地域的亲本材料进行杂交，如大陆性气候生态型有许多优质、高产的材料，东亚生态型具有适应性广、抗病、耐湿性强、耐弱光等优良特性，利用这两种类型的亲本，可以取长补短，培育出品质优异、高产、适应性广的品种。

第五节 育种方法

一、选择与有性杂交育种

（一）选择育种

甜瓜是异花授粉作物，生产上应用的常规品种或地方农家品种存在着多种基因型的混合群体或自然变异材料，因此，根据育种目标选育单株，定向选择，从而获得新品种或改良原有品种的方法，这就是所谓选择育种（又称系统选育）。人们开始进行杂交育种以前的所有栽培作物品种，都是通过人工选种这一途径获得的。主要采用系统选育法。

从大田生产常规品种的群体中，选择优良的基本类型（纯系）或利用自然界出现的优良变异类型（杂合系），从中选择若干优良单株进行自交，单株单瓜采种，翌年分别种植各个株系，每株系不少于20株，以原始品种做对照进行比较，鉴定淘汰不符合育种目标的后代，选出最优的单株后代，并从中再选出优良单株或单瓜，经4代以上的重复单株选择，即可培育出新的品种或品系。

新疆从20世纪50年代末开始搜集整理厚皮甜瓜地方农家品种218个，经系统选育出甜瓜品种101个。目前在生产上仍在种植或作为育种亲本材料的有卡拉克赛（伽师瓜）、红心脆、炮台红、白皮脆、黄蛋子、巴吾登等农家地方品种。

在进行选择育种时，要注意以下几个问题：

1. 供选群体的类型 以生产上大面积栽培优良品种如农家地方品种、长期推广的育成常规品种以及通过其他途径创造的变异群体等作为选择的原始群体，因为变异是选择的基础，只有在变异的基础上进行选择才能有效。在原始群体中，实行优中选优，保持和提高其优良性状，针对其不良性状进行改良，有重点、有目的地进行选择。

2. 供选群体的数量 选择育种要有较大的群体供选择，选出的优良单株由多到少、由粗到精，逐步选出综合性状优良的单株或单瓜。

3. 选种的时期 自甜瓜种子出苗后，开始在植株的幼苗期、开花期、结果期和采收期进行田间观察，根据各个时期的综合表现确定入选单株或单瓜，对入选果实进行鉴定、保存。

总之，在甜瓜选择育种时，对植株生长各个时期要认真细致观察，与对照品种多进行比较，才能辨别优劣，分期分批进行筛选，选出优良单株或单瓜。

（二）有性杂交育种

1. 亲本材料的选择 亲本材料选择是有性杂交育种成败的重要一环。

（1）选择不同生态类型的材料 食用甜瓜可分为厚皮甜瓜和薄皮甜瓜两大类型，分布于不同生态地域。因此在杂交育种时，亲本的选择要充分考虑远生态、远地域性，取长补短，优势互补，才能选育出品质优、产量高、抗病性强、适应性广的品种或品系。

（2）选择多亲本 在杂交育种中，往往两个亲本满足不了育种目标的要求，需要采取多亲本、复合杂交的方法，经多次基因重组，综合多个亲本的优点，才能培育出符合目标的品种或品系。

吴明珠及其团队育成的厚皮甜瓜皇后，是从 1975 年开始利用新疆农家地方品种 4 个亲本和引进的欧美卡沙巴类型的金黄甜瓜（Golden beauty）进行了 5 个亲本的远生态多亲复合型杂交，历经 12 年，直到 1987 年培育出稳定的皇后 92、皇后 86、青边皇后、青皮皇后 4 个品种或自交系（图 19－2）。皇后 92（新密 1 号）因果型较大，被用作商品生产，20 世纪 80～90 年代商品瓜基地每年种植约 5 300 hm^2，最主要的是被各地用作亲本材料，所配杂种一代品种如 86－1、新皇后、甘蜜宝等，至今仍作为新疆、甘肃、宁夏、内蒙古等地哈密瓜类型的主栽品种。

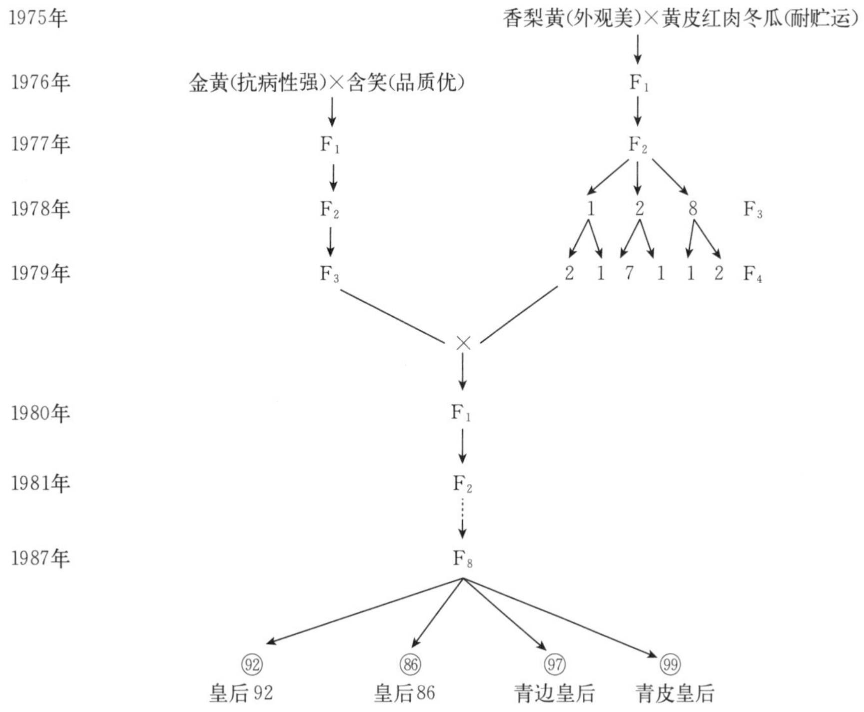

图 19－2 皇后系列品系育成过程

2. 杂交后代的选育

（1）杂交第一代（F_1）的选育 杂交种子按不同组合分别播种，同时播种亲本材料，用于比较鉴定。在整个选择过程中，淘汰酷似母本的假杂种和个别劣种，选出优良杂交组合。同时在植株营养生长期，选择一些健壮、节间短而粗壮、叶片肥厚、叶色深绿、坐果结位低、不感病植株进行自交隔离，待果实成熟后，再根据果实性状优劣综合评价，进行决选或淘汰，以后世代也同样进行这样选择。对入选单株分别编号、登记、保存，供下次播种用。因甜瓜的繁殖系数大，一般不需种植过多，通常 F_1 的每组合种植数为 20～30 株。

（2）杂交第二代（F_2）的选育 F_1 的种子按单瓜播种，各单瓜分别成一个小区。为了提高选择效率，避免优良基因的丢失，要扩大 F_2 群体数，每组合选 5～10 个单瓜，每单瓜种植 50～100 株，则每一组合总计种植 250～1 000 株。对容易受环境条件影响的数量性状（产量、含糖量、植株生长势等）的选择，可适当降低选择标准，提高入选率；对质量性状（果皮和果肉颜色、网纹的有无、花器性别、结果习性等）的选择，可适当严格。对多亲杂种和远缘杂种的入选率要比一般杂种高些。F_2 是性状分离最明显的一代，也是选择成败关键的一代，因此 F_2 的选择一定要审慎。

（3）杂交第三代（F_3）的选育　F_3 若各株系间已趋于一致，株系的平均表型值已能客观地反映整个组合株系的表型值，这一代就要注意进行株系间的比较，从中选出优良株系，中选率可适当高些；在优良株系中选择优良单株，中选率可适当低些。对分离仍有较大的株系，可再选择优良单株。将 F_2 入选的优良单瓜种子，每个单瓜分别播一个小区，成为一个株系，每株系可种植 50～60 株。

（4）杂交第四代（F_4）的选育　将 F_3 选择出的各株系和单株分为若干系统群，各系统群分别播种成大区，在大区内各株系仍单独播种成小区，大区间设对照品种，各小区种植面积比 F_3 更大，同时设重复，可减少环境变异因素造成的误差，以便在小区间就遗传性本身的优劣进行选择。F_4 各单系间的遗传型基本趋于一致，而不同系统群间的差异明显。因此，F_4 可以进行系统间的决选，在中选的系统内再选优良的单系和单株，供下一代继续选择。

（5）杂交第五代（F_5）及以后世代的选育　F_5 遗传性大部分已经稳定，只进行系统群内单系的选择，不再进行单株选择，移入 F_6。F_6 及以后世代不再进行自交，只在单系内进行姊妹交，进行系统群间选择。

（三）厚皮甜瓜品种新密 1 号（皇后）的选育过程

20 世纪 70 代，新疆甜瓜主栽的地方品种品质优，但产量低、外观欠美观，特别是抗病性差，容易受到各种病害的威胁，有些年份造成产量绝收。为此，吴明珠及其团队当时提出育种目标：保持原有哈密瓜品质风味、外形美观，提高产量和商品率，增强抗病性。皇后系列品系选育过程如图 19－2 所示。

（1）亲本选择　根据育种目标，1975 年选择了易坐果、外形美、风味好的新疆地方品种香梨黄做母本，以肉色浅橘红、较耐贮运的地方品种黄皮红肉冬甜瓜做父本进行杂交，自交选育至 F_4。1976 年引进美国抗病、含糖高品种金黄（Golden beauty）与品质优含笑（红心脆×花皮金棒子）品种杂交，自交筛选至 F_3 代。1979 年，将金黄×含笑的 F_3 做母本，香梨黄×黄皮红肉冬甜瓜的 F_4 做父本进行复合杂交，再进行自交筛选。

（2）选择标准　在选育过程中，按照育种目标，注重了 5 项指标的选择。

①叶色深，叶肉较厚，以提高抗逆性。

②果实外形美观，果皮金黄色或有隐绿条，全网纹，皮硬，耐贮运，肉色红，肉质脆。

③要求果肉中心和边缘的可溶性固形物含量平均 12.5%以上。

④单瓜重 3 kg 以上。

⑤田间自然死秧率 20%以下。

（3）选育结果　从 1975—1987 年的 13 年间，前 5 年完成了亲本的选配，后 8 年经过自交选育，培育出了 4 个不同类型和熟性的品种皇后 92、皇后 86、青边皇后、青皮皇后。它们具有金黄品种的植株形态和抗病性，香梨黄品种的网纹，黄皮红肉冬瓜品种的肉色、贮运性和产量。这些亲本中的新疆地方品种既有夏甜瓜又有冬甜瓜，既有中亚生态型又有欧美生态型，这是在我国甜瓜作物上最早采用远生态、远地域、多亲复合杂交育种技术的典型例子。

皇后 92 属中熟种，植株生长势中等，坐果率 1.52%，叶灰绿色，掌状 5 裂，花冠大，单果重 3.9 kg，果长椭圆形，果皮金黄色，网纹细、密、全，肉色橘红，肉质细、松、脆，风味中等，耐贮运，通过新疆维吾尔自治区农作物品种审定委员会审定，命名为新密 1 号。20 世纪 90 年代，曾占新疆甜瓜种植面积的 80%以上，并在西北的甘肃、内蒙古等地栽培。

皇后86、青边皇后、青皮皇后植株均生长势旺。皇后86属中熟种，植株花冠小，单瓜重3.0 kg，果皮黄底覆绿色条，全网纹，肉色浅橘色，肉质脆，具有果酸风味。青边皇后、青皮皇后均为晚熟品种，果实皮色深绿或墨绿，全网纹，肉质松脆，耐贮运。青边皇后果实是青边橘红肉。这3个品种目前作为中熟或晚熟优质亲本育种利用。

二、杂种优势育种

甜瓜杂种一代具有明显的杂种优势，在产量、品质、适应性、抗病性、整齐度及商品性等方面较亲本具有明显的提高。中国甜瓜杂种优势育种研究起步较晚，开始于20世纪80年代。最早推广的一代杂种是新疆厚皮甜瓜黄醉仙、8601、8501等品种。目前，中国甜瓜生产上栽培的品种大部分是杂交一代种子。

（一）杂交亲本自交系的选育

大部分葫芦科作物与其他异花授粉作物不同，没有显著的自交衰退现象。Scott报道，甜瓜自交系无衰退现象；Жуковскμй报道，甜瓜在F_4、F_5代能很好地接受自花授粉，无衰退现象。因此，甜瓜作物采用自交系杂交选育一代杂种非常有利。

在自交系选育中，根据育种目标，确定自交系的原始材料，最常用的是自交分离测验法，也就是连续进行多代自交，在自交过程中，加入1～2次早代（S_0或S_1）一般组合力测验。基本原理：亲本材料在多代自交过程中遗传物质的纯化积蓄不断提高，逐渐育成纯系，同时某些不利隐性性状由于隐性基因的纯合在表现型上表现出来，有利的基因得到积累，通过选择淘汰可使不利基因在群体中的频率不断减少，有利基因的频率提高，最终育成目标性状的自交系。其主要操作过程：第1年花期根据植株幼苗期生长的表现，选出若干单株分别进行自交，对中选单株的果实进行鉴定选优。连续经过5～6代，可选育出符合目标、性状稳定一致的自交系，最后对各自交系进行组合力测验，确定最优良组合和自交系。另外，还可采用轮回选择法和配子选择法。

（二）杂交亲本的选配原则

甜瓜自交系间杂种优势利用育种中，亲本选配的原则与有性杂交育种中的亲本选配原则基本相同，但仍需要注意以下几个方面：第一，杂交的双亲要有一定的差异，差异越大，优势越强，而且优缺点能够相互弥补，取长补短。第二，为使杂种一代更好地适应当地的自然条件，表现出高产、优质，双亲中的母本应是当地优质高产的品种或自交系。第三，杂交的双亲必须是经多代自交的稳定的纯系，才能选育出理想的组合。

（三）早熟厚皮甜瓜新密杂9号（黄醉仙）的选育过程

1. 亲本选育

母本K7－1（醉仙）：采用多亲复合杂交选育而来，它集中了本地农家品种早、中、晚熟3个品种的特点，以及美国抗病材料，通过杂交并经系统自交定向选育，筛选出早熟、品质优、醇香，风味佳的自交系（图19－3）。

父本黄蛋子：20世纪50年代从苏联引进，经多年自交选育，筛选出的果实扁圆形，果实皮色金黄，坐果整齐一致。

2. 组合选配　首先配制K7－1×黄蛋子、K7－1×河套蜜瓜、K7－1×有网黄蛋子等多个组合，然后进行组合观察测优（表19－5）。

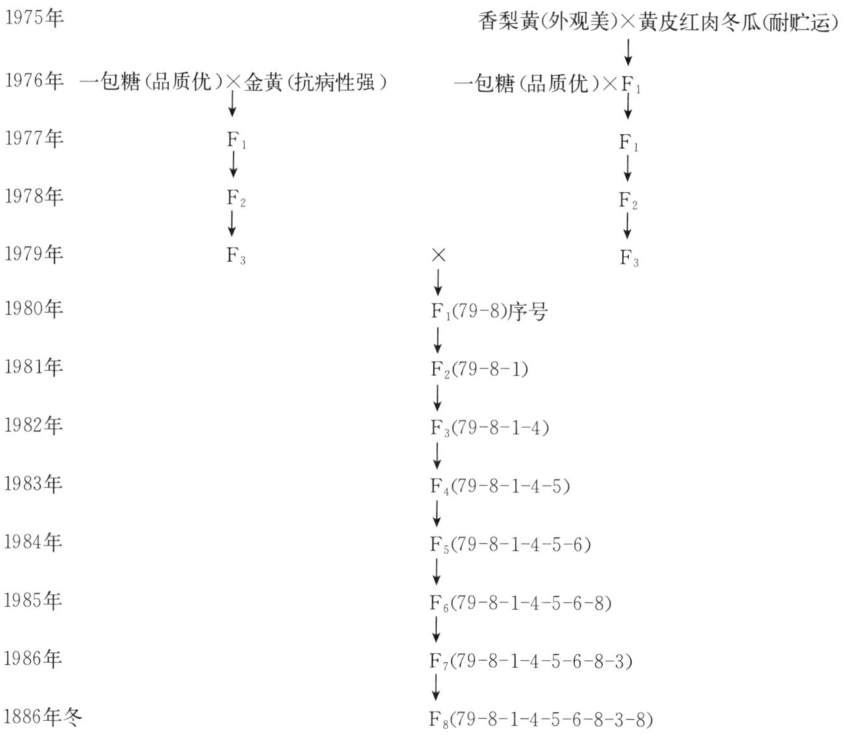

图 19-3 K7-1（醉仙）甜瓜选育系谱图

表 19-5 早熟甜瓜杂交组合的比较

组合名称	单瓜重（kg）	果实发育期（d）	心边平均含糖量（%）	质地风味	折合 667 m² 产量（kg）
K7-1×河套蜜瓜	1.5	34	12.79	风味好、皮较薄软	3 957.15
K7-1×黄蛋子	1.4	34	13.31	黄蛋子味、皮硬	4 020.84
K7-1×有网黄蛋子	1.9	38	12.8	果大、肉色不一致	4 512.51

通过以上 3 个组合比较，K7-1×河套蜜瓜：风味最好，爽口，但果皮软不耐运输，货架期短；K7-1×有网黄蛋子：瓜个较大，外形好，产量高，但成熟期较晚，且肉色不一致；K7-1×黄蛋子：果实含糖量高，质地风味浓香，果皮较硬耐运输，产量较高，综合性状优于其他两个组合，并定名为黄醉仙。

3. 品种比较 通过两年品种比较试验，两者的果实含糖量无差异，但黄醉仙的果实大小、产量显著高于当地主栽品种黄蛋子，品质风味也佳（表 19-6）。

表 19-6 中选组合和黄蛋子品种比较试验

年份	品种（系）	可溶性固形物含量（%）				质地风味	单瓜重（kg）	单株结果（个）	产量（kg）	
		中心	边	心边平均	比对照				折合每 667 m² 产量	比对照
1986	黄醉仙	15.11	11.51	13.31	−0.05	细软香	1.4	3.7	4020.0	+49.0
	黄蛋子	15.27	11.45	13.36		细面香	0.85	4.0	2700.0	
1987	黄醉仙	14.90	10.70	12.80	+0.1	细软香	1.5	2.5	2486.8	+34.6
	黄蛋子	14.70	10.60	12.70		细面香	1.1	2.6	1847.2	

4. 区域和生产试验 黄醉仙通过参加新疆农作物品种区域试验，表现出 667 m^2 产量 2 382.9 kg，果实可溶性固形物含量心边平均 12.86%，质地软香，风味佳，达到了丰产优质。在生产试验中，黄醉仙分别在新疆主要商品瓜产区种植，表现出早熟、优质和高产、抗蔓枯病。特别是 1988—1989 年分别在天津、长春等地试种，表现为风味好，品质佳，是当时新疆哈密瓜东移最早的品种。

三、诱变育种

（一）诱变育种

诱变育种是利用物理、化学等因素，诱发作物产生基因突变，通过突变体的选择和鉴定，直接或间接地创造出新的种质或新品种。物理诱变包括 γ 射线、中子、β 射线、重离子、离子束等；化学诱变包括碱基类似物、烷化剂等。中国甜瓜诱变育种起步较晚，运用较多的是 ^{60}Co γ 射线、重离子、离子束及空间诱变（航天育种）等辐照处理。

吴明珠团队从 1983 年开始厚皮甜瓜辐射诱变育种研究，将含笑（红心脆×金棒子）的一个单瓜用 ^{60}Co γ 射线 300Gy 辐照，当代即获得一个果型较小（1.5 kg）、网纹细密、不裂果、肉质细松脆的单瓜，F_2 出现了 3 个歪嘴材料（顶端歪）小型单瓜（1.7～2 kg）。歪嘴材料肉质细酥，高糖性状已完全固定。1991 年自交到 F_8 时与红心脆甜瓜配组合，称红酥 F_1 甜瓜，至今仍是新疆吐鲁番盆地露地栽培品质最佳的甜瓜。

空间诱变育种（航天育种）是 20 世纪后期开始兴起的一种新的育种途径之一。它是通过卫星搭载甜瓜种子在宇宙空间飞行期间，受到宇宙射线、重离子、微动力及高真空等复杂条件诱发遗传变异，再通过地面种植，选择有利用价值的突变体，培育出优良新品系或品种。1996 年新疆农业科学院园艺作物研究所将厚皮甜瓜皇后纯系干种子搭载于返地科学卫星上，于 1996 年 10 月 20 日至 11 月 4 日在空间飞行 15 d，经自交筛选出优质抗病自交系 SP97，并培育出坐果整齐一致、外形美观、品质优的精品甜瓜杂交种新品种金龙（01－36）。

吴明珠团队经过几十年甜瓜辐射诱变育种研究，得到如下经验：

1. 亲本材料的诱变处理 亲本材料某些个别性状需要改良时，如裂果、抗逆性、含糖量等性状，可采取诱变处理方法，从而改良育种材料，培育出新品种。针对不同诱变因子，剂量是不同的。如 ^{60}Co γ 射线辐照处理甜瓜时，剂量需要 300Gy 以上，或者经累代照射处理，才能出现理想的性状变异。甜瓜一般以处理种子为多，种子可为休眠种子和萌动种子。亲本材料的处理以杂种一代为宜，后代容易出现各种变异。

2. 诱变后代的选择 M_1 种植群体一般在 100 株以上，表现为出苗率低、植株变矮、生长发育延迟、生长受抑制、育性不正常、结实率低等损伤效应，这些形态结构的变化一般不遗传。另外，诱变处理引起的突变，大多是隐性遗传，只有少数可遗传的显性突变性状。因此，在 M_1 不进行选择，实行单瓜单收留种。M_2 是性状突变显现最多的世代，是选择优良单株的关键。种植群体要大，根据育种目标，优良单瓜单种，其他混合种植，每单系至少 100 株以上。选择与杂交育种相同，但要严格选择，入选单瓜单收。M_3 及以后世代因分离度小，纯合快，因此在 M_4 就能稳定优良性状，改良出新的品系或自交系。

（二）多倍体育种

无论野生还是栽培甜瓜种，天然的多倍体甜瓜很少。Nugent 等（1992）从栽培二倍体甜瓜 Planters jumbo 田间发现自然突变株 C899－J2 的四倍体甜瓜，并选育出 C883－m6－4X 和 67－m6－100－4X 优系。通常要获得多倍体甜瓜主要依赖人工诱导。

中国科学院生物土壤沙漠研究所 1970 年开始，采用秋水仙素处理厚皮甜瓜和薄皮甜瓜种子或幼苗，获得许多四倍体甜瓜材料，并选育出多倍体甜瓜品种。之后，国内许多单位采用化学诱变剂（以秋水仙素为主，也有用除草剂）处理二倍体甜瓜，获得多倍体植株，并培育出四倍体或三倍体品系。Adelberg 等（1993）、马国斌等（1996）研究发现，甜瓜幼胚、未成熟子叶、子叶和真叶等在离体培养过程中易出现多倍体现象，认为是培育甜瓜四倍体有效途径之一。

1. 诱导方法

（1）*植株水平上的诱导* 通过处理植株生长点达到染色体加倍。主要采取：①浸种法。成苗率低，效果差。②浸芽法。方法简便，根胚不受药液危害，能正常出土生长，诱导效果较好。③滴苗法。操作比较复杂，容易出现嵌合体，但诱导效果明显。④涂抹法。目前，诱导甜瓜四倍体大多采用此方法，但其诱导频率低，部分植株容易出现嵌合体，同时刚诱导的四倍体育性较低，甚至有相当比例的四倍体自交困难，延长了育种周期。

（2）*离体培养获得四倍体* 利用植物组织培养过程中诱导获得四倍体再生植株。外植体来源于子叶、幼胚子叶、真叶、原生质的愈伤组织及胚状体再生的植株等。

外植体直接接种或转入含秋水仙素的培养基上，诱发变异一段时间后再转入分化培养基、成苗培养基培养成再生变异株。除秋水仙素外也可用二硝苯胺化合物，诱导时间缩短（Oryzalin et al.，1999）。

2. 倍性的鉴定

（1）*植物形态学鉴定法* 鉴定多倍体甜瓜，植株形态主要表现子叶、真叶及花的形状和颜色、果实形状和种子的形态等。甜瓜多倍体植株生长健壮，叶色深绿，光合能力强，花脐变大，果实变短、变小，果肉增厚，种腔小，含糖量和品质提高，成熟期延迟，单瓜可育种子数少，仅为二倍体甜瓜的20%左右。

（2）*细胞形态学鉴定法* 主要表现在多倍体植株叶片保卫细胞大、单位面积上的气孔数少，保卫细胞中叶绿体大而少。

（3）*流式细胞仪鉴定* 用流式细胞测定法迅速测定叶片单个细胞核内 DNA 的含量，根据 DNA 含量曲线图推断细胞的倍性。

（4）*染色体计数法* 通过对甜瓜植株根尖细胞染色体直接计数。在离体培养过程中利用不定芽叶尖染色体计数，可以早期 100%检出倍性，即可转入分化培养基进行扩繁，加快育种进程。

四、细胞工程育种

细胞工程包括细胞离体培养、细胞突变体筛选、原生质体再生及遗传转化等。

（一）离体培养

中国从 20 世纪 80 年代开始甜瓜离体培养。甜瓜离体培养主要有茎尖、花药、子叶、幼胚和原生质体等。邓向东等（1996）认为，外植体的不定芽诱导率，子叶柄最适，5～8 d 效果最佳，其中子叶柄＞子叶＞茎尖＞真叶，胚轴和根不能诱导不定芽。在培养基中提高蔗糖的浓度和附加 ABA 对提高厚皮甜瓜不定芽诱导率有促进作用，其品种不同而存在显著差异。

在甜瓜花药培养方面，自陶正南等（1987）首次通过花药培养成功诱导出第 1 株甜瓜再生植株以来，应用花药培养开展甜瓜单倍体育种的研究有了一定进展，从基因型、植株花器官发育状况、花粉不同发育阶段等多个方面对甜瓜花药培养的影响进行了研究。多数研究表明，基因型是影响甜瓜花药培养的首要因素，而小孢子的发育时期是影响甜瓜花药培养的又一重要因子，甜瓜花药培养的最佳时期是单核靠边期到双核期的花蕾，直径 2～5 mm。在单核靠边期，甜瓜花粉愈伤组织形成的频率最高，双核期次之。小孢子处于四分体期或过早时期的花药，在诱导培养基上常常不发育，只有处在单核中、后期的小孢子容易形成愈伤组织。从植株花器官发育时期来看，在开花期的前 3 周内花药愈伤组织诱导频率较高，愈伤组织生长迅速，质地紧密，具有良好的分化潜能。董艳荣等（2002）从基因型、花粉发育的生理生态因素、预处理、培养基、各种激素和培养方法等多种影响因素对甜瓜花药培养愈伤组织的诱导进行了研究，发现影响甜瓜花药培养的关键因子是基因型，不同的甜瓜品种花药培养诱导愈伤组织的能力不同，在8个甜瓜品种中，以西域和蜜王愈伤组织的诱导率较高。采集生长在日光温室中开花期前2周处于单核靠边期的花药，可得到较高的愈伤组织诱导率，在花药培养的前期加入活性炭有利于愈伤组织的发生。对甜瓜花药愈伤组织增殖和分化的研究表明，BA和IAA的浓度与比例起关键作用，Kt的作用不明显。愈伤组织增殖时两者的浓度分别为3.0 mg/L和0.5 mg/L，愈伤组织分化时两者的浓度分别为4.0 mg/L和0.5 mg/L。

总的来看，甜瓜花药培养研究比较薄弱，很多研究仅局限于对少数几个影响花药培养因素的探讨，缺乏比较系统的花药再生体研究。在甜瓜花药培养研究方面还有很多问题有待于解决，包括甜瓜花药培养愈伤组织诱导率提高了，但其分化和再生能力并未提高；甜瓜花药培养中小孢子的发育途径比较单一，更多的是通过愈伤组织途径，很少有胚状体的形成；愈伤组织中细胞的倍性变化复杂；植株的诱导率低等问题。

（二）原生质体培养

通过原生质体培养可以创造更多更广泛的无性变异，为遗传改良的选择提供基础，或者通过原生质体融合获得因生殖隔离而不能获得的无性杂种或细胞质杂种。Moreno等（1980）报道，从悬浮培养甜瓜细胞的原生质体获得愈伤组织，后来又从无菌苗叶片和子叶原生质体获得愈伤组织和胚状体及芽和小植株。孙勇如和李仁敬（1989）从新疆甜瓜无菌苗子叶原生质体获得植株，荷兰Boke Lman也从9个甜瓜基因型的无菌苗子叶原生质体获得植株。

五、分子育种

分子育种技术是现代分子生物技术迅速发展而产生的新技术，它是从分子水平上快速准确分析个体的遗传组成，从而实现对基因型的直接选择而进行的分子育种。在甜瓜上主要应用于遗传多样性研究、亲缘关系的鉴定、分子标记辅助选择、重要基因标记与定位、基因的图位克隆、比较基因组研究、转基因等方向。

（一）分子标记技术在甜瓜上的应用

1. 品种亲缘关系分析与分类　长期以来，甜瓜品种亲缘关系分析与分类的依据主要采用形态指标，而形态指标易受环境影响发生变异，进而影响亲缘关系判断与分类地位确定的准确性。对于一些形态指标相近或形态质量性状很少的品种（类型）则难以区分。应用分子标记技术可以在大范围内对甜瓜的遗传物质进行较全面的比较，包括对DNA非编码区域出现变异的检测与鉴定，比传统方法能更全面地反映其遗传多样性，为分类提供分子水平的客观依据。Neuhausen等（1992）利用限制性片段长度多态性（RFLP）技术进行了甜瓜种的遗传多样性研究，在分子水平对44份材料进行分类，但在Muskmelon与Honey dew两个类型内的多态性分子标记较少。许勇（1999）利用RAPD技术进行了甜瓜的起源和分类研究，结果认为厚皮与薄皮甜瓜在DNA水平上存在较大的遗传差异，从DNA水平上支持“多源论”，同时分子标记的聚类结果也支持网纹甜瓜可单独划分为厚皮甜瓜的一个变种的结论。刘万勃等（2002）用ISSR和RAPD两种分子标记技术对37份甜瓜（*Cucumis melo* L.）种质进行了遗传多样性研究，根据两种标记的结果，将供试材料分为两大类：野生甜瓜和栽培甜瓜。两种分子标记的分析结果呈极显著正相关（$r=0.62>r=0.01$）。各野生甜瓜种质之间的遗传距离较大，这与其分类地位基本一致。金基石（2001）等用RAPD技术对22份薄皮甜瓜材料分析的结果与传统技术的相一致。

必须指出，分子标记技术对甜瓜品种亲缘关系分析与分类的准确性和可靠性依赖于使用材料的代表性和分子标记对基因组探测的深入程度，同时，还必须与形态分析相结合。只有这样才能获得更全面、更科学的结果。

2. 杂种一代纯度鉴定 用DNA标记技术鉴定一代杂种纯度的基本原理就是以目标品种DNA图谱中某一DNA特异谱带的出现与否加以判断。即要求选择目标品种的DNA图谱中出现而其他品种中不出现的DNA谱带作为鉴定纯度用的特异谱带，通过比较F_1代与双亲的特征谱带，就可能实现杂种纯度的室内快速鉴定。陆璐等（2005）用SSR标记技术对两个甜瓜杂交品种（系）东方蜜1号和01-31及其亲本进行了鉴定，从23对SSR引物中筛选出8对引物能分别在2个甜瓜杂交种和其双亲之间扩增出多态性，表现为每个杂交组合的父本和母本分别扩增出1条各自的特征带，而其杂交种则出现双亲的2条特征带，表现为双亲的互补带型，因此可以准确区分真假杂种。所测得的杂交率与田间种植鉴定结果完全相符。研究表明，SSR标记技术可以应用于甜瓜杂交种子纯度的室内快速检测。

3. 遗传图谱构建及基因定位 构建甜瓜分子遗传图谱，极大地方便了甜瓜育种研究工作，也为相关基因的分离克隆奠定基础。目前，利用分子标记已经构建了一些甜瓜品种的遗传图谱，对一些抗病基因或与其紧密连锁的分子标记在相应的图谱中进行了定位，如ZYMV（*Zucchini yellow mosaic virus*）抗性基因（Anin-Poleg et al.，2002）、蚜虫抗性表型、性别性状表型及种皮颜色表型（Silberstein et al，2003）。Wechter等（1995）在甜瓜抗病材料MR-1上获得了与抗枯萎病生理小种1连锁的RAPD标记，并成功地将其转化为SCAR标记。Wang等（2000）利用MR-1和感病品种AY杂交建立了F_2代分离群体，得到了与甜瓜抗枯萎病生理小种0和1的抗性基因*Fom-2*连锁的15个分子标记，并将*Fom-2*基因定位于MR-1中。Zheng等（2001）也报道了与甜瓜枯萎病抗性基因*Fom-2*位点连锁的3个RAPD标记E07、G17和G596，其中E07和G17是感病性状连锁标记，而且存在于很多感病品种中。Yael等（2002）找到与甜瓜抗ZYMV病基因*Zym-1*紧密连锁的SSR标记CMAG36，遗传距离为9.1 cM；与甜瓜抗枯萎病生理小种0和2的抗性基因*Fom-1*连锁的SSR标记CMTC47，遗传距离为17.0 cM。李秀秀（2004）对甜瓜雄花两性花同株与雌雄异花同株材料间杂交后代及回交后代的花性型分离进行了研究，在F_2群体中采用混合分组分析法对*A*基因进行了分子标记筛选，找到一个与*A*基因连锁的大小约为500bp的RAPD标记。

4. 分子标记辅助选择 分子标记辅助选择（marker-assisted selection，MAS）是通过选择一个和目标基因紧密连锁的标记物（或者是两个两端区域的标记物）对1个或更多抗性基因进行选择。MAS不受环境条件的限制，能实现早期选择，越来越受到重视。刘文睿等利用含抗病基因*Gsb-1*的甜瓜抗病材料PI140471和感病材料白皮脆为亲本构建的F_2代群体为材料，获得与抗蔓枯病基因*Gsb-1*连锁距离为5.2 cM的SSR标记CMCT505，该标记可用于甜瓜分子标记辅助选择。张海英等在明确瓜类白粉病生理小种的基础上，以感白粉病新疆哈密瓜［*Cucumis melo* L. ssp. *melo* convar. *ameri*（Pang.）Greb.］来源的自交系K7-2和抗白粉病日本网纹甜瓜［*Cucumis melo* L. ssp. *melo* convar. *cantalupa*（Pang.）Greb.］来源的自交系K7-1为亲本及其F_2S_6群体为试材，对甜瓜白粉病抗性遗传机制和紧密连锁标记进行深入研究。群体遗传分析表明，K7-1对白粉病*Podosphaera xanthii*（DC.）VPGelyuta生理小种2F的抗性受1对显性基因*Pm-2F*控制。同时，采用SSR分析技术发现，抗病特异片段CM-BR120-172、CMBR8-98与*Pm-2F*紧密连锁，连锁距离分别为1 cM和3 cM。抗病特异片段CMBR120-172在120份甜瓜种质资源材料验证中符合率达87.5%。

5. 基因组学 2005年6月在西班牙巴塞罗那，由中国和西班牙、以色列、法国、美国、日本6个国家组成了国际葫芦科基因组计划（International Cucurbit Genomics Initiative，ICuGI）筹划指导委员会，研究计划包括甜瓜功能基因组学、甜瓜遗传图谱及数据库的建立等。目前，已构建有14张甜瓜遗传图谱，多个重要性状的分子标记及数量性状位点已找到并定位在图中，并开始在葫芦科作物之间进行比较基因组图谱方面的研究。已克隆出枯萎病抗性基因 *Fom-2*，其他农艺性状基因的克隆工作也在陆续开展。在甜瓜遗传连锁图谱的构建、重要性状分子标记及 QTL 定位、比较基因组学及基因克隆等方面分别对其研究进展进行了探讨。Garcia-Mas 等（2012）报道，2012 年甜瓜全基因组测序已完成并对外公布，测序获得的大量生物信息为开展功能基因组学研究奠定了基础，也标志着甜瓜基因组研究逐步进入到功能基因组研究时代。

（二）转基因技术研究

1. 抗病性研究 国内外学者采用农杆菌介导、基因枪等方法将黄瓜花叶病毒外壳蛋白基因（*CWV-CP*）、西葫芦黄化花叶病毒外壳蛋白基因（*ZYMV-CP*）等转入甜瓜中，获得转化植株，但不同转基因植株个体间表现出抗性差异。

徐秉良等（2005）利用整合有 *CMV-CP* 基因及 *NPT Ⅱ* 基因的改建质粒 pBim438，以农杆菌为载体，对黄河蜜甜瓜的子叶进行转化，得到了完整的转基因植株。在温室对获得的转基因植株进行 CMV 抗性鉴定试验并同时测定植株中的病毒含量，结果表明，转基因甜瓜对 CMV 的侵染表现了较高的抗病性，能够推迟症状发生，减轻病害发生程度；转基因植株体内的病毒含量低于对照组，而且抗病性在转基因植株间存在着差异。

2. 提高甜瓜果实耐贮运性研究 Kristen 等（1998）以一个网纹甜瓜品种 Alpha（F_1）的成熟果实为材料，分离出 3 个在成熟期高水平表达的 cDNA 克隆 MPG1、MPG2 和 MPG3。在甜瓜果实成熟过程中，MPG1 的 mRNA 量最为丰富。将该 cDNA 引入米曲霉（*Aspergillus oryzae*），对细菌培养滤液进行的催化活性分析结果显示，MPG1 编码一个内切多聚半乳糖醛酸酶，并且能够降解甜瓜果实细胞壁中的果胶质。该研究结果为在甜瓜植物上开展转 PG 反义基因研究奠定了基础。

乙烯作为一种植物生长调节剂，在果实发育成熟期间起着重要的催熟作用。在甜瓜生产中，为了延长货架期，往往需要抑制甜瓜果实的成熟。ACC 氧化酶是乙烯生物合成途径中关键酶，1996 年，Ayub 等将 ACC 氧化酶基因的反义基因转入哈密瓜品种 Charentais。研究发现，转基因植株果实中产生的乙烯比野生型果实中的 1%还少，并且果实成熟过程也受到了抑制。在添加外源的乙烯处理后，转基因植株的表型还能恢复正常。

虽然迄今已有许多获得甜瓜转化植株的报道，但均未有进入品种选育阶段的进一步报道，国内外至今尚未能将转基因技术应用到甜瓜育种实践中去。

（三）我国转基因技术研究

1999 年新疆农业科学院李仁敬等利用农杆菌介导法将黄瓜花叶病毒衣壳蛋白 cDNA 基因导入甜瓜新红心脆等 6 个品种（系），抗性植株采用常规育种技术，获得稳定遗传的抗病、优质甜瓜品系 K3-19。2001 年新疆农业大学钟俐将雪花莲凝集素基因通过农杆菌介导法转入新疆甜瓜，结果表明，转基因甜瓜有一定抗棉蚜幼虫效果。1999 年李天然等将番茄 ACC 合成酶的反义基因转入河套蜜瓜中，获得的转基因甜瓜的成熟期明显延长。2003 年西北农林科技大学张永红将 ACC 合成酶的反义基因转入甜瓜品种黄河蜜中，获得了转基因株系。2004 年内蒙古大学哈斯阿古拉将 ACC 合成酶、ACC 氧化酶的反义基因转入甜瓜，转基因甜瓜的贮藏期延长。2005 年内蒙古大学秦伟闻等用花粉管通道法，将 ACS 基因 cDNA 反向构建到植物表达载体 pGA643，配制成 DNA 溶液后导入河套蜜瓜中，获得的果实贮藏期由 7～10 d 延长至 40～60 d。2008 年新疆大学颜雪利用从抗枯萎病日本甜瓜品种安农 2 号克隆得到的甜瓜抗枯萎病基因 *Fom-2* 的同源基因——*R-Fom-2* 基因，用农杆菌介导法对新疆甜瓜皇后进行遗传转化，采用离体叶片接种法对转基因甜瓜进行生理抗性初步检测，结果表明，转基因甜瓜与对照植株相比，对枯萎病抗性均有不同程度的增强，进一步证明了 *R-Fom-2* 基因可能是新疆甜瓜抗枯萎病的一个功能基因。程鸿（2009、2013）利用 RNA 干扰技术沉默了一个甜瓜的 *Mlo* 基因（*CmMlo2* 基因），获得了具有白粉病抗性的转化植株，RNAi 植株没有出现明显的缺陷，*CmMlo2* 基因对白粉病抗性表现为负调控功能，利用 RNAi 技术靶向敲除 *CmMlo2* 基因后，使感病甜瓜材料获得了对白粉病的抗性。张红等（2009）利用产生分歧首个甜瓜 cDNA 芯片 Melon cDNA array ver1.0 检测了新疆厚皮甜瓜（*Cucumis melo* var. *ameri*）果实基因表达，以及经 ^{60}Co γ 射线辐射诱变后的甜瓜酸味抗病变异株成熟果实基因的表达，结果显示，该芯片平均能够检测新疆厚皮甜瓜基因 2 008 个，检测出的基因占该芯片基因探针总数的 65.4%。

第六节　良种繁育

甜瓜是异花授粉作物，在自然条件下非常容易杂交，品种优良性状不能稳定遗传给后代。因此，良种繁育是品种选育工作的继续，它是对推广品种种子迅速进行繁殖，使其尽快在生产上发挥应有的效益，同时也是对优良品种保持应有的纯度，并不断提高其种性，以保证为生产提供所需要的高质量的优良品种的种子，防止品种退化的有效手段。

甜瓜种子繁育的特点：甜瓜是雌雄异花同株，由昆虫传粉的异花授粉作物，容易受到其他品种的干扰，所以要隔离繁殖；甜瓜的雌花绝大多数是两性花，进行杂交时母本要去雄蕊；甜瓜花器大，繁殖系数高。

一、自交系和常规品种的繁育技术

甜瓜常规品种的原种根据 1984 年农业部制定的《中国甜瓜种子标准》，要求纯度 99%，净度 99%，发芽率 97%，含水量<8%。对于父母本的自交系种子的要求标准更高，特别是父本自交系纯度不得低于 99.5%。因此，用于生产甜瓜自交系和常规品种的原种，要严格按照原种生产程序操作。

（一）二年二圃制

将要繁殖的原种优良单瓜按小区分别种植，每单瓜种植 1 个小区。植株生长期间和果实采收时，按照自交系或品种的性状特性，严格进行田间株选和果实鉴定，选优汰劣，将中选的单瓜小区内混合采种，供下一年原种圃播种用。第 2 年在原种圃繁殖原种时，在生长期间及果实成熟时，按照自交系或品种的典型性状，主要是叶片、茎蔓、花器、果实的特征特性以及坐果节位、果实大小和整齐度、品质、抗逆性等性状严格选择，去杂去劣（图 19-4）。混合采收经检验合格的种子，即为原种种子。

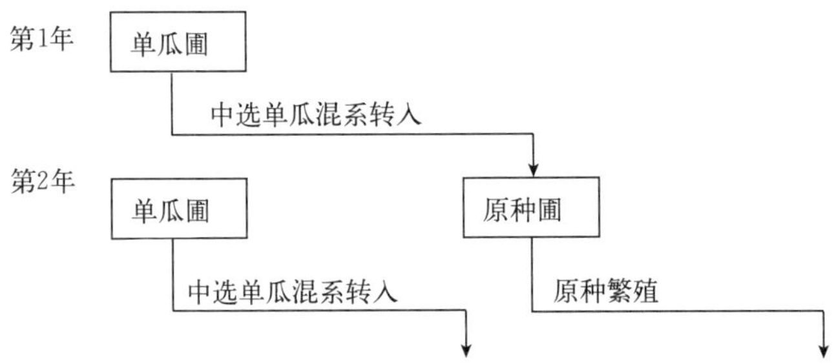

图 19-4　原种二年二圃制生产示意

（二）三年三圃制

将要繁殖的原种优良单瓜种子种植在选种田中，单株自交，选择优良单瓜。选择时要注意与原种的典型性状相一致。首先在田间观察植株形态、叶色、生育期、结果习性、果形和皮色花纹；在室内对果实鉴定时注意果形指数、果皮厚度和硬度、肉色、品质、含糖量及种子的形态、大小、色泽等。经综合比较，选出具有原种典型特性、性状优良、整齐一致的单系和单瓜，进入下一年繁殖。

第 2 年将入选的每个单系种植 1 个小区，组成单瓜系圃。选出各性状典型、一致性稳定的单瓜系。第 3 年将单瓜系混合种子种植于原种圃，进行扩繁原种种子（图 19－5）。

（三）生产种种子生产

一般均用原种的扩繁种。空间隔离 1 000 m 以上，套袋混合授粉，采收时去杂去劣，以生产出符合原种标准的生产种（图 19－6）。

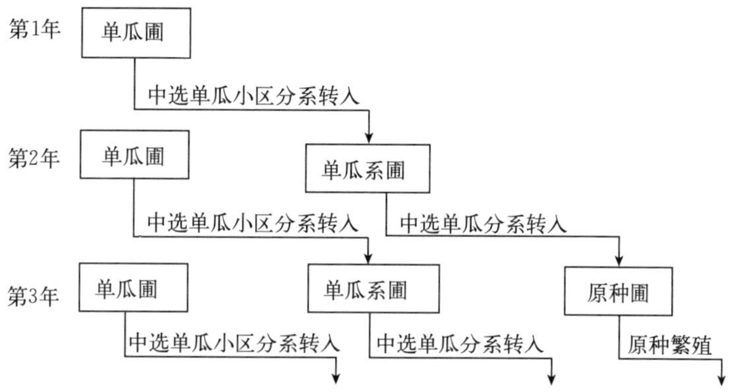

图 19－5　原种三年三圃制生产示意

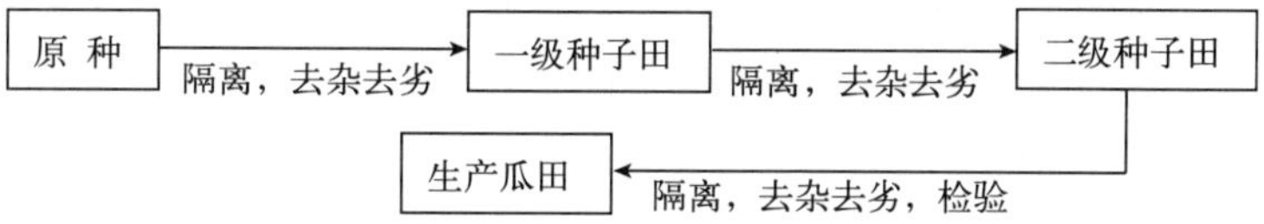

图 19－6　常规种生产示意

二、一代杂种制种技术

生产甜瓜杂种一代种子要求在固定的良繁基地进行，必须具备稳定的亲本原种的供应来源、专业的技术人员和有经验的制种户，拥有适宜耕地和空间隔离条件（1 000 m 以上），以及繁殖种子的各种设备（取籽机、精选机、种子库、包装间、检验室等）。

甜瓜杂交一代制种的生产程序如图 19－7。

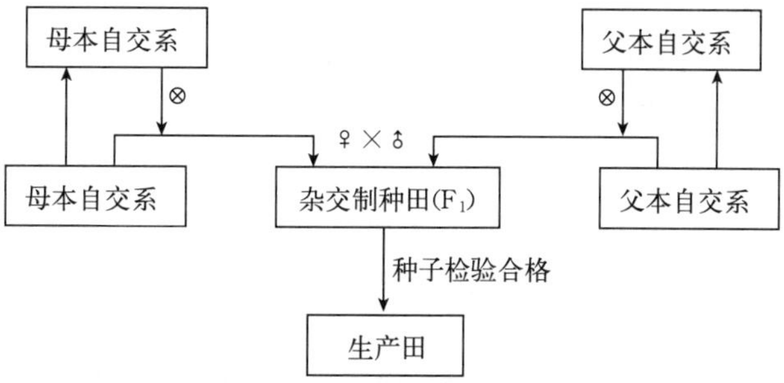

图 19－7　甜瓜杂交一代制种的生产程序

（一）甜瓜杂交一代制种的特点和注意事项

（1）自交系亲本种子母本纯度要求 98%以上，父本 99.5%以上。制种田应具有隔离条件，要求

1 000 m 范围内不得种植甜瓜其他品种，以防天然杂交。

（2）确定父本、母本比例为 1∶（15～20）。父本要比母本提早播种 7 d。北方地区母本种植密度一般情况下每公顷 22 500～30 000 株，采用单蔓整枝；南方地区种植密度每公顷 15 000 株左右，采用双蔓整枝。父本只取其雄花不留果，可采用稀植多蔓整枝，以便多生雄花。

（3）杂交授粉时，母本雌花要去雄套帽，并摘除其植株上雄花。对父本区要认真逐株检查植株和雌花子房的形态特征，确认无误后方可采取其雄花。授粉后要对母本雌花子房做明显标志，如用彩色毛线或塑料细环套在子房的花柄上，并继续套帽或夹花隔离。

（4）种瓜采收前对不符合母本品种特征特性、无杂交授粉标志以及病果、畸形果等的果实，必须摘除干净。种瓜要充分成熟后分期分批采收。

（二）种子质量检验、贮藏与加工技术

1. 种子质量检验 种子检验的目的就是严防病虫害、杂草的传播，向生产提供高纯度的优良种子。甜瓜种子检验包括室内检验和田间检验，主要包括对种子的纯度、净度、发芽率、发芽势、含水量、千粒重及病虫害和杂草等的检验。

这里重点介绍纯度的检验，其他检验内容可参考第八章“蔬菜良种繁育”。

（1）自交系和常规品种纯度检验

①检验时期。在自交系或品种特征特性表现最明显的时期进行，一般是在果实发育期至采收前进行。

②检验株数。同一自交系或品种来源的每 1.33 hm^2 划为 1 个区，区内设 5 个点，每点 100 株。

③植株检验。根据自交系或品种的植株形态、果实特征特性等逐株进行鉴别。

（2）杂交一代种子纯度检验

①植株形态特征的检验。它是目前最常用的方法，每一品种种植株数不少于 200 株，根据母本的某些隐性标志性状，如植株叶片、花器、果实、种子等进行鉴定。

②电泳鉴定。根据蛋白质结构的差异揭示基因的差异，具有快速、准确性高、重复性好的优点。分为蛋白质电泳和同工酶电泳，可以在室内快速完成。

③DNA 分子标记鉴定。利用分子标记技术，可以直接反映 DNA 水平上的差异。它是目前最先进的遗传标记系统，可以准确鉴定种子纯度，在室内完成。主要有简单序列重复（SSR）、随机扩增多态性（RAPD）、限制性片段长度多态性（RFLP）、扩增片段长度多态性（AFLP）等方法。

以上各种鉴定方法都有各自优缺点，应根据需要和实际情况选择利用。

2. 种子加工与贮藏技术

（1）种子加工 预清选—干燥—清选—人工粒选—干热杀菌—分级—种子包衣。

①预清选。多由制种农户自行用家用清选机或小型风筛清选机进行预清选。

②干燥。一是利用当地自然条件进行干燥，如新疆等西北地区夏秋季气候干燥、降水少，温度高。二是利用种子烘干机进行快速烘干，不受气候条件限制，干燥时间短，但成本较高。

③清选。采用清选机对种仁不饱满、密度小的种子进行清选，提高种子净度，减少机械混杂。原理就是利用籽粒和夹杂物在形状、规格、密度、表面特征和空气动力学特性等方面的差异，选出合格优良种子。

④人工粒选。主要是去除霉籽、烂籽、不饱满籽及不符合品种形状、色泽的种子，使之达到质量要求。

⑤干热杀菌。在有条件的地方可采用干热杀菌机，一般方法是：28～30 ℃预热并喷雾使空气相对湿度保持在 60%～70%，激活病原菌后温度提高到 52 ℃恒温杀死一般病菌，然后再提高到 72 ℃杀死耐高温病菌。

⑥分级。根据国家种子检验规定的标准对种子进行分级。

⑦种子包衣。种子包衣是指利用黏着剂或成膜剂，用特定的种子包衣机，将杀菌剂、杀虫剂、微肥、植物生长调节剂、着色剂或填充剂等非种子材料，包裹在种子外面，以达到种子成球形或者基本保持原有形状，提高抗逆性、抗病性，加快发芽，促进成苗，增加产量，提高质量的一项种子加工技术。种衣剂能迅速固化成膜，因而不易脱落。目前，国外种子企业在甜瓜上采用较多，国内企业采用较少，将来采用种子包衣技术是发展趋势。

（2）种子贮藏　种子贮藏要求低温干燥的条件。少量种子可贮藏在干燥器或密闭铁筒等容器内，并放入干燥剂。批量种子则需要建立种子库，种子库内要求通风设备齐全，库内空气相对湿度30%～60%，种子含水量7%～8%，种子群体内部的温度低于15℃，及时通风，注意防鼠、霉和虫，定期检查发芽率。

（3）种子包装　种子包装要求密闭、干净、无毒、牢固和无污染，包装可采用纸袋、布袋、塑料袋、铝箔袋或金属桶装等，同时在包装上注明品种名称、等级、重量、采种日期、产地、生产单位以及品种特征特性、栽培要点和注意事项等。

（伊鸿平　徐永阳）

主要参考文献

艾呈祥，陆璐，马国斌，等.2005.SSR标记技术在甜瓜杂交种纯度检验中应用［J］.园艺学报，32（5）：902-904.

陈劲枫.2008.基于种间渐渗的甜瓜属野生优异基因发掘研究［J］.中国瓜菜（6）：1-3.

陈劲枫，钱春桃，林茂松，等.2004.甜瓜属植物种间杂交研究进展［J］.植物学通报，21（1）：1-8.

程振家，王怀松，张志斌，等.2006.甜瓜白粉病抗性遗传机制研究［J］.江苏农业科学（6）：224-225.

程鸿.2009.甜瓜APX和Mlo基因克隆与功能分析［D］.泰安：山东农业大学：88-89.

程鸿，孔维萍，何启伟，等.2013.CmML02：一个与甜瓜白粉病感病相关的新基因［J］.园艺学报，40（3）：540-548.

川出武夫.2002.甜瓜对枯萎病的抗性［J］.杨鼎新，译.中国西瓜甜瓜（4）：43-45.

崔继哲，杨忠奎，陈柏杰，等.1994.甜瓜单性花遗传扩选育初报［J］.中国西瓜甜瓜（4）：17-20.

崔继哲，杨忠奎.1995.黑龙江省薄皮甜瓜品种资源［J］.北方园艺，1：30-31.

邓云，俞正旺，那丽.2007.航天育种及其在瓜类育种上的应用［M］//刘纪原.中国航天诱变育种.北京：中国宇航出版社：499-503.

冯建，刘童光，戴祖云，等.2008.甜瓜数量性状遗传距离与杂种优势研究［J］.中国瓜菜（3）：13-18.

高美玲，朱子成，高鹏，等.2011.甜瓜重组自交系群体SSP遗传图谱构建及纯雌性基因定位［J］.园艺学报，38（7）：1308-1316.

巩振辉，刘童光，张彦萍.2010.园艺作物种子学［M］.北京：中国农业出版社.

古勤生.2008.我国西瓜甜瓜抗病育种工作的主要进展、存在问题和建议［J］.中国瓜菜（6）：61-63.

顾卫红.1998.甜瓜种质资源主要园艺学特性的评价和筛选（英文）［J］.上海农业学报，14（3）：41-45.

哈斯阿古拉.2004.甜瓜耐贮藏基因工程研究［D］.呼和浩特：内蒙古大学：3-4.

贾媛媛，张永兵，刁卫平，等.2009.甜瓜同源四倍体的创制及其初步定性研究［J］.中国瓜菜（10）：1-4.

江舰，姚自鸣，吕凯，等.1999甜瓜倍性育种研究［J］.安徽农业科学，27（2）：164-165.

乐锦华，施江，赵虎基，等.2000.厚皮甜瓜亲缘关系及纯度的RAPD标记［J］.果树科学（4）：295-299.

李德泽，聂立琴，刘秀杰，等.2006.薄皮甜瓜种质资源创新与利用［J］.北方园艺（2）：83-84.

李金玉，李冠，赵惠新，等.2006.甜瓜抗霜霉病相基因同源序列克隆与分析［J］.植物生理学通讯，42（3）：435-440.

李仁敬，孙严，许健，等.1999.通过根癌农杆菌介导法获得新疆甜瓜抗病优质新品系［J］.西北农业学报，8（1）：3-6.

李天然，张志中，张鹤龄，等.1999.番茄ACC合成酶反义基因对河套蜜瓜的转化［J］.植物学报，41（2）：142-145.

林德佩.1984.新疆野生甜瓜研究［J］.新疆八一农学院学报（1）：50-52.

林德佩 . 1993. 新疆甜瓜抗病育种研究 [J]. 中国西瓜甜瓜 (4): 17-20.
林德佩 . 1999. 甜瓜基因及其育种利用 [J]. 长江蔬菜 (1) 31-34.
刘珊珊，秦智伟 . 2000. 甜瓜种质资源分类方法发展状况 [J]. 北方园艺 4: 15-16.
刘文革 . 2000. 甜瓜 (*Cucumis melo*) 基因目录 [J]. 中国西瓜甜瓜 (2): 37-40.
刘文革 . 2004. 甜瓜基因目录 (2002) [J]. 中国西瓜甜瓜 (4): 44-450.
刘文革，王鸣 . 2002. 西瓜甜瓜育种中的染色体倍性操作及倍性鉴定 [J]. 果树学报，19 (2): 132-135.
刘秀波，崔奇，崔崇士 . 2005. 瓜类白粉病抗性育种研究进展 [J]. 东北农业大学学报，36 (6): 794-798.
刘忠松，罗赫荣 . 2010. 现代植物育种学 [M]. 北京：科学出版社 .
栾非时，王学征，高美玲，等 . 2013. 西瓜甜瓜育种与生物技术 [M]. 北京：科学出版社 .
马德伟 . 1980. 甜瓜育种与遗传规律研究 [J]. 甘肃农业大学学报 (3): 12-14.
马德伟 . 1989. 甜瓜孢粉性状电镜扫描研究与起源分类探讨 [J]. 园艺学报 (2): 4-5.
马德伟 . 1996. 甜瓜种子蛋白质电泳检测遗传纯度的应用研究 [J]. 中国西瓜甜瓜 (2): 10-13.
马德伟，高锁柱，孙岚，等 . 1989. 甜瓜花粉形态研究及其起源 [J]. 园艺学报，16 (2): 134-138.
马国斌，王惠林，刘英，等 . 1999. 甜瓜杂交种纯度电泳鉴定方法的研究 [J]. 西北农业学报，8 (1): 82-86.
马克奇，马德伟 . 1982. 甜瓜栽培与育种 [M]. 北京：农业出版社 .
马刘峰，辛建华，付振清 . 2005. 哈密瓜花药胚的诱导 [J]. 北方园艺 (6): 83.
马刘峰，辛建华，付振清 . 2005. 甜瓜抗病性研究进展 [J]. 中国瓜菜 (5): 28-32.
马双武，刘君璞，王吉明，等 . 2006. 甜瓜种质资源描述规范和数据标准 [M]. 北京：中国农业出版社 .
马双武，王吉明，邱江涛，等 . 2003. 我国西甜瓜种质资源收集保存现状及建议 [J]. 中国西瓜甜瓜 (5): 17-19.
孟令波，诸向明，秦智伟，等 . 2001. 关于甜瓜起源与分类的探讨 [J]. 北方园艺 (4): 20-21.
潘小芳 . 1984. 新疆甜瓜 [M]. 乌鲁木齐：新疆人民出版社 .
齐三魁，吴大康，林德佩 . 1991. 中国甜瓜 [M]. 北京：科学普及出版社 .
钱桂艳 . 2003. 薄皮甜瓜育种研究现状及发展趋势 [J]. 北方园艺 (3): 19-20.
秦伟闻，哈斯阿古拉，潮洛蒙 . 2005. 转基因河套蜜瓜新品系育种过程的方法及其生态适应性 [J]. 华北农学报 (专辑): 119-121.
邵元健，周小林，包卫红，等 . 2012. 甜瓜种质资源遗传多样性的鉴定与评价 [J]. 中国瓜菜，25 (3): 8-11.
苏芳，郭绍贵，宫国义，等 . 2007. 甜瓜基因组学研究进展 [J]. 分子植物育种，5 (4): 540-547.
孙玉宏，张国桥，杜念华，等 . 2000. 甜瓜抗枯萎病的遗传与育种 [J]. 长江蔬菜 (2): 1-3.
王掌军，刘生祥，王建设 . 2006. 甜瓜分子标记的研究进展 [J]. 宁夏农林科技 (4): 39-40.
王吉明，马双武 . 2007. 西瓜甜瓜种质资源的收集、保存及更新 [J]. 中国瓜菜 (3): 27-29.
王坚，蒋有条，林德佩，等 . 2000. 中国西瓜甜瓜 [M]. 北京：中国农业出版社 .
王双伍，刘建雄，张广平，等 . 2006. 秋水仙碱离体诱导薄皮甜瓜四倍体的研究初报 [J]. 湖南农业科学 (5): 28-30.
魏大钊，吴大康 . 1986. 西北的瓜 [M]. 西安：陕西科学技术出版社 .
温玲 . 1996. 黑龙江省薄皮甜瓜地方良种简介 [J]. 黑龙江农业科学 (5): 48.
吴明珠 . 2003. 当前西瓜甜瓜育种主要动态及今后育种目标探讨 [J]. 中国西瓜甜瓜 (3): 1-3.
吴明珠，李树贤 . 1986. 新疆厚皮甜瓜开花习性与人工授粉技术的初步探讨 [J]. 瓜类科技通讯 (2): 15-20.
吴明珠，伊鸿平，冯炯鑫，等 . 2000. 哈密瓜南移东进生态育种及有机生态型无土栽培技术研究 [J]. 中国工程科学 (8): 83-88.
吴明珠，伊鸿平，冯炯鑫，等 . 2005. 新疆厚皮甜瓜辐射诱变育种效果的探讨 [J]. 中国西瓜甜瓜 (1): 1-3.
吴明珠，伊鸿平，廖新福 . 1989a. 甜瓜新蜜 1 号的选育及栽培要点 [J]. 新疆农业科学 (1): 29.
吴明珠，伊鸿平，廖新福 . 1989b. 新疆红心脆厚皮甜瓜的利用与改良 [J]. 中国西瓜甜瓜 (1): 21-23.
吴明珠，伊鸿平，廖新福 . 1991. 甜瓜新密 9 号的选育及栽培要点 [J]. 新疆农业科学 (1): 80.
吴永成，郭军，顾闽峰，等 . 2011. 当前甜瓜育种研究现状及发展趋势 [J]. 上海蔬菜 (2): 14-16.
新疆甜瓜西瓜资源调查组 . 1985. 新疆甜瓜西瓜志 [M]. 乌鲁木齐：新疆人民出版社 .
徐秉良，师桂英，薛应钰 . 2005. 黄河蜜甜瓜 CMVCP 基因转化及其抗病性鉴定 [J]. 果树学报，22 (6): 734-736.
颜雪 . 2008. 根癌农杆菌介导 R-Fom-2 转化新疆甜瓜的研究 [D]. 乌鲁木齐：新疆大学: 25-28.

颜雪，赵惠新，王贤磊，等 . 2008. 甜瓜抗枯萎病基因表达载体的构建及其转化 [J]. 生物技术，18（3）：9－11.

杨柳燕，徐永阳，徐志红，等 . 2011. 甜瓜霜霉病研究进展 [J]. 中国瓜菜，24（3）：38－43.

伊鸿平，吴明珠，冯炯鑫，等 . 2007. 哈密瓜空间诱变育种研究与应用 [M]//刘纪原 . 中国航天诱变育种 . 北京：中国宇航出版社：493－498.

于喜艳，何启伟，孔庆国 . 2002. 甜瓜育种研究进展及展望 [J]. 长江蔬菜（学术专刊）：6－8.

查丁石 . 2002. 网纹甜瓜单倍体植株生产及倍数性鉴定（英文）[J]. 上海农业学报，18（1）：43－45.

翟文强，田清震，贾继增，等 . 2002. 哈密瓜杂交种纯度的 AFLP 指纹鉴定 [J]. 园艺学报，29（6）：587.

翟文强，伊鸿平，冯炯鑫，等 . 2003. 新疆甜瓜的抗病性转育及其效果 [J]. 西北农业学报，12（1）：57－59.

张海英，苏芳，郭绍贵，等 . 2008. 甜瓜白粉病抗性基因 *Pm－2F* 的遗传特性及其紧密连锁的特异片段 [J]. 园艺学报，35（12）：1773－1780.

张红，张志斌，王怀松，等 . 2009. 应用基因芯片检测酸味甜瓜抗病甜瓜果实基因的表达 [J]. 西北植物学报，29（4）：0669－0673.

张永兵，陈劲枫，伊鸿平，等 . 2006. 辐射花粉授粉诱导甜瓜单倍体 [J]. 果树学报，23（6）：892－895.

赵惠新，李冠，李金玉，等 . 2005. 甜瓜抗病基因的研究进展及其应用前景 [J]. 分子植物育种（2）：249－254.

赵胜杰，路绪强，朱红菊，等 . 2013. 葫芦科作物功能基因组学研究进展 [J]. 中国瓜菜，26（6）：1－6.

中国科学院新疆资源开发综合考察队 . 1994. 新疆瓜果 [M]. 北京：中国农业出版社 .

钟俐 . 2001. 根癌农杆菌介导的雪花莲凝集素基因转入新疆甜瓜的研究 [J]. 乌鲁木齐：新疆农业大学：31－37.

周长久，王鸣，吴定华，等 . 1996. 现代蔬菜育种学 [M]. 北京：科学技术文献出版社：173－193.

朱德蔚，王德槟，李锡香 . 2008. 中国作物及其野生近缘植物：蔬菜作物卷 [M]. 北京：中国农业出版社：594－623.

朱方红，喻小洪，徐小军 . 2000. 西甜瓜航天育种研究初报 [J]. 江西园艺（5）：36－37.

庄飞云，陈劲枫，娄群峰，等 . 2006. 甜瓜属人工异源四倍体与栽培黄瓜渐渗杂交及其后代遗传变异研究 [J]. 园艺学报，32（2）：266－271.

中岛哲夫 . 1991. 新しい植物育种技术 [M]. 东京：株式会社养賢堂发行 .

Acquaah G. 2007. Principles of plant genetics and breeding [M]. Oxford：Blackwell Publishing.

Ayub R，Gui S M，Ben A M，et al. 1996. Expression of an antisense ACC oxidase gene inhibits ripening in Canta－Loupe melons fruits [J]. Nature Biotechnology，14：862－864.

Borojevic S. 1990. Principles and methods of plant breeding [M]. Amsterdam：Elsevier Publishers B. V.

Bos I，Caligari P. 2008. Selection methods in plant breeding [M].（2nd ed）. Springer.

Burger J C，Mark A，Chapman M A，et al. 2008. Molecular insights into the evolution of crop plants [J]. Amer J Bot，95：113－122.

Burger Y，Saae U，Katzie N，et al. 2002. A single recessive gene for sucrose accumulation in *Cucumis melo* fruit [J]. Journal of the American Society for Horticultural Science，127：938－943.

Chen J F，Isshiki S，Tashiro Y，et al. 1997. Biochemical affinities between Cucumis hystrix Charkr. and two cultivated species（*C. sativus* L. and *C. melo* L.）based on isozyme analysis [J]. Euphytica，97：139－141.

Chen J F，Kirkbride J H. 2000. A new synthetic species of Cucurbitaceae from intersecific hybridization and chromosome doubling [J]. Brittonia，52：315－319.

Chen J F，Zhang S，Zhang X. 1994. The xishuangbanna gourd a traditional cultivated plant of the Hanai people Xishuangbanna Yunnan China [J]. Cucurbit Genet. Coop. Rpt，17：18－20.

Fassuliotis G，Nelson B V. 1992. Regeneration of tetraploid muskmelon from cotylelons and their genotypes [J]. J. Amer. Soc. Hort. Sci，117（5）：863－866.

Garcia－Mas j，Benjak A，Sanseverino W，et al. 2012. The genome of melon（*Cucumis melo* L.） [J]. PNAS，109（29）：11872－11877.

Gonzalo M J，Oliver M，Garcia－mas J，et al. 2005. Simple－sequence repeat markers used in merging linkage maps of melo（*Cucumis melo* L.）[J]. Theor. Appl. Genet，110（5）：802－811.

Horejsi T，Staub J E，Thomas C. 2006. Linkage of random amplified polymorphic DNA markers to downy mildew resistance in cucumber（*Cucumis melo* L.）[J]. Euphytica，115（2）：105－113.

Hosoya K，Kuzuya M，Muraka T，et al. 2000. Impact of resistant melon cultivars on *Sphaerotheca fuliginea* [J]. Plant Breeding，199（3）：286－288.

Jain S M. 2005. Major mutation－assisted plant breeding programs supported by FAO/IAEA [J]. Plant Cell Tissue Organ Culture，82：113－123.

Lamkey K R，Lee M. 2006. Plant breeding：the arnel r hallauer international symposium [M]. Ames：Blackwell Publishing.

Lorz H，Wenzel G. 2005. Molecular marker systems in plant and crop improvement [M]. Berlin，Heidellberg：Springer－Verlag.

Monforte A J，Oliver M G，Onzalo M J，et al. 2004. Identification of quantitative trait loci involved in fruit quality traits in melo（*Cucumis melo* L.）[J]. Theor. Appl. Genet，108（4）：750－758.

Moon S S，Verma V K，Munshi A D. 2004. Gene action for yield and its components in Muskmelon（*Cucumis melo* L.）[J]. Ann. Agr. Res. New Series，25（1）：24－29.

Murphy D. 2007. Plant breeding and biotechnology：societal context and the future of agriculture [M]. New York：Cambridge University Press.

Nugent P E，Dukes P D. 1997. Root－knot nematode resistance in *Cucumis* [J]. HortScience，5：880－885.

Périn C，Hagen S，de Conto V，et al. 2002. A reference map of *Cucumis melo* based on two recombinant inbred line populations [J]. Theor. Appl. Genet，104（6/7）：1017－1034.

Pitrat M. 1994. Gene list for *Cucumis melo* L. [J]. Cucurbit Genent. Coop. Rep，17：135－148.

Sleper D A，Poehlman J M. 2006. Breeding field crops [M]. 5th ed. Ames：Blackwell Publishing.

Yabunoto K，Jennings W G. 1997. Volatile constituents of cantaloupe *Cucumis melo* and their biogenesis [J]. Food Sic，42：32－37.

Zalapa J E，McCreight J D. 2006. Generation means analysis of plant architectural traits and fruit yield in melon [J]. Plant. Breed，125：482－487.

Zalapa J E，McCreight J D. 2008. Variance component analysis of plant architectural traits and fruit yield in melon [J]. Euphytica，162：129－143.

Zhang Y P，Kyle M，Anagnostou K. 1997. Screening melon（*Cucumis melo*）for resistance to gummy stem blight in the greenhouse and field [J]. Hort Science，32（1）：117－121.

第二十章

南 瓜 育 种

南瓜属于葫芦科（Cucurbitaceae）南瓜属（*Cucurbita*）的一年生草本植物栽培种群，共有 27 个栽培及野生近缘种，染色体 $2n=2x=40$。其中食用价值较高的栽培种有 5 个，即南瓜（*C. moschata* Duch. ex Poir.；别名：中国南瓜、倭瓜）、笋瓜（*C. maxima* Duch. ex Lam.；别名：印度南瓜、金瓜）、西葫芦（*C. pepo* L.；别名：美洲南瓜、角瓜和北瓜）、灰籽南瓜（*C. argyrosperma* Huber. 或 *C. mixta* Pang；别名：墨西哥南瓜）和黑籽南瓜（*C. ficifolia* Bouche）。南瓜属蔬菜起源于美洲大陆。人类种植南瓜的历史可追溯到公元前 4050 年。中国大约从元明开始引入种植。由于幅员辽阔、气候类型丰富多样，加之南瓜属作物适应性强，引入中国后很快种植于全国各地，并在长期的自然和人工选择下，形成了许多各具特色的地方品种和地方资源。2013 年中国的南瓜（包括中国南瓜、印度南瓜和西葫芦）生产面积 110 万 hm^2，总产量超过 3 000 万 t。

南瓜属作物种质资源极为丰富，用途多种多样，可作为菜用、饲用、观赏植物用及用作瓜类的嫁接砧木，因此在世界各地广泛种植。南瓜属食用品种营养丰富，嫩果和成熟果均含有人体需要的糖、淀粉、维生素 A、维生素 C、蛋白质等多种营养物质，其中每 100 g 可食部分南瓜和西葫芦分别含蛋白质 0.7 g、0.5 g，碳水化合物 5.3 g、3.1 g，膳食纤维 0.8 g、0.7 g，维生素 A 148 μg、17 μg，胡萝卜素 890 μg、100 μg，核黄素 0.04 mg、0.02 mg，维生素 C 和维生素 E 8 mg、0.36 mg 和 5 mg、0.29 mg。此外，还含有较丰富的无机盐，尤以铁的含量较为突出，每 100 g 鲜食部分分别含 0.4 mg 和 0.6 mg（《中国食物成分表》，2002）。南瓜果实还含有一些调节人体代谢功能的物质，如南瓜果胶、戊聚糖、甘露醇、腺嘌呤、胡卢巴碱等成分，这些物质对多种疾病有疗效。南瓜籽又称南瓜仁、白瓜子、金瓜子，为南瓜属植物的成熟种子，药食两用，还可生产高级食用油。中国南瓜和西葫芦中还有一种特殊种类的种子即裸仁南瓜籽，天然无种壳，除方便炒食外，还可做糕点中的配料。

第一节　育种概况

一、研究概况

（一）国外育种研究概况

早在 20 世纪 20 年代，美国和苏联等国家就开始了对南瓜属植物的研究，对南瓜的起源中心及人类利用南瓜的历史进行了考察，并进行了资源的搜集、整理、分类等工作。40～60 年代，国外有学者相继报道南瓜相关研究，如美国学者 Whitaker 和 Robinson，日本学者早濑弘司和 Hayase。南瓜作物的育种研究，最早开展的都是常规品种的选育，主要根据品种的适应性、产量和口感进行自然或人工选择，形成了各具特色的地方品种。1939 年，Curtis 等开展了西葫芦的杂交育种初探，以后西方各国均根据不同的市场需求首先开展了西葫芦杂交优势利用研究。西葫芦的抗病育种研究起步较晚，主要原因是缺乏抗病种质，直到 1972 年 Sitterly 等和 Munger 等将南瓜属野生近缘种 *C. martinezii* 和 *C. lundelliana* 的白粉病抗性基因和西瓜花叶病毒病抗性基因通过远缘杂交转育到了西葫芦栽培种上，使西葫芦抗病育种有了突破性的进展。开展印度南瓜研究较早的是日本。早在明治初年，印度南瓜由北海道进入日本，系统选育出一些常规品种，如晚熟的斧形南瓜，中熟的黑皮栗蔓南瓜和红皮南瓜，早熟的会津栗南瓜、竹内南瓜、芳香青皮栗南瓜和打木赤皮甘栗南瓜，这些基本上属于常规品种。第二次世界大战后，随着生活水平的提高，人们要求高品质的印度南瓜品种，对此有学者开始了杂交品种的选育，主要亲本就是芳香青皮栗及一些以栗蔓南瓜为基础形成的绿皮南瓜，代表品种为日本泷井公司培育的爱碧斯，至 1986 年的 20 多年间公开发表育成了 31 个印度南瓜 F_1 品种。

中国南瓜的育种落后于西葫芦和印度南瓜，大部分是根据气候特点、产量和品质开展常规品种的选育，至今仍然有大量的常规品种在生产中广泛使用。杂交品种的选育主要是针对早熟性和品质 2 个主要性状展开的。美国在黄油类型南瓜、日本在黑皮磨盘形南瓜、泰国在黑皮瘤状磨盘形南瓜中针对早熟性、高含糖量、高淀粉含量和高类胡萝卜素含量等方面做了一些工作，选育出了以 Butternut、黑皮菊座南瓜和癞可丽等为代表的杂交种。通过种间杂交，可以有效提高南瓜作物的抗性。自 20 世纪初德国人 Drude 开展南瓜种间杂交试验以来，国内外学者一直为此持续不断地探索，寻求打破种间杂交障碍的方法和技术，但都进展有限。

（二）国内育种研究概况

在 20 世纪 80 年代以前，各地均以菜农自选自留的地方品种为主，80 年代以后开展系统选育和杂交育种。1986 年由广东省汕头市白沙原种场（后改为白沙蔬菜研究所）育成了杂交品种蜜本南瓜，但当时生产上主要应用常规品种，该杂交种并没有推广开，直至 20 世纪 90 年代末该品种才开始在长江以南地区大面积种植，成为目前中国南瓜的主栽品种。在西葫芦育种方面，20 世纪 70 年代末以前生产中使用的以农家品种为主，科研单位一直没有将其作为重点研究作物；80 年代末，山西省农业科学院蔬菜研究所率先在国内开展了南瓜属作物的遗传育种工作，相继育成了早青一代、阿太一代等西葫芦系列 F_1 代杂交种。20 世纪 80 年代末随着保护地栽培的兴起，西葫芦以其早熟、丰产、耐低温、经济效益高等优点成为冬季和早春的重要瓜类蔬菜之一，各地科研院所及蔬菜种苗企业才纷纷开展了西葫芦育种工作，育成了一批杂交种。

1982 年我国启动了蔬菜品种资源的收集整理工作，也促进了南瓜属作物的育种进程。1982 年山西省农业科学院蔬菜研究所在收集整理南瓜品种资源的工作中又发现了裸仁中国南瓜，并研究了裸仁性状的遗传规律。1987 年王甲生在山西省洪洞县自留地发现了中国南瓜的短蔓自然突变体，这也是中国南瓜种在世界范围内首次发现的矮生种类。之后山西省农业科学院蔬菜研究所科研人员明确了该短蔓性状受一对显性基因控制，并育成了新型无蔓一代中国南瓜杂交种，在生产上大面积推广。20 世纪 90 年代末期一批早熟、菜用、品质好的印度（西洋）南瓜从我国台湾和日本引入，带动了中国高品质印度南瓜的生产和育种。总之，从 20 世纪 80 年代开始，北京市农林科学院蔬菜研究中心、中国农业科学院蔬菜花卉研究所、湖南（南湘）瓜类研究所等科研单位及国内大型蔬菜种苗企业相继开展了南瓜属作物的引种和选育工作，在充分挖掘优良地方品种及国内外引种的基础上开展了南瓜种质资源的挖掘，陆续育成了一系列高产、优质、抗病的中国南瓜、印度南瓜和西葫芦新品种。

近 20 多年来，中国在南瓜育种领域还开展了一系列的应用基础研究工作，从形态学、细胞遗传学、同工酶分析、分子生物学等多方面开展了南瓜种间亲缘关系鉴定及亲和性研究（漆小泉等，1989；李海真等，2000）。在南瓜作物大孢子培养、胚胎拯救、原生质体融合、分子标记辅助育种、基因遗传转化等方面开展了一些工作，为南瓜的种质创新和育种奠定了一定的基础。

（三）育种成就

1. 国内外广泛引种成效显著　世界各国都十分重视引种工作，如美国利用在世界各地建立的国际农业研究中心搜集农作物种质。1977 年、1979 年和 1980 年分 3 次由美国 Whitaker 教授组成的科研小组第 1 次将南瓜属作物的收集目标从栽培种扩大到野生种，并发现了一些抗病野生种质材料。前苏联、日本和法国等国家也常年派出考察队分赴各国从事品种考察搜集工作，前苏联的 Nikolai 最早开始进行南瓜资源收集并进行描述。日本近代积极搜集南瓜起源地的种质材料，尤其重视引进有特殊品质和抗性的种质，如遍布世界各地种植的高品质印度南瓜材料就是日本从美洲引进并进行改良获得的。

在中国，20 世纪 50～80 年代，各地区多以农家品种为主，形成了如上海黄狼南瓜、狗腿南瓜、十姐妹南瓜、柿饼南瓜及广东蜜枣南瓜等中国南瓜品种，北京一窝猴、济南一窝蜂、小白皮西葫芦、江西绿皮西葫芦、北京笨西葫芦、兰州扯秧等西葫芦地方品种，谢花面、金瓜、厚皮笋瓜和香炉瓜等印度南瓜品种，以及嫁接瓜类作物使用的云南黑籽南瓜等优良地方品种。进入 80 年代，全国各科研院所和种苗企业先后从国外引进众多优良南瓜属品种，并直接应用于生产或作为杂交种的亲本之一，如以阿尔及利亚西葫芦为代表的短蔓西葫芦引入中国后，作为早熟类型西葫芦杂交种的亲本之一被广泛应用。与此同时，一些研究机构也开始进行西葫芦常规品种的选育研究。如辽宁省熊岳农业高等专科学校用一窝猴西葫芦与日本裸仁西葫芦杂交，经系统选育而成裸仁金瓜；1973 年广东省农业科学院经济作物研究所从引进的材料中系统选育，育成了中国南瓜品种蜜枣南瓜，该品种的育成对我国的中国南瓜育种和生产起到了积极的促进作用。总之，对国外种质资源的大量引种和后代选择，极大地丰富了中国的南瓜属种质资源，对中国的南瓜育种研究起到了积极的推动作用。

2. 新品种选育和杂种优势利用进展迅速　在中国南瓜的育种方面，广东省汕头市白沙蔬菜原种研究所于 20 世纪 90 年代育成的杂种一代蜜本南瓜，其产量高、品质好、综合性状优良，在全国多个省份推广和规模化生产。目前，该杂交种已成为中国栽培面积最大的中国南瓜品种，现今很多中国南瓜的育种都是针对蜜本南瓜而开展的。在以嫩瓜为商品的中国南瓜品种选育方面，贵州农学院育成了无蔓小青瓜，湖南省衡阳蔬菜研究所育成了一串铃 1～3 号等系列中国南瓜品种。

在西葫芦的育种方面，20 世纪 80 年代以来，中国陆续育成许多丰产、优质、抗病、熟性不同的优良一代西葫芦杂交种。如前所述的早青一代西葫芦杂交种，适应性强、早熟和高产，育成之后 20 年仍是中国西葫芦的主栽品种。此后，北京市农林科学院蔬菜研究中心育成了早熟、丰产、结瓜性能与外观品质上有较大提高的京葫系列西葫芦杂交种，中国农业科学院蔬菜花卉研究所育成了中葫系列西葫芦杂交品种，西北农林科技大学育成了春玉 1 号、银碟 1 号等西葫芦杂交种。

随着改革开放的不断深入，新一轮的国外西葫芦杂交种进入中国市场，以其商品性好、产量高、适应性强等优点逐渐在生产中占有相当的份额，但优质资源的进入也促使中国的西葫芦育种水平有了极大地提高。京葫系列、华盛系列、晋西葫芦系列等国产西葫芦品种也相继推向市场。最具代表性的是由北京市农林科学院蔬菜研究中心育成的京葫 36 西葫芦，商品性、抗病性及耐寒性突出，打破了国外品种在我国长达 10 多年的垄断地位。目前在中国西葫芦生产中，一代杂种的比例达 98%以上。与此同时，西葫芦育种机构也发生了变化，许多种子企业或独立或与科研单位合作，开始进入西葫芦育种领域。

20 世纪 90 年代，从日本、韩国和中国台湾等地引入的印度南瓜类型，由于其外形美观、品质优良、口感风味独特而迅速在市场上走俏，进而促进了我国印度南瓜的育种进程，并育成了如北京市农林科学院蔬菜研究中心培育的京红栗、京绿栗、京银栗、短蔓京红栗，中国农业科学院蔬菜花卉研究所选育的吉祥 1 号，湖南省瓜类研究所培育的锦栗、红栗，安徽省合肥种业选育的寿星、栗晶和金星，黑龙江省园艺研究所推出的龙早面等印度南瓜品种，这些品种表现高产、品质优良，已成为生产上的主栽品种，改变了过去只能从日本及中国台湾等地进口种子的状况。

籽用南瓜大多是使用印度南瓜和西葫芦的种子，如桦南无权、齐南 1 号、甘南 1 号、梅亚雪城、银辉 1 号等印度南瓜类型（也称白板类型），金辉 1 号、瑞丰 9 号等籽用西葫芦类型（也称光板类型）。这些品种的育成和推广，极大地推动了中国籽用南瓜产业的发展，甘肃省武威地区培育出的裸仁西葫芦也是籽用南瓜的新类型。

南瓜属作物是葫芦科中比较抗土传病害的作物，南瓜作为西瓜、甜瓜和黄瓜等瓜类作物的优良砧木已广泛应用于生产。在南瓜砧木育种方面日本和韩国起步早，育成了大量杂交种，新土佐类型种间杂交南瓜品种（印度南瓜×中国南瓜）在西瓜、甜瓜嫁接栽培中发挥着重要的作用。在我国，北京市农林科学院蔬菜研究中心于 2002 年起开展瓜类砧木的选育工作，育成了京欣砧 2 号至京欣砧 5 号系列砧木杂交种，分别用于西瓜、甜瓜和黄瓜作物的嫁接。这些砧木品种具有与接穗亲和性好、高抗枯萎病、对西甜瓜品质影响小等优点，嫁接后可明显起到提高接穗作物生长势、抗逆性及产量的作用，已成为瓜类主产区的主栽砧木嫁接品种。另外，山东省淄博市农业科学研究所育成杂交南瓜砧木 2 个，浙江省宁波市农业科学院育成了甬砧系列瓜类砧木。

南瓜重要性状的遗传规律、抗病基因的分子标记研究及杂交种生产技术的研究也取得了一定成果，如南瓜雌性系利用、化学去雄等技术在杂交制种上的应用也越来越普遍。2009 年国际葫芦科遗传协会年报发表了最新的南瓜基因目录，收录了 136 个性状或生化控制基因，以及部分性状的连锁分子标记，这些成果的取得为南瓜属作物育种奠定了坚实基础。

二、育种现状与发展趋势

（一）育种现状

南瓜属作物在我国栽培面积大，分布范围广，栽培类型多，但南瓜育种研究开展起步较晚，研究的深度和广度较其他大宗蔬菜作物有较大差距，20 世纪 80 年代前科研单位及大专院校对南瓜的研究工作做得甚少。后来人们逐渐认识到南瓜含有丰富的营养成分，有良好的保健功能，特别是国外优良品种进入我国，促进了南瓜育种工作的快速发展。

参考徐东辉等（2013）调查结果，目前，中国省级以上科研单位开展与南瓜育种相关的有 16 家，还不包括大专院校、地市级农业科研单位和民营企业。从事南瓜育种及栽培的人员在 100 人左右。主要研究单位和研究领域有北京市农林科学院蔬菜研究中心、中国农业科学院蔬菜花卉研究所、山西省农业科学院、西北农林科技大学、湖南省瓜类研究所、湖南省农业科学院蔬菜研究所、广东省农业科学院蔬菜研究所、河南科技大学、东北农业大学、上海市农业科学院设施园艺所、四川省农科院园艺，以及一些民营企业，如安徽江淮园艺科技有限公司、山东省华盛农业股份有限公司、安徽荃银高科种业股份有限公司等。科研院所大都重点从事与遗传育种理论和技术相关的研究、种质的创新和新品种的选育工作；企业的研究重点在种质创新和新品种选育方面。

近 10 年来南瓜育种工作主要以南瓜作物高产、优质、早熟、耐低温弱光和抗病等为目标，开展了南瓜种质资源的创制、病害鉴定技术、单倍体育种技术、分子标记辅助育种技术等研究工作。据不完全统计，近 10 年通过省级以上审定、认定和鉴定的南瓜属品种有 100 多个，在生产中大面积应用的品种有 30 多个，这些品种和技术的应用对推动南瓜产业发展起到了重要的作用。

（二）育种存在的问题

（1）现代生物育种技术与常规技术结合不够紧密，与育种相关的应用基础研究刚刚起步，主要性状的遗传规律研究尚需进一步开展，单性结实、雄性不育等重要性状的研究和利用仍为空白。

（2）骨干亲本材料的创制没有得到足够重视，抗病、抗逆性种质的创新工作依然薄弱。

（3）部分育成品种与市场需求脱节，品种抗病性与优质高产的矛盾突出，适合加工和综合利用的专用品种少；新品种的数量虽然庞大，但相似品种多，急需选育突破性的新品种。

(三) 育种目标与发展趋势

今后应积极采取生物技术和常规育种相结合的方式，通过分子标记辅助育种、单倍体培养、辐射诱变育种等手段，提高育种效率和精准设计育种水平。同时特别要注重原始资源的创新，将来源不同的种质进行多亲融合，实现重要种质资源的突破。品种选育除注重产量、品质、外形和颜色之外，更要注重广适性、抗病性、耐贮运性、省工省力、适应机械化收获等综合性状，且向适应不同区域需求的专用化方向发展。根据生产和市场的变化，预测今后一段时间内西葫芦的育种主要目标是早中熟性配套、适应性广、瓜码密、颜色翠绿、瓜条柱状、复合抗病性强和产量高。中国南瓜和印度南瓜的育种目标应是长势适中、适应性强、高品质（营养品质和外观品质）和高产并重、抗病性强。综上所述，未来南瓜属作物育种方向应是能满足不同生产和消费需求，适应不同种植时期、不同种植模式，选育类型多样的抗病、丰产、优质的南瓜新品种。

第二节　种质资源与品种类型

一、起源与传播

(一) 南瓜在世界范围内的起源与传播

曾有学者认为南瓜起源于亚洲南部，并主要分布在中国、印度及日本等地，欧美甚少，故有中国南瓜、印度南瓜和日本南瓜之称。后经对考古资料及品种资源的分布考察，证明中国、印度、日本都不是南瓜的初生起源中心。美国农业部葫芦科专家 Whitaker 和联合国粮农组织的艾斯奎纳斯·阿尔卡扎通过多年研究发表报告显示南瓜属植物起源于美洲大陆。古植物学家也曾在美洲的墨西哥东北部山区塔毛利帕斯州（Tamaulipas）发现了保存在干燥洞穴里的南瓜种子（前 7000 年），他们推断古代的阿兹特克、印卡和玛雅印第安人以食用南瓜籽作为食物，由此可判断南瓜在美洲大陆已有 9 000 年以上的栽培史。

20 世纪 20 年代，美国、苏联等国家派出多批探险考察队赴美洲的墨西哥、危地马拉、秘鲁等国家调查南瓜栽培种及其野生近缘种的起源与分布，通过采集和考古发掘，得到了不同栽培种南瓜的起源地及其栽培历史年代的确凿证据。结论如下：

中国南瓜（南瓜）种起源于北美洲和南美洲的广大地区，主要分布在墨西哥南部、危地马拉和巴拿马，以及南美洲的哥伦比亚及委内瑞拉。在哥伦布发现美洲大陆之前，就已有人在北美洲和南美洲各地广泛栽培中国南瓜。中国南瓜在中美洲有很长的栽培历史，现今亚洲的栽培面积最大，其次为欧洲和南美洲。经过长期的栽培驯化，中国南瓜已经分化出许多类型，但同物异名和同名异物现象还比较普遍。

西葫芦起源于墨西哥和中南美洲地区，故有美洲南瓜之称。在哥伦布发现美洲大陆前西葫芦就已广泛分布于墨西哥北部和美国的西南部。西葫芦的多样性中心也主要在墨西哥北部和美国的西南部，约在 17 世纪传入亚洲后，因非常适应亚洲温带和亚热带气候环境，遂分化出许多类型和品种。目前，西葫芦在世界各地均有分布，其中欧洲、美洲、亚洲栽培最为普遍，特别是在英国、法国、德国、意大利、美国、土耳其和中国等国家，西葫芦作为蔬菜和饲料被大面积栽培。

印度南瓜（笋瓜）起源于南美洲的秘鲁南部、智利北部、玻利维亚北部和阿根廷北部。由于欧洲气候凉爽，适宜印度南瓜生长，因此引种后迅速普及，并逐渐传入亚洲。印度南瓜现已传播到世界各地，在中国、日本、韩国和印度等亚洲国家及欧美国家普遍栽培和食用。在中国经过长期驯化和不断选择，挑选出了许多适合本地种植的地方品种。

灰籽南瓜（墨西哥南瓜）起源于墨西哥至美国南部，与中国南瓜、西葫芦有许多相同之处，主要分布在墨西哥中部延伸至尤卡坦半岛抵哥斯达黎加，目前在墨西哥分布较多，日本也有栽培。在中国几乎没有栽培。

黑籽南瓜起源于中美洲高原地区，现多分布于墨西哥中部、中美洲至南美洲智利的广大地区。中国则多分布于云南、贵州一带，一般用作饲料，栽培不普遍。据日本学者早漱宏司的报道，黑籽南瓜于公元前4000—前3000年就已经存在。

（二）南瓜在中国的引种与传播

引入中国的栽培种有中国南瓜种、印度南瓜种和西葫芦，这3个栽培种在中国南北各地均有栽培。因南瓜属作物种植区域广泛，所以古代对南瓜的叫法各不相同。南瓜的称谓始见于元代贾铭撰《饮食须知》一书，在其"菜类"篇中，有"南瓜味甘性温"的记述。清代嵇璜等《续通志·卷175·昆虫草木略》提到南瓜因种出南番，转入闽浙，故有南瓜此名。吴大勋《滇南闻见录》下卷载有麦瓜，指出"麦瓜即南瓜，江南呼为饭瓜"。明代李时珍在《本草纲目》中对南瓜形态与特性作了比较详细的描述："二月下种，宜沙沃地，四月出苗，引蔓甚繁，一蔓可延十余丈，节节有根，近地即着，其茎中空，其叶状如蜀葵而大如荷叶，八九月开黄花，如西瓜花，结瓜正圆，大如西瓜，皮上有棱如甜瓜，一株可结数十个，其色或绿或黄或红，经霜收置暖处，可留至春，其子如冬瓜子，其肉厚色黄，不可生食，惟去皮瓤瀹食，味如山药，同猪肉煮食更良，亦可蜜煎。"此外《本草纲目》中对南瓜的起源与传播路线也作了阐述："南瓜种出南番，转入闽浙，今燕京诸处亦有之矣。"由此可见，中国很早就已经对南瓜进行了引种与传播。根据上述描述推测，这些古籍中提到的南瓜应该是指中国南瓜和印度南瓜。

据《中国农业百科全书·蔬菜卷》（1990）记载，明、清两代，中国与亚洲邻国及西方国家频繁交流，大约在这个时期南瓜属植物从海路和陆路传入中国，所以南瓜又常被称为番瓜、倭瓜、番南瓜等。世界航海史也记载了15世纪末期至16世纪初期，欧洲人发现了美洲新大陆，原产美洲的不少植物包括南瓜在内被引入东南亚，并辗转进入中国。

改革开放后，随着中国与世界各国的交流增多，印度南瓜和西葫芦的引种工作取得了长足进展，许多品质优良的印度南瓜种从日本、韩国及中国台湾引进，品质优良、产量高、抗病性强的西葫芦随着国外公司的进入也被引入中国，这些品种大大丰富了南瓜属作物的种质资源，促进了我国南瓜属作物的育种。

二、南瓜属作物栽培种的分类

南瓜属作物的种类繁多，果实形状、大小、品质各异，生物多样性突出。南瓜起源的多样性和长期的自然进化与人工选择形成了丰富多彩的植物种群，成为蔬菜中种类丰富、变异类型多、用途广泛的作物之一。

（一）植物学分类

南瓜属包括栽培种及其野生近缘种共27个（表20-1）。其中，每个种又包含许多亚种和品种。

表20-1 南瓜属的栽培种和野生近缘种

（林德佩，2000）

学 名	种 名	习 性	生态环境	染色体（2n）	产 地	用 途
C. maxima	笋瓜	一年生栽培	低地	40	全球	熟果、花、叶、种子可食
C. mixta	墨西哥南瓜	一年生栽培	低地	40	全球	熟果、花、叶、种子可食
C. moschata	中国南瓜	一年生栽培	低地	40	全球	熟果、花、叶、种子可食

（续）

学　名	种　名	习　性	生态环境	染色体 (2*n*)	产　地	用　途
C. pepo	西葫芦	一年生栽培	低地	40	全球	熟果、花、叶、种子可食
C. andreana	安德烈南瓜（拟）	一年生野生	湿地低地	40	阿根廷	杂草
C. californica	加利福尼亚南瓜	多年生野生	旱生低地	40	美国加利福尼亚州、亚利桑那州	杂草
C. cordata	心形南瓜（拟）	多年生野生	旱生低地	40	墨西哥	杂草
C. cylindrata	柱形南瓜（拟）	多年生野生	旱生低地	40	墨西哥	杂草
C. digitata	指形南瓜（拟）	多年生野生	旱生低地	40	美国、墨西哥	杂草
C. foetidissima	油瓜（拟）	多年生野生	旱生低地	40	美国、墨西哥	杂草
C. fraterna	胡拉特南瓜（拟）	一年生野生	湿地低地	40	墨西哥	杂草
C. galeotti	加洛提南瓜（拟）	多年生野生	旱生低地	40	墨西哥	
C. gracilor	纤细南瓜（拟）	多年生野生	湿地低地	40	墨西哥	
C. kellyana	凯利南瓜（拟）	一年生野生	湿地低地	40	墨西哥	
C. lundelliana	龙德里南瓜（拟）	多年生野生	湿地低地	40	危地马拉、伯利兹	高抗白粉病
C. martinezii	马提尼南瓜（拟）	一年生野生	湿地低地	40	墨西哥	高抗白粉病、病毒病
C. mooreii	穆勒南瓜（拟）	一年生野生	湿地低地	40	墨西哥 Hidalgo	
C. okeechobensis	阿克丘宾南瓜（拟）	一年生野生	湿地低地	40	美国佛罗里达州	高抗白粉病
C. palmata	掌状南瓜（拟）	多年生野生	旱生低地	40	美国加利福尼亚州	
C. palmeri	帕尔默南瓜（拟）	多年生野生	湿地低地	40	墨西哥 Culiacan	
C. pedatifolia	鸟足叶南瓜（拟）	多年生野生	湿地低地	40	墨西哥 Quaretarao	
C. radicans	生根南瓜（拟）	多年生野生	湿地低地	40	墨西哥 Mexeco 城	
C. scarbridifolia	糙叶南瓜（拟）	多年生野生	旱生低地	40	墨西哥东北部	
C. sororia	多果南瓜（拟）	一年生野生	湿地低地	40	墨西哥 Guerrero	
C. texana	得克萨斯南瓜（拟）	一年生野生	湿地低地	40	美国得克萨斯州	
C. ficifolia	黑籽南瓜	多年生栽培	高地种	40	墨西哥—智利	作瓜类砧木，抗病、耐低温
C. ecuadorensis	厄瓜多尔南瓜（拟）	野生	低地	40	厄瓜多尔	高抗白粉病

（二）依果实性状进行分类

《中国蔬菜品种志》（2001）将中国南瓜果实形状分为扁圆、短筒、长筒 3 种类型。刘宜生（2007）等又将果形细化为：扁圆类型果实的纵径小于横径，人们常将此类型中的小果实品种称为柿饼南瓜；中等大小的称为盒盘南瓜；大型果实的称为磨盘南瓜。短筒类型果实的纵径与横径之比为 1～2∶1，瓜形呈圆球状的称为球形瓜；果梗和果蒂部缩，呈橄榄形的称为橄榄瓜或腰鼓瓜；果梗部缩、果蒂部平的称为梨形瓜或斗笠瓜；果梗部平、果蒂部尖的称为锥形瓜；两端都平，果梗端大于果蒂端的称为酒坛瓜；果梗端小于果蒂端的称为牛蹄瓜；两头一般粗的称为墩子瓜；中间稍细呈束腰状的称为葫芦瓜等。长筒类型的果实其纵径大于横径 2 倍以上，呈长筒形或长弯筒形，果蒂一端稍大。其中，小果型的称为雁脖瓜；中果型的称为狗伸腰、黄狼瓜、粗脖子瓜；大果型的称为牛腿瓜、骆驼脖；中间束腰的称为枕头南瓜等。

印度南瓜品种之间果实的大小、形状、皮色及品质差异较大。按照形状可分为圆、扁圆、椭圆、纺锤及长柱形等。按果实皮色常分为白皮、黄皮、红皮、灰皮、绿皮及花皮等几个类型，但需要注意的是有些印度南瓜嫩果和老熟果的皮色不同，老熟瓜皮色有乳白、淡黄、赭黄、黄、金黄、橘黄、橘红、灰绿、墨绿等。有些品种瓜面上有颜色深浅不同的橘红色、绿色或灰绿色条斑，果面光滑或有深浅不同的棱沟；部分品种果面有许多瘤状突起，果梗基座稍膨大或不膨大。一些品种彼此间的皮色界限不很明显，有时不易描述清楚。

日本学者根据果实形状、果面瘤状及花痕部特征等将印度南瓜种分为 7 种类型（《野菜园艺大百科·第 6 卷》），分别为：①小鸟类型，果实形状为短纺锤形且瓜面带有瘤状突起，即瓜脐和瓜梗处均突出。根据果面瘤状及果面颜色又可分成许多种，中国的代表品种有哈尔滨洋窝瓜、沈阳甘栗等；②极美味类型，果实形状为短纺锤形，但瓜梗部较平，只是瓜脐部突出，中国的代表品种有黑龙江红窝瓜、延边鹰嘴南瓜等；③栗南瓜类型，果实形状也是短纺锤形，但瓜脐部较平，只是瓜梗部突出，中国的代表品种有新土佐南瓜品种的母本，即日母灰皮南瓜等；④改良栗南瓜类型，果实扁圆形，瓜梗和瓜脐部都较平坦，果皮颜色有橙红、绿色、灰绿或乳白，中国推广的商业品种大部分属于该类型，代表品种有京绿栗、栗晶南瓜、吉祥 1 号等；⑤奶酪奖杯形类型，中国称其为香炉瓜类型，近脐部膨大呈三足或四足鼎立状，中国的代表品种有偏关窝瓜、桓台五星彩瓜等；⑥香蕉类型，果实长柱形，两头稍微变细，果皮橙色、灰绿色或乳白色，中国的代表品种有凉城吊瓜和侯马玉瓜等；⑦巨型南瓜类型，该类型南瓜果实巨大，果皮柔软，常作为饲料和观赏南瓜用。

西葫芦的果实形状较为简单，一般分为圆形、柱形、碟形和桃形等。圆形又分扁圆形和近圆形，柱形分短柱形、中柱形和长柱形等。

（三）依茎蔓长短进行分类

1. 矮生（丛生）类型 主要在中国南瓜、西葫芦和印度南瓜种中出现，印度南瓜中的丛生类型最少。矮生中国南瓜种的茎蔓和节间较短，较早熟，蔓长 30～60 cm，且有多个分枝，许多雌花着生于从根部分枝出的小侧枝上，这些侧枝着生 5～8 片叶后自然封顶。代表品种有无蔓 1 号和无蔓 4 号。西葫芦和印度南瓜品种不太容易出现自然封顶现象。矮生西葫芦类型一般表现早熟，蔓长 30～50 cm，节间短。第 1 雌花着生于第 3～8 节，以后每节或隔 1～3 节出现一雌花。

2. 半蔓生类型 一般指印度南瓜和西葫芦中的一些半短蔓类型。其茎蔓表现为前期短蔓、中后期茎蔓逐渐变长，直到和长蔓品种接近。这些品种前 8～10 节的节间距非常短，第 10 节以后逐渐变长，接近正常长蔓植株的节间距和茎蔓长度。印度南瓜代表品种有短蔓京绿栗、短蔓京银栗，其短蔓亲本是从日本引进品种中经多代自交分离选育而成的。蔓长在 80～120 cm，主蔓第 1 雌花着生在第 8～11 节上，为早熟品种。西葫芦的地方农家品种及杂交品种中也有半蔓类型，表现为中熟，露地栽培蔓长 50～150 cm，主蔓第 8～10 节着生第 1 雌花，部分由短蔓和长蔓亲本杂交后的 F_1 代属于这个类型。如京葫 36、冬玉等。在中国南瓜的自然资源里还没有发现半蔓生类型，但在长蔓品种与丛生型中国南瓜杂交后代中有这种类型的株系出现。

3. 蔓生类型 是中国南瓜和印度南瓜中的最主要类型。该类型品种植株生长势强，节间距长，主蔓可达 200～500 cm，甚至更长，主蔓第 1 雌花一般出现在第 10 节前后，早、中、晚熟品种都有。从播种至开花，不同品种差异很大。蔓生类型南瓜一般较矮生类型抗病、耐热、耐寒、耐旱性强，结果部位较分散，成熟期不集中，但采摘老熟瓜的长蔓品种每一单株可结瓜 2～3 个，所以在一个生长季可分期采收。中国南瓜主要品种有蜜本南瓜、黄狼南瓜、太谷南瓜和磨盘南瓜等。印度南瓜中有红栗、绿栗、甘栗南瓜和香炉瓜等。部分西葫芦品种也具有长蔓特征，但由于栽培时需要较大面积，目前仅有少数籽用西葫芦属于长蔓品种，或作为杂交品种的亲本在使用。

（四）南瓜栽培种间主要性状的差异

南瓜属的 5 个栽培种在茎、叶、花、果和种子等植物学形态特征方面都有明显区别（表 20－2），其中茎、叶、花、刺、果蒂和种子的形态特征是南瓜种间区分的重要依据。

表 20-2　南瓜属 5 个栽培种的形态特征比较

[李海真参考关佩聪（1994）修改，2007]

	中国南瓜	笋瓜	西葫芦	黑籽南瓜	灰籽南瓜
学名	*C. moschata*	*C. maxima*	*C. peop*	*C. ficifolia*	*C. argyrosperma*
别名	南瓜、倭瓜、饭瓜	印度南瓜、玉瓜、金瓜、栗面南瓜	美洲南瓜、角瓜、北瓜		墨西哥南瓜
起源地	中美洲	南美洲的玻利维亚、智利、阿根廷	北美南部	中美洲的高原地区	墨西哥至美国南部
生长周期	一年生	一年生	一年生	多年生	一年生
生长类型	蔓生或丛生	蔓生，罕见丛生	蔓生或丛生	蔓生	蔓生
茎	五棱形，茎节易生须根，硬	圆筒形，粗毛茸，软	有五棱角及沟，硬	五棱形，硬	五棱形，硬
叶片	掌状，3～5 浅裂或全缘，尖端尖锐，叶面上多数有银白色斑点	近心脏形、圆形或肾形，叶片浅裂，尖端圆钝，叶缘全缘、叶面上无白色斑点	掌状，3～7 深裂或浅裂，裂片颇尖，叶梗及叶面均有小刺，部分品种叶面上有银白色斑	叶片 3～5 浅裂，类似无花果叶，叶面上有白斑	掌状，叶大而多毛，裂刻中等，多数品种叶面有白斑
叶柄刺	软毛	软毛	硬刺	硬刺	硬刺
花	花蕾呈圆锥状，花筒广平开杈，花冠裂片大，多网状脉，花瓣尖端锐顶、柠檬黄色，雌花萼片大，呈叶状	花蕾圆柱形，花筒呈圆筒状，花冠裂片柔软，向下垂吊，花瓣圆形、鲜黄色，萼片小而狭长	花蕾圆锥状，花筒呈漏斗状，花冠裂片狭长直立，花瓣锐顶、橙黄色，萼片狭而短	花蕾呈圆锥状，花筒为小漏斗状，花瓣尖端钝角、黄或淡黄色，萼片短而细	花蕾圆锥状，花筒漏斗状，花冠橙黄色，花瓣锐顶，雄蕊细长
果梗	细长、硬，有木质条沟，全五棱形，果梗基座呈五角形	短，软木质或海绵质，圆筒形，果梗基座不膨大或稍膨大	较短而硬，有沟，五棱形，果梗基座稍膨大	硬，全五棱形，果梗基座稍膨大	果柄处硬的瘤状组织发达，五棱形，果梗基座稍膨大
果实	果实脐部凹入，成熟瓜表面具蜡状白霜；果皮乳白至深绿或有浅绿色网纹、条纹和斑纹；果肉有香气，质粗至密，纤维质或胶状，糖分和淀粉含量较高，呈浅黄至橙色	果实脐部突出或平展，鲜有凹入，果面平滑少数有棱沟；果皮色泽白、黄、红、绿、灰等或间有条状斑；成熟果无香气；果肉粗至密，糖和淀粉含量少至多	果实小至大，成熟果无白霜；果肉粗至密，白色至暗橙黄，含糖分和淀粉较少，个别种成熟果糖和淀粉含量较高	果实小，果肉粗，强纤维性，白色至淡黄；果皮白色至绿色网纹	果皮较硬，大部分品种果面有绿色或白色纵条纹，果肉薄，纤维素多，水分多，果肉白至黄色
种子	边缘隆起而色泽较浓，与本体有别，种脐歪斜圆钝或平直，外皮灰白至黄褐色，长 16～20 mm	边缘与种子本体的组织及色泽差异不大，种子较大，种脐歪斜，外皮乳白、褐色，长 16～22 mm	种皮周围有不明显的狭边，种脐平直或圆钝，外皮淡黄色，长 10～18 mm	周缘平滑，种脐圆形，外皮黑色、黄褐色，长 17 mm	灰白色或有花纹，种脐钝，边缘多银绿或灰绿色，裸扇状，周缘薄，长 17～40 mm

三、南瓜属种质资源研究与利用

（一）种质资源的搜集、整理

20 世纪 50 年代以来，中国逐步开展了农作物品种资源的调查与搜集工作，南瓜种质资源也得以征集和整理。2001 年选编入《中国蔬菜品种志》中的南瓜属品种共 125 个。截至 2006 年，入库保存的中国南瓜 1 114 份，西葫芦 403 份，笋瓜 371 份，黑籽南瓜 3 份。从这些资源的分布区域来看，中国南瓜主要分布在华北（29.2%）、西南（20.6%）、西北（17.7%）、华南（16.6%）、华东（13.9%）及东北地区（1.9%）。西葫芦主要集中在华北（51.6%）和西北（23.5%）地区。印度南瓜也主要集中在华北（55.4%）和西北（27.3%）地区。在加强种质资源搜集整理工作的同时，已制定了南瓜种质资源描述规范和数据标准。北京市农林科学院蔬菜研究中心对保存的 294 份南瓜品种资源建立了一套品种评价数据系统。存在的问题是，入库的南瓜种质资源存在大量的同种异名或同名异种及同一种质来源于不同驯化地域的现象。有些种质遗传特性非常接近，如北京一窝猴与郑州一窝鸡西葫芦，上海黄狼南瓜和山西曲沃狗腿瓜，东北谢花面和安徽面瓜等，因此急需开展入库品种亲缘关系的鉴定和分类工作。

国外对种质资源的考察搜集也十分重视。美国植物种质资源库共搜集整理南瓜属资源约 3 310 份，其中 5 个栽培种占了 3 025 份，包括中国南瓜 777 份、印度南瓜 837 份、西葫芦 1 083 份、灰籽南瓜 256 份、黑籽南瓜 72 份，并相继对南瓜的抗病性和品质性状进行了鉴定分析。比如 Andress 于 1999 年 6 月组织瓜类种质资源收集组前往南美洲厄瓜多尔，采集到 6 份种质材料并证明厄瓜多尔南瓜（*Cucurbita ecuadorensis*）这个古老的半栽培种不仅抗旱、抗盐，而且抗多种病害，已成为改良南瓜栽培种抗性水平的主要抗源。

（二）种质资源的创新利用

日本早在 20 世纪 40 年代就开始了南瓜种质资源的创新研究，育成了许多品质优良、熟性早的印度南瓜品种和熟性中晚熟、品质好的中国南瓜品种，同时，日本在南瓜类作物作为瓜类砧木研究领域也处于世界前列。欧美国家对观赏南瓜、雕刻用南瓜（大部分为西葫芦种）及深绿色皮菜用西葫芦的研究比较重视，对中国南瓜种的研究大多集中在 Butternut 品种上，已育成了短蔓、半短蔓、抗病毒病和白粉病的 Butternut 类改良品种。

中国在 20 世纪 80 年代初之前，南瓜种质资源创新研究进展缓慢，基本停留在地方品种的常规选择层面。进入 80 年代，南瓜的消费量迅速增加，促进了南瓜种质创新研究的开展。通过对国内外资源的搜集、整理和评价研究，筛选出了一批优质、高产或具有某一特殊性状的自交系。以系统内筛选、常规杂交等技术创制了无蔓中国南瓜、裸仁中国南瓜、裸仁西葫芦、红皮和绿皮高品质印度南瓜自交系等大量优质资源，也育成了许多以鲜食为主的南瓜品种（郑汉潘，1998；刘宜生，2001；罗伏青，2001；钱奕道，2001；李海真，2006；贾长才，2007），如营养丰富、口感甜面的蜜本南瓜、吉祥 1 号南瓜、京红栗南瓜、短蔓京绿栗南瓜、京蜜栗南瓜、红栗、金星、甜栗等许多优质丰产杂交种；还育成了片大、多籽的梅亚雪城一号、黑龙江无杈等以籽用为主的南瓜品种（吉新文，2002）。这些种质资源的创新应用，对提高中国的南瓜生产和科研水平起到了积极的推动作用，但与美国、法国、日本等发达国家相比尚有较大差距。近年来，国内外育种工作者一直在围绕如何提高南瓜品质、产量和适应性、抗病性和抗虫性等关键问题开展相关研究，并在种质创新研究方面，取得了阶段性进展。

1. 远缘杂交创制新种质 南瓜属作物中至少有 12 个野生种被人们所熟悉，如 *C. texana*、*C. andreana*、*C. cylindrata*、*C. palmata*、*C. cordata*、*C. digitata*、*C. foetidissima*、*C. lundelliana*、

C. martinzii、*C. sororia*、*C. okeechobeensis*、*C. radicans*，这些野生种在南瓜抗病育种和远缘杂交育种中有较高的利用价值。如油瓜（*C. foetidissima*）是一种很好的种质，极耐干旱，多年生，种子含油丰富，可食用，地下根肥大，富含淀粉，在中国已有部分地区引种（林德佩，2000）。南瓜属中仅在少数的野生南瓜材料中发现有抗病种质，如 *C. ecuadorensis* 高抗小西葫芦黄化花叶病毒病（ZYMV），对逆境不良条件也有很好的适应性（Adres 和 Robinson，2002）。*C. okeechobensis* 高抗白粉病和病毒病，*C. martinezii* 高抗白粉病与病毒病，*C. lundelliana* 高抗白粉病等，这些品种都是很好的抗病种质资源，已被各国学者通过远缘杂交技术转育到南瓜属的栽培种中。在种间杂交的研究中，美国学者 Whitaker 发现南瓜野生种 *C. lundelliana* 能和 5 个栽培种中的任何一个杂交，所以它是南瓜属种间杂交的一个很好的桥梁品种。Cutler 和 Whitaker 等证明，厄瓜多尔南瓜与南瓜栽培种，尤其是印度南瓜种同源程度高，杂交易成功。Wall 和 York 认为配子的多样性有助于种间杂交的成功，即杂合的基因型比纯合的基因型更容易杂交。目前，研究者们通过南瓜属的种间杂交技术，将印度南瓜种的优良品质性状和中国南瓜种的抗病性状结合起来，育成了高品质的种间杂交种。Person 等发现从印度南瓜×中国南瓜的 F_1 代杂种中可获得果实品质优良性状与抗虫性状。西葫芦中的飞碟瓜常常比其他类型的西葫芦更容易与中国南瓜种杂交，国外有学者利用该组合将飞碟瓜的短蔓性状转育到中国南瓜种中。李海真等也将西葫芦的结瓜性好、瓜码密的性状通过远缘杂交转育到食用嫩南瓜为主的中国南瓜种中。

国内外学者为了获得南瓜属抗病种质，主要采用的方法是通过栽培种和抗病野生种进行远缘杂交，结合胚挽救技术，多代回交和自交后将抗病或抗虫基因转育到栽培种中。Wall 和 Hayase 分别将西葫芦×中国南瓜及印度南瓜×西葫芦的 F_1 代未成熟种子通过胚挽救技术培养成抗病植株。澳大利亚学者将厄瓜多尔南瓜（*C. ecuadorensis*）中的西瓜花叶病毒（WMV）、番木瓜环斑病毒（PRSV）和小西葫芦黄化花叶病毒（ZYMV）抗性基因通过回交转育的方法转入印度南瓜栽培种，育成了 Red-ands trailblazer 和 Dulong QHI 两个印度南瓜抗病新品种。Robinson（1997）将厄瓜多尔南瓜与 3 个南瓜属的栽培种复合杂交，通过胚培养育成了多抗的西葫芦新品种 Whitaker。西葫芦和野生抗病品种 *C. martinezii* 不容易杂交，为了将抗病基因转入西葫芦栽培种中，美国康乃尔大学研究人员利用中国南瓜 Butternut 作为桥梁品种，首先用 *C. martinezii*×*C. moschata* 杂交，然后用得到的 F_1 再与西葫芦杂交，成功获得了抗白粉病和黄瓜花叶病毒病的西葫芦材料（Whitaker，1986）。同时通过这种方法，也将中国南瓜的高品质性状和抗虫性状转育到了西葫芦品种中。南瓜属作物 ZYMV 抗性受显性基因控制（Provvidenti et al.，1984；Paris 和 Cohen，2000；李海真，2014），现已通过种间杂交由中国南瓜转育到西葫芦中，获得抗病品种（Provvidenti et al.，1997；Paris 和 Cohen，2000）。

程永安等（2001）用中国南瓜、西葫芦、印度南瓜和灰籽南瓜的 4 个栽培品种进行了南瓜优良种质资源创新研究，结果表明，同一个种内不同品种与另一个种内同一品种的杂交亲和性不同。李丙东等（1996）进行了南瓜属 3 个主要栽培种间的杂交研究，认为中国南瓜与印度南瓜的亲和性较高，而西葫芦和中国南瓜、印度南瓜的亲和性较低，印度南瓜×中国南瓜单瓜结籽数比反交组合多数倍。李海真等对印度南瓜×矮生中国南瓜杂交的观察结果也显示，以印度南瓜作母本的亲和性比以矮生中国南瓜作母本时高很多，获得的种子数也多，F_1 代果实结合了两个种的优点，其雌花表现程度和产量都具有强大的杂种优势。南瓜属远缘杂交中，F_1 代或杂交早期的 2～3 代常常出现花粉不育或种子发育不良现象，为保留后代，常结合回交方法和采用胚挽救技术。也有学者使用秋水仙素对远缘杂交后代进行加倍，解决花粉不育问题。大量研究表明，南瓜属种间杂交亲和性除与种间的亲缘关系相关外，还与其他因素有关，如一个种染色体组与另一个种细胞质间的协调性及花粉渗透压相关，另外还与双亲遗传稳定性、环境因素相关。

南瓜的种间杂交情况比较复杂，至今尚未获得有一定规律的理想结果。基于形态学和远缘杂交的研究结果，美国学者 Whitaker 认为：①一年生南瓜种中，印度南瓜、西葫芦及中国南瓜亲缘关系较近，而黑籽南瓜和墨西哥南瓜与这 3 个种间的关系较远，但与西葫芦的亲缘关系又相对较近一些；

②通常中国南瓜在一年生南瓜种中占据着种间杂交的中心位置；③种间杂交中，同一个种的不同品种获得的试验结果存在差异，种间杂交的能力不同。

1983 年联合国粮食及农业组织（FAO）在全球报告《葫芦科植物的遗传资源》中，描绘出南瓜栽培种之间的亲缘关系图（图 20－1）。

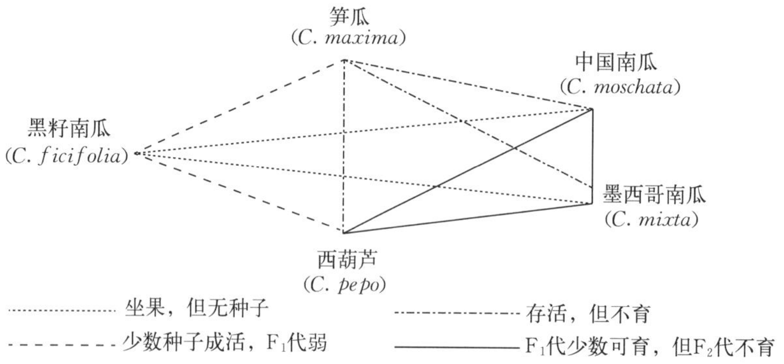

图 20－1 南瓜属 5 个栽培种的种间杂交示意

2. 利用常规杂交选择技术创造新种质 20 世纪 80 年代后，中国各地科研院所对南瓜资源的搜集整理工作基本结束，进入了资源的研究和利用阶段。进入 90 年代后主要利用常规杂交选择技术和杂种优势利用技术，培育出了一批优良的南瓜种内和种间杂交种。

20 世纪 80 年代后期，中国学者利用中国南瓜突变体矮 8、矮 10 先后育成了无蔓 1 号至无蔓 4 号南瓜系列新品种，具有独特的矮生性状，适合密植栽培，容易管理，结果性好，产量高。90 年代后期，湖南省衡阳市蔬菜研究所充分挖掘地方资源，通过杂种优势利用技术培育出一串铃 1 号、一串铃 2 号、一串铃 4 号早熟的菜用南瓜品种，该系列品种连续结瓜性能很强，嫩瓜爽口清脆，老熟瓜口感粉甜、品质良好。广东省汕头市白沙蔬菜原种场育成的蜜本南瓜因其抗逆性强、产量高、品质优良、耐贮运等，在国内种植面积迅速扩大，缅甸、越南、美国等国家也已引进该品种。

在印度南瓜的种质创新研究上，大部分是利用从国外引进的优质资源，然后采用自交或通过与中国的一些具有某些优良性状的品种进行杂交、回交、多代自交选育的方法育成优良稳定的自交系，再根据育种目标选配亲本，育成 F_1 代品种。这些品种比常规品种生长势强、稳定性好、产量高、熟性早、品质优、抗性和适应性显著提高。

在西葫芦种质创新研究方面，20 世纪 80 年代，早青一代西葫芦品种以其早熟、高产、适应性强等优点占据了中国西葫芦种植市场的 90%。随着市场需求的不断变化，后来引进了国外大量优异种质，通过多代自交分离创制育种材料，并育成了适合不同地区、不同季节、不同茬口和不同栽培方式的专用品种，如北京市农林科学院蔬菜研究中心选育的京葫系列、中国农业科学院蔬菜花卉研究所选育的中葫系列、山西棉花研究所选育的长青系列、山东华盛农业股份公司选育的华盛系列（王长林等，2002；李海真等，2005）。在西葫芦抗病种质创新方面，北京市农林科学院蔬菜研究中心 2003 年从国外蔬菜育种公司引进了 3 份兼抗小西葫芦黄化花叶病毒病、西瓜花叶病毒病和白粉病，1 份抗黄瓜花叶病毒病的西葫芦种质资源，在建立和完善小西葫芦花叶病毒病、白粉病的接种鉴定技术基础上利用常规转育方法开展抗性转育，获得了多份遗传背景不同的抗病材料。目前利用这些转育材料已育成京葫 CRV3 和京葫 CRV4 兼抗病毒病和白粉病的西葫芦杂交种。美国的 Delicate 西葫芦品种以其品质好在 20 世纪初期受到市场广泛欢迎，但因产量低、抗性差而导致种植面积逐年减少，康乃尔大学研究人员采用常规杂交技术，利用该品种和 Acron 类型品种杂交并进行多代自交选育，育成了新品种 Cornell’s bush delicata。该品种产量高、品质好、货架期长（可贮藏 100 d），并具有抗白粉病和病毒病的优点。

3. 利用其他技术进行南瓜种质创新　现代生物技术与常规选择技术相结合，可创造新的南瓜特异种质，从而提高育种效率和水平。其中单倍体技术、组织培养技术、细胞融合技术、诱变技术、转基因技术和分子标记辅助选择育种技术等先进技术已在南瓜属种质创新及利用中发挥了作用。

漆小泉（1989）等利用过氧化物酶和酯酶同工酶对南瓜属 3 个种进行亲缘关系分析，也得到了与美国学者 Whitaker 采用形态学和远缘杂交结果推断相类似的结果，但不能区分种内品种间的遗传差异。李海真等（2000）应用 RAPD 技术对南瓜属 3 个主要栽培种的 23 个品种及种间杂交后代进行了亲缘关系与品种间的分子鉴定，结果与前人在形态学和细胞遗传学上研究结果一致。

Dumas 等（1986）首次通过离体雌核发育途经，得到了西葫芦单倍体植株。Metwally 等（1998）利用 Eskandarani 西葫芦品种开花前 1 d 的未授粉胚珠，获得了西葫芦离体雌核发育的试管小植株及愈伤组织，再生小植株中有 1/3 为单倍体，其余为双单倍体。Balkaya（2010）、Kurtar（1997、1998）以 ^{60}Co 作为辐射源照射西葫芦花粉后授粉诱导产生单倍体，通过胚挽救，成功获得了单倍体植株。Niemirowicz-Szczyt 和 Dumas de Vaulx（1989）及谢冰（2006）、李海真（2009）等也开展了利用西葫芦未受精子房培养，获得单倍体植株的研究，探索了培养条件对获得单倍体植株的影响，并取得了一些成果。

另外，在分子标记辅助选择育种方面，李海真等（2000）用 RAPD 技术，利用近等基因系获得与中国南瓜矮生基因紧密连锁的 SCAR 标记。Zraidi（2007）等利用 RAPD、AFLP、SSR 和形态标记技术，对西葫芦裸仁基因 *n* 与小西葫芦黄花叶病毒（ZYMV）抗性基因进行了定位，得到了 7 个与裸仁基因 *n* 连锁的标记，遗传距离小于 7 cM，其中 AW11－420 与 *n* 相距 4 cM；还找到 2 个与 ZYMV 抗性连锁的标记。Kabelka 等（2010）对南瓜银叶病进行了定位研究，找到 4 个连锁的标记，标记 M121 与抗性基因相距 3.3 cM。

在南瓜属作物性状的 QTL 定位方面，Brown 等（2002）利用 2 个自交系——直颈 A0449（西葫芦）与尼日利亚南瓜品种 Nigerian local（中国南瓜种）构建了回交群体 BC_1，除定位了控制果实黄化的 *B* 基因、叶片白斑基因 *M* 外，还对控制果皮颜色、果实形状和叶脉凹陷深度的 3 个基因进行了 QTL 定位。其中控制果皮颜色的 QTL 位于第 8 连锁群，距最近的标记 G17 _ 700 为 9.7 cM，果实形状的 QTL 位于第 10 连锁群，距 B8 _ 900 最近，叶脉凹陷深度的 QTL 位于第 5 连锁群，距 k11 _ 950 最近。

利用基因工程技术将一些基因转入南瓜属作物，获得抗病虫品种可大大加快育种进程。Fuchs 等（1998）将黄瓜花叶病毒（CMV）、南瓜花叶病毒（SqMV）和西瓜花叶病毒（WMV）外壳蛋白编码基因转入到西葫芦中，以求获得抗病毒植株，经检测转基因株，可以明显提高西葫芦抵抗相应病毒的能力，并且增加产量，减少农药的使用，现已开始商业化生产。截至 1995 年，美国通过基因工程培育的南瓜属作物抗病毒品种已有 2 个商品化。第 1 个转基因南瓜品种 FreedomⅡ被商业化推广。Hector 和 David（1995）利用基因工程技术转化 ZYMV 和 WMV2 的外壳蛋白编码基因，转基因植株能同时抗 ZYMV 与 WMV2，现已商业化生产。1997 年 Seminis 种子公司推出的转基因西葫芦对 ZYMV、WMV 及 CMV 均具有抗性。Pang 等（2000）进行了 SqMV 病毒外壳蛋白编码基因的遗传转化，转基因抗病品系 SqMV－127 的抗病性来源于转基因植株中病毒粒子外壳蛋白编码基因的转录后沉默机制。这些应用外壳蛋白编码基因介导的抗病性策略成功的范例，也被许多温室及大田的试验所证明（Fuchs et al.，1995；Clough 和 Hamm，1995；Tricoli et al.，1995）。目前，国外公司已经开展西葫芦抗其他病毒病、抗除草剂、抗白粉病转基因的研究，并取得了阶段性成果。

四、品种类型与代表品种

南瓜属作物的 5 个主要栽培种内又各自包括许多的类型和品种，种与种之间的遗传基础、亲缘关系及相互杂交亲和性也极为复杂。对 5 个栽培种的品种类型与代表性品种介绍如下。

(一)中国南瓜

中国南瓜种有早、中、晚熟，长蔓、短蔓，不同形状和皮色，食用嫩瓜、老瓜和食用种子等众多类型，代表品种有：

1. 大磨盘 南京市郊区栽培较多。大扁圆形，老熟瓜橘红色，满布白粉，果实有纵沟10条，脐部凹入。果肉亦为橘红色。近果柄及脐部较薄，腰部厚。肉质细，粉质，水分多，味较淡。以食用老熟瓜为主。单瓜重6～8 kg，大者达15～20 kg，产量高，耐贮性差。

2. 癞子南瓜 湖北省鄂州市地方品种。中熟，植株蔓生，长3.0 m左右，叶片大。主蔓第18节左右开始着生雌花。果实扁圆形，嫩瓜深绿色，成熟瓜暗黄色，表面密布瘤状突起，瓜纵径20 cm，横径25 cm，果肉厚3～4 cm，棕黄色。单瓜重3～4 kg。成熟瓜味极甜，品质佳。适于长江中游地区种植。

3. 十八棱北瓜 河北省石家庄市地方品种。植株蔓生，生长势强，抗逆性强，分枝多。叶为掌状形，长14 cm，宽27 cm。主蔓第12节处着生第1雌花。瓜为圆盘形，纵径10 cm，横径22 cm。瓜面有16～18条较深的纵沟。果梗向内凹陷。老熟瓜皮为褐色底带有黄色斑，瓜肉橘黄色，肉厚4.6 cm，肉质致密，甘面，瓜瓤小，品质好。单瓜重2 kg，生长期100 d左右。每公顷产量30 000 kg。

4. 十姐妹南瓜 浙江省杭州市地方品种，因着生雌花多而得名。瓜长形而略带弯曲，先端膨大，近果梗一端细长，实心，嫩瓜由绿色转为墨绿色，成熟瓜为黄褐色，有果粉，肉橘红色，味甜。有大种和小种两个品系。大果单瓜重10 kg左右，小果单瓜重3～4 kg，小果种品质好，成熟后肉质致密，水分少，味甜。大果种中熟，小果种早熟。

5. 裸仁南瓜 山西省农业科学院蔬菜研究所育成的南瓜优良品种。种子只有种仁而无外种皮，是一种种子与瓜肉兼用型南瓜。中熟。种子、老瓜、嫩瓜均可食用。植株蔓长2.3～3 m，主蔓第5～7节开始结瓜，以后每隔1～2节再现瓜，瓜扁圆形，嫩瓜绿色，老瓜赭黄色，瓜皮光滑。单株坐瓜2～3个，单瓜重3～4 kg，瓜肉橙黄色，肉质致密，含水分少，每100 g鲜瓜含可溶性固形物10～13 g，种子脂肪含量占43.68%，蛋白质占37.11%。该品种耐贮藏，耐贫瘠，适应性强，每公顷产种子375 kg左右。

6. 贵州小青瓜 贵州省地方品种。生长势中等，茎蔓生，株型小，早熟。第1雌花节位在第5～7节，雌花率高。露地栽培，春播70 d、秋播40 d可采收嫩瓜。蔓长2.0 m，根瓜出现时，蔓长仅20 cm左右，常连续2～3节着生雌花，主侧蔓均可结瓜。嫩瓜皮深或淡绿色，老熟瓜皮棕黄色。瓜椭圆形、圆形或扁圆形，瓜表面平滑无棱，有蜡粉，老熟单瓜重3 kg左右，瓜肉淡黄，品质较好。

7. 七叶南瓜 江西省地方品种。植株蔓生，茎粗，节间较短。叶心脏形，长23 cm，宽29 cm，深绿色。第1雌花着生于主蔓第5～6节。瓜扁圆形。嫩瓜纵径9 cm，横径10 cm，表皮绿白色，肉橙黄色，厚3.5 cm。单瓜重3 kg左右，以采收嫩瓜为主，品质一般。适于长江下游地区种植。

8. 五月早南瓜 湖北省地方品种。植株蔓生，生长势强，蔓长2 m以上，茎蔓较细，节多而节间短，叶片较小，呈心脏形，长、宽为20 cm×25 cm。主侧蔓均能坐瓜，第1雌花着生在第4～5节，雌花多2朵连生。单瓜重4～5 kg。果实肉质细密，味甜。老熟瓜耐贮藏，生育期120 d左右。

9. 无蔓1号 山西省农业科学院蔬菜研究所育成。植株无蔓丛生，生长势强，高约70 cm，株展90 cm，适宜株行距80 cm×80 cm，每公顷种植15 000株左右。平均有6个分枝，叶着生于茎基部，约有60片，叶色绿，叶脉处有银灰色斑，最大叶片横径26 cm，纵径27 cm，叶柄长39 cm。瓜扁圆形，嫩时瓜皮墨绿，老熟后呈赭黄色，瓜面光滑，有较深的纵沟。平均1株结3个老熟瓜。老熟瓜平均单瓜重1.3 kg，横径18 cm，纵径约9 cm，瓜肉厚3 cm，肉色杏黄，接近瓜皮部分有绿边，肉质甘面。每公顷产老熟瓜45 000～52 500 kg。

10. 蜜枣南瓜 广东省农业科学院作物研究所育成。蔓生，分枝性较强。主蔓第21～27节着生第1雌花，以后每隔5节着生雌花。瓜形似木瓜，有暗纵沟，外皮深绿色，有小块及小点状淡黄色斑，成熟瓜土黄色，肉厚，近于实心，品质优。单瓜重1～1.5 kg，每公顷产量18 750～22 500 kg。广州地区春、秋两季均可栽培。

11. 黄狼南瓜　又称小闸南瓜。上海市地方品种。生长势强，分枝多，蔓粗，节间长。叶心脏形，深绿色。第1雌花着生于第15～16节，以后雌花间隔1～3节出现。瓜形为长棒槌形，纵径45 cm左右，横径15 cm左右，顶端膨大，种子少，果面平滑，瓜皮橙红色，成熟后有白粉。肉厚，肉质细致，味甜，品质极佳，耐贮藏。生长期100～120 d。单瓜重约1.5 kg，每公顷产量225 000～292 500 kg。适于长江中下游地区种植。

12. 骆驼脖南瓜　河北省秦皇岛市地方品种，中晚熟。植株匍匐生长，分枝多，生长旺盛。叶为掌状，五角形，浅裂，深绿色，叶脉交叉处有白色斑点。茎蔓长9 m左右，主蔓第15节以上结瓜。瓜为棒槌形，似骆驼脖，纵径45～50 cm，横径12～16 cm。瓜皮墨绿色，具蜡粉，老熟瓜黑色，表面有10条浅绿色纵条纹。瓜肉橙黄色，瓤小，单瓜重2～3 kg，瓜肉厚，质致密，含水量少，味甜面，品质佳，耐寒、耐热、耐瘠薄、抗病能力强。每公顷产量37 500 kg。适于华北地区种植。

13. 桂林牛腿南瓜　广西壮族自治区桂林市地方品种。蔓细，分枝力弱。叶较小，果实牛腿形，长60 cm，中间宽15 cm，近果柄部实心，约占全瓜长3/4，瓜腔小，嫩瓜皮色深绿，粗糙，有瘤与隆起纵纹，似蛤蟆皮。老熟瓜红黄色，有白色蜡粉，单瓜重2.5～3.5 kg。种子细长，千粒重121 g。该品种中熟、耐热，不抗白粉病，对肥水要求较高。

14. 增棚南瓜　陕西省农业科学院蔬菜研究所育成。晚熟，植株蔓生，生长势旺盛，分枝性强。叶片五角形，叶缘浅锯齿状，叶面白斑多而大。主侧蔓均结瓜。第1雌花着生在第18～20节。瓜呈长弯圆筒形，弯曲颈部为实心，蜡粉多，有浅棱。瓜皮黄褐色，瓜肉金黄色，肉质细面，味甜，品质好。种子千粒重100 g。从定植至采收120 d。抗病虫性强，耐旱性好。每公顷产量30 000～37 500 kg。

15. 蜜本南瓜　广东省汕头市白沙蔬菜原种研究所培育的杂交一代。植株蔓生，生长势旺盛，分枝性强。叶片钝角掌状形，叶脉交界处有不规则银白色斑纹。茎较粗。第1雌花着生在主蔓第18～22节。瓜为棒槌形，瓜顶端膨大，种子少且都集中在瓜膨大处。成熟瓜皮橙黄色，带不规则黄色斑纹和斑点。肉厚，为橙红色，果肉味甜细腻，品质好。单瓜重3 kg，每公顷产量30 000 kg。

（二）印度南瓜

印度南瓜种有早、中、晚熟，长蔓、半蔓、短蔓，不同形状和皮色，食用嫩瓜、老瓜和食用种子，食用和观赏等众多类型，代表品种有：

1. 香炉瓜　又名鼎足瓜或金瓜，果形奇异，花痕部很大，显著突出成脐，并有十字形深沟，成4足状。果面光滑，呈灰绿色或橘红色，脐部为灰白色或红白绿相间的颜色。肉色黄或深黄，味甘，肉厚，极耐贮存，也常作为观赏南瓜栽培。

2. 印度大南瓜　东北、西北各地均有栽培，植株生长健壮，蔓长6～8 m，较晚熟，叶肾圆形，绿色。第1雌花在主蔓的14～15节。果实长纺锤形，或呈葫芦形，颜色多为灰、灰绿色或粉黄色，并间有粉白斑纹或条斑。果面光滑，果肉粉黄色或淡黄色，质地松软，水分多，微甜，适宜作饲料用。单瓜平均重7～10 kg，大者达25 kg以上，露地每公顷产量45 000～52 500 kg。种子大而扁平，多为白色。

3. 白皮笋瓜　北京地区有少量栽培。生长势旺，晚熟。在主蔓第10节上着生第1雌花。果实圆筒形或扁圆球形，果面有纵棱沟。瓜皮白色，光滑，肉质细嫩，果肉甜面，品质较好。单瓜重5 kg左右，较耐贮藏。

4. 黄皮笋瓜　北京地区有少量栽培。属早熟品种。主蔓分枝性和生长势强，主蔓第5～7节着生第1雌花。瓜长椭圆形，果皮光滑。嫩瓜皮淡黄色，老熟瓜为白色，单瓜重1～2 kg，品质中等。

5. 尖头笋瓜 主要分布在黄河以北地区。该品种晚熟，蔓较短，叶绿色，心脏形。果实中等大小，短圆锥形，皮厚，果面光滑，灰蓝色，肉质致密，深黄色，甜面。

6. 京绿栗南瓜 北京市农林科学院蔬菜研究中心利用国外引入的小型西洋南瓜中选出的优良自交系选配的一代杂种。耐寒，生长势强。极早熟，从播种至采收嫩瓜仅需 50 d，到采收老瓜共需 85 d。果实扁圆形，嫩瓜表皮光滑，绿色带少量白斑，老瓜皮墨绿色。坐瓜能力强，单株坐瓜 3～4 个，非常丰产，果肉极厚，肉质紧密，既粉又甜，味似板栗。遇雨水浸湿，不易掉花掉果及裂果烂果，抗病力超群，可与瓜类连作。单瓜重 1.5～2 kg，每公顷产量 45 000 kg。

7. 吉祥 1 号南瓜 早熟、长蔓类型。喜光、喜温，但不耐高温。生长势较强，瓜为扁圆形，瓜皮深绿色带有浅绿色条纹，瓜肉橘黄色；肉质细密，粉质重，口感甜面。瓜型小，单瓜重 1～1.5 kg。第 1 雌花节位 9～12 节，以后隔 3～4 节再生一雌花，但也有连续数节发生雌花后隔数节再连发生几朵雌花的情况。在主蔓上还可以产生一、二级侧枝，侧枝的第 3～4 节发生第 1 雌花，以后每隔 5～6 节再发生雌花。适于早春露地或现代化温室、日光温室及塑料大棚中进行长季节种植。

8. 京红栗南瓜 北京市农林科学院蔬菜研究中心育成的一代杂交种。全生育期 80 d 左右，果实发育期 28～30 d，植株生长势稳、健，叶片中小，叶色浓绿；坐瓜习性好，第 1 雌花在第 7～9 节，后每隔 2～4 节便连续出现 1～2 朵雌花，坐瓜整齐；果实厚扁圆形，果色金黄，果面光滑，果脐小，丰满圆整，外观秀丽；果肉橙红色，肉质紧细，粉质度极高，水分少；既可作嫩果炒食，又可作老熟果食用，具有板栗风味，品质极佳；因极耐贮，老果还可供观赏之用。种子棕黄色，千粒重 210 g。易坐瓜，单株可结 2～4 个瓜，单瓜重 2 kg 左右，每公顷产量 37 500 kg。

9. 京银栗南瓜 北京市农林科学院蔬菜研究中心育成的优质南瓜杂交种。果皮灰绿色，果形扁圆，肩高，果肉浓黄色且肉厚。粉质，味极甜，适口性非常好，单瓜重约 1.5 kg，早熟，开花后 28 d 左右始收，属温室栽培用种。

10. 锦栗 湖南省瓜类研究所育成的南瓜新品种。生长势强，全生育期 98 d。始花节位第 6～8 节。果皮为深绿底带浅绿色散斑，果形为扁圆形，单瓜重 1.5 kg，果肉橙黄色，肉质致密，粉质度高，食味良好。每公顷产量 30 000 kg。

11. 短蔓京绿栗南瓜 生长势强，正常结瓜株蔓长 0.8～1 m，前期为矮生的密植型品种。茎粗可达 1.5 cm 左右，茎近圆形，节上易生不定根，叶色深绿，叶缘缺裂较浅，叶面无白色斑点，第 1 雌花节位第 5～8 节，可连续出现雌花，连续坐瓜，从开花到成熟期 40 d 左右，果柄短而粗，花痕部直径小，平均单瓜重 1.5 kg，最大达 3.5 kg，果实扁圆形，果形指数 0.6，果皮深绿色且带淡绿散斑，果肉橙黄色，肉厚 3.5 cm 左右，肉质致密，粉质度高，味甜，风味佳，种子淡褐色，千粒重 187 g，全育期 85～90 d，属早熟品种。短蔓京绿栗南瓜对土壤、气候条件要求不严，适应性很强，除适于全国各地保护地特早熟栽培和春夏露地栽培外，还适于华南各地秋延后栽培。

12. 谢花面 黑龙江省农业科学院园艺研究所育成。蔓生，长势中等，分枝性中等。叶色深。第 1 雌花着生于第 6～8 节。成熟瓜扁圆形，墨绿色带白条带。单瓜重 1～1.5 kg，生育期 90～100 d。果肉甘甜，味佳。每公顷产量 22 500 kg 左右。

13. 东升 台湾农友种苗公司育成。长蔓、早中熟。易结瓜。第 1 雌花着生于第 11～13 节，从播种至采收 90～100 d。成熟瓜橘黄色，近圆球形。单瓜重 1.5 kg。开花后 40 d 可采收。肉厚，粉质、风味好。耐贮运。每公顷产量 22 500 kg 左右。

14. 无杈南瓜 黑龙江省桦南县白瓜子集团选育。籽用型。植株长势中等，分枝能力弱。叶色灰绿。第 1 雌花在第 10 节左右。从播种至采收需 110 d 左右。成熟瓜灰绿色，以扁圆形为主。单瓜重 2.5～3.5 kg。种子千粒重 350 g，子粒长 2 cm，宽 1.2 cm，雪白色。每公顷生产种子 975～1 350 kg。

15. 银辉 1 号 东北农业大学园艺系育成。籽用型。长势中，分枝中，叶色浓绿，中早熟，从播种至采收需 110 d。第 1 雌花在主蔓第 8～10 节。成熟瓜灰绿色，扁圆形。单瓜重 2.5～3.5 kg。单瓜产籽 250～350 粒。千粒重 320 g。雪白色。每公顷生产种子为 900～1 125 kg。

（三）西葫芦

西葫芦是南瓜属植物中多样性最丰富的栽培种。Decker 等根据同工酶变化和果实的形态学特征，将西葫芦分为 3 个亚种，分别是 *Cucurbita pepo* ssp. *fraterna*、*Cucurbita pepo* ssp. *ovifera* 和 *Cucurbita peop* ssp. *peop*。*C. peop* ssp. *fraterna* 是西葫芦类群中最原始的野生种类型。*C. pepo* ssp. *ovifera* 包括 5 个种群：Scallop、Acorn、Crookneck、Straightneck 和 Gourds of the oviform groups，包括了各种各样的观赏用品种和一些食用品种，目前主要分布在美国。*Cucurbita pepo* ssp. *peop* 包括 Pumpkin、Cocozelle、Vegetable marrow、Zucchini group、Gourds of the spherical 和 Warted group 等栽培类型（1988），包括了大部分的食用品种和几个观赏用品种。Paris 等还根据果实形状、大小、颜色及外果皮硬度、瘤状突起的多少和有无，种子形状以及生长习性等性状将西葫芦栽培种分为可食用类群和观赏用类群。可食用类群包括 Acorn、Crookneck、Straightneck、Scallop、Pumpkin、Cocozelle、Vegetable marrow、Zucchini group 等西葫芦类型。观赏用类群包括大部分的卵形、梨形、搅丝瓜及外果皮有瘤状突起的西葫芦类型。中国栽培类型最多的是 Vegetable marrow、Zucchini group 和 Gourds of the spherical（搅丝瓜类型）。近年来有少量 Scallop 和 Acorn 类型作为观赏和鲜食兼用品种在中国种植。

中国栽培的西葫芦有早、中、晚熟，长蔓、半蔓、短蔓，不同形状和皮色，食用嫩瓜、老瓜和食用种子，食用和观赏用等众多类型，代表品种有：

1. 矮生类型品种

（1）花叶西葫芦　原名阿尔及利亚西葫芦，1996 年从阿尔及利亚引进。茎蔓较短、直立。节间密，不易生侧蔓。叶为三角形、深裂、绿色，叶面近叶脉处有灰白色斑点。主蔓第 5～6 节出现雌花，以后每节有雌花。嫩果长筒形，皮深绿色，有浅绿色不规则条纹。嫩瓜肉绿白色，肉质细密，质嫩，纤维少，味甜，品质优。早熟，从播种到收获 50～60 d。单瓜重 0.5～1.0 kg，每公顷产量 60 000 kg 以上。较耐热、耐旱、抗寒，但易感病毒病。

（2）站秧西葫芦　黑龙江省地方品种，东北地区栽培较多。主蔓长 30～40 cm，节间极短，可直立生长，适于密植。叶片较大，有刺毛，缺刻深裂。嫩瓜长圆柱形，瓜皮白绿色，成熟瓜呈土黄色，肉白绿色。单瓜重 1.5～2.5 kg。早熟，较抗角斑病和白粉病。播后 44～50 d 可采收，每公顷产量 60 000～75 000 kg。

（3）一窝猴西葫芦　天津市北郊地方西葫芦品种。植株茎蔓短，分枝多。叶绿色，密布茸毛。第 1 雌花着生在主蔓第 8 节，可结瓜 3～4 个。瓜长筒形，纵径 36 cm，横径 16 cm，单瓜重 1～2 kg，嫩瓜皮青绿色间有细密网纹，肉质鲜嫩，品质佳。老熟瓜皮红黄色，肉乳黄色。早熟。较耐寒，耐热性差，易感病毒病、白粉病。适宜温室或塑料大棚春季早熟栽培。每公顷产量 52 500 kg 左右。天津郊区温室或塑料大棚栽培，1 月下旬播种育苗，3 月中旬定植，行距 80 cm，株距 70 cm，控制水肥，可减少化瓜，5 月上旬始收。适于天津市及北方地区栽培。

（4）扇贝西葫芦　早熟，出苗后 52 d 即可采收，宜鲜食。扇贝状瓜形，直径 6～8 cm，瓜皮浅绿色，口感脆嫩，外形诱人，市场性好。可露地也可保护地栽培。华北地区，春季露地栽培可于 3 月上旬在阳畦育苗，4 月上旬定植，行株距为 90 cm×40 cm。嫩瓜宜早收，以保证连续结果。保护地栽培，须人工授粉，以提高产量。

（5）中葫 3 号　植株矮生，早熟，生长势较强，主蔓结瓜。瓜形长柱状，有棱，瓜皮白亮。品质脆嫩，口感好，较耐贮存。采收标准据当地市场消费习惯而定，一般谢花后 1 周左右，即可采收上市。在肥水充足及各项管理措施及时的条件下，每株可同时坐瓜 4～5 个。定植后 25 d 左右即可采收嫩瓜，每公顷产量约 45 000 kg。保护地栽培，每公顷产量 75 000 kg 以上。该品种节成性强，抗逆性好，前期产量高。较抗银叶病。适于各类保护地及露地早熟栽培。

（6）京葫1号　极早熟杂交种，播种后35 d左右可采摘单瓜重250 g以上的商品瓜，是目前国内最早熟的西葫芦杂交新品种。植株短蔓直立，生长健壮，抗病性强，极耐白粉病，主蔓结瓜，很少有侧枝，尤其适合早春保护地栽培。雌花多，瓜码密，连续结瓜能力强，瓜膨大速度快，每株3～4个瓜可同时生长。每公顷产量112 500 kg以上，丰产、稳产性好。瓜条顺直，长筒形，无一般西葫芦的"大肚"现象。皮色为淡绿色网纹，外表鲜嫩美观，品质佳，商品性状好，耐贮运，耐碰撞，适合远距离运输销售。

（7）早青一代　山西省农业科学院育成的一代杂交种。结瓜性能好，瓜码密。早熟，播后45 d可采收。一般第5节开始结瓜，单瓜重1～1.5 kg。采收单瓜重250 g以上的嫩瓜，单株可收7～8个。瓜长圆筒形，嫩瓜皮浅绿色，老瓜黄绿色。叶柄和茎蔓均短，蔓长30～40 cm，适于密植。每公顷产量60 000 kg以上。有先开雌花的习性，为让早期雌花结瓜，需蘸2,4－D。

（8）京葫8号　植株长势强健，叶片中等，株型结构合理，节间短，耐寒性强，抗早衰。坐瓜能力强，膨瓜快，产量高。瓜条顺直，色泽翠绿光亮，瓜长24～26 cm，粗6～8 cm，圆柱状。早熟，出苗至采收商品果40 d左右。单株采收鲜果35个以上。较抗白粉病和灰霉病。适宜日光温室及大、中、小拱棚早熟栽培，也可露地栽培，一般每公顷定植22 500株，起垄栽培，大小行定植，行株距150 cm×60 cm，双行栽培，重施基肥，果实收获期肥水不可缺。

2. 半蔓生类型品种　该类型品种节间略长，露地种植蔓长在60～150 cm，主蔓第1雌花着生在第8～11节上，中熟品种。大部分为一些地方品种，如山东临沂的花皮西葫芦、半蔓生裸仁西葫芦。该类型的西葫芦地方品种种植已不多见。但随着冬季温室茬口西葫芦引蔓上架栽培技术的不断改进，目前冬季温室种植的品种都属于半蔓生类型，如冬玉、法拉利、京葫36等。

（1）京葫36　2011年北京市农林科学院蔬菜研究中心育成的杂交种。中早熟，根系发达，茎秆粗壮，长势强，株型透光率好，低温弱光下连续结瓜能力强，瓜码密，产量高。瓜长23～25 cm，粗6～7 cm，长柱形、粗细均匀，油亮翠绿，花纹细腻，商品性好。单株可采收商品瓜30个以上。

（2）冬玉　1998年由国外引进的西葫芦杂交种。中早熟，根系强，茎秆粗，长势强。低温弱光下结瓜能力强，瓜码多，产量高。瓜长20～22 cm，粗6～7 cm，中长柱形、粗细均匀，浅绿色，商品性较好。单株可采收商品瓜30个以上。

3. 蔓生类型品种　该类型品种植株生长势强，节间长，主蔓可达150～400 cm甚至更长，主蔓第1雌花一般出现在第10节以后，属晚熟品种。目前国内种植的部分籽用西葫芦也属于该类型。此外，欧美国家普遍种植的适于雕刻的圆形西葫芦，部分橡树果形西葫芦和观赏用西葫芦也属蔓生类型。主要品种有：

（1）笨西葫芦　即长西葫芦，北京市地方品种。蔓长2.5～3.0 m，果实圆筒形，皮墨绿、乳白及花色，纵径34～38 cm，横径16～19 cm，单瓜重2 kg左右。

（2）扯秧西葫芦　甘肃地方品种。蔓长4 m左右，果实圆筒形，果面有棱，皮白色，间有深绿色花纹。生长势旺，晚熟，产量高。

（3）珠瓜　西葫芦的变种之一。生长发育近似南瓜，植株生长势强，矮生、直立、开放。果实圆球形，果皮深绿光亮，带灰绿斑点。果实生长发育快，生长期短，花后5～7 d单瓜重可达300 g。一株同时可结3个商品瓜，每株坐瓜数较多，连续结瓜性能好。栽培上需肥、需水量大。

（4）搅瓜　西葫芦的变种之一。江苏、浙江、上海、山东、河北等地均有种植。植株生长势强，叶片小，缺刻深。果实短椭圆形，单瓜重0.7～1 kg。成熟瓜表皮深黄色、浅黄色，也有底色橙黄间有深褐色纵条纹的。瓜肉较厚，浅黄色。经速冻或蒸熟后，其果肉能被搅成丝状，可凉拌、做馅，故称搅瓜。

（5）橘瓜　既可食用又可作为观赏南瓜使用。2006年从日本、美国等国家引进的杂交一代种，后经选育而成橘瓜、迷你皇冠等杂交种。植株长势强，长蔓，叶片中等大小，缺刻较深。果实扁圆形，有浅棱，成熟果皮为深橘黄和浅黄色相间的纵条纹，看似橘瓣，故名“橘瓜”。单瓜重 200～300 g，果肉浅黄色，甘甜细面，品质好。

（四）黑籽南瓜

黑籽南瓜属于种子为黑色的栽培种，属多年生蔓性草本植物。茎圆形，分枝性强。叶圆形，深裂，有刺毛。花冠黄或橘黄色，萼筒短，有细长的裂片。花梗硬，较细，棱不显著，果梗基座稍膨大。果实椭圆形，果皮硬，绿色或乳白色，有浅色条纹及斑块。果肉白色，多纤维。种子通常黑色，有窄薄边，珠柄横斜或平，千粒重 250 g 左右。黑籽南瓜只能生长在海拔 1 000 m 以上的高原区，要求日照严格，日照在 13 h 以上的地区或季节不能形成花芽或能形成花蕾但不能开花坐瓜。生长期要求较低的温度，较高的地温条件会导致生长发育不良。黑籽南瓜生长势强，对瓜类枯萎病具有抗性，并且在低温条件下生长良好，根系强大，吸肥力较强。因此，常被用作黄瓜、西瓜、甜瓜和苦瓜的砧木，并已在生产中得到普遍应用。

（五）灰籽南瓜

灰籽南瓜即墨西哥南瓜，一年生蔓性草本植物，是葫芦科南瓜属中叶片具较少白斑而果柄圆形的栽培种。灰籽南瓜的生长势和抗性均较强。叶大而多毛，裂刻中等，多数叶脉分枝处有白斑，花冠黄色或橘黄色。果柄处硬的瘤状组织发达，果柄粗大，果蒂不扩张，有多种果形。果皮硬或软，多绿色，有白或黄白色花纹，果肉白或棕黄色。果实干物质及糖含量较少，果肉大多作为饲料，主要食用成熟果实的种子，种子灰白色，或有花纹，边缘多银绿色。该类型品种在中国种植极少，近几年刚刚开始零星引进。

（六）其他用途南瓜

1. 砧木类型南瓜　南瓜属中的黑籽南瓜种及其他一些南瓜种间或种内杂交种，对瓜类枯萎病等土传病害抗病能力强，加之根系发达耐低温、耐盐碱能力突出，作为西甜瓜、黄瓜、冬瓜和苦瓜的砧木，被广泛应用于生产。据不完全统计，60%保护地栽培的西瓜、甜瓜和几乎全部的保护地栽培黄瓜都是用南瓜作物作为砧木，从而显著提高了瓜类抗病性和产量，降低了农药用量，对保护环境和保障人体健康起到了积极作用。

（1）土佐系　从日本引进的印度南瓜和中国南瓜杂交的远缘一代杂交种，是嫁接西瓜、甜瓜的优良砧木，也可作鲜食用。蔓生，植株生长势强，抗病、耐寒，第 1 雌花着生于第 10 节前后，瓜呈圆形，但不规则，表面有瘤状，瓜皮墨绿色。果肉杏黄色，肉厚，质细，品质佳。甘面，味甜，可口性好，深受广大消费者喜爱。单瓜重 1.5～2 kg，一般每公顷产量 15 000～30 000 kg。生育期 100 d 左右，中国各地均可种植。

（2）京欣砧 3 号　北京市农林科学院蔬菜研究中心选育的远缘南瓜一代杂交种，是食用和嫁接兼用型品种。前期短蔓，中后期节间逐渐伸长，成为蔓生品种，提早打顶可密植。植株生长势强，抗病、耐寒，第 1 雌花着生于第 8～10 节前后，瓜呈厚扁圆形，表面有瘤状和浅棱沟，瓜皮墨绿色。果肉深黄色，肉厚，质细，甘面，味甜，品质佳。单瓜重 1.5～2 kg，一般每公顷产量 30 000～37 500 kg。生育期 100 d 左右，种子为黄褐色，千粒重 150～160 g。中国各地均可种植，也是目前嫁接甜瓜、西瓜的优良砧木。

2. 观赏类型南瓜　南瓜属作物除了食用还具有很高的观赏价值，采用棚架栽培可做成装饰绿篱。还有一类观赏南瓜、玩具南瓜，其重量、形状与色泽各异，五光十色，多姿多彩，小的只有十几克重，大的可达 20 kg 以上，可作为艺术品陈列于居室、客厅或橱窗中，也是西方国家万圣节雕刻用的主要类型。这类南瓜主要以美洲南瓜为主，印度南瓜中的巨型南瓜、香炉南瓜和中国南瓜中的磨盘南瓜、弯脖南瓜品种也极具观赏价值。

第三节　生物学特性与主要性状遗传

一、植物学特征

中国南瓜、笋瓜（印度南瓜）和西葫芦（美洲南瓜）在全国各地广泛栽培，它们在植物学形态上有较明显的区别，种间性状差异显著，本节以上述3个种为例介绍南瓜属作物的主要植物学特征。

（一）根

南瓜属作物的根与其他葫芦科植物一样，种子发芽长出直根后，以每日2.5 cm的速度扎入土中，一般直根长60 cm左右，最长可达140 cm。直根可分生出许多一级、二级和三级侧根，侧根每天伸长6 cm且有很强的分枝能力，其横向分布范围可达1.1～2.1 m。直根与侧根形成强大的根群，根群主要分布在10～40 cm的耕层中。由于南瓜具有强大的根系网，吸收水肥的能力极强，即使在旱地或瘠薄的沙土中，也能正常的生长发育并获得较高的产量。

（二）茎

南瓜属作物的栽培种茎蔓在质地、形状等方面明显不同，该性状也是南瓜种间分类的重要特征之一。

1. 南瓜　茎深绿色或淡绿色，中空，五棱形有沟，其表面有粗刚毛或软毛，可划分为蔓生和矮生两种类型。

（1）蔓生型　一般分为主枝、侧枝及二次枝，茎节上易生卷须，借以攀缘。主蔓一般长3～5 m，也有品种可达10 m以上。在南瓜的匍匐茎节上，易产生不定根，可深入土中20～30 cm，起固定枝蔓并辅助吸收水分及营养的作用。

（2）矮生型　基本为丛生状，茎基部常常分生出3～5条30～50 cm的侧蔓，每个侧蔓上生长2～3个瓜。

2. 笋瓜　茎为圆筒形，无棱、横断面圆形，表面有软毛，也分蔓生和矮生两种类型。

（1）蔓生型　特点与中国南瓜蔓生型的特点相同。

（2）矮生型　一般是前期为短蔓，生长中后期节间长短逐渐和蔓生型品种接近，成为蔓生型。

3. 西葫芦　茎为五棱，多刺，深绿色或淡绿色，一般为空心，分为蔓生、半蔓生和矮生3种类型。

（1）蔓生型　蔓长1.5～4 m或更长，节间较长，较晚熟，耐寒力弱，抗热性强。

（2）半蔓生型　蔓长介于矮生和蔓生型之间，蔓长1.0～1.5 m。主蔓有很强的分枝能力，叶腋易生侧枝，需在早期进行摘除。

（3）矮生型　蔓长0.3～1.0 m，节间很短，适于密植。一般栽培方式下不伸蔓，但在日光温室搭架栽培的情况下，蔓长也可近1 m。

（三）叶

南瓜属作物的叶片甚大，互生，叶柄细长而中空，没有托叶，呈浓绿色或鲜绿色，叶腋处着生雌花、雄花、侧枝及卷须。

1. 南瓜　大部分品种沿叶脉分布有银灰色斑，白斑的多少、大小在不同品种间存在差异，叶片大多为掌状5裂，缺刻浅或为全缘，节间生卷须有3～4个分杈，用于攀缘植物。

2. 笋瓜　叶大部分为心脏形或圆形，极少量的品种叶片表面似有一层蜡质，叶面粗糙有茸毛。

3. 西葫芦　叶片硬而直立，表面粗糙多刺，这是其具有较强抗旱能力的特征。叶片掌状 5 裂或宽三角形，叶色绿或浅绿，部分品种叶片表面近叶脉处有大小和多少不等的银白色斑块，这些斑块的多少因品种不同而异。

（四）花

南瓜的花型较大，雌雄同株异花，异花授粉，虫媒花，花冠鲜黄色。雌花子房下位，从子房的形态大致可以判断以后的瓜形。花的生物学特性常因种及品种不同而异。

1. 南瓜　花蕾圆锥状，花筒广开平杈，雌花萼筒短，萼筒下多紧缢。花冠柠檬黄色，多翻卷呈钟状，裂片大而开展。雄蕊细长，花瓣锐顶，萼片大，常呈叶状。花梗五棱。

2. 笋瓜　花蕾圆锥状，花筒圆筒形。花冠鲜黄色，裂片圆而常翻卷，花瓣圆形，萼片短而窄，雌蕊粗短。

3. 西葫芦　花蕾圆锥状，花筒漏斗状，雌花筒喇叭状，萼筒短，雌蕊短粗。花冠橙黄色裂片狭长，花瓣锐顶，萼片大，渐尖形，萼片下少紧缢。花梗五棱，果柄硬、有沟，也呈五棱形。

（五）果实

南瓜属的果实是由花托和子房发育而成的，大而多肉，分外果皮、内果皮、胎座 3 个部分。其果形多种多样，有扁形、球形、纺锤形、梨形、瓢形、短柱形、长柱形等。单瓜重在不同品种间差异较大，老熟瓜 0.2～200 kg 或更重。一般为 3 心室，着生 6 行种子，也有的为 4 心室，着生 8 行种子。果皮颜色、条纹等性状不同种和品种间差异较大。

1. 南瓜　果实有圆筒、扁圆或球形，果面平滑或有棱沟、瘤状突起。果皮颜色底色多为绿、灰或乳白色，间有深绿、浅灰或赭红的斑纹或条纹。果面平滑或有瘤棱、纵沟。果皮硬，有的有木质条沟，成熟果赭黄色、黄色、橙红色或绿色，多蜡粉，果肉的颜色多为浅黄、黄、橘黄或黄绿色等，果肉致密或疏松，纤维质或比较细腻，肉厚一般为 3～5 cm，有的厚达 9 cm 以上。中国南瓜的果梗细长，硬，有木质条沟，五棱形，与果实接触处的果梗基座显著扩大成五角形梗座。

2. 笋瓜　果实多椭圆形，也有圆形、近纺锤形、长圆筒形等形状。果面有的平滑，部分品种带棱沟，个别品种表面长有木质化的瘤状突起。嫩果白色、灰色、黄色和绿色等，成熟果外皮呈淡黄、金黄、乳白、橙红、灰绿、深绿或带花条斑等色，无蜡粉。果柄圆形，软。果梗基座不膨大或稍膨大、较短、圆形、质软。果肉乳白至橙黄色都有，果实含淀粉较多，果肉多偏粉质型。

3. 西葫芦　果实多为长圆筒形，还有短圆筒形、圆形、灯泡形、木瓜形、碟形、心形（橡树果形）和葫芦形等，少数品种有浅棱。商品瓜的果皮颜色丰富多彩，有黑绿色、绿色、浅绿色、橘黄色、金黄（红）色、浅黄色、白色和复色等，少数品种还带有深浅不同的绿色或橘黄色条纹，果面光滑而无蜡粉，果梗基座不扩张或稍扩张。

（六）种子

南瓜属作物的种子着生于内果皮上，种瓜成熟后，籽粒饱满，籽皮硬化，成熟的种子外形扁平，常温干燥条件下种子的发芽年限为 4～6 年，少数品种保存 10 年还能发芽，但发芽率随着贮藏年限的增长而降低。南瓜种子的大小、形状、颜色、周缘部的有或无及脐部上形成的环柄痕的形状等，均是鉴别不同南瓜种的重要依据。

1. 南瓜　种子近椭圆形，白色、淡黄色或黄褐色，边缘厚而色深，珠柄痕水平、倾斜或圆形，千粒重 60～140 g。

2. 笋瓜　种子白色、浅黄色或黄褐色，周缘有大边或无边，色泽较浅或与种子颜色不同，珠柄痕斜生，千粒重 120～270 g。

3. 西葫芦 种子为披针形，扁平，浅黄色、灰白或黄褐色，种子周缘与种皮同色，珠柄痕平或圆，千粒重 60～250 g。

二、开花授粉习性

（一）花的特性及发育

南瓜属植物的性别表现较稳定，所有的种都是雌雄同株异花，花大而醒目，呈单性。南瓜的雌、雄花分化和着生位置存在很强的可塑性。如低温、短日照和较大昼夜温差会促进雌花的形成，反之，高温、长日照可促进雄花分化。栽培条件的改变也会改变雌、雄花的比例。Nitsh 等（1952）以西葫芦做试验，得出 1 d 中 8 h 的相对低温（15～20 ℃）有利于雌花的形成，而 16 h 的高温（30 ℃）则促进雄花的形成。多次频繁采收西葫芦的嫩果可增加植株着生的雄花与雌花总数，且提高雌花所占比例。

据笔者多年观察，南瓜属作物第 1 雌花的着生节位与品种有关，同时也受环境影响。矮生的早熟品种第 1 雌花一般着生在第 4～8 节上，有些极早熟品种第 1～2 节就有雌花发生，而蔓生品种一般于第 10 节着生第 1 雌花，晚熟蔓生品种甚至在 20 节以后才陆续开放第 1 雌花。侧蔓雌花发生的一般规律为主茎基部侧蔓雌花着生节位高，而主茎上部侧蔓雌花着生节位低。短日照与较大的昼夜温差可降低雌花的着生节位，促进早熟。

南瓜属作物雌花与雄花分化发育的起始过程是相同的，都是从叶芽腋处分化出花原基，以萼片、花瓣、假雄蕊、心皮的顺序从外向内连续出现。其中，发育成雄花的花蕾，心皮停止生长，雄蕊继续发育；反之，雄蕊停止生长，心皮发育成雌蕊，形成子房。雌、雄花发育的基本特点：围绕花托的边缘首先出现萼片，随后在其内圈产生花瓣，每个花瓣与萼片成对互生。心皮从花托上伸出，向上延伸形成雌蕊。通常有 3 个心皮，但偶尔也有 4 个或 5 个心皮，心皮的边缘反折形成胎座，表现为纵向侧膜棱脊，其上附着胚珠。子房下位，3～5 心室，子房上着生的柱头较短粗，通常裂为 3 瓣，与心皮数相等。花萼管的末端形成 5 个细的锥状裂片。钟状花冠的前端有很深的刻纹，其尖端向外弯曲。雄花花冠为钟状，与萼片一起形成不分枝的基部花被筒。萼片为腺状，位于花冠的 5 个裂刻交替的位置上。3 个花药变得趋于相同，其中 2 个是四分孢子，在成熟期变成 2 室；第 3 个花药是二分孢子，1 室。雄花花丝分离，花药聚集成一个似柱状的花药柱。

此外，南瓜属的个别品种中有两性花发育的现象，该特性是可以遗传的，但两性花常常开花后脱落不能坐瓜或者最终形成无籽果实。

（二）授粉习性

南瓜为异花授粉植物，花粉粒黏性较大，必须通过不同于风的一些媒介的传播才能从雄蕊到达雌花柱头上，完成受精过程。因为南瓜属植物花朵一般较大，有鲜艳的花被，具特殊的气味和丰富的蜜腺，而且花粉粒不光滑，容易附着在昆虫身上，所以昆虫常作为其授粉者。然而在大面积栽培时，由于蜜蜂的数量太少，往往不能满足商品生产南瓜的植株授粉，故有时需进行人工辅助授粉。

雌花的受精能力很大程度上取决定开花时柱头与花粉的成熟度。花粉的成熟度与活力受外界环境条件的影响很大。Seaton 和 Kremer（1939）认为花粉成熟、花药开裂和开花最主要的影响因素是温度。所有的南瓜属作物花粉成熟的最低温度是 8～10 ℃，最适温度是 10～13 ℃。

由于南瓜花期维持时间很短，所以授粉一定要掌握好时期，一般需在开花后尽快完成。研究资料显示南瓜属作物在开花后较短时间（5 h）内授粉的成功率较高，随着时间的延迟授粉的成功率逐渐降低。但实际工作中还要具体情况具体对待。一些品种的雌蕊受精率最高的时期和花粉发芽力最强的时期之间存在差异。如西葫芦品种锦甘露的雌蕊受精率最高时期是开花当日的 4 时，花粉发芽力最强的时期是开花前 1 d 的 22 时。印度南瓜品种芳香青皮和中国南瓜品种会泽极早生的雌蕊受精率最高时期是开花当天的 7 时，花粉发芽力最强的时期是开花当天的 0 时，在开花 4～5 h 后花粉的发芽力已经下降。许利彩等（2009）的试验结果表明，京葫 12 西葫芦刚开花时（开花当天的 3 时），其花粉活力仅为 58.6%，随后花粉活力逐渐升高，到早晨 6 时达到最高值 74.9%，7～8 时花粉活力也较强，9 时之后花粉活力逐渐下降，至 10 时、11 时其花粉活力分别下降 58.6%、50.5%。

南瓜属作物授粉的成功与否除了掌握好时间之外，还与环境条件密切相关。若空气过于干燥且温度过高，是不易授粉的，即使授粉也不能结瓜。1945 年苏联的一个小镇就曾因温度高、气候干燥而导致南瓜不能正常授粉结瓜。此外，空气湿度大且低温对授粉同样有不良影响。

三、生长发育及对环境条件的要求

（一）生长发育特性

南瓜属作物从种子到种子的整个生长发育过程为 90～150 d，个别晚熟品种生育期稍长。生长期可分为发芽期、幼苗期、抽蔓期及开花结瓜期 4 个时期。短蔓或矮生品种由于茎蔓短缩，抽蔓期也称为营养生长期。

1. 发芽期　从种子萌动至子叶展开，再至第 1 片真叶显露为发芽期。在正常条件下，从播种至子叶展开需 4～7 d，从子叶展开至第一片真叶显露需 3～4 d。发芽期 7～12 d，此期所需的营养绝大部分来自种子自身所贮藏。

2. 幼苗期　自第 1 片真叶开始抽出至具有 5 片真叶，未抽出卷须之前即为幼苗期。这一时期植株直立生长，在 25 ℃左右的条件下，所需生长日期 25～30 d；如果温度低于 20 ℃时，生长缓慢，则需要 40 d 以上的时间。此时期要注意温度的管理，温度过低，生长缓慢，过高则易形成徒长苗，昼/夜温度在 25～28 ℃/15 ℃为宜。由于南瓜叶片宽大，蒸腾作用很强，故不宜大苗移栽。此期主侧根生长迅速，每天可增加 4～5 cm。真叶陆续展开，茎节开始伸长，早熟品种可能会出现雌、雄花蕾和分枝。

3. 抽蔓期　从第 5 片真叶展开至第 1 雌花开放，需 10～15 d。此期茎叶生长加快，爬蔓品种植株从直立生长转向匍匐生长，茎节上的腋芽迅速活动，侧蔓开始出现，卷须开始抽出，进入营养生长旺盛时期。此时，花芽也迅速分化，雌、雄花陆续开放。这一时期要注意根据品种特性调整营养生长与生殖生长的关系，同时注意压蔓、整枝和侧枝的清理，创造有利于不定根生长的条件，促进不定根的发育，以适应茎叶旺盛生长和结瓜的需要，为开花结瓜打下良好的基础。南瓜不同品种间，从播种至第 1 雌花开放所需的天数相差甚远，这也是品种间熟性早晚不同的主要形成阶段。

4. 开花结瓜期　从第 1 雌花开放至果实成熟，此期茎叶生长与开花结瓜同时进行，到种瓜生理成熟需 40～50 d。一般情况下，早熟品种在主蔓第 5～10 叶节出现第 1 雌花，晚熟品种则推迟到第 24～30 叶节。通常，在第 1 雌花出现后，每隔数节或连续几节都能出现雌花。一般情况下第 1 雌花结成的瓜体小，种子少。另外，不同南瓜品种从开花到果实成熟所需时间接近，为 40～50 d。

（二）对环境条件的要求

1. 温度　不同的南瓜种生长需要的适温不同。中国南瓜和印度南瓜均属于喜温类型，需要温暖的气候，可耐较高的温度，不耐低温霜冻。但中国南瓜耐热力稍强，能适应的温度稍高，一般为18～32 ℃。印度南瓜相对喜冷凉，耐热、耐寒力均介于中国南瓜和西葫芦之间，适应的温度在 15～29 ℃，但在平均气温超过 22～23 ℃时，其淀粉的积累能力减弱，如果进一步提高温度，则其生长受到显著抑制。两种南瓜在温度大于 35 ℃时，花器发育异常，雄花易变为两性花；温度大于 40 ℃时停止生长。西葫芦不耐热，喜冷凉但也不耐霜冻，在高温干旱条件下很容易感染病毒病。

南瓜属作物不同生育阶段需要的适温也不同。发芽期适温25～30℃，适温下种子萌芽出土最快，10℃以下或40℃以上时不能发芽。幼苗期白天气温掌握在23～25℃，夜间13～15℃；地温以18～20℃为宜，这有利于提高秧苗质量和促进花芽分化。营养生长期适温20～25℃。开花结瓜盛期适温25～27℃，低限15℃，高限35℃，低于15℃果实发育缓慢，高于35℃花器官不能正常发育，同时会出现落花、落瓜或果实发育停滞等现象。

不同器官生长所需适温也不尽不相同。例如，根系生长的最低温度为6～8℃，根毛生长的最适温度为28～32℃。

因此，要针对不同品种及其所处的生长阶段严格调控温度，为南瓜的生长发育及高产优质提供良好的环境基础。

2. 光照 南瓜属作物属于短日照蔬菜作物，对光照的要求较高。在营养生长和生殖生长阶段都需要充足的光照，光饱和点45 000 lx，光补偿点1 500 lx。在光照充足的条件下植株生长良好，光合作用正常，光合产物多，向果实运转的碳水化合物充足，果实生长发育快且品质好。反之，在多阴雨、弱光照的条件下，植株生长不良，叶色淡，叶片薄，节间加长，落花、落瓜严重。

雌花出现的早晚与幼苗时期日照的长短及温度的高低有密切关系。低温、短日照环境能促进雌花分化。如果在南瓜育苗期间减少日照时数，每日给以8 h光照，可以促进早熟，增加产量。例如，将夏播的南瓜，在育苗期进行不同的遮光试验，缩短光照时间，每天仅给8 h的光照，处理15 d的植株前期产量比对照高60.2%，总产量高53%；处理30 d的分别比对照高116.9%和110.8%。

由于南瓜的叶片肥大，蒸腾作用强，过强的光照容易引起果实日灼和叶片萎蔫，因此在高温季节栽培南瓜时，应适当增大种植密度或适当套种高秆作物以减少单位面积的受光量，降低日灼萎蔫的发生率。但同时也应注意种植密度不能太大，种植密度太大叶片间互相遮阳严重，田间消光系数较高，影响作物的光合作用，坐瓜率反而会下降。

3. 水分 南瓜属作物具有发达的根系，根的渗透压较高，吸收力强，所以抗旱力很强，生长期需要较干燥的环境条件；但是，由于南瓜茎叶繁茂，生长迅速，蒸腾量大，为保证丰产，还需要保持一定的土壤水分。

水分过多或过少都不利于南瓜植株的正常生长。在第1雌花坐瓜前，土壤湿度过大，易造成徒长及落花、落瓜。开花期空气湿度过大，妨碍正常授粉，造成落花。过度干旱则易发生植株萎蔫现象，干旱持续时间长易形成畸形瓜。

4. 土壤及营养 南瓜根系发达，吸收土壤中营养的能力强，对土壤要求不严格，即使在贫瘠的土壤上也能生长，并获得一定的产量。但是，栽培南瓜以排水良好、疏松、肥沃的土壤最为适宜。南瓜所需的三大主要矿质元素为氮、磷、钾，三要素比例为3：2：6，以钾为最多，氮次之。每生产1 000 kg南瓜需氮3～5 kg，磷1.3～2 kg，钾5～7 kg，钙2～3 kg，镁0.7～1.3 kg。肥料用量不当会影响南瓜植株生长及产量，过早施用氮肥易引起茎叶徒长，果实脱落；过晚施用氮肥则影响果实的膨大。过于肥沃的土壤也容易导致南瓜茎叶过分繁茂，引起落花、落瓜，降低产量。因此，在土壤肥力充足时，要摘顶、整枝，适当密植，以充分利用肥力，提高单位面积产量。生产中，通过中耕、除草、增施厩肥和堆肥等措施提高土壤的养分含量，为南瓜的生长发育提供充足的条件，为高产、稳产打下坚实的物质基础。

另外，不同品种及不同生长期的南瓜对矿质营养的吸收能力有较大的差别。印度南瓜吸收能力要比中国南瓜强。南瓜属作物整体苗期对矿质营养的吸收比较缓慢，甩蔓以后吸收量明显增加，在第1瓜坐稳之后，吸收量最大。

5. 气体 空气中的二氧化碳、氨气、二氧化硫等成分对南瓜属作物的生育有重要的影响。南瓜光合作用需要大量二氧化碳，通常合成1 kg碳水化合物约需二氧化碳1.45 kg。但空气中二氧化碳的含量仅为0.03%，所以在正常温度、湿度及光照条件下，增加空气中二氧化碳的浓度到一定限度

(不超过0.2%)，可以提高南瓜的光合强度。

在生产上人工施用二氧化碳，可达到增产的目的。南瓜光合作用二氧化碳的饱和浓度一般为0.1%，在高温高湿强光环境中，二氧化碳的饱和度则高达1%左右。通常空气中二氧化碳浓度提高到0.1%时，南瓜可增产10%～20%，提高到0.63%时，可增产50%。但南瓜光合作用强度受光、热、二氧化碳及叶片的生理活性等综合因子的支配，植株衰弱或在低温弱光环境中，单独提高二氧化碳浓度则难以达到增产效果。

南瓜根系发达，呼吸作用旺盛，对土壤中含氧量要求较高。疏松的土质可以提高土壤中氧的含量，促进南瓜的生长发育。

氨气、二氧化硫等有害气体积累到一定程度时，会破坏叶片的结构，影响其生理功能，因此在施用易挥发出有害气体的肥料如氨水、碳酸氢铵时，应注意及时覆土，减少有害气体的挥发量，防止叶片受损。

四、主要性状遗传

南瓜属植物性状遗传变异广泛。自19世纪开始各国育种工作者就陆续开展了性状遗传规律的研究。1996年哈顿和罗宾逊、2004年Paris和Brown陆续发表和修订了南瓜基因目录，到2009年国际葫芦科遗传协会年报（*CGC Report*）发表了最新的南瓜基因目录，使该基因目录进一步得到了补充，一些新的基因被逐步发现鉴定（Paris和Kabelka，2009）。截至目前，控制南瓜表型性状和生化酶编码的基因已达到136个。其中有70个基因在西葫芦中表达，25个基因在南瓜中表达，19个在笋瓜中表达。控制植物学性状的基因有87个，另外49个是酶编码基因。除此之外还增加了13个性状的分子连锁标记。在87个控制植物学性状遗传基因中，来源于西葫芦的基因有43个，包括显性基因24个、隐性基因19个；来源于印度南瓜的基因有24个，来源于中国南瓜的有29个，来源于灰籽南瓜的有3个，来源于油瓜的有1个，来源于阿克丘宾南瓜的有3个，来源于厄瓜多尔南瓜的有5个，来源于龙德里南瓜的有1个。上述部分控制性状的基因同时出现在几个南瓜种内。该基因目录还对一些性状的遗传规律进行了较详细的描述。

(一) 果实性状

南瓜属作物果实的形状、大小、外果皮颜色、果肉颜色、风味差异显著，这些性状都具有各自的遗传规律，是由自身的遗传物质决定的。

1. 果实形状　中国南瓜的磨盘形果对长圆柱状果为显性性状。西葫芦中控制果实碟形性状的基因相对于控制果实球形和扁圆盘形的基因呈显性，且均为单基因控制。西葫芦圆形瓜与长圆形瓜杂交后，F_1代表现为碟形瓜，F_2代出现性状分离，碟形瓜∶圆形瓜∶细长形瓜为9∶6∶1，说明控制果实形状的基因除主基因外还存在修饰基因。同样，梨形瓜相对于碟形及扁圆盘形来说为隐性性状。西葫芦果实有脖颈对无脖颈属显性性状，但尚未确定该性状是否是由单基因控制。目前已知，西葫芦的果实性状是一个高度的多基因控制性状，果实大小与形状等受到多个基因的协同控制（Paris和Kabelka，2008—2009）。

2. 果皮颜色、光滑度　南瓜的果皮颜色繁多，截至目前，已知的控制南瓜果皮颜色的基因有18个，其中14个基因来源于西葫芦，或者来源于西葫芦与印度南瓜，3个基因（*Gr*、*Mldg*和*B*）来源于中国南瓜（Paris和Brown，2005）。它们中的一些是复等位基因。例如，控制西葫芦果皮颜色的L位点就是一个复等位基因，它们是浅色基因*l-1*和*l-2*，该位点的复等位基因分别控制深色果皮（*L-1*）、宽条纹（$l\text{-}1^{BSt}$）、窄条纹（$l\text{-}1^{St}$）和不规则形条纹（$l\text{-}1^{iSt}$）。这些基因共同作用形成的瓜色条纹可以为宽而连续的，窄而断裂的，或者呈不规则形的。其中，控制宽而连续条纹的基因$l\text{-}1^{BSt}$

对控制窄而断裂条纹的基因 $l-1^{St}$ 呈显性，对控制不规则条纹基因 $l-1^{iSt}$ 呈不完全显性（Paris，2009）。此外还有灰色基因 pl、黄色基因 Y 等，这些基因中极少可独立控制皮色性状（如 Y、$l-1^{iSt}$ 和 pl），大多是通过相互之间的显隐性关系或修饰关系来控制皮色性状。一个位点上的复等位基因之间，一般是根据基因的纯合程度来决定一个基因对另一个基因的修饰、加强或掩盖作用，果皮最终的表现型取决于这些基因的相互作用结果。在 L 位点上，基因的显隐性关系表现为 $L-1>$（$l-1^{BSt}>l-1^{St}$）$\geqslant l-1^{iSt}>l-1$。此外，当控制果皮色的基因 $l-1$ 和 $l-2$ 为双隐性时（$l-1/l-1$ $l-2/l-2$），果皮色最终的表现为灰白色类型（pl）；当控制果皮色的基因型为双显性时（$L-1/-$和$L-2/-$），果皮色最终表现为深黑色（L）；当控制果皮色的基因型为 $l-1/l-1$ 和 $L-2/-$时，果皮色表现为嫩瓜时浅色，成熟后变为浅蓝灰绿色；当基因型为 $L-1/-$和 $l-2/l-2$ 时，果皮色表现为嫩瓜时浅色，成熟后变为浅黄绿色。基因 $L-2$ 对控制条纹的基因 $l-1^{BSt}$ 与 $l-1^{St}$ 有显著的增强作用，$Pl/-$有增强 $L-1$ 基因效果的作用，但当 pl 为纯合隐性基因型时（pl/pl），$L-1$ 的表型被掩盖，从而表现为灰绿色的外表皮。

Sinnott 和 Durham（1922）证明控制西葫芦果皮白色的 W 基因对控制果皮黄色的 Y 基因呈显性上位作用，且黄色对绿色为显性。然而，在白色果皮与黄色果皮的特定杂交组合中，后代中出现了黄色性状的缺失，可能还存在第 2 个控制白色果皮的基因 $W2$。Whitwood（1975）用白色果西葫芦与绿色果株系杂交时，F_1 代在不同的成熟期所表现出的果皮颜色不同，推测白色性状在果实未成熟阶段受单显性基因控制，而在成熟阶段则受不完全显性因子控制，在果实成熟期间果皮颜色比率为 9（奶油色）∶3（白色）∶3（浅黄色）∶1（绿色）。

据 Shifriss（1947）报道，西葫芦黄色果皮与绿色果皮杂交，其 F_1 代果实未成熟时为绿色皮，成熟后转为黄色皮，说明在果实未成熟期果皮绿色对黄色是显性，由单基因控制。后来研究结果证明 Y 位点的等位基因 Y^{o} 控制果实成熟后转为黄色，并推测存在另一基因 $I-mc$，在果实未成熟期抑制了颜色的转变，使果皮保持绿色。Shifriss（1955）的研究还指出，西葫芦双色果实是由显性基因 B 控制的，B 基因还与开花早期果实的色素含量有关；Shifriss 和 Mains 发现西葫芦白条带与白底绿条带的果实杂交，F_1 代为白条带，F_2 代产生性状分离，分离比例为 3（白条带）∶1（白底绿条带），符合孟德尔遗传规律，白条带由显性单基因控制。

西葫芦中控制茎蔓颜色的 D 基因也会使果实发育中后期果皮的颜色变深，并与基因 $L-1$ 和 $L-2$ 互作，当 $L-1$ 和 $L-2$ 这两个基因座位都为显性基因形式（$L-1/-$ $L-2/-$）时，果皮在整个发育时期均表现为深色。但当一个位点或者两者都为纯合隐性等位基因时，果实即为浅绿色。当植株的茎蔓和幼果果皮均为浅绿色时，此性状主要依靠 L 位点的完全隐性基因控制。但如果植株的茎蔓颜色为深色，即存在显性 D 基因，幼果果皮的浅色会随着成熟而渐变为深一些的绿色，隐性基因型（d/d）则对果皮颜色没有影响。

印度南瓜的果皮红色相对于绿色、白色、黄色、灰色均呈显性，由单个不完全显性基因 Rd 控制（Lotsy，1920）。果皮灰色和灰蓝色相对于棕色呈显性，而果皮灰蓝色相对于绿色又为不完全隐性，由单基因 pl 控制，Hutchins（1935）发现果皮灰蓝色对黄色也为隐性。

西葫芦表皮有瘤相对于表皮光滑性状为显性，用 W 表示。但后来的研究表明，果皮有瘤在某些杂交组合中表现为是由多基因控制的性状。

西葫芦的果实硬度受显性单基因 Hr 控制（Robinson，1976），印度南瓜的果实硬度除受 Hr 基因影响外，还存在硬皮抑制基因 Hi，Hi 对 Hr 呈显性，能阻止果皮木质化变硬。中国南瓜中是否存在 Hi 基因还不清楚。

印度农艺学家针对瓜皮韧性是南瓜属作物耐贮运的重要性状，着手选用 9 个不同农业生态型的南瓜品系进行正、反交试验，形成 13 个组合，用遗传方差测验瓜皮韧性的遗传规律，结果表明，累加及显性上位效应对瓜皮韧性的遗传是重要的，重复多次选择是增加瓜皮韧性的有效方法。

3. 果肉颜色　西葫芦果肉颜色受单基因控制，果肉白色对乳白色为显性，而且果皮和果肉颜色之间存在相关性，所有果皮为黄色的果实果肉也为浅黄色，推测存在控制果皮白色和果肉白色两种性状的基因，而基因 *W* 仅对果皮白色起作用；另外，还存在控制果肉和果皮黄色、橙黄色与类胡萝卜素形成或减少的基因。Paris（1995）认为西葫芦果肉白色控制基因 *Wf* 是形成白色果肉所必需的。而 *W* 基因实际为控制果实叶绿素减少的基因，而对于黄色与橘色（类胡萝卜素）的影响很小，所以基因型为 *W/- wf/wf* 的果实颜色表现为淡黄色到深黄色。

Paris 和 Nerson（1986）报道，显性等位基因 *L-2* 可能对西葫芦色素的形成起重要作用，同时 *L-2* 基因还与其他基因相互作用，从而使果实外部和内部的颜色加深。

4. 果实苦味　南瓜属作物的苦味性状是由果实中葫芦素（cucurbitacin）的含量决定的，这也是南瓜属作物品质性状的主要检测指标。

葫芦素的合成是由 *Bt* 基因控制的，Whitaker（1951）报道安德烈南瓜果实的苦味基因对于印度南瓜的非苦味基因呈显性，且由单基因决定。Grebenscikov（1954）也证明西葫芦中的苦味形成是由显性单基因控制的，但可能还存在一个抑制果实中苦味葫芦素形成，而对植株叶片中苦味葫芦素的形成没有影响的基因（Rehm 和 Wessels，1957）。

（二）茎蔓性状

南瓜属作物按生长习性可分为蔓生类型、半蔓生类型和矮生（短蔓）类型。

1. 生长习性　许多学者认为南瓜属作物的矮生习性在幼苗期表现为显性性状，而在成熟期则表现为隐性性状。Denna 和 Mvnger（1963）分析认为控制西葫芦和印度南瓜矮生性状的基因 *Bu* 在同一个位点上。矮化基因在西葫芦较老植株中表现为不完全显性，而在印度南瓜的老植株上则表现为隐性。因此，带有 *Bu* 基因的杂合子西葫芦在幼苗期有矮生习性，但在成熟期茎蔓长度中等（Shifriss，1947）。

周祥麟等（1991）、李海真等（1997）对中国南瓜无蔓性状的遗传规律进行了研究，判明无蔓性状是由 1 对显性基因控制，无蔓品种与长蔓品种杂交，F_1 代都是无蔓的。

2. 茎蔓颜色　西葫芦茎蔓深绿色相对于浅绿色为显性性状，由基因 *D* 控制（Globerson，1969；Paris，1996）。D 位点还存在一个复等位基因 D^s，它也控制着茎蔓深色这一表型，但对花梗及果实颜色影响甚微，D^s 对 *D* 呈隐性，对 *d* 则表现为显性（Paris et al.，2000）。

（三）叶片性状

南瓜属不同种或同一个种内不同的品种，表现出不同的叶片性状，有正常叶、心形叶及莲座状叶，叶缘有浅裂、深裂，叶片颜色有深绿、浅绿，还存在叶片上有或无、大小、多少不等的银斑花叶性状等。

1. 叶形　西葫芦正常叶对莲座状叶（*vo*）呈显性。Hutton 和 Robinosn（1992）报道，南瓜属作物叶缘浅裂（*lo*）对深裂是隐性性状。

2. 叶色　中国南瓜的多数品种表现为花叶，即沿着叶脉生长有大小不等、形状不同的银色叶斑，但几乎在所有的南瓜属品种中存在花叶的遗传变异。花叶在笋瓜、西葫芦和中国南瓜中被认为是由单显性基因 *M* 控制的（Hutton 和 Robinoson，1992），但在不同种间是否位于同一个基因位点还有待证明。

南瓜属植株黄化苗主要是由于叶绿体缺失造成的，印度南瓜中导致植株缺乏叶绿素而死亡的性状是由隐性单基因控制的（Mains，1950）。Lopez-Anido 等证明西葫芦中的隐性单基因 *ys* 也控制着幼苗的黄化致死性状。此外，西葫芦和印度南瓜中，还有一些由隐性基因控制的白化植株（Shifriss，1945）。

南瓜属作物中还发现幼叶黄绿色性状的隐性基因 *v* 和决定茎叶黄色性状的隐性基因 *yg*。

3. 叶状卷须 在西葫芦中，卷须叶相对于卷须正常而言是隐性性状（Scarchak，1974）。Whitewood（1975）进一步发现这一性状可能是由两个隐性基因共同决定的。

（四）花色和性别性状

1. 花色 西葫芦的正常花冠颜色橘黄色对浅黄色（*ly*）为显性性状（Whitewood，1975）；花瓣基部的绿色条带是由显性基因 *Gb* 控制的；Okeechobeensis 南瓜乳黄色花冠由隐性基因 *cr* 决定，基因型 *cr*/*cr* 产生乳色接近白色的花冠，*cr*/＋形成黄色花冠，＋/＋形成橘黄色花冠。同时这一性状还存在 1 个隐性强化基因 *i*，产生乳色花冠。

Hutton 和 Robinson 在国际葫芦科遗传协会（CGC）年报上发表的南瓜已知基因目录中，报道西葫芦绿色花冠受隐性基因 *go* 控制；决定印度南瓜白色花冠及黄白色花冠的基因 *wc* 和 *wyc* 也为隐性，当两个位点均为显性基因型时（*Wc*/-*Wyc*/-），会由于基因互补作用而产生橘黄色花冠。

2. 花的性别 南瓜属作物性别表现比较稳定，一般为雌雄同株异花。西葫芦中隐性单基因 *a* 控制植株雄性，即产生纯雄花（Kubicki，1970）。Dossey 和 Bemis 及 Scheerens 又发现 Foetidssima（一种野生南瓜）中能产生纯雌性植株，该性状受一显性基因 *G* 控制。Umiel 和 Friedman 等（2007）报道 21 个西葫芦品种的产花数量大不相同，Straightneck、Crookneck 和 Scallop 这 3 个栽培品种（均属于 *C. pepo* subsp. *texana*）产花最多，其次是 Pumpkin、Vegetable Marrow 和 Cocozelle 栽培品种。品种间花的性别比例也有很大差异，有的产雄花多，有的产雌花多。

（五）种子性状

1. 裸仁性状 西葫芦和中国南瓜中都有裸仁性状，即种子缺少木质化种皮，胚乳由薄薄的膜层包裹，种皮的缺失是因为细胞壁的木质化和加厚受阻造成的。Grebensickov（1954）最终证明西葫芦的裸仁性状是由隐性单基因 *n* 控制的，但不同种间的裸仁性状是由不同基因控制的。如 Bohn 发现在笋瓜和灰籽南瓜的多倍体杂交后代中，可分离出裸仁程度不同的种子，但认为这些裸仁性状跟西葫芦裸仁基因 *n* 没有联系。Hutchin 也发现笋瓜种皮的厚薄是由几个基因共同决定的，其中的一个基因还控制着褐色及橙红色种皮。Zraidi（2003）进行了裸仁西葫芦的遗传与组织学观察，发现裸仁种子缺少木质化的种皮，第 5 层种皮中的绿色组织使种子呈现橄榄绿的外观。裸仁性状存在种皮完全木质化缺失到边缘木质化和一薄层木质化等不同的形式。裸仁的遗传也比较复杂，从受隐性单基因 *h* 控制到最多由 9 个修饰基因参与控制（Teppner，2000）。20 世纪 80 年代，我国也曾报道中国南瓜的种子裸仁性状为隐性基因控制，与有壳种子杂交后代全部有壳，测交则出现 1∶1 的分离。张仲保和张真（1994）对无种壳西葫芦的基因效应及配合力进行了研究，认为单株籽粒产量和百粒重为超显性。

2. 种皮颜色 据笔者观察，笋瓜的白色种皮对棕红色种皮为完全隐性，受 1 对主效基因控制，有修饰基因存在。

（六）品质性状

南瓜属作物果实的口感和瓜肉颜色是南瓜品质鉴定的一个重要方面，它们受多基因控制，由淀粉、糖和其他成分的含量决定。

类胡萝卜素是南瓜重要的营养成分之一。南瓜果肉类胡萝卜素含量由控制果实双色性状的 *B* 基因，调节果实早期黄色性状的 *EP*-*1*、*EP*-*2* 基因和控制浅果皮颜色的 *L*-*1* 和 *L*-*2* 基因协同控制。Kubicki 和 Walczak（1976）报道，南瓜果肉中类胡萝卜素含量是一个具有较高遗传能力的性状，经过 2～3 代的自交选择后，3 个笋瓜的类胡萝卜素含量增加幅度在 20%～70%，所以通过选择可以获得高胡萝卜素含量的南瓜品种。同时，控制类胡萝卜素含量的基因也控制着果实中胡萝卜素的含量。很多南瓜的成分测定结果也表明，类胡萝卜素含量高的南瓜品种，其胡萝卜素含量也相对较高。

（七）抗病及抗虫性状

1. 白粉病抗性　龙德里南瓜（*C. lundelliana*，一种野生南瓜）对白粉病具有抗性，与中国南瓜杂交后，白粉病抗性被转育到中国南瓜中，该抗性基因用符号 *PM* 表示。

一般规律是 *C. argyrosperma*（一种野生南瓜）与中国南瓜有较强的白粉病抗性，而大多数的西葫芦抗性相对较弱，但西葫芦中的橡树果形与飞碟果形对白粉病的抗性较强（Lebeda 和 Kristkova，1996）。南瓜属植株茎秆与子叶的感病性具有正相关性（Kristkova 和 Lebeda，2000）。南瓜属作物对霜霉病和白粉病的抗性呈负相关，西葫芦品种 Zucchini、Cocozelle 和 Vegetable marrow 对病原菌为古巴假霜霉（*Pseudoperonospora cubensis*）的霜霉病高抗，而不抗白粉病；而 Acorn、Straightneck 和 Ornamental gourd 易感霜霉病，却对白粉病具有较高抗性。从形态来分，圆形南瓜易感白粉病与霜霉病（Lebeda 和 Kristkova，2000）。

Leiborich 等（1996）认为，西葫芦中至少有两个基因参与了白粉病的抗性。Cho 等（2003）认为，*C. martinezii*（一种野生南瓜）中存在抗白粉病的显性单基因，*C. lundelliana* 中还包含一个修饰基因，影响植株对白粉病的抗性水平。

2. 病毒病抗性　Prowidenti 等（1978）研究了南瓜属 14 个野生种和 3 个栽培种对 7 个主要病毒：菜豆黄化花叶病毒 S 株系（BYMV-S）、黄瓜花叶病毒（CMV）、南瓜花叶病毒（SqMV）、烟草环斑病毒（TRSV）、番茄环斑病毒（TomRSV）、西瓜花叶病毒 1 号（WMV-1）、西瓜花叶病毒 2 号（WMV-2）的抗性，发现对 BYMV-S 表现高度抗性的有 7 个种，表现抗性的有 4 个种；对 CMV 表现抗性的有 11 个种；对 TRSV 表现抗性的有 14 个种；对 TomRSV 表现抗性的有 6 个种；对 WMV-1 和 WMV-2 表现抗性的只有 2 个种（*C. ecuadorensis* 和 *C. foetidissima*），没有找到 SqMV 的抗源。其中 *C. ecuadorensis* 和 *C. foetidissima* 高抗 WMV－1 和 WMV－2，抗 CMV，是南瓜属中最具希望的两个多抗瓜类主要病毒的野生南瓜抗源。

Prowidenti（1984）、Paris（1988）和 Martin Pachner（2005）报道，中国南瓜 Pucheshe、Menina 和 Nigerian local 具有小西葫芦黄化花叶病毒（*Zucchini yellow mosaic virus*，ZYMV）抗性，并且这一显性抗病基因又通过中国南瓜和西葫芦的种间杂交被引入到西葫芦材料中（Prowidenti，1997；Paris 和 Cohen，2000）。

Edelstein 及 Paris 等（2007）对来自不同地理区域的 9 个笋瓜品种和 2 个中国南瓜品种接种 ZYMV、PRSV-W（番木瓜环斑病毒西瓜株系）、CGMMV（黄瓜绿斑驳花叶病毒）、CMV、CVYV（黄瓜脉黄病毒）及 MNSV（甜瓜坏死斑点病毒），对各品种对不同病毒的抗性和耐受力进行甄别。认为，机械感染 CVYV 和 MNSV 的植株均没有表现病毒病症状；笋瓜 PI. 458139 的自交系 S_3 对 CGMMV 具有抗性，对 ZYMV 和 PRSV-W 易感性较低；中国南瓜 Nigerian local 对多种病毒病均具有抗性。

Martin Pachner（2005）报道，澳大利亚 CMV 小种（AUTI）是最具侵染性的黄瓜花叶病毒生理小种。中国南瓜除了抗 AUTI 外，绝大多数栽培种还对 CMV 有较高的抗性。

3. 银叶病抗性　胡敦孝与吴杏霞（2001）以早青一代、Bareket、Goldy 为试材，接种银叶粉虱，结果显示 3 个品种均表现出银叶症状。大部分西葫芦品种均对银叶粉虱的危害会产生生理紊乱，表现银叶症状，只有少部分品种对银叶粉虱的危害具有忍耐性，即表现轻微症状或无病症。如美国用于育种的西葫芦种质资源 ZUC76-SLR 和 ZUC33-SLR/PMR 对银叶粉虱的取食有忍耐性，前者不表现病症，后者仅出现轻微银叶症状。这些对银叶粉虱危害不产生银叶症状的材料是抗虫育种种质的良好资源。

中国南瓜的银叶病抗性表现为不完全显性。另外，感病亲本均有银叶色斑，该性状为基因 *M* 控制，可能叶片本身具有的银白色色斑这一性状与感病性状之间存在连锁关系。抗性鉴定结果显示，所有的印度南瓜与 *C. argyrosperma* 均感染银叶病，西葫芦、中国南瓜中有抗病的品种。所有的感病品种均表现为叶柄和叶片中的叶绿素和类胡萝卜素减少，果实减产，成熟缓慢，品质降低。

4. 抗蚜虫 McCreight 等（1984）研究认为，从印度引入的抗蚜虫品系 PI. 37175 的抗性有 3 种不同的机制：避食、耐性和抗生。避食的机制就是蚜虫不取食（不选择）；耐性包括蚜虫取食后叶片不卷缩，并保持生长活力，耐性至少由 2 个显性基因控制。抗生现象的遗传机制很复杂，而且常因环境而变化。Kishaba 等（1976）推测，抗生现象至少由 2 个显性基因控制。PI. 161375 和 PI. 414723 中含有 1 个单显性基因 *Vat*，能够抵抗蚜传病毒。Lal 对 37 个南瓜品种及杂交种的蚜虫抗性进行了鉴定，发现其中 3 个具有相当高的抗性水平。

（八）产量性状

南瓜属作物单株产量和单瓜重是构成南瓜总产量的主要性状，而决定单株产量的主要指标是单株结瓜数和单瓜重。在南瓜丰产和早熟育种中应考虑单株产量、前期产量、单株结瓜数和单瓜重 4 个主要性状，其中以单株产量和前期产量为优先选择指标，同时注意单瓜重和单株结瓜数的相互协调。另外，单瓜重和单株结瓜数是一对矛盾，单瓜重大，营养向果实转移较多，不能满足新开放雌花的坐瓜需要，即使能够坐瓜，也不容易膨大从而造成化瓜，使单株结瓜数减少。选择时应结合实际，选育果实体积中等，结瓜数较多的品种。杜占芬等（2002）认为西葫芦平均单瓜重与早期单株产量呈显著正相关（$r=0.822$），叶长、叶宽、叶面积、果肉厚等性状均与单株产量存在密切相关关系，但均未达到显著水平，同时指出西葫芦丰产性育种应在增大单瓜重的基础上选择叶面积大、雌花节率高、瓜横径大、果肉厚的品种。印度学者 Mohanty 和 Mishra 对 8 个西葫芦品系进行不完全双列杂交，得出产量和产量构成性状的遗传是由多基因控制的，发现瓜重、果实及果腔大小、果肉厚度表现为较强的杂种优势，其中两个组合中瓜重的杂种优势极其显著，可能为超显性效应。杂种中的其他优势性状表现为累加或非累加效应，所有数量性状上的优势和非加性基因作用是由狭义遗传力控制的，超显性在所有性状上经常发生，大部分显性基因发挥正向作用，等位基因在亲本性状上表现的优势作用是不一样的。这与 Sirohi Kuma 和 Choudhury 的研究结果基本一致。因此，可以应用杂种优势育种来改良西葫芦的产量性状。

Mitchell（1979）报道了西葫芦的前期产量与总产量间的不一致性，如果能够保持充分的营养生长阶段，总产量就会相应地提高，但若过早地从营养生长转入生殖生长，则会造成总产量降低。Aboul - Nasr 和 Damacmy 等（2002）又进一步分析了西葫芦前期产量、单株产量、单株结瓜数、单瓜重等因素与总产量之间的关系，其中单瓜重、耐旱性、单株结瓜数与总产量呈正相关，前期产量与总产量呈负相关。

南瓜属作物产量的高低除受作物本身的遗传因素影响以外，还与外界的栽培管理条件等密切相关。如，虽然雌花着生多，但肥水供应不足也容易导致化瓜现象；采收不及时也会影响下一个瓜的生长，导致产量下降。

（九）其他重要性状

1. 熟性 南瓜属作物早熟种与早熟种杂交，其 F_1 代的早熟性较双亲均有所提高；而早熟种与晚熟种杂交，无论正交还是反交，其 F_1 代的熟性均表现为中间型或中间偏早；晚熟种与晚熟种杂交，其 F_1 代仍为晚熟种。欧阳新星（1999）用主成分分析法对西葫芦早熟性状及品种分类进行了研究，表明熟性早的西葫芦品系应具有生长势中等偏强、早期雌花节率高等性状特点。

2. 抗除草剂 Adcoye 和 Coyne（1981）报道中国南瓜对除草剂氟乐灵抗性呈显性，由基因 *T* 控制。另外，还存在除草剂抗性基因的抑制因子 *I-T*。

南瓜属的最新基因目录刊登在 *Cucurbit Genetics Cooperative Annual Reports*（2008—2009）上，本目录所述基因均包含了详细的信息来源，提供了杂交研究中所用父、母本材料的遗传背景。

目前鉴定的基因中，有 70 个基因来自西葫芦，25 个基因来自中国南瓜，19 个基因来自印度南瓜。通过种间杂交，利用印度南瓜与野生种 *C. ecuadorensis* 杂交（Cutler×Whitaker）鉴定了 29 个基因，其中，25 个基因编码同工酶。另外，有少数基因是从 4 个野生种（*C. okeechobeensis* Bailey、*C. lundelliana* Bailey、*C. foetidissima* HBK 和 *C. ecuadorensis*）及少数种间杂交中分离鉴定而来的。

该目录还介绍了几个典型的遗传连锁分析，包括 *D-mo-2*（61）、*M-Wt*（*C. pepo*）（72）和 *Bi-Lo-2*（*C. ecuadorensis*×*C. maxima*）之间存在的连锁关系。最近，利用 RAPDs、AFLPs 和 SSR 标记，构建了西葫芦的遗传连锁图谱，多于 300 个标记定位于这个遗传图谱上，该图谱覆盖 2 200 cM，有 20 个连锁群，标记间的平均遗传距离为 2.9 cM（Gong et al.，2008；Zraidi et al.，2007）。

第四节　主要育种目标和选育方法

根据南瓜属 3 个主要种的市场需求和生产发展的规律分析，丰产、优质、抗病、抗逆、多熟性和多类型将是主要的育种目标。不同种、同一个种不同季节播种及不同用途的品种，其主要育种目标又有一些差异。

一、主要育种目标

（一）丰产性

丰产性是优良品种的基本特性，是获得高产的基础。不同用途的南瓜，其产量目标也不同，肉用南瓜是以果实产量为目标，籽用南瓜是以种子产量为目标。如以嫩瓜收获为主要目的的西葫芦、以老熟瓜收获的中国南瓜和印度南瓜，就是以果实产量为主要育种目标；而以籽用为目的的西葫芦、印度南瓜和中国南瓜，则以种子产量为主要育种目标。

（二）品质

南瓜不仅可以作为新鲜蔬菜直接食用，还可以作为主要原料加工成不同的保健食品，这就对南瓜产品的品质提出了更多、更高的要求。人们在追求南瓜产量的同时，也更加注重南瓜产品的品质。因此，品质也是南瓜育种的一个重要目标。品质性状包括外观品质性状、口感和营养品质性状及加工品质性状等，如肉用南瓜果实的大小、形状、果皮颜色、光泽、果肉厚度、色泽、干物质含量、淀粉含量、总糖含量、类胡萝卜素含量等，籽用南瓜种子的长度、宽度及千粒重、种皮的有无、种皮的颜色和色泽、种子内脂肪酸的种类及含量、蛋白质含量等。

1. 淀粉、糖及胡萝卜素含量　淀粉、糖及胡萝卜素的含量是影响南瓜口感及营养品质的重要因素。不同种类及同一种类不同品种的南瓜，淀粉、糖及胡萝卜素的含量相差较大。不同南瓜品种（品系）的果实淀粉含量低的不到 1%（鲜重），而高的则达 20%（鲜重）以上；总糖含量低的不到 1%（鲜重），高的可达 8% 以上（鲜重）；胡萝卜素含量低的不到 0.2 mg/kg（鲜重），最高的达 320 mg/kg（鲜重）以上。不同品种（品系）间含量的巨大差异，为选育高淀粉、糖及胡萝卜素含量的品种提供了可能。

2. 果实外观性状　果实外观性状包括果皮颜色、瓜面特征、果实形状和果实大小等。这些特征的综合因素决定了南瓜种子的外观品质。籽用南瓜种子的长宽比、外表皮颜色、种缘大小和有无等性状都是主要的育种指标。

不同地区、不同用途对不同种类南瓜的果实外观性状有不同的要求，育种目标随着市场的需求在不断变化和适应。在大多数地区，浅绿色或翠绿色、瓜形为棒状或长棒状、粗细较均匀、瓜面有光泽、无棱的西葫芦比较受欢迎，而深绿色或近白色、光泽度差的西葫芦外观往往不受欢迎，有棱的西葫芦由于在运输过程中易产生明显的擦痕也很难大规模进入市场；中国的重庆、浙江及绝大部分的欧美国家或地区，喜欢深绿色的西葫芦；也有一些喜欢食用大瓜和老熟瓜的地区，对西葫芦的皮色、瓜形及棱的有无则无过多的要求。

在中国大多数地区都喜欢红色皮的印度南瓜，而且要求颜色鲜艳，果形近球形或高球形，大小一般在 2.0 kg 左右，果脐部分越小越好，墨绿色皮或深绿色皮印度南瓜的受欢迎程度则不如红色皮的印度南瓜，灰绿色等其他皮色印度南瓜的受欢迎程度则更差些。但在日本、韩国及绝大部分的欧美国家对深绿色皮、扁圆形的印度南瓜更喜欢，因为这种类型的南瓜一般品质更好，产量更高且种植更容易。中国的育种工作者也正在引导民众的消费习惯向这方面转变。

中国南瓜目前在市场上最受欢迎的是瓜面较光滑、瓜形为长把梨形（棒槌形）的蜜本类型品种，单瓜重一般为 3～5 kg，但一些扁球形、磨盘形、长筒形及梨形的品种在一些地区也比较受欢迎，单瓜重也根据品种的不同，200～5 000 g 不等。

近年来，一些特殊形状的南瓜品种，如香炉形的印度南瓜、碟形和心脏形的西葫芦等因其赏食兼用的特性也得到了许多消费者的钟爱。此外，对于加工用途的南瓜，在果实外观性状上一般都要求果实为近球形、表面光滑、大小适中，以方便机械化进行去皮及去籽操作。

3. 种子性状 对于籽用南瓜来说，种子的大小、千粒重、内外种皮的颜色、外种皮的光泽度及种皮边缘的大小、有无等都是育种时需要考虑的重要指标。如印度南瓜籽用品种一般要求种子籽粒饱满，皮色雪白，有光泽，种子边缘窄或无，种子长度 2 cm 以上，宽度 1.2 cm 以上；籽用西葫芦品种一般要求种子皮色均匀，种子长度 1.8 cm 以上，宽度 1.0 cm 以上，千粒重 200 g 以上，内种皮深绿色；裸仁品种一般要求种子大小均匀，籽粒饱满，内种皮颜色深绿。

（三）熟性

尽管保护地栽培、反季节栽培发展较快，南瓜已能基本实现周年供应，但在不同的地区、采用不同的栽培方式，选用熟性适宜的品种，仍是影响种植者收益的一个重要因素。因此，选育早、中、晚熟配套的一系列品种，仍是南瓜生产上的一个重要需求。

在早、中、晚不同熟性中，早熟性尤其显得重要。特别是在早春露地和大棚生产时，如果能提早上市，将为种植者带来更大的收益。但由于早熟品种大多伴有生育期短、早衰的特性，产量往往难以达到高产的要求，这就需要培育不同熟性、具有不同丰产能力的品种，以满足不同地区、不同栽培季节对品种多样化的需要。早熟西葫芦品种一般要求播种到采收商品瓜 45 d 左右、中熟品种 50 d 左右。早熟印度南瓜品种从播种到第 1 雌花开花 60 d 左右，中熟品种 70 d 左右，晚熟品种 80 d 左右。早熟中国南瓜品种从播种到第 1 雌花开花 65 d 左右，中熟品种 75 d 左右，晚熟品种 85 d 左右。

（四）抗病性

抗病性一直是蔬菜育种的重要目标。抗病性强的品种，不但可以减少病虫害带来的产量损失，而且可以降低农药使用量，减少生产成本。并且，在人们对生活质量的追求不断提高的今天，蔬菜的食品安全备受关注，蔬菜生产已由普通栽培发展到无公害、绿色和有机蔬菜的生产，因此，选育耐病、抗病、免疫、抗虫性强的南瓜新品种将是南瓜育种的必然趋势。西葫芦品种要求抗小西葫芦黄化花叶病毒病和西瓜花叶病毒病及白粉病，印度南瓜品种要求抗病毒病和白粉病，中国南瓜品种要求抗白粉病。

（五）抗逆性

抗逆性是保证南瓜丰产潜力能够稳定表现的一个重要因素。尤其在一些干旱、贫瘠、盐碱重及气候异常或条件较差的栽培环境下，抗逆性的强弱就成为能否成功种植南瓜的关键因素。

在保护地种植的西葫芦和印度南瓜品种，一般要求要有较强的耐低温和耐弱光的能力，对于一些秋延后栽培的西葫芦品种和南方秋冬茬栽培的印度南瓜还要求同时具有较强的耐热性；在华南等炎热地区种植的中国南瓜品种，要求具有较好的耐热性；在山坡、滩地等种植的中国南瓜品种一般要求具有较好的耐贫瘠和耐干旱能力，以及一定的耐盐碱性。

（六）其他育种目标

1. 株型育种　中国南瓜、印度南瓜主要以长蔓品种为主，西葫芦中的籽用类型和搅瓜类型长蔓品种也占有一定的数量，长蔓品种在生产中存在土地利用率不高，单位面积产量低的缺点。目前中国南瓜已经育成了短蔓或无蔓的品种，但因品质、产量及抗病性、抗逆性等性状较差，还不能适应大面积推广的要求；印度南瓜的短蔓品种虽然也已在生产中推广，但综合性状的表现还不够理想。因此，选育丰产、优质、抗性好的短蔓或无蔓新品种，仍是南瓜育种的一个重要目标。

此外，分枝能力的强弱也是南瓜育种需要重视的一个目标。在中国的大多数地区，南瓜均是粗放管理，分枝能力弱的品种可以减少植株调整的工作量，更适合管理粗放的大面积种植。而在南方一些喜欢食用南瓜嫩茎的地区，分枝性强、茎木质化速度较慢的性状又成为了育种追求的重要目标。

2. 砧木育种　黄瓜、西瓜和甜瓜的嫁接栽培技术已非常普遍，目前采用的砧木主要包括葫芦砧木和南瓜砧木。在采用的南瓜砧木中，原来是以黑籽南瓜为主，目前一些优良的中国南瓜砧木、印度南瓜砧木、部分西葫芦砧木及这些南瓜的种间杂交砧木也已广泛应用，并有全面取代黑籽南瓜的趋势。因此，南瓜的砧木育种已日益受到重视。

南瓜砧木育种目标根据接穗种类的不同略有差异，但从总体来说，都要求砧木本身对枯萎病等主要土传病害具有较强的抗性或免疫能力，根系发达且具有较强的耐低温能力和吸肥能力，或具有较强的耐热、耐盐或耐涝等抗逆能力，能提高接穗产品的产量，不明显影响接穗产品的品质（如西甜瓜的口感品质）或能改善接穗产品的品质（如去除或减少黄瓜表面蜡粉），与接穗具有较强的亲和性和共生性，对种子籽粒的大小也因接穗的种类、下胚轴的粗细而有不同要求。

3. 加工专用型育种　随着南瓜产业化的发展，南瓜加工产品也呈现出日益多元化的趋势，不同的加工产品对原材料的加工性状也有不同的要求。如加工南瓜粉，就要求南瓜品种的干物质及淀粉含量要高；而加工南瓜汁，则要求南瓜品种的干物质含量适中，出汁率要高；加工南瓜籽油，就要求种子脂肪酸的含量要高。另外，由于南瓜生产具有季节性，而南瓜产品加工又需要原料的持续供应，因此，具有较好的耐贮性也是加工型专用品种必备的一个重要指标。

4. 特殊用途育种　南瓜的用途多种多样，不同的用途对育种目标有不同的要求。如瓜肉可搅成丝状的搅瓜，在育种时就要求瓜丝具有较好的韧性，口感爽脆，耐贮性好。以南瓜嫩茎为主要食用器官的品种，除要求分枝性强外，茎叶内葫芦素含量要低，口感要好。作为食用容器的南瓜，要求瓜型美观，大小适中，品质甜面。作为观赏用途的南瓜，则要求外形奇特，颜色鲜艳亮丽，瓜皮木质化程度高，自然保存期长等。

二、选育方法

（一）丰产性选育方法

在南瓜育种实践中，可以利用不同种质资源产量构成性状的遗传差异，通过一定的育种程序和途径，使丰产因素得到合理组合，选育出高产稳产的新品种。

1. 肉用南瓜丰产性选育方法 影响肉用南瓜果实产量的性状有雌花节位、雌花率、坐瓜率、连续结瓜能力、单瓜重、植株的分枝习性、蔓长和叶片大小等。

肉用型南瓜又可分为嫩瓜食用型和老瓜食用型，食用老熟南瓜的果实产量取决于果实大小、单株留瓜数等。食用嫩瓜的南瓜果实产量的构成性状包括雌花率、连续结瓜能力等。总体来说，南瓜果实产量可用单位面积株数×单株坐瓜数×平均单瓜重来表示。

（1）单位面积株数 对于不同食用类型的南瓜，丰产性都具有非常重要的作用，主要与植株生长习性（蔓生、矮生或半蔓生）、植株生长势、株型开展度等相关。

在品种选育时，首先应考虑选育无蔓或短蔓品种，其次选育生长势适中的和第1雌花节位低的品种。选育无蔓或短蔓品种，首先要选择具有无蔓或短蔓性状的材料为亲本。在中国南瓜和西葫芦中，已发现了单基因控制且呈显性遗传的资源材料，在选育无蔓或短蔓品种时，只要亲本之一具有无蔓或短蔓性状即可。

山西省农业科学院蔬菜研究所育成的无蔓1号、无蔓2号、无蔓3号和无蔓4号中国南瓜，就是以一个具有无蔓性状的材料为亲本，与不同的长蔓品种进行杂交而育成的，因其杂种一代表现为无蔓性状，可以大幅度提高单位面积种植株数，产量优势极其显著。

在西葫芦育种中，由于目前具有短蔓性状的种质资源材料非常丰富，故育种实践中，除以短蔓材料为亲本外，还要注意选择生长势中等、株幅较小、第1雌花节位较低的材料为亲本，以便进一步提高单位面积种植株数。如山西省农业科学院蔬菜研究所育成的早青一代西葫芦，就是以短蔓、生长势较强、第1雌花节位低的阿尔及利亚西葫芦和短蔓、生长势较弱、第1雌花节位低的黑龙江小白皮西葫芦为亲本育成的，早青一代表现为短蔓、生长势中等、第1雌花节位低，单位面积种植株数多，产量高，因此自20世纪80年代育成后，便占据我国西葫芦主栽品种位置达20年之久。

在印度南瓜中，到目前为止，尚未发现具有显性遗传的无蔓或短蔓材料，已发现的短蔓材料只在苗期（10节以前）短蔓性状表现为显性而后期则表现为隐性遗传。因此，要选育印度南瓜无蔓或短蔓品种，就要先对无蔓或短蔓性状进行转育，将双亲均培育成具有不同优良性状的短蔓材料后，才能培育短蔓印度南瓜新品种。但在育种实践中，也有直接将短蔓材料与长蔓材料作为亲本杂交配制新品种的实例。如北京市农林科学院蔬菜研究中心育成的印度南瓜品种短蔓京绿栗和短蔓京红栗就是如此，这两个品种虽然到生长后期均表现为长蔓，但因其前期表现为短蔓，且第1雌花节位低，坐瓜早，当植株开始伸蔓时，瓜已经坐住，因此可以按照短蔓品种的栽培方式进行管理，也可以显著提高单位面积的种植株数。此外，北京市农林科学院蔬菜研究中心、四川省农业科学院园艺研究所已将中国南瓜的无蔓性状成功地转育到了印度南瓜上，且育成了若干具有显性遗传的无蔓材料，这对培育无蔓印度南瓜新品种将会起到积极的促进作用。

无蔓或短蔓品种虽然在单位面积种植株数上具有较大优势，但单位面积种植株数只是产量各构成因素中的一个方面，并且无蔓或短蔓品种在其他一些经济性状方面还无法全面满足生产及各类消费市场的需求，因此，目前生产中应用的品种还是以长蔓品种为主。在选育长蔓品种时，在综合平衡其他经济性状的前提下，应尽量选育生长势中等、第1雌花节位较低、分枝性较弱的材料为亲本，这样可以尽可能地提高单位面积种植株数。

（2）单株坐瓜数 对于以食用嫩瓜为目的的西葫芦、中国南瓜和印度南瓜来说尤为重要。因为采收嫩瓜时，瓜往往还没有完全充分膨大和成熟，不同品种的采收标准都需按照市场的要求，单瓜重相差不大，基本为300～500 g，所以采收数量就成为产量高低的决定性因素。

单株坐瓜数主要取决于雌花节率和连续坐果能力。雌花节率是可遗传的数量性状，一般认为为隐性性状，连续坐瓜能力更是受多种遗传因素影响，至今没有合理的解释。

（3）平均单瓜重 平均单瓜重是南瓜产量的重要构成因素。为了保证优良的口感品质，大多数印度南瓜和中国南瓜品种均是以老熟瓜为商品瓜，因老熟瓜需要吸收更多的营养才能充分成熟，所以每株的坐瓜数就受到了极大的限制，如果采取单蔓整枝，一般每株只能坐瓜 2～3 个，即使坐瓜数可以提高，但由于营养分配原因，往往坐瓜数多的产量反而下降。因此，受单位种植株数的限制，要想提高产量，必须提高平均单瓜重。平均单瓜重的遗传属于非加性效应，可以通过杂种优势途径进行改良。单瓜重大的材料与单瓜重小的材料杂交后，后代的单瓜重一般属于中间类型，这就要求在选择亲本时，亲本之一必须要选择单瓜重相对较大的材料为亲本，或者父母本的单瓜重都不能太小。

总之，若想育成一个早熟嫩食南瓜品种（如西葫芦、中国南瓜），其理想的性状应符合短蔓、分枝性弱、叶片大小适中、雌花节位低、雌花率高、坐瓜率高、连续坐瓜能力强、膨瓜速度快、单瓜重适中等。对于采收老熟瓜的南瓜品种（如中国南瓜、笋瓜），则要求其单瓜重相对较大、商品瓜率高、单株坐瓜数适中、雌花节位及雌花率适中等。

2. 籽用南瓜丰产性选育方法　籽用南瓜的种子产量主要取决于单瓜种子数、种子千粒重、单株坐瓜数等。籽用南瓜种子产量的构成性状有雌花节位、雌花率、坐瓜率、单瓜重、单瓜种子数、种子千粒重、植株的分枝习性等。研究表明，单瓜重、单瓜种子数的遗传型取决于基因的非加性效应，可通过杂种优势育种途径进行改良；种子千粒重主要受基因的加性效应控制，能够较稳定遗传，可在早代亲本选配时对这一性状进行选择。另外，对于籽用印度南瓜，瓜横径和单瓜重对单瓜产籽数有决定性的正相关作用，在籽用南瓜丰产性育种中，应以瓜横径和单瓜重作为主要选择性状指标，同时注意瓜纵径的牵制作用。如黑龙江省梅亚种业有限公司育成的梅亚雪城 2 号籽用印度南瓜杂交种，其母本是经多代自交分离和定向选育而成的稳定自交系，生长势中等，早熟性好，第 1 雌花节位为第 7～8 节，单瓜重 2.5～3.0 kg，单瓜种子数 300～350 粒，百粒重 27.3 g；父本是将 MD-5 与 YA-7 进行杂交后，经多代自交分离和定向选育而成的稳定自交系，生长势强，第 1 雌花节位为第 11～12 节，单瓜重 4.0～4.5 kg，单瓜种子数 150 粒，百粒重 55.0 g，中早熟。梅亚雪城 2 号表现为生长势强，中早熟，第 1 雌花节位为第 9～10 节，单瓜重 3.5 kg，单瓜种子数 300 粒以上，百粒重 36.5 g，产籽量 1 400 kg/hm^2。

（二）品质选育方法

1. 营养品质选育方法　在我国南瓜营养品质育种方面，由于品质测定需要借助大量的仪器设备、测定方法烦琐且考虑到成本等问题，目前还很少对育种材料进行各品质指标精确的测定，育种实践中大多是以可溶性固形物含量（折光糖含量）和口感品尝来判定果实糖及淀粉的含量，以果肉颜色的深浅来判断果实胡萝卜素的含量。

（1）*淀粉和糖含量*　其遗传规律在南瓜上的研究还较少，一般认为其属于数量遗传，存在基因累积效应。在育种实践中，要育成淀粉或糖含量较高的品种，至少要有一个亲本具有较高的含量水平。北京市农林科学院蔬菜研究中心育成的短蔓京绿栗，肉质致密、粉质度高［淀粉含量 2.5%（鲜果）以上］、口感甘甜细面、品质好，其母本的含糖量高、肉质致密、品质好，其父本肉质致密、粉质度高。

（2）*南瓜果肉中胡萝卜素含量*　南瓜果肉中胡萝卜素含量与果肉的橘黄色或黄色深浅之间存在正相关。另外，果肉中特定的颜色与各种单一的类胡萝卜素的含量也具有较高的线性比例关系。选育高胡萝卜素的品系，最简单的方法，首先应从感官品质选择入手，选择那些成熟瓜肉色为深黄色的品种，采用系谱法进行逐代选择，对原本较混杂的群体，采用此方法可以很快提高品系的类胡萝卜素含量。但对于已经纯合的品系，提高类胡萝卜素含量的选育方法就应该选择不同的品系相互杂交，以期在后代出现超亲的组合或通过进一步的自交或近交得到更高胡萝卜素的品系。当然后期的选择不能仅凭感官判断，必须借助于仪器的测量和分析，以选出真正的高胡萝卜素含量的品系。随着对南瓜果实色素遗传规律的认识，在育种过程中，可以进行早期的选择和淘汰。首先，可以淘汰绿色变种（*b/b*）

和色素浅的植株（*l-1/l-1* 或 *l-2/l-2*），留下深黄或双色幼果的植株（*B/-*，*L-1/-*，*L-2/-*），切下幼果，测验其果肉颜色的深浅，只选择那些幼果果肉最深的植株用来自交，直到各种性状稳定。其次，在含有较高胡萝卜素的稳定自交系间进行杂交，这样才有可能将改善果肉颜色和提高胡萝卜素含量的基因聚合在一个杂交种中，育成高胡萝卜素含量的新品种。另外一种方法，也是各学者一直在育种中使用的方法，就是把已知能提高类胡萝卜素含量的基因利用回交的方法转育到想要的品种中。北京市农林科学院蔬菜研究中心南瓜课题组就已通过7代回交，将*B*基因转入到了无蔓南瓜中，结果果肉颜色比原来深了很多，而且类胡萝卜素含量提高了65%。值得一提的是，种间杂交也是提高某些南瓜种胡萝卜素含量的一个好途径，尤其在印度南瓜和中国南瓜两个栽培种间的杂交。以上几种方法可单独或结合在一起使用，对选育高胡萝卜素含量的南瓜品种很有帮助。

2. 外观品质选育方法 随着人民生活水平的提高，对蔬菜的外观品质提出了更高的要求，这就要求在育种的过程中，重视营养品质的同时更加关注外在品质，如商品瓜的颜色、花纹、形状等指标，因此制定明确的育种目标，根据各性状遗传的显隐性规律研究结果，选好父母本至关重要。

中国目前西葫芦的主流市场仍以外观颜色浅绿色、长柱状或长棒状、瓜条粗度均匀等需求为主，由于影响果皮颜色的基因比较多，要想获得满意的颜色，必须借助对前面介绍的果皮颜色遗传规律的了解基础并结合多年的实践经验，在选育亲本时尽量选择某一个亲本为浅绿色，另一个亲本为绿色或深绿色，再结合果皮的花纹颜色、大小选配亲本。以京葫12西葫芦为例，其母本的果实为浅绿色、光泽度好、中长柱形、无棱、商品瓜22 cm左右，父本的果实为浅灰绿色覆网纹、中短柱形、无棱、商品瓜长18 cm左右。杂交种的果实果皮浅绿色覆细网纹、圆柱形、无棱、商品瓜长22～24 cm。

为了获得红色皮的笋瓜，父、母本至少有一个亲本果皮必须是红色的，因为，笋瓜果皮的红色对绿色和灰绿色为显性或不完全显性，红皮南瓜与绿皮或灰皮南瓜杂交后，绿皮南瓜的绿色程度越深则杂交后代的红色越鲜艳。北京市农林科学院蔬菜研究中心育成的红皮笋瓜品种京红栗的母本为橘红色，父本为深绿色，杂交一代果皮为艳丽的红色。笋瓜果皮的绿色对灰色为显性性状，中国农业科学院蔬菜花卉研究所育成的绿皮笋瓜吉祥1号、湖南瓜类研究所育成的绿皮笋瓜锦栗等，其母本果皮均为深绿色，父本果皮为灰绿色，杂交一代果皮为中等绿色。

3. 种子性状选育方法 籽粒长、籽粒宽主要受基因的加性效应控制，能够较稳定地遗传，可以通过系谱育种方法在早期世代加以固定。因此，在育种初期应先对籽粒长、籽粒宽、籽粒数和百粒重等性状加以选择，然后再通过杂交试配，选择表现优良的组合。籽用南瓜种皮白色对黄色、褐色为隐性性状，因此选育高品质的籽用南瓜，其父母本都应该选择种皮白色、种子边缘窄或无的作为优选亲本。籽用西葫芦的裸仁性状为隐性性状，选育裸仁西葫芦其父母本都应该是裸仁的，这样F_1代种子才可能是裸仁的。

（三）熟性选育方法

影响南瓜熟性的主要因素，一是从播种到第1雌花开花日数（简称第1雌花开放日数），二是从开花到商品瓜成熟日数（第1果收获日数）。大量的试验证明，不同品种南瓜的第1果收获日数差异性较小，南瓜熟性主要由第1雌花开放日数的长短不同而决定，该性状通常情况下都表现了基因的加性和非加性效应，也常常出现超显性现象，可以通过反复选择进行改良，对杂种优势的选择是非常有效的。因此，不同熟性亲本杂交，其后代熟性一般介于双亲之间，但更倾向于早熟亲本。因此，如果要选育早熟品种，双亲之一应该具有早熟特性，另一亲本应为早熟或早中熟，杂交种才能表现为早熟。如京葫12西葫芦，母本为中早熟，第1雌花节位为第7～8节，从播种至开花45 d；父本为早熟，第1雌花节位为第5～6节，从播种到开花38 d；杂交种表现为中偏早熟，第1雌花节位为第6～7节，从播种到开花41 d左右。

（四）抗病性选育方法

我国南瓜的抗病虫育种还相对落后，对种质资源的抗病性鉴定还主要靠田间自然鉴定的方法，只有个别公益性科研院所开展了苗期接种鉴定及分子标记鉴定的研究。在育种实践中，主要通过杂交及回交转育的方式，配合苗期接种鉴定技术、分子标记辅助育种技术、生长后期田间自然发病观察鉴定等技术的综合应用，进行定向选择，获得抗病亲本。

1. 抗病毒病鉴定方法　南瓜属作物极易感染各种病毒病，抗病毒病一直是重要的育种目标。首先要搜集和鉴定、纯化抗病种质资源，在对其抗病性遗传规律研究清楚的前提下，通过杂交、回交和多代自交等方法将抗病性转育到优良核心种质上，育成具有众多优良性状的自交系。然后再根据育种目标和抗病性状的显隐性关系选配合适的亲本开展抗病毒病杂种优势育种。在转育抗病性状的过程中通常结合苗期抗病接种鉴定、分子标记辅助育种技术和田间观察等高新技术和传统技术快速、准确地跟踪抗病基因的存在，以求获得新的抗病种质和抗病品种。

以抗小西葫芦黄化花叶病毒病西葫芦新品种京葫 CRV4 的选育为例，其在选育过程中，先利用构建的小西葫芦黄化花叶病毒病苗期抗性接种鉴定技术对 32 份搜集到的育种材料进行小西葫芦黄化花叶病毒病抗性鉴定，获得抗性种质资源 2 份。然后利用抗、感资源获得抗性性状 F_2 代分离群体，对小西葫芦黄化花叶病毒病抗性进行遗传规律研究，发现抗、感植株的分离比例符合孟德尔理论分离比 3∶1，初步断定西葫芦小西葫芦黄化花叶病毒病抗性为单基因控制的显性性状。同时利用构建的 F_2 代群体开展与抗小西葫芦黄化花叶病毒病紧密连锁的分子标记研究，获得了与该抗病基因紧密连锁的 SSR 分子标记 SSR23，遗传连锁距离 0.7 cM。采用传统小西葫芦黄化花叶病毒（ZYMV）摩擦接种鉴定方法验证，表明分子标记检测的准确度达 98%以上。利用该标记对综合性状优良但高感小西葫芦黄化花叶病毒病的自交系 08－19 与已知的抗病毒株系（R08－1）的回交后代群体进行单株筛选，在苗期淘汰大量不携带抗病基因的植株，最终获得了含有纯合小西葫芦黄化花叶病毒病抗性基因的自交系 08－19－15－29－18－20－58。以该自交系为母本，以由法国 Teizer 公司早玉杂交种经 6 代自交分离和定向选择获得的稳定自交系为父本，配制组合获得了抗小西葫芦黄化花叶病毒病的西葫芦新品种京葫 CRV4，利用传统和分子标记辅助育种技术相结合显著提高了抗病育种的准确度与选择效率。

（1）*小西葫芦黄化花叶病毒病苗期人工接种鉴定方法*　苗期抗病性接种鉴定 ZYMV-CH 毒源由美国康奈尔大学纽约州农业试验站 Provvidenti 教授提供，在感病西葫芦上繁殖，发病后采集病叶。用 0.2 mol/L（pH 7.0）磷酸缓冲液稀释。

① 西葫芦苗准备。供试的西葫芦材料种子用纱布包好，55 ℃温汤浸种消毒后，再浸泡 4 h，置于 30 ℃恒温培养箱中催芽 36 h，播于装有灭菌营养土的营养钵中。每个西葫芦株系重复 3 次，每重复 10 株苗。生长于温室内，覆盖防虫网。

② 接种。当西葫芦子叶展平时，在子叶上撒少量 600～800 目金刚砂后进行人工摩擦接种，再用清水冲洗，并用缓冲液摩擦接种健康西葫芦幼苗做不接种对照，在 25～30 ℃无虫条件下培养。为防止接种造成的人为漏接等误差，第 1 次接种 3 d 后进行第 2 次接种。

③ 病情指数调查。接种后每隔 1 周进行 1 次抗病统计，连续 4 周，调查内容为各株系的总株数及其各单株的发病症状，根据症状表现并参照 BoyhanE41 和古勤生的分级标准设置一定的病情指数，严格按照发病情况记录各单株的感病级数。计算病情指数（DI）并划分西葫芦材料的抗病类型。病情指数 3 级以下为抗病，5 级以上为感病。

（2）*小西葫芦黄化花叶病毒病病情分级标准*

0 级　无症状；

1 级　1～2 片叶明脉；

3 级 少数叶片轻花叶，形态正常；

5 级 多数叶片花叶，形态正常，个别叶片畸形；

7 级 多数叶片严重花叶，新叶畸形；

9 级 几乎所有叶片严重花叶、畸形或植株矮化。

（3）病情指数计算公式

$$病情指数(DI)=\frac{\sum(发病等级\times该级样本数)}{总样本数\times 9}\times 100$$

2. 抗白粉病鉴定方法 随着南瓜栽培的规模化、专业化发展，真菌和细菌病害也成为威胁南瓜生产的主要病害，尤其是白粉病危害最重，以下介绍西葫芦白粉病抗病性育种方法及苗期人工接种鉴定方法，供育种者参考。

侵害南瓜属作物的白粉病菌主要是子囊菌亚门的两个属的真菌，即 *Sphaerotheca fuliginea* (Schlecht) Poll 和 *Erysiphe cichoracearum* DC.。相对而言，在中国，前者比后者分布更广泛且对南瓜属作物危害更严重。在抗病育种中，首先要找到抗源，目前比较好的抗源有京葫 CRV4、亚历山大和安莎 210 等品种，且这些品种包含的抗病基因为显性主基因，也有微效多基因的作用。北京市农林科学院蔬菜研究中心对 200 余份西葫芦种质材料进行了白粉病抗性评价，筛选到 7 份高度抗病及 13 份高度感病的西葫芦材料。其中 PmS1 株系对白粉病高度感病，接种白粉病菌后真叶会出现明显的菌斑，并且侵染迅速，植株后期整株叶片、叶柄和茎秆表面被一层白粉菌；PmR1 株系则对白粉病高度抗病，接种白粉病菌后植株没有明显症状，植株生长后期只有叶片少量感染白粉病菌，叶柄和茎秆仍然没有受到病菌侵染。利用 PmR1×PmS1 这两份纯合自交系配制了 F_2 代抗、感病植株分离群体并进行苗期白粉病接种，结果表明，西葫芦白粉病抗性性状由一对显性基因控制，抗、感植株的分离比例符合孟德尔理论分离比 3∶1。

（1）南瓜属作物白粉病苗期人工接种鉴定方法

① 菌株扩繁。

扩繁南瓜苗：将南瓜种子在 50 ℃温水中浸泡 15 min，温度降至 30 ℃时持续浸种 4 h，浸种后，取出种子，用湿纱布包好，放置在 28 ℃条件下催芽，每天用 20～30 ℃水淘洗一次，待大部分种子露白即可播种。等到子叶充分展开，并露出第 1 片真叶时，供扩繁菌种用。

菌株扩繁：从田间采回的新鲜南瓜白粉病病叶中，剪取发病充分、与其他病斑间隔较远的白粉病菌单个病斑，蘸水后病斑朝下，轻轻贴在培养好的南瓜子叶正面上。置于温度光照培养箱中培养，温度设定为 20 ℃，光周期设定为 16 h 光照 8 h 黑暗交替，相对湿度设定为 80%，5～7 d 子叶充分发病后作为接种用菌源。

② 菌悬液制备。将带有新鲜白粉病病斑的南瓜子叶剪下，置于 1 000 μg/mL 十二烷基硫酸钠水溶液中，用毛笔将新鲜分生孢子刷下，混合均匀后用血球计数板在 10×10 倍显微镜下镜检，调整孢子浓度为 2.5×10^5 个/mL，即制得所需要的孢子悬浮液，菌悬液需要现用现配，放置时间不得超过 30 min。

③ 接种。将上述准备好的菌悬液倒入小喷雾器内，对着待鉴定的南瓜子叶正面喷雾接种，喷雾量以雾滴均匀附着在南瓜植株表面且不产生径流为宜。

④ 接种后培养。接种后将南瓜植株置于 22～25 ℃，空气相对湿度 60%～80%条件下保湿 12 h。

⑤ 病情指数调查。接种后 5～7 d，南瓜子叶上出现均匀的白色霉层时即可进行调查。

（2）南瓜白粉病叶分级标准

0 级 直观无病；

1 级 病斑占叶面积 1/3 以下，白粉状模糊不清；

3 级 病斑占叶面积 1/3～2/3，白粉状较为明显；

5 级　病斑占叶面积 2/3 以上，白粉状连片，叶片开始变黄；

7 级　白粉层较厚，由叶缘向里变褐；

9 级　叶片变褐面积 2/3 以上，叶缘上卷。

（3）病情指数计算公式

$$病情指数=\frac{\sum(各级病叶数\times相对级数值)}{调查总叶数\times 9}\times 100$$

3. 抗南瓜细菌性果腐病鉴定方法　细菌性果腐病（bacterial fruit blotch，BFB）已成为威胁南瓜属作物生产的主要病害，但相应的抗源材料目前还没有被发现，抗性遗传规律仍然未知，该项研究还需加大力度。以下只能简单介绍一下南瓜细菌性果斑病的苗期人工接种鉴定方法，供育种者参考。

（1）南瓜细菌性果斑病菌株人工接种鉴定方法　对中国农业科学院蔬菜花卉研究所菜病综防组保存的细菌性果腐病菌菌株进行南瓜致病性测定，发现菌株 YG09042101、TG10061904 在南瓜上有致病力，接种后病情指数能达到 65 以上。

① 南瓜苗准备　将南瓜种子在 50 ℃温水中浸泡 15 min，温度降低至 30 ℃时持续浸种 4 h，浸种后，取出种子，用湿纱布包好，放置在 28 ℃条件下催芽，每天用 20～30 ℃水淘洗一次，待大部分种子露白即可播种，南瓜苗长至两片真叶时即可进行接种鉴定。

② 病原菌培养。将细菌性果腐病菌株通过画线的方式转接到 NA 斜面培养基上，28 ℃黑暗环境下培养 2～3 d。

③ 菌悬液制备。将纯培养的细菌从斜面上洗脱下来，倒入少量无菌水，以覆盖斜面表面为宜，用涡旋振荡器振荡，把菌落从斜面洗脱下来。

把准备好的菌悬液倒入 50 mL 离心管，每菌 1 管，倒入少量无菌水稀释。

用分光光度计测量菌悬液的浓度。无色透明的菌液设置波长为 450 nm，有色的为 650 nm，记录 *OD* 值，根据 $OD=0.042\,5\times$细菌个数（单 10^8）$+0.125\,6$ 的线性关系计算出细菌个数，将菌株浓度设定为 3×10^8 cfu/mL。

④ 接种。将上述准备好的菌悬液倒入小喷雾器内，对着植株进行全株喷雾接种，喷雾量以雾滴均匀附着在南瓜植株表面且不产生径流为宜。

⑤ 保湿培养。接种后将南瓜植株置于玻璃保湿柜中进行保湿培养，保湿柜内相对湿度控制在 100%，温度控制在 25～30 ℃，保湿时间为 48 h。保湿结束后将南瓜植株放置在育苗温室内进行常规管理。

⑥ 病情指数调查。保湿 7～10 d 后，南瓜子叶和真叶上出现暗绿色水渍状病斑时即可进行调查。

（2）南瓜细菌性果腐病病叶分级标准

0 级　无病斑；

1 级　病斑面积占整个叶面积的 5%以下；

3 级　病斑面积占整个叶面积的 6%～10%；

5 级　病斑面积占整个叶面积的 11%～25%；

7 级　病斑面积占整个叶面积的 26%～50%；

9 级　病斑面积占整个叶面积的 50%以上。

（3）病情指数计算公式

$$病情指数=\frac{\sum(各级病叶数\times相对级数值)}{调查总叶数\times 9}\times 100$$

4. 抗南瓜疫病育种方法　南瓜疫病主要由辣椒疫霉侵染所致，也有地方主要受瓜疫霉侵染。

（1）南瓜疫病苗期人工接种鉴定　利用中国农业科学院蔬菜花卉研究所菜病综防组保存的辣椒疫霉菌株进行南瓜致病性测定，鉴定结果表明菌株 HG08111501 在南瓜上有较强的致病力，接种后病情指数能达到 75 以上。

① 南瓜苗准备。将南瓜种子在 50 ℃温水中浸泡 15 min，温度降低至 30 ℃时持续浸种 4 h，浸种后，取出种子，用湿纱布包好，放置在 28 ℃条件下催芽，每天用 20～30 ℃水淘洗一次，待大部分种子露白即可播种，南瓜苗长至两片真叶时即可进行接种鉴定。

② 病原菌培养。将辣椒疫霉菌株转到燕麦培养基上，26 ℃下培养，12 h 光照 12 h 黑暗交替进行，培养 12 d 左右。

③ 菌悬液制备。将菌株放于 4 ℃冰箱中 15～20 min，然后于 25 ℃下放置 30 min，见光后诱导游动孢子的释放，用无菌水刷下孢子囊悬浮液，用血球计数板记数，配成 1×10^6 个/mL 的孢子悬浮液待用。

④ 接种。在南瓜幼苗距离主根 1 cm 处左右伤根，将配好的孢子悬浮液灌入土中，每株灌入 4 mL。

⑤ 保湿培养。接种后将南瓜植株置于玻璃保湿柜中进行保湿培养，保湿柜内相对湿度控制在 100%，温度控制在 25～30 ℃，保湿时间为 72 h。保湿结束后将南瓜植株放置在育苗温室内进行常规管理。

⑥ 病情指数调查。保湿 5～7 d 后，南瓜茎基部出现水渍状病斑，植株萎蔫即可进行调查。

（2）南瓜疫病的分级标准

0 级　无病；

1 级　茎上出现些微水渍状的病斑；

3 级　茎上病斑扩展，但不超过株高 1/4，不萎蔫；

5 级　病部超过整株 1/4，向下延伸至根部，不超过株高 3/4，茎基部轻微萎蔫；

7 级　病部超过整株或蔓延至全株，包括根和叶柄，茎基部严重溢缩，叶片根腐，已死亡。

（3）病情指数计算公式

$$\text{病情指数}=\frac{\sum(\text{各级病株数}\times\text{相对级数值})}{\text{调查总株数}\times 7}\times 100$$

（五）抗逆性选育方法

目前在选择耐低温西葫芦材料时，通常可检测幼苗在 5 ℃低温条件下叶片电导率、可溶性糖含量及脯氨酸含量较常温（25 ℃）条件下的变化幅度，作为耐低温的鉴定指标（徐跃进等，2006）。电导率下降幅度越小、可溶性糖含量和脯氨酸含量增加幅度越大，则抗冷性越强。在育种实践中，则主要是在冬季日光温室等低温、弱光条件下，通过观察育种材料生长势、连续坐瓜能力、果实膨大速度的表现来判定其耐低温和弱光的能力；然后选择出耐低温和弱光能力较强的材料配制不同组合，通过测定各组合的耐低温和弱光能力来选育新品种。

南瓜耐热性的鉴定，目前主要是以田间观察为主。耐盐、耐贫瘠和耐干旱的能力等，目前研究较少。

（六）其他重要性状选育方法

1. 株型选育方法　中国南瓜和西葫芦的无蔓或短蔓性状为单基因控制的显性遗传，在选育无蔓或短蔓品种时，只要亲本之一具有无蔓或短蔓性状即可。笋瓜的短蔓性状一般表现为生长前期为显性，生长中后期为隐性遗传，选育品种时，需要注意观察前 10 节的蔓性性状，如果希望选到短蔓的品种，父、母本都应选择短蔓的品种，也可选择双亲之一为短蔓，得到的 F_1 代杂交种表现为前短后长。对短蔓性状一般都采取杂交后多代自交或多代回交转育的方式。

2. 瓜类砧木选育方法　已知中国南瓜作为黄瓜的砧木对减少接穗黄瓜果实表面蜡粉的性状为隐

性遗传，也即如要选择具有脱蜡粉能力的砧木品种，双亲都必须具备这个能力，再综合考虑根系发达、下胚轴粗壮、耐低温、抗土传病害等与嫁接相关的性状，选择合适的亲本。至于南瓜砧木其他性状（如对接穗品质的影响、亲和能力和共生能力等）的遗传规律目前还不是很清楚。

砧木育种的成功案例当属日本龙井公司在20世纪50年代选育的南瓜种间杂交种新土佐类型。其母本为印度南瓜，生长势强，根系发达，抗枯萎病，耐盐碱能力强，种子白色、中等大小，最重要的是其与中国南瓜种间杂交障碍小；父本为中国南瓜，生长势中等，根系较耐涝，抗枯萎病，种子小。配制的杂交种生长势强，根系发达，吸肥吸水能力强，高抗枯萎病，与西瓜、甜瓜嫁接亲和性和共生性好，显著提高接穗的产量，解决了西甜瓜连作障碍的问题。目前，中国很多研究者也越来越多地开展瓜类砧木育种研究，希望在耐低温性、耐涝性、耐盐碱性、抗土传病害、抗根结线虫等方面有更大的突破。

第五节　育种途径及方法

南瓜育种的途径主要是杂种优势育种，有性杂交育种一般只在籽用南瓜育种上有所应用，突变育种和生物技术育种采用的较少或正处于研究和摸索阶段。

一、杂种优势育种

南瓜的杂种一代往往具有明显的杂种优势，表现在生长势、根系发达程度、果实大小、产量、成熟期、抗病虫和抗逆能力等方面往往超过亲本。目前，除籽用南瓜外，杂种一代已得到了广泛的应用。南瓜杂种优势是普遍存在的现象，但并非任何组合都可以获得优势，而且，即使是同一杂交组合，它的不同性状表现的优势程度也是不同的。例如，有些印度南瓜的杂交组合 F_1 代产量超过亲本，有些则反而低于亲本。西葫芦的同一杂交组合的 F_1 代可能产量超过亲本，但膨瓜速度反而低于亲本。亲本选择不当，杂种常表现双亲的中间性状，有时甚至表现出不如亲本的杂种劣势。因此，杂种优势育种在选配亲本时，一般要重视以下几点。① 应按照南瓜性状遗传规律来预先考虑双亲的相对性状在杂种一代的显隐性表现。当杂种一代的育种目标性状属显性时，亲本材料之一具有这种性状即可，如目标性状属隐性遗传，则两个亲本材料必须同时具有这一性状。② 杂交双亲本身应具有优良的经济性状，而双亲的优缺点能互相弥补，双亲中的任一亲本不能有严重的缺点。③ 亲本间的生物学性状和生理特性应尽可能具有一定差异，亲缘关系和地理起源也应尽可能有差异，这样的双亲配组获得的杂种一代，出现超亲优势的可能性会更大些。④ 由于杂种的丰产性和亲本的生产力有密切的相关性，在选配亲本时应先通过测交选出具有最大生产潜力的材料做亲本。

南瓜的杂种优势利用一般分为以下几个步骤：种质材料的搜集与创制、优良自交系的选育、组合试配和杂交组合的确定，进入品种比较试验阶段、优选最优组合进行较大规模的多点多年多茬口的生产试验，最好决选最优组合进入新品种示范推广和大面积种植环节。主要育种技术路线如图20-2。

（一）优良自交系的选育

搜集到的或人工创制的种质材料往往不能直接利用，必须经过多代自交提纯后才能利用。在提纯的过程中，南瓜属作物一般采用单株自交方法纯化株系，通常要根据育种目标按照期望性状如株型、熟性、瓜码密度、瓜色、果实形状、坐瓜性、抗病性等进行逐代定向选择，直至目标性状达到纯合稳定，成为高代的优良自交系。在自交系选育过程中应充分考虑到各个性状的遗传规律，充分利用已有的抗逆、抗病、品质等与育种目标相关的性状的鉴定技术，有条件的单位更要充分利用现代生物育种技术快速、高效地聚合优异性状，获得优良自交系。

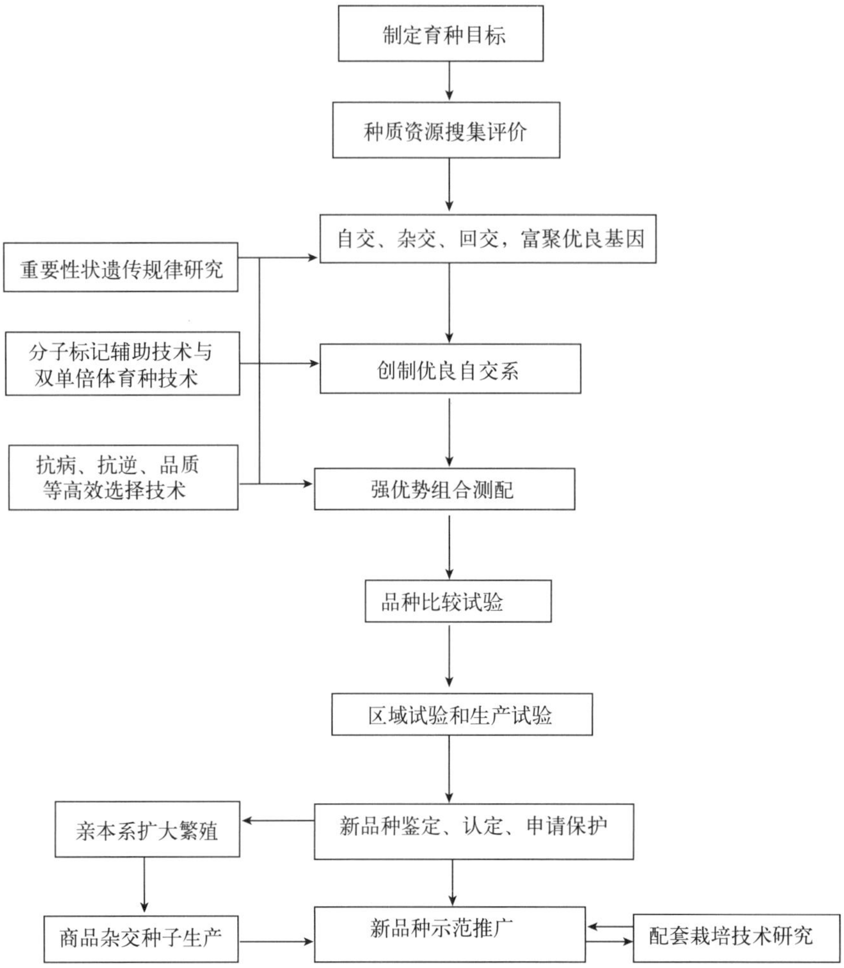

图 20-2 南瓜属作物杂种优势利用技术路线

（二）组合试配与配合力测定

1. 组合试配 获得多个优良自交系后，接下来就要根据育种目标进行组合试配。因为自交系本身的生活力和性状表现优良，并不能说明作为杂种亲本生产出的一代杂种也一定优良，究竟采用哪一个杂交组合才能获得优势最强、最符合生产要求的一代杂种，只有经过组合试配和生产检验才能确定。因此，在进行组合配制时，先要根据南瓜主要性状的遗传规律及育种目标，有目的地进行组合配制。如果对于南瓜的某些目标性状的遗传规律不很明确，或在人力、物力等条件均很充分的条件下，也可以在各自交系间进行广泛的非目的性的组合试配，利用纯合的自交系配制杂交种是目前国内南瓜常用的杂交种选育方法。自交系育成后，要紧紧围绕育种目标来选配亲本，根据主要性状遗传表现，参照组合选配的一般规律和前人的经验，在进行南瓜属作物组合选配时，需掌握以下亲本选配原则：①重视各目标性状之间的互补；②亲本在生态型和系统来源上应有较多差别；③亲本应具有较好的配合力；④亲本自身种子产量高，特别是母本的产量要高。

2. 配合力测定 配合力的测定是先选择若干符合育种目标的自交系，按照 Griffing（1956）完全双列杂交或半轮配法的方案制订杂交计划，在人工套帽隔离的条件下，于花期进行不同组合的人工杂交授粉获得各杂交组合的种子。在当地南瓜适宜的生产季节或相似气候条件下进行各组合的种植鉴定。一般设双行区，2～3 次重复，小区株数 20～40 株，每 10 个组合设一对照，按正常管理进行栽培。生长期内进行熟性、抗病性、适应性、产量、外观品质、营养品质及其他经济性状的调查和记载。将调查鉴定的各项数据进行整理分类，选目标性状及重要经济性状，计算各亲本的一般配合力和各组合的特殊配合力及杂种优势值，选出特殊配合力高、杂种优势强的组合继续配制杂交种进入品比试验、区域试验和生产试验。

（三）品种比较试验、区域试验生产试验

按照育种目标和计划，在进行了品种资源的收集整理、鉴定筛选、亲本自交纯化、杂交组合选配等一系列工作后，需要按照要求的田间试验设计进行新品种小区比较试验。通过田间观察和性状记载，进行生物统计分析，尤其是配合力分析，从中选出强优势组合，以便参加新品种区域性试验。品种比较试验的小区面积可根据试验条件确定，但栽植株数不应少于 20 株，以便调查记载，小区形状最好为狭长形，小区排列方向和试验地的肥力方向相平行，为克服边际效应，试验田四周应设置 2 行左右的保护行。根据生物统计原理，品种比较试验大多采用设置重复的完全随机区组设计，重复 3～4 次，每 10 个品种设一对照，对照一般选用当前生产上的主栽品种，同时按照育种目标，选用1～2个目标品种作对照。例如，选育春季种植的西葫芦品种，用前期耐低温性强、早熟的品种作对照；选育秋季露地种植的西葫芦抗病品种，用抗性强的品种作对照；选育冬季温室种植的西葫芦品种，要用生长势强、耐低温弱光的品种作对照。但无论用哪种目标品种作对照，都要注意品种熟性的对应。试验按当地正常田间管理技术进行栽培。生长期内注意记载主要育种目标性状，如生长势、开花期、果皮颜色、果实形状、瓜码密度及抗病性和适应性，收获嫩瓜为主的西葫芦和中国南瓜还要记载每次的收获产量，收获老熟瓜为主的中国南瓜和印度南瓜要记载总产量，同时进行品质的测定，一般通过测定可溶性固形物含量评判瓜的甜度，通过蒸熟老瓜多人品尝进行口感的评定。

经过 2 次以上的品比试验后，选出综合表现优于对照品种的组合，再安排在实际生产中进行多点、多年的区域试验。区域试验一般由省级种子管理站组织进行，育种单位也可以在全国范围内委托品种应用单位多点种植观察比较，以便了解和掌握该品种适宜推广的地区和相应的配套栽培技术。区域试验一般也要确定 1 个标准品种和当地主栽品种为对照，田间设计与品种比较试验相似，但小区面积应该大一些。新品种区域性鉴定至少进行两年，在此期间，可以在某省内外南瓜主产区多布点进行试验示范。这样，经过两年的区域性鉴定，可选出表现突出的新品种。

区域试验表现突出的品种，可安排进入生产试验。生产试验需安排同类型主栽品种为对照，一般不设重复，但需要扩大种植面积，并安排在适宜的栽培季节，采取适宜的栽培管理方式种植，以充分表现品种的潜力，并进一步明确品种的适宜推广地区、适宜的茬口和相应的配套栽培技术。生产试验一般进行一年，有时在区域试验第 2 年即选出表现优异的品种，同时进行生产试验。只有经过在实际生产中进行的多点、多年较大面积的试种检验，通过或参加本地区及拟推广地区的品种审（认）定或品种鉴定工作，才可确定该组合为新的优良品种。在进行品种鉴定的同时，也可安排进行播期、密度、肥水管理等栽培试验。

下面以曾在生产中作为主栽品种多年的早青一代西葫芦的选育经过为例，介绍杂种优势育种的过程。

山西省农业科学院蔬菜研究所于 1978 年下半年开始广泛征集西葫芦种质材料 51 份，1979 年春按每份材料 30 株种植 1 小区，对每份材料内的各单株均进行自交授粉，在生长期根据瓜的性状，结瓜习性、株型、抗病力等选择优良材料，从入选的优良材料中再选若干优良单株，每个株系不超过 5 株。从 51 份原始材料中初步选出阿尔及利亚花叶、太原大黑皮、黑龙江小白皮、邢台一窝猴、临汾一窝蜂、古城西葫芦等 9 个可能供做亲本用的优良品种。

1979 年冬季将入选的一代自交系（S_1）在中国南方的海南岛种植，继续自交和选择，入选的 S_1 系统内选 2～3 株。1980 年继续自交并进行 S_2 系统间的比较，淘汰不良自交系，在优良自交系内再选生活力强的优良单株，得到 8 个品种的 S_3 自交系 112 个。1981 年如前法继续自交和进行 S_3 系统间的淘汰选择，从 6 个品种中获得纯度高、比较优良的自交系 290 个。这些自交系当其主要经济性状已稳定，生长整齐一致以后，不再进行单株自交，改用系统内混合授粉，增加种子的繁殖量。

由于当时对西葫芦的许多性状的遗传规律并不了解，从第 1 年原始材料圃阶段就开始有选择地利用品种和品种交配，观察子一代的表现，虽然由于品种的遗传性不稳定，子一代生长不整齐，而且出现分离，但可以大体摸索出利用哪些品种作为亲本交配，可以获得优势强的一代杂种，以便把培育自交系的工作集中在这些品种上，同时根据子一代的表现，还可看出亲本的纯度。以后每年在选育自交系的同时也都进行了早代组合试配。1979 年冬季在海南岛观察了利用品种杂交的子一代 10 个。1980 年观察了利用一代自交系配的子一代 32 个。1981 年进一步进行了品种比较试验，参加试验的 50 个一代杂种都是二代自交系做亲本交配得到的。以当时各地普遍栽培的阿尔及利亚花叶西葫芦作对照品种。在 50 个杂交组合中产量超过对照品种的有 41 个，占 82%，低于对照品种的有 9 个。全生长期共采收 4 次，第 1 次产量算作前期产量，前期产量超过对照品种的有 32 个，占 64%。1982 年将入选的 10 个杂交组合（用 3 代自交系做亲本配制的一代杂种），分别在山西省太原市、清徐县、榆次市、原平县等地布点鉴定，一致认为表现优良的有两个组合，即阿尔及利亚花叶×太原大黑皮，命名为阿太一代，主要表现为高产、抗病；阿尔及利亚花叶×黑龙江小白皮，命名为早青一代，主要表现为早熟、高产、商品性好。

再以短蔓京绿栗笋瓜的选育为例，说明笋瓜杂交种的选育过程。

该品种母本 BL - 16（系谱号 12 - 5 - 3 - 28 - 20 - 16 - 16，简称：次绿）是从两个日本材料的杂交后代中经多代自交分离选育而成的一个稳定自交系，生长势强，前期短蔓，耐病性强，中早熟，雌花多，易坐瓜，畸形瓜少，瓜皮色灰绿，成熟瓜甜度高，肉质紧密。父本自交系 BH258，是一个日本品种和美国品种 Buttercup 杂交后通过多代自交分离定向选择的稳定自交系，生长势稳健，早熟，节成性好，瓜皮色深绿，成熟瓜粉质度高，肉质较致密。2002 年开始配制组合，同年对各杂交组合进行配合力测定和组合筛选，其中 BL - 16×BH258 表现生长势强，前期短蔓，行距可缩小，可加大种植密度，容易管理，早熟，易坐瓜，单株坐瓜数 2～3 个，单瓜重 1.6 kg，外观深绿色带花斑，扁圆形，口感好，品质佳，产量高，平均单产在 38 544 kg/hm^2。2003 年进行区域试验及多点生产示范，表现出整齐度高、前期短蔓、早熟、易管理、产量高、品质优、抗性强等优点，2003—2004 年开始小面积推广，市场反馈良好。同时在北京、河北、内蒙古、海南等地进行中试和示范，2005—2015 年一直在大面积种植，得到生产者和消费者的好评（图 20 - 3）。

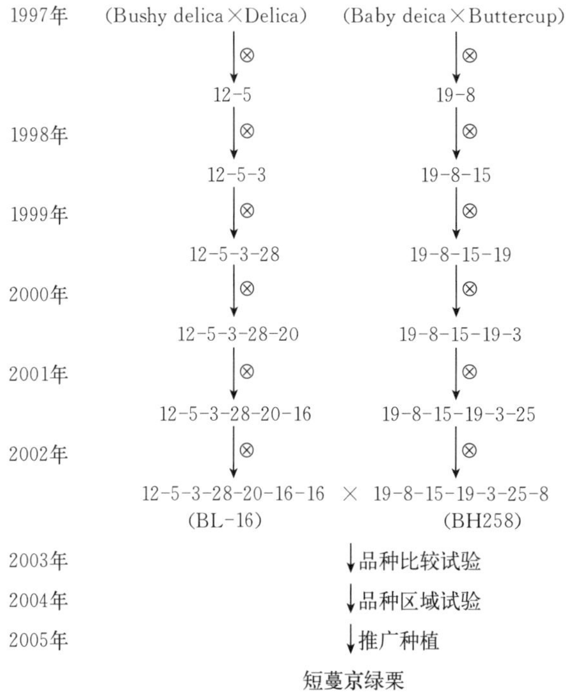

图 20 - 3 短蔓京绿栗的选育系谱图

二、有性杂交育种

有性杂交育种目前在籽用南瓜育种中仍是一个重要途径，如甘南 1 号、金辉 2 号、银辉 2 号、梅亚雪城 1 号等，均是通过有性杂交育种途径培育而成的籽用南瓜品种。在其他南瓜育种中，主要是通过有性杂交来获得或创制优良的亲本材料。

（一）杂交亲本的选择和选配

亲本选择也要以大量搜集原始材料为基础，根据育种目标，选择目标性状具有较高水平、必要性状不低于一般水平且具有尽可能多优良性状的材料作为杂交亲本。以籽用南瓜为例，在进行高产籽用南瓜育种时，亲本的产量性状水平必须要高，品质、抗病性、熟性等必要性状必须不低于一般水平，并能被生产者或消费者接受。另外，由于籽用南瓜的产量是由单株结瓜数（坐果率）、单瓜种子数、种子千粒重等多个单位性状构成的，如果直接根据种子产量来进行选择，有可能选得的亲本是单株结果数多、种子千粒重大而单瓜种子数少，用这样的亲本杂交就可能得不到种子产量高的后代。如果在选择亲本时，根据不同的单位性状进行，不但选一部分单株结果数多的作为亲本，还选一部分单瓜种子数多的作为亲本，同时也选一部分种子千粒重高的作为亲本，然后将这些不同单位性状水平高的亲本进行有计划地配组，就有可能在后代中获得单株结果数多、单瓜种子数多、种子千粒重大等复合性状优良的个体。

亲本选配要遵循亲本优良性状互补的原则，以具有最多优良性状的亲本为母本进行配组，对于目标性状属于质量性状时，双亲之一必须符合育种目标。优良性状互补既包括不同性状的互补，也包括同一性状不同单位性状之间的互补。如产量和可溶性固形物都是数量性状，选育高产、可溶性固形物高的南瓜品种时，如果用高产而可溶性固形物含量很低的品种与可溶性固形物含量很高而产量低的品种杂交，杂种后代一般不会出现产量和可溶性固形物含量都很高的变异；如果用这两个性状都有较高水平，即一个是高产而可溶性固形物较低，另一个是较低产而可溶性固形物较高的亲本，在杂交后代中有可能出现这两个性状都达到高亲的水平或出现超亲变异。

（二）有性杂交的方式

杂交的方式主要包括单交、回交、多系杂交等。单交这种杂交方法简便且杂种的变异较易于控制，是有性杂交育种工作中常用的杂交方式。当细胞质不参与遗传的情况下，正交与反交杂种后代的性状是一致的；但当细胞质参与遗传时，杂种的性状倾向于母本。在实际育种工作中，一般用花期较晚、优良性状较多的品种作为母本。

回交的目的在于加强轮回亲本的性状，以至恢复轮回亲本原来的全部优良性状并保留供体少数优良性状。所以回交育种的作用只是改良轮回亲本一两个性状，是常规育种中的一种辅助手段。在南瓜育种工作中，一般在提高优良品种的抗病性或抗逆性，以及在克服种间杂交后代不稔时，常采用回交的方法。

多系杂交与单交相比，其优点是可以将分散于多数亲本上的优良性状综合于杂种之中，丰富杂种的遗传性，有可能育成综合性状优良、适应性广、用途多样的品种或育种材料；但多系杂交的后代变异幅度大，在选择时要扩大杂种后代的播种群体，一般 F_1 代的群体应在 500 株以上，以增加出现全面综合多数亲本优良性状个体的机会。

（三）有性杂交技术

在用于杂交的亲本中，选择健康无病的种株 10 株左右作为杂交种株。当杂交亲本的花期不遇时，可采用调整播期或定植期、摘心、人工控制温度和光照、植物生长调节剂处理等方法调整花期相遇。

南瓜雌蕊在开花前 2 d 即开始成熟，具有一定的接受花粉而完成受精的能力，因此用于杂交父母本的雌花和雄花均要花冠完整、没有破损和开裂，并于开花前 1 d 进行隔离。隔离可以采用纸袋或纸帽法，也可采用线绳或金属丝束扎法。南瓜的雌花和雄花一般均于凌晨 4～5 时开放，授粉的最佳时间一般为 6～10 时，11 时以后花粉的生活力下降，因此授粉应在雌花和雄花开放的当天上午进行。因南瓜雄花的花粉黏性较大，不适宜提前采集和贮存，一般直接用刚摘下的雄花进行授粉。授粉时，先摘下雄花，去除隔离物，剥去花冠，然后去除雌花的隔离物，将雄花上的花粉均匀涂抹到雌花的柱头上，最后用隔离物将雌花进行隔离。更换授粉父本系统前，要用 70%酒精对授粉工具和手指进行消毒，防止非目的性杂交的发生。

为了便于管理，对于授粉瓜要挂牌标记，并在记录本上进行登记。标记牌上应注明授粉日期，父母本的田间编号及植株编号、授粉瓜的授粉序号、授粉人等信息。果实成熟后，要连同标记牌一同收获，并在标记牌上注明收获日期。登记本上除了要记录标记牌上的所有信息外，还应记录种瓜的相关性状信息（如种瓜的形状、皮色、收获种子数等）。

杂交后的 2～3 d 内要检查授粉瓜的隔离情况，如发生隔离物破损、脱落或花冠发生破损，则可能发生了意外杂交，应将这些杂交瓜上的标记牌摘下，并在记录本做标记，然后重新补做杂交。南瓜雌蕊的有效期可以维持到花后 2 d，隔离物应在杂交后 4～5 d 再去除。在种瓜成熟前，要经常检查标记牌，发现字迹不清、破损或丢失时，要根据登记本的记录信息重新补写和补挂。另外，要加强母本株的栽培管理，保证良好的肥水供应，及时防治病虫害，及时摘除没有授粉的瓜，保证杂交瓜的良好发育。

在授粉后 35～45 d，当南瓜达到生理成熟时，及时采收种瓜。将种瓜放置于阴凉、干燥、通风处后熟 10～15 d 后，调查种瓜性状，并剥瓜采种。从种瓜中取出的种子要用水漂洗干净，去除杂质，连同标记牌一起置于尼龙网袋中进行晾晒。待种子充分干燥后，调查种子性状，然后将种子装于纸袋内，袋外写清种子信息（如亲本名称、杂交组合名称、组合配制时间等），置于低温、干燥、防虫、防鼠条件下保存。

（四）杂交后代的选择与培育

在南瓜有性杂交后代的选择方法上，主要采用系谱法，偶尔采用单子传代法。

南瓜属于异花授粉作物，连续自交时生活力衰退不显著。由于南瓜种植密度低，在进行系谱法选择时，常从杂种一代开始，逐代根据育种目标进行单株选择，并进行连续多代自交，直至优良的目标性状稳定为止。针对一个主要育种目标的选择，一般经过 5～6 代自交和株选，即可获得纯合稳定的育种材料或优良株系。

单子传代法可以将杂交后代分离出来的各种基因型组合均纯化保留下来，从中可以选择出单个及多个性状表现优良的材料。对于一些性状尤其是数量性状（如抗病性、品质性状等）的遗传规律分析，具有极其重要的价值。南瓜在进行单子传代法选择时，从 F_2 代开始，每代株系的数量一般保持在 200 个左右，每代每个株系一般最少种植 6 株，每株进行自交授粉，因此用地及用工量非常大，在实际育种中一般很少采用。

有性杂交后代在选择过程中，除了按照育种目标进行人工选择外，环境条件也起着自然选择作用。因此，在对杂交后代进行选择时，必须在与育种目标相对应的培育条件下进行。如选育丰产、优质的品种，杂种后代就应在肥水条件较好的培育条件下进行；选育适宜保护地栽培的品种，杂种各世代或其部分世代就应在保护地条件下进行。同样，选育耐热品种应在夏季条件，选育耐寒品种应在寒冷季节条件，选育抗病品种应在发病严重的地区或季节培育杂种后代。实际上，这些条件就是选育相应品种的自然鉴定条件。

（五）有性杂交育种实例

现以梅亚雪城1号籽用南瓜为例，介绍有性杂交育种的方法。

梅亚种业有限公司南瓜育种课题组于1992年以多籽型南瓜M2-106为母本，以大片型印度南瓜长156为父本，共杂交150株，采收时从中选择种片性状较好的26个单瓜留种，分别编号为9201～9226。1993年，入选的26个南瓜各种植1个小区，根据单瓜种子数量及种子大小等性状的表现，秋季在9206小区里选出8个单瓜和9212小区里选出4个单瓜分别留种，于当年冬季在海南继续选育，到1996年又经过3年6代严格按照育种目标定向选择，最终选出种片大、果实皮色和形状一致性高的稳定优良自交系F9206。1996年继续进行提纯工作，1997开始在黑龙江省不同区域进行品种比较试验和生产试验，并把原代号F9206定名为梅亚雪城1号，2001年通过了黑龙江省农作物品种审定委员会审定。

三、其他育种途径

（一）突变育种

在南瓜上应用的诱变方式主要是化学诱变、射线诱变及太空诱变。化学诱变主要是采用秋水仙素、氟乐灵等处理种子或幼苗生长点，以获得染色体加倍的植株，从中选择具有优良性状的变异。刘小俊等（2011）用0.2%～0.3%秋水仙素处理中国南瓜种子4 h，获得了叶片及果实均发生变异的同源四倍体中国南瓜。用于诱变的材料一般应选择综合性状优良，适应性好，但又需改良某个缺点的品种或品系。在突变体的筛选方法上，主要是根据茎、叶片、花、果实、种子及整个植株等的外部形态变化进行初步筛选，结合观察叶片单位面积气孔数等进行进一步的辅助性倍性鉴定；对于形态上鉴定为四倍体的植株，可以采用流式细胞仪或根尖镜检进行最终的倍性鉴定。对于产生突变的植株，每一世代都应采取严格的自交留种，逐代观察选择，直至突变性状稳定。采用秋水仙素等处理时，倍性突变常常表现出非均一现象，会产生嵌合体植株，在实际选择中，应对嵌合体植株的突变部位采用扦插或组培等方式予以保留，以便在后代中继续筛选有益变异。

射线诱变一般采用一定剂量的γ射线等对种子进行处理，然后从后代中选择有益变异。李秀贞等（1994）用^{60}Co γ射线对中国南瓜种子进行处理，在其后代中选育出了若干有益变异的材料。在采用γ射线等进行诱变时，在第1代即可出现变异，也会出现嵌合变异现象，一般在第2代变异最为广泛。因此，在育种实践中，应在第1代多留种瓜，第2代根据育种目标开始进行选择。

航天育种也是突变育种的一种，其诱变机制可能与太空辐射、微重力等因素有关。随着进行南瓜航天育种首先应对种子进行严格筛选，必须选择遗传性状稳定、综合性状好的种子进行太空诱变。进行诱变的南瓜种质材料必须分为两份，一份进行太空诱变，一份留作对照。待种子由太空返回后，应将所有经太空诱变的种子全部播种，并进行严格自交，单株留种。一般从第2代开始筛选变异单株，并进行自交繁种，继续播种观察和筛选，一般经过3～4代以后，才有可能获得遗传性状稳定的优良突变株系。经诱变的种子每代播种时，都应同时播种一份未经诱变的种子作为对照。

（二）分子标记辅助育种

20世纪80年代以来，随机扩增多态性DNA（RAPD）、简单重复序列（SSR）、酶切扩增多态性序列（CAPS）、抗病基因同源序列（RGA）、序列特异性扩增区域（SCAR）和单核苷酸多态性（SNP）等分子标记技术取得迅速发展。分子标记能够直接在DNA水平上检测遗传差异，广泛用于种质资源的鉴定与分类、遗传作图、基因快速定位、特殊染色体区段的鉴定和分离等许多方面。现代分子标记辅助育种技术借助与目标基因紧密连锁的分子标记，在实验室直接对基因型进行选择，不仅可以判断目标基因是否存在、明确是否杂合，而且不受环境条件和生育期限制从而进行早代选择；能够克服传统育种方法对表现型选择存在的缺陷，具有省时、省费、简单和准确等优点。分子标记辅助育种正在成为蔬菜育种的有效工具，可以大大缩短育种周期，提高育种效率，促进蔬菜作物综合性状的遗传改良。

国外早在20世纪90年代初就获得了转基因的抗病毒西葫芦品种，而且已经进行商业化生产。南瓜属作物的转基因方法主要是利用农杆菌介导的叶盘转化法和基因枪法。目前南瓜转基因主要是具有抗病毒特性的病毒外壳蛋白（CP）基因。目前应用的病毒外壳基因一般只抗同一种病毒。如果要获得抗多种病毒的材料，就要转入多种病毒外壳蛋白基因。

分子标记辅助育种在南瓜作物上的应用，远落后于黄瓜、甜瓜、西瓜等同科作物。可喜的是，由北京市农林科学院蔬菜研究中心联合美国康奈尔大学主导完成的南瓜全基因组测序计划即将完成，相信随着南瓜全基因组数据的披露，国际间研究交流更加广泛，大量的SSR、SNP标记得以开发并将得到广泛应用，南瓜属作物的饱和遗传连锁图谱即将绘制完成，可以用来锚定南瓜染色体，基于基因组信息的序列特异性标记将大量开发，南瓜分子标记辅助育种技术将取得巨大突破。

基因定位一直是遗传学研究的重要范畴之一。质量性状的基因定位相对简单，可在已知目标基因位于某一染色体或连锁群上的前提下，选择该连锁群上下不同位置的标记与目标基因进行连锁分析。但该方法效率偏低，由此定位的目标基因与标记间的距离取决于所用连锁图上的标记密度，也不适合尚无连锁图或连锁图饱和程度较低的植物。近等基因系（NIL）和分离群体分组分析法（bulked segregate analysis）可以克服上述局限性，是进行快速基因定位的有效方法。利用这些方法已定位了许多质量性状基因。

进行分子标记辅助育种，必须建立与育种目标性状基因紧密连锁或表现共分离的分子标记，才能对选择个体进行目标及全基因组筛选，从而减少连锁累赘，获得期望的个体，达到提高育种效率的目的。一般根据育种目标或拟标记性状，选择差异显著的双亲，配制 F_1、F_2、BC_1、BC_2 联合6世代群体，先利用双亲进行分子标记多态性的筛选，分子标记应选择操作简单、可重复、稳定性好、具有共显性等特点的SSR等标记，然后利用6世代群体绘制分子标记遗传图谱，对目标性状基因进行定位或QTL分析，从而确定与目标性状基因紧密连锁或表现共分离的标记。标记与目标基因间的遗传距离一般不应超过20 cM。在寻找与抗病性状紧密连锁的分子标记时需结合传统的苗期接种鉴定技术进行。目前南瓜属作物重要性状的连锁标记只有西葫芦的裸仁、抗小西葫芦黄化花叶病毒、抗白粉病、抗银叶病和中国南瓜的矮生等少数几个性状，主要是采用RAPD、AFLP及SSR等标记技术。

第六节 良种繁育

一、原种和亲本繁育

（一）隔离

南瓜属作物都是异花授粉的虫媒作物，在原种和亲本繁育时必须进行有效的隔离，防止生物学混杂，以保证获得高度纯合的原种或亲本种子。隔离可采用空间隔离或人工隔离。空间隔离应将繁种田与其他南瓜属作物种植田隔离1 000 m以上；人工隔离可以采用网棚隔离，也可以用捆扎、套袋等人工方法将繁种田中的南瓜采种植株上的雌花和雄花在开放前1 d下午进行隔离，第2 d 6～10时进行人工授粉后再继续将已授粉的雌花隔离3～4 d，直至雌花完全失去受精能力。

（二）去杂去劣

在种株生长过程中，要根据本品种植株长势、其他特征及果实形状、果皮颜色等，对不符合本品种性状的植株及时拔除，对于长势明显偏弱、花期过早或过晚的植株也要拔除。授粉应采用系统内混合授粉的方法，这样既可以提高种子繁殖系数，又可起到提纯复壮的效果。

（三）人工辅助授粉

为了提高种子产量，应加强人工辅助授粉工作。授粉的最佳时间一般为 6～10 时，11 时以后花粉的生活力下降，因此授粉应在雌花和雄花开放的当天上午进行。因南瓜雄花的花粉黏性较大，不适宜提前采集和贮存，一般直接用刚摘下的雄花进行授粉。如果繁种面积较大且保证隔离距离在 1 000 m以上或采用网棚隔离情况下，也可采用蜜蜂授粉，一般每 3 hm^2 或每个网棚配置 1 箱蜜蜂。

（四）种瓜的选留

南瓜属作物一般只在主蔓上选留种瓜。由于种株生长前期的环境条件相对恶劣，导致低节位的瓜生长缓慢，容易畸形，种子量少，故一般不留作种瓜，应选留第 2～3 朵雌花进行授粉，每株留 2～3 个种瓜。在确认已坐瓜 2～3 个以后，在最后 1 个瓜前留 5～7 片叶摘心（或当蔓伸长到另一条垄或畦时摘心）。由于西葫芦生长势较弱，株型紧凑，种瓜坐住后可不进行摘心。

（五）田间管理

制种田应多施腐熟的优质农家肥，在种瓜开始膨大后，要及时追肥，并增加磷、钾肥的施用量。种瓜充分膨大后，应减少浇水次数，在种瓜采收前 15 d 应停止浇水，并及时用石块、干草等将种瓜垫起，防止种瓜因与地面接触而染病烂瓜。对于蔓生型南瓜，要及时整枝、压蔓。

（六）病虫害防控

制种田发生病虫害后，有些病原菌、虫卵等可能会通过附着在种子上，进而传给下一代，从而影响商品种子的生产。因此，制种田一定要采取更严格的措施，对病虫害进行防控。首先要在原种或亲本播种前对种子进行物理或药剂消毒，苗期要采用纱网隔离或喷药防虫，田间可设置黄板或杀虫灯等诱捕害虫，发现病虫害要及早采取措施进行防治。

（七）种瓜采收与后熟

南瓜属作物从开花到种瓜成熟需 40～45 d，晚熟品种需要 50 d 以上。当种瓜果梗部木栓化并变色，全部产生龟裂时即可采收。采收时应轻拿轻放，对于形状或颜色与本品种不符的种瓜不得采收。采收后，需及时放在通风阴凉处贮藏 15～20 d，促进后熟和种子饱满。

（八）采种与保存

种瓜经过充分后熟，即可进行剖瓜采种。已腐烂的种瓜不得再进行采种。剖瓜时要注意部位，应在靠近种瓜一端种子较少处下刀，并且切瓜的深度要以刚透过瓜肉为宜，应旋转切割，切忌一切到底，以免损伤种子。种子取出后要及时清洗，去除瓜瓤及杂质。清洗时要将浮于水面上的不饱满种子全部去掉。种子要放在尼龙网或竹席等上面晾晒，不能直接放在地面或路面上晾晒，以免烫伤种子或污损种子表皮，影响种子的外观及发芽率。采种应在晴天上午进行，采种后及时铺平晾晒，以免由于空气潮湿导致种子发霉，影响种子外观及发芽率。种子充分干燥后，要对种子进行简单的筛选，去除杂质，然后装袋，在包装袋上注明品种名称、采种人、采种日期及重量等信息，置于阴凉、通风、干燥处贮藏。

二、商品种子的生产技术

商品种子包括常规种和杂交种。常规种的生产与原种和亲本的繁育要求相近，只是生产面积要大，具体技术措施可以参照杂交种的生产技术。杂交种的生产技术主要包括基地选择、播种育苗、合理密植、植株调整、隔离授粉、田间管理、采种入库等。

（一）选择适宜的制种基地

选择制种基地，首先要根据品种生长特性，在气候条件适宜该品种生长发育的地区选择土壤肥沃、排灌方便、前茬没有种过瓜类蔬菜、没有或病虫害较轻且当年周边没有种植南瓜属蔬菜作物的地块作为繁种基地。选择有制种经验的地区和农户及制种成本因素也在考虑之列。随着制种基地的规模化、专业化和产业化发展，越来越难找到能满足瓜类隔离区的制种地区，这样对制种户制种技术的要求就更加严格。

制种相比于商品瓜生产，对生长期的要求更加严格，不但无霜期要满足种株的生长需要，而且整个生长期的温度和湿度条件都要符合种株生长的需要。此外，一些对于光周期较敏感的品种，还要注意不同地区纬度的差异。如中国南瓜的蜜本南瓜类品种，一般只能在长江流域及其以南进行制种，在北方则因光周期的原因，花期延后，种子难以充分成熟。选择基地时要充分考虑当地的栽培技术水平和制种经验。制种田的栽培管理要求比常规生产高，只有具有较高的栽培技术水平才能保证种子的产量和质量。另外，由于制种需要采取隔离、人工授粉、去杂去劣等技术措施，从事制种管理的人员必须掌握制种的整个程序，严格按照制种要求进行操作和管理，这样才能保证获得合格的高质量的种子。对于没有制种经验的新基地，必须先经过 1～2 年小面积的试制种，对其人员进行必要的培训，待其达到要求后，才能让其进行大面积制种生产。

（二）播种育苗

播种前将种子在 55 ℃的水中烫 10～15 min，并不断搅拌，使种子受热均匀。然后在常温下浸种 3～4 h，让种子吸足水分，用潮湿毛巾、湿纱布等将种子包好，置于 25～30 ℃条件下催芽。同时根据播种量准备好播种用的育苗钵或育苗纸袋。一般经过 24～48 h 后，待种子刚露白时进行播种。在杂交制种时，如果父母本花期不一致，要将父母本错期播种。西葫芦制种大多采用直播的形式，父、母本错期 7～10 d。播种时间掌握在制种地区晚霜过后出苗即可，过早播种地温偏低，出苗太慢，导致缺苗断垄现象，还容易遇上霜冻；过晚播种，开花期容易遇上高温且病害相对严重，导致减产。因此选择合适的播种期尤为重要。

（三）合理密植

当幼苗 3～4 片真叶时即可定植。因南瓜属作物采种一般每株只留 1～2 个种瓜，其余的瓜均要除掉，为了提高种子产量，一般要适当增加母本的种植密度。西葫芦的种植密度一般为 33 000～36 000 株/hm^2，中国南瓜和印度南瓜的长蔓品种爬地种植密度一般为 10 500～12 000 株/hm^2，支架种植密度可提高到 18 000～21 000 株/hm^2。父本一般在授粉结束后全部拔除，不采收种瓜，生长期短，因此父本的种植密度可比母本提高 1 倍左右。父母本植株应按一定比例种植，根据父本雄花量的多少确定种植比例，一般母本株数∶父本株数以 3～4∶1 为宜，父本雄花较多的，可以适当减少父本的种植数量。父本一般在母本田的附近集中种植，也可与母本按比例间隔种植。

（四）植株调整

矮生型南瓜属作物（如西葫芦、无蔓南瓜等）因主蔓较短不需要进行植株调整，蔓生型南瓜则需要根据品种的生长特性及当地栽培习惯进行植株调整。南瓜制种既可以采用主蔓结瓜方式也可以采用侧蔓结瓜方式。主蔓结瓜要及时去除所有侧枝，只保留主蔓；侧蔓结瓜，则在幼苗 4～5 片叶时，留 4 片叶摘心，促进侧蔓早发。根据品种的生长特性，母本可以采用双蔓整枝（选留 2 条强壮侧蔓）、三蔓整枝（留 3 条侧蔓）和四蔓整枝（留 4 条侧蔓），摘除其余侧枝。父本可以采用双蔓整枝或三蔓整枝，整枝方法同母本。爬地栽培当蔓长 40～50 cm 时要及时压蔓，并通过压蔓调整蔓的生长方向。支架栽培要及时插架，因南瓜种瓜较大，应采用粗壮的竹竿插成人字架，架高 2～2.5 m，多蔓整枝时，母本可以每根竹竿上引 1～2 条蔓，父本可以每根竹竿上引 2～3 条蔓。

（五）隔离授粉

杂交制种在隔离技术方面要求更加严格，不但制种田要与其他南瓜属作物保持足够的隔离距离，而且父母本之间也要做好相互隔离措施，既要防止父本雄花受到外来花粉的污染，又要防止母本发生自交产生假杂种，以保障杂交种子的纯度。一般的做法是在进入花期前将母本植株上的雄花花蕾全部摘除。母本雄花的摘除工作要每天进行，直至授粉工作全部结束。有条件的还应将母本植株上将于第 2 d 开放的雌花用线绳等捆扎或套袋隔离。父本上的雄花，可于开花的前 1 d 傍晚连同花梗一起集中采回，置于室内盛水的桶或盆内，待第 2 d 早晨带到田间进行授粉。父本上的雄花也可以于开花当天的早晨直接采摘进行授粉。如果是在田间直接采摘进行杂交授粉，除了要保证足够的隔离距离外，也应采用捆扎或套袋的方式对雄花进行隔离，以保证杂种种子的纯度。授粉应在每天上午尽早进行。对于每个授过粉的瓜都要用红线绳、皮圈或细铁丝等系或插在瓜柄上进行标记。每授粉 1 朵雌花后，应立即用捆扎或套袋等方法继续对雌花进行隔离 3～4 d。应选择第 2 朵或第 3 朵雌花进行授粉，每株授粉 2～3 个雌花，未授粉的第 1 朵或第 2 朵雌花要尽早摘除，待 1～2 个瓜坐住后，其余的瓜打掉，以免消耗养分。

（六）田间管理

授粉后，种瓜发育迅速，田间不能缺水缺肥。授粉后 7～10 d 种瓜迅速膨大，要加强肥水供应，一般每隔 10～15 d 追肥浇水 1 次，后期以磷、钾肥为主，并注意防病、防虫，尤其要注意白粉病和蚜虫的防治。授粉结束后要将父本植株及时拔除，以加强通风透光，利于母本生长。在整个制种过程中要经常检查除杂。对于已坐住的种瓜，如果表现畸形，也要及早摘除。爬地栽培时，当种瓜膨大后要及时垫瓜。在制种生产后期，还要邀请当地的植保部门对制种田进行检疫病害检查，以防止检疫病害通过种子传播。

（七）采种入库

南瓜属作物种子一般在授粉后 45 d 达到充分成熟，要及时采收。采收时，只采收有标记的种瓜，无标记或标记丢失的瓜及畸形瓜不得采收和采种。收获后要防止日晒雨淋，应放置 10～20 d 使其后熟再掏种子，可使种子饱满，幼苗出土健壮，但存放时间过久易出现烂瓜，种子在瓜内也易发生发芽现象。需要注意的是，对于一些种子在瓜内易发芽的品种，应根据品种特性，适当提早采收种瓜，并要缩短后熟时间。采种应在晴天上午进行，采种后用清水漂洗干净，并及时在纱网上铺平晾晒，以免由于空气潮湿导致种子发霉，影响种子外观及发芽率。种子充分干燥后，要对种子进行简单的筛选，去除杂质，然后装袋，在包装袋上注明品种名称、采种人、采种日期及重量等信息，置于阴凉、通风、干燥处贮藏。

（八）种子质量鉴定和贮藏与加工

1. 种子检验 种子检验主要是对品种的真实性和纯度、种子净度、发芽力、水分含量及生活力等特性进行分析检验，其中真实性和品种纯度、净度、发芽、水分为必检项目。种子质量检测中真实性和品种纯度鉴定主要在大田进行，也可在室内利用分子标记进行鉴定。净度分析、发芽试验和水分测定主要在室内进行。

（1）*品种的真实性和纯度鉴定* 品种的真实性是指供检品种与文件记录（如标签、标准品种等）是否相符，即是否为同一品种。品种纯度是指品种在特征特性方面典型一致的程度，用本品种的种子数占供检样品种子数的百分率表示。

$$品种纯度=\frac{供检总株数-杂株数}{供检总株数}\times 100\%$$

种子收获后首先应进行种子真实性鉴定，种子真实无误后，再进行品种纯度鉴定。品种的真实性和纯度检验分田间检验和室内检验两种方法。

田间检验指田间小区种植鉴定，包括检验品种与文件记录（如标签等）是否相符，以及品种在特征特性方面典型一致的程度。主要根据供检品种典型的形态特征特性，将供检品种的真实性确定后，再通过特征特性的辨别将假杂种和异型株鉴定出来，获得品种的真实性及纯度结果。田间种植鉴定法是品种鉴定最简单和最有效的方法。田间检验首先要了解供检品种的特征特性，主要包括植株性状，如株高、蔓长、叶片形状和颜色、叶片白斑多少和有无、下胚轴颜色和茸毛的多少等特征；商品瓜性状，如瓜胎形状、瓜形、瓜色和瓜面花纹等特征。检验过程中要抓住生育期中品种特征特性表现最突出时观察，还要注意温湿度的控制要合适，因为像叶片白斑、下胚轴颜色等性状温度过低、湿度过大将表现不充分，使鉴定不准确。同时将田间检验各时期结果分别记录，进行综合分析、评定，确定品种田间纯度。

室内检验是按照统一规定的检验程序，借助一定的检验设备和仪器，运用科学方法对种子的内在品质及外观进行鉴定、分析，从而对种子质量给予科学、正确的评价。南瓜品种真实性和纯度的室内检验主要利用DNA分子标记技术等进行。由于南瓜属越冬季使用的品种如西葫芦、砧木类南瓜当年生产的种子若当年销售，从种子收获到农民播种只有0.5～1个月的时间，进行田间检验时间不够，因此多采用室内检验的方法进行品种真实性和纯度的检验。

（2）*种子净度、发芽率和含水量检验* 种子净度是指本作物净种子的质量占样品总质量的百分率。分析时将试验样品分成净种子、其他植物种子和杂质3种成分，分别将每份试样的各分离成分称重，将各成分质量的总和与待检种子质量进行比较，核对质量有无增减。精确至0.01 g。

发芽力是指在规定的时间、条件下，能够长成正常幼苗的种子数与被检种子总数的比例，通常用发芽势和发芽率表示。发芽势是指规定日期内（南瓜属作物一般为2 d）正常发芽种子数占供试种子数的百分比。种子发芽势高，表示种子发芽整齐，生活力强。发芽率是指在发芽试验期内（南瓜属一般为3 d）发芽正常幼苗的种子数占供试种子数的百分比。发芽势和发芽率以3次重复的平均值为试验结果，以百分率表示。

含水量是指按规定程序种子样品烘干所失去的质量占供检验样品原始质量的百分比。水分含量对种子生活力的影响很大，种子水分的测定可为种子安全贮藏、运输等提供依据。目前最常用的种子水分测定法是烘干减重法（包括烘箱法、红外线烘干法等）和电子水分速测法（包括电阻式、电容式和微波式水分速测仪）。一般正式报告需采用烘箱标准法进行种子水分测定。在生产基地的种子采收等过程中则可采用电子水分仪速测法测定。南瓜属种子安全贮存的含水量应低于8%。

2. 种子加工 田间种子成熟以后，要经过采收、种瓜后熟、取籽、清洗、消毒、晾干和加工等程序，才真正成为商品种子进入市场销售。种子采收后一般在生产基地经过简易加工，调运到种子生产销售单位，然后再根据具体需要进行精加工处理。

（1）*初级加工* 晾干后的种子首先要进行清选，清除混入种子中的茎叶碎片、泥沙、石砾及小籽、瘪籽等杂物，以提高种子的净度和纯度。清选过的种子基本可以达到质量标准要求，从而为简易包装、调运及精加工等环节做好准备。生产基地一般用带有风机和筛子的简单清选机械进行清选工作。如果种子中混有与种子形状相似的泥土、沙子时，可用螺旋分离机进行清除，效果比较好。农户在种子晾晒的过程中，可先用简单风车、螺旋分离机进行初步清选，这样既可以提高种子干燥的效果，也方便统一收购时清选机械的清选作业。

(2) 精加工　种子精加工是提高种子活力，使其萌发整齐一致的重要环节，对于提高工厂化育苗时种子的利用价值起到重要作用。种子处理技术是随着籽种现代化发展而出现的种子加工新技术，南瓜属作物种子的精加工常见的是种子脱毛和包衣处理，种子包衣前要通过搅拌机和风选机将种皮的一层薄膜脱掉，以利于种子包衣。所用的包衣剂包含载体材料和有效成分两个主要部分。对包衣种子的发芽及后期幼苗生长起主要作用的是包衣剂中的有效成分，主要包括杀菌剂、杀虫剂、微肥、植物生长调节剂等。目前通常采用专用企业生产的专用包衣剂。

3. 种子贮存　经过清选干燥的南瓜属种子在生产基地加以简易合理的包装，可防止种子混杂、病虫害感染、吸湿回潮及种子劣变等，以保证安全贮藏。进行包装种子的含水量和净度等指标必须达到标准要求，水分小于 8%，净度大于 98%，确保种子在贮藏过程中不会降低原有质量和生活力。种子入库贮藏时，贮藏库一定要保持干燥，空气相对湿度小于 30%，最好有除湿设备。南瓜属作物种子在干燥条件下，常温下一般能保存 3～5 年，在 10～15 ℃的条件下能保存 5～8 年，在更低的温度条件下则可以保存更长的时间。

（李海真　王长林）

主要参考文献

程永安，张恩慧，许忠民，等．2001. 南瓜优良种质资源创新研究初报 [J]. 西北农业学报，10 (1)：100 - 102.

杜占芬，闫立英．2002. 西葫芦主要性状的相关分析 [J]. 河北农业大学学报，25 (S1)：128 - 130.

胡敦孝，吴杏霞．2001. 银叶粉虱发生的指示植物——西葫芦银叶 [J]. 植物检疫，15 (3)：132 - 136.

吉林，吉新文，王慧，等．2007. 籽用南瓜新品种梅亚雪城 2 号的选育 [J]. 中国瓜菜，1 (1)：11 - 13.

贾长才，李海真，屈广琪，等．2007. 优质南瓜（笋瓜）新品种短蔓京绿栗的选育 [J]. 中国蔬菜 (5)：31 - 33.

金桂英，魏文雄，陈静瑶，等．1999. 南瓜属种间有性杂交研究初探 [J]. 福建农业学报 (S1)：97 - 101.

李丙东，刘宜生，王长林．1996. 南瓜属蔬菜生物学基础研究概况及育种进展 [J]. 中国蔬菜 (6)：48 - 50.

李海真．2000. 南瓜属三个种的亲缘关系与品种的分子鉴定研究 [J]. 农业生物技术学报，(2)：161 - 164.

李海真，贾长才．1997. 中国南瓜无蔓性状发现及利用 [J]. 北方园艺 (4)：52 - 53.

李海真，贾长才，刘立功，等．2005. 西葫芦新品种京葫 1 号的选育 [J]. 中国蔬菜 (10/11)：79 - 81.

李海真，贾长才，张帆．2006. 优质丰产早熟南瓜新品种京红栗的选育 [J]. 中国蔬菜，(1)：27 - 29.

李海真，贾长才，张帆，等．2009. 西葫芦新品种京葫 12 号的选育 [J]. 中国蔬菜 (8)：72 - 74.

李海真，张国裕，张帆，等．2014. 抗 ZYMV 西葫芦新品种京葫 CRV4 的选育 [J]. 中国蔬菜 (1)：49 - 51.

李俊丽，向长萍，张宏荣，等．2005. 南瓜种质资源遗传多样性的 RAPD 分析 [J]. 园艺学报，32 (5)：834 - 839.

李秀贞，刘光亮，邵立本．1996. 利用辐射选育南瓜新品种 [J]. 核农学报 (2)：120 - 122.

李云龙，李海真，崔崇士，等．2007. 与南瓜矮生基因连锁的分子标记 [J]. 农业生物技术学报，15 (2)：279 - 282.

林德佩．2000. 南瓜植物的起源和分类 [J]. 中国西瓜甜瓜 (1)：36 - 38.

林德佩．2003. 佛罗里达归来——“葫芦科 2002”国际会议报道 [J]. 中国西瓜甜瓜 (4)：21 - 25.

刘栓桃，赵智中，苗前．2004. 黑籽南瓜的组织培养与快速繁殖 [J]. 植物生理学通讯 (4)：459 - 459.

刘小俊．2005. 中国南瓜属（*Cucurbita* spp.）部分栽培种遗传多样性研究 [D]. 成都：四川大学．

刘小俊，李跃建，刘独臣，等．2011. 四倍体南瓜的诱变和特性研究 [J]. 植物生理学报 (3)：281 - 285.

刘宜生，王长林，王迎杰．2001. 早熟南瓜吉祥 1 号的选育 [J]. 中国蔬菜，1 (1)：24 - 25.

刘宜生，王长林，王迎杰．2007. 关于统一南瓜属栽培种中文名称的建议 [J]. 中国蔬菜 (5)：43 - 44.

刘宜生，吴肇志，王长林．2001．冬瓜南瓜苦瓜高产栽培［M］．北京：金盾出版社．
罗伏青，董亚静．2001．南瓜新品种红栗的选育［J］．湖南农业大学学报，27（4）：286－288．
罗伏青，孙小武，董亚静，等．2000．锦栗南瓜新品种的选育［J］．中国西瓜甜瓜（4）：2－4．
欧阳新星．1999．用主成分分析法研究西葫芦早熟性及品种分类［J］．华北农学报，14（2）：125－128．
漆小泉，东惠茹，胡是林．1989．南瓜属三个种过氧化物酶和酯酶同工酶分析［J］．园艺学报（4）：299－304．
王长林，刘宜生，王迎杰，等．2002．中葫3号西葫芦的选育［J］．中国蔬菜（4）：27－28．
西南农业大学．1990．蔬菜育种学［M］．2版．北京：农业出版社．
谢冰，王秀峰，樊治成．2006．西葫芦未受精胚珠离体培养条件的优化及胚囊植株的产生［J］．中国农业科学，39（1）：132－138．
徐东辉，方智远．2013．中国蔬菜育种科研机构及平台建设概况［J］．中国蔬菜（11）：1－5．
徐跃进，李艳春，俞振华．2006．西葫芦抗冷性生理生化指标分析［J］．湖北农业科学，45（2）：211－213．
许利彩，李海真，沈火林，等．2009．辐照花粉诱导西葫芦单倍体［J］．中国蔬菜（22）：13－19．
薛宝娣，陈永莹．1995．转CP基因的番茄、南瓜和甜瓜植株的抗病性研究［J］．农业生物技术学报（2）：58－63．
张俊华，崔崇士，张耀伟．2003．不同抗性南瓜品种感染 *Phytophthora capsici* 病菌后几种酶同工酶谱分析［J］．东北农业大学学报，34（3）：241－245．
张天明，屈冬玉，王长林，等．2006．南瓜属蔬菜亲缘关系的AFLP分析［J］．中国蔬菜（1）：11－14．
张仲保，张真．1994．无种壳西葫芦性状基因效应及配合力研究．［J］西北农业学报（1）：29－34
赵福宽，高遐虹，程继鸿，等．2000．籽用南瓜主要产量性状的遗传力分析［J］．北京农学院学报，15（1）：1－3．
郑汉藩．1998．白沙密本南瓜［J］．长江蔬菜（1）：21．
中国疾病控制中心．2002．中国食物成分表［M］．北京：北京大学医学出版社：54－57．
周克琴．2001．籽用南瓜疫病苗期抗性鉴定方法及抗病材料筛选的研究［D］．哈尔滨：东北农业大学．
周祥麟，李海真．1991．中国南瓜无蔓性状的遗传性及其生产利用的研究［J］．山西农业科学（1）：1－6．
邹建，宋明，汤青林，等．2003．观赏南瓜子叶离体培养的初步研究［J］．西北农业大学学报，25（4）：297－299．
Adeoye A A，Coyne D P. 1981. Inheritance of resistance to trifluralin toxicity in *Cucurbita moschata* Poir［J］. HortScience，16：774－775.
Adres T C，Robinson R W. 2002. Cucurbita ecuadorensis semi-domesticate with mutiple disease resistance and tolerance to some adverse growing conditions［C］. Cucuebitaceae：95－99.
Ananthakrishnan G，Xia X，Elman C，et al. 2003. Shoot production in squash（*Cucurbita pepo*）by in vitro organogenesis［J］. Plant Cell Reports，21（8）：739－746.
Brown R N，Myers J R. 2002. A genetic map of squash（*Cucurbita* ssp.）with randomly amplified polymorphic DNA markers and morphological markers［J］. J Am Soc Hortic Sci.，127（4）：568－575.
Cho M C，Om Y H，Huh Y C，et al. 2003. Two oriental squash varieties resistant to powdery mildew bred through interspecific crosses［J］. Cucurbit Genetics Cooperative Report（26）：40－41.
Clough G H，Hamm P B. 1995. Coat protein transgenic resistance to watermelon mosaic and zucchini yellows mosaic virus in squash and cantaloupe［J］. Plant Disease，79（11）：1107－1109.
Contin M E. 1978. Interspecific transfer of powdery mildew resistance in the genus *Cucurbita*［D］. Cornell Univ.，Ithaca，NY.
Denna D W，Munger H M. 1963. Morphology of the bush and vine habits and the allelism of the bush genes in *Cucurbita maxima* and *C. pepo* squash［J］. Pro. Amer. Soc. Hort. Sci，82：370－377.
Dumas de Vauk R，Chambonnet D. 1986. Obtention of embryos and plants from in vitro culture of unfertilizered ovules of *Cucubita pepo* L.［J］. Genetic Manipulation in Plant Breed：295－297.
Esquinas-Alcazar J T，Gulick P J. 1983. Genetic Resources of Cucurbitaceae：a global report［M］. IBPGR Secretariat，Rome.
Fuchs M，Gonsalves D. 1995. Resistance of transgenic hybrid squash ZW-20 expressing the coat protein genes of zucchini yellow mosaic virus and watermelon mosaic virus 2 to mixed infections of both potyviruses［J］. Biotechnology，13：1466－1473.

Fuchs M, Klas F E, Meferson J R. 1998. Transgenic melon and squash expressing coat protein genes of aphid-borne viruses do not assist the spread of an aphid non-transmissible strain of cucumber mosaic virus in the field [J]. Transgenic Research, 7 (6): 449-462.

Globerson D. 1969. The inheritance of white fruit and stem color in summer squash, *Cucurbita pepo* L. [J]. Euphytica, 18 (2): 249-255.

Grebenscikov I. 1954. Notulae cucurbi. tologicae I. Zur Vererbung der Bitterkeit und Kurztriebigkeit bei *Cucurbita pepo* L. [J]. Kulturpflanze, 2: 145-154.

Hutchins A E. 1935. The interaction of blue and green color factors in Hubbard squash [J]. Proc. Amer. Soc. Hort. Sci (33): 514.

Hutton M G, Robinson R W. 1992. Gene list for *Cucurbita* spp. [J]. Cucurbit Genetics Coop. Rpt (15): 102-109.

Kabelka E A, Young K. 2010. Identification of molecular markers associated with resistance to squash silver leaf disorder in summer squash (*Cucurbita pepo*) [J]. Euphytica, 173 (1): 49-54.

Korzeniewska A. 1996. Two independent loci for white and white-yellow corolla in Cucurbita maxima Duch [J] //M L Gomez-Guillamon, C Soria, et al. Proc. Cucurbitaceae Towards 2000: The 6th Eucarpia Meeting on Cucurbit Genetics & Breeding Graficas Axarquia, Velez-Malaga, Spain. , 78-81.

Kubicki B. 1970. Androecious strains of *Cucurbita pepo* L. [J]. Genet. Polon, 11: 45-51.

Kurtar E S. 2009. Influence of gamma irradiation on pollen viability, germinability and fruit and seed-set of pumpkin and winter squash [J]. Afr J Bio, 8 (24): 6918-6926.

Kurtar E S, Abak Sari N K. 2002. Obtention of haploid embryos and plants through irradiated pollen technique in squash (*Cucurbita pepo*. L.) [J]. Euphytica, 127 (3): 335-344.

Kurtar E S, Balkaya A. 2010. Production of in vitro haploid plants from in situ induced haploid embryos in winter squash (*Cucurbita maxima* Duchesne ex Lam.) via irradiated pollen [J]. Plant Cell Tiss Organ Cult, 102 (3): 267-277.

Kurtar E S, Sari N, Abak K. 2002. Obtention of haploid embryos and plants through irradiated pollen technique in squash (*Cucurbita pepo* L.) [J]. Euphytica, 127 (3): 335-344.

Lebeda A, kristkova E. 2000. Variation in *Cucurbita* spp. for field resistance to powdery mildew [J] //Gómez-Guillamón M L, Soria C, Cuartero J, et al. Cucurbits Towards Proc. VIth Eucarpia Meeting on Cucurbit Genetics and Breeding, 28-30 May, Málaga, Spain: 235-240.

Leibovich G, Cohen R, Paris H S. 1996. Shading of plants facilitates selection for powdery mildew resistance in Squash [J]. Euphytica, 90 (3): 289-292.

Linda W B. 2008. Confirmation of a dominant hard rind (Hr) locus in a *Cucurbita argyrosperma* ssp. *sororia* × *C. moschata* cross [J]. Cucurbit Genet. Coop. Rep. 31 and 32: 25-26.

Lotsy J P. 1920. Cucurbita strijdvragen. Ⅱ. Eigen onderzoekingen [J]. Genetica (2): 1-21.

Mains E B. 1950. Inheritance in *Cucurbita pepo* [J]. Paper Mich. Acad. Sci. Arts Letters (36): 27-30.

McCreight J D. 1984. Tolerance of *Cucurbita* spp. to squash leaf curl [J]. Cucurbit Genetics Cooperative Report (70): 71-72.

Metwally E I, Moustafa S A, El-Sawy B I, et al. 1998. Production of haploid plants from in vitro culture of unpollinated ovules of *Cucurbita pepo* [J]. Plant Cell Tissue and Organ Culture, 52: 117-121.

Metwally E I, Moustafa S A, Sawy B I. 1998. Production of haploid plants from in vitro culture of unpollinated ovules of *Cucurbita pepo* [J]. Plant Cell, Tissue and Organ Culture, 52: 117-121.

Mitchell R. 1979. An analysis of indian agroecoystems [J]. Interprint, New Delhi, 180.

Munger H M. 1976. Cucurbita martinezii as a source of disease resistance [J]. Veg. Imp. News Letter, 18: 4.

Nath P, Hall C V. 1963. Genetic basis of growth habit in *Cucurbita pepo* L. [J]. Indian J. Hort. Sci. (22): 69-71.

Pang S Z, Jan F J, Tricoli D M, et al. Gonsalves D. 2000. Resistance to squash mosaic comovirus in transgenic squash plants expressing its coat protein genes [J]. Molecular Breeding, 6 (1): 87-93.

Paris H S, 2009. Genes for "reverse" fruit striping in squash (*Cucurbita pepo*) [J]. J. Hered, 100 (3): 371-379.

Paris H S, Cohen S, Burger Y, et al. 1988. Single gene resistance to zucchini mosaic virus in *Cucurbita moschata* [J]. Euphytica, 37 (1): 27-29.

Paris H S, Cohen S. 2000. Oligogenic inheritance for resistance to zucchini yellow mosaic virus in *Cucurbita pepo* [J]. Ann. Appl. Biol, 136 (3): 209 - 214.

Paris H S, Kabelka E. 2009. Gene list for *Cucurbita* species Cucurbit Genet [J]. Coop. Rep. 31 and 32, 44 - 69.

Paris H S, Nerson H. 1986. Genes for intense pigmentation of squash [J]. J. Hered, 77: 403 - 409.

Paris H S, Yonash N, Portnoy V. 2003. Assessment of genetic relationships in *Cucurbita pepo* (Cucurbitaceae) using DNA markers [J]. Theor Appl Genet, 106 (6): 971 - 978.

Paris H S. 1995. The dominant Wf (white flesh) alleles is necessary for expression of "white" mature fruit color in *Cucurbita pepo* [M]//G Lester and J Dunlap (Eds.) . Cucurbitaceae 94, Gateway, Edinburg. TX U. S. A.: 219 - 220.

Paris H S. 1996. Multiple allelism at the D locus in squash [J]. J. Hered, 87 (5): 391 - 395.

Paris H S. 1996. Quiescent intense (qi): a gene that affects young but not mature fruit color intensity in *Cucurbita pepo* [J]. J. Hered. 91 (4): 333 - 339.

Paris H S. and Brown R N. 2005. The genes of pumpkin and squash [J]. Hort Science (6): 1620 - 1630.

Pearson O H, Hopp R, Bohn G W. 1951. Notes on species crosses in *Cucurbita* [J]. Proe. Amer. Soe. Hort. Sci (57): 310 - 322.

Provvidenti R. 1997. New american summer squash cultivars possessing a high level of resistance to a strain of zucchini yellow mosaic virus from China [J]. Cucurbit Genetics Cooperative Report (20): 57 - 58.

Provvidenti R, Gonsalves D, Humaydan H S. 1984. Occurrence of zucchini yellow mosaic virus in cucurbits from Connecticut. New York, Florida, and California [J]. Plant Disease, 68 (1): 443 - 446.

Provvidenti R, Robinson R W, Munger H M. 1978. Multiple virus resistance in *Cucurbita* species [J]. Cucurbit genetics Coop (1): 26 - 27.

Quemada H D, Groff D W. 1995. Genetic engineering approaches in the breeding of virus resistant squash [M]//Eds G Lester and J Dunlap. Proceedings Cucurbitaceae. Edinburg, Texas, Gateway: 93 - 94.

Rehm S, Wessels J H. 1957. Bitter principles of the Cucurbitaceae. Ⅷ. Cucurbitacins in seedlings-occurrence, biochemistry, and genetical aspects [J]. J. Sei. Food Agr (8): 687 - 691.

Robinson R W, Decker-Walters D. 1997. *Cucurbits* [M]. CAB international, Wallingford, Oxon, England: 240.

Robinson R W, Munger H M, Whitaker T W, et al. 1976. Genes of the cucurbitaceae [J]. HortScience, 11: 554 -568.

Scarchuk J. 1974. Inheritance of light yellow corolla and leafy tendrils in gourd (*Cucurbita pepo* var. *oleifera* Alef.) [J]. Hort Science, 9: 464.

Seaton H, Kremer J C. 1939. Tbe influence of climatological factors on anthesis and anther dehiscence in the cultivated cucurbits. A preliminary report [J]. Proc. Amer. Soc. Hort. Sci, 36: 627 - 631.

Sharma G C, Hall C V. 1971. Cucurbitacin B and total inheritance in *Cucurbita pepo* related to spotted cucumber beetle feeding [J]. J. Amer. Soe. Hort Sci (96): 750 - 754.

Shifriss O. 1947. Developmental reversal of dominance in *Cucurbita pepo* [J]. Proc. Amer. Soc. Hort. Sci. , 50: 330 - 346.

Shifriss O. 1955. Genetics and origin of the bicolor gourds [J]. J. Hered (46): 213 - 222.

Shifriss O. 1981. Identification of modifier genes affecting the extent of precocious fruit pigmentation in *Cucurbita pepo* [J]. J. Amer. Soc. Hort. Sci. , 106: 653 - 660.

Sinnott E W, Durham G B. 1922. Inheritance in the summer squash [J]. J. Hered, 13: 177 - 186.

Teppner H. 2000. *Cucurbita pepo* (Cucurbitaceae) - history seed coat types, thin coated seeds and their genetics [J]. Phyton (Horn Austria), 40 (1): 1 - 42.

Tricoli D M, Carney K J, Russell P F, et al. 1995. Field evaluation of transgenic squash containing single or multiple virus coat protein gene constructs for resistance to cucumber mosaic virus, watermelon mosaic virus 2, and zucchini yellow mosaic virus [J]. Bio Technology (13): 1458 - 1465.

Wall J R. 1954. Interspecific hybrids of *Cucurbita* obtained by embryo culture [J]. Proc Amer Soc Hort Sci (63): 427 - 430.

Whitaker T W. 1932. Fertile gourd-pumpkin hybrids [J]. J. Hered (23): 427 - 430.

Whitaker T W. 1951. A species cross in *Cucurbita* [J]. Jour Heredity, 42 (2): 65 - 69.

Whitaker T W, Robinson R W. 1986. Squash breeding [M]//Breeding vegetable crops. AVI Publishing Co., Westport, Conn: 209 - 242.

Whitewood W N. 1975. A mutation and a genetic study in *Cucurbita pepo* L. [D]. Iowa State Univ. Ames.

Zraidi A, Pachner M, Lelley T, et al. 2003. On the genetics and histology of the hull-less character of Styrian oil-pumpkin (*Cucurbita pepo* L.) [J]. Journal of the Society of chemical Industry, 26 (8): 54 - 56.

Zraidi A, Stift G, Pachner M, et al. 2007. A consensus map for *Cucurbita pepo* [J]. Mol Breed, 20 (4): 375 - 388.

第二十一章

冬瓜、苦瓜、丝瓜育种

第一节 冬　　瓜

冬瓜是葫芦科（Cucurbitaceae）冬瓜属冬瓜种中的栽培种，一年生攀缘性草本植物。学名：*Benincasa hispida* Cogn.，染色体数 $2n=2x=24$。别名：东瓜；古名：白瓜、水芝等。关于冬瓜的起源在学术界存在争论，一种认为起源于中国及印度和马来群岛，广泛分布于亚洲的热带、亚热带及温带地区。另一种认为冬瓜原产于印度，唐代时才传入我国。据最近考古发现在南越王墓中出现许多冬瓜种子，说明早在秦代岭南地区已有冬瓜。此外，秦汉时的《神农本草经》、公元 3 世纪初张揖撰的《广雅·释草》，以及《齐民要术》中均记述了冬瓜的栽培及酱渍方法。因此，第 1 种起源说似乎更科学。

全世界冬瓜种植面积约 50 万 hm^2，主要分布在中国、印度、泰国、缅甸等亚洲国家，欧洲、美洲栽培较少。中国从南至北均有冬瓜栽培，主要产区在华南、华中、西南各地，常年种植面积在 20 万～25 万 hm^2，其中以华南地区的种植集约化程度最高，有许多"冬瓜镇""冬瓜村"。冬瓜产量高，耐热、耐贮藏，可以周年供应。每 100 g 鲜果含维生素 C 18 mg、钙 19 mg、钾 78 mg、磷 12 mg。老瓜、嫩瓜均可食用，可做汤、炒食，也可糖渍或加工成脱水冬瓜、冬瓜茶等。

节瓜是冬瓜的 1 个变种，学名：*B. hispida* Cogn. var. *chiehqua* How.；别名：毛瓜。节瓜在广州地区已有 300 多年的栽培史，广东、广西、海南普遍栽培，是华南地区栽培面积最大的瓜类蔬菜之一，较耐热、产量高。老瓜、嫩瓜均可食用，老瓜耐贮藏。

一、育种概况

（一）育种概况

19 世纪以前，各地菜农根据生产需要，以自然变异为基础，从不同类型冬瓜资源中进行系统选择，选育出生产上使用的各地农家品种，如广东青皮冬瓜、牛脾冬瓜，湖南粉皮冬瓜，重庆歌乐山粉皮，上海石瓜，北京一串铃、枕头冬瓜、大车头，安徽宁国冬瓜，云南三棱冬瓜，南京早青皮，成都五叶子、大冬瓜等。广东省的黑毛、黄毛、七星、江心等为节瓜地方品种。

19 世纪初，冬瓜由传统的系统选择向杂交育种方式转变。19 世纪 70 年代，冬瓜育种进入到杂种优势利用阶段，如台湾农友种苗育成了 HV-059、HV-060、小惠、吉乐、VS-010、农友细长等节瓜品种。

20 世纪 80 年代末，广州市白云区蔬菜办公室、上海市农业科学院园艺研究所、成都市农业科学研究所等进行了冬瓜杂种优势利用研究，选出的组合都比对照品种的单位面积产量高，但由于这些组合的外观品质、营养品质、风味和耐贮运性及抗病性都存在一些缺陷，未在生产上广泛推广。

20 世纪 90 年代初开始，随着城镇化的发展和政府对"菜篮子"工程的重视，国内各科研单位大规模开展杂种优势利用研究，针对市场需要，从外观品质、营养品质、风味和耐贮运性及抗病性等方面着手进行育种，育成了一些生产上受欢迎的冬瓜杂交种，如长沙市蔬菜科研所 90 年代初育成的青杂 1 号、粉杂 1 号，在长江流域大面积推广应用。

进入 21 世纪，冬瓜育种取得突破性进展，以广东、湖南、广西为代表的科研育种单位，先后培育出大、中、小型系列冬瓜品种，铁柱、墨地龙、桂蔬、黑优等系列杂交品种，成为国内大型冬瓜的主栽品种；以巨人 2 号、大肚种品种为代表的中果型品种，占据我国冬瓜出口类型主要市场；莞研、华枕等迷你型冬瓜品种也相继问世。

（二）发展趋势

1. 加强冬瓜种质资源的搜集与保存　冬瓜在我国已有 1 000 多年的栽培历史，民间具有丰富的地方种质资源，如云南、广东、广西、湖南等省份的农家品种。随着近 10 年冬瓜（节瓜）育种取得突破性进展，各省份相继培育了一批优良品种。商品种的推广，加速了地方种质资源的消失。倡议各地区积极行动起来，从本地区着手，积极搜集地方种质资源，并加以保存。

2. 加强育种技术和分子遗传研究　迄今我国尚未构建高密度的冬瓜分子标记遗传图谱，育种目标的实现仍处在盲目和机遇当中。生产中亟待解决的问题，如抗枯萎病育种，仍停留在枯萎病菌的收集、有限种质资源对枯萎病菌抗性鉴定、专化型筛选阶段，而对瓜类抗疫病、蔓枯病的选育报道不多。大部分质量和数量性状基因的遗传、分离规律、生理互作机制等几乎处于空白状态，成为现阶段冬瓜育种发展的操作瓶颈。

3. 加强资源鉴定和评价　品种选育过程中待测群体大，现有测试方法繁复、操作麻烦等，制约了对异花授粉作物冬瓜性状资源的深入研究。需要科学、规范、有效、简便的评价方法和更高效的选育手段，深入开展对冬瓜枯萎病、疫病、病毒病、蔓枯病的高抗或免疫材料，抗多种害虫（蓟马、粉虱）的基因，高品质（外观、食用风味、营养品质），抗逆性（耐涝性、耐低温等）等研究，有效发掘资源。

4. 丰产育种转向品质育种　随着人民生活水平的提高及家庭小型化，对冬瓜育种提出了新的要求。同时由于蔬菜生产不断向专业化、产业化方向发展，对适应于不同栽培方式的专用冬瓜品种的需求将日益增加。产量育种转向品质育种，品种必须多样化以适应不同地区的消费特点及不同的食用方式，甚至适应不同口味的要求。加工专用品种（冬瓜条、冬瓜汁、糖瓜、脱水冬瓜、糖渍蜜饯品）的品质要求瓜肉厚、耐贮及可溶性物质含量高、水分含量少；鲜销品种的品质要求瓜形外观好（包括皮色、棱沟、形状、蜡粉等）、肉质致密、味甜。

5. 抗病育种　由于老菜区耕地面积少，多行连作，枯萎病、疫病、蔓枯病发生严重。嫁接、化学防治是现阶段病害防治普遍采用的措施。但是尽管农药使用浓度越来越高，病害防治效果却越来越差，选育抗病冬瓜新品种是生产上亟待解决的问题。目前冬瓜抗病育种的主要困难在于抗病资源缺乏，研究手段较为落后。

二、种质资源与品种类型

（一）起源与传播

冬瓜起源于中国南方及印度和马来群岛，广泛分布于亚洲的热带、亚热带及温带地区，属于葫芦科冬瓜属的一年生蔓性植物，具有耐热、耐湿、适应性强等特点。日本及东南亚、欧洲也有种植。19

世纪，冬瓜由法国传入美国，20 世纪 70 年代由中国传入非洲。中国除内蒙古满洲里，青海格尔木，西藏拉萨、日喀则等地区不宜种植外，其余地方均可栽培。热带及亚热带以春、夏季种植为主，海南、台湾及低纬度地区可秋、冬反季节栽培。

（二）种质资源的研究与利用

1. 搜集与保存 中国是冬瓜的原产地之一，具有丰富的种质资源。《中国蔬菜品种资源目录》（1998）已搜集登录冬瓜种质资源 295 份，到 2005 年增至 299 份，另有节瓜种质资源 69 份。在 295 份冬瓜种质资源中，早熟品种资源 54 份，占总数的 18.31%；中熟品种 155 份，占总数的 52.54%；晚熟品种 86 份，占总数的 29.15%。第 1 雌花节位在第 10 节以内的品种资源有 27 份，占总数的 9.15%；第 1 雌花节位在第 11～19 节的品种资源有 158 份，占总数的 53.56%；在第 20 节以上的品种资源有 106 份，占总数的 35.93%；熟性不详的有 4 份。果面多蜡粉品种资源 196 份，占总数的 66.5%；中等蜡粉 29 份，占总数的 9.8%；少蜡粉 45 份，占总数的 15.2%；无蜡粉 19 份，占总数的 6.5%，另有 6 份蜡粉覆盖情况不详。《中国蔬菜品种志》（2001）中较详细地记录了 82 个冬瓜、22 个节瓜品种的特性和栽培要点。

冬瓜资源搜集途径有国内资源搜集和国外资源搜集。前者可向国家大型种质资源库、各科研育种单位、大型冬瓜生产基地收集，如湖南省农业科学院蔬菜研究所选育的极早熟小型冬瓜父本是从中国农业科学院蔬菜花卉研究所引进的 50 多份材料中选择的株系，大型粉皮组合兴蔬白星、墨地龙母本是从湖南省洞庭湖区冬瓜生产基地收集的大型粉皮、黑皮品种，经 6 代系统选育和单株定向选择而来。国外资源搜集可通过官方和民间交流的形式获得，其中亚洲蔬菜研究中心是国外保存冬瓜种质资源份数最多的机构。也可以通过远缘杂交、化学、物理诱变等技术创新冬瓜种质资源，广东省农业科学院蔬菜研究所先后利用秋水仙素加倍、^{60}Co γ 射线诱变，选育了多份四倍体冬瓜及其他新型冬瓜资源。还可以利用杂种后代的分离和野外搜集等方式收集品种资源。

所有入库种子均经过发芽率测定和干燥，以及含水量检测，最后用铝箔袋密封包装，以确保入库种质的质量和贮存期限。种子干燥采用的条件是烘箱温度为（30±2）℃，室内温度≤18 ℃，相对湿度 40%，干燥时间一般 3～5 d。含水量抽测比例为每批次冬瓜送交入库种子份数的 15%～20%。

育种单位通常需要保存种子的种类和数量不多，保存的时间也不要求很长，可采用干燥密封，室温保存。一般种子含水量在 8%以下，密封在薄铁罐或玻璃容器（玻璃干燥器）中放在阴凉室内，可保存生活力 10 年左右。

2. 研究与利用 作为育种材料，主要应着重与育种直接有关的各种经济性状和生物学特性，如丰产、稳产、成熟期、抗逆性、适应性等。由于人力、物力等条件限制，在实际工作中只能集中研究几个主要经济性状及遗传规律，如冬瓜杂种 F_1 代的显隐性关系，F_2 代的分离比例等，以及性状之间的相关性，性状与优质高产性状间的相关关系等。

对冬瓜种质进行繁种和农艺性状鉴定，获得性状鉴定数据。同时，获得鉴定入库种质资源的实物图片，较为形象地反映种质资源的特征特性。为了保持入库种质的种性，冬瓜采用了严格的绑花或套袋等隔离措施。入库种质繁种的数量，中粒种子作物节瓜、冬瓜等每份 60～85 g。

依据冬瓜育种的实际需要，如与育种密切相关的生育期（熟性）、商品外观性状及品质性状、种子特性、抗性等，同时兼顾植物学分类性状，并制订冬瓜种质资源数据库的有关规范和结构。以冬瓜为例，田间鉴定性状共 33 项，其中生育期性状有播种期、出苗期、定植期、始花期、第 1 雄花节位、第 1 雌花节位、雌花间隔节数、商品瓜始收期、终收期、种瓜采收期等 10 项；商品外观及品质性状包括单瓜重、瓜长、瓜宽、瓜形、内腔大小、囊腔性状（中轴胎座或侧膜胎座）、种子类型、表面棱沟有无、表皮颜色、有无白色蜡粉、瓜肉厚薄、肉质是否致密、食用风味，以及维生素、总糖、酸、可溶性固形物含量等 17 项；抗性则包括与生产密切相关的耐寒性、耐热性，以及对疫病、蔓枯病、枯萎病、病毒病的抗性和对应的病情指数等 6 项。

对搜集保存的种质进行深入的评价和鉴定，最终目的是发掘优异种质，创新种质资源，为育种提供物质基础。鉴于现有研究结果，没有发现高抗疫病或抗虫的冬瓜种质资源，因此，充分利用已获得的性状鉴定数据及优质、抗病虫、抗逆、丰产的其他近缘种资源进行远缘杂交，并采用现代生物技术与常规育种技术紧密结合的方法，开展优异种质资源创新和利用研究，为冬瓜育种服务，不断培育出新的优质、抗病、抗逆、高产冬瓜新品种，使冬瓜生产实现可持续发展。

本地区的材料或从气候相似的外地收集的材料，对当地的气候、土壤、环境等条件适应能力强，可以直接利用。如在海南南菜北运基地考察中收集到的黑皮冬瓜资源，瓜型整齐，平均单瓜重达 15 kg，可溶性固形物含量达 2.5%。长沙近郊常年菜地收集到经济性状稳定的大型粉皮品种。但对性状表现混杂的材料，在利用前要提纯，或搭配授粉品种。如广东省农业科学院蔬菜研究所利用中早熟、耐热性强的节瓜资源作母本与早熟、耐热性中等、瓜身匀称的节瓜资源作父本育成夏冠 1 号节瓜，2005 年通过广东省品种审定，推广面积 350 hm^2 以上。

从外地收集的材料，由于地理环境、气候条件等生态因子存在差异，在当地表现可能不太理想。对这类材料不能直接利用，可通过杂交育种途径进行选育。利用野生或半野生材料进行远缘杂交，向栽培品种中导入抗性性状，如对病虫害的抗性、对环境条件广泛的适应性等。如广东省农业科学院蔬菜研究所利用外源 DNA 产生变异，筛选出瓜形好、抗病毒病较强的冬瓜材料 2 份。通过抗病性筛选，选育成抗病新品系巨人 2 号黑皮冬瓜，正在广东冬瓜主产区三水、台山等地大面积种植。

对于暂时不能直接或间接利用的冬瓜材料，亦不可忽视，育种者可以根据未来的育种方向选择性保存。随着育种工作的进展、鉴定研究技术的不断提高，有可能发现这些材料的潜在基因资源。

3. 种质资源的创新　由于种质资源研究的对象是以原始地方种、野生种为主，而育种工作者为了快出成果，更倾向于对已育成的高产品种进行改良，因此鉴定发现的种质资源多数就得不到充分利用（程侃声，1992）。解决这一矛盾的途径：一是应允许和鼓励公立育种单位承担一些难度较大，周期较长，投资较多的非盈利性育种任务；二是资源保存单位有重点地开展种质资源工作的创新。

冬瓜资源创新的主要途径：

① 从野生或半野生资源中筛选具有特异抗性的材料与栽培品种杂交，选择 1～2 代后使栽培品种相关性状得到明显改进，育种者利用创新资源可以缩短 1～2 个世代从而提高育种效率。

② 使某些资源从难以利用转变为便于利用的新种质，如引进优良杂交种的分离、回交转育，以及资源的多代定向选择和先杂后纯。

③ 采用辐射诱变、基因转导等方法创制资源。育成的品种既要对病害具有多抗性，对不良环境具有特定的适应性，又要具有优良的品质性状，故必须将多种目标基因集合于同一个体。常规育种难以满足要求，必须开展重要基因的分子标记和建立分子标记图谱的研究。目前，广东省农业科学院蔬菜研究所已建立冬瓜分子遗传图谱，为进一步开展冬瓜分子标记辅助育种奠定了基础。

4. 品种类型与代表品种

（1）冬瓜　中国冬瓜种质资源较为丰富，大多分布在长江流域、西南和华南地区。栽培冬瓜的品种类型很多，主要根据果实的特征进行分类：①按瓜形，分为扁圆形、长圆柱形、圆筒形、长圆筒形、短圆筒形、炮弹形 6 类；②在市场上用得比较普遍的按瓜皮颜色和被蜡粉与否，分为黑皮冬瓜和粉皮冬瓜两大类；③在蔬菜生产上用得比较普遍的按瓜型大小，分为小型冬瓜、中型冬瓜和大型冬瓜三大类；④按冬瓜植株熟性可分为早熟、中熟、晚熟 3 个类型。

小型冬瓜：早熟或较早熟，第 1 雌花发生节位较低，有些能连续发生雌花。果实小，扁圆、近圆或长圆柱形，每株可采收几个瓜。代表品种：

① 一串铃冬瓜。北京地区农家品种。植株生长势中等。花单性或雌雄同花，主蔓通常第 3～5 节发生第 1 雌花，以后能连续发生雌花，结瓜多。果实扁圆形，被白蜡粉，肉厚 3～4 cm，单瓜重 1～

2 kg。适宜保护地和露地早熟栽培。

② 一窝蜂冬瓜。又名早冬瓜。江苏省南京地区农家品种。主蔓自第 6 节开始发生第 1 雌花。结瓜较多，瓜多为短圆筒形，果皮青绿色。一般单瓜重 1.5～2.5 kg。

③ 五叶子冬瓜。又名小冬瓜。四川省成都市地方品种。第 1 雌花发生在主蔓第 15 叶节左右，主侧蔓均可结瓜。瓜短圆筒形，一般纵径 30～35 cm，横径 20 cm 左右，蜡粉较少。单瓜重 5 kg。

④ 吉林小冬瓜。吉林省吉林市农家品种。主蔓上第 10 叶节着生第 1 雌花，以后每隔 1～2 节又连续发生雌花。瓜多为长圆柱形，无蜡粉。单瓜重 1～2 kg。

⑤ 绿春 8 号小冬瓜。天津市蔬菜研究所育成的早熟小冬瓜一代杂种。植株生长势强，主蔓第 4～6 叶节着生第 1 雌花。瓜短圆筒形。商品瓜纵径和横径均为 18 cm 左右，单瓜重 1.5～2.5 kg。用于保护地、春露地及秋季栽培。

大型冬瓜：中熟或晚熟。植株生长势强。主蔓一般第 14 节以上发生第 1 雌花，以后每隔 5～7 节发生 1 朵雌花或连续 2 朵雌花。果实长圆筒形或长圆柱形，青绿色，被白蜡粉或无。代表品种：

① 长沙粉皮冬瓜。长沙地区农家品种。生长势强，主蔓上第 17～22 叶节着生第 1 雌花，瓜为长圆筒形，一般瓜纵径 77～88 cm，横径 25～29 cm。被白色蜡粉，肉厚 3～4 cm，肉质稍松，品质中等，一般单瓜重 15～25 kg，最大的可达 35 kg 以上。

② 福建青皮冬瓜。福建省福州市郊区农家品种。主蔓上第 15 叶节发生第 1 雌花，瓜为长圆柱形，略呈三角状，一般瓜纵径 78 cm 左右，横径 26 cm。蜡粉少，瓜肉较厚，肉质致密，含水分少。除鲜食外，还适于加工制干。一般单瓜重 13 kg 左右。

③ 枕头冬瓜。北京地区农家品种，以平谷区种植较多。第 1 雌花发生在主蔓第 15～25 叶节，以后每隔 3～4 叶节再着生第 2、第 3、第 4 雌花。瓜长圆柱形，有白色蜡粉。一般单瓜重 10～15 kg，最大的可达 40～50 kg。

④ 铁柱冬瓜。广东省农业科学院蔬菜研究所育成的杂种一代。播种至收获春季需 125 d，秋季 95 d；生长势强，果实呈特长圆柱形，瓜纵径 80～100 cm，横径 17～20 cm。皮墨绿色，浅棱沟，表皮光滑，肉厚 6.6～6.8 cm；肉质致密，品质优，适应性强。单瓜重 16 kg 以上。田间表现抗枯萎病，中抗疫病，其突出特点是高产、耐贮运、瓜形美观。

⑤ 宁化爬地冬瓜。福建省宁化县地方品种。主侧蔓均可结瓜，第 1 雌花着生在主蔓第 9 叶节上，花两性，瓜长圆筒形，一般纵径 50～55 cm，横径 30～35 cm。被蜡粉，瓜肉厚 4.5 cm 左右，品质好，单瓜重 23～35 kg。较抗霜霉病和病毒病。

⑥ 桂蔬 1 号。广西农业科学院蔬菜研究所培育的黑皮冬瓜一代杂交种。中晚熟种，生长旺盛，高抗枯萎病和炭疽病，耐热，较耐寒，忌日灼。瓜长圆筒形，极整齐，瓜纵径约 70 cm，横径 18～23 cm，肉厚 5～6 cm，单瓜重 10～15 kg，最大 25 kg。肉质致密、嫩滑多汁，品质优，极耐贮运。春播生育期约 120 d，夏播 100 d，从授粉到采收 30～35 d，单产 90 000～120 000 kg/hm^2。

⑦ 墨地龙。湖南省农业科学院蔬菜研究所培育的黑皮冬瓜一代杂交种。长炮弹形，墨绿色，瓜纵径约 90 cm，横径约 20 cm，肉厚 5～6 cm。中晚熟，抗逆性强，产量高。

⑧ 黑优 1 号。广东省农业科学院蔬菜研究所育成的杂交品种。果实墨绿色，炮弹形，有浅棱沟，瓜纵径 58～75 cm，横径 25 cm，肉厚 5.5～6.5 cm。

⑨ 白星冬瓜。湖南省农业科学院蔬菜研究所育成的杂交品种。大型粉皮品种。瓜纵径约 60 cm，横径约 25 cm，肉厚 6 cm。侧膜胎座。单瓜重 15～25 kg。

（2）节瓜　在长期的栽培历史中，选育出不少节瓜优良品种。果实短圆柱形到长圆柱形；皮色浓绿色、绿色到黄绿色，成熟果实被蜡粉或不被蜡粉。在适应性上有比较耐低温，适宜早春播种的；有比较耐热，适宜夏季栽培的；还有适应性广，春、夏、秋均可栽培的品种。另外，还可分为早熟种与晚熟种，以及适宜出口的品种等。代表品种：

① 夏冠1号。广东省农业科学院蔬菜研究所育成的一代杂种。生长势较强，分枝性强，抗病抗逆性强，主侧蔓结瓜。瓜圆筒形，青绿色，有光泽，被茸毛，无棱沟，肉质嫩滑，风味微甜。耐热，抗病性鉴定结果为高抗枯萎病。

② 黄毛种。广东省地方品种。植株生长势中等。主蔓第7～15节着生第1雌花。果实较细长，皮色黄绿色。

③ 黑毛节瓜。广东省地方品种。植株生长势强，侧蔓多。主蔓第4～8节着生第1雌花。果实圆柱形，皮色浓绿，肉厚致密。

④ 大藤。广东省地方品种。植株生长势强，侧蔓多。主蔓第7～14节着生第1雌花。果实长圆柱形，青绿色，具浅纵纹，品质好。

⑤ 春丰868。广西大学选育的一代杂种。粉皮，单瓜重1～1.5 kg，结瓜集中，生育期70～90 d。

三、生物学特性与主要性状遗传

（一）植物学特性与开花授粉习性

1. 植物学特征

（1）根　根系强大，须根发达，深度0.5～1.0 m，宽度1.5～2.0 m。根系吸收能力强，容易产生不定根。

（2）茎　茎蔓性，五棱，绿色，密被茸毛。茎分枝力强，每节腋芽都可以发生侧蔓，侧蔓各节腋芽也可以发生副侧蔓。初生茎节只有1个腋芽，抽蔓开始，每个茎节出生分歧卷须，其后茎节还着生雄花和雌花。

（3）叶　叶掌状，5～7浅裂，绿色，叶面叶背具茸毛，宽30～35 cm，长24～28 cm。叶脉网状，背部突起，叶柄明显，长14～18 cm，直径0.5～0.7 cm，被茸毛。

（4）花　多为单性，个别品种为两性花。一般先发生雄花，随后发生雌花，雌雄花的发生有一定的规律。雄花萼片5个，近戟形，绿色，花瓣5片，椭圆形，黄色。雄蕊3枚，在花的中央三角形排列，顶生花药。雌花子房下位，形状因品种而不同，有长椭圆形、短椭圆形，绿色，密被茸毛，花柱短，柱头瓣状3裂，浅黄色。子房的形状与成瓜的形状极为相似，所以也可以从子房判断商品瓜的瓜形，初步识别品种的纯度。

（5）果实　瓠果，有扁圆形、短圆筒形与长圆柱形，绿色，被茸毛，茸毛随着冬瓜成熟逐渐减少，被白色蜡粉或无。瓜的大小因不同品种有很大差异，嫩瓜或成熟瓜均可供食。

（6）种子　近椭圆形，种脐一端稍尖，扁平，浅黄白色，种皮光滑（单边籽）或有突起边缘（双边籽）。

节瓜也是一种攀缘植物，根系较大，但比冬瓜弱。茎节腋芽容易发生侧蔓；雌性强，多瓜，果实较冬瓜小。一般采收嫩瓜供食，嫩瓜短或长椭圆形，绿色，瓜面具数条浅纵沟或星状绿白点，被茸毛，一般单瓜重250～500 g。生理成熟果实被白色蜡粉或无，一般单瓜重5 kg左右。种子近椭圆形，扁平，种孔端稍尖，淡黄白色，具突起环纹。每瓜含种子500～800粒。千粒重17～43 g。其他性状与冬瓜基本相同。

2. 开花授粉习性　冬瓜为异花授粉植物。花一般于22时左右开放，翌日6时至8时盛开，开花的最适温度为25 ℃。授粉应于盛花期进行，授粉后5 h，花粉管可达柱头的分歧点，再过5 h达基部，24 h到达胚珠，完成受精过程。24 h后花冠开始凋谢，柱头变褐，授粉能力下降。花药在雄花开放前一天就有授粉能力，但生活力以当天开放的花朵最高。冬瓜从现蕾到开花约需6 d，从开花到生理成熟，早熟品种需35～40 d，中晚熟品种则需50 d左右。果实在花谢后15～20 d生长最快，以后生长速度逐渐减慢，继而转向种子的迅速发育。

冬瓜的花器较大，一般是单性花，雌雄异花同株，少数为雄全同株（产生完全花和雄花）和雌全同株（产生雌花和完全花）。一般每隔几朵雄花出现一朵雌花或两性花，有时可连续出现几朵雌花。第1雌花着生节位与品种遗传性有关，也受环境的影响，早熟品种一般着生在第5～7节，晚熟品种一般在第14节左右，以后每隔5～7节出现1朵雌花，子蔓上雌花着生的节位较低。第2、3、4雌花的子房较大，发育较好，可用作杂交授粉。自然条件下，冬瓜的花粉主要是通过蜜蜂等昆虫和风传播。

（二）生长发育对环境条件的要求

1. 温度 冬瓜是喜温蔬菜，耐热性强，怕寒冷，不耐霜冻，只能安排在无霜期内生产。冬瓜植株的不同生育期对环境温度的要求不同，成株生长发育的适温为25～30℃，可忍耐40℃左右的高温；长期低于15℃，则叶绿素合成受阻，同化作用能力降低，影响开花授粉。幼苗忍耐低温的能力较强，早春经过低温锻炼的幼苗，可忍耐短时间的3～5℃低温。种子发芽期以30～35℃发芽最快，发芽率最高；当温度降到25℃时，不仅发芽时间延长，而且发芽不整齐。

2. 光照 冬瓜属于短日照作物，也有人认为是中光性作物。实际上经过长期栽培的品种，适应性较广，对日照要求不太严格，只要其他环境条件适宜，一年四季都可以开花结果，特别是小果型的早熟品种，在光照条件很差的保护地栽培，也能正常开花结果。冬瓜在正常的栽培条件下，每天有10～12 h的光照才能满足需要。植株旺盛生长和开花结果时期要求每天12～14 h的光照和25℃的温度，才能满足光合作用效率最高、生长发育最快的需要。幼苗在低温短日照条件下，有促进发育的作用，可使雌花和雄花发生的节位降低。在早春温度15℃、日照11 h左右的条件下培育出的幼苗，第5、第6叶节便发生雄花，有的甚至出现雌花。这种促进雌花提早发生的特性，可在大瓜型晚熟冬瓜早熟高产栽培时加以利用。

3. 水分 冬瓜是喜水、怕涝、耐旱的蔬菜。由于叶片大，花多瓜大，发育快，消耗水分多，需要补充大量水分。冬瓜的根系发达，根毛细胞的渗透压大，吸收能力很强，根际周围和土壤深层的水分均能吸收，加上地上部的茎叶表面具有许多茸毛，亦能减少体内水分的蒸腾，有较强的耐旱能力。但田间积水4 h以上就有可能发生植株死亡现象。冬瓜要求适宜的土壤湿度为60%～80%，适宜的空气相对湿度为50%～60%。冬瓜在不同的生育时期需水量不一样，一般在种子播种发芽出土时期，土壤含水量保持80%，幼苗期保持在60%～70%为宜。随着植株的生长发育，冬瓜对水分的需求量逐渐增加，到开花结瓜期，叶蔓迅速生长，不断开花坐瓜，特别是在定瓜以后，果实不断增大、增重，需要水分最多，这时期就要根据天气情况、下雨多少和土壤墒情浇水，保持土壤见干见湿。果实发育后期应逐渐减少浇水量，特别是采前1周左右，应停止浇水，否则果实品质降低，不耐贮藏。

4. 土壤肥料 冬瓜对土壤要求不严格，在沙土、壤土、黏土、稻田土中都能生长，但在物理性状好、肥沃疏松、透水透气性良好的沙壤土上生长最理想。冬瓜植株耐酸耐碱的能力较强，在土壤pH 5.5～7.6时均能适应。冬瓜植株对氮、磷、钾元素的要求比较严格，每生产1 000 kg冬瓜果实，需要氮1.3～2.8 kg，五氧化二磷0.6～1.2 kg，氧化钾1.5～3 kg，三者之比约为1∶0.4∶1.1。植株的吸收量幼苗期少，抽蔓期较多，开花结瓜期特别是果实发育前期和中期吸收量最多，后期吸收量又减少。中、晚熟冬瓜品种对氮要求较高，在一定的范围内，增施氮肥与主茎伸长呈正相关。增施磷、钾肥可延缓早熟品种的衰老期，并能降低雌花节位，提高单瓜重。

（三）主要性状的遗传

冬瓜（节瓜）性状的遗传研究主要围绕熟性、瓜形、瓜色等开展，目前仍处于起始阶段。

1. 冬瓜性状的遗传

（1）熟性 早熟性主要由初花出现所需天数、第1雌花着生节位、果实发育速率等因素构成。已有研究认为，早花（初花出现所需天数少）和第1雌花节位的遗传呈不完全显性，早花所需天数与果实平均成熟期之间的相关系数高达0.82，第1雌花节位的遗传主要为基因加性效应，而果实发育速率则主要受非加性效应的影响。

（2）瓜形　冬瓜果实长度为数量遗传性状。F_1代果实长度，与双亲相比，表现为双亲的中间类型且稍偏向于果实较长的亲本。F_2代冬瓜果实长度性状的表达除受自身细胞核基因控制外，同时受环境的影响比较大，在实际育种中，长瓜与短瓜杂交，其子一代为中等偏长瓜形，如长沙市蔬菜研究所选育的青杂1号母本瓜长50 cm，父本瓜长90 cm，青杂1号瓜长75 cm。通过对双亲的选配，可育出不同长度类型的品种。

（3）瓜色　冬瓜粉皮对黑皮、绿皮、黄皮为显性，受单基因控制；黑皮对黄皮是显性。瓜色的遗传表现为青皮×青皮→青皮；粉皮×粉皮→粉皮；粉皮×青皮→粉皮；如果要育成非粉皮F_1代种，双亲必须为纯合的非粉皮品种。如要育成粉皮品种，则只要双亲之一为粉皮即可。不过在实际育种过程中，粉皮与非粉皮亲本所配组合，F_1代被白色蜡粉的厚度和均匀度不及双亲，均为粉皮所配组合，这可能与细胞质中叶绿体含DNA和RNA有关。

（4）种子类型　有棱籽对无棱籽（俗称光籽）为显性，受单基因控制。一般地方黑皮品种（如广东青皮瓜）种子多为无棱籽，但也有例外。期望育成F_1代为无棱籽的品种，双亲必须均为无棱籽类型。

（5）种子囊腔　中轴胎座（俗称吊瓤，其表述目前植物学上尚无定论，有的和散瓤统称为侧膜胎座，也有报道称为中轴胎座），表现为瓜瓤主要为两端与瓜端相连，其余与内腔壁隔离；侧膜胎座（俗称散瓤）表现为瓜瓤全部与内腔壁粘连（图21-1）。在正、反交F_1代和F_2代及测交后代中，其瓜瓤均表现为多样性，除中轴胎座与侧膜胎座外，还有许多中间类型。从后代表现型看，该性状受多对基因控制，表现为数量性状遗传。中轴胎座与侧膜胎座性状的遗传比较复杂，笔者多年的育种经验证明，如双亲均为纯合的中轴胎座或侧膜胎座，其子一代该性状与双亲相同，不会出现其他中间类型。

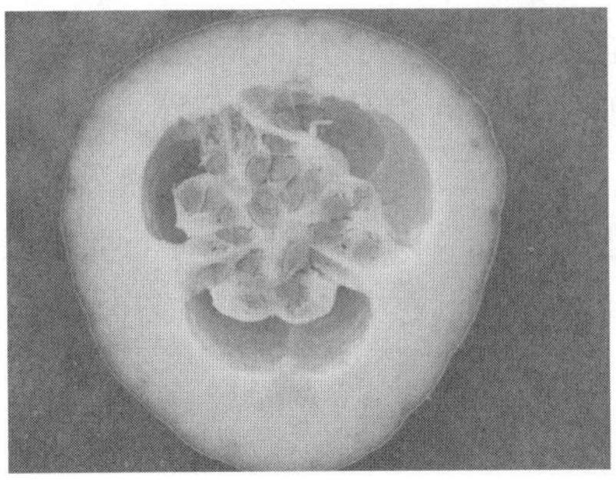

中轴胎座(吊瓤)

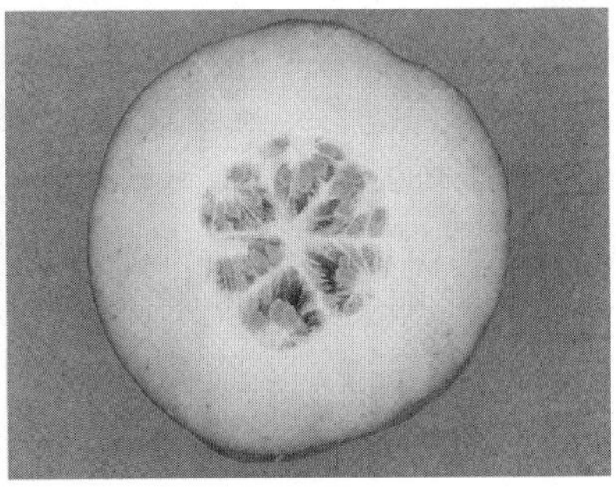

侧膜胎座(散瓤)

图21-1　不同冬瓜种子囊腔形态

（6）单瓜重和单株坐瓜数　单瓜重介于双亲之间的组合占60%，超过双亲的组合占13.3%，低于双亲的占26.7%。单株坐瓜数超过双亲的占60%，低于双亲的为40%。

（7）抗病性　抗病性是冬瓜的重要性状，研究它的遗传规律对抗病育种来说是十分必要的。生产上冬瓜的病害有疫病、蔓枯病、枯萎病、猝倒病、炭疽病、绵疫病等，其中疫病、蔓枯病、枯萎病、病毒病危害最大，而且疫病和蔓枯病在现有资源中可直接利用的抗源材料很少，育种实际中一般通过田间抗性表现多代选择、累加，提高育种材料的抗性水平。研究表明，多数抗病性是多基因控制的。显隐性取决于抗源材料，大多数抗病材料的抗病对感病为隐性。一代杂种枯萎病发病率普遍低于双亲。

（8）*抗逆性* 耐寒性及耐涝能力是冬瓜抗逆性的主要调查指标，迄今对冬瓜耐寒性的遗传研究报道不多。朱其杰等研究认为，冬瓜的耐寒性主要受基因型控制，其遗传以加性基因效应为主，也存在少量显性效应。

2. 节瓜的性状遗传 纯雌系与其他节瓜品种杂交，遗传特征为，熟性：早熟×晚熟，F_1 代中熟偏早；早熟×早熟，F_1 代早熟。雌花数：纯雌×少雌，F_1 代多雌。嫩瓜的皮色：均呈中间类型，深绿×绿，F_1 代深绿；深绿×浅绿，F_1 代绿。老熟瓜的蜡粉受父、母本双亲影响，蜡粉多呈显性，即父本、母本中，只要有一亲本蜡粉严重，一代杂种蜡粉也较重。轻蜡×重蜡，F_1 代重蜡；轻蜡×无蜡，F_1 代接近无蜡或轻蜡。纯雌系配合力高，用其做母本与其他品种配制的一代杂交组合产量高、抗病。但并非与任何品系杂交都有杂种优势。纯雌系的纯雌表现是否受环境条件影响，如温度、光照等还需进一步研究。

四、育种目标

种植者在产量、品种熟性、耐贮运、商品性、抗病性等方面，消费者在品质、营养、食用风味、果实大小等方面都对冬瓜品种综合性状提出了更高的要求。据此，冬瓜的育种目标由以丰产、稳产为主转向优质、多抗、丰产、专用，特别是在培育设施栽培专用，优质加工专用，优质耐贮运，抗病、抗逆、反季节栽培，适合出口贸易等品种方面。

（一）品质育种

评价冬瓜商品品质的主要性状有皮色、单瓜重、瓜形指数、瓜形一致性、棱沟、瓜脐部形状（钝圆、钝尖）。评价冬瓜营养品质的主要性状有可溶性固形物含量、糖酸比、维生素 C 含量。评价冬瓜贮运性的品质主要性状有肉质致密性、干物质含量（或含水量）、表皮厚度及创伤周皮的形成等。

1. 食用品质 冬瓜果实含水分 95%～96%，可溶性糖为 4%～5%，还有少量的维生素，味道清淡。食用习惯各地不一，有喜食嫩瓜的（如节瓜），有喜食果肉较硬的（如黑皮瓜或青皮瓜），有喜食果肉较软的（如粉皮瓜）。极少数冬瓜品种味道偏酸，严重影响食用风味。在品种选育时，注意淘汰有酸味的品种（或组合）。粗纤维、可溶性糖、有机酸等性状遗传力较低，选择宜在高世代进行。同时，因其受环境条件影响较大，要提高可溶性糖的含量，还需要与优良栽培条件相配合。

2. 营养品质 果实可溶性固形物含量的高低是衡量冬瓜内在品质的一个重要指标。冬瓜杂种一代的果实可溶性固形物含量分别与其父本、中亲值的相关系数达显著、极显著水平，且表现出正向超亲优势。因此，在进行亲本选配时，应首先考虑中亲值的高低，然后选择父本可溶性固形物含量较高者为优选组合。由于其表现正向超亲遗传，利用常规杂交育种法，选育可溶性固形物含量高的冬瓜品种是可行的。

3. 加工品质 冬瓜可加工成糖渍冬瓜条、冬瓜干、冬瓜粉、冬瓜蓉等。冬瓜加工要求具有较高的加工出品率，因此在加工品质方面重点关注可溶性固形物和纤维素含量，选育适合各类加工需求的加工专用型品种。如大型冬瓜加工厂生产冬瓜蓉要求育种单位提供纤维素含量较高的品种。冬瓜产品的可溶性固形物含量与干物质、糖的含量高度相关，用折光仪测定冬瓜可溶性固形物含量远比测定糖和干物质含量简便。因此在品质育种过程中，通常根据可溶性固形物的鉴定结果，进行糖和干物质含量的选择。

4. 耐贮运品质 贮运性提高后，可延长果实的货架寿命和供应期，并减少腐烂、变质及破损，有利于“南菜北运”“西菜东调”和外销出口，有利于区域化布局、专业化生产，使冬瓜在最适合的地方生产，从而产生更好的经济效益和生态效益。

影响冬瓜耐贮运性的因素主要有瓜皮和瓜肉的组织结构、化学成分（果胶物质及纤维素等的含量）、生理生化特性（呼吸强度、激素合成和酶活性等）、瓜皮硬度及韧性。

李建宗和沈明希（2002）曾报道过几个品种果实表皮细胞及皮层中的厚壁组织结构与防腐性能的关系。不同品种冬瓜形成创伤周皮能力差异较大，青杂3号亲本株系在参试材料中表现突出，只有深度2 cm的1个样本有小量腐烂，其余全部或基本愈合，切片观察到由外层的木栓层和内层的栓内层一起构成多层的周皮（即创伤周皮）。广东黑皮、广东青皮次之，其损伤2 cm的伤口没有1个完全愈合，部分腐烂，深度为1 cm的部分愈合，创伤周皮形成较少，仅表皮处理能愈合，形成创伤周皮完整。株洲后基冲等农家品种损伤1～2 cm的伤口，周围变软，形成病斑，继而流液，导致整瓜溃烂，仅在破表皮处理中愈合。

就地保鲜贮藏破坏性试验统计结果：青杂1号、90－N30株系由于表皮和皮层的特殊结构，贮藏期间的失水率（9.42%～10.6%）平均10.23%，广东青皮和广东黑皮失水率（10.35%～13.5%）平均11.59%，前者较后者低1.36个百分点。就地保鲜贮藏冬瓜失水率的变化曲线，两者基本相似，但在10～12月波峰方向存在一定的差异。只有锁住水分，才可保持食用风味的纯正、木栓粗纤维组织厚壁细胞的形态结构、果实较高的抗逆、耐贮运特性和商品性状。在室内自然条件下，保鲜贮藏青杂1号冬瓜两年的烂瓜指数平均为1.9，广东青皮烂瓜指数达到2.55。统计两种不同贮藏条件的冬瓜烂瓜率，贮藏至翌年1～2月，青杂1号（37.7%～75%）平均为58.12%，广东青皮、广东黑皮烂瓜率（55.8%～89.7%）平均为77.84%。创伤周皮的形成及构成程度可作为冬瓜耐贮运性的一个重要指标。

5. 外观品质　外观品质主要包括瓜形（圆筒形、炮弹形、棒形等）、大小、整齐度、皮色（黑皮、绿皮、黄皮）、表皮被白色蜡粉与否、花斑等。这些品质性状没有统一的标准，取决于当地消费者的习惯和喜好。果实外观整齐一致，果面光洁，畸形瓜少，商品率高，是育种目标的共同要求。

冬瓜杂种一代长度偏向大亲本值，与其父本和中亲值的相关系数达显著水平，且表现为不完全显性遗传。进行亲本选配时，根据不同的消费习惯，加强对父本的选择，在实践中还发现父本不仅在长度上对杂种一代影响大，而且其外观形状对F_1代也具有较大影响。冬瓜杂种一代的横径与父、母本及其中亲值的相关系数均未达显著性水平，但表现出负向超亲优势。因此，在进行亲本选配时，不必重点考虑横径对F_1代的影响。在以小型瓜为育种目标时，可以考虑采用横径中等粗的双亲，则有可能得到较小横径的F_1代。

根据出口需要和广大消费者的消费习惯，瓜形指数为2.8～3.3的瓜形较为美观。冬瓜F_1代瓜形指数与父本密切相关，表现出正向不完全显性遗传。因此，在进行亲本选配时应注意加强对父本的选择。

6. 冬瓜品质育种需要处理的关系

（1）*品质育种趋向多样性和特色化*　市场对冬瓜品质的需求呈现出多样性和特色化，如加工专用品种选育，适合鲜食需求的鲜食专用品种选育，适合超市和宾馆消费需求的超小型品种选育等。

（2）*品质育种与高产育种相协调*　在注重冬瓜品质育种的同时，必须兼顾其产量指标，只有两者相协调，才能实现优质高产。为了实现优质高产的育种目标，必须加强冬瓜品质、产量遗传规律及两者之间关系的研究。

（3）*品质育种与抗病育种兼顾*　品质好的品种一般不抗病或抗病性差，解决品质与抗病性两者之间矛盾的方法除了改善栽培措施外，更重要的就是选育高抗且高品质品种，即必须在亲本材料的选择上，同时兼顾品质性状与抗病性状。要深入开展冬瓜抗病遗传规律、品质遗传规律及两者之间关系的研究。

（二）丰产育种

只有高产稳产才能降低生产成本，减少土地、人力、物力的耗费，并提高经济效益，因此应列为首要育种目标。冬瓜产量的构成性状比多数大田作物和蔬菜作物简单，主要取决于单位面积的株数（种植密度）、坐瓜率和结瓜数及单瓜重等。

1. 单瓜重 一般来说，早熟小瓜型品种和节瓜单瓜重较小，中、晚熟品种则有较大的单瓜重。冬瓜单瓜重与其父、母本的中亲值显著相关，且表现出正向超亲优势，在进行亲本选配时，应注意至少有一亲本属大瓜型，且另一亲本的单瓜重不能太小，否则难以得到大瓜型的 F_1 代。

果实大小除了品种遗传外，与坐瓜节位有密切关系。广东青皮品种主蔓第 29～35 节坐瓜的平均单瓜重最大（16.5 kg），第 23～28 节坐瓜的平均单瓜重次之（13.9 kg），第 17～22 节坐瓜的平均单瓜重较小（9 kg），第 36～40 节坐瓜的平均单瓜重最小（2.4 kg）。以单瓜重 10 kg 以上的冬瓜作为大瓜标准，则在第 23～35 节坐瓜的约占 80%；第 17～22 节和第 36～40 节坐瓜的大瓜比例最低为 8%。为了获得大瓜，坐瓜节位以第 23～35 节为宜。按照冬瓜品种植株上雌花着生习性，主蔓第 1、2 雌花和第 6 雌花以后坐瓜的果实都较小，第 3、4、5 雌花结大瓜的可能性高。不同栽培季节、不同栽植密度下的不同坐瓜节位与果实大小都得到以上同样的结果。因此，在适当密植的基础上选择适宜的坐瓜节位，是结大瓜、夺丰产的重要措施。

2. 单株坐瓜数 坐瓜数与雌性率相关，以强雌性的节瓜坐瓜较多，早熟小瓜型次之，中迟熟的大瓜型品种雌性分化较弱，坐瓜数少，一般以主蔓结单瓜为主。实践证明，冬瓜大面积栽培，大瓜型品种主蔓结双瓜，其总重量与主蔓结单瓜的重量相差无几，而且商品性较差。在植株较少、肥水充足的条件下，利用侧枝结瓜，可以增加结瓜数。

3. 果实性状 瓜长、横径、肉厚、致密度都与品种特性有关。在瓜径相同的情况下，瓜长增加，单瓜重增加，反之亦然；体积相同，瓜肉越厚，内腔越小，单瓜重越大；冬瓜致密度越大，果实越硬；一般情况下，肉厚空腔小、致密度大，则较耐贮藏和运输。瓜长、横径、肉厚、致密度值较大，该品种有较大的单瓜重，可以获得较高的产量。

瓜肉厚度是衡量冬瓜商品性好坏的一个重要指标。冬瓜肉厚与其父、母本及中亲值极显著相关，表现出正向超亲优势，也就是说，父、母本的瓜肉厚度对 F_1 代的瓜肉厚度影响极大。因此，在进行亲本选配时，只有选择肉厚的双亲才可能得到瓜肉厚度更大的 F_1 代。瓜肉致密性是冬瓜贮运能力的指标，也是肉质好坏的一个因素，除了与品种有关外，还与栽培季节、栽培措施有很大的关系。

（三）熟性育种

一般说来，第 1 雌花节位越低，越早熟。但实际育种过程中并非完全如此，部分品种低温生长性好，然而雌花节位较高，依然比低位生长特性差，雌花节位较低的品种先开花和成熟。同时，不同品种同一天开花，果实的成熟也存在早晚差异，有的品种只需 25 d，有的则为 30 d 以上，中、晚熟品种达 40 d 以上。

就冬瓜育种的整体而言，需要选育出早、中、晚熟各种不同成熟期的配套系列品种，以延长冬瓜的供应期。但对一个具体地区和育种单位而言，则应根据当地市场上最短缺、最需要的熟期品种，确定自己的育种目标。中国目前的冬瓜品种，中、晚熟品种较为丰富，且不乏优良品种；早熟及极早熟品种的选育应该作为重点，争取获得突破性的进展。

（四）抗性育种

1. 果实抗逆性 植物本身对外界的侵害和创伤能够主动形成一种过敏反应，这就是自然界中植物抵抗外来伤害的途径。果实表面受伤以后，多数具有形成创伤周皮、产生瘢痕组织，进行自我修复的能力。但环境条件会影响创伤周皮的发育，抗病品种与易染病的植物也有很大差别。冬瓜品种中，特别是一些传统的农家品种，如湖南粉皮冬瓜等，显然属于易感染病菌的品种，所以容易出现腐烂而影响贮藏及经销。冬瓜经过损伤试验后观察到的创伤周皮的发育，而且深度损伤部分的创伤周皮同样发达，其意义已经超出果皮结构（表皮和皮层）的完整性具有的防腐性能，而是显示出它在受伤后的自我修复特性（李建宗等，2000；李健宗和沈明希，2002）。

2. 抗病性　在冬瓜、节瓜生产上，疫病（病原：*Phytophthora melomis*）和枯萎病（病原：*Fusarium oxysporum* f. sp. *cucumerinum*）等病害仍然是冬瓜生产上一大威胁，是造成产量不高的重要因素。20世纪70年代以来，湖南、广东、上海和四川等在调查收集冬瓜资源基础上进行了抗病品种的鉴定和筛选工作。初步结果认为，在现有品种中都未发现抗病品种；青皮和粉皮两类品种中，青皮类型比粉皮类型品种较为耐病。但是青皮冬瓜品种不耐烈日直接照射，容易产生日灼病，水肥条件要求较高等。

近年来，冬瓜疫病发生频率、严重程度呈上升趋势，从幼苗期到收获整个生育期均可发病。生产实践表明，疫病的发生与冬瓜生长季节的雨情有密切的关系。雨情严重的年份，疫病发生严重；雨季发生早，疫病也发生得早；雨情相对正常则病情较轻。在同样的雨情时，疫病的发生又与植地的排灌和施肥等管理技术有很大关系。

枯萎病是一种侵袭植物维管束的严重病害，每年给生产带来巨大损失。在老菜区，冬瓜枯萎病发病率高达60%，严重影响冬瓜的产品质量和数量。抗枯萎病育种是亟待解决的一大难题，其先决条件是要有高抗或免疫枯萎病的冬瓜种质材料，虽然冬瓜种质资源较多，但类型少，抗枯萎病的种质资源更为稀少，利用栽培品种资源进行常规抗病育种研究，很难有大的突破。其选育手段仍停留在人工接种、田间观察抗枯萎病发病株率调查、鉴定等原始方式上，至今还没有高抗该病的品种选育成功。Gertagh等（1985）最先报道导致冬瓜枯萎病的病原物是一种新的专化型——冬瓜枯萎病菌专化型[*Fusarium oxysporum*（Schl.）f. sp. *benincasae*]。谢双大（1994）等认为导致冬瓜、节瓜发生维管束枯萎病的病菌不同于瓜类枯萎病其他6个专化型，它是尖镰孢冬瓜专化型，选育时应密切注意这种水平抗性。

五、育种途径

冬瓜育种研究的历史较短，本节重点介绍有性杂交育种、优势育种两种途径及选择技术。

（一）选择

1. 单株—混合选择法　选种程序是先进行1次单株选择，在株系谱内先淘汰不良株系，再在选留的株系内淘汰不良植株，然后使选的植株自由授粉，混合采种，以后再进行1代或多代混合选择。这种选择的优点是：先经过1次单株后代的株系比较，可以根据遗传性淘汰不良的株系；以后进行混合选择，不致出现生活力退化，并且从第2代起每代都可以生产大量种子。缺点是选优纯化的效果不及多次单株选择法。

2. 混合—单株选择法　先进行几代混合选择之后，再进行1次单株选择。这种选择法的优缺点与前一种方法大致相似，适合株间有较明显差异的原始群体。

3. 亲本的选择与选配　冬瓜杂交育种中亲本选择与选配的主要原则：

（1）明确目标性状　紧密结合育种目标的要求，并分清育种目标的主次，选择目标性状水平高的品种或种质材料做亲本。例如，欲选育抗枯萎病的冬瓜品种，必须充分肯定至少亲本之一必须具有高抗枯萎病的抗病基因，此种确认可根据亲本品种的系谱资料或通过苗期人工接种鉴定，而不能只凭印象或田间抗病性表现，否则抗病育种就带有很大的盲目性而难有成效。

（2）亲本应具有尽量多的优良性状和最少的不良性状　尤其在主要的育种目标上应尽量选择双亲性状均优或至少在一定水平之上。即亲本的优点不怕重复，而要避免亲本具有严重的缺点。这样组配出的杂交后代的性状才比较理想，水平较高，且分离的幅度小，稳定快。反之，就会对后代的改造、选择、分离增加很多困难，并延长育种的年限。例如，一个亲本的抗病性很强，而另一个亲本却是高感品种，这样便很难育成高抗品种。

（3）亲本的优点应能互相补充 一个亲本所缺少的某个优良性状，应能在另一个亲本中得到补充，这样就可取长补短，使优点集中，缺点减少，得到比双亲更好的杂交后代。

（4）亲本之间应有适当的差异 如果亲本之间的遗传性状差异很小，则失去了杂交的意义。但也不是"差异越大越好"。一般的经验认为亲本的生物学性状（如适应性、抗逆性等）应有一定的差异。育种实践上常选用起源地不同的亲本进行杂交，特别是选用至少一个外地或外国的品种做亲本。采用这种起源地不同的亲本进行杂交，又可称为"地理远缘杂交"，但它不会发生前述种间远缘杂交所存在的不亲和性等，常会收到良好的效果，国内外各种作物的育种经验都证实了这一结论。

（5）对质量性状而言，亲本之一要符合育种目标要求 根据遗传学的规律，从具有隐性性状亲本杂交后代中不可能分离出有显性性状的个体，因此当目标性状为显性时，亲本之一应具有这种显性性状，不必双亲都具有；当目标性状为隐性时，虽双亲都不表现该性状，但只要有一亲本是杂合性的，后代仍有可能分离出所需的隐性性状，但必须事先能肯定至少一个亲本是杂合性的，这并非易事。因此，选配亲本时应该至少有一个亲本要具有该隐性目标性状。例如，在冬瓜果实外表颜色的遗传中，白色蜡粉对无白色蜡粉为显性，欲育成一个粉皮品种在亲本中至少要有一个亲本具有粉皮性状。

（6）用一般配合力高的亲本配组 一般配合力是指某一亲本品种或品系与其他品种杂交的全部组合的平均表现。一般配合力的高低取决于数量遗传的基因累加效应，基因累加效应控制的性状在杂交后代中可出现超亲变异，选择一般配合力高的亲本配组，通过后代选择有可能育成超亲的定型品种。但是一般配合力高低目前还不能根据亲本性状的表现估测，只能根据杂种的表现来判断。因此，需专门设计配合力测验或结合一代杂种选育的配合力测验，分析了解亲本品种或品系一般配合力高低。也可以根据杂交育种记录了解亲本品种，这些品种的一般配合力通常较高。

（二）有性杂交育种

有性杂交育种是把不同亲本材料的性状综合到杂种后代中，经过多代定向选择，选育出基因型纯合的具有亲本优良经济性状的品种的育种途径（即先杂后纯）。通过这一途径选育出了一大批冬瓜优良品种，时至今日仍是重要育种途径之一。

1. 有性杂交方式 在冬瓜的杂交育种中，迄今为止，主要采用了以下3种杂交方式：

（1）单交 大部分常规品种都是采取这种方式选育得到的，如长沙粉皮瓜，是由地方圆筒形粉皮×地方黄绿色大冬瓜，按目标性状经6代定向选择，育成大型长圆筒形粉皮冬瓜。

（2）复交 当成对杂交不能满足要求时，可采用多亲添加杂交。第3个以上亲本可以在上级第1代杂种添加进去（如A×B得到F_1，得到F_1后立即与第3个亲本杂交），也可先对一级杂种经过若干代的自交选择后再与添加亲本杂交。实际育种工作中，后面这种情况更普遍。因为育种者往往是在通过成对杂交，对后代进行多代选择实现不了育种目标后才考虑添加杂交，如岳麓青皮冬瓜就是采用这种方式选育的（图21-2）。

（3）合成杂交 合成杂交与添加杂交一样可以创造较丰富的遗传变异以供选择。合成杂交可以进行一次，也可进行多次。如粉皮扁担冬瓜的选育（图21-3）。

2. 有性杂交授粉技术 开花前一天下午用纸帽、塑料帽套住花蕾或用小保险丝、毛线绑住尚未开放的花瓣，以隔离非目的花粉的污染（对父本）和授粉（对母本）。开花的当天6时至11时将已隔离的雄花摘下，去掉花瓣使花药外露，然后在当日开放的雌花柱头上轻轻涂抹。授粉后需继续隔离1～2 d。

3. 杂交后代的选择 冬瓜属异花授粉作物，连续多代自交后生活力会衰退。为了加快基因型的纯合可采用连续选择法，也可采用单株-混合选择法或混合-单株选择法。冬瓜的性状很多，这里仅就其中重要的目标性状的选择技术作一简要介绍。

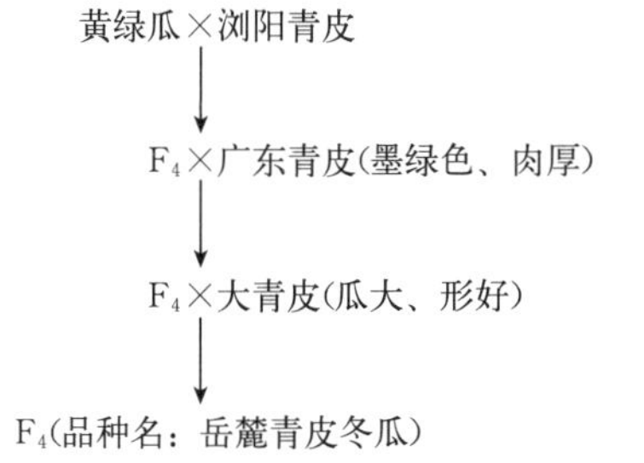

图 21－2　岳麓青皮冬瓜选育过程示意
（长沙市郊区蔬菜研究所选育，1984）

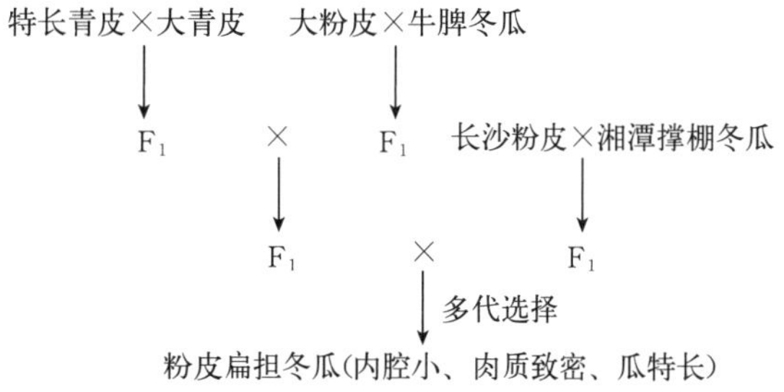

图 21－3　粉皮扁担瓜选育过程示意
（长沙市农业科学研究所选育，1978）

（1）*早熟性*　早熟性一般可根据品种第1雌花节位、第1个冬瓜的坐瓜日期、果实膨大速率和从坐瓜到上市的天数进行选择。

（2）*单瓜重*　当冬瓜充分长大时，在田间计量并与其他同类型品种比较。

（3）*瓜形*　该性状通常在果实完熟时调查瓜长、横径，并计算瓜形指数（瓜长/横径），由此判断冬瓜所属类型，也可在子房和幼瓜期选择冬瓜的形状。

（4）*雌性和结瓜数*　田间调查雌花数、雌花间隔节数，是否纯雌或强雌，以及单株坐瓜数量。雌性在生长前期结合熟性进行选择，结瓜数的调查研究可在中后期进行。

（5）*瓜色*　瓜面被白色蜡粉与否、上粉的程度、其他颜色的深浅（黑皮冬瓜要求越黑越好），必须在冬瓜充分成熟时选择。表面是否光滑、有无棱沟、瓜肉厚度及致密度、瓜瓤和种子类型等都可在成熟时进行选择。

（三）杂种优势利用

杂种优势育种是冬瓜的主要育种方式。冬瓜杂种优势利用，以市场为导向，广泛搜集种质资源，充分利用现有原始材料和中间转育材料，走异花授粉作物杂种优势利用途径，运用现代生物技术，全面提高冬瓜果实在生产、贮运、加工、市场销售方面的经济性状和食用品质。按异花授粉作物“先纯后杂”的优势利用原理，进行多代大群体自交纯合。室内进行部分营养品质的理论分析及食用品尝，重点材料进行亲缘关系鉴定和杂种优势预测，主要亲本进行表皮组织石蜡切片、形态结构解剖（显微摄影）细胞学观察。探讨冬瓜多对性状显隐性关系及遗传变异规律。加强对目标性状的选育与提高，利用双亲性状互补，地理和亲缘差异大，部分数量性状自交衰退值越高，超亲优势反而越强等原理进行配组。严格进行两年一般配合力和特别配合力的田间测定，以实现既定的育种目标。

1. 优势表现　杂种优势育种与一般常规育种相比，之所以越来越为人们所重视，并成为提高产量和改进品质等其他性状的重要育种手段之一，是因为它具有选育程序较短，只要有适当的亲本数目，1次可以选育多个优良组合不断地投放生产，投入省，效益好；冬瓜杂种一代优势较强，品种增产显著，性状一致性高，同时可以通过控制亲本而使育种者和制种者的合法权益得到保障。常规品种种子可以由生产者自己留种，种子部门也可自己生产，而杂交品种的亲本是由育种者直接控制的，不易流失。

2. 优良自交系的选育　冬瓜是异花授粉作物，基因型通常是杂合的，因此首先应该选育自交系。冬瓜的自交衰退不是很严重，因此给自交系的选育带来了方便。作为优势育种的自交系的选育过程、方法及要求与一般自交系的选育有相同之处，也有它的特殊性。特殊性体现在选育出的自交系不仅要求本身的经济性状优良，而且要求用它作亲本配制的 F_1 代也表现出优良特性，也就是要求它的配合力高。中国近年来育成的冬瓜杂交种如兴蔬黑冠、黑优1号、粉杂1号等，其父、母本均具有较高的配合力。因此，应该扩大冬瓜种质资源的收集研究范围，利用现代育种技术把它改造成优良的自交系。下面介绍两种方法。

（1）多代自交分离法 这是最普通的选育自交系的方法。这种方法仅仅是针对自交系本身进行选择的，至于它的配合力是否得到了提高并不知道，方法是从大量的种质资源中逐代选择优良单株进行隔离自交，即采用多次单株选择法进行自交分离选择，直至性状不再分离。一般经过5代左右即可育成稳定的自交系。

（2）轮回选择法 它的特点是在选育过程中除自交外还要进行测交和杂交使群体缓慢地逐渐纯化，打破有利基因与不利基因的连锁关系，提高有利基因出现的频率，不仅可使自身的经济性状得到改良，而且往往可使它的一般配合力或特殊配合力提高。轮回选择的方法有很多种。冬瓜的轮回选择用半姊妹轮回选择法即可收到很好的效果。

（3）亲本自交系及杂交组合的配合力测验 自交系本身经济性状优良与否虽然会影响杂种一代的表现，但目前尚不能准确预测。因为 F_1 代的表现与亲本的配合力关系更为密切，因此有必要对自交系进行配合力测定，以便采取相应的育种方法。一般配合力主要是由亲本的基因加性效应决定的，特殊配合力则受基因的显性效应和非等位基因互作效应控制。杂种优势主要是由显性效应和非等位基因互作效应造成的。在测定一般配合力之后，选出高配合力的自交系不超过10个进行特殊配合力的测定。常采用轮配法，即将这些自交系彼此一一相交。根据测交种的产量比较试验结果，即可估计出各特殊配合力的高低。只有当亲本的一般配合力和某一组合的特殊配合力均高时，采用优势育种才有最佳效果。有关配合力的测定方法很多，同样适合冬瓜自交系配合力的测定，在这里不再作介绍。自交系间的配组方式有单交、双交、三交等，实际育种中采用单交方式较多。

（4）品种比较、生产和区域试验

① 品种比较试验。根据育种目标各自交系所配杂交组合，在品种比较试验圃中，进行全面比较鉴定，同时了解它们的发育习性，最后选出在产量、品质、熟性，以及其他经济性状等方面都比对照品种更优良的一个或几个新品种。品种比较试验圃必须按照正规田间试验法进行，设对照，有3次以上的重复，应控制环境误差。该圃设置2～3年。

② 生产和区域试验。大田生产上栽植从品种比较试验圃入选的优良组合，直接接受生产者和消费者对新选组合的评判，选择出适于当地生产消费的新品种。生产试验宜安排在当地或外地冬瓜主产区，一般面积不少于667 m^2。区域试验是要根据冬瓜的分布、品种类型的特征特性，由当地农业主管部门（省农业厅、地区农业局）主持，在所属区域范围内，设置几个（一般至少5个以上）有代表性的试验点，以确定待审品种适宜推广的区域范围。区域试验按正规田间试验方法进行，一般重复3次以上。各区域试验点的田间设计、观测数目、技术标准力求一致。区域试验期间，主持单位应组织专家在适当时期进行实地考察，区域试验结果必须汇总统计分析。生产试验和区域试验可同时进行，安排2～3年。

沈明希（1979）向全国搜集冬瓜种质资源，走异花授粉作物杂种优势利用的“先纯后杂”技术路线，率先开展杂交冬瓜商业育种。育种材料自交提纯7代以上，再通过一般配合力和特殊配合力田间测定，根据不同时间的育种目标，着重对冬瓜熟性、田间抗逆性和果实质地、果色、长度、果形指数、质量容积比、可溶性固形物含量、酸味等商品经济性状进行选育与提高，育成了青杂1号、粉杂1号杂交冬瓜品种（图21-4）。

（四）生物技术育种

冬瓜的组织与器官培养包括分生组织、输导组织、薄壁组织等离体组织，根、茎、叶、花、果实等各种器官，合子胚、珠心胚、子房、胚乳及成熟的、未成熟的胚胎等的离体培养。

1. 花药与花粉培养 花药中的花粉染色体数与胚囊中卵细胞一样，是母体植株细胞染色体数目的一半。通过离体培养具单倍染色体的花药或卵细胞诱导其产生植株就可获得单倍体。单倍体

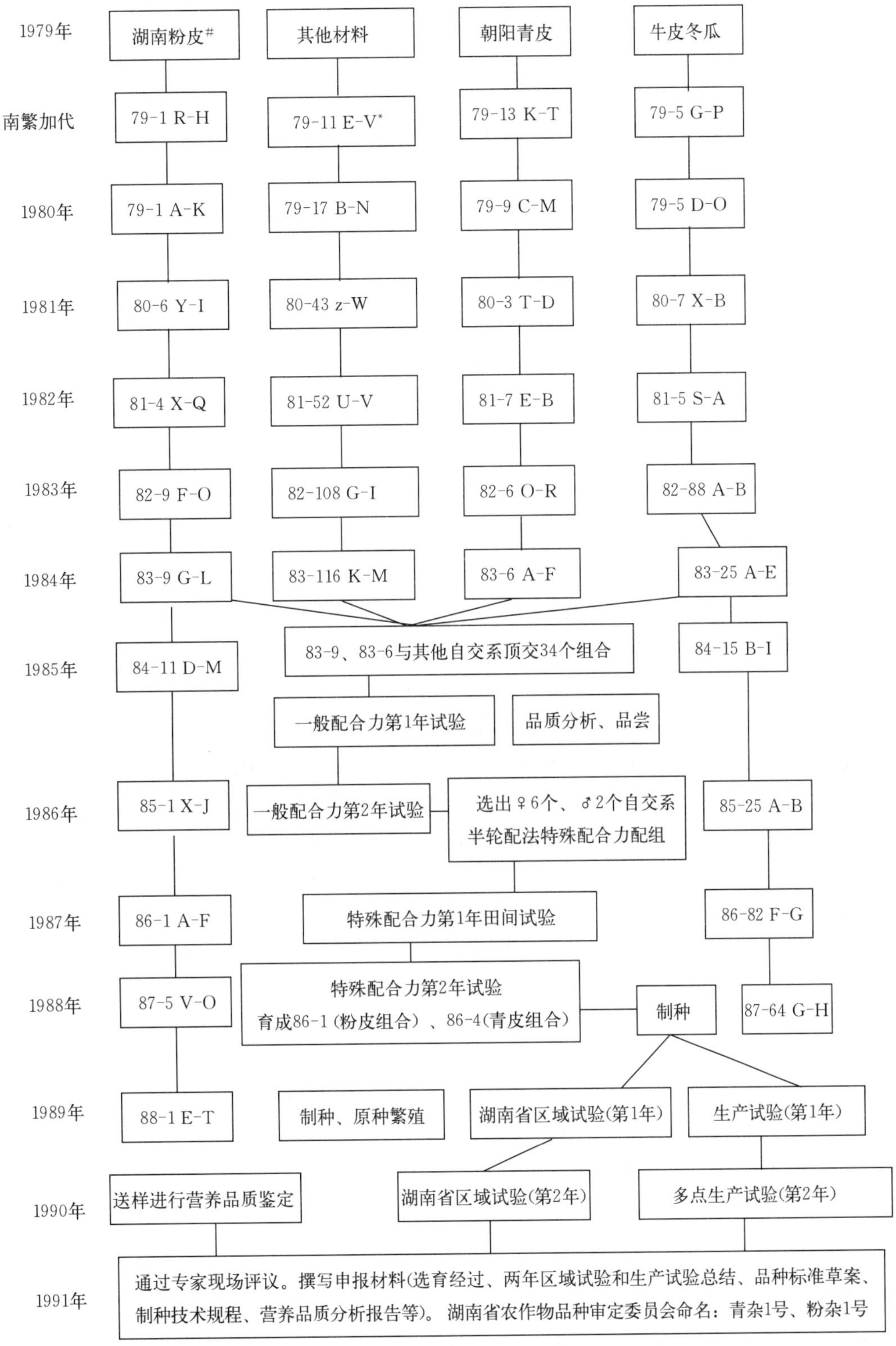

图 21-4　青（粉）杂 1 号冬瓜的选育过程

（图例说明：#材料自交纯合、选择；*79 表示 1979 年，11 表示当年不同材料序号，E-V 表示不同株系）

在冬瓜育种中有特殊的地位。一是当单倍体染色体加倍后可迅速而简便地获得纯系，缩短育种世代；二是单倍体植株只具有一套染色体组，一旦发生基因突变，就可表现，有利于隐性突变体的筛选；三是单倍体植株是进行基因分析和导入外源基因的理想材料，如以冬瓜花粉原生质体作为转基因受体，诱导成株后易于使目的基因在个体水平上表达，又不会有嵌合体的干扰；同时，花粉培养还是研究冬瓜各种性状遗传的良好手段。由于取材方便，花药与花粉培养在冬瓜育种中有着良好的应用前景。

花药（或未受精胚珠）大孢子培养、组织培养技术进行优质单株的快速稳定与繁殖，近几年均获得了相当大的成功，不少优异的纯合材料正在新品种的选育中发挥作用，有的获得了大规模生产应用。汉中师范学院资源生物系和广东省农业科学院蔬菜研究所利用冬瓜、节瓜的组织培养得到实生苗，为优质资源保存、繁殖提供了有效途径。

2. 原生质体培养和体细胞杂交 冬瓜、节瓜与国内外领先的甜瓜等瓜类的原生质体培养和融合研究相比，进展较慢。原生质体是被去掉细胞壁的具有生活力的裸细胞。要进行原生质体培养和体细胞杂交首先要获得大量有活力的原生质体。培养原生质体的基本营养同一般组织培养。但对某些组分，如钙和碳源的水平要求更为严格。体细胞杂交是以体细胞原生质体为亲本进行融合的一种细胞工程技术。影响原生质体离体培养和体细胞杂交的因素很多，涉及基因型的选择，原生质体来源的选择，培养基及培养方法、培养条件的选择，融合方法和条件的选择等，实际操作中要认真考虑每一个环节。

3. 分子标记辅助育种 分子标记技术是以生物种类和个体间DNA序列的差异为前提，其方法在近10年发展非常迅速，目前已不下数十种，不同的方法有其不同的特点。常用的方法有限制性片段长度多态性（RFLP）、随机扩增多态DNA（RAPD）、特异性扩增子多态性（SAP）、微卫星DNA、扩增片段长度多态性（AFLP）、单核苷酸多态性（SNP）等。

分子标记可广泛应用于冬瓜育种研究，它可以在以下几个方面发挥作用：构建遗传图谱；分析亲缘关系；定位农艺性状；分子标记辅助选择；种质资源及杂种后代的鉴定：在种质资源研究中，应用分子标记可有效地鉴别栽培品种，消除同物异名、同名异物的现象，确定保护种质资源遗传完整性的最小繁种群体和最小保护量，进行核心种质筛选和种质资源的分类等，对品种纯度和杂种后代的鉴定具有重要的应用价值，杂种鉴定不仅是保持杂种一代品种遗传纯度的需要，也是缩短育种周期的有效措施。

Pandey等（2008）利用RAPD标记对34份冬瓜资源进行遗传多样性分析。将供试材料分为6大类群9个亚类。近年来，在利用分子生物技术对种质资源研究方面，已开展了RAPD标记鉴定蔬菜种子纯度，用母本有、父本无、F_1代有的DNA谱带和母本无、父本有、F_1代有的DNA谱带作为特异谱带，对番茄、辣椒杂种一代种子纯度进行的鉴定检测结果与田间鉴定结果一致。陈新华等（2003）利用改良CTAB法快速提取节瓜全雌株系与全雄株系杂交分离后代全雌和全雄DNA，采用BSA法对节瓜性型基因进行标记，并对RAPD反应体系进行优化，获得节瓜性型基因分子标记OPQ-451150。有研究探索了源于黄瓜、西瓜和甜瓜的基因组SSR引物在冬瓜上的应用，但结果发现这些作物的SSR引物在冬瓜上的适用性很低。Jiang Biao等（2013）针对冬瓜转录组进行测序，获得4亿多条读数，超过4GB的数据用于分析，并开发了200对SSR引物，其中170对可以成功扩增。

六、良种繁育

（一）常规品种的繁育方式与技术

1. 隔离 冬瓜是异花授粉作物，繁育良种需要隔离。大面积制种时需要地区隔离，隔离的远近又视地形地势而定。地区隔离越远，自然杂交率越低。建筑物、山林、村庄等亦可起一定的隔离作用。常规品种的繁育隔离距离要求在500 m以上，在隔离区内，清除农户菜地所种植的冬瓜及节瓜种苗，以保证种子纯度。

2. 提纯复壮 提纯复壮是以原品种群体作为出发点，严格以原品种所有特征特性作为标准进行选择，去除少数表现不同者，最后得到性状高度一致的原品种，主要采用单株选择法和混合选择法。

单株选择法：在各个重要性状表现时选单株，然后进行株系比较，通过对其生活力、经济性状等进行认真比较后淘汰不良株系，选择具有原品种典型性状的优良株系进行留种，将中选的优良株系除杂去劣后混合留种。

混合选择法：此方法是将群体中的优良单株选出后一同采种，适用于冬瓜混杂不太严重的情况。

复壮：冬瓜品种的复壮，是指提高劣变冬瓜品种的生活力、抗逆性及品种纯度，定期用优质种子更换劣质种子。复壮的方法有：品种姊妹交；异地繁种或到原产地换种；人工或昆虫辅助授粉。

3. 自交系繁育与一代杂种制种技术

（1）自交系的繁殖　冬瓜雌、雄同株异花，父、母本自交系繁殖，低世代可采用自花授粉，最好是同株雌、雄花授粉，以便在冬瓜成熟期进行单株选择和除杂，单株选择与常规品种的方法相同。为了防止因多世代连续同株雌、雄花自交授粉条件下单株选择所引起的自交衰退和生活力下降，从而降低丰产性和产品品质，稳定的自交系可进行自交系内姊妹间授粉和隔离自然繁殖，隔离距离最好1 km以上。在植株生长结瓜期，选择发育健壮、节间长短适度、分枝少、无病、雌花多、坐瓜好，且节位适宜的植株作为种株。在果实发育和成熟期，选择发育快，果形正，果色、果形均具该品种特征，果肉厚，品质优的果实做种瓜。

自交系分为原原种和原种，原原种是指某品种育成和最初引进时获得的种子，纯度达到99.8%以上。原原种的生产要控制在一定的世代之间，尽量减少繁殖世代，一次繁殖多年（5年以上）贮藏保存及使用。原种是由原原种繁殖而来，有时根据需要，原种可以扩繁成原种一代、原种二代，原种质量仅次于原原种，其纯度要求达到99%以上。

（2）制种技术要点　在播种前对种子进行精选，严格淘汰瘪籽、带病籽和虫蛀籽，取饱满、粒大、具品种特征的种子，苗期淘汰弱苗、黄化苗和子叶不正苗。播种时，父、母本分开播，严防混杂。父、母本的定植比例小瓜型早熟品种约为1∶10，中晚熟大瓜型品种可按1∶15定植。为使父、母本花期相遇及提供足够的父本花粉，一般先播父本种子，后播母本种子，提前的天数视品种熟性而定，父、母本熟性相近的、父本可提前7～10 d播种。

生产冬瓜一代杂种的具体做法是，在开花前1 d下午将母本雌花和父本雄花进行人工隔离。隔离时，对于支架栽培的冬瓜可采用套袋和绑花；而对于爬地栽培的冬瓜则以套袋为好，以防蚂蚁等咬破花冠产生假杂种。开花当日6时至8时将隔离的雄花摘下，剥去花瓣，将花药直接在雌花柱头上轻轻摩擦，授粉后的雌花仍用金属丝或纸袋夹花或套袋保持隔离，并在花柄上挂牌或扎线标记。大型瓜每株通常留1～2个种瓜，小型瓜每株留2～4个种瓜。母本雄花在未开放前最好全部摘除，父本在杂交授粉结束前不要坐瓜。

选土质较好、排灌水方便的非瓜类连作地种植。加强种瓜生长发育期的管理，注意清沟排水和植株调整等田间管理。要多追施磷、钾肥。注意及时喷药防治病虫害，以提高种子的数量和质量。

冬瓜果实自开花授粉到生理成熟，早熟品种需要40～50 d，晚熟品种需要60 d以上。种瓜在采收前10 d左右停止浇水和施肥，以减少瓜肉内组织的含水量，提高耐贮运能力。种瓜虽然在田间已充分成熟，采摘后还应贮放15 d以上，在这段后熟过程中，瓜内的有机养分继续向种子转移，使种子更充实、饱满，以增强种子活力，提高发芽率。采收种瓜，不宜在雨后，也不宜在烈日下，一般在晴天上午采收为宜。在采摘、贮运操作过程中，要轻拿轻放，避免内外受压造成损伤。单个冬瓜果实内种子数一般为500～1 300粒，千粒重45 g左右。

种瓜经过充分后熟后，便可纵向切开，用手掏去内部的种子和瓜瓤，放到干净无油污的瓦缸等非铁质容器中，发酵4 d左右，待瓜瓤腐烂后，于晴天用清水冲洗，去掉附在种子表面的污物，浮出瘪籽和瓜瓤。冲洗净后沥干水分，及时晒种，以免发霉腐烂。晒种过程中要经常翻动，晒到七八成干即可置于通风处阴干，因为过度暴晒会使种皮龟裂。在剖瓜、洗种、晒种过程中，防止种子机械混杂，保证种子的净度、色彩和纯度。已经晒干的种子要及时装袋，密封保存，同时要写清品种名称、采收日期、数量等，贮放在低温、干燥的环境中，不能与其他种子混杂，严防鼠咬虫蛀。

冬瓜生产上常存在种子发芽率低、发芽不整齐和发芽缓慢等问题，需要查明这方面的原因，探讨提高发芽率的措施。谢大森等（2002）报道，冬瓜种子发芽率低和发芽缓慢是由于种子未充分成熟。坐瓜早的果实，延迟收获期和取种期，使种子充分后熟就可以改善种子的发芽状况，并指出用2%硝酸钾溶液浸种，可加速种子的后熟作用。此外，浸种前低温处理有利于提高冬瓜的发芽率；有棱冬瓜种子采用33.3 mg/L GA+33.3 mg/L 6-BA+0.7%KNO_3 处理，发芽率可提高50%以上；浸种时间的长短会影响冬瓜种子的发芽率，以浸种时间8 h左右的发芽率最高。

（二）种子贮藏与加工

1. 种子检测 种子检测分为种子外在品质的检测和种子内在品质的检测。种子外在品质的检测包括净度、发芽率、发芽势、水分含量、生活力的生化测定、重量测定、种子健康测定。种子内在品质的检测包括种子的真实性和品种纯度。冬瓜种子检测一般进行净度、发芽率、发芽势、水分含量和冬瓜种子纯度鉴定。

（1）净度分析 净度分析是测定供检样品不同成分的重量百分率和样品混合物特性，并据此推测种子批的组成。分析时将试验样品分成3种成分：净种子、其他植物种子和杂质，并测定各成分的重量百分率。样品中的所有植物种子和各种杂质，尽可能加以鉴定。为便于操作，将其他植物种子的数目测定也归于净度分析中，它主要是用于测定种子批中是否含有有毒或有害种子，用供检样品中的其他植物种子数目来表示，如需鉴定，可按植物分类鉴定到属。具体分析应符合GB/T 3543.2—1995的规定（表21-1）。

表21-1 冬瓜（节瓜）种子批的最大重量和样品最小重量

（引自GB/T 3543.2—1995）

种（变种）名	学 名	种子批的最大重量（kg）	样品最小重量（g）	
			送验样品	净度分析试样
冬瓜	*Benincasa hispida*（Thunb.）Cogn.	10 000	200	100
节瓜	*Benincasa hispida* Cogn. var. *chiehqua* How.	10 000	200	100

（2）发芽试验 发芽试验是测定种子批的最大发芽潜力，据此可比较不同种子批的质量，也可估测田间播种价值。发芽试验需用经净度分析后的净种子，在适宜水分和规定的发芽技术条件下进行试验，到幼苗适宜评价阶段后，按结果报告要求检查每个重复，并计数不同类型的幼苗。如需经过预处理的，应在报告上注明。

准备好培养皿、恒温培养箱、纸巾或纱布，设3次重复，每重复冬瓜种子100粒。试验前冬瓜种子充分吸水，沥干后置于培养皿内，保持湿润。培养箱温度30℃，分别在第4 d和第10 d调查发芽种子数。具体试验方法应符合GB/T 3543.4的规定（表21-2）。

表21-2 冬瓜（节瓜）种子的发芽技术规定

（引自GB/T 3543.4—1995）

种（变种）名	学 名	发芽床	温度（℃）	初次计数天数（d）	末次计数天数（d）
冬瓜	*Benincasa hispida*（Thunb.）Cogn.	TP；BP	20～30；30	4	10
节瓜	*Benincasa hispida* Cogn. var. *chiehqua* How.	TP；BP	20～30；30	4	10

注：TP——纸上；BP——纸间。

（3）*发芽势测定*　发芽势指测试种子的发芽速度和整齐度，其表达方式是计算种子从发芽开始到发芽高峰时段内发芽种子数占测试种子总数的百分比。其数值越大，发芽势越强。它也是检测种子质量的重要指标之一。培养箱温度 30 ℃，在第 4 d 和第 7 d 调查发芽种子数。

（4）*水分测定*　测定送验样品的种子水分，为种子安全贮藏、运输等提供依据。种子水分测定必须使种子水分中自由水和束缚水全部除去，同时要尽最大可能减少氧化、分解或其他挥发性物质的损失。用手持水分测定仪测定。具体方法应符合 GB/T 3543.6—1995 的规定。

2. 真实性和品种纯度鉴定　测定送验样品的种子真实性和品种纯度，可用种子、幼苗或植株。通常把种子与标准样品的种子进行比较，或将幼苗和植株与同期邻近种植在同一环境条件下的同一发育阶段的标准样品的幼苗和植株进行比较。当品种的鉴定性状比较一致时（如自花授粉作物），则对异作物、异品种的种子、幼苗或植株进行计数；当品种的鉴定性状一致性较差时（如异花授粉作物），则对明显的变异株进行计数，并做出总体评价。

（1）*形态鉴定法*　主要利用种子形态特征上的差异进行直观鉴定。随机从送验样品中数取 400 粒种子，鉴定时需设重复，每个重复不超过 100 粒种子。

（2）*幼苗鉴定法*　主要利用幼苗植株在生长过程中表现出的特征特性及在特殊的逆境条件下，测定不同品种对逆境的不同反应来鉴别品种纯度。随机从送验样品中数取 400 粒种子，鉴定时需设重复，每重复为 100 粒种子。2 次重复。

（3）*田间小区种植鉴定*　田间小区种植是鉴定品种真实性和测定品种纯度的最为可靠、准确的方法。

由冬瓜种子生产专业技术人员或育种者根据常规品种和杂交品种的特征特性，进行田间鉴定。具体方法应符合 GB/T 3543.5 的规定（表 21－3）。

表 21－3　冬瓜种子质量指标

（引自 GB/T 3543.3～3543.6—1995）

级　别	纯度不低于（%）	净度不低于（%）	发芽率不低于（%）	水分含量不高于（%）
原种	98.0	99.0	70	9.0
良种	96.0		60	

此外，还可以采用生理生化方法和分子标记技术进行种子纯度鉴定。朱传炳等（1998）发现冬瓜杂种一代粉杂 1 号与其双亲的过氧化物酶同工酶差异显著，可以作为鉴别冬瓜假杂种的生化指标。卢文佳等（2010）对黑皮冬瓜黑老粗 F_1 代及其亲本用 140 个 RAPD 引物分别进行扩增，筛选获得 1 个在父、母本间产生稳定且为双亲互补型片段的引物 SPS－C15，对一批商品种子进行纯度鉴定，结果为 90.7%，与田间形态鉴定纯度 89.8%基本吻合。

3. 种子加工和贮藏　生产的商品种子，可用精选机、风车、筛子和手工清检等方法进行精选，去除杂质、空瘪籽、色彩不正常和虫鼠害的种子。种子贮藏要保障低温和干燥两个重要条件，短期存放可在常温下，用干燥剂（硅胶等）保持干燥密封保存，每隔一定时间更换干燥剂，而且要注意防虫、防鼠。如需长时间存放可置于冷藏室内（冷库）。

（周火强　沈明希）

第二节　苦　　瓜

苦瓜（*Momordica charantia* L.）是葫芦科（Cucurbitaceae）苦瓜属中的栽培种，一年生攀缘性草本植物。别名：凉瓜；古称：锦荔枝、癞葡萄，染色体数 $2n=2x=22$。苦瓜由于果实含有一种苦瓜苷，具有特殊的苦味而得名。苦瓜原产于亚洲热带地区，广泛分布于热带、亚热带和温带地区。印度、日本及东南亚栽培历史悠久。明代朱橚撰《救荒本草》（1406）中已有关于苦瓜的记载；徐光启撰《农政全书》（1639）提到南方人甚食苦瓜。说明当时在中国南方已普遍栽培。苦瓜以嫩果供食，可炒食、生食、干制、腌渍，嫩梢、嫩叶和花也可食用。成熟嫩果中每 100 g 含水约 94 g、蛋白质 1.0 g、碳水化合物 3.5 g、维生素 C 56 mg、苦瓜苷约 57 mg。苦瓜栽培现分布于全国，以广东、广西、海南、福建、台湾、湖南、四川等省份栽培较为普遍。

一、育种概况

（一）育种简史

20 世纪 50 年代以前，苦瓜以种植地方常规品种为主，农民自收自种。50 年代以来，国内曾两次对各地蔬菜种质资源进行大规模的考察和搜集工作，并陆续出版了地方品种志，介绍了各地苦瓜品种的特征特性。至 1997 年，中国入库保存的苦瓜种质资源有 177 份，主要来源于广东、广西、福建、湖南、江西、四川、贵州等省份。80 年代后，南方各省、市农业科研机构在品种资源调查的基础上先后进行了苦瓜品种资源的研究，并开展苦瓜的商业育种。进入 90 年代后，南方各省份蔬菜科研机构相继成立了苦瓜育种课题组，开展苦瓜品种资源、主要性状的遗传规律、杂种优势利用、新技术育种等方面的研究，并相继育成和推广了一批不同果形、不同果色、不同瘤状、不同熟性的苦瓜新品种。

苦瓜在中国台湾及印度、日本等国家和地区种植较为普遍，主要以当地农家品种为主。欧美国家主要作观赏种植。中国台湾地区较早开展苦瓜资源研究和新品种选育，以台湾农友种苗为代表的种业公司，在 20 世纪 90 年代和近 10 年先后育成碧玉、碧秀、秀丽等代表性品种，并在海峡两岸大面积推广种植。

（二）育种现状与发展趋势

1. 育种现状 从 20 世纪 80 年代开始，南方各省、市蔬菜科研机构陆续开展苦瓜育种研究，主要开展苦瓜品种资源搜集、主要性状的遗传规律、杂种优势利用、新技术育种等方面的研究，并相继育成和推广了一批不同果形、不同果色、不同瘤状、不同熟性的苦瓜新品种。湖南省农业科学院蔬菜研究所在 90 年代及 21 世纪前 10 年先后育成了湘苦瓜 1 号至湘苦瓜 4 号、春华、春玉、春蕾、春丽等兴蔬系列苦瓜新品种。2010 年和 2011 年分别对掌握的部分苦瓜育种材料进行了多肽含量的测定，并开展高多肽含量和加工型品种的选育，2013 年育成多肽 1 号、多肽 2 号、多肽 3 号 3 个富含苦瓜多肽的新品种。广东省农业科学院先后育成碧秀系列、翠绿系列等苦瓜新品种。福建省农业科学院先后选育如玉系列苦瓜品种、闽研 1 号、闽研 2 号等品种。广西农业科学院蔬菜研究所先后育成大肉 1 号、大肉 2 号、大肉 3 号及桂农科 1 号和桂农科 2 号苦瓜新品种。江西省农业科学院蔬菜研究所先后育成赣优 1 号、赣优 2 号、赣优 3 号等雌性系苦瓜杂交一代新品种。四川省农业科学院园艺研究所育成秋月、翠玉、绿箭、绿冠等品种。中国热带农业科学院热带作物品种资源研究所育成热研 1 号、热研 2 号、热研 3 号油绿苦瓜。海南省农业科学院蔬菜研究所育成琼 2 号油绿苦瓜。这些苦瓜新品种的选育和推广，对提升苦瓜的产业化水平和进一步发展苦瓜产业起到了积极作用。

在育种基础理论研究方面，周微波等（1989）最早对苦瓜杂种优势进行研究，发现通过杂交组合选配，可以育成早熟、丰产、抗病的苦瓜一代杂种。苦瓜经过多代自交纯化，其后代的主要经济性状并不表现明显衰退，自交系一般经 5～6 代单株或集团选择，基因型纯合程度都较高，能保证亲本的纯度以确保杂交种的质量。粟建文等（1992）研究表明，人工辅助授粉可提高种子产量和促进果实膨大。Dey 等（2008）利用雌性系与不同品种的苦瓜进行杂交，发现 F_1 代在初收期、单果重、果长、果径、产量等方面具有显著的杂种优势。在遗传规律研究方面，胡开林等（2001、2002）研究表明，苦瓜的第1雌花节位、单株结果数、单果质量、果长、果径和果肉厚这6个性状均符合加性-显性遗传模型，以加性效应为主，除果肉厚外，其他5个性状均无超显性现象。对果实颜色遗传研究表明，果实颜色的遗传属于质量性状，受1对核基因控制，绿色对白色表现为显性。刘政国等（2006）对苦瓜叶长、茎粗、节间长3个植物学性状的遗传分析表明，叶长不符合加性-显性遗传模型，其加性效应比显性效应重要，茎粗和节间长符合加性-显性遗传模型。

在资源研究方面，薛大煜等（1992）对湖南省35份苦瓜地方品种的14个主要性状进行了相关分析，认为苦瓜熟性与第1雌花节位及果实发育相关，第1雌花节位低，果实发育快，熟性则早；单株产量与果长、单果重及单株早期产量呈极显著正相关，而与单株果数相关性不显著。向长萍等（2001）对23份苦瓜品种（系）的24个农艺性状进行了调查研究，对其中16个差异显著的性状进行主成分分析，得出前3个主要成分分别是早熟因子、产量因子和生长势因子。张长远等（2005）采用RAPD分子标记技术研究了45份苦瓜资源的亲缘关系并进行了聚类分析，将45个栽培品种分成滑身苦瓜和麻点苦瓜两大类，并建立了品种的遗传性状图。温庆放等（2005）对不同来源的24份苦瓜材料运用RAPD技术分析其遗传多样性，并将供试材料聚成三大类群。周坤华等（2013）用SRAP标记对48份苦瓜材料进行聚类分析，结果显示苦瓜种质资源遗传基础丰富，研究将48份苦瓜资源材料分成4个类群，其中2份野生材料被分别单独聚为1类，1份栽培材料被单独聚为第Ⅰ类群，其余45份栽培材料均被聚在第Ⅱ类群，表明绝大部分栽培材料的亲缘关系是较近的，在该类群中白苦瓜类型之间的遗传距离较大，反映出该类型可能起源多样化，其遗传基础也相对丰富。张少平等（2013）、陈龙正等（2013）分别成功采用RAPD和ISSR分子标记对苦瓜杂交种纯度进行了检测，为快速鉴定苦瓜杂交种纯度提供了参考。Gaikwad等（2008）用AFLP方法对印度的38份商业品种和地方品种进行了遗传多样性分析，开展了分子标记技术在苦瓜育种中的应用。Kaur等（2011）研究认为苦瓜不同品种抗根结线虫差异很大，16个品种中有4个高抗根结线虫，6个品种中抗根结线虫。

在营养品质研究方面，刘国政等（2005）研究表明可通过降低果实的苦味和有机酸含量来提高风味品质，可通过对水分和果实两性状的直接选择来实现对维生素C的间接选择；胡新军等（2011）对14个不同品种苦瓜果实和种仁中降糖多肽-P粗提物含量进行了测定。结果表明：不同品种苦瓜果实、种仁中降糖多肽-P粗提物含量不同，其中果实粗提物含量平均值为0.541 mg/g（以鲜重计），且最高值为最低值的7倍；不同品种苦瓜种仁中平均值为40.42 mg/g（以鲜重计），且最高值为最低值的15倍。杜小凤等（2014）通过研究22个苦瓜品种采收期维生素C含量、可滴定酸含量、纤维素含量、多糖含量、黄酮含量和皂苷含量，认为苦瓜采收期以授粉后16～17 d品质最佳。

2. 发展趋势

（1）*利用各种手段创新苦瓜种质资源*　在搜集、鉴定、分析现有苦瓜种质资源的基础上，通过有性杂交、远缘杂交、化学诱变、物理诱变、逆境处理、细胞工程、基因工程等种种手段，创新苦瓜种质资源。同时加强与苦瓜发源地国家和苦瓜栽培国家之间的联系，共享苦瓜种质资源，拓宽苦瓜基因来源。

（2）*积极开展苦瓜育种的基础研究*　对苦瓜的生理生化、遗传特性、优势表现、基因组功能单位与排列等进行深入研究，为苦瓜育种提供理论依据。重点加强苦瓜主要性状遗传规律的研究，如主要性状的表现、杂种二代及以上性状的分离比例、主要性状的遗传力，建立苦瓜指纹图谱数据库、高效组织培养再生体系和苦瓜遗传转化体系。

（3）*深入调查市场*　培育不同果形、不同果色、不同瘤状、不同熟性、不同苦味、不同用途、多抗性的一系列苦瓜新品种，以满足不同市场的需求。

（4）*重视加工型苦瓜品种的选育*　苦瓜的营养及药用价值都很高，对掌握的育种材料进行生化分析，培育营养和药用价值高的新品种，为苦瓜生物制药提供原料，开创新的绿色产业。

二、种质资源与品种类型

（一）种质资源研究与利用

1. 搜集与保存 苦瓜在中国历经几百年的驯化栽培后，已具有较为丰富的品种和类型。中国自20世纪50年代中期开始，至今已经组织了多次蔬菜种质资源考察，其中包括对苦瓜资源的考察、搜集和整理。至2006年，已搜集202份苦瓜种质资源，分别保存在国家农作物种质资源长期库和蔬菜种质资源中期库中。

1979—1980年，在对云南省13个州、县的蔬菜种质资源考察中，刘红、戚春章等发现了2份较为特殊的苦瓜种质资源，一份为云南省南部的地方品种云南小苦瓜（*Momordica balsamina* L.），主要分布在德宏腾冲、瑞丽等县的山区，在当地零星栽培；另一份为野苦瓜，主要分布在云南省南部与老挝、缅甸接壤的西双版纳到西部的腾冲等地，其果实质地脆嫩，味甜，有苦瓜特有的苦味。

此外，许多优良地方品种也被搜集，“六五”和“七五”期间湖南省共搜集了35份地方苦瓜品种，包括株洲长白苦瓜、蓝山大白苦瓜、海参苦瓜和宁远苦瓜4个优良地方品种（薛大煜和黄炎武，1994）。各地优良地方品种像扬子洲苦瓜、雅安大白苦瓜、大顶苦瓜、滑身苦瓜、长身苦瓜、独山白苦瓜等也被广泛搜集、栽培和推广。

苦瓜种子的保存，分为短期库（5年左右）、中期库（10～20年）、长期库（50～100年），一般育种单位应建立短期库或中期库，苦瓜种子含水量7.5%～8.5%时，在室温8～10℃的情况下可保存3～5年，常规条件下只能保存1～3年。

2. 种质资源的鉴定 根据育种目标，苦瓜种质资源鉴定分室内鉴定和田间鉴定，数据按生物统计学方法计算。

（1）室内鉴定　主要鉴定种子的颜色、形状、千粒重（含水量8%）和种子蛋白质含量，以及茎、叶、根、果实的蛋白质含量和其他需要进行的生化分析。

（2）田间鉴定　主要鉴定种质资源的主要特征特性，如第1雌花节位、节成性、果形、果色、果瘤、单果重、果实纵径、果实横径、果肉厚、单果种子数、叶面积、节间长、茎粗、分枝性、抗病性等。

（3）种质资源的评价　种质资源鉴定的目的是为了利用，因此需对种质资源的鉴定结果做出评价，一方面根据国际植物遗传资源研究所（IPGRI）编制的描述和资源评价体系的框架，对种质资源进行规范化、简便化、数量化及分级编码等的综合评价；另一方面根据育种者的育种目标对鉴定结果分类进行评价，比如对第1雌花节位按低到高进行排序，种子蛋白质含量按高低进行排序等，每一项重要性状都可进行一次排序，便于育种时筛选材料。

3. 种质资源的利用

（1）直接利用　对综合性状表现优异的地方品种经提纯复壮后可以直接用于生产。如湖南蓝山大白、株洲长白苦瓜、海参苦瓜，江西扬子洲苦瓜、吉安长苦瓜，四川成都大白苦瓜、汉中长苦瓜，重庆草白苦瓜，云南玉溪苦瓜，贵州独山苦瓜，广东滑身苦瓜、江门大顶苦瓜，福建永安大顶苦瓜等，均是我国优良的地方品种，可直接用于生产。

（2）间接利用　由于地理环境、气候条件等生态因子的差异，大部分品种在当地种植表现不理想，但又具备某一或某些优势，可通过有性杂交进行后代分离或采用现代创新资源的一切手段，获得转移优良性状，进行间接利用。如汕头市白沙蔬菜原种研究所2001年选育的具有早熟、丰产、雌花率高、抗逆性强的早丰3号苦瓜，就是利用夏丰苦瓜进行7代连续自交，经系谱选择后获得强雌系90-01A为母本配制而成的。

（3）潜在利用　对于暂时不能直接利用或间接利用的种质资源，不可忽视。随着育种技术的发展和市场需求的变化，以后有可能发掘这些具备潜在作用的资源，在利用价值上不可低估。特别是野生苦瓜资源具有生长旺盛，抗病性强的特点，但是坐果性和果实的商品性较差，可通过转育的手段育成长势强、抗性好、商品果经济性状好的苦瓜自交系，并进行配组利用。2011 年湖南省农业科学院蔬菜研究所测定了 14 种不同品种的苦瓜果实和种仁中的降糖多肽-P 粗提物的含量，从中筛选出含量最高的品种 G189-4，其含量高达 1.132 mg/g（以鲜重计），与自有的优良自交系 G102 进行杂交配组，于 2013 年育成了苦瓜多肽含量较高的新品种多肽 1 号。

4. 种质资源的创新 种质资源的创新是培育苦瓜新品种的主要工作之一，培育的新品种是否具有市场竞争力，是否能满足和引导市场需求，取决于种质资源的创新。种质资源创新的途径主要从如下几方面着手。

① 通过有性杂交多代分离，获得综合性状优良的株系，苦瓜杂交后代通过 6～7 代分离选择，即可获得稳定的自交系。

② 在农家地方品种栽培田里的大群体中去发现突变株。苦瓜是异花授粉作物，加上特殊的自然地理和气候条件，在栽培田中往往可以发现突变株，通过多代自交选择可以获得新资源。笔者曾在绿色突状瘤的品种田中发现一株白色条状瘤新类型，通过 5 代自交选择，获得一个稳定的白色条状瘤自交系。

③ 从野生资源中筛选更符合育种目标的株系。

④ 通过物理、化学诱变获得创新资源。

⑤ 通过细胞工程、基因工程等现代技术手段获得创新资源。

（二）品种类型与代表品种

苦瓜通过长期的自然选择和人为选择，出现了各种适合不同市场需求的品种类型。按熟性分有早熟品种、中熟品种和晚熟品种；按成熟期果皮颜色分有绿色品种、白色品种、绿白色品种；按瘤状分有条状瘤品种、突状瘤品种、刺状瘤或玉米瘤品种［张伟光等（2014）的研究分为条形瘤、粒瘤、条粒瘤相间和刺瘤 4 种类型］；按果形分有棒形、圆锥形和圆筒形品种。下面介绍几种品种类型和代表品种。

1. 绿色条状瘤苦瓜 果皮绿色，条状瘤，光滑，短棒或长棒形，生长势强，味微苦。广东、广西、海南是主栽地区，栽培品种多。

（1）槟城苦瓜 引自马来西亚槟城。中熟，第 1 雌花出现在第 14～15 节，生长势强，主侧蔓结果，采收时间长，果形粗直，皮色淡绿有光泽，果长 28～33 cm、横径 7 cm，果肉厚 1.2 cm，单瓜重 600～1 000 g。

（2）碧绿 2 号 广东省农业科学院蔬菜研究所育成。早中熟，生长势强，主侧蔓结瓜，果形粗直，皮色浅绿有光泽，果长 30～35 cm、横径 7 cm，单瓜重 700～900 g。

（3）大肉 3 号 广西壮族自治区蔬菜研究中心育成。中熟，生长势强，主侧蔓结瓜。果实粗圆筒形，果皮绿色，大直瘤，果长 27 cm、横径 9 cm，果肉厚 1.4 cm，单果重 650 g 左右，较耐白粉病。

（4）金船 12 汕头市金韩种业选育。中熟，植株生长势旺，主侧蔓均结瓜。瓜圆筒形，条瘤，果皮绿色有光泽，果长 30 cm、横径 10 cm，单果重 500 g。抗病性强，适应性广。

2. 绿色突状瘤苦瓜 果色绿色，果瘤为不规则突状瘤，也称粒状瘤，短棒或长棒形，生长势较强，味苦，栽培品种较多。湖南、湖北、四川、重庆、安徽、江西、江苏、山东、浙江是主栽地区。

（1）贵州独山苦瓜 贵州省独山农家品种。早熟，生长势中等，主侧蔓结瓜。果实短棒形，果皮绿色，突瘤，果长 23～25 cm、横径 5 cm，果肉厚 1.0 cm，单果重 350 g 左右。

（2）兴蔬春燕 湖南省农业科学院蔬菜研究所育成。极早熟，生长势中等，主侧蔓结果，节成性好。果实棒形，果皮绿色，突状瘤，果长 27～29 cm、横径 5～6 cm，果肉厚 1.0 cm。单果重 380 g 左右。

（3）金韩绿秀　汕头市金韩种业选育。早熟，连续坐果能力强。果长约 35 cm、横径 8～10 cm，单果重 500～1 000 g。生长势旺，抗病能力强，适应性广，适合北方大棚种植。

（4）如玉 5 号　福建省农业科学院农业生物资源研究所选育。植株生长势强，果长 26～32 cm、横径 6 cm，单果重 500 g，果皮青绿色，适宜江浙地区早春或者冷凉地越夏种植。

3. 绿色圆锥形苦瓜　果皮绿色，果瘤为突状瘤和条状瘤的中间类型，果实圆锥形，生长势强，味微苦，鲜美。广东、福建、广西、海南主栽。

（1）江门大顶苦瓜　广东江门市郊农家品种。中熟，生长势强，主侧蔓结瓜。果实圆锥形，果肩平，果皮深绿色，突条瘤相间，果肩宽 12 cm，果长 15 cm，果肉厚 1.2 cm，单果重 420 g 左右。

（2）翠绿 2 号　广东省农业科学院蔬菜研究所育成。早熟，节成性好，生长势强，主侧蔓结果。果实圆锥形，果皮翠绿色，有光泽，果肩宽 11 cm，果长 15 cm，果肉厚 1.2 cm，单果重 400 g 左右。

4. 绿色刺状瘤（玉米瘤）**苦瓜**　果皮绿色，果瘤多，刺状或玉米状，果实棒形，生长势强，味微苦。云南、贵州、四川南部和湖南主栽。

玉溪苦瓜：云南玉溪市郊地方品种。中熟，生长势强，主侧蔓结瓜。果实长棒形，果皮浅绿色有光泽，果长 30～35 cm、横径 7～8 cm，果肉厚 1.1 cm，单果重 450 g 左右。

5. 白色条状瘤苦瓜　果皮白色，果瘤条状光滑顺直，棒形，生长势中等。该类型为苦瓜品种的新类型，瓜形美观，肉厚，是与绿色条状瘤苦瓜相对应的苦瓜品种新类型。如湖南省农业科学院蔬菜研究所育成的兴蔬早帅，早熟，第 1 雌花出现在第 10 节左右，生长势中等，分枝力强，主侧蔓均可坐果，条状瘤，绿白色，果实圆筒形，肉厚 1 cm，果长 33 cm、横径 6 cm，商品性极佳。单果重 400 g左右。一般单产 45 000 kg/hm^2。

6. 白色突状瘤苦瓜　果皮白色或白绿色，果瘤为不规则突状瘤，棒形，味苦。湖南、四川、江西、湖北、安徽、贵州主栽，栽培品种多。

（1）蓝山大白苦瓜　湖南蓝山农家品种。中熟，生长势强，主蔓结瓜为主。果实长圆筒形，果皮白绿色，果瘤突状不规则，果长 35～45 cm、横径 6～7 cm，果肉厚 1.1 cm，单果重 480～800 g。

（2）株洲长白苦瓜　湖南株洲农家品种。中熟，生长势强，主蔓结瓜为主。果实长棒形，果皮白色，果瘤突状不规则，果长 50～60 cm、横径 5～6 cm，果肉厚 0.9 cm，单果重 500～600 g。

（3）湘丰 3 号　湖南省农业科学院蔬菜研究所育成。中早熟，主侧蔓结瓜，节成性好，果实棒形，果皮白绿色，果长 28～32 cm、横径 6 cm，果肉厚 1.0 cm，单果重 350 g 左右。

（4）兴蔬春华　湖南省农业科学院蔬菜研究所育成。极早熟，主蔓结瓜为主，节成性好。果实圆筒形，果皮白绿色，果长 26～30 cm、横径 6.5 cm，果肉厚 1.1 cm，单果重 420 g 左右。

7. 白色刺状瘤（玉米瘤）**苦瓜**　果皮白色或白绿色，果瘤多，深成刺状或玉米状，果实棒形，生长势较强，味苦。湖南、四川、贵州主栽。

（1）长沙海参苦瓜　湖南长沙市郊地方品种。早中熟，主侧蔓结瓜。果实棒形，果皮白色有光泽，果长 23～28 cm、横径 7 cm，单果重 380 g 左右。

（2）吉首刺苦瓜　湖南省吉首市郊地方品种。中熟，主侧蔓结瓜。棒形，果皮乳白色，有光泽，果瘤深，突成刺状，果长 28～32 cm、横径 7～8 cm，单果重 420 g 左右。

三、生物学特性与主要性状遗传

（一）植物学特征与开花授粉习性

1. 植物学特征

（1）根　根系较发达，侧根多，根群分布最深达 3.0 m，宽 1.3 m 以上，喜潮湿、疏松、肥沃的土壤环境。

（2）茎　蔓生，五棱，绿色，被茸毛。主蔓各节腋芽活动力强，能发生侧蔓，侧蔓各节腋芽又能发生副侧蔓，形成较繁茂的蔓叶系统。各节除腋芽外还有花芽和卷须，卷须单生。

（3）子叶　苦瓜子叶出土，一般不进行光合作用。初生真叶1对，对生，盾形，绿色。真叶互生，掌状深裂或浅裂，绿色，叶背淡绿色，叶脉放射状（一般具5条），叶长16～18 cm、宽18～24 cm，叶柄长9～10 cm，叶柄黄绿色，有沟。

（4）花　苦瓜花为单性花，雌、雄同株。植株一般先发生雄花，后发生雌花，单生。雄花花萼钟形，萼片5片，绿色，花瓣5片，卵圆形，黄色，具长花柄，长10～14 cm，横径0.1～0.2 cm，柄上着生盾形苞叶，长2.4～2.5 cm，宽2.5～3.5 cm，绿色。雄蕊3枚，分离，具5个花药，各弯曲成近S形，互相联合。雌花5瓣，黄色或黄绿色，子房下位，花柄长8～14 cm，横径0.2～0.3 cm，花柱上也有一苞叶，雌蕊柱头5～6裂。苦瓜花为虫媒花，在反季节栽培及开花遇低温、暴雨等天气下，需进行人工辅助授粉。

（5）果实　苦瓜果实为浆果，表面有大量瘤状突起，且瘤状、果形、果色因品种而异。

（6）种子　苦瓜种子为盾形，扁平，淡黄色、棕褐色和黑色，种皮较厚，表面有花纹；每果含有种子10～30粒，千粒重150～180 g，野生果较小，千粒重50 g左右。

2. 开花授粉习性　一般植株在第4～6节发生第1雄花，在第8～14节发生第1雌花。发生第1雌花后，每个节都能发生雄花或雌花，一般间隔3～6节发生一雌花，或连续发生两个或多个，然后相隔多节再发生雌花，主蔓50节以前一般具有6～7个雌花者居多。主蔓每个茎节上都可以发生侧蔓，而以基部和中部发生的较早、较壮，侧蔓第1节就开始生花，多数侧蔓连续发生许多节雄花，才发生雌花。主蔓雌花的结果率有随着节位上升而降低的倾向。产量主要靠第1～4个雌花结果。第5个雌花及以后的结果率很低。苦瓜一般在上午开花，以8时至9时为多，故杂交授粉时间以8时至9时为最佳。据笔者经验，如果对花进行套袋隔离，至12时进行杂交授粉，对坐果和结实都没有明显影响。

苦瓜花单性同株，为虫媒花，主要通过蜜蜂或昆虫传粉，同时苦瓜雄花的花粉附着力比不上黄瓜，风也能传粉。因此，在杂交授粉前后，雄、雌花都必须套袋隔离。

（二）生长发育对环境条件的要求

1. 生长发育特性　苦瓜的生长发育过程可分为：发芽期，自种子萌动至第1对真叶展开，需5～10 d；幼苗期，第1对真叶展开至第5片真叶展开，需7～10 d，这时腋芽开始活动；抽蔓期，第5片真叶展开至植株开始现蕾，这一时期很短；开花结果期，植株现蕾至生长结束，一般50～70 d。其中现蕾至初花约15 d，初收至末收需25～45 d。整个生长发育过程需80～100 d。叶面积的95%在开花结果期生成。

2. 对环境条件的要求

（1）温度　苦瓜喜温，较耐热，不耐寒，种子发芽适温30～35 ℃。在40～45 ℃温水中浸种4～6 h后，在30 ℃左右催芽，约48 h开始发芽，60 h大部分发芽。温度在20 ℃以下发芽缓慢，13 ℃下发芽困难。在温度稍低和短日照条件下，发生第1雌花的节位提早。开花结果期适温20 ℃以上，以25 ℃左右为宜，在15～25 ℃时温度越高，越有利于苦瓜的生长发育，结果早，产量高，30 ℃以上或15 ℃以下对苦瓜的生长发育都不利。

（2）水分　苦瓜喜湿而不耐涝，生长期间需要85%的空气相对湿度和土壤相对湿度。但不宜积水，积水易坏根，叶片黄化，轻则影响结果，重则植株萎凋致死。

（3）光照　苦瓜属于短日照植物，但对日照长短的要求不严格，喜光不耐阴。苗期光照不足可降低对低温的抵抗力。春播苦瓜遇低温阴雨，幼苗长势弱，抗逆性差，易受冻害；开花结果期需较强光照，充足的光照有利于光合作用及坐果率的提高，否则，易引起落花、落果。

（4）土壤 苦瓜根系发达，对土壤的适应性强，喜土质疏松的壤土或沙壤土，需深耕细整。

（5）肥料 苦瓜对肥料的要求较高，较耐肥。肥料充足，植株生长势旺盛，枝叶繁茂，坐果率高，果肥大，品质好。因此，栽种前要施足基肥，苗期要适当追肥，以促茎叶生长；开花结果后要持续供肥。苦瓜生长不仅需要较多的氮肥，同时配施磷、钾肥，能使植株生长健壮，延长结果时间。

（三）主要性状的遗传

1. 熟性 苦瓜品种的熟性主要取决于第1雌花节位和前期、中期及后期的产量分配。一般认为第1雌花节位在第12节以前，前期产量高的品种为早熟品种；第1雌花节位在第12～20节，中期产量高的品种为中熟品种；第1雌花节位在第20节以后，后期产量高的品种为晚熟品种。高山等（2005）、张玉灿等（2006）研究认为，第1雌花节位主要由加性基因控制，且其广义遗传力和狭义遗传力都较高。

2. 果形 苦瓜果形与果长、果径的大小有关。胡开林等（2001）、张长远等（2006）研究认为，果长、果径遗传均符合加性-显性效应模型，且以加性效应为主，表现部分显性，有倾向大值亲本的现象；张玉灿等（2006）研究表明，苦瓜果形遗传趋于双亲之间，果长总是趋于长的一方，表现为显性遗传；果径介于双亲之间，并有向高值亲本偏移的现象。

3. 果色 胡开林等（2002）研究认为，苦瓜果实颜色的遗传属质量性状遗传，受1对核基因控制，绿色对白色为显性。

4. 抗病性 粟建文等（2007）对苗期苦瓜的白粉病抗性遗传规律进行了研究，结果表明苦瓜对白粉病的抗性受两对以上基因控制，两对主基因抗病相对感病为不完全隐性，且抗病性主要受核基因控制，两对主基因的狭义遗传力较高，符合加性-显性模型；加性效应较大，抗性效应在亲本和F_1代间存在极显著正相关，表现数量性状遗传特点。

四、育种目标

依据苦瓜饮食的习惯，各地选择种植的苦瓜类型有所不同。广东、广西、海南喜种植苦味淡的绿色条状瘤苦瓜品种。台湾、福建、贵州和云南喜种植苦味适中、绿色或绿白色、刺状瘤或玉米瘤的苦瓜品种。长江流域从四川、重庆到湖南、湖北、江西、安徽、江苏和浙江喜种植苦味稍浓的白色或浅绿色、突状瘤或玉米瘤的苦瓜品种，其他地区少量种植。选育品质好、丰产、稳产、抗病性强和适于不同区域栽培的苦瓜新品种是育种者的主要育种目标。

（一）品质育种

1. 食用品质 苦瓜是人们喜食的品种之一，果实中含有一种糖苷，具有特殊的苦味。各地消费习惯不同，对苦味的要求也不一样，有喜食苦味稍淡一点的，如广东、广西、海南等；有喜食苦味稍浓一点的，如湖南、四川、贵州、江西等。各品种间糖苷含量不一样，在品种选育时，注意不同地区的消费习惯选育不同风味的品种。同一品种嫩果中糖苷含量高，味苦。随着果实的成熟，糖苷被分离，苦味变淡。

2. 营养品质 苦瓜营养价值高，特别是维生素C的含量居瓜类蔬菜之最，是南瓜的21倍、黄瓜的12～14倍、丝瓜的11倍、冬瓜的3～5倍。选育维生素C含量高的品种是营养品质育种的主要指标。张银凤等（2011）研究表明，苦瓜品种间维生素C含量差异较大，为选育高维生素C含量的品种提供了空间；刘政国（2005）等研究认为，维生素C含量的杂种优势不明显，只有双亲维生素C含量都高，才能获得较高维生素C含量的杂交种。

3. 加工品质 苦瓜具有很高的药用价值，何煜波等（1998）、朱新产等（1998）、曾涛（1998）

研究报道，苦瓜有显著的抑制细菌和真菌的作用，同时对癌细胞也有明显的抑制作用，另外对糖尿病有辅助疗效。其药用的主要成分是一种具有特殊苦味的糖苷（苦瓜苷），因此苦瓜糖苷含量的高低是提供药用加工的主要指标。苦瓜各器官中尤以种子苦瓜糖苷含量最高，因此筛选苦瓜糖苷含量高的品种，提高该品种的种子产量，是选育药用加工型品种的有效途径。一般瓜条短而粗的单果种子含量多。Khanna（1981）等从苦瓜果实中分离得到一种具有降血糖活性的多肽，命名为多肽 P。此后，权建新等（1991）、王勇庆（1998）、Nag 等（2000）、朱晶英等（2010）的研究也证明该多肽物质的存在及其降血糖活性。胡新军等（2011）对不同品种的苦瓜多肽含量进行了测定，并通过杂交优势育种获得 3 个高多肽 P 含量苦瓜新品种。

苦瓜也可以干制，苦瓜干制品用水泡发后炒食，别具风味，也可用于泡茶。干制应选用果肉较薄的品种。

4. 耐贮运品质　随着苦瓜种植的区域化分工，对苦瓜果实的耐贮运性也提出了更高的要求。影响苦瓜嫩果耐贮运的因素主要是果瘤的形状，变黄老化时间的长短（呼吸强度和酶活性等），果皮、果肉的组织结构，果胶物质及纤维素的含量。一般小突瘤、条瘤、呼吸弱、酶活性弱、果皮和果肉组织致密、果胶及纤维素含量高的品种耐贮运性能好。

5. 外观品质　苦瓜外观品质属于外观感觉范围，取决于各地消费习惯，外观品质主要包括果瘤形状（条状瘤、突状瘤、刺状瘤）、果皮颜色（绿色、白色、白绿色）、果实形状（棒形、圆筒形、圆锥形）、果实大小和果实整齐度。一般外观性状没有统一标准，可根据各地消费习惯和喜好确定育种目标。

（二）丰产育种

苦瓜品种丰产、稳产是育种者追求的主要目标之一，苦瓜单位面积的产量主要取决于单株坐果数、单果重和单位面积种植株数。在单位面积种植株数一定的情况下，取决于单株坐果数和单果重。

1. 单果重　单果重取决于品种的遗传及坐果的节位，第 15 节以下结的果平均单果重较轻，第 15～25 节结的果平均单果重较重。蓝山苦瓜第 15 节以下平均单果重只有 480 g 左右，第 15～25 节平均单果重达 620 g 左右，生产上采取摘除侧蔓的方法有利于增加单果重。

2. 单株坐果数　苦瓜单株坐果数取决于品种的遗传和人为选择，单株坐果数少的品种，在田间选择结果数稍多的单株进行系内株间杂交可以提高单株坐果数和早熟性，通过 3～5 代系内株间自交，既可保持品种特性，又可获得高单株坐果数和早熟的品系，但是有果实偏小的倾向。笔者对蓝山大白苦瓜进行试验，雌花节位第 15 节左右，主蔓平均单株坐果数 4 个，按上述方法试验，结果新品系第 1 雌花节位在第 9 节左右，主蔓平均单株坐果数达 7 个，但平均单瓜重由 620 g 左右降到了 480 g 左右，但还是提高了单株产量，果形没有变化。

3. 瓜长、横径、果肉厚度、紧实度　这些数值是决定单瓜重的主要指标，主要由品种遗传控制。胡开林等（2001）研究表明，均符合加性-显性模型，且均以加性效应为主，表现部分显性，除瓜肉厚外，有倾向大值亲本的现象。而果肉厚表现为倾向小值亲本的负向超显性。在育种实践工作中，选结果数较多的品系作为母本，选单果重较重的品系作为父本，可以获得产量较高的苦瓜新组合。

（三）抗病育种

病害是造成苦瓜减产，品质下降，甚至失收的主要因素之一，采用化学药剂防治效果不是很理想，且对环境的污染和对人体的毒害已日益引起人们的重视，因此选育抗一种或多种病害的苦瓜新品种是育种者的主要目标之一。结合苦瓜抗病育种的具体情况，主要从如下几方面入手。第一，对掌握的材料进行全面的抗病性鉴定，找出抗病材料；第二，通过抗病遗传试验分析方法摸清苦瓜主要病害的遗传规律；第三，通过系统选育、杂交、回交或生物工程技术等方法将抗病基因转移到优良品系上。

在生产中危害苦瓜的主要病害：

1. 疫病 疫病是危害苦瓜的主要病害之一，病原为真菌中的藻状菌（*Phytophthora parasitica*）。在土壤或病株残体上越冬，种子也能带菌，主要危害茎、叶和果实。苦瓜抗疫病受多对隐性基因控制。据笔者经验，在苦瓜大田中的发病区能发现抗病株，通过3～4代系统选育能获得很强抗性的品系。湖南省农业科学院蔬菜研究所2006年通过审定的苦瓜品种兴蔬春华高抗疫病，其母本就是通过上述方法获得的。

2. 枯萎病 枯萎病病原属真菌中的镰刀菌（*Fusarium oxysporum* f. sp. *momordicae*），以菌丝体、菌核、厚垣孢子在土壤中或病株残体上越冬。种子可带菌。主要危害根和根茎部。苦瓜抗枯萎病的遗传规律有待研究。

五、育种途径

（一）选择育种

在苦瓜地方品种的自然变异群体中选优汰劣，选择符合育种目标的单株通过一定的程序和方法获得新品系。首先要制定明确的育种目标，根据目标性状的主次制定相应的选择标准，再根据具体的选择标准按下列方法进行选择。

1. 单株-混合选择法 按目标性状的主次和目标性状的选择标准，先在大田中进行一次单株选择，在株系圃内先淘汰不良株系后，再在选留的株系内淘汰不良单株，混合采种，以后再进行1～3代混合留种。在单株选择时，由于苦瓜是异花授粉作物，而果实性状是选择的主要目标，前期很难辨别单株的优劣，中后期才能发现真正的优良单株，但苦瓜的开花结果期相对较长，因此在发现优良单株后，先在田间做好标记，并对优良单株进行套袋隔离，株内自交，自交果以下节位的瓜摘掉，使自交果正常成熟。这样选择效果较好，否则效果不理想。在株系圃中选择优良单株要采用同样的方法。

2. 混合-单株选择法 按目标性状的主次和目标性状的选择标准，先进行1～3代混合选择，再进行一次单株选择，在进行单株选择时最好也按上述方法进行，效果更好。

目前选择育种主要用于地方品种的提纯复壮，如在长江流域有较大种植面积的湖南蓝山苦瓜，就是湖南蓝山县苦瓜地方品种经过单株-混合选择法培育的优良品种。

（二）有性杂交育种

苦瓜有性杂交育种是通过人工杂交的手段，根据目标性状的标准，把分散在不同亲本上的优良性状组合到杂种中，并对其后代进行多代培育选择，比较鉴定，以获得遗传性相对稳定，有栽培利用价值的定型新品种。一般要通过亲本的选择、选配，采用合适的杂交方式和技术并对后代进行多代选择而完成。

1. 亲本的选择 在大量研究了解苦瓜育种资源的基础上，根据育种目标选用具有优良性状的品种类型作为杂交亲本。苦瓜杂交育种亲本的选择应注意如下几点：

① 选择综合性状优良的亲本。苦瓜品种综合性状的优良主要表现在丰产、优质、抗病，以具备这些优良性状的品种做亲本，获得优良后代的可能性更大。

② 明确亲本性状的选择主次，优先考虑主要性状。如选育抗疫病的品种，必须充分肯定至少亲本之一具有高抗疫病的抗病基因，否则难达目标。

③ 优先考虑一些少见的有利性状和特殊性状，如有些品种的高抗病性或特殊的苦瓜瘤形等。

④ 重视苦瓜地方资源的利用，地方品种是本地长期自然选择和人工选择的产物，对当地的自然气候和栽培条件有良好的适应性，其产品符合当地的消费习惯，优缺点也更清楚，引用地方资源做亲

本育成的品种更容易走向市场。

2. 亲本的选配　合理选配杂交亲本，才能获得符合育种目标的杂交后代。亲本选配应注意以下几点：

① 亲本的优点能互相补充，一个亲本所缺少的优良性状，能够从另一个亲本中得到补充，可以取长补短，得到比双亲更好的后代。比如选育 1 个早熟、抗疫病苦瓜品种，其亲本之一必须早熟，另一亲本必须抗疫病。

② 选配不同类型或双亲在生态地理起源上相距较远的亲本，杂交后代易于选出性状超越亲本和适应性较强的新品种。如白皮苦瓜与绿皮苦瓜的杂交后代综合性状比较优良，适应性广。

③ 对质量性状，亲本之一要符合育种目标的要求。例如，苦瓜果实颜色，绿色对白色为显性，要育成一个绿色苦瓜品种，亲本中至少有一个果皮为绿色性状。

④ 选配一般配合力高的亲本。一般配合力指某一品种和其他若干品种杂交后，杂种后代在某个数量性状上的平均表现。一般配合力高说明数量性状的基因累加效应强，杂交后代会出现超亲变异，通过选择可以得到定型的优良品种。

3. 有性杂交方式　为了将各种亲本的优良性状综合到杂种后代中去，达到最佳杂交育种效果，创造优良的杂交后代，杂交过程中常用不同的杂交方式。最常用的是选配两个亲本品种进行一次简单杂交。但当一次杂交达不到育种目标性状时，还可采用回交或多品种的重复杂交。

（1）成对杂交　又称单交，即由 1 个母本和 1 个父本配制成的杂交。在进行杂交时，双亲可互为父、母本，如果 A×B 为正交，则 B×A 为反交。在某些情况下母本具有遗传优势，所以习惯上多以优良性状较多、适应性强的作为母本，栽培品种与野生或半栽培类型杂交时，常以栽培品种作为母本。父、母本遗传性差异较大时，正、反交结果将产生较大的差异，为了比较正、反交不同的效果，最好正、反交同时进行。

成对杂交方法简单，工作量相对较少，见效快。如广州市蔬菜研究所育成的穗新 2 号就是以农家品种滑身苦瓜和英引苦瓜为亲本经杂交选育而成，综合了滑身苦瓜丰产性强和果色好及英引苦瓜耐热性强和肉厚的优点。

（2）回交　由两亲本产生的杂种，再与亲本之一进行杂交称为回交。回交的亲本称为轮回亲本，只参加一次杂交的亲本称非轮回亲本。在苦瓜育种中这种方法常用于给具有综合优良性状的品种添加抗病性、抗逆性、高营养成分含量或高苦瓜糖苷含量的选育。

（3）复式杂交　是指两个以上亲本之间进行的杂交，又称复合杂交或多系杂交。一般是将两个亲本杂交产生的杂种或杂种后代，再与另一个或多个亲本杂交，或者是两个杂交种间进行杂交。

复式杂交能把多亲本的优良性状综合在一起，大大丰富了杂种的遗传组成，有可能育成综合性状优良、适应性广、多种用途的优良品种，甚至出现超亲本的优良个体。国外现代有性杂交育种多采用这种方式。

（4）多父本混合授粉杂交　多父本混合授粉实际也属于复式杂交的范围，其杂交方式是选择两个或两个以上的父本花粉，将它们混合授于同一母本植株上。这种方式有时可以收到综合的效果，减少多次杂交的麻烦，同时还可以解决远缘杂交不孕的问题，提高杂交亲和性和结实率，提高后代生活力，甚至改变后代遗传性。虽然多父本授粉的机制尚待研究，但是利用这种方式可以在同一母本品种上同时获得多个单交组合，后代是多组合的混合群体，分离类型较单交丰富，有利于选择。

（5）有性杂交技术　苦瓜是上午开花，以 8 时至 9 时为多。开花前 1 d 下午用脱脂棉轻轻地拉成薄薄的一层，分别将父本的雄花和母本的雌花包住，开花当天 8 时至 9 时轻轻剥去母本雌花上的棉层，雌花自然张开，然后将雄花摘下去掉花瓣，将花粉直接轻涂在母本雌花柱头上即可，授粉完成后依然将雌花用薄棉层包住，最后挂牌标记，注明父、母本和日期等。也有用纸筒套袋的，据笔者经验，不如棉花套袋可靠，纸筒套袋一则不能完全密封，小爬行虫可进入，二则风吹容易掉落。

（6）杂交后代的选择　对杂交后代的选择首先要在苦瓜的正常栽培季节进行，使选择性状充分表达；其次要创造使杂种后代生长发育基本一致的条件，以便正确选择；第三要尽量创造使目标性状的遗传差异能充分表现的培育条件。苦瓜杂种后代的选择主要采用系谱选择法，通过5～6代可以选出较稳定的自交系。

（三）杂种优势育种

苦瓜杂种优势育种是目前国内应用最广泛的育种途径，现在市场上大部分新品种都是杂种优势育种的成果。有性杂交育种利用的是苦瓜主要性状的加性效应和部分上位效应，即可以固定遗传的部分；在程序上是先杂后纯，然后自交分离选择，最后选择基因型纯合的定型品种。而杂种优势育种是先纯后杂，首先选育自交系，通过配合力分析和选择选育出优良的基因型杂合的杂交一代新品种。

1. 杂种优势表现　根据最近几年选育的苦瓜杂种一代新品种在市场的表现，及相关杂种一代新品种的选育报告，苦瓜的杂种优势育种目标主要表现在丰产、优质、抗病和适应性强、整齐度高等方面。

2. 优良自交系的选育　自交系是优势育种的亲本，必须基因纯合，表现型整齐一致，如苦瓜自交系的熟性、果形、果色、节成性、瘤形等均整齐一致，且系内姊妹交或系内混合授粉其特征特性能稳定地传递给下一代。苦瓜自交系的一般配合力要高，苦瓜的一般配合力受加性遗传效应控制，是可遗传的特性。一般配合力高表明自交系具有较多的有利基因，是产生优势杂交种的基础。苦瓜自交系还需具有优良的农艺性状，如产量性状、熟性性状、果实性状和抗病抗逆性状等。

选育自交系的方法：各个地方品种和通过诱变或生物工程技术获得的新材料可通过多代人工套袋自交对目标性状合理选择而获得自交系。在多代自交选择的过程中一定要结合目标性状优良、一般配合力高和遗传纯合3个基本要求进行。对各类杂交种按杂交后代的选择方法进行自交选择。苦瓜一般通过5～6代可获得稳定的自交系。

湖南省农业科学院蔬菜研究所的兴蔬春华苦瓜的母本是从蓝山长白苦瓜经8代株内自交、一代系内自交定向选择而成的自交系，父本是从湖南地方品种衡阳早白苦瓜经6代单株自交、一代系内自交定向选择而成的自交系。

3. 亲本自交系及杂交组合的配合力测验　自交系本身经济性状的优良与否虽然会影响杂交一代的表现，但目前还不能准确预测。杂交一代的表现与亲本的配合力关系更为密切。只有当亲本的一般配合力和某一组合的特殊配合力均高时，才能育成杂种优势明显的杂交一代新组合。配合力的测验方法主要有顶交法、双列杂交法和不完全双列杂交法3种，这3种方法同样运用于苦瓜亲本自交系及杂交组合的配合力测验。

4. 自交系间配组方法的确定　配组双亲的一般配合力和特殊配合力要高，这样才有可能育出杂交一代优势的组合。

性状优良，双亲互补，以综合性状优良的自交系为母本，按性状互补的原则选配父本。双亲的优点必须达到育种目标要求。主要目标性状的不同构成性状，双亲间应互补，以便该性状超亲。若目标性状为隐性性状，则要求双亲都必须具有，且任一亲本不得有其他显性不良性状。根据苦瓜主要性状的遗传表现和育种目标可以选配合适的亲本。

选择亲缘关系和地域性差异稍大的亲本配组，湖南省农业科学院蔬菜研究所育成的兴蔬春燕苦瓜，就是从广东地方品种江门大顶苦瓜和贵州地方品种独山青皮苦瓜经多代选择的自交系配制的一代杂交品种，表现极早熟，商品性好，产量高。

母本的种子产量要高，以提高杂种一代的种子产量。苦瓜不同品种种子产量相差较大，每瓜种子粒数平均10～30粒不等，具有遗传稳定性。因此，确定母本时在保证配合力高、主要目标性状优良的同时要兼顾母本的种子产量。

目前杂种优势育种实践中多采用单交种，即两个自交系杂交配成的杂种一代，双交种和三交种在苦瓜杂一种优势育种中一般不采用，但现在有 1 个母本与 2 个或多个父本配组的尝试，还在试验阶段。

5. 品种比较、生产和区域试验

（1）品种比较试验　根据育种目标育成的杂交一代组合在品种试验圃中进行全面比较鉴定，用主栽品种 1～2 个作对照，按育种目标的具体要求分项进行田间统计和分析，最后选出目标性状都优于对照的 1 个或几个新组合。品种试验圃需按正规的田间试验法进行，3 次以上重复，控制环境误差。品种比较试验一般进行 2～3 年。

（2）生产和区域试验　生产试验是把在品种比较试验中选出的优良组合放到本地或外地的苦瓜种植区，直接接受种植者和消费者的评判，一般面积不少于 667 m^2。区域试验是根据各地地理、气候条件和消费习惯的不同，在不同区域设置几个试验点，以当地主栽品种做对照，由农业主管部门主持进行比较试验，方法与品种比较试验相同，以检验新组合的区域适应性和稳定性，进行 2～3 年。通过以上试验，确定优良组合，最后通过省级种子主管部门的认定才能在市场上推广。

兴蔬春华苦瓜的选育过程见图 21－5。

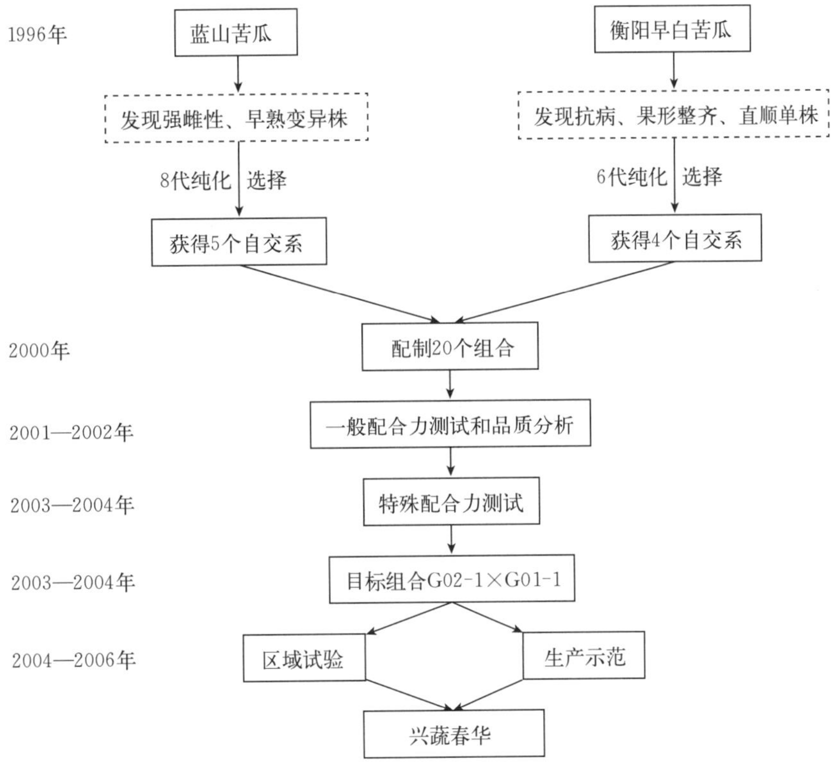

图 21－5　兴蔬春华苦瓜选育过程

（四）生物技术育种

目前，生物技术育种在国内苦瓜育种中应用得还不多。生物技术育种主要包括组织培养和基因工程两个方面。

1. 组织培养

（1）细胞和组织培养　苦瓜的细胞和组织培养在不加任何选择压力和施加某种选择压力的情况下，会产生很多变异体和突变体，由于变异频率较高，稳定快，且可在试验控制的条件下进行，能大大提高选择效率，获得苦瓜育种的新材料。

（2）原生质体培养和体细胞杂交 苦瓜的原生质体培养是取苦瓜幼叶、下胚轴、子叶等组织通过特殊的程序和方法脱去细胞壁，以裸露而有生命力的细胞在MS培养基中培养。可以产生单细胞无性系，获得新的育种材料。由于脱去了细胞壁，更易直接吸收外源DNA，或进行原生质体融合（体细胞杂交）克服远缘杂交的不亲和性，重组核基因的细胞质，获得胞质杂种，创新育种材料。

2. 分子标记辅助育种 分子标记是DNA水平上遗传多态性的直接反映，在育种上主要用于构建遗传图谱，分析亲缘关系，定位农艺性状，种质资源及杂种后代的鉴定等。目前已有10多种分子标记技术，主要的有RFLP、RAPD、SSR、AFLP等技术。

六、良种繁育

（一）常规品种的繁育方式和技术

常规品种目前在生产上应用较普遍，做好常规品种繁育和保纯，为生产者提供合格的常规品种种子，是种子生产部门的重要工作。

1. 隔离繁种 苦瓜是异花授粉作物，与其他葫芦科作物不串粉，但苦瓜品种间极易串粉。在常规种子生产过程中常采用隔离的生产技术，以防止苦瓜品种之间、类型之间的生物学混杂，保证纯度。

（1）机械隔离 在苦瓜开花结果期采用棉花套袋人工授粉或网棚网室隔离放蜂或人工辅助授粉。

（2）空间隔离 将易发生相互杂交的不同留种材料或留种材料与生产田的不同品种，隔开适当的距离栽植。苦瓜品种在开阔地留种的安全距离为1 000 m左右。在农村山区，可利用当地的地势情况，合理安排留种地，以山作隔离物。

（3）时间隔离 即错开开花期的留种方法。由于苦瓜的开花结果期很长，在苦瓜留种中很少应用。

2. 提纯复壮 苦瓜常规品种经过一定年限的生产繁殖后，会逐渐丧失其优良性状，产量下降，品质变差，适应性和抗性减弱等，失去品种应有的质量水平和典型性，最后降低或失去品种的使用价值，即品种种性退化。品种退化是由机械混杂、生物学混杂、品种本身的遗传退化和对品种缺乏经常性选择而产生的。对已出现退化的优良品种要进行提纯复壮，要制定该品种主要性状的选择标准，如第1雌花节位、节成性、单株结果数、生长势、果实纵径、果实横径、果肉厚、果色、果瘤形状、抗逆性等；严格按上述制定的标准参照前面育种途径的选择方法进行选择，以恢复原有品种的优良特征特性；在种子生产过程中，在繁殖原种时每次都要按品种主要性状的标准进行选择，淘汰不良单株；同时注意防止机械混杂，采用隔离措施生产种子；留种地应选在最适于该品种生长发育的地方。

（二）自交系的繁育与一代杂种制种技术

1. 自交系的隔离繁殖 隔离繁殖方法与苦瓜常规品种的相同。另外，选择隔离条件好、土质疏深、排灌方便、朝阳的地种植自交系。开阔地自交系种植最近距离应在1 000 m以上。自交系在开花结果期应于每天8时至10时进行人工辅助授粉，以提高种子产量。每株留种3～4个。自交系的原原种应保存5年以上，原种量估计要足够用到3年。避免自交系年年繁种，种性退化。

2. 自交系的自交保纯繁殖 自交系的自交保纯主要用于自交系原原种和原种的生产。利用网室网棚隔离，人工辅助授粉或放蜂传粉。网室网棚的大小根据繁种量确定或便于农事操作为宜。现一般采用大棚结构，纱网采用30目或20目的便可。此方法省时、省工，但一次投入较大。露地人工套袋自交保纯，在露地进行自交系繁殖必须进行人工套袋和人工授粉，其方法在有性杂交方法中作了介绍。授粉果可以系红毛线标记，以区别于未进行人工授粉的果实，采种时只采有标记的果实。在繁殖原原种和原种的生产田中，要经常到田里观察，对每一株的田间表现都要及时了解，发现杂株马上拔除，对可疑株也应马上拔除。

3. 自交系的单株选择　主要在繁殖自交系的原种和原原种时采用，苦瓜是异花授粉作物，遗传基础较复杂，在自交系中往往产生不良单株。在繁殖圃中应根据该自交系的主要特征特性进行单株选择，然后混合留种。这样能较长时间保持该自交系的特征特性。

4. 亲本的播期、比例　在安排苦瓜杂交一代种子生产时，首先要确定好亲本的播期和种植比例。播期应安排在当地苦瓜的正常生产季节，同时考虑父、母本的开花期相遇。在开花期相同的情况下，父本比母本早 2～3 d 播种。开花期不同应错开播期，保证母本雌花开放时父本田有花粉供应。父、母本种植比例一般是 1∶12～15。若父本雄花数不多，可适当增加种植株数。一般苦瓜每朵雄花可以授粉 4～5 朵雌花，每株母本一般坐果 4～5 个。

5. 杂交前后的保纯　目前苦瓜杂交一代制种都采用人工授粉的方式进行，因此对母本的雌花和雄花在授粉前后都应套袋保纯。在开花前一天下午，将脱脂棉轻轻地拉成薄薄的一层，包住父本雄花的花冠和母本雌花的花冠。授粉后，依然将雌花的花冠包住。

6. 田间管理　父、母本要分开播种，分开种植，以免造成人为混杂。采用营养钵育苗，选择土地肥沃、向阳、排灌良好的地作制种田，每公顷施农家肥 15 000 kg，菜饼肥1 500 kg，采用地膜覆盖栽培。母本种植密度，早熟品种一般 15 000～18 000 株/hm^2，中晚熟品种12 000～15 000 株/hm^2，父本种植密度 12 000 株/hm^2。搭人字形架或平架，母本摘除所有侧枝，父本侧枝不摘除。1 朵雄花可供授粉雌花 4～5 朵。母本每株可以坐种果 4～5 个，父本控制坐果。当果尖部分转红时即可采收，前日下午收种瓜，翌日上午取籽，洗晒。

7. 果龄与后熟　苦瓜的果龄从开花至成熟一般 19～23 d，与品种的熟性和积温有关。熟性早的品种果龄较短，熟性晚的果龄较长；积温高的地区果龄较短，积温低的地区果龄较长。苦瓜的果实没有后熟期，当果尖部分转红时即可采收。种子后熟期约 40 d。

8. 洗晒种子　种果采回后，堆放一个晚上，翌日上午取籽，清洗。苦瓜果实老熟后，组织变软，可直接用手从果腔中取出种子，苦瓜种子被一层红色瓜瓤包住，在清水中用手搓洗，即可洗净种子。洗净的种子置于纱网架上，晾晒，12～15 时阳光太强时，将纱网架移至阴凉处。遇阴雨天可用电风扇吹干。苦瓜种子以 5～6 d 慢慢晒干为宜，干燥速度不宜太快。否则对发芽率有影响。当种子含水量达到 8%时即可用双层编织袋收存，并写清品种名称、收种日期、数量等。存放在低温、干燥的地方。

七、种子贮藏

（一）种子检验

种子检验是衡量种子质量、确定种子价值的重要手段，是种子管理工作的主要环节。苦瓜种子检验是通过取样对种子的净度、纯度、发芽率、含水量进行测定和鉴定。

1. 净度分析　是测定供检样品的净种子与其他植物种子和杂质的重量百分率。合格种子净度不能低于 99.5%。

2. 纯度鉴定　是测定供检样品种性符合该品种特征特性的程度，通常用百分率表示。目前主要是通过分子标记技术和田间鉴定来测定种子纯度，而应用较普遍的是田间鉴定。田间鉴定的方法是将供检样品种子（每批次不少于 100 粒）按常规栽培种植在纯度鉴定圃中，以该品种种植田为对照，对样品的各项性状与该品种各项性状在同一环境和栽培管理条件下进行比较，对性状表现一致的植株数量进行统计，计算百分率。该百分率就是供检样品的纯度，苦瓜种子纯度要求达到 95%以上。苦瓜种子生产严格按种子生产标准进行，常规种在隔离区生产，隔离距离要求 1 000 m，并进行人工辅助授粉。杂交一代种子生产要求母本去雄和套袋相结合，晾晒，防止机械混杂，种子纯度基本可以保障。

3. 发芽率 即为在一定的条件下，种子发芽的粒数占被检种子粒数的百分比。是测验种子发芽潜力和种子活力的重要指标。取样 100 粒用 50 ℃的温水浸种 4～6 h，将充分吸水的种子置于垫有湿纸巾或湿纱布的培养皿中，放入 30～35 ℃的恒温箱中催芽。每天保持培养皿湿润，并清洗 1 次。在第 7 d 和第 14 d 调查发芽种子数，并计算百分率。苦瓜种子的发芽率应在 85%以上。

4. 含水量 是测定种子含水分的数量。目前主要通过手提式种子水分测定仪测试。苦瓜种子含水量应控制在 7.5%～8.5%。

（二）种子加工

在采种过程中，应将种子清洗干净，晾晒时用网纱架空，不能置于水泥坪上直晒，要放阴凉处慢慢晾干，让种壳和种仁的干燥速度同步。种子收回后先通过风车吹掉部分杂质和空籽，然后通过瓜类种子精选机，获得大小一致的种子。

（三）种子贮藏

将通过检测和加工的种子用塑料袋按每袋约 20 kg 分装，内置 1 000 g 干燥硅胶，做好内外标签，注明品种名称、制种户名称、重量、日期、批次等内容，放入 10 ℃左右的冷库中备用。堆放高度不超过 6 层。

（粟建文）

第三节 丝 瓜

丝瓜是葫芦科（Cucurbitaceae）丝瓜属一年生攀缘性草本植物，染色体数 $2n=2x=26$。中国栽培的丝瓜在植物学上有两个种：普通丝瓜和有棱丝瓜。普通丝瓜，学名：*Luffa cylindrica*（L.）M. J. Roem.；别名：圆筒丝瓜、蛮瓜、水瓜。有棱丝瓜，学名：*L. acutangula*（L.）Roxb.；别名：棱角丝瓜、胜瓜。丝瓜的食用部分为嫩果，供炒食，每 100 g 嫩果含水 94.3 g、蛋白质 1.0 g、碳水化合物 3.6 g、维生素 C 5 mg、钙 14 mg、磷 29 mg，可炒食、做汤、做馅。老熟丝瓜纤维发达，称“丝瓜络”，可入药。

丝瓜起源于热带亚洲，分布于亚洲、大洋洲、非洲和美洲的热带和亚热带地区。2 000 多年前印度已有栽培。6 世纪初传入中国，北宋时栽培已相当普遍。南宋初年编撰的类书《琐碎录》记载有丝瓜的播种期：“种丝瓜，（春）社日为上。”中国古籍中记载的丝瓜主要是普通丝瓜，清代及民国年间修撰的广东、广西一些县志中所载的丝瓜往往是指有棱丝瓜。现中国南北均有栽培，以广东、广西、台湾等地区和长江流域地区栽培较多。

一、育种概况

（一）育种简史

中国自 20 世纪 80 年代起开始丝瓜新品种的选育研究，以常规育种为主，丰产为主要目标。杂种优势利用研究主要注重丰产和熟性育种，育成的品种很少。90 年代以后，丝瓜育种工作得到较大的发展，较多单位开展新品种及相关技术、遗传理论研究，注重丰产、抗病、熟性、品质育种，育成了一批新品种。新品种在抗病性、早熟性、丰产性、适应性和品质等方面得到较大提高。近年来，抗病育种、品质育种更受育种单位重视，保护地专用型品种和耐寒品种的选育也开始进行。国外对丝瓜育种的报道主要来自热带国家印度，大多是关于有棱丝瓜的研究，几乎没有普通丝瓜育种及遗传研究报道。

（二）育种现状与发展趋势

1. 育种现状　自20世纪60年代以来，丝瓜育种逐步由常规育种发展到优势育种，由丰产育种发展到熟性育种、抗性育种和品质育种，保护地专用型品种的选育也开始为人们所重视，选育出了一批丰产、早熟、适应不同地区、不同环境条件、具有一定抗病性的新品种。但总体上讲，目前对抗性材料的筛选和创新还很少，抗性育种特别是抗病虫育种成果不多。品质育种主要注重果实的外观品质，基本没有开展内在营养品质育种。以细胞培养、组织培养、原生质体培养和体细胞杂交、分子标记辅助育种和转基因技术为主要内容的生物技术还很少涉及。

广东省农业科学院蔬菜研究所于1996年育成早熟、较抗霜霉病和白粉病、适应华南各地春秋季栽培的一代杂种丰抗，1999年育成丰产、优质、对短日照要求不严格、适宜华南地区夏季长日照栽培的一代杂种雅绿1号，2002年育成生长势强、早熟、优质、适宜广东省春、秋种植的一代杂种雅绿2号，2004年育成绿白皮色的新品种粤优丝瓜。广西农业科学院蔬菜研究中心在“九五”（1996—2000）期间育成了丰棱1号、广西1号等有棱丝瓜新品种，其后又育成皇冠1号新品种。广州市蔬菜研究中心于1999年采用有棱丝瓜与普通丝瓜杂交及多代回交育成绿旺，2001年育成早熟、丰产、优质的春丝瓜绿胜1号等有棱丝瓜新品种。在熟性育种方面，湖南亚华种业科学研究院在“十五”（2001—2005年）期间育成翠绿早丝瓜、短棒早丝瓜等一代杂种。河南省驻马店市农业科学研究所于2002年育成一代杂种早熟丝瓜驻丝瓜1号和早熟白丝瓜驻丝瓜3号等新品种。湖南省衡阳市蔬菜研究所于2001年育成极早熟、较抗枯萎病的一代杂种早冠。江苏省农业科学院蔬菜研究所于1999年育成适宜长江中下游地区早春保护地栽培和露地栽培的特早熟品种江蔬1号。湖南省农业科学院蔬菜研究所于2000年育成湘丝瓜1号、育园1号、兴蔬早佳、兴蔬美佳、兴蔬顺佳、兴蔬运佳、兴蔬皱佳、兴蔬白佳等系列新品种。

丝瓜的遗传育种理论研究亦取得一定进展。谢文华等（1999）对有棱丝瓜霜霉病抗性遗传分析研究的结果表明，该性状适合加性-显性模型，以加性效应为主，表现为不完全显性，狭义遗传力为69.63%，加性基因至少为4对，抗性的一般配合力和特殊配合力均重要，在丝瓜抗霜霉病育种中首先应注重一般配合力的选择。林明宝等（2000）对有棱丝瓜果色遗传研究的结果表明，赤麻果色的遗传受1个显性核基因控制，为质量遗传；对果长遗传效应的研究表明，果长遗传方式属数量遗传，遗传效应符合加性-显性模型，以加性效应为主，控制果长性状的基因数目最少有4对，果长的狭义遗传力为67.06%，说明对杂交后代的选择有较好效果。张赞平等（1996）对丝瓜两个栽培种进行核型分析研究，结果表明普通丝瓜具有3对sm染色体，有棱丝瓜具2对sm染色体，两者属较原始的对称核型，亲缘关系极近。此外，对丝瓜授粉受精过程、果实发育过程等研究亦取得不同程度的进展。

近年来，有关丝瓜育种相关的基础研究得到重视，广东省农业科学院蔬菜研究所开展了丝瓜对光周期反应的研究，选育出对短日照要求不严格的材料；对丝瓜主要病害的抗病材料进行了鉴定和筛选，丝瓜霜霉病菌人工接种技术研究亦取得进展。李文嘉（2002）对有棱丝瓜主要农艺性状进行了相关研究，结果表明瓜长、单瓜重与产量呈极显著正相关，结果数和单瓜重对产量形成的直接作用最大。谢文军等（2002）通过遗传相关分析、通径分析和主成分分析，对丝瓜早熟性状研究结果表明，坐果率、商品瓜的日增克数为最主要性状，其次为单株叶片数的增长速度、单株雌花数、单瓜重。谢文华等（1999）对有棱丝瓜不同品种对霜霉病抗性的相关性进行研究，明确丝瓜叶片中多酚氧化酶活性、还原糖与可溶性总糖的比值、叶片表皮气孔密度与丝瓜对霜霉病的抗性呈负相关，而可溶性总糖含量与抗性呈正相关。朱海英等（1997）对丝瓜果实发育中木质素代谢及有关导管分化的生理生化进行了研究，结果表明丝瓜果实在生长发育过程中伴随着木质素的大量合成，过氧化物酶活性与木质化进程有关。王隆华等（1997）的研究结果表明，4－CL连接酶的热稳定性有利于丝瓜果实在8～9月高温季节迅速成熟并木质化。陈宏等（2002）的研究结果表明，黄足黑守瓜只取食丝瓜叶，而黄守瓜对丝瓜叶的取食量少；初步确认引起丝瓜病毒病的病原为黄瓜花叶病毒。这方面的研究结果对丝瓜新品种选育研究将有较大的促进作用。

2. 发展趋势 随着中国经济的发展和人民生活水平的提高，食品安全和食品营养将越来越受到广大消费者的关注，优质和抗病虫将是未来丝瓜育种的主要目标，其中抗病虫育种（主要是霜霉病、疫病、病毒病、角斑病、黑守瓜）是减少农药使用、降低农药残留、节省生产开支的有效措施，多抗育种是重要的发展方向；品质育种也将成为主要研究课题，优质应包括外观品质、风味品质和营养品质；随着设施园艺的发展，保护地专用型品种的选育亦变得重要。丝瓜育种将加强以下几方面的研究。

（1）种质资源的收集、利用和创新 品种资源的收集、利用和创新伴随着育种研究的深入而越显重要，特别是野生种及近缘种的收集，并通过种间杂交、体细胞融合等技术创新优异材料，利用离体筛选技术、小孢子培养技术、多基因聚合技术等进行资源创新，为育种研究服务。

（2）抗病虫育种 抗病虫品种的利用是保证蔬菜安全、稳定生产的重要措施，提高品种的抗性是丝瓜育种的必然趋势。目前中国的丝瓜品种多数不具有对霜霉病、疫病、病毒病、角斑病及黑守瓜、美洲斑潜蝇等病虫害的抗性，而生产上受到这些病虫的危害较严重。为降低农药的使用量，减少对产品及环境的污染，丝瓜抗病虫品种的选育亟待开展。

（3）品质育种 优质是决定一个品种市场竞争力的重要因素，随着消费者对品质要求的提高，丝瓜育种应在提高抗病性、早熟性及兼顾丰产的基础上注重品质育种。要改变过去只重视感观品质的做法，加强风味及营养品质的研究，提高品种感观、风味、营养品质的综合水平。

（4）生态型育种 丝瓜的增产潜力与栽培环境是否适合品种的生态习性有很大关系，选育适应不同生态环境的专用型品种，对解决丝瓜市场周年供应、保护地栽培及反季节栽培有重要作用。必须加强丝瓜的耐热、耐低温、对光照的反应等方面的研究，深入开展适应不同生态条件的育种研究。如丝瓜属于短日照植物，夏季种植丝瓜，特别是在长江以南的“两广”地区，丝瓜生产期正是日照时间长，因而常常会出现光周期抑制花芽分化，营养生长过旺，花果滞后，严重制约生产的现象。因此，开展对光周期不敏感丝瓜新品种选育，有助于推动夏季丝瓜栽培，并解决蔬菜供应夏淡问题。

（5）基础理论研究 有必要系统开展丝瓜生理、病理及主要性状遗传规律的研究，以提高育种的预见性；重点开展光温生态特性、生长发育及调控机制的研究，品质性状和抗病性遗传力研究，抗病机制及抗性鉴定方法的研究。

（6）育种技术研究 自1983年第一个转基因植物问世以来，植物基因工程技术发展很快，开展丝瓜分子生物学技术方面的研究势在必行，生物工程技术与常规育种技术相结合是今后丝瓜育种的重要方法。针对中国丝瓜在抗病性、抗虫性、品质性状等方面的问题，利用生物技术进行系谱分析和定位、品系和品种鉴定、品质和抗病虫鉴定及材料创新，将成为丝瓜育种的重要辅助手段。

二、种质资源和品种类型

（一）起源与传播

丝瓜起源于亚洲的热带地区，在2 000年前印度已有栽培，6世纪初传入中国。约16世纪初普通丝瓜从中国传入日本，19世纪有棱丝瓜传入日本。17世纪40年代普通丝瓜传入欧洲，17世纪末有棱丝瓜传入欧洲。现主要分布于亚洲、大洋洲、非洲和美洲的热带和亚热带地区，在中国南北均有栽培，其中广东、广西、海南等以栽培有棱丝瓜为主，其他地区以栽培普通丝瓜为主。

(二) 搜集与鉴定评价

种质资源是新品种选育的基础，近几年各地对种质资源的搜集、鉴定、保存、利用给予高度重视，但研究报道仍很少。广西农业科学院蔬菜研究中心在国家“七五”和“八五”期间，从广西各地征集了35份有棱丝瓜地方品种，开展种植观察和鉴定工作。目前已搜集各类丝瓜资源100多份，并对优良丝瓜品种资源和优良有棱丝瓜种质资源及其利用进行了研究。广东省农业科学院蔬菜研究所近几年搜集了各地品种资源，包括野生资源共200多份，并对搜集到的62份丝瓜地方种质材料进行了鉴定、保存和利用。江苏省农业科学院蔬菜研究所在1994—2005年从国家资源库调用中国普通丝瓜地方品种资源及当前生产上主栽品种102份，并对普通丝瓜种质资源部分质量性状进行鉴定和评价。浙江省农业科学院园艺研究所对引入的32份丝瓜品种资源进行农艺性状、瓜条性状及抗性观察，发现目前栽培丝瓜以早熟品种为主，缺少瓜条长度粗细适中、高产、优质的品种，也未发现危害瓜类的主要病害——病毒病的抗源。湖南省农业科学院蔬菜研究所在湖南省搜集丝瓜地方品种材料43份，对其植物学性状和农业生物学特性进行了初步观察，并对其自然分布规律作了探索。在资源创新方面，广东省农业科学院蔬菜研究所选出了对短日照要求不严格的有棱丝瓜材料，同时开展了利用种间杂交以期获得野生品种优良抗性的研究。

1. 搜集与保存　目前各级资源机构或育种单位都有搜集和保存丝瓜的种质资源，丝瓜资源的搜集主要从以下3个方面入手。第一，从各级种质资源机构或相关育种单位搜集，如中国农业科学院蔬菜花卉研究所蔬菜种质资源中期库和各省相关蔬菜研究单位。第二，野外搜集，先调查了解各地的农家品种、半栽培品种或野生种，在当地的收种季节直接到产地，根据品种的主要特征特性，搜集有代表性的单果，采集种子100粒左右。第三，到育种单位直接征集育成品种。

进行种质资源搜集的同时，要进行编号登记，对种质资源的产地、特征特性、搜集时间、搜集地的主要地理气候一一注明。

丝瓜种子的保存，国家分为短期库（5年左右）、中期库（10～20年）、长期库（50～100年），一般育种单位应建立短期库，丝瓜种子在含水量7.5%～8.5%，室温8～10℃的情况下可保存3～5年。常规条件下只能保存1～3年。

2. 种质资源的鉴定　丝瓜种质资源鉴定分室内鉴定和田间鉴定。

(1) 室内鉴定　主要鉴定种子的颜色、形状、千粒重（含水量8%）、蛋白质含量，以及茎、叶、根、果实的蛋白质含量和其他需要进行的生化分析。

(2) 田间鉴定　主要鉴定种质资源的主要特征特性，如第1雌花节位、节成性、果形、果色、单果重、果长、果径、单果种子数、叶面积、节间长、茎粗、分枝性、抗病指数等。

(3) 种质资源的评价　种质资源鉴定的目的是为了利用，因此需对种质资源的鉴定结果做出评价，一方面根据国际植物遗传资源研究所（IPGRI）编制的描述和资源评价体系的框架，对种质资源进行规范化、简便化、数量化及分级编码等的综合评价；另一方面根据育种者的育种目标对鉴定结果分类进行评价，比如对第1雌花节位按低到高进行排序，种子蛋白质含量按高到低进行排序等，每一项重要性状都可进行一次排序，便于育种时筛选材料。

3. 种质资源的利用

(1) 直接利用　对综合性状表现优异的地方品种经提纯复壮后可以直接用于生产。

(2) 间接利用　由于地理环境、气候条件等生态因子的差异，大部分品种在当地种植表现不理想，但又具备某个或某些优势，可通过有性杂交进行后代分离或采用现代创新资源的一切手段，获得或转移优良性状，进行间接利用。

(3) 潜在利用　对于暂时不能直接利用或间接利用的种质资源，不可忽视。随着育种技术的发展和市场需求的变化，以后有可能发掘这些具备潜在作用的资源，在利用价值上不可低估。

4. 种质资源的创新 种质资源的创新是培育丝瓜新品种的主要工作之一，培育的新品种是否具有市场竞争力，是否能满足和引导市场需求，取决于种质资源的创新。种质资源创新的途径主要从如下几方面着手。

① 通过有性杂交多代分离，获得综合性状优良的株系，丝瓜杂交后代通过6～7代分离选择，即可获得稳定的自交系。

② 在农家地方品种栽培田里的大群体中去发现突变株。丝瓜是异花授粉作物，加上特殊的自然地理和气候条件，在栽培田中往往可以发现突变株，通过多代自交选择可以获得新资源。

③ 从野生资源中筛选更符合育种目标的株系。

④ 通过物理、化学诱变获得创新资源。

⑤ 通过细胞工程、基因工程等现代技术手段获得创新资源。

（三）品种类型与代表品种

1. 普通丝瓜 生长期较长，果实短圆柱形至长圆柱形，表面粗糙，并有数条墨绿色纵纹，无棱。印度、日本及东南亚等地的丝瓜多属此种。中国长江流域和长江以北各省份栽培较多。果实形状可分为长圆柱形（如南京长丝瓜、武汉白玉霜及各地线丝瓜）、中圆柱形（如广东长度水瓜）和短圆柱形（如广东短度水瓜、上海香丝瓜）。代表品种有：

（1）线丝瓜 云南省个旧市地方品种。四川成都和重庆江津栽培较多，现长江流域及以北地区均有栽培。叶掌状5裂，浓绿色，叶面较光滑，有少量白色茸毛。茎蔓旺盛，分枝力强。主蔓第10～12节着生第1雌花。果实长圆柱形，一般长50～70 cm，也有1 m以上的，横径4～6 cm。皮浓绿色，有细皱纹或黑色条纹，肉较薄，品质中等，单果重500～1 000 g，适应性和抗逆性强。

（2）南京长丝瓜 又名蛇形丝瓜，南京市地方品种，长江流域各地均有栽培。茎蔓长势旺盛，主蔓第7～8节开始着生雌花，以后能连续着生雌花。果实长棒状，长100～150 cm，有的长达2 m以上，横径上端约3 cm，下端4～5 cm。皮绿色，肉质柔嫩，纤维少，品质好。

（3）白玉霜 武汉市郊农家品种。叶掌状，茎蔓分枝力强，主蔓第15～20节着生第1雌花。果实长圆柱形，一般长60～70 cm，横径5～6 cm。皮浅绿色并有白色斑纹，表面皱纹多，皮薄，品质好。一般果重300～500 g。不甚耐旱。

（4）香丝瓜 主要分布在四川、云南和上海等地。早熟品种。叶掌状，浓绿色。果实短圆柱形，长16～20 cm，横径3～4 cm，皮绿色，粗糙，肉肥厚，味香甜，但易纤维化。一般单果重150～200 g。

（5）长沙肉丝瓜 长沙地方品种。植株生长势强，分枝多。主蔓第7～9节着生第1雌花。果实长圆筒形，两端稍粗，长30～40 cm，横径7～10 cm，单果重500 g。果皮绿色，果面较粗糙，被蜡粉，有10条纵向深绿色条纹，肉质肥厚，纤维少，柔嫩多汁，品质好，耐贮运。

（6）湘丝瓜1号 湖南省农业科学院蔬菜研究所育成。植株生长势强，主蔓第1雌花着生在第6～8节。果实长圆筒形，绿色，长36 cm左右，横径8 cm左右，单果重可达720 g。较耐寒、耐热、抗病。早中熟、丰产型品种，适宜各地春季保护地栽培、露地早熟栽培、秋延后栽培，海南等地还可在冬春季栽培。

2. 有棱丝瓜 植株生长势比普通丝瓜稍弱，需肥多，不耐瘠，果实短圆柱形至长圆柱形，具9～11棱，墨绿色。主要分布在广东、广西、台湾和福建等地。对环境条件较敏感，特别是对日照长度，生产上一般将其分为春丝瓜（如绿旺丝瓜、广东双清丝瓜）、夏丝瓜（如夏棠1号丝瓜）和秋丝瓜。代表品种有：

（1）青皮丝瓜 又名绿豆青丝瓜，广东省广州市地方品种。植株分枝力强，叶青绿色。主蔓第9～16节着生第1雌花。果实长棒形，长40～50 cm，横径4.5～5.5 cm。皮青绿色，具10条棱，也有的11～12条棱，皮薄肉厚，品质优良。一般单果重0.2～0.6 kg。

（2）乌耳丝瓜　广东省广州市地方品种。植株分枝力强。叶浓绿色。主蔓第8～12节着生第1雌花。果实长棒形，长40 cm，横径4～5 cm。皮浓绿色，具10棱，棱边墨绿色，皮稍硬，皱纹较少。肉厚柔软，品质优良，一般单果重250 g。

（3）雅绿1号　广东省农业科学院蔬菜研究所育成。早熟、耐热、抗病、优质。生长势强，外形美观，长棒形，头尾匀称，长60 cm左右，横径5 cm左右，单果重350 g左右。皮色深绿，棱色深绿，肉质柔软，品质优。早熟，出现第1雌花的节位低。

（4）绿旺丝瓜　广州市蔬菜科学研究所育成。植株生长旺盛，春播主蔓第7～10节着生第1雌花。果实长60 cm左右，横径4～5 cm，青绿色，具10条棱，棱墨绿色。单果重300～500 g。早熟，较耐旱，纤维少，品质好，耐贮运。

（5）夏优丝瓜　耐热、耐湿、抗病、丰产优质。果实纵径50～70 cm，横径5 cm左右，头尾匀称，单瓜重450～600 g。皮棱墨绿色有光泽，肉厚细嫩，味甜，品质优，符合内销及出口要求。

（6）夏棠1号　华南农业大学园艺系从农家品种棠东丝瓜中经系统选育而成。早熟，第1雌花节位低，在第12～15节。雌花节率高，节节有瓜。瓜长棒形，头尾均匀，长60 cm，横径5.5 cm。皮色青绿，棱10条，墨绿色。皮薄肉质柔软，含糖量高，味甜。单瓜重500～600 g。适应性强，耐热、耐湿、耐涝。

三、生物学特性与主要性状遗传

（一）植物学特征

1. 根　丝瓜属须根性植物，其强大的根系呈锥形分布在土壤中，根深达100 cm以上，但一般分布在30 cm的耕层土壤中，水平范围300 cm左右。根的再生能力强，在潮湿的条件下易产生不定根，形成发达的根系，耐湿、耐涝，也比较耐旱。根群的分布受土壤的理化性状、耕作层的深浅、地下水位的高低、土壤湿度、施肥量的多少及品种特性的影响，其根系有较强的趋水、趋肥和趋氧性，一般土质疏松、有机肥丰富的根群分布广而密集，山地、岗地等贫瘠的硬土质中根群分布相对少而集中。

2. 茎　茎蔓生，五棱，浓绿色，具茸毛，中间空腔极小或不明显，茎粗0.5～0.8 cm。主蔓一般长5～10 m，节间长12～15 cm。各腋芽均能发生侧蔓，一般能产生2～3级侧蔓，形成多分枝的茂盛茎蔓，蔓上各节能同时发生卷须和腋芽。一般侧蔓雌花着生节位比主蔓早，多在第3～6节开始发生。主蔓与侧蔓的结果情况，也因栽培季节与采收期而异。春丝瓜侧蔓与主蔓的结果相当，随着采收期的延长，侧蔓结果比重增加。夏丝瓜由于茎蔓生长旺盛，侧蔓发生早、生长势强，以侧蔓结果为主，每株结果4～6个，其中侧蔓结果3～4个。秋丝瓜生长势较弱，生长期短，以主蔓结果为主，侧蔓结果少。丝瓜的雌花虽多，但结果率不高。要提高结果率，有赖于改善植株的营养生长状态和提高光合效能。

3. 叶　叶多单生，掌状深裂或浅裂，也有心脏形。叶色浅绿或深绿。叶脉网状，背部叶脉突起，叶面光滑。有的品种有刺瘤或茸毛，叶面有蜡粉。初生叶为心脏形，随着茎蔓生长叶形开始发生变化，叶边沿裂刻加宽加深，呈掌状3～7裂单叶。普通丝瓜较有棱丝瓜深裂，绿色，叶脉放射状密被茸毛。一般叶长17～20 cm，宽17～23 cm，叶柄圆形，长10～15 cm。

4. 花　花多为单性花，雌、雄同株异花。萼片5枚深裂，绿色；花瓣5枚，黄色，一般先发生雄花后发生雌花。雄花为总状花序，雌花子房下位、单生，也有少数雌花多生品种。雌、雄花发生有一定的规律，与品种密切相关，早熟品种雌花着生于主蔓第4～10节，中晚熟品种着生于主蔓第11～16节，低温、短日照可促进雌花节位降低。

5. 果实　果实由下位子房发育而成，一般内有3个心室、3个胎座，肉质化为食用部分；肉质外层为果皮，由子房壁发育而成。皮层组织呈麻皮状纤维，外层有角质层，质地较硬。有的皮下还有一层含有叶绿素的细胞，叶绿素含量高，果实表皮呈浓绿色；叶绿素含量少，则果皮呈浅绿色或黄绿色。丝瓜果实有棱或无，普通丝瓜果实短圆柱形至长棒形，绿色，表面粗糙，有数条墨绿色浅纵沟；有棱丝瓜果实棒形，绿色，表面有皱纹，具多条棱，棱绿色或墨绿色。丝瓜果实的形状、颜色是区分品种的主要形态特征。丝瓜食用嫩果，随着果实的发育肉质纤维化，种子也逐渐成熟，老熟果则不宜食用。

6. 种子 种子椭圆形、扁平。普通丝瓜种皮较薄，表面平滑，有翅状边缘，灰白色或黑色，千粒重 90～100 g，每果含种子约 100 粒，有的品种含 400～600 粒；有棱丝瓜种皮厚，表面有网纹，黑色，每果有种子 60～150 粒，千粒重 120～180 g。

（二）生长发育及对环境条件的要求

1. 生长发育 丝瓜整个生长发育周期分为发芽期、幼苗期、抽蔓期和开花结果期。自播种至罢园，一般需 90～120 d，其中发芽期 5～7 d，幼苗期 15～25 d，抽蔓期 10 d 左右，开花结果期 60～80 d。

2. 开花结果习性 丝瓜雌、雄同株异花，属异花授粉作物。通常情况下，雄花先发育，早于雌花开放。雄花为总状花序，雌花子房下位、单生，也有少数雌花多生品种。普通丝瓜一般在上午 6～10 时开花，阴雨天温度低时则延迟到 10 时后开放。有棱丝瓜一般在 16 时后开花。雌、雄花发生有一定的规律，与品种密切相关，早熟品种雌花着生于主蔓第 4～10 节，中晚熟品种着生于主蔓第11～16 节，低温、短日照可促进雌花节位降低。丝瓜花瓣黄色，为虫媒花。

天气晴朗、温度较高时昆虫活动频繁，自然授粉果实发育良好，结果率高；阴雨条件下需进行人工辅助授粉以促进果实发育，提高制种田种子产量。

3. 对环境条件的要求

（1）温度 丝瓜喜温耐热。种子发芽适宜温度为 25～30 ℃。种子充分吸水后，在 28～30 ℃时能迅速发芽，20 ℃以下发芽缓慢。茎叶生长和开花结果都要求较高温度，温度在 20 ℃以上生长迅速，在 30 ℃时仍能正常生长和开花结果。15 ℃生长缓慢，10 ℃以下生长受抑制甚至受冷害。

（2）日照 丝瓜属短日照植物。抽蔓期以前需要短日照和稍高温度，促进茎叶生长和雌花分化；开花结果期则需要较高温度和长日照、强光照，促进营养生长和开花结果。生长前期高温、长日照易徒长，延迟开花结果；生长后期温度低、日照不足，生长弱，结果少，采收期也短。雌花开放后 18 d 左右果实最重，生产上多在开花后 15 d 左右采鲜果，食用品质佳，也减少与其他果实竞争养分，能提高坐果率。果实的生理成熟需要 50 d 左右。

（3）湿度 丝瓜不但要求较高温度而且需要较高湿度。适于温暖、阳光充足、空气和土壤水分充足的环境茎叶茂盛，结果多，品质好，采收期较长，产量高。一般来说，丝瓜发育期空气相对湿度保持在 80%～90%为宜。

（4）养分 丝瓜茎叶茂盛，生长期较长，结果多，对肥水需求量大。对各种有机肥都能适应，以氮、磷、钾齐全，肥效长的猪、牛粪为好。有机肥除作基肥外，还可以于盛果期施 1 次，以延长结果期，提高产量。在生长期内分期施用追肥，特别是在结果以后要追施，以达到多结果、延长结果期的目的。

（三）主要性状的遗传

1. 种子颜色 丝瓜成熟种子的颜色一般表现为黑色。徐海等（2007）采用亲本材料白籽短圆肉丝瓜多代自交系 L0074、湖南省农家品种长沙肉丝瓜的多代自交系 L0077、江苏省姜堰地方品种五叶香丝瓜的多代自交系 L0095，配制L0095×L0074（黑籽×白籽）和 L0074×L0077（白籽×黑籽）组合，根据 2 个组合 F_1 代、F_2 代及回交后代种子颜色的表现可以认为，丝瓜的种子颜色遗传是受 1 对基因控制的质量遗传，黑色为显性，白色为隐性。为此，在普通丝瓜杂交制种过程中，可以利用白色种子作为标记性状，快速检测 F_1 代的纯度。

2. 果实长度　高军等（2007）应用植物数量性状主基因＋多基因混合遗传模型和经典遗传学方法，对短果形的沅江肉丝瓜（L0091）与长果形的蛇形丝瓜（L0069）杂交组合多个世代群体的果长进行了联合分析，结果表明 L0091×L0069 果长遗传由 1 对加性主基因控制，并由加性-显性多基因修饰；F_1 代表现出一定的杂种优势，但没有达到超亲优势，这与主基因较大的负向加性效应有关，说明普通丝瓜果长的育种选择宜采用常规的杂交育种方法，对控制果长的主基因加性效应进行积累，以达到改良果长的目的。林明宝等（2000）报道用长果自交系 S16318 和短果自交系 KN41531 作亲本进行杂交、自交和回交，应用数量遗传学原理分析各世代的遗传效应，表明有棱丝瓜果长遗传方式属数量遗传，其遗传效应符合加性-显性遗传模型，以加性效应为主，控制果长性状的最少基因数为 4 对。结果显示，开展有棱丝瓜果长的品质育种宜采用常规的杂交育种。有棱丝瓜果长性状的表现在一定程度上受到环境效应的影响，同一品种春植果实较长，夏植较短，同 1 株中基部和顶部之果较短，中间节位的果实较长。

3. 果色　林明宝等（2000）对有棱丝瓜两个深绿果色的自交系 UR1472 和 CS2513 分别与两个赤麻果色自交系 KN1318 和 SZ1413 进行正交、反交、自交和回交后，对各世代果色遗传分析表明，赤麻果色为质量性状，其遗传受 1 个显性核基因控制，赤麻色对深绿色为显性。为此，在有棱丝瓜果色的品质育种中，用赤麻果色亲本与深绿果色亲本杂交，其后代中应不难选出综合经济性状优良的赤麻果色或深绿果色的品系。有棱丝瓜的果色同样受环境条件影响，同一深绿果色的品种春、秋季种植果色特别深，而夏季则较淡些，这是温度因子在起作用。

4. 第 1 雌花节位　苏小俊等（2007）选取第 1 雌花节位有梯度差异的普通丝瓜品种 L001 与 L023 配制组合，调查亲本及杂交后代的第 1 雌花节位，利用植物数量性状主基因＋多基因混合遗传模型联合分离分析了第 1 雌花节位遗传规律。结果表明，普通丝瓜第 1 雌花节位遗传符合 2 对加性主基因＋加性-显性多基因遗传模型；F_2 群体遗传力（主基因＋多基因）为 58.91%，且以加性效应为主；环境方差占总表型方差的 38.02%～45.1%；不同材料之间遗传模型存在一定的差异。结论：对第 1 雌花节位进行定向选择具有较为明显的效果；早熟性不太可能通过杂种优势育种来实现；以第 1 雌花节位均较低的材料作为双亲，才能提高早熟育种效率；环境对第 1 雌花节位的遗传影响较大，要不断地对第 1 雌花节位进行选择。

5. 节间长度　徐海等（2007）研究表明，节间长度性状的遗传由两对主基因和多基因共同控制，其中 2 对主基因的负向显性效应在缩短节间长度的育种选择中利用价值较大。第 1 雌花节位的遗传，基本可以确定至少由 1 对主基因控制，大多数组合还有多基因的修饰作用。不同组合的遗传效应会有较大差异，且受环境因素影响较大，遗传稳定性不高。在育种选择中，节间长和第 1 雌花节位都不适宜单独作为选择标准，而应作为总产量和早期产量性状的辅助选择标准。

6. 叶腋绿斑　王益奎等（2008）研究表明，有棱丝瓜叶腋有绿斑相对无绿斑正、反交，F_1 代植株叶腋表现型全部为叶腋有绿斑；正交 F_1 代与钦州小丝瓜回交后代植株叶腋绿斑与无绿斑分离比例约 1∶1，正交 F_1 代与广西 1 号丝瓜回交后代植株叶腋全有绿斑；正、反交自交后，F_2 代分离结果为有绿斑∶无绿斑接近 3∶1，经 χ^2 检测，回交及 F_2 代分离结果差异不显著，符合理论比例，说明有棱丝瓜叶腋绿斑为显性性状，无叶腋绿斑为隐性性状，绿斑为细胞核遗传，受 1 对等位基因控制。

7. 抗病性　谢文华等（1999）采用泰国丝瓜（抗病）、夏棠 1 号自选株系（中抗）、双青丝瓜（中抗）、乌耳丝瓜（感病）、石井丝瓜（高感）、天河丝瓜（高感），进行 6×6 完全双列杂交，按 Hayman 模型对丝瓜霜霉病抗性进行遗传分析，抗性的一般配合力和特殊配合力均重要；该性状适合加性-显性模型，以加性效应为主，表现为不完全显性，显性基因比例较高，狭义遗传力为 69.63%；加性基因至少为 4 对。

8. 品质性状　苏小俊等（2009）研究表明，可溶性糖含量的遗传体系主要由两对主基因和多基因共同构成，可溶性蛋白质含量的遗传体系则都是由加性主基因和加性显性多基因共同构成的。这两项品质性状受环境误差影响相对较小，遗传较稳定，通过育种选择进行性状改良的可行性较高。

9. 主要农艺性状相关性研究 李文嘉（2004）对有棱丝瓜主要农艺性状进行了相关及通径分析，表明瓜长、单果重等两个性状与产量呈极显著正相关，前期产量、果形指数与产量呈显著正相关，始收期与产量呈极显著负相关，第1坐瓜节位与产量呈显著负相关；通径分析表明，结果数和单瓜重两个性状对产量形成的直接作用最大，且对产量的决定系数总和达0.981 2，因此，可以作为有棱丝瓜高产育种的主要选择性状。苏小俊等（2007）对普通丝瓜雌花节率与早熟性的相关性研究表明，丝瓜早、中、晚熟材料的雌花节位划分标准为：早熟材料的第1雌花节位≤8.0节，第2雌花节位≤9.5节；中熟材料的第1雌花节位为第8.1～12.9节，第2雌花节位为第9.6～14.9节；晚熟材料的第1雌花节位≥13.0节，第2雌花节位≥15.0节。苏小俊等（2007）研究了102份丝瓜种质材料的第1～3雌花节位、第1～3雄花节位、开放的第1雄花天数、开放的第1雌花天数之间的相关性，表明第1～3雄花节位性状之间及第1～3雌花节位性状之间均达极显著正相关；第1～3雄花节位和第1雄花开放天数性状间、第1～3雌花节位和第1雌花开放天数性状间均达极显著正相关。研究认为可以第1雌花节位的高低作为评价丝瓜熟性迟早的标准，早熟材料的第1雌花节位≤7.6节，中熟材料的第1雌花节位为第7.7～12.9节，晚熟材料的第1雌花节位≥13.0节。丝瓜的节成性较高。大部分丝瓜品种的雄花先于雌花开放。

四、育种目标

（一）品质育种

1. 食用品质 丝瓜的食用品质主要体现在纤维少，肉质细软、柔滑，无苦味。

2. 营养品质 丝瓜营养较丰富，是夏秋主要瓜类之一。其营养成分是维生素C、碳水化合物和矿物质等，还含有少量的胡萝卜素及多种生物碱，对机体的生理活动具有重要的调节作用。丝瓜育种主要目标是增加维生素C、碳水化合物及矿物质含量，改进风味，增加口感。

3. 耐贮运品质 丝瓜是冬季和早春南菜北运的重要瓜果。耐贮运主要体现在果皮稍厚、有较强韧性、花蒂不易脱落、果形指数适中、果长中等。对普通丝瓜耐贮品种的选育应注意亲本上述性状的筛选。

4. 外观品质 丝瓜的外观品质主要包括果实颜色、果面条纹、果实性状等因素，不同地区对丝瓜的外观有不同要求。广东、广西等地大量栽培有棱丝瓜，是该地的名优特产蔬菜，且要求有棱丝瓜果实颜色和果实性状符合消费习惯。湛江、韶关、清远等地要求果皮赤麻色、大肉型，果长要求在30～40 cm，较短粗；而珠江三角洲及港澳市场则要求深绿色、长条形，果长必须在60～80 cm，短于或长于这一范围均属低端或劣质产品，对有棱丝瓜均要求棱沟低平。

对普通丝瓜各地的要求也不一样。上海、江苏等地喜欢果实绿色细长的线丝瓜；而湖南等地则要求果实深绿或绿色，中等长度或较短粗，瓜瘤明显、瓜霜浓厚、瓜蒂膨大、肉质鲜嫩，尤其青睐生长速度快、采摘时留有新鲜花蒂的肉丝瓜，如长沙肉丝瓜。

各地大都要求果实厚度中等、着生多个条纹，果皮着色均匀，果实头尾粗细较匀称，长短整齐，畸形果少。

（二）丰产选育

丝瓜单位面积产量由平均单株果数、平均单果重和单位面积合理栽植株数构成，丰产育种应注意与构成产量相关性状的选择。李文嘉等（2004）研究表明，瓜长、单瓜重等2个性状与产量呈极显著正相关，前期产量、果形指数与产量呈显著正相关，始收期与产量呈极显著负相关，第1坐瓜节位与产量呈显著负相关。结果数和单果重2个性状对产量形成的直接作用最大，可作为有棱丝瓜丰产育种的主要选择性状。由于第1、2、3雌花节位的高低很大程度影响到早熟性及前期产量（苏小俊等，2007），而前期产量又与总产量呈显著正相关，因此在丰产育种时宜选择雌花着生节位低、雌花节率高的亲本材料。

（三）抗病选育

丝瓜抗性育种针对的主要病害有霜霉病（病原：*Pseudoperonospora cubensis*）、疫病（病原：*Phytophthora melonis parasitica*）、枯萎病（病原：*Fusarium oxysporum* Schl. f. sp. *luffae*）等。

五、育种途径

（一）选择育种

对丝瓜的选择可分别采用两种基本选择法（单株选择法和混合选择法）的综合应用，即单株-混合选择法和混合-单株选择法。

1. 单株-混合选择法　选种程序是先进行1次单株选择，在株系圃内淘汰不良株系，再在选留的株系内淘汰不良植株，然后使选留的植株自由授粉，混合采种，以后再进行一代或多代混合选择。该选择法的优点是：先经过1次单株后代的株系比较，可以根据遗传性淘汰不良的株系，以后进行混合选择，不致出现生活力退化，并且从第2代起每代都可以生产大量种子。缺点是选优纯化的效果不及多次单株选择法。

2. 混合-单株选择法　先进行几代混合选择，再进行一次单株选择。这种选择法的优缺点与前种方法相似，适合于株间有较明显差异的原始群体。

（二）有性杂交育种

1. 有性杂交方式　丝瓜属雌、雄同株异花作物，通常先开雄花，植株一生中有逐渐从雄性状态向雌性状态转变的趋势。雄花总状花序，雌花一般单生，也有少数品种雌花多生。普通丝瓜一般在6～10时开花，气温低、光照弱时则延迟到10时后开放；有棱丝瓜一般在16时后开花。

丝瓜杂交育种中，如果在1 000 m以内除杂交双亲外无其他品种，则可通过人工去除母本株雄花，自然授粉或辅以人工授粉的方式进行杂交授粉。如果在此范围内有其他品种则需在去除母本株雄花的同时，于父本雄花及母本雌花开放前1 d扎花或套纸袋，次日人工授粉后再扎闭或套纸袋，以确保杂交纯度。

2. 有性杂交技术　凡是花冠已呈明显黄色的大花蕾，次日上午就能开放。花粉在雄花开放前1 d已有一定的活力，到开花当天花药开裂时达到最大生理活性，花药开裂、花粉脱离出来后活力即显著下降，尤其在高温的条件下。雌花在开花前1～2 d到开花后1～2 d都有受精能力，但以开花当天受精能力最强。因此，在人工杂交时应于开花前一日下午对母本株上的雌花和父本株上的雄花进行扎花隔离或套纸袋隔离，开花当日上午露水干后的7～9时进行，将雄花花冠剥去后以花药轻轻涂抹雌花，然后封闭雌花或套另一颜色纸袋，挂牌标记。一般1朵雄花可授粉2～3朵雌花。有时为省工也可在开花前一日的上午取未开的雄花大花蕾的花粉，授在未开雌花大花蕾的柱头上，然后扎闭花冠。但此法授粉效果较前者差一些，影响结实率和杂交种子产量。在母本株上的雄花开放前及早摘除，可防止杂交失败，也可节省养分。杂交结束后去除所有未杂交花果，这样不仅可以减少误差，也有利于植株生长及杂交果的膨大。

3. 杂交后代的选择 选择与淘汰应从 F_1 代开始，因为在选种工作上一般所采用的亲本其基因型不是太纯合（特别是从农家引入而未提纯的品种）。例如，即使 F_1 代（抗×不抗）的抗性表现感病，但感病株之间也有程度差别，应从中选出感病较轻、生长健壮、丰产性较好、果形与果色较合适的母株留种，分别编号，下一代（F_2）按单株播种，每个单株播成一个株系。

F_2 代是后代选择关键的一代，大幅分离出双亲性状重组的植株。在该代各株系中，严格挑选经济性状优良、抗病性强的单株作母株留种，分别进行系统编号。

丝瓜是异花授粉作物，由 F_1 代开始直至性状稳定的高世代为止，最好采用单株系统选择法。每个世代每个单株都应进行自交。到商品成熟时选择一次，到生理成熟（种瓜成熟）时再选择淘汰一次。定型后可以在空间隔离或季节隔离条件下，让整个入选株系或几个入选株系进行自然授粉，以提高后代生活力。

4. 亲本的选择与选配 亲本选择与选配是丝瓜有性杂交育种和优势育种成败的关键。丝瓜类型多样，性状也较复杂。在丰产育种、品质育种和抗性育种中应根据有关果长、果色、果重、结果数、营养成分和抗病性状的遗传规律选择亲本确定配合方式。现已明确有棱丝瓜果皮赤麻色对深绿色是显性，而果长遗传方式属数量遗传，控制果长性状的最少有 4 对基因，对抗病性及品质遗传研究很少。参考其他瓜类的育种经验，对丝瓜亲本的选择可考虑选远地域、远生态型的亲本，可采用有棱丝瓜和普通丝瓜杂交后多代回交的方法，另外，可采用多亲本杂交。现代育种包含多方面的目标，而且对病害的抗性强调水平抗性。因此，利用丝瓜丰富的种质资源，采用多亲本、复合杂交的方法，经多次基因重组，综合多个亲本的优点，最终选育出具有多个优良性状的品种。

至于丝瓜育种中亲本的选配则主要考虑亲本性状互补，不同类型和不同地理起源的亲本组合，以具有最多优良性状的亲本做母本，对质量性状而言双亲之一必须符合育种目标，并与一般配合力高的亲本配组。

（三）杂种优势利用

丝瓜杂种优势育种是目前国内应用最广泛的育种途径，现市场上大部分新品种都是优势育种的成果。有性杂交育种利用的是丝瓜主要性状的加性效应和部分上位效应，即可以固定遗传的部分，在程序上是先杂后纯，最后选择基因型纯合的定型品种。而优势育种是先纯后杂，首先选育自交系，通过配合力分析和选择，选育出优良的基因型杂合的杂交一代新品种。

1. 杂种优势表现 根据最近几年选育的丝瓜杂种一代新品种在市场的表现及相关杂种一代新品种的选育报告，丝瓜的杂种优势主要表现在丰产、优质、抗病、适应性强和整齐度高等方面。汪玉清（2005）对 5 个普通丝瓜自交系及其 15 个杂交组合主要经济性状的遗传分析结果表明，丝瓜 F_1 代存在明显的杂种优势，产量、前期株高、节间长度、果实发育速度等性状的优势较大，总产量超中优势组合比率为 86.7%，超亲优势组合比率为 66.7%，可溶性糖等品质性状优势组合比率最低，杂种优势不明显。遗传效应研究表明，第 1 雌花节位及果长、果径等 8 个性状受加性和显性效应共同控制。遗传力研究结果显示，果长、果径的广义遗传力和狭义遗传力均较高，前期产量和可溶性蛋白含量的广义遗传力最低。林明宝等（2000）对有棱丝瓜果长、果色性状的遗传规律研究结果表明，果长遗传属数量遗传，符合加性-显性模型，以加性效应为主，控制果长的基因最少有 4 对，果色遗传属质量遗传，受 1 个显性核基因控制。谭云峰等（2008）选用 2 个有棱丝瓜和 4 个普通丝瓜自交系按完全双列杂交设计得到 30 份杂交组合，对 F_1 代有胚率和花芽性状进行方差分析和差异分析，结果表明，有棱丝瓜与普通丝瓜种间杂交亲和性较高，种间杂交组合的种子活力高于种内杂交组合，苗期长势明显强于普通丝瓜亲本，不存在生理不协调。高军红（2003）对 11 个丝瓜杂交组合分析发现，11 个组合的产量、早熟性、抗病性均优于对照，表现出杂种优势。袁希汉等（2006）选用普通丝瓜 6 个纯合自交系，按双列杂交设计配制 15 个杂交组合，对其 13 个农艺性状进行相关分析与通径分析，结果表明，结果数、单瓜重对丝瓜产量形成的直接作用最大，直接通径系数分别为 0.946 和 0.754，说明在丝瓜高产育种中，结果数和单瓜重可作为主要选择性状。

2. 优良自交系的选育　自交系是优势育种的亲本，必须基因纯合，表现型整齐一致，如丝瓜自交系的熟性、果形、果色、节成性等均整齐一致，且系内姊妹交或系内混合授粉其特征特性能稳定地传递给下一代。丝瓜自交系的一般配合力要高，一般配合力受加性遗传效应控制，是可遗传的特性。一般配合力高表明自交系具有较多的有利基因，是产生优势杂交种的基础。丝瓜自交系还需具有优良的农艺性状，如产量性状、熟性性状、果实性状和抗病抗逆性状等，选育优良的丝瓜自交系可通过如下方法和措施获得。

（1）选育自交系的原材料　丝瓜自交系的原材料多种多样，主要有各个地方品种、各类杂交种和通过诱变或生物工程技术获得的新材料。

（2）选育自交系的方法　各个地方品种和通过诱变或生物工程技术获得的新材料，可通过多代人工套袋自交对目标性状合理选择而获得自交系。在多代自交选择的过程中一定要结合目标性状优良、一般配合力高和遗传纯合 3 个基本要求进行，对各类杂交种按杂交后代的选择方法进行自交选择。丝瓜一般通过 5～6 代可获得稳定的自交系。

3. 亲本自交系及杂交组合的配合力测验　自交系本身经济性状的优良与否虽然会影响杂交一代的表现，但目前还不能准确预测。因此，杂交一代的表现与亲本的配合力关系更为密切。只有当亲本的一般配合力和某一组合的特殊配合力均高时，才能育成杂种优势明显的杂交一代新组合。配合力的测验方法主要有顶交法、双列杂交法和不完全双列杂交法 3 种，这 3 种方法同样适用于丝瓜亲本自交系及杂交组合的配合力测验。

4. 自交系间配组方式的确定　目前优势育种实践中只采用单交种，即两个自交系杂交配成的杂种一代，双交种和三交种在丝瓜优势育种中一般不采用。自交系间配组应考虑以下几个因素：

① 配组双亲的一般配合力和特殊配合力要高，这样才有可能育出杂交一代优势的组合。

② 性状优良，双亲互补。以综合性状优良的自交系为母本，按性状互补的原则选配父本。双亲的优点必须达到育种目标要求。主要目标性状的不同构成性状，双亲间应互补，以便该性状超亲。若目标性状为隐性性状，则要求双亲都必须具有，且任一亲本不得有其他显性不良性状。

③ 选择亲缘关系和地域性差异稍大的亲本配组。

④ 母本的种子产量要高，以提高杂种一代的种子产量。丝瓜不同品种种子产量相差较大，具有遗传稳定性。因此，在保证母本配合力高、主要目标性状优良的同时要兼顾母本的种子产量。

5. 品种比较、生产和区域试验

（1）品种比较试验　根据育种目标育成的杂交一代组合在品种试验圃中进行全面比较鉴定，用主栽品种 1～2 个做对照，按育种目标的具体要求分项进行田间统计和分析，最后选出目标性状都优于对照的 1 个或几个新组合。品种试验圃需按正规的田间试验法进行，3 次以上重复，控制环境误差。品种比较试验一般进行 2～3 年。

（2）生产和区域试验　生产试验是把在品种比较试验中选出的优良组合放到本地和外地的丝瓜种植区，直接接受种植者和消费者的评判，一般面积不少于 667 m^2。区域试验是根据各地地理、气候条件和消费习惯的不同，在不同区域设置几个试验点，以当地主栽品种做对照，由农业主管部门主持进行比较试验，方法与品种比较试验相同，以检验新组合的区域适应性和稳定性，进行 2～3 年。通过以上试验，确定优良组合，最后通过省级种子主管部门的认定才能在市场上推广。

兴蔬美佳选育过程见图 21－6。

（四）生物技术育种

生物技术的手段和方法为育种研究提供了新的途径，生物技术在丝瓜的遗传育种、品质改良、抗

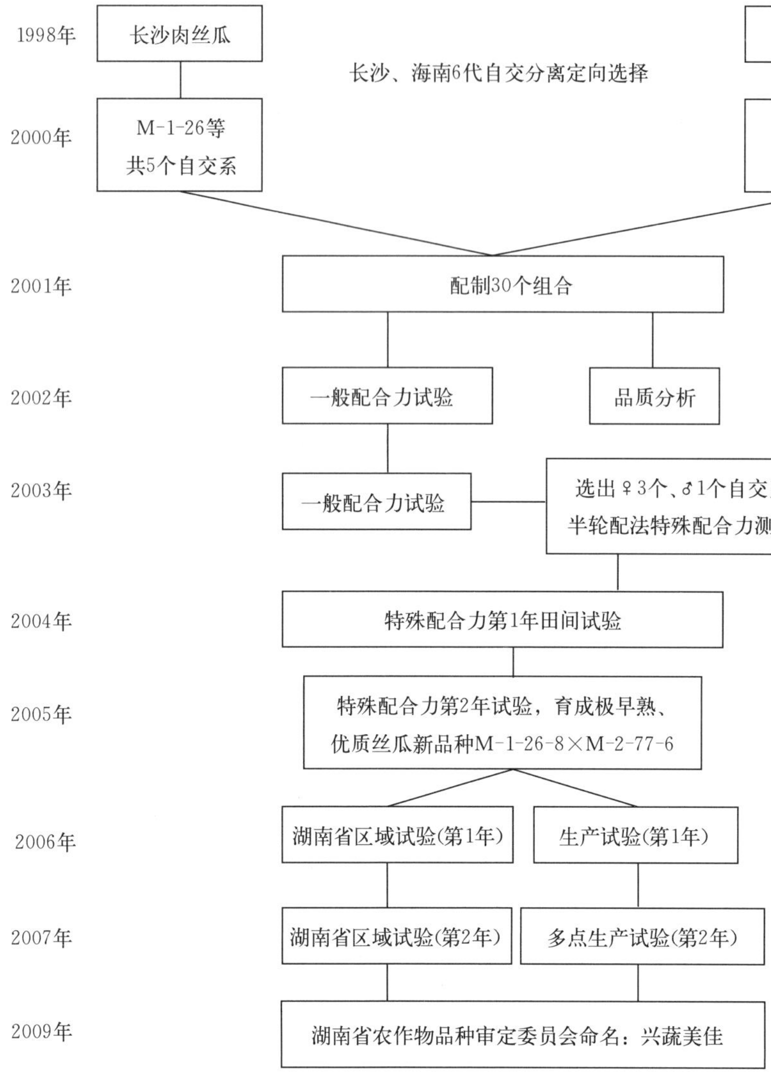

图 21-6 兴蔬美佳的选育过程

病育种上有广阔的应用前景，但到目前有关的研究报道仍较少。王少先等（1997）采用离体花粉培养技术对丝瓜花粉萌发特性进行研究，结果表明丝瓜花粉属于好气性萌发类型，萌发时需要一定的外源营养物质供应；王慧莲（1999）和谭兆平等（2001）分别对普通丝瓜和有棱丝瓜利用组织培养进行快速繁殖获得成功。在资源评价方面，刘军等（2010）利用 SSR 和 SRAP 标记对 30 份丝瓜种质资源进行遗传多样性分析，30 份种质间的平均遗传相似系数为 0.761，说明丝瓜种质遗传背景比较狭隘。聚类分析显示，30 份丝瓜种质被划分为普通丝瓜与有棱丝瓜两大类。

中国丝瓜遗传育种研究基础比较薄弱，主要还是利用常规育种、杂种一代优势利用等方法进行丰产、果形、抗病及品质育种。利用生物技术创新育种材料的研究很少，应加强分子育种研究，包括指纹图谱、遗传多样性、分子标记等，同时要加强生物技术研究与常规育种相结合。

六、良种繁育

（一）常规品种的繁育方式与技术

丝瓜是天然异花授粉作物，在进行良种繁育时必须具有健全的繁育制度，防止生物学混杂、机械混杂，以保持优良种性。常规品种的繁育需注意隔离和提纯复壮工作。

1. 原种生产　必须用高标准的原种来繁殖。原种必须是育种单位新育成品种的原始种子，或按原种标准化方法（二圃或三圃制）从原种圃收获的、符合原种标准的种子。

原种生产的程序（以二圃制为例）：将上年严格入选的优良单果种子按小区种植成单果圃。生长期间和收果时，按该品种的性状标准严格进行田间株选和考种。选优汰劣后，将中选的单果小区种子混合采种，供下年原种圃繁殖原种用。第 2 年在原种圃繁殖原种时，生长期间和成熟收果时严格去杂去劣，收获后的混合种子按原种标准检验合格者即为原种种子。

2. 生产种生产　丝瓜生产用种应在良种繁殖基地进行。良种基地应具备如下条件：掌握原种生产规程或有稳定的原种来源；拥有专业化的繁育队伍，技术上可靠；拥有较好的耕地和空间隔离条件，隔离距离在 1 000 m 以上，有相关的种子检验、加工、贮藏条件。

（二）自交系繁育与一代杂种制种技术

1. 自交系的隔离繁殖　与丝瓜常规品种的隔离繁殖方法相同。注意以下几点：

① 选择隔离条件好、土质疏松、土层深厚、排灌方便和朝阳的地块种植自交系。

② 开阔地自交系种植最近距离应在 1 000 m 以上。

③ 在开花结果期应于每天 8 时至 10 时进行人工辅助授粉，以提高种子产量，每株留种果 4～5 个。

④ 自交系的原原种应保存 5 年以上，原种量估计要足够用到 3 年，避免年年繁种而种性退化。

2. 自交系的自交保纯繁殖　自交系的自交保纯主要用于自交系原原种和原种的生产。

① 利用网室网棚隔离，人工辅助授粉或放蜂传粉。网室网棚的大小根据繁种量确定或便于农事操作，现一般采用大棚结构，纱网采用 30 目或 20 目的便可。此方法省时、省工，但一次投入较大。

② 露地人工套袋自交保纯。在露地进行自交系繁殖必须进行人工套袋和人工授粉，授粉果可以系红毛线标记，以区别于未进行人工授粉的果实，采种时只采有标记的果实。

③ 在繁殖原原种和原种的生产田中，要经常到田里观察，对每一株的田间表现都要及时了解，发现杂株马上拔除，对可疑株也应马上拔除。

3. 自交系的单株选择　主要在繁殖自交系的原种和原原种时采用。丝瓜是异花授粉作物，遗传基础较复杂，在自交系中往往产生不良单株。在繁殖圃中应根据该自交系的主要特征特性进行单株选择，然后混合留种。这样能较长时间保持该自交系的特征特性。

4. 亲本的播期与比例　在安排丝瓜杂交一代种子生产时，首先要确定亲本的播期和种植比例。播期应安排在当地丝瓜的正常生产季节，同时考虑父母本的花期相遇。在开花期相同的情况下，父本比母本早 2～3 d 播种。开花期不同应错开播期，要保证母本雌花开放时父本田有花粉供应。父、母本种植比例一般是 1∶8～10。若父本雄花数不多，可适当增加种植株数。一般丝瓜每朵雄花可以授粉 2～3 朵雌花，每株母本一般坐果 4～5 个。

5. 杂交前后的保纯　目前丝瓜杂交一代制种都采用人工授粉的方式，在授粉前要将母本植株已开放的雌花全部摘除，对母本雌花和父本雄花套袋保纯。丝瓜一般在上午 8～9 时开花，开花前 1 d 下午用细细的保险丝轻轻扎住父本雄花和母本雌花的花冠，开花当天上午 8～9 时轻轻解开保险丝，雌花自然张开，然后将雄花摘下并除去花瓣，将花粉直接轻涂在母本雌花柱头上，授粉完成后依然用保险丝轻轻扎住雌花花冠，最后挂牌标记，注明父母本、日期等。也有用纸筒套袋的，但纸筒套袋一则不能完全密封，小爬行虫可进入，二则风吹容易掉落，没有用保险丝扎花可靠。

6. 田间管理

① 父、母本在播种时要分开播种，种植时要分开种植，以免造成人为混杂。

② 选择肥沃、向阳、排灌良好的土地作为制种田，每公顷施农家肥 15 000 kg，菜饼肥 1 500 kg，

采用地膜覆盖栽培。

③ 母本种植密度，早熟品种一般 22 500～30 000 株/hm^2，中晚熟品种 15 000～30 000 株/hm^2，父本种植密度为 12 000 株/hm^2。搭人字形架或平架，母本摘除所有侧枝，父本侧枝不摘除。

④ 1 朵雄花可供授粉雌花 3 朵。母本每株可以坐种瓜 4～5 个，父本控制坐瓜。

⑤ 果柄干枯、皮色变黄时，种子成熟，即可采收。

7. 瓜龄与后熟 丝瓜开花授粉后，经 35～50 d 种子成熟，瓜龄与品种的熟性和积温有关。熟性早的品种瓜龄较短，熟性晚的瓜龄较长；积温高的地区瓜龄较短，积温低的地区瓜龄较长。

8. 晾晒 种瓜采回后，置于通风处，任其自然干燥。当种子完全干燥、摇动发出响声时，即可取种，充分晒干，当种子含水量达到 8%时即可用双层编织袋收存，并写清品种名称、收种日期、数量等，存放在低温、干燥的地方。

（三）种子贮藏与加工

1. 种子检测 种子检验是衡量种子质量、确定种子价值的重要手段，是种子管理工作的主要环节。丝瓜种子检验是通过取样对种子的净度、纯度、发芽率、含水量进行测定和鉴定。

（1）*净度* 是测定供检样品的净种子与其他植物种子和杂质的重量百分率。合格种子净度不能低于 99.5%。

（2）*纯度* 是测定供检样品种性符合该品种特征特性的程度，通常用百分率表示。目前主要是通过分子标记技术和田间鉴定来测定种子纯度，而应用较普遍的是田间鉴定。田间鉴定的方法是将供检样品种子（每批次不少于 100 粒）按常规栽培种植在纯度鉴定圃中，以该品种种植田为对照，对样品的各项性状与该品种各项性状在同一环境和栽培管理条件下进行比较，对性状表现一致的植株数量进行统计，计算百分率。该百分率就是供检样品的纯度，丝瓜种子纯度要求达到 95%以上。

（3）*发芽率* 即在一定的条件下，种子发芽的粒数占被检种子粒数的百分比。是测验种子发芽潜力和种子活力的重要指标。取样 100 粒用 50 ℃的温水浸种 4～6 h，将充分吸水的种子置于垫有湿纸巾或湿纱布的培养皿中，放入 30～35 ℃的恒温箱中催芽。每天保持培养皿湿润，并清洗一次。在第 7 d 和第 14 d 调查发芽种子数，并计算百分率。丝瓜种子的发芽率应在 95%以上。

（4）*含水量* 是测定种子含水分的数量。目前主要通过手提式种子水分测定仪测试。丝瓜种子含水量应控制在 7.5%～8.5%。

2. 种子加工 丝瓜种子收回后先通过风车吹掉部分杂质和空秆，然后通过瓜类种子精选机，获得大小一致的种子。

3. 种子贮藏 将通过检测和加工的种子用塑料袋按每袋约 20 kg 分装，内置 1 000 g 干燥硅胶，做好内外标签，注明品种名称、制种户名称、重量、日期、批次等内容，放入 10 ℃左右的冷库中备用。堆放高度不超过 6 层。

（袁祖华）

主要参考文献

陈大成，胡贵兵，林明宝，等 . 2001. 园艺植物育种学 [M]. 广州：华南理工大学出版社 .

陈宏，陈波，彭永康 . 2002. 黄守瓜、黄足黑守瓜成虫对瓜类苗期为害的研究 [J]. 天津师范大学学报，22 (2)：65 - 69.

陈龙正，徐海，宋波，等 . 2013. 利用 ISSR 分子标记鉴定苦瓜杂交种纯度 [J]. 南方农业学报，44 (12)：1949 - 1953.

陈再廖，周雪平 . 1997. 丝瓜病毒病原的初步研究 [J]. 浙江农业学报，9 (1)：36 - 39.

杜小风，吴传万，王连臻，等 . 2014. 苦瓜营养成分分析及采收期对苦瓜营养品质的影响 [J]. 中国农学通报，30 (1)：226 - 231.

方智远．2006. 蔬菜科技任重道远［J］. 广东农业科学，1：5－10.
高军，徐海，苏小俊，等．2007. 普通丝瓜果长遗传规律分析［J］. 江苏农业科学（5）：123－125.
高军红．2003. 11 个丝瓜杂交组合主要性状的比较试验［J］. 安徽农业科学，31（1）：154.
高山，林碧英，许端祥，等．2010. 苦瓜种质遗传多样性的 RAPD 和 ISSR 分析［J］. 植物遗传资源学报（1）：78－83.
官春云．2004. 植物育种理论与方法［M］. 上海：上海科学技术出版社．
何煜波．1998. 苦瓜抗菌作用研究［J］. 食品科学（3）：34－36.
胡开林，付群梅，汪国平，等．2002. 苦瓜果色遗传的初步研究［J］. 中国蔬菜（6）：11－12.
胡开林，付群梅．2001. 苦瓜主要经济性状的遗传效应分析［J］. 园艺学报，28（4）：323－326.
胡开林，汪国平．2000. 蔬菜良种繁育与杂交制种技术［M］. 广州：广东科技出版社．
胡新军，粟建文，袁祖华，等．2005. 苦瓜新品种春玉的选育［J］. 中国蔬菜（10）：83－84.
胡新军，杨博智，粟建文，等．2011. 不同苦瓜品种降糖多肽 P 粗提物含量的比较［J］. 湖南农业科学（17）：98－100.
胡新军，袁祖华，李勇奇，等．2008. 早中熟苦瓜新品种春绿的选育［J］. 长江蔬菜（7）：46－47.
黄如葵，陈振东，梁家作，等．2010. 苦瓜新品种桂农科一号和桂农科二号的选育［J］. 广西农业科学（3）：207－209.
黄炎武，薛大煜．1997. 湘苦瓜 2 号［J］. 中国蔬菜（4）：46.
黄炎武，薛大煜．2000. 苦瓜新品种湘苦瓜 4 号的选育［J］. 中国蔬菜（1）：23－25.
景士西．2004. 园艺植物育种学总论［M］. 北京：中国农业出版社．
旷碧峰，郑素秋．1997. 早熟苦瓜新品种衡杂苦瓜 1 号的选育［J］. 湖南农业大学学报，23（4）：331－335.
李建宗，沈明希，周火强，等．2002. 不同品种与环境对冬瓜创伤周皮形成的影响［J］. 湖南师范大学自然科学学报，6（2）：163－166.
李建宗，沈明希，朱传柄，等．2000. 冬瓜 *Benincasa hispida* 果皮结构与防腐性能的关系［J］. 湖南师范大学自然科学学报，23（3）：84－87.
李文嘉．2003. 广西有棱丝瓜种质资源及利用［J］. 南方农业学报（1）：25－26.
李文嘉．2004. 有棱丝瓜主要农艺性状的相关及通径分析［J］. 广西农业生物科学，23（1）：20－22.
李植良，陈清华，罗少波，等．2006. 广东省蔬菜种质资源收集保存与鉴定利用［J］. 植物遗传资源学报，7（1）：111－117.
林明宝，胡志群．2000. 有棱丝瓜果色遗传研究初报［J］. 广东农业科学（2）：16－17.
林明宝，林师森．2000. 有棱丝瓜果长遗传效应的初步研究［J］. 华南农业大学学报，21（2）：8－9.
刘军，许美荣，赵志伟，等．2010. 丝瓜种质资源遗传多样性的 SSR 与 SRAP 分析［J］. 中国瓜菜（2）：1－4.
刘宜生．2005. 冬瓜、南瓜、苦瓜高产栽培［M］. 北京：金盾出版社．
刘政国，龙明华，秦荣耀，等．2005. 苦瓜主要品质性状的遗传变异、相关和通径分析［J］. 广西植物（4）：426－430.
刘政国，王先裕，刘志敏，等．2006. 苦瓜主要植物学性状的遗传分析［J］. 湖南农业大学学报：自然科学版（4）：389－392.
卢文佳，李智军，李春艳，等．2010. 黑皮冬瓜黑老粗 F_1 种子纯度的 RAPD 鉴定［J］. 中国蔬菜（12）：46－49.
罗剑宁，罗少波，何晓莉，等．2003. 雅绿 2 号丝瓜的选育［J］. 中国蔬菜（3）：22－23.
罗少波，罗剑宁，郑晓明．2006. 中国丝瓜育种研究进展与展望［J］. 广东农业科学，（1）：15－17.
权建新，蒿兴厚，张振强，等．1991. 苦瓜果实中植物胰岛素降血糖研究［J］. 陕西医学杂志 20（11）：691.
苏小俊．2001. 丝瓜、冬瓜、瓠瓜优质丰产栽培［M］. 北京：科学技术文献出版社．
苏小俊，陈劲枫，袁希汉，等．2005. 普通丝瓜雌花节率与早熟性的相关性研究［J］. 中国蔬菜（9）：23－24.
苏小俊，徐海，袁希汉，等．2007. 普通丝瓜始雌花节位遗传分析［J］. 西北植物学报（7）：1468－1472.
粟建文．1992. 人工授粉对苦瓜生长种子产量的影响［J］. 长江蔬菜（4）：42.
粟建文，胡新军，袁祖华，等．2006. 早熟苦瓜新品种春华的选育［J］. 长江蔬菜（11）：49－50.
粟建文，胡新军，袁祖华，等．2007. 苦瓜白粉病抗性遗传规律研究［J］. 中国蔬菜（9）：24－26.
粟建文，胡新军，袁祖华，等．2011. 丝瓜新品种兴蔬顺佳的选育［J］. 湖南农业科学（2）：15－16.
粟建文，袁祖华，李勇奇．2005. 苦瓜新品种春燕的选育［J］. 长江蔬菜（2）：41－42.
谭云峰，苏小俊，高军，等．2008. 普通丝瓜与有棱丝瓜的种间杂交亲和性研究［J］. 江苏农业科学（1）：153－155.
谭兆平，黄伟如．2001. 有棱丝瓜的组织培养和快速繁殖［J］. 植物生理学通讯，37（2）：135－136.

汪玉清．2005．普通丝瓜主要经济性状的遗传特性分析及花芽分化与化学调控研究［D］．南京：南京农业大学．
王慧莲．1999．丝瓜组织培养和快速繁殖［J］．生物学通报，34（7）：41．
王隆华，姜宁，黄祥辉，等．1997．丝瓜果实发育过程中4－CL连接酶的特性研究［J］．华东师范大学学报（2）：83－88．
王小佳．2000．蔬菜育种学（各论）［M］．北京：中国农业出版社．
王益奎，黎炎，李文嘉．2009．中国丝瓜资源及遗传育种研究进展［J］．北方园艺（4）：121－124．
王勇庆．1998．苦瓜降血糖作用研究［J］．湖南中医杂志，6：54－55．
魏佑营，王秀峰，魏秉培，等．2003．节瓜纯雌系选育、利用及遗传机理的研究［J］．山东农业大学自然科学报：自然科学版，34（4）：463－466．
温庆放，李大忠，朱海生，等．2005．不同来源苦瓜遗传亲缘关系RAPD分析［J］．福建农业学报（3）：185－188．
西南农业大学．1992．蔬菜育种学［M］．2版．北京：农业出版社．
向长萍，谢军，聂启军，等．2001．23个苦瓜品种（系）农艺性状的主成分分析［J］．华中农业大学学报，20（4）：378－381．
肖昌华，余席茂，邓先朝，等．2005．绿苦瓜新品种衡杂苦瓜2号的选育［J］．中国蔬菜（2）：27－28．
谢大森．2001．冬瓜生产现状与育种趋势［J］．江西农业学报，13（2）：60－63．
谢大森，何晓明，赫新洲，等．2003．冬瓜主要农艺性状的杂种优势初步分析［J］．上海农业学报，19（2）：35－37．
谢大森，何晓明，林毓娥，等．2002．打破冬瓜种子休眠试验初报［J］．广东农业科学（2）：18－20．
谢大森，何晓明，彭庆务，等．2006．黑皮冬瓜品质综合评价方法的探讨［J］．中国蔬菜（9）：9－12．
谢大森，徐春香．1998．丝瓜霜霉病菌人工接种技术研究初报［J］．广西农业大学学报，17（3）：254，258．
谢双大，朱天圣，虞皓，等．1994．冬瓜与节瓜枯萎病病原菌鉴定［J］．广东农业科学（2）：36－38．
谢文华，吕顺．1999．有棱丝瓜授粉受精过程的观察［J］．华南农业大学学报，20（3）：125－126．
谢文华，谢大森．1999．棱角丝瓜霜霉病抗性遗传分析［J］．华南农业大学学报，20（4）：20－23．
谢文军，樊治成，吕玉泽．2002．丝瓜主要早熟性状的分析研究［J］．华北农学报，17（S1）：136－139．
徐海，卢成苗，谭云峰，等．2007．普通丝瓜种子颜色遗传规律分析［J］．中国蔬菜（4）：25．
薛大煜，黄炎武．1992．苦瓜营养品质主要农艺性状及产量关系的研究［J］．湖南农学院学报（18）：834－839．
薛大煜，黄炎武．1994．湖南省苦瓜地方品种资源研究［J］．作物品种资源（1）：9－11．
薛大煜，黄炎武．1996．早熟苦瓜新品种湘苦瓜1号的选育［J］．中国蔬菜（6）：3－5．
叶君营．1996．90－01A苦瓜强雌性系选育初报［J］．长江蔬菜（3）：33－34．
叶君营．1998．早熟高产苦瓜新组合早丰2号［J］．长江蔬菜（11）：21．
袁希汉，徐海，苏小俊，等．2006．丝瓜主要农艺性状的相关及通径分析［J］．江苏农业学报，22（1）：64－67．
袁祖华，粟建文，胡新军，等．2007．早熟苦瓜新品种春帅的选育［J］．中国蔬菜（5）：33－34．
袁祖华，粟建文，胡新军，等．2011．丝瓜新品种兴蔬皱佳的选育［J］．辣椒杂志（1）：44－45．
曾涛．1998．苦瓜的营养药用价值及开发利用［J］．中国食物与营养（4）：29－30．
张长远，罗少波，郭巨先，等．2006．苦瓜果长的遗传效应分析［J］．广东农业科学（1）：34－35．
张长远，罗少波，罗剑宁，等．2005．苦瓜早熟新品种碧绿3号的选育［J］．上海蔬菜（6）：22－23．
张长远，孙妮，胡开林．2005．苦瓜品种亲缘关系的RAPD分析［J］．分子植物育种（4）：515－519．
张少平，张玉灿，张伟光，等．2013．RAPD分子标记对苦瓜杂交种纯度检测［J］．福建农业科学，28（8）：828－831．
张银凤，陈禅友，胡志辉，等．2011．苦瓜种质资源的形态学性状和营养成分的多样性分析［J］．中国农学通报，27（4）：183－188．
张玉灿，李洪龙，黄贤贵，等．2006．苦瓜若干经济性状的遗传特点观察［J］．福建农业学报，21（4）：350－353．
张赞平，候小改，王进涛．1996．两种栽培丝瓜的核型分析［J］．河南科学，14（S1）：49－52．
张振贤．2003．蔬菜栽培学［M］．北京：中国农业大学出版社．
郑庆韵，黄邦海．1994．穗新2号苦瓜的选育［J］．中国蔬菜（6）：4－5．
郑晓明，罗剑宁，罗少波，等．2005．大顶苦瓜新品种翠绿三号的选育［J］．广东农业科学（4）：48－49．
中国农业科学院蔬菜研究所．1993．中国蔬菜栽培学［M］．北京：中国农业出版社．
周长久，王鸣，吴定华，等．1996．现代蔬菜育种学［M］．北京：科学技术文献出版社．
周坤华，张长远，罗剑宁，等．2013．苦瓜种质资源遗传多样性的SRAP分析［J］．广东农业科学，40（21）：136－140．

周微波，罗少波．1997. 早熟丰产苦瓜一代杂种翠绿 1 号 [J]. 中国蔬菜（3）：19－20.

周微波，卓齐勇，温基，等．1989. 苦瓜杂种优势利用初报 [J]. 中国蔬菜（6）：10－12.

朱传炳，沈明希，朱海泉．1998. 冬瓜杂种一代及其亲本的同工酶比较研究 [J]. 生命科学研究，2（2）：118－121.

朱德蔚，王德槟，李锡香，等．2008. 中国作物及其野生近缘植物 [M]. 北京：中国农业出版社．

朱海英，李人圭，王隆华，等．1997. 丝瓜果实发育中木质素代谢及有关导管分化的生理生化研究 [J]. 华东师范大学学报（1）：87－93.

朱晶英，董英，张艳芳．2010. 苦瓜伤流液喷干粉降血糖作用及急性毒性实验研究 [J]. 时珍国医国药，21（11）：2927－2929.

朱新产，廖祥儒，颉敏华，等．1998. 苦瓜种子蛋白及共抑菌作用 [J]. 天然产物研究与开发，10（1）：41－44.

卓齐勇，陈清华．1997. 苦瓜新品种翠绿大顶的选育 [J]. 广东农业科学（2）：16.

Biao Jiang，Dasen Xie，Wenrui Liu，et al. 2013. De novo assembly and characterization of the transcriptome，and development of SSR markers in wax gourd（*Benicasa hispida*）[J]. PLOS one，8（8）：1－11.

Dey S S，Behera T K，Munshi A D，et al. 2008. Gynoecy in bitter melon（*Momordica charantia*）for exploiting hybrid vigour [M]. France：INRA，Avignon.

Gaikwad A B，Behera T K，Karihaloo J L，et al. 2008. Amplified fragment length polymorphism analysis provides strategies for improvement of bitter ground（*Momordica charantia* L.）[J]. Hortscience，43（1）：127－133.

Gertagh M，Ester A. 1985. *Fusarium oxysporum* f. sp. *benincasae*，a new adaptation of *Fusarium oxysporum* to cucurbitaceous crop [J]. Mededelingen van de Faculteit Landbouwwetenschappen，Rijksuniversiteit Gent，50（3）：1045－1048.

Khanna P，Jain S C，Panagariya A，et al. 1981. Hypoglycemic activity of polypeptide from a plant source [J]. Journal of Natural Products，44（6）：648－655.

Nag B，Medicherla S，Sharma S D. 2001. Orally active fraction of *Momordica charantia*，active peptides thereof，and their use in the treatment of diabetes：U. S. Patent 6，127，338 [P]. 2010－10－3.

Pandey S，Kumar S，Mishra U，et al. 2008. Genetic diversity in Indian ash gourd（*Benincasa hispida*）accessions as revealed by quantitative traits and RAPD markers [J] Scientia Horticulturae，118：80－86.

Rao B N，Rao P V，Reddy B M. 2000. Heterosis in ridge gourd [*Luffa acutangula*（Roxb.）L.] Haryana [J]. Journal of Horticultural Sciences，29（1）：96－98.

Rao B N，Rao P V，Reddy I N. 2000. Combining ability studies in ridge gourd（*Luffa acutangula* Roxb.）[J]. International Journal of Tropical Agriculture，18（2）：141－146.

Sukhjeet K，Mamta P. 2011. Source of resistance in Varh Karela（*Momordica balsamina* L.）to root knot nematode [J]. Plant Disease Research，26（2）：174－177.

第二十二章

番 茄 育 种

番茄（*Solanum lycopersicum*）是茄科（Solanaceae）茄属中以成熟多汁浆果为产品的草本植物。别名：西红柿、蕃柿、柿子等。染色体数 $2n=2x=24$。番茄原产于南美洲的秘鲁、厄瓜多尔、玻利维亚，现广泛栽培的是普通番茄变种（var. *commune* Bailey）。

番茄由于具有风味独特、适应性广、容易栽培等特点，早已成为世界上重要的蔬菜作物。据FAO统计，2013 年世界番茄栽培面积 480.36 万 hm^2，总产量达 16 179 万 t。其中中国番茄的栽培面积约 100 万 hm^2，总产量约 5 000 万 t。2013 年中国加工番茄的栽培面积 5.67 万 hm^2，产量大约 450 万 t。

第一节　育种概况

一、育种简史

番茄育种历史最早可追溯到 150 多年以前，当时随着番茄栽培越来越广泛，种子商便开始注意在新品种选育上下功夫，致使新品种越来越多。在 1863 年，美国已知的品种只有 23 个。然而 20 年后生产者可选用的品种就增加到了几百个，虽然后来证明存在同一品种拥有多个名字的问题。Livingston 被认为是北美第 1 位番茄育种家。从 1870—1893 年，他利用单株选择方法培育出了 13 个栽培品种。早期的育种主要在田间筛选大果实的和柱头内缩的个体。番茄驯化的主要结果就是果实变大，柱头由原来的外露变成了内缩型。

在 20 世纪 50 年代以前，培育的品种大都是兼用的，既用作鲜食，也用作加工。随后逐渐开始了专用品种的选育，即根据栽培方式和用途的不同来确定育种目标，譬如是露地栽培还是保护地栽培，是鲜食用还是加工用等。由于加工业的特殊要求，现在的加工品种和鲜食品种之间具有显著的区别。但是无论是加工品种，还是鲜食品种，都要求具有很好的丰产性、抗病性、早熟、抗裂以及适应性等。

早期的番茄品种都是常规种。由于栽培面积不断扩大，病虫害日益严重，所以必须导入抗病基因培育抗病的品种。幸运的是这些抗病基因大部分为单基因显性，利用田间筛选和辅以苗期人工接种鉴定很容易转育。20 世纪番茄育种取得的最重要的成绩就是从野生番茄中导入了大量的抗病基因，最早从野生番茄资源中导入的抗病基因是 1934 年从醋栗番茄导入了抗叶霉病的基因。

为了更好地收集和利用番茄资源，1951 年在美国康奈尔大学成立了番茄遗传协会（Tomato Genetics Cooperative）。在番茄遗传学以及野生番茄资源研究方面贡献最大的是美国加利福尼亚大学

（戴维斯）的查尔斯·瑞克（Charles Rick）教授。他在番茄起源地南美洲的安第斯山地区收集了大量的野生番茄资源。这些资源既是番茄育种和遗传学研究的基石，更是当今番茄品种抗病基因的主要来源。查尔斯·瑞克深入系统地研究了野生番茄乃至于整个番茄属的遗传进化和多样性，特别是进行了大量的细胞学研究。他和他的同事建立的番茄遗传图谱以及番茄不同近缘种之间的杂交关系，是现代番茄遗传和育种研究的重要理论基础和工具。他建立的番茄遗传资源中心（TGRC）保存着世界上最丰富的番茄野生资源。

在第二次世界大战期间及战后，不少国家，特别是美国成立研究机构支持作物育种研究，同时遗传学也得到了迅速的发展。这一切都推动番茄育种进入一个新的发展时期，即由常规育种向杂交育种转变。1946 年世界第 1 个杂交番茄品种“Single Cross”问世。

20 世纪番茄经典遗传学得到了快速的发展。其中最重要的成就是番茄经典遗传连锁图谱的完成。早在 1907 年 Hedrick 和 Booth 就对番茄中的性状连锁现象进行了综述。后来 Macarthur 进行了系列研究。1952 年 Butler 对 7 个连锁群进行了描述，并绘制了一张图谱。从 1958 年开始番茄遗传协会不断更新发表番茄遗传连锁图谱。1968 年 Butler 发表首个包括 12 条染色体的遗传图谱。到 1975 年 Rick 发表含有 258 个形态和生理学标记的图谱，图谱包括了番茄主要生物学性状，如抗病性、抗虫性、抗逆性，以及各种果实性状等（Scott et al.，2013）。

从 20 世纪 80 年代后期开始，以分子标记辅助选择技术和基因工程技术为核心的生物育种技术得到了快速的发展。同时作为重要的模式植物，番茄在分子遗传学、分子生理学、基因组学以及生物进化领域得到了广泛而深入的研究。同工酶是番茄遗传研究中最初应用的分子标记。Rick 等利用同工酶分析了栽培番茄与野生种之间的遗传关系。1986 年 Bernatzky 和 Tanksley 及 Helentjaris 等发表了第 1 张 DNA 标记的番茄遗传图谱，随后数年中应用 RFLP 技术对番茄进行基因定位、遗传作图以及基因组学方面的研究迅速扩展，其中最重要的成果之一是 Tanksley 等于 1992 年发表了高密度的番茄分子连锁图谱。该图谱共有 1 030 个分子标记，标记间平均距离为 1.2 cM，是当时密度最高的作物连锁图谱。这张图谱将分子图谱与经典图谱以及染色体图进行了比较，将同一基因在经典图谱的座位与分子图谱中的座位以及染色体图中的位置相互联系起来，为以后的番茄分子遗传和基因组学研究，以及分子育种研究奠定了重要的基础。

番茄也是转基因研究最早和最多的蔬菜作物。从 1986 年以来关于番茄转基因研究的文献多如瀚海。位于美国加利福尼亚州的 Calgene 公司 1992 年育成了世界上第 1 个转基因的商业番茄品种 Flavor savr。随后英国的 Zeneca Plant Science 公司 1994 年育成了转基因的加工番茄品种。

2012 年由包括中国科学家在内的国际研究团队完成的番茄基因组测序的文章在 *Nature* 上发表，标志着番茄基因组学和分子育种研究进入了一个新的阶段。分子育种正在由只是对质量性状标记向同时对数量性状进行标记发展，由单纯目标基因筛选向前景与背景基因同时筛选发展，生物大数据分析也开始引入到番茄育种中，番茄育种发展到了全新的分子设计育种时代。

二、中国番茄育种的历史与主要成就

据《中国近代农业科技史稿》（1996 年版）载，中国番茄育种起步于 1920 年。广州岭南大学从澳洲引进番茄品种，并以此为育种材料，由绍尧年主持，进行新品种的培育。经逐年筛选，5 年后育成了新品种。该品种成熟早、结果多，单株产量 1.4～2.7 kg，且性状稳定，很适合广州地区栽培。大规模系统育种开始于 20 世纪 50 年代末，至今中国番茄育种发展大体经历了 3 个时期。

（一）起步时期

20 世纪 50～70 年代主要是引进国外的品种进行驯化栽培，并开始进行系统选育和杂交育种。当时引进的品种有卡德大红、粉红甜肉、早雀钻、真善美、乌特保、灯塔、格里波夫、迈球、橘黄佳辰等。这一期间中国各级农业科研机构相继设立了蔬菜研究所（室），农业大学也设立了园艺专业，从事番茄育种的专业研究队伍逐渐形成。到 1964 年，中国农业科研和教学单位保存的番茄资源材料达到 1 041 份，利用这些材料先后育成了北京 10 号、农大 23、农大 24、早粉 2 号、青岛早红、黑圆 1 号、黑圆 2 号、沈农 2 号、大黄 1 号等一批品种。

（二）快速发展时期

20 世纪 70 年代至 20 世纪末是快速发展时期。在这一时期中国番茄育种研究得到了快速的发展，特别是从 1983 年起番茄育种被列入国家科技攻关计划项目后，中国番茄的抗病育种和杂交优势育种取得重大突破。1970 年以后，中国与国外的交流日益增多，一些新品种、新材料不断引入中国。一些含有抗病基因材料的引入，对于促进中国番茄抗病育种的发展起到了重要的作用。例如，引进的含有 $Tm-2^{nv}$ 基因的玛娜佩尔和含有 $Tm-2^{a}$ 基因的俄亥俄 MR9、俄亥俄 MR12、CL1069－0－5－4，以及其他含有抗病毒病、叶霉病、枯萎病基因的材料和品种，都被作为抗源材料在育种中应用。抗病育种的主要成就包括 3 个方面，一是育成了一批优良的抗病品种，部分抗病性达到国外同类品种的水平，例如对番茄花叶病毒和叶霉病的抗性。其中不少成为生产上的主栽品种，如中蔬 4 号、中蔬 6 号、中杂 9 号、东农 704、毛粉 802、佳粉 15、L402、苏抗 9 号、粤星等；二是对中国 TMV、CMV 的毒源种群和株系以及叶霉病、青枯病和枯萎病的生理小种进行了研究，明确了番茄病毒病毒源类型、主要株系和主要真菌病害小种，为番茄抗病育种提供了重要依据；三是建立了病毒病、叶霉病、枯萎病和青枯病的苗期人工接种抗性鉴定技术及标准，提高了抗病育种的效率，同时提出了我国番茄抗逆（耐低温、耐弱光、耐热）鉴定技术方法及标准。在这一时期番茄育种的另一个重要成就是开始了杂交优势育种，1990 年以后育成的品种大部分是杂交种。与此同时，开展了番茄育种理论的研究，如揭示了番茄早熟性、成熟期、产量性状（单果重、结果数等）和果实品质性状（可溶性固形物含量、番茄红素含量、胡萝卜素含量、果实硬度、耐压性、裂果性等）的遗传效应等。

从 20 世纪 90 年代起，开始将现代生物技术应用于番茄育种研究。一是开展了番茄转基因育种研究，包括转病毒外壳蛋白、凝集素、几丁质酶、葡聚糖酶、*Bt* 基因等的抗病虫基因工程研究，以及转抗冻蛋白、热激蛋白等基因的抗逆基因工程研究等。华中农业大学的叶志彪将乙烯合成酶的反义基因导入到番茄中，育成了耐贮品种华番 1 号。二是开展了分子标记辅助育种研究。研究最多的是尝试应用 RAPD 技术鉴定杂交种子纯度，分析资源材料的遗传多样性，真正对育种目标性状进行标记的研究还不多。

（三）提高时期

进入 21 世纪后，中国的番茄育种研究进入了提高时期。2006 年番茄育种被首次列入 863 计划项目。中国在番茄抗病抗逆育种、品质育种，以及番茄基础理论研究和分子育种技术方面，都取得了长足的进展，研究水平得到明显提高。

继 2012 年参与完成了番茄基因组测序后，2014 年中国科学家还独立完成了番茄变异组分析。通过对 360 份材料进行测序分析，揭示了番茄在从醋栗番茄到樱桃番茄再到大果栽培番茄的两次驯化改良过程中，前后分别有 186（64.6 Mb）个和 133（54.5 Mb）个基因区域受到了选择，各包括 5 个和 13 个控制单果质量的基因，该结果在 *Nature Genetics* 上发表。

在抗病育种方面，首先是对多种病害的复合抗性育种水平有了显著的提高。通过基因聚合创造了兼抗多种病害的材料，例如，同时抗烟草花叶病毒（*Tm*、*Tm－2*）、叶霉病（*Cf5*、*Cf9*）、枯萎病（*I－2*）、根结线虫病（*Mi*）、细菌性斑点病（*Pto*）、番茄黄化曲叶病毒（*Ty1*、*Ty2*、*Ty3*、*Ty3a*）的抗病育种材料，同时抗 ToMV、叶霉病、根结线虫病、枯萎病、黄萎病、细菌性斑点病的育种材料，同时抗烟草花叶病毒（*Tm*、*Tm*－*2*）、叶霉病（*Cf5*、*Cf9*）、枯萎病（*I*－*2*）、根结线虫病（*Mi*）、细菌性斑点病（*Pto*）5 种病害的育种材料等。育成的不少新品种的抗病种类达到了 4 种以上。例如，抗 ToMV、叶霉病、枯萎病和根结线虫病的仙客 5 号、东农 708 等。在抗病育种方面取得的另一个重要成果是育成了抗番茄黄化曲叶病毒（TyLCV）病的品种。近 10 年来中国番茄黄化曲叶病毒病发生严重，给番茄生产带来了巨大损失。为此，中国农业科学院蔬菜花卉研究所、浙江省农业科学院蔬菜研究所、江苏省农业科学院蔬菜研究所、东北农业大学、华中农业大学、上海市农业科学院园艺研究所等育种单位利用从以色列、美国、荷兰及亚蔬中心等引进的抗 TyLCV 的资源材料，进行抗黄化曲叶病毒病品种的选育。同时各研究单位之间还进行了广泛的合作研究，并从佛罗里达大学引进了 *Ty*－*1*、*Ty*－*3* 基因的分子标记。参考国外技术，建立了烟粉虱自然接种和侵染克隆接种两种鉴定方法。通过对田间致病株系进行序列分析，明确了不同区域流行的主要病毒株系。据不完全统计，到目前已经育成了 20 多个抗黄化曲叶病毒病的番茄品种，并且还有一批组合进入了生产试种环节。

在品质育种方面，最突出的进步就是果实商品品质得到了明显改良。首先是果实的耐贮运性提高了，最新育成品种的成熟果实的货架期都达到了 7 d 以上。绝大部分品种耐贮运性的改良，不是利用迟熟基因，而是利用栽培番茄中耐贮硬果的资源材料，所以对果实的风味品质影响较小。其次是果实外观品质有了很好的改良，着色均匀，表面光滑，畸形果率较低。

在抗逆育种方面，利用野生资源创制出了一批有重要利用价值的育种材料，如含有醋栗番茄抗寒、抗盐基因的育种材料，含有契斯曼尼番茄（*S. cheesmanii*）抗旱基因的育种材料等。另外，利用基因工程导入一些特定的基因得到了一批抗逆的转基因材料。新育成的设施专用品种与“九五”以前的品种相比，对低温环境的适应性增强了，表现在筋腐病、畸形果、空洞果明显减少。

近 10 多年来，中国番茄育种技术发展最快的是分子标记辅助育种技术。如在抗病性鉴定方面，分子标记技术已经在很大程度上替代了人工接种鉴定技术。目前能够进行苗期分子标记辅助选择的抗病性有：病毒病（*Tm*－*2*、$Tm-2^a$）、枯萎病（*I*－*1*、*I*－*2*）、叶霉病（*Cf5*、*Cf9*、*Cf10*、*Cf11*、*Cf12*、*Cf19*）、根结线虫病（*Mi*）、细菌性斑点病（*Pto*）、黄萎病（*Ve*）、晚疫病（*ph*－*2*、*ph*－*3*）、番茄青枯病、疮痂病、番茄黄化曲叶病毒病（*Ty*－*1*、*Ty*－*2*、*Ty*－*3*、*Ty*－*4* 和 *Ty*－*5*）。

最近加工番茄在育种方面取得的重要突破是 80%以上的地区，由新育成的杂交种取代了原有大面积种植的常规种里格尔 87－5，并初步实现了早、中、晚熟品种搭配栽培，缓解了原料供应过于集中的问题，一定程度上延长了加工期。还有新品种可溶性固形物含量由原来的 4.0%，逐步提升到 4.8%～5.0%；田间耐贮性有明显改善；一些品种通过利用无节基因，已基本能满足机械化采收；高糖酸比、高色素、酸度适宜、高黏度等多样化品种也逐步进入市场；相当一部分品种抗细菌性斑点病和疮痂病，抗晚疫病的品种已育成；单位面积产量由原来的平均每公顷 60～75 t，提高到 90～105 t，一些区域可达 105～120 t。

第二节　种质资源与品种类型

一、起源、传播与分布

番茄原产于南美西部的高原地带，即今天的秘鲁、厄瓜多尔和玻利维亚一带，许多野生的和栽培的番茄近缘植物仍能在这些地区找到。番茄野生种生长在很少有降水的沙漠或戈壁环境中，结露和霜是植株获得水分的主要来源。这些野生种可以多年生，也可以一年生。据推测，现在栽培的番茄是由一种樱桃番茄驯化而来。这种驯化没有发生在起源地，而是发生在墨西哥。“tomato”一词来源于西班牙语的“tamate”，后者来源于墨西哥的一种当地语“那瓦特语”的“tomatl”。人们推测，最早野生番茄的种子通过鸟类的粪便传播到墨西哥新开垦的农田里。墨西哥人对这些地里长出来的野生番茄进行了驯化栽培，培育出了栽培品种。虽然不知道这种驯化何时开始的，但至少发生在西班牙人占领墨西哥之前。一些同工酶分析结果表明，与来自南美起源地的番茄相比，现在的欧洲栽培品种与来自墨西哥和中美洲的早期品种以及樱桃番茄相似性更大。另外，与从安第斯山地区收集的野生樱桃番茄相比，从世界其他地区收集的野生樱桃番茄的遗传多样性明显低。遗传多样性降低是很多植物在驯化过程中的一个重要伴随特征。但是也有研究提供一些证据，认为番茄的驯化发生在秘鲁，而不是墨西哥。Peralta 和 Spooner（2007）对各种证据进行了认真分析，得出的结果是番茄的真正驯化中心尚难以确定。

据文献记载，墨西哥的阿兹特克人在 16 世纪就已经很成熟地进行番茄的生产。他们在田里栽培番茄，到市场上出售果实，利用番茄做成各种菜肴食用。虽然驯化发生在墨西哥，但是首先从墨西哥传播出去的地方却不是美洲的其他地方，而是欧洲。1521 年西班牙探险者占领了墨西哥城，可能随后很快番茄便被传播到了欧洲。欧洲最早有关番茄记载的文献是 Matthiolus 1544 年写的植物志。据该书记载，当时在意大利把番茄称为金苹果，人们加入盐、油和胡椒食用。最早传入欧洲的番茄可能是黄色品种，而且果实较小。虽然在 16 世纪地中海国家已经有人开始食用番茄，但在北欧国家人们在长达 1 个多世纪的时间里一直把番茄作为观赏植物。在欧洲真正开始作为蔬菜进行大面积商品化生产是在 17 世纪以后。

非洲最早在 16 世纪就有番茄栽培，如埃及和突尼斯。在 17 和 18 世纪，西班牙和葡萄牙殖民者不断地从欧洲将番茄传播到加勒比海国家。美国最早关于番茄的记载是 1710 年，到 1850 年美国已经大规模商品生产。番茄于明代万历年间传入中国，其最早的记载见于明代王象晋（1621）所著的《群芳谱》，称其为蕃柿，后又传入日本。清代汪灏《广群芳谱》（1708）的果谱附录中也有蕃柿的记载。不过真正栽培开始于 20 世纪 20 年代以后。

世界野生番茄与近缘种及其分布见表 22－1。

表 22－1 野生番茄与近缘种及其分布

（Labate et al.，2007）

依据 Peralta 等的命名	原来番茄属的命名	果实颜色	授粉方式	分布与生境
S. lycopersicoides Dunal 类番茄茄	*L. lycopersicoides* (Dunal in DC.) 类番茄茄	开始成熟为黄绿，完全成熟为黑色	自交不亲和（SI），异花授粉	南秘鲁到北智利的安第斯山脉西部斜坡的干燥岩石坡地，海拔 1 500～3 700 m
S. sitiens I. M. Johnst.	*L. sitiens*（I. M. Johnst.）J. M. H. Shaw	开始成熟为黄绿，完全成熟变干为褐色	自交不亲和，异花授粉	北秘鲁，西安第斯山脉斜坡的岩石和干燥涧，海拔 2 500～3 500 m
S. juglandifolium Dunal	*L. juglandifolium*（Dunal）J. M. H. Shaw	绿色到黄绿色	自交不亲和，异花授粉	哥伦比亚东北到南厄瓜多尔，林中空地边缘、开阔区域和路边，海拔 1 200～3 100 m
S. ochranthum Dunal	*L. ochranthum*（Dunal）J. M. H. Shaw	绿色到黄绿色	自交不亲和，异花授粉	哥伦比亚中心到南秘鲁的山区深林和河边，海拔 1 400～3 660 m
S. pennelli Correll 潘那利番茄	*L. pennellii*（Correll）D'Arcy 潘那利番茄	绿色	通常自交不亲和，南部一些种自交亲和（SC）	北秘鲁到北智利的干燥岩石坡地和沙区，从海平面到海拔 2 850 m
S. habrochaites S. Knapp and D. M. Spooner 多毛番茄	*L. hirsutum* Dunal 多毛番茄	带有黑绿条纹的绿色	典型的自交不亲和，伴随北部和南部种的自交亲和	厄瓜多尔中心到秘鲁中心。山前森林到安第斯山脉西斜坡的干燥深林，偶尔在北秘鲁的洛马斯形成区域，海拔 300～400 m

（续）

依据 Peralta 等的命名	原来番茄属的命名	果实颜色	授粉方式	分布与生境
S. chilense（Dunal）Reiche 智利番茄	*L. chilense* Dunal 智利番茄	绿色到白绿色，带有紫色条纹	自交不亲和，异花授粉	南秘鲁到北智利的安第斯山脉西斜坡的极度干燥的岩石平地、干河床和沿海沙滩，从海平面到海拔 3 000 m
S. huaylasense Peralta	Part of *L. peruvianum*（L.）Miller 原属于秘鲁番茄	带有黑绿条纹的典型绿色	典型的自交不亲和，异花授粉	北秘鲁（安卡什部分），沿河的岩石坡地，海拔 1 700～3 000 m
S. peruvianum L. 秘鲁番茄	*L. peruvianum*（L.）Miller 秘鲁番茄	典型的绿白色，有时泛鲜紫色	典型的自交不亲和，异花授粉	秘鲁中心到北智利，洛马斯形成区域，偶尔在沿海沙滩从海平面到海拔 600 m，有时像杂草一样生长在海边河谷的地边
S. corneliomuelleri J. F. Macbr.（one geographic race：Misti nr. Arequipa）	Part of *L. peruvianum*（L.）Miller；also known as *L. glandulosum* C. F. Mull. 原属于秘鲁番茄，也称作多腺番茄	典型绿色带有深绿或者紫色条纹，有时泛鲜紫色	典型的自交不亲和，异花授粉	秘鲁中心到南部，安第斯山脉的西斜坡，海拔（400）1 000～3 000 m，以及在山崩边缘的地坡上
S. arcanum Peralta（four geographic races："humifusum"，lomas，Maranon，Chotano－Yamaluc）	Part of *L. peruvianum*（L.）Miller 原属于秘鲁番茄	典型绿色带有黑绿条纹	典型的自交不亲和，异花授粉。很少一些群体自交亲和，自花授粉，兼性异花受粉	北秘鲁，安第斯山谷的沿海和内陆的干燥岩石斜坡，海拔 100～2 500 m
S. chmielewskii（C. M. Rick，Kesicki，Fobes and M. Holle）D. M. Spooner，G. J. Anderson and R. K. Jansen 契梅留斯基番茄	*L. chmielewskii* C. M. Rick，Kesicki，Fobes and M. Holle 契梅留斯基番茄	典型绿色带有黑绿色条纹	自交亲和，兼性异花受粉	南秘鲁到北玻利维亚（Sorata），在高的干燥的安第斯山谷，海拔 2 300～3 000 m
S. neorickii D. M. Spooner，G. J. Anderson and R. K. Jansen	*L. parviflorum* C. M. Rick，Kesicki，Fobes and M. Holle 小花番茄	典型绿色带有黑绿色条纹	自交亲和，高度自交授粉	南厄瓜多尔到南秘鲁，干燥的安第斯山谷，海拔 1 950～3 000 m，常生长在岩石床和路边。有时发现与克梅留斯基番茄混生
S. pimpinellifolium L. 醋栗番茄	*L. pimpinellifolium*（L.）Miller 醋栗番茄	红色	自交亲和，自交授粉，兼性异花受粉	明显生长在厄瓜多尔中心到南秘鲁的沿海地区，海拔 0～500 m，智利的部分地区，是北美外来植物。在其起源地的潮湿地和农田的边上到处生长。明显地从加拉帕戈斯的种植向外扩散
S. lycopersicum L. 栽培番茄	*L. esculentum* Miller 栽培番茄	红色	自交亲和，自交授粉，兼性异花受粉	明显起源于秘鲁，其驯化的类型遍布世界各地。樱桃番茄 *S. lycopersicum* var. *cerasiforme* 被认为是栽培番茄的祖先。樱桃番茄常常被发现生长在温暖环境下的农田周边，不一定是其起源地。最新的研究结果表明，樱桃番茄可能更像是栽培番茄与野生番茄的混合体（Nesbitt 和 Tanksley，2002）

（续）

依据 Peralta 等的命名	原来番茄属的命名	果实颜色	授粉方式	分布与生境
S. cheesmanii（L. Riley）Fosberg 契斯曼尼番茄	*L. cheesmanii* L. Riley 契斯曼尼番茄	黄色、橙色	自交亲和，严格自交	加拉帕戈斯群岛特有（厄瓜多尔），从海平面到海拔 1 300 m
S. galapagense S. C. Darwin and Peralta	Part of *L. cheesmanii* L. Riley 原属于契斯曼尼番茄	黄色、橙色	自交亲和，严格自交	加拉帕戈斯群岛特有（厄瓜多尔），特别是西部和南部岛屿，主要生长在沿海火山岩和火山斜坡带，海拔达 650 m。但在费南迪纳和圣地亚哥岛屿，可达 1 500 m

二、种质资源保存与利用

番茄是世界上种质资源收集保存最多的蔬菜作物之一。在美国有两个重要的番茄资源保存库，加利福尼亚大学戴维斯分校的番茄遗传资源中心（The C. M. Rick Tomato Genetics Resources Center，TGRC）和位于纽约州 Geneva 的美国农业部农业研究中心的植物遗传资源中心（USDA-PGRU）。此外，保存番茄资源较多的还有俄罗斯的瓦维洛夫植物栽培研究所以及位于中国台湾的亚洲蔬菜研究与发展中心（AVRDC）等。世界各国现在保存的番茄资源估计达到 75 000 份（表 22－2）。

表 22－2 番茄资源保存情况

国家或地区	机 构	保存的种数	资源份数
澳大利亚	Australian Tropical Crops & Forages Genetic Resources Centre，Queensland 澳大利亚热带作物和牧草遗传资源中心，昆士兰州	8	1 116
阿塞拜疆	Genetic Resources Institute，Baku 遗传资源研究所，巴库	1	2 800
巴西	Centro Nacional de Pesquisa de Hortaliças（CNPH），EMBRAPA，Brasilia 巴西农业研究院国家园艺研究中心，巴西利亚	1	2 070
保加利亚	Institute of Plant Genetic Resources，Sadovo，Bulgaria 植物遗传研究学院，保加利亚萨多沃	8	1 134
加拿大	Horticultural Experiment Station，Ontario 园艺试验站，安大略省	4	1 070
中国	Institute of Crop Science（CAAS），Beijing 中国农业科学院作物科学研究所，北京	1	1 942
中国台湾	Asian Vegetable Research and Development Centre，Taiwan 亚洲蔬菜研究与发展中心，台湾	9	7 235
哥伦比亚	Corporacion Colombiana de Investigacion Agropecuaria-CORPOICA，Palmira 哥伦比亚农业研究院，帕尔米拉	1	2 018
捷克共和国	Faculty of Science，Palacky University，Olomouc 帕拉茨基大学理学院，奥洛穆茨	5	1 613
法国	Unité Expérimentale d' Angers GEVES 昂热研究中心种子品种与品系研究课题组	1	1 254
法国	Station d' Amélioration des Plantes Maraîchères，INRA Avignon，Montfavet 法国国家农业科学院 Avignon 农业研究中心 Maraîchères 植物改良站，蒙德费格	13	1 360

（续）

国家或地区	机　构	保存的种数	资源份数
德国	Leibniz Institute of Plant Genetics and Crop Plant Research, Gatersleben 莱布尼茨植物遗传与作物研究所，加特斯雷本	3	2 965
匈牙利	Institute for Agrobotany, Tápiószele Tápiószele 农业植物学研究院	5	2 043
以色列	The Volcani Center, Hebrew University, Jerusalem 耶路撒冷希伯来大学沃尔卡尼中心	1	3 076
日本	National Institute of Agrobiological Sciences, Tsukuba 筑波农业生物资源研究所	7	1 217
荷兰	Center for Genetic Resources, Wageningen, The Netherlands 荷兰瓦赫宁根遗传资源中心	11	1 700
秘鲁	Universidad Nacional Agraria La Molina, Lima Agraria La Molina 国立大学，利马	7	936
菲律宾	National Plant Genetic Resources Laboratory, IPB/UPLB, Laguna IPB/UPLB 国家植物遗传资源实验室，拉古纳	6	4 793
波兰	Research Institute of Vegetable Crops, Skierniewice 蔬菜作物研究所，斯凯尔涅维采	1	917
俄罗斯联邦	Vavilov Institute of Plant Industry, VIR, St. Petersburg 瓦维洛夫植物栽培研究所，圣彼得堡	12	7 250
塞尔维亚和黑山共和国	Institute of Field and Vegetable Crops, Novi Sad 土地与蔬菜作物研究所，诺维萨德	1	1 030
西班牙	Centro de Recursos Fitogeneticos, INIA, Madrid INIA 植物资源遗传中心，马德里	1	1 267
	Instituto de Conservación y Mejora de la Agrodiversidad Valenciana, Valencia, Spain 西班牙瓦伦西亚保护和改善农业多样性研究所	12	3 917
	Banco de Germoplasma de Hortícolas, Zaragoza 园艺种质资源库，萨拉戈萨	5	1 380
乌克兰	Institute of Vegetable and Melon Production, Selektsijne 蔬菜和甜瓜研究所，Selektsijne	1	2 433
美国	C. M. Rick Tomato Genetic Resources Center, Davis 加利福尼亚大学戴维斯分校 C. M. Rick 番茄遗传资源中心	10	3 157
	Campbell Institute for Agric. Res. Campbell Soup Company, Camden Campbell 农业研究所，卡姆登	1	4 572
	National Center for Genetic Resources Preservation (NCGRP), USDA - ARS, Fort Collins, Colorado 美国农业部农业研究组织（USDA - ARS）国家遗传资源保护中心，柯林斯堡，科罗拉多州	3	1 482
	Cornell University, Jordan Hall, NYS AES, Geneva 康奈尔大学，乔丹学院，纽约州日内瓦	2	4 850
	Northeast Regional Plant Introduction Station PGRU, USDA-ARS, Cornell University, Geneva 美国农业部农业研究组织（USDA - ARS）PGRU 东北地区植物引种站，康奈尔大学，日内瓦	10	5 804

来源：Daunay 等，2003；http：//www. ipgri. cgiar. org/germplasm/dbintro. htm。

在 TGRC 保存有 13 种野生番茄和 4 种茄属的野生近缘种的 1 000 多份材料；在 USDA-PGRU 和 AVRDC 分别保存 458 份和 659 份野生资源，其中约 71%是秘鲁番茄和醋栗番茄。这 3 个单位共保存约 2 200 份野生资源。在 TGRC 保存有涉及 600 多个位点的 1 000 多份单基因突变体材料。这些突变体材料有的是自然突变，有的是人工诱导突变。突变影响的性状包括生长发育周期、形态、抗病性以及各种重要的经济性状。从 20 世纪早期开始，人们就致力于野生番茄资源的开发利用研究，在野生番茄中相继发现了许多抗病、抗虫和抗逆的基因，并且被不断地转育到栽培番茄中。现在生产上应用的栽培番茄品种中几乎所有的抗病基因都是来自于野生番茄（表 22-3）。

表 22-3　番茄重要病害的抗病基因

（M. J. Diez 和 F. Nuez，2007）

病　害	病原菌	抗病基因	抗　源	参　考
真菌病害				
黄萎病（Verticillium wilt）	*Verticillium dahliae*	*Ve*	*S. pimpinellifolium*	Cannon 和 Waddoups，1952
枯萎病（Fusarium wilt）	*Fusarium oxysporum* f. sp. *lycopersici* —pathotype 0 —pathotype 1 —pathotype 2	*I* *I-2* *I-3*	*S. pimpinellifolium* *S. pipimnellifolium* *S. pennelli*	Kesavan 和 Choudhuri，1977 Alexander 和 Hoover，1955 Scott 和 Jones，1989
黑霉病（Alternaria stem canker）	*Alternaria alternata* f. sp. *lycopersici*	*Asc*	*S. lycopersicum*	Clouse 和 Gilchrist，1987
灰叶斑病（Grey leaf spot）	*Stemphyllium* spp.	*Sm*	*S. pimpinellifolium*	Andrus et al.，1942
叶霉病（Leaf mould）	*Fulvia fulva*（*Cladosporium fulvum*）	*Cf*(1～24)	*S. pimpinellifolium* *S. lycopersicoides* *S. habrochaites* *S. peruvianmum*	Kerr et al.，1971
白粉病（Powdery mildew）	*Leveillula taurica* *Oidium neolycopersici*	*Lv* *Ol-1* *Ol-2*	*S. chilense* *S. habrochaites* *S. lycopersicum*	Stamova 和 Yordanov，1990 Van der Beek et al.，1994
晚疫病（Late blight）	*Phytophthora infestans*	*Ph-1* *Ph-2* *Ph-3*	*S. pimpinellifolium* *S. pimpinellifolium* *S. pimpinellifolium*	Pierce，1971 Moreau et al.，1998 Chunwongse et al.，1998
镰刀菌冠和根腐病（Fusarium crown and root rot）	*Fusarium oxysporum* f. sp. *radicis lycopersici*	*Frl*	*S. peruvianum*	Berry 和 Oakes，1987
根腐病（Corky root）	*Pyrenochaeta lycopersici*	*Pyl*	*S. peruvianum*	Laterrot，1978
病毒病				
番茄花叶病毒（*Tomato mosaic virus*）	*Tomato mosaic virus*（ToMV）	*Tm-1* *Tm-2* *Tm-2*^{2}	*S. hirsutum* *S. peruvianum* *S. peruvianum*	Pelham，1966 Laterrot 和 Pecaut，1969 Hall，1980

（续）

病　害	病原菌	抗病基因	抗　源	参　考
番茄斑萎病毒（*Tomato spotted wilt virus*）	*Tomato spotted wilt virus*（TSWV）	*Sw-5*	*S. peruvianum*	Stevens et al.，1995
番茄黄化曲叶病毒（*Tomato yellow leaf curl virus*）	*Tomato yellow leaf curl virus*（TyLCV）	*Tylc* *Ty-1* *Ty-2*	*S. pimpinellifolium* *S. chilense* *S. habrochaites*	Kasrawi，1989 Zamir et al.，1994 Hanson et al.，2000
番茄曲叶病毒（*Tomato leaf curl virus*）	*Tomato leaf curl virus*（TLCV）	*Tlc*	*S. pimpinellifolium*	Barenjee 和 Kalloo，1987
苜蓿花叶病毒（*Alfalfa mosaic virus*）	*Alfalfa mosaic virus*（AMV）	*Am*	*L. hirsutum* f. *glabratum*	Parrella et al.，1998
马铃薯 Y 病毒（*Potato virus* Y）	*Potato virus* Y（PVY）	*Pot-1*	*S. habrochaites*	Legnani et al.，1995
Bacteria				
细菌性斑疹病（Bacterial speck leaf spot）	*Pseudomonas syringae* pv. *tomato*	*Pto*	*S. pimpinellifolium*	Pitblado 和 MacNeil，1983
细菌性斑点病（Bacterial spot）	*Xanthomonas campestris* pv. *vesicatoria*	*Bs-4*	*S. pennellii*	Ballvora et al.，2001
Nematodes				
南方根结线虫（Root-knot nematode）	*Meloidogyne incognita* *M. arenaria*	*Mi*、*Mi-1*、*Mi-3*、*Mi-9*	*S. peruvianum*	Smith，1944
马铃薯胞囊线虫病（Potato cyst nematode）	*Globodera restochiensis*	*Hero*	*S. pimpinellifolium*	Ellis 和 Maxon-Smith，1971

（一）抗病资源

1. 抗番茄花叶病毒（ToMV）**资源**　抗番茄花叶病毒的基因一共 3 个，即 *Tm-1*、*Tm-2*、*Tm-2*^{a}。美国最早发现的抗 ToMV 番茄材料 P I 126445 含抗病基因 *Tm-1*，Waiter（1969）利用该材料育成抗病品种特罗皮克（Tropic）。抗病基因 *Tm-2* 来源于秘鲁番茄，该基因与黄化基因 *nv*（netted viresent）紧密连锁，抗病品种玛娜佩尔（Manapar）带有 *Tm-2*^{nv}基因。*Tm-2*^{a} 也来源于秘鲁番茄，由秘鲁番茄 P I 128650 与普通番茄（*S. lycopersicum*）杂交后选育获得的 Ohio MR-9、Ohio MR-12 含有该基因，美国纽约州农业试验站利用该基因育成 FIorida MH-1。美国在夏威夷以秘鲁番茄、多毛番茄、智利番茄（*L. chilense*）等作为抗病材料，配制栽培番茄×智利番茄、（多毛番茄×栽培番茄）×秘鲁番茄组合，分别选育出 HES5639-15、HES2603 等抗病系统，其抗病基因为 *Tm-1* 和 *Tm-2*。在日本作为抗源使用的是秘鲁番茄的一个系统吉连赛等，作为中间素材的有草原等系。美国 Alexander 用秘鲁番茄×普通栽培番茄得到了含基因 *Tm-2* 的品种。带有这些基因的材料已先后引入中国，如 Manapal、Ohio MR-9、Ohio MR-12、FIorida MH-1、强力米寿、强力寿光等。还引进了番茄花叶病毒的鉴别寄主 GCR 系统，即 GCR26（+/+）、GCR237（*Tm*/*Tm*）、GCR236（*Tm-2*^{nv}/*Tm-2*^{nv}）、GCR526（*Tm2*/*Tm2*）、GCR267（*Tm-2*^{a}/*Tm-2*^{a}）、GCR254（*Tm*/*Tm*、*Tm-2*^{nv}/*Tm-2*^{nv}）。在引入的抗病材料中，应用较广泛的是马娜佩尔（*Tm-2*^{nv}）。利用该材料先后育成了多个抗源亲本，如6T、北早T、矮黄、矮粉T、北十T等。

抗番茄花叶病毒*Tm*基因在第5对染色体上，属保毒抗性，因此抗病性不稳定。在杂合基因（*Tm*/+）的品种上，病毒容易分化出新的株系，许多先例表明，这样的品种栽培时间越长，发病就越多，即分化出能侵染含*Tm*基因品种的1株系。而抗性更强的抗源材料是含$Tm-2^a$基因的Ohio MR-9、Ohio MR-12、Ohio MR-13，同*Tm-2*处在同一个基因位点上。通过实践，种植$Tm-2^a$及$Tm-2^{nv}$抗病基因的番茄品种，还很少出现株系分化现象。但$Tm-2^a$基因的缺点是遇有27～28℃以上的高温环境条件，番茄花叶病毒侵染后会出现茎叶坏死，尤其是杂合基因（$Tm-2^{nv}/+$）的品种更易出现叶、茎、果和顶端严重坏死。克服缺陷的方法是$Tm-2^a/Tm-2^a$基因品种与*Tm*/*Tm*基因品种杂交，F_1具有双重抗病性，对温度的适应范围较广。

2. 抗黄瓜花叶病毒（CMV）**资源** 番茄黄瓜花叶病毒（CMV）的抗源存在于类番茄茄（*S. lycopersicodes*）如LA1964、秘鲁番茄如LA3900及PI127829、智利番茄如LA0458、醋栗番茄（*S. pimpinellifolium*）如LA0753等野生种质资源中，这些野生种质资源与普通番茄之间存在杂交不亲和、杂种后代不育、不稳等障碍，因此如何将抗病基因渗入到栽培番茄就成为育种者普遍关注的问题。Rick（1951、1986）、Deveyna（1987）、Cheleat（1997）等通过有性途径结合胚培养等手段获得了普通番茄与类番茄茄的有性杂种、倍半二倍体、以番茄为遗传背景的全部12个类番茄茄附加系以及与番茄回交一代。保加利亚Soeirova等（1992）用番茄属的33个种进行研究，发现*S. chilense*、*S. cheesmanii* var. *minar*、*S. pimpihellifalium*、*S. peruvianum* var. *dentaeum*的一些材料表现抗CMV。Stoimenova和Sotirova（2004）得到普通番茄与智利番茄杂交后的6代自交系，其中部分选系表现抗CMV。CMV的主要传播媒介为蚜虫，因此育成抗蚜虫的品种就可以在一定程度上达到防CMV目的。郑贵彬、张环、柴敏、郁和平等先后利用从美国、日本引入茸毛番茄材料Somky Mountain（*WO*）、LS1371（WO^{mz}）等，育成了能够有效减轻CMV侵染的佳粉17、毛粉802、济南毛粉等番茄品种，并在生产上推广应用。

20世纪80年代初，江苏省农业科学院蔬菜研究所在观察圃中得到一野生秘鲁番茄、对黄瓜花叶病毒的免疫单株，进而克服远缘杂交不亲和性与普通番茄杂交，进行胚培养，得到了杂种株幼苗，经几代人工接毒与田间的自然发病筛选，获得高抗CMV材料秘鲁8号番茄。

3. 抗黄化曲叶病毒（TyLCV）**资源** 目前已报道的番茄抗TyLCV的近缘野生种主要有醋栗番茄、秘鲁番茄、多毛番茄、智利番茄和契斯曼尼番茄。Cohen和Nitzany（1966）、Piloswsy和Cohen（1974）、Kasrawi（1989）报道，野生醋栗番茄和秘鲁番茄具有高抗番茄黄化曲叶病毒，但不是免疫。Pilowsky等（1990）利用野生秘鲁番茄PI126953品系，育成抗病品种Ty-20，能延迟病症的出现，并获得较好产量。Friedmanh等（1998）报道，秘鲁番茄PI126926、PI126930、PI390681及LA441等抗TyLCV抗源与栽培品种杂交育成的抗病品种有Ty172、Ty197、Ty198及Ty538。Iakay等（1991）报道，多毛番茄和智利番茄接种TyLCV病毒85 d后，发现植株仍维持健康症状，而且测出病毒DNA的含量低。Micheldon等（1994）也鉴定出智利番茄具有抗TyLCV的性状。Mazyad等（1982）发现多毛番茄对TyLCV高度抗性，而且LA177和LA386两个抗源分别与栽培栽培种杂交培育的BC_1F_4世代品系902和908分别为抗病和耐病。

Laterrot（1990、1992）及Laterrot和Morett（1996）报道，地中海地区发现野生种契斯曼尼（*S. cheesmanii*）LA1401抗TyLCV，并选择契斯曼尼和秘鲁及醋栗番茄3种野生种为该地区抗番茄黄化曲叶病毒TyLCV的抗源。

利用野生材料定位到的质量抗性基因包括*Ty-1*、*Ty-2*、*Ty-3*、*Ty-3a*、*Ty-4*和*Ty-5*，并获得了与这些抗病基因紧密连锁的分子标记，利用这些连锁标记可以将抗病基因转入番茄骨干亲本中获得抗病育种材料。*Ty-1*来自野生智利番茄LA1969，位于第6号染色体，与共显性SCAR标记P6-6紧密连锁（Garcia et al.，2007）；*Ty-2*来自多毛番茄B6013，位于第11号染色体上；*Ty*-

3a 是 *Ty*－*3* 的等位基因，来自于智利番茄 LA1932；*Ty*－*4* 来自于智利番茄 LA1932，位于第 3 号染色体上 C2 _ At4 g17300 和 C2 _ At5 g60160 标记间（Ji 等，2009），与共显性 CAPS 标记 P137A 紧密连锁；*Ty*－*5* 来自于秘鲁番茄转育材料 TY172，位于第 4 号染色体上标记 J04－1 和 TG182 间，与 CAPS 标记 SlNAC1 紧密连锁（Anbinder et al.，2009）。

4. 抗叶霉病资源　据报道，抗叶霉病抗源已具 25 个抗病基因，并鉴定出这些基因分别在 12 条染色体的 23 个位点上，他们各自抗相应的叶霉病菌生理小种。Viasova（1988）报道，秘鲁番茄、多毛番茄、智利番茄、醋栗番茄等番茄近缘种抗番茄叶霉病。Ometsinshii 等（1983）通过田间鉴定发现 Viuequeen、Astronaat、Solnyshko、6418 和 Belga 抗叶霉病。Dorolhkin 等（1980）在白俄罗斯发现 4 个具有水平抗性的材料：BU4、Vetomold、V121 和 Potentatell。Boukema（1981）报道，Ontario 7552 具 *Cf8* 基因，Pardue135 具 *Cf4* 基因，PI187002 携带 *Cf5* 基因，醋栗番茄的 PI126915 具 *Cf5* 基因。国际上采用一套含有不同抗性基因的 7 个番茄作为鉴别寄主，即 Money Maker、Leafmould Resister、Vetomold、V121、Ont7516、Ont7717、Ont7719，分别含有 *Cf0*、*Cf1*、*Cf2*、*Cf3*、*Cf4*、*Cf5* 和 *Cf9* 基因。研究表明，*Cf2* 与 *Cf5*、*Cf4* 与 *Cf9* 是等位基因或者是紧密连锁。国内目前应用最多的还是 *Cf5* 和 *Cf9* 基因。

5. 抗枯萎病资源　已发现的枯萎病生理小种有 3 个，即生理小种 1、2、3，中国主要为生理小种 1。抗枯萎病的基因有 *I*（抗生理小种 1）、*I*－*2*（抗生理小种 1 和 2）以及抗生理小种 3 的 *I*－*3* 基因，分别来源于醋栗番茄 PI79532、PI126915 和秘鲁番茄 PI126944。TGRC 的抗病材料有 LA2821、LA2823、LA3130、LA3465、LA3471、LA3528、LA3847、LA4025、LA4026、LA4286。

6. 抗青枯病资源　最早发现的抗病材料是 PI127805A（Acosta et al.，1964），后来陆续有许多抗源被发现。Hanson 等（1998）通过鉴定分析发现，育成的抗病品系或品种的抗源大部分都来自于 PI127805A、CRA66 和 PI129080，少数来自其他材料。近十几年来国外抗青枯病番茄育种中常用的抗源列表 22－4。广西壮族自治区、湖南省农业科学院以及江西省南昌市蔬菜研究所等单位经多年田间试验，已筛选出一批抗性较强的原始材料，如湘引 79－1、CL9 d、LS89、LS15，其发病率均低于 15％。

表 22－4　抗青枯病的番茄抗源材料

（李景富等，2011）

品　种	抗性程度	参考文献
PI 127805、Vc11－1、Kewalo	抗	Villareal，1970
Cranita、Kewalo、$IRATL_3$	抗	Kaan，1977
Hawaii7997、CRA66、PI126480	抗	Sonoda et al.，1980
INRA518	抗	Messiaen et al.，1978
CL1131－0－0－38－40	高抗	AVRDC，1983
PI196298、PI263722、PI129155、PI110597	抗	Jaworski et al.，1986
BWR－1	抗	Tikoo et al.，1987
Intan、Ratna、AV－22、AV－15	抗*	Hanudin，1987
Caraibo、Dynamo	抗	Denoyes，1988
MT1	高抗*	HO，1988
LS89	抗	Sugahara et al.，1989
IRATL 3	抗	Denoyes et al.，1988
CLN 475$BC_1F_2$265－4－19	高抗	AVRDC，1990
CLN 698$BC_1F_2$358－4－13	高抗	AVRDC，1990
Carmido	抗	Prior et al.，1990
Manik、Asa－4	高抗*	Hossain et al.，1991
Tusti、Bikash	抗*	Hossain et al.，1991
CL 1131、Rampur	抗	Adhikari，1993

*　田间自然侵染的抗性表现。

华南农业大学李鹏飞教授对青枯病育种进行了 20 多年的研究，于 20 世纪 70 年代中期，自美国北卡罗纳州引进金星（Venus）和土星（Saturn）两份抗青枯病材料，经田间自然诱发鉴定有一定抗性，但果小叶多，经济价值差。80 年代初又由亚洲蔬菜研究发展中心提供的 5 份抗源材料中鉴定出 CL-9-0-0-1-3、CH23-2-4、CH43-0-10-3 三份表现抗病的材料，并进行单株选择及家系评价，选育出早荔等抗病品种。另一抗源材料 CL551-0-0-18-1-1-5 经过连续的多年的单株选择，选出高抗青枯病、大型果的育种材料龙狮号。其亲本有来源于菲律宾的 VC8、VC9、VC48、VC49 和来源于美国的 Saturn、Venus、Tamu ChieoⅢ、Kewalo 等抗源材料，菲律宾的 VC 系列是其主要抗源材料。

7. 抗根结线虫资源 据报道，抗根结线虫病基因共有 9 个，原来的 Mi 抗性位点表示为 *Mi-1*，新发现的抗性基因分别称作 *Mi-2*、*Mi-3*、*Mi-4*、*Mi-5*、*Mi-6*、*Mi-7*、*Mi-8*、*Mi-9*，为番茄抗根结线虫育种提供了丰富的遗传资源。其中 *Mi-1* 又分为 *Mi-1.1* 和 *Mi-1.2* 两个基因簇。*Mi-1* 基因能有效地抗 3 种常见的根结线虫，如南方根结线虫、爪哇根结线虫（*M. javaica*）和花生根结线虫（*M. arenaria*），但不抗北方根结线虫（*M. hapca*）。*Mi-1*、*Mi-7*、*Mi-8* 基因具有不稳定性，土壤温度高于 28 ℃，含 *Mi-1* 基因的植株丧失对南方根结线虫、爪哇根结接线虫和花生根结线虫的抗性。*Mi-2*、*Mi-3*、*Mi-4*、*Mi-5*、*Mi-6*、*Mi-9* 在 32 ℃对根结线虫仍具有较高的抗性。*Mi-1* 被定位于第 6 染色体上，并且已被克隆；*Mi-3* 是 Yaghoobi 等（1995）在秘鲁番茄的一份材料中发现的抗根结线虫基因，被定位于番茄第 12 条染色体短臂的近端区域。国内外抗根结线虫的品种都含有 *Mi-1*。

8. 抗晚疫病资源 番茄对晚疫病的抗性来自野生种，包括质量抗性和数量抗性。质量抗性（单基因）均来自醋栗番茄（*S. pimpinellifolium*），已发现 *Ph-1*、*Ph-2*、*Ph-3*、*Ph-5* 等 4 个基因，其中 *Ph-1* 来自 TS33（Pierce，1971），*Ph-2* 来自 Wv700（Gallegly 和 Marvel，1955），*Ph-3* 来自 L3708（Chunwongse et al.，2002），*Ph-5* 来自 PI270443（Heather et al.，2012）；而且 *Ph-2* 和 *Ph-3* 的抗性呈现明显的株龄相关抗性（ARR）（Chunwongse et al.，2002）。而具有广谱抗性的数量抗性（QTL）分别来自野生种多毛番茄（*S. habrochaites*）LA1033、LA1777 和 LA2099（Brouwer et al.，2004）、潘那利番茄（*S. pennellii*）LA0716（Smart，2007）和类番茄茄（*S. lycopersicoides*）LA2951（Li et al.，2011）。就多毛番茄不同材料而言，LA1777 较 LA2099、LA1033 具有更好的抗性，而且也呈现明显的株龄相关抗性。

9. 抗早疫病资源 抗病基因来自于多毛番茄、潘那利番茄等。早年利用不完全显性基因 *Ad* 育成了弗洛雷德、印度河、满丝等品种。

10. 抗灰霉病资源 灰霉病在保护地番茄生产中危害严重，也是较难控制的病害。到目前还没有找到理想的抗源。

（二）抗逆资源

1. 耐低温资源 番茄的耐寒种质资源广泛存在于番茄属和茄属的类番茄茄中。类番茄茄的耐寒性最强，较好的材料有 LA2776、LA2386、LA1990、LA2591、LA2730、LA1964 等。类番茄茄还可以耐暂时的霜冻，*S. lycopersicoides* 在−5.3～−1.25 ℃的条件下能够正常开花结果，而普通番茄全部冻死。两者的体细胞杂种对低温的耐性居两融合亲本之间，两者的属间有性杂种（Fils）的耐冷性接近于野生亲本 *S. lycopersicoides*（LA1990）。一般来讲野生番茄的耐冷性都较强，如多毛番茄、智利番茄、秘鲁番茄和潘那利番茄，特别是生长在高海拔地区的野生番茄在低温下生长良好，种子和花粉在低温下仍有较强的萌发能力。

Patterson 等（1978）报道，在秘鲁育种工作者收集了大量的不同海拔高度（从海平面到海拔 3 300 m）的多毛番茄品种，在低温下表现很好。Zamir 等（1982）也报道，花粉能在低温萌发，如多毛番茄 LA1777、LA1778、LA1363。特别是在海拔 3 000 m 以上的高原上收集的智利番茄种子和花粉在低温下具有较好的萌发和生长特性，如智利番茄 LA1969 和 LA1971。

普通番茄的耐寒性较差，但是不同的品种（系）之间存在耐寒性差异，普通番茄 PI341988 在低温下种子萌发能力较快。其他耐寒性较好的普通番茄材料有：Outdoor girl、Immuna prior beta、UC82B、Koateai、Santiam、PI120256、Oregon sping 等。中国也育成了一批耐低温的材料，如 97－66、97－69、CR932－52、CR932－60、994171P、To68、良丰－3－2、必美 4 号 F2－2－2、CR－9911、CR－9912、994171 等。

Kampa（1986）、Wolf（1986）、Hossain（1984）等报道，单性结实番茄材料在低温下具有很强的坐果能力，国内外一些育种单位都在积极利用单性结实基因培育耐寒品种，如新育成的 Oregon star、Oregon pride、Sileez、JP2016 等。在单性结实育种中，含 *Pat－2* 基因的 Sererianin 是被利用最多的单性结实材料。

2. 耐高温资源　亚洲蔬菜研究与发展中心在培育耐热、抗多种病害的番茄育种方面成效显著。该中心从收集的番茄材料中筛选出 41 个耐热种质。目前该中心已有 119 个品种分别在全球 35 个国家命名推广，其中有 8 个品种在中国台湾推广应用。中国大陆一些研究单位从亚洲蔬菜研究与发展中心及美国、以色列等地引进了耐热番茄品种或材料并进行了耐热性鉴定，结果表明耐热番茄在高温下其种子、花粉萌发力较强。耐热性较好的材料或品种有：CL5915－206D4－2－2－0－4、CL－1131、台中亚蔬 4 号、台南选 2 号、台南 3 号、台南亚蔬 6 号、台南亚蔬 11、西红柿台南 12、CHT1312、1313、1372、1374、1358、552、553、556、591、593、花莲亚蔬 5 号、花莲亚蔬 13（CHT1200）、桃园亚蔬 9 号（秋红、FMTT33），以及一些 FMTT 系列和 CL 系列、Saladete、VF36、BL6807、Malintka 101、Nagcarlan、CIAS 161、LHT24、CL1131、Flora544、Heize6035、Ohio0823、Equinox 等。

3. 耐盐资源　普通栽培番茄一般对盐表现中度敏感（Foolad 和 Lin，1997），比较不耐盐，而很多野生资源表现出一定的耐盐性。目前已鉴定的野生种质中，潘那利番茄（*L. pennelli*）、秘鲁番茄中都发现有耐盐的材料。沿海岸线生长的契斯曼尼番茄和碱性土壤上发现的智利番茄也具有耐盐性。

通过在不同盐胁迫条件下筛选，Saranga 等（1992）、Costa 等（1990）、Hassan 等（1990）已发现秘鲁番茄 PI 126435，契斯曼尼番茄 LA1401，潘那利番茄 PI 1246502、LA716，*S. lycopersicum* ssp. *Cerasiforme* LA 1310，小花番茄（*S. pimpinellifolium*）PI309907、PI265959，*S. habrochaites* PI365934、PI365907 等野生材料表现不同程度的耐盐性。

除此之外，人们还利用细胞培养和基因工程的方法得到了一些耐盐的番茄材料。如 Tall 等（1983）利用细胞培养的方法在普通番茄与潘那利番茄（CA710）及与契斯曼尼番茄（CA1401）的杂种细胞中，经过两步筛选后得到了一些耐盐的植株。陈火英等（2002）用栽培品种矮黄的子叶诱导愈伤组织，通过 225 mmol/L NaCl 直接高盐胁迫获得了 10 株耐盐突变体，在 150 mmol/L NaCl 的盐胁迫下，幼苗的成活率可达 70%，其中 1 株能正常开花、结果。利用栽培番茄与醋栗番茄的高代回交群体也筛选出了一些在发芽期和苗期表现出较好耐盐性的株系。

（三）优异品质资源

1. 耐贮运资源　这类材料主要有：含 *Nr*（never-ripe）基因的材料，如 LA1793、89-32；含 *rin*（ripening inhibitor）基因的材料，如 IS08、89-53 和以 Flora-Dade、Platense 为遗传背景的近等基因系等；含 *nor*（non ripening）基因的材料，如以 Rutgers、Platense 为遗传背景的近等基因系等，以及含 *alc*（alcobaca）基因的材料，如 LA2833、89－59 和以 Flora－Dade、Platense 为遗传背景的近等基因系等。

2. 高可溶性固形物资源　栽培种番茄遗传背景狭窄，野生资源具有较为丰富的品质性状。如野生醋栗番茄 UPV16921 的可溶性固形物含量可达 12.0%以上；可提高果实番茄红素含量 20%以上；具有较高的维生素 C 含量，是栽培种的 2.5 倍以上。克梅留斯基番茄和契斯曼尼番茄含有 *sucr* 基因，有利于果实蔗糖的积累。利用分子标记，从多毛番茄 LA1777、醋栗番茄 LA1589、潘那利番茄 LA0716、小花番茄 LA2133、秘鲁番茄 LA1708、契斯曼尼番茄 0317 中定位出了大量的影响番茄果实 pH、总酸、可溶性固形物含量、番茄红素含量的 QTL，其中来自潘那利番茄 LA0716 的 IL7－5、IL9－2－5、LA8－3 株系被广泛应用于加工番茄可溶性固形物含量的提高。另外，来源于多毛番茄第 1 和第 4 染色体的近等基因系 TA517 和 TA1218 含有较高的可溶性固形物含量，特别是 TA1218 没有明显的不良性状，连锁累赘的影响较小，可作为品质育种的材料。

3. 高番茄红素和胡萝卜素资源 与素色合成代谢有关基因的一些突变导致果实番茄红素或胡萝卜素含量的显著增加，因此，这些突变个体是目前番茄育种中提高番茄红素或类胡萝卜素含量的重要资源。主要的突变基因有 *Del*、*dps*、*dg*、*gf*、*gh*、*ogc*、*hp*、*hp－1*、*hp－2*、*hp－3* 等，其中 *ogc* 在加工番茄育种中应用较多。

三、分类与品种类型

（一）植物学分类

欧洲早期的植物学家认为番茄与茄属接近，故人们将其命名为 *Solanum pomiferum*。然而 Tournefort 在 1694 年第 1 次将栽培番茄称为 *Lycopersicon*（希腊语“狼桃”）。林奈 1753 年发表了新的植物命名法则，他用双命名系统给植物命名。林奈也将番茄列入茄属，叫作 *S. lycopersicum*（栽培番茄）和 *S. peruvianum*。一年以后，Miller（1754）按照 Tournefort 的叫法正式描述了番茄属（*Lycopersicon*）。后来（1768）Miller 再次用林奈的双命名法将栽培番茄命名为 *L. esculentum*，并将醋栗番茄和秘鲁番茄命名为 *L. pimpinellifolium* 和 *L. peruvianum*。从此以后，大多数分类学家按照 Miller 的分类将番茄列为番茄属。Muller（1940）将栽培与野生番茄分为着色果和白色果两个亚属 6 个种。Rick（1979）对番茄各个种之间的杂交亲和关系进行了系统研究，根据研究结果，将番茄分为普通番茄复合体与秘鲁番茄复合体，共包括 9 个种。

近 20 年来，Peralta、Spooner、Knapp 等一些科学家利用包括形态学，以及叶绿体、线粒体的 DNA 分子特征分析等技术手段，对番茄的进化进行了广泛的研究。结果有力地证明原来的番茄属于茄属，这一点已经得到广泛的认同。由此而产生的新命名见表 22－1。包括栽培番茄在内 13 种野生番茄组成番茄分支。原来的形态多样性丰富的秘鲁番茄被划分成 4 个不同的种，即 *S. arcanum*、*S. huaylasense*、*S. peruvianum* 和 *S. corneliomulleri*。前两个是新命名的，后两个是原来已有的。*S. galapagense* 是从 *S. cheesmaniae* 中分划出来的新种。他们将番茄的 13 个种划成 4 个群组（group），即 Lycopersicon 组、Neolycopersicon 组、Eriopersicon 组和 Arcanum 组（图 22－1）。

（二）栽培番茄的园艺学分类

1. 按株型分类

（1）无限生长类的标准种（indeterminate standard） 这一类型的主要特征是茎能不断向上生长，生长高度不受限制。节间长，植株较高大，蔓生性。多数品种在第 7～9 节着生第 1 花序，以后每隔 3 个叶着生一花序。顶芽为叶芽，继续生长直到霜期为止。果实的采收期长，产量较高，栽培最普遍。

（2）无限生长类的直立种（indeteminate dwarf） 茎无限生长，植株直立，株型矮，茎粗壮，节间短（与标准种显著区别），通常高为 60～75 cm，矮树状，株丛密集。叶系密，叶片厚，有皱褶，深绿色，通常每隔 3 叶着生一花序。成熟期晚，产量低于标准种，栽培不普遍。

（3）有限生长类的蔓性矮生种（determinate bush） 植株矮生，有限生长，生长势弱，株丛小而密集，通常第 6～8 节后着生第 1 花序，以后每隔 1～2 叶着生 1 个花序。当主茎生长 2～4 花序后，顶端变为花序，主茎不再继续向上生长，故称有限生长。分枝力弱，节间短，成熟早，成熟期集中，

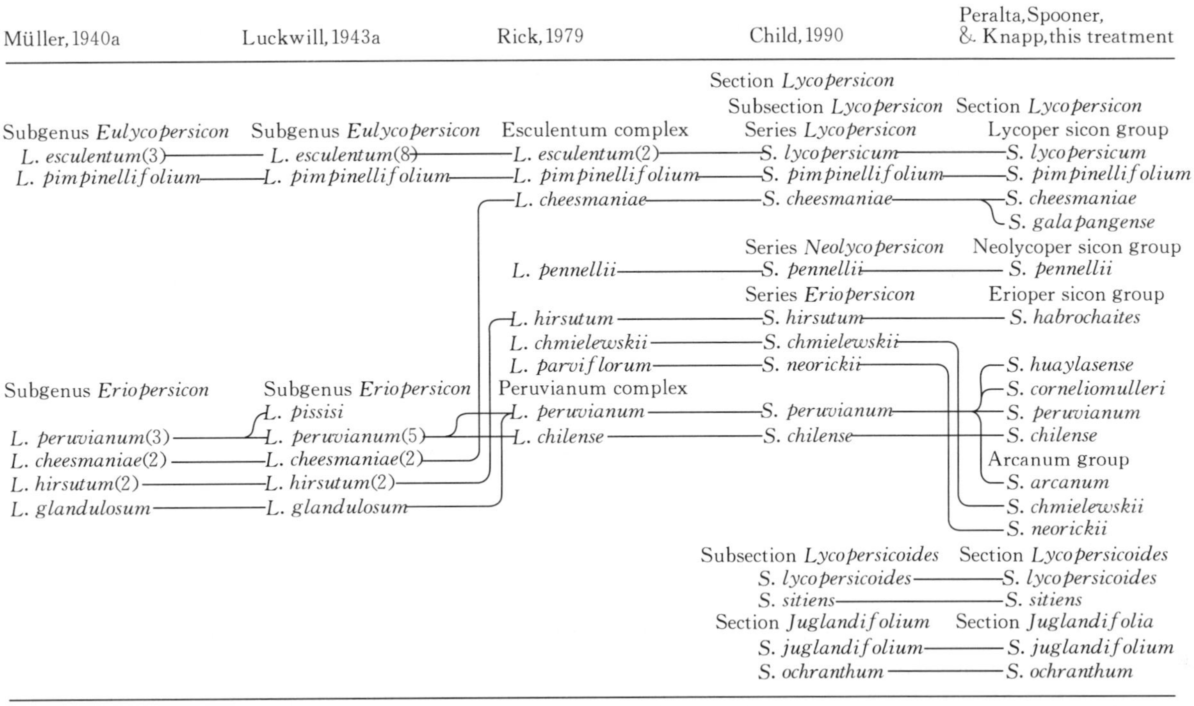

图 22-1 野生番茄及近缘种的亲缘关系

适于促成栽培及生长期较短之地栽培。栽培省工，适于粗放栽培。

(4) 有限生长类型的直立种（determinate dwarf） 植株直立性，茎有限生长，节间短，茎粗壮，植型矮小，高约 38 cm，株丛密集。叶系较密，叶片厚，有褶皱，深绿色，主茎着生 2～4 花序后，顶端变为花序，不再继续向上生长，分枝力弱。

2. 按叶形分类

(1) 普通叶状番茄 叶片具有不整形的缺刻，叶边缘有钝锯齿到尖锯齿。生产上绝大部分品种为普通叶。

(2) 薯叶状番茄 叶全缘如马铃薯叶形，间裂片及小裂片缺少。

3. 按果实大小分类 番茄果实大小相差非常之大，果实小的不足 10 g，大的可达数百克，所以难以精确分级。生产上一般将大于 220 g 的叫特大果，150～220 g 的叫大果，100～149 g 的叫中果，50～99 g 的叫小果，50 g 以下的属于樱桃番茄。

4. 按果实形状分类 按照果实形状，可分为圆形、扁圆形、牛心形、苹果形、桃形、长圆形、樱桃形、梨形、李形。

5. 按果实外观颜色分类 按照果实颜色可分为大红、粉红、橙黄、黄色、淡黄色、绿色、紫色。

6. 按用途分类 按照生产用途分为鲜食番茄和加工番茄。

7. 按熟性分类 按照果实成熟的早晚可分为极早熟、早熟、中熟和晚熟。

第三节 生物学特性与主要性状遗传

一、植物学特征与开花授粉习性

（一）植物学特征

1. 根 番茄具有深而强的根系，根系比较发达，分布广而深。根系由主根、侧根和不定根 3 部分组成。直播番茄主根长，能深达 1.5 m 以上；侧根横向扩展 90 cm，最宽可达 2.5～3 m。育苗移栽的番茄，主根被切断或受到影响，而侧根却很发达，分枝多，恢复生长快，大量的根系向横向发展，多数分布在 30～50 cm 以内的耕作层中，1 m 以下土质中根系分布很少。

2. 茎 番茄茎部机械组织不发达，呈半蔓生或半直立。幼苗期由于叶片少，节间短，呈直立生长，茎的横切面为圆形；株高长到 30 cm 以上，随着叶片增多，加之花果的出现，茎难以支撑而成匍匐状态，成株期茎的横切面变成了带棱角的形状。

番茄茎为合轴分枝，茎的分枝能力很强，每个叶腋都可以发生侧枝。茎的生长习性可分为两大类，即无限生长型和有限生长型。无限生长型为蔓生类型，茎较软，植株高大，可达 2 m 以上，需支架栽培；有限生长类型也称自封顶型，在植株发生 2～3 个花穗后，花穗下的侧芽变成花芽，而不再长成侧枝，所以假轴不再伸展，整个植株也就停止了生长，植株矮，其中有些品种茎粗、节间短，为直立型。

3. 叶 番茄的叶由 1 枚顶生裂片，3 对侧生裂片组成。一般侧生裂片多为 3 对，有的在侧生裂片之间着生有间裂片或在侧生裂片上着生有小裂片。番茄叶片为奇数羽状深裂或全裂单叶，裂片的数目和大小与品种、着生部位等有关，一般每叶有裂片 5～9 个，叶长 15～45 cm。根据叶片形状和缺刻的不同，可分为 3 种类型。

（1）花叶型 也称为普通叶型，叶片缺裂深，裂片大小差异明显，裂片之间距离较大，叶片较长，多数番茄品种属于这种类型。

（2）皱型叶 叶片多皱，较短，裂片排列紧密，叶缘微翻卷，叶色浓绿，直立类型品种叶片多属此类型。

（3）马铃薯叶型 俗称“土豆叶”。叶片大，裂叶稀少，叶缘无缺刻。

叶的着生方向基本为 3 种类型：第 1 类，叶斜向着生，叶在茎上着生角度小于 45°，如亨皇品种；第 2 类，叶水平着生，叶在茎上着生角度呈 90°，如矮红金品种；第 3 类，叶下垂着生，叶在茎上着生角度大于 90°呈下垂着生，如佳节品种。

叶的颜色有黄绿、淡绿、绿、深绿、蓝绿、灰蓝绿、灰绿 7 种。叶片颜色可以反映植株生长速度的快慢，一般叶色发紫、浓绿，表明温度低或干旱，生长速度慢；叶片浅绿，表明温度高或水分多，生长速度快。叶片薄而色浅，表明缺肥。

4. 花与花序 番茄为两性花，属自花授粉作物，整个花器由雌蕊（包括子房、花柱和柱头 3 部分）、雄蕊（包括花药和花丝）、花瓣、萼片和花梗等部分构成（图 22－2）。通常花药、花瓣和萼片 5～7 枚，雄蕊花药长而花丝短，花药聚合呈筒状称为药筒。每个花药有 2 个花粉囊，花粉囊着生在很短的花丝上。花粉成熟后，花粉囊内侧纵裂散出花粉。由于雌蕊被包围在药筒中间，所以容易保证自花授粉。但也有少数花朵的花柱较长，露在药筒外面，称为长花柱花。花柱长，天然杂交率较高，可用于不去雄授粉制种。雌蕊 1 枚，子房上位，多心室，多胚珠，单果可结较多种子。气温激烈变化，往往影响花芽分化，容易形成带化现象，使雌蕊呈复合状，称带状体，即两个或两个以上柱头并生成带状，花萼花瓣增至 8～9 枚，多的甚至 10 多枚，形成畸形花，产生多心皮的子房。由这种花发育而成的果实均为多棱角的畸形果，因此在开花前将其摘除。

番茄的花序多数为总状花序或复总状花序，一般 1 个花序有 6～10 朵花，小果品种花数更多，多者可达 20 朵以上。植株每隔 1～3 个叶片着生 1 个花序。无限生长类型主茎第 9～12 片叶后出现第 1 花序，然后每隔 3～5 片叶出现 1 个花序，只要条件许可，主茎将不断伸长，花序不断出现，不断开花结果。有限生长型又叫自封顶类型，有限生长类型番茄主茎节 6～8 片叶后着生第 1 花序，然后隔 1～2 片叶着生 1 个花序，主茎上出现 2～4 个花序后顶芽消失，出现封顶现象。这类品种一般分枝能力强，可利用侧枝多开花、多结果。

图 22-2 番茄花器

A. 花器全形：1. 雌蕊 2. 雄蕊 3. 花瓣 4. 花萼 5. 小花梗 6. 花梗

B. 花器剖面 C. 花器模式

（《中国番茄》，2007）

5. 果实 番茄的子房为上位子房，由子房发育成果实。果实为多汁浆果，形状、大小、颜色等因品种而异。番茄果实的红色是由番茄红素所致，黄色是由胡萝卜素、叶黄素所致。番茄未成熟果的色泽也因品种而有差异，有的品种在果肩部分呈绿色，称为绿果肩品种，有的品种无绿肩，其成熟时颜色一致。故加工用品种需用无绿果肩品种，否则影响产品质量。

6. 种子 番茄的种子为扁平钝心脏形，呈黄褐色，大多数种子表面覆以短而密的茸毛。一般栽培番茄的种子千粒重 2.7～3.5 g。生产用种子寿命 3～4 年，若在低温干燥条件下保存，种子寿命可达 10 年以上。

（二）开花授粉习性

番茄的开花顺序是花序基部的花先开，顺次向上陆续开放，通常第 1 花序的花尚未开完，第 2 花序的花已开始开放。花的开放程序见图 22-3。

花芽分化后，萼片包被花蕾的时期，称为花蕾期。花蕾由短逐渐变长，由小逐渐变大，当萼片逐渐在花的顶端展开，使花冠逐渐外露，称为露冠。此时露出的花冠呈淡绿微黄色。当花冠伸长到一定时期，随着萼片的进一步开张，花冠也逐渐展开，展开的角度由小变大。当花瓣展开达到 90°时称为开花，开花后 1～2 d，花瓣展开达到 180°时进入盛开期，此时花瓣鲜黄色。番茄的花开放后，经过 1～2 d 花冠变为深黄色的同时，花药开裂。这时柱头迅速伸长，并分泌出大量黏液。这是授粉的最佳时期。雌蕊受精能力一般可保持 4～8 d，并在花药开裂前 2 d 已具有受精能力。番茄的花，在一天当中无定时地开放，但因环境不同而有差异，晴天比阴天开花多，每天上午 4～8 时开花最多，下午 2 时以后就很少开花。单花开花时间可持续 3～4 d，然后花瓣转为淡黄色，向背面反卷而萎缩。番茄的开花结果与环境条件密切相关。授粉后，从花粉管到达子房所需时间，由花柱长短及温度条件而定。当温度低于 15 ℃或高于 35 ℃时，花粉发育不良，在 40 ℃条件下处理 1 h 花粉便失去活力。极短的 35 ℃以上的高温，会引起花粉机能降低。花粉发育温度为 15～33 ℃，而最适宜的发育温度为23～26 ℃，开花和受精的最佳温度为 20～30 ℃/15～22 ℃（昼/夜温）。高温干燥条件下，柱头变成黑褐色，子房枯死。因此，番茄杂交时应避开低温和高温，而影响最大的还是夜间温度，当夜间温度低于 15 ℃或高于 22 ℃，绝大多数品种都不能正常授粉受精，还导致落花落果。花粉管在 10 ℃时停止伸长，一般授粉后 12 h 穿过花柱 1/3 长度，24～36 h 后花粉管到达子房。授粉后 24 h，受精率可达 30%～40%，授粉到受精一般需要 50 h，胚在受精 8 h 后开始活动。有人实验，开花前 1 d 授粉结实率为 45%～50%，开花当天为 65%～70%，开花后 1 d 与开花当天相近。

番茄子房授粉 3～4 d 开始膨大，授粉后 7～20 d 生长速度最快，30 d 后基本停止生长。因开花授粉时间的差异，在第 1 花序的果实进入膨大期时，第 4 花序的花芽才开始发育，第 2 花序的果实进入

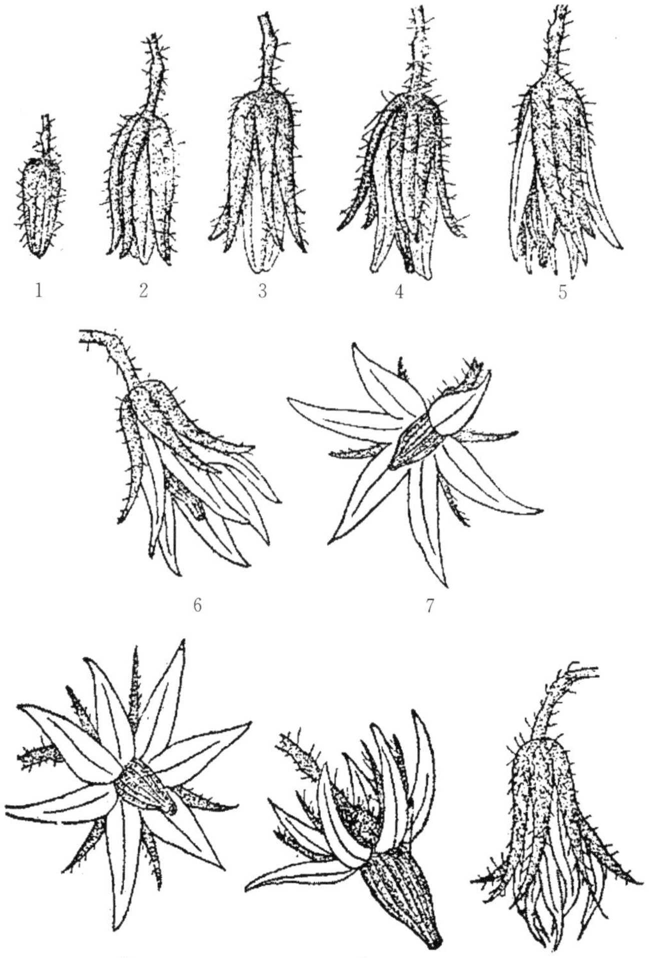

图 22 - 3 番茄花开花程序

1. 花蕾 2. 露冠 3. 花瓣伸长 4. 花瓣微开 5. 花瓣渐开（30°） 6. 花瓣再开（30°）
7. 花瓣更开（90°） 8. 花瓣展开（180°） 9. 花瓣反卷（盛开） 10. 花瓣萎缩（花闭）
（《中国番茄》，2007）

膨大期，第 5 花序花芽开始发育，其他各花序的分化期以此类推。

番茄一般从开花到果实和种子成熟需 40～60 d，具体时间长短受气温、品种熟性及栽培方式的影响。温度较高时，如日均温度在 20～25 ℃，需 40～50 d；温度较低时，如日均温度低于 20 ℃，则需 50～60 d。

二、生长发育及对环境条件的要求

（一）番茄生长发育特性

番茄在生长发育过程中分为发芽期、幼苗期、开花坐果期和结果期 4 个发育阶段。

1. 发芽期 从种子发芽至第 1 片真叶出现为发芽期。在正常条件下，这一阶段需 7～9 d。种子发芽后，先生长胚根，接着胚轴伸长，从覆土下长出。子叶展开之后，生长点发出真叶。影响发芽期顺利与否的因素有：土壤温度、湿度和通气状况，也与种子生活力有关。子叶展开到第 1 片真叶出现可称为子叶期。

2. 幼苗期　从第1片真叶出现到现蕾为幼苗期。幼苗期包含不同的生长发育阶段，前期为单纯的营养生长阶段，后期虽以营养生长为主，但开始了生殖生长阶段，故幼苗期内还可以分为子苗期与成苗期。

（1）子苗期　从真叶出现到花芽分化前期，属于基本营养生长阶段。根系生长很快，主根可达40～50 cm，并形成大量侧根；叶面积不断增加，积累养分，为花芽分化打下物质基础。依靠子叶和真叶进行光合作用，体内积累一定量光合产物，并产生花激素，促进花芽分化。子苗期生育状况将影响植株花芽分化的早晚（播期至花芽分化的天数）和出花节位的高低。从播种到子苗期结束约需25～30 d。

（2）成苗期　从花芽分化到现大花蕾定植为成苗期。花芽分化是植株开始生殖生长的标志。花芽分化与发育是成苗期最重要的生长发育特征。这阶段植株具以营养生长为主，生殖生长为辅的生长特点。一般幼苗积温达570～600 ℃开始花芽分化，幼苗外观为2～4片真叶（早熟品种2片真叶开始分化，晚熟品种4片真叶开始分化）。

当生长点分化出8～9片真叶后，生长点停止分化叶片，生长点顶部隆起，变得肥厚，形成花芽。生长点形态的变化，是花芽分化最初的标志。顶花芽成为第1花穗的第1朵花。

积温达850～970 ℃开始分化第2花穗；积温达1 100～1 200 ℃开始分化第3花穗。花芽分化与幼苗生育状况有关，基本营养生长阶段体内物质积累多，则花芽分化早而快，否则反之。

在适宜的外界条件下，一般分化1朵花需3 d，分化1穗花需15 d左右。第1花穗分化3～4朵花时，开始第2花穗第1朵花的分化。

3. 开花坐果期　定植后从现大花蕾到第1穗果坐果，果实达核桃大小，进入迅速膨大期之前为开花坐果期。本阶段仍以营养生长为主导，将过渡到以生殖生长与营养生长同等并进的时期，果实达核桃大小为结束开花坐果期进入结果期的标志。

4. 结果期　从第1穗果进入迅速膨大期，到收获完为结果期，是果实膨大—成熟的过程。番茄为连续开花、陆续结果的作物，第1穗果达核桃大小时，第2穗果已开始坐果并陆续开花，第3穗正值开花期。只要条件适宜，非自封顶品种结果期可无限延长。结果期植株进入以生殖生长为主，生殖生长与营养生长并重阶段，两者虽有矛盾，但又相互依存，营养生长是生殖生长的基础和保证，生殖生长是营养生长的结果。

（二）番茄对外界环境条件的要求

1. 温度　番茄虽是喜温蔬菜，但对温度的适应性较强，耐低温能力比黄瓜强。一般说来，15～35 ℃为适宜温度，低于15 ℃就影响开花结果，超过35 ℃生理受到干扰，5 ℃时茎叶停止生长；－2～－1 ℃时出现冻害。番茄不同生长期对温度要求及反应是有差别的。种子发芽适宜温度为28～30 ℃；幼苗期的白天适温为20～25 ℃，夜间为10～15 ℃；开花期对温度要求比较严格，白天为20～30 ℃，夜间为15～20 ℃；结果期白天25～28 ℃，夜间为16～20 ℃。根系适合地温为20～22 ℃。

2. 光照　番茄是喜光短日照作物，但大多数品种对日照要求不严格，不需要特定的光周期，只要温度适宜，全年可以栽培。一般来讲，光照16 h条件下生育良好，番茄的光饱和点为7万lx，在3万～3.5万lx才能正常发育。发芽期不需要光照；幼苗期对光照要求比较严格，光照不足延迟花芽分化，使着花节位上升，花数减少，花芽素质下降；开花期光照不足，容易引起落花落果；结果期处在强光下，坐果多，单果也大，弱光下坐果率低，单果重减小，还容易出现空洞果和筋腐果。

3. 水分　番茄地上部茎叶繁茂，蒸腾作用比较强烈，蒸腾系数为800左右，需水较多。但番茄根系十分发达，吸水能力较强，对水分要求具半耐旱特点，空气相对湿度45%～50%为宜。

在不同的生长期，番茄对水分要求不同。幼苗期生长较快，为避免徒长和发生病害，土壤湿度不宜过高，应适当控制灌水。第1花序坐果前，土壤水分过多，易引起植株徒长，根系发育不良，造成落花。第1花序的果实膨大后，对水分的要求明显增加。果实肥大期，每株番茄每天吸水量为1～

2L，每公顷每天补充水分 45～150 t，根据土壤情况决定。

4. 土壤及营养成分 番茄对土壤要求不太严格，最好选用土层深厚，排水良好，富含有机质的肥沃壤土。番茄在生育期，需从土壤中吸收大量的营养物质。据报道，生产 5 000 kg 果实，需要从土壤中吸收钾（K_2O）33 kg，氮（N）10 kg，磷（P_2O_5）5 kg。这些元素 73%存在于果实中，27%存在于茎、叶、根等营养器官中。

三、主要性状遗传

（一）植株性状遗传

1. 植株生长类型的遗传 植株蔓性（非直立性）对直立是显性；无限生长类型（不封顶）对有限生长类型是显性，由 1 对基因 *Sp* 和 *sp* 控制：植株高生（蔓性）对矮生是显性，由 *D*-*d* 基因控制；植株开展矮态（*Dm*）对植株紧密态（*dm*）为显性。

2. 叶部性状的遗传 番茄叶型受 1 对基因 *C* 和 *c* 的控制，普通叶型对薯叶型为显性。叶片有缺刻和全缘两种，受 1 对基因 *E* 和 *e* 控制，有缺刻对全缘为显性。正常叶对细弱叶为显性，受 1 对基因 W_l 和 w_l 控制。番茄叶色也受 1 对 *L*-*1* 基因控制，绿色叶对黄色叶为显性。叶质由 1 对 *Wt* 和 *wt* 基因控制，不萎蔫对萎蔫为显性。番茄子叶宽和窄由 1 对基因 *Nc* 和 *nc* 控制，宽子叶对窄子叶为显性。

3. 茎、花序和花性状的遗传 番茄茎色有紫茎与绿茎之分，由 1 对 *A* 和 *a* 基因控制，紫茎对绿茎为显性。茎光滑对茎有茸毛为显性，由 *H* 和 *h* 基因控制。节间长短受 1 对 *Br* 和 *br* 基因控制，节间长对节间短为显性。果梗无节是由隐性基因 *j*-*1* 和 *j*-*2* 控制的。

番茄的花序为总状花序，有单式和复式之分。花序受 1 对基因 *S* 和 *s* 控制，单花序对复花序为显性。番茄的花色由 1 对 *Wf* 和 *wf* 基因控制，黄花对白花为显性。

（二）早熟性的遗传

构成和影响番茄早熟性的性状主要有开花速度、果实发育和转色速度、低温下生长发育能力等。

1. 开花速度 谭其猛等在 1954—1956 年曾测定几十个品种从播种至始花天数与播种到果实始熟天数的相关性，3 年的相关系数分别为 0.65、0.46、0.46，可见开花速度与成熟期呈明显相关。谭其猛（1980）指出，花期是多基因控制的数量性状，早花是不完全显性，当花期相近的双亲杂交时，F_1 常有早熟超亲现象。开花早的亲本与开花晚的亲本杂交，据 Young（1967）报道，F_1 和 F_2 在两亲本之间无显隐关系；考皮耳报道（Corbeil，1967）早花为不完全显性，由 2 对基因控制。西贞夫和栗山（1960）测定的始花期遗传力为 55%。

2. 果实发育速度 谭其猛等在 1954—1956 年测定几十个品种的始花至果实变色天数与播种至果实始熟天数的相关性，3 年的相关系数分别为 0.13、0.79、0.66。关于果实发育速度的遗传还缺乏研究报道，所有的报道都是把花期早晚、果实生长速度和果实变色速度合在一起的。江苏省农业科学院杨荣昌、徐鹤林（1992）指出，番茄早熟性指数、始花期、开花至成熟天数的遗传模型均符合加性-显性-上位性。李景富等（1982）研究认为，果实发育期狭义遗传力为 40.91%。

3. 成熟期遗传 番茄成熟期的遗传较复杂，受多基因控制。余诞年（1999）认为，成熟期至少涉及 5 对或 7 对基因。泰也耳（Tayel，1959）报道，早熟对晚熟为显性，至少涉及 4 对基因。考皮耳（Corbeil，1967）认为，早熟为显性，至少受 5 对基因控制，大多在第 2 染色体上。从总的遗传趋势大致作如下归纳：两个成熟期差异较大亲本间的 F_1 熟期大多数是中间偏早，如早熟×早熟，F_1 早熟，少数有超亲遗传现象：早熟×中熟，F_1 多偏向早熟或介于中、早熟之间；早熟×晚熟，F_1 熟期呈不同程度的中间性，但多为中间偏早。另外，F_1 的早期产量往往比总产量有更多组合超过亲本。李景富等（1982）测得成熟期的遗传力为 43.88%。

Shoemakr 等（1970）和 Trinklain 等（1975）发现，有时正、反交 F_1 熟性有较大差异，似乎母本对熟性的影响更大，因此在配制组合时，如果追求早熟，应该用早熟亲本做母本。

（三）番茄果实性状遗传

1. 果形的遗传 据报道长×圆、扁×圆、卵×圆、扁×卵的 F_1 都是圆形果，涉及的基因有显性圆形 *O*，卵形或梨形 *o*，扁圆形 *O'*，长形 *e'*。余诞年（1976）报道李形果×梨形果的 F_1 为李形，F_2 分离符合 3∶1；李形×柠檬形的 F_1 为李形，F_2 分离接近 9∶6∶1 的积加效应分离比。而在李形×圆形、柠檬形×扁圆形、牛心形×柠檬形、梨形×柠檬形的 F_1 大多为中间形或近圆形，而 F_2 则出现多种过渡类型。果实无棱褶对有棱褶为显性；果顶有乳状突起和果顶有尖嘴都属隐性，分别由 *h* 和 *bk* 基因控制；果面有棱和果实带化或多室也都属隐性，分别由 *g* 和 *f* 等基因控制。余诞年（1977）研究指出，果顶尖突和果顶平滑这 1 对性状在有的组合中表现为 1 对基因的分离，但同一亲本品种（金寻）在另外 3 个组合中均表现还有 1 对基因在起作用，F_2 出现 9∶7 的分离比例，表现为两基因之间存在着一种互补效应。

2. 果实成熟一致与未熟果色的遗传 果实有绿色果肩 *U* 对果实成熟一致 *u* 为显性。未熟果肩色一致性由 2 个隐性基因控制，*u* 为一致绿色，*ug* 为一致绿白色。艾治尔斯（Ayers et al.，1966）报道，$u^+u^+ug^+ug^+ \times uuug^+ug^+$ 的 F_2 为 3∶1 分离。另外，有一隐性基因 *gf* 控制果实成熟时仍带绿色果肉。

3. 果色的遗传 番茄的果色是由皮色和肉色构成的，皮色可分为黄色和无色透明两种；肉色可分为红和黄两种。*R*-红色果肉（果肉含茄红素）、*r*-黄色果肉（果肉含胡萝卜素）、*Y*-黄色果皮（果皮含胡萝卜素）、*y*-透明果皮（果皮不含色素），这样 *RY* 黄皮红肉表现为红果，*Ry* 透明皮红肉表现为粉红果色，*rY* 黄皮黄肉为深黄色果，*ry* 透明皮黄肉为淡黄果。

余诞年（1977）指出，果肉颜色分别由两对基因所控制，其中控制红色与黄色的基因，系 1 对等位基因；而橙色则不是两种颜色的等位基因关系，控制橙色（*t*）及橘红色（*T*）的 1 对等位基因，对于控制红、黄色（*R* 及 *r*）的 1 对等位基因来说，为隐性上位关系，因此其 F_2 呈 9∶4∶3 的分离比率。

（四）抗病性遗传

1. 病毒病（TMV）抗性遗传 一般认为抗性是显性，涉及 3 对基因 *Tm*-*1*、*Tm*-*2*、$Tm\text{-}2^a$，它们最初来自秘鲁番茄、多毛番茄和智利番茄。亦有报道认为，来源秘鲁番茄的抗性是显性，抗性基因 *Tm*-*2* 的来源是由秘鲁番茄和普通番茄杂交后获得，而源自多毛番茄的抗性为不完全显性或隐性。显性基因 *Tm*-*2* 比 *Tm*-*1* 基因抗性强，但 *Tm*-*2* 基因与隐性基因 *nv* 紧密连锁，同在第 9 染色体图距 22 cM 座位上（9L-22）。这个隐性基因在纯合情况下引起植株矮化和黄化。单显性基因 $Tm\text{-}2^a$（即 $Tm\text{-}2^2$）与 *Tm*-*2* 基因是等位基因，但不与 *nv* 基因连锁。

Tm-*2* 和 $Tm\text{-}2^a$ 虽为等位基因，但两者对 TMV 的病毒株系的反应有明显差别，$Tm\text{-}2/Tm\text{-}2^a$ 的杂合系具有广泛的抗病性。由于在 $Tm\text{-}2^{nv}$ 中，*nv* 基因是与 *Tm*-*2* 基因紧密连锁的隐性黄萎基因（均位于 9L-22）。因此，这种基因材料（如马娜佩尔）虽对 TMV 具有一定抗性，但幼苗黄化、矮缩，生长缓慢，不能直接用于生产。

利用 $Tm\text{-}2^{nv}/Tm\text{-}2^{nv}$ 等抗病亲本（P_1）与纯合的基因为++/++不抗病的、生长正常的标准品种（P_2）进行杂交，F_1 不但抗病，而且生长正常，不表现黄化。

2. 番茄黄化曲叶病毒病（TyLCV）抗性遗传 Piloswsky 等（1974）报道，醋栗番茄 LA121、LA1478、LA1582 对 TyLCV 的抗性是由 1 对不完全显性基因控制，而 Hassan 等（1984）认为 *S. pimpmelifolium* LA121 和 LA373 的抗病性是由部分隐性基因所控制的数量性状。Hassan 等（1984）认为，多毛番茄 LA386 对 TyLCV 的抗性是由 1 对显性基因控制，而 Vidavskg 和 Czosnek

(1998) 认为，多毛番茄 LA386 对 TyLCV 抗病为 2～3 对隐性基因控制；Mazyad 等（1982）认为，多毛番茄 LA1777 抗病为 3 对累加基因所控制。Piouskg 和 Cohen（1990）指出，秘鲁番茄 PI126935 对 TyLCV 抗性为多对（5 对）隐性基因控制，而 Friedmann 等（1998）报道，秘鲁番茄 PI126926、LA441 抗病性由 1 对部分显性基因控制。Michelson 等（1994）报道，智利番茄 LA1969、LA1932 对 TyLCV 抗性是由 1 对显性基因（*Ty*-*1*）所控制。Hassan 等（1984）报道，契斯曼尼番茄 LA1401 对 TyLCV 抗性是由 1 对隐性基因控制。

3. 青枯病（*Ralstonia solanacearum*）**抗性遗传** 番茄青枯病的抗性遗传规律目前仍不十分清楚。Singh（1961）认为，番茄青枯病抗性是隐性遗传；Gowha 等（1990）认为是单个显性基因控制；Graham 等（1976）则认为，抗性是不完全显性遗传；Winstad 和 Kelman（1952）及 Singh（1961）认为是多基因；阿考斯塔等（Acosta，1964）则认为，醋栗番茄的抗性似乎由几个不完全显性或隐性基因控制。

乐素菊等（1995）研究表明，番茄对青枯病的抗性至少由 3 对基因控制，在抗性遗传效应中，加性效应占主导地位，广义遗传力为 97.0%，狭义遗传力为 69.0%，抗病对感病为不完全显性。邓铭光等（1999）的研究也认为，苗期抗性存在加性和显性基因效应，以加性效应为主，狭义遗传力为 63.3%，但抗病对感病为隐性。

4. 叶霉病（*Cladosporium fuloum*）**抗性遗传** 对叶霉病的抗性大都表现为质量性状遗传。Kerr（1955）、Guba（1956）研究确认，对番茄叶霉病的抗性受显性基因控制，抗性为显性。醋栗番茄对叶霉病表现免疫，且为单显性基因控制。目前已发现的抗病基因有 24 个（*cf1*～*cf24*）。

5. 枯萎病（*Fusarium axysporum lycopersici*）**抗性遗传** 目前已发现生理小种 1、2、3 及 3 个显性抗病基因，即基因 *I*、*I*-2、*I*-3。多数人认为，番茄枯萎病的抗性由一主要显性基因控制，另有修饰基因。也有人认为，抗性基因 *I* 为不完全显性。

6. 黄萎病（*Verticium* spp.）**抗性遗传** 对黄萎病的抗性为单基因显性，但有人报道对有些菌系的抗性至少需要 2 个显性基因，*Ve* 基因在缺乏另 1 个基因时则抗性仅表现为中等程度。

7. 早疫病（*Alternalia solani*）**抗性遗传** 雷纳特（Roynard，1945）报道，此病为单基因控制，抗性为隐性，或感病为不完全显性。马且西（Marchesi，1955）报道，醋栗番茄的抗性为隐性。Barksdale 和 Stoner（1977）分析表明，抗病材料 $77B_2$ 含有 2 个或 2 个以上的叶部抗早疫病的隐性遗传基因，而抗病材料 C1043 携带的抗叶部早疫病的基因比 $77B_2$ 少，实际抗性遗传较为复杂。Andrus 等（1942）、Wade（1942）、Reyhard 等（1945）提出，抗早疫病遗传性受不完全显性单基因支配，并命名为 *Ad*。

8. 晚疫病（*Phyeophthora infestans*）**抗性遗传** Gallegly 和 Marvel（1955）认为，番茄抗晚疫病由两类不同的基因控制，一种受单显性基因 *Ph* 控制，对生理小种 0 免疫；另一种受多基因控制，与多种因素有关，属数量遗传，对生理小种 0 和生理小种 1 都有效，但是当条件适合病害发生时便不能很好地抵抗病害。帕莱维兹（Palevitch，1970）报道，抗性是多基因控制的部分显性，遗传力较高。另有人报道，醋栗番茄对病菌 0 系的抗性是由 1 个显性过敏基因控制，对病菌 1 系的抗性是多基因控制的。Pecaut 和 Laterrot（1966）报道，西弗吉尼亚 63（West Virginta 63）同时存在着单显性基因抗性和多基因抗性。目前已查明，英国品种原子（Atorn）具有和西弗吉尼亚系不同的抗病性，带有 2 个不完全显性的水平抗性的主效基因 *Phf*-*1*、*Phf*-*2*，对 0 系和 1 系都有抗性。

9. 根结线虫病（*Meloidogyne* spp.）**抗性遗传** 对最早育成的抗线虫品种 Aanhu 和 VFN8 以及由它们发展而来的新抗线虫品种的研究表明，番茄对线虫的抗性是由主效显性基因 *Mi* 决定的，这个基因位于番茄的第 6 染色体上。带有 *Mi* 基因的植株能抗南方根结线虫（*M. incognita*）、爪哇根结线虫（*M. acrita*）、花生根结线虫（*M. arenaria*），但不抗北方根结线虫（*M. hapca*）。Hernandez（1965）、麦克法伦等（1946）认为，抗性为单基因显性。

10. 叶斑枯病（*Sepeoria lycopersici*）**抗性遗传**　Andrus 和 Reynard（1945）发现对此病有高抗性的品种 Targinnie red 和一些品系，其抗性为单基因显性。病原菌至少有两个生理小种，一个在病株上生大斑，一个生小斑。麦克尼尔（Mac Neill，1950）报道，源自毛番茄 P13833 的抗性为隐性。

11. 炭疽病（*Colletotrichum coccoides*）**抗性遗传**　Barksdale（1970）报道，番茄对炭疽病的抗性由多基因控制。Robbins（1970）报道，抗性与 6 个基因有关，其中有一主效基因，抗性为部分显性。

12. 囊线虫病（*Heterodera* spp.）**抗性遗传**　Gilberc（1959）报道，抗性为显性，醋栗番茄、樱桃番茄、秘鲁番茄、毛番茄等有抗性系统。

13. 束顶类病毒（*Tomato apical stunt viroid*，TASVd）**抗性遗传**　马丁（Nartln，1970）报道，源自秘鲁番茄的抗性由 2 个重复的不完全显性基因控制，带 2 个抗性基因的植株 70%～100%能免感染。

14. 斑萎病毒（TSWV）**抗性遗传**　菊池（1946）报道，抗性为一显性基因控制，但受气候、病毒株系、寄主品系、媒介昆虫等影响，可能改变遗传规律。斯密斯（Smith，1951）报道，抗性是多基因控制的，红醋栗番茄与感染品种杂交的 F_1 呈中间抗性，F_1 与感病品种回交后代则失去抗性。

15. 细菌性溃疡病（*Corynebacterium michiganense*）**抗性遗传**　H. I. Jens（1968）认为是多基因控制。

（五）抗逆性遗传

1. 耐低温遗传　Sayed（1973）对种子萌发的基础温度进行研究，认为低温下种子萌发的能力这个性状为数量性状，由 24 对基因控制，加性效应明显，显性和上位效应不显著，广义遗传力和狭义遗传力分别为 25%～40%和 25%。Timethy（1973）认为低温下种子萌发能力性状遗传不可能萌发是显性，至少有 3 对基因控制，广义遗传力为 97%，狭义遗传力为 66%。Devos（1981）利用 7 个自交系进行了番茄 10 ℃条件下的发芽能力遗传的研究，结果表明，低温条件下不能萌发是加性兼部分显性，上位效应不显著，但有显著的母系效应，狭义遗传力为 69%，广义遗传力为 85%。

王富和李景富（1999）利用中蔬 4 号和樱桃番茄为材料在 15 ℃低温条件下，进行 6 个世代 P_1、P_2、F_1、F_2、BC_1 和 BC_2 的发芽遗传规律的研究。结果表明，低温萌发遗传符合加性-显性-上位性模型，显性效应、上位效应显著，$h_B^2=93.34\%$，$h_N^2=48.96\%$，说明低温下番茄萌发的遗传能力较强。

2. 耐热性遗传　Elahmadi 和 Sttvens（1979）利用 5 个耐热反应不同的番茄品种，采用完全双列杂交，对其在高温下的坐果率进行遗传学研究。结果表明，在高温下番茄的花数是受隐性基因控制的，其遗传力较高，为 0.76；坐果率则受加性基因控制，遗传力中等，为 0.52；高温造成的长柱头现象是受部分显性基因和加性效应共同控制的，其遗传力为 0.79。Dane 等（1991）报道，高温下坐果率和花粉可育性遗传规律，首先是加性基因控制的，小果型品种较大果型品种更耐热，高温下坐果率（HS）与果实大小间的相关系数 $r=-0.42$；坐果率（FS）与果实大小间的相关系数 $r=-0.62$；花粉可育率（PF）与果实大小间的相关系数 $r=-0.61$；而热坐果率与花粉可育率之间则为正相关，$r=0.44$。安凤霞和许向阳（2007）选择耐热性不同的 6 份番茄亲本，采用半轮配法配制双列杂交组合，对 F_1、F_2、B_1、B_2、P_1、P_2 计 6 个世代进行遗传模型分析和遗传参数估算。结果表明，番茄耐热性符合加性-显性遗传模型，以加性效应为主，兼有显性效应；狭义遗传力较高，为 53.52%；一般配合力方差居主导地位，基因加性效应大于显性效应。

（六）果实主要品质性状遗传

1. 可溶性固形物的遗传　番茄果实中的可溶性固形物是决定果实风味与品质的重要因素之一。斯东纳（Stoner）等（1966）选用 408（Accesslon 408）和阿肯色 60－19－1（Arkansas 60－19－1）

等 8 个大、小果实亲本系统进行轮配，分别测其各组合的亲本和 F_1 的可溶性固形物平均含量。结果表明，各组合 F_1 的表现不一致，有些超过高亲本，有些低于亲本，也有些接近中亲值。他们还指出，可溶性固形物含量品种间的普通配合力和组合间的特殊配合力的差异极显著，而且 F_2 有分离出接近高亲本含量的单株。周永健等（1984）研究表明，可溶性固形物含量在一代杂种中的表现型是多种多样，但大多数杂交组合的 F_1 表现为超亲优势，该性状估测其广义遗传力为 81.04%，狭义遗传力为 55.46%。

李景富等（1981）用罗成 1 号、汉因兹等 5 个罐藏加工品种进行配合力分析，得出可溶性固形物含量的广义遗传力为 72.22%，狭义遗传力为 61.11%。

2. 番茄红素含量的遗传 有关番茄果实内茄红素含量的遗传研究，国外研究比较深入，从文献可知至少有 17 对基因控制或影响茄红素含量。Macarthur（1934）指出，番茄果实颜色的变异是由不同染色体上的 2 对基因 *R*/*r* 和 *T*/*t* 控制，基因型 RRTT 的成熟果实表现红色，rrTT 表现黄色，RRtt 表现橘红色，rrtt 型表现浅橘红色。Fleming 等（1937）指出，基因 *R*/*r* 和 *T*/*t* 控制果实内基本色素系统，加上 2 个抑制因子和一套修饰因子来支配色素的组合和强度。Tomes 等（1963）指出，基因 *R* 能提高，而 *r* 则降低果实中茄红素含量，基因 *T* 产出茄红素、β-胡萝卜素，而基因 *t* 只产生原番茄红素。Lincoln 等（1950）在多毛番茄的杂交后代中发现可使果实内 β-胡萝卜素含量大为增加的基因，定为 *B* 基因。Tomes 等（1954—1966）报道，番茄果实颜色取决于果实内类胡萝卜素总含量（包括茄红素和胡萝卜素）以及茄红素/胡萝卜素（主要是 β-胡萝卜素）含量的比率。基因 *B* 对普通型 *b* 显性，它增加了 β-胡萝卜素含量，从而影响茄红素/胡萝卜素的比率。还有 1 对修饰基因 $moBMO_B$，基因型 BbmoBmoB $BBMO_BMO_B$ 的果实 β-胡萝卜素含量最高。Jenkins 等（1955）报道，番茄杏黄色果肉隐性基因 *at*，它可抑制果实内茄红素的生成，但不抑制 β-胡萝卜素的生成，使果肉表现杏黄色。

Thompson（1955—1963）报道，番茄 Webbspecial 品系的果实内色素含量是一般红果品种的 2 倍，这种高色素（high pigment）性状受隐性基因 *hp* 控制。汤姆孙（Thompson，1965—1967）的研究指出，深红果色性状受隐性单基因控制，其普通型为不完全显性，并与老黄色花冠基因 *og* 在同 1 个基因位点上，由于不能分辨它与 *og* 基因是否为同 1 个基因，因而用 og^c 表示深红果色基因。Wann 等（1960）用罐藏番茄红果品种 Fndark 与醋栗番茄 179532 品系杂交，亲和力较强，其 F_1 和 F_2 群体的茄红素含量平均值接近中亲值，F_2 群体茄红素含量呈正态分布，属于数量遗传。

刘进生等（1986）证明，番茄果实内番茄红素含量属数量性状遗传，遗传模型以基因加性效应为主，并有少量上位性效应，显性效应不显著，F_1 平均数接近中亲值。配合力分析表明，以一般配合力效应为主，特殊配合力效应不大。番茄红素含量与果实内胡萝卜素含量有显著正相关，与种子外围胶状物颜色无相关，与果实匀浆色级有显著相关。

李景富等（1979 年）研究指出，番茄茄红素含量一般配合力显著，而特殊配合力不显著，说明茄红素主要受基因累加效应控制，而非累加效应小，广义遗传力为 63.33%。

3. 维生素 C 含量的遗传 番茄果实维生素 C 含量属于数量遗传，高维生素 C 是不完全显性。李景富、高音等（1995）研究指出，维生素 C 一般配合力和特殊配合力方差均达到显著水平，说明两种效应都有，并且以加性效应为主，估算的狭义遗传力高达 60.21%，在早期世代就可以单株系统选择。

4. 含酸量与 pH 的遗传 华耳可夫等（Walkof，1963）用 1 个含酸量低的品种 P_1 与 1 个含酸量高的品种 P_2 杂交，发现 F_1 和 BC_1P_1 的分布都有两个明显的高峰，如果把含酸量分布人为分类为高酸和低酸两类，则分离比例近于 3∶1 和 1∶1，因而认为含酸量是由 1 对主效基因控制的，高酸为不完全显性，估算遗传力为 66.4%。Sterens 和 Long（1971）从 Campbell 146（5 mmol/L）×Campbell 1327（11 mmol/L）以及 Delsher（2l mmol/L）×P1255842 - S1（4 mmol/L）杂交后代中苹果酸的遗传特性研究指出，苹果酸浓度受单基因控制，低浓度为显性；而劳维尔（Lower，1966、1967）

则认为，酸度主要为数量遗传，酸度的遗传变异主要是加性效应。用一个低酸栽培品种和一个高酸醋栗番茄杂交，F_1 的 pH 稍低于双亲的平均值，总酸量稍高于双亲的平均值，说明高酸是不完全显性。他们认为控制 pH 的有 2～5 个基因，控制全酸量的有 3～4 个基因，其中有一主效基因控制高含酸量。

李景富、高音（1995）研究指出，番茄含酸量既有加性效应又有非加性效应，并且主要受加性效应控制。

5. 黏稠度的遗传　黏稠度高低直接影响番茄加工制品如番茄酱、番茄汁等产品的品质。黏稠度高的番茄酱析水率小，稳定性好。有关黏稠度的遗传研究国内报道较少。王华新等（2004）试验结果表明，相对黏稠度的广义遗传力、遗传变异系数都比较大，分别是 64.01%和 26.50%。关法春、李景富（2007）研究表明，番茄黏稠度性状都是以基因的非加性效应为主，狭义遗传力较低，为 8.51%，广义遗传力较高，为 95.62%。果胶含量和干物质含量与黏稠度呈极显著正相关，其相关系数分别为 0.875 和 0.786，各性状对黏稠度直接贡献的大小依次为果胶含量＞干物质含量＞番茄红素含量＞含糖量＞果实硬度＞单果质量＞pH＞果肉厚＞果型指数＞可溶性固形物含量。

6. 果实抗裂性与耐压性遗传　番茄果实裂果主要分为放射状裂果和同心圆状裂果，而以放射状裂果更为常见，对生产的影响也大。

裂果问题比较复杂，许多人对番茄抗裂果的遗传做了大量研究。Nassar（1966）和 Hernandez（1970）对抗放射状裂果性状遗传效应的研究结果认为，抗放射状裂果性状的遗传为加性兼部分显性效应。而 Prashar（1960）研究抗放射状裂果性状的世代平均数发现：F_1、F_2 代居于双亲之间，偏于感裂亲本。进一步研究认为（Prashar，1962），抗放射状裂果性状受 4 对基因控制，其中 2 对基因效应较强，2 对基因效应较弱，不同的等位基因间存在交互作用。Nassar（1965）也认为抗放射状裂果性状受 4 对基因控制。Hepler（1961）则认为有 5 对基因控制。但是 Young（1959）的研究结果表明，番茄果实抗放射状裂果性状受 2 个主效隐性基因 cr 和 rl 控制，其相应的显性基因导致感裂。

赵有为（1979）指出，抗裂性是受多基因控制的数量性状，杂种 F_1 的抗裂性介于双亲之间。任成伟、赵有为（1985、1995）分析表明，控制番茄果实抗放射状裂果性的基因效应符合加性-显性-上位性遗传模型，但以加性效应为主，不同品种的基因效应存在差异。果实抗裂性的一般配合力大于特殊配合力，各杂交组合的特殊配合力效应值均较低，各组合 F_1、F_2 的果实抗放射状裂果性状指数平均值居于双亲之间，但偏向于较不抗裂的亲本一方。

对果实耐压性（TP）的 5 个亲本双列杂交试验遗传模型分析表明，耐压性亦为数量性状，杂种表现居于双亲之间。遗传效应符合加性-显性遗传模式，但以加性效应为主，非加性效应所占比重较小。欲得到耐压的新品种，宜采用杂交育种方法，且早期世代即可进行选择，可获得耐压性超双亲的个体。抗裂性与耐压性之间存在显著的相关。朱为民、李锋（1994）的试验结果与赵有为的相似，认为控制番茄抗射裂性、抗环裂性、耐压性的基因效应符合加性-显性遗传模型，个别组合还存在上位效应，一般配合力大于特殊配合力，广义遗传力为 70%～80%，狭义遗传力为 50%～60%。

7. 果实硬度的遗传　番茄果实的硬度在品种之间存在基因型差异。赛特（Sayed，1966）发现 F_1 与软果亲本相似，F_2 大部分植株有软果，与硬果亲本回交的 BC_1P_1 硬果与软果按 1∶1 分离，与软果亲本回交的 BC_1P_2 全为软果，表现为 1 对基因控制，软果为显性。而日本学者门马信二（1982）以压缩果实 10 mm 所测的抗力值来观察遗传性发现，硬果实为隐性性状，F_2 代分离硬果与软果的比例为 1∶3。Farkas（1987）的研究发现硬度性状至少受 4 对基因控制，并且认为该性状符合加性-显性模型，上位效应不显著。Falluji（1982）对果皮的硬度遗传研究表明，杂交后代趋向双亲的中亲值，加性效应为 0.24，显性效应为 0.14，且上位效应不显著。

王富等（1993）采用六世代材料进行遗传效应分析，结果表明番茄果实硬度性状的遗传符合加性-显性模型，以加性效应为主，上位效应不显著，杂种一代的硬度值居于双亲之间，高硬度为不完全显性，广义遗传力为 60.6%，狭义遗传力为 45.03%。

中国农业科学院蔬菜花卉研究所（1995）进一步研究指出，果实和果肉硬度与单果重和心室数呈负向相关，即果实越大，心室越多，果实和果肉硬度越低。另外，果形指数和果肉厚度与果实及果肉硬度均呈正向相关，并达到显著或极显著水平。说明果形指数越大，果肉越厚，果实与果肉也越硬。

（七）与产量有关性状遗传

1. 单果重的遗传 关于果重的遗传研究较多，国内外大量试验结果表明，番茄在果实重量方面的优势并不显著，它对提高总产量的作用不恒定，也不突出。番 F_1 单果重量的大小与亲本及具体组合有关。如果双亲单果重量差异不太大，则 F_1 的单果重可能表现某种优势；若双亲单果重量差异较大，则 F_1 单果不会表现杂种优势，而多接近双亲的中间类型，且往往是中间偏小。果重是受多基因控制的，1 个小果亲本与 1 个大果亲本杂交的 F_1 果重，往往比双亲果重的平均数偏小一些，因此有人认为小果是不完全显性。关于这个问题包威尔（Powens，1945）早就指出，影响果重的基因间互作不是积加性关系，他把果重变为对数后计算 F_1、F_2、BC_1、BC_2 群体的平均数时，就与实际所得相符。其后，不少人都指出，F_1 的果重符合于双亲的几何平均数。余诞年（1973）曾分别按照这两种平均值与 F_1 果重作回归及其相对误差计算，结果是 F_1 用双亲算术平均数作回归估计其相对误差大于双亲几何平均数所作的计算，这也证明 F_1 的果重应该用双亲的几何平均来估算。余诞年（1977）还指出，F_2 果重的分离差异虽显著超过双亲，但在 6 个 F_2 群体内只有 1 个系统内有超过大果亲本的个体，没有发现比小果亲本还小的个体，所有 6 个 F_2 群体的果重平均值仍与双亲的几何平均值相近。ButLer（1973）用果重 1.1 g 的亲本与果重 120 g 的亲本杂交，所得 F_2 的平均果重为 9.1 g，也与双亲的几何平均值相近。

关于果重的基因作用方式，李景富等研究（1982）表明，平均单果重一般配合力和特殊配合力都显著，说明两种基因效应都有，以特殊配合力为主，占 60.10%，而一般配合力占 39.9%。并指出果重的狭义遗传力较小，受环境的影响比较大。杨荣昌、徐鹤林等（1988）报道，平均单果重的遗传模型符合加性-显性-上位性。

2. 单株结果数的遗传 关于果数的遗传，据报道，在 68 个 F_1 中，凡亲本单株结果数相差较大的，其杂种的果数大多为中间稍偏多。Tayel 等（1959）报道，单株结果数的遗传力为 46%，单株果穗数的遗传力为 80%，单穗果数的遗传力为 31%。

李景富等（1982）对果数基因效应研究指出，单株结果数一般配合力和特殊配合力都显著，说明两种基因效应都有，分别为 58.78%和 41.22%。其中以累加效应占比值较大，估算的狭义遗传力分别为 42.89%和 73.73%。

（八）雄性不育性的遗传

目前发现的番茄雄性不育自然突变体主要分为 3 类：花粉败育型、雄蕊退化型和功能不育型（包括长柱头型和花药闭合性）。它们多为细胞核单基因隐性突变。迄今已经发现的 51 个花粉败育型突变体，除 Ms－48（Male sterile－48）和 Ms－51 为显性突变，其他均为隐性突变。其中含有 4 组等位突变：ms－03 和 ms－42；ms－10、ms－35 和 ms－36；ms－15、ms－26 和 ms－47；ms－38 和 ms－40。雄蕊退化型突变体有 sl（stamenless）和 sl－2。长柱头型突变体有 ex（exserted stigma）。花药闭合性突变体有 ps（positional sterile）和 ps－2（http：//tgrc. ucdavis. edu/data/acc/genes. aspx）。目前应用于番茄杂交制种的雄性不育系主要是 ps－2 和 ms－10 及其等位突变体（Atanassova，1999、2007；Cheema 和 Dhaliwal，2005；Gardner 和 Panthee，2010；Panthee 和 Gardner，2013）。它们均已被图位克隆，*ps－2* 编码 1 个多聚半乳糖醛酸酶（Gorguet et al.，2009），*ms－10* 编码 1 个 bHLH 转录因子（Jeong et al.，2014）。

第四节　主要育种目标与选育方法

一、主要育种目标

（一）确立育种目标的原则

1. 主要根据生产及市场需求，选育不同类型品种　制定育种目标应遵循市场导向和国家宏观调控的原则。在市场需求方面，除了现实需求外，还有市场的潜在需求。例如目前番茄外销越来越多，南菜北运、北菜南调以及鲜销出口俄罗斯及东南亚等国家。为了适应大市场、大流通的形势，注意选育耐贮运品种，要求番茄果实硬度高、不裂果、耐贮运、货架期长。随着鲜食番茄及加工制品大量出口（番茄酱、番茄汁、原汁整番茄等），因此，要加强出口和加工番茄品种选育。在蔬菜生产需求方面要考虑：是否适应农业现代化要求，是否适合蔬菜作物结构和品种搭配，是否符合当地、当前大面积生产水平的需要或某种特种需要，因此制定育种目标时，还应考虑番茄品种的合理搭配问题。如生育期要求早熟、中熟、晚熟品种的配套；不同栽培方式（塑料大棚、温室、露地等）品种的配套；不同用途（鲜食、加工、出口等）品种的配套。另外，中国保护地蔬菜不断发展，尤其是高效节能日光温室的发展使整个春、夏、秋、冬都可以生产番茄，因而对品种要求更高，不仅要适应保护地环境，而且要求采收期长，可长季节栽培，抗多种病害，耐低温弱光、耐热，产量高。因此，要加强保护地专用番茄品种选育。

2. 考虑育成品种应用的经济效益和社会效益　按照一定育种目标育成的品种，必须比原有同类品种在早熟性、丰产性、抗病性、品质等方面大幅度提高，能为农民提供更高的经济效益。

3. 处理好目标性状和非目标性状的关系　制定育种目标仅笼统提出早熟、优质、抗病、抗逆、高产的总目标是不够的，育种目标应尽可能地简单明确，必须突出重点目标。目前番茄生产中病害严重，尤其番茄黄化病毒暴发式流行，应把抗病育种放在首位。除了必须突出重点外，一定把育种目标要落实到具体组成性状上，例如番茄品质性状可落实到果实大小、形状、色泽、质地、风味及糖、酸、维生素C等物质的含量上。

（二）主要育种目标

根据中国番茄育种存在问题，番茄育种目标应突出抗多种病害、抗逆（耐低温弱光、耐热）、改进品质、耐贮运、早熟、丰产等主要目标性状。

1. 丰产性　高产、稳产是优良品种的基本特征，也是当前番茄品种选育的重要目标。然而，根据产量本身来选择往往难以奏效，必须将选择重点放在对产量有影响的重要目标的成分上。

2. 熟性　选育不同熟性品种，实行早、中、晚熟品种搭配。尤其早熟性番茄品种在我国北方显得特别重要。

3. 优质　番茄营养丰富，口味鲜美和用途广泛，既可生食，又可加工成各种制品。由于品种不同，其利用率及经济价值可能相差悬殊。因此，番茄果实品质已逐渐上升为与产量同样重要的育种目标。在某些情况下，对品质的重视程度甚至超过了产量。品质性状包括外观商品品质、风味和营养品质等。优质的番茄品种要求有较好的外观、良好的风味、较高的营养价值和果实硬度。

（1）*外观品质*　番茄外观品质包括果实的大小、形状、外部颜色、光滑和整齐度。鲜食用的品质要求果实较大、整齐一致、颜色鲜艳、着色均匀、果形指数接近1，果形圆整、果面光滑无棱褶、果蒂小，梗洼木质化部组织小，无纵裂和环裂，果肩和近果梗部分同时成熟并同一果色。多数消费者喜欢大红或粉红的果色，少数喜欢橘黄或橙黄色。但随着产品的利用方式及食用习惯的不同，要求亦有差异。如中国北方鲜食番茄多要求粉红色大果，汁多，果肉肥厚，种子少、种腔小；而南方，特别是广东则要求果色大红、中果、汁少，肉厚而较坚硬。

（2）质地和硬度　果实的质地，特别是果实的硬度以及果肉与心室内含物的比例，在消费者对新鲜番茄品质的感觉中起重要作用。因为较硬的番茄可以减少机械损伤进而增加其耐贮运性。影响番茄硬度的因素有表皮坚度、果肉硬度及果实内部结构（果肉/心室），但番茄果实也不是越硬越好，在加强果实硬度的同时，应注意和果实的良好风味品质相统一。

（3）风味　糖、酸及糖酸比对番茄的整体风味影响很大。高酸低糖的番茄味酸，而高糖低酸的番茄味单而淡，当两者都很低时则果实无味。果实要有良好的风味，必须有较高的含糖量，更要求有适宜的糖酸比，因此一定的含酸量也是良好风味所必需的，否则即使有较高的含糖量，也会感到缺乏甜酸适度的口味。

（4）营养成分　除糖、酸外，主要在于含维生素 C 和维生素 A 原。番茄果实中的 β 胡萝卜素能转变成维生素 A 原，某些橙色品种维生素 A 原的水平高出红果品种 8～10 倍。高色素基因 *hp* 提供了增加维生素 A 原和维生素 C 两者的可能性，然而它对生长速度、产量和果实大小又会产生不利的影响，严重限制了同时用以改进颜色和营养价值。而那些增加番茄红素的基因（如深红色基因 *og*）则影响维生素 A 原含量。

4. 抗病性　一个优良的番茄品种首先必须能保证高产、稳产，而高产、稳产的基础是抗病。如果一个品种不抗病或耐病，将失去生产价值。因此，抗病育种已成为番茄育种的突出任务。这不仅因为番茄的抗病性与丰产性及品质等密切相关，而且还由于番茄是一种多病的蔬菜，迄今为止已发现 200 多种病害危害番茄（Atherton 和 Rudich，1986）。据杜里特（Peolittle）报道，番茄的主要病害中，由真菌及细菌引起的有 19 种，由病毒引起的有 6 种，由昆虫及根结线虫引起的有 3 种，此外，尚有 7 种非寄主性病害。至于近年引发的以及病因不明的病害未列入。近年来，我国番茄生产中不断有大面积新流行的病害发生。因此，依靠遗传改良来提高番茄的抗病性，选育抗病或免疫品种，利用寄主的抗性来减轻病害的危害，是番茄育种重要目标。

5. 抗逆性　番茄在其生长发育过程中，经常易受低温、高温、干旱、水涝、土壤盐渍化以及土壤、水分和空气污染等逆境的影响而使其产量和品质下降。解决这些问题，除了改善生产条件和控制环境污染外，进行抗逆育种是一条经济有效的途径，尤其培育耐低温或耐高温品种成为中国番茄育种主要目标之一。

番茄是起源热带的作物，当气温 10 ℃或低于 10 ℃时，绝大多数品种会受到冷害。在低于 6 ℃条件下时间一长，植株就会死亡，即使是短期的低温，植株的生长也会受到阻碍。当气温低于 13 ℃，番茄就不能正常坐果，即使坐果也会产生大量畸形果或顶裂果。因此，中国于“九五”（1996—2000）期间提出番茄耐低温品种选育，目标是耐 12～14 ℃低温。夏季高温的限制，阻碍了中国南方各地的番茄生产，以及北方夏季保护地番茄生产。当温度高于 34 ℃/20 ℃（日/夜）或者 40 ℃高温 4 h 以上时，就会引起大部分品种落花，降低番茄产量，因此中国提出耐高温育种目标：选育在高温胁迫下能耐 34 ℃/20 ℃以上或短期耐 38～40 ℃/25 ℃（日/夜）的品种，同时在高温条件下，注意提高品种抗病能力，如青枯病、病毒病等。

6. 加工特性　中国已成为美国、意大利之后，世界第 3 个番茄酱生产及出口大国。因此加工用番茄品种的选育一直是中国番茄育种的重要内容之一。加工番茄育种的重要目标性状包括抗裂、耐运输、高可溶性固形物含量、高番茄红素含量。优良的加工栽培品种，其可溶性固形物含量应高于 5.5%，与可滴定酸含量之比（糖酸比）应不低于 8。目前中国罐藏加工番茄品种番茄红素含量一般为 100 g 鲜重 9 mg 以上。必须指出，片面追求品种的高可溶性固形物含量，有可能降低成品的番茄红素含量。因为在品种之间番茄红素含量相同的条件下，可溶性固形物含量越高，生产一定浓度的番茄酱（汁）所需的原料越少，因而产品的番茄红素含量就越低。对酱用品种来说，品种番茄红素的增加幅度大于可溶性固形物含量增加的幅度。在生产浓度为 28%的番茄酱，番茄红素含量要求每 100 g 酱中含 42 mg。原料品种可溶性固形物含量每增加 1%，其番茄红素含量每 100 g 相应地增加 1.5 mg。pH 也是加工番茄品种十分重要的质量指标，果实的 pH 影响加工产品需要的加工时间。当产品的 pH 升高时，需要较长的加热时间。pH 不能超过 4.5 以上。在 pH 高于 4.5 以上的情况下，番茄罐头制品容易发生酸腐败。储藏的番茄汁的稠度会因酸度的下降而降低，因此要选择高酸度，即低 pH 的番茄品种做原料。黏稠度也是一个重要的加工番茄的品质指标。

7. 耐贮运性　因为目前全世界番茄都是异地栽培、异地消费这样一个大流通的生产格局，所以必须要求果实耐贮运性要好。特别是中国目前蔬菜运输工具比较落后，短期内还不能实现全冷链流通，相当程度上要依靠品种自身耐贮运性的增强以降低运输过程中的损耗，增加运输收益，扩大外销范围和数量。因此，急需选育耐贮运、货架期长、适合长距离运输和大型超级市场销售及出口的番茄品种。

8. 保护地专用品种特性　近年各种类型保护地（温室、大棚、小拱棚等）发展迅速，特别是高效节能日光温室大面积推广应用，已成为解决中国冬春季蔬菜供应的有力举措。因此，必须加强适合设施栽培的专用品种培育。

与露地用品种相比，设施栽培品种的主要特性是对低温弱光环境适应性强，在较低的温度和较弱的光照条件下，能够正常开花坐果，果实正常发育膨大，同时不裂果，果实着色正常，株型有利于透光，不易发生郁闭。另外，抗主要的设施病害，如病毒病、叶霉病、枯萎病、根结线虫病等。适合大型连栋温室长季节栽培的品种要有较强的持续结果能力，不易发生早衰。

9. 适合机械化采收特性　目前主要是加工品种要适合机械化收获，即植株要求矮生，茎秆坚硬，不倒伏，不需要支柱，叶片较小，株型紧凑，以利于密植；熟期比较集中，果实大小整齐一致、均匀；果柄无结节，果实易与花萼分离，采收后的果实上不带小果柄和花萼；果实硬度大，果肉致密不易过熟软化，果皮厚、韧性强，具有一定的弹性，耐机械损伤。

二、抗病品种选育方法

（一）主要病害与抗病育种目标

据调查，在中国危害番茄的病害不下 30 种，其中严重发生，流行地区日趋扩大，且造成明显减产的病害有 10 多种。据中国不同地区病害危害程度，确定中国番茄抗病育种主要目标。在高温、干燥、长日照地区以抗病毒病为主，而在病毒中又以烟草花叶病毒最为普遍，尤其近几年中国除了北方少数省份外，大部分省份番茄黄化曲叶病毒暴发式流行，蔓延迅速，发病严重，造成数十万公顷番茄减产或绝产。多湿而温度不太高的地区以抗晚疫病为主，多湿而高温地区以抗青枯病为主。保护地番茄以抗叶霉病、灰霉病为主。最近几年全国大部分地区根结线虫病严重发生。这些病害大多用药剂防治难以奏效，生产上越来越需要能抗病的品种，尤其是能抗多种病害的品种。因此，中国番茄抗病育种主要目标是抗烟草花叶病毒病、黄化曲叶病毒病、青枯病、细菌性斑点病、叶霉病、晚疫病、灰霉病、枯萎病、根结线虫病等病害，并进行多抗性品种的选育。

（二）抗主要病害选育方法

1. 抗烟草花叶病毒品种的选育

（1）病原　“六五”至“八五”（1981—1995）期间，番茄抗病毒病育种攻关协作组从北京、上海、南京、长春、兰州、哈尔滨、重庆等地，在不同栽培方法、不同品种、不同播期及不同地块上采集只有病毒病症状或类似病毒病症状的番茄样本，对病毒种类、株系分化进行了鉴定。中国番茄主产区番茄病毒病的主要毒原有烟草花叶病毒（TMV）、黄瓜花叶病毒（CMV）、马铃薯 X 病毒（PVX）和马铃薯 Y 病毒（PVY），分别占样本的 63.2%、21.4%、4.8%和 3.1%（冯兰香等，1987）。研究还发现，从地理位置上看，越往北 TMV 比例越高，越往南 CMV 越严重，最北的黑龙江 TMV 和 CMV 的病株率分别是 65.7%和 25.6%，而最南的海南省两者病株率分别是 26.9%和 86.2%；在不同的季节间，番茄病毒的种群也有明显的变化，冬春温度较低则以 TMV 所占比例较大，而夏季高温季节，CMV 上升为优势种群。随着番茄抗病品种的推广普及，生产中 TMV 的危害越来越轻，而 CMV 所占比例则越来越大。Pelham（1972）把 TMV 划分为 4 个株系（表 22－5）。根据这一方法，番茄抗病毒病育种攻关协作组将中国番茄的 TMV 也划分为 4 个株系，即 0、1、2 和 1.2 株系，分别占分离物的 81%、13.6%、3.6%、1.8%（冯兰香等，1987）。

表 22－5 Pelham 划分番茄 TMV 株系的标准

（《中国主要蔬菜抗病育种进展》，1995）

鉴别寄主的基因型	TMV 株系			
	0	1	2	1.2
＋/＋（感病型）	S	S	S	S
Tm－1	H	S	H^+	S
Tm－2	H	H	S	S
Tm－1、*Tm－2*	H	H	H^+	S
Tm－2^2	H	H	H	H
Tm－1、*Tm－2*^{2}	H	H	H	H
Tm－2、*Tm－2*^{2}	H	H	H	H
Tm－1、*Tm－2*、*Tm－2*^{2}	H	H	H	H

（2）抗病性鉴定与筛选

① 接种体繁殖和保存。依据育种目标，选择当地或全国的优势株系作为接种体。接种前进行病毒株系的繁殖。常用繁殖方法：取少量保存的株系鲜病叶或冻干叶摩擦接种在早粉 2 号或丽春番茄的叶片上，置防虫温室内（26～30 ℃）繁殖 2 周后采收病叶，1 g 鲜病叶加 50 mL 的 0.01 mol/L 的磷酸缓冲液（pH 7.0）匀浆，纱布过滤或 3 000 r/min 离心 15 min，其滤液或上清液为接种悬浮液。

病毒株系可常年保存在防虫温室的番茄苗上，不同株系保存在不同的番茄品种上，0 株系、1 株系、2 株系和 1.2 株系分别保存在 GCR26（或早粉 2 号、加拿大 8 号番茄）、GCR237、GCR526 和 GCR524 番茄上。也可将鲜病叶制作成冻干叶保存在－20 ℃以下的冰箱内。

冻干叶的菌块制作法：将鲜病叶用灭菌剪刀剪成小块，与硅胶或氯化钙隔层（用滤纸隔开）放置在密封的容器里，置于 4 ℃冰箱里保存，前 2 d 每天换 1 次干燥剂，以后每 2 d 换 1 次，直到叶片彻底干燥为止。整个制作过程应防止其他病菌侵染。

② 接种鉴定。接种时期为 2～3 片真叶的幼苗期。接种前将番茄幼苗黑暗处理 1 昼夜，再在叶面上撒适量 600 目的金刚砂。少量鉴定可采用摩擦接种法，充分洗净的手指蘸取接种的悬浮液，在叶面轻度摩擦造成微伤，每株接种 2 片叶，接种 2 次，间隔 3～5 d。大量鉴定采用喷枪接种法，喷枪的杯内盛满接种悬浮液，喷枪嘴距叶片约 2 cm。接种后立即用清水冲洗叶面上多余的病毒液。接种设早粉 2 号或丽春为感病对照，抗病品种依接种的株系而定，如接种 0 株系用 GCR237 品种，1 株系用 GCR236 品种，鉴定材料随机排列或顺序排列，每份鉴定材料重复 3 次，每一重复 10 株。接种后的管理：接种当天防虫日光温室的温度为 24～32 ℃，以后白天温度尽量控制在 24～32 ℃，夜间不低于 20 ℃，正常光照，防止幼苗徒长。接种后 3 周进行调查。

③ 抗病性评价标准。

单株病情分级标准：

0 级　无任何症状；

1 级　心叶明脉，轻度花叶；

3 级　中、上部叶片花叶；

5 级　除多数叶片花叶外，少数叶片畸形；

7 级　多数叶片重花叶、畸形、皱缩；

9 级　几乎所有叶片重花叶、畸形、皱缩，植株矮化较明显。

群体抗性分级标准：

免疫（I）　病情指数＝0，植株不带毒；

高抗（HR）　0＜病情指数＜11；

抗病（R）　11≤病情指数＜33；

中抗（MR）　33≤病情指数＜55；

感病（S）　55≤病情指数＜77；

高感（HS）　77≤病情指数≤100。

（3）抗 TMV 品种选育　中国番茄抗烟草花叶病毒育种起步于 1975 年，当时江苏省农业科学院蔬菜研究所以抗源材料 Manapal（$Tm-2^{nv}$）为亲本选配组合，1980 年首先成功地将该基因转育到早熟番茄品种中，选育出矮黄和黄粉，并用该材料育成抗病一代杂种苏抗 4 号至苏抗 9 号。继之，1982 年西安市农业科学研究所利用 $Tm-2^{nv}$ 基因转育的北早 T 和 6T 育成一代杂种早魁、早丰、中丰。随后该抗源陆续被全国各地利用转育，东北农业大学园艺系、浙江省农业科学院园艺研究所、上海市农业科学研究院园艺所以及重庆市农业科学院等相继培育出同类型的一代杂交种，如东农系列品种 702～705、佳红、浙杂粉 2 号、河南 3 号、佳粉 10 号、齐番 5 号、浙杂 7－8 号、蒲红 6 号、渝抗系列等品种。由于这些一代杂交种的推广，大大降低了 TMV 在中国番茄上的危害程度。$Tm-2^{nv}$ 抗病基因虽是 20 世纪 50 年代末至 60 年代初由 Soost 等利用 3 个番茄近缘野生种复合杂交而成，表现较强的抗 TMV 能力，但由于 *nv* 的不良性状关系，不能直接作为栽培品种利用，此后许多人专心研究如何打破连锁，未能成功，所以该基因在国外一直未能被很好地利用。自 20 世纪 70 年代传到中国以后，迅速得到充分利用，形成了中国番茄抗病毒育种的一大特色。原因主要是：①$Tm-2^{nv}$ 基因能抗中国主要番茄产区的 TMV 株系。中国绝大部分地区番茄病毒病种群为 TMV 及 CMV，其中春季 TMV 又占绝对比重，且 TMV 株系经检测，主要为 0 株系，少数为 1 株系，而 $Tm-2^{nv}$ 基因完全能抗御该病毒株系危害。②含 $Tm-2^{nv}$ 基因的材料具有很强的一般配合力。自 1975 年中国开始利用 $Tm-2^{nv}$ 基因以来，各育种单位先后用过数百个番茄品种与其配制了一大批一代杂种，均表现高抗 TMV、叶色深绿、叶片厚、生长速度快、产量高等强优势现象。1982 年美国 TGRC 试验认为 *nv* 具有多效基因作用，在一代杂种中表现强的杂种优势。此后国内一些单位如东北农业大学、吉林农业大学园艺系等先后做了类似的研究，证明了 *nv* 具有多效基因作用，均认为利用 $Tm-2^{nv}$ 基因所配一代杂种有很强的优势和一般配合力。③转育容易。因 *nv* 是番茄叶片黄化的主效基因，并呈隐性遗传，而 *nv* 又与 $Tm-2$ 紧密连锁，同在第 9 条染色体的第 22 位点上，所以只要有 *nv* 基因存在，即说明有 $Tm-2$ 存在，很容易将 $Tm-2^{nv}$ 基因转育到其他品种中。④苗期具指示性状，易于区别假杂种。以具 $Tm-2^{nv}$ 基因自交系作母本，配制一代杂种，因 F_1 表现了绿苗性状，而未杂交上的种子仍为黄苗，所以在苗期很容易鉴别出一代杂种种子纯度及在移苗过程中剔除假杂种，保证栽培杂种纯度。

中国农业科院蔬菜花卉研究所早期育成的强丰、丽春等品种，均从含 *Tm* 基因抗源强力米寿作亲本的杂交后代中选育。选用具 *Tm* 抗源亲本和具 $Tm-2^{a}$ 抗源的俄亥俄 MR－9 亲本，通过多品种复合杂交或混合授粉方式，经 7 代的综合性状筛选，育成了含 *Tm* 和 $Tm-2^{a}$ 基因、经济性状优良的中蔬5号（强辉）和中蔬6号两个品种。

2. 抗黄瓜花叶病毒品种的选育

（1）病原 “八五”（1991—1995）期间，根据采集的422份CMV纯化物在CMV株系鉴别寄主谱的症状表现，划分为4个株系：轻花叶株系、重花叶株系、坏死株系和黄化株系。同时对各个株系在各地区分布情况做了研究。大田中以引起番茄蕨叶、卷缩的重花叶株系和茎叶条斑坏死的坏死株系居多。冯兰香等于“九五”（1996—2000）期间在对中国番茄CMV株系划分的基础上，用血清学的方法展开了番茄上CMV亚组的鉴定。1999年将CMV株系重新进行了单斑分离纯化，从中选取了58个CMV分离物，用分别代表CMV亚组Ⅰ和CMV亚组Ⅱ的两个标准毒株CMV-D和CMV-S的抗血清进行DAS-ELISA鉴定，有56个CMV分离物与CMV-D抗血清起强烈的阳性反应，应划归为CMV亚组Ⅰ，占CMV分离总数的96.6%；有2个CMV分离物与CMV-S的抗血清起强烈的阳性反应，划归为CMV亚组Ⅱ。在今后的番茄抗CMV育种中，应仍然坚持以CMV重花叶株系作为番茄抗CMV育种的接种毒源，因为无论从症状学，还是从血清学来讲，重花叶株系都是国内的主流株系，而且危害严重。

（2）抗病性鉴定、筛选

① 病原物接种体制备和保存

株系鉴定：对于抗性鉴定接种的病毒分离物，首先进行株系鉴定，其株系鉴别寄主采用对番茄CMV分离物有明显抗性或症状差异的番茄和烟草品种。

接种体繁殖和保存：依据育种目标，选择当地或全国的优势株系作为接种体。接种前进行接种体的繁殖。常用繁殖方法：取少量保存的株系鲜病叶或冻干叶摩擦接种在早粉2号或丽春番茄的叶片上，置防虫温室内（26～30℃），繁殖7～10 d后采集病叶，1 g鲜病叶加30 mL的0.03 mol/L磷酸缓冲液（pH8.6）匀浆，纱布过滤或3 000 r/min离心，其滤液或上清液为接种悬浮液。

株系可常年保存在防虫温室内的枯斑三生烟（*Nicotiana tabacum* var. *samsun* N. N.）或普通枯斑珊西烟（*N. tabacum* var. x*anthi* NC.）上，或将鲜病叶制作成冻干叶保存在−20℃以下的冰箱内。

冻干叶的简易制作法：将鲜病叶剪成小块，与硅胶或氯化钙隔层（用滤纸隔开）放置在密封的容器里，再将容器置于4℃冰箱里，前2 d每天换1次干燥剂，以后每2 d换1次，直到叶片彻底干燥为止。整个制作过程应防治其他病菌污染。

② 接种鉴定。接种时期为1～2片真叶的幼苗期。接种前将番茄幼苗黑暗处理1昼夜，再在叶片上撒适量600目金刚砂。少量鉴定可采用摩擦接种法，充分洗净的手指蘸取接种悬浮液，在叶面轻度摩擦造成微伤，每株接种2片叶，接种2次，间隔3～5 d。大量鉴定采用喷枪接种法，喷枪的杯内盛接种悬浮液，喷枪嘴距叶片约2 cm。接种后立即用清水冲洗叶面上多余的病毒汁液。接种时，设早粉2号或丽春番茄为感病对照，但目前尚未发现满意的抗病对照番茄品种，LA0458品系比较抗病，可选用。鉴定材料随机排列或顺序排列，每份鉴定材料重复3次，每一重复10株苗。接种后管理：接种当天的室内温度为26～30℃，以后白天尽量控制在24～30℃，夜间不低于20℃，正常光照，防治幼苗徒长。接种后约3周进行调查。

③ 抗病性评价标准。

单株病情分级标准：

0级 无病症；

1级 心叶明脉或1～2片叶呈现花叶；

3级 中、上部叶片花叶；

5级 除多数叶片花叶外，少量叶片畸形或明显皱缩；

7级 多数叶片重花叶，部分叶片畸形、细心，株系明显矮化；

9级 几乎所有叶片重花叶，多数叶片畸形、蕨叶，植株严重矮化，甚至枯死。

群体抗性分级标准：

免疫（I）　病情指数=0，植株不带毒；

高抗（HR）　0<病情指数<11；

抗病（R）　11≤病情指数<33；

中抗（MR）　33≤病情指数<55；

感病（S）　55≤病情指数<77；

高感（HS）　77≤病情指数≤100。

（3）抗CMV品种选育　由于缺乏有价值的抗源，国内外抗CMV育种工作进展缓慢，迄今未能取得突破。“七五”至“八五”（1986—1995）期间，中国虽育出一些抗TMV、耐CMV的品种，如苏抗9号、苏抗10号、霞粉、东农704等，在一般发病年份这些品种的田间抗病性要比常规品种高，病情明显减轻，但对CMV的抗性不强。国外资料报道，含抗烟草花叶病毒 $Tm-2^a$ 基因的抗源材料OhioMR-9和OhioMR-12等品种在一定程度上抗CMV。中国农业科学院蔬菜花卉研究所培育的中蔬5号、中蔬6号两个品种均含有 $Tm-2^a$ 基因，经室内苗期接种和田间自然发病鉴定，对TMV抗性强，其发病率和病情指数显著地低于耐病的强丰。西安市蔬菜研究所用茸毛番茄这一优异的种质资源作育种材料，已培育出一些经济性状优良，含 $Tm-2^{nv}$ 基因的茸毛番茄新品种及其一代杂种，如毛粉801、毛粉802、毛粉808、毛粉818等品种，很快得到推广。但需要指出，这种茸毛类型的番茄并非绝对避蚜，因而对CMV的抗性并不稳定。

3. 抗黄化曲叶病毒品种的选育

（1）病原　番茄黄化曲叶病毒（*Tomato yellow leaf curl virus*，TyLCV）属于双生病毒科（*Geminiviridae*）、菜豆金色花叶病毒属（*Begomovirus*），主要通过烟粉虱（*Bemisia tabaci*）传播（Rybick et al.，2000），可以侵染茄科、豆科等多种植物。TyLCV是最初在以色列所分离双生病毒的名称（Navot et al.，1991）。但由于双生病毒为单链DNA病毒，存在基因重组现象，病毒变异频率高，越来越多的此类病毒在世界各地被分离出来。经过序列比较分析发现侵染番茄的一系列 *Begomoviruses* 病毒亲缘关系或近或远，仅用TyLCV对这类复杂的病毒进行命名明显已不恰当。双生病毒科病毒全基因组核苷酸序列同源率小于89%往往定名为不同病毒，大于89%则被认为是同一病毒的不同株系（Fauquet et al.，2005）。国际病毒分类委员会将 *Begomovirus* 中侵染番茄并造成其黄化曲叶症状的病毒划分为以下几种：TyLCAxV、TyLCCNV、TyLCGuV、TyLCIDV、TyLCKaV、TyLCMaIV、TyLCMLV、TyLCSV、TyLCTHV、TyLCV、TyLCVNV，其中每种病毒又包含不同的株系（表22-6）。

表22-6　番茄黄化曲叶病毒分类

（Fauquet et al.，2008）

病　毒	全　称	株　系
TyLCAxV	*Tomato yellow leaf curl Axarquia virus*	TyLCAxV
TyLCIDV	*Tomato yellow leaf curl Indonesia virus*	TyLCIDV
TyLCKaV	*Tomato yellow leaf curl Kanchanaburi virus*	TyLCKaV
TyLCMaIV	*Tomato yellow leaf curl Malaga virus*	TyLCMalV
TyLCVNV	*Tomato yellow leaf curl Vietnam virus*	TyLCVNV
TyLCGuV	*Tomato yellow leaf curl Guangdong virus*	TyLCGuV
TyLCCNV	*Tomato yellow leaf curl China virus*	TyLCCNV-Bao、TyLCCNV-Bea、TyLCCNV-Chu、TyL-CCNV-Dal、TyLCCNV-Hon

（续）

病毒	全称	株系
TyLCMLV	*Tomato yellow leaf curl Mali virus*	TyLCMLV-ET、TyLCMLV-ML
TyLCSV	*Tomato yellow leaf curl Sardinia virus*	TyLCSV-Sar、TyLCSV-Sic、TyLCSV-ES
TyLCTHV	*Tomato yellow leaf curl Thailand virus*	TyLCTHV-A、TyLCTHV-B、TyLCTHV-C
TyLCV	*Tomato yellow leaf curl virus*	TyLCV-Gez、TyLCV-IR、TyLCV-IL、TyLCV-Mld

各研究机构不断地对其进行了病原分子鉴定，结果发现危害中国不同地区的双生病毒不全相同。刘玉乐等（1998）在广西分离到中国番茄黄化曲叶病毒，是一种不同于其他国家和地区的新双生病毒，其共同区 DNA 序列与 TyLCV - Tha、TyLCV - Sar、TyLCV - Sic 的同源性仅为 53.2%～57.7%。何自福等（2005）从广东采集的番茄黄化曲叶病株上分离到的病毒分离物 G2 和 G3，与之前已报道的 40 多种菜豆金色花叶病毒属病毒的亲缘关系均较远，推测两者可能是双生病毒科菜豆金色花叶病毒属新种，命名为广东番茄曲叶病毒（*Tomato leaf curl Guangdong virus*，ToLCGdV）。彭燕等（2003）从云南分离到分离物 Y64，徐幼平等（2006）从广西分离到分离物 G102，两者 DNA -A 全长序列与 TyLCCNV 的同源性均达到 95%以上，表明两者均是 TyLCCNV 的 1 个分离物。近年来，番茄黄化曲叶病蔓延至浙江、上海、江苏、安徽等省、直辖市，病原分子鉴定结果发现，这些地方的病毒彼此同源性均在 95%以上，都与中国台湾、广东、云南、广西，以及泰国、缅甸、越南、印度等东南亚国家报道的双生病毒 DNA - A 全序列亲缘关系较远，而与美洲、非洲等地的 TyLCV 亲缘关系较近（Yongping et al.，2008）。许向阳等（2013）初步明确广西、云南、四川、广东、新疆等省份的黄化曲叶病毒为中国黄化曲叶病毒，泰国株系，而浙江、上海、安徽、江苏、山东、河北、河南、陕西、北京等省份为 TyLCV 病毒，以色列株系。

（2）抗病性鉴定方法　目前鉴定番茄黄化曲叶病抗性的方法有烟粉虱传毒、嫁接接种、机械传毒和农杆菌注射接种 4 种方法。

① 烟粉虱接种。该鉴定法在育种进程中最为常用，包括温室烟粉虱接种、网罩烟粉虱接种、露地烟粉虱接种 3 种。

温室烟粉虱接种：在温室内，将烟粉虱若虫放于病株上饲养。感病植株表现出严重的 TyLCV 症状，并维持烟粉虱较高的种群量。当待测番茄植株长到 3～4 片真叶时，以盆栽的方法种植于温室，完全随机区组设计。鉴定期间，不使用杀虫剂。这种方法能够保证烟粉虱在有限的空间内传毒，但是受烟粉虱喜食性影响。

网罩烟粉虱接种：待测番茄品种（系）长到 3～4 片真叶时，种植于苗盘中，并被放在单独的网罩内。烟粉虱成虫获毒饲养 48 h。在防虫网罩内每个植株有 15～20 头携带病毒的粉虱。接种 4 d 后，喷杀虫剂，植株被移到防虫温室，并观察症状。这种方法排除了粉虱喜食性的影响。

网罩接种法能够控制粉虱的数量、虫龄、接种时间及获毒时间等，并且粉虱分布均匀，避免了选择性。因此，网罩接种法很适合鉴定野生材料和不同抗性水平的番茄材料。

露地自然接种：又叫田间自然鉴定，利用田间带毒烟粉虱接种，自然发病，尤其在病害的常发区，进行多年鉴定。

此法对于抗性资源的筛选方便快捷，但是，带毒烟粉虱的数量不能保证，不同年度间结果差异较大，受烟粉虱喜食性影响较大。因此，此法适合在病害高发地区大面积筛选抗病株时使用。

网罩接种鉴定的准确性较高，但费时费力，进行大范围的接种鉴定较困难。因此，可以用温室烟粉虱接种法进行较大规模的接种鉴定，再用网罩烟粉虱接种进行精细的鉴定（Pico et al.，1998；Rubio et al.，2003 ）。

② 嫁接接种。以感染 TyLCV 植株作砧木，被鉴定植株嫩叶做接穗，或者采用腹接法将来自感

病植株的叶片或茎尖嫁接到被鉴定植株上。此法优点是传送效率高，能够为待鉴定植株提供高含量的 TyLCV 病毒。但该方法耗时、耗力，只适于少量鉴定（Pilowsky 和 Cohen，1990）。

③ 机械接种。在人工环境下以感染 TyLCV 的曼陀罗、心叶烟或潘那利番茄为毒源，通过机械传播侵染健康番茄植株。但成功率较低，且通过番茄传到番茄上成功的例子只有很少的报道，因此在接种实验中一般不用该方法（Makkouk et al.，1979）。

④ 农杆菌接种。该法是利用 TyLCV-DNA 侵染性克隆法，将 TyLCV 基因组的串联重复序列克隆到根癌农杆菌 Ti 质粒的 t-DNA 上，然后将含 TyLCV 的侵染性克隆的农杆菌在含有 Km 和 Sm 的 YEP 液体培养基中于 28 ℃下培养至 OD_{600} 为 0.6～0.8。取 0.2 mL 的混合菌液在距番茄材料根部 1～2 cm 处或植株叶柄处分别注射接种 4～6 片真叶，接种植株置于防虫温室，在 25 ℃、16 h 光照条件下培养并定期观察症状。近年来研究已证实用农杆菌接种法可以鉴定不同野生型和栽培番茄对 TyLCV 的抗性，因此该方法可以用于抗性育种筛选。使用农杆菌接种能够控制 TyLCV 的量，并且 TyLCV 易于保存。但农杆菌接种需要对 TyLCV DNA 进行克隆、转化，消耗大量时间。并且，在某种情况下，农杆菌接种不能模拟烟粉虱传毒，因此只能作为烟粉虱传播的一个补充（Pico et al.，2001）。在抗 TyLCV 育种中，农杆菌接种法最好与烟粉虱接种法结合。

（3）抗番茄黄化曲叶病品种选育　主要是杂交选育。通过采用杂交、回交育种方法，将抗病野生抗源，如智利番茄、多毛番茄中抗病基因转育到栽培番茄中，配成杂交种。目前利用的主要基因有 *Ty-1*、*Ty-2* 和 *Ty-3*。中国近年来相继育成了一批抗病品种，如浙粉 701、浙粉 702、浙杂 501、浙杂 502、苏粉 11 号、瑞兴 5 号、东农 724、726、中杂 302 等。

4. 抗叶霉病品种选育

（1）病原　*Cladosporium fulvum*，称褐孢霉，极易产生生理分化，是蔬菜病害中生理小种分化最多的病害。据加拿大、荷兰的研究结果，叶霉病病原菌已分化出 12 个生理小种，北京原存在生理小种 1.2.3，自推广含 cf4 抗病基因的双抗 2 号后，仅四五年时间，就发现该品种被新分化的生理小种 1.2.3.4 所侵染。目前北京地区已存在 10 个生理小种，即生理小种 1.2、2、1.2.3、2.3、1.2.4、2.4、2.3.4、1.2.3.4、1.2.3.4.9 和 1.2.3.5，在所采集的病原样中，小种 1.2.3.4 和 1.2 所占的比例较大（柴敏等，2005）。李景富等（2015）对东北和华北地区番茄叶霉病生理小种分化进行了研究，发现有 11 个生理小种，主流小种为 1.2.3.4 和 1.2.4，新发现小种为 1.2.3.4.5。

（2）抗病性鉴定与筛选

① 菌种保存。接种菌源依各生理小种不同，分别转置 PDA 斜面培养基上，在 4 ℃条件下保存，直接将新鲜病叶置－20 ℃低温条件下保存，保存菌种按生理小种类别，每半年在相应的抗叶霉基因的番茄叶片上活化一次。

② 人工接种。将保存菌种经 PDA 平板培养增殖后，用蒸馏水或自来水配成接种用的悬浮菌液，接种液的浓度为 200 倍视野内有（孢子）7～8 个/mL，接种苗龄 3～4 片真叶期，采用喷雾或毛笔蘸菌液涂抹叶背接种。鉴定品种（材料），可设感病品种早粉 2 号或丽春番茄为感病对照，抗病对照品种依接种的生理小种而定，如接种 1.2.3 或 2.3 生理小种用 One7516 番茄，接种 1.2.3.4 生理小种用 One7717 番茄。每份鉴定材料重复 3 次，每一重复 10 株苗。接种后，将幼苗置 22～26 ℃、相对湿度 100%及正常光照条件下，2～3 周发病，接种后 14 d 时进行病情调查或筛选。

③ 抗病性评价。

单株病情分级标准：

0 级　无症状；

1 级　接种叶出现褪绿至黄色病斑；

3 级　接种叶病斑上产生一薄层稀的霉层；

5 级　接种叶病斑上具明显的霉层；

7级　接种叶病斑上产生浓密的霉层，上部叶片也受到侵染；

9级　除接种叶片病斑上生有浓密的霉层外，上部叶片的霉层也很明显。

群体抗性分级标准：

免疫（I）　不侵染，病情指数=0；

高抗（HR）　0<病情指数<11；

抗病（R）　11≤病情指数<22；

中抗（MR）　22≤病情指数<33；

中感（MS）　33≤病情指数<55；

高感（HS）　55≤病情指数≤100。

（3）抗叶霉病品种选育　中国自1984年开始叶霉病生理小种和叶霉病抗病育种研究，先后引进包括叶霉病鉴别寄主在内的抗源材料。北京市农林科学院蔬菜研究中心是中国最早开展叶霉病育种的研究单位，1990年首先推出高抗当地叶霉病生理小种1.2.3的双抗2号（*cf4*）番茄品种，使病害得到控制。几年后，侵染双抗2号新的生理小种出现，随之中国育成抗生理小种1.2.3.4的佳粉1号、佳粉2号、佳粉15、佳粉17、中杂7号、中杂8号、中杂9号、中杂11、中杂12、中杂101、中杂105、辽源多丽、辽粉杂1号、辽粉杂3号、金棚1号、东农707、东农708、东农710、东农712、东农715、苏保1号、9197、92-30、沈粉3号、亚蔬2号、霞光、晋番茄4号、毛粉818、皖粉3号、豫番茄5号、吉粉3号、一串红等无限生长型的抗病品种，以及强选1号、毛粉808、江蔬1号、江蔬3号等有限生长型抗病品种。

5. 抗青枯病品种选育

（1）病原　*Pseudomonas solanacearum*，是由青枯假单胞杆菌劳尔氏菌（属细菌）侵染所致。在土壤内自根部伤口侵入。依据病原菌的寄主性分化，Logallo等（1970）将青枯病原菌分为3个生理小种，即小种1、小种2、小种3。中国南方各产区的青枯病绝大多数属生理小种1，它可侵染烟草、番茄及其他茄科作物。生理小种2侵染三倍体香蕉等；生理小种3侵染马铃薯和番茄，对其他茄科作物的致病性极弱。这是生理小种对植物种之间的致病性差异。Prior等（1990）将一些菌源依品种Flordel（感病）、Capital（中抗）和Calailoo（抗病）的表现划分为4个致病型。霍超斌等（1988）从9个致病类群的菌株中选取12个有代表性的番茄青枯病菌进行研究，发现广东省的番茄青枯病菌属于小种1，根据这12个菌株对茄子、马铃薯、辣椒、烟草和花生的致病性差异，划分为6个不同的致病型。林美琛等（1993）从浙江省不同生态型的番茄上采集57个病样，经分离培养、致病性测定、血清反应、生化反应等鉴定，发现浙江省番茄青枯病存在4个不同的生化型，即Ⅲ型、Ⅴ型、Ⅰ型和一种未定的新型，其中Ⅲ型为主，占63.2%，Ⅴ型占12.3%，有12个菌株暂定为新型，占21.2%。在番茄上发现青枯病Ⅰ型，属国内首次报道。这说明番茄青枯病原的变异是极其多样的。曾宪铭等（1995）对广东省62个番茄青枯菌进行生化分析，绝大多数为生化型Ⅲ，10株为生化型Ⅳ，1株为生化型Ⅱ，确定广东的优势种群为生化型Ⅲ。杨琦凤等（2004）研究认为重庆番茄青枯菌为生化型Ⅲ。

（2）抗病性鉴定与筛选

① TZC平板的制备。先配制TZC基础培养基，即将15 g琼脂在1 000 mL蒸馏水中熔融，再加入5 mL甘油、10 g蛋白胨、1 g水解酪蛋白，分装三角瓶中，每瓶100 mL，高压灭菌15～20 min。再配制1%（*m/V*）氯化三苯基四氯唑溶液，即TZC溶液，高压灭菌7～8 min，避光贮藏于4 ℃冰箱中。然后取一三角瓶基础培养基熔融，加入0.5 mL的1%TZC溶液，混匀后倒入已灭菌的培养皿中制成TZC平板。

② 病菌分离。选择早期染病、组织坚实的病茎，用自来水冲洗干净，蘸95%酒精，用酒精灯火焰燃烧灭菌后撕去表皮，露出变色的维管束组织，在病部中央撕下几小段病组织，放入少量灭菌水

中，室温下静置 15～20 min。当浸出液呈现混浊时（表明已有细菌从组织中溢出）摇匀并用接种环蘸取浸出液在 TZC 平板上划线，置 30 ℃恒温箱中培养。

③ 鉴别与保存。在 TZC 平板上培养 36～48 h，选取流动态、黏液状、形状不规则、污白色、白边很宽、中央粉红色的毒性菌落，在 TZC 平板上纯化 2～3 次，然后培养 36～48 h，即可用接种环挂取菌落，加入灭菌蒸馏水配成病菌悬浮液，保存于 20 ℃或室温中备用。

④ 浸根接种。用接种环蘸取保存的病菌悬浮液，在 TZC 平板上划线，在 30 ℃培养 48 h。挑选毒性菌落，于 TZC 基础培养基上培养 48 h，用接种环刮取菌苔，以自来水调配成每毫升含 1×10^7～1×10^8 个细菌的悬浮液。在番茄幼苗 3～4 片真叶时，将苗拔起，抖掉根土，捆绑成扎，在病菌悬浮液中浸根 10 min，取出移栽于温室内，要求夜晚温度不低于 20 ℃，白天气温 28～32 ℃，观察 1 个月。

⑤ 抗病性评价。

单株病情分级标准：

0 级　无症；

1 级　个别小叶萎蔫；

2 级　1/3 以上叶片萎蔫；

3 级　1/2 以上叶片萎蔫；

4 级　除顶部幼叶外，其余叶片均萎蔫；

5 级　全株萎蔫枯死。

群体抗性分级标准：

免疫（I）　不侵染，病情指数＝0；

高抗（HR）　0＜病情指数＜5；

抗病（R）　5≤病情指数＜25；

中抗（MR）　25≤病情指数＜50；

感病（S）　50≤病情指数＜75；

高感（HS）　75≤病情指数≤100。

（3）抗青枯病品种选育　国外早期育成的品种有 Venus、Saturn、Neptune、Kewalo、Ls89、Vc-4、Vc-3、Vc48-1、Vc-9、Vc9-1、Vc-4H、1169 等。中国也选育出了一批抗病品种：杂交 0718-3、杂交 0769-1、杂交 1 号、杂交 3 号、丰顺、大丰顺、好时年、福安、红百合、多宝、夏红、抗青 1 号、抗青 19、粤红玉、粤宝、粤星、新星、东方红 1 号、年丰、穗丰、益丰、湘引 79-1、湘番茄 1 号、湘番茄 3 号、金丰 1 号、浙杂 806、洪抗 1 号等。

6. 抗根结线虫病品种选育

（1）病原　侵染番茄的线虫有 19 个属、70 个种，危害中国番茄的主要是南方根结线虫，其次为爪哇根结线虫和花生根结线虫，但不同地区根结线虫优势种不一样。云南省番茄根结线虫存在南方根结线虫 1 号生理小种（优势小种），其次为爪哇根结线虫、花生根结线虫（喻盛甫等，1990 年）。湖北省蔬菜根结线虫有 3 种：南方根结线虫（优势种）占 84%，爪哇根结线虫占 15%，花生根结线虫占 1%（王明祖，1991）。南方根结线虫是江苏省大棚番茄生产面临的最重要的病原线虫（徐建华，1994）。1999 年李景富、于秋菊等对黑龙江省番茄根结线虫优势种进行研究，通过形态鉴定并辅以生物化学鉴定，确定为南方根结线虫。冯兰香等于 1996—1999 年对北京地区根结线虫优势种进行研究，采用形态学鉴定方法鉴定出北京地区保护地番茄的根结线虫的优势种为南方根结线虫的占样本的 67.8%，此外还有少量的爪哇根结线虫。

（2）抗病性鉴定与筛选

① 病原物分离。从典型发病植株根系的根结上用卡勃过筛分离法（Cobbssieving）分离线虫的虫卵、二龄幼虫，经形态学鉴定确为南方根结线虫后，进行致病性鉴定和保存备用。

② 病原物接种体繁殖和保存。接种虫源为中国番茄根结线虫病优势小种——南方根结线虫，将保存于番茄根部的南方根结线虫生理小种接种在早粉 2 号或 Ruegers 番茄品种的根部土壤中保存与繁殖。在 24～30 ℃的温度下培育 40～50 d 后，从虫源盆获取已长出根瘤的根系，切成小片段与腐殖土和细沙（2∶1）混匀后装盆，然后将易感幼苗载入盆内。2 个月后，从这批植株根系上获取的根瘤可作为接种的虫源用于接种鉴定。或者将保存的病原物病根清洗和切碎，放入大型三角瓶中，加入适量的 0.5%次氯酸钠溶液，充分振荡 2～4 min，迅速以 200 目及 500 目细筛过滤，洗下卵，再用自来水清洗和蒸馏水悬浮，置于 25～28 ℃下 3～5 d，孵化为二龄幼虫，最后用蒸馏水配成浓度为每毫升含 100 条二龄幼虫的接种悬浮液。

③ 接种鉴定。接种时期为 2～3 片真叶的幼苗期，将幼苗移栽到盆钵，在此之前将根结线虫接种到盆钵底部，即先覆一薄层灭菌土，然后移栽供试健康幼苗，一盆一株，每株至少接种 4 000～5 000 个卵或幼虫，重复 3 次，每一重复 10 株苗，分别以不接种的健康植株和接种的抗、感材料为对照。早粉 2 号或 Utgers 番茄为感病对照，Carry 或 Romana 番茄为抗病对照。然后置于 20～25 ℃的温室内或生物培养箱内，培养 6～7 周，调查根部结数和卵块数。所用盆钵严格清洗干净，土壤高温灭菌。或者采用灌根接种法，即在距根部 2 cm 处打 8～10 cm 深的孔，每株灌入 5 mL 配制好的接种悬浮液（共含 500 条二龄幼虫）。据东北农业大学研究报道，通过对根结数及根结指数方差分析和极差分析表明：接种苗龄为 30 d，接种土壤深度为 10 cm，接种量为 5 000 条/株，接种后 45～50 d 调查，为最佳优化鉴定方法。

④ 抗性评价标准。

病情分级标准：

0 级　无根结或卵块；

1 级　0<有根结的根数占总根系≤10%；

2 级　10%<有根结的根数占总根系≤25%；

3 级　25%<有根结的根数占总根系≤50%；

4 级　50%<有根结的根数占总根系≤80%；

5 级　80%<有根结的根数占总根系≤100%。

群体抗性分级标准：

免疫（I）　不侵染，根结指数=0；

高抗（HR）　0<根结指数≤1.0；

抗病（R）　1.0<根结指数≤2.0；

中抗（MR）　2.0<根结指数≤3.0；

感病（S）　3.0< 根结指数≤4.0；

高感（HS）　4.0<根结指数≤5.0。

（3）*抗根结线虫病品种选育*　中国番茄抗根结线虫病育种起步于 1996 年，东北农业大学李景富、许向阳于 1998 年育成中国第 1 个抗根结线虫品种东农 708。北京市蔬菜研究中心柴敏筛选出抗线虫材料 6 份，分别为 95032、95033、95034、950343、95049 和 200012，在此基础上育成抗根结线虫品种 4 个，分别为仙客 1 号、仙客 5 号、仙客 6 号、佳红 1 号等。

7. 抗晚疫病品种选育

（1）*病原*　致病疫霉菌（*Phytophthora infestans*）侵染所致。其病原菌有性生殖方式为异宗配合，即该疫霉菌具备两种在形态上完全相同但在特征上却明显互异的菌体，A1 交配型和 A2 交配型。杨宇红等（2004）对来源于全国 18 个省（自治区、直辖市）番茄产区的 241 个晚疫病菌株进行了交配型鉴定，结果表明番茄晚疫病病菌 A1、A2 两种交配型在中国主要番茄产区均有不同程度的分布。

番茄晚疫病有明显的生理小种分化现象，可分为许多生理小种。AVRDC（2001）将台湾地区番茄晚疫病菌鉴定为5个生理小种：T1、T1.2、T1.2.3、T1.4和T1.2.4。而中国大陆地域广阔，所以晚疫病的生理小种多而复杂。冯兰香等（2004）对中国18个省、自治区、直辖市的番茄晚疫病菌201个纯化分离物进行了生理小种鉴定。结果共鉴定有8个生理小种，即生理小种T0、T1、T1.2、T1.2.3、T1.2.3.4、T1.4、T1.2.4和T3。其中，小种T1和T1.2是主流小种，地理分布最广和发病率最高，分别在13个省、自治区、直辖市出现，占样本总数的28.8%和28.4%。李景富等（2006）对东北地区番茄晚疫病菌8个纯化分离物进行生理小种鉴定，共鉴定出3个生理小种，哈尔滨、齐齐哈尔、牡丹江、大庆生理小种为T1.2.3和T1.2，长春为T1，沈阳为T1，辽宁盖州为T1.2.3。

（2）抗病性鉴定、筛选

① 病原菌分离与纯化。晚疫病菌是半专性寄生，并且只侵入健康植株。选择发病初期症状典型的番茄新鲜病叶样本后，最好当天分离。先用清水冲洗叶面上的污物，稍后利用70%酒精浸泡消毒5 min，再用无菌水冲洗整个叶片3次。直接挑取病部霉层或将病叶背面朝上置于黑麦培养基上，在(20±2)℃条件下保湿培养2～3 d，挑取病部新长出的白色霉层移植到含有抗生素（利福平30 mg/L、氨苄青霉素200 mg/L、五氯硝基苯可湿性粉剂100 mL/L）的选择性黑麦培养基上，置于20 ℃黑暗培养。如样本已不新鲜或严重污染，则可用无菌水洗下部分孢子，配成孢子悬浮液接种番茄叶片，置(20±2)℃、每日14 h光照条件下保湿培养7～10 d，发病后按上述方法分离。待平板长出菌丝后，挑取菌落边缘单菌丝的尖端移植到不加抗生素的黑麦培养基上，即得纯化的菌落。

② 病原菌的保存。挑取一些菌丝接种于经过高压灭菌的试管黑麦培养基斜面上，待菌丝斜盖斜面后（菌丝生长旺盛）用灭菌矿物油淹没培养基和菌落1.5 cm以上，贮藏于温度10～20 ℃处，可保存3～4年以上。或者在长5 cm、直径2.5 cm磨口带塞的试管中加入3.3 g黑麦，再加入20 mL的蒸馏水，浸泡12 h，但不要拧紧试管，然后放在高压锅里灭菌25 min。灭菌冷却后将带菌丝的琼脂块加入其中，密封。室温黑暗条件下可以保存3年以上。

③ 人工接种鉴定。目前番茄晚疫病多采用分生孢子喷雾接种法。接种苗龄为7～14叶龄。亚洲蔬菜研究和发展中心王添成指出，接种苗龄应看当地气候的冷冻程度而定，温度较低的地区在苗龄40 d左右接种，温度较高的地区35 d左右接种为最佳时期。接种浓度为每毫升含5×10^4个孢子囊。接种后24 h内要求保持100%相对湿度、黑暗、温度（20±2)℃，以后湿度保持在80%～95%、温度（20±2)℃、光照14 h即可。

④ 抗病性评价标准。

单株病情分级标准：

0级　无症状；

1级　叶片的病斑细小，病斑占叶面积≤5%；

2级　叶片的病斑较大，5%<病斑占叶面积≤15%；

3级　叶片的病斑进一步扩大，15%<病斑占叶面积≤30%，茎部无病斑；

4级　叶片的病斑有些连接，30%<病斑占叶面积≤50%，茎部有少量病斑；

5级　叶片的病斑相互连接，50%<病斑占叶面积≤70%，或茎部有拓展型病斑；

6级　叶片的病斑几乎连成一片，70%<病斑占叶面积≤100%，或茎部受害严重，或植株死亡；

群体抗性分级标准：依据鉴定材料3次重复的病情指数平均值确定抗性水平。

免疫（I）　不侵染，病级指数=0；

高抗（HR）　0<病级指数<1.0；

抗病（R）　1.0≤病级指数<2.5；

中抗（MR）　2.5≤病级指数<4.0；

感病（S）　4.0≤病级指数<5.0；

高感（HS）　5.0≤病级指数≤6.0。

（3）抗晚疫病品种选育　Khrustaleva 等（1979）从 K4053 中选择出 15 个抗病品系，其中品系 7-9抗小种 T0 和 T1。Alpatea 等（1984）在 Patriot 2170U×Liniya（Line 2）的组合中发现抗性具杂种优势；Koka（1983）选育出果实具抗性的 F_1 杂种 171×BNO（K）、171×BNO 和杂种 16；Kunnakh（1985）育出高产、高抗病品种 Elochka、Chernomorets 和 Sodruzhestvo。Antsugai（1987）将用 γ 射线辐射得到的 10 个抗病突变系用于育种实践，已育出一些颇有希望的品系。Markovic 和 Obradovi（1990）用当地抗病品系和外国抗性品系 Wva63、Wva700、Pieraline、Heline 杂交，已育出抗病的 F_1 代杂种，如 SPML×Wva63。中国已筛选出一些抗病资源，抗晚疫病育种已取得一定的进展。

（三）多抗性品种选育方法

番茄生长期间常因多种病害的侵袭，而遭受重大损失。所以制定抗病育种目标，也就必然从抗单一病害向多抗方向发展，即在掌握抗性遗传规律的基础上，利用多种抗源进行杂交、回交、复合杂交等方法，将抗病基因组合在一起；或直接利用复合抗源材料进行杂交，再用各相关的病原对它们的后代连续进行苗期多抗性复合筛选，将存活植株栽植大田，进行经济性状的选择，从中选出优质、多抗、丰产的番茄新的品种材料或品种。

1. 苗期人工接种多抗性复合筛选鉴定方法

（1）ToMV（CMV）、叶霉病、枯萎病、根结线虫病苗期鉴定

① 接种顺序。根结线虫病→ToMV（CMV）→叶霉病→枯萎病。

② 接种苗龄。2 片真叶→3 片真叶→4 片真叶→5 片真叶。

③ 接种浓度。

ToMV（CMV）：1 g 病叶加 0.01 mol/L、pH7.0 的磷酸缓冲液或蒸馏水 10 mL，接种后第 3 d 复接 1 次。

叶霉病：10^6 个（孢子）/mL。

枯萎病：10^7 个（孢子）/mL。

根结线虫病：5 000 条/株。

④ 接种方法。

ToMV（CMV）：摩擦法。

叶霉病：喷雾法。

枯萎病：灌根法。

根结线虫病：灌根法。

⑤ 调查时间。

ToMV（CMV）：接种后 20 d。

叶霉病：接种后 18 d。

枯萎病：接种后 21 d。

根结线虫病：接种后 45 d。

（2）ToMV（CMV）、叶霉病、枯萎病苗期鉴定方法及 ToMV（CMV）、叶霉病、根结线虫病苗期鉴定方法参照上述 4 种病害鉴定方法进行。

2. 多抗品种选育方法　主要是通过抗不同病害的亲本杂交配制组合的途径培育多抗品种。根据两个亲本的抗病数量，可以培育出兼抗不同数量病害的品种。例如，东北农业大学选育的抗 4 种病害、丰产品种东农 708，其中一个亲本是 04956，高抗 ToMV 和黄萎病，另一个亲本是 04957，高抗叶霉病（带有抗叶霉病 *cf5* 基因）和根结线虫病（带有抗根结线虫 *Mi* 基因），以 04957 为母本，04956 为父本配制的一代杂种东农 708，高抗 ToMV、叶霉病、根结线虫病、黄萎病 4 种病害。

三、抗逆品种选育

（一）耐低温品种选育方法

番茄是属于喜温蔬菜，不耐低温，对冷敏感。在中国南方冬季和北方冬春季番茄生产经常遭受低温冷害，尤其近年来日光温室的发展，使得耐低温问题变得日益突出。耐低温番茄品种培育十分重要，尤其是在日光温室和塑料大棚的番茄生产中，使用耐低温品种可以减少用工、减少耗能。国外已有耐低温品种在生产上应用。而中国番茄耐低温性育种始于国家“九五”（1996—2000）番茄攻关项目，并在耐低温生理机制、鉴定技术方法、种质资源鉴定以及耐低温品种选育等方面取得明显进展。

1. 耐低温材料鉴定、筛选 国内外已经筛选出多种植物抗冷性的鉴定方法，总体上可划分为两类：一类是直接鉴定方法；另一类是间接鉴定方法。直接鉴定方法就是给植物低温胁迫后，从植物体的表现，如生长速度、株高、茎粗、根长、叶面积等形态指标，以及受害情况、出苗率、存活率、死苗率等，将植物受害影响程度进行分级，确定冷害指数。间接鉴定是从植物的解剖学、细胞学等方面入手，试图找到作物抗冷性鉴定方法，如代谢、生理生化等指标。

东北农业大学和中国农业科学院蔬菜花卉研究所提出的中国番茄耐低温快速、简便、准确的鉴定方法和指标如下：

（1）*种子萌发期耐低温鉴定* 番茄种子萌发期的低温鉴定指标是15℃条件下种子发芽指数。

$$发芽指数\ G_i = \sum G_t/D_t$$

式中：G_t 为在规定时间内的发芽数；D_t 为相应发芽天数。

杜永臣、王孝宣等（2009）用此方法经过连续5代对回交的醋栗番茄后代群体进行筛选，获得了一批耐低温性较强的选系。

（2）*苗期耐低温鉴定* 以抗冷指数和低温处理后幼苗的前两穗果的相对坐果率作为抗冷的直接指标，同时以相对电导率、可溶性糖和可溶性蛋白质含量作为耐低温的鉴定间接指标，并提出回归方程。

$$y=-0.6380x+2.6272\ （x\ 为相对电导率）$$

$$y=0.3397x+1.5130\ （x\ 为相对蛋白质含量）$$

苗期低温鉴定方法：分别选耐寒性好的番茄品种为对照与鉴定的材料同期播种于塑料营养钵中，按常规管理。当番茄长到4片真叶展开、5片真叶出现时，每份鉴定材料重复3次，每次重复10株苗，移到2℃黑暗或弱光条件下，48 h后，调查冷害级别。

番茄冷害分级标准：

0级 植株叶片正常，未受冷害；

1级 仅少数叶片边缘有轻度的皱缩萎蔫；

2级 半数以下的叶片萎蔫死亡；

3级 半数以上的叶片萎蔫死亡；

4级 植株全部死亡。

根据调查的冷害级别，计算每个材料冷害指数和抗冷指数。

$$冷害指数 = \sum xa/nT = (x_0a_0 + x_1a_1 + \cdots + x_na_n)/nT$$

式中：x_0、x_1、x_2，…，x_n 表示各级冷害的番茄指标；a_0、a_1、a_2，…，a_n 表示各级冷害的番茄指标；n 代表最高级值；T 为调查的总株数。

抗冷指数为冷害指数的倒数。

将鉴定材料的抗冷指数与抗寒和不抗寒的对照进行比较，做出相应的评价。

（3）开花坐果期耐低温鉴定　鉴定指标为低温下花粉萌发率和减数分裂期低温处理后的花粉生活力。苗期、芽期耐低温一致，而花期不一致。

① 花粉生活力的测定利用TTC染色法。将待鉴定品种处于花粉减数分裂期幼苗，即处第1花序现蕾期幼苗，于15℃/5℃（昼/夜）低温处理3 d，光周期12 h，每个处理5株，3次重复，以正常生长的幼苗作对照。将处理后的材料移到正常温度条件下管理，开花前定植，开花后于花粉成熟期，取盛开花，每株只取第1花序的第1朵花，用解剖针和镊子小心取出花药置于载玻片上加一滴pH 7.2的磷酸缓冲液，再滴少许0.10%的TTC溶液，加盖玻片，然后在显微镜下统计存活花粉百分率。

成活花粉百分率＝染色花粉粒数目/观察花粉粒总数×100%

② 低温下花粉萌发。分别选耐寒性强和弱的番茄品种为对照，与待鉴定的材料同期播种于塑料营养钵中育苗，后定植在大棚或温室中，按常规进行管理。去掉第1朵花，待第2朵花完全开放时，取其花粉在固定培养基上培养，于8～12℃低温下观察萌发情况。

花粉萌发率＝萌发花粉数/观察花粉总数×100%

2. 耐低温品种选育　"九五"（1996—2000）期间，中国农业科学院蔬菜花卉研究所、江苏省农业科学院蔬菜研究所等单位选育出6份耐低温材料和3个耐低温杂交组合。2000年1月15日至3月12日在越冬塑料大棚内花期温度10～18℃下鉴定番茄耐低温性，结果表明，这些材料组合与对照相比，低温条件下相对生长率皆明显优于对照品种，且坐果率高，在结果期及始熟期果实发育正常率皆在90%以上。果实光滑圆整，畸形果率低于10%，可溶性固形物含量达到4.5%以上，果实硬度达到4.01×10^4Pa以上。辽宁省农业科学院蔬菜研究所育成低温下坐果能力强，不容易出现畸形果的品种L402在全国大面积推广。东北农业大学番茄组（2007）育成了在低温14～15℃条件下坐果率高、畸形果率低的番茄新品种东农712、722等。张强等（2003）采用苗期冷害指数以及弱光下电导率测定，对番茄耐低温性能进行评价，初步选育出粉都女皇，其耐低温弱光能力强，最适于冬春季节日光温室和大棚栽培。

（二）耐热品种选育

番茄虽喜温，但温度过高，如昼温34℃、夜温26℃以上或者连续4 h的40℃高温干燥，往往生长发育不良，发生落花落果，严重时甚至受害或死亡。高温是影响番茄产量和品质的主要环境因素之一。因此，培育耐热性强的番茄品种非常有必要。

1. 耐热性鉴定

（1）田间自然鉴定法　根据番茄田间对自然高温的反应，观察统计坐果率、果实商品性、产量、单果种子数等性状，是鉴定耐热性最可靠的方法。Beshirl（1979）研究表明，开花时的鉴定指标可用结实百分率，即受精率表示。刘进生等（1994）利用此法直接把高温下坐果率作为番茄收获前预测品种耐热的重要指标，把产量作为评价番茄耐热性的重要因素。

（2）生理生化鉴定

① 热害指数。利用人工气候箱或气候室模拟高温胁迫，在温度38℃或40℃测定幼苗热害指数。

$$\text{热害指数}=\frac{\sum(\text{各级株数}\times\text{级数})}{\text{最高级数}\times\text{总株数}}\times100$$

0级　无热害病状；

1级　1～2片叶变黄；

3级　全部叶变黄；

5级　1～2片叶萎蔫枯死；

7级　整株萎蔫枯死。

② 发芽指数。在34℃高温下测定种子萌发期的发芽指数作为芽期耐热性指标。

③ 电解质渗透率。质膜透性变化率、游离脯氨酸含量和超氧化物歧化酶（SOD 酶）活性的变化率可作为苗期耐热性鉴定的指标，并建立 3 个指标的回归方程（李景富和王冬梅，2003）。

$$y=-0.916x_1+0.251$$

$$y=0.940x_2-1.184$$

$$y=0.32x_3-1.049$$

品种耐热性与质膜透性变化及游离脯氨酸含量变化率的二元回归方程为：$y=-0.365x_1+0.612x_2-0.646$；品种耐热性值与 3 个指标的三元回归方程为：$y=-0.605x_1+1.157x_2-0.28x_3-0.360$，式中：$x_1$ 为质膜透性变化率；x_2 为游离脯氨酸含量变化率；x_3 为超氧化物歧化酶活性变化率。

（3）配子体生活力测定　在高温胁迫下番茄花粉生活力可作为耐热性鉴定指标。测定方法有 TTC 染色法和花粉发芽法。

2. 番茄耐热品种选育　在耐热品种选育方面，美国、以色列、荷兰等国家取得了一些进展，如荷兰瑞克斯旺公司（Risk Jwaan）的百利（Beril）品种，无限生长类型，坐果率高，丰产性好，耐热性强，果实硬度大，适于塑料大棚越夏栽培。Coworker（1978）指出，Saladeter 是一个耐热基因型品种，UC-82B 是次耐热基因型品种。亚洲蔬菜研究发展中心最近又鉴定的耐热品种有 991-258、991-259、991-260。中国番茄耐热育种起步较晚，还没有真正育成耐高温的番茄品种。

（三）耐盐性品种选育

1. 耐盐鉴定方法　关于番茄耐盐鉴定方法，国内外做了大量研究，这些方法主要包括直接鉴定方法和间接鉴定方法。

（1）直接鉴定　直接鉴定就是通过评价盐处理后的发芽情况及形态、产量等表现性状来决定其耐盐性。

戴伟民等（2002）系统地研究表明，培养基中盐胁迫对番茄种子萌发、幼苗生长状况及根尖微核率都有明显影响。同时发现根尖微核率的变化趋势与平均侧根数的变化趋势呈正相关。因此，选择平均侧根数和微核率作为鉴定筛选耐盐指标。吴运荣等（1999）以 Nc×711 为亲本杂交的番茄 BC_1S_1 群体，119 个家系单株自五叶期进行 250 mmol/L NaCl 胁迫，以盐胁迫下的产量作为抗盐指标，与 14 个表型参数进行线性相关分析。结果表明，胁迫 4 周时相对株高（4RPH）、坐果率（FSR）、家系平均花数（FCN）、家系平均幼果数（FRN）与盐胁迫下的产量极显著相关，与胁迫 6 周时顶部功能叶 SPAD 值呈极显著正相关，其他因子与胁迫下的产量未达显著相关水平。对产量与 4RPH、FSR、FCN 和 SPAD 等表型参数的回归分析与麦夸特参数模型估计表明，可以利用 4RPH、SPAD 等表型参数作为番茄耐盐性筛选指标。陈建林等（2008）对 11 个番茄品种在苗期进行不同浓度 NaCl 胁迫处理，发现番茄幼苗株高、茎粗、根长的影响以及地上部、地下部干重，不同品种存在差异。

（2）间接鉴定　间接鉴定法主要通过不同耐盐性植株盐胁迫后生理生化指标变化判断植物耐盐性。

Saranga 等（1992）认为，叶片离子含量不能作为番茄耐盐筛选的有效标准，而干物质及产量可以作为相关筛选参数。费伟等（2005）认为，脯氨酸、可溶性糖作为一种渗透调节物质可作为评价番茄品种耐盐性的参考指标；丙二醛含量的高低在一定程度上也可作为鉴定番茄幼苗耐盐性强弱的生理指标；SOD、POD 活性则可作为番茄幼苗耐盐性的生化指标。Dasgan 等（2002）通过对 55 个番茄基因型，在 200 mmol/L NaCl 胁迫下，对耐盐分级与表型及幼苗 Na^+ 浓度、Ca^{2+}/Na^+、K^+/Na^+ 和苗-根干物质重量等相关性分析指出，番茄不同基因型幼苗 Na^+ 浓度存在较大差异，较高浓度 Na^+ 含量说明幼苗盐害也大，而较高的 Ca^{2+}/Na^+ 和 K^+/Na^+ 比例说明幼苗盐害轻，可以作为番茄耐盐的生化指标。不同基因型番茄根和苗干重呈现显著差异。

2. 耐盐品种选育　20 世纪 70 年代，美国科学家利用栽培番茄作母本，与一种荒漠野生番茄杂交，选育出耐盐番茄新品种，在高盐度下可以获得高产。近年来，中国耐盐番茄育种也取得重大突破。山东省东营市农业科学研究所将耐重盐的野生小果型契斯曼尼番茄与中果型的粤农2号远缘杂交，再与耐盐亲本多代回交后，经系统选育出东科1号、东科2号两个小果型耐盐番茄品种，两者在土壤含盐量为0.3%～0.5%的地块上比对照品种圣女增产100%以上。

四、品质育种

番茄果实品质决定于消费者对产品的需求和喜好。等量的番茄产品，由于品质不同，其利用率及经济价值可能相差悬殊。另外，目前中国蔬菜已由卖方市场转向买方市场，故对番茄品质要求越来越高，而且日益受到更大的重视。选育优质的番茄品种目标是：要求较好的外观，良好的风味，较高的营养价值和较大的果实硬度。

1. 优质种质资源的搜集和鉴定 优质种质资源是品质育种的基础，因此，育种目标确定以后应根据育种目标要求搜集和鉴定种质资源。由于，番茄原产于南美洲秘鲁等地，引进和利用国外优质品种是一条便捷而有效的途径。数十年来，中国从国外引进了大量番茄优质种质资源，极大地丰富了中国番茄基因库，为番茄品质育种积累了材料，如20世纪70年代从日本引进品质好的强力米寿等品种。野生资源也是品质育种不可忽视的原始材料。如秘鲁番茄果实干物质含量可达12.75%，含糖量2.47%，每100 g鲜重维生素C含量达50.40 mg；多毛番茄胡萝卜素含量较一般品种高3～4倍，对于改良栽培番茄的营养品质具有利用价值。

2. 品质育种途径 番茄品质育种途径，可采用系统选育、有性杂交（品种间杂交和远缘杂交）、杂种优势利用以及利用基因富集、基因重组和基因导入等生物技术育种。

（1）系统育种 在过去的几十年中，利用系统育种方法选育出了一系列优质番茄品种，如红玛瑙140番茄就是从引进的加州6号番茄中经系统选育培育而成的优质罐藏番茄专用品种，具有较高的番茄红素和可溶性固形物含量。

（2）杂交育种 杂交育种是常用于品质育种的杂交方式，有品种间杂交及远缘杂交。

① 品种间杂交。品种间杂交是番茄品质育种中最常用、最有效的方法。优质罐藏番茄品种红杂18的母本自交系红213就是在红玛瑙140×307杂交后代中通过系谱选择得到的，其每100 g鲜重番茄红素含量达8.45 mg，硬度5.60×10^4 Pa，果肉厚度8～9 cm，综合品质性状优良。

② 远缘杂交。番茄的远缘种及野生种具有优异品质性状，如秘鲁番茄、多毛番茄等。据报道，用普通番茄和多毛番茄杂交，其后代的维生素A甚至较一般品种高100倍，为提高番茄营养品质提供了良好的种质资源。

（3）优势育种 利用优势育种在番茄品质育种中也有不少成功的例子，如优质罐藏番茄红杂18就是优势育种法育成一代杂种。

五、不同熟性品种选育

（一）早熟性构成因素及育种目标

1. 熟性育种的意义 选育不同熟期番茄品种，实现早、中、晚熟品种搭配，可以延长番茄供应期，具有重要意义，尤其选育早熟番茄品种显得特别重要。因为早熟品种不仅可提早上市，调节淡季供应，而且可以增加生产者的收入，在中国北方地区，春季蔬菜缺乏，故特别重视品种早熟性，对番茄等喜温蔬菜更是如此。早熟包括成熟期早和早期产量高两个方面。在北方早期产量高比成熟期早更为重要，有些品种第1、2花序的果实占总产量的30%～50%。而且早期的番茄产量对人民生活的重要性及经济效益数倍于盛期果产品，因此选育生产需要的早熟与早期产量高的番茄品种更具有重要意义。

2. 早熟性构成因素　构成和影响番茄早熟的性状主要有以下几个方面：

（1）开花速度　指从种子出土到始花的天数。开花速度还可以分为花芽分化速度和花蕾发育速度，前者是从出土到花芽开始分化所需要的天数，这两个分期的长短在品种间也有差别。

（2）果实发育速度　从始花到果实始熟天数。果实发育速度可以再分为绿熟速度和变色速度，前者是从开花到绿熟所需天数，后者是从绿熟到开始呈现品种的成熟果色所需的天数，这两个分期的长短，在品种间也是有差别的。

（3）低温下生长发育能力　其中开花速度和果实发育速度是早熟性的直接构成因素。有些品种开花很早，但由于果实发育较慢或早期不易坐果，从而并不早熟；另有些品种虽开花较晚，但果实发育较快，从而也能列入早熟或中早熟。在其他影响早熟性的各种性状中，最重要的为低温下的生长发育能力。在低温下生长发育能力强的系统较为早熟，包括低温下的种子发芽能力、低温下的茎叶生长和花芽分化与发育能力。

3. 早熟性育种目标　早熟品种从播种到始收需要100～110 d，中熟品种110～120 d，晚熟品种120 d以上。番茄早熟品种应具有花序节位低、现蕾早、开花早、果实发育及转色快等特性，尤其早期产量高。

（二）不同熟性育种选育方法

1. 不同熟性种质资源搜集与鉴定　从国内外不同生态地区广泛搜集不同生态类型、不同熟期番茄种质资源，并对这些番茄种质资源进行生长类型（自封顶类型、无限类型）、花序节位、物候期（出苗期、幼苗期、花器发育期）、果实发育期等进行观察鉴定，选出不同熟期番茄育种材料。

2. 利用杂交育种和优势育种

（1）杂交育种

亲本选择选配：构成番茄和影响番茄熟性的性状有开花期早晚和果实发育速度以及低温下生长发育能力等性状，因此要育成最早熟的品种，必须在选配亲本时，把一方的早花性和另一方的果实快速发育性结合起来，同时选择选配亲本要把早熟性与果实大小及产量、抗病性等性状结合起来。

为了培育早熟、丰产、抗病的品种，在选择亲本上要注意以下几点：

① 植株类型为自封顶，株型紧凑，适于密植；

② 始收期要早，早期产量高，成熟期比较集中；

③ 果实发育适应低温度；

④ 果实不宜过小，果形光滑整齐，并且耐贮；

⑤ 植株抗病性强。

杂交后代的单株鉴定和选择：由于早熟性与低温下生长发育能力有关，因而对杂交F_2代采用低温发芽以淘汰一部分不能在低温下发芽生长的个体，应该是一种较简便有效的早期鉴定选择方法。对于单株熟性的鉴定，通常采用目测法，即以植株上第1个果实开始变色作为该植株的始熟期。需要注意的是，当群体内植株出现有限生长类型分离时，植株的成熟期往往与有限生长株型有关，但如果单纯根据株型选择，很可能最后得到的是一个虽然很早熟，但由于株型而产量很低的系统。

对F_2的入选单株到F_3代以后，以系统为单位进行早熟性鉴定，它与单株早熟性鉴定主要不同点在于不能单独以始熟天数为依据，还必须比较早期产量。因为产量上要求的早熟性并不是单纯的早几天成熟，而更主要的是早期产量提高。王海廷（1972）指出，早期产量的提高与第1花序上第2、3朵花和第2、第3花序上花的提前开放密切相关。同时要注意在选择早熟系时经常碰到果实偏小的问题，因为早熟与小果之间有某种程度的相关。在1个早熟小果品种和1个中熟或晚熟大果杂交的F_2群体内，如果选择较少数最早熟植株，则后代不易分离出果形大的系统；反之，如果选取少数大果植株，则后代往往不易分离出早熟系统。为了选出早熟大果系有时可用回交法育成，但在果实增大的同时，早熟性也会有所减弱。因此，要尽量选择早熟和果形都比较适中的后代。如已育成的齐研矮粉等品种就是早熟大果品种。

（2）优势育种

亲本选择的要点：

① 利用两亲本在物候期各分期之间的差异的品种杂交，特别是各分期之间的不等距，利用各分期之间的互补或超亲现象，就有可能缩短成熟期，提早成熟，从而提高 F_1 的优势。

番茄的物候期一般分为以下 5 个时期：

出苗期：从播种到出苗，一般 7～9 d，品种间差 2 d。

幼苗期：从出苗到 4 片真叶出现，一般 30～36 d，品种间差 6 d。

花器孕育期：从 4 片真叶出现到第 1 花序出现，一般 15～20 d，品种间差 5 d。

花器发育期（包括开花期）：从第 1 花序出现到始花，一般 15～20 d，品种间差 5 d。

果实发育期：从始花到初果转色，一般 35～40 d，品种间差 5 d。

各品种在各物候期之间存在着差异，有些品种几个分期相对较长，有的几个分期相对较短，各分期之间的长短决定着品种的早、中、晚熟，同时与栽植时期的气候条件有关。

② 选用不同类型的亲本杂交，如矮封×矮封，F_1 矮封早熟，但是果实可能偏小，增产指数低。高封×高封，F_1 早期产量与增产指数皆不高。无限生长×无限生长，虽有一定的增产效果，但早期产量低，熟期偏晚。只有利用矮封（2～3 穗花序封顶）与高封（4～5 穗花序封顶）、无限生长杂交，F_1 才有可能早熟，早期产量高，增产指数也高，果实大，质量也好。

③ 选择成熟期有差异的做亲本。两个成熟期差异较大亲本间的 F_1 熟期大多是中间偏早，如早熟×早熟，杂种多倾向于早熟或介于中、早熟之间而偏早；早熟×晚熟，杂种多为中间偏早。

六、高产品种选育

（一）产量构成因素

番茄的单位面积产量决定于平均单株结果数、单个果实的重量和种植密度。单株结果数与单株花数密切相关。

1. 平均单株花数 单株花数由花序数和序内花数构成。有限生长型植株的平均单株花穗数是固定的，而无限生长型植株的平均单株花序数与每花序间隔的叶片数有关。每穗花的花数，不同类型的品种间是有差异的。

2. 结实率和结果数 番茄常有落花和果实不发育现象，并且花多的品种往往落花率高。因此，多花品种不一定就是丰产品种，有时甚至结果数反而比少花品种少。多花性只提供了丰产的潜在可能性，还需要结果率、果重等其他性状的配合，才能实现丰产。不同品种在落花性上是有显著差异的，一般来讲，多花品种的结实率往往较低，小果品种结实率较高，在大中果品种内，单瓣花和花药内花粉多者常较相反类型的结实率高，花柱早期伸出花药外和多柱头花常落花较多。品种间结实率不同，除了环境条件的差异造成外，主要是由于品种对不良环境条件的抗性有差异，一个对干热或低温或弱光抗性强的品种往往坐果率较高。鉴定结实率常用的方法就是统计开花数和最后的坐果数目。

3. 果重 在平均单株结果数相类似的品种间，则平均果重越大，单株产量越高。平均单果重一般鲜食品种多为 120～250 g，罐藏加工用品种则较小，樱桃番茄 10～30 g。通常鉴定平均果重的方法是摘取 10 个左右成熟度均匀果实称重，计算平均值。

4. 株型 番茄栽培密度与株型和栽培方式有关。一般说来，株型开展度大的栽培密度小一些，叶片下垂、开展度小的栽培密度大一些，叶量大的密度小一些，叶量小的密度大一些。有限生长类型的栽培密度要大于无限生长类型的。如果是选育设施专用的品种，一般选育叶量中等、叶片平展、开展度适中的株型；如果是露地用品种，一般选择叶量较大、叶片稍下垂的株型。

（二）高产育种技术

1. 高产育种策略　育种目标不同，高产育种的策略也应该不同。一般说来，如果要培育适合大型连栋设施长季节栽培的品种，多采用培育果实大小中等、单株结果数量较多的高产育种策略。如若培育设施短期栽培的品种，则采取培育大果、特大果，而单株结果数量一般的策略。若培育露地早熟品种，可采取选育有限生长类型、大果的育种策略。

2. 高产亲本的选择与选配

（1）番茄杂交一代产量的高低不能以亲本本身产量高低来加以判断，必须以亲本品种组合力的高低为标准来选择亲本。

（2）番茄品种有的是由于果多丰产，也有的是由于果大丰产，在进行杂交配组之前，对所选用的亲本应做全面的、充分的鉴定和评价，对杂交亲本的产量构成的复合性状进行合理搭配。番茄的产量及其构成因素都是基因控制的数量性状，由于数量性状基因累加作用的结果，最终在总产量会表现杂种优势。国内外大量试验指出，番茄在果实重量方面的优势并不明显，杂交种果实较亲本增大的多发生在两个亲本果重相差不太大的情况下，如大果×大果、大果×中果 F_1 的单果重，可能表现某种优势。因此，从增大果重的角度考虑，选择亲本时，不宜选用果形和果重差异过大的品种，一般应以大果和一中果（或中大果）作为亲本为宜。构成 F_1 增产的因素大多以单株结果数增多起主要作用，因此，在控制杂交组合时，应尽量选择结果数目多，但又相差不大的双亲作亲本杂交，有利于增加杂种的结果数，提高总产量和早期产量。

（3）高产育种在不同的生态地区要因地制宜，要重视对本地推广品种的做亲本选择，因为这些品种聚集了与本地区生态和环境条件相适应的优良基因。同时还要注意扩大亲本的选配范围，特别是异地的优良育种材料。

（4）为达到高产稳产，必须注意对多种病虫抗性、抗逆性强及对不良环境适应等的材料选择，同时要与优质结合，这样才可能使杂交种的综合性状表现优良。

第五节　选择育种与有性杂交育种

一、选择育种

（一）单株选择

番茄虽为自交作物，但也有一定的异交率，通常为1%～4%，因品种和气候条件而异，有些花柱较长的品种异交率还相当高。此外，番茄品种在长期栽培繁殖过程中，也存在机械混杂、生物学混杂及自然基因突变，所以品种内各个体间总是存在一定差异，经选择，有可能选出符合需要的新品种。例如，抗枯萎病的番茄品种 Louisiana wilt resistant 是从严重发病的田间一个单株选育出来的；红玛瑙 140 番茄是从加州 6 号番茄品种中经系谱法选育而成的罐藏番茄专用品种。此外，542 粉红番茄、粤选 1 号番茄、龙丰大粉番茄、红玫瑰、478 番茄等都是从引种的番茄品种中分离混杂群体多代系统选育而成的番茄新品种。进行单株选择时，当选单株分别编号，分别采种和播种，以进一步鉴定其遗传性的优劣，经过连续几代的单株选择，就可以选出比原来品种性状优良的新品种。

（二）群体选择和提纯复壮

番茄由于自交导致基因型趋于纯合，因此，无论利用单株选择法还是混合选择法，通常只 1～2

次选择即可，连续多次选择效果不显著。在选择过程中，各株系小区间可不用隔离，也不存在自交生活力衰退问题。当品种发生退化和生产品种提高纯度时，一般采用较大面积种植，淘汰其中的变异株、杂株、退化株，然后混合采种，以获得大量生产用种。

二、有性杂交育种

番茄杂交历史从1870年海恩特博士（Dr. Hand）用大红品种和早红品种杂交（Large red×Early red smooth）而得战利（Trophy）新品种，这是番茄有性杂交育种的最初记录。随后，美国开始利用杂交育种技术先后育成大批番茄优良品种。20世纪20年代后期，由于采用了先杂交再分离，从后代中进行选育的有性杂交育种方法，番茄品种选育工作进展很快。在番茄的育成品种中，大多是利用有性杂交结合系统选育而获得，尤其是对番茄主要病害如番茄枯萎病、番茄黑斑病、番茄斑点病（*Stemphylium lycopersici*）、番茄叶霉病（*Cladosporium fulwum*）、番茄花叶病（ToMV）和束顶病（ToBTV）等抗性品种的选育都是通过杂交育成的。特别是抗枯萎病和黑斑病的重要品种 Marglobe 就是利用这种方法从 Global 和 Marvel 的杂交后代中选育而来的。

随着人们对品种要求的提高，要育成一个综合性状好的品种，已经由原来的两个亲本杂交发展到必须采取多个品种杂交才能完成，如初晓品种的选育。过去一些老品种多数采用有性杂交育成，目前，在丰富多彩各具特色的育种途径中，有性杂交仍然是应用普遍、成就最显著的育种方法之一。

中国从20世纪50年代末到80年代初采用杂交育种法进行番茄新品种选育，先后育成一大批早熟、丰产优良品种，如青岛早红、早粉2号、北京10号、大黄1号、蔬研11、黑园1号、黑园2号、农大23、农大24、沈农2号、强丰、中蔬4号、中蔬5号、中蔬6号、红玛瑙144、齐研矮粉、扬州红、红棉、秋星、鲁番2号、新番2号等品种。

（一）有性杂交的方式

1. 单交 又称成对杂交，如黑龙江省齐齐哈尔市蔬菜研究所育成的齐研矮粉即属此法，其配组方式见图22-4。

单交的方法简便，杂种的变异较易于控制，是有性杂交育种工作中常用的杂交方式。

2. 多系杂交 又称复合杂交。按照第3个以上亲本参加杂交的次序又可分为添加杂交和合成杂交。

（1）添加杂交 以单交产生的杂种或从其后代中选出综合双亲优良性状的个体，再与第3个亲本杂交，它们所产生的杂种还可再与第4、第5……个亲本杂交，每杂交1次添入1个亲本性状。添加的亲本越多，杂种综合的优良性状越多。但育种年限延长，因而采用添加杂交时，亲本不宜过多，通常以不多于3个亲本为宜。

例如：沈阳农业大学育成的早熟、丰产、矮秧、大果的沈农2号番茄，就是以添加杂交方式育成的，它综合了克洛特克斯塔基的早熟、直立、矮生性，矮红金的果实发育快、矮生、果色一致、果形好，以及比松的早花、矮生性。育成过程如图22-5。

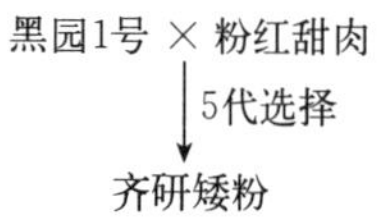

图22-4 齐研矮粉番茄的选育系谱
（《中国番茄育种学》，2011）

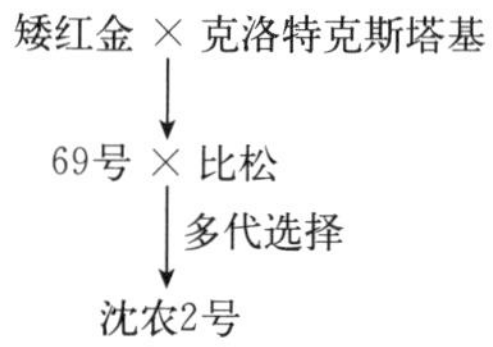

图22-5 沈农2号番茄的系谱
（《蔬菜育种学》，1998）

添加杂交的各亲本参加交配的先后顺序安排，决定了各个亲本在杂种中核遗传组成的比率不同。三亲添加杂交时，第 1、2 亲本的核遗传组成各占 1/4，而第 3 亲本占 1/2。四亲添加杂交时，最后 1 次参加杂交亲本的核遗传组成也是 1/2，而第 1、2 亲本各占 1/8，第 3 亲本占 1/4。

因此，最后 1 次参加杂交的亲本性状对杂种的性状表现关系甚大。育种目标要求的性状包括遗传力高的和遗传力低的性状时，为了防止遗传力低的性状在添加杂交时被削弱，应先按遗传力高的性状进行亲本配组，再按遗传力低的性状进行亲本配组。

(2) 合成杂交　合成杂交与添加杂交的不同点在于每次杂交不是添加 1 个亲本，而是先进行亲本配对育成两个单交杂种，再进行两个单交杂种的杂交和后代选择（图 22 - 6）。

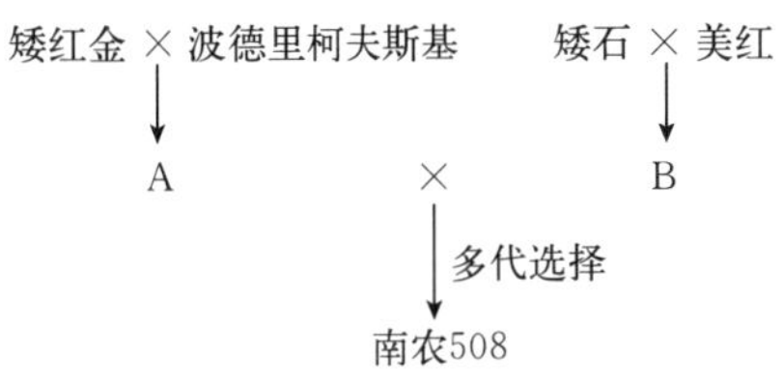

图 22 - 6　南农 508 番茄选育系谱
（《中国番茄育种学》，2011）

多系杂交与单交相比，最大的优点是将分散于多数亲本上的优良性状综合于杂种之中，大大丰富杂种的遗传性，有可能育成综合性状优良的品种。国外现代有性杂交育种多采用多系杂交的方式，如日本育成的春丽、瑞健、晚霞、舞姬等品种均为多系杂交。

（二）杂交亲本的选择与选配

1. 亲本选择选配的原则

(1) 亲本选择的原则

① 明确选择亲本的目标性状，突出重点，目标性状要具体；确定对当选亲本的性状要求，要分清主次，对希望性状要有较高的水平。如在抗病、优质育种时，亲本的抗病、优质希望性状的水平应高，而熟期等其他性状不应低于一般水平。选择亲本不仅要明确目标性状，更重要的是要明确目标性状的构成，如番茄优质、熟期、抗病、丰产等是由多种单位性状合成的复合性状。例如，在抗病育种中要明确抵抗的具体病害的种类的主次（主抗和兼抗）、生理小种（或株系）、期望达到的抗病水平。

② 从大量种质资源中精选亲本，研究了解目标性状的遗传规律。根据育种目标的要求，搜集的原始材料越丰富，则易于从中选择出符合需要的杂交亲本。例如，番茄对某些病害的抗病性，有时在一般栽培品种内不能找到，必须把原始材料的搜集范围扩大到野生种或近缘野生种类型。尽可能选用优良性状多的种质材料作亲本，优良性状越多，需要改良完善的性状越少。

③ 重视选用地方品种。地方品种是亲本长期自然选择和人工选择的产物，对当地的自然条件和栽培条件有良好的适应性，符合当地的消费习惯，用其做亲本选育的品种对当地的适应性强，容易在当地推广。

④ 亲本优良性状的遗传力要强。实践证明，杂交亲本的同一对性状的各方在遗传传递给后代的力量上有强有弱，杂种后代中出现优良性状个体的频率或水平倾向于遗传传递力强的亲本，如大果番茄与小果番茄杂交，后代的果形大小倾向小果亲本，这表明小果性状的遗传力高于大果。通常野生的性状大于栽培的，纯种大于杂种的，母本的性状大于父本的。应该选择优良性状遗传力强，不良性状传递力弱的亲本，使杂交后代群体内，有较多优良性状个体出现。

⑤ 用一般配合力高的材料做亲本。一般配合力是指某一亲本品种或品系杂交的全部组合的平均表现。他主要决定于可以固定遗传的加性效应，基因累加效应控制的性状在杂交后代中可出现超亲变异，通过选择可以稳定成定型的优良品种。选择一般配合力高的亲本配组合有可能育成超亲的定型品种。

(2) 亲本选配原则

① 父、母本性状互补。性状互补是指父本或母本的缺点能被另一方面的优点弥补。性状互补还包括同一性状不同构成性状的互补。同一性状不同单位性状的互补，以番茄早熟性为例，1 个亲本早

熟主要是由于现蕾开花早，另 1 个亲本的早熟主要是由于果实发育速度快，选配这两类不同早熟单位性状的亲本配成杂交组合，其后代有可能出现早熟性超亲的变异类型。

② 选用不同类型的或不同生态型的亲本配组。用不同类型或不同生态型的亲本相配，后代的分离往往较大，易于选出理想的性状变异类型。例如番茄有限生长型和无限生长型配组。

③ 以具有较多优良性状的亲本做母本。由于母本细胞质对后代的影响，在有些情况下后代性状较多倾向于母本。因此用具有较多优良经济性状的亲本做母本，以具有需要改良性状的亲本做父本，杂交后代出现综合优良性状的个体往往较多。在实际育种工作中，用栽培品种与野生类型杂交时，一般用栽培品种做母本；外地品种与本地品种杂交时，一般用本地品种做母本。

④ 用优良性状差异大的亲本配组。在一定的范围内，亲本间的性状差异越大，后代分离出的变异类型越多，选出理想类型的机会越大。

⑤ 依据开花期早晚选择亲本。如果两亲本的花期不同，则用开花期晚的材料做母本，开花早的材料做父本。

⑥ 双亲之一的质量性状要符合育种目标。遗传学阐明：从隐性性状亲本的杂交后代内不可能分离出有显性性状的个体，因此当目标性状为显性时，虽双亲都不表现该性状，但只要一亲本是杂合性的，后代仍有可能分离出所需要的隐性性状。因此，选配亲本时应该至少有一亲本要具有该隐性目标性状。例如，番茄果实各部分成熟一致性与幼果无绿色果肩呈正相关，而幼果无绿色果肩对绿色果肩是隐性，为了育成果实各部分成熟一致的品种，选配的亲本应该至少有 1 个亲本是幼果无绿色果肩的。

3. 杂交后代的选择

（1）*系谱法* 杂交之后进行系谱选择是番茄改良最常用的育种方法。下面将介绍以丰产性为首要目标的系谱选育程序。

番茄产量的遗传力是不很高，有人测定为 44.2%、39%、27%。李景富等（1981、1982）测定，以组合为单位产量的遗传力为 35%，狭义遗传力为 5.3%及 11.21%。因此，在选择过程中应把针对产量的鉴定选择主要放在以株系为单位的 F_3 及其以后的世代，而在 F_2 代不宜根据单株产量进行严格的淘汰选择。由于自 F_2 开始的系内分离随着每代自交而降低，所以系谱选择时选择群体的大小每代要减少 50%。随着代数的增加，选择的重点应从早代的单株表现转移到更高世代的系统表现。在实践上，早代选择侧重于遗传力高的性状（抗病性、生长习性、果实形状等），而到了较高的世代，选择的重点可转移到遗传力较低的性状。为此，在较早世代保持广泛的遗传基础，以便在较晚的世代中，在所选的系统中保持足够的变异。

① 杂种第 1 代（F_1）。在杂交双亲遗传基础比较纯合的情况下，F_1 性状一般表现比较整齐，分离较少，可分别按组合播种，两旁播种母本和父本。每一杂交组合的 F_1 种植 1 个 30～50 株的小区。根据各组合 F_1 的产量和其他性状表现，淘汰一些不良组合，通常选留 3～10 个组合的 F_1；在中选的组合内只淘汰假杂种和显著不良株，其余植株按组合采收种子。

② 杂种第 2 代（F_2）。F_2 是性状强烈分离的世代，这一世代种植的群体规划要大，以保证能分离出育种目标期望的个体。理论上 F_2 的种植株数可如下估算：当控制目标性状的隐性基因为 r 对、显性基因为 d 对，而又无连锁时，则 F_2 出现具有目标性状个体的概率（P）为 $(1/4)^r\times(3/4)^d$；当成功概率为 a 时，F_2 中至少出现 1 株目标类型个体所需要种植的株数要满足 $(1-P)^n<1-a$，即种植株数应为：

$$n\geqslant\frac{\lg(1-a)}{\lg(1-p)}$$

在育种目标性状较多或相互连锁时，某些目标性状是由多基因控制的，多系杂交或远缘杂交的后代的情况下，F_2 种植的株数应适当多一些。

在实际工作中，每一个 F_1 子代系统（即 F_2）定植 400～500 株，在同一圃地内同时进行系统间和系统内选择，不同系统内入选株数不等。对 F_2 的选择标准不要过严，以免丢失优良的基因型，不宜针对数量性状，特别是遗传力低的性状进行选择，主要根据质量性状和遗传力高的性状（如植株生长习性、产品器官的形态、色泽等）进行选择。要多入选一些比较优良的单株，通常优良组合的入选株数约为本组合群体总数的 10%左右。原则上，下一代每一株系的株数可少些（几十株），而株系数多些。

③ 杂种第 3 代（F_3）。将每一个 F_2 单株的后代系统定植一小区，每小区几十株，每隔 5～10 个系统设一对照小区。

F_3 是对产量等遗传力低的数量性状进行系统间比较选择的世代，故从 F_3 代起，要重视比较系统的优劣。根据产量等主要经济性状和一致性，选择优良系统，淘汰大部分株系，然后在当选的系统内共选留 20～30 个单株留种。原则上，入选的系统可多些，每一系统内入选株数少些（5～10 株），以防优良系统漏选。

④ 杂种第 4 代（F_4）。来自 F_3 同一系统的 F_4 系统为一系统群，同一系统群内各系统为姐妹系。在 F_4，首先比较系统群优劣，从优良系统群中选择优良系统，再从优良系统中选择优良单株。

F_3 各当选系统所留的 20～30 个 F_4 株系，按每一小区定植 20～50 株，重复 3 次，选留 4～8 个株系。对一致性已很高的系统，可以采用系内去杂去劣留种；对一致性仍不够高的系统，可再进行 1～2 代的单株选择。如果在 F_3 或 F_4 中未出现超过对照的株系，或未出现性状达到期望水平的植株，则可用亲本之一回交，或与另一品种再杂交。

⑤ 杂种第 5 代（F_5）及其以后世代。将 F_4 及其以后世代入选的单株分别播种，各自成立一个系统。F_5 时，多数系统已稳定，所以主要进行系统的比较和选择。F_5 代以后，一般以系统群为单位比较和选择，首先选出优良系统群，从优良系统群中选出优系混合留种。升级鉴定，进行品种比较试验，或对表现突出的品种系统开始区域性试验和生产试验。

以早粉 2 号和中蔬 5 号为例，番茄有性杂交之后的系谱选择过程如图 22－7、图 22－8 所示。

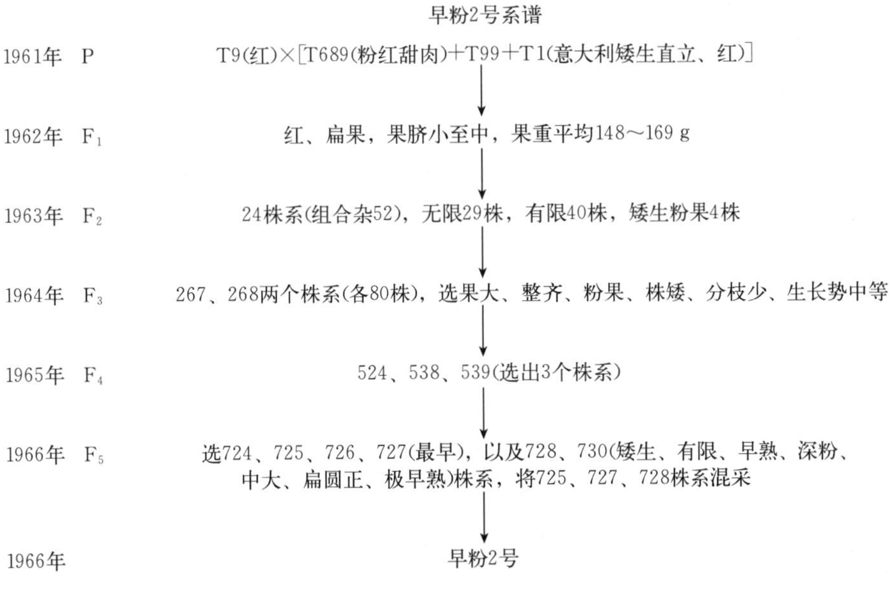

图 22－7　早粉 2 号选育系谱图

（2）*单子传代法*　通常写成 SSD 法，这种选择法是混合-单株选择法的一种衍生选择法，适用于自花授粉作物。

1979年秋	P	强丰(792-16-16)×Ohio MR9(792-10)
1980年春	F_1	801-37(选单株801-37-24……)
1981年春	F_2	811-22、811-23，2个株系(株选811-22-28……)
1981年秋	F_3	812-20(株选812-20-13……)
1982年春	F_4	821-27、821-28……26个株系(株选821-27-25……)
1983年春	F_5	831-30、831-31、831-32……78个株系(选单株831-32-8……)
1984年春	F_6	841-29、841-30、841-33……20个株系(株选841-33-18……)
1985年春	F_7	851-7、851-8、851-9 中蔬5号

图 22-8 中蔬 5 号选育系谱图

（《中国主要蔬菜抗病育种进展》，1995）

从 F_2 或 F_3 开始，每代都保留同样规模的群体，一般为 200～400 株。单株采种，每代从每一单株上取 1 粒种子播种下一代（往往每株取 3 粒，组成三份播种材料，播种 2 粒，保留 1 粒），各代均不进行选择，繁殖到遗传稳定不再分离的世代为止，至 F_4～F_5 代，再将每个单株种子分别采收，下代分别播种，构成 200～400 个株系，进行株系间比较鉴定，一次选出符合育种目标的整齐一致的品系，进行品种比较试验、区域试验和生产试验。

（3）*系谱-单子传代法* 杂交之后，除了采用系谱法进行选择外，Mark. J. Bassett（1986）认为，早代的系谱选择和接着用单子传代法（SSD）是最节省时间和进展较快的选择方法。通常在早代（F_2 或 F_3）对遗传力高的性状进行系谱选择，接着在来自单子传代法的 F_5、F_6 对遗传力低的性状进行选择。这种选择步骤能综合两种方法的优点，F_2～F_3 的系谱选择能减少保持下来的不良系统，而 SSD 则能将广泛的遗传基础保持到高世代，复杂的性状如产量和品质此时才进行评价。虽然，单子传代法在 F_5 和系谱法在 F_2 一样，都以单株为对象，淘汰 90%～95%的植株，但由于 F_5 的大多数个体的基因型已是纯合的，因而这些被淘汰的个体后代内很少再会出现有价值的类型；而系谱法的 F_2 则不然，由于那时多数个体的基因型还是杂合的，因而根据表现型淘汰的个体后代还有分离出有价值类型的可能。也就是说，在保证最优良基因型不致被淘汰方面，系谱法不如单子传代法，特别是在原始群体较小时，系谱法淘汰损失的可能性较大。

第六节 杂种优势育种

一、杂种优势的表现

番茄杂种优势主要表现在早熟性、丰产性、抗逆性、生长势强和果实整齐度高，其中以早熟性尤为突出。

（一）早熟性

番茄一代杂种早熟性的杂种优势比较显著，在早熟性方面潜力较大。番茄的早熟性体现在两个方面，一方面为熟期提早，其具体表现提早显蕾期（2～4 d）、开花期（1～4 d）、坐果期（2～10 d）、成熟期（1～4 d）；另一方面为早期产量高。因为番茄的杂种在成熟期方面，一般表现为两亲本的中间而偏向早熟，极少有超亲现象，即或有少数的杂种有超亲现象，一般的超亲天数也只是几天（多为1～5 d）。且生育期比亲本早熟的杂种，不一定早期产量较亲本高，而有些一代杂种虽然不如亲本早熟，但早期产量特别高，而且成熟集中。

（二）丰产性

番茄杂种的产量优势比较明显，大多数杂交组合可比亲本增产20%～40%，个别增产幅度更大的也多有报道。番茄杂种一代产量的提高，主要是由于杂交一代单株结果数和单果重的增加。

（三）抗逆性

丰产的杂交种，一般都表现比亲本抗性（抗病、抗盐碱、抗寒、抗高温能力）增强，尤其是抗病能力更强。这就使杂种具有较强的适应力与丰产的稳定性，是构成杂种高产的重要因素之一。

（四）生长势

F_1 的生长势比亲本都有不同程度的增强，表现为植株茁壮，生长健旺，叶片肥厚，光合能力强。F_1 在株高、茎粗方面杂种优势表现不恒定，有些能超出亲本，中间偏高者居多。而在叶量大小方面，杂种优势表现比较明显。

二、杂种一代选育程序

（一）种质资源搜集、鉴定与纯化

1. 种质资源搜集、鉴定　番茄杂种产量高低、经济性状的好坏、抗病性的强弱、生育期的长短等，一般都与亲本自交系的相应性状有密切关系。配制杂种要对亲本进行严格的选择，亲本的选择得当与否，是决定 F_1 代能否产生杂种优势，提高产量的关键。因此要在国内外大量搜集番茄资源，对原始材料必须通过品种比较试验进行全面观察、研究，对其农艺性状、品质性状、抗病、抗逆（耐低温、耐弱光、耐热）、产量等性状进行鉴定，从中筛选性状优良种质资源材料作为杂交亲本。尤其是新引入品种，需要进行1～2年的田间观察，确实表现优良方可做杂交亲本。

2. 育种材料的纯化　无论是引进的材料，还是经选育得到的育种材料，有时会有生物学混杂现象。如果在田间有明显的混杂现象，就需要对材料进行纯化。由于番茄的天然异交率较低，一般情况下，经1～2代单株选择即可达到纯化的目的。对于混杂严重的，需要按照系谱法进行选择。

（二）亲本的选择与选配

1. 亲本选择的原则　亲本选择选配得当，F_1 的配合力强，杂种优势明显，从而提高育种的效率和质量。亲本选择选配不当，即使配制了大量杂交组合，也不一定能获得符合育种目标的优势组合，造成不必要的人力、物力和时间的浪费。

为了获得强优势组合，在进行亲本自交系选配时，应注意：

（1）*掌握育种目标所要求的大量原始材料*　亲本遗传基础要丰富，具有较多的优良经济性状的亲本，一般应该综合性状较好，具有内在的遗传潜力。由这种亲本所配制的 F_1，才有可能继承和发挥其优良的遗传素质而产生强的优势。

（2）*选择双亲的生物学性状有差异*　特别与产量有关的主要生物学性状是有差异的，最好是差异较大的才有可能使 F_1 产生强的优势。同时亲本性状互补。优良性状的互补有两方面的含义，一是不同性状互补，一是构成同一性状的次级性状的互补。不同性状的互补，如选育早熟、抗病的番茄品种，亲本一方应具有早熟性，而另一方应具有抗病性。次级性状互补，以早熟性为例，有的品种早熟主要是由于显蕾开花早，另一品种的早熟主要是由于果实生长发育的速度快，选择这两类不同早熟单位性状的亲本杂交配组，其 F_1 有可能出现早熟性超亲。

（3）亲本应具有符合育种目标的突出优点　利用符合育种目标的超级亲本，才有可能在主要育种目标方面有新的突破。

（4）选择抗逆性、适应性、生活力、抗病力强的做亲本，有助于提高 F_1 的优势。

（5）选择一般配合力高的做亲本，才能配出高产杂交种。

2. 亲本选择要点

（1）果实大小（重量）的选择　番茄在果实重量方面的优势并不显著，F_1 单果重的大小，与亲本及具体组合有关。杂交种果实较亲本增大的，多发生在两个亲本果重相差不太大的情况下，双亲单果重量悬殊越大，其 F_1 增产潜力越小，且倾向小果亲本的优势也越明显。因此，从增产和增大果重的角度考虑，大果×小果组合几乎没有实用价值。为了在单果重方面获得杂种优势，选择亲本时不宜选用果形与重量差异过大的材料，一般应以大果类型和一中果（或中大果）作为亲本为宜。

（2）果实数目的选择　番茄品种有的是由于果多丰产，有的是由于果实大丰产。但构成 F_1 增产的因素大多以单株结果数增多起主要作用。因此，在配制杂交组合时，应尽量选结果数目多的做亲本。双亲结果数目相差不大时，其 F_1 有可能出现超亲遗传。故选择结果数较多而结果数又相差不大的双亲杂交，有利于增加杂种的结果数，提高总产量和早期产量。

前已述及，单果重杂种优势不明显，故在提高 F_1 产量方面作用不大，但若亲本选配不当，单果重却可能成为限制 F_1 产量的重要因素。故还必须注意结果数目与单果重之间的相互关系。据余诞年研究结果，结果数与单果重之间呈明显的负相关（$r=-0.791$）。因此，在选择亲本时必须同时考虑单果重和结果数两个方面，并注意它们之间的合理搭配。

（3）成熟期的选择　番茄杂种优势的重要特性之一，是早熟性与早期产量方面的优势。番茄成熟期的遗传较为复杂，受多基因支配。据余诞年的试验和分析，成熟期至少涉及 5 对或 7 对基因。与成熟期有关的性状也是多方面的，但这些性状在不同杂交组合 F_1 的成熟期构成上起的作用不同。此外，成熟期的早晚还易受环境的影响。为了达到早熟和提高早期产量的目的，在选择亲本时应要求双亲在熟性的构成性状方面具有较大差异，即选择生育期各分期长短不同的材料进行杂交，这样各个生育分期的快慢便可能取长补短，而使 F_1 出现早熟或超亲遗传。一般来说，F_1 的早熟性并不一定表现在收获始期的提早，而主要是表现在早期产量的提高。

（4）抗病性的选择　番茄 F_1 的抗病性遗传随病害种类及杂交组合的不同而异，且易受环境条件的影响，但配合力优良的番茄一代杂种是目标，一般表现具有较强的抗病性。根据番茄抗病遗传规律，抗病性是显性，双亲之一抗病就可以，如果抗病性是隐性，双亲必须都抗病。目前番茄病害种类多，选择抗多种病害种质材料，培育具有复合抗性的番茄一代杂种是目标。如东北农业大学选育出抗 TMV、枯萎病、根结线虫病、叶霉病 4 种病害的一代杂种东农 708。

（5）其他性状的选择　采用一代杂种优势育种法选育综合经济性状优良的新品种，在选择亲本时，还应注意双亲的主要品质性状，如番茄果实的番茄红素、胡萝卜素、抗坏血酸和可溶性固形物含量，以及果实的抗射裂性、抗环裂性和耐压性等重要品质性状均应达较高的水平。

3. 亲本的选配原则　亲本的选配主要指对杂交用的父、母本的确定。决定父、母本或正反交，在亲本选择总的原则前提下，还应当注意以下几点：

（1）应选择生长势和抗逆性强、适应当地气候条件的亲本做母本，可以提高杂交坐果率，有利于获得较多的杂交种子。因此，多以地方品种为母本，引入品种做父体。

（2）选择繁殖力强、结果率与结籽率高的做母本，以利于提高杂交种子的产量，降低种子成本。

（3）选择具有苗期标记性状的品系做母本。利用双亲和一代杂种苗期表现的某些植物学性状的差异，在苗期可以较准确地鉴别出杂种苗或亲本苗。这种容易目测的植物学性状称为“标记性状”。标记性状应具备这种植物学性状必须在苗期就表现明显差异和目测易识别及遗传表现稳定等条件。番茄的黄苗、薯叶、绿茎与具有相对应的显性性状（绿苗、普通叶、紫茎）的父本进行人工杂交，在杂种幼苗期通过间苗、分苗和定植，淘汰那些表现隐性性状的假杂种，提高田间的杂种率。

（4）选择开花多、花期长的品系做父本，有利于增加杂交用花和延长制种时间，从而提高杂种种子的产量。

（三）杂种优势配合力测定

配合力的高低是选择杂交亲本的重要依据之一，它直接影响杂种的产量。育种实践证明，外观长势好、产量高的亲本，其杂种产量不一定有较高的水平，只有配合力高的亲本才能配出高产的杂种。因此，在杂种利用的实践中，在测定一般配合力的基础上进行选择选配杂交亲本，可以减少选配杂交组合的盲目性，并且只有在选择一般配合力高的亲本基础上，再选择特殊配合力高的组合，才能选育出丰产和综合性状优良的杂交组合。还可了解某种性状的配合力究竟主要取决于一般配合力还是特殊配合力，对选择育种途径有参考价值。

配合力测定通常采用完全双列杂交（diallel crosses）法（轮配法）、不完全双列杂交法（格子方法）等方法，其中常采用 Griffing 双列杂交第 4 类半轮配法 1/2 P（P−1）估测一般配合力和特殊配合力。

（四）品种比较试验、区域试验和生产试验

1. 品种比较试验 根据配合力测定选配的杂交组合经过田间组合鉴定，选出优良杂交组合参加品种比较试验，参试品种一般不超过 10 个，并须连续进行 1～2 年全面的比较鉴定，同时了解它们的生长发育习性，最后选出在产量、品质以及其他经济性状等方面都比对照品种更为优良的一个或几个优良组合。标准品种必须是当地同类型最优良的品种。品种比较试验的小区面积通常为 5～10 m^2，小区排列多采用 3 次重复，随机排列，并设有保护行。

2. 品种区域试验 将经品种比较试验入选的新品种分送到不同的地区，参加这些地区的品种比较试验，以确定新品种的适宜推广范围。申请参加区试的品种，必须经过连续 2 年以上品种比较试验，表现优质、抗性强、比主栽品种增产 10%以上或产量增加虽不明显而其他主要经济性状有 1～2 个显著优于对照者。区域试验根据自然区划和品种特性分区进行。每年试验点应有 5 个以上，每个代表点试验小区一般在 10 m^2 以上，重复 3 次。试验设计及栽培技术应力求一致，记载项目也应相同，以便试验结果的综合分析，并以生产上的主栽品种为对照。区试连续进行 2 年。

3. 生产试验 将经品种比较试验及区试选出的优良品种作大面积生产栽培试验，以评价它的增产潜力和推广价值，并起示范推广作用。参试品种不宜太多，一般为 2～3 个，以当地主栽品种为对照，试验一般不设重复。试验面积通常为 300 m^2 以上。在进行生产试验的同时，应进行主要栽培技术的研究，以便良种良法一起推广。

（五）审定、认定或鉴定

新品种通过多点的、2～3 年的区域试验和生产试验后，从中选出合乎要求的优者，推荐给品种审（认）定委员会审定，经审（认）定委员会审定通过后，可在适应的地区推广种植。东农 704 选育过程如图 22－9。

早粉2号 × 201(玛纳佩尔)

(早熟、自封顶、粉果) (无限类型、红果、含$TM\text{-}2^{nv}$基因)

↓ 6代选育

矮粉T

(自封顶早熟、粉果、含$TM\text{-}2^{nv}$基因 、叶片黄化)

1982年 配制30个杂交组合，包括矮粉T×齐研矮粉(编号83-2)

↓

1983年 利用不完全双列杂交方法进行30个番茄杂交组合配合力测定，选出最优组合83-2(自封顶类型，早熟，果实深粉，单果重230～260 g，品质优良，抗ToMV，耐CMV)

↓

1984年 进行83-2杂交组合品种比较试验(对照品种为强力米寿)

↓

1985—1986年 83-2杂交组合参加黑龙江省品种区域试验(对照品种强力米寿)

↓

1986—1987年 83-2杂交组合参加黑龙江省品种生产试验(对照品种强力米寿)

↓

1988年 83-2杂交组合通过黑龙江省农作物品种审定委员会审定(定名东农704)

图 22-9 东农 704 选育程序

三、雄性不育系的选育与应用

早在 20 世纪 50 年代，保加利亚就开展了番茄雄性不育材料的选育。目前利用最成功的不育基因有 *PS*-2（*positional sterile*-2）和 *MS*-10（*male sterile*-10）。

（一）雄性不育的类型

据 TGRC 网站 2007 统计，目前已发现控制雄性核不育 *ms* 的位点有 45 个，其中两个为显性突变。此外，至少还有 4 个功能性雄性不育的位点，*cl*（*cleistogamous*）、*cl*-2、*ps* 和 *ps*-2；6 个导致雄蕊退化的位点，*bn*（*blunt*）、*pi*（*pistillate*）、*pi*-2、*sl*（*stamenless*）、*sl*-2 以及 *vg*（*vegetative*）。

综合国内外的研究，根据突变位点及其表现，可将雄性不育分为 4 个类型，即雄蕊退化（无雄蕊）、功能不育、花粉败育和位置不育 4 种类型（图 22-10）。

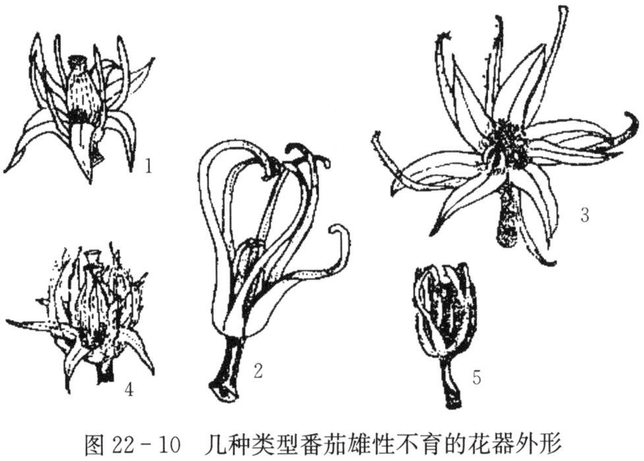

图 22-10 几种类型番茄雄性不育的花器外形

1. 正常花 2. 无雄蕊型 3. 雄蕊退化型 4. 部位不育型（长花柱） 5. 功能不育型

（《中国番茄》，2007）

1. 雄蕊退化型

（1）雄蕊退化型（无雄蕊）　也称雄蕊残迹型雄性不育或 *bn* 型雄性不育。如北京早红发现雄性不育是无雄蕊，由 *bn* 不育基因控制，表现为花瓣畸变，萼片与花瓣呈绿色，花萼色深、萼片细长、顶端内卷，花瓣浅绿比萼片短，雄蕊严重退化成为丝状的残迹呈绿色自下而上贴附于雌蕊上，仅在柱头外分开；雌蕊变形，花柱短而粗，形如蒜头状（图 22-11、图 22-12）。

图 22-11　退化雄蕊与雄蕊愈合
（《中国番茄》，2007）

（2）花药畸形型　也称 S 型或 St 型雄性不育。如斯蒂芬（Stevens）转育的同雄 3、同雄 27、同雄 39、同雄 43 等，由 *sl* 不育基因所控制，表现为花萼在蕾期和花期比正常类型的长，花瓣颜色较淡，花药退化扭曲成鸡爪形、色淡，散乱于花柱周围；雌蕊柱头较粗，花柱有的扭曲、多棱，退化雄蕊也与子房愈合呈蒜头状（图 22-13）。

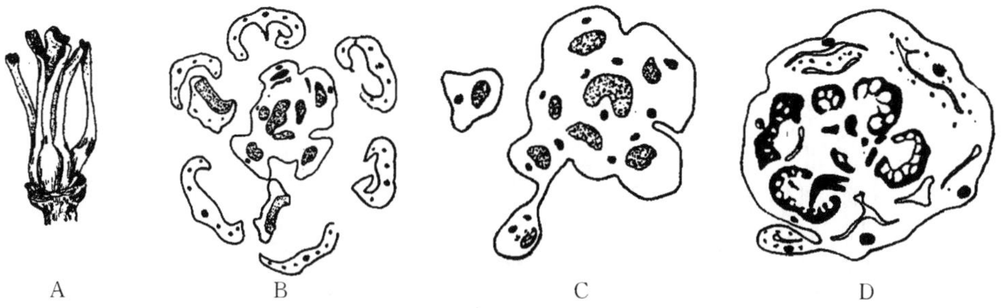

图 22-12　雄蕊退化型
A. 雄蕊与子房愈合情况　B. 柱头部位的横切面　C. 花柱部位横切面　D. 子房部位横切面
（《中国番茄》，2007）

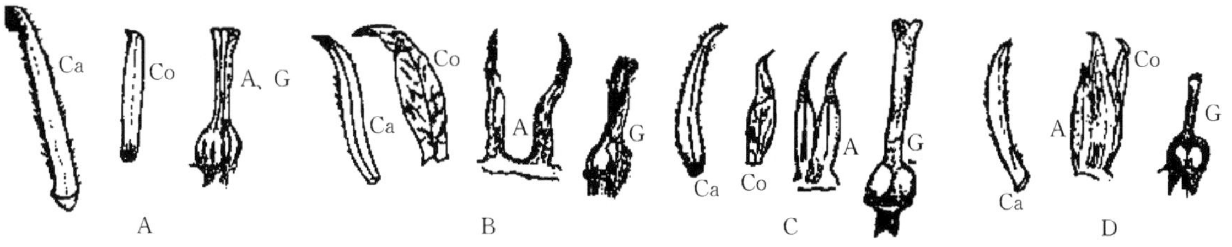

图 22-13　花器的各部形态
A. 无雄蕊（北早 ms）　B. 雄蕊退化型（同雄 3 号）　C. 部位不育型（5 号长柱头）　D. 功能不育型（赞贝尔型）
（图中 Ca：花萼；Co：花冠；A：雄蕊；G：雌蕊）
（《中国番茄》，2007）

2. 功能不育类型　最典型的代表是赞贝尔（John Baer）型，亦称 J 型或闭合型雄性不育（图 22-14）。1945 年，Roever 在赞贝尔中发现了一个不育类型，其花冠长度的 2/3～4/5 与筒状雄蕊连在一起，花药中的花粉虽发育正常，但因花药不开裂而不能自花授粉。另外，由于雌蕊柱头很短，异花授粉也很困难。人工自交可以结实，并可以保持其不育性。据研究其不育性是由 *ps* 基因所控制。

赞贝尔型功能雄性不育突变型表现植株生长繁茂，花冠封闭，花瓣皱缩连成一圆锥体，紧密包围雄蕊，花不开放，花药表皮细胞有黏韧性，因而花药不能自然开裂散粉，故极少结实，但花药内仍然有少量可育花粉，若人工取出进行辅助授粉，可以正常结实。

李君明等（2002）对从保加利亚引入的含有 *ps*-*2* 位点的番茄功能型雄性不育系（CM C_1ps2 和 222）进行了观察，指出 CM C_1ps2 和 222 植株花蕾发育、开花习性、雄蕊外观等均表现正常，CM

C_1ps2 和 222 的花柱极短，其长度仅为雄蕊的 1/3～2/3，开花后雄蕊花药不开裂，内有大量花粉，且花粉发育正常，具有较好的生活力。所以应属于花药不开裂型。Atanassova 等已将 *ps-2* 定位于第 4 条染色体，该位点与以前报道的 *ps* 位点明显不同。*ps-2* 基因已经被图位克隆，它编码一个多聚半乳糖醛酸酶（Gorguet et al.，2009）。

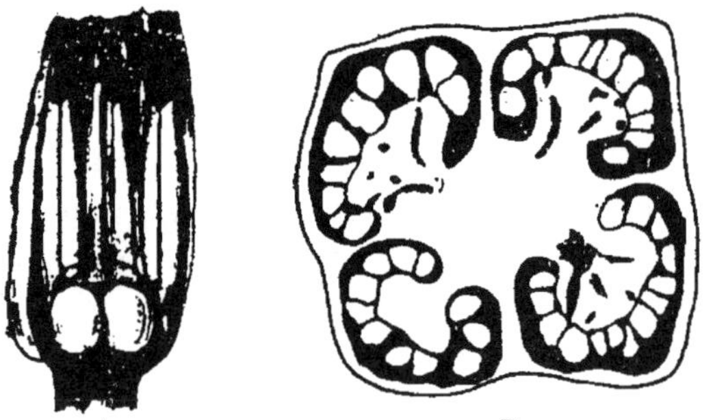

A B

图 22-14 功能不育型（赞贝尔）
A. 雄蕊与雌蕊外形 B. 子房横切面
（《中国番茄》，2007）

3. 位置不育型 亦称 L 型雄性不育，主要指长花柱而言，如北京市农业科学院从大型福寿中选出的长花柱，山西农业大学选出的玛长柱，东北农业大学从秀光番茄中选出长花柱等，哈尔滨师范大学选出的奥长柱、加里姆长柱等，其花器正常，只是花柱长度超出药筒，雄蕊发育正常，有的数目多于 6 枚，有的花柱柱头较粗，一般果实发育正常，此不育受 *Lst* 基因控制，故称 L 型败育（图 22-15）。

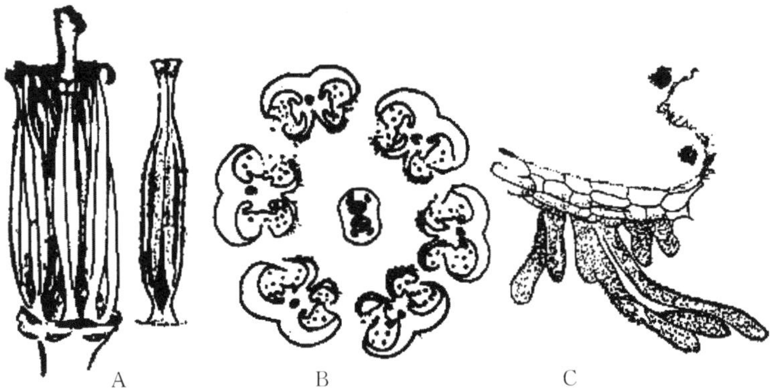

A B C

图 22-15 长花柱类型
A. 雄蕊与雌蕊（右：示 1 枚雄蕊） B. 花柱与花药横切示意 C. 花药药室的局部结构
（《中国番茄》，2007）

4. 花粉败育型 包括无花粉及花粉皱缩败育等类型。Rick（1956、1960、1962）指出，许多隐性基因雄性不育突变体，都不能产生能育的花粉。此种不育型在自然突变中常有发生。

西北农业大学（1965）曾在番茄生产田中发现不育株，其外部特征：在自然情况下，全株只开花不结实，生长旺盛，尤其是花序、花萼特别粗大，花药外观一般正常或较小，药囊空瘪无花粉或虽有少数花粉但镜检发现花粉畸形，无生活力。

青岛市农业科学研究所于 1972 年从早粉 2 号中发现花粉败育株，从中选出 72-1 少粉型不育系。

（二）雄性不育系的选育及利用

1. 核不育两用系的选育及利用

（1）原始不育材料的获得 番茄雄性不育植株的来源主要有下面几个方面：

① 自然突变。Crane 1915 年最早发现番茄雄性不育时，曾指出，自然界存在雄性不育株，它们是由突变而来的。番茄产生雄性不育性的自然突变频率约为 0.02%，故可通过田间选择鉴定，从大量植株中获得个别雄性不育株作为进一步选育的原始材料。

② 人工诱变。人工诱变的主要途径有：物理诱变，即利用 X 射线、γ 射线、快中子、紫外线、激光、微波、离子束等处理番茄种子或植株，获得突变体库，挑选雄性不育株。化学诱变：目前主要

利用烷化剂甲基磺酸乙酯（EMS）处理番茄种子，获得突变体库，挑选雄性不育株；生物诱变：借助遗传转化，获得 Ac/Ds、T-DNA 和 Enhancer-trap 等突变体库，挑选雄性不育株。

③ 远缘杂交。

④ 基因工程。随着植物花粉花药发育的分子生物学及雄性不育机理的深入研究，也可以利用基因工程定向地对某一个基因进行遗传修饰，创造雄性不育系。目前育种中最好是直接引入雄性不育品种，将雄性不育性转育到具有良好组合力的当地品种上，再与其他品种进行杂交。

(2) *番茄雄性不育株（系）的鉴别和保存* 在生产田中经常出现不育株，其特点为植株粗壮，色深绿，不结果或结果甚少，观察其花器，花梗与花萼特别肥大，而其他花器较小，颜色淡，花药苍白瘦小或皱缩，即可确定为不育株。将其花粉镜检，无花粉者即属花粉不育，对有花粉者可进行花粉形态和生活力的鉴定。正常花粉的形态，大小整齐一致（番茄干燥花粉为椭圆形）；不育花粉的形态不规则，大小不一致，且花粉数量显著减少（图 22-16）。

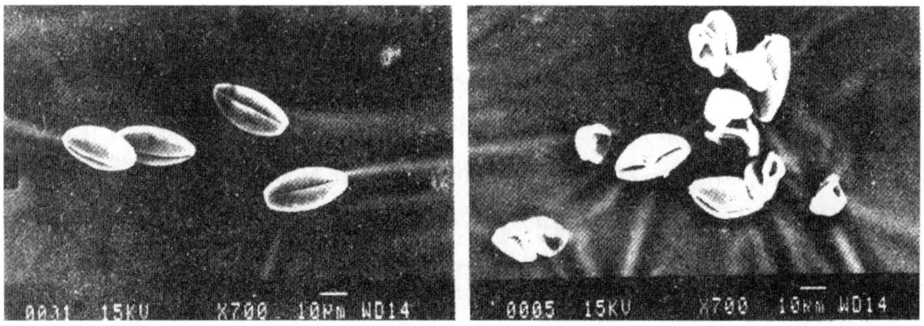

图 22-16 可育与不育花粉在电子显微镜下的形态

1. 正常花粉 2. 半不孕花粉

（《中国番茄育种学》，2011）

无雄蕊型雄性不育系，保存比较困难和复杂，需选用一个与此不育系容易杂交的品系与之杂交，得到 F_1 后使之自交，在 F_2 代中可分离出 1/4 的不育株。还可以采用插枝的方法。

花药退化型雄性不育系，此类型雄性不育系，其花药内有少量不育花粉，可选取有花粉的花药，用镊子将药囊拨开取出花粉，人工授在雌蕊柱头上，即可把不育性保持下来。

功能不育型不育系，此类型雄性不育系，主要是由于花冠不张开、药囊闭合、花粉散不出来而不能自花传粉，可用人力将花瓣拨开，取出花药将其拨开，即可得到花粉经人工授在柱头上，将不育性保持下来。

花粉不育型雄性不育，如属花粉全败育型，可以采取与另外品系杂交然后自交分离的方法或无性繁殖法加以保持；如是少粉型因有少量可育花粉，可以人工拨离花药取粉人工自交予以保持。

位置不育型雄性不育，可采取同株异花或异株人工授粉的方法予以保持。

(3) *核不育两用系的选育* 由于番茄雄性不育是核基因不育，只能利用两用系。两用系选育方法如下：株选，应在花期根据花器不育形态（花药黄褐色或灰白色、干瘪、扁平呈报针状）谨慎株选。同时对入选株花器进行镜检，选留无花粉或花粉变形的不育株。获选的不育株和某些品种杂交（同系品种中的可育株，或者其他优良品种可育株做父本）。如果杂交后代（F_1）均为可育株，则自交保存种子。F_2 代群体育性将发生分离，从中挑选可育株，按单株取花粉，分别与不育株进行杂交，保存种子。下一代中，将出现可育植株与不育株分离比例接近 1∶1 的组合，该组合中可育株的育性基因均呈杂合状态。从该组合中挑选不育株与可育株进行测交，如此连续测交 4～5 代，若测交子代可育株和不育株分离比例仍接近于 1∶1，则可将同系内的姊妹株隔离繁殖。这种稳定株系身兼两用，一是不育株可用做不育系，可育株兼做保持系，称之为两用系，其选育过程见图 22-17。

利用两用系制种时，按照一定的行比（3∶1 或 4∶1）栽植两用系和父本系。但两用系的株距应缩小使栽植的株数约增加1倍，在初花期拔除两用系中的可育株，利用剩下的不育株进行杂交制种，收获的种子就是一代杂交种。在制种区同时繁殖父本系，另外设立两用系繁殖区。最好同时选育与雄性不育基因紧密连锁或一因多效的苗期标记性状，这样在苗期就可区分可育株和不育株，更有利于两用系的利用。

原始不育株♀×同系(或者其他)品种可育株♂
(*msms*)　(*MsMs*)
↓
F_1可育
(*Msms*)
↓⊗
F_2 (*MsMs* *Msms* ： *msms*)
可育　可育　不育
3　：　1
msms×*Msms*
不育　可育
↓
Msms ： *msms*
可育：不育=1：1

图22-17　核不育两用系的选育
（《中国番茄育种学》，2011）

2. 温敏型雄性不育系选育及利用　某些番茄雄性不育系的育性对温度比较敏感。例如，vms（variable male-sterile）在高温下，花冠变小、花药发育不正常，表现为雄性不育。而在正常温度下，表现为可育。sl-2在低温条件下可以产生一些可育的花粉（Susan et al.，1997）。从日本引进的温敏型核雄性不育系番茄T4在28 ℃/18 ℃（昼/夜）处理下，其花粉发芽率、自交结实率、果实种子数与对照（育性正常番茄First）没有显著差异。但是分别在28 ℃/24 ℃和28 ℃/12 ℃处理下，T4花粉发芽率、自交结实率和果实种子数急剧下降，与对照（育性正常番茄First）的差异均达到极显著水平，表现为不育（王先裕等，2011）。番茄花器官中花柱长度超过药筒的长花柱类型不育系，其雄蕊中花粉发育正常，但因柱头高、雄蕊低，而不能自花授粉，为功能不育的一种表现。然而长花柱类型受温度影响较大，属于温敏型不育，即高温时，柱头伸长，低温时柱头长度变短，故应测定温度阈值范围。利用两系法生产杂交种，在低温下保存，在高温下杂交制种。东北农业大学番茄组选育出的雄性不育系T431，就是此种类型的不育系。

3. 光敏型雄性不育系选育及利用　Sawhney（1997）报道了一个番茄光周期敏感型细胞核雄性不育突变体7B-1。在长日照条件下，7B-1的雄蕊瘦小干瘪，花粉没有活力，从而导致不育；而在短日照条件下，7B-1的花是可育的，能够产生正常的雄蕊和花粉。这样，含有该突变位点的同一份番茄材料在长日照条件下可作为不育系，在短日照则作为保持系。因此，7B-1成为了番茄杂种优势育种中极有吸引力的种质资源（Sawhney，2004）。

4. 新型不育系PSL类型选育及利用　理想不育系，可通过花药闭合型（J型）或Ps型（John Baer）与长花柱型（L型）杂交，这样既能克服长花柱自然散粉的缺点，又能弥补短花柱的不足，花粉充足，便于大量繁殖。东北农业大学初步选出赞贝尔型加上长花柱类型即PSL型新型不育系。

（三）雄性不育的转育

5种不同的雄性不育系均具有一定的利用价值，但也各有不同缺欠。如无雄蕊型可完全避免自交，但结实率较低，果实畸形，果实内种子含量少，而且后代常有分离的缺点。雄蕊退化型（St型）因花药内含少量正常花粉，故有一定的自交的可能性，影响F_1的纯度，大量繁殖时有困难。J型不育系（赞贝尔型功能不育）由于花药开裂受到限制，虽然可避免自交，但因花柱低于药筒，人工授粉有困难。少粉型因部分花粉有生命力，影响F_1纯度。L型（长花柱型）虽然授粉方便，但不育性不够稳定，易受环境影响，同时易与邻株、邻花之间的传粉，产生一定的天然杂交。因此，各不育类型直接用于生产尚不够完善，需做相应的改进。中国有的单位在开展J型功能不育与长花柱类型不育系的杂交改造工作，以便使两者的优点结合起来。

几种不育系除具有上述缺欠外，还较普遍地存在配合力低，个别存在熟期较晚，果形、果色、果重、果面不符合要求等缺欠，有些不育系直接用于制种还不合适。因此，必须把有关的不育系转育到配合力高和产量构成性状较好，以及具有早期标记性状的较好的品系上去，才能加以利用。

转育雄性不育系最常用的方法可用饱和杂交法（重复回交），即自交一代紧接着回交一代的方法，每回交一代所增加父本性状百分率可用公式（$2^r-1/2^r$）^{n} 计算出来。式中 n 为异质基因对数，r 为回交代数。

利用雄性不育系做母本，与配合力优良的可育性品种（做回交父本）杂交，F_1 都是可育的，F_2 约分离出 3/4 可育株和 1/4 不育株。这时，已具有 50%的父本性状。如此交替回交与自交，每回交一代，父本性状增加一半，每自交一代可以分离约 25%的雄性不育株。经过 4 代左右的回交和反复选择，就可把回交品种转育成新的雄性不育系，而又基本上保持父本性状。以后每年用同样的方法保持和繁殖雄性不育系。

每回交一代必须接着自交一代，才能分离出雄性不育株，这样便使育种过程延长 1 倍。Rick 提出一个比较简便的方法来转移雄性不育系，即先连续进行回交，至回交第 4 代时，再自交 1～2 代，将具有隐性不育基因的植株分离出来。此法的优点是可以节省几年自交的时间，而缺点是每代需要种植大量植株才能保证在每个回交世代中使杂合不育基因不丢失。总之，其特点是需要时间较少，而占用空间较大。通常育种工作应以缩短时间为主，故此法仍有利用价值。

关于雄性不育的转育，选择转育的亲本材料十分重要，番茄雄性不育系大多在产量和品质方面具有某些缺欠，如坐果率低、种子少、果形不整、果实疤痕大等，因此所用的转育材料应尽量避免这些缺欠，否则父母本双方的不利特性加以重合，将会导致转育后的材料失去生产上的使用价值。

第七节　生物技术育种

一、细胞工程育种

细胞工程应用于番茄育种的目的在于创造新的育种材料和加速育种进程，主要应用于：育种材料的加代；克服远缘杂交不育；花粉和小孢子培养创造 DH 群体；原生质体融合创造新的育种材料等。

（一）胚培养

胚培养技术包括幼胚、胚珠、子房、胚乳、成熟胚、试管受精等。在番茄育种中主要应用成熟胚培养技术。影响胚培养的因子很多，主要包括外植体、基因型、胚发育阶段、生长调节物质、光强、光周期、温度及内源因子等，其中最重要的是胚发育阶段（Geboloe et al.，2011）。适于培养的种胚，呈半透明乳白色，有油亮光泽。凡分化发育中途停止或胚中心组织呈褐色的胚均不适合培养（余诞年等，1999）。其次是培养基的选择，一般选择 MS 培养基或 MS 培养基加一定浓度的生长素和赤霉素。但是幼胚培养的培养基较复杂，因为幼胚是异养型，处于这一时期的幼小胚完全依赖和吸收周围组织的有机营养物质，而成熟胚则为自养型，这一时期胚能吸收培养基中的无机盐和糖，经过自身代谢作用合成所必需的物质。所以，在进行胚培养时，幼胚比成熟胚培养要求的培养基成分复杂。胚培养温度为 25～27 ℃，光周期为 12～16 h，一般 4～5 周后可发育成完整植株（余诞年等，1999；Bhattarai et al.，2009）。

胚培养技术可克服番茄远缘杂交不育的困难，从而扩大变异范围。利用野生番茄中优良的抗病、抗虫、耐寒、耐热、高产、高品质等质量性状基因和数量性状 QTL 是现代番茄育种的一个重要趋势，但是野生番茄与普通番茄杂交时存在杂种不育和不稔等问题，如普通番茄（*S. lycopersicum*）与秘鲁番茄（*S. peruvianum*）、多毛番茄（*S. habrochaites*）、类番茄茄（*S. lycopersicoides*）杂交时亲和性较差，不结籽，其 F_1 代、BC_1 代均存在不育和不稔现象。这主要是因为在胚发育的早期（球形胚），胚乳退化，胚因缺乏营养而衰退死亡，无法获得发育健全的种子。胚乳退化的机理至今仍不清楚，但是通过幼胚离体培养可有效地解决该问题。1944 年，Smith 最早通过胚培养将来自秘鲁番茄的抗根结线虫基因 *Mi* 导入到栽培番茄中（Smith，1944；Cap et al.，1991）。Segeren 等（1993）同样利用幼胚培养将秘鲁番茄中的抗斑萎病基因成功转移到栽培番茄中，并对 F_1 代进行了形态学观察和同工酶分析。Doganlar 等（1997）利用胚珠培养获得了栽培番茄×秘鲁番茄（分别含有抗根结线虫基因 *Mi-2* 和 *Mi-3*）的杂交后代。此外，利用胚培养还获得了栽培番茄×类番茄茄、栽培番茄×多毛番茄的远缘杂种。Rick（1951）利用胚培养首次获得了栽培番茄与茄属近缘种类番茄茄的杂交后代，形态学观察发现 F_1 代植株偏向类番茄茄。刘守伟等（2005）通过对类番茄茄与栽培番茄杂交后的杂种胚发育过程进行细胞学观察发现，授粉后 20 d，幼胚处于球形胚阶段，但随后胚乳开始衰退，到授粉后 27 d，杂种胚已经退化，而到授粉后 34 d，全部胚囊退化成空腔，因此杂交果中收获的“种子”只是空瘪的种皮。李君明等（2005）利用胚挽救获得了抗晚疫病材料多毛番茄 LA1777、LA2099 和 LA1033 与普通番茄杂交的 F_1 代植株。由此可见，胚培养成为了将野生种的优异基因转移到栽培种中的一个重要途径。

此外，胚培养技术还适用于对不需要观察果实等农艺性状的材料进行加代，例如重组自交系（RIL）、近等基因系（NIL）、渐渗系（IL）等材料的构建以及转育某一优良性状（如抗病、抗虫、抗逆等）到自交系或骨干亲本中（徐鹤林等，2007）。通过传统栽培方法，一份番茄材料一年内最多可繁殖 3 代，而利用成熟胚培养技术，一年内能够繁殖 5 代，结合分子标记辅助选择（MAS），可极大地提高育种效率，缩短育种周期。一些国外育种公司开始运用这种方法进行优良性状的转育和自交系的创制。Bhattarai 等（2009）研究发现，授粉后 10 d 的番茄幼胚即可培养成完整植株，可再生率为 30%，虽然植株的生长势较弱，但是不影响植株的育性。最新研究发现，授粉后 28～32 d，胚的萌发率可以达到 100%，其萌发率不受基因型和生长调节物质的影响（Geboloe et al.，2011）。

（二）原生质体融合

番茄的原生质体融合研究较早，Melchers（1978）获得番茄与马铃薯的体细胞杂种，其外形倾向于番茄植株，花和叶具有杂种特点，而且具有较小的畸形果实，但是果实无种子，根部也未形成薯块。之后众多的研究者进行了广泛地研究，并获得了普通番茄与马铃薯、龙葵、茄子、烟草、类番茄茄、秘鲁番茄、潘那利番茄等的体细胞杂种植株。

Hendley（1986）、Guri（1991）、Hossain（1994）、Matsumoto（1997）等通过化学诱导融合与电场诱导融合方法获得了普通番茄与类番茄茄的体细胞杂种，产生的 4 倍体和 6 倍体体细胞杂种花粉育性达 42%～48%，自交、株间杂交以及与番茄回交均能得到有活力的种子。尽管这些尚处于研究阶段，但研究结果对于拓宽番茄的变异范围，对于未来番茄的抗病、抗虫、耐盐、耐寒、耐旱和番茄的品质育种均有重要意义。

Ain 和 Shahin（1988）利用原生质体融合方法将龙葵（*Solanum nigrum*）中的抗杂草性状阿特拉津（Atrazine）成功地转移到栽培番茄 VF36 中。Andersen（1963）报道，将普通番茄的细胞质导入到潘那利番茄从而建立了 cms 系统。Hassanpour-Estahbanati（1985）获得普通番茄与烟草、秘鲁番茄与碧冬茄（*Petunia hybrida* Vilm)、普通番茄与潘那利番茄的胞质杂种，并初步获得了 cms 系统。

（三）花粉和小孢子培养

番茄的单倍体培养始于 1971 年，Sharp 得到了栽培番茄的愈伤组织。Gresshoff 和 Doy（1972）诱导番茄花药的愈伤组织获得了花粉植株，同年 Sharp 创造了番茄花粉的培养技术。Debergh 和 Nitsch（1973）培养离体花粉粒，追踪不定胚生长到子叶胚阶段。Devreux 等（1976）获得了秘鲁番茄的花药愈伤组织，但仅仅是从母体组织中再生出二倍体、四倍体的植株。Cappadocia 等（1978）从秘鲁番茄的杂种花药中观察到球状胚。同年 Debergh 等用栽培番茄和小花番茄重复了上述试验并获得了成功。

Gulshan 等（1981）成功地从单核早期小孢子花药中诱导出愈伤组织。Krueget-Lebus 等（1983）培养番茄品种 Nadja 和 Piccolo 的小孢子，得到了球形胚。Shamina 和 Yadav（1986）培养离体的单核小孢子得到愈伤和有柄或无炳的胚状体。Khoang 等（1986）从番茄品种 Roma 的花药中再生出单倍体植株，同时还得到二倍体和混倍体的植株。Evans 和 Morrison（1989）也报道利用番茄花药培养产生了单倍体植株。

自 1975 年以来，中国一些研究单位陆续开展了这方面的工作。高秀云等（1979、1980）成功地进行了番茄花粉培养，经愈伤组织途径获得了植株，经根尖染色体鉴定，发现有单倍体植株。袁亦楠（1999）以栽培番茄和野生番茄为材料，培养小孢子至球形胚和类心形胚阶段。

目前尚没有一种标准的培养基适于番茄的单倍体培养，文献中记载的主要有以下几种：①MS 培养基；②改良 White；③DBMⅠ、DBMⅡ、DBMⅢ；④MS 的大量元素及铁盐＋H 培养基的微量元素。在配制培养基时要针对于不同的基因型进行蔗糖浓度和植物生长调节剂的调整。Sharp 等（1971）的研究表明，蔗糖浓度在 1%～2%时，细胞分裂数最多，而将细胞从高浓度培养基转到低浓度培养基上时，没有根生成。激素在培养中占有极为重要的地位。Izvorska 等（1984）的结果表明，向培养基中加激动素会促进从未开放花中分离的花药生长。Rogozinska 等（1974）、Krzyska 等（1975）的结果显示，细胞分裂素对愈伤组织的生长是绝对必需的。植物激素的浓度因不同的培养基而发生变化。Gressoff 等的结果显示，在 DBMⅡ＋NAA 0.1 mg/L 和 DBMⅡ＋NAA 0.1 mg/L＋Kt 2 mg/L 这两种培养基上，都可以诱导愈伤组织分化成苗。Gulshan 和 Sharma（1981）提出NAA＋Kt 对启动单倍体愈伤组织培养体可能是关键，但是没有找出能产生单倍体芽的组合。卫志明等提出，把 NAA 或 IA 与 6－BA 或 Kt 配合使用，可以诱导愈伤组织分化成苗。王纪方、高秀云等在 MS＋Kt 1～2 mg/L＋NAA 0.5 mg/L＋3%蔗糖培养基上诱导出愈伤组织，在随后的分化培养中，他们发现在分化培养基上诱导出小植株后，要及时转入 MS 或 MH 培养基中，才能保证小植株的健壮成长。

进行花药培养的最佳取材时期为：花药长 3～7 mm，处于单核时期的小孢子为最佳时期。单核期以后的花粉粒不能产生单倍体愈伤组织和幼小植株。进行小孢子培养的最佳时期为花蕾长 4.6～5.2 mm，处于单核末期至双核早期的花蕾为最佳时期。

培养材料常用的消毒方法是：取出花蕾将其放入 70%酒精浸泡 10～20s，然后用 0.25%～7%的次氯酸钙处理 5～7 min，最后用无菌水淋洗 3 次，剥离出花药。卫志明等提出，先用 0.01%的吐温浸泡花蕾 5 min，经水冲洗后浸于 70%酒精中 15s，然后转入有效氯 3%的漂白粉溶液灭菌 10 min，无菌水淋洗后接种。王纪方等认为酒精处理会使花药变黑，对培养不利。建议只使用饱和漂白粉上清液浸泡 18 min，再用无菌水冲洗。

番茄花药通常置于 2 000～20 000 lx 的人工光照，光照时间为 12 h 或 16 h，室温 25 ℃左右，相对湿度 70%的条件下培养。番茄花粉在离体条件下发育成小植株的途径是先诱导形成愈伤组织，然后将愈伤组织转移到合适的生长素和激动素比例的新培养基上形成小植株。在愈伤组织阶段，细胞的混倍现象很普遍，经愈伤组织阶段形成的小植株既可能是单倍体，也可能是二倍体甚至是三倍体或多倍体，这大大降低了单倍体植株产生的频率。在其他作物的花药培养中还有通过类胚体发育成小植株的途径，该途径类似于正常情况下合子胚的发育，但在番茄上还没有经过此阶段获得小植株的实例。

番茄的小孢子培养尚没有单倍体植株诱导成功的先例，但有以下经验值得借鉴：①供体植株的生长环境。Debergh（1976）的结果表明，将栽培番茄和细叶番茄的生长温度控制在 22 ℃（白天）/20 ℃（夜间），能将小孢子培养至子叶胚阶段。②小孢子发育所处的时期。一般认为小孢子处于单核末期到双核早期是有效的。③供体植株基因型。Krueger-Lebus（1983）培养栽培番茄的小孢子，发现有的品种没有球状胚出现。袁亦楠（1999）对夏露地番茄的小孢子进行培养，只有薯叶番茄有反应。④培养基及激素。Sharp（1971）用改良的 White 培养基悬浮小孢子，然后在改良的 MS 培养基上培养得到了分裂旺盛的细胞系。Debergh（1973）等采用 Halperin 的大量元素及铁盐、Nitsch 的微量元素及维生素，加入蔗糖（2%）、IAA（0.1 mg/L）和南洋金花胚发生时花药的提取物，得到有子叶和根的幼苗。在他们的实验中发现，在补加 NAA 和 L－谷氨酰胺的培养基中，10 d 后 18%的花粉出现两个以上的核。

总之，由于番茄单倍体培养的技术难度大，目前国内外少有研究者继续深入研究，结果致使番茄单倍体培养几乎处于停滞状态，小孢子培养也就成为了世界性的难题。今后，应该对取材时期、激活处理方法、培养基成分、生长环境下小孢子发育的生理机制等方面进行更加深入的研究。

二、分子标记辅助育种

分子标记辅助选择技术广泛用于番茄育种上，其优点是避免环境的干扰，而且选择效率大幅度提高。分子标记不仅用于单个基因或性状的转育，还可加速多个目标基因的聚合。在外源野生资源开发利用中，分子标记可以加快不良性状的连锁打断和剔除。建立分子连锁图是开发分子标记的基础，尤其对于开发数量性状的分子标记，高密度图谱的创建是重要的前提。

（一）基因组学与分子遗传图谱

2012年国际番茄基因组协作联盟（The Tomato Genome Consortium）采用“BAC TO BAC”和“全基因组鸟枪法”相结合的测序策略，历经8年多的艰苦努力，终于获得了高质量的番茄基因组序列。在解码的番茄基因组中共鉴定出34 727个基因，其中97.4%（33 840个）的基因已经精确定位到染色体上。进化分析表明，番茄基因组经历的两次三倍化使基因家族产生了特异控制果实发育及营养品质的新成员。协作组同时绘制了栽培番茄祖先种野生醋栗番茄基因组的框架图，两个基因组仅有0.6%的区别。比较分析发现了番茄果实进化的基因组学基础：经过人工驯化和育种选择，栽培番茄比野生番茄果实更大，品质更好，番茄红素、β-胡萝卜素和维生素C等生物活性物质含量明显提高。中国科学院遗传与生物发育学研究所、中国农业科学院蔬菜花卉研究所等10多个单位参加了该项研究工作。2014年，由中国农业科学院蔬菜花卉研究所、华中农业大学、东北农业大学等单位主导完成了360份番茄种质的重测序，获得1 160多万个单核苷酸多态性位点（SNPs）和130多万个插入和缺失（InDels），构建了一个高密度的番茄变异组图谱，为番茄的生物学研究和遗传改良提供了丰富的基因组数据，番茄基因组学研究正在日益深入。

番茄是最早建立分子遗传图谱的植物。到目前为止番茄的分子图谱已经很多了，其中一些可以在网上查阅到。因为栽培番茄种内遗传多样性较低，所以几乎所有的遗传图谱都是利用野生番茄构建的。高密度的分子遗传图谱为开发用于育种选择的分子标记和定位克隆目的基因提供了有力的工具（表22-7）。

表22-7 构建的部分番茄遗传图谱

（J. A. Labate et al.，2007）

连锁作图群体	群体类型[a]	群体大小	标记数目	标记类型	在线[b]	参考文献
S. lycopersicum × *S. cheesmaniae*						
1. UC204B×LA483	F_2	350	71	RFLP		Paterson et al.，1991
S. lycopersicum × *S. chmielewskii*						
2. UC82B×LA1028	BC_1	237	70	RFLP、Isozyme		Paterson et al.，1988
S. lycopersicum × *S. habrochaites*						
3. E6203×LA1777	BC_1	149	135	RFLP	SGN	Bernacchi 和 Tanksley，1997

（续）

连锁作图群体	群体类型[a]	群体大小	标记数目	标记类型	在线[b]	参考文献
4. NC84173×PI126445	BC_1	145	171	RFLP、RGA		Zhang et al.，2002
S. lycopersicum×*S. lycopersicoides*						
5. VF36×LA2951	BC_1	149	93	Isozyme、Morph、RFLP	NCBI	Chetelat 和 Meglic，2000；Chetelat et al.，2000
S. lycopersicum×*S. lycopersicum* var. *cerasiforme*						
6. Cervil×Levovil	F_7 RIL	153	377	RFLP、RAPD、AFLP、Morph		Saliba-Colombani et al.，2000
S. lycopersicum×*S. neorickii*						
7. E6203×LA2133	BC_2	170	133	RFLP		Fulton et al.，2000
S. lycopersicum×*S. pennellii*						
8. VF36×LA716	F_2	46	84	RFLP	NCBI	Bernatzky 和 Tanksley，1986
	F_2	67	1 030	Isozyme、Morph、RFLP	SGN、NCBI	Tanksley et al.，1992
		42	368	RFLP、SSR		Broun 和 Tanksley，1996
		67	1 050	RFLP、EST		Pillen et al.，1996b
		42	909	AFLP		Haanstra et al.，1999
		67	19	SSR		Areshchenkova 和 Ganal，1999
		67	20	SSR		Areshchenkova 和 Ganal，2002
9. M82×LA716	IL	50	375	RFLP	SGN	Eshed 和 Zamir，1995
		52	140	T-DNA		Gidoni et al.，2003
		50	20	CAPS		Yang et al.，2004
10. LA925×LA716	F_2	80	2 222	RFLP、CAPS、SSR、SNP、COS	SGN、NCBI	Fulton et al.，2002b
		83	1 579	CAPS、SSR		Frary et al.，2005
11. Allround×LA716	F_2	84	77	RFLP、SSR		Arens et al.，1995
		80	707	RFLP、AFLP		Haanstra et al.，1999
		84	38	RFLP、SSR		Bai et al.，2004a

（续）

连锁作图群体	群体类型[a]	群体大小	标记数目	标记类型	在线[b]	参考文献
S. lycopersicum × *S. peruvianum*						
12. E6203×LA1706	BC_3	241	177	RFLP		Fulton et al.，1997
13. Solentos×LA2157	F_2	314	5	RFLP、CAPS		Bonnema et al.，1997
S. lycopersicum × *S. pimpinellifolium*						
14. M82×LA1589	BC_1	257	120	RFLP、RAPD	SGN	Grandillo 和 Tanksley，1996a
15. NC84173×LA722	BC_1	119	151	RFLP		Chen 和 Foolad，1999
16. E6203×LA1589	BC_2F_6、IBL	196	127	RFLP	SGN	Doganlar et al.，2002c
17. Sun1642×LA1589	F_2	46	101	RFLP、CAPS	TMRD	Yang et al.，2004
18. XF 98－7×LA 2184	F_2	142	112	SSR		Liu et al.，2005
19. Rio Grande LA 1589	F_2	94	87	SSR、CAPS、SNP		Gonzalo 和 van der Knaap，unpublished；see Sect. 1.4.4 和 Fig. 2
S. peruvianum × *S. peruvianum*						
20. LA2157×LA2172	BC_1	152	73	RFLP	NCBI	Van Ooijen et al.，1994
21. PI 128650 × PI 128657	BC_1	2，112	13	RFLP、RAPD		Pillen et al.，1996a

a. IL：introgression line；IBL inbred backcross line；RIL recombinant inbred line。

b. SGN http：//www.sgn.cornell.edu/cview；NCBI http：//www.ncbi.nlm.nih.gov/mapview；TMRD（Tomato Mapping Resources Database）http：//www.tomatomap.net。

（二）番茄主要性状的分子标记

番茄育种分子标记研究最多，常用的分子标记主要有 RFLP、RAPD、SSR、AFLP、ISSR、SCAR、CAPS、STS、SNP 等类型。Tanksley（1992）以普通番茄和潘娜利番茄杂交后代群体为基础开发了近 900 个 RFLP 标记，并建立了高密度番茄 RFLP 分子遗传图谱。至今仅康奈尔大学公布的茄果类蔬菜作物中的 RFLP 标记已达 2 330 个，SSR 标记已达 734 个，CAPS 标记有 84 个。中国开发的 SSR 标记 1 000 多个，STS 标记 100 多个，SRAP 标记 300 多个，CAPS 标记 300 个，InDel 标记 100 多个，AFLP、RAPD、SCAR 等标记 200 多个。

1. 抗病性状 目前应用最广的是抗病性状的分子标记。病害种类包括病毒病、细菌病害和真菌病害。东北农业大学（2006—2014）利用 RAPD、AFLP、SSR、SNP 等标记对番茄抗叶霉病 *Cf5*、*Cf6*、*Cf7*、*Cf9*、*Cf10*、*Cf11*、*Cf12*、*Cf16*、*Cf19* 基因，抗枯萎病的 *I-1*、*I-2* 基因，抗黄萎病的 *Ve* 基因，抗根结线虫的基因 *Mi* 基因，抗黄化曲叶病毒的 *Ty1*、*Ty2*、*Ty3*、*Ty5* 基因，抗晚疫病

的 *Ph*-2、*Ph*-3 等进行了分子标记，共获得 82 个标记。并且用这些标记筛选鉴定出优异抗病种质资源 100 多份。朱明涛等（2010）利用番茄抗病基因 $Tm-2^a$、*I*-2、*Mi*-1、*Cf9* 的分子标记辅助选择，聚合抗烟草花叶病、抗枯萎病、抗根结线虫病和抗叶霉病 4 个基因于番茄育种材料中。国外关于抗病分子标记文章最多，据 E. Sabatini 等（2003）报道，利用秘鲁番茄、多毛番茄、醋栗番茄、智利番茄、潘那利番茄等野生番茄及普通番茄为材料对番茄细菌病害溃疡病 *Rcm2.0*、*Rcm5.1*，斑点病 *Pto*，疮痂病 *Rx*-1、*Rx*-2、*Rx*-3、*Rx*-4、*Xv*-4、*Bs*-4，枯萎病 *Bwr*-3、*Bwr*-4、*Bwr*-6、*Bwr*-8、*Bwr*-12 等抗性基因；番茄病毒病害苜蓿花叶病毒的 *Am*，番茄黄花叶曲叶病毒的 *Ty*-1、*Ty*-2、*Ty*-3、*Ty*-3a、*Ty*-4，番茄烟草花叶病毒的 *Tm*、$Tm-2^a$，番茄斑萎病毒 *Sw*-*Ib*、*Sw*-*Ia*、*Sw*-2、*Sw*-3、*Sw*-4、*Sw*-5，烟草蚀纹病毒的 *Pot*-1 等抗性基因，以及番茄真菌病害番茄的茎溃疡病 *Asc*，根霉病 *Py*-1，茎腐病的 *Frl*，叶斑病 *Sm*，晚疫病的 *Ph*-1、*Ph*-2、*Ph*-3、*Ph*-4，枯萎病的 *I*-1、*I*-2，黄萎病的 *Ve1*、*Ve2*，叶霉病的 *Cf1*、*Cf4*、*Cf5*、*Cf9*，白粉病的 *Lv*、*Ol*-2、*Ol*-1、*Ol*-3、*Ol*-*qtl1*、*Ol*-*qtl2*、*Ol*-*qtl3*、*Ol*-4 及根结线虫病的 *Mi1*、*Mi3*、*Mi1*-2、*Mi9* 等抗性基因进行了分子标记。同时，Grandillo 等（2013）报道，对番茄病毒病害番茄斑驳病毒、黄化曲叶病毒和细菌病害番茄溃疡病、番茄疮痂病、青枯病以及真菌病害黑霉病、早疫病、灰霉病、晚疫病、白粉病等数量性状遗传病害进行了 QTL 定位，获得 105 个 QTL 位点。中国农业科学院蔬菜花卉研究所利用分子标记选育出具有 7 个抗病基因的多抗品系。

2. 抗虫性状　到目前为止发现的抗虫基因数量很少，另外抗虫性状的鉴定相比抗病性状要困难得多，所以关于抗虫性状的分子标记研究较少。Maliepaard 等用野生多毛番茄的一个亚种 *S. habrochaites* f. *glabratum* CGN. 1561 为抗性亲本，以烟粉虱的产卵量作为抗性指标鉴定出 2 个 QTL，分别位于 1 号染色体和 12 号染色体上，与分子标记 TG142 和分子标记 TG296 连锁。据 Grandillo 等（2013）报道，利用多毛番茄 LA407 和 PI134417 对抗虫 2-十三酮进行 QTL 定位，分别获得 5 个和 3 个 QTL；利用潘那利番茄 LA716 对抗虫酰基糖含量及成分进行 QTL 定位，获得 11 个 QTL。郭广君等（2013）分析来自多毛番茄 LA2329 的抗虫基因，发现了 2 个主效 QTL，分别位于 2 号染色体上标记 InDel_FT45 与 SSR57 之间以及 SSR57 和 InDel_FT49 之间，解释的表型变异率分别为 33.2%和 39.8%。

3. 抗逆性状　番茄抗逆研究中报道最多的是番茄的耐盐性，详见表 22-8。Foolad 在定位番茄耐盐 QTL 方面做了大量工作，挖掘醋栗番茄和潘那利番茄中的耐盐 QTL。Foolad（1999）构建了醋栗番茄 LA722 和栽培番茄 NC84173 的 BC_1S_1 群体，构建了含 151 个 RFLP 标记的连锁图谱，定位到 5 个生长期耐盐 QTL 分别位于 1 号、3 号、5 号、9 号染色体上。Frary（2010）通过比较潘那利渐渗系 IL 群体及其亲本在空白处理及 150 mmol/L NaCl 处理下植物长势、抗氧化物质、抗氧化剂酶活力，鉴定出 125 个与抗氧化物质变化相关的耐盐 QTL。

对番茄耐寒性的研究相对较少。用于耐寒 QTL 研究的目前仅为多毛番茄和醋栗番茄。Vallejos（1983）用栽培番茄 T3 和多毛番茄 LA1777 杂交得到的 BC_1 群体，利用 17 个同工酶标记鉴定了控制低温下番茄叶性间隔指数的 3 个 QTL，分别位于 6 号、7 号、12 号染色体上。Foolad（1998）利用醋栗番茄 LA722 和栽培番茄 NC84173 的 BC_1S_1 群体鉴定了番茄发芽期耐寒 QTL，得到 3 个 QTL。Truco（2000）利用栽培番茄 T5 与多毛番茄 LA1778 杂交得到的 BC_1 群体，对低温胁迫下控制嫩茎萎蔫的 QTL 做了研究，用 89 个 RFLP 标记检测到 10 个 QTL，位于 1、3、5、6、7、9、11、12 号染色体上。

番茄耐旱研究相对于耐冷、耐盐研究的更少。最早报道的是 Martin（1989）结合 RFLP 技术研究了番茄的水分利用效率，获得 3 个 QTL。Foolad（2003）测试了醋栗番茄和栽培番茄的 BC_1 群体在干旱条件下的萌发率，鉴定了 4 个耐旱 QTL，分布在 1 号、8 号、9 号、12 号染色体上。Xa（2008）利用潘那利番茄 LA716，采用 STS、CAPS、AFLP、SSR 技术，研究了在干旱条件下的番茄营养生长和水分利用效率，鉴定出 6 个 QTL，分布在 2、3、5、7、9、12 号染色体上。

表 22-8 番茄抗非生物逆境 QTL

(S. Grandillo et al., 2013)

抗性类别及其抗源	发育阶段或主要特异性状	作图群体	群体数量	标记类型	标记数量	性状或处理数目	QTL数目	染色体	参考文献
低温									
S. habrochaites 多毛番茄	VG	BC_1	na[d]	ISO	11	1	3	6、7、12	Vallejos 和 Tanksley，1983
S. pimpinellifolium LA722 醋栗番茄 LA722	SG	BC_1S_1	119	RFLP	151	1	3	1 (2个 QTL)、4	Foolad et al.，1998b
S. habrochaites LA1778 多毛番茄 LA1778	VG/SW，RAU	BC_1	196	RFLP	89	7	10	1、3、5、6 (3个 QTL)、7、9、11、12	Truco et al.，2000
干旱									
S. pennellii 潘那利番茄	VG/WUE	F_3，BC_1S_1	na	RFLP	17	1	3	Undetermined	Martin et al.，1989
S. pimpinellifolium LA722 醋栗番茄 LA722	SG	BC_1S_1	30	RFLP	119	1	4	1、8、9、12	Foolad et al.，2003a
S. pennellii LA716 潘那利番茄 LA716	VG/WUE	ILs，sub-ILs of IL5-4	50、43	STS、CAPS、AFLP、SSR	29	1	6	2、3、5、7、9、12	Xu et al.，2008
盐害									
S. pennellii LA716 潘那利番茄 LA716	VG/Na^+，Cl^-，K^+ accumulation	F_2	117	ISO	15	3	6	1、2、4、5、6、12	Zamir 和 Tal，1987
S. pennellii LA716 潘那利番茄 LA716	SG	F_2 (selective genotyping)[e]	2 500、1 700	ISO	16	2	5	1、3、7、8、12	Foolad 和 Jones，1993
S. pimpinellifolium L1 醋栗番茄 L1	RS/TW，FN，FW	F_2	206	ISO、RAPD、RFLP	2、2、10	3	6	1-4、10、12	Bretó et al.，1994
S. pimpinellifolium L1 醋栗番茄 L1	RS/TW，FN，FW	F_2	206	ISO、RFLP	2，14	3	12	1-4、10、12	Monforte et al.，1996
S. pimpinellifolium (L1 and L5) and *S. cheesmaniae* L2 醋栗番茄 (L1 和 L5) 和契斯曼尼番茄 L2	RS/TW，FN，FW，EA	three F_2	200、150、200	ISO、RFLP	3，19	4	31	1-5、7、9-12	Monforte et al.，1997a
S. pimpinellifolium (L1 and L5) and *S. cheesmaniae* L2 醋栗番茄 (L1 和 L5) 和契斯曼尼番茄 L2	RS/TW，FN，FW，EA	three F_2	200、150、200	ISO、RFLP	3、19	4/2	43	1-5、7、9-12	Monforte et al.，1997b

（续）

抗性类别及其抗源	发育阶段或主要特异性状	作图群体	群体数量	标记类型	标记数量	性状或处理数目	QTL数目	染色体	参考文献
S. pennellii LA716 潘那利番茄 LA716	SG	F_2（selective genotyping）	2 000	ISO、RFLP	16、68	1	8	1－3、7、8、9（2 个 QTL）、12	Foolad et al.，1997
S. pennellii LA716 潘那利番茄 LA716	SG	F_2（selective genotyping）	2 000	RAPD	53	1	8	1、3、5（2 个 QTL）、6、8、9、unknown	Foolad 和 Chen，1998
S. pimpinellifolium LA722 醋栗番茄 LA722	SG	BC_1S_1	119	RFLP	151	1	7	1（2 个 QTL）、2、5、7、9、12	Foolad et al.，1998a
S. cheesmaniae L2 契斯曼尼番茄 L2	VG&RS/TW，FN，FW，EA，PHT，ID	F_2 and subpopulations	400	ISO、RFLP	3、20	6	8	1、2、5、7、9、12	Monforte et al.，1999
S. pimpinellifolium LA722 醋栗番茄 LA722	VG	BC_1S_1	119	RFLP	151	1	5	1(2 个 QTL)、3、5、9	Foolad 和 Chen，1999
S. pimpinellifolium LA722 醋栗番茄 LA722	VG	BC_1（selective genotyping）	792	RFLP	115	1	5	1、3、5、6、11	Foolad et al.，2001
S. pimpinellifolium and *S. cheesmaniae* L2 醋栗番茄和契斯曼尼番茄 L2	VG&RS/TW，FN，FW，FRW，NFL，DTF，DRW，DFR，Cl^-	two RILs（F_7 lines）	142、116	RFLP、SSR、CG	153、124	19	12、23[f]	1－8、10－12	Villalta et al.，2007
S. pimpinellifolium and *S. cheesmaniae* L2 醋栗番茄和契斯曼尼番茄 L2	VG/DSW，DLW，LA，K+ and Na+ concentration	two RILs（F_8 lines）	142、116	RFLP、SSR、CG	153、124	10	18、25[b]	1、3、5－8、11、12	Villalta et al.，2008

a. DFR：days to fruiting，坐果期；DLW：dry leaf weight，叶干重；DRW：dry root weight，根干重；DSW：dry stem weight，茎干重；DTF：flowering time，开花期；EA：earliness，早熟性；FN：fruit number，坐果数；FRW：fresh root weight，根鲜重；FW：fruit weight，单果重；LA：leaf area，叶面积；NFL：number of flowers per in florescence，每花序花数；PHT：plant height，株高；RAU：root ammonium uptake，根部铵吸收能力；RS：reproductive stage，生育期；SG：seed germination，种子发芽率；SW：shoot wilting，芽萎蔫；TW：total fruit weight，果实总重量；VG：vegetative growth，营养生长；WUE：water use efficiency，水分利用效率；

b. per population，每个群体；

c. per marker type，每种标记类型；

d. not available，未知的；

e. per experiment，每次试验；

f. QTL detected for the six traits FW，FN，TW，Cl，SF，NL，under both control and high salinity conditions，高盐胁迫下检测到的 6 个性状（单果重、坐果数、果实总重量、氯离子、SF、NL）的相关 QTL。

中国从2000年以后加强了番茄抗逆性分子育种的研究，特别是“十二五”期间将番茄抗逆分子育种列为国家“863”计划课题。华中农业大学叶志彪研究团队针对醋栗番茄LA1375与栽培番茄M82的高世代RIL群体，结合表型筛选和混池测序，在第4染色体上鉴定出一个主效耐盐QTL，进一步进行重组事件分析，将耐盐位点缩小到300 kb的范围，针对该耐盐QTL开发了两个耐盐相关的InDel标记c407和c477。在耐旱方面，利用耐旱野生潘那利番茄LA0716为供体、栽培番茄M82为受体的渐渗系（IL）群体，通过苗期反复干旱法进行筛选，得到耐旱性强且表现稳定的渐渗系IL2-5，进一步构建亚系并进行耐旱性鉴定，获得耐旱相关InDel标记InDel 43和InDel 48。余庆辉（2010）利用潘那利渐渗系IL群体对苗期耐盐QTL进行定位，定位了5个染色体上的7个耐盐位点，可提高耐盐胁迫下幼苗成活率。潘颖（2010）利用醋栗番茄LA722和栽培番茄9706的BC_3S_1高代回交群体，检测到11个与耐盐相关的QTL。黄亚杰（2011）利用契斯曼尼番茄LA0317与栽培番茄9706的BC_2S_3回交群体检测到与发芽期耐盐相关的9个QTL。赵福宽（2004）利用番茄冷敏感品系T9801与耐冷品系T9806构建的具有T9801遗传背景的高代回交株系，从280个RAPD标记中筛选到1个与番茄耐冷性相关的RAPD分子标记OPF14。刘冰（2010）以醋栗番茄LA722和栽培番茄9706的BC_3S_1高代回交群体，检测到5个与发芽期耐寒相关的QTL和2个与幼苗期耐寒相关的QTL。在番茄耐热性研究方面，许向阳等（2008）利用01137（热敏材料）和CLN2001A（耐热材料）的F_2群体鉴定番茄的耐热性，检测到2个QTL位点，分别位于第3和第7连锁群上。

4. 果实产量、品质、重量等性状 S. Grandillo等（2013）对控制营养繁殖器官花、果实、种子和产量等的相关性状QTL有报道。利用不同的群体至少鉴定出了30个与果实产量相关的QTL，在很多情况下主效QTL与微效QTL连锁。大部分QTL都能在1个以上的群体或野生种中检测到，表明这些QTL具有潜在的保守性。大部分来自野生番茄的QTL都是负效应的，但是也发现部分QTL具有正效应。关于果实重量QTL的研究较多，在7个野生番茄中至少发现了28个与果实重量相关的QTL。其中*fw2.2*的效应最大，控制该位点的基因（*FW2.2*）已经被克隆。*FW2.2*的表达水平与果实的生长速度为负相关。在野生番茄中发现了许多与果实颜色相关的QTL，有趣的是在一些绿果的野生番茄中鉴定出了一些能够增强果实颜色的QTL。

三、基因工程育种

番茄是基因工程育种研究最早和研究最多的蔬菜作物。自1994年Calgene公司的延熟番茄FLAVR SAVR™首例被批准进行商业化生产以来，利用基因工程进行番茄品种改良的努力一直没有停止过。迄今已经获得了抗病毒、真菌、抗病虫、抗除草剂、耐寒、耐盐、耐贮藏、高色素、含甜蛋白及雄性不育等转基因番茄。

（一）抗病毒病害的基因工程

1. 黄瓜花叶病毒（CMV） 1987年Harrison等首次将CMV的satRNA的cDNA转入番茄，获得了世界上第1株抗CMV的转基因番茄。随后，人们相继展开了转卫星RNA、CP、无效病毒复制酶等基因的番茄转化，获得了一些高抗CMV材料，个别材料甚至具有抗CMV、TMV、蚜虫和白粉虱等的多重抗性。如Gonsalves（1995）获得的转基因杂交单株具有对CMV和TSWV的双重抗性。Fuchs（1996）获得的材料抗TMV和CMV。姜国勇等（1998）获得的材料对TMV、CMV和黑环病毒（black ring nepovirus）具有抗性，对蚜虫和白粉虱也具有一定的抗性。周北雁等（1999）把从大田CMV主流病毒株系中克隆得到的CMV-CP基因导入番茄，经连续选择后得到了纯合转基因番茄株系，抗CMV性状可稳定遗传。王傲雪等（2002）向番茄中导入TMV-CP和CMV-CP二价抗病基因，得到了抗病的植株。

2. 烟草花叶病毒（TMV）　番茄抗 TMV 的基因工程也主要是将番茄材料导入 TMV 病毒的 *CP*（coat protein）、卫星 *RNA*（satellite RNA）、*N*（nucleocapsid gene ）基因，并使其在转基因材料中稳定表达来达到抗病目的。Powell 于 1986 年首次获得烟草花叶病毒外壳蛋白 *CP* 基因的转基因植株，CP 表达量为叶片总量的 0.02%～0.05%。1988 年 Nelson 将该基因导入番茄品种 VF36 中提高了 CP 的表达量，约 0.05%，抗病毒能力大大增强。随后 Virology（1989）、Sanders（1992）、Motoyoshi（1992、1993）、Provvidenti（1995）、Jang（2002）等展开了抗番茄 TMV 的基因工程研究，并获得相应的转 TMV 卫星 RNA、CP、N 等基因的番茄植株，一些材料高抗 TMV，如 Motoyoshi（1993）得到的转基因植株其外壳蛋白的积累在 8804－150 叶片中约每克鲜重 2.5 mg，抗病性极强。

3. 番茄黄化曲叶病毒（TyLCV）　抗 TyLCV 的基因工程主要是将番茄材料导入病毒的 CP（coat protein）、衣壳蛋白（capsid protein）和经剪切的复制酶 T－Rep 基因，并使其表达而获得抗性。Adisak（1993）、Kunik（1994、1997）、Brunetti（1997）、Antignus（2004）分别获得相应的转基因植株，转基因番茄对 TyLCV 的抗病性较强，一些材料已应用于番茄的抗病毒育种改良。

4. 番茄斑萎病毒（TSWV）　抗 TSWV 的基因工程主要是将番茄材料导入病毒的核蛋白基因，使其表达获得抗性。Kim（1994、1995）、Haan（1996）、Stoeva（1999）、Hou（2000）、Gubba（2002）获得了相应的转基因植株，转基因番茄对 TSMV 抗病性较强，有的接近免疫，一些材料已应用于番茄的抗病毒育种改良。此外，Sree（2000）将酸浆斑点病毒的 CP 基因导入番茄，转基因植株对 PhMV 病毒的抗性得以提高。Van（1993）、Lu（2000）获得转几丁质酶基因的番茄植株，提高了对病毒和真菌的非特异抗性。

（二）抗真菌病害的基因工程

番茄种质中已存在抗一些真菌病害的良好抗源材料，一些抗病基因如 *Cf2*、*Cf4*、*Cf5*、*Cf9*、*I－2*、*Fr1*、*Hero*、*Pto* 等已定位或克隆，并已通过常规育种手段转移到栽培品种中。

抗真菌的基因工程多数是通过导入几丁质酶、葡聚糖酶、植物抗毒素、过氧化物酶、脂肪酸脱饱和酶、PR（pathogenesis-related proteins）、钙调素、葡萄糖氧化酶、系统素（systemin）等基因（表 22－4），使其表达，从而激活转基因植株由水杨酸（SA）、乙烯、茉莉酸或机械损伤信号传导的防御途径，使防御基因表达，提高其对灰霉病、细菌性萎蔫病、细菌性斑点病、白粉病、晚疫病、疮痂病、叶霉病、黄萎病等病害的水平抗性。此外，将兔子的防御素基因 *NP－1*（Zhang，2000）、人乳铁传递蛋白基因 *HLF*（Lee，2001）导入番茄，也提高了植株对番茄真菌病害的水平抗性。将来这也可能是一条控制番茄真菌病害的途径。任春梅等（2002）导入几丁质酶基因，转基因番茄植株抗真菌病害能力增加。李先碧等（2007）导入益母草种子抗菌蛋白基因 *LjAMP1* 和 *LjAMP2*，转基因番茄植株对黄萎病菌毒素和早疫病的抗性提高。

（三）抗虫和除草剂的基因工程

导入番茄中的抗虫基因主要是来源于苏云金芽孢杆菌的 Bt 毒素蛋白基因。Delannay（1989）、Jansens（1992）、Rhim（1998）等进行转 Bt 毒素蛋白基因研究，结果转基因植株的抗病基因表达获得了对烟草天蛾、棉铃虫等鳞翅目昆虫的杀虫能力，该基因也是目前世界上应用最好和最成功的抗虫基因。此外，导入番茄中的抗虫基因还有系统素前体基因（prosystemin）、胱氨酸蛋白酶抑制基因（cystatins）、阴离子过氧化物酶、雪莲花凝聚素等基因，这些基因的杀虫效果不如 Bt 基因，但具有广谱性的抗虫能力。

番茄抗除草剂基因工程研究方面，Grossman（1995）将反义 ACC 合成酶基因导入番茄，结果转基因植株表现对除草剂二氯喹啉酸的抗性。Ruff（1997）获得转兔肝酯酶钝化酶 cDNA（RLE3）基因植株，可以将除草剂 thiazopyr 转化为一元酸，抗性能力与嘧啶酯酶的表达水平有关。Wang

(2001) 获得转 *Mn*－*SOD* 基因植株，转基因植株的 *Mn*－*SOD* 水平是对照的几倍，对除草剂巴拉刈（Methyl viologen）和低温（6 ℃）均有一定的耐性。

(四) 抗逆基因工程

番茄耐寒性基因工程主要是导入外源 CBF_1 基因（C－repeat/dehydration responsive element binding factor 1）、GR、脱羧酶、热激因子蛋白（*AtHsf1b*）和抗冻蛋白质（*afa3*）基因等。Lee (2002)、Prasad (2003)、Deng (2004) 等将 CBF_1 导入番茄并获得转基因植株，CBF_1 的过量表达可增强番茄对冷胁迫的抗性，同时还能增强对干旱、水分亏缺、盐胁迫的耐性。Prasad (2003) 的研究结果还表明，转基因植株不仅耐寒性得以提高，在正常条件下其农艺性状与对照相同。Li (2003) 将热激因子蛋白基因（*AtHsfA1b*）导入番茄，含 *AtHsfA1b* 基因的植株的抗坏血酸过氧化物酶是对照的 2 倍，Hsf 在热激诱导耐寒性时可能起到一种关键作用。Wang (2002) 的研究结果表明，在 4 ℃时转基因植株的脱羧酶基因表达，其耐寒性提高，表明支链脂肪酸在亚适温度下可能对植株生长起一种保护机制。在抗霜冻方面，Higktower、傅桂荣等 (1997) 将极地比目鱼的抗冻蛋白质基因（*AFP*）导入番茄，结果检测到 mRNA 和抗冻蛋白质的积累，在转基因组织中还检测到重结晶的抑制现象。

耐盐性方面主要是通过导入酵母 *HAL1* 基因、蛋白酶抑制剂（antisense-prosystemin cDNA）、BADH、液泡 Na^+/H^+ antiport 基因等，并使其表达，增强耐盐性。如 Zhu (2002) 获得的工程植株具较高的 mRNA 和 BADH 酶活性，其耐盐性极强，盐浓度可达 120 mmol/L。Blumwald 和 Zhang (2001) 将拟南芥中的一种贮运蛋白基因转到番茄中，获得的转化植株能够在用 200 mmol/L 的氯化钠溶液灌溉条件下开花结果。

(五) 耐贮运的基因工程

在延迟成熟和耐贮性的转基因研究上，主要是将 ACC 合成酶、ACC 氧化酶和 PG 酶的反义基因导入番茄，以抑制乙烯合成、抑制细胞壁水解酶活性，从而使果实不变软、不出现呼吸高峰。1994 年美国加利福尼亚基因公司育成转 PGcDNA 基因番茄 Flavr savy，成为首例植物转基因产品。叶志彪于 1996 年育成了含 ACC 氧化酶反义基因的转基因番茄华番 1 号。中国科学院植物研究所也获得了这种转基因番茄，贮存时间可延长 1～2 个月。

(六) 其他方面的基因工程

Klann 等 (1996) 将酸性转化酶的反义 cDNA 转入番茄，获得的转基因番茄蔗糖含量增加，但果实比对照小 30%。Penerrubia 等 (1992) 利用果实特异启动子将一种甜蛋白基因 monellin 转入到番茄中，得到了具有特殊甜味的番茄。郭淑华等 (2005) 也成功地获得了另一种甜蛋白 brazzein 的转基因番茄。张宏等 (1998) 将从烟草幼叶里克隆绒毡层特异性表达启动子 TA 29，与从产淀粉芽孢杆菌（*Bacillus amyloliquefaciens*）里克隆的 RNase 基因 *bar nase*，构建成雄性不育嵌合基因，并用该基因转化番茄，获得了具有雄性不育特征的番茄植株。Rosati 等 (2000) 和 Fraser 等 (2002) 将八羟基番茄红素基因转到番茄中，转化植株果实色素含量得到了显著地增加。Ficcadenti 等 (1999) 和 Rotino 等 (2005) 通过转 iaaM 基因获得了具有单性结实性状的番茄植株。

第八节 种子生产

目前中国生产上所用的番茄商品种，除少量加工番茄和樱桃番茄为自花授粉的常规种外，多数为杂交种。杂交种其优点在于性状一致，抵御不良气候和栽培条件的能力突出，因而具有较高的产量。由于制种成本较高，杂交种的价格普遍高于常规种。本节重点讲述杂交种的制种技术要点。

一、田间管理

（一）制种田的选择

选择土地肥沃、灌溉便利的地块作为制种田。番茄虽为较为严格的自花授粉作物，但由于品种特性（如易产生长柱头花）和不利环境（如高温、低温、干旱等）的影响，会产生 3%～4% 的天然异交，导致种性和纯度降低。因而制种田要与其他番茄有一定距离的隔离。生产上一般采用 200 m 以上的物理距离，同时根据不同制种地区的条件采用适宜隔离措施，如种植高秆作物（如玉米、高粱等）进行隔离。

（二）制种季节的确定

制种季节的确定要考虑当地的气候条件和栽培方式，还要根据父母本植株的生长发育特点，总的原则是尽量保证杂交授粉时的温度、光照条件最合适，果实成熟采种时雨天少、晴天多。番茄授粉、受精的最适温度为夜温 15 ℃，昼温 25～28 ℃。

（三）田间种植和管理

杂交种的父母本均需要在苗期剔除劣质苗，定植后开花前拔出杂株。父母本均要与其他番茄有一定的物理和空间距离。同时，父本和母本要隔离种植。母本和父本的种植比例为 4∶1 或 5∶1。为提高制种产量，父本分两期播种，第 1 批比母本早播 14～20 d（视具体组合而定），第 2 批与母本同期或略晚播种。田间父本的管理相对简单。父本的主要作用是提供足量的花粉，在不影响花粉质量的前提下，可轻度打杈或不打杈。无限生长的母本一般只保留主茎，打掉所有侧枝；有限生长的母本可采用双干整枝。制种时一般选用第 2 穗以上的花序，尽量不采用第 1 穗花，这是由于第 1 穗花开放时，植株生长尚未处于最佳状态且所处环境较差（早春制种时的低温）。同时，最好选用花穗上的第 1～4 朵花，第 4 朵以后的小花坐果率、产籽率均较低。田间制种中，要及时摘除未授粉已开放的花、未授粉结实的果实以及花前枝等。为保证制种纯度，可在授粉后摘除已授粉花的 1～2 个萼片作为标记，也可涂抹彩色标记。

二、杂交授粉

（一）花粉采集与保存

当父本的花瓣展开角为 180°、花冠呈金黄色且鲜艳、花药金黄饱满时，为采集花粉的最佳时期。过早采集，花粉尚未充分成熟，过晚采集，如花瓣已反卷，色泽淡黄色，此时花粉大部分已落。过早或过晚采集，花粉的活力均会不同程度地降低。一般在晴天的 10 时以后或阴天中午，露水干后为宜，这时花粉量最多。花粉采集方法：一是用花粉采集器采集，即用手持式电动（1.5V，直流）采粉器或振荡器直接在植株上采集花粉。操作时将采粉器对准花药筒，药筒朝下，用振荡器振动花柄，花粉自动落入采粉器。这种方法无需将花朵摘下，效率高，花粉活力强，适合在晴天取粉。但该方法单位面积采粉量较少，需适当增加父本的种植比例。若同一花穗上有两朵以上花同时开放时，采集时容易将相邻花朵的花粉振落掉。二是人工筛取花粉。摘取完全盛开的花，剔除花瓣，将花药筒晾干、晒干或烘干，然后碾碎花药再筛取花粉。筛子以铜制或尼龙纱制为好，一般 100～150 目，这样可以避免花药残片漏入花粉中而影响授粉效果，这种方法适合在大规模杂交制种中使用。贮存花粉时应放在比较干燥和低温的地方，避免阳光直射。可将盛放花粉的容器盖严密封，再置于冰箱、干燥箱或石灰筒内。花粉在常温和干燥条件下，可保存活力并连续使用 2～3 d，若低温条件下使用的时间更长。但贮存4 d以上的花粉，虽然对结果率无明显影响，但单果结籽数则有所下降。这主要是经过贮存的花粉，其花粉管的伸长能力减弱，从而使受精的机会减少。如果夏季温度较高，又无石灰筒、干燥箱等设备，可因地制宜将花粉连同花粉瓶用蜡纸包好，吊在井内，距离水面30～80 cm，可延长花粉的有效期。

（二）蕾期去雄

掌握好去雄的时间非常重要。去雄最迟应在花粉成熟前24 h进行。在外观上，适宜去雄的花应花冠伸长外露，花瓣颜色由绿转黄，花瓣微微张开，花瓣与雄蕊的夹角为15°～30°，花药呈绿黄色（蕾后期）。如果去雄过早，不仅操作困难，而且容易导致柱头因干燥而萎缩，降低坐果率；去雄过晚，则容易产生自交果。生产上常用两种方法进行去雄：一是镊子摘除花药，一是徒手去雄。不管用那种方法，最关键的是要保证去雄彻底、干净，且不伤害花柱和柱头。这需要一定的操作训练。

（三）人工授粉

授粉时期，一般在去雄的第2 d或第3 d进行授粉，以晴天8～9时开始授粉为宜。授粉过早，植株上有露水，番茄花柱头含水量大，易使花粉吸水膨胀影响发芽；如授粉过晚，又易遇到中午的高温，不利于花粉萌发。授粉最适宜的平均气温为20～25 ℃，当气温低于15 ℃或超过30 ℃应暂停授粉。若遇降水，为提高结实率，应在雨后花朵上雨水稍干或第2 d进行重复授粉。为了提高坐果率和产籽率，生产上一般采取重复授粉，即在同一朵花上分两天进行授粉，重复授粉比一次授粉可提高结实率10%～50%，增加单果种子数20～90粒。实际操作时为了标记去雄重复授粉的花朵，可在第1次授粉折断1枚萼片，重复授粉后再折断相邻的1枚萼片以示区别。实际制种过程中，往往蕾期去雄花期授粉和蕾期去雄蕾期授粉同时进行，这主要是由于露地制种过程中受天气影响较大，而在保护地制种时，以采用蕾期去雄花期授粉为宜。

根据条件和习惯，可以有多种授粉方法：

1. 橡皮头授粉 即用橡皮头蘸取少量父本花粉点授于母本已去雄花朵的柱头上。可将普通铅笔的橡皮头连同固定铁皮一同拔下，然后再固定在镊子尾端，悬置橡皮头于手掌心，以免花粉碰落或受潮，去雄后即可反转镊子，使镊子尾端的橡皮头朝外，即可授粉。

2. 徒手授粉 即直接用右手食指与拇指夹住花药顶端去雄，用右手小拇指蘸花粉授于柱头上。

3. 玻璃管授粉 即先将花粉盛装于外径为5 mm、长度为50～60 mm、顶端稍弯并有授粉口的授粉器中，以左手拇指与食指持花，以右手拇指与食指持玻璃管授粉器，并以拇指压在玻璃管授粉器的授粉口上，以防止花粉散出。同时右手拇指与食指将母本花萼去掉2片，要注意去的彻底，去掉萼片后，将花柱伸入授粉口使柱头蘸到花粉即可。授粉结束以后，将授粉器中剩余的花粉倒回花粉瓶中，放在低温干燥处贮存备用。切不可将剩余花粉留在授粉器内，以免降低花粉生活力，影响授粉效果。

4. 蜂棒或泡沫塑料棒授粉 即把牙签粘少许胶水再插入蜂头（晾干的蜜蜂头）做成蜂棒，用蜂棒蘸取花粉授粉。泡沫塑料棒是将泡沫塑料剪成4 mm×4 mm的小方块，把牙签粘些胶水再插入方块内做成的授粉棒，蘸取花粉授粉，每蘸1次花粉可点授母本花10余朵。泡沫塑料柔软，不易碰伤柱头，用粉量少，效果好，目前此法应用较广。

如果同时进行两个或两个以上杂交组合授粉时，在做完一个杂交组合的授粉工作后，必须将橡皮头、镊子和手用70%酒精棉花擦拭干净，杀死残留花粉，待酒精挥发后再进行第2个杂交组合的授粉。

三、种子采收

（一）果实采收

番茄果实的成熟可分为以下5个时期：青熟期（果实及种子已基本长成，种子四周胶状物也已生成，合成阶段基本完成，尚未进入分解阶段，果实周身均为绿色）、转色期（果脐部开始转为红色）、半熟期（果实表面从果脐开始有50%转色）、坚熟期（果实基本转色，但未软化）和完熟期（果实完全转色并开始软化）。虽然青熟期果实内的种子就有发芽能力，但种子质量差，因此，采种用的果实必须达到完全成熟（完熟期），种子才能饱满。不过过于老熟的果实（采收过迟）一方面会造成落果、腐烂；另一方面过熟的果实遇雨易开裂吸水，导致种子在果内自然发芽等，所以应采收完熟期的果实。

在采摘种果时应特别注意严格把关保纯，注意识别制种时做的标记，只有具明显杂交标记（如去雄时已摘去两枚萼片的果实或授粉后重新作的其他标记）的果实方能作为杂交果采收。凡标记不清的果实要随时清除。严禁采收无标记的果实、落地果、畸形果、腐烂果和病果。

（二）种子发酵、清洗、干燥

番茄种子外部的胶黏物会抑制番茄种子萌发，种子发酵的过程就是去除胶黏物的过程。发酵的种子还要清洗干净，再进行干燥。

1. 剖果取种 完全红熟的果实采收后，可后熟1～2 d再取种。取种的方法有很多，在杂交果实量比较小，尤其是科研单位试配组合的果实取种时可用刀子横向将果实剖开，然后将种子及胶瓤挤入非金属容器里（瓷盆、塑料盆、桶及缸等），也可使用经改良的搅拌器，将果实打碎。大面积制种时，通常因地制宜地在地面挖一大坑，垫一防渗雨布，于坑边上，用脚将果实踩烂，除去果皮、果柄和果梗杂质，然后置入坑中一同发酵。有条件的地区还可以用脱籽机采种，效率高，种子质量好。但在使用脱籽机采种时，要严把品种关，最好是1台脱籽机负责1个品种，不共用脱籽机。如果条件达不到，应在更换品种时彻底清洗机器，不得残留种子，以免造成机械混杂。

2. 种子发酵 将开果后的胶状物置于非铁制容器中，如缸、木器、陶器、玻璃、塑料制品中。切勿使用铁器，用铁器发酵的种子颜色变黑，失去光泽，影响质量。容器内要保持干净，无其他种子，无水分，而且在发酵过程中不得往容器里加水，也要防止雨水漏入容器，否则会引起种子发芽，降低发芽率。发酵物装入容器不宜太满，以距容器口20 cm左右为宜，以防发酵过程中体积膨胀，种子溢出。容器盛毕，应贴上写有品种名称和发酵日期的标签，或在容器内放入用铅笔写上品种名称与发酵日期的塑料牌子，并用塑料薄膜或其他物品将容器口盖严，防蝇、防水。发酵时间视温度而定，一般为1～2 d。温度高，发酵时间短，反之亦然。一般在温度为25～28 ℃条件下，发酵24～36 h即可。可通过以下方法判断发酵程度：表面无菌膜，表明发酵不足；菌膜为绿色或红色或黑色，表明发酵过度；菌膜为白色，表明发酵适度。用木棒搅动发酵物，如果种子已经明显下沉，表明发酵好了。

采用盐酸或碱处理是生产上清除种子外层胶状物的另一种方法。一般向每千克发酵物加入22%盐酸14 mL，或28%碱24 mL，充分搅拌，在25～30 ℃条件下处理15～30 min，即可漂洗，除去胶状物。但此法会增加成本，且处理不当还会降低种子发芽率，一般只在种子量很少或温度低不易发酵时采用。

3. 种子清洗 清洗前先用棍棒搅动发酵的液体，使种子与杂物分离并下沉，然后倒去上面的浑水，再用清水数次漂洗，将果肉、果皮、杂物及瘪籽一并漂去。种子洗好后可放入纱布袋内挤出水分，或连同口袋一起放入洗衣机内甩干，这样可加速干燥，在阴雨天尤为必要。清洗种子最好安排在晴天的早晨进行，以利用阳光，使种子当天基本晒干或晾干。在高温季节，如果种子表面水分未干而放置过夜，常发生种子萌发现象。

4. 种子干燥 经清洗沥干或甩干的种子应立即晾晒，可摊在底部稍架空的帆布、竹席等透气物上，种子尽可能摊得薄一些并经常翻动，使种子表面和表层的水分很快蒸发，种子稍干后可摊得厚一些继续晾晒。夜晚收到室内或加覆盖防风防雨，第2 d再行晾晒，直至含水量降至7%～8%为止。夏季温度较高，晾晒种子的场所应当阴凉、通风、干燥、避免在烈日下暴晒，也不应在水泥场、铁板上直接晾晒，以免温度过高，烤坏种子，也不宜晒在塑料薄膜上。

遇有连阴雨天气，无法利用阳光晾晒干燥种子，可将经阴干的种子放入鼓风干燥箱中烘干，温度控制在 40 ℃以下，并经常检查、翻动直至初步干燥，待天晴后再在阳光下晾晒。发酵适度并经晒干的种子呈灰黄色，表面有一层茸毛，有光泽，用手揉搓即各自分离，互不粘连。经充分晾晒的种子，待散热降温后方可将入布袋或编织袋内暂时保存，并内外标明品种名称（或编号）、采种地点、采种日期及种子重量和备注。贮存种子的库房要干燥、低温并适当通风，定期检查并及时晾晒，以防霉烂、发热导致种子变质。另外，还要防止虫害、鼠害等。

四、种子检验

种子检验就是根据有关法规和标准对种子的质量进行检验。按照国家标准《农作物种子检验规程》（GB/T3543.1～3543.7—1995）对种子进行扦样、净度分析、发芽试验、水分测定、真实性和纯度鉴定等一系列操作。经检验后，常规种种子纯度不低于 95%，净度不低于 98%，发芽率不低于 85%，水分含量不高于 7%的为合格种子。杂交种种子纯度不低于 96%，净度不低于 98%，发芽率不低于 85%，水分含量不高于 7%的为合格种子（GB 1675.3—2010）。

（一）田间检验

田间检验的目的主要是判定种子的纯度。中国现行的标准以田间检验作为确定种子纯度的唯一认可的方法。番茄的田间检验一般在苗期、坐果初期及成熟期各检验 1 次。成熟期的番茄能充分表现出品种种性，该时期的检验最为准确。

1. 田间检验项目 番茄田间检验是对重要的农艺性状进行测定，包括多个质量性状和数量性状。由于目前无相应的国家标准，具体检验项目可参考北京市地方标准《蔬菜品种真实性和纯度田间检验规程 第 6 部分：番茄》（DB11/T 199.6—2003）。

2. 田间种植 常规种检验应选择原种或原原种作为对照，杂交种检验以父、母本和由育种单位或公司提供的标准杂交种为对照。应选择能充分体现品种特性的栽培茬口、栽培设施进行田间检验。种植株数根据国家种子质量标准的要求而定，一般来说，若标准为 $(N-1)/N\times100\%$，种植 $4N$ 即可获得满意结果。如番茄常规种规定纯度为 95%，即 N 为 20，种植 80 株即可；杂交种规定纯度为 96%，N 为 25，种植 100 株即可。

3. 鉴定 鉴定由田间检验员进行，田间检验员应拥有丰富的经验，熟悉被检品种的特征特性，根据检验项目逐一进行田间调查，正确判别植株属于本品种还是自交株或是假杂株。田间检验完成后根据田间鉴定结果统计品种纯度，填写结果报告，按照国家标准判定种子是否合格。

（二）室内检验

番茄种子的室内检验主要包括种子净度、发芽率、含水量、千粒重等的检验。具体可参照《农作物种子检验规程》（GB/T 3543.1～3543.7—1995）执行。

番茄种子的纯度检验虽然以田间鉴定为标准，但存在着周期长、占地大的缺点，难以尽快销售，形成规模。因而种子纯度的室内检验成为育种单位或公司的迫切需要。综合起来，种子纯度的室内鉴定可分为以下几种方法：

1. 苗期标志性状鉴别法 利用苗期的某些隐性性状作为标志性状，如明脉、黄化、薯叶、矮化，绿茎等。以含有这些性状的自交系为母本进行制种时，若杂种一代表现隐性性状，即为自交果（假杂种）。

2. 同工酶检测法　根据杂交种幼叶过氧化物酶同工酶谱带是否带有双亲的酶谱带，来确定杂交种的真伪，此法快速可靠，但技术要求高。

3. 分子标记检测法　番茄中大量基因的克隆以及番茄基因组序列测序的完成，为开发双亲间差异的分子标记提供了可能。针对父母本，开发特异的分子标记，可以快速准确地进行纯度鉴定。该方法较同工酶检测更为准确可靠，但需要较高的前期研发以及必要的仪器设备，同时需要建立相应的国家标准，促其推广应用。利用分子标记检测纯度是将来的发展趋势。

五、种子贮藏

种子采收晾干至含水量低于7%时即可进行种子贮藏。种子贮藏后可最大限度地延长种子寿命，保持发芽率。番茄种子贮藏的适宜条件为低温（4 ℃左右）、干燥（种子含水量低于7%）。

番茄种子的贮藏可分为普通贮藏、低温除湿贮藏和密闭贮藏等方法。

（一）普通贮藏

所谓普通贮藏法就是将充分干燥的种子用麻袋、布袋、无毒塑料编织袋、缸、木箱等容器盛装，置于贮藏库内，种子未进行密封，其温度、含水量随贮藏库内的温、湿度变化而变化。这种库房装有通风用的门窗及排风换气设备，有时也存放一些简易干燥剂如石灰等，可适当降低湿度。贮藏期内要定期对种子的含水量、发芽率进行测定，及时进行晾晒。同时做好库内的通风工作以及虫害防治。

这种贮藏方法简便、经济，尤其适于在中国华北、东北及西北比较干燥凉爽的地区贮藏大批量种子。这种方法一般适合3年以内的种子贮藏。

（二）低温除湿贮藏法

低温除湿贮藏法是指在大型的种子贮藏库中，采用机械制冷及排湿机等设施，使库内的温度控制在15 ℃以下，相对湿度控制在55%以下的种子贮藏方法。由于这种贮藏库能控制一定的温、湿度，故也称为恒温恒湿种子贮藏库。贮藏库的温、湿度可以通过机械通风、空调制冷、自然低温（如地下、洞库等）等方式进行控制。经低温除湿的贮藏库可以抑制种子的生命活动，减少虫霉危害，从而加强种子贮藏的安全性，延长种子寿命。

但这种方法对库房要求较高，需要制冷设备，制冷时耗费大量的电能，贮藏成本较高，适用于一些高价值的种子、原种及种质的贮藏。

（三）密闭贮藏法

密闭贮藏是一种常温贮藏种子的方法，利用密闭容器（内含干燥剂、杀虫剂等）将含水量符合要求的种子密封，常温贮藏。如若在低温下进行贮藏，则贮藏效果会更好。

常用的密闭容器有玻璃干燥器、干燥箱、铝铂袋、聚塑复合袋、罐等。这些密闭容器的密封性一定要好，否则容器内湿度容易升高，降低贮藏效果。为保持容器的干燥，容器内一般放置干燥剂（如变色硅胶），同时放置杀虫剂防止虫害。

（李景富　杜永臣　王孝宣　张贺　陈秀玲　高建昌）

主要参考文献

傲雪，李景富，徐香玲，等 . 2002. 番茄自花授粉后导入抗病毒基因的研究［J］. 北方园艺（4）：54－55.

陈火英，张建华，钟建江，等．2000. 番茄下胚轴离体培养植株再生及其组织学观察［J］. 西北植物学报，20（5）：759－765.
黄亚杰，杜永臣，侯喜林，等．2011. 利用野生契斯曼尼高代回交群体定位番茄发芽期耐盐性 QTLs［J］. 华北农学报，26（1）：112－116.
黄永芬，汪清胤，王海廷．1983. 番茄芽期过氧化物酶同工酶酶谱型与杂种优势的关系［J］. 园艺学报（4）：253－258.
乐素菊，吴定华，梁承愈．1995. 番茄青枯病的抗性遗传研究［J］. 华南农业大学学报，14（4）：91－95.
李景富．2011. 中国番茄育种学［M］. 北京：中国农业出版社．
李君明．2005. 番茄抗灰霉病和晚疫病基因定位及分子标记多基因辅助选育技术研究［D］. 北京：中国农业科学院．
李树德．1995. 中国主要蔬菜抗病育种进展［M］. 北京：科学出版社．
刘冰，杜永臣，王孝宣，等．2010. 利用高代回交群体定位醋栗番茄发芽期与幼苗期耐冷 QTL［J］. 园艺学报，37（7）：1093－1101.
刘进生，赵有为．1986. 番茄果实内番茄红素含量的遗传［J］. 遗传（2）：9－12.
刘玉乐，蔡健和，李冬玲，等．1998. 中国番茄黄化曲叶病毒——双生病毒的一个新种［J］. 中国科学 C 辑：生命科学，28（2）：148－153.
陆春贵，徐鹤林，赵有为．1994. 番茄果实耐贮性遗传效应的研究［J］. 园艺学报，21（2）：170－174.
马树彬，魏永福．1982. 构成番茄产量的几个主要数量性状遗传规律的初步研究［J］. 中国蔬菜（1）：18－21.
毛爱军，柴敏，于拴仓，等．2005. 北京地区番茄晚疫病新菌株致病性鉴定及部分主栽品种与品系的抗性评价［J］. 华北农学报，20（4）：98－101.
潘颖，王孝宣，杜永臣，等．2010. 利用高代回交群体定位野生醋栗番茄发芽期耐盐 QTL［J］. 园艺学报，37（1）：39－46.
齐藤隆，片冈节男．1981. 番茄生理基础［M］. 王海廷，等，译．上海：上海科学技术出版社．
任成伟，赵有为．1985. 番茄果实抗射裂性和耐压性遗传效应研究［J］. 园艺学报，12（4）：242－248.
山川邦夫．1982. 蔬菜抗病品种及其利用［M］. 高振华，译．北京：农业出版社．
沈德绪，徐正敏．1957. 番茄研究［M］. 北京：科学出版社．
谭其猛．1980. 蔬菜育种［M］. 北京：农业出版社．
汪国平，袁四清，熊正葵，等．2003. 广东省番茄青枯病相关研究概况［J］. 广东农业科学（3）：32－34.
王海廷．1972. 番茄杂种优势的利用［M］. 哈尔滨：黑龙江人民出版社．
王海廷，王鸣，李长年．1988. 番茄育种［M］. 上海：上海科学技术出版社．
王华新，秦勇，王雷，等．2004. 加工番茄主要品质性状的遗传变异分析［J］. 北方园艺（2）：52－53.
王先裕，于分弟，梁聪耀，等．2011. 温敏型核雄性不育系番茄 T4 育性的研究［J］. 中国蔬菜（14）：64－68.
徐鹤林，李景富．2007. 中国番茄［M］. 北京：中国农业出版社．
徐幼平，周雪平．2006. 侵染广西烟草的中国番茄黄化曲叶病毒及其伴随的卫星 DNA 分子的基因组特征［J］. 微生物学报，42（3）：358－362.
许向阳，王冬梅，康立功，等．2008. 番茄耐热性相关的 SSR 和 RAPD 标记筛选［J］. 园艺学报，35（1）：47－52.
杨永杰，董树刚，付成秋，等．2001. 栽培番茄耐盐变异系的离体选择［J］. 青岛海洋大学学报：自然科学版，31（1）：75－80.
余诞年．1977. 番茄的遗传研究之一：番茄某些表征性状的遗传［J］. 内蒙古师范学院学报：自然科学版：48－65.
余诞年，吴定华，陈竹君．1999. 番茄遗传学［M］. 长沙：湖南科学技术出版社．
袁庆华，张文淑．2003. 苜蓿抗褐斑病遗传资源离体叶筛选及田间评价［J］. 草地学报，11（3）：205－209.
赵福宽，杨瑞，林成，等．2004. 用高代回交材料筛选与番茄耐冷性相关的 RAPD 分子标记［J］. 生物技术，14（4）：8－9.
赵凌侠，李景富．2000. 类番茄茄（*Solanum lycopersicoides*）遗传资源的研究［D］. 哈尔滨：东北农业大学．
周长久．1996. 现代蔬菜育种学［M］. 北京：科学技术文献出版社．
周雪平，彭燕，谢艳，等．2003. 赛葵黄脉病毒：一种含有卫星 DNA 的双生病毒新种［J］. 科学通报，8（48）：16.

朱明涛，孙亚林，郑莎，等 . 2010. 分子标记辅助聚合番茄抗病基因育种 [J]. 园艺学报，37 (9)：1416 - 1422.

朱为民，李锋 . 1994. 番茄果实裂性与耐压性 [C] //中国园艺学会 . 中国园艺学会首届青年学术讨论会论文集 . 杭州：中国园艺学会 .

Mark J Bassett. 1994. 蔬菜作物育种 [M]. 陈世儒，译 . 重庆：西南农业大学编辑部 .

Alseekh Saleh，Ofner Itai，Pleban Tzili，et al. 2013. Resolution by recombination：breaking up *Solanum pennellii* introgressions [J]. Trends in Plant Science，18 (10)：536 - 539.

Chakraborty S，Pandey P K，Banerjee M K，et al. 2008. Tomato leaf curl Gujarat virus，a new begomovirus species causing a severe leaf curl disease of tomato in Varanasi，India [J]. Phytopathology，93 (12)：1485 - 1495.

Cohen S，Harpaz I. 1964. Periodic，rather than continual acquisition of a new tomato virus by its vector，the tobacco whitefly (*Bemisia tabaci* Gennadius) [J]. Entomologia Experimentalis et Applicata，7 (2)：155 - 166.

Debruyn，Garretsen，Kooistra. 1971. Variation in taste and chemical composition of the tomato (*Lycopersicon esculentum* Mill.) [J]. Euphytica，20 (2)：214 - 227.

Diez M J，Nuez F. 2007. Tomato [M]//Prohens J，Nuez F. Handbook of Plant Breeding，Vegetable Ⅱ. Springer.

Duranti G，Sabatini S，Beltran Valls M R，et al. 2013. Explosive-type moderate resistance training affectscellular and biochemical parameters ofexercise-induced oxidative stress in the elderly [J]. Free Radical Biology and Medicine，65 (9)：12 - 20.

Fauquet C M，Fargette D. 2005. International committee on taxonomy of viruses and the 3 142 unassigned species [J]. Virology Journal，2 (1)：64.

Foolad M R. 2007. Genetic mapping and molecular breeding of tomato [J]. International Journal of Plant Genomics (10)：1 - 52.

Foolad M R，Chen F Q，Lin G Y. 1998. RFLP mapping of QTLs conferring cold tolerance during seed germination in an interspecific cross of tomato [J]. Molecular Breeding，4：519 - 529.

Foolad M R，Lin G Y，Chen F Q. 1999. Comparison of QTLs for seed germination under non-stress，cold stress and salt stress in tomato [J]. Plant Breeding，118：167 - 173.

Foolad M R，Lin G Y. 2001. Genetic analysis of cold tolerance during vegetative growth in tomato，*Lycopersicon esculentum* Mill [J]. Euphytica，122：105 - 111.

Ganal M W，Broun P，Tanksley S D. 1992. Genetic mapping of tandemly repeated telomeric DNA sequences in tomato (*Lycopersicon esculentum*) [J]. Genomics (14)：444 - 448.

Gorguet B，Schipper D，van Lammeren A，et al. 2009. ps-2，the gene responsible for functional sterility in tomato，due to non-dehiscent anthers，is the result of a mutation in a novel polygalacturonase gene [J]. Theor Appl Genet 118 (6)：1199 - 1209.

Grandillo S，Termolino P，Knaap E. 2013. Molecular mapping of complex traits in tomato [M]//eds. by Liedl B，Labate A，Stommel J et al. genetics，genomics and breeding of tomato. CRC Press.

Labate J A，Grandillo S，Fulton T，et al. 2007. Tomato [M] //Chittaranjan Kole (ed.) genome mapping and molecular breeding in plants：vegetable. Springer，Berlin Heidelberg，New York.

Mary E Sabatini，Don S Dizon. 2013. Why DOMA is unconstitutional，beyond the traditional views of same sex relationships [J]. Journal of Assisted Reproduction and Genetics，30 (6)：861.

Peraltr I E，Spooner D M，Knapp S，2008. Taxonomy of wild tomatoes and their Relatives (Solanum sect. Lycopersicoides，sect. Juglandifolia，sect. Lycopersicon；Solanaceae) [J]. Systematic Botany Monographs，84 (84)：1 - 186.

Sawhney V K. 1997. Genic male sterility [M]//Shivanna K R，Sawhney V K，editors. Pollen biotechnology for crop production and improvement. Cambridge：Cambridge University Press：183 - 198.

Sawhney V K. 2004. Photoperiod-sensitive male-sterile mutant in tomato and its potential use in hybrid seed production [J]. J Hortic Sci Biotech，79：138 - 141.

Susan W Gorman，Sheila McCormick，Dr. Charley Rick. 1997. Male sterility in tomato [J]. Critical Reviews in Plant Sciences，16：1，31－53.

Vallejos C E，Tanksley S D. 1983. Segregation of isozyme markers and cold tolerance in an interspecific backcross of tomato [J]. Theoretical and Applied Genetics，66 (3/4)：241－247.

Verlaan Maarten G，Hutton Samuel F，Ibrahem Ragy M，et al. 2013. The tomato yellow leaf curl virus resistance genes Ty-1 and Ty-3 are allelic and code for DFDGD-class RNA-dependent RNA polymerases [J]. PLoS Genetics，9 (3)：178－179.

Zamir D，Tanksley S D，Jones R A. 1982. Haploid selection for low temperature tolerance of tomato pollen [J]. Genetics，101 (1)：129－137.

第二十三章

辣 椒 育 种

辣椒是茄科（Solanaceae）辣椒属中能结辣味或甜味浆果的一年生或多年生草本植物，包括多个种，其中5个为栽培种。一年生辣椒（*Capsicum annuum* L.）是主要的栽培种，别名：海椒、辣子、辣角、番椒等。染色体数 $2n=2x=24$。辣椒原产中南美洲热带地区，墨西哥栽培甚盛。1493年传入欧洲，自西班牙转入法国、意大利，1583—1598年传入日本，目前已遍及世界各国。

辣椒以青熟或老熟果供食，根据果实是否有辣味，分为辣椒和甜椒。辣椒果实含有人体所需要的多种维生素，所含有的维生素A、B族维生素高于黄瓜、番茄、茄子等果菜类。一般每100 g鲜椒中维生素A含量为11.2～24 mg，B族维生素主要有维生素 B_1（硫胺素）、维生素 B_2（核黄素）、维生素PP（尼克酸），含量分别为0.04、0.03、0.3 mg，特别是维生素C的含量，每100 g鲜（青）果含量可高达200 mg以上。此外，还含有丰富的矿物质、碳水化合物等，每100 g鲜椒磷、钙、铁含量分别为28～401、1～12、0.4～0.5 mg，碳水化合物4.5～6 g，脂类物质0.2～0.4 g，蛋白质1.2～2 g，膳食纤维0.7～2 g。因此，辣椒是一种营养价值很高的调味蔬菜，可生食、炒食或干制、腌制和酱渍等。它的辣味是由于果实组织中含有一种辣椒素（capsaisin），可以增进食欲，促进消化，并能刺激人体发热，具有一定的药用价值。

地处冷凉的国家，以栽培甜椒为主；地处热带、亚热带的国家，以栽培辣椒为主。其中，自北非经阿拉伯、中亚至东南亚各国及中国西北、西南各省盛行栽培辛辣味强的辣椒。

到21世纪，世界辣椒种植面积仅次于豆类和番茄，为第三大蔬菜作物，同时是世界上最大的调味料作物。中国和印度在面积和产量上分别位于第1、第2位，其中干辣椒中国和印度约占世界产量的70%，鲜食辣椒约占世界产量的59.9%。

辣椒在中国是一种重要蔬菜和调味品，是种植面积最大的蔬菜种类之一，年种植面积达130.91万 hm^2（农业部，2000），在保证中国蔬菜周年均衡供应中占重要地位。辣椒在中国各个地区都有栽培，华北、西北、东北地区因夏季气候干燥、温差较大，种植产量高；长江流域、华南、西南地区因夏季气候潮湿，适合辣椒最佳生长的温度时间短，因此产量相对较低，但华南地区是冬季露地辣椒的主产区。辣椒年种植面积超过6.67万 km^2 的有湖南、江西、贵州、河南、四川、云南、河北、陕西和湖北等省。

第一节　育种概况

一、育种简史

国外开展辣椒育种研究较早，20世纪20～30年代，美国、古巴、西班牙、保加利亚、法国等就开展了系统育种，育成了许多优良品种并在生产上大面积应用。40～70年代开展了杂交育种工作，由于露地生产病虫害日益严重，育种目标以抗病育种为主，如美国、法国、日本、印度、匈牙利、阿根廷等选育了一批抗病毒病品种，包括抗 TMV、CMV、PVX、PVY、TEV、PVMV 等 23 种病毒，美国还育成了抗细菌叶斑病品种，印度育成了抗早疫病、炭疽病品种，韩国育成了抗疫病品种等。自 70 年代，杂种优势育种成为了辣椒育种的主要方式。80～90 年代因保护地生产和观光农业的发展需求，又育成了一批适宜温室长季节栽培品种，有些品种现在还在中国生产上大面积应用。

中国 20 世纪 50 年代前，基本上没有进行系统的辣椒育种，辣椒种子的生产主要是农家选种，自留自用，但经过长期的自然选择和人工选择，形成丰富的地方品种资源。50 年代开展了大规模的品种资源搜集、整理、鉴定工作，并筛选了一批优良的地方品种资源。在此基础上，60 年代开展了辣椒的系统选育工作，先后育成了一批优良品种，如伏地尖 1 号、21 号牛角椒、华椒 1 号、华椒 2 号、华椒 17 和同丰系列品种等。接着开展了杂交育种工作，期间育成了一些品种如农大 40 等。70 年代开始进行辣椒杂种优势利用研究，最早育成并在中国大面积推广应用的一代杂种是江苏省农业科学院蔬菜研究所与南京市郊区红花乡共同育成的早丰 1 号。自 80 年代初开始，国家组织了近 20 年的辣椒新品种选育及育种技术研究攻关，育成了一大批辣椒新品种。其中影响比较大的品种有中国农业科学院蔬菜花卉研究所育成的中椒系列品种，湖南省蔬菜研究所育成的湘研系列品种，江苏省农业科学院蔬菜研究所育成的苏椒系列品种，河南省开封市蔬菜研究所育成的汴椒 1 号和河南省洛阳市辣椒研究所育成的洛椒 4 号等。20 世纪末，湖南省蔬菜研究所等科研单位及种子企业开展了线椒等加工专用、兼用杂交品种选育，选育了博辣 6 号等系列品种，这些品种在生产上发挥了非常重要的作用。

在 20 世纪的 70 年代，辣椒育种目标以高产、稳产为主；80 年代辣椒的生产水平已达到一定高度，但淡旺季明显，育种目标以熟性育种为主，极早熟和极晚熟品种深受市场欢迎，起到了提早和延后上市的作用；90 年代初辣椒生产逐渐走上了专业化、规模化，基本上实现了周年均衡供应，病害日益严重，育种目标以抗病为主，抗病品种深受市场欢迎；到了 90 年代末、21 世纪初，除抗病性和产量外，决定品种的市场价值的主要是商品性，特别是外观商品性，育种目标根据市场需要进一步细化，特别是保护地栽培面积的迅速发展，专用保护地栽培品种的选育成为重要的育种目标。研究领域主要在甜椒，鲜食用的辣椒次之，干制辣椒的研究较少，其中鲜食辣椒的育种以辣椒与甜椒杂交形成的微辣型组合选育为主，同时，随着种植规模的扩大和市场对多样性的需求，研究重心已经向辣椒转移。

二、中国辣椒育种现状与发展趋势

（一）育种现状

据统计，2013 年在国内省级以上科研单位及大学中从事辣椒育种的单位有 30 多家，地市级蔬菜科研单位、种子企业等从事辣椒育种的单位也在 30 家以上，从事辣椒育种的科研人员总数在 300 人以上。主要育种目标是围绕产业的需求，通过常规技术和生物技术培育优质、高产、抗病、耐贮运、适宜不同栽培条件及加工需求的专用品种。

目前世界辣椒资源保存情况是：美国 4 748 份，亚蔬中心 5 117 份，保加利亚 4 089 份，墨西哥 3 590份，俄罗斯 2 313 份，法国 1 150 份。中国国家种质资源库保存有辣椒品种资源 2 248 份，各育种单位根据工作需要也保存一定数量的辣椒种质资源。

中国目前辣椒育种以传统的杂种优势利用为主，使用品种多为杂交种，其在鲜食辣椒品种中占 80%以上，干制辣椒所占比例低一些。人工杂交制种仍是辣椒杂交种子生产主要方式，但雄性不育研究已取得重大进展，细胞核不育系和细胞质不育系都已大规模应用于生产，目前在线椒、牛角尖椒上应用程度较高，其次是朝天椒，甜椒应用难度较大。除甜椒有部分核不育两用系杂交品种外，其他类型辣椒应用的都是细胞质不育三系杂交品种。

诱变育种在辣椒上利用不多，主要是自 20 世纪 90 年代开始，随着中国航天技术的发展，利用返回式卫星和高空气球搭载种子进行“航天”诱变，通过对突变体的筛选进而加以利用。

辣椒单倍体育种起始于20世纪80年代，主要是应用花药培养技术。北京市海淀区组织培养室在这方面做了大量的工作，并选育出一批甜（辣）椒品种在生产上应用，如海花3号。辣椒花药或小孢子培养相对十字花科作物其成功率较低，主要是不同基因型材料的成胚、成苗率差异极大。广谱的通用培养技术仍是各实验室的研究内容。

20世纪末，辣椒基因组学研究及分子标记辅助育种技术得到了发展和应用。2014年完成了辣椒全基因组测序，同时进行了基因注释，讨论了茄科植物的进化、辣椒素合成的进化，比较了辣椒和番茄的果实发育。对辣椒转基因也进行了探索，并在1999年转基因抗病辣椒获得安全证书。分子标记辅助育种，主要是对单性状标记的开发和应用，包括抗病性、胞质不育恢复系的选育等。

抗病育种取得重大进展。1983—2000年国家辣椒育种攻关专题组基本摸清了中国各地病毒病、疫病和炭疽病等主要病害的病原和病原菌的生理分化，提出了TMV、CMV和疫病的单抗和多抗苗期接种鉴定方法，实现了辣（甜）椒抗病性鉴定的规范化。在分离、鉴定辣椒病原、病毒的基础上，采用人工接种鉴定方法，已筛选出一批有应用价值的多抗性抗原。攻关专题组从国内外收集的3 312份辣（甜）椒品种（系）资源中，筛选出抗TMV材料279份，中抗CMV材料317份，兼抗TMV和CMV材料162份。其中10份代表性抗原材料，用来自江苏、吉林、新疆的TMV和CMV毒源进行统一接种鉴定，都表现明显的抗TMV和中抗CMV的特性。

自20世纪90年代以来，中国每年育成各种不同类型的辣椒新品种10～30个，辣椒产区的主栽品种已更新5～6次，对提高中国辣椒单产和改进品质起到了重要作用。辣椒杂种优势非常明显，优良的杂交组合一般比传统品种增产20%～50%。自1990年以来，中国的辣椒育种单位多从事杂种优势育种，经20多年的发展，已建立了完善的辣椒商业育种体系，杂交辣椒品种已在中国得到广泛应用，商品菜基地的杂交品种使用率已达95%。

（二）发展趋势

中国辣椒生产在数量上已经完全可以满足市场的需要，甚至出现季节性和结构性过剩，但在质量上还会提出更高要求，其中一个最重要的要求是绿色无污染，生产中少用或基本上不用农药，这就要求选育多抗性的品种。目前国外已选育出抗5～6种病害的品种，中国目前选育的抗病品种一般抗2～3种病害，最多可抗4种病害。

随着辣椒生产专业化的发展，中国辣椒生产必将由就近生产、就近销售向优势产区集中，向基地生产、大流通转变。目前中国辣椒生产已基本形成华南、西南冬季反季节栽培基地，长江流域春节栽培基地，华北、西北、东北秋季栽培基地和北方大棚保护地栽培基地。因此，辣椒品种的耐贮运已成为辣椒的重要育种目标，选育的品种除要求满足高产、优质、抗病等传统育种目标外，还要求产品不易破损、失水慢、货架期长、便于装箱等。

中国保护地辣椒生产发展迅速，特别是华北、东北地区的日光温室已有相当大的规模，但目前保护地应用的品种绝大多数是一些露地栽培的早熟、中熟品种，如汴椒1号、湘研13、羊角黄辣椒等。这些品种生长期较短，进行保护地栽培满足了春季早上市的要求，但因不是保护地专用品种，仍存在不耐低温、弱光照和抗病性差等问题，因此要大力培育耐低温、弱光照的保护地专用品种。随着保护地形式的不断改进，尤其是高效节能日光温室的发展，使得整个秋、冬、春季都可以生产喜温性的辣椒，这就对育种提出了新的要求，即要求培育耐低温、弱光照，采收期长，抗病性、抗逆性强，产量高，品质优的保护地专用品种。

中国辣椒加工产品很多，并具有地方特色。加工方法不同，对原材料（品种）的要求各异。剁辣椒要求辣椒水分含量低，肉厚，食用口感脆，味辣；油辣椒要求辣椒萜烯类和脂类等芳香物质含量高，水分含量低、辣味中等；腌辣椒要求辣椒皮薄肉厚，皮肉不易分离，色泽鲜艳；辣椒粉要求辣椒干物质含量高，辣味浓，皮肉及胎座颜色相仿；辣椒辣椒素、红色素的提取，要求辣椒素、辣椒红色素含量高，水分含量低，糖含量低。针对这些加工要求特点，要按不同的加工类型选育专用品种。

辣椒已成为中国主要的出口创汇农产品之一。在出口辣椒中，相当一部分是来料加工产品。如向韩国出口的辣椒干，就是利用外商提供的专用品种在国内生产、加工，然后出口。因此，要培育适于贮藏、符合出口需求的品种，扩展国际市场。

彩椒在中国栽培历史较短，但因其色彩鲜艳、品质好、用途广泛，渐渐成为市场上的紧俏商品。中国彩椒育种处于起步阶段，大多数品种都是从荷兰、法国、以色列、日本、美国引进。彩椒品种类型较丰富，有红、绿、橙、白、黄、紫等多种颜色，形状也各异，除食用外，还有一定的观赏价值，随着中国人生活水平的提高，对彩椒的需求量在不断增大，这就要求选育出适合中国种植的彩椒品种。

第二节 种质资源与品种类型

一、起源与传播

（一）起源

被认为是辣椒起源地的中南美洲热带地区，具有极丰富的野生种和近缘种资源。考古发现，在墨西哥中部拉瓦堪溪谷，公元前6500—前5000年的遗迹中曾有一年生辣椒（*Capsicum annuum*）种子出土；在秘鲁海岸地区2 000年前的遗迹中，也曾发现了下垂辣椒（*Capsicum baccatum* var. *pendulum*）的栽培类型的种子（Safford，1926）；灌木状辣椒（*Capsicum frutescens*）的起源中心也在秘鲁海岸地区，距今已有3 000余年的历史。主要的栽培种起源于3个不同的中心。墨西哥是一年生辣椒的初级起源中心，次级起源中心是危地马拉（Guatemala）；亚马孙河流域（Amazonas）是中国辣椒和灌木状辣椒的初级起源中心；柔毛辣椒的初级起源中心是秘鲁和玻利维亚。

（二）传播与分布

为寻求胡椒而航海西渡的哥伦布，到了北美大陆后发现了不次于胡椒的上等辛香料——辣椒，结果把比胡椒更为重要的辣椒带回了欧洲。1493年辣椒传入西班牙，1548年传到英国，16世纪中叶已传遍中欧各国。1542年西班牙人、葡萄牙人将辣椒传入印度和东南亚各国，1578年辣椒传入日本。

辣椒于16世纪后期引至中国。最早的文字记载见于明代高濂《草花谱》，称它为“番椒”，有“番椒丛生，白花，果俨似秃笔头，味辣，色红，甚可观，子种”的描述，看来当时可能作为观赏植物栽培。辣椒传入中国主要通过两条途径，一经“丝绸之路”，在甘肃、陕西等地栽培，故有“秦椒”之称；一经东南亚海路，在广东、广西和云南栽培。现西双版纳原始森林里尚有半野生型的“小米辣”。

甜椒是辣椒属中的一个变种，由辣椒于北美演化而来。甜椒传到欧洲的时间比辣椒晚，18世纪后半叶从保加利亚传入俄国，中国引入的时间约在19世纪末。

现在，辣椒在世界温带、热带地区均有种植，拉丁美洲、非洲、亚洲种质资源丰富。

二、种质资源的研究与利用

辣椒自南美洲引进中国后，分布广泛。加之中国地域辽阔，气候、土壤类型复杂，栽培制度多样，因而形成了十分丰富的辣椒品种资源。因此，中国也是一个重要的辣椒次生变异中心。

（一）辣椒品种资源的搜集与保存

20世纪50年代后，中国多个省份开展了蔬菜品种资源的研究工作。1965年，组织全国50个科研和教学单位开展了蔬菜品种资源的搜集和整理工作，共整理出茄果类番茄、茄子、辣椒3种蔬菜2 328个品种。

自20世纪80年代辣椒品种资源的搜集与研究被列入国家科技攻关项目以来，中国农业科学院蔬菜花卉研究所组织全国30多个科研和教学单位，对辣椒品种资源重新进行了搜集、登记和整理工作。1979—1985年重点对云南、西藏、湖北神农架地区进行了种质资源的考察搜集，在云南首次发现了辣椒新变种涮辣和新变型大树辣（李潘，1984），并据此推测，新旧大陆都分布有辣椒的原生植物，只是南美洲的原生辣椒早已栽培化，培育为品种，而亚洲的原生辣椒一直停留在野生和被采集状态。1983—2000年中国农业科学院蔬菜花卉研究所组织了30多家蔬菜科研单位，搜集、整理、鉴定、扩繁了1 912份辣椒品种资源，保存在国家种质资源库。全国30多家辣椒育种单位各自还保存了至少有5 000多份的辣椒品种（系）资源。

"茄门"约是在20世纪40年代从德国引进上海，名字由英文"German"而得，中晚熟，灯笼椒，味甜。茄门的引进，对促进中国辣椒育种特别是甜椒育种水平的提高起到了重要作用。

（二）辣椒品种资源的鉴定与评价

1983—1990年国家辣椒品种资源鉴定与评价攻关专题组将全国征集到的辣椒品种进行了抗病性（TMV、CMV和炭疽病）和品质性状（辣椒素、维生素C和干物质含量）鉴定，同时补充搜集、扩繁了一批辣椒品种资源。其中3家单位对来自28个省、自治区、直辖市的1 018份辣椒资源进行了营养成分及风味品质评估。结果表明，每100 g鲜重维生素C含量大于100 mg的达665份，其中每100 g鲜重维生素C含量大于300 mg的有13份；辣椒素含量最高的可达1.11%，约有90.3%的样品辣椒素含量在0.01%～0.40%，含量高于0.41%的有38份；干物质含量特高（>20%）的有51份，含量较高（15.5%～20%）的有191份，含量中等（10.1%～15.0%）的有516份。通过对1 013份辣椒种质资源进行苗期TMV和CMV的抗病性鉴定，筛选出抗（耐）TMV的材料185份（RRI≥3），抗（耐）CMV的材料152份，其中兼抗TMV和CMV的材料82份。1 015份辣椒品种资源对炭疽病抗病性的鉴定结果表明，抗病、耐病、感病和高度感病的辣椒资源各占8.96%、17.14%、57.33%和16.55%，抗（耐）病辣椒资源中，25份兼抗（耐）TMV和CMV，49份兼抗（耐）TMV，43份兼抗（耐）CMV。

李佩华（1989）引种鉴定了世界六大洲22个国家的一年生辣椒栽培种，共239份材料。其中来自欧洲108份，美洲68份（美国45份，中南美洲23份），亚洲24份，大洋洲4份及其他来源5份。经试种发现，果实形状的多样性十分丰富，甜椒有长方灯笼形、长圆锥形、宽锥形、圆锥形、扁圆形等；辣椒类有短指形、指形、长柱形、羊角形、长圆锥形、宽锥形、短锥形、扁圆形、樱桃形、果实簇生等类型。经中国农业科学院蔬菜花卉研究所所内小区试验及山西、湖北、湖南、浙江、云南、陕西、甘肃、吉林和北京等省份不同试种点的引种观察，筛选出对病毒病抗病和耐病的品种有Rubyking甜椒（法国引进）、77-14甜椒（奥地利引进）、黄方甜椒（保加利亚引进）、83-71辣椒（法国引进）、Perennial辣椒（法国引进）5个品种，对中国抗病毒病育种起了重要作用。

1990—1995年，中国农业科学院蔬菜花卉研究所组织江苏省农业科学院蔬菜研究所、湖南省农业科学院蔬菜研究所和辽宁省农业科学院园艺研究所对1985—1990年期间筛选到的抗病性强、品质优良的辣椒品种资源重新进行了综合评价，即对国内的154份辣椒资源分别在江苏、湖南、辽宁3个不同的生态区进行栽培和田间、室内抗病性、经济性状的评价，结果鉴定出3份材料表现优异，可直接用于辣椒育种；15份材料抗TMV；11份材料抗CMV；7份材料抗炭疽病；17份材料抗疫病；7份材料维生素C含量高；4份材料辣椒素含量极高。

（三）种质资源的创新与利用

张继仁（1980）对收集到的湖南省33个市（县）的35个辣椒产区53份辣椒品种材料进行了鉴定研究，筛选出衡阳伏地尖、河西牛角椒、湘潭迟班椒、长沙光皮椒、长沙灯笼椒、祁阳矮秆早等优良品种，这些品种20世纪60～70年代在湖南大面积推广应用，产生了较好的经济效益和社会效益。

通过进一步的系统选择，育成了在全国大面积推广的新品种伏地尖 1 号、21 号牛角椒和湘晚 14。这些优良地方品种以后又作为湘研、中椒、苏椒系列杂交品种的骨干亲本，选育了湘研 1 号、湘研 5 号、湘研 13、中椒 6 号、苏椒 2 号等优良品种，在辣椒杂种优势利用中发挥了重要作用。

茄门是中国辣椒育种的重要骨干亲本，迄今含有茄门血统的辣椒品种有 20 多个（图 23－1），20 世纪末种植面积占到中国甜椒种植面积的 50％以上，同时还是微辣型泡椒育种的重要亲本。

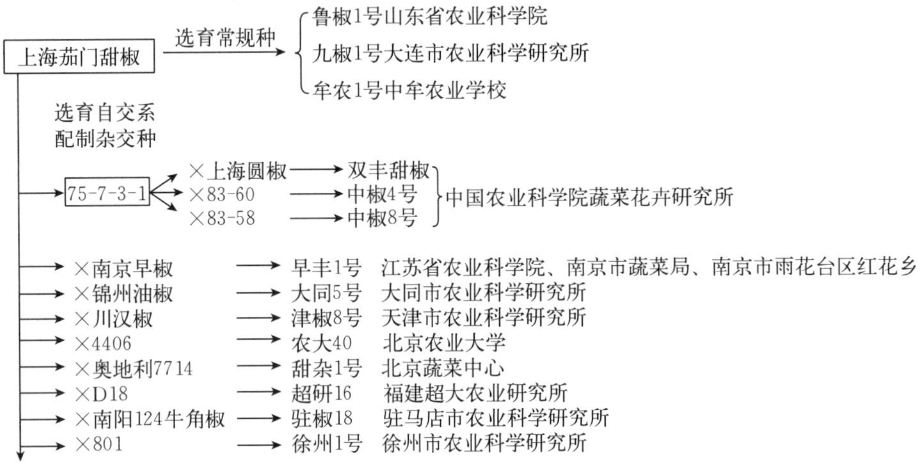

图 23－1　部分茄门血统的辣椒品种系谱图

湖南气候恶劣，春季低温多雨、夏季高温潮湿、秋季干旱、冬季严寒，不利于辣椒生长发育，但是辣椒抗病、抗逆育种的理想场所，经过长期的自然选择和人工选择，产生大量的抗源材料。衡阳伏地尖、河西牛角椒、湘潭迟班椒是 3 份重要的辣椒种质资源，由它们及其衍生系育成品种数十个（图 23－2、图 23－3、图 23－4），这些品种 21 世纪初种植面积约占中国辣椒种植面积的 50％。

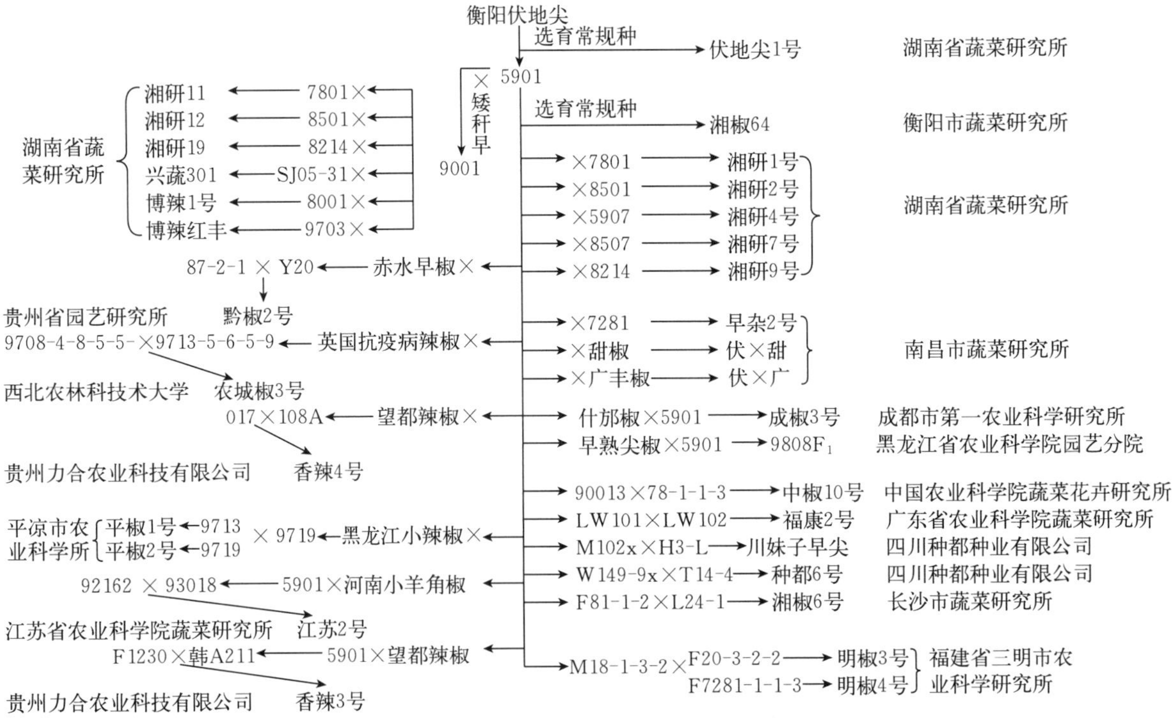

图 23－2　部分伏地尖血统的辣椒品种系谱图

（戴雄泽等，2015）

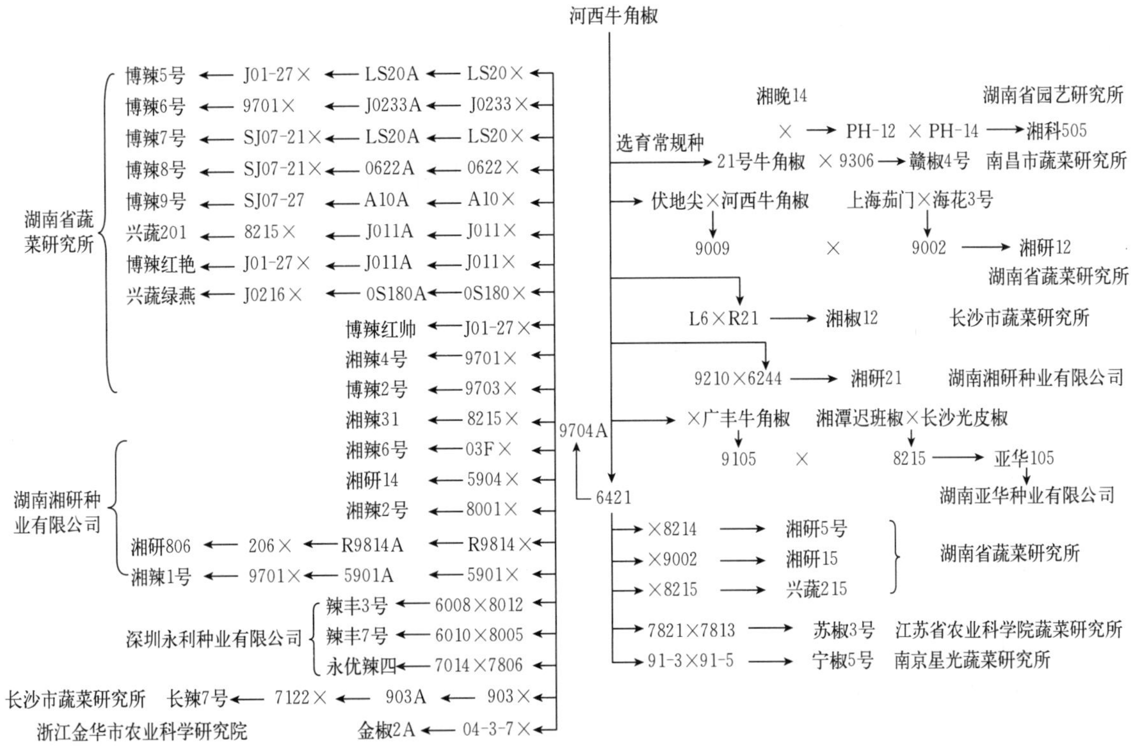

图 23-3　部分河西牛角椒血统的辣椒品种系谱图

（马艳青等，2015）

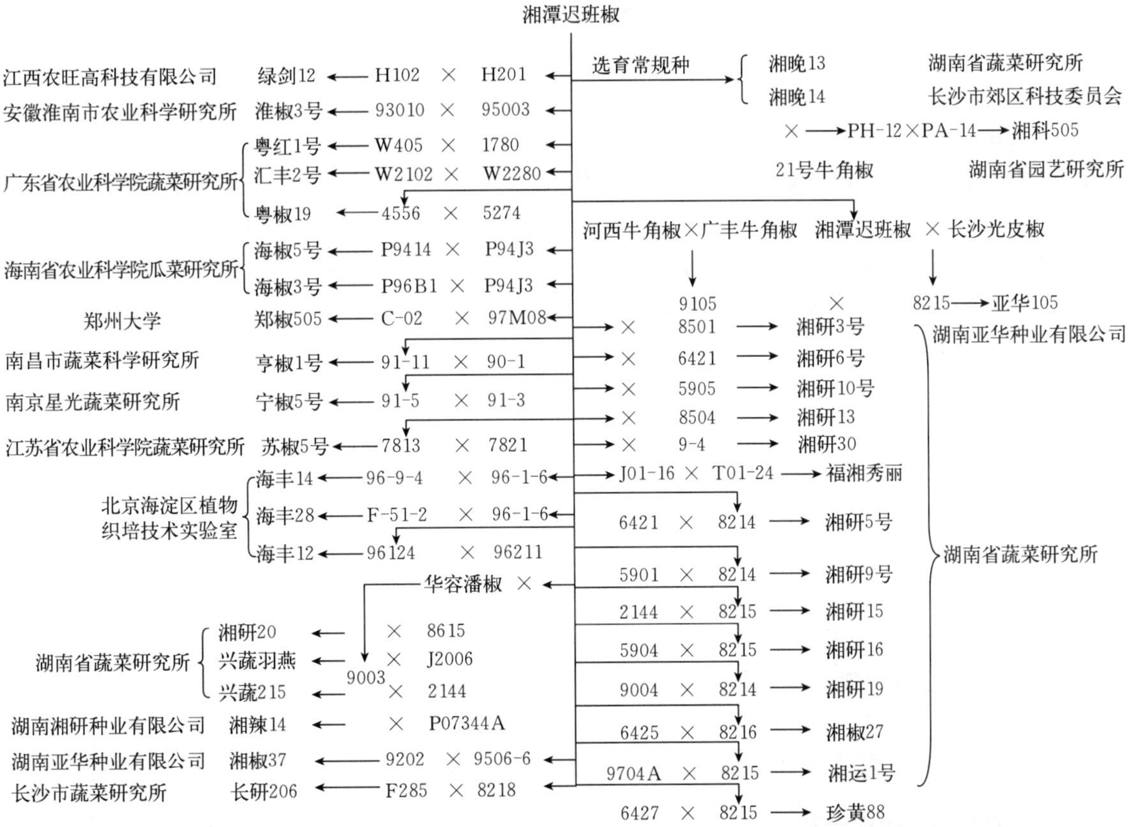

图 23-4　部分湘潭迟班椒血统的辣椒品种系谱图

（张竹青等，2015）

张宝玺等（2005）利用国外引进的2个抗疫病的商业品种，通过系谱法选择，获得了6个园艺性状普遍优于茄门、对疫病达到抗病和高抗水平的株系，其中有4个株系兼中抗CMV和TMV，另有1个株系兼抗CMV，特别是株系20079－0－3－1－27和20080－0－1－3－29综合表现尤其突出。

三、种质资源类型与代表品种

（一）类型的划分方法

1. 林奈分类 林奈（Linne.，1753）首先把辣椒分为两类：

Capsicum annuum L.　一年生椒

Capsicum frutescens L.　灌木状椒

1767年林奈（Linne）又把辣椒分成另外的两个种：

Capsicum baccacum L.　小樱椒

Capsicum grossum L.　大椒

2. 伊利希分类 伊利希（Irish，1898）在林奈（Linne.，1753）分类的基础上将一年生椒分为7个变种，即：

Capsicum annuum L.　一年生椒

var. *conoides*（Mill）Irish　朝天椒

var. *fasciculatum*（Sturt.）Irish　簇生椒

var. *acuminatum* Fingern　线形椒

var. *longum*（D. C.）Sendt.　长形椒

var. *grossum*（L.）Sendt.　圆形椒

var. *abberviatum* Fingern　圆锥椒

var. *cerasiforme*（Mill）Irish　樱桃椒

Capsicum frutescens L.　灌木状椒

3. 贝利分类 贝利（Baileg，1923）认为，林奈（Linne.）所划分的一年生椒（*Capsicum annuum* L.）和灌木状椒（*Capsicum frutescens* L.）是同一个栽培种（*Capsicum annuum* L.），因为灌木状椒在热带是多年生的灌木类型，而在温带地区则是作为一年生蔬菜栽培的。贝利根据果实的特征将辣椒栽培种（*Capsicum annuum* L.）分为5个变种：

var. *cerasiforme* Irish　樱桃椒

var. *conoides* Irish　圆锥椒

var. *fasciculutum* Sturt.　簇生椒

var. *longum* Sent.　长椒

var. *grossum* Sent.　灯笼椒

1983年，国际植物遗传资源委员会发表的《辣椒遗传资源》一文中，确定了栽培辣椒有5个种，即一年生辣椒（*Capsicum annuum*）、灌木状辣椒（*C. frutescens*）、中国辣椒（*C. chinense*）、下垂辣椒（*C. baccatum*）、柔毛辣椒（*C. pubescens*）。

一年生辣椒包括各种栽培辣椒和甜椒，是目前栽培最广的一个种。一年生辣椒有5个变种：甜椒（var. *grossum* Sent.）、长辣椒（var. *longum* Sent.）、簇生椒（var. *fasciculatum* Sturt.）、圆锥椒（var. *conoides* Bailey）、樱桃椒（var. *cerasiforme* Irish）。

（二）主要类型与代表品种

1. 牛角椒（羊角椒）**类型** 本类品种果实呈牛角形，辣味一般较重，抗逆性、抗病性、丰产性均较强。分布地区较广，以西南、中南各省栽培面积最大，品种极丰富。

(1) 伏地尖　湖南省衡阳市郊农家品种。植株矮，株型较开张，株高 45 cm，株幅 50 cm。第 1 花着生在第 8～9 节。果实牛角形，稍弯曲。长 12 cm，横径 1.8 cm，肉厚 0.2 cm，2～3 心室，果肩微凸，果面光滑、深绿、有光泽，单果重约 9 g。早熟，生育期 200 d 左右，定植至始收 50 d 左右。耐寒、耐湿、耐肥力均强，结果集中，早期产量高；耐热力、耐病毒能力弱，易早衰，后期产量低。肉厚皮硬，辣味强，宜炒食。每公顷产量 11 250～18 750 kg。适宜湖南省及周边地区栽培。

(2) 河西牛角椒　湖南省长沙市河西郊区地方品种。株高 48.5 cm，株幅 73.6 cm。第 13～15 节着生第 1 花。果实长牛角形，稍弯曲，长 15.8 cm，横径 2.5 cm，皱褶，青熟果绿色，老熟果红色，单果重 22.7 g。中熟，生育期 280 d 左右，从定植到采收 65～70 d。喜温，较耐寒、耐热、耐旱，适应性广。果实辣味中等，质脆致密，耐贮藏，品质好，可供鲜食或加工酱制。每公顷产量 22 500 kg 左右。适宜长沙市郊及长沙、望城、宁乡和浏阳等地区栽培。

(3) 湘潭迟班椒　湖南省湘潭市地方品种。株高 60～80 cm，开展度 70～75 cm。生长势强，分枝力强，茎基 3～4 节处发生侧枝，主茎第 11～14 节着生第 1 花。果实呈三棱或扁圆牛角形，果长 12～17 cm，横径 3～4 cm，果肉厚 0.3 cm，绿色，单果重 50～100 g，味甜微辣。中熟偏迟，全生育期 240 d 左右，从定植到嫩果采收 60 d，从定植到老果采收 90 d。每公顷产量 30 000～45 000 kg。适宜湖南湘潭地区栽培。

(4) 云阳椒　河南省南阳地方品种。全生育期 220～250 d，属中、晚熟品种。植株中等大小，株高 50～60 cm，开展度 50 cm，主茎第 15 节着生第 1 花。果实深绿色，果长 20 cm，单果重 40 g，单株产量 750 g 左右，一般每公顷产量 52 500 kg。果实前期辣味适中，后期辣味较浓。对疫病、病毒病、枯萎病等的抗性较强。适宜河南、湖北、山西、山东等省栽培。

(5) 保加利亚尖椒　引自保加利亚，在东北栽培多年。中熟。植株生长势强，株高 60～70 cm，开展度 45～50 cm，叶片中等、绿色，不易落花和落果，坐果率高。第 1 花着生在第 10～11 节。果实长羊角形，长 15～21 cm，果粗 1.5～3.5 cm，肉厚 0.3 cm，单果重 50 g，青果淡绿色，老熟果为鲜红色，味较辣。每公顷产量 52 500 kg 以上。适宜东北地区及华南地区作冬季栽培。

(6) 猪大肠　甘肃省地方品种。株高 65 cm，开展度 68 cm。果长 14 cm，果肩直径 3.3 cm，果顶部直径 2.2 cm，肉厚 0.35 cm，平均单果重 36.1 g，最大单果重 50 g。辣味中等，果面光亮、深绿色，果顶中部向内稍凹，无尖，形成 3～4 个瘤状凸起，故不易产生机械损伤，耐贮运。中早熟，结果期长。抗病毒病和炭疽病，对疫病抗性较差，耐热、耐旱。适宜甘肃、宁夏、新疆、青海等地栽培。

2. 线椒类型　本类品种果实细长，辣味浓烈，主供晒制干椒。

(1) 线辣子　陕西省地方辣椒品种。株高 60 cm，长势中等，分枝多，叶小、浅绿色。果实羊角形，长 12～16 cm，横径 1.2～1.5 cm，商品成熟果暗绿色，生物学成熟果红色。味极辣，宜于制干调味品。适应性强，耐旱。晚熟，生长期 170 d 左右。每公顷产干椒 2 250～3 750 kg。适宜陕西省部分地区栽培。

(2) 二金条　四川省地方品种。植株较高大，半开展，株高 80～85 cm，开展度 76～100 cm。叶深绿色、长卵形，顶端渐尖。果实细长，长 10～12 cm，横径 1 cm，肉厚 0.6～1.0 mm，味甚辣。嫩果绿色，老熟果深红色，光泽好，产量中等，较耐病毒病。是四川省出口干椒品种。适宜四川省部分地区栽培。

(3) 丘北辣椒　云南省丘北地方辣椒品种。株高 50～80 cm，开展度 70 cm，每株有 6～8 个分枝，单株平均结果 40 个，最多可达 100 个。果顶向下，肉多，色艳，种子多，辣味较浓。耐旱、耐瘠薄，生长期 180 d 左右。每公顷产干椒 1 500～4 200 kg。适应性强，海拔 1 400 m 左右的地区均可栽种。

(4) 醴陵朱红椒　湖南省醴陵市传统干椒品种。株高 75 cm，开展度 65 cm。果实羊角形，尖端钝尖，果长 10 cm，横径 1.9 cm，单果鲜重 12 g，干重 1.4 g，老熟果鲜红，果色光亮色艳，干制后深红色。鲜果肉厚 0.15 cm，味辣稍甜，品质好，易晒干。干果坚挺，光泽度好，果柄不易脱落。晚熟，8～10 月采收红果。耐热，较耐旱，适应性强。每公顷产干椒 2 250～3 000 kg。是湖南省主要出口干椒品种，适宜湖南省湘中地区栽培。

3. 灯笼椒类型 本类品种果实呈灯笼形，辣味一般较轻或完全无辣味，故称甜椒。抗逆性、抗病性较弱。分布地区主要在华北、东北以及华东地区。

（1）*茄门* 上海地方甜椒品种。株高 63 cm 左右，开展度 72 cm，主茎第 14 节着生第 1 果。果实方灯笼形，果高及横径各 7 cm 左右，深绿色，3～4 心室，果柄下弯，果顶向下，顶部有 3～4 个凸起，中心略凹陷。肉厚 0.5 cm，单果重 100～150 g，大果可达 250 g，质脆，味甜，品质好。耐热，抗病，耐贮运。中熟种，定植后 40～50 d 始摘青椒。每公顷产量 60 000～75 000 kg。适宜华东、华北、东北部分地区栽培。

（2）*麻辣三道筋* 吉林省长春市地方品种。中晚熟。植株生长势强，株高 56～60 cm，开展度 45 cm，茎粗壮，节间较短，平均节间长 5～7 cm，叶片浅绿色，较大。果实长三角形，果长 10～11 cm，横径 5.5～6.0 cm，浅绿色，多为三道筋，顶部常有 1 个心室突起，果肉厚 0.3 cm，味稍辣，单果重 100～150 g。抗病、耐热、耐贮运，适于露地栽培。每公顷产量 32 500～52 500 kg。适宜吉林、辽宁、黑龙江省部分地区栽培。

（3）*世界冠军* 美国引进甜椒品种。植株生长势强，株高 55 cm，株幅 45 cm。叶片大、叶色深绿，茎粗壮，10～11 节着生门椒。果实长灯笼形，深绿色，3～4 道筋，果肉厚 0.5～0.7 cm，单果重 200 g 以上。味甜，品质好，耐贮运。晚熟，从定植到采收 80 d 左右。每公顷产量 37 500～45 000 kg。较抗病，适应性广。适宜东北、长江中下游部分地区栽培。

（4）*四平头* 甘肃省地方品种。植株直立，株高 75 cm，分枝力弱，为无限分枝型。叶为互生，叶大色淡，呈卵圆形，叶缘无缺刻。花为完全花，呈白色单生。果实长灯笼形，果长 9.5 cm，果径 6.5 cm，果肉厚 2～3 mm，3～4 心室，青果嫩绿色，老熟果红色，平均单果重 60～80 g，最大单果重 100 g。不耐高温干旱。适宜甘肃、宁夏、新疆、青海等地区栽培。

4. 簇生椒类 本类品种果实簇生，可并生 2～3 个或 10 来个，辣味浓，主供晒制干椒。

（1）*天鹰椒* 自日本引进。植株较直立，叶片披针形，花簇生，花冠白色。果实尖长，细小，向上生长，果顶部有尖弯曲，呈鹰嘴状，成熟果鲜红色。中晚熟。属干制小辣椒型品种，极辣，每公顷产干椒约 4 500 kg。适宜华北、西北等北方地区栽培。

（2）*七星椒* 四川省自贡市地方品种。植株直立高大，株高 90～113 cm，开展度约 70 cm，晚熟，第 1 花节位出现在第 20 节左右，果实簇生直立，6～10 个，嫩熟果深绿色，老熟果鲜红色。果短指形或短圆锥形，果小，单果重 2.5 g 左右，果长约 4 cm，果径 0.8～1.4 cm，果肉厚 0.07～0.1 cm。辣椒极强，宜加工干制。每公顷产干椒 1 500～1 800 kg。适宜四川、贵州、湖南、陕西等省少部分地区种植。

5. 矮生早椒类 本类品种熟性皆早。植株矮生，较开展，分枝多，结果多，但果实较小，辣味轻，主要分布于长江中下游各地。品种有南京早椒、武汉矮脚黄、长沙矮树早等。

6. 圆锥椒类 本类品种果实小、圆锥形，甚辣，主供晒制干椒。品种有江苏海门椒、广东鸡心椒。

第三节 生物学特性与主要性状遗传

一、植物学特征与开花授粉习性

（一）植物学特征

1. 根 辣椒种子发芽后，主根垂直伸长的同时，不断发生侧根。辣椒属于浅根性植物，侧根大部分分布于表土层，以地下 10～25 cm 处分生侧根最多，水平生长的侧根长达 30～40 cm。

与茄子、番茄相比，辣椒的根系细弱，吸收根较少，木栓化程度也高，因而恢复能力弱。根毛和幼嫩的根端表皮细胞是吸收水分和养分的主要器官，其寿命虽然短暂，但可继续不断地分化和生长发育。在土温 21 ℃、水分适宜的情况下，根毛发生最迅速。

由于植株所需的水分和养分主要是通过根系吸收，因此根系的强弱在很大程度上影响着植株的水分和养分供应状况。

2. 茎　辣椒茎的分枝性、开展度和直立性因品种而异。早熟品种一般长势弱，分枝较多，节间较短，开展度大；晚熟品种一般长势强，分枝较少，节间较长，开展度小。茎（第 1 果实以下的主枝）上的每一个叶腋都有腋芽，并可萌发出枝条，这些枝条称为“抱脚枝”。矮生的早熟品种生长势弱，腋芽萌发时间早而多，“抱脚枝”上所结第 1 果实与“四门椒”同期，有利于增加早期产量，一般予以保留。晚熟品种的“抱脚枝”萌发迟，经济价值不大，一般均去除。

茎以上的分枝一般为二杈分枝，少数为三杈分枝，它们继续分杈发育成为骨干枝。按辣椒的分枝习性，分枝应呈几何级数增加，呈对称式上升。但实际上往往一强一弱，结果形成若干个“之”字形的枝臂，1 个枝臂上的节数因品种不同而异，一般可达 20 个左右。

3. 叶　辣椒单叶、互生，全缘，卵圆形，先端渐尖，叶面光滑、微具光泽，少数品种叶面密生茸毛（如墨西哥品种）。一般北方栽培的辣椒绿色较浅，南方栽培的较深，但随南椒北移和北椒南移的发展，界限已不明显。叶片大小、色泽与青果的色泽、大小有相关性。

叶片是进行光合作用、制造营养物质的主要器官。辣椒叶片不大，但数量众多。辣椒叶片的长势和色泽，可作为营养和健康状况的指标，生长正常的辣椒叶片深绿（因品种而异），大小适中，无光泽。当全株叶色黄绿时，一般为缺肥症状。大部分叶色浓绿，基部个别或少数叶片全黄时，为缺水症状。氮肥施用过多，则叶片宽，叶肉肥厚，颜色深绿，叶面光亮。如果施肥浓度过大，叶面变得皱缩、凹凸不平，顶部心叶相继变黄并有油光，椒农称之为“油顶”“出大青叶”，并认为此症为落叶之前兆。

4. 花　辣椒为两性花，着生于分枝杈点上，多数品种为单生，少数簇生，雌雄同花。花蕾由外至内依次是：萼片、花瓣、雄蕊、雌蕊，子房上位。甜椒花蕾大而圆，而辣椒花蕾较小而长，多数品种花冠白色无味，少数为浅紫色，由 5～7 片花瓣组成，雄蕊也为 5～7 枚，整齐地排列在雌蕊周围，基部合生。由花芽分化到萼片、花瓣发生需 7～8 d，而到雄蕊、雌蕊发生也需 7～8 d，至花粉、胚珠形成约需 10 d，至最后开花还需 5 d 左右。花药为紫色或浅紫色，柱头与雄蕊的花药靠近，一般品种雄蕊与柱头平齐或稍长，也有少数品种柱头长于雄蕊花药，这类长柱头品种，其天然异交率一般较高。辣椒花朝下开，花药纵裂，与其他茄果类蔬菜不同的是花瓣一经开放，花药即开裂，花粉立即散出。雌蕊由柱头、花柱和子房三部分组成。柱头上有刺状突起，当雄蕊花粉成熟时，柱头开始分泌黏液，以便黏着花粉，一旦花粉发芽，花粉管便通过花柱到达子房完成受精，形成种子。与此同时子房膨大发育成果实。第 1 花的下面各节也能抽生侧枝，侧枝的第 2 至第 7 节着花。

5. 果实　辣椒果实为浆果，食用部分为果皮。辣椒果实形状、大小因品种类型不同而差异显著，有扁圆、圆球、四方、圆三棱或纵沟、长角、羊角、线形、圆锥、樱桃等多种形状。例如有纵径 30 cm长的线椒、牛角椒；有横径 15 cm 以上的大甜椒，也有小如稻谷的细米椒。果肉厚薄 0.1～0.8 cm，单果重从数克到数百克。萼片呈圆到多角形，绿色。果肩有凹陷、宽肩、圆肩之分。辣椒的胎座不发达，种子腔很大，形成大的空腔，种室 2～4 个。果实着生多下垂，少数品种向上直立。第 1 朵花所结的果叫“门椒”。此后，按 2、4、8、16 这样的几何级数增加，第 2 层花坐的果称“对椒”，第 3 层花坐的果称“四门斗”，第 4 层花坐的果称“八面风”，再上 1 层称“满天星”。辣椒自授粉到果实充分膨大达到绿熟期，需 25～30 d，到生理成熟需要 55～60 d，甚至 60 d 以上。果实的发育需要吸收大量的养分，此时茎叶的生长要受到抑制，所以辣椒果实要适时采摘以促进茎叶不断抽生。

6. 种子 种子主要着生在胎座上，少数种子着生种室隔膜上。种子短肾形，稍大，扁平，略具光泽，色淡黄。种皮较厚实，故发芽不及茄子、番茄快。种子千粒重一般 6～9 g。辣椒种子的大小、轻重因品种不同差异较大，中等大小的种子千粒重 6～7 g。经充分干燥后的种子，如果密封包装在 −4 ℃条件下贮存 10 年，发芽率可达 76%；室温下密封包装贮存 5～7 年，发芽率可达 50%～70%；室温下不密闭包装贮存 2～3 年，发芽率仍可达 70%。中国南方气温高、湿度大，一般贮藏条件下的种子寿命要短一些。

（二）开花授粉习性

1. 开花习性 辣椒属常异交作物，天然异交率较高，甜椒品种一般为 10%左右，辣椒品种可达 20%～30%。辣椒的始花节位，早熟品种一般在主茎的第 4～9 叶节，晚熟品种在第 14～24 叶节。开花顺序以第 1 朵花为中心，以同心圆形式逐级开放，一般在第 1 层花开花后 3～4 d，上一层即可开放，如此由下而上进行。在正常条件下，花蕾的发育由青绿变黄绿渐至白色。当花瓣明显长于萼片后，花瓣即可开放。开花多在早晨 6～8 时，少数 10 时以后开放，阴天则开放较晚。一般为先开花，后裂药，裂药后则花粉大量散出。在天气炎热而干燥时，也有少数花为先裂药，后开花。每朵花由开放到凋谢历时 3 d 左右。

在自然条件下，由于菜粉蝶、蜜蜂、有翅蚜、蓟马等昆虫活动，常常造成品种间杂交，所以在进行良种繁育时，品种间应注意空间隔离，一般不小于 500 m。

2. 授粉习性 当柱头接受花粉后，花粉在适宜温、湿度条件下萌发并形成花粉管，通过花柱进入子房，完成受精作用。辣椒花粉萌发快慢与温度高低甚为密切，温度适宜时，花粉萌发快，温度过低或过高则花粉萌发速度减慢。最适萌发温度为 20～25 ℃，甜椒萌发温度偏低，辣椒稍高。辣椒以开花当天的花粉生活力最强，授粉后坐果率最高，开花前 1 d 的花粉活力次之，开花后 1 d 的花粉活力则明显下降。在授粉前将花粉贮存在温度为 20～22 ℃和空气相对湿度 50%～55%条件下，其生活力能保持 8～9 d。雌蕊在开花前 2 d 即具受精能力，但以开花当天受精能力最强，开花前 1 d 次之，开花后 2 d、3 d 雌蕊受精能力明显减弱或丧失。甜椒授粉后 8 h 开始受精，24 h 后完成受精。

二、生长发育及对环境条件的要求

（一）生长发育特性

辣椒的生长发育周期包括发芽期、幼苗期和开花结果期。

1. 发芽期 发芽期是指种子萌动到子叶展开、真叶显露期。在温湿度适宜、通气良好的条件下，从播种到现真叶需 10～15 d。发芽时胚根最先生长，并顶出发芽孔扎入土中，这时子叶仍留在种子内，继续从胚乳中吸取养分。其后，下胚轴开始伸长，呈弯弓状露出土面，进而把子叶拉出土表，种皮因覆土的阻力滞留于土中。这一时期种苗由自养过渡到异养，开始吸收和制造营养物质，生长量比较小。

2. 幼苗期 从第 1 片真叶显露到第 1 个花现蕾为幼苗期。幼苗期的长短因苗期的温度和品种熟性的不同而有较大差异。在适宜温度下育苗，幼苗期约为 30～40 d。幼苗期末期的形态大致是：苗高 14～20 cm，茎粗 0.3～0.4 cm，叶片数 10～13 枚，单株根系鲜重 1.5～2.2 g，生长点还孕育了多枚叶芽和花芽。当辣椒苗长有 2～4 片真叶时，即开始进行花芽分化。较大的昼夜温差、短日照、充足的土壤养分和适宜的湿度有利于花芽分化，使花芽形成早、花数多、花器发芽快。但花的着生节位则随温度升高有提高的趋势。

3. 开花结果期 自第 1 朵花开花、坐果到采收完毕为开花结果期。前期是植株早期花蕾开花坐果、前期产量形成的重要时期，种植密度过大、温度过高、氮肥过量易引起植株徒长，导致开花结果延迟和落花、落果。结果期长短因品种和栽培方式而异，短的 50 d 左右，长的达 150 d 以上。这一时期植株不断分枝，不断开花结果，继门椒（第 1 层果）之后，对椒（第 2 层果）、四门斗椒（第 3 层果）、八面风椒（第 4 层果）、满天星椒（第 5 层以上的果）陆续形成，先后被采收。此期是辣椒产量形成的主要阶段，应加强肥水管理和病虫害防治，维持茎叶正常生长，延缓衰老，延长结果期，提高产量。

（二）对环境条件的要求

辣椒在南美洲热带雨林气候条件下，在系统发育和个体发育形成过程中逐渐形成喜温、耐涝、耐旱、喜光而又较耐弱光的特点。

1. 温度　辣椒种子发芽适宜温度为 25～30 ℃，温度超过 35 ℃或低于 10 ℃都不能较好地发芽。25 ℃时发芽需 4～5 d，15 ℃时需 10～15 d，12 ℃时需 20 d 以上，10 ℃以下则难以发芽或停止发芽。

辣椒生长发育的适宜温度为 20～30 ℃，温度低于 15 ℃时生长发育完全停止，持续低于 12 ℃时可能受冷害，低于 5 ℃则植株完全死亡。

辣椒在生长发育时期适宜的昼夜温差为 6～10 ℃，以白天 26～27 ℃、夜间 16～20 ℃比较合适。就不同的生长发育阶段而言，苗期白天温度可达 30 ℃，以加速出苗生长，夜间保持较低的温度（15～20 ℃）以防秧苗徒长；15 ℃以下的温度花芽分化受到抑制，20 ℃时开始花芽分化，需 10～15 d；授粉结果以 20～25 ℃的温度较适宜，低于 15 ℃或高于 30 ℃则授粉结果率下降。因此，中国长江以南地区常因春雨低温而落花，又因夏季持续高温开花多而结果少。

2. 光照　辣椒是喜光植物，但不耐强光，光合作用光饱和点为 30 000 lx。除种子在黑暗中容易发芽外，其他生育阶段都要求充足的光照。比较而言较番茄、茄子和瓜类蔬菜耐弱光，过强的光照反而不利于生长。

辣椒在理论上属于短日照作物，种间存在差异。一年生辣椒可视为中光性作物，只要温度适宜、营养条件好，在长日照或短日照条件下都能开花、结果。

3. 水分　辣椒是茄果类蔬菜中最耐旱的一种，品种之间差异较大。小果型品种耐旱能力强，即使在无灌溉条件下也能开花、结果，虽然产量较低，但仍可有一定收成。大果型品种耐旱能力较弱，水分供应不足常引起落花、落果，有果亦难以肥大。

空气湿度对辣椒的生长发育影响较大，一般空气湿度为 60%～80%时生长良好，坐果率高。湿度过高有碍授粉，引起落花，诱发病害。辣椒在各个生育时期都要求足够的土壤水分，但土壤水分过多，影响辣椒根系的发育和正常的生理机能，甚至发生“沤根”现象。

4. 空气　辣椒的种子和根系对空气要求较高，催芽时供氧不足、播种后床土板结，都会使萌动的种子因缺氧而死亡。土壤中的二氧化碳含量过高，对辣椒根系产生毒害作用，使根系生长发育受到阻碍。因此，辣椒要求土壤有良好的通透性。

5. 土壤　辣椒对土壤的选择并不严格，各类土壤都可以栽植，一般是保水、保肥、通透性好的沙壤土为佳。以湖南省而论，一般来说土质黏重、肥水条件较差的缓坡红壤土，只宜栽植耐旱、耐瘠的线形椒或可以避旱保收的早熟甜椒品种。土质疏松、肥水条件较好的河岸（或湖区）沙质壤土栽植大果型品种能够获得果实大、产量高的效果。面积广大的水稻田土，宜于种植中等果型的牛角椒品种，利于稳产、保收。

辣椒对土壤的酸碱性反应敏感，在中性或弱酸性（pH 在 6.2～7.2 之间）的土壤上生长良好。

6. 营养　辣椒对氮、磷、钾肥料均有较高的要求，此外还需要吸收钙、镁、铁、硼、钼、锰等多种中微量元素。足够的氮肥是辣椒生长结果所必要的，氮肥不足则植株矮、叶子小、分枝少、果实小。但是，偏施氮肥、缺乏磷肥和钾肥则易使植株徒长，并易感染病害。施用磷肥能促进辣椒根系发育并提早开花，提早结果。钾能促进辣椒茎秆健壮和果实的膨大。

在不同的生长时期辣椒对各种营养物质的需要量不同。幼苗期需肥量较少，但养分要全面，否则会妨碍花芽分化，导致落花、落果，枝叶嫩弱，诱发病害。结果以后则需供给充足的氮、磷、钾养分，以促其丰产、果大、色佳。

三、主要性状的遗传

（一）植株性状的遗传

植株性状亲子遗传关系为高（♀）×矮（♂）→F_1 偏高，茎粗（♀）×茎细（♂）→F_1 偏细，分枝多（♀）×分枝少（♂）→F_1 中间偏多，分枝角度大（♀）×分枝角度小（♂）→F_1 偏小，植株生长势强（♀）×生长势弱（♂）→F_1 中间偏强，株型紧凑（♀）×株型松散（♂）→F_1 中间型，叶片大（♀）×叶片小（♂）→F_1 中间型，叶片长（♀）×叶片短（♂）→F_1 中间型，叶片宽（♀）×叶片窄（♂）→F_1 中间型，叶色深（♀）×叶色浅（♂）→F_1 叶色淡，即 F_1 杂种的表现一般介于父、母本性状之间，但圆叶对正常叶为隐性突变。

多花性状的遗传较复杂。Subramanya（1983）提出辣椒双花遗传表达的三基因控制模型，并认为附加基因改变多花特性。Tanksley 和 Iglesias - olivas（1984）发现至少有 5 个独立分离的基因控制多花，且上位性也发挥重要作用。Greenleaf（1986）提出 7 个加性基因决定多花性状。Shuh 等（1990）认为 3 个主基因（记为 M_1、M_2 和 M_3）控制辣椒多花特征的表达。

辣椒茎、叶柄和叶上的茸毛有无可能与抗病虫有关。Shuh 等（1990）认为，有 *H* 和 *Sm* 是辣椒叶片表面有茸毛的条件，基因 *H* 控制茸毛叶片的表达，有茸毛为显性，但基因 *Sm* 控制光滑叶片的表达，光滑叶为显性，*H* 对 *Sm* 有上位性作用，而 *smsm* 对 *hh* 有上位性作用，即茸毛对光滑是两对等位基因控制，非等位基因间互作表现为抑制作用。

（二）果实性状的遗传

坐果数和单果重是数量性状遗传，受多基因控制，F_1 杂种受小值亲本的遗传基因影响较大。果实灯笼形×灯笼形，双亲果数相近，则杂种一代单果重介于双亲之间，而平均单株结果数大多数超过双亲；果实为圆锥形×灯笼形或线形×灯笼形，其双亲结果数相差悬殊时，杂种一代平均单株结果数和单果重大多介于双亲之间或接近结果多的亲本。单生和丛生是由 1 对基因控制，单生对丛生为显性。

果实下垂与果实直立杂交，F_1 代全部表现为下垂，F_2 代的分离符合 13∶3 的规律，与下垂母本的回交世代全为下垂型果实，与直立父本的回交世代下垂∶直立按 1∶1 分离。证明果实着生方向是由两对基因控制，它们间有特殊的显性和隐性上位性作用。

（三）抗病性的遗传

辣椒对 TMV 抗性是由复等位基因 L^3、L^2、L^1、L^+ 控制，其显隐性效应可表示为 $L^3>L^2>L^1>L^+$。后又发现 1 个与 L^3 等位的抗 TMV 病变型的显性单基因 L^{10}。辣椒对 CMV 的抗性由单隐性基因（*cm*）控制，也有人认为一个具数量效应的主显性基因 *Riv* 控制 CMV 抗性，这个基因在基因 *L* 出现时也控制着对 TMV 的抗性。

对 TEV 的抗性是由隐性抗性基因 et^a 和 et^{c2} 控制，后又在 et^a 基因位点上发现了 1 个隐性基因 *ya*，*ya* 是对 PVY 免疫的单隐性基因。Zitter 等（1973）发现了抗 PVY 的另 1 个基因 et^{av}，它与 et^a 是等位基因，并比它具有更强的抗性，兼抗 TEV - C 和 PVY - N^{YR} 两个株系。1986 年 Greenleaf 将抗 PVY - C、TEV - C、PMV、TEV - S、PVY - N 和 PVY - N^{YR} 株系的抗性等位基因效应和显隐性关系概括为 $y^a<et^a<et^{av}\nless et^{c1}<et^{c2}$（$\nless$表示非显性）。

辣椒对白星病（*Phylloosticta capsici*）的抗性遗传表现十分复杂，不同试验材料研究结果差异很大，有的报道认为由 1 个显性基因所控制，也有的报道认为是受 2 个非连锁隐性基因，或受 1 个显性基因和 1 个隐性上位基因，或两个独立的显性基因控制。还有报道认为是 3 个等位抗性基因位点，只有当这些基因位点同时具有 3 个抗性基因，或在任何位点上至少具有 4 个抗性基因，抗性才能表达。

邹学校等（2004）用 Hayman 法对辣椒 TMV、CMV、疫病、疮痂病抗性进行遗传参数估算。结果表明，TMV、CMV 和疮痂病抗性遗传符合加性-显性模型，疫病抗性遗传不符合加性-显性模型，还存在显著上位性效应。F_1 代杂种抗 CMV 是纯合的显性基因决定的，疮痂病是杂合的显性基因决定的；疫病抗性 F_1 代杂种显性效应之和与控制性状表现显性的基因组数很少，几乎接近零。

第四节　主要育种目标与选育方法

一、不同类型品种的育种目标

（一）确定育种目标的原则与主要育种性状

露地栽培品种除要求满足高产、优质、抗病等传统育种目标外，重点突出耐贮藏、运输。如 2000—2005 年国家辣椒育种攻关组规定育种目标，耐贮运的甜（辣）椒品种：产量比同类型对照品种增产 8%以上，在常规商品包装和运输条件下，1 周内商品率高于 95%、失水率低于 5%；保护地专用品种：除要求满足高产、优质、抗病等传统育种目标外，还要耐低温、弱光照，采收期长。

加工专用品种除要求满足高产、优质、抗病等传统育种目标外，还要求果实干物质含量高，味辣，干椒红色鲜艳、着色稳定、不褪色等。不同的加工用途也对品种要求不同，如油辣椒、辣椒粉要求含水量低，便于干制，而剁辣椒、淹辣椒的含水量可适当高些；用于提取辣椒素、红色素的品种，主要育种目标当然是提高辣椒素、红色素含量。

（二）不同类型品种的育种目标

1. 露地栽培甜椒品种的育种目标　主要育种目标是商品性好，要求果实近方灯笼形，大小整齐，果大，果皮光滑，色泽鲜艳，果肉脆嫩，维生素 C 含量高，抗病性强（抗 TMV，耐 CMV、疫病），丰产。

适合华南、西南秋冬季种植的甜椒品种，除要求优质、抗病、丰产外，还要耐贮运、商品率高。如中国农业科学院蔬菜花卉研究所育成的中椒 5 号在南菜北运基地占有主导地位，但多年的连作使品种的抗病性、品质下降。2000—2005 年在中椒 5 号等品种的基础上，重点提高部分育种材料的抗病性、品质等特性，选育出甜椒新组合 2005L－41，前期平均单果质量比中椒 5 号高 20 g 左右，产量比中椒 5 号提高 10%以上，对病毒病的田间抗性加强。

2. 保护地栽培甜椒品种的育种目标　日光温室、塑料大棚栽培的甜椒品种，要求耐低温（夜温 14～15 ℃）、弱光（自然光照的 40%），连续 1 周的低温、弱光条件下能正常生长和开花结果，结果率比同类型对照品种高 10%、产量高 8%以上；果实大小整齐，采收前、后期平均单果重的差异小于 15～20 g，商品率高于 80%，抗 TMV、中抗 CMV 和疫病或线虫病、疮痂病。

3. 露地栽培辣椒品种的育种目标　露地栽培包括春季栽培、夏秋季栽培、南方冬季栽培等。中国露地栽培面积较大，如广东、广西、海南、云南、贵州、四川及长江中游、西北、华北地区均以露地栽培为主，其中长江流域以北地区多以夏秋露地栽培。露地栽培品种要求每 100 g 鲜重维生素 C 含量高于80 mg，对商品性各地要求不同，果形和颜色要符合当地的消费习惯，肉质柔软，口感好，耐贮藏运输。如广东、海南要求品种果直、果大，种性以黄皮长尖椒、大果形牛角椒为主；长江流域夏秋栽培以羊角椒品种为主。这些品种对熟性要求不严格，而对抗病、抗逆要求高，如抗疫病、病毒病和日灼病等，南方还要求抗炭疽病、疮痂病、青枯病等。

4. 保护地早熟辣椒栽培品种的育种目标 以早熟、极早熟辣椒品种为主，品种应具有耐低温、耐弱光、抗病、连续结果能力强、品质优、辣味中等等特点。果形、果色以各地消费习惯为准。由于中国长江流域和西南地区春季低温多雨、光照严重不足。为此，耐低温、耐弱光是其主要育种目标之一，如苏椒5号和湘研1号等。据钱芝龙等（1997）报道，苏椒5号在保护地栽培条件下，幼苗受冻后恢复生长能力强，偏低日温下生长速度快，自然光强减弱到棚外光照强度的48.8%，仍能很好地生长发育。

5. 秋冬大棚延后栽培和冬季日光温室栽培品种的育种目标 此季栽培对品种的早熟性要求并不严格，但不同地区对辣椒果形要求差异性大。例如，安徽皖南以牛角椒果形为主，山东鲁南以长灯笼椒果形为主。此类品种要求老熟椒色泽鲜红，结果多而集中，一次性挂果好，果实在树上留存期长，果直、果大，肉质柔软，口感好；耐贮藏运输；抗病性强，特别是抗疫病、病毒病、炭疽病和疮痂病。

6. 干制椒品种的育种目标 干椒品种按商品性分为3种类型：一是板椒类，主要包括干椒果实表面光滑的牛角椒型品种；二是皱椒类，主要指干燥后果皮呈皱缩状态的线椒品种；三是小椒类，主要指果实长度在6 cm以下的小辣椒品种。但不管那种类型，都要求品种结果多，结果期长，干物质含量高，产量高；辣味较浓，含油量高，颜色透明，鲜红发亮，香气扑鼻，风味独特；抗逆性强，适应性广；抗病性强，特别是抗疫病、病毒病、炭疽病和疮痂病。

二、抗病品种选育方法

（一）主要病害与抗病育种目标

病害将严重影响辣椒产量，导致品质下降。选育抗病品种是最经济、有效的途径。中国辣椒主要病害有病毒病、疫病、炭疽病、细菌性斑点病、疮痂病、青枯病、菌核病、叶枯病、白星病、灰霉病、软腐病、细菌性叶斑病等，生理性病害有日烧病、脐腐病等。目前生产上危害最严重的是病毒病、疫病，中国南方地区（如长江中下游地区）炭疽病、疮痂病和青枯病也日趋严重，北方地区日灼病危害严重。所以，当前中国辣椒抗病育种目标最重要的是抗病毒病和疫病；其次为日灼病、炭疽病、疮痂病和青枯病等。同时由原来的单一抗性向着复合抗性方向发展。

侵染中国辣椒的病毒病主要种类有CMV（黄瓜花叶病毒）、TMV（烟草花叶病毒）、PVX（马铃薯X病毒）、PVY（马铃薯Y病毒）、BBWV（蚕豆萎蔫病毒）、AMV（苜蓿花叶病毒）、TEV（烟草蚀纹病毒）、TRV（烟草脆裂病毒），其中以CMV和TMV田间检出率最高，危害最严重，是中国辣椒生产上的主导病毒毒源，是辣椒抗病毒病育种的主要目标。中国在抗CMV和TMV育种方面做了大量工作，选育了一批抗病品种如汴椒1号等，在生产上取得了较好的经济效益和社会效益。但近年来，随着抗TMV、耐CMV品种的应用，PVX、PVY在田间的检出率有所上升，所以应逐步重视和开展抗PVX、PVY的辣椒抗病育种研究。不同地区的病毒毒源种群和株系分化不同，其致病力也有一定差别，各地应根据具体情况选育抗病品种。

辣椒疫病是一种严重的世界性病害。20世纪60年代以来在中国逐渐蔓延，危害程度逐年加重，在中国的南北方均大面积发生，给辣椒生产带来严重损失。由于疫病主要通过土壤传播，给用药剂防治带来更大困难。因此选育抗病品种是目前控制疫病最经济、有效的方法，但不同地区的疫霉菌致病力有一定差异。

（二）抗主要病害的鉴定、选育方法

1. 抗病毒病品种选育方法 要开展抗病毒病育种，首先对搜集的育种材料进行病毒病抗性鉴定，

鉴定方法有苗期接种鉴定和大田鉴定两种。为保证鉴定结果的准确性，提高鉴定效率，一般先进行苗期接种鉴定，将苗期接种鉴定表现抗性强的材料再大田验证，也可以同时进行。

将苗期鉴定表现抗性强的育种材料，在大田种植进行抗性验证鉴定，同时对抗性材料的商品性、品质性状、丰产性、熟性和农艺性状进行鉴定，只有表现抗性强、经济性状和农艺性状优良或经济性状和农艺性状一般但表现高抗的抗源材料才能作为育种的亲本。对于经济性状和农艺性状表现差的高抗材料，因不能在育种上直接利用，只能通过多次回交，将高抗基因转育到经济性状和农艺性状优良的品种中，才能作为育种亲本。

根据优良性状互补的原则，将筛选到的抗病亲本材料与经济性状和农艺性状优良的亲本材料间配组，或抗病亲本材料间配组。如果是开展杂种优势育种，则将所配组合进行抗病性、经济性状和农艺性状鉴定，筛选抗病性强、经济性状和农艺性状优良的组合，对入选的组合进行品种比较试验、区域试验、生产试验，研究制定品种种子生产的技术规程，报各级政府主管的农作物品种审定委员会审定或登记，再示范推广。

如果是开展杂交育种，将杂种 F_1 代自交，从 F_2 代开始进行单株选择，对入选的优良单株进行抗病性、经济性状和农艺性状鉴定，筛选抗病性强、经济性状和农艺性状优良的单株，对入选的单株再进行自交，F_3 代再进行株系选择，对入选的优良株系再进行抗病性、经济性状和农艺性状鉴定，筛选抗病性强、经济性状和农艺性状优良的株系，经过反复多代自交选择后，直至优良株系成为遗传稳定、抗病性强、经济性状和农艺性状优良的自交品系，再对入选的品系进行品种比较试验、区域试验、生产试验，制定品种标准，研究制定品种种子生产的技术规程，报各级政府主管的农作物品种审定委员会审定或登记，再示范推广。

刘建华等（1991）通过苗期鉴定 1 000 余份辣椒种质资源对 TMV 和 CMV 的抗病性，选出抗（耐）TMV 的材料 185 份（RRI≥3），抗（耐）CMV 的材料 152 份，其中兼抗 TMV 和 CMV 的材料 82 份。朝天椒对 TMV 的抗病性显著高于甜椒，极显著地高于长椒；甜椒与长椒之间差异不显著。3 类辣椒对 CMV 的抗性无显著差异。

2. 抗疫病品种选育方法　抗疫病品种的选育原理、方法和程序同病毒病。刘建华等（1998）用苗期接种鉴定方法，鉴定、评价了 1 079 份辣椒种质资源对疫病的抗病性，其中抗病、耐病、感病和高度感病的材料分别为 60 份、292 份、650 份和 77 份，各占供鉴定材料总数的 5.65%、27.6%、60.24%和 7.14%。不同类型辣椒对疫病的抗病性依次为皱皮椒>朝天椒>牛角椒>羊角椒>线椒>尖椒>甜椒。来源于贵州、云南、湖南、湖北和四川的牛角椒对疫病的抗病性，具有显著差异，贵州的牛角椒抗病性最强，其他依次是云南>湖南>湖北；而来源于不同地区的线椒、羊角椒、尖椒等的抗病性无显著差异。

3. 其他抗病品种选育方法　这里重点介绍抗疮痂病和炭疽病品种选育方法，基本同病毒病。林清等（2006）比较了离体果实接种和苗期喷雾接种两种方法在辣椒炭疽病抗性鉴定中的效果，认为离体果实接种法更适合用于辣椒炭疽病抗病性鉴定。刘建萍等（2006）利用针刺接种法对离体干制辣椒果实进行了接种，不同品种感病指数与田间自然发病情况一致，果实尖端部对炭疽病的敏感度高于中部和肩部，肩部与中部之间无显著差别，可以利用果实鉴定的方法进行抗炭疽病干制辣椒资源筛选。

刘建华等（1991）对 1 015 份辣（甜）椒资源鉴定的结果表明，对炭疽病感病的资源居多，占 57.33%；其次是耐病和高度感病的资源，分别占 17.14%和 16.55%，抗病资源仅占少数，为 8.96%。抗（耐）病资源超过 10 份的省、自治区为湖南、四川、福建、湖北、贵州、黑龙江、河南、云南、新疆、辽宁。其中，新疆、湖南、福建、四川的抗（耐）病资源比例大于 40%。这 10 省（份）代表中国东北、中南、华东、西南和西北地区的抗源分布中心，说明在不同类型的生态条件下，都存在一定数量的抗性资源。

（三）多抗性品种选育方法

中国对多抗性品种的选育非常重视，如 2000—2010 年国家攻关就要求选育的辣椒新品种抗 TMV、CMV 和疫病，或抗 TMV、CMV 和日灼病或抗 TMV、CMV 和疮痂病等。刘建华等（1991）在鉴定的 1 015 份资源中发现，有 67 份表现对炭疽病和 TMV 或 CMV 的兼抗性，其中抗（耐）3 种病的资源有 25 份，抗（耐）炭疽病和 TMV 的资源有 24 份，抗（耐）炭疽病和 CMV 的资源有 18 份。

毛爱军等（2002）提出了苗期人工接种 TMV、CMV 复合接种鉴定技术，TMV 及疫病的双抗接种鉴定技术，CMV 及疫病的双抗接种鉴定技术，TMV 及炭疽病的双抗接种鉴定技术，CMV 及炭疽病的双抗接种鉴定技术，疫病及炭疽病的双抗接种鉴定技术，TMV、CMV 及疫病复合接种鉴定技术，TMV、CMV 及炭疽病复合接种鉴定技术，TMV、疫病及炭疽病复合接种鉴定技术，CMV、疫病及炭疽病复合接种鉴定技术，TMV、CMV、疫病、炭疽病四抗接种鉴定技术。

三、抗逆品种选育方法

辣椒是一种重要蔬菜和调料作物，为了保证辣椒周年生产和在不同的生态环境都能种植，抗逆性是辣椒品种的重要性状，选育抗逆性强的品种是辣椒重要的育种目标。目前中国抗逆性育种主要包括耐低温、耐弱光、耐旱、耐高温和耐湿等。

（一）耐寒品种选育方法

在辣椒保护地早熟促成栽培中，苗期越冬易受突然寒流低温霜冻或早春阴雨低温的冷害，严重影响辣椒的生长、早期产量的形成和商品性。挖掘利用辣椒品种本身的抗冻性和耐寒性，并选育耐寒的新品种，是解决低温冷害最有效的技术途径。

耐寒品种的选育方法与抗病品种选育基本相似，首先是对搜集的育种材料进行抗寒性鉴定。常用的耐寒性鉴定方法主要有发芽鉴定和幼苗鉴定两种。人工发芽鉴定一般是将每个要鉴定的育种材料种子用 1%次氯酸钠消毒 1 min，包于干净纱布中，在 10～40 ℃之间选择处理温度，于黑暗中萌发。以胚根长超过种子 1/2 为标准，记录日发芽数。按国际统计标准第 6 d 调查发芽势，第 14 d 统计发芽率，并通过计算发芽指数来确定品种的耐寒性。

为保证鉴定结果的准确性，提高鉴定效率，一般先在实验室进行初步鉴定，将实验室鉴定表现抗性强的材料再在大田验证，也可以同时进行。

将抗寒性鉴定表现强的育种材料，同时在大田进行商品性、品质性状、丰产性、熟性和农艺性状鉴定，只有表现抗寒性强、经济性状和农艺性状优良，或经济性状和农艺性状一般，但表现高度抗寒的抗源材料才能作为育种的亲本，对于经济性状和农艺性状表现差的高抗材料，因不能在育种上直接利用，只能通过多次回交，将抗寒基因转育到经济性状和农艺性状优良的品种中，才能作为育种亲本。

钱芝龙等（1996）研究表明，在各种类型的辣椒中，指形椒类耐寒性较强，羊角椒和灯笼椒类耐寒性较差，但都可筛选出耐寒性较强的品种材料。此外，辣椒品种的耐寒性不仅与其本身的生理特性有关，还与生态因素密切相关。长期在低温环境栽培，可使辣椒品种通过本身变异或自然和人工选择而获得一定的耐寒性。耐寒品种的地域性分布不明显，品种的耐低温性没有明显随纬度升高而增强的趋势。在筛选耐低温育种材料时，应鉴定所有的品种资源，才能挖掘出耐低温性最好的品种，但可将工作重点放在苗期生长阶段有特殊低温环境的中早熟地方品种上，以提高研究效果。

（二）耐弱光品种选育方法

辣椒耐弱光的鉴定方法比较复杂，目前还没有统一的鉴定方法。常彩涛等（1996）研究认为，弱光下虽然各品种反应不同，但一般表现出株幅变大、植株变高、茎秆变细、开花期延迟、单果重下降、光合作用效率降低、超氧化物歧化酶活性加强。从开花期、株高、株幅、单果重、光合作用效率、产量这几个因素在弱光下的变化来看，株高、株幅不仅难以准确测定，而且各品种处理与对照之间变化不大，难以作为品种耐弱光的衡量指标，而单果重、光合作用效率、茎粗、产量在弱光下的变化规律接近且易于准确测定，能客观反映实际情况，可以作为耐弱光的鉴定指标。

眭晓蕾等（2006）比较不同品种耐弱光性的差异，辣椒的弱光耐受性普遍强于甜椒。姜亦巍等（1996）通过对8个青椒品种在不同低温弱光条件下的研究，初步确定15 ℃昼/5 ℃夜，光照强度4 000 lx，光照时间8 h，处理15 d，是青椒低温弱光品种适宜的选择压力。

（三）耐旱品种选育方法

辣椒耐旱性鉴定比较复杂，目前还没有公认的方法，且研究报道少。宋志荣（2003）发现抗旱性强的品种保持着相对较高的组织相对含水量、叶绿素含量和脯氨酸含量，相对较低的丙二醛含量和质膜相对透性。刘国花（2007）认为抗旱性强的品种保持着较高的组织相对含水量和脯氨酸含量，丙二醛含量相对较低。组织相对含水量、丙二醛含量和脯氨酸含量能够用来作为辣椒抗旱性鉴定的直接指标，而叶绿素含量能够用来作为辣椒抗旱性鉴定的间接指标。

（四）耐高温品种选育方法

辣椒耐高温的鉴定方法目前还处在探索阶段。马惠萍（2007）认为，高于30 ℃时，就可以用来筛选辣椒品种的耐高温性。潘宝贵等（2006）发现高温胁迫12 h对所有品种净光合速率均产生明显的抑制作用；叶绿素总量表现为先上升后下降的趋势，耐热品种湘研5号叶绿素总量变化幅度小于热敏品种苏椒5号，说明净光合速率和叶绿素总量可作为选育耐热辣椒品种的生理指标。

金新文等（1997）研究发现，在高温胁迫下，辣椒热敏品种的种子活力和种子ATP含量的下降率均高于相应抗热品种，认为在高温胁迫下种子活力和ATP含量的变化都可作为品种抗热性的鉴定指标。金新文等还研究了辣椒蒸腾作用与其品种的抗热性的相关性，发现抗热品种在高温下叶片蒸腾率的增加大于热敏品种，故叶片蒸腾率在高温胁迫下的变化也可考虑作为辣椒抗热性的鉴定指标。

四、优质品种的选育方法

（一）优质育种的目标

随着生活水平和育种水平的不断提高，对辣椒品质的改进也越来越重视。特别是进入21世纪后，人们对辣椒的商品品质和营养品质要求更高，已成为目前中国辣椒育种最重要的育种目标。对育成的辣椒品种品质要求包括两个方面：一是果实的商品外观和风味；二是果实的营养成分含量。不同地区消费习惯不同，对辣椒品质的要求差异很大。如鲜食辣椒中国华东、华北、华南地区喜欢果大、肉厚、果面光滑、果皮薄、果肉脆嫩、肉质细软、味甜、外形美观、风味佳的灯笼椒品种；西北、东北地区喜欢果实粗大牛角形、肉厚中等、果面光亮、平滑无皱、中等辣度或微辣带甜、肉质细软、外形美观、风味佳的品种；中南、西南地区喜欢果实细长线形、牛角形，果肉厚中等，果面光滑，果皮薄，肉质细软、脆嫩，味辣而不烈，外形美观，风味佳，干物质含量高的品种。

在符合当地消费习惯的前提下，一般对下列要求有共同性，即果实较大，整齐一致，果肉脆嫩，果皮薄，种子少，胎座小，果面光滑，风味好，维生素C和干物质等营养成分含量较高等。

（二）优质品种的选育

1. 高辣椒素含量品种的选育方法 开展高辣椒素含量品种育种时，首先是对搜集的辣椒品种资源进行辣椒素含量测定，筛选高辣椒素含量的育种材料。具体的选育过程参考抗病育种。

刘建华等（1991）测定了湖南115份品种资源的辣椒素含量，平均为0.15%，最高为0.82%，最低为0.01%。辣椒素含量的变异系数大，分布比较分散，辣椒素含量低于0.10%的资源有49份，占总数的42.6%；含量为0.10%～0.20%的资源43份，占总数的37.4%；含量≥0.3%的资源10份，其中含量≥0.7%的资源4份。

濮冶民等（1992）分析了中国1 018份辣椒品种的辣椒素含量，结果表明辣椒素含量最高的可达1.11%，最低的为0。约有90.3%的样品辣椒素含量分布在0.01%～0.40%，含量特低（小于0.01%）的61份，占6.0%，含量大于0.41%的仅38份，占总分析份数的3.7%。

辣椒果实中辣椒素含量是数量性状，受多基因控制，加性效应起主要作用，遗传力较高，配合力分析表明一般配合力起着重要的作用。邹学校等（2007）研究认为，辣椒素含量的遗传符合加性-显性模型，是加性效应方差（D）明显大于显性效应方差（H_1）和亲本中正负基因不对称引起的显性效应方差（H_2），平均显性度［$(H_1/D)^{1/2}$］较小，亲本中显性基因和隐性基因的比例（R）、正效应和负效应基因的比例（$H_2/4H_1$）都相对较小，广义遗传力（h^2_B）相对较高，广义遗传力（h^2_B）和狭义遗传力（h^2_N）相差较小，说明F_1代杂种辣椒素含量的遗传主要是以加性效应为主，加性效应比显性效应更加重要。

2. 高红色素含量品种的选育方法 开展高红色素含量品种选育时，首先用目测选取辣椒果实红色深的品种，再用定量分析方法测定品种的红色素含量，筛选出高红色素含量的亲本材料，具体的选育过程参考抗病育种。

高红色素含量育种研究较少。郭守金（2000）从国内外引进高含量红色素辣椒品种10个，通过抗病性、适应性、丰产性等筛选，选出2个优良品种，即色素W7、色素5号。这两个品种易干，油分大，抗病毒病，红色素含量高。

色素W7为较大型朝天椒，单产干椒3 000～3 750 kg/hm²。适合密植，一般每公顷定植12万～15万株，行株距（40～50）cm×30 cm，穴定植2～3株。适应性广，抗逆性强，红色素含量2.5%以上。

色素5号为短牛角形，单果重20 g，单产干椒2 250～3 750 kg/hm²。行株距65 cm×30 cm，一般土壤每公顷定植10.5万～12万株。果实辣度低，红色素含量5%左右，是提取辣椒红色素的优质原料。

3. 高维生素C含量品种选育方法 要选育高维生素C含量的辣椒品种，首先要筛选高维生素C含量的育种材料，维生素C含量要用仪器测定，一般采用2，6-二氯靛酚滴定法，也可通过植株性状进行间接选择。邹学校等（1992）研究表明，维生素C含量与果宽、单果重、单株产量呈显著或极显著的负相关。马艳青等（2005）分析了维生素C与农艺性状的灰色关联度，结果表明农艺性状对维生素C的关联度大小是株幅>果长>侧枝数>叶柄长>叶宽>叶长>果宽>主茎高>首花节位>株高>肉厚。

刘建华等（1991）测定了湖南品种资源的维生素C含量，115份供试品种资源的维生素C含量平均为每100 g鲜重132.4 mg，最高为每100 g鲜重311.4 mg，最低75.8 mg。每100 g鲜重维生素C含量在100～199 mg的辣椒资源有78份，占总数的67.8%；在200～299 mg范围内的资源有7份，占总数的6.1%；含量在300 mg以上的资源有3份，占总数的2.6%。

濮冶民等（1992）分析了中国1 018份辣椒品种的维生素C含量，结果表明在供试的1 018份材料中，每100 g鲜紫熟果维生素C含量最高的可达356.14 mg，最低的仅30.0 mg，之间相差达11.87倍。品质优良、每100 g鲜重维生素C含量超过100 mg的达665份，占总分析份数的65.3%。而45.4%的样品维生素C的含量处于中等水平，含量特高的仅13份，占总分析份数的1.3%。

Khadi（1988）指出，绿熟果实中维生素C含量由加性和显性效应控制，成熟果实中则受加性、显性、上位性影响。巩振辉、王鸣（1993）的研究表明，维生素 C 的一般配合力方差与特殊配合力方差的比值（V_g/V_s）较大，说明其受基因加性效应影响大；维生素 C 含量的遗传力高（Gupta 和 Yadav，1984）。

4. 高干物质含量品种的选育方法　要选育高干物质含量优良品种，首先要筛选经济性状优良，抗病、高产的育种材料。在筛选育种材料时，可以用目测进行初步筛选，入选后再用干燥法测定干物质含量；也可通过植株性状进行间接选择，或两种方法同时进行，入选后再用干燥法测定干物质含量。邹学校等（1992）研究表明，干物质含量与植株开展度、果长、果宽、单果重、单株产量间呈显著或极显著的负相关，与结果数呈极显著的正相关。

刘建华等（1991）测定了湖南 115 份品种资源的干物质含量，供试辣椒资源的干物质含量平均为 13.4%，最高的为 24.5%，最低为 8.0%。干物质含量在 10.0%～14.9%范围内的辣椒资源达 72 份，占总数的 62.6%；含量在 15.0%～19.9%范围内的有 21 份，占总数的 18.3%；含量高于 20.0%的资源有 7 份。

濮冶民等（1992）分析了中国 1 018 份辣椒品种的干物质含量，干物质含量特高（>20%）的 51 份，占 5.0%；含量较高（15.1%～20.0%）的 191 份，占 18.8%；含量中等（10.1%～15.0%）的 516 份，占 50.7%；含量较低（≤10%）的 260 份，占 25.5%。

邹学校等（2007）研究认为，F_1 代杂种干物质含量的遗传主要是以加性效应为主，加性效应比显性效应更加重要。Rao 和 Chnonkar（1984）研究表明，干物质含量由非加性基因效应控制；Milkova（1986）则认为，果实干物质含量的加性和非加性效应均十分重要，果实干物质含量强烈地受环境影响。王得元和王鸣（1993）的研究指出，加性效应和显性效应共同制约着果实干物质含量，加性效应占有更大的比例。

5. 果色的选育方法　辣椒成熟果实颜色是其商品质量的重要指标之一，它是指成熟期后期和完熟期的果实色彩，有红色、黄色、橘红色、橙色、紫色、乳白色和绿色等。一般未熟期或红熟前期的颜色与成熟果实不同，同样有多种颜色。成熟辣椒果实的不同颜色是由果实中积累的类胡萝卜素类型及主要类胡萝卜素的相对含量决定的，与果实成熟过程中类胡萝卜素的合成和代谢有关。

早期对辣椒果实颜色的遗传研究认为，成熟果实颜色红色对黄色显性，单基因控制，并用符号 *y* 表示，y^+ 表示红色、显性，*y* 表示黄色、隐性。Smith（1948）在研究辣椒棕色和绿色成熟果实颜色遗传时，认为绿色成熟果实中仍有叶绿素的存在，与 y^+（红色）或 *y*（黄色）组合，分别产生棕色或橄榄绿色的成熟果实，并把该基因命名为叶绿素沉积基因（*cl*）。Kormos J. 和 Kormos K.（1960）认为辣椒不同成熟果实颜色的形成是由于 3 个独立的基因 *y*、*c1*、*c2* 相互作用的结果，*c1* 和 *c2* 是辣椒果实颜色形成过程中的类胡萝卜素抑制因子，当 *c1* 出现时，果实色素含量减少约 10%，而 *c2* 出现时，果实色素含量仅有微量的改变。但他们没有完全证实对于 3 基因遗传所期望的 8 种表现型。Henandez 和 Smith（1985）认为辣椒成熟果实颜色遗传受 3 对相互独立的基因 *y*、*c1* 和 *c2* 控制，并提出了辣椒成熟果实颜色遗传的 3 基因模型（表 23 - 1）。

表 23 - 1　辣椒成熟果颜色遗传模型

（Hernandez 和 Smith，1985）

基因型	表现型	基因型	表现型
$y^+c1^+c2^+$	红色	$yc1^+c2^+$	橙黄色
$y^+c1\ c2^+$	浅红色	$yc1c2^+$	浅橙黄色
y^+c1^+c2	橙色	$yc1^+c2$	柠檬黄
$y^+c1\ c2$	浅橙色	$yc1c2$	乳白色

注："+"为显性基因。

根据前面研究结果可认为，在辣椒果实成熟过程中，类胡萝卜素代谢途径存在着4个主要基因，分别是 y 成熟果实黄色，$c1$、$c2$ 类胡萝卜素抑制因子，cl 绿色生理成熟果实中仍有叶绿素的存在，y、$c1$、$c2$、cl 及其等位基因的不同组合，控制了辣椒成熟果实颜色的形成，红色 $y^{+}cl^{+}c1^{+}c2^{+}$、浅红色 $y^{+}cl^{+}c1c2^{+}$、橙色 $y^{+}cl^{+}c1^{+}c2$、浅橙色 $y^{+}cl^{+}c1c2$、巧克力色 $y^{+}clc1^{+}c2^{+}$、橙黄色 $ycl^{+}c1^{+}c2^{+}$、浅橙黄色 $ycl^{+}c1c2^{+}$、柠檬黄色 $ycl^{+}c1^{+}c2$、乳白色 $ycl^{+}c1c2$、绿色 $ycl-$。因此，根据辣椒成熟果实颜色遗传的 Hemandez 和 Smith 模型（1985），利用果实颜色基因间的显隐性规律，可以有目的、有预见性地获得所需要的 F_1 代果实颜色类型（表23-2），选育符合市场需求果实颜色的辣椒品种。

表23-2 辣椒不同亲本和 F_1 成熟果实颜色及基因型间关系

母本成熟果颜色（基因型）	父本成熟果颜色（基因型）	F_1 成熟果颜色（基因型）
红色（$y^{+}cl^{+}c1^{+}c2^{+}$）	橙色（$y^{+}cl^{+}c1^{+}c2$）	红色（$y^{+}cl^{+}c1^{+}c2^{+}$）
红色（$y^{+}cl^{+}c1^{+}c2^{+}$）	橙黄色（$ycl^{+}c1^{+}c2^{+}$）	红色（$y^{+}cl^{+}c1^{+}c2^{+}$）
红色（$y^{+}cl^{+}c1^{+}c2^{+}$）	柠檬黄色（$ycl^{+}c1^{+}c2$）	红色（$y^{+}cl^{+}c1^{+}c2^{+}$）
红色（$y^{+}cl^{+}c1^{+}c2^{+}$）	乳白色（$ycl^{+}c1c2$）	红色（$y^{+}cl^{+}c1^{+}c2^{+}$）
红色（$y^{+}cl^{+}c1^{+}c2^{+}$）	巧克力色（$y^{+}clc1^{+}c2^{+}$）	红色（$y^{+}cl^{+}c1^{+}c2^{+}$）
红色（$y^{+}cl^{+}c1^{+}c2^{+}$）	绿色（$ycl-$）	红色（$y^{+}cl^{+}c1^{+}c2^{+}$）
橙色（$y^{+}cl^{+}c1^{+}c2$）	橙黄色（$ycl^{+}c1^{+}c2^{+}$）	红色（$y^{+}cl^{+}c1^{+}c2^{+}$）
橙色（$y^{+}cl^{+}c1^{+}c2$）	柠檬黄色（$ycl^{+}c1^{+}c2$）	红色（$y^{+}cl^{+}c1^{+}c2^{+}$）
橙色（$y^{+}cl^{+}c1^{+}c2$）	乳白色（$ycl^{+}c1c2$）	橙色（$y^{+}cl^{+}c1^{+}c2$）
橙色（$y^{+}cl^{+}c1^{+}c2$）	巧克力色（$y^{+}clc1^{+}c2^{+}$）	红色（$y^{+}cl^{+}c1^{+}c2^{+}$）
橙色（$y^{+}cl^{+}c1^{+}c2$）	绿色（$ycl-$）	橙色（$y^{+}cl^{+}c1^{+}c2$）
橙黄色（$ycl^{+}c1^{+}c2^{+}$）	柠檬黄色（$ycl^{+}c1^{+}c2$）	橙黄色（$ycl^{+}c1^{+}c2^{+}$）
橙黄色（$ycl^{+}c1^{+}c2^{+}$）	乳白色（$ycl^{+}c1c2$）	橙黄色（$ycl^{+}c1^{+}c2^{+}$）
橙黄色（$ycl^{+}c1^{+}c2^{+}$）	巧克力色（$y^{+}clc1^{+}c2^{+}$）	红色（$y^{+}cl^{+}c1^{+}c2^{+}$）
橙黄色（$ycl^{+}c1^{+}c2^{+}$）	绿色（$ycl-$）	橙黄色（$ycl^{+}c1^{+}c2^{+}$）
柠檬黄色（$ycl^{+}c1^{+}c2$）	乳白色（$ycl^{+}c1c2$）	柠檬黄色（$ycl^{+}c1^{+}c2$）
柠檬黄色（$ycl^{+}c1^{+}c2$）	巧克力色（$y^{+}clc1^{+}c2^{+}$）	红色（$y^{+}cl^{+}c1^{+}c2^{+}$）
乳白色（$ycl^{+}c1c2$）	巧克力色（$y^{+}clc1^{+}c2^{+}$）	红色（$y^{+}cl^{+}c1^{+}c2^{+}$）
巧克力色（$y^{+}clc1^{+}c2^{+}$）	绿色（$ycl-$）	巧克力色（$y^{+}clc1^{+}c2^{+}$）

6. 果形的选育方法 由于果形是决定辣椒商品价值最重要的因素，是品种的一个重要特征，因此辣椒果形杂种一代遗传表现的研究国内外历来都很重视。国内报道较早的有刘成铭等（1979），认为果实横径小（♀）×果实横径大（♂），F_1 趋中间型；果实长（♀）×果实短（♂），F_1 偏长；果实牛角形（♀）×灯笼形（♂），F_1 粗牛角形；果基部凸（♀）×果基部凹（♂），F_1 果基部平。果形和果基部分别为1对单基因控制，它们的显性作用不完全。果实顶部尖（♀）×果实顶部凹（♂），F_1 偏尖，为1对单基因控制，果顶部尖为显性。时桂媛（1982）报道，圆锥形或长锥形对灯笼形，圆锥形或长锥形是显性；细锥形对长锥形或圆锥形，则细锥形是显性，即细长形对粗短形，细长形是显性。刘桂艳（1985）研究认为，圆锥对大果形为显性，细锥对圆锥形为显性，它们都是趋于中间偏小。薄×厚，F_1 为中间偏厚；薄×中，中为显性；厚×中，厚为显性。

多数学者研究结果认为，果长、果宽、果肉厚、果柄长、果柄宽的遗传力较高，主要受基因加性效应控制。但 Khadi（1986）认为，干果的果柄长由显性效应和上位效应控制。Milkova（1982）认为，果形指数（果长/果宽）的遗传力较高，且稳定遗传，由少数几个基因控制。

五、不同熟性品种选育方法

（一）熟性育种的目标

为保证市场上辣椒能够周年均衡供应和适于不同气候环境下栽培的需要，应选择早、中、晚熟配套的品种，以充分发挥品种和气候环境的优势，提高经济效益。如为提早上市需要选育早熟或极早熟的品种，要延后上市就需要选育晚熟或极晚熟的品种，错开上市期，避免集中上市，这样既保证了均衡供应，又能取得好的经济效益。在气候温和、生长期长的地区要求用中、晚熟品种，以提高产量和品质；而在生长期较短的地区，早春及保护地中栽培，则要求用早熟品种，以提高早期产量和经济效益。所以，育种工作必须重视不同熟性配套品种选育。

构成辣椒熟性的主要性状有门花节位、现蕾期、开花期、果实发育速度、株型、植株生长势、果实大小、始收期、早期产量等。在亲本选配时应根据选育熟性的目标合理地搭配上述构成熟性的性状。如选育早熟品种，要求具有门花节位低、开花早、果实发育速度快、植株生长势中等、果大小适中、始收期早、早期产量高等性状；而中、晚熟高产型品种要求具有果大、植株长势旺、茎秆粗壮、叶片较大、坐果多、抗病性强、产量高、品质好等性状。

（二）不同熟性选育方法

多数学者研究认为杂种 F_1 的熟性一般介于双亲之间，并多倾向早熟亲本。具体就是早熟和早熟亲本杂交，其 F_1 的熟性偏向较早熟亲本或超早熟亲本；早熟和晚熟亲本杂交，其 F_1 介于两者之间，多趋向早熟亲本；早熟和中熟亲本杂交，其 F_1 趋向早熟亲本。表明早熟亲本对 F_1 熟性作用较大，遗传力较强。

郭家珍等（1981）认为利用熟期相近的品种杂交，可获得早期产量超双亲的组合；熟期差异大的品种杂交，大多属于中间偏早，即早熟品种×早熟品种或中早熟品种×中熟品种，杂种一代表现早熟，其早期产量比双亲和对照均增产显著，且增产绝对值高。此类组合对提早供应市场，增加早期产量有重要作用。早熟品种×晚熟品种，杂种一代早期产量低于早熟亲本。

陈学军等（2006）认为始花节位受 1 对隐性等位主基因控制或符合 1 对“主基因+多基因”混合遗传模型。邹学校等（2007）研究认为，早期产量的遗传不符合加性-显性模型，还存在显著上位性效应。

六、高产品种选育方法

（一）产量构成因素分析

高产是任何一个优良品种必须具备的基本特性。丰产性与品种的遗传和栽培的环境有关，一个高产品种必须具备 3 个条件：一是要具有理想的株型和高光合作用能力；二是由于辣椒生产的产品是果实，营养生长和生殖生长要相互协调，开花结果期长；三是要具有较强的抗逆和适应环境的能力。

单位面积产量由单位面积的株数及单株产量构成，而单株产量又由单株结果数、单果重决定，单果重、单株果数与单株产量呈显著正相关，是影响单株产量的直接因素，但单果重与单株果数又呈负相关，所以选育丰产性时两性状必须兼顾，才更有利于丰产。单位面积的株数又受株型、叶量等因素的影响，从生理上提高光能利用率（高光效、低光呼吸、低补偿点等），可提高植株养分的积累，减少养分的消耗，从而提高单株的产量。所以丰产性育种应从多方面综合考虑，才能取得较好的效果。

Krti Singh 等（1974）研究认为，单株产量和株高、果实数、单果鲜重呈正相关。Suthanthira Panddian 等（1981）指出，果实数、果宽、每果种子重均与产量呈正相关，高产和始花期呈负相关。Ramakumar 等（1981）发现，产量和单株果数、株高、株幅呈高度正相关。Rao 和 Chnonkar（1981）研究表明，单株果数、单株分枝数均显著地与单株产量呈正相关。Kaul 和 Sharmel（1991）

认为，果实产量和株高、分枝数、叶面积、每果种子数呈正相关。中国多数学者研究认为，单株果数、单果重、分枝数对产量具有大的正直接作用。

（二）高产育种的技术要点

1. 理想株型品种的选育方法 辣椒株型性状包括叶、茎等形态及相关光合生理特性，还包括一些群体特性如冠层的形态结构、光合特性、产量分布等。邹学校等（1992）研究发现，单株产量与第1花节位、株高、植株开展度、分枝数、果长、果宽、单果重、果实中干物质含量呈显著或极显著的正相关。实际上对于具体的株型性状，只要证明其对产量无负效应，就可以通过重组将该性状与高产背景结合，创造出适宜特定生态条件的新株型。

理想株型的辣椒品种应具有较大的叶面积指数、较快的光合速率和果实膨大速度、较多的干物质积累和开花结果，成熟时表现生物产量及收获指数均较高，其营养生长期相对较短而开花结果期相对较长，其果实在空间的分布垂直方向为均匀型，水平方向为主茎和侧枝结果并重型。由此对高产理想型的形态、生理性状组成模式做出推论：①成熟时的静态株型：高生物产量和收获指数，生长势较强，植株上下结果均匀，主茎和侧枝结果并重的空间产量分布；②生育过程中的动态生理模型：营养生长期相对较短而开花结果期相对较长，叶面积前期扩展快，达峰值时间短，后期下降缓慢，开花结果期中上叶位功能期长，叶片光合速率高。

2. 高光合品种的选育方法 要选育高光合辣椒品种，首先要筛选高光合的育种材料。植株的光合效率要用仪器测定，如采用Li-6400型便携式测定仪或用美国CID公司开放型C1310便携式光合测定系统测定，也可通过植株性状进行间接选择。在筛选育种材料时，可以用目测进行初步筛选，入选后再用仪器测定植株的光合效率；也可通过植株性状进行间接选择，或两种方法同时进行，入选后再用仪器测定植株的光合效率。

邹学校等（2006）对辣椒净光合速率与农艺性状间的灰色关联分析结果表明，平均净光合速率与农艺性状间灰色关联度的大小顺序为叶长＞叶柄长＞叶宽＞第1花节位＞果肉厚＞株幅＞株高＞疫病抗性＞果宽＞TMV抗性＞主茎高＞果长＞CMV抗性＞疮痂病抗性＞侧枝数。

邹学校等（2007）认为，辣椒开花结果前期、中期、后期净光合速率的遗传都不符合加性-显性模型，显性效应比加性效应更加重要，同时还存在显著上位性效应。狭义遗传力较小，开花结果中、后期杂种优势比前期明显。

杜胜利等（2001）研究表明，在不同光照条件下，单倍体植株净光合速率均明显比双单倍体低。在弱光照下，气孔的限制作用是单倍体植株净光合速率较低的主要原因；而在正常光照下，非气孔限制因素是净光合速率降低的主要原因。单倍体植株在强光下受到明显的光抑制，单倍体植株净光合速率、气孔导度和表观量子效率均较低。在正常光照条件下，单倍体植株羧化效率较低，光补偿点和细胞间隙二氧化碳补偿点较高。

第五节　选择育种与有性杂交育种

一、选择育种

选择育种是利用现有品种或类型在繁殖过程中群体存在的自然变异，通过将符合要求的优良植株选择出来，经过比较而获得新品种的育种方法，是一种改良现有品种和创造新品种的简便而有效的育种途径。选择育种主要有单株选择法和群体选择法。

（一）单株选择法

单株选择法是从原始群体中选出一些优良单株，分别编号，分别采种，各株的种子不混合，下一代每个株系（1个单株的后代）播种1个小区，根据各株系的表现，鉴定各亲本单株遗传性优劣的方法。所以单株选择法又可称为系谱选择法或基因型选择法。可根据工作需要进行多次单株选择，也就是在第1次株系比较圃选留的株系内，继续选择单株分别编号、分别采种，下一代播种于第2次株系比较圃。这样进行二代就叫二次单株选择，进行三代就叫三次单株选择。

实际工作中究竟应该进行几次单株选择，是根据株系内株间一致性来决定的。如果经过一次单株选择，大多数株系都表现基本一致，只有少数株系内不一致，而这些不一致株系内并没有突出优良的植株，这种情况下进行一次单株选择就可以了。如果经一次单株选择后，多数株系内还不一致，或不一致的株系数虽不多，但其中有突出优良的植株，就应该继续进行单株选择，一直到大多数株系达到符合要求的一致性。一般选择的代数不宜超过6代，因为6代以上继续严格单株选择，会造成种性退化，优良性状消失，故在6代开始宜采用姊妹株系混合种植选择，防止过度纯化而导致退化。

辣椒株选一般在始花期、始收期、盛收期和采收末期进行，始花期和始收期重点选熟性，盛收期和采收末期重点选丰产性、品质、抗病性和抗逆性等，抗病育种也可以在苗期进行人工接种鉴定筛选。

（二）群体选择和提纯复壮

群体选择法就是根据植株的表型性状，从混杂的原始群体中选取符合选种目标要求的优良单株或单果混合留种，下一代播种在混选区里，与标准品种（当地优良品种）和原始群体的小区相邻栽种，进行比较鉴定。所以群体选择法又可以称为表型选择法。在实际工作中，可根据需要进行多次群体选择，直到产量比较稳定、性状表现比较一致为止。

辣椒品种提纯复壮的效果非常明显，在进行品种提纯复壮时，要全面了解掌握品种的特征特性，才有可能选准标准单株，淘汰混杂植株。品种的混杂程度决定入选群体的多少，如果要提纯的品种非常混杂，一般是从群体中选取少量标准植株，淘汰大部分混杂植株。辣椒的繁殖系数大，在提纯复壮时种植面积不必太大，一般种植面积达500～600 m^2、栽2 000～3 000株就行。特别严重混杂的品种要加大淘汰率，一次选择几十株即可，其他的杂株全部淘汰。混杂不严重的品种只要去掉混杂株就可以。一般经过3～5代就可以把品种提纯。

二、有性杂交育种

有性杂交育种是根据品种选育目标选配亲本，通过人工杂交的手段，把分散在不同亲本上的优良性状组合到杂种之中，对其后代进行培育选择，比较鉴定，获得遗传性相对稳定、有栽培和利用价值的定型新品种的一种重要育种方法。杂交育种是被广泛采用的、卓有成效的育种途径，世界上许多高产、优质、抗病和适于机械化栽培的优良辣椒品种都是通过有性杂交育成的。

（一）杂交育种的程序

1. 确定育种目标　不同时期、不同地区育种目标是不同的。中国20世纪70年代是以高产为主要育种目标，80年代是以熟性为主要育种目标，90年代是以抗病、抗逆为主要育种目标，进入21世纪由于市场的细分，育种目标更加多元化，但主要是以商品性为主要育种目标。

2. 原始材料的搜集与整理　搜集原始材料应以地方品种和常规品种为基础，在生产上大面积种植的杂交品种也可以搜集。对搜集的原始育种材料要进行登记、编号、整理，于当地辣椒种植季节，在田间观察鉴定材料的农艺性状和商品性，并鉴定材料的抗病、抗逆性，以及果实营养成分等。对入选的常规品种要提纯复壮和进行配合力测定。

3. 杂交配组和杂交后代的选择　对经济性状优良、抗病、抗逆性好、优质、一般配合力高的育种材料，包括常规品种和杂交品种进行杂交配组。然后进行自交或回交，按照育种目标的要求对自交、回交后代进行选择，使选择的株系材料不断纯化，成为遗传稳定、达到育种目标要求的优良品系。并对入选的品系进行抗病、抗逆性鉴定和对果实营养成分进行测定。

4. 品种比较试验和生产示范 将通过上述育种程序和鉴定方法选育出的优良品系，进行品种比较试验和生产试验。一般品种比较试验进行 2 年，生产示范试验要进行 2～3 年。

5. 区域试验与种子繁殖 对在品种比较和生产示范试验中表现突出的优良品系，报请参加由主管部门组织的新品种区域试验，区域试验也要进行 2～3 年。对在区域试验中表现出色，在生产中有较大应用价值的品系，报请农作物品种审定委员会审定通过后，在生产上推广应用。同时研究新品种的繁种技术，确定种子的生产成本，并开始在市场上销售。

（二）有性杂交的杂交方式

杂交亲本选择原则：一是亲本应具有尽可能多的优良性状；二是要重视选用地方品种；三是选用优良性状遗传力强的亲本。

杂交亲本选配原则：①双亲性状互补；②选择亲缘关系较远的亲本配组；③以最接近育种目标的亲本做母本；④质量性状育种时要求双亲之一要符合育种目标。

有性杂交的杂交方式有单交、回交和多系杂交。当 2 个亲本的性状能够满足育种目标时就用单交，必须要聚合多个亲本的优良性状才能达到育种目标要求时就用多系杂交，多系杂交包括添加杂交和合成杂交。回交育种主要用于提高优良品种的抗病性、抗逆性；转育雄性不育系；克服远缘杂种不稳。

如要选育早熟、抗病的辣椒品种，亲本一方应具有早熟性，而另一方应具有抗病性。以早熟性为例，有些品种的早熟主要是由于现蕾、开花早，另一些品种的早熟主要是由于果实生长速度快，选配这两类不同早熟性状的亲本配成杂交组合，其后代有可能出现开花早、果实生长速度快，早熟性明显超亲的变异类型。但早熟品种选育最好用早熟亲本做母本，优质品种的选育最好是用品质好的亲本做母本，抗病育种最好是选用抗病、抗逆性强的亲本做母本。

又如要选育商品果为黄色的辣椒品种，由于辣椒的商品果绿色对黄色为显性，因此在选配杂交组合时，双亲之一必须有一个亲本含有黄色基因；如要选育商品果为绿色的辣椒品种，双亲之一必须有一个亲本的商品果是绿色。

辣椒性状的遗传是很复杂的，亲本性状互补配组的杂交后代往往并不表现亲本优缺点简单的机械结合，特别是数量性状表现更是如此。例如，选育高产、抗病的品种，如果用很高产而抗性差的品种与抗性强而产量低的品种杂交，杂种后代不一定就会出现高产、抗病的变异类型。如果选配的亲本这两个性状都有较高的水平，则杂交后代有可能在这两个性状上都达到高亲的水平或出现超亲变异。在育种实践上则靠多选配一些组合，从中筛选优良组合。

沈火林（2002）认为，中国育成的甜椒、辣椒品种中有许多品种带有茄门甜椒的血统，通过对茄门椒系选或从茄门椒天然杂交群体中系选，育成上海甜椒、牟农 1 号、九椒 1 号、鲁椒 1 号等。中国农业大学园艺系利用茄门椒×7706 系选育成了农大 40，通过杂交系选育成的还有大同 5 号、通椒 3 号（吉林）、通椒 4 号（吉林）、天津 8 号等品种。茄门甜椒是上海地方品种，已有 50 多年的栽培历史。由于茄门椒果大、肉厚、味甜，植株生长健壮，产量和品质较好。因此，全国各地均有引种栽培，部分地区现在仍是主栽品种之一。经初步统计，中国近年来育成的品种约有 150 个，报道了其亲本来源（品种名）的 94 个，亲本中与茄门椒有亲缘关系的品种有 25 个，占说明来源的品种的 26.6%，占甜椒（说明亲本来源的品种）的 40.5%。

（三）杂种后代的选择

辣椒为常异花授粉蔬菜，自交衰退不明显，一般采用系谱选择法，经 4～5 代的自交选择即可得主要性状基本一致的新品系。

杂种第1代（F_1）每组合一般种植20株，杂种第2代（F_2）一般一个组合种植的群体不能少于400株，杂种第3代（F_3）及以后世代入选优良株系一般种植20～30株即可。由于辣椒是常异花授粉蔬菜，有一定的异交率，所以对入选的株系或单株应进行隔离，使之严格自交。

辣椒杂种后代的选择要分3次进行：第1次为辣椒植株生长前期，植株开始开花坐果时，主要对门花节位、开花期、苗期幼苗生长势及形态、门花坐果率等早熟性状进行初步选择，并且选留的株系、单株可以比原计划多1～2倍；第2次选择是在植株生长中期，商品果盛收期，主要对植株生长势、形态、前期的坐果率（早期产量）、商品果的特性和品质、抗病性等进行选择和淘汰；第3次选择在生长后期开始采收种果时进行，主要对整株的坐果率，特别是连续坐果性、果实特性、品质、抗病性等进行充分地选择和淘汰。选育过程中对入选的株系应进行苗期人工接种抗病性鉴定，并结合田间自然抗病性鉴定结果，对入选株系的抗病性做出准确的评价和选择。

第六节　杂种优势育种

一、杂种优势的表现与育种程序

（一）杂种优势的表现

辣椒的杂种优势非常明显，在产量、抗性、品质、熟性等方面都表现出显著优势。田淑芳（1984）研究表明，杂种一代的产量有平均优势（即产量超过双亲平均值者）的组合占总组合数的93.3%；有竞争优势（即产量超过对照优良品种者）的组合占总组合数的82.2%；有超亲优势（产量超过高亲本，即超亲本优势）的组合占总组合数的75%。与对照相比，增产幅度一般在50%～70%，最高可达134%。单株产量的平均优势指数为1.36，单株结果数的平均优势指数为1.21。

曹家树等（1988）研究表明，前期产量和总产量有88.9%和83.3%的杂交组合超过高亲，抗病性倾向于病情指数低的亲本，有25.0%的组合抗病性高于双亲；两个熟性相近的亲本杂交，其杂种一代的熟性提早；有88.9%的组合果实生长日数低于中亲，有52.8%的组合果实生长日数低于低亲。

Simgh等（1973）研究表明，每株结果数、株高、果长和单株产量的最大超亲优势分别为29.85%、18.58%、44.70%和19.15%，果肉厚度全部为负优势，株高、果长、果肉厚、每株结果数和单株产量的最大平均杂种优势为29.29%、45.71%、36.84%、50.16%和38.28%。

（二）杂种优势育种程序

（1）*根据市场需求和生产需要确定育种目标*　目前辣椒的主要育种目标是商品性。由于市场的细分造成辣椒育种目标的多元化，按种植方式分有露地专用品种和保护地专用品种；按熟性分有早、中、晚熟品种；按用途分有鲜食专用品种和加工专用品种等。

（2）*按育种目标要求搜集原始材料*　要尽可能多搜集常规品种，注意搜集当地地方品种，在生产上大面积种植的优良杂交品种也要搜集，可以通过自交分离纯化创造育种材料。

（3）*对搜集的原始材料进行整理、鉴定*　筛选优良的育种材料，对入选的育种材料自交纯化，选育自交系用于直接配组。搜集到了核不育基因材料，继续选育两用系和恢复系。搜集到了胞质不育基因材料，要继续选育不育系、保持系和恢复系。

（4）对自交系、两用系、不育系和恢复系进行配合力鉴定。

（5）组合选配和组合筛选。

（6）对入选的组合进行配合力鉴定和品种比较试验。

（7）进行区域试验和生产示范。

（8）研究自交系、两用系、不育系、保持系和恢复系的繁种技术和杂交制种技术，生产杂交种子在市场上销售。

二、自交系的选育与利用

由于辣椒为常异花授粉作物，天然杂交率仍比较高（最高可达30%），杂种优势育种也是从选育自交系开始。

选用单株数量不宜过多，一般不超过100株，多了会使自交系选育工作量大而无法完成。在单株选择时，应注意排除环境误差和杂交种。在辣椒选种地里，如果是极少数单株特别优秀，这些单株极可能是杂交种。实践证明，选择比较优良的单株，较易纯化为自交系。

对选定的优良单株分别进行自交。辣椒的繁殖系数高，一个单株所结种子足够留种数量。为了保证自交，防止串粉，注意做好隔离，常采取套袋、包棉花和罩网纱等方法进行隔离。收获入选单株的自交种子后，第3年采取顺序排列进行比较鉴定，一般每个单株即小区种20株左右植株，在开花期、始收期、盛收期比较每个单株的自交后代植株的整齐性。凡是自交后代不整齐一致的单株一般都予以淘汰，对自交后代继续表现经济性状优良、整齐一致的单株予以保留。保留单株的小区植株采取混合留种，一般从每个小区选5～10个优良单株混合留种形成株系材料。株系材料混合留种的植株数一般根据小区植株的整齐度和配组需要自交系的种子数量来确定，小区植株整齐、配组需要自交系的种子较多，在混合留种时尽量多入选、少淘汰，如果单株后代植株的整齐度还有待改进，可以通过少入选、多淘汰进一步优选株系材料。优良株系材料收种后，还要抽样鉴定优良材料的遗传是否稳定，鉴定稳定后才能用于制种。在株系材料的选择过程中，同时要做好隔离工作，防止串粉，一般采用纱网隔离。

对准备利用的辣椒优良自交系，应进行抗病、抗逆性鉴定和配合力测定。做母本用的自交系还要求杂交坐果率高，果实发育速度快，转色快，转色期间病害少，产籽量高，以提高制种产量，减少制种面积，降低制种成本。

三、雄性不育系和恢复系的选育与应用

（一）雄性不育的类型

据已报道育成的辣椒雄性不育性遗传资料，辣椒雄性不育性有2种：一是隐性核基因雄性不育（NMS），且多数材料报道是1对隐性基因控制，可育对不育为显性。例如杨世周（1981）从克山尖椒发现的不育株育成的不育系；印度Meshram等（1982）在干辣椒品种CA4521发现的不育株育成的不育系；日本1980年从朝鲜南部原有辣味品种中发现的不育株育成的不育系，以及Shifriss和Frankel（1969）、Daskaloff（1968）、Shifriss和Rylsky（1972）等报道育成的不育系均属这种类型。因这种不育系没有保持系，一般较易恢复，但在生产上可用两用系制种。二是胞质雄性不育（CMS），这种不育型最早由Peterson（1958）报道，杨世周等（1984）从向阳椒发现的不育株育成的不育系即属这种类型。这种不育系能较理想用于生产辣椒杂种。

此外，Peterson（1958）还发现由两对核基因Ms1 ms1和Ms2 ms2共同作用的核质互作不育型。Ms1 ms1和Ms2 ms2相互独立，位于不同染色体上，基因型含有任何一个可育基因Ms1或Ms2或同时含有它们两个可育基因的个体都表现可育。

（二）隐性核基因雄性不育系的选育与利用

辣椒隐性核基因雄性不育稳定的遗传系统内，植株育性表现为可育株与不育株的比例符合1∶1育性分离，即可育株与不育株各占50%。这50%的不育株可用来配制一代杂交种，起到雄性不育系

的作用。若用不育株与可育株进行姊妹交，从不育株上采收种子，其后代仍保持 1∶1 的育性分离，这样起到了半保持系的作用。育种学上这种一系两用的系统，称之为两用系。

1. 雄性不育两用系的选育 下面以沈阳市农业科学院杨世周等（1981）选育的 AB14－12 两用系为例，介绍雄性不育两用系的选育过程（图 23－5）。

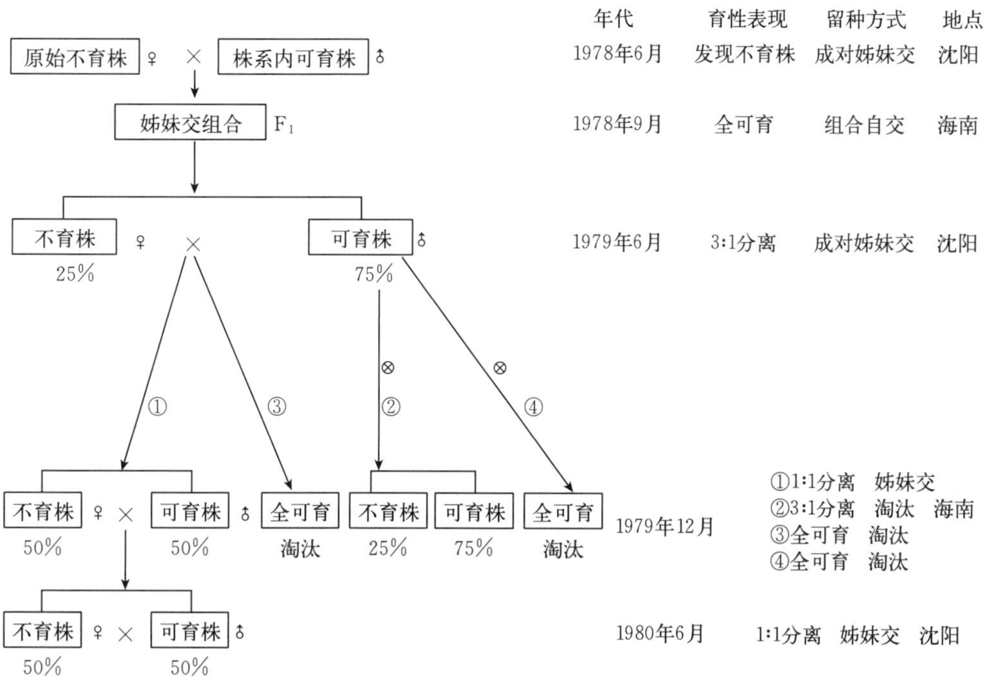

图 23－5 辣椒两用系 AB14－12 选育模式

（杨世周等，2002）

1978 年 6 月沈阳市农业科学院在克山尖椒自交 2 代的 15 棵群体中发现 1 棵雄性不育株，在株系内以不育株做母本，以可育株做父本进行成对姊妹交，同时可育株自交。同年 9 月在海南播种姊妹交组合第 1 代及相应自交的可育株后代，其育性表现均为全可育，对全可育的姊妹交组合采用自交留种。1979 年 3 月在沈阳播种第 2 代，在 24 份姊妹交组合的后代中，每份均出现育性分离，其不育株率的幅度为 17.1%～36.1%，选留不育株率高、植株性状整齐的 5 份材料，分别在株系内以不育株做母本，以可育株做父本进行成对姊妹交，同时相应父本可育株自交。1979 年 9 月在海南播种第 3 代，在育性表现上出现两种情况，凡姊妹交组合表现全可育的，其相应父本自交也表现全可育；凡姊妹交组合出现育性分离的，其相应可育株自交也出现育性分离。出现育性分离的姊妹交组合，其不育率符合 1∶1 育性分离，其相应可育株自交后代符合 3∶1 育性分离。再从有育性分离的 1∶1 姊妹交组合中，选择性状优良的组合后代继续进行姊妹交，即为育成的 AB14－12 两用系。

2. 雄性不育两用系的转育 下面以杨世周等（2002）采用二环系法转育 AB 华 17 两用系为例，介绍二环系法转育两用系的过程，如图 23－6。

二环系法转育就是以育成两用系中的不育株做母本，以优良品种做父本进行杂交，再将获得的杂交组合进行自交，从组合的第 2 代出现育性分离开始，在株系内连续进行成对姊妹交的方法。

应用二环系法转育两用系，从出现 1∶1 育性分离开始，继续作姊妹交组合以保持其后代 1∶1 育性分离的稳定性，但在选择植物学性状方面，尚须在育性表现为 1∶1 育性分离以后，在作单株成对姊妹交的“对数”上，应不少于 5 对，这样就可以从数量较多的姊妹交组合中选择植物学综合性状优良的组合，一般经连续 3 代左右的姊妹交，便可进行早代配合力试验和扩繁。利用二环系法转育成的两用系有 AB092、AB 华 17、AB 西、AB 伏及 AB 四叶等。

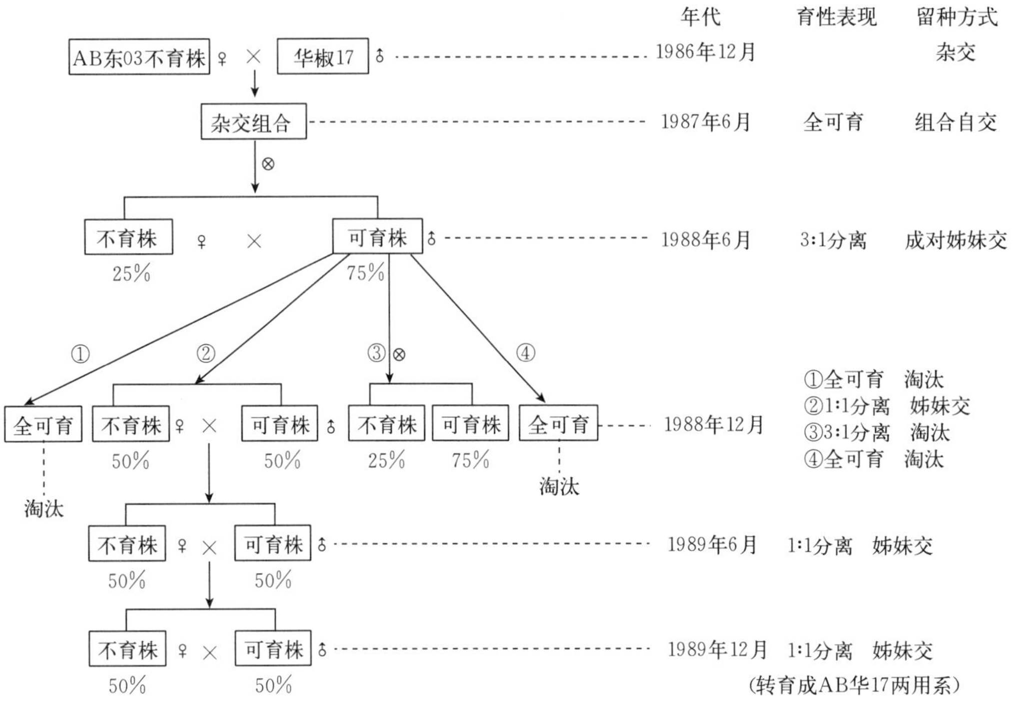

图 23-6 二环系法转育 AB 华 17 两用系程序

(引自杨世周等，2002)

3. 雄性不育两用系的利用 沈阳市农业科学院利用育成的辣椒两用系育成一批优势较强的一代杂交种推广应用于生产。如 1979—1984 年用带有标记性状两用系 AB832 做母本，以 01441 做父本组配选育成极早熟、高产、果实牛角形、有辣味、较抗病毒病的一代杂交种沈椒 1 号。与此同期，以 AB154 两用系做母本，以 01741 做父本组配选育成早熟、高产、果实灯笼形、有辣味的一代杂交种沈椒 2 号。1985—1991 年以 AB 东 03 两用系做母本，以 0927 做父本组配选育成早熟、高产、果实灯笼形、抗 TMV、耐 CMV、有辣味的一代杂交种沈椒 3 号。1986—1992 年以 AB092 两用系做母本，以丰 43 做父本组配选育成早熟、丰产、果实长灯笼形、有辣味、抗 TMV、耐 CMV 的一代杂交种沈椒 4 号。以后又选育出早熟、大牛角椒、有辣味的沈椒 5 号和早熟、抗病、长灯笼形、有辣味的沈椒 6 号。河北省农林科学院蔬菜花卉研究所利用甜椒雄性不育两用系育成冀研 4 号、冀研 5 号、冀研 6 号等甜（辣）椒杂交品种，并在生产上大面积推广。中国辣椒核基因雄性不育两用系及杂交品种育种的详细情况见表 23-3。

表 23-3 中国辣椒核基因雄性不育两用系及杂交品种的育种情况

选育单位	不 育 系	杂交品种	作者（发表时间）
沈阳市农业科学院	AB832	沈椒 1 号	杨世周（1981）
	AB154	沈椒 2 号	杨世周等（1985、1993、1994、1995）
	AB14-12	沈椒 3 号	王作义等（1998）
	AB 东 03	沈椒 4 号	杨凤梅等（1997、2001、2005）
	AB 兖	沈椒 5 号	宋兆华等（2005）
	AB 兖 1691	沈椒 6 号	薛庆华等（2007）
	AB092	沈研 11	
	AB 华 17	沈研 12	
	AB23-6-3-1-2		
	AB07		
	AB09		

（续）

选育单位	不育系	杂交品种	作者（发表时间）
河北省农林科学院蔬菜花卉研究所	AB91 AB91－XB AB91－8	冀研4号 冀研5号 冀研6号 冀研8号	范妍芹等（1993、1994、1999、2001、2002）
山西省农业科学院	雄18		蒋伟明等（1993）
丹东市农业科学院蔬菜研究所	AB丰/抚顺 AB沈椒1 AB辽椒6 AB川椒选 AB7604 AB沈椒4		刘君等（2000）
安徽农业技术师范学院	南京早椒AB		张子学等（1997）
大连金易园艺科技发展有限公司	64AB 67AB 68AB	金易快椒	任锡伦（2004）

（三）胞质雄性不育系的选育与利用

1. 不育系的选育与转育　下面以湖南省蔬菜研究所选育的不育系9704A和相应保持系9704B为例说明选育过程。1994年夏季在湖南省蔬菜研究所试验农场的辣椒试验地发现一株21号牛角椒植株，生长特别高大，叶多，未坐一果。经观察，其花药干瘪瘦小，无花粉，遂对其人工授以正常21号牛角椒的花粉，并挂牌标记，取粉21号牛角椒植株进行自交留种，当季授粉结果率达到100%。随后冬季在海南加代，观察其F_1的育性、花器特征和植物学性状，筛选不育度表现最好的单株3株，同时选取3株经济性状和抗性好的21号牛角椒为父本，进行双列测交，以此种方式对父、母本单株进行择优，加快不育系的选择进度，然后选取不育率最高的株系和相应保持系再继续采用此方式进行回交，经过五代回交和选择育成了性状稳定的不育系9704A及其相应株系9704B。

在选择过程中，为了保证转育不育系的实用性，早期世代主要以育性性状选择为主，较高世代则以经济性状、抗性性状选择为主。

为了扩大辣椒胞质雄性不育系的应用范围，有必要开展辣椒雄性不育性的转育工作，目前大部分不育系都是通过转育的方式获得的。下面以王述彬等（2002）转育的甜椒不育系“8A”和“17A”为例，介绍辣椒胞质雄性不育系的转育过程。

从1980年开始，王述彬等先后从国内外引进辣（甜）椒雄性不育系、两用系及不育系配制的F_1材料6份，通过观察、鉴定，选用从法国引进的长灯笼形甜椒胞质雄性不育系LANES为不育源，以国内抗病、丰产的优良品种羊角形辣椒21为父本，进行回交转育。经多代鉴定、选择，于1984年选出羊角形辣椒雄性不育系21A。21A基本无花粉或仅有极少量败育、畸形花粉，与恢复系LS_3、LS_2配制的组合，F_2代育性分离，经卡平方检验，符合3∶1分离比例。证明21A是由1对隐性基因控制的胞质雄性不育系（CMS）。以21A的BC_3、BC_4代为不育源，以抗病、丰产的8号甜椒、17号甜椒为父本，经5代回交转育成新的甜椒不育系“8A”和“17A”。

2. 恢复系的筛选与转育　恢复系的选育可直接用不育系为母本，以自交系、品系为父本成对测交，观察其F_1的育性，筛选可育组合的相应父本即为恢复系。1997年，湖南省蔬菜研究所以9704A

为母本，以品种或株系为父本，进行成对测交，杂交测配 64 个组合，同年 9 月在海南三亚进行育性鉴定，在 64 个组合中，有 14 个组合表现 100%雄性不育，有 5 个组合育性恢复正常，其恢复株率为 100%，这几个组合的父本分别是 5904、6424、9701、8001、95371，即筛选出 5 份雄性不育恢复系。

刘金兵等（1999）研究认为，长果型辣椒品种中容易找到雄性不育恢复基因，常规甜椒品种中易找到不育基因，而含纯合恢复基因的甜椒品种很少。

黄邦海等（1997）报道，用小果型辣椒品种（系）与不育系 32A 测交容易找到恢复系，但较难找到保持系，而用大、中果型品种（系）与不育系 32A 测交既容易找到恢复系，又容易找到保持系。

3. 胞质雄性不育系的利用 中国辣椒胞质雄性不育系的利用研究已取得重大进展，10 多家科研单位、种子公司先后选育了一大批雄性不育系，通过大量杂交、测交，筛选了一批优良杂交组合。如江苏 3 号 A、碧玉、湘研 14、湘研 16、湘研 20、湘辣 1 号、湘辣 2 号、湘辣 4 号和辣优 2 号等，这些品种已在生产上大面积应用。中国辣椒胞质雄性不育系的利用情况见表 23-4。

表 23-4 中国辣椒胞质雄性不育系及杂交品种的育种情况

选育单位	不 育 系	杂交品种	作者（发表时间）
沈阳市农业科学院	8021A 9911A 2013A	沈研 13 沈研 14	杨世周等（1984） 杨凤梅等（2008）
江苏省农业科学院蔬菜研究所	21A 8A 17A	苏椒 3 号 A 碧玉 江蔬 5 号	赵华仑等（1995） 王述彬等（2002） 王述彬等（2002） 刘金兵等（2003） 刘金兵等（2005）
中国农业大学农业与生物技术学院	8907A、8366A 8905A、8301A 89-8-1A、S200243A	农大 082	沈火林等（1994） 沈火林等（2005）
湖南省农业科学院蔬菜研究所	9704A 8214A 5901A T01-55A 9202A	湘研 14 湘研 16 湘研 20 湘研 31 湘辣 1 号 湘辣 2 号 湘辣 4 号	邹学校等（2000） 邹学校等（2001） 周群初等（2002） 陈文超等（2003）
南昌市蔬菜研究所	81-1A		徐毅等（1985）
甘肃省农业科学院蔬菜研究所	8A		王兰兰（1998）
合肥市种子公司	91-13A、92-33A 92-32A；92-35A、91-06A、 91-20A、91-26A		戴祖云等（1996）
广州市蔬菜研究所	32A 33A	辣优 2 号 辣优 8 号 辣优 9 号	黄邦海等（1997） 常绍东等（2002） 常绍东等（2005）
天津市蔬菜研究所	96-18A		常彩涛等（2000）
山东农业大学园艺学院	13733A、1592A、1442A		魏佑营等（2002）

（续）

选育单位	不　育　系	杂交品种	作者（发表时间）
北京市农林科学院蔬菜研究中心	181A	京辣 2 号	耿三省等（2005）
广东省农业科学院蔬菜研究所	4556A		王恒明等（2004）
四川省川椒种业科技有限责任公司	36-2-5A	川椒串串辣	杨朝进等（2006）
	E16A	川椒子弹头	杨朝进等（2007）
	Y68A	川椒香辣妃	
天津神农种业有限责任公司	KA	津红 1 号	李玉玲等（2006）
		津红 2 号	张文华等（2007）
		农蕾 23	谭志刚等（2005）
		农蕾 24	李海燕等（2006）
		神农红 8 号	
中国农业科学院蔬菜花卉研究所	77013-nA（n=1～15）		张宝玺等（2001）
大连金易园艺科技发展有限公司	197A	金易牛角	任锡伦（2004）
		金易长椒	

四、优良杂交组合的选配与一代杂种的育成

（一）优良杂交组合的选配

优良杂交组合的选配原则：一是选择遗传差异大的双亲配组；二是选择农艺性状互补的双亲配组；三是选择农艺性状优良的双亲配组；四是选择配合力高的双亲配组。

（二）区域性试验和生产示范

区域性试验一般由种子行政主管部门负责组织，在新品种将要推广应用的区域，选 5～6 个代表不同生态环境的点进行试验，每一个区域点按随机区组设计排列，3～4 次重复，每一个小区种植面积 10～15 m^2，栽 40～60 株。各个区试点的结果由组织机构指定专门单位负责汇总统计，评判出的优良组合进入生产示范。

生产示范试验一般由育种单位自行组织，也可以由推广部门或公司组织，种植面积进一步扩大，一般确定 3～4 个点，每一个点的种植面积在 600 m^2 以上。生产试验的目的是鉴定新组合对当地生态环境的适应性。

（三）品种审定或认定、鉴定

在区域性试验和生产示范试验中表现优良的组合，就可以向农作物品种审定委员会申报审定或认定，并要提供相关材料。

（四）育成品种选育过程实例

下面以湘辣 4 号的选育为例，介绍杂交品种的选育过程。

1. 育种目标的确定　随着剁辣椒（盐渍辣椒）市场份额的不断扩大，生产上急需剁椒加工专用品种。传统的鲜食辣椒品种因果实含水量高，而不适合做剁椒加工品种；传统的制干辣椒品种因果实干物质含量太高，产量低，抗性差，也不适合做剁椒加工品种。因此，将剁椒加工专用品种的育种目标定为：高产、稳产；抗病性强，抗逆性好，适应范围广；果实含水量适中，味较辣，果色鲜亮，生

物学成熟果红色，果实转色快，整齐一致。

2. 亲本选择与选配 通过对已搜集的育种材料的筛选，认为湖南长沙地方品种河西牛角椒适合做母本，通过单株选择，从中选育出优良自交系 9704。该自交系株高 64.4 cm 左右，开展度 63.2 cm×57.4 cm，生长势强；果实长牛角形，纵径 15.3 cm 左右，横径 2.61 cm 左右；中熟，第 1 花节位 12 节左右；产量高，稳产性好，抗病、抗逆性强。以从 21 号牛角椒中发现、选育而成的优良不育系 9704A 为母本。父本 9701 是从四川地方干椒品种二金条经多代自交定向选育的优良自交系。植株生长势强，分枝多，节间距长，较开展；中熟；果实长线形，腔小，肉厚中等，绿色，味辣，风味好，结果多；较耐湿，抗病性较强。

3. 品种的育成 1996 年配组，1997—1998 年进行品比试验，1999—2000 年进行多点试验，同时进行了生产示范，2001 年 10 月通过湖南省农作物品种审定委员会审定。湘辣 4 号的主要特征特性是：株高 56 cm 左右，植株开展度 94 cm×85 cm，植株生长势旺。果实羊角形，纵径 19.5 cm，横径 1.79 cm，肉厚 0.22 cm，果面光滑，果皮较薄，果形较直，整齐标准，商品成熟果为绿色，生物学成熟果深红色，平均单果重 17.4 g，最大单果重 21.0 g。果实味辣，风味好，每 100 g 鲜果维生素 C 含量 155.64 mg，全糖含量 3.4%，辣椒素含量 0.18%，干物质含量 15.6%。挂果性强，坐果率高，采收期长，鲜椒产量 37 500 kg/hm^2 左右。抗炭疽病，耐疫病、病毒病，抗高温，耐湿能力强，适于湿润嗜辣地区做加工盐渍品种栽培。

第七节 生物技术育种

一、花药培养单倍体育种

花药培养的本质是在离体条件下，对花药进行培养，通过改变花粉的正常生活环境，来改变花粉的正常发育途径，以直接发育或经愈伤组织发育为单倍体胚胎，最后形成单倍体植株。辣椒属茄科，花药培养较游离小孢子培养容易。

（一）花药培养技术

1. 取材 无论是以品种还是以杂交种为材料，均能培育出新的品种。但是，以杂交种为材料时，由于基因类型丰富，故能获得更多的新品系、品种，能够按照育种要求，通过选配双亲，在新品种中获得所希望的特征特性。所以一般均是利用杂交种为材料开展辣椒花培育种。

在不同的季节接种，接种污染率和胚状体诱导频率明显不同。如在北京地区，4～6 月是一年中接种的最适时期，此期空气湿度小，光照充足，因此接种材料不易污染，花粉发育正常，故花粉胚状体诱导频率高。虽然在 1～3 月、10～12 月接种污染率也较低，但由于光照较弱，花粉发育不正常，因此胚状体诱导频率很低。而在 7～9 月，由于雨水较多，空气湿度过大，气温又高，细菌与真菌大量繁殖易造成花药污染。

辣椒花药培养不是任何发育时期的花粉都可在离体培养时接受诱导产生胚状体，只有花粉发育到一定时期，离体刺激才最敏感。李春玲等（2002）认为单核靠边期的花粉胚状体诱导频率最高。应从健壮无病的植株上摘取接种所用花蕾，遇雨推迟取蕾日期。材料的防雨设施较好时，雨后可立即取蕾接种。如果没有防雨设施，或连日阴雨花蕾已为杂菌侵染时，应在天气转晴后过 2～3 d 再取蕾接种。

2. 接种 在附加 Kt 1～2 mg/L、NAA 0.25～0.5 mg/L 的 MS 培养基上，花粉经胚状体途径可直接发育成完整的小植株。在培养基中附加 0.25%～0.50%的活性炭，可显著提高胚状体诱导率和分化率，并有利于根系形成。

接种在培养基上的花蕾一定要保证完全无菌，否则就会导致严重污染，使培养失败。辣椒（尤其是甜椒）花蕾的消毒难度很大，这主要是由于花瓣包合不严，杂菌极易进入花蕾内部附着于花药上。在使用一般药剂消毒时，接种后的污染率常在90%以上，有时甚至会全部污染，而增加药剂浓度或延长消毒时间又会灼伤材料。李春玲等（2002）经大量试验总结出的消毒方法效果很好，具体的消毒方法是：用70%酒精浸泡花蕾1～2s，再换入0.3%新洁尔灭溶液浸泡5 min，随后换入0.2%氯化汞浸泡8 min，最后用无菌水冲洗3次。消毒用药应现用现配，不要放置过久，以免影响消毒效果。浸泡过程中要不断摇动，以便花蕾各部分能充分接触药液。

接种密度直接影响到辣椒胚状体的诱导频率。每个50 mL三角瓶接种10个花蕾的胚状体诱导频率较接种5个花蕾的高，但是，提高接种密度的同时必须加快接种速度，否则污染率会升高。

3. 培养　一般采用0.8%琼脂固体培养基进行培养。液体培养基不利于花粉分裂，这可能与辣椒花药壁较厚，影响养分吸收和气体交换有关。

一般在28～30 ℃的恒温条件下进行培养。李春玲等（2002）报道，有些品种接种后的最初8 d在35 ℃高温下培养更有利于花粉分裂和胚状体形成。8 d后再放置在28～30 ℃恒温条件下培养。

一般情况下在1 500～2 000lx光照条件下培养，每天光照10 h。李春玲等（2002）发现有些品种在接种后的最初8 d，在黑暗条件下（结合35 ℃高温）培养有利于花粉分裂和胚状体形成，8 d后应移置1 500～2 000 lx光照条件下培养，每天光照10 h。

（二）单倍体幼苗的繁殖

1. 移植苗龄　三角瓶内的辣椒单倍体幼苗，移植到土壤后能否成活，与苗龄和苗情关系较大。一般幼苗有4～7叶，根、茎、叶和生长点均正常的幼苗最易移植成活。有些幼苗根、茎、叶生长正常，但无生长点，这类幼苗只要在移植后细心管理，均能由侧芽代替顶芽重新长出生长点，长成正常的幼苗。

2. 取苗　第1次移植从培养基到净土。首先将枪形镊子伸入到培养基中，将根系附近的培养基慢慢搅碎，随后用镊子夹住幼苗的基部，将苗轻轻取出。如果外叶开展度较大，从瓶内向外提取时易损伤叶片，可在根系脱离培养基后，将苗倒提出来。

尽量减少幼苗所黏附的培养基是减少移植后污染、提高移植成活率的重要环节。应在10～20 ℃的温水中清洗植株，最好能用流动水冲洗。根部所附培养基不易冲洗干净时，可以边冲洗边用毛笔轻轻刷洗根系，尽量将培养基冲洗干净。

3. 移植　第1次移植时，最好能使用消过毒的净土。因为幼苗由培养基移植到土壤时，幼苗上难免会粘有一些培养基，如果移植用土有杂菌，极易造成污染，影响移植苗的成活，为此应对花盆和土壤进行消毒。将花盆浸在0.1%高锰酸钾水溶液中1～2 h，即可达到消毒的目的。土壤消毒，将取来的净土（不含有机质的深层土壤）分装成为0.5 kg左右1袋，在高压灭菌锅内，保持1.176×10^5 Pa压力，消毒1 h左右。移植后充分浇水1次，水温15～25 ℃。水渗下后用废旧烧杯或罐头瓶罩上植株，以保持空气湿度，促进缓苗。但应注意，烧杯较小时，不能盖得过严密，以免氧气不足。

移植后的幼苗仍放在原培养室内培养。此时如转移到温室或露地，由于与原培养条件差异较大，极易造成死亡。

4. 移植后的管理　移植初期，土壤应保持湿润，不能过湿、过干。为此，绝不能浇大水，而要采取小水勤浇的方法。为促进缓苗，可将室温提高2～3 ℃。新叶长出后，要逐渐加大放风，最后将烧杯拿掉，并适当增加浇水，可以每浇1～2次清水浇1次化肥水。待再长出2～3片新叶后，即可做第2次移植。净土内缺少养分，又使用的是小花盆，所以应适时再次移植。第2次移植从净土到园田土，这次移植与一般种苗移植没有多少差异，田间管理可以参照执行。

（三）染色体加倍技术

单倍体植株不能进行有性繁殖，因此必须对其进行染色体加倍。当幼苗从培养基移植到净土后长到8～10片叶且生长健壮时，即可进行染色体加倍。花药培养的再生植株存在一定的自发加倍率，Ramon等（1997）观察到辣椒的自然加倍率在30%～70%。染色体人工加倍多采用0.2%～0.4%的秋水仙碱处理单倍体植株的根尖或茎尖生长点，辣椒多采用0.2%的秋水仙碱处理，加倍成功率为50%～74%。具体操作方法如下：首先将脱脂棉棉球紧紧压在幼苗的生长点部位，其后要经常向棉球滴加0.2%秋水仙碱和2.0%二甲基亚砜的混合加倍液，并用烧杯或罐头瓶罩住正在加倍的幼苗，以减缓加倍液的蒸发，保证加倍的连续性。滴加加倍液时不要滴到叶片上，以免灼伤叶片。加倍时间为连续48 h。结束时要将棉球取下，用蒸馏水冲洗生长点。有时会遇到一次加倍不能成功的情况，虽然未加倍的植株也能开花，但用醋酸洋红染色镜检时，绝大多数花粉为死花粉，仅有极个别的是活花粉。这种花朵虽经人工授粉也不能结果，在这种情况下可在侧芽部位再进行一次加倍处理。加倍成功后的体细胞染色体数为24条。

（四）花药培养育种成就

1981年北京市海淀区植物组织培养技术实验室，开展了甜（辣）椒花培单倍体育种的实用化技术研究，并培育出以海花命名的花培品种和以海丰命名有花培品系做亲本的杂交种。这些品种和杂交种从1983年起陆续在全国大面积推广种植，取得较好经济效益和社会效益。

二、分子育种

辣椒分子育种在中国已开始起步，先后开展了辣椒抗病、抗逆、品质、产量等性状的分子标记和基因克隆研究工作，建立了100多个分子标记，克隆了100多个基因。中国转基因辣椒技术体系已基本建立，在转化抗病虫、抗逆基因等研究中，获得了转基因植株，但转基因辣椒品种在生产上还没有应用。

（一）分子标记辅助育种

辣椒质量性状分子标记研究主要集中在抗病性、雄性不育和品质性状上，如谢丙炎等（2000）研究了抗疫霉病RAPD标记；2000年Moury等开发了1个与番茄斑点萎蔫病毒（Tswv）紧密连锁的CAPS标记；陈青等（2003）找到1个与辣椒抗蚜性基因连锁的RAPD标记；王立浩等（2008）利用AFLP、SCAR和CAPS标记开展抗PVY基因*PVr4*辅助育种。张宝玺等（2000）、唐冬英等（2004）、王得元等（2005）、张子学等（2005）研究了辣椒细胞质雄性不育基因及其保持基因的RAPD标记。

利用RAPD标记从分子水平开展辣椒种质资源亲缘关系及分类研究，马艳青等（2003）证明，在DNA分子水平上，辣椒亲缘关系与传统方法研究结论基本一致。王玲等（2003）证明4个辣椒变种中，簇生椒与长椒亲缘关系较近，与圆锥椒次之，与灯笼椒最远。张璐等（2003）认为辣椒品种间的遗传相似性与辣椒果味或者果形之间总体上并无相关性。

辣椒图谱研究取得重要进展，在种内图谱研究中，曹水良等（2005）构建了1个由11个连锁群组成，含有28个RAPD标记，总长度为282.41 cM的辣椒分子连锁图谱。Lefebvre等2002年构建了3个分子标记遗传图谱，分别将534、594和186个分子标记构建到20、26和18连锁群上，添加了抗马铃薯Y病毒的基因，图谱的总长度分别达到了1 513、1 688、685 cM，平均标记间距13、12.5、13.7 cM，完成了6条连锁群与染色体的对应。Lefebvre等（2003）利用134个标记构建了1张总长为1 513 cM的分子图谱，包含20个连锁群，标记平均间距为12.9 cM。王添成等2004年构建了1个171个标记共13个连锁群、总长度923.5 cM的遗传图谱。

1984年Tanksley等构建的世界上第1个辣椒的分子遗传图谱即为种间图谱；1993年Prince等构建了192个RFLP标记的种间连锁图谱，共19个连锁群，长720.3 cM；1999年Livingstone等构建了1个13个连锁群、460个RFLP标记、7个同工酶标记的种间遗传图谱，总图距1 245.7 cM。韩国2001年和2003年Kang等和Lee等分别利用RFLP、AFLP和SSR标记技术构建了两个分子遗传图谱，总图距1 320 cM和1 720 cM。

2004年以色列及美国康奈尔大学、法国农业科学院的Paran、Voort、Lefebvre等12名科学家综合6个图谱的信息共同发表了1个相对完整的辣椒图谱，包含6个群体、2 262个分子标记，总跨度1 832 cM，平均标记间距0.8 cM，大大增加了图谱的精密度。

（二）基因工程育种

1. 基因克隆

（1）*抗病基因的克隆* 覃玥等（2005）克隆了黄瓜花叶病毒卫星RNA（CS1和CS2）。廖乾生等（2008）克隆了黄瓜花叶病毒CMV-Phy基因组及其卫星RNA。陈国菊等（2008）克隆缺失无毒型中国商陆抗病毒蛋白基因（*PacPAP1*）。黄粤等（2005）克隆了温和斑点病毒株系PMMV-QD中提取RNA。孔俊等（2007）克隆了*P. capsici*的elicitin *P*基因。马维等（2008）克隆了抗叶霉病基因*Cf2*和*Cf9*。易图永等（2005）克隆发现抗疫霉菌两个新的序列。

（2）*雄性不育基因的克隆* 马继鹏等（2008）克隆了1个辣椒细胞质雄性不育基因片段，命名为CMS330。邓明华（2010）克隆到了辣椒胞质雄性不育系9704A的1个雄性不育基因*orf168*，在不育系和杂种F_1不同发育时期花蕾中都有表达，而在保持系中不表达。

（3）*抗逆基因的克隆* 戴素明等（2007）克隆出*CYP92A*的全长cDNA序列。*CYP92A*属于多基因家族P450的92A亚家族，推测*CYP92A*参与植物的防御反应。罗欢等（2008）从辣椒中克隆到1个与拟南芥系统获得抗性正调节基因*NPR1*同源的*CaNPR1*基因。邱敏等（2007）克隆了辣椒抗菌蛋白*CansLTPS*基因，可应答生物和非生物逆境胁迫，其上游可能涉及ABA、ETH、SA等介入的信号传递途径。郭尚敬等（2006）克隆了叶绿体小分子量热激蛋白（*sHSP*）基因的cDNA序列。何水林等2000年克隆了辣椒钙调蛋白的cDNA，2002年又克隆了辣椒倍半萜环化酶的cDNA。

（4）*生化合成酶基因的克隆* 孔俊等（2005）克隆到了与辣椒素合成有关的胎座特异表达基因——3-酮酯酰-ACP合成酶基因（*Kas*）上游400 bp的调控区域。Minwoo Kim等（2001）克隆了1个特辣型品种Habanero胎座cDNA文库的39条cDNA，结果表明cDNA克隆可分为4类：Ⅰ类cDNAs，与编码包括酰基转化酶和脂肪酸乙醇氧化酶在内的代谢酶基因同源；Ⅱ类为推定细胞壁蛋白质；Ⅲ类为生物和非生物胁迫蛋白质；Ⅳ类为非同源cDNAs。Ⅰ类和Ⅳ类的cDNA克隆在辣椒胎座中差异表达或优先表达。陈银华等（2006）克隆了辣椒1-氨基环丙烷-1-羧酸（ACC）氧化酶基因。邹礼平（2005）克隆了辣椒的胞质单脱氢抗坏血酸还原酶基因。孙晓波等（2008）克隆了一个辣椒高赖氨酸蛋白基因*Cflr*基因，在辣椒未成熟花药、成熟花粉、花瓣、茎、叶片和根中均有表达，在成熟花粉和花瓣中的表达丰度最高，在叶片中表达量明显减少，而在未成熟花药、茎和根中的表达量极少。邓明华2010年克隆了云南涮辣辣椒素合成酶（Pun），2011年又克隆了辣椒素生物合成相关酶*COMT*和*PAL*基因。

张菊平等（2008）克隆了2个可能与辣椒花药胚状体发育相关的基因*PELTP*和*PEGST*基因，可能在辣椒小孢子胚状体发育早期起着重要作用。

2. 转基因辣椒育种

（1）*抗病毒病转基因辣椒研究* 周钟信等（1991）得到了CMVCP转基因少量的再生植株。毕玉平等（1999）得到TMVCP＋CMVCP转基因植株，2000年得到CP转基因植株。张宗江等（1994）得到黄瓜花叶病毒壳蛋白（CMVCP）转基因植株。此外，董春枝等（1995）和Zhang等（1996）也报道先后获得了抗病毒转基因植株。商鸿生等（2001）研究了抗卡那霉素和抗黄瓜花叶病毒特性的遗传传递规律，发现不论以转基因株系做母本或做父本，抗药性和抗病性均为显性单基因遗传。转CP基因辣椒的抗病性是多组分的，包括对病毒的抗侵入、抗扩展和抗增殖。徐秉良等（2002）证明转化线椒不仅能抗CMV和TMV单独侵染，还能抵抗CMV和TMV的复合侵染。

（2）抗细菌转基因辣椒研究 张银东等（2000）、李乃坚等（2000）将抗菌肽基因导入辣椒，获得了转基因植株。李颖等（2005）获得了具有抗青枯病能力的转抗菌肽基因辣椒稳定株系，观察果实性状表明转抗菌肽辣椒株系除抗青枯病能力明显提高外，果实性状基本不变。抗真菌的目的基因很少，Kim等（1995）通过农杆菌将核糖体失活蛋白基因（RIP gene）转入辣椒，获得了14个再生植株。

目前应用广泛的抗虫基因主要有Bt基因、胰蛋白酶抑制剂基因和植物凝集素基因等。柳建军等（2001）得到了转豇豆胰蛋白酶抑制剂基因（*CpT Ⅰ*）辣椒植株，发现R_1代植株对棉铃虫表达出一定的抗性，但不同转化体之间其抗性存在着差异。此外，王朋等（2002）也得到了转豇豆胰蛋白酶抑制剂基因（*CpT Ⅰ*）植株，袁静等（2004）得到转杀虫结晶蛋白基因*cry1Ac*植株。

（3）抗除草剂转基因辣椒研究 Tdaflafis等（1996）通过农杆菌LBA4404将带有*pat*基因的质粒pKB16.41导入辣椒，试验表明转基因辣椒能够耐受0.44%浓度的商品除草剂Basta（含20%膦丝菌素），对PPT的耐受能力大大提高。

第八节 良种繁育

一、常规品种的繁育

辣椒常规品种种子生产要获得高产，采种地必须有足够长的生长季节，开花结果和成熟期间的温度基本能保证在20～25℃、降雨少、病害轻，良种田应选择排灌方便，肥力较好的沙壤土地块。

辣椒为常异交作物，在种子生产过程中，为避免品种间互相杂交，要求不同品种采种隔离距离在500 m以上，如果两块采种田中间有障碍物，如建筑物、树林、村落等，空间隔离的距离可相应缩短。为减轻病虫害发生，切忌与茄科作物重茬，可与十字花科、豆科、葱蒜类或水稻实行轮作倒茬。

由于采种田的辣椒果实一般不食用，采种辣椒植株生长期比较长，特别是后期留种果发生病虫危害，对制种人员造成的经济损失较大。因此，为了尽最大努力控制采种田的病虫害发生，用药量比商品辣椒生产要大一些。

采收的果实应充分成熟，清除母本田杂株。在果实采收前杂株性状充分表现，易于检查杂株。因此，必须对母本田进行最后一次检查，杂株应及时拔除，不可留为种用。

完全红熟的果实采收后不用后熟，而没有完全红熟的果实应适当后熟。取种子时，可先用手搓一搓，使果实中的种子与胎座分离开来，然后在萼片处剪断，将种子倒出。这种方法取种子没有胎座，易操作，工效高。取出的种子应清除胎座等杂质，不用水洗，立即干燥，便可得到颜色鲜黄、发芽率良好的种子，否则种子易变灰色、黑色，失去光泽。但是受劳动力成本上涨的影响，目前国内辣椒种子生产取种基本上是机械粉碎过筛水洗，然后用色素漂染干燥处理。

种子充分晾干后装袋、入库、贮存，要有专人负责，保持室内通风干燥，严防机械混杂并注意防鼠、防虫。种子装袋前要进行种子净度、含水量、发芽率测定，净度低于99%、含水量高于8.0%的种子要加工好后再装袋。入库时要填写种子卡片（写明品种名称、采种年月、当年发芽率、采种单位等），袋内外各挂1个，以防错乱。

二、一代杂种制种技术

（一）人工杂交制种技术

中国大规模人工杂交辣椒制种可分为3种模式：①海南基地冬季制种，采用露地栽培方式；②华北、东北、西北基地夏季制种，采用地膜覆盖栽培方式；③华东基地春季制种，采用大棚栽培方式。

杂交种子的生产，与一般商品果生产和常规品种采种生产的栽培管理基本相同。为确保父本供应足够花粉和花期相遇，应适当调整播期。先定植父本，父、母本熟期相近时，父本应比母本提前 5～7 d；父本熟期比母本晚还要提早，有条件可进行早期覆盖。父本种植密度可与一般生产相同，也可更密。根据各地气候条件应选择天气晴朗、少雨、气温为 20～23 ℃的季节授粉，尤其应注意避开雨季，如辽宁省可安排在 6 月下旬至 7 月上旬。

塑料大棚制种主要分布在江苏的徐州与安徽的萧县等地，播种一般在 11 月 20 日左右，父本先于母本 15～20 d，利用火道加温或电热加温方法在日光温室中育苗。

根据海南气候，父、母本适宜的播种期为 9～10 月。因温度适宜、光照充足，辣椒播种后 20～30 d 便可定植。为了保证充足的花粉供杂交制种用，父本一般早于母本播种。如福湘秀丽父本于 9 月下旬左右播种，10 月下旬左右定植，行株距 40 cm×27 cm；母本于 10 月上旬至 10 月中旬播种，11 月上旬左右定植，行株距 60 cm×27 cm。

为增加父本单株花数，可不整枝。制种结束后拔除父本，种下茬，也可采收商品果出售。为了制种时的操作方便，母本田可适当增加行距。

父、母本种植的比例可为 1∶3～5。父、母本应分别连片种植，如相邻种植，则要做好父、母本田块标记，以防取花粉时出现错误。辣椒制种田与其他品种辣椒隔离 100 m 以上。

制种工具须准备镊子、玻璃管授粉器、取粉器、盛装花粉小瓶、变色硅胶、70%酒精、做标记用的铁环，有条件可备冰箱。

杂交开始前检验父本，彻底拔除杂株，有时认不清宁可错拔而切勿漏拔，否则 1 株的混杂便可造成不可挽回的影响。采摘尚未开裂的最大花蕾，取出花药，自然或用干燥器干燥花药，然后轻轻压碎花药，筛取花粉。花粉取出后可立即用于授粉，也可放低温干燥处保存，只可保存 4 d。

母本植株整理，可摘除“门椒”、“对椒”花蕾，植株大的也可摘除“四门斗”的花蕾，利用第 3～4 层果制种。选开花前 1 d，花粉未散的最大花蕾去雄，去雄时可连同花冠一起去掉。每天露水稍干后开始授粉。辣椒可于去雄当日或第 2 d 授粉，有条件可重复授粉，授粉后下雨必须重复授粉，并用拴线或去萼片的方法做好标记。授粉结束后将未去雄的花蕾全部摘除。摘除多余腋芽，最上花序以上留 2 片叶摘心。

果实充分成熟后采收。采收前，根据果实形状和颜色做最后一次母本田的去杂工作，清除母本田杂株。种果采收时，要注意采收标记，无标记或标记不清，应摘除，落地果不收。

杂交种子收获后，选取有代表性的种子样品 50 g，进行室内和田间检验。杂交种子的各项质量标准均达到要求时即可签发种子检验合格证书。

（二）利用胞质雄性不育系杂交制种技术

靠人工去雄、授粉生产杂交辣椒种子，不仅生产成本高，而且种子纯度难保证，利用胞质雄性不育系制种可以克服这些困难。

利用胞质雄性不育系杂交制种，播种期、育苗管理、整地、定植、田间管理和隔离等措施同人工杂交制种。在“八面风”期开始授粉较为合适，未授粉之前的花应掐掉，授粉时应注意调查不育系花粉的有无情况及自交结实、结籽情况，特别是要注意在低于 15 ℃的气候条件下发育的花朵，发现有粉现象，应及时掐掉有粉花朵。授粉以当天开放的花朵效果最佳，授粉可在上午 6～11 时，下午3～6 时进行。避免高温授粉，以保证结实率高，产籽率高。授粉时，一般左手持花，右手握授粉器，将雌蕊柱头插进授粉器，粘满花粉的同时，掐去花瓣的一角作标记。

杂交工作开始时，必须对不育植株进行整理，即将株型长势与不育系特征不一致的植株拔掉，并去除未授粉即坐果较多或结籽率高的植株。在整个生育期，应仔细观察调查，发现可育株应及时拔掉，采收前根据果实经济性状去除杂株。

授粉果的栽培管理、种果的采取、采种与晒种、种子的检验与入库也同人工杂交制种。

（三）利用两用系杂交制种技术

所谓辣椒雄性不育两用系杂交制种，就是将两用系的种子播种后，在杂交制种时，要拔除50%的雄性可育株，只利用其中的50%雄性不育株作母本，再以组合父本进行杂交授粉，从50%的雄性不育株上采集的种子就是雄性不育两用系杂交种子。

与人工去雄杂交制种相比较，只是母本播量增加1倍、父本量相同，母本播种面积及移植面积也相应随之加大。在定植时母本的定植密度也要相应增加，最多可增加1倍。

母本育性识别是雄性不育两用系制种的重要环节，对母本田的每棵植株都要进行育性识别。育性识别就是要严格而又准确地区别可育株与不育株。育性识别的时期要从初花期开始进行。如果是利用带有标记性状的两用系如AB832作母本时，可根据花丝、花柱颜色就可加以识别，其可育株为紫花丝、紫花柱，不育株为白花丝、白花柱。如果是利用不带有标记性状的两用系作母本时，就要着重观察花药和柱头的形态特征加以区别。

定植后20 d，“门椒”花陆续开放。如果苗龄比较整齐，3 d内可以全部辨认。考虑到整个制种地块，辨认工作需持续5～7 d。具体方法是；每天上午8～11时，摘下即将开放的大花蕾，观察花药和柱头。

在观察花粉和柱头形态时，要选择花瓣明显长于萼片，花瓣明显变白，预计第2 d就要开放的大花蕾为观察花药形态的最佳时机。可育株的花药形态为饱满充实，各花药之间无间隙，花药颜色浅淡，用镊子拨离花药囊时有大量花粉粒，柱头不突出；不育株的花药则明显瘦瘪，各花药之间有明显间隙，花药颜色较深或黄化，用镊子拨离花药囊时没有花粉粒，柱头突出。

在母本识别育性的同时将可育株拔掉，留下不育株。由于母本田的植株群体较大，每株植株的开花时期又不可能一致，所以育性识别和拔除可育株一般要进行4～5次。为减少这项工作的工作量，可在每次育性识别之后的不育株上用有颜色的油漆在其叶片上涂一个记号，这样就可以在下一次育性识别时，只限于对没有涂记号的植株进行识别即可。在母本田中彻底拔净可育株是保证杂交纯度的技术关键。

经过3～5 d的工作，95%的辣椒可辨认出来。为了不误授粉良机，将剩余的未开花的小苗全部拔除。利用两用系杂交制种的其他管理措施同人工杂交制种。

三、种子贮藏与加工

（一）种子检验

辣椒种子的检测指标主要有净度、发芽率、真实性、品种纯度、含水量、生活力、千粒重和健康状况等。净度、含水量、生活力和千粒重等指标的检测相对比较简单，在种子验收时就可以完成，并通过加工达到国家标准规定要求后入库。

发芽率、真实性和品种纯度是目前中国辣椒种子检测最重要的3个指标。由于中国辣椒种子生产目前一般由一家一户小面积制种完成，生产规模小，发芽率检测的工作量非常大，同时又要进行下一年度的播种，检测时间短，按标准发芽方法，很难在规定的时间内完成发芽率测定，因此各地因地制宜地创造了不少其他大规模快速发芽方法，如毛巾卷、纱布卷或纸卷发芽法等。

辣椒品种真实性和纯度检验可分为田间检验与室内检验，田间检验是指田间小区种植鉴定，室内检验方法主要有幼苗指示性状鉴定法、同工酶电泳分析法、分子标记技术鉴定法等。

辣椒田间小区种植是鉴定品种真实性和测定品种纯度的最为可靠、准确的方法。一般应在苗期、盛花期和盛果期进行鉴定，苗期主要是检验其整齐度，如始花期、始花节位、叶形和叶色等性状；盛花期主要检验植株的生长势、前期果形、坐果率等；盛果期是对杂交种子进行纯度鉴定的最佳时期，应按照该品种的特征特性对其经济性状进行鉴定。鉴定的内容包括果实着生方向、果实大小、青熟果色泽、果实形状、果顶部特征（渐细尖、钝尖、平、凹等）、果实基部特征（萼叶上凸、平展、下凹）、果柄（长、短）等。

利用幼苗指示性状鉴定杂种纯度具有快速、准确、费用低等显著特点。马艳青等（2000）、马志虎等（2001）认为黄绿苗突变可作为苗期黄化指示性状鉴定杂交种子纯度。

漆小泉等（1994）研究表明，α-淀粉酶同工酶可用来鉴别真假杂种。李成伟等（1999）、周群初等（1999）、黄三文等（2001）和张菊平（2003）利用 RAPD 分子标记技术鉴定杂交品种的种子纯度。

种子的健康主要是指是否携带病原菌，如真菌、细菌、病毒、线虫及害虫等。通过种子健康检验，可以了解这批种子的健康状况和使用价值，并根据检验结果，采取有力措施，防止在仓库贮藏中蔓延而造成损失。种子健康检验通常是用种子带病和种子虫害率表示，但目前中国没有把种子健康状况作为必检项目。

（二）种子加工

种子干燥是种子加工的重要环节，更是保证种子安全贮藏的重要技术措施。因为种子经过干燥后，不仅可以降低种子含水量，还可以杀死害虫与病原菌，削弱种子的生理活性，增强种子的贮藏性，以免贮藏期间发热、变质，甚至霉烂。但干燥不当，容易影响种子的质量，降低甚至丧失生活力。

辣椒种子的干燥方法可分为自然干燥、机械干燥和干燥剂干燥三种。在中国北方地区，广泛利用火炕的余热来干燥辣椒种子，这样既简便、经济，又安全可靠，种子色泽好，发芽率高。

辣椒种子的清选，就是清除种子中的异物或杂质。通过清选，将种子群体中混有的枯枝、碎叶、果柄、果皮、胎座、石粒、土块、虫瘿、菌核以及杂草种子和本品种未成熟及破碎的种子等清除干净。

辣椒种子清选的原理是根据种子和杂质在形态、大小、表面质地、密度、弹性等方面的差异，将种子和杂质分开。辣椒种子的清选大多采用机械或半机械方法进行，常用的清选设备有筛子、风车和种子精选机等。

辣椒种子包衣处理是通过种子加工，提高发芽率，培育壮苗的重要措施。国内研制和使用的辣椒种衣剂多是药肥种衣剂，其有效成分主要是内吸性杀虫剂、杀菌剂、多种微量元素和生长调节物质。通过种子包衣，可提高种子质量，促进良种标准化、丸粒化和商品化，利于机械化精量播种；播种包衣种子，随种施药，可减少环境污染。

（三）种子贮藏

在西北干旱地区，辣椒种子的贮藏方法比较简单，只要将充分干燥的种子用无毒塑料编织袋、布袋、麻袋、缸等容器盛装，置于贮藏库内就可以了。这种贮藏方法因种子未进行密封，其温度、含水量随贮藏库内的温、湿度变化而变化。因此这种库房都要求装有通风用的门窗及排气换气设备。一般每年只需翻仓 1 次，贮藏 3 年发芽率在 85%以上。

在南方高温潮湿地区，辣椒种子的贮藏要采用干燥贮藏法，即在室温条件下，采用双层聚乙烯高密度膜加硅胶贮藏。具体操作过程如下：入库时，将种子装入双层聚乙烯高密度薄膜袋（规模为 60 cm×100 cm）内，每袋种子重 10 kg 左右，最多不超过 12 kg。再将 2～3 kg 纱网袋装的变色硅胶埋入种子中，种子装袋时，含水量最好不超过 8%。在尽量排除袋内空气后，用绳子扎紧袋口。每袋种子必须配有内外标签，注明品种、代号、重量、来源、入库日期、含水量、发芽率、净度、纯度等项目，内标签放在两层薄膜袋之间，正面朝外，外标签贴在袋下角的侧面。

堆放种子时，先将每袋种子摊开抹平成一方块形薄砖似的，然后像砌砖墙一样堆放成一字形垛，每垛宽度以两行为宜，1.2 m左右，垛高一般堆叠10层，最多为12层，垛长则根据仓库和种子量而定。堆垛距墙壁0.5 m，两堆垛之间应留有0.6 m宽的走道，并切记将外标签露在走道侧，以便检查、通风换气、翻仓和随时取用种子等。堆垛完毕后，每垛应挂上卡片，注明品种、代号、来源、入库日期、总件数、总重量和其他有关种子质量的项目。贮藏期间，定期检查种温、水分含量、发芽率等，翻仓更换硅胶，以保证种子含水量在7%～8%，种子袋内相对湿度在40%左右。采用这种方法，在室温条件下贮藏辣椒种子，可安全贮藏3～4年，且发芽率在85%以上，基本解决了在中国南方高温潮湿条件下大规模贮藏辣椒种子的难题。

在条件好的地方，还可以采取低温除湿贮藏。即在大型的种子贮藏库中，采用机械制冷、除湿等设备，使仓内温度控制在15 ℃以下、相对湿度在50%以下的种子贮藏方法。采用低温除湿库贮藏辣椒种子既抑制种子的生命活力，又减少病虫危害，从而加强了种子贮藏的安全性，延长种子寿命，一般可安全贮藏5～8年。但这种方法对库房要求较高，需要制冷、除湿设备，耗费大量电能，因此贮藏成本较高。

（邹学校　张宝玺）

主要参考文献

常彩涛，刘文明，葛长鹏，等.1996. 弱光下青椒外部形态及生理指标变化的研究 [J]. 天津农业科学，2（4）：8-10.

陈青，张银东.2003. 与辣椒抗蚜性基因连锁的RAPD标记 [J]. 园艺学报，30（6）：737-738.

陈世儒.1997. 蔬菜育种学 [M]. 北京：中国农业出版社：39-62.

陈学军，陈劲枫.2006. 辣椒株高遗传分析 [J]. 西北植物学报，26（7）：1342-1345.

戴雄泽.2001. 辣椒制种技术 [M]. 北京：中国农业出版社.

杜胜利，魏惠军，魏爱民，等.2001. 辣椒单倍体与双单倍体植株叶片光合作用研究 [J]. 华北农学报，16（3）：52-55.

范妍芹，郭景印.1993. 甜椒雄性不育系AB91选育及研究初报 [J]. 北京农业大学学报，19（增刊）：118-121.

范妍芹，刘云.2001. 甜椒雄性不育两用系一代杂种冀研5号 [J]. 园艺学报，28（1）：89.

范妍芹，刘云.2002. 甜椒雄性不育两用系一代杂种冀研6号 [J]. 园艺学报，29（3）：295.

范妍芹，刘云，郭景印，等.1999，利用雄性不育系选育甜椒一代杂交种冀研4号 [J]. 中国蔬菜（5）：26-27，31.

范妍芹，刘云，严立斌，等.2004. 利用雄性不育两用系配制的辣椒一代杂种“冀研8号”[J]. 园艺学报，31（3）：422.

郭家珍，关俊秀，马晋辉，等.1981. 辣（甜）椒杂种一代主要性状的遗传表现初报 [J]. 中国蔬菜（1）：9-12.

郭守金.2000. 红色素辣椒品种简介与栽培 [J]. 宁夏农林科技（4）：16.

黄三文，张宝玺，郭家珍，等.2001. 辣椒RAPD系统的建立及在杂种纯度鉴定中的应用 [J]. 园艺学报，28（1）：77-79.

姜亦巍，胡恰，吴国胜，等.1996. 甜（辣）椒耐低温弱光品种筛选方法初探 [J]. 华北农学报，11（4）：139-142.

金新文，沈征言.1997a. 高温胁迫对三种蔬菜抗热性不同的品种萌动种子活力和ATP含量的影响 [J]. 石河子大学学报：自然科学版，1（2）：112-116.

金新文，沈征言.1997b. 高温胁迫对三种蔬菜抗热性不同的品种间叶片蒸腾强度作用的比较 [J]. 石河子大学学报：自然科学版，1（3）：194-198.

李春玲，蒋仲仁.1983. 对甜椒花药培养中一些影响因素的研究 [J]. 中国蔬菜（12）：35-37.

李春玲，蒋钟仁.1990. 甜椒花培新品种海花3号的育成 [J]. 园艺学报，17（1）：39-44.

李乃坚，余小林，李颖，等.2000. 双价抗菌肽基因转化辣椒 [J]. 热带作物学报，21（4）：45-51.

李佩华，姚永慧，刘红，等.1989. 国外一年生辣椒栽培种品种材料的引种 [J]. 中国蔬菜（1）：27-30.

李树德.1995.中国主要蔬菜抗病育种进度［M］.北京：科学出版社.
李颖，余小林，李乃坚，等.2005.转抗菌肽基因辣椒株系的青枯病抗性鉴定及系统选育［J］.分子植物育种，3（2）：217－221.
刘国花.2007.干旱胁迫对辣椒生理机制的影响［J］.湖北农业科学，46（1）：88－90.
刘红，李佩华，周立端，等.1985.茄属新种苦茄，辣椒新变种涮辣和变型大树辣［J］.园艺学报，12（4）：255－259.
刘建华，卢鉴植，巩振辉，等.1991a.辣（甜）椒种质资源苗期对炭疽病的抗病性鉴定［J］.陕西农业科学（4）：11－13
刘建华，卢鉴植，巩振辉，等.1991b.辣（甜）主要品质性状与抗病性的相关分析初探［J］.江苏农业科学（3）：45－46.
刘建华，杨宇红，卢鉴植，等.1998.辣椒种质资源对疫霉的抗病性鉴定研究［J］.湖南农业科学（3）：30－31.
刘建华，袁彩尧，周新民，等.1991.辣椒种质资源对烟草花叶病毒和黄瓜花叶病毒的抗病性［J］.湖南农学院学报（植病专刊）：191－195.
刘建华，邹学校，张继仁，等.1991.湖南辣椒品种资源主要品质性状与抗病性鉴定［J］.湖南农业科学（3）：39－41.
刘建萍，金静，姜国勇，等.2006.抗炭疽病干制辣椒资源筛选［J］.莱阳农学院学报：自然科学版，23（4）：297－299.
刘金兵，赵华仑，孙洁波，等.1999.辣（甜）椒雄性不育恢复系的筛选研究.中国蔬菜（6）：28.
罗玉娣，李建国，李明芳，等.2006.用SSR标记分析辣椒属种质资源的遗传多样性［J］.生物技术通报（增刊）：337－341.
马惠萍.2007.高温胁迫对辣椒幼苗生长的影响研究［J］.甘肃农业科学（1）：18－19.
马艳青，刘志敏，邹学校，等.2003.辣椒种质资源的RAPD分析［J］.湖南农业大学学报：自然科学版，29（2）：120－123.
马艳青，邹学校，周群初，等.2000.辣椒雄性不育系9704A利用模式、繁殖与制种［J］.长江蔬菜（6）：32－34.
潘宝贵，王述彬，刘金兵，等.2006.高温胁迫对不同辣椒品种苗期光合作用的影响［J］.江苏农业学报，22（2）：137－140.
钱芝龙，丁犁平，赵华仑，等.1996.辣椒苗期耐低温性研究［J］.江苏农业科学（1）：46－48，45.
商鸿生，王旭，徐秉良，等.2001.CP基因转化的线辣椒抗卡那霉素和抗CMV特性的遗传［J］.西北农林科技大学学报：自然科学版，29（5）：103－106.
时桂媛.1982.辣椒杂种一代主要经济性状遗传表现的观察［J］.中国蔬菜（1）：22－25.
宋志荣.2003.干旱胁迫对辣椒生理机制的影响［J］.西南农业学报，16（2）：53－55.
眭晓蕾，张宝玺，何洪巨，等.2006弱光对不同基因型辣椒坐果和果实品质的影响［J］.沈阳农业大学学报，37（3）：356－359.
唐冬英，邹学校，刘志敏，等.2004.辣椒细胞质雄性恢复基因的RAPD标记［J］.湖南农业大学学报：自然科学版，30（4）：307－309.
田淑芳.1984.青椒杂种一代及主要经济性状遗传表现［J］.吉林农业科学（1）：88－92.
王恒明，王得元，李颖，等.2004.国外彩色甜椒成熟果实颜色遗传研究进展［J］.长江蔬菜（10）：35－38.
王立浩，王萱，张宝玺，等.2006.利用CAPS标记辅助辣椒PVY抗性基因PVr4转育的研究［J］.辣椒杂志（4）：1－3，9.
王立浩，张宝玺，Caranta C，等.2008.利用分子标记对辣椒抗马铃薯Y病毒的3个QTLs进行选择［J］.园艺学报，35（1）：53－58.
王述彬，邹学校，李海涛，等.2001.中国辣椒优质种质资源评价［J］.江苏农业学报，17（4）：244－247.
王小佳.2000.蔬菜育种学：各论［M］.北京：中国农业出版社.
王志源，王德恒，蒋健箴，等.1987.农大40甜椒品种选育［J］.中国蔬菜（3）：10－12.
王作义，杨凤梅，王志强，等.1998.辣椒雄性不育两用系选育转育及利用［J］.北方园艺（1）：10－11.
谢丙炎，朱国仁.2000.辣椒疫霉产毒共分离RAPD标记的研究［J］.菌物系统，19（1）：34－38.
徐秉良，商鸿生，王旭，等.2002.转CP基因线辣椒对CMV和CMV－RNA的抗病性比较［J］.植物病理学报，32（2）：132－137.
杨凤梅，王作义，王志强，等.1998.辣椒雄性不育两用系杂交制种技术［J］.北方园艺（2）：7－8.
杨世周.1981.辣椒雄性不育两用系的选育［J］.园艺学报，8（3）：49－53.

杨世周.2003. 辣椒雄性不育两用系的特点及应用价值 [J]. 长江蔬菜 (1): 39.
杨世周, 姜恩国, 杨凤梅, 等.1994. 早熟辣椒沈椒 4 号的选育 [J]. 中国蔬菜 (6): 8-9.
杨世周, 杨凤梅, 姜恩国, 等.1993. 沈椒 3 号一代杂种辣椒的选育 [J]. 中国蔬菜 (5): 4-6.
杨世周, 杨凤梅, 姜恩国, 等.1995. 辣椒雄性不育两用系选育和应用新进展 [J]. 中国蔬菜 (1): 19-20.
杨世周, 赵雪云.1984. 辣椒 8021 雄性不育系的选育及三系配套 [J]. 中国蔬菜 (3): 9-13.
杨世周, 赵雪云.1985. 辣椒雄性不育两用系 AB832 配制一代杂种技术 [J]. 中国蔬菜 (4): 26-27, 40.
张宝玺.2003. 中国"十五"期间辣椒育种的主要目标 [J]. 中国辣椒 (1): 14.
张宝玺, 郭家珍, 杨桂梅, 等.2001. 甜椒胞质雄性不育系的选育 [J]. 中国辣椒 (1): 10-12.
张宝玺, 王立浩, 毛胜利, 等.2005. 中国辣椒育种研究进展 [J]. 中国蔬菜 (10/11): 4-7.
张继仁.1979. 湖南辣椒品种资源初步研究 [J]. 湖南农业科学 (3): 25-30.
张银东, 唐跃东, 曾宪松, 等.2000. 抗菌肽基因转化辣椒的研究 [J]. 华南热带农业大学学报, 6 (1): 1-4.
赵华仑, 丁犁平, 孙洁波, 等.1995. 辣 (甜) 椒雄性不育 21A、8A、17A 的选育及鉴定 [J]. 江苏农业科学 (1): 45, 49-50.
中国农业科学院蔬菜研究所.1987. 中国蔬菜栽培学 [M]. 北京: 农业出版社.
周群初, 邹学校, 戴雄泽, 等.2002. 湘辣 4 号辣椒的选育 [J]. 中国蔬菜 (6): 30-31.
周长久.1995. 蔬菜种质资源概论 [M]. 北京: 北京农业大学出版社: 129-146.
朱德蔚.1995. 充分利用国内外蔬菜种质资源, 丰富中国蔬菜品种, 满足城乡居民需要 [M]//中华人民共和国农业部. 中国菜篮子工程. 北京: 中国农业出版社: 241-245.
邹学校.1993. 杂交辣椒制种与高产栽培技术 [M]. 长沙: 湖南科学技术出版社.
邹学校.2009. 辣椒遗传育种学 [M]. 北京: 科学出版社.
邹学校.2002. 中国辣椒 [M]. 北京: 中国农业出版社.
邹学校, 陈文超, 张竹青, 等.2007. 辣椒产量和品质性状 Hayman 遗传分析 [J]. 园艺学报, 34 (3): 623-628.
邹学校, 马艳青, 陈文超, 等.2005. 辣椒净光合速率杂种优势及其稳定性分析 [J]. 上海农业学报 (3): 4-8.
邹学校, 马艳青, 戴雄泽, 等.2008. 辣椒胞质型雄性不育杂交品种规模制种技术 [J]. 中国蔬菜 (5): 45-47.
邹学校, 马艳青, 刘荣云, 等.2006. 辣椒净光合速率与农艺性状间的关联性研究 [J]. 西南农业学报, 19 (2): 270-275.
邹学校, 张竹青, 陈文超, 等.2007a. 辣椒净光合速率 Hayman 双列杂交分析 [J]. 热带亚热带植物学报, 15 (3): 244-248.
邹学校, 张竹青, 陈文超, 等.2007b. 辣椒果实性状的遗传分析 [J]. 西北植物学报, 27 (3): 497-501.
邹学校, 周群初, 戴雄泽, 等.2001. 湘研辣椒品种产业化技术的创新 [J]. 长江蔬菜 (5): 38-40.
邹志荣, 陆帼一.1995. 辣椒种子萌发期耐冷性鉴定 [J]. 西北农业大学学报, 23 (1): 30-34.
Bassett M J. 陈世儒, 译. 蔬菜作物育种 [M]. 重庆: 西南农业大学编辑部.
Bannerot H E, Pochard E. 1973. Four causes of non-specific resistance in vegetables [J]. Plant Breeding Abstract, 43 (2): 1538.
Barrios E P, Mosokar H I, Black L L, et al. 1971. Inheritance to tobacco etch and cucumber mosaic virus in *Capsicum frutenscens* [J]. Phytopathology, 61 (10): 1318.
Bartual R. 1991. Gene action in the resistance of peppers (*Capsicum annuum*) to Phytophthora stem blight (*Phytophthora capsici* L.) [J]. Euphytica, 54: 195-200.
Beachy R N, Loesch-Fries S, Tumer N E. 1990. Coat protein-mediated resistance against virus infection [J]. Annu Rev Phytopathol, 28: 451-474.
Boukema I W. 1980. Allelism of genes controlling resistance to TMV in *Capsicum* L [J]. Euphytica, 29: 433-439.
Cook A A. 1982. Disease resistance studies and new release from Florida [J]. Capsicum Newsletter (1): 42.
Gilortega R. 1992. Genetic relationship among four pepper genotypes resistance to *Phytophthora capsici* [J]. Plant Breeding, 108: 118-125.
Gilortega R. 1998. Response of pepper two Spanish isolates of CMV [J]. Capsicum Newsletter (7): 65-66.
Gopalasrishnan T R, Gopalakrishnan P K, Peter K Y. 1989. Inheritance of clusterness and fruit orientation in chilli

(*Capsicum annuum* L.) [J]. Indian J. Genet, 49 (2): 219 - 222.

Greenleaf W H, Hearn W H. 1976. Around leaf mutant in 'Bighart' Pimieto Pepper (*Capsicum annuum* L.)[J]. Hortscience, 11 (5): 463 - 464.

Greenleaf W H. 1986. Pepper breeding [M]//(Edited by Bassett M J) Breeding Vegetable Crops. AVI Publishing Co: 67 - 134.

Holmes F O. 1937. Inheritance of resistance in tobacco mosaic disease in pepper [J]. Phytopathology, 27: 637 - 642.

Jarnail Singh, Thakur M R. 1978. Genetics of resistance to tobacco mosaic virus, cucumber mosaic virus and leaf-curl virus in hot pepper [J]. Plant Breeding Abstract, 48 (9): 8907.

Kim B S. 1990. inheritance of resistance to bacterial spot and Phytophthora blight in pepper [J]. Journal of Korean Society for Horticultural Science, 31: 350 - 357.

Kim Y J. 1989. Expression of age-related resistance in pepper plant infected with *Phytophthora capsici* [J]. Plant Disease, 73: 745 - 747.

Kim Y H. 1995. Improvement in plant disease resistance using and antifungal protein gene [J]. Proceedings Vienna Austria, 7: 145 - 155.

Pochard E. 1982. A major gene with quantitative effect on two different virus CMV and TMV [J]. Capsicum Newsletter (1): 54 - 56.

Pochard E, Daubeze A M. 1989. Progressive construction of a polygenic resistance to cucumber mosaic virus in the pepper [C]// EUCARPIA Ⅶth meeting on genetics and breeding on *Capsicum* and Eggplant, Kragujevac, Yugoslarvia: 187 - 192.

Polach F J. 1972. Identification of strains and inheritance of pathogenicity in *Phytophthora capsici* [J]. Phytopathology, 62: 20 - 26.

Provvidenti R, Gonyolves D. 1995. Inheritance of resistance to cucumber mosaic virus in a transgenic tomato line expressing the coat protein gene of the white leaf strain [J]. Journal of Heredity, 86: 85 - 88.

Reifschncider F J B. 1992. Inheritance of adult-plant resistance to *Phytophthora capsici*. in pepper [J]. Euphytica, 62: 45 - 49.

Shifriss C, Eidelman E. 1987. Inheritance studies with nine characters in *Capsicum annuum* L. [J]. Euphytica, 36: 873 - 875.

Shuh D M, Fontenot J F. 1990. Gene transfer of multiple flowers and pubescent leaf from *Capsicum chinense* into *Capsicum annuum* backgrounds [J]. J. Amer. Soc. Hort. Sci, 115 (3): 499 - 502.

Subramanya R. 1983. Transfer of genes for multiple flowers from *Capsicum chinense* to *Capsicum annuum* [J]. Hort Science, 18 (5): 747 - 749.

Tdaftaris A. 1996. The development of herbicide-tolerant transgenic crops [J]. Field Crop Research, 45: 115 - 123.

Thomas P, Peter K V. 1986. Inheritance of clustering in chilli (*Capsicum annuum* L.) [J]. Indian J. Genet, 46 (2): 311 - 314.

Zhang B X, Huang S W, Yang G M, et al. 2000. Two RAPD markers linked to a major fertility restorer gene in pepper [J]. Euphytica, 113: 115 - 161.

Zhang Y F. 1996. Transgenic sweet pepper plants from *Agrobacterium* mediated transformation [J]. Plant cell Report, 16 (1 - 2): 71 - 75.

第二十四章

茄 子 育 种

茄子（*Solanum melongena* L.）为茄科（Solanaceae）茄属（*Solanum*）茄种（*melongena*）的一年生草本植物。染色体数 $2n=2x=24$。古称伽、酪酥、落苏、昆仑瓜、矮瓜、小菰等。以嫩浆果为食用器官，果肉含水量93%以上，每 100 g 鲜果肉含蛋白质 2.3 g、碳水化合物 3.1 g、脂类 0.1 g、钙 22 mg、磷 31 mg、铁 0.4 mg、胡萝卜素 0.04 mg、硫胺素 0.03 mg、核黄素 0.04 mg、尼克酸 0.5 mg、抗坏血酸（维生素 C）3 mg。茄子可炒、烧、炖、蒸，可生食、酱渍、腌制及干制，是中国南、北各地栽培最为广泛的蔬菜之一，它的特点是产量高，适应性强，供应时间长，为夏、秋季节的主要蔬菜。

茄子的栽培驯化起源于印度、泰国及中国东南部等亚洲热带地区。世界多数地区都有茄子栽培，尤以亚洲、非洲、地中海沿岸、欧洲中南部及美洲等地栽培广泛，其中亚洲茄子栽培面积占世界栽培面积的 93.15%（FAO，2013）。中国是世界上最大的茄子生产国，茄子栽培面积达 78.7 万 hm^2，占世界总面积（187 万 hm^2）的 42.14%（FAO，2013）。

第一节　育种概况

一、育种简史

茄子是茄科作物中仅次于马铃薯和番茄的第 3 大作物，栽培驯化历史悠久。国际上有关茄子品种改良的记载可以追溯到上千年的历史，18 世纪以前主要是作为蔬菜作物栽培和品种引进、试种研究，18 世纪至 19 世纪开始在产量和品质上进行简单的品种筛选，1891 年 Bailey 和 Munson 首次报道了在美国康奈尔进行的茄子杂交试验，这是关于茄子种内人工杂交的最早记载，标志着真正意义的现代茄子育种研究的开始。19 世纪末至 20 世纪初开始有关于茄子杂种优势研究报道，Munson（1892）的研究报告首次提到茄子有杂种优势现象，随后美国的 Halsted（1901）、菲律宾 Bayla（1918）报道，茄子杂交种植株生长势明显强于亲本，杂交种能提高单果重和总产量。20 世纪 20～50 年代，日本、印度、苏联、德国、荷兰、保加利亚、菲律宾等国家相继报道有关茄子杂种优势利用研究。日本 Nagai 和 Kida（1926）证实，茄子杂种优势主要表现在总产量、单株结果数、开花期、成熟期、植株高度、分枝数、果茎上刺数及果长上，叶长和叶宽没有杂种优势；苏联 Sebmidt（1935）报道，杂交种可以提高早熟性；1941 年德国 Daskaloff 首次报道商业生产茄子杂交种的可能性；1955 年 Jinks 通过双列杂交证实 F_1 的超亲现象，指出特殊配合力是杂种优势利用育种的前提；Jasmin（1954）通过 1 个日本品种和美国品种杂交，获得花药不开裂的雄性不育材料，加拿大 Anonymous（1956）证实是单基因控制的隐性遗传；菲律宾 Ramirez（1959）用 *S. grandiflorum* Hort. 与栽培种茄子杂交获得了抗病、抗虫育种材料。20 世纪 60 年代以后茄子杂交优势利用育种成为商业育种的主要手段，70 年代以来随着现代生物技术的发展，远缘杂交、体细胞突变体筛选等细胞工程育种技术，以及分子标记、QTL 定位等分子育种技术相继应用于茄子育种实践。

茄子在中国的栽培历史悠久，但现代意义上的育种历史并不长，20 世纪 30～40 年代一些地方农事试验场的工作报告中曾出现过有关茄子引种试种和品种改良的早期报道。新中国成立以后，真正意义的茄子育种工作才开始起步，中国现代茄子育种技术日趋完善是近几十年的成就。20 世纪 50 年代主要是地方品种搜集整理、优良地方品种选纯复壮和引种试种；60 年代开始进行系统选育新品种、优良性状杂交转育及杂种优势利用研究，一批育成新品种和优良杂交组合开始在生产上推广应用；70 年代以茄子花药培养为技术支持的单倍体育种研究取得了较大的进展；80 年代在国家“六五”“七五”科技攻关项目的资助下开展了新一轮品种资源搜集整理，新育成的一代杂交种逐渐成为生产上的主栽品种，主要农艺性状遗传研究受到重视；21 世纪以来基本与世界其他国家同步，体细胞突变体筛选、远缘杂交和原生质体融合等细胞工程技术以及分子标记、QTL 定位等分子生物学技术开始应用于茄子育种实践。

（一）地方品种的挖掘

20 世纪 50 年代伴随着地方品种搜集整理，优良地方品种的挖掘利用研究在一些科研单位相继开展。陕西省蔬菜研究所于 1955—1959 年整理全省茄子地方品种 41 份，对华阴黑墨茄、大荔白茄子、宝鸡绿圆茄、汉中荷包茄等优良地方品种进行了品种比较试验；辽宁省农业科学院园艺研究所于 1957—1959 年调查搜集茄子品种 118 个，整理归为 31 类，挖掘出高产地方品种紫圆茄子、青茄、白茄，优质品种灯泡茄、早紫茄、牛蛋茄、紫线茄，抗病品种电灯泡、早紫茄、牛蛋茄；1959 年河南省农业科学院园林系在开封市农园实验场对 29 个河南茄子地方品种进行试种观察；1961 年山东省青岛市农业科学研究所对 52 个地方品种（18 个长茄类，34 个圆茄类）进行试种观察。1986—1990 年中国农业科学院蔬菜花卉研究所牵头，对全国各地的蔬菜地方品种进行调查和整理，搜集、鉴定、繁殖入库的茄子种子资源 1 013 份。通过对地方品种的整理挖掘，一些优良的地方茄子品种，经过提纯复壮得到进一步的推广应用。浙江省平湖市地方特色品种青翠小茄子、杭州优秀茄子地方品种藤茄，江苏省东台沿海地区优良茄子品种东台灯泡茄、连云港市地方品种云台紫茄，辽宁锦州地方品种腌渍小茄子、黑又亮，四川的地方品种竹丝茄、墨茄、三月茄，山东兖州优良地方品种兖州朱砂红茄子，天津地方品种快圆、大苠和二苠，陕西地方品种西安绿茄，河南地方品种洛阳青茄、油罐茄、安阳大红等一批优秀地方品种至今在生产上广泛栽培。

（二）国外引种和系统选育

20 世纪 80 年代以前中国茄子育种研究主要是通过系统选育培育新品种。1963 年黑龙江省哈尔滨市农业科学研究所从当地的一个农家长茄子品种，通过单株混合选择的方法，获得早熟新品种 科选 1 号长茄。1964 年北京丰台区小井试验站通过系统选育获得紫色圆茄早熟品种北京四叶。1970 年吉林省长春市蔬菜研究所从辽宁省地方品种盖平鹰咀茄子中系统选育获得新品种长茄 1 号。1972—1977 年黑龙江省园艺研究所通过对龙江线茄系选获得茄子新品种龙江 6 号。

与其他茄果类蔬菜相比，茄子作为育种资源材料或品种从国外引进的较少，20 世纪 50～60 年代从苏联等国家引入少量茄子资源。1959 年自苏联引入近缘植物澳洲茄（*Solanum aviculare* Forst.），作为制取可的松（cortisone）的原料植物在北京地区试种。1961 年青岛市农业科学研究所由朝鲜引入朝鲜灯泡茄进行试种。1980 年以后自日本引入久留米、新长崎、千两二号、真仙中长等在辽宁、浙江等地试种。2000 年以后，随着中国北方保护地栽培面积的扩大，以荷兰瑞克斯旺公司的布利塔、安德烈、尼罗为代表的日光温室栽培专用品种，在中国北方保护地茄子生产中开始占有较大的比例。

（三）杂种优势利用与新品种选育

中国从20世纪50年代后期开始茄子杂种优势利用研究。1956年河北省石家庄专区农业科学研究所的研究结果表明，23个F_1的产量比低产亲本平均增产50.6%，比双亲平均产量平均增产36.6%，比高产亲本平均增产25.4%。60年代，新疆八一农学院（1960）、宁夏回族自治区农业科学研究所蔬菜研究室（1962）、河北农业大学园艺系果树蔬菜选种教研组（1962、1963）、中国农业科学院江苏省分院（1962）、福建省农业科学院蔬菜试验站（1964）等单位相继开展了茄子杂种一代利用的研究，认为茄子杂种一代表现优势较强，多数组合的性状出现超亲现象，且杂种一代与亲本主要性状间相关性显著。火茄×六叶茄（1963）、福州茄子×杭州茄子（1964）、苏州牛角×徐州长茄（1968）等优良杂交组合开始在生产上推广应用。20世纪70年代茄子杂种一代新品种选育研究在全国普遍开展，杂种一代新品种齐杂1号（1974）、齐杂2号（1975）、湘早茄（1978）等相继在生产上推广应用，杂种优势利用成为茄子品种培育的重要手段之一。根据公开报道的资料统计，1981—2010年育成各类茄子新品种205个，78%的育成品种是一代杂交种。

（四）生物技术在育种中的应用

现代意义上的生物技术在茄子育种上的应用始于20世纪70年代的单倍体育种和辐射诱变育种。1975年北京市农业科学院蔬菜研究所通过茄子花药离体培养获得了单倍体植株，选育了茄子单倍体B-18品系。1977年黑龙江省园艺研究所应用相同方法育成了茄子新品种龙单1号。1975年辽宁省农业科学院园艺研究所用激光照射茄子干种子获得一批变异材料。齐齐哈尔市蔬菜研究所通过^{60}Co照射处理，筛选出了优良突变株系，育成了齐茄2号。1988年李耿光等通过茄子子叶原生质体培养获得再生植株。2004年连勇等通过原生质体融合技术获得了茄子种间体细胞杂种植株。1989年北京农业大学经花粉管通道将抗病野生茄DNA导入中国长茄。2001年林栖凤等用相同方法将海滩耐盐植物红树DNA导入茄子，引起性状变异。2001年张兴国等建立了茄子遗传转化体系，邹克琴等（2001）以根癌农杆菌为介导，将几丁质酶和抗菌肽D双价基因转入茄子。2002年李海涛等获得茄子抗青枯病基因RAPD标记。2006年史仁玖克隆与分析了水茄（或托鲁巴姆）（*Solanum torvum*）抗黄萎病相关基因*StoVe1*。曹必好等（2006）构建了茄子RAPD分子标记图谱，77个标记定位于12个连锁群上，覆盖总基因组长度为651.19 cM，标记平均间距8.57 cM。2012年乔军等构建了1张包括23个SSR标记和85个AFLP标记，共15个连锁群的复合遗传图谱，覆盖基因组长度1 007.9 cM，平均图距9.3 cM，定位到与果形指数相关的QTL2个、果长QTL5个、果径QTL2个，获得与果形性状（果形指数、果长和果径）紧密连锁的AFLP标记M23E21B，遗传距离3.5 cM。

二、育种现状与发展趋势

（一）育种现状

根据1980—2010年报道的茄子育成新品种统计，中国开展茄子育种的单位有上百家，育种单位主体是地市级以上农业科研、技术推广单位和部分大、中专院校，在地域分布上，除宁夏、青海、西藏外，各省份均有从事茄子育种的单位。21世纪以来，荷兰瑞克斯旺等跨国种子企业在中国也开展针对本土市场的茄子育种研究，伴随国家种子管理政策的导向，一些私营蔬菜种子企业和个人开始加入到茄子新品种选育的行列。目前国内直接从事茄子育种的研究人员有300余人，国家和省市级科研单位在茄子新品种选育方面仍占据主要地位。

高产、优质（外观品质）和抗逆是当前主要育种方向。由于各地消费习惯不同，栽培品种形成不同生态类型和市场销售区域，尤其是果实形状和颜色这两项外观品质指标的区域性很强。因此，丰产和外观品质一直是中国茄子育种的主要目标。2000 年以来，随着日光温室、塑料大棚等茄子保护地栽培面积的不断扩大，以及基地化、集约化生产模式的发展，北方抗枯萎病、黄萎病等土传病害及耐低温弱光保护地专用品种选育，南方抗青枯病、耐热等抗逆品种的选育成为了重要的育种方向。

种质资源搜集、保存、利用及新种质创制是品种选育的主要研究内容。截至 2010 年国家蔬菜种质资源中期库共搜集保存茄子地方品种、资源材料及近缘野生种等种质资源达 1 667 份。通过对部分茄子种质资源进行遗传多样性分析，初步明确了部分茄子资源的亲缘关系，圆茄和长茄单性结实遗传特点，不同抗源材料抗青枯病、黄萎病、褐纹病及耐热性遗传规律，以及果色、果萼色和果形性状等主要商品性状遗传模式。筛选出了高抗青枯病、枯萎病育种材料，发现了圆茄和长茄单性结实材料，创制出茄子功能型和核质互作型雄性不育材料等已开始应用于茄子新品种选育。

杂种优势利用仍是当今茄子新品种选育的主要技术手段。茄子抗青枯病、枯萎病、黄萎病及根结线虫等人工抗病接种鉴定技术，耐低温、耐弱光及耐热性的苗期鉴定技术的建立；基于原生质体融合技术的茄子种间体细胞杂交技术，喀西茄（*Solanum khasianum*）抗病基因的同源序列、低温胁迫下茄子幼苗 APXcDNA 序列和抗黄萎病相关基因 *StoVe1* 等基因的克隆；以根癌农杆菌为介导的茄子遗传转化体系的建立，为茄子抗病（逆）育种材料创新拓宽了技术途径。茄子花药和小孢子培养等单倍体诱导技术，抗青枯病 RAPD、AFLP 及 SCAR 分子标记，果色相关 AFLP 共显性分子标记，及与圆茄单性结实基因紧密连锁的 AFLP 标记等分子标记辅助选择技术的成功应用，缩短了育种材料创新和新品种选育的进程。随着育种技术迅速发展，这些细胞工程、分子标记辅助、诱变育种等现代育种技术已开始应用于新品种选育。

一代杂交种是当今茄子栽培生产上的主导商品品种类型。自 1981 年以来，采用常规选育、混合筛选、辐射诱变及杂种优势利用等方法共育成茄子新品种 200 余个，半数以上通过各级农作物品种审定委员会审定、认定或鉴定。中国茄子消费习惯的区域差异极其显著，育成新品种很难成为全国各地共用的主栽品种，这些通过审定、认定或鉴定的新品种基本是 F_1 代杂交种，它们的推广应用对各地茄子的早熟、丰产、延长供应期等起到了积极的作用，基本实现了茄子的周年生产和供应。

（二）发展趋势

优质、抗逆、丰产，在未来相当长的时间内仍是中国茄子育种的总体目标。优质包括商品外观、食用品质和食用安全。中国地域广阔，茄子消费习惯的区域差异决定了茄子育种的多类型性，不同地区的消费者对茄子果形和果皮颜色等商品外观要求差异很大，果形整齐、果皮颜色亮丽，食用口感好和营养丰富是未来茄子育种的首要目标。抗逆主要指耐低温弱光、耐热和耐涝，茄子已是中国北方设施栽培，特别是日光温室及塑料大棚栽培的主要蔬菜之一，低温、弱光造成的落花落果是导致茄子产量低下的主要原因，集约化、大面积订单式生产是中国南方茄子生产的主要模式和产业发展方向，雨后短时期的高温湿热是影响当地茄子生产和产量的主要灾害，提高茄子品种抗逆性，培育具有单性结实特性、耐低温、耐弱光照、耐密植的保护地栽培专用品种，以及抗热、耐湿露地栽培品种是茄子育种的主要目标。丰产性一直是茄子育种的重要目标，设施长季节栽培模式的发展和城市家庭结构的改变，给茄子丰产育种提出了新要求，提高品种的连续坐果能力及平均单果重是未来茄子丰产育种方向。

在遗传育种基础理论方面，随着茄子生产集约化和规模化生产模式的发展，茄子黄萎病、枯萎病等主要病害以及根结线虫病等新型病害危害日趋严重，应加强病害的抗病性遗传规律和病原菌的生理小种分化研究；中国设施茄子栽培面积逐年增加，北方早春塑料大棚及拱棚与露地相结合、南方冬春多层薄膜覆盖等茄子新型栽培模式已成为茄子生产的主要栽培方式，开展茄子单性结实、耐低温弱光、耐热及耐盐性遗传研究是未来一段时期的重要研究方向；茄子遗传育种基础研究相对落后于其他茄科蔬菜，株高、株型、花、果等植物学性状及花期、产量等农艺性状遗传规律，仍是茄子遗传育种基础研究的主要内容。

传统杂交育种与细胞工程、分子辅助等现代育种技术的结合，是未来茄子育种技术研究的方向。发掘茄子抗病、抗逆等重要园艺性状基因的分子标记，建立高频率的茄子花药和小孢子再生体系；研究抗病（虫）、耐低温弱光和耐热性鉴定方法，建立统一的抗逆鉴定技术体系；建高饱和的分子遗传图谱，探讨分子设计育种提高育种效率和质量是茄子育种技术研究的重点。

利用植物形态学与分子标记技术相结合的方法，建立中国茄子核心种质资源；鉴定筛选抗病、抗虫、抗逆、高营养品质以及与杂种优势相关的育种材料；利用茄子近缘野生资源拓宽茄子遗传基础，创制耐低温弱光、抗多种病虫害、耐湿热育种新种质，是茄子种质资源研究的未来趋势。

第二节　种质资源与品种类型

一、起源、传播与分布

（一）起源与传播

茄子确切的栽培起源至今仍不能确定，最新的研究表明它可能是间接来自非洲的野生种 *S. incanum*（Doganlar et al.，2002；Weese 和 Bohs，2010），印度、中国东南部及泰国等亚洲东南热带地区可能是茄子的栽培驯化起源地（Daunay et al.，2001），印度东部存在的 *Solanum iusanus* L.（斋藤隆，1976），中国云南、海南、广东和广西等地仍在山地和原野上呈野生状态存在的 *Solanum undatum* Lamarck（王锦秀等，2003）可能是它的原始种。

茄子在亚洲驯化，从亚洲西南部传播出去，向西、向北传播到非洲、地中海盆地，后栽培茄子逐渐向地中海地区扩散，自公元 7 世纪开始传播到了欧洲（Daunay et al.，2001；Doganlar et al.，2002），至今世界各大洲均有茄子栽培。

茄子在中国的栽培历史悠久。西汉（前 206—公元 25）王褒《僮约》中载有“种瓜作瓠，别茄披葱”，其中的“茄”即为茄子。西晋（265—316）嵇含撰《南北草木状》中记载有“茄树，交广草木”。南北朝北魏贾思勰《齐民要术》中“种瓜第十四”一节中对茄子的留种、藏种、移栽、直播等技术均有记载，说明南北朝时期，黄河下游地区和长江下游的太湖南部地区已经普遍栽培茄子。

（二）栽培分布

世界大多数地区都有茄子栽培，2013 年世界茄子栽培面积 187 万 hm^2，其中，亚洲 174 万 hm^2，非洲 7.94 万 hm^2，欧洲 3.64 万 hm^2，美洲 1.14 万 hm^2，大洋洲 0.07 万 hm^2（FAO，2013）。根据中华人民共和国农业部 2006 年中国农业统计资料显示，2006 年中国茄子栽培面积为 70.2 万 hm^2（与 FAO 统计略有差异），其中以河南省的茄子栽培面积最大，为 7.5 万 hm^2；其次是山东省 6.7 万 hm^2、四川省 5.2 万 hm^2 及河北省 4.8 万 hm^2。

茄子在中国长期的栽培驯化过程中，随各地生态环境和消费习惯的不同，形成了众多相对稳定的地方品种类型。通过对国家蔬菜种质资源中期库保存的茄子及其近缘野生种资源统计分析表明，虽然中国各地茄子地方品种数量不同，品种类型地域间差异很大，但是，区域内各地主栽品种类型比较相近（表 24－1），大致可以分为 7 个地方品种类型分布区域。

1. 华北圆果形茄子区　包括北京市、天津市、河北省、内蒙古自治区中部、河南省、山东省北部和山西省大部分地区。茄子地方品种以圆果形为主，除河南省以栽培绿皮茄子品种为主外，这一区域内栽培的茄子主要是紫皮茄子，只是各地消费习惯不同，对紫色果皮的颜色深浅要求有差异。

北京地区主要栽培和消费的是黑紫色圆果形品种和少量的黑紫色长果形品种，特别是以黑紫色果皮的扁圆果形品种居多。天津地区主要是紫色或紫红色圆形品种。内蒙古自治区中部主要以紫色圆形或卵圆形地方品种为主，少数地方栽培有紫色长果形类型的品种。河北省以紫色圆形和扁圆果形品种为主，圆果形品种占河北地方品种总数的 91%，在河北的南部有少量的白色果皮圆形品种栽培。河南省以绿色卵圆形果品种栽培较多，圆和卵圆果形占总地方品种的 91.86%，皮色为绿色的品种占 65.11%。山东地方品种主要以紫色圆果形品种为主，果皮为紫色的品种占 92.3%，有少部分绿颜色果皮品种和白果皮品种栽培。山西地方品种主要以紫色果皮品种为主，晋中、晋西和晋东南以紫色圆形茄为主，晋北和晋南以紫色长茄为主，有少部分绿颜色果皮品种和白果皮品种栽培。

2. 东北紫色长棒形茄子区　包括黑龙江省、吉林省、辽宁省和内蒙古自治区东部一些地区。主要以栽培黑紫色果皮的长棒形茄子为主。近年来随着冬春保护地栽培的发展，紫皮茄子在保护地栽培由于光强和光质的影响着色不好，特别是在覆盖绿色塑料棚膜的大棚中着色更差，辽宁等地早春保护地栽培绿色果皮的长棒形茄子品种发展较快。

黑龙江省、吉林省及邻近黑龙江的内蒙古自治区东部的一些地区，主要以黑紫色尖果顶（鹰嘴）长棒形品种为主，有少数的绿色果皮卵圆形品种。辽宁省茄子地方品种中紫色果皮品种占 54.64%，绿色果皮卵圆形品种占 34%。

3. 华东紫红色长条形茄子区　包括江苏省南部、浙江省、上海市、福建省、台湾省等地。主要以紫红色长形茄子为主，其中浙江省和上海市喜栽培紫红色长条形茄子（线茄）。

江苏省主要以栽培紫色长果形品种为主，紫色果皮品种占 72.5%，绿色果皮品种占 12.5%，还有少量白果皮品种；浙江省主要以栽培长条（线茄）果形品种为主，紫色果皮品种占 81%，有少量的绿色果皮品种栽培；上海市地方品种主要为长果形紫色果皮品种；福建省地方品种基本上是长条或长棒形紫色果皮品种，有近 23%的是白色果皮长果形品种；台湾品种基本是紫色长果形品种。

4. 华中长条、卵圆形茄子区　包括安徽、湖北、湖南、江西等省。茄子地方品种类型较多，主要是紫色长条形或卵圆形紫红色果皮品种，同时绿色和白色果皮品种也占有一定的数量。

安徽省主要以紫色圆果形品种为主，地方品种中圆果形品种占 67%，其中紫红色果皮品种占 64%，绿色果皮品种占 25%，还有 11%的白果皮品种；湖北省以紫色长果形品种为主，紫色果皮品种占 72%，绿色果皮品种占 18%，还有少量的长形白果皮品种栽培；湖南省地方品种中卵圆形和长卵圆形品种占 70%，紫红色果皮品种占 84%，白色果皮品种占 12%，还有少量的绿果皮品种；江西省栽培的是紫色长卵圆果形品种，个别地方有绿色或白色果皮品种。

5. 华南紫红色长果形茄子区　包括广东、海南和广西壮族自治区。这一地区栽培较多的是长果形紫红色果皮茄子，伴有部分白色和绿色果皮品种栽培。

广东主要以栽培紫色长果形品种为主，地方品种中长果形品种占 89%，紫红色果皮品种占 85%，白色果皮品种占 12%，有少量的绿果皮品种；海南 77%地方品种是紫红色果皮品种，卵圆果形品种和长果形品种各占一半，绿果皮地方品种占 22%；广西地方品种几乎全是紫色长果形品种。

6. 西北紫色卵圆（高圆）**形茄子区**　包括陕西、甘肃、青海、宁夏回族自治区和新疆维吾尔自治区等地。主要栽培的是紫色卵圆形或高圆果形茄子品种，有部分绿果皮和白果皮品种栽培。

陕西省地方品种中圆果形品种占总地方品种数量的 67.86%，其中陕北圆形茄子占当地品种总数的 81%，关中圆形茄子占当地品种总数的 54%，陕南圆形茄子占当地品种总数的 58%，主要是紫色果皮品种，有少量绿色和白色果皮品种；甘肃省地方品种中以卵圆形果居多，几乎全部是紫色果皮品种；宁夏回族自治区主要栽培的茄子类型是圆形紫色果品种，有少量的圆形白色果皮品种和紫色长条形品种栽培；新疆维吾尔自治区地方品种中长果形和圆果形品种基本各占一半，98%以上的是紫皮色品种；青海省地方茄子品种较少，当地栽培的基本是引进品种，主要栽培的是紫皮长果形品种和一些紫色或绿色果皮卵圆形品种。

7. 西南长棒、卵圆形茄子区 包括重庆、四川、云南、贵州。当地栽培的地方品种较多，类型多样，长果形和圆果形品种均有栽培，长果形品种中以长棒形居多，圆果形中以卵圆形和长卵圆形居多，果皮色多数是紫色。

重庆市地方品种主要是紫色棒形和长卵形品种，个别地方有栽培绿果皮品种；四川省地方品种长果形品种占 51.7%，圆果形品种占 47.6%，圆果形品种中主要是卵圆形和长卵圆形品种，长果形品种主要是棒形，紫色果皮品种占 87.1%；云南省地方品种中长果形占 53.27%，圆果形占 45.79%，紫色果皮品种占 78.5%，绿色果皮品种占 13.1%，白果皮品种占 7.5%；贵州省地方品种中圆果形品种和长果形品种各占一半，大部分是紫红色果皮品种；西藏自治区栽培的茄子品种大部分是从四川引入的。

表 24-1 中国各地栽培茄子不同类型品种数量的分布

（《中国蔬菜品种资源目录》，1992）

地区	青熟（商品）果皮颜色					果形							合计
	紫	黑紫	紫红	绿	白	圆	扁圆	卵圆	长卵	短棒	长棒	长条	
北京	2	12			1	6	6				3		15
天津		6	6	1		8	1		3	1			13
河北	15	34	42	14	7	51	25	18	8	6	4		112
山西	14	19	32	8	5	18	12	13	17	5	11	2	78
内蒙古		5	15	2		6		4	9		1	2	22
辽宁	14	33	6	33	1	9	2	15	10	10	30	21	97
吉林	21	17	12	8			1	3	10	13	26	5	58
黑龙江	23	30	15	2				1	10	4	49	6	70
上海	1	2	1	1	1				2		1	3	6
江苏	6	20	3	5	6			7	8	6	9	10	40
浙江	1	7	9	4				1	6	2	5	7	21
安徽	6	7	20	13	6	12	1	15	7	1	10	6	52
福建	1	7	8	1	6				2		7	14	23
台湾		3	3					1		1	1	3	6
江西	1	9	8	1	1	5	1	1	8	1	2	2	20
山东	28	25	43	6	2	24	12	18	35		1	13	104
河南	3	3	24	56		21	1	38	19		5	1	86
湖北	4	13	7	6	3	5		4	4	2	9	9	33
湖南	3	13	26	3	6	4		14	17	6	4	5	50
广东		3	20	1	3	2		1	1	8	3	12	27
海南		8	12	6		6	1	4	1	4	5	5	26
广西		3	6	1						1	6	3	10
四川	14	38	76	11	7	6	1	24	39	14	42	20	147
重庆	1	3	2	1		1		2			4		7
贵州	5	15	19			6		5	8		3	17	39
云南	11	26	47	14	8	20	3	18	8	12	36	9	107
西藏													

（续）

地区	青熟（商品）果皮颜色					果　形							合计
	紫	黑紫	紫红	绿	白	圆	扁圆	卵圆	长卵	短棒	长棒	长条	
陕西	2	9	12	4	1	9	1	5	4	3	5	1	28
甘肃		9	8			6	2	1	4	1		3	17
青海	1			1				2					2
宁夏	2	4	4		2	4	3	3				2	12
新疆	1	10	9	1		6	2	2	1	6	2	2	21

二、种质资源的研究与利用

（一）品种资源的搜集与保存

作为茄子的栽培驯化起源地之一，中国茄子品种类型繁多，种质资源十分丰富，地方品种资源搜集、整理和保存一直是茄子育种工作的首要任务。1964 年中国曾编辑整理过全国主要科研教学单位保存的蔬菜品种目录，目录中记录有全国保存的茄子品种 701 份。国家“七五”和“八五”规划期间（1986—1995）通过联合攻关，搜集、鉴定、繁殖入库的茄子种质资源 1 468 份，包括茄子近缘野生种材料 80 余份，并对农艺性状、抗病性等进行了初步的鉴定评价，编辑完成《中国蔬菜品种资源目录》。中国农业科学院蔬菜花卉研究所的国家蔬菜种质资源中期库保存有茄子及其近缘野生种资源 1 667份（2010 年统计），其中作为主要种质资源列入《中国蔬菜品种志》的有 220 份。

（二）品种资源的鉴定、评价

20 世纪 80 年代以来，在国家科技攻关等项目的资助下，对搜集保存的茄子种质资源的主要植物学和农艺性状、抗病性等进行了初步的鉴定评价，获得一批抗病、抗虫、单性结实及高效氮素利用育种材料，并已开始应用于新品种选育研究。

1. 抗青枯病资源　中国一些地方茄子品种具有高抗青枯病的基因，通过室内抗青枯病接种鉴定，筛选出抗青枯病材料 24 份，其中病情指数为零的有 3 份，高抗材料 16 份（表 24－2）。从亚洲蔬菜研究中心引进的茄子资源中鉴定出 7 份抗青枯病材料（表 24－3）。

表 24－2　茄子抗青枯病材料筛选

（连勇等，1999）

材料代码	品种或材料	病情指数（*DI*）	抗性类型
VO6B0093	*S. melongena*	11.7	HR
VO6B0095	*S. melongena*	10.8	HR
VO6B0096	*S. melongena*	42.5	MR
VO6B0099	*S. melongena*	14.7	HR
VO6B0105	*S. melongena*	15.0	HR
VO6B0118	*S. melongena*	4.2	HR
VO6B0131	*S. melongena*	8.3	HR
VO6B0134	*S. melongena*	12.5	HR
VO6B0142	*S. melongena*	0	I
VO6B0143	*S. melongena*	0	I

（续）

材料代码	品种或材料	病情指数（*DI*）	抗性类型
VO6B0147	*S. melongena*	23.3	R
VO6B0149	*S. melongena*	4.2	HR
VO6B0150	*S. melongena*	0	I
VO6B0155	*S. melongena*	4.2	HR
VO6B0180	*S. melongena*	30.7	MR
VO6B0186	*S. melongena*	39.2	MR
TW88	*S. melongena*	1.9	HR
TW207	*S. melongena*	13.3	HR
TW208	*S. melongena*	10.8	HR
TW209	*S. melongena*	8.3	HR
TW210	*S. melongena*	5.9	HR
TW211	*S. melongena*	15.7	HR
TW212	*S. melongena*	11.1	HR
TW214	*S. melongena*	21.7	R
CHQ	*S. aethiopicum*	31.7	MR
XZHQ	*S. melongena*	33.3	MR

注：I（免疫）：*DI*=0；HR（高抗）：0<*DI*≤15；R（抗病）：15<*DI*≤30；MR（中抗）：30<*DI*≤45；S（感病）：45<*DI*≤60；HS（高感）：*DI*>60。

表 24-3 亚洲蔬菜研究中心引进茄子资源抗青枯病接种鉴定结果

（封林林等，2000）

代号	长势	茎色	花色	果形	果色	花序	果柄刺	病情指数（*DI*）	抗病性
S56B	弱	绿	白	圆	绿白条纹	单	有	3.7	R
TS69	弱	绿	白	圆	绿白条纹	单	无	0.6	R
EG193	正常	紫	紫	长条	紫	多	无	2.7	R
S47A	高大	绿	白	长棒	绿	单	无	3.3	R
EG195	粗壮	绿	紫	卵圆	绿	多	无	6.7	R
TS3	矮粗	绿	紫	卵圆	绿	单	无	8.1	R
EG192	正常	紫	紫	长条	紫	多	有	6.0	R
TS90	正常	紫	紫	圆	绿	单	有	10.0	MR
EG120	正常	紫	紫	长棒	紫	单	有	70.0	S

注：R（抗病）：*DI*≤10；MR（中抗）：10<*DI*≤20；MS（中感）：20<*DI*≤40；S（感病）：*DI*>40。

2. 抗黄萎病资源 肖蕴华等（1995）对国家蔬菜种质资源中期库 1 013 份材料进行苗期人工抗黄萎病接种鉴定，未见高抗黄萎病材料，鉴定出中抗材料 4 份，其中地方栽培种 1 份，为长汀本地茄（II 6B0506），茄子近缘野生种 3 份，为刚果茄（II 6B0301）、野茄子（II 6B0980）和观赏茄（II 6B0345）；耐病材料 33 份，以长果形茄品种类型较多。林密等（2000）和庄勇（2009）报道的茄子资源抗病鉴定结果，同样显示高抗黄萎病资源仅存在于近缘野生种中（表 24-4、表 24-5）。

表 24-4　茄子抗黄萎病鉴定结果

（林密等，2000）

品种	病情指数（*DI*）	抗病性	备　注
水茄	5.1	HR	野生资源
云南野生茄	8.3	HR	野生资源
赤茄	27.5	R	野生资源
98-2	28.6	R	地方品种
98-5	30.0	R	地方品种
QK-7	30.0	R	地方品种
龙茄 1 号	35.3	MR	杂种一代
龙杂茄 2 号	34.5	MR	杂种一代
龙杂茄 3 号	33.2	MR	杂种一代
齐杂茄 2 号	34.7	MR	杂种一代
98-7	33.7	MR	地方品种
15	34.2	MR	地方品种
112	37.8	MR	地方品种
208	38.5	MR	地方品种
002	40	MR	地方品种
感病品种 26 份	40～60	S	地方品种
高感品种 10 份	60 以上	HS	地方品种

注：I（免疫）：*DI*=0；HR（高抗）：0<*DI*≤15；R（抗病）：15<*DI*≤30；MR（中抗）：30<*DI*≤40；S（感病）：40<*DI*≤60；HS（高感）：*DI*>60。

表 24-5　茄子近缘种黄萎病抗性鉴定结果

（庄勇，2009）

材料名称	来　源	病情指数（*DI*）	抗　性
S. incanum	PI381155	63.33	MS
S. linnaeanum	PI388846	9.33	R
S. aethiopicum	PI441893	40.13	T
S. integrifolium	CGN17454	50.67	MS
S. aethiopicum gr. aculeatum	CGN23319	52.67	MS
S. aethiopicum gr. gilo	CGN 23614	57.33	MS
S. sisymbriifolium	CGN 17497	6.67	R
S. torvum	CGN 17510	4.67	R
七叶茄	江苏省农业科学院	70.67	S
06035	江苏省农业科学院	56.67	MS

注：R（抗病）：*DI*≤15；MR（中抗）：15<*DI*≤30；T（耐病）：30<*DI*≤50；MS（中感）：50<*DI*≤70；S（感病）：*DI*>70。

3. 抗绵疫病资源　阜新紫长茄 002 号是栽培种中高抗绵疫病资源材料，它带有一个抗绵疫病的显性基因，对茄子绵疫病的抗性是由单显性基因控制。长茄 1 号茄子品种高抗绵疫病，冬茄、印度圆茄、安阳大红茄等对绵疫病有一定的抗性。

4. 抗褐纹病资源　吉林农业大学张汉卿等（1984）培育了茄子抗褐纹病品系 83-02，抗性为质量性状遗传，由 1 对显性基因控制。辽茄 3 号抗茄子绵疫病和褐纹病。

5. 耐寒种质资源　乜兰春等（2004）对茄子 5 个野生材料和 6 个栽培品种进行抗冷性鉴定结果显示，栽培品种西安绿茄、快圆茄和呼杂 34 等的抗冷性比其他栽培品种强。

6. 单性结实资源 肖蕴华等（1995）、刘富中等（2005）、潘秀清等（2005）通过田间鉴定获得圆茄低温下单性结实材料（表 24－6），单性结实性由单显性核基因控制（刘富中等，2008）。田时炳等（1999）获得两份长茄低温下单性结实材料，单性结实性能主要受 1 对隐性基因控制，属隐性遗传。

表 24－6 温度对茄子不同品系坐果率、单性结实及单果种子数的影响

（刘富中等，2005）

品系	12.6 ℃			15.5 ℃		18.5 ℃	
	坐果率（%）	无籽果率(%)	单果种子数	无籽果率(%)	单果种子数	无籽果率(%)	单果种子数
D－10	88.9*	100*	0*	54.5*	21*	0	1 445*
D－13	93.9*	100*	0*	62.0*	42*	0	1 333*
D－26	100*	100*	0*	58.1*	55*	0	1 382*
北京六叶茄（CK1）	6.8	0	—	0	1 976	0	2 451
02－12（CK2）	0	—	—	0	2 001	0	2 309

*表示与对照（CK1、CK2）相比在 0.05 水平上差异显著。

7. 野生和近缘野生资源 国内外的研究表明，在茄子野生和近缘野生资源中存在几乎所有危害茄子病、虫的抗性基因，这些抗性基因恰好是茄子栽培种最缺乏的（表 24－7）。其中多种材料作为嫁接栽培的砧木，已直接应用于生产实践。

表 24－7 茄子近缘野生种植物及其抗病虫害特点

（引自 C. Collonnier et al.，2001）

病 虫 害		野生种抗源	参考文献
真菌病害	*Phomopsis vexans* 茄子褐纹病	[1]*S. viarum* Dun [2]*S. sisymbriifolium* Lam（蒜芥茄） [3]*S. aethiopicum* L. gr. gilo（埃塞俄比亚茄） [4]*S. nigrum* L.（龙葵） [5]*S. violaceum* Ort. [6]*S. incanum* Agg.	[1,2,3,4,5]Kalda et al.，1977 [3,5]Ahmad，1987 [6]Rao，1981
真菌病害	*Fusarium oxysporum* 茄子枯萎病	[1]*S. violaceum* Ort [2]*S. incanum* Agg. [3]*S. mammosum* L.（乳茄） [4]*S. aethiopicum* L. gr. aculeatum	[1,2,4]Yamakawa et al.，1979 [3]Telek et al.，1977
真菌病害	*Fusarium solani* 茄子根腐病	[1]*S. aethiopicum* L. gr. aculeatum [2]*S. torvum* Sw.（水茄）	[1,2]Daunay et al.，1991
真菌病害	*Verticillium dahliae*, *V. alboatrum* 茄子黄萎病	[1]*S. sisymbrifolium* Lam [2]*S. aculeatissimum* Jacq [3]*S. linnaeanum* Hepper & Jaeger [4]*S. hispidum* Pers. [5]*S. torvum* Sw. [6]*S. scabrum* Mill.	[1]Fassuliotis et al.，1972 [1,2]Alconero et al.，1988 [3]Pochard et al.，1977 [1,3,4]Daunay et al.，1991 [5]Mccammon et al.，1982 [6]Beyries et al.，1979
真菌病害	*Colletotrichum coccodes* 半知菌亚门真菌病害	*S. linnaeanum* Hepper & Jaeger	Daunay et al.，1991
真菌病害	*Phytophthora parasitica* 茄子绵疫病	[1]*S. aethiopicum* L. gr. aculeatum [2]*S. torvum* Sw.	[1,2] Beyries et al.，1984
真菌病害	*Cercospora solani* 茄子褐色圆星病	*S. macrocarpon* L.	Madalageri et al.，1988

（续）

病虫害		野生种抗源	参考文献
细菌病害	*Ralstonia solanacearum* 茄子青枯病	[1]*S. capsicoides* All. [2] *S. sisymbrifolium* Lam [3]*S. sessiliflorum* Dun [4]*S. stramonifolium* Jacq [5]*S. virginianun* L. [6] *S. aethiopicum* L. gr. aculeatum [7]*S. grandiflorum* Ruiz & Pavon [8] *S. hispidum* Pers [9] *S. torvum* Sw. [10] *S. nigrum* L. [11]*S. americanum* Mill. [12] *S. scabrum* Mill.	[1,3,4,9,12] Beyries et al.，1979 [2,10]Mochizuki et al.，1979 [3,9]Messiaen et al.，1989 [4] Mochizuki et al.，1979 [5,8,9,10]Hebert et al.，1985 [6]Sheela et al.，1989 [7,11]Daunay et al.，1991
线虫病	*Meloidogyne* spp. 根结线虫	[1]*S. ciarum* Dun [2] *S. sisymbrifolium* Lam [3]*S. elagnifolium* Cav [4] *S. violaceum* Ort [5] *S. hispidum* Pers. [6] *S. torvum* Sw.	[1,4]Sonawane et al.，1984 [2]Fassuliotis et al.，1972 [2]Divito et al.，1992 [3]Verma et al.，1974 [5,6]Daunay et al.，1985 [6] Messiaen et al.，1989 [6]Shetty et al.，1986
虫害	*Leucinodes orbonalis* 茄黄斑螟	[1] *S. mammosum* L. [2] *S. viarum* Dun（天星茄） [3] *S. sisymbrifolium* Lam [4] *S. incanum* Agg. [5] *S. aethiopicum* L. gr. aculeatum [6] *S. grandiflorum* Ruiz & Pavon	[1,4,6]Baksh et al.，1979 [2,3]Lal et al.，1976 [4,5]Chelliah et al.，1983 [5]Khan et al.，1978
	Aphis gossypii 瓜蚜	*S. mammosum* L.	Sambandam et al.，1983
	Tetranychus cinnabarinus 棉红蜘蛛（朱砂叶螨）	[1] *S. mammosum* L. [2]*S. sisymbrifolium* Lam [3]*S. pseudocapsicum* L.	[1,2,3]Shalk et al.，1975
	Tetranychus urticae 棉红蜘蛛（二斑叶螨）	*S. Macrocarpon* L.	Shaff et al.，1982
病毒	马铃薯 Y 病毒病	*S. linnaeanum* Hepper & Jaeger	Horvath，1984
	茄子花叶病毒	*S. hispidum* Pers	Rao，1980
其他	*Mycoplasma*（little leaf）茄子丛枝病	[1] *S. hispidum* Pers [2] *S. aethiopicum* L. gr. aculeatum [3] *S. viarum* Dun. [4] *S. torvum* Sw.	[1]Rao，1980 [2]Khan et al.，1978 [2]Chakrabarti et al.，1974 [3,4]Datar et al.，1984

（三）种质资源的创新

1. 抗黄萎病种质资源创新　刘君绍等（2003）利用离体组织培养中加入黄萎病粗毒素的方法，筛选出 1 株中抗黄萎病的三月茄突变体（142－E），苗期室内黄萎病抗性鉴定其病情指数为 23.0（对照三月茄为 80.0）。连勇等（2004）通过 *S. torvum* 与栽培种的种间体细胞原生质体融合技术，获得 827－20 和 827－43 两个抗黄萎病株系，温室鉴定抗黄萎病率分别为 95.3%和 98.6%。

2. 雄性不育材料的创新 方木壬等（1985）用非洲茄 *Solanum gilo* Raddi. 作为细胞质供体亲本，栽培种 *S. melongenra* L. 茄子作为轮回回交父本，通过种间杂交及连续 3 代的置换回交和选择，获得了两个茄子异质雄性不育系，其中 9334 A 为花药瓣化型雄性不育，2518A 为花药退化型雄性不育，两者雄性不育性表现稳定，不育率及不育度均达 100%，不育性属胞质型遗传，未找到恢复系。刘进生等（1992）从茄子栽培品种佛罗里达高丛林田间群体中，选出了花药顶部花粉孔不能开裂的功能雄性不育系 UGA－MS；田时炳等（2001）以其为母本，通过杂交、回交与系谱选择获得不育株率 98%以上、不育度 99.5%以上的 F16－5－8、F13－1－7、F12－1－1 等一批稳定的转育不育系，并筛选出恢复度 90.35%以上，配合力强，性状整齐，可供利用的 66－3、D－28、110－2 三个强恢复系。

三、种质资源类型与代表品种

（一）类型的划分方法

茄子多以植物学及栽培生态品种群进行分类，主要以 Bailey（1927）提出的分类方法为基础，以果形为主要分类依据，参考植株的形态或成熟期的迟早进行分类。缺点是在分类上忽略了现代育种上极其重要的野生和半野生近缘种茄子的种质资源。易金鑫（2000）依据果形/果形指数的数量分类，将观测群体划分为野生种 *Solanum sysmbrifoliium* 和栽培种 *Solanum melongena*，并将栽培种细化分为半栽培、栽培短茄和栽培长茄 3 个类群。毛伟海等（2006）、冉进等（2007）、廖毅等（2009）及赵德新等（2009）利用 ISSR、RAPD、AFLP 等现代分子标记技术对茄子种质资源进行了遗传多样性分析，并依据聚类结果将参试茄子种质分为多种类群。这些以现代生物技术为支撑，品种资源遗传多样性聚类分析为基础的茄子新型分类方法均存在许多不足，还有待进一步验证和完善。

当前育种研究中常用的茄子分类多是依据茄子商品果成熟期、商品成熟果形、商品成熟果皮颜色或植株形态进行划分。根据成熟期一般划分为早熟品种类型、晚熟品种类型和中熟品种类型；根据商品成熟果形分类，划分为圆形果、长形果和卵圆形果（含许多过渡类型果）；根据果皮颜色划分为紫色、绿色和白色果类型。

1. 植物学分类

（1）圆茄（*Solanum melongena* var. *esculentum* Nees） 生长旺盛，植株高大，茎直立粗壮，叶宽而较厚，果实呈圆形、高圆形、扁圆形和卵圆形，果皮色有黑紫、红紫、绿、白绿、白等色，肉质较紧密，单果重量较大，不耐湿热，多为中熟种或晚熟种，北方地区栽培较多。如北京六叶茄、北京七叶茄、北京九叶茄、安阳茄、西安大圆茄、昆明圆茄（也称胭脂茄）、上海大圆茄、济南大红袍、天津大茛茄、贵州大圆茄等。

（2）长茄（var. *serpentinum* L. H. Bailey） 果实长形，果皮较薄，肉质较松软柔嫩。果皮色有黑紫、红紫、绿、白绿、白等色。单株结果数较多，单果重小，植株中等，叶较圆茄的小，耐湿热，多数为早熟或中熟种，南方地区栽培较多。如杭州红茄、北京线茄、成都竹丝茄、东北羊角茄、大同焦城茄、南京紫面茄、乐清长白茄、宁波线条茄、成都墨茄、广州早紫茄等。

（3）簇生茄类（var. *depressum* Bailey） 也称卵茄类。植株矮小，茎叶细小，着果节位低。果小，果实卵形或长卵形，果皮色有黑紫色、紫红色或白色，皮厚种子较多，品质较差，抗逆性较强，可在高温下栽培。如北京小圆茄、济南一窝猴、金华白茄、天津牛心茄等。

2. 栽培学分类 传统的茄子栽培学分类主要依据茄子商品果成熟期进行分类，但中国地域辽阔，各地气候和栽培条件差异很大，因此茄子商品果成熟期分类难以从播种到采收或从定植到采收的日期进行划分，所以通常以主茎子叶节到门茄之间叶片数的多少，划分成早熟、中熟和晚熟品种。

（1）早熟品种　主茎生长至7～8片叶时顶芽形成花芽，并发育成门茄的品种。此类品种多数植株矮小，果实相对较小，如北京六叶茄、天津快圆茄、丹东灯泡茄、辽阳五叶茄、安徽青长茄、伊犁小长茄等。

（2）中熟品种　主茎生长至9～10片叶时顶芽形成花芽，并发育成门茄的品种。如天津二苠茄、保定短把黑、灵石圆茄、安阳紫圆茄、哈尔滨紫圆茄、安徽白长茄、柳州胭脂茄子等。

（3）晚熟品种　主茎生长至10片叶以上时顶芽形成花芽，并发育成门茄的品种。此类品种多数植株高大，果实也相对较大，如冠县黑圆茄、长春小红袍、南通紫茄、吉安牛角茄、大理长白茄等。

（二）主要类型与代表品种

1. 早、中熟圆果形品种

（1）园杂5号　中国农业科学院蔬菜花卉研究所育成的中、早熟圆茄一代杂种。植株生长势强，门茄在第6～7片叶处着生。果实扁圆形，单果重350～800 g，果色紫黑，有光泽，肉质细腻，味甜，商品性好，每公顷产量67 500 kg。适于春露地、早春日光温室和塑料大棚栽培。适宜华北、西北地区种植。

（2）京茄3号　北京市农林科学院蔬菜研究中心育成的中、早熟圆茄一代杂种。植株生长势较强，始花节位在第7～8节，单果质量400～500 g。果实扁圆形，果皮紫黑发亮，果肉浅绿白色，肉质致密。适宜华北、西北、东北地区温室和大中棚栽培，同时也适宜早春露地小拱棚覆盖栽培。

（3）园杂16　中国农业科学院蔬菜花卉研究所育成的中、早熟圆茄一代杂种。植株生长势强，连续结果性好，门茄在第7～8片叶处着生。果实扁圆形、圆形，纵径9～10 cm，横径11～13 cm，单果重350～700 g，果色紫黑，有光泽，肉质细腻，味甜，商品性好，每公顷产量67 500 kg。适宜华北、西北地区春露地、日光温室和早春塑料大棚栽培。

2. 早熟长果形品种

（1）蓉杂茄3号　成都市第一农业科学研究所培育的极早熟茄子杂交种，从定植到始收42 d。生长势强，株高0.8 m，开展度0.6 m。果实棒状，纵径25 cm左右，横径6.0 cm，果皮紫色，果肉细嫩，单果质量240 g。抗病、抗逆性好，单株结果多，每公顷产量57 000 kg左右。适宜四川省春季种植，尤其适宜粮、菜轮作栽培。

（2）长杂8号　中国农业科学院蔬菜花卉研究所育成的中早熟长茄一代杂种。株型直立，生长势强，单株结果数多。果实长棒形，果长26～35 cm，横径4～5 cm，单果重200～300 g。果色黑亮，肉质细嫩，籽少，耐老、耐贮运。适宜东北、华北、西北地区春露地和春保护地栽培。

（3）龙杂茄5号　黑龙江省农业科学院园艺分院育成的早熟茄子一代杂种。果实长棒形，紫黑色，光泽度好，耐老化。果肉绿白色，细嫩，籽少。果纵径25～30 cm，横径5～6 cm，单果质量150～200 g，每公顷产量60 000 kg。中抗黄萎病，耐低温、弱光。适于黑龙江省保护地栽培。

（4）紫藤　浙江省农业科学院选育的早熟一代杂种。生长势旺，株高100～110 cm，第1雌花节位出现在第8～9节，坐果率高，平均单株坐果数35～40个，持续采收期长。果长30 cm以上，果粗2.4～2.8 cm，单果重80～90 g。果形直，果皮深紫色，光泽好。抗枯萎病，中抗青枯病和黄萎病。适宜全国各地喜食紫长茄的地区保护地和露地栽培。

（5）凉茄2号　甘肃武威市农业科学研究所育成早熟长茄一代杂交种。植株生长势强，果实长棒形，果皮紫黑色，有光泽，果肉淡绿色、细嫩，松软籽少，老化慢，商品性好。较抗黄萎病，适于类似河西气候地区早春大棚与露地栽培。春夏茬露地覆膜栽培产量可达54 000 kg/hm^2，早春大棚栽培产量可达60 000 kg/hm^2。

（6）紫妃1号　杭州市农业科学院蔬菜研究所育成早中熟一代杂种。生长势旺，株型直立紧凑，株高80 cm左右，结果力强。单果重60～80 g，果实细长而直，果长35～40 cm，果径约2.3 cm，果皮鲜红光亮，果肉白而致密，品质佳。抗病性强，耐运输。适宜夏秋露地栽培及高山栽培。

3. 中晚熟圆果形品种

（1）黑帅圆茄　河北农业大学育成的一代杂种。该品种生长势强，开展度小，直立性好，坐果能力强，门茄着生于第10～11节。果实圆球形，紫黑色，较大，单果重量720 g，果实籽少并且小，果实周正，色泽光亮，着色均匀，果肉白而细。耐热性较强，中晚熟。适于在华北地区塑料大棚、地膜加小棚和露地麦茬栽培。

（2）并杂圆茄1号　太原市农业科学研究所育成的一代杂种。中早熟，生长势强，茎秆粗壮，株高80～166 cm，开展度90～102 cm，始花节位出现在第8～9节。果实膨大速度快，从开花到采收仅需16 d。果实近圆形，平均单果质量646 g。果皮紫黑发亮，果内种子少，果肉黄绿色，肉质细嫩、味甜。对黄萎病、褐纹病、绵疫病的抗性强。

（3）丰研4号　中晚熟茄子一代杂种，从定植至采收40 d左右。植株生长势较强，坐果率高，门茄着生于主茎第9节。叶灰绿色。果实扁圆形，果皮黑紫色，光泽度好。果肉浅绿白色，致密细嫩，品质佳。单果质量800 g左右，每公顷产量60 000 kg左右。适宜喜食紫黑色圆茄的地区夏秋季栽培。

（4）安茄2号　河南省安阳市蔬菜科学研究所育成中晚熟圆茄一代杂种，从定植到始收50～60 d。果实近圆形，单果质量1.0～1.5 kg，果皮紫红发亮，果肉白而细嫩，内含种子少，商品性佳。单株同时坐果最多达13个。耐热性强，抗褐纹病，中抗青枯病、黄萎病和绵疫病。每公顷产量93 000 kg左右。可作春露地及麦茬恋秋栽培，也可作保护地长季节栽培。

（5）京茄2号　北京市农林科学院蔬菜研究中心育成中熟圆茄一代杂种。植株粗壮直立，生长势及分枝力强。叶片大，叶色深紫绿。果实圆球形，略扁，果皮紫黑色，单果质量500～750 g，每公顷产量67 500 kg以上。对黄萎病的抗性比对照短把黑和北京九叶茄强。适合于春季小拱棚、秋大棚以及春、秋露地栽培。

（6）博杂1号　河南省农业科学院园艺研究所育成。中晚熟，植株生长势强，株型高大、开展，茎粗壮。果实圆形，平均纵径15.8 cm，横径16.1 cm。果皮黑紫色，有光泽。果肉白色细嫩，果实味甜，口感好，不易老，不褐变，种子较少，商品性佳。平均单果质量750 g，适宜河南、河北、山东、山西、陕西等省作露地栽培及春提早和秋延后设施栽培。

（7）安研大红茄　河南省安阳市蔬菜科学研究所育成的中晚熟、圆球形一代杂种。植株生长势强，株高95 cm左右，开展度85 cm，叶较大，叶色深绿带紫晕。第10节着生门茄。果实近圆形，单果重1～1.5 kg，果皮光滑，紫红发亮，果肉白而细嫩，商品性佳。该品种不早衰，单株同时坐果最多达13个，一般每公顷产量90 000 kg。适合秋季塑料大棚栽培。

第三节　生物学特性与主要性状遗传

一、植物学特征与开花授粉习性

（一）植物学特征

1. 根　茄子根系发达，由主根和侧根组成，主要分布在30 cm左右深的耕层内。主根粗壮，最深可达1.3～1.7 m。主根上分生侧根，其上再分生二级、三级侧根，由这些侧根组成以主根为中心的根系。根群横向分布的直径可达1.0～1.3 m。因此，栽培时应注意深耕。茄子根系木质化较早，再生能力不强，所以不宜多次移植。茄子主根虽扎得比较深，但由于叶片面积较大，蒸腾散发的水分较多，故抗旱性弱。但茄子的抗旱能力品种间差异较大。茄子根系对氧的要求严格，在排水不良的土壤中易造成根系腐烂，因此生产上栽培茄子时应选择土层深厚、排水良好的土壤。

2. 茎　茎为圆形，幼苗时期是草质的，但随着植株的长大茎开始木质化，尤以下部的茎木质化程度比较高。按植株形态可分为直立性和横蔓性两类：直立性品种植株高大，高1 m左右，多为晚熟品种；横蔓性品种一般为早、中熟品种，植株高60～80 cm，茎较细弱，分枝能力强，横向开展度0.7～1 m。因此，植株不需搭架插杆或吊绳支撑。茎一般呈紫色、紫绿色和绿色，茎上密生茸毛。茎的颜色与果实、叶片的颜色有相关性，一般果实为紫色的品种，嫩茎和叶柄都为紫色；果实为白色或绿色的品种，其嫩茎及叶柄多为绿色。

3. 叶　叶互生，单叶，有叶柄。叶片长椭圆形、倒卵圆形或圆形，叶片边缘呈波浪状或锯齿状，叶面粗糙，有茸毛，叶脉和叶柄有刺。叶子大小随品种和它在植株上着生的节位不同而异。一般植株下部和顶部的叶片较小，中间部位的叶片比较大。叶色为黄绿、绿或带有紫色的深绿，紫色的程度因基因型而异。

4. 花　茄子花为两性，一般单生，但也有2～3朵至5～6朵簇生的。花是由花萼、花冠、雄蕊、雌蕊4部分组成。萼片基部合生呈筒状钟形，先端深裂成5～6片，一般与花瓣数目相同，裂片披针形，呈紫色、紫绿或绿色，常有刺。花冠紫色、淡紫色、白色，花瓣为5～6片，基部合成筒状。雄蕊包围着雌蕊，花药5～8枚、黄色，着生于花冠筒内侧，具有左右两个花粉囊。雌蕊1枚，基部膨大部分为子房，子房上端是花柱，花柱顶部为柱头，柱头是接受花粉的器官。子房上位，通常由5～8个子室组成，含有多个胚珠。开花时花药在花顶孔开裂散出花粉，花萼宿存。

簇生花一般只是基部的一朵花坐果，其他花往往脱落，但也有着生几个果的品种。早熟品种主茎第5～6片真叶着生第1朵花或花序，中晚熟品种主茎第7～14片真叶着生第1朵花，以后每隔2～3片叶着生1朵花。

根据花柱的长短，可分为长花柱花、中花柱花和短花柱花3种类型。长花柱花的柱头长于花药，中花柱花的柱头与花药平齐，这两种花花大色深，受精能力强，坐果率高，称为健全花。短花柱花的柱头不超过雄蕊的花药，这种花因发育不良，花小、花柱短，散发出的花粉很难落在其柱头上，因而受粉不良，易自然落花，即使人工授粉也不易结实，称为不健全花。

5. 果实　果实为浆果，形状有圆球形、扁圆形、倒卵圆形、棒状、长条形等。果实的颜色有红紫色、紫色、深紫色、白色、绿色等，而以紫红色最普遍。一般开花后15～20 d即可采收，嫩果果肉的颜色有白色、绿色和黄白色。果肉常带涩味，这种涩味为一种植物碱，经煮熟即可清除，所以一般茄子不适宜生食，但也有可以生食的品种。在开花后50～60 d，茄子果实老熟，其颜色变成黄褐色。

圆茄品种果实的果肉比较致密，含水分较少，食用时口感较清爽。长茄品种果肉细胞排列呈松散结构，含水分较多，食用时口感柔嫩细腻。

6. 种子　种子肾形，表面光滑无毛。种皮革质，厚而坚硬，有蜡质层，不易吸水。种子多为黄色，有光泽。陈籽或留种时淘洗不干净的种子呈褐色，且无光泽。千粒重4～5 g。每个大圆茄有种子2 000～3 000粒，长茄有800～1 000粒。使用年限2～3年，若保存适当，发芽能力可达8～10年。

种子成熟比果实晚，一般开花授粉后40 d，种子即有发芽力，但完全成熟需要50～60 d，大多数品种采种后种子有一定的休眠期。

（二）开花授粉习性

茄子一般是自花授粉，开花、花药开裂时间、花粉的育性及柱头的受精能力受基因型和温度、光照以及湿度等环境因子的影响，在不同的地区是有差异的（表24－8）。

茄子花朵多数在清晨5时左右开放，花的寿命较长，开花期可持续3～4 d。花粉和雌蕊从开花前1 d到开花后2～3 d都具有受精能力。花药先端的开孔时间，基本上与开花时间一致，花瓣完全展开后，预示雄蕊成熟，花药将从顶端开裂处散出花粉。花柱遇上花粉，完成自花授粉过程。在自然状态下，茄子的授粉受精时间较晚，晴天上午 7～10 时授粉，阴天下午才能授粉。

茄子花粉萌发和花粉管伸长最适宜的温度是 20～30 ℃，低于 18 ℃或高于 35 ℃，均使花粉萌发率迅速下降，受精受到抑制，易发生落花。授粉后 48 h 花粉管伸入子房，约 50 h 完成受精。

表 24－8 茄子开花的生物学

时间		持续时间		报告地点
开花	花药开裂	花粉育性	柱头受精能力	
5：30～10：30	5：30～10：30	开花前 1 d 至开花后 3 d	开花前 2 d 至开花后 2 d	日本
6：00～11：30	6：15～11：00	开花当天至开花后 2 d	开花前 2～3 h 至开花后 2 d	印度新德里
早晨		开花当天至花后 7～10 d	开花前 1 d 至开花后 6～8 d	保加利亚索非亚
7:00～14:00	7:15～14:00	开花当天	开花前 1 d 至开花后 2 d	印度比哈尔
		开花当天至开花后 1 d	开花前 2 d 至开花后 2 d	中国杭州、内蒙古

二、生长发育及对环境条件的要求

（一）生长发育特性

茄子的生育周期可分为种子发芽期、幼苗期和开花结果期。

1. 发芽期 从种子吸水萌动到第 1 片真叶出现为发芽期。在适宜的温度和湿度条件下，从播种到出齐苗，一般需要 15～20 d。

2. 幼苗期 从第 1 片真叶露出到开始现蕾为幼苗期。一般在幼苗有 3～4 片真叶时开始花芽分化，是营养生长与生殖生长的转折期。在这以前，茄子幼苗的生长量很小，花芽分化开始后（真十字期后），幼苗的生长量猛增，苗期生长量的 95%是在这个阶段完成的。在幼苗期同时进行着营养生长和生殖生长，茄子大部分花芽在幼苗期分化。

3. 开花结果期 从门茄现蕾（第 1 朵花）到采收结束为开花结果期。门茄的现蕾开花期是由营养生长向生殖生长的过渡时期，这个时期营养生长占优势。门茄坐果到达瞪眼期后，营养生长逐渐减弱，生殖生长逐渐加强，即植株的营养物质分配已转到以果实生长为中心，整个植株已进入以生殖生长为主的时期。

（二）对环境条件的要求

茄子受原产地气候条件的长期影响，使茄子具有喜温、光，不耐霜冻的特性。

1. 温度 茄子生长发育期间的适宜温度为 20～30 ℃，温度低于 10 ℃时，就会引起植株新陈代谢紊乱，甚至使植株停止生长，5 ℃时就会发生冷害，在－2～－1 ℃时就会被冻死。在育苗期间，气温低于 7～8 ℃时，茎叶就会受害。种子发芽以 30 ℃为宜，要求最低温度在 11～18 ℃，适温为 25～30 ℃。在苗期，白天以 20～25 ℃、晚上以 15～20 ℃为宜。温度影响苗期花芽分化，夜温高于 30 ℃，花芽分化期延迟，短花柱花多；夜温在 24 ℃时，大部分是长柱花，出现一部分中柱花；夜温 17 ℃时表现最好，第 1 朵花全是长柱花，且着生节位较低。结果期间的适宜温度 25～30 ℃。在 17 ℃以下低温或 35 ℃以上高温情况下，则生长缓慢，花芽分化延迟，授粉和果实的生长发育都会受到阻碍，花粉管的伸长受到影响，甚至会产生没有授精能力的不成熟花粉，常导致落花。夜间最适温度为 18～20 ℃，如果夜温过高，将逐渐出现植株营养不足的症状，导致减产。

2. 光照 茄子对光周期的反应不敏感，但光照不足，植株的发育明显受到抑制，光合产物少，长势弱，花芽分化晚，开花期延迟，落花多，果实发育不良。茄子对光照强度要求较高，光合作用的饱和点为 40 000 lx，光补偿点为 2 000 lx。

3. 水分　茄子分枝多，叶片大而薄，蒸腾作用强，开花、结果多，因此，对水分的需要量大。土壤适宜的含水量为14%～18%。茄子对水分的要求随生育阶段的不同而异，生长前期需水较少，开花结果期需水量增多，到盛果期前后需要水分最多。

4. 营养　茄子生育期间，需要从土壤中吸收大量的营养。每生产1 000 kg果实，大约需吸收氮3.3 kg、磷0.8 kg、钾5.5 kg、钙4.0 kg。

茄子在各个生育期对土壤养分的需要量不同，前期需肥较少，生长盛期需肥较多，尤其是从开始收获时起，吸收量持续增加，直到采收盛期，需肥量达到最大值。在植株生长的中后期，钾的吸收要比氮多得多，磷也是一样，但它的增加比氮素少。

三、主要性状的遗传

（一）植株性状遗传

茄子一代杂种的生长速度一般都比双亲快，生长势遗传趋向强的亲本。生长势强的植株与生长势中等或生长势弱的植株杂交，一代杂种植株的生长势表现强或中强。

茎刺、叶刺、叶基角、叶柄毛、花色受1对显性基因控制。有刺显性，无刺隐性，叶刺与茎刺接近完全连锁遗传，其重组值为0.042，刺这个性状可能存在基因多效性现象。叶基角中锐角对直角显性。叶柄毛疏为显性，密为隐性。紫花对粉花显性，紫花*Col*对白花*col*完全显性。花色与茎刺间存在遗传连锁，其重组值为0.250。第1朵花着生位置、花柱长度两性状受2对基因控制，第1朵花水平着生为显性，下垂着生隐性。长柱花对中柱花为显性，中柱花为隐性。

株高和茎粗受遗传因素影响大，受环境因素影响较小。张仲保等报道（1991），株高广义遗传力（h_B^2）为58.39%，遗传变异系数15.36%，遗传进度24.19%；茎粗广义遗传力（h_B^2）为52.18%，遗传变异系数13.19%，遗传进度14.39%；叶片长广义遗传力（h_B^2）为49.8%，遗传变异系数21.29%，遗传进度43.86%；叶形指数（纵径/横径）广义遗传力（h_B^2）为28.25%，遗传变异系数7.69%，遗传进度8.42%；单株叶片数广义遗传力（h_B^2）为40.97%，遗传变异系数22.16%，遗传进度29.81%；单叶片面积广义遗传力（h_B^2）为65.97%，遗传变异系数37.78%，遗传进度43.19%；单株叶面积广义遗传力（h_B^2）为66.32%，遗传变异系数39.37%，遗传进度66.05%。

（二）熟性遗传

始花节位、现蕾期、门茄开花期、初采期、早期单株采果数、早期单果重和前期产量等是构成茄子熟性的重要性状，同株型、分枝习性也有间接关系。在通常情况下，生长势较弱、开花早的品种表现早熟，生长势较强的直立茄子品种，表现中晚熟或晚熟。茄子熟性属多基因控制的数量性状，是各有关性状综合作用的结果，遗传复杂。

早熟对晚熟为不完全显性。茄子杂种早熟性，一般表现为中间型。早熟品种与中晚熟品种杂交，其后代熟性为中间类型（中熟或中晚熟），且偏向早熟亲本，有的接近于早熟亲本。两个熟性相同的品种杂交，很难超过双亲平均值。早熟×早熟组合的一代杂种仍为早熟，但生育期很难超过双亲平均值。F_1早熟性超亲者不多，但前期产量明显超过双亲，表现杂种优势（张汉卿，1979）。茄子杂种的开花期与第1次采收期，一般比早熟亲本晚，比晚熟亲本早，而与亲本平均值接近。

第1花着生节位广义遗传力（h_B^2）为32.9%～56.4%，遗传变异系数为11.76%，遗传进度为7.99%。

早熟性各性状的遗传力：门茄现蕾期为95.68%、门茄开花期为96.25%、门茄采收期为77.57%～93.11%、前期产量为45.67%～87.74%、早期单株结果数为42.21%、早期单株产量为47.96%、早期单果重为99.94%。早期单果重的遗传力比较强，遗传力高的性状其基因型对该性状的表型变异的作用较大，而受环境影响较小。

前期产量与门茄现蕾期的相关系数（$r=-0.621^{**}$）、与开花期的相关系数（$r=-0.612^{**}$）和第1次采收期的相关系数（$r=-0.628^{**}$）表现极显著负相关；始收期与门茄现蕾期的相关系数（$r=0.836^{**}$）、与开花期的相关系数（$r=0.893^{**}$）具有高度的正相关，并且达极显著水平。

（三）果实性状遗传

1. 果形 茄子果形遗传总体表现出多基因遗传特征，存在主基因效应。茄子一代杂种的果形一般都表现为双亲本的中间型，圆球形×长形的组合，一代杂种为长卵形；圆形×卵圆形组合，一代杂种为高圆形；卵圆形×长条形的组合，一代杂种为长卵圆形。

茄子果长和果实横径的遗传方式属于多基因控制的数量遗传，其遗传符合加性-显性遗传模型，以加性效应为主，存在主基因效应，在遗传中表现部分显性（不完全显性），F_1和F_2代果长和果径平均值均介于双亲之间，倾大值亲本。控制果长和果径性状的最少基因数目分别为3对和4对。茄子果长、果实横径和果形指数具有较高的遗传力，茄子果长的广义遗传力（h^2_B）为57.3%～85.52%，狭义遗传力（h^2_N）为71.01 %；果实横径广义遗传力（h^2_B）为66.69%～72.75%，狭义遗传力（h^2_N）为61.45%；果形指数的广义遗传力（h^2_B）为67.80%～82.69%，基因型对这3个性状的表型变异起较大作用，而受环境变化的影响较小。

2. 果色和果萼颜色 茄子果实的颜色有黑紫、深紫、浅紫、白色和绿色等。果紫色性状是由2个紧密连锁且有不完全显性关系的基因X/x和D/d控制，当他们都处于隐性纯合时，由果肉基因G/g决定果实呈白色或绿色。基因G/g与X/x（或D/d）相互独立，果深紫色基因型为$XXDD$，果浅紫色基因型为$XxDD$（Janick et al.，1961；刘进生等，1992）。茄子果色性状由主基因和多基因控制，主基因＋多基因效应决定了果色表型变异的绝大部分（91.1%～98.8%），其性状遗传符合2对加性-显性-上位性主基因＋加性-显性-上位性多基因模型（E模型）；主基因遗传力为35.5%～98.4%，遗传力较高；多基因遗传力较低，为0%～57.7%。果深紫色对白色或绿色、果绿色对白色为不完全显性。F_1代果色一般表现为双亲的中间色。绿色果×紫色果，一代杂种果色为浅紫色；紫红色果×白色果，一代杂种为浅紫；绿色果×白色果，一代杂种为浅绿色。有光泽的品种和无光泽的品种杂交，一代杂种多为无光泽果。

茄子果萼颜色有紫色、绿紫色和绿色等，果萼色为多基因控制的数量性状，其遗传符合2对加性-显性-上位性主基因＋加性-显性-上位性多基因模型（E-0模型），存在主基因和多基因的互作，以主基因遗传为主。2对主基因的效应均以加性效应为主，且第1对主基因占主导地位，在F_2世代中遗传力（h^2_{mg}）高达96.84%。果萼紫色对绿色为部分显性，F_1代果萼色为双亲的中间色偏向于紫色亲本。

3. 单果重 单果重是构成茄子产量的重要因素之一。单果重的基因作用方式，大量研究结果表明，平均单果重的广义遗传力（h^2_B）变化较大，为34%～89.2%。长茄早期单果重主要由遗传因素决定，其广义遗传力高，为99.94%，遗传能力比较强，故能在早春气温低、温度变化大的自然条件下，仍能生长成单果重量高的根茄（或对茄）。而全生育期单果重的广义遗传力较低，为34%，该性状易受环境条件的影响。

4. 单株结果数 单株结果数是构成茄子产量的另一重要因素，单株结果数的广义遗传力为46.57%～65.06%，长茄早期单株结果数的广义遗传力为42.21%。

用不同结果数类型的品种杂交（大果型结果少的亲本与小果型结果多的亲本），一代杂种表现有3种情况：一种是单株结果数超过高亲本，平均单果重是中间型，这样的组合通常都表现较强的产量优势。另一种情况是单株结果数和平均单果重都是中间型，其双亲单株结果数，特别是平均果重都是中间型，且差数比较大，这样的组合也表现出产量优势。再一种情况是一代杂种的单株结果数和平均果重虽然也是双亲中间型，但其双亲产量性状（单株结果数和平均果重）的差数都不大，则产量不表现优势。

5. 坐果率　茄子坐果率受基因加性效应和非加性效应共同控制，但加性基因效应明显大于非加性基因效应。坐果率的广义遗传力为74.62%，其中母本遗传占16.72%，父本遗传占41.10%，父、母本互作占22.52%，狭义遗传力为57.82%，坐果率的父本遗传效应大于母本（田时炳等，2001）。

6. 产量性状的遗传　产量性状是由单株产量（单株结果数、平均单果重）和单位面积上的株数共同配合表现出来的，属于数量性状，是由许多复杂基因决定的，遗传力一般较低。大量研究表明，茄子杂交组合产量性状的杂种优势较普遍，可以通过优势育种选育高产优势组合。茄子前期产量和总产量受基因加性效应和非加性效应共同控制。

茄子前期产量加性基因效应明显大于非加性基因效应。前期产量的广义遗传力为81.70%，其中母本遗传占38.41%，父本遗传占18.66%，父、母本互作占24.29%，狭义遗传力为57.03%，前期产量的母本遗传效应大于父本（田时炳等，2001）。因此，开展早熟育种应特别注重母本的选择。前期产量的遗传变异系数大，达45.77%，选择潜力大，由此可选出前期产量高、单果重大、单株结果数多的茄子高产品种。前期产量的遗传相对效率值较大，从亲代获得遗传增量为43.74 kg，可比亲代群体增加108.0%。

总产量的广义遗传力为69.21 %，其中母本遗传占24.59%，父本遗传占14.23 %，父、母本互作占30.38%，狭义遗传力为38.83 %，一般配合力方差与特殊配合力方差之比为1.28，非加性基因效应与加性基因效应对总产量具有同等重要的意义（田时炳等，2001）。研究指出，单株产量的广义遗传力为44.55%～56.28%。

7. 单性结实　茄子的单性结实性由多个单性结实基因控制，不同材料的遗传特性不尽相同。一些研究认为，茄子的单性结实性由隐性基因控制，属隐性遗传，且单性结实性状的遗传不符合加性-显性遗传模型，存在着非等位基因间的上位作用；单性结实性状的遗传由加性效应和显性效应共同决定，以加性效应更为重要（田时炳等，2003）。另有研究表明，茄子单性结实性由显性基因 *Pat* 控制（刘富中等，2008）。

（四）抗病性遗传

1. 抗黄萎病　茄子抗黄萎病的资源比较缺乏，已有研究证明茄子对黄萎病的抗性存在一定的杂种优势，F_1 与双亲均值有很强的相关性，抗性遗传不符合加性-显性模型，且至少受2对显性基因组控制（井立军等，2001）。也有报道认为抗性的遗传受2对加性-显性-上位性主基因控制（庄勇等2009）。

2. 抗青枯病　茄子对青枯病的抗性遗传较为复杂，存在多种抗性遗传机制。抗病性具有完全显性遗传、不完全显性遗传或不完全隐性遗传的特性。感病性属于显性或不完全显性；抗性由多基因控制或单基因控制，以多基因控制为主。茄子抗青枯病基因有累加作用。抗青枯病茄子品系 S3 和 ER300 的抗性遗传为完全显性遗传，抗病基因由1对显性基因控制。茄子抗青枯病材料 WCGR112－8 及 LS1934 具有不完全显性遗传的特性，且两个材料控制抗性基因的数目存在差异，前者对青枯病的抗性遗传是由1～2个基因控制的，其中只有1个基因在起主导作用；后者的抗性基因为2个或2个以上基因，并且有2个基因在起主导作用。抗性材料 S69 对青枯病的抗病性属于不完全隐性遗传，感病性属于不完全显性，抗病性由1～2对基因控制。封林林等（2003）认为茄子对青枯病的抗性遗传规律符合加性-显性效应模型，遗传效应中同时存在加性效应、显性效应和反交效应，但以加性效应为主。也有研究表明，茄子对青枯病的抗病性表现隐性，感病性表现部分显性。茄子对青枯病的抗性遗传较为复杂，由多个微效基因、较少的主效基因和细胞质基因共同控制。茄子青枯病抗性遗传的多样性，为茄子抗青枯病育种提出了更高的要求。

3. 抗其他病害的遗传 茄子抗绵疫病的栽培品种阜新紫长茄 002 的抗性是由单一显性基因 *Br* 控制。茄子对褐纹病的抗性由显性基因或隐性多基因控制。茄子抗源品系 83 - 02 对褐纹病菌的抗性由 1 对显性基因 *RphRph* 控制。茄子抗枯萎病为单基因控制的显性遗传。

（五）抗逆性遗传

茄子耐热性属于数量性状。易金鑫等（2002）研究指出，茄子耐热性为不完全显性遗传，受 2 对以上基因控制，符合加性-显性模型，基因间的主要作用是加性效应，而显性效应、非等位基因间互作不明显。耐热性不存在超显性，其广义遗传力（h_B^2）和狭义遗传力（h_N^2）分别为 90.6%和 82.8%。茄子的耐热性主要取决于基因型。

低温对茄子植株株高、株幅的影响较小，耐低温性的遗传符合加性-显性模型，其广义遗传力（h_B^2）为 84.03%，狭义遗传力（h_N^2）为 75.82%，耐低温性受遗传因素的影响较大（阎世江等，2012）。

何明等（2008）研究表明，茄子在弱光条件下产量性状的遗传，与正常光照下的结果是一致的。坐果率、单果重和单株产量 3 个性状的遗传均符合加性-显性模型，狭义遗传力分别为 14.59 %、28.01%和 10.57%，广义遗传力分别为 56.64%、44.74%和 50.58%，均受环境影响较大。控制 3 个性状的最少基因对数为 3 对、1 对和 4 对，3 个性状实施选择的适宜世代分别为 F_7、F_5 和 F_8，不宜在早期世代进行选择。坐果率和单株产量为正向超显性遗传，单果重为正向完全显性，有明显的杂种优势。

（六）品质性状遗传

井立军等（1998）报道，茄子果实粗纤维、粗蛋白含量品种间差异不明显，可溶性糖、维生素 C 性状品种间差异明显。茄子果实维生素 C 的广义遗传力（h_B^2）较高，为 79.4%，基因型对该性状的表型变异起较大作用，而受环境变化的影响较小；遗传变异系数较大，为 75.35%，遗传进度 6.14%，相对遗传进度值较大，为 109.73%，对该性状进行选择的效果较好。可溶性糖广义遗传力（h_B^2）较低，为 41.76%，受环境影响较大；遗传变异系数 29.03%，遗传进度 0.62%，相对遗传进度较低，为 33.23%，其选择效果则相对较差。

韩玉珠等（2002）分析表明，不同茄子品种（系）间芦丁含量差异显著，杂种一代具超亲优势。茄子商品果芦丁含量与叶形指数呈显著负相关（$r=-0.5100$），可将叶形指数作为育种目标以间接选择高芦丁含量的品种。

（七）雄性不育性遗传

已知的茄子雄性不育性来源于核基因控制或细胞质控制。茄子雄性不育的表现有功能雄性不育、花药瓣化型雄性不育、花药退化型雄性不育。刘进生等（1992）报道，功能性雄性不育系 UGA 1 - MS 的雄性不育性状由单隐性基因（*fms*）控制。该基因与果紫色基因 *X*/*x* 紧密连锁，此雄性不育性花药顶部花粉孔不能开裂，而花粉正常可育。

方木壬等（1985）研究表明，花药瓣化型雄性不育 9334A 和花药退化型雄性不育 2518 A 的雄性不育性属胞质型遗传（cytoplasmic male sterile），两者的雄性不育性表现稳定，不育率及不育度均达到 100%，而雌性育性正常。

第四节 育种目标与选育方法

一、不同类型品种的育种目标

茄子受栽培生态类型、消费习惯的影响，栽培品种类型繁多，但其基本育种目标与其他蔬菜作物一样，仍然是“一优三高”，即“优质、高效、高产、高抗”。

确立茄子育种目标应注意以下几点基本要求：

(1) 符合市场和生产发展的要求。选育新品种，需要许多年，因此在确立育种目标时应充分估计到因消费习惯和栽培方式等变化和发展对新品种的要求，以增强预见性。

(2) 育种目标的具体化和可行性。茄子新品种的高产、优质、高抗等育种目标都只是一般概念，需要落实到具体的性状上，并有明确的、可以实现和达到的性状指标。

(3) 应以当前本地主栽茄子品种需要提高和改良的主要性状为主要育种目标性状。要认真调查分析现有主栽品种在生产中，以及在适应新的发展中存在的主要问题，拟订有关的主要目标性状，从而选育能克服现有品种的缺点，并保持和提高其优点的新品种。确定主要目标性状的同时，也要兼顾其他次要性状，不能片面只强调个别主要目标性状而忽视其他性状，应统筹兼顾，协调改良。

(4) 品种的合理搭配。茄子即使在同一地区也存在消费习惯、栽培方式和生态类型的不同，选育具有适当差异的几类品种以便在生产上搭配使用，以减少品种单一化带来的市场和自然风险，适应不同消费习惯、栽培方式的需要，并实现早、中、晚熟配套。

一个好的茄子品种首先要有好的商品性和产量，其次要求具有连续的保持高产优质的能力，即对影响其高产优质的主要因素——病虫害和环境胁迫具有良好的抗（耐）性，再者就是为了满足不同的栽培方式和采收要求应有不同熟性等特性，以此来兼顾生产者和消费者的利益。茄子的基本育种目标仍然是“一优三高”，要实现这些目标就应进行分解分析，从而获得主要目标性状。

如要实现高产这一育种目标，首先就应对茄子产量的构成因素进行分解分析。茄子产量＝单位面积的株数×单株果数×平均商品果重×采收率，单位面积的株数取决于合理的株型，良好的生理基础和形态特征又是合理株型的基础，高产的茄子品种应具有株型紧凑、开展度较小、节间短、叶片大小适中等形态特征，以及光能利用率高等生理基础。茄子单株果数和平均单果重是显著负相关的，要实现高产，产量构成因素之间必须协调增长。

抗性包括抵抗多种病、虫危害，以及抵抗和忍耐低温、高温、高湿、干旱、盐碱、水涝、弱光等逆境的能力。在茄子品质育种方面，除了重视一般的商品外观品质外，还应重视营养品质。为了便于远距离运输及降低生产成本，也应重视品种的耐贮运性。

中国地域辽阔，各地气候生态类型、茄子栽培条件与方式、消费习惯等各不相同，因此茄子品种具体育种目标也存在较大的差异，但适于同一种栽培方式的品种具有大致相同的性状要求。中国各地主要有保护地栽培、露地早熟栽培、露地延后栽培等栽培方式。

（一）保护地栽培类型

在温室、大棚等保护地条件下，往往存在光照较弱、空气湿度大、温度时高时低、土壤盐碱化严重等问题，也有肥水充足、栽培管理水平高等有利条件。此类品种的育种目标应为耐低温、弱光、高湿、干旱、盐碱，具有单性结实性，抗多种病害，具有株型紧凑、开展度较小、节间短、叶片小等形态特征，不易早衰，采收期长。品质方面，要求商品果整齐度高，着色好，着色均匀，耐贮运，肉质细嫩。

（二）露地早熟栽培类型

采用地膜加小拱棚或中拱棚进行短期覆盖，以提早栽培、提早采收。此类品种的育种目标是早熟、耐寒、耐弱光、抗多种病害，具有单性结实性能，具有株型紧凑、开展度较小、节间短、叶片小、直立性较强、不易倒伏等形态特征。品质方面，同样要求商品果整齐度高，着色好，着色均匀，耐贮运。

（三）露地延后栽培类型

此类品种为正季播种，在早熟栽培采收的后期或结束时开始采收，采收期一般较长。此类品种的育种目标是中晚熟，生长势强，耐热耐旱，抗多种病害，耐长采收，单果较大；以及株型高大、直立性较强、叶片较肥大、叶色较深等形态特征；商品果整齐度高，着色好，着色均匀，耐贮运。

二、抗病品种选育方法

茄子是一种易遭受病害侵染的蔬菜作物，特别是随着规模化生产程度提高，病害发生越来越严重。目前生产上主要采用喷施农药、嫁接栽培等方法来预防和控制病害的发生，但有些方法容易影响茄子安全品质并造成环境污染。开展抗病育种，选育单抗或多抗品种才是防治病害发生最根本、最经济、最有效的途径。

（一）主要病害与抗病育种目标

1. 茄子的主要病害 危害茄子的病害多达数十种，各地因气候、栽培环境和方式的差异，各种病害危害程度差异较大，其中对中国茄子生产危害较大且较广泛的病害有黄萎病、青枯病、褐纹病、绵疫病、枯萎病等。

（1）*茄子黄萎病* 中国露地和保护地茄子都普遍发生，危害也极为严重。在茄子各个生长期均可发病，以成株期发病最重。黄萎病属于土传性真菌病害，病原菌的菌丝在5～30℃、pH4.5～9.0环境下均可正常生长，小菌核在土壤中存活期较长，防治难度大。

（2）*茄子青枯病* 在中国南方地区该病普遍发生，危害也特别严重，一般可减产20%～30%，严重时损失50%～60%，甚至绝收。青枯病属于土传性细菌病害，病原菌种类复杂，寄主范围很广，可侵害50多个科的数百种植物，尤其是茄科植物。

（3）*褐纹病* 在中国各地普遍发生，是北方茄子三大病害之一。褐纹病属于真菌性病害，主要危害叶、茎和果实，对果实危害最重。苗期和成株期均可发病，田间气温在28～30℃，相对湿度高于80%，或雨水较多时易发生。

（4）*绵疫病* 在中国南方高温、高湿、多雨地区发生严重，主要危害果实。发病适宜温度为30℃，相对湿度85%。

2. 抗病育种目标 中国茄子抗病育种的总体目标是选育多抗主要病害（黄萎病、青枯病、褐纹病、绵疫病等）的优质、丰产茄子品种。根据目前中国茄子抗病育种研究进展情况，首先应开展单抗品种的选育，并将优质、丰产有机结合起来。北方地区重点开展抗黄萎病和褐纹病、优质、丰产品种的选育，南方地区重点开展抗枯萎病、青枯病和绵疫病、优质、丰产品种选育。随着研究的深入，再开展兼抗或多抗病害的优质、丰产品种选育。在近阶段抗病育种研究工作中，加强茄子主要病害的病理、抗性鉴定方法、抗原的鉴定与筛选、抗性遗传规律等基础性研究，然后通过杂交、回交、生物技术等方法，创制出单抗或多抗优良亲本材料，从而培育抗性品种。

（二）主要病害抗性鉴定和选育方法

1. 黄萎病

（1）*病原* *Verticillium dahliae*，称大丽轮枝菌，为无性型真菌。国内外学者研究表明，大丽轮枝菌菌落形态可分为3种类型：①丝核型：气生菌丝发达旺盛，微菌核浓密；②疏核型：有气生菌丝，微菌核稀疏；③菌核型：无气生菌丝，只产生微菌核和基质内菌丝。这3种菌落形态不稳定，可以相互转变。其病原菌极易发生致病力变异，有明显的生理分化现象。

病原菌的分离：大丽轮枝菌很容易从田间发病植株的根、茎、叶柄和叶片上分离出。从田间采集黄萎病典型病样，用75%酒精对茎秆表面消毒后，选取内部褐变维管束组织切段，用PDA或PLA及其他普通培养基，在22～25℃条件下培养7～10 d，获得纯培养。但是要从土壤中分离*V. dahliae*必须应用选择性较强的土壤分离培养基和适当的分离技术。对病原菌致病力鉴定后，用PDA斜面培养基低温保存。

（2）抗性鉴定方法

田间病圃鉴定法：20世纪50年代，中国用此方法鉴定棉花黄萎病抗性，至今仍是抗黄萎病种质鉴定最常用且能真实反映鉴定材料抗性强弱的方法。苏翻身等（1990）用连茬3年茄子的发病田块为病圃，对20个茄子品种定期进行田间发病率和病情指数调查，鉴定出中抗品种3个。

蘸根接种鉴定法：此方法最初用于棉花黄萎病接种鉴定。选用4叶期的茄子幼苗，根用清水洗净，在距幼苗根际1 cm处断根，然后将根浸在黄萎病病菌孢子悬浮液浓度1×10^7 cfu/mL的菌液中5 min。接种鉴定期间温室白天温度保持25℃左右，夜间温度为15～17℃，空气相对湿度为60%～90%，接种后14～21 d进行发病调查。王立新（1987）等将此方法引入茄子黄萎病人工接种鉴定，成功地在20个茄子品种上验证了病原菌致病力，并进行类型的划分，认为此方法可以准确、快速地区分菌株致病力强弱，可在不同作物上广泛应用。

毒素鉴定法：病原真菌能产生对其寄主植物具有毒性的代谢产物，这类物质被认为是对植物产生病害的重要原因之一。顾振芳等（1995）从茄子黄萎病菌中制备粗毒素，再利用粗毒素试管浸苗，以未接菌的查氏培养液为对照，研究粗毒素对茄苗的致萎情况和不同处理的粗毒素对茄苗致萎程度的差异。结果表明，粗毒素浸茄苗24 h后出现失水现象，并随着时间的增加失水加重，子叶变黄，直至黄萎下垂，而对照未出现中毒现象。因此，利用毒素浸苗法测定其对茄苗的致萎力简便易行，可作为大批量快速鉴定茄子品种抗病性的一种有效方法。此外，黄萎病病原菌入侵植株后，产生的毒素破坏了茄子细胞原生质体结构，使细胞膜透性增加，电解质外渗。通过电导仪测定叶片组织电导率，从而反映植株抗病性强弱。电解质渗漏法是一种有潜力的抗性快速鉴定方法。

病情分级标准：不同研究人员采用不同鉴定方法，提出了各自的分级标准。这里介绍中国农业科学院蔬菜花卉研究所肖蕴华等（1995）制定的标准：

单株病情分级标准：

0级　叶片无病；

1级　只有第1片真叶发病，黄化或卷曲；

2级　第3片真叶以下部分表现黄萎，叶片有脱落；

3级　只有1片新生的展开真叶表现健康，植株落叶明显；

4级　所有展开的真叶全部脱落，只剩顶部1片未展开叶；

5级　植株死亡。

群体抗性根据病情指数划分为：

免疫（I）　病情指数为0；

抗病（R）　病情指数≤15；

中抗（MR）　15<病情指数≤30；

耐病（T）　30<病情指数≤50；

中感（MS）　50<病情指数≤70；

感病（S）　病情指数>70。

（3）抗病品种育种方法

黄萎病抗性遗传规律：参见本章第三节。

抗性材料的鉴定：为筛选出茄子抗黄萎病的材料，各国学者做了大量工作。除筛选自然种质外，

Nicklow（1983）通过病圃逐代施加选择压的方法，Rotino 等（1987）采用体细胞离体选择技术，Alconero 等（1988）利用体细胞远缘杂交技术，分别进行抗病种质创新的探索。国内外研究结果表明（表 24－9），茄子抗黄萎病种质资源极为匮乏，高抗材料均为野生种，无法直接利用；中抗材料中，仅有个别为栽培品种，且商品性及农艺性状均不理想，抗性转育困难，其利用范围也受到极大限制。

表 24－9 茄子抗黄萎病材料鉴定结果

鉴定者	年份	国家	份数	高抗		中抗	
				份数	%	份数	%
Sukhanberdina E. K.	1986	苏联	164	0	0	3	1.8
Alconero R.	1988	美国	135	4	3.0	0	0
Narikawa T.	1988	马来西亚	326	0	0	5	1.5
Cirulli M.	1990	意大利	116	0	0	2	1.7
肖蕴华和林柏青	1995	中国	1 013	0	0	4	0.4

抗病品种选育方法：茄子的抗病育种起步远落后于茄科其他蔬菜，研究深度也严重滞后。日本利用抗病种质育种的历史相对较长，20 世纪 60 年代开展抗黄萎病育种，70 年代育成耐病 VF 茄（长冈交配），其为种间杂种，有赤茄（*S. integrifolium*）血统，对黄萎病抗性很强，该品种生长发育好，产量高，但农艺性状方面尚需改良，果色及其他方面尚有缺点，因此现只做砧木利用。Guri 从 *S. melongena*×*S. torvum*（托鲁巴姆茄）种间体细胞杂种中获得了对黄萎病强抗性的材料，但也不能直接用于生产。国内在茄子抗黄萎病育种方面尚处于起步阶段，在已育成的品种中，王立新等（1987）报道，江苏省农业科学院蔬菜研究所育成的苏长茄对强致病力Ⅰ型菌株表现较强抗性，具有应用前景。

中国现存茄子黄萎病抗源极度匮乏，这是制约中国茄子抗黄萎病育种的首要因素。当前主要育种方法为病圃系统选育法及杂交育种法（包括远缘杂交）。前一种方法往往是栽培品种在病圃内显示一定抗性，而大面积栽培则几乎不表现抗性；后一种方法虽然能获得较高抗性，但难以实现抗性与目标农艺性状的统一。两种方法实际效果均不理想，是制约抗黄萎病育种的又一因素。面对两大制约因素，一方面广泛搜集近缘种、野生种，以丰富抗病基因库；另一方面，积极引进现代生物技术，开展远缘杂交或体细胞融合，创新黄萎病抗性育种材料，以及定位并克隆出抗病基因，导入栽培品种。

2. 青枯病

（1）*病原* *Ralatonia solanacearum*，称茄青枯劳尔氏菌，属细菌。目前，国际上已公认病原菌有 2 种分类法：一是按不同来源菌株对不同植物种类的致病性差异，将青枯菌划分为小种 1 号、2 号、3 号和 4 号；二是根据菌株对 3 种双糖（麦芽糖、乳糖和纤维二糖）和 3 种己醇（甘露醇、山梨醇和卫矛醇）氧化产酸能力的差异，将青枯菌划分为生化变种 1、变种 2、变种 3 和变种 4。通过大量菌株比较试验，证明小种 1 号包含生化变种 1、变种 3 和变种 4，小种 2 号包含生化变种 1 和变种 3，小种 3 号包含生化变种 2，小种 4 号包含生化变种 4。对国内不同地区和不同植物上的青枯病菌株的大量研究，确证中国存在小种 1 号（包括生化变种 3 和变种 4）和小种 3 号（包括生化变种 2）。对茄子有致病性的病原菌主要是小种 1 号，这一小种中不同寄主和不同地区来源的菌株在寄主范围和致病性上还存在较大差异，可将其分为 37 个菌株，其中大部分的菌株对茄子表现强的致病性。

病原菌的分离：采集田间青枯病病株，选取根茎处茎秆，经表面消毒后，切段，用于病原菌分离。以 TTC 培养基为病原菌分离培养基，采用平板划线稀释法分离，在 28～30 ℃下培养 48 h。选取划线培养皿中长出的直径 2～5 mm，中央粉红色，有较宽白色边缘的单个菌落，转接至 523 或 PDA 平板培养基上纯化、繁殖。用无菌水将病原菌配制成菌悬液，4 ℃低温保存。

（2）*抗性鉴定方法* 一是田间病圃鉴定法；二是蘸根接种鉴定法。幼苗 5 片真叶时，伤根后，用菌液（浓度为3×10^8 cfu/mL）浸泡根部15 min，移栽在无菌基质中，保持土温28～30℃。分别在接种7、14、21、28 d后调查发病情况。

单株病情分级标准：

0级　不发病；

1级　1片叶感病；

2级　2～3片叶感病；

3级　除顶端2～3叶外，其余叶片均感病；

4级　所有叶片都感病；

5级　植株死亡。

群体抗性根据病情指数划分：

免疫（I）　病情指数为0；

抗病（R）　DI≤10；

中抗（MR）　10<DI≤20；

中感（MS）　20<DI≤40；

感病（S）　DI>40。

（3）抗病选育方法

青枯病抗性遗传规律：参见本章第三节。

抗性材料的鉴定：有关茄子青枯病抗源材料的报道比较多，在栽培种和野生种都鉴定出了大量的抗性材料。Rao等（1976）鉴定并报道了两个抗病品系；Sitaramiah（1981）筛选得到3个抗病品系；Sheela（1984）筛选出6份免疫材料，可用于抗病育种工作。亚洲蔬菜研究与发展中心（AVRDC）Sadashiva等（1994）对7份抗青枯病的茄子材料进行抗性鉴定以及产量评定，其中Rampur local、Mattu gulla、West coat green round以及IHR12422表现高产抗病，可作为新的茄子青枯病的抗源材料。Chen等（1997）报道，来自马来西亚的TS3、TS43和TS47A 3份材料，和来自印度尼西亚的2个品种Gelatik、Glatik以及TS90的病情指数都低于10，来自印度的Arka nidhi、Arka keshav等具有高抗性。Ponnuswamy（1999）获得12份高抗材料，其中8份材料不发病。中国茄子抗青枯病材料的筛选鉴定工作起步较晚，冯东昕（1998）筛选得到抗青枯病材料24份，其中兰茄、本地红茄、旺步紫长茄表现免疫，长汀本地茄子、连江长茄子、莆田紫茄、武平红茎白茄等16份材料表现高度抗病。刘富中等（2005）对304份茄子种质资源进行抗青枯病苗期人工接种鉴定，筛选出免疫材料10份，高抗材料51份，抗病材料35份，中抗材料32份。Daunay（1991）报道，许多茄子近缘野生种都高抗青枯病。Asao等（1992）和Karihaloo等（1998）报道，通过在离体细胞培养基中加入青枯病致病菌筛选得到了抗青枯病的植株。刘富中等（2005）通过栽培种与野生种体细胞融合，获得了4份抗青枯病中间材料。

抗病选育方法：茄子抗青枯病种质资源材料比较丰富，但许多材料的农艺性状不理想，不能直接利用，还需要做进一步的改良。选育抗青枯病育种材料主要是通过杂交育种和系统选育，在育种实践中经常把这两种方法有机地结合起来。Goth等（1991）对4个PI抗性系连续两代自交后进行接种鉴定，结果PI 386254自交后代的抗病性明显比其亲本强，且抗病性表现稳定；通过4个PI抗性系材料间相互杂交，其中PI220120×PI 173106的F_1、F_2以及以后的世代均比亲本的抗性强。Sheela等（1984）对抗病品系的抗病性、植株伸展度、果实成熟期以及产量进行系内选择和单株选择，获得的SM621对青枯菌有免疫力。Asha Sankar等（1987）对混合选择法、单株选择法、家系内选择法以及单子传代法等4种选育方法提高茄子青枯病抗性的效果进行比较，证明单子传代法可有效地提高茄子抗病性。今后在茄子抗青枯病的育种工作中，一方面要对茄子青枯病的抗性机制进行研究，从青枯病致病性和茄子抗病性以及其他影响因素多方面考虑，并注意这些作用因子的协同作用；另一方面，应弄清茄子对青枯病抗性的遗传规律，用于指导育种实践。同时将生物技术特别是分子标记和基因工程技术应用于茄子抗青枯病的育种工作中，以取得较大的实际成效。

3. 褐纹病

（1）*病原* *Phomopsis vexans*，称茄褐纹拟茎点霉，属真菌。有关对该病原菌的研究报道不多，病原菌可能存在不同的菌株。

病原菌的分离：田间采集典型的病果，75 %酒精消毒后用无菌水冲洗晾干，切取病、健交界处约 5 mm×5 mm 的组织块，用 0.1 %升汞溶液表面消毒 3～5 min，无菌水冲洗，接种在 PDA 培养基上，25 ℃培养。菌丝萌发后，用 PDA 培养 3 次，用打孔器从菌落边缘打取菌饼转接于 PDA 平板纯化培养。采用斜面石蜡油常温封存或 4 ℃低温保存。

（2）*抗性鉴定方法* Chowdhury 等（1980）采用褐纹病孢子悬浮液对茄子茎和叶柄进行喷洒接种试验，发现受伤的茎和叶柄易于发病，而未受伤的对照不发病，于是认为褐纹病菌是伤口寄生物。Harnam Singh 等（1986）试验也认为无伤接种没有效果。任锡伦等（1993）的试验结果表明无伤接种同样具有效果，但发病程度要轻一些。

目前，茄子褐纹病抗性常采用果实接种鉴定方法。即采集无病茄子果实，用消毒刀片在果实表面刻 0.5 cm 长十字形伤口，或用针刺伤果皮，用 0.5 cm 见方的滤纸蘸取浓度为 4×10^7～5×10^7 个/mL 孢子悬液后覆盖在伤口上。或者用打孔器打取菌碟，包埋在果肉组织内，用石蜡覆盖伤口 72 h 后拆掉石蜡膜。每个果实接种 3～5 个点，白天培养温度 28～30 ℃，夜间 16～18 ℃，相对湿度保持在 50%～80%，12 h 光照、12 h 黑暗。接种后 12 d 记录发病情况。根据果实发病点数量和斑点大小来判定抗、感病情况。另外，成玉梅（2004）探讨了用褐纹病粗毒素来筛选抗性材料。

单株病情分级标准：

0 级　接种处伤口结痂，病原菌未侵染发病；

1 级　仅接种处果面凹陷，出现褐色病斑；

3 级　病斑扩展，褐色病斑面积占果面 5%以下；

5 级　褐色软腐面积扩大，病斑面积占果面 5%～15%，有少量分生孢子器产生；

7 级　果实 15%～40%的果面软腐，出现大量轮纹状的分生孢子器；

9 级　40%以上的果面软腐，果实严重皱缩，出现大量轮纹状的分生孢子器。

（3）*抗病品种选育方法*

褐纹病抗性遗传规律：参见本章第三节。

抗性材料的鉴定：国外对筛选茄子抗褐纹病材料有一些报道，抗性材料多属于茄子近缘野生种。中国在这方面开展的工作不多，张汉卿（1979）报道，83 - 02 高抗茄子褐纹病。近年，重庆市农业科学院采用果肉组织包埋菌碟的鉴定方法，在栽培种中鉴定出 3 份高抗褐纹病材料。

抗病选育方法：据报道，通过系统选育和杂交一代育种途径，辽宁省农业科学院育成的辽茄 3 号高抗褐纹病。国、内外对茄子抗褐纹病研究开展得太少，然而褐纹病却是危害茄子的主要病害之一。因此，今后需要加大茄子抗褐纹病研究的力度。首先应加强对抗性材料的鉴定筛选工作，同时开展抗性的遗传分析，为茄子抗褐纹病育种奠定基础。

4. 绵疫病

（1）*病原* *Phytophthora parasitica*，称寄生性疫霉；*P. capsici*，称辣椒疫霉，均属真菌。根据重庆市农业科学院蔬菜花卉研究所王之劲等对重庆地区茄子绵疫病鉴定，其病原菌为辣椒疫霉。

病原菌的分离：田间采集茄子绵疫病典型病果，取病、健交界处 0.5 cm 见方果肉组织，用于病原菌分离。分离培养基采用加入 0.02%青霉素钠的 PDA 培养基，25.5 ℃避光培养，3～5 d 后形成菌落。挑取无感染的菌落边缘生长旺盛的菌丝，转移到燕麦培养基中，25 ℃避光培养纯化、繁殖。将经过鉴定的病原菌接种到燕麦培养基试管斜面上，用石蜡油常温封存或 4 ℃低温保存。

(2) 抗性鉴定方法 茄子绵疫病抗性鉴定分苗期鉴定、离体叶片鉴定、离体果实等 3 种鉴定方法。

苗期人工接种鉴定：选用苗龄 40～45 d、具 4～6 片真叶时幼苗，采用游动孢子进行接种，菌悬液浓度为 1×10^5～1×10^6 个/mL 孢子。在幼苗株茎基部离土表 3 cm 处，用酒精消毒接种针轻轻刺伤茎秆，将无菌的棉花贴在伤口上，以透明胶固定，在棉花上滴入 0.5 mL 菌悬液。在较密闭的玻璃箱中黑暗保湿 24 h 后，定植于无菌基质中。温度和湿度分别控制在 25～30 ℃、70%～90%。以茎为单位，记录发病情况。接种后每 2 d 检查 1 次，连续检查 5 次。

单株病情分级标准：

0 级 无病；

1 级 茎的一部分变褐或接种处叶柄变蔫；

2 级 茎的大部分变褐、缢缩；

3 级 茎变褐，叶萎蔫；

4 级 植株倒伏萎蔫或枯死。

抗病性判定：在抗性鉴定中，感病对照品种的病情指数≥50，抗病对照品种病情指数≤30（该值为参考数值），参试品种的空白对照的病情指数为 0。

群体抗性分级标准：

高抗（HR） DI=0～5.99；

抗（R） DI=6.00～15.99；

中抗（MR） DI=16.00～29.9；

中感（MS） DI=30.00～49.99；

感（S） DI=50.00～69.99；

高感（HS） DI>70.00。

离体叶片鉴定：剪取茄子苗期健康功能叶片，用纯水清洗干净，用打孔器打取燕麦培养基培养的绵疫病病原菌，将菌碟接种在叶背中心（菌丝生长面紧贴叶片放置），25.5 ℃避光保湿培养。接种培养 96 h 后调查叶片感染状况。

病情分级标准：

0 级 叶片未感染；

1 级 出现水渍状坏死斑，病斑面积占叶面积 3%以下；

2 级 病斑扩展，病斑面积占叶面积 3%～15%；

3 级 病斑面积占叶面积 15%～40%；

4 级 病斑面积占叶面积 40%以上。

抗病性判定：同苗期人工接种鉴定。

离体果实鉴定：选择花后 15 d 的茄子幼嫩果实，对果实进行表面消毒，在果实表皮划约 1 cm 长十字口，将菌碟接种在伤口上（菌丝面紧贴果面），25 ℃避光保湿培养。接种培养 96 h 后调查果实感病情况。

单株病情分级标准：

0 级 接种处伤口结痂，病原菌未侵染发病；

1 级 仅接种处果面凹陷，出现褐色病斑；

3 级 病斑扩展，褐色病斑面积占果面 5%以下；

5 级 褐色软腐面积扩大，病斑面积占果面 5%～15%；

7 级 果实 15%～40%的果面软腐，出现稀疏霉层，接种点附近出现稀疏白色菌丝；

9 级 40%以上的果面软腐，病斑上覆盖白色致密菌丝。

抗病性判定：根据病情指数判定材料的抗病性，判定标准同苗期人工接种鉴定。

（3）抗病品种选育方法

抗性材料的鉴定：曲士松（1999）对山东收集到的96份茄子资源进行了鉴定，章丘紫圆茄等11份材料中抗绵疫病。包崇来（2005）报道，来自中国台湾的T9312-1、来自泰国的T905-2抗绵疫病。赵国余（1995）报道，阜新紫长茄002抗绵疫病。近年，重庆市农业科学院对搜集保存的200余份茄子资源材料进行田间自然诱发鉴定，重庆地方品种三月茄和竹丝茄类品种田间表现出较耐绵疫病。通过离体果实鉴定，在200余份材料中，没有发现高抗绵疫病材料。茄子绵疫病抗性材料鉴定和创制是绵疫病抗病育种的重点任务。

抗病育种方法：利用系统选育方法，黑龙江育成的长茄1号和辽宁省农业科学院选育的辽茄3号高抗绵疫病。包崇来（2005）利用T9312-1和T905-2为亲本，培育出了抗绵疫病茄子品种紫秋和浙茄28。总体上，中国对茄子绵疫病研究工作开展得非常少，今后抗绵疫病育种是重点之一。

（三）多抗性品种选育方法

茄子易受到多种病害的侵袭，当抗病品种推广后，某种目标病害得到有效控制后，其他病害又有可能上升为主要病害。因此，抗病育种不仅要解决已经成灾的主要病害，还要力求防患于未然，兼顾对那些可能上升的次要病害的抗性，也就是应从单一病害抗性的选育扩展到兼抗或抗多种病害的选育。

在茄子多抗性品种选育中，重点开展抗土传性病害（黄萎病、青枯病、枯萎病等）兼抗非土传性病害（褐纹病、绵疫病等）的选育研究。一方面选育出的兼抗或多抗品种，即抗土传病害又抗非土传病害；另一方面使两种病害复合接种鉴定具有更强的可操作性。多抗性品种选育的策略是，在缺乏多抗育种材料时，先选育出不同单抗材料，再用杂交和系统选育方法，利用两个或多个单抗材料培育多抗育种材料，利用这些多抗育种材料培育多抗品种。

1. 筛选抗源材料 对于青枯病、褐纹病、绵疫病的抗源，尽量从现有栽培品种或古老的地方品种中筛选，像黄萎病这样在栽培种中缺乏抗源的，在近缘野生种中寻找抗源。在育种开始阶段要有针对性、计划性搜集本地区及国内外的抗源材料，同时可以通过人工诱变、分子标记辅助选择、转基因技术等创造新的抗源。在抗性鉴定时，采用两种病害复合接种鉴定试材比单一接种鉴定试材更具有实用价值。

2. 系统选择抗病材料 从现有品种中，按照育种目标选出抗病单株，分别采种，形成不同株系，通过多代鉴定比较和选择，选出优良抗病系统。

3. 杂交、回交选择抗病材料 当抗源材料经济性状较差时，可与经济性状优良的感病品种杂交，后代自交或进行必要的回交，利用系统选择的方法，从F_2代开始对分离后代的农艺性状和抗病性进行双重选择，直到抗病性和其他经济性状均达到稳定时为止。另外，也可以选用两个或多个抗源材料与经济性状优良的感病品种进行复合杂交，再对分离后代的抗性、经济性状进行复合选择，培育出经济性状优良的多抗育种材料或品种。

4. 多抗育种材料的选择（抗性聚合） 将两个或多个单抗育种材料进行杂交，通过对分离后代进行复合抗性鉴定和经济性状鉴定，培育出多抗育种材料或品种。利用分子标记，开展标记辅助选择，有利于抗性聚合育种，提高选择效率。

5. 多抗杂一代新品种的选育 利用不同抗病品系配制抗性组合，育成抗病杂一代品种。需要注意的是，在亲本选配时要考虑到抗病性的显隐性关系。如抗病性是显性遗传，只要1个亲本抗病即可，对另外1个亲本抗性没有特殊要求。如果抗病性为隐性遗传时，则要求双亲都必须抗病。另外，也可把抗病的杂一代做亲本，再与其他抗病品系或抗病杂一代配制多抗三交种或双交种，但这可能影响其他性状的一致性。

三、抗逆品种选育方法

低温、高温、高湿、干旱、盐碱、水涝、弱光等非生物逆境也严重影响着茄子生产。利用抗寒性强的茄子品种，可以提早定植，提早供应市场；而耐热茄子品种可以顺利越夏，延长茄子的生长和供应季节。随着各地保护地栽培的迅速发展，原来露地生产的品种已经难以适应，迫切需要耐寒、耐弱光，或耐高温、高湿等，兼抗多种病害的优质品种，这就给茄子育种提出了新的要求。

（一）耐寒品种选育方法

1. 茄子耐寒性生理生化机理　茄子是喜温蔬菜，温度在 17 ℃以下，生长缓慢，花芽分化延迟，10 ℃以下引起新陈代谢失调，5 ℃以下会有冷害。冷害对植物的伤害程度，除取决于低温外，还取决于低温维持时间的长短。冷害对蔬菜生理的影响主要表现为削弱光合作用，减少养分吸收，影响养分运转。张泽煌（2000）、姚明华（2004）、李建建（2004）、刘黎军（2012）等的研究均表明低温胁迫下，植物体内 O_2^- 、OH^- 自由基等增加，从而使膜脂过氧化作用加强，导致膜损伤和破坏。膜脂过氧化作用的最终产物是丙二醛，它能与膜蛋白结合，加重对膜结构的破坏，使膜透性增加，电解质外渗。因此，低温胁迫下茄子幼苗叶片的电导率、丙二醛（MDA）含量越高越不耐寒，材料之间差异较明显。脯氨酸和可溶性糖是一种无毒的中性物质，溶解度高，能够维持细胞的膨压；同时脯氨酸还具有极性，可保护对生物多聚体的空间结构，增加结构的稳定性。SOD、POD 等保护酶对自由基等有清除作用，从而抵御有害物质对生物膜的损伤。为此，耐寒性强的品种能保持更高的 SOD、POD 等保护酶活性和可溶性糖、脯氨酸含量。茄子耐寒性与内源激素含量密切相关，耐寒性较强的茄子品种其生长点、子房和雄蕊中内源激素含量（IAA、ZR、ABA 等）明显高于不耐寒品种。植物抗冷性是由多种特异的数量性状抗冷基因调控的，单一指标很难反映植物的抗冷性实质，应同时采用几种方法相互印证，才能得出正确的结论。

2. 茄子耐寒性鉴定方法

（1）*芽期耐冷性鉴定*　用于测试茄子种子在低温下的发芽能力。芽期耐冷性鉴定在光照培养箱中严格控制温度的条件下进行，发芽温度为（17±0.5)℃，24 h 调查 1 次发芽数，以胚根突破种皮 2 mm为准，直到第 10 d，计算发芽率。

根据发芽率将芽期耐冷性分 3 级：

1 级（强）　发芽率≥65％；

2 级（中）　35％≤发芽率＜65％；

3 级（弱）　发芽率＜35％。

（2）*苗期耐寒性鉴定*　将 4 叶期植株放在 4 ℃黑暗条件下处理 24 h，观察幼苗的寒害症状。寒害级别，根据寒害症状分为 5 级，再根据寒害级别计算寒害指数。

寒害分级标准：

0 级　幼苗生长正常；

1 级　幼苗 1～2 片叶受冻，受冻面积约 25％；

2 级　幼苗 2～4 片叶受冻，其中 1～2 片叶受冻面积＞50％；

3 级　幼苗 4～5 片叶受冻，其中 2～3 片叶受冻面积＞50％；

4 级　幼苗各叶片普遍受冻，其中 3～4 片叶受冻面积＞50％；

5 级　幼苗全株接近死亡或受冻死亡。

寒害指数计算方法：

$$\text{寒害指数} = \sum(\text{寒害级数} \times \text{该级株数}) \times 100/(5 \times \text{调查总株数})$$

（3）田间成株耐寒性评价方法　在田间自然条件下种植的材料，使其结果期处于温度较低的自然环境下，根据遭遇低温伤害的程度，来评价材料的耐寒性。

田间成株耐寒性评价：

1级（强）　受害后80%植株可迅速恢复生长；

2级（中）　受害后80%植株可恢复生长，但恢复生长的速度缓慢；

3级（弱）　受害后80%植株生长基本停滞，甚至死亡。

3. 茄子耐寒性材料的获得途径与选育　茄子的耐寒性受遗传因素影响较大，适合在早期世代进行选择。一般情况下，茄子耐寒性与结果数、产量和单果重等农艺性状呈正相关，低温对耐寒性较强材料的生长影响较小。由于耐寒性与结果数相关性较强且调查结果数简单直观，因此在茄子耐寒品种选育中可重点考察这一性状。

茄子耐寒品种可以通过以下途径获得：可以通过幼苗干重、茎粗、叶绿素相对含量、净光合速率、冷害指数进行耐寒性评价，选育耐低温品种；可通过喷施水杨酸、多胺、ABA、钙盐（$CaCl_2$）等外源植物生长调节剂来提高茄子抗寒性；可用耐寒性较强的砧木品种（托鲁巴姆、赤茄等），通过嫁接技术提高茄子抗寒性；由于茄子为典型的喜温性蔬菜，体内抗寒基因较少，可利用基因工程手段导入抗冻蛋白基因，培育出耐寒性较强的茄子品种。

（二）耐弱光品种选育方法

茄子喜高温强光，与保护地设施内弱光条件形成矛盾，耐弱光、适宜保护地栽培专用茄子品种育种越来越重要。中国关于茄子耐弱光性的研究从20世纪60年代开始有报道，但研究不多，落后于其他茄果类蔬菜。

1. 茄子耐弱光性的生理生化机理　郁继华等（2004）研究认为，弱光和低温同时胁迫后，茄子幼苗光合作用的各项指标发生了很大变化。净光合速率、气孔导度和叶绿素含量显著降低；光补偿点、光饱和点、光饱和时的 P_n（叶片净光合速率）、表观量子产额降低；CO_2 补偿点升高，CO_2 饱和点、CO_2 饱和时的 P_n、光合能力、CO_2 羧化效率降低。低温弱光胁迫后，茄子幼苗叶片中脯氨酸（Pro）、丙二醛（MDA）含量升高，过氧化物酶（POD）和过氧化氢酶（CAT）活性则明显下降。

弱光条件下茄子植株得不到足够的能量，在植株形态上也发生了很大变化。易金鑫（1999）研究表明，与正常光照条件下相比，弱光下茄子植株变矮，茎秆变细。何明（2002）试验表明，茄子遮光后幼苗茎秆变细，干重减少，根系生长也受光照影响，光照越弱则直径>1 mm的根数量越少。陈满盈（1999）认为弱光和短光照下茄子花芽分化延迟，开花期延长，第1花节位升高。光照强度对花的质量也有明显的影响。在正常情况下，茄子一般为长花柱花（即正常花），大都能授粉结果；当花芽分化时期光线不足时，则短花柱花和中花柱花的比例增多，而长花柱花的比例相对减少。短花柱花不管光线强弱都不能授粉、结实，中花柱花在强光照下可有一部分不脱落。弱光下茄子花小、花柱变短，易落花，导致坐果率降低，单株结果数减少，单果重下降。当单株结果数减少、单果重下降时，从而导致茄子产量降低。

何明（2002）研究结果表明，茄子耐弱光品种表现为叶片基角、垂角、开展角小，呈上冲型株型，增加了中、下部叶片受光量，提高了光能利用率。理想株型应是植株分枝角度小，株型紧凑，中、上部叶片上扬，下部叶片平展、叶片厚、颜色深，叶面积小，叶片稀疏。这样的株型能有效增加光线的透过量，使上部叶片在光饱和点以下，下部叶片在光补偿点以上，能最大限度地利用光能，为自身生长提供能量。

光合效率与品种耐弱光性相关。植物叶绿体中叶绿素a、叶绿素b的含量以及色素蛋白复合体数量的多少、活性大小对光合作用有着直接的影响。弱光下叶绿素含量增加较明显，则该品种可能较耐弱光。国内外不少学者研究认为，在弱光条件下，耐受性较强的品种一般表现为叶绿素b含量增加，叶绿素 a/b 值下降。

2. 茄子耐弱光性鉴定方法

（1）*茄子苗期耐弱光性鉴定*　茄子苗期遮光处理后，耐弱光材料和不耐弱光材料之间幼苗干重、茎粗和叶绿素含量相对值等有较大差异，可将其作为鉴定耐弱光材料的指标（何明等，2002；查丁石等，2005）。尤其是幼苗干物重反映了植株在弱光下的净同化率，所以干物重是鉴定茄子品种耐弱光性能的重要指标，在弱光与正常条件下干物重变化小的品种耐弱光能力强。茎粗由于表现稳定且便于测量，也可作为参考指标。具体方法为：正常条件下育苗，3～4 叶时定植于营养钵中，待植株成活后，覆盖 65%～70%的遮阳网，遮光处理时间以 30～60 d 为宜，测定株高、茎粗、叶面积和干物重等指标并进行比较。

（2）*茄子成株期耐弱光性鉴定*　何明（2002）研究结果表明，在弱光条件下，产量反映了植株的生殖生长量，也是茄子重要的育种目标，应当为首要的鉴定指标。单果重和坐果率也能反映品种适应弱光的能力，可以作为辅助的鉴定指标。具体方法为：正常条件下育苗，3～4 叶时定植于日光温室、大棚中，待植株成活后，全生育期覆盖 65%～70%的遮阳网，按小区分次测定果数、产量，试验结束后统计并进行比较分析。在弱光下产量越高的品种其耐弱光能力越强。

3. 茄子耐弱光性材料的获得途径与选育　茄子的坐果率、单果重和单株产量性状由多基因控制，受环境影响较大。在弱光条件下对 3 个性状实施选择宜在高世代进行，选择耐弱光性好的亲本，可配制出适用于保护地生产的新杂交组合。

一个优良的耐弱光性茄子品种和材料应为光合效率高、株型结构良好，并有较好的产量构成。在实际育种中，很难获得各方面都优良的育种材料，但可以通过苗期耐弱光性的鉴定，获得高光合效率的原始品种，再通过茄子成株期耐弱光性鉴定，获得株型结构和产量构成良好原始品种，然后通过聚合育种技术将那些优良性状聚合到同一品种中，同时充分利用单性结实性等性状，从而创制出优良的耐弱光性茄子育种材料和品种。

（三）耐热品种选育方法

茄子在夏季蔬菜供应中具有重要地位。目前中国北方基本实现了茄子周年生产，但由于耐热品种较少，茄子在越夏生产和春季塑料大棚覆盖栽培后期往往受到高温伤害，严重影响产量和品质。因此，茄子耐热品种的选育备受关注。

1. 茄子耐热生理生化机制　茄子受高温胁迫往往会发生一系列的生理生化反应，受材料类型、器官、发育阶段等内在因子的影响，涉及渗透调节、呼吸作用、光合作用、膜稳定性、热激蛋白以及植物激素代谢等对高温胁迫的响应。耐热的茄子材料通常具有较高的渗透调节能力和膜稳定性以及光合同化效率，能降低体内有害物质的积累。

渗透调节是植物忍耐和抵御高温逆境的重要生理机制之一，其中包括脯氨酸、可溶性糖等渗透调节物质。目前在茄子的耐热生理研究中，以可溶性糖和可溶性蛋白的含量变化作为茄子耐热性差异的区分仍有争议。从孙保娟等（2010）对茄子幼苗生理指标测定结果来看，随着高温胁迫的延长，可溶性蛋白降解，但是各个品系间差别较小，不能作为不同材料耐热性鉴定指标。张志忠等（2004）对茄子幼苗的研究结果表明，高温胁迫加速蛋白质降解，耐热品种枕头茄可溶性蛋白降解幅度小于耐热中等品种 F－85 和不耐热品种胜青紫长茄。贾开志（2005）研究结果显示，在高温胁迫下耐热品种脯氨酸含量的积累量高于不耐热品种的积累量。

耐热茄子材料在高温胁迫下能有效地抵制膜伤害，增加质膜透性。而在反应质膜稳定性的生理研究中，大量的研究表明品种的耐热性越强，相对电导率越低。维持细胞膜的稳定性和完整性还涉及抗氧化的酶系统，孙保娟等（2010）认为 SOD、POD 等能协同对抗氧化损伤。另外，耐热茄子材料能降低或延缓丙二醛的积累。耐热茄子材料稳定膜的透性可能与信使传递系统有关。陈贵林（2005）等利用钙和钙调素拮抗剂研究高温胁迫下茄子幼苗抗氧化系统的影响，结果表明 Ca^{2+}-CaM 信使系统可能通过提高抗氧化酶活性、调节抗氧化剂含量、降低膜质过氧化水平来调节茄子幼苗对高温逆境的适应性。

在耐热茄子品种光合效率的研究方面，茄子的耐热品种在经高温胁迫后 F_v/F_m 和 F_v/F_o 降低幅度要明显小于不耐热品种，其具有较高的 PSⅡ光合电子传递量子效率并仍保持较高的反应中心开放比例和较高的天线色素光能转化效率（张雅，2010）。

2. 耐热鉴定方法 茄子耐热性鉴定可分为田间成株鉴定和苗期室内鉴定。田间成株鉴定主要是利用茄子材料在田间自然高温下的农艺性状表现来进行鉴定，主要鉴定性状包括比较茄子叶片厚度或成株花粉活力、坐果率鉴定等。在高温条件下，较耐热品种的花粉活力和长花柱花的比例明显较高，果实木栓化程度较低。

苗期室内鉴定则包括热害指数、恢复指数、相对电导率、脯氨酸含量、抗氧化酶系统、叶绿素荧光参数的变化等测定。不同的鉴定指标的选择与茄子苗期高温处理的方法有关，可选择进行分段模拟自然高温处理，也可选择连续高温处理，另苗期高温处理时间长短仍有争议，需要针对各材料的地域分布特点进行预实验确定。李植良等（2009）通过分析室内耐热鉴定指标与田间自然高温耐热性表现的相关性，认为茄子苗期室内快速鉴定的首选指标热害指数、细胞膜相对电导率是可靠的，其耐热性鉴定结果与田间鉴定结果是一致的。张雅等（2009）则认为热害指数、电解质渗透率、MDA 含量、F_v/F_m 和 F_v/F_o 从不同角度反映了高温对茄子的伤害，且能反映伤害程度，因此可以作为鉴定茄子耐热性的指标。

综合张志忠等（2004）、贾开志等（2005）、张雅（2010）等研究方法，茄子苗期耐热性鉴定热害指数、恢复指数的计算方法为：

幼苗热害症状分级标准：

0 级　无受害症状；

1 级　植株稍有萎蔫，老叶片边缘发黄或轻微失水；

2 级　植株萎蔫，中下部叶片下垂、皱缩，老叶变黄；

3 级　植株严重萎蔫，老叶片脱落、干枯，上部叶片严重下垂，新叶失水、皱缩；

4 级　植株叶片全部干枯或脱落，但茎仍保持绿色；

5 级　茎失绿、干枯。

$$\text{热害指数} = \frac{\sum(\text{各株级数} \times \text{株数})}{\text{最高级数} \times \text{总株数}} \times 100$$

幼苗恢复生长的分级标准：

0 级　整株死亡；

1 级　茎保持绿色，叶片全部干枯已不可能恢复；

2 级　茎保持绿色，心叶绿色；

3 级　茎绿色，上部残留叶片恢复直挺，叶色变绿；

4 级　整株恢复。

$$\text{恢复指数} = \frac{\sum(\text{各株级数} \times \text{株数})}{\text{最高级数} \times \text{总株数}} \times 100$$

3. 抗性材料的选育 品种耐热性是长期在较高温度的生态条件下驯化形成的，从组织和细胞结构水平上也会反映出耐热水平的差异。中国作为茄子主要栽培国家之一，从 20 世纪 90 年代起各地研究单位从国内外引进原始材料，经过耐热性鉴定筛选获得了一系列的耐热品种。一般来说，中晚熟品种比早熟品种耐热性强，南方地区的长茄比北方的圆茄耐热，如农友茄和武汉农家品种海条茄均表现出极强的耐热性。耐热材料的选择主要通过自然高温鉴定的方法，即通过利用夏季自然高温对各材料进行田间热胁迫，观测高温对植株生长发育的影响，统计其花器质量、花粉活力、果实木栓化程度和产量等指标。目前鉴定和选育的耐热品种主要有海南枕头茄、南京紫长茄、苏崎茄、益农长身红茄及紫红长茄庆红等。

四、优质品种选育方法

（一）优质育种的意义与目标

随着经济发展和社会进步，人民生活质量和水平日益提高，对蔬菜消费正从数量型向质量型转变，对茄子的品质提出了更高的要求。品质育种已经成为茄子育种研究的重要目标之一。

茄子的品质育种，概括地讲包括改善茄子的外观（形状、大小、皮色、光泽度）、营养成分和食用风味等方面的内容。

1. 外观品质　茄子外观千差万别，形状、大小、果色、光泽度、条纹等变化极其丰富。各地对茄子外观品质的要求差异很大，东北地区种植的茄子品种以紫黑色长茄为主；华北地区以紫黑色大圆茄为主；西南地区以紫黑色和紫红色长茄为主；而华东地区以紫红色线茄为主；华南地区（广东、海南、广西）及与之相邻的福建、湖南、江西的部分地区以深紫红色长茄为主。山东是中国茄子种植大省，品种类型较多，南北多种类型均有种植。虽然各地对果色和形状的偏好各异，但随着人口大幅度流动和消费习惯的变化，各种类型茄子在消费市场上相互渗透融合。总体上，所有区域都要求商品茄子着色均匀，光泽度好，整齐一致，大小适中。

2. 营养品质　茄子含蛋白质、脂肪、糖、铁、钙以及维生素A、维生素C和维生素P等，总营养价值可以与番茄相媲美（Kallo，1993）。茄子还含有多种生物碱，如葫芦巴碱、水苏碱、胆碱、龙葵碱等，茄皮中含色素茄色苷、紫苏苷等。现代医学研究证明上述物质具有一定的生理活性，对人体的健康有较好的保健作用。在天然食物中，茄子（特别是紫皮类型）维生素E和维生素P的含量较高。

3. 风味品质　影响食用口感的一些品质性状，包括茄子肉质紧实或疏松程度、种子多少、苦涩或微甜、外果皮厚度等。一般而言，长茄果肉比较疏松、口感软，圆茄果肉致密紧实；近缘野生种多带明显的苦涩味；引进的欧美茄子品种肉质比较紧实，果皮较厚，耐贮运，货架期较长。

茄子品种类型多，食用方法多样，各地传统消费习惯千差万别，所以茄子品质育种目标也是多种多样。因此，品质育种目标的确定，要立足各地区消费习惯，把果形、单果大小、皮色、光泽度、肉色、果肉紧密度、口感、主要营养成分含量等作为主要评价指标，把优质和丰产、抗病有机结合，这样才能选育出符合市场需要的优良品种，才能被菜农和消费者接受并大面积推广种植，从而产生较大的社会效益和经济效益。

（二）优质品种的选育

按照品质育种目标的要求，尽量搜集优质原始材料。一方面，对当地育种材料进行调查和搜集，因地方品种对本地区的自然环境和栽培条件有良好的适应性，许多优良品质性状可供利用。另一方面，针对性搜集外地、特别是国外品种，同时注意引进符合品质育种目标要求并具有某些特异性状的品种，以弥补基因型的不足。近年，日本、韩国和欧洲的茄子品种在国内具有一定的栽培面积，日本和韩国的茄子品种，具有果皮黑紫色、着色均匀、光泽度较好等优点。欧美品种具有果肉紧实、耐贮运、坐果能力强等优点。这些都是非常好的茄子品质育种的基础材料。

茄子品质育种，对育种原始材料的自交纯化是最基本的手段。育种材料的自交纯化，并配合鉴定选择，效果十分明显。同时也可采用杂交、回交和系统选育的方法改良品质育种材料。

大多数品质性状属于数量性状，具有基因加性效应，双亲各性状的平均值对杂种后代群体水平有很大影响，所以应尽可能选配综合性状好、不存在严重缺陷的组合。也可以利用复合杂交或聚合杂交培育品质优良的育种材料或优质新品种。

井立军等（1998）对茄子主要品质指标的遗传和相互关系进行了研究，这些研究对茄子品质育种具有一定的参考价值。茄子果实长度、果实硬度、维生素 C 含量 3 个性状的遗传力较高，基因型对性状的表型变异起较大作用，而受环境变化的影响较小。在品质育种中，对果形指数、单果重、果实硬度和维生素 C 含量 4 个性状进行选择的效果较好。果长和果实横径两个性状虽具有较高的遗传力，但其遗传变异系数较小，选择效果受到限制。若要提高可溶性糖含量的选择效果，首先要着手扩大性状的变异范围，寻找更广泛的原始材料，然后对大量群体进行选择。

果实长度与果形指数呈极显著正相关，而果实长度与果实硬度呈极显著负相关（$r=-0.1889$）。果实越长，果实紧实度越低；单果重与果实横径无论是表型相关还是遗传相关，均表现为极显著正相关，说明可通过提高果实横径达到提高单果重的目的。可溶性糖含量与果实横径的表型相关和遗传相关也达到了显著水平，说明两者关系比较密切。因此，在育种实践中，如把可溶性糖作为重要的品质指标，应把果实横径作为间接选择的重要性状。此外，果实横径与维生素 C 含量呈显著负相关，要选择维生素 C 含量高的品种，就要注意果实横径不能过大。果实硬度与单果重没有必然联系；可溶性糖含量与单果重间存在极强的正相关关系，即单果重越大，其可溶性糖含量越高；单果重与维生素 C 含量呈极显著负相关，且与环境相关也达显著水平。从而认为，在选择维生素 C 含量高的品种时，不能苛求单果重太大。维生素 C 含量与果实硬度间呈极显著正相关，因此，高维生素 C 含量的品种，其果实硬度也大；而维生素 C 含量与可溶性糖负相关。所以，在品质性状选育中，兼顾维生素 C 含量和可溶性糖含量都高的品质育种是困难的。

姚元干（1992）对茄子果实中主要成分含量进行了分析，结果表明茄子的细软口感品质与果实中粗纤维素含量相关性不显著。蔬菜中以茄子维生素 P 含量为最高，其中黑紫色的卵茄或圆茄含量高于长茄；蛋白质含量以圆茄类型的品种为最高，显著高于长茄，卵茄为中间类型；可溶性糖含量以黑紫色品种为最高，与紫色茄子相比差异达到显著水平；粗纤维含量以早熟黑紫色品种最低，与其他类型的品种相比差异达到显著水平。根据综合分析结果，认为黑紫色早熟圆茄蛋白质、维生素 P 和可溶性糖含量较高，粗纤维含量较低，可作为品质育种时选择亲本的参考。

单性结实育种也是茄子品质育种重要的组成部分。单性结实就是在茄子不授粉的情况下仍能保持果实正常的生长发育。利用单性结实性能够生产无籽的茄子果实，王静等（2005）对单性结实果实进行了测定，与正常授粉发育果实营养成分没有显著变化。但这一特性可在无虫媒的保护地栽培、开花期多阴雨天的露地栽培和耐老化、延长货架期、改良口感等方面发挥作用，有利于实现茄子的优质、高产和高效。肖蕴华等（1998）、田时炳等（1999）分别报道了在黑紫色圆茄和长茄中发现了单性结实材料，田时炳利用单性结实品系还培育出优质丰产品种。Restaino（1992）用 EMS 诱导处理茄子品种，获得了低温单性结实突变体材料。该突变体与商业品种杂交、回交获得了优良的单性结实自交系，并培育出优质丰产组合。Rotino 等（1997）利用基因工程也培育出转基因单性结实品种。日本也培育出单性结实品种应用于生产。另外，田时炳等利用聚合育种技术，将功能型雄性不育基因和单性结实基因有效聚合在一起，培育出了具有单性结实性能的茄子功能型雄性不育系，这是培育全采收期均无籽的优良育种材料。利用单性结实兼雄性不育材料培育的杂一代新品种，无籽果率达到 80%。经品质分析，无籽茄子总糖和维生素 C 含量较常规有籽茄子品种有明显提高。

李树贤等（2002）利用染色体加倍技术培育出了同源四倍体茄子品种，四倍体具有少籽、果肉细嫩、粗纤维少、营养成分（维生素 C、脂肪和蛋白质）含量高、糖酸比高、生食无酸涩味、风味佳，适于生食、熟食及加工制干。

另外，中国蔬菜大生产、大流通、大市场格局的形成和设施蔬菜的发展，茄子耐贮运性育种越来越重要。如山东冬春季日光温室生产欧美类型茄子规模越来越大，产品销往中国大部分北方地区和部分南方地区。来自欧美类型茄子品种主要为绿萼片，黑紫色果皮，果肉紧实，耐贮运性强，货架期较长，同时耐弱光照，果实着色均匀，对光照要求不严格；生长旺盛，连续坐果能力较强。在耐贮运品种选育中，来自欧美类型茄子品种是较好的基础育种材料，可以重点加以利用。一方面，可以对杂一代品种进行分离，选择优良纯系；另一方面，可以与中国优良品种杂交，通过系谱选育创制性状优良耐贮运的育种新材料。

目前茄子品质育种中，注重较多的是外观品质，主要是由于受到地区消费习惯的制约，同时营养品质和风味品质育种相对较难。茄子品质育种的目标是可以达到的，关键是要搞好具有优良性状的原始材料的搜集和选择利用。

在育种实践中，存在着品质与产量、抗性的矛盾现象。为了克服这些矛盾，在品质育种中，可以采取大群体内的连续定向选择，选择品质好、产量和抗病性也较好的优良单株，这样的选择效果明显。同时将优质品种与丰产、抗病品种杂交、回交，然后在分离后代中选择符合育种目标的亲本系。另外，利用生物技术，将抗病、丰产基因导入优质材料中，创新优质材料。

五、不同熟性品种选育方法

（一）熟性育种的意义与目标

茄子是早春种植的主要蔬菜，培育耐低温、熟性早、产量高的新品种是当前茄子育种的主攻方向。熟性早晚是重要的育种目标性状，高纬度的东北、西北地区，无霜期短，露地种植需选育生育期短的早熟品种；南方露地种植需要耐热性强、抗病性好的中晚熟品种。保护地种植为了提早或延迟上市，争取更高的效益，需要早熟或中晚熟品种。所以，生产上需要早、中、晚熟品种配套，加上提前或延后的栽培措施，才能基本上做到均衡供应。

早熟和高产有一定的矛盾。一般情况下早熟品种会因生育期短，产量潜力低，因此对早熟性的要求要适当。早熟程度应在适应耕作栽培制度的基础上，以充分利用当地光、热资源，获得全年高产为原则，选择生育期适当的品种为宜，不要片面追求早熟。同时，必须注意早熟性和丰产性的选择，并根据早熟品种的特点采取合理的栽培措施，克服单株生产力偏低的缺点，从育种和栽培两方面入手，达到早熟和丰产的有机结合。

（二）不同熟性品种选育方法

茄子熟性是指从定植期到商品果始收期的天数。一般极早熟品种小于 40 d，早熟品种 40～50 d，中熟品种 51～70 d，晚熟品种 71～80 d，极晚熟品种大于 80 d。

1. 茄子早熟性的构成因素　影响茄子熟性早晚的直接性状有始花节位、现蕾期、初采期、单株早期采果数、单果重和果实膨大速度等，与株型、分枝习性也有间接关系。通常节间短、矮生、开花早的品种表现早熟，但不一定都有较高的早期产量。因此，熟性往往是各有关性状综合作用的结果，并受温度、光照、栽培管理等条件的制约。

2. 早熟性育种的选择方法　根据茄子熟性遗传规律，早熟育种一定要以早熟品种为亲本配制杂交组合，才能选出优良的早熟组合。

评价茄子早熟性，一般以始花节位、果实膨大速度和早期产量为依据。最直观有效的方法是多次采收计产，对早期产量进行田间直接选择，始花节位与果实膨大速度综合予以考虑。崔鸿文（1993）报道，早期产量与果实最大周长、单果重、果实体积、单株产量均呈极显著正相关，与门茄现蕾期、开花期和采收期则表现极显著负相关，故早熟性育种应选择果重型和生育期较短的品种。张仲保（1991）对 21 个品种的通径分析发现，影响茄子单株早期产量最大的因素是单果重和叶宽，理想的单株模式应是果实较重、结果多，叶片狭长、单株叶片多的品种。因此，在进行茄子早熟性选择时，应将单果重和生育期作为首选目标，叶片狭长、叶片数目多，作为亲本选择的参考。

早熟性的表示方法：

（1）早期产量　一般植株商品果实的始收期开始后的 15 d 内的产量称为早期产量，它的高低可以直接描述品种的早熟性强弱。

（2）早熟指数　指某品种早期每次采收量与对照品种相应采收量之比的总和，它能真实地反映某品种在不同年份、不同地区条件下早熟性情况。

六、高产品种选育方法

（一）产量构成因素分析

茄子产量构成性状包括单位面积株数、单株结果数、单果重等，各构成因素在产量中所占比重由品种的遗传特性决定，同时也受栽培条件的影响。

1. 单果重　是构成产量的主要因素。茄子不同品种之间单果重相差悬殊，一般来说，长茄品种果实较小，单果重 100～200 g，圆形和卵圆形品种果实较大，单果重 500～800 g，特别是中、晚熟圆茄类型品种，单果重对增加产量起着至关重要的作用。

2. 单株结果数　是影响产量的重要因素。茄子开花结果有一定规律，由门茄到对茄、四门斗、八面风，开花数目成几何基数增加，再向上生长由于分枝太多、营养竞争等原因，开花结果习性就不太规则了。对于果重型的品种（如大圆茄），四门斗以下的果实是产量构成的主要组成部分，因此，提高前期果实的坐果率，是增加产量的保证。对于果数型的品种（如长茄类），产量构成的主要部分在四门斗以后，因此，植株生长发育的进程和连续开花坐果能力对产量影响较大。

复生花序能够增加单株结果数量，在长茄品种中比较普遍。

果实发育速度在高产育种中也是一个重要的参考指标。果实发育快慢直接影响到植株后续坐果和果实发育，进而影响到产量形成。潘秀清等（1999）的研究表明，茄杂 2 号果实由开花到果重 500～600 g 采收需 15 d，比对照快圆茄缩短 6 d，早期产量和总产量均显著增加。

3. 单位面积株数　适当增加密度可以提高单位面积的产量，但过度密植，叶子相互遮蔽程度增加，严重影响坐果率和果实着色，对总产量反而不利。单位面积适宜的种植株数受品种本身的植物学特征，如株高、开展度、叶片大小等的制约，可以通过选育紧凑型植株，适度增加种植密度来获得高产。

合理株型也是高产品种的生育基础和形态特征。植株紧凑，叶片上冲，可提高光能利用率。所谓株型育种就是改善品种株型态势的育种，以提高对光能的利用率，从而提高有机物质的生产，增加产量。

（二）高产育种的技术要点

1. 明确育种目标　长期以来由于各地消费习惯及生态气候不同，茄子栽培品种形成了不同生态类型，特别是商品外观必须符合当地的消费习惯才能被接受。不同生态型的品种之间其产量水平相差很大，构成茄子丰产性的主要因素对总产量的贡献率也不尽相同。因此，茄子高产品种选育要基于不同生态类型，确定选育目标和产量水平，北方圆茄区，应该选择果重型品种；南方、东北长茄区，应该选择果数型品种。

2. 自交系选育　茄子可以利用农家品种、突变基因个体、自然杂交等材料选育自交系，也可以进行人工杂交转育，物理、化学诱变等创造新的资源。选育方法多采用株选法，早期世代按单株结果性能和其他性状进行系统间和系统内单株选择。F_3 以后根据株系间产量比较的结果和其他性状淘汰不良株系，在当选株系内单株留种。在高产育种材料的选育中，单果重具有较高的遗传力，可在早期世代进行选择，农家品种中大果型的圆茄资源比较丰富，如巨佳茄、牛心茄、九叶茄等，可以通过转育获得综合性状优良的亲本材料。茎粗是一较稳定的性状，其遗传力也较高，同时茎粗与单果重、单株结果数、单株产量、株高等呈极显著或显著的正相关，选择茎粗值大的品种，可望获得单果重大，单株结果数多，单株产量高的个体。

3. 亲本选配 茄子杂种优势普遍存在，单果重、单株结果数、前期产量、总产量都呈现较强的杂种优势。对长茄类早期产量、总产量的配合力分析表明，茄子早期产量和总产量受基因加性效应和非加性效应共同控制。田时炳等（2001）的分析还表明，茄子早期产量和坐果率基因加性效应明显大于非加性效应，早期产量的母本遗传效应大于父本，坐果率的父本遗传效应大于母本。基因非加性效应与加性效应对总产量具有同等重要的意义。当亲本相差较大时单果重和坐果数一般介于双亲中间型，超双亲现象几乎只发生在双亲相差不大的组合内，但结果数比单果重较易表现杂种优势。因此，在高产育种特别是圆茄品种中，父、母本都应具备大果型、果实发育快、结果数多、易于坐果等高产特性。

第五节 选择育种与有性杂交育种

一、选择育种

选择育种就是直接利用自然变异，从现有栽培群体中进行筛选并通过比较试验获得茄子新品种的育种途径。根据其对筛选获得优良个体的处理方法不同可分为单株选择、群体选择两种基本方法。

（一）单株选择

根据育种目标，从现有品种群体中选出一定数量的优良个体（即单株），分别采收取籽和播种，每一个个体的后代形成一个系统（株系），通过试验鉴定，去劣选优，育成新品种。这样的品种是由自然变异的1个个体（即单株）发展成为1个系统而来的，因此又称为单株选择育种或者系统育种。

单株选择是在原品种生产田或者专门为选种而种植的选种圃中进行。茄子一般分3次进行选择，第1次在开花期，根据茎、叶的颜色、形状、品种熟性和门茄着生节位等性状选择，摘除入选株已结的果实并进行标记，对“对茄”或“四门斗”花于开的当日自交授粉并套袋隔离。第2次在果实达到商品成熟期，于第1次入选株内，根据植株生长势、果实性状、结果能力、抗病性等选择果形、果色、果实大小等性状均符合原品种性状，生长健壮、无病虫害的植株继续保留。第3次在果实成熟后，于第2次入选株内淘汰长势、丰产性和抗病性较差的单株，留下的植株单株留种并编号。将严格入选的优良单株种子分小区种植成株系鉴定圃，主要对从选种圃获得的单株品系，进行初步的产量比较试验及性状的进一步评定。在性状表现的典型时期，按单株选择标准对其主要性状进行鉴定，鉴定各株系的典型性和一致性，淘汰不具有目标性状或目标性状表现不明显，与原品种群体无差异或整齐度差的株系。当选株系中及时除去少数有差异的植株，隔离授粉，混合采种。对鉴定圃中入选的品系可继续进行品种比较试验。在实际工作中为了加快育种进程，可以把鉴定圃和品种比较试验的工作合并为一个试验进行。对表现特别突出的优良品系，在较大面积上、更广泛的区域上，进行更精确、更具代表性的生产试验和多点试验，以验证适应性和丰产性并完成新品种的审定。

（二）群体选择

群体选择也叫混合选择，是从原品种群体中按育种目标的统一要求选择性状基本上相似的一批个体混合留种，所得的种子与原品种种子成对种植，进行比较鉴定，选出的群体确实比原品种优越，就可以代替原品种，作为改良品种加以繁殖和推广。群体选择主要用于地方品种和亲本的提纯复壮。在对茄子入选单株的选择方法上与单株选择相同。

二、有性杂交育种

（一）有性杂交育种的程序

有性杂交育种工作的一般程序如下：

1. 原始材料圃和亲本圃 主要的任务和工作是选出合乎育种目标的材料，并运用适当的杂交方式获得杂交 F_1 组合。

2. 选种圃 对杂交 F_1 组合进行观察并获得其自交种子，对其他世代则采用系谱法在本圃中连续选择单株，一直到选出优良的目标品系升级鉴定为止。

3. 鉴定圃 主要对从选种圃中升级的新品系，进行初步的产量比较试验及性状的进一步评定。

4. 品种比较试验 种植由鉴定圃升级的品系或者继续进行试验的优良品种。在实际工作中为了加快育种进程，可以把鉴定圃和品种比较试验的工作合并为一个试验进行。

5. 生产试验和多点试验 对表现特别突出的优良品系，在较大面积上、更广泛的区域上进行更精确、更具代表性的种植试验，以验证适应性和丰产性并完成新品种的审定。

（二）有性杂交的杂交方式

茄子有性杂交的方式主要有单交、复交、回交等方式。

在茄子育种中，单交常用于将1～2个优良性状转育到综合性状较优良的品种中去，从而创制出新的优良材料。

复交杂种的遗传基础比较复杂，其 F_1 就表现出性状分离，它能提供较多的变异类型，但性状稳定较慢，所需育种年限较长。一般综合性状较好、适应性较强，并具有一定丰产性的亲本应安排在最后一次杂交，以便使其核遗传组成在杂种中占有较大的比重，从而增强杂种后代的优良性状。

两个品种杂交后，F_1 代再和双亲之一重复杂交称回交。从回交后代中选单株再与该亲本回交，如此进行若干次，直至达到预期目的为止。它多用于改良某一品种的个别缺点和转育某一性状。

（三）有性杂交后代的处理

运用适当的杂交方式，获得杂种以后，就应按照不同世代特点，对杂种后代进行正确处理，经严格的选择、鉴定和评比，最后育成符合育种目标的新品种。杂种后代的处理方法中，应用较广的有系谱法和混合法，以及由此两者派生出来的其他方法。茄子的大多数性状均为数量性状，在杂交后代的处理中，一般在低世代时，要选择遗传力较高的性状，如果色、果形、熟性、株型等。

第六节 杂种优势育种

一、杂种优势的表现与育种程序

（一）杂种优势的表现

早在20世纪初，日本学者通过研究认为茄子杂种优势显著，它不仅在品种之间，而且在同一品种不同品系之间也存在，并通过研究认为茄子 F_1 代杂种的光合效率可提高20%。郁继华等（2003）研究表明，茄子的 F_1 代杂种的净光合速率（P_n）显著高于常规品种。茄子主要性状的杂种优势普遍存在。刘春香（2001）对茄子 F_1 代杂种的23个性状进行了研究认为其杂种优势不仅表现为生长势、株高、株幅、茎粗等性状上，而且表现在产量和果实品质等经济性状上。

茄子的主要经济性状——产量杂种优势显著，茄子产量杂种优势是亲本产量构成性状相互配合的结果，是基因累加作用的变量，是数量性状遗传现象。由于茄子花器较大，易于去雄和授粉，单果种子多，制种成本较低等原因，茄子一代杂种有较好应用价值。目前国外茄子生产用种 79％为 F_1 代杂种。中国茄子杂种优势利用研究起步于 20 世纪 50 年代，江苏省农业科学院蔬菜研究所等育成了苏州牛角×徐州长茄的一代杂种用于生产。自 80 年代以来，全国不少地方均选育出了适合当地的 F_1 代杂交品种。这些新品种应用于生产，对茄子的早熟、丰产、延长供应期等起到了积极的作用，促进了茄子生产的发展。目前杂种优势利用已成为茄子新品种选育的最重要的育种方法。

（二）优势育种程序

首先是根据生产和消费习惯的需要确定明确的育种目标，然后依据茄子主要性状的遗传规律及在杂种一代的遗传表现，对要实现这些目标进行分析，获得主要目标性状；其次广泛搜集品种资源并进行鉴定，获得具有目标性状的品种材料。中国茄子品种资源十分丰富，类型繁多，通过对地方品种的优选以及引入品种的分离纯化、有性杂交选育等可获得多种类型的自交系。然后利用目标自交系进行杂交组合的选配与配合力测定，再经过观察比较试验、多点试验、区域试验和生产试验，表现优良者即可在生产上推广应用。

二、目标自交系的选育与利用

（一）目标自交系的选育

自交系就是经过多年、多代连续的人工强制自交和单株选择所形成的、基因型纯合、性状整齐一致的自交后代，它主要为杂交制种提供亲本。对自交系的基本要求是：基因型纯合，表型整齐一致；具有较高的一般配合力；具有较优良的农艺性状。

根据已确定的育种目标以及茄子主要性状的遗传规律，就可以确定需要具有哪些主要目标性状的自交系了。然后对搜集到的大量原始材料进行鉴定筛选以获得具有主要目标性状的原始材料。原始材料可以是地方品种、推广品种，也可以是各类杂交种或人工合成群体。从各种原始材料中选育自交系的主要方法是选择育种与有性杂交育种，就是连续多代自交并结合目标性状和综合农艺性状的选择和配合力测定。即在选育过程中形成系谱，对系谱进行鉴定筛选和配合力测定试验相结合，最终育成符合要求的自交系。计算机模拟研究指出，系谱选择对遗传力高的性状是最有效的，单子传代法对于遗传力低的性状是有利的，因为它能保持较广泛的遗传基础进入高世代。因此，在早代（F_2 或 F_3）对遗传力高的性状进行系谱选择，接着对来自单子传代法的 F_6 或 F_7 代遗传力低的性状进行选择。能综合两种方法的优点，可以提高育种效率。

（二）自交系配合力的测定

测定配合力是自交系选育中一个不可缺少的重要程序。配合力是自交系的一种内在属性，受多种基因效应支配，农艺性状好的自交系不一定就有高的配合力。只有配合力高的自交系才能产生强优势的杂交种。它不是由自交系自身的性状表现出来的，而是通过由自交系组配的杂交种的产量等平均值估算出来的。在自交系的选育过程中不仅要对自交系的农艺性状进行直观选择，还必须测定自交系的配合力，以选育出农艺性状优良、配合力又高的自交系作为杂交亲本。

配合力由一般配合力和特殊配合力构成。一般配合力是指一个被测自交系和其他自交系配组的一系列杂交组合的产量（或其他数量性状）的平均表现，它是由基因的加性效应决定的。一般配合力的高低是由自交系所含的有利基因位点的多少决定的，一个自交系所含的有利基因位点越多，其一般配合力越高，否则，一般配合力越低。特殊配合力是由基因的非加性效应决定，是受基因间的显性、超显性和上位性效应所控制，只能在特定的组合中由双亲的等位基因间和非等位基因间的互作而反映出来。

大多数高产的杂交组合的两个亲本系都具有较高的一般配合力，双亲间又具有较高的特殊配合力；大多数低产的杂交组合的双亲或双亲之一是低配合力的，在这种情况下，即使具有较高的特殊配合力，也很少出现高产的杂交组合。因此，选育高配合力的自交系是产生强优势杂交种的基础。必须在高一般配合力的基础上再筛选高特殊配合力，才可能获得最优良的杂交组合。

茄子的大多数性状为数量性状，采用早代乃至中代测定意义不大，一般应在 S_5～S_6 代时测定自交系的配合力。一般采用多系测交法和双列杂交法。多系测交法是选用几个优系或骨干系作测验种与一系列被测的目标自交系测交，它是一种测定配合力和选择优良杂交种相结合的方法，选出的优良杂交种可作为商品杂交种投入生产利用。双列杂交法是用一组待测自交系相互杂交，配成可能的杂交组合，进行测定。一般用于在已精选出少数较优良的自交系后，进一步确定最优良的亲本自交系和最优良的杂交组合。

三、雄性不育系和恢复系的选育与应用

茄子杂交一代种已在生产上广泛应用，但杂交种种子仍靠人工去雄、授粉的方法获得。为简化制种程序、提高种子纯度、降低制种成本，国内外一些学者开展了茄子雄不育利用研究，但目前尚无雄性不育系在茄子育种上成功利用的报道。茄子由于花器较大，易于去雄和授粉，单果种子多，制种成本较低等原因，不少人认为茄子雄性不育系利用的应用价值不及其他作物。但茄子雄性不育在提高一代杂种种子的纯度、新品种的保护以及与其他的性状配合改良一些特殊的性状等方面仍有研究和应用价值。

（一）茄子雄性不育系的类型

到目前为止，已有多个茄子雄性不育基因的报道（表 24－10）。Jasmin（1954）和 Nuttall（1963）曾先后报道了来自栽培品种 Blackle 自然突变的、由 1 对隐性基因控制的功能雄性不育突变体。Rangasam（1974）报道，在茄子与刺天茄（*S. indicum*）种间杂种后代中分离出了花药瓣化状的雄性不育类型。美国学者 Phatak（1989 年）报道育成了茄子功能性雄性不育系。方木壬等（1985）用非洲茄（*Solanum gilo* RADDI）作为细胞质供体亲本，栽培茄子品种作为轮回回交父本，通过种间杂交及连续 3 代的置换回交和选择，获得了两个茄子异质雄性不育系。郭丽娟等（2004）利用赤茄（*S. integrifolium*）和栽培品种远缘杂交，经选育获得了圆茄雄性不育系和长茄雄性不育系。

表 24－10　已发布的茄子雄性不育系

文献时间	不育类型及表现	来　源	发表者
1954	核不育类型 1 对隐性基因控制 花药不开裂	栽培品种 Blackle 自然突变	Jasmin
1963	核不育类型 1 对隐性基因控制 花药不开裂	栽培品种 Blackle 自然突变	Nuttall
1974	核不育类型 花药瓣化状不育	茄子与刺天茄（*S. indicum*）种间杂种后代中分离获得	Rangasam
1985	CMS 类型 花药退化	细胞质来源：非洲茄（*Solanum gilo* RADDI） 转育方式：回交 轮回父本：多个栽培品种	方木壬

（续）

文献时间	不育类型及表现	来　源	发表者
1989	核不育类型 1 对隐性基因控制的功能雄性不育	栽培品种自然突变	Phatak
2002	CMS 类型 花药不能开裂	细胞质来源：印度茄（*Solanum violaceum*） 转育方式：回交 轮回父本：Uttara（*S. melongena* L.）	Shiro Isshiki
2004	CMS 类型	细胞质来源：赤茄（*Solanum integrifolium*） 转育方式：回交 轮回父本：栽培品种	郭丽娟

（二）隐性核基因雄性不育系的选育

美国学者 Phatak（1989）报道育成了茄子功能性雄性不育系。刘进生等（1992）对选出的功能雄性不育系进行了研究，此雄性不育性归因于花药顶部花粉孔不能开裂，而花粉是正常可育的，对其遗传性研究表明茄子功能性雄性不育由单隐性基因控制，并与果皮黑紫色基因紧密连锁。田时炳（2001）等从刘进生处引进了茄子功能性雄性不育系材料 UGA1－MS，以不育源 UGA1－MS 为亲本，与优良茄子亲本材料进行杂交，采用回交与系谱选择相结合的方法转育获得一批稳定的不育系 F16－5－8、F13－1－7、F 12－1－1等。其农艺性状优良、稳定、整齐度高、配合力强，不育株率都在 98%以上，不育度分别为 99.6%、97.6%、99.5%，并筛选出配合力强、性状整齐、可供利用的 66－3、D－28、110－2 等 3 个强恢复系，其平均恢复度为 90.35%、92.95%、91.85%，实现了不育系与恢复系的配套，并利用茄子功能性不育系与恢复系配制大量组合，经观察比较表明组合杂种优势显著，增产潜力大。

（三）胞质雄性不育系的选育

在茄子胞质雄性不育系的选育方面方木壬等（1985）成功选育出了两个胞质型雄性不育系。其具体选育方法是用非洲茄（*Solanum gilo* RADDI）作为细胞质供体亲本，茄子栽培地方品种南昌洋红茄、平饶青茄、东莞红茄等作为轮回回交父本，配制杂交组合，经过 3 代的回交和选择，获得两个雄性不育性稳定而经济性状接近于轮回父本的异质雄性不育系，即 9334A 和 2518A。9334A 是一个花药瓣化型的雄性不育系，植株生长正常，每花序有 1～3 朵花，花紫色，花冠直径 3.7 cm 左右，全部花药都变成花瓣状，像一朵重瓣花。花柱与子房发育正常，有正常接受花粉的能力。人工授粉结果率可达 91.2%。果实长形，单果重 150 g 左右，商品成熟果紫红色，生理成熟果为浅黄色，种子发育正常。2518A 来自非洲茄×南昌洋红茄 F_2 代的 BC_3 的选择系统，是一个花药退化型的雄性不育系。植株生长正常，每花序有 1～4 朵花，花紫色，花冠直径 3.7 cm，比正常花偏小，花药内没有花粉或仅有少量败育花粉。花柱细长，但有正常接受花粉的能力，人工授粉结果率可达 85.7%。果实长形，单果重 92.5 g 左右。商品成熟果浅紫色，生理成熟果为浅黄色，种子发育正常。经田间栽培观察，上述两个茄子雄性不育系不育性稳定，在不同季节均能保持 100%的不育率和不育度。用 22 个茄子品种分别与两个不育系测交，结果是 44 个测交后代均为雄性不育株。因此，9334A 和 2518A 两个茄子异质雄性不育系不是核质型，而是属于胞质型遗传，试验未能找到有恢复能力的系统。

此外，郭丽娟等（2004）利用赤茄（*Solanum integrifolium*）和栽培品种远缘杂交，经选育获得了圆茄雄性不育系 RA 及相应保持系 RB，长茄雄性不育系 LA 及保持系 LB（不育系回交 6 代，保持系自交 6 代，性状稳定）。对其恢复系统未作进一步的报道。

四、优良杂交组合的选配与一代杂种的选育

（一）杂交组合选配的原则

大量研究表明茄子多数性状为数量性状。关于茄子主要性状及在杂种一代的遗传表现，张汉卿（1979）、曹八先（1982）等都做了较多研究，认为茄子一代杂种的生长速度一般都比双亲快，生长势趋向强的亲本，果色遗传一般表现为双亲的中间色，有的是接近亲本之一的果色，果形一般表现为双亲的中间型。

亲本选配是茄子杂交育种成败的关键。关于双亲遗传差异对杂交种的影响，易金鑫等（1997）研究认为用遗传距离确定的亲本选配原则在茄子育种上是适用的，对亲本选配具有指导意义。井立军等（1999）认为，遗传距离与杂种优势、杂种性状间的关系较复杂，直线相关、曲线相关和不相关 3 种关系都存在，完全用遗传距离代替传统方法对亲本进行选择选配是不太现实的。由于在茄子一代杂种选育中存在着较强的品种类型问题，只有在商品果实符合相应的消费习惯下的产量才有价值。因此，在茄子杂交组合选配中除遵循组合选配的一般原则之外，可根据育种目标的要求和主要性状的遗传动态，并着重注意以下几个方面：①选配早熟丰产的茄子杂交组合，双亲最好都是早熟自交系，且最好一个亲本为较突出的果数型，另一个亲本为果重型；②选配中晚熟、丰产的杂交组合，双亲最好都是抗病、丰产、品质较好的自交系，而在果形或株型上有一定差异为好；③果形、果皮颜色是茄子的重要品质性状，应遵循其遗传规律；④具有较多优良性状的自交系做母本。

（二）区域性试验和生产示范

对根据育种目标的要求和主要性状的遗传动态选配的杂交组合，以当地主栽品种为对照，按单行或双行种植，每小区种 10～20 株，进行观察鉴定试验。淘汰较差的组合，对表现较好的组合进行重点分析。根据植株生长势、整齐度、抗性、熟性、产量、果实颜色、果实大小及形状、商品果的整齐度等进行观察对比，筛选出符合育种目标要求的较优组合。此项工作可以与配合力测定相结合进行。

经鉴定与筛选出的一个或数个较优良的杂交组合，还必须进行品种比较试验、区域试验和生产试验，根据其各方面的表现确定是否有推广价值，以及适合推广的区域。其衡量的标准就是对照品种，一般而言产量比对照增产 10%以上，或产量相当、有 1～2 个主要经济性状显著优于对照，均可认定该品种有推广价值。在考虑推广之前，应在规划推广的区域尽可能多找几个点进行试验种植，以保证新组合有广泛的适应性和在不同季节有一致的表现。表现优良者即可进行品种审定或认定、鉴定，在生产上推广应用。

优良新组合应同时研究其配套制种技术和栽培技术。制种方法简单，制种产量高，种子生产成本才可能较低，才有竞争力。只有良种与良法相结合，才能发挥其应有的优势。

（三）育成品种选育过程实例

1. 春秋长茄选育（重庆市农业科学院蔬菜花卉研究所选育的杂种一代品种）

育种目标：近年来茄子生产呈现出早熟栽培稳步发展，中晚熟、长采收期栽培发展迅猛的趋势。针对重庆、四川、贵州等以黑紫色长棒茄为主的地区，开展中熟、采收期长、高产、商品性好的黑紫色杂种一代长茄新品种选育。

母本：110－2，从重庆茄子地方品种化龙长茄经多代自交纯化选育出的高代品系。其植株长势旺，直立性较好，果实明显较大、较重，熟性较晚。

父本：D－7－1，1990 年从引进日本早熟黑紫色茄子品种黑锦 2 号中分离，经 7 代自交纯化获得的高代品系。其熟性极早，果黑紫色、长棒状，配合力强，具有单性结实性能。

1990年春F_1　　黑锦2号(杂一代品种) 65
↓ 混选留种(黑紫色、棒状、中熟)
1991年春F_2　　65F_2株选 ⟶ 65-1、65-25…
↓ 株选(目标性状：早熟、黑紫色、长棒状)
1992年春F_3　　65-25-9…
↓ 株选(目标性状：早熟、黑紫色、长棒状、株型紧凑)
1994年春F_4　　65-25-9-4…
↓ 株选(目标性状：早熟、黑紫色、长棒状、株型紧凑)
1994年冬云南元江F_5　　65-25-9-4-1…
↓ 株选(目标性状：早熟、黑紫色、长棒状、株型紧凑)
1995年春F_6　　65-25-9-4-1-3(D-7)…
↓ 单株混合留种(目标性状：早熟、黑紫色、长棒状、株型紧凑)
1996年春F_7　　65-25-9-4-1-3-1(D-7-1)

图 24-1　春秋长茄父本 D-7-1 选育过程

组合配制和筛选：1999 年根据育种目标和茄子性状遗传规律，利用不同熟性、黑紫色长茄品系配制了 128 个组合。

2000—2001 年开展观察、品比试验和多点试验，从中筛选鉴定出早中熟组合 B-37，其株型、果形、商品性、产量明显优于对照六月茄和渝早茄 1 号。

区域性试验及示范推广：2002—2003 年参加在万州区、涪陵区、巴南区和九龙坡区进行的区域性试验，在各点 B-37 都表现突出。2004 年后，与重庆科光种苗有限公司一起在全国各地进行示范推广。后经重庆市农作物品种审定委员会审定，定名为春秋长茄。

2. 园杂 5 号的选育（中国农业科学院蔬菜花卉研究所选育的早熟圆茄杂种一代品种）

育种目标：针对华北地区居民喜食圆茄的消费习惯，以抗逆、优质、早熟为目标，选育圆茄早熟新品种。

母本 0465：为北京地方品种老来黑经多代自交选育而成的自交系。植株直立，生长势强，首花节位着生于主茎第 9～10 节。果实圆形，果皮黑紫色，萼片及果柄为深紫色，果肉浅绿白色，晚熟，耐热性较强。

父本 0429：为北京地方品种五叶茄经多代自交选育而成的自交系。植株半开展，首花节位着生于主茎第 6～7 节。果实扁圆形，商品果果皮黑紫色、有光泽，果肉绿白色，果脐小，果实纵径 9.0 cm，果实横径 10.5 cm，单果质量 300～400 g。早熟，耐低温，低温下具有单性结实特性，苗期人工接种鉴定抗枯萎病。

2004 年配制杂交组合，2005—2008 年进行配合力测定及品种比较试验，露地平均产量为 59 218.9 kg/hm^2，比对照品种园杂 2 号增产 2.3%，早春日光温室平均产量为 57 889.1 kg/hm^2，比对照品种园杂 2 号增产 13.5%。2007—2009 年在北京、河北、天津、山东进行多点区域试验和生产示范，表现早熟，低温下结实能力强，肉质细腻，品质优良。2008—2009 年参加山西省组织的区域试验，比对照新短把黑表现增产，平均产量为 58 460 kg/hm^2，平均增产幅度为 4.0 %，最大增产幅度为 21.5%。2010 年 5 月通过山西省农作物品种审定委员会审定。

园杂 5 号门茄着生于主茎第 6～7 节，果实扁圆形，纵径 8～11 cm，横径 11～13 cm，商品果果皮黑紫色、有光泽，萼片及果柄为深紫色，果肉浅绿白色，肉质细腻，味甜，每 100 g 果肉维生素 C 含量为 2.3 mg，干物质含量为 6.35%，可溶性糖为 2.91%，粗蛋白为 0.79%，商品性好。中早熟，耐低温，耐枯萎病。适宜华北、西北地区早春日光温室、塑料大棚和春露地栽培。

年份	母本♀	父本♂
	北京老来黑	北京五叶茄
	↓株选	↓株选
2000	64-1，-2（入选2株）	65-1，-2，-5，-7，-8(入选5株)
	↓株选	↓株选
2001	32-1，-2，-3，-4，-5(入选2号株系选5株)	35-3，-8，-10，-14，-16(入选7号株系选5株)
	↓株选	↓株选
2002	38-1，-2，-3，-4(入选5号株系选4株)	150-3，-7，-8，-12（入选14号株系选4株)
	↓株选	↓株选
2003	68-1，-2(入选2号株系选2株)	34-6，-10，-11（入选12号株系选3株)
	↓系选	↓系选
2004	0465(2号株系混选采种，♀)	0429(入选6号株系混选采种，♂)
2005	F_1(配合力测定及初步评价)	
2006	F_1(露地品种比较)	
2007	F_1(露地、春日光温室品种比较)	
2008	F_1（露地、春日光温室品种比较，区域试验和生产示范)	
2009	区域试验、生产示范	

图 24-2 园杂 5 号选育过程

第七节 生物技术育种

一、细胞工程育种

（一）原生质体培养及体细胞杂交

原生质体培养技术在茄子育种实践中主要用于获得种间体细胞杂种，克服远缘杂交不育，利用近缘野生种中抗（逆）病性状创制育种新资源。

1. 原生质体培养

（1）外植体选择 Takeshi（1987）以菲律宾栽培种茄子 Dingaras multiple purple 下胚轴，李耿光等（1988）以广州郊区农家品种远景茄子叶，许勇（1990）以茄子近缘野生种粘毛茄（*S. siymbrifolium*）子叶，连勇（2001）以茄子试管苗叶片为材料，通过游离原生质体获得了原生质体培养再生植株。

（2）原生质体游离 下胚轴用0.067%的纤维素酶（Cellulase Onzuka R-10 日本）和0.33%的果胶酶（Mecerozyme 日本），1/2 浓度的无机盐和维生素的 MS 培养基（其中 NH_4NO_3 浓度为 200 g/L），蔗糖浓度1%的混合液，25 ℃保温处理 16 h，手轻轻摇动容器，释放原生质体；子叶用 1.5%的纤维素酶（Onozuka R-10）、0.4%的半纤维素酶（Hemicellulase Rhozyme）和 0.4%的果胶酶（Pectinase），3 mmol/L $CaH_4(PO_4)_2 \cdot H_2O$ 和 0.55 mol/L 山梨糖，将酶液与原生质体培养基按 1∶1 比例的混合液（pH 5.7），25 ℃黑暗静止处理 5～6 h 获得原生质体；近缘野生种粘毛茄子叶用 1.5%的纤维素酶（Onzuka R－10）、0.5%的半纤维素酶（Sigma 试剂）、0.25%的果胶酶（Pectinase）和 0.25%的崩溃酶（Driselase），0.7 mmol/L KH_2PO_4，7 mmol/L $CaCl_2 \cdot H_2O$，3 mmol/L 甘露醇，将酶液与原生质体培养基按 1∶1 比例的混合液（pH 5.7），25 ℃黑暗静止酶解 6 h，每克子叶可获得 3×10^6～4×10^6 个原生质体。

（3）*原生质体培养*　以 10^4～10^5 个/mL 原生质体培养密度黑暗培养，6～8 周后诱导出可见小愈伤组织颗粒，愈伤组织在 MS+2 mg/L Kt+0.05 mg/L NAA+2%蔗糖的固体培养基中培养，1 个月后分化出芽，芽生长至 3～4 cm 高，转接在 MS＋0.1 mg/L IAA+1%活性炭+2%蔗糖的培养基上，1 周后可长出根，继而形成完整植株。茄子原生质体培养常用的基本培养基有 MS、NT、DPD 和 KM 培养基等，KM 对原生质体的分裂活性较高，目前在这 4 种培养基中应用效果最好。植株再生培养基以 MS 附加植物生长调节剂 2 mg/L ZT 与 0.1 mg/L IAA 的效果较好。

2. 原生质体融合　最早进行茄子原生质体融合体细胞杂交试验的是 S. Gleddie（1986），通过原生质体化学融合（PEG）方法，获得了栽培种茄子与蒜芥茄（*S. sisymbriifolium*）体细胞融合的 26 个非整倍体体细胞杂种再生株，杂种株经检测对根结线虫具高度的抗性，也具有抗螨的潜能。连勇等（2001）应用 Sihachakr 等（1994）报道的原生质体电融合技术，获得了北京茄子地方品种七叶茄与水茄（*S. torvum*）种间杂交的体细胞杂种植株，并通过游离小孢子培养技术获得二倍体体细胞杂种再生植株。关于应用原生质体融合技术进行茄子属间体细胞杂交研究，已有许多获得成功的报道（表 24－11）。

表 24－11　茄子体细胞杂交研究概况

（C. Collonnier et al.，2001）

融合亲本	融合类型	结　果	报道者
S. melongena（Black Beauty）×*S. siymbrifolium*	PEG	抗线虫和螨类	Gleddie et al.，1986
S. melongena（Dourge）×*S. khasianum*	电融合	抗 *Leucinodes orbonalis*（没检测）	Sihachakr et al.，1988
Black beauty×*S. torvum*	PEG		Guri et al.，1988
Black beauty×*S. nigrum*	PEG	抗黄萎病，部分抗螨类	Guri et al.，1988
Dourge×*S. torvum*	电融合	具龙葵 ct－DNA，抗阿特拉津	Sihachakr et al.，1989
Dourge×*S. nigrum*	电融合	抗黄萎病，抗线虫	Sihachakr et al.，1989
S. melongena（Shironasu）×*Nicotiana tabacum*	PEG	抗阿特拉津	Toki et al.，1990
S. melongena×*Lycopersicon* spp.	PEG	获得种间杂种植株	Guri et al.，1991
Dourge×*S. aethiopicum* gr. aculeatum	电融合	获得种间杂种植株	Daunay et al.，1993
S. melongena×*S. sanitwongsei*		抗青枯病	Asao et al.，1994
Dourge×*S. aethiopicum* gr. aculeatum	PEG		
Black beauty×（*L. esculentum*×*L. pennellii*）	电融合	抗 *Fusarium wilt*	Rotino et al.，1995
Dourge×*S. torvum*	X 射线、PEG	非对称属间杂种，抗卡那霉素	Liu et al.，1995
	γ 射线、PEG	非对称杂种，抗黄萎病	Jarl et al.，1999

原生质体电融合技术：用含有 CPW 无机盐、甘露醇 9.1 %、纤维素酶 RS 0.5%、果胶酶 0.5% 和 EMS 0.05%的消化酶液，从试管苗叶子上游离融合双亲原生质；纯化后的两亲本原生质按 1∶1 的比例混合，将可移动的多电极板放入装有两亲本原生质混合液的培养皿中，利用 230 V/cm、1 MHz的交流电 15 s 使原生质排列，1.2 kV/cm 的直流电 1～3 个脉冲电击使原生质体融合。融合后的原生质体在含有聚乙二醇（PEG）250 mg/L、2,4－D 0.2 mg/L、玉米素 0.5 mg/L、α－萘乙酸（NAA）1 mg/L、葡萄糖 6.5 %的 KM 培养基中，27 ℃黑暗静止培养。形成愈伤颗粒后转移到含有蔗糖 2%、玉米素 2 mg/L、吲哚乙酸（IAA）0.1 mg/L 和琼脂 7 g/L 的 MS 再生培养基上，25 ℃、2 000 lx/16 h培养，获得体细胞杂种再生植株。

体细胞融合的杂种细胞筛选：再生植株染色体倍性检测采用铁矾-苏木精染色法，植株杂合性检测一般采用物理或化学特性的差异来辨别和筛选，常用温室栽培植株形态观察，DAPI、IFTC 双亲染色荧光显微观察等方法。分子生物学鉴定有 Southern 印迹杂交（包括核 DNA、叶绿体 DNA 及线粒体 DNA）、RFLP、RAPD 以及叶绿体微卫星等方法。

（二）花药及游离小孢子培养

通过花药培养或小孢子培养可以获得茄子单倍体植株，为育种工作者很快地从杂合体中获得纯合品系提供一条重要捷径。王纪方等（1975）、黑龙江省园艺研究所（1977）先后报道了用花药培养的方法获得栽培种茄子单倍体再生植株，并育成了 B-18、龙单 1 号等茄子新品系。顾淑荣（1979）、Kazumitsu Miyoshi（1996）用直接游离小孢子培养的方法经愈伤组织获得再生植株，连勇等（2001）用直接游离小孢子培养的方法经愈伤组织和小孢子胚途径得到四倍体杂种植株小孢子的再生植株。

小孢子发育时期是茄子花药培养或小孢子培养成功与否的关键，研究表明用于小孢子离体培养最适时期为单核中晚期，花粉小孢子发育处于单核中期时最易脱分化形成愈伤组织。高温热激处理与蔗糖饥饿处理有利于小孢子脱分化，对小孢子愈伤组织的形成有利。在茄子的花药和小孢子培养中，36 ℃、8 d 的暗培养热激处理，能提高小孢子脱分化和植株再生频率。

茄子花药培养获得愈伤组织的形成与 2,4-D 和 Kt 的浓度配比有关，花药愈伤组织的诱导率在一定范围内与 2,4-D 的浓度成正比，诱导花药形成愈伤组织的 2,4-D 适宜浓度为 0.25～0.5 mg/L，Kt 的最适浓度为 1 mg/L，花药愈伤组织形成频率受供体植株基因型、供体植株栽培环境、诱导培养基以及培养条件（光照、温度等）等的影响。在有 2,4-D 参与的 KM 培养基上，小孢子愈伤诱导率较高，达 20～65 个愈伤/花药，但愈伤组织成苗率低，只有 0.1%～2%的愈伤组织能得到不定芽分化。这是目前限制小孢子培养在育种实践上应用的一个关键障碍。

培养基中的糖类、植物激素、添加物等对小孢子培养的结果有影响。茄子小孢子培养所要求的蔗糖浓度较低，一般为 2%～4%。对于植物生长调节剂的作用，一般认为低浓度的生长素类物质可提高胚状体的诱导频率，而高浓度则易产生愈伤组织和使细胞倍性复杂化。在培养基中添加活性炭，对于小孢子培养是有益的，能提高小孢子胚的诱导率，因为它能够吸附培养基中的抑制物质以及琼脂中的杂质。

茄子小孢子离体培养的技术流程如下：

1. 材料的采集和选择 一般选盛花期（对茄、四门斗）的花蕾，通过镜检观察小孢子的发育时期。选取单核中期和靠边期的小孢子，对应的花蕾外部特征为花冠低于花萼 1～2 mm 至花冠高于花萼 1～2 mm，萼片即将开裂前后，花药一般为黄绿色。

2. 花药的预培养 花蕾表面消毒，剥取花药接种于培养基，黑暗、36 ℃热激处理 6 d。培养基：MS+0.2 mg/L 2,4-D+1 mg/L Kt+8 mg/L 维生素 C+3%蔗糖+7 g/L 琼脂，pH 为 5.8。

3. 小孢子的游离 用无菌的手术刀切开花药并挤压，以使小孢子从花药中游离到洗涤培养液中，用 MS+2%～3%蔗糖（pH 5.5～7）洗涤培养基漂洗 3 次，200 目尼龙筛网过滤，收集滤液，用 500 r/min离心 4 min 回收小孢子。

4. 小孢子的培养 回收后的小孢子用液体培养基稀释至 2×10^5～4×10^5 个/mL，在 25～28 ℃下，进行静止浅层暗培养至愈伤组织出现，15～20 d 后换 1 次新鲜的液体培养基，20～30 d 后会陆续出现愈伤组织。愈伤组织出现后移至光照强度 1 500～2 000 lx、光照 12～16 h/d 下培养。培养基：KM+0.2 mg/L 2,4-D+1.0 mg/L Kt+1 mg/L BA+5%～7%葡萄糖。

5. 愈伤组织的再生 愈伤组织块径长到 2～6 mm 时，转至固体再生培养基，15～20 d 继代 1 次，30～45 d 开始分化出芽点。再生培养基：MS+0.01 mg/L NAA+2.0 mg/L 6-BA+2%蔗糖+5 g/L 琼脂。

6. 植株再生　当芽点长到1～3 cm时转到生根培养基获得再生植株。生根培养基：1/2 MS+0.2 mg/L IBA+5 g/L琼脂。

二、分子育种

（一）分子标记辅助育种

在茄子育种实践中主要应用RAPD（随机扩增多态DNA）、AFLP（PCR法扩增片段长度多态性）、SSR（简单重复序列）、SRAP（相关序列扩增多态性）和ISSR（微卫星DNA）等现代分子标记技术，寻找与重要生物学、农艺学性状目标基因紧密连锁的分子标记，进行种质资源遗传多样性分析、构建分子遗传连锁图谱及重要目标基因和QTL（数量性状基因座）定位，为分子标记辅助目标育种材料筛选及杂种纯度鉴定等提供技术支撑。

1. 分子标记筛选

（1）RAPD标记　李海涛等（2002）、朱华武等（2005）以高抗、感青枯病材料筛选与抗性连锁的分子标记，其中朱华武等获得的标记（引物序列CAGAGCGGA）与供试材料抗病基因的交换值为4.32%，遗传距离为4.33 cM。赵福宽等（2003）以茄子品系E-9903花药低温胁迫培养获得的抗冷细胞变异体，向春阳等（2003）以龙杂茄2号等杂种一代品种亲本，任春晓等（2009）以空间诱变育成的航茄5号为材料，筛选获得了RAPD特异扩增条带，用于相关育种材料筛选及品种纯度鉴定。

（2）AFLP标记　以高抗、感青枯病材料，李猛等（2006）获得标记与抗性基因间的交换值为4.56%，遗传距离为4.9 cM；孙保娟等（2008）获得的标记E13M10150、E16M5240与目标基因间的遗传距离分别为10.14 cM和7.56 cM。廖毅等（2009）以不同果皮颜色的茄子及近缘种为材料，筛选到与茄子紫红、紫黑果色相关的共显性标记E10M19-1和E10M19-2，并转化成为SCAR标记。刘富中等（2008）以茄子单性结实自交系D-10和非单性结实自交系03-2为试验材料，筛选获得茄子单性结实基因标记E75/M53-70，遗传图距为15.38 cM。

（3）SSR标记　何娟娟等（2010）以卫星搭载的3个茄子高代自交系为材料，分析了茄子航天诱变后代的变异及其SSR多态性。杨洋等（2012）以茄子热胁迫植株为材料，筛选到茄子热胁迫相关的SSR多态性候选位点。王利英等（2012）、张敏等（2013）、刘军等（2013）先后在育成杂交一代新品种亲本中筛选出双亲本间差异互补的条带，进行纯度鉴定，鉴定结果与田间检测结果一致。

（4）SRAP和ISSR标记　吴雪霞等（2012）对14份耐盐茄子种质资源的遗传多样性进行研究结果表明，2种标记均能揭示材料间较高的遗传多样性，其中ISSR标记多态性略高于SRAP标记。

2. 种质资源鉴定及遗传多样性分析　遗传多样性研究有助于种质资源的鉴定保存、蔬菜起源和进化的深入研究以及杂交亲本的选择。封林林等（2002）、王秋锦等（2007）及陈杰等（2008）先后用RAPD分子标记的方法，对供试茄子资源材料进行遗传多样性分析，分别将供试材料聚类为4个、2个和3个主要类群，并从分子水平上支持了以果形作为茄子品种分类指标的观点。孙源文等（2012）用105对茄子SSR引物对34份茄子高代材料进行遗传多样性分析，将供试材料归为两大类4个亚类，与果实性状聚类分析结果基本一致。毛伟海等（2006）、肖熙鸥等（2012）用ISSR标记进行遗传多样性分析，将供试材料分别聚类为6个和5个主要类群。房超等（2011）和何倚剑（2013）应用SRAP分子标记技术对茄子及其近缘野生种进行了遗传多样性分析，将供试材料分别聚类为4个和6个主要类群，可以较好地将茄子栽培种与其近缘野生种分开，并且基本可将高级栽培种（*S. melongena* L. subsp. *melongena*）和原始栽培种（*S. melongena* L. subsp. *ovigerum* Salis）在亚种水平上区分开。

3. 分子遗传连锁图谱构建及重要目标基因定位　分子遗传连锁图谱构建对基因分析具有重要的意义，并可为重要性状的基因定位、克隆及分子育种提供理论和技术支撑。Nunome等（2001）以育种品系 EPL-1×WCGR112-8 的 168 个 F_2 群体为作图群体，构建了一张茄子果实形状与颜色的分子标记图谱，包括 19 个连锁群，总长 807 cM，平均距离在 4.9 cM，共包含 88 个 RAPD 标记和 93 个 AFLP 标记，定位了茄子果实形状和颜色的 QTL。Nunome 等（2009）以相同的群体构建了一张包含 236 个 SSR 标记。这些位点包括 14 个连锁群，总长 959.1 cM，平均距离在 4.3 cM。Doganlar 等（2002）根据番茄的 cDNA、基因组 DNA 和 EST 标记，构建了茄子的比较分子遗传连锁图谱，这个图谱包括 12 个连锁群，总图距 1 480 cM，含 233 个标记。Sunseri 等（2003）以 Duia 与 *Solanum sodorieum* L. 的 F_2 代为群体，构建了茄子抗黄萎病的性状分子遗传连锁图谱，包括 117 个 RAPD 标记、156 个 AFLP 标记，共 13 个连锁群，全长 736 cM。曹必好等（2006）以茄子自交系 E-31、E-32 杂交得到的 94 株 F_2 群体构建了一张 RAPD 连锁图谱，该图谱包括 12 个连锁群，总长度 651.2 cM，包含 77 个标记，平均距离为 8.57 cM。乔军等（2012）以圆茄高代自交系 106 和长茄高代自交系 113 为亲本，利用其 F_2 群体构建了一张包括 23 个 SSR 标记和 85 个 AFLP 标记，共 15 个连锁群的复合遗传图谱，长度 1 007.9 cM，平均图距 9.3 cM，定位到与果形指数相关的 2 个 QTL，位于第 1 和第 12 连锁群上，表型贡献率分别为 20.8%和 41.5%；与果长相关的 5 个 QTL，位于第 1、8、11、12、14 连锁群上，表型贡献率分别为 16.5%、36.8%、9.8%、45.0%和 41.9%；与果径相关的 2 个 QTL，位于第 1 和第 5 连锁群上，表型贡献率分别为 16.2%和 15.8%。

（二）基因工程育种

基因工程育种技术在茄子育种实践中主要应用 RT-PCR（reverse transcription-polymerase chain reaction，逆转录-聚合酶链反应）、RACE（rapid-amplification of cDNA ends，通过 PCR 进行 cDNA 末端快速克隆技术）及同源序列克隆技术克隆外源目的基因，通过茄子遗传转化体系及其他外源基因导入技术创制育种新材料。

1. 重要性状相关基因克隆

（1）抗病相关基因克隆　史仁玖等（2006）、王忠等（2010）、谢超等（2012）、叶雪凌等（2013）及刘炎霖等（2015）先后从受黄萎病菌诱导的茄子近缘野生种托鲁巴姆（*Solanum torvum* Swartz）中克隆到茄子黄萎病菌相关基因 *StoVel*（GenBank 登录号：DQ020574）、*StDAHP*（GenBank 登录号：GU479467）、谢超等（2012），从野生茄子托鲁巴姆中克隆非特异性脂质转移蛋白基因 *StLTPa7*、*StLEA1*、*StINH1* 及 *StUBCc*（GenBank 登录号：KP330492），这些基因在托鲁巴姆受黄萎病菌侵染后在根系中呈上调或下调表达，表明这些基因在侵染初期可能参与托鲁巴姆对黄萎病菌的应答过程。庄勇等（2009）对野生茄子喀西茄（*Solanum khasianum*）中抗病基因的同源序列（resistance gene analogs，RGAs）进行克隆，获得的 11 个抗病基因同源序列，其中 *SkRGA4* 和 *SkRGA10* 与辣椒抗根结线虫基因有着很高的同源性，*SkRGA3* 和 *SkRGA6* 与野生马铃薯的抗晚疫病基因有着很高的同源性。

（2）果皮色相关基因克隆　李翔等（2011）以云南长紫茄果皮为实验材料，克隆到茄子花青素 5-O-糖基转移酶基因（5-GT），该基因在云南紫长茄的花瓣和成熟果皮中的表达量要高于云南圆白茄。邵文婷等（2013）以 YZ14（紫茄）和 YZ3（白茄）为试验材料，克隆到花青素合成相关基因 *SmMYB*，该基因在茄子根、茎、叶、花瓣、果皮中均有表达，表达水平具有组织特异性，遮光处理后紫色茄子果皮中该基因表达量变化与花青素合成量变化趋势相似。

（3）单性结实相关基因克隆　杜黎明等（2009）从杭州红茄中扩增克隆了 GA 响应因子相关基因 *SmGAI*，基因编码的氨基酸序列与番茄单性结实调控基因 *SDELLA* 同源性为 76.8%。张映等（2011）以茄子单性结实品系 D-10 花后 7 d 的单性结实果实为试材，获得甲硫氨酸亚砜还原酶 A 基因 *SmMsrA*（GenBank 登录号：JN663890），在不同结实性的子房和果实发育过程中 *SmMsrA* 基因都有表达，单性结实品系在低温条件下开花当天子房中的 *SmMsrA* 的表达量最高。张伟伟等（2014）

以茄子单性结实品系 D－10 为材料，克隆获得了生长素诱导基因 *SmIAA19*（GenBank 登录号：KP114221），该基因编码的氨基酸序列具有 Aux/IAA 基因家族的典型结构域和保守基本序列，且在单性结实品系中的表达量显著高于非单性结实品系，单性结实品系开花当天子房中的表达量最高。

2. 再生培养及遗传转化　Guri 和 Sink（1988）用携带有 *npt Ⅱ* 标记基因的 pMON200 为载体，以农杆菌为介导，转化茄子外植体，获得成功并首次获得了具有抗卡那霉素的愈伤组织。Filipone（1989）和 Rotino（1990）等用根瘤农杆菌转化茄子外植体，均获得了对卡那霉素具有抗性的转化植株，对抗性植株连续 3 代检测，都证实具有 *npt Ⅱ* 活性，基因分离符合孟德尔遗传规律，表明 *nptⅡ* 基因确实导入茄子中。Billings 等（1997）在大量转化研究工作的基础上，提出了标准化的转化程序，并把抗生素和生长调节剂的影响也考虑在内。张兴国（2001）、Prabhavati 等（2002）、刘芳（2011）及张明华（2014）等提出了茄子高效的转化体系。表 24－12 列出部分通过基因工程转基因茄子的研究进程。

茄子再生培养及遗传转化技术体系：

（1）外植体选择　一般选择子叶和下胚轴为外植体，不同基因型茄子品种离体培养的植株再生能力不同，下胚轴的再生能力要高于子叶。

（2）再生培养　脱分化培养基为 MS＋ZT 2.0 mg/L＋6－BA 1.0 mg/L＋IAA 0.2 mg/L，培养基内不同植物生长调节剂浓度组合显著地影响茄子不定芽的诱导率；再分化培养基为 MS＋ZT 0.5 mg/L。ZT 浓度为 0.5 mg/L 时，不定芽再分化的生长效果最好，有效再生苗数最多；生根培养基为1/2MS＋NAA 0.1 mg/L，诱导不定芽生根效果好，根系粗壮，适合移栽。

（3）遗传转化　抗性选择剂卡那霉素（Kan）的选择压力为 75 mg/L 时能有效抑制不定芽的形成；杀菌剂特美汀（Tim）浓度为 200 mg/L 时，可完全抑制杂菌的生长，且对外植体再生影响很小。子叶外植体在预培养 4 d，侵染 10 min，共培养 1 d 时转化率最高；下胚轴在预培养 6 d，侵染 10 min，共培养 2 d 时转化率最高。农杆菌侵染后的外植体分化率不同，最佳外植体为子叶，下胚轴的抗性愈伤再生率普遍低于子叶。

表 24－12　基因工程转基因茄子研究进展

标记基因	报告基因	目标基因	取得的主要成就	研究者
*nptⅡ*和 *hptⅡ*			首次成功完成农杆菌介导的茄子遗传转化	Grui 和 Sink，1988
npt Ⅱ	*luciferase*		用愈伤组织完成农杆菌介导的转化	Komari，1989
npt Ⅱ			用子叶和叶片外植体获得了转基因植株	Filippone 和 Lruquin，1989
npt Ⅱ	*cat*		提出了双介导茄子有效的转化程序	Rotino 和 Gleddie，1990
npt Ⅱ	*gus*		完成了茄子野生种赤茄（*S. integrifolum*）的转化	Rotino et al.，1992
npt Ⅱ	*gus*		完成了转基因植株后代 *npt Ⅱ* 基因的分离研究	Sunseri 和 Rotino，1992
npt Ⅱ	*gus*		提出了通过体细胞胚发生（SE）完成转化的有效程序	Fari et al.，1995
npt Ⅱ	*gus*	*Bt*（*Cry Ⅲ B*）	在转化植株中导入基因得到小量表达	Chen et al.，1995
npt Ⅱ			完成了茄子野生种 *S. gilo* 的转化	Blay 和 Oakes，1996
npt Ⅱ		*Bt*（*Cry Ⅲ B*）	将经修饰后的 *Bt* 导入茄子，转基因植株高抗科罗拉多马铃薯甲虫（CPB）	Arpaia et al.，1997
npt Ⅱ	*gus*	*Bt*（*Cry Ⅲ B*）	植物激素（TBZ 和 ZIP）和抗生素（卡那霉素和 Augmentin）处理转化效率提高	Billings et al.，1997
npt Ⅱ		修饰的 *Bt*（*Cry Ⅲ A*）	将修饰后的 *Bt* 基因导入茄子中	Hamilton et al.，1997
npt Ⅱ		*iaaM－DefH9*	将控制茄子单性结实基因导入茄子中，获得了转基因的无籽茄子	Rotino et al.，1997

（续）

标记基因	报告基因	目标基因	取得的主要成就	研究者
nptⅡ		修饰的 *Bt*（*CryⅢB*）	修饰后的基因被证实在茄子野生种 *S. integrifolium* 和栽培中具有抗性	Iannacone et al.，1997
nptⅡ		合成 *Bt*（*CryⅢAb*）	对茄白翅野（黄斑）螟（*L. orbonalis*）的危害具有显著的保护效果	Kumar et al.，1998
nptⅡ	*audA*	合成 *Bt*（*CryⅢA*）	69%的转基因植株对 CPB 幼虫和成虫具有抗性，分离的 F_1 代群体也表现出了抗性	Jelenkovic et al.，1998
nptⅡ		*OC-Ⅰ*（水稻巯基蛋白抑制剂基因）	成功将水稻巯基蛋白抑制剂基因导入长茄中	胡晓琴等，1998
nptⅡ		*Bt*（*CryⅢB*）	开展了转基因对环境影响研究，转基因抗性品系对所有非目标生物（包括哺乳动物）和环境都是安全的	Arpaia et al.，1999；Acciari et al.，2000
nptⅡ		*DefH9-iaaM*	在温室栽培中表现出显著的增产效果，改良了果实品质，降低了生产成本	Donzella et al.，2000
nptⅡ	*gfp*		提出了茄子的转化体系	张兴国等，2001
nptⅡ		*mtlD*（甘露醇-1-磷酸脱氢酶基因）	将 *mtlD* 基因导入茄子中，获得了耐盐和耐干旱的非生物逆境抗性	Prabhavati et al.，2002

3. 基因工程创造育种新材料　20 世纪 80 年代一些学者创立了作物授粉后通过花粉管导入外源 DNA 的技术来改良作物品种或创造新的种质材料的方法。许勇（1989、1991）和钱华（1991）分别报道了将茄子野生种蒜芥茄（*S. sisymbriifolium* Lam.）和大豆 DNA 导入栽培茄子子房中，在后代观察到了大量的变异株。林栖凤（2001、2008）将耐盐性极强的红树基因组 DNA 涂抹在茄子授粉后的花柱上，也得到耐盐的变异单株。由于导入的是外源总 DNA，变异具有不确定性，同时这种变异的遗传稳定性也值得深入探讨。

转基因茄子最成功的范例就是将苏云金杆菌杀虫晶体蛋白基因（*Bt*）和生长素基因（*iaaM*）导入到栽培茄子品种中，并初步应用于茄子的生产。

Chen 等（1995）首次尝试将 Bt 杀虫基因（*CryⅢB*）导入茄子，对转化 T_0 代进行了 Souther 杂交和 T_1 子代性状分离表明，Bt（*CryⅢB*）基因已整合到茄子染色体同一连锁群的单一或多个位点，并稳定遗传给后代；抗虫测试表明，8 个独立转基因植株对科罗拉多马铃薯甲虫（CPB）1 龄和 2 龄幼虫有明显的抗性，在这些抗性植株中，Cry Ⅲ BmRNA 和毒蛋白都可检测到，但表达量不高。Arpais等（1998、2000）将修饰后 *CryⅢB* 基因导入茄子杂交种 Rimin 的母本中，在 44 株转化体中，有 23 株对 CPB 幼虫表现明显抗性，Cry Ⅲ B 毒蛋白在表达最活跃的植株中的含量高达每克鲜重800～1 000 ng，子代性状分离符合孟德尔遗传规律。Jelenkovic（1998）将人工合成的 *CryⅢA* 基因导入茄子，得到 300 株转化植株，且高达 69%的转化株对 CPB 的成虫和幼虫表现出明显的抗性，子一代同亲本一样表现抗虫性。Kumar 等（1998）将 *CryAb* 基因导入茄子中，很好地保护茄子免受茄白翅野（黄斑）螟（SPB）的危害。

Rotino 等（1997）将来自 *Antirrhinum majus* 的启动子 DefH9 和来自丁香假单胞杆菌（*Pseudomaonas syringae* pv. Savatanoi）的 *iaaM* 基因构建成为一个仅在胚珠中表达的嵌合基因，导入到茄子中 *iaaM* 基因在茄子花发育过程中的胚珠中表达，导致生长素浓度提高，从而刺激未受精胚珠发育和果实的形成，转基因茄子的花在授粉和不授粉情况下均能够发育成果实。在温室试验中，转基因单性结实植株比天然单性结实植株和通过喷施植物生长调节剂诱导的单性结实植株具有更高的产量（Donzella et al.，1997）。

另外，胡晓琴等（1998）成功将水稻巯基蛋白抑制剂基因导入长茄中；Szasz（1998）等成功将黄瓜花叶病毒外壳基因导入茄子基因组内；Frijters 等（2000）通过插入来自番茄的 *M-1* 基因，获得了对根结线虫具稳定抗性的转基因植株；Prabhavati 等（2002）通过导入细菌甘露醇-1-磷酸脱氢酶基因（mannitol-1-phospho dehydrogenase，mtlD），获得了耐盐、耐旱、耐寒等耐非生物逆境的转基因茄子。

第八节　良种繁育

一、常规品种的繁育方式与技术

（一）繁殖方式

茄子是自花授粉作物，但一般有 3%～7%的自然杂交率，单果杂交率可高达 46.8%。柿崎（1926）试验，四周种植其他茄子品种时，自然杂交率为 6.57%，两品种交错种植时，自然杂交率约 3%，两品种相距 20 m 种植时，自然杂交率仅有 1.14%，两品种相距 50 m 种植时，自然杂交率为 0。茄子的自然杂交率在不同的基因型间有较大的差异，同时还与传粉媒介和栽培地点有关（表 24-13）。因此，在多品种制种地区或制种与生产混合地区，制种田块必须与其他茄子品种制种田或生产田保持一定的隔离距离，考虑到昆虫等其他因素，不同品种采种田的隔离距离应至少在 200 m 以上。

表 24-13　茄子的自然杂交率及传粉媒介

（Kalloo，1988）

自然杂交率（%）	传粉媒介	报告地点
0.2～46.8	昆虫和风	日本
0.7～15.0	昆虫	印度马德拉斯
10.0～29.0	昆虫	意大利

（二）繁育体系和繁育技术

1. 繁育体系　种子分为育种家种子、原种和良种，即原原种、原种和生产用种（商品种子）。为保持育成品种的优良种性，必须建立健全的良种繁育体系，按育种家种子—原种—良种的程序生产种子，以防止因生物学混杂、机械混杂、自然突变和留种制度不严发生的种性退化。茄子繁殖系数高，生产上常用二级良种繁育体系繁殖茄子种子。将新育成品种的育种家种子分成两份，一份长期保存，另一份用于原种种子的生产。当原种后代出现混杂退化时，用库存育种家种子繁育原种种子。茄子二级良种繁育体系如图 24-3。

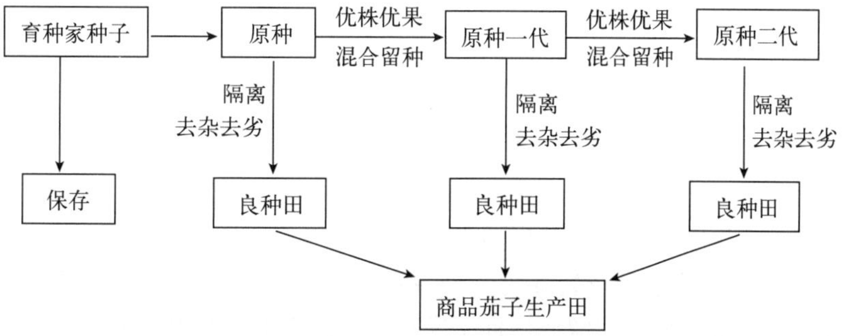

图 24-3　茄子二级良种繁育体系

2. 原种种子生产技术 茄子是自花授粉作物，常规品种的繁育主要是做好原原种、原种的保存、保纯和繁殖。原种是良种繁育的基础，生产用种种子的质量主要取决于原种种子的质量和相应的繁育技术。原种生产必须设置专门的留种田，为防止天然杂交，引起种性退化，在露地进行原种生产时，必须进行有效的空间隔离。不同品种的空间隔离距离应在 500 m 以上，利用 25～40 目的尼龙纱网日光温室、大棚栽培或纸袋套花隔离，可有效防止昆虫引起的生物学混杂。

原种必须是育种单位新育成品种的原始种子。原种生产的基本原则是选优提纯，选好优株、优系，及时去杂、除劣及病株。种株的选择要根据具体的品种而采取不同的选择标准。生产程序是：单株选择、株系比较和混系繁殖。

（1）单株选择 单株选择是原种生产的基础，应在原种圃或纯度高的种子田中进行。一般分 3 次：第 1 次在开花期，根据茎、叶的颜色和形状、品种熟性及门茄着生节位等性状选择，摘除入选株已开的花和已结的果，并进行标记、隔离授粉。第 2 次在果实达到商品成熟期，于第 1 次入选株内，根据植株生长势、果实性状、结果能力、抗病性等选择果形、果色、果实大小等性状均符合原品种性状，植株生长健壮、无病虫害的植株。第 3 次在果实成熟后，于第 2 次入选株内淘汰长势、丰产性和抗病性较差的单株，进行单株留种。

（2）株系比较 将上年严格入选的母本优良单株种子分小区种植成株系圃，在性状表现的典型时期，按单株选择标准对其主要性状进行鉴定，同时鉴定各株系的典型性和一致性，淘汰性状表现与本品种标准性状有明显差异的株系或株间整齐度差的株系。当选株系及时除杂去劣，隔离授粉，混合采种，供翌年进一步比较使用。

（3）混系繁殖 将株系比较中入选的优良株系，按单株选择标准鉴定各株系的主要性状、纯度、前期产量和中后期产量。通过资料的综合分析，选出符合本品种标准性状、无杂株、产量显著优于对照的株系，性状无差异的株系混合留种，即为本品种的原种种子，供翌年繁殖原种一代或生产用种。原种可一年大量繁殖，多年使用，减少繁殖代数，确保种子质量。

3. 生产用种繁育技术

（1）制种基地选择 选择好制种基地是茄子种子生产成功的重要保证。优良的制种基地应设在最适合茄子生长发育的生态区内，此生态区应光照充足、水源丰富，并且在授粉至果实收获期间要无连绵阴雨。多雨的地区，如长江流域，梅雨季节持续时间长，茄子绵疫病、褐纹病等病害发生严重，种果未成熟之前大量脱落、腐烂，产量低下。因此，以少雨又有灌溉条件，气温适宜，劳动力充足的地区最好。

茄子植株易感黄萎病、青枯病，果实易感绵疫病、褐纹病，所以，茄子最忌重茬，育苗畦、原种生产田和制种田必须选用生茬地或与其他茄科作物实行 6 年以上的轮作。葱蒜茬最好，玉米、豆类茬口次之。

茄子的枝叶繁茂，根系发达，需水量大，但不耐涝。因此，茄子的采种田应选择地势高、土层深厚、排灌良好、富含有机质的疏松肥沃的地块。

（2）品种的保纯技术 生产用种制种的基本原则是保纯。种株的选择标准和选择时期按原种种子生产时单株选择进行，及时去除杂株、弱株和病株。单株混合采种用作生产用种。

（3）采种技术 茄子果实的发育是果肉先发育，种子后发育，到果实发育后期，种子才迅速生长及成熟。所以供食用的嫩果内，种子极不发达，往往只见到柔软的种皮。到果实接近植物学成熟时，种皮逐渐硬化，胚乳和胚逐渐发育，籽粒充实饱满，果皮变色，果肉变软，种果才达到老熟程度。种果的成熟度即果龄（指开花授粉至果实采收的天数）影响茄子种子的质量，果龄不够种子发芽率低。茄子种果开花后 40 d 左右的种子具有发芽力，开花后 60 d，种子千粒重变化不大，发芽率、发芽势强，胚已到完熟期。随着茄子果龄的增加，种子发芽率逐渐上升，果龄 40 d，发芽率为 2%，50 d 发芽率 18%，60 d 发芽率上升至 63%，千粒重也呈同样的趋势（表 24－14）。

表 24-14　不同果龄和后熟天数对种子质量的影响

（栗长兰等，1995）

果龄（d）	后熟天数（d）	千粒重（g）	发芽率（%）	平均发芽速率（MGR）（d）	发芽指数（GPI）
40	0	3.07	2	—	—
	5	3.29	20	6.7	3.2
	10	3.58	59	6.8	8.9
	15	3.80	85	6.6	11.4
50	0	3.98	18	6.3	1.8
	5	4.40	42	6.9	8.9
	10	3.39	87	7.1	11.2
	15	5.06	94	7.0	12.1
60	0	5.01	63	6.9	7.9
	5	4.99	87	7.0	11.2
	10	5.81	91	7.2	12.3
	15	6.07	94	7.1	14.3

种果的果龄主要决定于品种的遗传特性，也因植株的营养状态和环境条件而异。早熟品种不少于50 d，中熟品种60 d，晚熟品种70 d，种果才能采收。茄子种果成熟的标准是果皮为黄色或黄褐色，待果实充分成熟后，要全部检查母本田，认真清除杂株，选择充分成熟的和有留种标记的种果采收留种。采收种果要坚持四不采原则：即无标记果实不采，发育不良果实不采，烂果不采，落地果一律不采。

不仅果龄长短影响茄子种子的发芽率，而且茄子种果采收后后熟成度也影响种子的发芽率。后熟能够显著改善种子质量，随着后熟天数的延长各成熟度的千粒重均有增加，发芽率有明显提高。栗长兰等（1995）试验，果龄40、50、60 d的种茄，经过15 d后熟，发芽率分别增加到85%、94%、94%（表24-14）。李大忠等（2002）试验，授粉后60 d采收的种果，发芽率为42.3%，当后熟5 d、10 d、15 d时，随着后熟天数的增加，发芽率分别上升为49.7%、59.3%、92.0%，但后熟20 d后，发芽率反而降至44.7%，后熟15 d的发芽率极显著地高于其他处理。因此，认为种茄从授粉到采收60 d、后熟15 d种子质量最好，千粒重最高，发芽势和发芽率最好，种子饱满，呈金黄色，具有光泽，是茄子种子达到生理成熟的最佳期。

铃木认为，将开花后40、45、50 d的种果，分别后熟20、15、10 d，与60 d果龄的完熟种果具同样高的发芽率。在植株上完熟与收获后后熟，对发芽率影响不大。

因此，茄子采种技术中，严格采收期，保证茄子种子充分成熟，是保证茄子种子质量的关键性措施之一。茄子留种应有50～60 d以上的果龄和10～15 d以上的后熟期，使果肉内养分尽量转移到种子中，以提高种子的饱满度。采收的果实堆放在干燥、阴凉、通风处后熟，通常置于20～25 ℃、相对湿度70%的地方后熟，以免种果腐烂，影响种子质量。后熟期间每隔2～3 d检查1次，发现烂果及时处理。

后熟后的种果果肉松软，少量采种于晴天可先用棍棒敲打或搓揉种果，使种子与胎座（果肉）分离，然后用刀切开种果，逐块在水中将种子淘洗出来，洗净后立即晾晒。采种量大，可用采种机搅碎种果，果肉与种子分离后，再用水清洗。

将洗净的湿种子装入纱网袋中，甩干多余水分，然后将种子放在苇席、草席或尼龙网筛上晾晒，勤翻动，种子晾晒至含水量8%左右时，即可分装、入库贮藏。

二、自交系繁殖与一代杂种制种技术

茄子杂种优势明显，一般增产30%左右，特别是早期产量增加明显，杂种一代抗性增强，商品果实整齐一致。目前茄子不育系利用尚处于研究阶段，且难以发现优良的恢复系，同时，化学药剂诱导雄性不育效果不如瓜类，因此，茄子一代杂种种子的生产，目前全部采用人工去雄授粉的方法。因为茄子去雄授粉的技术较容易，种子繁殖系数较高，单株可结果4～12个，每果种子较多，因此每收获100～150 kg种果即可采收种子1 kg。单位面积用种量少，每公顷用种量约750 g。

一代杂种种子的生产，包括亲本自交系的繁殖与杂种一代的杂交制种两个重要环节。

（一）自交系原种繁殖技术

亲本的保持与繁殖是配制一代杂种种子的前提，其技术和方法与茄子常规品种留种法基本一致，可参照常规品种原种种子的繁殖技术。要保证亲本种子的高纯度，制种田要有一定的隔离条件，防止天然异交和收获时的机械混杂，同时，一年留足亲本种子，多年使用，减少繁殖代数。

（二）一代杂种制种技术

1. 亲本播种期、定植比例 采种用茄子的播种期比商品茄的播种期晚几天，各制种基地应根据当地气候条件和父、母本的熟性，确定双亲适宜的播种期，保证双亲花期相遇，同时使双亲花期处于授粉受精最适宜的温度范围内。如父本较母本稍早熟，则应同期播种；如父母本同时成熟，则父本比母本提前3～5 d播种；如父本较母本晚熟，则父本应比母本早播5～10 d，以保证父本花提前几天开放，有充足的雄花提供授粉。双亲配比要合理，父、母本的比例一般为1∶4～6。父本一般不整枝，以便有足够的花粉供杂交用。父本应集中定植，以便采集花粉。

2. 去雄 去雄是决定杂种纯度的关键技术之一。茄子为自花授粉作物，花粉粒从开花前1 d就具有发芽能力，雌蕊从开花前2 d有受精能力。据建部（1938）试验，开花前1 d去雄，自交率为0；开花当天的不同时间去雄，自交率有很大的差异，上午6时去雄，自交率为4.8%；上午7时去雄，自交率为52.4%；上午10时去雄，自交率为100%。因此，选择大小合适的花蕾去雄十分重要，应选择开花前1～2 d的大花蕾去雄，及时、彻底的蕾期去雄是保证杂交种子纯度的最主要环节。去雄过早，花蕾小，不便操作，易碰伤柱头。去雄过晚，花蕾大，则易发生自交，从而影响杂交种的种子纯度。此外，应选择长柱花或中柱花去雄，短柱花因落果率高不宜选留做杂交。

3. 花粉采集与贮藏 茄子花粉在自然状态下，花粉粒从开花前1 d到开花后3 d都具有发芽能力，但以开花当天的花粉粒发芽率最高，约66%。在母本花龄相同的条件下，用父本开花当日花粉和开花后1 d花粉授粉，其单果结籽数、单果种子重、千粒重均以父本开花当日的花粉授粉最高。

每天上午采摘当天盛开的父本花，在室内将花药取出，集中在培养器内，放置于带有硅胶或生石灰等干燥剂的干燥器内封闭干燥24 h，或在28～30 ℃的烘箱中干燥3～4 h，然后将花药研碎，用细筛筛出花粉，装入小玻璃瓶或小盒子中保存备用。未用完的花粉可装在培养皿或小玻璃瓶中，密封放置在3～5 ℃的冰箱内贮藏，其发芽力可保持6 d。

4. 授粉 茄子花的寿命较长，可持续开放3～4 d。雌蕊从开花前2 d到开花后3 d都有受精能力，能结籽，但母本不同花龄授粉后结果率差异较大，以开花当天的雌蕊受精能力最强，开花后1 d的受精能力其次，开花前和开花后2 d的雌蕊受精能力差。试验表明，茄子在不同花龄授粉，其单果结籽数、单果种子重及千粒重存在差异，开花当天授粉能获得最高的单果种子数、单果种子重及较好的千粒重（表24-15）。因此，茄子授粉的最佳时间是开花当天。

表 24-15　雌蕊不同花龄授粉结籽数和种子重量比较

（包崇来等，2004）

雌蕊花龄	单果种子数		单果种子重		千粒重	
	（粒）	比对照（%）	（g）	比对照（%）	（g）	比对照（%）
开花前 2 d	106 a	73.37	0.42 a	−76.14	3.96 b	10.92
开花前 1 d	317 b	20.35	1.29 b	−26.70	3.59 a	0.56
开花当天（CK）	398 c	—	1.76 c	—	3.57 a	—
开花后 1 d	342 b	14.07	1.51 b	−14.20	3.42 a	−4.20
开花后 2 d	309 b	22.36	1.32 b	−25.00	3.53 a	−1.12

注：处理间无相同字母表示差异达到 5%的显著水平（$p<0.05$）。

授粉时花粉放置在小的玻璃瓶中，用蜂棒、棉签、铅笔的橡皮头蘸少量花粉，轻轻涂在母本雌蕊柱头上，或将花粉放在授粉管内授粉。授粉后 6～8 h 内遇雨或大风，应在雨后重新授粉，以提高坐果率。茄子花粉遇水开裂死亡，所以授粉一般在晴天上午 9～11 时进行，中午温度超过 30 ℃不宜授粉，待下午气温降至 30 ℃以下再授粉，阴天下午授粉，雨天后 1～2 d 内授粉。一般是在去雄的同时授粉，然后于花瓣张开的当天，再重复授粉 1 次，对提高结籽率有显著的效果。

5. 标记　做标记的基本原则是必须能够明显区别杂交果和自交果。人工授粉后的花朵，去掉 2 个萼片，或用红色油漆涂于花柄上等方法进行标记。

6. 严格去杂去劣　无论亲本繁殖，还是配制一代杂种，必须按原亲本的生物学特性分期严格去杂去劣。为保证 F_1 代种子纯度，在苗期、定植缓苗之后和去雄授粉前，随时拔除株型、叶形、叶色、茎色等不符合亲本性状的植株，尤其是父本中的杂株对杂交种的纯度影响更大，在杂交工作开始前及整个授粉过程中都要留心观察，绝不取变异株的花粉。发现杂株、疑株和劣株，彻底拔除。母本整枝或去老叶的同时，要彻底摘除母本上所有正在开放和已开过的花和幼果。门茄坐果后进行最后 1 次去杂并把门茄摘除。

三、种子贮藏与加工

（一）种子检测

种子检测分品种品质与播种品质两个方面，包括田间检测和室内检测。田间检测主要检验品种的真实性和品种（品系）的纯度，结合检测病、虫、杂草异作物等；室内检测包括种子净度、发芽率、生活力、病虫害、纯度和水分含量等项目。

1. 田间检测　田间种植鉴定是鉴定品种真实性和测定品种纯度的最为可靠、准确的方法。田间鉴定应在鉴定的各个阶段与标准样品进行比较。每一送验样品至少种植 200 株。

茄子田间纯度检测，一般在幼苗期、开花结果期以及收获期分 3 次进行。在幼苗期对子叶、真叶和幼茎的形状、颜色和茸毛等性状进行检测。在开花结果期，检查始花节位、花色、坐果率、果实大小、果形、果色、畸形果率等。收获期再次检查植株生长势、成熟天数、感染病虫株率等。

2. 室内检测

（1）*净度*　净度检测前，先检测送验样品色泽和气味，如果正常即进行净度检测。茄子净度分析试验样品最小重量为 5 g。取两份样品，经清选机或 1.2～3 mm 套筛清除杂质、废种子和其他植物种子，再倒在检测台上进行复检，只剩下净种子后，用天平称重。

（2）*发芽率*　随机取经净度分析后的净种子 4 份，每份 100 粒，共 400 粒，每份试样经 50～60 ℃温水浸泡 15 min 后，在室温下浸种 8～12 h，放入发芽床，在 30 ℃下发芽，或在 20～30 ℃下变温发芽，即在 24 h 内，保持 20 ℃、16～18 h，30 ℃、6～8 h，并保持 90%～95%的相对湿度。幼根长度达到种子长度大小的为发芽种子。

发芽势=7 d 内正常发芽的种子数/供检种子数×100%

发芽率=14 d 内正常发芽的种子数/供检种子数×100%

(3) *品种纯度* 室内形态学鉴定品种纯度时，随机从送验样品中数取 400 粒种子，每重复 100 粒种子，根据种子形状、大小、色泽、表面光洁度等特征，与原有标准样品对比，即可鉴别纯度。

利用分子标记建立的品种指纹图谱可在种子或苗期阶段对品种纯度和真实性进行快速、准确的鉴定。目前已开发出可用于茄子杂交品种种子纯度鉴定的 RAPD 标记和 SSR 标记，其苗期纯度鉴定结果与田间检测结果具有较好的一致性，可在苗期进行茄子杂种纯度的快速鉴定。

(4) *种子水分* 供水分测定的茄子种子，一般需 50～100 g。检测茄子种子的含水量通常采用低温烘干法（105 ℃恒重法）。水分测定仪，可快速测出种子含水量。此法简单、方便，可随时了解种子含水量。但如果有疑问，要与低温烘干法对比。

（二）种子加工

1. 种子的干燥 洗净后的种子含水量较高，易发霉变质，应及时干燥。大批量种子常采用自然干燥法，即在日光下晾晒种子。在晾晒、干燥种子时，事先应对晾晒场所和用具进行清扫、检查，清除以前残留的种子。不同质量、不同品种的种子不宜在同一块场地晾晒，以免引起品种混杂。每天晾晒时，不宜出晒太早（上午 9 时以后）、收晒也不宜太晚（下午 5 时以前），以免种子吸湿。对于含水量较高的种子，不宜在烈日下直接曝晒，要在花荫下风干一段时间后再晒。如果在烈日下曝晒，常常种皮已经干了，但种子里面还潮湿，外干里潮，种皮会很快破裂，种子就会变质，发芽率降低。夏天，种子不能直接摊在水泥地或石板上晒，以免种子胚部受到灼伤或失水过快而降低种子发芽率。最好在帆布上晾晒种子。在晾晒、干燥种子时，还应注意防止雨淋。晒干的种子要马上收藏好，以免回潮。茄子种子安全包装、贮藏时种子含水量最高值为 8%。

2. 种子的清选分级 种子的清选分级是保证种子安全贮藏，提高种子播种质量的重要环节之一。未经清选分级的种子中，不仅有成熟度、大小、饱满程度和完整度不一致的本品种的种子，并可能有植物茎叶的碎片、虫瘿、菌核、杂草种子、泥沙、石块等混杂物质，不仅会降低种子质量，而且极易恶化贮藏条件，引起种子品质劣变。

种子清选是根据不同的物质性质，利用风选、筛选、比重分离、光电和磁力分离等方法，将不同成熟度的种子、种子与混杂物质分离开。

清选后的种子依据大小、成熟度及比重的不同分成若干等级，分别盛装，分别堆放贮藏。在种子袋上挂好标签，写清品种、来源、采种年月。

（三）茄子种子分级指标

根据国家标准《瓜菜作物种子　第 3 部分：茄果类》的相关规定，茄子亲本、杂交种、常规种种子的分级指标见表 24-16。

表 24-16　茄子种子的分级指标

(GB 16715.3—2010)

项目名称	级别	纯度（%）	净度（%）	发芽率（%）	水分含量（%）
茄子常规种	原种	≥99.0	≥98.0	≥75	≤8.0
	大田用种	≥96.0			

（续）

项目名称	级别	纯度（%）	净度（%）	发芽率（%）	水分含量（%）
茄子亲本	原种	≥99.9	≥98.0	≥75	≤8.0
	大田用种	≥99.0			
茄子杂交种	大田用种	≥96.0	≥98.0	≥85	≤8.0

（四）种子贮存

种子贮藏的目的是尽量保持种子的生命力。与种子贮藏关系最为密切的是种子含水量、贮藏环境的温度和相对湿度及通气状况。茄子种子贮藏条件、时间与发芽率的关系见表 24-17。

表 24-17 茄子种子贮藏条件、时间与发芽率的关系

贮藏条件	贮藏年数（年）	贮藏后的发芽率（%）
一般室内贮藏	3～4	85
含水量 5.2%，密闭贮藏	5	87
含水量 5.2%，密闭贮藏	10	79
含水量 5.2%，-4 ℃，密闭贮藏	10	84

生产用种的贮藏普遍采用大型普通贮藏库，配备机械降温、除湿设备，保证夏季库内温度不高于 20 ℃。此法适于在气候冷凉、空气干燥的地区使用，适宜贮藏大批量的生产用种，贮藏年限 1～3 年，要求种子含水量小于 8%。种质资源贮藏采用现代化的低温贮藏库，少量种子采用密封贮藏容器。

（连勇　田时炳　刘富中　张其安　潘秀清　王永清　陈钰辉）

主要参考文献

包崇来，毛伟海，孙丽霞，等．2004a. 南方长茄杂交制种关键技术研究 [J]. 浙江农业学报，16（3）：148-150.
包崇来，毛伟海，孙丽霞，等．2004b. 茄子产量性状遗传研究 [J]. 上海农业学报，20（3）：52-54.
曹必好，雷建军，孙秀东，等．2006. 茄子 RAPD 分子标记图谱的构建 [J]. 园艺学报，33（5）：1092.
查丁石，陈建林，丁海东，等．2005. 茄子耐低温弱光鉴定方法初探 [J]. 上海农业学报，21（2）：100-103.
陈庆英，杨文夺，李玉文．1994. 茄子数量性状遗传力估算结果与分析 [J]. 吉林农业科学（2）：66-69.
崔鸿文，岂秀丽．1993. 茄子早熟育种研究Ⅰ. 茄子性状的遗传变异和选择 [J]. 西北农业学报，2（3）：29-34.
杜黎明，包崇来，胡天华，等．2009. 茄子 GA 响应因子 SmGAI 的克隆与分析 [J]. 中国蔬菜（16）：26-30.
方木壬，毛瑞昌，谢文华．1985. 茄子胞质雄性不育系的选育 [J]. 园艺学报，12（4）：261-266.
封林林，屈冬玉，金黎平，等．2003. 茄子青枯病抗性的遗传分析 [J]. 园艺学报，30（2）：163-166.
桂连友，孟国玲，龚信文，等．2001. 茄子品种（系）对侧多食跗线螨抗性聚类分析 [J]. 中国农业科学，34（5）：465-468.
何娟娟，刘富中，陈钰辉，等．2010. 茄子航天诱变后代变异及其 SSR 标记多态性研究 [J]. 核农学报，24（3）：460-465.
何明，张伟春，孙立春，等．2002. 茄子耐弱光鉴定指标和耐弱光品种筛选的研究 [J]. 辽宁农业科学（2）：6-9.
胡小琴，贾士荣．1998. 水稻巯基蛋白酶抑制剂基因导入马铃薯和茄子 [J]. 园艺学报，25（1）：65-69.
黄锐明，谢晓凯，卢永奋，等．2006. 茄子果长遗传效应的初步研究 [J]. 广东农业科学（7）：25-26.
贾开志，陈贵林．2005. 高温胁迫下不同茄子品种幼苗耐热性研究 [J]. 生态学杂志，24（4）：398-401.
金丹丹，梁美霞，谢立波，等．2004. 茄子组织培养与基因工程研究进展 [J]. 分子植物育种，2（6）：861-866.

井立军，常彩涛，孙振久，等.2001.茄子黄萎病抗性的杂种优势及遗传［J］.华北农学报，16（2）：58－61.
井立军，崔鸿文.1999.茄子遗传距离与杂种优势关系研究［J］.西北农业学报，8（2）：63－65.
井立军，崔鸿文，张秉奎.1998.茄子品质性状遗传研究［J］.西北农业学报，7（1）：45－48.
井立军，王利英，石瑶，等.2004.不同温度条件下茄子发芽率与其低温耐性关系初探［J］.园艺学报，31（3）：387－388.
康建坂，李永平，张志忠，等.2002.不同茄子品种的抗热性初探［J］.亚热带植物科学，31（4）：17－20.
李大忠，温庆放，李永平，等.2002.茄子杂交制种技术研究［J］.福建农业学报，17（3）：166－168.
李耿光，张兰英.1988.茄子子叶原生质体再生可育植株［J］.遗传学报，15（3）：56，181－184.
李海涛，邹庆道，吕书文，等.2002a.茄子抗青枯病的最适鉴定方法研究［J］.辽宁农业科学（1）：1－4.
李海涛，邹庆道，吕书文，等.2002b.茄子对青枯病的抗性遗传研究Ⅰ.茄子抗病材料WCGR112-8的遗传分析［J］.辽宁农业科学（2）：1－5.
李海涛，邹庆道，吕书文，等.2002c.茄子对青枯病的抗性遗传研究Ⅱ.茄子抗病材料LS1934的遗传分析［J］.辽宁农业科学（3）：1－3.
李海涛，邹庆道，吕书文，等.2002d.茄子抗青枯病的育种方法研究［J］.辽宁农业科学（4）：1－3.
李建设，耿广东，程智慧，等.2003.低温胁迫对茄子幼苗抗寒性生理生化指标的影响［J］.西北农林科技大学学报，31（1）：91－92.
李猛，王永清，田时炳，等.2006.茄子青枯病抗性基因的遗传分析及其相关AFLP标记［J］.园艺学报，33（4）：869－872.
李树贤，吴志娟，杨志刚，等.2002.同源四倍体茄子品种新茄1号［J］.中国农业科学，35（6）：686－689.
李锡香，朱德蔚.2006.茄子种质资源描述规范和数据标准［M］.北京：中国农业出版社.
李翔，刘杨，李怀志，等.2011.茄花青素5－O糖基转移酶基因克隆与表达特征分析［J］.上海交通大学学报：农业科学版，29（6）：1－5.
李植良，黎振兴，何自福，等.2006.茄子资源苗期田间青枯病抗性鉴定［J］.广东农业科学（1）：39－40.
栗长兰，李佳宁，邢振兰，等.1995.不同采收期和后熟天数对茄子种子质量的影响［J］.吉林蔬菜（5）：1－2.
连勇，刘富中，陈钰辉，等.2004.茄子体细胞杂种游离小孢子培养获得再生植株［J］.园艺学报，31（2）：233－235.
连勇，刘富中，冯东昕，等.2004.应用原生质体融合技术获得茄子种间体细胞杂种［J］.园艺学报，31（1）：39－42.
廖毅，孙保娟，黎振兴，等.2009.茄子及其近缘野生种遗传多样性及亲缘关系的AFLP分析［J］.热带作物学报，30（6）：781－787.
廖毅，孙保娟，孙光闻，等.2009.与茄子果皮颜色相关联的AFLP及SCAR标记［J］.中国农业科学，42（11）：3996－4003.
林桂荣，李宝江，魏毓棠，等.2006.茄子白花突变的遗传及其对相关性状的影响［J］.遗传，28（6）：713－716.
林栖凤，邓用川，黄薇，等.2001.红树DNA导入茄子获得耐盐性后代的研究［J］.生物工程进展，21（5）：40－44.
刘富中，连勇，陈钰辉，等.2005.温度和蕾期去雄及去柱头处理对茄子单性结实性的影响［J］.园艺学报，32（6）：1021－1025.
刘富中，连勇，冯东昕，等.2005.茄子种质资源抗青枯病的鉴定与评价［J］.植物遗传资源学报，6（4）：381－385.
刘富中，万翔，陈钰辉，等.2008.茄子单性结实基因的遗传分析及AFLP分子标记［J］.园艺学报，35（9）：1305－1309.
刘进生，Phatak S C.1992.茄子功能性雄性不育的遗传及其与果紫色基因连锁关系的研究［J］.遗传学报，19（4）：349－354.
刘军，周晓慧，庄勇.2013.茄子杂交品种种子纯度的SSR分子标记鉴定［J］.分子植物育种，11（6）：790－794.
刘君绍，田时炳，皮伟，等.2003.茄子抗黄萎病突变体离体筛选Ⅱ.突变体筛选［J］.西南农业学报，16（4）：102－106.
刘学敏，任锡伦，李润霞，等.1998.茄子对褐纹病（*Phomopsis vexans*）的抗性遗传研究［J］.吉林农业大学学报，20（4）：1－7.
毛伟海，杜黎明，包崇来，等.2006.我国南方长茄种质资源的ISSR标记分析［J］.园艺学报，33（5）：1109－1112.
潘秀清，王洪昌，刘俊山，等.1999.早熟丰产茄子新品种茄杂2号［J］.中国蔬菜（5）：20－21.

潘秀清，武彦荣，高秀瑞．2005. 茄子单性结实材料 D-11 的发现 [J]. 华北农学报，6：33.
庞文龙，刘富中，陈钰辉，等．2008. 茄子果色性状的遗传研究 [J]. 园艺学报，35（7）：979-986.
岂秀丽，崔鸿文．1994. 茄子早熟育种研究Ⅱ选择指数与早熟性选择 [J]. 西北农业学报，3（1）：43-47.
乔军，陈钰辉，王利英，等．2012. 茄子果形的 QTL 定位 [J]. 园艺学报，39（6）：1115-1122.
乔军，刘富中，陈钰辉，等．2011a. 茄子果萼色遗传研究 [J]. 植物遗传资源学报，12（5）：806-810.
乔军，刘富中，陈钰辉，等．2011b. 茄子果形遗传研究 [J]. 园艺学报，38（11）：2121-2130.
曲士松，刘维信，丁兆堂，等．1999. 山东省茄子种质资源及其利用 [J]. 中国蔬菜（5）：33-35.
任锡伦，张汉卿．1993. 茄子（*Solanum melongena* L.）对褐纹病菌（*Phomopsis vexans*）抗性的鉴定研究 [J]. 吉林农业大学学报，15（2）：34-38.
邵文婷，刘杨，韩洪强，等．2013. 茄子花青素合成相关基因 *SmMYB* 的克隆与表达分析 [J]. 园艺学报，40（3）：467-478.
史仁玖，殷明，王忠，等．2006. 野生茄子（*Solanum torvum*）抗黄萎病相关基因 *StoVe*1 的克隆与分析 [J]. 植物生理学通讯，42（4）：638-642.
孙保娟，廖毅，李植良，等．2008. 与茄子青枯病抗性相关基因连锁的 AFLP 标记研究 [J]. 分子植物育种，6（5）：929-934.
孙源文，陈钰辉，刘富中，等．2012. 基于 SSR 分子标记的栽培种茄子遗传多样性分析 [J]. 中国蔬菜（22）：17-23.
田时炳，黄斌，罗章勇，等．2001. 茄子功能型雄性不育系及恢复系配合力分析 [J]. 西南农业学报，14（2）：58-61.
田时炳，刘富中，王永清，等．2003. 茄子单性结实的遗传分析 [J]. 园艺学报，30（4）：413-416.
田时炳，刘君绍，皮伟，等．1999. 低温下茄子单性结实观察试验初报 [J]. 中国蔬菜（5）：28.
王静，张伟春，魏毓棠，等．2005. 茄子单性结实的果实内可溶性糖、蛋白质含量变化的研究 [J]. 辽宁农业科学（1）：38-39.
王利英，乔军，石瑶，等．2012. 茄子 SSR 多态性引物的筛选及品种纯度鉴定 [J]. 华北农学报，27（4）：98-101.
王忠，谢超，决登伟，等．2010. 野生茄子黄萎病病程相关基因 StDAHP 的克隆与表达分析 [J]. 中国生物工程杂志，30（6）：48-53.
吴光远，丁犁平．1963. 茄子杂种优势与产量遗传 [J]. 园艺学报，2（1）：37-43.
吴雪霞，查丁石，朱宗文，等．2012. 茄子耐盐种质资源遗传多样性的 SRAP 和 ISSR 分析 [J]. 植物生理学报，48（8）：789-794.
肖熙鸥，王勇，李冠男，等．2012. 茄子种质资源的 ISSR 遗传多样性分析 [J]. 华南农业大学学报，33（3）：296-300.
肖蕴华，林柏青．1995. 茄子种质资源黄萎病抗性鉴定 [J]. 中国蔬菜（1）：32-33.
谢超，杨清，史策，等．2012. 野生茄子托鲁巴姆 StLTPa7 的克隆与分析 [J]. 中国农业科学，45（8）：1505-1512.
徐矿红，许文奎，穆欣，等．2002. 茄子抗青枯病基因 RAPD 标记的初步研究 [J]. 辽宁农业科学（5）：1-4.
杨建国，皮向红，陈惠明，等．2006. 茄子 ER300 抗青枯病遗传及在育种中的应用 [J]. 湖南农业大学学报：自然科学版，32（3）：277-279.
姚明华，徐跃进，李晓丽，等．2001. 茄子耐冷性生理生化指标的研究 [J]. 园艺学报，28（6）：527-531.
叶雪凌，周宝利．2013. 野生茄托鲁巴姆 LEA 蛋白基因的克隆与序列分析 [J]. 华北农学报，28（3）：30-34.
易金鑫，陈静华，高军，等．2000. 茄子种质资源抗黄萎病性评估 [J]. 江苏农业科学（6）：54-57.
易金鑫，侯喜林．2002. 茄子耐热性遗传表现 [J]. 园艺学报，29（6）：529-532.
易金鑫，杨起英．1997. 茄子亲本间数量性状遗传距离及其聚类分析 [J]. 江苏农业学报，13（1）：40-43.
郁继华，舒英杰，杨秀玲，等．2003. 茄子光合特性研究再探 [J]. 兰州大学学报：自然科学版，39（6）：81-84.
曾华兰，叶鹏盛，何炼，等．2008. 茄子品种资源抗黄萎病性鉴定评价 [J]. 西南农业学报，21（3）：655-658.
曾维华．2002. 茄子传入中国的时间 [J]. 文史杂志（3）：66-67.
张汉卿．1979. 茄子一代杂种的产量优势与遗传表现 [J]. 吉林农业大学学报（1）：20-24.
张明华．2014. 茄子高效再生和抗根结线虫 Bt *cry 6A* 基因转化的研究 [D]. 北京：中国农业科学院．
张伟伟，刘富中，张映，等．2014. 茄子生长素诱导基因 *SmIAA19* 的克隆和分析 [J]. 园艺学报，41（11）：2231-2240.
张兴国，刘元清，杨正安，等．2001. 茄子遗传转化体系的建立 [J]. 西南农业大学学报，23（3）：233-234.
张映，陈钰辉，张振贤，等．2011. 茄子甲硫氨酸亚砜还原酶（SmMsrA）基因 cDNA 全长的克隆和分析 [J]. 园艺学报，38 (8)：1469－1478.
张志忠，吴菁华，黄碧琦，等.2004. 茄子耐热性苗期筛选指标的研究 [J]. 中国蔬菜 (2)：4－7.
张仲保，张真，白秦安，等.1991. 茄子数量性状遗传研究 [J]. 园艺学报，18 (3)：251－257.
赵福宽，高遐虹，程继鸿，等.2001. 茄子花药低温胁迫培养及耐冷性诱导 [J]. 中国蔬菜 (3)：7－9.
赵付江，申书兴，李青云，等.2008. 耐低氮茄子基因型的筛选 [J]. 植物遗传资源学报，9 (3)：375－377.
赵国余.1995. 茄子抗绵疫病的遗传 [J]. 北方园艺 (3)：8－9.
中国农业科学院蔬菜花卉研究所.1992. 中国蔬菜品种资源目录：第一册 [M]. 北京：万国学术出版社.
中国农业科学院蔬菜花卉研究所.1998. 中国蔬菜品种资源目录：第二册 [M]. 北京：气象出版社.
中国农业科学院蔬菜花卉研究所.2001. 中国蔬菜品种志：下册 [M]. 北京：中国农业科技出版社.
中国农业科学院蔬菜研究所.1987. 中国蔬菜栽培学 [M]. 北京：农业出版社.
周伟军.1992. 茄子同工酶与若干形态性状的遗传研究 [J]. 遗传学报，18 (5)：423－429.
朱华武，姚元干，刘志敏，等.2004. 茄子抗青枯病遗传规律研究 [J]. 湖南农业大学学报：自然科学版，30 (3)：288－289.
朱华武，姚元干，刘志敏，等.2005. 茄子抗青枯病基因的 RAPD 标记研究研究 [J]. 园艺学报，32 (2)：321－323.
庄勇，王述彬，等.2009. 喀西茄，抗病基因同源序列的分离与分析 [J]. 分子植物育种，7 (6)：1223－1228.
邹克琴，张银东，王金宇，等.2001. 几丁质酶和抗菌肽 D 双价基因转化茄子的研究 [J]. 热带作物学报，22 (2)：57－61.
Abak K，Güler H Y. 1994. Pollen fertility and the vegetative growth of various eggplant genotypes under low temperature green-houses conditions [J]. Acta Horticulturae，366：85－91.
Agnieszka sekara，Stanislaw cebula，Edward kunicki，et al. 2007. cultivated eggplant-origin，breeding objectives and genetic resources a review [J]. Folia Horticulturae，19 (1)：97－114.
Analía Concellóna，María J Zaroa，Alicia R Chavesa，et al. 2012. Changes in quality and phenolic antioxidants in dark purple American eggplant (*Solanum melongena* L. cv. Lucía) as affected by storage at 0 ℃ and 10 ℃ [J]. Postharvest Biology and Technology，66：35－41.
Arpais S，Mennella G，Onofaro V，et al. 1997. Production of transgenic eggplant resistant to Colorado Potato Beetle [J]. Theoretical and Applied Genetics，95：329－334.
Arumuganathan K，Earle E. 1991. Nuclear DNA content of some important plant species [J]. Plant Molecular Biology Reporter，9 (3)：208－218.
Bailey L H. 1892. The behaviour of some eggplant crosses [J]. New York (Cornell) Sta. Bull，49：338－345.
Bailey L H，W M Munson. 1891. Experiences with eggplants [J]. New York (Cornell) Sta. Bull，26：20.
Barchi L，Lanteri S，Portis E，et al. 2010. Segregation distortion and linkage analysis in eggplant (*Solanum melongena* L.) [J]. Genome，53 (10)：805－815.
Billings S，Jelenkovic G，Chin C K，et al. 1997. The effect of growth regulators and antibiotics on eggplant transformation [J]. Journal of the American Society for Horticultural Science，122 (2)：158－162.
Cao Bihao，Lei Jianjun，Wang Yong，et al. 2009. Inheritance and identification of SCAR marker linked to bacterial wilt-resistance in eggplant [J]. African Journal of Biotechnology，8 (20)：5201－5207.
Collonnier C，Fock I，Kashyap V，et al. 2001. Applications of biotechnology in eggplant [J]. Plant Cell Tissue and Organ Culture，65：91－107.
Dasgan H Y，Özdogan A O，Abak K. 1997. Comparison of honeybees (*Apis mellifera* L.) and bumblebees (*Bombus terrestris*) as pollinators for melon (*Cucumis melo* L.) grown in greenhouses [J]. First International ISHS Symposium on Cucurbits，Acta Horticulturae，492：131－134.
Demir K，Bakır M，Sarşkamş G，et al. 2010. Genetic diversity of eggplant (*Solanum melongena*) germplasm from Turkey assessed by SSR and RAPD markers [J]. Genetics and Molecular Research，9 (3)：1568－1576.
Doganlar S，Frary A，Daunay M C，et al. 2002. A comparative genetic linkage map of eggplant (*Solanum melongena*) and its implications for genome evolution in the Solanaceae [J]. Genetics，161：1697－1711.
Donzella G，Spena A，Rotino G L. 2000. Transgenic parthenocarpic eggplants：superior germplasm for increased winter

production [J]. Molecular Breeding, 6: 79 - 86.

Dris R, Pessarakli M M. 2003. Eggplant Cultivation, Growth and Fruit Production [M]//R Dris. Vegetable Crops.

Farooqui M A, Rao A V, Jayasree T, et al. 1997. Induction of atrazine resistance and somatic embryogenesis in *Solanum melongena* [J]. Theoretical and Applied Genetics, 95: 702 - 705.

Fukuoka H, Yamaguchi H, Nunome T, et al. 2010. Functional annotation, and comparative analysis of expressed sequence tags in eggplant (*Solanum melongena* L.), the third pole of the genus *Solanum* species after tomato and potato [J]. Gene, 450 (1 - 2): 76 - 84.

Guri A, Sink K C, 1988. Interspecific somatic hybrid plants between eggplant *Solanum melongena* L. and *Solanum torvum* [J]. Theoretical and Applied Genetics, 76: 490 - 496.

Hossain M M. 2002. Performance of some grafted eggplant genotypes on wild Solanum root stocks against root-knot nematode [J]. OnLine Journal of Biologicals Sciences, 2 (7): 446 - 448.

Jasmin J J. 1954. Male sterility in *Solanum melongena* L. preliminary report on a functional type of male sterility in eggplant [J]. Proceedings of the American Society of Horticultural Science, 63: 443.

Jinks J L. 1955. A survey of the genetic basis of heterosis in a variety of diallel crosses [J]. Heredity, 9 (2): 223 - 238.

Julio E Muōoz-Falcónl, Jaime Prohens, Santiago Vilanova, et al. 2009. Distinguishing a protected geographical indication vegetable (*Almagro eggplant*) from closely related varieties with selected morphological traits and molecular markers [J]. Journal of the Science of Food and Agriculture, 89 (2): 320 - 328.

Kashyap V, Vinod Kumar S, Collonnier C, et al. 2003. Biotechnology of eggplant-review [J]. Scientia Horticulturae, 97: 1 - 25.

Kumar P A, Mandaokar A, Sreenivasu K, et al. 1998. Insect-resistant transgenic brinjal plants [J]. Molecular Breeding, 4 (1): 33 - 37.

Mutlu N, Boyaci F H, Göcmen M, et al. 2008. Development of SRAP, SRAP-RGA, RAPD and SCAR markers linked with a Fusarium wilt resistance gene in eggplant [J]. Theoretical and Applied Genetics, 117: 1303 - 1312.

Nunome T, Ishiguro K, Yoshida T, et al. 2001. Mapping of fruit shape and color development traits in eggplant (*Solanum melongena* L.) based on RAPD and AFLP markers [J]. Breeding Science, 51: 19 - 26.

Nunome T, Negoro S, Kono I, Kanamori H, et al. 2009. Development of SSR markers derived from SSR-enriched genomic library of eggplant (*Solanum melongena* L.) [J]. Theoretical and Applied Genetics, 119 (6): 1143 - 1153.

Odland M L, Noll C J. 1948. Hybrid vigor and combining ability in eggplants [J]. Proceedings of the American Society of Horticultural Science, 51: 417 - 22.

Pessarakli M M, Dris R. 2004. Pollination and breeding of eggplants [J]. J. New Seeds, 2 (1): 218 - 219.

Prabhavati V, Yadav J S, Rajam M V. 2002. Abiotic stress tolerance in transgenic eggplant by introduction of bacterial mannitol phosphodehydrogenase gene [J]. Molecular Breeding, 9: 137 - 147.

Puig A, Perez-Munuera, Carcel J A, et al. 2012. Moisture loss kinetics and microstructural changes in eggplant (*Solanum melongena* L.) during conventional and ultrasonically assisted convective drying [J]. Food and Bioproducts Processing, 90 (4): 597 - 874.

Rahman M A, Rashid M A, Salam M A, et al. 2002. Abiotic stress in transgenic eggplant (*Solanum melongena* L.) by introduction of bacterial mannitol phosphodehydrogenase gene [J]. Molecular Breeding, 9 (2): 137 - 147.

Rotino G L, Arpais S, Iannacone R, et al. 1992. *Agrobacterium* mediated transformation of *Solanum* spp. Using a Bacillus thuringiensis gene effective against coleopteran [M] //Proceedings of the Eighth Meeting on Genetics and Breeding of *Capsicum* and Eggplant. Rome, Italy: 295 - 300.

Rotino G L, Perri E, zottini M, et al. 1997. Genetic engineering of parthenocarpic plant [J]. Nature Biotech, 15 (13): 1389 - 1401.

Sarvayya Ch V. 1936. The first generation of an interspecific cross in Solanums between *Solarium melongena* and *S. xanthovarpum* [J]. Madras Agric. Jour, 24 (7): 139 - 142.

Sidhu A S, Bal S S, BeheraT K, et al. 2005. An outlook in hybrid eggplant breeding [J]. J. New Seeds, 6 (2): 15 - 29.

Stàgel A, Portis E, Toppino L, et al. 2008. Gene-based microsatellite development for mapping and phylogeny studies in eggplant [J]. BMC Genomics, 9: 357 - 364.

Sunseri F, Sciancalepore A, Martelli G, et al. 2003. Development of RAPD-AFLP map of eggplant and improvement of tolerance to Verticillium Wilt [J]. Acta Horticulturae, 625: 107 - 110.

Swarup V. 1995. Genetic resources and breeding of aubergine (*Solanum melongena* L.) [J]. Acta Horticulturae, 412: 71 - 79.

Theresa M, Fulton, Julapark Chunwongse. 1995. Microprep protocol for extraction of DNA from tomato and other herbaceous plants [J]. Plant Molecular Reporter, 13 (3): 207 - 209.

Tümbilenl Y, Fraryl A, Mutlu S, et al. 2011. Genetic diversity in Turkish eggplant (*Solanum melongena*) varieties as determined by morphological and molecular analyses [J]. International Research Journal of Biotechnology, 2 (1): 16 - 25.

Wu F, Eannetta N, Xu Y, et al. 2009. A detailed synteny map of the eggplant genome based on conserved ortholog set Ⅱ (COSⅡ) markers [J]. Theoretical and Applied Genetics, 118 (5): 927 - 935.

第二十五章

马 铃 薯 育 种

普通栽培马铃薯（*Solanum tuberosum* L.）是茄科（Solanaceae）茄属中能形成地下块茎的一年生草本植物。在我国别名土豆、山药蛋、洋芋、地蛋、荷兰薯、爪哇薯等。染色体数 $2n=4x=48$。马铃薯原产于秘鲁和玻利维亚等国的安第斯山脉高原地区，据考古学研究，早在 8 000～10 000 年前当地的古印第安人开始驯化和栽培马铃薯。自从 16 世纪西班牙和英国的探险家分别从中南美洲将马铃薯带回本国种植后，18 世纪后才在世界各地广泛种植。据推测，我国的马铃薯栽培始于 16 世纪末至 17 世纪初的明朝万历年间。马铃薯在我国各个生态区域都有广泛种植，尤其在华北北部、东北及西部贫困地区和边远山区种植面积更大，对缓解我国粮食安全压力和消除地区性贫困起到重要作用。马铃薯营养丰富，含有人体必需的全部七大类营养物质，具有小麦和稻米中没有的胡萝卜素，块茎中营养结构有益健康，脂肪含量低，蛋白质含量高（接近于大豆蛋白），富含膳食纤维，每 100 g 可食用部分含水分 78 g，碳水化合物 18.5 g，粗蛋白 2.1 g，维生素 C 20 mg，钾 342 mg。

第一节　育种概况

一、马铃薯分布与利用

（一）全球马铃薯分布与利用

马铃薯是粮、菜、饲和工业原料兼用的主要农作物，由于其适应性广、丰产性好、营养丰富和经济效益高，成为继水稻、小麦和玉米后的世界第四大粮食作物。马铃薯也是大宗蔬菜作物，在调整食物结构、平衡膳食营养方面具有重要地位。近 10 年来，马铃薯在世界五大洲的 150 多个国家和地区广泛种植，种植面积稳定在 1 900 万 hm^2 左右，总产量保持在 3.4 亿～3.8 亿 t，成为世界最大的非谷物类食品，亚洲种植面积占世界种植面积的 50%以上、欧洲的种植面积占世界总面积的 30%，其中中国、俄罗斯、乌克兰、印度四大马铃薯生产国种植面积约占世界的 60%，而马铃薯的起源地南美洲种植面积仅占世界马铃薯种植面积的 5%（FAO，2014）。1960 年后，欧洲马铃薯种植面积呈下降的趋势，亚洲马铃薯种植面积的增加幅度较大，美洲大陆种植面积相对较稳定。因此，就全球而言，马铃薯的种植面积稳中有降；就发展程度而言，发达国家马铃薯产量呈缓慢下降趋势，而发展中国家产量则呈大幅度上升趋势，1991—2007 年几乎增加 1 倍。随着发展中国家人口的增加，以马铃薯在解决粮食危机和经济发展问题中具有的独特优势，亚洲、非洲和中南美洲还将成为世界发展马铃薯的重点区域。

由于历史和传统习惯的不同，各国对马铃薯的加工利用不同，人均消费量也各不相同。主要表现为：大部分马铃薯作为人类的食物或动物的饲料利用，前者约占马铃薯总产量的54%，后者约占19%，剩余的部分种薯占12%、加工（主要指淀粉加工）占8%、其他占7%，但发展中国家与发达国家消费比例差异较大。目前世界人均马铃薯占有量为50 kg左右，人均食用量约为32 kg，发达国家人均消费量达74 kg，而发展中国家人均消费量只有14 kg。从洲际来看，欧洲人均消费86 kg，北美洲为63 kg，大洋洲为47 kg，南美洲为24 kg，亚洲为14～15 kg，非洲只有8 kg。

（二）中国马铃薯分布与利用

马铃薯在中国已有400多年的栽培历史，其种植几乎遍及全国的各个省、自治区、直辖市，已成为我国的第四大粮食作物，常年栽培面积在540万 hm^2 以上（FAO，2011—2014），总产量9 500万 t以上。据FAO统计，2014年中国马铃薯栽培面积为565万 hm^2，总产量9 609万 t，占全球种植面积的29%、亚洲种植面积的56%以上。当前中国马铃薯单产略低于世界平均水平，维持在17 t/hm^2 左右。马铃薯在我国各地均有栽培，分布极广，尤其在北方冷凉地区和西南山区种植面积很大。我国马铃薯栽培区域可划分为北方一季作区、中原二季作区、南方冬作区和西南一二季作垂直分布区等，其中北方一季作区和西南一二季混作区为主产区，分别占全国总面积的48%和37%，是我国主要的种薯产地和商品薯产地，中原二季作区和南方冬作区各占总面积的10%和5%，为我国早、中熟的菜用薯产地，产量高效益好。我国各省份中，常年栽培面积在66.67万 hm^2 以上的有四川、甘肃和贵州，33万 hm^2 以上的有内蒙古、云南、重庆和陕西，13.33万 hm^2 以上的有黑龙江、湖北、山西、河北和山东。

中国是世界上最大的马铃薯消费国家，主要用作蔬菜、粮食、饲料和加工原料，根据国家马铃薯产业技术体系调研，中国年人均马铃薯消费44 kg左右，全国马铃薯总产量的61%用于蔬菜、粮食和少部分用于饲料，16%左右用于淀粉、粉皮、粉丝、粉条、全粉、薯片和薯条等加工，12%左右用于种薯，贮藏、浪费等损失大约10%以上，出口占0.4%。中国马铃薯加工正由初级的作坊式粗加工向规模化精深加工转变。据中国食品加工协会统计，2014年加工薯条28.3万 t、全粉27.65万 t、鲜切薯片和复合薯片分别为40万 t和25万 t，淀粉45万 t，共消耗原料约672万 t。

二、国外马铃薯育种简史

马铃薯栽培种可能起源于南美洲的秘鲁和安第斯山麓智利沿岸及玻利维亚等地，这里地形和气候变化丰富，既有多雨的山地、阴密的丛林、高海拔寒冷的高原，也有高温干旱的沙漠。在不同自然选择压力下，该地区形成了丰富的遗传变异。早在10 000年以前，高原上印第安人为了获得马铃薯的丰收，通常把那些结薯集中、色泽鲜艳、芽眼较深、没有苦味的大块茎作为祭品奉献给神灵，祈求神降丰年，这些无意识的选择使得马铃薯的某些性状朝着有益于人类的方向变化，经过千百年的积累，野生马铃薯逐步向栽培植物进化。

16世纪末，西班牙殖民者把马铃薯四倍体栽培种从美洲带到欧洲，为了适应当地长日照的条件，一些能在长日照下结薯的材料保留下来，形成了现在广泛种植的马铃薯普通栽培种。此外，在种植过程中，人们有意识地采集天然实生种子，并种植筛选，以获得优良的株系，这便是最早的育种。据记载，1730年爱尔兰已有5个马铃薯品种，德国在1749年也有5个品种，而到1777年德国马铃薯品种则增加到40个。有文字记载的马铃薯杂交育种开始于1807年，由英国人 Knight. T. A. 首开先河，开始马铃薯育种工作，但当时并未得到认可和普及，人们仍沿袭天然实生种子后代筛选。1851年，一个特别的智利普通栽培种品种 Rough Purple Chile 通过巴拿马引种到美国，与欧洲品种杂交，后代表现突出，这引起了广泛关注，由此杂交育种开始被广泛利用，至今仍是全世界的最主要育种方法。该品种的后代在育种中被广泛利用，先后选育出 Garnet Chile、Russet burbank、Early rose、Triumph 等著名马铃薯品种。

1845—1846 年，由于马铃薯晚疫病流行，使得欧洲马铃薯育种面临重大挑战，19 世纪下半叶，马铃薯癌肿病在欧洲发生，从而进一步威胁欧洲马铃薯的生产，使得育种工作更加复杂化，并促使马铃薯育种者不得不开始寻求新的途径和方法，以抵抗几种主要病害的威胁。这个时期的马铃薯抗病育种大致可分为 3 个阶段：第一阶段为 1850—1909 年，科学家开始有针对性地从野生种中选择优良种质与栽培种杂交，如 1850 年欧洲人将从南美和墨西哥引进的野生种与栽培种进行了杂交试验，但由于所选用的野生种育性较差，试验进展缓慢。第二阶段为 1910—1924 年，欧洲和美洲的育种者开始研究野生种的抗病力与遗传特性，并试图向栽培种转移，但由于缺乏分类学与细胞学的知识，未能培育出高抗的新型马铃薯品种。第三阶段从 1925 年开始，随着全球范围内的马铃薯种资资源考察的展开，科学家在广泛搜集整理马铃薯种质资源的基础上，通过广泛的国际合作，并深入开展了马铃薯的遗传学研究，充分利用茄属马铃薯组各野生种与栽培种进行杂交，扩大马铃薯抗性资源来源，获得了一批优异的亲本类型，在此期间，欧洲及世界各国在种间杂交的基础上育成了大量的优良品种。

三、中国马铃薯育种简史

中国的马铃薯育种经历了国外引种鉴定、品种（系）间杂交、种间杂交到现代生物技术与常规育种结合的过程。马铃薯品种选育与改良工作到 20 世纪 30 年代后期才开始。20 世纪 40 年代，中国开始了马铃薯品种引种鉴定推广工作，由前南京中央农业实验所管家骥先生从美国引入部分品种，通过鉴定选出火玛（Houma）、西北果（Sebago）、七百万（Chippewa）和红纹白（Red warba）4 个品种，并在四川、贵州、陕西等省推广。后来又先后从东欧国家引进了疫不加（Epoka）、米拉（Mira）、阿奎拉（Aquila）、白头翁（Anemone）等品种，这些引进的品种成为当时的主栽品种，在生产上大面积应用，其中米拉（Mira）至今在中国中西部地区仍有大面积种植。

利用引进的马铃薯资源和前期筛选得到的优良材料，在 20 世纪 50 年代中后期，杨洪祖先生从美国农业部引入了 35 个杂交组合的实生种子，在四川省成都市播种培育杂种实生苗，并最后选出了多子白（292－20）、巫峡等品种。到 20 世纪 60 年代末，各育种单位也相继选育出了自己的品种。由于该阶段马铃薯育种主要是为了解决当时生产上马铃薯晚疫病大流行和民众的温饱问题，因而育种目标以抗晚疫病和提高产量为主，先后育成了虎头、跃进、晋薯 2 号、渭薯 2 号，以及乌盟系列、克新系列、高原系列等一批抗病品种，显著地减轻了晚疫病的危害，提高了马铃薯的单产。随着大量品种资源的引入和育成品种的增加，生产上应用推广大幅度增加，由于缺乏种薯生产和质量控制体系，不同品种携带的多种病毒在生产上被广泛传播或交互感染，病毒危害日趋严重，引起种薯退化。针对这一问题，70 年代开展了以抗病毒为主的杂交育种工作，选育出了一批晚疫病田间抗性较强，且病毒病抗性较好的中晚熟品种，如坝薯 8 号、克新 10 号、克新 11、陇薯 1 号、高原 7 号和中熟品种新芋 4 号等，以及抗病毒病的早熟及中早熟品种郑薯 2 号、郑薯 4 号、呼薯 4 号和坝薯 9 号等。到 1983 年，中国共育成 93 个马铃薯品种，这些品种对当时中国的马铃薯生产起到了重要的作用。但由于当时育种材料的缺乏，使得杂交亲本来源单一、遗传背景狭窄、遗传基因多态性差（没有突破 *S. tuberosum* ssp. *tuberosum* 的种质范围），育成的所有品种几乎都与卡它丁（Katahdin）、多子白、疫不加（Epoka）、米拉（Mira）、白头翁（Anemone）、紫山药（Schwalbe）、小叶子有关，其中含这7个亲本血缘的品种有67个，占所育成品种的71%。具有这7个亲本血缘品种的比例分别为卡它丁，43%；多子白，28%；疫不加，20%；米拉，10%；紫山药，8%；白头翁，6%；小叶子，9%。

1983—1990年，由于马铃薯育种资源的缺乏，仅育成31个品种，育成品种数目很少，且审定品种层次较低，没有国家级审定品种。但这一时期，中国开始了马铃薯资源的大量引进，为后期的育种打下了较好的基础。20世纪80年代初，东北农业大学等单位从加拿大和国际马铃薯中心（International Potato Center，CIP）引入的多代轮回选择的安第斯亚种（*S. tuberosum* ssp. *andigena*）实生种子，并进行了4～6代的轮回选择，获得了一批综合性状优良、具有良好配合力的无性系材料。利用这些亲本与原有骨干亲本杂交，育成了一些高产、高淀粉和高抗晚疫病的品种。这一时期除兼顾对主要病毒抗性和高产的选择外，重视了对早熟、鲜用和出口、高淀粉和食品加工等专用型品种的选育。

1991—2000年，随着资源的引进利用，使得亲本遗传背景有所改善。同时，利用一些优良的自交系或无性系变异材料，获得了一些优良的品种或亲本。这一时期，中国马铃薯育种虽然取得了较好的成绩，新资源的引入也较多，但由于大量使用上一时期育成品种作为亲本，使得审定品种的遗传基础狭窄的情况未见明显好转。在育种技术方面，除杂交外，还注重利用自交、回交、体细胞变异等技术创造优良的亲本或品种，如在利用2*n*配子的倍性育种方面也取得了重要进展，获得一大批二倍体、四倍体和二倍体后代中间材料，并育成了新品种中大1号。此外，生物工程技术于这一时期开始在中国马铃薯种质资源创新方面得到应用，如细胞工程技术应用于马铃薯的倍性操作上，将一些优良的栽培种降为二倍体和单倍体，同时利用发根农杆菌创造变异获得了Burbank的变异株（甘农薯1号的母本）。该阶段育种目标主要还是以提高产量为主，兼顾加工性状，育成品种以鲜食品种为主，同时开始加强了加工品种和具有优良加工性状的种质资源（如ND860-2、W2等）的引进，并有针对性地配制了一些杂交组合。在抗性育种方面，晚疫病抗性除了利用来自于落果薯（*S. demissum*）的垂直抗性外，还增加了*S. tuberosum* ssp. *andigena*的水平抗性；马铃薯抗病毒资源的引进筛选与杂交配组工作也在此阶段开始进行。

2001年至今，随着中国马铃薯育种进程加快，育成的品种数量迅速增加，共审定了中薯、克新、冀张薯、晋薯、川芋、鄂马铃薯、春薯、郑薯、陇薯、青薯、宁薯、东农和云薯等系列新品种和其他品种近300个。这个时期中国马铃薯种质资源库进一步扩大，育种亲本多元化，除了国内育成品种成为越来越重要的亲本外，新型栽培种、CIP资源和欧美引进品种在育种中占重要地位，2012年前育成的379个审定品种中，含北美亲本血缘的占13.7%，含欧洲亲本血缘的占35.9%，含国际马铃薯中心亲本血缘的占17.9%。除马铃薯普通栽培种（*S. tuberosum*）、新型栽培种（Neo-tuberosum）外，还开始利用二倍体栽培种*S. phureja*和野生种恰柯薯（*S. chacoense*）、*S. hjertingn*等的优良性状。该阶段Neo-tuberosum得到广泛应用，育成了20多个具有广泛适应性的品种。同时，从CIP引进的马铃薯晚疫病水平抗性资源材料或杂交组合实生籽也得到广泛重视，利用这些材料育成了近20个晚疫病抗性较持久的品种。该阶段，中国马铃薯抗病毒育种、加工专用品种的选育及马铃薯青枯病抗性资源的创造和品种选育也取得了较大进步，获得了一些具有抗性较强的品种和加工专用品种，尤其是在食品加工品种的选育上取得突破，如炸片品种尤金、春薯5号、东农305、中薯10号和中薯11，炸条品种冀张薯4号、冀张围薯9号、鄂马铃薯3号等，其中中国农业科学院蔬菜花卉研究所育成的中薯10号和中薯11为中国首先通过国家级审定的炸片加工用品种。在这一时期，育种技术也日趋全面和完善，利用体细胞融合技术、2*n*配子技术、花粉培养、孤雌生殖、染色体加倍和转基因等技术，将原始栽培种和野生种中优良的性状转移到普通栽培种。在育种后代的选择方面，分子标记辅助选择技术已经在病毒病抗性、青枯病抗性、晚疫病抗性、加工品种选育和品种多样性研究等方面得到了广泛应用。

四、中国马铃薯育种现状

（一）品种类型和育种目标

按生育期不同，马铃薯品种可分为极早熟、早熟、早中熟、中熟、中晚熟、晚熟和极晚熟品种；按用途不同可分为鲜食（粮用、菜用和饲用）、加工（淀粉加工、全粉加工和油炸食品加工）和其他用途品种。马铃薯是我国重要的粮、菜、饲兼用作物，还是食品加工和工业生产中的重要原料，我国育成的马铃薯专用型品种主要有以下几类：鲜薯食用和鲜薯出口品种，炸片炸条加工专用品种，全粉、淀粉加工用品种等。

原则上，高产、稳产、抗病、耐贮和优质是最重要的育种目标，品种的专用品质好、薯形好、芽眼浅、早熟、高产、抗病抗逆是重点。育种目标因生态区域和市场需求不同而不同，不同生态区域有不同的育种目标和市场。

（二）品种选育和应用

据不完全统计，目前中国从事马铃薯育种的单位有 30 多个。据估计，国家马铃薯资源库和各育种单位共保存了 4 000 多份（次）种质资源，多个单位评价鉴定了 2 000 多份资源，筛选出许多抗病、抗旱、耐冻和品质优良的育种材料，并开展了重要性状遗传研究、基因定位和分离、分子育种等研究，建立了块茎品质、抗病抗逆等重要性状的鉴定评价技术，利用 11 对 SSR 引物，已经构建了我国 217 个审定品种的分子遗传指纹图谱，能够将这 217 个品种完全区分。随着我国经济发展和对科研投入的增加，马铃薯育成品种数量显著增加，到 2014 年共育成了约 450 个品种。

我国生产上大面积应用的第一代品种是从欧美引进的品种“经自然和人工的定向选择”，部分品种成了适应当地条件的地方品种，如云贵川的河坝洋芋、甘肃青海的深眼窝、华北的广灵里外黄、川陇青陕的乌洋芋、南方冬作区的信宜红皮和广泛分布在全国各地的粉山药、紫山药、大名红和早土豆等。20 世纪 50 年代，从苏联和东欧引进的材料中筛选的米拉、疫不加和阿奎拉等 3 个晚熟品种和早熟品种白头翁等成为 20 世纪 60 年代和 70 年代的主栽品种，实现了品种的第一轮更换。20 世纪 60 年代后期育成和推广了自主育成审定的新品种虎头、跃进和晋薯 2 号等几十个抗晚疫病高产的品种，20 世纪 70～80 年代，推广了引进品种费乌瑞它、卡迪纳、底西芮和中心 24 等，同时 20 世纪 70 年代育成和推广了坝薯 8 号、克新 1 号和高原 7 号等中晚熟品种，以及郑薯 2 号、郑薯 4 号和坝薯 9 号等早熟品种，实现了品种的第二轮更换。20 世纪 80 年代和 90 年代，极早熟新品种东农 303、中薯 2 号、郑薯 5 号、郑薯 6 号和川芋早等在生产上大面积应用，同时筛选出引进品种大西洋、夏波蒂、阿格瑞亚和斯诺登等加工专用品种和冀张薯 5 号、抗疫白等鲜食品种应用于生产，到 2000 年左右，实现了品种的第三轮更换。2000 年后开始进行专用新品种和早熟新品种等专用型品种选育，育成新品种 200 多个，2013 年，全国种植面积 3 333.33 hm^2 以上的品种 118 个，包括 6～10 个国外引进品种。

（三）存在的问题

1. 种质资源改良滞后，野生资源利用进展缓慢　中国现有育成品种的亲本基本上是 20 世纪 50～60 年代引自欧洲的四倍体栽培品种，亲缘关系近。虽然已经从各国引进了大批资源，从“七五”攻关开始就提出资源创新，“九五”攻关专攻资源创新，但由于缺乏系统、长远的研究目标，种质资源改良和野生资源应用研究尚未深入系统地开展，不能满足育种的需要。近年来，虽然从国外引进了不少马铃薯资源，但由于技术和财力等方面的原因，资源引进后缺乏广泛的鉴定，对其相关生物学特征、适应性等缺乏足够的了解，使得优良资源利用缓慢，资源的创新也就更少了。

2. 育种目标雷同，重复工作较多 我国马铃薯育种单位缺乏分工和侧重，使得各育种单位间鲜有差别，因重复劳动而再次造成人员与财力不必要的浪费，从而影响了育种手段和技术的改善和相关特色资源创新的步伐。此外，由于长期以来我国马铃薯育种以高产、抗病为主要目标，也造成了现在加工专用型早熟品种稀缺，难以满足当前马铃薯生产需求。

3. 育种规模偏小 据统计，一个新品种的育出概率是二十万分之一，一个重要新品种的育出概率是百万分之一。但我国由于经费与杂交技术限制，育种规模偏小，组合配制盲目，杂交组合偏少，遗传变异范围小，实生苗群体小，使得选择的材料价值偏低，突破性品种出现概率较低。

4. 缺乏必要的辅助手段，育种效率较低 马铃薯重要的抗性和品质性状较多，部分性状鉴定需要有良好的设备和较高的技术水平，使得一个单位完成所有性状鉴定的难度加大，这就需要不同优势单位间形成必要的合作。但在我国，由于育种单位特色的缺乏，育种单位对于育种技术和相关条件投入较少，无法形成对某个和几个重要性状具有较强鉴定实力的单位，也就无法形成相应合作，使得选择效率偏低。

（四）发展趋势与对策

首先，要针对消费市场的多元化需求、马铃薯产业的快速发展和种植业结构的重大调整及不同的生态条件等明确育种目标，选育聚合多种优异性状的优质专用型品种。其次，鲜薯食用品种依然是我国育种的主要目标，特别是早熟鲜食和鲜薯出口品种能显著提高种植者的经济收入，这还将在今后很长一段时间内占主导地位。第三，我国的马铃薯加工业正在蓬勃发展，适应我国栽培生态条件的加工品种选育也需要得到加强。第四，重视马铃薯种质资源的搜集和改良，应用多种技术，将各种种质的特异优良基因转育到综合农艺性状优良的育种材料中，创造综合多种优良性状和抗病性的种质资源，并有效地应用于育种中，提高育种效率和水平。第五，重视育种基础理论和高效育种技术的研究，加强常规育种与现代生物技术结合，有针对性地对不同的育种目标性状采用不同技术，建立高效育种技术平台，提高育种效率，加速新品种选育进程。

第二节　马铃薯种质资源与品种类型

一、起源、进化与分类

（一）马铃薯的起源

关于栽培种马铃薯的起源，目前共有两种假说，即多起源假说和限制性起源假说。多起源假说认为马铃薯地方品种的最大多样性集中在两个与独立驯化事件相关的不同的中心：一是秘鲁和玻利维亚高原，二是智利南部区域。限制性起源假说认为马铃薯是从南美洲哥伦比亚和玻利维亚之间某个地方的二倍体野生种驯化而来的，随后发生多倍化。栽培种马铃薯起源的问题还没有完全解决，可能需要搜集更多样本数据进行进一步研究。

科学的考证发现，马铃薯主要分布在秘鲁的中北部到玻利维亚中部之间及墨西哥中部的高地（Hijmans 和 Spooner，2001），形成两个起源中心，一个是以秘鲁和玻利维亚交界处的 Titicaca 湖盆地为中心地区，包括从秘鲁经玻利维亚到阿根廷西北部的安第斯山区及乌拉圭等地，栽培种都分布在该中心，以二倍体种居多，且该区域的野生种也只有二倍体，原始二倍体栽培种窄刀薯（*S. stenotomum*）在该起源中心的密度最大。另一个起源中心是中美洲和墨西哥，分布着具有不同倍性的野生多倍体种，虽然这里的野生种倍性复杂，但数量却较少，且没有发现原始栽培种。马铃薯野生种广泛分布于美洲大陆海拔 4 000 m 以下的地区，其中南美洲发现的野生种约占 81%，北美洲和中美洲发现的野生种约占 19%。马铃薯栽培种中的普通栽培亚种（*S. tuberosum* subsp. *tuberosum*）分布于智利南部，而安第斯亚种（*S. tuberosum* ssp. *andigena*）分布于南美的安第斯山地区，二倍体栽培种 *S. phureja* 广泛分布于秘鲁中部到厄瓜多尔、哥伦比亚和委内瑞拉，其他栽培种只分布在从秘鲁中部至玻利维亚中部的安第斯高山地区。

（二）马铃薯的传播

最古老的马铃薯化石距今约 10 000 年。秘鲁利马考古资料表明，印第安人栽培马铃薯历史约有 8 000年，而且早在公元前 2800—前 2000 年就有大量绘有马铃薯图案或马铃薯形状的古代陶器出现。虽然马铃薯从南美洲传播出来的历史只有 400 多年，但已广泛分布到全世界 150 多个国家和地区。马铃薯在 16 世纪通过两条路线传入欧洲，一条路线是约在 1551 年西班牙人将马铃薯带到了西班牙，并由西班牙传播到欧洲大部分国家及亚洲的一些国家和地区；二是 1588—1593 年，马铃薯被引种到英格兰，并传入威尔士及北欧诸国，而后又引种至大不列颠王国所属的殖民地和北美洲。1583 年意大利引进马铃薯，罗马教廷的红衣主教同年将马铃薯引到比利时，1588 年传入奥地利，经繁殖后 1589 年引入德国。而瑞士人则从奥地利引入马铃薯块茎后，在 1600 年前后输入法国。虽然马铃薯于 17 世纪后期才传入俄国，但发展很快，到 19 世纪中叶俄国自己培育的品种种植面积已占全国马铃薯种植面积的一半。马铃薯虽然起源于美洲大陆，但直到 1621 年第一批栽培马铃薯才从英格兰引入北美洲，并在美国弗吉尼亚种植；1719 年爱尔兰向北美洲移民又将马铃薯带到美国，至今在美国的一些州还将其称为爱尔兰薯。马铃薯是从海路传入亚洲和大洋洲的，传播路线可能有 3 条：一路是在 16 世纪末至 17 世纪初由荷兰人将马铃薯传入新加坡、日本和中国台湾；第二路是 17 世纪中期西班牙人将马铃薯传到印度和爪哇等地；第三路是 1679 年法国探险者将马铃薯带到新西兰，此外还有英国传教士在 18 世纪将马铃薯引种到澳大利亚。

约在 16 世纪中后期，马铃薯从南北两路传入中国。一路是在明朝万历年间（1573—1619），由荷兰人从海路引入中国京津和华北地区。明代蒋一葵撰著的《长安客话》卷二《黄都杂记》中，记述北京地区种植马铃薯，并称之为土豆，说明 18 世纪中叶马铃薯在中国京津地区已有较广泛的种植。另一路从东南亚引种至中国台湾，而后传入福建、广东沿海各省份。《美国植物的传播》中记载中国马铃薯栽培历史时，引用了 1650 年到过中国台湾的一位船长的日记中有关马铃薯种植的描写。清康熙三十九年（1700）福建省《松溪县志》记载，康熙十八年（1679）县府曾号召民众种植马铃薯，说明当时马铃薯在该地广泛种植。

（三）马铃薯的分类与进化

所有马铃薯种都属于茄科（Solanaceae）茄属（*Solanum*）马铃薯组（section *Petota* Dumortier）植物，根据植物形态上的区别、结薯习性和其他特征，Hawkes 将马铃薯组分为无匍枝薯（*Estolonifera* Hawkes）亚组和马铃薯亚组（*Potatoe* G. Don）两个亚组。无匍枝薯亚组包括 9 个与结薯马铃薯种非常相近但不结薯或不产生匍匐茎的系（series），如 *Juglondifolia*、*Etuberosa* 等；而马铃薯亚组包括 226 个结薯马铃薯种，并以花冠形状和花瓣排列方式为依据，将相近的种合并为 19 个系，又将相近的系集合成大系（superseries），其中 9 个系归于五角星形花冠大系，10 个系归于轮状花冠大系。根据这个分类系统，栽培马铃薯种属于茄科茄属马铃薯亚属马铃薯组马铃薯亚组轮状花冠大系马铃薯系（series *Tuberosa*）。马铃薯系包含有 76 个野生种和 7 个栽培种。马铃薯属于多倍性作物，染色体基数 $n=12$，有二倍体（$2n=24$）、三倍体（$2n=36$）、四倍体（$2n=48$）、五倍体（$2n=60$）和六倍体（$2n=72$）等。在所有能结块茎的种中约有 74%为二倍体，有 11.5%为四倍体，其他倍性的种所占比例很少（表 25－1），其中二倍体种中包括了绝大多数的原始栽培种和野生种。与传统的分类不同，Spooner 等在总结可以用于野生种种别界限和相互关系鉴别的形态学、分子水平、可杂交程度和田间观察的大量数据之后，提出马铃薯可以分为 107 个野生种和 4 个栽培种，这相对于 Hawkes 提出的马铃薯划分为 228 个野生种和 7 个栽培种的分类学说发生了明显变化。

表 25－1 马铃薯野生种和栽培种在所属的系中倍性水平分布

（孙慧生，2003）

系号	系名	种的不同倍性水平数量				
		$2x$	$3x$	$4x$	$5x$	$6x$
Ⅰ	龙葵型系（*Morelliformia*）	1				
Ⅱ	球果系（*Bulbocastana*）	2				
Ⅲ	羽叶裂系（*Pinnatisecta*）	9				
Ⅳ	多腺系（*Polyadenia*）	2				
Ⅴ	孔目松系（*Commersoniana*）	1				
Ⅵ	旋卷叶系（*Circaefolia*）	3				
Ⅶ	木茎薯系（*Lignicaulia*）	1				
Ⅷ	奥尔莫斯薯系（*Olmosiana*）	1				
Ⅸ	永根生氏系（*Yungasensa*）	7				
Ⅹ	大顶裂叶系（*Megistacroloba*）	8				
Ⅺ	楔叶系（*Cuneoalara*）	2				
Ⅻ	锥形果系（*Conicibaccata*）	12		11		2
XIII	多鲑系（*Piurana*）	9		1		
XIV	羽翼叶系（*Ingifolia*）	1				
XV	马格利亚薯系（*Maglia*）	1				
XVI	马铃薯系（野生种）［*Tuberosa*（wild）］	66	2	7		1
	马铃薯系（栽培种）［*Tuberosa*（cultivated）］	3	2	1	1	
XVII	无茎系（*Acaulia*）		2	1		1
XVIII	长梗系（*Longipedicellma*）		1	6		
XIX	落果系（*Demissa*）				2	6
合计		129	7	27	3	10

注：无薯系和胡桃叶系除外。

马铃薯首先是在 Titicaca 湖至位于玻利维亚北部的 Poopo 湖之间的地带由印第安人驯化的。最早被驯化的马铃薯原始栽培种是窄刀薯（*S. stenotomum*），它起源于 7 000～10 000 年前的二倍体野生种 *S. leptophyes*。随着原始人类的进化，野生马铃薯也逐步向栽培植物进化。许多学者认为四倍体马铃薯是由染色体组差异很小的二倍体种的杂种，经染色体加倍而成为部分异源的同源四倍体。普通栽培马铃薯亚种（*S. tuberosum* ssp. *tuberosum*）的高度杂合和四体遗传特性增加了研究其进化和发现其祖先的难度。Nakagawa 等（2002）通过对核和叶绿体 DNA 进行 RFLP 分析后提出，最原始的四倍体马铃薯是从野生种打顶裂片种（*S. megistacrolobum*）或 *S. sanctae-rosae* 进化而来。Crib（1972）研究后认为安第斯亚种（*S. tuberosum* ssp. *andigena*）起源于窄刀薯（*S. stenotomum*）×稀毛薯（*S. sparsipilum*）的天然杂交后代的双二倍体。前苏联科学家布卡索夫认为，最早引入欧洲的马铃薯是起源于智利的普通栽培亚种，但 Hawkes 与 Woodcok 发现普通栽培种的双单倍体中有窄刀薯和稀毛薯的典型花冠特征，从而认为普通栽培亚种是安第斯亚种在智利或欧洲经过长日照选择的结果。Simmonds 将安第斯亚种在长日照条件下选择多代后，出现了与普通栽培亚种植物形态完全相似的新类型，即所谓的新型栽培种（Neo－tuberosum）。马铃薯野生种与栽培种种间的进化关系如图 25－1 所示。

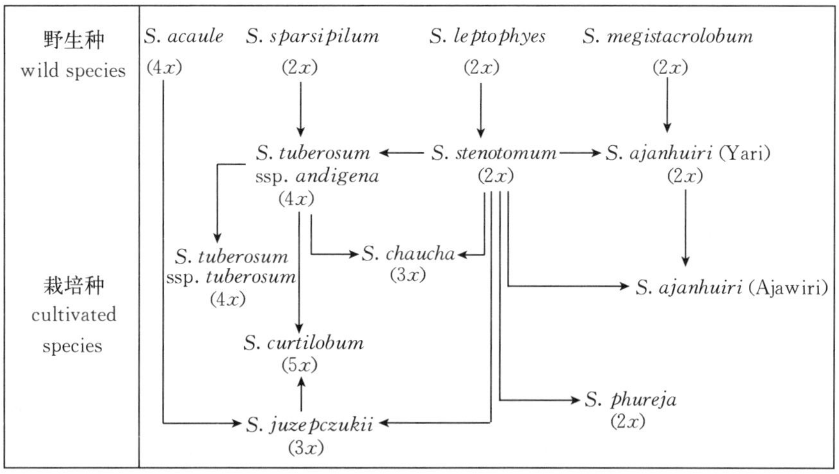

图 25－1　马铃薯栽培种及其倍性水平的进化关系

（Bradshaw 和 Mackay，1994）

二、马铃薯种质资源的研究与利用

（一）马铃薯重要野生种

马铃薯野生种十分丰富，已发现 21 个系，除马铃薯系包含 76 个野生种和 7 个栽培种，其他系均为野生种。它们中除了少数为四倍体种和六倍体种外，大多数为二倍体种，且多数自交不亲和，只有少数野生种可与普通栽培种杂交。如何将野生种的优良性状转育到普通栽培马铃薯品种中，对于克服普通栽培种遗传背景狭窄的问题具有十分重要的意义。虽然已经利用野生种和原始栽培种的优良性状育成了一些品种，目前仍有许多资源未被发现或挖掘，即使已经搜集到的资源也未能全面认识和利用，在育种上利用的仅是极少部分。现将主要马铃薯资源特性汇总介绍如下。

1. 无茎薯（*S. acaule*）　四倍体种，产于南美洲，植株矮生，呈莲座形，无主茎，小叶 3 对以上，花色淡蓝，花冠小，花瓣和花梗都很短，浆果多；块茎小，圆形，着生于长的匍匐茎上，结薯分散，宜用盆栽。该野生种的一些无性系对马铃薯 X 病毒（PVX）免疫，具有抗马铃薯 Y 病毒（PVY）、马铃薯卷叶病毒（PLRV）、疮痂病、黑胫病和癌肿病的资源株系，有些株系可耐－8～－7 ℃的低温；有些株系的淀粉含量高达 18%以上。该野生种胚乳平衡数（EBN）为 2，可直接与二倍体杂交，如与栽培种杂交时，需先将染色体加倍，利用这个种育成的品种有巴伯拉（Barbara）等。

2. 腺毛薯（*S. berthaultii*）　二倍体种，产于南美，叶片上有长和短两种腺毛，能黏住传毒介体如蚜虫等，使其失活，从而可以减少病毒传播。该种中部分材料块茎能抗低温糖化，是炸条和炸片加工的重要抗性资源，并以该种作为亲本，构建了遗传分离群体，完成了抗低温糖化相关 QTL 的定位分析；也有一些抗晚疫病、抗虫和抗线虫的资源。EBN 为 2，能与二倍体栽培种和四倍体的双单倍体杂交，部分株系能产生 2*n* 配子。

3. 球栗薯（*S. bulbocastanum*） 二倍体种，产于墨西哥。植株较高，节间长，无茎翼；单叶，叶片椭圆或披针形；花冠白色，花药短粗，浆果圆形。该野生种能够分离出对晚疫病具有水平抗性和垂直抗性的类型，并已从该种中克隆得到了一个马铃薯晚疫病广谱抗性基因 *RB*，通过细胞融合也已经将其抗性转移到了马铃薯四倍体种中。同时该种中也能分离得到抗 PVY 和马铃薯 S 病毒（PVS）、甲虫、二十八星瓢虫、南方根结线虫（*Meloidogyne incongnita*）及耐热的资源。该种 EBN 为 1。

4. 恰柯薯（*S. chacoense*） 二倍体种，植株较矮，小叶呈披针形，花冠白色，结圆形浆果，浆果绿色，上有白色斑点；在短日照条件下结薯，块茎白或黄色。该野生种能分离出抗 PVX、PVY、马铃薯 A 病毒（PVA）和 PLRV 的资源；也有抗青枯病、疮痂病、环腐病和黑胫病的资源。由于该种龙葵素生物碱含量高，因此能分离出一些抗马铃薯甲虫、金黄线虫、根结线虫和二十八星瓢虫的类型，还能分离出高淀粉和高蛋白质含量的资源。该野生种 EBN 为 2，能与二倍体种杂交，也可与四倍体种杂交，利用该野生种已经育成了一些抗 PVX 和抗 PLRV 的品种。国内研究者通过体细胞融合的方法已将该野生种的青枯病抗性转移到了四倍体栽培种中，并获得了一些青枯病抗性较高且综合农艺性状优良的亲本材料。

5. 落果薯（*S. demissum*） 六倍体种，产于墨西哥。植株呈莲座形或半莲座形，叶片窄小，小叶无柄；花冠小，呈蓝紫色，开花繁茂，花药小而整齐，鲜黄色，饱满花粉 90%以上。块茎小，皮光滑，白色；结薯分散，匍匐茎长可达 1 m 以上。该种是抗晚疫病育种中利用最早和最多的一个种，世界各国利用该野生种作亲本，育成了 200 多个品种。这个种除了能够分离出对晚疫病有水平抗性和垂直抗性的类型外，还具有抗癌肿病、疮痂病，抗 PVY、PVA、PLRV 及抗马铃薯甲虫的资源，也能分离出高淀粉、高蛋白质和耐霜冻的资源，部分株系可耐−5 ℃低温。落果薯 EBN 是 4，能与栽培品种直接杂交，一般作母本，后代继续与栽培种回交，可选育出抗病品种。

6. 小拱薯（*S. microdontum*） 二倍体种，植株高大有茎翼，叶片大，有单叶或 2～3 对小叶，顶小叶比侧小叶大，花白色。该野生种的一些无性系对 PVY 免疫，抗马铃薯 M 病毒（PVM）、PVA、PVS，对晚疫病具有水平抗性或垂直抗性，对癌肿病、金黄线虫、马铃薯甲虫和二十八星瓢虫有抗性，也能分离出抗青枯病的资源。EBN 为 2，能与二倍体栽培种杂交，也能通过 2*n* 配子与四倍体栽培种杂交。

7. 稀毛薯（*S. pinnatisectum*） 二倍体种，产于墨西哥中部。属于非浅裂叶类型，叶子深裂，有数对非常狭窄的线形小叶，最高可达 9 对。花冠有相当宽的花瓣，浆果圆球形。多分布在海拔 1 800～2 400 m 处。具有高抗晚疫病株系，能分离得到抗块茎蛾的资源。其染色体经加倍后，可与四倍体种杂交结实。

8. 匍枝薯（*S. stoloniferum*） 四倍体种，产于墨西哥，属于多形态种，植株不高，全被茸毛。叶细长而稀疏，花冠淡蓝紫色，花梗长，浆果圆球形。该野生种具有对 PVY 和 PVA 免疫的基因型，且这些抗性呈连锁遗传。该种也作为对晚疫病有田间抗性和干物质含量高的亲本，还可分离出抗疮痂病、黑胫病、癌肿病和抗二十八星瓢虫的资源。由于其 EBN 是 2，因此需先将其染色体加倍，才能与栽培品种杂交。利用该野生种育成了抗 PVY 和抗晚疫病的品种，如维加（Wega）等。

9. 芽叶薯（*S. vernei*） 二倍体种，植株高而繁茂，叶片大，具有 4～6 对卵圆形或披针形小叶，叶背有茸毛；花深紫色。该野生种可分离出对晚疫病具有水平抗性和垂直抗性的资源，也可分离出抗癌肿病、疮痂病、胞囊线虫和耐霜冻的类型。从该种中还分离得到了一些抗低温糖化的基因型，是选育炸片或炸条加工品种的重要资源；自交后代可分离出抗 PVY^C 和 PVY^N 的单株。该野生种与其他一些二倍体种很容易杂交，但需先将染色体加倍，才能与栽培种品种杂交，用该野生种作为亲本，英国育成 Argos 和 Redgem 等品种，其中 Argos 表现为高产，抗疮痂病（病原：*Streptomyces scabies*）和马铃薯金线虫 RO_1（*Globodera rostochiensis*），马铃薯白色胞囊线虫 PA_1、PA_2 和 PA_3（*G. pallida*）。Redgem 红皮白肉，高产，抗黑胫病（病原：*Erwinia carotovora* subsp. *atroseptica*）、晚疫病和马铃薯胞囊线虫。

（二）马铃薯栽培种

根据 Hawkes（1990）的分类检索系统，马铃薯有 7 个栽培种，包括普通栽培种和原始栽培种，都属于马铃薯系。

1. 阿江惠种（*S. ajanhuiri*）　$2n=2x=24$。该种可能是窄刀种与野生种大顶裂片种（*S. megistacrolobum*）之间的天然杂交种，与窄刀种有许多相似之处，但与之不同点是有萼片且小而规则，花小、蓝色呈五角形，花柄节很高和叶片挺立等。叶片有 5～7 对侧小叶和较多的二次小叶，块茎无苦味而食味好，耐寒性强。该种有两个类群（group）：Ajawiri 和 Yari，能分离出抗线虫株系。分布在秘鲁南部和玻利维亚北部海拔 3 800～4 200 m 的寒冷地带。

2. 窄刀种（*S. stenomum*）　$2n=2x=24$。窄刀种是最早栽培的二倍体种，可能是其他马铃薯栽培种的祖先，既可能通过杂交产生其他栽培种，如乔恰种、短叶片种、优杰普氏种和阿江惠种等，也可能通过自交或同源多倍化产生其他栽培种，如马铃薯四倍体栽培亚种，或在相同倍性上的进化趋异产生富利亚种等。其形态类型较多，主要特征是植株细小，叶片茸毛稠密且无光泽，小叶很窄，小叶数多达 7 对；晚熟，5～6 个月才能形成块茎，块茎长形或圆形，芽眼深，薯皮白或黄色，有时有花青素，表面不光滑，块茎休眠期较长。该种能分离出抗癌肿病、疮痂病资源，也可分离出高淀粉含量资源和耐霜冻资源。另外，该种部分株系具有产生 $2n$ 配子和诱发孤雌生殖的隐性基因。主要分布于秘鲁中部高海拔地区，特别在 Titicaca 湖周围分布密度最大。

角萼亚种（ssp. *goniocalyx*），以往将其列为一个独立的种——角萼种（*S. goniocalyx*），根据 Hawkes（1990）的分类，将其作为窄刀种的亚种，认为是分布在北部的窄刀种。花大，白色或粉红色，花萼基部呈五角形，亮黄色薯肉，薯块形状多变，具有抗青枯病、抗线虫、抗低温糖化的资源。主要分布于秘鲁中部至北部的高海拔地区，厄瓜多尔到哥伦比亚南部也有分布。

3. 富利亚种（*S. phureja*）　$2n=2x=24$。可能是由窄刀种变异而产生的适应当地条件的类型，形态上与窄刀种相似，植株较矮，紫红色茎，易倒伏；叶片具有稀疏的茸毛，有光泽；花萼不整齐，双裂或三裂，萼片披针形，花鲜紫红色；块茎红色，有时芽眼上有白色条纹，匍匐茎短，块茎几乎无休眠期；在短日照条件下 3～4 个月后块茎成熟，在长日照条件下也可形成块茎。该种不抗晚疫病，但可分离出抗青枯病、疮痂病，抗 PVX、PVY、PVA 和 PLRV 的无性系，可作为选育早熟、块茎休眠期短的亲本。此外，还具有较高的淀粉含量、高蛋白质含量和低还原糖含量等优良性状。分布在委内瑞拉、哥伦比亚、厄瓜多尔、秘鲁和玻利维亚北部的湿润山坡地。

该种不易自花授粉结实，但易与其他种杂交，具有能够诱发孤雌生殖的隐性基因，以该种作母本与普通栽培种杂交，可获得正常的四倍体。这个种还作为“授粉者”可诱发四倍体栽培种产生双单倍体（$2n=24$）。20 世纪 70 年代以来，国内外已经从该种中筛选出能形成 $2n$ 配子的无性系以用于马铃薯倍性育种。荷兰研究者从该种中分离出具有胚斑标记基因的“授粉者”IVP35、IVP101 和 IVP48 等，美国研究者则选育出具有紫茎标记的“授粉者”PHUl. 22 等株系，中国亦从中选育出一批诱导双单倍体的材料，如 NEAP－16、NEAP－19 等。

4. 乔恰种（*S. chaucha*）　$2n=3x=36$。乔恰种被认为是马铃薯安第斯亚种与窄刀种天然杂交而衍生的三倍体类型，植株形态变异较大，一般情况下，当乔恰种的花冠铺平时，宽度是长度的 3 倍，生育期长达 5～6 个月。该种植株耐寒性强，具有抗 PVY^N、PVM、PLRV 的资源，分布在秘鲁中部到玻利维亚一带的高海拔地区。

5. 优杰普氏种（*S. juzepcukii*） $2n=3x=36$。优杰普氏种可能是耐寒性极强的无茎薯与窄刀种之间的天然杂交种。植株半丛生，叶片长而挺直，总花梗短（2～4 cm），花柄节很高但不明显，花冠很小，直径约 2.5 cm，花瓣裂片短而小尖，耐寒性极强。分布在由秘鲁中部向南至玻利维亚南部一带海拔 1 000 m 左右地区。

6. 短叶片种（*S. curtilobum*） $2n=5x=60$。短叶片种可能是三倍体栽培种优杰普氏种的 $2n$ 配子与安第斯亚种之间天然杂交的后代。该种植株半丛生，高 60～80 cm，叶片小，小叶多而皱，叶片直而挺，大部分叶着生在植株上部；花柄节很高，花冠大而呈紫色，直径 3～3.5 cm，花瓣极短；薯皮颜色和形状变异较多，块茎有苦味，可在长日照条件下形成块茎。这个种能分离出耐旱、耐霜冻和高淀粉含量的材料，易与栽培品种杂交，可作为耐寒、耐旱育种的亲本，分布在秘鲁中部至玻利维亚高海拔地区。

7. 马铃薯种（*S. tuberosum*） $2n=4x=48$。马铃薯种包含两个亚种，长日照马铃薯普通栽培亚种（*S. tubeorsum* ssp. *tuberosum*）和短日照安第斯亚种（*S. tuberosum* ssp. *andigena*），与其他栽培种的区别是花柄节位于中间至 1/3 的位置，有规则排列的短萼片，叶片经常微弓形，小叶总是卵圆形和长卵圆形，长是宽的 2 倍，花冠长约是宽的一半，块茎有明显的休眠期。

（1）安第斯亚种 植株较高，生长繁茂，茎较细，小叶多，叶较狭窄，有叶柄，叶与茎着生成锐角。该亚种遗传变异类型较多，基因库丰富，能够分离出多种抗源，如抗马铃薯癌肿病、黑胫病、青枯病、疮痂病、病毒病、胞囊线虫病等，且对晚疫病具有水平抗性；还可以分离出高淀粉和高蛋白质含量的资源。因此，安第斯亚种是马铃薯品种改良的重要资源。安第斯亚种极易与普通栽培亚种杂交，杂交后代表现出较强的杂种优势和高度的自交育性，但在杂交后代中也出现了一些安第斯亚种的不良性状，如匍匐茎长，晚熟，结薯不集中，块茎多而小、不整齐，有的块茎甚至畸形，易感晚疫病等。为了获得具有优良性状的杂种，需用普通栽培种回交，或者通过轮回选择的方法，克服安第斯亚种的不利性状，选出适于长日照、商品性较好的新型栽培种。各国利用安第斯亚种作亲本相继育成了一批抗病品种或品系，如英国分离出的单系 CPC1676 对 PVX 免疫，美国分离出的 PI 258907 对 PVS 有过敏抗性，中国先后引入的 S41956、阿奎拉（Aquila）、北斗星（Fortuna）、抗疫白（Kennebec）、威严（Majestic）、玛利它（Maritta）、沙斯基亚（Saskia）和乌卡玛（Ukama）等品种都具有安第斯亚种的血缘。该亚种广泛地分布在南美洲安第斯山区，如委内瑞拉、哥伦比亚、厄瓜多尔、秘鲁、玻利维亚和阿根廷西北部，在危地马拉和墨西哥也有零星分布。

（2）马铃薯普通栽培亚种 最早分布在智利中部偏南地区的沿海一带，分布地区逐年扩大，现已在世界各国栽培，成为主要粮食作物之一。最明显的特征表现为植株较高而繁茂，茎粗壮有分枝，有茎翼；叶片较大，小叶较宽，叶片与茎的开张角度较大；花梗上部粗壮，花白色或紫红色；结薯性好，块茎大而少。长日照条件有利于该亚种茎叶和匍匐茎的生长及开花，短日照易形成块茎。

该亚种内有大量栽培品种，这些品种具有多种经济特性和形态学特征，能分离出抗癌肿病不同生理小种的资源，如西南山区大面积种植的米拉（Mira）品种对癌肿病有较强抗性；有的品种抗疮痂病；也有高淀粉和高蛋白质含量的类型；有适应性广和薯形好的类型。该亚种早在 18 世纪中叶在欧洲种植，经过 200 多年的发展，已成为世界上广泛栽培的主要作物。该亚种是育种的主要亲本，也是种间杂交过程中改良其他种不良性状的主要轮回亲本，近 100 年的马铃薯育种都和其有着密切的关系。为了克服其基因狭窄的问题，近年来各国都在利用该亚种与部分近缘栽培种或野生种杂交，以扩大种质资源，并选育出了许多抗病性强、适应性广、经济性状好的新品种。

（3）新型栽培种 新型栽培种是短日照的安第斯亚种在长日照条件下通过轮回选择所选育出的在

长日照条件下结薯习性近似普通栽培亚种的类型，为了有别于16世纪引入欧洲经自然选择而形成的马铃薯普通栽培种类型，故称之为新型栽培种。它实际上就是改良的适应长日照的安第斯亚种，具有许多有价值的性状，能为马铃薯育种提供丰富的基因资源。新型栽培种最早是Simmonds在20世纪60年代早期，效仿历史上的安第斯亚种在欧洲经人工选择成为马铃薯普通栽培亚种的选择过程，从秘鲁、玻利维亚及哥伦比亚等地广泛地搜集适应短日照的安第斯亚种，种植在英国长日照条件下，经过5个轮回世代选择，选育出的适应长日照条件、结薯习性近似马铃薯普通栽培亚种的类型。但最近Spooner利用能区分普通栽培亚种和安第斯亚种的SSR标记对6个较为原始的新型栽培种及33个品种或品系的遗传背景比较发现，在一个新型栽培种的亲缘关系谱中含有普通栽培种的特征质体DNA带型，由此说明新型栽培种很可能是来源于智利南部低海拔地区的普通栽培亚种。不管其来源如何，这些新型栽培种的遗传背景与现在利用较多的普通栽培亚种间的遗传背景差异还是较大的，虽然这些无性系大多薯形仍然较差，但是其中一些无性系在产量和熟期上已与普通栽培亚种较为相似，且对晚疫病的抗性一般优于普通栽培亚种，其食味品质也并不亚于现在的栽培品种。另外，新型栽培种优良无性系与普通栽培种品种之间的杂种在产量上表现出了很强的杂种优势，因此，使得它在拓宽育种资源方面具有重要意义。

三、马铃薯种质资源类型与代表品种

遗传资源是育种的基础，经过几十年的马铃薯资源的引进与创新，我国的马铃薯资源得到了极大的丰富，特别是新型栽培种及部分马铃薯野生资源的利用，为我国栽培马铃薯的基因库注入了新的遗传资源，对于改良马铃薯产量、品质及对相关胁迫的抗性具有重要意义。

（一）抗晚疫病资源

20世纪50年代中后期至60年代开展了以抗晚疫病为主的杂交育种，当时马铃薯生产上的主要问题是晚疫病，该病在中国北方一作区、南方二作区，以及西南单双季混作区皆有发生，严重年份，几天内田间马铃薯的茎叶全部感病枯死。早期，在抗性鉴定的基础上，相继推广了一批可直接应用于生产的抗晚疫病品种，如米拉、疫不加、疫畏它等，但这些品种还存在着产量不高、块茎小、品质差等缺点，因此，随后开展了相关杂交育种，先后育成了跃进、晋薯2号、渭薯2号及乌盟系列、克新系列、高原系列等一批抗病品种，显著地减轻了晚疫病的危害，提高了马铃薯的单产。此后，在国际马铃薯中心的帮助下，国内引进了一批具有较强抗性的马铃薯资源，筛选获得了CFK69.1等一批资源，先后育成了合作88、中薯19和云薯401等品种。另外，随着新型栽培种的利用，创制了一批新的晚疫病抗性资源，并育成了中薯6号、鄂马铃薯5号和东农308等一些新的抗病品种。目前利用各种资源新育成了川芋5号、云薯301、冀张薯12和陇薯7号等高抗晚疫病品种。国际马铃薯中心在20世纪90年代初至今培育出了不带*R*基因的水平抗性群体B，该群体对晚疫病具有稳定和持久的抗性，相关的抗性群体与资源也在国内马铃薯晚疫病抗性育种和研究中得到了应用，并从中选育出了华恩1号等品种。

（二）抗病毒资源

随着大量品种资源的引入和在生产上的推广，许多种病毒被传入我国，并在生产中被传播，形成交互感染，使得病毒病的危害日趋严重。最有效的防治办法就是选育抗病品种，但不同的马铃薯病毒，其抗性基因种类和来源也不相同。PVY的抗性基因主要有：①普通栽培种中的*Nc*基因（代表品种有Epicure、Katahdin和Ostara等）和*Ny*基因（品种Pentland crown）；②Andigena中的*Ry-adg*基因（无性系LT－8）；③*S. stoloniferum*中的*Rysto*基因（无性系PS－1585、Pw－227和品种

Barbara、Pirola、Wega 等)；此外，*S. chacoense*、*S. demissum*、*S. microdontum* 和 *S. vernei* 等，都具有对 PVY 呈过敏反应的主效 *Ny* 基因。马铃薯 X 病毒有许多株系，致病力差异很大，因此，抗 PVX 育种所用的亲本亦有不同的遗传基础。其抗性资源有广泛分布在普通栽培种中的 *Rx* 和 *Nx* 基因(品种 Epicure、King edward、President、Saco)、在 Andigena 中的 *Rxadg*（无性系 CPCI673）和 *S. acaule* 中的 *Rxacl*（无性系 MP144. 106/10 和品种 Assia、Barbara、Natalie、Serrana 等)，此外，*S. sucrense*（无性系 OCHl1926. 4)、*S. commersonii*（体细胞杂种 SH9A）等野生种中也含有一些对 PVX 免疫的抗源。在资源创制方面，利用具有不同抗性材料间的杂交，也获得了一些抗多种病毒的亲本，如 MPI61. 303/34 就具有 Andigena 栽培种和 *S. acaule*（含 *Rx* 基因)、*S. demissum*、*S. spegazzinii* 和 *S. stoloniferum*（含 *Ry* 基因）等野生种的血缘；MPI63. 61/63 则是 *S. acaule*、*S. demissum*、*S. stoloniferum* 和 Andigena 与普通栽培种的种间杂交后代，它们都具有对多种病毒的抗性。我国在 20 世纪 70 年代也开展了以抗病毒为主的杂交育种，选育出了一批病毒病抗性较高的品种，如东农 303、克新 11、郑薯 2 号和呼薯 4 号等，近年来育成了高抗马铃薯 X 病毒和 Y 病毒的克新 19、中薯 17、中薯 18、川芋 6 号和春秋 9 号等品种。

(三）加工型资源

随着马铃薯生产的发展和加工工业兴起，用于加工的马铃薯品种除了具备抗病、高产外，还需具有适于淀粉加工、炸片、炸条等不同加工需求的性状。在马铃薯普通栽培种中，德国、前苏联育成的品种往往淀粉含量高，如 Anlila、Kalori、Chellena 和巴那西亚等。而新型栽培种 Andigena 与二倍体 *S. phureja*、*S. stenotomum* 的后代中，也具有高干物质或高淀粉和高蛋白质的株系，且这些株系具有较好的配合力。马铃薯野生种中也不乏淀粉含量超过 20%的种质资源，如 *S. demissum*，不仅抗晚疫病，而且具有很高的淀粉含量。高淀粉含量的品种奥列夫（Олев，含有 *S. demissum* 血缘）被称为高淀粉含量品种的系祖，以其为亲本，选育获得了洛什茨基、捷姆普、拉兹瓦里斯蒂等的高淀粉品种；而白俄罗斯品种 Белорусский 淀粉含量为 22%～25%，其双亲均含有 *S. demissum* 血缘。我国也育成了一批高淀粉的品种，如中大 1 号、克新 12、川凉薯 10 号、东农 308、靖薯 3 号、宁薯 15、甘农薯 2 号、陇薯 8 号、凉薯 14、蒙薯 10 号和青薯 2 号等鲜薯淀粉含量在 20%以上的品种。

炸片、炸条加工品种的选育，多是在已有品种基础上进行杂交改良，如以炸条加工品种 Russet Burbank 为亲本，选育出的 Russet Nuksaik，它保留了布尔班克的长椭圆薯形、芽眼浅和还原糖低的特性，增加了抗晚疫病、卷叶病等特性。而现在使用较多的炸条亲本则有 Kennebec、Russet burbank、Shepody、Calwhite 和 Castile。欧美国家的炸片加工品种有 Belchip、Chipeta、Monona、Norchip、Noravis、Superior、Novally、Atlantic 等，也多是用杂交方法育成的，如 Atlantic 是以 Wauseon×Lenap（B5141-6）为亲本，在美国于 1976 年杂交育成。但由于这些资源耐低温糖化能力不是太强，低温贮藏的加工原料在加工前都需要经过高温回暖，才能加工出符合要求的产品，这大大增加了加工的成本。马铃薯资源有大量耐低温糖化的材料，如 *S. phureja* 和 *S. andigena* 作亲本，可出现许多经较低温度贮藏后，能直接炸片的材料。美国北达科他州就利用 *S. phureja* 和 *S. andigena* 中的抗性资源，已育成许多适于炸片的品系（ND860-2、ND2008-2)。甘肃农业大学则以普通栽培种花药培养诱导的双单倍体经染色体加倍后产生的四倍体种为母本，与具有 $2n$ 配子的 *S. phureja* 父本杂交，从产生的杂种后代中选育加工型品种甘农薯 2 号。中国农业科学院蔬菜花卉研究所育成了通过国家级农作物品种审定的炸片专用品种中薯 10 号和中薯 11，炸条专用品种中薯 16。适合加工的品种还有华恩 1 号、冀张薯 13、陇薯 9 号和云薯 401 等。

我国近年育成的一些马铃薯品种及其农艺性状、抗病性等见表 25-2。

表 25-2　中国近年育成的部分马铃薯品种

品种名称	品种来源	栽培区域	熟性	亲　本	抗病性						块　茎								花冠颜色	花粉育性	天然结实性
					花叶	卷叶	束顶	晚疫	环腐	其他病害	皮色	肉色	薯形	芽眼深度	休眠期	耐贮性	食味	淀粉(%)			
东农 308	东北农业大学	东北各省	中晚熟	W4×Ns79-12-1	抗	—		轻感-			白	白	椭圆	浅	较长	耐	好	19.1	淡紫	强	有
陇薯 9 号	甘肃省农业科学院	甘肃	晚熟	93-10-237×G-13-1	—	—	—	中抗	—	—	黄	黄	扁圆	浅	—	—	好	20	白	—	弱
威芋 3 号	贵州省威宁彝族回族苗族自治县农科所	贵州	中晚熟	克疫天然结实后代	轻感	—	—	—	—	抗癌肿病	黄	黄	长筒	浅	—	耐	中上	16	白	—	弱
宣薯 2 号	贵州省宣威市农技中心	贵州	中晚熟	Escort×CFK69.1	—	—	—	高感	—	—	黄	黄	圆	浅	—	—	—	16	白	—	无
冀张薯 8 号	河北省高寒作物研究所	河北、山西、内蒙古	中晚熟	720087×44-4	高抗	—	—	感	—	—	淡黄	乳白	椭圆	浅	—	—	好	15	白	弱	中
冀张薯 13	河北省高寒作物研究所	河北、山西、内蒙古	中晚	中薯 3 号×丰收白	高抗	—	—	高抗	—	—	白	白	椭圆	浅	—	耐	好	16	淡紫	—	中
郑薯 5 号	河南郑州市蔬菜研究所	河南、山东	早熟	高原 7 号×郑 762-93	轻感	感		感		抗疮痂病	黄	黄	椭圆	浅	短	较耐	好	13	白	可育	强
中薯 18	中国农业科学院蔬菜花卉研究所	华北和南方各省份	中晚熟	C91.628×C93.154	高抗	高抗	—	中感	—	—	淡黄	白	椭圆	浅	较长	耐	中上	16	紫	可育	无
克新 4 号	黑龙江省农业科学院	早熟栽培区	早熟	白头翁×卡它丁	过敏	轻感	耐	感	感	耐类病毒病	黄	淡黄	椭圆	中	中	耐	好	>20	白	不育	无
克新 12	黑龙江省农业科学院	黑龙江	中晚熟	Dorita 实生子	较抗	轻感	—	高抗	—	—	白	淡黄	圆	浅	长	耐	好	18	白	中	中
鄂薯 3 号	湖北省恩施土家族苗族自治州农业科学院	西南山区	中熟	7914-33×59-5-86	抗	抗	—	—	—	—	淡黄	浅白	圆	浅	短	—	好	16	—	—	—
鄂马铃薯 5 号	湖北省恩施土家族苗族自治州农业科学院	西南山区	中晚熟	393143-12×Ns51-5	抗	抗	—	抗	—	—	黄	白	长扁形	浅	—	—	—	15	白	—	—
华恩 1 号	华中农业大学、湖北省恩施土家族苗族自治州农业科学院	西南山区	中晚熟	393075.54×391679.12	轻感	抗	—	耐	—	—	黄	黄	扁圆	浅	中	耐	好	18	浅紫	中	弱

（续）

品种名称	品种来源	栽培区域	熟性	亲本	抗病性						块茎								花冠颜色	花粉育性	天然结实性
					花叶	卷叶	束顶	晚疫	环腐	其他病害	皮色	肉色	薯形	芽眼深度	休眠期	耐贮性	食味	淀粉（%）			
春薯2号	吉林省蔬菜科学研究所	吉林二季作区	中早	高原7号×卡它丁	轻抗	抗	耐	抗	抗	较抗疮痂病	白	白	圆	中	短	耐	好	14	白	弱	无
早大白	辽宁省本溪市农科所	二季作区	极早熟	五里白×74-128	—	—	—	感	较抗	抗疮痂病	白	白	扁圆	中	中	一般	中	13	白	—	弱
青薯168	青海省农林科学院	青海、宁夏、甘肃	中晚	辐深6-3×Desiree	轻感	轻感	耐	抗	抗	—	红	黄	椭圆	浅	长	耐	好	16	浅紫	弱	弱
青薯9号	青海省农林科学院	青海、宁夏、甘肃	晚熟	387521.3×APHRODIT	抗	抗	—	抗	抗	—	红	黄	椭圆	浅	短	中	好	20	浅红	—	无
川芋56	四川省农业科学院	四川	中早	36-150×燕子	轻感	抗	耐	抗	抗	抗癌肿病	黄	黄	椭圆	较浅	较短	耐	较好	13	白	可育	结实
滇薯6号	云南农业大学	云南	中晚熟	—	—	较抗	—	较抗	—	感疮痂病	淡黄	黄	球形	少而浅	—	耐	好	17	白	—	无
会-2	云南省会泽县农技中心	云南、贵州	中晚熟	印西克×谓会2号	—	—	—	高抗	—	—	白	白	椭圆	浅	—	—	—	13	—	—	—
丽薯6号	云南省丽江市农科所	云南	中晚熟	A10-39×NS40-37	抗	—	—	高抗	—	—	白	白	椭圆	少而浅	长	耐	—	14	白	—	弱
云薯401	云南省农业科学院	云南	晚熟	CIP3258×大西洋	—	—	—	—	—	—	白	白	长形	浅	—		较好	15	紫红	—	—
合作88	云南师范大学、会泽县农技中心	云南、贵州	晚熟	I-1085×BLK2	—	高抗	—	高抗	—	—	红	黄	长椭圆	少而浅	长	耐	好	20	紫	—	弱
中薯3号	中国农业科学院蔬菜花卉研究所	早熟栽培区	早熟	京丰1号×BF77A	抗	感	—	感	—	—	淡黄	淡黄	椭圆	少而浅	短	耐	好	12	白	—	中
中薯5号	中国农业科学院蔬菜花卉研究所	早熟栽培区	早熟	中薯3号天然结实后代	中抗	轻感	—	较抗	抗	—	淡黄	淡黄	扁圆	极浅	—	耐	好	10	白	—	中

第三节　植物学特征及主要性状遗传

一、植物学特征

马铃薯许多经济性状与植物学形态密切相关，如主茎多的品种，块茎一般多而小；适用于套作品种需要株型直立，植株较小，早熟等。因此，研究马铃薯的植物学形态结构，有利于指导不同类型马铃薯品种的选育。马铃薯植株按形态结构可分为根、茎、叶、花、果等几部分（图 25-2）。

（一）根

马铃薯用块茎繁殖的植株均为不定根，没有主根和侧根之分，称为须根系。用种子繁殖的植株所发生的根为直根系，有主根和侧根之分，主根呈圆锥形伸入土中，侧根随着植株的生长而增加。

马铃薯根系的总量比其他作物小，仅占植株总量的1%～2%，一般多分布在土壤浅层，易受外界环境变化的影响。马铃薯须根系最初与地平面倾斜生长，达到 30 cm 左右转而向下垂直生长，一般分布在 30～70 cm 土层中，植株正下方没有根系。

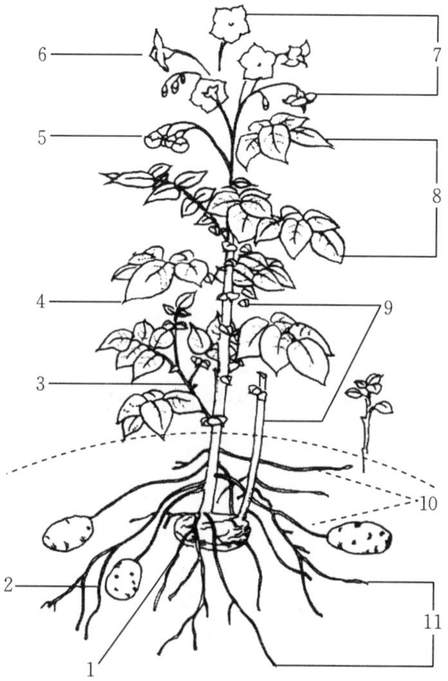

图 25-2　马铃薯植株

1. 母薯　2. 块茎　3. 分枝　4. 侧小叶　5. 浆果　6. 柱头　7. 花　8. 顶小叶　9. 主茎　10. 匍匐茎　11. 根

（引自国际马铃薯中心）

根据根系发生的时期、部位、分布状况及功能的不同，可把须根分为两类。一类是由在初生芽基部第 3～4 节处中柱鞘所发生的不定根，称为芽眼根或不定根。不定根分枝能力强，入土深而广，是马铃薯的主体根系，发生在发芽的早期。另一类是随着芽条的生长，在地下茎节上部各节陆续发生的不定根，称匍匐根或次生根。匍匐根绝大部分在出苗前已发生，每节上发生的匍匐根一般为 4～6 条，亦有 2～3 条或 10 条以上的。匍匐根分枝能力弱，长度较短，分布在表土层。生育期培土后，基部茎节还能继续发生匍匐根，但这些后期发生的匍匐根，长度更短，不分枝或很少分枝，绝大多数分布在地表 10 cm 以内的土层中。

马铃薯直根系具有主、侧根之分。种子在萌发时，首先是胚根突破种皮，长出一条较纤细的主根，主根上生有短的单细胞根毛。主根发生后便垂直向下伸长，生长十分迅速，当第 1 片真叶出现时，达到 2 cm 以上，这时尚未出现侧根；到两片真叶展开时，主根长达到 3 cm 以上，此时，除子叶下 1 cm 左右长度（下胚轴）不着生侧根外，主根的其余部位均已发生侧根。随着植株的生长，侧根上又长二级侧根，二级侧根上还可以生出三级侧根，最后形成大量而纤细的多级侧支根，呈网状分布在土壤耕作层中。

（二）茎

马铃薯的茎分为地上茎、地下茎、匍匐茎和块茎，它们虽起源于同一组织器官，但其形态和功能各不相同。

1. 地上茎 由种薯的芽眼萌发而来或由种子的胚轴伸长形成的枝条为地上茎，也称主茎。主茎可以产生分枝，以花芽封顶。茎有直立、半直立和匍匐型之分，栽培种大多数直立或半直立，有些品种在生育后期略带蔓性或倾斜生长。马铃薯茎的高度、植株繁茂程度、节间长度等因品种而异，受栽培条件影响也很大。一般茎高为 30～200 cm，早熟品种一般较矮，中晚熟品种相对较高。当种植密度过大，肥水条件较好时，茎高而细弱，节间变长，特别是中晚熟品种，有时株高可达 2 m 以上，后期植株易倒伏。

茎的颜色因种、品种而异，由绿到紫褐色变化。茎的皮层细胞内有叶绿体，因此大部分材料的茎为绿色。也有一些品种茎上的绿色常被花青素所掩盖，呈现紫色或者其他颜色。因品种的不同，茎上的颜色分布的部位也不同，有的只分布于茎基部和各节间的下部，有的分布于茎秆的大部分，也有的布满全茎而颜色极浓，几乎呈黑紫色。茎具有分枝的特性，依品种不同，分枝有直立与开张、上部分枝与下部分枝、分枝形成早与晚、分枝多少的差别。一般早熟品种分枝出现的晚，总分枝数较少，且多为上部分枝；丰产的中晚熟品种，大多数茎秆粗壮，分枝出现早，多为基部分枝，且分枝数多而强大。

2. 地下茎 马铃薯的地下茎是主茎地下结薯部位，其表皮外壁被木栓化的周皮所代替，皮孔大而稀，无色素层。地下茎的长度因播种深度和生育期培土厚度而异，一般 10 cm 左右，当播种深度和培土厚度增加时，则长度随之增加。地下茎的节数一般比较固定，大多数品种均为 8 节左右，在播种深度和培土厚度增加时，可略有增加。在生育初期，地下茎各节上均生鳞片状小叶，每个叶腋间通常发生一个匍匐茎，有时也发生 2～3 个。每个节上在发生匍匐茎前，即生出放射状匍匐根 4～6 条。

3. 匍匐茎 由块茎繁殖的马铃薯匍匐茎，是由地下茎节上的腋芽发育而成的，是形成块茎的器官。一般为白色，也有呈红紫色的。匍匐茎发生后，在地下略呈水平方向生长，其顶端呈钥匙形的弯曲状，生长点向着弯曲的内侧，在匍匐茎伸长时，对生长点有保护作用；各节上有鳞片状退化叶，但其内表皮层细胞无叶绿体；每节上也能形成不定根。匍匐茎数目的多少因品种而异，一般每主茎上能发生匍匐茎 4～8 条，每株可形成 2～30 条，多者可达 50 条以上。匍匐茎愈多，形成的块茎愈多，但不是所有的匍匐茎都能形成块茎。在正常情况下，匍匐茎的成薯率为 50%～70%。与用块茎繁殖的马铃薯匍匐茎不同，实生苗的匍匐茎都是在地表面以上各节上发生的。在适宜的环境条件下，每个匍匐茎末端都能膨大而发育成块茎。但在高温多湿的条件下，匍匐茎极易向上方生长或从地下穿出地面，形成地上枝条。

匍匐茎具有向地性和背光性，略呈水平方向生长，入土不深，大部分集中在地表 5～20 cm 土层内。匍匐茎长度一般为 3～10 cm，短者不足 1 cm，长者可达 30 cm 以上，野生种可达 1～3 m。匍匐茎的第一节间较长，越接近末端，节间越短。匍匐茎比地上茎细弱，但具有地上茎的一切特征，有输送营养和水分的作用。在匍匐茎的节上，能形成二次匍匐茎，二次匍匐茎上还能形成三次匍匐茎。在生育过程中，如遇高温多湿和氮肥过量，特别是地温超过 25 ℃时，块茎不能形成和生长，叶片制造的光合产物全部用作茎叶生长和呼吸消耗，常造成茎叶徒长和大量匍匐茎穿出地面而形成地上茎。

4. 块茎 马铃薯的块茎既是经济产品器官，又是繁殖器官，是一个缩短而肥大的变态茎。匍匐茎顶端停止极性生长时，皮层、髓部及韧皮部的薄壁细胞分生扩大，并大量积累淀粉，使得匍匐茎顶端膨大形成块茎，块茎具有地上茎的各种特征。

在块茎生长初期，其表面各节上都有鳞片状退化小叶，无叶绿素，呈黄白色或白色。块茎稍大后，鳞片状退化小叶凋萎脱落，残留的叶痕呈新月状，称为芽眉。芽眉内侧向内凹陷成为芽眼，芽眼的深浅，因品种和栽培条件而异。芽眼在块茎上呈螺旋状排列，顶部密，基部稀，块茎最顶端的一个芽眼较大，内含芽较多，称为顶芽，每个芽眼内有 3 个或 3 个以上未伸长的芽，中央较突出的为主芽，其余的为侧芽（或副芽），发芽时主芽先萌发，侧芽一般呈休眠状态。

块茎的大小取决于品种特性和生长条件，一般每块重 50～250 g，大块可达 1 000 g 以上。块茎的形状因品种而异，大致分为3种主要类型，即圆形、长筒形、椭圆形，但栽培环境和气候条件能使块茎形状产生一定变异。在正常情况下，每一品种的成熟块茎都具有固定的形状，这是鉴别品种的重要依据之一。块茎的皮色有黄、白、紫、淡红、深红、玫瑰红、淡蓝、深蓝等色，块茎的肉色有白、黄、红、紫、蓝等色，皮色和肉色都有色素分布不均匀的现象，一般品种的块茎都具有固定的皮色与肉色，常规品种以黄肉和白肉为主。

块茎表皮光滑、粗糙或有网纹，其上分布有皮孔，有与外界交换气体和蒸散水分的功能，在湿度过高的情况下，由于细胞增生，使皮孔张开，表面形成突起的小疙瘩，这既影响商品价值，又易导致病菌侵入。

（三）叶

所有的马铃薯栽培种成熟叶片均有1片顶叶和数对初级侧叶组成的奇数羽状复叶，只有一些野生马铃薯材料的叶片是单叶。复叶顶端小叶称为顶小叶，其余3～4对成对着生小叶称为侧小叶。这些小叶都着生在中肋上，在两对侧生小叶之间的中肋上还着生为数不等的小型叶片，称为小裂叶。有些马铃薯材料中，在侧生小叶叶柄上或中肋与小叶叶柄连接处还着生一些微型小叶片，称为小细叶。顶小叶的形状和侧小叶的对数等通常比较稳定，是鉴别品种的重要依据之一。在复叶叶柄基部与主茎相连接处上方的左右两侧，各着生叶状物一片，称为托叶或叶耳，其形状各不相同，也可作为鉴别品种的特征之一。马铃薯的复叶互生，在茎上呈螺旋状排列，叶面光滑或有褶皱，叶面被有茸毛或有光泽，叶片有厚、薄和深绿、浅绿之分；叶背面有突出的叶脉网。叶片充分展开，一般呈水平排列，有些品种的叶片略竖起或稍向下垂。

马铃薯无论用种子或块茎繁殖时，最初发生的几片初生叶均为单叶，全缘。用种子繁殖时，在发芽时首先生出两片对生的子叶，然后陆续出现3～6片互生的单叶，从第4片真叶开始形成不完全复叶，第6～9片真叶开始形成该品种的正常复叶。用块茎繁殖的马铃薯初生叶为单叶或不完全复叶，叶片肥厚，颜色浓绿，叶背往往有紫色，叶面密生茸毛。第2～5片叶为不完全复叶或复叶，一般从第5片叶或第6片叶开始即形成固定数目的奇数羽状复叶，多数品种有7～9片（最多可达15片）小叶。

（四）花

马铃薯为常异花授粉作物，其花序为分枝型的聚伞花序。花序的主干称为花序总梗或花序轴，其基部着生在主茎和分枝最顶端的叶腋和叶枝上，其上有分枝，花着生于分枝的顶端。每一花朵的基部有一个纤细的花柄，其上生有茸毛。花柄顶端与花萼的基部相连，其基部着生于花序分枝或再分枝的顶端，花梗分枝处往往有1对小苞叶。每个花序一般有2～5个分枝，每个分枝有4～8朵花。在花柄的中上部，有一个由薄壁细胞突起而形成的离层环，称为花柄节。花冠有白、浅红、紫红及蓝色等，马铃薯花一般有5枚雄蕊，与花瓣互生，抱合中央的雌蕊。雄蕊花药聚生，呈黄、黄绿、橙黄等色。花药成熟时，顶端裂开两个枯焦状小孔，从中散布花粉。一般橙黄色的花药能形成正常花粉，而黄绿或灰黄色花药的花粉多为无效花粉，不能为雌蕊授精结实（图25-3）。

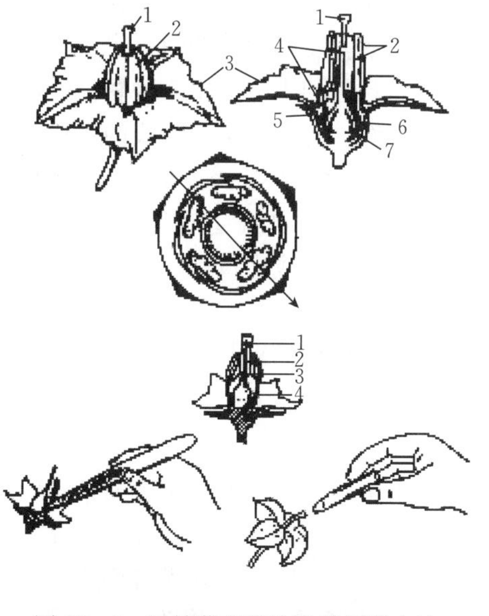

图25-3　马铃薯花器构造及授粉方法

1. 雌蕊　2. 雄蕊　3. 花冠　4. 花柱　5. 萼片　6. 子房　7. 胚珠

马铃薯的开花有明显的昼夜周期性，即白天开放，夜间闭合。一般每天5～7时开放，16～18时闭合，阴天开放时间推迟，闭合时间提早。开花结实除与品种习性有关外，与气候条件（主要是温度和湿度）也有密切的关系，一般气温18～20℃，空气湿度80%～90%为宜。每朵花开放的时间为3～5 d，一个花序开放的时间可持续10～30 d，由于侧枝也具有同样的开花习性，所以花序多，花期长，有些品种可持续开花达50 d以上。早熟品种一般只抽一个花序，中晚熟品种能抽出几个花序，开花的顺序是每一花序基部的花先开，然后由下向上依次开放。开花后雌蕊即成熟，雄蕊一般在开花后1～2 d成熟，也有少数品种雄蕊开花时与柱头同时成熟或开花前已成熟并散粉。

（五）果实与种子

马铃薯的果实是由子房膨大而形成的浆果，呈圆形或椭圆形，果皮为绿色、褐色或紫绿色，有的果皮表面着生白点，一般有2～3个心室，3个心室以上者极少。开花授粉后5～7 d，子房开始膨大，30～40 d后，浆果果皮由绿色逐渐变成黄白色或白色，由硬变软，并散发出香味，即达到成熟。果实里的种子成为实生种子，每个果实含种子100～250粒，多者可达500粒，也有无种子的果实。马铃薯种子较小，千粒重为0.3～0.6 g，呈扁平卵圆形，黄色或暗灰色，表面粗糙，胚弯曲状，包藏于胚乳中。种子休眠期较长，一般6个月以上，当年采收的种子发芽率一般为50%～60%，经过贮藏1年的种子发芽率较高，一般可达85%～90%及以上，通常在干燥低温下贮藏7～8年，仍不失去发芽力。

二、生长发育及对环境条件的要求

马铃薯从播种到成熟收获分为发芽期、幼苗期、发棵期、结薯期、休眠期等5个生长发育阶段。不同品种生长发育的各个阶段出现的早晚及时间长短差别极大，如早熟品种各个生长发育阶段早且时间短，而中晚熟品种发育阶段则比较缓慢且时间长。

（一）发芽期

马铃薯发芽期是指块茎播种后，在适宜的温湿度条件下，块茎幼芽萌发（一般为主芽、顶芽），继之在幼芽节处，根原基发生新根和匍匐茎原茎。首先，随着休眠解除，芽的生长锥细胞分裂和相继增大。块茎萌发至出苗期间，主要以根系形成和芽的生长为中心，同时进行叶、侧芽、花原基分化。此阶段的营养和水分主要靠种薯提供，按茎叶和根的顺序供给，生长速度和好坏受制于种薯和发芽时的环境条件，解决好第一阶段的生长是马铃薯高产稳产的基础。播种至出苗的时间与土温关系密切，块茎萌发的最低温度为4～5℃，但生长极其缓慢，7℃时开始发芽，但速度较慢；芽条生长的最适温度为13～18℃，在此温度范围内，芽条生长苗壮，发根早，根量多，根系扩展迅速；温度超过36℃，块茎不萌发并造成大量烂种。光对块茎芽的伸长有明显的抑制作用，通过了休眠期的块茎在无光且温度适合的条件下，马铃薯会形成白而长的芽条，有时可达1 m以上；而在散射光下照射，可长成粗壮、绿色或紫色的短壮芽，这样的芽播种时（尤其是机械播种时）不易受到损伤，出苗齐而且健壮。

（二）幼苗期

从出苗到第6片叶（早熟品种）或第8片叶（中晚熟品种）展平，即完成了第一个叶序的生长，是马铃薯的幼苗期。这个阶段以茎叶生长和根系发育为中心，同时伴随匍匐茎的伸长和花芽分化，此期的发育好坏决定了后期光合面积大小、根系吸收能力及块茎形成多少。茎叶生长的最适宜温度为18℃，叶生长的最低温度为7℃，在低温条件下叶片数少，但小叶较大而平展。马铃薯抵抗低温的能力较差，气温降到−1℃时地上部茎叶将受冻害，−3℃时植株开始死亡，−4℃时将全部冻死，块茎亦受冻害。日平均气温超过25℃，茎叶生长缓慢，超过35℃则茎叶停止生长。

（三）发棵期

从第6～8片叶到第12片或第16片叶，早熟品种以第一花序开花、晚熟品种以第二花序开花为第三段生长结束的标志，称为马铃薯的发棵期。此阶段地上茎急剧伸长，到末期主茎及主茎叶完全建成，分枝及分枝叶已大部分形成并扩展，叶面积达总叶面积的50%～80%，根系不断扩大，植株的块茎大多数在这一时期形成。块茎形成期是决定结薯多少的关键时期，此期末块茎干重已超过该植株总干物重的50%以上，说明生长中心已由同化系统的建立转向块茎生长，所以，这一阶段生长是以发棵为中心，是建立强大同化系统（茎叶）的重要阶段。

（四）结薯期

发棵期过后，生长中心转向地上部茎叶生长和地下部块茎形成并进时期，进入一个转折期（即地上部主茎生长暂时延缓），转折点标志可以茎叶干重与块茎干重相等为准。在转折期因所需营养物质急剧增加，造成供不应求，出现地上部缓慢生长，一般约10 d，此期营养状况好，缓慢生长期短，反之则长。栽培上应促控结合，确保茎叶良好生长，制造足够养分，使转折期适时出现，保证充足养分转运至块茎，既要防止茎叶疯长，养分过多，不利块茎形成，又要避免茎叶生长不良，养分不足，引起茎叶早衰而影响产量。

块茎形成的最适温度是17～19 ℃，低温块茎形成较早，如在15 ℃下，出苗后7 d形成块茎，在25 ℃下，出苗后21 d才形成块茎。27～32 ℃高温则引起块茎发生次生生长，形成各种畸形小薯。块茎增长的最适土壤温度是15～18 ℃，20 ℃时块茎增长速度减缓，25 ℃时块茎生长趋于停止，30 ℃左右时块茎完全停止生长。昼夜温差大，有利于块茎膨大，夜间的低温使植株和块茎的呼吸强度减弱，消耗能量少，有利于将白天植株进行光合作用的产物向块茎运输和积累。夜间温度高达25 ℃时，块茎的呼吸强度剧增，大量消耗养分而停止生长。光周期对马铃薯植株生育和块茎形成及膨大都有很大影响，一般日照时数11～13 h时，植株发育正常，块茎形成早，同化产物向块茎运转快，块茎产量高。早熟品种一般对日照反应不敏感，在春季和初夏的长日照条件下，对块茎的形成和膨大影响不大，有些晚熟品种则必须在12 h以下的短日照条件下才能形成块茎。此外，日照长度、光照度和温度三者有互作效应。高温促进茎伸长，不利于叶片和块茎的发育，特别是在弱光下更显著，但高温的不利影响，短日照可以抵消，能使茎矮壮，叶片肥大，块茎形成早，因此，高温短日照下块茎的产量往往比高温长日照下高；而高温、弱光和长日照条件，则使茎叶徒长，匍匐茎伸长，甚至窜出地面形成地上枝条，块茎几乎不能形成。

（五）休眠期

新收获的马铃薯块茎在适宜条件下必须经过一定时期后才能发芽，这一时期为休眠期，这种现象为休眠。块茎的休眠实际开始于块茎开始膨大的时刻，马铃薯块茎的休眠在栽培上从茎叶衰败后或收获时开始。休眠期的长短按收获到芽眼萌发幼芽的天数计算，因温度和品种而异。马铃薯块茎的休眠属生理性自然休眠，此期即使给予块茎适宜的温度、水分和气候条件也不能发芽。一般情况下晚熟品种的休眠期较长，早熟品种的较短。一般温度在10 ℃以上，块茎易通过自然休眠而发芽，温度在2～4 ℃时，块茎可以保持长期休眠状态。

三、主要性状的遗传

（一）植物学性状

1. 株型 在马铃薯四倍体普通栽培种中，直立植株相对于匍匐植株表现为显性，在F_2代中，直立与匍匐株型的分离比例为 63∶1，因此推测在二倍体水平上，株型遗传受 3 对基因控制，而匍匐型和直立型之间还存在一个中间形态即半直立型，其对直立型表现为隐性，但与匍匐型的关系还不明确。

2. 茎的形态 马铃薯植株在出苗 3 周后，在幼苗的茎上可观察到无毛（glabrous）或有毛（pubescent）。通过研究 Chippewa 的 65 份双单倍体茸毛密集程度发现，群体中茸毛密度从密集到几乎没有茸毛各种类型都有，其中有毛和无毛为 48∶17，符合 3∶1，因此认为该性状是由 1 对显隐基因控制的，且有毛对无毛为显性。而茎棱类型也是由 1 对等位基因控制，其中钝齿对平直为显性。

3. 叶片特征 马铃薯叶型的遗传表现为复叶对单叶为显性（由显性基因 *L* 控制），窄叶对裂叶表现为显性，畸形叶对正常叶表现为显性，但也有研究表明叶型由多个遗传因子决定。栽培品种 Chippewa 的双单倍体中顶叶叶型表现为连续变化，窄叶型和宽叶型的比例为 56∶9，初步确定侧叶窄叶型对宽叶型表现为显性。侧叶的数量随叶片位置的不同而变化，但在茎基部的叶片，其侧叶数目变化较小。研究发现茎基部的叶片侧叶数目超过 3 对与不足 3 对的比例明显符合 13∶15，说明侧叶数目 3 对以下是由 1 对显性基因控制的，且该基因座可能靠近着丝粒。

4. 花的特征 花冠形态可分为星形、半星形、五边形、轮形和圆形，可用花冠指数（即从花朵中心到花瓣交叉点的距离与花瓣中心到花瓣尖端的距离的比值）来区分。星形花冠与轮形花冠杂交 F_1 代中，花冠形态均为中间型，而 F_2 代中，轮形花冠与星形花冠分离比例为 3∶1，表明轮形花冠受一对显性遗传基因 *Rot* 调控，而星形花冠的基因型为 *rot*/*rot*，中间型则是等位基因不完全显性的表现。马铃薯柱头类型凹陷型对平滑型为显性，在种间杂交的非整倍体材料中偶尔会出现另一种花柱类型开裂型，研究发现这是由 1～2 对独立的隐性基因控制的。花萼规则对花萼不规则、短萼筒对长萼筒、2 个花序对 3 个花序都表现为显性，且可能是由 1 对等位基因控制。花序数目和每个花序的小花数目，在不同的环境条件下由不同的主效基因调控，也存在其他基因的加性效应和上位效应的影响。

5. 块茎形状 马铃薯块茎的形状可以横轴与纵轴的比例来评价，圆形对长形为显性，由一对主效基因控制，等位基因表现为不完全显性。有研究表明控制块茎形状的主效基因与 B-I-F 连锁群相关。除了圆形对长形显性外，扁形和扁长形也为显性。也有人认为薯形由 3～4 对基因控制或由一个主效基因和多个微效基因共同控制。而浅芽眼和长匍匐茎型（长于 15 cm）对深芽眼和短匍匐茎型（短于 15 cm）为显性。用二倍体 F_1 代群体对控制芽眼深浅的基因进行研究发现，群体中块茎芽眼深浅和长圆两个性状都是连锁分离的，大多数后代中表现为深芽眼与圆形连锁，且控制芽眼深浅的位点 Eyd/eyd 在第 10 号染色体上。近来，研究者通过 SNP 标记分析，将圆形薯形基因定位在第 10 号和第 2 号染色体上，其中第 10 号染色体存在主效效应。

空心是马铃薯块茎的一个生理缺陷，表现形式可能是灰色中心或者髓细胞坏死，通常大块茎发生空心的概率更高。空心的表型常常受各种环境和遗传因子影响，研究表明在两个抗空心的亲本杂交后代中，也出现了空心的后代，但要比以空心敏感型为亲本杂交的后代出现空心的频率低许多，因此建议避免使用空心敏感基因型作为亲本。此外，还发现空心表型与平均产量和块茎大小呈正相关，与块茎数量呈负相关。

（二）块茎品质性状

品质性状包括块茎大小、形状、颜色、皮色等可能影响消费者选择的性状和块茎内在成分，而本节所提到的马铃薯品质性状主要指马铃薯的营养成分、加工品质、烹饪品质等，包括淀粉、还原糖、蛋白质等的含量、油炸色泽等。

1. 还原糖含量与油炸色泽 马铃薯加工产品中主要以油炸薯片和薯条加工为主，油炸后产品的色泽是影响其品质的最主要因素。相关测定表明，炸片颜色具有极显著的加性、显性和加性与环境互作效应，且炸片颜色具有较高遗传力，广义遗传力和狭义遗传力分别为 0.61 和 0.64，其亲本特性能有效稳定地传递给后代，因此，该性状可进行早代选择。研究表明，在二倍体水平上，炸片颜色受两对主效基因控制，而炸片颜色的逆转受 3 个位点控制。Douches（1994）对二倍体 F_1 代群体［（*S. tuberosum*×*S. chacoense*）×*S. phureja*］研究表明，有 5 个 QTL 决定炸片颜色，第 5 号染色体上 2 个，第 2 号、第 4 号和第 10 号染色体上各 1 个。

还原性糖含量高低是影响马铃薯油炸色泽的最关键因子，高温油炸时，薯块中还原糖与游离氨基酸发生 Maillard 反应，导致加工产品色泽变褐，严重时甚至失去商品价值。在薯片生产中，块茎中理想的还原糖含量应为鲜重的 0.1%，最高不能超过 0.33%。但为了延长加工时间，减少贮藏过程中病虫害等造成的损失，马铃薯常采用低温贮藏，而低温下呼吸作用的减弱和淀粉向还原糖的转化加强，导致了还原糖的累积。因此，现代油炸加工品种还需要具有一定抗低温糖化的能力。对自交后代抗低温糖化能力测定表明，自交后代中出现了较其亲本更抗低温糖化的后代，可能是因为自交使控制抗低温糖化的隐性遗传因子纯合而使得该性状表现出来。二倍体马铃薯近缘栽培种或野生种种质资源中，有许多具有低还原糖含量和抗低温糖化的材料，如 *S. phureja* 和 ssp. *andigena* 作亲本时，可出现许多经较低温度贮藏后能直接炸片的材料，或块茎在低温条件下贮藏后有很好的回暖效果。美国北达科他州育种者已育成许多适于炸片的品系系谱中，都有 *S. phureja* 和 ssp. *andigena* 血缘。现有栽培种中，低还原糖含量和抗低温糖化资源相当缺乏，需要不断扩大和引入近缘或野生种种质资源的优异特性，不断创新资源，这一问题才能得以逐步解决。研究发现，马铃薯中存在多种转化酶基因，转化酶的活性与块茎低温糖化现象显著相关，对其进行基因沉默或抑制表达可显著改善低温糖化现象。

2. 淀粉含量　研究发现在杂交后代中，淀粉含量的分布呈连续性变异，变异曲线有单一的顶点，且亲本的淀粉含量与后代的淀粉含量之间有极显著的相关关系，因此推测马铃薯淀粉含量可能受多个不等位的显性基因控制，是以加性效应为主的微效多基因控制的遗传。但前苏联马铃薯遗传育种家亚什拉则认为，马铃薯的淀粉含量是由一系列显性基因累加控制的，即淀粉含量是受两个独立位点所支配的，含量的高低与基因在位点中处于不同的状态有关。两个位点在同质情况下，具有 8 个显性等位位点的基因型 AAAABBBB 淀粉含量最高。多数育成的高淀粉品种含有 6 个显性基因，淀粉含量低的品种仅有 4 个或更少的显性等位基因。根据试验资料，在适宜的环境条件下，每个显性基因能够提高淀粉含量 3%～4%。按此理论，淀粉含量最高应为 28%～31%。虽然这个理论在一些杂交群体中较好地解释了后代淀粉含量的分离，但它不能解释淀粉含量低×低的组合后代出现了淀粉含量中等的超亲现象。为了分析马铃薯淀粉含量这一性状的遗传效应，田兴亚和李景华采用同亲回归的试验设计，进行了马铃薯淀粉含量配合力的测验，结果表明马铃薯淀粉含量的遗传以加性遗传为主。因此，在淀粉含量的育种中，选用的亲本材料应当是高淀粉含量的，以充分利用基因的累加效应。淀粉含量的特殊配合力也是非常重要的，特殊组合的杂种优势非常明显，超亲现象时常发生，说明显性效应和上位效应对于高淀粉育种也很重要。由于马铃薯是无性繁殖作物，杂交一代的杂种优势可通过无性繁殖固定，所以，在马铃薯高淀粉育种时，应当选配一般配合力和特殊配合力都比较高的亲本材料，才能获得理想的结果。

此外，马铃薯块茎淀粉含量与熟性也相关，一般晚熟品种比早熟品种淀粉含量要高，早熟品种一般为 11%～13%，中熟品种为 14%～15%，晚熟品种为 17%～18%，这主要是由于生育期长短与淀粉累积在生理上相关。以早熟品种作母本与高淀粉父本杂交，可能选育出中早熟且淀粉含量较高的品种。而淀粉含量与块茎产量有负相关的趋势，高淀粉含量往往与低产和小块茎相伴，可以利用高淀粉含量亲本与块茎产量高、中等淀粉含量的品种杂交，以筛选高淀粉和块茎中等大小的高产品种。在实生苗后代中，选择高淀粉且块茎较大的后代，可以获得高产且淀粉含量高的个体，因此，选用高淀粉含量与大块茎的品种进行杂交有利于选择高产和高淀粉含量的类型。

3. 茄碱含量　茄碱是一组有潜在毒性复合物的总称，广泛分布于茄科植物中。马铃薯中 95%的茄碱以 α-茄碱或 α-卡茄碱的形式存在。马铃薯植株各个部分都含有茄碱，其中花、未成熟的浆果、幼嫩的叶片和芽中茄碱含量较高，而块茎的茄碱含量较低，且分布不均。在周皮和表皮中的含量相对较高，髓部则低得多。但在高干物质含量的块茎中，茄碱也向髓部扩散。高含量的茄碱（每 100 g 鲜重 15 mg 以上）会带来苦味，食用含量超过每 100 g 鲜重 20 mg 的块茎则可能会带来中毒症状，而低含量的茄碱能增加马铃薯的风味。在抗性方面，通常认为茄碱的含量可能与植株的抗性有关，如对早疫病、科罗拉多甲虫和镰刀菌等的抗性。通过测定亲本与杂交后代茄碱含量研究表明，后代中的茄碱含量呈连续性变化，推测茄碱含量可能受多基因控制，其广义遗传力为 0.66～0.84，狭义遗传力为 0.86～0.89。后来研究表明茄碱含量不仅是数量遗传，其主效基因对其影响也较大。

4. 蛋白质含量 蛋白质是马铃薯重要的营养物质，许多野生种和南美栽培种的蛋白质含量很高，可作为马铃薯高蛋白育种的资源。安第斯亚种（ssp. *andigena*）蛋白质含量为 1.9%～3.4%，野生种落果薯（*S. demissum*）蛋白质含量为 2.5%～6%，二倍体栽培种 *S. phureja* 的蛋白质含量高达 4%～6%。目前，国外利用 *S. demissum* 选育的优良杂种无性系，其蛋白质含量达 2.8%～3.5%。利用 ssp. *andigena* 育成的优良杂种无性系蛋白质含量可以达到 3%以上。马铃薯块茎干物质含量和粗蛋白含量呈正相关，但马铃薯蛋白质含量与块茎产量却略呈负相关。因此，必须有较大的实生苗群体，才能提高选育高产且高蛋白质品种的概率。

5. 烹饪后变黑 马铃薯烹饪后变黑是由于无色的绿原酸亚铁复合物在空气中氧化形成蓝灰色的三价铁和绿原酸的混合物，虽然在烘烤、油炸或脱水过程也有可能会出现，但最容易在马铃薯蒸煮过程表现出来。不同的品种之间绿原酸的水平，受土壤有机物质、钾、钙等的含量及 pH 的影响。利用 3 个品种进行顶交测定表明，该性状是一个复杂性状，广义遗传力为 0.60～0.68，狭义遗传力为 0.33～0.63，基因的加性效应对其影响较大，但其与比重、成熟度、质地和产量等性状均不相关。

6. 酶促褐变 酶促褐变是指块茎在去皮、切割或机械损伤时块茎颜色发生变化。导致酶促褐变的原因主要是酪氨酸和二元酚等被多酚氧化酶氧化。为了控制酶促褐变，可以通过改变 pH 抑制多酚氧化酶的活性来调节，也可以通过添加螯合物或者还原剂来实现。研究表明不褐变是由寡基因控制的显性遗传，通过降低多酚氧化酶的活性可以在一定程度上限制酶促褐变的产生。

（三）色素

马铃薯色素主要分为类胡萝卜素和花青素两类，类胡萝卜素控制块茎呈现白色、黄色或橘黄色，而花青素控制马铃薯呈现红色、紫色。

1. 类胡萝卜素 马铃薯的白肉、黄肉由单个显性基因控制，该基因定位在第 3 号染色体上，黄肉性状 Y 对白肉 y 为显性。修饰基因对其调控同样也很重要，在肉色分离群体中，黄肉的颜色深浅变化很大，橘黄薯肉是受 Y 位点上的一个等位基因 *Or* 控制，其对控制黄肉和白肉的 Y 和 y 都为显性。

2. 花青素 马铃薯茎、花、芽、块茎由于花青素沉积而表现出粉红色、赤红色、蓝色、紫色。关于马铃薯花青素的遗传，1911 年 Salaman 首次发现了四倍体马铃薯 *R* 基因，它是马铃薯植株产生红色色素所必需的；*P* 基因则控制紫色色素的产生；D、P、R 等 3 个不连锁的遗传位点控制着马铃薯花青素的类型。此后很多研究者对马铃薯块茎、表皮、花、茎、叶、芽的色素遗传提出了假说，但研究结果不尽一致，无法形成统一的马铃薯色素遗传体系。归纳起来，主要有两大基因调控模型，一是 Salaman 发展的四倍体马铃薯群体模型；二是 Dodds 建立的二倍体马铃薯研究模型。

四倍体马铃薯花青素的遗传模型认为，位点 D 是色素在植株体各部位分布所必需的，定位于第 2 号染色体上，它与决定花和皮色的 F、E 和 R 位点互补，如基因型 *D _ R _* 使马铃薯表皮木栓层产生红色色素。位点 P 定位于第 11 号染色体上，控制着植物体所有组织器官的紫色色素的产生，尤其是胚轴和芽尖；与 D 位点类似，也与决定花和块茎颜色的 F、E 和 R 位点互补。位点 R 显性时调节块茎皮层外层的颜色，而表皮没有颜色，它与 D 或 P 同时出现时会加深块茎皮层外的颜色，使其发黑。

位点 E 显性时与 D 或 P 共同调节块茎表皮颜色，当基因型为 $ppddE\_$ 时，在块茎上仍会有微弱的淡红色，而芽眼和芽苗的基部有较浓的颜色。位点 F 定位于第 10 号染色体上，显性时调节花的颜色，基因型为 $ppD\_F\_$ 的表现型为红紫色花，基因型为 $P\_ddF\_$ 的开浅蓝色花，基因型为 $P\_D\_F\_$ 的开蓝紫色花，基因型为 $ppddF\_$ 或 $\_ff$ 的开白花。

1955 年 Dodds 等提出至少有两个独立位点控制二倍体马铃薯的花青素类型，其相关基因及遗传特性见表 25－3，基因 *R* 控制马铃薯红色色素的产生，基因 *P* 是 *R* 的上位基因，控制紫色色素的产生。后来又在另一条染色体上发现了 3 个相互连锁的基因 *B*、*I* 和 *F*，它们控制色素在植物体的分布。基因 *I* 表现为上位性，隐形纯合子 *ii* 使块茎为白色；隐形纯合子 *ff* 则使马铃薯花朵产生斑点。马铃薯二倍体栽培种存在酰化和非酰化花青素，由基因 *Ac* 控制，有 Ac _ 和 acac 两种基因型。而四倍体种群中全部为酰化花青素，可能是四倍体中缺少 *ac* 等位基因或者是出现频率较低的缘故。

表 25－3　二倍体马铃薯花色素相关基因

（根据 Bradshaw 和 Mackay，*Potato Genetic* 等资料整理）

基因名称	功　能	遗传特性
P	控制酰基化的紫色色素的产生	与 *D* 有上位性作用，对 *R* 有上位性作用，定位于第 11 号染色体上
R	块茎中控制着酰基化的红色花色素苷，在花中控制花青素糖苷	
D	控制色素在植株体各部分的分布	与 *F* 有上位性作用，定位于第 2 号染色体上
I	控制块茎色素分布	与 *B*、*F* 紧密连锁，可上位性作用于 *P*、D
Ac	花色素酰化	
B	控制叶离层、芽眼、节位等色素分布	
F	控制花部色素分布	
Ow	控制子房壁色素分别	
Pf	控制块茎肉色素出现	与 *I* 连锁
Pw	控制轮纹色素分别	
Ul	控制叶背面色素分布	
PSC	产生块茎表皮呈紫色	定位于第 4 号染色体上
Pd	叶背部色素，类似 *Ul*	与 *Pv* 连锁
Pv	叶腹部色素，类似 *Pw*	与 *Pd* 连锁
Rf	产生红色的花	
Rpw	控制花部色素的产生	
Y	块茎肉色	定位于第 3 号染色体上
F	花色遗传	定位于第 10 号染色体上

（四）产量性状

马铃薯的块茎产量是受多基因控制的数量性状，其构成要素有单株结薯数、平均单薯重和种植密度。其中种植密度由株型和植株长势决定，而单株结薯数和平均单薯重则受微效多基因控制。研究发现，单株结薯数和平均单薯重都能遗传给后代，其中平均单薯重比单株结薯数更能稳定遗传，而且单株结薯数与植株产量呈显著正相关。不同产量亲本的杂交后代间产量差异较大，其分布呈连续变异，且少数杂种后代的产量有超亲现象。亲本高产×高产的杂交组合出现的高产后代比率要显著高于高产×低产的组合，但两个组合的产量变异范围是相似的。进一步研究表明，高产的亲本类型与高产的杂交后代之间有极显著的正相关关系，即高产的亲本后代中出现高产后代的比例较高。后期研究表明单株块茎产量的广义遗传力为0.24～0.94，狭义遗传力为0.06～0.96；单株结薯数广义遗传力为0.30～0.82，狭义遗传力为0.08～0.85；平均单薯重的广义遗传力为0.76～0.86，狭义遗传力为0.15～0.94。平均单薯重和商品薯率受加性作用影响较大，单株结薯数和单株主茎数则同时受加性和非加性作用的影响较大。也有学者认为单株结薯数的显性和加性作用是均等的，而块茎大小则受显性基因作用影响较大，因此选配组合时，应避免两个亲本的块茎都是多而小的类型，应使双亲的块茎大与数量多互补。

（五）生育期

马铃薯的成熟期受多基因控制，并且大多数品种的成熟期都是异质结合的。在早熟×早熟的组合后代中早熟类型出现的频率为50%～60%，而早熟×晚熟的组合只有13%～18%的早熟。由于早熟和产量受多基因控制，早熟丰产品种在亲本选择时，只有提高亲本性状水平，其杂交后代的平均表现才比较好。另外要注意选择遗传差异比较大的亲本杂交，后代可能表现出较强杂种优势，同时后代分离类型丰富，选择余地大。早熟育种亲本之一必须是早熟或中早熟品种，同时早熟品种选育也要兼顾丰产性，因为当两个亲本都为早熟品种时，后代虽然早熟类型多，但块茎小、产量偏低。大多数高产早熟的杂种出现在早熟×晚熟和早熟×中熟的杂交组合中。新型栽培种与普通栽培种杂交，杂种优势强、增产潜力大，利用早熟亲本与优良新型栽培种杂交，可选到杂种优势强，高产和早熟的品种。

（六）抗性

1. 病毒病 病毒病是危害马铃薯的主要病害之一。病毒在植株体内增殖后，导致马铃薯植株矮化，出现花叶、皱缩、卷叶、失绿，叶片光合效率降低，块茎变小、畸形，产量显著下降等。自然界中大概有40余种病毒可感染马铃薯，最主要的是马铃薯卷叶病毒（PLRV）和马铃薯Y病毒（PVY），其次是马铃薯X病毒（PVX）、马铃薯A病毒（PVA）、马铃薯M病毒（PVM）、马铃薯S病毒（PVS）和马铃薯束顶病毒（PMTV），它们是导致马铃薯退化的主要原因。马铃薯对病毒的抗性较复杂，既有寄主（马铃薯）与病原的关系，又有寄主、病原与传毒介体（蚜虫等）及环境条件之间的相互作用关系。依据这些关系，可将马铃薯抗病毒表现分为6种类型，即免疫性（immunity）或极端抗性（extreme resistance）、过敏抗性（hypersensitivity）、抗侵染性（resistance to infection）、抗增殖性（resistance to multiplication）、耐病毒性（tolerarice）、对传毒介体的抗性（resistance to vectors）。由于马铃薯的病毒种类很多且抗性又较复杂，故很难育成抗所有病毒的品种。

（1）*马铃薯Y病毒（PVY）* PVY有Y^O、Y^N和Y^C3个小种。许多普通栽培种对PVY^C具有过敏抗性，受*Nc*基因控制，过敏对感病表现为显性，培育过敏品种比较容易，如Epicure、卡它丁（Katahdin）、马瑞它（Maritta）和奥斯特拉（Ostara）等。由于PVY^C不能通过蚜虫传播，因此，抗PVY^C的育种不如抗PVY^O和PVY^N育种重要，虽然在栽培种中对PVY^O和PVY^N具有过敏抗性的类型较少，但许多品种具有受多基因控制的田间抗性。葡枝薯（*S. stoloniferum*）对PVY所有株系都具有极端抗性，这种抗性受1对显性基因*Ry*（以*Rysto*表示）控制，属单显性遗传，该基因不仅对PVY有极端抗性，同时对PVA也有免疫性。*Andigena*中也存在对PVY抗性的显性基因*Ry*（以*Ryadg*表示）。CIP利用*Andigena*具有单显性基因型（*Yyyy*）的材料间相互杂交，育成了具有双显性基因型（*YYyy*）的PVY免疫性无性系，进一步利用双显性免疫基因型（*YYyy*）的材料间相互杂交，在其后代中寻找三显性（*YYYy*）或四显性（*YYYY*）免疫基因型材料。利用三显性（*YYYy*）和四显性（*YYYY*）作亲本，可增加后代对PVY免疫的个体，提高后代的选择效率。

（2）*马铃薯X病毒（PVX）* PVX有许多株系，致病力差异较大，因此，抗PVX育种所用的亲本亦要求具有不同的遗传基础。根据马铃薯抗性反应和基因来源，马铃薯抗PVX基因有局部过敏基因*Nx*、*Nb*和极端抗性基因*Rx*、Rx_{adg}和Rx_{acl}等。在马铃薯栽培种中，多数品种*Nx*和*Nb*基因的基因型为单显性，即 Nx_1nx_3 和 Nb_1nb_3，当与不抗病的品种 nx4 或 nb4 杂交时，后代抗病与不抗病的分离比例接近 1∶1，自交后代抗病与不抗病的分离比例接近 3∶1，但也有一些双显性基因型 Nx_2nx_2 的品种，如 Epocure 和 Carpinal 等。Rx_{adg} 来自于 *Andigena*，对 PVX 免疫，其免疫性受单基因控制，为四体遗传，典型代表有无性系 CPCI673，荷兰利用它作亲本，已选出一批优良的实生苗后代，其中有 50%以上的杂种都对 PVX 免疫或有极端抗性。Rx_{acl} 则来自于野生种 *S. acaule*，抗性是受 1 对显性基因控制，其为二体遗传，自交后代抗病与不抗病的比例为 3∶1；而测交后代的比例为 1∶1。

(3) 马铃薯卷叶病毒 (PLRV)　PLRV 是马铃薯生产上广泛存在的病毒，属于持久性传播的病毒，可通过桃蚜 (*Myzus persicae*) 远距离 (40 km) 传播。虽然发现了野生种 *S. etuberosum* 和 *S. brevidens* 对 PLRV 有极强抗性，但将这种抗性转入栽培品种中加以利用还需要较长时间。目前育种还缺乏极端抗性（免疫性）或局部过敏性的抗源。现有材料的抗性为多对基因（累加基因）控制的抗性，育种中需要利用各种抗卷叶病毒的品种进行复合杂交，综合较多累加基因，才能有效地提高杂种的抗病性。马铃薯野生种落果薯 (*S. demissum*)、恰柯薯 (*S. chacoense*)、无茎薯 (*S. acaule*) 和栽培亚种 ssp. *andigena* 等对 PLRV 也具有田间抗性，其抗性也是受多对显性基因控制的。

(4) 马铃薯 A 病毒 (PVA)　PVA 的抗性有来自于 ssp. *tuberosum* 的过敏抗性基因 *Na*，它与 *Nx* 基因位于同一条染色体上，呈连锁遗传，对 PVA 的所有株系都具有抗性。从抗病×不抗病的杂交后代中可分离出 50%左右的抗病类型，而双亲都抗病时，后代可出现 75%的抗病个体。此外野生种葡枝薯 (*S. stoloniferum*)、*S. sucrense*、恰柯薯 (*S. chacoense*)、稀毛薯 (*S. sparsipilum*)、落果薯 (*S. demissum*) 也存在对 PVA 的免疫或过敏抗性。

(5) 马铃薯 S 病毒 (PVS)　对 PVS 高抗的品种有 Saco、Narew、Rran、Adretta Ross 等，根据 Saco 亲本的 B96-56 和 S41956 自交后代接种表明，S41956 的自交后代中有 27%抗病，B96-56 的自交后代中有 3%抗病，而 B96-56×Saco 的杂交后代中有 15%是抗病的，S41956×B96-56 的后代中有 7%是抗病的。根据鉴定结果推断，Saco 对 PVS 的抗性是受纯隐性基因 *s* 控制，基因型为 ssss。另外来自玻利维亚的 ssp. *andigena* 无性系 PI258907 对 PVS 具有过敏抗性，其抗性是由一对显性基因 (*Ns*) 控制，与感病品种杂交，其后代抗病与不抗病比例为 1∶1。当与 Saco 品种杂交时，其 F_1 代中抗病株数比理论比例 1∶1 增加了 30%，这可能与 Saco 品种具有的抗性基因有关。此外，腺毛薯 (*S. berthaultii*)、*S. brevicaule*、*S. laxissimum*、*S. lignicaule*、*S. megistacrolobum*、*S. stoloniferum* 也有一些抗 PVS 资源。

2. 晚疫病　马铃薯晚疫病由卵菌 (*Phytophthora infestans*) 引起，是世界范围马铃薯最为严重的病害。马铃薯对晚疫病菌有两种抗性，即垂直抗性（过敏）和水平抗性（田间抗性）。垂直抗性由主效 *R* 基因控制，目前马铃薯栽培中利用的主效 *R* 基因绝大部分来自于六倍体野生种 *S. demissum*，已有 11 个 *R* 基因转育到马铃薯栽培种中。另外在其他野生种如 *S. berthaultii* 和球栗薯 (S. *bulbocastanum*) 也存在具有广谱抗性的主效基因，由于晚疫病生理小种多，有时以复合生理小种形式存在，且不同地区的生理小种组成的不同，导致垂直抗性品种的应用范围受到较大限制。而且随着病原菌新的 A2 交配型的出现，使病原菌可进行有性的卵孢子生殖，这加速了病原小种的变异，从而使垂直抗性品种的抗病性快速减退。水平抗性受微效多基因控制，对病原小种无特异性，虽然抗病程度不及垂直抗性，但水平抗性对不同的生理小种都具有一定的抗性，且表现出多种保护机制，抗性稳定持久。相对于主效基因，晚疫病数量抗性研究也比较深入，在全部 12 条染色体上共发现至少 20 个 QTL。具有高度田间水平抗性的品种表现为抗病和发病较晚且病情发展较慢，孢子形成受抑制。对于晚疫病主效抗性和数量抗性关系，Gebhard 总结到：失效的 *R* 基因能增加数量抗性；一些抗性 QTL 通常与 *R* 基因连锁存在；一些防卫信号传导基因或者防卫反应基因属于数量抗性基因的一部分。马铃薯茎叶和块茎的田间抗性是独立的，并受不同的多基因控制。此外，马铃薯栽培种中植株的晚疫病抗性与晚熟性有高度相关性，而块茎的抗性与晚熟性却并无相关性。

马铃薯野生种和近缘栽培种为抗晚疫病育种提供了巨大的资源。在马铃薯的起源中心，病原菌与马铃薯协同进化，通过自然选择形成了理想的 *R* 基因和多基因的组合，这些野生种在常年流行晚疫病的条件下抗性稳定。这些野生种除了具有 *R* 基因控制的垂直抗性外，还具有较高的水平抗性。如 *S. demissum* 不但是主效 *R* 基因的抗源，同时也是水平抗性的重要资源。除了 *S. demissum* 外，也有一些野生种表现出较强的晚疫病抗性，可以作为晚疫病育种的抗源，如 *S. stoloniferium*、*S. berthaultii*、*S. bulbocastanum*、*S. pinnatisectum*、*S. verrucosum*、*S. microdontum*、*S. tarijense*、*S. circaeifolium*、*S. vernei* 等。

3. 青枯病 青枯病是由植物青枯菌（*Ralstonia solanacerum*）侵染马铃薯维管束引起的细菌性病害。典型症状是叶片、分枝或植株出现急性萎蔫，青枝绿叶时已萎蔫死亡。由于青枯病的传染源较多，影响发生和蔓延危害的环境因素也较复杂，因此，田间防控青枯病难度较大，而培育抗病品种是防治青枯病经济而有效的重要途径。在 *S. tuberosum* 中很难发现具中等抗病性或耐病性的材料，而在二倍体近缘栽培种 *S. phureja*、*S. stenotomum*，以及二倍体野生种 *S. chacoense*、*S. sparsipilum*、*S. microdonium* 和 *S. raphanifolium* 中鉴定出了高抗青枯病的类型。通过对 *S. phureja* 的抗性研究表明，青枯病抗性受 3 对独立的显性基因控制，同时还存在着其他修饰性基因。后期通过不同抗源的四倍体抗性研究表明，马铃薯对青枯病的抗性为部分显性，加性效应和非加性效应对抗性具有重要的作用，因此认为马铃薯对青枯病的抗性属于多基因和数量性状遗传的类型。目前，研究者主要是通过原生质体融合，从 *S. commersonii*、*S. chacoense*、*S. stenotomum* 和茄子中向马铃薯中引入抗性种质。

4. 马铃薯线虫 马铃薯线虫是危害马铃薯的主要寄生物之一，特别是在欧洲等马铃薯生产历史较长的国家，危害更为严重。危害马铃薯的主要线虫是胞囊线虫，其中以马铃薯金线虫（*Globodera rostochiensis*）和马铃薯白色胞囊线虫（*G. pallida*）最为严重。现有 *S. tuberosum* 中几乎找不到高抗的材料，而在 ssp. *andigena*、*S. vernei* 和 *S. kurtzianum* 中发现了抗性较强的材料。目前，共有 14 个线虫抗性位点被定位于马铃薯的 8 个连锁群中。在 ssp. *andigena* CPC 1673 和 CPC 1685 中发现了对 *G. rostochiensis* 致病变种 Ro_1 和 Ro_4 具有抗性的单显性基因，称之为 H_1。在二倍体野生种 *S. multidissectum* 中发现了对 *G. pallida* 致病变种 Pa_1 具有抗性的基因，定名为 H_2，该基因为主效显性基因。后来在 ssp. *andigena* 中发现了对 *G. pallida* 致病变种 Pa_1 和 $Pa_{2/3}$ 具有抗性的基因 H_3，其对欧洲的 *G. pallida* 群体很有效，但对许多南美 *G. pallida* 群体仅为部分抗性。对杂交后代抗性个体的分布研究表明，带有 H_1 基因的 ssp. *andigena* CPC1675 杂交后代群体抗性呈不连续分布，而来自 *S. vernei* 和 ssp. *andigena* CPC 2802 杂交的后代群体抗性分布则是连续的，说明来自 H_3 的抗性不是简单的显性遗传，可能是由多基因控制的。后来研究表明在 *S. vernei* 中线虫抗性可能由 4 个主基因控制，并遵循孟德尔遗传法则。

5. 抗寒 马铃薯的抗寒性分为驯化前抗寒性（NA）和驯化能力（ACC）。马铃薯普通栽培种的抗寒性几乎不存在遗传变异且没有冷驯化能力，仅能忍受适当的冷冻（−3 ℃）。而部分野生种则表现出一系列不同的耐冻水平和冷驯化能力，如 *S. acaule*、*S. albicans*、*S. commersonii*、*S. demissum* 和 *S. paucissectum* 等，这些都是马铃薯抗寒育种与研究的重要资源。1999 年 Chen 等利用 20 个具有不同耐冻性的马铃薯材料为亲本，研究 F_1 代耐冻性遗传变异，发现来自耐冻亲本的后代个体更耐冻；同时也认为耐冻性和块茎产量、块茎数、块茎重量平均值等没有明显的相关性，表明耐冻性和这些块茎性状是独立遗传的。

Stone 等对二倍体 *S. commersonii* 和 *S. cardiophyllum* 的 F_1 代及回交群体后代中 NA 和 ACC 抗性进行了研究，结果显示这两个性状是独立遗传且由少量基因控制的；利用加性-显性模型对后代非驯化抗寒性和驯化能力的变异进行分析，表明这两个性状为部分隐性基因控制。进一步利用 RAPD 和 SSR 分子标记技术，以该群体为材料，建立了一个全长 479.4 cM、包含 77 个 RAPD 标记和 2 个 SSR 标记的连锁遗传图谱，并分别在两个不同的连锁群上发现驯化前耐冻性的两个 QTL 和驯化能力的两个QTL，这两个性状是独立遗传的，且被定位在第5号染色体上。在*S. commersonii* 和*S. tuberosum* 的回交群体中也得到了类似的结果。Roberto和Chen通过3个独立群体（F_1、$F_1\times$*S. commersonii*、$F_1\times$*S. cardiophytlum*）研究了抗寒性和低温驯化能力的遗传性，F_1代的抗寒性和低温驯化能力的广义遗传力分别为0.73和0.74，表明马铃薯抗寒性和低温驯化能力具有很高的遗传性，且来自*S. commersonii* 的抗寒性和低温驯化能力是可以转入马铃薯栽培种中的。由于胚乳平衡数的差异，野生种和马铃薯栽培种通常杂交不亲和，这种不亲和性能够通过体细胞杂交、染色体加倍等技术来解决。已有研究表明，体细胞杂种后代存在较高的耐冻水平和不同的冷驯化能力。

6. 耐旱　干旱会影响马铃薯的生长发育过程，导致早熟、植株长势下降、产量降低、单株结薯数减少、块茎变小和品质下降。马铃薯抗旱性状是一个受多种因素影响的复杂的数量性状，主成分分析表明马铃薯抗旱相关表型效应主要表现在4个综合指标上，第一主成分主要与器官鲜重和根系发育有关；第二主成分主要与株型和根有关，即与覆盖度、茎数、根鲜重、块茎数有关；第三主成分主要与叶片水分和出苗有关；第四主成分与植株的"健壮"程度有关。马铃薯抗旱性是以基因加性作用为主的多基因遗传的性状，育种过程中采用与抗旱类型亲本的饱和杂交，可使后代抗旱性与其他优良经济性状相结合。Jie等在1997年对4个群体的抗旱性进行了研究，结果表明抗旱性具有加性效应的遗传特点，在后代中出现的抗性分离特征也验证了这一推测，并且在两个抗旱材料杂交后代中抗和高抗材料占优势；抗旱与敏感材料杂交，其后代出现抗旱较高材料的比例明显下降，尽管中抗材料百分率有所增加，但敏感材料比例则显著增加。另外，在组织培养条件下，不同水分胁迫处理方式对二倍体马铃薯群体的抗旱性研究表明，抗旱性状的广义遗传力为0.65～0.97，并检测到了7个抗旱相关的数量性状位点，其中位于染色体Ⅱ、Ⅲ、Ⅷ上的3个QTL能解释表型变异的41.1%，这些位点内包含胁迫响应相关基因、激素信号转导相关基因及碳代谢中的转运蛋白和胁迫条件下酶介导的调节因子等。

第四节　育种目标与育种途径

一、主要育种目标

马铃薯育种除了对总体目标如高产、优质、抗病等要求一致外，由于各地区气候特点、耕作栽培制度、生产状况和消费习惯的不同，各地对马铃薯品种的要求也有所不同。世界上一些发达国家大部分马铃薯主要用于加工，少部分用于鲜食，块茎品质性状一直受到高度重视。由于研究相对落后和国家粮食安全保障等原因，长期以来国内马铃薯育种一直以高产和稳产为主要目标，所育成品种也主要以鲜食为主，造成了中国马铃薯品种结构相对单一，缺乏优良的加工品种，特别是适合马铃薯淀粉、全粉及炸片、炸条等加工需要的品种。随着马铃薯产业的快速发展，适合市场需求和加工型专用品种的选育将是今后育种工作的重点。

（一）不同栽培区域的育种目标

1. 北方一作区　无霜期短，只能种一季马铃薯，以中熟、中晚熟和晚熟品种为主。东北地区需注重抗晚疫病、病毒病和黑胫病品种的选育，华北和西北地区主要是耐旱，以及抗疮痂病、黑痣病、粉痂病、晚疫病和病毒病育种。该区域菜用马铃薯以炖、煮为主，加工以淀粉加工和薯片薯条加工为主，要重视高淀粉品种和低还原糖加工品种的选育。

2. 中原二季作区　春、秋二季栽培，但无论春作还是秋作，适合马铃薯生长的生育季节都较短，以早熟或薯块膨大快、对日照长度不敏感的品种为主。针对二季作区的特点，早熟、高产、休眠期短、抗病毒病、疮痂病和青枯病是主要的育种目标。该区域马铃薯主要用作蔬菜，要求淀粉含量中等，食味好。

3. 西南一二季混作区 这一区域海拔高度变化较大，导致气候垂直差异较大，高海拔地区马铃薯只栽培一季，但雨量充沛，晚疫病严重，育种目标主要是高抗晚疫病、癌肿病和粉痂病的中晚熟和晚熟品种；中低海拔地区可春、秋二季栽培，育种目标为抗晚疫病、青枯病的中熟和早熟品种。

4. 南方二季作区 这一区域马铃薯主要利用水稻、棉花等冬季休闲田栽培，多用于鲜食或出口，主要育种目标为抗青枯病、晚疫病、耐低温和耐贮藏的早熟品种和特色品种。菜用品种的育种目标同中原二季作区。

（二）不同育种目标对品种的要求

1. 鲜薯食用型品种 要求结薯集中、薯块大而整齐、芽眼少而浅、表皮光滑、产量高、食味好，生育期中熟或中晚熟，抗主要马铃薯病毒病、晚疫病、青枯病，耐贮运等。维生素 C 含量高（每 100 g 鲜薯 15 mg），粗蛋白含量 1.5%以上，炒食和煮食风味佳，口感好，耐贮运。

2. 炸片、炸条加工型品种 炸片加工要求薯形圆球形，结薯整齐，块茎以中等大小（直径 5.0～7.0 cm）为宜，不易发生空心和黑心，芽眼浅而少；薯皮以乳黄色或黄色为宜，块茎表皮见光不易变绿；块茎干物质含量在 20%～24%较为适宜，还原糖含量不超过 0.3%，且耐低温贮藏，油炸后仍然保持着极淡的乳白色或浅黄色，油炸色泽指数较好。炸条加工要求薯形长椭圆形，块茎大（200 g 以上），两端宽圆，髓部长而窄，无空心；干物质含量要求较为严格，相对密度为 1.085～1.1，炸条直而不弯。另外，同时为了实现工厂周年生产，马铃薯块茎一般在低温下贮藏。低温下贮藏，大多数马铃薯会发生还原糖的累积（即低温糖化），在油炸过程中发生 Maillard 反应而变褐，致使加工产品失去商品性，因此，炸片和炸条加工品种，除满足高产、抗病、适应性强等要求外，还需要具有一定的抗低温糖化能力。

3. 高淀粉品种 要求淀粉含量在 18%以上，块茎中等大小，均匀一致，表皮光滑，芽眼少而浅，块茎中髓部所占比例小，表皮和薯肉颜色浅，抗褐变能力强。

二、马铃薯遗传育种的特点

（一）无性繁殖

马铃薯是同源四倍体的常异花授粉植物，在生产上通过块茎进行无性繁殖，其在育种上的优点在于，只要通过杂交获得了综合性状优良的基因型，就可以通过无性繁殖的方式固定下来，形成稳定的品系或品种。但其劣势在于：①由于长期的无性繁殖，使得现有的马铃薯品种或资源遗传背景处于高度杂合的状态，不利于对有性杂交后代进行性状的分离预测和选择，从而使得遗传载体（亲本）与后代性状的对应关系显得相对模糊，很难通过亲本的表现来预测后代性状的表现，有时一个综合性状表现较好的品种，但其杂交后代却很难出现理想的类型；②由于无性繁殖，育种材料在评价鉴定和繁殖过程中易受病毒感染引起退化，影响了进一步的评价与选择；③同源四倍体杂交后代分离大，优良个体的比例少；④马铃薯块茎为营养体，难以长期保存，必须每年种植一次，而且繁殖系数也低，选择周期相应变长。

（二）自交衰退

为了便于进行遗传性状的操作，需要材料的遗传基础尽可能纯一些，一般通过对亲本进行自交，可使其某些主要经济性状和特性增加同质结合程度，从而解决性状分离较大的问题。通过自交也能选育出一些优良的品种，山西高寒作物研究所就从多子白自交后代中选育出了系薯 1 号、系薯 2 号等品种。但由于马铃薯普通栽培种为同源四倍体，其遗传方式为四体遗传，这极大地延缓了自交纯合的进度，一般同源四倍体需要自交 8～10 代才能达到二倍体自交 2 代的纯合程度；更为致命的是，由于自交多代，使得有害的隐性基因纯合、多基因的平衡被破坏或者因核质互作而引起自花授粉不育、植株生活力和开花性减弱、育性降低等不利性状表现出来，因此马铃薯很难利用杂种优势进行遗传改良。国内有研究者对多个马铃薯品种进行了连续8代的自交，但其后代明显矮化，不能正常开花或严重不育，使得无法继续自交。国外也只有自交到10代的例子，但这些离同源四倍体作物能真正通过利用杂种优势进行遗传改良还很遥远。

（三）四倍体遗传

马铃薯四倍体栽培种安第斯亚种 *S. tuberosum* ssp. *andigena* 和马铃薯亚种 *S. tuberosum* ssp. *tuberosum* 均为同源四倍体（$2n=4x=48$），其染色体的分离行为与二倍体或异源多倍体完全不同，其遗传行为遵循同源四倍体的遗传规律，这种方式增加了后代性状分离的复杂程度。在不发生交换的前提下，同源四倍体的4条染色体在减数分裂时2条染色体间随机组合，并在形成配子时进行随机分配，使得两个等位基因（$AAaa$）杂交后代可能出现5种基因型，即全显性或四式（$AAAA$，A_4）、三显性或三式（$AAAa$，A_3a_1）、双显性或复式（$AAaa$，A_2a_2）、单显性或单式（$Aaaa$，A_1a_3）和无显性或零式（$aaaa$，a_4）（表25-4）。

表25-4　同源四倍体自交和杂交后代基因型及表现型频率

（孙慧生，2003）

亲本基因型和交配类型	后代基因型表现频率					后代显、隐性比例
	A_4	A_3a_1	A_2a_2	A_1a_3	a_4	$A:a$
$A_4\otimes$	全部					1∶0
$A_3a\otimes$	1/4	1/2	1/4			1∶0
$A_2a_2\otimes$	1/36	2/9	1/2	2/9	1/36	35∶1
$A_1a_3\otimes$			1/4	1/2	1/4	3∶1
$a_4\otimes$					全部	0∶1
$A_1a_3\times a_4$				1/2	1/2	1∶1
$A_2a_2\times a_4$			1/6	2/3	1/6	5∶1
$A_2a_2\times A_3a$	1/12	5/12	5/12	1/12		1∶0
$A_3a_1\times A_1a_3$		1/4	1/2	1/4		1∶0
$A_2a_2\times A_1a_3$		1/12	5/12	5/12	1/12	11∶1

在减数分裂时，同源染色体大多数呈2-2配合，但由于染色单体之间发生交叉的位点不同，使得终变期和中期形成各种形状的染色体，如四价体，三价体和1个单价体，2个二价体，以及1个二价体和2个单价体等，后期染色体的分开呈现2-2、3-1、2-1等模式，从而产生非整倍性配子，这也是造成同源四倍体部分不育的原因之一。由于4条染色体都是同源的，其每个配子有2个同源染色体，一对全显性和无显性基因亲本配子的基因型分别为 AA 和 aa，而双显性杂种（$AAaa$），在染色体的随机分离时，会形成3种组合的配子（AA、Aa、aa），其比例为1∶4∶1，测交 $AAaa\times aaaa$ 后代表现型比例为5∶1；自交形成的基因型和比例为 $1AAAA:8AAAa:18AAaa:8Aaaa:1aaaa$，后代的表现型比例为35∶1。由此可见隐性性状在杂种后代中的出现概率远远低于二倍体的3∶1，当然出现显性纯合的概率也只有1/36。而单式杂合体自交后代形成4组基因型（$1AAaa:2Aaaa:1aaaa$），其表现型分离特点与一般的二倍体完全相似。在多对基因杂合时，由单显性和双显性的杂合子后代中预期的表现型比例分别为 $(3A:1a)^n$ 和 $(35A:1a)^n$，因此，由多对基因控制的性状，其显性基因型在后代中占有相当大的优势。例如，2个基因的双显性 AAaaBBbb 自交时，其配子的分离为 $(35:1)^2=1\,225A\_B\_:35A\_bb:35aaB\_:1aabb$，其中两个基因的隐性纯合体的频率仅为

1/1 296，在这样后代群体中选出两个基因位点均为隐性纯合（*aaaabbbb*）或显性纯合（*AAAABBBB*）的个体在实际育种过程中几乎不可能。基于四体遗传的复杂性和马铃薯遗传组成的异质性，要想提高获得优良品系的概率，就必须有相当大的杂交群体。美国 18 个马铃薯育种项目经过 10 年实施，共选育了 24 个品种，根据这些项目中培育的 F_1 代实生苗统计，约 20 万株实生苗选出一个优良品种。但如果某一性状是由显性基因控制，那么无论在自交后代，还是在杂交后代中，入选的概率都是很大的，这也是马铃薯育种的一个优势。

（四）远缘杂交障碍

马铃薯的原始栽培种和野生种资源十分丰富。近年来，随着对马铃薯种质资源的不断挖掘，茄属中已发现了 216 个结块茎的种和 9 个不结块茎的种。这些种质资源在原产地经过数千年的漫长自然选择，形成了抗各种病虫害（抗病毒病、抗晚疫病、抗青枯病、抗线虫病、抗蚜虫等）、耐不良环境（耐霜冻、耐热、耐盐碱等）及许多有利用价值的经济特性（高淀粉、高蛋白、耐低温糖化等）。因此，远缘杂交是拓展马铃薯基因资源、选育优异育种材料和培育优良品种的重要途径。但远缘杂交障碍是马铃薯种间杂交过程极为普遍的现象，因为只有这样才能保持种间的相对稳定性。马铃薯种间杂交障碍主要表现为杂交不亲和性，即亲本杂交授粉后，胚乳败育，不能产生正常杂交种子，或者即使能产生少量杂交种子，但实生苗纤细，早期夭折或畸形生长成瘤状等，最终使种间杂交失败。

种间杂交不亲和性的原因很复杂，除了一些外部因素，胚乳平衡数是一个重要的因素。胚乳是种胚发育的营养源，对种子的形成有重要作用，胚乳在生理上与胚有密切关系，胚的成活依赖于胚乳的正常发育，种内或种间杂交障碍，在很大程度上是通过胚乳败育而影响种子发育的。过去 50 多年来，曾有许多假说来解释种间杂交或倍性间杂交导致胚乳败育的原因，但直到 1980 年才由 Johnston 和 Peloquin 提出和完善了胚乳平衡数（endosperm balance number，EBN）理论。该理论认为在种间杂交或倍性间杂交时，其种子是否能正常发育取决于胚乳中母本和父本配子遗传的平衡，即杂交时，在胚乳中母本与父本的比例必须是 2∶1，只有这个比例，杂交才能成功。在 EBN 系统中，每个种都有一个 EBN 值，而 EBN 并不一定与该种的真正倍性完全一致，它是通过与一个标准种恰柯薯（*S. chacoense*，二倍体，EBN 赋值为 2）的杂交行为来确定的。北美洲和南美洲的大部分二倍体种为 1EBN，四倍体种为 2EBN，六倍体种为 4EBN。EBN 在同样倍性水平的种之间可能是不同的，已发现有 $2x$(1EBN)、$2x$(2EBN)、$4x$(2EBN)、$4x$(4EBN)、$3x$(3EBN)、$3x$(2EBN)、$6x$(4EBN) 的种（表 25－5）。茄属结块茎的种中，其 EBN 大部分为整数，但也不全是整数。马铃薯的胚乳平衡数受寡基因控制，Ehlenfeldt 和 Hanneman 研究表明，茄属二倍体种中，胚乳的发育受 3 个不连锁的累加基因位点控制，但 Camadro 和 Masuelli 则认为是两个独立且纯合的等位基因控制着 EBN。

表 25－5 主要马铃薯野生种和栽培种的倍性及 EBN

（Bradshaw 和 Mackey，1994）

地理分布	1 EBN	2 EBN		4 EBN	
	$2x$	$2x$	$4x$	$4x$	$6x$
美国	*jamesii*		*fendleri*		
墨西哥	*brachistotrichum*	*verrucosum*	*agrimonifolium*		*brachycarpum*
	bulbocastanum		*fendleri*		*demissum*
	cardiophyllum		*hjertingii*		*guerreroense*
	jamesii		*oxycarpum*		*hougasii*
	pinnatisectum		*papita*		*iopetalum*
	trifidum		*polytrichon*		
			stoloniferum		

（续）

地理分布	1 EBN	2 EBN		4 EBN	
	2x	2x	4x	4x	6x
南美洲	*brevidens*	*abancayense*	*acaule*	*gourlayi* (4x)	*albicans*
	capsicibaccatum	*amabite*	*colombianum*	*sucrense*	*moscopanum*
	circaeifolium	*acroglossum*	*sucrense*	*andigena*	*oplocense*
	chancayense	*ambosinum*	*tuquerrense*	*tuberosum*	
	commersonii	*berthaultii*			
	etuberosum	*boliviense*			
	lernandezianum	*brevicaule*			
	lignicaule	*bukasovii*			
	mochiquense	*canasense*			
		chacoense			
		chomatophilum			
		gandarillasii			
		gourlayi (2x)			
		huancabambense			
		infundibutiforme			
		kurtzianum			
		laxissimum			
		leptophyes			
		marinasense			
		medians			
		megistacrolobum			
		microdontum			
		multidissectum			
		multiinterruptum			
		pampasense			
		pascoense			
		phureja			
		raphanifolium			
		sanctae-rosae			
		sogarandinum			
		sparsipilum			
		spegazzinii			
		stenotomum			
		tarijense			
		venturii			
		violaceimarmoratum			
		weberbaueri			

三、杂交育种

（一）杂交育种程序

马铃薯为常异花授粉作物，花内没有蜜腺，昆虫很少传粉，使得天然杂交率很低，一般不超过0.5%。因此，杂交时只需防止雄性可育的母本自花授粉产生伪杂交即可，常用的方法有人工去雄和套麦秆法两种。

马铃薯杂交父本花可采集刚开放的，也可在授粉前一天采集父本当日开放的新鲜花朵，摊放在室内干燥ld使用。刚刚开裂或即将开裂的花药，花粉活力较强，已经开过2～3 d的花，其花粉量少，生活力明显下降。对于父本先于母本开花的花期不遇现象，若相差时间较短，可将新鲜花朵放在室温下，保存花粉6～7 d，也可将花粉敲出，在干燥条件下保存6～7 d；相差时间很长时，可将马铃薯花粉在低温干燥条件下（－18 ℃左右）保存6～12个月。

授粉前选择健壮母本植株上发育良好的花序，每个花序只选留4～7朵发育适中的花蕾，去除幼蕾和已开放的花朵。如果母本花量很少，也可保留花序上的少量幼蕾。待开花时，用同一父本的花粉分期授粉。授粉时可用镊子拨开即将开放的花蕾，去除雄蕊，去雄时不要碰伤花柱和柱头，然后用小毛笔或橡皮笔，蘸取父本花粉，授于母本柱头上。套麦秆法则不去雄，而是选择即将开放的花蕾，在花药未成熟时，先授粉，然后套以口径稍大于柱头、长1 cm左右的麦秆以隔离花粉。授粉后，在花柄上系以标签，注明组合名称、授粉日期等。

授粉后1周左右，未受精的花即在花柄节处产生离层而脱落，若杂交成功，则花冠脱落、子房开始膨大、小花梗变粗弯曲。当膨大的浆果达到1.5 cm时，即可将浆果连同标签套以小纱布袋，系于分枝上，以防浆果脱落混杂。当母本植株茎叶枯黄，或者浆果变软时即可采收。浆果采收后，挂于室内后熟，当其变白变软有香味时，按杂交组合，利用清水洗种或直接将种子剥离到纸上，晾晒干燥后将种子装入纸袋或小瓶。马铃薯种子休眠期较长，一般有6个月左右，在通风干燥低温的环境中能保存4～5年仍具有发芽力。

（二）提高杂交效率的方法

提高马铃薯开花和坐果效率的方法，除了上面提到的调节花期不遇、延长日照、控制温度和湿度等方法外，还有以下几种方法。

1. 适时授粉、重复授粉 高湿冷凉环境有利于马铃薯花粉发芽，因此，在气候较为凉爽而湿润的条件下进行杂交授粉效果最好，一般清晨或傍晚进行杂交较好，阴天可全天进行授粉。重复授粉可以提高坐果率。

2. 加强植株地上部营养 马铃薯开花需要更多的养分，以促进花芽分化，增加开花数量与坐果率。特别是对于开花少或开花时间短的早熟亲本，采取阻止同化产物向下输送的措施，能显著促进开花。常用的方法有嫁接法和阻止块茎生长法两种。嫁接法是将马铃薯植株嫁接到番茄上，可促进马铃薯植株开花；同样利用茎上套塑料圆筒、水培、纱网隔离、砖瓦覆盖等方法，可人为阻止和摘除匍匐枝及幼嫩的新生块茎，达到增加地上部营养，促进开花、延长花期和提高坐果率的目的。

3. 母本花序瓶插室内授粉 选择植株生长健壮，花序待开放母本，去掉顶芽，并保留上部4～5片叶和2～3朵即将开放的花蕾，插入盛水（可加入8～10 mg/L链霉素或硝酸银）的瓶中，置于温室内，白天保持20～22 ℃，夜间15～16 ℃，去雄后进行杂交授粉。利用这种方法，易于控制温湿度，较一般田间杂交结实率可提高5～10倍。

4. 激素处理 马铃薯孕蕾期间，喷洒赤霉素（GA_3）、激动素（BA）等，可防止花芽产生离层、刺激开花和防止落果。在现蕾期用不同浓度的激动素和赤霉素单喷或合用，以20 mg/L激动素和

50 mg/L赤霉素喷洒植株顶部效果最好，不但能增加开花数量和花粉量，花粉发芽率也能显著提高。而在授粉后2～3 d，喷2，4－D或其他植物激素，能防止落花，并使子房发育成含有种子的浆果；也可授粉后在花柄节处涂抹少量含0.1%～0.2%萘乙酸的羊毛脂，达到抑制离层产生，防止落果的作用。

（三）亲本选择与选配

由于马铃薯的四体遗传和遗传背景的高度杂合性，使得杂交育种的亲本选配难度较大。因而，马铃薯亲本选配，除了遵循其他有性繁殖作物的配组方式外，还有一些特殊的地方。

1. 复式亲本的利用　由于马铃薯为同源四倍体，同一位点上能容纳4个相同或不同的基因。通常把同一位点上具备2个或2个以上目的基因的亲本称为复式亲本。对于显性主基因控制的遗传性状来说，无论显性基因是单式（*Aaaa*）还是复式（*AAaa*、*AAAa*、*AAAA*），其表现型都是一样的，但其作为亲本对于杂交后代选择效率的影响却大不相同。若一个亲本为单式显性，其后代群体中出现的显隐比例为1∶1，使用一个二式显性亲本，后代的显隐比例为5∶1，若使用三式或四式亲本，后代则全表现为显性，因此，使用复式亲本能大大提高后代的选择效率。

2. 亲本选配　马铃薯是无性繁殖作物，能通过无性繁殖将显性效应、加性效应、上位效应等在F_1代固定下来。马铃薯栽培种是引入欧洲ssp. *andigena*经过长期驯化选择而产生的，使得其遗传背景相当狭窄。而杂交优势多是显性基因互补作用的结果，且一些有利的数量性状多由许多显性基因所控制。因此，基因型差异大或亲缘关系远的亲本杂交，后代中许多位点会产生显性基因掩盖隐性不利基因的作用，达到增强杂交优势的目的，且这种配组方式，后代出现变异类型也多，有更多优选机会。

一般配合力（GCA）由基因加性效应所决定，亲本的GCA提供了其对后代的平均影响，是一个亲本无性系与其他无性系杂交后代的平均表现。遗传分析表明，马铃薯出苗期、晚疫病抗性、块茎外观、芽眼深浅、整齐度等许多重要的性状受GCA的作用比特殊配合力（SCA）作用大。同时，Neele等1991年也提出，在亲缘关系较近的亲本间进行杂交，GCA可能要比SCA更为重要。因此，利用GCA高的材料作亲本，其后代的平均表现相对较好，从中选出优良单株的概率也高。

（四）杂交后代的选择

现有马铃薯栽培品种几乎都是部分同源四倍体，性状分离复杂，特别是在杂种后代中出现隐性纯合体的概率远远少于二倍体遗传。加之马铃薯品种均系杂种无性繁殖系，遗传基础高度杂合，无论自交后代或杂交后代性状分离非常复杂，优良个体出现的概率很低。马铃薯的育种目标中需要考虑许多经济学和生物学性状，选择具有双亲多种优良性状的杂交后代必须有足够大的群体。根据国内外多年育种工作的实践经验，从实生苗中育成一优良品种的概率约为万分之一；如果利用野生种进行种间回交育种，则概率更小，约十万分之一，中国育种单位每年用于第一次选择的实生苗群体为2万～5万个单株。马铃薯杂交后，从优良实生苗单株选择到品种审定需要经过无性一代、无性二代、品系比较试验、区域试验等过程。

1. 实生苗选种圃　中国部分育种单位是将杂种实生苗直接种植在田间，但是田间栽植实生苗易于感染病毒病，影响后期无性世代的选择。因此，比较好的办法是在选育新品种工作开始时，将杂种实生种子催芽后，直接播种在备有防蚜网的温室内营养钵中，可有效防止晚疫病和蚜虫传播的病毒病，然后从每个实生苗单株选取1个块茎组成家系，按组合统一编号。一般来说，实生苗在抗病性、结薯习性、薯形、芽眼深浅、皮色等方面与无性世代紧密相关，可以在实生苗世代根据目测结果，对熟性、抗病性、块茎外观等进行初步选择，但对产量、淀粉含量、块茎大小等性状要到后期世代才能进行选择。

2. 第一代无性系选种圃　将实生苗世代入选的块茎单株种植，在田间条件下，对薯块性状等进行鉴定，同时对块茎产量进行初步观察。根据田间鉴定结果，淘汰劣系，入选率约15%。在田间鉴定入选的无性系块茎中，每系收获5个块茎，以备第2年播种鉴定。

3. 第二、三代无性系选种圃 种植自上代无性系入选的无性系，按育种目标不同分为不同的圃进行鉴定，如按成熟期分早熟及中晚熟，按加工用途可分为炸片、炸条、淀粉等。每品系单行种植，主要鉴定对病害的田间抗性、生育期、产量等，入选的无性系收获所有块茎供下年试验。

4. 品系比较预备试验 种植上年入选的无性系，每行20株，2个重复，每隔一定行数设对照1个，间比法排列。主要根据田间生育调查、对病害的田间抗性、块茎产量、淀粉含量、蛋白质含量等决选优良无性系。

5. 品系比较试验 种植品系比较预备试验圃入选的品系，设3个重复，每重复60株，田间按随机区组设计。生育期及收获后调查项目与品系比较预备试验相同，进行品系比较试验所采用的对照品种，必须用脱毒种薯，同时对入选品系采用人工接种鉴定对病毒的抗性。在网室内利用扦插加速繁殖入选无性系，以供区域试验和生产示范用种。

6. 多点试验 至少需连续进行两年，7～10个点按统一实施方案同时进行试验，田间试验设计与品比试验相同。在此基础上开展大面积试验，每个品系的播种面积应加大至300 m^2，采取适于当地栽培条件的密度和栽培方法，加设当地主栽品种作为对照品种进行比较。

（五）马铃薯典型育种实例

马铃薯是无性繁殖作物的典型代表，其育种过程既有有性繁殖世代（杂交和实生苗选择），又有无性繁殖世代（无性一代、无性二代、品系比较试验、区域试验）。不同的国家和单位，其育种方案并不完全一样，但基本模式大体相同，下面以鄂马铃薯3号为例说明马铃薯品种的选育过程。

鄂马铃薯3号由湖北恩施南方马铃薯研究中心通过系统选育获得，其系谱见图25-4，其育种目标为加工和鲜食兼用型品种，故在亲本选择时选择了具有新型栽培种血缘的品系7914-33为母本，以及配合力好、加工品质优的品系59-5-86为父本。

1988年进行杂交，获得实生种子，该组合命名为88P55。

1989年培育实生苗，对实生苗所结块茎进行薯块性状包括薯形、芽眼深浅初步鉴定，并以尿糖试纸法测定块茎的还原糖含量，选留其薯形好、芽眼浅、还原糖含量较低的单株进入选种圃继续鉴定筛选。

1990年将入选的88P55组合的单株，每株1个块茎按间比法种入选种圃，对植株的抗病性、块茎大小及综合性状进行初步鉴定筛选，结果将入选的第30号单株定名为88P55-30。

1991—1992年完成无性一代和无性二代鉴定。

1993—1994年参加品系比较试验。参试材料共17份，对照品种Mira，小区面积6.67m^2，每667 m^2 4 000株，随机区组法排列，3次重复。88P55-30两年平均产量比对照Mira增产56.85%，达极显著水平。

1995—1997年参加湖北省区试，1995年为预备试验，主要是扩繁种薯。1996—1997年为正式试验，参试点5个，均采用随机区组法排列，重复4次，小区面积13.34 m^2，每667 m^2 4 000株。两年多点结果汇总，88P55-30平均产量均居试验第一位，比对照Mira增产34.9%。

1999年参加国家级西南区试。参试5个点均采用随机区组排列，重复3次，小区面积667 m^2，每667 m^2 4 000株。试验结果表明，88P55-30参试5个点平均单产较对照Mira增产33.18%，达极显著水平。

1999年进行生产试验，由湖北省农作物品种审定委员会组织有关专家进行现场测产验收，结果88P55-30两点平均每667 m^2 产量1 613 kg，比对照Mira增产61.3%，并于2000年通过湖北省品种审定委员会审定，且定名鄂马铃薯3号。

2002年通过了国家农作物品种审定委员会组织的现场验收，并于2003年获得国家级品种审定证书。

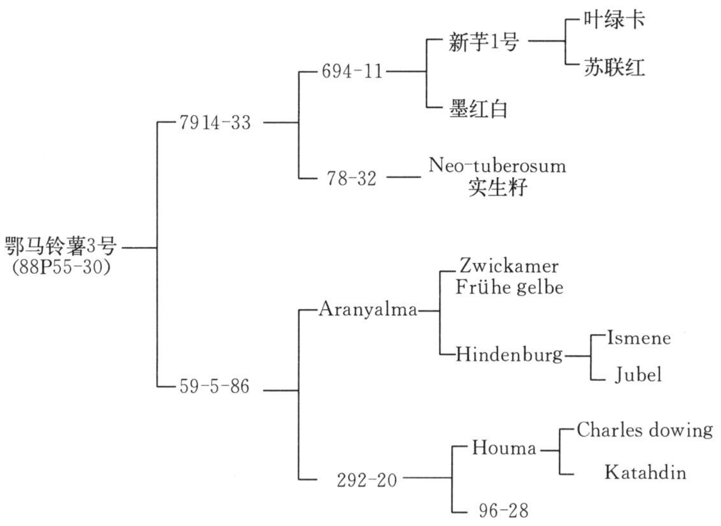

图 25-4　鄂马铃薯 3 号系谱

四、种质资源创新与品种选育方法

（一）远缘杂交育种

普通栽培种马铃薯现有品种的遗传物质基础十分狭窄，但原始栽培种和野生种资源十分丰富，具有抗各种病虫害、耐不良环境及许多有利用价值的优良性状。因此，远缘杂交是拓展马铃薯基因资源、创新育种材料和培育新品种的重要途径。关于马铃薯种间杂交障碍，1980 年 Ploguin 等认为胚乳平衡数是控制马铃薯远缘杂交可育性的重要因子，同时还有一些其他的原因导致种间杂交一代不育，采取相应的解决方法有：①为了使种间杂交母本与父本的 EBN 比例为 2∶1，确保胚乳的正常发育与种子形成，可用秋水仙素人工加倍亲本染色体来克服杂交不亲和的问题；②利用花药培养或诱导四倍体普通栽培种孤雌生殖，可产生双单倍体（$2n=24$），双单体与二倍体种杂交后再加倍或直接与四倍体栽培种杂交，通过倍性水平调控，克服四倍体与二倍体的杂交障碍（详见分解综合育种）；③当马铃薯栽培品种与亲缘关系较远的野生种直接杂交时，往往杂交不亲和，可以用第 3 个种作为“桥梁”种，以解决栽培品种与野生种间，或种与种间的杂交障碍问题；④蒙导授粉（mentor pollination）与胚挽救，当花柱不亲和与胚乳败育同时发生的情况下，采用蒙导授粉和胚挽救策略有时可以获得种间杂种；⑤由于花器构造差异、细胞质与核的相互作用等导致的种间杂交不育，可通过多代回交、增加正反交组合来克服；⑥通过体细胞融合，也能将野生种相关的性状导入栽培种中（详见生物技术育种）。此外，如果杂种种子太小，导致幼苗细弱，活力较差时可将实生幼苗嫁接在母本幼苗上，改善其发芽和生长条件。

（二）群体改良与轮回选择

利用传统方式将马铃薯近缘栽培种和野生种优良性状导入栽培种主要是通过多代杂交或回交。这种方法周期长，有时要回交 7～8 次，在引入个别优良性状的同时，许多不利野生性状通过连锁累赘，也导入栽培种中；而且在多代回交选择过程中，由于严格淘汰野生性状，有时也丢失了许多有利基因。另外，有些资源的原始群体中，控制数量性状的优良基因频率很低，其中一些有利基因又与不利基因相互连锁，很难在某个无性系中聚集较多的有利基因。为了最大限度地将各个种可利用的特性结合在一起，培育出适应性强、抗不良环境和多种病害的群体，CIP 创立了以表现型轮回选择为基础的群体改良方法。该方法以广泛的种质资源作为基础材料，将2～3个或更多个有特异性状的种群相结合，通过入选的优良个体间混合授粉或互交后，按照预定的选择目标，对产生的后代群体进行选择，入选多个优良单株，再重复混合授粉或互交，进行周期性的轮回选择。通过数个轮回后，群体遗传多样性更为丰富，群体内优良基因发生重组，抗病、优质、丰产、适应性等优良基因频率得以提高，通过轮回选择获得的改良群体将为马铃薯育种不断地提供优良的基础材料。群体育种与传统育种主要区别是群体育种能加强累加基因与非累加基因效应，而传统育种方法主要靠非累加基因的作用。通过轮回选择，既引进了优良的基因，又提高了育种效果，其主要优势表现在：①增加改良群体的遗传异质性和多样性，为育出高产稳产品种提供遗传基础；②增加需要的优良基因频率，如适应性、丰产性、抗病性及对不良环境的耐性；③在同一群体中或群体间的基因重组，促进优良性状的再结合。

轮回选择程序如图25-5，其中包括两个群体，即后备群体和优良群体。后备群体主要来源于马铃薯资源库中的原始栽培种和野生种，这些材料有丰富的遗传变异类型，是轮回选择的主要材料。优良群体是通过不同的育种计划入选的品种和优良的无性系的基因库，或从CIP的世界马铃薯资源库中入选的一些无性系间的杂交后代，经过4～6个轮回选择而产生的优良单株。这些筛选过的群体已结合了多抗性和对环境条件的适应性，每经一个轮回选择，都有一系列优良的育种材料充实这个群体。因此，这个群体既有广泛的遗传基础，又增加了优良基因频率和理想性状的重组。选择的初期，受来自原始栽培种和野生种的一些不良性状的影响，入选的无性系频率很低，在多次的轮回选择过程中，不良性状的影响显著降低，入选的无性系频率也相应提高。CIP通过10多年的群体改良，群体中耐热性、早熟、青枯病抗性、根结线虫抗性、晚疫病田间抗性和耐霜冻等性状的入选频率都得到了显著的提高，这些群体材料已分发到世界各地，成为当地育种的宝贵资源。

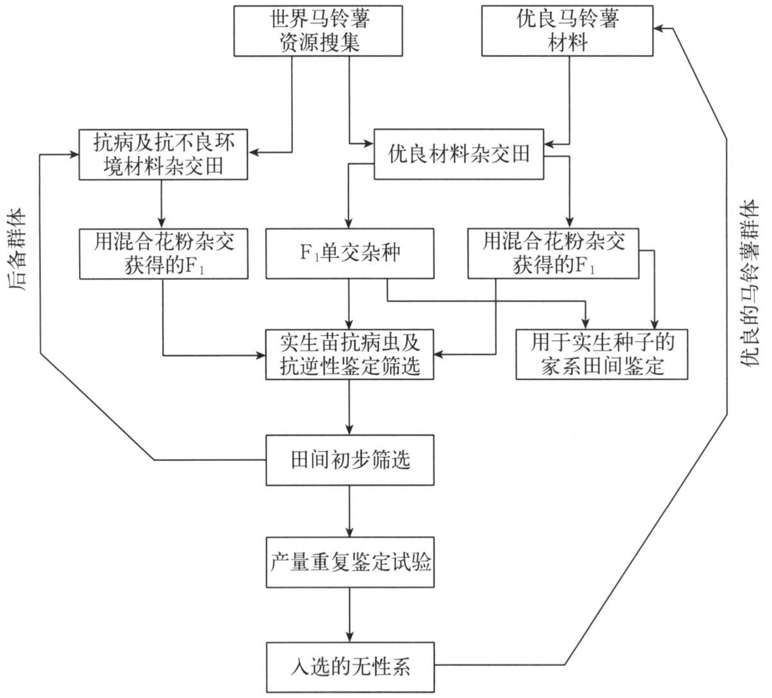

图25-5 马铃薯群体改良轮回选择程序

为了拓宽中国马铃薯品种和遗传多样性，丰富抗病和优良品质的资源库，东北农业大学等育种单位先后从加拿大、国际马铃薯中心引入Neo-tuberosum的实生种子，后经过各育种单位多轮轮回选择后，多种性状得到了很大改善，如改良轮回群体中出现了抗晚疫病、青枯病及主要病毒（PLRV、PVX、PVY等）的抗源材料，也有一批具有高淀粉、高蛋白、高维生素C、低还原糖的无性系和一大批优良亲本材料。近年来，华中农业大学以从 CIP 引进的晚疫病水平抗性群体 B3C1 材料为亲本，结合国内具有优良农艺性状、适应性好的种质资源材料，通过轮回选择法，同时利用分子标记对遗传背景进行评价，在不减少后代遗传背景广泛程度的前提下，获得了晚疫病水平抗性得到明显提高的后代群体 B3C2，同时适应性等得到明显提升，晚疫病田间抗性较国内现有材料明显增强的改良群体 IB3C2，为国内晚疫病持久抗性品种的选育提供了重要的遗传资源。利用这些轮回选择群体，各育种单位通过直接从这些优良材料中选育或与栽培种杂交育成一批优良新品种，如克新 10 号、东农 303、晋薯 8 号、内薯 7 号、中薯 4 号、呼薯 7 号、蒙薯 10 号、鄂马铃薯 3 号、鄂马铃薯 5 号、华恩 1 号等。

（三）分解综合育种

普通栽培种马铃薯的遗传为同源四倍体的四体遗传，与二倍体比较，分离更为复杂，有利基因出现概率相对较低，遗传学研究也比较困难。例如杂合二倍体（Aa）自交，aa 出现概率为 1/4，而四倍体（AAaa）自交，aaaa 出现概率仅为 1/36。因此，以四倍体水平为基础的马铃薯常规杂交育种中，隐性基因选择效率相对较低，而在二倍体水平上进行杂交和选择，不仅可以明显地提高其选择效率，也可以充分利用丰富的二倍体近缘种和野生种的资源。为了解决这一问题，克服由 EBN 不同造成的马铃薯远缘杂交障碍，早在 1963 年，Chase 提出通过将四倍体降为二倍体，先在二倍体水平上进行杂交和选择，然后再加倍，恢复到四倍体水平的一整套育种策略。后来 Wenzel 等进一步提出了综合常规杂交育种方法与生物工程技术相结合的“分解综合育种法”。分解综合育种法主要分为 3 个阶段，首先是将四倍体普通栽培种降到二倍体水平，然后在二倍体水平杂交选择，最后恢复到四倍体水平进行最后选择和鉴定。

染色体降倍的主要方式有两种，一是利用花药培养，二是利用“诱导者”产生孤雌生殖。普通栽培种为四倍体（$4x$），一次降倍以后染色体为 $2n=2x=24$，为了与自然界存在的二倍体（$2x$）相区别，将从四倍体降倍得到的二倍体称之为双单倍体，而把来自二倍体或双单倍体的单倍体称为一单倍体（monohaploid）。“诱导者”也称“授粉者”，是指能作为父本，给其他四倍体授粉，并能诱导四倍体产生二倍体的材料。后来研究发现，“诱导者”的花粉刺激四倍体的卵细胞，使其直接发育成成熟的胚，而自身遗传物质并不进入后代基因组中，因而产生的后代为二倍体，即双单倍体。目前国内外育种者已选育出一些诱导频率较高的诱导者（100 个浆果种子中可获得 10 个双单倍体），例如 PI225682.1、PI225702、IVP35、IVP48、IVP101 等，其中有些诱导者带有显性红色或紫色的胚点标记，当其与四倍体杂交时，真正杂种种子有胚点标记，而无胚点标记者为双单倍体。

当四倍体栽培种降到二倍体后，能比较容易地与二倍体原始栽培种和野生种杂交，二倍体遗传相对简单，后代选择效率也较高。马铃薯栽培种最佳倍性为四倍体，在二倍体选育完毕后还需要回到四倍体水平。从二倍体到四倍体，可以通过自然加倍或秋水仙素诱导方法加倍，也可利用 $2n$ 配子技术。$2n$ 配子是指有些二倍体马铃薯的性细胞在减数分裂过程的第一次分裂期或者第二次分裂期未出现正常分裂，从而产生倍性与其体细胞相同的配子。用四倍体与能产生 $2n$ 配子的二倍体材料杂交，可获得四倍体杂交后代。同样，利用两个能够分别产生二倍体 $2n$ 卵子和 $2n$ 花粉的亲本杂交，也可以产生四倍体后代。如果有性杂交有困难，而且事实上也有些双单倍体或二倍体的花器退化或育性很低，无法实现有性加倍，则可以利用体细胞融合的办法实现两个双单倍体或二倍体融合加倍为四倍体。

20 世纪 80 年代中国开始倍性育种研究，中国农业科学院蔬菜花卉研究所通过轮回选择获得了综合农艺性状优良，$2n$ 花粉频率大于 20%的二倍体基因型 20 多份，并通过单向有性多倍化将 *S. stenotomum*、*S. phureja*、*S. sparsipilum*、*S. chacoense*、*S. jamesii*、*S. vernei* 等二倍体种质资源转移到普通栽培种中，获得了一批高抗晚疫病、高淀粉含量（超过 20%）和炸片品质优良的育种材料，如 TD38-2、TD39-2、TD41-5、TD41-6 等，并育成高淀粉品种中大 1 号，于 2005 年通过国家审定。甘肃农业大学利用分解综合育种法育成优良品种甘农薯2号，其选育过程如下：以普通栽培种花药培养诱导获得双单倍体；在二倍体水平筛选出优良双单倍体83－12，经染色体加倍后产生四倍体品系；以此为母本，并以能产生 $2n$ 花粉的 *S. phureja* 为父本进行杂交，从产生的杂种后代实生苗中选育出四倍体的甘农薯2号。

（四）生物技术在马铃薯育种上的应用

1. 原生质体培养与体细胞变异 原生质体是植物细胞的特殊形式，因其没有细胞壁的屏障和膜的选择透性，使之成为植物最理想的遗传操作和改良体系。马铃薯原生质体培养研究最早始于1973年，Lorenzini 等从普通栽培种的块茎细胞分离得到了游离的原生质体，并得到愈伤组织，但未分化成苗。1977年 Shepard 和 Totten 首次报道由栽培品种 Russet Burbank 叶肉原生质体培养再生成完整植株，此后，众多学者在马铃薯原生质体培养技术领域进行了大量研究。中国最早是由甘肃农业大学戴朝曦等开展了马铃薯原生质体培养相关研究，并对马铃薯实生苗子叶和下胚轴原生质体进行了培养，获得再生植株。

在原生质体培养、植物组织培养等离体操作过程中，再生植株中常常可以观察到表现型发生变异的个体，即体细胞变异，这种变异包括遗传变异和非遗传变异。马铃薯体细胞变异利用的优势在于，若出现特异性变异个体和可利用的农艺性状，可以通过无性繁殖固定下来，最终获得新的育种品系或品种。由于马铃薯遗传构成的高度杂合性，许多性状优良的品种往往不育或育性较低，无法进行有性杂交，体细胞无性系变异技术无疑为这些材料的利用提供了一条新途径。Rietveld 等1991年报道，通过对体细胞变异材料进行的3个不同环境5个无性世代的观察发现，许多体细胞变异体的表现是稳定的，并且保持了亲本的优良性状。张永祥等利用感青枯病的马铃薯品种 Mira 为试材，在其叶盘愈伤组织再生苗中接种青枯病菌进行初筛选，经温室抗性鉴定、人工病圃和田间自然病圃鉴定，获得了R－43、R－47两株抗青枯病能力显著高于 Mira 的植株，同时还获得了熟性明显早于 Mira 的无性系变异植株。虽然国内外均进行了一些体细胞变异的研究，但还未见生产上利用体细胞变异材料育成马铃薯品种的报道。

2. 原生质体融合 原生质体融合是将两个亲本的原生质体在外界化学或物理诱导条件下，两个细胞核和细胞质部分或全部融为一体，产生体细胞杂种，使得两亲本可以不通过有性过程而进行遗传物质的重组，包括核基因和胞质基因的重组。按融合方式的不同可以分为对称融合和不对称融合，转移的遗传物质可以是成套的染色体或细胞质基因，也可以是部分染色体片段。因此，通过原生质体融合可以打破有性杂交不亲和障碍，在近缘的种内或种间，甚至是远缘的科属间实现遗传物质的转移，达到扩大遗传变异、丰富马铃薯基因资源的目的。

自1980年 Butenko 和 Kuchko 首次将普通栽培种与二倍体野生种 *S. chacoense* 融合获得了抗马铃薯Y病毒（PVY）的杂种植株以来，马铃薯体细胞杂交研究进入了快速发展时期，特别是20世纪80年代以后，马铃薯曾一度被作为原生质体融合的模式植物，设计了大量的融合组合，获得一大批体细胞杂种植株，其中野生种 *S. bulbocastanum*、*S. pinnatisectmum* 和 *S. circaeifoliumd* 对晚疫病抗性，*S. brevidens* 对软腐病和早疫病抗性，*S. commersonii* 的对抗霜冻性，都通过体细胞杂交技术转移到融合杂种中。华中农业大学、甘肃农业大学、中国农业科学院等单位也开展了马铃薯体细胞融合研究，分别将 *S. phureja*、*S. chacoense* 的青枯病抗性转移到了栽培种中，并通过回交获得了一批青枯病抗性较好，且综合农艺性状优良的亲本。此外，通过非对称融合还可以获得一些染色体异附加系，这不仅可为抗性的转移机制研究提供一个很好的基础材料，也能为基因定位与功能分析提供一个新的平台。

3. 基因工程 由于马铃薯具有培养反应好、遗传转化手段多样、能无性繁殖将转基因的特性传递给后代及有特殊的贮藏器官——块茎等优势，在业内外均被广泛用作转基因的受体，从而极大地推动了马铃薯基因工程技术的发展，包括抗病毒、抗真菌、抗细菌、品质改良及用作生物反应器表达外源蛋白等方面。

马铃薯为无性繁殖作物，病毒病是引起马铃薯退化的主要原因。通过基因工程的手段，利用病毒外壳蛋白（CP）基因的交叉保护作用、RNA 和反义 RNA 介导的抗性、缺损的复制酶基因介导的抗性、核酶及干扰运动蛋白等，已获得一批抗病毒的转基因马铃薯株系。而且通过在马铃薯中表达双价或多价病毒外壳蛋白、核酶基因等，可以获得双价或多价转基因抗病毒株系，为培育抗混合病毒侵染的马铃薯品种进行了有益的探索。晚疫病是危害马铃薯的主要卵菌病害，抗晚疫病基因工程育种利用的手段有：①利用基因对基因学说中植物本身的主效抗性基因，获得抗不同生理小种的马铃薯株系；②利用植物抗病基因与病原无毒基因产物的识别，获得控制细胞程序性死亡和诱导过敏抗病反应的抗病植株；③利用病程相关蛋白，如几丁质酶和β-1，3 葡萄糖酶等基因，提高植物对晚疫病的抗性。在马铃薯品质改良方面，通过调节淀粉合成过程中的焦磷酸化酶（AGPase）、颗粒淀粉合成酶（GB-SS）、淀粉合成酶（SS）和淀粉分支酶（SBE）等基因的表达，可以改变马铃薯淀粉的含量及直链淀粉和支链淀粉的比例。而在改良马铃薯加工品质方面，可以通过在转录水平调节转化酶基因的表达或在翻译后水平调节转化酶的活性，达到增强马铃薯抗低温糖化能力的目的。同时为了克服蛋白质含量及贮藏蛋白含硫氨基酸含量较低的问题，通过导入玉米醇溶蛋白基因或水稻富硫醇溶蛋白基因，也获得了一些蛋白质及含硫氨基酸含量得到明显提高的株系。此外，由于马铃薯块茎是特殊的变态贮藏器官，科研人员一直希望能利用其作为植物生物反应器，用于表达特殊用途的基因，如禽流感病毒血凝素基因、乙酰辅酶 A 还原酶基因、牛生长激素基因、聚-β-羟基丁酸合成酶基因，以期生产各类疫苗、生物制剂和生物可降解塑料等。

在马铃薯中，最早的转基因品种是针对科罗拉多甲虫抗性的转 *Bt* 基因的 Russet Burbank，后来又引入了病毒病抗性基因，形成商业化品种 Newleaf ® 系列，并于 1996 年获得美国农业部审批投放市场。2015 年，美国农业部批准了利用 RNAi 技术达到抗损伤和褐变的马铃薯品种 Innate ®，从而使马铃薯在加工过程中不会褐变和降低有害物质丙烯酰胺的含量，最近，增加了晚疫病抗性和抗低温糖化能力的 Innate ® 二代改良品种也已经通过了美国食品和药品管理局的审批。

4. 分子标记辅助选择和分子育种　马铃薯育种要从野生种或者近缘栽培种中转育相关性状，但由于许多不利性状的连锁，限制了马铃薯丰富的种质资源在品种改良中的应用。因此，迫切希望通过一些合适的遗传标记达到高效选择目标性状的目的。应用分子标记辅助选择在实际操作中包括前景选择和背景选择。前景选择（foreground selection）是对目标基因的选择，这是标记辅助选择的主要方面，具体包括分子标记遗传图谱的构建、目标基因或 QTL 的定位等。例如，近年来在马铃薯抗晚疫病分子标记研究方面，Bonierbale 等（1988）利用 *S. phureja*×（*S. tuberosum*×*S. chacoense*）杂交后代，用番茄 RFLP 标记作探针构建了第一张马铃薯 RFLP 图谱。1992 年，Tanksley 等用（*S. tuberosum*×*S. berthaultii*）×*S. berthaultii* 杂交后代群体构建了一个密度更大的马铃薯 RFLP 图谱。Van Eck 等（1995）建立了二倍体马铃薯的高密度 AFLP 遗传连锁图谱，包含有 264 个 AFLP 标记。2006 年，荷兰瓦赫宁根大学发表了马铃薯“超密图谱”（UHO），包含有 1 0365 个分子标记，这是目前世界上密度最大的马铃薯分子连锁图谱。金黎平等于 2007 年在我国发表了第一张二倍体马铃薯 AFLP 分子遗传图谱。在马铃薯油炸制品加工性状改良方面，Douches 等进行了炸片色泽基因标记研究，利用二倍体 F_1代群体（*S. tuberosum*×*S. chacoense*）×*S. phureja*，结合同工酶、RFLP 和 RAPD 标记对控制炸片颜色的基因进行标记定位。在抗病毒育种方面，利用与抗性基因 *Ryadg* 连锁的 SCARs 标记和与 *Ryfsto* 基因连锁的 CAPS 标记，成功地用来鉴别抗 PVY 的品系或品种，可以作为马铃薯抗 PVY 育种辅助选择工具。在马铃薯的抗逆育种方面，Vega 等利用 RAPD 和 SSR 分子标记技术在马铃薯回交群体中建立了 1 个全长为 479.4 cM 的遗传连锁图谱，并发现了耐冻性的 2 个 QTL。这些已经定位的抗性基因和 QTL 位点为分子标记辅助选择提供了依据，而选择的可靠性主要取决于标记与目标基因间连锁的紧密程度。对基因组中除了目标基因之外的其他部分（即遗传背景）的选择，称为背景选择（background selection）。与前景选择不同的是，背景选择的对象几乎包括整个基因组，对于以转移或者保留遗传背景为主要选择目标的育种过程十分重要。此外，2004 年荷兰瓦赫宁根大学发起和筹划建立国际马铃薯基因组测序协作组，并于 2006 年正式成立，开始了以二倍体马铃薯为材料的全基因组测序，但进展并不顺利。到 2008 年年底，协作组遇到了二倍体马铃薯基因组高度杂合、物理图谱质量不高、测序成本高等难以克服的困难。在这种情况下，中国科研团队提出了以单倍体马铃薯为材料来降低基因组分析的复杂度和采用快捷的全基因组鸟枪法等策略，并于 2009 年完成了单倍体马铃薯基因组的测序、拼接和注释工作。2011 年发表由 26 家中外科研机构合作完成的马铃薯基因组测序，这为马铃薯遗传改良及分子育种提供了重要的数据资源和平台。近来，抗逆和抗病尤其是耐寒特性突出的马铃薯野生种 *S. commersonii* 的基因组序列也被揭示。相对于栽培种，该种的基因组杂合程度更低，重复区段更少，抗病候选基因更少，但却包含很多栽培种不具备的耐寒相关基因。

第五节　良种繁育

马铃薯良种繁育是育种的延续，也是新品种在生产中推广的重要环节。马铃薯为高度杂合同源四倍体作物，种子进行有性繁殖时，子代间的遗传分离复杂，导致在生产上难以直接利用有性种子进行繁殖。因此，马铃薯良种繁育，除了与其他有性繁殖作物一样需要防止良种机械混杂、生物学混杂外，还有一些自身的特点。由于马铃薯是以块茎为种子进行无性繁殖，容易感染多种病毒，而且病毒可以通过种薯的无性繁殖连续传播和逐代积累，致使产量逐年下降，品种迅速退化，最终失去利用价值；加之中国农民习惯自己留种和相互换种，致使种薯质量参差不齐、市场混乱，严重地影响了产量和品质的提高。由于马铃薯一般都要经过 7～8 年的选育过程，不可避免地要感染一些病毒，因而良种繁育的第一步是要获得脱毒苗或种薯，然后通过科学的繁育体系，不断为生产提供优质种薯。此外，马铃薯的种薯除对病毒、真菌、细菌等病原有限制性要求外，还应有好的商品质量，如种薯大小、整齐度等。种薯体积过大，用种量多，种薯的大量调运会给调种和种植者带来诸多不便。因此，马铃薯种薯无病毒化、小型化、标准化已成为马铃薯种薯生产的重要目标。

一、国内外良种繁育概况

国际上从 20 世纪 70 年代初开始推广使用马铃薯种薯繁殖体系，欧美发达国家建立了不同的良种繁育技术体系和质量控制体系，尤其是欧洲国家建立了严格的种薯质量认证体系，如在荷兰将马铃薯种薯分 S、SE、E 和 A 级、B 级或 C 级，并由荷兰农业部指定荷兰农业种子和种用马铃薯检验中心（NAK）作为荷兰唯一权威机构，负责全国马铃薯种薯质量检测与定级。各种薯生产者生产的各级种薯，由该机构依据种植年限和种薯田间与室内质量检测结果定为相应的级别。

中国从 1974 年开始研究马铃薯脱毒快繁技术，并成功地获得脱毒复壮的马铃薯试管苗，开始无毒种薯的生产和推广，1976 年在内蒙古乌兰察布盟建立了中国第一个脱毒原种场。“八五”期间，农业部在全国范围内建立了 6 个马铃薯原原种生产示范基地，促进了脱毒种薯生产体系的初步形成。20 世纪 90 年代初脱毒微型薯、试管薯工厂化生产已作为一项成熟的技术开始应用于马铃薯脱毒原种生产，逐渐形成适合不同生态条件的马铃薯脱毒种薯生产体系。2000 年以来，在国家投资、地方政府支持和企业投资下，建立了许多大中小型的马铃薯脱毒微型薯快速繁育、各级种薯生产基地和企业，据估计全国年产脱毒微型薯（原原种）能力为 45 亿粒左右，目前每年实际生产 20 亿粒左右。脱毒马铃薯的推广面积占全国马铃薯总播种面积的 30%左右。尽管许多种薯生产单位已按分级标准不断提高种薯质量，《马铃薯脱毒种薯》（GB 18133—2012）国家标准已颁布，但还有待于建立权威机构督促实施，以及对全国的种薯有组织地进行质量认证，逐渐使中国的马铃薯种薯生产走向规范化。

二、良种繁育的一般程序

马铃薯的种薯繁育一般要经过脱毒处理、试管苗的扩繁或试管薯的生产、微型薯繁殖与大田种薯繁殖等几个阶段（图 25 - 6）。

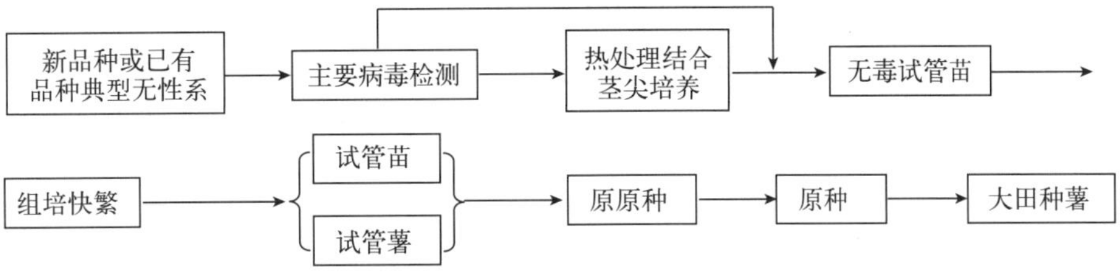

图 25 - 6　马铃薯种薯生产过程示意

（一）脱毒处理

马铃薯病毒脱除方法有物理方法、化学方法、茎尖剥离法等。物理方法主要是利用 X 射线、紫外线、超短波和高温等处理，使种薯内病毒被部分或全部钝化，导致病毒不能繁殖，从而达到获得脱毒植株的目的，其中以热处理对 PLRV 较为有效。化学方法则是在植株生产过程中，添加一些影响病毒 RNA 复制的化学物质，通过干扰病毒在植株体内的繁殖，来达到剔除病毒的目的。目前常见的病毒抑制剂有三氮唑核苷（病毒唑）、5 -二氢尿嘧啶（DHT）、双乙酰-二氢- 5 -氮尿嘧啶（DA - DHT）等。不同病毒对抑制剂的敏感度是不一样的，其中病毒唑对脱除 PVX 和 PVA 较为有效。但这些病毒抑制剂即使在低的浓度条件下，对植株的生长发育也会产生严重的影响。因此，单一的物理或化学处理很难达到理想的脱毒效果。

茎尖剥离培养是在植物脱除病毒过程中广泛应用的方法。原理是被侵染的植株体内并非所有的细胞都带有病毒，在代谢活跃的分生组织中病毒很少或没有病毒。其主要原因可能有：①分生组织缺乏完整的维管束组织，使得病毒在细胞间移动速率较慢，因此，在快速分裂的茎尖分生组织中病毒含量较低；②茎尖分生组织细胞代谢活跃，病毒复制在与寄主细胞生长的竞争中处于劣势，病毒在快速分裂的分生组织中难以存在或浓度很低；③大多数病毒在植株内主要通过韧皮部或通过胞间连丝在细胞间转移，而组织中病毒难以存在或浓度很低。此外，茎尖分生组织中高浓度生长素也可能影响了病毒的复制。而且马铃薯同一品种的不同个体间在病毒感染程度上也差异较大，在品种脱毒之前，应选择具有典型品种特性、生长发育良好的块茎作为基础材料。而且由于上述几种方法都不能有效剔除纺锤块茎类病毒（PSTVd），因此，在选择起始脱毒材料方面，首先要利用指示植物、反向聚丙烯酰胺凝胶电泳（R - PAGE）或分子检测技术，筛选未感染 PSTVd 的无性系；另外也可以对其他主要病毒加以筛选，选择不含 PSTVd 且其他病毒含量相对较低的块茎作为基础材料。基础材料选择后，以入选无性系块茎上生长的健壮芽为起始材料，进行茎尖剥离，同时结合热处理或化学处理进行脱毒。剥离茎尖大小对脱毒率和成苗率有较大影响，茎尖越小，脱毒率越高，但成苗率也低，一般切取只带 1～2 个叶原基的茎尖作为培养的基础材料。马铃薯茎尖脱除病毒的难易顺序为 PLRV、PVA、PVY、奥古巴花叶病毒（PAMV）、PVM、PVX、PVS、PSTVd。经过脱毒处理获得的植株，经过酶联免疫检测和分子生物学检测后，获得无病毒试管苗，这就完成脱毒种薯繁殖的最基础的一步。

（二）试管苗的快繁与试管薯高效生产

利用马铃薯茎的腋芽和块茎的固定芽都能萌发形成完整植株的特性，在室内离体无菌条件下，在三角瓶或其他培养容器中将试管苗按单节切段，每节带 1 个叶片，均匀平放于三角瓶的培养基上，置于培养室（温度 20 ℃左右，光照度 3 000 lx，16 h/d）培养，3～4 d 切段可从叶腋处长出新芽和根。繁殖周期因培养基成分或基因型不同有所差异，但大体都在 20～30 d。由于检测手段灵敏度不够等原因，可能导致试管苗脱毒不够彻底，随着继代扩繁，脱毒苗体内的病毒会不断增殖。因此，脱毒试管苗在大量扩繁前，必须进行多次检测，选择无病毒的试管苗进行繁殖，确保脱毒基础苗的质量。上述方法繁殖速度较快，当培养条件适宜时，一般每月可切段繁殖一次，每株苗可切 5～9 段等，年繁殖系数约为 7^{12}，可短时间内提供大量的基础繁殖材料。随着研究的深入，1982 年首次报道了马铃薯试管苗能在培养过程中产生试管块茎即试管薯。它是在组织培养条件下，由试管苗腋芽伸长并顶端膨大成为具有正常块茎组织和形态结构的器官。试管薯具有和正常块茎一样膨大、休眠和萌芽等过程，而且可以周年生产。

（三）设施条件下微型薯的生产

利用试管苗或试管薯繁殖微型薯方式有基质繁殖和无基质繁殖两种。基质繁殖中常用的基质有蛭石、珍珠岩、松针土和草炭等，以及它们之间按一定比例混合而成的混合基质。将基质消毒后，施入适量复合肥，气温在 10～25 ℃时，选择生长健壮的组培试管苗移栽。若用试管薯播种，则播种期可适当提前。待到苗高 10 cm 左右时，将顶端切下进行扦插繁殖。母苗的腋芽可继续生出分枝，用于循环切段扦插，其扦插次数依据生长季节确定。茎段扦插时，最好用 500 mg/L 萘乙酸浸泡茎段切口，促进生根，并对切段后的母株追肥，加速腋芽生长。同时注意扦插苗管理，做好遮阴保湿，避免小苗失水死亡。1 周后，当扦插苗长出 1～4 片新叶时，便可拆除遮阳网和塑料薄膜。常用的无基质方法为雾培法。该方法与基质栽培方式相比，有较多优点，单株结薯数多，并可按要求的微型薯大小分期采收；同时，由于种植密度较低，对试管薯或试管苗用量较少。但由于生长周期较长，要求对环境条件控制较为严格，因此，所需的生产设施要求较高，且生产过程中温湿度等控制的难度和成本也相应地加大，并需要配套恒温贮藏库。

（四）大田种薯生产

虽然通过多年的努力，隔离条件下微型薯生产效率已经有了较大的提高，但微型薯数量也还是有限，需经过一代到多代的大田扩繁，才能满足商品薯生产的需求。在大田扩繁期间，必须采取防止病毒及其他病原再侵染的措施，然后通过相应的种薯繁育体系，源源不断地为生产提供健康种薯。预防病毒再侵染的措施包括繁种基地的选择和防止病毒传播的综合措施，重点是防止蚜虫对病毒的传播。原种繁殖基地要求选择不利于蚜虫繁殖取食、迁飞和传毒，但适合马铃薯生长和膨大的冷凉条件，一般在高纬度、高海拔、风速大、气候冷凉的地区，而且要求自然隔离条件好，在种薯生产基地至少 2 km的范围内没有马铃薯商品薯生产田及其他马铃薯病毒的寄主植物如茄科植物。此外，即使条件良好的原种生产基地，原种繁殖过程中病毒侵染也难以避免，要最大限度降低感病率，还需要配合其他防病毒再侵染措施，包括合理轮作、播种前种薯催芽、提早形成抗性苗、及时拔除病株、蚜虫迁飞前适时杀秧、提早收获等。

中国的种薯基地大部分都是在气候冷凉、光照充足、昼夜温差大，适合马铃薯生长的高海拔、高纬度地区。如不采取措施，块茎往往长得过大，增加了调种的运费和生产者的投入。种薯小型化(50 g左右)，不仅可以减少大种薯切块时切刀传染真菌、细菌性病害（晚疫病、环腐病、青枯病、软腐病和黑胫病）和病毒病的风险，而且可以减少种薯用量，降低种薯生产成本。小型种薯是整薯播种，可充分发挥其顶端优势，能充分挖掘其生产潜力，提高产量。此外，由于体积小，易于贮藏，节省贮存空间，减轻了种薯的调运压力，降低了运输成本，但必须用机械进行块茎分级、包装，才能提高种薯的商品质量和价值。

（五）种薯分级

不同的种薯体系种薯分级不尽相同，但按其对生产设施和生产环境的不同可分为室内组培阶段、隔离网室基质栽培阶段和大田繁殖阶段，分别称为核心种、基础种和大田用种，其中各阶段又可分为不同的级别与类型。核心种是繁育的核心阶段，质量要求最为严格，通过茎尖分生组织培养获得再生植株，需经过 PVX、PVY、PLRV、PVS、PVA、PVM 和 PSTVd 等病毒和类病毒及相关病原菌检测全部为阴性的再生植株才能用于核心种生产，必要时还应对核心种按批次进行上述检测。核心种一般包括试管苗和试管薯两类。试管苗是指在组织培养条件下，利用脱毒再生植株带芽茎段繁殖的符合质量标准的植株；试管薯是指在组织培养条件下，由试管苗经诱导所生产的符合质量标准的块茎。基础种一般指原原种和原种，原原种由核心种（试管苗、试管薯）在具有防蚜虫功能的设施内（温室、网室等）清洁基质（固体或液体）上所生产的符合质量标准的小块茎即微型薯，原种则由微型薯在具有良好的蚜虫和病害自然隔离条件的田间繁殖并符合质量标准。大田用种可分为一级种和二级种，一级种由原种在一定隔离条件下田间繁殖并符合相应的质量标准，二级种由一级种繁殖而来且符合相应质量标准。

（六）种薯贮藏

马铃薯是以块茎直接播种的无性繁殖方式进行生产的一种高产作物，块茎既是营养器官，又是繁殖器官。因此，种用马铃薯块茎的贮藏，必须尽可能减少有机物消耗和淀粉转化，保持种薯新鲜、健康和较强的生命活力，防止各种真菌、细菌病害的发生发展，避免引起腐烂损失。马铃薯块茎从收获到萌发的过程可分为 3 个阶级，薯块成熟期、休眠期和萌芽期。在薯块成熟期，由于新收获的薯块尚处在后熟阶段，薯块表皮尚未完全木栓化，呼吸作用旺盛，薯块内的水分迅速向外蒸发，贮藏过程中放出大量水分、热量和二氧化碳，重量也随之减轻。一般需要在温度 15～20 ℃、湿度 85%～95%、氧气充足、漫射光或黑暗条件下，经过 3～7 d，促进形成木栓质保护层。经薯块后熟阶段，表皮充分木栓化，随着蒸发强度和呼吸强度的逐渐减弱转入休眠状态，休眠期的长短与品种特性、栽培条件和贮藏条件有关，在这一时期，薯块呼吸作用减慢，养分消耗降到最低程度。如果在适宜的低温条件下，可使薯块的休眠期保持较长的时间，一般可达 2 个月左右，最长可达 4 个多月。种薯对贮藏条件较为敏感，温度、湿度、光线、CO_2 和通风状况等因素均可影响种薯的贮藏。温度、湿度高，则块茎的呼吸强度大，放出大量的水分和热量，引起烂窖，所以种薯贮藏以温度 0～5 ℃、相对湿度 85%～90%为宜；此外，种薯贮藏期间的通风状况直接影响贮藏质量，贮藏环境通风不良会积累大量 CO_2，妨碍种薯的正常呼吸，在这种环境中长期存放的种薯，其播种后出苗率和植株生长发育可能受影响。经过了休眠期，马铃薯呼吸作用又转旺盛，同时由于呼吸产生热量的积聚而使贮藏温度升高，促使薯块迅速发芽。此时，薯块重量减轻程度与萌芽程度成正比，在此期间如能保持一定的低温条件，并加强贮藏场所通风，使包装内保持一定浓度的 O_2 和 CO_2，可使块茎处于被迫休眠状态而延迟萌芽，这对保证马铃薯种薯质量十分重要。

（宋波涛　谢从华　金黎平）

主要参考文献

蔡兴奎．2004. 原生质体融合创造抗青枯病的马铃薯新种质及其遗传分析 [D]. 武汉：华中农业大学．

陈华宁．2008. 中国马铃薯产业发展现状及对策 [J]. 世界农业，352 (8)：13-15.

陈伊里，石瑛，王凤义，等．2003. 新型栽培种在中国马铃薯育种中的利用［M］//陈伊里．中国马铃薯研究与产业开发．哈尔滨：哈尔滨工程大学出版社．

戴朝曦，孙顺娣．1994. 马铃薯实生苗子叶及下胚轴原生质体培养研究［J］. 植物学报，36（9）：671－678.

戴朝曦，孙顺娣，于品华，等．2000. 用生物技术培育马铃薯加工型品种的研究［M］//陈伊里．面向21世纪的中国马铃薯产业．哈尔滨：哈尔滨工程大学出版社．103－107.

黑龙江省农业科学院马铃薯研究所．1994. 中国马铃薯栽培学［M］. 北京：中国农业出版社．

金黎平．2006. 二倍体马铃薯加工品质及重要农艺性状的遗传分析［D］. 北京：中国农业科学院．

金黎平．2006. 马铃薯［M］//董玉琛，刘旭．中国作物及其野生近缘植物：粮食作物卷．北京：中国农业出版社．506－559.

金黎平，杨宏福．1996. 马铃薯遗传育种中的染色体倍性操作［J］. 农业生物技术学报，1：70－75.

卢其能，杨清，江辉．2007. 马铃薯花色苷的遗传特性及其分子生物学研究状况［J］. 安徽农业科学，35（32）：10242－10244.

屈冬玉，谢开云，金黎平，等．2005. 中国马铃薯产业发展与食物安全［J］. 中国农业科学，38（2）：358－362.

孙慧生．2003. 马铃薯育种学［M］. 北京：中国农业出版社．

陶金萍，张相英．2000. 马铃薯抗旱性状的遗传［J］. 杂粮作物，20（6）：11－13.

佟屏亚，赵国磐．1991. 马铃薯史略［M］. 北京：中国农业科学技术出版社．

王凤义．2002. 马铃薯不同组合类型产量性状分离规律的研究［D］. 哈尔滨：东北农业大学．

姚春馨，丁玉梅，周晓罡，等．2012. 马铃薯抗旱相关表型效应分析与抗旱指标初探［J］. 作物研究，26（5）：474－481.

袁华玲，金黎平，谢开云，等．2005. 体细胞杂交技术在马铃薯遗传育种研究中的应用［J］. 中国马铃薯，19（6）：357－361.

Anithakumari，Oene Dolstra，BenVosman，et al. 2011. In vitro screening and QTL analysis for drought tolerance in diploid potato［J］. Euphytica，181：357－369.

Aversano，Contaldi，Ercolano，et al. 2015. The *Solanum commersonii* genome sequence provides insights into adaptation to stress conditions and genome evolution of wild potato relatives［J］. Plant Cell，27：954－968.

Bradshaw，Mackay. 1994. Potato genetics［M］. Cambridge：Cambridge University Press.

Caidi，Ambrosio，Consoli，et al. 1993. Production of somatic hybrids frost-tolerant *Solanum commersonii* and *S. tuberosum*：characterization of hybrid plants［J］. Theoretical and Applied Genetics，87：193－200.

Chen，Bamberg，Palta. 1999. Expression of freezing tolerance in the interspecific F_1 and somatic hybrids of potatoes［J］. Theoretical and Applied Genetics，98：995－1004.

Chen，Guo，Xie，et al. 2013. Nuclear and cytoplasmic genome components of *Solanum tuberosum*＋*S. chacoense* somatic hybrids and three SSR alleles related to bacterial wilt resistance［J］. Theoretical and Applied Genetics，126：1861－1872.

Correll. 1962. The potato and its wild relatives［M］. Texas：Texas Research Foundation Renner Press.

Cribb. 1972. The cultivated tetraploid potato of South America［D］. Birmingham：University of Birmingham Press.

Finkers-Tomczak，Bakker，de Boer，et al. 2011. Comparative sequence analysis of the potato cyst nematode resistance locus H1 reveals a major lack of co-linearity between three haplotypes in potato（*Solanum tuberosum* ssp.）［J］. Theor Appl Genet，122：595－608.

Fock，Collonnier，Lavergne，et al. 2007. Evaluation of somatic hybrids of potato with *Solanum stenotomum* after a long-term in vitro conservation［J］. Plant Physiol Biochem，45：209－215.

Gebhardt. 2013. Bridging the gap between genome analysis and precision breeding in potato［J］. Trends Genet，29：248－256.

Gebhardt，Valkonen. 2001. Organization of genes controlling disease resistance in the potato genome［J］. Annu Rev Phytopathol，39：79－102.

Hawkes. 1990. The potato evaluation，biodiversity and genetic resources［M］. London：Belhaven Press.

Hijmans，Spooner. 2001. Geographic distribution of wild potato species［J］. American Journal of Botany，88：2101－2112.

Jansky. 2006. Overcoming hybridization barriers in potato［J］. Plant Breeding，125：1－12.

Kim-Lee，Moon，Hong，et al. 2005. Bacterial wilt resistance in the progenies of the fusion hybrids between haploid of potato and *Solanum commersonii* [J]. American Journal of Potato Research, 82: 129 - 137.

Lawson, Weiss, Thomas, et al. 2001. Newleaf plus russet burbank potatoes: replicase-mediated resistance to potato leafroll virus [J]. Molecular Breeding, 7: 1 - 12.

Nyman M, Waara S. 1997. Characterization of somatic hybrid between *Solanum tuberosum* and its frost-tolerant relative *Solanum commersonii* [J]. Theoretical and Applied Genetics, 95: 1127 - 1132.

Potato Genome Sequencing Consortium. 2011. Genome sequence and analysis of the tuber crop potato [J]. Nature, 475: 189 - 195.

Prashar, Hornyik, Young, et al. 2014. Construction of a dense SNP map of a highly heterozygous diploid potato population and QTL analysis of tuber shape and eye depth [J]. Theoretical and Applied Genetics, 127: 2159 - 2171.

Simmonds. 1974. Evolution of crop plants [M]. London and New York: Longman publish company.

Spooner D M, Hijmans R J. 2001. Potato systematics and germplasm collecting, 1989—2000 [J]. Amer J of potato Res, 78 (4): 237 - 268.

Spooner, Ghislain, Simon, et al. 2014. Systematics, diversity, genetics, and evolution of wild and cultivated potatoes [J]. The Botanical Review, 80: 283 - 383.

Stone, Palta, Bamberg, et al. 1993. Inheritance of freezing resistance in tuber-bearing *Solanum* species: evidence for independent genetic control of nonacclimated freezing tolerance and cold acclimation capacity [J]. Proc. Natl. Acad. Sci. USA, 90: 7869 - 7873.

Vega, Alfonso, Jung, et al. 2003. Marker-assisted genetic analysis of non-acclimated freezing tolerance and cold acclimation capacity in a backcross *Solanum* population [J]. Amer J of potato Res, 80: 359 - 369.

Waltz. 2015. USDA approves next-generation GM potato [J]. Nat Biotechnol, 33: 12 - 13.

Wiberley-Bradford, Busse, Jiang, et al. 2014. Sugar metabolism, chip color, invertase activity, and gene expression during long-term cold storage of potato (*Solanum tuberosum*) tubers from wild-type and vacuolar invertase silencing lines of Katahdin [J]. BMC Res Notes, 7: 801.

Yu, Ye, He, et al. 2013. Introgression of bacterial wilt resistance from eggplant to potato via protoplast fusion and genome components of the hybrids [J]. Plant Cell Reports, 32: 1687 - 1701.

第二十六章

菜豆、豇豆育种

第一节 菜　　豆

菜豆是豆科（Leguminosae）菜豆属中的栽培种，一年生草本植物。学名：*Phaseolus vulgaris* L.；别名：四季豆、芸豆、芸扁豆、豆角、刀豆等。染色体数 $2n=2x=22$。墨西哥和秘鲁等国发现了7 000多年前菜豆的残存物，据此认为菜豆起源于中南美洲。《中国农业科学技术史稿》（1992 年版）载："1492 年哥伦布发现新大陆后，辣椒、番茄、南瓜、马铃薯、菜豆等许多原产南美洲的蔬菜很快被引种到欧洲。16 世纪下半叶至 17 世纪末，这些蔬菜也由商人或传教士引进中国，推广种植。"明朝李时珍撰《本草纲目》（1578）有关于菜豆的记载。俄国植物学家瓦维洛夫（H. N. Вавилов）认为，普通菜豆在中国经过长时期选择，其荚果产生了失去荚壁上硬质层、可食用的基因突变，演变成食荚菜豆（*Phaseolus vulgaris* L. var. *chinensis*），因此中国是菜豆的次生起源中心。

菜豆广泛分布于世界各地，中国是种植嫩荚用菜豆最多的国家之一。据农业部统计资料，2006 年全国菜豆播种面积为 59.52 万 hm^2，产量 1 832.4 万 t。菜豆是喜温暖气候的作物，我国大部分地区属温带，因此菜豆在我国南北方广泛种植，但主要的分布区域为东北、华北和西南地区。华南地区在冬季也有较大面积种植，产品南菜北运。我国西北地区是菜豆种子的主要生产区域。

菜豆嫩荚既可鲜食又可加工速冻和制罐，是一种富含蛋白质的主要蔬菜。每 100 g 菜豆嫩荚含蛋白质 2～3 g，脂肪 0.4 g，膳食纤维 1.5 g，钙 123 mg，铁 1.5 mg，磷 51 mg（《食物成分表》，1991）。

一、育种概况

（一）育种简史

菜豆栽培种是在中美洲由野生型驯化而来，早在 1492 年哥伦布发现新大陆时，当地土著居民已经用玉米做支架而广泛间作菜豆了。那时种植的菜豆均为食籽粒的硬荚种。直至 1870 年美国率先育出了荚壁无硬质层的嫩荚菜豆，被称为 Snap bean。美国荚用菜豆育种最显著的突破是 1958 年由 Bill Zanmeyer 育成的 Tender crop，这是一个矮生品种，植株直立，株型紧凑，豆荚大、肉质多、色鲜绿、荚形直圆、荚面光滑、种子小，成熟期集中，适合机械化采收，是一个优良的鲜食和加工兼用品种。美国 20 世纪 70 年代的矮生菜豆品种近半数有 Tender crop 的血统。为了适应速冻加工和制罐的需要，以后又育成了白色种子的品种，如 Gallating 50 和 Early gallating 等。为了提高产量，又育出蔓生品种 Blue lake，随后又将该品种优良的豆荚性状转育到适合机械化采收的矮生品种上去，其加工品质也超过了 Tender crop。除了以品质、产量、适于机械化采收为目标进行育种外，抗病性也是美国菜豆育种的主要目标，抗病毒病、根腐病、锈病、炭疽病、白霉病、灰霉病都是育种家考虑的育种目标，现已育出抗各种病害的多个品种。国际热带农业中心（CIAT）也是抗病育种的重要机构，20世纪80年代初才开始荚用菜豆的育种工作，现已育成抗病高产品种。法国全国农业研究中心作物遗传和改良站抗病育种研究的成果是，菜豆主要病害炭疽病已很少发生。欧洲的其他国家如荷兰、意大利、西班牙、保加利亚、英国也在菜豆育种工作上取得进展。荷兰菜豆的主要病害是晕斑病、细菌性疫病和病毒病，通过与CIAT合作选出了抗病毒病的材料。保加利亚的马里察蔬菜研究所也育出了抗晕斑病和疫病的品种。意大利的萨来尔诺蔬菜栽培研究所菜豆育种目标主要是抗疫病和病毒病。

菜豆的花器结构比较特殊，杂交育种较困难。中国在20世纪50年代前基本无人进行杂交育种工作，生产上采用的品种多为农家品种或少数自国外引进品种。中国的蔬菜育种研究机构于20世纪70年代后期开始了菜豆杂交育种工作，陆续育出一批品质优良、丰产、抗病品种，如天津市农业科学院蔬菜研究所育成的春丰号、秋抗号、新秀号、双丰号，大连市农业科学研究所育出的芸丰和特嫩号等，都在生产上发挥了作用。

中国是菜豆的次生起源中心，食荚菜豆是在中国变异形成，因此食荚菜豆的品种类型非常丰富。但随着栽培历史的悠久，品种开始退化，育种工作者以农家品种为材料，进行系统选育的工作和杂交育种同步进行，如20世纪80年代哈尔滨市农业科学研究所推出的哈菜豆1号、哈菜豆2号、哈菜豆3号，大连市甘井子区农业技术推广中心推出的83-A、83-B，扬州市蔬菜研究所推出的扬白313，均是从地方品种经系统选育而成。

20世纪70年代至80年代后期从国外引进的一些品种，由于抗病、丰产、品质好，在生产上大面积推广，如从美国引进的矮生菜豆Provider（供给者）、Contender（优胜者），法国的矮生嫩荚菜豆、蔓生超长四季豆，荷兰的矮生Nr1512、蔓生Selke（碧丰）等品种，都在生产上推广利用。特别是矮生菜豆供给者，生产上种植的时间有30年之久，超长和碧丰至今仍在生产上大面积应用。

（二）育种现状与发展趋势

中国菜豆种质资源丰富，充分利用这些资源作为亲本或通过系统选择使得原有的性状得到改良仍是现阶段中国菜豆育种的重要途径。徐东辉等（2013）调研，至2013年我国有8个省级以上科研单位进行菜豆有性杂交育种或选择育种。多家地市级科研单位目前也在进行菜豆育种，如哈尔滨市农业科学院近10年来通过有性杂交系统选育方法育成了哈菜豆9号、哈菜豆12、哈菜豆13、哈菜豆15等系列菜豆新品种。大连市农业科学研究院采用多亲本复合杂交系统选育法于2008年育成了对炭疽病、锈病兼有抗性的连农无筋2号菜豆新品种。张扬勇等（2013）调查整理，我国1978—2012年通过国家或省（自治区、直辖市）审（认、鉴）定或登记、备案的菜豆品种有100个。菜豆抗病育种目前仍停留在自然选择阶段，而对育种材料进行人工抗病性鉴定的工作很少开展。分子标记辅助选择育种等现代生物技术方法在我国菜豆育种研究中少见报道。

世界上其他国家特别是发达国家的菜豆育种已进入多抗性育种和多个目标育种阶段。以美国为例，除了高产、品质优良、适宜机械化采收，种子的质量和性状也是育种考虑的目标。因为种子质量影响出苗和幼苗的生活力，种子质量还与抗机械损伤密切相关。抗病育种方面主要是多抗性育种。美国大多数食荚菜豆都带有抗普通花叶病毒（BCMV）的显性基因 I，现正进行将 I 基因与 $bc-1^2$、$bc-2^2$ 和 $bc-3$ 结合的育种，使其具有抗多种病毒病的广谱抗性。威斯康星大学育种系育成的RRR-46和RRR-36抗腐霉菌、丝囊霉菌和根腐病。美国农业部公布的种质材料PR-190和BARC-1抗锈病的大多数流行株系，另一育种品系USDA-3抗锈病、炭疽病、曲顶病毒病（CTV）及黄化花叶病毒病（BYMV）的一些株系。国际热带农业中心已获得抗病、高产、适应性强的品种Dor60、Bat76、花75等。

中国菜豆育种目标仍以丰产、品质优良和抗病为主，炭疽病、病毒病、根腐病、锈病、菜豆角斑病、菜豆菌核病等均在中国发生，因此抗病育种在菜豆育种研究中的重要性尤为突出。

通过引种引进优良的菜豆品种或种质资源，仍是今后菜豆育种的重要工作。将现代生物技术与传统的菜豆育种相结合的现代育种方法，将是未来菜豆育种的主要发展方向。

二、种质资源和品种类型

（一）起源与传播

关于菜豆的起源，根据考古学考证、野生资源考察以及野生种和栽培种之间关系的研究，菜豆起源于中、南美洲的观点已趋一致。在秘鲁、智利、阿根廷和墨西哥等地都曾发现过菜豆的残存物。最古老的残存物是在安第斯山脉发现的，距今 8 000～10 000 年。有证据表明，菜豆 *P. vulgaris* 的驯化发生在巴西和阿根廷的北部，至今存在菜豆种的近代野生型 *P. aborigineus*，而菜豆属的另 1 个种 *P. polystachyus* 则是 1 个现存的野生种。现代野生菜豆是古老野生菜豆的后代，栽培菜豆是从野生菜豆进化而来。驯化的结果，植株分枝减少；花数和荚数增加，种子增大，每荚种粒数减少；种子水分的渗透性增加，种子硬度减小，光周期反应出现了很多生态类型。

菜豆栽培种的起源中心是南美洲还是中美洲，是墨西哥还是安第斯山脉一带，目前尚无定论。Gepts（1984）曾报道，在墨西哥、哥伦比亚和安第斯山 3 个不同的分隔地区有 3 个野生类型。国际热带农业中心的学者 Debouk（1988）在此基础上提出菜豆在美洲有 3 个起源中心的设想：即中美洲起源中心、北安第斯山中心和南安第斯山中心。在这 3 个隔离地区发现了菜豆的野生类型、菜豆栽培种的祖先和菜豆的变种及菜豆属的其他种。据此认为，在 3 个分隔地区发现的 3 个不同的野生类型，以后在不同地区被驯化为 3 个不同的栽培类型。Singh（1991）指出，普通菜豆有 2 个明显的基因库，1 个是安第斯中心，1 个是中美洲。

菜豆的起源中心所说的菜豆 *P. vulgaris* 一般指普通菜豆，也即粮用籽粒菜豆，其荚内果皮很薄，且随着果荚的长大，会形成一层革质膜，中果皮的细胞壁也会加厚变硬，缝线处的维管束发达，使果荚不堪食用。而荚用菜豆的内果皮很肥厚，是主要食用部分，不会发生革质的膜，中果皮的细胞壁不易增厚硬化，荚的背、腹缝线也不太发达。因此食荚菜豆和普通菜豆是菜豆种的 2 个不同类型。

苏联植物学和遗传学家瓦维洛夫和另一学者茹可夫斯基认为食荚菜豆这种变异类型是在中国发生的，是中国古代选种者经过长期选择的结果。瓦维洛夫认为荚壁失去纤维是由普通菜豆产生了失去荚壁上硬质层的基因突变产生的，是一种隐性性状。目前尚无人对这种看法提出异议。有的文献将食荚菜豆的学名称作 *P. vulgaris* L. var. *chinensis*，这与该变种在中国变异形成不无关系。因此，中国是菜豆的次生起源中心，又叫第二基因中心，是食荚菜豆的变异中心应该是没有问题的。但是这种变异发生的年代已难以考证。

菜豆于 16 世纪从美洲传到欧洲，16 世纪至 17 世纪在欧洲迅速传播，并同时传到亚洲的一些国家，于 16 世纪传到中国（朱德蔚等，2005），并于 1654 年由隐元禅师归化日本时带到那里去的。美洲的菜豆由西班牙贩卖奴隶的大帆船带到非洲，并横渡太平洋到菲律宾、印度，其后又随贸易路线传到内地。

除《本草纲目》外，明代吴其濬（19 世纪中叶）在其《植物名实图考》中也有关于菜豆的记载。由此可见，菜豆在中国栽培已有 400 多年的历史。

（二）种质资源的研究利用

菜豆种质资源非常丰富，世界上保存菜豆属种质资源最多的机构是设在哥伦比亚的国际热带农业研究中心，已搜集到 41 000 余份菜豆属资源，栽培种近 35 000 余份，野生种 400 份。国际遗传资源委员会（IBPGR）1989 年资料称，全世界 30 多个国家保存菜豆属种质资源共 10.5 万余份，野生资源 6 000 余份，其中菜豆种 11 400 份，野生资源 21 份（不包括中国）。中国菜豆种质资源主要保存在中国农业科学院，迄今为止，国家蔬菜种质资源中期库中保存的荚用菜豆 3 482 份，国家农作物种质资源长期库中保存的普通菜豆种质 3 810 份。

对菜豆种质资源研究最多的国际热带农业中心，对保存的菜豆资源进行了适应性、抗病性、抗热性、抗旱性、耐酸性、固氮能力及耐低磷性状的研究和评价，为育种工作打下了基础。经过评价、鉴定，已获得了 1 000 多个抗病品系和抗病、高产、适应性强的品种，如 Dor60、Bat76、花 75 等。在拉丁美洲的一些试验，选出了一些抗病的种质资源，如在巴西试验的品种 Ouro，除了产量高以外，还抗菜豆角斑病、锈病和细菌性疫病。黑籽粒品种以 Rio tibagi 和 Milionario1732 表现最好（Araujoetal，1989）。20 世纪 90 年代初公布的高山型品种 Alpine，抗锈病的 US38－42、52－57、59－61、68－70 等生理小种，并中抗炭疽病，其加工品质尚好。

美国对菜豆资源的多个领域进行了研究。贝尔兹维尔的农业部农业研究中心重点进行菜豆抗锈病研究，选出抗锈病材料 M235、M309 和抗锈病品种 BARC－RR－1。康奈尔大学杰尼瓦农业试验站进行了抗菜豆根腐病、白霉、灰霉等病害的育种，获得一批抗病材料。美国菜豆对普通花叶病毒的抗性基因来自 U S No. 5 Rufugee，其大多数食荚菜豆品种都含有抗普通花叶病毒的显性基因 *I*。威斯康星大学育成的 RRR－46、RRR－36 抗腐霉菌、丝囊霉菌和由 *A. phanomyces euteis* f. sp. *phaseoli* 引起的根腐病，还育出了抗孔环枯萎病的育种系 Nebraska HB－76－1、抗褐斑病的 BBSR－130（42）和 WBBSR－17、WBBSR－28（44），而 BBSR－130 还抗锈病和其他几种病害。在美国还有另外几个兼抗几种病害的种质，如 PR－190 和 BARC－1 抗锈病的大多数流行株系。另一育种品系 USDA －3 抗锈病的若干生理小种、炭疽病（具 *Are* 基因）、黄瓜花叶病毒（CMV）的菜豆株系和曲顶病毒病（CTV）及黄化花叶病毒病的一些株系。美国 1987 年育成品种 Mayflower 具有 1 个显性敏感基因 *I*，对菜豆花叶病毒马铃薯株系表现抗性，并抗炭疽病 α、β 株系，抗具感坏死斑的锈病株系，并耐孔环枯萎病的密歇根分离菌和菜豆角斑病。

欧洲的一些国家对菜豆种质资源抗病性的研究也很重视，法国全国农业研究中心作物遗传改良站早年从引进的墨西哥野生资源获得的 2 个抗炭疽病基因，已转育到几乎所有的商业品种中。荷兰研究机构通过与国际热带农业研究中心合作用来自多花菜豆的选系 IVT7620 作为抗源，获得了抗黄化花叶病毒病和普通花叶病毒的材料，这个材料还抗炭疽病、锈病和晕斑病。

除了对种质资源的抗病性进行研究，国际上对其他的菜豆性状也进行了研究，如 1968 年 Gentry 在墨西哥的 Arcellia 海拔 850 m 处搜集到抗菜豆象鼻虫的野生菜豆种子，后于 1986 年在美国威斯康星大学进行研究获知，该种质含有 Arcelin 物质，一种蛋白质，能阻碍象鼻虫的消化。为了提高菜豆的抗虫性，国际热带农业研究中心已将 Arcelin 的基因整合到 160 个品系中，所有品系都表现出了稳定的抗虫性（Cunningham，1993）。此外，研究人员也开始重视菜豆对高温、低温、土壤酸碱度及空气污染等逆境的研究。美国康奈尔大学 Dickson 发现耐热品种往往也表现出耐冷，如 California red 耐热，在高于 36 ℃条件下栽培，有较高的坐荚率。进一步耐冷试验发现其品系 NY－5－161、NY－590 较耐冷。Silbernagel 公布了 1 个耐热的育种系 5BP－7，同时认为 NY－5－161 耐高温引起的脱落现象较强。

中国从 20 世纪 80 年代中期开始对搜集入库的食荚菜豆进行苗期抗病性鉴定，鉴定的病害有菜豆枯萎病（*Fusarium oxysporum*）、炭疽病（*Glomerella lindemuthianum*）和锈病（*Uromyces appendiculatus*）。对 2 463 份种质材料进行鉴定的结果是，抗枯萎病的种质 174 份，抗炭疽病材料 99 份。苗期鉴定和田间种植鉴定抗 2 种病害且农艺性状表现好的品种有拉马尼瑞、GY20－3－1、红花皮、黄家雀蛋、大花碗、大花 2 号、红豆宽等。对 1 509 份菜豆种质进行锈病苗期鉴定，有 162 份表现高抗。表现免疫的品种有嫩绿豆角、加拿大芸豆、紫小胖、扁结豆子、蔓生菜豆、固原黑子梅豆、肉壳花脸豆；表现高抗的有新秀 1 号、P40、Pt46 等。

（三）类型及品种介绍

1. 类型 菜豆品种通常可依据嫩荚质地、茎蔓生长习性、光周期反应敏感性、播种至嫩荚采收时间及地域生产、消费习惯差异等进行分类。

（1）根据嫩荚荚壁革质膜的有无分为硬荚种、软荚种。硬荚种的荚果内果皮薄，随着荚果的长大会形成一层革质膜，中果皮的细胞壁加厚变硬，缝线处的维管束发达，整个荚果不堪食用。以食用干籽粒为目的的普通菜豆品种属于此类。软荚种即为菜用的食荚菜豆，有的学者把它归为菜豆的一个变种（*P. vulgaris* L. var. *chinensis*），其嫩荚的内果皮肥厚，中果皮细胞壁不易增厚硬化，缝线的维管束也不发达。

（2）根据植株茎蔓的生长习性一般可分为蔓生、半蔓生、矮生 3 种类型。蔓生类型茎蔓缠绕，茎顶端为叶芽，无限生长，茎蔓长可达 3 m 以上，需要支架栽培。目前生产上利用的地方品种和育成品种主要为蔓生类型。如辽宁的地方品种九粒白，天津市蔬菜研究所育成的双丰系列品种，中国农业科学院蔬菜花卉研究所自国外引进的超长四季豆、碧丰等。半蔓生类型植株茎蔓缠绕，蔓长达 1～2 m 时，顶端生长点变为花芽，有限生长，栽培时可以不支架，但支架栽培有利于获得较高的产量。半蔓生类型的品种资源和生产上利用的品种均很少，主要为地方品种，如吉林的早白羊角、山东枣庄的半架芸豆等。矮生类型植株直立或匍匐，主茎及侧枝一般生长至 4～8 节后，生长点变为花芽，有限生长，栽培时不需要支架。中国的矮生品种资源和育成品种数量均较少，目前生产上栽培面积较大的主要是国外引进品种，如中国农业科学院自美国引进的供给者，江苏省农业科学院自法国引进的 Rugally 中选出的 81－6 矮生菜豆等。

根据国际热带农业研究中心和剑桥大学对菜豆的表型描述（Leakey，1988），菜豆无限生长类型又分为无限植株攀缘、无限生长匍匐不缠绕、无限丛生弱缠绕、无限丛生且主茎和分枝生长一致、无限丛生直立不缠绕 5 种类型；有限生长类型又分为有限生长株型开展、有限生长不整齐丛生且主茎和侧枝有明显缠绕趋势、有限生长且主茎粗壮、有限生长且多节直立、有限生长且植株开展、有限生长且节数少 6 种类型（周长久，1995）。

（3）菜豆属短日照植物，根据其对日照长短的反应可分为敏感型、中度敏感型、不敏感型。敏感型品种引种到北方在长日照条件下植株枝叶繁茂，有的不开花或晚开花不坐荚，中国云南、贵州等高原地区的少数地方品种属于此类。中度敏感型品种在长日照条件下植株变高，开花期延迟，在北方无霜期短的地区或夏季炎热菜豆不能越夏的地方栽培，对嫩荚产量或种子生产均会产生不同程度的影响。目前生产上应用的品种经长期的人工选择多数为对光周期反应不敏感型，这类品种在适宜生长的季节，南北方均可种植。

（4）依据从播种至开花或嫩荚采收期时间的长短，又可将菜豆分为早熟、中熟和晚熟种。早熟品种在早熟栽培、产品提早供应市场方面具有重要意义。如中国农业科学院蔬菜花卉研究所选育的早熟品种早满架，在北京春季露地播种后 52 d 左右即可采收嫩荚。中、晚熟品种在丰产栽培中具有潜力。中熟品种如丰收 1 号，在北京春季露地播种后 60 d 左右可采收嫩荚。晚熟品种如中国农业科学院蔬菜花卉研究所自法国引进的超长四季豆，在北京春季露地播种后 65～70 d 可采收嫩荚，其植株生长势强，不易早衰，连续坐荚期长。在山西、内蒙古等夏季气候较凉爽、适宜菜豆生长时间长的地区，超长四季豆的丰产性可以得到较充分发挥。

（5）中国不同地区由于食用习惯的差异，致使种植的菜豆品种在荚形、荚色、口感品质等方面有很大的不同，形成了不同的区域品种类型。王素等（1989）综合了中国不同地区栽培菜豆嫩荚的形状、颜色、口感品质等将食荚菜豆划分为 6 个品种群。

① 扁荚品种群。嫩荚扁条形，荚的长短、宽窄、颜色等品种间有差异。如荚色绿、长扁条形的碧丰；荚色浅绿或白绿、荚面种粒略突，即使过了嫩荚采收期荚肉口感也无纤维的品种，如山东的蒙

阴秋不老、莱芜老来少等。

② 圆棍荚品种群。嫩荚圆棍形，较直、较短，种子一般不发达，荚肉较厚，绿色或浅绿色。此类品种除用于鲜食，还是适于速冻或制罐的好材料。此类品种在中国的华东、华中地区种植较多，如杭州的洋刀豆，上海的白籽长箕、黑籽长箕等。

③ 厚肉荚品种群。嫩荚较长，圆棍形或近圆棍形，荚面稍粗糙，浅绿或白绿色，肉厚，品质佳。主要用于鲜食，如山东的肉梅豆，陕西、河南的肉豆角等。

④ 花荚品种群。嫩荚底色浅绿或黄绿，带有红色或紫色斑纹，嫩荚和种子同时发育，荚面种粒稍突，但荚纤维少，品质佳。此类品种主要分布在东北地区，油豆角品种属于此类，如将军油豆、家雀蛋、红花皮、紫花皮等。

⑤ 紫荚品种群。荚壳含有花青素，呈紫红或绛紫色，高温加热时色素分解消失，故有“锅里变”之称。茎和叶脉也呈紫色，花紫红色或深紫色。品种有陕西的秋紫豆，河北的锅里变，黑龙江的大青棒等。

⑥ 黄荚品种群。花白色，荚色蜡黄，荚形圆或扁，此类品种较少，部分引自国外。中国原有的品种有陕西黄荚无筋豆、山西四月鲜等。

2. 品种　介绍几个有代表性的国内育成品种、国外引进优良品种及栽培历史悠久的地方品种。

(1) 超长四季豆（82-3）　又名泰国架豆。中国农业科学院蔬菜花卉研究所20世纪80年代从法国引进经试种选出，至今仍是生产上的主栽品种之一。蔓生，生长势强，叶片大，分枝多，花冠白色，嫩荚长圆条形，浅绿色，荚长25～30 cm，嫩荚纤维极少，品质佳。每荚种子数7～9粒，种子之间间隔较大。种子深褐色，筒形，百粒重约35 g。脱熟，丰产。在华北、华南、西南、西北均有大面积栽培。

(2) 供给者　中国农业科学院蔬菜花卉研究所20世纪70年代从美国引进品种中试种选出。矮生，生长势较强，苗期幼茎呈紫色，株高40 cm，花浅紫色，嫩荚绿色、圆棍形，荚长12～14 cm，嫩荚肉厚，质脆，纤维少，品质好。种子紫红色。早熟，丰产，适应性强，全国各地均可种植。

(3) 双丰1号　天津市蔬菜研究所20世纪80年代杂交选育而成。蔓生，生长势中等，有2～3个分枝。花冠白色，每花序坐荚2～6个，嫩荚绿色，近圆棍形，荚长18～20 cm，荚肉纤维少，品质好。种子白色，肾形。极早熟、丰产。对我国北方地区菜豆锈病抗性强。

(4) 青岛架豆　山东省青岛市地方品种，原名黑九粒。蔓生，生长势强。花紫红色，坐荚多，嫩荚鲜绿色、扁圆棍形，荚长约20 cm。嫩荚较不耐老化，需及时采收。种子黑色、近肾形。中熟，丰产。

(5) 扬白313　江苏省扬州市蔬菜研究所从本地白花园菜豆中选出的变异株，经系统选育而成。蔓生，生长势强，主侧蔓都坐荚。主蔓春季始花节位4～6节，花白色，嫩荚绿色，荚长11～12 cm，近圆棍形，纤维少，每荚有种子6～8粒。种子白色、肾形，中熟。适宜鲜食和加工。

(6) 秋紫豆　陕西省凤县种子管理站从农家品种中选择变异单株，经系统选育而成。蔓生，生长势强。茎、叶柄、叶脉均紫色。第1花序着生在主蔓第6节上，花紫红色。嫩荚扁平，紫色，荚长22～25 cm，肉厚，纤维少，品质优。种子肾形，粒大，黑色。适宜秋季栽种。

(7) 12号玉豆　广州市蔬菜科学研究所以抗锈玉豆（又名赤岗59）做母本，上海青刀豆为父本杂交育成。蔓生，长势旺，分枝力中等。嫩荚浅绿色，扁圆形，较直，荚长约18 cm，纤维少，味较甜，耐贮运。种子长圆形，白色，百粒重25 g。中熟，丰产，耐寒及抗锈病力强。

(8) 小油豆　吉林省地方品种。蔓生，植株长势强，分枝多，坐荚部位低。花冠紫色。嫩荚浅绿色，宽刀形，荚面较平，荚长13～14 cm，宽2～2.5 cm，厚1.2 cm，单荚重16～20 g，每荚含种子6粒。嫩荚纤维少，品质好。种子椭圆形，乳白色带黑条纹，千粒重约500 g。早熟。

(9) 一点红油豆　黑龙江省地方品种。蔓生，花冠旗瓣粉色，翼瓣淡粉色。嫩荚宽刀形，荚面种粒微凸，绿色，光照强时，嫩荚两端或荚面带红条纹，荚长 18～23 cm，宽约 3.0 cm，厚 1.5 cm，纤维少，品质优。种子长椭圆形，乳白色带紫红花纹，千粒重约 540 g。中早熟。

（10）黄金钩　吉林省地方品种。蔓生，花冠浅粉色。嫩荚黄色，弯圆棍形，荚面种粒凸，荚长 10～13 cm，嫩荚纤维少，品质好。老熟荚带红花纹。种子灰蓝色带褐条纹，卵圆形，千粒重约 550 g。中熟。

（11）花生米江东宽　黑龙江省地方品种。蔓生，花冠白色。嫩荚宽刀形，浅绿色，荚面种粒微凸，荚长 12～15 cm，宽 2～2.2 cm，厚 1.3 cm，嫩荚纤维少。种子椭圆形，粉色带紫红条纹，千粒重约 700 g。早熟。

（12）九粒白　辽宁省大连市地方品种。蔓生，生长势较强。第 1 花序着生于 4～5 节，花冠白色。嫩荚长圆棍形，白绿色，荚面种粒微凸，荚长约 20 cm，纤维少，品质好。老熟荚黄白带有红色，每荚有 8～9 粒种子。种子梭形，褐色，千粒重约 350 g。中早熟。

三、生物学特性与主要性状的遗传

（一）植物学特征与开花授粉习性

1. 植物学特征

（1）根　菜豆有一定的耐旱能力，根系发达。成株的主根可深入到地下 60 cm 以上，其主要吸收根群分布在地下 15～40 cm 的土层里。苗期幼根的生长速度比地上快，播种后 10 d 左右，子叶初露出地面时，一级侧根已形成。第 1 片复叶长出时，开始长出较稠密的根系。菜豆的根瘤不很发达，出苗 10 d 左右开始形成根瘤，开花坐荚初期是根瘤形成的高峰期。

（2）茎　按照菜豆茎顶生长习性，有无限生长和有限生长 2 种类型。前者茎蔓生，先端生长点为叶芽，主茎可不断伸展，高达 2 m 以上，甚至 4 m，需支架。后者又有两种，一种是矮生直立型，株高 40～50 cm，茎直立、节间短，有若干分枝，呈低矮的株丛，主茎长到第 6～8 节后，生长点分化为花芽而封顶，此类型系矮生菜豆。另一类型主蔓抽至 1 m 左右，最多不超过 2 m 时，其生长点分化为花芽而封顶，称为半蔓生菜豆，也需搭架。还有一种无限生长类型，茎匍匐生长，此类型极少。茎的颜色因品种不同而有差异，幼茎颜色差异明显，下胚轴有绿色、暗紫色和淡紫色之分，成株只有绿色和紫色 2 种，紫色的很少。

（3）叶　菜豆的子叶出土。第 1 对真叶为对生单叶，呈心脏形。第 3 片及以后的叶为 3 片小叶组成的复叶，互生，小叶为阔卵形、菱形或心脏形。叶柄较长，基部有 2 片舌状小托叶。叶呈深浅不同的绿色，叶面和叶柄披有茸毛。

（4）花　菜豆的花梗自叶腋抽生，总状花序，花冠蝶形，颜色有白、绿白、粉红、浅紫、紫红、紫等。花冠由旗瓣、翼瓣、龙骨瓣组成。最外层的花瓣为旗瓣，中间翼瓣 2 个对生，龙骨瓣在里面卷曲成螺旋状，将雄蕊和雌蕊裹在里面。雄蕊 2 体 9 合 1 离。雌蕊的花柱也呈螺旋状卷曲，柱头密生茸毛，子房一室，内含多个胚珠。菜豆为典型的自花授粉作物。

（5）果实　为荚果，俗称豆荚。豆荚的背腹两边沿有缝线，先端有尖长的喙。形状为宽窄不同的扁条形，直或弯；长短不同的圆棍形，较直或弯，还有一些中间类型。颜色多为深浅不同的绿色，少数有绿白、蜡黄、紫色及以绿为底色带有紫或红的斑条纹。荚果的子房壁由外表皮、外果皮、中果皮、内果皮、内表皮组成。外表皮与外果皮联合生长不易分开。内果皮系由多层薄壁细胞组成，为嫩荚的主要食用部分。硬荚种的中果皮随着荚的发育细胞壁外层硬化，逐渐成为一硬质层，失去食用价值。软荚种则不会形成硬质层，但中果皮的硬化程度随环境的不同和品种的差异而有所不同。

（6）种子　菜豆种子着生在荚果内靠近腹缝线的胎座上，荚内的种子数因品种和荚的着生位置而异，通常 4～9 粒。颜色有黑、白、黄、褐、蓝、红之单色种和带有各种颜色条或斑或点的复色。种子的形状有圆、椭圆、肾形和不规则形。千粒重 250～700 g。

2. 开花授粉习性　蔓生菜豆的花序为腋生，随着主蔓向上生长而花序陆续发生，其花芽分化发生在 2 片复叶时，时值植株生长旺盛，故花芽发育较慢，基部几节的花芽常不能充分发育和开花坐荚，到 4～5 节后才易坐荚。侧枝着花的节位较主蔓低，在第 1～2 叶节就有花序。蔓生菜豆的开花顺序较为规范，一般都是由下向上陆续开放。矮生菜豆主茎顶端最早形成花芽，一般在复叶展开时开始花芽分化，主枝展开 4～5 片复叶后顶端的花序封顶，下部各节均可抽生侧枝。侧枝生长数节后，其生长点形成花芽而封顶，同时主枝的各节也能形成花芽。矮生菜豆的开花顺序不太规范，有的是顶部的花先开，而后渐次向下，也有主枝和侧枝下部的花先开，而后依次向上，还有的主枝、侧枝同时开放。

菜豆的开花时间为凌晨至上午 10 时左右，1 朵开放的花可持续 1～2 d。开花前 3 d 雌蕊即有接受花粉的能力，但以开花当天受精能力最强。杂交授粉去雄，应选择花蕾露出萼片时。菜豆开花数较多，矮生菜豆可达 80 朵，蔓生菜豆可达 200 朵，但只有 20%～40%的花能坐住荚。因此，落花、落荚是菜豆生产中存在的主要问题之一。

（二）生长发育及对环境条件的要求

1. 温度　菜豆是喜温作物，矮生菜豆较蔓生菜豆耐低温能力稍强。18～25 ℃的温度范围，有利于同化产物的积累，是菜豆生长发育的适宜温度。种子发芽的温度范围是 20～30 ℃，播种时的土壤温度应不低于 16 ℃。幼苗对温度变化敏感，短期 2～3 ℃低温开始失绿，0 ℃时受冻害。花芽发育的适宜温度为 20～25 ℃，温度达 30 ℃花粉会受到损害，当温度低于 13 ℃时胚珠发育不充分。因此，温度过高、过低都会影响坐荚，进而影响豆荚的品质和种子质量。

2. 光照　菜豆属短日照作物，不同品种对光周期反应不同，可将其分为 3 类：光周期敏感型、光周期不敏感型和光周期中度敏感型。中国菜豆栽培品种大多属于光周期不敏感型，对日照要求不严，这些品种大多在不同地区可相互引种，只有少数品种对光周期反应敏感，异地种植后，不开花坐荚，或只开花不坐荚。菜豆喜光，弱光下植株易徒长，开花坐荚遇弱光，会引起花蕾数减少，开花坐荚数也减少。

3. 水分　菜豆的根系发达，侧根多，耐旱而不耐涝。种子发芽期需要吸足水分，植株生长期适宜的田间持水量为 60%～70%，土壤含水量过大或过低都会使根系生长不良，减弱对肥料的吸收能力，而影响地上部的生长。菜豆开花坐荚期对水分要求严格，适宜的空气相对湿度为 65%～80%。菜豆花粉形成时，如土壤干燥、空气湿度又低时则花粉发育不良，导致花和豆荚数减少。开花时遇大雨，空气湿度过高，会降低雌蕊柱头的黏液浓度，使雌蕊不能正常授粉，而增加落花、落荚。坐荚期如出现高温干旱天气，嫩荚生长缓慢，荚壁中果皮硬化，内果皮细胞分裂加速，子室腔增大，内果皮变薄，影响品质，而且还会引起蚜虫和病毒病的危害。

4. 土壤和营养　菜豆最适宜在土层深厚、松软、腐殖质多且排水良好的土壤中栽培，在沙壤土、粉壤土和一般黏土里也能生长，但不宜在低湿和重黏土中栽培。适合的 pH 为 6～6.8，即中性到微酸性的土壤，该环境根瘤菌也容易活动。菜豆对营养元素的需求量，以氮、磷、钾最大，其次是钙，生育初期茎、叶生长时即吸收较多的氮、钾，而且生长前期根瘤的固氮能力弱，需早追施氮肥。随着开花和豆荚的发育，对氮、钾的吸收量渐增，而且茎、叶中的氮、钾也随着生长中心的变化转移至荚中。对磷的吸收量虽较小，但磷对植株生长、花芽分化、开花坐荚和种子发育都有影响。特别是在荚成熟期，植株对磷的吸收量增加。菜豆在嫩荚迅速伸长时，还要吸收大量的钙，在施肥上也要注意。此外，菜豆对镁、锌等微量元素也有少量的需求。

（三）主要性状的遗传

20 世纪 50 年代，部分学者对菜豆单一性状的遗传进行了研究（Sirks，1922；Matsuura，1929；

Kooiman，1931；Lamprech，1941；Kooistra，1962；Yarnell，1965）。Yarnell 于 1965 年按字母顺序汇编了菜豆基因表，1982 年 Dickson 又制定了一个新的基因表，而目前这个基因表是 Basset 在原有基础上加以修改、补充和修正，于 1989 年发表的。

1. 植物学性状遗传 关于菜豆植株的生长习性，主要由 3 对基因分别控制有限和无限生长、茎的节间长短和茎的缠绕与非缠绕。蔓生无限生长对矮生有限生长为显性；植株高对矮为显性，但受其他修饰基因控制；植株缠绕和非缠绕，缠绕为显性。这 3 对性状还受其他基因控制，并且植株高度和蔓生性状有连锁关系。

关于花色的遗传，一般认为有色与白色有色为显性，深色对浅色为显性。如紫红×粉红，F_1 为紫红；粉红×白色，F_1 为粉红色；白色×白色，F_1 为白色。但也有报道，白色×白色，F_1 会出现淡紫或粉红，说明控制花色的遗传也是比较复杂的，而且与控制种皮色、荚色的基因有连锁关系。如深紫或紫花，其种子会是黑色、蓝紫色、紫色，而荚色往往较深；紫红色花，其种子黑褐色，荚为紫红色；白色花，种子白色或浅色，荚为浅绿或绿白（李伯年，1982）。

关于荚的性状，圆荚对扁荚为显性，但也有相反的报道。至于荚壁有硬质层和纤维的多少，不同的人采用不同的研究材料，有不同的结果。因此，其遗传不是 1 对或 2 对基因控制，而是受多基因影响，遗传关系较复杂。荚长、荚宽、荚厚的遗传受多对基因控制，而且这些性状也受环境条件的影响。单株坐荚数、每荚种子数也是受多基因控制。

菜豆种子皮色的变化是丰富多彩的，一种皮色由 6～7 个以上的基因控制，但种子皮色遗传的基本规律尚不清楚。根据基因连锁图Ⅰ连锁组，*cau*、*ins*、*Car*、*CucV* 为控制颜色的基因（周长久，1995）。

2. 开花期早、晚及光周期反应 早期研究认为花期早、晚和对光周期反应是由质量性状控制的。但后来的研究证明是由多基因控制。品种花期的早、晚与它们对光照长短的反应有关，而对光照长短的反应又受温度的影响。

3. 抗病性的遗传

（1）菜豆花叶病毒病 *I* 基因为显性抗病基因，它对菜豆普通花叶病毒（BCMV）的许多株系都是免疫的。而 *bc-u*、*bc-1*、*bc-2* 和 *bc-3* 均为隐性抗病基因。*bc-u* 是一个无特异抗性的基因，对其他 3 个基因起到互补的作用。它只有与其他 1 个或多个基因共同起作用时才有抗性。NL 为普通花叶病毒 BCMV 的标准小种（株系），共有 8 个。*bc-u* 与 *bc-12* 抗 NL1、2、7、8；*bc-u* 与 *bc-21* 抗 NL1、4、6、7、8；*bc-u* 与 *bc-3* 抗所有 BCMV 的 NL 株系（郑卓杰，1995）。

（2）炭疽病（*Glomerella lindemuthianum*） 炭疽病的生理小种很多，早在 1932 年 Schreiber 就曾分离出 34 个。通常把生理小种分为 α、β、γ、δ 四类，后又增加了 λ 和 ε。基因 *Are* 抗炭疽病所有生理小种。1960 年 Mastenbraek 发现一个菜豆品系 Cornell 49-242，抗几乎所有炭疽病的生理小种，其抗病性由显性基因 *Are* 控制。据研究，α、γ 的抗性分别由 2 对重复基因控制，抗性为显性。还有人认为 α、γ、δ 由 2 对隐性基因控制，β 由 2 对互补基因控制。另有人认为，α、δ 涉及 3 组复等位基因（谭其猛，1979）。据称，有 13 个基因位点与抗炭疽病有关，可见炭疽病的抗性遗传关系是十分复杂的。后来分别有人在乌干达、巴西、德国、马拉维发现了新的生理小种，然而也发现了能控制新小种的基因 *Mex-2*、*Mex-3*，如果新的基因与 *Are* 结合，将会获得更稳定的多基因抗性材料。

（3）锈病（*Uromyces appendiculatus*） 已知锈病有 30 多个生理小种，据研究，对生理小种 1、2 系的抗病由单基因控制，而对 6、12、17 的抗性则是由 1 个以上基因控制（谭其猛，1979）。

（4）根腐病（*Fusarium solani* f. sp. *phaseoli*） 对镰刀菌根腐病的抗性是不完全显性，由 3～7 对基因控制，主要是加性作用，但也有部分显性。

（5）细菌性疫病（*Xanthomonas campestris* pv. *phaseoli*） 细菌性疫病（叶烧病）其抗性为多基

因控制，而晕斑病 *Pseudomonas phaseolicola* 其抗性为隐性，至少有 3 个隐性基因。

（6）*病毒病* 美国康奈尔大学病毒专家 R. Provvidenti，对菜豆病毒病与抗病性遗传关系进行了深入研究，指出有 30 多种传媒引起菜豆种的各种病毒病。发现存在于品种 Robust、Greet norther 中的抗病基因属隐性遗传，而存在于品种 Gorbett、Refugee 中的抗病基因属显性遗传。

关于菜豆性状遗传的复杂性，与基因的连锁有很大关系。因为许多性状并非由 1 对或 2 对基因控制，而是与多个基因有关，而且许多基因之间有连锁关系。根据基因的连锁关系，Amprecht（1961）所划分的 8 个连锁群（谭其猛，1978）如下。

Ⅰ	*Can*	*Ins*	*Cor*	*R*	*C*	*Uc*
Ⅱ	*Fb*	*Ea*	*Da*			
Ⅲ	*B*	*St*				
Ⅳ	*Rk*	*Br*				
Ⅴ	*Fin*	*No*				
Ⅵ	*Arg*	*Sal*				
Ⅶ	*Sur*	*Y*	*Cav*	*Te*	*Miv*	*P*
Ⅷ	*V*	*Unc*	*La*			

据周长久称，Bassett（1988）将基因连锁组划分为 9 个。在第Ⅶ连锁群增加了 *Dgs*、*Ds*、*Sl*、*Rnd* 基因，第Ⅸ连锁群又增补了 *Sb*、*Dia*、*Prc* 基因。

在连锁群中，各基因符号代表的性状（Yarnell，1965；Bassett，1988）如下：

基因符号	菜豆性状描述
Can	与色素基因在一起产生脂白色种皮和黄褐色脐环
Ins	与适当基因配合产生淡乳黄色种皮，有脐环
Cor	脐周深色，*Cor cor* 脐周浅色白花，*cor cor* 无脐晃
R	*R. P. Gri* 为红种皮，红花
C	*CC. PGri* 为柠檬黄种皮，*Cc. PGri* 为黄白云纹种皮，脐无色
C	增加一节间，杂种优势主效基因之一，增加粒重
Fb.（*Fc*）	荚膜的补充基因，*fu. fb. fc* 荚膜薄弱
Ea.（*Eb*）	扁荚，*eaeb* 圆荚
Da.（*Db*）	直荚
B	深色基因，与 *A* 在一起产生花青苷，黑色种皮网纹
B	长节间，杂种优势主效应，增加粒重
Rk	*Rk. P. Gri. J* 种皮浅黄带粉红，*rKr* 种皮粉红色或红色，rK^d 与 *Sh* 在一起种皮红褐色
St	无纤维荚，*st* 为有纤维；有修饰因子
Br	与 $P.R^k$. 在一起为褐种皮，$br.P.R^k$ 为绿种皮，$br.P.r^k$ 为粉红种皮；*Br* 修改斑色，当 *M* 时呈褐斑，当与 *m* 一起时 *Br* 无作用
Fin	无限生长，长节间，晚开花
No	*No. V. Sal. Am.* 花橙红色带褐色，*no. V. Sal. Am* 花天竺葵色至橙红色
Arg	荚色基因，与 *Y* 在一起产生灰绿色荚（或称银荚）；*arg. y* 为白荚
Sal	*Sal. P. Am* 橙红色种皮带红彩，*sal. P. Am* 苋红花
Sur	叶和花瓣的尖向下
Y	叶黄素，*Y. Arg* 绿荚，*Y. arg* 青灰荚，*y. Arg* 黄荚，*y. arg* 白荚
Cav	使种皮有放射状皱纹，不完全显性

基因符号	菜豆性状描述
(*Te*) *te* (*ds*)	荚短（5～8 cm）而窄，*ds* 产生小种子和种荚
Miv	*miv* 种子两端平截
P	基础色素基因，*P* 不与 *Gri* 同时存在
V (*Bl*)	深紫花；*V. P. Gri* 灰彩种皮无脐环，种皮色从灰蓝色到黑色取决于存在的其他色素基因，*v. lae. P. Gri* 玫瑰花色，*vpal. P. Gri* 淡红色花，*v. P. Gri* 白花，*V. vlae. vpal. v* 为复等位基因
Unc	与适当基因配合时旗瓣深色
La（与 *Cry* 同义）	短节间
Sb	细长分枝的突变体
Dia	菱形叶的突变体，小叶角形，轻微地褪绿，变厚，面积减少
Dgs (*gl*, *le*)	深绿色皱叶的突变体，与 *gl. le* 同义
Sl	无小托叶的披针形叶的突变体，使得披针叶形的终端小叶无小托叶

四、育种目标

（一）品质育种

1. 商品品质 包括商品荚的颜色，纵切面、横切面形状，长度，荚面平整度等。菜豆商品荚的颜色主要有绿、红、黄 3 种主色，不同品种在其颜色深浅程度上存在差异。有的品种除主色外还带有红或紫的复色，呈点、条、斑或晕状，如分布于东北地区的紫花皮、红花皮和油豆类品种。豆荚的纵切面形状反映了荚的直、弯状况，影响荚的美观度。通过荚的横切面形状可以直观荚的扁、圆状况，若要了解荚的扁圆程度，可以测量横切面的厚、宽值，计算厚宽比值，当比值接近 1 时为圆荚，小于 1 时数值越小豆荚越扁。食荚菜豆荚的长度品种间差异大，荚长范围为 10～30 cm。荚的表面平整度因豆荚发育过程中表现的特性不同而异，有些品种豆荚生长膨大过程中荚内籽粒发育滞后，当豆荚达到商品成熟时荚内籽粒还很小，因此商品荚的表面较平不鼓粒，如华东地区的传统品种白籽长箕、黑籽长箕及一些用于速冻、制罐头的品种。有些品种则在豆荚长大过程中籽粒与豆荚同时发育，豆荚商品成熟时荚内籽粒也已较大，荚面不平，可见凸起的籽粒轮廓，如东北地区的油豆角类品种。不同地区因消费习惯的差异对豆荚商品品质的偏好不同。

2. 食用品质 食用品质目前主要从嫩荚的粗蛋白、粗纤维、干物质含量 3 个方面衡量。菜豆是一种蛋白质含量丰富的蔬菜，因此提高蛋白质含量是品质育种的重要目标之一。粗纤维含量直接影响食用时的口感优劣。荚的干物质含量主要表现为水分的多少，有些品种豆荚组织疏松、含水量大，掰断后稍加挤压可见有水分滴出，不利于采收后的贮藏与运输。育种时应注意选择荚壁及缝线纤维不发达或发育迟缓、耐老化，荚肉厚、组织致密的品种。

3. 加工品质 食荚菜豆的加工品主要有速冻、制罐和脱水干制等 3 种，不论哪种加工形式均要求品种的鲜荚绿色、荚形较直、圆棍形，籽粒白色，嫩荚纤维少，荚肉致密，荚面平滑。加工罐头时一般将整条豆荚装罐，因此要求品种的豆荚较短，一般口感无纤维，干物质含量高。育种时应根据品种的不同用途进行选择。

4. 耐贮运性 鲜荚的形状、荚喙长度、水分含量等均与其耐贮运性密切相关。较直的豆荚便于码放装箱，较短的荚喙在贮运过程中不易折断伤及荚尖以致影响商品性。豆荚的水分含量较低、荚肉致密更便于保存运输。

（二）丰产育种

在一定的栽培条件下菜豆品种的产量构成主要取决于平均单株坐荚数和单荚重。

不同品种间的单株坐荚数差异较大。矮生品种间差异可达 3～4 倍，蔓生品种可达 4～5 倍。这种大差异的存在为选育单株坐荚数多的品种提供了可能。菜豆单株开花数较多，蔓生品种可达 200 朵，但菜豆的坐荚率不高，一般只有 20%～40%，因此坐荚率是影响单株坐荚数的首要因素。单株坐荚率受温度、水分、光照、土壤营养等栽培条件的直接影响，要选择一个对不良环境条件均具抗性的全能品种难度很大，因此可根据不同地区、不同栽培方式中存在的影响坐荚率的主要因素确定选择目标性状。如春季早熟栽培，应注意提高其在较低温度条件下的种子发芽、花芽分化、开花坐荚能力；保护地栽培应注意选择对低温弱光、高湿的耐受力；夏秋季栽培时注意提高其前期耐高温、后期耐低温的能力。

在单株坐荚数相近的情况下，产量主要取决于平均单荚重。食荚菜豆除加工罐头时需整荚装罐要求豆荚较短小外，一般均要求豆荚长大肥厚，这不仅利于丰产，并且在采摘豆荚时也比较省工。菜豆荚的长、宽、厚品种间均存在较大的差异，这些差异也为大荚的选择提供了可能。豆荚的长、宽、厚数值的表达受栽培条件的影响较大，因此，在进行性状选择过程中不同品种间比较时应注意在环境条件一致的情况下进行。

（三）抗性育种

菜豆生产中发病区域广、危害程度较重的病害有炭疽病、病毒病、锈病、根腐病等，近几年菌核病在西北地区及保护地菜豆生产中发生发展，危害加重。在南方地区，菜豆角斑病发病程度加重。对这些病害的抗性选育是抗病育种的重要目标。

随着菜豆保护地生产的发展，对耐低温、弱光、高湿等抗逆性的选择也是抗性育种的主要目标。

五、选择育种与有性杂交育种

（一）选择育种

菜豆虽是比较严格的自花授粉作物，但在栽培过程中，在自然和人为因素的作用下仍能发生可遗传的变异。选择育种正是对现有品种中的变异通过选择，将优良的变异选育成新的品种利用，或淘汰群体中的劣变植株，使品种的优良种性得到恢复，即提纯复壮。菜豆的选择育种方法可分为单株选择、混合选择。

1. 单株选择法　根据确定的选种目标，在原始群体中选择若干优良的单株，分别编号、采收种子，并进行室内考种，淘汰不符合要求的单株，将入选的单株在下一季节分别种植，进行比较鉴定，择优弃劣。菜豆是自花授粉作物，一般经过 1～2 次单株选择就可以得到比较纯合的株系。这种选择方法不论是对原品种的提纯复壮还是对优良变异的新品种选育，其选种效果均较好。

2. 混合选择法　在原始群体中选择若干符合选种目标的单株或单荚，混合采收种子，在下一季节将混合采收的种子与原品种分别播种，进行比较鉴定。这一方法可以一次性获得比较大量的优良种子，简单易行。在品种整齐度较好的情况下，利用混合选择法可以使品种的种性得到较好的保持，同时因种子数量比较充足，为良种繁育和品种推广打下了良好的基础。

在实际应用中为了提高选种效果和速度，往往将单株选择和混合选择两种方法结合使用。根据选种目标，先在原始群体中进行 1 次或几次单株选择，后在入选的株系中进行混合选择。这样既可获得较好的选种效果，又可较快速地获得较大量的优良种子。

（二）有性杂交育种

杂交亲本的选择：根据育种目标广泛搜集资源，并进行认真鉴定纯化，从中筛选带有目标性状的材料做杂交用亲本。在选定亲本时应注意所选材料带有目标性状的同时，在其他方面也有尽可能多的优良性状，这样可以减轻后面选种工作的压力。选用的父、母本可以同时带有共同的优良性状，但不能同时带有共同的不良性状，即父、母本的性状要有互补性。如要选育长大荚的新品种，其中的亲本之一必须豆荚比较长大。根据育种目标性状的多少，可以选择两个基因型不同的亲本进行一次杂交的单交，或由3个及3个以上亲本组成的2次或2次以上的复合杂交。

1. 杂交授粉方法 菜豆为蝶形两性完全花，花瓣5枚，分别是1枚旗瓣，2枚翼瓣，2枚龙骨瓣。龙骨瓣包被着雄蕊和雌蕊呈螺旋状弯曲，花朵开放时龙骨瓣不张开，因此具闭花自花授粉的习性。由于花器结构和开花习性的特殊性，人工杂交授粉的成功率及工作效率均不高。徐兆生等（1997）对3种人工杂交授粉方法进行了试验比较，具体方法如下。

（1）*不去雄拉出柱头法* 选择开花前1～2 d的健壮大花蕾，用镊子剥开旗瓣、翼瓣，轻夹龙骨瓣的前端使其联合处开一小口，再用手或镊子向后下方轻拉两片翼瓣，使柱头从龙骨瓣前端的小口中伸出，随即用父本当天开放花的带有花粉的毛刷状柱头涂抹授粉。

（2）*不去雄放入法* 对母本的花蕾选择与前期处理与拉出柱头法相同，授粉时不拉出柱头，而是将父本带有新鲜花粉的柱头直接从龙骨瓣前端的小口处放入，并轻轻拉动使母本的柱头授粉。

（3）*去雄法* 打开旗瓣、翼瓣，将龙骨瓣的前端撕掉，使内部的花药、柱头暴露，然后用镊子小心地把每一枚花药去掉，授父本的花粉于母本的柱头上。

不论哪种授粉方法，授粉结束后均应将旗瓣、翼瓣尽可能复位，并用橡皮膏黏合，以保湿隔离，然后挂牌标记。以结籽指数（结籽数/授粉花朵数）、坐荚率、杂交率等评价授粉效果。结果是结籽指数、坐荚率均以拉出柱头法最高，分别是1.2～2.2，38.3%～57.5%；放入法次之，分别是0.9～1.2，29.6%～40%；去雄法最低，分别是0.5～1，18.5%～34.2%。拉出柱头法与去雄法的杂交率近似，为87%～93%，放入法的杂交率只有58%左右。

试验的3种方法以拉出柱头法的综合效果最好，但3种方法各有特点。在实际工作中，有些材料柱头较短，拉出柱头很困难，经常是花药、柱头同时被拉出或花药被拉出了，柱头还缩在龙骨瓣内，甚至花瓣被拉烂了也拉不出柱头，在这种情况下便可采用去雄法或放入法。去雄法费工费时，坐荚、结籽率低，但遇到上述情况时，去雄授粉便是可取的方法，且获得种子的杂交率高。放入法的主要缺点是杂交率低，优点是操作简便，特别是对初学者容易掌握，且可获得一定量的杂交种子。因此，在实际工作中对上述3种方法可根据情况因地制宜选择利用。

菜豆花的雄蕊共10枚，其中9枚的花丝基部联合呈桶状，1枚分离，即为“9+1”二体雄蕊，分离的那一枚雄蕊的花丝较短，在螺旋状的龙骨瓣中处于下方位置，去雄时易漏掉。另外，菜豆的雌、雄蕊包被在龙骨瓣中呈螺旋状弯曲，去雄授粉打开龙骨瓣时弯曲的花丝连接着花药呈蓬乱状，去雄时也易漏掉。去雄不彻底便会导致产生自交，这是去雄授粉不易得到100%杂交种子的主要原因。为了在杂交后代中能简便准确地鉴别真假杂种，在选配杂交组合时最好父本带有标记性状，如下胚轴颜色紫色对绿色为显性，紫花对白花为显性。

2. 杂交后代的选育 菜豆是自花授粉作物，不存在连续自交生活力减退的问题，对杂交后代的选择适于采用系谱法。在具有加代条件时，采用单籽传的方法对杂交后代进行选择，可加快选种进程。

3. 育种实例

（1）*两个基因型不同的亲本进行一次杂交——单交后经系谱选择法育成的品种早无筋* 中国农业科学院蔬菜花卉研究所1998年以双丰1号为母本，超长四季豆为父本杂交系统选育而成。于1998年进行杂交，1999年混合采收F_1代种子，2000年于后代进行单株选择，其中5号单株经5代系统选择，于2005年育成了中早熟、植株基部分枝少、豆荚无筋、荚长28～30 cm、坐荚多的98-5。经品种比较、多点试验，种子扩繁等，于2009年定名为早无筋（图26-1）。

（2）*3个以上亲本进行2次以上的杂交——复合杂交经系谱选择法育成的品种连农早无筋2号*

大连市农业科学研究院以 82－3、85－1、Cornel149－242、87B 为亲本杂交系统选育而成。亲本 82－3，蔓生，中晚熟，嫩荚圆棍形，无筋无革质膜，抗锈病。85－1，蔓生，早熟，商品荚白绿色，缝线有纤维，荚肉无革质膜，不抗锈病。87B，蔓生，抗锈病，中熟，嫩荚绿色，扁宽形，荚长 24 cm。Cornel149－242，矮生，商品荚紫红色，扁荚，荚长 8.5 cm，嫩荚有筋有革质膜，晚熟，具有抗菜豆炭疽病 α、β、γ、δ、λ、ε 多个生理小种的 *Are* 基因，为国际炭疽病鉴定品种之一。选育初期以抗锈病、长荚为目标，通过 82－3×85－1，得到抗锈病的单株。为将抗炭疽病的基因导入，又与 Cornel149－242 进行杂交，得到抗病株系，又与品质好的 87B 杂交，后经室内接种鉴定筛选和田间定向系统选育，以及品种比较试验、区域试验、生产试验，育出商品荚绿色、扁荚、荚长 22 cm、品质好、抗锈病及中抗炭疽病的连农无筋 2 号（图 26－2）。

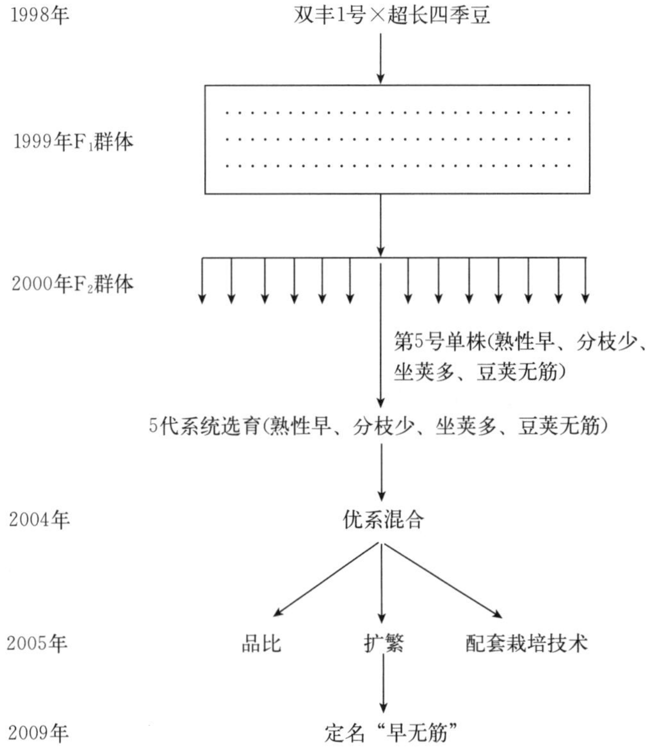

图 26－1　早无筋菜豆新品种选育过程

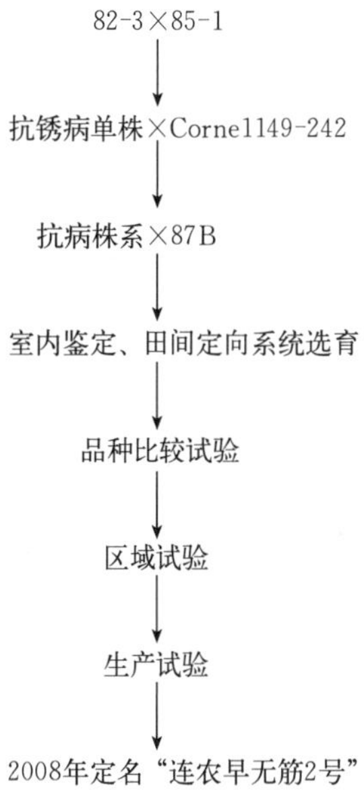

图 26－2　连农早无筋 2 号菜豆新品种选育过程

菜豆传统的栽培方式是穴播，每穴播种 3～4 粒，留苗 2～3 株。蔓生菜豆生长过程相互缠绕在一起，对实施单株选择比较困难，为了选种时便于观察比较和采种，可改穴播为单株栽培，使每架杆上爬有 1 棵植株。传统的穴栽方式实施单株选择时也可采用花序挂牌的方法，即在豆荚商品成熟期，在植株中下部选一理想的花序挂牌标记，种荚成熟后单收种子，作为 1 个单株对待。要注意每一架杆上只能挂牌选择 1 个花序的荚。

六、良种繁育

（一）繁育方法与技术

1. 田间隔离　菜豆虽为比较严格的自花授粉作物，但在自然条件下仍存在 0.2%～10%的异交率，一般情况下在 4%以下。异交率的数值与品种和开花坐荚期的温度、湿度等环境条件有关。因此，良种繁育时不同品种间应间隔一定的距离，原原种田应在 100 m 以上，原种田应在 50 m 以上，生产用种田应在 10 m 以上。种子田之间如有高秆作物可适当缩短间隔距离。

2. 地块选择与播种 菜豆繁种田应选择土层深厚、通气性好，需水时能灌溉、水多时能及时排除，2～3 年以上未种过豆类作物，土壤 pH6～7 的中性至微酸性的地块。整地时施足优质的有机肥和 20～30 kg 的过磷酸钙做基肥。应特别注意有机肥要充分腐熟，否则播种后易遭地蛆危害导致缺苗断垄。与一般生产田相比，繁种田宜适当降低栽培密度，增加群体内的通风透光性，更有利于花荚的发育，提高种子产量和质量。根据品种的生长势、分枝性和叶片大小，一般可比商品菜生产田降低 30%左右的密度。播种方式多采用干籽直播。为节约用种量、赶茬口或提高田间苗的整齐度，可采取育苗移栽措施。菜豆根系易木质化，受损伤后再生能力弱，育苗移栽过程要特别注意护根，可采用营养钵或营养纸杯育苗。菜豆的根系发育具先于地上的特点，当地上对生的单叶展开时地下的根系已成团，因此育苗移栽苗龄不宜过大，以对生的单叶展开至第 1 片复叶展开前为适宜的移栽期。

3. 田间管理 种子田的管理与商品菜生产田基本一致。苗期中耕促根系发育，至开花坐荚前适当控水，防止营养生长过盛。坐荚后加强肥水管理，保持土壤湿润。追肥应氮、磷、钾搭配施用，为使中后期种子得到良好的发育，还要补充钙肥。进入种荚成熟期适当控制浇水，防止植株贪青影响种子成熟。

4. 田间去杂去劣 为保持品种的优良种性，种子生产过程中要进行田间检查、去杂去劣。原原种生产：在播种前精选种子，根据种子的性状特征淘汰形状、颜色异样和发育不良、受病虫污染的种子，生育过程中分别在苗期、开花期、嫩荚达商品成熟期及种荚采收前进行 4 次田间检查选种。苗期和开花期分别根据下胚轴颜色、花色，淘汰与本品种不相符的杂株和病劣株。矮生品种在开花期还要注意去除爬蔓的杂株。当嫩荚达商品成熟时，根据荚的形状、颜色、大小等性状选留符合本品种特征特性的植株。种荚采收前在田间再检查一遍，淘汰病劣株及种荚性状与本品种不符的杂株。原种生产：可根据情况在开花期、豆荚商品成熟期进行 2 次田间检查、去杂去劣。生产用种子：在商品荚成熟期进行 1 次田间去杂。

5. 种子收获 菜豆种子一般在开花后 30 d 左右成熟，当豆荚由绿转黄、失水干缩时及时收获。采收过晚遇雨种子易在荚内发芽变质，失去生活力。矮生菜豆当整株 2/3 以上的豆荚成熟时可 1 次收获、整株拔起，置通风干燥处后熟几天，然后晾晒脱粒。蔓生菜豆因陆续开花坐荚、种荚陆续成熟，应成熟一批采收一批。植株基部节位较低的豆荚易接触地面引起种子发芽或霉烂，采收时应将霉烂荚淘汰。种子采收过程的每一环节均应注意不同品种分开操作，严防机械混杂。种子脱粒清选后，晾晒至含水量 12%以下时，即可收藏在阴凉干燥、无虫害鼠害的地方。

6. 品种的保纯和复壮 菜豆品种使用过程中虽注意去杂选种，但经多代繁殖后有些优良的性状仍会变异退化，这些变异多数是作物本身为适应不良的环境、提高生存繁衍能力而发生的变化，对产品的食用品质而言往往是劣变，如比较多见的嫩荚变短小，荚壁纤维增多、革质化，而成熟期提早、坐荚数增多、种子繁殖系数提高等。因此，菜豆品种经 3～4 年繁殖后应进行 1 次提纯复壮，以保持品种的优良种性。可采用单株选择法、混合选择法。单株选择法：在原种田中选择若干优良单株，分别采收种子，下一年分区播种比较鉴定，淘汰不良株系，选留的株系混合采种，用于繁殖原种。混合选择法：在原种田中选择若干优良的单株混合采收种子，第 2 年经播种鉴定，符合标准的可用于扩大繁殖原种。蔓生菜豆生长过程中植株相互缠绕，分株比较困难，也可将单株选择法改良为单花序选择，即在豆荚商品成熟期，在健壮的植株中下部选择嫩荚性状符合本品种特征特性的优良花序挂牌标记，种荚成熟后分别采种，下一年分区种植比较，淘汰劣系混合采种。混合选择法可改良为荚选法，即在原种田中的植株中下部选择大量符合本品种特征特性、发育良好的种荚，混合采收种子，第 2 年经田间种植鉴定，符合标准要求的可扩大繁殖做原种。单株选择或单花序选择法，选种工作量较大，但在淘汰不良株系方面的选种效果好，当品种的退化变异较重时采用单株或单花序选择可使品种的优良种性更快得到恢复。

（二）种子贮藏

菜豆种子经晾晒、清选后应及时入库保存。入库保存的种子质量指标应达到纯度≥95.0%，净度≥97.0%，发芽率≥90%，水分≤12.0%。

种子应贮存在阴凉干燥的环境条件下，贮存过程防止环境温度、湿度变化的大起大落，引起种子生活力快速下降甚至丧失。贮存场所要无虫害、鼠害。不同品种及同一品种不同级别的种子分别挂牌标记、码放，防止人为机械混杂。菜豆种子贮存得当寿命可保持 3～4 年。

（王素　徐兆生）

第二节　长豇豆

长豇豆［*V. unguiculata* ssp. *sesquipedalis*（L.）Verdc.］隶属豆科（Fabaceae）菜豆族（Trib. *Phasoleae* DC.）豇豆属（*Vigna* Savi）豇豆种（*unguiculata*）中能形成豆荚的栽培亚种，一年生草本植物，是世界上重要的豆类蔬菜作物之一。长豇豆为自花授粉二倍体，染色体数为 $2n=2x=22$，基因组大小约 630 Mb（Arumuganathan 和 Earle，1991），主要分布于亚洲。豇豆起源于西非，多数学者认为非洲的埃塞俄比亚是起源中心，印度和中国是重要的次生起源中心。

长豇豆也称菜用长豇豆，别名：豇豆、长豆角、豆角、带豆等，其嫩荚炒食脆嫩，也可烫后凉拌或腌制。目前全世界菜用长豇豆年栽培面积约 100 万 hm^2（http：//www.fao.org/statistics/yearbook）。中国是长豇豆的主要生产和消费国之一，年栽培面积约占世界的 1/5，除高寒地带外，长豇豆在中国各地均有种植，其适应性广、耐热性强，能越夏栽培，对缓解 7～9 月夏秋蔬菜淡季供应具有重要作用，在豆类蔬菜中栽培面积仅次于菜豆。每 100 g 长豇豆嫩荚含蛋白质 2.7 g，碳水化合物 4.0 g，钾 145 mg，钙 42 mg，磷 50 mg 等。

一、育种概况

（一）育种简史

美国科学家 Orton 最早于 1904 年开始进行抗枯萎病和根结线虫病普通豇豆［*V. unguiculata* ssp. *unguiculata*（L.）Verdc.］新品种的选育工作。以国际热带农业研究所（IITA）、美国加利福尼亚大学（UCR）为代表的研究机构大多以普通豇豆为研究对象，先后育成了一批豇豆新品种。如 IITA 选育的 IT84S－2246 抗黄瓜花叶病毒病、炭疽病、叶斑病和蚜虫、豆象、根结线虫等。塞内加尔农业研究所（ISRA）选育的 Mouride 和 Melark 对薄稃草（豇豆寄生性杂草）、豆象、细菌性疫病、豇豆蚜传花叶病毒病具有一定的抗性。肯尼亚选育的 Maechakos 66 与 Katumani 80 可适应 1 000～1 600 m高海拔地区种植。美国蔬菜实验室选育的 Bettergro blackeye 具有高抗豆象、高产、优质、开花期与成熟期一致的特点；UCR 选育的 CB27 具有高产、抗根结线虫和枯萎病等特性；Elawad 和 Hall 于 2002 年育成适合于撒哈拉沙漠地区栽培的豇豆品种 Einel gazal。这些豇豆新品种的育成与推广应用，对世界豇豆产业的健康发展，特别是丰富非洲地区居民的食用蛋白质来源起了关键的作用。

长豇豆在中国种植历史悠久，分布广泛，品种多样，经多年的驯化栽培、人工选择，形成了一批丰富多彩的地方品种。如四川省地方品种红嘴燕（又称一点红），于 20 世纪 60 年代末 70 年代初被全国各地广泛引种、种植。

中国对长豇豆的研究从 20 世纪 70 年代末 80 年代初才逐步受到重视，在此之前，各地栽培的长豇豆品种多为地方品种。20 世纪 70 年代末，由于长豇豆花叶病毒病的广泛发生与危害，许多省份的长豇豆生产出现了严重减产甚至绝产的局面。80 年代初，浙江省农业科学院以红嘴燕和杭州青皮为双亲，育成了高抗黑眼豇豆花叶病毒病（BLCMV），并具有早熟、丰产、适应性广、品质佳等特性的长豇豆新品种之豇 28－2，它的育成和在全国各地的迅速推广应用，大大缓解了夏秋蔬菜淡季的供应。直至今日，该品种仍为全国主栽品种之一。

自 20 世纪 80 年代开始，浙江、江苏、广东、湖南、湖北、四川、山东等省结合地方品种的征集工作，先后开展了长豇豆种质资源的研究工作。长豇豆种质资源研究被列入“八五”国家科技攻关项目，主要开展长豇豆种质资源的农艺性状鉴定、对主要病害的抗性鉴定和主要营养品质分析工作，从中发现了一批优良的种质资源，为长豇豆新品种选育创造了有利条件。

20 世纪 90 年代以来，中国长豇豆育种进入了快速发展阶段。浙江省农业科学院利用红嘴燕和紫血豇为双亲，育成了秋豇 512、秋豇 17 两个对 BLCMV 免疫，并兼抗煤霉病，其他农艺性状较优良的秋季专用豇豆品种。随后利用这两个品种又育成了秋季专用豇豆品种紫秋豇 6 号，并作为亲本，通过抗性转育，育成了一批兼抗 BLCMV、煤霉病及锈病等病害的蔓生豇豆新品种（如之豇特早 30、之豇 106）和矮蔓豇豆新品种之豇矮蔓 1 号。以优异种质资源发掘和创新利用为主要内容的长豇豆种质资源研究被列入“十二五”国家科技规划农村领域项目。

江苏、广东、湖南、湖北、四川等省级科研单位，通过人工杂交和定向选择等方法，育成了一批在全国有较大应用面积的长豇豆新品种，如江苏省扬州市蔬菜研究所育成的扬豇 40、扬早豇 12；广东省汕头市种子公司育成的高产 4 号；北京市种子公司育成的青豇 80；湖北省农业科学院经济作物研究所育成的杜豇等在生产上推广应用。

（二）育种现状与发展趋势

1. 育种现状 我国开展长豇豆育种研究的主要单位有浙江省农业科学院、江苏省农业科学院、广东省农业科学院和江汉大学等。其中浙江省农业科学院为我国长豇豆育种研究的主要单位，育成的豇豆新品种之豇 28－2 于 1987 年获国家发明二等奖，育成的之豇特早 30、秋豇 512 等在全国有较高的知名度。系统选育和杂交育种仍是该单位目前长豇豆育种的主要方法，分子标记辅助筛选育种（MAS）已逐渐得到应用。近年在豇豆分子生物学研究上取得了显著进展：应用生物信息学方法，成功设计开发了 1 345 对 SSR 引物（Xu et al.，2010）；结合应用 UCR 建立的普通豇豆高通量 Illumina cSNPs 检测平台，开展了长豇豆 SNPs 分析工作，构建了首张高密度长豇豆分子遗传图谱（Xu et al.，2011）。该图谱包括 11 个连锁群，含 420 个标记，总长 672 cM，平均图距 1.63 cM；获得了与豇豆锈病、白粉病抗性基因连锁的 SCAR、SSR 标记（Li et al.，2007；Wu et al.，2014）；定位了种皮色等 3 个质量性状基因和荚长等 5 个 QTLs，阐明了 QTLs 间的互作关系（Xu et al.，2011、2013）。研究建立了种质耐旱性、耐贮藏性和耐连作障碍等一系列可用于豇豆种质辅助鉴定筛选的技术方法。应用建立的表型精准鉴定评价技术和分子标记辅助鉴定筛选技术，创新获得了“ZF2”等一批在耐旱。耐低温弱光，不易鼓粒、不易早衰，抗白粉病、锈病与煤霉病方面有特色的新种质。近年育成了多个抗病性强、耐贮藏性好、商品性佳、丰产性好的新品种，如之豇 106、之豇 60 等。

江汉大学自 20 世纪 80 年代以来一直致力于豆类蔬菜植物的研究。2011 年依托江汉大学生命科学学院组建了湖北省豆类（蔬菜）植物工程技术研究中心，从豇豆形态学、生理生化、蛋白质和 DNA 分子标记等不同水平上研究了收集保存的豇豆种质材料的性状特征和遗传多样性（Chen et al.，2007、2010），在种质资源网络数据库平台建设方面粗具规模。同时成功开展了耐盐、耐湿等抗性鉴定和遗传分析研究。育成的鄂豇豆 2 号、鄂豇豆 6 号、鄂豇豆 7 号和鄂豇豆 12 等通过湖北省农作物品种审定委员会审定，获得了 6 个国家发明专利。

江苏省农业科学院蔬菜研究所是我国豆类蔬菜研究力量雄厚、开展研究较早的单位之一。搜集保存有来自亚洲蔬菜研究与发展中心等国内外豇豆种质资源 350 多份，建立了重要性状的鉴定和评价技术体系，鉴定出一批优质、抗病、抗逆的优异种质，创制了一批具有优良性状的育种材料，育成的早豇 4 号、苏豇 1 号、早豇 5 号、苏豇 2 号和早豇 6 号通过江苏省农作物品种审定委员会鉴定。开展了豇豆抗豆荚螟分子标记和育种利用研究，已取得较好的进展，并在新种质创制中得到初步应用。

广东省农业科学院蔬菜研究所为我国主要的豇豆育种单位之一，曾参加全国蔬菜品种资源的搜集工作，掌握有大量的豆类蔬菜品种资源材料，在豇豆抗枯萎病、锈病上有一定的研究。育成的抗枯萎病长豇豆新品种丰产 2 号于 2001 年通过了广东省农作物品种审定委员会审定，育成的绿白色长豇豆品种丰产 6 号于 2011 年通过广东省农作物品种审定委员会审定。

育种技术上，系统选育和杂交育种仍是目前豇豆育种的主要方法。近年来现代生物技术在豇豆种质资源鉴定、评价与利用上已得到了较多的应用，促进了豇豆种质资源研究技术的快速发展。研究开发的抗白粉病 SSR 标记 Clm0305、抗锈病标记 $ABRS_{AAG/CTG98}$、抗根腐病标记 1 _ 0981CAPS、耐旱性标记 1 _ 1286CAPS 已应用于豇豆种质创新。以 AFLP、SSR 和 SNP 等为代表的现代分子标记技术，在豇豆种质遗传多样性研究、亲缘关系鉴定、育种驯化史研究等方面得到了较多的应用（Xu et al.，2012）。逆境生理研究上，通过研究植株受胁迫处理后其抗氧化酶活性、细胞电解质渗透率和叶绿素荧光参数（F_o、F_v/F_m、Φ_{PSII}、Q_P）等生理生化指标的变化，提出相关性好的耐逆性鉴定指标，建立配套的鉴定技术，已成为抗高温干旱和耐低温弱光等种质辅助鉴定筛选技术。特别是叶绿素荧光技术，由于测定方便，稳定性好，可用于豇豆种质的耐逆性辅助鉴定。

2. 存在问题　豇豆育种上还存在诸多问题，如系统选育和杂交育种仍是目前豇豆育种的主要方法，现代分子生物学研究成果在育种上的成功应用较少；豇豆遗传转化率较低，转基因技术体系至今尚未成熟；杂交效率低，杂交种生产技术难题尚未突破。生产上应用的品种均为常规种，同种异名现象突出，育种者的知识产权得不到有效保护，限制了育种研究的深入开展。育成品种类型不够丰富，现有育成品种仍以浅绿荚为主，绿色、乳白色、紫红色较少；对高低温、盐碱、连作障碍等的抗性不够强；对枯萎病、疫病和病毒病等多种病害的兼抗性不够；现有品种中尚无抗豇豆荚螟、蚜虫等虫害的品种，生产上农药残留超标等问题时有发生等。

3. 发展趋势　蔬菜育种实践表明，现代生物技术在豇豆育种上的应用必将显著提高育种效率，缩短育种进程，提高育种技术水平。尤其是分子标记技术的发展，将对豇豆种质资源的筛选鉴定提供强有力的技术支撑。将现代生物技术与传统的蔬菜育种技术相结合的现代育种方法，将是未来豇豆育种的主要发展方向。

豇豆育种目标已从 20 世纪 80 年代的丰产育种和单抗病育种向品质育种和兼抗多种病害育种发展。如商品嫩荚颜色呈多样化发展趋势，主要是增加了如春宝、之豇 106 等嫩荚颜色介于深绿色和淡绿色之间的油绿色，其光泽度好，嫩荚外观商品性更佳，深受广大消费者的欢迎。嫩荚长度基本上要求在60 cm以上，且条荚匀称，不易鼓粒。对新品种的抗病性提出了新的要求，除要求抗病毒病外，需兼抗锈病、根腐病、煤霉病、白粉病等 2 种或以上病害。随着近年来蔬菜产品南北远距离调运的日趋频繁，对豇豆嫩荚的耐贮运性要求更高。已有研究表明，嫩荚密度与耐贮运性相关性较强，可作为重要的选择指标（胡婷婷等，2010）。豇豆制干和腌制是豇豆产业的重要组成部分，嫩荚致密性与加工品质具较强相关性，可作为主要的选择目标。

二、种质资源与品种类型

（一）起源与传播

Maréchal（1978）研究发现野生豇豆亚种 *V. dekindtiana* 和 *V. menseusis* 广泛分布于非洲，认为豇豆起源于非洲。Faris（1965）在非洲西部和中部发现野生豇豆的祖先，认为西部非洲是豇豆的驯化中心；Rawal（1975）证明野生豇豆和栽培豇豆间的基因渗入发生在西部非洲，并在西部非洲发现许多野生和栽培豇豆，证明了Faris的观点。埃塞俄比亚、中非及中南非等被不同学者认为是驯化中心。

根据国际热带农业研究所对1万余份豇豆种质资源的研究表明，来自尼日利亚、尼日尔、加纳等西非国家豇豆的多样性比东非要高，有大量的野生种和古老栽培种。考古发现了加纳于公元前1450—前1400年的豇豆残留物，表明西非应该是豇豆最初的驯化中心。另外，在印度发现有豇豆3个巨大变异性的栽培组群，认为印度是豇豆的次生起源中心（Pant et al.，1982）。

豇豆在公元前1500—前1000年从非洲传入亚洲西南部；于17世纪后期由西班牙人带入美国，许多栽培种也随贸易从西非带入美国（Steele，1976）。豇豆从印度向西传入伊朗和阿拉伯地区，公元前300年自西亚经希腊传入欧洲（图26-3）。

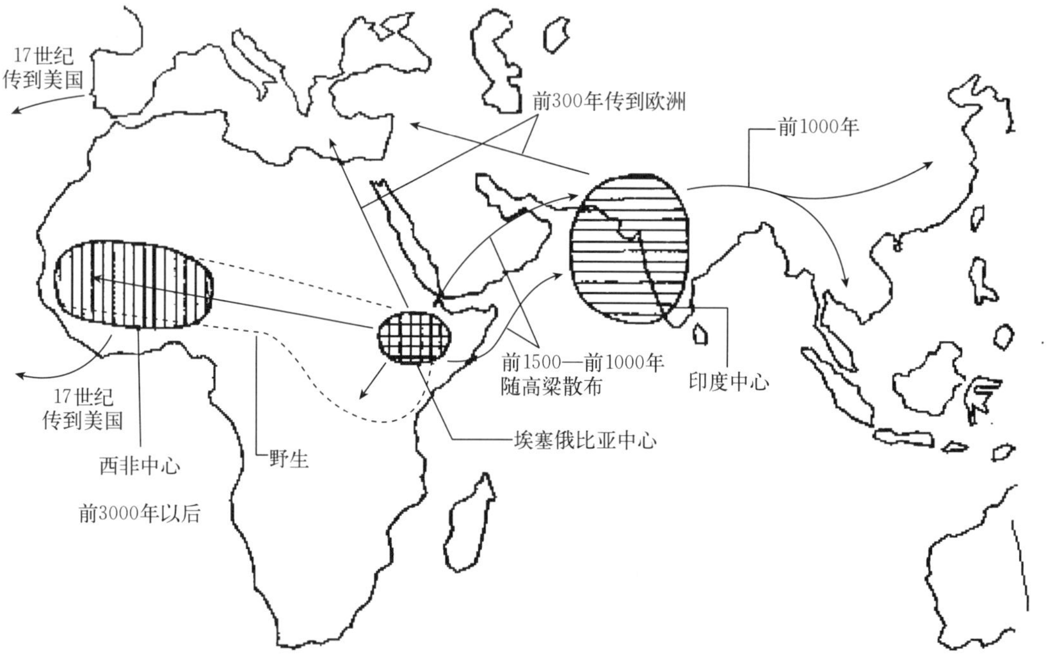

图26-3 豇豆属的起源和传播

（《作物进化》，1987）

栽培豇豆可能经古丝绸之路由印度传播到东南亚和远东。何时传入中国尚无确切考证，Simmonds所著《植物进化》中指出豇豆可能于公元前1000年传入远东地区（主要指中国）。隋朝陆法言所著的《切韵》（公元601）中写道："豇、豇豆，蔓生、白色"，因此，豇豆在中国栽培已有3 000多年的历史。由于中国长豇豆变异很大，资源十分丰富，栽培十分广泛，不少学者认为中国是豇豆的次生起源中心之一。1979年在中国云南西北部发现分布很广的野生豇豆［*V. vaxillata*（L.）Benth］，因此认为中国可能也是豇豆的起源中心之一。

由于豇豆起源于热带，生长需要较高温度，目前主要分布于热带、亚热带和温带地区，向北延伸到北纬45°。普通豇豆栽培面积非洲约占90%，产量约占世界的2/3（干籽）；其次是北美洲与中美洲（以巴西为多）；亚洲位居第三，欧洲再次，大洋洲最少。食用嫩荚的长豇豆以亚洲（尤其是东南亚地区和中国）栽培面积最大。浙江省农业科学院对长豇豆育种驯化的最新研究表明，亚洲人对长豇豆长期选择的效果主要集中在第5、7、11号染色体上，提出这是长豇豆亚种驯化形成的主要遗传学基础的理论（Xu等，2012）。

（二）种质资源的研究与利用

国际植物遗传资源委员会（IBPGR）、国际热带农业研究所、印度国家遗传资源委员会（NB-

PGR)、印度尼西亚的 Bogor、菲律宾的 Los Banos、菲律宾大学及国家植物实验室、美国加利福尼亚大学与佐治亚州南方地区植物引种站等 10 多个国家或地区的研究机构对豇豆的种质资源进行了较为系统的研究。中国农业科学院品种资源研究所、中国农业科学院蔬菜花卉研究所及浙江省农业科学院等国内研究机构也开展了较为系统的豇豆（主要为长豇豆）种质资源研究。

目前从世界 26 个国家搜集的豇豆种质资源达 27 530 多份，及 8 500 余份野生种质资源。其中设在尼日利亚伊巴丹（Ibadam）的 IITA 搜集保存的豇豆种质资源最多，达 13 270 份，经整理的有 11 800 份，另有野生资源 200 份（不包括中国的资源）。1989 年统计保存豇豆种质资源较多的国家有美国（4 205 份）、巴西（2 293 份）、印度（1 766 份，野生资源 25 份）、菲律宾（1 457 份）、印度尼西亚（3 930份）。

中国搜集保存的豇豆种质资源达 3 500 多份。中国曾于 1957、1958 年开展豇豆资源征集工作，之后这一工作停顿。自 1978 年中国农业科学院品种资源研究所成立后，才开始与各省份合作，开展全国豇豆资源征集与农艺性状鉴定工作，至 1990 年搜集长豇豆种质资源 1 920 份（其中国内资源 1 851份）。种质资源的分布以华南最多，占 37.5%；华北、西南、华东次之，分别占 19.8%、18.0%、15.1%；西北、东北最少，分别占 4.8%、4.6%。“八五”（1991—1995）期间，浙江省农业科学院对我国收集保存的 1 900 多份长豇豆种质资源开展了主要农艺性状的鉴定、营养品质分析（蛋白质、可溶性糖、粗纤维等）与主要病害的抗性鉴定（黑眼豇豆花叶病毒病、锈病、煤霉病等）工作。李国景等制订的国家农业行业标准《植物新品种特异性、一致性和稳定性测试指南—长豇豆》（NY/T 2344—2013）和王佩芝等（2006）的《豇豆种质资源描述规范和数据标准》为开展豇豆种质资源研究提供了标准化的技术方法。

有关豇豆资源的研究具体包括以下几个方面：

1. 优异农艺性状资源鉴定　IITA 保存的豇豆资源中大都为普通豇豆，其形态学上的多样性十分显著，株型有匍匐型、半直立型、直立型和攀缘型；荚型有盘绕、圆筒、弯月、直线形；花梗长度 5～50 cm；62 种脐色，42 种脐形；生育期 53～120 d。目前作为豇豆种质资源常规评价用的描述符有 62 个，描述符分成 3 类，即一般资料、性状鉴定资料、初步评价资料。

湖北、广东、江苏、山东、浙江等省对各自搜集的长豇豆资源都做过鉴定评价。浙江省农业科学院对拥有的长豇豆品种资源进行了评价、鉴定，包括：对 1 192 份材料的植物学特征、特性等 27 个指标进行了观察；分析了 543 份品种资源其商品嫩荚的蛋白质、可溶性糖、粗纤维和干物质含量；接种鉴定了 1 028 份资源对黑眼豇豆病毒病的抗性；接种鉴定了 1 046 份材料的锈病抗性；还对 131 份资源进行了煤霉病的抗性鉴定。通过这些鉴定工作发现了不少优异的种质资源，为长豇豆育种提供了丰富的可利用资源。

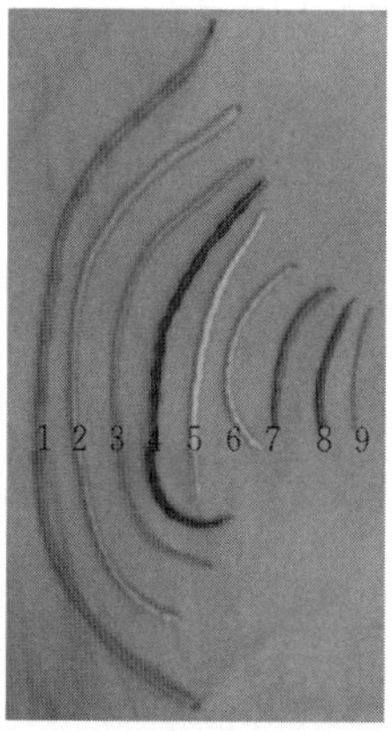

图 26－4　豇豆种质资源的荚长变异
1～5：不同的长豇豆种质；
6～9：不同的普通豇豆种质

浙江省农业科学院在对其农艺性状观察中，对 10 项主要性状进行了分析评价，发现 6 份矮蔓或半蔓生资源，3 份早春播种 35 d 始花的特早熟材料，嫩荚长度超过 70 cm 的 3 份特长荚材料（图 26－4）；单荚重超过 25.0 g 的有 5 份。嫩荚形态可分为长扁条、短扁条、大旋曲、小旋曲、长圆条、短圆条、弯圆条、剑形 8 种，其中长圆条与短圆条荚共计 768 份，占资源中的 66.2%。长豇豆的荚色是重要的商品性状，有深绿、绿、淡绿、紫黑、紫红、血牙红、杂色等 20 余种，其中深绿、白绿、浅绿、绿色的材料约占 86.1%。种子的主色有白、褐、黄、红、黑等 14 种，还有在种皮上或种脐上的次色调相配，使其色泽五花八门，其中基本色调为黑色、褐色、棕色的材料占 70.8%；黑色籽的资源约占 20%，发现黑籽品种其抗逆性较强，生长势较旺。

2. 抗病种质资源筛选 豇豆主要病害有病毒病［包括蚜传花叶病毒（CABMV）、BLCMV、CMV、豇豆花叶病毒（CYMV）等］、锈病、煤霉病、枯萎病、白粉病、炭疽病等。IITA 及美国、印度等国家与组织进行了较多抗病种质资源的相关研究。

病毒病是豇豆最易发生、影响最大的病害，国内外对豇豆的病毒病研究较多，并发现了一些抗病资源。IITA 选育出的 IT845－2246 品系不仅抗豇豆花叶病毒（CYMV），而且抗炭疽病、叶斑病、豇豆蚜虫、象鼻虫、根结线虫等病虫害；IT86O－880 兼抗 CABMV 与 CYMV。塞内加尔农业研究所（ISRA）选育出的 Mouride 与 Melakh 对寄生性杂草、象鼻虫、细菌性疫病和 CABMV 具有一定的抗性。巴西选育的 BR17 GURgueia 抗 CMV。浙江省农业科学院育成的之豇 28－2 高抗 BLCMV。1993—1995 年该单位对千份长豇豆资源进行了人工接种鉴定，发现 5 份高抗 BLCMV 材料。1979—1980 年中国农业科学院品种资源研究所鉴定出表现抗病毒的材料有吉林红豇豆、北京花豇豆、河南糙豇豆、吉林豇豆、吉林白豇豆、北京大红豇豆等。

豇豆锈病是一种普遍发生的病害，严重时造成大量落叶，豆荚失去食用价值。广东省农业科学院张衍荣（1997）报道，紫荚与白荚为 2 个抗锈病品种；浙江省农业科学院经对千份资源进行人工接种鉴定，发现 20 份材料对锈病表现高抗；曾永三等（2003）报道，益农红仁特长豆角对锈病免疫，金山长豆表现高抗。

豇豆死藤是多雨地区或多雨季节常见的现象，主要由两种病引起：一种是由尖孢镰刀菌引起的枯萎病，表现在根茎部位发病而枯死；另一种是由豇豆疫病引起的枯死。California blackeyes 对枯萎病免疫，猪肠豆、珠燕、屯溪早白和大青条等 4 个品种表现高抗。

煤霉病在中国南方地区多雨潮湿气候条件下容易发生。浙江省农业科学院在长豇豆煤霉病抗性鉴定研究中，发现郊县秋豆角、连江白根豆等 15 份资源对煤霉病表现免疫，秋豇 512、秋豇 17 表现高抗。印度选育的 Pusa komal 品种抗细菌性枯萎病。

3. 抗虫种质资源筛选 20 世纪 70 年代，美国专家哈·斯·金特里在墨西哥发现一个原始豆类植物中含有一种新蛋白质——阿赛林，它能阻碍虫的消化，现已转入到商品品种中。1975 年 IITA 筛选出 TVu2027、IT81D－1057 等 7 个抗豆象、优质的品系及多抗的 82D－716 品系。目前还没有抗豆象的长豇豆品种。Fery（1979）报道，Ala963·8 为荚壁抗豆象，认为可采用荚粒比来衡量荚壁对豆象的抗性，荚粒比［（荚重—粒重）/粒重］高者抗性强。美国加利福尼亚大学从非洲的豇豆材料中筛选出 IT97K－556－6 与 UCR779 两份抗蚜虫的材料，但抗虫性有一定的地域性和生化专一性，如在非洲抗蚜虫资源在美国变成了敏感品种。

王晓玲（1991）对 500 份豇豆资源进行过抗蚜虫鉴定，未发现免疫品种，高抗蚜虫品种仅有 I0661 一份，抗蚜虫品种有 4 份，并发现蔓性品种对蚜虫的抗性较强，矮蔓的抗性较差。1984 年 Macfor 在肯尼亚发现 TVU－310、408－P－2 两品种抗蚜虫；1976 年印度 Chavi 选出 6 个高抗蚜虫的豇豆品种。文礼章（1990）根据取食量多少筛选出燕带红、珠江白、三尺红、四季青等蚜虫取食量最少的品种。豇豆品种的总酚含量、总类黄酮含量、总糖含量和氨基酸含量等与豇豆的抗蚜性有关。

国外对抗线虫资源研究较多。Jeff（2005）报道，Califomia blackeye No5、Mississoppi silver、Calossus 等品种具有抗线虫特性，国际热带农业研究所的 IT844－2049、IT84S－2246 抗南方根结线虫（*Meloidogyne incognita*）和爪哇根结线虫（*M. javanica*）。此外，IT849－2049、IT89KD－288、IT86D－634、IT87D－1463、IT95K－398－14、IT96D－772、IT96D－748、IT95K－222－5、IT96D－610、IT87K－818－18 等也具有抗根结线虫病的特性。

4. 抗逆种质资源筛选 豇豆具有耐干旱、耐酸碱等特性，其抗旱性次于绿豆，强于豌豆、菜豆、红小豆，但品种间有差异。张小虎（1996）鉴定了 429 份长豇豆资源的抗旱性，其中 26 份属高抗，35 份属抗旱品种。耐热性较强（高温下花粉发育、坐荚性和产量正常）的资源有尼日尔的 TN88－63、

IT97K－472－12、IT97K－472－25、IT97K－819－43、IT97K－499－38 和 Vital。

朱志华等（1990）鉴定了 785 份豇豆的耐盐性，发现狸豇豆、豇豆、花豇豆、小豇豆、大花豇豆、黑豇豆和红豇豆等 7 份材料发芽期耐盐（1 级），占 0.9%，较耐盐（2 级）的有 76 份。而苗期耐盐（1 级）材料未发现，较耐盐（2 级）的仅有白豇豆和爬豆 2 份。同时对耐盐性与粒色、花色的相关性进行了分析，其相关系数分别为 0.8106（极显著）、0.724（极显著），即随粒色和花色色泽的加深其耐盐性提高。

5. 其他优异种质资源筛选　除抗病、抗逆材料之外，很多农艺性状如植株生长习性、分枝性、初花序（荚）节位、成熟期、节成性、生长势、适应性、叶片的大小及其光合作用功能、豆荚的观感、口感及营养品质（蛋白质、糖、纤维素、维生素等含量）和籽粒的品质等与生产有密切关联。

（1）矮蔓资源　矮生长豇豆可不搭架，既省架材又省人工，适宜进行简易保护地栽培。但综合性状较好的矮生长豇豆资源较少，引进的美国无蔓豇虽具有结荚前植株直立、豆荚长 35～40 cm、嫩荚品质尚可等优点，但晚熟、病毒病抗性差、产量低。浙江省农业科学院育成了抗病毒病、锈病和煤霉病，特早熟、植株直立，荚长约 35 cm、嫩荚品质较优的之豇矮蔓 1 号品种；IITA 育成 IT81D－1228－13、IT81D－1228－14、IT81D－1228－15 等 3 个矮蔓型品种；美国从印度育成的 750 系中选出 750－1、750－2 两个抗细菌性斑点病的矮蔓型品种。

（2）优异营养品质资源　浙江省农业科学院在鉴定的 542 份资源中，嫩荚蛋白质含量超过 4.0% 的高蛋白质资源有 6 份；可溶性糖含量超过 3.0%的有 4 份；粗纤维含量低于 0.70%的有 7 份。

（三）品种类型

1. 按荚长及嫩荚的特性分类　依据荚的长短及荚在生长过程中具有的上举或下垂特性把栽培豇豆分为 3 个亚种：

（1）短荚豇豆亚种［*Vigna unguiculata* ssp. *cylindrica*（L.）Verdc.］　植株较矮小，荚长 13 cm 以下，嫩荚向上生长，种子小，呈椭圆形或圆柱形，百粒重 10 g 以下。主要分布在云南、广西等地，食用干籽粒或作饲料。

（2）普通豇豆亚种［*V. unguiculata* ssp. *unguiculata*（L.）Verdc.］　植株多为蔓生，荚长 8～22 cm，初期嫩荚上举，后期下垂，种子肾形。中国各地都有分布，大多以粮用为主，部分品种可菜用，食其嫩荚。

（3）长豇豆亚种［*V. unguiculata* ssp. *sesquipedalis*（L.）Verdc.］　即菜用长豇豆，其茎蔓生、具有缠绕性，荚长 20 cm 以上，肉质、下垂，种子长肾形。在中国分布很广，主要食用嫩荚。

2. 按生长习性分类　按生长习性分为矮生种、半蔓生种及蔓生种 3 类。矮生种侧蔓分枝能力强，主蔓节间短，顶芽生长到 30～50 cm 时，长势渐弱或形成花芽。蔓生种在适宜环境下，可无限生长，通常在栽培季节里主蔓可长达 3～5 m，有分枝，但较少。半蔓生种则介于两者之间，侧蔓多而发达，无顶花芽，常常匍匐状生长。

3. 按熟性分类　育种上应用较多的是按品种的熟性分为早熟种、中熟种、晚熟种。主要依据品种的第 1 花序着生节位，即长江流域露地春播，主蔓第 4 节以下节位有花序、并首先开花结荚的品种称为早熟种；主蔓始花节位在第 5～7 节的称为中熟种；8 节以上有花序、分杈多，杈上结荚占产量比例较大的品种为晚熟种。

4. 其他分类方法　王素（1989）综合荚形、荚色将中国长豇豆分为 6 个品种群，即绿荚、浅绿荚、绿白荚、花荚、紫荚和盘曲条。

根据对日照长短的反应，又可分为对日照长短反应敏感型和对日照长短反应不敏感型。目前大部分豇豆品种经长期的人工选择，对光照长短反应不敏感。部分品种需短日照，需在秋季栽培，称为秋季专用品种。

代表品种有：

(1) 早熟品种

① 之豇 28－2。浙江省农业科学院利用红嘴燕做母本，杭州青皮做父本杂交后，经系统选择育成。植株蔓生，分枝性弱，以主蔓结荚为主，主蔓第 2～3 节开始着生第 1 花序，花浅紫色，荚长约 60 cm，浅绿色，荚壁纤维少。种子肾形，种皮紫红色。抗花叶病毒病能力较强，易感锈病。

② 之豇特早 30。浙江省农业科学院利用红嘴燕和杭州青皮做双亲，在分离后代选择优异株系杂交，再经多代选育而成。植株蔓生，分枝少，叶片小，主蔓结荚为主，抗病毒病。初花节位低，平均第 3 节左右即可结荚。嫩荚色浅绿，长 60 cm，条荚匀称，商品性好。

③ 之豇矮蔓 1 号。浙江省农业科学院采用多亲本（5 个原始亲本）、多重杂交（7 次以上人工杂交），经 15 年系统选育而成的矮蔓直立型新品种。株高 40 cm，荚长 35 cm，兼抗病毒病、锈病、煤霉病。

④ 扬早豇 12。江苏省扬州市蔬菜研究所育成。植株蔓生，以主蔓结荚为主，始花节位第 4 节，花紫色，结荚集中。嫩荚长圆条形，荚长约 60 cm。嫩荚浅绿色，品质佳。耐热，耐旱，抗病，适应性广。

⑤ 杜豇。湖北省农业科学院经济作物研究所经定向系统选择而成。植株蔓生，分枝 2～3 个，叶片较大，深绿色，第 2～4 节位出现第 1 花序。花冠紫色，略带蓝色，嫩荚绿白色，荚长约 65 cm。荚肉厚而质嫩，商品性好。耐渍，较抗疫病。

⑥ 高产 4 号。广东省汕头市种子公司育成。植株蔓生，茎蔓粗壮，侧蔓少，以主蔓结荚为主，第 2～3 节始生花序。荚长 60～65 cm，浅绿色，成荚率高。品质优良，种子不易显露，嫩荚不易老化，产量高。

(2) 中熟品种

① 之豇 106。浙江省农业科学院在杂交分离后代中选择优系再与第 3 亲本杂交，经多代系统选育，聚合优良基因育成的长豇豆新品种。植株蔓生，第 1 花序着生节位在 4～5 节。嫩荚油绿色，条荚匀称，豆荚采收时间弹性大，肉质致密，商品性佳。耐贮性好，不易鼓豆。抗病毒病、锈病。

② 青豇 80。北京市种子公司从河南地方品种中经单株选育而成。植株蔓生，侧枝较少，生长势强，第 1 花序着生于 6～8 节。坐荚率高，嫩荚绿色，荚长 70 cm 左右，种子红褐色，粒较小。抗病性强，耐寒、耐涝。

③ 扬豇 40。江苏省扬州市蔬菜研究所育成。植株蔓生，生长势强。主、侧蔓均能结荚，主蔓始花节位 7～8 节，侧蔓 1～2 节，花紫色。嫩荚长 65 cm 以上，浅绿色，肉质嫩，品质佳。耐热性强，耐涝，耐旱，适应性广。

④ 罗裙带。四川省地方品种。植株蔓生，生长势强。花蓝紫色，第 1 花序着生于 6～10 节。嫩荚绿色，长约 69 cm，肉质致密，鲜食、制泡菜均宜。耐热，抗旱能力较强。

(3) 晚熟品种

① 紫豇豆。上海、南京等地栽培品种。分枝多，第 8 节开始着生花序，以后每隔 2～3 叶着生一花序。荚长 30～40 cm，紫红色，喙绿色。肉质脆嫩，质优。

② 蛇豆。广州市郊区地方品种。具 3～4 个分枝，叶较大，第 8～9 节开始着生花序，花浅紫色。荚长 40～50 cm，青白色，喙浅红色，缝合线旋扭状，品质优良，稍耐低温。

(4) 秋季专用品种

① 秋豇 512。浙江省农业科学院利用红嘴燕与紫血豇杂交，经多代选育而成的秋栽专用品种。植株蔓生，生长势较强，分枝较多，主、侧枝均能结荚。对短日照敏感，较耐秋后低温。主蔓第 7 节以上开始着生第 1 花序，上下开花较一致，花荚紧凑，嫩荚粗壮，长 33～43 cm，荚银白色，粗壮，荚壁纤维少，质糯，不易老化，品质好。抗花叶病毒病和煤霉病，耐锈病。

② 紫秋豇 6 号。浙江省农业科学院育成。生长势中等偏强，侧蔓较少，主、侧蔓均可结荚。对

光照反应敏感，适宜秋季栽培。初荚部位低，平均 2～3 节。荚长约 35 cm，荚色玫瑰红，爆炒后荚色变绿，俗称“锅里变”。嫩荚粗壮，品质优，不易老化，商品性好，籽粒为红白花籽。抗病毒病与煤霉病。

三、生物学特性与主要性状遗传

（一）植物学特征与开花授粉习性

1. 根　豇豆主根明显，入土可深达 80～100 cm，侧根也可达 80 cm，根系主要分布在 15～30 cm 表层土壤中，发达的根系有利于豇豆耐旱。根易木栓化，再生能力弱，但胚轴上可产生不定根。根系上有与其共生的根瘤菌形成的根瘤，根瘤菌专一性强，其他种族的根瘤菌则不能接种到豇豆上。豇豆根瘤菌属慢生型，在苗期生长缓慢。与其他豆类作物相比，豇豆根系上的根瘤菌不甚发达，但其固氮能力较强。

2. 茎　豇豆的茎可分为蔓生、半蔓生、矮生 3 种基本类型。以蔓生型为主，矮生型、半蔓生型多为短荚豇豆和普通豇豆。菜用长豇豆以蔓生型为主，在已征集的中国长豇豆资源中占 87%。茎多圆形，茎面有纵向槽纹，表面粗糙或光滑，以逆时针旋转攀缠。分绿色、紫色或节基部带紫红色的绿茎。茎上有节，无卷须，节上生叶片，基部有两片托叶，茎节叶腋间可生侧芽或花芽。蔓生豇豆最初 3 个节间短缩，长 3～5 cm，第 4 节开始抽伸，第 8 节之后节间大都在 20 cm 以上。矮生豇豆主蔓更短缩，第 10 节以下节间长度在 1～5 cm。

3. 叶　豇豆为双子叶植物，发芽时子叶出土，当真叶展开时，子叶随即脱落。豇豆第 1 对真叶为对生单叶，呈近心脏形，顶部钝尖。之后长出的真叶多为由 3 片小叶组成的三出复叶，互生，叶面光滑，叶柄长 5～25 cm，无毛，有凹槽，基部有两片 1～2 cm 的小托叶。复叶的小叶基部有菱形小梗，叶片全缘，顶生小叶呈矛形。因品种不同或生长期不同，叶的长宽比有所不同，两边小叶略偏心生长。

4. 花　蝶形花，总状花序，花梗从叶腋中伸出，长 5～50 cm，一般长为 20～30 cm，品种间有明显差异。花梗的顶端（花序轴）着生花朵，左右互生，由于花序轴很短，相邻两花发育速度基本相同，开花几乎同时，又紧邻相对，似对生状态。通常可连续开花 3 对左右，只有近基部的 1～2 对花能结荚。豆荚在发育中消耗了大量养分，之后的花蕾基本上未发育成熟就脱落。豆荚采收后期，若植株生长良好，原花序顶部仍会继续生长开花结荚。有些品种则从叶腋间直接抽生或从抽生的分枝上长出一至数条新花序，并开花结荚。

豇豆的花朵较大，宽 1.5～2.0 cm，其龙骨瓣呈弓形弯曲。二体雄蕊（呈 9+1），雌蕊花柱细长，紧贴龙骨瓣呈弓形，柱头倾斜，下方生有茸毛，顶部有短喙。花器有蜜腺，能引诱昆虫，故豇豆虽属自花授粉作物，但仍有 0.8%～1.2%的杂交率。

通常清晨开花，中午前后闭合，自花授粉，开花后 8～9 h 完成受精过程。杂交育种时需将开花前 1 d 的母本花蕾行人工去雄，于第 2 d 选取父本盛开花朵的花粉授粉。开花当天下午花朵闭合、凋萎，开花次日受精子房伸长，枯萎花瓣脱落。充分发育的豇豆花蕾色有淡绿色与绿色两种，与荚色严格关联，如绿色花蕾的豆荚为绿色，可作为早期鉴定品种的重要指标。豇豆花色有紫、黄、白等基本色及其中间色，品种间有差异（图 26－5）。

图 26－5　豇豆种质资源花色多样性

5. 嫩荚与种子 一般每花序同时结 1～2 对豆荚。开花至嫩荚商品成熟需 9～15 d（随温度升高而缩短），至种子生理成熟需 23 d 以上。短荚豇豆和普通豇豆的荚型较少，多为短圆、扁圆形，荚稍弯曲，顶端钝圆形；菜用长豇豆的荚型有扁圆、圆条、旋曲、弯圆等形状，以圆条荚型最多，商品性好，约占种质资源的 66%。单荚重 5～31 g，其中 15 g 以上的材料约占 1/4，超过25 g的仅占 0.4%。荚的长度和重量与品种有关，它不仅关系到商品质量，也是构成豇豆产量的重要因素。

豆荚颜色十分丰富（图 26－6），有深绿、油绿、浅绿、白、紫、红、杂色等约 20 种，其中深绿、浅绿色为栽培的主要品种，约占种质资源的 86%。各地消费习惯不同，对荚色的要求差异较大。

图 26－6 豇豆种质资源豆荚颜色多样性

豇豆的每荚籽粒数一般不超过 24 粒。由于受环境等因素影响，部分籽粒在发育过程中生长停止，平均只有 15 粒，人工杂交结实率平均为 20%～30%。种子无胚乳，形状有圆、短肾、长肾、近椭圆等类型。种皮多光滑，有棕、褐、红、黑、白、土黄、杂色等 20 余种（图 26－7），是区分品种的重要指标。长豇豆种脐多白色，短荚豇豆多为红脐环或紫红色。种子百粒重 5～30 g，种粒大小与豆荚重并无直接关联。

图 26－7 豇豆种质资源种子多样性

（二）生长发育及对环境条件的要求

豇豆生长发育期可划分为 4 个阶段，各阶段对环境条件的要求有所不同。

1. 种子萌动发芽期 从播种后种子萌动出土至对生真叶展开、子叶脱落为种子萌动发芽期，约需 5～10 d。这一阶段主要靠子叶自身营养供应生长。种子发芽适温为 25～30 ℃，发芽最低温度为 10～12 ℃。种子吸水萌动温度不得低于 5 ℃，过低的温度会引发下胚轴变红，严重者造成死亡。种子发芽所吸收的水分，一般不超过种子重量的 50%。土壤过湿易烂籽或烂根，土壤干旱，则种子不能萌发。此期豇豆对不良环境条件的忍耐力最弱。

2. 幼苗期 从幼苗对生真叶展开至第 4～5 片复叶展开（蔓生种主蔓开始抽伸前）为幼苗期，约需 15～30 d。这期间幼苗节间短，茎直立，根系逐渐展开。以后节间伸长，不能直立而向右缠绕（逆时针）生长，同时基部腋芽开始活动。此时正值花芽分化关键时期，抽蔓前植株分化已达 15 节左右，腋芽也随之分化。健壮的幼苗对植株营养体的建立十分重要，需补充少量速效肥料，并防止霜冻危害。如气温在 15 ℃以下，则幼苗期延长。

3. 抽蔓期 从具有 4～5 片真叶至植株现蕾为抽蔓期，此期需 15～20 d。是营养生长的重要时期，根、茎、叶快速生长，各节的花蕾或叶芽在不断发育中，近基部主蔓上的腋芽可抽出侧蔓，根瘤也开始形成。应采取措施促进根系生长，防止茎蔓过度伸长，以免花芽发育不良、花序不能正常抽伸或落花落蕾。抽蔓期适宜较高温度和良好日照，以 20～30 ℃为宜，25 ℃左右最好，茎蔓粗壮；气温 20 ℃以下茎蔓细，抽蔓期延长；15 ℃以下生长缓慢，10 ℃以下生长受抑制，5 ℃以下植株受寒害，0 ℃时茎叶枯死。

4. 开花结荚期　从植株现蕾开花至豆荚采收结束或种子成熟为结荚期，一般为 30～50 d。现蕾至开花 5～7 d，开花至豆荚商品成熟约 10 d，至种子生理成熟还需要 20 d 以上。这一时期茎蔓仍在生长，但植株营养转向供应开花与条荚发育为主，此时营养不足极易出现早衰与落花落荚。连续阴雨或连续出现 35 ℃以上高温对开花结荚和豆荚发育都极为不利。秋季栽培，随气温下降豆荚发育减缓，秋季专用品种豆荚尚能在 19 ℃发育，而一般品种需在 22 ℃以上才能正常发育。豇豆喜光，开花结荚期需要有充足的光照，尤其是蔓性品种。

（三）主要性状的遗传

豇豆绿蕾与绿荚性状或淡绿蕾与淡绿荚性状可能系一因多效或完全连锁的关系（汪雁峰等，1993）。籽粒色的相对性状间均表现为 1 对等位基因差异，黑籽对红籽、黑籽对白籽、红籽对白籽、花斑籽对红籽均为显性（陈禅友等，2002）。浙江省农业科学院以之豇 28－2 和南辰豆角 2 号构建的重组自交系为材料，研究认为种皮颜色和花色基因均为单基因控制，其中紫色花对白色花显性，棕色籽对白色籽显性（Xu et al.，2011）。荚色的遗传因材料不同而不同，有的表现为质量性状，如紫荚对浅绿荚、绿荚对浅绿荚、白荚对浅绿荚均为显性；有的表现为数量性状，即由多基因控制，如荚长等（Kongjaimun et al.，2012）。

生长习性由 2 对等位基因控制，其中蔓生对矮生为显性上位性。豇豆第 1 开花节位与分枝数、节间长呈负相关，花序数与节间长呈极显著负相关，分枝数与花序数呈显著正相关，果柄长与荚长呈极显著正相关，荚长与荚横径呈显著正相关（肖杰等，2004）。对光周期的反应受 1 对主基因控制，短日型对光不敏感型为显性（Sene，1967）。早熟对晚熟为显性或部分显性（Brittingham，1950）；抽蔓性受显性单基因控制（Krutman，1975）；长荚对短荚为显性或部分显性（Fennell，1948）。蛋白质和氨基酸含量的遗传力较低（Bliss et al.，1973），产量的遗传力中等（Kohli et al.，1971），而荚长的遗传力较高（Tikka et al.，1977）。豇豆花芽生长耐热性受 1 个主效隐性基因控制（Nielsea 1992），结荚期耐热性受单显性基因控制（Marto，1992）。

浙江省农业科学院利用之豇 28－2 和南辰豆角 2 号构建的重组自交系为材料，对荚长、单株结荚数、始花期、始花节位、耐早衰性等 5 个主要农艺性状进行 QTL 分析，发现除荚长受 2 个以上效应较大 QTL 控制外，其他 4 个性状的遗传都呈现 1 个主效 QTL＋多个微效 QTL 控制的模式，并且加性效应起主要作用（Xu et al.，2013）。

对控制豇豆病毒病抗性基因的遗传规律进行了较多的研究。利用抗 BLCMV 材料 Worthmore 与感病材料 Califarnia 杂交，经对后代分离材料的研究，表明其对 BLCMV 的抗性受 1 对隐性基因控制（Taiwo，1981）。品种 Eealy plukye 对 SBMV 的抗性受 1 对部分显性基因控制；品种 Iron 则表现为至少受 3 对基因控制，呈现不完全显性；而 PI186465 材料表现高抗，受 1 对部分显性基因控制，并可能受一些微效基因修饰（Hobbs，1985）。豇豆品种 Qixielee 对 CYMV 的抗性受 1 对显性基因（*Ymv*）控制，而品种 Alabunch 表现耐病，可能受 3 对加性基因控制（Bliss et al.，1971）。豇豆对炭疽病的抗性受显性或隐性单基因控制（Fery，1985）。豇豆品种 P－309、P－426 对细菌性斑点病的抗性受显性单基因控制，而品种 Iron 对细菌性斑点病的抗性受隐性基因控制，分别定名为 *bc－1*、*bc－2*（Raj et al.，1978）。南辰豆角 2 号对白粉病的抗性受 1 对显性基因控制（Wu et al.，2014）。

国际热带农业研究所研究认为豇豆对锈病（*Uromyces vignae* Barclay）的抗性受显性单基因控制。广东省农业科学院利用两个抗锈病品种（紫荚与白荚）与感病的品种杂交研究其抗性遗传，认为紫荚与白荚对锈病的抗性各受1个显性基因控制（张衍荣，1997）。浙江省农业科学院研究认为南辰豆角2号对锈病的抗性也受显性单基因控制（李国景等，2006）。California blackeye 5对枯萎病免疫，其抗性受1对显性基因控制（Purss，1958）。豇豆对煤霉病的抗性受*Cls*-*1*、*cls*-*2*两对基因控制，前者为完全显性基因，后者为不完全显性基因（Ferg et al.，1977）。浙江省农业科学院报道，胶县豆角、秋豇17对煤霉病的抗性受1对隐性单基因控制，还可能受较多微效修饰基因作用，而连江白根豆受1对显性单基因控制。

豇豆对豇豆荚螟（*Maruca testulalis* Geyer）的抗性受多个显性基因控制（Woolly，1976）；对豆蚜（*Aphis craccivora* Koch）的抗性受显性单基因控制，对绿豆象（*Callosobruchus maculates* Linnaeus）的抗性受隐性基因控制（国际热带农业研究所，1981、1983）。豇豆雄性不育受单隐性基因控制（Singh et al.，1998），对南方根结线虫（*M. incognita*）的抗性受显性单基因控制（Roberts，1996）。

四、育种目标

（一）丰产育种

作早熟栽培的品种宜将结荚部位低、耐低温弱光性能好、结荚集中、前期产量高作为主要选择性状。作高产栽培的品种宜将结荚部位略高、高温条件下落花落荚少、生长势较旺、根系强劲、不易早衰等作为主要选择性状。

（二）品质育种

1. 外观品质 目前商业品种的嫩荚以淡绿色为主，少数为深绿色、银白色、紫红色。而介于深绿色和淡绿色之间的绿色性状，由于其光泽度好，嫩荚外观商品性更佳，应作为外观性状的选择重点。其次嫩荚表面光滑度、嫩荚扭曲度也应作为重要的外观品质性状。

2. 耐贮运性 长豇豆嫩荚采收期正值高温季节，嫩荚商品成熟后易起泡发绵，加上近年来南北远距离调运频繁，对嫩荚的耐贮运性要求更高。研究表明，嫩荚密度与耐贮运性相关性较强，在选择时可作参考。

3. 食用品质 主要包括嫩荚蛋白质含量、可溶性糖含量以及口感（糯性）。此外，籽粒色为黑色的嫩荚，烹饪时汤色易发黑，选择时应加以注意。

4. 加工品质 目前加工主要有制干和腌制。作制干用的品种应选择嫩荚色为淡绿色至绿色、嫩荚致密且种子发育较慢；作腌制用的品种应注意选择嫩荚致密、不易起泡发绵且种子发育较慢等性状。

（三）抗性育种

危害长豇豆的主要病害有病毒病、锈病、煤霉病、白粉病、根腐病、枯萎病、炭疽病、白绢病等，其中病毒病、锈病、根腐病为近年生产上发生最严重的3种病害，尤其是锈病和根腐病，在规模种植基地中随着连作年份的加大危害日趋严重，兼抗2种或以上主要病害应作为重要的抗病育种目标。

抗虫长豇豆新品种的选育将是未来长豇豆育种的最主要目标之一。豆蚜、豇豆荚螟及绿豆象是目前长豇豆生产上最主要的害虫，造成的损失十分严重。其中豆蚜是病毒病传播的主要媒介，一般造成减产5%～10%，较严重时可减产40%～50%；豇豆荚螟蛀食花及嫩荚；绿豆象可使干籽重量损失30%～100%，如在非洲豆象吞食25%左右的产量。长豇豆生长季节高温、多湿，利于害虫繁殖，虫害危害严重。近年来，食品的安全性已越来越受到重视，因此，抗虫长豇豆新品种的选育对豇豆产业的可持续发展意义重大。但长豇豆因食用豆荚，在抗虫品种的选育中需要考虑抗虫性与品质的关系。

以土壤次生盐渍化、自毒作用等为主要特征的连作障碍已逐渐成为长豇豆生产上的一个重要问题，耐连作长豇豆新品种选育已成为一个新的育种目标。

此外，苗期耐低温弱光和开花期耐高温干旱等特性也应作为重要的抗逆性育种目标之一。

五、选择育种与有性杂交育种

（一）选择育种

选择育种是豇豆等自花授粉蔬菜改良现有品种和创造新品种简便而有效的育种途径，目前多数单位仍主要以该方法进行豇豆育种。豇豆选择育种的方法有 3 种：混合选择法、单株选择法和单株混合选择法。

1. 混合选择法　是指根据豇豆植株的表型性状，从混杂的原始群体中选取符合育种目标要求的优良单株、单荚混合留种，下一代播种在混选区里，经与标准品种比较，而育成豇豆新品种的方法。混合选择法简单易行，但选择效果较差，往往需经多次混合选择才能获得性状稳定、且与原始群体有明显差异的新品种。

2. 单株选择法　是从原始群体中选出一些优良单株，分别编号，分别采种，下一代每个株系分别播种，从中选出符合育种目标的新品种的方法，又称系谱选择法。如浙江省温州市农业科学研究院从泰国豇豆中选育成瓯豇一点红。

3. 单株混合选择法　是豇豆选择育种上应用最普遍的方法，即先从原始群体中选择一些优异单株，经 2～3 次单株选择后，再进行混合选择。该方法可结合单株选择法和混合选择法的优点，兼具选择效果好，简单易行的优点。目前生产上一些应用较广的豇豆新品种是通过该方法育成的，如江苏省扬州市蔬菜研究所从之豇 28－2 中选育出中熟、耐热性好、植株生长势强的长豇豆新品种扬豇 40 和早熟性好、不易早衰、适于早熟设施栽培的扬早豇 12；浙江省宁波市农业科学院利用该方法育成绿豇 1 号；乌鲁木齐市蔬菜研究所利用该方法育成新豇 2 号等，这些品种在全国长豇豆栽培中占有较大的比例。

（二）有性杂交育种

1. 常规杂交育种　豇豆属于一年生自花授粉植物，具有明显的杂种优势。有性杂交育种主要有单交、回交和多系杂交等方法，回交选育法在转育单个抗病基因中非常有效。近年来，随着育种目标向多抗性、综合性状优异等转变，需要聚合多个优良性状基因，往往需要经过 2 次以上的杂交才能获得理想的结果，而且对杂种后代需经过多代（一般 4～6 代以上）分离、选择和比较试验，才能选育出优良的新品种。下面以之豇 28－2 的选育过程作为豇豆有性杂交育种的一个实例予以介绍（图 26－8）。

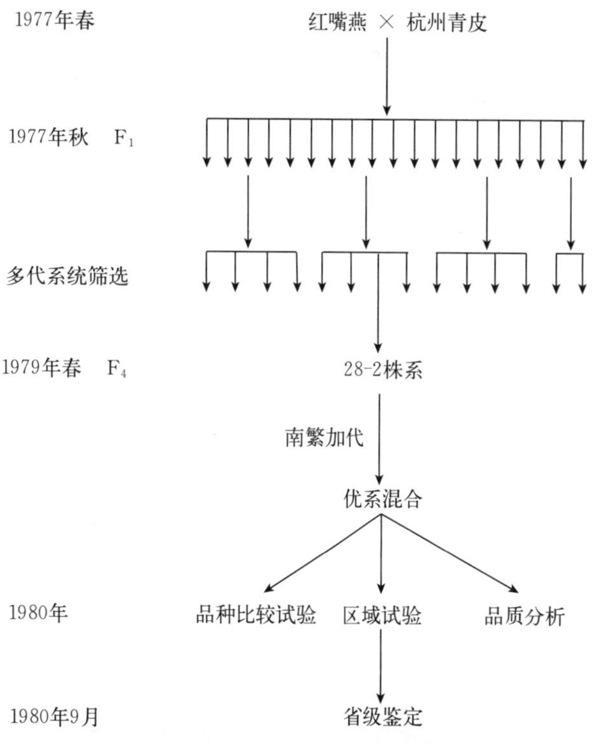

图 26－8　之豇 28－2 豇豆新品种选育过程
（汪雁峰，1986）

1977 年春季在引种和地方品种整理的基础上选择具有不同优良性状的品种为亲本，通过人工有性杂交，配制 30 个组合（包括正反交），于当年夏季种植 F_1。对分离后代结合田间观察和病毒病抗性自然鉴定，根据育种目标定向选择优良单株。1979 年春（F_4）结合单株结荚特性和抗性鉴定结果等进行选择，发现红嘴燕（叶片小、结荚部位低、节成性好、适应性广）×杭州青皮（条荚长、长势旺）的组合后代 28－2 株系具有结荚性好、早熟、抗病毒病等优良性状。于 1979 年夏季进行品比试验，田间表现性状基本稳定，当年秋季到福建进行南繁加代（F_6）。1980 年春、夏两季在浙江省 6 个地区进行联合区试，结果表明新品系比当地主栽品种红嘴燕早期产量增加 36.4%，总产量增加 22.4%。与此同时，在杭州市常青大队 10 个生产队进行示范，平均每公顷产量为 22 500～26 250 kg，再经山东、福建、上海和江苏部分地区引种，结果表现良好。1980 年 9 月在浙江省杭州市通过了长豇豆新品种种植现场鉴定，定名为之豇 28－2。

2. 分子标记辅助育种 分子标记辅助育种（MAS），即利用研究获得的与豇豆某性状基因连锁的分子标记，在回交后代或杂交分离群体中应用分子标记辅助鉴定、筛选，以准确、快速获得具有目标基因的后代群体的育种方法。分子标记辅助育种在豇豆抗病育种中具有重要应用价值，尤其是对于抗锈病、白粉病（由专性寄生菌侵染）育种，因对育种材料的抗性鉴定受多方面条件限制，因而其应用价值更大。分子标记辅助育种将是未来豇豆分子育种的主要方法之一（Kelly et al.，2003），目前有条件开展分子标记辅助育种的主要有：抗寄生性杂草（Ouédraogo et al.，2002；Boukar et al.，2004）、抗黄瓜花叶病毒病（Chida et al.，2000）、抗豇豆荚螟（Koona et al.，2002）、抗锈病（李国景等，2007）、抗白粉病（Wu et al.，2014）、抗枯萎病（Pottorff et al.，2013）育种等。图 26－9 为李国景进行长豇豆抗锈病分子标记辅助育种的模式。

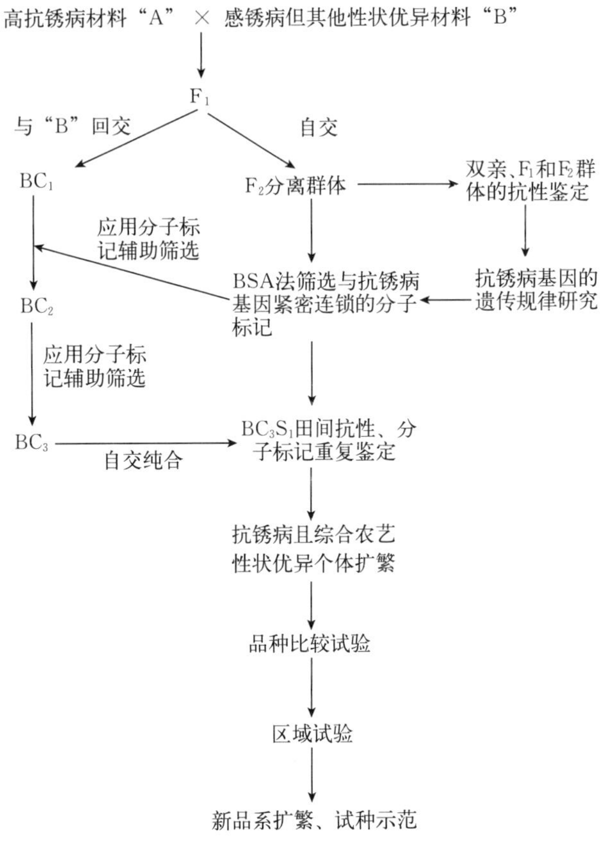

图 26－9 豇豆抗锈病分子标记辅助育种模式

（李国景，2006）

六、良种繁育

（一）繁育方式与技术

1. 原原种 选择 3 年以上没有种植过豆类作物的地块，与其他豇豆品种间隔 500 m 以上，以减少土传病害的发生和种子混杂机会。肥水条件要求能确保植株正常生长，能充分表现该品种固有特性，以便于鉴别种子的纯度。繁殖原原种用种子来源于母种，母种必须通过该品种 20～50 个株系同期播种，并在各个生育期进行比较，只有符合本品种特性、主要农艺性状表现整齐、优异的株系才能混合留种作为母种。于苗期根据子叶、真叶及胚轴颜色不同去杂；开花前从植株的生长势、叶片大小、叶色、叶形来鉴别杂株；花期可根据花冠颜色去杂；豆荚成熟期从荚色、荚的长短、形态整齐度鉴别杂株。一般检查 7～8 次，确保品种纯度。

豆荚荚皮一旦发泡（与籽粒脱离），其种子已有很好的发芽率，但仍以豆荚在架上干燥后采摘较好，以保证籽粒充实，也避免晾晒种荚。若一次集中采摘，一般会减产 10%～20%，因此宜分次分株系采摘，并装入网纱袋晾晒。采摘时切忌把烂荚采入，及时摘除烂荚部分。收种后必须立即晒干，以免半干荚在堆放过程中发热、发芽或霉烂。晒干豆荚应及时脱粒，种荚只能短期存放，过长易受豆象危害。特别注意防止机械混杂，采收时各个品种要严格分开，脱粒时各种工具要清理干净，于网纱袋内晒种。原原种纯度、净度和发芽率应分别达到99.5%、99.0%和97.0%以上。

2. 原种　繁殖基地应与其他品种间隔100 m以上。种子来源于原原种。田间去杂主要于开花前从植株的生长势、叶片大小、叶色、叶形来鉴别杂株；花期根据花冠色去杂；豆荚成熟时，从荚色、荚长等鉴别杂株。脱粒晒种过程须特别注意防止机械混杂。晒种时应有专人看管，以免混杂。原种纯度、净度和发芽率应分别达到99.0%、98.0%和97.0%以上。

3. 生产种　繁种基地要求一年以上没有种植过豆类作物，与其他豇豆品种隔离50 m以上。用原种繁育。田间去杂工作与原种相似，要求可略低。生产种纯度、净度和发芽率应分别达到98%、98.0%和95.0%以上。

（二）种子贮藏与加工

经脱粒后的种子须及时晒干，确保含水量在12%以下。经机选或人工筛选，剔除有破损、有虫口、未发育完全及非本品种的种子，并尽早进行药剂熏蒸处理。方法是利用密封仓库或塑料帐篷进行磷化铝熏蒸，每1 000 kg种子投药30 g（即10片），熏蒸3～5 d，之后通风3～5 d。磷化铝对人体有毒，不可在住房内施用。此外，也可利用双层包装袋（内塑料袋，外编织袋），要求密封性好、不漏气，每袋放入1片磷化铝。种子于阴凉干燥处保存。

为提高出苗率，防止种子带菌，可对种子进行包衣处理。熊自立等（2004）提出合肥丰乐包衣剂和ZBS菜豆包衣剂效果较好。包衣剂的使用不仅可提高豇豆的出苗率，促进幼苗的生长，而且对豇豆种子本身所带的炭疽病和土传病害如猝倒病、枯萎病均有明显的防效。

（李国景　汪宝根）

主要参考文献

陈禅友，张凤银，胡志辉，等.2002.长豇豆荚色、籽粒色及生长习性的遗传研究［J］.武汉植物学研究（1）：5-7.
李伯年.1982.蔬菜育种与采种［M］.台湾：编译馆.
李国景，刘永华，吴晓花，等.2005.长豇豆品种耐低温弱光性和叶绿素荧光参数等的关系［J］.浙江农业学报（6）：359-362.
谭其猛.1979.蔬菜育种学［M］.北京：农业出版社.
汪宝根，刘永华，吴晓花，等.2009.干旱胁迫下长豇豆叶绿素荧光参数与品种耐旱性的关系［J］.浙江农业学报（3）：246-249.
汪雁峰，张渭章，邓青.1993.长豇豆荚色的遗传及其与花蕾瓣和籽粒色泽的关系［J］.中国蔬菜（3）：22-24.
汪雁峰，张渭章，高迪明.1997.千份豇豆种质资源十大农艺性状的鉴定与分析［J］.中国蔬菜（2）：15-18.
汪雁峰.2004.豇豆［M］.北京：中国农业科学技术出版社.
王素.1996.荚用菜豆优异资源的鉴定评价［J］.作物品种资源（3）：17-19.
王素，李佩华，张贤珍.1986.豇豆产量组成性状的遗传和通径分析［J］.中国蔬菜，3：15-17.
西南农业大学.1986.蔬菜育种学［M］.2版.北京：农业出版社.
徐兆生.1997.菜豆人工杂交授粉试验［J］.中国蔬菜（4）：16-18.
薛珠政，康建坂，李永平，等.2003.长豇豆主要农艺性状与产量的相关性研究［J］.福建农业学报，18（1）：38-41.
张渭章，汪雁峰，邓青.1992.豇豆重要性状的遗传及育种［J］.中国蔬菜（1）：50-53.
张渭章，汪雁峰，林美琛.1994.长豇豆资源的遗传距离估测和聚类分析［J］.园艺学报，21（2）：180-184.
张振贤.2003.蔬菜栽培学［M］.北京：中国农业大学出版社.
郑卓杰.1995.中国食用豆类学［M］.北京：中国农业出版社.

中国农学会遗传资源学会 . 1994. 中国农作物遗传资源［M］. 北京：中国农业出版社 .

周长久 . 1995. 现代蔬菜育种学［M］. 北京：科学技术出版社 .

朱德蔚，王德槟，李锡香 . 2005. 中国作物及其野生近缘植物・蔬菜作物卷［M］. 北京：中国农业出版社 .

Mark Bassett. 1994. 蔬菜育种学［M］. 陈世儒，译 . 重庆：西南师范大学出版社 .

Fatokun C A，Tarawali S A，Singh B B，et al. 2002. Challenges and opportunities for enhancing sustainable cowpea production. Proceedings of the World Cowpea Conference Ⅲ held at the International Institute of Tropical Agriculture (IITA)，Ibadan，Nigeria，4～8 September. IITA，Ibadan，Nigeria.

Kelly J D，Gepts P，Miklas P N，et al. 2003. Tagging and mapping of genes and QTL and molecular marker-assisted selection for traits of economic importance in bean and cowpea［J］. Field Crops Research，82：135－154.

Li G J，Liu Y H，Jeffrey D，et al. 2007. Identification of an AFLP fragment linked to rust resistance in asparagus bean and its conversion to a SCAR marker［J］. Hort Sci，42 (5)：1153－1156.

Marti O Pottorff，Guojing Li J，et al. 2014. Genetic mapping，synteny，and physical location of two loci for *Fusarium oxysporum* f. sp. *tracheiphilum* race 4 resistance in cowpea［*Vigna unguiculata* (L.) Walp］［J］. Mol Breeding，33 (4)：779－791.

Ouédraogo J T，Gowda B S，Jean M，et al. 2002. An improved genetic linkage map for cowpea (*Vigna unguiculata* L.) combining AFLP，RFLP，RAPD，biochemical markers，and biological resistance traits［J］. Genome，45：175－188.

Ouédraogo J T，Maheshwari V，Berner D K，et al. 2001. Identification of AFLP markers linked to resistance of cowpea (*Vigna unguiculata* L.) to parasitism by *Striga gesnerioides*［J］. Theoretical and Applied Genetics，102：1029－1036.

Phansak P，Taylor P W J，Monkgolporn O. 2005. Genetic diversity in yardlong bean (*Vigna unguiculata* ssp. *sesquipedalis*) and related *Vigna* species using sequence tagged microsatellite site analysis［J］. Scientia Horticulturae，106：137－146.

Popelka J C，Gollasch S，Moore A，et al. 2006. Genetic transformation of cowpea (*Vigna unguiculata* L.) and stable transmission of the transgenes to progeny［J］. Plant Cell Rep，25：304－312.

Ratikanta Maiti. 1997. Phaseolus Spp，Bean Science Inc. U. S. A：Science Publishers.

Singh S R，Rachie K O. 1985. Cowpea research，production and utilization. Invited papers from the world cowpea conference，IITA，Ibadan.

Vincent，Rulataky E，Mas yamagucbi. 1996. World vegetables principles，prodaction，and nutritive values. Priuted in the United States of America.

Wu X H，Wang B G，Lu Z F，et al. 2014. Identification and mapping of a powdery mildew resistance gene Vu-Pm1 in the Chinese asparagus bean landrace ZN016［J］. Legume Res，37 (1)：32－36.

Xu P，Hu T T，Yang Y J，et al. 2011. Mapping genes governing flower and seed coat color in asparagus bean (*Vigna unguiculata*. ssp *sesquipedalis*) based on SNP and SSR markers［J］. Hort Sci，46：1－3.

Xu P，Wu X H，Wang B G，et al. 2010. Development and polymorphism of *Vigna unguiculata* ssp. *unguiculata* microsatellite markers used for phylogenetic analysis in asparagus bean［*Vigna unguiculata* ssp. *sesquipedialis* (L.) Verdc.］［J］. Mol Breeding，25：675－684.

Xu P，Wu X H，Wang B G，et al. 2011. A SNP and SSR based genetic map of asparagus bean (*Vigna unguiculata* ssp. *sesquipedialis*) and comparison with the broader species［J］. Plos One，6 (1)：121－123.

Xu P，Wu X H，Wang B G，et al. 2012. Genome wide linkage disequilibrium in Chinese asparagus bean (*Vigna unguiculata* ssp. *sesquipedialis*) germplasm：implications for domestication history and genome wide association studies［J］. Heredity，109：34－40.

Xu P，Wu X H，Wang B G，et al. 2013. QTL mapping and epistatic interaction analysis in asparagus bean for several characterized and novel horticulturally important traits［J］. BMC Genetics，14 (1)：1－10.

第二十七章

大葱、韭菜、洋葱育种

第一节 大　　葱

大葱属于百合科（Liliaceae）葱属（*Allium*）葱种（*fistulosum*）的一个变种，是以叶鞘组成的肥大假茎和嫩叶为产品的二、三年生草本植物，学名：*Allium fistulosum* L. var. *giganteum* Makino。别名：青葱、木葱、汉葱。染色体数 $2n=2x=16$。大葱原产中国西部及相邻的中亚地区，它是中国最早栽培利用的重要蔬菜作物之一。西汉戴圣选编《礼记·内则》（公元前1世纪）已见大葱的著录。

大葱主要分布在中国、日本等国家。1583年传入欧洲，于19世纪传入美国，但至今栽培较少。中国南北均有栽培，以淮河—秦岭以北最为普遍，山东、河北、河南、陕西、辽宁等省和北京、天津地区是集中产区。全国常年栽培大葱50多万 hm^2，年产大葱1 760多万t（FAO，2013）。

大葱假茎每100 g鲜重含蛋白质1.0～2.4 g、脂肪0.3 g、碳水化合物6.0～8.6 g、粗纤维0.5 g、胡萝卜素1.2 mg、抗坏血酸14.0 mg，以及钙、磷、铁等（陈运起等，2007）。另外，大葱还含有挥发性的含硫化合物，具芳香味（高莉敏等，2008）。大葱所含烯丙基硫醚能刺激胃液分泌，有助于增进食欲。葱中含有相当量的维生素C，有舒张小血管、促进血液循环的作用，有助于防止血压升高所致的头晕，使大脑保持灵活和预防老年痴呆。葱含有微量元素硒，并可降低胃液内的亚硝酸盐含量，对预防胃癌及其他多种癌症有一定作用。葱中含有具刺激性气味的挥发油和辣素，能祛除腥膻等油腻，祛除菜肴中的异味等，产生特殊香气，并有较强的杀菌作用。葱还有发汗、祛痰、利尿、降血脂、降血压、降血糖的作用。大葱的葱白和幼嫩葱叶均可食用，生食或熟食皆宜。大葱是非常重要的调味蔬菜，是人们做菜时不能缺少的炝锅材料。大葱蘸甜酱、煎饼卷大葱、羊肉爆大葱等都是人们最普遍的吃法。

大葱生长对温度适应范围较广，易于多季节栽培，其幼苗可作为“小葱”全株食用。大葱在冬季低温条件下的贮藏供应期长。因此，它在蔬菜周年供应中占有重要地位。

一、育种概况

（一）育种简史

由于大葱具生长周期较长、开花期较短、单果结籽数较少、自交衰退较明显等特点，开展大葱育种难度较大，在一定程度上制约了大葱育种研究工作的开展。

国外开展大葱育种的国家以日本为主，其他国家从事大葱育种研究的较少。日本大葱种质资源主要从中国引进。20世纪80年代以前主要以引种、选种为主。大葱雄性不育系及一代杂种选育与中国同步，始于80年代。但是，日本从事大葱育种研究的单位较多，育种成就极为显著。日本从事大葱育种的单位主要有坂田公司、泷井公司、时田种子公司、渡边采种场、金子种子公司、武藏野种子公司等10余家，育成推广的主要大葱一代杂种有春扇、夏扇2号、冬扇2号、白星、白虎、白树等系列杂交种，常规种有越津、九条、九条太、赤葱、剑舞、黑千本、小夏、小春等系列品种。在日本国内，大葱一代杂种的普及率达到90%以上。

20世纪80年代以前中国大葱育种以引种、地方资源搜集纯化及系统选择为主；80年代后开始杂交育种及雄性不育系研究利用，通过品种间、自交系间杂交和基因重组选育新品种。山东农业大学、章丘市农业局、辽宁省农业科学院蔬菜研究所、山东省农业科学院蔬菜研究所先后开始了大葱一代杂种选育，并育成了部分大葱一代杂种。

（二）育种现状与发展趋势

1. 育种现状 大葱育种较其他大宗作物相比，研究实力较弱，国内从事大葱育种研究的单位与成员较少。自20世纪80年代，山东农业大学园艺学院张启沛等利用田间发现的大葱自然不育植株开展大葱雄性不育机理与利用技术研究，为大葱雄性不育系及一代杂种选育奠定了基础。山东省章丘市农业局扬日如、辽宁省农业科学院蔬菜研究所佟成富、山东省农业科学院蔬菜花卉研究所陈运起等先后开展了大葱杂交育种与一代杂种选育。目前，国内从事大葱育种研究的单位主要有：山东省农业科学院蔬菜花卉研究所、辽宁省农业科学院蔬菜研究所、河南省新乡市农业科学院。另外，一些种子经销商也开展部分大葱育种研究。

大葱雄性不育机理研究有重大突破，新品种选育取得一定进展，利用雄性不育系选育大葱一代杂种有了较快发展。

（1）*雄性不育研究有重大突破* 大葱自然群体中普遍存在着雄性不育株，且雄性不育株比率较高。据张启沛观察（1987），大葱自然群体中不育株率为27.1%，最高达54.3%。大葱的雄性不育是由于细胞质、细胞核亲缘关系疏远或遗传物质结构改变，使质核发育不协调，从而失去了生理生化的代谢平衡而引起的。王志学（1999）通过石蜡切片法和涂片法对葱天然雄性不育系成熟花药的形态结构进行了解剖学研究，发现雄性不育系成熟花药的形态特征是产生的花粉少且花粉空瘪，不育发生时期应在小孢子时期或接近双核期。栾兆水等（1992）观察7504A不育系质核间不协调的表现有：小孢子的细胞质收缩，导致核膜消失，质核互溶；细胞质不收缩，但首先解体消失，而后细胞核再解体消失；部分次类型的小孢子能发育为早期二细胞花粉，但由于细胞质稀少均败育。大葱不育系花粉败育发生在小孢子期，与同属的洋葱雄性不育花粉败育时期相同。小孢子败育分两种类型：败育Ⅰ型，小孢子的原生质体收缩，质壁分离是小孢子败育开始的标志，以后原生质体进一步收缩为一团，并逐渐解体，成为空虚或有原生质体残疾的花粉，最后变瘪。败育Ⅱ型，小孢子的细胞质先于细胞核解体，当细胞质解体近完毕时，细胞核尚可见到，但已显著变小。

大葱雄性不育系的创制：山东农业大学、山东省农业科学院蔬菜花卉研究所、山东省章丘市农业局、辽宁省农业科学院蔬菜研究所等单位，利用自然群体中的不育株，通过4～5代回交，先后育成大葱雄性不育系和相应保持系。陈立东等（2006）育成了超早熟大葱雄性不育系603A、626A；张启沛等（1996）育成了大葱不育系4A、5A、225A、237A；佟成富等（2002）育成了大葱不育系244A；陈运起等（2005）育成了大葱雄性不育系9801A、9802A等。

（2）*新品种选育取得一定进展* 大葱育种工作起步较晚，育成的新品种较少，目前生产上广泛应用的仍以地方名产品种为主。如章丘大葱、隆尧鸡腿葱等，都是当地农民长期混合选择自然变异的结果。

近年来，大葱新品种选育有了较快发展，相继培育出一批新品种。山东省莱州市在章丘大葱品种群体中经6代定向混合选择育成掖选1号；山东省章丘市从章丘大葱品种群体中经3代定向单株选择，然后将5个优良姊妹株系混交育成二九系；山东省农业科学院蔬菜花卉研究所分别在日本大葱、隆尧鸡腿葱、章丘大葱品种群体中经4代定向单株选择育成鲁葱1号、鲁葱3号、鲁葱4号等；河北省隆尧县将隆尧鸡腿大葱与章丘大葱杂交，然后经4代系统选择育成冀大葱1号等。

(3) *利用雄性不育系选育大葱一代杂种有了较快发展*　章丘市农业局利用雄性不育系育成了章杂1号、章杂2号等大葱一代杂种；山东省农业科学院蔬菜花卉研究所利用雄性不育系育成了鲁葱杂1号、鲁葱杂5号等一代杂种；辽宁省农业科学院蔬菜花卉研究所利用雄性不育系育成了辽葱5号、辽葱8号等一代杂种。这些品种逐步在生产上推广应用。

2. 存在问题　目前大葱育种除研究力量不足、研究手段落后外，对大葱种质资源的研究滞后，育种方法与技术有待提高，新品种选育有待突破。

(1) *大葱育种资源研究相对主要蔬菜作物滞后*　大葱育种资源不够丰富，全国保存的大葱品种资源不足200份。种质资源遗传多样性研究起步晚，育种材料的选择还存在很大的盲目性。

(2) *育种方法与技术落后于其他大宗蔬菜*　目前大葱育种仍以系统选育与常规杂交育种为主，生物技术与常规育种相结合的育种新技术有待进一步加强，优质育种、抗病育种、抗逆育种等有待拓展，四倍体诱变育种、分子标记辅助育种研究才刚刚起步。

(3) *新品种选育尚未取得重大突破*　目前生产上仍以地方优良品种为主导，新品种的推广应用规模不大，利用雄性不育系选育的大葱一代杂种在生产上所占的份额较小。选育具有优良特性、推广潜力大的新品种方面尚未获得重大突破。而且大葱育种仍以产量为主攻目标，大葱新品种在品质、抗病性、抗逆性等方面的育种需得到重视。

3. 发展趋势　大葱育种的发展趋势是：加强种质资源研究，为育种材料选择和新品种选育提供依据；加强生物技术与常规育种技术的结合，加快新品种选育进程；加强抗性与品质育种研究，提高大葱品种的抗性和品质；加快雄性不育系与一代杂种选育，尽快提高大葱一代杂种的覆盖率。

(1) *加强大葱种质资源研究，为育种材料选择和新品种选育提供依据*　大葱原产于中国，种质资源较为丰富，为了系统了解、深入认识、更好利用大葱品种资源，有必要对大葱种质资源进行深入系统研究。

(2) *加强生物技术与常规育种技术的结合，加快新品种选育进程*　生物技术的发展给园艺植物遗传育种带来了巨大的变化，分子标记技术已成为育种研究的重要组成部分。但是，要使分子标记成为育种的一种常规手段，尚有许多问题有待解决，如重要性状基因的精准定位、检测过程的自动化、饱和遗传图谱的构建等。生物技术与常规育种相结合，将有力推动大葱遗传育种学的发展。

(3) *加强抗性与品质育种研究，提高大葱品种的抗性和品质*　提高大葱抗病、抗虫、抗逆性，是大葱抗性育种的重要内容。随着人们对大葱栽培方式的改变和对品质要求的不断提高，大葱抗性和品质育种将得到加强。

(4) *加快雄性不育系与一代杂种选育，尽快提高大葱一代杂种的覆盖率*　优良雄性不育系选育是选育一代杂种、利用杂种优势的重要前提，从大葱制种田发现不育株后，通过回交或体细胞杂交、细胞器转移、细胞质基因工程等技术转育成更多的优良雄性不育系，进而培育出优势明显的一代杂种。随着大葱育种研究的不断深入，大葱一代杂种选育与利用将进一步加快，大葱一代杂种的推广覆盖率将迅速提高。

二、种质资源与品种类型

(一) 起源与分布

1. 起源　大葱起源于中国西部及相邻的中亚地区，由野生葱（*Allium altacumpall*）在中国经过长期栽培驯化和选择而来。据史料记载，《礼记·内则》(公元前1世纪)、《山海经》中有关于葱的记载。战国至汉初的论文集《管子》一书记载："齐桓公五年北伐，山戎出冬葱与戎菽，布之天下。"山戎是春秋时期北方一支较强的少数民族，分布在今河北省北部，善种冬葱，齐桓公讨伐山戎时得其冬葱移植山东。可见2600多年前，中国河北省北部大葱栽培已经比较普遍。东汉崔寔撰《四民月令》(2世纪)中有"二月别小葱，六月别大葱，七月可种大小葱；夏葱曰小，冬葱曰大"的描述。

2. 分布 大葱主要分布于中国、日本、韩国等亚洲国家，其他国家栽培很少。在中国，大葱主要分布在秦岭—淮河以北地区，山东、河南、河北、辽宁、山西、陕西等省栽培比较普遍。其中，山东栽培面积最大，单产水平和总产量最高，是中国大葱生产与供应的重要基地，著名地方品种"章丘大葱"享誉国内外。大葱分布呈现出明显的区域性，依据在地域分布上的相似性和差异性原则，大葱在中国的分布主要划分为三大区域，即华北平原种植区、东北平原种植区、西北高原种植区。

(1) 华北平原种植区 位于淮河—秦岭以北，长城以南地区，行政区域主要包括山东、河北、河南3个省和北京、天津2个直辖市。该区域常年种植大葱约22万hm^2，总产量1 000多万t，占全国大葱总产量的60%以上。大葱面积、单产水平、总产量等均居全国首位，是中国大葱的第一大主产区。

华北平原属暖温带半湿润季风气候区，光、热、水资源丰富，地势平坦，土层深厚，无霜期大于220 d，年均降水量500～800 mm。

(2) 东北平原种植区 位于长城以北中国东北部地区，行政区域主要包括辽宁、吉林、黑龙江3个省和内蒙古自治区东部。该区域常年种植大葱8万多hm^2，总产量250多万t，是中国大葱的第二大主产区。

东北平原属温带半湿润季风气候区，冬冷夏凉，冬季低温多雪，夏季气温较低，气候凉爽。全年降水量400～700 mm。地势平坦，土壤肥沃，日照充足，无霜期130～170 d。

(3) 西北高原种植区 位于中国的西北部高原地区，涵盖西北黄土高原、内蒙古高原等，行政区域主要包括山西、陕西、甘肃3个省和宁夏回族自治区、内蒙古自治区等。该区域常年种植大葱5万多hm^2，总产量150多万t，是中国大葱的第三大主产区。

西北高原属温带半干旱、干旱气候区，日照充足，年日照时数2 600～3 200 h，热量资源丰富，昼夜温差大，降水量少，年降水量小于400 mm，集中降水期在7～8月，易发生春旱，但不易造成夏涝，无霜期130～180 d。

近年来，大葱栽培规模和种植区域逐渐扩大，我国安徽、上海等南方省份栽培大葱的面积有逐渐增加的趋势。

(二) 种质资源的研究与利用

1. 种质资源的征集、保存与评价 自20世纪70年代始，中国农业科学院蔬菜研究所主持并联合全国各省级蔬菜科研单位，先后开展了全国蔬菜品种资源普查、征集、鉴定评价和保存工作，征集入库保存大葱品种230余份。在种植观察的基础上，对大葱的植物学性状、生物学特性等进行了调查记载，多数大葱品种被编入《中国蔬菜品种目录》和《中国蔬菜品种志》。

2. 种质资源的鉴定与利用 山东省农业科学院蔬菜研究所依据大葱主要经济性状之间的相关性、大葱不同类型品种的营养成分含量、大葱品种的耐热和耐寒性鉴定评价指标等对大葱品种类型进行划分。将大葱划分为棒葱、鸡腿葱、分蘖大葱3个类型。根据葱白的长短、粗细，又将棒葱分为高粗型、高细型、矮粗型、矮细型4个品种群(高莉敏等，2006)。研究认为，葱白长度与直径、葱叶粗度、绿叶数对大葱单株重的影响较大，是大葱产量构成的主要影响因子。其中，葱白直径对单株重的影响最大(高莉敏等，2005)。

营养品质测定：高莉敏等(2008)对40余个大葱品种的干物质、可溶性固形物、维生素C、可溶性蛋白质、可溶性总糖、游离氨基酸、丙酮酸、粗纤维等指标进行了系统测定和分析。结果表明：鸡腿葱的可溶性固形物、糖含量最高，干物质、丙酮酸含量较高；棒葱的粗纤维含量最少，干物质、糖、丙酮酸含量较低，游离氨基酸含量最高，蛋白质含量较高；分蘖大葱的干物质含量高，维生素 C、蛋白质含量最高，总糖含量较高，丙酮酸含量最低；日本大葱的干物质、可溶性固形物、维生素 C、可溶性蛋白质、可溶性总糖、游离氨基酸含量最低，粗纤维、丙酮酸含量最高（表 27－1）。

表 27－1　不同类型大葱的主要营养成分含量

（高莉敏、陈运起，2008）

大葱类型	干物质（%）	固形物（%）	粗纤维（%）	总糖（%）	维生素 C（mg/g）	蛋白质（mg/g）	氨基酸（mg/g）	丙酮酸（μmol/mL）
棒葱	9.38～15.65	8.0～15.8	0.65～1.1	6.39～13.78	0.11～0.31	7.98～16.17	0.2～0.54	9.86～15.64
鸡腿葱	10.73～16.79	9.1～15.0	0.72～1.18	8.64～14.82	0.09～0.28	7.31～15.08	0.26～0.5	10.96～17.79
分蘖大葱	12.28～14.48	10.0～12.0	0.90～0.92	9.89～10.74	0.18～0.29	12.01～14.77	0.1～0.37	10.7～15.05
日本大葱	9.96～10.54	9.0～9.5	0.99～1.23	7.33～8.6	0.13～0.16	6.12～10.53	0.17～0.25	14.17～15.17

干物质含量与大葱耐贮性，粗纤维含量与大葱脆度，总糖含量与大葱甜度，丙酮酸含量与大葱辛辣味等密切相关。用干物质、粗纤维、总糖和丙酮酸含量等来判定大葱的耐贮性、脆度、甜度和辣味，并以此来判定大葱的适宜用途。鲜食大葱要求质地脆嫩（粗纤维含量低）、口感甜（总糖含量高）、辣味淡（丙酮酸含量低）等；冬贮熟食大葱要求耐贮（干物质含量高）、香味浓（丙酮酸含量高）。通过对不同类型的大葱营养成分分析表明：鸡腿葱丙酮酸与糖的含量均较高，营养品质佳，适宜熟食；棒葱粗纤维含量少，游离氨基酸含量较高，生、熟食皆宜；分蘖大葱丙酮酸含量低，糖、蛋白质、维生素 C 含量高，适宜生食；日本大葱粗纤维、丙酮酸含量较高，含糖量较低，以熟食为主，同类型不同品种间营养成分含量差别较大（高莉敏等，2008）。张松（1997）对长白型、短白型、鸡腿型 3 类大葱营养成分研究认为：鸡腿型大葱可溶性固形物、干物质、可溶性糖和香辛油含量均较高，其中隆尧鸡腿葱和莱芜鸡腿葱品质尤佳；分葱含糖量较高，但香辛油含量普遍较少。短白型和长白型大葱的可溶性固形物和干物质含量较低，但各个品种的含糖量和含油量差异很大，冬灵白含糖较高，但含油较少，寿光气煞风、天津五叶齐、章丘大葱和高茎葱则含油量较高。在测试的 15 份材料中，隆尧鸡腿葱的含糖量和含油量最高，可溶性固形物和干物质含量也较高，是优质、耐贮的好品种。

大葱抗性种质的鉴定：吴小洁（1985）、刘红梅（1995）等先后对大葱病毒病的毒原特征、特性进行了研究，对部分大葱品种的抗病性进行了鉴定和评价。刘维信（1998）进行了部分大葱种质资源对紫斑病的抗性研究，筛选出一批抗紫斑病的大葱材料；梁艳荣（2008）对 65 份大葱材料苗期和成株期进行了紫斑病抗性的鉴定，其中，高抗材料 4 份，抗性材料 33 份，中抗材料 22 份，感病材料 4 份，高感材料 2 份。这些种质材料为大葱抗紫斑病新品种选育奠定了基础。殷昭平等（2008）开展了大葱品种的抗寒、耐热性鉴定与评价研究，初步明确了大葱抗寒、耐热性与植株形态特征、生理生化指标、营养物质含量等因素之间的关系。

在鉴定评价的基础上，山东、陕西、北京、天津、河北、辽宁、安徽等省、直辖市农作物品种审（认）定委员会先后认定推广的综合性状优良的地方大葱品种有：章丘大葱、赤水孤葱、北京高脚白、天津五叶齐、海洋大葱、辽宁冬灵白、凌源鳞棒葱、隆尧鸡腿葱、安徽黄岭大葱、安徽河口分蘖大葱等。

（三）种质资源类型与代表品种

1. 分类　依据假茎的大小和形状，将大葱分为长白型、短白型、鸡腿型 3 个类型；依据分蘖习性分为普通大葱和分蘖大葱；依据大葱假茎形态和分蘖习性等园艺学性状将大葱分为棒葱、鸡腿葱和分蘖大葱3种类型。

（1）棒葱　营养生长期植株不分蘖、假茎呈棒状的大葱类型。棒葱依据假茎的长短、粗细又分为高粗型、高细型、矮粗型、矮细型4个品种类群。高粗型假茎长40 cm以上、直径2.5 cm以上；高细型假茎长40 cm以上、直径2.5 cm以下；矮粗型假茎长40 cm以下、直径2.5 cm以上；矮细型假茎长40 cm以下、直径2.5 cm以下。

（2）鸡腿葱　假茎基部膨大呈球形或鸡腿状的大葱类型。假茎短，香味浓而辛辣，适宜熟食。

（3）分蘖大葱　营养生长期生长点陆续分生侧蘖的大葱类型。一般一个生长周期发生1～3次分蘖，每次分蘖一株分生成2～3株，一年可分生6～10个分株。分蘖大葱与分葱的主要区别是：分蘖大葱采用种子繁殖，一年分蘖数10个左右；分葱采用分株繁殖，一年分蘖数20个左右。

2. 主要类型的代表品种

（1）棒葱

章丘大葱：山东省章丘市地方品种，在产地称梧桐葱，是中国最著名的大葱优良品种，长白型中的典型代表品种。植株高大，株高1 m以上，最高植株可达2 m以上。假茎长，一般50～70 cm，最长可达1 m以上，直径2～3 cm。叶细长，叶色鲜绿，叶肉较薄，叶间距较大。质地细嫩，纤维少，含水分多，风味甜，微辣，适宜生食。单株重500 g左右，最重可达1 kg。生长快，丰产性好。缺点是不抗风，不耐贮存。

掖辐1号：章丘大葱经辐射诱变选育而成。生长势、抗病性强，产量高。株高130 cm以上。假茎长50～60 cm，直径4～5 cm，单株重500 g左右。质地脆嫩，味甜微辣，商品性较好。生、熟食皆宜。

寿光八叶齐：山东省寿光市地方品种，因营养生长期植株保持8个绿叶而得名。株高1 m以上。假茎长40～50 cm，直径4～5 cm。单株重400～600 g。叶管粗，叶色绿，叶面蜡粉较多。生长势、抗病性较强。风味较章丘大葱稍辣，生、熟食均优。

北京高脚白：北京市地方品种。株高80～100 cm。假茎长40～50 cm，直径3 cm左右。植株保持6～8个绿叶。单株重500～750 g。品质佳。

华县谷葱：陕西省华县农家品种，又称赤水孤葱。株高90～120 cm。假茎长50～65 cm，直径2.5～3.6 cm。单株重300 g左右。耐寒、耐旱、抗病、耐贮藏。香味浓，品质好。生、熟食皆宜。

海洋大葱：河北省抚宁县海洋镇地方品种。株高80～90 cm。假茎长40 cm以上，直径5～7 cm。营养生长期有效绿叶数6～8个，叶色深绿，叶管粗，叶肉厚，叶面蜡粉多，叶间距小，叶序整齐扇形。植株抗风，抗病，耐贮藏。单株重200～300 g。辽宁铁岭引种栽培历史较久，也称铁岭大葱。

凌源鳞棒葱：辽宁省凌源县农家品种。生长势强，株高110～130 cm。假茎长45～55 cm，直径3 cm左右。单株重250～500 g，最重可达1 kg以上。叶色浓绿。质地紧实，味甜，微辣，香味浓。抗逆性强，耐贮藏。

营口三叶齐：辽宁省营口市蔬菜研究所利用地方品种系统选育而成。株高120～140 cm，假茎长60～70 cm，直径2.0～2.6 cm，外膜紫红色。叶数3～4个，叶色深绿，叶形细长，叶面蜡质厚，叶鞘包合紧，抗倒伏。单株重300 g以上。较抗紫斑病。

毕克齐大葱：内蒙古自治区土默特左旗农家品种。株高95～115 cm。假茎长40 cm，直径2.2～2.9 cm。叶数9～11个，叶形粗管状，叶色绿。单株重150 g左右。小葱苗葱白基部有一个小红点，似胭脂红色，随着葱的生长而扩大，裹在葱白外皮，形成紫红色条纹或棕红色外皮。抗寒，抗旱，抗病。质地紧密，辛辣味浓，耐贮运。

山西鞭杆葱：山西省运城市农家品种。株高100 cm左右。叶粗管状，叶色深绿，叶面蜡粉多。假茎长40 cm以上，直径2～3 cm。单株重400 g左右。质地紧实，辣味浓，品质佳。

平度老脖子葱：山东省平度市农家品种。株高 80～90 cm，假茎长 30 cm 左右。叶数 6 个，叶形粗管状，叶色绿，叶面蜡粉中，单株重 500 g 以上，风味甜辣，香味浓。抗逆性强，产量高。

沂水大葱：山东省沂水县农家品种。株高 70 cm 左右，假茎长 25～30 cm。叶数 6 个，叶形粗管状，叶色深绿，叶面蜡粉中。单株重 500 g 以上。辣味中，香味浓。

河北深泽对叶葱：河北省深泽县农家品种，因葱叶相对生长（一般葱叶相错生长）而得名。株高 70～80 cm。叶形粗管状，叶色深绿，叶面蜡粉中。假茎长 30～35 cm。单株重 120～130 g。

宝鸡黑葱：陕西省宝鸡市农家品种。株高 80 cm，假茎长 27 cm。叶形粗管状，叶色深绿，叶面蜡粉中。单株重 300～350 g。生、熟食皆宜。

岐山石葱：陕西省岐山县农家品种。株高 100 cm，假茎长 35 cm。叶细管状，叶色深绿，叶面蜡粉少。单株重 300 g。风味辛辣，香味浓。

（2）鸡腿葱

隆尧鸡腿葱：河北省隆尧县地方品种。株高 80～100 cm。假茎长 20～25 cm，基部呈鸡腿状，直径 5.8 cm。单株重 400～500 g。叶管短粗，叶色深绿，叶面蜡粉较少。葱白洁白，品质优。

莱芜鸡腿葱：山东省莱芜市农家品种。株高 100 cm，假茎长 20～25 cm。叶数 5 个，叶粗管状，叶色绿，叶面蜡粉中。葱白淡绿色。单株重 150～200 g。风味辛辣，香味浓，适宜熟食。

汉沽独根葱：天津市汉沽区农家品种。株高 60 cm 左右。假茎长 25～30 cm，基部膨大，直径 4.5 cm，向上渐细，且稍有弯曲，形似鸡腿。叶数 8～9 个，叶中管状，叶色深绿，叶面蜡粉多。单株重 150 g 左右。肉质细密，辛辣味浓，品质佳。抗病，耐贮藏。

银川大头葱：宁夏银川市农家品种。株高 100 cm。假茎长 20 cm，呈鸡腿形，浅绿色。叶中管状，深绿色，叶面蜡粉少。单株重 350 g 左右。风味辛辣，香味浓。

浑江小火葱：吉林省白山市农家品种。株高 70～80 cm。假茎长 18～20 cm，鸡腿状。叶细管状，绿色，叶面蜡粉多。葱白紫红色。单株重 100～150 g。风味辛辣，香味浓，适宜熟食。

（3）分蘖大葱

青岛分蘖大葱：青岛市农家品种。株高 50～60 cm。单株重 30～50 g。叶形细管状，叶色绿，叶面蜡粉少。风味较辣，香味浓，生、熟食皆宜。多采用平畦作密植栽培，分蘖性较强，主要用于春夏季青葱栽培。

临泉黄岭大葱：也称临泉大葱，安徽省临泉县农家品种，是安徽省有名的特产品种。株高 100 cm 左右。假茎长 40 cm 左右，直径 1～3 cm。一般有 4 个分蘖。叶形粗管状，叶色翠绿，叶面蜡粉少。葱白肥嫩洁白，风味甜辣适中，香味浓，品质优良。耐寒、耐旱，适应性强，适宜加工葱油、葱精等产品。

包头四六枝大葱：内蒙古自治区包头市农家品种，因一般有 4～6 个分蘖而得名。株高 60～70 cm，单株重 200 g 左右。叶形细管状，浅绿色，蜡粉多。葱白扁圆形，洁白色。

三、生物学特性与主要性状遗传

（一）生物学特性

1. 植物学特征

（1）根　大葱的根系为弦线状须根，着生于短缩茎的茎节部，随着大葱新叶的发生和短缩茎盘增大，新根由内而外、由下而上成轮发生，随着新根的不断发生，老根陆续死亡。一株大葱在营养生长阶段发生 50～100 条根，根长 30～45 cm，根群主要分布在 30 cm 以内的表土层。大葱根系的再生能力较弱，当已发生的根系被切断后，断裂后的根系不能发生侧根。大葱根系好气怕涝，有向气性，喜欢向土壤透气性较高的部位伸展，若土壤湿度过大，特别是高温高湿，根系因供氧不足而坏死。当深栽高培土时，大葱的根系有往上长的现象，俗称返根。

（2）茎　大葱的茎为变态短缩茎，也就是茎盘。葱白是多层叶鞘包合而成的假茎。

（3）叶　大葱的叶为长圆筒形，中空，先端尖，翠绿或深绿色，表皮光滑有蜡质层。大葱叶由茎盘生长锥的两侧互生，叶片成扇形排列，整齐地分布在近一个平面上。葱叶的分化有一定的顺序性，内叶的分化和生长以外叶为基础，随着新叶的不断出现，老叶不断干枯，外层叶鞘逐渐干缩成膜状。一片葱叶从开始长出叶鞘到叶身衰老枯死需要经过 40～50 d。一株大葱同时保持绿色功能叶 4～8 枚，大葱一生最多发生的叶片数在 30 片以上。

（4）薹、花、果实、种子　大葱植株通过春化阶段后，茎盘生长点分化花芽，抽生花薹。花薹中空，下粗上细，顶端着生伞状花序，有膜状总苞。总苞开裂后露出花蕾，花蕾开放成花。大葱花呈淡黄色，有花瓣 6 片，雄蕊 6 枚，雌蕊 1 枚，有蜜腺，为虫媒花。果实为蒴果，3 心室，每室可生 2 粒种子。种子黑色，盾形，种皮有皱纹，千粒重 2.4～3.4 g，常温下种子寿命 1～2 年，使用年限 1 年，若采取低温干燥储存，葱种寿命也可延长到 10 年以上。

2. 开花授粉习性　大葱以绿体通过春化。当植株达到 3 叶期以上，在 0～7 ℃低温条件下，经过 14 d 左右可通过春化，顶芽转变成花芽。在 10 ℃以上和长日照条件下，短缩茎伸长、抽薹。独股大葱一株抽生 1～2 个花薹（双蘖对生独股大葱可抽生 2 个花薹），花薹顶部着生 1 个伞形花序，总苞开裂后形成花球。一个花球着生 200～600 朵小花，一般 350 朵左右。从花序出现到开花需 20～25 d。一个花球可连续开花 15～25 d，盛花期在初花后 5 d 左右出现，单球盛花期 1 周左右，此期适合进行人工授粉。单花开放时间 3～4 d（从花药露出花被到花丝凋萎），从第一朵花开放到花球种子成熟需 40 d 左右。

大葱为雌、雄同花，异花授粉，虫媒花。主要传粉媒介为蜜蜂。每朵花平均结籽数 2～3 粒（结籽率为 30%～50%），每个花球可采种子 300～500 粒。大葱同花自交结实率低（33%左右），同株异花自交可显著提高自交结实率。

3. 生长发育特性　大葱完成一个生长周期，需要经过营养生长和生殖生长两个阶段、7 个生长发育时期，即发芽期、幼苗期、葱白形成期、返青期、抽薹期、开花期、结籽期。

（1）发芽期　从播种到第 1 片真叶出土伸直为发芽期。在适宜条件下，历时 7～10 d。需 7 ℃以上有效积温 140 ℃。最适温度 20 ℃左右。

（2）幼苗期　从第 1 片真叶出现到定植为幼苗期。秋季播种育苗，到翌年夏季定植，幼苗期长达 8～9 个月。为便于管理，可将幼苗期再划分为幼苗前期、休眠期和幼苗生长盛期。幼苗前期从第 1 片真叶出现到越冬，需 40～50 d。休眠期从越冬到翌年春返青，休眠期长短因地区而异。从返青到定植为幼苗生长盛期，历时 80～100 d。此期生长适温 17～15 ℃。

（3）葱白形成期　从定植到大葱冬前停止生长为葱白形成期，历时 120～140 d。植株生长适温 20～25 ℃，在此温度下叶身和全株重增加最快，13～20 ℃最适于假茎膨大。当平均气温降到 4～5 ℃时，叶身生长趋于停滞，但叶身中已形成的有机物质仍向葱白中转移，葱白生长速度减慢，大葱进入收获期。

（4）返青期　翌年春季气温达到 5 ℃以上时，植株开始返青生长到花薹露出叶鞘为返青期。返青期植株不再分化新叶，但确保已分化的叶鞘包裹着小叶茁壮发育，为大葱生殖生长奠定营养基础尤为重要。返青历时 30 d 左右。

（5）抽薹期　从花苞露出叶鞘到始花为抽薹。此期的生长重点是花薹和花器官的发育。此期应控制浇水、追肥，避免花薹旺长，若肥水控制不当引起花薹旺长后，花薹高而细，抗风性差，后期易倒伏和折断。花薹粗矮健壮，有利于提高葱种产量。

（6）开花期　从花序始花到谢花为开花期。开花期的长短与种株大小和开花期温度高低有关。种株大，花球大、花数多、花期长。温度高，开花进程快，花期短。花期适温为 16～20 ℃。此期要尽可能使其充分授粉，提高结实率和结籽率。

（7）结籽期　从花球谢花到种子采收为结籽期，需 20～30 d。此期是提高葱种千粒重的关键时期。在管理上要加强病虫害的防治，尽量保护和延长功能叶寿命，提高种子饱满度和千粒重，提高葱种产量和质量。

4. 对环境条件的要求

（1）温度　大葱属耐寒性蔬菜，但对温度要求不严格，既耐寒也抗热，在凉爽的气候条件下生长发育较好。种子发芽最适温度 15～25 ℃，低于 4 ℃不发芽，高于 25 ℃发芽受影响，33 ℃以上不发芽。植株生长适宜温度 20～25 ℃。植株地上部可忍受－10 ℃的低温，在－30 ℃的严寒地区也可露地越冬。

大葱属于绿体春化型，当植株叶片达到 3 个以上时，在 0～7 ℃的低温条件下，经过半个月以上的时间，幼苗生长点就会转化为花芽，植株通过春化阶段（周长久，1996）。

（2）光照　大葱是长光性、较弱光型作物。在长日照条件下抽薹、开花，日照时数在 12～14 h 及以上时有利于抽薹开花。大葱对光照的要求较弱，光饱和点较低，在较弱光照条件下生长良好。光照不足，光合强度下降，影响营养物质的合成与积累，叶片易黄化，植株生长细弱。光照过强，会加速叶身老化，叶片纤维增多，产品质量降低。假茎生长需要黑暗的环境，在不见光的条件下，葱白充实、洁白、脆嫩。

（3）水分　大葱叶片水分蒸腾少，根系吸水能力弱，消耗水分较少。大葱的耐旱力很强，耐湿性较差。不耐涝，夏季高温多雨季节，雨后积水要及时排除，否则，易引起“化葱”现象。

（4）矿质营养　大葱喜肥，每生长 1 000 kg 鲜葱，需从土壤中吸收氮（N）2.7 kg、磷（P_2O_5）0.5 kg、钾（K_2O）3.3 kg，氮、磷、钾三要素的比例为：N∶P_2O_5∶K_2O＝5.4∶1∶6.6。另外，钙、镁、锰、硼、硅等对大葱生长也有一定作用。董飞等（2014）研究表明，纯钙、镁、硫、硅施用量为 135、45、225、180 kg/hm^2 时，能显著提高大葱产量。

（5）土壤　大葱对土壤条件的适应性较广，沙土、壤土、黏土均可生长。沙土生长的大葱，葱白粗糙松软，纤维多，不脆嫩，不耐贮存，辛辣味重。黏土生长的大葱，葱白紧实细嫩，纤维少，质地脆，但葱白细长，产量较低。土质疏松、土层深厚、透气性好、保肥保水性强的壤土栽培以葱白为主要产品的大葱效果最佳。

大葱要求中性土壤，适宜大葱生长的 pH5.7～7.4，最适 pH7.0～7.4。土壤 pH 低于 6.5 或高于 8.5，有明显抑制作用，pH 低于 4.5，大葱无法生长。

（二）主要性状遗传

1. 抗病、抗逆性遗传　大葱病毒病的病原为黄条病毒（Welsh - onion yellow stripe virus，WoYSV）。对不同类型的葱种质材料进行病毒病人工接种鉴定及田间病情调查，未发现对葱病毒病免疫的品种（系）。不同品种之间、同一品种（系）个体间抗性差异较大。叶色浓绿、叶面蜡粉厚的品种抗病毒性强；叶内蛋氨酸含量与抗性的相关性极显著。

2. 雄性不育性遗传　大葱雄性不育是受胞质与核基因互作控制，雄性不育系与保持系分别由两对基因 $S(ms_1ms_1ms_2ms_2)$ 和 N（$ms_1ms_1ms_2ms_2$）支配，雄性不育性可用于大葱杂交育种（Moue 和 Uehara，1985）。后来，研究人员发现这种遗传模式不能完全解释育种中出现的问题，提出了“胞质-多对核基因的数量效应”的假说（张启沛等，1992）。

四、育种目标

育种目标一般可细分为产量、品质、成熟期、对病虫害的耐受性、对环境胁迫的耐受性、对栽培环境的适应性、对加工的适应性等目标性状。

（1）*产量* 即高产育种。大葱的丰产性与葱白粗度、植株高度、绿色叶片数密切相关，高产育种应选择葱白粗、植株高、绿色叶片数多的材料。

（2）*品质* 即优质育种，品质包括营养品质与商品品质。营养品质是营养成分含量的高低，商品品质是商品性状的优劣。优质育种应选择营养成分含量高、商品性状优的材料。

（3）*成熟期* 即熟性育种。分早熟、中熟、晚熟品种选育。熟性育种应根据当地的生态条件、栽培方式选择相应的材料。

（4）*对病虫害的耐受性* 即抗病虫育种，选育抗或耐一种或多种病虫害的新品种。抗病虫育种应首先筛选抗育种目标病虫害的材料，利用抗性材料选育抗病虫新品种。

（5）*对环境胁迫的耐受性* 即耐逆境育种，选育耐热、耐寒、耐盐、耐旱等耐逆境条件的新品种。

（6）*对栽培环境的适应性* 即适应不同栽培条件下的专用品种选育。依据不同栽培方式的环境条件选育相应的品种，如设施栽培专用新品种选育等。

（7）*对加工的适应性* 即加工专用品种选育。选育适应不同加工产品性状要求的新品种。

以上育种目标可概括为品质育种、高产育种和抗性育种三个方面。

（一）品质育种

大葱品质性状包括商品品质、营养品质和风味品质 3 个方面。大葱品质育种目标因用途不同而异。

1. 商品品质 商品品质是指大葱的商品性状，主要包括大葱的株高、葱白长、葱白直径、葱白紧实度、葱白色泽、葱白重比率（葱白重占全株重的百分率）、分蘖数、叶色等。以葱白为主要食用器官的棒葱、鸡腿葱，葱白重比率要高（50%以上），不分蘖，植株高大，葱白既长又粗（鸡腿葱基部膨大明显），葱白紧实洁白等；分蘖大葱主要食用嫩叶，叶片要翠绿、细长，分蘖数、每个分蘖大小要适中（以 8～10 个分蘖、每个分蘖重 20～25 g 为宜），葱白重比率小于 50%。

2. 营养品质 营养品质是指大葱的营养成分含量，主要包括干物质、可溶性固形物、粗纤维、维生素 C、糖、蛋白质、氨基酸、丙酮酸含量等。鲜食大葱粗纤维、丙酮酸含量应低，糖、维生素 C、蛋白质、氨基酸含量应高，脆甜可口；熟食大葱干物质、可溶性固形物、丙酮酸含量应高，香味浓郁；用于葱油加工的大葱首先应考虑丙酮酸的含量，丙酮酸含量越高，出油率越高。

3. 风味品质 风味品质是指口感品质，主要包括香甜、脆嫩等。大葱的脆嫩与粗纤维含量高低有关，粗纤维含量低大葱脆嫩。大葱的辛辣味程度与糖和丙酮酸含量的比值有关，糖与丙酮酸含量的比值大，大葱甜；比值小，大葱香辣。

大葱优质品种选育，首先应鉴定筛选品质优良的育种材料和品种，然后再进行选择和选配，从中选育出优质的大葱新品种。大葱营养品质性状多为数量性状，应选择营养成分含量较高的材料或品种进行育种，才能育成优质品种。

（二）高产育种

大葱单位面积产量由单位面积株数、平均单株重和净菜率等因素决定。大葱单位面积株数主要与栽培密度有关，受株型影响较小。因此，大葱丰产性主要受株重和净菜率的影响。

1. 株重 株重是指单株的重量。单株重由葱叶重和葱白重构成。葱叶重由葱叶数和平均单叶重决定；葱白重由葱白长、葱白直径和葱白紧实度决定。丰产大葱植株叶数多，平均单叶重大，葱白长、粗、紧实。山东省农业科学院蔬菜研究所研究表明：大葱株高、葱白长、葱白直径、叶长、叶粗、绿叶数等性状均与单株重呈极显著正相关。其中，葱白直径对大葱单株重贡献率最大，其次是绿叶数、叶粗、葱白长。因此，选育粗葱白的大葱容易获得高产。

分蘖大葱单株重由分蘖数和平均单蘖重决定。因此，较多分蘖数和较大单蘖重是分蘖大葱高产育种的目标。

2. 净菜率　净菜率是指大葱葱白占全株重的百分比。在单株产量一定的情况下，提高净菜率就增加了葱白的产量，独股大葱的净菜率在60%以上。

大葱高产品种选育，首先要了解大葱的产量构成和影响产量构成的主要因素，确定大葱高产育种的主要目标和选育评价标准，收集筛选高产育种材料。掌握大葱高产性状的遗传规律，选配育种材料，制定选育方案。实践证明，葱白直径大与葱白高的品种组合，容易选出高产品种。大葱高产品种的植株典型形态是：葱白直径大、叶数多而粗、葱白长、植株高等。

（三）抗性育种

大葱抗性育种主要是抗病和抗逆性育种。大葱病害主要有病毒病、紫斑病、霜霉病和锈病。生产上要求高抗病毒病兼抗其他病害的品种。抗逆育种主要是培育耐热、耐寒、抗风、耐抽薹的品种。夏季栽培的大葱要求耐热；春季栽培的大葱要求耐寒、晚抽薹；刮风较多的地区栽培的大葱要求抗风性强，在风季不易倒伏。

1. 抗病性品种选育　首先要掌握主要病害的鉴定方法，从大量育种材料中筛选出抗源材料。其次，要了解主要病害的抗性遗传规律，有效选配亲本。实践证明，在抗病育种时，最好双亲都具有较强的抗病性。在选育抗病性的同时，要兼顾农艺、经济等其他性状。

2. 耐热、耐寒性品种选育　首先要掌握大葱耐热、耐寒性的鉴定方法，从大量育种材料中筛选出耐热或耐寒性材料。其次，要了解大葱耐热、耐寒性的遗传规律，有效选择亲本和配制杂交组合。实践证明，葱叶颜色深、蜡粉厚的品种耐热、耐寒性强。

3. 抗倒伏、耐抽薹品种选育　大葱葱白粗、叶缩口平而紧、叶间距小、管状叶粗短、叶肉厚、叶色深、叶面蜡粉厚的品种抗倒伏。叶色深、叶面蜡粉厚、晚熟的品种抽薹迟。据观察，日本的大葱品种抽薹迟。其中，日本春味品种比章丘大葱晚抽薹1个月左右。

五、育种途径

（一）选择育种与有性杂交育种

1. 选择育种　大葱选择育种主要采用混合选择、单株选择、混合与单株选择相结合的方法。

（1）混合选择育种　在大葱生产田中选出多个优良单株进行混合繁种和采种，经过多代混合选择和比较鉴定，育成新品种。优点是方法简便，缺点是选择效果差。该方法主要用于品种的提纯复壮。

（2）单株选择育种　在大葱生产田或育种材料圃中选择优良单株，然后单株隔离采种，每个单株采收的种子作为1个株系分别种植，进行株系鉴定和入选株系内单株选择，经过3～4代单株选择，主要性状稳定后，混合采种，育成新品种。如291系品种就是经过3代单株选择育成。单株选择选择效果好，能根据后代的性状表现鉴定当选植株的遗传性是否稳定。但是，大葱单株自交衰退比较明显，经多代自交后，生长势弱，采种量少，给单株选择育种增加了困难。

（3）混合与单株选择相结合育种　为了克服混合选择育种与单株选择育种各自的不足，可将两种方法结合起来应用，先进行多株系单株选择，然后将性状相似的多个单株自交系混交采种复壮，既保持了单株选择的效果，又避免了连续单株选择自交衰退的问题。如鲁大葱系列品种就是采用混-单-混的选择方法育成。先选择优良单株，混合采种优化育种的遗传基础，再单株多代选择提高选择效果，最后将性状相近的多个株系混合复壮，育成新品种。

2. 有性杂交育种　先进行品种间杂交，再进行自交分离和系统选育，最后育成定型新品种。育种程序为：

（1）亲本选择与杂交　首先根据育种目标，依据选育性状的遗传规律，按照性状互补的原则，选择杂交育种的父、母本。一般用当地优良品种做母本，以外引优良品种做父本。其次，在确定的品种群体中选择单株，单株要分阶段（不同生长阶段多次选择）多性状（兼顾多个性状）综合选择。将入选单株组合杂交，分组合采种。

（2）自交分离　对杂交组合进行比较鉴定，淘汰不良组合。在优良组合中选择优良单株进行单株自交采种。

（3）分离后代的系统选育　对单株自交种进行比较鉴定，淘汰不良株系，在优良株系中选择优良单株，进行单株自交采种。连续自交、选择4～5代后，对优良株系进行混合采种，形成品系。

（4）品系比较试验　进行品系比较试验，入选优良品系混合采种，育成定型新品种。

（二）优势育种

1. 大葱杂种优势　主要表现为产量和品质性状的杂种优势。

（1）产量性状杂种优势　大葱在产量、抗性、整齐性等方面表现出杂种优势。其中，葱白粗度、叶绿素含量等杂种优势较明显。

（2）品质性状杂种优势　干物质含量显性效应比加性效应重要，广义和狭义遗传力都较高，干物质含量杂种优势表现较为广泛，早期世代选择效果较好。可溶性固形物和可溶性糖含量加性效应比显性效应重要，广义和狭义遗传力都较高，可溶性固形物与可溶性糖含量表现较强正向杂种优势，早期世代选择效果较好。游离氨基酸、蛋白质和香辛油含量表现负向杂种优势，游离氨基酸和香辛油含量显性效应比较重要，广义遗传力和狭义遗传力都较低，早期世代选择效果小，以系统选择为好。可溶性蛋白显性效应比较重要，狭义遗传力低而广义遗传力高，非加性基因在总基因方差中所占比重较大，其后代稳定性差，在早期选择效果不大（杨明凯等，2012）。

杂种优势的利用途径一般是先育成高纯度、综合性状优良的雄性不育系和自交系，将雄性不育系与自交系杂交，通过杂交组合配合力测定，从中筛选出优良杂交组合，育成杂交一代新品种。

2. 雄性不育系选育　大葱自然不育株率较高，雄性不育系选育多利用自然不育株经过多代回交育成。以山东省农业科学院蔬菜研究所育成的大葱雄性不育系9802A（图27-1）为例介绍如下。

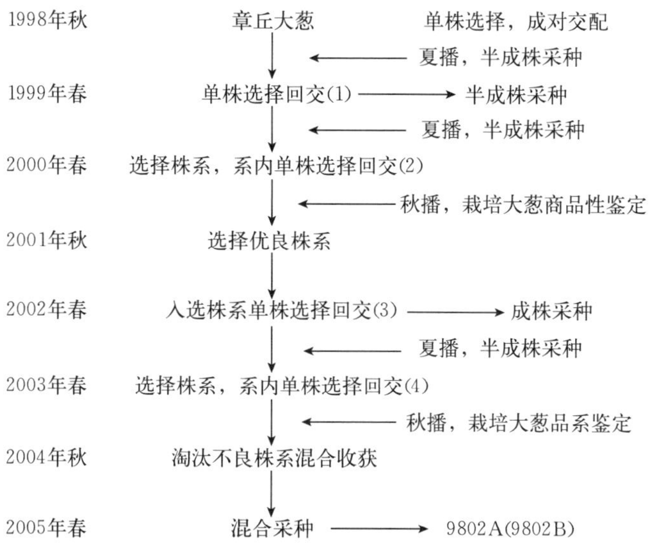

图27-1　不育系9802A选育过程
（山东省农业科学院蔬菜花卉研究所）

不育株选择与选配：1998年春季，在经提纯复壮后的大葱采种田选择雄性不育株与性状优良的可育株，开花前用硫酸纸袋成对（不育株与可育株配对）套住花球隔离授粉采种。当年选择不育株和可育株各100株，配制100对组合。

多代回交选育：1998年夏季播种育苗，1999年春季大拱棚隔离半成株采种。淘汰不育株率低于60%的成对组合，在入选组合中选择主要经济性状优良的不育株和可育株成对授粉，成对分株采种。1999年秋季将成对的不育株和可育株种子分别播种育苗，2000年夏季定植栽培大葱，进行大葱商品性状鉴定、选择，淘汰商品性状不良的成对组合，从入选组合中选择商品性状优良的单株，成对定植于温室内成株采种。2001 年进入开花期淘汰不育株率低于 80%的组合，在入选组合中选择性状优良的不育株和可育株成对杂交，成对分株采种，夏季播种育苗。2002 年春季半成株采种，淘汰不育株率低于 95%的组合，在入选组合中选择性状优良的不育株和可育株成对杂交，成对分株采种，秋季播种育苗。2003 年栽培大葱进行商品性状鉴定，淘汰商品性状不良的组合，从入选组合中选择商品性状优良的单株成对定植于温室内进行成株采种。2004 年春季选择主性状优良、群体整齐一致、不育株率达到 100%的组合，株系成对杂交，分株系混合采种，夏季分株系成对播种育苗。2005 年春季分株系混合采种，从不育株系采收的种子为雄性不育系，编号为 9802A，从可育株系上采收的种子为保持系，编号为 9802B。

3. 自交系选育　自交系经多代单株自交与单株选择而成。首先在优良大葱群体中选择优良单株，然后进行 4～5 代单株自交与单株选择。最后对入选株系混合采种育成自交系。

4. 杂交组合与配合力测定　用不育系做母本，自交系做父本，轮回配组杂交组合。用经济性状最优良的不育系和自交系配制的杂交组合，其 F_1 的经济性状不一定是最好的，这是由于亲本配合力的差异造成。因此，配合力测定是优势育种中不可缺少的重要环节。可根据测定的配合力高低选配亲本。一般配合力和特殊配合力都高时，杂交优势最强。

（三）倍性育种

首先是多倍体诱导与鉴定，其次是多倍体植株的繁殖，最后是多倍体选育与利用。

山东省农业科学院蔬菜研究所宗红（2006）、董飞（2011）先后采取先培养后诱变和先诱变后培养两种方法进行大葱多倍体诱导，均获得了多倍体再生植株。

1. 先培养，后诱变　先愈伤组织培养，后多倍体诱变。以成熟胚为外植体培养大葱愈伤组织，然后用秋水仙碱处理大葱愈伤组织诱导多倍体细胞，经细胞染色体鉴定，将多倍体愈伤组织转入分化培养基中培养，获得多倍体再生植株。具体方法是：

（1）*愈伤组织培养*　用自来水将大葱种子冲洗 10 min，在无菌室超净工作台上用 75%酒精漂洗 30～60 s，转至 0.1%的升汞中消毒 8～10 min，最后用无菌水冲洗 3～4 遍，在无菌状态下催芽，至芽长到 1 cm 左右时，置于 MS+2,4 - D 2.0 mg/L+BA1.0 mg/L 的无菌培养基中，在温度为（25±1)℃的黑暗条件下培养 30 d 形成愈伤组织。

（2）*用秋水仙碱处理愈伤组织诱导多倍体细胞*　将浓度为 0.08%的秋水仙碱加入愈伤组织培养基中处理 4 d 后，进行细胞染色体鉴定，即可获得多倍体愈伤组织。

（3）*多倍体愈伤组织分化培养得到多倍体再生植株*　把多倍体愈伤组织转入芽诱导培养基 MS+BA 1.5 mg/L 中培养 30 d 左右可分化出不定芽。提高芽诱导培养基的蔗糖浓度（60 g/L）可减缓多倍体愈伤组织褐化现象的发生，提高芽分化率。再将分化的不定芽置于 MS 培养基培养 30 d 左右诱导生根。通过根尖染色体鉴定，然后经过驯化移栽，最终得到多倍体再生植株。

2. 先诱变，后培养　先多倍体诱变，再诱变体愈伤组织培养。利用秋水仙碱对成熟胚外植体进行诱变处理，经细胞染色体鉴定，将诱变体进行愈伤组织培养，获得多倍体再生植株。具体方法是：

（1）*秋水仙碱处理*　用 0.8%秋水仙碱处理大葱种子 48 h。将大葱种子在秋水仙碱中浸泡处理后，置于超净工作台上用 75%酒精浸泡 0.5～1.0 min，转入有效浓度 2%（体积分数）的次氯酸钠中消毒 40 min，最后用无菌水冲洗 3～5 遍。将灭过菌的种子接种到 MS 培养基上，在光照强度 30 μmol/(m^2 · s)、光周期 16 h/d、温度（25±1)℃的条件下培养，获得诱变体。

（2）*去“玻璃化”培养*　由于秋水仙碱的毒害作用，使得经秋水仙碱浸泡诱导得到的多倍体植株存在严重的“玻璃化”现象，移栽后不能成活。将“玻璃化”幼苗的畸形根和黑色子叶切去，取绿色胚轴作外植体，将外植体接种在 MS+6 - BA 1.5 mg/L 培养基上诱导不定芽；在 MS 培养基上诱导生根，获得正常生长的多倍体植株。

谢芝馨（2004）用秋水仙碱处理大葱愈伤组织时发现，多数愈伤组织由于秋水仙碱的毒害作用褐化死亡，最终得到畸形的变异材料，很难生根。宗红等（2006）利用0.2%的秋水仙碱处理经组织培养所获的愈伤组织，诱导出大葱多倍体细胞，但由于秋水仙碱的毒害作用，愈伤组织褐化现象极其严重，不定芽分化受阻，只得到2种嵌合多倍体植株。董飞等（2011）以章丘大葱种子为外植体，用0.8%秋水仙素处理48 h诱变大葱多倍体，诱变植株存在明显“玻璃化”现象，生根困难，移栽后不能成活。通过组织培养去“玻璃化”，获得正常生长的四倍体植株。经镜检四倍体植株的细胞染色体数 $2n=4x=32$，植株多倍体形态特征明显，植株生长健壮，叶色浓绿，叶面气孔变大，气孔密度降低；株高、葱白长度等与二倍体植株相比极显著增加。到目前为止，尚未获得大葱多倍体植株和构建大葱多倍体植株再生体系的成熟技术。

大葱多倍体植株快速繁殖与利用技术研究才刚刚起步，还有许多问题尚未解决，如不同倍数细胞相互嵌合的分离技术等还有待进一步研究。

（四）组织培养

宗红等（2006）以大葱成熟胚为外植体，研究植物生长调节剂浓度及配比对愈伤组织和不定芽诱导的影响。结果表明：诱导产生愈伤组织的最佳培养基及植物生长调节剂配比为MS+2,4-D 2.0 mg/L+BA1.0 mg/L；不定芽的诱导以MS+BA 1.5 mg/L效果最好。不定芽在MS培养基上可正常生根，发育成完整植株。张松等（1994，1995）利用大葱花蕾作外植体，宗红等（2006）利用大葱成熟种胚作外植体，在MS添加各种植物生长调节剂的培养基上，先后培养成功大葱再生植株，并建立了组培技术体系。

（五）分子标记辅助选择

为加快大葱雄性不育系选育进程，盖树鹏等（2004）、高莉敏等（2013、2015）利用RAPD标记或SCAR标记初步建立了大葱不育系、保持系分子标记辅助选择的技术体系。能实现苗期育性初步选择，因而可以减少雄性不育系及保持系选育的工作量。

六、良种繁育

（一）常规品种繁育

1. 繁育方式 大葱为2～3年生种子繁殖作物。依据繁种时所采用的种株大小、繁种周期长短和栽培方式等的不同，分为成株繁种、半成株繁种和懒葱繁种等。

（1）成株繁种 成株繁种是大葱传统采种方法，用商品大葱作种株繁殖种子。种株培养与冬葱栽培一致，大葱收刨后，按品种特征选择种株定植采种。成株繁种的优点是种株经过商品大葱生长阶段，能进行大葱商品性状选择，有利于保持和提高大葱的优良商品性状。缺点是繁种周期太长，一个生长周期需15～20个月；繁种所需种株成本太高，生产1 kg葱种需栽植成株种株300株左右。

（2）半成株繁种 夏季（6月至7月中旬）播种育苗，秋季（9月下旬至10月上旬）栽植，第2年夏季（5月下旬至6月上旬）采收种子。从播种到种子采收需11个月左右。半成株繁种的优点是采种周期短，定植时种株较小，繁种成本低，生产1 kg葱种需栽植种株600株左右，种株易密植栽培，有利于提高单位面积产种量。缺点是种株没有经过商品大葱生长阶段，不能对大葱的商品性状进行有效选择，若连续采用半成株繁种，容易造成种性退化。

（3）懒葱繁种 大葱田原地留种。按种株大小、繁种周期长短应归为成株繁种。懒葱繁种种株经过商品大葱生长阶段，但不收刨，无法进行种株商品性状选择，长期连续繁殖易导致品种种性退化。有的葱农把生长好的大葱收刨卖商品大葱，把生长不好、商品质量不高的大葱就地越冬采种，使品种负向选择，反而加速了品种的退化速度。

2. 繁育体系　依据不同繁种方法的优缺点，在试验研究的基础上，山东省农业科学院蔬菜研究所提出了“成株与半成株相结合的二级繁种体系”(图 27－2)。即用成株繁殖原种，再用成株繁殖的纯正原种培育半成株种株，用半成株繁殖生产用种。成株繁殖原种能保持和复壮大葱品种的优良种性，半成株繁殖生产用种能缩短繁种周期、降低制种成本、提高制种量，既能保证大葱品种种性不退化，又能节支增效，已被广泛推广应用。

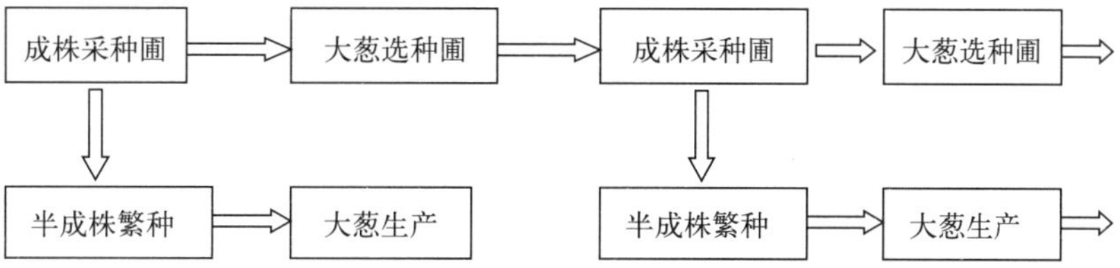

图 27－2　成株、半成株二级繁种体系示意

(陈运起，2007)

3. 采种技术

(1) 成株采种

严格挑选大葱种株：秋冬季大葱收获时，严格挑选具备本品种典型特征特性、植株生长健壮、无病虫为害、无损伤的大葱植株作种株。

严格隔离措施：大葱属异花授粉作物，虫媒花。在繁种时要保持一定的安全间隔距离，自然地理隔离应在 2 000 m 以上；网室隔离，网纱的网目应在 30 目以上。

人工辅助授粉：当传粉昆虫少，授粉不足时，要及时进行人工辅助授粉。用鸡毛禅子轻扫花球，每 3～4 d 进行 1 次，一般需进行 4～5 次。授粉时间为晴天上午 8 时 30 分钟至下午 4 时，中午气温偏高可暂停 2 h。

适时采收成熟种球：大葱种球成熟后，种子容易脱落，要适时采收。大葱种球成熟期不一致，要分批、分次采收。

(2) 半成株采种

严把原种关：用于半成株采种的原种，来自成株采种，且种性纯正。

培育大苗：半成株采种的产量与种株营养体大小有关，营养体越大产量越高。因此，新种子收获后应尽早播种育苗，培育大苗，定植时种株达 20 g 以上。

适时采收：当大葱种子开始成熟时，要及时分次采收，防止因种子采收不及时而造成田间落粒。

(二) 一代杂种 (F_1) 繁育

利用雄性不育系作母本，自交系做父本，配制一代杂种。因此，大葱一代杂种繁育，首先要繁殖雄性不育系和自交系，然后再生产一代杂种。

1. 一代杂种制种体系　大葱一代杂种制种，要经过两个阶段，需要 3 个亲本系。两个阶段即亲本繁殖和一代杂种制种。3 个亲本系即不育系、保持系和自交系。不育系是雄性败育的不育株系（雌蕊发育正常），在杂种制种时作母本；保持系是正常的可育系，可保持不育系后代的不育性，用于繁殖雄性不育系；自交系即多代自交纯合的可育株系，生产一代杂种的父本。

(1) 亲本繁育　即不育系、保持系、自交系三系繁育。要在严格隔离条件下进行，最好采用设施隔离，若自然隔离间隔距离应在 2 000 m 以上。不育系与保持系杂交继续繁殖不育系和保持系，从不育系植株上采收的种子仍为不育系，从保持系植株上采收的种子仍为保持系；自交系繁育最好采取单独隔离采种。大葱三系制种体系见图 27－3。

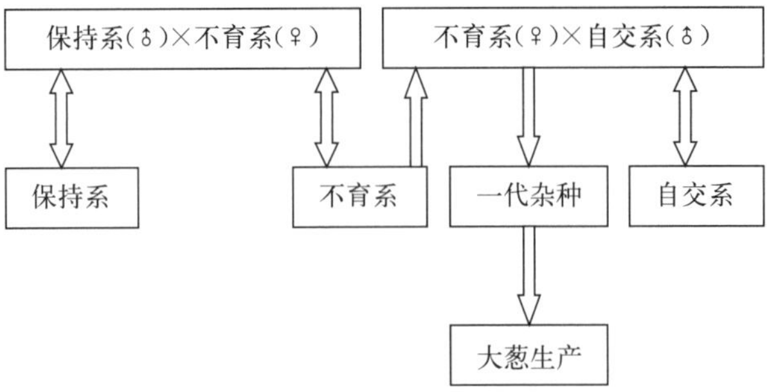

图 27-3 大葱三系制种体系示意
（陈运起，2007）

（2）一代杂种制种 在严格隔离条件下进行，自然隔离间隔距离 1 000 m 以上。不育系与自交系杂交，从不育系植株上采收的种子为一代杂种，用于大葱生产；从自交系植株上采收的种子仍为自交系。但是，由于不育系的不育率达不到 100%，不育系中有粉植株会影响自交系的纯度，因此，在杂种制种时，从自交系植株上采收的种子一般不再作自交系使用，用于杂种制种的自交系需要单独隔离繁殖。

2. 雄性不育系繁殖 大葱雄性不育系的繁殖是由保持系完成的。因此，大葱雄性不育系的繁殖需要有两个亲本，即不育系和保持系。

（1）育苗 成株采种秋季或春季育苗均可。不育系和保持系在育苗时必须分开播种，避免机械混杂，二者用种量（或播种面积）的比例应在 2∶1 左右。

（2）定植 定植时间一般在 6 月中旬至 7 月上旬（山东）。不育系和保持系的定植行比为 2∶1，定植后的田间管理同常规种采种田。

（3）隔离 必须进行严格隔离，防止外来花粉污染。自然空间隔离应在 2 000 m 以上；网室隔离网纱的网目应在 30 目以上。

（4）严格去杂除劣 去杂除劣是保持亲本种性的重要措施之一，必须严格去杂除劣，及时彻底拔除不育系的有粉株和保持系的无粉株。

（5）人工授粉 网室采种，网室内没有传粉媒介，必须进行细致的人工授粉。

（6）分别采种、严防混杂 采收时，不育系和保持系必须分别收获种球、单独存放后熟、单独脱粒、单独贮藏，做好标记，严防机械混杂。在不育系上收到的种子仍然是不育系，在保持系上收到的种子仍然是保持系。

3. 一代杂种制种

（1）播种育苗 不育系和自交系要分别播种育苗，严禁混杂。配制 667 m^2 一代杂种，需不育系种子约 200 g，自交系种子约 100 g。

（2）隔离与地块选择 为了降低种子生产成本，一般都在自然条件下制种。因此，种子生产地块的选择，首先要考虑隔离区。以制种田为中心，半径 1 000 m 以内不能有其他葱和不同品种的采种田，不能有开花的大葱或分蘖生产田。

（3）适时定植、合理配制父、母本比例 山东一般于 9 月中下旬定植为宜。父母本比例为1∶2～3，父、母本相间定植。大葱杂交制种的单位面积产种量受母本（不育系）的面积比例影响，在一定范围内母本面积比例越大一代杂种产量越高。所以，大葱杂交制种要根据父本花粉量合理配制父、母本比例。在父本花粉量够用的前提下，尽量扩大母本比例。

（4）及时去杂除劣 种株开花以前应多次进行去杂除劣，拔除株型不符株、病株、弱株等；进入种株开花期，及时拔除育性不符、抽薹过早或过晚的种株等。

（5）辅助授粉 阴天、大风天传粉昆虫少时，应进行人工辅助授粉。盛花期最好 1 d 授 1 次粉。花期结束后，及时拔除父本种株，以防混杂。如果不拔除父本，收获时必须单收、单放、单打、单贮，准确标记，严禁混杂。

（6）及时采收　种球顶端种果开裂时应分期分批进行采收。

七、种子贮藏

葱种寿命较短，在自然条件下，贮藏 1 年后的种子发芽率仅为 50%。但是，保持适宜的贮藏环境，可大大延长葱种的贮藏期。在影响葱种贮藏的诸多因素中，环境温度、湿度和气体成分对种子贮藏影响最大。实践证明，适宜的葱种含水量（6%左右）、较低的贮藏温度（0～2 ℃）和空气相对湿度（60%以下）、密封缺氧的环境有利于延长葱种的贮藏寿命。按贮藏温度分为常温贮藏、低温贮藏和冷冻贮藏。

1. 常温贮藏　常温贮藏是在自然温度条件下贮藏。先将大葱种子晾晒，使种子含水量降到 8%以下，然后用大缸贮放，种子上面盖两层牛皮纸，纸上铺一层块石灰，缸口用塑料薄膜封严，贮藏 1 年后可保持较高的发芽率。

2. 低温贮藏　低温贮藏是利用专门的种子低温库贮藏。库温控制在 0～2 ℃，种子含水量控制在 7%以下，贮藏期 1～3 年。

3. 冷冻贮藏　冷冻贮藏是利用冷库进行种子长期贮藏。库内温度控制在－20 ℃以下，相对湿度控制在 30%以下，种子含水量控制在 6%以下，密封保存，贮藏期可达 10 年以上。

（陈运起）

第二节　韭菜育种

韭菜为百合科（Liliaceae）葱属（*Allium*）中以嫩叶、嫩花薹或花序为食用部位的多年生宿根类蔬菜，学名：*Allium tuberosum* Rottl. ex Spr.，别名：草钟乳、起阳草和懒人菜。韭菜的倍性有二倍体（$2n=16$）和四倍体（$4n=32$）两种。韭菜原产于中国中部地区，全国各地均有分布，常年种植面积约 40 万 hm^2。已在日本、韩国、俄罗斯、美国、意大利等国家和地区种植。韭菜营养价值较高，鲜韭含水分 90%～93%，每 100 g 鲜韭含蛋白质 2.1～2.4 g，脂肪 0.5 g，碳水化合物 3.2～4 g，维生素 C 39～43 mg，此外还含有大量的钙、磷、铁、锌等矿物质营养以及膳食纤维和挥发性辛香物质——硫化丙烯（C_3H_6S），可增进食欲，促进代谢。韭菜可凉拌、热炒、做馅，还可以盐渍和做成韭花浆，是药食同源的营养保健调味蔬菜。以种子、叶和根等入药，具有健胃、提神、解毒、止汗固涩、固精、补肾助阳等功效。

一、育种概况

（一）育种简史

随着韭菜栽培技术的发展，人们对韭菜的选种、育种相伴而生，韭菜育种大致可分为三个阶段。第一阶段：地方农家品种选育和利用阶段。以自然变异和人工定向选择与利用为主要特征，育成了许多地方农家韭菜品种，如汉中春韭、汉中冬韭、嘉兴白根、桂林大叶、长沙香韭、洛阳马蔺韭、黄格子等，这些农家品种现在各地仍有种植。第二阶段：韭菜系统选育与杂交育种阶段。主要育种手段是诱变选种、杂交育种和杂种优势利用。起步于 20 世纪 70 年代，主要研究单位有平顶山市农业科学院、辽宁省农业科学院蔬菜研究所、河南农业大学、山东农业大学等，先后育成了 791 韭菜、豫韭菜 1 号（平韭 2 号）、平韭 4 号、平韭杂一、赛松、平丰 6 号、平丰 8 号、海韭 1 号、海韭 2 号等品种。

随着近年来民营科研单位的进入，我国的韭菜研究育种工作人员队伍逐年壮大，培育出了一大批优良韭菜新品种，为我国韭菜生产发展提供支撑。第三阶段：常规育种与分子育种相结合阶段。自 20 世纪 90 年代初期，倍性（单倍体、多倍体）育种技术、DNA 分子检测技术和分子标记辅助选择育种技术开始在韭菜育种中得到应用，缩短了育种周期，加快了育种进程。开展韭菜分子育种的单位较多，主要有平顶山市农业科学院、南京晓庄学院和北京海淀区组培室，利用常规杂交育种与分子标记育种技术相结合育成的品种有棚宝（平丰 9 号）、韭宝、绿宝。

（二）育种现状与发展趋势

1. 育种现状

（1）新品种选育　近年来，随着我国韭菜生产的需要，新品种的培育有了较快的发展，近年来新培育出来的韭菜优良品种近 100 个，如平丰 8 号、棚宝、韭宝、绿宝等系列优良品种。

（2）育种技术　20 世纪 70 年代，我国韭菜传统的育种方法以选种为主，主要地方农家品种如汉中冬韭、汉中春韭、嘉兴白根、洛阳钩头韭等都是采用选种培育而成的。到 20 世纪 70～80 年代，韭菜育种以常规杂交育种和系统选育为主，育成如 791 韭菜、平韭 4 号、平丰 6 号、平丰 8 号等新品种。进入 21 世纪以后，原子能诱变、太空诱变、倍性育种和分子标记辅助选择等技术得到应用，培育了一批优良新品种，如棚宝、韭宝、太空 1 号。

（3）育种队伍　随着近年来民营企业的发展，民营资本进入韭菜育种经营领域，育种机构增多、队伍日益强大，育成韭菜新品种越来越多，河南省从事韭菜育种的少于 20 家，也有一些韭菜新品种，如久星 16、久星 18 通过了省级鉴定。

2. 存在问题　我国韭菜育种技术的进步和新品种的育成，有力地促进了生产上韭菜品种的更新换代。但是，韭菜育种中还存在着不少问题。

（1）大批地方韭菜农家品种和野生韭菜资源濒临灭绝　韭菜优良品种的普及应用，使得地方农家品种失去了市场竞争力，品种更新换代加快了农家品种的淘汰；环境的过度开发和利用，导致野生韭菜资源生存空间越来越小，野生韭菜资源保存面临巨大压力。

（2）野生韭菜资源的挖掘力度不够　目前，栽培韭菜中缺乏但存在于野生韭菜中的很多优异性状挖掘力度不够，仍需充分利用野生资源去改良现有育种材料的抗病、抗逆性状。

（3）分子育种进展不明显　目前韭菜育种仍以选种、杂交育种、诱变育种和倍性育种为主。尽管近年来韭菜分子育种技术已取得一些成果，分子育种与常规育种的结合还有差距，利用分子育种等现代生物技术育成新品种的报道也较为少见。

3. 发展趋势　韭菜育种必须立足产业，满足种植者和消费者的要求。随着韭菜市场的进一步细化、栽培模式的变化以及人们对农产品质量安全的重视程度日益提高，未来韭菜育种发展趋势有以下几个方面。

（1）韭菜资源的搜集、整理、评价、创新利用得到进一步重视　强化韭菜种质资源的征集，搞好资源保护、研究和利用，是韭菜育种的前提和基础，资源研究的关键是摸清家底、妥善保存、合理开发利用。

（2）育种效率将得到提高　随着韭菜倍性育种技术、韭菜分子育种技术的研究，育种效率将得到提高。

（3）品种的品质、抗性将进一步改良　随着人们生活水平的逐步提高，人民对韭菜消费质量要求越来越高，培育品质优良的韭菜新品种是韭菜育种的主要发展趋势。韭菜的主要病害有灰霉病、疫病、软腐病、菌核病和白绢病，主要虫害有韭蛆、潜叶蝇、蚜虫和韭螟。尤其韭蛆是韭菜的主要害虫之一，过去曾大量使用有机磷农药，农药残留导致韭菜有毒事件时有发生，一度被称为“毒韭菜”。因此，抗性育种是今后韭菜育种的主攻目标之一。

(4) 品种的高产仍是重要目标　优质是前提，丰产是基本要求，在优质的基础上，产量的高低仍是农民收入水平高低的主要决定因素。

二、种质资源与品种类型

（一）起源与传播

韭菜原产于我国中部地区。人们对于韭菜最早的认识了解可以从象形文字"韭"字说起，韭字下面的一长横代表平坦的地面，中间两竖和每个竖画上的三小横形象地描述韭菜叶片向四周扩展的披散状态，这就意味着在我国文字出现之前，韭菜植株的生长形态已经早被人们所掌握。韭菜的栽培和利用多见于我国的各种文献中。据史书《山海经》记载，"丹熏之山"、"北单之山"（今内蒙古）、"崃山"（今四川）、"鸡山"（今湖南或云南）、"边春之山"、"视山"（未知），"其山多韭"，至今华南、华北、西北、东北，南至云南，北至内蒙古等地仍有野生韭菜分布。经有关部门考察，野生韭菜遍及全国各地，在青藏高原还有大面积的野生韭菜分布，韭菜在我国的栽培历史很悠久。

《诗经》中有"四之日其蚤，献羔祭韭"，说明当时韭菜已经作为重大祭祀活动的祭品。陆佃的《埤雅》中有"一种而久者，故谓之韭"，说明在3 000多年前人们已经认识到韭菜是一种多年生蔬菜作物，播种一次可以收获多年，故又有"韭者懒人菜"的说法。据《汉书·循吏传·召信臣传》记载，"自汉世大官园以来，冬种葱韭菜茹，覆以屋庑，昼夜燃文火，得温气乃生"，说明在2 000多年的汉代，皇宫内苑为解决冬季吃菜问题就已经提出利用温室生产韭菜，开创了我国蔬菜设施栽培的先河。贾思勰《齐民要术》记载："畦欲极深"，"韭一剪，一加粪，又根性上跳，故欲深也"，足见当时农民已经对韭菜跳根的生物学特性有了深刻认识，并已经采取深畦栽培、逐年培粪的技术措施延长栽培收获年限。到北宋时期，已有韭黄生产。300余年前，我国农民已掌握利用风障畦进行韭菜覆盖栽培技术，至今，我国韭菜品种资源、栽培技术及年产量均居世界前列。

韭菜于9世纪传入日本，后逐渐传入东亚各国，北至库页岛、朝鲜，南至越南、泰国、柬埔寨，东至美国的夏威夷等均有栽培，欧洲等国栽培较少。韭菜在我国的栽培区域极广，东至沿海，西至西北高原，东南至台湾，北至黑龙江，几乎所有的省份都有栽培。

近年来，平顶山市农业科学院对全国的韭菜种质资源进行了DNA指纹检测，建立了韭菜种质资源基因库，指纹数据聚类分析结果表明，我国韭菜种质资源分布具有明显的规律性，中部地区属于原始分布区，遗传类型多，种质资源丰富。如焦作野生韭、嵩山野生韭、汉中春韭、洛阳钩头韭、独根红等均为冬季回秧休眠类型，而同为中部地区又分布着汉中冬韭、青格子、黄格子等冬季不休眠类型，宽叶类型和窄叶类型混生，深色韭和浅色韭混生。随着我国韭菜分布区域北延，辽宁、吉林、黑龙江、甘肃、内蒙古等地区的韭菜资源均为冬季回秧休眠类型。在福建、江西、广西、云南、湖南等我国长江以南地区，韭菜种质资源又多是冬季不休眠类型，推测这是在不同气候条件下选择驯化的结果。

（二）种质资源的研究与利用

韭菜种质资源的研究和利用主要包括韭菜种质资源调查、资源的征集和保护、韭菜种质资源的研究和利用。韭菜种质资源的调查是基础，首先是摸清资源家底，掌握资源分布区域和类型特点。在全国范围内通过资源普查、搜集和鉴定，然后报送国家农作物种质资源长期库和国家蔬菜种质资源中期库。中国农业科学院蔬菜花卉研究所目前已保存韭菜种质资源材料269份。在韭菜种质资源研究和利用方面，河南省平顶山市农业科学院先后引进种植各类韭菜种质资源材料257份，对种质资源的表型性状和生物学特性进行了系统调查和记载，建立了韭菜种质资源表型性状数据库，同时对174份材料开展了韭菜种质资源DNA分子检测和聚类分析，为今后韭菜遗传育种提供依据。

（三）品种类型及代表品种

1. 叶用韭菜 叶用韭菜以食用韭菜嫩叶为主，这类韭菜叶片发育良好，鲜韭产量高，年收割刀次多，生产效益高。虽然能进入生殖生长，抽薹开花，供以食用，但抽薹晚，单株抽薹数量少。叶用韭菜按叶片宽窄可分为宽叶韭和窄叶韭两大类。宽叶韭叶片宽大而肥厚，一般叶宽 1 cm 以上，最大叶宽超过 2 cm，叶鞘粗壮，叶色稍浅，产量高，直立性好，植株抗寒性较强，纤维少、品质柔嫩、辣味稍淡，适于露地和保护地栽培，如 791 韭菜、平韭 4 号、平丰 8 号等品种。窄叶韭叶片狭长，叶色深，纤维多，香辛、辣味浓，一般叶宽 0.5 cm 左右，直立性差，易倒伏，休眠期长，冬季回秧耐寒，适于露地栽培，如辽宁马蔺韭、南京寒青韭、长沙香韭等品种。

叶用韭菜品种按其来源不同又可分为农家品种（如嘉兴白根、汉中冬韭、界首当地韭等）和人工培育品种（如平丰 6 号、赛松、韭宝）。按其冬季休眠期的长短可分为冬季回秧休眠品种（如平丰 1 号、豫韭菜 2 号、洛阳钩头韭、寿光独根红、天津大金钩等）和冬季不回秧浅休眠品种（如棚宝、韭宝、犀浦韭、津引 1 号等）。叶用韭菜主要代表品种有：

（1）791 韭菜 河南省平顶山市农业科学院在川韭中选择优良单株通过自交纯合、自交系间杂交获得姊妹家系，经过优系混合授粉，于 1979 年培育成功的中国第一个人工杂交后选育的韭菜新品种。株高 50 cm，叶簇直立、叶端向上，植株生长迅速、生长势强，叶片宽大而肥厚、长条状，叶色浅绿，叶长 35 cm 以上，平均叶宽 1.1 cm。叶鞘长而粗壮、鞘长 10 cm 以上，鞘粗 0.7 cm，单株叶片数 5～6 片，平均单株重 10 g，最大单株重 43 g。分蘖力强，一年生单株分蘖 6 个以上，三年生单株分蘖 30 个以上。抗寒性强，冬季基本不回秧，黄河以南露地栽培 12 月上旬仍可收割青韭。春季萌发早，2 月上旬当日平均气温在 2 ℃时即可萌发生长，3 月上、中旬可收割第一刀青韭。含纤维少，品质柔嫩，产量高，一般年收割 6～7 刀，每公顷产青韭 150 000 kg 左右。抽薹早，花薹生长速度快，种子籽粒饱满，千粒重 4.8 g。适合露地和保护地栽培。

（2）赛松 河南省平顶山市农业科学院利用培育出的雄性不育系 274－9A 为母本、优良自交系 871 为父本进行杂交培育成功的抗寒性极强的韭菜一代杂种。株高 50 cm 左右，叶簇直立，叶端向上，宽条状，生长势强而整齐。叶色浓绿，叶长 38～40 cm，平均叶宽 1 cm 以上，最大叶宽 2.3 cm。叶鞘短而粗壮，鞘长 7 cm，横断面圆形。平均单株重 10 g，最大单株重 40 g。分蘖力强，一年生单株分蘖 8 个以上，三年生单株分蘖最多可达 40 个左右。叶片鲜嫩，品质好。抗寒性极强，冬季基本不休眠。对灰霉病、疫病抗性强，产量高，一年收割 6～7 刀，每公顷可收青韭 150 000 kg 左右。适合露地和保护地栽培。

（3）汉中冬韭 陕西省汉中县南郊汉水旁的农家品种，栽培历史长，是全国主栽地方品种之一。株高 45 cm 左右，叶簇直立，叶端斜生，生长势较强。单株叶片数 6～7 片，叶片扁平，数量较多，叶色浅绿，叶肉肥厚，叶长 32～35 cm，叶宽 0.8～1.0 cm。叶鞘较长，一般 6～8 cm，叶鞘粗 0.4～0.6 cm，横断面圆形、黄白色。质嫩，含纤维少、味稍淡，品质中等。分蘖力中等，抗寒性强，能耐轻微霜冻，冬季回秧晚，春季返青发棵早。耐热性好，高温条件下基本无干尖，软化栽培不易烂叶。年公顷产青韭 75 000 kg 以上。适合露地和保护地及软化栽培。

2. 根用韭菜 根用韭菜以肥嫩的肉质根为主要产品。根部肥大，须根粗壮呈肉质柱状，长约 20 cm，是食用的主要部位。根用韭菜具有较高的营养价值，据中国农业科学院蔬菜花卉研究所杜武峰检测分析，100 g 鲜韭菜根中，含水 81.8 g、糖 2.43 g、粗蛋白质 1.51 g、纤维素 0.73 g、维生素 C 3.3 mg、磷 74 mg、钙 26 mg、铁 1.82 mg，此外，还含有一定量对人体有益的锌、钾、生物碱和香辛类硫化物。根用韭菜植株分蘖力强，叶片宽披针状，叶基呈沟槽状，叶背脊明显，叶片较薄。花为伞形花序，白色，较普通韭菜花序小，花薹细短，在中原地区开花晚，结实率低，种子细小。主要在西藏的错那门巴和云南的保山地区栽培。常见根用韭菜品种有：

（1）云南荌菜　属宽叶韭种，云南各地均有栽培。须根发达，韭菜根较粗较长。一般根长15～20 cm，根粗0.5～0.7 cm。叶片宽条披针形，长40～60 cm，宽1.0～2.5 cm，叶基部呈沟槽状。假茎断面圆形或扁圆形。不结种子，一般行分株繁殖。多年生，但每年进行分栽能使植株生长旺盛。喜温凉湿润气候，怕高温和严寒，遇霜冻地上部即枯萎。喜光但较耐阴，喜疏松肥沃土壤。以弦状肉质根供食用，9～11月收刨韭根，每公顷产量约9 000 kg，此外，4～5月和7～8月还可分别收获青韭、韭薹。

（2）宁强宽叶韭　属宽叶韭种，陕西宁强地方品种。弦状根较粗大，一般根长25～30 cm，粗0.4～0.6 cm。株高40～45 cm，叶片较宽短，长10～25 cm，宽1.0～1.7 cm，断面呈V形，浅绿至深绿色。假茎断面圆形或扁圆形，露出地面部分白绿色，地下部白色。单株重8～12 g，不结种子，一般进行分株繁殖。早春“起身”返青晚，耐寒性、抗旱性和耐热性不如普通韭菜，但较耐阴。弦状肉质根可鲜食，也可腌渍或制酱，还可收获青韭和韭薹，但辛辣味较淡。

（3）贵州水韭　属宽叶韭种，贵州雷山地方品种。生长势中等，株高30～35 cm，叶片披针形条带状，扁平。假茎断面近圆形，绿白色。单株重10～15 g，不结种子，一般进行分株繁殖。喜温凉湿润气候和疏松肥沃土壤，一般根长20～30 cm，粗0.3～0.5 cm，弦状肉质根可腌渍或炒食，此外，还可收获青韭和韭薹。但青韭叶质粗硬，产品辛辣味稍淡，商品品质稍差。

3. 薹用韭菜　简称薹韭，以收获韭菜幼嫩花薹为食用部位。中国民间素有食用韭薹、韭花的传统习惯，不但鲜食，而且腌渍、加工成各种产品。经长期的人工和自然选择，便逐渐形成了叶薹兼用类型韭菜，在采收叶片的同时也可收获商品性较好的花薹。代表性的优良品种如平丰8号、平韭杂一、广州大叶韭和甘肃马蔺韭等。20世纪中叶，台湾省彰化县江林海选育出韭薹专用型品种年花韭，后又用年花韭与吕宋种杂交，选育出了年花2号。后来铜山薹韭和平丰薹韭王等优良薹韭品种相继育成。它和叶用韭菜的花薹有区别：叶用韭菜在通过春化和长日照阶段后，也可抽薹供食用，但花薹抽生期较短，出薹数也较少，因此以叶用为主，兼作薹用，而且每年仅在7～8月一次抽薹开花。而薹用韭菜花薹高且花茎粗壮，形似蒜薹，品质脆嫩，食味鲜美。抽薹和分蘖性强，如环境条件适合，具有四季可抽薹的优良特性。薹用韭菜在甘肃、台湾和广西栽培面积较大。目前，中国普遍栽培的薹韭是叶薹兼用型较多，既可收割嫩叶，又可采收花薹，但台湾等地多栽培韭薹专用品种。常见的薹韭品种有：

（1）平丰韭薹王　由河南省平顶山市农业科学院育成的叶薹兼用型品种。以收获韭薹为主，亦可收获部分青韭。叶簇较开展，叶端斜生，宽条状，生长势较强。株高50 cm以上，叶宽0.9 cm左右，叶片浓绿色，叶端锐尖，叶条半扭曲状，叶背脊凸起。鞘长4.9 cm，鞘粗0.68 cm，韭薹长而粗壮，韭薹高55 cm左右，单薹重10 g左右。含粗纤维少，色泽翠绿，口感鲜嫩，风味佳。抗寒，植株分蘖力强。4月上中旬开始采收上市，一直采收到10月中旬，5～9月为采收盛期，每2～3 d采薹1次，年公顷产韭薹37 500 kg以上。韭薹蜡脂层较厚，一般比青韭耐贮藏50～60 h。也可在冬春季进行青韭生产，在中原地区，一般于12月上旬用塑料小拱棚覆盖，扣棚后50 d左右可收获一茬青韭。适合全国大部分地区露地和保护地栽培。

（2）年花韭　台湾省彰化县农民江林海多年培育筛选而成，是叶薹兼用型品种。以收获韭薹为主，抽薹性特强，而且韭薹粗大，叶片中等宽度而且较长，叶片与叶鞘含粗纤维多，叶部粗硬，食用品质较差。株高45 cm左右，叶簇较直立，叶端斜生，宽条状，叶宽0.7 cm左右，叶片浓绿色，叶端锐尖，生长势较强。叶背脊凸起。鞘长4.7 cm，鞘粗0.55 cm，韭薹长而粗壮，韭薹高45 cm以上，单薹重8 g左右。嫩薹含粗纤维少，色泽翠绿，口感鲜嫩，风味佳。植株分蘖力中等。南方地区一年四季可采薹，在中国中部地区4月中下旬开始采收上市，一直采收到10月中旬，5～9月为采收盛期，每2～3 d采薹一次，年公顷产韭薹30 000 kg左右。适合全国大部分地区露地种植。

（3）铜山早薹韭　江苏铜山从地方品种中选育出的薹用韭品种。分蘖能力较强，年单株分蘖6～

7个，株高45 cm左右，叶片深绿色，叶片略扭曲，叶背脊稍突，锐尖，叶长约35 cm，叶宽0.7～0.9 cm，叶片纤维含量较少，韭菜品质较好。抽薹早，一般从4月底开始抽薹，可持续抽薹到9月底，韭薹深绿色，韭薹产量高，大棚栽培，春节前收割2茬青韭后以采薹为主，每公顷产青韭45 000 kg、韭薹30 000 kg，韭薹鲜嫩、碧绿、清香、辛辣、味甜，品质优良。

4. 花用韭菜 花用韭菜是以食用韭菜花序和幼嫩蒴果为主要部位的韭菜品种。随着人们生活水平的提高，对韭花浆的质量要求越来越高，韭花浆生产加工企业需要适合韭花浆加工的韭菜专用品种。花用韭菜的主要特征是：韭菜植株个体发育好，既是较好的叶用品种，春秋季节收获鲜韭产品；在花薹和花序上又具有独到特点：韭薹粗壮，抽薹快，抽薹期短而集中，抽薹率高。花序大，小花柄短，花序小花开花集中，小花发育好，败育率低，授粉受精率高，蒴果发育整齐度高，成熟采收一致。常见的花用韭菜品种有：

（1）豫韭菜1号（平韭2号） 河南省平顶山市农业科学院以叶色深绿、辛辣味浓的洛阳钩头韭为母本，以棵型肥大、抗寒性强、产量高的791韭菜为父本，进行杂交选育而成的叶花兼用品种。株高50 cm左右，生长势强，叶簇披展，叶色深绿，叶片宽大肥厚，叶端下勾，叶片宽条状，叶背脊较明显，叶肉丰腴，叶长30～35 cm，叶宽1 cm左右，单株叶片6～7个。叶鞘绿白色，鞘粗0.8 cm左右。单株重10 g以上，最大单株重40 g。分蘖力强，一年生单株分蘖10.8个，二年生单株分蘖19.6个，三年生单株最多分蘖40个以上。辛辣味浓，商品性状好，品质优良，较耐存放。鲜韭产量高，年收割鲜韭5～6刀，每公顷产青韭127 500 kg以上，冬季回秧。最大特点是营养价值高，每100 g鲜韭含维生素C 37.04 mg、维生素$B_2$0.085 mg、锌0.56 mg、铁0.19 mg、糖3 g、胡萝卜素1.37 mg，均高于汉中冬韭、嘉兴白根、津引1号等韭菜品种。豫韭菜1号抽薹开花晚，抽薹集中，抽薹后花薹粗，花序大，开花期短，花柄短粗，小花授粉好，败育率低，结实率高，单花序结蒴果60个以上，蒴果成熟期一致。适合早春保护地和露地栽培。

（2）洛阳钩头韭 河南省洛阳地区农家品种，适合叶花兼用。叶簇开展，叶端向下弯曲反卷如钩，故而得名。株高45～50 cm。叶片深绿色，叶片宽大肥厚，叶长37～44 cm，叶宽0.6～0.8 cm，横断面近一字形。叶鞘粗壮，浅绿白色。辣味较浓，粗纤维多，产量高，品质好。分蘖力稍弱，不易倒伏。冬季回秧休眠，休眠早，一般10月中、下旬进入休眠期，且自然休眠期较长。回秧后的地下根株耐寒性较强，春季萌发较早，萌发后生长速度较快，夏季耐热性亦较强，夏季高温不易倒伏，叶端干尖较轻。较抗韭菜疫病，但易受韭蛆危害。一般年收割4～5刀，每公顷产青韭60 000～75 000 kg。7月中、下旬抽薹，花薹粗壮，花序大，花柄短，小花败育率低，适合华北以南地区露地和早春保护地栽培。

三、生物学特性与主要性状遗传

（一）植物学特征

1. 根 韭菜的根为弦线状肉质须根系，着生于短缩茎的基部，主要分布于约30 cm深的耕作层内，韭菜根系可发生3～4级侧根，按其形态、结构和功能，分为吸收根、半贮藏根和贮藏根三种。吸收根为白色肉质透明状，吸收根的发生高峰略早于叶片春秋两次生长高峰，吸收根量的多少直接影响韭菜叶片的生长高峰。贮藏根黄褐色，短粗充实，是有机营养物质贮藏器官之一，春末或冬初形成大量贮藏根，贮藏根的大小与多少，决定着韭菜的抗寒性和植株生长势。一般每个韭菜单株有须根10～15条。根系平均寿命1.5年，随着韭菜生长年限的延长和短缩茎的伸长，老根上方不断发生新根，下部老根逐渐衰老死亡。

2. 茎 茎由胚轴发育而成，是着生根和叶的营养器官，其形态呈盘状，又称短缩茎或鳞茎盘。鳞茎盘着生有大量的分生组织，向下分生根系，向上分生叶片、蘖芽和生殖器官，鳞茎盘是养分贮存的主要场所，其发育状况决定着整个植株的生长发育状况。鳞茎盘肥大充实，韭菜根系发达，叶片宽大肥厚，植株长势强，生长旺盛。鳞茎盘受到病虫危害和机械损伤，轻者影响植株长势，重者会导致整株死亡。随着种植年限的延长，短缩茎会有所伸长，其伸长快慢决定着韭菜的跳根速度，影响着韭菜的根际环境、吸收能力、植株长势和有效生产年限。

3. 叶　韭菜叶片由短缩茎上位分生组织分化而出，单株叶片数为4～9片，从叶原基上自外向内依次抽生，成簇状排列。叶由叶鞘和叶身组成。叶鞘是叶的基部，呈圆筒状或扁圆筒状，在鳞茎盘上分层排列，许多叶鞘层层抱合成圆柱体或扁圆柱体，又称为假茎。叶鞘具有较强的环境适应性，鞘长、鞘粗因品种、生育期和栽培管理条件不同而有较大差异。一般宽叶型品种叶鞘粗，栽培深度适中叶鞘粗；叶鞘长度既受品种影响，同时也受光照强度、栽培密度、栽培深度和覆盖物厚度的影响。一般强光鞘短，弱光鞘长；密度大鞘长，密度小鞘短；栽培浅鞘短，栽培深鞘长；覆盖物薄鞘短，覆盖物厚鞘长。叶身在叶的上部，呈扁平狭长、绿色带状，内含大量的叶绿素，是韭菜的主要光合器官。叶身形态各异，叶片特征是区分韭菜品种的重要标志之一。叶表面覆有蜡粉，气孔陷入角质层中，是耐旱型品种的结构特征。

4. 花　花是韭菜的生殖器官，由短缩茎上位生长点分生组织通过春化作用而分化成韭薹和花序。韭菜花序为伞形无限生长花序，每个花序有1～8个生长点，小花从每个生长点周围自外向内分化，一般每个花序有50～300朵小花。花为雌雄同花，由花柄、花冠、雌蕊和雄蕊组成。花柄粗0.15～0.2 cm，长2～5 cm。每朵小花有6枚三角形花瓣，白色有淡绿色或淡紫色的条纹；有6枚雄蕊，雄蕊由花丝和花药构成，花丝呈白色，花药初期为淡绿色，后期呈深黄色或浅褐色，内含黄色或橘黄色的花粉；中间有1枚白色的雌蕊，蕾期柱头仅有0.3～0.4 cm，初开的花柱头呈针状，开花后2～3 d柱头成熟，明显高于雄蕊，顶部呈圆锥体，部分品种的雌蕊上部可见3个突起，完全成熟后呈白色透明，并伴有黏稠状蜜液。韭菜花有雄性退化现象，雄性不育花蕾期花瓣抱合松弛，花药退化变小，或呈透明状，无花粉，雌蕊柱头发育正常，人工授粉可正常结实。

5. 果实　韭菜果实为蒴果，3个心室，每个心室有种子1～2粒。每朵小花授粉受精后发育成一个蒴果。蒴果前期为黄绿色，随着心室内种子的发育，蒴果逐渐变为深绿色，后期蒴果成熟变黄发白，最后果皮三裂外翻，种子外露脱粒。

6. 种子　韭菜种子黑色、盾形、较扁，有背腹面之分，背面稍突，腹面较平、稍凹，但区别不太明显，种脐突出。自然条件下韭菜种子的寿命只有1年。种子由种皮、胚芽和胚乳组成。新种子胚乳呈白色，含油脂量较大，易氧化变质呈黄色，影响种子储存寿命。种柄颜色是区别新陈种子的显著标志，一般新种子种柄呈白色，而陈种子种柄为黄色。当年生产的新种子，种皮深黑色发亮，2年以上的陈种子呈灰黑色发暗并伴有白霜。种子皮厚，有蜡质，吸水难，发芽慢。种皮皱纹多而细密，厚而坚硬，且有较厚的蜡质层，不易透水透气，因此韭菜种子发芽较慢。韭菜种子相对较小，千粒重4～6 g。种子大小因品种不同和饱满程度不同差异较大，并且种子大小与韭菜的植株长势呈正相关，一般宽叶型韭菜种子大而重，窄叶型韭菜种子小而轻。

（二）生物学特性

1. 多年生　韭菜为多年生宿根草本蔬菜，春季种子播种后长出植株，经过一年的生长和发育，到冬季气温下降后，地上部分枯萎回秧，养分回流到根系，促进根系的进一步扩展。待翌年气候条件适宜时再生长和发育，只要养分、水分供应充足，韭菜可以多年持续生长和发育。但在生产实践中，由于韭菜的分蘖和跳根特性，随着韭菜种植年限的延长，韭菜密度越来越大，植株个体的生长发育空间越来越小。同时，地下短缩茎的伸长、鳞茎盘逐渐被推到地表，根系上浮，导致养分、水分供应不足。病源、虫源的积累和危害，多方面的原因导致韭菜种植几年以后产量减少，商品性状和品质变劣，病虫害防治成本增加，经济效益下降。因此，一般韭菜的种植年限以3～4年为宜。

2. 分蘖 分蘖是韭菜的主要生物学特性之一。通过分蘖不断形成新的植株，淘汰和更新老的植株。

韭菜种子萌动后，胚芽形成一株幼苗，当韭苗长到5～7片叶时，在靠近鳞茎盘生长点的上位叶腋内首先分生出腋芽，初期的腋芽被包裹在原植株叶鞘里，最初的分蘖特征是鳞茎盘顶端出现两个突起状的叶原基生长点，随后7～10 d，可以看出原植株同时长出两片新叶，随着腋芽逐渐长大，腋芽的叶片数也越来越多，原叶鞘内包含着的两个植株的叶片数可达到9～12片，最后腋芽增粗胀破叶鞘，地下形成自己的根系，分蘖形成一个完整的植株。

韭菜分蘖不仅要求植株的个体大小，而且分蘖时间也表现出明显的季节性。一般韭菜种子播种出苗后45～50 d，韭菜苗个体发育到5～6片叶时，才具有分蘖能力。一般每年分蘖1～4次，春季3～6月和秋季8～11月两个时期，既是韭菜营养生长的高峰期，又是韭菜分蘖的高峰期。

不同品种韭菜分蘖能力差异较大。据河南省平顶山市农业科学院观察，豫韭菜1号、平丰1号等品种分蘖能力最强，其次是赛松、平韭4号、平丰6号、平丰8号、平韭杂一和平韭杂二，791韭菜、洛阳钩头韭、汉中冬韭等品种的分蘖能力又次之，嘉兴白根和犀浦韭的分蘖能力较弱，山东大青根和日本宽叶韭的分蘖能力最弱。

韭菜的分蘖能力与种植密度呈负相关。据河南省平顶山市农业科学院观察，平韭4号每公顷种植120万株时，年平均单株分蘖6.47个；225万株时，年平均单株分蘖3.84个；450万株时，年平均单株分蘖2.17个。韭菜种植密度越大，分蘖能力越弱。

株龄越长，分蘖能力越弱。种子播后的前1～3年，韭菜生长势强，分蘖能力亦强，产量和效益也高；以后随着种植年限的延长，植株分蘖能力随着生长势的减弱也越来越弱。因此，韭菜种植3～4年以后不仅要及时更新，而且最好采用新培育的韭菜苗进行更新。

营养状况好，分蘖能力强；反之，分蘖能力弱。韭菜的分蘖能力主要取决于植株的营养状况，而营养状况又受土壤营养、肥水管理、光照、温度、湿度、生殖生长和收割情况等多种因素的影响。一般情况下，土壤肥沃，肥水充足，光照度2.5万～4万 lx，气温15～25 ℃，空气湿度65%～80%，既有利于改善营养状况，又有利于韭菜分蘖；生殖生长可优先消耗韭菜的营养物质，不利于韭菜分蘖的进行，及时采摘嫩薹，既可增产增收，又可改善植株的营养状况，增加韭菜的分蘖数；收割次数过多，也不利于韭菜养分积累，影响韭菜的分蘖能力，因此，要适时收割，保持植株营养平衡，确保韭菜营养生长和分蘖的正常进行。

3. 跳根 随着韭菜株龄的延长，叶片分化数量的不断增多，短缩鳞茎盘逐渐伸长，根系随着鳞茎盘的上移而上移。在韭菜分蘖过程中，新的蘖芽总是从靠近叶芽原基生长点的上位叶腋处分化，由于顶端优势，分蘖所形成的蘖芽也必然位于原来鳞茎盘的上方，当新的蘖芽增粗、长大、胀破叶鞘而发育成新的植株后，新形成植株的根系也一定在原鳞茎盘的上方。韭菜这种随着叶片的分化和分蘖的进行而使新的根系逐渐上移的现象称为跳根。韭菜跳根快慢受多种因素的综合影响。

（1）不同品种的跳根速度快慢不同 首先，韭菜品种分蘖快，跳根也快，如辽宁马蔺韭、上海强韭、豫韭菜1号等品种分蘖能力最强，跳根最快；平韭4号、平丰6号、平丰8号等品种分蘖能力较强，其跳根速度相对较快；而日本宽叶韭、山东大青根等品种分蘖能力最弱，其跳根速度也最慢。其次，受不同品种叶片分化速度的影响，叶片分化快，跳根也快。据河南省平顶山市农业科学院观察，平丰1号、平韭杂一、平韭杂二、赛松等品种叶片数多，分化快，跳根亦快；嘉兴白根、津引1号等品种叶片数少，分化速度慢，跳根也慢。

（2）跳根快慢与定植深度有关，定植越深，跳根高度越高 据河南省平顶山市农业科学院观察，平丰6号韭菜定植深度为15 cm时，年平均跳根高度为2.1 cm；定植深度为10 cm时，年平均跳根高度为1.8 cm；定植深度为5 cm时，年平均跳根高度为1.6 cm。

（3）跳根快慢与肥水管理有关 韭菜的根系具有向肥性，深施肥，跳根慢；长期地表浅施肥，也会加快根系跳根上浮。因此，韭菜定植前要多施有机肥，定植后要适当深施追肥，既可以提高肥料利用率，又可以减缓韭菜的跳根速度。

(4) 跳根速度与年收割刀次有关　收割次数多，跳根快；收割次数少，则跳根慢。据河南省平顶山市农业科学院观察，平韭4号在定植深浅相同的情况下，年收割7刀，年平均跳根高度为1.9 cm；年收割4刀，年平均跳根高度为1.6 cm。

4. 休眠　韭菜的休眠，根据其对低温环境的适应性反应不同，又可以分为自然休眠和被动休眠两种。

(1) 自然休眠　韭菜一般要求一定的低温条件才能顺利通过自然休眠期。韭菜品种不同其自然休眠特性也不同，如桂林大叶、棚宝、韭宝、平韭4号、平丰6号、平丰8号、赛松等品种不仅自然休眠期短，一般只有10～15 d，而且是以整株状态进入休眠，休眠深度浅，地上叶片仍能缓慢生长，十多天过后，只要环境条件适宜，马上进入旺盛生长期。而嘉兴白根、津引1号和汉中冬韭等品种的自然休眠较长，需15～25 d方可通过休眠，转入正常生长状态。豫韭菜1号、豫韭菜2号、平丰1号、钩头韭、马蔺韭、上海强韭等品种自然休眠期长，一般要休眠30～55 d，且休眠时地上叶片、叶鞘全部回秧，养分回流到根系和鳞茎盘，待自然休眠期完全通过后，才能进入旺盛生长期。

(2) 被动休眠　被动休眠是指韭菜通过一段时间的自然休眠后，植株已经具备生长发育的内在条件，但由于低温等外在自然条件的制约，韭菜仍不能正常生长的现象。韭菜被动休眠期的长短，主要由不同地域的环境气候条件和栽培方式决定。一般情况下，中国南方地区，冬季气温相对较高，低温期短，没有被动休眠或被动休眠期很短；北方地区冬季温度低，持续时间长，韭菜被动休眠期长。露地栽培对解除韭菜的被动休眠没有作用，只有被动等待气温回升后才能进入正常生长状态；保护地栽培是解除韭菜被动休眠的最有效途径，通过地膜、小拱棚、中拱棚、大棚、日光温室等保护地栽培措施，可提高地温和气温，解除韭菜的被动休眠，为韭菜提前生长创造适宜的环境气候条件。

(三) 生长发育周期及各阶段对栽培环境的要求

韭菜生长发育周期包括营养生长阶段和生殖生长阶段，完成一个生命周期，各阶段需要适宜的环境气候条件。

1. 营养生长阶段　营养生长阶段包括发芽期、幼苗期、营养生长盛期和衰老期等四个时期。

(1) 发芽期　从播种到第1片真叶露出，历时15～20 d。种子发芽需要满足温度、水分和氧气三个要素条件。3 ℃以上种子就可发芽，3～28 ℃温度范围内，随着温度的升高，韭菜芽的发育速度越来越快，发芽适温17～25 ℃。水分是种子发芽的必备条件，季节不同种子吸水速度不同，春、秋季浸种18～20 h，夏季浸种8～10 h。氧气是种子发芽的基本条件，种子浸种吸足水分后，需沥水再进行催芽，避免大堆催芽，还需及时翻动，并用透气湿布覆盖，以利透气保湿。

(2) 幼苗期　从第1片真叶出现到定植，历时70～80 d。韭菜幼苗发育适温12～24 ℃，喜欢肥沃疏松透气壤土或沙壤土，中性或弱碱性土壤环境；喜湿耐旱，适宜的空气湿度为60%～70%，适宜的土壤相对湿度为80%～85%；个体生长发育空间充足，通风透光良好。幼苗期苗小，需水肥量少；根少根浅，吸收水肥能力弱，对环境适应能力差。幼苗前期小水勤浇，保持地表湿润，幼苗后期适时追肥浇水，保持地表间干间湿，适当控水蹲苗，促根促壮。

(3) 营养生长盛期　定植后经过短期缓苗进入营养生长盛期，生长量迅速增加，经过50～60 d的营养积累，进入鲜韭收获期。一般春季可以收割3～4茬，夏季不收割，秋季可以收割2～3茬，年收割5～6茬，每茬间隔期30～35 d，一般收割后前期（第1～20 d）为叶片快速生长和光合有机营养的消耗期，后期（第21～35 d）为光合有机营养积累期，随着叶片数的增多和光合叶面积的增加，光合有机物质积累大于营养体生长养分消耗。营养生长期韭菜生长量大，需肥需水量大，一般每茬收割后2～3 d，及时追肥浇水，每次每667 m^2 追施含氮、磷、钾各15%的复合肥30 kg。营养生长适宜温度 12～24 ℃，光补偿点为 1 500 lx，光饱和点为 40 000 lx，营养生长适宜光照度为 25 000～40 000 lx。韭菜对光照的适应能力较强，并随着光照强弱的变化产生相应的应激反应。强光条件下叶鞘短粗，叶片小、多、厚、生长缓慢、粗纤维多、叶色浓绿、角质层加厚；弱光或无光条件下叶鞘长、细、亮白色，叶片薄、长、少、柔嫩多汁，叶绿素退化分解，光合作用停止，叶黄素显现，叶片呈黄色。韭黄生产就是利用韭菜自身贮藏营养在无光条件下软化栽培。

（4）衰老期　韭菜虽然是多年生，但随着种植年限的延长，韭菜跳根加重，根系上浮衰老，环境适应能力下降，生长势逐渐减弱，一般种植 3～4 年后进入衰老阶段。衰老快慢取决于韭菜品种、田间管理水平和收割强度。适当深栽，加强培土培肥，合理收割是延缓衰老的主要技术措施。

2. 生殖生长阶段　当年生韭菜的花芽分化较少，基本上是营养生长时期。韭菜长到一定大小，感受低温春化作用后，分化花芽，植株抽生花薹、开花结实还需要适宜温度、长日照条件和良好的光合物质积累。韭菜抽薹开花对温度的要求相对偏高，一般要求 25 ℃左右。黄淮地区 7 月上中旬为抽薹期，8 月上旬为始花期，8 月中下旬为盛花期，9 月上中旬为结果期，10 月上中旬为蒴果成熟采收期。2 年生以上韭菜每年开花结实 1 次，抽薹开花结实要消耗大量的营养物质，鲜韭生产时为了减少生殖生长养分消耗，可在韭菜嫩薹期及时采摘上市，可减少养分消耗，增强植株长势，提高韭菜产量和效益。

（四）主要性状遗传

韭菜的株高、叶长及单株重 3 个性状受加性基因和胞质基因共同控制，其狭义遗传力相对较低，胞质效应不容忽视，配制杂交组合时，必须考虑正、反交的组配方式。由于株高、叶长、单株重 3 个性状属于细胞质遗传，具有十分明显的母体效应，因此母本的株高、叶长、单株重性状好，一般其后代表现好。

假茎长度和粗度、叶宽和叶片数主要由核基因控制。假茎长度主要受加性基因控制，遗传力均相对较高，能够较稳定地传递给后代。假茎粗度、叶宽、叶片数则既受加性基因控制又受非加性基因（显性基因和上位性基因）控制。其中假茎粗度、叶宽的显性上位性效应以及叶片数的加性基因遗传效应相对较高。

韭菜杂交组合后代中表现出的性状超中亲优势的排列顺序为：鞘长、叶片数＞叶长＞株高＞单株重＞叶宽＞假茎粗，而超高亲优势的排列顺序为：叶片数＞假茎长、叶长＞叶宽、单株重＞假茎粗。

韭菜的休眠特性属于母性遗传，母本为浅休眠的，其后代也是浅休眠。韭菜假茎的颜色也为母性遗传。

育性遗传为质核互作，多基因综合控制。正常情况下，韭菜为两性花，雌雄两性均为可育，随着自交代数的增加，后代花粉发育越来越差，逐渐分离出全不育株和半不育株，全不育多伴随着部分花蕾败育现象。部分雄性不育为温敏不育型，主要表现为高温雄蕊可育，低温雄蕊退化不育，温敏可育不育的转换温差为 5～8 ℃。雄性不育多为隐性基因控制。

韭菜抗寒性遗传受加性效应和非加性效应共同作用，一般配合力方差大于特殊配合力方差，表明加性效应起主要作用，育种时应选择性状优良的材料做亲本。

四、育种目标

1. 品质　韭菜的品质分为外观品质和内在品质。外观品质是指韭菜外在的商品性状，主要包括叶色、叶片长短宽窄、有无黄叶干尖、单株大小等性状。内在品质主要是指韭菜营养物质含量、风味口感等指标。培育营养物质丰富，叶色浓绿，香辣味浓，粗纤维含量少，口感鲜嫩，外观品质优良的韭菜新品种已经成为韭菜育种的首要目标。一般内在品质育种要求为：每 100 g 鲜韭含维生素 C

40 mg以上，粗纤维 1 g 以下，蛋白质 2.8 g 以上，可溶性总糖 3.9 g 以上；外观品质要求为：平均叶宽 1.2 cm 以上，平均株高 45 cm 以上，平均单株叶片数 6 个以上，平均单株重 10 g 以上。

2. 丰产　韭菜主要收获的是营养体，其生长势强弱，叶片生长速度影响着韭菜的丰产性。韭菜的丰产性是多个因素共同作用的结果，影响韭菜丰产性的因素主要有：

（1）韭菜个体大小　即韭菜的单株重（商品菜平均单株重 10 g 左右），叶片长度、叶片宽度、叶片厚度、叶片数、叶片致密程度这些因素综合决定着韭菜的单株性状。韭菜个体发育好，棵大叶宽是丰产的基础。

（2）韭菜群体数　即韭菜单位面积内的植株数量（一般每 667 m^2 定植 25 万～30 万株），群体大小又受定植密度和分蘖能力双重影响，在一定范围内，群体数量越多丰产性越强。但是，如果定植密度过大，品种分蘖能力又强，生长后期极易出现荫蔽倒伏，诱发病害，不仅影响品质，还会导致减产和绝收。

（3）叶片生长速度　韭菜品种不同，叶片生长发育速度差别较大。如汉中冬韭 8 月日平均生长速度可达 2.68 cm，而同期津引 1 号日平均生长速度不足 1.96 cm。同一品种不同季节叶片生长速度也有差别。一般韭菜春秋两个生长高峰生长速度快，冬季低温和夏季高温都不利于韭菜的生长发育，夏季出现短期高温歇伏现象，冬季出现低温休眠现象。

（4）韭菜叶片年生长期的长短　韭菜品种不同，叶片年生长期差异很大。试验调查结果表明：黄淮地区 791 韭菜在露地栽培条件下，年生长天数为 320 d 左右，年公顷产量可达 135 000 kg 以上；而豫韭菜 1 号年生长天数只有 268 d，年公顷产量仅有 108 000 kg 左右。

3. 抗性　韭菜的抗性就是韭菜对病、虫危害及各种不利于韭菜生长的环境气候条件影响的抵抗和适应能力。

（1）抗病性　抗韭菜灰霉病（病情指数 6 以下）、韭菜疫病（病情指数 10 以下）、锈病（高抗不发病）、菌核病（高抗不发病）、白绢病（病情指数 5 以下）、病毒病（高抗不发病）和细菌性软腐病（高抗不发病）的能力。

（2）抗虫性　韭菜常见害虫主要有韭蛆（迟眼蕈蚊和葱地种蝇）、潜叶蝇、蓟马和蚜虫。

（3）抗逆性　包括韭菜抗寒性，主要影响高寒地区韭菜的安全越冬和韭菜越冬反季节栽培。抗旱性，指对干旱缺水条件下的适应能力。因为韭菜收获的是植株营养体，缺水影响韭菜的商品性状。耐盐碱性，指对土壤高盐分浓度的适应能力。

五、育种途径

1. 选择育种与有性杂交育种

（1）选择育种　就是通过大群体的筛选培育优质型韭菜优良品种。如长沙香韭、洛阳钩头韭、天津大金钩等地方优质农家品种。用这种方法能较快获得新品种，但品种的专利权无法保护。平韭 4 号是由河南省平顶山市农业科学院系统选育而成的，其抗寒性、丰产性、品质、经济效益均优于 791 韭菜。临韭 1 号是陈永杰等采用系统选育方法育成的高产优质韭菜新品种，主要特点是植株长势强，叶簇直立，不易倒伏，耐寒性强，抗灰霉病，但分蘖力差。久星 10 号是利用 87－22 与 87－56 的杂交后代经系统选育而成，该品种丰产性好，特抗寒，品质优，适合保护地种植。

（2）有性杂交与系统选择　尽管韭菜有性杂交技术难度大，但仍有不少韭菜新品种是通过有性杂交技术育成的。如豫韭菜 1 号，它是以 791 韭菜为父本、钩头韭为母本，经过有性杂交后多代定向选择，优系混合授粉培育而成。开封市通许蔬菜研究所以 95－1 韭菜株系为母本、犀浦韭为父本，通过有性混交、单株自交、株间姊妹交，定向选择培育出产量高、品质好、抗寒性强、叶翠绿、短休眠的韭菜新品种雪韭王。韭宝是以 791 韭菜为父本、青格子韭菜的优良株系青格子－2A 为母本，通过杂交、测交、多代自交筛选和优系混合授粉培育而成的韭菜新品种。该品种株大叶宽，商品性状优良，产量高，抗寒性强，抗病性强，耐贮运。平丰 6 号的母本是青格子，父本是桂林大叶优系 K005，通过杂交后多代自交培育的优良新品种。

2. 杂交优势育种 韭菜是以收获叶、叶鞘等为主要产品的蔬菜作物，利用雄性不育系育成的杂交品种其优势主要表现在营养体生长壮，株高和叶宽等增加。另外，在一些品质性状上也表现出一定的杂种优势。

韭菜雄性不育系选育及杂交制种：韭菜为异花授粉作物，但花蕾小，单花结种数少，人工去雄、授粉等操作难度大，工序复杂，一代杂交制种困难、成本高，通过雄性不育系配制杂交种已被越来越多的育种工作者所重视。目前有不少育种工作者和育种单位通过雄性不育三系配套的方法育成了一代杂交种用于生产，如赛松、豫韭菜 2 号（平韭杂一）、海韭 1 号、廊韭 9 号及津韭 1 号等。津韭 1 号是天津市园艺所利用韭菜自交系与雄性不育系培育成的浅休眠型韭菜品种。佟成富等选育出韭菜雄性不育系石汉 3A，并利用石汉 3A 与一些优良自交系配制了 14 个杂交组合，其中石汉 3A 和 87－3－3－4－2 配制的杂交组合，杂种优势明显，命名为 8901。廊韭 6 号是从兰州宽叶韭中发现的不育株经过多年选育获得 LZK－A 雄性不育系，以其为母本、优良自交系为父本杂交而成的优良品种，该品种耐热、抗病、抗虫、高产。赛松是平顶山市农业科院利用韭菜雄性不育系 274－9A 与自交系 352－4 杂交育成的一代优良抗寒杂交种，豫韭菜 2 号（平韭杂一）是利用韭菜自交系 352－4 作父本、雄性不育系 397－2A 作母本育成的韭菜优良杂交种，杂种优势显著（表 27－2）。

表 27－2 韭菜雄性不育系、保持系、自交系杂交组合性状比较

品系	株高（cm）	平均叶宽（cm）	最大叶宽（cm）	年分蘖（cm）	株型	叶色
397－2A	45.00	0.78	1.5	10	半直立	鲜绿
397－2B	39.73	0.78	1.2	7	披展	深绿
352－4	42.42	0.74	1.3	10	披展	深绿
397－2A×352－4	53.46	0.92	1.7	14	半直立	深绿

3. 倍性育种 近年来，我国学者对韭菜染色体进行了研究。1978 年河北农业大学邹谦曾对汉中冬韭的细胞进行了研究，证明汉中冬韭为 $2n=4x=32$ 条染色体，是自然发生的四倍体。北京大学王志学、北京农业大学商树田也进行了韭菜细胞学研究，他们收集鉴定了栽培品种汉中冬韭、洛阳钩头韭、广东大叶韭、长沙韭、济南韭、晋城西巷韭、承德韭、沈阳韭、吉林通化韭、佳木斯铁杆青韭，此外还有北京金山野生韭、河北兴隆雾灵山野生韭、内蒙古野生韭、吉林白城野生韭。研究结果表明，上述地方农家品种和多数野生韭为同源四倍体，即 $2n=32$。从北京金山采集的野生韭与栽培种形态近似，但叶为三棱状条形，叶背有纵棱隆起，形成龙骨状、中空花冠具红色中脉，其染色体数 $2n=16$，经有关专家鉴定，系《中国植物志》所载的野韭（*Allium ramosum* L.）。一些专家认为很可能二倍体的野生韭就是现在栽培韭和四倍体野生韭的原始种。早期我国原始野生韭菜可能多为二倍体（$2n=16$），但是，随着自然进化和人工选择，目前生产中常见地方农家韭菜品种和部分野生种多为四倍体（$4x=32$）。初步形态学研究结果表明：随着韭菜染色体倍数的增加，四倍体植株较二倍体植株具有明显的生长优势。

韭菜倍性育种主要包括单倍体育种和多倍体育种。韭菜单倍体育种主要是利用二倍体的雌性大孢子和雄性小孢子组织培养，培育纯合个体的育种方法，可以提高育种效率，对加快育种进度具有重要意义。目前我国从事韭菜单倍体育种的单位主要有平顶山市农业科学院和北京市海淀区科技局。韭菜单倍体育种最常见的方法是大孢子培养，以韭菜幼蕾期子房胚珠母细胞为培养诱导对象，在无菌条件下经过诱导、加倍产生双单倍体。目前，尚未见小孢子倍性育种的报道。韭菜多倍体育种是利用多倍体植株具有较强的生长优势的特点进行韭菜育种。韭菜多倍体育种常用的育种方法有两种：一是组织培养法，利用植物组培愈伤组织通过秋水仙碱化学处理，选育多倍体变异植株；二是利用秋水仙碱处理韭菜花序，从杂交后代筛选多倍体变异植株。

六、良种繁育

韭菜优良品种繁育的目的主要是迅速繁殖新选育或新引进的优良品种，保持或不断提高品种的优良性状和纯度。合理的良种繁育制度，严格的制种操作规程，可保证优良品种种子的高质量。

1. 常规品种的繁育　韭菜常规品种的繁育需要注意以下四点：

（1）选择适宜的良种繁育基地　韭菜良种繁育基地一是要选择肥沃疏松透气的土壤；二是要选择近 3 年内没有种植过葱、韭、蒜类作物的地块；三是交通便利，排灌水利条件良好；四是要符合隔离要求，一般要求 2 000 m 以内不得有其他韭菜种植。

（2）确保原种繁育质量　一是要求原原种遗传稳定，后代分离小，纯度高；二是抓好苗期、花期去杂，根据苗期萌发早晚、叶片的颜色和苗长势去除杂株，根据抽薹早晚、花薹颜色、花序形状和花色不同去除杂株；三是在原原种和原种繁育过程中，尽可能采用网室隔离繁育，避免昆虫传播花粉混杂；四是原种收打过程中避免机械混杂。

（3）制订繁种栽培技术规范　适时播种，搞好苗期管理，科学移栽，合理密植，适时适量灌水追肥，处理好鲜韭收割与生殖繁种的关系。

（4）适时收获，科学晾晒收打　韭菜繁种适时收获至关重要，收获过早，种子发育不全，影响种子出芽率；收获过迟，蒴果开裂，极易造成落粒。一般以蒴果果皮变黄为宜，成熟以后及时收获。韭菜种序收获后应及时晾晒收打脱粒，如遇阴雨天，应用较大棚膜覆盖。种序晒干前千万不可大堆堆放，以免生热降低种子出芽率。刚脱粒的湿种子也会因闷热影响发芽，因此，种子脱粒收获后晒干前不可装袋存放。

2. 杂交品种的繁育　繁育推广优良韭菜一代杂交种不仅可以提高韭菜的产量、抗性和品质，促进韭菜生产发展，而且可以有效保护育种者的合法权益。做好韭菜一代杂交种的推广，一是要选择隔离条件较好的繁种田；二是要搞好韭菜雄性不育系、保持系、自交系和一代杂交种的制种工作。

（1）地块选择　选择土层深厚、土壤肥沃、排灌条件良好的中性或弱碱性地块。繁种隔离距离 2 000 m以上。韭菜雄性不育系、自交系和杂交种的扩繁需要在不同的地块分别进行。

（2）雄性不育系、保持系和自交系的扩繁　根据组合鉴定，确定优良杂交组合后，利用优良杂交组合确定优良雄性不育系和相应的保持系，选择适宜的繁种田，在隔离条件较好的条件下，按照雄性不育系和保持系 4∶2 的比例育苗和定植，雄性不育系和保持系种子成熟后按行分别收获，收获的不育系种子作为一代杂交种的繁育母本、保持系种子继续作为保持系利用。自交系的扩繁仅要求较好的隔离条件和适宜繁种的土壤条件，其他繁种技术措施与常规韭菜繁种相同。

（3）一代杂交种的繁育　利用扩繁的不育系为母本、以自交系为父本，按照母本和父本 4∶2 的比例育苗和定植，父本上收获的种子可以继续作为扩繁杂交种的自交系使用，母本上收获的即是一代杂交种。

（尹守恒）

第三节　洋　　葱

洋葱是百合科（Liliaceae）葱属（*Allium*）中以肉质鳞茎为产品的二年生草本植物。学名：

Allium cepa L.；别名：葱头、圆葱、玉葱、球葱。染色体数 $2n=2x=16$。洋葱起源于中亚，伊朗、阿富汗北部及俄罗斯中亚地区有近缘野生种分布。

每 100 g 洋葱鳞茎中约含水分 88.3 g，蛋白质 1.80 g，碳水化合物 8.0 g，维生素 C 8.0 mg，还含有磷、铁、钙等矿物质。洋葱因含挥发性硫化物而具有特殊的辛香味。可炒食、煮食或调味，也可加工成脱水菜，小型品种可用于腌渍。

洋葱在世界各地广泛栽培，现以中国、印度、美国、日本栽培面积较大。洋葱在中国广泛种植，据估计全国种植面积约为 22 万 hm^2，且面积还在不断扩大。中国洋葱栽培较集中或较著名的产区有甘肃、山东、新疆、内蒙古等省份。

一、育种概况

(一) 育种简史

地中海是洋葱的次生起源中心，通过几千年的自然选择和人工选择获得许多变异类型和常规品种。洋葱是最早利用杂种优势的蔬菜作物之一。1926 年，美国的 Monosmith 和 Jone 等在意大利红品种中发现了洋葱雄性不育突变株，并选育出雄性不育系。1943 年，Jone 对该雄性不育系进行了遗传分析，并首次利用其生产了杂种一代种子。1965 年 Berninger 等在法国的农家品种 Jaune paille des venus 中发现并选育出了洋葱 T 型雄性不育系，并利用该不育系选配杂种一代。另外，Pathak 等在印度洋葱品种 Nasik White Globe 中还发现了一种新的不育源，其不育性由细胞质不育因子控制，细胞质基因对核基因有完全的抑制作用，至今未发现该不育系的恢复系。洋葱杂种优势明显，目前国外选育的品种多为杂种一代，增产效果在 20%～50%。

洋葱的生物技术研究也取得了一定的进展。美国的 Havey 及中国东北林业大学的徐启江等分别通过农杆菌介导及基因枪法获得了转基因再生植株，初步建立了洋葱的转基因技术体系。自 20 世纪 90 年代开始，CAPS、RAPD、RFLP、EST、SCAR、SNP、SSR 等多种分子标记技术被广泛应用于洋葱的遗传图谱构建、遗传多样性分析、种质分析鉴定、洋葱细胞质类型的鉴定、重要性状的基因定位和分子标记辅助选择等方面。

中国洋葱育种从 20 世纪 50 年代开始，以引种、选种及杂交育种为主，已选育出较多品种。近年来，中国从日本、美国、韩国等引进了很多优良的洋葱品种，在生产中发挥了重要的作用，如中甲高黄、OP 黄、OK 黄、红叶 3 号、大宝、美国 502、锦球等。中国也自主选育了一批洋葱新品种，如辽宁省农业学校 1966—1982 年选育成的熊岳圆葱，每公顷产量 60 000～67 500 kg，抗逆性、抗病性均强；山东省莱阳市蔬菜研究所选育的莱选 13 洋葱，每公顷产量 90 000～120 000 kg，味甜而稍辣，品质佳；河北省邯郸市蔬菜研究所 1995 年从农家品种紫引 90 - 4 变异株中选育的新品种紫星，比黄河中下游红皮洋葱增产 32%～152%。江苏省连云港蔬菜研究所选育的阳春黄、世纪黄，南京农业大学选育的 9866 等品种都具有良好的丰产性和抗病性。

中国洋葱杂种优势研究开始较晚，1961 年江苏省农业科学院吴光远从南京黄皮中发现了雄性不育株，并统计了群体内不育株所占的比率，但是后续的工作未见报道。到 21 世纪初，中国有关洋葱雄性不育的研究报道逐渐增多。目前，山东省农业科学院蔬菜研究所、北京市农林科学院蔬菜中心、南京农业大学、山西省农业科学院蔬菜研究所等单位均获得了洋葱的雄性不育系，选育出了杂种一代新品种，并对洋葱雄性不育的分子机理及分子标记开展了大量的研究工作。

(二) 育种现状与发展趋势

1. 育种现状 自 1943 年美国首先发现洋葱雄性不育系后，杂种优势利用已经成为最主要的育种手段。目前，国外选育的品种多为杂种一代，整齐度及产量性状均优于常规品种。

为了更好地利用杂种优势，国外许多研究机构对洋葱重要经济性状的遗传规律进行了研究，如埃及研究人员以 7 个不同洋葱品种为材料，利用半双列杂交的方法对洋葱的早熟性、耐储性、叶片数和茎粗等性状的杂种优势、基因效应及配合力进行分析，研究表明这些性状的遗传同时存在基因的加性与非加性效应。普通配合力的方差要大于特殊配合力的方差，这些性状的杂种优势也很明显。

种间杂交是创造新种质的一条有效途径，国内外也开展了洋葱远缘杂交的研究工作。大葱（*Allium fistulosum* L.）中有许多洋葱没有的优良性状，Pelfley（2000）首次报道了洋葱×大葱后又与洋葱反复回交的 F_1BC_3 群体，该群体形似洋葱，育性正常，且拥有许多大葱优良的抗病基因。Khrusta 等（2000）也首次报道了以 *Allium roylei* L. 为中间材料，用染色体组原位杂交的方法（GISH）将大葱的优良基因渐渗入洋葱的染色体组中［*A. cepa*×（*A. fistulosum*×*A. roylei*）］。北京市农林科学院也获得了洋葱×大葱、大葱×洋葱的杂交后代。迄今，已获得洋葱×大葱、大葱×洋葱、洋葱×*A. oschaninii*、洋葱×实葶葱（*A. galanthum*）等远缘杂交的杂种后代。

20 世纪 80 年代中期，中国科学院离子体物理研究所对洋葱材料进行辐射后选育出两个洋葱新品种。西昌学院利用激光诱变选育出西葱 2 号和昌激 99－3 两个洋葱新品种，这两个品种在品质、熟性、抽薹率等性状方面与原品种相比都有较大的改良。

1966 年，Guha 和 Johri 首次报道用授粉的子房或胚珠离体培养获得再生植株和种子。至今，报道成功获得再生植株的外植体有洋葱茎尖、鳞茎盘、鳞片、花序、花托、成熟或未成熟花蕾、子房、胚珠、成熟或未成熟的胚和种子等。但是，建立的再生体系仍存在再生频率低、繁殖周期长的缺点。

洋葱体细胞胚诱导的报道较少。Philips 等（1983）以萌发种子的分生组织为外植体，得到体细胞胚；Lu（1989）以大葱和洋葱杂交一代的未成熟花蕾和鳞茎盘为外植体，诱导获得了体细胞胚；Saker（1997）以成熟的种子为材料创造出一种可反复得到体细胞胚的培养程序。但体细胞胚的诱导存在基因型的限制，再生频率不高。

Fellner（1992）对葱属 9 个种 29 个品种的植物用酶解分离花粉的原生质体，其中洋葱未能获得成功，表明洋葱分离原生质体比较困难。Hansen（1995）将愈伤组织悬浮，采用酶解法获得原生质体，然后半固体培养，诱导再生植株，每克细胞可再生 6 个芽。Zheng（1999）悬浮培养由合子胚诱导的愈伤组织，酶解法获得原生质体，固体培养，再生频率为 35.5%。

另外，利用离体雌核发育途径诱导洋葱单倍体报道的研究也较多。

2. 发展趋势　中国的洋葱育种起步较晚，因洋葱的自然生育周期较长，育种进度慢，与发达国家相比，中国的洋葱育种仍相对落后，为加速育种进程，中国洋葱育种应着重加强以下 3 个方面的研究。

（1）加强种质资源引进、搜集和研究　欧洲、美国和日本在洋葱的研究和利用上远超过中国，因此应加大力引进国外优良的品种和种质，以丰富中国的洋葱育种材料。此外，中国新疆也是洋葱的起源中心之一，地方品种和野生种资源丰富，不同类型品种的遗传特性有很大差异，加强搜集种质以拓宽洋葱育种材料的遗传背景。

（2）育种方向的多样化　随着洋葱市场的日益扩大，鲜食、加工等不同需求对洋葱品种的要求也不尽相同，如脱水洋葱要求固形物含量比鲜食洋葱高，鲜食洋葱要求辛辣程度低而保健活性物质含量高等。因此，在育种过程中，除考虑抗病、丰产、商品和成熟期一致性等性状外，还应兼顾市场需求，明确不同的育种方向。

（3）加强生物技术育种的研究　将生物技术与常规育种相结合，提高洋葱育种的效率。目前培育洋葱品种主要还是利用常规育种技术，应用分子标记技术育成品系或品种的报道还相对较少。分子标记技术在洋葱育种中还远未达到实际应用的水平，今后应加强对操作简单快速、与重要性状紧密连锁的标记的开发，为分子标记辅助育种奠定基础。洋葱高密度的遗传图谱还有待构建。对于数量性状，还有待进一步研究并获得准确定位的 QTL。

二、种质资源与品种类型

(一) 起源与传播

有关洋葱原产地说法很多，但多数学者认为洋葱起源于亚洲中部，在伊朗、阿富汗的高原地区至今还能找到洋葱的野生类型；近东和地中海沿岸为第 2 原产地。公元前 1000 年传到埃及，后传到地中海地区，16 世纪传入美国，17 世纪传到日本。

一般认为，中国关于洋葱的记载，首见于清代吴震方《岭南杂记》(18 世纪)，先是由欧洲引入澳门，然后再引入广东内陆。但据元代天历三年（1328）忽思慧撰写的《饮膳正要》记载，除葱、韭、蒜外，还有和洋葱极为相似的胡葱。13 世纪初，元代熊梦祥在《析津志》的“物产·菜志”中的“家园种莳之蔬”里列有胡葱。经张平真考证，从这两本古籍对胡葱形态和食用风味的描述、绘制的插图来看，可以认为胡葱即为洋葱。

洋葱在中国分布很广，南北各地均有栽培，种植面积还在不断扩大，是目前中国主栽蔬菜之一。中国已成为洋葱生产量较大的 4 个国家（中国、印度、美国、日本）之一，中国的种植区域主要为山东、甘肃、内蒙古、新疆等地。

(二) 分类

栽培洋葱有普通洋葱、分蘖洋葱和顶球洋葱 3 种类型。中国栽培的洋葱多为普通洋葱，分蘖洋葱和顶球洋葱较少。

1. 普通洋葱（*Allium cepa* L.） 每株形成 1 个鳞茎，生长强壮，个体大，品质好。能正常开花结实，以种子繁殖，少数品种在特殊环境条件下在花序上形成气生鳞茎。耐寒性一般，鳞茎休眠期较短，贮藏期易萌芽。

普通洋葱按其鳞茎的形状可分为扁圆形、扁平形、球形、长椭圆形及长球形；按其成熟期的不同可分为早熟、中熟和晚熟；也可以按不同地理纬度分为短日、长日和中间 3 个类型。

(1) 短日类型　临界日长低于 11.5 h，适合长江以南、北纬 32°～35°地区。这类品种多为秋季播种，翌年春、夏季收获。

(2) 长日类型　临界日长大于 13.5 h，适合东北各地、北纬 35°～40°以北地区。这类品种一般早春播种或定植（用小鳞茎），秋季收获。

(3) 中间类型　临界日长介于 11.5～13.5 h，适合长江及黄河流域、北纬 35°～40°的地区。这类品种一般秋季播种，翌年晚春至初夏收获。

每一类型品种中，还可按鳞茎皮色分为黄皮洋葱、红皮洋葱和白皮洋葱 3 种。黄皮洋葱鳞茎的外皮为铜黄色或淡黄色，扁圆形、球形或高桩球形，味甜而辣，品质好，鳞茎含水量低，耐贮藏，先期抽薹率低。红皮洋葱鳞茎球形或扁圆形，深紫红至粉红色，含水量较高，辛辣味浓，品质较差。丰产，耐贮性稍差，多为中晚熟品种。白皮洋葱鳞茎外皮白色，接近假茎的部分稍显绿色，鳞茎稍小，多为扁圆形。肉质细嫩，品质优于黄皮洋葱和红皮洋葱。产量较低，先期抽薹率高。抗病性和贮藏性较差。一般为早熟品种，中国栽培较少。

2. 分蘖洋葱（*A. cepa* L. var. *aggregatum* G. Don） 与普通洋葱的茎叶相似，但管状叶略细，叶长约 30 cm，深绿色，叶面有蜡粉。分蘖力强，丛生，植株矮小，单株分蘖后在其基部可形成 7～9 个小鳞茎，簇生在一起。鳞茎个体小，球形，外皮铜黄色或紫红色，半革质化，内部鳞片白色，微带紫色晕斑。品质较差，但耐贮藏、耐严寒。通常不结种子，以小鳞茎繁殖，适合于严寒地区种植。其食疗价值较高，在东南亚市场需求量较大。

3. 顶球洋葱（*A. cepa* L. var. *viviparum* Metz.） 与普通洋葱在营养生长时期相似，但基部不

形成肥大的鳞茎。在生殖生长期一般不开花结实，而在花茎上形成7～8个气生鳞茎，以气生鳞茎作为繁殖材料，可直接栽植。既耐贮又耐寒，适合严寒地区种植。

(三) 品种类型

1. 黄皮品种

(1) 熊岳圆葱　辽宁省熊岳农业职业技术学院育成。植株生长旺盛，株高70～80 cm，叶色深绿，有叶8～9片，叶面有蜡粉。鳞茎为扁圆形，纵径4～6 cm，横径6～8 cm，外皮为淡黄色，有光泽，内部鳞片乳白色。单球重130～160 g。早熟。抗寒，抗旱，抗病，耐盐碱。不易先期抽薹。肉质细密，味甜而脆。每公顷产量52 500 kg左右。

(2) 黄玉葱头　河北省承德市农家品种。株高50 cm，开展度40 cm，叶色深绿，叶面有蜡粉，有叶9～11片，叶身长30 cm。鳞茎近圆形，纵径5～6 cm，横径7 cm以上，单球重150～200 g。外皮黄褐色，内部鳞片淡黄色。肉质细嫩，辣味适中，品质好。早中熟。耐寒，耐热，耐贮。抗霜霉病、紫斑病能力弱。每公顷产量18 750～26 250 kg。

(3) 大水桃　天津市郊优良农家品种。株高约60 cm，管状叶的横断面为大半圆形，深绿色，叶面布少量蜡粉。鳞茎呈球形，纵横径比为1∶1，中等大小的鳞茎横径为5 cm，大型鳞茎可超过7 cm。单球重约200 g。鳞茎外皮橙黄色，内部鳞片为黄白色。纤维少，辣味较浓，品质佳。耐贮性较差。每公顷产量45 000～52 500 kg，适宜出口。

(4) 荸荠扁葱头　天津市郊农家品种。叶长40 cm，功能叶9～10片，绿色，蜡粉较多。鳞茎扁球形，纵径4～6 cm，横径7 cm，外皮黄色间带褐红色，内部鳞片淡黄色。单球重100 g以上。含水少，味较辣，品质好，耐贮藏。中熟。不易抽薹。耐寒，耐热，耐贮运。每公顷产量约37 500 kg。

(5) 北京黄皮洋葱　北京市地方品种。成株有功能叶9～11片，叶深绿，叶面上有蜡粉。鳞茎扁圆至高桩圆球形，纵径4.5～5.7 cm，横径7～9 cm，颈部较细，粗约2 cm，外皮黄白色。单球重150～200 g。肉质细嫩，纤维少，辣叶较小，略甜。含水量少，耐贮藏。耐寒，不耐热。每公顷产量22 500～30 000 kg。

(6) 济州中高黄　极早熟品种。生长势中强，球膨大较快。鳞茎高球形，金黄色，球高5.5～6.5 cm，横径7～8 cm，单球重240～250 g。贮藏期一般为75～85 d。耐寒性较弱，品质好，适合出口。

(7) 13号圆葱　山东省莱阳市蔬菜研究所育成。植株长势旺盛，成株有管状功能叶8～9片，叶片直立，绿色，长约40 cm。鳞茎圆球形，直径8～10 cm，外皮光滑，黄色，内部鳞片白色微黄。单球重250～350 g。质地致密，味甜而稍辣，品质佳。晚熟品种，抗病性强。每公顷产量90 000～120 000 kg。

(8) 金球2号　北京市农林科学院蔬菜研究中心从日本黄金玉葱系选育而成的中日照品种。地上部长势旺盛，叶片深绿色，有蜡粉。鳞茎高桩球形，外皮金黄色，长势整齐，纵径7～8 cm，横径8～10 cm。单球重250～300 g。内部鳞片8～11层，乳白色，鳞茎大多数只有1个中心芽。质地细嫩，辣味适度，水分含量适中，品质好。抗逆性强，抗病耐寒。鳞茎顶部紧实，十分耐贮。适应性广。中早熟。产量高，每公顷产量60 000 kg以上。鲜食、加工与出口的理想品种。

(9) 世纪黄　连云港市农业科学院育成。株高70 cm左右，有管状叶9～11片，深绿色，有蜡粉。鳞茎圆球形，纵横径比为1∶1.2左右，外皮金黄色，内部鳞片黄白色，单球重300 g左右。质地细嫩，甜辣适中，品质好。抗寒，耐热。较耐贮运。属中熟、中日照品种。适于出口。每公顷产量60 000 kg左右。

(10) 东科苹果洋葱　黑龙江省东北农业科技有限公司利用从日本引入的品系选育而成。植株高度适中，叶粗壮。鳞茎圆形，横径7.6 cm，纵径6.8 cm，有鳞片9片，外皮铜黄色，光泽鲜亮，外形酷似苹果。单球重约200 g。味甘辛适口，属偏甜型洋葱。耐寒，属长日照类型，可在北纬40°～

50°的高寒地区种植。自然休眠期长达 8 个月，因而极耐贮藏。每公顷产量 90 000～120 000 kg。

(11) 泉州中甲高黄洋葱　日本引进品种。生长整齐，熟期一致，不易抽薹。鳞茎圆球形，外皮淡白黄色，内部鳞片乳白色，球径 8～9 cm。单球重 350 g 以上，最大鳞茎重可达 620 g。味甜而微辣，品质优，生熟食皆可，风味独特。中晚熟。耐寒性强，适应性广，高抗紫斑病、疫病，较抗霜霉病。丰产。不易抽薹。适宜生长温度为 18～22 ℃，属长日照品种。每公顷产量 105 000～120 000 kg。

(12) 西班牙黄皮　叶深绿色，最适种植纬度为北纬 38°～48°，熟期为 105～110 d。鳞茎近圆球形，硕大，单心率高。皮金棕色，色泽好。果肉紧实，洁白，品质佳，味较辛辣。耐抽薹，耐病。特耐贮藏，贮藏期可达 6～8 个月。

(13) 台农选 3 号　台湾农业试验所凤山热带园艺试验分所于 1985 年选育的新品种。植株高大、直立，叶色青绿。鳞茎扁圆，外被深黄褐色半革质鳞皮。鳞茎外观好，颈部细，合格率高且品质好。早熟，定植后 95～120 d 收获，属于短日照品种。

(14) 千金　台湾最近培育的杂交一代。植株生长势强且抗紫斑病。鳞茎扁圆形，纵径约 8 cm，横径 10.5 cm，球大颈细，鳞皮棕黄色，鳞片浅黄色，单个鳞茎平均重 300 g 左右。耐贮运，品质好，属于早熟、短日型品种，定植后 110 d 收获，适于出口外销。

(15) 万金　台湾农友公司新培育的品种。适于台湾南部地区栽培。植株比较高大、直立，叶色较浓。鳞茎扁平型，纵径平均 9.3 cm，横径 11.2 cm，单个鳞茎平均重 600 g。紧实，抗紫斑病，耐黑斑病。定植后 120～140 d 收获，属于中熟、短日型黄皮品种。

(16) OK 黄　中熟品种。植株生长势强，株高 70～85 cm，茎粗 1.6 cm。成株有管状叶 6～7 片，叶面着生蜡粉，深绿色。鳞茎圆球形，纵径 8～9 cm，横径 7～8 cm，鳞茎外皮黄色，干后为半革质，单个鳞茎重 243 g，肉质鳞茎白色，肥厚多质，纤维少，辣味淡，带甜味。适宜生食，耐贮性好，品质优。

(17) OP 黄　中熟。株高 70～76 cm，茎粗 1.7 cm。叶管状，有 7～8 片叶，叶面着生蜡粉，深绿色。鳞茎圆球形，纵径 8～9 cm，横径 7～8 cm，外皮黄色，半革质，单个鳞茎重 247 g，肉质鳞茎白色，细嫩，纤维少，吃味爽脆，辣味淡，带甜味。适宜生食，品质好。

(18) 金圆　南京农业大学选育的杂交种。中熟。株型直立，生长势强，无叶片下垂，9～10 片管状叶，株高 70～90 cm。生育期 240 d。单球重 250～400 g，一般每公顷产量 82 500 kg。商品性好，外皮金黄色，有光泽，内部鳞片白色，辛辣味淡，品质好，球形指数 0.85，假茎较细，耐贮存，抗病性中等。

2. 红皮品种

(1) 北京紫皮　北京市地方品种。植株高 60 cm 以上，开展度约 45 cm，成株有功能叶 9～10 片，深绿色，有蜡粉。鳞茎外皮红色，内部鳞片为浅紫红色，纵径 5～6 cm，横径 9 cm。单球重 250～300 g。鳞片肥厚但不紧实，含水量大，品质中等。生理休眠期短，易发芽，耐贮性差。每公顷产量 37 500 kg，高产的可达 60 000 kg。

(2) 高桩红皮　陕西省农业科学院蔬菜研究所选育而成。植株健壮，叶色深绿，有蜡粉。鳞茎纵径 7～8 cm，横径 9～10 cm，外皮紫红色，内部鳞片白色带紫晕。单球重 150～200 g。抗寒力较强，不耐贮，属中晚熟品种。每公顷产量 52 500～60 000 kg。

(3) 甘肃紫皮　甘肃省地方品种。株高 70 cm 以上，成株有 10 片功能叶，叶色深绿，有蜡粉。鳞茎扁球形，纵径 4～5 cm，横径 9～10 cm，外皮紫红色，半革质化，内部鳞片 7～9 层，淡紫色。单球重 250～300 g。辣味浓，水分多，品质中等。抗寒抗旱，休眠期短，不耐贮藏。每公顷产量 52 500 kg左右。

(4) 南京红皮　南京市地方品种。株高 70 cm，鳞茎扁球形，外皮紫红色，内部鳞片白色带紫红色晕斑，内有鳞芽2～3个。单球重100～150 g。辣味重。抗寒性强，休眠期短，耐贮性较差。每公顷产量26 250～30 000 kg。

（5）江西红皮　江西省地方品种。株高50～70 cm，开展度45 cm。叶色深绿，蜡粉少。鳞茎扁球形，纵径5 cm，横径7 cm，外皮紫红色，半革质化，内部鳞片浅紫红色。单球重200 g以上。辣味较浓，质地疏松，较脆，易失水。耐贮性差。每公顷产量26 250～30 000 kg。

（6）福建紫皮　福建省地方品种。植株直立，株高50 cm。叶色深绿，蜡粉多。鳞茎扁球形，纵径5 cm，横径8 cm，外皮紫红色，半革质化，内部鳞片白色微带淡紫色。单球重120 g左右。甜辣适中，品质较好，可鲜食。休眠期短，不耐贮藏。属短日照品种。

（7）广州红皮　广州市地方品种。植株直立，株高50 cm左右，开展度25 cm。管状叶中下部比一般红皮品种粗，横径达2 cm，深绿色，有蜡粉。鳞茎扁圆形，纵径4～5 cm，横径约7 cm，外皮紫红色，半革质化。单球重100～150 g。耐寒、抗病性强，不耐高温。属短日照品种。

（8）金华红皮洋葱　浙江省金华地方品种。株高65 cm，叶呈深绿色，管状，有蜡粉。鳞茎表面呈紫红色，扁圆形，直径10 cm左右，高7 cm。单球重约300 g。商品性好，质细嫩，味甜辣，品质特佳。生长势强，不易抽薹，耐肥水，耐贮运，抗寒，抗病。一般每公顷产量60 000 kg以上。适于中国大多数地区栽培。

（9）紫星　河北省邯郸市蔬菜研究所经系统选育而成。株高65～75 cm，有管状叶9～11片，叶片上冲，灰绿色，叶面蜡粉多。鳞茎扁圆形，横径8～9 cm，纵径6～7 cm，外皮深紫红色，色泽鲜亮，内部鳞片白色。平均单球重250 g左右，最大单球重可达400 g以上。质地脆嫩，辛辣有甜味，品质优良。对各种土质适应性强，较耐旱，中抗霜霉病和紫斑病，休眠期长，极耐贮藏。最适合黄河中下游各地种植。平均每公顷产量90 000 kg。

（10）紫骄1号　河北省邯郸市蔬菜研究所用洋葱雄性不育系配制的杂种一代。株高65～70 cm，有管状功能叶7～8片，植株直立性强。鳞茎厚扁圆形，横径8～9 cm，纵径6～7 cm，外表皮深紫红色，有鲜亮光泽，内部肉质白色，平均单球重250 g以上，最大单球重400 g以上。生育期260～265 d（包括越冬期）。抗霜霉病和紫斑病。耐贮存。抗分蘖，耐抽薹。

（11）红太阳　中日照类型品种。植株生长势强，适应性广。鳞茎近圆球形，外皮紫红色，色泽鲜亮，收获15 d后色泽变深。单球重250～300 g。辛辣味适中，口感极好，特别适合做色拉。

3. 白皮品种

（1）江苏白皮　江苏省扬州市地方品种。植株较直立，株高60 cm以上。叶细长，叶色深绿，有蜡粉。鳞茎扁球形，纵径6～7 cm，横径9 cm，外皮黄白色，半革质化，内部鳞片白色，内有鳞芽2～4个。单球重100～150 g。质地脆，较甜，略带辣味。耐寒性强。早熟。每公顷产量22 500～26 250 kg。

（2）新疆白皮　新疆地方品种。植株长势中等，株高60 cm，开展度20 cm。成株有功能叶13～14片，叶色深绿，蜡粉中等。鳞茎扁球形，纵径5 cm，横径7 cm，外皮白色，膜质，内部鳞片白色，约15层。单球重150 g。质脆，较甜，微辣，纤维少，品质佳。休眠期短。早熟。每公顷产量60 000 kg。

（3）系选美白　天津市农业科学院蔬菜研究所选育而成。株高60 cm，成株有功能叶9～10片，蜡粉少。鳞茎圆球形，球径10 cm左右，外皮白色，半革质化，内部鳞片为纯白色。单球重250 g左右。内部鳞片结构紧实，不易失水，质脆，甜辣味适中。抗寒，耐贮，耐盐碱。不易抽薹。每公顷产量60 000 kg左右。

4. 分蘖洋葱和顶球洋葱品种

（1）吉林分蘖洋葱　吉林省双阳区、湖北省房县、重庆市奉节县与巫山县均有栽培。植株丛生，叶管状略细，叶面着蜡粉，深绿色，叶长30 cm左右。鳞茎圆球形，外皮紫红色，半革质化，内部鳞片白色带紫色晕。单球重150 g。品质中等。早熟。从定植鳞茎球至收获鳞茎只需70 d。植株分蘖性强，单株有7～9个球形小鳞茎。

（2）东北顶球洋葱　又名头球洋葱、毛子葱、埃及洋葱。黑龙江省哈尔滨市郊、吉林省双阳县等地均有栽培。植株丛生，细管状叶长约 30 cm，叶横断面为半圆形，绿色，有蜡粉。鳞茎多为纺锤形，外皮黄褐色，半革质化。单球重 150～300 g。植株分蘖力强，每株可生成多个鳞茎。花茎上着生鳞茎球，有黄皮和紫红皮两种类型。有的气生鳞茎在薹上生出小叶，可以作种球。鳞茎耐贮藏。辣味中等。

三、生物学特性与主要性状遗传

（一）植物学特性与开花授粉习性

1. 植物学特征

（1）根　洋葱的胚根入土后不久便萎缩，因而没有主根。其根为弦状须根，着生于短缩茎盘的基部，根系较弱，无根毛，根系入土深度和横展范围仅为 30～40 cm，主要根层集中在 20 cm 以上的表土层，故耐旱性较弱，吸收肥力能力也不强。

（2）叶　由管状叶片和叶鞘组成。叶片筒状中空，表面具有蜡粉，腹部有明显凹沟，是幼苗期区别于大葱的形态标志之一。叶鞘圆筒状，相互抱合形成假茎。生育初期，叶鞘基部不膨大，假茎粗细上下相仿。生长后期，叶鞘基部积累营养而逐渐肥厚，形成肉质鳞片，鳞茎成熟前，最外面 1～3 层叶鞘基部由于所贮养分内移而变成膜质鳞片，保护内层鳞片减少蒸腾，使洋葱得以长期贮存。

（3）茎　在营养生长时期茎短缩成扁圆锥形的鳞茎盘，鳞茎盘下部成为盘踵。鳞茎盘上部环生圆圈筒形的叶鞘和芽，下面着生须根。成熟鳞茎的盘踵组织干缩硬化，能阻止水分进入鳞茎。因此，盘踵可控制根的过早生长或鳞茎过早萌发。生殖生长时期，植株经受低温和长日照条件，生长锥开始花芽分化，抽生花薹，花薹筒状，中空，中部膨大，有蜡粉，顶端形成花序，能开花结实。顶球洋葱由于花器退化，在总苞中形成气生鳞茎。

（4）花、果实和种子　洋葱一般在当年形成商品鳞茎，翌年抽薹开花，每鳞茎的抽薹数取决于其所包含的鳞芽数。抽薹后，花薹顶端着生伞形花序，其上着生 200～800 朵花。花有花被 6 枚，雄蕊 6 枚，中央着生雌蕊，子房上位，子房基部生有蜜腺。异花授粉。果为两裂蒴果，内含 6 粒种子。种子盾形，断面为三角形，外皮坚硬多皱，呈黑色。种子千粒重 3～4 g。

2. 开花授粉习性　洋葱属于绿体春化植物，即植株长到一定大小后才能对低温发生感应而通过春化阶段。通常 5 ℃以下处理 1 周能诱导鳞茎或四叶期以上植株花芽分化。一般品种 10 ℃的低温即可发生春化作用，而 2～5 ℃是通过春化阶段的适宜温度；通过春化阶段所需的低温日数，不同品种间差异很大，短的只需 40 d，长的需 100 d 以上。另外，营养体大小不同，对低温的反应也不一样，在同一品种中，营养体大受低温影响后较易抽薹。在同样的低温条件下，营养状况较差的秧苗更容易发生花芽分化；营养状况较好的秧苗会发生分蘖现象而不发生花芽分化。

由种子播种形成的植株通过春化后开花，一般只产生 1 个花序。由鳞茎长成的植株，可以产生 3～6 个花序，多者可超过 10 个。

洋葱属于伞形花序，花茎高 1～1.5 m，从中部到下部略似纺锤形膨大，顶端着生花球并为佛焰状总苞所包被，内有许多小花，平均 700～800 朵。1 个花序（花球）开花延续期为 12～18 d。单株的开花期可达 30 d 左右。开花过程总的趋势是从中央开始向外扩展，但不如大葱有规律。每个花序的盛花期从初花后 3～8 d 开始，持续时间约 10 d，盛花高峰期一般只有 3 d。这 3 d 的开花数约占总花数的一半。盛花后很快进入末花期。洋葱的小花花梗长 2.5 cm 左右，花瓣 6 枚，白色，披针形；雄蕊 6 枚，每 3 个为一轮，排列 2 轮；雌蕊 1 枚，子房上位有 3 室，每室有 2 个胚珠。

洋葱是雄蕊先熟的异花授粉作物，在开花后 2～4 d、雌蕊伸长到最大长度约 0.5 cm 时，是授粉的最好时期，一般在开花 5 d 后即失去受精能力。洋葱花通常在 6～18 时陆续开放，9～16 时花药开裂。花药里的花粉可保持 2～3 d，所以洋葱各小花之间相互授粉的机会很多。但是，洋葱的花粉耐湿性很差，花粉粒吸水后能自行崩裂解体。所以，开花期降雨对采种不利，常导致减产。

（二）生长发育及对环境条件的要求

1. 生长发育　洋葱为二年生蔬菜，其生长发育周期的长短因栽培地区、育苗方式不同而稍有差异，大致可划分为营养生长期、鳞茎休眠期、生殖生长期 3 个时期。

（1）营养生长期　从播种、种子萌动至商品鳞茎成熟、收获，又可分为幼苗期、叶生长期及鳞茎膨大期 3 个阶段。

① 幼苗期。从播种、出苗至苗高约 20 cm，假茎粗 0.6～0.9 cm，具 3～4 片真叶。幼苗期大致为 50～90 d。

② 叶生长期。自幼苗定植后（或秋季定植越冬返青后），随着外界气温逐渐升高，根部先于地上部迅速生长，此后地上部由缓慢生长也逐渐转入到迅速生长，至植株保持 8～9 片功能叶时止。叶生长期需 40～60 d（幼苗越冬时期除外）。

③ 鳞茎膨大期。洋葱自地上部进入旺盛生长期后，其叶鞘基部也已缓慢增厚，鳞茎开始膨大。此后，随着外界温度的升高和日照时间的加长，地上部叶及地下部根系停止生长，叶身中营养物质迅速向叶鞘基部和鳞芽中运转，鳞茎迅速膨大。至鳞茎成熟前，叶部开始枯萎、衰败，假茎松软、倒伏，鳞茎外层 1～3 层鳞片的养分内移，并逐渐干缩呈革质状。此期需 30～40 d。洋葱可开始收获。

（2）鳞茎休眠期　洋葱鳞茎收获后，为了延长供应期要先晾晒再行贮藏，此时也正是鳞茎进入自然休眠的时期。休眠是洋葱长期适应原产地夏季高温干旱等不良环境条件的结果。自然休眠期的长短因品种、休眠程度和外界温度不同而异，一般 60～70 d。待鳞茎解除自然休眠状态后，此时若外界条件适宜，鳞茎即可正常发根萌芽。因此，洋葱鳞茎的贮藏，必须根据鳞茎的休眠特点，给予适当的条件，并采取相应的措施，以延长贮藏时间，保证商品鳞茎质量。

（3）生殖生长期　用作采种的洋葱母鳞茎，经夏秋贮藏后，一般于秋季栽植（冬季严寒地区需在春季栽植），在翌年春季长日照下抽薹开花，至夏季种子成熟，其间需经 8～10 个月。生殖生长期的栽培管理应围绕种株安全越冬，促使花薹健旺、种子饱满，合理追肥、浇水，避免花薹倒伏等进行。此外，还要严格避免品种混杂，注意采种隔离，以保证种子的纯度。

2. 对环境条件的要求

（1）温度　洋葱适应性强，种子和鳞茎可在 3～5 ℃下缓慢萌芽，温度达到 12 ℃以上时发芽加速。幼苗期生长适温为 12～20 ℃，壮苗抗寒性较强，能忍耐－7～－6 ℃低温，叶生长期以 18～20 ℃为宜，20 ℃以下的较低温度更有利于地下部根与地上部叶在鳞茎膨大前充分生长。鳞茎迅速膨大期则需 20～26 ℃的较高温度，温度的高低和日照的长短均直接影响着鳞茎的形成。只有在较高的温度和较长的日照同时得到满足时，鳞茎才能膨大。在长日照条件下，较高的温度将促进鳞茎的形成和成熟，使鳞茎形成所需日数减少，较低的温度则相反。在鳞茎解除自然休眠状态后，强迫休眠的温度界限为不高于 3 ℃或不低于 26 ℃。

洋葱生殖生长期适宜温度大致相似于营养生长期，但抽薹前需稍低的温度，抽薹开花后则需较高的温度。

洋葱属低温春化型作物，诱导花芽需要较低的温度。多数品种在 2～10 ℃的低温下即可完成春化。但通过春化所需天数因品种类型不同而有较大差异，一般需经 60～70 d，南方品种只需 40～50 d，而北方品种则需 100～130 d。

（2）日照　长日照是洋葱鳞茎形成必需的条件。只有在长日照条件下，叶鞘基部才开始增厚呈肉质鳞片形成鳞茎。在短日照条件下，即使具备较高的温度，洋葱仍将继续生长，而不能形成鳞茎。延长日照时数，可加速鳞茎的形成和成熟。长日型品种必须在13.5～15 h的长日照条件下才能形成鳞茎；短日型品种则仅需低于11.5 h的长日照条件即可满足其要求。中国北方品种大多属长日型品种，一般多为晚熟种；南方品种大多属短日型品种，一般多为早熟种。另外，也有一些品种在形成鳞茎时对长日照条件的要求并不十分严格。因此，在南北各地相互引种和选择适于当地栽培的洋葱品种时，必须考虑所引品种是否适合当地的日照条件。例如，把北方长日型品种盲目地引到纬度较低的南方，则易因日照长度不能满足要求而推迟鳞茎的形成和成熟，甚至根本不能形成鳞茎；相反，若把南方短日型品种引到纬度较高的北方，则又因较易满足其日照要求，当温度升高时往往未待洋葱地上部充分生长而过早地形成鳞茎，从而使产量大幅度下降。

（3）水分　洋葱根系浅，吸水能力弱，需较高的土壤湿度。洋葱幼苗出土前后，根、叶生长缓慢，要求经常保持土壤湿润；叶生长盛期及鳞茎膨大期是洋葱需水量最大的时期，土壤缺水将严重影响鳞茎的肥大。但鳞茎收获前，较低的土壤湿度有利于鳞茎的充实和加速成熟，并促使其进入休眠状态。洋葱鳞茎具有极强的抗旱能力，能在极干旱的外界条件下，长时间保持肉质鳞片中的水分，维持幼芽的生命活力。

（4）土壤营养　洋葱根系弱，需较高的土壤溶液浓度，因此洋葱属喜肥作物，适于种植在肥沃、疏松、保水保肥力强的中性土壤上。洋葱适宜的土壤酸碱度为pH6～8。疏松的土壤有利于鳞茎的膨大。

氮素的使用对洋葱鳞茎的形成影响很大。只有当鳞茎形成所必需的长日照和较高的温度条件具备时，氮肥才能充分地促进鳞茎膨大；但在鳞茎形成所必需的长日照条件不足，而又接近所要求的日照长度时，氮肥较少能促进鳞茎的逐渐膨大，氮肥过量反而延缓鳞茎的膨大形成。

（三）主要性状遗传

1. 鳞茎颜色的遗传　鳞茎颜色主要是指外部干鳞片的颜色，鳞茎颜色虽然因地区环境条件不同稍有深浅变化，但主要是受品种的遗传控制。Jones等（1944）研究表明，洋葱鳞茎的颜色由以下基因控制：I为颜色抑制基因，I对i为不完全显性；C为基本色素基因，cc为白色；R为红色基因，r为黄色基因。当I/I基因型存在时，不管其他基因如何，鳞茎都是白色，此类白皮洋葱被称为显性白皮；杂合状态下（I/i），鳞茎为米黄色；当基因型为ii、cc时，鳞茎为白色，此类白皮洋葱被称为隐性白皮；当$C/-$基因存在时，表现出R、r基因的颜色，i/i、$C/-$、$R/-$为红色，i/i、$C/-$、r/r为黄色。Jones等（1952）还报道，黄色×黄色其后代都表现为粉红色的鳞茎，说明有修饰鳞茎颜色的互补基因存在。Shafie等（1967）认为两个附加基因G和L控制着鳞茎颜色的变化。上述研究说明洋葱颜色的遗传是复杂的。

2. 雄性不育的遗传　目前洋葱应用最多的雄性不育系是S胞质雄性不育。该不育由1对隐性核基因和不育的S胞质共同控制，其不育系的基因型为S（$msms$），保持系的基因型为N（$msms$），恢复系的基因型为N或S（$MSMS$）。另一类T型雄性不育的遗传是由不育的细胞质因子（T）及3对独立遗传的隐性核基因控制的。育性可由1对恢复基因A/A或2对互补的基因（B/B、C/C）恢复。其不育系的基因型为T（$aabb$）或T（$aacc$），相应保持系的基因型为N（$aabb$）或N（$aacc$），恢复系的基因型为S/N（AA）或N/S（$BBCC$）。

3. 其他性状遗传　其他质量性状的遗传见表27-3、表27-4。

表27-3　普通洋葱或分蘖洋葱与大葱杂交主要性状遗传表现

（李成佐，2005）

性状	F_1	控制基因
花叶病毒抗性	抗病	
黄萎病毒抗性	抗病	可能为多基因
黑穗病抗性	抗病	
红根病抗性	抗病、不抗病	单基因，较复杂

（续）

性状	F_1	控制基因
夏枯×常绿	常绿	可能为2对基因
鳞茎是否肥大	不肥大或稍肥大	
花期早晚	中间	

表 27-4　普通洋葱品种间杂交主要性状遗传表现

（李成佐，2005）

性状	F_1	控制基因
霜霉病抗性	抗病，不抗病	
根腐病抗性	不抗病	1对隐性基因控制
抽薹性	不易为不完全显性，随亲本而异	
成熟期早晚	中间偏早	
鳞茎大小	随亲本组合而异	
耐藏性	中间或优于亲本	
花药颜色（黄×绿）	绿药	*Ya*、*ya*
是否露药	不露药	*Ea*、*ea*
叶表粉蜡有无		G_1、g_1
叶绿素缺失	叶绿素正常	*Aa*、Y_1u_1、y_2y_2、*Vv*、*Pypy*

4. 鳞茎相关性状的遗传　McCollum（1968）报道，鳞茎重量和横径的遗传力低，纵径的遗传力居中，紧实度的遗传力最高。庄勇等（2004）以7个品种（系）为材料，对洋葱鳞茎紧实度的杂种优势和遗传参数进行分析估算。试验结果表明，鳞茎紧实度大多表现为负向的杂种优势，其遗传符合加性-显性模型，狭义遗传力为0.15。

5. 品质性状的遗传　洋葱多数品质性状是数量性状，洋葱的独特风味是由挥发性物质和非挥发性硫化物构成的，既有遗传因素，也极易受环境的影响，如灌水、温度、施用硫肥等。洋葱可溶性固形物含量（SSC）和干物质含量高度相关（Sinclair et al.，1995），研究表明可溶性固形物含量和鳞茎大小（McCollum，1968）、辛辣程度（Bedford，1984；Randle，1992；Simon，1995）、离体抗血小板凝集能力（OIAA）都呈正相关（Goldman et al.，1996；Debaene et al.，1999）。Warid（1952）报道SSC有很高的遗传力，可能由4～10个基因控制。Kadams等（1986）、Lin等（1995）计算出SSC的广义遗传力为0.6～0.8，Wall等（1999）计算出可溶性固形物含量的狭义遗传力为0.30～0.64。庄勇等（2004）认为干物质、可溶性固形物、可溶性糖、丙酮酸含量的遗传受寡基因控制，蛋白质含量的遗传受2组基因控制，其狭义遗传力分别为0.56、0.69、0.59、0.22和0.30。5个品质性状的遗传均存在超显性现象，控制干物质含量的显性基因具有增效作用；其他4个品质性状基因的显性方向均指向减效，具有减效作用。

King等（1998）建立了第1张低密度洋葱分子标记连锁图谱。Galmarini等（2001）研究发现，可溶性固形物含量高的洋葱品种，辛辣程度和离体抗血小板凝集能力也高，其QTLs分子标记主要定位在连锁群D、E和F，特别是连锁群E。QTLs分子标记在染色体某个区域上的遗传图距在40 cM内。这段区域对干物质含量、辛辣程度和离体抗血小板凝集能力具有直接的遗传加性效应，这和表型的相关分析是一致的。辛辣程度和离体抗血小板凝集能力的广义遗传力分别为0.36和0.54。

四、育种目标

（一）品质

洋葱品质包括感官品质、营养品质及加工品质。感官品质因消费习惯不同略有不同，洋葱感官品质的总体要求：球型整齐、美观，圆球形或扁球形等；颜色鲜艳，金黄色、深紫色、乳白色等较受消费者喜爱；假茎细，鳞茎收口好，外表皮不易脱落，分球率低；鲜食洋葱还要求略带甜味，辣味适中。洋葱营养品质的要求：粗纤维含量适中，可溶性糖和维生素C含量高。作为一种保健蔬菜，提高洋葱中有保健功能的活性成分含量也是未来洋葱品质育种的目标之一。

洋葱的加工品主要为洋葱粉和脱水洋葱，用于加工的洋葱要求鳞茎的颜色为白色或淡黄色，辛辣味浓，干物质、可溶性固形物含量高，一般要求在20%以上。另外，用于脱水加工的洋葱应尽可能提高由中心芽单一膨大的比例，以便于加工洋葱环。

在洋葱加工专用品种的选育中，对亲本材料及杂交后代都要进行固形物含量的选择，为了提高育种效率，育种者可以通过鳞茎的紧实度和借助折光仪测定来进行选择，一般鳞茎紧实度越高，则其组织越致密，干物质、可溶性固形物含量就越高。根据已知的洋葱遗传规律，可溶性糖、可溶性固形物、干物质含量呈显著正相关，所以可借助折光仪进行加工洋葱品种的选育。用打孔器或小刀取下每一待测鳞茎的一小块鳞茎组织，将汁液挤压到折光仪的玻片上测定结果，将固形物含量高的鳞茎用于亲本的选配或留种。

（二）丰产性

洋葱的单位面积产量由株数、平均鳞茎重、先期抽薹率和植株成鳞茎率等性状构成。

单位面积栽植株数，在不同地区由于环境和栽培方式的差别而造成的差异，往往大于品种本身之间的差异。由于洋葱品种地上部的叶片多少、高度和开展度的差异对种植密度的影响不大，所以，在同一地区同一栽培方式下，不同品种的栽培密度相差也不大。种植密度主要与鳞茎横径相关，即鳞茎横径相似的品种一般可采用相同密度。所以，洋葱丰产性育种主要针对的性状是平均鳞茎重。

洋葱鳞茎有叶重型和叶数型。平均鳞茎重是由鳞片数和鳞片平均厚度（质量）这两个性状构成的。洋葱每个鳞茎的鳞片数，在品种间的变幅为5～20片。鳞片厚度的变幅为0.2～1.0 cm。在育种中可以采用叶重型与叶数型的亲本选配。

品种的先期抽薹率是影响产量的重要因素，也是洋葱生产的主要障碍之一。丰产的品种必须要有较低的先期抽薹率。关于先期抽薹性的遗传，琼斯等认为不易抽薹为不完全显性，花冈保则称后代表现随亲本组合而异。鉴定易抽薹性的强弱方法，通常使各品种从播种、育苗、定植、管理都处于相似环境条件下，统计先期抽薹率。在育种中为了提高选择压，可以采用提早播种和大苗定植的方法。对于个体先期抽薹性强弱的鉴定，到目前为止还只能根据田间观察，分为抽薹和不抽薹或记载其抽薹日期，而花芽分化期的解剖鉴定由于经鉴定后的鳞茎不能再繁殖后代，所以不适于个体鉴定。

（三）耐贮性

洋葱是一种重要的贮藏供应蔬菜，因而耐贮性是很重要的经济性状，对于加工洋葱和外销洋葱尤其重要。耐贮性主要由鳞茎的抗病性和休眠期决定，鳞茎抗病性好、休眠期长则耐贮。

鳞茎抗病性的强弱与病原菌的传播情况以及环境条件相互作用有关。造成鳞茎在贮藏期间霉烂损失的病害主要是洋葱颈腐病（*Botrytis allii*）和洋葱灰霉病（*B. squamosa*）。颈腐病是各地造成贮藏鳞茎腐烂的主要病害，主要通过假茎伤口侵入。有色品种一般比白色品种抗病，辛辣味浓的品种比辛辣味淡的品种抗病。另外，由于病原菌能从假茎开口处侵入，因而假茎粗的较易感染。

在有些地区炭疽病也是造成贮藏损失的重要病害，病原为 *Collectotrichum circinans*，侵染鳞茎外皮呈黑色烟斑，在高温多湿环境下病菌繁殖迅速，严重时造成鳞茎萎缩和提早发芽。一般认为有色品种比白色品种较为抗病，在抗病品种上病斑仅限于颈部而不易发展。有色品种对颈腐病和炭疽病的抗性可能与所含槲皮色素糖苷物和原儿茶酸有关。在研究色素与抗性关系的试验中发现，产生色素的基因 *W* 和 *Wy* 也同时控制原儿茶酸的产生。试验还发现有色品种的外层鳞片疏松不紧的品种或个体，一般较易感染。

鳞茎休眠期长短是影响洋葱耐贮性的重要性状。贮藏期间个体鳞茎萌芽期的早晚或品种萌芽率的高低，是休眠期长短具体的表现。在相同贮藏条件下，短日照品种比长日照品种由于休眠期较短而萌芽较早，遗传是决定洋葱鳞茎休眠期长短的主要因素。休眠期的长短也受鳞茎形成的环境条件的影响，长日照、高温、干燥有利于鳞茎的膨大成熟，在这些条件下形成的鳞茎的休眠期也较长。

耐贮性的鉴定通常采用直接鉴定法，即在实际贮藏条件下，分几次调查统计损耗或保存率。通常在鉴定品种或系统的耐藏性时，每品种至少应有100个以上正常成熟的鳞茎，计数和称重后分别用容器盛装保存在同样的贮藏条件下，其后分期调查霉鳞茎率、萌芽鳞茎率、裂鳞茎率，同时每次剔除上述淘汰鳞茎后称量剩余健全鳞茎的重量，换算出平均单鳞茎重的失重率。对于上述各类废鳞茎也可用重量损耗来表示，就是用各类废鳞茎数乘以开始贮藏时的平均单鳞茎重，再换算成重量损耗百分率。这种鉴定法比采用一个总的重量或鳞茎数损耗率，能更好地区别各品种在耐藏性方面的差异和特点，有助于研究了解各种育种原始材料的特性，对新育成的品种也可提供改进贮藏方法和贮藏条件的参考。

（四）抗性

洋葱的抗性育种主要针对生产中发生较多的霜霉病（*Peronospora schleidenii*）、紫斑病（*Alternaria porri*）、软腐病（*Erwinia carotovora* subsp. *carotovora*）。洋葱对病虫害抗性在不同品种间差异不是很大，很少有近于免疫的高抗品种，因此通过品种间杂交育成对多种病害有高度抗性的品种比较困难。洋葱的同属近缘种大葱对花叶病毒、黄矮病毒、锈病、黑穗病、白腐病、红根病、葱蝇等病虫害的抗性远高于洋葱，韭葱和蒜对锈病近于免疫，不少葱属野生种具有洋葱所缺乏的抗病性和抗逆性。因此，关于抗病育种方面，前人所做的工作大多集中在远缘杂交方面，其中报道最多的是洋葱与大葱的杂交。洋葱属于低耐盐性作物，Bernstein 报道过土壤含盐量为 4.1 dS/m，鳞茎产量下降50%，洋葱鳞茎的耐盐性界限是 3.47 dS/m。洋葱开花结籽期的耐盐性比鳞茎发育期高。当土壤含盐量不超过 4.04 dS/m 时，鳞茎发芽无显著变化，土壤含盐量 10.0 dS/m 时，鳞茎发芽率降到对照的50%。当土壤含盐量为 4.0 dS/m 时，单株种子产量下降 12.6%。

五、育种途径

（一）选择与有性杂交育种

选择育种是指利用洋葱在生产过程产生的自然变异，通过适宜的选择方法培育新品种。过去中国生产上使用的洋葱品种有相当一部分是农家品种，是通过搜集、鉴定、开发利用当地的品种资源得来的。这些品种对当地自然环境条件和栽培条件有良好的适应性，又基本符合市场的要求，在生产上起过不小的作用。

有性杂交育种是洋葱育种的主要途径之一，通过亲本的选择选配，有性杂交，并对杂交后代进行选择培育，获得新品种的方法。

1. 亲本选配　洋葱杂交育种亲本选配的最主要原则是双亲性状互补。为使杂交后代获得良好的丰产性，在亲本选配时除了注意抗病虫性外，可以采用鳞茎大而较易先期抽薹亲本与鳞茎较小而不易先期抽薹亲本配组，或花芽分化晚但株重增长较慢的亲本与株重增长较快但花芽分化也较快的亲本配组，或株重增长较慢但鳞茎相对增重率较高的亲本与株重增长较快但鳞茎相对增重率较低的亲本配组，或采用鳞茎开始膨大早、成熟也早的亲本与开始膨大晚、成熟也晚的亲本配组，或鳞片数多者与鳞片肥厚者配组，或大型扁鳞茎与高鳞茎配组等。对于可能作为杂交亲本的品种或植株，需要分别对其产量构成性状做鉴定，以便选配杂交组合时能取长补短。

2. 有性杂交技术　由于洋葱花序上的花数很多，下部花常常不能结籽，而任其陆续开放，会增加去雄授粉的工作量，所以洋葱杂交前通常先疏花。疏花每天早晨和午后各进行1次，摘除初开花，估计 1～2 d 内同时约有 50 朵开放时为止，这时除保留最大花蕾约 50 个外，其余小花蕾全部摘除。然后对保留花蕾进行去雄（或在花初开时进行），去雄后的花序与父本花序套在同一袋内。如果父母本不是相邻栽植，则可把父本花序带长梗剪下与母本花序套在同一袋内。这样几天内父本花序仍能陆续开放供给花粉，为了使花粉容易落在去雄花的柱头上，应使袋内父本花序稍高于母本花序，并每天摇动纸袋数次。这是通常使用的较省工的杂交法，但结籽率较低。为提高结籽率，可以采用人工授粉，父本花序提前套袋，采集父本花粉后用铅笔的橡皮头或毛笔人工授粉，人工授粉每天 1 次，重复 2～3 d。

由于洋葱花器小，去雄授粉复杂费工，如果双亲差异较大，通过目测就能淘汰假杂种，也可以不去雄，将父母本的花序套在同一袋子中，每天摇动纸袋数次，任其自然授粉，在 F_1 代选择时淘汰假杂种。

3. 杂交后代选择培育 洋葱属于典型的异花授粉作物，自交退化显著，洋葱杂交后代的选择通常采用集团选择法或单株混合选择法。杂交后代选择方法步骤大致如下：

F_1 代的选择：秋播地区提前播种，一般比生产的播种期提早 10～15 d，春播地区如果能秋播贮藏小苗越冬则行秋播，具体播期根据当地生产经验估计能使第 2 年有一半左右植株先期抽薹。淘汰先期抽薹的单株，根据育种目标选留种球，通常选择抗病、未先期抽薹、鳞茎较大的、正常成熟（假茎细、地上部自然倒伏）和其他性状良好的植株，如选育早熟品种，则选择倒伏早、鳞茎大的植株。收获鳞茎进行耐贮性的鉴定，淘汰发芽早及腐烂发病的鳞茎。采用单株选择，将经过耐贮性鉴定后的保留种球分开定植至株系选择圃，开花时人工隔离自交，单株收获种子。采用集团选择法，经过耐贮性鉴定后的保留种球，将球型、鳞茎外皮颜色、成熟期等性状相近的优良种球归为一个集团，同一集团的种球定植在一起，开花授粉时，集团间相互隔离，集团内部混合授粉，可以采用人工授粉或借助蜜蜂等昆虫授粉，同一集团的种子混收在一起。

F_2、F_3、F_4 选择标准和方法基本与 F_1 相同，经过 4～5 代的选择，性状基本稳定，把主要经济性状优良和生长发育特性相似的株系混合采种后，可升级鉴定，进行品种比较试验和区域试验、生产试验。

4. 育种实例 以江苏省连云港市农业科学院选育的连葱 8 号为例介绍选育途径。1994 年春季，以日本紫皮洋葱为母本，以中熟、耐病性好的汉城紫玉洋葱为父本，人工杂交；1994—1995 年播种鉴定杂交后代，1995 年 6 月从杂交后代中选择球形好（球形指数＞0.70）、单球重超过 300 g、假茎较细、倒伏较早的单株，经过夏季贮藏后，淘汰发芽早、腐烂的鳞茎，于 10 月定植到隔离网室内自交繁种。经过多代系统选育，获得性状稳定的新品种连葱 8 号。

（二）优势育种

洋葱是生产上最早利用雄性不育系生产杂交种的蔬菜。洋葱杂种优势显著，一代杂种一般能增产 20%～50%。研究表明，洋葱的产量、早熟性、鳞茎重、鳞芽数等性状杂种优势显著，具有正向优势。庄勇等（2003）研究了洋葱品质性状的杂种优势，发现洋葱的可溶性固形物和可溶性糖含量具有较强的正向杂种优势，而鳞茎紧实度、蛋白质含量和丙酮酸含量大多表现为负向的杂种优势。

优势育种是当前洋葱育种最主要的途径之一。但洋葱是雌雄同花的异花授粉作物，花器细小，单花结籽少，单位面积上用种量多，不可能用人工授粉杂交繁育生产上所用的杂交一代种子。要充分利用其杂种优势，必须首先解决大量制种的技术问题。利用雄性不育系简化制种技术、提高杂交种子产量与品质是洋葱优势育种的关键。目前，生产上洋葱的杂种一代种子多数是利用雄性不育系生产的。

1. 自交系的选育 以配合力好的资源为材料，选择优良的单株自交，自交的方法多采用套袋摇袋自交法，一般自交 4～6 代可获得基因基本纯合的自交系。洋葱自交衰退十分明显，自交几代后，不仅生长势变弱，结籽率也显著下降，所以在洋葱自交系选育时，除注意经济性状选择外应选择保留结籽率高的单株，自交 3 代及以后的世代可以采用鳞茎性状（球形、颜色、熟性）相似的单株进行成对杂交来选育自交系。

2. 优良雄性不育系的选育 要育成优良的雄性不育系，首先要有雄性不育株。利用自然变异可获得雄性不育株，目前育种上已获得的雄性不育系原始不育株均来自洋葱采种田，在洋葱采种田内观察搜集是获得原始雄性不育株的主要途径。方法是在开花期间晴天的中午前后，用手掌逐株接触花头，观察掌内有无花粉，如发现某一株接触后掌内无花粉，再观察它的花序和花的形态。一般雄性不育株的花丝较短，花药皱缩不开裂，药色较浅呈灰褐色或幼年期呈透明状带绿色。发现这样的植株后，应收集该株上的花药进行显微镜检验，凡药内无花粉或虽有花粉而极少形态正常者即为雄性不育株。由于雄性不育性有强有弱，又受环境条件影响，因此对这些初步鉴定的不育株，一方面从始花期到终花期分几次观察，另一方面进行人工授粉自交（如属花粉败育性不育）以检验自交结籽率。通过这种检验选择不育性强而稳定的原始不育株。

洋葱不同品种自然出现不育株的频率相差很大。据前苏联彼得试验，司各脱郡洋葱第 1 年在 9 500株中发现 80 株不育株，占 0.84%；第 2 年在 14 020 株中发现 135 株，占 0.96%。另两个品种的雄性不育株的发生频率为 0.03%。欧洲洋葱品种的不育株率为 0.03%～4.4%。吴光远发现南京黄皮品种内第 1 年不育株率为 1.71%，第 2 年为 4.89%。卡查柯伐研究发现 11 个品种出现不育株的频率为 0.2%～33.3%。哈及新指出在 42 个品种内有 6 个品种不育株率达 20%～24%，21 个品种为 0.8%～10.4%，15 个品种内未发现不育株。可见洋葱中出现不育株的频率高的可达 20%～30%，低者仅万分之几。但是一般品种通过田间检查获得原始不育株并不困难。采用人工自交，从自交后代中选择不育株，可以提高其出现频率；从其他地区引入雄性不育系直接利用，或作为原始不育株用以转育成所需的优良不育系也是行之有效的方法。

根据雄性不育性的遗传规律可知，利用原始不育株育成不育系的关键，还必须找到基因型属于 *N*(*msms*) 的可育系作为保持系，所以育成不育系的过程也就是筛选保持系的过程。一旦找到了具有优良经济性状的 *N*(*msms*) 基因型植株后，一方面把 *N*(*msms*) 株自交繁殖成保持系，同时用 *N*(*msms*) 做父本与不育株交配所得的后代就成为不育系，再连续回交几代就能育成一个经济性状与保持系相似的优良不育系。因此发现原始不育株后，就应用不同可育的配合力高的亲本材料做父本，分别与不育株测交，同时各父本自交繁殖。下一年分株系播种杂交后代及父本自交的后代，鳞茎的收获、选择、贮藏方法同有性杂交育种杂交后代的选择。定植保留的鳞茎，开花时检查各测交后代的育性，凡全部植株或接近 100%植株为雄性不育株的测交组合，即表示该组合的父本属 *N*(*msms*) 基因型，以后的世代只需将此父本自交，同时与不育株进行饱和回交，回交 5～6 代后就能获得稳定优良的雄性不育系，父本的自交后代就是其保持系。

选育保持系的过程中，采用的测交父本越多，则从中筛选出 *N*(*msms*) 基因型的概率越大，不同材料 N 型细胞质和 *ms* 核基因存在的频率是不同的，有些品种内可能 *N*(*msms*) 型株的频率很低，因此选择多个品种为测交父本。

通常育成 1 个具有优良经济性状的雄性不育系和它的保持系，需要经过 6～7 代。洋葱是二年生蔬菜，完成 1 个选择的世代需要跨 3 年，所以选择 1 个洋葱不育系需要 10 余年。为了缩短育种周期，在一些世代可以采用从种子到种子的选择方法进行加代，即通过提早播种，获得足够大的营养体，使其在冬季或早春通过春化，第 2 年春天不形成鳞茎直接开花收获种子，这样一年就可以完成 1 个世代，加速育种进程。

在育成优良雄性不育系后，以雄性不育系为母本，与选育获得的自交系进行配合力测定，筛选配合力高的杂交组合，并进行品种比较试验和区域、生产试验。

3. 育种实例　以南京农业大学选育的南农黄洋葱品种为例介绍选育途径。1997 年春，在 9905（韩国的丰裕早生多代自交系）采种田中发现了洋葱雄性不育株，当年用 9905 及其他 5 个自交系为父本，分别授粉，同时父本自交采种，收获的种子分别播种，形成不同的株系。1999 年从不育株率高的株系中选择优株与相应父本的可育株成对杂交，同时父本自交，连续 3 代选择。S9905 - 20 - 39 - 1 与相应父本授粉，不育株率、不育度均为 100%，简称 101A，相应父本 9902 - 20 - 10 - 8 简称 101B。

以国外引进的大宝、红叶 3 号、中甲高黄等为材料，采用系谱选择法，结合品质、耐贮性的鉴定，选育出 15 份自交系。用 101A 与 15 个自交系配制的杂交组合都表现出较强的超亲优势。其中 101A×419 组合表现突出，在连续 2 年的品种比较试验和 1 年的区域试验中产量和抗病性都名列前茅，综合各组合的品质分析和耐贮性分析，101A×419 组合为优势组合，命名为“南农黄”黄皮洋葱。其选育途径见图 27-4。

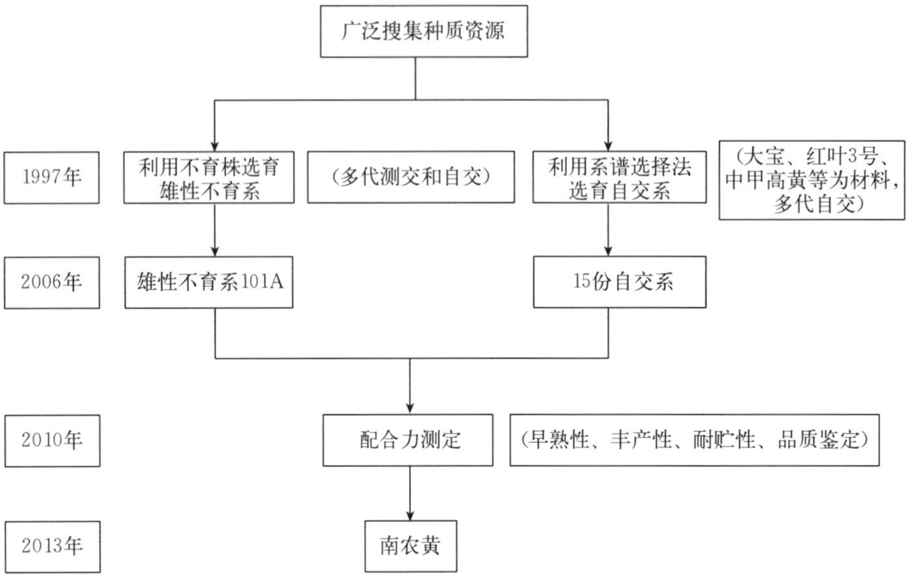

图 27-4 南农黄洋葱品种选育途径

（三）生物技术育种

1. 组织培养的植株再生与高频再生体系的建立 1966 年，Guha 等首次报道了以授过粉的洋葱子房或胚珠离体培养获得再生植株和种子。多年的研究表明，洋葱的许多组织都可以作外植体，如茎尖、鳞茎盘、鳞片、成熟或未成熟花蕾、子房、胚珠、花托、成熟或未成熟的胚和种子等。这些外植体多为旺盛的分生组织，存在巨大的分生潜力，易于脱分化和再分化。

已经建立的再生体系，其共同特点是每个外植体产生的芽数相对较低，如以鳞片为外植体，每个外植体大约能产生 10 个芽（Fujieda et al.，1979）；以花为外植体大约只有 10%的花能诱导出芽，平均每个外植体产生 5 个芽（Pike et al.，1990），或每个花序只能获得 4.24 个芽（Mohamed-yasseen et al.，1993）。离体培养生长的芽可以继代（Kahane et al.，1992），但是繁殖周期需 3～4 个月。

Luthar 等（1999）采用两步法培养成熟的花或子房，先将成熟的花在含 2 mg/L 2,4-D 和 2 mg/L 6-BA 的诱导培养基上培养 6 d 后，转移到含 2 mg/L TDZ 的分化培养基上直接再生出小苗，该方法没有经过愈伤组织，减少了变异，其中花蕾的最高诱导频率为 57.2%，子房为 39.4%。

洋葱体细胞胚的诱导比较困难，有关的报道并不多。Philips 等（1983）以萌发种子的分生组织为外植体，得到体细胞胚胎，诱导率低于 7%。Saker（1997）以成熟的种子为材料创造出一种可反复得到体细胞胚的培养程序，扩繁系数高于 10，但该途径需经过愈伤组织的诱导，而且对基因型要求较严格。

2. 遗传连锁图谱及其重要性状关联的分子标记 1998 年 King 等用 BYG15-23 和 AC43 两个自交系杂交获得 F_1，经两代自交得到 58 个 F_3 作图群体，采用 RFLP 和 RAPD 方法构建了第 1 张低密度的洋葱分子连锁图谱，图谱中包括 114 个分子标记和两个形态标记构成 12 个连锁群，遗传图距全长 1 064 cM，两个相邻的标记平均距离为 9.2 cM，其中 42%标记紧密连锁（>10 cM），5%标记松散连锁（10～30 cM），53%标记不连锁（>30 cM）。114 个分子标记中，44 个（39%）是显性标记，68 个（61%）是共显性标记。两个形态标记：一个是决定洋葱表皮颜色的色素基因 *Crb-1*（表现为红色），处于 H 连锁群体 RFLP 标记 API94（16.1 cM）和 API76（15.9 cM）之间；另一个是决定洋葱雄性不育的核基因 *Ms*，处于 B 连锁群体 RFLP 标记 AOB210（14 cM）和 API65（15 cM）之间。在 A 连锁群中还发现了两个相近的蒜氨酸酶（alliinase，EC4.4.1.4）RFLP 连锁标记（6.9 cM）。根据克隆到的部分 cDNA 片段序列，发现 12 个（67%）片段序列与已知的植物同源。特别是不在连锁图谱中的 RFLP 标记 AOB156 克隆序列和谷胱甘肽转移酶同源。McCallum 等（2001）将 2 个 CAPs（cleavage amplified polymorphisms）标记定位在上述遗传图上。Martin 等（2005）在以上遗传图谱的基础上，用 EST 增加了 100 个新的遗传标记。这是到目前为止最详细的有关洋葱的遗传图谱。虽然洋葱遗传图谱的建成促进了洋葱的遗传育种研究进程，但图谱上的标记还需进一步饱和。

国内外有关洋葱数量性状定位的研究较少。Havey 等（2004）对洋葱鳞茎中可溶性碳水化合物性状进行了 QTL 分析，认为连锁群 A 和 D 决定着果糖和蔗糖的浓度。Galmarini 等（2001）鉴定了位于连锁群 E 上的某一区域与干物质含量、可溶性固形物含量和辣味等性状相关。与果糖含量相关的基因位于染色体 8 上，而且只有一个重要的 QTL。而辣味相关基因和可溶性固形物相关基因位于染色体 3 和 5 上（McCallum et al，2006、2007）。

国内外学者利用分子标记进行了洋葱资源的遗传多样性分析。Bark（1995）用 RFLP 评价了 17 个开放授粉的洋葱群体和 2 个自交系之间的相似性和遗传多样性，共获得了 146 个多态性片段。认为长日照洋葱和短日照洋葱并没有明显的区别，所有长日照洋葱来源于同一高纬度类群，短日照洋葱具有更高的多样性。Kutty 等（2006）用 RAPD 标记评价了 24 个短日照洋葱的遗传多样性。从 90 个随机引物中筛选出 15 个进行 RAPD 分析，产生 137 条带，91.24%具有多态性。聚类分析把 24 个洋葱品种分为两大类群。崔成日等（2006）利用 RAPD 技术对 41 份洋葱种质资源的遗传多样性进行了分析。从 100 个随机引物中筛选出 7 个引物，共扩增出 64 个位点，其中多态性位点 34 个（53.13%）。根据聚类分析结果可将供试材料分为 9 个类群，聚类结果与形态学特征有一定对应关系。第一类群是来源于印度北方的品种，另一类群则来源于印度南方，所选择的洋葱品种具有丰富的遗传多样性。

3. 分子标记辅助选择　利用连锁的分子标记进行辅助选择可以提高选择效率，洋葱的分子标记研究主要集中在洋葱细胞质的类型鉴定及重要性状的辅助选择。洋葱是二年生植物，通过测交鉴定细胞质类型需要 4～8 年，利用分子标记技术当年就可获得鉴定结果，是一种快速高效的分子鉴定方法。20 世纪 90 年代至 21 世纪初众多学者利用 RFLP 技术获得多个洋葱线粒体 DNA 多态性，可用于鉴别区分洋葱植株的 N 细胞质和 S 细胞质类型。

Havey（1995）首次报道了洋葱细胞质雄性不育 PCR 标记，发现 N 型与 S 型胞质 cpDNA 上 *trnT* 和 *trnL* 两个基因间的间隔区（IGS：intergenic spacer）不同，即 N 胞质上有一特殊的 100 bp 的插入序列，以两个基因间保守序列为引物进行 PCR 扩增，获得了可区别洋葱 S 型和 N 型胞质的特征谱带（1 kb 和 1.1 kb）。Alcala 等（1999）研究 S 型与 N 型 cpDNA 的基因间非转录区，发现存在单核甘酸差异的多态性及串联重复的多态性，通过 PCR 分析，也可快速鉴定洋葱的 S 型或 N 型胞质。Terefe 等（2002）进一步研究还发现 *trnT*、*trnL* 两基因之间存在一细小的变异，是一个变异的热点区域。Sato（1998）发现洋葱 S 型胞质 mtDNA 的 *cob* 基因中有一特殊的转录，S 型胞质线粒体 *cob* 基因上游有一个叶绿体同源的 *orf1708* 基因（从烟草中分离）的插入。以此上游系列两侧的核甘酸序列为引物，进行 PCR 扩增，获得了区分 S 型和 N 型胞质的特征谱带，可快速、准确地区分一个单株的胞质是 S 型或 N 型。陈沁滨利用 RAPD-PCR 技术获得了可以区分 S 型或 N 型细胞质的一个 SCAR 标记。Cho 等（2006）获得了 SNP 标记，位于一个叶绿体 *psbA* 基因扩增子内，可以快速区分洋葱雄性可育（N）和雄性不育（S）细胞质。Engelke（2003）等首次报道了可以鉴定洋葱 3 种不同胞质的 PCR 标记。以细香葱雄性不育（CMS1）胞质 mtDNA 的 *atp 9* 的特定序列为引物，对洋葱的 mtDNA 进行 PCR 扩增，可以将 S 型、T 型与 N 型胞质区分开来；再以 *cob* 基因的上游特殊序列为引物，进行 PCR 扩增，可以将 S 型胞质与 T 型胞质区分开来。这两种引物结合，就可以在分子水平上快速鉴定这 3 种不同的洋葱不育与可育细胞质。Alcala 等（1997）报道一种 GBA（genetic bit analysis）分析方法快速鉴定可育与不育胞质。这是一种基于 PCR 及酶切分析的新型分子标记，分析等位基因间单核苷酸的多态性。洋葱细胞基因组的巨大性和遗传的复杂性（Arumuganathan et al.，1991；Labani 等，1987）使得对控制洋葱雄性不育核基因的研究比较困难，而一些精细的基因分析方法和更多限制性酶的出现，促进了研究者对洋葱恢复基因分子标记的研究。King 等（1998）和 Gokce 等（2002）采用 RAPD、AFLP 和 RFLP 方法对与 Ms 连锁的区域进行精细作图，获得了 3 个与 Ms 位点紧密连锁的 RFLP 标记，连锁距离分别为 0.9、1.7 和 8.6 cM，其中 AOB272 是与 Ms 位点最接近的 RFLP 标记（图 27 - 5）。但用它进行分子标记辅助选择保持系的尝试失败，研究者认为可能是因为在长期的开放授粉环境下，AOB272 标记与 Ms 位点之间已经进行了充分的染色体交换，因此只用该分子标记无法准确地选出保持系（Gokce et al.，2002）。

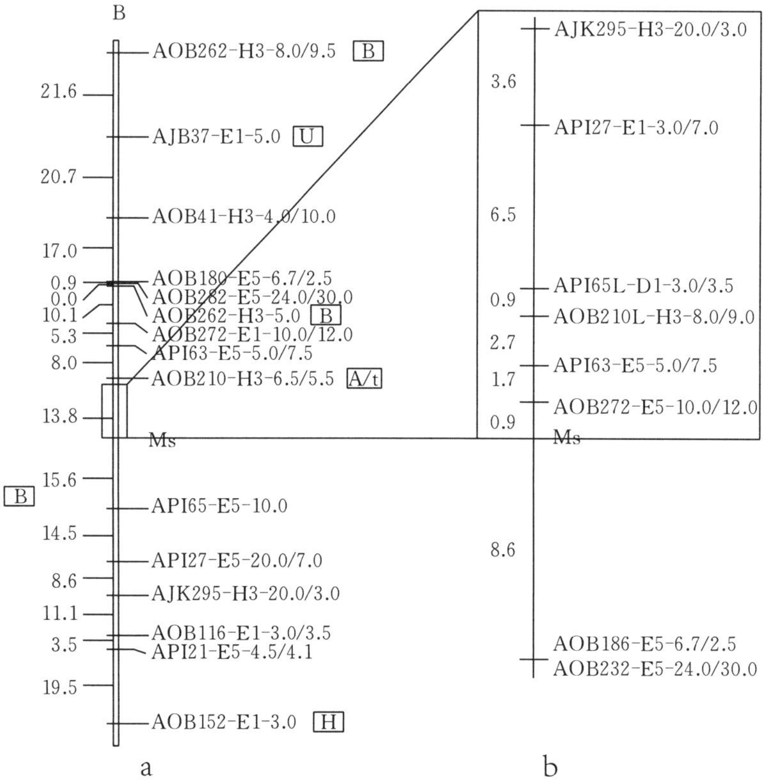

图 27 - 5 洋葱细胞质雄性不育恢复基因标记连锁群

［连锁群 a、b 分别引自 King（1998）和 Gokce（2002）］

利用洋葱重要性状的分子标记进行辅助选择，可以缩短育种周期。Kim 等（2005）利用黄皮洋葱黄烷酮醇还原酶基因 *DFR* - A 等位基因 3′端约 800 bp 的缺失，开发了共显性的基于 PCR 的分子标记，黄皮洋葱 *DFR* - A 基因缺失突变导致黄皮、白皮洋葱中花青素不能合成。利用此标记进行 DFR 等位基因的选择有助于在分离群体中筛选红皮洋葱。荷兰 Siank 获得了与洋葱抗霜霉病基因连锁的 AFLP 分子标记。

4. 洋葱基因工程 目前，洋葱转基因技术的相关报道也较少，大多数单子叶植物在细胞内缺乏诱导 Vir 蛋白表达的一些酚类物质，所以不易被根癌农杆菌侵染。Dommisse 等（1990）采用体外添加乙酰丁香酮（AS）的方法使洋葱也能被农杆菌侵染。王建军等（2012）以未成熟花蕾为外植体建立了洋葱高频的再生体系。

目前洋葱转基因成功的报道有两例。Eady 等（2000）以自然授粉的洋葱幼胚为外植体的再生体系，以 *gfp* 和 *npt Ⅱ* 为标记基因，建立了通过根癌农杆菌介导的遗传转化体系，最高转化频率达 2.7%，从外植体分化成再生苗到定植于温室，需要 3～5 个月。徐启江等（2007）以洋葱茎盘胚性愈伤组织为受体，利用基因枪介导法将水稻锌指蛋白基因 *OSISP Ⅰ* 导入了洋葱，转化率约为 10%。对获得的转基因植株进行了 NaCl 和 $NaHCO_3$ 胁迫试验，表明转基因植株的耐盐性提高。

5. 倍性育种　目前，国内外尚无洋葱多倍体品种选育成功的报道，洋葱的倍性育种主要是单倍体育种。

洋葱是二年生蔬菜，自交衰退严重，常规育种选育自交系，通常只能自交 2～3 代，很难获得基因型和表现型完全一致的自交系，而且育成优良的洋葱自交系需要 6～10 年。单倍体育种作为一种新的育种途径，在较短时间内便可选育出整齐一致的纯系，同时由于不存在基因间的显隐性作用，一些由隐性基因决定的性状便可以得到充分表现和利用，在筛选育种材料时能明显提高选择效果，缩短育种年限。同时利用单倍体培养可以快速获得双单倍体群体，双单倍体群体是研究遗传规律、基因图谱构建、分子标记的理想材料。因此，国内外学者都十分重视洋葱单倍体育种技术的研究。

（1）通过雄核发育途径诱导单倍体　洋葱雄核发育途径诱导单倍体迄今未见成功报道。Campion 等（1984）进行洋葱花药培养时观察到了核的分裂，但是没有进一步发育；Keller（1990）在 25 种不同培养基上培养了 98 027 个花药，但没有观察到雄核发育。

（2）通过雌核发育途径诱导单倍体　雌核发育途径诱导单倍体主要是指对未授粉的子房、胚珠甚至整个花蕾进行离体培养，从而获得单倍体再生植株的方法。洋葱雌核发育途径诱导单倍体已有较多成功的报道，成为洋葱单倍体育种的重要方法。20 世纪 80 年代末至 90 年代初，3 个研究小组几乎同时报道通过雌核发育途径诱导洋葱单倍体取得了成功（Muren，1989；Campion et al.，1990；Keller，1990），但是获得的单倍体植株再生频率均较低。此后，研究人员通过改变培养基组成、简化诱导程序等措施，提高了单倍体的诱导率。洋葱单倍体培养通常在 16 h 光周期、(25±2)℃的条件下进行。

（3）影响雌核发育的因子

① 基因型。基因型是影响洋葱雌核发育的最主要因子，不同基因型单倍体诱导频率差异极大。洋葱单倍体诱导率通常用每 100 朵花诱导形成单倍体胚的数目来表示。到目前为止，已报道的单倍体诱导率还未达到 50%。阿根廷洋葱被认为是单倍体诱导率较低的材料，诱导率只有 0.36%～0.65%（Martinez et al.，2000）。Geoffriau 等（1997）分析了来自欧洲各国和美国的 18 个洋葱品种，最高的单倍体诱导率为 17.4%。Bohanec 等（1999）分析了来自欧洲、南美洲和日本的 39 个洋葱品种，其中单倍体诱导率最高的是源自南美洲的 1 个品种，诱导率为 22.6%；而来自欧洲和日本的品种没有诱导出单倍体胚。Michalik 等（2000）利用来自波兰的 11 个洋葱品种和 19 个育种材料对雌核发育潜力进行了评价，大多数供试材料单倍体的诱导率很低，只有 1 个材料的诱导率为 10%。

② 外植体的选择。离体雌核发育途径诱导洋葱单倍体可以采用未授粉胚珠、子房或整个花蕾为外植体。其中胚珠培养是最费工的。花蕾消毒后，需迅速取出胚珠进行培养（Keller，1990），或先将花蕾预培养，然后再取出胚珠进行接种（Campion，1990；Bohanec et al.，1995）。子房培养有两种方法：一种是直接从未成熟花蕾中分离子房进行培养，直到诱导出胚（Muren，1989；Campion et al.，1992）；另一种方法是首先对未成熟花蕾进行 10～14 d 培养，再进行子房分离，然后转移到新鲜培养基上进行继代培养，直到诱导出胚（Bohanec et al.，1995；Jakíe et al.，1996）。第二种方法相对简单省工，经过预培养后子房已经膨大，容易分离。但由于进行胚珠和子房培养费时费工，而且单倍体诱导率也不高，目前这两种方法在洋葱单倍体诱导中应用已较少。雌核发育诱导洋葱单倍体的最简单且有效的方法是直接将一定大小的未开放花蕾进行培养，诱导获得单倍体胚，这种方法已经应用并被许多研究者所接受（Smith et al.，1991，Sulistyaningsih et al.，2002；Alan et al.，2003）。

③ 雌核发育的适宜时期。不同学者对适宜雌核发育外植体花蕾大小选择的研究结果不尽相同，可能是因为不同学者采用的基因型不同，供体植株生长季节和环境条件不同引起的。Muren（1989）认为开花前 3～5 d 的花蕾是进行单倍体诱导的较适宜时期，这个时期的胚珠含有大孢子母细胞。Michalik 等（2000）认为较大花蕾（长 3.5～4.5 mm）明显比幼小花蕾（长 2.8～3.0 mm）能产生更多单倍体。Alan 等（2004）认为直径 3～5 mm 的花蕾对诱导单倍体是最有效的。Musial 等（2001，2005）认为中等大小的幼蕾（直径 3.1～3.7 mm）是单倍体培养的最佳时期。结合切片观察和前人的研究，还提出早期发育的（双核期或四核期）胚囊比含有成熟大孢子母细胞的胚囊或成熟的胚囊更适合单倍体诱导。

④ 培养基组成。培养基组成也是影响洋葱单倍体诱导率的主要因素。基本培养基常用 B5 和 BDS，培养基中蔗糖浓度是影响单倍体诱导率的因子之一。Muren（1989）研究表明培养基中加入 10%蔗糖单倍体诱导率显著高于 5%、15%蔗糖的诱导率。但是 Geoffriau 等（1997）报道用 7.5%的蔗糖也得到了相似结果。

大多数研究者以琼脂作为凝固剂。Jakíe 等（1996）用结冷胶（gellan gum）代替琼脂，单倍体的诱导率提高了 1 倍。激素主要用 2,4-D 和 6-BA。Muren（1989）用 2 mg/L 2,4-D +2 mg/L 6-BA，这一激素组合被许多研究者证明是有效的，成为诱导洋葱单倍体胚胎发生的标准组合。Martinez 等（2000）用多胺代替生长素和细胞分裂素改进了诱导洋葱单倍体的方法，在培养基中加入2 mmol/L腐胺就能诱导出单倍体胚，加入 0.1 mmol/L 亚精胺则促进了单倍体胚的成熟。后来，Geoffriau 等（2006）通过生理试验证明多胺参与了洋葱的孤雌生殖过程。另外，预先在洋葱的伞形花序上喷 0.1%的多效唑，再取花蕾在培养基上培养明显提高了单倍体的诱导率，这可能是因为多效唑延缓了胚囊的成熟，延长了与培养基的接触时间，从而促进了雌核发育（Ponce et al.，2006）。

（4）*单倍体的加倍* 单倍体只有加倍成为双单倍体才能应用于育种实践。与其他作物不同，洋葱单倍体的自然加倍率低于 10%，需要人工对洋葱单倍体进行加倍。Campion 等（1995）用 25 μmol/L 秋水仙碱在固体培养基上处理切开的单倍体再生基部 72 h，双单倍体率能达到 46%。Geoffriau 等（1997b）用 25 μmol/L 秋水仙碱或 50 μmol/L 安磺灵处理单倍体再生植株 24 h，双单倍体率能达到 65.7%或 57.1%，用安磺灵处理的植株更加健壮。Jakíe 等（2003）用 50 μmol/L 甲基胺草膦（APM）处理诱导的单倍体胚 2 d，双单倍体率达到 36.7%，成活率达到 52.5%。Grzebelus 等（2004）比较了 4 种抗有丝分裂剂的加倍效率，认为 50 μmol/L 的氟乐灵、安磺灵、APM 具有较好的效果，双单倍体率分别为 32.5%、34.9%和 32.6%；秋水仙碱不但毒性高，而且加倍效率低。Alan 等（2007）用 100～150 μmol/L APM 处理整个外植体基部，双单倍体率 25%～32%，再生成活率 70%～80%。这可能是 APM 与其他抗有丝分裂剂相比毒性更低，是对洋葱单倍体进行加倍的安全而有效的替代品。

六、良种繁育

为提高种子质量，洋葱良种繁育应采用分级良繁体系，即原种严格去杂、选优繁殖原种，原种去杂去劣后繁殖生产用种，不能用生产用种繁殖原种或生产用种。原种繁殖应采用大鳞茎采种法，生产用种繁殖可采用小鳞茎采种法或连续两年采种法。洋葱属于异花授粉作物，良种繁育时注意严格隔离，防止发生生物学混杂。在洋葱采种田 1 000～1 500 m 范围内，不应再安排其他洋葱品种和大葱的采种田。

（一）常规品种的繁育

1. 大鳞茎采种法 大鳞茎采种法是目前应用较多的采种方法，母株利用成熟的大鳞茎。这种方法由于可从大鳞茎中选择优良的个体，通过贮藏期后可淘汰感病植株，这样多次选择后能保持优良的种性，故制出的种子纯度高、种性好，可用作原种生产。其缺点是采种周期长，利用大鳞茎较多，成本较高。

(1) 选种　在留种田或生产田成熟的鳞茎中选留母鳞茎。标准是：植株假茎、叶片和鳞茎的形态、色泽具有本品种特征；鳞茎端正、紧实、光洁，与叶片的比重大；鳞茎以上的假茎较细，不过早倒伏；未抽薹，无病虫害。选留的鳞茎单放单收，贮藏期防雨、防晒，防止农药或其他有害气体毒害鳞茎，保持鳞茎的正常生活力。栽植前再次淘汰发生病害的鳞茎。

(2) 栽植　种株可露地安全越冬的地区，最好秋冬栽植。山东地区多在9月上、中旬栽植，入冬前已长出新根，发出幼苗。华北北部地区多在冬前或初冬栽植，栽后长出少量新根为宜。种株不能在露地安全越冬的东北地区一般春季栽植，鳞茎需贮藏在低温条件下通过春化阶段，早春土壤解冻及早栽植。栽植密度为每公顷75 000～90 000个，株行距35 cm×35 cm。

(3) 种株管理　翌年种株返青后，浇返青水，结合浇水追施适量氮肥，每公顷施尿素150～225 kg。为提高地温，可中耕1～2次。抽薹前宜适当控制水肥，以免徒长，防止花薹倒伏。抽薹开花后应保持地面湿润，充足浇水。为防止风吹花薹倒伏，应立支架，搭架护薹，提高种子质量。开花期遇雨或空气湿度过大，花药不能开裂影响授粉时，应进行人工辅助授粉。洋葱种株亦有葱蓟马和葱蝇危害，应及时防治。

(4) 采收　盛花期3周后，花球顶部有少量蒴果变黑开裂时，为采收适期。此时应及时剪取花球，迟则种子开裂脱落。剪种球时留花薹长约30 cm，放在通风处，让种胚充分成熟。1周后剪掉花薹晾晒，干燥后脱粒、贮藏。

2. 小鳞茎采种法　利用大鳞茎留种周期长，成本高，为解决这一问题，在生产上用大鳞茎采种法繁殖原种，再用原种培育小鳞茎，用小鳞茎繁殖生产用种。这种方法生产周期缩短，成本降低，但由于未经过成熟鳞茎的选择，容易造成种性退化，所以小鳞茎采种法只能用于生产用种的生产。

用小鳞茎采种的过程是：早春土壤解冻及早直播育苗，每平方米留苗400株左右，株行距4～5 cm。夏季小鳞茎成熟，选留直径3 cm以上的鳞茎，秋季栽植。秋季每公顷栽22.5万～30万株，株行距20 cm×20 cm。其他管理与大鳞茎采用相同方法。

3. 连续两年采种法　利用大鳞茎常规采种，需要大量的优质产品，成本十分高，而且需要3年时间，周期太长。利用小鳞茎采种法，成本稍低，周期为2年，且种子质量不佳。为解决洋葱留种成本高、周期长和保证质量的问题，近年来山东省牟平县试验成功一次栽植母鳞茎、连续采种2年的新技术。该技术是利用常规的大鳞茎采种法，在夏季采收种球时，注意勿踩伤和拨动母株。种球收后，母鳞茎在原地越夏。夏季留种田不除草，不割残留的花薹，用以遮阴，降低地温，保护鳞茎度过炎夏。土壤干旱时，应浇小水，防止母鳞茎干缩。大雨后应及时排水防涝，以免母鳞茎腐烂。入秋在母鳞茎发芽前，清理田园，除去杂草、花薹，并中耕松土，促进母鳞茎发芽。洋葱的大鳞茎中可发出3～4个鳞芽，形成3～4个花薹。在花薹生长期，每个花薹基部又可形成一个独立的小鳞茎，其中含有3～4个鳞芽。秋季萌发后，即由原来的1个母鳞茎变成了3～4个母鳞茎。秋季应及时浇水，保持地面湿润，结合浇水追施1次复合肥，每公顷施225 kg。注意防治虫害，其他管理同常规采种法。翌年春季，抽生花薹数为第一年常规采种法的3～4倍，产种量可提高1倍以上。这种采种技术，1年栽种，连续2年采种，降低了成本，缩短了采种周期，保证了质量，提高了产量。

（二）雄性不育系杂交种的制种

利用雄性不育系配制1代杂种需要3系配套，即不育系（A系）、保持系（B系）和父本系（C系），所以洋葱雄性不育系制种至少需要2个隔离区。

在一代杂种制种隔离区内栽植A系和C系，A系、C系的比例为3～5∶1，隔离区内自然授粉或放蜂授粉，从A系植株上收获的种子即为杂交种，从C系植株收获的种子可作为第2年杂交制种的父本。为防止混杂，也可在授粉结束后用剪刀减去C系的花序，采种田内只有杂种一代的种子，另设隔离区繁殖C系。

为了繁殖不育系供第2年栽植制种圃之用，需另设1隔离区栽植A系和B系，栽植方式大致与制种区相似，从A系植株上收获的种子即为不育系，从B系植株上收获的种子供第2年栽植保持系之用。也可单独设立隔离区繁殖B系。

（三）洋葱种子的贮藏

洋葱种子不耐贮藏，在常温条件下，种子的寿命一般只有1～2年。Brown（1939）报道，含水量为6.4%的洋葱种子密封后放在5～10℃的条件下贮存13年以后，发芽率仅下降4%。朱诚（2001）研究发现洋葱种子的贮藏寿命与种子含水量和贮藏温度密切相关，种子贮藏的最适含水量随温度的改变而发生相应的变化，35℃时适宜含水量为3.4%，室温时为3.4%～4.5%，15℃时为4.5%～5.1%。

（王建军）

主要参考文献

陈典，徐启江.2001.分蘖洋葱茎尖愈伤组织诱导及植株再生［J］.园艺学报，28（4）：395-3397.

陈立东，董福玲，马占清，等.2006.超早熟大葱雄性不育系603A、626A的选育［J］.北方园艺（5）：24-25.

陈沁滨，侯喜林，王建军，等.2006a.洋葱RAPD-PCR反应体系及扩增程序的优化［J］.江苏农业学报，22（4）：434-438.

陈沁滨，侯喜林，王建军，等.2006b.洋葱细胞质雄性不育系101A的分子鉴定［J］.西北植物学报，26（12）：2430-2433.

陈沁滨，侯喜林，王建军，等.2007.洋葱细胞质雄性不育基因RAPD及SCAR分子标记研究［J］.南京农业大学学报，30（4）：16-19.

陈沁滨，王建军，薛萍，等.2008.洋葱种质资与遗传育种研究进展［J］.中国蔬菜（1）：37-42.

陈运起，高莉敏.2007.大葱生产关键技术问答［M］.北京：中国农业出版社.

陈运起，高莉敏，刘洪星.2006.大葱部分种质资源数量性状聚类分析［J］.中国蔬菜（8）：25-26.

陈振泰，薛萍，陈沁滨，等.2004.世纪黄黄皮洋葱的选育及无公害栽培技术［J］.长江蔬菜（1）：52-53.

崔成日，徐启江，崔崇士，等.2006.洋葱RAPD遗传多样性分析［J］.园艺学报，33（4）：863-865.

崔连伟，刘晓丹，王疏，等.2004.大葱品种资源对锈病抗性的调查与鉴定［J］.辽宁农业科学（3）：43-44.

董飞，陈运起，刘世琦，等.2011.秋水仙素诱导大葱多倍体的研究［J］.园艺学报，38（1）：2381-2386.

董飞，高莉敏，王传增，等.2014.钙、镁、硫、硅用量对大葱产量的影响［J］.中国土壤与肥料（1）：53-56.

盖树鹏，孟祥栋，徐丽娟.2004.大葱雄性不育分子标记辅助选择的研究［J］.分子植物育种，2（2）：223-228.

高洪斌，郝金翠，梁国增，等.1999.紫皮洋葱新品种紫星的选育［J］.河北农业科学（3）：6-8.

高莉敏，陈运起，高秀云，等.2008.大葱不同类型品种主要营养成分分析［J］.山东农业科学（4）：50-51.

高莉敏，陈运起，刘松忠，等.2008.固相微萃取-气相色谱-质谱法分析大葱挥发性成分［J］.西北农业学报，17（2）：247-249，253.

高莉敏，陈运起，于贤昌，等.2005.大葱主要农艺性状的相关与通径分析［J］.山东农业科学（1）：4-6.

高莉敏，董飞，霍雨猛，等.2013.大葱细胞质雄性不育基因的SCAR标记开发［J］.园艺学报，40（7）：1382-1388.

蒋名川.1989.中国韭菜［M］.北京：农业出版社.

李长年.1982.农桑经校注［M］.北京：农业出版社.

李成佐，夏明忠，蔡光泽，等.2004.红皮洋葱新品种西葱2号的激光诱变选育［J］.西昌农业高等专科学校学报，18（4）：76-78.

李成佐，夏明忠，任迎虹，等.2005.红皮洋葱新品种“西葱1号”与生产技术［J］.西昌学院学报：自然科学版，19

（1）：23－26.
李春玲，蒋钟仁，佟曦然，等．2006. 韭菜的雄性不育无性系育种［J］. 农业生物技术学报（2）：235－240.
李怀志．2004. 韭菜主要品质性状遗传规律的研究［D］. 泰安：山东农业大学．
梁艳荣．2008. 大葱种质资源鉴定与其生理特性研究［D］. 呼和浩特：内蒙古农业大学．
梁艳荣，姜伟，张颖力，等．2006. 大葱种质资源研究及利用进展［J］. 中国农学通报，22（9）：302－306.
刘冰江，缪军，王伟，等．2010. 洋葱单倍体培养研究进展［J］. 中国蔬菜（6）：8－13.
刘冰江，杨妍妍，吴雄，等．2007. DNA 分子标记在洋葱遗传育种研究中的应用［J］. 5（6）：118－122.
刘红梅．1995. 葱病毒病抗性鉴定及抗原筛选的研究［D］. 泰安：山东农业大学．
刘宏敏，张明，李延龙，等．2011. 韭菜种质资源 DNA 指纹库构建与聚类分析［J］. 河南农业科学（8）：164－168.
刘杰，崔成日，崔崇士，等．2004. 洋葱细胞质雄性不育系与相应保持系线粒体 DNA 的 RAPD 分析［J］. 东北农业大学学报，35（3）：322－324.
刘维信，张启沛，李纪蓉，等．1998. 大葱种质资源对紫斑病抗性的自然鉴定［J］. 山东农业科学（5）：36－37.
栾兆水，孔令让，魏佑营，等．1992. 雄性不育和可育大葱花粉细胞形态学比较研究［J］. 山东农业大学学报，23（1）：59－66.
马树彬，聂玉霞，郭超，等．2000. 韭菜优良品种与高效栽培技术［M］. 郑州：河南科学技术出版社．
马树彬，孙立江，陈建华，等．1992. 韭菜杂种优势利用［J］. 河南科技（2）：16.
马树彬，杨宛玉，职春季，等．1996. 中国韭菜雄性不育系的选育与应用［J］. 中国农学通报（3）：27－29.
石声汉．1982. 农桑辑要校注［M］. 北京：农业出版社．
蔬菜卷编委会．1990. 中国农业百科全书．蔬菜卷［M］. 北京：农业出版社．
佟成富，唐成英，崔连伟，等．2002. 大葱雄性不育系 244A 及其杂交种辽葱二号（9746F1）的选育及利用［R］. 全国蔬菜遗传育种学术讨论会论文集．沈阳：辽宁省农业科学院园艺研究所：301－307.
王建军，侯喜林，宋慧，等．2003. 洋葱育种研究进展［J］. 中国蔬菜（4）：57－59.
王明耀，孙茜．2013. 图说棚室韭菜栽培与病虫害防治［M］. 北京：中国农业出版社．
王小佳．2000. 蔬菜育种学［M］. 北京：中国农业出版社．
王永勤，田保华，梁毅．2010. 大葱和洋葱种间杂种的获得及其特性［J］. 中国农业科学，43（10）：2115－2121.
王志学，王太霞，李艳，等．1999. 葱天然雄性不育系花药的形态解剖学研究［J］. 河南科学（17）：13－15.
吴小洁，王鸣岐．1985. 大葱黄矮病毒的分离提纯及初步鉴定［J］. 科学通报（1）：64－68.
谢芝馨．2004. 大葱试管苗玻璃化研究及多倍体诱导［D］. 泰安：山东农业大学．
严慧玲，梁玉芹，孙英泰，等．2012. 我国韭菜育种研究的现状及展望［J］. 热带农业科学（4）：29－31.
殷昭平，陈运起，刘世琦，等．2008. 大葱品种抗寒性鉴定与评价［J］. 山东农业科学（8）：54－57.
尹守恒，刘宏敏，杨宛玉．2007. 韭菜［M］. 郑州：河南科学技术出版社．
尹守恒．1996. 韭菜四季栽培技术［M］. 郑州：中原农民出版社．
曾爱松，杜志云，丁发武，等．2005. 出口洋葱新品种（系）金红叶的选育［J］. 中国种业（10）：55－56.
张履祥，辑补，陈恒力．1983. 补农书校注［M］. 北京：农业出版社．
张平真．2002. 洋葱引人考［J］. 中国蔬菜（6）：56－57.
张启沛，魏佑营，张琦．1987. 葱自然群体的雄性不育性［J］. 山东农业大学学报，18（4）：1－10.
张启沛，魏佑营．1992. 大葱雄性不育系选育及初步利用［R］. 中国园艺学会蔬菜专业委员会蔬菜品种改良学术讨论会论文．泰安：山东农业大学．
张松，张启沛．1994. 大葱花蕾培养再生植株的研究［J］. 山东农业大学学报，25（3）：277－282.
张松，张启沛．1995. 利用大葱幼叶进行组织培养微繁的研究［J］. 园艺学报，22（2）：161－165.
张中华．2006. 韭菜耐寒性及其遗传规律的初步研究［D］. 泰安：山东农业大学．
浙江农业大学种子教研组．1979. 种子检验简明教程［M］. 北京：农业出版社．
周长久．1996. 现代蔬菜育种学［M］. 北京：科学技术文献出版社．
周光华．1999. 蔬菜优质高产栽培的理论基础［M］. 济南：山东科学技术出版社．
周晓娟，赵瑞，王永勤．2012. 洋葱细胞质雄性不育研究进展［J］. 北方园艺（17）：190－194.
朱诚，曾广文，景新明，等．2001. 洋葱种子含水量与贮藏温度对其寿命的影响［J］. 植物生理学报，27（3）：261－266.

庄勇，严继勇，曹碚生，等.2003. 洋葱主要品质性状的杂种优势分析 [J]. 长江蔬菜 (11) 43-45.

庄勇，严继勇，曹碚生，等.2004a. 洋葱鳞茎紧实度遗传分析 [J]. 江苏农业科学 (4)：68-69.

庄勇，严继勇，曹碚生，等.2004b. 洋葱主要品质性状遗传分析 [J]. 江苏农业学报，20 (3)：199-200.

宗红，陈运起，王秀峰，等.2006. 大葱成熟胚培养再生植株激素浓度及配比的研究 [J]. 山东农业科学 (5)：23-25.

Alan A R, BrantsA, Cobb E, et al. 2004. Fecund gynogenic lines from onion breeding materials [J]. Plant Science, 167: 1055-1066.

Alan A R, Lim W, Mutschler M A, et al. 2007. Complementary strategies for ploidy manipulations in gynogenic onion [J]. Plant Science, 173: 25-31.

Alan A R, Mutschler M A, Brants A, et al. 2003. Production of gynogenic plants from hybrids of *Allium cepa* L. and *A. roylei* Stearn [J]. Plant Science, 165: 1201-1211.

Berninger. 1965. Contribution a I' etude de la sterilite-male de I' oignon [J]. Ann Amelior Plant, 15: 183-199.

Bohanec B. 2002. Doubled-haploid onions//Rabinowitch H, Currah L. Allium crop science: recent advances. Wallingford: CABI: 145-157.

Bohanec B, Jakíe M. 1999. Variations in gynogenic response among long-day onion accessions [J]. Plant Cell Report, 18: 737-742.

Bohanec B, Jakíe M, Ihan A, et al. 1995. Studies of gynogenesis in onion: induction procedures and genetic analysis of regenerants [J]. Plant Science, 104: 215-224.

Bradeen J M, Havey M J. 1995. Randomly amplified polymorphic DNA in bulb onion and its use to assess inbred integrity [J]. J Am Soc Hortic Sci, 120: 752-758.

Brow N E. 1939. Preserving the viability of Bermuda onion seed [J]. Science, 89: 292-293.

Callum J M, Leite D, Pither-Joyce M, et al. 2001. Expressed sequence markers for genetic analysis of bulbonion [J]. Theor Appl Genet, 103: 979-991.

Campion B, Alloni C. 1990. Induction of hap loid plants in onion by in vitro culture of unpollinated ovules [J]. Plant Cell, Tissue and Organ Culture, 20: 1-6.

Campion B, AzzimontiM T, Vicini E, et al. 1992. Advances in haploid plant induction in onion through in vitro gynogenesis [J]. Plant Science, 86: 97-104.

Campion B, Bohanec B, Javornik B. 1995. Gynogenic lines of onion : evidence of their homozygosity [J]. Theoretical and Applied Genetics, 91: 598-602.

Campion B, Perri E, AzzimontiM T, et al. 1995. Spontaneous and induced chromosome doubling in gynogenic lines of onion [J]. Plant Breeding, 114: 243-246.

Cho K S, Hong S Y, Yun B K, et al. 2006. Production and analysis of doubled haploid lines in long-day onion through in vitro gynogenesis [J]. Horticulture Environment and Biotechnology, 47: 110-116.

Courcel A D, Veder F, Boussac J. 1989. DNA polymorphism in Allium cepa cytoplasms and its implications concerning the origin of onions [J]. Theor Appl Genet, 77: 793-798.

Dore C, Marie F. 1993. Production of gynogenetic plants of onion after crossing with irradiated pollen [J]. Plant Breeding, 111: 142-147.

Engelke T, Tatlioglu T. 2004. The fertility restorer genes X and T alter the transcripts of a novel mitochondrial gene implicated in CMS1 in chives [J]. Mol Gen Genomics, 271: 150-160.

Engelke T, Terefe D, Tatlioglu T. 2003. A PCR-based marker system monitoring CMS-(S), CMS-(T) and (N)-cytoplasm in the onion [J]. Theor Appl Genet, 107: 162-167.

Gao LM, Chen YQ, Huo YM, et al. 2015. Development of SCAR markers to distinguish male-sterile and normal cytoplasm in bunching onion (*Allium fistulosum* L.) [J]. Journal of Horticultural Science & Biotechnology, 90 (1): 57-62.

Geoffriau E, Kahane R, Rancillac M. 1997. Variation of gynogenesis ability in onion [J]. Euphytica, 94: 37-44.

Geoffriau E, Kahane R, Bellamy C, et al. 1997. Ploidy stability and in vitro chromosome doubling in gynogenic clones of onion [J]. Plant Science, 122: 201-208.

Geoffriau E, Kahane R, Martin Tanguy J. 2006. Polyamines are involved in the gynogenesis process in onion [J]. Physiologia Plantarum, 127: 119 - 129.

Gokce A F, Callum J, SatoY, et al. 2002. Molecular tagging of the Ms locus in onion [J]. J Amer Soc. Hort. Sci, 127 (4): 576 - 582.

Gokce A F, Havey M J. 2002. Linkage equilibrium among tightly linked RFLPs and the Ms locus in open-pollinated onion populations [J]. J. Amer Soc Hort Sci, 127: 944 - 946.

Grzebelus E, AdamusA. 2004. Effect of anti-mitotic agents on development and genome doubling of gynogenic onion embryos [J]. Plant Science, 167: 569 - 574.

Hanelt P. 1990. Taxonomy, evolution, and history [M]//Rabinowitch H, Brewster J (eds.). Onions and Allied Crops. CRC, Boca Raton, FL: 1 - 26.

Hassandokht M R, Campion B. 2002. Low temperature, medium and genotype effect on the gynogenic ability of onion flowers cultured in vitro [J]. Advances in Horticultural Science, 16: 72 - 78.

Havey M J. 1992. Restriction enzyme analysis of the chloroplast and nuclear 45s ribosomal DNA of Allium sections Cepa and Phyllodolon (Alliaceae) [J]. Plant Syst Evol, 183: 17 - 31.

Havey M J. 1993. A putative donor of S-cytoplasm and its distribution among open - pollinated populations of onion [J]. Theor Appl Genet, 86: 128 - 134.

Havey M J. 1995. Identification of cytoplasms using the polymerase chain reaction to aid in the extraction of maintainer lines from open-pollinated populations of onion [J]. Theor Appl Genet, 90: 263 - 268.

Havey M J. 2000. Diversity among male-sterility-inducing and male - sterile cytoplasms of onion [J]. Theor Appl Genet, 101: 778 - 782.

Havey M J, Bark O H. 1994. Molecular confirmation that sterile cytoplasm has been introduced into open-pollinated grano onion cultivars [J]. J. Am. Soc. Hort., 119: 90 - 93.

Havey M J, Bohanec B. 2007. Onion inbred line 'B8667 A&Bs' and synthetic populations 'Sapporo2Ki21A&B' and 'Onion Haploid - 1' [J]. HortScience, 42: 1731 - 1732.

Holford P, Croft J, Newbury H J. 1991. Differences between and possible origins of the cytoplasms found in fertile and male-sterile onions [J]. Theor Appl Genet, 82: 737 - 744.

Holford P, Croft J, Newbury H J. 1991. Structural studies of microsporogenesis in fertile and male-sterile onions containing the CMS-S cytoplasm [J]. Theor Appl Genet, 82: 745 - 755.

Irwin L, Geoffrey S, Havey M J. 2001. History of public onion breeding programs in the united states [J]. Plant Breeding Reviews, 20: 67 - 104.

Jakíe M, Bohanec B, Ihan A. 1996. Effect of media components on the gynogenic regeneration of onion cultivars and analysis of regenerants [J]. Plant Cell Report, 15: 934 - 938.

Jakíe M, Havey M J, Bohanec B. 2003. Chromosome doubling procedures of onion gynogenic embryos [J]. Plant Cell Report, 21: 905 - 910.

Javornik B, Bohanec B, Campion B. 1998. Second cycle gynogenesis in onion, *Allium cepa* L. and genetic analysis of the plants [J]. Plant Breeding, 117: 275 - 278.

Jirik J, Novak F. 1969. Cytoplazmaticka pylova sterilita cibule kuchynske [J]. Genetika a Slechteni, 5: 99 - 105.

Jones H, Clarke A. 1943. Inheritance of male sterility in the onion and the production of hybrid seed [J]. Proc Am Soc Hortic Sci, 43: 189 - 194.

Jones H, Emsweller S. 1936. A male sterile onion [J]. Proc Am Sc, 34: 582 - 585.

Keller J. 1990. Culture of unpollinated ovules, ovaries, and flower buds in some species of the genus *Allium* and haploid induction via gynogenesis in onion [J]. Euphytica, 47: 241 - 247.

Kim S, Binzel M, Yoo K, et al. 2004. Inactivation of DFR (dihydroflavonol 4-reductase) gene transcription results in blockage of anthocyanin production in yellow onions [J]. Molecular Breeding, 14: 253 - 263.

Kim S, Yoo K S, Pike L M. 2005. The basic color factor, the C locus, encodes a regulatory gene controlling transcription of chalcone synthase genes in onions [J]. Euphytica, 142: 273 - 282.

King J J, Bradeen J M, Bark O, et al. 1998. A low-density genetic map of onion reveals a role for tandem duplication in the evolution of an extremely large diploid genome [J]. Theor. Appl. Genet., 96: 52 - 62.

Kobabe G. 1958. Ontogenetical and genetical investigations on new male sterile mutants of the common onion [J]. Z Pflanzenzucht, 40: 353 - 384.

Kwang-Soo C, Yang T J, Hong S Y. 2006. Determination of cytoplasmic male sterile factors in onion plants using PCR-RFLP and SNP markers [J]. Mol. Cells, 21 (3): 411 - 417.

Labani R, Elkington T. 1987. Nuclear DNA variation in the genus *Allium* L. (Liliaceae) [J]. Heredity, 59: 119 - 128.

Martin W, Callum J, Shigyo M, et al. 2005. Genetic mapping of expressed sequences in onion and in silico comparisons with rice show scant colinearity [J]. Mol Genet Genom, 274: 197 - 204.

Martinez L E, Aguero C B, LopezM E, et al. 2000. Improvement of in vitro gynogenesis induction in onion using polyamines [J]. Plant Science, 156: 221 - 226.

Michalik B, AdamusA, Nowak E. 2000. Gynogenesis in Polish onion cultivars: gametic embryogenesis [J]. Journal of Plant Physiology, 156: 211 - 216.

Monosmith HR. 1928. Male sterility in *Allium cepa* L. [D]. University of California, Berkeley.

Moue T, Uehara T. 1985 Inheritance of cytoplasmic male sterility in *Allium fistulosum* L. (Welsh onion) [J]. J Japan Soc Hort Sci, 53 (4): 432 - 437.

Muren R C. 1989. Haploid plant induction from unpollinated ovaries in onion [J]. HortScience, 24: 833 - 834.

Musial K, Bohanec B, Jakíe M, et al. 2005. The development of onion embryo sacs in vitro and gynogenesis induction in relation to flower size [J]. In Vitro Cellular & Developmental Biology-Plant, 41: 446 - 452.

Musial K, Bohanec B, Przywara L. 2001. Embryological study on gynogenesis in onion [J]. Sexual Plant Rep roduction, 13: 335 - 341.

Pathak C, Gowda R. 1993. Breeding for the development of onion hybrids in India: problems and prospects [J]. Acta Hort, 358: 239 - 242.

Patil J A, Jadhav A S, Rane M S. 1973. Male-sterility in Mahrashtra onion (*Allium cepa* L.) [J]. Res J Mahatma Phule Agric Univ, 4: 29 - 31.

Peterson C E, Foskett R L. 1953. Occurrence of pollen sterility in seed fields of County Globe′ onions [J]. Proc Am Soc Hortic Sci USA, 62: 443 - 448.

Ponce M, Martinez L, Galmarini C. 2006. Influence of CCC, putrescine and gellam gum concentration on gynogenic embryo induction in *Allium cepa* L. [J]. Biologia Plantarum, 50: 425 - 428.

Puddephat I J, Robinson H T, Smith B M, et al. 1999. Influence of stock p lant p retreatment on gynogenic embryo induction from flower buds of onion [J]. Plant Cell, Tissue and Organ Culture, 57: 145 - 148.

Satoh Y. 1998. PCR amplification of CMS-specific mitochondrial nucleotide sequences to identify cytoplasmic genotypes of onion [J]. Theor Appl Genet, 96: 367 - 370.

Schnable P S, Wise R P. 1998. The molecular basis of cytoplasmic male sterility and fertility restoration [J]. Trends Plant Science, 3 (5): 175 - 180.

Schweisguth B. 1973. Etude d' un nouveau type de sterilite male chez I' oignon [J]. Ann Amelior Plant, 23: 221 - 233.

Smith B M, Godwin R M, Harvey E, et al. 1991. Gynogenesis from whole flower buds in bulb onions and leeks [J]. Journal of Genetics and Breeding, 45: 353 - 358.

Sulistyaningsih E, Yamashita K, Tashiro Y. 2002. Haploid induction from F_1 hybrids between CMS shallot with *Allium galanthum* cytoplasm and common onion by unpollinated flower culture. [J]. Euphytica, 125: 139 - 144.

Sunggil K, Eul-T L, Dong Y C, et al. 2009. Identification of a novel chimeric gene, orf725, and its use in development of a molecular marker for distinguishing among three cytoplasm types in onion [J]. Theor Appl Genet, 118: 433 - 441.

Tang H V, Pring D R, Shaw L C, et al. 1996. Transcript processing internal to a mitochondrial open reading frame is correlated with fertility restoration in male sterile sorghum [J]. Plant Journal, 10: 123 - 133.

Tatebe T. 1952. Cytological studies on pollen degeneration in male sterile onions [J]. J Hortic Soc Jpn, 21: 73 - 75.

Virnich H. 1967. Untersuchungen über das Verhalten der mannlichen sterilitat und anderer eigenschaften bei polyploiden Zwiebeln als Grundlage für eine Nutzung in der Hybridzfichtung [J]. Z Pflanzenzücht, 58: 205 - 244.

第二十八章

菠菜、芹菜、莴苣育种

第一节 菠　　菜

菠菜是藜科（Chenopodiaceae）菠菜属中以绿叶为主要产品器官的一二年生草本植物。学名：*Spinacia oleracea* L.；别名：菠薐、波斯草、赤根菜。染色体数 $2n=2x=12$。菠菜原产于亚洲西部的伊朗。伊朗约在 2 000 年前已有栽培，公元 7 世纪向东传入中国后再传入日本等国，向西传入北非，17 世纪传入欧洲各国。在印度和尼泊尔东北部有菠菜的两个二倍体近缘种 *S. tetrandra* 和 *S. turkestanica*，为菠菜的两个原始类型。

菠菜营养比较丰富，每 100 g 食用部分鲜重含水分 91.2 g，蛋白质 2.6 g，脂肪 0.3 g，碳水化合物 2.8 g，膳食纤维 1.7 g，灰分 1.4 g，胡萝卜素 2.92 mg，硫胺素 0.04 mg，核黄素 0.11 mg，尼克酸 0.6 mg，维生素 C 32.0 mg，维生素 E 1.74 mg，钾 311 mg，钠 85.2 mg，钙 66.0 mg，镁 58.0 mg，铁 2.9 mg，锰 0.66 mg，锌 0.85 mg，铜 0.10 mg，磷 47.0 mg，硒 0.97μg。菠菜还含有草酸，食用过多影响人体对钙的吸收。菠菜可凉拌、炒食或做汤，欧美一些国家用以制罐。

一、育种概况

丹麦、荷兰等欧洲国家对菠菜研究起步较早（约 20 世纪初），利用有利的地理环境和气候条件选育出一些耐抽薹的品种。丹麦和荷兰的育种工作者首先育成了菠菜雌株系，并应用于菠菜一代杂种的制种。

1925 年，美国 Rosa 对菠菜的性别遗传进行了研究。Janick、Bemis、Wilson 在 20 世纪 50 年代对菠菜性别的遗传开展了更深入的研究，提出了基因假说，为菠菜杂种优势的利用提供了可行的方法。Jones 在 20 世纪 40 年代就开始了一代杂种的选育，在 1955 年育成了半皱叶型的一代杂种早杂 7 号，抗霜霉病，比对照增产 8%～40%。两年后又育成了半皱叶的早杂 10 号和平叶型的早杂 424、早杂 425 等。日本于 1959 年育成了 5 个一代杂种。

我国菠菜育种工作起步较晚，参与的单位和人员也比较少。20 世纪 50～60 年代，菠菜选育工作多以提纯复壮为主，当时选育的品种有诸城尖叶、双城尖叶、大叶乌等。

20 世纪 80 年代初，山西省种子公司从日本引进春秋大叶（又名日本大叶），并很快在中国推广。20 世纪 90 年代以来，一些香港的种子公司和中国内地种子公司纷纷将一些国外的菠菜一代杂种引进中国，销售较好的有从丹麦、荷兰等国引进的超级菠菜 688、8383 等系列品种和日本的全能菠菜品种等。

中国的菠菜杂种优势利用工作起步于20世纪80年代初，北京市农林科学院蔬菜研究中心为了解决北京郊区由于病毒病引发的大面积菠菜死苗问题，开展了菠菜新品种的选育工作，于1987年育成抗病毒病、高产的菠菜一代杂种菠杂10号。以后又陆续选育出了一些秋冬季栽培的菠杂18、菠杂58和菠杂特快黑大叶等菠菜品种。华中农业大学园艺系以选育适应长江流域气候特点的菠菜品种为目标，于1991年育成华菠1号，比春秋大叶增产30%～50%，1997年又育成华菠2号。上海农学院和浙江省嘉定县蔬菜技术推广站等单位协作于1987—1988年育成新品种联合1号和联合11。联合1号为秋季品种，比绍兴菠菜增产20%～80%，品质较好，基本无涩味，硝酸盐含量也较低。联合11为秋冬季品种，比宁夏圆叶增产80%以上，维生素C含量较高。河南省安阳市蔬菜科学研究所选育出了耐抽薹性较好，可在春夏季栽培的一代杂种安菠大叶。此外，山西农业大学蔬菜研究所和莱阳农学院园艺系也都开展了菠菜新品种的选育工作。

今后的菠菜育种研究应注重以下几方面的工作：广泛搜集国内外菠菜的种质资源，特别是抗病材料；在研究雌株系的同时，培育出比现有一代杂种生长速度更快、产量更高的品种；培育出更耐抽薹、抗热性更强的品种；研究菠菜雌株系的制种方法；加强菠菜病害抗性的基础研究，为抗病育种提供坚实的基础。

二、种质资源与品种类型

（一）起源与传播

菠菜原产于亚洲西部的伊朗，7世纪传入中国，北宋苏洵撰《嘉祐录》中记载菠菜由西国（波斯）传入中国。

由于东、西方在生态条件、栽培方式和生活习俗上的不同，经过自然变异和人工选择的菠菜产生了较大的差异。在中国和日本，菠菜主要向秋播露地越冬方向发展，植株较小，叶片箭头形，叶柄细长，抗寒、抗病性较强，风味甜而浓郁，种子有刺。在欧洲虽然也有耐寒、种子有刺的菠菜品种，但主要是向春播不易抽薹方向发展，植株较大，叶片阔箭头形或卵圆形，叶柄短粗，耐寒性弱，风味淡薄，种子圆形。

到了现代，东、西方之间菠菜品种的交流非常频繁，形成了许多东、西方菠菜品种之间的杂交种，兼具东、西方菠菜品种的优点。在种子的形状上也出现了一些半刺籽或圆籽上出现小凸的种子。

（二）种质资源的研究与利用

中国从20世纪50年代开始，各省、直辖市、自治区的蔬菜科研单位对菠菜的种质资源进行了调查、搜集和整理。据李锡香（2008）统计，中国农业科学院蔬菜花卉研究所中期库入库保存的菠菜种质材料333份，其他科研单位和大学也搜集保存了菠菜种质资源，如北京市农林科学院蔬菜研究中心入库保存的菠菜种质材料203份，华中农业大学园艺系搜集保存国内外菠菜种质材料215份。

孙盛湘等（1985）对菠菜品种的抗寒性和抗病毒病能力进行了研究，发现菠菜品种原产地冬季的气温越低，其品种的抗寒性越强。在所搜集的品种中，以黑龙江省哈尔滨冻根菠菜的抗寒性最强，北京的品种次之，山东省诸城尖叶抗寒性较弱。对病毒病的抗性，以原产于东北地区的品种较强，山东的圆叶品种抗病毒病能力较差。

选育低含量的NO_3^-和NO_2^-菠菜品种有利于人体健康。沈明珠等（1986）对30个菠菜品种的NO_3^-和NO_2^-进行了研究，发现15个无刺型菠菜品种的NO_3^-含量为763～3 447 mg/kg，15个有刺型菠菜品种的NO_3^-含量为239～4 044 mg/kg。北京市农林科学院蔬菜研究中心营养品质实验室（1992）对24个菠菜材料的NO_3^-进行了分析，NO_3^-含量为847～3 393.2 mg/kg，含量较低的是从北京郊区收集的丹麦大叶中选出的一个株系材料。林家宝等（1995）对 45 个菠菜材料的 NO_3^- 含量进行了分析，含量为 127.3～1 422.8 mg/kg。此外，李锡香等于 1990—1991 年研究了湖北神农架及三峡地区菠菜种质资源的草酸含量变化，42 个不同品种菠菜草酸含量占鲜重的变异范围为 0.64%～1.48%。

（三）品种类型及代表品种

1. 按植物学形态分类　1990 年华中农业大学园艺系晏儒来等按菠菜叶片形状把菠菜分为尖叶型、圆叶型、钝尖叶型和条叶型。

（1）*尖叶型*　叶片的叶尖为箭头形，叶尖锐尖，叶柄较长。缺裂有一裂、二裂和不对称裂，又可分为深裂和浅裂。代表品种有广东的犁头叶、双城尖叶、诸城尖叶等。

（2）*圆叶型*　叶片的叶尖为圆形，叶片的上半部为半圆形，下半部有缺裂或无缺裂，缺裂只有一裂或不对称裂，叶柄较短。代表品种有春秋大叶等。

（3）*钝尖叶型*　这类品种多为尖叶型和圆叶型品种的杂交后代。叶片与尖叶相似，但叶尖较钝。缺裂有一裂、二裂和不对称裂，缺裂的程度也可分为深裂和浅裂两种。代表品种有菠杂 58 和超级菠菜 688、8383 等。

（4）*条叶型*　叶片的叶柄较长，叶片狭长，呈长椭圆形，无缺裂。代表品种有菠杂 10 号等。

2. 按栽培季节分类　中国地域辽阔，从北至南，从东至西，气候条件变化较大，形成了许多适宜在不同气候条件下栽培的菠菜品种，大致可分为 3 种不同的栽培类型。

（1）*越冬根茬菠菜*　这类品种抗寒性强，一般都是秋季播种，越冬后第二年春季收获。又可分为两种：一是耐寒晚熟型，耐寒性很强，较抗病毒病，抽薹晚，在北京 4 月中旬抽薹，种子有刺，代表品种如双城尖叶和沈阳尖叶等；二是耐寒早熟型，植株生长较快，抽薹早，在北京 3 月下旬抽薹，耐寒性和抗病性中等，种子有刺，代表品种有诸城尖叶和菠杂 10 号等。

（2）*春夏菠菜*　这类品种主要是从北欧引进中国，在北欧夏季长日照条件下形成了不易抽薹的特性。在中国一般 3～4 月播种，6 月上旬收获，也可以越夏栽培。在春夏季高温条件下生长快，产量高。叶片可分为平叶和皱叶两种，平叶品种有夏翠、超级菠菜 688 等；皱叶品种在中国栽培很少，如维几里阿皱叶等。

（3）*秋冬菠菜*　这类品种主要是在冬季气候温和潮湿、光照弱的南方条件下形成。在北方可以在秋季栽培，8～9 月播种，10 月收获。长江流域及其以南地区可以在冬季栽培。著名的农家品种有广东的大叶乌，浙江的绍兴菠菜和四川的二圆叶等。杂交一代品种有菠杂 58、菠杂特快黑大叶、华菠 1 号、华菠 2 号、联合 1 号等，从日本引进的全能菠菜、急先锋等也属于这类品种。

三、生物学特性与主要性状的遗传

（一）植物学特征

1. 根　菠菜是直根系，开花前根为肉质，味甜可食，红色，侧根不发达，主要根系分布在 30 cm 左右的土层内，根系最长可达 60 cm 以上。

2. 茎　抽薹前为短缩茎，叶片簇生于短缩茎上。抽薹后，开花前茎为绿色，圆形，中空，质嫩可食。授粉结籽后逐渐纤维化而变黄。

3. 叶　菠菜有多种叶形，如圆形、长椭圆形、卵圆形、阔三角形和锐三角形等。叶缘可分为全缘无缺裂和有缺裂两种，缺裂有一裂或二裂，有的缺裂深，有的缺裂中等或浅。叶尖可分为锐尖、钝尖和圆形。叶面有平叶和皱叶两种。叶色可分为深绿色、绿色和浅绿色。

4. 花　菠菜为风媒花植物，单性花，一般为雌、雄异花，少数为雌、雄同花。雌、雄花均着生于叶腋中，为不完全花。花分为雄花、雌花和两性花。

(1) 雄花　无花瓣，绿色花萼4～5片，雄蕊数与花萼同。花药纵裂，花粉量多、质轻，黄绿色，极易飞散，借风力传播（图28-1）。

(2) 雌花　无花瓣，花萼2～4裂，裂片包被着子房，子房单生，只有一心室，没有花柱，有4～6枚触须状柱头，半透明白色（图28-1）。

(3) 两性花　数量极少，有雄蕊和雌蕊，无花瓣，可以受精结实。

图28-1　菠菜的花
（陆帼一，2009）

菠菜通常称为雌雄异株植物，就其性别差异可以分为以下5种类型。

① 绝对雄株。株上只生雄花，花茎上的叶片薄而小，而且花茎上部完全无叶，雄花穗状密生于茎先端和茎上叶腋间，抽薹早。叶丛一般较小，叶数较少。

② 营养雄株。株上只生雄花，但花茎上叶与雌株大小较近似，也着生至花茎顶部，雄花群生于茎上叶腋间，抽薹期较绝对雄株晚或与雌株相似。叶丛发育良好，与雌株相似。

③ 雌雄异花同株。同一株上有雌花或雄花，能结种子，抽薹期和株态大多近似雌株。

④ 两性花株。同一花内具有雌蕊和雄蕊，这类植株往往同时生有单性的雌花和雄花，能结种子，抽薹期和株态大多近似雌株。

⑤ 雌株。株上只有雌花，抽薹一般比绝对雄株晚1～2周。茎上叶发育良好，直达茎顶，叶丛生，较大而重。

5. 果实　菠菜的种子包被在由花萼和子房壁形成的果皮中，称为胞果。依据种子刺的有无可分为有刺变种（*S. oleracea* L. var. *spinosa* Moench）和无刺变种（*S. oleracea* L. var. *inermis* Peterm）。有刺变种的花萼发育成刺状突起，一般有1～4个刺。无刺变种的花萼不发育成角状突起，种子圆形（图28-2）。

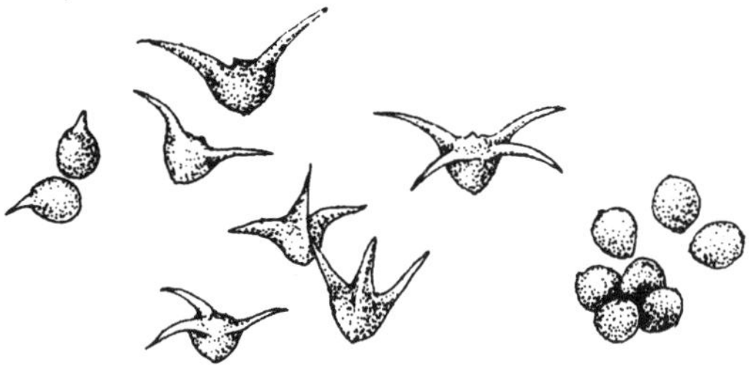

图28-2　菠菜的果实
（陆帼一，2009）

（二）对环境条件的要求

菠菜抗寒性很强，其地上部分能短期忍耐－8～－6℃的低温，根部能在最低温度－40～－30℃的地区露地越冬。在气候适宜的条件下，菠菜长出5～6片大叶就可上市，产品生长期只有30～40 d，可作为主要蔬菜作物的前茬、后茬或间套作物栽培。菠菜有些品种耐热性亦很强，在夏季遮阴的条件下也能正常生长。通过菠菜新品种的选育和对菠菜栽培技术的不断改进，现在可以做到一年四季都有菠菜供应市场。

菠菜不同生长发育时期对环境条件要求不同。

1. 营养生长期　从种子萌发到苗端分化花芽之前为营养生长期。种子发芽始温4℃，适温15～20℃，温度过高发芽率降低。子叶展开到出现2片真叶，生长缓慢。2片真叶展开后，叶数、叶重和叶面积迅速增长。日平均气温在23℃以下时，苗端分化叶原基的速度随温度下降而减慢。叶片在日平均气温为20～25℃时增长快。苗端分化花芽后，基生叶数不再增加。花序分化时叶数因播期而异，少者6～7片，多者20余片。

2. 生殖生长期　从花芽分化到种子成熟为生殖生长期。菠菜是典型的长日照作物，在长日照条件下能够进行花芽分化的温度范围很广，夏播菠菜未经历15℃以下的低温仍可分化花芽。

温度对菠菜的抽薹开花也有一定的影响。长期的低温条件能促使菠菜提前抽薹。例如圣菲尔品种在北京晚秋播种，经过漫长冬季的低温在第二年的 4 月 20 日抽薹，但在春季播种则推迟到 5 月 2 日抽薹。叶志彪等（1990）将发芽的菠菜种子放在 1～5 ℃低温下处理，然后在 18～25 ℃和连续光照的条件下生长，发现经过种子低温处理的植株从播种至现蕾的天数，要大大少于没有经过种子低温处理的植株。但低温对不同的菠菜品种的影响也不尽相同。

菠菜是长日照作物，抽薹开花需要一定的日照时数，不同的品种对日照时数的要求也不一样。早抽薹品种每天需要最低 11～12 h 的光照，中期抽薹品种每天要求 12～13 h 的光照，晚抽薹品种每天要求 14～15 h 的光照。

在达到菠菜品种抽薹所需的日照时数时，高温能促使植株快速抽薹。例如一些早抽薹和中期抽薹的品种在春季 3 月下旬或 4 月播种，这时自然日照时数已达到每天 13 h，平均气温也达到 20 ℃以上，植株还未充分生长就已抽薹开花，所以这类品种不宜春播生产，应选用一些晚抽薹的品种。在未能达到菠菜品种抽薹所需的日照时数，即使在温度较高的条件下菠菜植株也不抽薹开花。例如在冬季日光温室中生产的菠菜，日照时数每天只有 9～10 h，白天平均温度在 20 ℃以上，植株得到了充分的生长，但也不抽薹开花。

菠菜生长适宜的土壤 pH 为 6～7，但对土壤的盐分有较高的忍耐力，一般在 pH7.5～8.5 的盐碱地上能生长良好。在菠菜的发芽和生长期要求有充足的水分，土壤湿度达到 70%～80%方能保持旺盛的生长。同时要施用充足的氮、磷、钾肥，以保证植株生长的充足营养。缺氮导致生长受阻，植株瘦小，叶片呈黄绿色，甚至脱落；缺磷导致生长速率急剧下降，叶片颜色暗淡；缺钾则导致较老叶片布满褐色的斑块，叶片变软。

（三）菠菜的主要性状遗传

1. 叶形的遗传 菠菜的尖叶品种和圆叶品种杂交后代多为中间型，叶片比尖叶形的叶宽，呈阔箭头形或钝尖形。生产上最受欢迎的是叶尖为圆形或钝尖形的品种。

缺裂浅的品种与缺裂深的品种杂交，后代的缺裂偏向于中间型。生产上不常用深缺裂叶片的品种。

2. 叶片大小的遗传 叶片是菠菜的主要食用部分，其产量的高低与叶片的大小、厚薄有密切的关系。从表 28－1 可以看出，小叶品种与小叶品种杂交（8309－10－2×93－150），虽有超亲现象，但后代叶片仍较小。以小叶品种为母本与大叶品种杂交（大叶乌×美 C－2，99－12×99－8），后代叶片为中间型而趋向于小叶品种；以大叶品种为母本与小叶品种杂交（2003－26×9509），后代多趋向于大叶品种。要选育大叶品种，母本应选用大叶品种，父本也应尽量选用大叶品种。

表 28－1 菠菜双亲与 F_1 叶面积的关系

（孙盛湘等，2005）

杂交组合	母本叶面积（cm^2）	父本叶面积（cm^2）	F_1 叶面积（cm^2）	双亲平均叶面积（cm^2）
8309－10－2×93－150	79.4	84.5	102.33	81.73
大叶乌×美 C－2	212.53	466.37	257.04	339.45
99－12×99－8	272.12	402.06	335.22	337.09
2003－26×9509	447.8	262.92	472.75	355.36

3. 叶柄长度的遗传 叶柄长度与产量及品种的用途有很大的关系。如果两个品种叶片大小相差不多，长叶柄品种产量高于短叶柄品种，但叶柄的营养价值不及叶片。另外，叶柄太长，影响商品的美观，生产上并不欢迎叶柄太长的品种。

欧美国家由于只食用叶片，采用机械化收获，所以叶柄较短，一般只有 10 cm 左右，而中国的菠菜由于扎成小捆销售，一般长度以 15～20 cm 为好。同时还要注意叶柄是否容易折断，叶柄易折断的品种在生产上没有市场，这也是育种中应注意的问题。

叶柄的长度属于多基因控制的数量遗传。从表 28－2 可以看出，5 个杂交组合中有 3 个杂交组合的后代叶柄长度均超过双亲，2 个杂交组合后代的叶柄长度也趋向于叶柄长的亲本。F_1 的叶柄长度与理论值的几何平均值非常接近，说明基因的互作为加性效应，所以要获得长叶柄的后代比较容易。

表 28－2 菠菜双亲与 F_1 叶柄长度的关系

（孙盛湘等，2003）

杂交组合	亲本平均叶柄长（cm）		F_1 叶柄长（cm）	F_1 理论值（cm）	
	母本	父本		几何平均	算术平均
8309－10－2×93－150	12.0	7.65	10.9	9.58	9.83
99－12×99－8	6.3	6.98	7.4	6.63	6.64
大叶乌×美 C－2	19.3	14.9	17.0	16.96	17.1
2003－23×2003－111	11.6	17.9	21.35	14.41	14.75
2003－26×9509	20.0	17.65	22.6	18.79	18.83

4. 叶色与叶面的遗传 菠菜叶片的颜色分为深绿、绿和浅绿 3 种。叶片颜色的遗传属于数量遗传，深绿色品种与浅绿色品种杂交后代多为中间型或偏向深绿色。

中国的消费者多喜爱深绿色叶片，深绿色叶片一般叶绿素含量较高，但 NO_3^- 的含量也偏高。

菠菜的叶面可分为平叶和皱叶，平叶品种与皱叶品种杂交后代多为平叶或略带少许褶皱。如继续用平叶回交，则可得到完全平叶的品种。

5. 株型的遗传 菠菜的株型可分为直立型、半直立型和平展型 3 种。叶片与地面的夹角大于 60°为直立型，夹角 30°～60°为半直立型，夹角小于 30°为平展型。不论东、西方都喜欢植株为直立型的品种。直立型品种适于机械化收割，收获的菠菜叶片比较干净，损耗也少。直立型品种播种密度可以加大，提高产量。直立型植株下部的叶片受光较好，黄叶较少，比较干净，也便于收割。半直立型品种也可，但平展型品种则不受欢迎。

平展型母本与直立型父本杂交，后代多为直立型或偏于直立型。如菠杂 58 的母本为半直立型，父本为直立型，一代杂种株型直立。

6. 抗寒性的遗传 不同类型菠菜品种抗寒性差异较大。抗寒品种与不抗寒品种杂交，一般为中间型或不完全显性。要选育抗寒性强的品种，亲本一定是抗寒的品种，从分离后代中选出抗寒性强的株系再与抗寒亲本回交，加强其抗寒性，即可选育出抗寒性更强的品种。

7. 抗病性的遗传 中国菠菜的病害主要是病毒病和霜霉病两种，北方以病毒病危害较重，南方则以霜霉病危害较重。

病毒病主要由黄瓜花叶病毒（CMV）、甜菜花叶病毒（BMV）、蚕豆萎蔫病毒（BBWV）和芜菁花叶病毒（TuMV）感染所致。菠菜对黄瓜花叶病毒病的抗性受 1 对显性基因控制。我国东北地区的菠菜品种对病毒病的抗性较强，如哈尔滨冻根菠菜、沈阳尖叶等。表 28－3 中 8309－10－2 株系是从哈尔滨引进的昌邑尖叶中选出的抗病株系。从病情指数看出 3 个杂交组合的 F_1 的抗病性介于双亲之间，有 2 个杂交组合的 F_1 抗病性趋向于抗病亲本，以抗病亲本为母本时这种趋向更明显，说明菠菜抗病毒病遗传可能是不完全显性。

表 28-3　菠菜双亲与 F_1 对病毒病抗性的关系

（孙盛湘，1998）

杂交组合	发病率（%）			病情指数		
	母本	F_1	父本	母本	F_1	父本
98-5×8309-10-2	82.4	66.4	40.4	49.0	30.5	15.0
98-4×8309-10-2	72.4	93.3	40.4	57.8	48.3	15.0
8309-10-2×79051-1-12	40.4	64.7	86.4	15.0	28.9	47.7

菠菜对霜霉病的抗性属于显性遗传，受 1 对显性基因控制。2 个抗霜霉病的品种杂交后代都是抗病的，但从 F_2 中可能分离出更抗病的株系。抗病品种与不抗病品种杂交，可以从中获得抗病的株系，再与抗病品种回交，可使其抗病性得到加强。霜霉病在不同地区存在不同的生理小种，需分离出各个生理小种分别鉴定其抗病性。

8. 抽薹性的遗传　从表 28-4 可以看出，母本和父本都是早抽薹的品种，其 F_1 抽薹也早，并趋向于早抽薹的亲本。早抽薹品种与晚抽薹品种杂交，F_1 的抽薹期介于双亲之间。在大叶乌×美 C-2 的杂交组合中，由于两亲本的抽薹期相差较大，F_2 抽薹期分离也较大，但都在两亲本抽薹期的范围之内。抽薹期中等的亲本之间杂交（Hiyoshimora×1998-41，99-34×哈冻根），F_1 的抽薹期趋向于晚抽薹的亲本。中期抽薹的品种与晚抽薹的品种杂交（Laron×美 C-2），F_1 的抽薹期也趋向于晚抽薹的亲本。2 个抽薹晚的品种杂交（Wobli×美 C-2），F_1 抽薹期也晚，而且还趋向于更晚抽薹的亲本，这说明晚抽薹性是不完全显性遗传。

表 28-4　菠菜双亲与 F_1 抽薹期的关系

（孙盛湘，1998—2003）

杂交组合	抽薹期（日/月）			调查年份
	母本	F_1	父本	
联合 11 号×8309-10-2	16/3	16/3	17/3	1998
8309-10-2×79051-1-12	17/3	18/3	23/3	1998
8309-10-2×Hiyoshimora	17/3	23/3	30/3	1998
大叶乌×美 C-2	1/4	7/4～23/4	2/5	2003
Hiyoshimora×1998-41	30/3	10/4	17/4	1998
99-34×哈冻根	27/4	27/4	24/4	2000
Laron×美 C-2	27/4	5/5	8/5	1999
Wobli×美 C-2	20/5	20/5	8/5	1999

9. 菠菜的性别遗传　菠菜有 6 对染色体，关于性别遗传主要有以下两种假说。

（1）1 对基因控制论者认为菠菜的性别主要受存在于性染色体上的 1 对 X 和 Y 基因控制。J. Janick（1954）在《菠菜性别的遗传》一文中表明，菠菜雌雄异株系的 1∶1 的性比例是由 1 对基因控制的。雌株的基因型为 XX，雄株的基因型为 YY 和 XY。雌性植株偶然产生的两性花自交产生的后代分离为 1 雌（XX）∶2 雄（XY，杂合）∶1 雄（YY，纯合）。雌株与纯合的雄株交配，后代全部是雄株，$XX \times YY \rightarrow XY$。雌株和杂合的雄株交配后代一半是雌株，另一半是雄株，$XX \times XY \rightarrow 1XX ∶ 1XY$。杂合雄株上偶然产生的两性花自交产生的后代雌雄比例为 1∶3，$XY \times XY \rightarrow$ 1XX∶3XY。

菠菜雌雄同株的特性表明菠菜的性别至少被 1 个主要的基因控制，这个主要基因和 XY 是等位基因，称作 X^m。按照这种假设，雌雄同株的基因型是 X^mX^m，X^m 对 X 为不完全显性，杂合的 X^mX 比纯合的 X^mX^m 的雌花比例要高一些。等位基因 Y 对 X^m 是完全显性，因此 X^mY 的表现型是雄性。雌雄同株除了这个主要的基因外，很明显还有其他的修饰基因作用于这个数量遗传的特性。雌雄同株系（X^mX^m）在自交时后代的雌花比例都不相同。

同时 J. Janick 指出，在高温（26.7 ℃）和长日照的共同作用下，能促进菠菜植株向雄性方向转化。

（2）2 对基因控制论者 Bemis 和 Wilson 认为：在常染色体上存在 2 对强连锁的性平衡基因 Aa 和 Gg。A 能使 XX 株表现为雌两性株，G 能使 Y 的雄性减弱，从而使 XY 株表现为雄两性株。当 2 对基因呈平衡状态时，如 AG/AG 或 AG/ag 或 ag/ag，则 XX 为纯雌株，XY 为纯雄株。但在发生交叉、互换破坏平衡后，就产生两性株。Bemis 等的假说大体上能解释一些遗传现象（谭其猛，1980）。

目前主要依据两对基因控制论的观点来解释雌性系的选育，他们的假说为后来菠菜的选育指出了方向。实际上菠菜的性别是受 Aa、Gg 基因控制的，过去没有找到正确的方法，使 AG、ag 这 2 对强连锁基因得到平衡。

在菠菜提纯复壮的过程中，虽然也发现过菠菜雌性株，由于没有掌握选育雌性系的理论和方法，盲目寻找花粉保持雌性株，当时所能找到的花粉只存在于绝对雄株、营养雄株和两性株，这样就不能使 2 对强连锁的性平衡基因呈平衡状态，很难选育出菠菜雌性系。

四、育种目标与选育方法

（一）育种目标

根据当前市场发展需要和生产上存在的问题确定育种目标。对菠菜而言既要高产、优质、抗病，又要植物学性状符合市场要求。

1. 高产性 要求菠菜品种生长速度快，株型直立，叶柄粗，叶片肥大，产量比当地主栽品种增加显著。

2. 抗病性 病害是影响菠菜高产、稳产的主要因素。对菠菜危害较重的病害有霜霉病和病毒病等。近十几年霜霉病发展迅速，已成为制约菠菜生产的主要病害，尤其是在菠菜的保护地生产和春季生产中发生严重。据分析，现在已发现菠菜霜霉病生理小种达 14 个之多，在传统的菠菜种植区，其危害很大，因此抗霜霉病育种已成为菠菜抗病育种的主攻目标；病毒病主要危害越冬菠菜生产，造成植株矮化、畸形以至枯死，是越冬菠菜死苗率高的主要原因。

3. 耐抽薹、耐热 目前国内育成的菠菜品种普遍抽薹较早，仅能满足越冬茬、早春茬和秋冬茬生产，而春夏和夏季生产的耐抽薹品种几乎全部依赖进口。因此培育耐抽薹、耐热品种是菠菜育种的重要目标之一。

4. 商品性状 主要包括叶片颜色、株型和叶形。叶片颜色性状的选育要结合不同地区的消费习惯，例如福建的漳平至漳州一带喜爱浅绿色的菠菜品种，而大部分地区要求叶色深绿；株型直立和中等叶柄长度受市场欢迎；叶形要求浅缺裂，叶面平展、宽厚。

5. 专用品种 速冻菠菜品种要求长势强，叶色深绿，叶片肥厚且不易抽薹；鲜食菠菜要求低硝酸盐含量等。

（二）品质育种选育方法

菠菜是营养价值较高的一种蔬菜，除含有丰富的维生素 A 外，还含有较多的叶酸。但菠菜也含有较高的草酸和 NO_3^-，影响到它的风味和品质。食用较多的草酸会影响人体对钙的吸收。食入 NO_3^- 后在人体内易形成亚硝酸盐，对人体健康不利。所以选育出含草酸和 NO_3^- 较少的菠菜品种，就成了今后的努力方向。

中国菠菜的品质育种工作开展较少，上海农学院植物科学系林家宝等于20世纪80年代初开始选育NO_3^-含量低的品种。他们分析了从国内外收集的45份材料，选出了NO_3^-含量为127.33 mg/kg的品系，以该品系为父本与另一个NO_3^-含量为166.08 mg/kg的品系杂交育成联合1号，其NO_3^-含量仅为204.84 mg/kg。

选育NO_3^-含量低的菠菜品种关键在于获得NO_3^-含量低的育种材料。叶面平滑、叶色淡的品种NO_3^-含量低，而叶面褶皱、叶色深的品种NO_3^-含量高（林家宝，1995）。可根据这种相关性状收集原始材料，然后鉴定筛选出NO_3^-含量低的品种。菠菜NO_3^-含量的遗传由加性基因中的累加基因所控制（林家宝，1995），通过杂交的方法NO_3^-含量低的特性能较强地遗传给后代。可以在筛选出的NO_3^-含量低的品种中选育雌株系，如该品种有些不良性状，可以选用另一与之互补的品种杂交，从杂交后代中选出符合育种目标的株系，选NO_3^-含量低、其他性状也较好的亲本进行配组杂交，选出所需的杂交组合，育成NO_3^-含量低的一代杂种。

（三）丰产育种选育方法

菠菜的单位面积产量是由单位面积的株数和单株重决定的。显然单位面积内的株数与产量呈正相关，而单位面积的株数与株型有密切关系。株型直立的植株之间对光合作用的影响较小，单位面积内可种植较多植株。如株型平展，植株之间对光合作用的影响较大，单位面积内可种植的植株则较少。单株重与产量也呈正相关。菠菜的株重是由叶片的大小、厚薄，叶柄的粗细和长短决定的。所以好的菠菜模式植株应是直立型，叶片大而肥厚，叶宽是叶长的1/2，缺裂浅，叶柄粗壮，长度为15～20 cm。

菠菜在20～25 ℃的生长条件下从播种到收获的时间很短，一般只有30～40 d。从第一片真叶生长至第10片叶大多数品种生长速度较慢，这一阶段需25 d左右，以后的15 d为快速生长期。这一阶段不同的品种生长速度也有明显的差异，生长较快的品种较耐低温和弱光照，特别适应于中国南方冬季的生长条件，也是北方日光温室栽培较为理想的品种。但有的品种前期生长速度较快，如果把这两个阶段生长都较快的品种特性综合在一个品种上，则使菠菜的生长速度大大加快，可以缩短菠菜从播种到收获的天数。

丰产品种除按照上述方法选育外，还应收集具备各种性状和特性的育种材料，运用杂种优势的方法选育丰产品种，菠菜杂种优势明显，对提高产量效果显著。

（四）抗性育种选育方法

在中国现有菜区气候多变、病害日益严重的情况下，要使菠菜丰产、稳产。除具有丰产性状外，还应具备抗病和抗逆的特性。

Sneep（1958）研究指出：菠菜对霜霉病和黄瓜花叶病毒病的抗性都是受1对显性基因控制。因此，选用抗霜霉病和抗黄瓜花叶病毒病的两个亲本，其丰产、优质等性状互补的，就很容易选育出抗这两种病害又丰产、优质的菠菜一代杂种。

1. 抗病毒病品种的选育

（1）*抗病毒病材料的搜集*　菠菜病毒病在东北、华北和西北地区危害较重，在20世纪70年代到80年代初，沈阳、大连和北京郊区菠菜病毒病大量发生，造成初春大面积菠菜死苗。要选育抗病毒病的品种，首先要搜集抗病毒病的原始材料，进行抗病性鉴定。从表28-5可以看出，哈尔滨冻根菠菜的田间抗病性最强，发病率和病情指数在这些材料中都较低，其次是沈阳尖叶、北京延庆小营尖叶和山东昌邑尖叶等。

表 28-5 不同菠菜品种对病毒病的抗性比较

（孙盛湘等，1985）

品 种	调查株数（株）	发病率（%）	病情指数
哈尔滨冻根菠菜	178	53.37	25.47
沈阳尖叶	126	61.90	26.60
北京延庆小营尖叶	141	75.18	34.98
山东昌邑尖叶*	103	76.70	36.25
山东胶县尖叶	123	83.74	44.72
山东诸城尖叶	87	89.66	48.28
山东昌邑尖叶**	79	93.67	49.79
内蒙古集宁圆叶	90	78.89	48.89

* 1983 年从哈尔滨市蔬菜研究所引种；** 1984 年从昌邑县种子公司引种。

（2）菠菜病毒病的鉴定方法 菠菜病毒病在不同地区存在不同的主流株系，需要完成株系的分离、鉴定和保存，对收集材料进行接种鉴定等工作，才能顺利选育出抗病毒病的品种。

鉴定病毒病的方法有两种，田间病圃鉴定法和苗期人工接种鉴定法。

① 田间病圃鉴定法。田间鉴定是对菠菜抗病性最全面的反映，而且更符合实际。把需要鉴定的材料直接种植在病毒病发生严重的田间，并在最易发病的季节播种。北京地区在 9 月 25 日左右播种，是菠菜感染病毒病的最好时期。但病毒病当年并不表现，要到翌年春季菠菜返青后感病材料才表现出病毒病的病症。叶片卷曲，叶缘呈波状，幼叶叶脉透明，并出现黄色斑纹。严重的植株矮化皱缩，叶片黄绿镶嵌斑驳，心叶坏死。

保存易感病的材料可以推迟播种期至 10 月 25 日左右，这时气温较低，桃蚜已无活动能力。但这时播种的菠菜需要覆盖地膜才能安全越冬。

鉴定的每份材料不应少于 100 株，面积约 60 m^2，条播 4 行，行距 35 cm，株距 10 cm。第 1 年播种时每份材料应保留一半种子，留作备用。

② 苗期人工接种法。

播种育苗：先把菠菜种子在清水中浸泡 24 h，放入垫有 2 层滤纸的培养皿中。置入恒温培养箱中，15～20 ℃催芽。种子现白根后，播种在塑料育苗钵内或塑料盒内，基质为消毒的蛭石和草炭（1∶1）。在温室内育苗，温室温度 20～25 ℃，每份材料不应少于 100 株。

毒原准备：针对不同地区用不同的病毒株系接种鉴定。从田间采回已感染病毒病的病叶，放在已灭菌的研钵内，磨碎后用双层纱布过滤，滤液用于接种。

接种方法：当幼苗长至 3～4 片叶时，在叶面撒一层 600 目的金刚砂，用人工摩擦接种。一般接种 1 周后感病植株就可以发病。发现抗病植株后，不要移植，就在原塑料钵内生长，因菠菜移植很难成活，即使成活也生长不好。

③ 抗病毒病的选育方法。菠菜病毒病的田间抗性为不完全显性，因此在第 1 年育种材料的病圃鉴定和苗期人工接种鉴定中，可以发现一些抗病的单株。在秋季把这些抗病的单株种子继续种在病圃中，使之继续发病。翌年春季在这些株系中出现了较多的抗病单株，说明后代的抗病性得到了加强。在这些单株中两性株可套袋自交，雌株可以用营养雄株的花粉授粉。当年秋季继续播种这些抗病单株的种子在病圃中。这样再继续 3～4 年，就可以选育出抗病的株系。

欧美国家的品种叶片大、产量高、抽薹晚，但抗病毒病能力差，可以用这些品种做母本，与抗病性强的哈尔滨冻根或沈阳尖叶杂交，将 F_1 种植在田间病圃鉴定，第 1 年绝大多数植株可能都要感病，只能剩下极少数抗病的植株。如果要加强这些植株的抗病性，可以再与抗病品种回交，经过 5～6 年在病圃内的选择，可以选择到叶片大、产量高、抽薹晚又抗病的雌株系或自交系。

2. 抗霜霉病品种的选育　潮湿和冷凉（15～25 ℃）的气候条件是菠菜感染霜霉病的适宜环境，促进了菠菜叶表面黄色斑形成带蓝灰色的孢子块。春季的大棚菠菜，冬季的日光温室中的菠菜如湿度控制不好，常发生霜霉病，秋季菠菜在幼苗期（2～4 片真叶）如遇到连续的阴霾天气，也极易发生霜霉病。

中国东北地区的菠菜品种抗霜霉病能力较强，超级菠菜 688 和超世纪菠菜等品种对霜霉病也有较强的抗性，可用这些品种作为抗霜霉病育种的材料。霜霉病的鉴定方法：

（1）田间病圃鉴定　在北京地区春季和秋季都易发生霜霉病，病圃可安排在塑料大棚内。秋季在 9 月初或春季在 2 月底播种，待幼苗生长到 2～4 片真叶时，把大棚密闭，然后给幼苗充足浇水，在大棚内创造相对湿度 95%以上的条件，并在幼苗上洒水，促使其发病进行鉴定。病圃也可以安排在冬季的日光温室中，12 月初播种，待幼苗长到 2～4 片真叶时，密闭日光温室，充足浇水，不久幼苗就可以发病。

（2）苗期人工接种鉴定的方法

① 播种育苗。参见菠菜病毒病鉴定播种育苗的内容。

② 接种液的制备。用分离的不同地区的菠菜霜霉病生理小种制备接种液。接种液浓度为每毫升含 5×10^3 个孢子囊。

③ 接种方法。在 3～4 片真叶时接种，采用点滴接种法。用吸管吸取上述接种液滴在真叶上，约 0.04 mL。接种后在 20～22 ℃的温室中黑暗保湿 12～16 h，然后放到白天 25 ℃、夜间 18 ℃的温室中正常管理，发病后就可以进行抗病性调查及鉴定评价。

菠菜抗霜霉病品种的选育方法可参照菠菜抗病毒病品种的选育方法进行。

（五）耐抽薹性的选育方法

为了延长菠菜的收获期，在保证质量的前提下做到周年供应，需要选育出耐抽薹的品种。北京一般把在 3 月下旬至 4 月上旬抽薹的品种称为早抽薹品种，4 月中下旬抽薹的品种称为中期抽薹品种，5 月上中旬抽薹的品种称为晚抽薹品种。晚抽薹品种对光照时数的要求较长，即使在夏季播种，植株在达到商品收获的标准时也不抽薹，这样就可以做到周年供应菠菜。

中国哈尔滨冻根和沈阳尖叶等品种抽薹都较晚，在北京 4 月下旬抽薹。北欧和美国的一些品种抽薹也很晚，如荷兰的夏翠、捷怡 K_1，丹麦的超级菠菜 8383 等在北京地区都在 5 月上、中旬才抽薹。这些品种可以直接用于生产，也可以作为培育适应当地生产条件的晚抽薹品种的亲本。晚抽薹性为不完全显性，这为培育晚抽薹的品种提供了可能。

培育晚抽薹的品种，亲本材料、杂种后代自交系应在 2 月中下旬在大棚内播种，而不应在前一年秋季播种，因为冬季的低温易使晚抽薹品种提前抽薹，对选育晚抽薹的特性不利。

在培育晚抽薹的品种时，可以直接利用从国外引进的晚抽薹品种选育自交系和雌株系。为了增强国外晚抽薹品种的抗逆性和抗病性，可以利用中国东北地区的晚抽薹品种与国外品种杂交，然后从后代中选育出所需要的晚抽薹自交系和雌株系。北京农林科学院蔬菜研究中心选育的菠杂 58 的父本 2003－111 就是利用国外耐抽薹品种与沈阳尖叶杂交后选出的自交系。

五、杂交育种

（一）自然变异株的选择

菠菜是风媒植物，容易自然杂交产生变异植株。如果在菠菜的繁种田中发现新的变异类型，可以在变异植株上做标记，在收获种子时单独收获并保存。第 2 年把这些种子分别编号种在选种圃内，同时以原品种为对照加以比较鉴定，淘汰不良株系。从当选的株系中选留优良单株的种子，第 3 年做株行比较，淘汰不符合育种目标的株系，当选株系的种子可以混收，用作下年较大面积的试验。如新选的株系确实优于原品种，或在某一方面优于原品种，解决了生产中存在的问题，即可作为新品种推广使用。

山西省文水县蔬菜果树研究所李海棠 1978 年利用自然变异株的选育系统，于 1979 年育成菠菜新品种 79－3329 和 79－2317，这两个品种表现为叶片大、产量高、抽薹晚。

（二）人工杂交选育

按照育种目标选用优良性状互补的两个菠菜资源材料配制杂交组合，一般每个杂交组合做 5 株即可。抽薹晚的品种授粉时天气已很热，植株结实差可多做几株。对杂种后代的处理可用系谱法进行选择（图 28－3）。

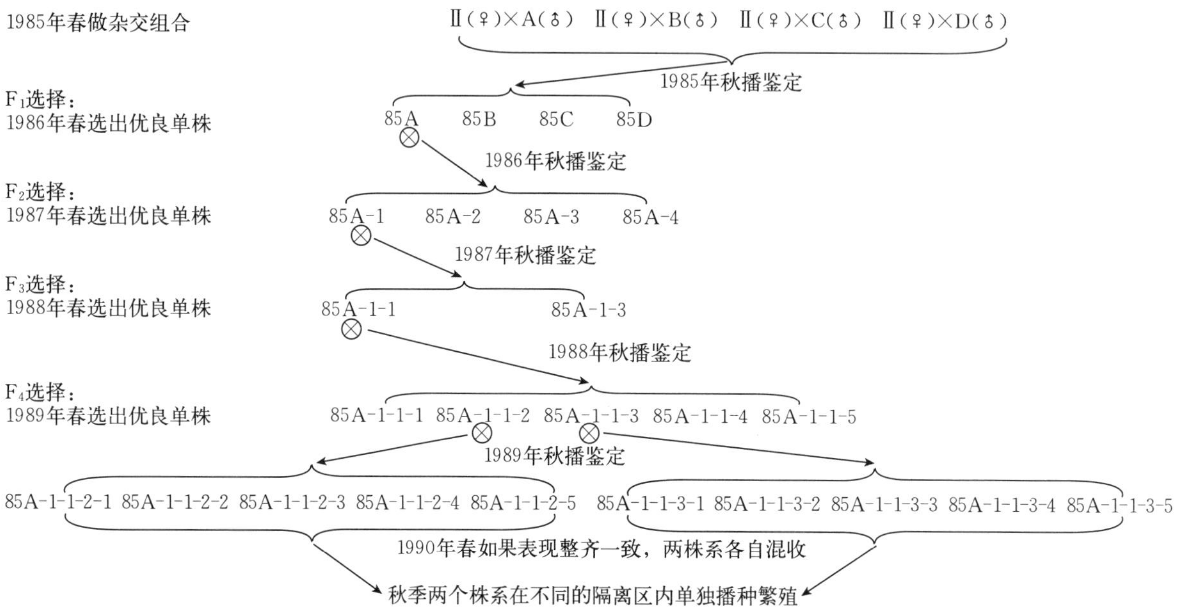

图 28－3 菠菜杂交种系谱选育法示意

1990 年春季植株返青后，对这两个株系的植株进一步去杂选纯。在隔离区内让植株自由授粉，获得这两个株系较多的种子。1990 年秋季以当地的菠菜主栽品种为对照，进行产量比较试验。对表现突出、比对照增产显著、性状优良的株系进行繁殖，并进一步做区域试验和生产试验。在区域试验和生产试验中仍表现增产，就可以推广。

如果对 F_4 所选株系的一致性仍不满意，可以在这个株系后代中继续选择优良单株自交授粉，直至对该株系的一致性满意为止。

六、杂种优势利用

（一）杂种优势的表现

菠菜是风媒植物，人们很早就注意到它的杂种优势现象。早在 20 世纪 40 年代，美国人 Jones 就开始了菠菜杂种优势的利用，于 1955 年育成了半皱叶形的一代杂种早杂 7 号，比对照增产 8%～40%，说明产量的杂种优势明显。孙盛湘（1994）等研究发现，一代杂种的叶片明显大于亲本的叶片，如一代杂种菠杂 58 叶片面积为 266.99 cm^2，超过双亲的平均叶面积 52%，超过最大叶面积母本的 14.6%。说明叶片的大小具有明显的杂种优势，叶片增大，使产量明显提高。

菠菜的杂种优势表现在：一代杂种叶片加厚，叶色变深，叶柄长度增加，根系的须根明显增多，对病害和逆境的抗性增强。

（二）杂种一代选育程序

1. 原始材料的搜集

（1）国内外地方品种的搜集　在菠菜的引种驯化栽培过程中，由于气候条件和选择方向的不同，形成了许多适合不同地区生产的优良农家品种。这些品种适应性广，抗性强，可作为菠菜育种的优良种质资源。

（2）引进国内外具有优异特性的资源　近年来，国外优良菠菜品种的引入，为我们提供了一些优异的种质资源。将当地的优良品种与引入的种质资源进行杂交，导入优良基因，扩大变异范围。经多代自交、分离和筛选，从中选育出优良自交系。

2. 纯化原始材料

（1）地方品种　将不同来源的地方品种分别种植于不同小区，拔除杂株，在植株抽薹时进行隔离。

（2）种质资源的创新及优良自交系的纯化　将具有特异性状（如抗病或耐抽薹）的材料与当地的优良品种进行杂交，得到 F_1。不同的 F_1 杂交组合分别播种在不同的小区内，用隔离帐进行隔离，小区内自由授粉，每个隔离区内分别收获种子。F_2、F_3 代苗期出现大量分离，待植株充分长大后，根据植株直立性、叶片颜色、叶片大小、抽薹早晚等性状进行选择。将雌性株和雄性株进行套袋和标记，花期人工授粉，最后得到不同株系的种子。在 F_4、F_5 代淘汰非目标株系，选留综合经济性状优良的株系，系统内进行去杂去劣，隔离留种。F_6 代及以后世代，一般株系内植株基本整齐一致，是创新的一个优良自交系，可试配组合。

3. 杂交种亲本的选育

（1）母本雌株系的选育　利用雌株系制种已是菠菜生产杂交种的主要途径。目前，日本和欧美各国及国内菠菜育种专家已普遍采用雌株系制种。雌株系的获得可通过以下两个途径。

① 利用纯雌株与强雌株杂交。通常在一个或几个品种内选择若干经济性状优良的纯雌株和强雌株（雄花率在5%以下）两两配对杂交，同时对强雌株人工控制自交，最后由纯雌株上和强雌株上分别单株收种，单独贮存。下一代，对全部为纯雌株的纯雌株系，于株系内选择10～20株同相应的父本继续进行测交，同时对父本强雌株仍选雄花率5%以下的植株进行自交。通常经4～6代测交筛选，即可选育出经济性状整齐一致的雌株系及雄花率在5%以下的保持系（图28-4）。

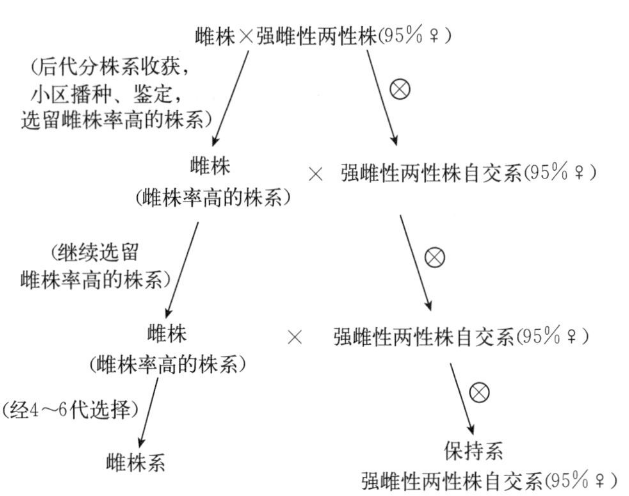

图28-4　菠菜雌株系选育示意

在选育雌株系时要注意两点：后期温度增高至26.7℃以上，日照变长时，在雌株顶端出现雄花的株系需淘汰；在选育保持系时，自交严重退化的株系也要淘汰，保留退化轻的株系。如果植株上雄花太少，影响留种时，可喷施100 mg/kg的赤霉素以保持留有一定的种子量。

② 诱导纯雌株产生雄花并进行自交，在后代中筛选雌株系。在菠菜品种的自然群体中存在雌株，这种雌株在开花前期往往不出雄花。在气温逐渐升高的情况下，部分雌株往往会在花茎的顶部雌蕊间产生几个、十几个甚至更多雄蕊，这个过程称作“逼雄”（或诱雄）。虽然不像营养雄株那样有密密麻麻的雄花着生在花茎顶部，但也基本呈现穗状形态。需要纯化的雌株不能用绝对雄株、营养雄株和两

性株的花粉授粉，而要用这种雌株自身产生的花粉给自己的雌花授粉，使 Bemis 和 Wilson 的“*AG*、*ag* 这两对强连锁的性平衡基因呈平衡状态”，*XX* 则表现为纯雌株，从而得到纯雌株即雌性系。用“逼雄”方法繁育雌性系，雌株率可高达 98%以上。

中国农业科学院蔬菜花卉研究所由全能菠菜经过多代纯化，选育出纯雌株，再用“逼雄”的办法选育出菠菜雌性系，并用该雌性系配制组合，育成蔬菠 1 号一代杂种。

在繁殖雌性系时要拔除雌株花茎顶端出现雄花早的植株，等到株高 1 m 以上有 30%雌株花茎顶端有雄花时，停止拔除，任其自然授粉。

菠菜的性型受环境条件影响较大，高温短日照能使雄性增强、雌性减弱。Janick 等（1955）报道，日温 26.6 ℃、夜温 24 ℃比日温 21 ℃、夜温 18 ℃有增加雄性的趋势，即高温长日照下比低温长日照下雌性弱。要注意淘汰对温度敏感的菠菜雌性系，避免导致 F_1 的杂交率下降。

在选育雌性系的同时，应注意选育几个与雌性系共用的父本，制种时只要及时拔除雌性系中早现雄蕊的种株，就可省去对隔离区的选择，但必须选育父、母本性状互补的材料，以确保育成优良的菠菜一代杂种。

过去利用强雌性系制种时，母本去杂率达到 50%左右，利用“逼雄”方法选育的雌性系，其母本去杂率只有 3%～5%，大大提高了菠菜的制种产量和土地利用率，也降低了生产成本。

（2）父本“自交系”的选育

① 利用营养雄株做父本。营养雄株抽薹后植株高大，雄性花簇生于茎生叶的叶腋中，营养生长和生殖生长同时进行，茎叶生长旺盛，花粉期持续时间长，可保证母本在整个开花期内得到足够的花粉。

在选用纯化的亲本材料中，选择雌株和营养雄株，分别隔离，用营养雄株的花粉给雌株授粉，并从雌株上分株系收获种子。下一年分株系种植，选择营养雄株比例高的株系，淘汰营养雄株比例低的株系。在营养雄株比例高的株系中，雌株和营养雄株继续交配，从雌株上分株系收获种子。从不同株系中继续选留营养雄株比例高的株系，如此继续 4～6 代，即可选出只有雌株和营养雄株的两性系，用作一代杂种的父本。

② 利用强雄性两性系做父本。强雄性两性系是指在同一植株上着生雌花和雄花，而且雄花比例较高，其茎生叶较营养雄株的茎生叶小。这种类型的植株一般长势强，株型高大，不易早衰，雄花持续发生，花粉期长，是理想的父本类型。

选育方法：在分离群体中选择具有上述性状的强雄性两性株套袋隔离，自行授粉。一般经 5 代严格自交，可得到整齐一致的强雄性两性系。

4. 试配、鉴定组合

（1）杂交亲本的选择选配　亲本选配是获得优势组合的关键，在亲本选配时掌握以下原则。

① 雌株（性）系做母本。选用雌株系做母本可省去母本中拔除雄性株的程序，极大地减少了杂交制种工作量，也避免了母本中拔除雄株后造成的缺苗断垄现象，提高杂交种的产量；同时，采用雌株（性）系做母本更能保证杂交种子的纯度。

② 亲本性状互补。根据菠菜主要性状的遗传规律，例如目标性状的显隐性，以及多数性状表现超双亲中间型的特性，以双亲性状互补为宗旨，确定亲本的选择。一般选择综合性状优良、适应性强的株系做母本，选目标性状（例如抗病性）突出的株系做父本进行配组。

③ 不同生态型亲本配组。不同地理来源或不同生态型的亲本之间基因型差异大，一般杂种优势比较强，对自然条件有较好的适应性，容易获得理想的杂交组合。亲本间遗传差异越大，杂种优势越明显。

④ 双亲花期尽可能一致。双亲花期保持一致，才能保证母本的雌花充分接受花粉，结实性好，产量高。同时只有大量父本花粉的存在，才能保证杂交制种纯度。

（2）主要性状的配组原则　株型、叶色、叶形和叶柄长度是菠菜的主要商品性状，在进行组合选配时，要考虑不同地区消费习惯和市场需求及发展前景，并参照菠菜主要性状的遗传规律对双亲进行合理配组。

适应性和抗病性的组合配组：适应性广和抗病性强是保证菠菜高产稳产的关键，也是培育品种的主要目标性状。一般要求亲本之一必须有较高的抗性才能得到抗病的杂种一代。

（3）试配组合　在配制杂交组合时必须在隔离条件下进行人工授粉。

进行杂交前，将母本和父本分别隔离，防止其他花粉污染，待开花盛期取花粉杂交，获得杂交种子。

（4）鉴定组合　将收获的杂交种子清选干净，进行品比试验。每小区 3～5 m^2，用种量 10 g 左右。如果组合少，种子多，可采取 3 次重复。秋季种植一般 40 d 即可收获。生长期间进行多次调查，选出符合育种目标性状的组合。

（三）菠菜的授粉方法

1. 隔离方法　菠菜为风媒花，而且花粉量很大，极易造成非目标花粉的污染，因此隔离要求更严格。

（1）隔离袋面料的选择　面料应网眼小，不能穿过花粉粒，一般棉布料比较合适。将面料做成开花时菠菜植株大小的袋子，向光面用塑料薄膜替代，以便袋内有光照。

（2）隔离支架　用 8 号铁丝做成开花时菠菜植株大小的∩形架，将两个架子十字交叉，插在菠菜植株上，用布袋套上，用塑料牌写上株号即可。

如果在保护地授粉，也可以采用半透明纸袋隔离。

2. 杂交授粉方法　菠菜花粉存活期较短，一般要求花粉现取现用。

（1）海绵棒授粉　将花粉直接弹落到培养皿中，用海绵棒蘸取花粉，直接涂抹到母本的花上，动作要轻，以防伤害柱头。海绵棒是在 20 cm 长的钢丝一端绑一小海绵块做成。每做完一个组合要充分洗净，晾干，以防污染。花粉量少时可采用这种方法。

（2）喷粉器授粉　花粉取下后用细筛过滤掉花蕾和杂物，将花粉装入喷粉器中，喷粉管伸入母本隔离袋内，用力挤压喷粉器的皮球，把花粉吹进隔离袋内授粉。这种方法授粉充分，操作简便，且无需打开隔离袋，不会造成污染。多个母本共用一个花粉袋时比较方便。

（3）父本剪枝授粉　在父本花粉即将开放之前，将健壮枝条剪下插入盛水的小瓶中，吊于隔离袋中母本的上方。花粉陆续释放授粉，一般能持续 5 d 左右。

七、良种繁育

（一）菠菜的采种技术

菠菜种子的生产可分为常规品种采种和一代杂种制种两种形式。

1. 菠菜常规品种的采种　秋播越冬（老根）采种，俗称“根茬”菠菜，在华北地区 9 月下旬至 10 月中旬播种，翌年春季可作商品菜用，也可采种。种株在越冬前必须长出 4～6 片真叶，才能顺利越冬。利用此法采种籽粒大，产量高。抗寒力较强的品种必须用此法繁殖原种。

对抗寒力较差的菠菜品种，可用冬播（埋头）菠菜或当年直播方式采种。这两种采种方式种子产量较低，但占地时间较短。

常规菠菜品种的采种应该注意：

（1）隔离　严格选择有隔离条件的空旷地块采种，要求繁殖生产用种至少隔离 1 500 m；繁殖一、二级良种至少隔离 3 000 m；繁殖原种要求在 5 000 m 以内不得有其他菠菜品种同时采种。

隔离区要平行配置，不能一个在上风口，一个在下风口，如果是上下风口配置，隔离距离至少要有 5 000 m。

(2) 种株选择 菠菜制种种株一般要求雌株抽薹较早，雄株抽薹较迟，以提高制种产量。选留的植株叶簇大而密集，叶片要肥厚。拔除时要注意品种的典型特征，尖叶品种采种田要拔除圆叶植株，圆叶品种采种田要拔除尖叶植株。

2. 菠菜一代杂种的制种技术

(1) 制种地选择

① 菠菜制种地域的选择。菠菜制种要求气候凉爽、开花季节雨水少、生长期白天日照时间长等自然条件。例如我国的甘肃、青海、新疆等地均适宜菠菜繁种。

② 隔离条件。与常规品种制种的隔离要求相同。

(2) 制种技术 利用雌株系制种省工省力，简便易行，且产量高，纯度有保障。是目前菠菜制种的主要方法。

① 母本和父本配比。一般 5∶1 或 8∶1，即 5～8 行母本配 1 行父本。主要取决于父本花粉量。

② 延长授粉期。加强水肥管理，防止植株早衰，延长授粉时间，提高杂交种子产量。

③ 清杂工作。母本和父本的植株充分长成后，进行田间检查，根据其植株特性，清除母本和父本内的杂株，一般 1～2 次即可。

④ 授粉结实。进入开花期后，父、母本自由授粉即可。

⑤ 父本的拔除。授粉结束后，将父本提前拔除，以免父本结籽造成机械混杂。

⑥ 杂交种子采收。待种子变黄时及时收割、晾干、脱粒，清选干净后即可包装。

(二) 种子的贮藏与加工

1. 种子检测 收到种子后，要对种子进行风选，去除尘土、枝叶碎片和瘪籽。一些大的土块、石块和其他农作物的种子要人工挑出。经过风选后的种子还要进行纯度、净度、水分、发芽势和发芽率的检验。

(1) 纯度检验 将需检验的品种种子播种于田间，待菠菜长到 20 片叶以上时，在田间随机取2～3行植株检验，统计本品种的株数和杂株的株数，按下列公式可算出品种的纯度。

$$品种纯度=\frac{本品种株数}{本品种株数+杂株株数}\times 100\%$$

菠菜杂交种的纯度应不低于 95%。

(2) 净度检验 从风选过的种子中称取 10 g 种子样本，鉴别出瘦瘪种子和杂质并分别称取重量，用下列公式算出种子净度。3 次重复。

$$品种净度=\frac{试样重量-废品重量}{试样重量}\times 100\%$$

菠菜种子的净度应不低于 97%。

(3) 发芽势和发芽率检验 在大号培养皿内装上消过毒的河沙，取 100 粒种子，播种于培养皿中，放置于 15～20 ℃的条件下发芽。7 d 内的发芽数为发芽势，21 d 内的发芽数为发芽率。检验设置 3 次重复。菠菜的发芽势应不低于 60%，发芽率应不低于 70%。

(4) 水分检验 种子的水分以种子含水百分率表示。菠菜种子通常用 130 ℃标准法检测，种子的水分含量应不高于 10%。

2. 种子的贮藏 放入仓库中贮藏的种子，水分含量应在 10%以下，如达不到这个标准，要选择晴天充分晾晒，达到标准后才能入库。水分含量高的种子在贮藏时容易发热，影响发芽率。菠菜种子在室温条件下，保持正常发芽率的时间是 2～3 年。为了延长种子的发芽时间，要把种子贮藏在

0 ℃以下和相对湿度大约 30%的地方。菠菜种子在这样的条件下 5～6 年内都能保持正常的发芽率。

（孙盛湘　崔彦玲　孙培田）

第二节 芹　　菜

芹菜是伞形科（Umbelliferae）芹菜属中的二年生草本植物。学名：*Apium graveolens* L.；别名：旱芹、药芹、本芹等。染色体数 $2n=2x=22$。芹菜原产地中海沿岸及瑞典、埃及和西亚的北高加索等地的沼泽地带。芹菜分为叶用芹菜（var. *dulce* DC.）和根用芹菜（var. *rapaceum* Mill.）两个变种。古希腊人最早栽培作为药用，后来作为香辛蔬菜食用，驯化成叶柄肥大类型（var. *dulce* DC.）。芹菜从高加索地区传入中国后，又经长期的驯化改良逐渐培育成叶柄细长的类型，即本芹，也有的称中国芹菜，是中国传统广泛种植的栽培种。世界各地普遍栽培的为叶用芹菜，每 100 g 鲜重含水分 94 g，碳水化合物 2 g 左右，蛋白质约 2.2 g，还含矿物质及维生素等多种营养物质。芹菜含有芹菜油，具芳香气味。芹菜在中国南、北方都广泛栽培，2003 年，中国的栽培面积已经超过 54 万 hm^2，占中国蔬菜播种总面积的 3%左右，总产量 1 795.5 万 t。芹菜在叶菜类蔬菜中占重要地位。芹菜种植较简便，成本低，产量高，栽培方式多样，对蔬菜周年供应、增加市场花色品种起着重要作用。

一、育种概况

（一）育种简史

芹菜原产于欧洲南部地中海沿岸潮湿地区，但在非洲北部及亚洲西部等沼泽地带也有野生种。远在 2 000 年前古希腊人已栽培芹菜作为药用，15 世纪由高加索地区传入中国，目前在亚洲大陆分布有许多地方品种。作为原产地的意大利、美国、荷兰等国早已育成很多优良品种，如意大利冬芹、意大利夏芹、犹他芹（Utah）等。美国的芹菜研究发展较快，在世界芹菜遗传育种研究领域占有领先地位。美国对世界各地的芹菜种质资源进行搜集、保存、鉴定和分类，仅加州大学（戴维斯）就搜集了大约 300 个芹属（*Apium*）品系，包括所有市售的栽培品种和当地品种，也包括一些野生种。这些丰富的种质资源辅以现代遗传育种技术，为美国芹菜遗传育种研究的发展奠定了坚实基础。中国也有一些品质优良的地方品种，如天津的白庙芹，陕西的铁杆青芹，广东的青梗芹，山东的福山芹，上海的旱青芹等。中国育种家们通过选择育种育出了一些新品种，如北京市农林科学院于 1982 年选育出的春丰芹菜；利用国外芹菜种质资源与本地品种杂交也陆续育成了一些适合当地栽培的新品种，如天津市科兴蔬菜研究所选育出的津芹 13 和津芹 36，天津市园艺工程研究所于 2003 年选育出的津奇 1 号等。随着育种目标的不断细化和育种技术的不断发展，育种家们正在培育出越来越多的优质芹菜新品种。

（二）育种现状与发展趋势

据国际遗传资源研究所（IPGRI）统计，全世界约有芹菜品种 1 270 个，主要为西芹栽培种。《中国品种资源目录》记载收录的芹菜资源为 323 份，到 2005 年中国国家种质资源库保存的芹菜资源共 342 份，大多为本芹栽培种。我国的芹菜资源分布以河南最多，其次为四川、湖南、山东和天津等地。芹菜资源的遗传较狭窄，王帅等利用 SRAP 和 SSR 标记对 68 份芹菜资源进行了遗传多样性分析，共扩增出 920 条清晰谱带。SRAP 引物共扩增出 888 条条带，多态率为 94.14%，在栽培芹菜类型中共得到条带612条，多态率仅为38.56%。SSR引物共扩增出32条谱带，其中多态性条带32条，平均每对引物扩增出4条条带。聚类分析可以把68份芹菜材料分为野生芹菜类、香芹类和栽培芹菜类（包括本芹和西芹）3大类。结果分析表明，芹菜多态率很大程度上是由野生芹菜、香芹与栽培芹菜间的差异造成。王武台等（2011）采用ISSR分子标记技术，利用5对优选引物分析了105份芹菜资源的遗传多样性。2014年Fu等利用转录组测序获得的序列信息设计开发了1 467对SSR引物，并从中筛选出能区分30份国内外芹菜品种的核心引物。

中国的芹菜育种研究滞后于番茄、白菜等蔬菜作物，主要集中在天津、北京等个别科研单位。育种途径主要包括引种、选择育种、有性杂交育种，如20世纪90年代，美国文图拉、加州皇、荷兰帝王、法国皇后等品种的引入对芹菜生产起到了很大的推动作用，其中的文图拉、法国皇后等仍是目前生产中的主栽西芹品种。本芹在生产中主要还是利用一些地方品种，但栽培面积相对较小。通过选择育种和常规有性杂交育种也育成了一些新品种，在生产中发挥了重要的作用，如津南实芹、开封玻璃脆、津奇1号、津奇2号、双港西芹等。

中国的芹菜杂种优势的利用研究刚刚起步，天津科润蔬菜研究所、中国农业大学蔬菜系等单位开展了芹菜雄性不育的研究与利用，以及细胞工程与分子育种技术研究等。利用雄性不育系选育成的杂交种还未在生产中大面积推广应用。

二、种质资源与品种类型

（一）起源与传播

芹菜原产地在地中海沿岸及瑞典、埃及等地的沼泽地带，2 000年前古希腊人最早作为药用植物栽培，后成为调味的香辛蔬菜。经过长期栽培，驯化成具有肥厚叶柄的芹菜类型，即西芹（*Apium graveolens* var. *dulce* DC.）。15世纪经高加索地区传入中国，最初叫荷兰芹或洋芹菜，经长期选择培育成细长叶柄类型，即现在所说的中国芹菜（本芹）。本芹品种大多生育期较短，挥发性药香味浓，以熟食为主，分蘖多，叶柄细长，株高100 cm左右，叶柄有实心和空心两种，实心品种叶柄髓腔很小、春季不易抽薹、较耐贮藏，空心品种叶柄髓腔较大、品质较差、春季易抽薹但耐热性较好。西芹大多生育期较长，分蘖少，单株产量高，植株较矮，株高60～80 cm，叶柄宽厚，多为实心，脆嫩，纤维少，挥发性药香味较淡，适于生食或熟食。芹菜营养丰富，味道独特，深受广大人民的喜爱，作为中国重要的绿叶蔬菜被广泛栽培。

（二）种质资源的研究与利用

1. 中国芹菜地方品种的分布 1979—1985年对中国蔬菜资源进行了征集研究工作。初步统计，四川、广东、河南、北京、上海等22个省（直辖市）共搜集了209份芹菜材料，搜集数量最多的为河南省，共40份，其后依次为四川34份、湖南22份、安徽18份，有的省只有2～3份。"六五"期间（1981—1985），各地搜集的芹菜品种种子，已根据国家入库的要求提交中国农业科学院国家农作物种质资源长期库保存。芹菜对不同气候有一定的适应能力，由于各地食用要求和栽培习惯的不同，经长期选择后逐渐形成一些地区性特点。

（1）熟性 芹菜一般苗期生长缓慢，苗龄较长。中国本地芹菜苗龄较短，通常为45～60 d，西芹苗龄为69～90 d。中国本地芹中熟品种较多，西芹则晚熟品种居多。据调查，河南省的40个品种中，早熟类型（60 d以内）有6个，中熟类型（61～90 d）和晚熟类型（91 d以上）各17个；四川省34个品种中，早熟8个，中熟21个，晚熟5个；湖南省21个品种中，早、中、晚熟品种各7个；安徽省18个品种中，早熟2个，中熟5个，晚熟11个。总的看来，209个品种中，早熟品种45个，中熟品种94个，晚熟品种70个。

（2）性状的多样性

① 株高。植株高矮与品种性状、各地的自然气候条件和栽培管理方式关系密切，即使同一品种，在不同地区种植时，因栽培密度、适宜收获期不同，其植株高矮表现也有差异。从调查材料中可见，各地芹菜植株高、中、矮的比例各不相同，河南省地方品种植株较高，40 个品种中，植株高（71 cm 以上）、中（51～70 cm）、矮（50 cm 以下）的比例为 15∶16∶9；四川省品种则以矮的居多，34 个品种中，高、中、矮的比例为 5∶9∶20；湖南、云南省的品种也较矮；而北方地区的品种多数较高。总的来看，209 份材料中，植株高的有 41 份，中等的有 73 份，矮的有 95 份。

② 叶柄颜色。以淡绿色为主，约占 50%，其次为绿色，约占 30%，白色占 20%左右。白芹分布最多的省份为四川省，34 个品种中就有 20 个是白芹；云南省 8 个品种中有 6 个是白芹；贵州、安徽和广西的白芹各占 15%～20%；河南省的白芹占 15%左右。从总的分布来看，白芹主要分布在云南、贵州、四川、广西等地。

③ 叶柄空心或实心。209 个品种中，叶柄中空的有 14 个，叶柄充实的 57 个，其他类型的 138 个。北京、天津、河北、内蒙古等地以实心芹菜居多，云南、贵州、四川、湖南、安徽、上海、浙江（杭州）等地以空心芹菜为多。

2. 国外芹菜品种的引进研究和利用　中国早在《本草纲目》成书（1592 年）以前就从国外引入了芹菜，20 世纪 70 年代到 80 年代末期是西洋芹菜引入的又一高峰期，这期间从美国、意大利、荷兰、日本等国共引入 50 余个品种。西芹品种表现为产量高（可达 90 000～120 000 kg/hm^2），品质佳，叶柄宽厚，浅绿色，有光泽，实心，脆嫩，纤维少，比中国本芹固有的浓郁药香味淡。西芹在中国市场上深受广大消费者的欢迎，目前生产中主栽的文图拉（Ventura）、皇后（Empress）等均是引进的西芹品种。

广东、深圳等地 1984—1985 两年连续试种改良犹他（Utah52 - 70R improved）等 7 个西芹品种，其中改良犹他 52 - 70R、佛罗里达 683 等已在广东、福建等省推广。中国农业科学院自 20 世纪 70 年代以来陆续从意大利、美国等引入 50 余个芹菜品种，1978 年开始试种，并从中筛选出意大利冬芹、夏芹、犹他芹、美芹、佛罗里达 683、荷兰芹等优良品种，并进行繁种推广利用。

（三）品种类型与代表品种

1. 本芹

（1）天津白庙芹菜　实心品种。天津市郊区农家品种，北方栽培较多。生长势强，株高 80 cm 以上。叶柄上部绿色，下部黄绿色，叶柄长而肥厚，纤维少，质脆嫩，味浓香，品质好。中晚熟，定植到收获约 100 d。单株重 0.4 kg，每公顷产量约 75 000 kg。耐热，耐寒。耐贮藏。喜肥水，适应性广，春季栽培不易抽薹。

（2）津南实芹 1 号　实心品种。天津南郊区双港乡农科站从当地白庙芹菜中选育而成（本芹与西芹自然杂交的后代）。生长势强，株高 80 cm 以上，生长速度快。叶柄长、宽而厚，黄绿色，根部白绿色，纤维少，质地脆嫩，口感好，药香味中等，品质好。净菜率达 80%以上。耐低温，抗寒，抗盐碱。中早熟，定植到收获 90 d 左右。分枝少，抽薹晚。单株重 1 kg 左右，每公顷产量可高达 150 000 kg。适应性广，可在露地和保护地栽培。

（3）潍坊青苗实心芹　实心品种。山东省潍坊市地方品种，山东栽培较多。株高 90 cm 左右。叶片深绿，有光泽。叶柄细长，纤维较多，棱线明显而粗糙，腹沟深而窄，质地紧细，药香味浓，品质好。中熟，定植到收获约 100 d。冬性强，不易抽薹，耐低温。一般每公顷产量 75 000 kg。四季均可栽培，但以秋播为佳，尤其适合阳畦和大棚栽培。

（4）天津黄苗芹菜　实心品种。天津市郊区地方品种。生长势强，叶色黄绿色或绿色，叶柄长而肥厚，纤维少，品质好。耐热，耐寒，耐阴湿，在连阴天气下也能正常生长。晚熟，生长期 90～100 d。

冬性强，不易抽薹。耐贮藏。单株重 0.5 kg，一般每公顷产量 75 000 kg。一年四季均可栽培。

（5）开封玻璃脆　实心品种。河南省开封市顺成东街农民从广东佛山市引进的西芹与开封实秆青芹自然杂交后代选育而成。植株生长势强，株高 90 cm 以上，最长叶柄可达 95 cm。叶色翠绿，有透明感。叶柄纤维含量少，药香味淡，品质好。单株重 0.3 kg 以上。中晚熟，定植到收获近 100 d。耐寒性较强，不易抽薹开花。耐贮运。一年四季均可栽培，更适于春、秋季露地及越冬保护地栽培。

（6）铁秆芹菜　实心品种。河北省保定、张家口，山西太原、大同等地区栽培较多。植株高大，叶色浓绿。叶柄纤维少，品质好。抽薹晚。耐贮藏。单株重可达 1 kg 以上。适于春季栽培，也可秋季栽培。

（7）新泰芹菜　空心品种。山东省新泰县地方品种。株高 90～100 cm，叶片绿色。叶柄淡绿色，纤维少，药香味浓，品质好。中熟，定植到收获 90～100 d。抗寒性，耐热性强。一年四季均可栽培。单株重约 0.5 kg，一般每公顷产量 75 000 kg 左右。

（8）青梗蒲芹　空心品种。江苏省南京市地方品种。长势中等，株高 60 cm。叶片浅绿色。叶柄较短、细、绿色，风味浓。单株重 0.15 kg 左右。较耐低温、高温和高湿。生育期 95 d 左右，可周年栽培。

（9）空心芹菜　空心品种。辽宁大连市地方品种。植株长势强，株高约 72 cm。叶柄细长，绿色，纤维少，品质好，风味浓。单株重约 0.5 kg。生育期 95 d 左右。耐寒，耐热。耐贮藏。

（10）黄心芹菜　空心品种。浙江省仙居县地方品种。植株高大，生长势强，株高 120 cm。叶柄及叶片均为浅绿色，叶柄纤维含量少，风味浓。单株重约 0.4 kg。生长期 65 d。

（11）江苏药白芹菜　空心品种。江苏省各地均有栽培。株高 61 cm。叶柄和叶片均浅绿色，风味浓。单株重约 0.2 kg。适于长江流域越冬栽培。

（12）其他本芹品种　我国各地还分布有较多的本芹品种，实心的有：辽宁实心芹菜 1 号（辽宁省大连市地方品种）、马厂芹菜（天津市地方品种）、甘肃实秆芹（甘肃省兰州市地方品种）、绿秆实心芹（新疆石河子市地方品种）、石家庄实心芹菜（河北省石家庄市地方品种）、呼和浩特市实秆芹菜（内蒙古呼和浩特市地方品种）等；空心品种有：福山芹菜（山东省福山县地方品种）、济南黄苗芹菜（山东省济南市郊区地方品种）、空心绿秆芹菜（陕西省高强县地方品种）、早青芹菜（主要分布在上海和南京等地，又称黄心芹）、晚青芹菜（主要分布在上海、南京、杭州等地，又名黄慢心）、广州白梗芹菜（广州市郊区地方品种）、永城空心芹菜（河南省永城县地方品种）、双城空心芹菜（黑龙江省双城县地方品种）、白秆芹菜（四川、福建、湖南等省均有不同的白秆芹菜）等。

2. 西芹

（1）嫩脆　美国引进。植株高大，约 80 cm 以上，生长紧凑。叶片绿色，较小。叶柄宽厚呈黄绿色，基部宽 3 cm 以上，叶柄第一节长度 30 cm 以上，叶柄表面光滑，有光泽，纤维少，品质脆嫩。抗病性中等。延迟收获不易空心，采收期长。生长期 110～115 d，从定植至收获 90 d。单株重 2 kg 以上，每公顷产量 112 500～150 000 kg。

（2）文图拉（Ventura）　美国引进。植株高大，生长旺盛，株高 80 cm 左右。叶片大、叶色绿。叶柄浅绿色，有光泽，叶柄抱合紧凑，品质脆嫩，纤维极少。从定植到收获 80 d。单株重 1 kg 左右，每公顷产量 112 500 kg 以上。春露地栽培，京津地区 2 月上旬播种，4 月上旬定植，6 月下旬收获；秋露地栽培 5 月下播种，秋大棚栽培 6 月下旬播种；冬季温室栽培 8 月上旬播种为宜。

（3）加州王　美国引进。生长旺盛，植株高达 85 cm。叶片较大，叶色绿。叶柄黄绿色，有光泽，基部宽 4 cm 左右，叶柄第一节 30 cm 以上，叶柄抱合紧凑，纤维少，品质脆嫩。对枯萎病、缺硼症抗性较强。一般生长期 105～110 d，从定植至收获需 80 d。单株重 2 kg 以上，每公顷产量 112 500 kg 以上。

（4）北京铁秆青　也称为棒儿春芹菜、实心芹菜。从国外引进的品种选育而成。长势较弱，植株生长较慢，株高约 70 cm。叶直立，浓绿色，抱合似棒状，全株有 10 片叶左右。叶柄粗糙，腹沟深而窄，棱线较明显，质脆，纤维稍多，品质中等。耐热，耐涝。耐贮藏。春季栽培不易抽薹。生育期110 d 左右。适于春、夏栽培。单株重约 0.5 kg，每公顷产量约 60 000 kg。

（5）细皮白　又称磁儿白。从国外引进的品种中选育而成。株高 70～80 cm，株型较直立。叶片绿色。叶柄白绿色，长而光滑，背面棱线细，腹沟浅，质脆嫩，易软化，纤维少，品质佳。较耐寒，喜阴凉，不耐热，不耐涝。耐贮藏性较差。不抗病。生育期约 120 d。单株重约 0.3 kg，每公顷产量约 60 000 kg。适于秋季露地和冬季温室栽培。

（6）春丰芹菜　从细皮白芹菜中选出的新品种。植株直立，生长势强，株高 70～80 cm。每株 6～8 片叶。实心叶柄较长，浅绿色，较粗，品质脆嫩。耐寒性强，不耐热，不耐涝。不易抽薹，较适于春季栽培，也可用于保护地栽培。定植至收获 75 d。每公顷产量约 60 000 kg。

（7）皇后（Empress）　法国 Tezler 公司选育的西芹品种。早熟，定植后 70～75 d 收获。耐低温，抗病性强，株型紧凑，株高 80～85 cm。叶柄长 30～35 cm，色淡黄，有光泽，实心，纤维少，商品性好。单株重 1～1.5 kg，产量高。保护地专用品种。

3. 根芹菜　根芹菜都是从国外引进的，品种少。

（1）东方大根　根为肉质圆球形，单根重 200～250 g。有叶痕，叶柄较短，温度低时叶柄纤维较多，叶色深绿。

（2）百联　中早熟，高产。根茎圆球形，表皮光滑，易清洗，肉白色，不易糠心。根叶均可食，芹菜味浓，可长期贮藏。移栽后 140 d 成熟。

三、生物学特性与主要性状的遗传

（一）植物学特性与开花授粉习性

1. 植物学特性　芹菜为伞形科二年生草本植物。根系浅，侧根发达，主根切断后可发生多数侧根，既不耐旱，也不耐涝，适宜育苗移栽，也可直播。营养生长阶段茎为短缩茎。叶片簇生于短缩茎上，二回羽状奇数复叶，小叶 3 裂，有 2～3 对，叶柄长而粗，为主要食用部分，有实心和空心两种，叶片也可食用。叶柄基部具有分生组织，在遮光条件下，仍能分裂、伸长。花小，白色，复伞形花序，虫媒花，异花授粉。果实为双悬果，成熟时沿中缝裂开两半，悬于心皮柄上，各含 1 粒种子。种子暗褐色，椭圆形，表面有纵沟，含有挥发油，外皮革质，透水性差，发芽慢。千粒重 0.47 g，寿命 6 年，使用年限 2～3 年。

2. 开花授粉习性　芹菜为绿体春化型蔬菜，当苗长到 3～4 片叶、株高 3 cm 左右才能开始感受低温进行春化作用。一般在 10 ℃以下的低温经 10～20 d 完成春化过程。在长日照下抽薹开花。

芹菜是异花授粉作物，虫媒花，但自交也能结实。主茎及一级、二级侧枝上结实率高，有效果数多。一般在 4 月左右开始抽薹，5 月开花，6 月初盛花，种株高 90～100 cm。主茎及各级分枝着生复伞形花序，花序几乎无柄。每个复伞形花序由 10～18 个小花序组成，各层小花序着生的花数不同，一般外围多于内层。开花顺序为外层小花序先开，各小花序也是从外向内开放，外层花序花期为 7 d 左右，内层较外层晚开放 4 d 左右，花期约 3 d。

（二）生长发育及对环境条件的要求

1. 生长发育周期　芹菜生育周期包括营养生长和生殖生长两个阶段。

（1）营养生长　普通芹菜营养生长期叶面积增长呈 S 曲线，而单株重和干重的增长前期呈指数曲线、增长较慢，中后期呈直线形、生长迅速。芹菜营养生长可分为以下 4 个时期。

① 发芽期。种子萌动到第 1 片真叶出现。种子发芽适温为 15～20 ℃，光照有利于种子萌发，需 10～15 d。该时期生长主要靠种子自身贮藏的养分。芹菜种子小，出苗慢，高温、积水和土壤板结等

均明显影响出苗。刚出苗时应适当控制肥水，防止高脚苗出现。

② 幼苗期。第1片真叶展开到长出4～5片真叶，20℃左右的环境下需50～60 d。幼苗适应性强，可耐30℃左右的高温和−5～−4℃的低温。此期幼苗弱小，生长缓慢，平均1周左右才分化出1片叶，易受不良条件的影响。

③ 叶丛缓慢生长期。即指数生长期，植株分化形成大量的新叶和根，短缩茎增粗，但植株生长缓慢，在总重量和体积上增加较少。18～24℃适温下需30～40 d。此期若遇5～10℃的低温10 d以上，则易通过春化而抽薹开花。此期西芹的株高生长速度慢于本芹，但叶数明显比本芹多。

④ 叶丛旺盛生长期。从形成产品的叶片大部分展开到叶片充分长大。12～22℃的适温下需40～60 d。此期叶柄迅速伸长，叶面积扩大，生长量占植株总生长量的70%～80%，是芹菜产量形成的主要时期。此期应及时施肥浇水，以满足其生长需求。此期西芹的生长速度明显快于本芹。

（2）生殖生长 芹菜是二年生植物，要由营养生长转为生殖生长，必须低温通过春化。芹菜是绿体春化型，幼苗要达到一定大小才能感受低温。幼苗生长到3～4片真叶，根颈处粗0.5 cm以上或苗龄30 d以上，可感受低温春化，苗龄越大通过春化越快。一般幼苗在5～10℃的低温下10 d以上即可通过春化，第2年在长日照条件下抽薹开花。

2. 对环境条件的要求 芹菜原产于气候冷凉的地中海沿岸地区，性喜冷凉，较耐寒，喜充足的水分。其生育期的生长发育特点不同，对环境条件要求也不同。

（1）温度 芹菜属耐寒性蔬菜，要求冷凉湿润的环境条件。种子在4℃即可发芽，最适温度为15～20℃，7～10 d开始发芽，低于15℃或高于25℃会降低发芽率并延迟发芽时间，30℃以上几乎不发芽。短时间30℃以上温度对生长影响不大，芹菜对低温忍耐力更强，幼苗可耐−5～−4℃低温，成株可耐−10～−7℃低温。幼苗接受10℃以下低温，经10～15 d就可通过春化，在长日照条件下即开花。根系在10～35℃可生长，最适生长温度为18～28℃。

（2）光照 芹菜的营养生长期对光照要求不严，如光照较强，植株开展度较大，相对的弱光使植株直立，利于提高品质。但光对芹菜的生长发育有明显的作用。种子发芽有光比黑暗容易，长日照可促进抽薹开花，短日照则延迟开花进程，促进营养生长。

（3）水分 芹菜根系分布浅，吸收能力弱，要求较高的土壤和空气湿度。整个发育周期需水量较大，不耐干旱，在叶丛旺盛生长期需水量尤其大，充足的水分供应才能满足芹菜的生长需求，形成优质的产品器官。若生长过程中缺水，则叶柄中厚壁组织加厚，纤维增加，植株易空心、老化。

（4）土壤和养分 芹菜对土壤的适应性较强，在含有机质丰富、保水保肥性好的壤土上生长良好。在沙土、沙壤土上易缺水缺肥，造成叶柄空心。适宜的土壤pH为6.0～7.6，pH在5以下或8以上则生长不良。

芹菜对土壤肥力要求较高，对氮、磷、钾的吸收比例为3∶1∶4。据统计，每生产1 000 kg芹菜需吸收纯氮1.6～3.6 kg，磷0.68～1.5 kg，钾4～6 kg，钙1.5 kg，镁0.8 kg。但实际生产中的应施肥量特别是氮、磷量，应比其吸收量高2～3倍，因为芹菜的耐肥力较强而吸肥能力较弱，需要在土壤养分浓度较高的条件下才能大量吸收营养。生长初期缺氮、磷及后期缺氮、钾对植株生长影响最大，生长初期应加强氮和磷肥的管理，而生长后期要加强氮、钾肥的管理。缺氮使生长发育受阻，且叶柄易中空，缺磷幼苗生长瘦弱，叶柄不易伸长，缺钾叶柄干老，叶片无光泽。同时生长期间要注意追施适量钙，缺钙时植株易发生心腐病，严重影响产量和品质。芹菜对硼较敏感，当土壤中缺硼或低温、干旱，硼的吸收受到抑制时，叶柄易发生劈裂，同时缺硼也会影响植株对钙的吸收而发生缺钙，引起心腐病。

（三）主要性状的遗传

研究表明，芹菜叶柄颜色由1对基因控制，绿色为显性（*Gr*），黄色为隐性（*gr*），F_1与黄色父

本的回交后代 BC_1 叶柄颜色出现将近 1∶1 的分离比例。叶柄缢痕的有无由 1 对主基因控制，有缢痕对无缢痕呈显性。芹菜叶柄空心与实心性也由 1 对基因控制，空心对实心为显性。芹菜野生种的芹菜花叶病毒（CeMV）抗性由隐性单基因控制，Bouwkamp 等（1070）报道深齿叶为隐性，由基因 *dt* 决定。

王帅等（2010）通过对不同叶柄颜色自交系亲本配制的 F_2 分离群体观察分析，证明芹菜叶柄颜色性状为质量性状，由细胞核单基因控制，绿色性状对黄色、浅绿性状为完全显性，白色性状对绿色性状为完全显性；叶片黄化突变（*yelyel*）对正常绿色为隐性单基因控制。

四、育种目标与选择方法

（一）品质育种

芹菜的品质应包括形态性状、质地风味、营养价值等方面。在形态性状方面，叶柄颜色、叶柄缢痕和叶柄实心性等是芹菜品种选育重要的农艺性状。叶柄粗纤维含量、脆嫩程度等影响芹菜的质地和风味。

（二）丰产性选育

芹菜的丰产性主要体现在单株重和株型上。单株重既是单位面积产量的基础，又是反映商品菜质量的重要因素。有试验结果表明，芹菜单株重与株高、第 1 节叶柄长、第 2 节叶柄长、叶柄宽、叶柄厚、小叶长、单株叶片数等性状都存在极显著相关。通径分析表明，叶片数对单株重的贡献最大，接下来依次是小叶长、叶柄宽、叶柄长、侧芽数、株高、叶柄厚。因此，在芹菜育种中应首先关注杂种后代植株的叶片多少。小叶长反映了叶柄上部小叶的大小和质量，而对很多消费者来讲，他们主要食用下部脆嫩叶柄，这些小叶通常要扔掉，所以，在选择杂种后代时，应该在保留大株型植株的同时，尽量避免小叶过大者。侧芽虽然是单株产量的组成部分，但一般也属于无效产量，还明显影响芹菜的外观品质，因此，对于侧芽数过多的后代，一般应予淘汰。

（三）抗病育种

在芹菜的生长过程中，有许多病害威胁着植株的正常生长发育，其中主要有芹菜黄萎病、芹菜斑枯病、芹菜斑点病等。对这些病害的发生，除了加强栽培管理外，开展芹菜的抗病育种是根本的解决途径。一些野生芹、根芹菜具有较广泛的遗传基础，是优质抗源，如芹菜镰刀菌黄萎病由芹菜尖镰孢菌引起，会使维管束失绿、根冠腐烂，甚至导致植株黄萎、矮化及萎蔫，严重影响芹菜的生长。Orton 从 1977 年开始利用抗镰刀菌的根芹菜品系，通过研究认为抗性为部分显性，可能由两个基因决定，因此他把抗性从根芹菜（从土耳其搜集的根芹菜资源 PI 169001）回交到芹菜品种中，通过选育将 *Fu*1 基因（显性单基因）导入到芹菜品种中，于 1984 年成功培育第 1 个抗镰刀菌品系 UC1。Quiros 等通过 UC1（84A8－1）与 T. U. 52－70R improved 杂交、UC1（84A10－1）与 T. U. 52－70R improved 杂交、UC1（84A161－26）与 T. U. 52－70HK 杂交，分别选育出在黄化病发病区抗性达 74%、92%、76%的抗性品系 UC8－1、UC10－1 和 UC26－1。

芹菜斑枯病是另一种危害芹菜生产的重要病害，由芹菜生壳针孢引起。美国科学家较早就开始利用香芹与芹菜杂交进行抗斑枯病芹菜研究。其中 Honma 等（1980）用 3 种芹菜与 2 种香芹栽培种进行了抗斑枯病田间鉴定，2 种香芹表现无病，而芹菜发病率很高。Ochoa 和 Quiros（1989）在野生种 *Apium chilensezoll* 和 *A. nodiflorum*（匍匐芹）中发现有抗性，通过回交收到种子，进一步育种研究仍在进行。另外，还有一些用属间杂交获得抗早疫病的芹菜遗传材料的报道。将根用芹菜作为抗早疫病材料，香芹菜作为抗晚疫病的材料，两者杂交后得到的材料既抗早疫病又抗晚疫病，且维生素含量高，具有一定的食用价值。

芹菜设施生产中根结线虫危害也相当普遍，但目前还没有抗源，更没有抗根结线虫的品种。据对100多份芹菜资源进行的抗线虫鉴定，结果表明栽培品种中没有抗源，但在野生种中有免疫或高抗的材料。

（四）抗虫育种

芹菜生长发育中除了受一些病害的影响外，也不可忽视虫害的威胁。找寻抗虫的野生芹菜种质资源或者诱变获得抗源，对抗虫新品种选育有重要的价值。芹菜生产中甜菜夜蛾、斑潜蝇、蚜虫、白粉虱等危害较多，这些均是抗虫育种的重要目标，但目前仅有关于甜菜夜蛾、斑潜蝇的个别研究报道。

Diawara 等（1992）报道了野生种 *A. prostratum*（A230，匍匐旱芹）对甜菜夜蛾的抗性，且明显高于犹他 52－70R。在研究过程中测定了 linear furanocoumarin 含量（一种存在某些芹菜品系中会对人体造成危害性的化学物质，如诱导致癌物、引起急慢性皮炎等），以确保应用的安全可靠性。经过测定，*A. prostratum*（匍匐旱芹）叶柄中 linear furanocoumarin 含量为 186.14 μg/g，叶中含量为 326.45 μg/g，分别高于引起急性接触皮炎含量（18μg/g）的 10 倍和 18 倍，不适宜食用。尽管如此，还是希望通过将 *A. prostratum*（匍匐旱芹）与犹他 52－70R 杂交来转移抗性，通过评估 F_2 对甜菜夜蛾的抗性并测验 linear furahocoumarin 含量，从而通过选择培育出新的抗虫品种。目前 *A. prostratum*（匍匐旱芹）无毒性并选择抗虫性的化学基础研究正在进行中。

Trumble 等（1988）对从澳大利亚搜集的 *A. prostratum*（匍匐旱芹）进行观察后发现无潜叶蛾进食或产卵，在随机的温室试验中也有实际免疫力。他们因而把它与其他芹菜品种杂交，获得了 BC_1 后代，以培育抗潜叶蛾芹菜品系。选育同时进行叶的化学成分分析，以保证具有抗性的植株无毒性。

（五）耐抽薹育种

芹菜在作为食用商品收获前，植株长出花薹，使产品品质下降，这称为先期抽薹现象。导致先期抽薹的原因是芹菜幼苗在 2～3 片真叶以后经过 10 ℃以下的低温通过了春化阶段，然后在长日照、高温环境下抽薹。耐抽薹性不同的品种对低温的要求和低温下经历的时间长短是不同的。有关耐抽薹育种方面的研究较少，但是已有观察表明芹菜自交系间对抽薹的反应有很大差异。

Homma 等先后育成两个耐先期抽薹品种：斯巴达 162 和金色斯巴达 26，对芹菜耐抽薹育种方面做出了一定贡献。Wolf 等（1993）利用相对晚抽薹的品种 Summer Pascal 259－19 与 EES 212 杂交，其后代作为父本与 June Belle 杂交，经多代选育后，培育出适合佛罗里达南部的春季相对晚抽薹品种 Slobolt M68，显著提高了芹菜产品的商品性。

（六）耐高（低）温胁迫育种

芹菜生长要求冷凉湿润的环境条件，生长适温 15～20 ℃，26 ℃以上生长不良、品质低劣，所以一般适宜春、秋季栽培。气候预测表明，随着温室效应的日趋严重，全球性气温将会有所升高。炎热天气的频繁发生，使农业面临高温挑战，耐热品种的选育及其生理研究日趋重要。一般来说，从遗传物质基础丰富的群体中筛选耐高（低）温胁迫的个体进而育成品种，或者通过杂交育种导入耐高（低）温胁迫的基因，都是行之有效的育种途径。

彭文山等（2002）通过原始材料圃、品种比较田的试验，淘汰明显不适于夏季栽培的品种，经过连续 4 年选育，定向筛选出 4 个具有明显耐热优势的品种，并暂定名为上选耐热菜 1 号、2 号、3 号、4 号。朱鑫等（2006）根据多年夏季露地自然高温下的观察和 35 ℃高温胁迫下的热害指数，通过试验筛选出了耐热性不同的 7 个品系，进一步在 20 ℃/12 ℃（白天/夜晚，CK）、26 ℃/20 ℃、30 ℃/20 ℃人工模拟高温胁迫条件下，测定这 7 个品系的幼苗生长量、游离蛋白质含量和可溶性总糖含量，对试验数据采用隶属函数法对品系的耐热性进行综合评价，与多年田间观察结果比较一致。相关性分析表明，热害指数、26 ℃/16 ℃下的干、鲜重相对生长量和30 ℃/20 ℃下干重的相对生长量都和耐热性有显著和极显著相关性，可以作为鉴定芹菜耐热性的指标；同时，选择耐低温性不同的6个芹菜品系，在18 ℃/14 ℃（白天/夜晚，CK）和14 ℃/10 ℃、10 ℃/10 ℃低温胁迫处理下，通过测定生长量、膜稳定性、游离脯氨酸、可溶性糖、可溶性蛋白质等指标进行综合评价，结果表明低温胁迫研究中采用10 ℃/10 ℃处理可以用于鉴别芹菜的耐低温能力。

五、选择育种与有性杂交育种

（一）选择育种

1. 变异的来源　如果用于选择育种的基础材料，无论是推广品种、新育成的品种、品系、过时品种，都必须有相当的变异率才有效。芹菜属于异花授粉植物，天然异交率很高。因此，群体中的变异较多，为选择育种提供了基础条件。另外，基因突变是群体产生变异的原因之一。但自发突变的频率很低，而且有利用价值的突变很少，不是品种内变异的主要来源。

2. 选择方法　对于异花授粉的芹菜来说，单株-混合选择法是较适宜的选择方法。它的选种程序主要是先进行1～2次单株选择，在株系圃内淘汰不良株系，再在选留的株系内淘汰不良单株，然后使选留的单株自由授粉，混合采种，以后再进行一代或多代混合选择。具体程序如下：

（1）*原始材料圃*　将各种芹菜原始材料种植在代表本地区气候条件的环境中，并设置对照，和对照比较后从原始材料圃中选择出优良单株，留种供株系比较。当地类型的选种往往直接在生产田中选择优良单株，通常不需要专门设置原始材料圃。

（2）*株系圃或选择圃*　种植选出的优良芹菜株系或优良芹菜株系的混合选择留种后代，进行有目的的比较鉴定、选择，从中选出优良株系或群体，供品种比较试验圃进行比较选择。每个株系或混选后代种一个小区，设对照，两次重复。株系比较时间的长短取决于当选植株后代群体的一致性，当群体稳定一致时，即可进行品种比较预备试验。

（3）*品比预备试验圃*　对上一步选出的芹菜优良株系或混选系进一步鉴定其一致性，继续淘汰一部分经济性状表现较差的株系或混选系，并对当选的株系或混选系扩大繁殖。

（4）*品种比较试验圃*　对在品种比较预备试验或株系比较中选出的优良芹菜株系或混选系后代进行全面比较鉴定，同时了解它们的生长发育习性，最后选出在产量、品质、熟性以及其他经济性状等方面都比对照品种更优良的新品系。品种比较试验必须按照正规田间试验要求进行。设对照，有3次以上重复，以控制环境误差。试验时间为2～3年。为了鉴定参加品比试验品种的抗逆性和生长发育特性，一般会增设抗性鉴定圃和栽培试验圃。在抗性鉴定圃中一般人为地给供试芹菜品种造成一些不利环境条件，如高温、高湿或有利于病原菌侵染的条件，甚至人工接种病原菌等，有利于抗性的鉴定；通过栽培试验圃能够了解各品种或品系在不同环境条件下的不同表现，为将来推广新品种时提供所需的农业技术措施。

（5）*区域试验和生产试验*　指在大田生产中种植从品种比较试验入选的优良芹菜品系，直接接受生产者和消费者对新选品系的评判，选择出适合当地生产消费的新品种。区域试验由当地农业主管部门主持，在所属区域范围内，设置5个以上代表性试验点，以确定待审品种适宜推广的区域范围，为审定通过新品种提供重要的试验依据。区域试验按照正规田间试验要求进行，各区试点的田间设计、观测项目、技术标准力求一致。区试期间，主持单位应组织专家在适当时期进行实地考察。最后区域试验结果必须汇总统计分析，选出最优良的芹菜品种。生产试验宜安排在当地主产区，一般面积不少于667 m^2。

（二）有性杂交育种

通过杂交育种，可以把不同亲本的丰产、抗病、优质等性状结合到一个个体上，进而育成新品种。

1. 杂交亲本的选择选育 首先，根据育种目标，选择含目标性状较多的芹菜资源材料做杂交亲本；其次，依照芹菜主要性状的遗传规律，即大多数性状在杂交后代中表现超双亲中亲值或是选有显性遗传的性状，并注意双亲性状的互补。总之，应选择芹菜植株株型大、小叶小、叶柄脆嫩、耐抽薹、抗病、抗虫、抗逆性好的材料做杂交亲本。

2. 杂交技术 芹菜是异花授粉作物，虫媒花，但自交也能结实，主茎及一级、二级侧枝上结实率高。芹菜花小，杂交时不易去雄。芹菜为雌蕊后熟，再结合采用水去雄法，可以达到较好的去雄效果。具体步骤是：选取 80%～90%花已开放而花柱尚未发育的主茎及一级、二级侧枝上的花序，将部分小伞形花序和花蕾摘除，每个复伞形花序保留 5～7 个小伞形花序，其上各留花 10～15 朵。以手指轻夹花序，用小喷雾器喷水冲洗花药和花粉，待水滴干后用 18 cm×5 cm 纸袋套住花序（机械隔离的不用套袋），以防非目的花粉污染。一般在去雄 4～5 d 后，袋中花朵的花柱伸长至能授粉时进行授粉。此时蜜腺分泌出大量水滴状花蜜，去袋后将花序对照阳光观察，可见露珠状蜜滴遍布其上，手触黏稠。授粉时可将父本花序和蜜蜂一起投入袋中（或人工将花粉授到柱头上），授粉易成功，杂交率接近 100%，自交率不到 0.3%，结实率平均 65%，效果良好。

3. 杂交后代选择 将每个杂交组合收获的 F_1 代植株分别播种在一个小区里，每个小区用塑料薄膜或防虫网隔离，必要时放些飞虫入内，任帐内植株间自由授粉，最后从每个隔离区里收获 F_2 代种子。将收获的芹菜种子播种到一个或几个小区，在植株充分长大之后，根据植株株型、长势、抗病虫性、抗逆性、抽薹早晚等重要经济性状进行 1～2 次鉴定选择。通常按下述两种方法处理：①在每个小区里，选留一种类型的植株，拔除其他类型的植株，然后用隔离帐罩起来，任其株间自由授粉，从每个隔离区里收获的种子即为一个混选系；②将选留的性状优良植株进行人工选配或单株自交，形成交配系或单株系。F_3 代，将每个混选系或单株系播种 1～3 个小区，进行系统间比较选择，选留综合经济性状优良、一致性好的系统，进行系统间隔离育种。对经济性状优良但一致性差的系统，应进行小集团混选或单株系选。F_4 代以后，进行系统间比较选择，在入选系统内去杂去劣，并进行系统间隔离留种；至 F_5 代，对入选的少数优良系统进行比较严格的品种比较试验，对产量性状、一致性进行选择。最后选出几个不同类型的芹菜品系，以当地主栽品种作对照，进行品种比较试验，挑选出比主栽品种更优良的新品种。

六、杂种优势的利用

目前生产中主栽的芹菜品种主要是常规品种，有少量杂交品种的报道，但还未大面积推广应用。生产芹菜杂交种的主要途径是利用雄性不育系，另外还可以利用苗期标记性状等。

（一）雄性不育系的选育与利用

由于芹菜花器小、单果种子数极少，又是异花授粉蔬菜，利用人工去雄授粉等方法大量生产杂交种是不可行的。目前，采用雄性不育系生产芹菜一代杂种种子是最佳选择。关于芹菜的细胞核型（GMS）和细胞质型（CMS）两种雄性不育类型多有研究和报道，但有关芹菜雄性不育系的研究和利用的报道还比较少。

1. 细胞核遗传的雄性不育 Orton 等于 1982 年首次在野生芹上发现了核不育型雄性不育（GMS）。美国加州大学 Quiros 等（1986）报道了不育性由一对隐性核基因控制的雄性不育，其结籽率比正常植株低 30%。高国训等（2002）在一个西芹高代自交系采种田内发现一个雄性不育材料，对其的农艺特性和花药发育细胞学进行了系统观察研究后，发现该材料为 100%的隐性核不育遗传，受单基因控制，说明该芹菜雄性不育类型为核雄性不育类型，可以选育成雄性不育两用系，由于应用时要拔除 50%的可育株，不利于保证杂种的纯度。

2. 细胞质遗传的雄性不育　高国训等（2013）对芹菜胞质型雄性不育系 0863A 和保持系 0863B 进行了生理生化和制种技术研究；中国农业大学于 2005 年在本芹炭陂香芹品种的高代自交系群体中发现了 1 株不育株，该不育株雄蕊彻底退化，即开花时没有雄蕊。以该不育株为母本，选多份西芹品种为父本进行成对测交，同时父本株自交，并从中选单株进行连续多代回交选择，选育出 3 份综合性状优良的雄性不育系和保持系。对以雄性不育系为母本测配的 100 多个杂交组合育性的观察表明，所有组合为 100%不育，说明该不育系为细胞质不育型（CMS）。2011—2013 年利用 3 份雄性不育系为母本与 30 多份自交系配制 90 多个杂交组合，对 F_1 的产量分析表明结果表明，杂交组合中有 40%以上的组合表现为超亲优势，超亲优势范围为 1.15%～47%，说明杂种优势明显。

（二）苗期标记性状的研究与利用

芹菜雄性不育为细胞核雄性不育类型，选育雄性不育系周期长、技术繁杂，而且生产杂种时要在田间拔除 50%的可育株。但是在实际制种操作过程中可育株很难及时彻底拔除，对杂种纯度的保证产生了一定的威胁。

沈火林等（2006、2010）将芹菜黄化突变株自交选育获得黄化自交系，该黄化性状经测试为隐性性状，表现为子叶与真叶均为黄色。以该黄化芹菜材料为母本、正常绿色的芹菜亲本材料为父本生产杂交种，从带有黄化性状的母本上采收种子。在幼苗出现 2～3 片真叶时，利用子叶和真叶黄色性状就可对杂交种进行纯度鉴定，剔除表现黄色的假杂种，从而保证了杂种纯度。实践表明，利用此种苗期标记性状可使鉴定期缩短 3 个月，鉴定成本降低 90%，减少因杂种纯度造成的经济损失，能够获得较大的经济效益和社会效益。

七、生物技术与育种

（一）体细胞胚胎发生及人工种子

1. 体细胞胚胎发生　植物体细胞胚胎发生是指在离体培养条件下，植物体细胞通过与合子胚发生相似的途径形成类似合子胚结构的过程。植物学家发现，许多植物都有体细胞胚胎发生的潜力。各种不同的器官、组织、细胞和原生质体培养都可能得到体细胞胚胎。因此，植物体细胞胚胎的发生在高等植物中是一个普遍现象。可以说，只要有合适的外植体、培养基和环境条件，所有植物的大部分组织与器官都能诱导体细胞胚胎发生。芹菜的无菌苗下胚轴、幼嫩叶柄及叶片均可以作为外植体来诱导愈伤组织，但多数情况下形成的愈伤组织为非胚性，分化能力或形成胚状体能力很低，非胚性愈伤向胚性愈伤转化基因型之间差别很大。

1989 年，宛新杉等用芹菜的幼叶柄为外植体诱导胚性愈伤组织，选择 2%纤维素酶 Oaozuka R－10，1%果胶酶 Macrozyme R－10 和 9%甘露醇提取胚性愈伤组织的原生质体，在 DU 培养基附加 Kt 0.125 mg/L＋2，4－D 0.5 mg/L＋NAA 0.2 mg/L＋ZT 0.11 mg/L＋葡萄糖 6.8%＋甘露醇 8%上发现原生质体第 3 d 开始分裂，4～5 d 第 2 次分裂，20 d 形成大量细胞团，30 d 转入 MS 固体培养基继代培养，3 周后转入 MS 分化芽培养基进而获得再生植株。唐定台等（1993）研究发现，冬芹胚性愈伤组织分化能力随继代培养次数增多而逐渐衰减，且液体培养条件下分化衰减更快；适当缩短继代培养间隔和在有无 2，4－D 的培养基上交替培养可以延缓分化能力衰减。张向东等（1999）研究在一定范围内 Co^{2+} 促进芹菜胚状体的发生，Co^{2+} 浓度过高效果下降。培养物乙烯释放量随培养时间延长逐渐下降，Co^{2+}能进一步降低相应的乙烯释放量；在一定浓度的Co^{2+}作用下，芹菜胚状体发生率和密度均与乙烯累积释放量呈显著负相关。

王慧中等（1992）通过根癌农杆菌将外源卡那霉素抗性基因和胭脂碱合成酶基因成功转入芹菜细胞获得愈伤组织。郑世学等（1997）利用根癌农杆菌 C58C1（pBZ6111），质粒上带有 CAT（氯霉素乙酰转移酶）基因、NOS（胭脂碱合成酶）基因及基因 4（与细胞分裂素合成有关的异戊烯基结构酶基因），并采用愈伤组织-农杆菌共培养法，经过进一步筛选、培养获得转化愈伤组织，并诱导分化出苗。用纸电泳测定 NOS 的活性表明，外源 NOS 基因和 CAT 基因已导入到芹菜细胞基因组中并得到稳定表达，为进一步研究芹菜的细胞转化以及利用外源目的基因（例如抗病基因等）进行遗传操作和品种改良提供了简便而有效的实验系统。

2. 人工种子 20 世纪 90 年代对人工种子的研究曾风行一时，芹菜作为模式植物在胚状体及人工种子方面研究颇丰。闭静秀等（1996）研究悬浮培养中体胚发生的工艺条件是：摇床转速 100～150r/min，初始细胞密度为 2.0%鲜重，pH5.5 左右。崔红等（2002）在 MS 附加 0.5 mg/L Kt、0.25 mg/L ABA、500 mg/L 脯氨酸、500 mg/L CH 的培养基上采用静止和振荡交替进行的培养方式，获得大量健壮的子叶期胚状体即体胚，在低温高湿环境中缓慢干燥，并在干燥前用 ABA 预处理，对人工种子的制作及体胚贮藏有一定的参考意义。但众所周知，人工种子尚未在生产上应用，主要原因是有些技术问题没有得到很好解决，如胚状体的一致性或同步性差、畸形问题、体细胞胚的干化贮藏等技术难题一直困扰着研究人员，成为利用胚状体合成人工种子研究的瓶颈，至今也难以突破。

（二）单倍体育种

所谓单倍体是指孢子体中只含有配子体染色体数目的植株。单倍体在作物育种上有巨大潜力，特别在纯合植株的获得和突变体的选择研究上更是如此。但是单倍体在自然界的发生频率太低（0.001%～0.01%），因此，人工细胞培养成为最主要的方法。

芹菜单倍体细胞培养主要有三个方面：花药培养、游离小孢子培养和未受精子房及卵细胞培养，其中花药和小孢子培养是体外诱导芹菜单倍体的主要途径。花药培养一般包括取材、灭菌和预处理、接种培养基、培养四个步骤，培养温度 25 ℃左右，光照度 2 000 lx，每日光照 14 h（可适当调整）。小孢子培养一般有液体培养、固体培养、夹层培养、看护培养 4 种方法。如果培养物发育成胚状体，则给予适当的培养基促进幼胚的生长和萌发，如果发育成愈伤组织，则按照诱导愈伤组织分化的条件，先诱导出不定芽，再经生根、移栽，获得花粉植株。花药和小孢子培养的芹菜再生植株并非全是单倍体，通常由胚状体途径得到的再生植株单倍体比例较高，而由愈伤组织分化而来的植株则较为复杂，除单倍体外，还可能存在二倍体、三倍体、四倍体甚至是非整倍体。因此，要对再生芹菜植株进行根尖或茎尖染色体数目检查以选出真正的单倍体植株。芹菜单倍体植株无法正常繁殖，可通过秋水仙素加倍使其成为纯合的二倍体进行后续研究。

单倍体育种可以直接得到纯合的二倍体，缩短育种年限，提高选择效率，并且由于没有等位基因的制约，单倍体植株一旦发生突变体就可以立刻显现出来，特别有利于进行基因互作研究和突变体筛选，也是进行转基因研究的理想材料。目前，单倍体育种在茄科和十字花科蔬菜作物上应用居多，在芹菜上应用较少，但是相信以后会有越来越多的学者关注其在芹菜上的广泛应用前景。

（三）抗性突变体筛选

抗性突变体筛选是利用植物组织、细胞培养过程中出现的变异，或由物理化学因素诱导的变异，给予一定的压力，选出符合育种目标的无性系。与传统育种方法相比，抗性突变体筛选不仅省去了田间的大量工作，节约了人力物力，而且可以定向培育突变体，具有突出的优点。

芹菜抗性突变体筛选工作包括芹菜材料选择、突变细胞选择和突变体鉴定三个步骤。悬浮细胞分散性好，可以均匀接触诱变剂和选择剂，并且来源于单细胞，可以避免嵌合现象，因此是抗性突变体筛选最常用的培养材料。此外，还有愈伤组织、单倍体细胞等材料可以应用。为了增加变异，一般用物理射线或化学试剂对培养材料进行物理或化学诱变。根据不同的筛选目的，可以向培养基中添加病菌与病毒毒素等进行抗病突变体选择，高浓度 NaCl 溶液进行抗盐突变体选择，辅加脯氨酸进行抗逆突变体的间接选择等。选择培养基上获得的细胞不一定是突变细胞，一般要让细胞在没有选择剂的培养基上继代几次，再转至选择培养基上鉴定抗性的真伪。Heath - Pagliuso 等（1988）报道经愈伤组织获得芹菜抗镰刀菌的抗性植株。Lacy 等（1996）通过体细胞克隆变异培育出具有高产和高抗镰刀菌黄化病的新品种 MSU - SHK5。

抗性突变体筛选的变异频率远高于自然变异，给蔬菜品种改良提供了丰富的变异。

（四）原生质体培养与融合

原生质体是去除了细胞壁、被质膜所包围的具有生活力的裸露细胞，对它的研究，可追溯到 20 世纪 60 年代，英国植物学家 Cocking 用酶解方法降解细胞壁，获得了番茄根尖原生质体，自此原生质体的研究得到迅速的发展。近年来，由于原生质体本身所具有的特点及其培养技术与有关的细胞、分子和遗传等学科的交叉渗透，植物原生质体的研究越来越受到重视。胡萝卜和芹菜作为伞形科植物的代表，在原生质体培养研究方面受到研究者们的重视。几乎所有的伞形科植物原生质体都来源于胚性愈伤组织或胚性细胞悬浮培养物，虽然芹菜的幼叶也可以作为原生质体的来源，但仍以胚性细胞悬浮培养物为主。韩青霞等（2006、2007）通过对芹菜离体培养过程中激素配比、外植体、基因型及植株再生等条件的研究，建立了芹菜高频植株再生体系，利用芹菜胚性细胞悬浮系成功分离得到大量原生质体，采用液体浅层培养法，大约 30 d 形成小细胞团，再经在固体分化培养上诱导出不定芽和根，获得了完整的再生植株。

芹菜原生质体没有细胞壁，培养时，培养基中除加入矿质营养、有机营养及适当的外源激素等成分满足其生长需求外，还要加入一些糖醇类稳定剂，以保持原生质体渗透压，促进细胞壁再生。pH 一般控制在 5.6～5.8。培养方法有 3 种，即液体培养法、固体培养法和固液结合培养法。一般情况下，原生质体培养 2～7 d 后出现第一次细胞分裂，以后分裂周期缩短，在生长良好的情况下，2～3 周后就可见到小愈伤组织块形成。在此期间，需维持 25～30 ℃培养温度，每隔 1～2 周添加新鲜的低渗透压液体培养基，维持细胞的持续生长。细胞酶解过程中有时相邻的原生质体可自发融合形成同核体，但其概率很低，具有应用价值的是人工诱发融合，使用化学试剂或交变电流促使目的原生质体高频率融合。

1989 年，王辅德等利用 PEG 法将芹菜叶肉原生质体和胡萝卜根原生质体融合，获得 150 余棵再生植株，100 多棵移栽成活。这些成活株从形态上类似胡萝卜，但发现其中有 11 棵植株叶片有芹菜香味，用气相色谱法分析了两个亲本和这 11 棵植株香气提取液，确认有 3 棵再生植株是芹菜和胡萝卜的细胞杂种；用过氧化物酶同工酶谱进一步鉴定这 3 棵再生植株的酶谱，发现它们不同程度地具有双亲的特性。2009 年，谭芳等利用芹菜与 CMS 胡萝卜进行原生质体非对称性融合并获得了再生植株。她们以上海春芹芹菜和新黑田五寸胡萝卜（瓣化型细胞质雄性不育系）为试材，研究发现 6 mmol/L IOA 处理 7 min 以上可钝化芹菜原生质体的细胞质，强度约为 20 μmol/(m^2 · s) 的紫外线持续辐射 9 min 可钝化胡萝卜原生质体的细胞核；融合过程中，在普通光学显微镜下可观察到膜溶解、胞吞和囊泡化三种融合类型，在荧光显微镜下可以观察到异源融合。PEG6000 浓度为 40%、高 Ca^{2+} 高 pH 液中 Ca^{2+} 浓度为 0.1 mol/L 时最适宜两种原生质体融合。适当 5 ℃低温可提高聚合率约 20%。融合产物液体浅层暗培养 40 d 后，产生的可见细胞团在 MS 培养基上再生出幼芽丛，将再生出的幼芽分成单株转入生根培养基（1/2MS+NAA 0.15 mg/L+Kt 0.025 mg/L）上可促进生根，形成完整的原生质体非对称性融合再生植株。

（五）分子育种

Arus 和 Orton（1984）在运用同工酶技术进行的芹菜研究中，报道了 8 个酶编码位置连锁图。Quiros 等（1987）扩展了此项研究，提出了包括 9 个同工酶位置、1 个决定一年生特性的显性基因和 1 个花色素苷标记的 4 个连锁组。利用 DNA 分子水平上的遗传标记的限制性片段长度多态性（RFLP）技术，Huestis 等（1993）利用犹他 52－70R 品系（A40）与来源于泰国的一年生品系 A143 杂交，然后以 136 株分离的 F_2 为基础，构建了包括 21 个 RFLP 标记、11 个同工酶标记和 2 个形态标记在内的 34 个标记的连锁关系。其总长度 318 cM，分布在 8 个连锁组中，标记之间的平均距离为 12 cM，范围为 1～38 cM。两个新的同工酶标记 Aco－1 和 Tpi－1 被增加到先前 Quiros 等（1987）所构建的 9 个酶编码位置里。

芹菜品种间形态特征差异极小，从植物学上较难区分，且易受到环境和人为因素影响；再加上芹菜为二年生蔬菜，生长期长，进行芹菜优良性状早期鉴定和遗传关系研究十分必要。分子育种技术的发展显著提高了芹菜育种的效率。

Yang 和 Quiros（1993）利用 RAPD 技术用 28 对引物，对 21 个芹菜品种、1 种叶芹和 1 种根芹的基因组 DNA 进行扩增。结果表明，在所观察的 23 个栽培种中共产生了 309 条扩增带，其中 29 条（占 9.3%）为多态性带，而 21 个芹菜品种中仅有 19 条（占 6.1%）标记为多态性带，这些标记不仅能区分现在应用的栽培种，还可以清楚地区分芹菜、叶芹和根芹，这与 Huestis 等（1993）利用 RFLP 技术所得结论相同。利用上述标记构建的系谱树，可以把供试的芹菜品种分为 3 个组，间接地提供了栽培种的遗传关系及可能的栽培来源，为栽培种的识别与分类提供了新途径。Domblides（2008）用 6 对 RAPD 引物对 12 个栽培种进行分类，产生的 52 个标记中 22 个具有多态性并将 12 个品种分为 3 组。

Li 等（2000）利用 AFLP 标记对芹菜进行分类，利用 *Eco*RⅠ/*Taq*Ⅰ酶切组合，选择 73 个标记可将所有 21 个测试品种区分开，根据品种来源将其聚为 3 类。Muminovic 等（2004）用 AFLP 标记研究芹菜的遗传变异，在 34 个根芹品种中平均遗传相似性为 0.9，德国基因库中保存的 28 份资源遗传相似性为 0.8。鞠剑峰（2007）利用 AFLP 技术对 24 份芹菜种质资源的遗传多样性进行了分析，从 81 个引物中筛选出 8 个 AFLP 选择性扩增引物，共扩增出 395 个位点，其中多态性位点 245 个，遗传相似系数为 0.6，聚类分析结果可将供试材料分为 3 类，大多数栽培芹菜品种聚在 A 类的一个亚群，说明中国栽培的芹菜品种亲缘关系较近，中国栽培的芹菜品种从遗传组成上差异小，遗传多样性水平低。在芹菜育种中应注重芹菜的野生和近缘野生资源的利用及国外品种的引入，大力拓宽种质资源。

由于缺少 EST 和基因组 DNA 序列，芹菜 SSR 标记的开发受到限制。付楠等（2013）应用新一代高通量测序技术对芹菜进行转录组测序，获得了大量芹菜的转录组信息并利用生物信息学手段进行基因功能注释，进行了高通量 SSR 位点的发掘和引物设计及多态性检验，为芹菜分子标记辅助育种、遗传连锁图谱构建及基因定位等研究奠定基础。在鉴别 30 份供试芹菜材料的基础上，以条带清晰、易于统计、多态性好、稳定性好作为标准，筛选核心引物 14 对，并利用其中的 7 对引物构建了能区别 30 份芹菜品种（包括目前的主栽品种）的指纹图谱。

Li 等（2014）通过深度测序发现津南西芹品种中有 431 个 miRNAs（418 个已知和 13 个新的），文图拉中有 346 个 miRNAs（341 个已知和 5 个新的），qRT－PCR 结果表明有 6 个 miRNAs 在低温和高温逆境中高度表达。Jia 等（2014）从芹菜中克隆了与叶片发育有关的 7 个基因，分别是 *AgTCP1*、*AgTCP2*、*AgTCP3*、*AgTCP4*、*AgDELLA*、*AgLEP* 和 *AgARGOS*，其表达水平与叶柄和小叶快速生长呈显著正相关。

韩清等（2013）通过对芹菜黄化突变自交系 CE188H（*yel yel*）和正常绿色自交系 CE188L（*YE*-

LYEL，与 CE188H 为近等基因系）及其配制的 F_2 分离群体的性状进行观察测定，分析证明了芹菜叶柄颜色性状为质量性状，由细胞核单基因控制，绿色性状对黄色、浅绿性状为完全显性，白色性状对绿色性状为完全显性。并利用 SRAP 分子标记技术和分离群体分组混合分析法（BSA），进行芹菜叶柄颜色连锁标记的筛选，最终引物 E67/M59 在白色叶柄、绿色叶柄 DNA 池以及建池的单株和亲本上产生特异片段，初步确定该标记与芹菜白色叶柄性状控制基因连锁。之后在 185 株 F_2 单株上进行验证，确定了该标记与叶柄颜色之间的连锁关系，并将该标记成功转化为 SCAR 标记。

八、良种繁育

（一）常规品种的繁育技术

1. 留种田选择　留种田主要是注意隔离条件。芹菜是由昆虫传粉的异花授粉作物，良种繁育时需要保持 1 500 m 以上的自然隔离距离，以防止不同品种留种植株间的生物学混杂。符合隔离条件且排水条件好的芹菜生产地块可作为留种田。芹菜商品生产地与留种田并不矛盾，因为商品芹菜早在开花之前已采收完毕。隔离主要是留种田不同品种的留种植株之间的隔离。当然对于留种田附近的芹菜生产田，要注意拔净收获后散落在田间的残株以及野芹菜。少量留种也可以在罩有防虫网的大棚内进行，但要辅助授粉，也可以将成株期的留种植株拔出，定植在隔离条件好的区域内。

2. 种株选择　留种田选好后，还要在芹菜成株期进行种株选择。选择分两步进行：①在商品芹收获期选择。选留具有本品种典型性状、生长势强、抗病、叶柄坚实脆嫩、株形标准、紧凑的优良单株。未选上的及早作为商品芹菜上市。②在春季抽薹前选择。主要是淘汰抽薹过早的单株，以及越冬过程中受冻、染病的植株，留下的作为采种株。

3. 留种田管理　留种田在施足基肥和苗期追肥的基础上，抽薹期追施适量的复合肥，促进开花结实和种子发育。越冬期注意防寒，将种株的外帮叶剥去几片，然后培土防寒，开春后再去掉所培的土，同时保持土壤湿润，因为干旱会加重冻害。特别要注意防治蚜虫，可选用 10%蚜虱净等防治。入春后注意清沟浇水。

4. 及时采收　进入 5～6 月，芹菜种株上的种子开始陆续成熟，但由于芹菜花期较长，种子成熟不一致，同一植株上部种子成熟较晚，下部种子成熟较早。因此，当植株中下部种子变黄时即可全株收割。在晒场摊晒 2～3 d 后，脱粒、过筛、去除杂质，再晾晒直到种子干燥后贮藏。

（二）杂种一代的繁育技术

1. 亲本种子生产技术　芹菜目前主要运用雄性不育系生产一代杂种。作为母本的雄性不育系如果是核不育型（GMS），就以两用系的不育株为母本，用可育株为其授粉来繁育；如果是细胞质不育型（CMS），则不育系与保持系按 4～5∶1 种植，自然授粉后从不育系上采的为不育系，保持系上采的为保持系。必须采用成株采种法采种，并对亲本进行严格的选择与淘汰。自然授粉采种时，在母本（不育系、保持系或两用系）繁殖区 2 000 m 以内均不得有其他芹菜品种。父本的采种方法与普通的芹菜品种采种法相同，隔离等要求与母本相同。

2. 杂种一代繁育技术

（1）隔离　杂交父母本与其他芹菜品种自然隔离 1 500 m 以上。

（2）父母本比例　如果是两用系则父本与母本种植比例为 1∶8，即 8 行雄性不育系母本种 1 行父本；如果是 100%不育的不育系（CMS）做母本，则父、母本种植比例为 1∶4，即 4 行雄性不育系母本种 1 行父本。

（3）拔除雄性不育系中的可育株　如果是两用系做母本，群体中可育株和不育株各占 50%，而生产中只需留不育株，所以，要在蕾期观察花药识别出可育株加以拔除。拔除后父母本比例变为 1∶4。

如果是细胞质不育型，母本应为100%不育，但也需在蕾期或始花时检查去除可育的杂株。

（4）去杂 根据繁育的父母本性状，在开花前及时去除杂株，保证亲本纯度。

（5）花期调整与采种 早开花亲本摘除主花薹，使双亲花期相遇，任其自然杂交，花期过后种子成熟前拔除父本，从母本上采收杂交种子。

（三）种子贮藏与加工

1. 种子检测 芹菜种子收获后，为了确保种子在以后生产中的种用价值，一般要对其质量进行检测。检测方法主要有以下两种：

（1）田间检测 田间检测以检测芹菜品种纯度为主。在检测之前，要注意先确保芹菜品种的真实性，核对种子所属品种、种或属与标识记录是否相同。确定真实性之后，再进一步检测纯度，同时检测杂草、异作物混杂程度，病虫感染率，育性情况等。

田间检测一般在品种典型性表现最明显的苗期、花期、成熟期进行。检测时要均匀取样，种植面积在0.33 hm^2 以下取5个点，0.4～1 hm^2 取9～14个点，1 hm^2 以上每增加0.67 hm^2 增加一个点，每个点最低80～100株。在取样点上逐株鉴定，将本芹品种、异品种、异作物、杂草、感染病虫株数分别记录，然后计算百分率。

（2）室内检测 室内检测分为净度检测、发芽试验、水分检验、千粒重检测、病虫害检测等。通过检测本样品中芹菜好种子的百分率、发芽率和发芽势、含水量、千粒重、含有病虫害和杂草种子的量对芹菜种子进行全方位评价。

芹菜种子的检测标准：芹菜原种纯度应不低于99.0%，大田用种纯度不低于92.0%，净度不低于95.0%，发芽率不低于65%，水分不高于8.0%。

2. 种子加工 种子采收后，必须进行清选分级、干燥、消毒、包衣等加工处理，以保证以后发芽整齐，出全苗、壮苗，为以后的贮藏与应用作准备。清选分级时，选择籽粒饱满、种皮颜色一致、有光泽的优良芹菜种子，淘汰发芽粒、病粒、虫蛀粒、秕粒、机械损伤粒和机械混杂的种子，保证种子的纯度和净度。芹菜种子干燥可采用自然干燥法或人工机械干燥法，使其含水量降到5%～7%。近年来超干贮藏技术受到人们的普遍关注，超干贮藏是指用适当的干燥技术将种子含水量降到传统下限（5%）以下，然后将这种超低含水量种子密闭贮藏在常温条件下的一种贮藏技术。有研究表明，芹菜种子经超干贮藏处理后，其活力、电导率、丙二醛含量和酶活性与原始种子相比无明显差异，而与常规贮藏种子相比差异显著。说明超干种子对自由基的攻击具有较强的自卫能力，能有效减弱脂质过氧化作用的发生，从而使这些超干种子表现出良好的耐贮性。种子消毒采用物理化学方法处理，以杀死病原生物，提高种子抗逆性，改善播种质量，是种子加工中必不可少的一个步骤。目前市面上有很多化学药剂，如克菌丹、福美双等，都是芹菜种子常用的处理剂。种子包衣是近年来新兴的一种种子处理方法，是将种子与特制的种衣剂按一定药种比充分搅拌混合，使每粒种子表面涂上一层均匀的药膜，具有省种省药、降低生产成本、利于环境保护和种子市场管理等方面的优势。芹菜种子粒小，形状不规则，一般包衣成重型丸粒种子。

3. 种子贮藏 芹菜种子是短命型种子，寿命不超过3年，加工后，如果不立即播种，应贮藏起来。种子是有生命的活生物体，贮藏过程除了要严防混杂外，还要注意尽量保持种子的生活力。影响种子贮藏寿命的因素有水分、温度、贮藏气体、光、微生物、害虫及种子内在因素等方面，贮藏时需要综合考虑。通常的贮藏方式有以下两种：

（1）普通贮藏法 适合于贮藏大批量生产用种。将干燥的种子贮存于常温仓库中，温湿度的调控主要依靠通风换气装置及开闭门窗，贮藏效果一般为1～2年，3年以上种子的生活力会明显下降。

贮藏时还需注意几个问题：用麻袋、编织袋、布袋等包装种子，千万不能用塑料袋包；在通风干燥处存放种子，切忌放入封闭、潮湿的仓库中。地面上用砖头或者圆木等垫高30 cm以上，并要远离墙壁 30 cm 左右，避免因潮湿使种子受损；蔬菜种子要同农药、化肥等分开贮藏；存放的种子要远离火炉，防止烟气熏蒸；加强病虫鼠害防治，确保种子质量；在室外存放的种子，要防止被雨雪淋湿。同时，注意在包装袋内外挂上标记，防止混杂。

（2）低温、干燥、真空贮藏　适用于科研单位贮藏种子。可放在有防腐涂料的塑料纸口袋中，密封贮藏。也可选择封闭性较好的陶制坛罐，洗净晾干，内垫少量生石灰，石灰上面铺一层纸，然后把种子倒在里边，并在坛中盖上石灰包。这样既可降低湿度，又能为种子供应氧气。运用此方法种子可存放 2～3 年，其发芽率仍可达到 95%以上。

（沈火林）

第三节　莴　　苣

莴苣是菊科（Compositae）莴苣属中的一二年生草本植物，以叶和嫩茎为主要产品器官。学名：*Lactuca sativa* L.；别名：生菜（叶用莴苣）、莴笋（茎用莴苣）、千斤菜等。染色体数 $2n=2x=18$。莴苣原产于地中海沿岸，自隋代传入中国。宋代陶谷《清异录》（10 世纪中期）中有关于莴苣的记载；元代司农司撰《农桑辑要》（1273）有莴笋栽培的最早记录。世界各国普遍栽培的叶用莴苣（生菜）主要分布于欧洲、美洲；茎用莴苣（莴笋）主要分布于中国，南、北各地均有栽培，以南方栽培为多。中国的叶用莴苣栽培历史短，但发展迅速，种植面积迅速扩大，目前已成为北京、上海、广东等地重要的绿叶蔬菜之一。莴苣每 100 g 食用部分含水分 94～95 g、蛋白质 1～1.4 g、碳水化合物 1.8～3.2 g、维生素 C 4～15 mg 及一些矿物质，茎叶还含有莴苣素，味苦。莴苣可生食、炒食、加工腌制及制干。

一、育种概况

（一）育种简史

莴苣起源于地中海沿岸，据推测可能是从埃及经由中东传到欧洲，又通过西班牙人于 1494 年传到美洲。约在 5 世纪传入中国，11 世纪已有紫色莴苣的记载。通过在中国的长期栽培，莴苣又演化出茎用类型——莴笋。发达国家如美国、荷兰、英国和法国等开展莴苣育种研究较多。早在 1929 年，美国 Jager 就育成了叶球大、重，适于低温贮运的大湖（Great lake）系列品种；此后美国育种家又育成了颜色、大小、重量、耐抽薹性、抗病性等方面都胜过大湖的皇帝（Imperial）系列品种。从 20 世纪 80 年代到现在，美国及欧洲又陆续育出了高产的 Vanguard（先锋）系列、Salinas 系列和 Target、Nancy、Clarion、Ardrade 等结球品种类型。英国的 Maxon Smith 和 Ritehie 育成了 6 个适于低温生长品种，其中大使（Ambassador）表现为叶浅绿色、早熟、高产、耐弱光，最适于温室栽培；男爵（Baroet）叶浅绿色、极早熟，适于不加温设施或露地早熟栽培。日本也育成了一些耐低温、极早熟的脆叶结球品种和软叶结球品种；此外，耐高温、耐抽薹的品种也在不断选育中。中国对叶用莴苣育种的研究主要集中在引种方面。陈运起等（1988）在山东对引进的 8 个叶用莴苣品种进行了品种比较试验，对脆叶结球类型和软叶结球类型的叶用莴苣的生育期、净菜率和维生素 C 的含量进行了比较评价；郑向红等（1990）对从美国、荷兰、日本等引进的 128 份叶用莴苣品种进行了试种，选出 6 个早、中、晚熟抗病高产的脆叶结球品种，并进行品种比较试验，选出了适于不同栽培条件的卡罗那、柯宾、Salinas 等品种。范双喜等（2012）在北京对引进的 205 份叶用莴苣品种进行了品种比较试验，选育出 4 个耐高温、耐抽薹的品种及 4 个耐低温的优良品种。在莴笋育种方面，中国育种家选育的鸡腿莴笋、鲫瓜笋、花叶笋等品种各有特色，在全国各地广泛栽培。

（二）育种现状与发展趋势

1. 育种现状 近年来，中国一些研究单位开展了莴苣种质资源研究工作。目前，中国拥有莴苣种质资源740份，其中茎用莴苣532份、叶用莴苣208份；被列入《中国蔬菜品种资源目录》（1992、1998）的有680份，其中茎用莴苣502份、叶用莴苣178份。丰富的莴苣种质资源为遗传育种提供了坚实的基础。王亚楠（2013）利用TRAP标记对47份紫色叶用莴苣种质进行亲缘关系及遗传多样性分析，20对引物组合共扩增出多态性条带430条，多态性比率（PPB）为67.08%。47份紫色叶用莴苣材料的遗传相似系数为0.71～0.99，Nei's基因多样性指数（*He*）和Shannon's信息指数（Ⅰ）分别为0.26和0.40，遗传多样性水平较低。聚类分析结果表明，叶片形态相似的种质基本上聚在一起，亲缘关系较近。Stoffel等（2012）建立了一个含有650万个特性数据的基因芯片，可以开展大量叶用莴苣品种资源多态性评价，特别是在相似品种材料之间也可能鉴定出许多多态性位点。

莴苣没有明显的杂种优势，即使有一定的杂种优势，也由于其花器官甚小，杂交技术难度大，很难应用于育种实践。因而生产上推广的品种多为常规品种。叶用莴苣的育种工作主要集中于欧美。欧美国家通过常规有性杂交育种育成了大量的不同类型的专用叶用莴苣品种，中国栽培的叶用莴苣全部是由国外引进的品种经引种选育出的优良品种。茎用莴苣中国独有，国外少量栽培的茎用莴苣也是中国传播的。茎用莴苣地方品种很多，目前的育种主要是以调查、引种和选择育种为主，即从地方品种中筛选优良品种或从地方品种的自然变异中选择优良的株系育成新品种。如四川省广汉市蔬菜研究所从1986年起先后从当地菜农手中搜集了优良地方品种128个，通过田间观察、试验筛选，于1994年冬选育出适宜不同气候条件下栽培的特耐热大二白皮、特耐热大白尖叶、耐热特大正宗二白皮等18个耐热和耐寒的新品种。四川绵阳科兴牌蔬菜开发有限公司选育出了耐寒、适宜冬季气候较温和地区越冬栽培的专用型莴笋新品种科兴1号（圆叶型）和科兴4号（尖叶型）。福建省永安市种子站和三明市种子站育成了飞桥莴苣1号等品种。

近年来，随着生物技术的飞速发展，莴苣育种方法也由传统的育种手段向现代分子育种方法迈进，并且在某些方面已经取得了一定的进展。通过优化各种莴苣组织培养离体再生植株的各个环节，已建立了莴苣高频离体再生体系，为莴苣突变体的筛选和转基因研究奠定了基础。一些研究者利用这些高频再生技术体系展开了莴苣基因工程疫苗的研究，如建立以莴苣为生物反应器生产乙肝疫苗的研究（王正昌，2003）等。

2. 发展趋势

（1）加强种质资源的引进研究 莴苣类型多，生产上栽培的莴苣有些类型资源缺乏，品种间亲缘关系较近，遗传背景狭窄。因此，要加强从国外搜集优异资源，并开展种质资源的创新工作，充分利用野生、近缘种类型的有益基因，结合远缘杂交选育品种，满足当前叶用莴苣生产上的需要。

（2）抗性育种 受气候变化影响和致病因子多样性影响，莴苣的抗病育种仍是各国育种学家的主要育种目标。在育种手段上，一方面利用现有的抗源继续培育抗病、抗虫品种，另一方面应引进外源抗性基因，扩大和丰富抗源，培育具有垂直抗性的地区专用品种和具有水平抗性的适于多地使用的广适性品种，有效控制田间病虫害。耐热和耐抽薹品种的选育也是重要的目标，特别是对于露地栽培的品种更为重要。

（3）专用品种的选育 针对莴苣类型和生产环境的多样性，必须选育不同类型的专用品种。如耐贮运品种，耐低温弱光的设施专用品种，耐高温高湿、耐抽薹的露地越夏品种，叶球成熟期、大小、形状、紧实度一致的适于机械化采收的品种，适于不同地区土壤的品种等。

（4）叶用、茎用等多种类型和熟性品种的选育 针对消费需求的多样性，选育不同类型、不同用途的系列配套品种。如不同类型品种的配套，适应不同季节的品种的配套，早、中、晚熟品种的选育等。

二、种质资源与品种类型

(一) 起源与传播

莴苣原产地中海沿岸，由野莴苣种 *Lactuca serriola* L. 演变而来。经长期栽培驯化，茎叶上的毛刺消失，莴苣素减少，苦味变淡。公元前4500年前的古埃及墓壁上有莴苣叶形的描绘，古希腊、古罗马许多文献也有莴苣的记述，表明当时莴苣在地中海沿岸普遍栽培。16世纪在欧洲出现结球莴苣和紫莴苣，16～17世纪有皱叶莴苣和紫莴苣的记载。莴苣约在5世纪传入中国，宋代陶谷《清异录》(10世纪中期) 中有关于莴苣的记载："呙国使者来汉，隋人求得菜种，酬之甚厚，故因名千金菜，今莴苣也。"说明莴苣为隋代传入中国的外来蔬菜。宋代苏轼在《格物粗谈》中已有紫色莴苣的记载。元代司农司撰《农桑辑要》有莴笋栽培的最早记录。通过在中国的长期栽培，莴苣演化出茎用类型——茎用莴苣，即莴笋。莴笋的适应力强、分布广，其幼苗期植株与叶用莴苣相似，但是莲座叶形成后，短缩茎伸长肥大为笋状，叶片互生。叶用莴苣又称为生菜，茎短缩，叶片深绿、浅绿或紫红色，叶面光滑或皱褶，全缘或有缺刻。莴苣营养丰富，除含有多种维生素外，茎叶中的白色乳汁还含有较多的菊糖、苦苣素等药用成分。莴苣既能生吃，又可熟食，还能加工成泡菜，深受消费者的欢迎。

世界各国普遍栽培叶用莴苣，在北美洲、欧洲和南美洲广泛栽培，非洲、中东和日本栽培也较多。中国各地则以茎用莴苣栽培为主，叶用莴苣也在大部分地区普遍栽培和食用。

(二) 种质资源的研究与利用

1978—1987年中国农业科学院蔬菜花卉研究所引入叶用莴苣208份，其中自荷兰引入61份、美国引入53份、日本引入42份，其他国家引入52份。从国外引入叶用莴苣各种类型的情况不尽相同，自美国、荷兰、英国、新西兰等国家引入的材料以结球类型为主，约占90%；由日本、加拿大等国引入的结球莴苣、皱叶莴苣、直立莴苣各占1/3；从墨西哥、智利、罗马尼亚、捷克等国家引入的材料主要是皱叶莴苣，占70%～80%，结球中的软叶类型约占20%，脆叶结球莴苣较少。

目前，国家种质资源库搜集和保存的莴苣种质资源有740份，为莴苣新品种的选育提供了物质基础。

(三) 品种类型与代表品种

按产品器官分类，莴苣可分为茎用莴苣和叶用莴苣。叶用莴苣含3个变种：①直立莴苣 (var. *longifolia*)，别名长叶莴苣，又称直筒莴苣、散叶莴苣。叶片全缘或锯齿，外叶直立，不结球或是松散的圆筒形、圆锥形叶球，在欧美栽培较多。②皱叶莴苣 (var. *crispa*)，别名散叶或丛生莴苣 (生菜)。叶片深裂，叶面皱缩，有松散叶球或不结球。③结球莴苣 (var. *capitata*)，别名结球生菜。叶全缘，有锯齿或深裂，叶面平滑或皱缩，形成明显的叶球。结球莴苣又可分为脆叶结球、软叶结球两种类型，脆叶结球类型叶球大，脆嫩，结球紧实，不易抽薹；软叶结球类型叶球小、松散，质地柔软，生长期短，在高温长日照下易抽薹。

1. 直立莴苣

(1) 牛利生菜　广州郊区地方品种。叶较直立，株高40 cm，开展度49 cm。叶片倒卵形，青绿色，叶缘波状，叶面稍皱，心叶不抱合。抗性较强，品质较差。单株重300 g。

(2) 登峰生菜　广东地方品种。株高30 cm，开展度36 cm。叶片近圆形，淡绿色，叶缘波状。单株重300 g左右。

（3）大速生　株高 20～22 cm，开展度 30～35 cm。叶卵圆形、嫩绿色，叶面褶皱，叶缘波状，美观。单株重 300～450 g。口感脆嫩，品质好。耐寒，抗病，生长速度快，不耐高温干旱。适宜春秋露地及保护地栽培。育苗移栽苗龄 30～40 d，小苗 4～5 片叶时定植，平畦栽培，株行距 20～25 cm。从定植到收获，春栽 35 d 左右，秋栽 20～25 d。

（4）紫生菜　株高 25～30 cm，开展度 33～40 cm。叶长卵圆形，叶缘波状，紫红色，美观，商品性好，叶质柔嫩，水分中等。单株重 200～450 g。适于生食及作沙拉的配色蔬菜。适应性强，抗病，适于春、秋露地及保护地栽培。育苗移栽苗龄 30～40 d，小苗 4～5 片叶时定植，平畦栽培，株行距 20～25 cm。从定植到收获，春栽 50～60 d，秋栽 35～40 d。

2. 皱叶莴苣

（1）软尾生菜　又名东山生菜，广州市郊农家品种。叶片近圆形，较薄，黄绿色，有光泽，叶缘波状，叶面皱缩，心叶抱合。单株重 200～300 g。耐寒，不耐热。

（2）鸡冠生菜　吉林地方品种。叶片卵圆形，浅绿色，叶缘有缺刻，曲折成鸡冠形，不结球。单株重 300 g。叶质脆嫩，宜生食。抗病，耐寒，耐热。生育期 50～60 d。春栽抽薹晚。

（3）皱叶生菜　从日本引进。植株呈菊花形。叶色嫩绿，有光泽，叶片大，有皱，叶缘呈波浪形。抗病，耐热，抗寒。不易抽薹。生长速度快，定植后 30～40 d 即可上市。单球重 300 g 左右。适合春、秋两季栽培。

（4）玻璃生菜　广州市地方品种。不结球，叶片簇生，株高 25 cm。叶片近圆形，较薄，黄绿色，有光泽，叶缘波状，叶面皱缩，心叶抱合，叶柄扁宽、白色。不耐热，耐寒。单球重 200～300 g。

3. 结球莴苣

（1）广州结球生菜（青生菜）　广州地方品种。叶半直立，开展度为 29 cm 左右。叶片近圆形，叶青绿，叶面皱缩，心叶抱成球。叶球重约 600 g。晚熟。适应性强。

（2）白口结球生菜　又称北京团叶生菜。为青口、白口的天然杂交种。叶簇半直立，株高约 15 cm，开展度约 25 cm。叶片近圆形，深绿色，叶缘波状，叶面皱缩，较厚，心叶抱合成近圆形，结球较紧。单株重 500 g 左右。品质好。耐寒，耐冬贮，适于保护地栽培。

（3）凯撒　由日本引进的极早熟叶用莴苣优良品种。植株生长整齐，株型紧凑，适宜密植。叶球高圆形，浅黄绿色，叶球内中心柱极短，品质脆嫩。耐热性强，在高温下结球良好，抗病，晚抽薹，耐肥。单球重约 500 g。适于春、秋季保护地及夏季露地栽培。生育期 80 d 左右，从定植至采收需 45～50 d。

（4）大湖 659 结球生菜　由美国引进的早中熟优良品种。叶色嫩绿，品质脆嫩，外叶少而球大，结球紧实，叶片稍有皱褶。品质好，耐贮运。耐寒性强，耐热性较差，抽薹晚，生育期约 90 d，适合于春、秋地膜覆盖栽培及保护地栽培。抗叶枯病。单球重 1 000～1 200 g，产量较高。

（5）皇帝　由美国引进的中早熟品种。植株的外叶较小，青绿色。叶片有皱褶，叶缘齿状缺刻，叶球中等大，很紧实，球的顶部较平，为叶重型类型。脆嫩爽口，品质优良。耐热，抗病，适应性强。单球重 500 g 左右。生育期 85 d。适于春、夏、秋季露地栽培，也适于冬季和早春保护地栽培。

（6）奥林匹亚　从日本引进的极早熟脆叶结球型品种。耐热性强，抽薹极晚。植株外叶浅绿色，较小且少，叶缘缺刻多。叶球浅绿色略带黄色，较紧实。单球重 400～500 g。品质脆嫩，口感好。生育期 65～70 d，从定植至收获 40～45 d，适宜于晚春早夏、夏季和早秋栽培。

（7）射手 101　由美国引进的中早熟品种。全生育期 85 d 左右。叶片中绿色，外叶较大，叶球圆形，结球稳定、整齐。品质良好。耐寒，耐热性较好，抗病性强，适应季节和种植范围较广。单球重 600 克左右。

（8）北生 1 号　由北京农学院选育，为意大利引入结球生菜材料经多代自交、纯化后，育成的耐热性稳定的早熟结球生菜品种。从定植到收获 50 d 左右。叶片深绿色，叶扁圆形，叶尖圆形，叶基部楔形，叶缘不规则锯齿；叶面微皱，有光泽，叶缘略有缺刻，外叶较大，有色泽；叶球圆形，顶部较平，球叶向内弯曲，叶球为合抱，结球稳定、整齐。耐热、耐腐烂，抗干烧心和烧边能力强。适宜北方地区春大棚、春夏露地栽培及冷凉地区夏季种植。单球重 500 g 左右。

（9）铁人 108　澳大利亚引进的中早熟品种，全生育期 80 d 左右。叶色深绿，结球紧实，叶球略扁圆形，心柱小。产量高，单球重 650 g 左右。抗抽薹，耐烧心烧边，但不耐雨水。温暖季节均可种植，特别适合于春夏季露地种植或夏秋季干热气候条件下栽培，合理密植，建议株行距 35 cm×35 cm。北京及周边适宜 2 月初至 3 月初播种，5 月初至 6 月初采收。

（10）拳王 201　澳大利亚引进的中早熟品种，全生育期 85 d 左右。叶色中绿，结球紧实，叶球略扁圆形，心柱较小。产量高，单球重 700 g 左右。抗抽薹，耐烧心烧边，温暖季节均可种植，特别适合春、秋季节和夏季冷凉地区栽培。合理密植，建议株行距 35 cm×35 cm。北京及河北坝上适宜于 4 月中旬至 6 月中旬播种，7 月中旬至 9 月中旬采收。

4. 茎用莴苣

（1）花叶笋　生长势强，株高约 44 cm，开展度约 50 cm。叶簇较直立，叶片绿色，长椭圆形，叶缘深裂或缺刻，故名花叶笋。肉质茎棒状，长 25～30 cm，横径 5～6 cm。单笋重 500 g 左右。茎皮色白绿，肉浅绿色，商品性好。口感脆嫩，微甜清香，品质佳。较早熟，耐寒，较耐热，抗病，春、秋季种植皆适宜。春季从定植至收获 60 d 左右，秋季 40～50 d。

（2）白皮香　又名鸭蛋头，南京著名地方品种。植株半直立，株高 45.4 cm，开展度 45.8 cm。叶长椭圆形，先端尖，叶片浅绿色，叶面皱缩。茎短圆锥形，茎部外皮有纵向裂纹，茎长 25 cm，横径 5.4 cm，茎皮与肉均为绿白色。单茎重 250 g。早熟，抗霜霉病，香味较浓，纤维少，品质好。

（3）紫皮香　南京著名地方品种。植株半直立，株高 42.2 cm，开展度 40.8 cm。叶阔披针形，叶顶钝尖，叶片青绿色，有紫色晕或全紫红色，叶缘波状，叶面皱缩。茎长圆锥形，茎长 23 cm，横径 4.7 cm，茎皮青带紫色条纹，肉青色。单茎重 320 g。中晚熟，抗霜霉病，肉质脆嫩，水分多，品质好，产量高。

（4）青皮臭　又名竹竿青，南京著名地方品种。植株半直立，株高 45.8 cm，开展度 41.6 cm。叶阔披针形，叶缘波状，叶片绿色，叶面微皱缩，有蜡质。茎长圆锥形，茎长 36.3 cm，横径 4.6 cm，茎皮和肉青色。单茎重 320 g。晚熟，抗霜霉病，外皮纤维较多，肉致密而脆，水分少，多作加工酱菜用品种。

（5）鲫瓜笋　北京市郊区地方品种。株高 30 cm，开展度 45 cm。叶浅绿色，长倒卵形，顶部稍圆，叶面微皱，稍有白粉，叶近全缘，叶背面中肋及叶脉上有小软刺毛。茎长棒形，中下部稍粗，两端渐细，单茎重 150 g 左右，肉质细密，嫩脆，含水量多，品质好。早熟，耐寒性强，耐热性较差。

（6）鸡腿莴笋　新疆地方品种。株高 47 cm，开展度 60～62 cm。叶披针形，先端尖，全缘，长 40 cm，宽 12 cm。茎长圆锥形，似鸡腿，茎皮白绿色，肉质浅绿色，外皮厚 0.3 cm，容易开裂。肉质脆嫩，有清香味，微甜，品质上等。适应性强，耐寒。

（7）飞桥莴笋　广西主栽品种，又叫紫叶莴苣，是福建永安市飞桥村农民从变异株中成功选育的优质高产地方良种。根系浅而密集，中熟，株高 60～80 cm。叶片呈披针形，突尖、有皱。肉质茎长棒形，单茎重 500～1 500 g，皮淡紫色，肉翠绿色，生长整齐，成熟一致。肉质脆，香味浓，皮薄，可食率高，清脆细嫩爽口，是腌泡菜的主要原料。

（8）八斤棒莴笋　叶片披针形，色浅绿，稍皱缩。茎呈棒状，嫩白色，节间距短，节疤平，肉浅绿色。气温 9～38 ℃生长良好，定植后 50 d 左右收获，单茎重 1～2.5 kg。适合我国北方和长江流域大部分地区四季栽培，宜作越夏抗高温栽培的推荐品种。

三、生物学特性与主要性状的遗传

（一）植物学特征与开花授粉习性

1. 植物学特征

（1）根　直根系，根系浅而密集，再生能力强，主要分布于20～30 cm的表层土壤中。

（2）叶　苗期叶片互生于短缩茎上，有披针形、椭圆形、倒卵圆形等。叶面平展或皱缩，叶缘波状或浅裂至深裂，心叶松散或包成叶球。

（3）茎　莴苣的茎为短缩茎，茎用莴苣的茎随植株的旺盛生长而伸长和加粗，花芽分化后，茎叶继续扩展，形成粗壮的肉质茎。茎有绿色、绿白色、紫色等，形状有长棒形、长圆锥形、短棒形等。叶用莴苣的茎不发达，为短状茎或盘状茎等。

（4）花　头状花序，每花序有小花20朵左右。花浅黄色，子房单室，自花授粉，有时也会发生异花授粉。

（5）果实　果实为瘦果，褐色或银白色，附有冠毛，是播种繁殖器官。种子千粒重为0.8～1.5 g，种子寿命5年，使用年限2～3年。

2. 开花授粉习性　莴苣为自花授粉作物，每一头状花序有花12～25朵，单花皆为黄白色的舌状完全花，5枚雄蕊合成桶状，雌蕊1个。莴苣单花开放时间很短，只有1～2 h，授粉后6 h即完成受精。花药在花开前即破裂散粉，当子房伸长时，其上面的刷毛即在通过花药筒时附着花粉，完成自花授粉的过程。但在气候干燥的条件下，自然杂交率高，故采种时应注意隔离。

莴苣单花花冠与雄蕊、花柱、柱头一起在开花后2～3 d脱落，全株从现蕾至开花需经15～20 d，由开花至种子成熟需13～20 d，较一般蔬菜作物日数少。其开花结实要求较高的温度，在22～28 ℃温度范围内，温度愈高，从开花到种子成熟时间愈短，当温度低于15 ℃时，虽可正常开花，但不能正常结实。

3. 生长发育周期　叶用莴苣和茎用莴苣的生长发育周期均包括营养生长和生殖生长两个阶段。

（1）营养生长期　包括发芽期、幼苗期、发棵期及产品器官形成期。各时期的长短因品种和栽培季节不同而异。

① 发芽期。从播种至第1片真叶初现为发芽期，其临界形态特征为“破心”，需8～10 d。种子发芽的最低温度为4 ℃，发芽的适温为15～20 ℃，低于I5 ℃时发芽整齐度较差，高于25 ℃时因种皮吸水受阻种子发芽率明显下降，30 ℃以上发芽受阻。有些莴苣品种的种子在光下发芽较快，各种光质的作用不同，红光促进发芽，而近红外光和蓝光则抑制发芽。

② 幼苗期。从“破心”至第1个叶环的叶片全部展开为幼苗期，其临界形态标志为“团棵”，每叶环有5～8枚叶片，该时期需20～25 d。

③ 发棵期。又称莲座期、开盘期，从“团棵”至第2叶环的叶片全部展开为发棵期，需15～30 d。结球莴苣心叶开始卷抱，散叶莴苣无此期。茎用莴苣可进一步分为莲座叶生长前期（此期生长较缓慢）和莲座叶生长后期（此期叶生长较快，叶片数增加迅速）。

④ 产品器官形成期。需15～30 d。此时期结球莴苣从卷心到叶球成熟，散叶莴苣则以齐顶为成熟标志。茎用莴苣也称为肉质茎形成期，在幼苗期至莲座叶生长前期，莴笋的茎为短缩茎，植株进入莲座叶生长后期后，随着叶片数的迅速增加和叶面积的不断扩大，莴笋短缩茎的生长逐渐加快，体积逐渐膨大。该时期肉质茎迅速伸长和增粗。

（2）生殖生长期　莴苣花芽分化是从营养生长转向生殖生长的标志。莴苣通过春化对低温、长日照的要求并不十分严格，其春化不一定需要低温，而与积温密切相关，在连续高温下，只要积温够了，就可以抽薹。加长日照时数就可以加速发育，在长日照条件下，莴苣的发育速度可以随温度升高而加快，所以莴苣是高温感应型植物，但其感应的程度随品种不同而异，早熟品种敏感，中熟品种次之，晚熟品种迟钝。此外，不同品种或同一品种，由于播种期不同导致积温不同，也能影响花芽的分化时期。花芽分化后，从抽薹开花到果实成熟为生殖生长阶段。

（二）对环境的要求

1. 温度　莴苣属半耐寒性蔬菜，喜冷凉、忌高温。种子发芽最低温度为 4 ℃，适宜温度 15～20 ℃，25 ℃以上发芽受到限制，30 ℃以上种子进入休眠。幼苗对温度适应能力较强，可耐－6～－5 ℃低温，但适宜温度为 12～20 ℃。在产品器官形成期，茎、叶生长适宜温度为 11～18 ℃。结球莴苣对温度的适应性较差，结球适温 17～18 ℃，21 ℃以上不易形成商品叶球。在夜温较低（9～15 ℃）、温差较大的情况下，可降低呼吸消耗，增加养分积累，有利于肉质茎的肥大。生长期若长期处于 21 ℃以上，会出现叶缘枯黄、叶肉变粗、苦味增加等生理病症，结球莴苣不易形成叶球或容易引起心叶坏死。叶用莴苣的耐寒、耐热能力均不如茎用莴苣，越冬、越夏能力差。

莴苣通过发育阶段属于高温敏感型，在日均温 22～23 ℃、夜温长期在 19 ℃以上、茎粗 1 cm 以上时花芽分化最快，需 30～45 d，很易引起未熟抽薹。花芽分化以后，在 15～25 ℃范围内，温度越高，抽薹越快。开花结实适温 22～29 ℃。

2. 光照　莴苣属于对光强要求较弱的一类蔬菜，光补偿点 1 500～2 000 lx，光饱和点 25 000 lx，在高温、长日照条件下，莴苣的花芽分化、抽薹、开花提早。

叶用莴苣种子是需光种子，有适当的散射光可以促进发芽，在红光下发芽较快。播种后，在适宜的温度、水分和氧气供应条件下，浅覆土有利于提前发芽。

3. 水分　莴苣不同生育期对水分有不同要求。幼苗期和发棵期土壤不可缺水也不能水分过多。发棵期结束即将进入茎部肥大期以前，要适当控制水分；茎部肥大盛期，水分要充足；肉质茎肥大后期、采收前水分不可过多。

叶用莴苣由于其叶片多、叶片大、蒸腾作用旺盛，消耗水分多，需要更多的水分，表现为喜潮湿、忌干燥。

4. 土壤与营养　莴苣属浅根性直根系蔬菜，根的吸收能力弱，需要氧气量大，在黏重和瘠薄土壤上根部发育不良，会直接影响食用器官的产量和品质。最适的土壤 pH 为 6.0 左右，低于 5.0 或高于 7.0 时生长不良。有机质丰富、表土肥沃、保水保肥力强的黏质壤土或壤土最佳。莴苣对酸性抵抗力弱，应避免在酸性土壤上种植。

莴苣需肥量较大，对氮、钾吸收较多，其次是钙、镁，对磷的吸收较少。缺钙易造成烧尖病。

（三）主要性状的遗传

美国对叶用莴苣研究较多。1983 年 Ryder 报道了几个基因的遗传连锁和互作关系，并给予命名：种皮白色 *W* 是黑褐色 *br* 的上位基因，类似苣荬菜叶 *en* 和种皮白色 *W* 连锁，浅绿色 *vi* 和毛边 *fr* 连锁，有刺和花色素苷连锁，浅绿色 *vi* 与金黄色 *go* 在一起表现为金黄色，而金黄色 *go* 和叶绿体缺失 *cd*－*2* 同时存在时表现为金黄色和部分致死。1988 年和 1989 年 Ryder 又报道了一些新的基因的遗传规律，如早花基因 1 和 2(*Ef*－*1*、*Ef*－*2*) 对正常开花为不完全显性，多叶浅绿色基因 *sg* 对深绿色是隐性，橙红色花基因 *sa* 为隐性单基因，植株苹果绿基因 *ag* 为隐性单基因，总苞饱满基因 *pl* 与雄性不育基因 *ms*－*4*、*ms*－*5* 连锁，多果黄色、白色和棕色基因对黑色均为隐性，隐性上位顺序为白色＞黄色＞棕色。Waycott 等（1998）用分子标记对一些形态学相关基因进行了定位，发现种皮黑褐色 *br* 与总苞饱满 *pl* 基因连锁，浅绿色基因 *vi* 与种皮白色基因 *w*、花青素表达基因 *C* 或 *G* 连锁。1999 年，Silva 等研究发现叶用莴苣开花早晚受多基因控制，且开花早与开花晚的品种杂交，后代花期偏向于开花晚的亲本。

Ryder 于 1970 年报道了莴苣对叶用莴苣病毒病（Common lettuee mosaic）的抗性是受隐性单基因遗传控制，并将这对基因命名为 *Momo*（*Mo*：感病；*mo*：抗病）。同年，Zink 和 Duffus 报道了在叶用莴苣中抗芜菁花叶病毒的基因是单基因显性遗传，并命名为 *Tu*。1984 年，叶用莴苣霜霉病抗性基因被认为是显性单基因控制；2005 年，Grube 等报道了叶用莴苣枯萎病的抗病基因是由显性单基因控制的，命名为 *Tvr1*。而茎用莴苣的性状遗传规律研究鲜有报道。

四、育种目标

（一）不同类型品种育种目标基本要求

随着莴苣在国际和国内市场上越来越受欢迎，莴苣的选育工作也越来越受到中外育种家的重视。总体上莴苣的育种目标有产量和品质、抗病性、抗逆性和耐抽薹等方面，由于莴苣包括叶用莴苣和茎用莴苣两大类，所以每大类还有更细化的育种目标。

1. 叶用莴苣

（1）散叶莴苣　在品质改良方面，有研究表明，散叶莴苣的单株重和莲座叶数、最大叶宽呈极显著正相关，因此，要想提高散叶莴苣的产量，就应选择莲座叶多、叶子较宽、单叶面积较大的植株；抗性方面，要注意抗霜霉病和红蜘蛛、耐寒耐热品种的选育；由于食用器官是叶片，所以应选择耐抽薹品种。

（2）结球莴苣　在品质改良方面，由于结球莴苣的商品球率与最大叶长、最大叶宽、球重呈极显著正相关，但与株高、莲座叶数呈显著负相关，所以适宜选育叶片面积较大、叶球较重、莲座叶少的矮生植株。同时，还要注意产品的商品品质，选育叶球紧实、外形良好、色泽优良的品种。在抗性方面，结球莴苣的病害较多，对抗霜霉病、枯萎病、病毒病、菌核病、烧尖病等病害的品种的选育已经成为结球莴苣育种的热点。与散叶品种一样，也需选育耐抽薹品种。

2. 茎用莴苣　茎用莴苣食用器官是其肉质嫩茎，因此需选育笋茎肥嫩、粗壮、色正、外形良好的品种。茎用莴苣的霜霉病、菌核病、病毒病、黑斑病近年来发病较为严重，针对这些病害的抗性品种的选育应为重点。同样，耐抽薹也是选育的主要目标。

由于目前研究报道较多的为叶用莴苣的品种选育，所以以下育种目标以叶用莴苣为例进行说明。

（二）品质育种

早期人们选择叶用莴苣品种时主要关注无刺、减少乳汁含量、叶片形状等性状，这些是从野生型中选育栽培型的标志性状，所以早期出现的品种大多叶片尖窄、不结球。随着育种工作的深入，人们进一步育成了生长期短、需肥水少、较耐低温的软叶结球类型。后来，育种目标进一步强调选育叶球大、重、适于低温贮运和低温销售及耐湿润环境的脆叶结球品种，选育出的代表品种为皇帝（Imperial）系列品种。目前，品质改良的主要目标是通过远缘杂交，利用野生、近缘种类型的有益基因，对一些品种的不良性状如质地、营养品质、口感等进行改良，同时兼顾其他商品性状，如叶色、球的大小、球的形状、整齐度等。

先锋（Vanguard）及其系列品种的育成是品种改良的重要标志。Thompson 通过与（*L. virosa*）（毒莴苣）远缘杂交和回交得到 Vanguard，该品种叶片深绿、光滑，质地柔软，叶脉平展，根系发达，成熟时无苦味且不易腐烂，品质上乘。此后又育成了 Winterhaven、Moranguard、Vanguard75、Salinas 等系列高品质品种。至今 Vanguard 类型品种仍是美国西部地区的主栽品种。

抗抽薹也是品质改良的重要内容。美国 20 世纪 80 年代育成的 Empire 系列品种可耐高温，夏季种植也不易抽薹。Leeper 在 1991 年培育的直立类型 Valcos 也是抗抽薹的品种。

（三）丰产育种

由于叶用莴苣的商品部位为叶球，其产量的评估有多种方法。我国多用重量来计算单位面积上结球莴苣叶球的产量。在产量改良方面，有4个因素影响较大，即病情控制、叶球体积改良、整齐度、净菜率。这些因素对育种过程中筛选优势单株具有十分重要的意义。

（四）抗病育种

受气候变化影响和致病因子多样性影响，叶用莴苣的抗病育种仍是各国育种学家的主要育种目标。在育种手段上，一方面利用现有的抗源继续培育抗病虫品种，另一方面应引进外源抗性基因，扩大和丰富抗源，培育具有垂直抗性的地区专用品种和具有水平抗性的广适品种，以适应生产发展的需要，有效地控制田间病虫害。

（1）莴苣霜霉病（*Bremia lactucae* Regel）　霜霉病是莴苣生产上的突发病害，低温潮湿利于其发生流行，温室栽培时容易发病。目前至少发现有8个霜霉病菌的生理小种，由于生理小种较易发生变化，生产中抗病品种易丧失抗性，所以抗霜霉病育种难度较大。但霜霉病的抗性属于小种专化型并由显性基因控制，容易鉴定出抗病基因型。在美国，第一代皇帝系列品种易感霜霉病，到第二代及以后育成的Valverde、Calmar等都抗霜霉病，尤其是Calmar，因抗霜霉病能力强而在美国西部地区迅速取代了大湖（Great lake）系列品种，并兼抗烧尖病、中抗大脉病。这两个抗霜霉病品种中的抗霜霉病基因来自野生种*L. serriola*（野莴苣）。荷兰、法国等育种学家也育成了适于温室栽培的抗霜霉病叶用莴苣品种Clarion、Eortina、Ehifley和Sitonia等。

（2）大脉病（莴苣巨脉病毒病，*Lettuce big-vein associated virus*）　大脉病是莴苣生产上一种普遍发生的病害，可经土壤、嫁接传播。感染大脉病的幼株表现为叶脉周围坏死，部分植株停止生长或因发育受阻而生长迟缓，不能形成商品叶球。成株感染大脉病则表现为叶脉周围组织失绿，外部叶片卷曲变硬，叶球变小，产量、净菜率明显降低。控制大脉病的有效途径是采用抗病品种。在美国，大湖系列品种不抗大脉病，但是Welch育成的Calmar对大脉病抗性强并兼抗霜霉病，因而在生产上得以大面积应用。

（3）病毒病（病原有*Lettuce mosaic virus*、*Dandelion yellow mosaic virus*、*Cucumber mosaic virus*、*Tomato aspermy virus*）　主要是莴苣花叶病毒病（*Lettuce mosaic virus*，LMV）。病毒病在所有叶用莴苣生产区都广泛发生，感染病毒病的幼苗子叶和第1片真叶严重变形，出现典型的由浅绿到暗绿不等的病斑，以后随着植株的生长叶缘翻卷，部分植株发育受阻，整个植株呈浅黄色，不能形成叶球。叶用莴苣的病毒病主要是由种子带毒传播和昆虫尤其是蚜虫传播。带毒的种子发育成的幼苗是大田病毒病的病源和扩散中心，经由昆虫传播感染整块田地。美国Ryder于1970年报道了抗叶用莴苣花叶病毒病（LMV）基因的遗传规律，认为抗性基因是隐性单基因遗传。目前，大多数栽培的茎用莴苣和叶用莴苣不抗LMV，如大湖和皇帝系列品种都易感染病毒病，而Vanguard75和Florid1974是美国新育成的2个抗性较强的品种。

（4）枯萎病（*Fusarium oxysporum* f. sp. *lactucae* Schlechtend.：Fr. Matuo and Motohashi）　枯萎病是莴苣生产中的一种疑难病害，在多个地区发生，造成严重危害，而且有范围逐步扩大、危害逐步加重的趋势。2011年，陈笑瑜等首次报道了北京通州生菜（结球莴苣）枯萎病发生情况，并对生菜枯萎病病原进行了鉴定，发现与国外已报道的尖孢镰刀菌莴苣专化型*F. oxysporum* f. sp. *lactucae*一致。生菜枯萎病是一种典型的土传病害，危害生菜根部，造成植株萎蔫，严重时整株枯死。缺乏抗病品种、平畦漫灌、不科学集中育苗、农事操作不当、连作栽培等造成生菜枯萎病快速传播流行和大面积发生。射手101、皇帝等是北方地区结球莴苣生产中的主要品种，对枯萎病均表现出易感性。因此，对莴苣育种工作者来说，引进、筛选、培育新型抗（耐）枯萎病的莴苣品种是一项迫在眉睫的任务。

（5）根结线虫病（*Meloidogyne incognita* Chitwood） 根结线虫病是莴苣生产上的重要病害，一般危害造成减产10%～20%，严重危害时减产75%以上，甚至绝收。南方露地和保护地均可发病，北方多在保护地内发生。病害初发时，地上症状不明显，仅在高温干旱的中午外部叶片出现萎蔫；病害重发时，幼株或植株地上部矮小、生长缓慢、长势衰弱，结球莴苣不包心或松散包心，叶色较淡乃至枯黄，根部可见乳黄色串珠状或者糖葫芦状肿大根瘤，后期根结颜色变褐，逐步腐烂。根结线虫以二龄幼虫或卵在土壤中越冬，条件适宜时成为初始侵染源，从莴苣幼嫩根尖侵入，刺激细胞分裂、膨大形成瘤状根结，幼虫在根结内部发育成成虫，并交尾产卵或孤雌生殖，形成新的病害循环。目前已知危害蔬菜的根结线虫主要有4种：南方根结线虫（*M. incognita*）、爪哇根结线虫（*M. javanica*）、花生根结线虫（*M. arenaria*）和北方根结线虫（*M. hapla*），其中南方根结线虫危害最为严重。由于抗根结线虫植物种质资源很有限，目前仅番茄、辣椒、豇豆等少数蔬菜作物育有抗根结线虫品种（卢志军，2011）。关于莴苣抗根结线虫品种的研究鲜见报道，国内还没有能应用于实际生产的抗性品种。随着国内外莴苣市场需求的增大和分子生物学技术的进步，莴苣抗（耐）根结线虫育种研究将成为一个趋势和热点。

（6）烧尖病（顶烧病） 烧尖病是生理性病害，在露地和温室都易发生。至少有5种环境利于发病：高温高湿、营养过量、水分过多、收获前突然由高温转低温、养分不均匀尤其是缺钙等。烧尖病的主要症状是开始外包叶边缘出现暗褐斑，后来发展到褐斑扩大并相互连接，整个叶子外缘坏死。大湖系列品种比皇帝系列品种抗烧尖病能力强，尤其是大湖659抗性最强。Leeper在1991年育成了抗烧尖病能力强的脆叶结球品种Val Prize。

（五）耐热与耐抽薹育种

叶用莴苣原产于地中海沿岸，性喜冷凉气候，生长适温15～20℃，超过30℃则生长不良，食用品质下降。而且，叶用莴苣的耐热性与抽薹性显著相关，耐热性不好的品种，极易抽薹。因此，选育出耐热的品种，就相当于选育出了耐抽薹品种。在中国，大部分地区夏季露地气温常在30℃以上，保护地气温则更高，高温胁迫成为阻碍叶用莴苣夏季栽培和周年供应的主要因素，选择和培育耐热性相对较强的品种更显重要。有研究表明，幼苗期功能叶的叶形指数和茎节间长度与耐热性有着密切的相关关系。

（六）温室专用品种选育

温室专用品种育种工作主要在欧洲开展，育成的品种多为软叶结球（Butterhead）类型。荷兰、英国、法国等国纬度低，冬天日照时间长，雨量大，温度低，适于叶用莴苣的温室栽培。目前已先后育成了Wintersalad、Greenway、Valmaihe、Parris和Island等耐低温、高产、品质好的品种，且抗霜霉病，适宜温室生产。

五、选择育种与有性杂交育种

由于莴苣是自花授粉作物，杂交难度大，成本高，即使有一定杂种优势也很难应用于大规模杂交种子生产。所以，莴苣育种仍采用经典的选择育种和常规有性杂交育种方法，即从有丰富变异的自然群体中优中选优，或不同形态的类型间杂交，然后自交，在以后自交世代中依据各性状进行综合选择。

（一）选择育种

莴苣虽然是自花授粉作物，但是异交率也有1%左右，而且在气候干燥的条件下自然杂交率会提高。所以可利用偶然杂交或基因突变出现的田间变异株，对优良变异单株进行多次单株选择，从而获得遗传稳定的新品种。选择过程可简单描述为：以变异率高、优良变异多的品种、品系做基础材料，从中选出优良单株自交；下一代每个株系种 1 个小区，进行株系间比较，在优良株系中再选优良单株自交。前期针对质量性状进行选择，后期针对数量性状进行选择。如此多代选择下去，直至出现单株间差异不大、上下代性状稳定的系统。得到这样的系统后，便可进行品种比较试验、区域试验和生产试验。具体的选择标准应根据育种目标，对莴苣的品质、丰产性、抗病和抗逆性、耐抽薹性等性状进行选择。

中国现行栽培的莴笋品种大多是地方品种或从地方品种中经选择育种育成的新品种。如由福建省永安市种子站和三明市种子站育成的飞桥莴苣 1 号莴笋品种，就是从当地地方品种飞桥莴苣中选育而成的。该品种比原地方品种增产 20%以上，播种至采收比原地方品种早 5 d。

（二）有性杂交育种

根据育种目标和性状遗传规律有目的地选择选配亲本，通过有性杂交创造变异，是莴苣育种的主要途径。系谱法是莴苣杂交选育的主要方法。从 F_2 开始对较大群体进行株选，以后从优系中继续株选，一般至 F_5 左右即可得到性状优良、稳定的品系。由于自 F_2 开始的系内分离随着每代自交而降低，所以系谱选择时选择群体的大小每代要减少 50%。随着代数的增加，选择重点应从早代的单株表现转移到更高世代的系统表现。在实践中，早代的选择应侧重于遗传力高的性状；而到了较高世代，选择的重点可转移到遗传力较低的性状。为此，应在较早世代保持广泛的遗传基础，以便较晚世代的系统保持足够的变异率。

在莴苣杂交育种过程中，为了增强预期的优良性状，消除不良性状，通常采用回交和自交结合的方法。应用回交法时，回交亲本应只有遗传方式简单的特性需要改造，而需要转移的特性在分离群体中能够保持一定的表达强度。随着回交次数的增多，回交后代的基因型不断趋向恢复原状（轮回亲本），因此，应尽可能选用与回交亲本相似但又具有非回交亲本所特有的符合选育目标性状的植株进行回交。

由于莴苣为自花授粉蔬菜，且种植密度较大，有性杂交的后代选择方法宜采用混合选择法。美国、日本及欧洲等国家和地区新育成的叶用莴苣大多是采用常规有性杂交（包括远缘杂交）育成。

六、生物技术的研究与利用

（一）组织与细胞培养研究

20 世纪 80 年代李鹏飞等首次报道了结球莴苣品种 New York 515 的组织培养研究情况，随后钟仲贤、刘选明等相继报道了莴苣其他品种的组织培养情况。高辉等（2002）建立了下胚轴离体培养体系，通过由愈伤组织分化不定芽途径获得再生植株，分化频率高达 100%。Xinrun 和 Conner（1992）的研究表明，叶用莴苣的基因型对其再生率的影响较大，不同基因型的叶用莴苣芽的再生所需激素种类和浓度不同。周音等（1998）研究表明，$AgNO_3$ 是良好的乙烯抑制剂，与 ABA 配合使用可明显抑制愈伤的产生，大大促进叶用莴苣不定芽的直接再生。利用原生质体融合技术可以克服有性杂交障碍将野生种的抗性基因转入到栽培品种中。90 年代，日本长野县蔬菜花卉试验场融合了莴苣的栽培种和野生种的细胞，培育出抗软腐病莴苣。莴苣属野生种 *L. virosa*（毒莴苣）高抗蚜虫，Matsumoto 等用电融合法诱导栽培莴苣和 *L. virosa* 原生质体融合，获得了 21 个再生植株，利用同工酶和染色体分析证明这些再生植株为种间杂种，都具有正常的花但不育。要育成完全可育的带有抗性性状的莴苣品种，还需要将获得的体细胞杂种与栽培品种进一步回交纯化。

（二）遗传转化体系的建立及转基因研究

在叶用莴苣上报道了用农杆菌（Ti 质粒）介导法和电激法等转基因研究。稳定的植物组织和细胞培养再生系统是利用农杆菌介导转化法进行莴苣转基因研究的重要前提。Michelmore 于 1987 年报道了叶用莴苣的一个转基因系统，转化频率为 10%左右。刘凡等（1996）研究表明，大湖 366 采用 MS +0.5 mg/L 6 - BA+0.1 mg/L NAA 的诱芽培养基为宜；对抗生素敏感性试验表明，100 mg/L 的卡那霉素浓度是较严格的转化体筛选浓度。邓小莉等（2007）以散叶莴苣大速生的子叶为外植体，确定了叶用莴苣高效诱芽培养基为 MS+1.5 mg/L 6 - BA+0.2 mg/L IAA，出芽率最高为 65%。抗生素敏感性试验表明，筛选培养基中适宜的赤霉素选择压为 20 mg/L，抑菌剂羧苄青霉素的适宜浓度为 300 mg/L 为宜。

近几年，通过农杆菌介导对叶用莴苣进行了许多的基因改良工作。年洪娟等（2004）将胸腺肽基因（*thy*）导入叶用莴苣使其表达，以期培育出可生食的具有保健功能的转基因蔬菜。通过 PCR 和 Southern 杂交分析证明，胸腺肽基因已经整合到叶用莴苣基因组中。RT - PCR 检测初步表明，胸腺肽基因可以在叶用莴苣中正常转录。邓小莉等（2007）通过根癌农杆菌介导的叶盘法将携带 O 型和 A 型口蹄疫抗原决定簇融合基因 $O_{21}-O_{14}-A_{21}-HBcAg$ 转入大速生散叶莴苣，并对部分抗性植株进行 PCR 和 PCR - Southern 杂交检测，证实目的基因已经成功整合到叶用莴苣基因组中。RT - PCR 检测初步表明，$O_{21}-O_{14}-A_{21}-HBcAg$ 基因可以在叶用莴苣中正常转录表达。李兴涛等（2006）将含有高赖氨酸蛋白基因的植物表达载体用农杆菌介导法进行遗传转化，获得 47 株转基因叶用莴苣植株，PCR 和 Southern 杂交检测证实目的片段在 T_0 代已整合，RT - PCR 检测表明目的基因有转录表达。左晓峰等（2001）用叶盘法，将人小肠三叶因子基因（*hITF*）导入叶用莴苣中，在含有除草剂的培养基上筛选，获得抗性植株。PCR 和 Southern 印迹分析证明，*hITF* cDNA 已整合到叶用莴苣基因组中，Western 印迹分析证明 *hITF* 在叶用莴苣中的表达，ELISA 检测表明：*hITF* 在叶用莴苣新鲜叶片中的表达量最高达 700 ng/g，约占总可溶性蛋白的 0.1%，有望培育出对胃溃疡有防治作用的保健型蔬菜。新加坡研究人员成功地将一种能生成白藜芦醇的红葡萄基因移植到红叶叶用莴苣中，白藜芦醇在红葡萄酒中含量较高，可以有效降低有害胆固醇含量，提高有益胆固醇含量，并可起到预防癌症的作用。韩国庆尚大学教授研究组与真州产业大学教授研究组合作开发出一种可治疗糖尿病、中风的叶用莴苣，该叶用莴苣是从分解血栓的微生物枯草杆菌向叶用莴苣中注入溶解血栓基因，从而培育出的新型蔬菜。日本一家研究所将大豆中的铁蛋白基因植入叶用莴苣细胞中，成功培育出一种可预防贫血的转基因叶用莴苣，叶用莴苣中的维生素 C 含量高，有利于吸收铁元素。

（三）分子遗传图谱的构建

遗传图谱是植物遗传育种及分子克隆等许多应用研究的理论依据和基础，高密度分子遗传图谱的构建有助于分子标记辅助育种，有助于 QTL 定位研究，有助于比较基因组学研究及重要功能基因的克隆。Jeuken 等（2001）利用莴苣（*Lactuca sativa*）×山莴苣（*Lactuca saligna*）杂交所得的 F_2 为作图群体，利用 AFLP 技术构建了完整的叶用莴苣分子遗传图谱，整合后的图谱包含 476 个 AFLP 标记和 12 个 SSR 标记。该图谱主要由 9 个连锁群构成，覆盖基因组总长度为 854 cM，平均图距 1.8 cM，最大图距 16 cM。

（四）基因定位与连锁标记

Aruga 等（2012）获得了位于抗根腐病（*Fusarium oxysporum* f. sp. *lactucae* 小种 2）QTL 位点区域的一个 RAPD 标记 WF25 - 42，与不同品种和品系的抗性表现一致。Atkinson 等（2013）利用栽培叶用莴苣 Salinas 和 Iceberg 构建的 RIL 系，鉴定出了 7 个与采后失绿有关的 QTLs，可用于分子标记辅助育种。Lu 等（2014）对 179 份不同类型叶用莴苣进行关联作图，采用 Q 线性模型和 Q+K 混合线性模型鉴定出了对细菌性叶斑病（*Xanthomonas campestris* pv. *vitians*）敏感的一个 SNP 位点（QGB19C20. yg - 1 - OP5），位于连锁群 2；2 个与免疫材料 PI358000 - 1 关联的 SNP（Contig15389 - 1 - OP1 和 Contig6039 - 19 - OP1），均位于连锁群 4。叶用莴苣霜霉病存在许多生理小种，而且不同叶用莴苣亚种与霜霉病之间互作存在小种专一性（Lebeda et al.，2012）。den Boer 等（2014）对 8 个抗叶用莴苣霜霉病的 QTL 位点进行重组，在 10 个叠加的重组系中仅有 3 个在田间表现出抗性增强。Kwon 等（2013）对 298 份资源进行多样性分析，通过关联分析，有 5 个与种皮、1 个与叶皱褶、2 个与叶花青素、1 个与茎花青素相关的 SNP 标记。De Carvalho Filho 等（2011）对 2 份抗根结线虫（*Meloidogyne incognita*）小种 1 的资源（Grand Rapids 和 Salinas - 88）杂交后代进行了评价，发现两者抗性基因不同，可以在 F_4 中筛选出超亲优势的株系。

Argyris 等（2011）将 *LsNCED4* 基因定位到来自 UC96US23 影响叶用莴苣高温发芽的 QTL 位点 Htg6. 1 中，这是编码受温度调控的 ABA 合成途径相关酶，而且 ABA 是影响叶用莴苣高温发芽的抑制因子。通过对栽培叶用莴苣与野生近缘种的杂交后代抗性调查，发现后代在干旱、盐害、低营养条件下表现出更强的活力，鉴定出了与 7 个活力相关的 QTL 位点，6 个与盐离子积累相关的 QTL 位点（Uwimana et al.，2012）。Hartman 等（2013）利用栽培叶用莴苣 Salinas 和野生种 *L. serriola* 构建的 RIL 系对卷心叶用莴苣驯化性状进行了 QTL 定位，发现连锁群 3 和 7 上存在 2 个主要区域。Wei 等（2014）还鉴定出了 3 个与根系发育、盐害条件及钾离子积累的 QTLs，分别是 qRC9. 1、qRS2. 1 和 qLS7. 2，与其连锁的标记分别是 E35/M59 - F - 425、LE9050 和 LE1053，为进一步鉴定耐盐性基因奠定了基础。Jenni 等（2013）对卷心叶用莴苣 Emperor×El Dorado 构建的 RIL 系进行了 7 个生理病害和 3 个农艺性状的研究，发现了 36 个 QTL 位点与 8 个性状有关，其中位于 7 号染色体上的 QTL 位点可以解释 83%的形态变异，有 3 个 QTL 可以解释 7%～21%的叶主脉失绿的变异，并发现 qTPB5. 2 可以解释 38%～70%烧心病的变异，可作为有效的选抗烧心病的标记。Kerbiriou 等（2014）提出了对氮素营养吸收及其效率的模型，148 份品种验证了不同材料之间对氮素营养吸收及其效率表现出较大差异。

七、良种繁育

（一）常规品种的繁育方式与技术

1. 原种生产　莴苣原种生产同其他蔬菜一样，可以采用单株选优提纯法。在原种田或优良采种田，选择优良单株，在开花前单株套纱罩或纸袋防止异交，种子成熟后，各单株分别采收。当年或翌年分别种植，观察比较，从中选出优良株系并继续选择优良单株，经 2～3 代连续单株选择，即可选出优良株系，然后混合采种，即得原种。在原种繁殖时，必须进行严格选择淘汰，并采用良好的栽培管理措施，以保证有优质的原种供应繁殖生产用种。

2. 种株定植和田间管理　莴苣为自花授粉作物，但也可发生自然杂交，定植时不同变种和品种间要间隔 500 m 以上。莴苣种株的播种和苗期管理与菜用栽培基本相同，但为了保证全苗，可以适当加大播种量，待苗长到 5～6 片真叶时定植，行株距为（40～50）cm×（30～40）cm。为了提高成活率，挖苗时留 6 cm 左右长的主根，主根留得太短，栽后侧根发生少，不易缓苗。

定植成活后结合浇水，追施氮肥 1 次，然后中耕、蹲苗，促使形成强健的根系和繁茂的叶丛。待茎部开始膨大时，及时浇水并第 2 次追施氮肥。第 3 次在茎叶旺盛生长期，施用氮肥和钾肥，以利后期生长。种株现蕾之前，适当控制肥水，以减少裂球、裂茎和腐烂病的发生。种株开花期，防止缺肥、缺水，终花期后，要立支架并减少浇水，以促进种子成熟。此外，为防止腐烂，要摘除种株下部部分老叶，以利通风。

3. 种株选择和种子采收 为保证品种纯度和提高种子质量，莴苣采种过程中应进行多次选择和淘汰。育苗期要结合间苗淘汰弱株、病株、杂株，选健壮的、符合本品种特征的优质苗定植；当种株营养生长结束时，可结合商品菜上市，淘汰劣株、杂株，保留典型、无病、茎粗、抽薹晚的植株采种。

莴苣种子成熟前后，往往已是高温多雨季节，同时种子因具伞状细毛，易飞散，加之种株上不同部位的种子成熟期相差较大，因此，为了不影响种子产量和质量，最好是分批采收。当采种面积大、分批收获有困难时，也可以在种株叶片变黄、种子上生出白色伞状冠毛时一次采收，后熟后脱粒。

（二）种子贮藏与加工

1. 种子检测 种子检测又叫种子鉴定，就是对农作物种子质量通过田间和室内综合分析鉴定，检查种子的品种纯度、净度、发芽率、含水量，以及带有病害、杂草种子的情况，从而判断种子质量优劣，以确定种子的使用价值，促进农业生产。

莴苣的种子检测包含检验品种品质和播种品质两方面。其中品种品质包含品种的真实度、纯度两方面；播种品质则是指种子的发芽率、净度、千粒重、含水量等方面。

莴苣种子按原种和大田用种分级，原种纯度不低于99.0%，大田用种纯度不低于95.0%。其他指标均为：净度不低于96.0%，发芽率不低于80%，水分不高于7.0%。

2. 种子加工 莴苣种子收获后，为了便于贮藏和保存，一般要进行加工。加工包括清选、干燥、消毒、包装等方面。对种子清选是为了将种子群体中混有的秸秆、碎叶、果皮、石粒、泥沙、菌核、杂草种子等加以清除，可以用通风、过筛或风筛结合的办法。种子的干燥可以避免贮藏过程中种子发热、变质、霉烂现象的发生，可采用摊晾的自然干燥法或者机械加热干燥、干燥剂脱湿的人工干燥法。莴苣为小粒种子，易脱水干燥，目前利用超干贮藏法干燥将种子的含水量降到5%以下，对莴苣种子效果良好。有研究发现，贮藏1年后，3.13%和2.71%含水量的莴苣种子发芽率均维持在92%左右。可以利用一些化学药剂如克菌丹、福美双等进行种子消毒。为了防止品种混杂，保证安全贮藏运输及便于销售，应实行种子包装。目前应用比较普遍的有麻袋、布袋、铁皮罐、铝箔复合袋及聚乙烯塑料袋等。麻袋、布袋适于短期贮藏大量种子，铁皮罐适于长期贮藏少量种子或市场销售，小纸袋、聚乙烯袋、铝箔复合袋等适于包装少量零售种子。需要注意的是，封入密闭容器的莴苣种子有一定的干燥要求，上限含水量为5.5%。

3. 种子贮藏 种子贮藏可以较长时间保持种子旺盛的生命力，延长种子的使用年限，保证种子具有较高的品种品质和播种品质，以满足生产对种子数量和质量的要求。莴苣种子不耐贮藏，在普通仓库条件下贮藏半年，发芽率迅速下降。张文海等（1999）研究表明，在贮藏莴苣种子时，有冷库条件的可采用布袋包装，置于冷库中贮藏，既节省费用又利于降低种子含水量。若在室温下贮藏，则需将种子干燥至中含水量或低含水量，采用铝袋包装，使种子保持恒定的低含水量。当冷库容量有限或为了减少使用冷库降低费用时，可将冷库作为周转，先将莴苣种子以布袋包装贮藏于冷库中，待天气晴后，再分批晒干、干燥，进行铝袋包装，置于室温下贮藏。

（沈火林）

主要参考文献

闭静秀，欧阳藩，刘德华，等.1996a. 悬浮培养中旱芹体细胞胚发生的工艺条件研究［J］. 植物学报，38（6）：451－456.

闭静秀，欧阳藩，刘德华，等.1996b. 生物反应器中芹菜体细胞胚发生的大规模培养［J］. 生物工程学报（增刊）：204－209.

陈笑瑜，师迎春，姚丹丹，等.2011. 北京新发生的一种生菜枯萎病［J］. 中国植物病理学报（增刊）：9－18.

崔红，陈亮，沈明山，等.2002. 甘薯胚性悬浮系的建立及其细胞生长特性研究［J］. 厦门大学学报：自然科学版，41（5）：555－558.
邓小莉，周岩，常景玲.2007. 生菜遗传转化体系的建立及转基因研究［J］. 云南植物研究，29（1）：98－102.
董洁.2009. 叶用莴苣优异种质资源的鉴定和筛选［D］. 乌鲁木齐：新疆农业大学.
董洁，范双喜，陈青君，等.2009. 叶用莴苣遗传多样性的初步研究［J］. 北京农学院学报，24（4）：7－10.
付雅丽，牛瑞生，樊建英，等.2007. 生菜生物技术育种研究进展［J］. 江西农业学报，19（10）：94－95.
高国训，靳力争，鲁福成，等.2009.01－3A 芹菜雄性不育材料的遗传特点研究［J］. 长江蔬菜（14）：21－23.
高国训，靳力争，陆子梅，等.2006. 芹菜雄性不育株的发现及其植物学特征［J］. 天津农业科学，12（4）：9－11.
高辉，苟晓松，邓运涛，等.2002. 生菜下胚轴愈伤组织的诱导与植株再生［J］. 四川大学学报：自然科学版，39（增刊）：25－27.
海斯，尹默史密士.1962. 植物育种学［M］. 庄巧生，等，译. 北京：农业出版社.
韩清霞，沈火林，张振贤.2007. 利用悬浮系获得芹菜原生质体并再生完整植株的研究［J］. 园艺学报，34（3）：665－670.
韩清霞，沈火林，朱鑫，等.2006. 芹菜胚性愈伤的诱导及高频植株再生体系的建立［J］. 中国蔬菜（11）：6－9.
鞠剑峰.2007. 芹菜 AFLP 遗传多样性分析［J］. 农业科学通报，23（7）：120－123.
李高青.2013. 芹菜雄性不育系选育与杂种优势的初步分析［D］. 北京：中国农业大学.
李鹏飞，郭碧霞.1980. 结球莴苣顶芽及叶片组织培养［J］. 华南农学院学报，1（3）：39－42.
李锡香，晏儒来，向长萍，等.1994. 神农架及三峡地区菠菜种质资源品质评价［J］. 作物品种资源（2）：29－31.
李兴涛，李霞，张金文，等.2006. 高赖氨酸蛋白基因在转基因生菜中的表达和遗传转化［J］. 应用与环境生物学报，12（4）：472－475.
林家宝，王岳定，何平，等.1991. 产量高品质好的菠菜新品种［J］. 上海蔬菜，1991（2）：19－20.
刘凡，李岩，曹鸣庆.1996. 高频率生菜植株再生及转化体系的建立［J］. 华北农学报，11（1）：109－113.
刘选明.1990. 结球生菜叶片器官发生的研究［J］. 湖南农学院学报，1（3）：233－240.
刘宗贤，耿三省.1995. 生菜育种的现状及展望［J］. 北京农业科学，13（3）：21－25.
卢志军.2011. 蔬菜根结线虫病害综合治理［M］. 北京：中国农业出版社.
陆帼一.2009. 菠菜栽培技术［M］. 北京：金盾出版社.
马运涛，陈昳琦，钱德山，等.2000. 莴笋生长特性的初步研究［J］. 江苏农业科学（5）：53－55.
年洪娟，刘玲，杨淑慎，等.2004. 胸腺肽基因转化生菜及其表达的研究［J］. 中国农业科学，37（7）：1085－1088.
任周俤，洪东方，邓世勤，等.2003. 茎用莴苣新品种“飞桥莴苣 1 号”的选育与栽培［J］. 福建农业科学（5）：17－18.
沈火林，王志源.1992. 生菜育种研究进展［J］. 中国蔬菜（6）：50－52.
沈火林，朱鑫，冯锡刚，等.2006. 芹菜耐寒性初步鉴定［J］. 中国农学通报，22（2）：316－319.
孙盛湘，丁明.1994. 菠菜一代杂种——菠杂 10 号的选育［J］. 中国蔬菜（1）：3－5.
谭芳，沈火林，王帅，等.2009. 芹菜与 CMS 胡萝卜原生质体非对称性融合的初步研究［J］. 园艺学报，36（8）：1169－1176.
谭其猛.1980. 蔬菜育种［M］. 北京：农业出版社：364－394.
唐定台，徐桂芳.1993. 冬芹胚性愈伤组织分化能力衰减的初步研究［J］. 植物学通报，10（4）：50－52.
宛新杉，王辅德，夏镇澳.1988. 芹菜原生质体培养条件与再生植株的研究［J］. 植物生理学通讯（5）：41－44.
王辅德，宛新杉，叶叙丰，等.1989. 从胡萝卜与芹菜原生质体融合获得细胞杂种［J］. 植物生理学通讯（1）：26－29.
王帅，沈火林，吴晓霞.2010. 芹菜黄化突变体的遗传及生长表现研究［J］. 华北农学报，25（S2）：119－122.
王武台，古瑜，韩启厚，等.2011. 芹菜种质资源亲缘关系的 ISSR 分析［J］. 中国蔬菜（8）：20－25.
王亚楠，韩莹琰，范双喜，等.2015. 紫色叶用莴苣遗传多样性及亲缘关系的 TRAP 分析［J］. 中国蔬菜（3）：25－32.
吴细卿，朱德蔚，郑向红，等.1990. 我国芹菜品种类型及利用初探［J］. 作物品种资源（7）：9－11.
武峻新.1998. 美国在芹菜遗传育种研究方面的新进展［J］. 中国蔬菜（4）：54－56.
西南农业大学.1993. 蔬菜育种学［M］.2 版. 北京：农业出版社.
晏儒来，徐跃进，李锡香，等.1994. 菠菜新品种——华菠 1 号的选育［J］. 长江蔬菜（2）：44.
张文海，李伯寿，黄红弟，等.1999. 莴苣种子贮藏条件研究［J］. 中国蔬菜（2）：18－20.

张向东，梅岭．1999. Co^{2+} 对芹菜胚状体发生过程中乙烯释放量的影响［J］. 园艺学报，26（4）：273-274.
中国农业百科全书蔬菜卷编辑委员会．1990. 中国农业百科全书：蔬菜卷［M］. 北京：农业出版社：12-13.
中国农业科学院蔬菜花卉所，2001. 中国蔬菜品种志［M］. 北京：中国农业科学技术出版社．
钟仲贤．1988. 结球生菜的组织培养［J］. 植物生理学通讯（6）：37-38.
周音，张智奇，钟维瑾．1998. 3 种生长调节物质对生菜不定芽直接再生的影响［J］. 吉林农业大学学报，20（3）：31-34.
朱德蔚，王德槟，李锡香．2008. 中国作物及其野生近缘植物：蔬菜卷［M］. 北京：中国农业出版社．
朱鑫，沈火林，冯锡刚．2006. 高温胁迫对芹菜幼苗生长用生理指标的影响［J］. 中国农学通报，22（5）：225-228.
左晓峰，张晓钰，单龙，等．2001. 人小肠三叶因子（hITF）基因在生菜中的整合与表达［J］. 植物学报，43（10）：1047-1051.
Arus P，Orton T J. 1984. Inheritance pattern and linkage relationships of eight genes of celery［J］. Hered，75：11-14.
Bemis W P，Wilson G B. 1953. A new hypothesis explaining the genetics of sex determination in *Spinacia oleracea* L.［J］. Journal of Heredity，44：90-95.
Chupeau M C，Bellini C，Guerche P，et al. 1989. Transgenic plants of lettuce（*Lactuca sativa*）obtained through electroporation of protoplasts［J］. Nature Biotechnology，7（5）：503-508.
Domblides A，Domblides H，Kharchenko V. 2008. Discrimination between celery cultivars with the use of RAPD markers［J］. Proceedings of the Latvian Academy of Sciences，62：219-222.
Fu N，Wang P Y，Liu D X，et al. 2014. Use of EST-SSR markers for evaluating genetic diversity and fingerprinting celery（*Apium graveolens* L.）cultivars［J］. Molecules，19：1939-1955.
Fu N，Wang Q，Shen H. 2013. De novo assembly，gene annotation and marker development using illumina paired-end transcriptome sequences in celery（*Apium graveolens* L.）［J］. PloS One，8（2）：269-284.
Homna S，Lacy M L. 1980. Hybridisation between pasal celery and paralery［J］. Euphytica，29：801-805.
Huestis G M，Mcgrath J M，Quiros C F. 1993. Development of genetic markers in celery based on rest restriction fragment length polymorphisms［J］. Theoretical and Applied Genetics，85：889-896.
Janick J. 1954. Genetics of sex determination in *Spinach oleracea* L.［D］. Indiana：Purdue University.
Jeuken M，van Wijk R，Peleman J，et al. 2001. An integrated interspecific AFLP map of lettuce（Lactuca）based on two *L. sativa*×*L. saligna* F_2 populations［J］. Theoretical and Applied Genetics，103（4）：638-647.
Li G，Quiros C F. 2000. Use of amplified fragment length polymorphism markers for celery cultivar identification［J］. Hortscience，35（4）：726-728.
Mamoru Satou. 2002. A New Race of Spinach Downy Mildew in Japan［J］. Journal of General Plant Pathology（68）：49-51.
Matsumoto E. 1991. Interspecific somatic hybridization between lettuce（*Lactuca sativa*）and wild species *L. virosa*［J］. Plant Cell Reports，9（10）：531-534.
Mecabe M S，Schepers F，Arend A V D，et al. 1999. Increased stable inheritance of herbicide resistance in transgenic lettuce carrying a petE promoter-bar gene compared with a CaMV 35s-bar gene［J］. Theoretical and Applied Genetics，99（3-4）：587-592.
Montesclaros L，Nicol N，Ubalijoro E，et al. 1997. Response to potyvirus infection and genetic mapping of resistance loci to potyvirus infection in Lactuca［J］. Theoretical and Applied Genetics，94（6-7）：941-946.
Muminovic J，Melchinger A E，Lubberstedt T. 2004. Prospects for celeriac（*Apium graveolens* var. *rapaceum*）improvement by using genetic resources of Apium，as determined by AFLP markers and morphological characterization［J］. Plant Genetic Resources，2（3）：189-198.
Ochoa O，Quiros C F. 1989. Apium wild species：Novel sources for resistant to late blight in celery［J］. Plant Breeding，102：317-321.
Orton T J，Hulbert S H，Durgan M E，et al. 1984. UC1，fusarium yellows-resistant celery breeding lines［J］. Hortscience，19：594-596.
Qing H，Wang S，Yang W，et al. 2012. Inheritance of white petiole in celery and development of a tightly linked SCAR marker［J］. Plant Breeding，131：340-344.
Quiros C F，Antomio V D，Greathead A S. 1993. UCS-1，UC10-1，and UC26-1：Three celery lines resistant to fu-

sarium yellows [J]. Hortscience, 28 (4): 351 - 352.

Quiros C F, McGrath M, Stites J L. 1987. Use of stem proteins and isozymes for the identification of celery varieties [J]. Plant Cell Reports, 6 (2): 114 - 117.

Richard M, Ellen M, Susan S, et al. 1987. Transformation of lettuce (*Lactuca sativa*) mediated by *Agrobacterium tumefaciens* [J]. Plant Cell Reports, 6 (6): 439 - 442.

Silva E C, Maluf W R, Leal N R, et al. 1999. Inheritance of bolting tendency in lettuce (*Lactuca sativa* L.) [J]. Euphytica, 109 (1): 1 - 7.

Sneep J. 1958. The breeding of hybrid varieties and the production of hybrid seed in spinach. [J]. Euphytica (7): 119 - 122.

Wang S, Yang W, Shen H. 2011. Genetic diversity in Apium graveolens and related species revealed by SRAP and SSR markers [J]. Scientia Horticulturae, 129: 1 - 8.

Waycott W, Fort S B, Ryder E J, et al. 1999. Mapping morphological genes relative to molecular markers in lettuce (*Lactuca sativa* L.) [J]. Heredity, 82 (3): 245 - 251.

Wolf F A, White J M, Stubblefield H S. 1993. Florida Slobolt M68, Aspring celery cultivar for Flordia [J]. Hortscience, 28 (7): 754 - 755.

Xinrun Z, Conner A J. 1992. Genotypic effect on tissue culture responses of lettuce cotyledons [J]. Journal of Genetics and Breeding, 46 (3): 287 - 290.

第二十九章

菜用玉米育种

玉米是禾本科（Gramineae）玉蜀黍属中的一个栽培种。学名：*Zea mays* L.；别名：玉蜀黍、棒子、苞米、苞谷等。染色体数 $2n=2x=20$。玉米原产于南美洲的高海拔地区，1494 年哥伦布把玉米带回西班牙。约在明代传入中国，现玉米在中国主要生态区均有种植。

菜用玉米是指以不同类型的幼嫩玉米籽粒为对象，以类似蔬菜方式食用的特用玉米。菜用玉米既可直接烹调和蒸煮食用，也可以加工成罐头和冷冻食品，主要包括糯玉米（var. *sinensis*）、甜玉米（var. *rugosa* Bonaf.）、鲜食普通玉米、笋玉米等。甜玉米起源于南美洲，而糯玉米最早在中国被发现。一般来说，凡是玉米均可鲜食，但品质和风味差异较大。优良的菜用玉米有良好的口感，皮薄、渣少（或无渣）、软黏细腻，有适度的甜味和清香味；外形美观，籽粒饱满，蒸煮后晶莹透亮。目前作为菜用的多是甜玉米和糯玉米，是蔬菜中的佳品。玉米笋由于用工量较大，成本较高，种植面积较小。

菜用玉米与普通玉米的植物学特性基本相同，两者差别在于前者携有与碳水化合物代谢有关的隐性突变基因。普通玉米材料是菜用玉米育种不可缺少的种质资源，只有将胚乳突变基因与适宜的核背景相结合，才能育成优良的菜用玉米品种。品质性状是菜用玉米最重要的育种目标，性状的整齐一致也是其最基本的要求。在农艺性状和抗病性方面，菜用玉米育种目标与普通玉米育种是一致的。因此，菜用玉米育种应以选育优良自交系间单交种为主，性状优良的自交系是组配优良杂交种的基础。菜用玉米育种基础工作在于利用适宜的胚乳突变基因，采用多种途径创制品质性状、农艺性状、抗病性、丰产性优异的菜用玉米自交系，再培育杂交种。

第一节　育种概况

一、育种简史

在菜用玉米中，甜玉米的利用具有悠久的历史。根据考古学资料，早在 1779 年北美洲的印第安人就在种植甜玉米，有关甜玉米的最早文字记载见于 1821 年。由此可见，在 1820 年之前，甜玉米作为一种特殊的作物，在印第安人中已相当普及。甜玉米在哥伦布发现新大陆之前，已经在南美洲存在，当地的 Chullpi 是天然甜玉米复合群体。Chullpi 的意思是甜玉米，主要分布在秘鲁南部、智利、阿根廷、厄瓜多尔及玻利维亚海拔 2 400～3 400 m 的高原地区。北美洲甜玉米在经过与普通玉米杂交、分离与选择之后，累积许多优良的鲜食特性，而逐渐转变成为鲜食玉米。糯玉米最早在中国发现，1908 年由 Collins 带到美国。美国糯玉米育种工作始于 1937 年，到现在为止 *wx* 基因已被转育到许多自交系中，并配制出较多商品杂交种子。据报道，糯玉米杂交种的种植面积约占全美玉米面积的

5%。但是，美国糯玉米主要是用于淀粉加工。在亚洲一些国家，如中国、韩国等有食用糯玉米鲜穗的习惯。

二、育种现状与发展趋势

目前，生产上应用的菜用玉米品种基本是单交种。第1个甜玉米杂交种 Golden cross bantam 是由美国 Smith 于1933年育成。随着这一杂交种的成功应用，新的甜玉米品种相继问世。1971—1980年，甜玉米育种取得较大发展，美国各种子公司和科研机构共选育出甜玉米品种123个。这些优良新品种的利用，使美国甜玉米产量迅速提高。尽管第1个超甜玉米品种 Illinois super sweet 育成于1954年，但是直到20世纪70年代初，大多数甜玉米品种都是由 *su* 控制的普通甜玉米。近20年来，国外育种家更多地重视对超甜玉米和加强甜玉米的研究和利用。

我国甜玉米育种工作大约始于20世纪60年代初期。1968年北京农业大学首次培育出北京白砂糖普通甜玉米品种。70年代以来，中国农业科学院作物研究所、上海市农业科学院作物研究所等单位先后开展甜玉米育种研究。1984年上海市农业科学院育成了普通甜玉米综合种——农梅1号，中国农业科学院培育了中国第1个超甜玉米综合种——甜玉2号。近20年来，中国甜玉米育种工作取得了长足进步，相继育成了一大批甜玉米新品种，对甜玉米发展起到重要作用。这些品种主要包括中国农业大学的甜单8号，上海市农业科学院的沪单系列，华中农业大学的金银99，华南农业大学的农甜1号等。1996年中国甜玉米的种植面积为2 000 hm^2，2006年达到20万 hm^2。

尽管我国种植糯玉米历史较长，但是系统开展糯玉米杂交种选育工作始于20世纪80年代，并先后育成推广面积较大的鲜食糯玉米杂交种苏玉糯1号、中糯1号、垦黏1号等，以及新近育成的京科糯2000等。

第二节　分类及种质资源

一、分　　类

菜用玉米随个人口味、食性、地区及用途不同而差异明显。如中国人喜欢吃糯玉米，欧洲人及英国人喜欢吃嫩而不太甜的玉米。近年来，随着人民生活水平的不断提高，菜用玉米已经成为餐桌上常见的蔬菜品种，通常可分为甜玉米、糯玉米及笋玉米。

（一）甜玉米

根据隐形基因类别与功能、胚乳中碳水化合物的组成和性质、籽粒表现型等，可将甜玉米分为普通甜玉米、加强甜玉米、超甜玉米和脆甜玉米。

1. 普通甜玉米　普通甜玉米由 *su1*（*sugary1*）基因控制。籽粒皱缩，角质透明或半透明，积累还原糖、蔗糖和可溶性糖。一般含糖量为8%～10%，是普通玉米的2～5倍，蔗糖和还原糖各占一半。籽粒中含有24%的水溶性多糖（WSP），甜度适中，风味较好。普通甜玉米的主要缺陷是适宜的采收期较短，一般只有2～3 d，而且收获后糖分迅速转化，品质下降。普通甜玉米主要用于制作罐头。

2. 加强甜玉米　加强甜玉米是在携有某种甜质基因的基础上，导入另外一些修饰基因 *se*（*sugary enhancer*），对主效基因起到加强或修饰作用，使籽粒的食用品质得到进一步改善和提高。主要表现为利用 *su1* 与 *se* 等互作而形成的甜玉米。甜度在普通甜玉米和超甜玉米之间，乳熟期含糖量可达到20%，同时含有30%的水溶性多糖（WSP）。*se* 位于第4染色体长臂上，不能独立发挥作用，只能在主效基因的基础上才能起作用。加强甜玉米的籽粒颜色较淡，干燥较慢。加强甜玉米甜度高，口感好，具有一定的糯性，风味独特，采收期较普甜玉米长，可青食、速冻和制罐头等。

3. 超甜玉米 超甜玉米是由 *sh*（shrunken）突变基因控制的。成熟时籽粒凹陷，不透明，颜色晦暗。受 *sh1* 基因控制的籽粒扁平，表面光滑；受 *sh2* 基因控制的籽粒表面粗糙，呈波浪状；*sh4* 控制的籽粒类似 *sh1*，为粉质型，部分籽粒胚发育不良；*sh5* 基因控制的籽粒基本与 *sh1* 相似。乳熟期含糖量比普通甜玉米高 1 倍以上，可达到 18%～25%，主要为蔗糖和还原糖。超甜玉米和普通甜玉米相比，具有甜、脆、香等突出特点，但因为 WSP 过少，不具备普甜玉米的糯性。超甜玉米糖分转化慢，籽粒含糖峰值维持时间较长，采收期 5～7 d，收获后糖分仅下降 15%～20%，能较好地满足采收、运输、加工、销售等各环节的要求。超甜玉米是目前世界上种植面积最大、增长速度最快的甜玉米。

4. 脆甜玉米 脆甜玉米由突变基因 *bt*（brittle）控制，籽粒凹陷不透明，颜色晦暗，形状扭曲不规则，胚乳易碎。*bt* 基因的主要作用是显著降低淀粉的合成速率，提高还原糖和蔗糖的含量，但不积累 WSP。目前对脆甜玉米的研究利用较少。

（二）糯玉米

糯玉米（waxy maize）又称蜡质玉米，为玉米种（*Zea mays* L.）的一个变种，即糯质型玉米亚种，素有"中国蜡质种"之称。糯玉米由 *wx* 基因控制，*wx* 基因位于第 9 染色体短臂上。*wx* 属于单隐性基因，其遗传符合单基因的遗传规律。当 *wx* 为隐形纯合时，突变体籽粒表面色泽暗淡，胚乳糯质不透明，胚乳和花粉粒中的淀粉全部是支链淀粉，支链淀粉在冷水中不溶，遇 I_2－KI 溶液呈棕红色反应。

wx 基因的主要功能是控制葡萄糖残基的 1，4 连接，促进 1，6 连接，改变淀粉粒的形态、结构和组成，从而改变淀粉的物理及化学特性。研究表明，当 *wx* 基因与其他影响淀粉合成的突变基因一起形成双隐性突变体时，都形成 100%的支链淀粉。与热水作用则膨胀而成糊状。这种淀粉的分子质量小于支链淀粉的 1/10，食用消化率比普通玉米高 16%，具有较高的黏滞性和适口性。籽粒表面光滑，不透明，无光泽，呈坚硬晶状。糯玉米按照颜色可以分为白色糯玉米、黄色糯玉米、黑色糯玉米（俗称黑珍珠）及彩色糯玉米（花糯）等。

（三）笋玉米

笋玉米（baby corn）又称珍珠笋、玉米笋，是食用玉米的一个变种。笋玉米发展较晚，距今仅有 20～30 年历史。玉米笋的食用部位为籽粒尚未隆起的幼嫩果穗，其营养丰富，每千克鲜玉米笋中含蛋白质 29.9 g、糖 19.1 g、脂肪 1.5 g、维生素 B_1 0.5 mg、维生素 B_2 0.8 mg、维生素 C 110 mg、铁 6.2 mg、磷 500 mg、钙 374 mg，还含有多种人体必需的氨基酸，并富含纤维素，既清脆可口，又别具风味，是当今世界上新兴的低热量、高纤维素、无胆固醇、具有较高营养价值的优质高档蔬菜，主要分为以下 3 类。

1. 专用型笋玉米 一株多穗的专用笋玉米品种。当花丝吐出达 1～2 cm 时，采摘果穗做笋玉米蔬菜或做罐头。

2. 粮笋兼用型笋玉米 在普通玉米生产中选用多穗型品种，将每株上部能正常成熟的果穗留做生产籽粒，下部不能正常成熟的幼嫩果穗做笋玉米。

3. 甜笋兼用型 在甜玉米生产中，采收每株上的大穗做甜玉米罐头或鲜穗上市，将下部幼嫩果穗采收用做甜笋玉米。

二、种质资源

（一）甜玉米种质资源

在玉米基因库中，存在若干影响胚乳化学成分的突变基因，这些基因被称为胚乳突变基因。根据突变基因对淀粉合成影响的程度，被分为两种类型：淀粉缺陷型和淀粉修饰型。淀粉缺陷型的胚乳突变基因通过减少底物供应限制淀粉的合成，导致淀粉含量显著降低，而还原糖、蔗糖或者水溶性多糖水平显著提高，例如，*su*、*sh2*、*bt*、*bt2* 等。这些突变基因是甜玉米育种的重要资源。淀粉修饰型突变基因可以改变淀粉的化学或物理属性，但淀粉含量并不显著下降。它们是淀粉品质遗传改良的重要资源，如 *ae*、*du*、*su2*、*wx* 等。表 29－1 仅列举了在碳水化合物品质育种中有实际或潜在利用价值的胚乳突变基因。

表 29－1　胚乳突变基因符号、位点和表现型

基因名称	符号	位点（细胞学图谱）	籽粒表现型
直链淀粉扩增	*ae*	5L－17	无光泽，半透明，有时半饱满
显性直链淀粉扩增	*Ae－5180*	5L	稍皱缩，不透明至无光泽
易脆－1	*bt*	5L－12	凹陷，不透明至无光泽
易脆－2	*bt2*	4S－67	凹陷，不透明至无光泽
暗胚乳	*du*	10L－28	不透明至无光泽
粉质－1	*fl*	2S－68	不透明
皱缩－1	*sh*	9S－28	凹陷，不透明至无光泽
皱缩－2	*sh2*	3L－127	凹陷，不透明至无光泽
皱缩－4	*sh4*	5L－75	凹陷，不透明至无光泽
甜质－1	*su*	4S－66	皱缩，玻璃质
甜质－2	*su2*	6L－54	部分无光泽至无光泽，基部常有蚀刻
增甜	*se*		色泽淡，干燥慢
蜡质	*wx*	9S－56	不透明

第 1 个普通甜基因 *su* 由 East 等（1911）发现。在乳熟期，纯合 *su* 的还原糖和蔗糖含量增加，尤其是水溶性多糖（WSP）——一种溶于水的带有大量葡萄糖分支的物质含量极高。最近研究证明，在 *su* 基因位点可能编码了一个与玉米淀粉合成有关的去分支酶基因。在成熟籽粒中，因淀粉含量急剧减少，种子皱缩干瘪。

Longhnan（1953）对 *sh2* 基因效应的研究表明，*sh2* 突变体籽粒含糖量是普通玉米的 10 倍，其中大部分是蔗糖，而水溶性多糖的积累较少（表 29－2）。成熟的 *sh2* 籽粒仅有少量淀粉，种子凹陷干瘪。*bt* 和 *bt2* 的基因效应和与 *sh2* 基因非常相似（Cameron et al.，1954）。由于上述基因都可以显著提高籽粒中蔗糖含量，籽粒甜度大增，所以被称为超甜基因。分子生物学研究表明，*sh2* 和 *bt2* 分别是葡萄糖焦磷酸羧化酶（AGPase）大亚单位和小亚单位结构基因的突变（Smith et al.，1997）。AGPase是植物内合成 ADP 葡萄糖的关键酶，而 ADP 葡萄糖则是淀粉生物合成的底物。

加强甜基因 *se* 属于 *su* 的主效修饰基因，它来源于玻利维亚地方品种与两个甜玉米自交系的复合杂交后代（Fergus，1978）。双隐性突变体，*su*/*su*、*se*/*se* 籽粒的蔗糖含量进一步提高，并可达到 *sh2* 的水平，但水溶性多糖仍维持较高含量。这种双隐性突变体兼有普通甜玉米和超甜玉米的品质特点。*su* 和 *se* 双隐性突变体与 *su*/*su* 单突变体杂交的 F_2 表现 2 对基因的分离比例，从而证明，*se* 是 *su* 基因的隐性修饰基因，只有在纯合 *su* 的条件下，*se* 基因才可能表达。

表 29－2　单、双和三隐性胚乳突变体不同时期碳水化合物的含量（%）

基因型	时间（d）	还原糖	蔗糖	总糖	WPS	淀粉	干物质
正常	16	9.4	8.2	17.6	3.7	39.2	15.7
	20	2.4	3.5	5.9	2.8	66.2	27.1
	24	1.6	2.6	4.8	2.8	69.2	37.2
	28	0.8	2.2	3.0	2.2	73.4	43.8

（续）

基因型	时间（d）	还原糖	蔗糖	总糖	WPS	淀粉	干物质
ae/ae	16	8.6	21.9	30.6	5.7	20.8	18.4
	20	4.8	13.9	18.7	4.2	37.6	26.0
	24	3.1	8.3	11.4	3.7	48.9	34.0
	28	1.9	7.4	9.4	4.4	49.3	37.5
du/du	16	8.8	15.5	24.2	4.1	25.1	16.2
	20	4.8	10.5	15.3	2.7	44.6	25.6
	24	2.8	6.1	9.0	2.4	56.5	33.5
	28	1.3	6.7	8.0	1.9	59.9	38.9
sh2/sh2	16	6.9	21.4	28.3	5.6	22.3	16.8
	20	4.9	29.9	34.8	4.4	18.4	20.3
	24	4.4	24.9	29.4	2.4	19.6	22.9
	28	3.6	22.1	25.7	5.1	21.9	26.3
su/su	16	9.2	16.5	25.7	14.3	23.3	19.9
	20	5.4	10.2	15.6	22.8	28.0	25.6
	24	3.6	9.5	13.1	28.5	29.2	30.5
	28	3.9	4.4	8.3	24.2	35.4	37.6
su2/su2	16	7.4	10.5	16.7	3.6	39.3	17.5
	20	3.5	9.2	12.7	3.1	50.7	24.9
	24	1.9	2.6	4.5	2.5	63.9	34.9
	28	1.4	1.9	3.3	1.9	64.6	43.6
wx/wx	16	10.1	9.6	19.7	3.5	34.1	14.9
	20	3.5	5.2	8.7	2.3	53.3	23.9
	24	2.5	4.5	7.0	2.8	61.9	33.1
	28	1.6	1.7	3.3	2.2	69.0	37.3

我国甜玉米搜集与创新工作始于20世纪60年代，起步于从美国引进一批甜玉米材料后。近20年来相继从日本、泰国等国家和台湾地区引入一些种质资源，同时积极进行种质改良与创新，极大地丰富了我国甜玉米种质资源。目前，我国广东已经建立了国内首个省级甜玉米种质资源库，并已对347份材料进行了初步SSR分子标记多样性研究，其中95%的种质被归入了两个类群。利用近60份参试品种作为试验材料，针对国内外甜玉米品种的多样性差异进行了基于农艺性状、品质性状和SSR标记的比较分析，发现国外品种在主要农艺性状及品质性状方面均具有优势，在分子水平上两者也显示出显著差异。赵炜等（2007）研究发现SRAP标记可以有效地检测甜玉米自交系间的遗传变异。

（二）糯玉米种质资源

糯玉米种质资源是新品种选育的物质基础，在育种工作中占有重要地位。糯玉米种质资源的改良创新主要表现在对地方品种资源的征集、保存和研究，地方品种不同生态区的引种试验，种质资源的改良和创新。在种质资源的研究和引种基础上，采用常规育种（自交或回交等方法）或生物技术方法导入不同种质基因后定向选育优质、高配合力糯玉米亲本自交系，选育新品种。

我国糯玉米种质资源根据表型差异可划分为：

（1）矮秆资源　株高≤110 cm。

（2）早熟资源　叶片数≤12。

（3）双穗资源　双穗率≥50%。

（4）大穗资源　穗长>20 cm，穗粗>4.5 cm。

（5）多行资源　穗行数在18行以上，并将乌（黑）、红、杂和血丝称为特殊粒色。

张建华等（2007）对322份糯玉米种质资源进行表型多样性分析表明，表型间存在丰富的遗传变异，根据表型差异，进一步将322份糯玉米种质资源划分为5类6个生态型。我国糯玉米种质资源在分子水平上的分类研究比较薄弱，目前研究多集中在普通玉米种质与糯玉米种质的遗传差异及对部分糯玉米种质资源进行遗传多样性研究和类群划分。糯玉米与普通玉米在整个基因组上存在较大的遗传差异，而不仅仅是糯质基因的差异。吴渝生等（2004）用SSR标记技术将云南糯玉米划分成3个类群和5个亚群，其杂种优势模式还有待进一步研究。

第三节　生物学特性与主要性状遗传

一、植物学特性与开花授粉习性

菜用玉米与普通玉米一样属于禾本科的一年生草本植物，其植株由根、茎、叶、花和籽粒等部分组成。

1. 根　玉米根系属须根系，没有主根。按生长的次序可分为胚根、次生根和支持根三种。胚根又称初生根，当玉米种子发芽时，从胚根基中长出一条主胚根，垂直入土后，在胚根处又长出几条侧胚根。玉米拔节后根生长缓慢或者基本停止生长。种子在土壤中播种出苗后，从种子到芽鞘节之间的一段组织称为根茎（中胚轴），根茎的长短随播种深度而变化，播种越深，则根茎越长，幼苗越弱。播种深度适中，根茎较短，幼苗较壮。次生根又称永久根或不定根，是玉米的主要根系。玉米三叶期以后，在地下部的茎基部6～8个密集节上，由下向上逐层开始向四周长出次生根。玉米次生根较发达，分布范围较广，在肥沃深厚的土壤中，一株玉米的次生根可多达数十条至百余条，分布直径1 m以上，深度约相当于地上部茎秆的高度。支持根又称气生根，是由地上部接近地面的1～3个节上发生的不定根。支持根形态比较粗壮光滑，在地上部的茎节上形成，入土后可发生分枝，支持在土壤表层，对植株起固定抗倒作用。品种不同，次生根的层数有明显差别，一般叶片数较多、生长期较长的品种和杂交种，次生根层数也较多。

2. 茎　茎是植株骨架，多数品种只有一根主茎，少数品种除主茎之外，还有分枝，支撑着玉米植株生长，也是植株养分和水分输导组织及贮存器官之一。茎由节和节间组成，玉米的节数因品种而异，少的只有10余节，多的有30多节。节数和品种的生育期长短密切相关，高纬度地区的极早熟玉米品种只有12～13节，适合中国大多数地区种植的中早熟、中熟、中迟熟玉米品种，有17～25个节。茎基部的6～8节比较密集，节间不伸长，位于地面以下，在这些节上着生次生根，有的长出分蘖。茎上部的节间不同程度地伸长，每节着生一片叶。叶由叶鞘和叶片构成，叶鞘紧包着茎秆，叶片伸出，互生而相对排列成二列叶序。每个茎节上在叶鞘内部有一个腋芽，一般最上部的4～5个节上的腋芽被抑制而不能分化。其他节上的腋芽都能不同程度地生长分化，但通常只有上部第6～7个节上的1个或2个腋芽能分化成雌穗，最后能吐丝结实。其他节上的腋芽，从上向下依次在不同时期自行停止生长分化。也有少数地方玉米品种，例如，爆裂型玉米和一些甜玉米，茎基部和地下部的节上腋芽分化形成分枝，分枝的顶端又分化成雌穗，可以结出小果穗。主茎顶端着生雄花序，大约在抽穗期以前，主茎基部接近地面的1～3节上开始长出支持根。玉米的全部茎节在拔节前雄穗生长锥伸长期即已分化形成。节间生长的速度与栽培条件密切相关，温度高，养分和水分充足，则茎生长迅速。

拔节至小喇叭口期平均日增长 2.6 cm，小喇叭口至抽穗期平均日增长 9.7 cm，开花后，平均日增长 1.4 cm，散粉后停止生长，茎高固定。

3. 叶 叶是玉米的同化器官，主要由叶片、叶鞘和叶舌 3 部分组成。叶片中部有一条主脉，主脉两侧有若干条平行的侧脉，起支持叶片和输送水分、养分的作用。叶鞘在叶片的下部，质地坚韧，紧包着茎部节间，有保护茎秆的作用，可增强茎秆的抗倒折能力，还具有贮存养分的功能。叶舌着生在叶片下部内侧和叶鞘的分界处，是一层无色膜片，紧贴在茎秆上，可防止雨水和病菌侵入茎秆和叶鞘。玉米不同部位的叶片对植株各部分的作用不同，玉米苗期的第 1 层叶片（1～6 片叶）的营养供应中心是根系，对其后的叶片生长也有作用；第 2 层叶片（7～12 片叶）的营养供应中心是茎、叶和雌、雄穗，对后期籽粒灌浆也有一定影响；而植株上层叶片的营养供应中心是形成籽粒和灌浆，对最后的经济产量影响最大。

4. 花 玉米属于雌、雄同株异花植物。雄花序着生在植株茎秆顶端，雌花序着生在茎秆中部节上，一般雌花序比雄花序早 3～4 d 开花，异花授粉率在 95%以上，玉米是异花授粉作物。

（1）雄花序 玉米的雄花序又称雄穗，由主轴和若干分枝组成，主轴上有 4 行以上成对排列的小穗，分枝上有 2 行成对排列的小穗，每对小穗中位于上方的是有柄小穗，位于下方的是无柄小穗。小穗基部各有 2 个护颖，每片护颖内有 1 朵小花，小花外面包着内、外稃片，稃片内有 3 个雄蕊，由花药和花丝组成，花药 2 室，内有大量花粉粒，花粉成熟后，外稃张开，花丝伸出颖片，花药开裂散出花粉。花粉圆形，主要靠风力传播，在正常气候条件下，花粉生活力可保存 4～8 h，粗略计算，一株玉米雄花序的花粉粒 2 万～3 万粒。玉米的雄花序抽出顶叶后，3～4 d 开始散粉，一个雄花序的开花次序是先主轴、后分枝，主轴上的小穗还未完全开花时，分枝上的小穗已开始开花，同时进行。无论在主轴或分枝上，都是中上部的几个小穗先开花，然后上、下两端的小穗顺次开花。一个雄花序从始花到结束，需 6～8 d。一般每日上午露水干后开始开花散粉，午前大量散粉，午后散粉较少。

（2）雌花序 玉米的雌花序又称为雌穗，受精结实后成为果穗。雌花序着生在茎秆中部的叶鞘内节上，是由腋芽发育而成。雌穗基部是穗柄，穗柄上有较密集的节和节间，每一节上着生一片苞叶，是由叶鞘变态而成，质地坚韧，紧包着雌花序，雌花序为肉穗花序，中部为穗轴，穗轴上排列着 4～10 行成队排列的小穗，小穗的行数因品种而异。小穗中有 2 朵小花，上位小花发育正常，为可孕花，下位小花在发育早期退化成不孕花。正常小花外部为内、外稃，内部为子房、花丝和柱头。柱头分叉，布满茸毛。新鲜的花丝能分泌黏液，粘住随风传来的花粉粒。雌花序的花丝露出苞叶，就是开花，也称吐丝。一个雌穗是基部约 1/3 处的花丝最先吐丝，然后上、下两端的小穗花顺次吐丝。一个雌穗的吐丝从始至终需 4～7 d。子房受精后花丝变色萎蔫。未授粉时，花丝可继续伸长，长度可达 20 cm以上，最后自行枯萎。

当玉米花丝接受风力传来的花粉粒，粘着在花丝上的花粉粒约 5 min 后，就生出花粉管。花粉管进入花丝并向下面的子房生长，这时花粉粒中的营养核和 2 个精核移至继续生长的花粉管顶部，花粉发芽后经 12～24 h 到达子房，其后花粉管破裂释放出 2 个精核，其中 1 个精核与子房中间的 2 个极核融合形成 3 倍体细胞，最后发育为胚乳。另外 1 个精核与卵细胞融合形成合子，最后发育为胚。完成受精后的子房经过 40～50 d 生长发育成为籽粒，胚和胚乳完成发育和养分积累需 35～40 d。

5. 籽粒 成熟的玉米籽粒为颖果，由果皮、胚乳和胚三部分组合。果皮是籽粒的保护层，是由子房壁形成的果皮和珠被形成的种皮愈合而成，因此具有母本遗传性。多数果皮无色透明，少数具有红、褐色，都受母本遗传影响。胚乳和胚均是受精后形成的产物，胚乳部分约占籽粒重量的 85%。胚乳的最外层是含大量蛋白质和糊粉粒的单细胞层，称为糊粉层。糊粉层具有多种不同颜色，可以用来分析基因对色素的影响。糊粉层下面的胚乳部分只有黄或白两种颜色。在硬粒型籽粒中，淀粉和蛋白质体更多地集中在胚乳四周，使胚乳形成坚硬的角质外层。在马齿型籽粒中，粉质结构一直扩展到胚乳的顶部，干燥时形成明显的凹陷。这两种胚乳结构都受多基因控制，其他一些胚乳性状，如标准甜、超甜、蜡质、粉质等都属于单基因突变体，可以存在于硬粒型和马齿型背景中。

胚位于玉米籽粒的宽边中下部面向果穗顶端，被果皮和一层薄的胚乳细胞包围。胚大部分组织为盾片（子叶盘），形似铲状，可对正在发芽的幼苗输送和消化贮存在胚乳中的养分。胚芽和胚根基位于盾片外侧的凹处，在成熟籽粒中，胚芽有5～6个叶原基。胚芽周围包着圆柱形胚芽鞘（子叶鞘）。发芽时胚芽鞘伸出地面，保护卷筒形的幼苗从中长出。胚根基外面包着胚根鞘，胚根鞘伸长不明显，是胚根萌发的通道。

甜玉米通常植株矮小，一般株高2 m左右，个别品种株高稍高，因此大多数品种均比较适合密植。通常甜玉米双穗率较高，吐丝时每株2～3穗，可采收青果穗1～2穗。甜玉米对大小斑病和黑穗病抗性较差，玉米螟危害较重，幼苗拱土能力较弱。糯玉米除了胚乳性质不同于普通玉米以外，其他方面与普通玉米差别不大。但是，我国糯玉米的研究与利用较晚，育种起点低，与普通玉米育种水平差异较大，主要表现为果穗较小，产量较低，增产潜力不大；其次是一些新品种抗逆性和适应性不及普通玉米，多数品种生育期较短，仅限于鲜食。

二、生长发育及对环境条件的要求

温度、光照、水等是玉米生长的主要环境因素，对植株生长发育有影响重大。

1. 温度　温度与菜用玉米生长快慢、生育期长短关系密切。玉米原产于美洲，长期在较高温度下繁衍，形成了喜温的特性。玉米正常生长的最低温度为10 ℃，在10～40 ℃，温度越高，生长速度越快；反之，生长速度越慢。据观察，温度10～12 ℃时，播种后18～20 d出苗，20 ℃时仅需要5～6 d。土壤温度20～24 ℃最适宜玉米根系生长建成；低于4.5 ℃，根生长基本停止；高于35 ℃，生长速度亦显著降低。茎生长速度在一定范围内与温度呈正相关，茎生长最适温度为24～28 ℃，低于12 ℃生长停止，12 ℃以上随温度升高而加快，高于32 ℃时生长速度降低。温度与出叶速度关系密切，茎生长点处在10 ℃以下时，叶片伸展速度极慢；在12～26 ℃范围内，各叶伸出速度与温度呈直线关系；31～32 ℃时出叶最快；温度再升高，出叶速度反而减慢。玉米开花散粉期间的适宜平均日温为26～27 ℃。温度高于32～35 ℃，空气相对湿度接近30%，土壤水分低于田间持水量70%时，雌穗吐丝缓慢，雌雄穗开花间隔时间拖长，花期不能很好吻合；雄穗开花持续期缩短，花丝、花粉生活力降低，受精不良，秃顶缺粒。温度是影响玉米籽粒形成与灌浆的重要环境条件，其间的最适日平均温度为22～24 ℃，低于16 ℃，灌浆速度减慢，粒重降低，成熟期推迟。籽粒形成与灌浆期间的平均温度与粒重的相关系数为0.55～0.48。通常，以10 ℃作为玉米生物学零度，高于10 ℃才是有效温度。玉米生育期的有效积温与生育期关系密切。生长期间的温度较高，达到品种所需有效积温的天数少，生育期缩短；反之，则延长。

甜玉米对光周期敏感，且喜温暖，怕霜冻，其生长发育要求光照充足。发芽适温21～27 ℃，最低温度10 ℃。秧苗生长适温21～30 ℃，开花结穗期适温25 ℃左右，高于35 ℃时授粉、受精不良。积温和有效积温对玉米生育期长短起决定性作用，即温度高、积温多则生育期缩短，反之则生育期延长。糯玉米与普通玉米相似。

2. 光照　光照因素，如光周期、光照强度、光质、日照时数等，对玉米生长发育的作用很大。玉米属短日照作物，在短日照条件下生长发育较快，长日照条件下发育缓慢。一般在每天8～9 h光照条件下发育提前，生育期缩短，在长日照（18 h）条件下发育滞后，成熟期略有推迟。光是玉米进行光合作用的能源，通过有机物质的合成、供应量而影响植株的生育。在强光照下，合成较多的光合产物，供各器官生长发育，茎秆粗壮坚实，叶片肥厚挺拔；在弱光照下，光合产物较少，茎细弱，坚韧度低，叶薄易破。日照时数对玉米产量有明显影响，黄淮地区夏玉米全生育期日照时数为600～900 h，日照率为52%～65%，全生育期日照时数多，则产量高。

3. 水 水在玉米许多生理过程中具有重要作用，是玉米生命活动中需要最多的物质。水与玉米器官建成有密切关系。土壤表层疏松，底墒充足，可促进根系生长，根量大，入土深；相反，土壤表层水过多，通气状况不良，则抑制根系发育，根量少，入土浅。水分过多，茎叶生长快，茎嫩秆长，叶薄易破，韧性差，容易倒伏。干旱缺水，则抑制玉米生长，茎秆矮，叶片小，光合速率低，干物质积累少。水分供应适宜，植株的输导、光合性能正常，生长发育速度适中，利于高产。水是影响玉米穗粒数和粒重的重要因素。籽粒形成期88%～90%的含水量、乳熟期间保持45%～80%才能正常灌浆，低于40%灌浆速度降低。玉米穗粒数和粒重与开花前10 d和开花后20 d内的降水量呈显著正相关。玉米开花期及乳熟期缺水，穗粒数减少，粒重降低。乳熟期及蜡熟期缺水，主要降低粒重。尤其乳熟期供水不足，粒重降低50%左右。因此，生产上应重视玉米花粒期，遇旱灌溉，逢涝排水，使土壤田间持水量保持在70%～80%，以利玉米粒多、粒重、高产。

三、品质性状遗传

到目前为止，在玉米品质育种中，所利用的胚乳突变体都受隐性基因控制，只有当这些基因达到纯合状态时，才表现其固有的品质特征。现以*su*基因为代表，简述其遗传方式。如图29－1所示，普通甜品系*su/su*与正常品系杂交的F_1甜质性状被掩盖，仅在F_2才分离出1/4的普通甜突变体。

亲本	*su/su* (*su/su/su*) × +/+ (+/+/+)	
	普通甜型 ↓	正常型
F_1	+/*su* (+/*su/su*) ↓	正常型
F_2	1/4 +/+(+/+/+)	正常型
	1/4 +/*su*(+/+/*su*)	正常型
	1/4 *su*/+(*su/su*/+)	正常型
	1/4 *su/su*(*su/su/su*)	普通甜型

图29－1 普通甜基因遗传方式
（注：括号内为胚乳基因型）

籽粒碳水化合物成分除由上述主效基因控制外，还受背景基因型制约。由于多基因作用，对于不同核背景的单基因突变体，碳水化合物的含量总有一个变化幅度。例如，在不同核遗传背景中，*ae*品系的直链淀粉含量变幅为54%～70%。窦美安（1988）观察到，*su*、*sh2*、*bt2*和*wx*基因的表达均不同程度地受到遗传背景的修饰。Rosenbrook等（1971）通过对普通甜玉米的双列分析表明，还原糖、蔗糖和水溶性多糖的一般配合力方差均达到显著水平。由此说明，加性基因效应对糖分累积有重要影响。

籽粒碳水化合物成分不仅受到等位基因控制，非等位基因的相互作用同样可以影响碳水化合物成分。在*sh2*和*su*双隐性突变体中，*sh2*基因强烈地抑制*su*对水溶性多糖的累积，授粉后28 d，水溶性多糖含量仅4.9%，比*su*单突变体低5倍，显然*sh2*对*su*表现隐性上位性效应。*bt2*与*su*的互作效应与*sh2*相同。*ae*基因对*su*基因也具有隐性上位性效应。当*su*分别与*su2*、*wx*及*du*结合时，双突变体籽粒可溶性多糖水平总是与纯合*su*相当。可见，*su*基因对这些基因有上位性效应。双隐性突变体*ae/ae*，*wx/wx*蔗糖含量比其单突变体提高2～10倍，*ae*和*wx*互作表现累加效应。

Creech（1965）发现在授粉后28 d，*ae*、*du*和*wx*三隐性突变体籽粒的蔗糖含量高达23.7%，但这3种单突变体单独存在时，都不累积很多的蔗糖。这种三隐性突变体被称为新的超甜类型。由*su*、*du*和*wx*组成的双隐性突变体，授粉后28 d，水溶性多糖达到47.5%，3个基因的互作表现累加效应。特别是，*du*、*su*和*su2*对直链淀粉的合成也表现累加效应，三隐性突变体的直链淀粉含量为73%，甚至高于*ae*基因效应。

第四节 育种目标

菜用玉米的用途和食用方法类似于蔬菜和水果，与普通玉米有很大区别，因此品质性状是菜用玉米最重要的育种目标，需要对果穗和籽粒性状进行严格选择，同时兼顾产量及抗逆性等目标性状。

一、菜用甜玉米育种目标

菜用甜玉米有“蔬菜玉米”之称，作为一种新型蔬菜，甜玉米应具有蔬菜的一般性质，既可青食，又可制成各种风味罐头和加工食品、冷冻食品。通常情况下，甜玉米育种对生育期、结实性、穗轴颜色、苞叶层数等要求较严格。甜玉米育种目标的制定，应考虑到消费者的饮食习惯和食品工业的特殊需求。在农艺性状和抗病性方面，甜玉米育种目标与常规玉米育种一致。

（1）籽粒皮薄，适口性好　质地柔嫩，味香甜可口，粒色纯正，深而窄，出籽率高，可溶性糖含量在20%以上，WSP含量在30%以上。

（2）苞叶略长且易剥苞　果穗苞叶略长，5～6层苞叶为好，且易剥苞，有利于加工。

（3）耐密性好　果穗均匀一致，结实性好，不秃尖，果穗直径在4.5 cm左右为宜，穗轴白色。

（4）丰产性好　一般要求每公顷收获60 000个果穗，单穗鲜重在0.25 kg以上。

（5）生育期　要求生育期不宜过长，早熟甜玉米生育期75～85 d为宜，中晚熟甜玉米生育期90 d左右。

（6）农艺性状及抗病性　植株上部叶片收敛，光能利用率高，抗当地主要病虫害，耐密、抗倒、适宜采收期长。

二、菜用糯玉米育种目标

糯玉米的育种目标需要根据市场需要及用途制定。目前市场上糯玉米的用途主要是青食果穗及加工优质食品等。作为青食果穗，糯玉米应具备蔬菜的一般性质，对生育期及果穗性状要求较严格。

（1）籽粒性状　籽粒皮薄，质地柔软，味道香浓，色泽纯正，大小适中。

（2）果穗性状　果穗细长，结实性好，不秃尖，白轴为宜，穗行数16～18行，籽粒排列整齐，外观性状良好。

（3）丰产性　青果穗产量为30 000 kg/hm^{2}以上，适应性强，稳产性好。

（4）生育期　生育期不宜过长，早熟糯玉米杂交种生育期在90 d以内，中熟糯玉米生育期为90～105 d，晚熟糯玉米生育期在105 d以上。

（5）农艺性状　株型紧凑，光能利用率高。

（6）抗逆性　抗当地玉米主要病虫害，具有耐密、抗倒、适应性广等特点。

三、菜用笋玉米育种目标

（1）多穗性　多穗性是笋玉米品种必备的特性，在高密度下（10万～12万株/hm^2），每株应能结玉米笋2只以上，多者每株可采笋2～8个。

（2）穗型　穗型是决定笋玉米产量与合格率的重要性状。笋玉米罐头对笋玉米的长短、粗细、老嫩程度和形态有特定的要求。参照国外标准，笋玉米的长度要求在41～100 mm；截切笋玉米（由折断笋玉米或过长笋玉米截切而成）长度为20～40 mm。最大笋径均不得超过18 mm。笋玉米的笋形以长筒形品种为最佳，短筒形、短锥形品种的笋玉米短而粗，不容易达到标准和获得较高的产量。笋形要求整齐一致，笋尖丰满无损。

（3）株型和生育期　笋玉米品种要求适于密植，穗位高度必须便于采收，生育期要短。笋玉米采收的次数越少，采收时间越短，劳动效率越高，生产成本越低。

第五节 育种方法

菜用玉米育种应当以选育优良自交系间单交种为主，优良自交系是组配优良杂交种的基础。因此，菜用玉米育种基础工作是利用适宜的胚乳突变基因，采用多种途径，培育品质性状、农艺性状、抗病性、丰产性优异的菜用玉米自交系，再组配菜用玉米杂交种。

一、菜用甜玉米自交系选育方法

(一) 杂交选育法

根据育种目标要求，选用一个适宜的菜用玉米品种或自交系，与一个普通品种或自交系杂交，从 F_1 起选株自交，在自交果穗上挑选具有特殊基因表现型（甜玉米）的籽粒分穗行种植，后代继续自交，并结合田间鉴定和品质分析结果进行选择，最后育成性状稳定的菜用自交系。现以 *su* 基因为例说明如下。

如图 29－2 所示，普通玉米自交系 W 和普通甜玉米自交系 Z 杂交得 F_1 种子，因花粉直感作用 F_1 种子都是正常籽粒，F_1 植株自交后产生籽粒类型分离的果穗，其中表现籽粒皱缩的纯合 *su* 占 1/4。在这些自交果穗上挑选皱缩籽粒种成 *su* 家系。以后各代按育种目标进行田间和室内分析鉴定，选优良单株自交和皱缩型籽粒种植，淘汰不良个体和混杂个别正常型籽粒，经 5～6 代自交选择，可育成性状优良和稳定的普通甜玉米自交系。

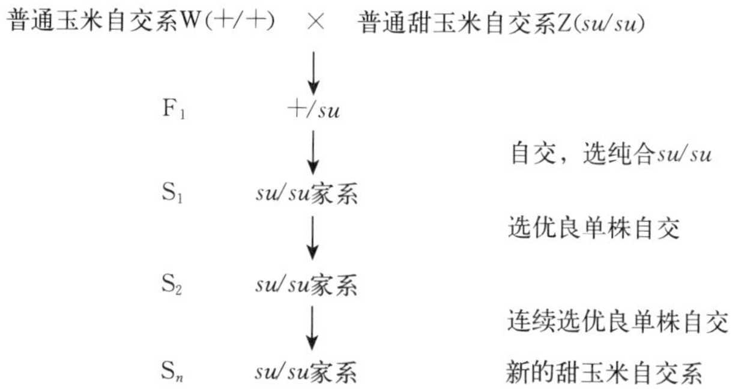

图 29－2 甜玉米杂交选育程序

(二) 回交选育法

回交选育法是将特殊的隐性突变基因转育到特定的优良自交系中，使菜用玉米性状和自交系的优良性状结合在一起。回交育种程序如图 29－3 所示。选取普通玉米优良自交系 A 为轮回亲本，用超甜自交系 D 作为非轮回亲本，两者杂交得到 F_1。由于显性基因作用，F_1 籽粒是正常的。植株自交后可以获得正常型籽粒和凹陷型超甜籽粒 3∶1 分离的果穗，从中挑选凹陷的超甜籽粒作为下一代的种子，再用自交系 A 回交。以后按相同步骤重复进行，经 5～6 代回交，最后自交一代便育成与优良自交系 A 相同的超甜自交系 A *sh2/sh2*。在回交育种中应注意两个问题：一是每回交一代要自交一代，使隐性甜质基因纯合；二是每次回交应尽量选择与轮回亲本相似的单株授粉。

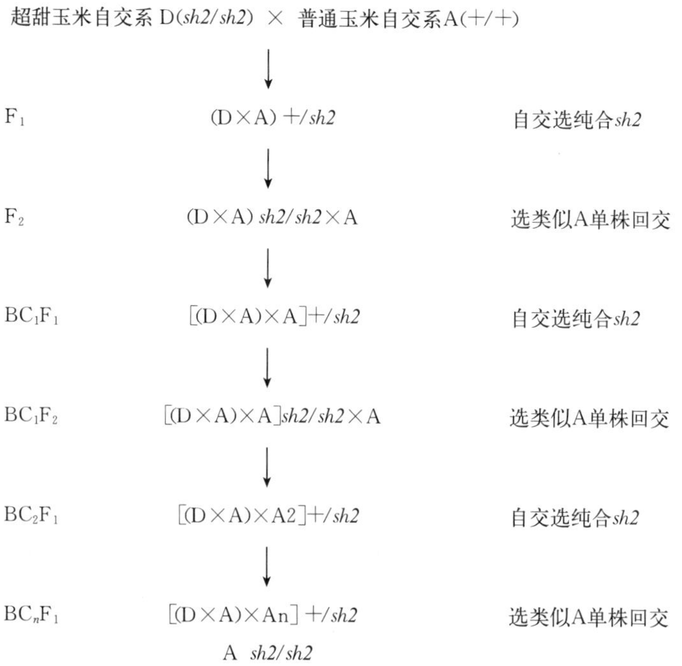

图 29－3 甜玉米回交育种程序

在回交育种中，可以采用另一种转育方法，即连续回交两代再自交一代的方法。这种转育方法，每 3 个育种季节可回交两代，而回交与自交交替进行，每两个季节才能回交一代，相比之下，转育年限明显缩短。采用此法时，应适当增加连续回交两代的群体含量，因为在回交二代的分离群体中，有 3/4 的自交果穗是正常籽粒，1/4 自交果穗籽粒类型分离。此外，在每个自交世代，应从分离的果穗中选取纯合甜质基因型作为下一代种子。

（三）双隐性甜玉米自交系选育

胚乳突变体基因互作的研究表明，不同类型双隐性突变体可以进一步改良胚乳碳水化合物的特性。同时某些双隐性突变体可以综合两个单隐性突变体特点，克服单隐性突变体在品质或农艺性状方面的不足。因此，选育双隐性甜玉米自交系以及杂交种是甜玉米育种的有效途径。培育双隐性甜玉米自交系的方法主要有两种，即杂交选育法和回交选育法。

1. 杂交选育法　杂交选育（图 29－4）是指选用两个不同类型的单隐性品种或自交系杂交，由于两个隐性基因是非等位的，F_1 表现正常籽粒，F_2 自交后，籽粒类型发生分离，其中 9/16 是正常籽粒，6/16 是纯合单隐性基因型，1/16 为纯合双隐性基因型。从自交果穗中选取纯合双隐性籽粒作为下一代种子，然后按育种目标，通过多代自交结合选择，可以育成双隐性玉米自交系。

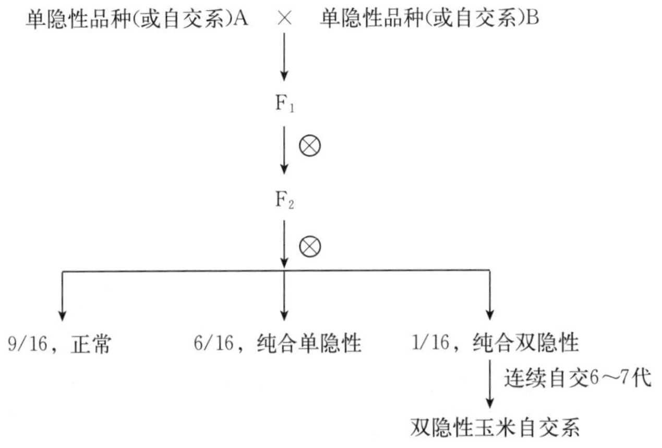

图 29－4　双隐性甜玉米自交系选育（杂交选育法）

2. 回交选育法　回交法选育双隐性自交系分两个步骤进行（图 29－5）：第一步分别转育两个同名的单隐性自交系；第二步用两个同名单隐性自交系合成双隐性自交系。现以 *ae* 和 *wx* 双隐性自交系为例说明如下：

第一步用优良自交系 A 为轮回亲本，分别与 *ae* 和 *wx* 材料回交，经过多代回交，分别得到自交系 A *ae*/*ae* 和自交系 A *wx*/*wx*。

第二步，将 A *ae*/*ae* 和 A *wx*/*wx* 杂交，杂交种的基因型为 A ＋/*ae*：＋/*wx*，再将杂交种自交，通过隐性基因的分离和重组，可以获得 1/16 的 *ae*/*ae*：*wx*/*wx* 双隐性个体，经过籽粒类型鉴定和后代品质分析，可以选到性状稳定的双隐性自交系 A *ae*/*ae*：*wx*/*wx*。

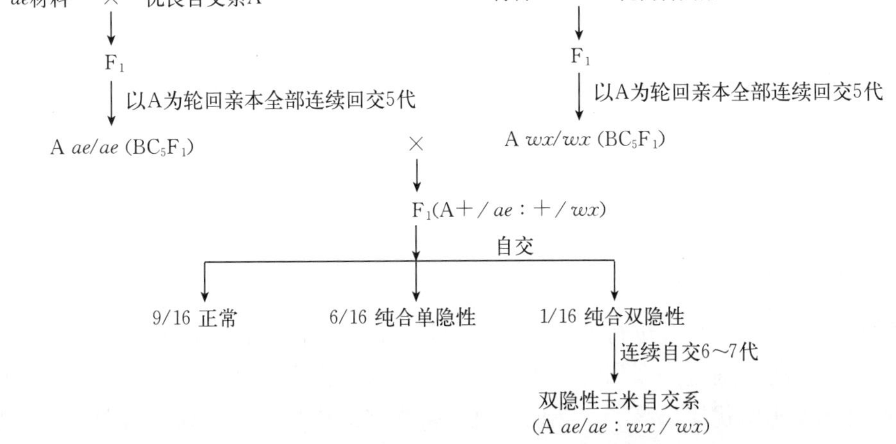

图 29－5　双隐性甜玉米自交系选育（回交选育法）

二、菜用糯玉米自交系选育

1. 二环系法 将优良糯玉米品种或自交系作为糯质基因的供体材料，与配合力高、农艺性状优良、抗病性强的普通玉米自交系杂交，利用花粉直感现象，在自交后代中选择蜡质胚乳籽粒种成S_1代穗行，穗行间进行鉴定筛选，选择优株自交产生S_2代。S_2代以后继续自交、鉴定、筛选，并结合室内品质分析，直到育成性状稳定的优良糯玉米自交系。

2. 回交转育法 将糯玉米糯质基因 *wx* 导入特定的普通玉米自交系遗传背景中，通过回交转育，育成该普通玉米自交系的同型糯质系。

选育程序为：选用普通玉米自交系 A 为轮回亲本，糯玉米品种或自交系 B 为非轮回亲本，两者杂交得到 F_1。以自交系 A 为父本或母本，与 F_1 回交，得到回交一代（BC_1F_1）。BC_1F_1选优株自交得到 BC_1F_2，它具有正常胚乳和蜡质胚乳两种籽粒。挑选蜡质胚乳的籽粒播种，再与自交系 A 回交，得到 BC_2F_1。以此类推，按相同步骤重复自交和回交（图 29－6）。回交 5～6 代后，连续自交 1～2 代，即可成和普通自交系 A 同型的糯玉米自交系 A（wx/wx）。

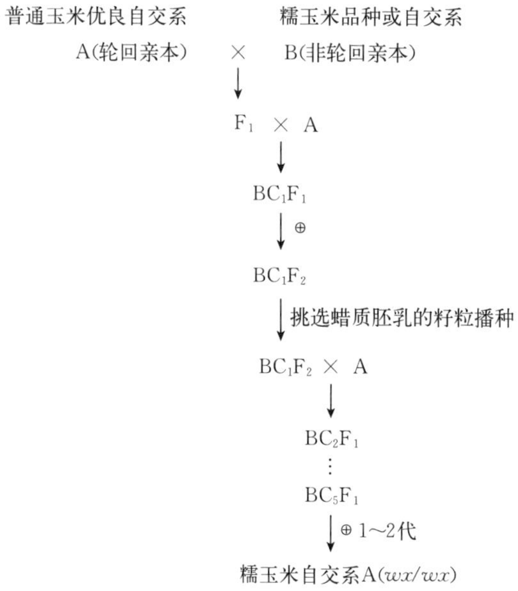

图 29－6 糯玉米回交选育程序
（引自《中国玉米栽培学》）

三、菜用甜玉米、糯玉米杂交种选育

（一）杂交种组配

1. 亲本自交系应具备高配合力、高产等特点 筛选自交系配合力时尤其需注意品质性状配合力的选择，多选用大粒自交系做杂交亲本，可以将大粒特性稳定地遗传给子代，有利于选配高产杂交种。

2. 亲本自交系应综合性状优良，且亲本间性状互补 育种实践表明，粗果穗×长果穗或长果穗×粗果穗，硬粒型×马齿型或马齿型×硬粒型是糯玉米杂交种的最佳组配方式。这样组配的杂交种产量高，品质性状优良。

3. 应选择抗病性强，尤其是抗穗粒腐病、黑粉病的自交系做亲本 糯玉米育种要求选育果皮薄的杂交种，以提高食用品质。但果皮薄的杂交种易感染穗粒腐病，轻则降低食用品质，重则造成果穗腐烂和减产。所以，应协调好果皮薄与穗粒腐病重这对矛盾，选择果皮薄、抗穗粒腐病的糯玉米自交系做杂交亲本。

（二）杂交组合鉴定与选择

根据育种程序，将杂交组合进行升级试验，即观察试验、品种比较试验、多点试验、区域试验及生产多点试验、示范等，通过一系列的升级试验，鉴定各杂交组合性状表现是否优良且稳定，并从中选择符合育种目标要求的优质、高产、熟期适宜、抗性强的优势组合。具体调查项目及方法如下（参照国家鲜食甜玉米、糯玉米品种区试调查项目和标准）。

1. 物候期相关项目调查记载

(1) 播种期　指播种日期，以日/月表示。

(2) 出苗期　全小区有50%穴数幼芽出土高达2 cm时的日期。

(3) 苗势　幼苗健壮程度，分强、中、弱三级。

(4) 抽雄期　全小区50%以上的植株雄穗顶端露出顶叶的日期。

(5) 吐丝期　全小区有50%植株雌穗抽出花丝的日期。

(6) 散粉期　全小区50%以上的雄穗主轴散粉的日期。

(7) 鲜果穗采收期　甜玉米在授粉后21～24 d、糯玉米在授粉后23～26 d采收的日期。

2. 主要农艺性状调查记载

(8) 芽鞘色　展开2叶前，目测幼苗第1叶的叶鞘出现时的颜色，分绿、浅紫、紫、深紫等。

(9) 株型　抽雄后目测，分平展型、半紧凑型、紧凑型。

(10) 株高　植株停止生长后，连续取小区内生育正常的10株，测量由地表到雄穗顶端的高度，求其平均值，以cm表示。

(11) 穗位　测量株高的同时测量植株从地表到果穗柄着生节的高度，求其平均值，以cm表示。

(12) 茎粗　测量株高的同时测量植株地上第3节间中部茎的直径（要与叶着生方向垂直），求其平均值，以cm表示。

(13) 叶片数　分别在植株第3叶、第5叶、第10叶和第15叶点漆标记，在轻度乳熟期统计10株全株叶片数，求其平均值。

(14) 雄穗分枝数　散粉盛期测量10株雄穗主轴上一级分枝数，求其平均值。

(15) 颖壳色　散粉盛期观测雄穗主轴上部1/3处的颖壳，分绿、浅紫、紫、深紫、黑紫等。

(16) 花药颜色　散粉盛期观测雄穗主轴上部1/3处新鲜花药颜色，分绿、浅紫、紫、深紫、黑紫等。

(17) 花丝颜色　抽丝期，新鲜花丝长出约5 cm时观测雌穗新鲜花丝颜色，分绿、浅紫、紫、深紫、黑紫等。

(18) 苞叶长度　收获前根据苞叶长短和果穗露尖情况描述。果穗明显露出苞叶定为极短；苞叶刚好覆盖果穗或超出果穗1.5 cm以内为短；超出1.5～5 cm为中；超出5 cm以上为长。

(19) 穗柄长度　蜡熟期在小区边行选择10株剖开果穗苞叶，测量穗柄与穗位节间长度的比值，求其平均值。

(20) 果穗与茎秆角度　蜡熟期观测果穗与茎秆角度，用<45°、≥45°表示。

(21) 倒伏率（根倒）　植株倾斜度大于45°者占全区株数的百分比，倒伏后立即调查。

(22) 倒折率（茎折）　果穗以下部位折断的植株占全区株数的百分比，收获前调查。

(23) 空秆率　成熟后调查不结果穗或果穗结实20粒以下的植株占全区株数的百分比。

(24) 双穗株率　成熟后调查结有双穗（第2穗结实20粒以上）的植株占全区株数的百分比。

3. 果穗性状（一般随机取样10穗测量）**调查记载**

(25) 穗重　称量去掉苞叶和穗柄的果穗重量，求其平均值，以g表示。

(26) 穗长　测量穗基部至穗顶端长度，求其平均值，以cm表示。

(27) 穗粗　测量果穗中间的直径，求其平均值，以cm表示。

(28) 秃尖长　测量果穗顶端不结实部分的长度，求其平均值，以cm表示。

(29) 穗型　分长筒型、短筒型、长锥型、短锥型记载。

(30) 穗行数　统计果穗中部的籽粒行数，求其平均值。

(31) 行粒数　每穗数一中等长度行的粒数，求其平均值。

(32) 粒色　分黄、白、紫、红、粉等。

(33) 轴重　称量全部脱掉果穗籽粒的穗轴重量，求其平均值，以 g 表示。

(34) 轴粗　测量脱掉果穗籽粒的穗轴中间的直径，求其平均值，以 cm 表示。

(35) 轴色　分红、紫、粉、白。

(36) 百粒重　取籽粒 100 粒称重，重复 2 次，求其平均数，以 g 表示。

(37) 出籽率　样本鲜籽粒重/样本鲜果穗重×100%。

(38) 产量（用 kg 表示）

鲜穗产量：小区产量，称取样品的鲜果穗重量（去苞叶）；单位面积产量，将小区产量折算成单位面积产量。

鲜籽粒产量（糯）：小区产量，称小区的全部鲜果穗脱粒后的籽粒鲜重；单位面积产量，将小区产量折算成单位面积产量。

(39) 籽粒深度　取有代表性的鲜果穗 5 穗，在果穗中部截断，测定整棒直径与棒轴粗度的差值，然后除以 2，用 cm 表示，保留 1 位小数。

（三）品质及综合性状评价指标

鲜食玉米的感官品质指标主要根据玉米果穗感官品质（如外观性状、色泽、籽粒排列、饱满度和柔嫩性、种皮厚度）及蒸煮品质（如气味、色泽、柔嫩性等）进行评分（表 29－3）。根据评分结果，进一步确定甜玉米、糯玉米一、二、三等级（表 29－4）。

表 29－3　鲜食甜玉米、糯玉米品质评分方法

类别	指　标	评分
玉米穗感官等级评分	具本品种应有特征，穗形粒形一致，籽粒饱满、排列整齐紧密，具有乳熟时应有的色泽，苞叶包被完整，新鲜嫩绿，籽粒柔嫩、皮薄。基本无秃尖，无虫咬，无霉变，无损伤	27～30
	具本品种应有特征，穗形粒形基本一致，个别籽粒不饱满，籽粒排列整齐，色泽稍差，苞叶包被较完整，新鲜嫩绿，籽粒柔嫩性稍差，皮较薄。秃尖≤1 cm，无虫咬，无霉变，损伤粒少于 5 粒	22～26
	具本品种应有特征，穗形粒形稍有差异，饱满度稍差，籽粒排列基本整齐，有少量籽粒色泽与所测品种不同，苞叶基本完整，籽粒柔嫩性稍差，皮较厚。秃尖≤2 cm，无虫咬，无霉变，损伤粒少于 10 粒	18～21
蒸煮品质评分	气味	4～7
	色泽	4～7
	糯性（甜度）	10～18
	风味	7～10
	柔嫩性	7～10
	皮的薄厚	10～18

表 29－4 鲜食甜玉米、糯玉米品质定等指标

等级	一等	二等	三等
指标（分≥）	90	75	60

（四）鲜食甜玉米、糯玉米抗病（虫）鉴定

1. 调查项目

(1) 东北、华北鲜食春玉米组　大斑病、丝黑穗病、茎腐病、穗腐病、玉米螟等。

(2) 黄淮鲜食夏玉米组　大斑病、小斑病、弯孢菌叶斑病、黑粉病、矮花叶病、玉米螟等。

(3) 西南鲜食玉米组　大斑病、小斑病、茎腐病、丝黑穗病、纹枯病、玉米螟等。

(4) 东南鲜食玉米组　大斑病、小斑病、茎腐病、矮花叶病、玉米螟等。

2. 调查标准　参照《玉米病虫害田间手册》要求进行。

四、菜用笋玉米杂交种选育

笋玉米主要育种目标为多穗性，而多穗玉米一般有单秆多穗和分蘖多穗两种类型。目前，生产上栽培的笋玉米品种多为单秆多穗型。爆裂玉米一般具有单秆多穗特点，是选育笋玉米品种的重要原始材料之一。

在选育多果穗笋玉米杂交种时，应用一个爆裂型自交系做杂交亲本容易获得成功。如烟台市农业科学研究所利用硬粒型自交系多 7 为母本、爆裂型自交系无棣白为父本杂交选育而成的鲁笋玉 1 号。在育种过程中，要选择生育期早、植株偏矮的类型，株型应适于密植，同时笋玉米的穗柄要长，叶鞘与茎之间应有一定开张角度。穗柄长、叶鞘张开角度大而松的品种采笋快又省力，节约成本；而穗柄短、叶鞘紧的品种雌穗被紧包在叶鞘中，采收费力费时，又很容易使茎秆和叶鞘折损，影响下一个玉米笋的发育。苞叶少而松的品种可以减少剥玉米笋的时间和降低劳动强度。笋玉米品种应具有良好的抗倒性，以利于采收。对抗病性的选择应着重于抗黑粉病、丝黑穗病和叶斑病。在选育分蘖型笋玉米品种时，应选择空秆少的品种，分蘖上结笋期与主茎结笋期不能差异太大。

第六节　良种繁育

一、菜用玉米自交系繁殖技术规程

亲本种子是菜用玉米杂交制种的物质基础，要长期保持菜用玉米自交系的优良遗传特性和典型性，必须有计划地做好自交系原种繁育，利用纯度高的原种亲本制种，再配合其他防杂保纯措施，这样杂交种的纯度和质量就能得到保证。

玉米是典型的异花授粉作物，自然异交率很高。与稻麦等自花授粉作物相比，保持品种典型性的难度更大，要求更严格。玉米自交系并不直接用于大田生产，而是利用自交系间杂种优势。在繁育自交系原种时，必须按照以下标准严格选择：①主要特征特性符合原自交系的典型性状，系内单株间高度整齐一致；②要求配制的商品杂交种的产量水平不低于原杂交组合标准种的产量水平；③种子籽粒饱满，大小整齐，发芽率高，无霉烂及破损籽粒，不带检疫病虫害等。

菜用玉米自交系繁殖需设置隔离区，在繁殖区四周 500 m 范围内不种玉米，实行严格隔离。除了必须严格隔离外，在苗期、抽雄前、成熟前进行彻底去杂。抽雄前彻底去杂是防杂保纯的关键环节。经过严格去杂，淘汰杂劣穗行和单株，使其标准穗行典型优株自由传粉，既保持系内的群体纯合性，又可因系内异株间微弱的遗传差异，而有利于恢复自交植株的生活力。

种子成熟后混合收获，淘汰非典型穗，选留的果穗晒干到约 18%的含水量，剔除霉粒后，混合脱粒，再晾晒干燥，达到 13%以下的安全贮藏含水量，即可将晒干的种子进行风选，或用精选机筛选，去掉秕粒、小粒及杂质后，然后装袋保存。种子袋内外都要有标签，写明种子名称、种子生产年月及生产单位、种子质量标准。

二、杂交种生产技术规程

生产大量优质杂交一代种子，是杂交制种的任务。杂交制种质量高低受一系列防杂保纯技术措施的影响。在整个杂交制种过程中，必须做到安全隔离，规格播种，彻底去杂，及时去雄，分收分藏。为了保证制种质量，提高制种产量，必须了解亲本自交系的特性，合理调节父、母本花期和种植方式，严格执行各项防杂保纯的技术措施，改进栽培方法，提高田间管理水平。

杂交制种必须设置隔离区，在制种隔离区四周规定范围内，不种或错期播种其他玉米，防止异系或异品种的玉米花粉传入制种区，引起天然杂交，造成混杂。配套繁育一个单交种（A系×B系），需要每年同时分别设置2个亲本自交系隔离繁殖区和1个单交制种隔离区，共3个隔离区。制种田应选择地势平坦，土质肥沃，地力均匀，排灌方便，旱涝保收的地块。这样既可使植株生长整齐，抽雄期集中，便于田间去杂和母本去雄，又利于提高杂交制种的产量，保证制种质量。杂交制种的隔离方法有以下几种：

1. 空间隔离 是指杂交制种区四周一定的空间范围内，不种植其他玉米。配制单交种，对种子的纯度和质量要求严格，要求与其他玉米地相距不少于500 m。

2. 时间隔离 无霜期长的地区，也可以采用时间隔离法。将制种区的播种期提前或推迟，使其开花期与邻近地块其他玉米的开花期错开，从时间控制上达到安全隔离的要求。为了有效达到这一目的，一般春播要求相隔40 d以上，夏播要求相隔30 d以上。

3. 自然屏障隔离 因地制宜利用山岭、林带、果园、房屋等屏障，阻挡外来花粉传入。为加强其隔离效果，最好和空间隔离结合使用。

菜用玉米杂交制种时，父、母本要按一定的行比相间种植，母本行人工去雄（如母本为雄性不育亲本，则可免掉人工去雄），使母本行雌穗接受父本行花粉受精结实。播种父、母本时，都要求播行端直，严防错行、并行和漏播，各行都要种到地头，对某些植株形态没有明显区别的亲本，为了分清父、母本行，避免去杂、去雄和收获时发生差错，可在父本行的两头和中间种植豆类作物作标志。制种区父、母本行种植比例，原则上应在保证父本行有足够的花粉、母本雌穗能正常结实的前提下，适当增加母本行数，提高制种区的种子产量。

制种区父、母本花期相遇是杂交制种成功的关键。如父、母本的开花期相同，或母本抽丝期比父本散粉期早2～3 d，就可以同时播种，不必调节播期。若母本开花期过早或比父本晚，就必须调节播种期，以求母本抽丝盛期和父本散粉初期相遇，确保受粉结实良好。制种区亲本纯度的高低，直接影响杂交种种子的质量和增产效果。因此制种区的亲本去杂去劣必须严格，一般分3次进行。

（1）苗期去杂 一般在4～5叶时，结合间苗、定苗进行，根据幼苗的叶片和叶鞘颜色、叶片形状、幼苗长相和生长势快慢等亲本系的明显典型特征和综合性状，把苗色不一、生长过旺过弱、长相不同的杂苗拔除，保留整齐一致的、具有该亲本典型特征的纯苗。

（2）抽雄前去杂 抽雄前去杂是防杂保纯的关键措施，必须做到去杂彻底干净。抽雄前去杂主要根据生长势、株性、叶片宽窄、色泽和雄穗形态等特征，拔除杂劣株。

（3）收获后去杂 制种区的留种果穗收回后，在脱粒前，应根据原亲本的穗形、粒形、粒色进行鉴别，对不符合原亲本典型性状的杂穗，再进行一次去杂，然后脱粒。

菜用玉米杂交种制种区母本要及时去雄，使其接受父本行的花粉，产生杂交种子。母本去雄是获得真正杂交种种子的关键，要求做到及时、彻底、干净。及时就是在母本行中以单株为准，见到雄穗就应于尚未散粉前及时拔掉。彻底干净是指要将制种区所有母本行的雄穗，一株不漏地全部去掉，不留残余的雄穗分枝。在母本抽穗始期到终期应每天进行母本去雄，风雨无阻。去雄持续时间一般为10～14 d，若地力不匀或长势不平衡，去雄时间就要延长。

实践证明，人工辅助授粉有一定的增产效果。其具体做法是：在玉米雄穗开花盛期和末期，一般是在每天上午露水干后，用一盆形容器，容器内铺上一层洁净的白纸，在父本行或采粉区采集父本花粉，经微孔筛，筛去花药皮后，将花粉倒入底部有双层纱布的筒形授粉器内，然后将花粉轻轻摇落在母本行尚未受粉的新鲜花丝上，连续进行 3～4 次辅助授粉，对减少或防止果穗秃尖或缺粒有良好效果。

杂交种制种区留种果穗成熟后，要及时收获。父、母本必须分收、分运、分晒、分脱、分藏。一般先收母本果穗（即杂交一代果穗），等母本全部收完运回晒场后，再收父本果穗。脱粒前要进行穗选，淘汰杂劣穗。单交制种区留种果穗应按母本自交系的果穗性状去杂，双交制种区应按母本单交种的性状去杂。脱粒后要进行精选，除去霉粒、秕粒和破粒。种子装袋入库时，袋子内外部要有种子标签，标签上注明种子名称、生产年份、数量、质量等级和制种单位。种子要专库或专堆存放，贮藏期间要固定专人负责，定期检查种子含水量及发芽率，做到安全贮藏。

三、菜用玉米品种质量标准

菜用玉米品种的质量是种子好坏的重要标准。与普通玉米一样，菜用玉米种子质量分级是根据国家种子质量标准，按照种子纯度、净度、发芽率以及水分的检验指标作为分级依据。表 29－5 是国家杂交玉米种种子质量分级标准，同样适用于菜用玉米品种。

表 29－5　国家杂交玉米种种子质量分级标准

类别	级别	纯度不低于（%）	净度不低于（%）	发芽率不低于（%）	水分不高于（%）
杂交种	一级	98.0	98	85	13
	二级	96.0	98	85	13

（李新海　李建生）

主要参考文献

陈建生，徐培智，唐拴虎，等．2010. 施肥对甜玉米物质形成累积特征影响研究 [J]. 植物营养与肥料学报，16（1）：58－64.

陈婧，李建平．2014. 西北地区糯玉米自交系遗传多样性研究 [J]. 玉米科学，22（3）：29－35.

郭庆法，王庆成，汪黎明．2004. 中国玉米栽培学 [M]. 上海：上海科学技术出版社．

何余堂，陈兴奎，马春颖．2007. 甜玉米种质资源的遗传改良 [J]. 玉米科学，15（2）：19－22.

刘纪麟．2002. 玉米育种学 [M]. 北京：中国农业出版社．

卢柏山，史亚兴，徐丽，等．2015. 京科甜系列水果型优质玉米品种选育及应用 [J]. 作物杂志（1）：46－48.

王义发，沈雪芳，张璧，等．2003. 糯玉米种质资源的评价和创新育种 [J]. 上海农业学报，19（3）：16－19.

王义发，汪黎明，沈雪芳，等．2007. 糯玉米的起源、分类、品种改良及产业发展 [J]. 湖南农业大学学报：自然科学版（33）：97－102.

姚坚强，鲍坚东，朱金庆．2013. 中国糯玉米 *wx* 基因种质资源遗传多样性 [J]. 作物学报，39（1）：43－49.

姚文华，韩学莉，汪燕芬，等．2011. 我国甜玉米育种研究现状与发展对策 [J]. 中国农业科技导报，13（2）：1－8.

张天真．2003. 作物育种学总论 [M]. 北京：中国农业出版社．

赵军华．2009. 浙江省甜玉米发展现状与对策研究 [D]. 杭州：浙江大学．

郑锦荣，韩福光，李智军．2009. 国内外甜玉米产业现状与发展趋势 [J]. 广东农业科学（10）：35－38.

Bus A，Körber N，Snowdon R J，et al. 2011. Patterns of molecular variation in a species-wide germplasm set of *Brassica napus* [J]. Theoretical and Applied Genetics，123（8）：1413－1423.

Cheng Y K, Bai J R, Zhang X M, et al. 2012. Genetic diversity and classification among waxy maize inbreed lines in Shanxi [J]. Journal of Shanxi Agricultural Sciences, 40 (5): 433 - 438.

Choukan R, Hossainzadeh A, Ghannadha M R, et al. 2006. Use of SSR data to determine relationships an potential heterotic groupings within medium to late maturing Iranian maize inbred lines [J]. Field Crops Research (95): 212 - 222.

Cossegal M, Chambrier P, Mbelo S, et al. 2008. Transcriptional and metabolic adjustments in AGPase deficient bt2 maize kernels [J]. Plant Physiol, 146: 1553 - 1570.

Ghasemi M, Arzani K, Yadollahi A, et al. 2011. Estimate of leaf chlorophyll and nitrogen content in Asian Pear (*Pyrusserotina* Rehd.) by CCM - 200 [J]. Not Sci Biol, 3 (1): 91 - 94.

Gómez E, Royo J, Muñiz L M, et al. 2009. The maize transcription factor myb-related protein - 1 is a key regulator of the differentiation of transfer cells [J]. Plant Cell, 21: 2022 - 2035.

Khanna H K, Daggard G E. 2006. Targeted expression of redesigned and codon optimized synthetic gene leads to recrystallisation inhibition and reduced electrolyte leakage in Spring Wheat at Sub-Zero Temperatures [J]. Plant Cell Reports, 25 (12): 1336 - 1346.

Yue S J, Xiao D X, Liu P F, et al. 2011. Relationship between pericarp structure and kernel tenderness in super sweet corn [J]. Acta Agron Sin, 37: 2111 - 2116. (in Chinese with English abstract)

Zhang H Y. 2013. Effects of low temperature on seed germination and seedling growth of fresh corn [J]. Plant Physiology Journal, 49 (4): 347 - 350. (in Chinese)

第三十章

莲 藕 育 种

莲藕（*Nelumbo nucifera* Gaertn.）是莲科（Nelumbonaceae）莲属中的多年生水生草本植物，也称莲、藕荷等，古称：芙蓉、芙渠等。染色体数 $2n=2x=16$。莲起源于东亚、南亚及东南亚地区。莲藕不仅可以作蔬菜食用，也可药用，还可用于观赏。藕、藕鞭和莲子是主要的食用器官。每 100 g 鲜藕中含碳水化合物 19.8 g、蛋白质 1 g、钙 19 mg、磷 51 mg、铁 0.5 mg、维生素 C 25 mg。藕可加工成藕粉、藕汁等，也可糖渍、腌渍。莲子可加工成通芯莲、磨皮莲、莲子汁、莲子粉、莲蓉等。

中国莲藕栽培主要在长江流域、珠江流域和黄河流域，其中以长江中下游地区种植面积最大。台湾省也有一定面积的莲藕种植。据《中国农业统计资料》（2009）统计，全国 22 个省、自治区、直辖市种植莲藕的面积 25.29 万 hm^2，产量 749.9 万 t。全国每年子莲种植总面积达 5.3 万～6.7 万 hm^2。子莲的主产区分布在江西、福建、湖南、湖北、浙江等地。日本、印度及东南亚部分国家也有栽培。

第一节　育种概况

一、育种简史

中国是莲藕的起源中心之一，栽培历史悠久，面积大，因此开展育种研究相对较早。而在东南亚及印度等地虽然也有莲藕栽培，但仅在花莲育种方面开展了一些研究工作，关于莲藕和子莲的育种未见有系统研究的报道。

在 20 世纪 80 年代以前，中国莲藕栽培的品种都是地方品种，由产地农民经多年种植选择而成，形成了一些有地方特色的种质资源，如湖北省武汉地区有早、中、晚熟的各种传统品种，早熟的有六月爆、嘉鱼藕，中熟的有湖南泡子、猪尾巴、洲藕，晚熟的有大毛节、小毛节等；湖北省孝感地区有红泡子、白泡子；江苏省宝应县有红嘴子、大紫红、美人红、小暗红，这些品种的顶芽都为紫红色。浙江省莲藕品种也较多，早熟品种有绍兴小梢种、湖州早白荷、金华小白莲，中熟品种有金华黄芽头、红花改良种、绍兴梢种，晚熟的有湖州迟白荷、金华大白莲等。安徽省的晚熟品种有雪湖贡藕等。江西省著名子莲地方品种有广昌白花莲，福建省著名子莲地方品种有西门莲等，湖南省子莲地方品种较多。

中国莲藕育种工作始于 20 世纪 80 年代初期。在藕莲方面，武汉市蔬菜科学研究所先后选育 10 多个新品种在生产上应用，以 8126、8143 等为代表的是第 1 代藕莲品种，主要通过系统（单株）选育而成，80 年代中后期推广面积较大。90 年代，第 2 代新品种以鄂莲 1 号、鄂莲 2 号、鄂莲 3 号、鄂莲 4 号为标志，早、中、晚熟配套，以高产为首要育种目标，每 667 m^2 产量 2 000～2 500 kg，比传统的地方品种提高30%以上。目前，正在推广应用第3代新品种，在一定产量的基础上，以优质、入泥浅为显著特征，以鄂莲5号、鄂莲6号、鄂莲7号、鄂莲8号和鄂莲9号等为代表。鄂莲1号至9号均通过了湖北省农作物品种审定委员会审（认）定。第2代和第3代品种主要通过杂交育种选育而成，这些品种在国内和国际市场广受欢迎，南至海南岛，北至黑龙江，西至新疆，东至浙江、福建都有引种，是中国当前的主栽品种，覆盖率达80%以上。

20世纪90年代，江苏农学院选育了科选1号，中熟，耐深水；85-3较早熟，藕节白嫩粗长。浙江农业大学选育了浙湖1号，中熟，脆嫩少渣；浙湖2号晚熟，藕段粗壮。由中国科学院武汉植物研究所在20世纪80年代选育的武植2号莲藕，早中熟，长节，产量高，适煨汤，在湖北省孝感、武汉等地曾大面积栽培，并推广到江苏、湖南等地。

在子莲育种方面，江西省广昌县白莲科学研究所、福建省建宁县莲籽科学研究所、湖北省水产科学研究所、湖南省农业科学院园艺研究所从20世纪80年代开始子莲新品种选育。湖南省农业科学院园艺研究所选育的湘莲1号具有长势强、丰产性好、适应性广、品质优等特点，比湖南省地方品种寸三莲增产48.5%～67.0%，并通过湖南省农作物品种审定委员会审定（1992），曾在湖南、湖北子莲产区大面积种植。江西省广昌县白莲科学研究所曾选育出赣莲62，20世纪90年代又通过太空诱变育种，选育出太空3号、太空36等，这些品种具有产量高、单粒重、结实率高、品质好等优点，在江西省大面积推广，目前已辐射到湖北、安徽、江苏、浙江等省的子莲主产区。福建省建宁县莲子科学研究所通过杂交选育出建选17，其产量比地方品种红花建莲增产40%以上。

从1981—2015年，通过省级农作物品种审定委员会审（认）定的莲藕新品种共有24个，其中藕莲品种13个，子莲品种11个（表30-1）。

表30-1 中国通过省级品种审定委员会审（认、鉴）定的莲藕品种

（1981—2015）

名称		亲本材料	选育方法	审（认、鉴）定时间	审（认、鉴）定省份	选育单位
藕莲	鄂莲1号	上海市郊农家品种（编号8135）	系统选育	1993年审（认）定	湖北	武汉市蔬菜科学研究所
	鄂莲2号	浙江绍兴农家品种（编号8137）	系统选育			
	鄂莲3号	湖南泡子×荆门竹节	杂交育种			
	鄂莲4号	合肥农家品种（编号8126）×长征泡子	杂交育种			
	鄂莲5号	8137×8135	杂交育种	2001年审（认）定		
	鄂莲6号	鄂莲4号×湖北荆州农家品种（编号8143）	杂交育种	2008年审（认）定		
	鄂莲7号	鄂莲5号	杂交育种	2009年审（认）定		
	鄂莲8号	应城白莲	杂交育种	2012年审（认）定		
	鄂莲9号	8135-1	杂交育种	2015年审（认）定		
	东河早藕	金华白莲	系统选育	2010年审定	浙江	浙江义乌市东河田藕专业合作社、金华市农业科学研究院
	武植2号	苏州慢荷	系统选育	1992年审（认）定	湖北	中国科学院武汉植物研究所
	脆秀	ZONHUA（响水地方品种）×XSHZ（源自美人红）	杂交育种	2012年鉴定	江苏	扬州大学
	脆佳	XSBZ×XSHZ-H2	杂交育种			

（续）

名称		亲本材料	选育方法	审（认、鉴）定时间	审（认、鉴）定省份	选育单位
子莲	湘莲1号	湘白莲09×建莲03	杂交育种	1992年审定	湖南	湖南省蔬菜研究所
	湘潭芙蓉莲	寸三莲×建莲	杂交育种	1992年审定	湖南	湖南省湘潭县农业局
	十里荷1号	太空莲36	系统选育	2008年审定	浙江	浙江省建德市里叶十里荷莲子开发中心等
	太空莲36	广昌白花莲	诱变育种	2011年认定	江西	江西省广昌县白莲科学研究所
	京广2号	太空莲1号	离子注入诱变			
	星空牡丹	979501×太空莲2号	杂交育种			
	京广1号	太空莲3号	离子注入诱变	2008年认定		
	建选17	（红花建莲×寸三莲65）×太空莲2号	杂交育种	2003年认定	福建	福建省建宁县莲子科学研究所
	建选35	红花建莲×（太空莲20×红花建莲）	杂交育种	2011年认定		
	金芙蓉1号	湘芙蓉×太空莲3号	杂交育种	2009年审定	浙江	浙江省金华市农业科学研究院、武义县柳城畲族镇农业综合服务站等
	鄂子莲1号	建选17×太空莲3号	杂交育种	2015年审（认）定	湖北	武汉市蔬菜科学研究所

二、育种现状与发展趋势

（一）育种现状

近年来，从中国北方地区的山东、陕西、山西、天津等地到南方地区的广东、广西，莲藕栽培面积逐步扩大，国内开展莲藕育种的单位也逐渐增多，目前有7～8家，如武汉市蔬菜科学研究所主要开展藕莲、子莲的育种工作，江西省广昌县白莲科学研究所、福建省建宁县莲子科学研究所主要从事子莲的育种工作，扬州大学开展莲藕专用品种（加工、叶用）的选育工作，浙江省金华市农业科学研究院开展子莲和藕莲新品种的选育工作，中国科学院武汉植物园开展花莲、子莲和藕莲的品种选育。在这些单位的共同努力下，莲藕育种水平得到了提高，莲藕新品种近年来也不断出现。育成的莲藕新品种不仅产量提高幅度较大（不同地区提高30%～50%），而且实现了早、中、晚熟配套，并针对不同生态地区选育出相应的配套品种。

（二）存在问题

虽然莲藕育种取得了不少进展，但依然还存在一些问题：①对莲藕主要性状的遗传规律缺乏深入细致的研究，育种工作仍存在较大的盲目性。②常规育种与分子育种结合不够。现阶段育种主要采用系统选育和杂交育种，现代生物技术如分子标记辅助育种等新方法应用不多。③在审（认）定品种中，利用的亲本材料较少，遗传基础较狭窄，如选育的藕莲品种，利用的原始材料仅12个，子莲育种只用了4份原始材料作亲本。一些野生资源和地方品种的高品质、高抗病基因未能有效发掘和利用，抗病品种的选育还是空白。

（三）发展趋势

（1）藕莲、子莲的育种方向从单一追求高产，向优质、高产、抗病的方向转变。除开展鲜食藕莲新品种选育外，藕莲育种还将针对不同的生态区选育适应性强的品种，针对特定区域特定消费习惯专用品种的选育，如“藕带型”莲藕新品种、“叶用型”莲藕新品种的选育，以及适于保护地基质栽培的莲藕专用品种选育等。莲的加工、保鲜是莲产业链中的瓶颈问题，应针对不同加工目的选育不同品种。各种类型的藕莲新品种都要求入泥浅（20～25 cm），易采收。

子莲育种方面，轻简化采摘是未来子莲育种的方向之一，如选育叶柄、花梗无刺或少刺的品种；筛选不易落粒的材料，便于机械化采收的品种。

（2）资源的精准鉴定、评价及利用将更受重视。进一步加强对莲资源的精准鉴定、评价，特别是野生资源，使新品种具有更广泛的遗传基础。重视长花期莲资源的挖掘、创新和利用，力争使子莲的花果期延长，从而提高产量和延长鲜果上市期。

（3）常规育种将与分子育种紧密结合，促进莲藕育种效率的提升。重点是辅助抗病、产量等重要性状的筛选。

第二节　种质资源与品种类型

一、起源与传播

莲是一种古老的被子植物。莲属植物现存 2 个种，在东半球分布的是莲（*N. nucifera* Gaertn.），在西半球分布的是美洲黄莲（*N. lutea* Pers.）。莲属有两个分布中心，东亚区、中南半岛区、印度区和马来西亚区是 *N. nucifera* Gaertn. 的分布和起源中心，而北美区和加勒比区是 *N. lutea* Pers. 的分布和起源中心。

包括中国、印度、泰国等东亚、南亚、东南亚国家在内的广大地区都是莲的起源中心，也是遗传多样性中心。中国是莲的起源中心之一，国内南北大小湖泊特别是长江流域、珠江流域都分布有野生莲。浙江余姚河姆渡遗址考古发现，7 000 年前的新石器时代有莲的生长；河南郑州出土过 5 000 年前的莲子；《诗经·郑风·山有扶苏》有“山有扶苏，隰有荷花”的记载；《诗经·陈风·泽陂》有“彼泽之陂，有蒲有荷……彼泽之陂，有蒲菡萏”的记载；长沙马王堆墓中甚至出现过西汉时期切片的莲藕。中国莲栽培历史悠久，在长期的栽培过程中，已驯化出藕莲、子莲、花莲 3 个类型。在 2 000多年前的西汉时期，莲藕已作为蔬菜食用；子莲的栽培也有 1 000 多年历史。

现中国各地栽培莲藕比较普遍，其中以长江流域、珠江流域为主产区，黄河流域近年莲藕种植面积扩大较快。台湾省种植莲藕也较普遍。

二、种质资源的研究与利用

中国各地广泛分布着各种类型的地方品种和野生资源。20 世纪 60 年代武汉市园林局开始莲种质资源的调查收集，共收集种质资源 33 份，其中花莲 20 份，藕莲 6 份，子莲 7 份。20 世纪 80 年代初，中国部分科研单位开始进行莲藕种质资源收集、保存及利用工作，中国科学院武汉植物研究所共收集了莲种质资源 125 份，其中藕莲 44 份，花莲 71 份，子莲 10 份；湖南省农业科学院园艺研究所对湖南的湘莲资源进行了调查和收集；江苏农学院和苏州市蔬菜研究所对江苏省的莲藕资源进行了调查；江西省广昌白莲科学研究所对赣莲资源进行了收集和调查；福建省建宁县农业局对福建省的子莲资源进行了收集和整理。

武汉市蔬菜科学研究所从 20 世纪 80 年代初开始收集莲藕资源，并于 1990 年建立“国家种质武汉水生蔬菜资源圃”，目前在“国家种质武汉水生蔬菜资源圃”内共保存有从国内 20 多个省（自治区、直辖市）200 多个市、县及美国、日本、新加坡、印度、泰国、缅甸等国家收集的莲种质资源

635份，含2个种，3个生态型。其中野生资源86份，地方品种262份，选育品种278份（主要是花莲），品系5份，遗传材料4份，包含国外莲资源10多份。对这些莲资源进行了主要农艺性状和品质性状的鉴定，筛选出一批优异资源做育种亲本或在生产上直接应用，这对系统评价中国莲藕资源的表型性状有重要作用。

武汉市蔬菜科学研究所在多年调查和研究的基础上，已编著出版《莲种质资源描述规范和数据标准》一书，规范了莲的136个性状及调查方法，为莲种质资源的鉴定打下了基础。

三、品种类型

（一）根据用途划分

1. 藕莲　以采收肥大的根状茎——藕作菜用，选育的性状侧重于根状茎的大小、入泥深浅、熟性等。藕莲根据其熟性的不同分为早、中、晚熟品种，如鄂莲1号属早熟，鄂莲6号属中熟，鄂莲2号属晚熟；根据主藕节间形状分为短筒形、中筒形、长筒形和长条形，如鄂莲7号属短筒形，9217属长筒形；根据其皮色的不同可分为白皮品种和黄皮品种，如00－01为白皮，鄂莲1号为黄皮等。不同地区对品种有不同的需求。

2. 子莲　以采收果实为目的，选育的性状侧重于果实大小、形状、结实率、心皮数、花数等。子莲以采收莲子为主，花多，莲蓬大，结实率高，果实大。但藕细长，食用价值不大。子莲主要根据其花色、花形、果实等性状的差异进行分类。

（二）根据生态习性划分

1. 温带生态型　分布在北纬43°以北地区，包括吉林、黑龙江省及俄罗斯南部地区的莲。该生态型的莲在武汉地区生长，植株矮小（50 cm左右或不长立叶），叶色深绿，叶片厚实，根状茎膨大极早（5月中旬）。都为野生资源。

2. 亚热带生态型　分布在北纬13°～43°地区，包括中国广大栽培区及东南亚部分地区。该生态型莲的遗传多样性在3个生态型中最丰富，野生资源和栽培品种并存，包括藕莲、子莲、花莲。人工驯化程度最高。

3. 热带生态型　分布在北纬13°以南的地区，该生态型的莲在武汉地区主要表现为生育期长，11月上、中旬还能现蕾开花，根状茎不膨大或略微膨大成藕。多数为野生资源。

中国分布有温带生态型和亚热带生态型的野生资源。

（三）品种

1. 藕莲

（1）鄂莲1号　武汉市蔬菜科学研究所以上海地方品种系统选育而成。早熟。株高130 cm，叶片直径60 cm，开少量白花。藕入泥深20～25 cm，主藕6～7节，长90～110 cm，主节粗6.5～7.0 cm，整藕重3～3.5 kg，皮色黄白。长江中下游地区4月上旬定植，7月上、中旬每667 m^2 可收青荷藕1 000 kg，或8月下旬后收枯荷藕2 000～2 500 kg。宜炒食。

（2）鄂莲4号　武汉市蔬菜科学研究所杂交选育而成。中熟。株高170 cm左右，叶片直径75 cm，花白色。主藕5～7节，长90～110 cm，主节粗7～8 cm，整藕重3～4 kg，梢节粗大，皮淡黄色。入泥深30 cm。长江中下游地区于4月上旬定植，7月下旬可收青荷藕，667 m^2 产量750 kg左右，或8月下旬后收枯荷藕2 500 kg左右。宜炒食。

（3）鄂莲5号（3735）　武汉市蔬菜科学研究所杂交选育而成。早中熟。株高160～180 cm，叶片直径75～80 cm，花白色。主藕5～6节，长80～100 cm，主节粗7～8 cm，整藕重3～4 kg，藕肉厚实，通气孔小，表皮黄白色。入泥深 30 cm。长江中下游地区 4 月上旬定植，7 月中、下旬每 667 m^2 产青荷藕 500～800 kg，或 8 月下旬后产枯荷藕 2 500 kg。抗逆性强，稳产。炒食及煨汤风味均佳。

（4）鄂莲 6 号（0312） 武汉市蔬菜科学研究所杂交选育而成。早中熟。株高 160～180 cm，叶片直径 80 cm 左右，花白色。主藕 6～7 节，长 90～110 cm，主节粗 8 cm 左右，整藕重 3.5～4 kg，藕节间为筒形，节间均匀，表皮黄白色。入泥浅。枯荷藕每 667 m^2 产量 2 500～3 000 kg。凉拌、炒食皆宜。

（5）鄂莲 7 号（珍珠藕） 武汉市蔬菜科学研究所从鄂莲 5 号的自交后代中选育而成。早熟。植株矮小，株高 110～130 cm，叶片直径 70 cm 左右，花白色。主藕 6～7 节，藕节间为短圆筒形，主节间长 10 cm 左右，主节粗 8 cm 左右，节间均匀，藕肉厚实，表皮黄白色。整藕重 2.5 kg 左右，商品性好。7 月上、中旬即可采收青荷藕，一般每 667 m^2 产量 1 000 kg 左右，或 8 月下旬后收枯荷藕 2 000 kg左右。凉拌、炒食、煨汤皆宜。

（6）鄂莲 8 号（0313） 武汉市蔬菜科学研究所杂交选育而成。晚熟。植株高大，生长势强，株高 180～200 cm，叶片直径 80～85 cm 左右，花白色，较多。主藕 5～6 节，主藕长 90～100 cm，主节粗 8.0～8.5 cm，整藕重 3.0～4.0 kg，节间均匀，表皮白色。枯荷藕每 667 m^2 产量 2 500 kg 左右。煨汤粉。藕带产量高，藕带粗白、脆嫩。

（7）鄂莲 9 号（巨无霸） 武汉市蔬菜科学研究所通过杂交育成。早中熟。株高 160～170 cm，叶片直径 80 cm 左右，花白色。主藕 5～7 节，长 90～110 cm，主节粗 8.5 cm 左右，整藕重 4.5～5.0 kg，藕节间均匀，表皮黄白色。枯荷藕每 667 m^2 产量 2 500～3 000 kg。凉拌、炒食、煨汤皆宜。

（8）武植 2 号 中国科学院武汉植物研究所从江苏地方品种“慢荷”的无性系优良单株选育而成。早中熟。主藕 5～6 节，藕节长筒形，表皮黄白色，花白色。适宜浅水田栽培，667 m^2 产量 2 000～2 500 kg。煨汤粉。

（9）红泡子 湖北省孝感市地方品种。株高 175～180 cm，花白色。主藕长 90～100 cm，单支藕重 2.5～3.0 kg，主节粗 7～7.5 cm。表皮黄色。中晚熟，适于浅水栽培，每 667 m^2 产量 1 500～2 000 kg。

（10）大紫红 江苏省宝应市地方品种。株高 200 cm 左右，花白色。主藕 3～4 节，少数 5～6 节，节间长 20～30 cm，主节粗 6～7 cm，单支藕重 2～2.5 kg，每 667 m^2 产量 1 500～2 000 kg。该品种种藕顶芽紫红色，适宜浅水或深水栽培。

（11）巴河藕 湖北省浠水县地方品种。株高 170～180 cm，花少，白色。主藕 5～6 节，长 100～110 cm，单支重 2.5～3 kg，主节粗 7.0 cm 左右。早熟，宜浅水栽培，每 667 m^2 产量 2 000 kg 左右。

（12）飘花藕 安徽省合肥市地方品种。主藕 4～6 节，藕较粗，少花或无花，宜浅水田栽培，每 667 m^2 产量 2 000 kg 左右。质嫩脆，粉无渣，生食、炒食、煨汤均佳。

2. 子莲

（1）太空莲 36 江西省广昌县白莲科学研究所通过太空诱变培育的子莲新品种。株高 170～180 cm，花柄高出叶柄约 20 cm，花单瓣，红色，心皮数 18～32 个。莲蓬大且蓬面微凹，结实率 85%左右。鲜莲子表皮绿色，单粒重 3.6 g，长 2.2 cm，宽 1.8 cm。完熟莲子卵圆形，壳莲百粒重 172 g。花期 6 月上旬至 9 月下旬，每 667 m^2 有效蓬数 6 000 个，产鲜莲蓬 500 kg，或铁莲子 190 kg，或干通芯莲 80 kg 左右。

（2）太空莲 3 号 江西省广昌县白莲科学研究所通过太空诱变培育的子莲新品种。株高 180～190 cm，花柄高出叶柄约 15 cm，花单瓣，红色，心皮数 18～26 个。蓬面平，着粒较疏，结实率 89.3%。鲜莲子表皮绿色，单粒重 3.5 g，长 2.2 cm，宽 1.8 cm。完熟莲子卵圆形，壳莲百粒重 167 g。花期 6 月上旬至 9 月上、中旬，每 667 m^2 有效蓬数 4 800 个，产鲜莲蓬 450 kg，或铁莲子 160 kg，或干通芯莲 75～80 kg。

（3）建选 17 福建省建宁县莲子科学研究所选育的子莲新品种。株高 155～165 cm，花柄高出叶柄约 30 cm，花单瓣，白色红尖。莲蓬扁圆形，心皮数 24～35 个，结实率 72.9%。鲜莲子表皮黄绿色，单粒重 3.8 g，长 2.3 cm，宽 1.9 cm。完熟莲子长卵圆形，壳莲百粒重 180 g。花期 6 月上旬至 9 月下旬，每 667 m^2 有效蓬数 4 500 个，产鲜莲蓬 490 kg，或铁莲子 185 kg，或干通芯莲 75～85 kg。

（4）鄂子莲 1 号（满天星）　武汉市蔬菜科学研究所选育的子莲新品种。株高 160～170 cm，花柄高出叶柄约 20 cm，花单瓣，粉红色。莲蓬扁平，着粒较密，心皮数 27～46 个，结实率 77.1%。鲜莲子表皮绿色，单粒重 4.2 g，长 2.4 cm，宽 1.9 cm。完熟莲子钟形，壳莲百粒重 183 g。花期 6 月上旬至 9 月中、下旬，每 667 m^2 有效蓬数 4 500 个，产鲜莲蓬 540 kg，或铁莲子 200 kg，或干通芯莲 90～100 kg。

（5）湘莲 1 号　湖南省蔬菜研究所通过杂交选育而成。株高 156 cm，花单瓣，粉红色，莲蓬倒圆锥形，单蓬心皮数平均 24 个，结实率 78.5%。鲜莲子表皮黄色，单粒重 2.4 g，长 2.1 cm，宽 1.5 cm。完熟莲子圆球形，壳莲百粒重 150 g。花期 6 月上旬至 9 月上、中旬，每 667 m^2 有效蓬数 4 100 个，产铁莲子 150 kg。

第三节　生物学特性与主要性状遗传

一、植物学特征及开花授粉习性

（一）植物学特征

1. 根　莲的根为须根系，成束环生在根状茎茎节的四周，每个节上 6 束根，每束有根 10～25 条，平均根长 10～15 cm。幼根白色或淡红色，老根褐色或黑褐色。须根系主要起吸收养分和固定植株的作用。

2. 茎　莲的茎为根状茎，入泥深 15～50 cm。生长期间的根状茎直径 1～2 cm，节间长 20～100 cm，横切面周边有 7 大 2 小共 9 个通气孔。根状茎最前端带有顶芽的一节俗称"莲鞭"，在湖北有食用莲鞭的习惯。茎节部腋芽萌发可长出新的分枝。生长后期根状茎膨大成粗壮的藕，一般 3～7 节，横径 3～10 cm。藕按其着生的主次，分主藕、子藕和孙藕，从主藕的节部长出的藕称为子藕，从子藕的节部长出的藕称为孙藕。

主藕最后一个节间称尾梢，藕的最前一个节间称藕头，其上着生顶芽。莲的顶芽外被鳞片，里面有一个包裹着鞘壳的叶芽和花芽形成的混合芽及短缩的根状茎。短缩的根状茎的顶端又有一个被芽鞘包裹的新顶芽。每一级藕头的顶芽都有相同的结构。

藕是莲的休眠器官，也是繁殖器官（图 30-1）。

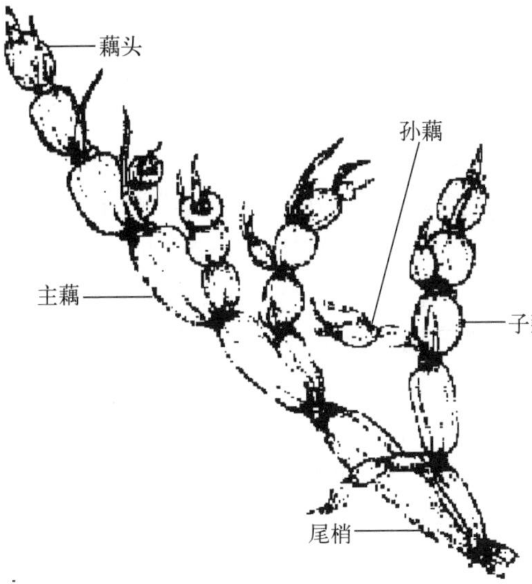

图 30-1　膨大根状茎（藕）
（引自《中国蔬菜品种志》，2001）

3. 叶　莲的叶由叶柄和叶片组成。浮于水面上的叶称浮叶，挺出水面的叶称立叶。叶片圆形或椭圆形。叶柄密布刚刺，内有 4 个大的通气道。叶柄的通气道与地下部分器官的通气道相通而成为通气系统。叶柄的上部与叶背相连，相连处构成一半环形的"箍"，箍呈浅绿色或紫红色。叶片正面具有蜡质，气孔仅存在于叶片的上表皮。叶片正面的中心称叶脐，叶脐内具较多排水器。每片叶的叶脉 19～22 条，从叶脐至边缘呈辐射状排列，除通向叶尖的一条外，其他均为二歧分枝。叶柄的高度通常也称为株高，不同品种差异极大，40～300 cm。

4. 花　花单生，两性。花与立叶并生，花柄（花梗）位于同一茎节上的立叶的背部，一般高于立叶，花柄有 7 大 2 小 9 个通气道。花由花萼、花冠、雄蕊群、雌蕊群、花托和花梗组成。花药条形，花丝细长，着生于花托之下；雌蕊柱头顶生，心皮多数，散陷于海绵质的花托内。受精后，花托膨大称为莲蓬（图 30－2）。

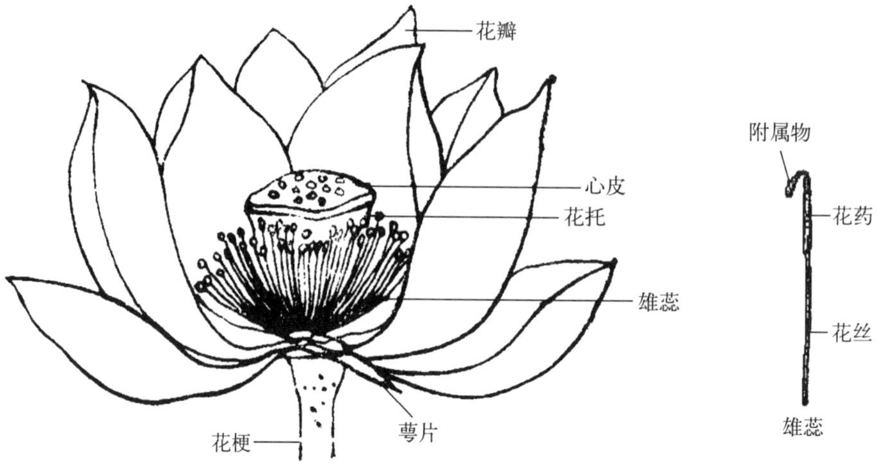

图 30－2 荷 花
（引自《中国莲》）

5. 果实和种子 莲的果实俗称莲子，属小坚果，椭圆形或卵圆形，长 1.5～2.5 cm，果皮革质，老熟后黑褐色或棕褐色，极坚硬。莲子去皮后即为种子，种子由膜质的种皮和胚组成，胚由两枚肥大的子叶、胚芽、胚轴和退化的胚根组成。

（二）开花授粉习性

黄国振（1982）、叶奕佐（1983）等对莲的开花习性及人工杂交技术进行了研究。在长江中下游地区，荷花的盛花期一般在 6 月中旬至 8 月中旬。单朵花的花蕾从露出水面到开花一般要 15～20 d，单朵花的花期 3 d。从子房受精到种子成熟一般 28～40 d，主要与温度有关。

1. 初开期（第 1 d） 一般在上午 5 时左右，花蕾顶部张开 3～3.5 cm 的孔，雌蕊群先成熟，柱头上分泌有大量黏液，此时柱头具有接受花粉受精的能力。初开的花朵散发出浓郁的清香。初开的花，雄蕊群尚未成熟，花药不开裂。上午 8～9 时，花瓣逐渐回闭合拢。授粉 6～8 h 后即可完成配子的结合。

2. 盛开期（开花第 2 d） 第 2 d 早上 5 时左右，花瓣充分张开呈辐射状，雄蕊群四散张开，花药壁破裂，散出大量花粉，花朵芳香四溢，招来大量昆虫采粉。第 2 d 已授粉的雌蕊群柱头干燥呈黄褐色，而未授粉的柱头保持新鲜且有大量黏液，可以接受花粉受精。上午 9～10 时，花瓣逐渐回闭合拢，但花瓣的闭合程度较松散。

3. 谢花期（开花第 3 d） 花瓣再次张开，但花瓣已不鲜艳，柱头变干呈黑褐色，花药平倒在花瓣内侧。第 3 d 的花瓣不能再闭合，花瓣开始由外向内逐渐脱落。至第 4 d，花被完全脱落，仅有少量雄蕊残存在花托基部。

荷花柱头的生活力一般为 2 d，第 3 d 的柱头不能受精。花粉的活力以开花第 2 d 的最好，其活力可以在常温下保持 24 h。在自然环境中，莲以异花传粉为主，传粉者主要是鞘翅目、双翅目、膜翅目和缨翅目的昆虫。

二、生长发育及对环境条件的要求

（一）生长发育

1. 根状茎的生长 莲是大型多年生水生根状茎植物。每年春季，休眠的种藕开始萌发，起初抽生 1～2 片浮叶，随后再长出立叶，根状茎迅速生长，其分枝类型为单轴型。新生的次生根茎交替着水平伸向上一级根茎的两侧。新老根茎之间在生长方向上的夹角为 30°～125°，品种之间存在差异。生长期间，根状茎的节间一般是一节比一节长，一节比一节粗；在根状茎膨大形成藕前，往往会出现一个预膨大节，粗度为 2～3 cm，随后就开始膨大形成尾梢节。种藕的 1 个芽往往能形成 2～3 支藕，主枝结藕较分枝结藕大。藕莲和子莲的生长构型是一样的，只是藕莲结藕的节位在 5～13 节；而子莲结藕在 18～22 节，藕莲结藕节位靠前，熟性就早；子莲结藕节位靠后，花期就长。

2. 立叶的生长　在莲根状茎的主枝和分枝上，立叶的生长都只出现上升梯度叶群，也就是立叶叶柄一片比一片高，而且叶片不仅着生在细长的根状茎（莲鞭）上，在膨大的根状茎节（藕体）上也长出高大的叶片。结藕终止前 3 节，长出 1 片弱小的立叶，该立叶出现后表示其前方还可以膨大形成 3 节藕，因此该叶也称为“终止叶”（图 30－3）。

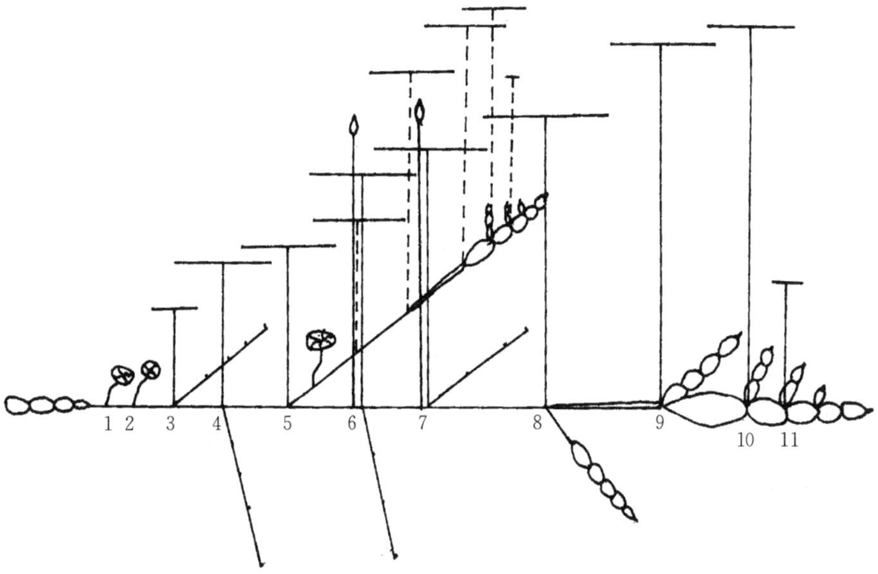

图 30－3　莲的生长模式图

（注：1、2 为浮叶；3、4、6、7、8 分枝上的叶片未画出，5、8、9、10 藕体上长出叶片；11 为终止叶）

（柯卫东等，2007）

莲叶片长满全田后，不同高度的空间均有叶片分布，可以接受不同层次的光线，提高了对光的利用效率。莲地上资源的吸收结构（叶）和地下资源的吸收结构（根）都由水平生长的根状茎连在一起，形成一种生理上的整合。

3. 开花　不同类型莲开花习性存在较大差异，子莲可以在具 1～3 片立叶时抽生第 1 朵花，以后每长 1 片立叶就伴生 1 朵花，分枝也一样，一般是一叶一花，每 667 m^2 可达 4 500～6 000 朵花。藕莲的开花时期较子莲迟，开花也少，有些品种甚至不开花。莲在根状茎膨大后就不再开花。因此，藕莲的早熟品种花少，晚熟品种花多。子莲花多为红色，藕莲花多为白色。

（二）对环境条件的要求

1. 温度　莲为喜温植物，日均气温 28～30 ℃最适于其生长。莲的萌发温度要求在日均气温 13 ℃以上，否则将影响幼苗的生长。在莲的生长后期，较大的昼夜温差有利于营养物质的积累和藕的膨大。

2. 光照　莲为喜光作物，喜晴朗天气，阴凉、少光不利于其生长，叶片易出现病斑。开花期若缺少光照，多阴雨，花蕾易萎蔫死亡，结实率会下降。

3. 水分 莲是水生作物，整个生育期内不能缺水。莲在不同发育期，对水位的要求不同。在生长初期，水位通常以 3～5 cm 为宜，以利于水温升高；生长中后期一般水位 10～15 cm 为宜。不同品种对水深的适应性不同，野生莲和大型的藕莲、子莲可在 1～1.5 m 的水中生长。同一品种的莲在不同水位环境下生长，对其产品有一定影响。如同一品种藕莲在深水的池塘中生长，藕的节数变少，节间变长，熟性延迟；而在水深较浅的水田中生长，则藕的节数变多，节间变短，熟性提早。

4. 土壤和肥料 莲喜有机质多的壤土，土壤贫瘠、板结或黏性过大，都不利于莲的生长发育。若在沙土中种藕，必须施用大量的有机肥，否则藕短小，肉质粗硬，风味差。莲田要求耕层的深度在 30 cm 左右。

三、主要性状的遗传

（一）主要植物学性状的遗传

莲是异花授粉植物，遗传背景高度杂合，因此研究其性状遗传比较困难。针对同样的性状，所用亲本材料不同，可能会得出不同的结果。以下是武汉市蔬菜科学研究所的研究成果归纳，供育种时参考。

1. 根 根色：红色×白色，后代多数红色，少数白色。

2. 茎（藕）

（1）*皮色* 白色×白色，后代多数白色；白色×黄白色，后代多数黄白色；黄白色×黄白色，后代多数黄白色。

（2）*顶芽色* 紫红色×黄色，后代多数紫红色，少数黄色；黄色×黄色，后代全部黄色。

（3）*藕头形状* 锐尖×锐尖，后代全部锐尖；锐尖×圆钝，后代多数锐尖，少数圆钝；圆钝×圆钝，后代多数圆钝。

（4）*藕形* 长条形×短筒形，后代长条形或长筒形；短筒形×中筒形，后代多数中筒形；短筒形×短筒形，后代短筒形或中筒形。

（5）*结藕性* 热带生态莲（莲鞭型）×温带生态莲（结藕型），后代多数根状茎膨大结藕，少数莲鞭型。

（6）*生育期* 杂交莲藕的生育期（熟性）一般居于两个亲本之间。

3. 叶 表面光滑度：光滑×粗糙，后代多数光滑，少数粗糙；粗糙×粗糙，后代多数粗糙。

4. 花

（1）*花色* 红色×白色，后代为红色；红色×黄色，后代多数复色；白色×白色，后代为白色。

（2）*花型* 单瓣×重瓣，后代多数单瓣；单瓣×单瓣，后代为单瓣。

（3）*雄蕊附属物颜色* 白色×白色，后代为白色；白色×红色，后代为红色或白色。

5. 果实

（1）*果实形状* 圆形×圆形，后代为圆形；椭圆形×椭圆形，后代为椭圆形；椭圆形×圆形，后代多数椭圆形，少数圆形。

（2）*外果皮色* 黄绿色×绿色，后代多数黄绿色，少数绿色。

（3）*内果皮色* 白色×白色，后代为白色；白色×红色，后代为白色或红色。

（二）主要数量性状的遗传力及选择效应

1. 藕莲主要数量性状的遗传 柯卫东等（2000）用方差-协方差方法对 17 个藕莲品种（含改良品种、地方品种、野生种）的 15 个农艺性状和 5 个营养品质性状进行了广义遗传力、表型变异系数、遗传变异系数、环境变异系数、遗传进度和相关遗传进度了分析，研究分析结果见表 30－2。

表 30-2　莲藕品种主要农艺性状及营养品质性状的遗传统计

（柯卫东等，2000）

	项　目	广义遗传力 (h_B^2,%)	表型变异系数 (*PCV*,%)	遗传变异系数 (*GCV*,%)	绝对遗传进度 (*GS*,%), *k*=2.06	绝对遗传进度 (*GS*,%), *k*=2.67	相对遗传进度 (*GS*,%), *k*=2.06	相对遗传进度 (*GS*,%), *k*=2.67
农艺性状	株高	51.07	12.48	8.92	23.24	30.13	13.13	17.01
	叶半径	28.51	12.19	6.51	4.44	5.76	7.16	9.28
	叶柄粗	40.74	12.03	7.68	0.17	0.22	10.09	13.08
	整藕重	70.71	37.91	31.88	1.56	2.02	55.22	71.57
	主藕重	69.06	29.73	24.71	0.73	0.94	42.30	54.83
	主藕长	29.18	13.66	7.38	8.29	10.75	8.21	10.64
	第 3 节长	80.17	22.63	20.27	6.37	8.26	37.38	48.45
农艺性状	第 3 节粗	83.27	14.70	13.41	1.71	2.22	25.21	32.68
	第 3 节重	60.39	21.36	16.60	0.11	0.15	26.57	34.44
	尾梢长	53.61	18.69	13.68	5.65	7.31	20.64	26.75
	小区产量	8.30	29.51	20.51	47.26	61.26	29.36	38.06
	子孙藕重	43.21	65.24	42.89	0.69	0.89	58.08	75.27
	主藕重/整藕重	51.92	12.70	9.15	0.09	0.11	13.59	17.61
	5 节以上比例	76.00	42.69	37.21	0.43	0.56	66.83	86.61
	总支数	27.40	25.24	13.21	8.66	11.22	14.25	18.47
营养性状	干物质	41.92	12.06	7.81	2.13	2.75	10.42	13.50
	可溶性糖	36.12	25.13	15.10	0.62	0.81	18.70	24.23
	淀粉	20.65	20.31	9.23	0.98	12.66	8.64	11.20
	蛋白质	26.55	19.75	10.18	0.05	0.06	10.80	14.00
	维生素 C	77.64	24.86	21.91	23.22	30.09	39.77	51.55

注：表内数据是以小区为单位计数的广义遗传力。

（1）*藕莲主要农艺性状的遗传*　从表 30-2 可以看出，第 3 节（指主藕第 3 节，以下同）长、第 3 节粗都有较高的遗传力，都在 80%以上；5 节以上主藕总支数/主藕总支数（以下简称 5 节以上所占比例）、整藕重、主藕重等遗传力为 70%～75%，遗传力较高，说明这些性状在早期世代选择的可靠性较高。遗传力在 50%～60%的性状有第 3 节重、尾梢长、主藕重/整藕重；遗传力在 20%～50%的性状有株高、产量、子孙藕重、叶柄粗等。产量的遗传力为 48.30%，居 15 个性状中的第 10 位。但具较高遗传力的性状与产量性状相关有较密切。因此，可以通过对遗传力高的性状的选择来提高产量。

遗传变异系数变幅为 6.51%～42.89%，其中子孙藕重最大，其次为 5 节以上所占比例、整藕重、主藕重、产量及第 3 节长，这些性状可供选择的潜力大，而株高、叶半径、叶柄粗、主藕长、主藕重/整藕重遗传变异系数较小，均在 10%以下，选择的潜力较小。

第 3 节藕长、5 节以上所占比例、整藕重、主藕重的遗传力和遗传变异系数都大，对这些性状进行选择会有较好的效果，而且可靠性较高。

遗传进度决定于性状的遗传力和遗传变异幅度。如产量这一性状，按选择率为 5%的比例进行选择后，平均而言，其子代从亲本获得的遗传进度是 47.26 kg，即比亲代增加了 29.36%。相对遗传进度较高的有：5 节以上所占比例>子孙藕重>整藕重>主藕重>第 3 节长>产量，对它们进行选择可能得到较好的效果，这些性状与产量都有极显著的相关性；而叶半径、主藕长、叶柄粗等的相对遗传进度较低，对其直接选择的效果可能较差。

（2）*藕莲营养品质性状的遗传*　从表 30-2 可知，5 个营养品质性状的广义遗传力依次为维生素 C>干物质>可溶性糖>蛋白质>淀粉，与农艺性状相比，除维生素 C 较高外，其余均较低；遗传变异系数的变幅为 7.81%～21.91%，也以维生素 C 最大，其次是可溶性糖、蛋白质、淀粉，最低是干物质，说明维生素 C、可溶性糖可供选择的范围较大。相对遗传进度也以维生素 C 最高，其次是可溶性糖、蛋白质、干物质，而以淀粉最低。说明对维生素 C 和可溶性糖进行选择可能会得到较好的结果，而对其他 3 个性状进行选择，效果会差一些。淀粉的遗传力、变异系数及遗传进度均较低，说明对它的选择余地较小，但淀粉含量对于晚熟藕莲而言又是一个重要的品质性状。因此，寻找高含量淀粉的资源为育种提供材料十分重要。

2. 子莲主要数量性状的遗传 朱红莲等（2014）对 7 份子莲材料（含地方品种、杂交材料）的 11 个主要农艺性状与产量进行了变异系数和广义遗传力的分析（表 30 - 3）。

从表 30 - 3 可以看出，所测定子莲 11 个主要农艺性状与产量的变异系数变幅为 3.08%～22.18%，从高到低依次为：产量>莲蓬数>平均心皮数>单个鲜花托质量> 结实率>叶柄粗>单粒鲜莲子质量>叶柄高>花托直径>叶片长半径>鲜果实横径>鲜果实纵径。其中，产量、莲蓬数、平均心皮数、单个鲜花托重、结实率的变异系数均在 12% 以上，说明这些性状可供选择的潜力大。其他性状的变异系数较小，均在 10%以下，说明这些性状供选择的潜力较小。

从表 30 - 3 还可以看出，子莲平均心皮数和单个鲜花托质量的遗传力均在 90% 以上；花托直径和单粒鲜莲子质量的遗传力在 80%～85%；鲜果实横径和结实率的遗传力为 70%～75%。说明这些性状在杂交种早期世代进行选择收效比较显著。而鲜果实纵径、叶柄高、叶柄粗、莲蓬数和叶片长半径等性状的遗传力较低，说明这些性状要在杂交种后期世代进行选择才能获得较好的收效。产量的遗传力较高，为 74.16%，说明产量高低可以通过杂交种早期世代进行选择。子莲产量、平均心皮数、单个鲜花托质量、结实率等性状的变异系数和遗传力都较大，对这些性状进行选择，不仅可使这些性状有较大的增减幅度，而且可靠性较高。

表 30 - 3 子莲主要农艺性状遗传变异性统计结果

（朱红莲等，2014）

项目	叶柄高（cm）	叶柄粗（cm）	叶片长半径（cm）	花托直径（cm）	平均心皮数（个）	结实率（%）	单个鲜花托重（g）	每 667 m² 莲蓬数（个）	单粒鲜莲子重（g）	鲜果实纵径（cm）	鲜果实横径（cm）	每 667 m² 产量（kg）
平均数	168	1.7	37.8	12.7	31	61.84	106	3 740	3.7	2.3	1.9	247.84
最小值	144	1.4	32.7	10.9	24	43.88	83	2 360	3.2	2.2	1.7	153.00
最大值	191	1.9	42.3	14.1	37	76.67	134	4 960	4.5	2.4	2.0	358.74
标准差	13.765	0.166	2.457	0.830	4.750	7.559	14.207	32.285	0.319	0.072	0.066	2.749
变异系数（%）	8.18	9.97	6.50	6.56	15.42	12.22	13.42	17.25	8.57	3.08	3.53	22.18
广义遗传力（%）	56.84	50.64	33.31	84.49	91.75	71.27	91.32	48.88	81.21	69.79	71.83	74.16

（三）主要性状间的相关性

1. 藕莲主要性状间的遗传相关 柯卫东等（2000）对 17 个藕莲品种的主要农艺性状与产量进行了遗传分析研究，结果认为：

（1）与产量相关的主要性状 与产量显著相关的主要性状有：整藕重、主藕重、第 3 节粗、子孙藕重、5 节以上主藕所占比例，遗传相关系数分别达到：0.86、0.89、0.95、0.74、0.93。第 3 节长、尾梢长、主藕重/整藕重与产量呈显著负相关。

（2）与整藕重、主藕长相关的主要性状 整藕重、主藕长与叶柄粗、主藕重、第 3 节粗、第 3 节重、子孙藕重、产量、5 节以上主藕所占比例呈极显著正相关，而与主藕重/整藕重呈极显著负相关。

(3) 与主藕重相关的主要性状　主藕重是除去子孙藕而最具商品价值的一部分产品，它与叶柄粗、整藕重、第3节粗、第3节重、产量、子孙藕重、5节以上主藕所占比例呈极显著正相关。

(4) 与5节以上主藕所占比例相关的主要性状　5节以上主藕所占比例与整藕重、第3节粗、子孙藕重、小区产量呈极显著正相关，而与第3节长、尾梢长及主藕重/整藕重呈极显著负相关。

(5) 与主藕重/整藕重相关的主要性状　主藕重/整藕重与第3节长和尾梢长达极显著正相关，而与其他主要经济性状达显著或极显著负相关。

(6) 与单位面积藕的总支数相关的主要性状　单位面积藕的总支数与其他任何一个农艺性状的相关性未达显著水平，说明它是一个相对独立的性状。

(7) 与子孙藕重相关的主要性状　子孙藕重与产量、第3节粗呈极显著正相关，而与主藕重/整藕重呈极显著负相关。武汉市蔬菜科学研究所多年的育种实践认为，选择子孙藕重这一性状是选育高产品种的有效指标之一。从主藕、子藕、孙藕的着生规律看，整藕中，主藕的节数往往比最大子藕节数多一节（图30-4）。主藕的节数越多，子孙藕的重量越大，主藕节数与全部子藕节数的关系可用数学模型 $y=x(x-1)/2$ 表示（y：全部子藕节数；x：主藕节数）。

图30-4　子藕在主藕上的着生规律（主藕节数：子藕节数）
（柯卫东等，2000）

当主藕仅2节时，子藕只1节；当主藕为3节时，子藕也为3节，增加1节主藕，增加了2节子藕；那么当主藕为5节时，子藕为10节，与4节主藕相比，增加1节主藕增加了4节子藕；同样主藕为6节时，增加了1节主藕，而子藕增加了5节，这里还未计算孙藕增加的数量和重量。由此可以看出，随着主藕节数的增加，子藕所占的比例会加大。

(8) 营养品质性状间的相关分析　各营养品质性状的遗传相关结果为：维生素C与可溶性糖和蛋白质呈负相关，而与干物质和淀粉呈正相关，但均未达到显著水平，说明维生素C相对于其余4个性状而言是相对独立的。干物质与蛋白质和淀粉达极显著正相关，而与可溶性糖达极显著负相关。可溶性糖与淀粉和蛋白质达极显著负相关，淀粉与蛋白质相关不显著。

2. 子莲主要性状间的遗传相关　朱红莲等（2014）对7份子莲材料的主要农艺性状与产量进行相关及通径分析，结果认为：

(1) 与产量相关的主要性状　产量与莲蓬数呈极显著正相关，遗传相关系数为0.63；与花托直径、单粒鲜莲子质量呈显著正相关，遗传相关系数为0.55、0.54。叶柄高、叶柄粗与产量呈不显著负相关。

(2) 与平均心皮数相关的主要性状　平均心皮数与花托直径、单个鲜花托质量呈极显著正相关，与鲜果实纵径呈显著正相关，与结实率呈显著负相关。因此，单纯地提高心皮数量可能导致结实率降低，也不会达到增产的效果，所以要找到两者的一个平衡值，使有效结实达到最大。目前推广品种单花托平均结实达27个即为高产，今后育种中应以能突破30个作为目标。

(3) 与结实率相关的主要性状　结实率除与平均心皮数呈显著负相关外，还与鲜果实纵径呈极显著负相关，因此子莲育种时选择圆形或近圆形果实，其商品性好，结实率也高。

(4) 与单粒鲜莲子质量相关的主要性状　单粒鲜莲子质量与花托直径、单个鲜花托质量、鲜果实横径呈极显著正相关，与鲜果实纵径呈显著正相关，因此子莲育种时选择花托直径大、质量高以及果实呈圆形或近圆形的性状有利于单粒莲子质量的提高。

(5) 与莲蓬数相关的主要性状　莲蓬数与产量呈极显著正相关，说明莲蓬数是提高产量的重要因子，增加单位面积的开花数量有利于子莲产量的提高。

第四节 育种目标

一、藕莲育种

(一) 品质育种

莲藕的品质包括营养品质和外观品质。

1. 营养品质 根据育种目标的不同，莲藕要求的营养品质不同。如炒食或鲜食的莲藕要求水分和糖含量高，干物质、淀粉含量低；而煨汤型莲藕要求干物质和淀粉含量高。2007 年武汉市蔬菜科学研究所对 160 份藕莲资源的主要营养品质（干物质、粗蛋白、淀粉和可溶性糖）进行了测试分析，其平均含量、变幅及变异系数结果见表 30 - 4。

表 30 - 4 莲藕种质资源主要营养品质分析（鲜样）

（武汉市蔬菜科学研究所，2007）

莲藕	份数	平均值（%）	变异系数（%）	变幅（%）
干物质		23.07	9.82	18.76～28.13
粗蛋白	160	2.30	17.20	0.93～4.70
淀粉		13.51	15.24	9.23～18.15
可溶性糖		1.83	26.19	0.75～3.52

由表 30 - 4 可以看出：以上 4 种营养品质的变幅、变异系数都较大，为莲藕的品质育种提供了基础。4 个营养品质指标的变异系数大小顺序为：可溶性糖>粗蛋白>淀粉>干物质。

将莲藕按地方品种、选育品种（品系）和野生资源划分为 3 类，对 3 类资源的营养成分进行比较分析，结果见表 30 - 5。

表 30 - 5 不同种质类型的莲藕资源营养成分比较（鲜样）

（武汉市蔬菜科学研究所，2007）

资源类型	营养成分	份数	平均值（%）	变异系数（%）	变幅（%）
地方品种	干物质	142	23.09	9.75	18.76～28.07
	粗蛋白		2.30	17.62	0.93～4.70
	淀粉		13.57	15.17	9.23～18.15
	可溶性糖		1.81	24.69	0.75～3.52
选育品种	干物质		22.23	10.29	19.25～26.06
	粗蛋白	13	2.27	14.50	1.77～2.81
	淀粉		12.54	15.91	9.89～16.54
	可溶性糖		2.31	26.20	1.34～3.23
野生资源	干物质		24.73	8.06	23.37～28.13
	粗蛋白	5	2.36	13.07	1.82～2.59
	淀粉		14.44	12.19	13.18～17.47
	可溶性糖		1.43	22.67	1.00～1.89

由表 30 - 5 可以看出，干物质、粗蛋白和淀粉含量均为野生资源>地方品种>选育品种，其中粗蛋白含量三者数值比较接近。可溶性糖含量则为选育品种>地方品种>野生资源。淀粉和干物质含量

是煨汤型莲藕品种的重要营养品质指标之一，野生资源这两项均较高，如何将野生莲资源中的高淀粉、高干物质含量等优良性状转育到改良的煨汤型品种中，是今后育种的一个课题。

2. 外观品质 除营养品质外，外观品质也十分重要，藕莲一般要求藕节均匀，表皮白，肉质肥厚等。

（二）丰产育种

莲藕不管是炒食或是煨汤的品种，高产是育种的首要目标。

莲藕的产量由单位面积的总支数×单支重构成，单支重＝主藕重＋子孙藕重。在各种资源材料中，总支数是一相对稳定的性状，其遗传变异系数和表型变异系数都较小，遗传力（27.4%）也较低。而单支重、子孙藕重等的变异系数和遗传力都较高，子孙藕重又是产量构成的重要因子，因此可以通过选择子孙藕重这一性状来选育丰产品种。

通过选育主藕节数多的材料，可以增加子孙藕的数量，从而达到丰产性育种的目的。在注重子孙藕重的同时，要选择达到一定粗度的子孙藕，使其具有商品性。

单支重还与遗传力较高的第 3 节藕粗、第 3 节藕重、5 节以上藕重所占比例等性状呈极显著正相关，可以通过对这些性状的选择来增加单支重，从而增加总产量。

（三）熟性育种

由于莲藕在泥中生长结藕，不便于直接观察，只能通过间接的选择来选育不同熟性的莲藕品种。目前，主要通过下列几个性状来进行间接选择。

1. 莲藕膨大节位 莲藕膨大结藕的节位是熟性早晚的标志之一，结藕的节位越靠前，熟性越早，反之则越晚。早熟品种结藕节位在 5～8 节，中熟品种在 9～12 节，晚熟品种在 13 节以上。通过选择不同节位结藕的品种，以适应生产上对早、中、晚熟不同品种的需求。同一品种在同一环境下种植，结藕的节位相对稳定，侧枝结藕一般比主枝晚 3～5 d。

2. 尾梢的萎缩程度 每年的 3～4 月份挖出上一年种植的莲藕，莲藕尾梢或靠近尾梢的 1～2 节是否萎缩是早熟的标志性状之一，极早熟品种有 2 节萎缩，早熟品种有 1 节萎缩，中熟品种尾梢略萎缩，晚熟品种尾梢一般不萎缩并可食用。

3. 枯荷期 不同熟性的品种，荷叶枯死的时期不一样。早熟品种枯荷期在 8 月下旬至 9 月上旬，中熟品种在 9 月中旬，晚熟品种 9 月下旬以后荷叶才开始变黄枯死。

（四）保护地专用品种的选育

针对目前挖藕劳动强度大、挖藕难等制约莲藕产业发展的瓶颈问题，保护地基质栽培是解决的途径之一。保护地基质栽培莲藕专用品种的要求：主茎结藕节位小于 7 节，抗倒伏，植株矮小（株高不超过 1.5 m），入泥浅（不超过 30 cm），早熟，保护地栽培一年能采收 2～3 次。

二、子莲育种

（一）丰产性育种

子莲育种的第一目标是高产，单位面积子莲的产量＝单位面积莲蓬数×单蓬心皮数×结实率×单粒莲子重。在进行子莲高产育种时，如果在心皮数×结实率达到一恒定上限的情况下，可以通过增加莲蓬数、提高单粒莲子重来提高产量。而莲蓬数可以通过种植密度进行调整，故单粒莲子重的改良是提高子莲产量的关键。

单位面积的总莲蓬数取决于品种的花期和花密度。子莲生育期越长，主枝生长节位就越多，分枝也越多，开花数就越多。子莲根状茎节数一般达到18～22节才结藕。热带生态莲具有生育期长（比现有子莲品种花期长30 d以上）、干物质含量高、结实率高等优良性状，但热带莲产量较低、外观品质较差，如果将热带生态莲中生育期长、结实率高等优良性状转移到亚热带生态型的子莲品种中去，将可能提高现有品种的产量。

（二）品质育种

子莲的品质也包括外观品质和营养品质两个方面，通芯白莲的出口标准是960粒/kg，即单粒重>1.042 g，果形指数<1.4；加工后的通芯白莲要外观圆整，炖煮易熟，汤清肉绵，色白饱满。干莲子要求蛋白质含量高。

三、其他育种目标

针对莲不同的用途，可以分别制定育种目标，如适于不同加工用途的品种选育、适于保鲜的品种选育、鲜食子莲品种的选育、莲鞭型品种的选育，以及针对特殊消费习惯的专用品种的选育等。这些新的消费需求，也是今后育种工作的重要目标。

第五节　育种途径

一、引种及选择育种

（一）引种

莲藕属高温短日照作物，但莲藕的适应性较广，引种的范围也较宽。在引种时，应注意以下情况：

1. 从低纬度向高纬度引种，其生育期延长　如东南亚地区的莲藕资源引种到武汉后，花果期可到11月上、中旬，比当地种延长60～70 d。湖北选育的早中熟品种鄂莲5号、早熟品种鄂莲7号从武汉引种到山东、河北、河南、陕西、宁夏，甚至新疆、黑龙江表现都良好；而武汉地区表现晚熟的品种鄂莲8号引种到我国北方，生育期延长，结藕太晚，主藕3节左右，产量低。

2. 从高纬度地区向低纬度地区引种，其生育期缩短　如鄂莲7号引种到我国南方的广东、广西等地，生育期太短，营养生长不够，结藕早，产量低。又如黑龙江地区的莲资源（温带生态型）引种到武汉后植株矮小（50 cm左右），不能现蕾开花，5月中旬即膨大结藕；而在当地株高可达150 cm以上，并且花果茂盛。鄂莲5号在泰国曼谷（低纬度地区）植株生长矮小，不能开花，长出3～4片叶后就结藕。

因此，莲藕在不同纬度之间引种，要先做引种试验，成功后再大量引入。一般而言，莲藕在我国不同纬度之间引种，早熟或早中熟品种由南向北引种易成功，中晚熟或晚熟品种由北向南引种易成功。

（二）选择育种

对莲藕品种的自然变异进行选择，是一个简易、快速而有效的育种途径。莲藕品种在种植或引种过程中，其群体中会出现遗传变异株，如果出现符合育种目标的基因型，对其加以选择，可以省去人工创造变异的环节。莲藕变异的主要来源有：

1. 实生苗变异　莲藕是异花授粉作物，现有品种遗传背景高度杂合，种子播种长出的实生苗可以出现大量性状分离，可供选择。莲藕在栽培过程中，很少打花摘果，莲子成熟后落入田中，可以发芽长出新的植株，结的藕就混杂在原品种群内。

2. 突变　莲藕地方品种在长期种植过程中，由于自身的突变或环境条件如辐射、化学物质等的作用也会引起变异，这种变异会保留在原品种群中。

地方品种往往是混杂群体，存在大量的变异可供选择。因此在莲藕收获的季节，到藕田中选择符合目标性状要求的单株，主要从单支藕重量、长度、粗度、子孙藕大小、尾梢状况、皮色等性状选择；子莲在开花结果盛期选择，主要观察单花托的心皮数、果实大小、果实形状等性状。选好的单株带回后，分别种植在 6～10 m^2 水泥池中，并同时种植原品种。连续观察 2～3 年，通过后代的表现，选择优良的变异单株进行品比试验（用原品种及现在的主栽品种作对照），品比试验后再进行区域试验。武汉市蔬菜科学研究所早期育成的品种就是通过这种方法选育的，如 8126 是从合肥地方品种中选出，8143 从湖北沙市的地方品种半边疯中选出。对育成品种，在同一块田中种植多年以后，也可以用这种方法选择。由于育成品种的性状较优秀，可能会发现更好的单株。

二、有性杂交育种

有性杂交是莲藕育种的最有效方法，如鄂莲 3 号、鄂莲 4 号、鄂莲 5 号都是通过杂交选育而成。由于莲是异花授粉作物，莲现有品种遗传背景高度杂合，在杂交后代中会出现大量变异可供选择。F_1 代自交获得的 F_2 代也会出现大量变异，这些变异均可通过无性繁殖固定。

（一）自然杂交群体中选择

将莲多个品种种植在一起，如将藕莲不同熟性、株高、生长势的品种种植在相对独立的空间内，任其自然授粉，这种自然杂交的莲子收获后，次年将同一母本的种子混合播种在同一块大田内，每 667 m^2 播种 300～400 粒种子。在大田中会有很多变异性状供选择。若用优良性状多的材料做亲本，选育出优良新品种的机会更多（图 30－5）。

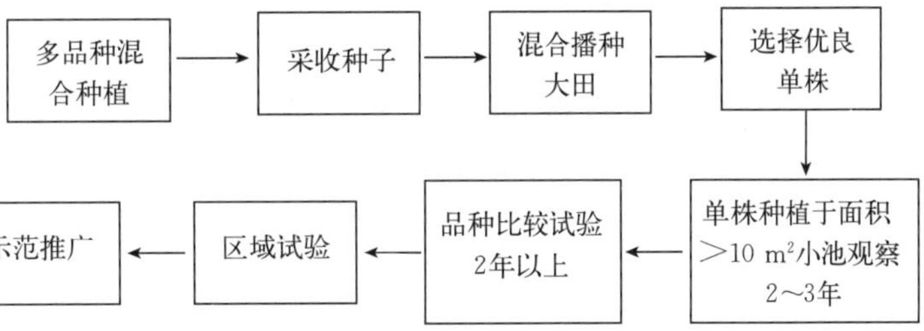

图 30－5　自然杂交混合育种程序

（二）人工杂交育种

莲藕育种中所关注的性状大多是数量性状，多基因控制，如莲藕中与产量性状密切相关的有子孙藕的大小、单支重、主藕重、第 3 节粗、第 3 节重、5 节以上主藕所占比例等性状。因此在选择杂交亲本时，选择这些性状较好的材料作亲本，得到高产品种的概率更大。早熟品种的选育，要选择结藕节位少、尾梢及近尾梢的 1～2 节萎缩的材料做亲本。

莲藕虽然是杂合体，但有些材料的一般配合力很强，用它做亲本的杂交后代主要农艺性状的表现较好。如武汉市蔬菜科学研究所的亲本材料 90－35（来自上海市郊区的地方品种），有 3 个新品种（系）与它有亲缘关系；亲本材料 Z－08（杂交材料），有 2 个新品种（系）与它有亲缘关系。这两份材料配合力都很强，与其他材料杂交一般都有较好的表现。因此，在育种过程中除了要注意发现一些有突出性状的材料外，还要注意配合力强的骨干亲本（图 30－6）。

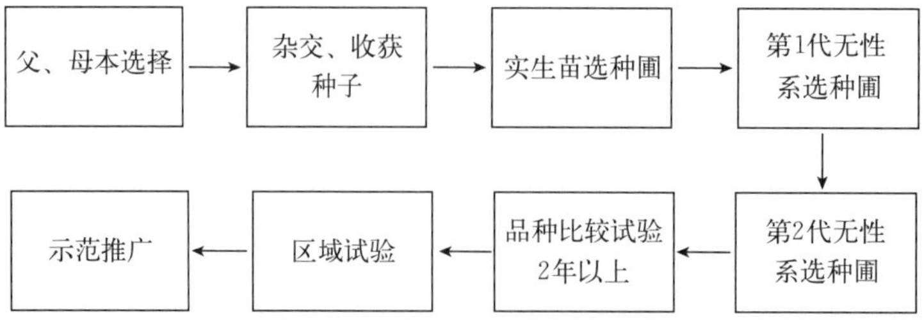

图 30-6　莲藕杂交育种程序

1. 人工授粉技术

(1) 套袋隔离　在花朵开放前 1～3 d 进行父、母本花蕾的套袋，防止小型昆虫（蓟马等）将其他花朵的花粉带入花内。纸袋可用较薄硫酸纸制成，硫酸纸不能太厚，以免影响散热而使花托内温度过高，影响受精导致结实率下降。硫酸纸袋的大小按 28 cm×17 cm 制作为宜。套袋后，花蕾基部的袋口用回形针扎紧，防止昆虫进入。

(2) 授粉　父本的花粉宜取第 2 d 开的花（开放前 2～3 d 已套袋），将采下的花药放在小型容器（如小铝盒等）内，最好当天的花粉在当天使用，未用完的花粉也可放入冰箱（4～7 ℃）内贮存至次日使用。接受花粉的母本最好是第 1 d 初开的花，用镊子将花药在柱头上轻轻抖动，使花粉散落在柱头上，授完粉后，将纸袋重新套在花上，扎紧袋口即可。做完杂交的花朵，写好标签，将标签挂在花柄上。莲藕杂交授粉最好在晴天上午 9 时以前完成。由于荷花雌雄异熟，在空间上也隔离，因此可以省去雄程序。莲藕中，有些品种开花很少，如果作为亲本，种植面积应稍大一些，并随时注意开花情况。

(3) 去袋及管理　杂交后当天下午 5 时后或第 2 d 早上要去掉纸袋，否则袋内温度过高影响受精卵的发育。去袋时若发现花托上个别柱头尚新鲜并有黏液，可用针等将其刺破，以免接受其他花粉形成混杂的种子。授粉莲蓬做醒目标记，便于采收时寻找到。果实发育经历黄籽期、绿籽期、紫褐籽期和黑褐籽期，从授粉到果实成熟 28～40 d。

2. 藕莲杂交育种的程序

(1) 实生苗选种圃　杂交后收获的种子按不同组合分别播种，待种子长出根、叶后即可定植。根据莲藕的生长习性，每粒种子要分别种植于相互隔离的陶缸或水泥池中，容器太小，植株性状不能充分展现；容器越大，越有利于植株性状的表达。但若杂交种子太多，成本就会过高。经验表明，第 1 年先将杂交种子播种于高 50 cm、直径 68 cm 的圆形陶缸中，每隔 20 个缸设 1 个对照（相同类型的主栽品种），观察 1～2 年，主要观察单支藕大小、皮色、熟性、主藕节数、子藕大小等性状，对各组合及单株给出初步的评价结果。

(2) 第 1 代无性系选种圃　在初步评价基础上，选择符合育种目标的单株种植于 6～10 m^2 的水泥池中，每隔 10 个小池设 1 个对照（相同类型的主栽品种）。对其产量、支数、单支藕重、子孙藕大小、外观品质等性状深入鉴定 1～2 年，在此基础上，选择符合育种目标的单株。

(3) 第 2 代无性系选种圃　从第 1 代无性系入选的品系，种植于面积大于 33 m^2 的水泥池中，设置相应的对照。除评估田间农艺性状外，重点对田间抗病性及淀粉、可溶性糖等营养品质性状进行鉴定。

(4) 品种比较　在 66.7 m^2 以上的小池内进行品比试验 2 年，随机区组设计，3～4 次重复，参试品种数不要超过 10 个，以目前生产上的主栽品种为对照。

(5) 区域试验和生产示范　品比试验完成后，要选择不同的地区、不同的生态环境进行区域试验，表现好的品系再推广。在区域试验之前表现好的组合，到了大田后表现不一定理想。因此，有必要在莲藕新品种推广前进行大田区域试验。

目前通过杂交育种选育的莲藕品种主要有：鄂莲 3 号、鄂莲 4 号、鄂莲 5 号、鄂莲 6 号（图 30－7）、鄂莲 7 号等。

3. 子莲杂交育种程序 杂交育种也是子莲应用最多的一种育种手段，其育种程序与藕莲大致相同，但实生苗选种不能在陶缸里，因为在缸内不能使子莲的开花数、心皮数及果实大小等性状充分表达，从而为选择带来不确定性，因此杂交子莲的实生苗应播种在大于 3 m^2 以上的水泥池中。

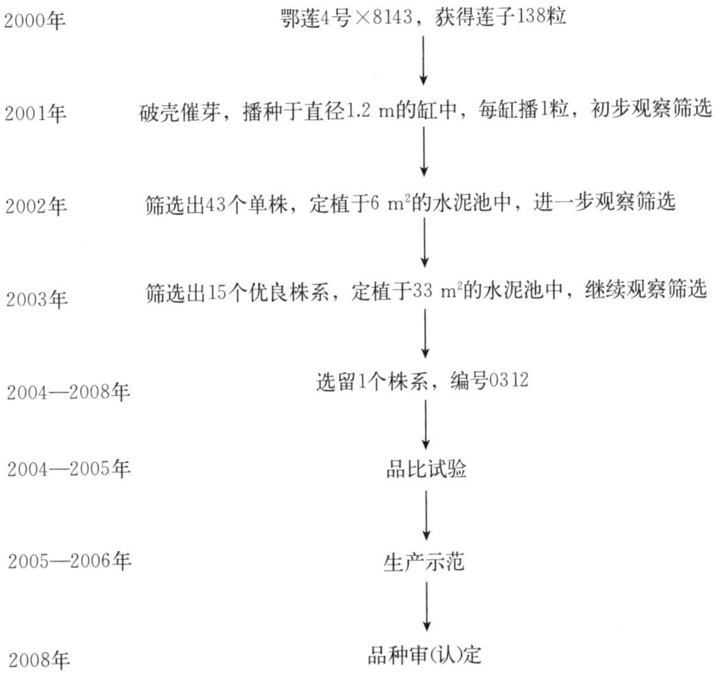

图 30－7 鄂莲 6 号的选育系谱
（武汉市蔬菜科学研究所）

（1）*实生苗选种圃* 将实生苗栽培在大于 3 m^2 的水泥池中，每隔 10～15 个池设置 1 个对照。6～9 月进行田间性状调查，包括始花期、心皮数、结实率、果实长度、果实宽度、鲜花托重、鲜莲子百粒重、终花期、产量等指标，进行初步观察筛选。由于第 1 年实生苗播种植株部分性状不能完全表达，在实生苗选择圃内至少应观察 2 年以上。

（2）*第 1 代无性系选种圃* 将入选单株定植于 6～12 m^2 的水泥池中，每隔 10 个小池设置 1 个对照。5～10 月生长期间进行性状鉴定，主要性状有：现蕾期、始花期、终花期、始收期、叶柄高、叶柄粗、叶片长、叶片宽、花柄高、花柄粗、花托形状、花托直径、花托高度、心皮数、结实率、果实形状、果实长度、果实宽度、鲜花托重、鲜莲子百粒重、外果皮色（青子期）、内果皮色（青子期）、产量等性状。观察比较 1～2 年。

（3）*第 2 代无性系选种圃* 将优良株系种植于面积 33 m^2 的水泥池中，设置相应的对照。重点评估单粒重、心皮数、产量、田间抗病性及淀粉、蛋白质、可溶性糖等性状。

（4）*品种比较* 在 33～66.7 m^2 小池内进行品比试验 2 年，随机区组设计，3～4 次重复，用主栽品种做对照。详细观察并记录生物学特性、植物学性状及田间抗病性。

（5）*区域试验和生产示范* 品比试验完成后，要选择不同的地区、不同的生态环境进行区域试验，确定新品系的适应地区。

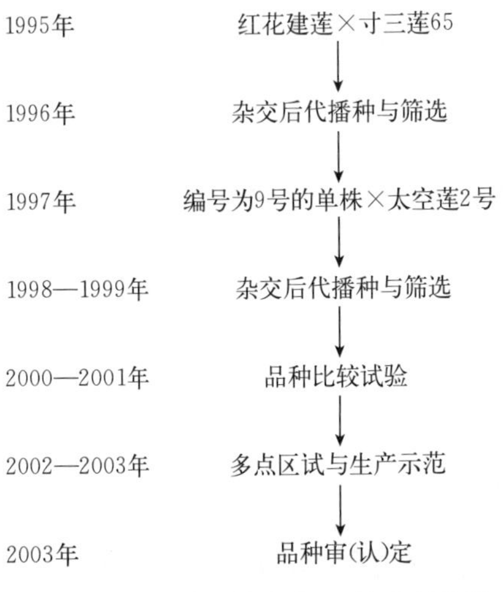

图 30－8 子莲品种建选 17 的选育系谱
（福建省建宁县子莲科学研究所）

目前，通过杂交育种选育的子莲品种主要有：湘潭芙蓉莲（寸三莲×建莲）、湘莲 1 号（湘白莲 09×建莲 03）、建选 17［（红花建莲×寸三莲 65）×太空莲 2 号］（图 30－8）等。

近年，武汉市蔬菜科学研究所收集了部分东南亚的热带生态型资源，这些资源最大的特点是花果期比国内的子莲长，用国内的子莲与热带生态型资源进行杂交，花期可以延长 30～40 d，结实率、产量均较高，但果实性状有待改进。

三、倍性育种

（一）多倍体育种

莲是无性繁殖作物，藕莲以根状茎为食用器官。多倍体植物往往表现为营养器官增大的特征，希望能通过该途径选育出好的品种。目前在莲藕多倍体育种上采用的诱导方法主要是秋水仙素加倍，处理的器官为实生苗的茎尖或根状茎顶芽，方法主要有浸泡、琼脂包埋、点滴、注射等。其中浸泡效果较好，秋水仙素的浓度以0.05%～0.2%为宜，处理时间2～5 d。黄国振（1983）、湖南农业大学、武汉市蔬菜科学研究所先后开展了莲藕的多倍体的诱导工作，都得到一些多倍体材料，但暂未育成在生产上能应用的品种。

（二）单倍体育种

由于莲品种多是杂合体，目前尚未得到纯系。采用多代自交时间长、需要的田间设施多、工作量大，往往难以持续。若采用花药或小孢子培养则会较快得到单倍体，加倍后即为纯系，对于莲遗传规律的研究、杂种优势的利用将有一定作用。武汉市蔬菜科学研究所在花药或小孢子培养方面开展了一些工作，但在技术上仍未取得实质性突破。

四、诱变育种

江西省广昌县白莲科学研究所于1986年用3.87×10^{-4}C/kg的γ射线处理鄂子1号，从中选育出赣辐86新品种。

1994年江西省广昌县白莲科学研究所将442粒白莲种子搭载返回式卫星，进行空间诱变育种研究，成功培育出太空3号、太空36等在生产上大面积应用的主栽品种。

低能离子注入技术作为生物物理诱变的一种新型技术，在子莲、花莲育种中进行了尝试和应用。谢克强等将磷、碳、氮离子注入子莲种子，观察到子莲在始花期、花型、花色、单粒重等性状上出现广谱性变异。花型由单瓣变异为半重瓣、重瓣；花色由红色变成粉红色、粉色；花托、果实变异出多种形状。通过该技术选育出京广1号、京广2号两个子莲新品种。邓传良等对铁离子注入诱变的白洋淀红莲突变体及对照的基因组进行了RAPD研究，结果表明，突变体的总碱基突变频率为0.87%，碱基突变类型包括颠换、转换、缺失、插入等。

经空间诱变和离子注入后的莲种子，虽然观察到较多的变异，但由于花莲和子莲品种具有高度杂合性，其后代性状分离本身就非常大，经太空诱变、离子注入后代的变异究竟是诱变引起还是本身出现的性状分离，有待进一步研究。

五、分子标记辅助育种

近20年来，随着分子生物学和基因组学等新兴学科的兴起，特别是最近几年，第2代高通量测序技术乃至第3代测序技术的迅速发展，大大推动了莲基因组学的研究。

（一）基因组测序

2013年，中国科学院武汉植物园和美国伊利诺伊大学联合完成了中国古代莲的全基因组测序，组装基因组大小804Mb，占莲藕基因组的86.5%。基因组中含有57%的重复序列，转座子占47.7%，对26 685基因进行了注释，基因的平均长度为6 561 bp。22 803个基因在地下茎、根、叶片或心皮中表达，占基因总数的85.5%。其中，持家基因14 477个，组织特异性表达基因3 094个。发现了莲藕在进化过程中存在瓶颈效应和全基因组复制现象，也从基因层面上对莲藕水生生长环境适应性进行了探讨。该研究团队采用中国古代莲×美洲黄莲 F_1 代分离群体，构建了首个莲基因组高密度遗传图谱。该遗传图谱有9个连锁群，总长543.4 Mb，覆盖基因组的67.6%，由562个序列标签集和156个SSR标记构成，平均标记密度为1.41 Mb/个。

同年，武汉市蔬菜科学研究所和深圳华大基因科技服务有限公司合作完成了中间湖野莲的全基因组测序。组装基因组大小为792 Mb，GC含量为38.7%，编码基因有40 348个，平均基因长度为3 431 bp，平均外显子为3.68个，外显子和内含子平均长度分别为246 bp和939 bp。发现膜联蛋白基因ANNfam5中存在两个明显的正向选择位点，可能是莲子保持长久生命活力原因所在。对莲中淀粉合成相关基因的深入分析表明，其GBSS基因有明显的扩张现象，可能是莲子及其地下茎中淀粉合成的关键基因。2016年，武汉市蔬菜科学研究所构建了鄂子莲1号和鄂莲9号的杂交 F_2 代遗传群体。通过简化基因组测序技术，绘制了栽培莲的高密度遗传图谱。该图谱总长556 Mb，由8个连锁群组成，含791个共整合标记，标记间平均遗传图距0.74 cM。

2014年，武汉大学对中国莲和美洲黄莲的叶绿体基因组进行了测序。中国莲和美洲黄莲叶绿体基因组全长分别为163 307 bp和163 206 bp，GC含量各占碱基的37.99%和38.01%，编码113个基因，包括4个rRNA基因（16S、23S、4.5S和5S），30个tRNA基因和79个蛋白质编码基因。非编码区占基因组44.34%，其中基因间隔区58 078 bp（占基因组35.56%），内含子区14 329 bp（占基因组8.77%）。根据叶绿体基因组序列对莲属的系统进化地位进行了分析，认为莲科应归类到双子叶植物中的山龙眼目（Proteales）中，约有1.1亿年的进化历史，中国莲和美洲黄莲的分离时间约在241万年前。

（二）莲藕重要基因克隆和相关研究

淀粉是莲藕和莲子中的主要营养成分，调控莲藕淀粉合成的相关酶类主要有ADPG-焦磷酸化酶、淀粉合成酶、淀粉分支酶和淀粉脱分支酶等。陆叶等（2012）从莲藕美人红中扩增得到淀粉颗粒结合型淀粉合成酶基因，基因全长2 265 bp，开放阅读框1 848 bp，编码615个氨基酸，序列分析表明：莲藕GBSS基因与金鱼草、马铃薯、大豆和水稻中同源基因的同源性分别达61.2%、59.6%、64.2%和50.6%；其氨基酸序列与金鱼草同源性最高，达到77%，与马铃薯、甘薯的同源性达到75%，与豆科植物的同源性在70%～75%，与禾本科植物的同源性在65%～70%。张莉等克隆得到可溶性淀粉合成酶基因（LrSSS）cDNA序列，基因全长4 080 bp，开放阅读框3 696 bp，编码1 231个氨基酸，该序列与甜瓜、葡萄SSS基因编码氨基酸序列同源性较高，分别达79%、69%。程立宝等（2012）对莲藕地下茎转录组测序结果表明，有34个基因参加了莲根状茎淀粉合成过程，其中*LrGBSS*、*LrSBE Ⅰ*、*LrSBE Ⅱ*和*LrSBE Ⅲ*4个基因在地下茎膨大后期表达量显著增加。

莲藕组织中含有大量的还原酶类，如多酚氧化酶（PPO）、超氧化物歧化酶（SOD）、抗坏血酸过氧化物酶（APX）等。西北农林大学张跃进等（2011年）从莲藕茎尖中克隆到了PPO基因全长序列，其cDNA长2 074 bp，开放阅读框1 503 bp，编码501个氨基酸，蛋白质分子质量约为56.8 ku，具有典型的酪氨酸家族结构域。该基因在莲藕茎尖、幼叶、藕切片、花瓣、茎秆5个组织中均有表达，其中茎尖和幼叶中表达量最高，藕、花瓣和茎秆表达量较少。武汉大学克隆了*cytCuZnSOD*基因和*APX*基因，*cytCuZnSOD*基因在叶柄和幼叶中表达量高于根中的表达量，而*APX*基因在莲幼叶、根、茎尖和叶柄中均有表达，且在受伤组织中能应激性表达。此外，莲藕中的一些抗逆相关蛋白基因，如金属硫蛋白基因*NnMT2a*、膜联蛋白基因*NnANN1*和转录因子LrbZIP被成功克隆并转化到拟南芥或烟草中，增强了转基因植株抗逆性。

（三）莲遗传多样性

2004年武汉市蔬菜科学研究所用随机扩增多态性DNA（RAPD）标记技术对莲资源进行了种质资源的分类评价。研究表明莲在我国具有丰富的遗传多样性，并将其划分为花莲、子莲和藕莲3个分类群，这与传统的园艺学分类相一致。表明中国莲三种类型中，花莲遗传多样性最高，藕莲的多样性最低，美洲黄莲的遗传背景与花莲更相似，并认为藕莲、子莲和花莲可能由不同遗传背景的野莲演化而来。武汉大学、中国科学院武汉植物园和日本京都府立大学等采用其他分子标记技术对莲相继进行了研究，至今已有随机扩增片段多态性标记（RAPD）、内部简单重复序列（ISSR）、简单重复序列（SSR）、扩增片段长度多态性（AFLP）和相关序列扩增多态性（SRAP）等标记在莲藕的遗传多样性研究中得到了应用。

第六节 良种繁育

莲藕良种繁育技术分常规繁育技术和微型种藕繁育技术两种。常规良种繁育程序划分为原原种、原种和良种繁育3个阶段，由原原种生产原种，由原种繁殖良种。原原种是由育种单位提供的纯度最高、最原始的优良种苗，莲藕原原种的纯度要求达到99%；由原原种直接繁殖出来的原种要求纯度达97%以上；良种是由原种繁殖而来，或为生产种经过选择达到一定纯度的种苗，良种的纯度应达到95%以上。

微型种藕是通过试管苗（藕）在田间繁殖后，形成0.25 kg左右的种藕直接应用于生产，具有体积小、不带病、便于运输等特点。

一、常规良繁技术

（一）品种混杂的原因

莲藕是无性繁殖作物，育成的品种具有一致性和稳定性，但莲藕在繁殖过程中依然会出现混杂。

1. 机械混杂 指莲藕在栽培、采收、运输等农事操作过程中由于人为因素造成的品种之间的混杂。

2. 生物学混杂 莲藕是异花授粉作物，不管是藕莲还是子莲，都具一定开花结实能力，其成熟的种子在田间可以成活多年，条件适宜时萌发，这些种子萌发长成的植株会造成品种混杂。

（二）良种繁育程序

莲藕良种繁育工作是为生产者持续提供优良种苗的重要保障。技术上，主要应做好两方面工作：一是建立完善的良种繁育体系；二是做好选择和隔离工作。

原原种繁殖基地要求由育种单位建立，管理工作由育种者负责；原种的繁育可在育种者指导下，在隔离条件较好的地方，由当地农业部门指派具有一定莲藕良繁经验的技术人员负责实施，或由育种单位直接负责；良种基地的生产管理由产区的农技部门负责实施，由育种单位派技术人员指导。

（三）良繁基地的田间管理

1. 基地隔离要求 莲藕良种繁育的田块一定要排灌方便，没有发生过莲藕腐败病。原原种田要采用水泥墙隔离，隔离墙深0.5～0.8 m，每块田大小不超过3 335 m^2。原种和生产用种繁殖要求田块之间莲鞭不能相互穿插生长，因此田埂用水泥墙隔开或土埂要间隔3 m以上。同一田块连续几年用作繁种时，只能繁殖同一品种。若需更换品种，则必须旱作2年以上或种植其他水生作物2年以上。

2. 田间种植与栽培管理 3月下旬至4月中旬：挖取良繁田内的种藕，清除残存老茎叶；翻耕土壤，整平，同时施入基肥，基肥以农家肥为主；水位保持在3～5 cm；选择具本品种特征特性的种藕按每公顷用种量 3 750 kg 进行定植。子莲按每公顷用种量 1 800～2 250 支定植。

4 月下旬至 5 月中旬：待植株长出 1～2 片立叶后，追肥 1 次；水位保持在 5～10 cm；注意防治莲缢管蚜。

5 月下旬至 7 月下旬：植株进入开花结实期，果实应在成熟前摘除，以防其成熟后落入良繁田内引起生物学混杂；水位加深至 10～15 cm；注意防治莲藕叶斑病、斜纹夜蛾等病虫害。

8 月上旬至 9 月下旬：注意防治病虫害；摘除花果（莲蓬）；水位逐渐降低到 5～10 cm。

10 月上旬至翌年 3 月中旬：莲藕进入休眠期，田间应保持水位 5 cm 左右。

3. 保纯技术　在采挖和定植阶段，特别注意防止种藕芽头脱落至其他品种的繁殖田内；注意去除混、杂、变异株；在开花结实阶段，注意及时摘除花或莲蓬。

子莲应在花果期对花色、果实大小和形状、内果皮和外果皮颜色等性状进行调查核实，剔除混杂株。

4. 良繁种藕选留

（1）*原原种繁种田*　从原原种田中选留，逐支选择整藕，要求具品种典型特征，不带病。单支在 33.3 m^2 水泥池中繁殖或混合种植于大田。

（2）*原种繁种田*　原原种田中生产的种藕，用作繁殖原种。

（3）*良种繁种田*　从原种田内选留种藕或为生产上正在推广应用的品种经过选择后，达到一定纯度指标的种苗。

二、微型种藕的繁育

微型种藕的质量应符合以下各项要求：品种纯度不低于 99%，单支重 0.2～0.4 kg，无明显机械伤，顶芽完好，无病虫危害。

（一）定植前的准备

1. 场地要求　要求水源充足，地势平坦，土地整平，无莲藕腐败病和食根金花虫等病虫害的发生。在微型藕培养容器摆放前 7～10 d，清除田间残茬和杂草。

2. 容器摆放　容器直径宜 30 cm、深宜 20 cm，填泥深宜 17 cm。应每摆放 4 行容器，留一条操作行，操作行宽 50 cm。

3. 定植　应在日平均气温稳定在 13 ℃以上时定植，每个容器 1 支试管藕（苗）或微型藕顶芽或原原种顶芽，定植深度 2～3 cm。

（二）田间管理

1. 水位管理　立叶长出前，水深控制在 3 cm 内；立叶长出后，水位可逐渐加深，但不宜超过 10 cm；越冬期间水深 5～10 cm。

2. 补苗　在单株立叶数 3～4 片时，从长势较旺植株上，摘取侧枝，补栽于缺苗容器中。补苗用侧枝宜带一片浮叶和一片未展立叶，且顶芽完好。

3. 追肥　在 2～3 片立叶时每 667 m^2 施复合肥 50 kg；5～6 片立叶时，每 667 m^2 施尿素 15 kg 和硫酸钾 10 kg。

4. 除草　生育期内及时人工除草。

5. 病虫害防治　注意防治莲缢管蚜、斜纹夜蛾及莲叶斑病等病虫害。

（三）防止混杂

应在全生育期随时注意清除杂株。生长期根据叶表面光滑度、叶色等性状，将与所繁品种有异的植株挖除；枯荷期挖除田块内仍保持绿色的个别植株；种藕采收时，观测藕皮色、芽色、藕头与藕节间形状等性状，将与所繁品种有异的种藕予以剔除。

（四）采收

在第 2 年莲藕定植期（武汉地区 3 月至 4 月上旬）采收微型种藕，采后洗除藕上泥土，去除残留根须、叶柄等。

（柯卫东　彭静　朱红莲）

主要参考文献

程立宝，齐晓花，高学双，等 . 2012. 莲藕根状茎膨大相关基因的挖掘和表达分析 [J]. 园艺学报，39 (3)：501 - 508.
邓传良，贾彦彦，任映雪，等 . 2011. 离子注入诱变莲花突变体分子机理的初步研究 [J]. 遗传，33 (1)：81 - 87.
郭宏波，柯卫东，李双梅，等 . 2004. 不同类型莲资源的 RAPD 聚类分析 [J]. 植物遗传资源学报 (4)：328 - 332.
郭宏波，李双梅，柯卫东 . 2005. 花莲种质资源的遗传多样性及品种间亲缘关系的探讨 [J]. 武汉植物学研究 (5)：417 - 421.
黄国振 . 1982. 荷花的开花生物学及人工杂交技术探讨 [J]. 园艺学报，9 (2)：51 - 56.
黄国振 . 1983a. 荷花的重瓣化及其遗传基础的初步研究 [J]. 武汉植物学研究，1 (2)：139 - 142.
黄国振 . 1983b. 荷花人工诱导多倍体的方法 [J]. 园艺学报，10 (2)：143 - 144.
姜莉，陈发棣，滕年军，等 . 2009. 荷花部分性状在 F_1 代的遗传表现 [J]. 南京农业大学学报，32 (3)：36 - 41.
柯卫东，傅新发，黄新芳，等 . 2000. 莲藕部分种质资源数量性状的聚类分析与育种研究 [J]. 园艺学报，27 (5)：374 - 376.
柯卫东，黄新芳，傅新发，等 . 2000. 莲藕主要营养品质和农艺性状的遗传分析 [J]. 武汉植物学研究，18 (6)：519 - 522.
柯卫东，李峰，黄新芳，等 . 2007. 水生蔬菜种质资源研究及利用进展 [J]. 中国蔬菜 (8)：72 - 75.
柯卫东，李峰，刘玉平，等 . 2003a. 中国莲资源及育种研究综述（上）[J]. 长江蔬菜 (4)：5 - 9.
柯卫东，李峰，刘玉平，等 . 2003b. 中国莲资源及育种研究综述（下）[J]. 长江蔬菜 (5)：5 - 8.
柯卫东，李峰 . 2005. 莲藕种质资源描述规范和数据标准 [M]. 北京：中国农业出版社 .
柯卫东，李双梅，黄新芳，等 . 2007. 莲藕克隆构型与环境的关系 [J]. 中国农学通报，23 (1)：228 - 233.
柯卫东，彭静，刘玉平，等 . 2001. 试管藕诱导技术研究 [J]. 武汉植物学研究，19 (2)：173 - 175.
刘义满，魏玉翔，李峰，等 . 2006. 湖北省莲藕品种演变及栽培利用特点 [J]. 湖北农业科学，45 (3)：342 - 344.
魏英辉，孙俊杰 . 2002. 建宁籽莲杂交育种初报 [J]. 长江蔬菜 (4)：37 - 38.
谢克强，张香莲，杨良波，等 . 2004. 太空莲 1、2、3 号新品种的选育 [J]. 核农学报，18 (4)：325.
谢克强，邹东旺，张香莲，等 . 2007. 利用离子注入法选育子莲新品系 [C]. 第二届全国水生蔬菜学术及产业化研讨会论文集：69 - 71.
杨继儒，周付英 . 1995. 子莲新品种湘莲 1 号的选育 [J]. 中国蔬菜 (4)：11 - 13.
叶静渊 . 2001. 中国水生蔬菜的栽培起源与分布 [J]. 长江蔬菜 (增刊)：4 - 12.
叶奕佐 . 1983. 建莲开花结实习性的初步观察 [J]. 武汉植物学研究，1 (2)：307 - 313.
叶奕佐，王苹萍，谭政准 . 1991. 子莲杂交优势的利用及新品种选育的研究 [J]. 水生生物学报，15 (2)：145 - 152.
张莉，印荔，杨见秋，等 . 2015. 莲藕可溶性淀粉合成酶基因 *LrSSS* 的克隆与表达特性分析 [J]. 园艺学报，42 (3)：496 - 504.
张行言，王其超 . 1966. 荷花品种的形态特征及生物学特性的初步观察 [J]. 园艺学报，5 (2)：89 - 100.
张跃进，郝晓燕，梁宗绪，等 . 2011. 莲藕多酚氧化酶（PPO）的克隆与表达分析 [J]. 农业生物技术学报，19 (4)：634 - 641.
赵家荣，倪学明，周远捷，等 . 1990. 高产优质藕莲新品种选育研究 [J]. 武汉植物学研究，8 (4)：355 - 363.
中国科学院武汉植物研究所 . 1987. 中国莲 [M]. 北京：科学出版社 .
中国农业科学院蔬菜花卉研究所 . 2001. 中国蔬菜品种志 [M]. 北京：中国农业科学技术出版社 .

中华人民共和国农业部 . 2006. 中国农业统计资料（2005）[M]. 北京：中国农业出版社 .

周付英，杨继儒 . 1994. 湘莲杂交优势利用研究 [M]. 湖南农业科学（4）：22 - 23.

朱德蔚 . 2008. 中国农作物及近缘野生植物：蔬菜作物卷 [M]. 北京：中国农业出版社：1066 - 1083.

朱红莲，柯卫东，刘玉平，等 . 2014. 子莲主要农艺性状与产量的相关及通径分析 [J]. 中国蔬菜（3）：41 - 46.

An N，Guo H B，Ke W D. 2009. Genetic variation in rhizome lotus（*Nelumbo nucifera* Gaertn. ssp. *nucifera*）germplasms from China assessed by RAPD markers [J]. Agricultural Sciences in China，8（1）：31 - 39.

Cheng L B，Li S Y，Hussain J，et al. 2013. Isolation and functional characterization of a salt responsive transcriptional factor，LrbZIP from lotus root（*Nelumbo nucifera* Gaertn）[J]. Mol Biol Rep，40（6）：4033 - 4045.

Chu P，Chen H H，Zhou Y L，et al. 2011. Proteomic and functional analyses of *Nelumbo nucifera* annexins involved in seed thermo tolerance and germination vigor [J]. Planta，235（6）：1271 - 1288.

Dong C，Zheng X F，Li G L，et al. 2011. Cloning and expression of one chloroplastic ascorbate peroxidase gene from Nelumbo nucifera [J]. Biochem Genet，49：656 - 664.

Dong C，Zheng X F，Zheng X F，et al. 2011. Molecular cloning and expression of two cytosolic copper-zinc superoxide dismutases genes [J]. Appl Biochem Biotechnol，163：679 - 691.

Guo H B，Li S M，Peng J，et al. 2007. Genetic diversity of Nelumbo accessions revealed by RAPD [J]. Genetic Resources and Crop Evolution，54：741 - 748.

Han Y C，Teng C Z，Chang F H，et al. 2007. Analyses of genetic relationships in *Nelumbo nucifera* using nuclear ribosomal ITS sequence data，ISSR and RAPD markers [J]. Aquatic Botany，87：141 - 146.

Hu J H，Pan L，Liu H G，et al. 2011. Comparative analysis of genetic diversity in sacred lotus（*Nelumbo nucifera* Gaertn）using AFLP and SSR markers [J]. Molecular Biology Reports，39（4）：3637 - 3647.

Kubo N，Hirai M，Kaneko A，et al. 2009. Development and characterization of simple sequence repeat（SSR）markers in the water lotus（*Nelumbo nucifera*）[J]. Aquatic Botany，90（2）：191 - 194.

Li Z，Liu X Q，Giturub R W，et al. 2010. Genetic diversity and classification of *Nelumbo germplasm* of different origins by RAPD and ISSR analysis [J]. Scientia Horticulturae，125（4）：724 - 732.

Lu Y，Li L J，Zhou Y，et al. 2012. Cloning and characterization of the Wx gene encoding a granule-bound starch synthase in Lotus（*Nelumbo nucifera* Gaertn）[J]. Plant Molecular Biology Reports，30：1210 - 1217.

Ming R，Vanburen R，Liu Y L，et al. 2013. Genome of the long-living sacred lotus（*Nelumbo nucifera* Gaertn.）[J]. Genome Biology：Biology for the Post-Genomic Era，14（5）：41.

Pan L，Quan Z W，Hu J H，et al. 2011. Genetic diversity and differentiation of lotus（*Nelumbo nucifera*）accessions assessed by simple sequence repeats [J]. Annals of Apllied Botany，159（3）：428 - 441.

Pan L，Xia Q，Quan Z W，et al. 2010. Development of novel EST - SSRs from sacred lotus（*Nelumbo nucifera* Gaertn）and their utilization for the genetic diversity analysis of N. nucifera [J]. Journal of Heredity，101（1）：71 - 82.

Tian H L，Chen X Q，Wang J X，et al. 2008. Development and characterization of microsatellite loci for lotus（*Nelumbo nucifera*）[J]. Conserve Genetics，9：1385 - 1388.

Wang Y，Fan G Y，Liu Y M，et al. 2013. The sacred lotus genome provides insights into the evolution of flowering plants [J]. The Plant Journal，76（4）：557 - 567.

Wu Z H，Gui S T，Quan Z W，et al. 2014. A precise chloroplast genome of Nelumbo nucifera（Nelumbonaceae）evaluated with Sanger，Illumina MiSeq，and PacBio RS II sequencing platforms：insight into the plastid evolution of basal eudicots [J]. BMC Plant Biology，14（1）：1 - 14.

Xue J H，Zhuo L，Zhou S L. 2006. Genetic diversity and geographic pattern of wild lotus（*Nelumbo nucifera*）Heilongjiang Province [J]. Chinese Science Bulletin，51（4）：421 - 432.

Yang M，Han Y，Van Buren R，et al. 2012. Genetic linkage maps for Asian and American lotus constructed using novel SSR markers derived from the genome of sequenced cultivar [J]. BMC Genomics，13（1）：1 - 15.

Yang M，Han Y，Xu L M，et al. 2012. Comparative analysis of genetic diversity of lotus（*Nelumbo*）using SSR and SRAP markers [J]. Scientia Horticulturae，142：185 - 195.

Yang M，Liu F，Han Y N，et al. 2013. Genetic diversity and structure in populations of *Nelumbo* from America，Thailand and China: Implications for conservation and breeding [J]. Aquatic Botany (107): 1-7.

Zhou Y L, Chen H H, Chu P, et al. 2012. NnHSP17.5, a cytosolic class Ⅱ small heat shock protein gene from *Nelumbo nucifera*, contributes to seed germination vigor and seedling thermotolerance in transgenic *Arabidopsis* [J]. Plant Cell Reports, 31 (2): 379-389.

Zhou Y L, Chu P, Chen H H, et al. 2012. Overexpression of *Nelumbo nucifera* metallothioneins 2a and 3 enhances seed germination vigor in *Arabidopsis* [J]. Planta, 235 (3): 523-537.

第三十一章

芦 笋 育 种

芦笋是天门冬科（Asparagaceae）天门冬属中能形成嫩茎的多年生宿根性雌雄异株草本植物，学名：*Asparagus officinalis* L.；别名：石刁柏、龙须菜、野天门冬等。栽培品种多为二倍体，染色体数 $2n=2x=20$。原产地中海东岸及小亚细亚地区，于19世纪末至20世纪初由欧洲传入中国。

芦笋以其嫩茎供食用，依采收时嫩茎色泽可分为绿芦笋、白芦笋和紫芦笋，可炒食、凉拌，也可加工制罐、榨汁。嫩茎营养丰富，100 g 鲜重含水 93.0 g、蛋白质 1.4 g、碳水化合物 3.0 g、抗坏血酸 45 mg、钾 213 mg、磷 42 mg，还含有较多的天门冬酰胺、天门冬氨酸、多种甾体皂苷物质、黄酮类化合物及类胡萝卜素等活性成分，对心血管病、高血压、高血脂、糖尿病、结石、疲劳症等有一定疗效。此外，果实可以酿酒，茎尖、嫩叶和笋头能制茶，下脚料和秸秆可做动物饲料。

芦笋在五大洲都有种植，尤以亚洲最多，美洲次之，是欧美和西亚各国的重要蔬菜。2008 年世界芦笋种植面积约 146 300 hm^2，其中以中国、秘鲁、墨西哥、智利、美国、泰国、阿根廷等国家种植面积较大。芦笋在中国南、北各地都有栽培，主产区在山西、山东、河北、江苏、福建及台湾等省。2012 年中国芦笋种植面积 98 500 hm^2，约占全球的 50%，是世界第一大生产和出口国。

第一节　育种概况

一、育种简史

芦笋育种的历史最早可以追溯到16世纪，荷兰人通过栽培驯化首先选育出芦笋第1个栽培品种 Violet Dutch。其实 Violet Dutch 不是严格意义上的作物品种，它只是1个芦笋种群或群体，但后人以此为育种材料，开始了芦笋品种选育，现有品种基本上都带有 Violet Dutch 血缘（图 31－1）。荷兰、德国、法国、意大利、西班牙和美国芦笋育种工作开展较早，最早的已有100多年的历史，加拿大、新西兰、日本等国家紧随其后。自1913年世界上第1个人工选育的大面积栽培品种玛丽·华盛顿问世以来，在育种家的不懈努力之下，芦笋栽培品种经历了3次主要更新换代。据统计，人工选育品种比未加选择的自然群体平均产量增加 75%以上（Ellison，1986）。自1988年至今，先后组织实施了四届国际芦笋品种区域试验，芦笋产量和一致性获得显著提高。

芦笋最初的育种目标是以抗病品种筛选、培育为主，以防止芦笋生产濒临毁灭的危险。1896 年美国在芦笋上发现从欧洲传入的锈病，1902 年美国加利福尼亚、马萨诸塞州大面积锈病蔓延，造成严重损失。美国农业部植物病理学家 J. B. Norton 开展了抗锈病育种工作，从欧洲广泛搜集 100 多份芦笋材料，在病区鉴定出抗锈病遗传系统，从新美（New American）选得雄性单株 A7－83，取名为

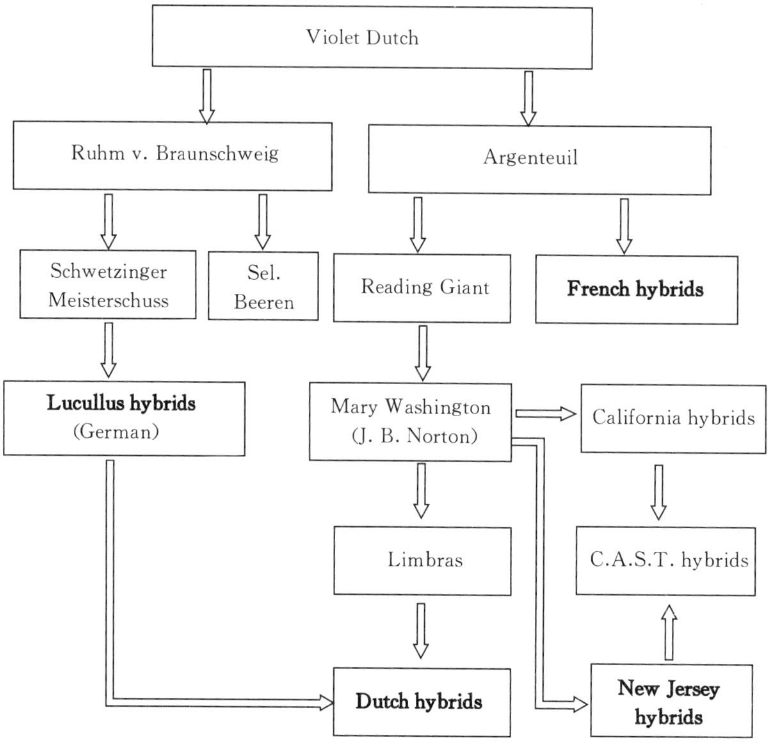

图 31-1 芦笋品种系谱图

（加粗部分多为全雄品种，加州芦笋种子种苗公司 C. A. S. T. hybrids 已转让至 Walker Brothers）

华盛顿；Sutton 和 Sons 从英国主栽品种 Reading Giant 中选得雌性单株 B32-39，取名玛莎，通过单交培育出抗锈病力强的玛莎·华盛顿，即 B32-39×A7-83，表现抗锈病、栽培性状优良。A7-83 与另一株型巨大的母本 A5-11（玛丽）杂交的 F_1 生长旺盛、抗锈病、早熟、产量高，命名玛丽·华盛顿（Mary Washington），于 1913 年育成，获得大面积推广种植，中国曾引入栽培。1930 年以后，美国和加拿大培育的芦笋品系基本上都是从玛莎·华盛顿和玛丽·华盛顿中选择而来的。1939 年，美国加州大学 G. C. Hanna 从玛丽·华盛顿品系中选育出丰产性能更好的 UC500 和 UC500W 两个品种，表现高产，也曾为中国广泛引种。20 世纪初期至 60 年代芦笋栽培，品种主要通过单交法、双交法或集团选育而成，属于第 1 代品种，以 UC500 和它的改良型 UC500W 为代表，中国早期的育种研究受种质资源缺乏的制约，也基本上是以上述品种为亲本。70 年代以前的芦笋品种，品质较差，嫩茎苦涩，易纤维化，病害比较严重，主要用做白芦笋栽培，目前早已淘汰换代。

第 2 代品种为 20 世纪 70 年代中后期出现的无性系杂交品种，以 1975 年诞生的 UC157 为标志，该品种也成为 20 世纪世界种植面积最大的绿芦笋品种，这得益于期间芦笋组织培养快繁技术的成功，彻底克服了由于兄妹近亲繁殖引起的品种严重退化，并解决了亲本繁殖及制种问题，使芦笋品种发生质的飞跃，从此芦笋在产量、品质、抗性等关键性状上的改良进入了一个新的阶段。鉴于芦笋繁殖及制种的复杂性，无性系杂交品种选育仍是今后育种主要途径之一，美国加利福尼亚地区自 1985 年以来先后选育了一批无性系杂交品种：Atlas、Grande、Apollo、Imperial、Ida Lea、UC115 等，并在全球获得广泛推广种植和认可。

第 3 代品种为 20 世纪 90 年代以来的全雄品种，代表品种有：Italo、Gijnlim、Grolim、Thielim、Guelph Millennium、NJ1191、NJ1192 等。这主要得益于花药培养、超雄株筛选等生物技术的发展。此类新品种全部由雄株组成，整齐一致，商品性好。由于雄株不结种子，消耗养分少，产量比同期生长条件相同的雌株高出 25%以上，因此全雄品种产量高、抗性强，且能够有效区别于常规雌雄混合品种而防范假种子，目前世界上新育成品种一半以上是全雄品种。早在 1943 年，Pick 提出了利用芦笋两性株培育全雄系品种的设想。1974 年，Boonen 由此途径获得了第 1 个全雄系品种鲁克拉斯（Lucullus）。随着 20 世纪 80 年代芦笋花药培养技术成熟，通过单倍体技术培育 *MM*、*mm* 纯系，进而进行全雄育种（*mm*×*MM*→*Mm*），芦笋全雄育种成为目前育种主要途径之一。20 世纪 90 年代以来的全雄品种，基本上都属于无性系杂交全雄品种，在一致性、杂种优势等方面得到进一步提升。

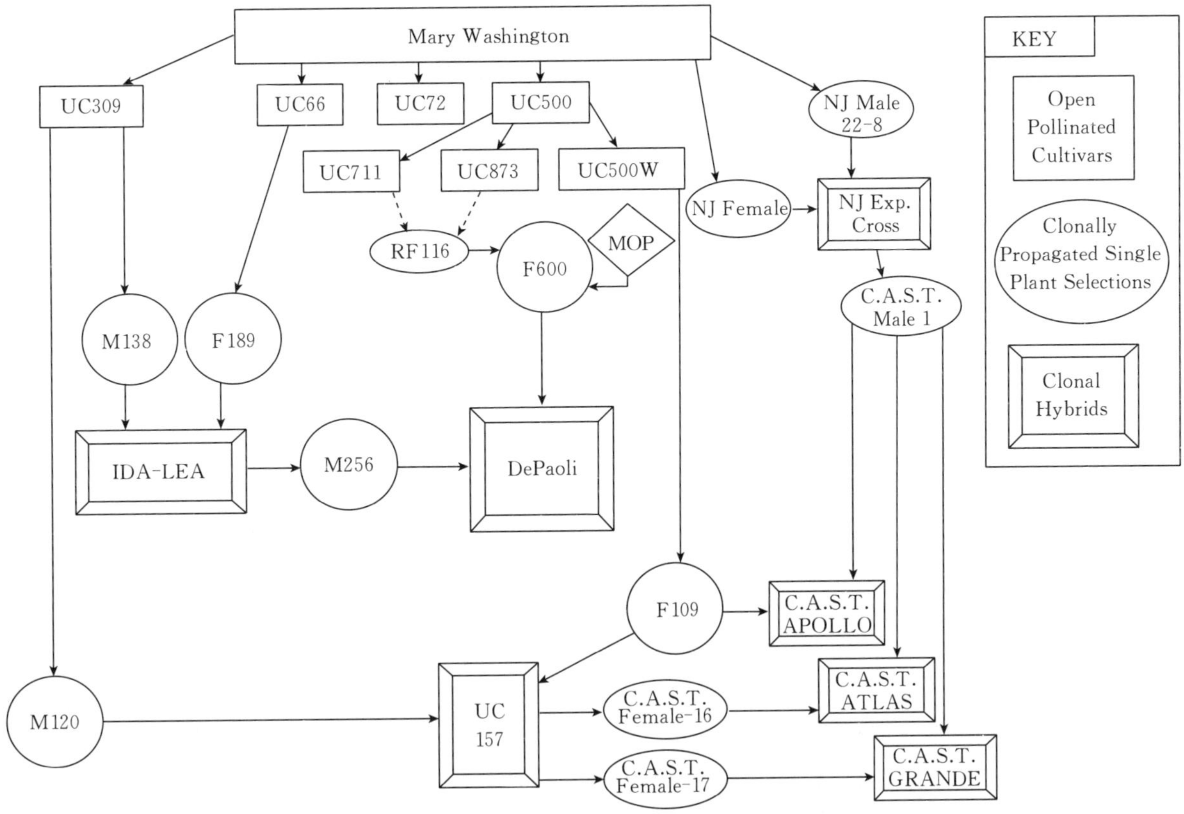

图 31-2　美国加利福尼亚地区芦笋品种系谱图
（引自 Neil K. Stone 和 Mikeal L. Roose，2013）

中国芦笋商业化栽培历史短，育种工作起步晚，研究滞后，栽培品种在很长一段时间内基本依赖于从国外引进。为了解决进口种子价格高，适应性差，假劣种子充斥市场等问题，1979 年中国台湾省台南区农业改良场从引进的 UC309 品系采用集团选择育种的方法，选育出第 1 个芦笋品种台南选 1 号，随后从引进的玛丽·华盛顿、UC711 中分别选育出台南选 2 号、台南选 3 号，开创了中国芦笋育种的先河。但随着芦笋产业转移至大陆，台湾芦笋育种研究工作基本停滞。

中国大陆一些科研院校自 20 世纪 80 年代初起相继开展了芦笋育种研究，1985 年内蒙古农学院张津来等从 UC500W 中筛选出优良单株，经试管苗茎段离体培养，选育出优良品系金岭 85。山东省潍坊市农业科学院 1985 年起开始芦笋杂交育种工作，选育出新组合 88-5，并于 1994 年通过山东省农作物品种审定委员会审定，命名为鲁芦笋 1 号，其后又选育出了 88-5 改良系、芦笋王子、冠军、新世纪、绿丰、WF-8 等优良新品种，已在全国大面积推广应用。江苏省农业科学院冯晓棠等 1994—1996 年选育出 4251、5918、3716、5118 等 4 个优良组合进入区域示范。这些前期探索均取得了一些成绩和研究进展，但因芦笋种质资源匮乏，选育出的品种遗传背景较狭窄。这是中国芦笋育种研究的初始阶段。

江西省农业科学院蔬菜花卉研究所 20 世纪 90 年代初开始芦笋种质资源搜集评价与创新利用、新品种选育、亲本繁殖及杂交制种技术研究等系统工作，于 2007 年选育出具有自主知识产权的芦笋无性系杂交品种井冈701（为中国第2代标志性品种），2008年成功选育出中国第1个紫色水果型芦笋杂交品种井冈红（四倍体品种），2012年又培育出中国第3代全雄品种井冈111（为中国第3代标志性品种），均被列为中国芦笋DUS测试指南标准品种。北京市农林科学院自20世纪90年代末开展芦笋引种、育种工作以来，先后选育出了京绿芦1号、京绿芦2号、京绿芦3号等芦笋新品种。近年来，浙江丰岛集团农业科技研发中心的梁训义先后选育出了浙丰03411、浙丰06099芦笋杂交新品系。目前，中国热带农业科学院也开始了芦笋新品种选育工作。

二、育种现状与发展趋势

经过近30年的努力，中国自主选育的芦笋新品种约有20个，其中大部分属于第2代无性系杂交品种，第3代全雄品种有井冈111、京绿芦4号，部分品种如冠军、京绿1号、井冈701等在中国获得大面积推广种植，不仅产量已达国外进口优良品种相同水平，而且对中国不同区域的环境气候条件具有更好的适应性，基本具备良种自给能力。目前国产品种井冈701已走出国门，正在多个国家进行区试。此外，中国已在芦笋组培快繁、花药和小孢子培养、原生质体培养、多倍体诱导等生物技术育种上取得了显著进展。中国芦笋新品种选育已进入一个新的发展阶段。

但是，中国芦笋育种工作仍有不少需要加强改进之处，主要是：①中国芦笋种质资源缺乏，育成品种多基于少数进口品种间的杂种优势利用，遗传背景狭窄，生态适应性差。②由于芦笋资源内缺乏重要的抗性基因，引进品种资源“水土不服”，病虫害严重，特别是茎枯病（俗称芦笋“癌症”），中国大多数芦笋产区深受其危害，尤其南方多雨的芦笋产区，露地栽培常导致成片芦笋田毁种绝收，因此，亟须选育抗茎枯病品种。③由于芦笋育种的复杂性，花药和小孢子培养、原生质体培养、多倍体诱导等生物技术在育种上作用非常重大，但除了组培快繁，其他生物技术虽然都早有开展，目前还未得到有效应用，亟须加强完善。④由于芦笋育种程序复杂，周期长，需要较多的试验地等原因，中国芦笋新品种选育工作多由省市级农科院（所）主导，国家级研发队伍以及种子公司参与甚少，亟须加强全国芦笋育种研究队伍建设。

农业部2010年启动了公益性行业（农业）科研专项“芦笋产业技术研究与试验示范”，在专项中设立了“芦笋新品种选育、亲本繁殖及杂交制种技术研究”课题，由江西省农业科学院蔬菜花卉研究所主持，北京市农林科学院、山东潍坊市农业科学院、中国热带农业科学院热带生物技术研究所参与实施。该项目的实施，促使中国芦笋育种走上正规化、科学化、系统化的道路。项目组已选育出井冈111、绿丰、京绿4号等一批具有自主知识产权的芦笋新品种。

种质资源是作物品种选育的物质基础和基因源。芦笋在中国属于舶来品，种质资源极其匮乏，严重制约着芦笋新品种选育。为了丰富中国芦笋种质资源和拓宽遗传背景，加速优良品种选育进程，江西省农业科学院陈光宇于20世纪90年代中期第1次系统地将世界各地的芦笋种质资源引进中国，在南昌建立了中国第1个芦笋种质资源圃。随后，根据芦笋对不同生态区的适应性，在公益性行业（农业）科研专项（201003074）的支持下，又在北方的太原和南方的海口规划建立了两个中国芦笋种质资源圃，并从世界各地继续搜集种质资源，同时在全国各地开展芦笋近缘种质资源搜集，为中国芦笋新品种选育及资源的可持续开发利用奠定了重要的物质基础。芦笋种质资源搜集评价与创新利用应是中国芦笋育种工作重要的组成部分，其中种间杂交也是中国芦笋育种研究的必然选择和发展趋势之一。

芦笋重要农艺或经济性状多为复杂的数量性状，如产量性状受微效多基因和环境的共同作用，在遗传改良中对基因型选择的依赖性将尤为突出，借助标记辅助选择技术可以极大地缩短育种周期，提高育种效率。因此，建立和完善分子标记辅助选择、转基因、花药和小孢子培养、突变体诱导等育种技术体系，以丰富芦笋育种途径和手段，提高芦笋育种效率，也是中国芦笋育种研究发展趋势之一。此外，由中国科学家陈光宇2010年发起并主持实施，中国、美国、意大利、荷兰等国家参与的芦笋基因组计划国际合作项目“芦笋基因组测序分析”，已完成了全基因组测序分析工作。在此基础上，加强芦笋功能基因组学研究，开发大规模、高通量的 SNP、InDel、SSR 等标记，同时开发低成本高效率的检测分析方法，走向基因组辅助育种（genomics-assisted breeding），融合传统育种，实现分子设计育种，将是未来芦笋新品种培育的重要途径。

第二节　种质资源与品种类型

一、起源与传播

芦笋的栽培历史可以追溯至 2 500 年以前，原产于地中海东岸和小亚细亚一带沙漠地区，即今叙利亚、黎巴嫩、巴勒斯坦、土耳其等国家。不过，近年来在北非草原和河谷地带陆续发现野生芦笋的踪迹，非洲北部也可能是芦笋起源地之一。有文献报道，“中国新疆西北部及黑龙江沿岸有芦笋野生种”，远古时期新疆濒临地中海东岸，这为在中国寻找芦笋野生种提供了线索。最初，芦笋是作为药用植物而被人们认识和利用，长期的人工选择和栽培驯化使之进化成粗壮、柔嫩芦笋作为产品，显著不同于细长、苦涩味重、粗纤维含量高的原始野生芦笋。

早在公元前 400 年，古希腊医生希波克拉底（Hippocrates）在他的著作中首次提及野生芦笋，当时作为药用植物，用来治疗尿道疼痛和腹泻，这是因为芦笋中富含天门冬酰胺酸而具有利尿作用的缘故。古代植物学家将芦笋归类为药草，列入欧洲药典，具有能治疗多种疾病的美誉。由于芦笋还能够有助于创伤恢复，公元前 2 世纪左右，相传恺撒军团从东方凯旋之际把芦笋带至欧洲，古罗马人便将芦笋制成干品食用。最早把芦笋作为蔬菜食用的是古希腊人，最初取名为 sperage、sparagus 或 sparagrass，18 世纪以后才叫 asparagus。公元前 160 年，古罗马将军和政治家老家图（Elder Cato）在他的著作 *De Agricultura* 中第 1 个记载了芦笋栽培。随着罗马帝国的崩溃，在中世纪欧洲，芦笋似乎被遗忘，除了西班牙，很少有记载。1214 年，十字军重新将芦笋种子从阿拉伯国家带往莱茵河谷，但前期仅限于在一些修道院的菜园种植。据推测，芦笋很可能经历了从古代栽培状态回复到自然野生状态，然后又从野生状态回归栽培状态的过程。

欧洲文艺复兴时期，由于嫩茎鲜美的味道和高贵的品质，芦笋受到欧洲王室青睐。1469 年法国王室为了像罗马人一样享用美味，在皇家庭院种植芦笋。在经过长期栽培驯化和淘汰之后，16 世纪在荷兰首先培育出芦笋栽培品种。17 世纪在欧洲民间开始大量种植，因而使芦笋成为欧洲许多国家的传统食品之一。从此，芦笋发展进入快车道。1643 年法国路易斯十四世为了周年食用，推行玻璃温室栽培芦笋。1750 年由于生产技术的提高，在德国斯图加特乐园开始芦笋规模化生产。1750—1760 年，法国发明了覆土软化栽培生产白芦笋技术。1852 年，第 1 次罐装贮藏的芦笋出现在德国不伦瑞克。17 世纪，随着移民传入美洲，18 世纪由荷兰传入日本长崎。进入 19 世纪后，随着各国生活水平的提高，芦笋消费量的增加，世界上许多国家纷纷种植芦笋。芦笋适应性极广，能适应全球各种气候和土壤条件，包括荒漠化土地和盐碱地，并且一直维持其高贵的身份，被誉为“蔬菜之王”。

大约是在 19 世纪末至 20 世纪初，芦笋的栽培品种才传入中国，当时仅限于北京、天津、上海等几个外国人比较集中的大城市周边种植。中国台湾于 1932 年开始种植芦笋，但直到 1956 年才得到大面积的推广。1965 年，台湾一举成为世界芦笋最大的生产基地之一，出口量一度跃居世界首位。中国早期主要生产白芦笋供加工成罐头出口，近年来中国消费市场迅速扩大，以绿芦笋为主，长江中下游湖北、江西、浙江、上海等地生产发展迅速，海南、云南热作区周年生产也形成特色，东北及其他省份近年来也都有种植。芦笋加工产业链也不断延伸，除了制药以外，还开发出了芦笋茶、芦笋酒、芦笋饮料、芦笋化妆品等高附加值产品。用芦笋治理荒漠化土地和盐碱地也已获得成功，这为中国非耕地利用提供了一条新途径。芦笋种植及加工在中国已经成为一个颇具特色的朝阳产业。

二、种质资源研究与利用

芦笋现有的品种大多数都是早期 Violet Dutch 等少数几个品种的后代（Norton，1913），种质资源贫乏。Marco 等（2008）利用 EST－SSR 等 DNA 标记技术证实了芦笋品种资源遗传背景相当狭窄。长期以来，基于种内变异和杂种优势利用的芦笋遗传育种难以获得重大突破。天门冬属世界范围内约有 300 种，除美洲外，全世界温带至热带地区都有分布，中国已发现 24 个种和一些外来栽培种，广布于中国各地，但至今尚未发现可以定论的芦笋原始祖先种或野生种。

天门冬属近缘野生种质生存于丰富多样的野生环境，在长期的演化适应与物种分化过程中，产生种类繁多的次生代谢产物，其中许多次生代谢产物是重要的营养物质或具有良好的药用价值，并积累了较强的对生物与非生物逆境的抗性，将有助于芦笋种质资源创新与遗传改良。天门冬［*A. cochinchinensis*（Lour.）Merr.］在中国广泛分布，其块根是常用的中药，有滋阴润燥、清热止咳之效。*A. racemosus* 则是泰国、印度和尼泊尔较为流行的一种传统药草，具有消炎、滋阴和催乳之功效，被当地居民称之为“Rak－Sam－Sip”。意大利近缘野生种 *A. maritimus*，是四倍体，耐盐碱，其嫩茎粗壮，柔嫩可口，与芦笋种间杂交亲和性较好。*A. acutifolius* 是一种多刺近缘野生种，生长在地中海沿岸，比较耐旱，有二倍体和四倍体之分，嫩茎也能够被食用。*A. tenuifolius* 生长在高山、高海拔地区，适应酸性土壤。除了食用和药用外，许多芦笋近缘野生种枝叶优美，造型独特，可供观赏使用，如文竹（*A. plumosus*）、天冬草（*A. sprengeri*，即羊齿竹）和卵叶天门冬（*A. asparagoides*）。

目前天门冬属种质资源鉴定通常采用传统植物学分类方法，遗传多样性与亲缘分析主要采用基于 cpDNA 非编码区多态性（Kubota et al.，2012）、叶绿体 matK 基因序列（Boonsom et al.，2012）和核糖体 rDNA ITS 序列（Castro et al.，2013）进行分析。天门冬属部分种质资源分子进化关系如图 31－3 所示。

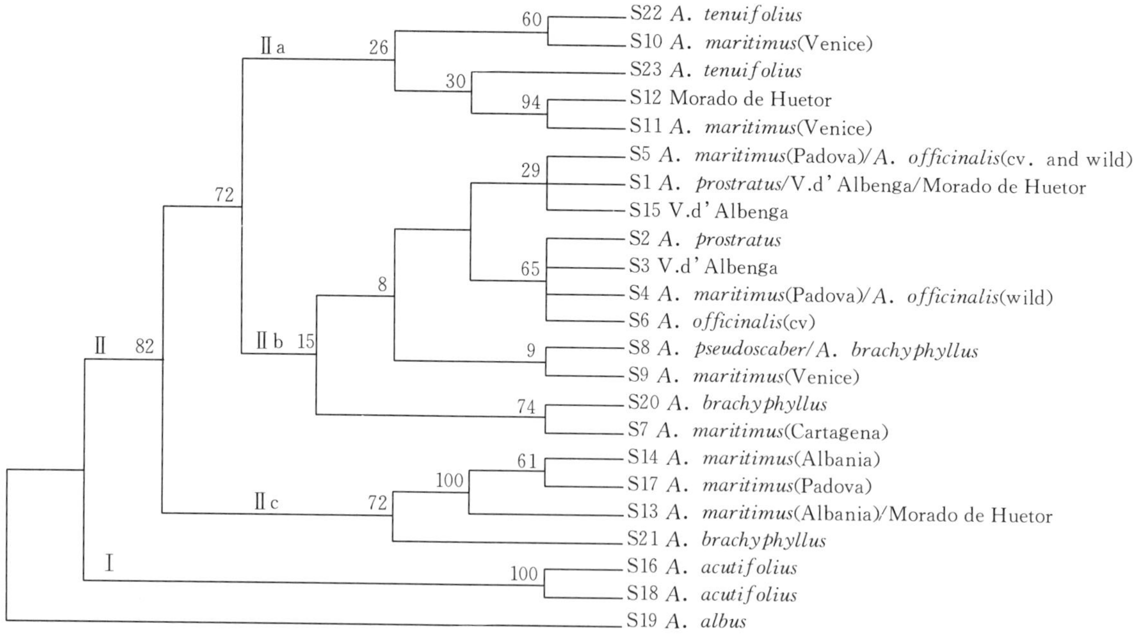

图 31－3　基于 ITS 序列的天门冬属系统树

［S1～S23 表示不同 ITS 序列的编号；节点数字表示自展值（%）］

（Castro et al.，2013）

近些年来，为了拓宽芦笋基因库，各国纷纷开展芦笋近缘种质资源创新利用工作，以期利用天门冬属野生近缘种重要优异性状（Kunitake et al.，1996；Marcellan 和 Camadro，1996、1999；Ochiai et al.，2002；Ito et al.，2008、2011；Riccard et al.，2011）。Marcellan 与 Camadro（1996、1999）试图引进 *A. densiflorus* 的抗病性与耐贫瘠特性，使之与芦笋进行种间杂交，但均未获得成功；Kunitake 等（1996）用电击法成功诱导 *A. macowanii* 与芦笋栽培种原生质体融合，但获得的体细胞杂种不育。Ochiai 等（2002）、Ito 等（2007）通过人工杂交成功获得 *A. schoberioides* 与栽培种间的杂种；Riccard 等（2011）获得几种天门冬属野生近缘种的 DH 系；Ito 等（2011）获得 *A. kiusianus* 与栽培种间杂种后代，虽然目前均未有成功育成品种的报道，但种间杂交已成为当前国际上芦笋育种的研究热点和发展方向之一。

三、品种类型

目前世界范围芦笋栽培品种有百余个，各品种间的产量、嫩茎品质、口感、抗性以及生态适应性等均有一定的差异，其中一些品种先后参加了国际芦笋品种区域试验。

从芦笋表皮色泽区分，可分为白笋、绿笋、紫笋 3 个主要类型。按照栽培方式不同可分为白芦笋和绿芦笋，以适应不同的消费习惯。白芦笋是在嫩茎抽发期间进行培土覆盖或其他不见光处理软化栽培生产的，其嫩茎因不见光而色泽洁白。白芦笋嫩茎较短，易纤维化，口感差，苦涩味重，营养价值远不及于绿芦笋，主要用于加工成欧洲消费者喜欢的白芦笋罐头，生产上也比较费工费力。绿芦笋则不需要进行培土覆盖，自然光照条件下生长，经光合作用而形成绿色嫩茎。绿芦笋不易纤维化，口感好，更有营养价值。适合作白芦笋栽培的品种，由于是在土中生长，对外界条件要求相对低些；作为绿芦笋栽培的品种，要求茎秆抗压力强，嫩茎长，笋头包裹紧密，高温下不易散头，抗病性好。目前生产上有许多绿白兼用型品种，如 Atlas、UC115、NJ1123、井冈 701。紫芦笋源自于意大利阿尔本加地区的芦笋突变体 Violetto d'Albenga，嫩茎呈深紫色，成年的茎秆通常变为绿色。现生产上有多个紫色品种，如 Purple passion、Pacific purple、Sweet purple、井冈红，它们一般为四倍体，嫩茎粗壮，与绿芦笋相比，质地更加细腻，味道甜美。紫芦笋也可以软化栽培，形成不同于常规的白芦笋。

按照染色体倍性可分为二倍体、三倍体、四倍体品种，其中以二倍体品种为主，三倍体绿芦笋品种有 Hiroshima green、四倍体绿芦笋品种有 Seto green。按照选育方法，可分为开放式授粉品种、集团选育品种、单交种、双交种、无性系杂交品种、全雄品种等。按每年春季出笋早晚，可分为早生品种和晚生品种，早生品种有 Early California、Patron、Vil. 12、Solar 等。最近，中外育种家先后选育出嫩茎表皮呈现其他颜色的新型芦笋，如深绿色笋、粉红色笋、翠青色笋、金绿色笋，而使芦笋的颜色丰富多彩。

（1）井冈 701　江西省农业科学院蔬菜花卉研究所 2007 年选育的 F_1 杂交组合。母本为中国台湾品种台南选 3 号的优良雌株，父本为西班牙品种大马士的优异雄性单株。植株生长旺盛，第 1 分枝高度为 51.7 cm。嫩茎均匀，质地细嫩，笋头较尖，抗病力中等，产量高，适于绿芦笋早熟或保护地栽培。在江西定植第 3 年每公顷商品笋产量可达 22 500 kg 以上，在干旱地区和盐碱地试验表现出很强的适应性。

（2）井冈红　江西省农业科学院蔬菜花卉研究所 2008 年选育的紫色笋品种。母本为美国品种 Purple passion 的优良雌株，父本为加拿大品种 Sweet purple 的优良雄性单株。植株生长势中等，单枝粗壮，但抽茎较少，枝丛活力中等，起产比较晚，休眠期较长，第 1 分枝高度 64.6 cm。嫩茎顶端略呈圆形，鳞片包裹紧密，在高温下散头率较低。鲜笋紫罗兰色，多汁、微甜，质地细嫩，纤维含量少，滋味鲜美，气味浓郁，没有苦涩味，含有丰富的维生素、蛋白质、糖分和其他营养成分，生食口感极佳，鲜榨汁味道甘甜，被誉为“水果芦笋”。

（3）井冈 111　江西省农业科学院蔬菜花卉研究所 2012 年选育的全雄杂交组合。母本为美国品种 Atlas 的优良雌株，父本为荷兰全雄品种 Backlim 两性株自交 S_1 群体中的超雄单株。植株高大，茎秆直立，嫩茎粗细中等均匀，早春嫩笋鳞片和基部呈紫红色，笋头鳞片抱合较紧。抗锈病和褐斑病，对茎枯病、根腐病具有一定耐病性。

（4）冠军　山东潍坊市农业科学院 2008 年选育的无性系杂交组合。它是从阿波罗优选雌株系与荷兰全雄的优选株系杂交后代中选育出的一代杂种。生育期 260 d，植株生长旺盛，平均茎高 220 cm。白笋种植色泽洁白，绿笋种植整体色泽浓绿。笋条直，粗细均匀，质地细嫩，包头紧密，不散头，无空心，无畸形。一级笋率 92.6%，平均产量 22 500 kg/hm²。抗茎枯病，适宜白笋、绿笋栽培。

（5）绿丰　母本为阿波罗优良变异株 AP－82，父本为吉内姆优良株 JH1。该品种植株生长旺盛，株高 250 cm，包头紧密，无空心、无畸形，田间表现抗茎枯病能力强于对照品种冠军，3 年平均产量比对照增产 32.9%，平均单支重 37 g，一级笋率达 93%。可作为白芦笋、绿芦笋种植。

（6）玉峰　母本 AP－21 为阿波罗优良变异株，父本 JH3 为吉内姆优良株。该品种植株生长旺盛，株高 240 cm，包头紧密，粗细均匀，无空心、无畸形，田间表现抗茎枯病能力强于对照品种冠军，3 年平均产量比对照增产 25.7%，平均单支重 28.4 g，一级笋率达 93.6%。可作为白芦笋、绿芦笋种植。

（7）WF－8　母本为哥兰德优良变异株 G－6，父本为 CH－5 优良株。该品种植株生长旺盛，株高约 240 cm，包头紧密，颜色浓绿，田间表现抗茎枯病能力强于对照品种冠军，3 年平均产量比对照增产 29.3%，平均单支重 25.4 g，一级笋率达 94%。可作为白芦笋、绿芦笋种植。

（8）京绿 4 号　北京市农林科学院玉米研究中心 2008 年用美国血统的母本 BJ501－35E 无性系与本所自主选育的超雄父本 BJ542－19C 无性系杂交组配而成的全雄组合。该品种比较适合生产绿芦笋，嫩茎长柱形，比较粗，平均茎粗 1.8 cm，平均单支重 21.5～24.1 g。生长势强，定植当年株高可达 200 cm 以上，第 1 分枝高度 58 cm。

第三节　生物学特性与主要性状遗传

一、植物学特征与开花授粉习性

芦笋是多年生草本植物，地上部分包括地上茎、枝、拟叶、花、果及种子；地下部分包括地下茎、鳞芽群、贮藏根及吸收根等。

（一）根

1. 根系的主要特征　芦笋的根系属于须根系，发育旺盛，具有长、粗、多的特点。根系的分布一般呈水平方向发展，并且稍向下倾斜，横向分布长度达 3 m 左右，纵向可深达 3 m，但大多数分布在离地表 15～45 cm 的土层内。据测定，两年生植株有 482 条根；五年生芦笋，土壤中的根数达千条以上，肉质根的粗度达 4～6 mm。随着株龄的增长，根群逐步扩大，以沙壤土最适合根系的生长和蔓延。

2. 根的形成及其作用　芦笋根依据其形成时间、部位、形态及作用的不同，分为初生根、贮藏根（肉质根）、吸收根（须根）3 种类型。

（1）初生根　初生根是指伴随着种子的发芽而最先产生的根，故也叫种子根。它是由胚根发育而成，长度可达 35 cm 以上。初生根短而纤细，寿命较短，它的主要作用是吸收水分供种子萌发。当第 1 条初生根长到一定时候，从长出第 1 条初生根的部位又长出第 2 条及第 3 条初生根，而且长度、粗度依次递增。

（2）贮藏根　贮藏根是随着初生根的延伸和幼茎的形成，在幼茎与初生根的交接处逐渐膨大，形成鳞茎盘。鳞茎盘上方突起，着生大量的鳞芽，下方生根，这些根呈肉质状，粗细均匀，直径达 4～8 mm，长度可达 1～3 m，起贮藏和吸收作用，称之为贮藏根或肉质根。随着鳞茎盘的扩展，贮藏根逐步增多，据测定，一个直径 2.5 cm 的鳞茎盘，能产生 35 条根，直径 15 cm 的鳞茎盘，贮藏根多达 140 条以上（图 31－4）。贮藏根寿命较长，一般为 5～6 年。贮藏根一旦被切断，就没有再生能力，若其生长点不受损伤，它可不断伸长，最长可达 2～3 m。在亚热带地区，贮藏根可不停止生长；在寒冷地区，贮藏根冬季停止生长，贮藏养分，春季开始伸长，当年生长的部分为白色，以后颜色不断加深，第 2 年后逐渐变成浅褐色，多年生的贮藏根为棕褐色。在芦笋生长过程中，贮藏根数量的多少及生长状况的好坏是影响芦笋产量和品质的重要因素之一。

（3）吸收根　吸收根是着生于贮藏根表皮上的白色、纤维状的根，又称纤维根。吸收根是芦笋从土壤中吸收水分和养分的主要器官。吸收根寿命较短，一般 1 年左右，秋后枯死，第 2 年春季再长新根。在冬季温暖地区，吸收根寿命可在 1 年以上。如遇夏季高温、干旱、冬季寒冷、土壤过酸过碱或积水缺氧时，吸收根寿命缩短。

（二）茎

1. 初生茎　芦笋种子萌发时首先长出地面的茎称为初生茎，它是由胚芽发育而成。它向上伸长，不产生分枝，是幼苗前期唯一的同化器官。

2. 地下茎和鳞芽群　随着幼苗的生长，初生茎与根的交接处产生的突起组织即为根茎。地下茎是指由根茎不断增大形成有鳞片包裹的短缩变态茎。在适宜的条件下，地下茎上下表面由分生组织形成的芽原基进一步发育成包裹鳞片的芽体，芽体群集发生，形成鳞芽群（图 31－4）。鳞芽的数量和健壮程度与芦笋品种类型、栽培条件及当地气候因素有关，并决定着芦笋嫩茎产量的高低。一般来说，当年秋季鳞芽群中芽体形成越多，第 2 年春季长出的嫩茎就越多，芦笋的产量也就越高。随着植株的生长，地下茎不断发生分枝，其生长点不断增加，鳞芽群的数量也随之增加。芦笋的幼茎经多次采收后，成年植株的地下茎会呈重叠状，而下部和中心部位的地下茎因土壤氧气、水分及养分的不足也会发生上升和重叠现象（如土壤过湿而氧气不足会使地下茎上升），从而导致植株走向衰退。

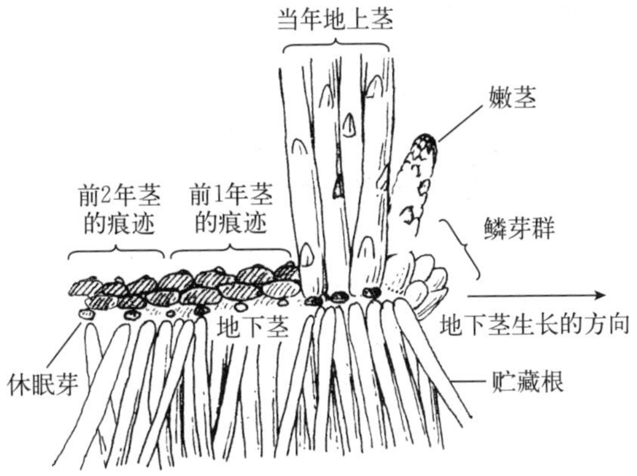

图 31－4　芦笋根和茎生长示意

3. 地上茎　在条件适宜时，部分鳞芽萌动抽出地面，形成地上茎。它与贮藏根相对应，地下茎每向下形成 2 条贮藏根，就向上形成一支地上茎。当地上茎长到 20～30 cm 尚未散头时采收，即是商品芦笋，也称嫩茎。嫩茎多肉质、粗壮，直径一般为 1.2～2.5 cm（品种间有差异）。嫩茎上长有由鳞片包被的腋芽，顶部腋芽密集，中部和下部腋芽稀疏。如果不采收嫩茎，任其茎尖松散，腋芽萌动，可形成具有一次分枝、二次分枝和拟叶等器官的植株，成年植株最终高度一般在 2.0 ～ 3.0 m。地上茎第一分枝高度、粗细、数量，因植株品种、性别、笋龄及气候、栽培管理水平的不同而有差异。主茎及侧枝中含有大量叶绿素，能进行光合作用。地上茎的生长寿命也会因季节、气候条件和栽培管理水平等的不同而改变，一般不超过 6 个月。在中国北方地区，地上茎生长期为 5～10 月，可不换茎；在长江流域地区如江西的生长期为 3～11 月，一般在 7～8 月换 1 次茎；在海南、云南、广东等热作区可周年生长，因此每年需换茎 2～3 次。只有这样，才能保证充足的同化养分，以供芦笋嫩茎生长的需要。

（三）叶及拟叶

芦笋的真叶已经退化，附着在茎的各节上，呈三角形、淡绿色、薄膜状，俗称鳞片（图 31-5），它基本不含叶绿素。第 1 分枝节和第 2 分枝节上着生的鳞片依次变小，芦笋叶的主要作用是保护茎尖和腋芽。在嫩茎期，鳞片（叶）包裹着茎的顶端，它的大小、形状及包裹的松紧是区别品种和笋质量的重要依据之一。一般来说鳞片包裹紧密，不易散头的品种品质好，该性状对绿芦笋来说尤为重要。

拟叶是从叶腋处丛生出来的，形同针状，其水分蒸腾量小。拟叶实际上是变态枝，含有丰富的叶绿素，是进行光合作用的主要器官。据测定，5 g 拟叶平均每天大约生成 127 mg 同化物（图 31-5）。

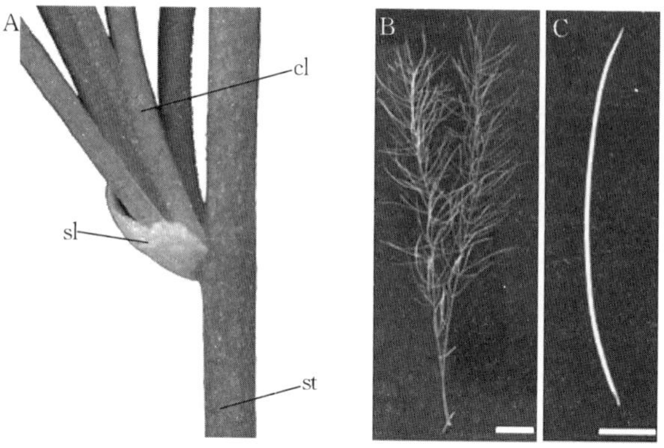

图 31-5 芦笋拟叶形态及着生部位
A. 拟叶着生部位 B. 拟叶着生状态 C. 单根拟叶
（cl：拟叶；sl：鳞片，即退化的真叶；st：茎秆）
（Nakayama et al.，2012）

（四）花、果实及种子

1. 花 芦笋是雌、雄异株植物，自然群体中雌、雄株比例约为 1∶1。花生长在植株拟叶的叶腋，花朵单生或簇生，吊钟形，每朵花有花被 6 枚，没有花瓣和萼片之分，花内有蜜腺，虫媒花。雄花和雌花构造不同，大小依品种不同而各异。雌花较短、粗，二倍体栽培品种的雌花长约 3.7 mm，直径 2.0～2.1 mm，绿白色，雄蕊退化完全，内有 1 枚雌蕊，雌蕊的花柱、柱头完整，柱头 3 裂；雄花较细长，长约 6 mm，直径 2.2～2.4 mm，淡黄色，内有 6 枚雄蕊，雌蕊退化并不完全，含有退化程度不同的雌性器官，从无花柱到含花柱乃至柱头的雌蕊。在自然群体或个别品种中，有极少数两性花，6 枚雄蕊正常发育，形同雄花，有 1 枚健全程度不同的雌蕊，有子房，较大，但比普通雌花小，有柱头，这种花称为两性完全花。它具有一定的结实率，具有此花的植株称为雄性雌型株或雄全株，俗称两性株。两性株因气候因素，少量的两性花雄蕊退化，只剩雌蕊，出现雌、雄花同株、同枝的现象。两性株上两性花可以自交或异交结实，所结的果实较小，结籽率低，种子有的无种皮或种皮不完全，发芽率低，是芦笋重要的遗传育种材料。台湾学者还报道发现，雄蕊和雌蕊均退化的不完全花（图 31-6、图 31-7）。

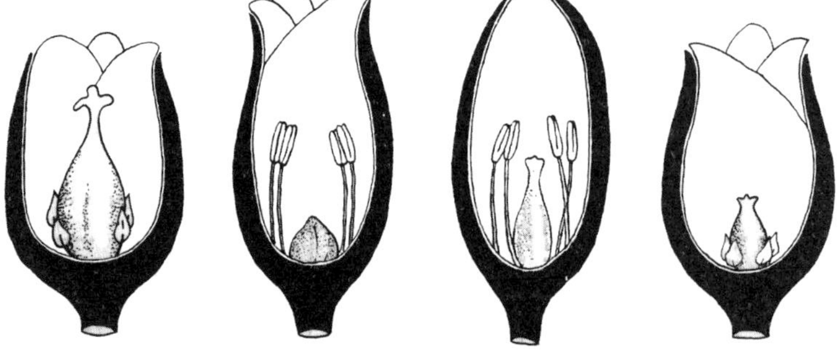

图 31-6 芦笋花模式图
（从左至右依次是雌花、雄花、两性花和不完全花）
（陈光宇等，2005）

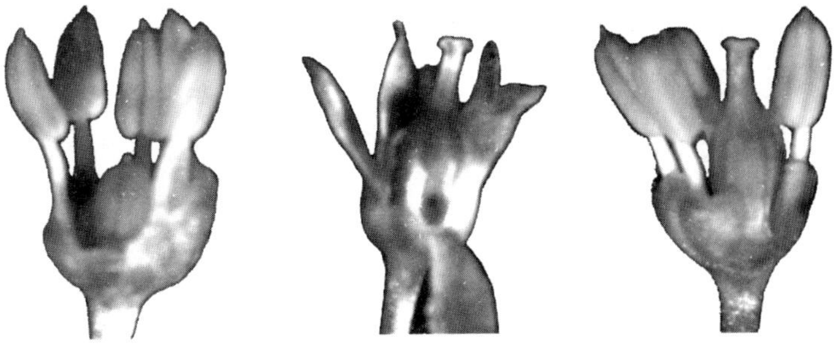

图 31-7　雄花（左）、雌花（中）和两性花（右）实物图
（为便于观察除去普通雄花和两性花的花瓣和部分花药）

2. 果实　果实为浆果，圆球形，直径约 7 mm，初形成时呈深绿色，后慢慢变成黄绿色，成熟后果实呈暗红色，并由硬变软，含糖量较高。果实内有 3 室，每室内有种子 1～2 粒。果实内种子数的多少与植株年龄、生长状况、授粉条件及环境条件有关。

3. 种子　种子呈黑色，近似球形，一面下凹，稍具棱角，种皮硬而有光泽，千粒重 20 g 左右。种子在自然条件下贮存，寿命为 2～3 年，贮存 3 年后的种子发芽率约为 50%。成熟度好的种子在良好的贮藏条件下，可以保存 3～5 年。在低温干燥的条件下贮藏，可延长种子寿命。

（五）开花习性

芦笋成株，早春嫩茎出土后 15～30 d 即可分化出花芽，陆续开花，雄株开花早于雌株（一般早 2～10 d），始花后 10～15 d 进入盛花期，雄株花期持续 2～3 周，雌株 1～2 周。华北地区 4 月中旬至 9 月上旬可持续开花 140 d，以 4 月中旬至 5 月上旬开的花结实结籽率高；在江西 4 月上、中旬至 11 月中、下旬不采笋可持续开花 200 d 以上，实行三段采笋两次留母茎栽培模式，有 2 个盛花期：4 月中旬至 5 月上旬，9 月上、中旬至 10 月上旬；在华南地区，只要温度适宜，全年均可开花。根据芦笋开花习性，人工授粉时应注意以下 4 个环节。

（1）授粉时间　中国北方于 5～6 月进行人工杂交（或自交）；南方除了春季杂交外，还可于 9～10 月再进行 1 次。温度是影响授粉的主要因素，适宜范围在 18～30 ℃，温度过高、过低均不利于芦笋授粉结实。花粉散粉需要一定的光照和空气湿度，晴天授粉适宜的时间是上午 7～9 时，下午 4～6 时。只要温度适宜，田间无露水时，白天都可授粉。

（2）雌花选择与隔离　芦笋一级花大都位于主茎和侧枝的交叉处，数量少，且不便隔离，人工杂交时一般不选用此类花。一级侧枝上二级花数量多、位置好，便于整枝隔离，开花时间也比较集中，有利于集中授粉，因此大多选用花蕾数量多的健壮侧枝，花瓣尚未展开前，将二级花枝修剪整理，然后套袋（玻璃纸袋或硫酸纸袋）隔离，以防止混杂。待雌花花瓣展开后，要及时授粉，若时间过长（>3 d），雌花柱头接受花粉受精能力减弱，结实率严重下降。

（3）花粉处理与授粉　据报道，芦笋花粉在 0～4 ℃和低于 45%相对湿度下可保存 6 个月，在 20 ℃、75%相对湿度下，14 d 后花粉生活力锐减。为了解决雌、雄花期不遇问题，可以提前收集花粉。选择当天开放，花药为金黄色的雄花，采用自然干燥、烘箱法、生石灰法等方法（李芳等，2006）进行干燥处理，收集花粉，然后置于干燥低温瓶中保存。花粉生活力可用醋酸洋红染色法和蔗糖萌发法等方法进行测定，蔗糖萌发法较适宜的配方为 15%蔗糖+0.01%硼酸+0.01%赤霉素+1%琼脂，pH5.8。

授粉方法大致有两种：① 若雌、雄花期相遇，授粉时，直接取用当天开放、花药为金黄色饱满的雄花，将花药在柱头上轻轻擦拭，柱头上明显黏附有金黄色花粉为止。②若雌、雄花期不遇，或超雄株等花粉质量不好时，可提前收集花粉，授粉时，用软毛笔尖或医用棉签蘸取小瓶中的花粉在雌蕊柱头上轻轻擦拭，柱头着色为止。授粉完毕后迅速将隔离袋套好，写好标签。

(4) *后期观察与杂交种采收* 授粉后继续套袋 7～10 d，并及时撤袋，对坐果情况进行跟踪观察。授粉后 80～120 d 果实深红色时种子成熟，及时采收。

芦笋种间杂交大体与此相类似，重点要注意花期调配和杂交亲和力等问题，适时运用人工去雄和胚胎拯救等技术。

二、生长发育及对环境条件的要求

(一) 生命周期与年生长周期

芦笋一生经过种子萌发、幼苗、幼株、成株及衰老 5 个生长发育阶段，这一过程称为生命周期。在栽培条件下的生命周期或寿命因生境而异，一般在南方为 10～15 年，北方为 15～20 年。根据一生的生长过程可分为：幼苗期，从种子发芽到定植，一般为几个月至 1 年，期间有极少数营养状况好的雄株会提前开少量的花，雌株苗期一般不会开花，但幼苗如果遇到温度过高或过度干旱等极端生长条件会出现过早开花或开顶花现象。幼株期，从定植至开始采收，主要形成地下茎，2～3 年，植株开始开花，但花量不大，花器官较小。约 3 年后进入成株期，开始采收嫩笋，产量逐年增加，同时每年都可开花结籽；5～6 年后进入盛采期，花量大，花器官成熟。衰老期，10～12 年后，植株逐渐衰老，产量下降，植株花量减少，直至最终死亡。

芦笋年生长周期，指芦笋在一年内的生长发育状态。在低纬度热带地区，芦笋地上部分全年常绿，无明显的休眠期（冬季地上茎叶不枯萎）。而在自然状态下，从寒带至亚热带，凡年气候变化四季分明的地区，年生长发育都存在生长和休眠两个时期，即在冬季地上茎枯萎，地下的根株处于休眠状态，待春季地温回升至 10 ℃ 左右时，开始抽出嫩茎，进入生长期。芦笋还有一个繁殖周期，指从种子发芽到有性繁殖产生成熟种子的周期，即从种子到种子的全过程，需要 2 年。

(二) 芦笋对环境条件的要求

1. 温度 芦笋对温度条件的适应性很广，既耐热又耐寒。芦笋种子发芽的临界低温为 5 ℃，最适温度为 25～30 ℃。植株生长发育的临界高温为 38 ℃，低温为 5 ℃。处于休眠状态的地下部分（包括地下茎、鳞芽群及贮藏根等）能在－38 ℃下越冬。芦笋适合生长温度为 12～26 ℃，土温达到 10 ℃时，芦笋嫩茎开始抽发，采笋时期的温度以 15～25 ℃为最适宜，此时采收的嫩茎品质高，具有味浓、粗壮、质地细嫩、不易散头及空心笋少等特点。

2. 光照 芦笋是一种喜光植物，光照不足会严重影响芦笋的生长发育。芦笋进行光合作用的最适温度是 16～25 ℃，超过 28 ℃时对光合作用不利。芦笋枝叶的光饱和点为 40 000 lx，针状拟叶的受光姿势好，较耐阴，适于南北向、宽窄行种植，有利于提高光合效率，从而获得优质高产。

3. 水分 芦笋的耐旱能力较强，主要是因为芦笋真叶已退化，拟叶又呈针状，且表面有一层蜡质，植株的蒸腾量较小。芦笋有庞大的根系，贮藏根内含有大量水分，少量根能深入到地下 3 m 含水量较多的土层内，遇旱时能自行调节。芦笋生长最适宜的土壤持水量为 20%～30%，当土壤含水量低于 16%时，需要及时灌溉。芦笋不耐涝渍，如土壤持水量过大、地下水位过高、雨后积水等，易使土壤中氧气不足，造成根系腐烂，导致整株死亡。

4. 土壤 芦笋根具有吸收和贮藏双重作用，属于深根性植物，土层要疏松、深厚。因此，要选择通透性好、保肥保水性能好、土层深度不低于 60 cm、疏松并富含有机质的沙壤土或轻壤土种植芦笋。

芦笋对土壤的酸碱度要求不很严格，pH 在 5.5～8 的范围内，均能正常生长。芦笋忌强酸碱性土壤，pH 在 8 以上或 5.5 以下时，根系发育不良，且品质下降。芦笋对盐碱土有较强的适应性，耐盐能力较强。不同品种对盐碱的耐受程度存在差异，含盐量不超过 0.35%时，芦笋均能正常生长。盐分超过 0.5%时，对芦笋生长有影响，吸收根会发生萎缩，而有些耐盐碱种质资源则可耐受 0.8%乃至更高浓度的盐分。

三、主要性状遗传

（一）性别

芦笋性别是由性染色体上的 1 对等位基因（*M*－*m*），即性别决定基因控制，决定雄性的基因相对于决定雌性基因为显性，雄性为 *Mm*，雌性为 *mm*。但自然群体中偶尔会发现极少数雄性株（*Mm*）会产生两性完全花，引起自花或异花授粉，产生雌雄比例为 1∶3 的后代（$Mm \times Mm \rightarrow 1MM+2Mm+1mm$，即 3♂＋1♀），其中 *MM* 是具有活力的，也表现为雄性，称之为超雄株，是重要的遗传育种材料。

细胞遗传学研究表明，芦笋染色体基数 $x=10$，栽培品种多为二倍体，染色体数 $2n=2x=20$，按大小和 Gimesa C 带可将 10 对染色体分为 5L（长）、1M（中）和 4S（短）。Löptien（1979）利用 4*n* 与 2*n* 品种杂交，构建了成套三倍体材料。对三倍体材料杂交分离方式研究发现，芦笋具有性染色体，且将第 5 对长染色体（L_5）确定为性染色体。芦笋 X 染色体与 Y 染色体的大小、形态几乎完全一致，属于同型性染色体，*m*、*M* 分别位于 X、Y 染色体上，X、Y 染色体在细胞有丝分裂时可以配对，但减数分裂过程中其性别决定基因所在的染色体部位交换受到抑制，从而保证了性别决定基因的分离。目前构建了围绕芦笋性别决定基因 *M* 比较精细的遗传图谱，将 *M* 定位在 L_5 染色体着丝点附近的 0.63 cM 区域内，并构建了含有 8 个跨叠克隆群的物理图谱（Telgmann-Rauber et al.，2007、2009）。在分子水平上，性别决定基因（座）其实是一个非重组的多基因区域。根据 Charlesworth 模式（1978），芦笋 Y 染色体上性别决定基因座区域具有与麦瓶草 Y 染色体相似的显性雄性活化基因（*A*）和雌性抑制基因（*S*），两个基因紧密连锁，雄性 *SsAa*，雌性 *ssaa*，两者有性杂交重组，子代中稀有基因型 *Ssaa* 和 *ssAa* 个体表现为雄全同株（andromonoecy）。

芦笋性别分化是由性别决定基因主导的，基于性别决定基因控制雄蕊和心皮发育结构基因表达的模式。在雄性和雌性的花器官发育早期，两者花器官都有心皮和雄蕊。然而，在随后的发育过程中，雄蕊和心皮分别在雌性和雄性个体中停止发育。芦笋性别分化是选择性诱导或败育的结果。但是，这种选择性作用模式在雌、雄个体花器官发育过程中是不同的，即在雌花中雄蕊退化，而在雄花中子房停止发育但不退化，其结果是芦笋雌株产生的雌花严格一致，都含发育良好的雌蕊和退化的不育花药痕迹，而在雄株中则含有退化程度不同的雌性器官，从无花柱到含花柱乃至柱头的雌蕊。电镜观察芦笋的性别分化过程，确定两性花向单性花发育的转变时期是花柱开始发育的时刻，雌花的雄蕊退化在此之后开始。许多研究显示，性别决定基因在心皮和雌蕊原基出现的早期没有激活，在发育后期才发挥作用。

（二）嫩茎外观颜色

芦笋有紫芦笋与绿芦笋之分，两者嫩茎表皮和韧皮部都含有花色苷，但组成和含量不同，加上细胞液泡中 pH 差异，导致了嫩茎外观颜色的不同。Yumi 等（2005）研究发现，芦笋与近缘种嫩茎中含有 3 种花色苷 A_0、A_1 和 A_2，A_0 与花青素（cyanidin）形成糖苷键的是葡萄糖（glucose）和鼠李糖（rhamnose），而 A_1 和 A_2 与花青素形成糖苷键的均为葡萄糖，但连接的分子数量不同。截至目前，A_0 仅在芦笋近缘种 *A. asparagoides* 中检测到。四倍体紫芦笋品种 Purple jumbo、Burgundy 中 $A_1<A_2$，欧洲品种 $A_1>A_2$，美国品种仅含有 A_2。A_1 存在是由单个基因控制的，并且花色苷种类和含量与性别表型并不存在遗传相关性。

（三）芦笋株高

芦笋成龄植株不摘顶自然生长株高 2～3 m，一般雌株比雄株高大，在品种间也存在着差异。陈光宇等（2009）首次将芦笋野生资源矮生性近缘种兴安天门冬（*Asparagus dauricus* Fisch. ex Link）与芦笋栽培品种正反杂交，获得种间杂种，进而构建了 F_2、F_3、BC_1、BC_2 等遗传群体，初步遗传分析发现：芦笋栽培种高秆性状对兴安天门冬矮秆性状表现为完全显性，F_1 代均表现与芦笋栽培品种相同的高秆性状；F_2 代株高表现为连续变异的双峰分布，且两峰值分别与两亲本的株高相近，高秆与矮秆的比例符合 1 对基因的分离比例 3：1，表明兴安天门冬矮秆性状是受 1 对独立遗传的隐性主效矮秆基因控制，该基因暂命名为 *da1*（The first dwarf gene in *Asparagus*）。

（四）锈病抗性

芦笋锈病是由天门冬属柄锈菌（*Puccinia asparagi*）引起的重要真菌病害。Hapler（1956）研究表明，芦笋部分锈病抗性是由 5 个具有加性效应的基因控制的，由于锈病侵染时环境效应高，它们的遗传力较低。芦笋这种锈病抗性主要表现在减少孢子堆数目和延长锈子器和夏孢子堆休眠时间（Johnson，1986）。Johnson（1993）田间接种天门冬属柄锈菌（*P. asparagi*）发现，芦笋杂交群体单株抗性从低到高呈连续分布，表现为典型的数量性状遗传，至少有 4～5 个基因控制。Falavigna 等（2012）研究发现，*A. maritimus* 抗锈病，以它作为供体，种间杂交回交转育，培育获得的芦笋品系 Montina 中存在两类锈病抗性：一类是受主效抗性基因 *R* 控制的，其作用是防止茎秆表皮破损；另一类是受微效多基因控制，作用在于减少茎秆上孢子堆数目。

（五）产量性状的构成因素与遗传力

芦笋产量性状一般包括总产量、商品笋产量、总笋（嫩茎）数、商品笋数、平均笋重、平均笋直径等。Currence 等（1937）、Ellison 等（1960、1986）研究发现，笋数、笋直径与产量呈高度正相关，笋数、笋直径两者之间则存在负相关。Cointry 等（2000）采用多次回归分析结果表明，笋数（SN）和笋重（SW）是最重要的产量构成因素，连续 3 年回归系数分别为 $R^2=0.968$，$R^2=0.963$ 和 $R^2=0.967$。

Legg 等（1968）、López Anido 等（1997）采用基于一次重复的广义遗传力分析方法研究结果表明，大多数产量性状遗传力都较低，环境效应大。Gatti 等（2005）利用一个 2 年生的白芦笋半同胞家系群体来研究产量性状遗传力，研究结果表明：总产量和商品笋数遗传力分别为 0.31 和 0.35，商品笋产量和总笋数遗传力分别为 0.55 和 0.64，平均笋直径和平均笋重遗传力较高，分别为 0.75 和 0.74；商品笋产量与商品笋数、笋重存在着显著的遗传相关性，相关系数分别为 0.96、0.89；该家系 5%优异单株对商品产量的贡献率达到 15.9%。López Anido 等（1999）采用基于家系平均值的狭义遗传力分析方法研究发现，芦笋产量性状轮回选择是有效的。

第四节　育种目标

芦笋是多年生作物，定植后可连续生长 10～20 年，品种好坏和种子质量高低具有长线效应；多年生生物学特性客观上导致了芦笋品种更新换代速度慢，20 世纪 80～90 年代的品种如 Atlas、Grande、Apollo 等仍是目前国际上芦笋生产的主栽品种，所以芦笋育种工作中多注重品种质量。根据芦笋的生物学特性和不同生态区的气候特点，陈光宇于 2010 年首次将中国芦笋生产划分为五大生态区：北方冷凉区、西北沙化区、黄淮及东北盐碱区、长江中下游区及华南热作区，根据各地对芦笋生态适应性的不同要求，因地制宜制订本地区芦笋育种目标。

一、丰产育种

随着中国劳动力价格和生产成本持续上升，芦笋种植比较效益的下降，提高芦笋单产仍是主要育种目标之一。芦笋多年生的生物学特性决定了年产量表现模式类似抛物线，幼苗期没有产量，幼株期产量低，成株期后产量逐年增加，5～6 年后进入盛产期，衰老期产量又逐渐下降。因此，如何早产、延长盛产期、稳产，是芦笋丰产育种的重要内容。

芦笋单位面积产量由单株产量和株数组成，而单株产量又由单根嫩茎重和嫩茎数组成，单根嫩茎重则主要由嫩茎的粗度和嫩茎的长度决定，若按统一采笋长度标准，单根嫩茎重就主要取决于嫩茎的粗度。因此，选育嫩茎既多又粗的遗传系统将可充分发挥单株的增产潜力，提高单位面积产量。同等生长条件下，一般雌株的嫩茎粗壮，但数量少；雄株嫩茎细些，但数量多，抽发早，抽笋持续时间长，全雄育种可以达到早产和稳产。

芦笋年采收期较长，东北地区一般 30～60 d，华北地区 60～120 d，长江中下游地区 150～220 d，海南、云南热作区可以周年生产，每天采收 1 次。芦笋测产工作量非常大，一个品种需种植 5 年以上，连续记录 3～4 年产量，才可对该品种的丰产性进行评价。这对育种工作者提出了较高的要求。

二、品质育种

芦笋品质主要包括嫩笋的外观品质、营养品质和风味品质等几个方面。外观品质包括芦笋的长度、粗细、鳞片包裹紧密程度、色泽等；营养品质是指芦笋所含的维生素、矿物质、糖类、蛋白质、黄酮类及纤维素等营养成分组成与比例；风味多指芦笋口感，如清香味、苦涩味、甘甜等。芦笋品质的优劣直接影响其食用价值和商品性能，以及加工工艺与出口，品质育种越来越受到重视。

（一）外观品质

白芦笋主要是加工成罐头供出口，北方冷凉区是中国白芦笋主产区。绿芦笋和紫芦笋除鲜食外，经常需要速冻贮藏运输，加工工艺对嫩茎品质要求较高，直接影响商品性，因此芦笋外观品质育种很重要。优良嫩茎的形态要求是单株的嫩茎粗细均匀，笋条匀直，笋头侧芽平滑，鳞片抱合紧密不易松散，横剖面呈圆形，不易开裂空心。白芦笋嫩茎洁白，因加工需要剥皮，对笋粗细要求更高；绿笋嫩茎色泽浓绿一致为佳。最近，国内外先后选育出嫩茎外观颜色与众不同的新型芦笋，如深绿色笋、粉红色笋、翠青色笋、金绿色笋，新颖，更能吸引消费者。

（二）营养品质

营养品质主要是要求嫩茎的粗纤维含量低，采收后纤维素含量增加慢，蛋白质和各种水溶性维生素含量高。芦笋含有很多营养活性物质，具有药用和保健功效，随着消费水平和加工要求的提高，对营养品质的要求将越来越高，营养保健功效与药用价值备受消费者青睐。国内外育种单位正在着手开发芦笋及近缘种质的营养药用价值，培育市场前景广阔的功能型（如富含黄酮类、花青素、皂苷、硒）芦笋新种质、新材料、新品种。进行远缘杂交，利用现代生物技术，培育富含营养药用活性物质的功能型品种，成为现代芦笋育种重要的目标之一。

（三）风味品质

芦笋是一种味美可口的蔬菜，主要是因为其含有特殊的风味物质。蔗糖是影响芦笋风味的重要组成物质，它是芦笋甜味的主要成分，蔗糖的含量与甜味呈正相关。芦笋的特殊鲜味主要是体内含有多种氨基酸和胺类化合物，其中以鲜味氨基酸（天门冬氨酸、谷氨酸）含量最高。此外，常见的嫩茎苦味是芸香苷物质累积引起的，苦味大小取决于品种、株龄、温度、水分、肥料等条件，品种是先决因素。可通过富集或减少某类风味物质的单株选择或遗传改良，实现目标风味育种。如水果芦笋品种井冈红，清脆甘甜，可鲜食或鲜榨汁。

三、抗病抗逆育种

茎枯病，俗称"芦笋癌症"，是危害中国芦笋生产的主要病害，生产上缺乏高抗茎枯病的芦笋品种。天门冬拟茎点霉（*Phmopsis asparagi*）是引起芦笋茎枯病的病原真菌，该病害在全球范围内广泛存在，但国内外对其病原分子生物学和寄主抗病机制研究较少，需深入开展寄主与病原菌生物学互作机理研究，为芦笋抗茎枯病基因鉴定和品种遗传改良提供理论基础。

芦笋褐斑病和枯萎病在中国发生也较为普遍，特别是近年来云南、海南等热作区芦笋根腐病发生和危害日益严重，因此，褐斑病、枯萎病和根腐病也应列为重要的抗病育种目标。欧美国家一直对抗锈病品种的选育很重视，近年来国外陆续报道了3种芦笋病毒病：AV-1、AV-2、AV-3。培育和利用抗性品种是最经济有效的综合防治措施，而抗源是抗病育种最为重要的物质基础，中国芦笋品种资源匮乏，遗传背景狭窄，现有栽培品种缺乏重要的抗病基因。因此，广泛筛选抗源，特别是挖掘和利用芦笋近缘野生种中蕴含的抗病基因，是目前芦笋茎枯病等抗病育种的首要任务。

品种的抗逆性是保障芦笋稳产的基础，同时也是扩大芦笋种植区域，实现周年生产的必要性状。芦笋具有很强的耐旱、耐盐碱和耐贫瘠能力。芦笋比其他大多数作物耐盐性强，在含盐量0.35%以下土壤中可正常生长，大田生产最高可耐受含量盐为0.5%的盐土，在风沙化和盐碱土地上推广种植，可不与粮争地，实现经济效益与生态效益相统一。筛选耐盐种质和培育耐高盐品种，已成为现代芦笋育种重要的目标之一。目前，在西北沙化区和盐碱区已经筛选出能耐干旱和重度盐碱的芦笋品种，可耐受0.8%乃至更高浓度的盐分。芦笋虽耐重度干旱，但对涝渍较敏感，然而中国洪涝灾害比较严重，特别是长江中下游生态区，因此也亟须培育耐涝品种。

此外，设施栽培专用品种、适于机械化采笋品种，以及鲜食、加工、耐贮运、延长货架期专用品种的选育，是今后芦笋育种的重要方向。美国加利福尼亚大学芦笋育种家Neil Stone正在选育适于机械化采笋品种。

第五节 主要育种途径与选择技术

一、主要育种途径

芦笋常规繁殖方式分为无性和有性两种。传统无性繁殖方式是采取分株（分蔸）法，即在春季鳞芽群萌动前将植株挖起，沿着鳞茎盘垂直切割，尽可能保留根系，待创伤面略风干后，再栽种到土里，每一块带有根系的鳞芽盘上的鳞芽可萌动抽生新的嫩茎。分株法优点是可以保持品种或单株的种性，缺点是繁殖速度慢，繁殖周期长，1株生长5～6年的根蔸只能分割出5～6株。近30年来组培快繁技术成功用于芦笋的无性快繁，加速了优良单株的扩繁和利用，组培成为芦笋目前最主要无性繁殖方式。有性繁殖则主要是通过品种间或品种内雌、雄单株间有性杂交进行的。这种特殊繁殖方式和多年生的生物学特性决定了芦笋育种工作的复杂性和长周期性，因此，组培快繁、花药培养、多倍体诱导等生物技术在芦笋育种工作中就显得尤为重要，今后芦笋新品种培育需要走常规育种与现代生物技术有机结合之路。

（一）引种

国外芦笋育种工作开展得早，育成了许多各具特点的优良品种。中国芦笋种质资源匮乏，芦笋育种周期长，在加强自主选育新品种的同时，积极引入国外优良的品种、品系，是解决品种问题的一条重要途径。芦笋是多年生蔬菜作物，应考虑其对不同年份气候条件变化的适应性，引种试种年限不应少于3年。引进的品种、品系也可作为种质资源和育种原始材料加以利用。

（二）选择育种

芦笋选择育种是指利用芦笋群体中存在的自然变异，将符合要求的优良植株选择出来，经过比较和繁育而获得新品种的途径。芦笋品种是遗传上高度杂合的群体，不仅同一品种不同株间基因型差异大，同一植株基因型也多是杂合的，通过选择，集中和纯合有利基因是改良现有品种和创造优良育种材料的有效方法之一。

1. 混合选育与集团选育　从优良品种中选择符合育种目标的优良雌、雄株各若干株，挖出地下部，每株分割成若干株，或采用单株组培快繁，定植于隔离条件下，任其自由授粉，果实成熟后，混合采收种子，播种育苗、培养成株，按既定目标继续进行与上代相同的选择、繁殖。进行多次混合选择后，将最后一批混合采收种子播种定植在不同的小区内加以比较，选育优良品系，育成新品种。开始进行选择的原始群体要大些，每次混合选择品系的种植面积也应大些，以利于选择优良植株。多次混合选择既提高了优良基因频率，又可以保持该作物所固有的遗传杂合性。20世纪60年代前的品种很多是采用此育种途径选育而成的，属于第1代开放式授粉品种或OP品种（open pollinated varieties）。如玛丽·华盛顿500就是从加州种植的160 hm^2玛丽·华盛顿品种群体中选出159株优良的雌、雄单株混合选育而成的。

由混合选育法衍生而来的集团选育，是先从品种群体或杂交群体中按不同性状选择属于各种类型的单株，再通过分蔸法或组培繁殖当选的单株，将同一类型植株混合组成若干集团，将这些集团定植在不同的小区内加以比较，选育优良集团育成新品种的方法。由于这些方法工作量大，周期长，只能利用现成的自然变异，难以满足现代综合化育种目标的要求，加之自由授粉，不利于种子生产商业化等原因，在国外现已逐渐被摒弃。

2. 无性系品种选育　国内外已建立了成熟的芦笋组培快繁技术体系。从优良品种或杂交组合群体内选择符合育种目标的优良单株、变异单株，组培快繁，工厂化生产组培苗、定植、升级鉴定，筛选符合育种目标的无性系作为优良品种示范推广，该品种即为无性系品种。理论上，任何优良品种均可通过组培快繁技术复制，雌、雄混合品种选择6对以上优良雌、雄株可保持该品种的种性，一般无性系杂交全雄品种只要选择1株优良单株繁殖即可复制该品种用于生产。无性系品种选育是一种简单易行的育种途径，可能是未来芦笋品种选育发展方向之一。

（三）杂交育种与种间杂交

杂交育种是根据育种目标选配具有优良性状的芦笋品种、品系以及优良单株作为父、母本，通过人工杂交将分散在不同亲本上的优良性状组合到杂种（群）之中，然后对其后代进行多代选择（系谱法或混合法），培育出性状相对一致而遗传稳定，并符合选育要求的优良同胞系或兄妹交系，升级比较鉴定，继而获得优良定型新品种的育种途径。张启沛设计了详细的单株间有性杂交育种方案，并指出芦笋是杂合体，杂交第1代的表型就会出现多样性，应从F_1开始选择，且F_1种植适宜株数为250株。但由于芦笋是多年生雌、雄异株植物，杂交各世代难以推进，从种子到种子至少需要2年，兄妹交基因纯合速度慢，育种周期长，现有品种鲜有是采用此途径选育的。

芦笋近缘野生种拥有丰富的遗传多样性，蕴含着许多优良性状，如抗茎枯病、耐盐碱、耐涝、适应酸性土壤等，是芦笋育种重要的基因库。通过芦笋近缘野生种与栽培品种种间杂交，把野生芦笋的优异基因转移到栽培品种中，是改良或创新芦笋优良种质的一个重要途径，是芦笋育种的一个新方向。目前天门冬属内只有少数几个种能与芦笋杂交成功，如 *A. schoberioides*（Ochiai et al.，2002；Ito et al.，2007）、*A. kiusianus*（Ito et al.，2007）等，且仅局限在天门冬亚属，其余的大都因花粉与柱头不亲和或胚不育导致杂交失败，难以产生可育的杂种。芦笋与拟天门冬亚属种间杂交无一成功，杂交亲和性极差。表明芦笋种间杂交亲合性与遗传进化距离有关。目前，研究的重点应集中在利用 SSR、InDel、SNP 新型分子标记构建更全面的天门冬属分子系统进化树以及比较遗传图谱，进行亲缘关系聚类分析，预测种间杂交亲和性，搭建芦笋近缘种质优异基因发掘的分子生物学平台；在掌握亲和性规律和调整杂交方向基础上，通过运用花药培养改变杂交亲本染色体倍数，以及采用桥梁杂交、重复授粉、混合授粉、生物活性物质处理等措施，攻克芦笋种间杂交亲和性低难题，以获得芦笋种间杂种；然后采用常规杂交育种途径，回交转育、兄妹交加代，改良或创造优良种质资源。芦笋近缘野生种 *A. acutifolius* L. 是四倍体，耐涝，笋风味独特，与一般二倍体品种杂交不亲和，难以获得杂种后代，为了将它的优良性状引入芦笋栽培品种，Falavigna 等采用桥梁杂交（图 31-8），成功获得可育的杂种后代。

A. officinalis(4*n*)×*A. maritimus*

↓

OM plants(fertile)×*A. acutifolius*

↓

OMA plants(very limited fertility)×*A. officinalis*(4*n*)

↓

OMAO plants(fertile)

图 31-8 桥梁杂交示意

（O：*officinalis*；M：*maritimus*；A：*acutifolius*）

陈光宇等（2009）将芦笋近缘野生种兴安天门冬与芦笋栽培品种正反杂交，获得种间杂种，进而构建了 F_2、F_3、BC_1、BC_2 等遗传群体，发现了主效矮秆基因 *da1*。兴安天门冬嫩茎是深青色，芦笋栽培种台南选 3 号嫩茎是浅绿色，两者杂种 F_1 嫩茎呈翠青色，兄妹交 F_2 单株嫩茎颜色发生分离，从翠青色、深青色到深绿色都有，创造出丰富的不同笋颜色的种质资源。

（四）杂种优势育种

芦笋杂种优势育种主要是指通过亲本选择和配组杂交，获得在生理性状和经济性状上（如丰产、优质、抗性等）均表现出优势，且遗传性状稳定、相对一致的 F_1 杂种品种加以利用的育种途径。其原理是对亲本间“杂种优势”的利用。

1. 单交种和双交种 1979 年 Corriols-Thevenin 总结了前人芦笋有性繁殖方法，提出单交法和双交法概念，以及相应的单交种和双交种种子生产模式（图 31-9、图 31-10）。单交法，即成对杂交法，根据育种目标，选择雌、雄单株作为杂交父母本，一一配组杂交，配合力测定，筛选出强杂种优势的杂交组合，在生产上推广应用。单交法繁育的优点是：交配亲本限制在两株之间，与群体杂交或自由授粉相比，杂交后代的遗传性状比较一致。其缺点是：从选择单株开始到配组杂交选出优良组合所需时间较长，至少需要 5～7 年。20 世纪 70 年代以前亲本无法组培快繁，亲本杂交所收种子量较少。为了提高制种产量，在单交法基础上发明了双杂交法。双杂交法是指选择经过配合力测定的优良单交组合，将这两个单交组合的后代，互为亲本进行杂交，即一个组合淘汰全部雄株剩下的优良雌株群体与另一组合淘汰全部雌株剩下的优良雄株群体杂交，反之亦然，所收获的种子为芦笋双交种。其优点是：杂交种子量大，种子的生产成本较低，推广速度快。缺点是：制种程序较复杂，育种时间较长，且种子的性状不及单交种子一致。原因是单交种的双亲来自 2 个个体，而双杂交种的双亲是来自 4 个个体。

单交种和双交种在育种原理上都属优势育种，它们比第 1 代选择育种获得的开放性授粉品种更进一步，在芦笋育种历史上占据着重要的地位。但随着芦笋组培快繁技术的广泛应用，彻底解决了单交法制种难题，双交种失去了其原有的市场，双交法基本退出了历史舞台。

2. 无性系杂交品种 随着芦笋组培技术成熟，产生了无性系杂交品种（clonal hybrids）。选育程序如下：按照育种目标选择优良雌、雄株配组杂交，对 F_1 进行比较鉴定，选出优良杂交组合，以后

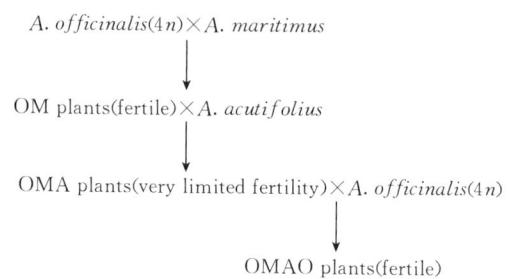

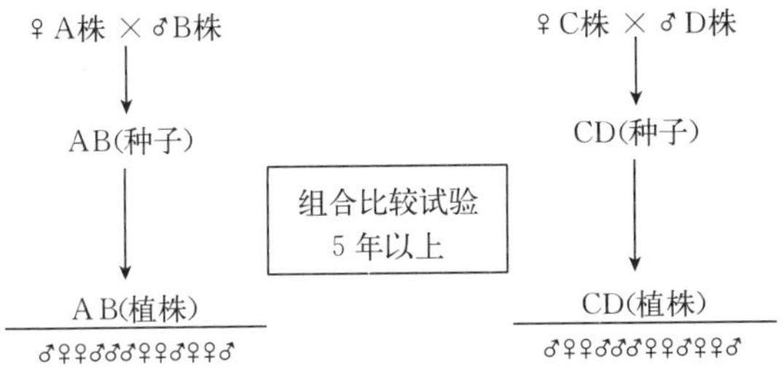

图 31 - 9　单交种种子生产模式图
（仿刘克均，2001）

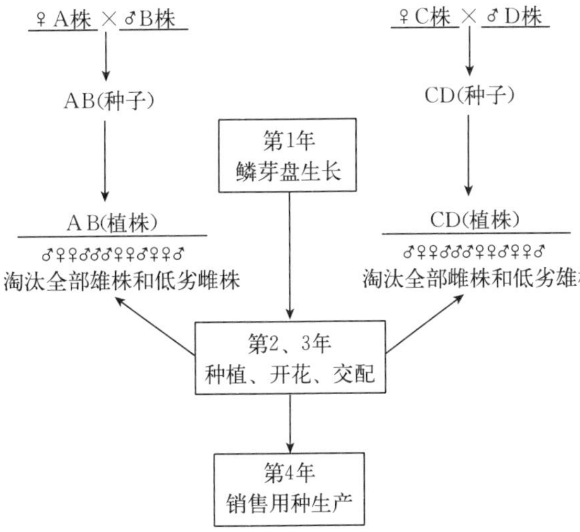

图 31 - 10　双交种种子生产模式图
（仿刘克均，2001）

组培快繁两个亲本的单株无性系，再将雌、雄亲本无性系在严格隔离区进行自由有性杂交配制 F_1 种子，即为无性系杂交种。很显然，无性系杂交品种是上述单交法和组培快繁技术有机结合的成果，实质上仍属于单交种。无性系杂交品种育种重要环节在于：亲本选配和配合力测定。为了选育优良的无性系杂交组合需要进行雌、雄单株配合力测定试验，一般应用不完全双列杂交法（张启沛，2000），亲本尽可能选择基因型相对纯合，优势互补的雌、雄单株，以提高杂种优势效应。1975 年育成的 UC157 是世界上第 1 个无性系杂交品种，现有品种绝大多数都属于广义上的无性系杂交品种。无性系杂交品种选育仍是当前主要育种途径之一。由于无性系杂交品种 F_1 种子价格较高，中国部分产区使用自己留种的 F_2，F_2 在产量、抗性等方面均有严重下降或退化。

3. 全雄品种　全雄育种之所以成为当前芦笋育种的主流，除了“全雄优势”和“杂种优势”带来的生物学与经济学效应外，还因为 F_1 全雄杂种种子必须采用专门的繁殖制种程序才能生产，这便于育种者和种子营销商对种子生产与供应的控制，因而具有巨大的商业价值。但芦笋育种研究传统重镇美国加州大学河滨分校以及戴维斯分校等，仍是以研发推广芦笋雌、雄混合品种为主。根据芦笋性别遗传规律，*MM* 为超雄株，*mm* 为雌株，以两者为杂交亲本配组杂交，$mm \times MM \rightarrow Mm$，后代全部为雄株，这是全雄育种基本原理。由此可见，超雄株 *MM* 的培育是全雄育种的前提和关键。获得超雄株之后，按照育种目标选择优良雌株与超雄株配组杂交，对 F_1 产量、性别等生产性状进行比较鉴定，选出优良全雄杂交组合，然后组培快繁对应的超雄株和雌株两个单株无性系，作为父、母本，在严格隔离区进行自由有性杂交配制 F_1 种子，即为全雄品种。从制种程序上来看，这种全雄品种属于一种特殊的无性系杂交种，应与一般无性系杂交种加以区别。目前芦笋超雄株选育有以下两个主要途径。

（1）*两性株途径*　田间调查寻找芦笋两性株，收集其上自由授粉所结的果实，或充分利用其两性花，用同株或异株上的雄花予以授粉，力争多坐果，多收种子，播种后的子代中出现比例为 3∶1 的雄株与雌株，雄株的基因型是 *MM* 或 *Mm*，*Mm* 为普通雄株，*MM* 则是超雄株，但是两者在表型上也没有明显差异，可通过以下测交工作筛选超雄株（图 31 - 11），然后组培快繁成超雄系，供全雄品种选育和制种。由于芦笋是多年生作物，测交流程一般需要 4～6 年，费时费力。近年来国内外育种工作者利用与芦笋性别决定基因 *M* 连锁的 DNA 分子标记成功筛选出超雄株，极大地提高了芦笋超雄株筛选效率。

（2）*花药培养和小孢子培养途径*　芦笋供体雄株 *Mm* 产生两个类型小孢子 *M* 和 *m*，利用花药培养和小孢子培养技术进行培养，诱导雄核发育，可培育形成单倍体花粉植株 *M* 和 *m*，以及自发加倍的双单倍体植株 *MM* 或 *mm*，单倍体植株经人工诱导加倍处理也可产生双单倍体植株 *MM* 或 *mm*，

MM 为超雄株，作为父本进入全雄育种环节。花药培养的超雄株 *MM* 既可以与 DH 的 *mm* 配组杂交，也可以与普通雌株配组杂交，筛选培育优良的全雄组合。

早在 1985 年意大利 Falavigna 等通过花药培养首先成功地推出 Eros、Ringo、Golia 和 Argo 4 个优良全雄品系，其后荷兰又相继推出生长整齐、嫩茎粗壮的 5 个全雄一代杂种，即 Geyncim、Franklim、Venlim、Boonlim、Backlim。目前，意大利、荷兰、法国、德国等欧洲国家芦笋全雄品种基本是采用花药培养技术途径培育而成。应当强调指出，在培养花粉超雄株时，一定要注意和加强园艺性状的选择。

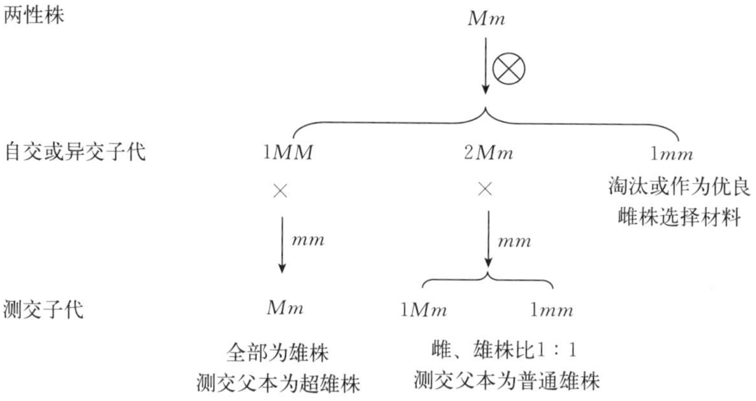

图 31－11　超雄株测交筛选模式

（仿张启沛，2000）

此外，还可以通过多胚种子筛选培育超雄株。Maciej 等（2012）从 2 500 粒芦笋种子中筛选到 15 粒多胚种子，由此长出 30 株幼苗，其中 8 株单倍体植株，人工加倍成 DH 单株，雄性为超雄株，可作为全雄育种的亲本材料。

4. 两性株自交系间杂交品种选育　作物杂交品种主要是利用自交系间的强杂种优势和 F_1 的高纯度。芦笋是典型的雌、雄异株植物，兄妹交基因纯合速度慢，效果差，通常情况下不能自交选育和利用自交系杂种。芦笋花药培养和小孢子培养可产生基因型纯合的 DH 系，能够显著提高杂种优势，是芦笋纯系选育最佳方法，但是技术复杂，难度大，基因型依赖现象严重。

芦笋两性株是一种极为宝贵的遗传育种材料，充分利用其两性花，可以由此选育芦笋自交系，进而培育两性株自交系间的杂交品种。田间观察芦笋两性株的两性花，用同株上的雄花予以授粉自交，力争多坐果，多收种子，播种后的子代中再观察两性花，继续用同株上的雄花予以授粉自交，一般自交 5～6 代，群体基因型基本纯合，整个群体可以作为自交系。也可按雌、雄性别划分为雄性自交系和雌性自交系，然后与亲缘关系较远且性状互补的自交系或 DH 系配组杂交，筛选优良杂交品种，即为两性株自交系间的杂交品种。在选育自交系同时，还可以筛选超雄株。两性株自然发生率低，一般在 2%以内，两性花结实率也很低，且极易受气候条件影响，这是本选育途径限制因素。因此，现实应用中需要通过遗传改良提高两性株和两性花发生率，并改良授粉技术提高两性花自交结实率（图 31－12）。

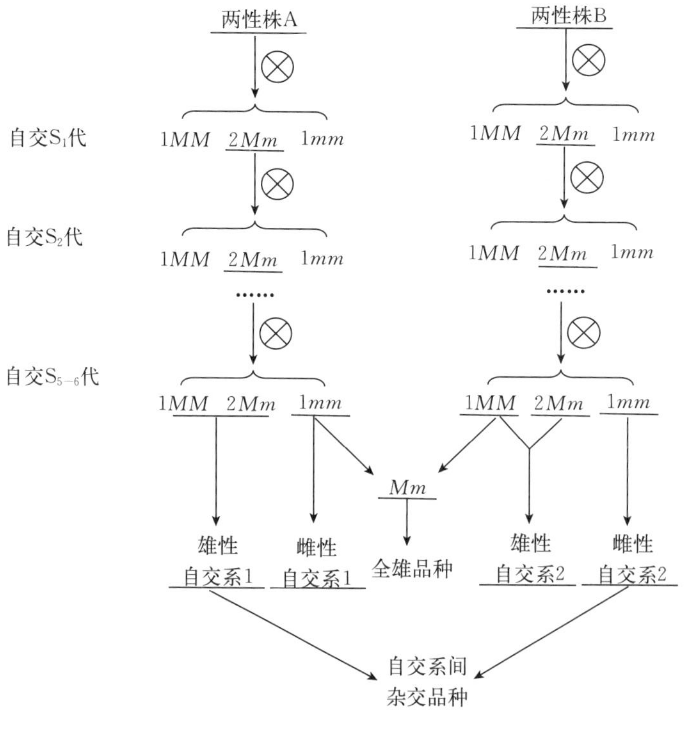

图 31－12　两性株自交系及杂交品种选育示意

（五）生物技术育种

1. 组织培养技术　芦笋最初的无性繁殖只能采用上述的分蔸法，分株率低、繁殖速度慢、周期长，严重制约了芦笋种苗繁殖和品种培育。1945 年中国著名植物生理学家罗士韦（S. W. Loo）首次进行芦笋茎尖离体培养，能维持生长一段时间，但无法生根。1968 年 Cecile 和 Marja 在 *Nature* 上报道了诱导获得芦笋胚状体，并成功培育出完整的芦笋植株，芦笋成为第 1 个组织培养成功的单子叶植物。1970 年 Ellison 等进行体细胞愈伤组织的培养；1971 年 Bourgin 等利用茎尖培养成功地获得再生芦笋植株。迄今为止，几乎利用芦笋所有的器官均有培育成再生植株的报道，但在 20 世纪 80 年代以前，一直没有解决芦笋试管苗生根难题，因此限制该技术的实际应用。1981 年周维燕等通过改变激素种类和浓度配比，将芦笋鸡爪根诱导率由 20%～30%提高到 44.4%；1984—1987 年，陈自觉在生根培养基中加入 GA 抑制剂嘧啶醇使生根率提高到 90%～100%。2001 年陈光宇等报道，采用繁殖根冠策略和两段法生根培养，使繁殖系数达到 5.3 以上，生根率达到 100%。张元国等（2004）以紫芦笋茎尖为外植体，进行组织培养，组培苗生根率高达 85%。目前，国内外芦笋组织培养技术已很成熟，具备组培苗工厂化生产条件，但是，当前中国芦笋组培快繁周期一般在 4～8 个月，繁殖周期比较长，如何缩短周期值得研究。同时，特殊基因型材料和部分近缘野生种组培生根尚存在困难，需要探索优化培养条件加以解决。另外，国外先后报道了芦笋病毒病 AV-1、AV-2、AV-3，芦笋脱毒快繁也需要尽快开展研究。在 2013 年第 13 届国际芦笋大会上，陈自觉报道了高效的芦笋体细胞胚诱导和培养方法，由体细胞胚途径快繁是植物组培的较高层次，也是人工种子研究的必经之路，是中国芦笋组织培养未来发展方向之一。

2. 花药和小孢子培养　运用花药培养和小孢子培养技术，可以培育出基因型纯合的雌株（*mm*）和超雄株（*MM*），进而培育全雄品种和强杂交优势组合，以及加速基因纯合，缩短育种进程。因此，花药培养技术在多年生雌、雄异株作物芦笋育种中的作用非常重要。芦笋花药和小孢子培养中，关键是雄核发育的胚状体诱导，通常以 MS 培养基为基本培养基，通过不同的植物生长调节剂的不同组合，得出最优的胚状体诱导培养条件。法国 Pelletier（1972）首次采用花药培养获得单倍体细胞。Dore（1974）用同样的方法获得单倍体植株，并通过人工加倍法得到纯合体即超雄株，1977 年获得全雄一代杂种，开创了芦笋花药培养培育全雄品种研究。目前国外芦笋花药培养技术比较成熟，欧洲全雄品种基本是通过花药培养途径培育而成的，其中意大利国家蔬菜研究所 Falavigna 团队建立了高效的芦笋花药培养技术体系，先后培育出一系列优良全雄品种如 Eros、Italo、H666、H668 等。

中国自 20 世纪 80 年代起，周维燕（1989）、刘贵仁（1990）、张磊（1995）、林宗铿（2010）、陈海媛（2012）等先后开展了芦笋花药培养研究，多是通过诱导花药愈伤途径获得花药培养植株。彭新红等（2006）则是通过诱导雄核发育胚状体途径获得花药培养植株，建立了一种效率较高的花药培养诱导胚状体方法。其结果表明：NAA 是影响芦笋花药培养中诱导胚状体的主要因素，其次是 6-BA、蔗糖，而 2,4-D、谷氨酰胺的影响较弱。芦笋花药培养诱导胚状体的最优组合是 MS+0.01 mg/L NAA+2.0 mg/L 6-BA+1.0 mg/L 2,4-D+50 g/L 蔗糖+1.0 mg/L 谷氨酰胺。总体上，中国芦笋花药培养技术取得了较大进展，实践中获得了单倍体、双单倍体植株，但应用于全雄育种的实例不多，技术体系还需进一步完善。主要原因在于：①多是通过愈伤诱导途径，体细胞干扰严重，易出现 *Mm* 株；②超雄株鉴定困难，染色体自发加倍形成较多的二倍体，要与体细胞培养成的植株区分开来；③芦笋是典型的异交作物，基因型纯合后，生活力严重下降，植株成活率低。

小孢子培养能够较好避免体细胞干扰。闫凤英（1993）等对芦笋花粉粒进行离体培养，产生了愈伤组织，经去分化而形成单倍体植株（$n=10$）。Zhang（1994）开展了芦笋花药悬浮培养影响因子的研究，获得了愈伤组织，最后诱导获得再生植株。Peng（1999）应用自然散落方法分离培养芦笋小孢子，获得再生株。汤泳萍等（2014）发明了一种芦笋小孢子诱导获得胚状体的培养方法。目前，芦笋小孢子培养技术应用于育种实践较少，还需进一步完善。

3. 多倍体诱导 芦笋是以嫩茎为主要收获对象，且染色体基数较少（$x=10$），多倍体育种潜力较大。生产上广泛应用的芦笋品种 Purple passion、Pacific purple、Sweet purple、井冈红等都是紫色四倍体品种，Seto green 为绿色四倍体品种，Hiroshima green 则是三倍体绿芦笋品种，它们普遍表现为植株高大，嫩茎粗壮，营养物质含量高。秋水仙素是在芦笋多倍体诱变中应用较多的化学诱变剂。1982 年陈敏详以 0.5%浓度的秋水仙素，处理杂交后代 F_1 种子 15 h，诱导四倍体成功率较高，但仍存在死亡率较高等问题。1992 年于继庆等对芦笋染色体加倍技术进行了系统研究，加倍率达到 6.5%～9.0%，并选育出了三倍体芦笋新品系 J2-2。韩成云等（2008）以芦笋品种 UC800 为材料，秋水仙素为诱变剂，用浸泡法和涂抹法处理芦笋试管苗，进行多倍体诱导。结果表明：以 0.10%秋水仙素为诱变剂，用涂抹法处理 72 h 的效果较佳，形态学分析显示其加倍率可达 94%。对多倍体材料进行染色体鉴定，涂抹法染色体加倍效果（细胞加倍率 96.1%）也优于浸泡法（细胞加倍率 86.4%）。Moreno 等（2010）则是通过芦笋四倍体品种与二倍体品种相互杂交，从杂种后代中分离获得整三倍体植株。

4. 原生质体培养与体细胞融合 原生质体融合为克服芦笋种间杂交障碍，打破传统育种的限制，培育优异新品种提供了一种有效方法，而原生质体培养技术是基础。芦笋是第 1 个原生质体培养获得成功的单子叶植物。早在 1975 年，Bui D. H. 等从芦笋拟叶的叶肉细胞分离得到原生质体，培养形成愈伤组织，并由愈伤组织诱导获得了再生植株。杨丽军和许智宏（1987）利用芦笋胚性愈伤组织作为分离原生质体的起始材料，建立了合适的原生质体培养系统。陈光宇等（1997）研究表明，KM8P 是芦笋原生质体培养比较适宜的培养基，培养 2 d 的原生质体植板率可高达 20%，约 25%启动分裂的原生质体发育形成体细胞胚，共约 0.8%最初分离出的原生质体培养再生出完整植株。尹富强等（2006）获得高质量的田间栽植芦笋嫩茎原生质体。但是，芦笋原生质体培养基因型依赖现象明显，启动分裂困难，培养周期较长，以及近缘野生种原生质体研究较少。芦笋原生质体融合研究报道较少，Kunitake 等（1996）电击法成功诱导 *A. macowanii* 与芦笋栽培种原生质体融合，但获得的体细胞杂种不育。

5. 分子标记辅助选择 目前芦笋重要功能基因挖掘与标记开发，主要集中于芦笋性别基因，其他目标性状研究很少见报道（Jiang et al.，1997；Reamon-Büttner et al.，1998、2000；Jamsari et al.，2004；Nakayama et al.，2006；Gebler et al.，2007；Kazuna et al.，2011；Ii et al.，2012）。已构建围绕芦笋性别决定基因 *M* 比较精细的遗传图谱，将 *M* 定位在 L_5 染色体着丝点附近的 0.63 cM 区域内，其中开发的部分分子标记已用于雌、雄株筛选。中国李瑞丽（2013）等通过随机引物、RAPD 标记、SCAR 标记获得长度分别为 867、928 bp 的雌性芦笋分子标记片段。韩莹琰（2007）等运用 BSA 法构建芦笋雌雄基因池，获得 E-ACG/M-CTT-156 多态性片段和 *M* 基因连锁，片段大小为 156 bp，连锁遗传距离为 8.33 cM。盛文涛等（2011）获得两个与芦笋性别决定基因紧密连锁的分子标记 SCAR1、SCAR2。周劲松等（2012）利用前人开发的 DNA 分子标记 Asp1-T7 和 Asp1-T7sp 早期快速鉴别芦笋雌株和雄株，并结合测交筛选出超雄株。

图 31-13 是花药培养结合 MAS 生物技术培育优良种质材料实例。Falavigna 等（2009）通过桥梁杂交获得 *A. officinalis*、*A. acutifolius*、*A. maritimus* 三者间可育的杂种后代，从中挑选紫色笋、抗锈病雄性单株进行花药培养，获得 DH 单株。抗锈病紫色笋 DH 单株与感锈病绿色笋 DH 单株杂交，获得 F_1。以抗锈病紫色笋 DH 单株作为受体亲本，与 F_1 进行 2 代回交渐渗，回交子代中挑选抗锈病紫色笋单株进行花药培养，并运用与芦笋性别决定基因紧密连锁的 DNA 分子标记辅助筛选，成功构建了一套抗锈病渐渗系，同时获得抗锈病的紫色双单倍体雌株。

Mercati 等（2013）围绕芦笋全基因组序列，已检测出 1 800 个 SNP 和 1 000 个 SSR 位点，从中开发出 144 个 SNP 和 60 个 SSR 分子标记。2014 年芦笋基因组测序分析项目已开发出覆盖全基因组的 770 082 条符合分析条件的 SSR 位点。这些新型 DNA 分子标记可用于构建芦笋基因组高密度的分子遗传图谱和背景选择标记系统。

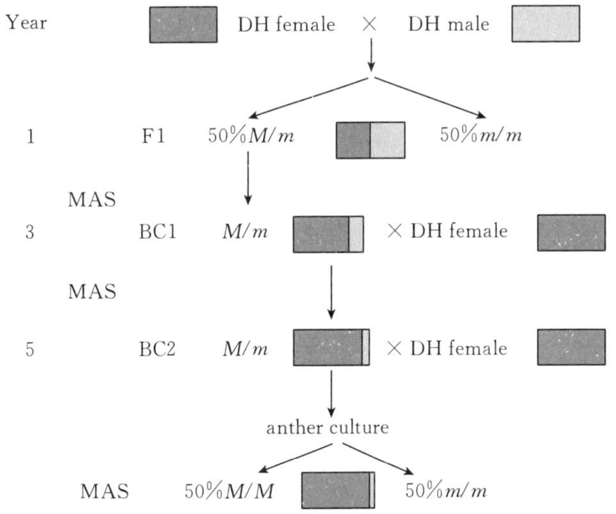

图 31-13　花药培养结合 MAS 培育优良种质材料示意
（　代表抗锈病紫笋，　代表感锈病绿笋）
（引自 Falavigna et al.，2009）

6. 转基因育种　1984 年 Hernal Stenns 等最早利用农杆菌菌株 C58 侵染芦笋茎段，获得能够在无植物生长调节剂培养基上生长的冠瘿瘤。1987 年 Bytebier 等在上述工作基础上，经分子杂交证明，芦笋细胞核基因组内有 Ti 质粒的 T-DNA 区段，此后将含有氨基糖苷磷酸转移酶（NOS-APH）基因的重组质粒 C58C1 转化为芦笋愈伤组织，经卡那霉素筛选获得了再生植株。分子杂交证明外源基因已整合到芦笋核基因组上。Li 等（1997）利用基因枪将 *NPT Ⅱ* 和 *uidA* 基因同时转入芦笋悬浮细胞中，获得 10 个转基因植株，在茎和拟叶中均检测到 *uidA* 表达。Sandip 等（2002）等利用电击法将 *NPT Ⅱ* 和 *GUS* 基因导入芦笋胚性愈伤组织产生的原生质体中，并获得转基因再生植株。姜国勇等（1990）通过降低外植体和根癌农杆菌共培养的 pH 的方法，成功地获得了具有卡那霉素抗性和 *Nos* 基因表达的转基因植株。目前芦笋农杆菌介导法（Bruno et al.，1993；Hiroaki et al.，1998；Limanton-Grevet et al.，2001）、基因枪法（Cabrera-Ponce et al.，1997）、电击法或电击穿孔法（Sandip et al.，1994；陈光宇，1996）等转基因技术体系已比较成熟，但国内外尚无转基因芦笋品种问世。从长远发展角度看，中国有必要开展芦笋转基因技术研究储备工作。

二、选择技术

作物育种程序一般需要对亲本和子代分阶段进行选择，选择技术是芦笋育种的一个非常重要环节，包括单株、株系和群体选择 3 个层次，其中单株选择是基础。优良单株和后代选择标准取决于基础群体变异和决定性状表型表达基因的遗传效应大小，只有选择遗传力较高的变异，单株选择才能奏效。

（一）丰产性

对于单株来说，丰产性能优良的植株一般应具备如下特点：植株生长旺盛，第 1 分枝高度高，鳞芽萌发早，嫩茎数量多，粗细较一致，畸形笋少或无。对于 1 个组合或品系植株群体来说，要注意整个生育期内整体的丰产性。有的品种早、中、晚年都丰产；有的品种早、中年丰产，晚年低产；有的品种春季出笋早，年采笋期长；有的品种出笋晚，年采笋期短。芦笋的长期丰产性要到收获的第 3～4 年，才能根据收获量做出判断，选择的周期太长。Ellison 等（1959）研究报道，个体株丛活力（茎秆的数目×横径）对产量影响最大，具有多而粗茎秆的产量最高，茎秆少的产笋数目少。一般认为一个季节的株丛活力可以作为预测长期丰产的指标，种子生产者也可根据这一指标从制种田中及早淘汰衰弱的植株。中国不少研究者则是以生育指数：株高×茎数×茎粗来表示株丛活力的强弱，也以此衡量评价杂交组合产量潜力。Ellison 等（1960）还研究了早熟性与丰产性的关系，认为全收获季节的嫩茎横径与早产期（2 周内）嫩茎横径、茎秆横径成正相关，与每株的茎秆数成负相关。复合相关表明，产量最高的植株须有高水平的早熟性、株丛高活力以及早产期（2 周内）嫩茎横径的高水平。根据早熟性和株丛活力等来选择高产植株，可以比依靠全收获季产量资料进行选择，要节约大量的时间和劳力。据研究，一年生的植株地上部生物学产量（干重）与下一年的产量相关性很高，地上部生物学产量可作为评价衡量芦笋单株和组合产量潜力的一个重要指标。Cointry 等（2000）、Gatti 等（2005）分析了芦笋产量性状的遗传力和选择响应规律，将笋重（SW）列为重要的产量性状选择指标进行单株选择：第 1 年通过选择平均笋重，可以减少 68%试验材料，第 2 年继续选择笋重再减少 5%植株，第 3 年再对入选植株进行测产。通过此方法，显著减轻了单株选择的工作量。

（二）品质性状

按照品质育种目标进行单株、株系和群体选择，营养品质和风味品质选择可以通过品尝试验和相关理化指标测量进行，外观品质一般要求嫩茎色泽美观、鳞芽平、笋尖抱头紧、笋条圆直、笋条粗细均匀。其中，笋头鳞片抱合情况是重要的商品笋外观性状（图 31－14），出口一般要求笋头鳞片之下无可见的芽苞，这一性状受环境影响较大，但与植株第 1 分枝高度存在一定相关性，往往第 1 分枝较高的品种笋头不易开散。此外，雌株笋头抱合比雄株的紧密。笋粗细视市场需要而变化，通常以商品笋距基部5 cm处的直径进行衡量。

此外，笋外观颜色、笋头形状、笋侧芽大小等均与品种有关，其中笋外观颜色遗传力较高，可以根据具体育种目标进行选择。可参考芦笋 DUS 测试指南笋头性状指标（图 31－15、图 31－16、图 31－17）。

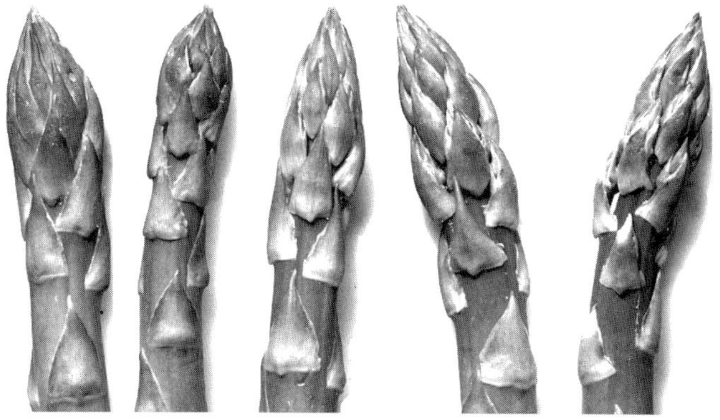

图 31－14　笋头鳞片抱合状态

图 31－15　笋头纵切面形状

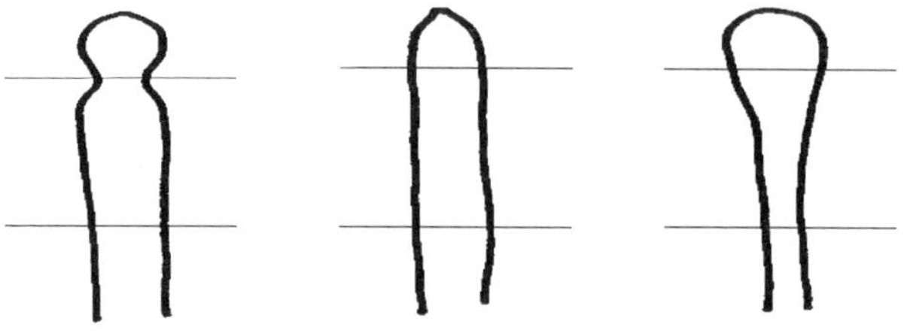

图 31－16　笋头基部与嫩茎中部直径比较

图 31－17　笋头鳞片姿态

芦笋是分次收获的作物，因此要分次按照这些性状进行株选。第 1 次收获时对符合要求的植株做出初选标记，留下的即为复选入选株，第 3 次收获时对复选入选的所收获的嫩茎的性状进行选择，不符合者除去复选标记，留下的作为决选入选株。每次收获时估算符合商品标准的商品率，商品率达到 75%以上的入选。据经验，株丛较低、茎秆较细、第 1 分枝节位较低的，嫩茎的商品性较差。

（三）茎枯病的抗性

茎枯病是目前中国芦笋产区最主要的病害，其病原菌为天门冬拟茎点霉（*Phmopsis asparagi*）。现有的栽培品种均不抗病，但同一品种中有的个体会表现田间耐病，且品种间耐病性也存在一定差异。已发现几种芦笋近缘野生种高度抗病，为抗茎枯病育种提供了抗源种质。芦笋茎枯病抗性鉴定包括接种鉴定和田间鉴定。应用病原菌接种鉴定的方法，可以发掘高抗的单株。从强致病力菌株上分离茎枯病菌，纯化培养后，用分生孢子液在嫩茎上进行针刺伤接种或无刺伤的涂抹接种，第 8 天就会出现症状，进行病情指数调查，选出高抗单株，作为抗病育种的原始材料进入育种程序。病原菌接种鉴定表现为抗性的植株或组合、品系，还需要进行 1～3 年田间自然鉴定，若无发病，可直接进入抗病育种程序。实践中，也可以先到田间观察发现抗（耐）病植株，连续 3 年观察始终耐病，就从田间挖出，分株扩繁或组培快繁成无性系，再接种鉴定，经比较鉴定后选出抗病单株或最耐病的无性系，作为抗病育种材料。

（四）两性株

芦笋性别表型呈现多态性，除了占绝大多数的普通雄株和雌株外，还有少量的两性株、超雄株。一般在开花后易于区分芦笋雌、雄株，普通雄株、雌株和两性株的花器官构造差异是性别表型鉴定的主要依据。此外，芦笋苗期雄株较雌株发育好，定植后，雌、雄株差别逐年加大。雄株分枝早，分枝节位低，植株相对较矮，枝叶繁茂，一般不结种子，春季嫩茎发生早，茎较细，但发茎数多；雌株分枝晚，节位高，枝叶稀疏，植株高大，嫩茎较粗壮，发茎数较少，结果实。Ellison（1986）研究发现花药培养的超雄株活力低、花粉少、花粉生活力低，这些是鉴定超雄株的标志，但也是后期影响全雄 F_1 的制种量的不利性状。

两性株在芦笋育种上，不仅可以用来选育超雄株，也可以用来选育自交系。芦笋两性株常染色体上的性别调节因子主要是促进花柱的伸长，同时受环境因子的影响，花柱的发育程度往往不同，造成花柱长短不一。这为观察两性花和确定两性株工作带来困难。实践中重点观察花柱长度特别是柱头的有无，花柱较长没退化且有柱头的雄花一般就是两性完全花。同时，芦笋雌花的雄蕊一律高度退化，只留点花药的残迹，因此田间调查两性株时先排除雌株，只需观察雄株和雄花；有的雄花是两性花但不结果实，故调查研究中确定两性株时应以两性花构造为主，结果实情况为辅进行验证。但育种研究实践中往往只关注两性株上所结的种子，因此重点调查雄株结果实情况，凡结果实的雄株是两性株。在南方气候条件下，可在每年春季 4～5 月和秋季 9～10 月芦笋盛花时，对雌、雄混合品种，一一标明其中雌株和雄株；全雄品种标明其中混杂的雌株加以排除；对所有雄株按单株选取几朵花进行花器官形态观察，适时用放大镜或立体显微镜进行观察，具两性花的单株被视为两性株挂牌标明；坐果后进行田间观察，凡结有果实的雄株即可确定为两性株也挂牌标明；果实成熟后按单株收集两性株种子，播种，移栽。两性完全花也可以套袋杂交。这种两性株调查方法准确可靠，省时省工。

第六节 良种繁育

芦笋是虫媒异花授粉作物，雌、雄异株，雌株可视为天然的雄性不育株，不育率达到 100%；普通雄株则是雌性不育株，虽然有少量的雄性雌型株（两性株），但其自交或异交结实率很低，芦笋良种繁育有其自身特点和特征。杂种一代的种子生产中，单性的父、母本基本上是通过组织培养进行繁殖，以保持种性，这一过程可以看成是“保持系”和“恢复系”繁育，作为父本的雄株可视为母本的恢复系，无需区分繁殖用亲本与制种用亲本。然后，父、母本无性系在隔离情况下进行有性杂交，生产出 F_1 代种子。目前全球芦笋无性系杂交品种和全雄品种种子生产基本上是按照这一程序进行的。

一般认为芦笋种子生产田与其他的栽培田块或花粉源需空间隔离 1 000 m 以上，而 Eillison（1978）认为有 300 m 即可，究竟隔离多远既经济又有效，值得研究。研究发现，父、母本采用大棚栽培，开花授粉时，四周覆盖 40 目的防虫网，能有效进行隔离，确保种子纯度。鉴于雄株开花早于雌株（一般早 2～10 d），雄株花期持续 2～3 周，雌株 1～2 周，杂交制种时，需要采用错时留母茎，即雌株比雄株提前留母茎 2～10 d，以达到父、母本盛花期相遇。单位面积上的种子产量因品种、栽培条件、母株年龄以及蜜蜂授粉情况而异。

一、亲本繁育

分株法繁殖速度慢，繁殖周期长，组培快繁是目前芦笋亲本繁育最主要方法，以下扼要介绍芦笋父、母本快繁基本过程。

（一）外植体取材与表面消毒

春季 4～5 月份，选择父本与母本生长健壮的植株，分别采取各自新抽出的长约 25 cm 健壮的嫩茎为外植体，置于自来水下轻轻冲洗 5～10 min，剪去顶端鳞片包被和底端纤维化程度高的部分，然后在超净工作台进行严格消毒：先用 75%的酒精浸泡 30 s，再用有效氯为 2%的次氯酸钠灭菌 8～10 min，无菌水清洗 3～5 次，无菌滤纸吸干，待用。

（二）无菌培养

1. 腋芽诱导培养 在超净工作台上，将消毒完毕的嫩茎切成每个带有 1～2 个腋芽的茎段，并切去外植体变色部分，生长极性朝上，接种至腋芽诱导培养基，置于无菌培养室中培养 20～30 d，使每个茎段叶腋处长出 2～3 个嫩茎。

2. 根丛诱导培养 将每个茎段腋芽处诱导长出的超过 5 cm 的嫩茎剪下，切去茎尖，平铺接种于根丛诱导培养基上，置于无菌培养室中培养 20～30 d，每个叶腋处长出 1～3 个嫩茎，切除嫩茎茎尖，重新平铺接种于根丛增殖培养基上，继代培养 1～2 周期，直至每个叶腋处长出 3～8 个成簇的嫩茎，每个成簇的嫩茎群基部称之为根丛或微根冠，即今后诱导生根的部位。

3. 根丛增殖培养 以根丛为单位，将母体茎段切成每个高 2～3 cm 的根丛，然后接种到根丛增殖培养基上，置于无菌培养室中培养 20～30 d，取出根丛，分割成 2～4 个小根丛，接种于更新的根丛增殖培养基上，继代培养 1～2 周期。

4. 生根预分化培养 将增殖获得的根丛，修剪至株高 2～3 cm，接种至生根预分化培养基中，置于无菌培养室中培养 20～30 d，继代培养 1～2 周期，部分根丛基部分化诱导长出 1～2 条肉质根。

5. 生根培养 将生根预分化培养的根丛取出，分割成每个带 3～5 个茎的小根丛，株高 2～3 cm，接种入生根培养基中，置于无菌培养室中培养 20～30 d，继代培养 1～2 周期，80%以上根丛基部长出 3～5 条粗壮的肉质根，达到移栽标准（每株 4～6 根嫩茎和 3～4 条肉质贮藏根，根长 3～4 cm）。

以上培养条件均为温度（27±1）℃，相对湿度 70%～80%，光照时间为 12 h/d，光照度 2 500 lx。

（三）组培苗移栽与管理

1. 移栽基质 选择富含腐殖质的菜园土 5 份，附加泥炭、蛭石、珍珠岩和沙各 1 份，用 500 倍液的多菌灵覆盖杀菌后备用。或直接使用蔬菜育苗专用基质移栽，通气性、保水性好，有利于根系生长。

2. 移栽时间和方法　选择温湿度适宜的春、秋季，移栽前开瓶炼苗 1～2 周，以提高组培苗的移栽成活率。移栽时小心洗净根系上附着的培养基，然后栽植入带有基质的营养钵中，并浇透水。

3. 日常管理　每天用微喷壶向叶面喷水保湿。芦笋试管苗生长温度以 15～28 ℃为宜。高温时遮阴，低温时提温保护。成活后适时喷施营养液，促进壮苗。

（四）培养基配方

1. 腋芽诱导培养基　MS＋0.2 g/L L-谷氨酰胺＋0.1 mg/L Kt＋0.1 mg/L NAA＋3%蔗糖＋0.8%琼脂，pH5.8。

2. 根丛诱导培养基　MS＋0.2 g/L L-谷氨酰胺＋0.1 mg/L Kt＋3%蔗糖＋0.8%琼脂，pH 5.8。

3. 根丛增殖培养基　MS＋0.2 g/L L-谷氨酰胺＋0.1 mg/L Kt＋0.1 mg/L 嘧啶醇＋3%蔗糖＋0.8%琼脂，pH 5.8。

4. 生根预分化培养基　MS＋0.2 g/L L-谷氨酰胺＋0.1 mg/L NAA＋0.1 mg/L 嘧啶醇＋3%蔗糖＋0.8%琼脂，pH 5.8。

5. 生根培养基　MS＋0.2 g/L L-谷氨酰胺＋0.1 mg/L NAA＋0.1 mg/L 嘧啶醇＋6%蔗糖＋0.8%琼脂，pH 5.8。

二、杂种一代种子生产

无性系杂交品种和全雄品种是目前全球最主要的芦笋品种类型，这两类杂种品种制种均可以按照以下程序进行。

（一）隔离

推荐采用大棚栽培，开花授粉时，四周覆盖 40 目的防虫网进行隔离。若露地栽培，杂交制种田与相邻同作物不同品系的花粉源距离不得小于 1 000 m。

（二）选地

选择地势平坦、地力均匀、土质肥沃、排灌方便、通风透光、旱涝保收的沙壤土地块，切忌重茬。

（三）亲本定植

父、母本按 1∶5 比例梅花桩式定植，株距 35 cm，行距 1.5 m，单行种植。父、母本比例可以适当调整，如果父本生长势旺盛、花粉量大，父、母本可按 1∶6 或 1∶7 定植以提高单位面积制种产量；DH 的超雄株（系）一般生活力低，花粉少，此时全雄育种制种父、母本按 1∶4 或 2∶6 或 3∶7 比例定植。

（四）去杂去劣

于定植前、幼苗期、幼株期和开花期鉴定父、母本，将杂、病、劣株和怀疑株全部拔除。花期一旦发现杂株，及时拔除，就地处理，必要时另行补种父、母本。

（五）成年期管理

定植后第 1、第 2 年不采笋，养苗促生，母本所结少量的果实尽早摘除，以免消耗营养和落果后种子萌发形成杂株，其他肥水管理同大田栽培。

（六）错时留母茎制种

（1）定植后第3年起开始错时留母茎制种，以春夏季制种为主。春季气温稳定后，母本比父本提前2～10 d留母茎，父、母本每株均留取4～8枝健壮嫩茎，视长势、气温等适时摘顶调节花期，以确保父、母本花期相遇。如发现花期相遇不好时，要采取早中耕、多中耕、偏水偏肥、根外追肥等措施，促其生长发育，或采取适当减少水肥等措施，控制其生长发育，从而达到父、母本盛花期相遇。必要时，父、母本均采取分期分批留母茎。

（2）进入花期，揭开大棚两侧和棚头薄膜，用40目纱网隔离，每4连栋大棚放入1箱中华蜂或壁蜂进行虫媒授粉。

（3）对虫媒授粉效果差的植株，或局部花期不遇田块，采取人工辅助授粉，随采随授。晴天人工授粉比较适宜的时间是上午7～9时。

（七）果实收获

秋季待果实熟至深红色，适时采摘分级收获。中上部主茎和第1次分枝果实为优级，集中收获，其余混收。

（八）种子脱取与处理

摘下果实立即脱取种子，晒干、过筛分级、包装。

（陈光宇　周劲松　罗绍春　张岳平　李书华　韩太利）

主要参考文献

陈光宇. 2005. 芦笋无公害生产技术［M］. 北京：中国农业出版社.

陈光宇. 2010. 中国芦笋研究与产业发展［M］. 北京：中国农业出版社.

陈光宇. 2013. 中国芦笋产业发展现状与趋势［J］. 世界农业（10）：181-186.

李书华. 2004. 芦笋标准化栽培技术［M］. 北京：中国农业出版社.

刘克均. 2001. 芦笋高产栽培实用技术［M］. 北京：中国农业出版社.

王小佳. 2001. 蔬菜育种学（各论）［M］. 北京：中国农业出版社.

于继庆. 2011. 芦笋高效育种与配套栽培新技术［M］. 济南：济南出版社.

张振贤. 2003. 蔬菜栽培学［M］. 北京：中国农业大学出版社.

Benson B L. 2009. Update of the world's asparagus production areas，spear utilization and production periods［J］. Acta hort，950：87-100.

Castro P，Gil J，Cabrera A，et al. 2013. Assessment of genetic diversity and phylogenetic relationships in *Asparagus* species related to Asparagus officinalis［J］. Genetic Resources and Crop Evolution，60：1275-1288.

Cointry E，López Anido F S，Gatti I，et al. 2000. Early selection of elite plants in asparagus［J］. Bragantia，59：21-26.

Deng C L，Qin R Y，Wang N N，et al. 2012. Karyotype of asparagus by physical mapping of 45S and 5S rDNA by FISH［J］. J. Genet，91：209-212.

Gatti I，López Anido F，Cravero V，et al. 2005. Heritability and expected selection response for yield traits in blanched asparagus［J］. Genet Mol Res，1：67-73.

Johnson D A. 2012. Stability of slow-rusting resistance to Puccinia asparagi and managing rust in asparagus［J］. Plant Dis，96：997-1000.

Kubota S，Konno I，Kanno A，et al. 2012. Molecular phylogeny of the genus asparagus（Asparagaceae）explains interspecific cross ability between the garden asparagus（*A. officinalis*）and other asparagus species［J］. Theor Appl Genet，124：345-354.

Lee J W, Lee J H, Yu I H, et al. 2014. Bioactive compounds, antioxidant and binding activities and spear yield of *Asparagus officinalis* L [J]. Plant Food Hum Nutr, 2: 175－181.

Legg P D, Souther R, Takatori F H. 1968. Estimates of heritability in *Asparagus officinalis* from replicated clonal material [J]. Proc Am Soc Hortic Sci, 92: 410－417.

López Anido F S, Cointry E L, Picardi L, et al. 1997. Genetic variability of productive and vegetative characters in *Asparagus officinalis* L. － Estimates of heritability and genetic correlations [J]. Braz J Genet, 20: 275－281.

Mercati F, Riccardi P, Harkess A, et al. 2015. Single nucleotide polymorphism-based parentage analysis and population structure in garden asparagus, a worldwide genetic stock classification [J]. Mol Breeding, 35 (2): 1－12.

Mercati F, Riccardi P, Leebens-Mack J, et al. 2013. Nucleotide Polymorphism isolated from a novel EST dataset in garden asparagus (*Asparagus officinalis* L.) [J]. Plant Sci, 2: 115－123.

Nakayama H, Yamaguchi T, Tsukaya H. 2012. Acquisition and diversification of cladodes: leaf-like organs in the *Genus Asparagus* [J]. The Plant Cell, 24: 929－940.

SHUCAIYUZHONG YU

大白菜 DABAICAI

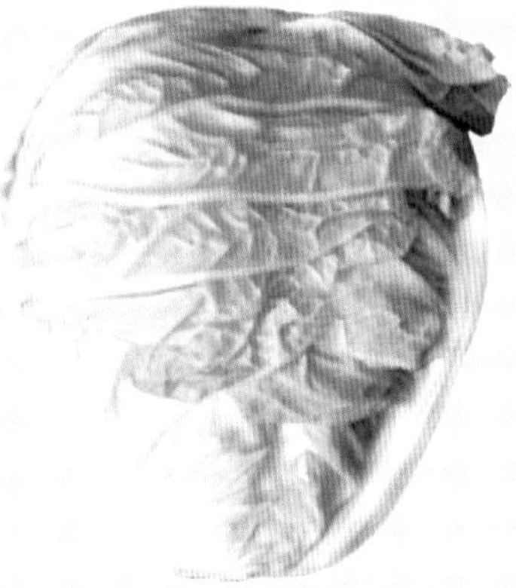

● 丰抗70

（山东莱州西由种子公司提供）

● 丰抗78

（山东莱州西由种子公司提供）

● 山东4号

（山东农业科学院蔬菜研究所提供）

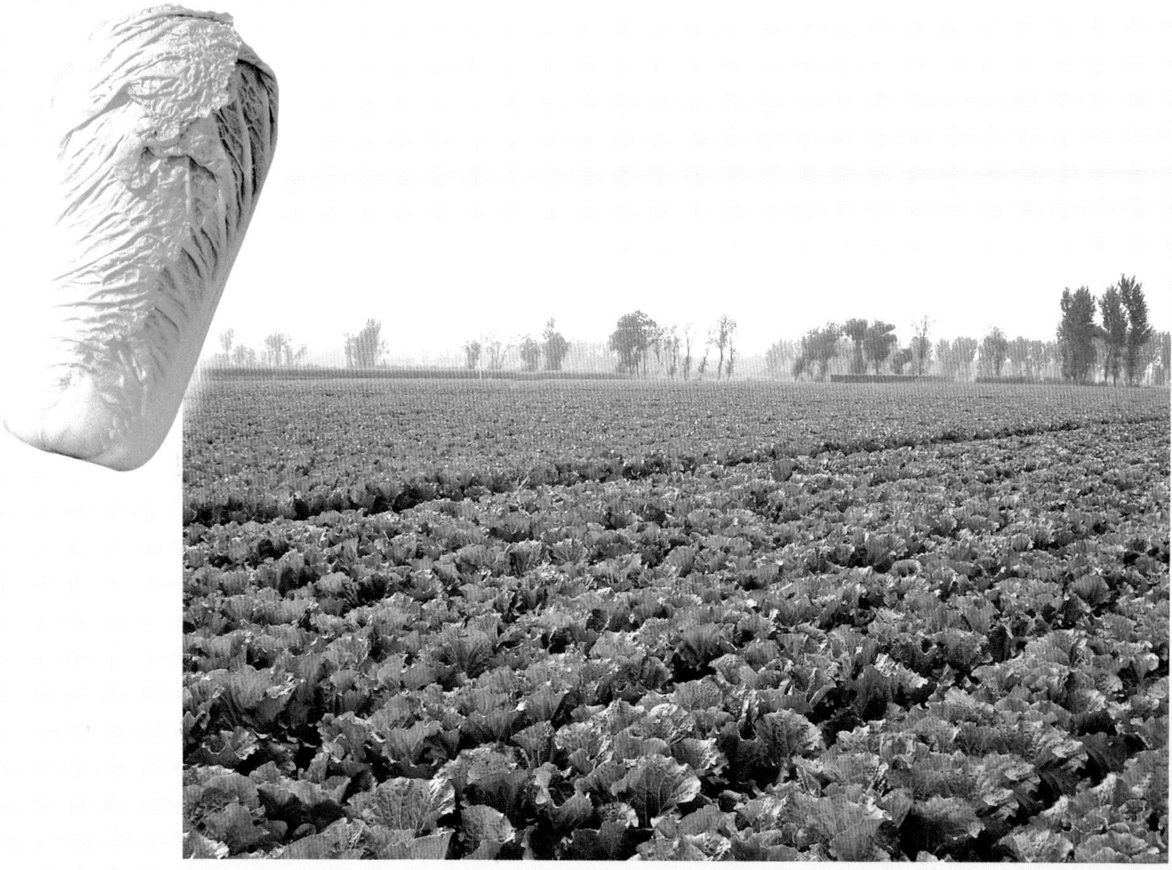

● 北京新3号

（北京市农林科学院蔬菜研究中心提供）

● 北京小杂56

（北京市农林科学院蔬菜研究中心提供）

● 京春娃2号

（北京市农林科学院蔬菜研究中心提供）

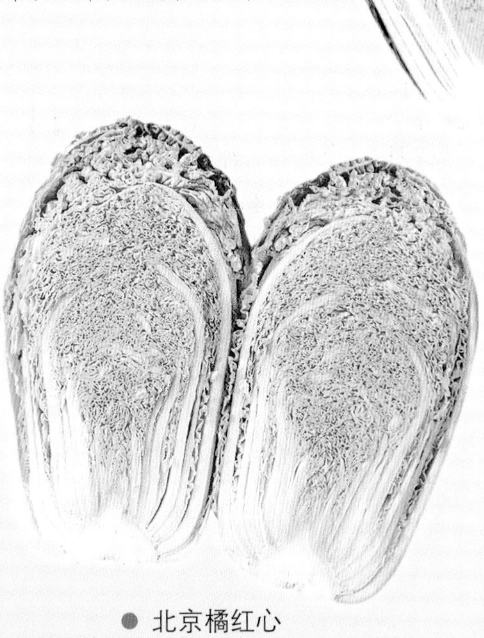

● 北京橘红心

（北京市农林科学院蔬菜研究中心提供）

● 改良青杂3号（87－114）

（青岛市农业科学院提供）

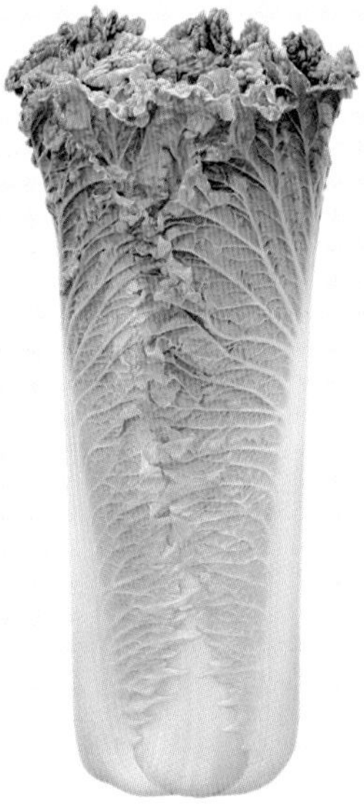

● 津秋78

（天津科润蔬菜研究所提供）

● 2039-5（亲本材料）

（北京市农林科学院蔬菜研究中心提供）

● 豫新1号

（河南农业科学院园艺研究所提供）

● 大白菜杂交制种田

（北京市农林科学院蔬菜研究中心提供）

● 秦白2号

（西北农林科技大学提供）

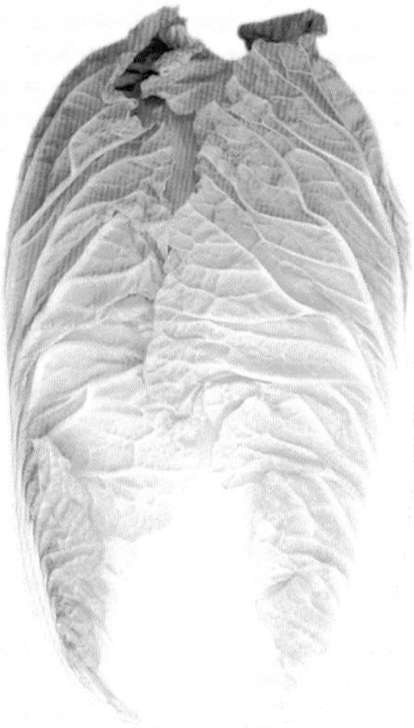

● 中白61

（中国农业科学院蔬菜花卉研究所提供）

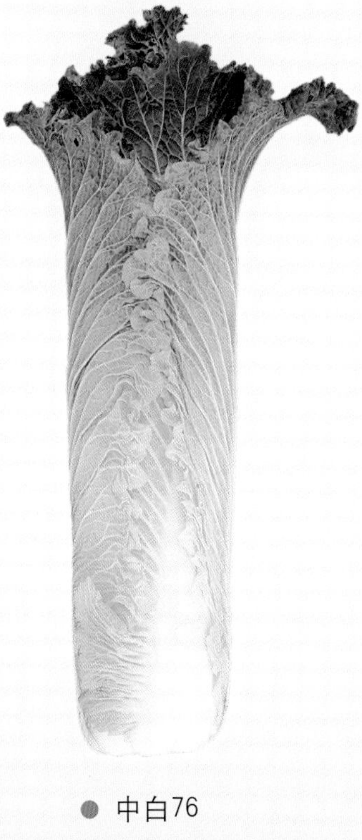

● 中白76

（中国农业科学院蔬菜花卉研究所提供）

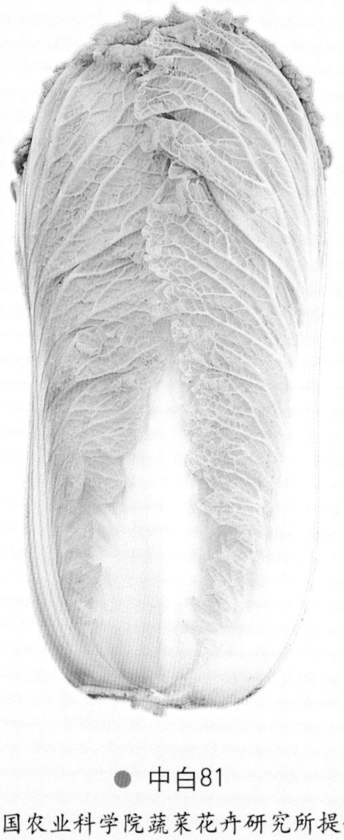

● 中白81

（中国农业科学院蔬菜花卉研究所提供）

不结球白菜 BUJIEQIUBAICAI

● 暑绿
（南京农业大学园艺学院提供）

● 翠冠
（南京农业大学园艺学院提供）

● 青篮（抗源材料）
（南京农业大学园艺学院提供）

乌塌菜 WUTACAI

● 乌塌菜1506
（安徽农业科学院提供）

紫菜薹 ZICAITAI

● 红薹4号
（湖南农业科学院提供）

● 四九菜心

（广州市农业科学研究所提供）

● 油绿80天

（广州市农业科学研究所提供）

芥菜 JIECAI

● 涪杂1号（茎瘤芥）
（涪陵农业科学院提供）

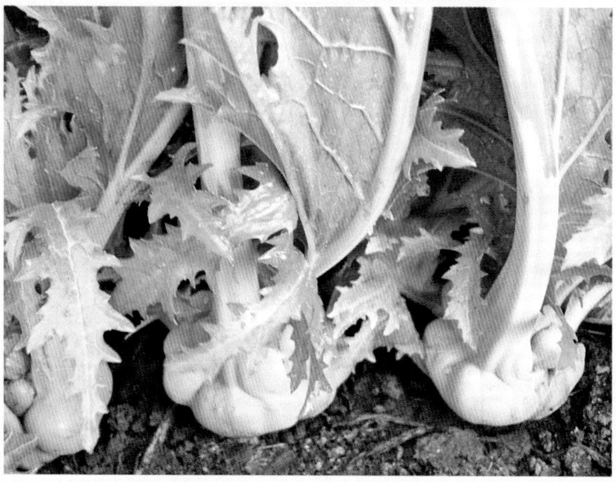

● 甬榨2号（茎瘤芥）
（宁波宁农业科学院提供）

● 华芥1号（分蘖芥）
（华中农业大学提供）

● 甬高2号（宽柄芥）
（宁波市农业科学院提供）

● 茎瘤芥不育系96145-1A
（涪陵农业科学院提供）

● 香满园（叶用芥菜）
（中国农业科学院蔬菜花卉研究所提供）

● 京丰1号

（中国农业科学院蔬菜花卉研究所提供）

● 春丰

（江苏农业科学院蔬菜研究所提供）

● 西园4号

（西南大学园艺学院提供）

● 8398甘蓝

（中国农业科学院蔬菜花卉研究所提供）

● 中甘21

（中国农业科学院蔬菜花卉研究所提供）

● 01—20（亲本材料）

（中国农业科学院蔬菜花卉研究所提供）

● 枯萎病抗源——96—100

（中国农业科学院蔬菜花卉研究所提供）

● 21—3（亲本材料）

（中国农业科学院蔬菜花卉研究所提供）

● 京丰1号

（中国农业科学院蔬菜花卉研究所提供）

● 春丰

（江苏农业科学院蔬菜研究所提供）

● 西园4号

（西南大学园艺学院提供）

● 8398甘蓝

（中国农业科学院蔬菜花卉研究所提供）

● 中甘21

（中国农业科学院蔬菜花卉研究所提供）

● 01–20（亲本材料）

（中国农业科学院蔬菜花卉研究所提供）

● 枯萎病抗源——96–100

（中国农业科学院蔬菜花卉研究所提供）

● 21–3（亲本材料）

（中国农业科学院蔬菜花卉研究所提供）

● 甘蓝制种田

（中国农业科学院蔬菜花卉研究所提供）

● 显性雄性不育材料79－399－3

（中国农业科学院蔬菜花卉研究所提供）

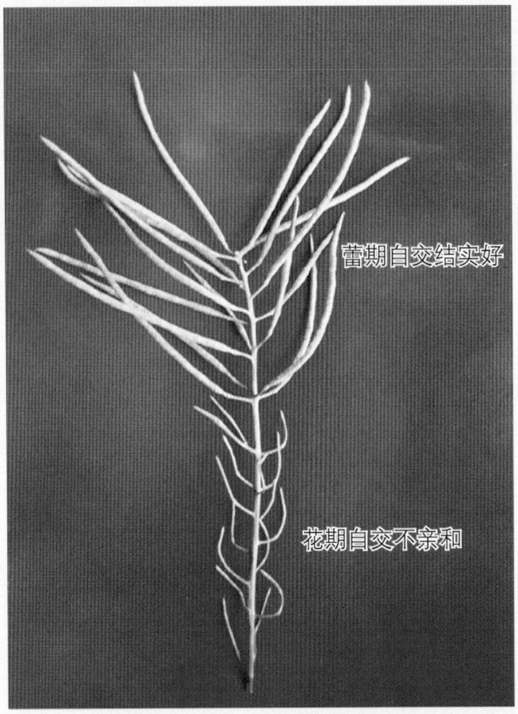

● 自交不亲和系授粉结实情况

（上：蕾期自交；下：花期自交）

（中国农业科学院蔬菜花卉研究所提供）

● 浙801
（浙江农业科学院蔬菜研究所提供）

● 津松65
（天津科润蔬菜研究所提供）

● 津品66
（天津科润蔬菜研究所提供）

● 中青8号
（中国农业科学院蔬菜花卉研究所提供）

● 中青11
（中国农业科学院蔬菜花卉研究所提供）

● 海绿
（浙江农业科学院蔬菜研究所提供）

● 秋盛

（华南农业大学园艺学院提供）

● 夏翠

（华南农业大学园艺学院提供）

● 秋绿

（华南农业大学园艺学院提供）

● 芥蓝制种（两行母本一行父本）

（华南农业大学园艺学院提供）

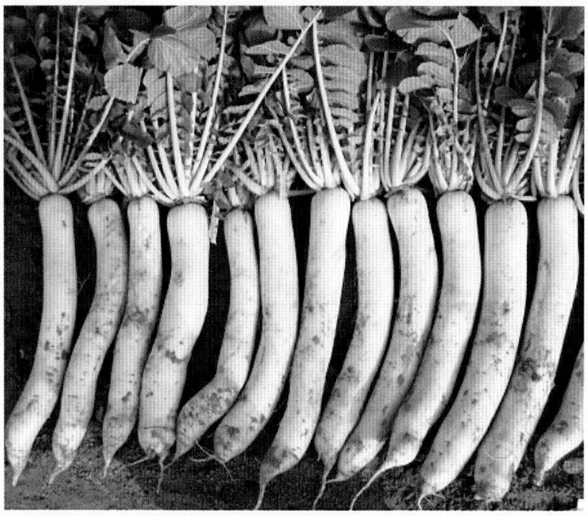

● 浙大长

（浙江大学农业与生物技术学院提供）

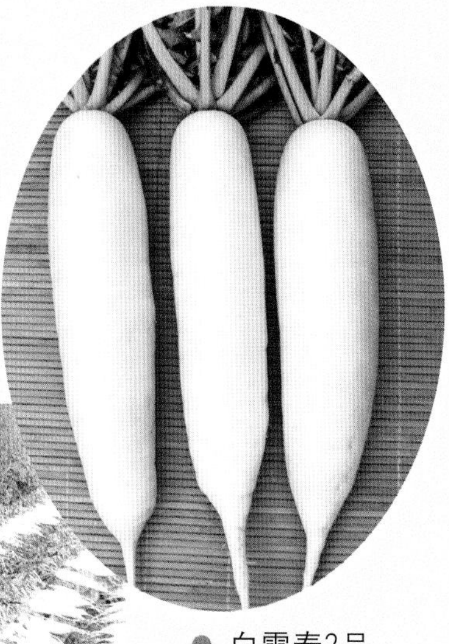

● 白雪春2号

（浙江农业科学院蔬菜研究所提供）

● 天山雪2号

（山东华盛农业股份有限公司提供）

● 满堂红

（北京市农林科学院蔬菜研究中心提供）

● 京红4号

（北京市农林科学院蔬菜研究中心提供）

● FR11—294—2

（北京市农林科学院蔬菜中心提供）

● H1063

（中国农业科学院蔬菜花卉研究所提供）

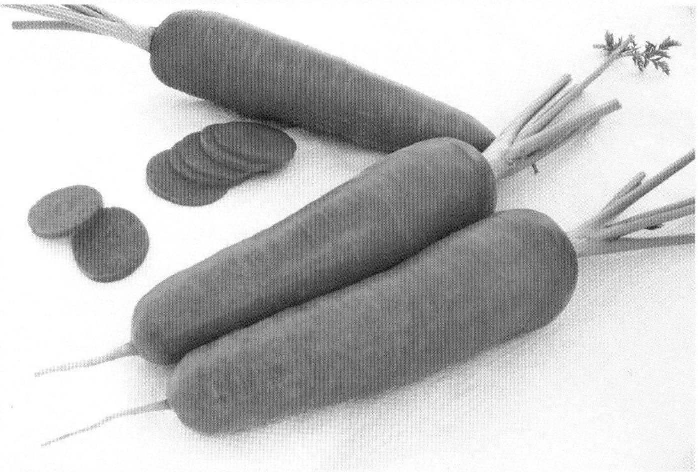

● 金红5号

（内蒙古农牧业科学院蔬菜研究所提供）

● H1182

（中国农业科学院蔬菜花卉研究所提供）

● 胡萝卜采种田

（中国农业科学院蔬菜花卉研究所提供）

● H14206

（中国农业科学院蔬菜花卉研究所提供）

● 唐山秋瓜
（天津科润蔬菜研究所提供）

● 新泰密刺
（中国农业科学院蔬菜花卉研究所提供）

● 津研4号
（天津科润蔬菜研究所提供）

● 津春3号
（天津科润蔬菜研究所提供）

● 津春5号
（天津科润蔬菜研究所提供）

● 津优1号
（天津科润蔬菜研究所提供）

● 津优35
（天津科润蔬菜研究所提供）

● 中农8号
（中国农业科学院蔬菜花卉研究所提供）

● 中农16
（中国农业科学院蔬菜花卉研究所提供）

● 中农26
（中国农业科学院蔬菜花卉研究所提供）

● 中农29
（中国农业科学院蔬菜花卉研究所提供）

● 翠龙
（青岛市农业科学院提供）

● 玉龙
（青岛市农业科学院提供）

● 京欣1号

（北京市农林科学院蔬菜研究中心提供）

● 早花

（中国农业科学院郑州果树研究所提供）

● 京欣2号

（北京市农林科学院蔬菜研究中心提供）

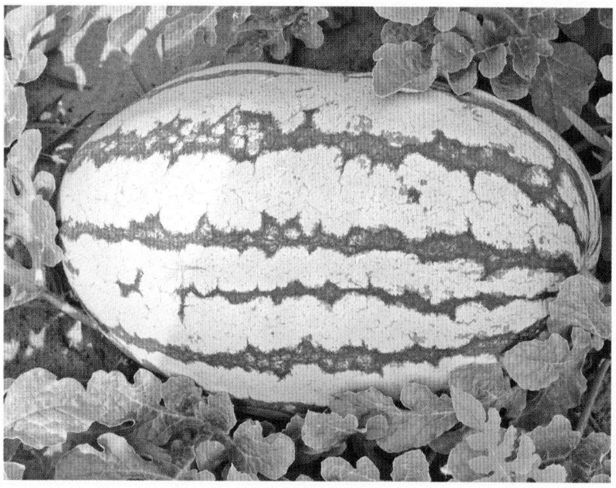

● 西农8号

（西北农林科技大学提供）

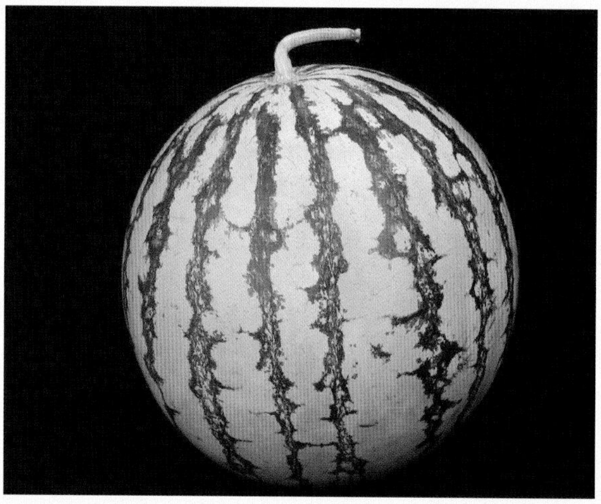

● 早佳

（北京市农林科学院蔬菜研究中心提供）

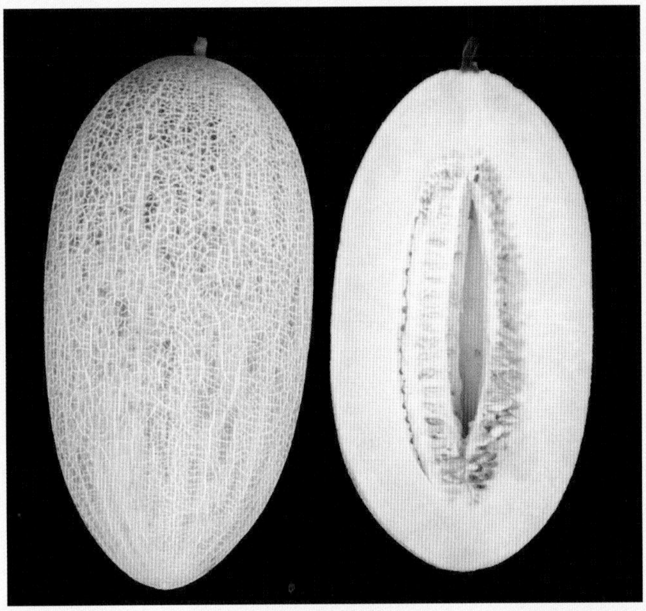

● 皇后
（新疆农业科学院园艺研究所提供）

● 黄醉仙
（新疆农业科学院园艺研究所提供）

● 9818
（新疆农业科学院园艺研究所提供）

● 风味4号（具有酸甜口味）
（新疆农业科学院园艺研究所提供）

● 伊丽莎白

（中国农业科学院蔬菜花卉研究所提供）

● 羊角蜜

（中国农业科学院蔬菜花卉研究所提供）

● 新疆哈密瓜南移或东移种植

（中国农业科学院蔬菜花卉研究所提供）

● 早青一代
（山西农业科学院蔬菜研究所提供）

● 京葫36
（北京市农林科学院蔬菜研究中心提供）

● 蜜本南瓜
（中国农业科学院蔬菜花卉研究所提供）

● 无蔓1号
（北京市农林科学院蔬菜研究中心提供）

● 无蔓4号
（北京市农林科学院蔬菜研究中心提供）

● 大粒裸仁南瓜
（北京市农林科学院蔬菜研究中心提供）

● 京红栗南瓜
（北京市农林科学院蔬菜研究中心提供）

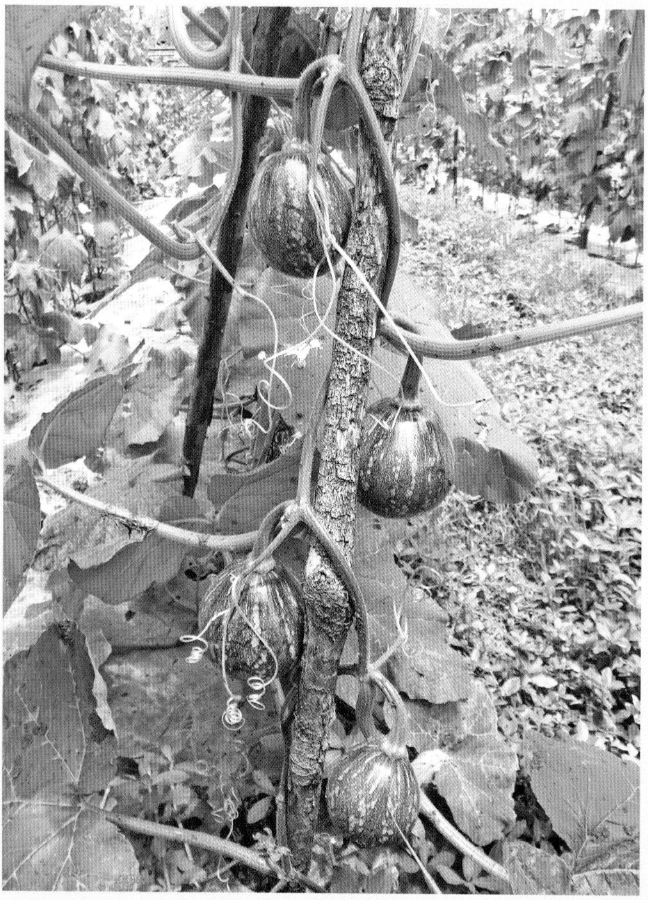

● 一串铃1号
（衡阳市蔬菜研究所提供）

● 广利粉皮冬瓜
（广东农业科学院蔬菜研究所提供）

● 白星101粉皮
（广东农业科学院蔬菜研究所提供）

● 铁杆粉斯
（广东农业科学院蔬菜研究所提供）

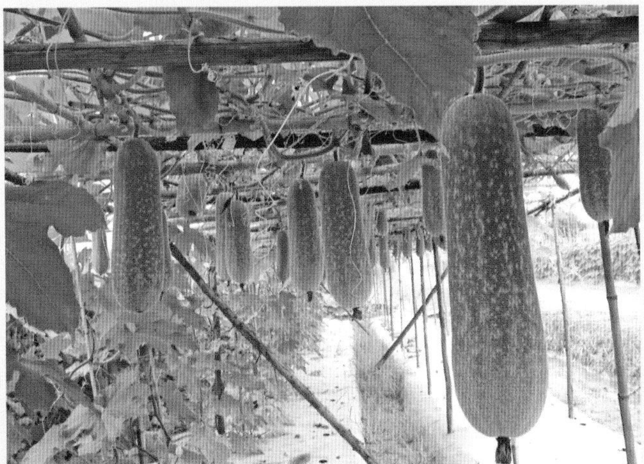

● 小家碧玉冬瓜
（湖南农业科学院蔬菜研究所提供）

● 粉杂1号
（广东农业科学院蔬菜研究所提供）

● 墨地龙

（湖南农业科学院蔬菜研究所提供）

● 青杂1号

（湖南农业科学院蔬菜研究所提供）

● 黑优1号

（广东农业科学院蔬菜研究所提供）

● 铁柱冬瓜

（广东农业科学院蔬菜研究所提供）

● 长沙肉丝瓜
（湖南农业科学院蔬菜研究所提供）

● 兴蔬美佳
（湖南农业科学院蔬菜研究所提供）

● 线丝瓜
（湖南农业科学院蔬菜研究所提供）

● 棱丝瓜
（湖南农业科学院蔬菜研究所提供）

● 白色肉丝瓜
（湖南农业科学院蔬菜研究所提供）

● 闽研3号

(福建农业科学院蔬菜研究所提供)

● 如玉33

(福建农业科学院蔬菜研究所提供)

● 如玉5号

(福建农业科学院蔬菜研究所提供)

● 桂农科6号

(广西农业科学院蔬菜研究所提供)

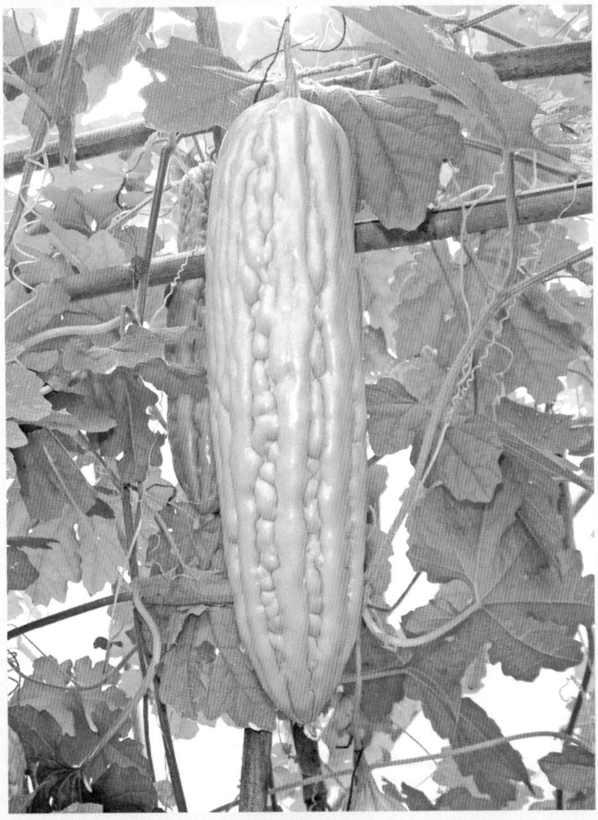

● 桂农科1号

(广西农业科学院蔬菜研究所提供)

● 兴蔬春华

(湖南农业科学院蔬菜研究所提供)

● 中蔬4号
（中国农业科学院蔬菜花卉研究所提供）

● 东农704
（东北农业大学园艺学院提供）

● 中杂9号
（中国农业科学院蔬菜花卉研究所提供）

● 浙粉702
（浙江农业科学院蔬菜研究所提供）

● 浙樱粉2号
（浙江农业科学院蔬菜研究所提供）

● 浙杂502

（浙江农业科学院蔬菜研究所提供）

● 东农727

（东北农业大学园艺学院提供）

● 中杂302

（中国农业科学院蔬菜花卉研究所提供）

● 中杂105

（中国农业科学院蔬菜花卉研究所提供）

● L-402番茄

（辽宁农业科学院提供）

● 玛娜佩尔Tm-2^{nv}
（中国农业科学院蔬菜花卉研究所提供）

● IVF6172（加工番茄）
（中国农业科学院蔬菜花卉研究所提供）

● IVF3320（加工番茄）
（中国农业科学院蔬菜花卉研究所提供）

● IVF6260（加工番茄）
（中国农业科学院蔬菜花卉研究所提供）

● 河西牛角椒（亲本材料）
（湖南农业科学院蔬菜研究所提供）

● 湘潭晚班椒（亲本材料）
（湖南农业科学院蔬菜研究所提供）

● 雄性不育系9704A
（湖南农业科学院蔬菜研究所提供）

● 伏地尖（亲本材料）
（湖南农业科学院蔬菜研究所提供）

● 中椒4号
（中国农业科学院蔬菜花卉研究所提供）

● 苏椒5号
（江苏农业科学院蔬菜研究所提供）

● 中椒5号

（中国农业科学院蔬菜花卉研究所提供）

● 中椒6号

（中国农业科学院蔬菜花卉研究所提供）

● 湘研1号

（湖南农业科学院蔬菜研究所提供）

● 湘研16

（湖南农业科学院蔬菜研究所提供）

● 早丰1号
（江苏农业科学院蔬菜研究所提供）

● 湘研13
（湖南农业科学院蔬菜研究所提供）

● 湘辣4号
（湖南农业科学院蔬菜研究所提供）

● 陇椒10号
（甘肃农业科学院蔬菜研究所提供）

● 海南制种基地
（湖南农业科学院蔬菜研究所提供）

● 园杂5号

（中国农业科学院蔬菜花卉研究所提供）

● 园杂471

（中国农业科学院蔬菜花卉研究所提供）

● 长杂8号

（中国农业科学院蔬菜花卉研究所提供）

● 春秋长茄

（重庆市农业科学院蔬菜研究所提供）

● 皖茄12
(安徽农业科学院园艺研究所提供)

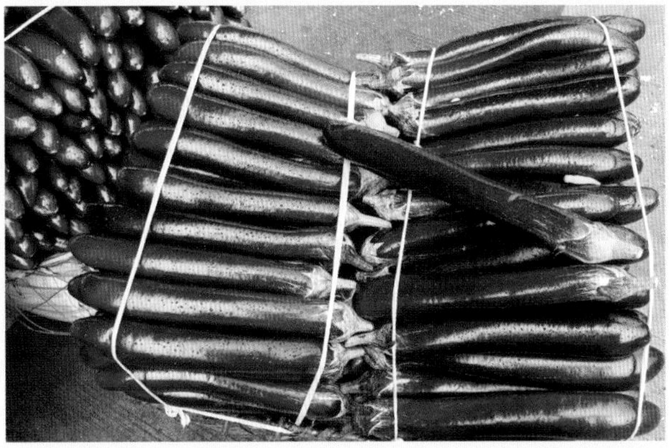

● 长丰3号
(广东农业科学院蔬菜研究所提供)

● 紫龙3号
(武汉市农业科学院蔬菜研究所提供)

● 白茄2号
(安徽农业科学院园艺研究所提供)

● 长杂218
(中国农业科学院蔬菜花卉研究所提供)

● 浙茄8号
(浙江农业科学院蔬菜研究所提供)

● 中薯3号
（中国农业科学院蔬菜花卉研究所提供）

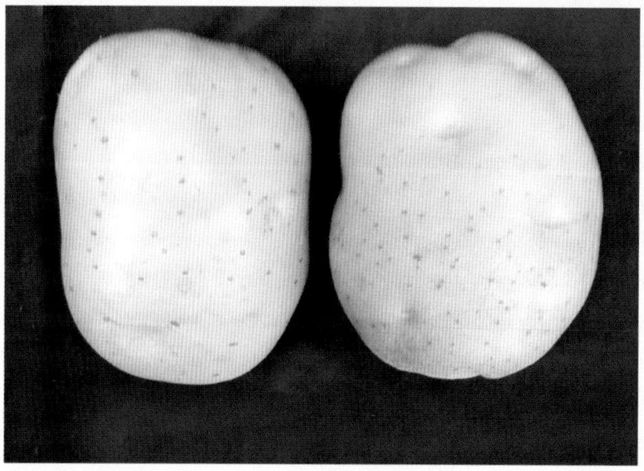

● 中薯5号
（中国农业科学院蔬菜花卉研究所提供）

● 中薯8号
（中国农业科学院蔬菜花卉研究所提供）

● 华恩1号
（华中农业大学园艺学院提供）

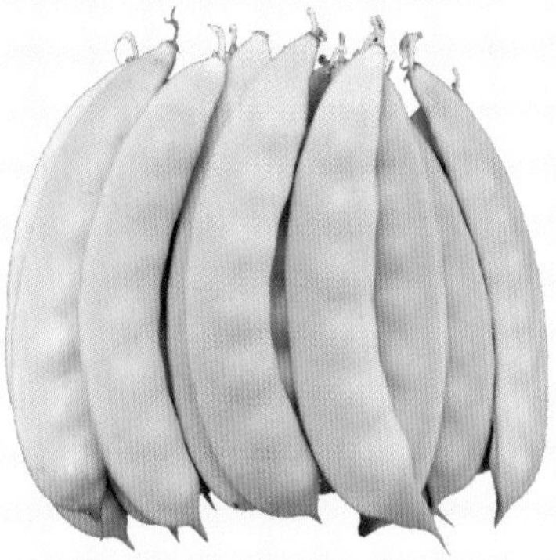

● 吉架豆7号（东北油豆）
（中国农业科学院蔬菜花卉研究所提供）

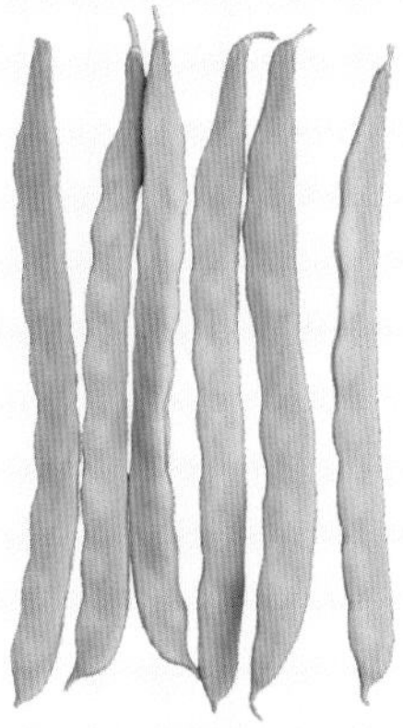

● 碧丰
（中国农业科学院蔬菜花卉研究所提供）

● 超长四季豆
（中国农业科学院蔬菜花卉研究所提供）

● 白丰（老来少）
（中国农业科学院蔬菜花卉研究所提供）

● 白花架豆
（中国农业科学院蔬菜花卉研究所提供）

豇豆 JIANGDOU

● 之豇282
（浙江农业科学院蔬菜研究所提供）

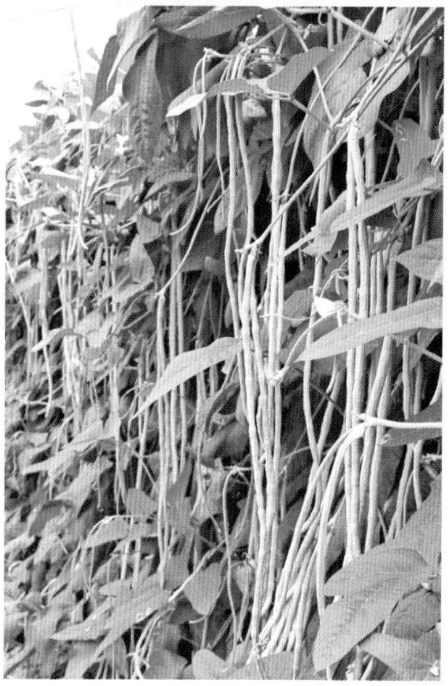

● 早豇6号
（江苏农业科学院蔬菜研究所提供）

● 苏紫豇1号
（江苏农业科学院蔬菜研究所提供）

大葱 DACONG

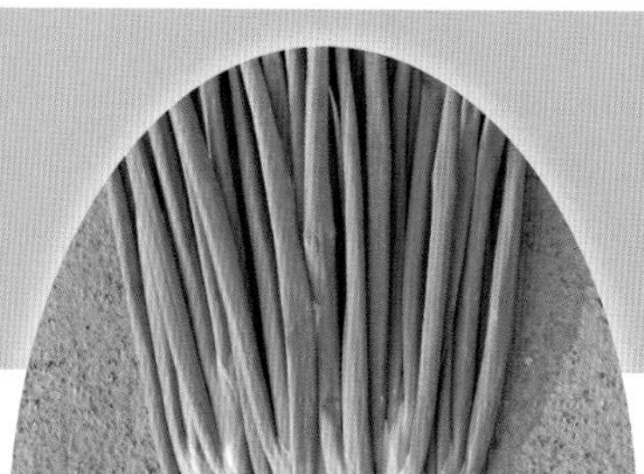

● 鲁葱杂5号
（山东农业科学院蔬菜研究所提供）

● 天正105

（山东农业科学院蔬菜研究所提供）

● 天正201

（山东农业科学院蔬菜研究所提供）

● 洋葱不育系花序

（山东农业科学院蔬菜研究所提供）

● 洋葱保持系花序

（山东农业科学院蔬菜研究所提供）

● 791韭菜

（平顶山市农业科学院提供）

● 豫韭菜1号

（平顶山市农业科学院提供）

● 蔬菠1号

（中国农业科学院蔬菜花卉研究所提供）

● 菠菜制种田

（中国农业科学院蔬菜花卉研究所提供）

● 天津实心芹
（天津科润蔬菜研究所提供）

● 雄性不育系（亲本材料）
（天津科润蔬菜研究所提供）

● 紫红色芹菜
（中国农业大学园艺学院提供）

● 秀玉莴笋

（上海种都种业科技有限公司提供）

● 秀竹莴笋

（上海种都种业科技有限公司提供）

● 北散生1号

（北京农学院提供）

● 北生1号（结球生菜）

（北京农学院提供）

● 京科糯2000 （白色糯玉米）
（中国农业科学院作物科学研究所提供）

● 中农甜418
（中国农业科学院作物科学研究所提供）

● 京花糯2008
（中国农业科学院作物科学研究所提供）

● 晋糯8号（紫色糯玉米）
（中国农业科学院作物科学研究所提供）

● 中农甜414（双色甜玉米）
（中国农业科学院作物科学研究所提供）

● 翠青色笋

（江西农业科学院蔬菜研究所提供）

● 井冈红029（四倍体紫芦笋）

（江西农业科学院蔬菜研究所提供）

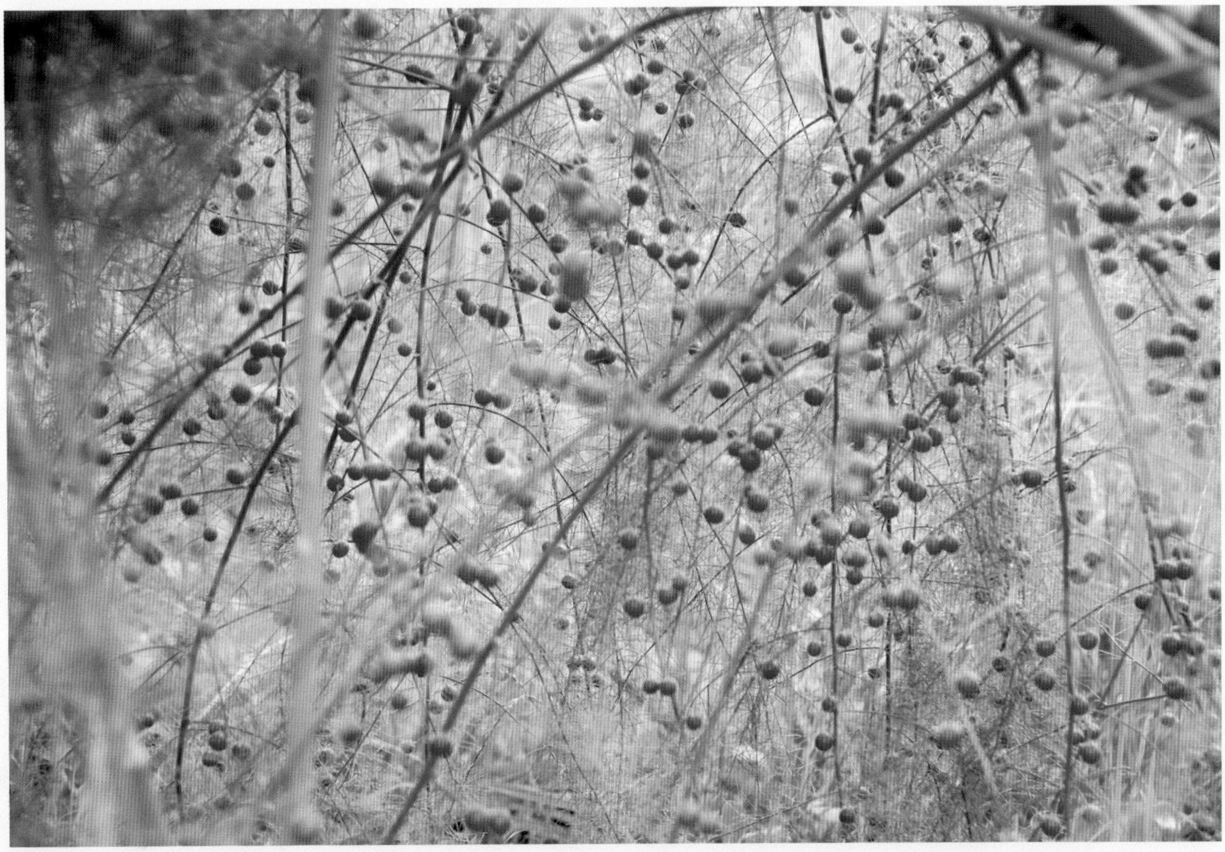

● 078制种田

（江西农业科学院蔬菜研究所提供）

● 鄂莲5号
（武汉市农业科学院蔬菜研究所提供）

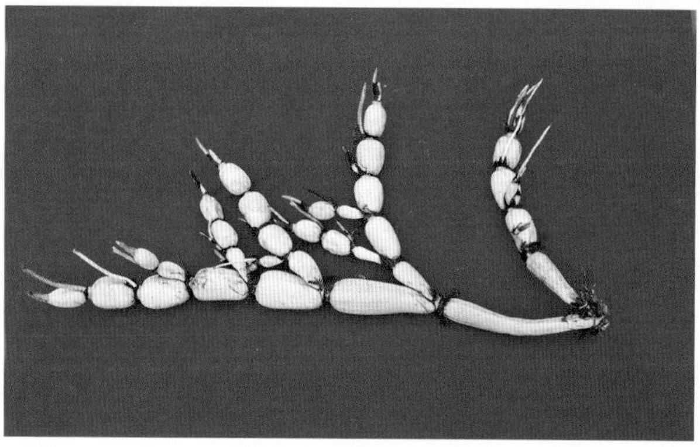

● 鄂莲9号（巨无霸）
（武汉市农业科学院蔬菜研究所提供）

● 8135
（武汉市农业科学院蔬菜研究所提供）

● 满天星子莲
（武汉市农业科学院蔬菜研究所提供）

2015年9月15～16日参加审稿人员合影